芽 胞 杆 菌

第一卷 中国芽胞杆菌研究进展

刘 波　陶天申　葛慈斌
唐建阳　　　朱育菁　　等 著

科学出版社
北京

内 容 简 介

《芽胞杆菌》是基于科学研究的专业学术著作。本书是《芽胞杆菌》第一卷《中国芽胞杆菌研究进展》,全书共十一章。第一章绪论,概括介绍了细菌的分类系统、芽胞杆菌的分类地位、芽胞杆菌的种类数量、芽胞杆菌的应用和中国学者在芽胞杆菌上的研究概况。第二至第十一章分别以芽胞杆菌属、种为章、节的划分单元,综述了中国学者在脂环酸芽胞杆菌属、兼性芽胞杆菌属、无氧芽胞杆菌属等10个芽胞杆菌属及其近缘属58种芽胞杆菌的研究进展。对这些芽胞杆菌的基础研究如菌株分离与鉴定、资源研究、生物学特性、生态学特性、生理学特性、分子生物学特性、产酶特性、产毒素特性、发酵技术等进行了综述;同时,综述了芽胞杆菌在植物病虫害生物防治、动物益生素、微生物肥料、污染物降解、溶解金属矿物等方面的应用研究。由于时间的变化和研究者的不同,以致在本书中,部分芽胞杆菌的分类地位、酶的名称等方面出现一些不一致的状况,作者采用了原文献的名称,以保持文献的原貌和原文献的完整性,书后列出了8306篇参考文献供读者查阅。

本书可供从事农业、工业、环境、医学、生态等领域研究的科研人员、企业技术人员、高校教师和研究生等参考。

图书在版编目(CIP)数据

芽胞杆菌. 第1卷,中国芽胞杆菌研究进展/刘波等著. —北京:科学出版社,2015.1

ISBN 978-7-03-042124-1

I. ①芽⋯ II. ①刘⋯ III. ①芽胞杆菌属-研究-中国 IV. ①Q939.11

中国版本图书馆 CIP 数据核字(2014)第 231153 号

责任编辑:李秀伟 郝晨扬 侯彩霞/责任校对:刘亚琦
责任印制:肖 兴/封面设计:北京铭轩堂广告设计有限公司

科学出版社 出版
北京东黄城根北街 16 号
邮政编码:100717
http://www.sciencep.com

北京凌奇印刷有限责任公司 印刷
科学出版社发行 各地新华书店经销

*

2015 年 1 月第 一 版　　开本:787×1092 1/16
2015 年 1 月第一次印刷　　印张:55 1/2
字数:1 280 000

POD定价:280.00元
(如有印装质量问题,我社负责调换)

Bacillus

Volume I Reviews of Bacillus Researches in China

Edited by
Liu Bo   Tao Tianshen   Ge Cibin
Tang Jianyang   Zhu Yujing

Science Press
Beijing

Summary

The serial books of *Bacillus* are the academic works based on the scientific research. The present book is the first volume of *Bacillus* series, related to review of bacillus researches in China, The book is divided into 11 chapters. The first chapter is introduction, including the bacterial classification system, the classification of *Bacillus* genus, species number in *Bacillus* genus, bacillus applications and general research situation for bacillus made by Chinese scholars. From the second chapter to the eleven chapter the summaries are arranged in the order of *Bacillus* genus to describe basic researches such as strains isolation and identification, resources collection, biological characteristics, ecological characteristics, physiological characteristics and molecular biology, fermentation technology, enzyme production characteristics and toxin production characteristics, at the same time, bacillus strains used in plant diseases and insect pests biological control, animals probiotic, microbial fertilizer, pollutants degradation, the application research of dissolved metal mineral, etc. were reviewed. Due to the literatures got from the different time and form, some of bacillus names, classification status and enzyme name inconsistent in the book. The authors treat the writting as they in the original literature, in order to keep the literature in the integrity with the original documents.

The book is available for scientific research personnel, enterprise technical personnel, college teachers and graduate students, etc. who engaged in agriculture, industry, environment, medicine and ecological research.

作者简介

个人简历：刘波，男，汉族，1957年生，福建惠安人，中共党员。1987年获福建农学院（现福建农林大学）博士学位，1992～1994年在德国波恩大学从事博士后研究，1994～1995年美国密歇根大学访问学者，1996～2006年德国波恩大学每年1～3个月短期合作研究访问学者。现任

福建省农业科学院院长，研究员；中国农学会高新技术农业应用专业委员会副理事长，中国植物病理学会常务理事、中国微生物学会理事，福建省科协副主席、福建省农业工程学会理事长、福建省农学会副会长、福建省微生物学会副理事长、福建省生物化学及分子生物学学会副理事长；《中国农业科学》、《农业环境科学学报》、《中国生物防治学报》、《植物保护》、《食品安全质量检测学报》、《生物技术进展》、《亚热带植物科学》等期刊编委；《福建农业学报》、《东南园艺》主编；德国波恩大学植物病理研究所博士生导师，福建农林大学博士生导师，福州大学、福建师范大学硕士生导师，中德生防合作研究、中美柑橘黄龙病合作研究、中以示范农场合作项目等中方首席科学家。

研究经历：长期从事农业微生物生物技术，芽胞杆菌系统发育，微生物农药、微生物肥料、微生物保鲜、微生物降解、动物益生菌、环境益生菌等农业生物药物，微生物脂肪酸生态学，微机测报网络，设施农业等研究。主持或参加中德国际合作项目、中美国际合作项目、中以国际合作项目、国家863计划项目、国家自然科学基金、国家科技支撑计划、福建省科技重大攻关项目等科研课题150多个。建立了福建省农业科学院农业微生物创新团队，承担了福建省生物农药工程研究中心（发改委）、福建省农业生物药物工程技术研究中心（科技厅）、国家外专局国家农业引智技术——生物防治技术推广示范基地、国家农业部微生物资源与利用重点实验室东南区域农业微生物资源利用科学观测实验站等的建设。以芽胞杆菌的采集、收集、保存、筛选、鉴定、分类、物质、基因等研究为主线，进行农业生物药物（农业微生物制剂）研究，开发植病生防生物农药、植物疫苗、饲用益生菌、粪便降解菌、动物病害生防菌剂、芽胞杆菌果蔬保鲜剂等。

围绕绿色农业中种植业和养殖业的生物药物研发应用问题，研究用于生猪健康养殖的芽胞杆菌，包括饲用益生菌、猪粪降解菌和猪病抑制菌，建立新型微生物发酵床生猪养殖体系，饲用益生菌替代抗生素促进猪的生长，猪粪降解菌分解猪粪防止养殖污染和除去养殖臭味，猪病抑制菌接入生猪健康养殖的微生物防治床用于防控猪病，养猪过程采用原位发酵技术，使得猪粪成为优质的微生物肥料。利用养猪生成的微生物肥料，接

入防病功能微生物,形成用于植物病害生物防治的生物肥药,如芽胞杆菌防治作物青枯病和枯萎病、淡紫拟青霉防治作物线虫病、木霉防治作物根腐病等土传病害等。利用Tn5插入方法构建青枯雷尔氏菌无致病力菌株、通过导入尖孢镰刀菌无毒基因构建尖孢镰刀菌无致病力菌株,研制用于植物免疫抗病的植物疫苗,对茄科、瓜类、香蕉等作物进行种苗接种和移栽接种,产生抗病作用,替代化学药剂和补充种苗的嫁接技术。筛选果品采后保鲜和蔬菜种苗保鲜功能芽胞杆菌,进行果蔬采后保鲜和种苗调运中的保鲜,替代化学保鲜剂。筛选乳酸杆菌发酵植物蛋白,研发植物蛋白乳酸菌饮品。农业生物药物的研究从产前、产中、产后环节考虑,为整个绿色农业中的产业链提供系统的农业生物药物(微生物制剂)研制与应用提供模式,并紧密地结合农业龙头企业,将农业微生物制剂(农业生物药物)的研究成果直接应用于农业生产。

1987~1991年: 1987年年底博士毕业,1988年来到福建省农业科学院植物保护研究所,创立了电脑测报研究室;作为生物防治研究的博士,从事害虫天敌的研究,应用昆虫生态知识,设计病虫微机测报网络,研究害虫和天敌的相互关系,达到保护天敌控制害虫的目的。结合留学德国的后续研究,作为第二作者,与德国波恩大学Sengonca教授一道,在德国用英文出版了《柑橘粉虱寄生蜂生物学》(ISBN 3-89873-983-X)著作,在昆虫学研究上留下足迹。

1992~1994年: 在德国波恩大学从事博士后研究,起初从事昆虫天敌研究,后来接触到昆虫病理学的研究领域,开始了生物农药——苏云金芽胞杆菌的研究,提出了生物毒素生物藕合技术(bioconjugation technique),利用基团藕联剂(conjugator),将苏云金芽胞杆菌杀虫毒素与阿维菌素毒素进行体外生物藕合,形成单体双毒素结构的BtA,以拓宽生物农药的杀虫谱和提高杀虫速率,降低害虫抗药性。作为第一作者与德国波恩大学Sengonca教授合作,在德国用英文出版了《新型生物农药BtA生物藕合技术的研究》(ISBN 3-86537-288-0)著作,进入生物农药研究领域。

1994~2003年: 1994年从德国回来,随后前往美国作短期访问学者,1995年从美国返回。1996年调入福建省农业科学院生物技术中心工作,创立了农业环保技术研究室。建立了与德国波恩大学植物病理研究所十多年(1996~2014)的合作关系,在国内建立了中德生防合作研究实验室,联合申请到三轮的德国科学基金(Deutsche Forschungsgemeinschaft,DFG)和德国国际合作基金(Deutsche Gesellschaft für Technische Zusammenarbeit,GTZ),并承担了国家自然科学基金、国家863计划项目、国家科技支撑计划项目等,在继续研究生物藕合技术的基础上,拓展了生物农药的研究领域,从芽胞杆菌作为生物杀虫剂的研究进入到芽胞杆菌作为生物杀菌剂的研究领域,在研究作物青枯病生物杀菌剂——蜡状芽胞杆菌ANTI-8098A的过程中,发现了芽胞杆菌对青枯雷尔氏菌的致弱作用,进行了致弱机理和致弱物质的研究,出版了《青枯雷尔氏菌多态性研究》(ISBN 7-5335-2553-1)著作,进入植病生防研究领域。

2004~2007年: 2004年,福建省农业科学院微生物、动物、植物生物技术三大学科合并,组建了生物技术研究所,微生物生物技术研究领域成立了生物毒素研究室和生物发酵技术与生物反应器研究室,组合形成生物农药研究中心,承担了福建省生物农药工程研究中心的建设;在原有生物农药研究的基础上,拓展了芽胞杆菌作为饲用益生素的研究,利用绿色荧光蛋白基因标记致病大肠杆菌,通过感染小白鼠和小白鼠服用益生素抗病的相互关系研究,建立益生素作用模型;进行了芽胞杆菌作为化学农药降污菌剂的研究;系统收集芽胞杆菌资源,对其进行保存、鉴定和利用,出版了380多万字的《芽胞杆菌文献研究》(ISBN 7-80653-754-6)著作;随着研究的深入,开始了植物免疫特性的研究,进行了青枯雷尔氏菌无致病力菌株免疫接种抗病特性的研究。与作者的博士后周涵韬博士一道出版了《基因克隆的研究与应用》(ISBN 7-5023-4920-0)著作,进入了农业微生物生物技术研究领域。

2008~2010年:2008年,根据福建省农业科学院研究所结构的调整,成立了福建省农业科学院农业生物资源研究所,生物农药研究中心改为农业微生物研究中心,转至农业生物资源研究所。2008年作为院农业微生物学科的首席专家,组建了院农业微生物学科创新团队,从事微生物基础生物学及农业生物药物的研究与应用。建立微生物资源的采集、筛选、保存、鉴定、分类平台,微生物形态、生理、生态、分子生物学、基因组学、脂肪酸生态学研究平台,微生物发酵技术、活性物质分析、功能微生物筛选研究平台。注重生物藕合技术、生物致弱机理、免疫抗病机理、植物内生菌、抗病物质分析、脂肪酸生态学等研究。开发生物农药、生物肥药、植物疫苗、生物饲料、微生物保鲜、微生物降污等农业生物药物(微生物制剂)。这个时期出版了《微生物发酵床零污染养猪技术的研究与应用》(ISBN978-7-80233-876-0)、《植物饮品原料文献学》(ISBN 978-7-122-07149-1)等著作。

2011~2014年:深入研究芽胞杆菌的资源采集、系统分类、生物学、脂肪酸组学、基因组学、物质组学、酶学、发酵工艺学等,研发生物农药、生物肥料、生物保鲜、生物降污、益生菌等农业生物药物产品,组建芽胞杆菌生产性工程化实验室。发表了芽胞杆菌新种——兵马俑芽胞杆菌(*Bacillus bingmayongensis* DSM 25427^T sp. nov., Liu et al., 2014)、仙草芽胞杆菌(*Bacillus mesonae* DSM 25968^T sp. nov., Liu et al., 2014)、慈湖芽胞杆菌(*Bacillus cihuensis* DSM 25969^T sp. nov., Liu et al., 2014)。这个时期出版了《微生物脂肪酸生态学》(中国农业科学技术出版社)、《农药残留微生物降解技术》(福建科学技术出版社)、《尖孢镰刀菌生物学及其生物防治》(科学出版社)等著作。

研究成果:完成了"蚜茧蜂人工大量繁殖技术"、"稻飞虱综合治理"、"数据库自动编程系统"、"水稻病虫微机测报网络"、"生物杀虫剂BtA的研究与应用"、"生物杀菌剂ANTI-8098A的研究与应用"、"尖孢镰刀菌生物学及其生物防治"、"农业科技推广互联网的建立与应用"、"茶叶病虫系统调控技术的研究"、"微生物发酵床健康养猪技术"、"微生物脂肪酸生态学"、"微生物保鲜技术研究"、"作物病害植物疫苗研究"等课题。在德国博士后工作期间,发明了新型昆虫嗅觉仪,提高了昆虫利它素的测定精度和效率。研究成果"植物生长调节剂"、"苏云金杆菌培养基"、"气升式发酵生物反应器"、"生物杀虫剂BtA的藕合技术"、"微生物发酵床大栏养猪技术"、"微生物保鲜剂"、"植物蛋白乳酸芽胞杆菌饮品"等获国家专利20多项。获中华农业科技奖一等奖1项(主持:重要土传病害生防菌剂创制与应用〈2013〉),福建省科学技术奖二等奖5项(主持:作物病虫微机网络测报技术〈1996〉、高效生物杀虫剂BtA的研制与应用〈2006〉、农作物青枯生防菌剂 ANTI-8098A 的研究与应用〈2008〉、无害化养猪微生物发酵床工程化技术研究与应用〈2010〉、龙眼褐变致腐机理及微生物保鲜关键技术的研究与应用〈2011〉）、三等奖 2 项（主持：蚜茧蜂人工大量繁殖技术〈1992〉，计算机管理自动编程系统〈1994〉）。获中国青年科技奖（1992）、全国优秀留学回国人员奖（1996）、福建省省级优秀专家（1997）、福建省"五一"劳动奖章（1999、2010）、享受国务院政府特殊津贴（1997），入选国家"百千万"人才第一、二层次管理（1997）和福建省杰出科技人才（2009）。在国内外学术刊物上发表论文 300 多篇，其中 SCI 期刊论文 35 篇；出版专著 15 本，其中英文专著 2 本。目前，作为中德合作项目、中美合作项目、中以合作项目、国家自然科学基金、国家 863 计划项目、国家科技支撑计划、农业部行业科技专项、国家引智办项目、福建省农业重点项目等的主持人或子项目主持人，从事农业微生物生物技术、芽胞杆菌分类、农业生物药物、环保农业技术的研究和应用。

《芽胞杆菌·第一卷 中国芽胞杆菌研究进展》著者名单

（按姓氏汉语拼音排序）

曹 宜	硕士、助理研究员	福建省农业科学院农业生物资源研究所
车建美	博士、副研究员	福建省农业科学院农业生物资源研究所
陈 峥	博士、助理研究员	福建省农业科学院农业生物资源研究所
陈梅春	博士、实习研究员	福建省农业科学院农业生物资源研究所
陈倩倩	博士生、实习研究员	福建省农业科学院农业生物资源研究所
陈燕萍	硕士、助理研究员	福建省农业科学院农业生物资源研究所
葛慈斌	硕士、副研究员	福建省农业科学院农业生物资源研究所
胡桂萍	博士	福建省农业科学院农业生物资源研究所
黄素芳	副研究员	福建省农业科学院农业生物资源研究所
蓝江林	博士、副研究员	福建省农业科学院农业生物资源研究所
林抗美	研究员	福建省农业科学院农业生物资源研究所
林营志	博士、副研究员	福建省农业科学院数字农业研究所
刘 波	博士、研究员	福建省农业科学院农业生物资源研究所
刘 芸	硕士、助理研究员	福建省农业科学院农业生物资源研究所
刘国红	博士、实习研究员	福建省农业科学院农业生物资源研究所
潘志针	硕士、实习研究员	福建省农业科学院农业生物资源研究所
阮传清	博士、副研究员	福建省农业科学院农业生物资源研究所
史 怀	硕士、助理研究员	福建省农业科学院农业生物资源研究所
苏明星	硕士、助理研究员	福建省农业科学院农业生物资源研究所
唐建阳	研究员	福建省农业科学院农业生物资源研究所
陶天申	教授	武汉大学
王阶平	博士、研究员	福建省农业科学院农业生物资源研究所
肖荣凤	硕士、副研究员	福建省农业科学院农业生物资源研究所
郑梅霞	硕士、实习研究员	福建省农业科学院农业生物资源研究所
郑雪芳	博士、副研究员	福建省农业科学院农业生物资源研究所
朱育菁	博士、研究员	福建省农业科学院农业生物资源研究所
Cetin Sengonca	PhD、Professor	University of Bonn, Germany
Yongping Duan	PhD	USDA Horticultural Research Laboratory, Florida, USA

研究机构

1. 福建省农业科学院农业生物资源研究所
2. 中德生防合作研究实验室（福建省农业科学院/德国波恩大学植物病理研究所）
3. 中美园艺植物病害综合治理合作研究实验室（福建省农业科学院/美国佛罗里达园艺实验室）
4. 国家引进外国智力成果生物防治技术示范推广基地（国家外国专家局）
5. 东南区域农业微生物资源利用科学观测实验站（国家农业部微生物资源与利用重点实验室）
6. 福建省农业生物药物工程技术研究中心（福建省科技厅）
7. 福建省生物农药工程研究中心（福建省发改委）
8. 农业微生物创新团队（福建省农业科学院）

资助项目

《芽胞杆菌》得到国家、福建省等部门科技项目的资助，特表衷心感谢。项目如下：

1. 国家自然科学基金项目（2014）——中国芽胞杆菌资源分类及系统发育研究（31370059）；
2. 国家农业部公益性行业（农业）科研专项（2013）——功能性微生物制剂在农业副产物资源化利用中的研究与示范（201303094）；
3. 国家科技部国际合作项目（2012）——规模化养猪污染微生物治理关键技术联合研发（2012DFA31120）；
4. 国家科技部科技支撑计划项目（2012）——规模化养殖场发酵床微生物制剂研究及其废弃物多级循环利用技术的集成示范（2012BAD14B00）；
5. 国家科技部973计划前期项目（2011）——芽胞杆菌种质资源多样性及其生态保护功能基础研究（2011CB111607）；
6. 国家农业部948重点项目（2011）——高效新型微生物资源引进与创新（2011-G25）；
7. 国家科技部科技支撑计划项目（2008）——热带亚热带外向型农业区新农村建设关键技术集成与示范：闽东南外向型社会主义新农村建设（2008BAD96B07）；
8. 国家自然科学基金项目（2008）——生防菌对青枯雷尔氏菌致弱机理的研究（30871667）；
9. 国家科技部863计划项目（2006）——细菌、真菌类生物杀虫剂研究和创制（2006AA10A211）；

10. 国家科技部 863 计划项目（2006）——茄科作物青枯病和枯萎病生防菌剂的研究与应用：芽胞杆菌工程菌的构建及生防菌剂的创制（2006AA10A212）；
11. 国家自然科学基金项目（2005）——新型生物杀虫剂 BtA 的藕合机理的研究（30471175）；
12. 福建省科技厅科技创新平台建设项目（2007）——福建省农业生物药物研究与应用平台（2007N02010）；
13. 福建省发改委农业科技重点项目（2004）——农作物重要毁灭性及检疫性病害枯萎病的流行监控及生物防治技术的研究（闽发改农业〔2004〕605）；
14. 福建省财政厅科技专项（2009）——农业微生物研究中心重大装备建设（2009）；
15. 福建省农业科学院科技创新团队项目（2008）——农业微生物基础生物学与农业生物药物的研究与应用（STIF-Y03）。

序

拜读了刘波博士等的《芽胞杆菌》即将出版的前三卷,《芽胞杆菌·第一卷 中国芽胞杆菌研究进展》、《芽胞杆菌·第二卷 芽胞杆菌分类学》和《芽胞杆菌·第三卷 芽胞杆菌生物学》,十分高兴,这是我国第一部大型系统的芽胞杆菌著作集,必将在推动我国芽胞杆菌研究和应用方面起重要作用。十分遗憾的是,我从事苏云金芽胞杆菌研究和应用五十年,零散参考过国内外大量芽胞杆菌文献,这三卷著作中的很多文献我都没见过,如果早期有这样系统的著作参考,我的论文、专利和成果会更丰硕。

1872年,德国微生物学家科赫(Cohn)根据细菌的形态特征,首次建立了细菌分类系统,第一次命名了芽胞杆菌属(Bacillus),将细长精弧菌(Vibrio subtilis)重新定名为枯草芽胞杆菌(Bacillus subtilis),并作为模式种,从此芽胞杆菌种的数量经历了由从少到多,再从多到少,最后从少到多的漫长演变过程。1923~1939年出版的第一至第五版《伯杰氏鉴定细菌学手册》(Bergey's Manual of Determinative Bacteriology)只有一个芽胞杆菌属(Bacillus),1923年第一版收录了75种,1925年第二版保留了75种,1930年第三版收录了93种,1934年第四版收录了93种,1939年第五版收录了146种。而在第六至第八版的《伯杰氏鉴定细菌学手册》中,由于从芽胞杆菌属(Bacillus)中划分出多个芽胞杆菌近缘属,使得芽胞杆菌属中种的数量锐减,1948年第六版只收录了33种,1957年第七版收录了25种,1974年第八版收录了22种。

1984~1986年,《伯杰氏鉴定细菌学手册》更名为《伯杰氏系统细菌学手册》(Bergey's Manual of Systematic Bacteriology)。1984年第一版分4卷出版,1994年将原1~4卷中有关属以上分类单元进行修改补充后汇集成一册,称为《伯杰氏鉴定细菌学手册》第九版,在该版中形成内芽胞的细菌划分为35个属,共收录了409种,包括91个同物异名。2001年,《伯杰氏系统细菌学手册》第二版分5卷出版,收录了26个芽胞杆菌属及其近缘属,共359种。随着20世纪末分子分类法和化学分类法的应用,以及微生物其他研究技术的发展和方法的改进,分类地位的划分更加准确,芽胞杆菌种属中种的鉴定数量越来越多。尽管不同文献来源收录种的数量有差异,总趋势是数量增加,如2005年出版的 Approved Lists 中,记载了芽胞杆菌属的175个种,2006年NCBI数据库的芽胞杆菌属(Bacillus)中收录了182种,2006年德国微生物菌种保藏中心(DSMZ)收集到芽胞杆菌属(Bacillus)中的171个种,刘波(2006)出版的《芽胞杆菌文献研究》中,收录到芽胞杆菌属(Bacillus)的244个种。

该著作集涉及的芽胞杆菌分类系统,是将LPSN网站具有命名地位的原核生物名称的名录(List of Bacterial Names with Standing in Nomenclature)(LBSN)2014年12月的更新版本,补充到尚未编入《伯杰氏系统细菌学手册》第二版第3卷厚壁菌门(Firmicutes)的芽胞杆菌及其近缘属中。在厚壁菌门中包括了芽胞杆菌相关科7科73属757种。

芽胞杆菌在工业、农业、环境、医学等方面的基础研究、应用基础、产业开发和应用中具有极其重要的作用。芽胞杆菌形成的内生芽胞,具有很强的抗干燥、高温和紫外线,耐盐、碱、酸和重金属的能力,它们能产生多种用途的次生代谢产物,有益产物在工业中用于生产抗生素、酶制剂等，有害产物中的炭疽毒素、肠毒素等在医学方面进行了许多研究，在环境方面用于有机废弃物和重金属降解、去污等，在农业中广泛用于生物农药、肥料、保鲜剂等产品的生产中。芽胞杆菌与人类关系密切，加之种类多、发布广、抗逆性强、容易培养、遗传操作方便，是进行基因组学等组学基础研究和产物表达的好材料。

我曾经建议刘波博士写一本芽胞杆菌著作，没想到他在国家科技部、农业部、自然科学基金委员会和福建省有关部门的支持下，带领团队致力于芽胞杆菌的研究和应用，取得了一系列的重要成果，相继出版了《芽胞杆菌文献研究》（第一卷、第二卷）、*Biotechnological Development of GCSC-BtA as a New Type of Biocide*、《微生物脂肪酸生态学》、《农药残留微生物降解技术》、《尖孢镰刀菌生物学及其生物防治》、《青枯雷尔氏菌多态性研究》等一批批著作，他的潜心专注、广阔思路，组织能力十分惊人、科研毅力无可比拟。

这次出版的《芽胞杆菌·第一卷 中国芽胞杆菌研究进展》共十一章。第一章简要介绍了细菌的分类系统、芽胞杆菌分类地位和应用，以及中国学者在这方面的研究概况。第二至第十一章分别以芽胞杆菌属、种为单元，介绍了中国学者在脂环酸芽胞杆菌属、兼性芽胞杆菌属、无氧芽胞杆菌属等 10 个芽胞杆菌属及其近缘属中 58 个种的研究进展，包括菌株分离鉴定、生物学特性、代谢产物、发酵技术等，以及在病虫害生物防治、微生物肥料和有机废弃物、农药、重金属等降解方面的应用研究，共列出 8306 篇文献供参考。

《芽胞杆菌·第二卷 芽胞杆菌分类学》共分六章。第一章介绍了芽胞杆菌及其新种的发现和应用。第二章至第五章重点介绍芽胞杆菌的分类方法、分类系统演化、系统发育等。第六章介绍了芽胞杆菌及其近缘属描述，包括了芽胞杆菌相关科 7 科 73 属 757 种，共列出 1300 多篇文献供参考。

《芽胞杆菌·第三卷 芽胞杆菌生物学》共分七章。第一至第三章介绍了芽胞杆菌的生物学和分子生物学特性，包括形态、生长、营养需要和培养、酶学特性，以及分子生物学研究方法、功能基因分析、全基因组测序等。第四章和第五章介绍了生态学和植物内生菌多样性，包括生态学原理和方法、种群竞争、分布多样性、植物内生芽胞杆菌种群多样性等。第六章和第七章介绍了芽胞杆菌用于生物防治，包括生防菌筛选、功能和作用机理、植物体内和土壤中定殖及抗病作用等，以及动物益生芽胞杆菌制作发酵床防猪病促生长机理等，共列出 1100 多篇文献供参考。

《芽胞杆菌》的前三卷即将出版，还得知刘波博士他们还将陆续出版《芽胞杆菌·第四卷 芽胞杆菌脂肪酸组学》、《芽胞杆菌·第五卷 芽胞杆菌物质组学》、《芽胞杆菌·第六卷 芽胞杆菌基因组学》、《芽胞杆菌·第七卷 芽胞杆菌资源学》和《芽胞杆菌·第八卷 芽胞杆菌发酵工艺学》，期望这些巨著早日问世，为我国微生物学，特别是芽胞杆菌的研究和发展作出重要贡献。

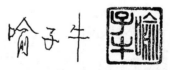

喻子牛教授
华中农业大学农业微生物学国家重点实验室
2014 年 11 月 11 日于武昌狮子山

前　言

　　1872 年，德国微生物学家 Cohn 命名了芽胞杆菌属（Bacillus），将枯草芽胞杆菌（Bacillus subtilis）作为芽胞杆菌属的模式种。芽胞杆菌的芽胞是休眠体，不是繁殖体。绝大多数是一个菌体仅形成一个芽胞，芽胞位于菌体内，由核心、皮层、芽胞壳和外壁组成。核心是芽胞的原生质体，内含 DNA、RNA、可能与 DNA 相联系的特异芽胞蛋白质以及合成蛋白质和产生能量的系统。此外，还有大量的吡啶二羧酸布满整个芽胞，占芽胞干重量的 10%~15%，但一般在不形成芽胞的细菌和形成芽胞的细菌其营养细胞中都不存在。此酸在芽胞中以钙盐的形态存在于内层的细胞膜和外层芽胞壳（spore coat）间的皮层中。皮层处于核心和芽胞壳之间，含有丰富的肽聚糖。芽胞壳主要由蛋白质组成，此外，还有少量的碳水化合物和类脂类，可能还有大量的磷。最外层是外壁，其主要成分是蛋白质、一定量的葡萄糖和类脂。由于芽胞具有厚而含水量低的多层结构，所以折光性强、对染料不易着色，芽胞对热、干燥、辐射、化学消毒剂和其他理化因素有较强的抵抗力，这可能与芽胞独具的高含量吡啶二羧酸有关。

　　芽胞杆菌对外界有害因子抵抗力强，广泛分布于土壤、水、空气、动物肠道、植物体内等处。芽胞杆菌的特性包括：①繁殖快速：代谢快、繁殖快，4h 增殖 10 万倍。②生命力强：无湿状态可耐低温 -60℃、耐高温 $+280$℃、耐强酸、耐强碱、抗菌消毒、耐高氧（嗜氧繁殖）、耐低氧（厌氧繁殖）。③体积大：体积比一般病原菌分子大四倍，占据空间优势，抑制有害菌的生长繁殖。

　　芽胞杆菌与人类关系密切，如炭疽芽胞杆菌引起人、畜的炭疽病；蜡状芽胞杆菌引起食物中毒。对人有利的芽胞杆菌有枯草芽胞杆菌，产生工业或医疗用的蛋白酶、淀粉酶；丙酮丁醇梭菌用于生产丙酮丁醇；多粘芽胞杆菌生产多粘菌素；地衣芽胞杆菌生产杆菌肽；著名的细菌杀虫剂——苏云金芽胞杆菌能杀死 100 多种鳞翅目的农林害虫，现已扩大到杀蚊、蝇幼虫；日本甲虫芽胞杆菌、幼虫芽胞杆菌和缓病芽胞杆菌可用于防治蛴螬等地下害虫。芽胞杆菌分解有机物能力强，在自然界的元素循环中起重要作用。有些种如多粘芽胞杆菌有固定分子态氮的能力。

　　芽胞杆菌的功能包括：①保湿性强：形成强度极为优良的天然材料聚麸胺酸，为土壤的保护膜，防止肥分及水分流失。②有机质分解力强：增殖的同时，会释出高活性的分解酵素，将难分解的大分子物质分解成可利用的小分子物质。③产生丰富的代谢生成物：合成多种有机酸、酶、生理活性等物质，以及其他多种容易被利用的养分。④抑菌、灭害力强：具有占据空间优势，抑制有害菌、病原菌等有害微生物生长繁殖的作用。⑤除臭：可以分解产生恶臭气体的有机物质、有机硫化物、有机氮等，大大改善场所的环境。

　　芽胞杆菌由于产生内生芽胞，具有较强的抵抗外界环境压力的能力，能够抵抗其生存环境中干燥、高热、高盐、高碱、高酸、高紫外线辐射所造成的伤害，便于工业化生产，被广泛应用于生物农药、生物肥料、生物保鲜、生物降污、益生菌、酶制剂、生化物质等产品的生产。可应用于：①制作有机肥、农家肥、复合肥和化肥添加；②研制生物农药和生物肥料；③激活土壤和污染修复；④制作堆肥和液肥；⑤降解粗纤维；⑥处理厨余垃圾；⑦制作动物饲料添加剂、环境水质净化剂等。有益芽胞杆菌如苏云金芽胞杆菌可用于植物保护，杀灭害虫；枯草芽胞杆菌、地衣芽胞杆菌可用于畜牧水产饲料添加剂、用于水环境净化；多粘芽胞杆菌具有固定分子态氮的能力。芽胞杆菌各属拥有各自生物学特性，通过基因选育等生物工程学，可以将自然界的菌种人工选育出特定功能强势的菌种，应用于工农业生产各个方面。在抗生素污染问题越来越严重的今天，有益的芽胞杆菌的应用研究，可能是解决抗生素问题的一个有效方案。

芽胞杆菌分类学发展迅速，1923~1939 年出版的第一至第五版《伯杰氏鉴定细菌学手册》(*Bergey's Manual of Determinative Bacteriology*) 中，都将芽胞杆菌归为一个属，即芽胞杆菌属（*Bacillus*），1948~1974 年出版的第六至第八版《伯杰氏鉴定细菌学手册》，芽胞杆菌出现了近缘属的分化，1984~1986 年，《伯杰氏鉴定细菌学手册》更名为《伯杰氏系统细菌学手册》(*Bergey's Manual of Systematic Bacteriology*)。第一版《伯杰氏系统细菌学手册》于 1984 年起分 4 卷出版，将芽胞杆菌类细菌分为 35 个属，收录了芽胞杆菌属及其近缘属在内的芽胞杆菌共 409 种，其中有 91 个种是同物异名。第二版《伯杰氏系统细菌学手册》于 2001 年起分 5 卷出版，收录了芽胞杆菌属及其近缘属 26 个、359 种芽胞杆菌，这些种中不包括同物异名。随着微生物研究技术、方法的改进、发展，越来越多的芽胞杆菌种类被发现，如 2005 年确认名录（Approved Lists）记载的芽胞杆菌种名有 175 个，2006 年 NCBI 数据库上收集的芽胞杆菌属（*Bacillus*）的种名有 182 个，2006 年德国微生物菌种保藏中心（DSMZ）收集的芽胞杆菌属（*Bacillus*）的种名有 171 个，刘波（2006）在出版的《芽胞杆菌文献研究》中，将芽胞杆菌归为一个属（*Bacillus*），共 244 种。该著作集涉及的芽胞杆菌分类系统，是将 LPSN 网站中具有命名地位的原核生物名称的名录（List of Bacterial Names with Standing in Nomenclature）(LBSN) 2014 年 12 月的更新版本，补充到尚未编入《伯杰氏系统细菌学手册》第二版第 3 卷厚壁菌门（Firmicutes）芽胞杆菌及其近缘属中。这样，在厚壁菌门中包括了传统的芽胞杆菌 7 个相关科，73 个相关属，757 种。

我们研究团队完成了 12 个国家 8500 多份土样采集与保存，分离保存了 28 000 多株芽胞杆菌，引进收集了 260 多个芽胞杆菌标准菌株，启动了芽胞杆菌 62 个属 180 多个种的全基因组测序，开展了芽胞杆菌属 120 多个种的物质组的测定，完成了 2800 多个芽胞杆菌菌株脂肪酸组的测定，实施了 120 多个芽胞杆菌 10 种酶的测定，发表了芽胞杆菌 4 个新种，鉴定了芽胞杆菌潜在新种 22 种（陆续发表）。将逐步出版芽胞杆菌系列专著，包括了《芽胞杆菌·第一卷 中国芽胞杆菌研究进展》、《芽胞杆菌·第二卷 芽胞杆菌分类学》、《芽胞杆菌·第三卷 芽胞杆菌生物学》、《芽胞杆菌·第四卷 芽胞杆菌脂肪酸组学》、《芽胞杆菌·第五卷 芽胞杆菌物质组学》、《芽胞杆菌·第六卷 芽胞杆菌基因组学》、《芽胞杆菌·第七卷 芽胞杆菌资源学》和《芽胞杆菌·第八卷 芽胞杆菌发酵工艺学》，期望这些著作早日问世，为我国微生物学，特别是芽胞杆菌的研究和应用作出应有的贡献。

由于学术水平和编写时间的限制，书中不足之处在所难免，望国内同行批评指正，与之共勉。

著 者

2015-1-1，福州

目 录

序
前言
第一章 绪论 ………………………………………………………………… 1
　第一节 细菌分类系统 …………………………………………………… 1
　　一、细菌系统发育研究 ………………………………………………… 1
　　二、关于《伯杰氏系统细菌学手册》 ………………………………… 1
　　三、细菌分类系统 ……………………………………………………… 2
　第二节 芽胞杆菌的分类 ………………………………………………… 13
　　一、芽胞杆菌属 ………………………………………………………… 13
　　二、芽胞杆菌系统发育研究动态 ……………………………………… 13
　　三、芽胞杆菌分类方法的演化 ………………………………………… 14
　第三节 芽胞杆菌的种类 ………………………………………………… 15
　　一、芽胞杆菌及其近缘属的分化 ……………………………………… 15
　　二、芽胞杆菌及其近缘属的种类数量 ………………………………… 18
　　三、芽胞杆菌近十年新种发表 ………………………………………… 20
　第四节 芽胞杆菌的应用 ………………………………………………… 22
　　一、芽胞杆菌的应用价值 ……………………………………………… 22
　　二、芽胞杆菌在工业上的应用 ………………………………………… 22
　　三、芽胞杆菌在农业上的应用 ………………………………………… 22
　　四、芽胞杆菌在医学上的应用 ………………………………………… 23
　第五节 中国芽胞杆菌研究概况 ………………………………………… 23
　　一、中国学者对芽胞杆菌相关种类的研究 …………………………… 23
　　二、中国学者对芽胞杆菌相关酶的研究 ……………………………… 24
　　三、中国学者对芽胞杆菌相关基因的研究 …………………………… 25
第二章 脂环酸芽胞杆菌属 ………………………………………………… 26
　第一节 脂环酸芽胞杆菌属的特性 ……………………………………… 26
　　一、脂环酸芽胞杆菌属的分类地位 …………………………………… 26
　　二、脂环酸芽胞杆菌属的生物学特性 ………………………………… 26
　　三、脂环酸芽胞杆菌属引起果汁腐败 ………………………………… 26
　第二节 酸土脂环酸芽胞杆菌 …………………………………………… 27
　　一、酸土脂环酸芽胞杆菌的生物学特性 ……………………………… 27
　　二、酸土脂环酸芽胞杆菌对浓缩苹果汁的污染 ……………………… 27
　　三、酸土脂环酸芽胞杆菌灭菌技术 …………………………………… 28

第三节　仙台脂环酸芽胞杆菌 …………………………………………… 28
  一、仙台脂环酸芽胞杆菌的分离 ………………………………………… 28
  二、仙台脂环酸芽胞杆菌的生物学特性 ………………………………… 29
  三、仙台脂环酸芽胞杆菌的鉴定 ………………………………………… 29

第三章　兼性芽胞杆菌属 …………………………………………………… 30
第一节　兼性芽胞杆菌属的特性 ………………………………………… 30
  一、兼性芽胞杆菌属的形态特征 ………………………………………… 30
  二、兼性芽胞杆菌属的生理特性 ………………………………………… 30
  三、兼性芽胞杆菌属的鉴定 ……………………………………………… 30
第二节　兼性芽胞杆菌新种发现 ………………………………………… 31
  一、好纪兼性芽胞杆菌的分离与鉴定 …………………………………… 31
  二、吉林兼性芽胞杆菌的分离与鉴定 …………………………………… 31
  三、木聚糖兼性芽胞杆菌的分离与鉴定 ………………………………… 31

第四章　无氧芽胞杆菌属 …………………………………………………… 32
第一节　无氧芽胞杆菌属的特性 ………………………………………… 32
  一、无氧芽胞杆菌属的分离与鉴定 ……………………………………… 32
  二、无氧芽胞杆菌属的生物学特性 ……………………………………… 32
第二节　努比卤地无氧芽胞杆菌 ………………………………………… 32
  一、努比卤地无氧芽胞杆菌的分离 ……………………………………… 32
  二、努比卤地无氧芽胞杆菌的鉴定 ……………………………………… 32
第三节　好热黄无氧芽胞杆菌 …………………………………………… 33
  一、好热黄无氧芽胞杆菌的分离 ………………………………………… 33
  二、好热黄无氧芽胞杆菌的鉴定 ………………………………………… 33

第五章　芽胞杆菌属 ………………………………………………………… 34
第一节　芽胞杆菌属的特性 ……………………………………………… 34
  一、芽胞杆菌属的建立 …………………………………………………… 34
  二、芽胞杆菌属的生物学特性 …………………………………………… 34
第二节　生尘埃芽胞杆菌 ………………………………………………… 34
  一、生尘埃芽胞杆菌对磷矿粉的溶解作用 ……………………………… 34
  二、生尘埃芽胞杆菌对锰矿石中磷的溶解作用 ………………………… 34
  三、生尘埃芽胞杆菌作为蜜蜂幼虫的细菌性病害 ……………………… 35
第三节　地衣芽胞杆菌 …………………………………………………… 35
  一、地衣芽胞杆菌的生物学特性 ………………………………………… 35
  二、地衣芽胞杆菌用于生物传感器 ……………………………………… 36
  三、地衣芽胞杆菌用于污染治理 ………………………………………… 36
  四、地衣芽胞杆菌的产蛋白酶特性 ……………………………………… 37
  五、地衣芽胞杆菌的发酵技术 …………………………………………… 41
  六、地衣芽胞杆菌的基因克隆 …………………………………………… 49

七、地衣芽胞杆菌用于植物病害生物防治…………………………………… 56
　　八、地衣芽胞杆菌用于养殖污染治理………………………………………… 59
　　九、地衣芽胞杆菌产生化物质特性…………………………………………… 61
　　十、地衣芽胞杆菌用于动物益生菌…………………………………………… 67
第四节　短小芽胞杆菌………………………………………………………………… 80
　　一、短小芽胞杆菌的发酵技术………………………………………………… 80
　　二、短小芽胞杆菌的基因克隆………………………………………………… 81
　　三、短小芽胞杆菌用于植物病害生物防治…………………………………… 84
　　四、短小芽胞杆菌用于污染治理……………………………………………… 86
　　五、短小芽胞杆菌产生化物质的特性………………………………………… 87
　　六、短小芽胞杆菌用于动物益生菌…………………………………………… 92
第五节　蜂房芽胞杆菌………………………………………………………………… 93
　　一、蜂房芽胞杆菌的分离与培养……………………………………………… 93
　　二、蜂房芽胞杆菌木聚糖酶的发酵特性……………………………………… 93
　　三、蜂房芽胞杆菌木聚糖酶的活性…………………………………………… 94
　　四、蜂房芽胞杆菌产生物活性物质的特性…………………………………… 94
　　五、蜂房芽胞杆菌几丁质酶的合成条件……………………………………… 94
　　六、蜂房芽胞杆菌作为蜜蜂病害的次生菌…………………………………… 95
第六节　死谷芽胞杆菌………………………………………………………………… 95
　　一、死谷芽胞杆菌的分离与鉴定……………………………………………… 95
　　二、死谷芽胞杆菌用于兰花炭疽病的生物防治……………………………… 95
　　三、死谷芽胞杆菌用于棉花黄萎病的生物防治……………………………… 95
　　四、死谷芽胞杆菌产漆酶特性………………………………………………… 96
　　五、死谷芽胞杆菌降解苯胺黑药的特性……………………………………… 96
　　六、死谷芽胞杆菌产抗菌活性物质的特性…………………………………… 96
第七节　环状芽胞杆菌………………………………………………………………… 97
　　一、环状芽胞杆菌的发酵技术………………………………………………… 97
　　二、环状芽胞杆菌的基因克隆………………………………………………… 98
　　三、环状芽胞杆菌相关酶的研究……………………………………………… 99
　　四、环状芽胞杆菌用于植物病害的生物防治……………………………… 100
　　五、环状芽胞杆菌用于动物益生菌………………………………………… 101
第八节　吉氏芽胞杆菌……………………………………………………………… 101
　　一、吉氏芽胞杆菌产果胶酶特性…………………………………………… 101
　　二、吉氏芽胞杆菌用于生物防治…………………………………………… 101
第九节　假蕈状芽胞杆菌…………………………………………………………… 102
　　一、假蕈状芽胞杆菌纤溶酶成熟肽基因的原核表达……………………… 102
　　二、假蕈状芽胞杆菌的纤溶酶的基因克隆………………………………… 102
　　三、假蕈状芽胞杆菌纤溶酶的分离纯化与性质分析……………………… 102

第十节 坚强芽胞杆菌 ·· 103
一、坚强芽胞杆菌作为虾病原菌 ··· 103
二、坚强芽胞杆菌的基因克隆 ·· 103
三、坚强芽胞杆菌色素和酶的分离 ·· 103
四、坚强芽胞杆菌用于植物病害的生物防治 ····································· 104
五、坚强芽胞杆菌用于污染治理 ··· 105
六、坚强芽胞杆菌用于动物益生菌 ·· 106

第十一节 耐盐芽胞杆菌 ·· 106
一、耐盐芽胞杆菌的发酵技术 ·· 106
二、耐盐芽胞杆菌产碱性淀粉酶特性 ··· 106
三、耐盐芽胞杆菌产纤维素酶特性 ·· 106
四、耐盐芽胞杆菌产木聚糖酶特性 ·· 107
五、耐盐芽胞杆菌产环糊精葡糖基转移酶特性 ·································· 107

第十二节 胶冻样芽胞杆菌 ··· 107
一、胶冻样芽胞杆菌的生物学特性 ·· 107
二、胶冻样芽胞杆菌的发酵技术 ··· 108
三、胶冻样芽胞杆菌用于生物肥料 ·· 109
四、胶冻样芽胞杆菌用于分解矿物质 ··· 112
五、胶冻样芽胞杆菌用于生物防治 ·· 114
六、胶冻样芽胞杆菌用于益生菌 ··· 114

第十三节 金黄芽胞杆菌 ·· 115
一、金黄芽胞杆菌降解聚羟基丁酸酯 ··· 115
二、金黄芽胞杆菌的发酵条件 ·· 115

第十四节 浸麻芽胞杆菌 ·· 115
一、浸麻芽胞杆菌产几丁质酶特性 ·· 115
二、浸麻芽胞杆菌产乙醇特性 ·· 115
三、浸麻芽胞杆菌产葡聚糖酶特性 ·· 116
四、浸麻芽胞杆菌败血症病例报告 ·· 116

第十五节 巨大芽胞杆菌 ·· 117
一、巨大芽胞杆菌生物学特性 ·· 117
二、巨大芽胞杆菌的发酵技术 ·· 118
三、巨大芽胞杆菌用于生物肥料 ··· 119
四、巨大芽胞杆菌的基因克隆 ·· 121
五、巨大芽胞杆菌产酶特性 ··· 122
六、巨大芽胞杆菌的青霉素酰化酶特性 ·· 125
七、巨大芽胞杆菌用于植物病害的生物防治 ····································· 127
八、巨大芽胞杆菌用于水体污染治理 ··· 129
九、巨大芽胞杆菌用于重金属吸附 ·· 132

第十六节 苛求芽胞杆菌 …… 133
一、苛求芽胞杆菌尿酸酶分泌特性 …… 133
二、苛求芽胞杆菌DNA提取方法比较 …… 133
三、苛求芽胞杆菌产尿囊酸酰胺水解酶特性 …… 133

第十七节 克劳氏芽胞杆菌 …… 134
一、克劳氏芽胞杆菌用于植物病害的生物防治 …… 134
二、克劳氏芽胞杆菌用于重金属吸附 …… 134

第十八节 枯草芽胞杆菌 …… 134
一、枯草芽胞杆菌的微生物学特性 …… 134
二、枯草芽胞杆菌的发酵技术 …… 145
三、枯草芽胞杆菌用于生物肥料 …… 161
四、枯草芽胞杆菌的分子生物学特性 …… 162
五、枯草芽胞杆菌的检测与灭活 …… 179
六、枯草芽胞杆菌的产酶特性 …… 188
七、枯草芽胞杆菌用于食品酿造 …… 204
八、枯草芽胞杆菌用于植物病害的生物防治 …… 214
九、枯草芽胞杆菌用于生物降解与污染治理 …… 261
十、枯草芽胞杆菌产生化物质特性 …… 267
十一、枯草芽胞杆菌用于动物益生菌 …… 282
十二、枯草芽胞杆菌用于吸附重金属 …… 311

第十九节 蜡状芽胞杆菌 …… 312
一、蜡状芽胞杆菌的生物学特性 …… 312
二、蜡状芽胞杆菌的发酵技术 …… 314
三、蜡状芽胞杆菌作为人类病原的研究 …… 315
四、蜡状芽胞杆菌用于生物肥料 …… 316
五、蜡状芽胞杆菌的基因研究 …… 316
六、蜡状芽胞杆菌的检测与灭活 …… 317
七、蜡状芽胞杆菌的产酶特性 …… 318
八、蜡状芽胞杆菌用于植物病害的生物防治 …… 322
九、蜡状芽胞杆菌用于污染治理 …… 326
十、蜡状芽胞杆菌用于动物益生菌 …… 331

第二十节 莫哈韦芽胞杆菌 …… 332
一、莫哈韦芽胞杆菌的分离 …… 332
二、莫哈韦芽胞杆菌的鉴定 …… 332

第二十一节 凝结芽胞杆菌 …… 332
一、动物病原凝结芽胞杆菌的研究 …… 332
二、凝结芽胞杆菌的发酵技术 …… 332
三、凝结芽胞杆菌用于生物肥料 …… 335

四、凝结芽胞杆菌的检测与灭活 …………………………………… 335
五、凝结芽胞杆菌的产酶特性 …………………………………… 336
六、凝结芽胞杆菌用于医药研究 …………………………………… 336
七、凝结芽胞杆菌用于动物益生菌 …………………………………… 337

第二十二节 球形芽胞杆菌 …………………………………… 338
一、球形芽胞杆菌的生物学特性 …………………………………… 338
二、球形芽胞杆菌的发酵技术 …………………………………… 339
三、球形芽胞杆菌用于生物肥料 …………………………………… 340
四、球形芽胞杆菌的基因研究 …………………………………… 341
五、球形芽胞杆菌的检测与灭活 …………………………………… 342
六、球形芽胞杆菌产酶特性 …………………………………… 342
七、球形芽胞杆菌用于生物防治 …………………………………… 343
八、球形芽胞杆菌用于污染治理 …………………………………… 346
九、球形芽胞杆菌的制剂研究 …………………………………… 346

第二十三节 嗜碱芽胞杆菌 …………………………………… 347
一、嗜碱芽胞杆菌的生物学特性 …………………………………… 347
二、嗜碱芽胞杆菌的发酵技术 …………………………………… 348
三、嗜碱芽胞杆菌的基因研究 …………………………………… 348
四、嗜碱芽胞杆菌产酶特性 …………………………………… 349
五、嗜碱芽胞杆菌用于污染治理 …………………………………… 351

第二十四节 热坚芽胞杆菌 …………………………………… 351
一、热坚芽胞杆菌的分离 …………………………………… 351
二、热坚芽胞杆菌的鉴定 …………………………………… 351

第二十五节 苏云金芽胞杆菌 …………………………………… 351
一、苏云金芽胞杆菌的生物学特性 …………………………………… 351
二、苏云金芽胞杆菌的发酵技术 …………………………………… 370
三、苏云金芽胞杆菌的蛋白质特性研究 …………………………………… 378
四、苏云金芽胞杆菌的基因研究 …………………………………… 379
五、苏云金芽胞杆菌其他生理功能检测 …………………………………… 398
六、昆虫对苏云金芽胞杆菌抗性的研究 …………………………………… 400
七、苏云金芽胞杆菌相关酶学研究 …………………………………… 401
八、苏云金芽胞杆菌防治线虫、寄生虫 …………………………………… 404
九、苏云金芽胞杆菌防治鳞翅目害虫 …………………………………… 405
十、苏云金芽胞杆菌防治鞘翅目害虫 …………………………………… 410
十一、苏云金芽胞杆菌防治双翅目害虫 …………………………………… 413
十二、苏云金芽胞杆菌的种下分化研究 …………………………………… 414
十三、苏云金芽胞杆菌的制剂研究 …………………………………… 414
十四、苏云金芽胞杆菌噬菌体的研究 …………………………………… 416

第二十六节　纺锤形芽胞杆菌 …… 417
一、纺锤形芽胞杆菌的分离和培养 …… 417
二、纺锤形芽胞杆菌降解废水 …… 418
三、纺锤形芽胞杆菌转化南瓜六碳糖产生戊糖 …… 418
四、纺锤形芽胞杆菌异丁香酚产生香草醛 …… 418

第二十七节　炭疽芽胞杆菌 …… 419
一、炭疽芽胞杆菌的生物学特性 …… 419
二、炭疽芽胞杆菌的基因分析 …… 419
三、炭疽芽胞杆菌的快速检测 …… 420
四、炭疽芽胞杆菌的免疫特性 …… 423
五、炭疽芽胞杆菌的侵染特性 …… 424

第二十八节　弯曲芽胞杆菌 …… 425
一、弯曲芽胞杆菌的分离与鉴定 …… 425
二、弯曲芽胞杆菌产碱性淀粉酶特性 …… 426
三、弯曲芽胞杆菌降解污染特性 …… 426

第二十九节　蕈状芽胞杆菌 …… 427
一、蕈状芽胞杆菌产磷脂酶C菌株的筛选 …… 427
二、蕈状芽胞杆菌及其代谢产物增强小鼠免疫功能活性成分的分离与鉴定 …… 427
三、蕈状芽胞杆菌代谢物活性成分对小鼠免疫功能的影响 …… 428
四、鳖致病性蕈状芽胞杆菌的分离鉴定 …… 429

第三十节　解淀粉芽胞杆菌 …… 429
一、解淀粉芽胞杆菌的生物学特性 …… 429
二、解淀粉芽胞杆菌的发酵技术 …… 430
三、解淀粉芽胞杆菌的基因克隆 …… 432
四、解淀粉芽胞杆菌的检测与灭活 …… 433
五、解淀粉芽胞杆菌产酶特性 …… 434
六、解淀粉芽胞杆菌用于植物病害的生物防治 …… 435
七、解淀粉芽胞杆菌用于污染治理 …… 439
八、解淀粉芽胞杆菌产生化物质特性 …… 439
九、解淀粉芽胞杆菌用于动物益生菌 …… 440

第六章　地芽胞杆菌属 …… 441
第一节　地芽胞杆菌属的特征和分化 …… 441
一、地芽胞杆菌属的特征 …… 441
二、地芽胞杆菌属的分化 …… 441

第二节　热葡糖苷酶地芽胞杆菌 …… 442
一、热葡糖苷酶地芽胞杆菌的嗜热特性 …… 442
二、热葡糖苷酶地芽胞杆菌产纤维素酶特性 …… 442
三、热葡糖苷酶地芽胞杆菌的发酵特性 …… 442

　　　　四、热葡糖苷酶地芽胞杆菌苯酚降解特性 ………………………………………… 443
　　第三节　高温木质素降解地芽胞杆菌 ……………………………………………………… 443
　　　　一、高温木质素降解地芽胞杆菌产木质素过氧化物酶特性 …………………………… 443
　　　　二、高温木质素降解地芽胞杆菌嗜热特性 ………………………………………………… 443
　　第四节　高温烷烃地芽胞杆菌 ……………………………………………………………… 444
　　　　一、高温烷烃地芽胞杆菌的分离与鉴定 ………………………………………………… 444
　　　　二、高温烷烃地芽胞杆菌产生物乳化剂特性 …………………………………………… 445
　　第五节　嗜热脂肪地芽胞杆菌 ……………………………………………………………… 445
　　　　一、嗜热脂肪地芽胞杆菌的生物学特性 ………………………………………………… 445
　　　　二、嗜热脂肪地芽胞杆菌的发酵技术 …………………………………………………… 446
　　　　三、嗜热脂肪地芽胞杆菌用于生物肥料 ………………………………………………… 447
　　　　四、嗜热脂肪地芽胞杆菌的基因研究 …………………………………………………… 447
　　　　五、嗜热脂肪地芽胞杆菌的检测与灭活 ………………………………………………… 449
　　　　六、嗜热脂肪地芽胞杆菌产酶特性 ……………………………………………………… 450

第七章　喜盐芽胞杆菌属 ……………………………………………………………………… 453
　　第一节　喜盐芽胞杆菌属的特性和分化 …………………………………………………… 453
　　　　一、喜盐芽胞杆菌属的特性 ……………………………………………………………… 453
　　　　二、喜盐芽胞杆菌属的分化 ……………………………………………………………… 453
　　第二节　达坂喜盐芽胞杆菌 ………………………………………………………………… 453
　　　　一、达坂喜盐芽胞杆菌的生物学特性 …………………………………………………… 453
　　　　二、达坂喜盐芽胞杆菌产热激蛋白特性 ………………………………………………… 454
　　　　三、达坂喜盐芽胞杆菌的基因工程改造 ………………………………………………… 454
　　第三节　盐渍喜盐芽胞杆菌 ………………………………………………………………… 455
　　　　一、盐渍喜盐芽胞杆菌从红海滩泥中分离与鉴定 ……………………………………… 455
　　　　二、盐渍喜盐芽胞杆菌从腌制食品中分离与鉴定 ……………………………………… 455
　　　　三、盐渍喜盐芽胞杆菌从柴达木盆地中分离与鉴定 …………………………………… 456
　　第四节　楚氏喜盐芽胞杆菌 ………………………………………………………………… 457
　　　　一、楚氏喜盐芽胞杆菌生物学特性 ……………………………………………………… 457
　　　　二、楚氏喜盐芽胞杆菌产甘氨酸甜菜碱特性 …………………………………………… 457
　　　　三、楚氏喜盐芽胞杆菌抗肿瘤活性评价 ………………………………………………… 458
　　　　四、楚氏喜盐芽胞杆菌耐盐克隆与应用 ………………………………………………… 458
　　　　五、楚氏喜盐芽胞杆菌的生态多样性 …………………………………………………… 459

第八章　短芽胞杆菌属 ………………………………………………………………………… 460
　　第一节　短芽胞杆菌属的特性与分类 ……………………………………………………… 460
　　　　一、短芽胞杆菌属的特性 ………………………………………………………………… 460
　　　　二、短芽胞杆菌属的分类 ………………………………………………………………… 460
　　第二节　短短芽胞杆菌 ……………………………………………………………………… 460
　　　　一、短短芽胞杆菌的生物学特性 ………………………………………………………… 460

二、短短芽胞杆菌的发酵技术 …………………………………………………… 461
　　三、短短芽胞杆菌的基因克隆 …………………………………………………… 461
　　四、短短芽胞杆菌的检测技术 …………………………………………………… 462
　　五、短短芽胞杆菌产酶特性 ……………………………………………………… 463
　　六、短短芽胞杆菌用于植物病害的生物防治 …………………………………… 464
　　七、短短芽胞杆菌用于污染治理 ………………………………………………… 465
　　八、短短芽胞杆菌用于动物益生菌 ……………………………………………… 467
　第三节　侧胞短芽胞杆菌 ……………………………………………………………… 467
　　一、侧胞短芽胞杆菌的生物学特性 ……………………………………………… 467
　　二、侧胞短芽胞杆菌的发酵技术 ………………………………………………… 467
　　三、侧胞短芽胞杆菌用于生物肥料 ……………………………………………… 468
　　四、侧胞短芽胞杆菌的基因转导 ………………………………………………… 468
　　五、侧胞短芽胞杆菌产酶特性 …………………………………………………… 468
　　六、侧胞短芽胞杆菌用于植物病害的生物防治 ………………………………… 469
　　七、侧胞短芽胞杆菌用于污染治理 ……………………………………………… 469
　　八、侧胞短芽胞杆菌产生化物质特性 …………………………………………… 470
　第四节　土壤短芽胞杆菌 ……………………………………………………………… 470
　　一、土壤短芽胞杆菌的生物学特性 ……………………………………………… 470
　　二、土壤短芽胞杆菌产生物表面活性剂特性 …………………………………… 471
　　三、土壤短芽胞杆菌用于生物肥料 ……………………………………………… 471

第九章　硫化芽胞杆菌属 …………………………………………………………………… 472
　第一节　硫化芽胞杆菌属的特性与分化 ……………………………………………… 472
　　一、硫化芽胞杆菌属的特性 ……………………………………………………… 472
　　二、硫化芽胞杆菌属的分化 ……………………………………………………… 472
　第二节　嗜酸硫化芽胞杆菌 …………………………………………………………… 472
　　一、嗜酸硫化芽胞杆菌的生物学特性 …………………………………………… 472
　　二、嗜酸硫化芽胞杆菌黄铜浸矿体系 …………………………………………… 473
　　三、嗜酸硫化芽胞杆菌硫化物的利用 …………………………………………… 473
　　四、嗜酸硫化芽胞杆菌的氧化能力 ……………………………………………… 473
　第三节　耐温氧化硫化芽胞杆菌 ……………………………………………………… 474
　　一、耐温氧化硫化芽胞杆菌黄铁矿氧化特性 …………………………………… 474
　　二、耐温氧化硫化芽胞杆菌金矿氧化特性 ……………………………………… 474
　　三、耐温氧化硫化芽胞杆菌铜矿氧化特性 ……………………………………… 475
　第四节　热氧化硫化芽胞杆菌 ………………………………………………………… 477
　　一、热氧化硫化芽胞杆菌的生物学特性 ………………………………………… 477
　　二、热氧化硫化芽胞杆菌对锌硫化矿浸出能力比较 …………………………… 477
　　三、热氧化硫化芽胞杆菌在铜矿浸出过程微生物群落的演替规律 …………… 479
　　四、热氧化硫化芽胞杆菌对低品位铀矿生物浸出能力 ………………………… 479

五、热氧化硫化芽胞杆菌在黄铁矿表面的吸附规律 …………………………… 481
　　　六、热氧化硫化芽胞杆菌在生物浸矿反应器中氧化还原酶研究 …………… 482
　　　七、热氧化硫化芽胞杆菌的分离与鉴定 ………………………………………… 482
　　　八、热氧化硫化芽胞杆菌适应与活化元素硫的分子机制研究 ……………… 483
　　　九、热氧化硫化芽胞杆菌用于污泥洁净化的微生物淋滤技术 ……………… 484

第十章　类芽胞杆菌属 ……………………………………………………………… 485
第一节　类芽胞杆菌属的特性和分化 ………………………………………… 485
　　　一、类芽胞杆菌属的特性 ………………………………………………………… 485
　　　二、类芽胞杆菌属的分化 ………………………………………………………… 485
第二节　多粘类芽胞杆菌 ……………………………………………………… 485
　　　一、多粘类芽胞杆菌的生物学特性 ……………………………………………… 485
　　　二、多粘类芽胞杆菌的发酵技术 ………………………………………………… 486
　　　三、多粘类芽胞杆菌用于生物肥料 ……………………………………………… 488
　　　四、多粘类芽胞杆菌的基因转导 ………………………………………………… 488
　　　五、多粘类芽胞杆菌产酶特性 …………………………………………………… 489
　　　六、多粘类芽胞杆菌用于植物病害的生物防治 ………………………………… 489
　　　七、多粘类芽胞杆菌产生化物质特性 …………………………………………… 495
　　　八、多粘类芽胞杆菌用于动物益生菌 …………………………………………… 496
　　　九、多粘类芽胞杆菌吸附重金属 ………………………………………………… 497
第三节　强壮类芽胞杆菌 ……………………………………………………… 497
　　　一、强壮类芽胞杆菌降解微囊藻毒特性 ………………………………………… 497
　　　二、强壮类芽胞杆菌对海草促生效果 …………………………………………… 497
第四节　埃吉类芽胞杆菌 ……………………………………………………… 498
　　　一、埃吉类芽胞杆菌的生物学特性 ……………………………………………… 498
　　　二、埃吉类芽胞杆菌的发酵技术 ………………………………………………… 498
　　　三、埃吉类芽胞杆菌产酶特性 …………………………………………………… 498
　　　四、埃吉类芽胞杆菌用于植物病害的生物防治 ………………………………… 499
第五节　幼虫类芽胞杆菌 ……………………………………………………… 500
　　　一、幼虫类芽胞杆菌的病原学特性 ……………………………………………… 500
　　　二、幼虫类芽胞杆菌的防治技术 ………………………………………………… 500
　　　三、幼虫类芽胞杆菌的检测 ……………………………………………………… 500
第六节　软化类芽胞杆菌 ……………………………………………………… 501
　　　一、软化类芽胞杆菌产碱性纤维素酶特性 ……………………………………… 501
　　　二、软化类芽胞杆菌产抗氧化物质特性 ………………………………………… 501
　　　三、软化类芽胞杆菌产环糊精葡萄糖基转移酶特性 …………………………… 502
　　　四、软化类芽胞杆菌产生物表面活性剂特性 …………………………………… 505

第十一章　枝芽胞杆菌属 …………………………………………………………… 506
第一节　枝芽胞杆菌属的特征与分类 ………………………………………… 506

一、枝芽胞杆菌属的特征 …………………………………………………… 506
二、枝芽胞杆菌属的分类 …………………………………………………… 506
第二节 泛酸枝芽胞杆菌 ……………………………………………………………… 506
一、泛酸枝芽胞杆菌的生物学特性 ………………………………………… 506
二、泛酸枝芽胞杆菌用于植物病害的生物防治 …………………………… 507
第三节 独岛枝芽胞杆菌 ……………………………………………………………… 507
一、独岛枝芽胞杆菌产抗菌物质特性 ……………………………………… 507
二、独岛枝芽胞杆菌作为深海重金属抗性菌的分离鉴定 ………………… 509
第四节 死海枝芽胞杆菌 ……………………………………………………………… 510
一、死海枝芽胞杆菌的生物学特性 ………………………………………… 510
二、死海枝芽胞杆菌的分离与鉴定 ………………………………………… 510
第五节 盐脱氮枝芽胞杆菌 …………………………………………………………… 510
一、盐脱氮枝芽胞杆菌的生物学特性 ……………………………………… 510
二、蜢子虾酱中盐脱氮枝芽胞杆菌的分离与鉴定 ………………………… 510

参考文献 ………………………………………………………………………………… 512
索引 ……………………………………………………………………………………… 847

第一章 绪 论

第一节 细菌分类系统

一、细菌系统发育研究

在细菌分类学研究上，有三个里程碑对芽胞杆菌的分类研究非常重要：第一个里程碑是 Robert S. Breed 于 1923～1948 年主持出版了第一至第六版《伯杰氏鉴定细菌学手册》(*Bergey's Manual of Determinative Bacteriology*)；第二个里程碑是 Ruth Evelyn Gordon 等于 1973 年出版了著名著作《芽胞杆菌属》(*The Genus Bacillus*)，奠定了现代芽胞杆菌分类学的基础；第三个里程碑是 Skerman 等于 1980 年出版了《细菌名称确认名录》(*Approved List of Bacterial Names*)。

不同版次的《伯杰氏鉴定细菌学手册》收录的芽胞杆菌属种类不同，第一版（1923年出版）收录 75 种，第二版（1925 年出版）收录 75 种，第三版（1930 年出版）收录 93 种，第四版（1934 年出版）收录 93 种，第五版（1939 年出版）收录 146 种；第六至第八版，由于从芽胞杆菌属（*Bacillus*）划分出多个芽胞杆菌近缘属，因此收录的芽胞杆菌属细菌种类数锐减，第六版（1948 年出版）收录 33 种，第七版（1957 年出版）收录 25 种，第八版（1974 年出版）收录 22 种。1984～1986 年《伯杰氏鉴定细菌学手册》更名为《伯杰氏系统细菌学手册》(*Bergey's Manual of Systematic Bacteriology*)；1984～1989 年，美国 Williams & Wilkins 出版公司分 4 卷出版了第一版《伯杰氏系统细菌学手册》；1994 年又将《伯杰氏系统细菌学手册》1～4 卷中有关属以上分类单元的分类鉴定资料进行少量的修改补充后汇集成一册，仍用原来的《伯杰氏鉴定细菌学手册》名称出版，故称之为《伯杰氏鉴定细菌学手册》第九版。2001～2012 年出版了第二版《伯杰氏系统细菌学手册》，分 5 卷出版。

二、关于《伯杰氏系统细菌学手册》

《伯杰氏系统细菌学手册》第二版（*Bergry's Manual of Systematic Bacteriology*, 2nd Edition），于 2001～2012 年由 Springer-Verlag 公司分 5 卷出版，主编是 George M. Garrity、Mattew Winters 和 Nenise B. Searles。第二版与第一版相比有较大改动，与第八版、第九版《伯杰氏细菌鉴定学手册》也有明显区别。它不是根据表型，而是以系统发生（进化）的框架为基础，参照了 16S rRNA 基因序列进行细菌分类的。《伯杰氏系统细菌学手册》第二版的 5 卷分述如下。

第 1 卷（volume 1）(2001 年）包含了古生菌门、深分枝菌和光合细菌 [The Archaea and the deeply branching and phototrophic Bacteria]，主编是 George M. Garrity，其他编著者有 David R. Boone 和 Richard W. Castenholz，书号 ISBN 0-387-98771-1。

第 2 卷（volume 2）（2005 年）包含了变形菌门［The Proteobacteria］，主编是 George M. Garrity，其他编著者有 Don J. Brenner、Noel R. Krieg 和 James T. Staley，书号 ISBN 0-387-95040-0。

第 3 卷（volume 3）（2009 年）包含了厚壁菌门［The Firmicutes］，编者有 Paul De Vos、George Garrity、Dorothy Jones、Noel R. Krieg、Wolfgang Ludwig、Fred A. Rainey、Karl-Heinz Schleifer 和 William B. Whitman，书号 ISBN 0-387-95041-9。

第 4 卷（volume 4）（2011 年）包含了拟杆菌门、螺旋体门、柔壁菌门（柔膜菌门）、酸杆菌门、丝状杆菌门、梭杆菌门、网球菌纲、出芽单胞菌门、黏结球形菌纲、疣微菌门、衣原体纲和浮霉状菌门［The Bacteroidetes、Spirochaetes、Tenericutes（Mollicutes）、Acidobacteria、Fibrobacteres、Fusobacteria、Dictyoglomi、Gemmatimonadetes、Lentisphaerae、Verrucomicrobia、Chlamydiae and Planctomycetes］，编者有 Noel R. Krieg、James T. Staley、Daniel R. Brown、Brian P. Hedlund、Bruce J. Paster、Naomi L. Ward、Wolfgang Ludwig 和 William B. Whitman，书号 ISBN 0-387-95042-6。

第 5 卷（volume 5）（2012 年）包含了放线菌门［The Actinobacteria］，编者有 Michael Goodfellow、Peter Kämpfer、Hans-Jürgen Busse、Martha E. Trujillo、Kenichiro Suzuki、Wolfgang Ludwig 和 William B. Whitman，书号 ISBN 0-387-95042-7。

三、细菌分类系统

1. 细菌纲以上的分类系统

本分类系统参照第二版《伯杰氏系统细菌学手册》。原核生物界分为 2 个域，即古生菌域和细菌域。古生菌域有 2 个门，即泉古生菌门和广古生菌门。细菌域分为 23 个门。重要的细菌门是第 BXII 门变形杆菌门（Proteobacteria phy. nov.）和第 BXIII 门厚壁菌门（Firmicutes）。细菌纲以上的分类系统如下。

古生菌域（Domain Archaea）
  第 A I 门 泉古生菌门（Crenarchaeota phy. nov.）
    第 I 纲 热变形菌纲（Thermoprotei class. nov.）
  第 A II 门 广古生菌门（Euryarchaeota phy. nov.）
    第 I 纲 甲烷杆菌纲（Methanobacteria class. nov.）
    第 II 纲 甲烷球菌纲（Methanococci class. nov.）
    第 III 纲 盐杆菌纲（Halobacteria class. nov.）
    第 IV 纲 热原体纲（Thermoplasmata class. nov.）
    第 V 纲 热球菌纲（Thermococci class. nov.）
    第 VI 纲 古生球菌纲（Archaeoglobi class. nov.）
    第 VIII 纲 甲烷嗜高热菌纲（Methanopyri class. nov.）
细菌域（Domain Bacteria）
  第 B I 门 产液菌门（Aquificae phy. nov.）
    第 I 纲 产液菌纲（Aquificae class. nov.）

第 BⅡ门　热袍菌门（Thermotogae phy. nov.）
　　第Ⅰ纲　栖热袍菌纲（Thermotogae class. nov.）
第 BⅢ门　热脱硫杆菌门（Thermodesulfobacteria phy. nov.）
　　第Ⅰ纲　热脱硫杆菌纲（Thermodesulfobacteria class. nov.）
第 BⅣ门　异常球菌-栖热菌门（Deinococcus-Thermus）
　　第Ⅰ纲　异常球菌纲（Deinococci class. nov.）
第 BⅤ门　金矿菌门（Chrysiogenetes phy. nov.）
　　第Ⅰ纲　金矿菌纲（Chrysiogenetes class. nov.）
第 BⅥ门　绿屈挠菌门（Chloroflexi phy. nov.）
　　第Ⅰ纲　绿屈挠菌纲（Chloroflexi）
第 BⅦ门　热微菌门（Thermomicrobia phy. nov.）
　　第Ⅰ纲　热微菌纲（Thermomicrobia class. nov.）
第 BⅧ门　硝化螺菌门（Nitrospira phy. nov.）
　　第Ⅰ纲　硝化螺菌纲（Nitrospira）
第 BⅨ门　脱铁杆菌门（Deferribacteres phy. nov.）
　　第Ⅰ纲　铁还原杆菌纲（Deferribacteres class. nov.）
第 BⅩ门　蓝细菌门（Cyanobacteria）
　　第Ⅰ纲　蓝细菌纲（Cyanobacteria）
第 BⅪ门　绿菌门（Chlorobi phy. nov.）
　　第Ⅰ纲　绿菌纲（Chlorobia）
第 BⅫ门　变形杆菌门（Proteobacteria phy. nov.）
　　第Ⅰ纲　阿耳法变形杆菌纲（Alphaproteobacteria）
　　第Ⅱ纲　贝塔变形杆菌纲（Betaproteobacteria）
　　第Ⅲ纲　伽马变形菌纲（Gammaproteobacteria）
　　第Ⅳ纲　德耳塔变形杆菌纲（Deltaproteobacteria）
　　第Ⅴ纲　依普西隆变形杆菌纲（Epsilonproteobacteria）
第 BⅩⅢ门　厚壁菌门（Firmicutes）
　　第Ⅰ纲　梭菌纲（Clostridia）
　　第Ⅱ纲　柔膜菌纲（Mollicutes）
　　第Ⅲ纲　芽胞杆菌纲（Bacilli）
第 BⅩⅣ门　放线菌门（Actinobacteria phy. nov.）
　　第Ⅰ纲　放线菌纲（Actinobacteria）
　　　　第Ⅰ亚纲　醋微菌亚纲（Acidimicrobidae）
　　　　第Ⅱ亚纲　红色杆形菌亚纲（Rubrobacteridae）
　　　　第Ⅲ亚纲　红蜻菌亚纲（Coriobacteridae）
　　　　第Ⅳ亚纲　球杆菌亚纲（Sphaerobacteridae）
　　　　第Ⅴ亚纲　放线菌亚纲（Actinobacteridae）
第 BⅩⅤ门　浮霉状菌门（Planctomycetes phy. nov.）

　　　　第Ⅰ纲　浮霉状菌纲（Planctomycetacia）
第BⅩⅥ门　衣原体门（Chlamydiae phy. nov.）
　　　　第Ⅰ纲　衣原体纲（Chlamydiae）
第BⅩⅦ门　螺旋体门（Spirochaetes phy. nov.）
　　　　第Ⅰ纲　螺旋体纲（Spirochaetes）
第BⅩⅧ门　丝状杆菌门（Fibrobacteres phy. nov.）
　　　　第Ⅰ纲　丝状杆菌纲（Fibrobacteres）
第BⅩⅨ门　酸杆菌门（Acidobacteria phy. nov.）
　　　　第Ⅰ纲　酸杆菌纲（Acidobacteria）
第BⅩⅩ门　拟杆菌门（Bacteroidetes phy. nov.）
　　　　第Ⅰ纲　拟杆菌纲（Bacteroidetes）
　　　　第Ⅱ纲　黄杆菌纲（Flavobacteria）
　　　　第Ⅲ纲　鞘氨醇杆菌纲（Sphingobacteria）
第BⅩⅪ门　梭杆菌门（Fusobacteria phy. nov.）
　　　　第Ⅰ纲　梭杆菌纲（Fusobacteria）
第BⅩⅫ门　疣微菌门（Verrucomicrobia phy. nov.）
　　　　第Ⅰ纲　疣微菌纲（Verrucomicrobiae）
第BⅩⅩⅢ门　网状球菌门（Dictyoglomus phy. nov.）
　　　　第Ⅰ纲　网状球菌纲（Dictyoglomi）

2. 芽胞杆菌分类系统

本芽胞杆菌分类系统参照 2009 年出版的《伯杰氏系统细菌学手册》第二版第 3 卷——《厚壁菌门》（*The Firmicutes*）。芽胞杆菌属及其近缘属分布在厚壁菌门的 3 个纲中，即芽胞杆菌纲（Bacilli）、梭菌纲（Clostridia）和丹毒丝菌纲（Erysipelotrichia）。芽胞杆菌纲分成 2 个目，即 Bacillales（芽胞杆菌目）和 Lactobacillales（乳酸杆菌目）；芽胞杆菌目包含了 5 个科，即芽胞杆菌科（Bacillaceae）、脂环酸芽胞杆菌科（Alicyclobacillaceae）、类芽胞杆菌科（Paenibacillaceae）、游动球菌科（Planococcaceae）和芽胞乳杆菌科（Sporolactobacillaceae）；乳酸杆菌目包含了 1 个科，即乳酸杆菌科（Lactobacillaceae）；梭菌纲与芽胞杆菌属及其近缘属有关的科有 2 个，它们是阳光杆菌科（Heliobacteriaceae）和分类定位不确定科（Family ⅩⅦ. Incertae Sedis）；丹毒丝菌纲与芽胞杆菌属及其近缘属有关的科 1 个，即丹毒丝菌科（Erysipelotrichaceae）。

该版《伯杰氏系统细菌学手册》收录了芽胞杆菌属及其近缘属 26 个、359 种芽胞杆菌，这些种中不包括同物异名，其中芽胞杆菌科有 16 个属，如芽胞杆菌属（*Bacillus*）、碱芽胞杆菌属（*Alkalibacillus*）、兼性芽胞杆菌属（*Amphibacillus*）、无氧芽胞杆菌属（*Anoxybacillus*）、樱桃样芽胞杆菌属（*Cerasibacillus*）、线芽胞杆菌属（*Filobacillus*）、地芽胞杆菌属（*Geobacillus*）、纤细芽胞杆菌属（*Gracilibacillus*）、喜盐芽胞杆菌属（*Halobacillus*）、慢生芽胞杆菌属（*Lentibacillus*）和大洋芽胞杆菌属（*Oceanobacillus*）等；脂环酸芽胞杆菌科只有 1 个属，即脂环酸芽胞杆菌属（*Alicy-*

clobacillus);类芽胞杆菌科有 4 个属,即类芽胞杆菌属(*Paenibacillus*)、解硫胺素芽胞杆菌属(*Aneurinibacillus*)、短芽胞杆菌属(*Brevibacillus*)和耐热芽胞杆菌属(*Thermobacillus*);游动球菌科有 3 个属,即咸海鲜芽胞杆菌属(*Jeotgalibacillus*)、海芽胞杆菌属(*Marinibacillus*)和尿素芽胞杆菌属(*Ureibacillus*);芽胞乳杆菌科(Sporolactobacillaceae)有 1 个属,即芽胞乳杆菌属(*Sporolactobacillus*)。此外,该版《伯杰氏系统细菌学手册》还包括了不产芽胞的细菌,但在命名书写上与芽胞杆菌属(*Bacillus*)相似,这些属如盐乳杆菌属(*Halolactibacillus*)、乳杆菌属(*Lactobacillus*)、副乳杆菌属(*Paralactobacillus*)、海乳杆菌属(*Marinilactibacillus*)、阳光小杆菌属(*Heliobacillus*)和粪杆菌属(*Coprobacillus*)。在该《伯杰氏系统细菌学手册》出版之后,新近划分出的芽胞杆菌及其近缘属未列入本节阐述的芽胞杆菌分类系统。

基于《伯杰氏系统细菌学手册》第二版,厚壁菌门的纲、目、科、属分类系统如下。

Phylum XIII. 厚壁菌门 Firmicutes
 Class I. 芽胞杆菌纲 Bacilli
  Order I. 芽胞杆菌目 Bacillales
   Family I. 芽胞杆菌科 Bacillaceae
    Genus I. 芽胞杆菌属 *Bacillus*
    Genus II. 碱芽胞杆菌属 *Alkalibacillus*
    Genus III. 兼性芽胞杆菌属 *Amphibacillus*
    Genus IV. 无氧芽胞杆菌属 *Anoxybacillus*
    Genus V. 樱桃样芽胞杆菌属 *Cerasibacillus*
    Genus VI. 线芽胞杆菌属 *Filobacillus*
    Genus VII. 地芽胞杆菌属 *Geobacillus*
    Genus VIII. 纤细芽胞杆菌属 *Gracilibacillus*
    Genus IX. 喜盐芽胞杆菌属 *Halobacillus*
    Genus X. 盐乳杆菌属 *Halolactibacillus*
    Genus XI. 慢生芽胞杆菌属 *Lentibacillus*
    Genus XII. 海球菌属 *Marinococcus*
    Genus XIII. 大洋芽胞杆菌属 *Oceanobacillus*
    Genus XIV. 海境芽胞杆菌属 *Paraliobacillus*
    Genus XV. 海芽胞杆菌属 *Pontibacillus*
    Genus XVI. 糖球菌属 *Saccharococcus*
    Genus XVII. 细纤芽胞杆菌属 *Tenuibacillus*
    Genus XVIII. 深海芽胞杆菌属 *Thalassobacillus*
    Genus XIX. 枝芽胞杆菌属 *Virgibacillus*
   Family II. 脂环酸芽胞杆菌科 Alicyclobacillaceae
    Genus I. 脂环酸芽胞杆菌属 *Alicyclobacillus*
   Family III. 李斯特氏菌科 Listeriaceae

　　　　Genus Ⅰ. 李斯特菌属 *Listeria*
　　　　Genus Ⅱ. 环丝菌属 *Brochothrix*
　Family Ⅳ. 类芽胞杆菌科 Paenibacillaceae
　　　　Genus Ⅰ. 类芽胞杆菌属 *Paenibacillus*
　　　　Genus Ⅱ. 嗜氨菌属 *Ammoniphilus*
　　　　Genus Ⅲ. 解硫氨素芽胞杆菌属 *Aneurinibacillus*
　　　　Genus Ⅳ. 短芽胞杆菌属 *Brevibacillus*
　　　　Genus Ⅴ. 科恩氏菌属 *Cohnella*
　　　　Genus Ⅵ. 嗜草酸菌属 *Oxalophagus*
　　　　Genus Ⅶ. 耐热芽胞杆菌属 *Thermobacillus*
　Family Ⅴ. 巴斯德氏芽菌科 Pasteuriaceae
　　　　Genus Ⅰ. 巴斯德氏芽菌属 *Pasteuria*
　Family Ⅵ. 游动球菌科 Planococcaceae
　　　　Genus Ⅰ. 游动球菌属 *Planococcus*
　　　　Genus Ⅱ. 显核菌属 *Caryophanon*
　　　　Genus Ⅲ. 线状杆菌属 *Filibacter*
　　　　Genus Ⅳ. 咸海鲜芽胞杆菌属 *Jeotgalibacillus*
　　　　Genus Ⅴ. 库特氏菌属 *Kurthia*
　　　　Genus Ⅵ. 海芽胞杆菌属 *Marinibacillus*
　　　　Genus Ⅶ. 游动微菌属 *Planomicrobium*
　　　　Genus Ⅷ. 芽胞八叠球菌属 *Sporosarcina*
　　　　Genus Ⅸ. 尿素芽胞杆菌属 *Ureibacillus*
　Family Ⅶ. 芽胞乳杆菌科 Sporolactobacillaceae
　　　　Genus Ⅰ. 芽胞乳杆菌属 *Sporolactobacillus*
　Family Ⅷ. 葡萄球菌科 Staphylococcaceae
　　　　Genus Ⅰ. 葡萄球菌属 *Staphylococcus*
　　　　Genus Ⅱ. 咸海鲜球菌属 *Jeotgalicoccus*
　　　　Genus Ⅲ. 巨大球菌属 *Macrococcus*
　　　　Genus Ⅳ. 盐水球菌属 *Salinicoccus*
　Family Ⅸ. 高温放线菌科 Thermoactinomycetaceae
　　　　Genus Ⅰ. 高温放线菌属 *Thermoactinomyces*
　　　　Genus Ⅱ. 莱斯氏菌属 *Laceyella*
　　　　Genus Ⅲ. 海湖放线菌属 *Mechercharimyces*
　　　　Genus Ⅳ. 扁平丝菌属 *Planifilum*
　　　　Genus Ⅴ. 清野氏菌属 *Seinonella*
　　　　Genus Ⅵ. 岛津氏菌属 *Shimazuella*
　　　　Genus Ⅶ. 热黄微菌属 *Thermoflavimicrobium*
　Family Ⅹ. 未定科 Incertae Sedis

　　　　Genus Ⅰ. 热存活菌属 *Thermicanus*
　　Family Ⅺ. 未定科 Incertae Sedis
　　　　Genus Ⅰ. 孪生球菌属 *Gemella*
　　Family Ⅻ. 未定科 Incertae Sedis
　　　　Genus Ⅰ. 微小杆菌属 *Exiguobacterium*
Order Ⅱ. 乳杆菌目 Lactobacillales
　　Family Ⅰ. 乳杆菌科 Lactobacillaceae
　　　　Genus Ⅰ. 乳杆菌属 *Lactobacillus*
　　　　Genus Ⅱ. 副乳杆菌属 *Paralactobacillus*
　　　　Genus Ⅲ. 片球菌属 *Pediococcus*
　　Family Ⅱ. 气球菌科 Aerococcaceae
　　　　Genus Ⅰ. 气球菌属 *Aerococcus*
　　　　Genus Ⅱ. 乏养菌属 *Abiotrophia*
　　　　Genus Ⅲ. 狡诈球菌属 *Dolosicoccus*
　　　　Genus Ⅳ. 另位球菌属 *Eremococcus*
　　　　Genus Ⅴ. 费克蓝姆氏菌属 *Facklamia*
　　　　Genus Ⅵ. 球链菌属 *Globicatella*
　　　　Genus Ⅶ. 不活动粒菌属 *Ignavigranum*
　　Family Ⅲ. 肉杆菌科 Carnobacteriaceae
　　　　Genus Ⅰ. 肉杆菌属 *Carnobacterium*
　　　　Genus Ⅱ. 碱杆菌属 *Alkalibacterium*
　　　　Genus Ⅲ. 别样棒状杆菌属 *Allofustis*
　　　　Genus Ⅳ. 差异球菌属 *Alloiococcus*
　　　　Genus Ⅴ. 陌生杆菌属 *Atopobacter*
　　　　Genus Ⅵ. 陌生球菌属 *Atopococcus*
　　　　Genus Ⅶ. 陌生柱状杆菌属 *Atopostipes*
　　　　Genus Ⅷ. 德库菌属 *Desemzia*
　　　　Genus Ⅸ. 狡诈球菌属 *Dolosigranulum*
　　　　Genus Ⅹ. 断链小球菌属 *Granulicatella*
　　　　Genus Ⅺ. 类杆状菌属 *Isobaculum*
　　　　Genus Ⅻ. 海乳杆菌属 *Marinilactibacillus*
　　　　Genus ⅩⅢ. 毛球菌属 *Trichococcus*
　　Family Ⅳ. 肠球菌科 Enterococcaceae
　　　　Genus Ⅰ. 肠球菌属 *Enterococcus*
　　　　Genus Ⅱ. 蜜蜂菌属 *Melissococcus*
　　　　Genus Ⅲ. 四联球菌属 *Tetragenococcus*
　　　　Genus Ⅳ. 漫游球菌属 *Vagococcus*
　　Family Ⅴ. 明串珠菌科 Leuconostocaceae

  Genus Ⅰ. 明串珠菌属 *Leuconostoc*
  Genus Ⅱ. 酒球菌属 *Oenococcus*
  Genus Ⅲ. 魏斯氏菌属 *Weissella*
 Family Ⅵ. 链球菌科 Streptococcaceae
  Genus Ⅰ. 链球菌属 *Streptococcus*
  Genus Ⅱ. 乳球菌属 *Lactococcus*
  Genus Ⅲ. 乳卵形菌属 *Lactovum*

Class Ⅱ. 梭菌纲 Clostridia
 Order Ⅰ. 梭菌目 Clostridiales
  Family Ⅰ. 梭菌科 Clostridiaceae
   Genus Ⅰ. 梭菌属 *Clostridium*
   Genus Ⅱ. 嗜碱菌属 *Alkaliphilus*
   Genus Ⅲ. 厌氧杆菌属 *Anaerobacter*
   Genus Ⅳ. 无氧碱菌属 *Anoxynatronum*
   Genus Ⅴ. 喜热菌属 *Caloramator*
   Genus Ⅵ. 喜热厌氧菌属 *Caloranaerobacter*
   Genus Ⅶ. 热水口胞菌属 *Caminicella*
   Genus Ⅷ. 本地碱菌属 *Natronincola*
   Genus Ⅸ. 产醋杆菌属 *Oxobacter*
   Genus Ⅹ. 八叠球菌属 *Sarcina*
   Genus Ⅺ. 热分枝菌属 *Thermobrachium*
   Genus Ⅻ. 热嗜盐杆菌属 *Thermohalobacter*
   Genus ⅩⅢ. 丁达尔氏菌属 *Tindallia*
  Family Ⅱ. 真杆菌科 Eubacteriaceae
   Genus Ⅰ. 真杆菌属 *Eubacterium*
   Genus Ⅱ. 醋杆状菌属 *Acetobacterium*
   Genus Ⅲ. 碱杆状菌属 *Alkalibacter*
   Genus Ⅳ. 厌氧棒形菌属 *Anaerofustis*
   Genus Ⅴ. 加西亚氏菌属 *Garciella*
   Genus Ⅵ. 假枝杆菌属 *Pseudoramibacter*
  Family Ⅲ. 纤细杆菌科 Gracilibacteraceae
   Genus Ⅰ. 纤细杆菌属 *Gracilibacter*
  Family Ⅳ. 阳光杆菌科 Heliobacteriaceae
   Genus Ⅰ. 阳光杆菌属 *Heliobacterium*
   Genus Ⅱ. 阳光小杆菌属 *Heliobacillus*
   Genus Ⅲ. 嗜阳光菌属 *Heliophilum*
   Genus Ⅳ. 阳光索菌属 *Heliorestis*
  Family Ⅴ. 毛螺菌科 Lachnospiraceae

Genus Ⅰ. 毛螺菌属 *Lachnospira*
Genus Ⅱ. 醋香肠菌属 *Acetitomaculum*
Genus Ⅲ. 厌氧棒状菌属 *Anaerostipes*
Genus Ⅳ. 布莱恩特氏菌属 *Bryantella*
Genus Ⅴ. 丁酸弧菌属 *Butyrivibrio*
Genus Ⅵ. 卡托氏菌属 *Catonella*
Genus Ⅶ. 粪球菌属 *Coprococcus*
Genus Ⅷ. 多尔氏菌属 *Dorea*
Genus Ⅸ. 赫斯佩尔氏菌属 *Hespellia*
Genus Ⅹ. 约翰森氏菌属 *Johnsonella*
Genus Ⅺ. 毛杆菌属 *Lachnobacterium*
Genus Ⅻ. 摩里氏菌属 *Moryella*
Genus ⅩⅢ. 口腔杆菌属 *Oribacterium*
Genus ⅩⅣ. 副生孢杆菌属 *Parasporobacterium*
Genus ⅩⅤ. 假丁酸弧菌属 *Pseudobutyrivibrio*
Genus ⅩⅥ. 罗斯拜瑞氏菌属 *Roseburia*
Genus ⅩⅦ. 沙特尔沃思氏菌属 *Shuttleworthia*
Genus ⅩⅧ. 生孢杆菌属 *Sporobacterium*
Genus ⅩⅨ. 互营球菌属 *Syntrophococcus*
Family Ⅵ. 消化球菌科 Peptococcaceae
Genus Ⅰ. 消化球菌属 *Peptococcus*
Genus Ⅱ. 隐秘厌氧菌属 *Cryptanaerobacter*
Genus Ⅲ. 脱卤素杆菌属 *Dehalobacter*
Genus Ⅳ. 脱亚硫酸杆菌属 *Desulfitobacterium*
Genus Ⅴ. 脱硫孢菌属 *Desulfonispora*
Genus Ⅵ. 脱硫弯曲孢菌属 *Desulfosporosinus*
Genus Ⅶ. 脱硫肠状菌属 *Desulfotomaculum*
Genus Ⅷ. 暗色厌氧香肠状杆菌属 *Pelotomaculum*
Genus Ⅸ. 香肠状芽胞菌属 *Sporotomaculum*
Genus Ⅹ. 共养香肠样杆菌属 *Syntrophobotulus*
Genus Ⅺ. 栖热泉菌属 *Thermincola*
Family Ⅶ. 消化链球菌科 Peptostreptococcaceae
Genus Ⅰ. 消化链球菌属 *Peptostreptococcus*
Genus Ⅱ. 产线菌属 *Filifactor*
Genus Ⅲ. 温暖杆菌属 *Tepidibacter*
Family Ⅷ. 瘤胃球菌科 Ruminococcaceae
Genus Ⅰ. 瘤胃球菌属 *Ruminococcus*
Genus Ⅱ. 厌氧醋菌属 *Acetanaerobacterium*

  Genus Ⅲ. 醋酸弧菌属 *Acetivibrio*
  Genus Ⅳ. 厌氧细线菌属 *Anaerofilum*
  Genus Ⅴ. 厌氧棍状菌属 *Anaerotruncus*
  Genus Ⅵ. 栖粪杆菌属 *Faecalibacterium*
  Genus Ⅶ. 苛求球菌属 *Fastidiosipila*
  Genus Ⅷ. 颤螺菌属 *Oscillospira*
  Genus Ⅸ. 乳头杆菌属 *Papillibacter*
  Genus Ⅹ. 生孢菌属 *Sporobacter*
  Genus Ⅺ. 罕见小球菌属 *Subdoligranulum*
Family Ⅸ. 共养单胞菌科 Syntrophomonadaceae
  Genus Ⅰ. 共养单胞菌属 *Syntrophomonas*
  Genus Ⅱ. 淤泥孢菌属 *Pelospora*
  Genus Ⅲ. 共养生孢菌属 *Syntrophospora*
  Genus Ⅳ. 互养栖热菌属 *Syntrophothermus*
  Genus Ⅴ. 热互养菌属 *Thermosyntropha*
Family Ⅹ. 韦荣氏球菌科 Veillonellaceae
  Genus Ⅰ. 韦荣氏球菌属 *Veillonella*
  Genus Ⅱ. 醋线菌属 *Acetonema*
  Genus Ⅲ. 氨基酸球菌属 *Acidaminococcus*
  Genus Ⅳ. 阿里松氏菌属 *Allisonella*
  Genus Ⅴ. 厌氧盒菌属 *Anaeroarcus*
  Genus Ⅵ. 厌氧球形菌属 *Anaeroglobus*
  Genus Ⅶ. 厌氧香蕉形菌属 *Anaeromusa*
  Genus Ⅷ. 厌氧弯曲菌属 *Anaerosinus*
  Genus Ⅸ. 厌氧弧菌属 *Anaerovibrio*
  Genus Ⅹ. 蜈蚣状菌属 *Centipeda*
  Genus Ⅺ. 树孢杆菌属 *Dendrosporobacter*
  Genus Ⅻ. 戴阿里斯特菌属 *Dialister*
  Genus ⅩⅢ. 巨型球菌属 *Megasphaera*
  Genus ⅩⅣ. 光岗氏菌属 *Mitsuokella*
  Genus ⅩⅤ. 梳状菌属 *Pectinatus*
  Genus ⅩⅥ. 考拉杆菌属 *Phascolarctobacterium*
  Genus ⅩⅦ. 丙酸螺菌属 *Propionispira*
  Genus ⅩⅧ. 丙酸孢菌属 *Propionispora*
  Genus ⅩⅨ. 奎因氏菌属 *Quinella*
  Genus ⅩⅩ. 施瓦茨氏菌属 *Schwartzia*
  Genus ⅩⅩⅠ. 月形单胞菌属 *Selenomonas*
  Genus ⅩⅩⅡ. 香蕉孢菌属 *Sporomusa*

Genus XXIII. 解琥珀酸菌属 *Succiniclasticum*
  Genus XXIV. 琥珀酸螺菌属 *Succinispira*
  Genus XXV. 热弯曲菌属 *Thermosinus*
  Genus XXVI. 嗜发酵菌属 *Zymophilus*
Family XI. 未定科 Incertae Sedis
  Genus I. 厌氧球菌属 *Anaerococcus*
  Genus II. 芬沟德氏菌属 *Finegoldia*
  Genus III. 栖鸡球菌属 *Gallicola*
  Genus IV. 创伤球菌属 *Helcococcus*
  Genus V. 小单胞菌属 *Parvimonas*
  Genus VI. 嗜蛋白胨菌属 *Peptoniphilus*
  Genus VII. 沉积物棒菌属 *Sedimentibacter*
  Genus VIII. 泽恩根氏菌属 *Soehngenia*
  Genus IX. 成孢厌氧杆菌属 *Sporanaerobacter*
  Genus X. 蒂希耶氏菌属 *Tissierella*
Family XII. 未定科 Incertae Sedis
  Genus I. 氨基酸杆菌属 *Acidaminobacter*
  Genus II. 梭形杆菌属 *Fusibacter*
  Genus III. 古根海姆氏菌属 *Guggenheimella*
Family XIII. 未定科 Incertae Sedis
  Genus I. 厌氧贪食菌属 *Anaerovorax*
  Genus II. 难养杆菌属 *Mogibacterium*
Family XIV. 未定科 Incertae Sedis
  Genus I. 厌氧分枝菌属 *Anaerobranca*
Family XV. 未定科 Incertae Sedis
  Genus I. 氨基酸杆状菌属 *Aminobacterium*
  Genus II. 胺单胞菌属 *Aminomonas*
  Genus III. 厌氧小杆菌属 *Anaerobaculum*
  Genus IV. 脱硫代硫酸盐弧菌属 *Dethiosulfovibrio*
  Genus V. 热厌氧弧菌属 *Thermanaerovibrio*
Family XVI. 未定科 Incertae Sedis
  Genus I. 一氧化碳胞菌属 *Carboxydocella*
Family XVII. 未定科 Incertae Sedis
  Genus I. 硫化芽胞杆菌属 *Sulfobacillus*
  Genus II. 好热杆菌属 *Thermaerobacter*
Family XVIII. 未定科 Incertae Sedis
  Genus I. 共生小杆菌属 *Symbiobacterium*
Family XIX. 未定科 Incertae Sedis

    Genus Ⅰ. 醋厌氧菌属 *Acetoanaerobium*
  Order Ⅱ. 嗜盐厌氧菌目 Halanaerobiales
   Family Ⅰ. 嗜盐厌氧菌科 Halanaerobiaceae
    Genus Ⅰ. 嗜盐厌氧菌属 *Halanaerobium*
    Genus Ⅱ. 盐胞菌属 *Halocella*
    Genus Ⅲ. 盐热发菌属 *Halothermothrix*
   Family Ⅱ. 盐拟杆菌科 Halobacteroidaceae
    Genus Ⅰ. 盐拟杆菌属 *Halobacteroides*
    Genus Ⅱ. 醋酸喜盐菌属 *Acetohalobium*
    Genus Ⅲ. 盐厌氧杆状菌属 *Halanaerobacter*
    Genus Ⅳ. 盐碱菌属 *Halonatronum*
    Genus Ⅴ. 喜碱菌属 *Natroniella*
    Genus Ⅵ. 奥芮氏菌属 *Orenia*
    Genus Ⅶ. 硒盐厌氧杆菌属 *Selenihalanaerobacter*
    Genus Ⅷ. 生孢盐杆菌属 *Sporohalobacter*
  Order Ⅲ. 热厌氧杆状菌目 Thermoanaerobacterales
   Family Ⅰ. 热厌氧杆状菌科 Thermoanaerobacteraceae
    Genus Ⅰ. 热厌氧杆状菌属 *Thermoanaerobacter*
    Genus Ⅱ. 制氨菌属 *Ammonifex*
    Genus Ⅲ. 热厌氧杆形菌属 *Caldanaerobacter*
    Genus Ⅳ. 一氧化碳嗜热菌属 *Carboxydothermus*
    Genus Ⅴ. 吉尔菌属 *Gelria*
    Genus Ⅵ. 穆尔氏菌属 *Moorella*
    Genus Ⅶ. 嗜热产醋菌属 *Thermacetogenium*
    Genus Ⅷ. 热厌氧单胞菌属 *Thermanaeromonas*
   Family Ⅱ. 热脱硫菌科 Thermodesulfobiaceae
    Genus Ⅰ. 热脱硫菌属 *Thermodesulfobium*
    Genus Ⅱ. 粪热杆菌属 *Coprothermobacter*
   Family Ⅲ. 未定科 Incertae Sedis
    Genus Ⅰ. 热解纤维素菌属 *Caldicellulosiruptor*
    Genus Ⅱ. 好热厌氧小杆菌属 *Thermoanaerobacterium*
    Genus Ⅲ. 热沉积物菌属 *Thermosediminibacter*
    Genus Ⅳ. 热叉菌属 *Thermovenabulum*
   Family Ⅳ. 未定科 Incertae Sedis
    Genus Ⅰ. 马氏菌属 *Mahella*
 Class Ⅲ. 丹毒丝菌纲 Erysipelotrichia
  Order Ⅰ. 丹毒丝菌目 Erysipelotrichales
   Family Ⅰ. 丹毒丝菌科 Erysipelotrichaceae

Genus Ⅰ. 丹毒丝菌属 *Erysipelothrix*
Genus Ⅱ. 别样棒菌属 *Allobaculum*
Genus Ⅲ. 布雷德氏菌属 *Bulleidia*
Genus Ⅳ. 链形杆菌属 *Catenibacterium*
Genus Ⅴ. 粪杆菌属 *Coprobacillus*
Genus Ⅵ. 霍尔德曼氏菌属 *Holdemania*
Genus Ⅶ. 细小杆菌属 *Solobacterium*
Genus Ⅷ. 苏黎世杆菌属 *Turicibacter*

第二节 芽胞杆菌的分类

一、芽胞杆菌属

芽胞杆菌属（*Bacillus*）归于细菌界（Bacteria）厚壁菌门（Firmicutes）芽胞杆菌纲（Bacilli）芽胞杆菌目（Bacillales）芽胞杆菌科（Bacillaceae）。芽胞杆菌可产生抗逆性强的内生芽胞来适应各种环境（Logan et al., 2009），因此，在世界各地分布广泛，在各种极端环境如南极（Timmery et al., 2011）、火山（Kim et al., 2011）、沙漠（Koberl et al., 2011; Palmisano et al., 2001）、深海（Gartner et al., 2011）、温泉（Yazdani et al., 2009）、盐田（Shi et al., 2011; Albuquerque et al., 2008）、矿藏（Valverde et al., 2011）等中都有芽胞杆菌的踪迹。芽胞杆菌属种类繁多，至2013年5月，世界上共记录了芽胞杆菌属有效种181个，芽胞杆菌近缘属62个属572种（http://www.bacterio.net）。中国芽胞杆菌的资源十分丰富，遗憾的是系统地从事芽胞杆菌属资源收集、保存、鉴定、分类、系统发育等方面的研究较少，保存的芽胞杆菌种类模式菌株十分缺乏，严重地影响了对我国芽胞杆菌资源分类与系统发育的研究。

二、芽胞杆菌系统发育研究动态

芽胞杆菌是人类最早发现的细菌之一，在微生物学研究中占有重要的地位。1835年，Ehrenberg命名和描述了*Vibrio subtilis*，即现在人们所熟悉的枯草芽胞杆菌（*Bacillus subtilis*），它原先被归为纤毛虫类（Infusoria）的一个种。1864年，Davaine等在显微观察炭疽病致死的动物血液中的寄生虫时，发现炭疽病是可以通过这种"寄生虫"在动物中进行传染，并将这种微小的生物定名为细菌（Bacterium）。1870年Pasteur在蚕软腐病（flacherie）死亡的虫体中，明显地观察到虫体中的细菌含有内生芽胞，即发现了内生芽胞的细菌。直到Cohn（1872）提出芽胞杆菌属（*Bacillus*），将精弧菌（*Vibrio subtilis*）定为芽胞杆菌属的模式种，并重新命名为枯草芽胞杆菌（*Bacillus subtilis*），芽胞杆菌的分类地位才固定下来。1877年，Cohn描述了枯草芽胞杆菌的芽胞，证明了芽胞的抗热性；同年，Koch提出了炭疽芽胞杆菌（*Bacillus anthracis*）细胞生长的生活史循环，指出了细菌生长是从细胞到抗热芽胞、再从抗热芽胞到细胞的循环过程。Flüggec（1908）第一个提出根据好氧生长特性对芽胞杆菌属（*Bacillus*）进行分类。早期的微生物分类学家把杆状的细菌均归结为芽胞杆菌属（*Bacillus*），从而导致了这个属含有大量的种类；虽然在 Topley 和 Wilson（1929）的著作《细菌免疫学原理》(*Principles of Bacteriology and Immunity*) 中，把芽胞杆菌这个属定义为好氧的、含有芽胞的杆菌，通常为革兰氏阳性，当时有 200 多个种，但是，后来仍然有很多微生物学家认为这个属存在着巨大的多样性，是可以进一步分化拆分的（Lechevalier and Solotorovsky，1965）。

三、芽胞杆菌分类方法的演化

芽胞杆菌传统分类主要依据形态学特征，如菌落的培养特征、细胞形状等对未知菌进行分类鉴定。Gordon 等（1973）提出芽胞形态群体概念，根据芽胞的形状（卵形或球形），以及它们在菌体或芽胞囊中的位置，将芽胞杆菌分为 3 个类群。20 世纪 50 年代后期随着电子计算机技术的兴起，逐渐发展出微生物数值分类学（Maugeri et al.，2001）；数值分类学通常也称为统计分类学（taxomatrics）(Cinto et al.，1984；Soumare et al.，1973)，《伯杰氏鉴定细菌学手册》第九版将数值分类学列为细菌分类学方法之首。Priest 等（1988）对 368 株芽胞杆菌进行数值分类，将这些菌株按 SM 值进行了系统发育分群研究。随着分子生物学的发展，芽胞杆菌的分类逐渐由表型分类转化为分子分类（Rooney et al.，2009），如 G+C mol%、DNA-DNA 杂交、16S rRNA 基因序列比对等，DNA-DNA 杂交通常被认为是微生物鉴定的黄金标准（Stackebrandt and Goebel，1994；Turova et al.，1972）。Ash 等（1991）首次利用 16S rRNA 将 51 株芽胞杆菌分为 5 大类群，许多种芽胞杆菌逐渐从芽胞杆菌属分化出来，另外建属。在《伯杰氏系统细菌学手册》第一版中，将好氧和兼性厌氧的产芽胞细菌都列入芽胞杆菌属，该手册第二版则完全按照 16S rRNA 基因序列对原核生物进行归群和分类，列述了芽胞杆菌目 22 个属的 212 种芽胞杆菌（这些种中不包括同物异名）(George et al.，2004)。刘波（2006）在《芽胞杆菌文献研究》中列出了芽胞杆菌属 244 个种（采用旧的分类体系，即芽胞杆菌近缘属全部归为芽胞杆菌属）。至 2011 年，芽胞杆菌从一个属分化演变出 48 个属及近缘属（Euzéby，2011）。借助于分子生物学手段，许多新的种类也被发现（Coorevits et al.，2012）。Satomi 等（2006）从宇宙飞船装配车间地面分离到一种芽胞杆菌，经 16S rRNA 序列系统发育分析表明与短小芽胞杆菌（*Bacillus pumilus*）很相近，但又有很多表型不同的地方，通过 DNA-DNA、rep-PCR 分析表明该菌株应是芽胞杆菌属的一个新种，并将其命名为沙福芽胞杆菌（*Bacillus safensis*）。为了更好地研究亲缘关系比较近的微生物的系统发育关系，许多研究者逐步地采用多位点序列分型（multilocus sequence typing，MLST）法进行分析（Tourasse et al.，2011）。众所周知，蜡状芽胞杆菌和苏云金芽胞杆菌无论是从形态还是通过 DNA 杂交都很难将两者区分开，利用多位点序列分型法解决了这个问题，说明这个方法可以用来区分亲缘关系极相近的菌株（Cherif et al.，2007）。

化学分类方法的产生和发展是细菌分类、鉴定技术的一大进步，可用于化学分类的化学物质有很多种，如极性脂（Coorevits et al.，2012）、呼吸醌（Zhai et al.，2012）、脂肪酸（Marquez et al.，2011）等。Abel 等早在 1963 年就指出脂肪酸可用于细菌鉴定，Kämpfer（1994）证明脂肪酸生物标记具有遗传稳定性，可以作为芽胞杆菌属种类鉴定的有效手段。美国 MIDI 公司依据 20 世纪 60 年代以来对微生物细胞脂肪酸的研究经验，开发了一套 Sherlock 微生物鉴定系统分析软件（Sherlock Microbial Identification System，Sherlock MIS），根据微生物中特定短链脂肪酸（C9～C20）的种类和含量进行微生物的鉴定；该软件可以操控 Agilent 公司的 6850 型和 6890 型气相色谱，通过对气相色谱检测获得的短链脂肪酸的种类和含量进行比对，从而快速准确地对微生物种类进行鉴定。但是，该系统中芽胞杆菌属的种类仅有 25 种，与目前芽胞杆菌属 180 个模式种的数量差距甚远。不过，Sherlock MIS 系统自带的 LGS 模块，通过测定芽胞杆菌属模式种菌株脂肪酸，建立数据库，可以扩展该系统作为芽胞杆菌属种类鉴定的专业应用系统。刘波于 2011 年出版的《微生物脂肪酸生态学》中，以芽胞杆菌为例，比较了脂肪酸鉴定与 16S rRNA 分子鉴定，结果表明，芽胞杆菌种类用脂肪酸鉴定结果与 16S rRNA 分子鉴定结果吻合率达 98%，脂肪酸鉴定可以作为芽胞杆菌快速鉴定的方法之一。特别当 16S rRNA 分子鉴定无法区别芽胞杆菌时，脂肪酸鉴定表现出其独特的优越性（Li et al.，2010）。芽胞杆菌脂肪酸种类鉴定有较高的准确性，同时利用脂肪酸进行芽胞杆菌种类的系统发育研究，分群结果具有生物学意义，嗜酸、嗜碱、嗜温等芽胞杆菌分为一群，尽管这种分群结果与 16S rRNA 系统发育分群结果存在着异质性（刘波，2011；Connor et al.，2010）。

Colwell 于 1970 年提出多相分类的概念，即利用微生物的多种信息（传统分类、数值分类、分子分类、化学分类等），包括表型、基因型和系统发育的信息，综合起来研究微生物分类和系统发育途径，目前已被广泛应用（Venkateswaran et al.，1999）。Yoon 等综合利用形态、脂肪酸及 16S rRNA 系统发育分析将盐反硝化芽胞杆菌（*Bacillus halodenitrificans*）重新划分为枝芽胞杆菌属（*Virgibacillus*）（Yoon et al.，2004）。多相分类是传统的表型分类、数值分类和分子分类等方法的综合应用，因而可以更客观地反映生物间的系统发育关系（Dickinson et al.，2004）。最近的芽胞杆菌新种大多是根据多相分类法进行鉴定的。由于芽胞杆菌遗传背景的多样性和复杂性，至今为止，尽管采用多相分类的研究方法，芽胞杆菌属的分类仍然处于变化之中。

第三节　芽胞杆菌的种类

一、芽胞杆菌及其近缘属的分化

不同版本的《伯杰氏系统细菌学手册》，对芽胞杆菌及其近缘属的划分研究方法不同，得出的芽胞杆菌及其近缘属的划分结果不同。本研究基于 2009 年出版的《伯杰氏系统细菌学手册》第二版第 3 卷——《厚壁菌门》（*The Firmicutes*）分类系统，结合 LPSN 网站具有命名地位的原核生物名称的名录 [List of Prokaryotic Names with Standing in Nomenclature, Formerly List of Bacterial Names with Standing in Nomenclature (LBSN)] 至 2013 年 5 月的更新版本，补充尚未编入《伯杰氏系统细菌学手册》第二版第 3 卷——《厚壁菌门》的芽胞杆菌属及其近缘属名。在厚壁菌门中，与芽胞杆菌有关的科有 9 个，这 9 个科包含芽胞杆菌属及其近缘属共 63 个，如芽胞杆菌科（Bacillaceae）有 46 个属，脂环酸芽胞杆菌科（Alicyclobacillaceae）有 2 个属，类芽胞杆菌科（Paenibacillaceae）有 5 个属，球菌科（Planococcaceae）有 3 个属，芽胞乳杆菌科（Sporolactobacillaceae）有 2 个属，乳酸杆菌科（Lactobacillaceae）有 2 个属，阳光杆菌科（Heliobacteriaceae）有 1 个属，丹毒丝菌科（Erysipelotrichaceae）有 1 个属，梭菌纲梭菌目分类定位不确定科（Incertae Sedis）有 1 个属。有的芽胞杆菌是好氧产芽胞的，有的不产芽胞，只是在命名的词尾书写上和芽胞杆菌（Bacillus）相似。各个科含有的属名录如下。

（1）在芽胞杆菌科（Bacillaceae）中有 46 个属。

一、芽胞杆菌属（Bacillus）-1872

二、好氧芽胞杆菌属（Aeribacillus）-2010

三、碱芽胞杆菌属（Alkalibacillus）-2005

四、别样棒杆菌属（Allobacillus）-2011

五、交替芽胞杆菌属（Alteribacillus）-2012

六、兼性芽胞杆菌属（Amphibacillus、双芽胞杆菌属）-1990

七、厌氧芽胞杆菌属（Anaerobacillus）-2010

八、无氧芽胞杆菌属（Anoxybacillus）-2000

九、居盐水芽胞杆菌属（Aquisalibacillus）-2008

十、热碱芽胞杆菌属（Caldalkalibacillus）-2006

十一、热芽胞杆菌属（Caldibacillus）-2012

十二、樱桃样芽胞杆菌属（Cerasibacillus）-2004

十三、假芽胞杆菌属（Falsibacillus）-2009

十四、线芽胞杆菌属（Filobacillus）-2001

十五、地芽胞杆菌属（Geobacillus）-2001

十六、纤细芽胞杆菌属（Gracilibacillus）-1999

十七、盐碱芽胞杆菌属（Halalkalibacillus）-2007

十八、喜盐芽胞杆菌属（Halobacillus）-1996

十九、盐乳杆菌属（Halolactibacillus）-2005

二十、慢生芽胞杆菌属（Lentibacillus）-2002

二十一、赖氨酸芽胞杆菌属（Lysinibacillus）-2007

二十二、无色芽胞杆菌属（Natribacillus）-2012

二十三、嗜碱小杆菌属（Natronobacillus）-2009

二十四、大洋芽胞杆菌属（Oceanobacillus）-2002

二十五、鸟氨酸芽胞杆菌属（Ornithinibacillus）-2006

二十六、海滨芽胞杆菌属（Paraliobacillus）-2003

二十七、少盐芽胞杆菌属（Paucisalibacillus）-2006

二十八、外海芽胞杆菌属（Pelagibacillus）-2007

二十九、鱼芽胞杆菌属（Piscibacillus）-2007

三十、居海芽胞杆菌属（Pontibacillus）-2005

三十一、嗜冷芽胞杆菌属（Psychrobacillus）-2011

三十二、解支链淀粉芽胞杆菌属（*Pullulanibacillus*）-2006

三十三、如梅利芽胞杆菌属（*Rummeliibacillus*）-2009

三十四、需盐芽胞杆菌属（*Salibacillus*）-1999

三十五、盐渍芽胞杆菌属（*Salinibacillus*）-2005

三十六、居盐土地芽胞杆菌属（*Saliterribacillus*）-2013

三十七、栖盐水芽胞杆菌属（*Salsuginibacillus*）-2007

三十八、沉积物杆菌属（*Sediminibacillus*）-2008

三十九、土壤芽胞杆菌属（*Solibacillus*）-2009

四十、链喜盐芽胞杆菌属（*Streptohalobacillus*）-2011

四十一、细纤芽胞杆菌属（*Tenuibacillus*）-2005

四十二、土地芽胞杆菌属（*Terribacillus*）-2007

四十三、深海芽胞杆菌属（*Thalassobacillus*）-2005

四十四、枝芽胞杆菌属（*Virgibacillus*）-1998

四十五、绿芽胞杆菌属（*Viridibacillus*）-2007

四十六、火山芽胞杆菌属（*Vulcanibacillus*）-2006

（2）脂环酸芽胞杆菌科（Alicyclobacillaceae）中只有 2 个属。

四十七、脂环酸芽胞杆菌属（*Alicyclobacillus*）-1992

四十八、膨胀芽胞杆菌属（*Tumebacillus*）-2008

（3）类芽胞杆菌科（Paenibacillaceae）中有 5 个属。

四十九、类芽胞杆菌属（*Paenibacillus*）-1994

五十、解硫胺素芽胞杆菌属（*Aneurinibacillus*）-1996

五十一、短芽胞杆菌属（*Brevibacillus*）-1996

五十二、糖芽胞杆菌属（*Saccharibacillus*）-2008

五十三、耐热芽胞杆菌属（*Thermobacillus*）-2000

（4）游动球菌科（Planococcaceae）中有 3 个属。

五十四、咸海鲜芽胞杆菌属（*Jeotgalibacillus*）-2001

五十五、海洋芽胞杆菌属（*Marinibacillus*）-2001

五十六、尿素芽胞杆菌属（*Ureibacillus*）-2001

（5）芽胞乳杆菌科（Sporolactobacillaceae）中有 2 个属。

五十七、芽胞乳杆菌属（*Sporolactobacillus*）-1963

五十八、肿块芽胞杆菌属（*Tuberibacillus*）-2006

（6）乳杆菌科（Lactobacillaceae）中有 2 个属。

五十九、乳杆菌属（*Lactobacillus*）-1991

六十、副乳杆菌属（*Paralactobacillus*）-2000

（7）阳光杆菌科（Heliobacteriaceae）中只有 1 个属。

六十一、阳光小芽胞杆菌属（*Heliobacillus*）-1998

（8）分类定位不确定科（Incertae Sedis）中只有 1 个属。

六十二、硫化芽胞杆菌属（*Sulfobacillus*）-2000

（9）丹毒丝菌科（Erysipelotrichaceae）中只有1个属。

六十三、粪杆菌属（*Coprobacillus*）-1991

二、芽胞杆菌及其近缘属的种类数量

本研究基于最新一版、即2009年出版的《伯杰氏系统细菌学手册》第二版第3卷——《厚壁菌门》（*The Firmicutes*）分类系统，结合LPSN网站具有命名地位的原核生物名称的名录［List of Prokaryotic Names with Standing in Nomenclature Formerly List of Bacterial Names with Standing in Nomenclature (LBSN)］至2013年5月的更新版本，补充尚未编入《厚壁菌门》的芽胞杆菌及其近缘属名。在厚壁菌门中，与芽胞杆菌有关的科有9个，属有63个，种有753种。各芽胞杆菌及其近缘属的种类数量分布见表1-1。

表1-1　芽胞杆菌属及其近缘属的种类数量

属名	种类数量
（1）芽胞杆菌科（Bacillaceae）	
一、芽胞杆菌属（*Bacillus*）1872	181
二、好氧芽胞杆菌属（*Aeribacillus*）2010	1
三、碱芽胞杆菌属（*Alkalibacillus*）2005	6
四、别样棒杆菌属（*Allobacillus*）2011	1
五、交替芽胞杆菌属（*Alteribacillus*）2012	2
六、兼性芽胞杆菌属（*Amphibacillus*）1990	8
七、厌氧芽胞杆菌属（*Anaerobacillus*）2010	3
八、无氧芽胞杆菌属（*Anoxybacillus*）2000	19
九、居盐水芽胞杆菌属（*Aquisalibacillus*）2008	1
十、热碱芽胞杆菌属（*Caldalkalibacillus*）2006	2
十一、热芽胞杆菌属（*Caldibacillus*）2012	1
十二、樱桃样芽胞杆菌属（*Cerasibacillus*）2004	1
十三、假芽胞杆菌属（*Falsibacillus*）2009	1
十四、线芽胞杆菌属（*Filobacillus*）2001	1
十五、地芽胞杆菌属（*Geobacillus*）2001	19
十六、纤细芽胞杆菌属（*Gracilibacillus*）1999	11
十七、盐碱芽胞杆菌属（*Halalkalibacillus*）2007	1
十八、喜盐芽胞杆菌属（*Halobacillus*）1996	18
十九、盐乳杆菌属（*Halolactibacillus*）2005	3
二十、慢生芽胞杆菌属（*Lentibacillus*）2002	11

续表

属名	种类数量
二十一、赖氨酸芽胞杆菌属（*Lysinibacillus*）2007	11
二十二、无色芽胞杆菌属（*Natribacillus*）2012	1
二十三、嗜碱小杆菌属（*Natronobacillus*）2009	1
二十四、大洋芽胞杆菌属（*Oceanobacillus*）2002	12
二十五、鸟氨酸芽胞杆菌属（*Ornithinibacillus*）2006	5
二十六、海滨芽胞杆菌属（*Paraliobacillus*）2003	2
二十七、少盐芽胞杆菌属（*Paucisalibacillus*）2006	1
二十八、外海芽胞杆菌属（*Pelagibacillus*）2007（2008年移至*Terribacillus*）	0
二十九、鱼芽胞杆菌属（*Piscibacillus*）2007	2
三十、海芽胞杆菌属（*Pontibacillus*）2005	5
三十一、嗜冷芽胞杆菌属（*Psychrobacillus*）2011	3
三十二、解支链淀粉芽胞杆菌属（*Pullulanibacillus*）2006	2
三十三、如梅利芽胞杆菌属（*Rummeliibacillus*）2009	2
三十四、需盐芽胞杆菌属（*Salibacillus*）1999（2003年移至*Virgibacillus*）	0
三十五、盐渍芽胞杆菌属（*Salinibacillus*）2005	2
三十六、居盐土地芽胞杆菌属（*Saliterribacillus*）2013	1
三十七、栖盐水芽胞杆菌属（*Salsuginibacillus*）2007	2
三十八、沉积物杆菌属（*Sediminibacillus*）2008	2
三十九、土壤芽胞杆菌属（*Solibacillus*）2009	1
四十、链喜盐芽胞杆菌属（*Streptohalobacillus*）2011	1
四十一、细纤芽胞杆菌属（*Tenuibacillus*）2005	1
四十二、土地芽胞杆菌属（*Terribacillus*）2007	4
四十三、深海芽胞杆菌属（*Thalassobacillus*）2005	4
四十四、枝芽胞杆菌属（*Virgibacillus*）1998	26
四十五、绿芽胞杆菌属（*Viridibacillus*）2007	3
四十六、火山芽胞杆菌属（*Vulcanibacillus*）2006	1
（2）脂环酸芽胞杆菌科（Alicyclobacillaceae）	
四十七、脂环酸芽胞杆菌属（*Alicyclobacillus*）1992	20
四十八、膨胀芽胞杆菌属（*Tumebacillus*）2008	2
（3）类芽胞杆菌科（Paenibacillaceae）	
四十九、类芽胞杆菌属（*Paenibacillus*）1994	137
五十、解硫胺素芽胞杆菌属（*Aneurinibacillus*）1996	5
五十一、短芽胞杆菌属（*Brevibacillus*）1996	18
五十二、糖芽胞杆菌属（*Saccharibacillus*）2008	2
五十三、耐热芽胞杆菌属（*Thermobacillus*）2000	2

续表

属名	种类数量
（4）球菌科（Planococcaceae）	
五十四、咸海鲜芽胞杆菌属（*Jeotgalibacillus*）2001	5
五十五、海洋芽胞杆菌属（*Marinibacillus*）2001（2010年移至*Jeotgalibacillus*）	0
五十六、尿素芽胞杆菌属（*Ureibacillus*）2001	5
（5）芽胞乳杆菌科（Sporolactobacillaceae）	
五十七、芽胞乳杆菌属（*Sporolactobacillus*）1963	8
五十八、肿块芽胞杆菌属（*Tuberibacillus*）2006	1
（6）乳杆菌科（Lactobacillaceae）	
五十九、乳杆菌属（*Lactobacillus*）1901	155
六十、副乳杆菌属（*Paralactobacillus*）2000（2011年移至*Lactobacillus*）	0
（7）阳光杆菌科（Heliobacteriaceae）	
六十一、阳光小杆菌属（*Heliobacillus*）1998	1
（8）分类定位不确定科（Incertae Sedis）	
六十二、硫化芽胞杆菌属（*Sulfobacillus*）1991	5
（9）丹毒丝菌科（Erysipelotrichaceae）	
六十三、粪杆菌属（*Coprobacillus*）2000	1

三、芽胞杆菌近十年新种发表

发达国家如德国、美国、法国、英国、比利时、日本等已建立了完善的资源收集和研究体系（Meites et al.，2010；Sikorski，2008）。丰富的种类模式菌株资源，为芽胞杆菌新种的鉴定和分类体系的研究提供了重要的基础作用（Tindall，2000）。德国的菌种保存中心（DSMZ）保存收集了完整的芽胞杆菌属（*Bacillus*）模式种171种，芽胞杆菌近缘属48属231种。根据LPSN网站（http://www.bacterio.net）的最新数据（2013年5月31日更新）统计，2003～2012年，全世界发表的芽胞杆菌属新种共132种；大多数新种发表者来自发达国家，其中欧美国家发表了52种，占总数的39.4%；韩国发表了24种，占18.2%；我国发表了20种（表1-2），占15.2%；日本发表了17种，占12.9%；印度发表了11种，占8.3%；其他国家发表了8种，仅占6.1%。尽管我国也发表了一些新种，但作为微生物学基础研究的重要领域，专业从事分类相关的实验室和研究人员却很少。据周宇光等（2007）主编的《中国菌种目录》记载，保存在中国各大保藏中心的芽胞杆菌属种类模式菌株仅25种，这些数量与国外保存的芽胞杆菌属种类模式菌株171种相比，对于中国芽胞杆菌资源分类和系统发育研究来说是远远不够的。

表 1-2 2003～2012 年中国学者发表的芽胞杆菌属新种信息

序号	菌株名称	发表时间	菌株来源	发表人及研究机构
1	*Bacillus aidingensis*	2008	新疆吐鲁番艾丁盐湖	Xue Yan-fen 等，中国科学院微生物研究所
2	*Bacillus beijingensis*（2012 年更名为 *Bhargavaea beijingensis*）	2009	高丽参根内组织	Qiu Fu-bin 等，首都师范大学
3	*Bacillus beringensis*	2012	白令海峡	Yu Yong 等，中国极地研究中心
4	*Bacillus daliensis*	2012	内蒙古达里诺尔湖	Zhai Lei 等，中国科学院微生物研究所
5	*Bacillus deserti*	2012	新疆沙漠土壤	Zhang Lei 等，西北农林科技大学
6	*Bacillus endoradicis*	2012	石家庄健康大豆根内组织	Zhang Yun-zeng 等，中国农业大学
7	*Bacillus ginseng*（2012 年更名为 *Bhargavaea ginseng*）	2009	高丽参根内组织	Qiu Fu-bin 等，首都师范大学
8	*Bacillus hemicentroti*	2011	中国南海的硇州（Naozhou）岛	Chen Yi-guang 等，吉首大学
9	*Bacillus korlensis*	2009	新疆沙质土壤	Zhang Lei 等，武汉大学生命科学学院
10	*Bacillus luteolus*	2011	韩国盐碱地	Shi Rong 等，云南大学
11	*Bacillus macauensis*	2006	澳门自来水处理厂	Zhang Tong 等，香港大学
12	*Bacillus nanhaiensis*	2011	中国南海的硇州（Naozhou）岛	Chen Yi-guang 等，吉首大学
13	*Bacillus nanhaiisediminis*	2011	南海海底沉积物	Zhang Jian-li 等，北京理工大学
14	*Bacillus neizhouensis*	2009	南海内州湾（Nei zhou Bay）	Chen Yi-guang 等，吉首大学
15	*Bacillus oceanisediminis*	2010	南海海底沉积物	Zhang Jian-li 等，北京理工大学
16	*Bacillus pallidus*（2012 年更名为 *Falsibacillus pallidus*）	2008	安徽省森林土壤	Zhou Yu 等，南京农业大学
17	*Bacillus qingdaonensis*	2007	青岛粗海盐	Wang Qian-fu 等，兰州大学
18	*Bacillus solisalsi*	2009	山西运城盐湖边土壤	Liu Huan 等，中国科学院昆明动物研究所
19	*Bacillus xiaoxiensis*	2011	湖南小溪国家级自然保护区森林非盐环境土壤	Chen Yi-guang 等，吉首大学
20	*Bacillus zhanjiangensis*	2012	中国南海的硇州（Naozhou）岛	Chen Yi-guang 等，吉首大学

第四节　芽胞杆菌的应用

一、芽胞杆菌的应用价值

芽胞杆菌在工业、农业、医学、环境等领域有着重要的经济价值。芽胞杆菌可以用于生产工业原料（如丙二醇等）(Wu et al., 2007)、医药卫生（如二酮哌嗪等）(Yonezawa et al., 2011)、食品加工（如环糊精）(Zhekoval and Stanchev, 2011)、生物农药(Zhuang et al., 2011; 郑雪芳等, 2006; Liu et al., 2006; Korenblum et al., 2005)、生物肥料(Perez-Garcia et al., 2011)、生物保鲜剂（如龙眼的短短芽胞杆菌保鲜菌）(车建美等, 2011, 2010; Morsi et al., 2010)、饲用益生菌(Ripamonti et al., 2011; 陈璐等, 2009)、环境生物修复剂(Mnif et al., 2011)、畜禽粪便降解剂（如凝结芽胞杆菌猪粪降解菌）(Marti et al., 2011)、水质生物净化剂(Sanjoy et al., 2010)等。到目前为止，农业微生物活菌制剂90%来自于芽胞杆菌(Tyurin et al., 2006)。同时，芽胞杆菌也是一种模式微生物，作为生物材料在生物学、生态学、生理学、分子生物学、病理学、基因组学、蛋白组学、转录组学、代谢组学等领域的研究工作中具有重要的研究意义(Segerman et al., 2011)。

芽胞杆菌由于产生内生芽胞，具有较强的抵抗外界环境压力的能力，能够抵抗所生存的环境中由于干燥、热和紫外线辐射所造成的伤害，维持自身能力不受影响，这个生物学特征使芽胞杆菌具有非常良好的应用前景，特别是在使用活菌制剂的生物制品中表现出强大的生命力。芽胞杆菌种类繁多、数量大，能够产生多种多样的生理活性物质，具有广泛的应用前景。随着我国逐渐加深对芽胞杆菌的研究，已有多种菌株应用到生产上。芽胞杆菌和人们的关系越来越密切，逐步成为人类社会极为关注的一个微生物类群。

二、芽胞杆菌在工业上的应用

芽胞杆菌能产生大量淀粉酶和蛋白酶等，由于它的这种特性，芽胞杆菌在工业上得到了广泛的应用。淀粉酶的生产与应用在产量和用途上都处于各种酶制剂的首位。大多数芽胞杆菌都能产生胞外淀粉酶。工业上用的耐高温的α-淀粉酶大部分是由地衣芽胞杆菌产生的。碱性纤维素酶是重要的洗涤添加剂，可以增强洗涤效果，除去衣物上的污渍，软化衣物和增加衣物的鲜艳度。嗜碱芽胞杆菌是生产碱性纤维素酶的主要菌种。

三、芽胞杆菌在农业上的应用

芽胞杆菌有些种类可用于养殖业，提高动物肉的品质。蜡状芽胞杆菌可做饲用微生物制剂，这是因为芽胞抗热性可耐胃中pH较低的酸性环境。添加芽胞杆菌制剂可提高饲料利用率，降低饲料成本，同时可减少疾病。养猪生产中减少抗生素生长促进剂使用量或取消某些抗生素的使用，会使猪的生产性能受到严重影响，因此寻找抗生素替代物非常重要。研究表明，生长肥育猪饲料中添加凝结芽胞杆菌制剂可显著提高猪的平均日增重，降低饲料成本，饲养效果与抗菌药没有显著差异。很多生物农药是利用芽胞杆菌制成的，尤其是苏云金芽胞杆菌及其伴胞晶体，它们是农业上良好的杀虫剂，已成为世界上产量最大的生物农药。芽胞杆菌的许多种类是昆虫的病原菌。

四、芽胞杆菌在医学上的应用

随着医学技术的发展，芽胞杆菌逐渐被应用到医学上。目前主要应用的芽胞杆菌活菌制剂有蜡状芽胞杆菌、地衣芽胞杆菌、枯草芽胞杆菌等。枯草芽胞杆菌可能将成为新型的药物或蛋白质载体，可利用芽胞表面展示技术研制重组外源抗原疫苗。纳豆枯草芽胞杆菌产生的纳豆激酶能直接作用于纤维蛋白，激活体内的纤溶酶原，从而表现出很强的溶血作用。蜡状芽胞杆菌可以降解血红蛋白（Hb），能在偏酸、温度为 30～40℃ 的环境中生长，Ca^{2+} 对其蛋白酶的合成有促进作用。从单菌株连续发酵，单菌株多次培养发酵，多菌株混合发酵及诱变菌株对 Hb 降解方面进行分析测定表明：蜡状芽胞杆菌单菌株连续发酵到第三天降解速率最快，经多次培养可提高该菌株对 Hb 的降解能力。凝结芽胞杆菌 TQ33 在乳酸发酵过程中能产生抑菌物质，这种抑菌物质的产生与培养基的组成有密切关系，同时通过对该抑菌的分离和提取，以及其理化性质和抑菌谱的测定，发现这种抑菌物质对酸、热和蛋白酶稳定，对碱敏感，能抑制常见的肠道病原菌。

第五节 中国芽胞杆菌研究概况

一、中国学者对芽胞杆菌相关种类的研究

中国学者研究的芽胞杆菌主要有 10 个属，分别是脂环酸芽胞杆菌属（*Alicyclobacillus*）、兼性芽胞杆菌属（*Amphibacillus*）、无氧芽胞杆菌属（*Anoxybacillus*）、芽胞杆菌属（*Bacillus*）、地芽胞杆菌属（*Geobacillus*）、喜盐芽胞杆菌属（*Halobacillus*）、短芽胞杆菌属（*Brevibacillus*）、硫化芽胞杆菌属（*Sulfobacillus*）、类芽胞杆菌属（*Paenibacillus*）、枝芽胞杆菌属（*Virgibacillus*）。在这 10 个属中，共有 58 个种的芽胞杆菌在中国进行过研究，它们分别介绍如下。

(1) 脂环酸芽胞杆菌属中有 2 个种，即酸土脂环酸芽胞杆菌（*Alicyclobacillus acidoterrestris*）、仙台脂环酸芽胞杆菌（*Alicyclobacillus sendaiensis*）。

(2) 兼性芽胞杆菌属中有 3 个种，即好纪兼性芽胞杆菌（*Amphibacillus haojiensis*）、吉林兼性芽胞杆菌（*Amphibacillus jilinensis*）；木聚糖兼性芽胞杆菌（*Amphibacillus xylanus*）。

(3) 无氧芽胞杆菌属中有 2 个种，即努比卤地无氧芽胞杆菌（*Anoxybacillus rupiensis*）、好热黄无氧芽胞杆菌（*Anoxybacillus flavithermus*）。

(4) 芽胞杆菌属中有 29 个种，即生尘埃芽胞杆菌（*Bacillus pulvifaciens*）、地衣芽胞杆菌（*Bacillus licheniformis*）、短小芽胞杆菌（*Bacillus pumilus*）、蜂房芽胞杆菌（*Bacillus alvei*）、死谷芽胞杆菌（*Bacillus vallismortis*）、环状芽胞杆菌（*Bacillus circulans*）、吉氏芽胞杆菌（*Bacillus gibsonii*）、假蕈状芽胞杆菌（*Bacillus pseudomycoides*）、坚强芽胞杆菌（*Bacillus firmus*）、耐盐芽胞杆菌（*Bacillus halodurans*）、胶冻样芽胞杆菌（*Bacillus mucilaginosus*）、金黄芽胞杆菌（*Bacillus aureus*）、浸麻芽胞

杆菌（*Bacillus macerans*）、巨大芽胞杆菌（*Bacillus megaterium*）、苛求芽胞杆菌（*Bacillus fastidious*）、克劳氏芽胞杆菌（*Bacillus clausii*）、枯草芽胞杆菌（*Bacillus subtilis*）、蜡状芽胞杆菌（*Bacillus cereus*）、莫哈韦芽胞杆菌（*Bacillus mojavensis*）、凝结芽胞杆菌（*Bacillus coagulans*）、球形芽胞杆菌（*Bacillus sphaericus*）、嗜碱芽胞杆菌（*Bacillus alcalophilus*）、热坚芽胞杆菌（*Bacillus caldotenax*）、苏云金芽胞杆菌（*Bacillus thuringiensis*）、纺锤形芽胞杆菌（*Bacillus fusiforms*）、炭疽芽胞杆菌（*Bacillus anthracis*）、弯曲芽胞杆菌（*Bacillus flexus*）、蕈状芽胞杆菌（*Bacillus mycoides*）、解淀粉芽胞杆菌（*Bacillus amyloliquefaciens*）。

（5）地芽胞杆菌属中有4个种，即热葡糖苷酶地芽胞杆菌（*Geobacillus thermoglucosidasius*）、高温木质素降解地芽胞杆菌（*Geobacillus caldoxylosilyticus*）、高温烷烃地芽胞杆菌（*Geobacillus thermoleovorans*）、嗜热脂肪地芽胞杆菌（*Geobacillus stearothermophilus*）。

（6）喜盐芽胞杆菌属中有3个种，即达坂喜盐芽胞杆菌（*Halobacillus dabanensis*）、盐渍喜盐芽胞杆菌（*Halobacillus salinus*）、楚氏喜盐芽胞杆菌（*Halobacillus trueperi*）。

（7）短芽胞杆菌属中有3个种，即短短芽胞杆菌（*Brevibacillus brevis*）、侧胞短芽胞杆菌（*Brevibacillus laterosporus*）、土壤短芽胞杆菌（*Brevibacillus agri*）。

（8）硫化芽胞杆菌属中有3个种，即嗜酸硫化芽胞杆菌（*Sulfobacillus acidophilus*）、耐温氧化硫化芽胞杆菌（*Sulfobacillus thermotolerans*）、热氧化硫化芽胞杆菌（*Sulfobacillus thermosulfidooxidans*）。

（9）类芽胞杆菌属中有5个种，多粘类芽胞杆菌（*Paenibacillus polymyxa*）、强壮类芽胞杆菌（*Paenibacillus validus*）、埃吉类芽胞杆菌（*Paenibacillus elgii*）、幼虫类芽胞杆菌（*Paenibacillus larvae*）、软化类芽胞杆菌（*Paenibacillus macerans*）。

（10）枝芽胞杆菌属中有4个种，即泛酸枝芽胞杆菌（*Virgibacillus pantothenticus*）、独岛枝芽胞杆菌（*Virgibacillus dokdonensis*）、死海枝芽胞杆菌（*Virgibacillus marismortui*）、盐脱氮枝芽胞杆菌（*Virgibacillus halodenitrificans*）。

二、中国学者对芽胞杆菌相关酶的研究

中国学者对58种芽胞杆菌的200多种相关酶进行了研究，这些酶包括蛋白酶、淀粉酶、脂肪酶、纤维酶、糖苷酶、合成酶、降解酶、转移酶、脱氢酶、氧化酶、还原酶等，如3-甾酮-1-脱氢酶、葡萄糖脱氢酶、BamHⅠ甲基转移酶、海因酶、氨基酸氧化酶、天冬酰胺酶、MuA转座酶、RNA聚合酶、SOD酶、腺苷甲硫氨酸合成酶、α-苷环糊精葡萄糖基转移酶、α-糊葡萄糖苷酶、α-乙酰乳酸脱羧酶等。同时，研究了芽胞杆菌20多种毒素，如Bt毒素、B型肉毒梭状芽胞杆菌毒素、CDr1A毒素、Cry1Ab毒素、Cry1Ac毒素、Cry8Ca2毒素、CrylAc毒素、Cry毒素、thuringiensis毒素、β-外毒素、δ-内毒素、杀虫毒素BtA、灭蚊毒素、伴胞晶体毒素等。

三、中国学者对芽胞杆菌相关基因的研究

中国学者对 58 种芽胞杆菌的 100 多种相关基因进行了研究，这些基因包括 $cryII$ 基因、$cry3Aa$ 基因、$cry3A$ 基因、$cry3$ 基因、$cry4$ 基因、$cry6Aa2$ 基因、$cry6A$ 基因、$cry7Ab4$ 基因、$cry7$ 基因、$cryI1b2$ 基因、$cryIA（b）$ 基因、$cryI$ 基因、$cryLAb$ 基因、$cryLC$ 基因、$cryL$ 基因、CT 基因、cya 基因、$degQ$ 基因、$deoD$ 基因、eag 基因、$fadD$ 基因、$gerM$ 基因、$GFMCry1A$ 杀虫基因、GFP 基因、$guaC$ 基因、$gyrA$ 基因、$gyrB$ 基因、$Hepcidin$ 基因、$hprK$ 基因、$ICPs$ 基因、ICP 基因、$lipA$ 基因、$luxAB$ 基因、mel 基因、mpd 基因、$opuC$ 基因、$orf1$-$orf2$ 基因、$pelA$ 基因、pep 基因、$pgiB$ 基因、$pgsA$ 基因、$pgsBCA$ 基因、$PhoR$ 基因、$phyA$ 基因、$phyC$ 基因、$plcR$ 基因、$proA$ 基因、$proBA$ 基因、$proB$ 基因、$prsA$ 基因、$rDNA$ 基因、$ribR$ 基因、$rRNA$ 基因、$sigE$ 基因、$sigL$ 基因、SOD 基因、$spoOA$ 基因、$tchiB$ 基因、$tfdA$ 基因、$trigger factor$ 基因、$vip2A（c）$ 基因、$vip3A$ 基因、$VP2$ 基因、$vrrA$ 基因、$yplQ$ 基因、$ytkA$ 基因、$yugS$ 基因、$ywoF$ 基因、$zmaR$ 基因等。

第二章 脂环酸芽胞杆菌属

第一节 脂环酸芽胞杆菌属的特性

一、脂环酸芽胞杆菌属的分类地位

脂环酸芽胞杆菌属（Alicyclobacillus）归为厚壁菌门芽胞杆菌纲芽胞杆菌目芽胞杆菌科。由于其独特的耐热、嗜酸能力而受到全球学术界和食品工业界的极大关注，岳田利等（2008）系统介绍与分析了脂环酸芽胞杆菌的特征、结构、分类、分离方法、形态学、生理生化、生长条件、细胞膜脂肪酸组分分析、甲基萘醌分析、DNA组成及杂交试验、16S rRNA/DNA测序及系统发育分析鉴定方法，提出了我国应着力进行的几个研究领域：①脂环酸芽胞杆菌属新菌资源的开发；②脂环酸芽胞杆菌属细胞膜中ω-环状脂肪酸和藿烷类化合物的功能研究；③脂环酸芽胞杆菌属快速检测方法的研究；④脂环酸芽胞杆菌属各菌种代谢动力学和基于代谢产物的快速检测技术；⑤脂环酸芽胞杆菌属控制技术方法的研究；⑥脂肪酸芽胞杆菌热稳定酶研究及工业化应用。

二、脂环酸芽胞杆菌属的生物学特性

脂环酸芽胞杆菌属（Alicyclobacillus）细菌，是革兰氏阳性（仅有一株为革兰氏阴性）的芽胞杆菌。人们根据其耐热、耐酸的特性，俗称为耐热菌、耐热耐酸菌、嗜热耐酸菌、嗜酸耐热菌等。已有文献报道：脂环酸芽胞杆菌是引起果汁、酸性饮料（尤其是巴氏灭菌的果汁）腐败变质的主要元凶。1998年美国国家食品生产者联盟（The United States national food producers Alliance，NFPA）经过调查发现，美国35%的果汁腐败都与嗜酸的芽胞杆菌有关。嗜酸耐热菌的芽胞可在橙汁中萌发、生长，也可以在30℃的苹果汁、葡萄汁中生长良好。导致果汁产品腐败的嗜酸耐热菌主要是酸土脂环酸芽胞杆菌，引起果汁腐败变质的主要是它的代谢产物。2000年起，美国及欧洲大部分果汁消费国要求浓缩果汁中脂环酸芽胞杆菌的含量应＜1cfu/10mL。2002年起，浓缩果汁中对耐热嗜酸菌的要求为不得检出。

三、脂环酸芽胞杆菌属引起果汁腐败

脂环酸芽胞杆菌引起的腐败，在初期不易被发现，产品并不出现明显的涨包或酸败，因而在低污染时难以检出，但其代谢产物达到万亿分之一的浓度时，就会使果汁口感风味变劣、浊度升高乃至在包装底部形成白色的沉淀等质量危害。其芽胞还可污染生产中的半成品（浓缩果汁）、生产材料（加工水果）、生产设备。脂环酸芽胞杆菌可生存在高温、高酸的条件下，最适生长温度为42~53℃，生长pH2.0~6.0。在某些特殊的培养基中不能生长，例如，酸土环脂芽胞杆菌不能生长于含胰酪蛋白胨、牛肉汤琼脂的培养基中，甚至pH达3.5时也无法生长。菌株在培养基中45℃需氧培养1~2d即形成

明显的菌落。菌落形态一般为圆形饱满、乳白色、半透明或不透明，直径为0.5~5mm。菌体形态为杆状，革兰氏染色阳性，产芽胞，芽胞呈椭圆形，端生或次端生，芽胞的形成有时会使菌体细胞膨大，菌体宽0.35~1.1μm、长2~6.3μm。好氧生长。

第二节 酸土脂环酸芽胞杆菌

一、酸土脂环酸芽胞杆菌的生物学特性

为明确陕西省生产苹果汁中脂环酸芽胞杆菌（Alicyclobacillus）的分布情况，对健康苹果加工的苹果汁和软腐苹果腐烂部位中的嗜酸耐热菌进行了分离、纯化，并以一株酸土脂环酸芽胞杆菌（Alicyclobacillus acidoterrestris）DSMZ 3922为模式菌株，对分离菌株进行了个体形态、菌落形态观察和嗜酸性、耐热性、生理生化特性试验，用表型聚类法分析了供试菌株的亲缘关系。结果分别从苹果汁、腐烂苹果中分离到50个和5个疑似菌落，嗜酸耐热特性试验表明，其中有14株为嗜酸耐热菌，且均是芽胞杆菌，大小为2.0~5.0μm；其菌落表面湿润，中心突起，有同心圆，半透明，不易挑起，形状圆形，直径为1.5~5mm；接触酶、脲酶检验结果均呈阳性，都可利用肌醇、甘油、L-山梨糖为唯一碳源，且利用葡萄糖均不能产酸产气。鉴定结果确定分离菌株均为脂环酸芽胞杆菌属的不同种，其中菌株TAB-3与模式菌株最为接近。陕西省苹果汁中的耐热菌，除酸土脂环酸芽胞杆菌以外，还有脂环酸芽胞杆菌属的其他菌，其主要是酸热脂环酸芽胞杆菌（Alicyclobacillus acidocaldarius）和果实脂环酸芽胞杆菌（Alicyclobacillus pomorum）2个种（朱小翠和樊明涛，2008）。比较了酸土脂环酸芽胞杆菌DSMZ 3922的芽胞在PDA培养基、K培养基和SK培养基中的复苏情况，结果表明，SK培养基是3者中最适合于脂环酸芽胞杆菌生长的培养基；用正交试验$L_9(3^3)$研究了Ca^{2+}、Mn^{2+}及Tween-80（吐温-80）在SK培养基中的添加浓度对酸土脂环酸芽胞杆菌DSMZ 3922、嗜酸脂环酸芽胞杆菌（Alicyclobacillus acidiphilus）DSMZ 14558生长情况的影响，结果表明，3因素对酸土脂环酸芽胞杆菌DSMZ 3922及嗜酸脂环酸芽胞杆菌DSMZ 14558生长情况影响的主次顺序均依次为$Ca^{2+}>Mn^{2+}>$Tween-80。在SK培养基中添加1.5g/L的Ca^{2+}、$0.1×10^{-6}$ mg/L的Mn^{2+}，以及0.75mL/L的Tween-80是对酸土脂环酸芽胞杆菌DSMZ 3922生长较为有利的组合；在SK培养基中添加1.5g/L的Ca^{2+}、$0.1×10^{-6}$ mg/L的Mn^{2+}，以及0.25mL/L的Tween-80是对嗜酸脂环酸芽胞杆菌DSMZ 14558生长较为有利的组合（陈世琼等，2011）。

二、酸土脂环酸芽胞杆菌对浓缩苹果汁的污染

对浓缩苹果汁生产车间空气进行采样分析，分离得到了一株污染浓缩苹果汁的酸土脂环酸芽胞杆菌（嗜酸耐热菌）。在耐热、耐酸性检验中，这株菌可以较好地生长，符合脂环酸芽胞杆菌属嗜酸耐热的特点。再通过与模式菌酸土脂环酸芽胞杆菌（A. acidoterrestris）进行细胞、菌落形态观察、生长条件、生理生化特征和糖、醇利用等方面的比较，结果表明，这株菌与模式菌在各方面都表现出较大的相似性，但又存

在一定的差别，故与模式菌应为同属不同种（胡贻椿等，2007）。脂环酸芽胞杆菌（*Alicyclobacillus spp.*）对果汁风味影响较大，成为果汁的主要安全性指标从而备受国际社会关注。系统分析脂环酸芽胞杆菌的代谢产物及其对果汁的危害、污染果汁的途径及安全性问题，提出：①通过原料选择、清洗、膜过滤和高温灭菌能较有效地控制果汁中脂环酸芽胞杆菌；②ClO_2、乳酸链球菌素、促肠活动素等被研究证实均对脂环酸芽胞杆菌有很好的杀灭作用，但还未应用于工业化生产；③辐照杀菌、脉冲电场、超声波杀菌等非热杀菌技术亟待研究开发，在果汁中脂环酸芽胞杆菌的控制应用方面前景广阔（胡贻椿等，2008）。美国密苏里大学哥伦比亚分校的食品专家领头开发出一项新技术，采用 DNA 序列与红外光谱结合的方法，可以快速、准确、高效地检测出果蔬汁中的脂环酸芽胞杆菌（*Alicyclobacillus*）（佚名1，2007）。对浓缩苹果汁生产过程中的嗜酸耐热菌进行了分离，得到 45 株纯的嗜酸耐热芽胞杆菌。根据脂环酸芽胞杆菌嗜酸的特点，用 LB 培养基平板进行筛选，结果表明所有的菌株都嗜酸。用抗热性试验研究了这些菌株产生芽胞的培养时间，结果表明，在所有考察的菌株中，33 株与模式菌株 DSMZ 3922 的生长周期一致，48h 内产生芽胞；3 株菌生长速度较快，培养 17h 就能产生芽胞；还有 3 株菌生长速度较慢，需培养 48h 后才能产生芽胞。在采用 16S rDNA PCR-RFLP 法对筛选得到的脂环酸芽胞杆菌进行快速鉴定的基础上，选取 7 株可能是新种的未知菌株与 5 株已知的参比菌株的 19 个表型特征进行了试验研究和聚类分析，结果进一步证实这 7 株菌都是与已知参比菌株不同的菌株（陈世琼等，2004）。为了解和控制我国浓缩苹果汁中的嗜酸耐热菌，对浓缩苹果汁生产过程主要工段和生产车间的空气及用水，进行了采样和分离鉴定，并与酸土脂环酸芽胞杆菌的模式菌株和已知分离菌株进行了比较分析。结果表明，共分离得到了 3 株污染浓缩苹果汁的嗜酸耐热菌；在耐热、耐酸性检验中，这 3 株菌均可以较好地生长，符合脂环酸芽胞杆菌属嗜酸耐热的特点。与模式菌株和已知分离菌株细胞、菌落形态观察、生长条件和生理生化反应等方面的比较表明，这 3 株菌与模式菌株有较大的相似性，但同时也存在着一些差别，故与模式菌株应为同属不同种（胡贻椿等，2007）。

三、酸土脂环酸芽胞杆菌灭菌技术

利用自行设计的批式欧姆加热装置，研究了欧姆加热对苹果汁中酸土脂环酸芽胞杆菌（*A. acidoterrestris*）的杀灭作用。分析了欧姆加热的温度、电压、加热时间、pH 及加热体积等对杀菌效果的影响。结果表明欧姆加热可以有效地杀灭苹果汁中的酸土脂环酸芽胞杆菌。杀菌率随电压、温度和加热体积的升高而增大，随 pH 的降低而增大。由于电压、pH 和加热体积的变化会改变欧姆加热系统中的电流，从而可以降低杀菌的操作条件，提高杀菌效率（耿敬章和仇农学，2006）。

第三节 仙台脂环酸芽胞杆菌

一、仙台脂环酸芽胞杆菌的分离

从云南和广东热泉采集的样品中富集分离得到 12 株嗜热或微嗜热的嗜酸杆菌，革兰氏染色阳性或不定，营异养生长，最适 pH 为 3.5～5.5，最适温度为 43～52℃。测定其 16S rDNA 序列表明这些菌株与脂环酸芽胞杆菌属亲缘关系最近，结合其形态、生理等特性，鉴定这些菌株属于脂环酸芽胞杆菌（陈志伟等，2004）。

二、仙台脂环酸芽胞杆菌的生物学特性

从云南腾冲酸性热泉分离出一株嗜酸热异养菌菌株 TC-2。该菌呈长杆状，细胞大小为（2.0～5.0）μm×（0.3～0.5）μm，革兰氏染色反应为阴性，能形成芽胞。该菌生长温度为 45～70℃，最适生长温度为 55℃，适宜生长的 pH 为 1.5～4.0，最适宜生长的 pH 为 2.5，该菌能利用多种有机物生长（吴学玲等，2008）。

三、仙台脂环酸芽胞杆菌的鉴定

16S rDNA 序列分析显示菌株 TC-2 与仙台脂环酸芽胞杆菌（*Alicyclobacillus sendaiensis*）的 16S rDNA 相似性大于 99%。该菌自身没有浸矿作用，但对万座酸菌（*Acidianus manzaensis*）、金属硫化叶菌（*Sulfolobus metallicus*）和勤奋生金球菌（*Metallosphaera sedula*）等高温浸矿菌的浸矿有一定促进作用（吴学玲等，2008）。

第三章 兼性芽胞杆菌属

第一节 兼性芽胞杆菌属的特性

一、兼性芽胞杆菌属的形态特征

兼性芽胞杆菌属（*Amphibacillus*）（Niimura et al., 1990），革兰氏阳性，菌体杆状，大小为 $(0.3\sim0.5)\mu m\times(0.9\sim1.9)\mu m$，芽胞椭圆、中生，以周生鞭毛运动。

二、兼性芽胞杆菌属的生理特性

兼性芽胞杆菌为化能异养菌，兼性厌氧；在厌氧条件下，可利用葡萄糖、木质素产生乙醇、乙酸和甲酸，在好氧条件下则只产生乙酸。细胞内含有内消旋二氨基庚二酸；细胞中的脂肪酸主要是异支链脂肪酸、反异支链脂肪酸，还有大量的直链脂肪酸。接触酶、氧化酶反应均为阴性。生长的 pH 范围为 $8.0\sim10.0$，在 pH7.0 的条件下不生长。模式种木聚糖兼性芽胞杆菌（*Amphibacillus xylanus*）除了具有上述的属的生理特性外，还有下列主要特征：生长的温度范围为 $25\sim45$℃；在葡萄糖琼脂培养基平板上培养 1d 后的菌落较小，白色，圆形，表面光滑，凸起，边缘整齐；能利用木糖、阿拉伯糖、核糖、葡萄糖、木聚糖、果糖、七叶灵、水杨苷水解反应呈阳性；硝酸盐还原、吲哚、H_2S 产生、柠檬酸盐利用、明胶水解等反应阴性。菌株基因组 DNA 的 G+C mol% 为 $36\%\sim38\%$。广泛分布于腐朽的植物上，通常被分离自混合有粪便、草和秸秆的堆肥中。

三、兼性芽胞杆菌属的鉴定

兼性芽胞杆菌属木聚糖兼性芽胞杆菌的细胞脂肪酸成分主要是异支链脂肪酸、反异支链脂肪酸和直链脂肪酸，这与芽胞杆菌属（*Bacillus*）、芽胞乳杆菌属（*Sporolactobacillus*）的菌株相似，但木聚糖兼性芽胞杆菌还含有大量的饱和直链脂肪酸；而梭菌属（*Clostridium*）菌株的主要脂肪酸为饱和与不饱和的直链脂肪酸。因此，木聚糖兼性芽胞杆菌的脂肪酸类型不同于芽胞杆菌属、芽胞乳杆菌属和梭菌属这 3 个产生芽胞的属菌株的脂肪酸。

木聚糖兼性芽胞杆菌的 5S rRNA 核苷酸序列长度为 116bp，与肉梭菌（*Clostridium carnis*）、枯草芽胞杆菌（*Bacillus sutilis*）、菊糖芽胞乳杆菌（*Sporolactobacillus inulinus*）的 5S rRNA 核苷酸序列分别有 37、13 和 25 个碱基的差异。在 DNA-DNA 同源性方面，木聚糖兼性芽胞杆菌与芽胞杆菌属、芽胞乳杆菌属和梭菌属菌株的同源性较低，因此建立兼性芽胞杆菌属（Niimura et al., 1990）。

第二节 兼性芽孢杆菌新种发现

一、好纪兼性芽孢杆菌的分离与鉴定

从内蒙古盐碱湖分离到一株产木质素酶的嗜盐碱菌 F10。其形态为杆状或短杆状，革兰氏染色阳性，最适生长 pH 为 9.5，最适生长温度为 37℃。通过生理生化特征、胞壁氨基酸成分、基于 16S rDNA 序列的系统发育学分析和 DNA-DNA 杂交同源性比较发现菌株 F10 是兼性芽孢杆菌属（*Amphibacillus*）中一个与其他成员不同的新种，命名为好纪兼性芽孢杆菌（*Amphibacillus haojiensis* sp. nov.）（赵大鹏等，2004）。

二、吉林兼性芽孢杆菌的分离与鉴定

采用 Hungate 滚管法，对我国吉林碱湖、浙江慈溪榨菜废水、新疆阿其克湖和西太平洋富钴结壳区 4 种样品进行厌氧菌的分离和纯化，共得到 5 株菌株。基于 16S rRNA 基因序列分析，分别归入兼性芽孢杆菌（*Amphibacillus*）、枝芽孢杆菌属（*Virgibacillus*）、气球菌属（*Aerococcus*）和德库菌属（*Desemzia*）4 个属，其中一株为嗜碱疑似新种。菌株 $Y1^T$ 分离自吉林碱湖泥样，其 GenBank 序列号为 FJ169626。通过 EzTaxon server 2.1 网站的在线比对工具进行比对，菌株 $Y1^T$ 与兼性芽孢杆菌属内成员的 16S rRNA 基因序列相似性为 93.4%～96.8%。菌株 $Y1^T$ 兼性厌氧，产生末端芽孢，为革兰氏阳性杆菌；对 Na^+ 没有依赖性但是对 Na^+ 有很高的耐受性；最适生长 pH 为 9.0，生长 pH 为 7.5～10.5；为嗜中温菌，最适生长温度为 32℃；能利用多种单糖和寡聚糖，水解可溶性淀粉和酪蛋白；甲基红-伏普实验（MR-VP）检测、氧化酶和接触酶反应活性都为阴性；细胞的脂肪酸主要成分是 anteriso-$C_{15:0}$ 和 iso-$C_{15:0}$；它为低 G+C 含量革兰氏阳性细菌 XI 类聚群成员，其基因组 DNA 的 G+C mol% 为 37.7%。通过多相分类研究证实菌株 $Y1^T$ 为该属的一个新的物种，命名为吉林兼性芽孢杆菌（*Amphibacillus jilinensis* sp. nov.）模式菌株（type strain）为 $Y1^T$ = $CGMCC\ 1.5123^T$ = $JCM\ 16149^T$）（吴小月，2010）。

三、木聚糖兼性芽孢杆菌的分离与鉴定

Niimura 等（1990）从混合有粪便、草和秸秆的堆肥中分离出 3 个菌株，这 3 株菌革兰氏阳性、兼性厌氧、菌体杆状、能形成芽孢。这 3 株菌能在碱性培养基上生长良好，能够在以柠檬酸钛为还原剂的严格厌氧条件下降解木聚糖，也能够在摇瓶有氧培养时降解木聚糖。菌株的菌体细胞中含有内消旋二氨基庚二酸，细胞内的脂肪酸主要是异支链脂肪酸和反异支链脂肪酸，也含有相当多的直链脂肪酸。这 3 株菌 DNA 的 G+C mol% 为 36%～38%。未检测到细胞色素、类异戊二烯醌类、接触酶类反应活性；DNA-DNA 同源性检测也未发现这 3 个菌株与芽孢杆菌属（*Bacillus*）、梭菌属（*Clostridium*）和芽孢乳杆菌属（*Sporolactobacillus*）的模式菌株有较大的同源性。综合考虑这 3 株菌独特的生理生化特性、5S rRNA 序列和代谢途径，将它们定名为木聚糖兼性芽孢杆菌，其模式菌株为 Ep01（=JCM 7361）。

第四章 无氧芽胞杆菌属

第一节 无氧芽胞杆菌属的特性

一、无氧芽胞杆菌属的分离与鉴定

Pikuta 等（2000）从肥料中分离出菌株 K1^T 的脂肪酸类型和已有芽胞杆菌属的菌株都不相同，与好热黄芽胞杆菌（*Bacillus favothermus*）[现名为好热黄无氧芽胞杆菌（*Anoxybacillus flavithermus*）] 16S rRNA 序列相似性达 98.8%，DNA-DNA 同源性为 58.8%，但两者的表型特征相差很大，表明这两株菌不是同一种菌，应是两种不同的菌。16S rRNA 序列和芽胞杆菌属及近缘属的菌株序列的相似性很低（7%～16%）。根据表型特征、遗传特性，菌株 K1^T 应为无氧芽胞杆菌属（*Anoxybacillus*）的一个种，命名为普希金无氧芽胞杆菌（*Anoxybacillus pushchinensis*），并被作为该属的模式种，编号为 DSM 12423^T = ATCC 700785^T = VKMB-2193^T。

二、无氧芽胞杆菌属的生物学特性

模式种普希金无氧芽胞杆菌的主要特征为：革兰氏阳性，厌氧，直杆状，细胞单一或成对，有时链状，不运动；化能有机营养；中度嗜热，生长温度 37～65℃，最佳温度 62℃；专性嗜碱，pH7.0 以下不生长，最佳 pH9.5～9.7。最佳生长 NaCl 浓度是 1%，最大耐盐性为 3%。碳酸盐是生长必需物。酵母提取物能促进生长，生长底物为葡萄糖、蔗糖、果糖、海藻糖、淀粉，主要发酵产物是水和乙酸，硝酸盐还原为亚硝酸盐，接触酶反应阴性，不能水解明胶、酪蛋白。DNA 碱基组成 G+C mol% 为（42.2±0.2）%。

第二节 努比卤地无氧芽胞杆菌

一、努比卤地无氧芽胞杆菌的分离

从西南印度洋热液区沉积物样品中分离纯化获得了中度嗜热产芽胞杆菌，编号为 M6。菌株 M6 为革兰氏阳性菌，短杆状，可成对出现。菌株 M6 的生长温度为 35～65℃（最适生长温度 60℃），生长 pH 为 6.5～8.5（最适生长 pH 为 7.0～8.0），生长 NaCl 质量分数为 0～4%（最适 NaCl 质量分数为 2%），生长盐度为 0～80 人工海水（最适盐度为 40）（曾湘等，2010）。

二、努比卤地无氧芽胞杆菌的鉴定

16S rRNA 基因相似性分析表明，菌株 M6 为不产氧芽胞杆菌属（*Anoxybacillus*），与菌株努比卤地无氧芽胞杆菌（*Anoxybacillus rupiensis*）同源性最高，达99%；但16～23S rDNA 间隔区 PCR 扩增分析表明，该菌与同属菌株有较大差异。通过以上形态学、生理特征及分子生物学鉴定，认为菌株 M6 为不产氧芽胞杆菌属的菌株。另外，菌株 M6 可分泌胞外高温淀粉酶，胞内含有内生质粒，其大小约为 10kb，命名为 pAB01（曾湘等，2010）。

第三节　好热黄无氧芽胞杆菌

一、好热黄无氧芽胞杆菌的分离

对长白山温泉中嗜热微生物进行分离鉴定，并了解其生理生化特性。采用橄榄油富集培养基、稀释平板涂布法对长白山温泉样品进行分离，得到一株嗜热菌菌株 CBS-5（刘东来等，2008）。

二、好热黄无氧芽胞杆菌的鉴定

在电子和光学显微镜下观察菌体形态和芽胞；应用生理生化试验、16S rDNA 序列分析及 G+C mol% 含量等方法对菌株特性进行鉴定。菌株 CBS-5 为革兰氏阳性菌，无鞭毛，产端生芽胞；最适生长温度为 65℃，最适 pH7.7 左右；能以蔗糖、麦芽糖和乳糖等作为唯一碳源生长，具有酯酶和接触酶活性，对卡那霉素、红霉素和硫酸新霉素等抗生素均无抗性。T_m 法测定该菌的 G+C mol% 含量为 41.9%。脂肪酸成分分析表明在 CBS-5 中 iso-$C_{15:0}$ 的含量最高，为 24.20%，与无氧芽胞杆菌属成员一致。以该菌的 16S rDNA 序列为基础构建了系统发育树；16S rDNA 序列同源性比对表明该菌与无氧芽胞杆菌属各种之间的同源性为 95.1%～98.5%。菌株 CBS-5（=JCM 15484）是一株好热黄无氧芽胞杆菌（*Anoxybacillus flavithermus*），具有产酶活性，对于研究和开发化工、食品和环境保护方面的工业用酶具有重要价值（刘东来等，2008）。

第五章 芽胞杆菌属

第一节 芽胞杆菌属的特性

一、芽胞杆菌属的建立

Cohn 于 1872 年命名建立的芽胞杆菌科中的第一个属——芽胞杆菌属（*Bacillus*）。芽胞杆菌属的主要特征：细胞杆状或球状，直或接近直，大小为 $(0.3\sim2.2)\mu m\times(1.2\sim7.0)\mu m$，多数运动，侧生鞭毛，形成耐热的内生胞子——芽胞，一个细胞产生一个芽胞，暴露于空气时不影响芽胞的形成，革兰氏反应为阳性或不定。

二、芽胞杆菌属的生物学特性

菌落主要特征是表面粗糙、不透明、褶皱、乳白色或褐色、产色素、肉汤培养时有菌膜生长或不混浊，在有葡萄糖、铵盐及无维生素时可生长，生长的 pH 范围为 5.5～8.5，G+C mol% 为 41.5%～47.5%。严格好氧或兼性厌氧。有机化能营养，能利用多种底物进行严格呼吸代谢、严格发酵代谢或呼吸和发酵兼具的代谢。在呼吸代谢中，最终的电子受体是分子氧，在一些种中可以利用硝酸盐代替氧，大多数种产接触酶。由于当时芽胞杆菌属模式种所包括的主要特征范围较广泛，因而很多生理生化和遗传学特征迥异的细菌都归入此属，随着多相分类方法的进展，已有很多种类先后被分出，重新建立新属。

第二节 生尘埃芽胞杆菌

一、生尘埃芽胞杆菌对磷矿粉的溶解作用

池汝安等（2005）研究了生尘埃芽胞杆菌（*Bacillus pulvifaciens*）、荧光假单胞菌和青霉对磷矿粉中磷的溶解能力。结果表明，该 3 种菌株均显著促进了磷矿粉的溶解，磷的浸出率最高可达 6.7%；其中青霉的溶磷能力要强于生尘埃芽胞杆菌和荧光假单胞菌。磷矿粉用量越低，磷的浸出率越高。随着培养时间增加，磷的浸出率逐渐升高，pH 逐渐下降，但培养 15d 后，磷的浸出率和 pH 不再有明显变化。另外，碳源质量分数对培养液中磷的浸出率也有影响，质量分数过高或过低均会降低磷的浸出率。

二、生尘埃芽胞杆菌对锰矿石中磷的溶解作用

以生尘埃芽胞杆菌为试验菌种，进行了微生物脱除锰矿石中磷的机理研究。结果表明：锰矿石中磷主要以磷灰石形态赋存；细菌过量摄磷和细菌代谢产酸溶解作用是微生物脱除锰矿石中磷的根本原因和基本途径（关晓辉等，1999）。

三、生尘埃芽胞杆菌作为蜜蜂幼虫的细菌性病害

由生尘埃芽胞杆菌（*B. pulvifaciens*）引起的一种蜜蜂幼虫细菌性病害，迄今仅发现于美国。病原菌杆状，大小（1.3~3.0）μm×（0.3~0.6）μm，革兰氏染色阳性。

第三节 地衣芽胞杆菌

一、地衣芽胞杆菌的生物学特性

以酱香型白酒生产所使用的高温大曲为含菌样品，经分离获得多株耐高温细菌，对它们的生化及香气特征的测定，确认菌株 133-1 为主要功能菌。经形态特征、生理生化特征的测定，133-1 菌株归于地衣芽胞杆菌（*Bacillus licheniformis*）（庄名扬和王仲文，2003）。对分离自酵素菌的 18 株芽胞杆菌（*Bacillus*）进行分类鉴定，观察实验菌株的形态大小、染色特征、动力、芽胞的形态位置，菌细胞苏丹黑颗粒染色，接触酶反应，气体要求，糖醇类发酵产酸，产气试验，有机酸盐利用试验，酪蛋白、酪氨酸、七叶苷、尿素、明胶、淀粉、吐温-80 水解试验，吲哚试验，V-P 反应，硝酸盐还原试验，二羟丙酮形成试验，生长因子试验、厌氧生长试验，石蕊脲化试验，马尿酸盐结晶试验，卵磷脂酶试验，溶菌酶抗性试验，进行表型性状的观察研究。结果：9 株芽胞杆菌被鉴定为地衣芽胞杆菌；6 株芽胞杆菌鉴定为枯草芽胞杆菌（*B. subtilis*）；一株芽胞杆菌鉴定为蜡状芽胞杆菌（*B. cerus*）；一株芽胞杆菌鉴定为环状芽胞杆菌（*B. circulans*）；一株芽胞杆菌被鉴定为巨大芽胞杆菌（*B. megaterium*）。结论：地衣芽胞杆菌、枯草芽胞杆菌（*B. subtilis*）、蜡状芽胞杆菌（*B. cerus*）、环状芽胞杆菌（*B. circulans*）和巨大芽胞杆菌是酵素菌的主要活性菌种（马麦生等，2002）。

从牛栏山酒厂清香大曲和酒醅中分离出 23 株芽胞杆菌，通过柠檬酸盐与丙酸盐利用、产酶、需厌氧、V-P、酪素水解、酪氨酸水解、酸性培养基、耐盐性、生长温度、产酱香物质等生理生化实验进行综合鉴定，鉴定出 12 株为地衣芽胞杆菌（刘桂君等，2010）。从大曲中分离到一株细菌，初步鉴定为地衣芽胞杆菌；利用 Biolog 微生物自动分析系统对它做了进一步的鉴定，确定其为地衣芽胞杆菌（胡桂林等，2007）。

从全国生产碱性蛋白酶的地衣芽胞杆菌异常发酵液中分离出 4 株噬菌体（分别编号为 PG1、PG2、PG3、PG4），经宿主范围测定和电镜观察，发现均有区别，用 SDS-聚丙烯酰胺凝胶电泳（SDS-PAGE）研究 4 株噬菌体结构蛋白电泳条带，也呈现出差异。PG1 结构蛋白明显异于其他 3 株，PG4 又微异于 PG2 和 PG3，而 PG2 与 PG3 结构蛋白未发现差异（乐志培和朱孔生，1993）。

以地衣芽胞杆菌菌株 JF-20 为出发菌株，对原生质体制备及再生的各种影响因素进行了研究，在原生质体形成及再生的最佳条件下制备原生质体。结果发现：JF-20 菌的原生质体形成率及再生率分别达 86.9% 和 38.4%，并通过光学显微镜技术，观察了原生质体形成及再生的有关现象（袁铸等，2001b）。

从成都佳丰食品厂等处采集的样品中进行平板分离，初筛到 124 株碱性蛋白酶产生菌，进一步复筛出一株高产且稳定的碱性蛋白酶产生菌株 B. L. JF-ld，初步鉴定为地衣

芽胞杆菌。该菌的最适产酶条件为：培养基为麦芽糖7.5%，酵母膏3%，NaCl 0.5%，$K_2HPO_4 \cdot 3H_2O$ 0.53%，$NaH_2PO_4 \cdot 2H_2O$ 0.03%，Na_2CO_3 0.056%，$MnSO_4$ 1×10^{-4} mol/L；pH8.7，通气量为（1∶0.5）～（1∶1）（V/V），37℃发酵40h，酶活力单位高达7180U/mL（胡承等，1999）。

从几种标准工作菌株中筛选出对盐霉素敏感的菌株，以敏感菌株为工作菌株测定饲料中盐霉素的含量。结果显示：枯草芽胞杆菌、藤黄微球菌对盐霉素不敏感，地衣芽胞杆菌、嗜热脂肪地芽胞杆菌（*Geobacillus stearothermophilus*）对盐霉素敏感。以嗜热脂肪地芽胞杆菌敏感菌株为工作菌株测定饲料中盐霉素含量，最低检出浓度为0.25μg/mL，饲料中最低检出限为1.0mg/kg，标准曲线相关系数为0.99，回收率为60%～80%，均高于标准中规定的参数。试验结果表明，微生物抑制法检测饲料中盐霉素含量，灵敏度高，快速，简便（赵光华等，2010）。

二、地衣芽胞杆菌用于生物传感器

用经海水驯化的地衣芽胞杆菌作为响应菌株，采用夹层膜法制作固定化微生物膜，以氧电极为换能器制成生化需氧量（biochemical oxygen demand，BOD）生物传感器；以空白海水为底液，传感器在BOD质量浓度为0～27mg/L内线性相关系数$r = 0.99978$，对BOD质量浓度为4.31mg/L的GGA溶液［葡萄糖溶液和谷氨酸溶液（质量浓度均为150mg/L）按体积比1∶1混合］连续平行测定7次，相对标准偏差为2.56%（马莉等，2004）。

以地衣芽胞杆菌、假单胞菌和枯草芽胞杆菌为识别元件，采用夹层法固定化微生物膜与氧电极组成毒性微生物传感器，实验了3种不同菌株生物传感器对河豚毒素的响应能力，得出对河豚毒素敏感的微生物菌株为地衣芽胞杆菌。实验得出地衣芽胞杆菌传感器最佳工作条件为pH7.76，温度35℃，底物替普瑞酮（GGA）质量浓度为21.5mg/L。在此条件下传感器对河豚毒素响应的标准曲线$y = 0.0025x + 0.0122$，线性范围为10～100μg/mL，相关系数0.9776（崔建升等，2009）。

三、地衣芽胞杆菌用于污染治理

从皖北盐碱地土样中分离到菌株011，对其进行了种类鉴定及胞外碱性蛋白酶的初步研究。结果表明：菌株011符合地衣芽胞杆菌（*B. licheniformis*）种的特征，但该菌芽胞端生、胞囊膨大、中度耐盐、高度耐碱，可在NaCl浓度为13%和pH11的培养基中生长，这些特征又不同于该种几个模式株，因而将菌株011鉴定为地衣芽胞杆菌的一个亚种，命名为地衣芽胞杆菌砀山亚种（*B. licheniformis* subsp. *dangshanensis*）。该菌在发酵培养基中能产生较高产量的胞外碱性蛋白酶（725U/mL）。酶的最适作用条件：60℃，pH9.0，该酶在pH6.0～11内稳定（黄红英等，2001）。分离到一株产碱性蛋白酶的地衣芽胞杆菌011，命名为地衣芽胞杆菌砀山亚种；酶的最适作用条件：pH9.0，60℃。对该菌株进行连续4次不同的物理、化学方法的诱变处理。诱变剂为紫外线、亚硝酸和低能N^+离子，其处理方式包括单独或复合处理两种。最后获得一株高产碱性蛋白酶的变异株（C3-03），菌株产酶活力从725U/mL提高到12 425U/mL。该突变株的最适产酶条件为起始 pH8.0~9.0、培养温度 32~37℃，振荡培养时间 44~48h（方海红等，2001）。

从水产养殖环境中分离、筛选得到一株菌株 CJ001，经菌落形态特征、生理生化特征及 16S rDNA 测序，鉴定其为地衣芽胞杆菌。菌株 CJ001 可有效降低养殖水体中的化学需氧量（chemical oxygen demand，COD），48h 内 COD 的降解率达 86.8%，水温 30℃时的降解率最高，达 85.7%。为优化培养基组成，选出由单因素试验确定的营养物质（红糖、玉米粉、豆粕、尿素）和 NaH_2PO_4，进行 5 因素 4 水平的正交试验。结果表明，菌株 CJ001 的最佳培养基配方为：红糖 3%、玉米粉 1%、豆粕 3%、尿素 0.25%、NaH_2PO_4 0.15%，其活菌数可达 $11.5×10^9$ u/mL（袁科平等，2011）。通过聚合酶链反应（polymerase chain reaction，PCR）扩增得到了有益生作用的地衣芽胞杆菌（$B. licheniformis$）H88-3 株天冬氨酶激酶（Aspar-tokinase，AK）II 基因，并用 ABI PRISM™ 377DNA Sequencer 进行序列测定，所得核甘酸序列及推导的氨基酸序列与枯草芽胞杆菌（$B. subtilis$）VB217 株进行了比较，结果表明它们的同源性非常高（吕道俊和何明清，1999）。

从污泥中分离筛选到一株以共代谢方式可广谱降解有机磷农药的芽胞杆菌，初步鉴定为地衣芽胞杆菌。该菌对农药甲胺磷、敌敌畏、对硫磷的最高耐受浓度分别为：3500mg/L、500mg/L、300mg/L，在 30℃，100r/min 培养条件下，72h 内对 500mg/L 甲胺磷、200mg/L 敌敌畏、100mg/L 对硫磷的降解率分别为 75.8%、50.3% 和 25.4%（王永杰和李顺鹏，1999a）。有机磷农药降解菌地衣芽胞杆菌经紫外线诱变后，筛选出突变菌株 P12；在温度=30℃，溶解氧 ρ（O_2）=2.5mg/L 的培养条件下，3d 内对甲胺磷的降解率为 80.1%，比出发菌株提高了将近 10% 的降解率。在含农药的斜面培养基上连续传代 10 次，降解活力保持稳定（王永杰和李顺鹏，1999b）。从污染土壤中分离出地衣芽胞杆菌，利用其死菌体对 Cr^{6+} 溶液进行吸附动力学研究。在 C_i=300mg/L、pH=2.5 和 50℃条件下，吸附 120min 获得最大吸附量 60.5mg/g。应用 Langmuir 和 Freundlich 吸附等温线研究，结果表明，Langmuir 吸附等温线更为适合；动力学研究显示，地衣芽胞杆菌对 Cr^{6+} 的吸附动力学可以用拟二级速度方程进行描述（周鸣等，2006）。

专利《一种用于处理有机固体废物的复合菌剂及其制备方法》公开了一种用于处理有机固体废物的复合菌剂及其制备方法，该复合菌剂由保藏在中国微生物菌种保藏管理委员会普通微生物中心的编号为 CGMCC No.1364 的高温单胞菌、编号为 CGMCC No.1365 的枯草芽胞杆菌（$B. subtilis$）、编号为 CGMCC No.1366 的木霉菌和 CGMCC 菌种目录中编号为 1.813 的地衣芽胞杆菌混配而成（刘克鑫等，2009）。

四、地衣芽胞杆菌的产蛋白酶特性

对一株能产生具有良好脱毛效果的中性蛋白酶的高产菌芽胞杆菌 $Bacillus$ sp. HX-12-5 进行了种类鉴定，结果表明，该菌株为地衣芽胞杆菌（$B. licheniformis$）。中性蛋白酶的最适作用条件为：50℃，pH7.0，40℃时在 pH6~9 内稳定；EDTA 和 PMSF（Phenylmethanesulfonyl fluoride，苯甲基磺酰氟）对酶活力有不同程度的抑制作用

(王海丰和张义正，2002）。研究了环境因子对液体碱性蛋白酶 2709# 热稳定性的影响，多种氨基酸、低浓度的各种离子及羟基化合物等均能提高 2709# 的热稳定性，氨基酸中以丝氨酸效果最好，Ca^{2+} 能极大地提高酶热稳定性，多糖类对酶的热稳定性效果不明显，但与适量的硼砂合用，可显著提高酶的热稳定性（朱祚铭等，1996）。

地衣芽胞杆菌 JF-UN122 的发酵液，以硫酸铵分段盐析获得粗酶，再经 DEAE-Sephadex A-50 吸附色素、CM-Sephadex C-50 离子交换及 Sephadex G-75 柱层析等步骤获得电泳纯的碱性蛋白酶。SDS-PAGE 测得其分子质量为 31.6kDa。以酪蛋白为底物时，酶的 K_m 为 5.26μg/min，V_m 为 20.8μg/min。酶的最适 pH 为 9.0，最适温度为 55℃，在 pH5~11、55℃条件以下酶较稳定，对 1mol/L H_2O_2 具有一定的耐氧化性。PMSF 对酶抑制，二硫苏糖醇（DTT）有保护作用，钙离子、EDTA、SDS、尿素等对酶无明显影响（袁铸等，2003）。从酿酒曲药中分离到一株产 α-淀粉酶的地衣芽胞杆菌菌株 JS-5，对该菌株产 α-淀粉酶的产酶条件和酶学特性进行研究。结果表明，培养 70h 时产酶量最高，菌体生长和产酶的最适温度为 53℃，最适生长 pH 为 9.0、最适产酶的 pH 为 7.0，酵母膏是菌体生长和产酶的最适氮源；菌株 JS-5 α-淀粉酶的最适作用温度高达 90℃，最适 pH 为 10.0，90℃保温 5min，可保留原酶活力的 60%（李佑红和吴衍庸，1989）。

革兰氏阳性、腐生性地衣芽胞杆菌是高温 α-淀粉酶、碱性蛋白酶的重要工业生产用菌株。其基因组大小约为 4.22Mb，已被多个国际机构认定为 GRAS 工业菌株。地衣芽胞杆菌具有完善的蛋白质分泌体系，蛋白质合成与分泌能力可达 20~25mg/mL。在作为外源基因表达系统的研究中，建立了其遗传转化方法，完成了多种表达载体的构建与应用，以及进行了作为宿主细胞的地衣芽胞杆菌的遗传改良与多种重组蛋白表达的研究，显示出地衣芽胞杆菌具有作为重组蛋白高效分泌表达的巨大潜力与工业应用价值（牛丹丹等，2009）。

地衣芽胞杆菌菌株 L3 对镰刀菌、核盘菌等显示出强的抑菌活性，对其发酵培养基进行了优化研究。在单因素试验的基础上，采用 Plackett-Burman 设计确定了碳源、豆饼粉和 K_2HPO_4 等显著影响芽胞形成和菌体数量的因素。通过最陡爬坡路径试验、综合中心组合设计和响应面分析法得出最优培养基组成为豆饼粉 8.0g/L，$K_2HPO_4 \cdot 3H_2O$ 2.00g/L，碳源 32.2g/L，$MgSO_4 \cdot 7H_2O$ 0.5g/L，酵母膏 2.5g/L，地衣芽胞杆菌 L3 的活菌体数目可以达 100.20×10^8 cfu/mL，比初始培养基提高近一倍（赵国纬等，2009a）。分别研究了 L3 发酵液、发酵上清液及菌体对大田玉米的作用和对盆栽水稻的作用。结果表明，地衣芽胞杆菌 L3 发酵液对玉米作用较大，并且主要是菌体起作用。对发酵液分析发现，地衣芽胞杆菌 L3 可以产生细胞分裂素（赵国纬等，2009a）。

采用单因素实验法对地衣芽胞杆菌 LNPU-1 液体发酵的主要影响因子温度、转速、初始 pH 等进行了考察，确定了最佳培养条件：温度为 35℃，转速为 180r/min，初始 pH 为 7.0。并通过正交试验对其发酵培养基在摇瓶中进行了优化，优化后的培养基为：葡萄糖 5g、酵母浸膏 2g、尿素 3g、NaCl 10g、水 1000mL。在优化条件下，发酵液中活菌数达 4.90×10^{10} cfu/mL，明显高于原发酵培养基的结果 5.10×10^9 cfu/mL（刘莹等，2006）。

利用自行筛选到的一株角蛋白降解细菌——地衣芽胞杆菌 nju-1411-1 发酵羽毛角蛋白，发酵 2d 时角蛋白降解率、酶活、生物量等指标就达到了最大值。降解率的变化和角蛋白酶活力的变化基本是一致的，并且酶的活力明显高出其他 2 株角蛋白降解菌——链霉菌 B221 和真菌 C281。在发酵过程中，硫元素以硫酸根、亚硫酸根、硫离子、硫代硫酸根、巯基化合物、二硫键化合物、半胱氨酸、胱氨酸及 S-磺酸半胱氨酸类物质等 9 种形态存在，没有检测到过硫化物、多硫化物、连多硫酸盐、芳基类硫代磺酸盐、烷基类硫代磺酸盐等其他形式的含硫化合物。其中硫酸根、亚硫酸根、硫代硫酸根和 S-磺酸半胱氨酸类物质是主要形态，而其他 5 种物质含量相对较少。硫酸根和硫代硫酸根是硫元素代谢的终产物，其中硫酸根在自然状态下和氧化酶的作用下都可以产生，而硫代硫酸根是微生物代谢的产物。亚硫酸根和 S-磺酸半胱氨酸类物质出现相互消长的关系，表明硫解作用的存在。在发酵液的可溶性物质中，二硫键主要以胱氨酸的形式存在；除了少量的半胱氨酸以外，巯基还存在于多肽和寡肽中（聂庆霁等，2010）。

将噬菌体 PG$_3$ 对产碱性蛋白酶地衣芽胞杆菌 N$_{16}$ 反复感染多次进行自然筛选，获得 8 株对噬菌体 PG$_3$ 具有稳定抗性的菌株，其产酶水平有的比出发菌株 N$_{16}$ 高 10% 左右；同时对噬菌体 PG$_3$ 的生物学特性进行了某些研究。实验表明，噬菌体 PG$_3$ 宿主范围比较广泛，不仅作用于地衣芽胞杆菌的许多株，而且也作用于某些其他芽胞杆菌，如巨大芽胞杆菌、苏云金芽胞杆菌等。此外，在 pH3～11 内有较好的稳定性；经 60℃、5min 热处理均失活（李广武和杨朝晖，1995）。

从成都皮革厂等处采集的样品中，分离筛选到一株胶原酶的产生菌 J-4-8，菌种鉴定为地衣芽胞杆菌。该菌产酶的最适碳源为蔗糖，氮源为明胶，起始 pH 为 7.5，摇瓶装量为 10mL/250mL，种龄是 24h，接种量为 6%，在此条件下，摇瓶振荡发酵后，酶活达 25U/mL 发酵液，较原发酵培养基发酵后的酶活提高 35%（金敏等，2000）。为提高地衣芽胞杆菌 B7 的产蛋白酶能力，采用福林酚法测定酶活力，通过诱变育种试验和遗传稳定性试验选育出遗传性能稳定的蛋白酶高产菌株。结果表明，紫外线照射时间为 2min，菌落的总致死率为 62.47%；371 株菌株的 HC 值（菌落在分离培养基产生的透明圈直径与菌落直径的比值）变化小于 5%，53 株菌株的 HC 值正变大于 5%，76 株菌株的 HC 值负变大于 5%。正变大于 10% 的 12 株菌株的 HC 值是出发菌株的 1.18～1.34 倍。所有变异株的蛋白酶活力均显著高于出发菌株，其中菌株 B720 和 B749 的蛋白酶活力达 50U/mL，比出发菌株提高了 40% 以上。经过复筛得到菌株 B749，诱变前后其最高酶活分别为 33.97U/mL 和 50.29U/mL。遗传稳定性试验中菌株 B749 的蛋白酶活力变化小于 10%。该试验成功选育出的遗传性能稳定的蛋白酶高产菌株 B749 可用于发酵法制备大豆肽（陈宏军，2010）。用 N-溴代琥珀酰亚胺（NBS）和 N-乙基丁二酰亚胺（NEM）分别对地衣芽胞杆菌菌株 A.4041 α-淀粉酶的主要组分 α-Ⅲ 的色氨酸（Trp）残基和巯基进行修饰。结果表明，50% 的 Trp 残基经 NBS 修饰，可使酶活力完全丧失；Ca^{2+} 和底物可减少修饰酶的失活；加 Ca^{2+} 或底物后修饰酶的荧光强度较对照修饰酶有显著提高。这表明 Trp 是修饰必需基团，并与结合底物和 Ca^{2+} 有关。用过量 NEM 修饰巯基，酶活力改变不大，表明巯基不是酶的催化必需基团，并对酶的热稳定性基本无影响（刘红岩等，1997）。

用原生质体融合的方法,将碱性蛋白酶生产菌2709与含有碱性蛋白酶基因克隆载体pDW2的工程菌枯草芽胞杆菌BD105进行细胞融合,得到一株高产碱性蛋白酶的工程菌A16;菌落的原位杂交表明,该菌株携有双亲的遗传物质,A16的表型和生长特征与2709相似,但同样条件下发酵酶活性比2709高50%~100%,摇瓶发酵的产酶水平最高可达30 000U/mL,A16发酵所产酶的最适pH与耐温性及发酵条件等特征均与2709相同,适用于工业生产(潘延云等,2002)。从海南省文昌市、海口市的海水养殖池和天然海域中采集的海水与底泥样品中分离和筛选出13株具有高蛋白酶活性的地衣芽胞杆菌菌株,经菌落形态观察、标准生理生化分析和16S rDNA测序,确定获得的菌株均为野生型热带种地衣芽胞杆菌(陈圣丰等,2010)。以地衣芽胞杆菌XP2为出发菌株,通过采用^{60}Coγ-射线、NTG和热处理方法筛选得到产碱性蛋白酶变异菌株H26。此菌株经过连续的传代保存,表现出良好的遗传稳定性。该菌株产酶达32 000U/mL,比亲株提高68%(王健华和朱宝成,2005)。从四川、陕西、浙江等地食用菌栽培的土壤样品中,筛选到一株性能优良、产几丁质酶活力较强的菌株BLC08609,并结合菌落形态、生理生化指标和16S rDNA序列分析对其进行鉴定。结果显示,菌株BLC08609能以食用菌细胞壁(以几丁质为主)为唯一碳源生长,在菌株BLC08609个体形态和生理生化特性鉴定的基础上,通过16S rDNA测序鉴定,确定BLC08609为地衣芽胞杆菌(鲜乔等,2009)。

分离纯化了自行筛选的耐有机溶剂的地衣芽胞杆菌菌株YP1所产的溶剂稳定性蛋白酶;发酵液经硫酸铵沉淀、疏水层析及强阳离子交换层析纯化,得到电泳纯的蛋白酶;分子质量约为28kDa,纯化蛋白酶的比酶活达1.18×10^5U/mg,纯化倍数为37.2,酶活回收率为20.8%。纯化的YP1蛋白酶对500/0(φ)的多种亲水或疏水有机溶剂具有很高的耐受性,二甲基甲酰胺(dimethyl formamide,DMF)和二甲基亚砜(dimethyl sulphoxide,DMSO)能显著促进YP1蛋白酶活力。YP1蛋白酶为Zn^{2+}蛋白酶,最适反应温度为55℃,最适反应pH为10.0,pH8.0~13.0时具有高活力。以酪蛋白为底物,YP1蛋白酶的米氏常数为0.048g/L(姚忠等,2008)。

研究了革兰氏阴性细菌大肠杆菌JM109和革兰氏阳性细菌地衣芽胞杆菌0204在电转化过程中,高渗溶液如山梨醇、甘露醇、甘油、蔗糖和葡萄糖对其电转化率的影响,结果表明,高渗溶液能够有效地保护细胞,提高转化率,在复苏培养基中,0.7mol/L甘露醇对地衣芽胞杆菌0204的保护效果最好,1mol/L蔗糖对大肠杆菌JM109的保护效果最好,由此得到质粒DNA对地衣芽胞杆菌0204的最高电转化率为9.8×10^2转化子/μg,质粒DNA对大肠杆菌JM109的最高电转化率为5.9×10^8转化子/μg(徐敏等,2004)。对地衣芽胞杆菌XJT9503高温中性蛋白酶基因进行了克隆、测序及表达研究。以高温中性蛋白酶产生菌地衣芽胞杆菌XJT9503基因组DNA为模板,通过PCR扩增,获得特异性片段。经测序分析,其具有一个942bp的蛋白酶完整阅读框。通过表达载体构建,获得质粒pPL-trip,并转化至蛋白酶缺失受体菌枯草芽胞杆菌AB97013中,经表达验证其蛋白酶最适作用温度和pH与出发菌相符。研究结果证明研究获得了高温中性蛋白酶基因及表达质粒pPL-trip,并正确表达(茆军等,2008)。以羽毛角蛋白作为唯一碳源和氮源,从长期堆积腐烂羽毛的土壤中分离出一株高效降解羽毛角蛋白的菌株 F4。通过对该菌株形态特征观察、生理生化实验测定、16S rDNA 序列分析和 Biolog 系统鉴定，初步鉴定为地衣芽胞杆菌。菌株 F4 在 50℃ 条件下摇瓶发酵 48h，角蛋白酶活达 23U/mL。该菌能够降解完整的天然羽毛，具有开发应用前景（李金婷等，2010）。

比较 4 种固定菌体的方法，结果以聚乙烯醇-海藻酸钠包埋地衣芽胞杆菌 R08 菌体，制成直径约 2mm 的颗粒，然后用磷酸缓冲液处理，5% 戊二醛溶液交联，制得的固定化 R08 菌体（PIRB）对 Pd^{2+} 的吸附率最高。PIRB 吸附 Pd^{2+} 的最适 pH 为 3.5。吸附作用是一种迅速的过程。在 5～60℃ 内，吸附作用不受温度的影响。溶液中的 PIRB 含量和 Pd^{2+} 起始浓度影响吸附作用，在 PIRB 浓度为 0.5g/L、Pd^{2+} 浓度为 200mg/L、pH3.5 和 30℃ 条件下，吸附 60min，吸附量达 94.7mg/g 干重。吸附过程符合 Freundlich 和 Langmuir 吸附等温式。Al^{3+} 等离子抑制 PIRB 对 Pd^{2+} 的吸附。用 1mol/L HCl 洗脱 PIRB 所吸附的 Pd^{2+}，解吸率为 83.6%。在填充床反应器中，在流速 2mL/min、100mg Pd^{2+}/L、2.5g PIRB（干重）、pH3.5 和 30℃ 条件下，反复吸附-解吸附，最初 5 批的饱和吸附量、吸附率和解吸率分别平均为 44.3mg Pd^{2+}/g 干重、89.4% 和 82.5%。在与上述相同的条件下，PIRB 对废钯催化剂处理液中的 Pd^{2+} 的吸附量为 41.3mg/g，吸附率为 88.6%（刘月英等，2002）。用 PCR 方法从地衣芽胞杆菌 6816 中扩增了碱性蛋白酶基因（apr），扩增的 1.14kb 的 DNA 片段插入到大肠杆菌载体 pET-20b 中，构建成重组分泌型表达载体 pAPR1。pAPR1 中碱性蛋白酶基因在大肠杆菌宿主 JM109（DE3）中得到表达，SDS-PAGE 分析显示融合表达产物的分子质量为 30kDa，同核酸序列测定所推导的值相符，表达产物占细胞总蛋白质的 7.5%，重组菌的酶活比出发菌株提高了 3.3 倍，研究发现，重组的碱性蛋白酶在进入大肠杆菌周质空间时存在前肽自动脱落的现象（唐雪明等，2001）。

五、地衣芽胞杆菌的发酵技术

为了获得高产弹性蛋白酶的地衣芽胞杆菌（B. licheniformis）ZJUEL31410 的分批发酵条件，采用 5L 生物发酵罐对菌株 ZJUEL31410 胞外弹性蛋白酶的分批发酵过程和发酵条件进行研究。结果发现，弹性蛋白酶的合成与菌体生长部分相关，细胞生长在 24h 时达到最大（菌体干重为 8.9g/L）；发酵 6h 时比生长速率（U）达到最大值 0.18，弹性蛋白酶合成在 30h 达到最大值 373U/mL；在搅拌速度 500r/min，初始葡萄糖质量分数为 7.4% 条件下，弹性蛋白酶活最高，体系中溶氧最多；提高搅拌功率可改善菌体的代谢过程，加快代谢速率，提高弹性蛋白酶活性（章海锋等，2009）。

采用碳、氮源及微量元素的筛选实验和正交试验，确定地衣芽胞杆菌菌株 TS-Ⅱ 发酵培养基的最佳组分为：蔗糖 60g/L、蛋白胨 30g/L、NaCl 30g/L、$K_2HPO_4 \cdot 3H_2O$ 2g/L、$MgSO_4 \cdot 7H_2O$ 1g/L、$FeSO_4$ 0.02g/L、$MnSO_4$ 0.01g/L。对发酵条件进行了研究，发酵的最适初始 pH 为 5.5，最适培养温度为 35℃，最适装液量为 10mL（250mL 三角瓶）。通过优化培养基组分和培养条件后，菌株 TS-Ⅱ 活菌数达 6.58×10^{10} cfu/mL，为以后的工业化生产奠定基础（胡爽等，2009）。郑铁曾和涂提坤（1993）阐述了对地衣芽胞杆菌 C_{1213} 进行的诱变选育及发酵条件试验，获得的变异株 pH4～18 产碱性蛋白酶活力达 21 000U/mL。放大试验在 $2.5m^3$ 发酵罐中进行；酶的性质试验表明，该酶反应的最适 pH 为 11，最适温度 60℃。

建立了使用新型洗脱液的亲和色谱方法从地衣芽胞杆菌中分离纯化 α-淀粉酶。结合到淀粉、淀粉-硅藻土、淀粉-琼脂糖柱上的 α-淀粉酶可用 2% (w/V) 的白糊精快速洗脱，淀粉柱结合 α-淀粉酶的能力为 $380\mu mol/g$。纯化后的 α-淀粉酶在 SDS-PAGE 中显示 58kDa 的单一条带。用免疫扩散、免疫电泳确定纯化后酶的特征，并用单向辐射状免疫扩散和 Western 免疫杂交研究了该酶在不同时间的合成情况（陈国泽译，胡又佳校，2006）。采用不同接种培养方法，研究了地衣芽胞杆菌在微生态系统的消长状况。结果表明，在健康人体内该菌能迅速增殖，菌数为 $1.49\times10^8\sim1.83\times10^8$ cfu/g，并能较长时间定殖下来，30d 后菌数为 $1.27\times10^6\sim1.51\times10^7$ cfu/g。在患者体内增殖相对较慢些，菌数为 $1.40\times10^8\sim1.67\times10^8$ cfu/g，30d 后菌数为 $1.15\times10^7\sim1.3\times10^7$ cfu/g，在人工模拟微生态系统中，当 pH 为 5.0~9.0，营养物为食物匀浆培养基、牛肉膏蛋白胨培养基时，其菌数分别为 3.05×10^8 cfu/mL、3.42×10^8 cfu/mL（胡尚勤和张远琼，1998）。

对地衣芽胞杆菌产生的耐高温 α-淀粉酶的生产和特性作一阐述。该酶作用的最适 pH 为 5.5~7.0，最适温度 92℃；酶合成是在对数生长期进行的，工业化生产时酶活在稳定期达到最高，细胞生长与产酶量成反比；淀粉质原料具有诱导作用，可避免分解代谢阻遏；蛋白胨、玉米浆是较适宜的氮源；最佳产酶条件 pH6~9，温度 35℃；酶变性符合 N↔X→D 模型；非酶底物的糖类、多聚物、辛烷等都能增加酶的热稳定性（张礼星，1996）。

α-淀粉酶广泛地存在于动植物和微生物中，它是一种内切葡萄糖苷酶，是目前最重要的工业酶制剂之一。当今广泛使用的酶制剂始于 1906 年，人类发现了用于液化淀粉生产乙醇的细菌淀粉酶，首先应用于工业的 α-淀粉酶来自于真菌。由于一些细菌 α-淀粉酶具有耐高温、耐酸、耐碱等特性，更符合工业化生产中的某些极端条件，因此，目前需高温的发酵等工业中使用最为广泛的是细菌 α-淀粉酶，尤其是来自杆菌〔如解淀粉芽胞杆菌（*Bacillus amyloliquefaciens*）和地衣芽胞杆菌〕的耐高温 α-淀粉酶已占据相当大的市场（王楠和马荣山，2007）。蒲宗耀等（2006a；2006b）探索了耐碱耐温淀粉酶的退浆前处理工艺，讨论了淀粉酶浓度、温度、pH、金属离子浓度及处理时间等对退浆率的影响，确定了耐碱耐温淀粉酶退浆工艺。和传统化学退浆相比，耐碱耐温淀粉酶能减少环境污染。

宁康霉素（nincomycin）产生菌地衣芽胞杆菌菌株 BAC-9912 经紫外线（UV）单因子和亚硝基胍（NTG）化学试剂诱变后，获得两株高产菌株 9912-7-2U（UV 处理获得）和 9912-2U-32N（NTG 处理获得），其摇瓶效价分别为 176.5×10^5 U/L 和 217.808×10^5 U/L，比出发菌株效价分别提高 126.9% 和 180.0%；连续传代摇瓶效价稳定。初步建立了形态观察法和琼脂块大通量法两种初筛模型（孙冬雪和胡江春，2005）。

利用耐高温 α-淀粉酶的生产菌种——地衣芽胞杆菌菌株 Y-1，对其发酵过程中的各种参数的变化规律与控制方式进行了研究。实验结果表明，采用连续式的 pH 控制方式有利于提高耐高温 α-淀粉酶的发酵水平，最后的发酵液的酶活力明显地高于脉动式的

pH 控制方式。菌体在产酶阶段对发酵液的溶氧水平要求不高，但是溶氧浓度（DO 值）不应低于 10%（林剑等，2002）。

研究了 3L 发酵罐中不同供氧水平对地衣芽胞杆菌发酵杆菌肽的影响。结果表明，地衣芽胞杆菌 DW2 发酵杆菌肽的总效价和 A 组分比例随发酵搅拌转速或通风比的提高而增加；通过比较发酵溶氧水平分别为 20% 和 5% 的杆菌肽发酵过程，初步探讨了溶氧对杆菌肽发酵的影响机制。控制发酵液溶氧 20% 以上，发酵液中的丙酮酸、柠檬酸和 α-酮戊二酸等有机酸浓度都高于 5% 溶氧水平，说明高溶氧强化了菌体 EMP 途径和 TCA 循环；分析发酵液中的 Glu、Asn、His、Ile、Lys 和 Asp 等杆菌肽组成性氨基酸浓度，都高于 5% 溶氧水平，说明高溶氧还通过促进氨基酸代谢提高杆菌肽效价（邓坤等，2009）。将微生物可在常温下还原贵金属离子的特性引入催化剂的制备过程中，利用对 Pd^{2+} 有较强还原能力的地衣芽胞杆菌（简称 R08）制得负载型 Pd 催化剂（简称催化剂）。采用 X 射线光电子能谱（XPS）和透射电镜（TEM）对催化剂进行表征。XPS 测定结果表明，室温下 R08 菌体可将 $\gamma\text{-}Al_2O_3$ 载体表面上的 Pd^{2+} 基本还原为 Pd^0；生物还原法制得的催化剂的 Pd 微粒的平均粒径约为 5nm。将该催化剂用于 2%CO-98% 空气（体积分数）混合气的催化氧化反应中，CO 完全氧化的最低反应温度为 60℃，在此温度下催化剂的活性可恒定 150h，结果优于相同条件下化学浸渍法制得的催化剂。XPS 表征和催化活性评价结果说明，用于 CO 催化氧化反应的催化剂中单原子 Pd 活性中心的价态为 0～+2（孙道华等，2006）。

碳源、氮源、各种维生素和金属离子对微生物培养有重要影响。先采用单因素，后采用复合因素的方式，确定碳源和氮源，然后采用中心复合设计分析法对地衣芽胞杆菌 NG521-1 的培养基主要成分进行分析和优化，根据预测最优发酵水平的配比，调整培养基，使发酵液中菌体生长量大大提高，由原来 0.35×10^8 cfu/mL 提高到 1.2×10^8 cfu/mL（吴晟旻和范伟平，2005）。

以地衣芽胞杆菌为研究对象，通过单因素试验结合正交设计对其产凝乳酶培养基成分进行了优化，得到培养基成分最优组合为麸皮汁浓度 16%，葡萄糖浓度为 7%，酪蛋白添加量为 5%，氮源添加量为 5%，优化后凝乳酶活力可达 134.72U/mL，比原来提高 39.93%（张卫兵等，2011）。为探讨外源基因在野生型地衣芽胞杆菌 20386 中表达的可行性，利用大肠杆菌-枯草芽胞杆菌（*Bacillus subtilis*）穿梭表达载体在大肠杆菌 DF5α 中构建含绿色荧光蛋白（GFP）基因的重组质粒，通过电转化将重组质粒转入到野生型地衣芽胞杆菌 20386 中表达，通过检测绿色荧光蛋白的存在，考察该野生型菌株表达外源基因的可能性和表达能力。在紫外线激发下，在固体 LB 平板上生长的菌落能显示绿色荧光，而在液体 LB 培养基中培养的菌体和培养上清中未能检测到绿色荧光蛋白的存在。外源基因在野生型地衣芽胞杆菌 20386 中能够表达，但在液体 LB 中培养时，可能会被该菌自身分泌的蛋白酶分解；也可能被稀释而无法测到荧光，这还需进一步研究（朱科等，2003）。

为了提高地衣芽胞杆菌 A2 发酵液的活菌含量，采用 Plackett-Burman 设计法和响应面分析法对其发酵培养基进行优化。先用 Plackett-Burman 设计从 8 种原料中筛选出对活菌含量有显著影响的因素，再用最陡爬坡试验及 Box-behnken 设计进一步优化。

结果表明,MgSO$_4$·7H$_2$O、酵母粉和尿素是影响发酵液活菌含量的显著因素,优化后的培养基为:可溶性淀粉 5g/L,尿素 1.29g/L,K$_2$HPO$_4$·3H$_2$O 6g/L,KH$_2$PO$_4$ 3g/L,MnSO$_4$·H$_2$O 0.2g/L,MgSO$_4$·7H$_2$O 0.41g/L,豆粕 10g/L 和酵母粉 0.99g/L。在此条件下,发酵液中 A2 的活菌含量可以从优化前的 4.73×10^{10} cfu/mL 提高到 1.30×10^{11} cfu/mL(陈雄等,2009)。采用响应面法(response surface methodology,RSM)对海洋细菌 MP-2 酯酶的发酵条件进行了优化,首先采用了 Plackett-Burman 方法对影响酯酶发酵的因素进行评价,筛选出 3 个显著因素,分别为豆饼粉、花生粕和种龄,并利用 Design Expert 7.0.3 软件完成 RSM 法对显著性因素的进一步优化从而确定最佳条件。当花生粕 0.9%、豆饼粉 2.29%、接种量 5.98%时,此时预测的最大酯酶活力为 334.46U/mL。在最佳发酵条件下,优化后该酯酶活力由 258.8U/mL 提高到 318.2U/mL,实际酶活力达到理论预测值的 95%,十分接近(平芮巾等,2008)。

以脱脂豆粕为原料,采用地衣芽胞杆菌发酵生产大豆肽。研究菌株种龄、种子液接种量和摇床速度对多肽产量的影响;结果表明,种龄 12h,接种量 5%,摇床速度 180r/min 时最佳。同时,对影响多肽产量的发酵温度、发酵时间及豆粕粉加水量 3 个主要因素用正交试验方法进行优化,正交试验结果发现,该菌株发酵产多肽的最佳条件为温度 37℃,发酵时间 48h,加水量 94%。优化后该菌株发酵豆粕后的多肽溶液酸性可溶氮含量达 1384.65μg/mL 发酵豆粕后,水解度(DH)为 23.89%(陈宏军等,2008)。

考察了一个长期以葡萄糖为营养液的微生物燃料电池(MFC)对不同基质的适应性,通过形态学、生理生化特性和 16S rDNA 分析等手段对电池两极的优势微生物进行了分离、鉴定,并通过 MFC 方法确定了各微生物的电化学活性。结果显示:①长期以葡萄糖为基质的 MFC 可以快速适应以其他单糖、二糖或糖类代谢产物为基质的环境;②以代谢产物为基质时,电池输出最大电压、库仑效率均明显高于糖类物质;③从电池阳极分离出 3 种微生物,经 DNA 分析可确定 3 种微生物分别为绿脓杆菌、地衣芽胞杆菌和肺炎克雷伯氏菌,并进一步经 MFC 分析可确定 3 种微生物均为电化学活性微生物(詹亚力等,2009)。

从栀子果中分离到一株在较高温度下产 β-葡萄糖苷酶的地衣芽胞杆菌,对其产酶条件进行了优化。通过单因素实验和正交试验确定该菌株产酶的最佳培养条件为:碳源(甘蔗渣粉:麸皮 = 3:1)5%,牛肉膏 0.5%,栀子甙 0.2%,KH$_2$PO$_4$ 0.4%,MnSO$_4$ 0.04%;pH9.0,装液量 20mL/250mL,种子液接种量 10%,45℃发酵 24h。在优化条件下发酵液中的酶活可达 93.48U/mL(方尚玲等,2007)。采用动态实验方法研究了地衣芽胞杆菌 γ-聚谷氨酸(γ-PGA)水溶液的流变性能。在该体系中 γ-PGA 溶液是非牛顿剪切变稀流体,为假塑性流体,具有典型的幂律性,其稠度为 0.01~0.18Pa·s,幂律指数为 0.81~0.93,γ-PGA 溶液的黏度随温度的升高而呈现出下降态势,在角频率 $\omega=0.01\sim100$ rad/s,5% γ-PGA 的储能模量 G' 始终大于耗能模量 G'',且不依赖于频率,表明 γ-聚谷氨酸弹性极佳并相当稳定。1% 可能接近 γ-聚谷氨酸形成水凝胶的阈值浓度。γ-PGA 易溶于水形成有黏弹性的弱凝胶,长时间的高温加热处理会破坏 γ-PGA 形成的凝胶网络结构,酸、碱均降低 γ-PGA 形成的凝胶网络的能力。添加

1%～10% NaCl 对 2% 的凝胶网络有一定的损害，添加 7% KCl、MgSO$_4$、ZnSO$_4$、CaCl$_2$ 有类似影响，但 1.7% 的 PbNO$_3$ 和 AgNO$_3$ 均使 γ-PGA 的黏弹性完全丧失（杨革等，2002a）。

对地衣芽胞杆菌菌株 C2-13 发酵红花黄色素 A（SYA）增强抗血栓作用的转化机理进行研究。方法：高效液相色谱（HPLC）对 SYA 发酵前后的物质变化进行检测，用聚酰胺和制备型高效液相色谱对新物质进行分离并初步鉴定其结构，抗血栓作用是通过大鼠尾部血栓实验、凝血酶原时间（PT）等药效实验测定。结果：发酵后生成的新物质（命名为 SYA-X）的抗血栓作用较 SYA 显著增强；其紫外吸收峰为 353.6nm，在红外图谱中没有苯环峰出现，质谱显示其相对分子质量为 543。结论：SYA 通过菌株 C2-13 的发酵，其抗血栓作用得到明显提高；在该过程中，SYA 被转化为一种新的高效抗栓成分 SYA-X（徐春等，2008）。

从西藏当雄温泉附近的土壤中筛选到的一株分泌高温淀粉酶的地衣芽胞杆菌 LT。该菌的原始的淀粉酶活为 60U。经优化培养基（黄豆粉 1.5g/100mL，玉米粉 1.5g/100mL，NaCl 1g/100mL，K$_2$HPO$_4$·3H$_2$O 0.01g/100mL，KH$_2$PO$_4$ 0.01g/100mL，CaCl$_2$ 0.4g/100mL，司盘 40 0.1g/100mL；pH10.0）在 50℃、装液量 10%、180r/min 的摇床培养 72h 后，测得酶活 105U（蒋若天等，2006）。

在确定了地衣芽胞杆菌蛋白酶摇瓶发酵工艺各项参数的基础上，采用改良的实验室生产淀粉的方法，将处于产蛋白酶活性高峰期的发酵液添加到玉米浸泡水中，探讨了利用蛋白酶发酵液替代 SO$_2$ 降解包裹玉米淀粉蛋白质的可行性和工艺条件。结果表明，当玉米在含有 0.1% 的 SO$_2$（和 0.5% 的乳酸）的浸泡液中浸泡 18h 后，加入 20% 的蛋白酶发酵液继续浸泡 6h，淀粉得率为 67.79%。与传统工艺相比，淀粉得率提高了 9.5%，SO$_2$ 含量降低了 0.1%，总的玉米浸泡时间由 36h 缩短至 24h（赵寿经等，2007）。初步研究了摇瓶条件下地衣芽胞杆菌发酵生产 3-羟基-2-丁酮的工艺条件。分析了摇瓶发酵中菌体生长、产物合成和 pH 的变化情况；考察了发酵温度、装液量、种龄、接种量等条件对发酵的影响；研究了地衣芽胞杆菌利用不同碳源发酵生产 3-羟基-2-丁酮的情况，选取了最适碳源，在此基础上进行了补糖试验；最后采用正交试验方法对培养基进行了优化。在优化的发酵条件下，采用分批补糖的工艺，摇瓶发酵产量可稳定在 20g/L 以上，为 3-羟基-2-丁酮的工业化生产提供了一定的基础（齐茂强等，2010）。采用正交法确定由地衣芽胞杆菌、硝化细菌、月牙藻、四尾栅藻组成的菌-藻体系去除水产养殖废水中的 COD$_{Cr}$、NH$_4^+$-N、NO$_2^-$-N、NO$_3^-$-N 及溶解态磷（DP）的最优化体积比。结果表明，地衣芽胞杆菌、硝化细菌、月牙藻、四尾栅藻接种量分别为 $2.01×10^6$cfu/mL、$2.18×10^6$cfu/mL、$1.95×10^6$cfu/mL 和 $1.89×10^6$cfu/mL，V（地衣芽胞杆菌）:V（硝化细菌）:V（月牙藻）:V（四尾栅藻）为 1:2:2:2 时，污染物的去除效果最佳，其中，COD$_{Cr}$、NH$_4^+$-N、NO$_2^-$-N、NO$_3^-$-N 和 DP 的去除率分别为 44.05%、89.16%、100%、98.62% 和 100%，投加菌-藻溶液的养殖废水污染物去除率优于其自身的净化效果。通过对体系中各因素极差分析得出，地衣芽胞杆菌是体系中去除 COD$_{Cr}$ 和 NO$_3^-$-N 的主要因素，月牙藻是去除 NH$_4^+$-N 的主要因素，四尾栅藻是去除 NO$_2^-$-N 的主要因素，硝化细菌是去除 DP 的主要因素（孟睿等，2009a）。

报道了地衣芽胞杆菌的营养要求，结果表明，以葡萄糖为碳源，多种氨基酸为氮源，地衣芽胞杆菌的最佳C/N为（4～4.5）∶1，满足该菌对维生素H和必需氨基酸的需要及主要无机盐的需要时，其菌数最高为（3.55～6.7）×10^7 个/mL，可使菌数是对照的2.1～3.5倍（胡尚勤和刘天贵，2000）。

从土壤中分离得到一株蛋白酶高产菌株，经鉴定为地衣芽胞杆菌。以大豆分离蛋白为原料，用地衣芽胞杆菌来发酵生产大豆多肽，通过对发酵液中大豆蛋白起始浓度、发酵液初始pH、发酵温度、摇瓶转速、发酵时间等因素进行研究，以多肽得率为指标初步探索了发酵工艺条件，并以大豆多肽含量为指标，采用响应面分析法，对发酵法制备大豆多肽的生产工艺进行了优化。结果表明，在大豆蛋白起始浓度为3%，初始pH为6.5，发酵培养温度34.0℃，摇瓶转速180r/min，发酵时间为18～21h的条件下，发酵大豆蛋白所得多肽的含量可达19.2mg/mL，多肽得率达70%，且所得到的大豆多肽发酵液具有良好的口感（乐超银等，2008）。在摇瓶和发酵罐中研究了不同碳源、氮源、温度、pH、反应时间对高温碱性α-淀粉酶的地衣芽胞杆菌菌株TCRDC-B_{13}生长的影响及产生α-淀粉酶的最佳条件。结果表明，此酶即便在100℃也有很高的活性，在90℃活力最佳，且在较宽pH（5.5～10.0）内呈现出最佳活力，同时还研究了Ca^{2+}及Na^+对酶活的影响（谢健将，1990）。

为研究地衣芽胞杆菌转化淀粉生产乳酸的发酵条件，从北京郊区土壤中筛选到一株可发酵淀粉等糖质原料生产乳酸的地衣芽胞杆菌WX51，通过单因素及正交试验，确定了其最佳培养基组成为：可溶性淀粉40g/L，硫酸铵0.5g/L，KH_2PO_4 1.36g/L，$MgSO_4·7H_2O$ 0.2g/L，$FeSO_4·7H_2O$ 0.01g/L，NaCl 2g/L，玉米浆0.5g/L，$CaCO_3$ 20g/L。最佳培养条件为：250mL摇瓶装液10%、50℃、200r/min培养40h，接种量2%。经优化后，该菌乳酸产量由28.4g/L提高为36.5g/L，淀粉的转化率由71.0%提高为91.2%，产酸速率由0.6g/（L·h）提高为0.9g/（L·h）（王新磊等，2010）。在3.7L生物反应器中研究了反应条件对固定化地衣芽胞杆菌催化合成γ-聚谷氨酸的影响。结果表明，添加赖氨酸与谷氨酰胺都可加强产物的合成，反应体系温度37℃及pH7.0、催化剂用量4%（ω）、通气量4L/min时，搅拌转速达300r/min即可满足细胞的基础代谢和γ-聚谷氨酸合成对溶解氧的需求。以溶氧水平作为L-谷氨酸代谢指标控制L-谷氨酸限制性流加，既可维持一定的固定化菌体的基础代谢，又不会发生反应体系中残余谷氨酸及有害代谢产物的阻遏作用，γ-聚谷氨酸转化得率最高可达92.74%，全细胞生物催化剂反应5次后聚合得率可保持在81%以上（杨革等，2010）。

从泡菜样品中筛选到一株对多种食品腐败指示菌都有抑菌活性的菌株1801，经初步鉴定为地衣芽胞杆菌。用TYG培养基进行发酵培养，其抑菌活性在发酵18h达到高峰，该菌发酵培养物的抑菌活性对蛋白酶K、热、酸碱较稳定。采用pH3沉淀法可将该菌的活性物质进行初步提取（王燕等，2007）。通过单因素试验和正交试验确定地衣芽胞杆菌1w-72摇瓶发酵合成纤溶酶的最佳条件，最佳培养基组成为：玉米粉0.5%、黄豆饼粉2.0%、Na_2HPO_4 0.4%、NaH_2PO_4 0.2%、$CaCl_2·2H_2O$ 0.01%、KCl 0.01%。培养基初始pH为7.0。最佳培养条件：装液量30mL/250mL摇瓶，接种量10%。在该条件下发酵液中纤溶酶酶活力为622U/mL，是初始发酵培养基的3.4倍

(李雯等，2010)。就地衣芽胞杆菌菌株 2709 发酵生产高去酰胺活性碱性蛋白酶的发酵条件进行了研究，以酶液对大豆蛋白的去酰胺度和肽键水解度为指标，对产酶条件进行优化，并研究了该酶的基本酶学特性；确定了培养基的最佳碳源为玉米粉，最佳氮源为黄豆饼粉，C/N 为 1∶2～1∶1 时去酰胺度最高；最适摇瓶发酵条件为：接种量 2%，装液量 30mL/100mL，摇床转速 140r/min，pH7.0，35℃，发酵 50h。碱性蛋白酶最适作用 pH 为 10.0，最适反应温度为 50℃，60℃保温 2h 后仅存 5.9% 的活力，在 pH8～11 时有较高的 pH 稳定性（马永强等，2008）。

对地衣芽胞杆菌发酵培养基进行优化，并在此基础上确定最佳培养条件，为实现其工业化生产提供参考。借鉴谷春涛等关于地衣芽胞杆菌 TS-1 液体培养发酵条件的研究成果，对培养基进行澄清，并运用单因素试验和 4 因素 3 水平正交试验对其培养基进行改进，对地衣芽胞杆菌发酵条件进行优化以得到其最佳温度、pH 和接种龄。4 种因素对地衣芽胞杆菌发酵影响的显著性次序为：玉米浆＞豆饼粉浸汁＞蛋白胨＞葡萄糖。培养基的最佳配比为：玉米浆 0.45g，蛋白胨 1.50g，豆饼粉浸汁为 1∶15，葡萄糖 1.50g。最适宜种龄为 18h，接种量 8%，起始 pH7.5，最佳温度 37.5℃，在此条件下地衣芽胞杆菌对数生长期为 14～20h，发酵周期为 22～24h。活菌数每单位提高近 1 亿个，发酵周期比经验周期缩短 10h。该试验得出了地衣芽胞杆菌发酵培养基的最佳配比及最佳培养条件，在此条件下培养，收获菌体量大大提高，降低了生产成本（丰贵鹏和杨丽云，2009）。

地衣芽胞杆菌 B.L.JF-1d 三级发酵的发酵液经离心去菌体，$(NH_4)_2SO_4$ 分段盐析，透析后进行 Sephadex G-100 柱层析得到粗酶制剂，比活力从 1878U/mg 提高到 6795U/mg，酶活力回收率为 35.3%。该酶水解酪蛋白的最适反应温度为 55℃，最适 pH 为 10.5，具有较高的热稳定性，对 SDS 有较强的耐受性（彭勇和王忠彦，2000）。地衣芽胞杆菌碱性蛋白酶是微生物来源的蛋白酶，该菌种是公认的最安全菌种，在蛋白酶生产中占主导地位。但地衣芽胞杆菌碱性蛋白酶发酵液固-液分离极困难，介绍了从众多的配方中筛选出以浙江资源丰富、价廉的明矾为无机凝聚剂与高分子聚丙烯酰胺为絮凝剂，构成发酵液生化预处理工艺的核心。在研究生化预处理的新工艺时，强调安全和卫生标准，为替代胰酶的研究打下基础（陆得潭和刘冰，1993）。从土壤及饲料添加剂中筛选获得了一株能较高效降解水产养殖中残余饲料蛋白、淀粉的功能菌，经鉴定为地衣芽胞杆菌。通过研究养殖水体中饲料浓度、pH、温度等因素对地衣芽胞杆菌降解饲料中蛋白质、淀粉的影响，结果表明，该菌降解饲料中蛋白质、淀粉的适宜条件为：饲料浓度≤5g/L，pH6～7，温度 25～30℃，盐浓度 0～1%，溶氧浓度约 4mg/L；地衣芽胞杆菌在这种水体生态条件下接种 5%，饲料中的蛋白质与淀粉降解率约为 60%（谢航等，2008）。

提高地衣芽胞杆菌原生质体的产量和形成率，从而为进一步提高原生质体转化率打下基础。方法：通过酶解法对地衣芽胞杆菌工业生产菌株地衣芽胞杆菌 303 原生质体的制备及再生条件进行了研究。考察了菌体生长状态、溶菌酶浓度、处理时间、渗透压稳定剂和再生培养基等因素对地衣芽胞杆菌原生质体的制备及再生的影响。结果：对数生长后期的菌体，以 SMMP（2×SMM：0.05mol/L 山梨醇，0.02mol/L 顺丁烯二酸，

0.02mol/L $MgCl_2$；pH6.5。Penassy 培养基：0.15%牛肉膏，0.15%酵母膏，0.5%胰蛋白胨，0.1%葡萄糖，0.35%NaCl，0.2944%磷酸氢二钠，0.1056%磷酸二氢钠。SMMP：由等体积的 4×Penassy 培养基与 2×SMM 混合而成。）作渗透压稳定剂，溶菌酶浓度为 100mg/mL，37℃条件下酶解 30min，原生质生成量可达 $8×10^9$ 个/mL；再生培养基选用含 1mol/L 琥珀酸钠的 DM3 时，再生率最高可达 17%。在此条件下，采用 PEG 法将游离型质粒 pHY-P43-secQ 转化宿主菌地衣芽胞杆菌 303，转化率可达 10～15cfu/μg DNA（莫静燕等，2009）。

微生物原生质体融合及诱变受到广泛重视，实验方法日趋完善，实践证明它是一种有效的育种方法。在微生物原生质体制备和再生过程中，各种微生物所需的最佳条件差别很大，研究了地衣芽胞杆菌菌株 53-A_6 原生质体形成和再生时各种因素及最佳条件，并用光学显微镜和电镜观察了原生质体形成、再生和原生质体的聚集现象（冯清平和薛林贵，1997）。对地衣芽胞杆菌在细菌麸曲培养过程中的最佳培养基和最佳培养条件进行了研究。结果表明，地衣芽胞杆菌麸曲产中性蛋白酶的最佳培养基为：玉米粉 8g/L，黄豆粉 2g/L，麸皮 10g/L。最佳培养条件为：温度 40℃，pH7.0，接种量 10%，培养 60h 时，产中性蛋白酶活力达到最大，为 192U/mL（袁超等，2011）。牛栏山酒厂从生产用大曲中分离、纯化得到地衣芽胞杆菌，用液体菌种作为种子制成麸曲添加到酒醅中发酵生产二锅头基酒。与普通基酒相比，地衣芽胞杆菌基酒乙酸乙酯含量相等，乳酸乙酯含量降低，酒体协调、自然。地衣芽胞杆菌的应用为提高牛栏山二锅头基酒质量提供了良好的途径（刘桂君等，2009）。

通过优化地衣芽胞杆菌 ws-6 的产酶条件，以期为在饲料中的进一步应用建立基础；方法：纤维素酶活性用还原糖法测定，产酶条件采用单因素筛选与正交优化方法相结合。结果：培养基初始 pH6.5、培养温度 37℃、接种量 2%、250mL 三角瓶装液量 30mL、葡萄糖 1.5%、羧甲基纤维素钠 0.5%、酵母膏 1.5%、KH_2PO_4 0.05%、NaCl 0.5%，培养 48h 后酶活性达到最高 3.45U/mL；金属离子 K^+、Mn^{2+}、Mg^{2+}、Zn^{2+}、Co^{2+}、Na^+ 对产酶有激活作用，Cu^{2+} 则抑制酶活性。酶活性比出发菌提高约 1.4 倍，对饲料制作中提高纤维降解具有一定的实用价值（詹发强等，2009）。从土壤中筛选出 3 株具有较强抑菌活性的菌株，其中菌株 XY-2 对金黄色葡萄球菌、枯草芽胞杆菌、灰霉葡萄孢菌、变形链球菌和大肠杆菌的抑制作用最强。根据对菌株 XY-2 形态特征、培养特征、生理生化特征的分析，初步鉴定为地衣芽胞杆菌。最后通过正交试验对地衣芽胞杆菌 XY-2 的发酵培养基成分配比进行了选择和优化，为以后工业化生产提供依据。结果表明当培养基质量浓度配比为：ρ（玉米淀粉）20g/L，ρ（豆饼粉）90g/L，ρ（玉米浆）7g/L 时菌体的培养效果最好。在最佳配比下培养基中活菌浓度可达 $9.67×10^8$ cfu/mL（谢银堂等，2010）。

通过正交试验对地衣芽胞杆菌 TS-01 的发酵培养基在摇瓶中进行了优化。研究发现：当培养基中葡萄糖为 20g/L、豆饼粉为 70g/L、玉米浆为 7g/L 时，发酵液中活菌数高于其他配比的培养基，达 $9.6×10^8$ cfu/mL（谷春涛等，2003a）。分离到一株饲用地衣芽胞杆菌 TS-01，初步研究了该菌的固态发酵培养基，得到的最优发酵培养基为（g/kg 干固体物料）含水量 600、红糖 7、米糠 420、麸皮 580。当采用此种配比的培养基，接种量为 10% (V/w)，发酵 2d 后，菌体浓度可达 9.15×10^9 cfu/g 鲜曲，芽胞浓度可达 7.50×10^9 cfu/g 鲜曲，芽胞形成率在 80% 以上（谷春涛等，2004）。以葡萄糖、豆饼粉和玉米浆为培养基，对地衣芽胞杆菌 TS-01 在 100L 发酵罐中进行了培养，培养条件如下：40℃培养 23h；通过加入氨水和磷酸维持 pH 为 6.5～7.5；通过调整通风量和搅拌转速维持溶氧浓度的 20% 以上。在接种量为 6% (V/V) 的情况下，培养结束时单位体积培养液所含菌数为 9.25×10^9 cfu/mL。对培养过程中溶氧浓度、活菌数、葡萄糖含量和 pH 的变化进行了分析（谷春涛等，2003b）。

六、地衣芽胞杆菌的基因克隆

从广西大学农场陈旧稻草堆中分离出一株具有降解天然纤维素稻草粉、甘蔗渣粉活性的细菌 GXNl51，经形态观察、16S rDNA 序列分析和丙酸盐利用试验将其鉴定为地衣芽胞杆菌 (*Bacillus licheniformis*)。通过连接经 *Bam*H I 酶切的 pBluescript KS (+) 和回收得到的经 *Sau*3A I 部分酶切的 GXNl51 的 3～10kb DNA，在大肠杆菌 JM109 中构建了该菌的含 7099 个克隆的基因文库，文库克隆中插入片段最大的为 11.0kb，最小的为 3.1kb，平均大小为 4.6kb，含 GXNl51 基因组中任一基因的概率 P 为 99.6%。筛选该文库获得 8 个表达羧甲基纤维素酶活性的克隆，DNA 测序和 PCR 分析表明，该 8 个克隆可归为 3 类不重复的独立克隆，其中一个克隆 pGXNL2 的测序分析表明其上的 *cel*5A 基因为 1626bp，可编码含 542 个氨基酸的羧甲基纤维素酶，Cel5A 的 N 端的 42 个氨基酸具有信号肽特征，它的第 66～321 个氨基酸为家族 5 糖基水解酶 (glycosyl hydrolase) 功能域、第 391～472 个氨基酸为家族 3 碳水化合物结合组件 (carbohydrate-binding module, CBM)（刘永生等，2003）。

基于代谢通量分析理论研究了地衣芽胞杆菌生物合成 β-甘露聚糖酶的胞内代谢活动。首先构建了地衣芽胞杆菌产 β-甘露聚糖酶的代谢网络，并依据代谢物质量平衡原则建立了反应网络的代谢流模型；其次进一步采用线性规划的优化方法分别以 β-甘露聚糖酶合成反应通量最大和菌体生长速率最大为目标函数对模型进行求解，由此计算得到 β-甘露聚糖的最大理论转化率为 57.87%；最后对代谢网络中的 5 个关键节点进行了比较分析，得到了 2 个类似非刚性的代谢节点（5-磷酸核酮糖节点和草酰乙酸节点），为利用基因工程方法提高 β-甘露聚糖酶的生产能力提供了理论依据（刘朝辉等，2007）。通过 PCR 扩增的方法，从地衣芽胞杆菌菌株 DG-3 中扩增出碱性果胶酶的结构基因 *pelA*；序列分析表明，所获 *pelA* 基因与已报道的地衣芽胞杆菌菌株 14A 的 *pelA* 基因的同源性为 100%。将 *pelA* 基因在大肠杆菌中表达，发酵液菌体的碱性果胶酶酶活为 12μ/mL；4～8mmol/L 的 Ca^{2+} 对碱性果胶酶具有显著的激活作用（刘连成等，2008）。

通过基因打靶的方法，利用大肠杆菌-枯草芽胞杆菌穿梭载体，从地衣芽胞杆菌菌株 ATCC 14580 基因组文库得到一个强度较高的启动子的克隆子 P111509，克隆子 P111509 在大肠杆菌 DH5a 中所表达的 β-半乳糖苷酶酶活有 1290U，在枯草芽胞杆菌 1A747 中有 3332U。将 P111509 基因启动子片段测序后与地衣芽胞杆菌 ATCC 14580 基因组序列进行同源性分析，二者同源性达 100%，且具有地衣芽胞杆菌 ATCC 14580 基因启动子的保守序列（李伟丽和秦琦，2008）。β-葡聚糖是植物细胞壁中结构性非淀粉多糖，存在于各种饲料农作物中。作为一种抗营养因子，β-葡聚糖使食糜具有很高的黏度，阻碍肠道消化液与食糜的混合，影响营养物质特别是蛋白质和脂肪的消化吸收，降低饲料的利用率。地衣芽胞杆菌分泌的 β-葡聚糖酶可分解 β-葡聚糖。在青贮发酵中，这种酶可降解大麦 β-葡聚糖，有效提高家畜、家禽对饲料的利用率。从地衣芽胞杆菌 WS-6 中克隆到 β-1, 3-1, 4-葡聚糖酶基因并进行测序，将该基因与大肠杆菌表达载体 pET32a 进行连接，转化大肠杆菌 BL21，使该基因得到了有效的表达，为进一步在食品级宿主菌中的表达奠定了基础（山其木格等，2008）。

根据地衣芽胞杆菌 YP1A 来源的碱性蛋白酶具有的高强度耐有机溶剂性能及相关数据库分析，采用 PCR 克隆地衣芽胞杆菌 YP1A 耐有机溶剂碱性蛋白酶基因，序列分析显示该基因（1264bp）包含启动子与编码 380 个氨基酸的可读框（ORF），ORF 包括信号肽、前肽及编码 254 个氨基酸的成熟肽序列。相关基因分析表明，YP1A 耐有机溶剂碱性蛋白酶基因与地衣芽胞杆菌 ATCC 14580 的碱性蛋白酶基因仅有 6 个氨基酸残基差异。构建 2 种含 YP1A 碱性蛋白酶 CDS 的组成型穿梭表达载体 pHY/aprYP 与 pHY/aprP43，前者采用 YP1A 蛋白酶自带的启动子，后者则采用来自于质粒 pP43NMK 的 P43 强启动子。利用这 2 种表达载体在枯草芽胞杆菌 WB800 中成功进行蛋白酶的功能表达，其中 P43 强启动子的表达能力明显优于碱性蛋白酶自带的启动子，表达的蛋白酶比酶活为 395U/mL。重组菌表达的碱性蛋白酶在体积分数 50%的亲水及疏水有机溶剂中表现出了很好的耐受性，验证了克隆基因为地衣芽胞杆菌 YP1A 的高强度耐有机溶剂碱性蛋白酶基因（何小丹等，2009）。

根据已发表的地衣芽胞杆菌植酸酶基因 DNA 序列（GenBank AF469936），设计并合成了一对引物，应用 PCR 技术，以地衣芽胞杆菌 AB91062 的总 DNA 为模板，扩增出了植酸酶基因 $phyL$ 的编码区，并将其克隆到 pMD18-T 载体上，进行了序列测定，测序结果经 Genetool 序列分析表明该基因编码区长 1146bp，编码 381 个氨基酸，与已发表的地衣芽胞杆菌植酸酶基因序列在核苷酸水平上与所发表的序列有 92%的同源性；在氨基酸水平上与已发表的地衣芽胞杆菌植酸酶相似性为 93%，并将该基因编码区克隆到大肠杆菌表达质粒 pHBM625 上，在大肠杆菌中实现了高效表达，表达产物具有正常的生物学活性（张江和马立新，2004）。

根据已知 α-淀粉酶编码的基因保守区核苷酸序列，通过 PCR 和反向 PCR 技术克隆出地衣芽胞杆菌 CICIM B0204 α-淀粉酶编码基因 $amyL$ 全长序列及其上下游序列。地衣芽胞杆菌 CICIM B0204 $amyL$ 由 1539bp 组成，其上游 180bp 为启动子序列，下游 160bp 为终止子序列；成熟肽由 512 个氨基酸残基组成，氨基端的 29 个氨基酸残基为 α-淀粉酶的信号肽。通过基因及其氨基酸序列比对发现，$amyL$ 及其编码产物与芽胞杆菌来源的 α-淀粉酶具有高度相似性。将 $amyL$ 的结构基因在 PY7 介导下于大肠杆菌中诱导表达，获得具有 α-淀粉酶活性的表达产物。将 $amyL$ 的启动子序列和信号肽序列与地衣芽胞杆菌 CICIM B2004 的 β-甘露聚糖酶结构基因进行读框内重组，在大肠杆菌中获得了 β-甘露聚糖酶的分泌表达，重组大肠杆菌表达 295U/mL 的 β-甘露聚糖酶酶活（牛丹丹等，2006）。

产淀粉酶高温菌在淀粉酶的生产中具有重要意义。从温泉中分离到一株可在 60℃

快速生长的淀粉酶产生菌 A12，经 16S rDNA 序列比较和丙酸盐利用等实验将其鉴定为地衣芽胞杆菌。构建了地衣芽胞杆菌 A12 基因文库，并从中克隆到一个 α-淀粉酶基因 *amyA*1，对其进行了测序分析，并在大肠杆菌中实现了表达。该研究为构建一个耐高温淀粉酶生产用工程菌奠定了基础（刘永生等，2003）。采用 PCR 技术扩增 *sacB* 基因的启动子-信号肽序列，并将扩增的序列重组进含有地衣芽胞杆菌 α-淀粉酶基因的质粒载体上构建了含 α-淀粉酶基因的分泌型表达载体 pSA60。将 pSA60 转化枯草芽胞杆菌 QB1098 后，α-淀粉酶基因在 *sacB* 基因启动子-信号肽序列的调控和蔗糖的诱导下获得表达，表达产物分泌至胞外（王红革和罗进贤，1997）。

将黑曲霉 Z6 植酸酶 *phyA* 基因置于芽胞杆菌强启动子 F1 下，与大肠杆菌-芽胞杆菌穿梭表达载体 pHY300PLK 连接，重组质粒 pHY300-F1-phyA 电击转化地衣芽胞杆菌 A13。筛选阳性克隆，获得重组菌株 A13-F1-phyA，PCR 扩增及酶切验证表明植酸酶基因已转入地衣芽胞杆菌。SDS-PAGE 分析和表达产物的酶活性研究证明，重组菌株中植酸酶得到了有效分泌和表达（吴远征等，2009）。研究了以 Na_2SO_4 为主要盐析剂提取碱性蛋白酶的工艺，分别就 Na_2SO_4 加量、pH 和温度 3 个因素进行了试验，得出 Na_2SO_4 最佳用量为 25%、最佳 pH 为 8.5 和最适温度 30℃。其中 Na_2SO_4 加量是影响盐析的主要因素。还以有机溶剂丙酮对酶的提取进行了初步研究，可考虑用于生产食品级碱性蛋白酶（周晓云和张西宁，1994）。采用 DNA 重组技术，用鸟枪法克隆获得地衣芽胞杆菌 C_{1213} 碱性蛋白酶基因。对胞外蛋白酶酶活测定表明，此基因在枯草芽胞杆菌中获得表达及分泌。用 SDS-聚丙烯酰胺凝胶电泳法测定其胞外蛋白质分子质量，得知此基因产物与 C_{1213} 碱性蛋白酶分子质量相同。用酶切和琼脂糖凝胶电泳法确定了所克隆 DNA 片段的物理图谱，并确定其大小为 2.3kb（吴宝东和杨秀琴，1992）。

采用我国分离的枯草芽胞杆菌 Ki-2 及其突变体 Ki-2-132（Thr^-、Ile^-、Val^-）和地衣芽胞杆菌 NM105 为 pRIT-5 质粒 DNA 的受体菌株，用酸酚法提纯 pRIT-5 质粒 DNA，在琼脂糖凝胶电泳上看不到样品中有染色体 DNA 的带。结果表明，Ki-2、Ki-2-132、NM105 都可作为 pRIT-5 质粒的受体菌，其转化频率为 $10^{-5} \sim 10^{-3}$，因菌株和条件不同，频率有所差异，Ki-2-132 的转化效率为每微克 DNA 可产生 10^4 个转化体。从 pRIT-5 质粒 DNA 转化 Ki-2、Ki-2-132、NM105 的转化体中提取的质粒 DNA 仍具有 pRIT-5 质粒 DNA 的抗氯霉素（Cm^r）的转化活性。从转化体提纯的质粒 DNA 的电泳图及 ClaI 消化后的电泳图与原来的 pRIT-5 DNA 的电泳图相同（张尤新和张敬国，1998）。

根据地衣芽胞杆菌 XJT9503 的高温中性蛋白酶酶蛋白所测定的 N 端和部分肽段氨基酸序列，以及质谱分析结果设计了 PCR 引物，用 PCR 方法从地衣芽胞杆菌 XJT9503 中扩增了高温中性蛋白酶基因 *Gp*1，对所获得的基因进行序列分析测定，并与蛋白酶的氨基酸序列分析对比。*Gp*1 基因全序列共 1129bp，包括整个可读框，共编码 376 个氨基酸。将扩增的 DNA 片段插入到大肠杆菌载体 pET-28a 中，构建成重组分泌型表达载体 pGp1，并在大肠杆菌宿主 BL21 中得到表达。SDS-PAGE 分析显示产物的相对分子质量为 27.0×10^3，同核酸序列测定所推导的值相符。同时，对地衣芽胞杆菌 XJT9503 中性蛋白酶基因序列进行了测定和比较分析，发现与地衣芽胞杆菌 6816 丝氨酸蛋白酶和地衣芽胞杆菌 1411T 角蛋白水解酶基因的同源性为 97% （冯蕾等，2005）。

枯草芽胞杆菌 HJ01 不能有效地利用淀粉为碳源生产 D-核糖，地衣芽胞杆菌携带的含 α-淀粉酶基因的质粒 pAmy413C 通过原生质体转化导入 HJ01 中，构建成枯草芽胞杆菌菌株 HJ01（pAmy413C）。该菌株连续转接培养 98h，质粒 pAmy413C 保持率为 100%；在 LBS 培养基中，HJ01（pAmy413C）的 α-淀粉酶活性比原菌株 HJ01 高 3～4 倍；发酵液中葡萄糖含量比 HJ01 高 100 倍以上；以淀粉为碳源 HJ01（pAmy413C）的核糖产量比 HJ01 提高了一倍。结果表明，枯草芽胞杆菌菌株 HJ01（pAmy413C）能够有效地利用淀粉生产核糖（李冬颖等，2001）。

为使地衣芽胞杆菌信号肽序列实现异源基因在大肠杆菌中的分泌表达，将地衣芽胞杆菌中编码耐高温 α-淀粉酶的基因克隆在大肠杆菌表达载体 pET-22b 的 T7 启动子下游，转化大肠杆菌 BL21（DE3）。重组菌株经乳糖诱导后，在上清液中能够检测到淀粉酶活性。这表明该芽胞杆菌淀粉酶基因 5′端信号肽序列能够将大肠杆菌中的重组 α-淀粉酶引导到胞外，完成分泌表达。同时，用该信号肽序列还实现了甜蛋白（monellin）基因在大肠杆菌中的分泌表达（蔡恒等，2008）。地衣芽胞杆菌是产生具有重要工业生产价值的耐高温 α-淀粉酶的优良菌株，在提取地衣芽胞杆菌完整的基因组 DNA 序列的基础上，通过 PCR 方法克隆了耐高温淀粉酶的结构基因全长 1449bp，与 pUCM-T 载体连接转化入宿主菌 DH5α 中，经过酶切鉴定筛选出阳性的克隆菌，再提取质粒与表达载体 pET-28a（+）酶切后连接转化入宿主菌 DE3 中，其阳性克隆在 37℃、1.0mmol/L IPTG 诱导下，α-淀粉酶的基因得到了较好的表达。表达产物经 SDS-PAGE 鉴定，确定表达的蛋白质大小为 58 000Da 左右，与理论推导的分子质量相一致；并初步对酶及其活性，以及酶活最适温度和 pH 进行了研究（潘风光等，2004）。地衣芽胞杆菌 AS10106 α-乙酰乳酸脱羧酶经硫酸沉淀、聚乙二醇沉淀、DEAE-Sepharose Fast Flow 离子交换、Gigapite K-100S 柱层及 Sephadex G-100 分子凝胶过滤柱等分离纯化步骤，得到 SDS-PAGE 电泳纯，α-乙酰乳酸脱羧酶的比活提高了 53.5 倍。对该酶性质的研究表明，酶单亚基分子质量为 32kDa，等电点为 4.5；该酶的最适反应温度为 40℃，最适反应 pH 为 6.0，对热（40℃以上）敏感，在 pH5.0～6.5 时稳定。酶活不需要金属阳离子，Cu^{2+}、Co^{2+} 强烈抑制酶的活性。摇瓶实验表明，纯化的地衣芽胞杆菌 α-乙酰乳酸脱羧酶能明显降低双乙酰的形成并缩短其还原时间（郑华军等，2002）。

提取地衣芽胞杆菌基因组，通过 PCR 克隆了该菌的 β-1,3-1,4 葡聚糖酶基因全长。该基因全长 818bp，ORF 为 732bp，编码 243 个氨基酸，计算其分子质量为 27.35kDa，等电点为 8.31。经 Blast 分析，该序列与短小芽胞杆菌（Bacillus pumilus）同源性最高（99%），而与基因库中地衣芽胞杆菌的同源性为 94%，该基因序列数据已被 GenBank 接受（AY225317）。用 BamHⅠ和 XhoⅠ双酶切片段和表达载体 pET-30a（+）相连接，构建重组表达载体 pET-lic，并导入大肠杆菌 BL21 菌株中表达。酶学特性表明：SDS-PAGE 在 27kDa 左右有表达蛋白带，该工程菌总酶活达 67.34U/mL，是出发菌的 60 倍，最适温度为 50℃左右，最适 pH 为 5～6。该工程菌可作为材料构建耐热性好和酶活高的杂合基因工程菌（吕文平等，2004）。β-葡聚糖是以 β-1,3 和 β-1,4 混合糖苷键连接形成的 D-葡萄糖聚合物，主要存在于单子叶禾本科谷实中。有些微生物会产生降解β-葡聚糖的β-1,3-1,4-葡聚糖酶。将β-葡聚糖酶基因在食品级宿主菌中表达对动物饲料工业具有十分重要的应用价值。以地衣芽胞杆菌为材料，提取其总DNA，扩增其β-1,3-1,4葡聚糖酶基因序列，将该片段克隆到pMD19-T载体进行测序，并将测序结果进行Blast比对，发现其与GenBank中的两段基因序列具有较高的同源性（山其木格等，2008）。地衣芽胞杆菌菌株NK-27发酵产生的β-甘露聚糖酶（β-mannanase）经硫酸铵盐析沉淀，两次DEAE纤维素和Sephadex G-100离子交换柱层析，以及制备PAGE等步骤，获得了凝胶电泳均一的样品。用SDS-凝胶电泳测得纯化后的β-甘露聚糖酶分子质量为26 000kDa，用凝胶聚焦电泳测得等电点pI为5.0，酶反应的最适pH为9.0，最适温度为60℃，稳定温度为60℃；在金属离子中，Mg^{2+}、Ca^{2+}、Fe^{2+}、Ni^{2+}对该酶有一定的激活作用；而Sn^{2+}、Zn^{2+}、Al^{3+}、Ag^+、Hg^{2+}对该酶有强烈的抑制作用。菌株NK-27的β-甘露聚糖酶对魔芋葡萄甘露聚糖和角豆胶甘露聚糖的K_m值分别为7.14mg/mL和5.56mg/mL；V_{max}分别为200.53μmol/(mg³·min)和157.45μmol/(mg³·min)（杨文博和佟树敏，1995）。

地衣芽胞杆菌BL-306产生的胞外β-甘露聚糖酶经硫酸铵分级盐析、DEAE-纤维素柱层析、Sephadex-G100柱凝胶过滤和DEAE-纤维素柱再层析分离纯化，得到SDS-聚丙烯酰胺凝胶电泳均一样品，用SDS-PAGE测得纯化后β-甘露聚糖酶分子质量为26 000Da。用凝胶等电聚焦电泳（PAGEIEF）测得等电点pI为5.0，该酶反应的最适pH为9.0，最适温度为60℃，稳定pH为5.0～9.0，稳定温度为40℃。金属离子Sn^{2+}、Zn^{2+}、Al^{3+}、Ag^+、Hg^{2+}等对该酶有抑制作用，Mg^{2+}、Ca^{2+}、Fe^{2+}、Ni^{2+}等对该酶有激活作用。该酶对魔芋葡萄甘露聚糖和角豆胺半乳甘露聚糖的K_m值分别为7.14mg/mL和5.56mg/mL，V_{max}分别为176.98μmol/(mg³·min)和157.45μmol/(mg³·min)（沈庆和孙文风，1995）。

通过PCR技术从地衣芽胞杆菌CICIM-B2004染色体DNA中克隆出编码β-甘露聚糖酶成熟肽的基因manL，并对其进行了鉴定。manL由1110bp碱基组成，编码由332个氨基酸残基组成的β-甘露聚糖酶成熟肽。将manL在大肠杆菌JM109中表达，在12h内可表达325U/mL β-甘露聚糖酶（王正祥等，2007）。张峻等（2001）提出了一种地衣芽胞杆菌β-甘露聚糖酶制备的工艺。结果表明：在设定的操作条件下，6.6L自控罐发酵酶活可达260U/mL。发酵液用$AlCl_3$与壳聚糖絮凝预处理，絮凝体喷雾干燥可制成900U/g的酶粉，适合饲料和造纸业使用；絮凝上清液先以平均截留相对分子质量5万的中空纤维聚砜膜分离，中空纤维聚砜膜浓缩后，喷雾干燥可制成11 000U/g的酶粉，适合食品和医药工业使用。以上工艺酶活总收率88%，并易于工业放大。

芽胞杆菌在营养缺乏的饥饿状态下，细胞易产生感受态因子，处于生长芽胞时期的芽胞杆菌更容易产生感受态。基于此原则利用芽胞杆菌极限营养培养基通过体外诱导处理使地衣芽胞杆菌产生感受态性能，同时调整参数，建立了感受态细胞对质粒pAPR的高效电转化方法。当质粒DNA浓度为1.5μg/mL、转化时电压为1750V时，可以得到261个转化子，经鉴定均为阳性克隆子。而常规的电转化最高仅为20个转化子。为以芽胞杆菌为宿主进行高效电转化提供了模型，也为建立适合工业应用的分泌型表达载体的构建打下了一定基础（唐雪明等，2002a）。

α-Ⅲ是地衣芽胞杆菌变异株 A.4041 高温 α-淀粉酶中的主要组分，每分子含 10 个钙原子，氨基酸分析表明：α-Ⅲ富含丝氨酸（17.9%），天冬氨酸和谷氨酸（包括酰胺）占 20.7%，碱性氨基酸占 7.7%。紫外光谱的最大和最小吸收分别在 278nm 和 249nm，荧光光谱的最大激发波长和发射波长分别为 282nm 和 340nm，远紫外圆二色谱（CD）显示 222nm 和 219nm 的双负峰，以及 208nm 和 216nm 处鼓起的两个负肩，溶液中的 α 螺旋构象占 38.8%（赵荧等，1998）。以地衣芽胞杆菌高温 α-淀粉酶基因（$amyL$）为报道基因，构建含不同启动子的枯草芽胞杆菌表达载体，转化枯草芽胞杆菌，并对重组菌的酶活进行分析，比较不同启动子对 $amyL$ 基因在枯草芽胞杆菌中表达的影响。以高温 α-淀粉酶高产菌株地衣芽胞杆菌 0204 染色体 DNA 为模板，PCR 扩增得到 $amyL$，并分别与 PQ 启动子和 P43 启动子进行连接构建表达载体 pUB-PQ-amyL 和 pUB-P43-amyL，化学法转化枯草芽胞杆菌 1A717，筛选得到重组转化子后对重组菌的表达产物进行 SDS-PAGE 和酶活检测。重组菌摇瓶发酵 105h 后测定高温 α-淀粉酶酶活，枯草芽胞杆菌 1A717（pUB-PQ-amyL）的最高酶活为 280.1U/mL，枯草芽胞杆菌 1A717（pUB-P43-amyL）的最高酶活为 190.5U/mL。PQ 启动子调控的高温 α-淀粉酶最高表达水平是 P43 启动子调控的最高表达水平的 1.47 倍，说明 PQ 启动子能使 $amyL$ 基因在枯草芽胞杆菌中更高效地表达（佟小雪等，2009）。

运用底物筛选法从地衣芽胞杆菌 GXN151 的基因文库中筛选到 3 类表达羧甲基纤维素酶活性的克隆。对克隆 pGXNP11 的测序表明其含有纤维素酶基因 $cel9A$ 和 $cel48A$ 的部分序列，$cel9A$ 基因为 1899bp，可编码含 633 个氨基酸的内切葡聚糖酶 cel9A。cel9A 的 N 端第 21～456 个氨基酸形成家族 9 糖基水解酶催化功能域，第 480～565 个氨基酸为家族 3 碳水化合物结合组件功能域，$cel48A$ 基因位于 $cel9A$ 基因的下游，两者可能共用一个操纵子。$cel48A$ 基因编码一个外切纤维素酶，通过染色体步移法将 $cel48A$ 定位于 4kb $EcoR$Ⅰ片段上或 10kb SalⅠ片段上（张杰等，2004）。

克隆了地衣芽胞杆菌谷氨酸脱氢酶基因（$gdhA$），并研究其表达和功能，发现野生型 IRC-3GDH$^-$ 菌株和突变型 IRC-8GDH$^+$ 菌株的 $gdhA$ 基因都能互补大肠杆菌谷氨酸缺陷型菌 Q100GDH$^-$ 的缺陷性状，但突变型 IRC-8GDH$^+$ 菌株的 $gdhA$ 基因不能互补野生型 IRC-3GDH$^-$ 菌株的谷氨酸缺陷性状，经测序发现两者核苷酸序列完全一致（朱冰和俞冠翘，2000）。

以耐高温 α-淀粉酶生产菌地衣芽胞杆菌染色体 DNA 为模板，通过 PCR 扩增耐高温 α-淀粉酶基因，将扩增产物 1.9kb 的 DNA 片段插入到 pUC19 质粒中，再转化大肠杆菌 JM109，通过在淀粉平板上形成透明圈等方法筛选到一株阳性克隆菌株 JM109（pUAM），其表达产物可分泌到培养基中，除去菌体 100mL 酶活可达到 27 个单位。将发酵上清液浓缩后用冷无水乙醇分级沉淀。所得样品进行 SDS-PAGE 分析，得到分子质量为 55kDa 的蛋白带（李金霞等，2004）。用 PCR 方法从地衣芽胞杆菌中扩增了耐高温 α-淀粉酶基因，将扩增的 DNA 片段插入到大肠杆菌载体 pUC19 中，构建重组分泌型表达载体 pUAM。pUAM 中的耐高温 α-淀粉酶基因在大肠杆菌 JM109 中得到表达。经 SDS-PAGE 分析显示，蛋白质表达产物的分子质量为 50.5kDa，同核酸序列测定所推导的值相符（蔡恒等，2004）。对地衣芽胞杆菌基因组序列分析显示，其中标注为 amyX 的基因可能编码普鲁兰酶。用 PCR 方法，从地衣芽胞杆菌染色体 DNA 中扩增出 amyX 基因的蛋白编码区，插入大肠杆菌表达载体 pET28aT7 启动子下游。含重组质粒的大肠杆菌 BL21（DE3）在 IPTG 诱导下表达出有活性的普鲁兰酶。经酶学性质初步分析，最适 pH 为 6.0（张明焱等，2009）。

以地衣芽胞杆菌 ATCC 14580 基因组 DNA 为模板，PCR 扩增出 1.7kb 大小的麦芽糖淀粉酶基因 amyM，克隆入表达载体 pET-28a（+），转化大肠杆菌 BL21（DE3），经 IPTG 诱导，测定麦芽糖淀粉酶活性。结果表明，麦芽糖淀粉酶基因 amyM 获得了活性表达，酶活力为 3.797U/mL，SDS-PAGE 结果显示出相对分子质量约为 67×10^3 的特异性蛋白质条带。酶学性质分析表明，重组麦芽糖淀粉酶的最适反应温度为 45℃，最适反应 pH 为 6.5，在 45℃以下的中低温环境中保持稳定，且能在比较宽的 pH 范围内（pH4.5～8.5）稳定（訾楠等，2009）。载体 pTG402 与地衣芽胞杆菌噬菌体 Blp7 经限制酶酶切并连接后转化大肠杆菌。从全部转化子中抽提质粒 DNA，转化枯草芽胞杆菌后经菌落原位显色选到 22 个有启动子功能片段的克隆子。利用邻苯二酚双加氧酶对底物的显色反应，测定了 15 个克隆子的启动子活性，并绘制了启动子功能最强的重组质粒的酶切图谱。此外，还测定了两个克隆子在枯草芽胞杆菌各个生长期的表达情况，发现在对数生长后期表达量大增，认为识别这两个启动子的 σ 因子可能是 σ37（盛小禹和李育阳，1991）。

用 PCR 方法从地衣芽胞杆菌 2709 和 6816 中扩增了碱性蛋白酶基因（apr1 和 apr2），扩增的 DNA 片段插入到大肠杆菌载体 pET-28a 中，构建成重组分泌型表达载体 pAPR1 和 pAPR2。pAPR1 和 pAPR2 中碱性蛋白酶基因在大肠杆菌宿主 JM109（DE3）中得到表达。SDS-PAGE 分析显示融合表达产物的相对分子质量均为 30.5×10^3，同核酸序列测定所推导的值相符。表达产物分别占细胞总蛋白质的 8.0% 和 7.5%。2709 重组菌所得酶活力 1210U/mL，6816 重组菌所得酶活为 1175U/mL，研究发现，重组的碱性蛋白酶在进入大肠杆菌周质空间时可能存在前肽自动脱落的现象。同时，对地衣芽胞杆菌 2709 碱性蛋白酶基因序列进行了测定和比较分析，发现与地衣芽胞杆菌 6816 碱性蛋白酶基因的同源性为 98%（唐雪明等，2002）。以克隆的地衣芽胞杆菌 2709 碱性蛋白酶编码序列的 PCR 扩增片段为探针，通过原位杂交从 2709 基因文库中筛选出两个含有完整的 2709 碱性蛋白酶基因的阳性克隆：pSC1 和 pSC7。对 pSC7 中的插入片段构建若干亚克隆后测定了其全部 DNA 序列，结果显示该插入片段含 2709 碱性蛋白酶及其信号肽与导肽（pro-peptide）在内的全部编码序列（1140bp），以及长度分别为 299bp 和 832bp 的上下游序列（洪扬和雷虹，1994）。以地衣芽胞杆菌 2709 染色体 DNA 为模板，应用聚合酶链反应方法扩增了碱性蛋白酶基因，PCR 反应产物在 1% 琼脂糖凝胶上表现为一条 1.1kb 的条带。该片段经电泳纯化后被克隆于大肠杆菌质粒 pBluescript SK 上，获得 aprL$^+$ 克隆株。DNA 序列分析表明，它与枯草芽胞杆菌蛋白酶 Carlsberg 具有很高的同源性，同样由编码信号肽、前导肽及成熟蛋白的 3 个部分构成（赵云德和王贤舜，1993）。采用不同方法处理碱性蛋白酶生产菌地衣芽胞杆菌 2709 制备原生质体，得到溶菌酶处理的最佳浓度，用 1.5mg/mL 溶菌酶处理 1h，原生质体形成率可达 92.2%，在 DM3 培养基上再生率达 33%（潘延云和张贺迎，1993）。

地衣芽胞杆菌 A.4041 耐高温 α-淀粉酶，经硫酸铵沉淀和垂直板制备凝胶电泳纯化，得到 3 种电泳均一的组分：α-I、α-Ⅱ和 α-Ⅲ，其相对质量分数分别为 14.7%、32.2%和 52.9%；等电点分别为 5.2、5.4 和 5.5；相对分子质量分别为 48 000、55 000 和 60 000。酶作用于可溶性淀粉的米氏常数分别为 4.5mg/mL、3.4mg/mL 和 2.6mg/mL。最适作用温度皆为 90℃；最适 pH 为 6.0～6.5；稳定 pH 皆为 4～11.5。在温度高于 70℃，保温 30min 条件下，3 组分的活力开始下降，但 α-I 和 α-Ⅱ在 100℃、保温 30min 时仍分别保持 15%和 20%的残余活力，表明该酶的热稳定性良好。Ca^{2+}、Mg^{2+}、K^+ 对酶明显激活；Cu^{2+}、Fe^{3+}、Zn^{2+}、Al^{3+}、EDTA、甲醛、戊二醛对酶强烈抑制（赵荧等，1997）。地衣芽胞杆菌株 A.4041 是一株产生耐高温 α-淀粉酶的突变株。研究了 A.4041 发酵培养基的成分，发现用天然碳源原料产酶优于葡萄糖、乳糖和淀粉。葡萄糖对发酵产酶有一定程度的抑制作用。此外还发现 A.4041 所产生的耐高温 α-淀粉酶的热稳定性与 Ca^{2+} 浓度有关。高浓度氯化钠与淀粉能促进该酶的耐热性（杨俊豪和胡学智，1990）。

用 PCR 方法从地衣芽胞杆菌 XJT9503 中扩增得到了高温中性蛋白酶基因 $Gp1$，将扩增的 DNA 片段与表达载体 pET-28a 连接构建成重组分泌型表达载体 pGp1，转化大肠杆菌 BL21，得到重组大肠杆菌 B-pGp1。酶活测定结果表明，表达产物具有正常的生物学活性，SDS-PAGE 结果显示具有明显的特异性表达，单体融合表达产物的相对分子质量为 27.0×10^3，同核酸序列测定所推导的值相符。实验证明，重组质粒在宿主 BL21 中有很好的稳定性，在有选择压力条件下传代 60 次基本稳定，传代 80 次重组质粒保留 68%以上。摇瓶实验确定了重组菌的最佳表达条件为 IPTG 0.75mmol/L，培养起始 pH=6，培养温度为 37℃。重组菌所得酶活为 2184U/mL，是受体菌株酶活的 11 倍（冯蕾等，2005）。

潘风光等（2005）综述了国内外地衣芽胞杆菌 α-耐高温淀粉酶基因工程菌的研究进展，并就基因工程菌的优缺点进行了简要分析。

七、地衣芽胞杆菌用于植物病害生物防治

采用生理生化和 16S rDNA 两种不同的方法对生防菌 BS-2000 和 JK-2 进行鉴定。生理生化鉴定显示，BS-2000 为地衣芽胞杆菌（*Bacillus licheniformis*），JK-2 为短短芽胞杆菌（*Brevibacillus brevis*）；16S rDNA 基因的测定与分析表明，BS-2000 与地衣芽胞杆菌的同源性达 99.9%，JK-2 与短短芽胞杆菌的同源性达 99.9%，故推定 BS-2000 为地衣芽胞杆菌，JK-2 为短短芽胞杆菌（郑雪芳等，2006）。

从草莓健康叶片中分离到 27 株内生细菌，与草莓灰霉病菌的对峙试验测定结果表明：其中有 3 株菌株对草莓灰霉病菌具有显著拮抗作用，且菌株 SL2 的抑菌效果最为明显，其抑菌半径达 14mm，通过对其进行形态、生理生化特性及 16S rDNA 序列等方面的研究，初步鉴定 SL2 为地衣芽胞杆菌（李娜，2009b）。生防菌地衣芽胞杆菌不同施用时期防治效果表明，生防菌对烟草黑胫病的防治效果为 40.1%～90.5%；3 个时期以成活后施用，防治效果较好，移植期效果稍差，假植期防效相对较差。采用不同的生防菌施用浓度发现随着生防菌浓度的提高，其防效有所提高，500 倍生防菌菌剂的防效

与对照药剂相当，防效为 42.6%～94.5%。因此，生防菌菌剂以 500 倍稀释施用对黑胫病的防治效果较好，如果病害严重，在伸根期加施，效果则更为明显。对烟草黑胫病进行的大田防治试验结果表明，生防菌对烟草黑胫病有较好的防治效果，防效为 52.2%～83.3%，与对照药剂的防治效果相当（方敦煌等，2003）。经形态和生理生化鉴定，对灰葡萄孢（*Botrytis cinerea*）拮抗能力强、防病效果好的 3 株细菌进行分类，W10 为地衣芽胞杆菌（*Bacillus licheniformis*），W3 和 Y2-11-1 为多粘类芽胞杆菌（*Paenibacillus polymyxa*）。这 2 种对蔬菜灰霉病的高效拮抗菌为中国首次报道和应用。3 株拮抗细菌的生长条件基本一致，最适培养时间为 24～72h，最适生长温度是 27～30℃，最适培养液 pH 为 7～8（童蕴慧等，2002）。通过拮抗细菌多粘类芽胞杆菌（*Paenibacillus polymyxa*）W3、Y2 和地衣芽胞杆菌 W10 诱导接种和灰霉病菌挑战接种试验，明确了 3 菌株培养液和去菌液对番茄植株抗灰霉病的诱导作用。3 株拮抗细菌的诱导抗病效果为 23.4%～64.5%，其中 W3 诱导作用最强。W3 培养液及其去菌液处理后 5d，诱导效果达最大值，且 12d 后仍有诱抗作用。在 10^2～10^{10} cfu/mL 时，拮抗细菌的诱导活性随浓度增加而增强，以 ≥10^8 cfu/mL 的效果最好。拮抗细菌处理叶上部各叶片间诱抗效果无明显差异（童蕴慧等，2004a）。

地衣芽胞杆菌 W10 是一株对多种植物病原菌有拮抗作用的生防细菌，其产生的抗菌物质主要是抗菌蛋白。细菌培养滤液用 30%硫酸铵盐析，透析后再经 Sephadex G-75 层析柱纯化得到一种具有抑菌活性的蛋白质。该抗菌蛋白的分子质量为 46 049.2Da，等电点为 6.71，含有糖基，含糖量为 6.83%；含有脯氨酸或羟脯氨酸；不含脂基。这种蛋白质在 pH6～12 时均具有抑菌作用，pH6 时活性最大；对热稳定，100℃以下水浴 20min，抑菌活性与对照相比均在对照的 80%以上，121℃蒸汽处理 20min，活性虽有所下降，但仍达对照的 65.7%；对胰蛋白酶和蛋白酶 K 不敏感，酶处理后蛋白质的抑菌活性分别为对照的 98.7%和 98.3%；对氯仿和紫外线也不敏感，处理后活性仍达对照的 91.0%和 98.6%（纪兆林等，2007）。地衣芽胞杆菌 W10 培养菌液和滤液对油菜菌核病菌（*Sclerotinia sclerotiorum*）具有较强的拮抗能力。经硫酸铵沉淀和透析而提取的 W10 抗菌蛋白显著抑制病菌生长，当蛋白质浓度为 100μg/mL 时，对菌丝生长的抑制率在 90%以上，菌核不能产生，处理菌核后菌核萌发推迟，明显抑制子囊孢子萌发和芽管伸长；当蛋白质浓度为 200μg/mL 时，对子囊的孢子萌发和芽管伸长的抑制率分别达 46.0%和 65.6%。经抗菌蛋白处理后，病菌菌丝出现形态异常甚至断裂；细胞膜透性改变，电解质渗漏而电导率增加。盆栽试验表明，抗菌蛋白对油菜菌核病有明显的防治效果，当蛋白质浓度为 3000μg/mL 时，防治效果达 71.8%，与 1000μg/mL 的多菌灵或腐霉利相当；抗菌蛋白与多菌灵或腐霉利 3∶1 复配剂，当其浓度为 1000μg/mL 时，防病效果为 67.9%～70.1%。因此，地衣芽胞杆菌 W10 抗菌蛋白可作为防治油菜菌核病的一种新型生物农药单用或与多菌灵和腐霉利复配使用（孙启利等，2007）。

为了明确地衣芽胞杆菌 W10 及其抗菌蛋白对苹果储藏期重要病害的防治作用，进行了对苹果轮纹病菌、炭疽病菌的抑制及对轮纹病的防治试验。结果表明，W10 菌液、培养滤液、抗菌蛋白对 2 种病菌的形态、菌丝生长、产孢和分生孢子萌发都有明显的破坏或抑制作用，其中抗菌蛋白的作用最大，5倍稀释液可以完全抑制病菌菌丝生长，20倍液对病菌产孢或分生孢子萌发的抑制率均达100%。菌液、培养滤液与抗菌蛋白对病菌菌丝形态的破坏作用相似，都可以使菌丝细胞原生质收缩、肿大呈泡囊状、细胞壁破损导致原生质外泄，甚至菌丝断裂。W10细菌液或抗菌蛋白能够明显抑制果实病斑的扩展，用其浸果后接种病菌，储藏90d时，抗菌蛋白对轮纹病的防效仍达50.0%，与多菌灵效果相当（纪兆林等，2008）。

为了明确地衣芽胞杆菌对马铃薯晚疫病菌的抑制作用，研究了地衣芽胞杆菌对马铃薯晚疫病菌菌丝生长、游动孢子释放、游动孢子萌发、孢子囊萌发产生芽管的抑制作用。结果表明：地衣芽胞杆菌对马铃薯晚疫病菌的菌丝生长、游动孢子释放和游动孢子萌发有明显的抑制作用，对菌丝生长的抑制作用，抑菌带平均宽度达5.58mm，在稀释度为10^{-1}时地衣芽胞杆菌对游动孢子释放的抑制率高达86.11%，对游动孢子萌发的抑制率也达到了78.1%。但地衣芽胞杆菌对马铃薯晚疫病菌的孢子囊萌发产生芽管的抑制作用较弱（张笑宇等，2009）。为了明确地衣芽胞杆菌代谢物对马铃薯晚疫病菌的抑制作用，研究了地衣芽胞杆菌代谢物对马铃薯晚疫病菌菌丝生长、游动孢子释放、游动孢子的萌发、孢子囊萌发产生芽管的抑制作用。结果得出，地衣芽胞杆菌代谢物对马铃薯晚疫病菌的游动孢子释放和游动孢子萌发有明显的抑制作用，在代谢物浓度为50mL/L时，其抑制率分别为85.76%和77.29%，对菌丝生长和孢子囊萌发产生芽管的抑制作用相对较弱，在代谢物浓度为50mL/L时，其抑制率分别为49.79%和46.57%（李玉峰等，2009）。

应用地衣芽胞杆菌制剂201、木霉制剂苗林卫士、敌克松和加收米等进行防治黄瓜苗期猝倒病试验，结果表明：采用制剂与种子1:1的比例拌种，苗林卫士的防病效果优于201，与1:100的敌克松的效果相近；采用移苗后淋兜法，在同一稀释倍数为100倍时，201对该病的防效优于苗林卫士，与500倍敌克松的防效相近，加收米与苗林卫士在试验浓度下效果较低（黄绍宁和沈华山，1999）。地衣芽胞杆菌BH1是筛选出来的用于防治大豆根腐病的优良菌株，田间小区防治效果平均达56.1%。用该菌制成的固体菌剂防治三七根腐病也得到较好的防治效果。该菌主要通过在根际定殖和营养竞争拮抗病原菌，而芽胞是其抵抗高温和干燥等不良环境的主要形式，因此提高芽胞产量成为提高其在田间和仓储期间存活率的主要途径之一，对提升该菌的商品化程度有重要意义（郭荣君等，2005）。

从湛江红树植物——红海榄筛选出一株对引起富贵竹病害黑曲霉病菌（*Aspergillus niger*）有良好抑制作用的菌株，编号为H5，初步鉴定为地衣芽胞杆菌。采用平板对峙、生长速率法及管碟法的试验结果均显示，该菌株对黑曲霉表现出良好的抑制作用，发酵原液对菌丝生长和孢子萌发的抑制率分别为91.9%和100%，抑菌带内菌丝扭曲畸形，表面产生大量囊状突起。其无菌滤液对酸碱、热稳定性较好，通过55%硫酸铵沉淀后经121℃处理25min仍能保持大部分活性，初步推测该物质为一种耐热的蛋白质（陈曼等，2008）。

研究了地衣芽胞杆菌制剂在不同土壤类型中对土壤微生物群落的影响，结果表明，该制剂在灰钙土中定殖效果明显高于灌淤土；在灰钙土中能有效抑制病原尖孢镰刀菌

(*Fusarium oxysporum*)，但对细菌数量无明显影响，而在灌淤土中对植物病原菌尖孢镰刀菌的抑制作用不明显，但对细菌数量有增加的作用。在两种土壤类型条件下，地衣芽胞杆菌均对土壤放线菌有明显抑制作用（王芳等，2008）。

地衣芽胞杆菌是芽胞杆菌中较具有应用潜力的菌种之一。近年来，国内外对于地衣芽胞杆菌各方面应用的研究日益增多。主要对地衣芽胞杆菌在植物病害防治、饲料加工、医药开发、环境污染治理等方面的应用进行了综述（唐娟等，2008）。

八、地衣芽胞杆菌用于养殖污染治理

运用综合对比分析法探讨了地衣芽胞杆菌（*Bacillus licheniformis*）De 在优质草鱼（*Ctenopharyngodon idellus*）养殖中的应用效果，其评价指标分别为成活率、水体 pH、透明度、溶解氧及水中氨氮、硝酸盐浓度等。结果表明，施用地衣芽胞杆菌 De 可在一定程度上使水体环境和养殖生产性能得到优化，提高养殖草鱼的成活率，显著降低水体透明度及水中氨氮、硝酸盐含量（$P<0.05$），使溶解氧有利于草鱼的生长。其中施菌组较对照组的成活率、水体 pH、溶解氧分别提高了 3.2%、3.9%、25.5%，而水体透明度、氨氮及亚硝氮浓度分别降低了 38.5%、74.6%、69.3%（曹煜成等，2008）。为探析芽胞杆菌提高水产动物的消化酶活性的作用机制，在体外条件下实验研究了地衣芽胞杆菌 De 株的胞外产物（extracellular product，ECP）对凡纳滨对虾（*Litopenaeus vannamei*）脂肪酶活性的影响。以半透膜法收集地衣芽胞杆菌 De 株的胞外产物，以匀浆离心法提取凡纳滨对虾成虾的肝胰腺和肠道消化酶，将胞外产物和对虾消化酶按体积比1:9混合，于体外条件下研究不同温度、pH 及胞外产物添加量对样品脂肪酶活性的影响。结果显示，地衣芽胞杆菌胞外产物添加组的脂肪酶活性明显高于对照组（$P<0.05$），在其最适的 pH8~10 条件下对虾肝胰腺和肠道的脂肪酶活性分别提高了 118% 和 136.5%；而在其最适温度 30~50℃ 时样品的脂肪酶活性比两对照组分别提高了 394.2% 和 195.1%。研究还发现，胞外产物添加组的脂肪酶活性与样品中胞外产物的添加量呈正相关。可见，在体外条件下地衣芽胞杆菌 De 株的胞外产物对凡纳滨对虾的脂肪酶活性具有促进作用（李卓佳等，2006）。采用独立分析法，研究地衣芽胞杆菌 De 株降解凡纳滨对虾粪便的效果。所收集对虾粪便先经冻干、粉碎，再溶解于灭菌海水中，分别在不同温度（16℃、21℃、26℃ 和 31℃）、虾粪含量（5mg/L、10mg/L 和 20mg/L）、芽胞杆菌初始添加量（1mg/L、2.5mg/L、5mg/L 和 10mg/L）等条件下分析地衣芽胞杆菌 De 株对对虾粪便溶解液中的 NH_3-N、NO_2^--N、NO_3^--N、$PO_4^{3-}-P$ 及 COD 的降解效果。结果表明，地衣芽胞杆菌 De 株可有效降低样品中 COD 和 NO_3^--N 的含量，其平均降解率分别高于 60% 和 50%，而 NH_3-N、NO_2^--N 及 $PO_4^{3-}-P$ 等的浓度不断升高；总体而言，地衣芽胞杆菌 De 株在 26~31℃，初始添加量 5mg/L 时对对虾粪便具有较好的降解效果（$P<0.05$）；当粪便溶解液浓度大于 10mg/L 时，组间各项参数的差异不显著（$P>0.05$）（曹煜成等，2010）。运用综合对比分析法，对黄鳍鲷（*Sparus latus*）养殖中定期泼洒地衣芽胞杆菌 De 的应用效果进行了探讨。结果表明，施用地衣芽胞杆菌 De 可在一定程度上优化水体环境和养殖生产性能，使养殖黄鳍鲷的成活率、体长增长率和体质量增长率分别提高 18.2%、21.0% 和

312%；显著降低水中氨氮（NH_3-N）、亚硝酸盐（NO_2^--N）、活性磷酸盐，其中养殖前、后期的底泥有机碳质量分数分别较对照组降低49.77%和22.63%，NO_2^--N、PO_4^--P质量浓度则总体较对照组降低25.82%和41.00%，NH_3-N质量浓度在养殖前、中和后期较对照组降低36.33%、18.10%和14.28%；底泥中的总异养细菌数量在养殖中、后期较对照组提高38.61%，整个养殖期间水体及底泥中的芽胞杆菌数量分别较对照组提高15.34%和26.37%（曹煜成等，2010）。

试验以半透膜法收集地衣芽胞杆菌De株的胞外产物，以匀浆离心法提取凡纳滨对虾成虾的肝胰腺和肠道消化酶，将芽胞杆菌胞外产物和对虾消化酶按体积比1:9混合，采用体外分析法研究在不同温度、pH及胞外产物添加量等条件下胞外产物对对虾淀粉酶活性的影响。试验共设A、B、C、D、E 5个试验组，每组3个平行；其中空白组A为地衣芽胞杆菌的胞外产物，试验组B、C分别为添加了胞外产物的对虾肝胰腺消化酶、肠道消化酶，对照组D、E分别为未添加胞外产物的对虾肝胰腺消化酶和肠道消化酶样品。温度为20~40℃时试验组B、C的淀粉酶活性要明显高于对照组（$P<0.05$），其中肝胰腺淀粉酶和肠道淀粉酶的活性分别提高了25.9%和19.3%，但该温度要远低于芽胞杆菌胞外淀粉酶的最适温度60~90℃。在pH为5~6时，试验组B、C的淀粉酶活性明显高于对照组（$P<0.05$），对虾肝胰腺淀粉酶和肠道淀粉酶的活性分别较对照组提高了33.3%和122.2%，而该pH同样要低于芽胞杆菌胞外淀粉酶的最适pH（6~9）。此外，研究还表明，试验组的淀粉酶活性随胞外产物添加量的升高而降低，即胞外产物在一定条件下可能抑制对虾内源淀粉酶的生物学活性。从该研究来看，地衣芽胞杆菌胞外产物在一定程度上可促进对虾的淀粉酶活性；而当胞外产物活性高于0.02U/mg蛋白质时，对虾淀粉酶活性将受到抑制（曹煜成等，2007）。

通过测定发酵过程中发酵液的纤维素酶活、半纤维素酶活、可溶性总糖和还原糖浓度，以及底物残渣质量、残渣结晶度、傅里叶红外光谱和表面结构的变化来研究地衣芽胞杆菌X18对麦麸的降解作用。发现在发酵过程中此菌体产酶的过程也就是木质纤维素的降解糖化过程。上清液中的纤维素酶活和半纤维素酶活分别在发酵进行到第96h和第48h时达到最高峰。发酵液中总糖和还原糖含量分别于4h和48h达到最高值5257.79mg/L和1363.94mg/L，然后下降到一定程度后降解过程中结晶度未发生明显变化。底物残渣傅里叶红外光谱分析表明，此菌株对麦麸中的纤维素、半纤维素和木质素都有不同程度的降解，但以纤维素降解为主。纤维素、半纤维素和木质素的降解率分别为37.03%、15.86%和17.03%。利用扫描电镜对底物残渣表面结构进行观察，可看到该菌株主要降解麦麸内表面蜂巢结构边缘骨架中起支撑作用的成分（燕红和杨谦，2007）。

在农业上畜禽粪液的广泛使用，普遍造成地面和水体中极为严重的富营养化，甚至大气中的氨态氮浓度也呈现增高的趋势，实验采用地衣芽胞杆菌菌株10182将氨氮转化成聚谷氨酸（PGA）和生物量，作为氮的储存形式，将地衣芽胞杆菌以10%接种量培养在含有8%（w/V）甘油和1.87%（w/V）柠檬酸的猪粪液中，氨浓度从2.53g/L降低到0.64g/L，NH_3浓度降低了74.7%，生成了0.02g/L的PGA，获得10.1g/L的细胞干重，同时，沙门氏菌与志贺氏菌数目由2×10^5cfu/mL下降到5×10^3cfu/mL。

实验证明这是利用粪液的好办法（杜珍辉，2005）。对角蛋白高效降解菌地衣芽胞杆菌菌株 1411-1 固体发酵条件进行了优化，着重考察了培养基含水量、起始 pH、温度、接种量及外源添加物的影响，并确定了优化的发酵周期，同时对角蛋白酶的提取进行了初步研究。研究结果表明，1411-1 的最适固体发酵条件为：培养基含水量 75%，pH 为 10.0，菌液接种量 0.15mL/g，发酵周期 88h，氮源对固体发酵有显著的抑制作用，碳源的影响不显著。角蛋白酶的最适提取条件为：以碳酸钠-碳酸氢钠缓冲液（pH10.0）作为提取剂，4℃条件下提取 60min（李小会等，2009）。运用 16S rRNA 基因序列分析了中国工业微生物菌种保藏管理中心（CICC）保存的 30 株地衣芽胞杆菌的系统发育关系，结果显示，24 株菌株位于地衣芽胞杆菌系统发育分支；3 株菌株位于蜡状芽胞杆菌（*Bacillus cereus*）-苏云金芽胞杆菌（*Bacillus thuringiensis*）系统发育分支；一株菌株位于枯草芽胞杆菌（*Bacillus subtilis*）系统发育分支；2 株菌株与其他地衣芽胞杆菌菌株间序列同源性为 96.4%~97.4%，明显低于其他地衣芽胞杆菌菌株间同源性，分类地位不明确，有待进一步讨论。通过比较分析 16S rRNA 基因 5′端 500bp、3′端 500bp 及其全基因的系统发育树，表明 16S rRNA 基因 5′端 500bp 可以很好地代表全基因序列进行系统发育研究，可用于区分地衣芽胞杆菌、枯草芽胞杆菌及蜡状芽胞杆菌分支（马凯等，2007）。

九、地衣芽胞杆菌产生化物质特性

分离到一株木聚糖酶高产菌，经形态、生理及生化鉴定，确认为地衣芽胞杆菌，编号为 H-1。对 H-1 的胞外木聚糖酶进行初步的研究，从碳源利用方面，认为 H-1 的木聚糖酶为组成型合成。木聚糖和纤维二糖对它有诱导作用，而木糖和葡萄糖对酶的产生有阻抑作用。对酶解产物分析表明，有小分子糖产生，但并非都是单糖。H-1 胞外木聚糖酶经 60% 硫酸铵沉淀，过 DEAE-50 柱，以及超过滤，得到了部分纯化酶。该酶作用的最适 pH 为 7.5，在 pH4~5 时较为稳定，最适温度为 50℃；70℃ 25min 则完全失活。米氏常数为 10.42×10^{-3} g/mL，最大反应速度为 $0.345 \mu mol/min$。2mmol/L Ag^+ 使酶活增加了 1.5 倍，2mmol/L EDTA 抑制了 22% 的酶活性，而 2mmol/L Cu^{2+} 使酶完全失活（刘巍和范树田，1996）。

采用 He-Ne 激光（波长 632.8mm，功率 9mW）对一株产 α-乙酰乳酸脱羧酶为 1.22U/mL 的地衣芽胞杆菌 H-5，分别以 10min、20min、30min、40min 进行照射处理，结果表明，10min 照射对菌株 H-5 的芽胞萌发有激活作用，促进其生长；20min 和 30min 照射对菌株 H-5 的产酶力有明显的影响，筛选出 3 株比出发菌株产酶力提高 2 倍以上，且对啤酒发酵中双乙酰降解作用明显的变异菌株，其中菌株 L-20'6 经传代培养及酯酶同工酶分析，证明发生了稳定的遗传变异。40min 照射对 H-5 的生长和产酶力有限制作用（黄建新等，2001）。用 He-Ne 激光处理碱性蛋白酶产生菌——地衣芽胞杆菌 F-3523-3。实验结果表明，照射 10min，其正变率最高达 16.8%。经处理后获得变异菌株 F-8014 发酵的酶活性比出发菌株提高 37%，生物学特性发生多方面变异（毛宁和陈必链，1994）。

采用离子注入技术对一株产 α-乙酰乳酸脱羧酶的地衣芽胞杆菌 BL391 进行诱变处

理,结果表明,在 N^+ 注入剂量为 $50×10^{14}/cm^2$ 时,诱变效果较好,从正变菌株中反复筛选,得到一株产酶量高的菌株 HL115,比出发菌株的酶活提高了 40% 左右,经过连续传代实验,其遗传性状稳定(惠友权等,2001)。对地衣芽胞杆菌 NK-03 发酵合成的 γ-聚谷氨酸(γ-PGA)进行了 $^{60}Co\gamma$ 射线辐射交联,制备了 γ-PGA 水凝胶。确立了最适辐射总剂量为 10kGy;最适 γ-PGA 溶液浓度为 6%;且在辐射剂量率为 1.0~4.0kGy/h 时,剂量率对凝胶中特定水含量影响不大。在最适条件下形成的水凝胶中特定水含量为 2052 倍。干凝胶可以吸收 1450 倍去离子水、378 倍人工血、131 倍人工尿和 198 倍 0.9% NaCl 溶液,在 pH9.0 时具有较强的溶胀能力,具有一定的耐温保水性能和较强的耐压保水性能(刘静等,2007)。

γ-聚谷氨酸(γ-PGA)及其衍生物是一种新型土壤修复和改良材料,能吸附土壤中的重金属和放射性核物质等污染物,也可作为保水材料应用于干旱环境。NaCl、Mn(Ⅱ)、L-谷氨酰胺和 α-酮戊二酸 4 因素对地衣芽胞杆菌 WBL-3 合成 γ-PGA 产量及分子质量有重要影响。分别用 L-谷氨酰胺和 α-酮戊二酸代替 L-谷氨酸,地衣芽胞杆菌 WBL-3 未产生 γ-PGA。单因素试验表明:γ-PGA 产量均随 4 因素浓度的增大呈现先增大后减小的趋势,γ-PGA 产量分别在 6% NaCl,Mn(Ⅱ)、L-谷氨酰胺和 α-酮戊二酸浓度分别为 100μmol/L、1.5mmol/L 和 10mmol/L 时达到最大值 35.79g/L、24.77g/L、30.07g/L 和 26.09g/L;γ-PGA 分子质量随 NaCl 浓度的增大而增大,随 α-酮戊二酸浓度的增大而减小,随 Mn(Ⅱ)、L-谷氨酰胺浓度的增大而呈现先增大后减小的趋势。正交试验证明了单因素试验的结论,4 因素间没有交互作用的影响,最优组合为 NaCl 为 6%,α-酮戊二酸为 10mmol/L,Mn(Ⅱ)为 100μmol/L,L-谷氨酰胺为 1.5 mmol/L,产量达 55.62g/L(王宁等,2010)。

采用正交试验研究了各种聚丙烯酰胺对地衣芽胞杆菌 β-甘露聚糖酶发酵液的絮凝作用,比较了不同助凝剂对聚丙烯酰胺絮凝的协同作用,测定了各种絮凝剂对 β-甘露聚糖酶活力的影响。初步认为:以聚合铝为助凝剂,阴离子型聚丙烯酰胺为絮凝剂;或以氯化钙和磷酸盐为助凝剂,用非离子型聚丙烯酰胺为絮凝剂,都能获得满意的絮凝效果(张彩和杨文博,1996)。γ-谷氨酰转移酶(GTE)是 γ-聚谷氨酸生物合成的关键酶,地衣芽胞杆菌 QBL-033 是目前合成 γ-聚谷氨酸的主要菌种,其 γ-谷氨酰转移酶的研究尚未见报道。分离纯化该菌中的 γ-谷氨酰转移酶,研究其辅酶组成,对揭示 γ-谷氨酰转移酶的分子结构和性质,提高 γ-聚谷氨酸产率很有必要。将培养至对数期中期的细胞离心收集并用缓冲液洗涤,细胞破碎、离心去除菌体碎片得无细胞抽提液,经 DEAE、纤维素柱(HIC)、G-200 凝胶过滤柱层析得到纯化大约 70 倍的以 NADPH 为辅酶的 GTE 和部分纯化的以 NADH 为辅酶的 GTE,这两个酶分别对 NADPH、NADH 高度专一。经 HPLC 和 SDS-PAGE 测得前一种酶的相对分子质量和亚基相对分子质量分别为 $235×10^3$ 和 $39×10^3$,表明该酶为具有相同亚基的六聚体。酶活性测定使用日立(Hitachi)U-3000 分光光度计利用 NAD(P)H 在 340nm 氧化的初速度进行。纯化结果表明,QBL-033 中确实存在两种 GTE。QBL-033 是以 NADPH 为辅酶的 GTE 参与 γ-聚谷氨酸的合成代谢等,以 NADH 为辅酶的 GTE 参与 γ-聚谷氨酸的分解代谢。同时发现以 NADPH 为辅酶的 GTE 在 280nm 处吸收很弱,在 215nm 处吸收很强,说明此酶中酪氨酸、苯丙氨酸含量较低。GTE 最适作用温度和最适反应 pH 分别为 50℃ 和 6.0,具有较宽的 pH 稳定性,并且在 50℃ 以下较稳定。Ca^{2+}、Co^{2+}、Cu^{2+}、Mn^{2+}、Pb^{2+}、K^{2+}、Zn^{2+},以及 EDTA 对酶有不同程度的抑制作用,Fe^{2+} 和 Mg^{2+} 对酶有轻微的激活作用(杨革等,2008)。

研究不同条件对地衣芽胞杆菌 De 株产生胞外蛋白酶的量及其酶活性的影响,结果表明在 pH 为 7.4~8.2,温度为 30℃时,培养 8~12h 的菌株所分泌胞外产物中的蛋白酶活性最高。实验先以半透膜法收集芽胞杆菌的胞外产物,然后再经过硫酸铵沉淀过夜、Sephadex G-100 凝胶层析、DEAE-Cellulose 离子交换层析及聚丙烯酰胺凝胶电泳等 4 个步骤的分离纯化后,可以得到含有 3 种主要蛋白质(BLP1、BLP2、BLP3)成分的胞外蛋白酶,其分子质量分别为 66.2kDa、31.0kDa 及约 20.1kDa,所得纯化蛋白酶的蛋白质浓度为 0.773μg/mL,蛋白质回收率为 11.66%。实验还发现,100℃条件下作用 30min,仍可保持其活力,可见具有相当的热稳定性,而其酶活最佳的 pH 和温度条件分别为 7.8 和 45~65℃。酶活抑制实验显示 EDTA、Cu^{2+}、Co^{2+}、Mg^{2+} 等均可成为其酶活抑制因子;而丝氨酸蛋白酶抑制剂甲基磺酰氟(PMSF)、Fe^{3+}、Mn^{2+}、Ba^{2+}、Ca^{2+} 等对酶活性没有明显影响;Zn^{2+} 则会使酶活性部分丧失(曹煜成等,2006)。应用自动控制发酵设备,先进行分批发酵试验摸索了地衣芽胞杆菌 2709 生长与代谢的基本规律,然后采用补料分批发酵方法限制生长基质浓度,测定了一系列(S_i,μ_i)、(μ_j,q_{pj})数据,获得 K_s、μ_{max}、α、β 等参数的值,并且推导出了细胞生长与产物合成的动力学公式,从而证明了用 Monod 方程描述地衣芽胞杆菌 2709 生长速率与基质浓度关系的合理性和合成碱性蛋白酶的发酵属于生长部分关联型(赵良启和部晋阳,1998)。

对地衣芽胞杆菌进行亚硝基胍和 ^{60}Co 诱变,获得一株 γ-PGA 的高产菌株 C9;γ-PGA质量浓度由 9.44g/L 提高到 19.76g/L,提高了 109%。突变株传代 10 次,质量浓度保持基本稳定;通过正交试验和单因素试验对发酵培养基及发酵条件进行了优化,当发酵培养基中含柠檬酸 12g/L,甘油 80g/L,L-谷氨酸 23g/L,氯化铵 7g/L,pH7.0,装液量为 50mL/250mL 三角瓶,接种体积分数为 5%时,37℃摇瓶发酵 72h,γ-PGA 达 23.32g/L(徐艳萍等,2004)。应用 He-Ne 激光对 γ-聚谷氨酸生产菌地衣芽胞杆菌 ATCC 9945A 进行辐射处理。研究了不同剂量激光辐射对菌体生长的影响,0.48mW/cm^2、15min 的剂量利于菌体的诱变。在两种激光辐射方式中,"生理盐水菌悬液"辐射方式诱变效果较好。延滞期的菌体细胞对激光辐射最敏感,随着菌体培养进程,其激光辐射抗性逐渐增强。另外,发现菌体的芽胞对激光辐射不敏感。经 γ-聚谷氨酸发酵试验和菌体扫描电镜观察,发现 He-Ne 激光对地衣芽胞杆菌具有明显的生物刺激效应和诱变作用,并初步筛选到产 γ-聚谷氨酸含量有较大变化的辐射变异菌株;同时,通过对变异菌株的细胞外、胞周间、细胞内 3 位区的 PGA、RNA、DNA 分析和发酵过程检测,进一步证实了 He-Ne 激光对 γ-聚谷氨酸生产菌地衣芽胞杆菌的诱变作用(杨革等,2001a)。

从土样中分离筛选出产 β-甘露降糖酶的地衣芽胞杆菌,经紫外线诱变处理后获得高酶活力菌株 NK-27,在以魔芋粉、豆饼粉为碳氮源添加无机盐的发酵培养基中,β-甘露聚糖酶活力达 110.49U/mL。初始 pH、装液量、培养温度和培养时间对产酶有一定影响（杨文博和沈庆，1995）。从渤海海泥样品中分离获得一株新型酯酶菌株，经鉴定为地衣芽胞杆菌。所得的 MP-2 酯酶的最适作用温度为 50~70℃，在 60℃ 表现出了最高活性，为耐热酶；最适作用 pH 为 10，为碱性酶，其 pH 作用范围比较窄；具有良好的热稳定性；金属离子 Co^{2+}、Li^+ 对酶具有激活作用，Ca^{2+} 对酯酶的活力没有显著影响，化学试剂 SDS、EDTA 及 Tween-20 对酯酶的抑制效果显著，对常见有机溶剂具有良好的耐受力；该酯酶对碳链长短不同的底物表现出不同的酶活（平芮巾等，2009）。

从地衣芽胞杆菌中分离到 α-淀粉酶组分，经 PAGE 及 SDS-PAGE 检测为电泳均一的纯酶蛋白。该酶最适反应温度为 95℃，50℃ 和 70℃ 条件下酶活性稳定，90℃ 保温 30min 残余酶活力为 28.9%。该酶最适作用 pH 为 6.0~6.5，在 pH5.0~8.0 内稳定。酶的相对分子质量为 65 900，等电点 6.94，对可溶性淀粉的 K_m 值为 0.41mg/mL。Ca^{2+}、Mn^{2+}、Cu^{2+}、Co^{2+} 及 Ba^{2+} 对酶具有激活作用，其中 Ca^{2+} 激活作用最显著，且以 4~8mmol/L 浓度为最适。Ca^{2+} 还能显著提高酶的热稳定性，4mmol/L Ca^{2+}，90℃ 保温 30min，酶的残余活力提高至 83%（陈红歌等，2004）。

地衣芽胞杆菌是重要的工业微生物，对于其分泌途径及信号肽进行预测和分析，有助于改善影响蛋白质分泌的关键因素，高效生产异源蛋白。在全基因范围内，利用 Signal Pv3.0 等方法识别了地衣芽胞杆菌菌株 DSM 13 中各种分泌蛋白的信号肽。DSM 13 信号肽类型包括分泌型 Sec 信号肽、脂蛋白信号肽、IV 型纤毛结构信号肽及生物信息素信号肽。同时分析了分泌途径组成、信号肽长度、氨基酸组成、各分泌信号肽特征、与枯草芽胞杆菌的异同及重要工业酶制剂的分泌途径。该研究对使 DSM 13 成为更有效分泌表达外源蛋白的表达系统，具有重要的理论指导意义（王玠和王正祥，2007）。

以从土壤中分离出的 9 株地衣芽胞杆菌为源菌株为试验菌株，通过 α-乙酰乳酸脱羧酶活力实验发现 BL-4 的产酶活性最好，通过紫外线（UV）和亚硝基胍（NTG）对 BL-4 进行复合诱变，获得了一株产酶活性比出发菌株 BL-4 高 1.22 倍的 α-乙酰乳酸脱羧酶高产菌株，并研究了该菌株的最佳发酵产酶条件是培养温度 30℃，发酵时间 36h，发酵液起始 pH6.5（周文斌和周瑞宇，2003）。

从 22 个不同组合的发酵 L-山梨糖生成 2-酮基-L-古龙酸的组合菌系中选出了最佳组合新菌系 H19、S19。对该菌系的形态学及生理生化特性的研究表明，其中 H19 为地衣芽胞杆菌，是 S19 的伴生菌；S19 是产生 2-酮基-L-古龙酸的菌株，具有许多特点，其分类位置暂无法确定（吕群燕和王书锦，1994）。

从地衣芽胞杆菌 BL1 中提取 α-乙酰乳酸脱羧酶，为提高酶的得率，探讨了破壁方法、硫酸铵盐析提取粗酶等的条件。结果表明：菌体用超声波破壁、在频率 25kHz 条件下每次辐射 2s，间隔 2s，总辐射时间 4.6s，输出功率 500W，细胞浓度 2%，破碎产酶量最高，60%~70% 饱和度硫酸铵盐析提取粗酶效果较好（张健，2005）。

以从土壤中分离出的 9 株地衣芽胞杆菌菌株，通过产酶实验发现 BL-4 的产酶活性最好；通过紫外线（UV）和亚硝基胍（NTC）对 BL-4 进行复合诱变，获得了一株产酶活性比出发菌株 BL-4 高 1.22 倍的 α-乙酰乳酸脱羧酶高产菌株，并研究了该菌株的最佳发酵产酶条件：培养温度 30℃，发酵时间 36h，发酵液起始 pH6.5（周文斌，

2002)。报道了一株产β-甘露聚糖酶的地衣芽胞杆菌经紫外线诱变筛选得到酶活力提高5倍多的菌株BL-306。通过发酵条件试验，诱变株BL-306的β-甘露聚糖酶活力达120U/mL（沈庆和孙文风，1994）。以一株γ-聚谷氨酸高产菌——地衣芽胞杆菌GIM-P10为试验菌株，采用逐因子实验法确定γ-聚谷氨酸合成考察因素的参考范围，再采用Plackett-Burman设计法进行培养基的优化，10个实验因子中筛选到4个显著影响因子：柠檬酸、谷氨酸、$K_2HPO_4 \cdot 3H_2O$和$MgSO_4 \cdot 7H_2O$。另外，综合评价实验结果表明，γ-聚谷氨酸的产量与多糖含量呈负向关系，与细胞干重呈正向关系。利用Plackett-Burman设计法发酵产γ-聚谷氨酸可高达21.27g/L，为基础培养基的2倍以上（疏秀林等，2007）。

获得一株对口腔变形链球菌具有较强抑制作用的菌株，并对其发酵滤液的抑菌活性进行考察。采用体外筛选法，从土壤中筛选出3株对变形链球菌具有抑制作用的菌株，对它们的性质进行考察。初步鉴定它们均为地衣芽胞杆菌，其中1#菌对变形链球菌的抑制作用最强，在30℃、pH7.0、150r/min的条件下，恒温振荡培养24h，测其发酵滤液对变形链球菌的抑菌效价为1500U/mL。该发酵滤液具有较强的热稳定性，37℃放置1h，活性下降了35%；60℃放置30min，活性下降了47%，放置1h，活性下降了50%；100℃放置1h，活性仍能保持39%；121℃放置1h，基本无活性。该发酵滤液抑菌作用的最适pH为7.0，在pH3.0时能保持70%的活性，在pH11.0时，仍能维持65%的活性。1#菌株发酵滤液对口腔变形菌的抑制作用最强，稳定性最大，是一株很有应用前景的菌株（刘莹等，2007）。

从污物中分离出一株兼性厌氧芽胞杆菌，它可产生大量的果胶酶，该菌株生长pH范围广，生长最高温度为50℃左右，它适应性强，生长快，在实验室中根据它的菌落形态、个体形态、生理特性和生化反应、生态环境、生活史等作为分类依据，认为是地衣芽胞杆菌（郭爱莲，1996）。从土壤分离物中筛选到一株环糊精葡萄糖基转移酶（CGTase）产生菌403，96h发酵酶活为0.95U/mL。经紫外辐射和硫酸二乙酯复合诱变而获得突变株CLS403，96h发酵酶活达1.36U/mL，提高43%。该突变菌株被鉴定为地衣芽胞杆菌，产CGTase的最佳碳源为可溶性淀粉，最佳氮源为硝酸铵，最适初始pH为6.5，最适培养温度为35℃，发酵期间CGTase的产生高峰（第96小时）滞后于菌体生物量高峰（第48小时）2d。菌株所产CGTase的最适反应pH为6.0，最适温度为55℃，在pH6.0~7.5和50℃条件下保持1h后的剩余酶活均达90%以上；酶液中适量添加Ca^{2+}能大幅提高CGTase在55℃条件下的稳定性。经高效液相色谱分析，CGTase作用于淀粉后的产物以α-环糊精为主，β-环糊精为次，二者比例为2.47:1，环糊精总产率达29.8%，但产物中不含γ-环糊精（陈龙然等，2005）。

从大港炼油厂污水中分离到一株地衣芽胞杆菌，其发酵上清液具有表面活性，可将水的表面张力由76.6mN/m降至35.5mN/m，发酵上清液经酸化沉淀并纯化后得到浅黄色固体物，其临界胶束浓度（CMC值）为30.0mg/L，该产物经聚丙烯酰胺凝胶电泳显示两条带；红外线（IR）分析表明该物质含有肽键、内酯键及脂肪族侧链等官能团；GC-MS和PC分析表明，其疏水基半分子为β-甲基十四碳脂肪酸及β-羟基十八碳脂肪酸；亲水基半分子含Asp、Glu、Ile、Val、Lys等氨基酸，该产物是一种由脂肪酸和肽组成的脂肪类生物表面活性剂，它可以耐受高温和高浓度盐（尤其是钙离子），pH适应范围较广，对原油具有较强的乳化、增溶、脱附和降黏作用（张翠竹等，2000）。通过测定发酵过程中发酵液的纤维素酶活、半纤维素酶活、可溶性总糖和还原糖浓度，以及底物残渣重、残渣结晶度、傅里叶红外光谱和表面结构的变化来研究地衣芽胞杆菌对稻草的降解作用。研究发现，在发酵过程中地衣芽胞杆菌菌体产酶过程也就是木质纤维素的降解糖化过程，上清液中的纤维素酶活和半纤维素酶活分别在发酵进行到第12小时和第48小时时达到最高峰，总糖含量于第4小时达到最高值，然后下降到一定程度后保持恒定；还原糖含量随发酵进行不断下降，达到一定值后保持恒定。该菌株对稻草长达5d的降解过程中结晶度未发生明显变化。底物残渣傅里叶红外光谱分析表明，此菌株对稻草中各组分都有一定降解，稻草中纤维素、半纤维素和木质素的降解率分别为14.91%、6.61%和1.42%；利用扫描电镜对底物残渣表面结构进行观察，可看到该菌株主要降解稻草的薄壁细胞，使其发生严重皱缩（燕红等，2007）。

地衣芽胞杆菌菌株NK-27可以产生胞外β-甘露聚糖酶和胞内β-甘露糖苷酶。β-甘露糖苷酶活力主要集中于细胞匀浆液中。以2.0%魔芋粉、1.0%$(NH_4)_2SO_4$为碳、氮源，地衣芽胞杆菌菌株NK-27经30℃振荡培养20~24h产生β-甘露糖苷酶酶活力最高。该酶于30~40℃、pH6.0时酶活力最高，在30~40℃、pH5.4~7.0时酶稳定性较好（杨先芹等，2002）。运用化学动力学和原子吸收光谱仪（AAS）、透射电镜（TEM）、X射线衍射（XRD）及傅氏转换红外线光谱分析仪（FTIR）等方法对失活的地衣芽胞杆菌R08菌体吸附和还原Pd^{2+}的机理进行了探索研究，结果表明，在30℃及pH3.5条件下，800mg/L R08菌体和100mg/L Pd^{2+}作用45min，菌体对Pd^{2+}的吸附速度常数k达最大值5.97×10^{-2}/min，该反应的半衰期为12min；在相同条件下，R08菌体能将吸附的Pd^{2+}还原，R08菌体吸附Pd^{2+}的主要部位是细胞壁；在酸性介质中，胞壁肽聚糖层部分多糖化合物的水解产物——醛糖很可能为电子供体，将Pd^{2+}原位还原为Pd（林种玉等，2002）。对地衣芽胞杆菌TS-01胞外多糖的清除自由基能力、增强免疫活性、抑制致病菌能力等进行了研究，发现50%醇提多糖和70%醇提多糖均对DPPH自由基有清除作用，且随多糖浓度升高而增强。在适当的添加剂量下，两种胞外多糖对T淋巴细胞、B淋巴细胞转化有增强作用。两种胞外多糖对致病菌都不产生抑菌圈，但能够降低致病菌的繁殖速度（彭爱铭等，2004）。

对一株产γ-聚谷氨酸的地衣芽胞杆菌CICC 10099进行了诱变筛选及摇瓶发酵条件的初步优化，以期得到γ-聚谷氨酸高产菌株并进一步提高其产能。实验考察了不同诱变剂量下的菌体的致死率和正突变率，以确定最佳诱变条件。结果表明：^{60}Coγ射线最佳的诱变剂量为200Gy时，致死率大于90%，正突变率高达13.3%。在上述剂量下，经^{60}Coγ射线诱变后分离筛选得到一株高产突变株地衣芽胞杆菌S16，摇瓶实验表明γ-聚谷氨酸的含量达16.9g/L，较出发菌株CICC 10099提高72.4%。并且采用单因素法初步优化了摇瓶发酵培养基，优化后的培养基组成为：柠檬酸12g/L，甘油80g/L，氯化铵6g/L，L-谷氨酸15g/L，$K_2HPO_4 \cdot 3H_2O$ 1g/L，$CaCl_2 \cdot 2H_2O$ 0.1g/L，$FeCl_3 \cdot 6H_2O$ 0.05g/L，$MgSO_4 \cdot 7H_2O$ 0.75g/L，$MnSO_4 \cdot H_2O$ 0.1g/L；pH7.5；利用优化的培养基在250mL三角烧瓶装液量50mL、37℃、180r/min的条件下培养80h，发酵

液中的 γ-PGA 含量最高，可达 18.9g/L（索晨等，2007）。

从西藏当雄温泉附近的土壤中用锥虫蓝平板，55℃培养，筛选到一株分泌高温淀粉酶的菌株 LT，经生理生化初步鉴定后，克隆 16S rDNA 基因测序，提交 GenBank 比对后，鉴定为地衣芽胞杆菌。通过对菌株 LT 的生长条件和产酶条件的研究表明：该菌高温特性良好，最高可以在 65℃生长，产酶最适温度 50℃；可以在 pH3.0～11.0 的 LB 培养基中生长，最佳产酶 pH10.0，LB 培养基加入淀粉诱导，发酵液酶活可达 80U。对该菌所产 α-高温淀粉酶的性质研究表明：酶的最适反应温度为 95℃，100℃处理 60min 发酵液酶活力没有明显下降，最适酶作用 pH10.0，添加 1g/L 的钙离子具有激活作用（蒋若天等，2007）。

以地衣芽胞杆菌为原始出发菌株，用紫外线反复诱变，最终获得一株中性植酸酶高产菌株地衣芽胞杆菌 LL8，其酶活性约为原始出发菌株的 2 倍。该菌株具有稳定的遗传性能。通过单因素试验和正交试验对发酵条件进行了优化，当培养温度为 55℃，pH 为 7.5，接种量为 10%时，经 30h 培养后，中性植酸酶活力最高达 2268.4U/mL（李朝霞等，2007）。采用生长曲线法衡量不同浓度红花对产纤溶酶菌株 C2-13 的生长影响；纤维蛋白平板法测量纤溶酶活性；邻二氮菲-Fe^{2+}氧化法测量羟自由基清除率；乙酸酐直接测定法测量总胆固醇；HPLC 法分析发酵产物。结果表明：产纤溶酶菌株 C2-13 能显著提高红花降血清总胆固醇的功效及抗羟自由基氧化的能力；一定浓度红花的加入对 C2-13 的生长和纤溶酶活性有明显促进作用；HPLC 分析还观察到红花经发酵炮制后，其成分发生了改变，说明中药红花与产纤溶酶菌株 C2-13 可相辅相成，互相促进（冯志华等，2004）。

十、地衣芽胞杆菌用于动物益生菌

为弄清水产养殖中常用的有益菌——地衣芽胞杆菌和 3 种常见的浮游微藻的相互关系，采用陈海水配制的无机培养液和对虾养殖池水，分别研究了地衣芽胞杆菌对微绿球藻、隐藻和颤藻的影响，以及这几种微藻对地衣芽胞杆菌的反作用；以通径分析法分析微绿球藻、隐藻和地衣芽胞杆菌对颤藻直接和间接影响力的大小。结果发现，地衣芽胞杆菌对微绿球藻有一定的抑制作用，对隐藻的促进作用明显，而对颤藻的作用效果不明显；在与微绿球藻和隐藻混合培养时，地衣芽胞杆菌生长正常，仅在藻细胞密度较大时受到一定程度的抑制；在与颤藻混合培养时，地衣芽胞杆菌受到明显的抑制作用。通径分析结果发现，地衣芽胞杆菌与微绿球藻协同对颤藻产生抑制作用，而隐藻对颤藻的作用较弱（李卓佳等，2009）。

对能在动物肠道产酶的芽胞产品"益畜宝"的有效成分——地衣芽胞杆菌的产酶特性进行了初步定性研究。在单一碳源培养基上的观察结果表明，该地衣芽胞杆菌能产生植酸酶、淀粉酶及蛋白酶。在相同的试验条件下，大肠杆菌和啤酒酵母菌都不产生植酸酶。实验结果还表明，大肠杆菌虽然能产生淀粉酶和蛋白酶，但其活性比地衣芽胞杆菌要低得多，啤酒酵母菌则不产生淀粉酶和蛋白酶（柏建玲等，2003）。

从渤海海泥中分离得到一株海洋细菌 9912，经系统的微生物学鉴定及 16S rDNA 序列测定，鉴定为地衣芽胞杆菌。采用液-固两相发酵工艺技术，对基料 30%大剂量接种；制成地衣芽胞杆菌9912生物制剂。在饲料中0.3%剂量添加，对断奶35d仔猪进行30d喂养试验，结果表明：该菌株安全可靠，可使仔猪增重率提高12.9%，并在防治仔猪黄白痢疾等习惯性腹泻中有良好的治愈效果。地衣芽胞杆菌9912生物制剂在畜禽养殖中应用具有广泛前景（薛德林等，2004）。

将地衣芽胞杆菌9912制成生物制剂，饲料中0.2%剂量添加，对11周龄蛋鸡进行35d喂养试验，结果表明：该菌株安全可靠，能使蛋鸡产蛋率提高2.02%，日只单产提高产蛋量1.44g，死淘率降低1.8%，料蛋比降低6.0%，地衣芽胞杆菌9912是一株在蛋鸡饲养中具有广泛应用前景的优良菌株（薛德林等，2003）。

为了获得高效饲用益生菌，采用体外筛选培养法，从土壤中筛选出3株具有抑菌活性的菌株，初步鉴定为地衣芽胞杆菌。其中$1^{\#}$菌株对动物肠道中有害菌如金黄色葡萄球菌、枯草芽胞杆菌、大肠杆菌均有较强抑制作用，对其性质进行考察的结果表明，在30℃、pH7.0、150r/min的条件下，恒温振荡培养24h，测其发酵滤液对金黄色葡萄球菌、大肠杆菌、枯草芽胞杆菌的抑菌效价分别为2000U/mL、1500U/mL、1500U/mL。在以金黄色葡萄球菌作为指示菌的条件下，该菌株发酵滤液具有较强的热稳定性，60℃放置1h，抑菌活性下降了29%；10℃放置30min，抑菌活性下降了45%，放置1h，抑菌活性下降了48%；121℃放置1h，抑菌活性仍能保持40%；该发酵滤液抑菌作用的最适pH为7.0，在pH3.0时能保持71%的抑菌活性，在pH11.0时，仍能维持67%的抑菌活性，此发酵滤液对蛋白酶K不敏感，并且蛋白酶K对该发酵滤液的抑菌活性也起一定的促进作用（刘莹等，2006）。

为进一步对鸡源地衣芽胞杆菌抗生素抗性基因进行定位，研究通过药敏试验、吖啶橙和SDS质粒消除试验，以及原生质体转化试验证明，鸡源地衣芽胞杆菌卡那霉素抗性基因是质粒编码而不是由染色体编码，这对益生菌菌株的开发应用具有指导意义（刘一尘等，2009）。

整肠生为地衣芽胞杆菌药物的商品名，对慢性溃疡性非特异性结肠炎急性发作、伪膜性肠炎、肝硬化引起的腹泻、胀气、慢性肠炎、急性菌痢等各种原因引起的肠道菌群失调症等有理想的治疗效果，起效快、疗效高。对服用抗生素无效的腹泻者，服用本剂也有效。这主要是因为地衣芽胞杆菌对生长条件的要求较低，对环境的耐受力较强，但剂量加倍时有可能导致便秘（葛风，2005）。采用振荡培养研究了温度、pH和不同培养基的环境因素对整肠生菌（地衣芽胞杆菌）消长的影响，通过对整肠生菌的动力学基础数据按 $G=t/n$，$\mu=\mu mS/K_S+S$ 和 $\int_{N_0}^{N}\frac{d_N}{N}=\int_{0}^{t}-kdt$ 计算作图的动力学研究结果表明：整肠生菌最适生长温度为35~37℃时，活菌数15×10^7~17.2×10^7cfu/mL，分别是30℃和40℃时的1.26倍和1.2倍；最适pH为5.5~7.5时，活菌数为4.15×10^7~7.55×10^7cfu/mL，分别是pH4.5和pH9.5时的13.1倍和13.2倍（胡尚勤，1997）。

整肠生胶囊是一种活菌制剂，是以调整肠道菌平衡为主的新型微生态药物，能显著提高慢性肠炎的治愈率，减少复发率（李玲，2005）。自2000年5月~2003年8月应用整肠生治疗顽固性腹泻38例，取得较好的疗效（袁锦平，2005）。整肠生胶囊每粒含主要成分地衣芽胞杆菌0.25g（2.5亿活菌数）。应用整肠生治疗小儿腹泻50例疗效观察结果表明，整肠生胶囊以活菌形式进入肠道后，对葡萄球菌、酵母样菌等致病菌有拮抗作用，而对双歧杆菌、乳酸杆菌、消化链球菌有促进生长作用，从而可调整肠道菌群失调达到治疗目的（冯艳杰和杨淑梅，2007）。

长期以来仔猪腹泻主要靠抗生素治疗，这给饲养业带来了负面作用，首先是抗生素在消灭致病菌的同时，也消灭了对仔猪机体有益的生理性细菌，破坏了肠道微生物的生态平衡，出现菌群失调现象，导致仔猪对大肠杆菌的易感性。为此，一直在寻找替代抗生素的微生物制剂，经临床发现地衣芽胞杆菌制剂对仔猪白痢有特效（林承仪和徐学清，1994）。

肠易激综合征（IBS）是最常见的消化系统疾病之一，是一组包括腹痛、腹胀、排便习惯改变和大便性状异常等表现的临床综合征。由于病因、发病机制复杂，目前尚无统一的治疗规范，从 2007 年 3 月～2008 年 3 月采用马来酸曲美布汀联合地衣芽胞杆菌治疗 IBS，取得良好效果（鲍丽霞等，2008）。探讨马来酸曲美布汀联合地衣芽胞杆菌治疗腹泻型的临床疗效。方法：将 125 例腹泻型 IBS 患者随机分为 3 组，A 组给予曲美布汀及地衣芽胞杆菌，B 组单用曲美布汀，C 组单用地衣芽胞杆菌，疗程 4 周，观察各组临床疗效。结果：A 组临床总有效率为 96.2%，B 组临床总有效率为 60.0%，C 组临床总有效率为 48.5%，3 组疗效比较，$P<0.05$，差异有统计学意义。结论：马来酸曲美布汀联合地衣芽胞杆菌治疗腹泻型 IBS 有明显的协同作用，临床疗效确切，可推广应用（徐正元和王功成，2007）。为观察马来酸曲美布汀片（曲美布汀）治疗功能性消化不良（FD）与腹泻型肠易激综合征（IBS）重叠的疗效和不良反应，采用随机、病例对照的前瞻性研究，129 例患者随机分为 A 组（曲美布汀和地衣芽胞杆菌）、B 组（曲美布汀）和 C 组（地衣芽胞杆菌）。各症状采用分级记分进行描述，疗效评价参照症状积分的变化。A、B 组治疗前后的评分，分别为腹胀［A 组（4.55±0.85）分，（1.26±0.52）分；B 组（4.36±0.66）分，（1.48±0.61）分；早饱 A 组（4.05±0.96）分，（1.01±0.51）分，B 组（3.89±0.81）分，（1.25±0.76）分］、腹痛［A 组（9.26±0.68）分，（0.68±0.43）分；B 组（9.57±1.60）分，（0.76±0.54）分］，症状总积分［A 组（20.00±1.25）分，（3.06±0.91）分；B 组（19.05±2.28）分，（3.89±2.12）分］，治疗后较治疗前均有显著下降（$P<0.05$），而 C 组治疗前后差异无统计学意义（$P>0.05$）；3 组治疗前后的腹泻评分［A 组（4.78±0.76）分，（0.65±0.53）分；B 组（4.13±0.65）分，（1.25±0.62）分；C 组（4.65±0.88）分，（1.45±0.70）分］均有显著性下降（$P<0.05$）。治疗 4 周后，腹胀、早饱、腹痛的评分和症状总积分，A、B 组与 C 组比较，差异有统计学意义（$P<0.05$）。A、B 组的各症状的疗效差异显著（$P<0.05$）。3 组的费用-效果比（C/E）分别为 4.07、1.19、6.65，以 B 组最佳。A、B 组的不良反应发生率分别为 22% 和 23.7%，主要为轻度的口干和便秘。结论：曲美布汀治疗 FD 与 IBS 重叠的患者，具有疗效高、价廉、不良反应少的特点（钟英强等，2007）。另外一种探讨曲美布汀联合地衣芽胞杆菌治疗腹泻型肠易激综合征（IBS）的临床疗效的方法：将 150 例腹泻型 IBS 患者随机分为 3 组，A 组口服曲美布汀 0.2g/次，3 次/d，地衣芽胞杆菌胶囊 2 粒/次，3 次/d；B 组单服曲美布汀；C 组单服地衣芽胞杆菌胶囊。B、C 两组用法与 A 组相同。以上 3 组疗程均为

4周。观察A组临床总有效率为94%,B组临床总有效率为60%,C组临床总有效率为48%,A组与B、C组疗效比较差异有统计学意义($P<0.05$)。结论:曲美布汀联合地衣芽胞杆菌治疗腹泻型IBS效果显著(郑云,2010)。

分别采用牛津杯法和微量肉汤稀释法进行益生芽胞杆菌体外抑菌活性及耐药性研究,结果显示,枯草芽胞杆菌和地衣芽胞杆菌对大肠埃希菌C83901、C83917和沙门氏菌有中、低度抑制作用;对抗敌素、硫酸黏菌素、喹乙醇有一定耐药性,而吉他霉素和硫酸新霉素对这2种杆菌抑制作用较强(唐建中等,2009a)。

从毛竹根际分离到36株固氮菌,经初步镜检其中17株菌为芽胞杆菌,进一步鉴定确定其主要为多粘类芽胞杆菌(*Paenibacillus polymyxa*)和地衣芽胞杆菌,主要就其中菌号为G-8、G-12、G-14、G-17 4株地衣芽胞杆菌的鉴定及固氮特性进行了研究。结果显示:4株菌均为杆状,具芽胞,胞囊稍膨大,它们的生理生化特性相同,但菌株形态有一些差异。G-8和G-17的最佳固氮温度为35℃左右,G-12和G-14的最佳固氮温度为30℃左右,G-12、G-8和G-14的最适固氮pH6.0左右,G-17的最适固氮pH6.0~7.5;4株菌都可利用碳源固氮,但均以葡萄糖作碳源时的固氮活性最高,依次为64.76nmol、437.23nmol、65.42nmol、90.91nmol C_2H_4/(h·瓶)。G-12在培养48h,G-8、G-14在培养96h,G-17在培养60h后的固氮活性最高,分别为138.50nmol、122.01nmol、170.87nmol、109.81nmol C_2H_4/(h·瓶)(顾小平和吴晓丽,1998a)。用鉴别培养基从土壤、新疆传统奶酪和马奶酒中分离出地衣芽胞杆菌、米酒乳杆菌和酿酒酵母。经鉴定和安全试验,上述3株菌混合后的联合培养物,接种生料发酵制成微生态制剂BLS,饲喂泌乳牛。试验组平均每日奶产量显著高于对照组(马文戈等,2004)。

从正常养殖的黄颡鱼肠道中分离得到218株细菌,通过产酶能力测试,对常见病原菌体外拮抗作用及对抗生素敏感性试验筛选出一株益生菌菌株HS140。通过测定菌株HS140对黄颡鱼的致病性,并结合形态观察、生理生化试验和16S rRNA部分序列分析,对菌株HS140进行了分类鉴定。结果显示:菌株HS140具有很强的分泌蛋白酶、脂肪酶和淀粉酶的能力,能够抑制温和气单胞菌、迟缓爱德华菌和鳗弧菌的生长。菌株HS140对氨苄西林、磺胺异噁唑、先锋霉素Ⅵ等3种抗生素产生耐药性,对另外13种抗生素均敏感或中度敏感。急性毒性试验表明,浓度为1.0×10^8cfu/mL的HS140菌悬液对黄颡鱼没有致病性。菌株HS140为革兰氏阳性可动杆菌,16S rRNA的部分序列分析显示菌株HS140与地衣芽胞杆菌具有99.3%的相似性,系统发育树上菌株HS140与地衣芽胞杆菌FJ435674聚为同一分支,结合形态观察和生理生化试验结果最终鉴定菌株HS140为地衣芽胞杆菌(孟小亮等,2010)。

地衣芽胞杆菌是一种极具潜力的益生菌。近年来,国内外对地衣芽胞杆菌应用的研究日益增多,大部分研究证明其促生长效果明显,可成为抗生素替代品用作饲料添加剂。马鑫等(2011)对地衣芽胞杆菌作为饲料添加剂的应用效果及前景进行了综述。地衣芽胞杆菌为中生芽胞的革兰氏阳性需氧菌,作为益生菌或致病菌的竞争抑制剂,其被广泛地应用于畜禽的养殖中。与传统的益生菌、双歧杆菌和乳酸菌相比,芽胞菌剂的活菌成分是芽胞休眠体,并具有耐高温、耐干燥的特点,易于保存和运输。研究表明,地衣芽胞杆菌在生长过程中，可外泌蛋白酶、淀粉酶和脂肪酶等多种有助于消化吸收的酶类，在饲料中添加一定数量的芽胞，可有效地提高饲料的转化率，增加畜禽产品的生产量。同时，它还可通过免疫抑制、竞争性吸附及合成抑菌物质等多方面的作用，有效地调节畜禽肠道的微生态环境，减少肠道疾病的发生（张大伟等，2004）。

将162只1日龄健康麻羽肉用仔鸡随机分成3组，每组3个重复，每个重复18只，CK组饲喂基础日粮，A、B组在基础日粮中分别添加50mg/kg地衣芽胞杆菌制剂、30mg/kg杆菌肽锌，饲养期28d，观察3组肉鸡肺、气管、初级支气管肥大细胞、浆细胞的数量，淋巴组织的分布及气管SIgA阳性细胞的数量，研究地衣芽胞杆菌对鸡呼吸系统黏膜免疫的影响。结果表明：A组肺、气管、初级支气管浆细胞及气管SIgA阳性细胞的数量显著多于CK组（$P<0.05$），肥大细胞的数量显著低于CK组（$P<0.05$），A、B组间肥大细胞、浆细胞的数量差异不显著（$P>0.05$）；A、B组均能增加肺、气管、初级支气管中淋巴组织的分布。可见，地衣芽胞杆菌对鸡呼吸系统的黏膜免疫有一定的促进作用（陈家祥等，2010）。为了研究地衣芽胞杆菌作为微生态饲料添加剂对仔猪生产性能的影响，随机选39头断奶仔猪分成4组，按非配对试验设计，对照组饲喂含12%预混料的配合料，试验组饲料在对照组的预混料中按$10×10^9$cfu/kg添加地衣芽胞杆菌，试验期为15d。试验结果表明：试验组与对照组相比，断奶2d的仔猪日增重提高12.67%，料肉比降低1.47%，仔猪腹泻率减少33.3%；断奶10d的仔猪日增重提高26.87%，料肉比降低23.66%，仔猪腹泻率减少70.37%，差异显著（$P<0.05$）。同时，试验组猪的粪便中氨含量显著下降。说明饲料中添加地衣芽胞杆菌能有效地提高仔猪生长性能、减少猪场环境污染、提高仔猪抗病力（肖定福等，2008）。

从土壤中分离到3株杆菌，经鉴定2株为蜡状芽胞杆菌，1株为地衣芽胞杆菌；这3株杆菌都有水解淀粉的能力，并能利用葡萄糖产酸；在pH2.2~7.0时有较高的存活率，能抵抗多种抗生素，是较为优良的益生素生产菌（王士长等，1999）。以兰州市淀粉厂附近的土壤中分离到的地衣芽胞杆菌为出发菌株，经过紫外线诱变及紫外线+硫酸二乙酯复合诱变方法，从大量突变株中进行筛选，最终成功地选育出一株高产、稳定、中温的异淀粉酶生产菌株UV-6-DI，其产酶活力由出发菌株的3.35U/mL提高到7.37U/mL，提高了120%（王弋博等，2003）。对2株地衣芽胞杆菌C10和C46进行耐酸性及耐胆盐等抗逆性试验，进而进行抑菌测定、产酸和产酶等益生性试验，对13种抗生素进行药敏性测定。结果表明，2株地衣芽胞杆菌C10和C46在pH2.0、pH3.0和pH4.0的人工胃液中处理2h和6h，存活率均为94%，0.03%~0.3%胆盐溶液里存活率均超过91%；对金黄色葡萄球菌、大肠杆菌K88和鸡白痢沙门氏菌均有明显的抑制作用，有机酸总量分别达1230.99mg/L和298.69mg/L，蛋白酶活力分别为256U/mL和291U/mL，对10种抗生素有耐药性，对3种抗生素有药敏性。说明这2株地衣芽胞杆菌具有很强的抗消化道生境及较好的益生功能（王丽芳和满达虎，2009）。

近几年来，利用微生态制剂来促进动物生长、改善动物健康成为了动物营养研究的热点之一。地衣芽胞杆菌是微生态制剂中的一种，以其耐高温、耐酸碱、抗逆性强、易储存等特点被广泛作为益生菌或致病菌竞争抑制剂应用于畜禽养殖业中（刘晓琳等，2008）。为研究地衣芽胞杆菌引起鸡病的流行病学、临诊症状变化、病原鉴定与免疫防治试验，从患病鸡脏器和渗出液，选分得鸡源（S1~S20）20个菌株，根据形态及染色特征、培养特性和生化鉴定，S1~S20均定为地衣芽胞杆菌。经试验动物小白鼠和本动物鸡的回归试验，大部分能发病，所表现的临诊症状、病理变化与自然病例基本一致，死后从脏器中分离到原注射菌，并进行了免疫攻毒试验。1988~1993年用研制的"鸡八联灭活菌苗"对3469只鸡进行预防注射，存活率达93.7%；试验组比对照组存活率高41.13%；经药敏试验和病鸡治疗表明：用青霉素、红霉素、庆大霉素治疗此病有效（魏建功等，1996）。观察了地衣芽胞杆菌对家兔细胞免疫功能的影响，结果发现，饲喂地衣芽胞杆菌微生态制剂20d、40d后，试验组家兔的免疫器官生长发育较对照组迅速，成熟快；试验组血液中的白细胞总数和外周血T淋巴细胞酸性α-乙酸萘酯酶活性（ANAE）阳性率均明显高于对照组。饲喂30d后，进行植物血凝素（PHA）腹部皮内试验，试验组发生的变态反应强度强于对照组，表明地衣芽胞杆菌能促进家兔的免疫器官的成熟，增强家兔的细胞免疫功能（潘康成和何明清，1997）。

研究了地衣芽胞杆菌对尖吻鲈（*Lates calcarifer*）的生长及消化酶活性的影响。地衣芽胞杆菌制剂（含量为10×10^8cfu/g）分别以0（对照组）、0.1%、0.2%、0.3%、0.4%、0.5%和0.6%的比例添加到饲料中，投喂初始体重为（17.47±0.19）g的尖吻鲈，养殖时间8周。随着地衣芽胞杆菌添加量的增加，尖吻鲈的增重率和特定生长率逐渐增高，在0.5%组达到最大，增重率提高9.77%，特定生长率提高4.56%；同时该组的肥满度也显著高于对照组（$P<0.05$）。尖吻鲈的增重率、特定生长率、饲料系数、存活率、脏体比和肝体比在各组间都没有显著差异（$P<0.05$）；尖吻鲈的前肠蛋白酶在0.2%组达到最大，并显著高于对照组（$P<0.05$），其他组别及部位的消化酶则低于对照组或差异不显著。结果表明，地衣芽胞杆菌对尖吻鲈的生长有一定促进作用，但此作用与消化酶变化相关不明显（李卓佳等，2011）。以初始体重为（17.47±0.19）g的尖吻鲈为试验对象，在基础饲料中分别添加0g/kg（对照）、1.0g/kg、2.0g/kg、3.0g/kg、4.0g/kg、5.0g/kg和6.0g/kg饲料的地衣芽胞杆菌粉状制剂，研究其对尖吻鲈的生理生化指标的影响。摄食不同地衣芽胞杆菌含量的尖吻鲈血液中红细胞和白细胞数量、血红蛋白和无机盐离子等没有显著性差异（$P>0.05$），但显著降低了尖吻鲈的血糖和尿素氮水平（$P<0.05$），血糖在2.0g/kg饲料组达到最小值。血清总蛋白均高于对照组，并在4.0g/kg饲料组显著升高（$P<0.05$）；胆固醇除了3.0g/kg饲料组显著低于对照组外，其他各试验组均与对照组差异不显著。地衣芽胞杆菌也降低了血清谷丙转氨酶及乳酸脱氢酶的活性，谷丙转氨酶在1.0g/kg、4.0g/kg、5.0g/kg和6.0g/kg饲料组显著低于对照组（$P<0.05$），而乳酸脱氢酶只在1.0g/kg饲料组显著低于对照组（$P<0.05$）（袁丰华等，2009）。

利用地衣芽胞杆菌和乳酸杆菌制备的生态制剂，调整仔猪肠道内菌群失调，防治由致病性大肠杆菌引起的仔猪黄白痢。通过试验结果表明，该制剂的防治效果明显（董冰和钟长银，2000）。为评价地衣芽胞杆菌颗粒剂治疗感染性腹泻、细菌性痢疾的有效性和安全性，采用多中心随机对照研究方法，将125例急性感染性腹泻和菌痢患者，随机分为治疗组和对照组，其中治疗组63例，服用地衣芽胞杆菌颗粒剂1g，3次/d；对照组62例，服用整肠生胶囊0.5g，3次/d；疗程均为5d。结果表明，两组共淘汰5例；

可进行疗效分析的治疗组 61 例，对照组 59 例；治疗组与对照组临床总有效率分别为 98.3% 和 96.6%（$P>0.05$），细菌清除率分别为 87.5% 和 92.3%（$P>0.05$）；治疗组无一例发生不良反应，对照组有一例便秘发生。结论：地衣芽胞杆菌颗粒剂治疗急性感染性腹泻、细菌性痢疾更安全、有效（刘晓清和郑长清，2000）。

母乳性黄疸是新生儿时期常见症状之一，随着母乳喂养的大力推广，母乳性黄疸的患病率明显升高，已成为新生儿患高胆红素血症的重要原因，是新生儿病理性黄疸的首位病因。应用地衣芽胞杆菌胶囊（整肠生）与苯巴比妥（鲁米那钠）治疗母乳性黄疸，效果满意（薛明华，2009）。为观察地衣芽胞杆菌胶囊治疗婴幼儿腹泻的疗效，将 60 例入院治疗婴幼儿腹泻病儿按序号的单、双号分常规治疗组 30 例，地衣芽胞杆菌胶囊治疗组 30 例，常规治疗组给予静滴病毒唑（利巴韦林）及口服蒙脱石散剂，补液，纠正水电解质紊乱治疗；地衣芽胞杆菌胶囊治疗组在常规治疗的基础上给予口服地衣芽胞杆菌胶囊，2 次/d，每次 0.25g。根据其疗效进行统计学处理。结果：地衣芽胞杆菌胶囊治疗组疗效显著高于常规治疗组（$P<0.01$）。结论：地衣芽胞杆菌胶囊对婴幼儿腹泻有显著疗效，值得临床推广和应用（唐远勤，2008）。

饲用微生物添加剂是一类无毒、无不良反应、无毒性残留的新型饲料添加剂。目前用于制造饲用微生物添加剂的主要菌种按使用微生物种类将其分为以下两种：①芽胞杆菌制剂，此类菌属在动物肠道中零星存在，由于其能形成芽胞，故具有耐高温、耐干燥、耐制粒过程、耐消化道环境的优点。目前最常用的有枯草芽胞杆菌和地衣芽胞杆菌；②乳酸菌制剂，此类菌属是动物肠道中的正常微生物，能够分解糖类（邓世权，2006）。地衣芽胞杆菌在肠道生长繁殖过程中能产生多种酶。柏建玲报道，该菌能产生淀粉酶、蛋白酶和植酸酶，通过淀粉酶平板试验，也证实该菌能富产淀粉酶。例如，用于动物，在动物体内可形成一个小型的"酶工厂"，不但能防病治病，而且有促进消化和提高饲料利用率的作用。特别是植酸酶的产生，可使植酸磷降解为肌醇和磷酸，提高饲料中磷的利用率，降低粪便中磷的排放，降低植酸盐的抗营养作用。这对营养物质的消化吸收和防治环境污染有重要意义（杨革等，2002b）。

为从饲料应用学的角度对地衣芽胞杆菌的各项特性进行测试，并总结出一套可行的试验方法和结果判断标准，通过对地衣芽胞杆菌的形态和生化培养性质观察，不同梯度的温度、酸度、胆盐和人工胃液处理对地衣芽胞杆菌存活率的影响，以及常用药物添加剂和微量元素对地衣芽胞杆菌的影响，地衣芽胞杆菌对几种致病菌和抗营养因子的影响进行研究。结果表明，地衣芽胞杆菌对各种试验处理呈现出特征性表现，这说明，地衣芽胞杆菌具备良好的饲料学特性，是优良的益生菌菌株（董尚智等，2009）。

微生态制剂包括益生菌（probiotics）、益生元（prebiotics）和合生元（synbiotics）。益生菌是指由生理性活菌或/和死菌组成的微生态制剂，它能调节肠道的微生态平衡，对维持宿主的健康具有较为明显的作用。目前临床应用的益生菌包括产酸的双歧杆菌、乳酸杆菌、链球菌和肠球菌等；不产酸的蜡状芽胞杆菌、地衣芽胞杆菌和枯草芽胞杆菌。此外，带芽胞的酪酸菌也属于益生菌。益生元是指能选择性刺激一种或几种生理性细菌在宿主黏膜定殖和繁殖的物质，它包括低聚糖类、生物促进剂和中药促进剂。合生元是指由益生菌和益生元组成的混合物。它既能补充生理性的有益菌，又能选择性地刺激有益菌的繁殖，使益生作用更持久。迄今，国外已有 200 余种微生态制剂应用于临床，国内也开发出 10 余种。由于目前使用的微生态制剂口服后易被胃酸及胆汁酸灭活，到达肠道的活菌数量较少，因而疗效减弱。为提高微生态制剂的临床疗效，现已涌现出微囊化的微生态制剂及基因工程菌（杨冬华和王立生，2007）。

为了评价 4 株耐制粒益生菌（地衣芽胞杆菌、枯草芽胞杆菌、乳链球菌及啤酒酵母制剂）经 0.1MPa，65℃制粒后对 0~3 周龄肉仔鸡死亡率、腹泻率及盲肠菌群的影响，将自制益生菌粉剂按 0.3% 添加量制成试验颗粒料（0.1MPa，65℃）。选用 1 日龄健康的 AA 肉仔鸡混雏 240 只，随机分为 5 组，分别为对照组、地衣芽胞杆菌组、枯草芽胞杆菌组、乳链球菌组和啤酒酵母组，每组 4 个重复，每重复 12 只鸡，试验期为 3 周。研究表明：地衣芽胞杆菌、枯草芽胞杆菌、乳链球菌和啤酒酵母对改善 0~3 周龄肉仔鸡的腹泻率和死亡率有一定作用，地衣芽胞杆菌、枯草芽胞杆菌、乳链球菌可以优化 0~3 周龄肉仔鸡盲肠菌群结构（郝生宏等，2008）。

采用单因子试验设计方案，在基础日粮中添加 60g/t 的地衣芽胞杆菌制剂喂养，研究在日粮中添加地衣芽胞杆菌制剂对蛋鸡产蛋率的影响。结果表明：地衣芽胞杆菌制剂能明显提高鸡的产蛋率，降低料蛋比，提高养殖场的经济效益（燕淑海和肖美华，2010）。

为了筛选可应用于毛皮动物饲养的芽胞益生菌菌株，以饲喂标准日粮的美国短毛黑貂为试验动物，以一次性饲喂不同的地衣芽胞菌剂为试验组，通过定时收集试验动物的粪便，测定芽胞数量，对 T-1、T-2、T-3 和 T-4 等 4 株地衣芽胞杆菌进行宿主性的筛选，研究结果表明，饲喂 T-3 菌剂 48h 后，粪便样品中仍可检测出较多数量的芽胞，而且排出的芽胞总数与饲喂芽胞总数的比值约为 1.6，表明此菌株在宿主肠道内萌发率较高，芽胞和菌体均可吸附在宿主肠道内壁，是用于美国短毛黑貂饲养的理想的益生菌菌株（郝永任等，2007）。

采用不同培养基研究了地衣芽胞杆菌的生长曲线，在 0.3%~0.5% 维生素 H（V_H）培养基中，延迟期最短，对数期提前 2~4h，为缩短生产周期、提高产量，提供了科学依据（刘天贵和胡尚勤，1998）。试验检测地衣芽胞杆菌对不同抑制剂的反应，结果表明，当 pH 为 7.0 时，链霉素浓度为 500μg/mL，青霉素浓度 1000μg/mL，头孢唑啉钠浓度为 500μg/mL 时对地衣芽胞杆菌有明显抑制作用。这对正确使用地衣芽胞杆菌制剂（整肠生）提供了可靠的理论依据（刘天贵和胡尚勤，2000）。

断奶阶段是猪一生中生长发育迅速、可塑性大、对饲料和饲养管理要求最高的关键时期。研究表明，动物在出生前胃肠道是无菌的，但是在出生后几周内就可形成一个定型的菌群，约含 10^{13} 个微生物，分别来自 400 个不同的细菌类型。何明清报道，在正常情况下猪鸡肠道内优势菌群为厌氧菌，约占肠道总微生物 99% 以上，而需氧菌及兼性厌氧菌只占 1%，在优势种群中主要是双歧杆菌、乳酸杆菌、拟球菌和消化球菌等。动物肠道正常菌群从多方面影响胃肠道环境的稳定性和动物的健康（戴国俊等，2007）。

为了研制新型微生态制剂，以常用益生菌株——地衣芽胞杆菌为试验菌株，在测定了原发菌株的极限耐受性后，运用紫外诱变技术筛选到了一株耐酸性较强、耐胆汁、耐高温的地衣芽胞杆菌 D-11。其极限耐受条件为：pH4.18，胆盐浓度 0.4g/L，温度

58℃；并通过试验对该菌株进行了形态和生理生化特征的鉴定。最后通过单因素和正交试验对地衣芽胞杆菌 D-11 的发酵培养基成分配比进行了选择和优化，为以后的工业化生产提供依据。结果显示当培养基的配比浓度为：玉米淀粉 15g/L、豆粕粉 90g/L、玉米浆 6g/L 时菌体的培养效果最好（江敏和梁金钟，2007）。

选取体质健康的新兴黄鸡 5000 羽，随机分成 5 个组，第 1 组为对照组，第 2~5 组每吨饲料中分别添加 50kg 沸石粉、100g 低聚木糖、50kg 沸石粉＋100g 低聚木糖和 50kg 沸石粉＋100g 低聚木糖＋100g 地衣芽胞杆菌；主要研究沸石粉、低聚木糖和地衣芽胞杆菌在黄羽肉鸡生产中的应用效果。结果表明：添加低聚木糖和地衣芽胞杆菌组肉鸡的生产性能皆优于对照组，其中第 4 组和第 5 组分别比对照组的日增重高出 3.2% 和 3.4%，第 4 组、第 5 组的料重比分别比对照组降低 3.2% 和 5.4%。血清抗氧化指标显示，试验组的抗氧化效果都比对照组好，且单独添加低聚木糖组 T-SOD 酶活显著高于对照组（$P<0.05$），第 2 组、第 3 组、第 4 组、第 5 组的 MDA 含量分别比对照组低 12.3%、4.5%、9.4% 和 11.2%；试验组肉鸡肌肉中的胆固醇浓度都比对照组低，其中第 2 组和第 4 组分别比对照组低 15.4% 和 17.0%，且差异显著（$P<0.05$）（卜祥斌等，2006）。

为观察氟哌噻吨美利曲辛联合地衣芽胞杆菌治疗溃疡性结肠炎（UC）的疗效，采用汉密顿抑郁量表（H）进行测评，筛选出抑郁指数＞20 分者 70 例，按随机数字单盲的方法分为治疗组和对照组，每组各 35 例，比较两组疗效。结果：治疗组与对照组的治愈率分别为 71.43%、45.71%（$P<0.05$），54.29%、68.57%（$P<0.01$）。治疗后症状及抑郁情况明显改善；两组不良反应无差异。结论：对伴有抑郁的 UC 患者联合应用氟哌噻吨美利曲辛和地衣芽胞杆菌能明显改善溃疡性结肠炎患者的症状，疗效肯定（文芳，2009）。

分别接种地衣芽胞杆菌、植物乳杆菌、酿酒酵母 1.0×10^6 cfu/g，对饲料进行厌氧发酵 5d，第 5 天地衣芽胞杆菌、植物乳杆菌、酿酒酵母分别为 1.26×10^9 cfu/g、1.59×10^7 cfu/g 和 7.94×10^8 cfu/g，pH4.52，纤维素酶和蛋白酶酶活力分别为 22.4U/g 和 224U/g，小肽含量为 9.8mg/L，总氨基酸含量提高了 12.69%（张玉辉等，2010）。

为研究地衣芽胞杆菌对麻羽肉鸡的肠道组织结构及其盲肠微生物区系的影响，试验选用 300 只 1 日龄肉鸡，随机分为 5 组，每组设 4 个重复，每个重复 15 只。Ⅰ组为对照组，饲喂基础日粮，不添加任何抗生素；Ⅱ组、Ⅲ组、Ⅳ组为试验组，分别在基础日粮中添加 50mg/kg、100mg/kg 和 200mg/kg 的地衣芽胞杆菌；Ⅴ组为抗生素组，在基础日粮中添加 30mg/kg 的杆菌肽锌和 6mg/kg 的硫酸抗敌素。试验期为 70d。结果表明，在 28 日龄时，Ⅱ组绒毛高度较Ⅰ组增高了 11.35%，较Ⅴ组提高了 5.81%，Ⅱ组肉鸡盲肠中大肠杆菌数量较Ⅰ组显著降低（$P<0.05$），乳酸杆菌和双歧杆菌数量显著高于Ⅴ组（$P<0.05$）；70 日龄Ⅲ组和Ⅳ组肉鸡肠道隐窝深较Ⅰ组分别变浅了 25.67% 和 24.72%，差异显著（$P<0.05$），试验组肉鸡盲肠中大肠杆菌数较Ⅰ组显著降低（$P<0.05$），Ⅱ组乳酸杆菌和双歧杆菌数量显著高于Ⅴ组（$P<0.05$）。由此可见，日粮中添加地衣芽胞杆菌有益于肉鸡的肠道发育和盲肠微生物区系平衡，饲养前期 50mg/kg 添加水平，饲养后期 200mg/kg 添加水平显著优化了肉鸡的肠道组织结构，

抑制了盲肠中有害菌的生长（陈家祥等，2010）。

为研究乳酸杆菌、地衣芽胞杆菌菌体外膜蛋白（outer-membrane-protein，OMP）的免疫增强作用，试验利用超声波细胞粉碎器破碎、TritonX-100 处理技术提取了乳酸杆菌与地衣芽胞杆菌 OMP，通过考马斯亮蓝 G-250 法测得两者菌体 OMP 含量，进行了 SDS-PAGE 检测，然后将提取的菌体 OMP 以不同的方式、含量作为免疫增强剂与新城疫病毒尿囊液混合后再与油佐剂以 1∶3 比例制备成免疫原，免疫 7 日龄雏鸡，通过持续 10 周的抗体检测、外周淋巴细胞比例（A）及白细胞吞噬指数（B）检测，判断菌体 OMP 对新城疫病毒具有免疫增强作用。结果：乳酸杆菌与地衣芽胞杆菌菌体 OMP 含量分别为 2323.5mg/L、867.6mg/L；SDS-PAGE 试验得出相对分子质量分别为 6.4×10^4、8.6×10^4 的乳酸杆菌、地衣芽胞杆菌菌体 OMP 含量多，带的颜色较深，为起主要作用的蛋白质；各试验组 HI 抗体（血凝抑制抗体）效价免疫保护期远远高于单独使用新城疫 LaSota 株灭活疫苗的对照组及空白组，差异显著（$P<0.01$ 或 $P<0.05$）；各试验组外周淋巴细胞比例（A）及白细胞吞噬指数（B）均高于单独使用新城疫 LaSota 株灭活疫苗的对照组及空白组，差异显著（$P<0.01$ 或 $P<0.05$）；同时还可以得出菌体 OMP 含量越高，则 HI 抗体效价、淋巴细胞比例（A）、白细胞吞噬指数（B）均增高；不同菌体 OMP 混合免疫增强作用高于单独使用一种菌体 OMP。由此表明乳酸杆菌、地衣芽胞杆菌菌体 OMP 能显著增强新城疫病毒（ND）疫苗的免疫效果，为研制免疫效果更好的 ND 疫苗提供了技术支持（王小娥等，2009）。

新生儿高胆红素血症是新生儿期最常见的疾病之一，可由很多原因导致。近年其发病率呈上升趋势，在国内临床报道的住院新生儿所患疾病中占首位。未结合胆红素对中枢神经系统具有潜在的毒性作用，可引起不同程度的脑损伤，严重者可引起核黄疸，甚至死亡，即使存活，大多也留有后遗症。因此，对新生儿高胆红素血症进行及时、恰当的治疗十分重要。临床研究证实，益生菌制剂治疗新生儿高胆红素血症有较好的临床疗效。从 2005 年开始，在常规治疗的基础上，采用整肠生（口服地衣芽胞杆菌胶囊）治疗新生儿高胆红素血症，获得满意的疗效（陈智勇和郭艺苹，2010）。

选用 80 头荷斯坦泌乳奶牛，按单因子随机配对设计，研究添加地衣芽胞杆菌制剂对泌乳奶牛生产性能的影响。结果表明，每千克精饲料中添加 20 亿单位的地衣芽胞杆菌，产奶性能最好（$P<0.05$）；奶品质有了改善但差异不显著（$P>0.05$）（周振峰，2006）。

地衣芽胞杆菌的作用机理是以菌治菌，活菌进入肠道后，对葡萄球菌、酵母样菌等致病菌有拮抗作用，而对双歧杆菌、乳酸杆菌、拟杆菌、消化性链球菌有促进生长作用，通过这种双重作用可以调整肠道菌群失调，维持机体肠道微生态平衡，从而对肠道疾病达到治疗和预防的效果，通过试验研究了地衣芽胞杆菌制剂对肉鸡免疫及血液生化指标的影响，为其应用提供依据。结果表明，地衣芽胞杆菌制剂有很好地促进肉鸡免疫器官发育的作用，可以提高肉鸡的免疫力，同时也提高了肉鸡血清的抗氧化能力（刘霞等，2010）。

为探讨地衣芽胞杆菌对肉鸡生长性能、抗氧化指标和血液生化指标的影响，将 240 只 1 日龄健康肉鸡随机分为 4 组，每组 4 个重复，每个重复 15 只，Ⅰ组为空白对照组，饲喂基础饲粮；Ⅱ、Ⅲ、Ⅳ组在基础饲粮中分别添加 50mg/kg、100mg/kg 和 200mg/kg 地衣芽胞杆菌制剂，试验期为 28d，计算肉鸡平均日增重，并采血分离血清，测定外周血中抗氧化指标和生化指标。结果表明，Ⅱ组平均日增重显著高于Ⅰ组（$P<0.05$），平均日采食量虽有所升高但差异不显著（$P>0.05$），料重比显著低于Ⅰ组（$P<0.05$）；Ⅱ组血清中超氧化物歧化酶、谷胱甘肽过氧化物酶活性均显著高于Ⅰ组（$P<0.05$），丙二醛含量Ⅱ组显著低于Ⅰ组（$P<0.05$）；血清中尿酸、尿素氮含量Ⅱ组显著低于Ⅰ组（$P<0.05$），白蛋白和总蛋白的含量显著高于Ⅰ组（$P<0.05$），胆固醇含量和碱性磷酸酶活性各组间均差异不显著（$P>0.05$）。因此，饲粮中添加地衣芽胞杆菌 50mg/kg 能提高 28d 肉鸡的生长性能和抗氧化机能，降低血液中尿酸和尿素氮含量，提高血清总蛋白、白蛋白含量（陈家祥等，2010）。

为探明地衣芽胞杆菌对三角帆蚌消化酶活性、免疫指标和抗氧化指标的影响，选取二龄三角帆蚌 144 只，随机分成 4 组，按终浓度分别为 0cfu/mL（对照）、0.5×10^6 cfu/mL、1.0×10^6 cfu/mL、2.0×10^6 cfu/mL 添加芽胞杆菌菌液，每组设 3 个平行，每个平行 12 只蚌，养殖 30d。结果表明：与对照组相比，各试验组增重率显著升高（$P<0.05$），其中以 1.0×10^6 cfu/mL 组增重率最高，且显著高于 0.5×10^6 cfu/mL 和 2.0×10^6 cfu/mL 组（$P<0.05$）。15d 时 1.0×10^6 cfu/mL 组淀粉酶、脂肪酶和蛋白酶活性显著升高（$P<0.05$），30d 时脂肪酶和蛋白酶活性恢复到对照组水平。各试验组溶菌酶活性均显著升高（$P<0.05$），0.5×10^6 cfu/mL、1.0×10^6 cfu/mL 组酚氧化酶活性显著升高（$P<0.05$）。随着芽胞杆菌水平的增加，酸性磷酸酶和碱性磷酸酶活性呈上升趋势，15d 时 1.0×10^6 cfu/mL、2.0×10^6 cfu/mL 组酸性磷酸酶和碱性磷酸酶活性均显著升高（$P<0.05$），30d 时恢复到对照组水平。总抗氧化力和超氧化物歧化酶活性显著增加，但 0.5×10^6 cfu/mL 组 15d 时除外，且 1.0×10^6 cfu/mL 组与 2.0×10^6 cfu/mL 组差异不显著（$P>0.05$）。添加 1.0×10^6 cfu/mL 芽胞杆菌 15d 时过氧化氢酶活性显著提高（$P<0.05$），30d 时恢复到对照组水平。添加芽胞杆菌不影响血清丙二醛的含量（$P>0.05$）。由此得出，水体中添加地衣芽胞杆菌可提高三角帆蚌消化酶、免疫指标和抗氧化指标活性，促进蚌体生长；最适添加水平和间隔时间分别为 1.0×10^6 cfu/mL 和 15d（沈文英等，2009）。

以地衣芽胞杆菌菌液对实验性家兔金葡萄感染阴道炎进行治疗，观察地衣芽胞杆菌对阴道内金黄色葡萄球菌的消除作用。结果表明，地衣芽胞杆菌对金黄色葡萄球菌有明确的消除作用，可逆转由金黄色葡萄球菌引起的阴道感染性炎症（吴力克和梁冰，1995）。

将地衣芽胞杆菌培养液按秸秆不同质量比喷洒在秸秆表面，在作用后不同时段取样，检测其蛋白质、中性洗涤纤维、酸性洗涤纤维、酸性木质素、粗纤维的含量，探讨经地衣芽胞杆菌处理后对小麦秸秆和稻草品质的影响。结果表明：接种地衣芽胞杆菌（20%）后，秸秆中蛋白质含量呈上升趋势；小麦秸秆中中性洗涤纤维、酸性洗涤纤维、酸性木质素、粗纤维分别下降 2.9%、10.3%、2.2%、11.9%；稻草中中性洗涤纤维、酸性洗涤纤维、酸性木质素、粗纤维分别下降 9.3%、7.4%、3.9%、6.1%。结论：地衣芽胞杆菌处理后可有效改善小麦秸秆和稻草的品质（丁志刚等，2010）。

将 375 尾异育银鲫随机分成 5 组，1 组为对照组，投喂基础日粮，另外 4 组为试验组，在投喂基础日粮中分别添加 100mg/kg、200mg/kg、300mg/kg 和 400mg/kg 的地衣芽胞杆菌，连续投喂 92d，测定了鱼的体重及消化酶活性。结果表明：与对照组相比，添加 200mg/kg 和 300mg/kg 地衣芽胞杆菌均显著提高了鱼体增重率和干物质、粗蛋白质及磷表观消化率（$P<0.05$），并降低了饵料系数，还显著提高了食糜蛋白酶和淀粉酶活性，以及肠道组织蛋白酶活性（$P<0.05$）；添加 400mg/kg 地衣芽胞杆菌也显著提高了食糜淀粉酶和肠道组织蛋白酶活性（$P<0.05$）。与对照组相比，添加地衣芽胞杆菌对肝、胰脏蛋白酶活性无显著影响，但是显著降低了肝、胰脏淀粉酶活性（$P<0.05$）。因此，添加地衣芽胞杆菌增加了肠道消化酶活性，促进了鱼体生长，对异育银鲫的最适添加量为 200~300mg/kg（刘波等，2005）。地衣芽胞杆菌与双歧杆菌、乳酸菌、病原菌进行混合培养，发现其对病原微生物有抑菌作用，而对双歧杆菌、乳酸菌有促生或共生作用（全艳玲，2002）。

为研究耐制粒（制粒条件 0.1MPa，65℃）地衣芽胞杆菌对 0~3 周龄肉仔鸡生产性能、血液生化指标和粪便大肠杆菌数的影响，将自制地衣芽胞杆菌粉剂，按 3g/kg 添加量与 1~21 日龄肉仔鸡无抗生素日粮混合，于 0.1MPa、65℃条件下制成试验颗粒料饲喂 AA 肉仔鸡，试验为期 3 周，探讨耐制粒地衣芽胞杆菌对肉仔鸡生产性能、血液生化指标和粪便大肠杆菌数的影响。结果：与对照组相比，地衣芽胞杆菌可极显著降低 1 周龄肉仔鸡的平均采食量（$P<0.01$），显著提高 3 周龄肉仔鸡的血糖（GLU）水平（$P<0.05$），显著降低肠道大肠杆菌数（$P<0.01$）。地衣芽胞杆菌对肉仔鸡其他生产和血液生化指标无显著影响。结论：地衣芽胞杆菌对提高雏鸡的生产性能、降低肠道大肠杆菌具有一定的促进作用，可提高 3 周龄肉仔鸡血糖含量，而对所测其他生产和血清生化指标无显著影响（郝生宏等，2008）。选用 360 只 392 日龄健康的海蓝灰蛋鸡，随机分为 4 组，每组设 6 个重复，每个重复 15 只鸡，对照组饲喂基础日粮，试验Ⅰ、Ⅱ、Ⅲ组分别饲喂在基础日粮中添加 1×10^9cfu/kg、2×10^9cfu/kg 和 3×10^9cfu/kg 地衣芽胞杆菌的日粮，研究地衣芽胞杆菌对蛋鸡生产性能、蛋品质及血清指标的影响。结果表明，地衣芽胞杆菌对蛋鸡生产性能无显著影响（$P>0.05$），免疫性能有随其添加量增加而提高趋势；其中以日粮中添加 2×10^9cfu/kg 的地衣芽胞杆菌改善蛋品质的效果较好（李福彬等，2010）。

以初始质量为 11.40g 的中华绒螯蟹为研究对象，在室内半循环水系统进行为期 60d 的饲养试验，研究饲料中添加蟹源地衣芽胞杆菌 ESB3 活菌、灭活菌对中华绒螯蟹生长及部分免疫指标的影响。以基础饲料为对照组，在基础饲料中添加来源于中华绒螯蟹肠道的地衣芽胞杆菌 ESB3 活菌（命名为低剂量组、中剂量组、高剂量组，实际剂量分别约为 1.3×10^7cfu/g、1.4×10^8cfu/g、0.9×10^9cfu/g）、灭活菌冻干粉（剂量约为 10^8cfu/g），配制 5 种饲料。试验结果表明，与对照组相比，中、低剂量活菌可显著提高增重率（$P<0.05$），高剂量活菌提高增重率，但差异不显著（$P>0.05$）。ESB3 活菌可不同程度提高血细胞总数、血细胞呼吸暴发活性、酚氧化酶活性、溶菌酶活性、酸性磷酸酶和碱性磷酸酶活性，其中高剂量活菌效果最好。ESB3 灭活菌仅能显著提高溶菌酶活性、酸性磷酸酶和碱性磷酸酶活性（$P<0.05$）。在该试验条件下，ESB3 活菌能

明显提高中华绒螯蟹对嗜水气单胞菌的抵抗力。上述结果表明，蟹源地衣芽胞杆菌 ESB3 活菌对中华绒螯蟹的生长和免疫均有一定促进作用，但适宜剂量有差异；灭活菌单纯菌体刺激效果不明显（郝向举和李义，2011）。以牛肉膏蛋白胨培养基为初始培养基，探讨了不同培养时间、初始 pH、温度、盐度（NaCl 浓度）和转速对中华绒螯蟹源地衣芽胞杆菌 ESB3 生长的影响。结果表明：菌株 ESB3 产最大活菌数的培养条件为培养时间 20h，初始 pH 为 7.8，温度为 30℃左右，盐度为 1.5%（m/V），转速为 190r/min。采用单因子试验和正交试验优化了种子培养基的组成，结果表明，最佳种子培养基：可溶性淀粉（2%）（m/V）、胰蛋白胨（2%）（m/V）、$K_2HPO_4 \cdot 3H_2O$（0.3%）（m/V），此条件下菌株 ESB3 活菌数达 11.09×10^8 cfu/mL（郝向举等，2010）。

用半透膜法收集地衣芽胞杆菌 De 株的胞外产物（extracellular product，ECP），以匀浆离心法提取凡纳滨对虾的肝胰腺和肠道消化酶，将 ECP 和对虾消化酶提取液按 1:9（体积比）混合，研究不同温度、pH 条件下 ECP 对对虾蛋白酶活性的影响。结果表明：在不同温度、pH 条件下，试验组与对照组没有显著性差异（$P>0.05$），即地衣芽胞杆菌 ECP 在体外条件下对对虾蛋白酶活性没有显著性影响（曹煜成等，2007）。

将纳豆芽胞杆菌（*Bacillus subtilis* natto）、枯草芽胞杆菌和地衣芽胞杆菌 3 种菌单菌发酵培养和两两混合发酵培养，以及三者混合发酵培养 24h 和 48h 后，提取上清液，即为抗菌粗提液。通过杯碟法检测上清液对猪丹毒、金黄色葡萄球菌、葡萄球菌、产气杆菌、大肠杆菌及巴氏杆菌 6 种菌的生长是否具有抑制作用，以确定 3 种菌在发酵过程中是否产生抗菌物质及哪个时期发酵产生的抗菌物质的抗菌作用更强。结果表明，3 种芽胞杆菌的提取液对 6 种菌的生长都具有一定的抑制作用；发酵 24h 的上清液比发酵 48h 的上清液的抗菌作用更强；3 种芽胞杆菌之间除地衣芽胞杆菌对枯草芽胞杆菌具有抑制作用外，其他的两两之间都没有抑制作用（胡雪萍和王萍，2007）。

芽胞杆菌是益生素的重要组成之一，是一种良好的免疫刺激剂。试验在强毒大肠杆菌应激条件下，研究蜡状芽胞杆菌、地衣芽胞杆菌、枯草芽胞杆菌和纳豆芽胞杆菌对 28 日龄肉仔鸡免疫功能的影响，为益生芽胞杆菌在肉鸡饲料中的应用提供理论依据。结果表明，这 3 种芽胞杆菌能促进肉仔鸡肠道微生态平衡，显著抑制大肠杆菌的数量和增加双歧杆菌的数量，说明这 3 种芽胞杆菌在强毒大肠杆菌应激下具有很好的保护效应（王丽娟等，2006）。试验用液固两相方法制备芽胞杆菌培养物，探讨不同发酵垫（底）料对芽胞杆菌产酶的影响，为生产提供依据。结果表明，地衣芽胞杆菌、枯草芽胞杆菌、蜡状芽胞杆菌在不同的发酵垫（底）料下的蛋白水解酶、纤维素酶和半纤维素酶的活力均不相同（闵向红等，2008）。杆菌肽，又称为枯草菌肽，是由地衣芽胞杆菌或枯草芽胞杆菌变种的培养液分离而得。杆菌肽对革兰氏阳性菌有较强的抑制作用，抗菌谱与青霉素 G 相似，主要用于治疗耐青霉素的葡萄球菌感染，还可用作饲料添加剂，是目前国内外广泛用于饲料中的一种新型抗生素。它由多种氨基酸结合而成，其中含量最高且最有效的是杆菌肽 A，溶于乙醇、乙酸、吡啶，微溶于丙酮，不溶于水、乙醚，具有很好的抗菌作用（任义广等，2010）。

第四节 短小芽胞杆菌

一、短小芽胞杆菌的发酵技术

采用单因素试验和正交试验的方法研究了短小芽胞杆菌（*Bacillus pumilus*）固态发酵生产木聚糖酶的培养条件，确定了利用麸皮作为在主要基质进行固态发酵生产木聚糖酶的适宜条件：pH9、温度35℃、料液比1:2、接种量10%。在500mL三角瓶中固态培养72h左右，木聚糖酶的活力可达4915U/g干曲（程显好等，2009）。

通过固定不同溶氧浓度（DOT）对短小芽胞杆菌进行分批发酵的过程参数变化的比较，发现发酵前期与后期对氧的需求不尽相同，探讨了氧代谢途径及溶氧浓度对核糖发酵的影响机理，并提出分阶段供氧模式。结果表明，发酵时间为44h，整个发酵过程保持了较高的核糖产率和葡萄糖消耗率，最终核糖产量和细胞生成量分别提高了5.0%和18.8%（于志萍等，2004）。

研究了搅拌转速、pH控制及摇瓶发酵过程中不同时间硫酸铵的补加对β-1,4-聚糖酶形成的影响，优化得到短小芽胞杆菌菌株A-30的β-1,4-聚糖酶分批发酵操作条件和初步优化了$(NH_4)_2SO_4$流加发酵条件。研究结果显示，麸皮表面有大量A-30菌体细胞的吸附，搅拌转速对菌体吸附和β-1,4-聚糖酶的形成有明显影响；发酵过程中pH下降有利于β-1,4-聚糖酶形成（陈士成等，2000）。考察了尿素、$(NH_4)_2SO_4$和NH_4Cl 3种无机氮源及其质量浓度对核糖发酵的影响，发现短小芽胞杆菌SY5利用无机氮源能力很弱；另外通过改变C/N的发酵实验和响应面分析优化培养基的实验发现，D核糖生长最适C/N=19:1；发酵最适C/N=11:1，并且葡萄糖和$(NH_4)_2SO_4$、玉米浆与$(NH_4)_2SO_4$都存在较强的交互作用（王昌禄等，2004）。

以短小芽胞杆菌TJ101为出发菌株，经物理和化学诱变，获得一莽草酸缺陷突变株TJR1018。在含14%葡萄糖、2%玉米浆、0.5% $(NH_4)_2SO_4$、2% $CaCO_3$、生长因子和微量元素的培养基中可积累39 g/L的核糖。该菌株遗传稳定性良好（王树庆和陈宁，1999）。

用响应面法对短小芽胞杆菌XY1432液体发酵生产木聚糖酶的培养条件进行了优化，首先用单因素试验，选出最佳的碳源为玉米芯+麸皮，氮源为碳酸铵，pH为8；然后用Plackett-Burman法对12个相关影响因素进行了评价，选出3个主要的影响因素碳源、硫酸镁和磷酸二氢钾做最陡爬坡试验，逼近最大产酶区域；最后用响应面分析确定了主要影响因素的最佳条件，使酶活性由638U提高到1882U（崔月明等，2008）。从34株细菌中筛选到一株木聚糖酶高产菌株短小芽胞杆菌H-101，适宜的产酶培养基含2.0%小麦秸半纤维素、0.2% $(NH_4)_2SO_4$、0.1% NH_4NO_3、0.1% $K_2HPO_4 \cdot 3H_2O$、0.01% $MgSO_4 \cdot 7H_2O$、0.02% NaCl、0.02% $CaCl_2 \cdot 2H_2O$和1.0%的酵母膏。在上述培养基中，32℃振荡培养48h，总半纤维素酶活力达235.6U/mL，木聚糖酶活力达1164.2U/mL。酶反应的最适温度为50℃，最适酸碱度为pH6.5；Na^+、Mg^{2+}等离子可提高木聚糖酶的水解活性，而Zn^{2+}、Cu^{2+}等离子对木聚糖酶活力具有明显的抑制作用（孙迅和王宜磊，1997）。

采用刚果红法从碱性土壤中筛选到木聚糖酶高产菌株 BP51，通过培养特性及 16S rDNA 序列分析，初步鉴定为短小芽胞杆菌；经产酶发酵条件的优化，即 4% 麸皮、1% 麸皮半纤维素、0.5% $(NH_4)_2SO_4$，pH8.0，37℃培养 72h，产酶活力达 553.4U/mL；该酶作用最适温度为 55℃，最适 pH6.5，在 pH9.0 的条件下仍具有 60% 的酶活力，pH11.0 时保温 30min 仍具有 40% 的酶活力；将粗酶液用于麦草浆的漂白中，结果表明氯的用量明显降低，白度却提高了 20% 以上（包怡红等，2005）。

在摇瓶培养条件下，采用单因素与正交试验相结合的方法，对影响短小芽胞杆菌 TY079 产抗菌物质发酵培养基的主要成分进行优化，得到最佳培养基为：葡萄糖 0.5%、玉米粉 0.5%、蛋白胨 1.5%、豆饼粉 0.5%、KH_2PO_4 0.75%、$MgSO_4 \cdot 7H_2O$ 0.2%，优化后抑菌圈直径是优化前的 1.42 倍（张蕾等，2010）。对土壤中分离的一株产耐盐碱性蛋白酶的短小芽胞杆菌菌株 Zkud202-4 的发酵条件进行了研究，通过单因素试验和正交试验，确定了最适产酶培养基组成：pH9.0，基础培养基中加入质量分数 1.5% 的葡萄糖为碳源、1.5% 的蛋白胨为氮源、0.01% 的 Ca^{2+} 为金属离子。最适发酵条件：接种量 V（种子培养液）:V（培养基）=1:50、发酵温度 36℃、发酵时间 45h；优化后菌株 Zkud202-4 碱性蛋白酶的酶活力达 383U/mL（褚忠志等，2008）。

二、短小芽胞杆菌的基因克隆

从木聚糖酶高产菌株 BP51 中克隆得到木聚糖酶基因 *xynA* 及其启动子调控序列，将其构建在芽胞杆菌表达载体 pWG03 中得到重组质粒 pWGXYN。采用同源高效表达策略，以原生质体转化的方法将 pWGXYN 转入短小芽胞杆菌 BP4756 中，获得重组菌株 BPSDBY。通过诱导重组菌株中的 *xynA* 基因高效分泌表达，使木聚糖酶产酶活力比原菌株 BP4756 提高了 20 倍。此外，对重组表达的木聚糖酶的酶学性质进行了初步研究（包怡红等，2008）。

采用 PCR 方法对短小芽胞杆菌菌株 A-30 的耐碱性木聚糖酶基因进行克隆，在木聚糖选择平板上用刚果红染色法筛选出阳性克隆，提取阳性克隆的重组质粒进行酶切鉴定和测序。该基因在大肠杆菌中表达，过夜培养物胞外、胞内和周质空间的木聚糖酶酶活分别为 0.159U/mL、0.322U/mL、0.007U/mL。此木聚糖酶表现出较宽的 pH 作用范围，最适作用 pH7 左右，在 pH9 时仍有 60% 以上的酶活性（刘相梅等，2001）。

DEgQ 基因编码一个由 46 个氨基酸组成的多肽，能增强许多芽胞杆菌胞外酶基因的表达，以 PMK4 作克隆体构建短小芽胞杆菌基因文库，并用 DNA 探针原位杂交法从中钓出 *DEgQ* 基因，对克隆基因的 DNA 序列进行了分析并证明克隆的短小芽胞杆菌 *DEgQ* 基因具有增强枯草芽胞杆菌蛋白酶和果聚糖蔗糖酶基因表达的能力，*DEgQ* 基因克隆有助于研究芽胞杆菌的正调控机理并可望提高外源基因在芽胞杆菌中的表达（罗进贤和王凌，1997）。

通过构建 Tn5 转座载体，对短小芽胞杆菌菌株 DX01 进行了 Tn5 转座插入诱变，获得了大量的突变株；还考察了感受态细胞培养浓度、电击电压、电击缓冲液及复苏培养基的选择等对 DX01 电转化效果的影响，建立了实验条件下的最佳电转条件。从 1109 个转化子中随机抽取 20 个继代培养 15 代后，进行了稳定性分析；对转化子的

PCR 及 DNA 印迹法（Southern blot）分析证实 Tn5 已随机插入到 DX01 基因组中（胡晓璐等，2011）。

从一株产碱性纤维素酶的短小芽胞杆菌菌株 H9 中，克隆到了编码葡聚糖内切酶的基因，对其基因序列及酶的结构域进行了分析预测，同时将该酶的基因构建于大肠杆菌表达载体 pET20b 中，获得重组表达载体 pET20b-EglA，转化至大肠杆菌菌株 BL21(DE3) 中进行表达，并进行十二烷基硫酸钠-聚丙烯酰胺凝胶电泳检测。实验结果表明，该基因大小为 1980bp，共编码 659 个氨基酸，在大肠杆菌中得到了良好的分泌表达；该酶的相对分子质量约为 73 000，由两个不连续的结构域组成，其一为 N 端催化结构域，由糖基水解酶家族 9 组成，其二为 C 端底物结合结构域，由碳水化合物绑定结构域家族 3 组成，该酶在不同温度和 pH 下的活力和稳定性与原始菌株的比较接近（郭成栓等，2008）。

短小芽胞杆菌是一种能引起食源性疾病的腐败菌，对其进行快速检测具有重要意义。针对短小芽胞杆菌木聚糖基因（$xynA$），设计了 4 条特异性引物（两条内引物和两条外引物），通过条件优化，将一种新颖的核酸扩增技术——环介导恒温扩增技术应用于短小芽胞杆菌的快速检测。采用该技术，63℃温育 1h 的条件下扩增短小芽胞杆菌 DNA，琼脂糖凝胶电泳得到特异性梯度条带。PCR 和 LAMP 的检测灵敏度分别约为 162 拷贝每反应和 16.2 拷贝每反应。结果表明，该方法检测短小芽胞杆菌特异性强、灵敏度高、操作简便、检测成本低，1h 即可完成，有望发展成为快速检测短小芽胞杆菌的有效手段（应琪等，2011）。克隆测序短小芽胞杆菌木聚糖酶基因，在同源建模所得三维结构的基础上寻找底物结合可能的活性口袋，用计算机模拟其与底物木聚糖的对接，预测酶与催化反应过程的关键氨基酸残基。所得的信息对木聚糖酶的定向改造有重要意义（林锦霞等，2007）。

将透明颤菌血红蛋白基因 vgb 成熟肽编码区序列分别与枯草芽胞杆菌 P43 双启动子和短小芽胞杆菌碱性蛋白酶基因启动子 wBp 连接，利用大肠杆菌-枯草芽胞杆菌穿梭载体 pSUGV4 分别构建组成型表达质粒 pSUP43Vgb 和 pSUwBpVgb，将其分别转化短小芽胞杆菌 UN-31-C-11。SDS-PAGE 和 CO 差异光谱检测表明，融合基因在 UN-31-C-11 中均得到了表达，并且表达质粒使重组菌株在低氧条件下的生长量在对数生长后期超过对照菌株 20% 以上，同时促进了短小芽胞杆菌碱性蛋白酶基因的表达，其产量高于对照 30% 以上（张凤豪等，2007）。

利用热不对称交错 PCR（thermal asymmetric interlaced PCR，TAIL-PCR）从短小芽胞杆菌基因组中扩增到碱性蛋白酶基因编码区上游的启动子片段。对该片段的序列测定和分析表明，此片段长 797bp，但与基因表达有关的序列长约 390bp。对启动子片段进行不同长度的缺失突变，以获得最小的基因启动子片段，结果表明，该基因起始密码子上游约 160bp 的 DNA 片段就可以启动基因的表达。将含有该片段的碱性蛋白酶基因 WApQ3 插入大肠杆菌-芽胞杆菌穿梭质粒载体 pSUGV4 中，构建了碱性蛋白酶基因表达质粒 pSUBpWApQ3。将该质粒分别转入枯草芽胞杆菌和短小芽胞杆菌中表达，可在胞外检测到碱性蛋白酶活性，最高酶活分别为 466.5U/mL 和 3060U/mL（杨春晖和王海燕，2007）。

将来源于枯草芽胞杆菌 WB600 的启动子 PyxiE 与碱性蛋白酶基因进行融合，将融合片段插入到大肠杆菌-枯草芽胞杆菌穿梭载体 pSUGV4 中，构建了表达质粒 pSUPyAp；将该质粒转入枯草芽胞杆菌 WB600 中，得到转化子 pSUPyAp/WB600，它在启动子 PyxiE 驱动下，能够在牛奶平板上产生透明的水解圈，其发酵上清液中的碱性蛋白酶活性最高为 518.5U/mL，其酶活分别是在启动子 Bp53 和 P43 驱动下的 3.01 倍和 1.22 倍（何召明等，2009）。

将短小芽胞杆菌 HB030 的内切-1,4-木聚糖酶基因克隆到毕赤酵母表达载体 pPIC9K，得到重组质粒 pHBM220，将 pHBM220 经酶切后分别转化 3 株毕赤酵母 KM71、GS115、SMD1168，该木聚糖酶基因在 3 株毕赤酵母中均实现了分泌表达，将重组毕赤酵母 KM71（pHBM220）、GS115（pHBM220）、SMD1168（pHBM220）分别诱导产酶，对重组酶进行相关的酶学性质分析表明，三者的最适反应 pH 约为 5.5，最适反应温度约为 60℃，在其最适反应条件下测得三者粗酶液酶活分别为 10.80U/mL、11.63U/mL、9.68U/mL，重组毕赤酵母 KM71（pHBM220）所产酶的热稳定性较好，而在 pH 稳定性方面三者没有太大的差异（汪正兵等，2003）。利用启动子探测载体克隆在组织培养水稻表面定植、附生的短小芽胞杆菌的启动子活性片段。对克隆到的启动子片段进行了序列测定，证明均为新的 DNA 序列。通过测定氯霉素乙酰转移酶（CAT）活性、对启动 CAT 基因转录的强度进行了分析，得到了 6 个较强的启动子元件。用 RNA 引物延伸法对启动子序列的转录起始点进行了定位，并对启动子的结构进行了初步分析，发现有 3 个启动子与枯草芽胞杆菌 σ^{43} 识别的序列有相似的结构，一个与枯草芽胞杆菌 σ^{29} 型启动子结构相似，其余两个为未知的启动子（曹清玉等，2001）。

提取短小芽胞杆菌基因组，通过 PCR 克隆了短小芽胞杆菌 β-葡聚糖酶基因全长序列，结果表明：该基因全长 754bp，ORF 为 717bp，编码 239 个氨基酸，计算分子质量为 26.98kDa，等电点为 6.08，经 Blast 分析，该序列与地衣芽胞杆菌同源性最高（91%），该基因首次在 GenBank 上登录（登录号 AY164456）；在克隆载体上亚克隆基因全长，构建重组表达载体 pET-pum，导入大肠杆菌 BL21 中表达，SDS-PAGE 表明，在 27kDa 左右有表达带，酶活较低（7.24U/mL），仅为出发菌酶活的 16%，其最适温度为 50℃左右，最适 pH 为 5 左右（吕文平等，2004）。

从短小芽胞杆菌 BP51 中克隆得到木聚糖酶基因 *xynA*，将其构建在大肠杆菌表达载体 pET21a 上，转化大肠杆菌 BL21，获得重组工程菌 BLX5。经 IPTG 诱导，*xynA* 基因的表达产物以胞内可溶性蛋白和包涵体形式存在。重组表达木聚糖酶的活力可达 165.51U/mL 培养物。重组表达的木聚糖酶最适温度为 55℃，最适 pH 为 6.5，在碱性条件下具有良好的稳定性，降解产物以三糖、四糖和五糖为主（刘伟丰等，2004）。从一株产碱性纤维素酶的短小芽胞杆菌 H12 中克隆了编码 β-1,4-葡聚糖内切酶的基因，对其基因序列及其酶的结构域进行了分析预测，同时将该酶的基因构建于大肠杆菌表达载体 pET20b 中，获得重组表达载体 pET20b-EglA，将其转化至大肠杆菌 BL21（DE3）菌株中进行表达。结果表明，该基因大小为 1980bp，共编码 659 个氨基酸；对 β-1,4-葡聚糖内切酶结构域分析表明，该酶由两个不连续的结构域组成，其一为 N 端催化结构域，由糖基水解酶家族 9 组成，其二为 C 端底物结合结构域，由碳水化合物绑定结构域家族 3 组成；平板实验结果表明，β-1，4-葡聚糖内切酶基因在重组大肠杆菌中得到了良好的分泌表达；SDS-PAGE 图谱表明该酶的分子质量大小大约为 73kDa（郭成栓等，2010）。

以短小芽胞杆菌 B15 的总 DNA 为模板，利用 PCR 技术克隆到其细胞壁蛋白基因串联启动子和信号肽编码序列，测序分析后提交 GenBank，登录号为 AY956423。重新设计引物扩增该片段并在 PCR 产物两侧引入 $BamH\,I$ 和 $Nit\,I$ 酶切位点，将 PCR 产物双酶切后克隆至穿梭载体 pP43NMK 的相应位点构建分泌表达载体 pP15MK，插入片段置于该载体中 mpd 基因（mpd 基因克隆至邻单胞菌菌株 M6）的上游，并使信号肽编码序列与去除了自身信号肽编码序列的 mpd 基因阅读框恰好融合。将 pP15MK 导入枯草芽胞杆菌构建表达菌株 1A751（pP15MK），在短小芽胞杆菌启动子和信号肽元件的带动下，mpd 基因能够在表达菌株的对数生长期和稳定期持续性高效分泌表达，表达产物结合在细胞膜上；发酵液在 48h 酶活达到最高值 7.79U/mL，是出发菌株邻单胞菌 M6 表达量的 8.1 倍（张晓舟等，2006a）。

三、短小芽胞杆菌用于植物病害生物防治

采用盆栽试验法研究了短小芽胞杆菌菌株 EN16 对番茄青枯病的诱导抗病效应；结果表明，菌株 EN16 诱导番茄产生对青枯病的防病效果达 49.45%～68.89%；分别在挑战接种间隔期为 7～10d、菌株灌根接种 2 种处理条件下，菌株 EN16 表现出较好的诱导抗病效果。测定菌株 EN16 处理对番茄叶片中几种防御酶的影响，结果显示，在病菌挑战接种前后菌株 EN16 处理均能引起过氧化物酶（POD）、多酚氧化酶（PPO）和苯丙氨酸解氨酶（PAL）等防御酶活性的显著增强（连玲丽等，2009）。

从烤烟叶面上分离筛选得到一株短小芽胞杆菌菌株 Van35，将其菌剂喷施于烟丝，在 45℃、60% 温湿度条件下发酵 21d，测定了烟丝的总糖、还原糖、钾、纤维素、蛋白质、总氮和烟碱含量。结果表明，处理后的烟丝中总糖、还原糖和钾含量升高，纤维素、蛋白质、总氮和烟碱含量均有所下降。菌株 Van35 处理后，烟叶的糖氮比、糖碱比和氮碱比均有提高，化学成分比例更加协调。利用菌株 Van35 处理后的烟叶样品，具有明显提调烟香和烟气、降低刺激性、掩盖杂气和改善卷烟吸味的效果（黄静文等，2010）。

从日光温室黄瓜根际土壤中分离获得一株拮抗细菌菌株 BSH-4。采用平板对峙法结合显微镜观察确定 BSH-4 对黄瓜菌核病病菌具有较强的抑制作用，导致菌丝粗大、弯曲，菌丝体内原生质褐化、聚集，并延迟菌核形成的时间。BSH-4 发酵液对离体叶片接种引起的黄瓜菌核病防效为 81.6%，盆栽土壤接种防效为 68.3%；对田间发病茎秆治愈率为 74.4%，明显优于对照药剂菌核净，且对种子出苗率无影响，对瓜苗有促长作用。经形态特性观察、生理生化鉴定及 16S rDNA 序列分析，初步确定该菌株为短小芽胞杆菌（于婷等，2009）。

对稻瘟病拮抗细菌——短小芽胞杆菌的发酵液在 260nm 和 280nm 条件下进行吸光度测定，结果表明，发酵液中蛋白质含量明显高于对照（培养基）中蛋白质含量；发酵液和对照液中分别加入 1.71mol/L 硫酸铵，经 3000r/min 离心 30min 后得到沉淀，再

经 SDS-聚丙烯酰胺凝胶垂直电泳分析，初步测定发酵液中新产生 3 种多肽物质；发酵液经胰蛋白酶和 100℃高温处理后，对稻瘟病菌分生孢子的萌发率明显减弱，上述结果表明，稻瘟病拮抗细菌有效作用成分为多肽类物质（肖爱萍等，2003）。

将生防菌 bio-2 和稻瘟病菌（*Magnaporthe grisea*）接种于正处于分蘖期的水稻植株上，测定其与植物抗病有重要相关的苯丙氨酸解氨酶（PAL）、过氧化物酶（POD）和多酚氧化酶（PPO）活性的变化。结果显示，接种处理后，POD 活性明显高于对照，在接种后第 5 天，稻瘟病菌、稻瘟病菌+生防菌 bio-2 处理组的 POD 活性达到最大值，但到接种后第 8 天开始略低于对照；稻瘟病菌+生防菌 bio-2、生防菌 bio-2 处理组，其叶片内的 PAL 活性仅在第 1~2 天内高于对照，其后均低于对照；在稻瘟病菌+生防菌 bio-2、生防菌 bio-2 处理组，其 PPO 活性除在第 2 天高于对照外，其余均低于对照（游春平等，2008）。

生化类农药领域的 AgraQuest 公司，开发出杀菌剂品种 BalladPlus，有效成分为短小芽胞杆菌（菌株 QST2808），并获得登记用于亚洲大豆锈病、白粉病、叶斑病、炭疽病及灰斑病的防治（佚名 3，2010）。一种名为短小芽胞杆菌 TW 可湿性粉剂的生防制剂，已由镇江市农业科学研究所研制成功，并已向中华人民共和国农业部药检所申请登记，成为国内第一个申请登记用于水稻防治稻瘟病的生防活菌制剂（水清，2007）。

室内平板拮抗作用测定，短小芽胞杆菌菌株 A3 对泡桐黑腐皮壳的菌丝及分生孢子均有较强的拮抗作用，抑菌圈直径为 3.4cm。在林地 3 年防治试验结果表明，单用菌株 A3 的发酵液，防治效果为 97.8%，与多菌灵混用为 99.4%，均比常用农药福美胂（89.3%）效果好。菌株 A3 拮抗物可使泡桐黑腐皮壳菌丝及分生孢子膨大畸形，进而胞壁破裂，内含物外流（陆燕君和赵西珍，1993）。

为测定短小芽胞杆菌菌株 AR03 对烟草黑胫病菌的拮抗作用及其发酵菌剂的田间防效，通过对峙培养法、固态发酵及田间小区试验的方法发现，AR03 菌体和发酵液对烟草黑胫病菌具有很强的拮抗活性，而其除菌上清无拮抗活性，初步说明 AR03 分泌的抗菌物为胞内物质。AR03 经固态发酵后的活菌数为 3.82×10^{11} cfu/g。该菌剂的田间小区试验结果显示，对混合有青枯病发生的烟草黑胫病的防治效果明显好于对照药剂，且与 72%甲霜灵·锰锌可湿性粉剂协同防治效果最好。因此，AR03 对烟草黑胫病和青枯病具有可持续控病作用，是一株极具开发潜力的生防菌株（王静等，2010）。

为研究短小芽胞杆菌菌株 BX-4 在作物根际的定殖及防病效果，通过浓度梯度法用氨苄西林对其进行了抗性标记，并通过番茄盆栽试验研究了其在根际土壤中的定殖规律。结果表明，筛选出的突变体菌株 BX-4′能够耐受浓度为 200μg/mL 的氨苄西林，并且具有耐药和遗传双重稳定性；应用试验显示该突变体菌株能成功地在番茄根际定殖，接种 20d 后根际土壤中存活数量达到最高值 1.34×10^{8} cfu/g 干土，以后逐渐下降，到 50d 时趋于稳定；筛选的突变体菌株对番茄青枯病具有明显的防治效果，防效达 37.9%~50.9%。短小芽胞杆菌菌株 BX-4 在作物根部的定殖规律为揭示其生防机理及应用该菌提供了科学根据（肖相政等，2009a）。

平板培养结果表明，短小芽胞杆菌菌株 D82 对小麦根腐病有强抗生作用，共同培养至第 4 天，抑菌圈直径为 4~5.5cm；发酵液稀释平板培养结果表明，稀释浓度 100

倍以下的抑菌效果为100%，1000倍、2000倍、4000倍稀释液的抑菌效果分别为64%、54%和34%（崔云龙和衣海青，1995）。

以抗利福平为标记，采用浇灌根基部接种的方法测定菌株AR03在烟草植株根际的定殖。结果表明，在灭菌土条件下，AR03经人工引入可以有效地定殖于烟草根际土壤和根部，并在一定时间内可维持相当的数量，在根际土壤和根部的定殖动态趋势是先升后降；它们在根部的定殖力均比根际土壤中强。依据传统形态学、生理生化特征及16S rDNA基因序列，菌株AR03为短小芽胞杆菌（王静等，2010）。在新疆甜菜块根皮层内分离并筛选到对甜菜具有增产增糖作用的优化菌株P10，通过形态培养特征和生理生化特性将该菌株鉴定为短小芽胞杆菌（徐长伦和王振兰，1994）。

四、短小芽胞杆菌用于污染治理

从多年被畜禽血液污染的土样中分离筛选出一株降解血红蛋白（Hb）能力强的自然菌株，并对其进行连续5代定向诱变。利用PCR扩增法和邻接方法测定和分析了诱变菌种16S rDNA序列，对筛选出的自然菌株及诱变菌株进行了鉴定，为短小芽胞杆菌；二阶导数红外光谱法探测到其分子结构具有短小芽胞杆菌典型分子结构特征；SDS-PAGE中发现短小芽胞杆菌产蛋白酶对Hb降解的断裂位点发生了变化。对Hb降解产物及产蛋白酶活力的测定结果表明：经连续5代诱变的短小芽胞杆菌对Hb降解能力比筛选出的自然菌株强，其蛋白酶活力比自然菌株提高了近3倍，Hb降解产物中的可溶性蛋白质质量分数、游离氨基酸质量浓度分别从3.69%、14.4mg/dL提高到4.12%、24.6mg/dL（张滨等，2008）。

从供试的7株微生物菌种中筛选出一株能较好降解除草剂精喹禾灵的菌株，该菌株为短小芽胞杆菌，它在培养基中生长良好，48h降解率达86.55%。对该菌株进行了降解条件的研究，结果表明pH7.0、温度35℃，培养液中药液的初始浓度为50mg/L是该菌株降解精喹禾灵的最佳条件，在此最佳条件下菌株对精喹禾灵的48h降解率达94.77%（周丽兴等，2006）。

从皮革厂、畜肉市场、屠宰场等处采样，分离得到49株明胶水解活性的细菌。经活性平板初筛、牛皮消化试验和活性测定，筛选得到一株胶原蛋白酶活性为35.97U/mL的菌株。经形态学观察、生理生化特性和16S rDNA序列分析，鉴定该菌株为短小芽胞杆菌（吴琦等，2007）。经过采集土样，分离、筛选得到一株产碱性蛋白酶的菌株，编号为A607。通过摇瓶发酵，对发酵上清液进行酶活测定和脱毛实验，证实所产生的酶具有蛋白酶水解活性和良好的脱毛能力，其酶活达15 803.4U/L、比活力为72 914.4U/g；16S rDNA序列分析表明，该菌株与短小芽胞杆菌具有高达99%的相似性；用PHYLIP软件将该菌株与报道的相关碱性蛋白酶产生菌进行系统发育进化分析，发现菌株A607与短小芽胞杆菌处于同一分支（王耿等，2009）。

短小芽胞杆菌菌株UN-31-C-42是从成都市生活垃圾中分离，并经多次诱变后得到的菌株。其发酵液具有很好的脱毛效果，且对皮革胶原没有损伤。通过对该菌株发酵液中的碱性脱毛蛋白酶（DHAP）的纯化与N'端氨基酸序列测定，以及对该序列的同源性分析后，设计出相应引物，用PCR方法扩增了该菌株的碱性蛋白酶基因ap。测序结果表明，该克隆基因全长1588bp，有一个全长1149bp的编码区序列，推测蛋白质序列长为383个氨基酸残基，成熟肽分子质量为27.8kDa。推测的成熟蛋白酶N'端具有与DHAP N'端完全匹配的序列，说明克隆到的基因为脱毛蛋白酶基因。同源性分析表明，该基因序列与已报道的其他碱性蛋白酶基因有较高的同源性（黄庆等，2004）。

分离筛选出一株能高效降解多菌灵的芽胞杆菌菌株NY97-1，经生理生化和序列同源性分析，将该菌株鉴定为短小芽胞杆菌，该细菌降解多菌灵的最适pH为6.0～10.0，最适温度为35.0～40.0℃；该菌在多菌灵浓度为10mg/L、30mg/L、50mg/L、100mg/L、300mg/L的无机盐培养基中，30℃振荡培养24h后，其对多菌灵的降解率分别为42.44%、48.97%、77.19%、78.66%和90.07%。添加少量有机氮源如酵母浸出粉、胰蛋白胨、酵母膏可促进菌株NY97-1对多菌灵的降解作用，添加少量无机氮源尿素会抑制菌株NY97-1对多菌灵的降解作用（张丽珍等，2006a）。

通过传统微生物分离筛选方法从铅锌矿区重金属污染土壤中分离出一株具有铅抗性的菌株PZ-1，并对该菌株的生物吸附性能进行了分析试验。结果表明，PZ-1在pH6.0、Pb^{2+}浓度为100mg/L、投菌量为50g/L时其吸附率可达95%；在pH 6.0、Pb^{2+}浓度400mg/L、投菌量为20g/L、吸附时间25min时吸附效果最好，此时对Pb^{2+}的吸附容量为137.5mg/L，吸附率为77.19%。吸附模型符合Langmuir和Freundlich等温吸附方程。对PZ-1进行了形态、生理生化及16S rDNA序列分析，鉴定PZ-1为芽胞杆菌属的短小芽胞杆菌（任广明和曲娟娟，2010）。

通过对3种剂型中成药中短小芽胞杆菌的存活数与辐照剂量关系的研究，建立了3种剂型中成药中短小芽胞杆菌的存活数与辐照剂量的数学模型，确定了3种剂型中成药中短小芽胞杆菌的D_{10}值（D_{10}值是指在一定条件下，杀灭某种微生物的数目达到该种微生物初始数目90%时所需的剂量），并对影响辐照灭菌剂量的因素进行了讨论。结果表明：3种剂型中成药中短小芽胞杆菌对γ射线敏感性不同，小活络丸中短小芽胞杆菌对γ射线敏感性较高，鼻炎片中短小芽胞杆菌对γ射线敏感性次之，松刚益肝丹中短小芽胞杆菌对γ射线敏感性较低（李晓华等，2007）。

采用管碟法，测定短小芽胞杆菌对四环素类抗生素的敏感度，并与藤黄微球菌进行比较。对比较结果进行的概率分析表明，两种试验菌测定的效价无显著差异，表明短小芽胞杆菌法优于中国药典1995年版方法（傅燕芳和张正洁，1999）。

蜂蜜具有的抗菌作用，受到各国学者的高度重视。采用天然成熟蜂蜜进行抗菌作用临床应用研究发现，蜂蜜具有广谱抗菌作用，对产碱杆菌属、克雷白杆菌属、细球菌属、奈瑟氏菌属、变形杆菌属、志贺氏菌属、假单胞属、沙门氏菌属、葡萄球菌属、链球菌属中的60多种细菌，以及7种真菌有抑菌作用，其中对炭疽杆菌、短小芽胞杆菌、白喉杆菌、大肠杆菌、肺炎杆菌、结核分枝杆菌、普通变形杆菌等均有明显的杀菌作用。试验证明，低浓度的蜂蜜具有抑菌作用，高浓度蜂的蜜有杀菌作用（姚京辉等，2009）。

五、短小芽胞杆菌产生化物质的特性

为研究短小芽胞杆菌菌株E601不同形态菌落分布情况及中子辐照对其影响，对短小芽胞杆菌不同形态菌落进行了反复传代，并采用 CFBR-Ⅱ快中子脉冲反应堆分别对不透明菌落进行了低、中、高剂量的一次中子辐照和二次中子辐照，研究发现：①在正常传代条件下，E601 有半透明型和不透明型菌落存在；②经反复传代，半透明菌落可产生各占一半的半透明型与不透明型两种菌落形态，而不透明菌落基本不产生半透明菌落；③中子辐照对菌落分布影响较大，随着一次中子辐照剂量的升高，半透明菌落所占的比例逐渐增加；当中子二次辐照剂量最高时，半透明菌落所占比例最大。因此认为 E601 之所以能产生两种不同形态菌落，主要是由半透明菌落的不稳定性决定的。在中子辐照中，半透明菌落型菌株耐辐照能力高于不透明型菌落菌株（陈晓明等，2008）。

从 D-核酸产生菌短小芽胞杆菌菌株 JF01 发酵液离心洗涤得到菌体，采用超声波破碎（在 40kW 下，工作 4s，间歇 4s，破碎 90 次），制备无细胞抽提液。取无细胞抽提液 80μL 及 100μmol/L 葡萄糖、4μmol/L NADP、0.6mmol/L Tris-HCl（pH=6.8）、10μmol/L $MnSO_4$ 溶液各 1mL，在 37℃条件下保温 10min，测定 A_{340nm} 的值，对比 NADPH 标准曲线，测定 D-葡萄糖脱氢酶的酶含量。根据测定的时间及酶蛋白的含量，从而确定 D-葡萄糖脱氢酶的酶活力的测定方法（张锦芳等，2001）。

从短小芽胞杆菌菌株 XZG33 发酵液中分离纯化甘露聚糖酶，并对其酶学性质进行研究。利用硫酸铵分级盐析、DEAE-cellulose DE52 阴离子交换层析和 Sephadex G-100 分子筛凝胶过滤层析等方法，分离纯化得到均一的蛋白酶，酶纯度提高了 39.7 倍，回收率 20.2%。通过 SDS-PAGE 和 Sephadex G-75 分子筛凝胶电泳测得酶蛋白分子质量是 40.0kDa，为单亚基蛋白。酶最适作用 pH5.0，最适作用温度 60℃，在 pH2.0～8.0 时酶活性及稳定性较高。在 80℃以下保温 1h，残余酶活还在 80.0%以上。二价金属离子 Mg^{2+}、Ca^{2+}、Co^{2+} 及 Mn^{2+} 对酶有明显激活作用。酶对槐豆胶有强的底物水解特异性，而对淀粉、羧甲基纤维素钠及桦树木聚糖水解活性极低。在最适作用条件下，以槐豆胶为底物测定 K_m 为 4.6mg/mL。鉴于菌株 XZG33 甘露聚糖酶具有以上优良的酶特性，它在食品原料及功能性低聚糖的开发方面有着潜在的应用价值（高兆建等，2010）。

从碱性土样中分离到数十株产碱性 β-聚糖酶类的细菌，经摇瓶反复筛选后，得到一株碱性 β-聚糖酶产量较高的耐碱细菌，经初步鉴定，为短小芽胞杆菌，该菌株纤维素酶作用的最适 pH 为 7.6，最适温度为 60℃，木聚糖酶作用的最适 pH 为 9.0，最适温度为 55℃。该菌的最适生长 pH 为 8.0，最适产酶温度为 28～32℃，木聚糖与山梨糖分别是木聚糖酶和纤维素酶的良好诱导物，以麸皮为碳源，产酶的最适浓度为 5%，添加尿素和 $(NH_4)_2SO_4$ 为氮源可提高纤维素酶酶活 2 倍，木聚糖酶酶活 1 倍。发酵周期为 60h，纤维素酶酶活最高可达 1.21U/mL，木聚糖酶酶活最高可达 443U/mL（姜英辉和曲音波，1999）。

从乳品污水中筛选出一株蛋白降解细菌，经鉴定为短小芽胞杆菌。其蛋白酶反应的最适温度为 38℃，最适 pH 为 7.0；最佳产酶条件为 30℃，150r/min，种龄 18h，接种量 5%，250mL 三角瓶中装液量 90mL，发酵周期 64h。在此条件下，菌株产生的中性蛋白酶活力最高达 52U/mL（刘润身等，2005）。从石油污染严重地区的贫瘠土壤中筛选得到一株高产木聚糖酶且能够耐受一定浓度乙醇的细菌，经生理生化实验及 16S rDNA 鉴定为短小芽胞杆菌，编号为 DT83；对其产木聚糖酶的发酵条件进行优化，结果表明：最适碳源为木聚糖，最适氮源为蛋白胨，产酶最适温度为 28℃，最佳初始 pH 为 8.5。SDS-PAGE 分析表明，木聚糖酶分子质量约为 23kDa。菌株 DT83 和大肠杆菌菌株 BL21 的乙醇耐受实验结果比较表明，DT83 具有较高乙醇耐受度，可达 8%～10%（刘多涛等，2010）。

从土壤分离物中筛选到一株环糊精葡萄糖基转移酶（cyclodextrin glucanotransferase，CGTase）产生菌 CGT01。16S rDNA 序列分析表明该菌与短小芽胞杆菌的同源性为 99%。同时根据其生理生化特征，该菌株被鉴定为短小芽胞杆菌。菌株 CGT01 产生 CGTase 的最适初始 pH 为 6.5，最适培养温度为 37℃。菌株所产 CGTase 的最适 pH 和最适反应温度分别为 6.5 和 60℃，并有较高的热稳定性。60℃条件下保温，酶活基本稳定，半衰期为 35min。酶液中添加 1mmol/L Ca^{2+} 能明显提高 CGTase 的稳定性，60℃保温 1h 后，剩余酶活仍达 80% 以上。SDS-PAGE 检测表明酶的分子质量约为 72kDa。经高效液相色谱分析表明，CGTase 作用于可溶性淀粉后的主要产物为葡萄糖、麦芽糖和 β-环糊精，没有检出 α 和 γ 型环糊精产物，因此所产环糊精为单一类型，不同于同种属的其他菌株所产 CGTase（柯涛等，2008）。

以 ω-1-羟基脂肪酸高产突变菌株短小芽胞杆菌菌株 M-F641 的总 DNA 为模板，利用 Primer Premier 5.0 软件设计 4 对引物，对决定长链脂肪酸无效降解途径中肉碱转运的 OpuC 转运系统的基因进行克隆，成功获得了 *opuCA*、*opuCB*、*opuCC* 和 *opuCD* 的基因序列，并利用 MEGA3.1、DNAStar 等软件进行序列分析，为进一步利用短小芽胞杆菌长链脂肪酸高效转化生产 ω-1-羟基脂肪酸菌株奠定基础（王岩等，2009）。

为从土样中分离碱性纤维素酶高产菌株，利用羧甲基纤维素（CMC）平板初筛，然后利用摇瓶复筛，筛选酶活力高的菌株，对分离出的一株高产菌株进行鉴定并对其所产酶进行酶谱分析。结果获得一株碱性纤维素酶高产菌株 H12，酶活力达 1.96U/mL。该菌株呈长杆状、革兰氏染色为阳性、产芽胞；16S rDNA 基因序列为 1419bp，与短小芽胞杆菌 16S rDNA 基因序列具有最高的同源性。基于 16S rDNA 基因序列的同源性分析及系统发育分析等方面的多相分类研究，鉴定菌株 H12 为短小芽胞杆菌；碱性纤维素酶的酶谱分析只有一条水解条带，酶分子质量为 75kDa 左右（郭成栓等，2011）。

对从土样中分离得到的一株碱性纤维素酶高产菌株 H9 进行了鉴定，该菌株呈长杆状，革兰氏染色为阳性，产芽胞。通过对其形态、生理生化特性、16S rDNA 基因序列（该序列已收录于 GenBank，登录号为 EF501974）同源性分析的多相分类研究，确定该菌株为短小芽胞杆菌。对酶的性质研究表明，其最适 pH 为 8，最适温度为 55℃，在 pH5～9 时具有良好的稳定性（郭成栓等，2007a）。

短小芽胞杆菌菌株 B-15 能降解羽毛角蛋白产生角蛋白酶，对该菌株的产酶条件进行了优化。结果表明，在羽毛发酵培养基中，B-15 产酶的最佳辅助碳源为葡萄糖，最佳辅助氮源为酵母粉，最佳接种量为 2%，培养基最佳初始 pH 为 7.0，产酶最佳温度为 30℃，最佳培养时间为 48h。在以上条件下培养，角蛋白酶活力可达 2.03U/mL，是优化前的 2.5 倍。对 B-15 所产的角蛋白酶进行了粗酶酶学性质的初步研究，结果表明，该酶最佳反应温度为 55℃，最佳反应 pH 为 7.0，pH5.5～8.0 时酶活力较稳定，可达最大酶活力的 70% 以上。Mg^{2+} 对酶有激活作用，Fe^{3+} 对酶有抑制作用。羽毛被降解后,其残渣和发酵后的液体可以作为动物的蛋白饲料(赖欣和陈惠,2008)。

短小芽胞杆菌产生的碱性蛋白酶 BP 经 CM-Sephadex-c-50 和 Sephadex G-75 两个柱层析,得到了聚丙烯酰胺凝胶电泳纯的酶组分,比活力从 1307U/mg 提高到 5538U/mg,活力回收为 21%,酶水解酪蛋白的最适反应温度为 50℃,最适 pH 为 9.5,Mn^{2+}、Ca^{2+} 对酶有激活作用,Hg^{2+}、Ag^+ 对酶有抑制作用。酶的热稳定性不高,但在 Ca^{2+} 保护下,热稳定性明显提高。酶的最适作用底物为酪蛋白,对血红蛋白、蛇毒蛋白、牛血清蛋白、卵蛋白、核糖核酸酶也有水解作用。该酶含有 17 种氨基酸,其中甘氨酸(Gly)和丙氨酸(Ala)为主要氨基酸(邱秀宝和高东,1994)。

将短小芽胞杆菌菌株 Zkud202-4 液体的发酵液离心去菌体,用硫酸铵盐析得粗酶,透析除盐后进行 Sephadex G-75 柱层析得到电泳纯碱性蛋白酶;用该法提纯的碱性蛋白酶比活力从粗酶液的 155.5U/mg 提高到了 954U/mg,回收率为 27.6%。该酶水解酪蛋白的最适反应温度为 50℃,最适作用 pH 为 10;且该酶具有较高的热稳定性和耐碱性,经 SDS-PAGE 测定,其分子质量约为 2.3kDa(褚忠志和于新,2008)。

对凝结芽胞杆菌(Bacillus coagulans)、圆胞芽胞杆菌、短小芽胞杆菌和球形芽胞杆菌(Bacillus sphaericus)在菜籽饼粕中混合发酵降低其大分子粗蛋白质含量、提高游离氨基酸含量的发酵工艺进行了研究,结果表明其最佳发酵工艺条件:4 种菌种接种量比例为(1:1:3:1),含水量 60%,接种量 15%,发酵 25d,粗蛋白质降解率达 41.98%,游离氨基酸含量提高 10.18 倍。为工业上生产菌肥提供了理论基础(邱鑫等,2005)。

对一株短小芽胞杆菌菌株 WL-11 木聚糖酶的纯化、酶学性质及其底物降解模式进行了研究。经过硫酸铵盐析、CM-Sephadex 及 Sephadex G-75 层析分离纯化,获得一种纯化的 WL-11 木聚糖酶 A,其分子质量为 26.0kDa,pI 为 9.5,以燕麦木聚糖为底物时的表观 K_m 值为 16.6mg/mL,V_{max} 值为 1263μmol/(min·mg)。木聚糖酶 A 稳定的 pH 为 6.0~10.4,最适作用 pH 为 7.2~8.0,是耐碱性木聚糖酶;最适作用温度为 45~55℃,在 37℃、45℃以下时该酶热稳定性均较好;50℃保温时,该酶活力的半衰期大约为 2h,在超过 50℃的环境下,该酶的热稳定较差,55℃和 60℃时的酶活半衰期分别为 35min 和 15min。WL-11 木聚糖酶 A 对来源于燕麦、桦木和榉木的可溶性木聚糖的酶解发现,木聚糖酶 A 对几种不同来源的木聚糖的降解过程并不一致。采用高效液相色谱(HPLC)法分析上述底物的降解产物生成过程发现木聚糖酶 A 为内切型木聚糖酶,不同底物的降解产物中都无单糖的积累,且三糖的积累量都较高;与禾本科的燕麦木聚糖底物降解不同的是,木聚糖酶 A 对硬木木聚糖降解形成的五糖的继续降解能力较强。采用薄层色谱(TLC)法分析了 WL-11 粗木聚糖酶降解燕麦木聚糖的过程,结果表明燕麦木聚糖能够被 WL-11 粗木聚糖酶降解生成系列木寡糖,未检出木糖,这说明 WL-11 主要合成内切型木聚糖酶 A,同时发酵液中不含木糖苷酶,适合用于酶法制备低聚木糖(许正宏和陶文沂,2005)。

利用短小芽胞杆菌的 ω-1-羟基脂肪酸高产突变菌株 M-F641、M-F81、M-F8272 及菌株 20075 的总 DNA 为模板,通过 Primer Premier 5.0 软件设计引物,对决定长链脂肪酸无效降解途径中的关键酶基因 fadD-like 基因进行克隆,得到 4 条长约 1720bp 的

fadD-like 基因全序列；利用 MEGA3.1、DNAStar 等软件进行序列分析，结合脂酰辅酶 A 合成酶系统进化分析，结果表明其与 *fadD* 基因具有较高的相似性，克隆得到的核苷酸为编码脂酰辅酶 A 合成酶的 *fadD* 基因序列；研究结果为长链脂肪酸高效转化生产 ω-1-羟基脂肪酸提供基础（王岩等，2010）。利用原生质体紫外线诱变的方法处理转酮酶缺陷型短小芽胞杆菌，选育到一株丧失芽胞形成能力的转酮酶缺陷型短小芽胞杆菌，摇瓶培养 D-核糖平均产量达 66g/L，较出发菌株提高 38%。研究表明，芽胞生成缺陷有利于 D-核糖的产生，筛选芽胞生成能力缺陷的菌株是选育 D-核糖高产菌株的有效手段（乔建军和杜连祥，2001a）。

生产 D-核糖的主要方法是发酵法，利用转酮酶缺陷的枯草芽胞杆菌或短小芽胞杆菌转化葡萄糖生成 D-核糖，最高产量已达 120g/L，根据 D-核糖的生物合成途径及菌种的生理、生化特征，可以有计划地逐步筛选 D-核糖高产菌株，避免菌种筛选的盲目性。筛选转酮酶缺陷的菌株是筛选核糖生产菌株的第一步，而且提高葡萄糖脱氢酶和葡萄糖酸激酶的活性也有助于 D-核糖产量的提高，同时，选育丧失芽胞生成能力的菌株也有助于 D-核糖产量的提高；另外，细胞内与 D-核糖分泌相关的酶在体内的活力直接影响着 D-核糖的产量，而外部条件也影响着 D-核糖的产量（乔建军和杜连祥，2001b）。

从河南省兰考县盐碱地土壤中分离到一株产碱性蛋白酶的菌株 ZK202，通过形态观察、生理生化试验和 16S rDNA 序列分析对其进行鉴定；经紫外照射和硫酸二乙酯（DES）处理后，测定诱变菌株的酶活力。结果表明，菌株 ZK202 的形态符合芽胞杆菌属的特征，其 16S rDNA 序列与短小芽胞杆菌的同源性在 99% 以上。因此将该菌株认定为短小芽胞杆菌一个菌株，是中等嗜盐菌。ZK202 在氯化钠浓度 0~12.5% 条件下均能生长，以浓度 5.0% 时最佳；ZK202 在碱性环境中生长良好，当培养基 pH 在 11.0 以上时仍能生长，也属嗜碱性菌。经复合诱变后，菌株 Zkud202-4 发酵液的酶活力达 321U/mL，比出发菌株高 3.9 倍。菌株 Zkud202-4 具有稳定的产酶性能，可作为产碱性蛋白酶的突变菌株（褚忠志等，2008）。

研究了短小芽胞杆菌对盐生杜氏藻（*Dunaliella salina*）空间诱变株系 SZ-05 的生物量及 β-胡萝卜素积累的影响。结果表明，短小芽胞杆菌显著提高了盐藻 SZ-05 的生物量和 β-胡萝卜素的产量，明显降低了培养体系中的溶解氧和胞外多糖的含量。溶解氧的减少，使得藻细胞的光呼吸作用下降，光合作用速率提高，使藻细胞生物量增加。胞外多糖具有抗氧化作用，胞外多糖的减少可能进一步增加了 β-胡萝卜素的合成，从而使 β-胡萝卜素在胁迫条件下大幅度增加（杜彩华等，2007）。

以不能利用淀粉为碳源、抗 pp 系列噬菌体和 pL1 噬菌体、产碱性蛋白酶（9400~9800U/mL）的短小芽胞杆菌菌株 C172-60 为受体株，采用原生质体转化技术将携带糖化型 α-淀粉酶基因（*Amy*）、Cm^r 基因、Km^r 基因的 pBX96 质粒导入到受体株内，经两次利福平抗性筛选，获得一株能直接利用淀粉为发酵碳源、保留噬菌体抗性、产碱性蛋白酶的工程菌 C172-306（pBX96）。菌体增殖 96.5 代质粒丢失率为 0.77%，摇瓶发酵蛋白酶活力为 14 014U/mL，500L 罐发酵蛋白酶活力达 14 014U/mL（杨文博和冯耀宇，1994a）。

以短小芽胞杆菌菌株 HJ-04 为出发菌株，通过紫外诱变的方法筛选得到一株木聚糖酶高产菌株 B-6，其酶活提高约 30%。通过因素轮换试验和 $L_9(3^4)$ 正交试验结果得出 B-6 菌株产酶的最佳营养条件及发酵条件：4% 啤酒糟、2% 玉米芯、2% 牛肉膏、0.15% $FeSO_4$、1.5% Na_2HPO_4，pH8～9，35℃，170r/min 培养 60h，产酶活力达 536.72U/mL（周欣等，2009）。

分离到一株产碱性木聚糖酶的革兰氏阳性菌株，通过菌落形态及 16S rDNA 序列同源性分析，确定该菌株为短小芽胞杆菌。生长条件和产酶条件研究结果显示，最适温度和 pH 分别为 50℃ 和 8.0。培养基优化试验显示在有机和无机混合氮源条件下（NH_4NO_3 0.57%，牛肉膏 1%，蛋白胨 0.5%，酵母提取物 0.5%，木聚糖 0.5%），木聚糖酶产量达到最高（180U/mL）。酶学试验表明最适反应条件为 50℃，pH8～9；在 pH9 的条件下，孵育 120min 时仍具有 75% 的活力，表明该酶具有较强的碱耐受性（曹要玲等，2006）。

用全细胞催化法合成 2-羟基-4-苯基丁酸乙酯（EHPB）的两种对映异构体，筛选得到 2 株高立体选择性菌株，能催化前手性酮还原分别产生相应的手性醇。考察了这 2 株菌株的反应特性，得到了合适的反应条件：短小芽胞杆菌菌株 Phe-C3，反应 24h，底物浓度 25mmol/L，体系 pH7.0，温度 30℃，R-EHPB 的产率达 74.5%，对映体过量值（e.e.）达 97%；肺炎克雷伯氏菌（*Klebsiella pneumoniae*）菌株 Phe-E4，反应 20h，底物浓度 15mmol/L，体系 pH7.0，温度 30℃，S-EHPB 的产率达 71.7%，e.e. 达 95%（何春茂等，2008）。

用微生物法测定莫能菌素并筛选出合适的工作菌，分别选用短小芽胞杆菌和枯草芽胞杆菌作为工作菌摸索条件，制备标准曲线，测定最低检测限。结果表明，采用枯草芽胞杆菌的最低检测限为 1μg/mL，较短小芽胞杆菌的 1.25μg/mL 要低；枯草芽胞杆菌标准曲线的相关系数为 0.9983，较短小芽胞杆菌的 0.994 要高，说明实验有良好的线性关系；5 组工作曲线的变异系数分别为 5.1% 和 1.7%，说明本方法重现性较好。因此，应提倡采用枯草芽胞杆菌来检测莫能菌素（李娜等，2007）。

在研究 D-核糖发酵过程中发现，培养基中玉米浆的含量直接影响着转酮酶缺陷型短小芽胞杆菌菌体的形态及 D-核糖产量。在不同培养基中加入不同浓度的玉米浆，镜检菌株的生长情况，并测定发酵培养基中 D-核糖的产量。研究表明，转酮酶缺陷是突变株在菌体生长过程中出现链状的内因，而玉米浆中所含的芳香族氨基酸是转酮酶缺陷型突变株在生长过程中出现链状的外因（乔建军等，2001）。

六、短小芽胞杆菌用于动物益生菌

从新鲜近江牡蛎中分离到一株拮抗细菌，编号为 ZH1-6，该菌对金黄色葡萄球菌、乙型副伤寒沙门氏菌及大肠杆菌等多种病原菌有较强的抑制作用。通过形态学观察、常规生理生化指标测定、16S rDNA 序列测定和同源性分析，鉴定该菌株为短小芽胞杆菌。研究表明，ZH1-6 能利用多种碳、氮源，其生长的温度为 0～50℃，生长 pH 为 3～10，最适初始 pH 为 6.0（李学恭和雷晓凌，2009）。从海洋沉积物中分离到 2 株弧菌拮抗菌（H2 和 H4），经生理生化特性、16S rRNA 基因序列分析分别鉴定为短小芽胞杆菌（H2）和地衣芽胞杆菌（H4）。菌株 H2 和 H4 均对需钠弧菌（*Vibrio natriegens*）的生长有显著的抑制作用；但只有菌株 H2 在模拟养殖动物小肠环境中生长良好。选择 H2 进行模拟试验（20 尾凡纳滨对虾虾苗为 1 组）。结果表明，对照组（不接种）虾苗存活 32h，接种弧菌的试验组虾苗仅存活 16h，同时接种菌株 H2 和弧菌的试验组虾苗存活 48h，而仅接种菌株 H2 的试验组虾苗存活了 72h，说明菌株 H2 可显著提高凡纳滨对虾的存活时间。在现场试验中，100L 养殖池中（50 尾虾/池），分别接种 0cfu/mL（对照）、10^3cfu/mL、10^4cfu/mL 的菌株 H2 并养殖 14d，再用 10^4cfu/mL 需钠弧菌处理 14d。接种 10^4cfu/mL 菌株 H2 的试验组，虾的死亡率仅为 12.5%，显著低于对照组的 30.8%（$P<0.05$）；接种 10^4cfu/mL 菌株 H2 的试验组，虾的体长、体重都略高于对照组，但各试验组之间差异不显著（$P>0.05$）（傅松哲等，2009）。

向水体中添加不同浓度的短小芽胞杆菌菌株 CGMCC 1004 和胶红酵母菌（*Rhodotorula mucilaginosa*）CGMCC 1013 以研究凡纳滨对虾体长、体质量、存活率、胃蛋白酶、肝胰腺淀粉酶和肝胰腺脂肪酶的影响，以及需钠弧菌的感染效果。结果表明：向水体中添加 10^4cfu/mL 短小芽胞杆菌能提高对虾体长、存活率，但结果不显著，但对体质量增长率具有显著提高作用；对提高需钠弧菌感染后对虾成活率有一定的提高作用；能显著提高胃蛋白酶活性，但是对肝胰腺淀粉酶活性有一定抑制作用；添加复合菌剂比添加单一菌种的作用要好；这也证明了向水体中添加细菌的方式对凡纳滨对虾的体长、体质量、存活率及水质指标影响比较小，但是对消化酶具有一定的提高作用（宋奔奔等，2009）。

第五节　蜂房芽胞杆菌

一、蜂房芽胞杆菌的分离与培养

利用蔗渣木聚糖为唯一碳源，从甘蔗根部泥土样品中分离得到一株产木聚糖酶活力较高的菌株，经形态、生理及生化鉴定，初步确定为蜂房芽胞杆菌（*Bacillus alvei*）；同时研究了碳源、氮源对该菌产木聚糖酶的影响。结果表明，其最适碳源为木聚糖，最适氮源为酵母浸膏和硝酸铵的混合氮源；在装料 100～250mL 三角摇瓶中于 32℃、120r/min 振荡培养 40～44h 后，发酵液中木聚糖酶活力高达 3839.5U/mL，具有工业开发前景（黄运红等，2002）。优化了蜂房芽胞杆菌利用蔗渣发酵产木聚糖酶的工艺条件，并考察木聚糖酶发酵的动力学过程，结果表明在优化工艺条件下发酵 45h，蜂房芽胞杆菌产木聚糖酶活性最高可达 7447U/mL，比优化前提高 94%（夏剑辉等，2003）。

二、蜂房芽胞杆菌木聚糖酶的发酵特性

从土壤中筛选出一株产纤维素酶的蜂房芽胞杆菌，该菌株利用甘蔗渣固态发酵生产木聚糖酶，其最佳的固态发酵条件为：酵母膏 0.2%、麸皮 20%、蔗渣 80%，加入其干重 4 倍的水，发酵温度为 32℃，pH 为 8.5，最大酶活可达 1213U/g（吴凌伟等，2003）。

三、蜂房芽胞杆菌木聚糖酶的活性

实验研究了温度、pH 和 Al^{3+}、Zn^{2+}、K^+、Ca^{2+}、Mg^{2+}、Mn^{2+}、Fe^{3+} 及 Cu^{2+} 等几种常见金属离子对蜂房芽胞杆菌木聚糖酶活性的影响，结果表明该酶最适温度为 40℃，最适 pH 为 6.0。在低温及 pH7.0～9.0 条件下，该酶活性稳定；Ca^{2+}、Mg^{2+}、Mn^{2+} 对木聚糖酶有激活作用，Cu^{2+}、Al^{3+}、Zn^{2+} 和 Fe^{3+} 对木聚糖酶有抑制作用，Cu^{2+} 的抑制作用最强（黄运红等，2003）。

四、蜂房芽胞杆菌产生物活性物质的特性

分别以蕈状芽胞杆菌（Bacillus mycoides）、皮杆菌（Dermabacter sp.）、噬菌蛭弧菌（Bdellovibro bacteriovorus）和蜂房芽胞杆菌 4 株细菌代谢产物不同溶剂（石油醚、三氯甲烷、乙酸乙酯、正丁醇）的提取物腹腔注射鲫（Carassius auratus），通过测定注射提取物后鲫的血清凝集抗体效价、离体白细胞吞噬活性、吞噬细胞杀菌活性，研究不同代谢产物、不同提取物对鲫免疫功能的影响，以确定代谢产物中活性物质的有效活性部位。结果表明：蕈状芽胞杆菌代谢产物中的活性物质主要集中在石油醚和乙酸乙酯提取物中；噬菌蛭弧菌代谢产物中的活性物质主要集中在石油醚和三氯甲烷提取物中；蜂房芽胞杆菌代谢产物中的活性物质主要集中在石油醚提取物中；皮杆菌代谢产物中的活性物质则集中在乙酸乙酯和石油醚提取物中。试验结果为进一步追踪分离活性单体提供了基础资料（王高学等，2007）。

将 9 种细菌细胞成分及其代谢产物分别添加入饵料投喂鲫，连续投喂 35d，每隔 7d 检测鲫白细胞吞噬活性（phagocytic activity）、吞噬细胞杀菌活性（bactericidal activity）、超氧化物歧化酶（superoxide dismutase，SOD）活性、溶菌酶（lysozyme）活性和血清凝集抗体效价（agglutinating antibody titer），以研究这 9 种细菌细胞成分及其代谢产物对鲫免疫功能的影响。结果表明，蜡状芽胞杆菌蕈状弧种组［即蕈状芽胞杆菌（Bacillus mycoides）］、噬菌蛭弧菌组（Bdellovibro bacteriovorus）、皮杆菌组（Dermabacter sp.）和蜂房芽胞杆菌组（Bacillus alvei）鲫白细胞的吞噬活性、吞噬细胞的杀菌活性、SOD 酶活性、溶菌酶活性与对照组相比，均呈极显著性差异（$P<0.01$），说明这 4 种细菌的细胞成分及其代谢产物均能增强鲫的细胞和体液免疫功能。此外，血清凝集抗体效价的测定结果表明，蜡状芽胞杆菌蕈状亚种组效价最高、为 1∶256，噬菌蛭弧菌组、皮杆菌组和蜂房芽胞杆菌组最高效价分别为 1∶128、1∶64 和 1∶64。在以上 4 种细菌中，除蜂房芽胞杆菌组的血清凝集抗体效价峰值出现在第 14 天外，其余 3 组各项检测指标的峰值均出现在第 21 天（王高学和白冰，2006）。

五、蜂房芽胞杆菌几丁质酶的合成条件

从厦门地区牡蛎养殖场分离筛选到一株产几丁质酶活力较高的蜂房芽胞杆菌菌株 B-91，研究了该菌几丁质酶的合成条件。结果表明：该菌在以几丁质为碳氮源的培养基中生长，能合成较多的几丁质酶。酶的合成受多种几丁质诱导。在产酶培养基中添加不同的有机或无机氮源，均能促进酶的合成，而葡萄糖、麦芽糖、蔗糖和乳糖对酶合成有

阻遏作用。该菌几丁质酶合成的最适培养基初始 pH 为 6.8，最适温度为 28℃。在 250mL 三角瓶装 50mL 培养基，接种量为 2%，振荡培养 60h 时，培养液中几丁质酶活力可达 2212U/mL（郑志成等，1995）。

六、蜂房芽胞杆菌作为蜜蜂病害的次生菌

除蜂房球菌外，在致死幼虫的尸体中还发现多种次生菌。例如，无毒力的蜂房芽胞杆菌，革兰氏染色为可变性（通常为阳性）。菌体呈杆状，长 2~6μm，宽 0.5~0.8μm，具周生鞭毛，能运动，能在不过分湿润的培养基上形成迁移菌落。能形成芽胞，芽胞呈椭圆形，位于细胞一端。在酵母琼脂培养基上，形成边缘整齐、具有光泽的中等菌落。菌落直径为 1~3mm（动植物检疫监管司，2006）。

第六节 死谷芽胞杆菌

一、死谷芽胞杆菌的分离与鉴定

对植物黄萎病病原菌大丽轮枝菌拮抗细菌进行了分离筛选及拮抗菌株鉴定。结果表明，从土壤中分离到 891 株细菌，初筛出具有拮抗活性的菌株 83 株，经过复筛选出一株具有较高拮抗活性的菌株 Bv1-9，并对其进行了形态鉴定、生理生化特征鉴定和 16S rDNA 全序列分析，最终此菌株鉴定为死谷芽胞杆菌（*Bacillus vallismortis*）（王全等，2009）。

二、死谷芽胞杆菌用于兰花炭疽病的生物防治

从各地采集的土样中筛选对兰花炭疽病病原菌胶孢刺盘孢（*Colletotrichum gloeosporioides*）具有拮抗活性的菌株。从土样中分离到 720 株菌株，初筛获得具有拮抗作用的菌株 32 株；经过复筛，选出一株具有较高拮抗活性的菌株 8-59。对菌株 8-59 进行形态鉴定、生理生化特征鉴定和 16S rDNA 序列分析的结果表明，菌株 8-59 与死谷芽胞杆菌很相近。根据 16S rDNA 序列相似性分析，此菌株与死谷芽胞杆菌模式菌株 DSM 11031 的 16S rDNA 序列相似度达 99.49%，因此鉴定该菌株为死谷芽胞杆菌（李潞滨等，2008）。

三、死谷芽胞杆菌用于棉花黄萎病的生物防治

采用平板对峙法，从黄萎病发生严重的棉田中的健康植株根际土壤中分离筛选到 11 株对棉花黄萎病致病菌大丽轮枝菌（*Verticillium dahliae*，Vd）具有拮抗效果的菌株，其抑菌率为 51.8%~87.4%；经培养滤液抑菌率试验复筛，选择抑菌效果较好的 3 株菌株进行盆栽试验。结果表明，在施用拮抗菌摇床培养液（VS）、有机肥（VF）和两者结合（VFS）的 3 个处理中，VFS 效果最显著，防病率达 57%，植株生理性状显著改善，根际可培养微生物数量发生显著变化，细菌数量增加 7.3~13.4 倍，放线菌数量增加 3.2~5.9 倍，病原菌微菌核数量下降 34%。结合生理生化和 16S rDNA 技术鉴定，初步确定供试的 2 株菌为死谷芽胞杆菌（花域芽胞杆菌），一株菌为枯草芽胞杆菌。

研究表明拮抗菌与有机肥共同施用不仅可以起到防病的作用，而且可以使棉花连作土壤微生物区系向健康、合理的方向发展（张慧等，2008）。

通过温室盆栽试验，育苗期接种丛枝菌根真菌（AMF），移栽时接种死谷芽胞杆菌菌株 HJ-5、有机肥（OF）或者生物有机肥（HJ-5OF），研究了不同处理对棉花黄萎病和棉花生长的影响。结果表明：配合施用 AMF 与 HJ-5OF 显著降低了棉花黄萎病的发病指数，与对照相比其病情指数下降了 72.80%；根际可培养微生物数量和种类发生显著变化，施用 AMF 与 HJ-5OF 处理的真菌、大丽轮枝菌菌核数量分别比对照下降了68.88%、47.20%，细菌、放线菌数量分别为对照的 23.81 倍、2.40 倍；在根际区系中，真菌的种类显著降低，细菌的种类显著增加；AMF 和 HJ-5OF 的协同作用，显著提高了棉花的生物量，促进了棉花对磷素的吸收。结论：接种 AMF 提高 HJ-5OF 对棉花黄萎病的防治效果，促进棉花的生长，改善土壤微生物区系（张国漪等，2010）。

四、死谷芽胞杆菌产漆酶特性

发明专利《一株产芽胞漆酶的死谷芽胞杆菌及其应用》涉及一种产芽胞漆酶的死谷芽胞杆菌菌株 fmb-103，属于生物技术领域。产芽胞漆酶的死谷芽胞杆菌 fmb-103，保藏于中国微生物菌种保藏管理委员会普通微生物中心，保藏日期为 2012 年 06 月 08 日，保藏号为 CGMCC No.6198，能够产芽胞漆酶，可在降解三苯甲烷类染料中应用。

五、死谷芽胞杆菌降解苯胺黑药的特性

以沥窖污水处理厂的活性污泥作为菌种来源，通过实验室构建的序列间歇式反应器（SBR），从活性污泥多种微生物种群中驯化、分离、筛选出一株能以苯胺黑药为唯一碳源的菌株 AAF039，并对其进行了生理生化、16S rRNA 基因序列分析；通过控制菌株生长和降解的底物含量、温度及 pH，并以菌株生长和降解苯胺黑药的效果为依据，得出菌株 AAF039 的最适生长、降解条件；测定培养过程中营养液的 COD_{Cr} 与苯胺黑药剩余量，对苯胺黑药的生物降解过程进行初步推测。结果表明：菌株为死谷芽胞杆菌，其生长能以苯胺黑药为唯一碳源；生长和降解苯胺黑药的最佳条件为底物质量浓度 300mg/L、温度 35℃、pH7.0，21h 后，对苯胺黑药的降解率可达 89.11%；苯胺黑药并不能彻底被生化降解，降解过程中产生了难以被菌株利用的中间产物（宋卫锋和邓琪，2012）。

六、死谷芽胞杆菌产抗菌活性物质的特性

海绵共附生微生物是目前发现新的生物活性化合物的一个重要来源。从贪婪倭海绵中分离得到一株芽胞杆菌——死谷芽胞杆菌 C89，这株芽胞杆菌的代谢物被证实对多株指示菌株有抗菌活性。其他文献也报道芽胞杆菌属细菌能够产生多种抗菌活性物质。应用薄层层析、正相硅胶柱、凝胶柱及反相 HPLC 等多种色谱技术对该芽胞杆菌的发酵产物进行了化合物分离和纯化，从中分离出 6 个化合物。应用现代波谱技术和化学方法鉴定了这 6 个化合物的结构：化合物Ⅰ为芽胞杆菌酰胺 D (Bacillamide D)；化合物Ⅱ为 Bacillamide C；化合物Ⅲ为 Cyclo- (S-Pro-S-Val)；化合物Ⅳ为 Cyclo- (S-Pro-R-Ile)；化合

物Ⅴ为 Cyclo-(S-Pro-R-Leu);化合物Ⅵ为 Cyclo-(S-Pro-R-Phe)。这6个化合物都是首次在贪婪倔海绵共附生的细菌中发现。并且化合物Ⅰ为新化合物,化合物Ⅱ是国际上第三例发现。由于化合物Ⅱ结构较新,在发酵过程中稳定且产率较高,具有很好的开发价值,因此对它进行了抗菌活性测试、抑制离子通道和体外抗肿瘤活性测试。结果发现,化合物Ⅱ在 $100\mu mol/L$ 时对大鼠海马神经元的延迟整流钾电流的抑制为 $37.2\%\pm7.1\%$,对快瞬时钾电流的抑制为 $11.9\%\pm3.7\%$;在 $4\sim10mol/L$ 时对人白血病细胞 HL60 的抑制率为 57.1%,对人肺腺癌细胞 A-549 的抑制率为 32.4%。文献报道化合物Ⅱ对多种肿瘤细胞有一定毒性,而它的结构类似物对引起赤潮和鱼类死亡的多环旋沟藻有强烈的抑制作用。这暗示能够产生这种活性化合物的芽胞杆菌 C89 在海绵体内起着一定的化学防御作用(于璐璐,2008)。

第七节 环状芽胞杆菌

一、环状芽胞杆菌的发酵技术

采用单独摇瓶浸出方法研究了影响硅酸盐细菌浸矿脱硅的各种条件,摇瓶试验表明,pH、温度、摇瓶转速、装液量、接种量、浸矿时间、矿物种类、菌种特性均对硅酸盐细菌的脱硅效果有重要影响。在 pH7.2、温度 28℃、摇床转速 200r/min、500mL 三角瓶的装液量 100mL、接种量 3.8×10^6 cfu/mL、浸出时间 $5\sim7d$ 情况下,JXF 菌种浸矿脱硅效果最好。硅酸盐细菌菌株 JXF 对供试矿物的分解能力依次为绿泥石、高岭石、长石、石英。其中菌株 JXF-1 脱硅效果最好,可以浸出铝土矿原矿、绿泥石人工混合矿样中 50.4%与 65.3%的硅,而环状芽胞杆菌(*Bacillus circulans*)菌株 B.C 对这两种矿样的脱硅率仅分别为 35.2%、48.2%(孙德四等,2008)。

环状芽胞杆菌菌株 A1.383 产细胞壁溶解酶的适宜的碳源为酵母葡聚糖,氮源采用蛋白胨与 $(NH_4)_2SO_4$ 混合氮源,接种量 $6\%\sim10\%$,250mL 三角瓶装液量为 40mL,发酵温度为 $30\sim35℃$,培养基初始 pH6.5~7.0。在此条件下发酵 54h 后可达到最高酶活 74.6U/mL,比条件优化前的酶活提高了 38.7%(塞华丽等,2004)。环状芽胞杆菌能以红发夫酵母(*Phaffia rhodozyma*)细胞壁为唯一碳源进行发酵产胞壁溶解酶,将红法夫酵母与环状芽胞杆菌混合培养,可使环状芽胞杆菌在生长的同时产酶并逐渐溶解酵母细胞壁,从而提取虾青素。通过对红法夫酵母与环状芽胞杆菌两阶段混合培养条件的优化,最佳接种时间为红法夫酵母培养 $60\sim72h$,接种量为 10mL/L(10^{10}cfu/mL),接种后最适培养温度为 30℃,pH 为 6.5,总发酵时间为 120h,在此条件下,红法夫酵母虾青素产量可达 $8960.2\mu g/L$,虾青素最终提取率可达 96.8%(塞华丽等,2007)。

寄生于南方亚麻茎秆上的环状芽胞杆菌发酵产生的果胶酶和木聚糖酶采用 $(NH_4)_2SO_4$ 沉淀与半透膜透析、CM-Sephadex C-50 凝胶离子交换柱层析、Sephadex G-100 凝胶柱层析分离纯化;经鉴定果胶裂解酶和木聚糖酶基本达电泳纯,果胶裂解酶两个亚基的相对分子质量分别为 32 253、27 400,木聚糖酶两个亚基的相对分子质量分别为 86 489、57 422;果胶裂解酶和木聚糖酶最适反应温度为 45℃;果胶裂解酶最适反应 pH 为 10.5，木聚糖酶最适反应 pH 为 7；对果胶裂解酶而言，K^+、Mg^{2+} 有轻度的抑制作用，Fe^{2+}、Cu^{2+} 有强抑制作用，Ca^{2+} 有一定的激活作用；对木聚糖酶，K^+、Mg^{2+} 有轻微抑制作用，Cu^{2+} 有强抑制作用，Ca^{2+} 和 Fe^{2+} 有一定的激活作用（李立恒等，2007）。

为确定环状芽胞杆菌菌株 WXY-100 的最佳摇瓶培养工艺，采用了 L_9（3^4）正交试验对培养基成分及培养条件进行了优化。结果表明，最佳培养基成分为：酵母抽提物 20g/L，魔芋粉 20g/L，$(NH_4)_2SO_4$ 2g/L，KH_2PO_4 1g/L，$MgSO_4 \cdot 7H_2O$ 1g/L。最佳培养条件为：种龄 8～12h，接种量为 6%，装液量为 25mL，pH7.5，培养温度 40℃，培养时间 25h。该酶在 pH4～8 和 60℃ 以下稳定，作用最适条件是 pH5.0 和 60℃，Cu^{2+} 和 Co^{2+} 对酶有较显著的激活作用，而 Hg^{2+} 对酶有强烈的抑制作用（杨新建等，2006）。

二、环状芽胞杆菌的基因克隆

环状芽胞杆菌菌株 C-2 总 DNA 经 *Pst* I 部分酶切后分离 2～10kb 的片段，插入质粒 PUC19 和 *Pst* I 位点，转化大肠杆菌，利用几丁质平板从约 8000 个重组子中筛选到一个几丁酶基因阳性克隆（编号为 PCHT1）。用 12 种限制酶对重组质粒进行的酶切试验表明，重组质粒中的插入片段长 3.0kb，其中各有一个 *Kpn* I、*Sac* I 和 *Ssp* I 位点。该克隆片段向插入 PUC19 的 *Pst* I 位点所得的重组子同样具有几丁质酶基因表达活性，说明此片段含有一个完整的几丁质酶基因，其自身的启动子能被大肠杆菌的转录系统识别。Southern 杂交证实了此片段来自 C-2 基因组，且以单拷贝形式存在，它不能与来自其他 7 株产几丁质产生菌的总 DNA 杂交（郑洪武和张义正，1998）。对已克隆的菌株 C-2 的几丁酶基因片段所作的亚克隆分析表明，该几丁酶基因位于 1.7kb *Pst* I～*Sty* I 片段。*chi* 1 基因在大肠杆菌 JM107、DH5α、XL1-BluE、TG-1 等菌株中均能表达，但表达水平不同，其中 JM107 的表达活性最高，其胞外几丁酶活性与供体菌菌株 C-2 的胞外酶活性几乎相当。经 SDS-PAGE 分析，重组质粒 pCHI1 所产生的胞外几丁质酶分子量为 66kDa，与环状芽胞杆菌 C-2 的胞外蛋白质中相应的几丁质酶蛋白分子量相同。*chi* 1 基因在大肠杆菌 JM107 中表达后的细胞定位测定表明，几丁质酶不仅存在于胞周间质和胞内，而且大量存在于培养物上清液中。在高产酶时期，胞外、胞周间质和胞内的酶活性分布分别为 35.8%、32.1%、32.9%（王焰玲等，1998）。将已克隆到的菌株 C-2 的几丁酶基因 *chi* 1 片段克隆到质粒载体 pUXBF5 中，得到重组质粒 pUXCH1，该重组质粒在大肠杆菌中可以表达产生具有生物活性的几丁酶并分泌到胞外。将 pUXCH1 分别利用感受态法和三亲本杂交法转化荧光假单胞菌（*Pseudomonas fluorescens*），在含有卡拉霉素的金氏 B 平板上筛得转化子。但将转化子点种于几丁质平板上却不能产生水解圈，提取细胞内容物后用比色法也没有检测到有效的酶活性。该研究表明环状芽胞杆菌的几丁质酶基因 *chi* 1 已经被成功地整合到荧光假单胞菌的染色体上，但却没有表达或表达效率极低，这可能是由荧光假单胞菌的表达系统不能正确有效地识别存在于该 *chi* 1 几丁酶基因片段中的环状芽胞杆菌基因启动子而造成的（田刚和王焰玲，2002）。

用启动子探针型载体 PSUPV1 从环状芽胞杆菌菌株 C-2 中克隆到一个具有强启动功能的 2.4kb 片段 BC6，对该片段进行进一步缺失分析表明，其 3′端约 0.7kb 片段具有单独的基因启动子功能，序列分析表明 BC6 片段 3′端有典型的原核生物的基因启动子结构，现有 BC6 的 5′端的 1.2kb XHi I 片段重组于 PBR322 的 Eco R I 位点，观察其对两侧具有不同转录方向的 Amp^r 与 Tc^r 基因表达的影响。结果表明，该片段能显著地增强或衰减与其紧密相连的 Tc^r 基因的表达，但对 Amp^r 基因的表达却无明显的影响（董晓明和王晓飞，1998）。将来源于菌株 C-2 中增强子样 DNA 片段插入质粒 pCHT1 的几丁酶基因 5′端，构建成重组质粒 pCHTX$^+$ 和 pCHTX$^-$。将含 pCHT1、pCHTX$^+$ 和 pCHTX$^-$ 质粒的大肠杆菌转化子分别点种在几丁质平板上，不同菌株产生了不同大小的水解圈。利用比色法测定不同菌种的几丁酶活性发现，在大肠杆菌中，该片段的插入可促进几丁酶基因的表达，而在枯草芽胞杆菌中没有明显的增强作用（王海燕等，2002）。

三、环状芽胞杆菌相关酶的研究

采用单因素及均匀实验设计确定了将环状芽胞杆菌胞壁溶解酶用于红发夫酵母破壁提取虾青素的最佳酶作用条件，即粗酶液 pH 为 5.0、体积为 33mL（酶量 1603.8U/g 干酵母）、温度 37℃、100r/min 振荡反应 16.5h，虾青素的提取率可达 98% 以上。通过对不同方法提取所得虾青素的光、热稳定性进行测试，发现酶法提取的虾青素不论是在光照还是在加热条件下均比机械法及酸法破壁提取所得的虾青素稳定（塞华丽等，2006）。

将环状芽胞杆菌中的乳糖酶基因在大肠杆菌中进行了高效表达，并测定了表达的乳糖酶的基本酶学性质。结果表明，表达的乳糖酶有生物学活性，但与来源于环状芽胞杆菌的原始酶相比，其酶促反应的最适 pH、最适温度、K_m 值，以及酶的 pH 稳定性和温度稳定条件等酶学性质均有较大变化。表达的乳糖酶最适 pH 为 5.0，最适温度为 37℃，而原始酶为 55℃；其耐酸性、耐热性及对金属离子的抗性等方面比原酶有所提高；而且表达的乳糖酶 K_m 比原始酶小 1/285、V_{max} 比原始酶大 5.4 倍，表明经大肠杆菌表达的乳糖酶有较高的底物亲和力，酶促反应效率更高。从乳糖酶的单位表达量来看，原始酶在环状芽胞杆菌的表达量为 20.98U/mL，而在大肠杆菌中的表达量提高到 33.10U/mL（王元火等，2003）。

为了克服传统沤麻工艺的不足，提高沤麻的效率，以亚麻原茎为菌种筛选的来源，通过初筛、复筛得到了一株产果胶酶和木聚糖酶活性较高、不产纤维素酶的脱胶菌株 A6；摇瓶脱胶试验表明，A6 菌能 24h 完成亚麻脱胶；脱胶后，纤维残胶率为 20.63%，胶质脱除率达 38.80%，比天然水脱胶高出 11%；该菌株初步鉴定为环状芽胞杆菌（黄小龙等，2004）。为了开发亚麻酶法脱胶新技术，提高高效脱胶菌株 A6 产果胶酶的能力，对影响环状芽胞杆菌菌株 A6 的产酶条件进行了研究，结果表明，A6 的最佳产酶条件为：亚麻茎粉 7%，硫酸铵 1%，磷酸氢二钾 0.15%，pH7.5，温度 35℃，菌龄 24h，接种量 5%，250mL 三角瓶装液量 70mL，摇瓶转速 200r/min，产酶时间 20h，果胶酶酶活高达 7800U/mL，适合亚麻沤麻酶制剂的开发研究（黄小龙等，2004）。

为探明环状芽胞杆菌果胶酶及木聚糖酶的催化特性，更好地发挥它们的催化性能，从 pH、温度、底物浓度、反应时间、离子浓度几个方面研究了环状芽胞杆菌 A6 中果胶酶与木聚糖酶活性测定的最适方法。结果表明，果胶酶活性测定的最适条件是：0.5%的果胶溶液用 pH10.5 的 0.2mol/L 甘氨酸-氢氧化钠缓冲液配制，测定温度 45℃，酶反应时间 5min。木聚糖酶活性测定的最适条件是：0.8%的木聚糖溶液用 pH7.0 的 0.2mol/L 磷酸缓冲液配制，测定温度 55℃，酶反应时间 10min（李立恒等，2005）。

在细菌乳糖酶的菌株筛选过程中发现，邻硝基苯 β-D-半乳吡喃糖苷（ONPG-hydrolyzing activity, OHA）水解能力与乳糖水解能力（lactose-hydrolyzing activity, LHA）的比值为 1.3～32.2，表明 OHA 与 LHA 差异很大，无相关性。对环状芽胞杆菌的乳糖酶研究发现，Na^+ 和 K^+ 能不同程度地促进 OHA 和 LHA；Mg^{2+} 能增强 OHA，对 LHA 却表现出抑制作用。酶作用于硝基苯基-O-半乳吡喃糖苷（O-Nitrophenyl-Galactopyranoside, ONPG）和乳糖的最适 pH 和温度也存在差异。在一定反应体系中，OHA/LHA 的值随反应条件的变化而不同，因此评价 LHA 会对酶的实际应用带来很大影响（秦燕和宁正祥，2002）。

四、环状芽胞杆菌用于植物病害的生物防治

从北京地区的土样、沙样和水样中分离并纯化了产生几丁质酶的菌株，其中 CT14 含几丁质酶活性最高；对其细胞形态、菌落特征的观察和生化特性检测，证明该菌株是环状芽胞杆菌，其几丁质酶粗提液能抑制多种植物病原真菌的生长，表明它对植物病原真菌的拮抗作用具有广谱性（檀建新等，2001）。从健康烟草叶片中筛选出一株产几丁质酶活性较高的内生细菌 FEC-1，经 16S rDNA 基因序列和菌株生理生化特征分析，确定该菌株为环状芽胞杆菌。对 FEC-1 菌株产酶发酵条件研究表明，该几丁质酶是诱导酶，最佳氮、碳源是酵母膏和 2g/L 单糖或二糖，多糖效果相对较差，最适初始 pH 为 9.0 左右，最适温度为 30℃左右。在优化条件下，摇瓶培养 60h 时产酶达 123.16U/mL（杨水英等，2007）。

从山西太谷、运城采集的油菜中分离得到 40 株植物内生细菌，经过初步筛选得到具有生防潜力的菌株 yc8，该菌株发酵产物对多种植物病原真菌有强烈的抑制作用，并对其发酵产物的特性进行了进一步的研究。结果表明，yc8 在发酵培养 20h 时，菌液的吸光值达最大值 1.68，其蛋白质浓度也达最大值 0.48mg/mL；在发酵培养 48h 时，其发酵滤液对向日葵菌核病菌的抑菌率达到最大值，为 83.0%。发酵液对热和紫外线具有较强的稳定性；在 pH6～9 的溶液里抑菌活性较稳定；在极酸极碱条件下抑菌活性丧失；对氯仿的稳定性较差（刘萍等，2007）。

从山西太谷、运城采集的油菜中分离得到 40 株植物内生细菌，经过初步筛选得到具有生防潜力的菌株 yc8，经鉴定其为环状芽胞杆菌，对其生物学特性、生防作用、发酵条件、促生作用及诱导植物抗病性进行了研究，结果表明，经油菜内生细菌 yc8 发酵液处理后，植物体内丙二醛（MDA）的含量减少，超氧化物歧化酶（SOD）、过氧化物酶（POD）和苯丙氨酸解氨酶（PAL）有不同程度的升高，从而提高了植物对病害的抵御能力（邢鲲等，2010）。

为明确从番茄植株体内筛选出的内生环状芽胞杆菌菌株 Jcxy8 对番茄灰霉病菌的抑菌作用及防病的生理生化机制，采用平板打孔法测定了菌株 Jcxy8 对灰霉病菌（*Botrytis cinerea*）的拮抗力。结果表明：菌株 Jcxy8 对灰霉病菌的抑菌圈直径为 35.6mm，抑菌圈边缘的产孢抑制率达 66.9%。当菌株培养滤液浓度为 40% 时，病菌孢子萌发完全被抑制。镜检发现抑菌圈周围的菌丝（或芽管）细胞消融，生长扭曲，中间或顶端膨大呈泡囊状。菌株 Jcxy8 与灰霉病菌同时处理的番茄果体内可溶性蛋白质含量比清水对照处理高 12.7%，比单独接种灰霉病菌处理高 39.1%；SOD、POD、CAT 活性均较只经病菌处理低；$O_2^{·-}$ 产生速率比清水对照和病菌处理低，而比菌株 Jcxy8 处理高。这说明菌株 Jcxy8 对番茄果实有明显的诱导抗病作用（王美琴等，2010）。

五、环状芽胞杆菌用于动物益生菌

益生芽胞杆菌是指那些对动植物不但无害，反而有利于增进健康生长的芽胞杆菌。目前用于畜禽养殖的芽胞杆菌菌剂和种类主要有蜡状芽胞杆菌、枯草芽胞杆菌、纳豆芽胞杆菌、凝结芽胞杆菌、环状芽胞杆菌、巨大芽胞杆菌、坚强芽胞杆菌、短小芽胞杆菌、东洋芽胞杆菌等（何若天，2011）。

选用 300 只体重均匀且健康的 1 日龄 AA 肉鸡，随机均分为 3 组，即对照组和试验 Ⅰ组、试验 Ⅱ组，各组均饲喂玉米-豆粕型基础日粮，以检验环状芽胞杆菌菌株 WXY-100 发酵产品与和美酵素在功能上的相似性。试验期为 49d，观察添加物对肉鸡体重均匀度及其他方面的影响。结果表明，试验 Ⅰ 组对肉鸡体重均匀度的改进率最高达 26.52%，试验 Ⅱ 组最高达 17.44%，同时，发酵产物在降低料肉比及死亡率方面也有一定的作用（杨新建等，2007）。

第八节 吉氏芽胞杆菌

一、吉氏芽胞杆菌产果胶酶特性

以吉氏芽胞杆菌（*Bacillus gibsonii*）菌株 S-2 为出发菌株，经紫外线诱变育种，得到产碱性果胶酶较高的新菌株 2249。优化后的固态培养基为甜菜粕 5g、酵母膏 0.15g、KH_2PO_4 0.0075g、Na_2CO_3 0.12g、水 15mL，液体种子种龄为 24h，接种量为 2mL，培养温度为 35℃，培养时间为 72h，酶产率为 6.05kU/g（干甜菜渣），较出发菌株提高 68%。该酶的最适 pH10.0、最适温度为 55℃，NaCl、$MgSO_4$、$CaCl_2$、KCl 对酶活有明显激活作用，$CuSO_4$、$ZnSO_4$ 对酶活有明显抑制作用（李祖明等，2008）。

发明专利《一株高产碱性果胶酶的吉氏芽胞杆菌（*Bacillus gibsonii*）》提供了一株高产碱性果胶酶的吉氏芽胞杆菌菌株 S-2，并提供了一种利用该菌株固态发酵制备果胶酶的方法（白志辉等，2005）。

二、吉氏芽胞杆菌用于生物防治

对碱性果胶酶诱导黄瓜抗病作用进行了研究。结果表明，吉氏芽胞杆菌菌株 S-2 和克劳氏芽胞杆菌菌株 S-4 发酵生产的碱性果胶酶对黄瓜黄化苗具有诱导抗病作用。在不同酶活的处理中，S-2（200U/mL）和 S-4（20U/mL）碱性果胶酶对黄瓜叶和茎上黑星病的病情指数降低最多，其诱导防病效果分别达 73.7%、80.0%和 80.6%、86.6%。pH 变化对碱性果胶酶的诱导抗病作用影响显著。碱性果胶酶 S-2（200U/mL）和 S-4（20U/mL）在 pH8.0 时诱导防病效果较好，它们对黄瓜叶和茎上黑星病的诱导防病效果分别达 64.8%、78.5%和 75.0%、87.8%（李祖明等，2008）。

第九节 假蕈状芽胞杆菌

一、假蕈状芽胞杆菌纤溶酶成熟肽基因的原核表达

为进一步探讨全长基因和成熟肽基因的关系，根据已发表的假蕈状芽胞杆菌（*Bacillus pseudomycoides*）34kDa 纤溶酶全长基因 DNA 序列（GenBank FJ463037）和纤溶酶活性位点的位置，设计合成一对引物，扩增得到纤溶酶成熟肽基因 G（951bp 编码 317 个氨基酸），连接 pET-28a 构建 pET-28a-G 载体，热激转化大肠杆菌 BL21，成功获得 pET-28a-G/BL21 工程菌，终浓度为 1mmol/L 的 IPTG 诱导表达，经 SDS-PAGE 检测表达在胞内的融合蛋白，融合蛋白表观分子质量约为 40kDa，符合所预测的结果。诱导菌体超声破壁后用纤维蛋白平板法检测表达产物具有纤溶酶活性，镍柱亲和层析纯化后的目的产物仍保留纤溶活性（刘慧娟等，2011）。

二、假蕈状芽胞杆菌的纤溶酶的基因克隆

将来自假蕈状芽胞杆菌的纤溶酶基因克隆至表达载体 pGEX-4T-2 中，并在大肠杆菌中表达。SDS-PAGE 结果显示胞内含有表达条带，表达产物的相对分子质量大小为 9.8×10^4，比预计的相对分子质量（9.0×10^4）稍大，酪蛋白平板法测定结果显示，以 1.0mmol/L IPTG 26℃和 30℃诱导 5h，重组细胞内蛋白质有活性（郭晓军等，2011）。

三、假蕈状芽胞杆菌纤溶酶的分离纯化与性质分析

血栓栓塞性疾病（thrombotic disease，TD）发病率、致残率、致死率都比较高，已成为严重危害人类健康的疾病之一。药物溶栓是目前临床应用最广泛、最有效的治疗手段。溶栓剂已发展了 3 代，但依然存在一定的缺陷，仍有待开发安全有效的新型溶栓剂。为从微生物中开发出一种新型溶栓剂，从自然界分离的一株胞外产纤溶酶的芽胞杆菌菌株 B-60，通过对它的形态、生理生化特征进行研究，对其 16S rDNA 序列进行测定与比对，发现菌株 B-60 与假蕈状芽胞杆菌的形态、生理生化特征相符，与其 16S rDNA 序列也有高达 99.38% 的同源性。根据多相分类原则，认为菌株 B-60 为假蕈状芽胞杆菌。采用单因子试验和正交试验对产纤溶酶的假蕈状芽胞杆菌菌株 B-60 的发酵条件进行优化。产纤溶酶最佳条件为：蔗糖 15g/L，豆饼粉 15g/L，$MnSO_4 \cdot H_2O$ 3.4g/L，$CaCl_2$ 3.3g/L，$K_2HPO_4 \cdot 3H_2O$ 0.8g/L，KH_2PO_4 0.2g/L，$MgSO_4 \cdot 7H_2O$ 7.4g/L；培养温度 32℃，培养基初始 pH6.5~7.0，装液量 250mL 的三角瓶 50mL，接种量 2%~6%，发酵时间 56h 左右。Ca^{2+}、Mg^{2+}、K^+、Mn^{2+} 对酶活有促进作用，Zn^{2+}、

Fe^{2+}对酶活有强烈抑制作用。优化后,点样 10μL 发酵液溶圈直径为 19.5mm,溶圈面积为 298mm²。利用硫酸铵沉淀和阴离子交换色谱从假蕈状芽胞杆菌菌株 B-60 中分离纯化出具有纤溶活性的单体蛋白单一组分(BpFE),并对 BpFE 性质进行分析。BpFE 表观分子质量为 34kDa;它在 4~50℃活性较稳定,50℃以上活性急剧下降;作用最适 pH 为 5~6,在 pH5~10 活性较稳定,在 pH3.0 时活性几乎丧失;金属离子 Ca^{2+}、Mg^{2+}、Mn^{2+} 对酶活有轻微促进作用,Cu^{2+} 则强烈抑制酶活。苯甲基磺酰氟(PMSF)完全抑制它的活性。BpFE 经胰蛋白酶和胃蛋白酶降解后,活性上升。N 端 15 个氨基酸序列为 VTGTNAVGTGKGVLG,比对结果表明,BpFE N 端氨基酸序列与蜡状芽胞杆菌、苏云金芽胞杆菌、炭疽杆菌和乳杆菌的芽胞杆菌纤溶素(bacillolysin)、中性蛋白酶(neutral protease)、水解酶(hydrolase)的一部分序列同源性为 100%(顾昌玲,2008)。

第十节 坚强芽胞杆菌

一、坚强芽胞杆菌作为虾病原菌

对虾夷马粪海胆"黑嘴病"进行了初步的研究。经分离、纯化后鉴定黑嘴病的病原菌为坚强芽胞杆菌(*Bacillus firmus*)。该菌为革兰氏阳性杆菌,大小为(0.6~0.7)μm×(0.8~1.0)μm。可在 1%~7% NaCl 中生长,最适盐度 2~3;最适 pH 为 7~8;生长温度为 8~26℃,最适生长温度为 15℃。该菌对磺胺甲基异恶唑、复方新诺明和头孢噻肟等抗生素敏感,可用之治疗(李太武和王仁波,2000)。

二、坚强芽胞杆菌的基因克隆

以 pUC18 为载体,用鸟枪法从产淀粉水解酶的坚强芽胞杆菌菌株 725 中克隆、筛选得到 3 个产淀粉水解酶的重组质粒,并在大肠杆菌中表达。用高压液相色谱分析了 3 个表达酶的淀粉水解产物,其中 PBA135 和 PBA150 表达的酶的淀粉水解产物主要是麦芽糖,具 β-淀粉酶的性质。PBA140 表达的酶的淀粉水解主要产物除麦芽糖外还有二糖、三糖和四糖。PBA135 编码的酶有较好的热稳定性,60℃保温 30min,活性保留 70%以上,最适反应温度为 55~60℃;而在同样条件下 pBA150 编码的酶仅保留 37%的酶活,最适反应温度为 50℃(陈炜等,1997)。

三、坚强芽胞杆菌色素和酶的分离

从武汉东湖中分离出一株高产胞外黑色素的细菌 BFHM2002。菌株 BFHM2002 具有产黑色素速度快、产量高且不需要酪氨酸诱导等优点;而且经酪氨酸诱导可显著提高 BFHM2002 胞外黑色素的产量,初步鉴定 BFHM2002 为坚强芽胞杆菌。鉴于 BFHM2002 的产黑色素特性,将成为芽胞杆菌属的一个菌种资源(倪丽娜,2004)。

经初筛和复筛,从土样中分离、筛选到碱性磷酸酶产生菌 M 和 M-新,通过形态特征和 16S rDNA 的序列同源性分析鉴定菌株的属种,结果显示 M 为坚强芽胞杆菌,M-新为芽胞杆菌。同样培养条件下,在单位体积发酵液中,M 和 M-新所产碱性磷酸酶的活性分别是枯草芽胞杆菌 AS1.398 的 1.34 倍和 1.51 倍(王素芳等,2010)。

四、坚强芽胞杆菌用于植物病害的生物防治

采用 3 层琼脂法初选对枯斑盘多毛孢（*Pestalotia funerea*）有抗生作用的细菌菌株共 10 株，其中 4 株假单胞菌（*Pseudomonas* spp.）对枯斑盘多毛孢的抗生作用小于 6 株芽胞杆菌（*Bacillus* spp.）；在芽胞杆菌属中，以菌株 B5 拮抗带最大，初步鉴定该菌株为芽胞杆菌属的坚强芽胞杆菌；对峙培养显示 B5 对枯斑盘多毛孢有明显的抑菌圈（平均 6mm）；B5 产生的非挥发性物质对枯斑盘多毛孢菌落抑制的总的表现为稀释度越小，菌落直径生长越小，抑制作用越大，抑制中量为 1：1000～1：10 000；B5 产生的多糖、粗脂肪、蛋白质对枯斑盘多毛孢孢子萌发有抑制作用，粗脂肪可完全抑制枯斑盘多毛孢的孢子萌发（抑制率为 100%）；多糖在 24h 可完全抑制孢子萌发，蛋白质相对较差，48～72h 抑制率为 85%左右（谯天敏等，2006a）。病害生物防治，具有无污染、不诱导抗药性、防效持久等特点，是植物病害控制的主要方向，也是综合治理的一个重要环节。立枯丝核菌（*Rhizoctonia solani*）、腐皮镰孢菌（*Fusarium solani*）、腐霉菌（*Pythium* sp.）是引起林木幼苗立枯病的 3 种主要病原菌，近年来，苗圃中广泛使用化学药剂防治这类病害，严重破坏了林业生态系统，并对环境造成污染，因而探索无公害、无污染的生物防治措施是植物病害综合治理中的重要课题。以从松苗圃土壤中分离纯化出的一株具有拮抗活性的坚强芽胞杆菌为研究对象，探索了坚强芽胞杆菌对立枯丝核菌、腐皮镰孢菌、腐霉菌的拮抗作用机理。结果表明，该环状芽胞杆菌产生的挥发性代谢产物对丝核菌、腐皮镰孢菌、腐霉菌的抑制率较低，但非挥发性物质对上述 3 种病原菌的抑制作用较强，其中又以对腐霉菌的抑制作用为最强；该菌产生的非挥发性抗菌物质可使立枯丝核菌菌丝畸形，细胞崩溃、菌丝断裂、内含物外泄，菌丝变得皱缩干瘪，从而丧失对植物的侵染能力（朱天辉和刘富平，2007）。

从松材线虫虫体上分离到两个细菌菌株：GD1 和 R，经鉴定，菌株 GD1 为坚强芽胞杆菌。利用水培马尾松离体松枝作接种材料，接种消毒后的松材线虫（Bx）、GD1、R、Bx+GD1 和 Bx+R。结果表明，松材线虫和坚强芽胞杆菌混合接种，松枝发病，松枝流脂减少至停止，蒸腾作用降低；单独接种松材线虫或坚强芽胞杆菌，松枝不发病；菌株 R 对松材线虫病的发生没有影响。提出松材线虫及其伴生细菌均是松材线虫病不可缺少的致病因素（谈家金等，2008）。

盆栽试验结果表明：用坚强芽胞杆菌菌株 B-305 的发酵液浸泡马尾松种子和在灭菌土中施入不同量的绿粘帚霉的厚垣孢子粉剂，对马尾松幼苗在出苗前和出苗后的发病率都有明显影响，并能使病害得以减轻；防病效果随施入土壤中的厚垣孢子量的增加而加强；2 种生物拮抗菌对松苗都有促生作用，其中联合处理与对照相比，松苗高生长最大可提高 57%；生物防治持效期试验（半年后重新播种）显示，复合拮抗菌处理的防病效果仍然最高，但绝对值有所下降，为 55.6%（刘富平和朱天辉，2008）。对 6 种高盐酱菜坯进行微生物分离培养，分离 3 株 G^- 杆菌、6 株 G^+ 芽胞杆菌和一株酵母菌，根据芽胞杆菌的生理生化试验结果，初步鉴定其分别为坚强芽胞杆菌、嗜热脂肪地芽胞杆菌（*Geobacillus stearothermophilus*）和巨大芽胞杆菌（*Bacillus megaterium*）（王敏等，2003）。

在对土壤有益微生物的分离、筛选中获得一株拮抗细菌 Bf-02,该菌对多种植物病原真菌具有较强的抑菌活性。通过对菌株的培养性状、形态特征、生理生化特性等试验项目研究,初步鉴定该菌株为坚强芽胞杆菌。采用平板对峙培养法测定菌株 Bf-02 抑菌活性,结果表明菌株 Bf-02 对供试的 14 种植物病原真菌,除花生白绢病菌（*Sclerotium rolfsii*）外,都具有抑菌活性。其中对核桃炭疽病菌（*Colletotrichum gloeosporioides*）、小麦根腐病菌（*Bipolaris sorokiniana*）、玉米小斑病菌（*Bipolaris maydis*）效果最好,与其他处理在 $P<0.05$ 水平上具有显著性差异（王清海等,2010）。

生防拮抗菌绿粘帚霉（*Gliocladium virens*）与坚强芽胞杆菌对松赤枯病的协同控制显示:①预先接种病原菌、7d 后再进行生物防治处理,防治效果在处理间差异不明显,浓度影响无显著差异,即使是两种生防制剂联合使用也未显著提高其防效,但不同树种间的感病性有明显差异。②拮抗菌与病原菌同时接种,对松赤枯病有一定的防治效果,两菌联合有一定的协同作用,两种菌单独施用防效差异不显著,浓度变化对防效影响不大。③预先接种拮抗菌能显著提高防治效果,两种菌联合处理防效更优,感病树种（马尾松、云南松、油松）的感病指数可降至 13~15,抗病树种的感病指数可控制在 3%左右；坚强芽胞杆菌与绿粘帚霉间无显著差异,在同一浓度下,坚强芽胞杆菌与绿粘帚霉无显著差异,在同一拮抗菌下,浓度越高,防效越高。④3 种生防接种方式的平均效果分析表明,绿粘帚霉最高平均防效 49.5%（黑松）,坚强芽胞杆菌为 50%（辐射松）,两菌联合最高平均防效 80%（辐射松）；在同一树种条件下,"预先接种拮抗菌"的方式显著高于"拮抗菌与病原菌同时接种"和"预先接种病原菌",而"拮抗菌与病原菌同时接种"的方式也明显优于"预先接种病原菌"。从防治效果的绝对值来看,"预先接种病原菌"方式在实际生产中表现为病害已发生再进行生防菌处理,这种情况对松赤枯病的控制无实际意义（谯天敏等,2006b）。

2007 年 4 月 16 日,美国宣布收到了一份申请,该申请要求免除所有食品内/表微生物农药——坚强芽胞杆菌菌株 1-1582 的残留限量（佚名 4,2008）。

五、坚强芽胞杆菌用于污染治理

利用选择性富集培养及升华法,从石油污染的土壤中分离到 2 株菲降解细菌,它们在以菲为唯一碳源的培养基上生长良好。应用 BIOLOG 细菌鉴定系统和分子生物学方法对 2 株细菌进行鉴定,2 株菌分别为坚强芽胞杆菌和木糖氧化无色杆菌反硝化亚种（*Achromobacter xylosoxidanssub* sp. *denitrificans*）,2 株菌均具有邻苯二酚氧化酶活性。2 株细菌在液体培养条件下都表现较强降解菲的能力,液体培养 60h 约 90%的加入菲被降解。通过测定液体培养基中菲浓度和菌体密度变化发现,菌株降解菲的量与其生长密度相关；随着菌体浓度（吸光度）的增加,代谢底物菲的浓度明显降低,2 株菌混合使用能够大幅度提高降解菲的能力（武凤霞等,2007）。

分别对新鲜的和 37℃/24h 储藏后的葡萄糖酸内酯豆腐（GDL 豆腐）中最普遍的菌落进行分离、纯化,发现二者中存在的主要微生物不同；新鲜的充填豆腐中以坚强芽胞杆菌为代表的芽胞杆菌为主；在 37℃存放 24h 以后的豆腐中以屎肠球菌（*Enterococcus faecium*）为主。为确定这些腐败菌的来源,研究了豆腐制作过程中微生物的种类和数量的变化,实验结果表明,在 GDL 豆腐生产过程中,熟浆中微生物含量极少,但灌装后细菌总数急剧上升,保温成型(二次杀菌)不能使细菌总数呈下降一个对数单位;芽孢杆菌和屎肠球菌主要来源于大豆原料中,在 GDL 豆腐生产的各工序几乎都能检测到;经过清洗和不清洗的大豆样品,在 85℃恒温水浴锅中保温 15min,然后检测大豆中残存的耐热微生物。结果表明,在这两个样品中都含有少量的芽孢杆菌和大量的屎肠球菌,对大豆原料进行清洗可以显著降低耐热菌的残存量(李博和籍保平,2006)。

六、坚强芽胞杆菌用于动物益生菌

比较了坚强芽胞杆菌菌株 ZOU4 对数期细胞和芽胞在不同加菌量、次数及不同幼体期加菌对凡纳滨对虾(*Litopenaeus vannamei*)幼体无节Ⅲ期到溞状Ⅱ期变态的影响。结果表明,多次加入高数量对数期细胞或芽胞对无节Ⅲ期到溞状Ⅱ期幼体变态具有极显著($P<0.01$)促进作用,且对数期细胞效果明显高于芽胞,溞状Ⅰ期之前比其后加菌效果更显著($P<0.05$),但对无节Ⅲ期变态到溞状Ⅰ期影响不明显($P>0.05$)(温崇庆等,2006)。

第十一节 耐盐芽胞杆菌

一、耐盐芽胞杆菌的发酵技术

研究了各种碳源、氮源、pH、通风量等工艺条件对耐盐芽胞杆菌(*Bacillus halodurans*)菌株 V-5 产酶酶系的影响,通过酶在表面活性剂中的实验,分析不同表面活性剂对酶系中各组分的影响,初步研究酶系与去污力的关系,认为除以内切酶为主外,酶系中另两个组分,在去污效果中的辅助作用不容忽视(田亚平和全文海,1998)。

二、耐盐芽胞杆菌产碱性淀粉酶特性

从近百份土样、水样中,筛选出一株产碱性淀粉酶的耐盐芽胞杆菌菌株 BC-A36,该菌株在碱性培养基上生长良好,最适生长 pH 为 9.5~11.0。起始 pH10.0~11.0,34℃摇瓶发酵 36h 酶活力达 418U/mL。酶的作用温度为 20~45℃时,最适作用 pH 在 10.0 左右(刘建军和姜鲁燕,1996)。

三、耐盐芽胞杆菌产纤维素酶特性

绝大多数纤维素酶的最适 pH 都在酸性和中性范围,当添加到洗涤剂中,由于处于碱性环境而无活力,不能发挥作用,近年来,国内外对由耐盐芽胞杆菌产生的碱性纤维素酶(CMCase,EC3.2.1.4)进行了广泛的研究。对该酶产生菌株的筛选和培养条件、酶学性质,以及该酶基因的克隆和表达等方面的研究进行综述;并对我国目前未能实现该酶工业化原因进行了初步分析,并提出解决途径(高红亮等,2002)。从贵州、云南、海南、安徽、四川、辽宁等地采集碱性土样,分离筛选到一株能稳定产生碱性纤维素酶的耐盐芽胞杆菌菌株 AH-8。研究表明,该菌株最适产酶温度为 37℃,最适发酵时间为 36h;采用均匀设计法对其发酵培养基进行优化,优化后的培养基配方(%):淀粉

3.0，胰蛋白胨 1.5，牛肉膏 1.5，葡萄糖 0.3，KH_2PO_4 0.1；初始 pH10.0。在优化培养基条件下，其产酶量提高了 120%。碱性纤维素酶最适反应温度为 60℃；最适反应 pH10.0；0.01% Co^{2+} 对酶活力有一定激活作用（周丽娜等，2006）。

四、耐盐芽胞杆菌产木聚糖酶特性

筛选到一株高产 β-1,4-聚糖酶芽胞杆菌菌株 A-30，采用麸皮为主要碳源，尿素为主要氮源，在 pH8.5、温度 32℃条件下发酵 60h，最高木聚糖酶活可达 460U/mL，纤维素酶酶活最高可以达 1.21U/mL。Fe^{3+}、Fe^{2+}、Al^{3+} 可以促进纤维素酶的合成，而 Cu^{2+}、Zn^{2+}、Co^{2+}、Hg^{2+} 起抑制作用。多数的氨基酸可以很大程度上促进 β-1,4-聚糖酶的合成，在 15L 发酵罐进行放大，使发酵周期提前了 30h，并且木聚糖酶活比摇瓶发酵提高了 1.5 倍（陈士成等，2000）。

五、耐盐芽胞杆菌产环糊精葡糖基转移酶特性

通过对一种强碱性环糊精（cyclodextrin，CD）葡糖基转移酶的纯化、酶学性质和转化特性研究，探索改进和提高环糊精生产效率的工艺。从一株碱性土壤来源的新型产环糊精葡糖基转移酶的耐盐芽胞杆菌，运用乙醇沉淀、DEAE-Sepharose 和 HiTrap-Q 离子交换柱层析等蛋白质分离纯化技术对该酶进行了纯化，测定了其酶学性质，并对其转化特性进行了研究。经过微生物发酵和 3 步纯化，获得表观电泳纯的酶蛋白，纯化倍数为 51.4，收率约 9.2%。该酶的最适反应温度为 50℃。酶的最适作用 pH 约为 10，并且在 pH6~12 条件下均较稳定。用 5% 可溶淀粉作底物进行转化，转化率约 40%。产物中 β-CD 的比例从 84% 提高到 95%。该酶是适宜高 pH 的环糊精葡糖基转移酶，专一性转化生产 β-CD 的能力优良，具有工业化应用的潜力（王俊英等，2008）。

第十二节 胶冻样芽胞杆菌

一、胶冻样芽胞杆菌的生物学特性

从山西地区褐土中筛选出 6 株胶冻样芽胞杆菌（*Bacillus mucilaginosus*），以辽宁菌种保藏中心提供的胶冻样芽胞杆菌（编号 K0）为参照菌株，对其形态学、生理生化特性、耐盐性、耐酸碱性、温度敏感性等特性进行了测定。结果表明，这些菌株均为革兰氏阴性杆菌，产生圆形芽胞和丰厚的荚膜，菌落透明隆起，黏性强；接触酶试验呈阳性，能水解淀粉，VP 阴性，不产生吲哚。K5、K0 在 3% NaCl 浓度的培养基上能生长；在 25~30℃下，供试胶冻样芽胞杆菌均能良好生长。该研究可为高效胶冻样芽胞杆菌菌株材料的获得及研制生物钾肥提供实践及理论基础（张晓波等，2010）。

荚膜是细菌的重要附属物，细菌有无荚膜及荚膜物质厚度和化学组成是其重要特征之一；染色和观察荚膜形态是微生物研究中的基本技能，但荚膜的低折光性与亲和染料能力差等特性，使其不易着色，制作一张好的荚膜染色玻片需要正确的染色方法和一定的熟练程度。胶冻样芽胞杆菌以其肥厚荚膜为显著特征，该菌的许多有益特性都与其产生肥厚荚膜有密切关系。以该菌为试验对象，尝试采用 7 种负染方法对荚膜进行染色；

结果表明：在 7 种染色方法中，墨汁染色法和刚果红盐酸染色法简便、快速且效果较好（凌云等，2007）。通过直接测序 PCR 产物的方法，获得了絮凝剂产生菌 Lv1-2 的 16S rRNA 基因序列，通过 Blast 比对和系统进化树分析，将该菌鉴定为胶冻样芽胞杆菌。对该菌产生的絮凝剂的热稳定性和助凝剂 $CaCl_2$ 的投入量进行了研究。结果表明，$CaCl_2$ 有较好的促进絮凝的作用，絮凝率可提高 10%；在 30～90℃内絮凝剂有较好的热稳定性（曾晓希等，2008）。

二、胶冻样芽胞杆菌的发酵技术

采用摇瓶振荡培养和电镜分析，研究了胶冻样芽胞杆菌菌株 JXF 在发酵培养过程中产生代谢产物的种类、能力及其对钾长石中硅的浸出效果。结果表明，在含有石英粉的培养基中，菌株 JXF 可合成有机酸、氨基酸、多糖等代谢产物并稀释于发酵液中。发酵液中 4 种有机酸（草酸、柠檬酸、酒石酸、苹果酸）的含量随发酵时间延长逐渐降低，说明细菌又以它们为营养物进行生长繁殖；在不同发酵期菌株 JXF 合成的氨基酸种类不同，而无氮或含石英粉的培养基有利于细菌大量合成多糖类物质。代谢产物摇瓶浸矿试验表明，有机酸、氨基酸、多糖等均具有配合矿物中各种金属离子的有机基团并有一定的酸溶作用，均可破坏钾长石晶格结构，并释放出其中的铝、硅。在浸出硅酸盐矿物时，代谢产物具有协同作用，三者的混合物的浸矿效果明显优于它们单独作用时的效果（孙德四等，2008）。摇瓶单因素条件试验与正交试验结果表明，在 pH7.2、矿浆浓度 20%、温度 30℃和细菌接种量 15%的条件下，JXF 菌种脱硅效果最好。在细菌浸矿过程中，应尽量接种芽胞生成率较低时的细菌，试验表明细菌在培养的前 4d，芽胞产生率低，活性高。单独摇瓶浸矿试验采用了 4 种不同的浸出方式，其中利用预先在含被浸矿样和蔗糖的培养基中培养的菌种，然后在有糖的培养基质中对矿样进行浸出，硅的浸出率最高，从各种矿样中浸出的硅为 25.7%～65.3%，比其他浸出方式高 10% 以上。而连续浸出工艺表明，菌株 JXF 的脱硅率为 34.8%～86.3%，且浸矿时间由 7d 缩短到 5d（孙德四等，2007）。

对胶冻样芽胞杆菌菌株 PM13 进行了培养基成分的优化，考察了培养基各组分对菌体生长和发酵液黏度的影响。由单因素、正交和均匀实验结果可知，碳源和氮源种类的影响最显著，优化的培养基配方为：糖蜜 3.67g/L，淀粉 5.5g/L，豆粕粉 7.0g/L，$CaCO_3$ 8.5g/L，$K_2HPO_4 \cdot 3H_2O$ 2.0g/L，$MgSO_4 \cdot 7H_2O$ 1.4g/L，NaCl 0.2g/L。在此配方中胶冻样芽胞杆菌芽胞生成量达 2.2×10^8 cfu/mL，且发酵液稠度系数显著降低到 0.028Pa·sn，可采用常规生物反应器进行规模化发酵（王雪等，2010）。对离子束诱变所获得的胶冻样芽胞杆菌突变菌株 021120 进行了培养条件和发酵工艺研究。单因子及正交试验结果表明，碳源对生物量和芽胞形成的影响最大，其次是氮源，磷和钾的影响较小；添加 $CaCO_3$ 和增加氧通量显著促进芽胞的形成。发酵培养基的理想配方为：2% 淀粉、0.4% 酵母、0.1% $K_2HPO_4 \cdot 3H_2O$、0.2% $MgSO_4 \cdot 7H_2O$、0.5% $CaCO_3$，pH7.5。种子菌经二级扩大培养后，按 6% 的接种量接入 70L 发酵罐，在 32℃ 进行发酵，氧通量 2.0～2.5vvm，培养周期 38～42h，芽胞量达 9.80×10^8 cfu/mL。通过以上培养基和发酵条件的优化，有效控制了多糖荚膜的产生，并促进了芽胞的形成，获得合格产品（胡秀芳等，2007）。

通过单因子及正交试验对一株胶冻样芽胞杆菌菌株 NS01 的培养基组成（C、N、生长因子、无机盐）及工艺条件（温度、起始 pH、装液量）进行了研究。结果表明比较理想的培养基配方为：葡萄糖 1%，硫酸铵 0.15%，酵母膏 0.01%，KCl 0.01%，$MgSO_4·7H_2O$ 0.01%，NaH_2PO_4 0.01%，$CaCO_3$ 0.1%；起始 pH7.5，26℃，装液量 50mL/250mL 锥形瓶。在此条件下活菌数可达 6.5 亿，是传统的胶冻样芽胞杆菌淀粉铵盐培养基下活菌数的 260%（刘五星等，2002）。通过单因子及正交试验，对一株胶冻样芽胞杆菌的培养基组成（碳、氮、生长因子、无机盐）及工艺条件（温度、起始 pH、装液量）进行了研究。结果表明，比较理想的配方是：糖蜜 2%、豆粕粉 0.5%、$MgSO_4·7H_2O$ 0.1%、$K_2HPO_4·3H_2O$ 0.05%、$CaCO_3$ 0.1%；起始 pH7.5，培养温度 36℃，装液量 30mL/250mL 锥形瓶。在此基础上利用 70L 发酵罐进行发酵，培养周期 33h，芽胞量可以达 $9.58×10^8$ cfu/mL，高于国家规定的液体菌肥 $5×10^8$ cfu/mL 的标准，解决了原配方不产芽胞的难题，培养周期缩短了一半（吴向华和刘五星，2006）。以胶冻样芽胞杆菌菌株 HM8841 作为出发菌株，通过紫外线诱变和突变菌株性能测定，选育出 3 株适合生产发酵的优良菌种。与出发菌株相比，突变株具有缩短发酵周期，提高发酵水平，增强芽胞抗逆性能等特点（肖湘政等，2006）。

三、胶冻样芽胞杆菌用于生物肥料

报道了胶冻样芽胞杆菌的分离、筛选及其对小麦苗期生长的作用，并对胶冻样芽胞杆菌的发酵培养基进行了优化。结果表明，胶冻样芽胞杆菌生长的最适培养基为：蔗糖 14g/L、Na_2HPO_4 1.5g/L、$FeCl_3$ 0.002g/L、$CaCO_3$ 1.5g/L、酵母膏 10g/L、自来水 1000mL，pH7.0~7.5；有机氮和无机铵态氮抑制胶冻样芽胞杆菌的生长，胶冻样芽胞杆菌液体培养物对小麦苗期生长具有促进作用（李文鹏等，2001）。对胶冻样芽胞杆菌菌株 YNUCC0001 16S rDNA 的 1481bp 片段与 GenBank 中最相似的 16 个分类单位进行了比较。最小进化法（minimum evolution，ME），不加权组平均法（unweighted pair group method with arithmetic mean，UPGMA），邻近结合法（neighbor joining，NJ），最大似然法（maximum parismony，MP）方法构建的系统发育树显示菌株 YNUCC0001 与胶冻样芽胞杆菌菌株 HSCC1605T、胶冻样芽胞杆菌菌株 1480D 及类芽胞杆菌属菌株 NBT 形成一个单系群分支。在 50L 全自动发酵罐中 30℃发酵 52h 后，菌株 YNUCC0001 产生的胞外生物多聚絮凝剂（EBF）达到最大产率（黏度 3420C.P.）。在 pH4.0，用量为 0.25mL/L 的条件下，这种 EBF 对高岭土悬浊液的絮凝活性最大（99.8%）；121℃高压灭菌 60min 后絮凝活性维持在 98.6%。Hg^{2+}、Ca^{2+}、Mg^{2+}、K^+、Zn^{2+} 对其絮凝活性有促进作用，而 Fe^{3+}、Al^{3+}、EDTA 和 Cu^{2+} 有强烈抑制作用（李文鹏等，2005）。

试验了胶冻样芽胞杆菌菌株 XDB1 和 D4B1 对烟草灰霉病菌（*Botrytis cinerea*）的抑制作用。结果表明，菌株 XDB1 和 D4B1 的发酵原液和无细胞提取物具有相同的抑菌效果，而经 121℃处理 30min 后，抑菌活性丧失。菌株 D4B1 的抑菌活性高于 XDB1，钾长石作为基质时的活性高于土壤矿物。但是，菌株 XDB1 和 D4B1 对立枯丝核病菌

(*Rhizoctonia solani*)、西瓜尖孢镰刀菌（*Fusarium oxysporum*）、腐霉（*Pythium* sp.）、小麦全蚀病菌（*Gaeumannomyces graminis*）、烟炭疽病菌（*Colletotrichum gloeosporioides*）、烟草赤星病菌（*Alternaria alternata*）、烟草黑胫病菌（*Phytophthora nicotianae*）、串珠镰刀病菌（*Fusarium moniliforme*）和水稻稻瘟病菌（*Pyricularia grisea*）无抑制作用（李文鹏等，2003a）。

胶冻样芽胞杆菌菌株 XDB1 经未灭菌的自然土壤驯化 4 个月后，在硅酸盐细菌分离培养基上培养 3d，菌落平均直径从 7.82mm 增加到 11.80mm，方差分析差异达到极显著水平；菌株 D481 驯化后，菌落平均直径从 7.17mm 增加到 15.63mm，方差分析差异也达到极显著水平。实验表明胶冻样芽胞杆菌在灭菌自然土壤中繁殖能力很好，可以将灭菌土壤作为保存胶冻样芽胞杆菌的基质（李文鹏等，2003b）。

报道了胶冻样芽胞杆菌对小麦苗期生长的作用，在用灭菌后的发酵液作对照的温室试验中，有活菌体的处理组长势比对照组明显好，其显著性达到 0.01 水平，该菌株有开发为生物菌肥的价值（蔡磊等，2001）。

胶冻样芽胞杆菌具有分解土壤矿物、释放钾素和水溶性磷的能力而被广泛用于微生物肥料的生产，为了解不同禾本科植物根际胶冻样芽胞杆菌的遗传多样性，利用简单重复序列间扩增（ISSR）标记对 31 份胶冻样芽胞杆菌材料进行遗传差异分析。从 100 条通用 ISSR 引物中筛选到 18 条重复性好、条带清晰的引物，31 份材料共产生 12 条，依据 ISSR 数据，利用非加权平均法（UPGMA）构建聚类树，将 31 份胶冻样芽胞杆菌材料分为主要的 2 个聚类；材料间的遗传相似系数值为 0.21～0.97；其中菌株 K04（山西太谷）与 K17（海南三亚），以及菌株 K08（北京）与 K25（海南文昌）之间的遗传相似系数最小（0.21），菌株 K03 与 K04 之间的遗传相似系数最大（0.97）；协表相关系数（r）为 0.94，表明聚类分析的结果与原遗传距离矩阵之间的拟合程度极高。利用主成分分析可将 31 个材料清晰地分为 3 个类群，与聚类树（GS=0.55）所得到的结论相一致。研究结果表明不同植物根际分离的胶冻样芽胞杆菌材料间表现出较为丰富的遗传多样性，同时表明菌株的聚类结果和其地域性分布之间呈现出较明显相关性（赵艳等，2010）。

胶冻样芽胞杆菌菌剂又称为硅酸盐菌剂，它是利用从作物根部筛选出来的解钾能力很强的硅酸盐细菌，采用特定的培养基，经工业发酵而成。土壤通过该菌的生命活动，增加植物营养元素的供应量，刺激作物生长，抑制有害微生物活动，有较强的增产效果，而且能有效预防干旱（佚名 5，2009）。利用土壤矿物为 K 源的硅酸盐细菌选择性培养基，从我国部分省市土壤中筛选到 30 株胶冻样芽胞杆菌，以辽宁菌种保藏中心胶冻样芽胞杆菌菌株 LICC 10201（编号 K31）为参照菌株，对其生理生化特性、耐盐性、耐酸碱性、温度敏感性及解 K 能力等生物学特性进行了测定。结果表明，30 株胶冻样芽胞杆菌菌体均为杆状，产生椭圆至圆形芽胞。其中菌株 K3、K9、K19、K31 为短杆状，30 株菌株均为 G^-。NH_4^+、NO_3^- 为良好 N 源，且能在无 N 培养基上生长。菌株 K5、K12 和 K31 解 K 能力较强，释放的 K 比不加菌液对照分别增加 2.39 倍、2.28 倍和 2.27 倍；菌株 K5、K11、K26、K31 在盐浓度 $w=3\%$ NaCl 的培养基上能生长；在 25～30℃ 内供试胶冻样芽胞杆菌均能良好生长；以上试验数据可为将来微生物肥料的研制提供必要的依据（赵艳等，2009）。

以从草地早熟禾（*Poa pratensis* L.）根际土壤中筛选得出 3 株胶冻样芽胞杆菌为试验材料，对其培养条件及典型生长曲线开展研究。结果表明，菌株在 10～45℃内均可生长，最适生长温度为 35～40℃；最适生长初始 pH 为 7.5～8.0；菌株 K7、K3、K5 的最佳通气量分别为 220mL、100mL 和 150mL；并在上述基础上经过进一步试验得到了菌株的典型生长曲线。试验数据对于了解掌握菌株的生长规律及作为生物菌肥加以利用具有重要的意义（赵艳等，2009）。

通过一系列方法从采集的土壤等样品中分离出一株芽胞杆菌，并对其进行了表形特性、培养特性、生理生化特性的鉴定，确认该菌为一株硅酸盐细菌，分类为胶冻样芽胞杆菌。此外，用原子吸收光谱分析和高效液相色谱，对培养液中的产物进行了测定。结果表明，这种硅酸盐细菌具有分解玻璃中钾的能力。在摇瓶培养 72h 后，水溶性钾的含量比对照物提高了 77%，这证明了硅酸盐细菌的确具有解钾的性能，可用于促进土壤中矿物性钾分解的微生物肥料的研制和生产（王平宇和张树华，2001）。

通过初筛、溶解硅酸盐矿物能力的分析和生物检验 3 个步骤，从蚯蚓肠道中分离得到一株不仅具有很强的溶解硅酸盐矿物的能力，而且对小麦幼苗生长有促进作用的细菌，经鉴定为胶冻样芽胞杆菌（编号为 RGBcl3）。将此细菌接种到土壤并进行番茄盆栽试验，发现该菌能在根际和非根际土壤中大量繁殖，根际区域有效磷钾含量大幅度提高，番茄生物量增加，磷钾吸收量也显著增加（林启美等，2002）。为了找到能从高硅含量铝土矿中脱硅的细菌，利用无氮铝硅酸盐矿物培养基对菜园土、生物钾肥、铝土矿等材料进行了硅酸盐细菌的分离，筛选到一株编号为 GSY-5$^\#$ 的产荚膜芽胞杆菌。通过对该细菌的形态、生理生化等表型特征，以及固体、液体培养条件研究，发现该细菌菌体大小为 $(1～1.2)\mu m \times (4～7)\mu m$，荚膜呈椭圆形，大小为 $(5～15)\mu m \times (10～30)\mu m$；培养后期产生芽胞，芽胞呈椭圆形，大小为 $(1.5～1.7)\mu m \times (3～4)\mu m$。显微镜下观察细菌不运动，没有观察到鞭毛。该菌生长最适 pH 为 7.3～8.4，最适生长温度为 30℃。在矿物盐固体培养基上生长良好，具有较强的固氮能力。通过比较该菌与胶质芽胞杆菌模式菌株的生理生化特征，可认为菌株 GSY-5$^\#$ 是硅酸盐细菌胶冻样芽胞杆菌。使用 GSY-5$^\#$ 菌株对 5 种含有不同铝硅酸盐矿物的铝土矿进行了生物脱硅研究，浸出条件为 pH7.2、30℃、200r/min、矿浆含量 5%，浸出 7d。5 种矿样的 Al_2O_3/SiO_2 的比值（A/S）分别从 4.58、6.24、6.03、5.09、2.93 提高到 5.88、8.45、8.55、6.79、13.54，表明该株硅酸盐细菌具有一定的脱硅能力（钮因健等，2004）。

为了找到能从高硅含量铝土矿中脱硅的细菌，利用常规微生物筛选技术，从硅酸盐肥料中筛选到 3 株编号为 JXF-1、JXF-2、JXF-3 的菌株，通过形态学研究，并与标准的胶冻样芽胞杆菌的生化特征比较，表明这 3 株细菌为胶冻样芽胞杆菌。使用菌株 JXF-1 对 5 种不同铝硅酸盐矿物的铝土矿进行了生物脱硅条件试验研究及脱硅效果分析，表明该硅酸盐细菌具有一定的脱硅能力（孙德四和张强，2006）。为了找到能从高硅含量的硅酸盐矿物中脱硅的细菌，利用常规微生物筛选技术，从硅酸盐肥料中筛选到一株编号为 JXF 的菌株，通过形态学研究，并与标准的胶冻样芽胞杆菌等硅酸盐细菌的生化特征比较，表明 JXF 细菌为胶冻样芽胞杆菌。摇瓶浸矿试验表明，硅酸盐细菌具有较强的活化、吸持硅酸盐矿物中硅和铝的能力,以高岭石为底物,培养 2~6d,接灭活菌上清液中硅的含量均高于接菌组中硅的含量,细菌吸持的硅含量占解硅量的 90% 左右,细菌数越多,细胞吸持的硅也多。通过对浸渣主要矿物物相分析,表明层状结构的硅酸盐矿物如高岭石、伊利石等较易被细菌作用而释放出其中的硅、铝、钾等元素(孙德四和张强,2005)。

土壤磷活化剂,是河北省微生物研究所最新研制的液体型复合菌剂,是采用巨大芽胞杆菌和胶冻样芽胞杆菌经多级液态深层发酵而成。该制剂施入土壤后,既能将土壤中固定态的磷分解转化成速效磷,又能将无效钾分解转化为速效钾,有利于作物的吸收和利用,增补作物磷、钾营养的不足,促进作物平衡吸收养分,提高作物产量及品质(刘刚,2007)。

从江西南昌一菜园土中分离到一株芽胞杆菌,通过形态、生理生化等表型特征的鉴定,与文献报道的相近的其他菌株的表型特征比较,认为该种硅酸盐细菌,分类为胶冻样芽胞杆菌(廖延雄等,2000)。以胶冻样芽胞杆菌菌株 L-k 和大豆根瘤菌菌株 HH103 为试验用菌株,在混合培养条件下采用摇瓶发酵法,探讨接种顺序、接种比例、初始 pH、装液量等因素对 L-k 芽胞生成量的影响。进一步对各单因素进行不同正交试验,得到了各因素的较好组合为:混合接种比例为 1:1,初始 pH 为 6.5,装液量为 250mL 三角瓶中装 30mL 培养液,接种顺序为先接种 L-k 之后 4h 接种 HH103,这个组合下芽胞生成量达 2.43×10^8 cfu/mL,比对照提高 16.3%(韩梅等,2009a)。

以胶冻样芽胞杆菌菌株 ACCC 10012 为出发菌株,经紫外线诱变处理,获得 2 株解 K 能力强的突变菌株 UV09K、UV16K,其解 K 能力较出发菌株分别提高 1282.35%、1909.80%。同时通过对菌株 ACCC 10012 进行酸碱和温度处理,获得了一株抗性变异株 PHt10K,该菌株能承受 pH 为 4~10,$t \leqslant 50℃$ 的不良环境,而且解 P、解 K 能力较出发菌株分别提高 35.97%、23.53%(李华等,2003)。

四、胶冻样芽胞杆菌用于分解矿物质

应用胶冻样芽胞杆菌进行分解土壤矿物试验,从土壤矿物经该菌处理前后的表面光滑程度、表面积及上清液中 K、Si 离子浓度的变化等方面证明了胶冻样芽胞杆菌能够分解土壤矿物,并把其中的 K、Si 从矿物晶格中释放出来。同时还表明胶冻样芽胞杆菌菌株 NS01 分解矿物与其生长过程中产生的荚膜多糖与小分子有机酸的复合作用有关(刘五星等,2004)。从河南铝土矿中分离到菌株 LV1-2,将其接种到含伊利石矿粉的浸矿液中,170r/min 摇床 30℃培养 7d,离心后测得接种 LV1-2 的溶液中的硅浓度比对照液中的增加 110.02%,说明菌株 LV1-2 对伊利石有脱硅作用。通过扫描电子显微镜、革兰氏染色、荚膜染色、鞭毛染色和芽胞染色的观察,生理生化特性的测定,以及 16S rDNA 序列的比对分析,菌株 LV1-2 鉴定为胶冻样芽胞杆菌(曾晓希等,2006)。

发明专利《利用微生物絮凝剂处理养殖废水的方法及所得的复合肥料》公开了一种利用微生物絮凝剂处理养殖废水的方法,包括以下步骤:①选用胶冻样芽胞杆菌作为生产菌。②菌株活化及发酵培养:菌株经选择性培养基活化后,接种于种子菌生产培养基中培养,得到种子菌;将种子菌接种于液体发酵培养基中发酵,得到发酵液。③微生物絮凝剂的制备：将发酵液自然沉淀，去上清液得到微生物絮凝剂。④处理养殖废水：将微生物絮凝剂与养殖废水按 1：(40~60) 的体积比相混合，30~45min 后，过滤，去除滤渣。该发明还同时提供了按上述方法所获得的复合肥料。经本发明方法处理后的养殖废水能达到排放标准，还能获得施肥效果好的复合肥料（胡秀芳等，2010）。

为考察胶冻样芽胞杆菌对 Cd^{2+}、Zn^{2+} 的耐受能力，通过改变培养条件及吸附条件研究胶冻样芽胞杆菌对 Cd^{2+}、Zn^{2+} 的生物吸附性能；在此实验基础上，在含有 Cd^{2+}、Zn^{2+} 的培养基中对胶冻样芽胞杆菌进行不同浓度梯度驯化，提高其对 Cd^{2+}、Zn^{2+} 的生物富集能力。结果显示，胶冻样芽胞杆菌最大 Cd^{2+} 耐受浓度在 100mg/L 左右，最大 Zn^{2+} 耐受浓度为 100~110mg/L。通过改变吸附条件，考察吸附时间、吸附 pH、菌体投加量对其生物吸附性能的影响，结果表明，当 Cd^{2+}、Zn^{2+} 浓度均为 5mmol/L，菌投量分别为 40.0g 干细胞（dry cell）/L、29.8g 干细胞/L 时，胶冻样芽胞杆菌对 Cd^{2+}、Zn^{2+} 的吸附率分别可达 87.45%、97.50%。胶冻样芽胞杆菌经重金属离子浓度梯度驯化培养数代，经过八九代的驯化，对 Cd^{2+}、Zn^{2+} 吸附性能均有改善（夏彬彬等，2008）。

利用硅酸盐细菌研究了微生物对硅酸盐矿物的分解作用。选取层状硅酸盐矿物蒙脱石在 30℃与一株编号为 3025 的硅酸盐细菌胶冻样芽胞杆菌进行交互作用，并利用电感耦合等离子体发射光谱仪（ICP-AES）分析溶液中 Si、Al、Mg 离子的出溶量，利用 X 射线衍射（XRD）和显微红外光谱（micro-FTIR）分析微生物作用后矿物物相和微结构变化。发现经硅酸盐细菌作用后，蒙脱石化学成分及晶体结构发生了细微变化，为微生物活动促进黏土矿物分解作用研究提供了实验和理论依据（朱云等，2011）。

探讨了胶冻样芽胞杆菌胞外多糖在细菌分解转化矿物过程中的作用。将事先提取的胞外粗多糖按一定浓度梯度与矿粉混合，24h 后再次提取多糖称重，证实多糖与矿粉颗粒之间的吸附现象。计算结果表明，矿粉对多糖的吸附随多糖量的增加而呈较明显的增长，之后增幅逐渐趋于平缓。在无氮培养基中添加不同种类矿粉培养细菌，然后分别提取粗多糖和较纯多糖，发现矿物种类对胶冻样芽胞杆菌多糖的分泌有显著影响。添加含有细菌所需矿质养料的矿粉在培养液中，胞外多糖含量相对增高，说明细菌分泌胞外多糖受到矿物化学组成的影响，即细菌胞外多糖的产生与它们对矿物养料的需求和矿物的风化过程有密切联系（周雪莹等，2010）。

研究了胶冻样芽胞杆菌产生的微生物絮凝剂（MBF）对高浓度重金属离子模拟废水的絮凝作用。采用的方法是将 10mL MBF 分别加入到 100mL 含 Fe^{3+}、Al^{3+}、Pb^{2+}、Zn^{2+}、Ca^{2+} 和 Mg^{2+} 的模拟废水中，分析 MBF 对不同重金属离子（浓度为 100~1000mg/L）模拟废水的絮凝作用。结果表明，随着废水重金属离子浓度增大，絮凝处理效率降低；废水经 MBF 处理后 pH 比原水 pH 下降。研究结果为进一步研究微生物絮凝剂处理含重金属离子废水提供参考资料（姚敏杰和连宾，2009）。以一株胶冻样芽胞杆菌为例研究实验条件下微生物对磷矿石的风化作用。以直接作用和间接作用的方式研究培养基中胶冻样芽胞杆菌对磷矿粉的风化作用，即在装有 100 目磷矿石粉的液体培养基中接种，研究该菌对磷矿石粉的直接风化作用；同时，将装有 100 目磷矿石粉的透析袋放入液体培养基中再接入该菌，研究其对磷矿石粉的间接风化作用。按不同时间取培养液上清液，过滤，用电感耦合等离子体发射光谱（ICP-OES）测定滤液中 Ca^{2+}、Mg^{2+}、Na^+、Mn^{2+}、Al^{3+}、Fe^{3+} 和 K^+ 等浓度，比色法测定水溶性 P（P_{ws}）和水溶性 Si（Si_{ws}）的含量；滤膜上的固体物称重并消解后，同上方法测定 Ca^{2+}、Mg^{2+}、Na^+、Mn^{2+}、Al^{3+}、Fe^{3+} 和 K^+ 等浓度，以及 P_{ws} 和 Si_{ws} 含量。此外，细菌风化作用后的矿物残渣用电子探针作表面微观形态分析和 X 射线衍射分析（XRD）矿物物相分析。结果表明，胶冻样芽胞杆菌对磷矿石粉风化的直接作用强度大于间接作用；对不同矿物的风化强度不同，对黏土矿物的风化作用较明显。提出细菌对磷矿石的风化作用源自细菌生长导致的机械破坏作用、胞外分泌物的生化降解作用及多种因素之间的协同作用（谌书等，2008）。

利用无氮铝硅酸盐矿物选择性培养基，从土壤、铝土矿等样品中分离得到 10 株产荚膜的芽胞杆菌。对其中编号为 GSY-1 的菌株的生物脱硅试验结果表明：在矿浆含量为 5%、pH7.2、30℃、200r/min 培养 7d 后，铝土矿矿样的 Al_2O_3/SiO_2 的质量比（A/S）从 10.30 提高到 13.48，增幅达 30.87%，差异显著，由此确定该菌株具有一定的铝土矿脱硅能力。通过对菌株 GSY-1 的细胞形态、培养条件及生理生化特征的测定并与模式株对照，可初步鉴定为硅酸盐胶冻样芽胞杆菌（*Bacillus mucilaginosus*）（惠明等，2007）。

用胶冻样芽胞杆菌作吸附剂，探讨了采用生物吸附-浮选法去除水相中 Pb^{2+} 的可能性，并对生物吸附机理、吸附剂与捕收剂的作用机理进行了分析。结果表明，用阳离子型捕收剂对胶冻样芽胞杆菌有较高的去除率，在 pH 为 3～6 时，用十二胺浮选吸附了 Pb^{2+} 的胶冻样芽胞杆菌，可获得较好的菌细胞和 Pb^{2+} 的去除效果。在浮选 pH 为 6.25、十二胺用量为 0.375mol/L 时，菌细胞和 Pb^{2+} 的去除率均达 98% 以上。选用 Na_2CO_3 作为解吸剂，浓度为 1.2mol/L、pH 为 4.75 时，对吸附 Pb^{2+} 后的胶冻样芽胞杆菌的解吸效果可以达 100%。动电位测试和红外光谱分析结果表明，胶冻样芽胞杆菌的自然等电点为 2.39，吸附 Pb^{2+} 后变为 2.83，菌细胞与 Pb^{2+} 的吸附过程主要与细胞多糖成分有关，吸附过程主要是静电吸引；吸附了 Pb^{2+} 的菌细胞用十二胺浮选后等电点增至 2.94，十二胺对菌细胞的浮选与细胞表面的酰胺基团和缔合—OH 有关，吸附过程中有静电力、氢键和范德华力（代淑娟等，2007）。

五、胶冻样芽胞杆菌用于生物防治

具有杀虫效果的生物肥料是一种集药效和肥效为一体的生物制剂；研究了胶冻样芽胞杆菌、圆褐固氮菌和阿维链霉菌的发酵工艺，并研制出一种新型生物肥料；该产品的各项技术指标均符合农业部有关肥料的质量标准，既具有较好的增产作用，同时具有较强的杀虫效果（张爱民等，2006）。

六、胶冻样芽胞杆菌用于益生菌

利用离子束注入对胶冻样芽胞杆菌菌株 KNP414 进行诱变，获得可降解植酸的突变菌株。离子束注入效应表明，菌株 KNP414 的存活率显著受离子束剂量及菌体荚膜的影响，但与所研究的离子种类及其能量没有相关性。经离子束 N^+（20keV，$5×10^{15}$～$5×$

10^{16} ions/cm^2）诱变后，筛选到 14 个植酸降解突变株，它们对植酸的降解率为 15%～35%。其中的 3 个突变株（KNP414-04、KNP414-05、KNP414-12）分解矿物磷和钾的能力也明显提高，分别增加 14.7%～27.5% 和 16.2%～26.4%。在优化培养基中，突变菌株 KNP414-12 对植酸的降解率达 57.3%，且在连续培养及保藏过程中保持稳定。植酸降解突变株 NP414-12 的成功选育表明离子束为胶冻样芽胞杆菌的性状改良提供了有效途径（胡秀芳等，2008）。

第十三节 金黄芽胞杆菌

一、金黄芽胞杆菌降解聚羟基丁酸酯

金黄芽胞杆菌（*Bacillus aureus*）菌株 JMα5 先在糖蜜上发酵积累聚羟基丁酸酯（PHB），然后在限氧条件下降解生成手性羟基丁酸（HB）分子（李冬梅，2008）。

二、金黄芽胞杆菌的发酵条件

研究各种培养条件如 pH、温度、时间等对该菌降解生产手性 HB 分子的影响。结果表明，37℃条件下，当 pH 为 6 时，10h 内，HB 单体的产量可达 3.04g/L，降解率为 75%，说明采用酶降解法生产 HB 单体具有一定的实际应用价值。在各种影响因素（包括降解体系的 pH、降解的温度和降解时间等）中，pH 对降解率的影响最大（李冬梅，2008）。

第十四节 浸麻芽胞杆菌

一、浸麻芽胞杆菌产几丁质酶特性

利用两次平板透明圈筛选，结合液体培养，从土壤中分离出一株产几丁质酶细菌，编号为 CCB-1。该菌株产几丁质酶不需要几丁质诱导，而且高浓度的葡萄糖不抑制该菌株产几丁质酶，因此该菌株是组成型产几丁质酶。形态学观察和生理生化测定结果表明 CCB-1 是浸麻芽胞杆菌（*Bacillus macerans*）。在 250mL 摇瓶中研究了氮、葡萄糖浓度、pH、培养温度、几丁质类型和培养时间对 CCB-1 生长及产酶的影响；结果表明，CCB-1 菌最适产酶条件为：温度 37℃，pH6～7，起始葡萄糖浓度 8g/L，0.4% 的有机氮（如蛋白胨、牛肉膏、酵母膏），0.3% 的胶体几丁质或细粉几丁质。CCB-1 在优化培养条件下振荡培养 60h 产酶最高，达 4.23U/mL（杨水英和李振轮，2007）。

二、浸麻芽胞杆菌产乙醇特性

采用浸麻芽胞杆菌和红曲菌 9906 利用甘油混合发酵生产乙醇，结果表明，分批发酵中高浓度的甘油对乙醇发酵有着较强的抑制作用，分批发酵最佳甘油浓度为 0.217mol/L；在分批发酵的基础上补料发酵，考察了不同甘油浓度的补料液和不同补料时间对乙醇发酵的影响，最终确定乙醇补料发酵较优的工艺条件为：反应器 1L，装

液量 700mL 红曲发酵液，甘油初始浓度为 0.217mol/L，以补料方式每隔 60h 分 5 次补加 0.217mol/L 甘油浓度的红曲发酵液，每次补加 100mL，发酵培养 360h；当乙醇最高浓度达 0.221mol/L，乙醇总产率 0.628mmol/h，乙醇/甘油转化率达 87%（mol/mol）。与分批发酵相比，补料发酵在很大程度解除了高浓度甘油的抑制作用，有效地利用了甘油，提高了乙醇的产量，且乙醇产率较为稳定（张宏武等，2008）。

三、浸麻芽胞杆菌产葡聚糖酶特性

对浸麻芽胞杆菌所产的 β-1,3-1,4-葡聚糖酶特性进行了分析。结果表明，该酶的最适温度为 55℃，在 60℃ 以下酶相对稳定。通过 PCR 方法扩增和克隆了该酶基因的全长 DNA 序列，长度为 734bp，其中可读框长 717bp，编码 237 个氨基酸。经 Blast 分析，该序列与已登录的浸麻芽胞杆菌和多粘类芽胞杆菌（*Paenibacillus polymyxa*）的同源性较高，分别为 99% 和 82%（李卫芬等，2004）。将含浸麻芽胞杆菌 β-葡聚糖酶基因的重组克隆质粒进行亚克隆，用 *Bam*H I 和 *Xho* I 双酶切后，与相同酶切的表达载体 pET-30a 相连接，构建重组表达质粒，在大肠杆菌 BL21 中表达；蛋白质电泳结果表明在 25.0kDa 处有表达带，酶活力达 604U/mL，为出发菌的 30 多倍；酶特性研究表明：20℃，最适 pH 为 5.0～7.0；在 50℃ 以下及在不同的 pH 条件下（pH3.0～9.0）处理后较稳定（李卫芬等，2005）。

为获取浸麻芽胞杆菌环糊精葡萄糖基转移酶基因并在大肠杆菌中表达，通过构建浸麻芽胞杆菌环糊精葡萄糖基转移酶表达质粒，转化大肠杆菌 DH5α，筛选获得阳性重组菌株；经 42℃ 诱导后，检测酶活性。结果表明，浸麻芽胞杆菌环糊精葡萄糖基转移酶在大肠杆菌中成功表达，表达量达 3U/mL。这说明浸麻芽胞杆菌环糊精葡萄糖基转移酶可以在大肠杆菌中高效表达（王晓玉等，2012）。

四、浸麻芽胞杆菌败血症病例报告

由一例高热白血病患者从新生儿血液培养物中分离出一株浸麻芽胞杆菌，现报告如下：患者贾某，因急性淋巴细胞型白血病收入院。查体：心肺正常，肝未触及，脾大 5.0cm。外周血检查：Hb $1.1×10^9$/L，白细胞 $4.4×10^9$/L，血小板 $34×10^9$/L，幼稚细胞 79%。两周化疗后因上感发热，白细胞上升至 $14×10^9$/L（郭薇媛，1996）。

浸麻芽胞杆菌引起新生儿败血症比较少见；于 1997 年 10 月从新生儿血培养中分离到一株该菌，报告如下。病例摘要：患儿，男，8d；因新生儿败血症入院，体温 38.5℃，体重 2.3kg，血常规 WBC $1.48×10^{11}$/L。细菌鉴定：患儿入院后，于用药前取血接种于梅里埃产品双相血液增菌培养瓶中，35℃ 培养 72h，液体轻度混浊呈紫红色，转种血平板，35℃ 培养 48h，形成无色、半透明、圆形、湿润、5～10mm 的菌落，有一不明显的溶血环，革兰氏染色阳性，有多色性，菌体呈多形性，长短不一的杆状、棒状，两端钝圆，有芽胞，位于次端，芽胞膨大，鞭毛染色为端生丛鞭毛。生化特征：触酶试验阳性，葡萄糖产酸产气，阿拉伯糖、木糖、甘露醇产酸产气，VP 阴性，有动力，水解淀粉，硝酸盐还原阳性，不产生吲哚，苯丙氨酸脱氨酶阴性，65g/L NaCl 肉汤不生长，分解酪素阴性。根据生化特性并参考文献鉴定为浸麻芽胞杆菌。药敏试验

(KB 法)：头孢他啶、丁胺卡那、氧氟沙星、环丙沙星敏感，头孢曲松钠、头孢拉定、庆大霉素耐药（孙荣同等，2000）。

第十五节 巨大芽胞杆菌

一、巨大芽胞杆菌生物学特性

用硫酸铵沉淀结合梯度离心提取表面消毒后分离的大田水稻内优势菌巨大芽胞杆菌（*Bacillus megaterium*）的特异性胞内蛋白，制备兔抗血清为金标一抗，进行微波固定的组织超薄切片免疫胶体金的染色电镜观察，组织切片中菌体有大量金颗粒沉积，证明表面消毒后分离的巨大芽胞杆菌为水稻内生细菌，大多寄生在植物组织的胞间隙，偶尔也在胞质内存在（刘云霞和张青文，1996）。对巨大芽胞杆菌的包埋材料进行了初步研究，结果表明：3 种包埋材料对巨大芽胞杆菌的起始包埋能力不同，其中以 2%海藻酸钠＋2%明胶的效果最好，是 4%海藻酸钠包埋剂的 2.22 倍。3 种包埋颗粒在 0.2mol/L 柠檬酸钠溶液中的溶解性能不同，溶解能力大小为：4%海藻酸钠＞3%海藻酸钠＋0.5%明胶＋0.5%淀粉＞2%海藻酸钠＋2%明胶。保存在包埋剂 3%海藻酸钠＋0.5%明胶＋0.5%淀粉中的巨大芽胞杆菌数量稳定，菌的纯度高，其在 3 种包埋剂中最有利于巨大芽胞杆菌的保存（王梅等，2009）。

巨大芽胞杆菌是一种很有潜力的分泌型基因工程宿主菌，已广泛应用于工业和学术研究领域，它具有表达率高、遗传稳定、产物可分泌、发酵工艺成熟等优点。综述了其自身的优点、表达载体的特点、巨大芽胞杆菌的转化方法、外源蛋白的表达、高效表达的策略及表达系统的应用（牟琳等，2008）。巨大芽胞杆菌表达系统是目前比较成功的异源蛋白原核分泌表达系统，可能成为大肠杆菌表达系统的替代品，对该表达系统的特点及研究进展作一简要综述。该系统具有胞外蛋白酶活性低，质粒稳定，可以直接将表达的蛋白质高效分泌到培养基中，且无内毒素、诱导剂廉价和易培养等优点。至今已有多个基因在巨大芽胞杆菌中成功获得表达，这个系统被使用得越来越多（郭德军等，2010）。

巨大芽胞杆菌作为革兰氏阳性细菌的一种，是良好的重组蛋白的表达宿主。利用 PCR 技术从巨大芽胞杆菌基因组克隆出一条 1.9kb 的基因片段，核酸序列分析结果表明，该片段全长 1984bp，包含 2 个 ORF，分别与芽胞杆菌来源的 *GroES* 和 *GroEL* 基因有高度的相似性；氨基酸序列比对发现，GroES 蛋白与枯草芽胞杆菌来源的 GroES 蛋白氨基酸序列同源性为 91%，GroEL 蛋白氨基酸序列同源性为 90%（鲍方名等，2007）。

耐热耐酸芽胞杆菌对浓缩苹果汁品质有一定影响，浓缩苹果汁中存在枯草芽胞杆菌已被证实，但是巨大芽胞杆菌、苏云金芽胞杆菌、蜡状芽胞杆菌等也同属于自然生成、并广泛存在于土壤、灰尘中的耐热耐酸芽胞杆菌，通过用上述几种菌种接种、分离、培养，进行比较试验，在陕西出口浓缩苹果汁中未发现上述几种芽胞杆菌（蒋宏伟等，2006）。以透明圈法定性地判定巨大芽胞杆菌分解有机磷的能力，并以摇瓶法定量地测定了影响该菌的解磷条件。结果表明，该菌对卵磷脂有一定的分解能力，且接种量和卵磷脂添加量对该菌分解卵磷脂能力有着重要的影响（朱长俊和潘彦平，2005）。

二、巨大芽胞杆菌的发酵技术

200nmol/L Na^+ 可导致巨大芽胞杆菌在对数生长期末期自溶,而这种自溶作用能被 Ca^{2+} 抑制;在对数生长期后期,200nmol/L Na^+ 可使菌体提前到达稳定期;在衰亡期,200nmol/L Na^+ 能抑制菌体的衰亡。pH6.0 可导致对数生长期末期菌体的自溶,pH6.0 或 pH6.4 能明显地抑制衰亡期菌体的衰亡(张舟和朱可丽,1998)。应用细胞培养和膜分离技术研究了维生素 C 两步发酵中伴生菌巨大芽胞杆菌对氧化葡萄糖酸杆菌(*Gluconobacter oxydans*)产酸作用机制。结果表明,巨大芽胞杆菌培养液中分子质量在 30~50kDa 及大于 100kDa 组分明显促进产酸,其组分通过凝胶层析分离纯化、自动紫外检测仪检测(280nm)、聚丙烯酰胺凝胶电泳及考马斯亮蓝 G250 特异染色,初步证实为蛋白质,且至少是两种以上蛋白质,它们在低温下稳定(吕淑霞等,2001)。研究了维生素 C 二步混合菌发酵中氧化葡萄糖酸杆菌与巨大芽胞杆菌的生长和相互作用。结果表明,2 株混合菌在发酵中可形成一种协同共生,促进 2-酮基-L-古龙酸(2KGA)产生;二菌协同共生的过程及条件不同,促进产酸能力也不同。环境因子影响二菌协同共生,优化环境因子可显著改善二菌协同共生效率,并提高醇酸发酵转化率(周彬等,2002)。

研究了几种添加剂对 2-酮基-L-古龙酸发酵的影响,发现两种可提高 2KGA 的变化,确定了添加的最佳时间及浓度(李国才和张忠泽,1997)。通过测定氧化葡萄糖酸杆菌转化 L-山梨糖生成 2KGA 的细胞酶活性、摇瓶发酵及生长变化,研究了维生素 C 二步发酵中巨大芽胞杆菌对氧化葡萄糖酸杆菌生长和产酸作用影响。结果显示:巨大芽胞杆菌胞外液和胞内液均可促进氧化葡萄糖酸杆菌的增殖,主要表现为缩短其生长周期中的延迟期;巨大芽胞杆菌通过所产生的部分生物活性物质增强氧化葡萄糖酸杆菌产酸的细胞酶活性,促进氧化葡萄糖酸杆菌转化 L-山梨糖生成 2KGA(冯树和朱可丽,1998)。

采用巨大芽胞杆菌发酵生产青霉素酰化酶比较理想,但是巨大芽胞杆菌保藏时间短、易变异、发酵周期短,在生产中巨大芽胞杆菌正常的生长代谢,受原料质量、工艺条件影响较大。哈尔滨制药厂经过一年多的中试,两年大规模生产基本掌握了发酵生产工艺,并能控制发酵生产状态,平均酶活 450U/100mL 以上(孙秀萍和祁振海,1995)。

巨大芽胞杆菌经紫外线诱变,获得 2 株耐低 pH、抗 2KGA 的菌株 BN、B5,在 pH 6.7~7.0 的发酵培养基中与氧化葡萄糖杆菌发酵,菌株 BN 和 B5 的糖酸转化率分别提高 3.5%、3.3%,在 pH6.2 的发酵培养基中,平均糖酸转化率提高 11.4%、12.3%,在 pH6.2 和 pH7.0 含 3% KGA 的培养基中,2 株菌提前 3~6h 到达对数生长期,稳定期处于 3~6h,经连续 30 代转接,特性稳定(张舟和江晶,1999)。

对巨大芽胞杆菌突变株 BN、B5 进行了生物学特性及发酵条件的研究,发现它们具耐低 pH 和抗高浓度 2-酮基-L-古龙酸特性,可促进氧化葡萄糖酸杆菌生长,使其延迟期缩短,产酸增加,在适宜的通气量下,摇瓶糖酸转化率提高 10%~14%,当发酵 pH 为 6.2~6.6 时,转化率提高 20%~30%(张舟等,2001)。

为查明维生素 C 二步发酵混合培养中巨大芽胞杆菌与氧化葡萄糖酸杆菌间的关系，通过生长曲线测定、静息细胞实验及摇瓶发酵实验研究了巨大芽胞杆菌对氧化葡萄糖酸杆菌生长和产生 2-酮基-L-古龙酸作用的影响，采用超滤分离、凝胶层析及聚丙烯酰胺凝胶电泳技术对巨大芽胞杆菌胞外液中具有促进氧化葡萄糖酸杆菌产酸作用的活性物质进行了分离和纯化。结果表明，大菌胞内液和胞外液均可促进小菌生长，大菌胞外液中具有该作用的组分分子（冯树和张舟，2000）。

对基因工程菌巨大芽胞杆菌菌株 pHBM-End 培养条件优化的研究结果表明：250mL 三角瓶中装入 50mL LB 培养基（含有 10μg/mL Tet），按 5% 的接种量接种种龄为 12h 的液体种子，培养 4h 后加入终浓度为 0.2% 的木糖进行诱导，9h 后上清液中酶活可达 889U/mL，是出发菌株枯草芽胞杆菌 C-36（79.2U/mL）的 11.22 倍（韩学易等，2008）。

三、巨大芽胞杆菌用于生物肥料

BA-生物种衣剂由维氏自生固氮菌、巨大芽胞杆菌、胶冻样芽胞杆菌、泾阳链霉菌混合配制而成。通过室内与田间试验，结果表明：该种衣剂用于小麦种子包衣后，能帮助小麦吸收土壤中速效养分，同时能够提高小麦抗倒伏能力，比对照平均增产 13.8%，差异显著（方新等，2004）。采用基因标记技术和常规方法跟踪巨大芽胞杆菌菌株 A6（gusA）在缩影系统油菜根际的定殖情况。A6（gusA）菌在油菜不同根段部位的定殖密度表现从上到下逐渐递减的现象，随着接种后时间的延长而逐渐下降，在根段 8cm 以外的根区几乎检测不到接种菌。在油菜播种后 3d，定殖密度可达最高水平（8×10^5 cfu/g 根），然后急速下降，30d 后保持相对稳定的较低水平（2.2×10^2 cfu/g 根）。在促生试验中，表现为在不同程度上增加植株干重、全氮、全磷和全钾的含量（胡小加等，2004）。

根际促生菌 sneb207、sneb482 的灭菌发酵液对豆种包衣后施于辽宁省和黑龙江省大豆胞囊线虫重病田，35d 后调查的结果表明，sneb207、sneb482 灭菌发酵液对大豆苗期生长有促进作用。从 5 个大豆生理指标上与对照进行比较发现，均表现明显差异，证明菌株 sneb207、sneb482 为良好的根际促生菌（PGPR）。对大豆胞囊的形成有显著的抑制作用，在不同地区不同重复中均保持稳定的抗病能力且发病越重地块抗病效果越佳，说明促生菌株能在不同环境条件下表现抗病性，具有潜在的应用价值。经形态学特征、生理生化试验测定及 16S rDNA 序列同源性分析，确定两菌株均为巨大芽胞杆菌（孙华等，2009）。生物磷细菌菌剂是一种巨大芽胞杆菌的活菌菌剂，在其自身代谢过程中能产生有机酸和酶类物质，酵解土壤和其他物料中的无效磷使之成为速效磷，从而起到促进侧耳菌丝生长、提高产量、提早出菇的作用；而且解磷细菌在其代谢过程中还能释放大量的赤霉素、吲哚乙酸、细胞分裂素等促生长因子，进一步起到促产促长作用。同时由于解磷细菌的大量增殖可产生相当量的菌类拮抗物质，可有效地抑制病原细菌和有害真菌的滋长，起到防止污染的作用，提高了栽培者的制袋成功率（秦艳梅等，2009）。

通过筛选能够在高渗透压条件下生长发育的巨大芽胞杆菌和枯草芽胞杆菌，将其作为功能微生物发酵生产出生物有机肥,应用于盐碱地改良。同化学改良法比较得出,在投入相同的条件下,生物有机肥改良的盐碱地土壤理化性状显著改善,土壤微生物数量明显增多,生物量碳、土壤的呼吸作用和酶活性也有一定增加;玉米长势良好,植株健壮,叶色浓绿,未出现盐碱化症状,增产幅度明显。试验表明,利用生物有机肥进行盐碱地改良是一种经济有效的方法(高亮等,2011)。

以巨大芽胞杆菌为实验菌种,研究了不同磷矿粉用量、培养时间、培养温度及转速对细菌培养液中的磷浸出率的影响。结果表明,巨大芽胞杆菌显著地提高了细菌培养液中磷的浸出率,最高达4.5%,随着磷矿粉用量增加,磷的浸出率显著降低,pH逐渐升高;培养时间越长,磷的浸出率越高,培养第10天达到最高值,此后不再明显升高;此外,随着培养温度的升高,磷的浸出率逐渐提高,但超过了28℃则降低,表明28℃时磷的浸出率较高(薛永萍和汤璐,2007)。

为研究复合菌肥对作物的促长效果,用圆褐固氮菌(*Azotobacter chroococcum*)和巨大芽胞杆菌进行混合培养,其液体培养物制成$2.4×10^9$ cfu/mL菌液,将原菌液分别稀释成$3×10^8$ cfu/mL、$6×10^8$ cfu/mL、$9×10^8$ cfu/mL、$1.2×10^9$ cfu/mL 4个浓度,与清水对照,比较其对玉米生长的影响。同时,制备以圆褐固氮菌和巨大芽胞杆菌为单一菌种,浓度为$3×10^8$ cfu/mL,与等量等浓度的菌种混合培养物的菌肥对比,观察玉米生长情况。结果表明,混合菌肥对植物的促进作用比单一菌肥明显;在混合菌肥的4种比例中,浓度为$9×10^8$ cfu/mL的剂量对玉米株高、干重、根长的促进效果最显著。这说明微生物菌剂的使用可以为作物的进一步高产稳产打下基础(姜明,2010)。研究了圆褐固氮菌突变株G-3与巨大芽胞杆菌菌株G-6发酵生产聚羟基烷酸(PHA)的人工可配伍性,确定了它们混合培养的适宜条件。先将G-3菌株发酵培养24~28h后,再以15%(V/V)接种量接入G-6菌株并同时补加0.5%(g/g)蛋白胨(FP)和0.5%(g/g)NH_4NO_3,继续混合培养42~46h,细胞干重达32g/L,PHA含量为80%,再结合补料技术最终生物量可达53g/L,PHA产生量达42.4g/L。糖对PHA的转化率为0.32。人工混合培养成功地解决了固氮菌发酵生产PHA过程中,发酵液黏度过高、传质较差、补糖总量上不去等技术问题(张圆等,2003)。

以巨大芽胞杆菌菌株P1为研究对象,利用钼锑抗比色法测定了菌株的解磷能力,采用单因子实验及正交试验优化了菌株的最佳发酵条件,并在10L发酵罐上进行了发酵条件验证。结果表明,巨大芽胞杆菌菌株P1在蛋黄培养基上可产生明显的溶磷圈,溶磷圈直径和菌落直径的比值$D/d=4.5$。在卵磷脂液体培养基中培养4d后,上清液中的有效磷含量为55.66mg/mL,是对照的101.2倍,说明溶磷效果明显。单因子实验表明,最佳培养温度为32℃,培养时间为32h,培养基初始pH为7.5。正交试验表明,最佳培养基组成为玉米粉20g,黄豆粉10g,$K_2HPO_4·3H_2O$ 1.5g,$MgSO_4·7H_2O$ 1.5g,$CaCO_3$ 1.5g,H_2O 1000mL;pH7.5。方差分析表明,玉米粉、黄豆粉在$P=0.05$水平上对实验结果的影响存在显著性差异。10L发酵罐发酵结果表明,巨大芽胞杆菌菌株P1发酵32h基本达到终点,菌数达$60.0×10^8$ cfu/mL,芽胞比率达90%以上(陈凯等,2010)。

以巨大芽胞杆菌和多粘类芽胞杆菌为实验菌种,研究了不同磷矿粉用量、培养时间，以及碳源物质和氮源物质的质量分数对细菌培养液中的磷浸出率和 pH 的影响。结果表明，两株菌种均显著提高了细菌培养液中磷的浸出率，最高达 3.3%，且多粘类芽孢杆菌的溶磷能力比巨大芽孢杆菌稍强。随着磷矿粉用量增加，磷的浸出率显著降低，pH 逐渐升高，但当磷矿粉用量超过 10g/L 后，pH 稳定在一定水平；培养时间越长，磷的浸出率越高，到培养的第 15 天达到最高值，此后不再明显升高。另外，碳源物质和氮源物质的质量分数在 3% 时磷的浸出率最高，质量分数过高或过低均抑制磷的浸出（肖春桥等，2004）。通过分离、筛选与纯化，从土壤中筛选出具有解磷能力的菌株，根据解磷圈大小判断其解磷能力，获得了解磷能力较强的菌株 2 株，初步鉴定结果一株为巨大芽孢杆菌（李晓卉等，2010）。

四、巨大芽孢杆菌的基因克隆

从巨大芽孢杆菌的全基因组 DNA 文库中筛选出一个 β-淀粉酶基因 *amyG*，分析测定了其核苷酸序列并进行了诱导表达；其中 *amyG* 编码的蛋白质有 545 个氨基酸、分子质量为 60.194kDa，与已报道的巨大芽孢杆菌菌株 DSM319 的 β-淀粉酶序列有着 94.5% 的同源性。经氨基酸序列比较分析发现，AmyG 从 N 端到 C 端依次由信号肽域、糖基水解酶催化功能域和淀粉结合域 3 个功能域组成。其中催化功能域里含有第 14 家族糖基水解酶常见的几个高度保守的酶催化活性区。经多步纯化，重组酶的比活共提高了 7.4 倍，获得凝胶电泳均一的蛋白质样品；经 SDS-PAGE 测定，酶 AmyG 的分子质量为 57kDa。该酶的最适反应温度为 60℃，最适反应 pH 为 7.0；在温度不超过 60℃ 时，酶活较稳定；AmyG 能迅速降解淀粉生成麦芽糖，属于外切 β-糖苷酶（吴襟和张树政，2008）。

从土壤中分离到一株产纤维素酶的巨大芽孢杆菌菌株 AP25，经羧甲基纤维素平板检测，该菌可产生葡聚糖内切酶。根据 GenBank 登录的 β-1,4 内切葡聚糖酶基因（DQ782954.1、M28332.1、AY859492.1）的同源性序列，利用 PCR 方法克隆到该酶的基因，并对其进行测序。测序结果显示其全长为 1500bp，推测其含 499 个氨基酸。与 GenBank 中的已知葡聚糖内切酶相比较，发现该酶的氨基酸序列与枯草芽孢杆菌的 β-1,4 内切葡聚糖酶基因同源性达 94%（魏艳丽等，2009）。

根据 GenBank 中巨大芽孢杆菌的 *PGA* 基因序列设计了上下游引物，通过 PCR 扩增出巨大芽孢杆菌菌株 1.1741 中的 *PGA* 基因。将该基因连接到 T7 lac 启动子控制下的表达载体 pYES2（amp$^+$ ura$^+$）上，构建了重组质粒 pYES2-PGA。用 LiAc/SSDNA/PEG 方法将其转化进酿酒酵母（*Saccharomyces cerevisiae*）H158 中表达，在不需要苯乙酸诱导的重组菌株发酵液中检测到了青霉素酰化酶活性，最高酶活达 0.75U/mL。将该 *PGA* 基因测序结果与 GenBank 中巨大芽孢杆菌菌株 L04471.1、U07682.1 和 Z37542 3 株的 *PGA* 基因序列比对，表现出很高的同源性，分别达 97.1%、99.8% 和 99.8%（陈文颖等，2008）。

利用 pBluescripts 构建巨大芽孢杆菌基因组文库，在 ABP 平板上测定酶活性，共有 78 株阳性克隆子具有内切葡聚糖酶活性。将酶活性表达较好的一株菌株进行序列测定，测定结果这个片段共 941bp，含有一个可读框架，共 348 个核苷酸，可编码 116 个氨基酸。序列比较结果表明,该基因片段同已发表的枯草芽胞杆菌 glyB～aprE 之间的同源性为 35%;同芽胞杆菌 BP23 cel B、短小芽胞杆菌内切葡聚糖酶和多粘类芽胞杆菌 β-1,4-内切葡聚糖酶的编码基因的同源性只有 27%。虽然同源性较低,但酶活性表达较强,认为该基因是编码内切葡聚糖酶的一个新基因片段(黄玉杰等,2004)。

根据巨大芽胞杆菌葡萄糖脱氢酶基因两端序列设计引物,通过 PCR 获得该基因,与表达载体 pET22b 连接后转化至大肠杆菌 JM109(DE3)进行诱导表达。结果表明,重组基因表达产物经 SDS-PAGE 鉴定显示特异性条带,并且酶活力达 15U/mL,比活力为 10U/mg(周丽萍和徐军,2007)。

通过 PCR 方法将已克隆的内切葡聚糖酶基因(GenBank No. DQ782954)信号肽编码序列去除,然后与表达载体 pHIS1525 连接后转化大肠杆菌 DH5α,筛选出阳性转化子 DH5α-pHIS1525-G7 并提取质粒进一步转化巨大芽胞杆菌 WH320 原生质体,获得基因工程菌 WH320-pHIS1525-G7。刚果红染色和 SDS-PAGE 分析表明该基因在巨大芽胞杆菌中得到了有效表达。基因工程菌经优化培养后,胞外上清液中的酶活力可达 889U,是出发菌株(即枯草芽胞杆菌 C-36)的 11.22 倍。酶学性质研究表明:该酶的最适反应温度与 pH 分别为 65℃ 与 6.0,在 pH4.5～10.0 时 50℃ 保温 30min 可保持在最高酶活的 80% 以上(陈惠等,2008)。用 PCR 方法从巨大芽胞杆菌的基因组 DNA 中扩增到青霉素 G 酰化酶基因,并装载到枯草芽胞杆菌质粒 PPZW103 中,将其转化到枯草芽胞杆菌 DB104 中进行了分泌表达,重组菌株产酶无需苯乙酸诱导。在 37℃ 培养 24h,菌液酶活力可达 6U/mL。10d 的连续传代实验表明重组菌株的稳定性很高(杨晟和袁中一,1999)。报道了产 D-海因酶的巨大芽胞杆菌,通过对该菌进行离子束诱变,获得酶活最高增加 3 倍的突变株 M5,对 M5 的产酶条件进行优化,得到最佳的发酵条件为玉米浆 1.5%、葡萄糖 1%、油酸 1.5%、氯化钠 0.5%,并添加 50mg/L 的 Mn^{2+}、Zn^{2+} 及 500mg/L 的 Mg^{2+},pH8.0,30℃ 发酵 24h,酶活力可达 2.119U/mL,比优化前突变株提高了 300%,比出发菌株提高了 850%(董妍玲等,2010)。

五、巨大芽胞杆菌产酶特性

从福州土壤样品中分离出一株能够转化雷帕霉素的细菌,编号为菌株 287;经形态、生理生化特性和 16S rRNA 基因序列分析,将其鉴定为巨大芽胞杆菌。该菌以雷帕霉素为底物,经 28℃、72h 振荡培养,从培养液中分离得到 3 个主要产物:287-P1、287-P2 和 287-P3。其中,287-P1 经结构鉴定为 29,42-O-双去甲基雷帕霉素(黄捷等,2010)。从金银花植株茎中分离到了一株具有谷氨酸脱羧酶活性的内生细菌,1g 菌体(干重,DW)24h 可将 241.22μmol L-谷氨酸转化生成 γ-氨基丁酸(γ-aminobutyric acid,GABA)。通过引物设计,利用 PCR 扩增出该菌株的 16S rDNA 序列,大小为 1459bp。通过形态特征、生理生化特征和 16S rDNA 序列分析鉴定 EJH-7 为巨大芽胞杆菌。同时基于 16S rDNA 构建了系统进化树,并对 EJH-7 进行了系统发育分析。巨大芽胞杆菌 EJH-7 细胞转化谷氨酸生成 GABA 的最适反应温度和 pH 分别为 30℃ 和 5.5;表面活性剂 Tween-20 和 Tween-80 对转化反应活性有抑制作用,而 Triton100 影响不显著;Ca^{2+}、Cu^{2+} 和 Co^{2+} 对转化反应活性有促进作用,分别提高了 20.36%、

46.61%和6.77%，而K^+、Fe^{2+}、Zn^{2+}、Mg^{2+}有不同程度的抑制作用（杨胜远等，2007）。

从爬山虎茎中分离到5株内生菌，其中菌株EJC-1具有谷氨酸脱羧酶（GAD）活性；当湿菌体与10g/L谷氨酸钠溶液比例为1：10（w：V）时，在30℃和120r/min条件下振荡反应24h，细胞转化液中γ-氨基丁酸浓度为（3.07±0.23）mmol/L。通过形态特征、生理生化特征和16S rDNA序列分析鉴定EJC-1为巨大芽胞杆菌。同时基于16S rDNA构建了系统进化树，并对EJC-1进行了系统发育分析。巨大芽胞杆菌EJC-1 GAD的最适反应温度和pH分别为50℃和5.6；低于40℃，GAD在pH5～6时较稳定；2.5mmol/L Mg^{2+}对GAD活力具有显著的促进作用，活力提高了13.85%（杨胜远等，2007）。分别从爬山虎和金银花的茎中分离和鉴定获得了2株植物内生巨大芽胞杆菌，并对其形态特征、生理生化特征、培养及生理特征进行研究和比较。结果显示，在菌体的大小、耐盐能力、利用柠檬酸盐和在10℃条件下生长情况、D-木糖的代谢和产卵黄磷脂酶情况等方面，不同植物的内生巨大芽胞杆菌间及植物内生菌与外源菌间都存在较大差异。这表明，表型分类法在植物内生菌的鉴定中存在一定局限（杨胜远等，2010）。

从土样、水样中分离筛选到革兰氏染色阳性、呈柱状、产芽胞、编号为LY-tl的细菌菌株，通过对此菌进行牛皮消化实验，并以I型胶原为底物，测定该菌发酵培养液中胶原酶活性，确认此菌具有胶原酶活性；16S rDNA序列分析表明，分离菌株与巨大芽胞杆菌具有98%相似性；最后，用PHYLIP软件将该菌株与报道的相关胶原酶产生菌进行系统发育进化分析，可基本确定分离株为巨大芽胞杆菌（靳鸿蔚等，2008）。

从土壤中分离到一株能更好地促使小菌生长和产酸的芽胞杆菌B601，作为伴生菌与巨大芽胞杆菌相比，在生长过程中，发酵液中B601活菌数小于巨大芽胞杆菌，而其芽胞数则多于巨大芽胞杆菌。对B601组成菌系的发酵条件进行优化，结果如下：100g/L L-山梨糖、6g/L尿素、10g/L玉米浆、培养温度30℃和发酵周期44h。与巨大芽胞杆菌组成菌系相比，其底物L-山梨糖质量浓度提高了25%，尿素下降了50%，玉米浆质量浓度下降了33%，温度提高了2℃，发酵周期缩短了4h。结果表明，B601作为伴生菌，与巨大芽胞杆菌相比，该菌株明显提高了发酵效率（王静等，2009）。

巨大芽胞杆菌菌株BM279是经低能N^+离子注入诱变原始菌株BM80而得到的维生素C高转化率伴生菌株。通过对离子注入前后出发菌和突变株的生理、生化等生物学特点比较，探讨了离子注入巨大芽胞杆菌对2-酮基-L-古龙酸（2KGA）高转化率的促进机理。离子注入对巨大芽胞杆菌自身的生长无明显影响，BM279呈现出与BM80基本一致的生长曲线；但BM279对混菌发酵体系中产酸菌GO29的细胞增殖有显著促进作用。BM279在混菌发酵过程中分泌较多的碱性物，有利于维持GO29生长、代谢的pH环境。BM279培养42h，其胞外活性物质对GO29的糖酸转化活力较BM80有显著提高，且分泌时间较BM80推迟6h。利用层析技术分别从BM80、BM279胞外液中纯化了L-山梨糖脱氢酶（L-sorbose dehydrogenase，SDH）激活蛋白（SSPBM80和

SSPBM279),并比较二者的比活力,发现 BM279 分泌的山梨糖脱氢酶激活蛋白的比活力较 BM80 分泌的高出 50%,并且对 GO29 中的 SDH 酶活有更强促进作用(赵世光等,2007)。

考察了多种载体对巨大芽胞杆菌菌株 ECU1001 环氧水解酶的固定化,以大孔 DEAE-纤维素离子交换树脂为载体时,固定化酶的活力回收达 70%;进一步考察了温度和 pH 对固定化酶活力的影响,并使用该固定化酶进行了缩水甘油苯基醚对映选择性水解批次反应;结果表明,在较低的底物浓度下该固定化酶的稳定性较好,10 批反应后仍然剩余 72.4%的活力(贾涛等,2008)。

通过水解活性和转糖基活性筛选,从 97 株菌种中获得一株具有转糖基活性的 β-半乳糖苷酶产生菌菌株 2-37-4-1,克隆并序列分析了该菌株 16S rDNA 基因片段,GenBank 登录号为 DQ267829。综合其形态学特征、生理生化特征及 16S rDNA 序列同源性分析结果,将其鉴定为巨大芽胞杆菌。确定了该菌株 β-半乳糖苷酶产酶培养基的碳源为 1%乳糖,氮源为 0.5%蛋白胨和 0.5%酵母膏,培养条件为 37℃摇床培养 18h。碳源实验证明,该菌株产生的 β-半乳糖苷酶为乳糖诱导型,利用薄层层析技术研究了 pH、乳糖底物浓度、反应温度和反应时间对该菌株 β-半乳糖苷酶以乳糖为底物转糖基合成低聚半乳糖的影响,确定最适反应条件为 pH7.5、50mmol/L(磷酸缓冲液)配制的 40%乳糖溶液,55℃反应 24h。转糖基反应产物经高压液相色谱分析其组成为低聚半乳糖 25.68%,双糖(包括乳糖和转移二糖)33.02%,葡萄糖 26.37%和半乳糖 14.92%(王红妹等,2006)。

选育出一株具有较高苯丙氨酸氨解酶活性的巨大芽胞杆菌菌株 AS1.127-NJU10。考察了该菌的发酵产酶条件,结果表明,蔗糖为最佳碳源,酵母浸膏和 NH_4Cl 组成最佳氮源,其质量浓度分别为:ρ(蔗糖)=20g/L,ρ(酵母浸膏)=2g/L 和 $\rho(NH_4Cl)$=10g/L;发酵培养基最适 pH=6.5,培养温度 27℃;诱导物 ρ(L-苯丙氨酸)=1g/L 时,酶活最高达 1070U。同时对苯丙氨酸脱氨酶的性质进行了研究,结果表明,该酶最适 pH=5.8,最适温度为 40℃,反应液中添加 φ(吐温-80)=0.2%和 $c(K^+)=10^{-5}$ mol/L 能明显提高酶活(贾晓娟等,2005)。

从采集的 4 个样品中分离筛选得到高效降解餐饮废水蛋白的菌株 D-4,对该菌株的菌落形态、生理生化指标等方面进行了研究,初步鉴定为巨大芽胞杆菌。对菌株 D-4 的生长曲线研究显示:0~4h 该菌生长处于迟缓期,4~28h 为对数增长期,28h 后进入稳定期。蛋白质降解曲线研究发现:降解 36h 时,蛋白质降解率已达 81.67%(杨转琴等,2009)。

以 DL-苯丙氨酸为底物,利用巨大芽胞杆菌菌株 AS1.127 苯丙氨酸脱氨酶光学异构选择性,仅对 L-苯丙氨酸专一氧化脱氨,而不作用于 D 型,从而高效制备 D-苯丙氨酸。考察了影响酶促反应的几种因素,得到了最佳酶促反应条件,结果表明,该转化反应最适温度 37~40℃,最适 pH5.8,0.2% 磷酸缓冲液可提高脱氨酶活力,在反应液中加入表面活性剂 0.2% 吐温-80 或 10^{-5} mol/L K^+ 能显著提高脱氨酶活力,转化率与底物浓度、菌体用量有关,在此反应体系中,底物 DL-苯丙氨酸浓度 0.09mol/L,菌体用量 0.03g/mL,转化时间 18h,L-苯丙氨酸转化率最高达 98%以上;转化液经脱色、减压浓缩和等电点结晶后得到 D-苯丙氨酸，比旋光为 $[\alpha]_D^{20} = +32.4°$，光学纯度达 95％以上（贾晓娟等，2006）。

以从烟叶表面筛选得到的巨大芽胞杆菌 Bck 为出发菌株，经理化诱变处理，采用透明圈法进行初筛，即在淀粉培养基和蛋白质培养基平板上挑取 Hc 值（透明圈直径与菌株直径之比）较大的菌株，然后对这些菌株进行摇瓶复筛，测定发酵液 α-淀粉酶和蛋白酶的活性，得到酶活性较高的菌株 B80，其产生的 α-淀粉酶活性是菌株 Bck 的 1.964 倍，蛋白酶活性是菌株 Bck 的 2.266 倍。该菌株能稳定遗传，经 5 代传代培养后，其产生的 α-淀粉酶和蛋白酶活性分别稳定于 2.821～3.273U/mL 和 21.21～27.36U/mL 内（赵铭钦等，2008）。以具有解磷作用的巨大芽胞杆菌 Bm-107 为出发菌株，采用 100μg/mL 溶菌酶 30℃酶解 30min，原生质体形成率为 97.5％，再生率为 23.8％，裸露原生质体的直径为 1.32～2.18μm（穆国俊和王艳芳，1993）。巨大芽胞杆菌培养时期不同，其上清液对促进氧化葡萄糖酸杆菌生产和产酸的能力不同，在稳定期及衰亡初期显著促进氧化葡萄糖酸杆菌生产与产酸。pH、温度可改变上清液对氧化葡萄糖酸杆菌生产与产酸的影响。上清液中的活性物质，具有蛋白质的部分性质，对酸、碱、热敏感（吕淑霞等，2001）。

耐碱性巨大芽胞杆菌（*Bacillus megaterium*）菌株 9-A2 经紫外线、甲基磺酸乙酯和硫酸二乙酯等多次诱变处理，获得一株产碱性 α-淀粉酶能力较高的变异株 L-49。菌株 L-49 比出发株的产酶能力提高近 2.5 倍，当以酵母膏为氮源，可溶性淀粉为碳源，初始 pH9～10，种龄 18h，接种量 5％（V/V），30℃培养 48h，酶活力可达 730U/mL（贾士儒和赵树欣，1995a）。

六、巨大芽胞杆菌的青霉素酰化酶特性

巨大芽胞杆菌产胞外青霉素酰化酶发酵液经硫酸铵分级抽提及 Sephadex G-100、羟基磷灰石、DEAE-纤维素 DE52 等层析步骤，提纯了青霉素酰化酶，得到电泳均一的酶制剂，纯酶比活力约为 25U/mg 蛋白质，纯化 49 倍，活力回收 58％，经 PAGE 及 SDS-PAGE 检测知该酶不含亚基，其分子质量约为 140kDa。该酶最适 pH 为 9.0，最适温度 47℃，用底物 NIPAB（3-苯乙酰胺-6-硝基苯甲酸）测酶活，其 K_m 值为 $6.2×10^{-4}$ mol/L，V_m 值为 $1.24×10^{-4}$ mol/L（口如琴和褚西宁，1994）。对一株巨大芽胞杆菌产胞外青霉素酰化酶的发酵条件进行了初步研究。结果表明，不同的氮源及装液量和发酵时间对产酶均有影响。该菌株在 27～28℃，180r/min，初始 pH8.0，苯乙酸浓度 0.6％的最佳发酵条件下发酵 60h 左右，青霉素酰化酶活力可达 500～700U/100mL（口如琴和褚西宁，1995）。从巨大芽胞杆菌菌株 CA4098 的基因组中，通过 PCR 方法扩增青霉素酰化酶基因（*pgA*），克隆到 pKK223-3 质粒中，在大肠杆菌 HB101 中得到表达。同时，测定了 *pgA* 基因的全部序列，推出氨基酸序列，再与不同菌种来源的青霉素酰化酶的氨基酸序列进行比较，表明它们的序列有一定的保守性，尤其是活性部位的保守性更强（黄艳红和张颖，1998）。

将巨大芽胞杆菌胞外青霉素酰化酶通过共价键结合到聚丙烯腈纤维的衍生物上，制成的丝状固定化青霉素酰化酶表现活力达 153U/g（湿重），固定化酶合成头孢氨苄的

最适 pH 为 6.5，最适温度为 40℃。7-氨基脱乙酰氧基头孢烷酸（7-ADCA）的投料浓度以 4% 为好，7-ADCA 与苯甘丙氨酸甲酯盐酸盐（PGME）的投料量比率为 1∶2，最佳用酶量为 170U/g 7-ADCA。在 pH6.5、温度 30℃ 时，固定化酶对 7-ADCA 的表观米氏常数 $K_{\text{7-ADCA}}$ 为 0.162mol/L，对 PGME 的表观米氏常数 K_{PGME} 为 0.364mol/L，最大反应速度 $V_{\max}$ 为 0.0462mol/(L·min)，用固定化酶合成头孢氨苄，使用 50 次保留酶活力 83.9%（陈晖等，2002）。将巨大芽胞杆菌青霉素酰化酶连接到聚丙烯腈纤维载体上，制成固定化青霉素酰化酶，其表现活力约为 2000U/g。水解青霉素 G 的最适温度为 50℃，最适 pH 为 9.0；在 pH5~10.3，温度 50℃ 以下的活力稳定，表观米氏常数 K_a 为 $1.33×10^{-8}$mol/L，最大反应速度 V_m 为 2.564mmol/min；苯乙烯为竞争性抑制剂，抑制常数为 0.16mol/L；水解 10% 的青霉素 G 钾盐溶液，使用 20 批，保留酶活力 80%（韩辉和徐冠珠，1998）。

将巨大芽胞杆菌胞外青霉素酰化酶通过共价键结合到聚合物载体 Eupergit C 颗粒环氧基团上，制成的颗粒状固定化青霉素酰化酶表现活力达 1400U/g 左右。固定化酶水解青霉素的最适 pH8.0，最适温度为 55℃，在 pH6.0~8.5，温度低于 40℃ 时固定化酶活力稳定；在 pH8.0、温度 37℃ 时，固定化酶对青霉素的表观米氏常数 K_a 为 $2×10^{-2}$mol/L；苯乙酸为竞争性抑制剂，抑制常数 K_{ip} 为 $2.8×10^{-2}$mol/L，6-氨基青霉烷酸（6-APA）为非竞争性抑制剂，抑制常数 K_{ia} 为 0.125mol/L，固定化酶水解青霉素，投料浓度为 8%，在使用 200 批后，保留活力 80% 左右，6-APA 收率平均达 89.48%（韩辉和徐冠珠，2001）。

为获得巨大芽胞杆菌青霉素 G 酰化酶（PGA）的高产菌株和条件，构建了分泌表达 PGA 的基因工程菌株枯草芽胞杆菌，对表达条件进行了优化，以 LB 作为初始培养基，考察了温度、苯乙酸、装液量、碳源对于工程菌 PGA 产量的影响，实验发现重组细胞产酶不再需要变温和苯乙酸诱导；充足的通气量和适当浓度的淀粉可使细胞密度及 PGA 表达量大为提高。表达条件优化后，菌体 A_{600} 由 3 提高到 20，PGA 的表达量由 3~6U/mL 提高到 35~40U/mL，为生产用巨大芽胞杆菌表达量的 6 倍（黄鹤等，2001）。

巨大芽胞杆菌青霉素 G 酰化酶共价结合在新型环氧-氨基型载体 ZH-HA 上，通过对酶浓度、固定化时间、pH 及缓冲液浓度等条件的考察，确定了最优固定化条件：50mg 比活力 6000U/g 的巨大芽胞杆菌青霉素 G 酰化酶蛋白和 1g ZH-HA 悬浮于 pH9.0、1mol/L 磷酸缓冲液，室温搅拌 6h，制得固定化巨大芽胞杆菌青霉素 G 酰化酶，活力 2126U/g 湿载体，活力回收率 7.67%。比较研究了固定化酶与原酶性质，原酶最适温度 45℃，最适 pH 为 8.0；固定化酶则分别是 50℃ 和 9.0，分别比溶液酶偏移 5℃、1.0 个 pH 单位。经过 40 批连续水解青霉素 G 钾盐，固定化巨大芽胞杆菌青霉素酰化酶仍保持 80% 的活力，显示出良好的工作稳定性（孙健等，2008）。

为了提高青霉素 G 酰化酶（PGA）在酸性及有机溶剂中的稳定性，以大肠杆菌的晶体结构为模板，用软件 PMODELING 同源模建巨大芽胞杆菌青霉素 G 酰化酶的三维结构并且选择 PGA 分子表面的合适碱性氨基酸突变为丙氨酸，通过 3 种不同的快速 PCR 介导定位突变的方法，将位于 PGA 的 α 亚基和 β 亚基 492 位、512 位的赖氨酸残基分别突变为丙氨酸,获得 4 个突变酶 Kα021A、Kα128A、Kβ492A 和 Kβ512A。其中 Kα128A 和 Kβ512A 保持与野生型相近的酶活力,其动力学性质如最适温度、最适 pH、K_m 及 K_{cat} 没有明显变化;突变酶 Kα021A 和 Kβ492A 则丧失了酶活力。上述结果表明,PGA 分子表面非活性中心的赖氨酸→丙氨酸点突变使突变子的性状发生了分化,突变效应呈现出丰富的多样性。该有理设计不但可以提高酶的稳定性,而且为揭示 PGA 结构和功能的关系提供了一个新的研究模型(周丽萍等,2003)。将包含信号肽和琥珀终止密码子的完整巨大芽胞杆菌青霉素 G 酰化酶基因克隆到噬菌粒 pSurfacript,通过引入的 11 肽连接青霉素 G 酰化酶 C 端与噬菌体外壳蛋白 g3p 的 N 端,以构建的噬菌粒 pSurfpga 转化具有琥珀突变的大肠杆菌 XL1-blue,以辅助噬菌体 M13KO7 超感染,进行青霉素 G 酰化酶的表达和在噬菌体表面的展示。经 3-苯乙酰氨基-6-硝基苯甲酸(NIPAB)法测活,酶的平均活力为 2.5×10^{-15} U/cfu。在噬菌体表面展示出有活力的巨大芽胞杆菌青霉素 G 酰化酶,为利用噬菌体展示技术进行青霉素 G 酰化酶突变库的筛选奠定了基础(周政等,2002)。

研究了巨大芽胞杆菌菌株 BP931 胞外青霉素 G 酰化酶的产生条件。菌株 BP931 在由 0.7%葡萄糖、0.5%氮源 1 号、1.0%酵母膏和 0.8%苯乙酸组成的液体培养基中,28℃振荡培养 44h,以 6-硝基-3-苯乙酰胺基苯甲酸为底物,培养滤液酶活力为 9.0U/mL;诱导物苯乙酸于培养 6h 后加入,酶活力可以提高到 11.0U/mL。Ca^{2+}、Al^{3+}、Sn^{4+}、Mn^{2+} 和 Fe^{2+} 离子降低酶的形成,Cu^{2+}、Co^{2+} 离子显著抑制菌生长,降低酶的形成;Zn^{2+}、Cd^{2+} 和 Hg^{2+} 离子完全抑制菌生长和酶形成(崔福绵和韩文珍,1996)。以环己二烯甘氨酸甲酯盐为酰基供体,7-氨基酸脱乙酰氧基头孢烷酸为烷基受体,γ-氧化铝为载体的固定化巨大芽胞杆菌胞外青霉素 G 酰化酶为酰化剂,合成了头孢环己二烯。5%酰基供体,2%酰基受体,每毫升反应增加 44U 固定化酶,pH7.5,25℃振荡反应 5h,头孢环己二烯产率为 81%。苯乙酸、苯氧乙酸和头孢霉素 G 对酶法合成具有不同程度的抑制作用(崔福绵和石家骥,1998)。

七、巨大芽胞杆菌用于植物病害的生物防治

从大豆根瘤中分离到一株根际促生菌 Sneb207,经鉴定为巨大芽胞杆菌。室内测定结果表明,其发酵产物对豆苗生长的促进效果显著,发酵液灭菌后仍具有促生活性,具有广泛的应用价值。用该菌发酵液测定了对各种线虫的作用,结果表明毒力作用具有差异,大小顺序分别为大豆胞囊线虫、北方根结线虫、水稻干尖线虫和腐烂茎线虫。不同浓度发酵液对大豆胞囊线虫均有较好的防治作用,与无菌水对照处理有显著差异,说明细菌菌株 Sneb207 是控制大豆胞囊线虫病且促进大豆生长的有效因子(孙华等,2009)。为分离筛选具有促生作用的大豆内生芽胞杆菌,以期获得能够促进作物生长的微生物资源,从不同产地不同品种的大豆种子中分离到 40 株内生芽胞杆菌;在发芽试验中,菌株发酵液浸种处理大豆种子,大部分菌株表现出促进生长作用。其中促生作用最好的菌株 SN10E1 使豆芽长度增长 41%,百株鲜重增长 28%。从形态、生理生化反应及 16S rDNA 序列比对等方面分析,最终确定 SN10E1 菌株为巨大芽胞杆菌(周怡等,2009)。

从生姜块茎周围的土壤中筛选到一株巨大芽胞杆菌菌株 B1301，该菌株对多种农作物有害真菌有强烈的拮抗作用；抑菌物质是该菌分泌的一种蛋白质，对该蛋白质进行分级盐析初步分离后，对其特性进行了研究。结果表明：菌株 B1301 在 LB 培养基中培养 30h 后抑菌蛋白浓度达到最高（基本稳定），抑菌蛋白对 100℃ 以下的温度完全不敏感，而 120℃、5min 后它将失活，对蛋白酶 K 敏感；抑菌谱显示，抑菌蛋白对棉花立枯病菌、小麦纹枯病菌、全蚀病菌、茄假单胞杆菌、枯萎病菌、黄萎病菌、白叶枯病菌、根瘤镰刀病菌都有较强的抑制作用（曹燕鲁等，2004）。

通过原生质体法、电击法和转座诱导方法，建立了携带转座子 Tn*917* 的质粒 pTV1 对野生巨大芽胞杆菌菌株 B1301 的转化体系与转座子突变技术，获得 1000 多个转座插入突变子。通过细胞分裂素生物测试法对这些突变子进行测定，筛选到 2 个突变子：B1301-6 与 B1301-22。B1301-22 突变子分泌的细胞分裂素比 B1301 有显著提高，而 B1301-6 突变子分泌的细胞分裂素比 B1301 有显著降低。抑菌试验结果表明这 2 个细胞分裂素产量发生改变的突变子抑制率显著低于野生菌株，说明转座子 Tn*917* 的插入不仅使野生菌株 B1301 编码控制细胞分裂素产量的基因发生了改变，同时与编码抑菌功能相关的基因也受到了影响（齐勇等，2008）。

从生姜田土分离的细菌 B1301 鉴定为巨大芽胞杆菌。在盆栽条件下，B1301 处理种姜能够有效地防治由茄伯克氏菌 [*Burkholderia solanacearum*，即青枯雷尔氏菌（*Ralstonia solanacearum*）] 引起的生姜细菌性青枯病，在种姜带菌率小于 5% 的情况下，防治效果在 75% 以上；B1301 可在生姜块茎周围有效定殖，并能有效地降低青枯病菌的群体数量；也能从老块茎向新块茎转移。B1031 通过抗菌物质及竞争作用达到防治病害的作用（杨合同等，2002）。对含有外源几丁质酶编码基因的重组菌株——巨大芽胞杆菌 B13011 和 B13012 进行了小麦根际定殖能力、平板抑真菌能力和盆栽防病试验。结果表明，两重组菌株均能在小麦根际及根内成功定殖；在盆栽条件下，对小麦全蚀病、小麦纹枯病、棉花立枯病、棉花枯萎病 4 种真菌病害的防效与受体菌 B1301 相比达显著性差异（$P = 0.05$，LSR 测验），其中 B13011 对纹枯病的防治效果达 81.61%。两重组菌株均能提高受试作物的生物量，其中 B13011 提高棉花的生物量达 39.40%（杨合同等，2003）。

用 200μg/mL 的卡那霉素标记巨大芽胞杆菌菌株 R，并获得抗药标记菌株，以期明确其在固沙植物杨柴、柠条和油蒿根上的定殖能力。将标记菌株制成菌液，浸种接种至杨柴、柠条和油蒿的种子，待种苗根系生长至约 12cm 后，测定 R 菌株在 3 种植物不同根段的定殖密度和根际效应。结果表明，标记菌株在灭菌土壤中定殖密度比在自然土中大，根系不同部位标记菌株定殖密度表现为从上到下逐渐减小，0~3cm 根段标记菌株在根际的定殖密度达到最大，9~12cm 根段几乎不能分离到标记菌株。在 3 种植物中，杨柴的根际效应最显著，标记菌株在油蒿根际的定殖密度最大（王天龙等，2010）。

对采自浙江东阳市的玉米细菌性叶斑病标样进行分离和鉴定。结果表明，菌株 YB125-2、YB125-3 和 YB184 具有致病性。对这 3 个菌株进行培养、形态特征鉴别、常规生理生化性状测定、全细胞脂肪酸分析和 16S rDNA 序列分析的多种鉴定，鉴定为巨大芽胞杆菌；表明巨大芽胞杆菌能够侵染玉米并引起叶斑病（司鲁俊等，2011）。经过对水稻两品种（'沈农319'、'中百4号'）不同时期不同组织内生细菌动态变化的研究结果表明，根组织带菌量最高，其次是叶，茎最低。发育阶段以孕穗期带菌量显著增高，随着组织衰老而降低。对分离到的4个主要种群显著性检验结果表明，巨大芽胞杆菌为两品种体内细菌优势种。通过对水稻这一世界性粮食作物体内细菌的种类，以及随生育期、组织间菌体数量变化的探讨研究，为水稻害虫的生物防治，提供遗传改良工程杀虫细菌的载体菌（刘云霞和张青文，1999）。

为了提高兰花炭疽病拮抗菌巨大芽胞杆菌菌株1-12的芽胞形成率及芽胞数量，在摇瓶发酵基础上对芽胞形成的主要影响因素进行了考察；通过单因素实验和正交试验对菌株1-12产芽胞条件进行了分析，确定了摇瓶发酵最佳条件：培养基组成（质量分数）为玉米粉1%，$CaCl_2 \cdot 2H_2O$ 0.1%，$MnSO_4 \cdot H_2O$ 0.05%；培养液初始pH6.0。培养条件为种龄20h，装瓶量30mL/250mL，接种量8%，温度30℃，摇瓶转速200r/min。在此条件下，菌株1-12发酵液中的芽胞数量为1.92×10^9 cfu/mL，芽胞形成率达95%（王倩等，2008）。为了提高芽胞的形成率，采用单因素和正交试验设计，通过摇瓶培养对毛竹枯梢病拮抗细菌巨大芽胞杆菌菌株6-59芽胞形成的发酵培养基和培养条件进行优化。结果表明，优化后的培养基配方为玉米粉1.0%、大豆蛋白胨1.0%、$CaCl_2 \cdot 2H_2O$ 0.1%、$MnSO_4 \cdot H_2O$ 0.05%；适宜培养条件是种龄20h、接种量8%、培养基初始pH为6.0、装液量30mL/250mL、培养温度30℃、摇床转速200r/min。在此优化条件下，菌株6-59发酵液中的芽胞数量为2×10^9 cfu/mL，芽胞形成率达96.4%（郭晓军等，2008）。

八、巨大芽胞杆菌用于水体污染治理

采用连续提取-比色法对江苏苏北池塘微碱性水体中磷的形态和含量进行了研究，结果表明：池塘微碱性水体中总磷的含量介于0.088～0.102mg/L，总体含量不低；水中可溶性正磷酸盐的含量为0.004～0.007mg/L，仅占总磷的4.2%～7.7%，其余的磷则以吸附态的无机磷（水溶性吸附态磷、铁结合磷和钙结合磷）和有机磷（酸提取有机磷和碱提取有机磷）的形式存在于水体的悬浮物中。最具生物可利用性的正磷酸盐含量的偏低是此类水体中浮游植物不易生长的主要原因。应用巨大芽胞杆菌的培养物于池塘微碱性水体后，可降低水体悬浮颗粒中除水溶性吸附态磷外的无机及有机磷含量的10.83%～24.92%，水体中可溶性正磷酸盐的含量可提高140%～260%。巨大芽胞杆菌的适宜用量为1mL/m³，适宜作用时间为3d。研究表明，巨大芽胞杆菌具有一定的解磷功能，可促进水体的磷素循环（吴伟等，2008）。

采用以$Ca_3(PO_4)_2$和卵磷脂为唯一磷源的培养基接种磷细菌ACCC 10011，29℃、180r/min振荡培养7d后将培养液离心，测其上清液中的水溶性磷含量及沉淀菌体中磷含量。在无机磷培养物中测得的水溶性磷总量89.43μg/mL，比对照提高了13.6倍；在有机磷培养物中测得的水溶性磷总量为11.96μg/mL，比对照提高了4.16倍。定期取样测定磷细菌培养液中磷含量，发现以$Ca_3(PO_4)_2$和卵磷脂为底物的培养基中磷含量分别在第5天和第3天达到最大值，其中磷浓度的对数y与培养时间x呈线性相关，其线性方程分别为：$y=0.438+0.262x(r=0.889)$；$y=-0.608+0.498x(r=0.951)$（郑传进等，2002）。

从活性污泥中分离筛选到一株产絮凝剂的细菌 A25，鉴定为巨大芽胞杆菌。该菌株产絮凝剂的最适碳源为麦芽糖，最适氮源为酵母提取物，最适 pH 为 7.0~10.0。絮凝剂的形成与菌体生长同步，均在 10h 达到最高值。该絮凝剂主要分布在发酵液中，另外还有一部分存在于菌体上，所产絮凝剂对供试的各种悬浮液和菌悬液都具有良好的絮凝效果（刘紫鹃等，2001）。从运行稳定的能同步脱臭的曝气生物滤池中采集样品，富集分离获得一株能高效脱硫脱氨氮的菌株 TS-1。对分离菌株进行形态观察、生理生化试验及 16S rRNA 基因序列分析，结果表明，菌株 TS-1 为革兰氏阳性菌，杆状；菌落在营养琼脂培养基上呈圆形，表面光滑，乳白色半透明；V-P 试验阴性，能水解淀粉和明胶，利用柠檬酸盐生长；对菌株进行 16S rRNA 的 PCR 扩增，扩增产物测序结果表明分离菌株 TS-1 与巨大芽胞杆菌同源性达 99%；以 16S rRNA 同源性为基础构建了包括 24 株相关种属细菌在内的系统发育树，在系统发育树中，分离菌株 TS-1 与巨大芽胞杆菌在同一分支。结合形态观察、生理生化试验及 16S rRNA 基因序列分析结果，将其初步鉴定为巨大芽胞杆菌。在常温（30±2）℃、转速为 150r/min 的条件下，处理 pH 7、S^{2-} 和 NH_4^+-N 分别为 80mg/L 和 88mg/L 的水样 40h，硫化物和氨氮的脱除率分别为 91.8% 和 96.6%（张剑鸣等，2009）。

从具有脱臭功能的曝气生物滤池中分离出一株能同时脱硫和氨氮的菌株 TS-1。根据形态学、生理生化特征及 16S rDNA 基因序列分析结果，初步鉴定该菌株为巨大芽胞杆菌。对菌株 TS-1 的生长性能和脱硫、脱氨氮性能进行了测试，结果表明，在（30±2）℃、转速为 150r/min 的条件下，该菌株的最佳生长 pH 为 7.0，对数生长期为 12~32h；当 S^{2-} 和 NH_4^+-N 分别为 80mg/L、88mg/L 时，对硫化物和氨氮的去除率分别可达 91.8%、96.6%，且去除率随底物初始浓度的增加而逐渐降低（贾燕等，2009）。

从土壤中分离的巨大芽胞杆菌菌株 ECU 1001 所产五氧化物水解酶能高度对映选择性地水解缩水甘油苯基醚（对映选择率 E 值可达 47.8），当转化率为 55.9% 时，剩余的 (S)-缩水甘油苯基醚的光学纯度（对映体过量值，ee）可达 99.5%；当底物浓度提高到 60mmol/L 时，光学纯 (S)-缩水甘油苯基醚的收率达 25.6%（唐燕发等，2001）。从土壤中筛选得到的巨大芽胞杆菌 ECU 1001 所产环氧化物水解酶能高度对映选择性地水解外消旋缩水甘油苯基醚，在摇瓶和 5L 发酵罐中培养时初始产酶水平分别为 11.0U/L 和 31.0U/L，通过添加底物诱导，可使摇瓶培养中酶量达 61.0U/L，在 5L 发酵罐中通过补料分批发酵，酶活可进一步提高到 95.6U/L（朱智东等，2001）。

从养殖水体中筛选出一株对亚硝酸盐具有高效降解能力、增殖速度快、稳定和安全的优良菌株，经细菌学常规检测和 16S rRNA 序列分析确定为巨大芽胞杆菌，并编号为 SZ-3。对 SZ-3 菌株降解条件的单因素实验发现，其最佳降解条件是：pH7.0，温度 33℃，降解所需的最低葡萄糖含量为 0.01mg/L，在 24h 内对亚硝酸盐的降解率达 69.58%。在亚硝酸盐质量浓度为 5mg/L 的 100L 污染水体养殖实验中，添加 1000mL

含量为 1×10^8 cfu/mL 的 SZ-3 培养菌液离心后的纯菌体，在 28℃的水温条件下经 96h，SZ-3 菌株对亚硝酸盐的降解率可达 91.78%，表明该菌株对污染水体中的亚硝酸盐具有较强的降解效果（熊焰等，2010）。

对从养殖水体中分离筛选到的一株巨大芽胞杆菌菌株 X2 的氨氮降解特性进行了研究，表明该菌株的生长与氨氮降解是同步进行的，其降解氨氮的最适温度和 pH 分别为 30℃和 7.0；当氨氮初始浓度在 50mg/L 以下时，菌株 X2 在 24h 内的氨氮降解率均可达 95%以上；且该菌株可以多种糖为唯一碳源生长，并均具有较高的氨氮降解率（侯颖等，2006）。利用巨大芽胞杆菌，在室内采用投菌法对富营养化景观水体进行预处理试验研究。通过不同的菌液投放量 $\varphi=0.05\times10^{-3}$、$0.1\times10^{-3}$、$0.2\times10^{-3}$，对水体进行处理；结果表明，巨大芽胞杆菌对富营养化水体中的总氮（TN）、总磷（TP）、化学需氧量（COD_{Cr}）均有一定的去除效果，其中在投菌量为 0.1×10^{-3} 时处理效果最好。通过进一步的连续投菌净化试验，水体中的 TN、TP、COD_{Cr} 显著降低，处理后，藻类基本得到控制。由此可见，巨大芽胞杆菌能够有效地去除水体中的有机物、氮、磷，因此，具有净化富营养化水体的作用（王琳等，2009）。

为了探明农药杀虫单高效降解菌巨大芽胞杆菌菌株 LY-4 进入土壤后的生存状况及对农药杀虫单的降解动态，进行了一系列实验室土壤模拟研究。结果表明，没有外加菌时，杀虫单在土壤中的降解是缓慢的；加入降解菌后可使杀虫单的降解大大加快，当土壤中杀虫单含量一定时，随着菌量增加，杀虫单的降解加快；当菌剂量一定时，则存在一个最适降解浓度，对应此浓度，由外加菌所贡献的净增加降解率最高，而单位菌剂量对杀虫单的绝对去除量随杀虫单浓度的升高而增加。实验还证明，该降解菌对外加营养的依赖性小，适应性较强（周军英和林玉锁，2000）。湘潭南天化工厂的甲胺磷废水未经处理直接排放，对湘江及下游的湖泊造成了一定的污染，利用解磷微生物去除江河湖泊中的甲胺磷污染是一条有效的途径。从被该厂甲胺磷废水污染的湖泊中分离细菌样品，以甲胺磷为唯一碳源和能源，经过定向筛选，得到一株可高效降解甲胺磷的菌株 HN001。气相色谱测定结果表明，此菌株对甲胺磷的降解率在 48h 和 96h 分别为 49.24%和 98.20%。对其进行了常规生理生化测试，结果表明，该菌株与巨大芽胞杆菌的表型特征非常相似。为了进一步确定菌株 HN001 的分类学地位，测定了其 16S rRNA 基因序列，分析了相关细菌相应序列的同源性，结果显示与巨大芽胞杆菌的亲缘关系最近。综合上述结果，菌株 HN001 可鉴定为巨大芽胞杆菌（刘文海等，2009）。

以 $(NH_4)_2SO_4$ 为唯一氮源的选择性培养基，从养鱼池水中分离筛选到一株高效氨氮降解菌 X2。当 NH_4^+-N 初始质量浓度为 50mg/L 时，该菌株在 24h 内的氨氮降解率 >95%，并具有硝酸还原和亚硝酸还原能力。初步鉴定该菌株为巨大芽胞杆菌（侯颖等，2005）。养殖水体中高浓度的氨态氮及硝态氮是导致鱼虾发病的直接或间接因素，特别是近几年来，不断发生养殖生物氨氮中毒的事件，给水产养殖业带来了严重的经济损失，因此对养殖水体中氨氮浓度的控制及如何解决养殖水体中的氨氮污染问题，已成为净化养殖水质的研究热点。以 $(NH_4)_2SO_4$ 为唯一氮源的选择性培养基，从上海金山室内集约化南美白对虾健康成虾养殖水体中分离到 5 株氨化细菌；选取菌落最大、生长速度最快的优势菌株 zjs05 进行进一步的研究。通过奈氏试剂验证了菌株 zjs05 确实能将有机氮转化为 NH_4^+，因此可判断为氨化细菌；通过生理生化试验及 16S rDNA 序列分析，最终确定菌株 zjs05 为巨大芽胞杆菌。通过对 zjs05 菌株生长量及氨氮含量变化的监测，发现菌株的生长与氨氮降解是同步进行的，而且 zjs05 菌株可在较长时间内发挥降解作用，说明该菌株可以作为南美白对虾养殖用水降解氨氮的有益候选菌株（王娟等，2010）。以鲫为对象，利用从水产养殖水体中分离得到的巨大芽胞杆菌菌株 MPF-906，研究了其微生态制剂同步净化养鱼水质的动态变化。结果显示，在水族箱中添加菌株 MPF-906 制剂后，与对照组相比，水中的亚硝酸盐显著降解，COD 也有所下降，pH 稳定为 7.78～8.19，表明巨大芽胞杆菌微生态制剂对净化养鱼水质和调节养殖水体微生态结构稳定具有明显的作用，其最适使用浓度为 4×10^8 cfu/mL（杨艳等，2007）。

九、巨大芽胞杆菌用于重金属吸附

对休眠的巨大芽胞杆菌 D01 菌体吸附 Pt^{4+} 的作用过程进行了表征。透射电子显微镜（TEM）和光电子能谱（XPS）展示 Pt^{4+} 沉积的主要部位是菌体细胞壁并在其表面逐步被还原为 Pt^0。红外光谱（FTIR）表明 D01 菌体细胞壁肽聚糖层肽链上的酰胺键、肽链侧链的氨基酸残基离子化羧基及糖类化合物的羟基为吸附 Pt^{4+} 的活性基团；肽聚糖层部分多糖的水解产物——还原糖，其游离态的醛基为电子供体，将 Pt^{4+} 原位还原成 Pt^0（林种玉等，2003）。

从不同来源的细菌菌株筛选获得一株吸附还原 Au^{3+} 较强的菌株 D01，经鉴定为巨大芽胞杆菌。菌株 D01 在 Au^{3+} 浓度 600mg/L 条件下仍能较好生长。从电化学反应表明，该菌具有较强的还原力，它能将金催化剂的前驱体 $Au^{3+}/\alpha\text{-}Fe_2O_3$ 还原成具有催化 $CO+O_2\rightarrow CO_2$ 的高分散度的 $Au^0/\alpha\text{-}Fe_2O_3$ 催化剂（刘月英和傅锦坤，1999）。从不同来源的细菌菌株中筛选获得一株对金、银、铂、钯和铑等贵金属离子均具有较强的吸附和还原能力的革兰氏阳性菌 D01，经鉴定属巨大芽胞杆菌；在 30℃及 pH3.5 时，D01 对各种金属离子吸附 2h 后的吸附率分别为 99.5%（Au）、98.1%（Ag）、87.1%（Pt）、93.2%（Pd）、25.2%（Rh）；该细菌容易培养，有良好的应用前景（林种玉等，2001）。对休眠的巨大芽胞杆菌 D01 菌体吸附 Au^{3+} 的作用过程进行了谱学表征。运用原子吸收分光光度计（AAS）考察了 pH、时间和温度对 D01 菌体吸附 Au^{3+} 过程的化学动力学和热力学相关参数的影响。D01 菌粉中硫元素含量的能量色散 X 射线光谱仪分析说明该菌体中对 Au^{3+} 具有还原作用的 L-半胱氨酸和蛋氨酸的含量极少；D01 菌体水解后葡萄糖含量的紫外可见吸收光谱测定说明该菌体水解产物中含有一定量的还原糖，空白的和吸附 Au^{3+} 的 D01 菌体的 FTIR 检测表明该菌体细胞壁肽聚糖层糖类化合物的羟基和肽链侧链氨基酸残基离子化羧基为吸附 Au^{3+} 的活性基团；肽聚糖层部分多糖的水解产物低聚糖、二糖及单糖等还原糖的半缩醛羟基游离态醛基为电子供体，将 Au^{3+} 原位还原成 Au^0。葡萄糖和 Au^{3+} 相互作用的 X 射线衍射和 FTIR 表征证明 Au^{3+} 是在还原糖的醛基上直接被还原成 Au^0（林种玉等，2004）。巨大芽胞杆菌 D01 菌体吸附 Au^{3+} 的最适 pH 为 3.0，其生物吸附作用是一种快速的过程，最初 5min 的吸附量可达到最大吸附量的95%,温度不影响该吸附作用。在 pH 3.0 和 30℃、起始金离子浓度与菌体浓度之比为 305mg/g 的条件下,吸附 30min,吸附率达 99.1%,吸附量为 302.0mg/g 干菌体。D01 菌体能将溶液中的 Au^{3+} 还原成 Au^0,在细胞表面和溶液中的 Au^0 能形成不同形状的全晶体。浸渍在 SiO_2 和 $\alpha\text{-}Fe_2SO_3$ 的 Au^{3+} 能被还原成 Au^0。从电化学反应表明,D01 菌体对 Au^{3+} 的还原性具有较好的选择性(刘月英和傅锦坤,2000)。

第十六节 苛求芽胞杆菌

一、苛求芽胞杆菌尿酸酶分泌特性

考察苛求芽胞杆菌(*Bacillus fastidious*)(ATCC 26904)分泌型尿酸酶的特性和将其应用于直接动力学尿酸酶法测定血清尿酸的有效性。方法:苛求芽胞杆菌分泌的尿酸酶经 DEAE-cellulose 层析纯化后,用于以积分法分析尿酸酶反应曲线预测反应体系本底的直接动力学尿酸酶法测定血清尿酸。结果:苛求芽胞杆菌分泌的尿酸酶只含一种肽链,分子质量为 34.7kDa,其米氏常数为 (0.22 ± 0.01) mmol/L($n=11$),黄嘌呤抑制常数为 (36 ± 3) μmol/L($n=4$)。用此尿酸酶,只要被分析反应曲线终点的底物浓度低于起点的 30%,应用积分法就能可靠预测本底;直接测定反应前吸收,可使直接动力学尿酸酶法不受常规 5μmol/L 黄嘌呤等干扰。监测 0.025U/mL 尿酸酶反应 5min 的数据,其线性响应区域为 1~50μmol/L;所得临床标本血清尿酸含量(C_k)与过氧化物酶偶联间接终点平衡法(C_e)正相关($C_k=-0.008+1.046C_e$, $r=0.996$, $n=206$),但 Bland-Altman 法分析表明两种方法不一致。结论:苛求芽胞杆菌分泌的尿酸酶可用于直接动力学尿酸酶法测定尿酸,并可保障其优势(赵运胜等,2007)。

二、苛求芽胞杆菌 DNA 提取方法比较

为比较不同方法提取苛求芽胞杆菌基因组 DNA 的差异,用经典 CTAB 提取法、改进 CTAB 法(溶菌酶处理结合 CTAB 提取法)、UniQ 柱吸附提取法制备苛求芽胞杆菌基因组 DNA,比较产物完整性和用于 PCR 扩增的有效性。结果表明,3 种方法制备基因组 DNA 纯度接近,但改进 CTAB 法产率最高,UniQ 柱吸附提取法产率最低;经典 CTAB 提取法和 UniQ 柱吸附提取法提取基因组 DNA 易降解。3 种方法所得基因组 DNA 用于 PCR 扩增效率接近,但溶菌酶裂解结合 CTAB 提取更适合制备苛求芽胞杆菌基因组 DNA(赵运胜等,2006)。

三、苛求芽胞杆菌产尿囊酸酰胺水解酶特性

研究了苛求芽胞杆菌尿囊酸酰胺水解酶的基本性质、稳定性及调节。粗酶作用于尿囊酸的 K_m 为 7.1mmol/L,V_{max} 为 5μmol/(L·min·mg 蛋白质)。Co^{2+}、Ni^{2+}、Cd^{2+} 可部分代替 Mn^{2+} 作为金属辅因子,活力分别为对照的 17%、14% 和 11%。Fe^{2+}、Cu^{2+}、Zn^{2+} 分别抑制酶活力 16%、40% 和 100%。Co^{2+}、Ni^{2+}、Cd^{2+} 存在时,酶活力

分别被抑制58%、28%和59%。酶储于−20℃6个月未失活。研究了酶的热稳定性和pH稳定性，该酶对乙醇相当敏感；测试了近60种化合物对酶反应的效应，其中乙二酰脲、羟基脲、草酸、延胡索酸、柠檬酸、苹果酸、草酰乙酸、丙酮酸、乙酰氧肟酸（以上全为10mmol/L）、3-磷酸甘油酸、氨基氧乙酸（全为5mmol/L）分别抑制酶活力10%、70%、10%、10%、10%、20%、50%、40%、95%、23%和44%（徐志伟，1996）。

第十七节　克劳氏芽胞杆菌

一、克劳氏芽胞杆菌用于植物病害的生物防治

以克劳氏芽胞杆菌（*Bacillus clausii*）菌株S-4碱性果胶酶诱导黄瓜黄化苗，研究了该激发子对黄瓜生理生化特性的影响，探究碱性果胶酶诱导黄瓜抗病的机理。结果表明，黄瓜黄化苗经碱性果胶酶诱导后，过氧化物酶、多酚氧化酶和过氧化氢酶活性上升，可溶性蛋白和维生素C含量升高，丙二醛和游离脯氨酸含量下降，碱性果胶酶诱导黄瓜抗病作用与植物体内多种防御相关物质的诱导密切相关（李祖明等，2008）。

二、克劳氏芽胞杆菌用于重金属吸附

为了验证生物吸附剂去除废水中重金属离子Zn^{2+}的可行性，筛选了一株高效吸附Zn^{2+}的微生物菌株克劳氏芽胞杆菌S-4。采用火焰原子吸收、红外光谱和扫描电镜能谱分析，对这种新型生物吸附剂在水相中吸附Zn^{2+}的性能和机理进行了研究。结果表明，菌株S-4菌体在20℃、30℃、40℃条件下，吸附Zn^{2+}的最佳pH为4.5，吸附容量为57.5mg/g，吸附容量随温度的升高而增加，吸附过程是吸热反应，吸附平衡时间约30min。吸附前后，菌株S-4菌体表面上的化学官能团和金属离子发生了明显的变化，—OH、—NH_4^+、—COOH、—CO—NH—C_6H_5等官能团可能参与了吸附过程。0.1mol/L HNO_3、HCl和EDTA对锌的解吸附效果较好。在矿山废水中，菌株S-4菌体对Zn^{2+}的吸附效果也比较理想，显示出其潜在的应用价值（范瑞梅等，2007）。

第十八节　枯草芽胞杆菌

一、枯草芽胞杆菌的微生物学特性

采用梯度稀释分离法，从黄河稻区水稻根际土壤中分离出耐高温芽胞杆菌722株。通过真菌生长抑制试验，获得具有稻瘟病菌拮抗活性的菌株27株。通过形态学观察和生理生化指标鉴定，获得具有稻瘟病菌拮抗活性的枯草芽胞杆菌（*Bacillus subtilis*）待确定菌株7株。挑取其中抑菌活性最强的一株进行16S rDNA鉴定，将其16S rDNA基因序列与GenBank中基因序列进行同源性比较，发现与枯草芽胞杆菌16S rDNA有99%同源性，鉴定此菌为枯草芽胞杆菌，编号为BS501a（李瑞芳等，2010）。

从深600~3200m的南海海底沉积物中分离到185株深海细菌，从中筛选到一株产

蛋白酶活力较强的菌株B1394，酶活高达873U/mL。采用16S rDNA分子生物学鉴定，结合细菌常规鉴定方法鉴定其为枯草芽胞杆菌。对其粗酶性质进行研究发现：最适酶活温度60℃，最适pH8.0，在低温30℃和40℃条件下也具有较高的酶活性，40~60℃热稳定性较好，显示出部分嗜热酶特性；Mn^{2+}、Mg^{2+}、Ca^{2+}对该蛋白酶有激活作用，Hg^{2+}、Fe^{3+}、Cu^{2+}、Zn^{2+}、Fe^{2+}对该蛋白酶有抑制作用；苯甲基磺酰氟（PMSF）几乎完全抑制蛋白酶活性，推断为丝氨酸蛋白酶（王雪梅等，2009）。从四川康定附近著名的高海拔大雪山、生态环境极为特殊的折多山山顶（采样点海拔4300m）分离到2株性能各异的枯草芽胞杆菌Z21和Z31。Z21具有枯草芽胞杆菌的典型性状，而Z31却与枯草芽胞杆菌的典型性状有明显差异：不易生芽胞、菌落浅黄色、半透明且不易起皱。发酵试验表明，Z31是一株优良的纳豆生产菌株，并可用于浓味纳豆生产（陈波等，2002）。

研究了菌龄、酶浓度、酶解时间、酶解pH、温度、渗透压稳定剂及青霉素对枯草芽胞杆菌菌株DC-12原生质体形成和再生的影响。确定了菌株DC-12原生质体最佳的形成和再生条件是以改良HM高渗溶液作稳渗系统，在pH7.5、酶浓度为0.2mg/mL（活力单位为50 000U/g）和35℃的条件下酶解60min；此条件下所得原生质体形成率为96.1%；以0.6mol/L NaCl为渗透压稳定剂的DM3再生培养基中再生率为21.6%（梁惠仪和郭勇，2007a）。

亚铁氧化酸硫杆状菌（*Thiobacillus ferrooxidans*）是生物湿法冶金工业中最有应用价值的一种脱硫菌。但其生长缓慢，影响其在高寒地区的工业应用。采用枯草芽胞杆菌（*Bacillus subtilis*）、大肠杆菌（*Escherichia coli*）、嗜水气单胞菌（*Aeromonas hydrophila*）、粘红酵母（*Rhodotorola glutinis*）分别与亚铁氧化酸硫杆状菌原生质体融合的方法来改变其代谢机制，缩短其生长代期。实验表明，亚铁氧化酸硫杆状菌和枯草芽胞杆菌融合细胞3#的生长代期明显缩短，通过选育驯化过程，采用BP神经网络预测方法，确定最佳培养条件，所得改良菌株的生长代期较原菌株缩短1/3~1/2，浸矿时间比原菌少了1/3（张俊等，2002）。

Macrolactins是近年来从马杜拉放线菌属（*Actinomadura* sp.）和芽胞杆菌属（*Bacillus* sp.）等海洋来源的微生物中分离的一群24元大环内酯类化合物，具有抗菌、抗病毒和抗肿瘤等生物学活性。从东海海泥中分离到一株海洋细菌X-2，可产生多种Macrolactins。自行设计了一套针对Ⅰ型聚酮合酶（polyketide synthase，PKS）基因中酮缩合酶（ketosynthase，KS）片段的简并引物，使用PCR方法直接克隆到了X-2基因组中的一段长约645bp的Ⅰ型KS基因片段，提交GenBank获登录号EF486351，并以之为探针筛选X-2的fosmid基因组文库，得到了3个阳性克隆，测序获得的序列经同源性分析和功能预测，初步证实获得了该菌中负责生物合成Macrolactin的部分Ⅰ型PKS基因簇的功能序列（董晓毅等，2008）。

从大庆油田地层水中分离到一组能高效产生生物表面活性剂的菌株，采用*sfp*基因PCR鉴定的方法从中分离到一株芽胞杆菌ZW-3，该菌株能够产生大量表面活性物质，采用细菌生理生化鉴定结合16S rDNA序列的系统发育学分析确定该菌株为枯草芽胞杆菌。通过薄层层析色谱（TLC）、高效液相色谱（HPLC）分析其代谢产物，初步鉴定为脂肽（lipopeptide）；该脂肽生物表面活性剂理化性质显示它能使培养基的表面张力从 68.92mN/m 降低到 25.19mN/m、原油/水的界面张力从 23.53mN/m 降低到 4.57mN/m，与 1.8% 的 NaOH 溶液复配可以将油水界面张力降低到 1.2×10^{-3} mN/m，其临界胶束浓度为 33.3mg/L（3.24×10^{-5} mol/L），并具有较好的乳化活性和发泡性能，说明该菌株代谢的脂肽生物表面活性剂在提高石油采收率中具有广泛的应用前景（王大威等，2008）。

从高温处理过的腐乳和豆豉中分离到一系列单菌落，通过不同的培养基初筛、复筛，得到一株高产 γ-聚谷氨酸（γ-PGA）的菌株 N6，根据《常见细菌系统鉴定手册》和《伯杰氏鉴定细菌学手册》第九版，对 N6 进行了形态和生理生化特征的分析，以及对产物进行了红外光谱法测定，初步鉴定该菌为枯草芽胞杆菌（马霞等，2007）。γ-PGA 是一种生物可降解的大分子物质，广泛应用于医药、化妆品等行业。从高温处理过的腐乳中分离到一株高产 γ-PGA 的菌株，通过对菌落表观形态特征、电镜照片特征及生理生化性能的观察分析，初步鉴定为革兰氏阳性枯草芽胞杆菌。该细菌最适生长温度为 35～38℃；培养条件为蛋白胨 20g/L，葡萄糖 30g/L，谷氨酸钠 30g/L，NaCl 5g/L；pH7.0，温度为 37℃，摇床培养 250r/min。经红外光谱鉴定其结果与标准品的图谱基本一致（赵紫华等，2007）。

从形态、生理生化、16S rRNA 3 个方面确定了菌株 HL29 的分类地位。光学显微镜下观察到菌体为杆状细胞，革兰氏染色均匀，并可见芽胞染成蓝紫色。扫描电子显微镜进一步观察到细胞壁外带有厚薄均一的黏质层，可见椭圆形芽胞，无伴胞晶体。生理生化测定结果表明，HL29 在各项测试中与枯草芽胞杆菌的模式菌株表现一致；16S rRNA 基因序列测序结果表明，HL29 与枯草芽胞杆菌的同源性达 99.52%。抑菌活性测定结果表明，菌株 HL29 及代谢产物对包括三个亚门真菌 10 个属的 14 种植物病原真菌，以及 4 个重要属的代表性植物病原细菌均有不同程度的抑菌作用，表明 HL29 菌株的菌体和代谢产物具有较高的抑菌活性和较广抑菌谱（卢志军等，2005）。

对 11 株耐药性金黄色葡萄球菌 R 质粒进行分析研究，并对枯草芽胞杆菌原生质体进行转化，结果表明：金黄色葡萄球菌 R 质粒 DNA 可转化枯草芽胞杆菌原生质体，转化频率为 6.5×10^{-4}，转化效率为 1.3×10^{3}，而染色体 DNA 不能进行原生质体转化（吴承龙，1995）。对发生在琼脂平板上的枯草芽胞杆菌自然遗传转化进行了初步的研究。结果表明，在相同条件下，该菌在琼脂平板上的自然转化率明显高于传统液体转化，并且转化反应对 DNase 的抗性增强，通常被认为不能建立感受态的 LB 培养物涂布到平板上后也很快具有了自然转化的能力，说明在固相物表面进行的转化过程与传统的液体法存在一定的差异。在琼脂平板上，也能观察到具有不同遗传标记的菌株间进行的细胞间自然转化（陈向东和沈萍，2000）。

从一微生物菌群中分离出一株能在酸性环境下生长的菌株，对菌株的个体形态、生理生化特性进行了分类研究，确定该菌株为枯草芽胞杆菌，其主要特性及芽胞形成，与标准模式菌株相同，该菌株不仅能在 pH 为 5.7 的酸性环境长势良好，在 pH 为 5.1 时仍然能够生长，但不能在 pH 为 4.7 的条件下生长（孙军等，2001）。

从中国东海海域筛选到好氧耐盐菌株 A01，此菌株显示出抗枯草芽胞杆菌和白色念珠菌的活性；采取对该菌株形态特征、培养特征、生理生化特征和遗传特性进行研究的方法，结果表明此菌株与枯草芽胞杆菌的特征一致；将此菌株的 16S rDNA 序列在 GenBank 中进行序列比对，结果也显示其与枯草芽胞杆菌的 16S rDNA 的序列片段的相似性为 100%；以相似性为基础构建系统发育树，分析表明该菌株与枯草芽胞杆菌同源关系最近，最终得出结论为菌株 A01 是一株来源于海洋的枯草芽胞杆菌，且具有种内拮抗的特性（杨丹等，2008）。对大肠杆菌和枯草芽胞杆菌的原生质体融合进行了研究，获得了融合菌原生质体的再生，根据两种菌的形态和利用淀粉的能力上存在的明显差异，对融合菌的原生质体进行筛选，实验结果表明，融合细胞具有降解淀粉的能力，但不形成芽胞（黄勤妮等，2002）。

对分离得到的芽胞杆菌 B11 进行鉴定。将该菌株的 16S rDNA 基因序列与 GenBank 中已鉴定的 16S rDNA 序列对比，并结合生理生化实验综合分析。结果表明，菌株 B11 与枯草芽胞杆菌亲缘关系最为接近，16S rDNA 基因相似性达 99.6%，生理生化实验结果与标准枯草芽胞杆菌一致，因此将芽胞杆菌 B11 鉴定为枯草芽胞杆菌（王德培等，2010）。

对枯草芽胞杆菌进行透射电镜观察，获得了枯草芽胞杆菌菌体的超微结构图像，同时寻找到适合散在菌体透射电镜制样的方法（曹剑波和秦利鸿，2008）。对枯草芽胞杆菌转录调控网络的全局连接性质进行分析之后，基于一种自上而下的思路，将重点放在最大弱连通体，提出了基于距离的分解方法，并对得出的模块进行了明确的生物学功能定义。研究结果表明基于距离的分解方法对于标记转录调控网络中的生物学功能模块十分有效（刘杨等，2007）。

对枯草芽胞杆菌转酮酶（EC2.2.1.1）缺失突变株 FBL04-215 芽胞形成特性进行了研究，发现与野生型相比较，突变株具有芽胞形成能力下降的生理特性，同时对影响芽胞形成的重要因素——Mn^{2+}进行了研究（顾晓波等，2001a）。通过摇瓶发酵试验研究 H_2O_2 对枯草芽胞杆菌 ATCC 21616 生长代谢及产苷的影响。结果表明：添加时间、浓度及两者的交互作用显著影响腺苷的积累，在 12h 添加 20mg/L 的 H_2O_2 最利于腺苷的合成，产苷量由 7.03g/L 增至 7.79g/L；同时也研究了 H_2O_2 添加对代谢过程中糖耗及 pH 的影响（莫绯等，2007）。

对能产生纳豆激酶的菌群进行了筛选，分离得到了一株具有较高纤溶活性的菌株 N391，其纳豆激酶相当于 1722.4U/mL 尿激酶的酶活。利用细菌 16S rDNA 通用引物对其 16S rRNA 进行 PCR 扩增，得到 1511bp 的片段，该 PCR 产物序列通过 Blast 软件在 NCBI 网站中进行同源性比较，通过 DNAMAN 和 MAGE3.1 软件绘制系统发育树，结果表明，菌株 N391 的 16S rRNA 序列（DQ906100）与枯草芽胞杆菌的 16S rRNA 序列的同源性在 99% 以上，在系统发育树中，菌株 N391 与枯草芽胞杆菌在同一分支，且遗传距离最短。结合常规的形态、生理生化鉴定，N391 的形态及大部分生理生化特征与枯草芽胞杆菌极为相似，表明菌株 N391 为枯草芽胞杆菌的一个菌株，由此初步确定该菌在微生物系统发育学上的地位（马明等，2007）。

根据不同种属细菌的 16S rDNA 序列两端的保守性区域设计通用引物，提取菌株的基因组 DNA，对菌株的 16S rDNA 进行了 PCR 扩增，对扩增到的目标片段进行测序，将测序结果与 NCBI 上已知菌种的 16S rDNA 序列进行了 Blast 对比。并构建了系统进化树。结合传统的形态观察及生理生化特性鉴定，16S rDNA 序列分析结果证实芽胞杆菌 Pab02 为枯草芽胞杆菌，PAS38 为蜡状芽胞杆菌（潘康成等，2009）。根据枯草芽胞杆菌、地衣芽胞杆菌和解淀粉芽胞杆菌基因组中 β-甘露聚糖酶基因上下游序列设计 3 对种特异引物。以中国工业微生物菌种保藏管理中心（CICC）保藏的 33 株枯草芽胞杆菌、地衣芽胞杆菌和解淀粉芽胞杆菌作为参考菌株，利用特异 PCR 方法对 3 种枯草芽胞杆菌群细菌进行鉴定区分。结果表明该特异 PCR 方法能够有效区分枯草芽胞杆菌、地衣芽胞杆菌和解淀粉芽胞杆菌（刘勇等，2010）。

科学家在研究枯草芽胞杆菌时发现，细菌在受胁迫的环境中，整个细菌群落能够通过权衡以采取不同的策略生存，该研究揭示了生物系统间相互作用的复杂性（佚名 7，2010）。

枯草芽胞杆菌为革兰氏阳性需氧菌。菌形为杆状，单个细胞大小（0.7～0.8）$\mu m \times$（2～3）μm，生长到一定阶段，菌体原生质失水形成椭圆形倒柱状的内生孢子，即芽胞，大小（0.6～0.9）$\mu m \times$（1.0～1.5）nm，中生到近中生，对不良环境有很强的抗逆性。枯草芽胞杆菌是芽胞杆菌中比较具应用潜力的菌种之一（黄曦等，2010）。

枯草芽胞杆菌菌株 D100 和 TN179 同为枯草芽胞杆菌 Ki-2-132 的两个不同菌株，具有明显的表型差异；它们的融合子 D279 兼具两亲本的遗传性状，能够在常规培养条件下稳定遗传，但经过 EMS 处理后，即产生形状与各自亲本相似，且伴随菌落颜色、菌体形状和一些主要变化的分离物。从这些分离物的表型改变，得出了基因及连锁的一些遗传信息（潘学峰等，1997）。枯草芽胞杆菌是典型的模式微生物，其芽胞形成过程一直是细胞分化领域研究的热点，近年来取得了重大进展。其形成芽胞时，细胞进行不对称分裂而产生两个子细胞：前芽胞（forespore）和母细胞（mother cell），它们的基因表达程序是完全不同的，但又相互影响。枯草芽胞杆菌被广泛应用于各种酶的生产，这些酶主要是在母细胞中合成。孙建和陈建华等（2007）综述了母细胞中基因表达的调控机制。母细胞中基因表达的变化是由母细胞特异性转录因子 Spo0A、σE 和 σK 调控的。

枯草芽胞杆菌是生物工业用的重要宿主体系。为实现荧光蛋白从分子水平定量追踪枯草芽胞杆菌培养过程的目的，构建了一系列整合型表达载体 pX-GFPmut1 和游离型表达载体 pSW1-GFPmut1、pSW1-CFP、pSW1-YFP，研究了不同颜色荧光蛋白在枯草芽胞杆菌中整合型表达和游离型表达的差异。最适合的荧光蛋白表达体系是用游离型质粒 pSW1-GFPmut1 在枯草芽胞杆菌中表达绿色荧光蛋白 GFPmut1。含 pSW1-GFPmut1 的枯草芽胞杆菌通过木糖诱导表达 GFPmut1 后，细胞破碎后的荧光强度和细胞浓度呈线性关系。结果表明，利用枯草芽胞杆菌表达荧光蛋白可以实现利用荧光蛋白快速定量枯草芽胞杆菌培养过程（刘敏胜等，2007）。

对从新疆番茄酱中分离出的优势耐热菌枯草芽胞杆菌，在不同温度下（93℃、98℃、103℃、108℃）加热不同时间（5min、10min、15min、20min），对其残留的活菌进行计数，进而计算出 D 值和 Z 值，以了解其耐热特性。结果表明：$D_{108℃}=$ 5.75min；$D_{103℃}=6.1$min；$D_{98℃}=6.8$min；$D_{93℃}=10.2$min。$Z=6.41℃$（闫国宏等，

2008)。

枯草芽胞杆菌于 37℃ 培养，在不同浓度的蛋白胨琼脂培养基上菌落形态发生变化，体现了生物体的形态分形现象，初步研究其分形的生物学原因的规律（莫荣和王靖，1998）。利用 API50CH 鉴定系统、16S rDNA、*gyrA* 和 *gyrB* 基因序列分析法，对一株分离自石斛兰叶片的广谱抗真菌芽胞杆菌 TR21 进行生化和分子鉴定。通过 API50CH 系统测试，菌株 TR21 与枯草芽胞杆菌（*Bacillus subtilis*）相似性为 90.3%，被鉴定为枯草芽胞杆菌。利用 16S rDNA 序列分析发现菌株 TR21 与枯草芽胞杆菌、枯草芽胞杆菌枯草亚种（*Bacillus subtilis* subsp. *subtilis*）、枯草芽胞杆菌斯氏亚种（*Bacillus subtilis* subsp. *spizizenii*）和贝莱斯芽胞杆菌（*Bacillus velezensis*）的相应核苷酸序列具有很高的同源性，其序列相似性皆为 99%，而基于 *gyrA* 和 *gyrB* 基因序列构建的系统发育树显示，该菌株与枯草芽胞杆菌的相似性分别为 96% 和 91%。结合 16S rDNA、*gyrA* 和 *gyrB* 基因序列分析，也确定该菌为枯草芽胞杆菌。比较 API 鉴定和基于不同基因的鉴定发现，分子鉴定更加快速、灵敏（周林等，2010）。

利用硫酸铵沉淀、羟基磷灰石柱层析、Sephadex G-75 凝胶过滤和 DEAE-52 离子交换柱层析的方法，将枯草芽胞杆菌 SA-22 β-甘露聚糖酶纯化了 30.75 倍，同时，该酶比活达 34 780.56U/mg，收率达 23.43%。利用 SDS-PAGE 和 Sephadex G-75 凝胶过滤的方法测得枯草芽胞杆菌 SA-22 β-甘露聚糖酶的分子质量分别为 38kDa 和 34kDa。实验发现该酶的最适 pH 为 6.5，在 pH5~10 时稳定；该酶最适温度为 70℃，在 50℃ 保温 4h 后其活力不变，在 60℃ 保温 4h 后剩余酶活为 74.2%，70℃ 的酶活半衰期为 3h。实验还发现 Hg^{2+} 对酶活力有明显抑制作用。该酶对槐豆胶和魔芋胶的 K_m 和 V_{max} 值分别为 11.30mg/mL、4.76mg/mL 和 188.68μmol/(mL·min)、114.94μmol/(mL·min)（余红英等，2003）。

利用目标纳豆芽胞杆菌（*Bacillus subtilis* natto）所应具有的耐热性、耐盐性、显著的蛋白酶活性及生物素缺陷等生物学特性，设计了定向选育方案，从日本传统食品纳豆中筛选出具有较高纤溶活性的 8 株枯草芽胞杆菌，编号为 NK1-NK-8；根据菌落形态、生理生化特征，鉴定为纳豆芽胞杆菌。菌株 NK-4 经过发酵培养，液体培养指数生长期为 4~12h，最佳产酶条件是 pH7.0，培养温度 34℃，装液量 100mL/500mL（王萍等，2006）。利用亚硝基胍对枯草芽胞杆菌菌株 93151 进行诱变处理，获得了耐 NaCl 浓度达 14% 的突变株，同时发现该突变株也是一个抗脯氨酸反馈抑制突变菌株，其胞内自由脯氨酸的含量随着盐浓度的提高显著增加，说明其对渗透压的耐受能力与胞内自由脯氨酸的含量紧密相关。利用 PCR 方法克隆突变株的 *proBA* 基因，得到一个约 2.3kb 的 DNA 片段，序列分析表明该片段含有一完整的 *proB* 基因和部分 *proA* 基因，与野生菌株的 *proB* 基因相比，突变株 *proB* 基因中有 3 个碱基发生了改变，其中一个碱基的变化（从起始密码子开始第 781 位由 T→A）导致了一个氨基酸发生改变（Ser→Thr），另外两个碱基变化为沉默位点突变。将该 *proB* 基因转入大肠杆菌脯氨酸营养缺陷型菌株，能够与其功能互补。同时对部分 *proA* 基因序列分析发现，其与 *proB* 基因头尾重叠。在 *proA* 基因起始密码子上游第 14 个碱基处有一个类似于 SD 的序列，其所编码的氨基酸序列与枯草芽胞杆菌 168 的同源性为 77%（苗丽霞和曹军卫，2002）。

纳豆芽胞杆菌是枯草芽胞杆菌的一个亚种，1999年6月，被中华人民共和国农业部认证为可直接饲喂动物的饲料级微生物添加剂。纳豆芽胞杆菌是需氧菌中的非致病菌，对动物和环境安全，具有调节动物肠功能的效果，可以提高动物的抗病能力，促进生长（董超等，2007）。纳豆芽胞杆菌是从日本发酵大豆中分离出来的，它被运用于动物饲养并取得了良好效果。邓露芳等（2007）系统概括了纳豆芽胞杆菌作为饲用微生物的特点、作用机理和饲用效果；阐述了纳豆芽胞杆菌在肠道中的活性和增殖作用，其抗菌物质能抑制肠道好氧性致病菌生长，它富含多种酶类，可提高饲料消化率，它还能刺激动物机体免疫反应从而提高机体免疫力；还提出了纳豆芽胞杆菌作为饲用微生物所面临的问题并指出了发展方向和前景。

微生物种类繁多，以形态学和生理生化指标为基础的细菌鉴定较为复杂，是一项繁琐、费时的工作，对一种未知细菌的鉴定和分类，不仅需要分析多个生化指标，有时还要取决于工作人员的经验。因此迫切需要建立一些简单、方便、易于操作的分类鉴定方法对微生物进行分析，使人们在一定程度上更科学、更精确、更快速地找到分离物的分类地位。在测定细菌菌落形态及生理生化特性的基础上，应用16S rRNA作为分子指标直接对通过生理生化性状很难区别的枯草芽胞杆菌与蜡状芽胞杆菌进行分子分类鉴定，并对所得数据进行分析和讨论。结果表明，利用16S rDNA对其进行分子鉴定，结果可靠（潘晓艺等，2007）。

为了对纤溶酶产生菌株进行筛选和鉴定，采用LB-纤维蛋白平板初筛和摇瓶发酵复筛的方法进行筛选；通过对菌株形态、生理生化特征及16S rDNA进行鉴定。结果：从土壤中分离得到5株纤溶酶高产菌株，其中菌株BS-26活性最高。其形态和生理生化特征与枯草芽胞杆菌很相近。将所测得的16S rDNA序列用Blast软件与GenBank数据库进行相似性分析，并用Neighbor-Joinig法构建系统发育树。BS-26菌株与枯草芽胞杆菌的相似性达99.63%。菌株BS-26鉴定为枯草芽胞杆菌（牛术敏等，2008）。为开发麸皮健康食品，考察了纳豆芽胞杆菌发酵麸皮的条件及清除自由基活性。采用单因素和正交试验，以羟自由基清除率为衡量指标，对纳豆芽胞杆菌发酵麸皮的条件进行优化，体外实验测定麸皮发酵上清液和麸皮水提液清除·OH和$O_2^{·-}$的能力。结果表明：①以6%的麸皮为碳源，初始pH7.0，接种量分别为2%、1%的蛋白胨为氮源，装瓶量25mL，温度为32℃，32h，140r/min时，纳豆芽胞杆菌发酵麸皮的·OH清除率最高；②体外实验表明麸皮发酵上清液和麸皮水提液均具有自由基清除率活性，其中麸皮发酵上清液对·OH和$O_2^{·-}$的IC_{50}（清除率为50%时的样品浓度）分别为8.2mg/mL和24.0mg/mL，比麸皮水提液分别高2.3倍和6.7倍。实验表明，纳豆芽胞杆菌发酵麸皮能产生更强的抗氧化活力，在保健食品方面具有开发潜力（祁红兵等，2007）。采用体外实验法比较了纳豆芽胞杆菌发酵麸皮的发酵液与未发酵麸皮水提液的抗氧化活性及其对H_2O_2所致红细胞氧化溶血的抑制作用。结果显示纳豆芽胞杆菌发酵麸皮能产生更强的抗氧化活性。麸皮发酵液比麸皮水提液表现出更强的还原能力，·OH和$O_2^{·-}$的IC_{50}分别为8.2mg/mL和24.0mg/mL，分别比麸皮水提液高2.3倍和6.7倍；抑制猪油氧化实验表明麸皮发酵物的抑制活性更强，与维生素E相近。在对H_2O_2诱导红细胞氧化溶血的作用中麸皮发酵液比麸皮水提液的抑制效果更佳（祁红兵等，2008a）。

为了克服生物素生物合成中的抑制作用，提高生物素操纵元基因本底水平的表达，分别构建了整合表达载体 pGJj01 和 pGJj02，通过双交叉整合的方式先后将线性化的 pGJj01 和 pGJj02 整合到枯草芽胞杆菌菌株 AS 1094 的染色体上，构建了枯草芽胞杆菌 GJZ01，用强启动子 P43-1 替换掉生物素操纵元自身的启动子 Pbiotin，并在 *bioB* 和 *bioI* 基因间加入强终止子和强启动子 P43-2。经 PCR 和 Southern 印迹检测表明，整合构建正确。试验可为下一步研究生物素操纵元基因表达提供良好的宿主菌素材（张西锋等，2007）。为了提高纳豆芽胞杆菌芽胞形成率及芽胞数量，在摇瓶、15L 自动发酵罐中，考察了营养条件、pH、接种量、溶氧水平对纳豆芽胞杆菌液体培养形成芽胞的影响。结果表明，芽胞形成的最适培养基组成为：葡萄糖 15g/L、大豆饼粉 10g/L、KH_2PO_4 3g/L、NaCl 5g/L、$MnSO_4 \cdot H_2O$ 0.4g/L；pH7.0。接种后最适起始芽胞浓度为 10^6 个/mL，控制溶氧水平不低于 30%，培养 20h，芽胞数量可达 7.7×10^6 个/mL，芽胞率达 98% 以上（孙梅等，2006）。

为了研究溴系阻燃剂——十溴联苯醚（DeBDE 或 BDE209）对底栖生物和土壤微生物群落的影响，以红虫（淡水单孔蚓）、土壤中总微生物及枯草芽胞杆菌纯菌种为受试生物，分别测定了十溴联苯醚对红虫 Na^+、K^+-ATP 酶及 SOD 活性的影响，以及对土壤中总微生物和枯草芽胞杆菌纯菌种呼吸强度的影响。结果表明，随着十溴联苯醚暴露浓度的增加，红虫的 Na^+、K^+-ATP 酶呈现激活的趋势，但激活强度逐渐降低，SOD 活性则呈现先激活后抑制的趋势；随着十溴联苯醚暴露时间的增加，红虫的 Na^+、K^+-ATP 酶也呈现激活的趋势，SOD 活性呈现先激活后抑制的趋势。土壤总微生物和枯草芽胞杆菌在十溴联苯醚作用下表现出一致的抑制趋势，但随着时间的延长，抑制作用逐渐恢复。因此，ATP 酶和 SOD 相结合作为生物受到十溴联苯醚胁迫的分子指标，以及利用枯草芽胞杆菌评价土壤微生物受到十溴联苯醚胁迫的微生物指标都具有一定的可行性（杜红燕等，2008）。

袋装萝卜干容易发生胖袋现象，为了解决胖袋问题，研究了微生物的分类鉴定和抑菌防腐剂。对真空包装的萧山萝卜干中的致病菌进行了分离，并对分离出的 3 种致病微生物进行了分类鉴定。通过观察实验菌株的形态、染色特征、动力、芽胞的形态与位置，结合葡萄糖、阿拉伯糖、乳糖、肌醇发酵、卵磷脂试验、尿素水解试验、溶血性试验、青霉素抗性试验、溶菌酶抗性试验等，结果将这 3 种微生物鉴定为蜡状芽胞杆菌、克柔念珠菌、枯草芽胞杆菌。通过苯甲酸钠、山梨酸钾、脱氢乙酸钠、双乙酸钠、尼泊金复合酯，以及臭氧和大蒜粉的抑菌实验，得出苯甲酸钠和双乙酸钠复合防腐剂为一种较好地防止腐败菌生长的防腐剂（王向阳和施青红，2006）。

探讨应用枯草芽胞杆菌检测体内抗生素的浓度由传统方法的 5d 或 7d 缩短为 1d 的可行性，分别用培养 1d、5d、7d 3 组枯草芽胞杆菌检测同一种抗生素的敏感度、扩散度及标准曲线；3 组枯草芽胞杆菌经镜查含芽胞均在 85% 以上，所铺的含菌平盘抑菌圈均清晰且边缘整齐；3 组枯草参数（A、B、r）均无显著性差异（$P > 0.05$）。培养 1d 的枯草芽胞杆菌应用于体内抗生素浓度的检测是可行的和有意义的（彭勇和陈志茹，2005a）。

为选育出耐热 α-淀粉酶产生菌枯草芽胞杆菌抗噬菌体菌株，从耐热 α-淀粉酶产生菌枯草芽胞杆菌菌株 HA06 的异常发酵液中分离到了 2 种噬菌体,将其编号为 KB011、KB012。以枯草芽胞杆菌 HA06 为出发菌株,采用噬菌体、紫外线和 N-甲基-N′-硝基-N-亚硝基胍(MNNG)复合诱变法选育具有抗性的高产突变株,并对突变株的遗传稳定性和发酵的酶活力进行了考察。获得了 3 株抗性菌株,将其编号为 KSB04、KSB08、KSB14,它们在试验浓度下对噬菌体 KB011、KB012 具有明显的抗性,在整个培养过程中表现正常。而敏感菌株 HA06 的生长受到明显抑制,并产生大量的噬菌体,培养液中噬菌体的浓度最高可达 10^{12} pfu/mL 以上。抗性株 KSB04 和 KSB14 有较好的遗传稳定性,在 7 次传代后酶活力仍在 3500U/mL 以上。获得了遗传稳定且发酵性能与出发菌相似的 2 株抗性株 KSB04 和 KSB14(张建宁,2009)。

为寻找新型抗耐甲氧西林金黄色葡萄球菌(methicillin-resistant Staphylococcus aureus,MRSA)菌株并进行鉴定,通过传统的形态学、生理生化鉴定,并基于 16S rDNA 的进一步分析,进行活性检测;通过活性检测,发现分离到的菌株 B2 具有抑制 MRSA 生长活性的作用,通过传统的形态学、生理生化鉴定,发现它与芽胞杆菌特征相符。基于 16S rDNA 的进一步分析表明,B2 菌株与枯草芽胞杆菌有高度同源性,故鉴定为枯草芽胞杆菌(张小艳和刘玉焕,2010)。

为研究枯草芽胞杆菌对氧化应激状态下 Caco-2 细胞抗氧化功能的影响。将 Caco-2 细胞分为 4 组,对照Ⅰ(空白对照组,0μmol/L H_2O_2)和对照Ⅱ(氧化应激组,100μmol/L H_2O_2),处理Ⅰ和处理Ⅱ分别在对照Ⅱ条件下添加枯草芽胞杆菌 B1 和 B10(终浓度为 0.3×10^8 cfu/mL),分别于 12h、48h 测定氧化应激状态下 Caco-2 细胞上清液和裂解液的抗氧化活性。结果表明:与空白对照组和氧化应激组相比,添加 2 株枯草芽胞杆菌均极显著提高了 Caco-2 细胞培养上清液 12h、48h 时的总抗氧化能力($P<0.01$)。其中,菌株 B1 可显著提高上清液中抗超氧阴离子($O_2^{\cdot-}$)($P<0.01$)、超氧化物歧化酶(SOD)($P<0.01$)和过氧化氢酶(CAT)($P<0.01$),以及 48h 的过氧化物酶(POD)活性($P<0.01$);而菌株 B10 除提高了 Caco-2 细胞上清液中抗 $O_2^{\cdot-}$、SOD 和 CAT 活性($P<0.01$)外,还提高了细胞抑制羟自由基(·OH)能力($P<0.01$)和 POD 活性($P<0.01$ 或 $P<0.05$);添加枯草芽胞杆菌组细胞上清液中 12h 时的乳酸脱氢酶(LDH)活性和丙二醛(MDA)含量与氧化应激组相比差异不显著($P>0.05$),48h 时则均极显著降低($P<0.01$)。细胞培养 12h 时,氧化应激组细胞裂解液中 SOD 活性和 GSH 含量比空白对照组低($P<0.05$)而 POD 活性高($P<0.01$),48h 时结果与之相反,此时添加枯草芽胞杆菌组均极显著提高了细胞裂解液中 POD 的活性($P<0.01$)。结果提示,2 株枯草芽胞杆菌均提高了氧化应激状态下细胞的抗氧化功能(崔志文等,2011)。

细菌的扩散作用与细菌在位繁殖及微生物驱油数学模型直接相关。针对微生物驱油过程,应用改进的毛细管法,结合细菌群体的通量模型,实验测定了在微生物驱油方面有应用潜力的菌株——枯草芽胞杆菌菌株 HSO121 的扩散系数。该方法是将一根含有缓冲介质的毛细管插入菌悬液腔内,经过一定时间测定扩散进毛细管的细菌个数,进而求出细菌的扩散系数 Db。在实验条件下测得枯草芽胞杆菌 HSO121 在 35℃条件下的扩散系数为 1.2×10^{-6} cm^2/s,而文献报道的多种细菌的扩散系数值为 $3.2\times10^{-7}\sim8.3\times$

10^{-6} cm^2/s。对比细菌扩散与化学物质扩散的异同，发现非能动菌的扩散类似惰性粒子的布朗扩散，而能动菌的扩散主要基于其随机运动能力，布朗运动的影响可以忽略（李燕和牟伯中，2005）。

携带穿梭质粒的大肠杆菌与作为受体的枯草芽胞杆菌分别培养至不同生长阶段混合均匀后静置40min，涂布选择性平板，37℃培养30h后得到一定量的转化子，DNase I 敏感实验证实质粒是通过自然遗传转化而非其他形式发生转移。实验发现大肠杆菌可以在特定生长时期向胞外分泌DNA，并且在对数期具有最高的提供质粒的能力，而生长后期的细胞因为体系中DNase量的增加转化频率下降。进一步的研究发现枯草芽胞杆菌在营养丰富的LB培养基中也具有与基本培养基中相当的转化能力，并且在对数生长前期具有较高的转化频率（王小娟等，2007）。

研究从五粮液包包曲中筛选出5株芽胞杆菌，使用透明圈法测定5株产蛋白酶、淀粉酶、纤维素酶的能力，并按《伯杰氏鉴定细菌学手册》（第八版）和《常见细菌系统鉴定手册》对菌株进行鉴定，结果显示，5株菌均为枯草芽胞杆菌（赵东等，2010）。研究从西双版纳采集的10份土壤样品，用自行设计的选择培养基，37℃恒温培养72h，分离到18株产纤维素酶的细菌菌株。经过复筛，得到纤维素酶活性较高的产酶菌株YN5。通过对其形态、生理生化特性研究，将菌株YN5初步鉴定为枯草芽胞杆菌（*Bacillus subtilis*）。对酶的性质研究表明，其最适pH为5.0，最适温度为60℃，在pH4.0~7.0时具有良好的稳定性（石笛等，2009）。

研究低温熏煮香肠中腐败菌相，分离出一株主要腐败菌，编号为NO.1A。利用生理生化检验和16S rDNA序列分析对该菌进行鉴定，结合生理生化检验结果和系统进化树分析结果，确定该菌为枯草芽胞杆菌（钱昆和周涛，2008）。研究了不同浓度微囊藻毒素对典型微生物大肠杆菌和枯草芽胞杆菌生长及生理生化特性的影响。微囊藻毒素对大肠杆菌和枯草芽胞杆菌的生长和细胞活性具有一定的剂量效应，较高浓度微囊藻毒素对其生长和活性有短时间的抑制作用，随着处理时间的延长，细胞的生长和活性逐渐恢复。细胞内可溶性糖和可溶性蛋白的含量，处理组和对照组相比均有先上升后下降的趋势。结果表明，微囊藻毒素的处理对大肠杆菌和枯草芽胞杆菌具有一定的胁迫作用，细胞通过调节细胞内可溶性蛋白和可溶性糖的含量来抵抗外界胁迫，但随着处理时间的延长，细菌逐渐适应了这种胁迫，恢复正常的生长（杨翠云等，2008）。

依据传统形态学、生理生化特征及16S rRNA基因序列，将一株对十字花科根肿病有很好防治效果的菌株XF-1鉴定为枯草芽胞杆菌。采用细菌的通用引物P0、P6扩增16S rRNA基因片段，得到1513bp的DNA片段，其序列与枯草芽胞杆菌16S rRNA基因片段序列的同源性高达99%。与病原真菌对峙培养的结果表明，该菌株能对供试的卵菌、子囊菌、担子菌和半知菌的21个植物病原真菌均有很好的抑制作用（熊国如等，2009）。

以产生α-淀粉酶的解淀粉芽胞杆菌WD-21和不能利用淀粉的产生肌苷的枯草芽胞杆菌HW-9（ade，NP$^-$，8-AG^r）为亲株，在分别以0.75mg/mL和0.5mg/mL的溶菌酶浓度作用下形成原生质体，在电镜观察下，其形成率为99%。通过优化融合条件，即35℃、在PEG-4000溶液中融合，融合率达3.11×10^{-6}。得到的融合子在选择培养基上传代多次，淘汰掉不稳定的融合子，得到稳定的融合子 F16 和 F129 具有产生 α-淀粉酶的能力，在以淀粉为碳源的发酵培养基中摇瓶发酵试验，菌株 F16 产生肌苷的能力接近 6g/L（吴江等，1995）。以携带 pUB110 质粒的枯草芽胞杆菌菌株 BR151 为出发菌株，利用亚硝基胍作诱变剂，直接在 LB 平板上进行诱变。从 2949 个菌落中筛选出一个转化频率低于出发菌株 2~3 个数量级的突变株，并对其营养缺陷型、UV 的敏感性、Km 抗性和质粒进行了检测，确证其转化能力降低为自然感受态缺陷而非营养缺陷型的改变或重组缺陷所致（谢志雄和陈向东，1999）。

用 PCR 扩增的方法从耐盐的枯草芽胞杆菌中克隆出一个 1.3kb 长的 DNA 片段，经功能检测，证明正向插入片段与大肠杆菌的脯氨酸营养缺陷特性（$proB^-$）能够营养互补。含有该重组质粒的大肠杆菌 DH5α 在基本培养基上的耐盐能力从 2% 提高至 4%。通过引物步行法测定了该插入片段的核苷酸序列。利用 DNAsis 软件进行序列分析发现，该片段第 122~1235bp 核苷酸编码一个由 370 个氨基酸组成的蛋白质分子，其上游存在非典型的 -10 区、典型的 -35 区和核糖体结合位点，起始密码子处有最佳翻译起始效率的侧翼核苷酸序列。将其与 GenBank 中的已知基因的序列和编码的氨基酸序列进行同源性比较，结果表明该片段与枯草芽胞杆菌 168 的核苷酸序列、氨基酸序列的同源性分别为 81% 和 90%。证明该基因确定是一个 *proB* 基因。通过与 30 个不同种属微生物 *proB* 基因的氨基酸序列比较，发现该蛋白质有可能存在与形成酶的活性中心和三维结构有密切关系的几个绝对保守的区域（张小青等，2002）。

优化了植酸分析样品的前处理工艺。在 64h 发酵过程中，纳豆芽胞杆菌（*Bacillus subtilis* natto）米糠发酵物中植酸含量随发酵时间的延长而下降，降解率为 34%（祁红兵等，2009）。阐述了用经过物理和化学诱变后，筛选得到纳豆芽胞杆菌发酵生产维生素 K_2 的方法，维生素 K_2 的生物合成途径及分子生物学机制，并简要介绍了维生素 K_2 的临床应用，为进一步研究与开发维生素 K_2 提供理论依据（沙长青等，2004）。在枯草芽胞杆菌中，感受态的形成受到一种二元信号转导系统的调节，这种系统对胞外的感受态信息素浓度做出感应而激活晚期感受态基因的表达。各种晚期感受态蛋白分别负责外源 DNA 的吸附、吸收和内源化，它们共同构成了 DNA 的运输系统（陈涛等，2004）。

在枯草芽胞杆菌形成芽胞的整个过程中，基因表达的方式主要由 SpoσA、σH、σF、σE、σG 和 σK 等因子来控制。不对称分裂（asymmetric division）和裹吞作用（engulfment）是芽胞形成过程中经历的两个非常特殊的形态结构变化。各 σ 因子出现的时间与地点都与这两个形态结构的变化紧密相连。刘燕等（2005a）介绍芽胞形成起始点的调控，不对称分裂和裹吞作用发生的机制，以及 σF、σE、σG 和 σK 等 σ 因子活化的时间和地点等方面的研究近况。在整个芽胞形成过程中，不对称分裂前的细胞中，以及不对称分裂所产生的前芽胞和母细胞中都分别由不同的 σ 因子在起作用。σ 因子的时空特异性表达导致基因表达具有时空特异性。并且无论存在于同一区域的 σ 因子，如 σF 和 σG、σE 和 σK 之间，还是存在于不同区域的 σ 因子，如 σF 和 σE、σE 和 σG、σG 和 σK 之间都存在着相互制约的关系。每个 σ 因子都有自己特定的转录子。这些 σ 因子的作用最终导致前芽胞发育为成熟的芽胞，母细胞则最终裂解（刘燕等，2005b）。

在原核生物中，启动子是 RNA 聚合酶结合以起始转录 mRNA 合成的地方，RNA

聚合酶与启动子的特异结合取决于σ因子。对大肠杆菌和枯草芽胞杆菌中RNA聚合酶进行了比较,并对枯草芽胞杆菌中σ因子的类型、功能及各类型σ因子所识别启动子的序列特征进行了归纳(李晓静,2010)。

转枯草芽胞杆菌纤溶酶(BSFE)基因及其信号肽和前肽序列烟草与野生型烟草营养器官显微结构分析结果表明:二者在细胞形态上没有明显差别。但转基因烟草的细胞层次明显少于野生型烟草;转基因烟草的输导组织木质化程度明显高于野生型烟草,且韧皮部有退化现象存在(王瑞刚等,2004)。将枯草芽胞杆菌纤溶酶(BSFE)基因及其信号肽序列转入烟草,转基因烟草表现出不同于野生型烟草的生长特性,如营养器官生长速率下降、叶片数目减少、叶片狭长、叶片宽度/叶片长度值降低,以及植株矮小、节间缩短等。推测其与外源BSFE的蛋白水解活性有关(李龙梅等,2006)。利用酶联免疫吸附(ELISA)测定和分析了生长6周龄、12周龄、18周龄、24周龄的转枯草芽胞杆菌纤溶酶(BSFE)基因烟草与野生型烟草的内源玉米素(ZRs)、生长素(IAA)、赤霉素(GA_{1+3})、脱落酸(ABA)水平。结果表明,转基因烟草与野生型烟草的激素代谢规律基本一致,但在激素水平上存在明显差异,表现为转基因烟草的IAA、GA_{1+3}、ZRs水平较野生型烟草低,而ABA水平却高于野生型烟草,推测其与转基因烟草生长劣势有关(李国婧等,2006)。周冰和张惟材(2004)综述了枯草芽胞杆菌不同蛋白质分泌机制,重点讨论了大多数细菌蛋白分泌的Sec(general secretory pathway,普通分泌途径)途径,包括Sec途径的信号肽、信号肽酶、SecYEG通道、与分泌有关的各种细胞因子及Sec途径的限制因素,此外还简要讨论了Tat(twin-arginine translocation,双精氨酸转运途径)途径,该途径能够转运折叠迅速或紧密的蛋白质。

二、枯草芽胞杆菌的发酵技术

采用单因素和均匀试验设计,通过摇瓶培养对枯草芽胞杆菌菌株B02产生抑菌活性物质的发酵培养基和培养条件进行优化。结果表明,最适接种体培养时间为24h;优化后的培养基配方为:糊精15.5g/L、牛肉膏20g/L、胰蛋白胨4g/L、NaCl 11.5g/L、KNO_3 11.5g/L、$MnSO_4$ 5g/L。适宜培养条件为:温度30℃,初始pH为7~8,接种量5%,摇瓶装液量50mL/500mL,转速200r/min,最佳培养时间72h(丁翠珍等,2008)。薄层导一性分析结果表明枯草芽胞杆菌菌株ATCC 2233能够产生表面活性肽(surfactin),生长曲线表明菌体生长和产生表面活性肽的过程不同步。透明圈测定结果表明产生表面活性肽的最适温度为37℃,最适pH为7.0。表面活性肽能够显著降低水-空气之间的表面张力,且具有对热稳定的特性(陈蓉明和林跃鑫,2000)。

采用单因素试验和正交试验对筛选出的一株生防拮抗菌——枯草芽胞杆菌的液体发酵培养基和工艺条件进行优化。确定了最佳的培养基配方为:蔗糖20g/L、硫酸铵5g/L、麸皮50g/L、柠檬酸三钠2.5g/L、$K_2HPO_4 \cdot 3H_2O$ 0.3g/L、$MgSO_4 \cdot 7H_2O$ 0.5g/L、$FeSO_4 \cdot 7H_2O$ 0.05g/L。最适发酵条件为:发酵温度30℃,初始pH7.2,最适接种量5%;进行了100L发酵罐放大培养,20h达到生长高峰期,生长周期24h,最适放罐时间为26~28h;此时所获得的菌体数量约为6×10^9 cfu/mL(郝林华等,

2006)。为了降低枯草芽胞杆菌制剂的生产成本,寻找工业废液综合利用的新途径,以甘蔗糖蜜和谷氨酸提取废液的浓缩液为主要原料,对枯草芽胞杆菌的液体培养基进行了优化,并研究了液体深层发酵工艺条件,确定最适发酵条件为:温度32℃,pH7.2,相对溶氧30%,培养时间为28h。在最适发酵条件下进行发酵,活菌数和芽胞率分别达$3.622×10^9$cfu/mL和94.75%(王瑶和邓毛程,2007)。

采用单因素试验和正交试验设计法L_{16}(4^4)对拮抗细菌——枯草芽胞杆菌菌株B44的液体发酵培养基和发酵条件进行优化试验。确定了在最优培养基Wakimoto's下,温度为30℃,pH为7,装液量为90mL,培养24h的条件下其粗提液对小麦全蚀病菌和苹果腐烂病菌的抑制效果最好,抑菌率分别达70.25%和60.51%(梁桂淼等,2008)。采用枯草芽胞杆菌的突变株GMI-741,在1.2L自控发酵罐中发酵,通过调节搅拌转速和通过气量、增大接种量及低糖发酵流加补料等,使肌苷产率有所提高,发酵周期有所缩短(李崇,1997)。

采用正交试验设计对枯草芽胞杆菌产β-甘露聚糖酶的培养基组成和培养条件进行优化,在此基础上进行摇瓶补料发酵,酶活达223.47U/mL,较未补料的酶活提高了32.09%。酶反应最适pH为6.5,最适温度为70℃,该酶在pH5.0~10.0和70℃以下稳定,水解魔芋胶产物主要为二糖以上低聚糖(余红英等,2002)。采用正交试验设计确定了枯草芽胞杆菌菌株B115的基础培养基成分为:胰蛋白胨1%,酵母膏0.25%,氯化钠0.5%;添加成分最优组合为(NH_4)$_2SO_4$ 0.1%,(K_2HPO_4·$3H_2O$ + KH_2PO_4)(1.4+0.6)%和柠檬酸三钠0.1%;添加成分最优组合与基础培养基培养产量比较,表明添加K^+、NH_4^+和柠檬酸三钠能极显著地促进菌株B115的生长。研究了菌株B115对致病性气单胞菌(*Aeromonas* sp.)的抗菌效果,结果表明:B115对气单胞菌菌株BSK-10和CL990920有明显抑、杀菌效果,对菌株TL970424无抑菌效果(沈智华等,2005)。

测定了枯草芽胞杆菌BSPE2501菌体和在不同培养时间、培养基、培养基量、转速条件下获得的发酵液对草坪炭疽菌的抑制作用。结果表明:BSPE2501菌体对病原菌菌丝生长和孢子萌发均有明显抑制作用;在NB和BPY中培养获得的发酵液的抑制作用高于在LB和PD中的抑制作用,其一倍发酵液对菌丝生长的抑制率分别达66.2%和65.5%,明显高于LB(53.5%)、PD(45.8%)的抑制率;其孢子萌发抑制率分别为44.6%、43.1%,高于LB(35.2%)、PD(28.6%)的抑制率;在NB中培养72h、培养基量为100mL、培养转速为150r/min等条件下获得的发酵液的抑菌效果最好,发酵液对菌丝生长和孢子萌发的抑制率分别为85.3%和46.9%、75.7%和43.1%、67.2%和43.4%(刘宝军等,2008)。枯草芽胞杆菌菌株B1⑥菌株能产生大量胞外多糖,并且随着多糖含量的提高,发酵液黏性也随之增加,而测定多糖黏度比测定多糖的含量方法简便、快速,对于生产实践具有一定的指导意义。通过实验,建立了多糖含量与发酵上清液黏度的关系模型,结果显示胞外多糖含量与发酵上清液黏度在一定程度的相关性;筛选出了培养基的最佳碳源、氮源及C/N。经过4因素3水平的正交试验,筛选出的最优发酵方案是:蔗糖3%,硫酸铵1%(C/N=3/1),$MgSO_4$·$7H_2O$ 0.05%,Na_2HPO_4 0.2%,NaH_2PO_4 0.1%,$CaCl_2$ 0.1%,$MnSO_4$ 0~0.1%,接种量10%~

12%; pH7～7.5。同时检验了该模型的实用性，测量黏度简单方便，在一定程度上可以指导生产实践（韩洁等，2007）。

初步筛选出枯草芽胞杆菌菌株 B1 作为猪骨制备多肽的发酵菌株。通过单因素试验与正交试验优化发酵条件。结果表明，菌株 B1 发酵猪骨制备多肽的优化条件为接种量 4%，起始 pH7.2，温度 30℃，摇瓶转速 180r/min，时间 48h（王君虹等，2008）。

对产黑色素菌株枯草芽胞杆菌菌株 168 进行发酵培养基优化，以期提高黑色素产率。研究不同碳源、氮源、金属离子对黑色素产率的影响，最后选出最佳碳源、氮源和金属离子，通过响应面试验，最后得出三者配方比。最终确定优化发酵培养基配方：$(NH_4)_2SO_4$ 0.10g，葡萄糖 0.12g，$MgSO_4·7H_2O$ 0.09g，$K_2HPO_4·3H_2O$ 0.10g，$CaCO_3$ 0.15g，去离子水 50mL。经培养基成分优化，产量提高 20%，时间缩短至 30h（王斐等，2008）。

对产生物表面活性剂菌种 BS-2 的生长动力进行研究并对其发酵的营养条件进行优化。运用 Monad、Haldane 和 Teissier 模型对 BS-2 的生长动力学进行探讨，分别在不同单因素限制条件下对初始营养条件进行优化，并对初始培养基中的碳源与氮源的质量比进行优化。结果：表面活性剂产生菌 BS-2 在单因素营养条件受限时，菌体的最大生长量分别出现在碳源初始浓度为 60g/L 和氮源初始浓度为 4g/L 时，此时的特征生长率分别为 0.0912/h 和 0.092/h，Teissier 模型的回归参数与实际值最为接近，在碳源和氮源受限时的最大生长速率 u_{max} 分别为 0.0903/h 和 0.0924/h；而在保持相同培养液的最小表面张力与菌体生长量分别出现在 C/N=10 和 C/N=15 时。BS-2 对氮源比对碳源有更好的亲和性，C/N 能够较好地调节表面活性剂产生菌在增加自身生长量和产表面活性剂 2 种生长功能之间的平衡（黄文和蒋志敏，2010）。

对枯草芽胞杆菌菌株 AS35 产 β-葡聚糖酶的发酵条件进行优化研究。单因素实验结果表明，该菌产 β-葡聚糖酶的最佳碳源为麦糟粉，添加量为 3.0%（w/V），最佳麦糟粉颗粒直径为 0.5mm 左右；最佳氮源为蛋白胨，添加量为 0.8%（w/V）；最佳培养基初始 pH 为 7.0。在上述优化条件下，以接种量 10%（V/V）、接种菌龄 18h 的种子于发酵培养基中，200r/min 摇床培养 60h，β-葡聚糖酶酶活达 32.5U/mL。同时，耐热性实验表明，该酶最适反应温度为 65℃（韩晶等，2010）。

对枯草芽胞杆菌菌株 Ki-2-132 的 UV 诱变菌株 HD132 发酵产生的 α-淀粉酶进行了初步研究，结果表明：在实验条件下，枯草芽胞杆菌 HD132 比 BF7658 产生的 α-淀粉酶活力高，α-淀粉酶的最适温度为 60℃、最适 pH 为 6.0，Ca^{2+} 对酶有一定的激活作用，而 Cu^{2+}、Fe^{2+} 和 Fe^{3+} 强烈抑制 α-淀粉酶的活性（李秀凉和周东坡，2008）。对枯草芽胞杆菌菌株 S21 进行了摇瓶条件下的 D-核糖发酵条件的研究，主要考察了添加木糖、pH、溶氧水平及采用补糖方式对发酵的影响，确定了 D-核糖发酵的最佳工艺条件：D-木糖 50g/L，初始 pH7.0，初始葡萄糖浓度为 150g/L，碳酸钙 20g/L，并在发酵 36h 后，在装液置为 35mL 的 500mL 三角瓶中添加 0.75g/mL 的葡萄糖溶液 2mL，菌株 S21 可积累 D-核糖达 51.1g/L（杨柳等，2001）。

对枯草芽胞杆菌的发酵培养基和发酵条件进行了筛选优化。通过单因素试验及正交试验方法，确定了该枯草芽胞杆菌的优化培养基为：葡萄糖 0.5%、淀粉 0.3%、豆粕

3%、磷酸氢二钾 0.3%、磷酸二氢钾 0.15%、硫酸镁 0.05%、酵母膏 0.02%、氯化铁 0.01%、碳酸钙 0.01%、3.08%硫酸锰 0.2mL。最适发酵条件为：发酵温度 30℃，初始 pH7.0～7.2，摇床转速 220r/min，接种量 10%。发酵罐放大培养最佳放罐时间 20～22h，获得的菌体数量约为 158 亿/mL（周映华等，2010）。

对枯草芽胞杆菌的发酵条件进行研究，利用 minitab 软件，采用 Plackett-Burman 设计，从温度、pH、转速、接种量、蛋白胨、牛肉膏、NaCl 7 个影响因素中，筛选出牛肉膏、蛋白胨、温度和 pH 4 个主要因素。在此基础上，采用响应面法对以上 4 个主要因素作进一步研究，得到各因素的最优水平：当牛肉膏为 7.3g/L、蛋白胨为 7.1g/L、温度为 33.5℃、pH 为 6.1 时，菌体生长量最大（OD 值为 2.9586）（黄宇等，2007a）。采用单因素及正交试验法对枯草芽胞杆菌的培养基在摇瓶中进行优化，优化后的培养基为葡萄糖 15g/L、酵母浸出物 5g/L 和 $MgSO_4 \cdot 7H_2O$ 5g/L；并通过单因素实验法确定了最佳培养条件为温度 35℃，初始 pH6.0，接种量 3%，装液量 20mL/250mL，发酵时间 12h（秦艳等，2007）。为提高基因工程菌枯草芽胞杆菌 WSHB06-07 发酵生产角质酶的产量和生产强度，考察了 pH（5.5～8.0）对菌体生长和产酶的影响。基于不同 pH 发酵过程中菌体比生长速率及比产物合成速率的变化，确定了 pH 两阶段控制策略，即 0～4h 时控制 pH7.5，4h 后将 pH 调至 6.5。通过采用这一优化策略，角质酶酶活有了较大的提高，达 170U/mL，生产强度为 16.9kU/（L·h），比恒定 pH7.5 控制模式下分别提高了 122.6%和 123.2%（张芙华等，2008）。

对枯草芽胞杆菌的固态发酵工艺进行了研究，包括碳源、氮源、含水量、初始 pH、接种时间、接种量等影响因素，并通过单因子试验和正交试验优化，确定了枯草芽胞杆菌的固态发酵工艺如下。①培养基：麸皮 19.5g，稻谷壳 0.5g，豆粕 1.0g，水 22mL。②发酵条件：初始 pH 为 7.0，接种时间 20h，接种量为 0.9mL。照此工艺发酵，枯草芽胞杆菌的活菌数高达 435 亿个/g（刘唤明和黄志诚，2008a）。对枯草芽胞杆菌合成 γ-聚谷氨酸的发酵动力学特性进行了研究，通过 Logistic 方程，提出了发酵过程中菌体生长、γ-聚谷氨酸合成、基质消耗的动力学模型。应用 MATLAB 数值应用软件对实验数据进行处理，得到了枯草芽胞杆菌分批发酵合成 γ-聚谷氨酸的动力学模型参数。对实验数据与模型进行比较，结果表明，模型与实验数据能较好地拟合，基本上反映了枯草芽胞杆菌分批发酵过程的动力学特征（任尚美等，2008）。

将枯草芽胞杆菌菌株 Bs501 接种于 LB 液体培养基中，30℃，230r/min 振荡培养，每 2h 测一次 OD_{600}，镜检观察芽胞形成情况，并用保湿培养法测其稻瘟病菌孢子萌发抑制率。结果表明，菌株 Bs501 培养 6h 进入对数期，12h 进入稳定期，14h 后进入衰亡期；36h 开始形成芽胞，56h 芽胞形成率大于 95%；8h 开始有抑菌作用，48h 抑菌作用最强，以后不再有明显变化。说明拮抗物质在前芽胞的发育成熟期产生（李瑞芳等，2008）。

经过单因素试验和响应面综合试验，确定了枯草芽胞杆菌菌株 ls-45 发酵生产玉米多肽的最佳发酵条件：接种量 12%，40 目玉米蛋白粉，底物浓度 5%，初始 pH8.0，装液量 100mL/500mL 三角瓶，培养温度 41℃，摇床转速 180r/min，发酵时间 63h。在此条件下玉米肽得率达到最大为 82.7%。并对制得的玉米肽进行了初步的分离纯化，

经截留分子质量 10^4 Da 的中空纤维柱超滤,得到分子质量在 10^4 Da 左右的超滤液,其回收率为 86.3%,超滤液经 Sephadex G-25 柱分离纯化和相对分子质量分布的测定,共洗脱出 4 个峰,其玉米肽各级分的相对分子质量大致分别为 5128、3715 和 1513(张智等,2009)。

考察了菌种、发酵温度和加盐量对豆豉感官品质和氨基酸态氮含量的影响,经统计比较确定,细菌型豆豉纯种发酵的较优工艺条件是:以枯草芽孢杆菌菌株 BBDC3 和 BBDC4 的混合菌为菌种,发酵温度 50℃,加盐量 10%。在此优化条件下发酵得到的豆豉含蛋白质 38.93%、脂肪 23.90%、灰分 14.59%、总酸 0.42%,氨基酸态氮和三氯乙酸可溶性蛋白的含量分别为 0.61% 和 1.59%,大大高于原料黑豆(0.19%,0.26%),与传统"八宝豆豉"的主要质量指标相符,也符合我国豆豉行业标准(李华等,2009)。枯草芽孢杆菌菌株 B. s. Shi Hezi Ⅲ 发酵豆粕粉产生多肽溶液。不同发酵时间的多肽溶液有着不同的加工特性。水解度(DH)随着发酵时间的延长而上升;可溶性氮指数(NSI)与发酵时间和 pH 均有关,总体上发酵时间越长,NSI 越大,pH 在中性条件下 NSI 较高;浊度受 pH 影响,pH 越低,浊度越高,36h 的多肽溶液在 pH3~7.0 时,浊度较低;多肽溶液均有着较好的乳化性,但乳化稳定性较差(万琦等,2003)。

为获得生长活力较好,可以满足菌种水解玉米蛋白粉生产玉米肽的需要,以 OD_{600} 为评价指标,采用单因素试验确定菌种生长适宜的培养基成分,即葡萄糖 2%(碳源)、大豆蛋白胨 4%(氮源)、$MgSO_4 \cdot 7H_2O$ 0.15%、$K_2HPO_4 \cdot 3H_2O$ 0.2%、KH_2PO_4 0.2%。以单因素试验菌种生长适宜的培养基成分作为二次旋转正交试验的零水平,以菌种生长 14h 的 OD_{600} 为指标,确定培养基成分的最优组合为葡萄糖 2%、大豆蛋白胨 3.6%、$MgSO_4 \cdot 7H_2O$ 0.16%、$K_2HPO_4 \cdot 3H_2O$ 0.28%、KH_2PO_4 0.28%。在此条件下菌种培养 14h,其 OD_{600} 由 0.900 上升到 1.869,菌株生长量提高了一倍(曹龙奎等,2009)。

枯草芽孢杆菌菌株 BP 在不同培养基、不同培养时间、不同温度、不同 pH、不同碳源和氮源条件下,产生抗菌物质的量有显著差异。在 NB 和 M9 两种培养液中,BP 对水稻白叶枯病菌及小麦赤霉病菌的抑菌效价随时间延长而提高,培养 120h 后,仍继续上升。在 30℃、pH9 的 NB 培养的 BP 对水稻白叶枯病菌的抑菌效价较高;而对小麦赤霉病菌的抑菌效价,又以 20℃、pH6~9 的 NB 培养时较高。在所测定的 9 种不同碳源、6 种不同氮源中,以终浓度为 0.2% 的可溶性淀粉、0.2% 的甘露醇或 0.1% 的葡萄糖作碳源,0.1% 的硫酸铵、氯化铵、硝酸铵或半胱氨酸为氮源有助于 BP 抗菌物质的产生(彭广茜,1999)。

枯草芽孢杆菌培养基的组分是由葡萄糖、蛋白胨、酵母膏、磷酸二氢钾、碳酸钙等 5 种原料构成,采用 $L_{16}(4^5)$ 正交表,将 5 种原料作为枯草芽孢杆菌培养有影响的因素,通过试验数理统计的直观和理论分析,对其配方进行优化;试验结果表明,当培养基的配方为无水葡萄糖 3.50g/L、蛋白胨 0.83g/L、酵母膏 0.50g/L、磷酸二氢钾 0.35g/L 和碳酸钙 0.25g/L,温度(34±2)℃时,培养 16h 即可达到生长峰值。由于枯草芽孢杆菌光学密度(optical density,OD)与活菌数量的关系:$y = 0.5182x^2 +$

$1.4462x+1.9714$（$r=0.996343$），接种的枯草芽胞杆菌由 1.9714×10^8 cfu/mL 提高到 3.3124×10^8 cfu/mL。优化的枯草芽胞杆菌培养基条件能有效促进枯草芽胞杆菌生长（王妹等，2008）。

枯草芽胞杆菌是茅台酒生产环境中一种常见菌株。采用堆积和制曲工艺分别对该菌进行纯种固态发酵，利用 GC-MS 对其代谢产物分析对比，考察不同工艺对该菌代谢产物的影响。结果表明，茅台酒生产中制曲与堆积两个过程对茅台酒的风味物质的形成具有重要的互补贡献（杨帆等，2010）。枯草芽胞杆菌在基本培养基中培养，可耐受高达 8% NaCl 浓度，而在 10% NaCl 条件下 96h 内未见生长。随胞外 NaCl 浓度的增加，其胞内自由脯氨酸的含量相应明显增加，在 8% NaCl 浓度下胞内脯氨酸含量可达 2.944mg/g 干细胞重，与无 NaCl 条件下相比，增加了 1572%，而对照菌大肠杆菌仅可耐受 4% NaCl 浓度，并且在不同 NaCl 浓度下，胞内脯氨酸含量变化不明显（杨清香和李用芳，1999）。利用 5L 发酵罐，探讨了枯草芽胞杆菌菌株 B53 在甘油、谷氨酸、柠檬酸等为碳氮源的培养基上的分批发酵过程；结果表明：在发酵过程中 pH 为 5.5～6.7 时缓慢下降，菌体在发酵前期短粗，中期变得细长弯曲，发酵后期有芽胞产生；同柠檬酸和谷氨酸的消耗相比，甘油的代谢比较快；γ-PGA 从发酵 12h 后能够检测到，84h 左右达到最高，之后有所降低；γ-PGA 的相对分子质量在发酵 54h 以前基本没有变化，但之后相对分子质量范围逐步变宽；分批发酵产量达 18.61g/L（惠明和田青，2007）。

利用 SAS 软件对黄瓜内生枯草芽胞杆菌菌株 B504 发酵培养基进行优化。首先用 Plackett-Burman 法筛选出 3 个重要因素，通过最陡爬坡试验逼近最佳响应面区域，最后采用 Box-Behnken 设计及响应面分析确定主要影响因子的最佳浓度。结果表明，当葡萄糖、KH_2PO_4、玉米粉、黄豆粉、$MnSO_4$、$K_2HPO_4\cdot3H_2O$ 的最佳用量分别为 0.72g、1.07g、3.67g、3.0g、2.0g、3.0g 时，发酵培养基产生的芽胞数量达到最大值 2.22×10^9 cfu/mL，较优化前的 1.81×10^9 cfu/mL 提高了 22.7%（苗则彦等，2010）。

利用发酵罐研究了 32℃、37℃和 42℃培养温度对枯草芽胞杆菌菌体生长及芽胞形成的影响。结果表明，37℃能够获得最大菌量，42℃开始形成芽胞的时间最早；37℃和 42℃条件下生长的延滞期比 32℃明显缩短。利用摇瓶培养研究了糖类、醇类和盐类碳源对菌体生长性能的影响。结果表明，各类碳源中葡萄糖、环状糊精、马铃薯淀粉、甘油、甘露醇明显缩短了培养的延滞期；不同碳源对发酵液菌量影响差异很大，柠檬酸钠、乙酸钠和环状糊精的最高菌量分别比基础培养基提高了 1.32 倍、1.09 倍、1.02 倍，马铃薯淀粉、葡萄糖和甘露醇处理分别提高了 98.1%、78.6% 和 74.0%，可溶性淀粉处理菌量提高了 21.4%，甘油处理提高了 7.7%。在各类碳源中只有盐类碳源即柠檬酸钠和乙酸钠能正常形成芽胞（岳寿松等，2011）。为进一步提高重组枯草芽胞杆菌菌株 WSHB06-07 发酵生产角质酶的产量和生产强度，在 pH 两阶段控制策略的基础上，考察了温度（27～40℃）对菌体生长和产酶的影响。研究发现，37℃适于菌体生长而 30℃适于菌体产酶；通过分析发酵过程中菌体比生长速率及产物比合成速率的变化，确定了温度两阶段控制策略，即 0～4h 时控制温度 37℃，4h 后将温度调至 30℃。通过采用这一优化策略，角质酶酶活和生产强度分别可达 312.5U/mL 和 13.02kU/(L·h)，相比恒定温度37℃控制模式下分别提高了83.4%和10.9%（张芙华等，2009）。

利用含有溶葡球菌酶基因的枯草芽胞杆菌转化子进行半合成培养基的发酵试验，结果表明：该半合成培养基适合于枯草芽胞杆菌生长，色素极微。半合成培养基蛋白质总量是FD培养基的1/24。用半合成培养基摇瓶发酵14h后，产酶量为(370 ± 26)mg/L，表明该培养基将有利于溶葡球菌酶的分离纯化，是溶葡球菌酶发酵生产的一个理想培养基（张培德等，1996）。利用合成培养基为筛选培养基，以枯草芽胞杆菌菌株B6-1为出发菌株，经过三轮紫外线诱变和一轮硫酸二乙酯诱变得到了γ-聚谷氨酸高产突变株枯草芽胞杆菌W003，摇瓶液体发酵的γ-聚谷氨酸产量由出发菌株的10.9g/L提高到20.5g/L。单因素实验结果表明，该菌产γ-聚谷氨酸的合适碳源为葡萄糖，氮源为硫酸铵。通过正交试验得到了优化的培养基配方，经36h液体发酵，γ-聚谷氨酸产量可达45.3g/L（吴学超等，2008）。

利用基因工程的手段获得高产中温α-淀粉酶基因工程菌株pWB-amy/WB600，对其在7L发酵罐中的发酵条件进行了研究和优化。结果表明，发酵过程中通过调节通气量和搅拌转速来控制发酵液中的溶氧含量，使溶氧浓度控制为15%~25%；采用流加氨水的方式控制发酵液的pH为6.0~7.5；并且利用间歇补料的方式，有利于酶量的积累，优化过后的发酵液酶活比未优化时提高了41%（孙静等，2009）。利用离子注入和紫外线复合诱变，筛选到了一株产β-甘露聚糖酶的优良枯草芽胞杆菌菌株M-66，采用"系统全面反馈实验优化技术"优化了发酵条件，并使其发酵液酶活从出发菌株M-1的37.03U/mL提高到优化后的150.12U/mL（罗强等，2003）。

设计单因素和正交试验，以羟自由基清除率为衡量指标，筛选出纳豆菌发酵米糠的最优条件：5%的米糠，1%的酵母粉，初始pH7.0，接种量4%，装瓶量25mL，温度为27℃，140r/min培养48h。在此条件下纳豆菌发酵米糠的羟自由基清除活性最高。体外方法测定米糠发酵上清液和米糠水提液清除·OH和O_2^{-}，以及抑制猪油氧化的能力，结果显示两者均具有抗氧化活性，但前者具有更大的活性，其中米糠发酵上清液对·OH和O_2^{-}清除率IC_{50}分别为3.55mg/mL和23.5mg/mL，比米糠水提液分别增加0.3倍、10倍。在抑制猪油氧化实验中，发酵米糠上清液的活力略强于米糠水提液。实验证明纳豆菌发酵米糠能产生更强的抗氧化活力，在保健食品方面有开发潜力（祁红兵等，2008b）。为深度开发米糠资源，比较纳豆芽胞杆菌发酵米糠（rice bran fermentation，RBF）的上清液与未发酵米糠水提液（water extract of rice bran，RBW）的抗氧化活性及其对双歧杆菌的促生长作用。体外实验法测定RBF和RBW的还原力清除·OH和O_2^{-}及其抑制猪油氧化的能力；模拟体内条件，以光密度为指标考察RBF和RBW对双歧杆菌的促生长作用。结果：RBF和RBW均具有抗氧化活性，但RBF具有更大的活性，其中RBF对·OH和O_2^{-}清除率IC_{50}分别为3.55mg/mL和23.5mg/mL，比RBW分别高0.3倍、10倍。在抑制猪油氧化实验中，RBF与RBW均表现出较强的抗氧化活性，而RBF略强于RBW，与维生素E相近；RBF与RBW都能促进双歧杆菌的生长，促生长率分别达65.2%和17.8%；经过胃蛋白酶和胰蛋白酶消化后，RBF仍有51.6%的促生长率。RBF具有更强的抗氧化活性及对双歧杆菌的促生长作用（祁红兵等，2007）。

试验对枯草芽胞杆菌4#的发酵培养基和发酵条件进行筛选优化。通过单因素试验及正交试验方法,确定该枯草芽胞杆菌4#的优化培养基为0.5%葡萄糖、0.3%淀粉、3%豆粕、3.08%硫酸锰溶液0.2mL、0.3%磷酸氢二钾、0.15%磷酸二氢钾、0.05%硫酸镁、0.02%酵母膏、0.01%氯化铁和0.01%碳酸钙。最适发酵条件为初始pH7.2,发酵温度30℃,摇床转速220r/min,接种量10%。进行发酵罐放大培养,最佳放罐时间18~20h,获得的菌体数量约128亿个/mL(刘惠知等,2009)。为得到益生芽胞杆菌——枯草芽胞杆菌MA139产芽胞的最佳的培养基,以摇瓶发酵的方法,用Plackett-Burman设计从11种原料中筛选出4种对芽胞产量有显著影响的因素,即玉米粉、大豆粉、蛋白胨和$MnSO_4 \cdot H_2O$;然后针对这4个主要因素,用最陡爬坡试验及中心组合设计优化产芽胞的最佳培养基。结果表明,当培养基的配方为:玉米粉3.17g/L、大豆粉5.80g/L、蛋白胨3.62g/L、$MnSO_4 \cdot H_2O$ 1.06g/L、葡萄糖5g/L、尿素3g/L、$MgSO_4 \cdot 7H_2O$ 1.5g/L和KH_2PO_4 3g/L时,MA139发酵36h细菌总数可以从8.32×10^8cfu/mL提高到3.10×10^9cfu/mL,芽胞率达96%。试验表明通过统计优化培养条件可以有效提高菌株MA139产芽胞的得率(郭小华等,2006)。

对饲料领域应用广泛的枯草芽胞杆菌进行产纤维素酶能力筛选及发酵优化条件的研究,为将枯草芽胞杆菌菌株Pab02开发成微生态制剂及生产纤维素酶提供依据。通过羧甲基纤维素钠培养基筛选分离到具有产纤维素酶能力的菌株Pab02;通过分析初始pH、发酵温度和发酵时间对菌株Pab02产纤维素酶活性的影响,得出最佳初始pH为8.0、发酵温度为37℃、发酵时间为48h。在该条件下发酵液酶活达358.75U/mL酶液,比优化前提高了2.1倍(祝小等,2007)。探讨了不同碳源、氮源、培养时间、温度、初始pH和谷氨酸钠添加量对枯草芽胞杆菌菌株AS1-296产絮凝剂条件的研究,并通过数据拟合,创建了相应的数学模型,通过求解得出菌株AS1-296产絮凝剂的最佳培养条件为:以蔗糖为碳源,添加量为2.25%;酵母膏为氮源,添加量为64%;谷氨酸钠4.50%、初始pH7.1、培养温度33℃。以此条件培养菌株AS1-296产絮凝剂的絮凝率为75%以上(黄玲和万俊杰,2010)。

通过单因素和正交试验相结合的方法,研究了枯草芽胞杆菌菌株Tpb55液体发酵培养液和发酵条件,筛选出最佳培养液配方为:葡萄糖1%、蛋白胨0.3%、$MgSO_4 \cdot 7H_2O$ 0.05%、酵母膏0.15%与牛肉膏0.15%的混合物。最适发酵条件为:温度31℃,初始pH7.0,发酵时间72h(关小红等,2009)。菌株Tpb55是从烟草叶面生境中分离获得的一株拮抗细菌,从形态、生理生化、16~23S rDNA转录间隔区PCR(ITS-PCR)分析,初步明确了该菌株的分类地位。光学显微镜下观察到Tpb55菌体为杆状,革兰氏染色均匀,鞭毛周生,产芽胞,各项生理生化测试指标与枯草芽胞杆菌菌株表现一致;16~23S rDNA ITS-PCR分析结果表明,Tpb55与枯草芽胞杆菌同源性达99.75%。Tpb55代谢产物对7种病原真菌和3种病原细菌均有不同程度的抑菌作用,表明该菌株代谢产物具有较高的抑菌活性和较广的抑菌谱。进一步研究发现,该菌株代谢产物对有机溶剂、蛋白酶、热和pH都有很高的稳定性,是具有较好开发潜能的生防菌株(张成省等,2008)。

通过单因素和正交试验,对芽胞杆菌产木聚糖酶的发酵条件进行了研究。结果显示最佳产酶条件是：2%麸皮、0.5% $(NH)_2HPO_4$、0.1% $K_2HPO_4·3H_2O$、0.02% $MgSO_4·7H_2O$、0.2%吐温-80、1mmol/L微量元素（Fe^{2+}，Zn^{2+}），pH9.0、35℃和振荡培养48h，其木聚糖酶活力可达2.67U/mL（黄国勇和吴振强，2006）。筛选到一株产纤溶酶较强的枯草芽胞杆菌，通过研究发现其最适产酶的发酵条件为：ρ（葡萄糖）=20g/L，ρ（豆渣）=60g/L，pH7.0、温度37℃、种龄24h、接种量10%。发酵第4天产酶最高，最大产酶量可达713.11U/mL（陈志文等，2002）。

通过单因素实验和正交试验，研究了枯草芽胞杆菌菌株BS-6的液体发酵培养基和工艺条件，确定最佳的培养基为：蔗糖3%、蛋白胨1%、酵母膏0.5%、KH_2PO_4 0.45%、$(NH_4)_2SO_4$ 0.25%、碳酸钙0.2%。最适发酵条件为：温度30℃，pH7.0，装量20mL/250mL锥形瓶，转速200r/min（张根伟，2005）。通过单因子试验及正交试验对枯草芽胞杆菌菌株DPG-01的培养基组成和发酵工艺条件进行了研究。结果表明，最优化培养基组成为：高温豆饼粉2.0%，尿素0.1%，玉米浆0.15%，玉米淀粉1.00%，磷酸氢二钾0.3%，磷酸二氢钾0.15%，硫酸镁0.1%，硫酸锰0.02%。培养条件为：pH7.5（消前），装量100mL/500mL三角瓶，摇床频率200r/min，温度（37±1）℃。优化条件下菌株DPG-01发酵水平达$9.1×10^9$cfu/mL，芽胞形成率达90%（王健华，2007a）。以豆饼粉、玉米淀粉为主要发酵原料，根据摇瓶正交试验结果对菌株DPG-01在50L全自动发酵罐条件下液体深层通风发酵的规律进行了深入研究，结果表明：在培养基组成为高温豆饼粉2.2%、尿素0.1%、玉米浆0.15%、玉米淀粉0.85%、磷酸氢二钾0.3%、磷酸二氢钾0.15%、硫酸镁0.1%、硫酸锰0.02%、消泡剂0.3%、pH7.5（消前）及培养条件为装填系数60%、温度37℃、风比为1∶0.5、罐压0.05MPa、搅拌转速210r/min、发酵周期36h条件下，发酵水平达$1.2×10^{10}$cfu/mL，芽胞形成率达95%（王健华，2007b）。

通过分析$MnSO_4$、$CaCl_2$、接种量和pH对枯草芽胞杆菌菌株B1⑥胞外多糖发酵的影响，获得优化发酵条件：葡萄糖2%、蛋白胨2%、$MgSO_4·7H_2O$ 0.05%、Na_2HPO_4 0.2%、NaH_2PO_4 0.1%、$CaCl_2$ 0.1%、$MnSO_4$ 0.1%，接种量10%，pH7.0。枯草芽胞杆菌细胞多糖的最佳提取条件为浓缩温度40℃，浓缩比2∶3，醇沉终浓度70%，其影响顺序为：浓缩温度＞醇沉终浓度＞浓缩比（韩洁谢等，2008a）。以枯草芽胞杆菌菌株B1⑥为材料，在前期优化发酵条件和胞外多糖提取的基础上，经过DEAE-52柱层析，分离出两个胞外多糖成分，对其中含量较高的胞外多糖EPSI进行单糖组分分析。EPSI组分纸层析和气相色谱分析结果显示，EPSI不具有Glu、Gal、Man、Xyl、Rha、Sor和Fuc 7种单糖成分，含有少量Ara，成分较简单。这个研究结果可为枯草芽胞杆菌胞外多糖的功能研究提供参考（韩洁等，2008b）。

通过筛选得到一株产碱性果胶酶的枯草芽胞杆菌菌株TCCC11286，利用单因素实验对其发酵条件进行优化。采用Plackett-Burman（P-B）方法筛选出对产酶有重要影响的3个因素（豆饼粉、$MgSO_4·7H_2O$及$FeSO_4$的添加量），并采用响应面试验设计对重要因素进行优化。得到最适的产酶条件为：玉米粉4%，豆饼粉3.55%，$MgSO_4·7H_2O$ 0.034%，$(NH_4)_2SO_4$ 0.4%，磷酸盐0.05mol/L，$FeSO_4$ 0.013%。优化后其产酶能力得到了明显的提高，酶活提高到14.82U/mL（刘曦等，2008）。通过向摇瓶中添

加 Mn^{2+}、Zn^{2+}、Co^{6+}、Mo^{2+}、Cu^{2+} 5 种金属离子，考察各种金属离子对肌苷生产菌的生长、葡萄糖的利用及肌苷积累的影响。初始培养基中添加 Mn^{2+} 对产苷有促进作用，而 Co^{2+}、Zn^{2+}、Mo^{2+} 随着浓度的增加有明显的抑制作用。Cu^{2+} 能明显抑制菌体的生长，从而抑制肌苷的生成。针对 Mn^{2+} 对葡萄糖脱氢酶的活力进行了初步的研究，发现添加 Mn^{2+} 能促进葡萄糖脱氢酶的活力，葡萄糖在葡萄糖脱氢酶的作用下生成葡萄糖酸，增大了 HMP 途径的通量，放瓶肌苷含量为 14.92g/L，对照组肌苷含量为 11.94g/L，提高 25%（郭元昕等，2007）。研究了金属离子 Mn^{2+}、Fe^{2+}、Zn^{2+} 对枯草芽胞杆菌转酮酶（EC 2.2.1.1）缺失突变株 FBL04-531 D-核糖合成的影响，发现 Mn^{2+} 对该突变株合成 D-核糖和形成芽胞具有非常显著的影响（顾晓波等，2001b）。通过摇瓶单因素试验，研究了金属离子浓度对枯草芽胞杆菌菌株 BS-MM03 发酵生产的芽胞率的影响，发现 Mg^{2+} 对其影响最为显著，其次为 Mn^{2+}。利用正交试验确定其最适产芽胞的金属离子浓度组合为：Mg^{2+} 0.030%、Mn^{2+} 0.015%、Ca^{2+} 0.02%、Fe^{2+} 0.004%（姚露燕等，2008）。

通过正交试验、单因素实验和 100L 发酵罐中试确定了枯草芽胞杆菌菌株 HJ02 工业生产用的优化液体培养基和发酵工艺条件。最佳培养基配方为：葡萄糖 10g/L、玉米粉 8g/L、豆粕粉 25g/L、硫酸锰 30.8mg/L、硫酸镁 5g/L、磷酸二氢钠 0.52g/L、磷酸氢二钠 2.33g/L。最优发酵工艺条件：培养温度 30℃，初始 pH7.0，最佳接种的菌龄是 18h（卢耀俊等，2007）。为了提高一株饲用枯草芽胞杆菌菌株 CCAM 080032 的芽胞产量，研究通过单因素试验及正交试验方法，确定了该枯草芽胞杆菌的最优培养基为：稻草粉∶麸皮为 2∶8、葡萄糖 50g、胰蛋白胨 20g、NH_4NO_3 15g、KH_2PO_4 10g、H_2O 1500mL，37℃培养 48h，芽胞产量达 7.90×10^{10} cfu/mL（付小猛等，2010）。

通过正交优化试验对一株枯草芽胞杆菌菌株的发酵培养基进行了优化，结果发现：当培养基中 2% 豆粕液 15g/L、红糖 20g/L、硫酸铵 10g/L 时，接种量为 5% 的情况下，37℃培养 24h 后，活菌数最高，可达 4.21×10^{10} cfu/mL（刘辉等，2007）。微生物发酵中药将成为中药研究的新内容。通过微生物发酵传统中药，使微生物中丰富的酶系与中药中复杂的化学成分反应，可能会产生一些中药中不具有的成分或改变一些成分含量的变化，从而可能为活性化合物的筛选提供一种新的途径。三七皂苷是三七的主要活性成分，具有多方面的药理作用，实验用枯草芽胞杆菌对三七须根进行发酵，对发酵后三七中的皂苷成分进行分离，得到 5 个化合物，其中化合物人参皂苷 Rh4 在三七中未见报道，也未在三七原药中检测到该化合物，说明该化合物是通过发酵产生的（李国红等，2005）。

为获得枯草芽胞杆菌产 β-甘露聚糖酶的最佳发酵条件，分别对碳源、氮源、碳氮质量比、发酵时间和培养温度进行了单因素实验，在此基础上对发酵温度、接种量、培养基初始 pH 和发酵时间 4 因素进行了 $L_9(3^4)$ 正交优化试验，结果表明枯草芽胞杆菌分泌 β-甘露聚糖酶的最佳条件为：碳源为 40g/L 魔芋精粉，氮源为 5g/L 酵母抽提物，两者质量比为 5∶1，发酵条件为 30℃ 的条件下摇瓶培养 28h；发酵参数组合为发酵温度 30℃、接种量 5%、培养基初始 pH6.5、发酵时间 28h；各因素对枯草芽胞杆菌产 β-甘露聚糖酶的影响程度大小依次为发酵时间>发酵温度>接种量，其中发酵时间对产酶的影响最为显著（聂光军等，2008）。

为了更好地掌握代谢规律和代谢方式，代谢流作为一个关键而重要的变量需要测定。然而，由于代谢流测定的困难，在许多代谢研究中代谢流并没有被完全应用。在肌苷高产菌枯草芽胞杆菌中，利用得到的实验数据包括葡萄糖的消耗速率和代谢主产物，以及副产物的形成速率，通过代谢通量平衡模型，得到糖酵解、三羧酸循环及磷酸戊糖途径的代谢流，并对其进行了分析（张蓓等，2003）。为了进行枯草芽胞杆菌发酵猪血蛋白肽工艺参数的优化研究，采用产蛋白酶能力较强的枯草芽胞杆菌发酵猪血粉，制备猪血多肽，考察发酵温度、通气量（摇瓶转速）、pH、接种量、发酵时间对蛋白质利用率的影响，通过单因素和正交优化试验确定发酵猪血蛋白肽的最佳条件，并对发酵前后血粉的品质和感官进行分析。结果表明，枯草芽胞杆菌发酵猪血粉制备猪血多肽的最佳工艺参数：温度为30℃、转速为160r/min、pH为7.5、接种量为6%、发酵时间为50h。该研究为采用微生物发酵猪血粉制备高营养的动物蛋白饲料和提取功能性多肽提供了试验依据（范远景等，2009）。

为提高枯草芽胞杆菌的产量并降低生产成本，利用旋转回归法研究豆饼粉、葡萄糖对枯草芽胞杆菌液体发酵生产芽胞的影响。芽胞形成率与豆饼粉和葡萄糖的回归方程为：$Y_1 = 35.8 - 2.18565X_1 + 0.685666X_2 - 5.962504X_1X_1 - 1.25X_1X_2 - 3.462499X_2X_2$，其因变量和自变量之间的线性关系显著，决定系数为0.86。豆饼粉1.2%、葡萄糖1.0%时，芽胞形成率最大，约为89%。试验池的COD值从第1天的9.85mg/L下降到第11天的7.87mg/L，而对照池的COD值从第1天的8.95mg/L上升到第7天的9.69mg/L后再下降。试验池中亚硝酸盐浓度从0.088mg/L下降到0.059mg/L，而对照池中亚硝酸盐浓度从0.072mg/L上升到0.085mg/L。试验池水体pH为7.5～8.4，而对照池水体pH普遍高于试验池，最高达8.7。对照池中H_2S浓度为0.008～0.030mg/L，而试验池水中H_2S浓度从试验初期的0.060mg/L下降到第11天的0.015mg/L（廖春丽等，2009）。

为提高枯草芽胞杆菌的拮抗作用，通过正交试验和单因素试验研究了枯草芽胞杆菌菌株Bs501的发酵基础培养基和最适发酵条件，明确了几丁质的添加量及添加时机，分析了二价金属离子对枯草芽胞杆菌发酵液的影响。枯草芽胞杆菌在LB培养基上培养12h达到对数生长末期，随后生长曲线快速下降，56h出现小波峰。各因子对菌株Bs501生长量的影响为蛋白胨＞蔗糖＞酵母膏＞$K_2HPO_4 \cdot 3H_2O$，它们对菌株Bs501的抑菌活性为蔗糖＞蛋白胨＞酵母膏＞K_2HPO_4。最佳基础培养基确定为3%蔗糖、1%蛋白胨、0.5%酵母膏、0.45% K_2HPO_4。最适发酵条件为：起始pH7.0、培养温度30℃、发酵时间48h。培养12h添加0.5%几丁质诱导菌株Bs501产生拮抗物质的效果最显著。Ca^{2+}可显著提高发酵液的抑菌活性。该研究为枯草芽胞杆菌的工业深层发酵提供了技术参考（李瑞芳等，2007）。

为优化生防菌菌株A的培养条件与液体发酵工艺，采用均匀试验设计方法、回归分析方法和分批补料发酵工艺，研究生防菌菌株A的培养条件与液体发酵工艺的优化。结果表明，适合菌株A摇瓶培养的最佳条件为：培养温度35℃，摇瓶装量12%，接种量3.0%，初始pH7.2。20L发酵罐分批补料发酵参数为：种子培养基为YDC培养基，培养时间24h，接种量3.0%。发酵培养基参数为：葡萄糖1.0%，酵母膏1.0%，CaCO₃ 1.0%；pH7.2。流加培养基参数为：葡萄糖1.5%，酵母膏0.5%，制成混合液一起流加，发酵8h开始流加；发酵周期（34±2）h，在以上发酵条件下，发酵液芽胞浓度达（3.410±0.151）×10^{9}cfu/mL。该试验条件下所获得发酵液芽胞数浓度较高，可用于进一步制备生防菌剂（李小俊等，2009）。

芽胞杆菌是产甘露聚糖酶的优良菌株；以天然麸皮作为基本原料，研究利用枯草芽胞杆菌菌株WY34固体发酵生产β-甘露聚糖酶的发酵条件。最佳固体发酵培养条件为：麸皮5g，初始水分含量71%，初始pH7.0，接种量为2mL，1% Tween-80，0.4g魔芋粉，培养温度0℃。在最适条件下培养5d，甘露聚糖酶酶活高达7650U/g干基，是未优化前酶活的2.78倍（韦赟等，2006）。为研究固态发酵多聚谷氨酸的培养基成分及培养条件，先用单因素试验考察固体发酵培养基的碳源、氮源、培养基pH和培养温度，以确定各因素的最优水平，然后选取最适碳源、最适氮源、培养基含水量和接种量4个因素，安排4因素3水平试验方案。结果表明，得到固态发酵γ-聚谷氨酸的最佳条件：淀粉2.6%，大豆粉24.6%，含水量55%，接种量12%，发酵初始pH7.0，培养温度38℃。正交试验结果确定了各因素间的最优组合，可提高固态发酵γ-聚谷氨酸的产量（刘静等，2011）。对适用于固态发酵生产功能大豆肽蛋白饲料的菌种进行了筛选试验并优化其发酵条件。试验结果表明，枯草芽胞杆菌和热带假丝酵母（*Candida tropicalis*）配合使用，效果最好。其最佳条件为：枯草芽胞杆菌和热带假丝酵母接种比例为1:1，接种量为15%，发酵温度为38℃，发酵时间为36h（沈爱喜等，2010）。

研究可溶性淀粉、蔗糖、葡萄糖3种主要碳源对枯草芽胞杆菌产α-淀粉酶活力、细菌浊度及其发酵培养过程中培养基pH变化的影响。结果表明，枯草芽胞杆菌在摇床发酵试验中，当发酵时间超过54h，酶活力基本达到最高且保持不变。以可溶性淀粉为碳源时最佳，枯草芽胞杆菌产α-淀粉酶酶活细胞浊度为2.342±0.023；其次是葡萄糖和蔗糖，最高酶活分别为(75.6±2.1)U/mL、(72.2±1.2)U/mL，细胞浊度分别为2.515±0.031、2.421±0.044。可见枯草芽胞杆菌产生α-淀粉酶受淀粉的诱导，受蔗糖及葡萄糖的阻遏作用（李刚等，2010）。

研究枯草芽胞杆菌菌株ZJ016脱苦氨肽酶发酵生产的放大条件，提高产酶水平，为其工业化生产创造条件；初步研究此菌株所产蛋白酶的酶系，也为它在大豆分离蛋白水解工艺中表现出的显著脱苦效果提供了依据。以摇瓶上优化好的氨肽酶发酵条件为基础，在7L自控式发酵罐上进行放大实验，通过溶氧条件、补料和原料的预处理等发酵控制策略提高发酵的产酶水平。当控制最低溶氧为60%和原料的预处理，氨肽酶的最大酶活值可达到3900U/mL。通过发酵条件的优化和初步控制，为此脱苦氨肽酶的规模化生产创造良好的基础（王俊和田亚平，2009）。

研究了不同碳源、氮源、温度、发酵时间、接种量、种龄、起始pH等因素对枯草芽胞杆菌菌株Bl⑥发酵产多糖的影响，并对发酵影响因素进行了优化实验。结果表明，在发酵过程中，玉米和豆粕粉分别是最佳的碳源和氮源；无机盐的最佳水平为：磷酸二氢钾0.15%，磷酸二氢钠0.1%，MnSO₄ 0.1%、氯化钙0.2%。其他适宜的发酵条件是：发酵时间5d，接种5%，装液量100mL/300mL锥形瓶，起始pH为8.0（欧昆鹏和谢和，2008）。

研究了用于亚麻脱胶的枯草芽胞杆菌菌株 HW201 的扩大培养方法，研究结果表明，最佳的培养基组成是玉米面 1.5%、豆粕粉 1.5%、磷酸氢二钾 0.4%、碳酸钙 0.4%；最佳的培养条件是培养温度 36℃、pH6.5～7.5；在生产试验中，菌体的总数达 10^{14} cfu/mL 以上；相对于液体菌剂，固体菌剂更有利于产品的储存（曹亚彬等，2011）。

以菜籽粕为原料，通过枯草芽胞杆菌固态发酵生产菜籽肽。先以肽得率、氮溶解指数和氨基酸态氮为指标通过单因素试验得到发酵的培养基条件，再采用响应面分析法，建立了菜籽多肽得率与各影响因素的回归方程，得出枯草芽胞杆菌发酵生产菜籽肽的最佳培养基及工艺条件为：料液比为 1∶2.35、葡萄糖 2.6%、KH_2PO_4 2.6%，初始 pH6.5，在此条件下菜籽肽得率的理论值可达 11.43%，同时测量了发酵处理液中菜籽蛋白肽的分子质量分布，结果显示固态发酵后产生了新的低分子质量菜籽肽（袁建等，2008）。

以菜籽粕为原料，通过枯草芽胞杆菌液态发酵生产菜籽血管紧张素转化酶（ACE）抑制肽。先以肽得率、ACE 抑制率为指标通过单因素试验得到液态发酵的发酵条件，再以响应面分析法，优化了枯草芽胞杆菌液态发酵的工艺条件，确定枯草芽胞杆菌液态发酵生产菜籽 ACE 抑制肽的最佳发酵工艺条件为发酵时间、发酵温度和接种量，最佳工艺条件分别为发酵时间 20h、温度 38℃和接种量 $1×10^8$ cfu/mL。优化后的菜籽 ACE 抑制肽抑制率达 70.95%（鞠兴荣等，2011）。以产纤维素酶的枯草芽胞杆菌菌株 C-36 为研究对象，从碳源、氮源、接种量、培养基初始 pH、温度等方面研究该菌株的产酶条件，结果表明该菌产酶的最适条件为：碳源为 2% 的 CMC-Na，氮源为 2.5% 的蛋白胨＋酵母粉复合氮源，接种量为 4%，起始 pH 为 5.0，温度 37℃。在此条件下，培养 36h 后达到产酶高峰，CMC 酶活为 196.33U/mL，是优化前的 3 倍（韩学易等，2006）。

以角蛋白酶为指标，采用正交试验对以羽毛为底物，利用枯草芽胞杆菌菌株 KD-N2 生产角蛋白酶的培养基组成进行了优化试验。结果表明在 NaCl 含量为 0.5g/L，$MgSO_4·7H_2O$ 含量为 0.2g/L，KH_2PO_4 为 0.35g/L，$K_2HPO_4·3H_2O$ 为 0.7g/L 时有利于角蛋白酶的产生，验证试验证明发酵 24h 时角蛋白酶活性为 $(66.5±2.04)$U/mL；各组发酵液 pH 均呈上升趋势，发酵残留物质量也随发酵培养基组成不同而呈现一定的差异，表明以羽毛为底物发酵产角蛋白酶为一复杂过程。以天青角蛋白和酪蛋白为底物对酶活测定的结果表明了实验方法和结果的可靠性（蔡成岗和郑晓冬，2009a）。

以枯草芽胞杆菌 BS059-22 为供试菌株，考察了影响发酵的接种量、发酵温度、初始 pH、摇床转速及发酵时间等因素。结果表明，接种量 8%，发酵温度 33℃，初始 pH6.5，摇床转速 220r/min，发酵时间 18h 为生产 α-乙酰乳酸脱羧酶的最适发酵条件（王洲等，2007）。

以枯草芽胞杆菌菌株 E20 作为菌种，大豆作为培养基，在高温条件下进行固体发酵；用乙醚提取其挥发性成分，经气相色谱-质谱联用（GC/MS）技术测定，鉴定出的主要物质有苯基乙醛、4-甲基-2,6-二叔丁基-苯酚、吲哚、α-呋喃甲醇、2,3,5-三甲基吡嗪、2-乙酰基噻唑、苯甲醇、苯乙醇等酱香型白酒的风味骨架成分，说明枯草芽胞杆菌在白酒酱香风味物质的形成中发挥着重要的作用（郭成栓等，2010）。

以枯草芽胞杆菌菌株 G1 为出发菌株，研究了发酵过程中不同培养条件和培养基对该菌株产生脂肽类抗生素的影响。结果表明：最有利于脂肽类抗生素产生的发酵条件是初始 pH7.0，接种量 3%，发酵培养温度 30℃，发酵时间 38h 时，而最佳培养基为 Landy 培养基。在提取脂肽类抗生素粗提物的过程中发现 pH4.0 时脂肽类抗生素能够完全沉淀。在 Landy 培养基和上述发酵条件下，最多能产生脂肽类抗生素粗提物 6.5g/L。利用高效液相色谱（HPLC）技术对产生的脂肽类抗生素进行定量分析，结果表明产生纯的脂肽类抗生素最高达 2.4g/L（王帅等，2007）。

以枯草芽胞杆菌菌株 H4 为试验材料，利用 Plackett-Burman 设计法，对影响菌体生长的 7 个因素进行了筛选，确定影响该菌生长的主要因素为牛肉膏、转速、蛋白胨和 NaCl；采用响应面分析法对其中 3 个重要因子的最佳水平进行研究。结果表明，当牛肉膏为 8.635g/L、蛋白胨为 13.737g/L、NaCl 为 5.345g/L、接种量 6.25%、初始 pH7、温度 39℃、转速 150r/min 培养时，菌体密度显著提高，菌株 H4 的 OD_{440} 值由 0.899 提高到了 1.129（李亚玲等，2009）。以枯草芽胞杆菌 TA208 为出发菌株，研究了补料分批发酵方式下各种参数对鸟苷产量的影响；采用补料分批发酵工艺，利用纸层析法测定发酵液中鸟苷的产量。结果确定了葡萄糖、酵母粉和次黄嘌呤的最优补料方式，使鸟苷产量达 32.05g/L，较分批发酵方式提高了 36.3%（赵颖娟等，2006）。以枯草芽胞杆菌 T1001 为出发菌株，经紫外线、硫酸二乙酯逐级诱变处理，选育出腺嘌呤缺陷型（Ade^-）菌株，然后经蛋氨酸亚砜（MSO）、8-氮鸟嘌呤（8-AG）结构类似物平板定向筛选，获得鸟苷高产菌株 TA208。通过模式识别法对发酵培养基的组成进行优化，同时对发酵条件如温度、pH 等进行了探索。在最优条件下，在 5L 自控发酵罐上发酵 60h，可产鸟苷 23.68g/L（张蓓等，2004）。以枯草芽胞杆菌 T1001 为出发菌株，经硫酸二乙酯（DES）诱变处理，定向选育出具腺嘌呤缺陷（Ade^-）、蛋氨酸亚砜抗性（MSO^r）、8-氮鸟嘌呤抗性（$8-AG^r$）等遗传标记的突变株 TA208。通过正交试验对 TA208 菌株进行发酵培养基的优化，同时对发酵温度、pH 和装液量等条件进行了研究。结果确定了该菌株生产鸟苷的最佳培养基组成为 $MgSO_4$ 4g/L、生物素 100mg/L、$MnSO_4$ 5mg/L、KH_2PO_4 6g/L，适宜的发酵产苷条件为发酵温度 36℃、初始 pH 为 7.0、装液量为 30mL/250mL 三角瓶。在最佳条件下，该菌株积累鸟苷最高可达 25.0g/L（武改红等，2004）。

以枯草芽胞杆菌 TA208 为供试菌株，运用单因素实验方法进行了摇瓶条件下发酵培养基及发酵条件的优化研究。结果确定了该菌株生产鸟苷的最佳培养基组成为生物素 100mg/L、次黄嘌呤 2g/L（12h 后加入）、$MnSO_4$ 5mg/L、KH_2PO_4 4g/L，发酵最适初 pH 为 7.0，最适发酵温度为 36℃，最佳装液量为 30mL/250mL 三角瓶。在最优发酵条件下鸟苷产量达 19.79g/L，比基本培养条件提高 32.37%（武改红等，2004）。以枯草芽胞杆菌 TM903 为供试菌株，考察了不同的培养温度（34～40℃）对利巴韦林（病毒唑）摇瓶发酵的影响。结果发现，38℃条件下菌体生长最好，利巴韦林产量最高，可达 4.12g/L。基于上述结果，研究了 3 种变温控制模式条件下利巴韦林摇瓶发酵过程，得出如下结果 0~24h 发酵温度为 38℃，24h 提高 2℃，并采用这种温度控制方式进行 5L 自控发酵罐试验，60h 后可积累利巴韦林 5.86g/L，比同类研究的产量（4.69g/L）提高了 24.95%（武改红等，2007）。

以枯草芽胞杆菌全培养液对 O/W 型乳状液进行破乳效能研究，通过正交试验对枯草芽胞杆菌的发酵条件进行优化，以实现最优破乳效果。结果表明，培养温度 25℃、摇床转数 140r/min、培养基 pH7.0、接菌量 6%、培养时间 24h，枯草芽胞杆菌培养液中细菌生长量最高。相同培养条件，培养时间 20h，全培养液对模型乳状液的破乳效率最高，室温下 48h 排油率 100%。该破乳菌培养液具有良好抗酸能力及热稳定性。培养液 pH 在中性及酸性范围内，枯草芽胞杆菌培养液排油率在 60% 以上；碱性增强至 pH 为 10，培养液几乎丧失破乳能力；45~90℃ 热处理会使破乳剂破乳效率稍有降低，温度增至 100℃ 破乳活性反而增加；100mL O/W 型原油废水中加入 5mL 的枯草芽胞杆菌全培养液，30min 后排油量为 62.056mg/L，优于化学破乳剂（徐旸等，2010）。

为了提高枯草芽胞杆菌菌株 B68 芽胞形成率及芽胞数量，研究了营养条件、初始 pH、溶氧水平对其芽胞产量的影响。结果表明，芽胞形成的最适培养基组成为：葡萄糖 10g/L，大豆饼粉 10g/L，NaCl 5g/L，$MnSO_4 \cdot H_2O$ 0.6g/L；最佳初始 pH7.0；最佳装瓶量为 250mL 三角瓶装 100mL 培养液。在此培养条件下，于 150r/min、28℃ 恒温培养 72h 后，芽胞数量最高可达 1.60×10^{14} cfu/mL，芽胞形成率可达 88.92%（宋卡魏等，2007a）。

以魔芋粉为碳源，研究了 10L 自控发酵罐中枯草芽胞杆菌菌株 TJ-200603 分批发酵产中性 β-甘露聚糖酶的过程动力学。实验数据表明，菌体生长呈现典型 S 型曲线，而酶的合成与菌体生长同步进行，为生长偶联型。基于这些过程曲线的变化规律，构建了 β-甘露聚糖酶分批发酵过程的动力学模型。并经非线性拟合和优化，获得了最佳的模型参数值，最终确定了能够较好表征实际发酵过程中菌体细胞生长、产物 β-甘露聚糖酶合成及基质总糖消耗的 3 个动力学方程（刘朝辉等，2008）。以牛肉膏蛋白胨培养基为初始培养基，探讨了不同培养时间、初始 pH、温度、接种量、碳源、氮源、无机盐源对枯草芽胞杆菌菌株 BHI344 生长的影响；采用正交试验法优化了培养基的组成。结果表明：菌株 BHI344 产最大活菌数的培养条件为初始 pH7.6，接种量 5%（V/V）、培养温度 35℃、培养 76h、牛肉膏 2.0%（w/V）、葡萄糖 1.5%（w/V）、氯化钙 0.3%（w/V）；在此条件下培养，BHI344 的活菌数能达 2.62×10^9 cfu/mL（罗璋等，2007）。

以紫外诱变所得枯草芽胞杆菌菌株 B1-2 发酵大豆粕生产大豆多肽，通过单因子及正交试验确定最佳发酵条件，结果表明：发酵培养基中含 9% 大豆粕、2% 麸皮，利用培养 24h 菌株 B1-2 作为菌种，在初始 pH7.5，温度 35~40℃，接种量 8% 条件下发酵 64h，大豆粕水解度可从初始条件下的 17.80% 提高至 21.06%，相比条件优化前水解度提高 18%（姚小飞等，2010a）。从茅台酒生产环境中分离纯化得到一株枯草芽胞杆菌，对该菌株培养基的小麦粉浓度、初始 pH、培养温度 3 因素进行正交试验，确定其最适培养条件，并分析在该培养条件下所产代谢物。实验确定的最适培养条件为：小麦粉 1.5%，初始 pH7.0，培养温度 35℃，培养时间 12h，蛋白胨 1%，酵母膏 0.5%，氯化钠 1%，磷酸氢二钾 0.5%。利用气质联用色谱仪分析其代谢产物，检测到 30 多种物质，主要为酸、酯类物质（姚翠萍等，2010）。通过对枯草芽胞杆菌紫外线和亚硝酸钠复合诱变菌株 FUN30.2 的发酵培养基及发酵条件的优化，得到最优的发酵培养基成分为：羽毛粉 5.5%，青贮玉米秸秆粉 0.8%，K^+ 浓度 0.018mol/L，Mg^{2+} 浓度 0.065mol/L，Ca^{2+} 浓度 0.072mol/L，Fe^{2+} 浓度 0.010mol/L，Na^+ 浓度 0.088mol/L。最优的发酵条件为：培养温度 33℃，培养时间 72h，摇床转速 170r/min，接种量 6%，装液量 100mL/500mL 锥形瓶，菌体生长适宜的培养基初始 pH 是 7.0。菌体产酶的最适宜 pH 为 7.5～8.0。60h 菌体产酶活力最高达 1.267U/mL；发酵时间 72h，羽毛降解率为 69.61%（张昕，2010）。

用均匀设计法对枯草芽胞杆菌菌株 ZB-6 的发酵培养基进行了优化，得到的最佳培养基配方为：在每升培养液中，蔗糖 4.82g、牛肉膏 3.15g、黄豆饼粉 11.01g、硝酸铵 5.21g、磷酸氢二钾 5.04g、磷酸二氢钾 2.84g。菌株 ZB-6 在优化后的培养基中进行发酵实验的结果显示，发酵液中活菌数为 $6.7×10^9$ cfu/mL，明显高于原发酵培养基的结果（$2.36×10^8$ cfu/mL）（赵健等，2007）。用枯草芽胞杆菌对 50 种中药进行发酵，检测发酵产物与原料对结核分枝杆菌（*Mycobacterium tuberculosis*）和榛色青霉（*Penicillium avellaneum*）的抗菌活性。结果表明：部分中药的发酵产物抗菌活性增加，而部分中药的发酵产物抗菌活性降低，部分中药的活性不变，说明在微生物发酵中药的过程中，两者发生相互作用导致发酵前后中药成分发生变化，从而抗菌活性发生变化（李国红等，2006）。

原果胶酶（protopectinase）是可以催化原果胶水解的酶类，广泛用于果胶生产、单细胞食品制备和棉织品的生化精炼之中。对影响枯草芽胞杆菌菌株 XZ2 摇瓶发酵生产原果胶酶的相关因子：豆粕粉的水提时间、水提液浓度、磷酸盐浓度、金属离子、发酵培养基初始 pH、接种量和接种龄等采用单因素试验进行了研究，在单因素试验基础之上，选取 pH、接种量、Mg^{2+}、磷酸盐和转速等因素进行正交试验，结果表明发酵培养基初始 pH 和磷酸盐缓冲液浓度对产酶影响显著。当发酵初始 pH7.5，接种量 10%，$MgSO_4·7H_2O$ 0.04%，磷酸盐缓冲液浓度为 0.20mol/L，摇床转速为 120r/min 的摇瓶发酵条件下，菌株 XZ2 产生的原果胶酶酶活最高为 16.71U/mL（刘战民等，2005）。

运用 METATOOL 软件对枯草芽胞杆菌菌株 TZMl 012 由葡萄糖生物合成胞苷的代谢途径进行分析，以确定胞苷合成的最佳途径和最大理论产率。结果表明其最大理论产率为 0.28，5-磷酸核糖焦磷酸与草酰乙酸是胞苷合成途径的关键节点，发酵中后期低溶氧控制是胞苷合成的重要前提，溶氧控制为 5%～10%时胞苷产量可提高 15.8%。这说明，以途径分析为指导，改变外界环境因子，胞苷的产量可得到显著的提高（魏志强等，2008）。利用途径分析的方法对枯草芽胞杆菌发酵生产鸟苷的途径进行分析，确定了 3 个基本反应模型，计算出最优途径的理论产量和通量分布；3 个基本模型的理论摩尔产量分别为 0.625、0.75、0.667。通过调整化学调节因子 NH_4^+ 和 Mg^{2+}，可以使鸟苷产量由 14.4g/L 提高到 19.2g/L（张蓓等，2005）。

运用响应面法对一株枯草芽胞杆菌发酵培养条件进行了优化，这株枯草芽胞杆菌产弹性蛋白酶的最适发酵条件为：1.5%葡萄糖、1.5%酵母膏，起始 pH 为 6.5，最适发酵温度为 36.5℃，并对由这株枯草芽胞杆菌发酵生产的弹性蛋白酶进行了研究，发现由该菌株发酵得到的弹性蛋白酶在碱性条件下活性较好；在 37℃以下时稳定性较好（徐晶和韩建春，2008）。

在单因素试验的基础上，应用响应面分析法对影响枯草芽胞杆菌产蛋白酶的因素进行分析，得到了最佳发酵条件为温度 40℃、pH8.04、接种量 8.3%、发酵时间 56h，此条件下的蛋白酶酶活为 247.8U/mL，比单因素试验的最高酶活 228.3U/mL 提高了 8.54%（张智等，2008）。基于 Plackett-Burman 设计及结果，采用响应面法研究了影响枯草芽胞杆菌生长的关键因素和最佳水平。结果表明，当牛肉膏为 7.3g/L、蛋白胨为 7.1g/L、温度 33.5℃、pH 6.1 时，菌体生长量最大。进而分析 2 因素间交互作用的等高线图表明：牛肉膏 5.7~8.0g/L，蛋白胨 5.2~8.0g/L，温度 33~35℃，pH5.4~6.8 时，可得到较高的菌体量（黄宇等，2007b）。

进行了枯草芽胞杆菌菌株 HW201 的亚麻沤麻中间试验和生产试验，结果表明，与传统工艺相比，大麻的沤麻周期缩短幅度达 75.4%，亚麻的沤麻周期缩短幅度达 76.8%；同时混合出麻率和长麻率也有一定程度的提高，沤麻液的环境指标相应降低。使用该技术每加工 1t 亚麻原茎净收益 248 元，同时新技术的使用有明显的生态效益和社会效益（吴昌斌等，2010）。研究了菌株 HW201 在亚麻沤麻过程中应用的基础条件与效果。结果表明，沤麻液中需要补充适量尿素以促进菌株 HW201 的生长和繁殖；纯 HW201 菌能够在沤麻过程中起到脱胶作用；在试验的沤麻条件中，固液比对沤麻有比较大的影响，降低固液比后沤麻液中的微生物生长更加旺盛；多聚磷酸钠和 HW201 联合使用，明显缩短了沤麻周期，处理后的麻纤维在化学成分上与传统生产工艺基本一致（吴皓琼等，2010）。

三、枯草芽胞杆菌用于生物肥料

从北方堆肥试样中分离筛选得到一株中度耐热脂肪酶产生菌菌株 FS321。对该菌株进行产酶条件的初步优化，得到了摇瓶发酵条件：产酶培养基 M4，发酵周期为 48~60h，摇瓶发酵温度为 37℃，通气量为 25mL/250mL 锥形瓶。所产脂肪酶在 50℃、pH9.0 时表现最高活性。为了鉴定该菌株，分析该菌的细胞脂肪酸谱，克隆测序了其 16S rDNA 基因序列；系统进化树及细胞脂肪酸组分分析均表明，FS321 与枯草芽胞杆菌具有最紧密的亲缘关系（温建新等，2008）。稻草秸秆是一种重要的生物资源，但其粗纤维含量高、粗蛋白质含量低、营养价值低，在饲料中的应用受到限制。以稻草秸秆为主要材料，采用生孢噬纤维菌（*Sporocyto phaga*）、枯草芽胞杆菌和产朊假丝酵母（*Candida utilis*）对稻草秸秆进行发酵，通过 $L_9(3^3)$ 正交试验对 3 种菌混合发酵的优化组合进行研究，确定 3 种菌最佳接种量及发酵组合为：生孢噬纤维菌加入量为 2%，枯草芽胞杆菌加入量为 1%，产朊假丝酵母加入量为 3%。发酵产物中粗蛋白质和粗纤维含量分别达 16.88% 和 23.65%（陆娟娟等，2010）。

利用单因素筛选和正交试验对磷矿分解菌 DPB5 发酵生产活菌体的液体培养基和发酵条件进行了研究，通过单因素实验筛选出一些适合磷矿分解菌生长的碳源、氮源、温度、初始 pH、转速；并在此基础上进行了正交试验，结果表明碳源为土豆粉、氮源为酵母膏、初始 pH 为 6.5、转速为 240r/min、温度为 40℃的培养条件下培养 16h，

600nm吸光度达2.079。用最佳培养条件绘制了磷矿分解菌DPB5的生长曲线，发现培养12h左右最适合用于生物有机肥配制（周毅峰等，2011）。

通过N离子束注入对枯草芽胞杆菌菌株P-1进行诱变，筛选得到一株解磷能力提高48%的突变菌株P-1-5。对P-1和P-1-5发酵过程中碱性磷酸酶（alkaline phosphatase，AKP）活性和可溶性磷含量进行了定量分析，结果表明两者的碱性磷酸酶活性和可溶性磷含量变化趋势基本一致，但P-1-5均比同期P-1值高，说明突变菌株P-1-5比原始菌株P-1解磷性状优良（游银伟等，2009）。

通过筛选能够在高渗透压条件下生长发育的巨大芽胞杆菌和枯草芽胞杆菌，将其作为功能微生物发酵生产出生物有机肥，应用于盐碱地改良。同化学改良法比较得出，在投入相同的条件下，生物有机肥改良的盐碱地土壤理化性状显著改善，土壤微生物数量明显增多，生物量碳、土壤的呼吸作用和酶活性也有一定增加；玉米长势良好，植株健壮，叶色浓绿，未出现盐碱化症状，增产幅度明显。试验表明，利用生物有机肥进行盐碱地改良是一种经济有效的方法（高亮等，2011）。

为了提高联合固氮菌的抗逆性，采用电融合技术，在小麦根际联合固氮菌-产酸克雷伯氏菌（*Kiebsiella oxytoca*）与抗逆性强的枯草芽胞杆菌之间实行了原生质融合，并从再生的融合子中筛选出多株具有特定性状的后代菌株。经形态观察、革兰氏染色、抗生素抗性、耐热性、抗菌活性、固氮活性及淀粉酶试验等多项指标测定，数株融合子表现出双亲的耐热、抑菌、固氮等优良性状，具有潜在的应用价值（余荔华等，1999）。

在研究枯草芽胞杆菌、生尘埃芽胞杆菌代谢特征的基础上，考察了两种细菌在不同培养基中的过量摄磷、溶磷行为，进行了高磷贫碳酸锰矿石微生物脱磷的初步研究，结果表明：生尘埃芽胞杆菌比枯草芽胞杆菌有更强的摄磷、溶磷作用，以生尘埃芽胞杆菌为菌种进行高磷贫碳酸锰矿石的脱磷更为有效（关晓辉和魏德洲，1998）。

四、枯草芽胞杆菌的分子生物学特性

AMy-3是枯草芽胞杆菌的一个基因突变类型，它造成产淀粉酶的表型丧失。实验初步证明，克隆的*sacQ*基因转入AMy-3枯草芽胞杆菌菌株SO113后，可以恢复其淀粉酶活性。表明这个突变没有使淀粉酶结构基因发生改变，突变可以发生在调控基因（任立明等，1995）。

CcpA蛋白是介导枯草芽胞杆菌碳分解代谢物阻遏（carbon catabolite repression，CCR）的全局调控因子，由*ccpA*基因编码。CCR效应的存在影响枯草芽胞杆菌对葡萄糖的利用，降低枯草芽胞杆菌生产发酵产品的效率。采用基因重组技术敲除了核黄素发酵菌株枯草芽胞杆菌24/pMX45的*ccpA*基因，构建了CcpA缺陷株枯草芽胞杆菌24A1/pMX45。发酵结果显示：菌株24A1/pMX45能够在70h内基本耗尽10%的葡萄糖，生物量达1.5×10^9个细胞/mL，溢流代谢产物积累量减少，在8%和10%葡萄糖浓度下，菌株24A1/pMX45核黄素产量分别比菌株24/pMX45提高了62%和95%。CcpA的缺陷，可以缓解葡萄糖引起的CCR效应，显著提高菌株的核黄素产量（应明和班睿，2006）。*pprI*是在耐放射奇异球菌（*Deinococcus radiodurans*）中发现的一个极其重要的DNA修复开关基因；实验利用穿梭质粒pRADZ3将其转入枯草芽胞杆菌

B-1 中稳定表达，并与转化了空白质粒的菌株 B-2 对照，观察了改造后的两种菌株在 H_2O_2 氧化压力和紫外线辐照下的存活率。结果表明，在两种情况下菌株 B-1 存活率明显高于菌株 B-2，证明耐放射奇异球菌 *pprI* 基因在枯草芽胞杆菌中的稳定表达能够增强细胞抗氧化与抗紫外辐射能力（高加旺等，2010）。

采用 PCR 方法从枯草芽胞杆菌中扩增得到中性蛋白酶基因 *npr*，与表达载体 pET-22b（+）连接构建成重组质粒 pET22b-npr，转化大肠杆菌 BL21 得到重组工程菌株。经异丙基硫代半乳糖苷（IPTG）诱导，其所含有的中性蛋白酶基因可高效表达。研究不同的表达条件对中性蛋白酶表达水平的影响，发现当培养液的 OD_{600} 值达 0.6~0.8 时，添加诱导剂 IPTG 至终浓度为 0.8mmol/L，28℃诱导 7h，重组工程菌中性蛋白酶的表达量最高，SDS-PAGE 结果显示出明显的分子质量约 39kDa 的特异性蛋白条带（张敏等，2007）。采用鸟枪法将枯草芽胞杆菌磺胺胍抗性基因克隆到质粒 pUB110 中建成重组质粒 pBUW4，该质粒的分子质量约 8.1kb，标记为 SG^r 和 Km^r，将 pUBW4 转化到肌苷产生菌枯草芽胞杆菌菌株 Q2901-4 中，得到的转化子产肌苷能力比受体菌提高 25.5%（王艳萍等，1998）。

采用鸟枪法克隆到了枯草芽胞杆菌 α-淀粉酶基因，由于已报道的 α-淀粉酶的基因大小为 2kb 左右，因此回收 3kb 的片段较适宜，对质粒去磷可防止自连，并能显著提高外源片段的连接效率，采用扩大酶连的方法有助于酶连产物的进一步提高，高效感受态比普通感受态构建基因文库效率要高 2 个数量级。高效、快捷的鉴定 α-淀粉酶的筛选培养基是克隆 α-淀粉酶基因必不可少的条件（马向东和康海霞，2000）。从枯草芽胞杆菌抗脯氨酸结构类似物突变株中克隆得到脯氨酸合成途径中的关键酶基因 *proB*（编码 γ-谷氨酰胺激酶）和 *proA*（编码谷氨酰胺-γ-半醛脱氢酶），同时设计引物从拟南芥基因组中扩增得到吡咯啉-5-羧酸合成酶 B 基因（*p5csB*）的第一个内含子序列，将其分别与 *proB* 和 *proA* 基因通过 PCR 拼接后，酶切连接构建得到植物双元表达载体pBI121_pro。以 LBAd404 为介导，采用真空抽滤的方法转化得到转 *proBA* 基因拟南芥；第三代的纯合子（T3）通过半巢式 PCR 的方法验证外源基因已整合到拟南芥基因组中，β-葡萄糖酸酶活性分析表明外源基因在叶片中表达最强，茎部其次，根部最弱；对 600mmol/L 致死浓度 NaCl 耐受能力的分析表明，转基因拟南芥的平均存活时间（37.8min）明显高于野生型拟南芥（26min）（曾永辉等，2005）。

从枯草芽胞杆菌中通过 PCR 扩增得到 *degQ* 基因，将其克隆到含有枯草芽胞杆菌纤溶酶基因的蔗糖诱导表达载体 pUBS 中，并转化至枯草芽胞杆菌 DB403 受体菌，得到基因工程菌 DB403（pUBSD）。通过发酵表达证实 *degQ* 基因能增强枯草芽胞杆菌纤溶酶的表达，酶活提高了 2.2 倍。同时还对不同种类的糖、不同浓度蔗糖、不同诱导时间等发酵条件进行优化和比较研究（金明飞等，2005）。

对 33 株枯草芽胞杆菌群菌株进行 β-甘露聚糖酶活性筛选，其中的 32 株具有 β-甘露聚糖酶活性，只有一株无 β-甘露聚糖酶活性。通过基因克隆测序的方法获得 33 株枯草芽胞杆菌群菌株 β-甘露聚糖酶基因编码区全序列，对酶基因进行同源性分析并构建系统发育树；在 β-甘露聚糖酶基因系统发育树中，33 株枯草芽胞杆菌群菌株聚为 3 个分支，分别是枯草芽胞杆菌分支、地衣芽胞杆菌分支和解淀粉芽胞杆菌分支；枯草芽胞杆菌、地衣芽胞杆菌和解淀粉芽胞杆菌 β-甘露聚糖酶基因种内同源性大于 91%，而种间同源性为 60%~69%（刘勇等，2009）。

分别以枯草芽胞杆菌-大肠杆菌穿梭质粒 PHB201 和 PRP22 为载体，通过感受态转化方法，将苏云金芽胞杆菌（Bt）菌株 HD-1 的杀虫蛋白基因 $CRy1AC$ 导入了水稻纹枯病生防菌株枯草芽胞杆菌菌株 B916。工程菌株质粒酶切电泳分析、Southern 印迹分析和杀虫生物活性测定结果证实了 $CRy1AC$ 基因的导入及其在菌株 B916 中的有效表达。抑菌测定证明了工程菌株保持了原野生型菌株良好的抑菌活性。质粒稳定性分析表明以载体 PRP22 构建的工程菌株 Bs2249 具有良好的稳定性，而以载体 pBH201 构建的工程菌株 Bs2014 则不稳定。此外，实验还证实 Bt 基因的导入与表达对菌株 B916 的生长没有不良影响（陈中义等，1999）。

根据 GenBank 中枯草芽胞杆菌的 P43 启动子基因序列，设计合成了一对引物，用 PCR 方法钓取枯草芽胞杆菌菌株 AS.1655 的启动子基因，PCR 产物经琼脂糖凝胶回收纯化后，连接到 pMD18T-simplc 载体上，进行序列测定。测序结果表明：枯草芽胞杆菌菌株 AS.1655 的启动子全长 427bp，由两个叠加的启动元件组成，分别为 $\sigma55$ 和 $\sigma32$ RNA 聚合酶识别的位点，与 GenBank 中的其他序列比较发现，核苷酸的同源性为 99.5%，氨基酸的同源性为 98.6%，说明枯草芽胞杆菌 P43 启动子的基因序列高度保守（陈晓月等，2008a）。根据 GenBank 中已发表的枯草芽胞杆菌 $pgsA$ 的基因序列，设计合成了一对能扩增 1225bp 基因片段的引物。以枯草芽胞杆菌染色体 DNA 为模板，经 PCR 扩增得到片段，然后将其克隆到 pMD18-T 载体上，经蓝白斑筛选和酶切鉴定选择阳性克隆进行序列测定。经 DNAStar 软件将其与 GenBank 上的 $pgsA$ 序列进行同源性比较，结果表明，核苷酸同源性均在 90% 以上，氨基酸同源性为 94% 以上。进行核苷酸序列系统进化树分析，发现该试验株与浙江株亲缘关系最近。经 ProtScale 软件分析表明，该基因所编码蛋白在靠近其 N 端存在一个跨膜区，为跨膜表达体系的建立和新型口服基因工程疫苗的研制奠定了一定的基础（温海燕等，2008）。

根据绿色荧光蛋白基因和枯草芽胞杆菌木糖诱导型启动子 $PxylR$ 序列，分别设计两对特异引物 primers PxyF/R 和 primers gfpF/R，扩增获得了完整的启动子 $PxylR$ 和 gfp 基因序列。进一步以上述产物混合物为模板，以 primer PxyF/primer gfpR 作为引物进行重叠 PCR，获得了 PxylR-gfp 重组翻译融合表达盒。经 Sph I 和 Kpn I 完全酶切后，将 PxylR-gfp 表达盒分别插入大肠杆菌-苏云金芽胞杆菌穿梭载体 pHT315 和大肠杆菌-枯草芽胞杆菌穿梭载体 pRP22 中。相应的重组表达质粒 pGFP315 和 pGFP22 转化枯草芽胞杆菌感受态细胞，pGFP315 在模式菌株 168 中得到良好发光表型，pGFP22 则在模式菌株 168 和野生目标菌株 B916 中均得到良好的发光表型。室内平板抑菌实验结果显示 B916 生防效果与出发菌株没有明显差异，遗传稳定性研究表明连续稀释培养约 175 代后，工程菌株稳定性为 94%，质粒丢失频率低于 3.5×10^{-4}/代（姚震声等，2003）。

根据苏云金芽胞杆菌 HD-73 基因 $Cry1Ac$ 和枯草芽胞杆菌木糖诱导型启动子 $PxylR$ 序列，分别设计 2 对特异引物 Cry1Ac/R 和 PxyF/R，扩增获得了完整的启动子 $PxylR$ 和 $CrylAc$ 基因序列，进一步以上述产物混合物为模板，以 PxyF/Cry1AcR 作引物进行重叠 PCR，获得了载体 PxylR-Cry1Ac，经 $Sph\ \rm I$ 和 $Bam\ H\ \rm I$ 完全酶切后，将 PxylR-Cry1Ac 插入大肠杆菌-苏云金芽胞杆菌穿梭载体 pHT315，重组表达质粒 pCry1Ac315 转化枯草芽胞杆菌感受态细胞。工程菌株质粒酶切电泳分析、SDS-PAGE 分析和杀虫生物活性测定结果证实了 $Cry1Ac$ 基因的导入及其在枯草芽胞杆菌 JAAS01D 中的有效表达（刘济宁等，2005）。根据已知的枯草芽胞杆菌 WHNl302 植酸酶 $phyC$ 基因全序列设计一对引物，采用 PCR 法从含有该基因的 pUC18-phyC 质粒上获得了长约 1.1kb 不含有信号肽序列的植酸酶 $phyC$ 基因表达片段，经 T 载体克隆及序列测定后，构建巴斯德毕赤酵母表达载体 pPIc3.5K-phyC，并电转化巴斯德毕赤酵母宿主菌 GS115；经 MD 和 MM 平板筛选、酶活性测定，获得了阳性转化子，并进行了诱导表达。SDS-PAGE 分析表明：表达产物分子质量为 42.01kDa，表达量占细胞可溶性总蛋白的 24%，并具有植酸酶的生物学活性。酶学性质分析结果显示：胞内表达的植酸酶酶促反应最适 pH 为 7.5；最适反应温度为 70℃；经 90℃处理 10min，残留酶活性 42%；均优于出发菌株天然植酸酶的相应性质（吴琦等，2004）。

根据已知非核糖体肽合成抗生素操纵子的保守序列设计引物，从对棉花立枯病有很好拮抗作用的枯草芽胞杆菌 MH25 菌株中克隆相关操纵子。获得了枯草芽胞杆菌 MH25 的一个非核糖体肽合成抗生素操纵子序列，其包括 4 个 ORF（ORF1、ORF2、ORF3、ORF4），与枯草芽胞杆菌 RB14 的 ituD、ituA、tiuB 和 ituC 的同源性分别为 99.00%、98.70%、98.99% 和 99.48%，4 个 ORF 编码的氨基酸序列与 ItuD、ItuA、ItuB、ItuC 的相似性分别为 98.00%、98.54%、98.69% 和 98.00%。然后将 4 个 ORF 分别进行结构域分析，ORF3 的 14 779～14 963 序列与 ituB 相对应区域的相似性为 86.24%。该操纵子的启动子区为 TATACACA-16bp-TAGGAT，与 σA-10 和 σA-35 (TTGACA-17bp-TATAAAT) 不同。枯草芽胞杆菌 MH25 的 IturinA 操纵子序列已在 GenBank 中注册，登录号为 EU263005（杜志兵等，2008）。

构建枯草芽胞杆菌信号肽筛选载体并用菌体自身信号肽引导表达外源木聚糖酶基因，为枯草芽胞杆菌木聚糖酶高效分泌表达系统的建立奠定基础。利用基因工程的原理和方法，将壮观霉素抗性基因（$spec$）与短小芽胞杆菌的木聚糖酶基因（$xynA$）克隆到大肠杆菌-枯草芽胞杆菌穿梭表达载体 GJ148 上，构建枯草芽胞杆菌信号肽筛选载体 pYG，将枯草芽胞杆菌信号肽 Epr 克隆到已构建载体上，以枯草芽胞杆菌 WB700 为表达宿主，引导木聚糖酶基因进行表达。最终成功构建枯草芽胞杆菌信号肽筛选载体 pYG，将枯草芽胞杆菌信号肽 Epr 克隆到 pYG 上，在 WB700 中引导并表达木聚糖酶基因。试验证明在克隆入信号肽后可成功表达木聚糖酶基因，为信号肽的系统性筛选和木聚糖酶高效表达提供依据（段春燕等，2011）。

构建了两种整合载体，分别为单交换整合载体 pACC-BdbDC 和双交换整合载体 pDsbE、pDGC，转化野生型枯草芽胞杆菌菌株 168，基因整合到基因组上，同时引入氯霉素抗性基因。利用 FLP/frt 重组系统将氯霉素抗性基因敲除，便于宿主菌的进一步改造。PCR 结果表明共重新构建了 6 种宿主菌。复杂双交换整合载体 pDGC 成功将 3 个基因整合到基因组上，为多个基因同时整合提供了一种方便可行的方法（胡海红等，2010）。构建整合型核黄素质粒 pRB63，该质粒含有解调的枯草芽胞杆菌核黄素操纵子，将其转化入枯草芽胞杆菌 RH13 并在染色体上进行适当的扩增后得到 RH13∷[pRB63]n 系列工程菌，其核黄素合成能力随着 pRB63 扩增程度的增加而增强，最终达到 RH13 的 6~7 倍。随后以 RH13∷[pRB63]n 系列工程菌和枯草芽胞杆菌 YB1 为亲株进行原生质体融合，筛得重组菌枯草芽胞杆菌 RH33。该菌在含 10% 葡萄糖或蔗糖的分批发酵中培养 64h 可产核黄素量为 4.2g/L。采用以葡萄糖为碳源的流加发酵工艺，24h 可积累核黄素 7~8g/L，48h 达 11~12g/L，核黄素对葡萄糖的得率为 0.056g/g（陈涛等，2007）。

将简单节杆菌（*Arthrobacter simplex*）3-甾酮-1-脱氢酶基因克隆到分泌表达载体 pWB980 上，并转入枯草芽胞杆菌 WB600 中，得到重组芽胞杆菌菌株。重组芽胞杆菌表达出的蛋白质的分子质量为 55kDa，分光光度法检测到胞内和胞外可溶性部分的酶活分别为（110±0.5）mU/mg 蛋白和（15±0.6）mU/mg 蛋白，对甾体底物 4-AD 的转化率为 45.3%，比出发菌简单节杆菌提高了将近 10 倍（李玉等，2006）。

枯草芽胞杆菌 93151 的渗透压调节基因 *proB* 和 *proA* 以重叠基因的方式组织，但是表达两个单独的蛋白质 ProB 和 ProA。通过引物设计，在抗脯氨酸反馈抑制耐盐突变菌株 93151-14 的 *proBA* 基因重叠区引入一个限制性酶切位点，分别扩增出 *proB* 和 *proA* 基因，并构建融合的 *proBA* 基因。SDS-PAGE 分析显示有一条新的分子质量约为 85kDa 的蛋白带出现。相对于表达未融合的 *proB* 和 *proA*，*proBA* 融合基因的表达明显提高了宿主菌大肠杆菌 JM83 胞内游离脯氨酸含量和其耐高渗胁迫能力（刘瑞杰等，2005）。将枯草芽胞杆菌 93151 野生型菌株的 *proB* 基因和耐盐突变株 93151-14 的 *proA* 基因进行体内重组，筛选出含有野生型 *proB* 和突变型 *proA* 杂合基因的转化子；此杂合基因能够与脯氨酸营养缺陷型大肠杆菌 JM83 功能互补。分别测定了大肠杆菌 JM83 3 种转化子（分别含有野生型 *proBA* 基因、双突变 *proBA* 基因和杂合 *proBA* 基因）的耐盐能力，发现含有杂合 *proBA* 基因转化子的耐盐能力（0.45mol/L）尽管比含有双突变 *proBA* 基因的转化子（0.5mol/L）要低一些，但比含有野生型 *proBA* 基因的转化子（0.3mol/L）要高得多。测定了 3 种转化子在不同盐浓度下生长时的胞内自由脯氨酸含量，发现其含量均随着盐浓度的上升而提高，表明其耐渗透压胁迫能力的提高与胞内自由脯氨酸的积累密切相关。然而在相同盐浓度下，含有杂合 *proBA* 基因转化子的胞内自由脯氨酸含量要低于含有双突变 *proBA* 基因的转化子的胞内自由脯氨酸含量，但明显高于含有野生型 *proBA* 基因的转化子的胞内自由脯氨酸含量，说明尽管 *proB* 基因的突变在提高细胞耐高渗胁迫的能力中有重要作用，但 *proA* 基因的突变也发挥了不可忽视的作用（魏红波等，2006）。

将枯草芽胞杆菌 β-1,3-1,4-葡聚糖酶基因（*bglS*）2.7kb *Eco*RⅠ片段和酵母染色体 rDNA 片段克隆到整合型不含酵母自主复制序列（autonomusly replicating sequence）的大肠杆菌/酵母菌穿梭质粒 YIP5 上，构建成 YIP5-BgIS-rDNA 的杂种质粒 PCZH，转化酿酒酵母菌（*Saccharomyces cerevisiae*）并得到表达。稳定性测定表明，Y33（PCZH101）和 Y33（PCZH104）在无选择压力的 YEPD 培养基中繁殖 70 代以上，两个转化子 90% 以上的酵母细胞仍含有质粒并且遗传特征与染色体行为相似。以 *bglS* 基因作探针，与酵母染色体 DNA 的 Southern blot 分子杂交证实 *bglS* 基因已整合到酵母菌染色体上（张绍松和陈永青，1995）。

将枯草芽胞杆菌基因组 DNA 中克隆的 1.4kb sacB 基因片段连接到表达载体 pET-28a（+）上，构建了 sacB 基因表达载体 pSacB。通过测定蔗糖水解产生的葡萄糖具有的还原性，确定 sacB 基因产物具有蔗糖果聚糖酶活性。该基因表达后，导致大肠杆菌细胞不能在含 5% 蔗糖的培养基中生存。同时发现 sacB 基因也能赋予耐辐射的奇异球菌（Deinococcus sp.）菌株 BR501 蔗糖敏感性。利用条件致死 sacB 基因的这一特性，分析了菌株 BR501 的突变率，结果表明 DNA 错配修复缺失突变株（△mutS1）的突变频率明显高于野生型。因此枯草芽胞杆菌 sacB 基因可作为验证 DNA 损伤修复能力的一种筛选标记（吴菁等，2008）。将来源于枯草芽胞杆菌的顺反子序列 bio1-orf2-orf3 克隆到含氯霉素基因的大肠杆菌-枯草芽胞杆菌穿梭质粒 pE3 中，并在顺反子序列上游插入一个强麦芽糖启动子 P_{glv}，构建成枯草芽胞杆菌整合载体 pLHX8，电转化枯草芽胞杆菌受体菌 1A747。从 5μg/mL 的氯霉素抗性平板上挑取 2 株转化子，通过基因组 PCR 鉴定，确定顺反子序列已经整合到枯草芽胞杆菌染色体上（李恒鑫等，2007）。

将已构建好的表达载体 pTYB102 转化大肠杆菌，经 IPTG 诱导，表达出以可溶形式存在的有活性的纳豆激酶。先对表达条件进行优化，最佳诱导温度是 15℃，最佳诱导时间是 10h；然后将离心收集到的菌体通过超声波破碎、硫酸铵分级沉淀、Sephadex G-100 柱层析及冷冻干燥等步骤进行分离纯化，得到电泳纯的有溶栓活性的纳豆激酶。冷冻干燥品在 SDS-PAGE 上呈一条蛋白带；纯化倍数 35 倍，纯酶比活 1147.54。该酶的最适反应条件是 45℃，pH8.0；酶活性在 pH6.0～11.0，55℃ 以下稳定（许芳等，2004）。

将源于枯草芽胞杆菌菌株 168 的木糖启动子 xylR 和来源于载体 pGFPuv 的 gfp 基因连接，插入枯草芽胞杆菌-大肠杆菌穿梭载体 pIM，成功构建了以绿色荧光蛋白（GFP）为报道基因的重组载体 pIM-GFP。转化枯草芽胞杆菌菌株 BS523，突变株在荧光显微镜及紫外灯下均观察到较强的绿色荧光，同时 PCR 鉴定结果正确，表明重组载体 pIM-GFP 成功转入菌株 BS523，并且 gfp 基因成功表达（沈卫锋等，2009）。用枯草芽胞杆菌菌株 168 rpsD 基因的启动子替换质粒 pGFP4412 中蜡状芽胞杆菌 4412 启动子，从而构建了能在枯草芽胞杆菌中表达绿色荧光蛋白基因 gfp mut3a 的载体 pS4GFP，将其导入具有内生、防病、促生作用的野生型枯草芽胞杆菌菌株 BS-2 中，筛选获得遗传稳定性好且具有良好发光表型的标记菌株 BS-2-gfp；该标记菌株在小白菜体内的定殖研究结果表明，该菌株能够在小白菜根际及根、茎、叶内定殖和传导，接菌 50d 后仍能在其体内分离到标记菌株（范晓静等，2007）。

枯草芽胞杆菌内生亚种 BS-1 aiiA 基因测序结果表明，该基因（GenBank 登录号 DQ000640）由 753 个碱基组成，其编码的蛋白质含有 250 个氨基酸残基，与 10 个已报道的具有减弱欧文氏菌胡萝卜亚种致病力的 AiiA 蛋白酶氨基酸序列总的相似性为 82%；它们均含有相同的氨基酸序列保守区。Signal P 分析结果显示，BS-1 aiiA 没有信号肽序列，并利用 Swiss-model 预测、分析了 BS-1 aiiA 蛋白的三维结构（黄天培等，2007）。

枯草芽胞杆菌是研究较为详尽的外源基因表达宿主，但由于受自身分泌蛋白酶多、构建的表达质粒不太稳定等因素影响，其应用受到一定的限制。沈卫锋等（2005）综述了枯草芽胞杆菌基因组的特征、蛋白质的分泌机制、重组表达质粒不稳定的原因，指出了枯草芽胞杆菌作为外源蛋白表达系统的瓶颈及今后的研究重点。

枯草芽胞杆菌是一种高产的外源基因表达菌株，外源蛋白能大量分泌到细胞外培养基中。从地衣芽胞杆菌 ATCC 14580 基因组中克隆胞外脂肪酶全基因序列，并构建枯草芽胞杆菌表达载体 pACC-pUB110，得到脂肪酶基因重组载体。该表达载体有一个强启动子，经淀粉诱导能高效表达外源蛋白，以枯草芽胞杆菌胞外蛋白酶缺失型菌株 WB700 和野生型菌株枯草芽胞杆菌 168 为宿主菌，得到的脂肪酶以对硝基苯棕榈酸酯为底物，测得培养基上清总活力达 76.8U/mL。该脂肪酶在 pH10~10.5 表现最大水解活力，最适反应温度为 37℃，在强碱条件下稳定性很好（胡艳华等，2009）。枯草芽胞杆菌中的 $hemA$ 基因编码谷氨酰 tRNA 还原酶，该酶是枯草芽胞杆菌代谢途径中由谷氨酸到 5-氨基乙酰丙酸（5-ALA）反应的限速酶。将枯草芽胞杆菌的 $hemA$ 基因克隆到 pET28a 载体上，并在大肠杆菌 BL21（DE3）中诱导表达，经 SDS-PAGE 分析，表达的蛋白质占总蛋白质的 20%。通过分离纯化得到谷氨酰 tRNA 还原酶。重组菌发酵液上清中 5-ALA 含量达 40.2mg/L，菌液呈红色，过筛试验和紫外分光光度检测验证显色物质为卟啉类。这表明，表达的重组蛋白促进了 5-ALA 的合成和代谢（李爽等，2007）。

枯草芽胞杆菌转换效率低一直制约着该菌基因改造技术的应用，研究比较了化学法和高渗电转化法对枯草芽胞杆菌转化率的影响，发现高渗电转化法的转化效率较高。从嗜碱芽胞杆菌（$Bacillus\ alcalophillus$）PB92 中扩增出碱性蛋白酶基因 $Mapr$，构建成重组分泌型表达载体 pWB980-Mapr，碱性蛋白酶基因在枯草芽胞杆菌 DB104 中得到表达。经 SDS-PAGE 分析，重组蛋白酶的相对分子质量为 28 000。pWB980-Mapr 在枯草芽胞杆菌中表达的酶活为 1563U/mL（孙同毅等，2009）。

离子注入枯草芽胞杆菌筛选高产内切葡聚糖酶突变菌株，同时进行其酶活性研究，并克隆该基因，研究离子注入对其诱变效应。低能氮离子重复注入枯草芽胞杆菌，筛选获得一株高产内切葡聚糖酶突变菌株 Bac11；DNS 法测定酶活性；PCR 扩增获得出发菌株 Bac01 和突变菌株 Bac11 内切葡聚糖酶基因，并对核酸序列及预测氨基酸序列进行多重比对。突变菌株 Bac11 内切葡聚糖酶活性从 93.33U 提高到 381.89U。多重比对 Bac01 和 Bac11 内切葡聚糖酶基因编码区 1500bp 序列，其中有 10 个碱基发生突变，预测氨基酸序列中有 5 个氨基酸残基发生变化，且都在其基因纤维素结合域（吕杰等，2010）。

利用 Blast 从蜡状芽胞杆菌 ATCC 14579 的基因组中找到一段与枯草芽胞杆菌核黄素操纵子具有较高相似性的 4.6kb 大小的基因组 DNA 片段，该片段中含有完整的核黄素操纵子。该操纵子结构基因的编码产物的氨基酸序列与枯草芽胞杆菌核黄素操纵子相应结构基因的编码产物的氨基酸序列具有 99% 的同源性。该片段被克隆到大肠杆菌-枯草芽胞杆菌穿梭载体 pHP13M 中。表达分析的结果表明菌株 ATCC 14579 核黄素操纵子可在大肠杆菌和枯草芽胞杆菌中表达。利用 PCR 方法用来自枯草芽胞杆菌的 $sacB$ 基因的启动子替换菌株 ATCC 14579 核黄素操纵子原有的启动子使其更好表达。替换启动子后的核黄素操纵子在培养基为蔗糖10%、酵母粉2%、MgSO$_4$·7H$_2$O 0.05%、pH7.8，41℃，250r/min，在倾斜45°的摇管（直径20mm，装5mL发酵培养基，5%接种量）中培养65h后，有较好的表达，核黄素产量从39.5mg/L增加到61.7mg/L（王靖宇等，2004）。

利用PCR方法从分泌脂肪酶的铜绿假单胞菌基因组DNA中扩增得到了脂肪酶基因，并测定其核苷酸序列，利用基因重组技术构建了脂肪酶基因的分泌表达载体，并在枯草芽胞杆菌中进行了分泌表达。SDS-聚丙烯酰胺凝胶电泳表明，表达蛋白占发酵液中蛋白的25%，采用NaOH碱滴定法测定其发酵液酶活为5.26U/mL（韩振林等，2006）。利用PCR方法分别扩增出sacB基因的启动子-信号肽序列（sacR）和枯草芽胞杆菌中性蛋白酶的前肽-成熟肽序列，将两者连接后克隆入载体pHP13中，构建了含有中性蛋白酶基因的诱导型表达分泌载体pHP13SN，再将其转化入枯草芽胞杆菌DB104，获得基因工程菌DB104（pHP13SN）。中性蛋白酶基因在蔗糖的诱导和sacR的调控下实现了分泌表达，并获得了具有生物学活性的中性蛋白酶（张敏等，2007）。

利用PCR技术从γ-聚谷氨酸产生菌枯草芽胞杆菌NX-2的基因组DNA上扩增出聚谷氨酸内切解聚酶基因（ywtD），克隆后测序，对该基因编码区进行了序列分析，比对结果表明扩增的ywtD基因编码与文献报道的序列相似性为99.0%，碱基的差异均表现为碱基取代，仅有一个碱基取代导致编码氨基酸的变化，即第349位密码子由GCC变为GTC。基因克隆入表达载体pET15b中，该载体转化大肠杆菌Rosetta（DE3），经0.5mmol/L异丙基硫代-β-D-半乳糖苷（IPTG）诱导，外源解聚酶蛋白获得高效表达。利用酶的初提液对聚谷氨酸进行降解，结果显示经72h解聚酶作用后，γ-聚谷氨酸分子质量从700kDa降到20kDa，此后随作用时间的延长，聚谷氨酸分子质量趋于定值（金晶等，2007）。

利用PCR技术从少根根霉（*Rhizopus arrhizus*）基因组中扩增出脂肪酶成熟肽基因ral，并从枯草芽胞杆菌基因组中扩增出saeB基因的启动子-信号序列（SacB）；通过搭桥PCR将SacB序列与ral基因融合，并将该基因表达盒连接到枯草芽胞杆菌分泌表达载体pGJ103中构建了脂肪酶基因的诱导表达载体pGJ103-SacB-ral。将重组载体转化至枯草芽胞杆菌后，少根根霉脂肪酶成熟肽基因在SacB启动子-信号序列的调控和蔗糖的诱导下获得表达，产物分泌至胞外（张欢等，2010）。

利用PCR技术和基因重组技术构建了枯草芽胞杆菌蛋白酶基因apr的重组表达质粒PET-22b/apr，并将其转入大肠杆菌BL21中，经蓝白斑筛选获得基因apr的表达载体。PCR后经琼脂糖凝胶电泳结果显示，在约1.5kb位置有特异性条带，与预期的枯草芽胞杆菌蛋白酶基因大小一致。重组质粒pGM-T/apr经双酶切后获得约1509bp的apr基因片段，同预期结果相一致，测序结果同GenBank中的序列同源性达100%，未发生任何突变，表明重组质粒pET-22b/apr构建成功（邱旺和张东杰，2010）。通过PCR技术克隆枯草芽胞杆菌蛋白酶apr基因，并分别对该基因和编码蛋白进行同源性比较和酶学性质分析。结果表明，apr基因序列全长1509bp，编码503个氨基酸，同源性100%；克隆到表达质粒pET-22b（+）后，将重组质粒经热激转化至大肠杆菌BL21（DE3）中，经IPTG诱导表达，得到的蛋白质分子质量为50kDa，酶活为

19 500U/mL。该基因克隆和表达的成功对于制备大豆抗氧化肽具有实际应用价值,对进一步深入研究其生物学和酶学机制具有重要意义(张东杰和马中苏,2010)。

利用鸟枪法构建了供体菌——枯草芽胞杆菌菌株 BD-5 的基因组文库,通过 VP 反应显色法进行筛选,从约 7000 个转化子中选出携带 α-乙酰乳酸脱羧酶(ALDC)基因的重组质粒 pBG4～pBG5。绘制了 PBG4 插入片段的限制酶谱。Southern 杂交证明该外源片段来源于供体菌。酶活性测定结果表明 ALDC 基因在大肠杆菌中获得了表达,为构建带有 ALDC 的啤酒酵母工程菌奠定了基础(高健等,1998)。利用转入枯草芽胞杆菌植酸酶基因的不同烟草株系,分别在无菌培养基、沙培和土培试验中研究了转植酸酶基因烟草对植酸磷的吸收和利用。结果表明,在无菌培养基试验中,所有转植酸酶基因烟草对植酸磷的吸收利用能力均显著高于野生型,其生物量比野生型提高了 3.6～10.7 倍,总磷吸收量提高 2～4.6 倍;在沙培和土培中,转植酸酶基因烟草对植酸磷的吸收利用与野生型相比,生物量和总磷吸收量差异不显著。这说明转植酸酶基因在无菌条件下可以提高植物吸收利用植酸磷的能力,但是在自然条件下,由于微生物分解或矿物固定等原因,其作用不稳定,需要进一步研究克服土壤中的限制因素,才能使转基因植物充分发挥作用(孔凡利等,2005)。

利用自行设计的引物,在枯草芽胞杆菌基因组内获得果糖基转移酶基因,基因和相应蛋白质序列分析发现,该基因共 1422 个碱基,编码 473 个氨基酸,与 GenBank 注册的 sacB 基因序列有 89% 的相似性;全长序列有 152 个突变碱基,共造成 18 个氨基酸的错义突变,但没引起酶保守活性位点的关键氨基酸突变。这结果为后期表达特异连接 α1→2 糖苷键的果糖基转移酶或者该基因的定点突变打下基础(陈利平等,2009)。为通过敲除出发菌株上的胞苷脱氨酶基因、阻断嘧啶代谢通量由胞苷流向尿苷和尿嘧啶、选育胞苷产生菌,采用同源重组的方法敲除枯草芽胞杆菌 TS8 的胞苷脱氨酶基因 cdd,并通过遗传稳定性实验验证其缺失标记和胞苷产量,通过摇瓶发酵实验对比出发菌株和缺失菌株的产胞苷水平。结果:cdd 基因缺失菌株 TSb 发酵 72h,发酵液中胞苷产量达 1.72g/L,与原始菌株相比提高了 44.19%,且遗传性状稳定。cdd 基因的缺失可有效阻断嘧啶代谢通量由胞苷流向尿苷和尿嘧啶,提高胞苷产量(苏静等,2010)。

通过向枯草芽胞杆菌 Ki-2-132 染色体和/或细胞质导入来自枯草芽胞杆菌菌株 168 的 degU32(Hy)和 degR 基因,以及来自芽胞杆菌解淀粉菌株的 degQa 基因,对上述基因对枯草芽胞杆菌 Ki-2-132 细胞的生长、芽胞发生、蛋白酶发酵的影响进行了研究。尽管上述多效调控基因来自不同的芽胞杆菌种和菌株,它们在枯草芽胞杆菌 Ki-2-132 中依然表现多效性。枯草芽胞杆菌 Ki-2-132degU32(Hy)表现出增高了的蛋白酶产量;当和质粒或染色体上的 degQa 基因协作时,可以进一步依赖葡萄糖的水平和 degQa 基因的剂量影响细胞生长,增加蛋白酶产量,以及影响芽胞的形成。与此不同,degR 在 degU32(Hy)突变体中并不显著影响其蛋白酶的产量,这一发现支持 DegR 蛋白通常稳定磷酸化的 DegU,而其在 degU32(Hy)菌株中不再进一步放大该突变体内已被磷酸化的 DegU 的调控作用(潘学峰,2006)。

通过紫外线突变诱导获得了对感染致病菌具有显著抑菌作用的枯草芽胞杆菌突变株 WYBS2001。采用 PCR 技术人工合成了 175bp 的人表皮生长因子(hEGF)的基因片段，并引入 Pst Ⅰ、Hind Ⅲ 酶切位点，起始密码子及 pUS186 载体信号肽序列 CTTA-GA。经 DNA 测试分析，合成的片段与人 egf 基因序列完全一致。然后将其克隆至枯草芽胞杆菌分泌型质粒载体 pUS186 上构建成重组质粒 pUSE，并转化枯草芽胞杆菌突变菌株 WYBS2001，获得转入 egf 基因的枯草芽胞杆菌生态工程菌 WYBS2001T。放射免疫检测法（RIA）检测结果表明，WYBS2001T 阳性工程菌培养的上清液中可检测到 hEGF，含量为 7.6ng/mL，如果培养液中添加蛋白酶抑制剂可提高 hEGF 检测量，通过多代的培养仍然能够稳定地分泌表达 hEGF。生物学功能实验表明，分泌的 hEGF 对人 K562 体外培养细胞的增殖和生长具有明显生物学活性。对烧伤动物模型的功能性实验观察到，WYBS2001T 工程菌制剂对动物的烧伤有明显的治疗作用。该研究表明，微生态基因工程菌有很好的应用前景（王关林等，2003）。

为对热纤维素梭菌（Clostridium thermocellum）内切葡聚糖苷酶基因 CelG 及其信号肽序列进行克隆及表达研究，以热纤维素梭菌总 DNA 为模板，经 PCR 扩增获得目的片段，并连接到大肠杆菌-枯草芽胞杆菌穿梭质粒 pSW1 载体，获得的质粒 pSW1-CelG；用感受态转化法将获得的质粒 pSW1-CelG 转化到枯草芽胞杆菌 BCSC 中进行分泌表达，获得了 6kDa 的蛋白质片段，且具有生物活性，证明 CelG 基因克隆成功并正确表达（楚敏等，2008）。为获得碱性蛋白酶基因，用 PCR 的方法从枯草芽胞杆菌菌株 A-109 中扩增碱性蛋白酶基因（apr），并进行测序分析，构建表达载体，最后转化大肠杆菌 BL21，SDS-聚丙烯酰胺凝胶电泳检测该基因的表达情况。结果：apr 基因片段含 1092 个碱基对；该基因片段核苷酸序列与解淀粉芽胞杆菌枯草菌溶素 DFE 前体（Bacillus amyloliquefaciens subtilisin DFE precursor）基因有 99% 的同源性，对应的氨基酸序列与芽胞杆菌枯草菌溶素 DJ-4 有 99% 的同源性。apr 基因在大肠杆菌 BL21 中获得表达，并表现出蛋白酶活性，表明获得了具有活性的新的碱性蛋白酶基因（刘新育等，2007）。

为检测构建的枯草芽胞杆菌分泌表达载体 pGPST 中启动子和信号肽的活性，将 β-半乳糖苷酶基因插入表达载体的多克隆位点，构建含有 β-半乳糖苷酶基因的重组质粒 pGPST-lacZ，重组质粒转化枯草芽胞杆菌，分别测定液体培养基中上清液和菌体沉淀中 β-半乳糖苷酶的活性。培养上清液中的酶活在 22h 达到峰值，约为 26mU/mL，之后开始下降；菌体沉淀中的酶活在 14h 最高，达 6mU/mL，而阴性对照 pGPST 没有检测到酶活性。结果表明分泌型表达载体中的启动子和信号肽具有较好的活性，能实现异源基因在枯草芽胞杆菌中的分泌表达。试验为该表达载体的进一步研究和应用提供重要的数据资料，也为外源基因在枯草芽胞杆菌中的表达提供参考资料。该载体将在研究外源基因在枯草芽胞杆菌中表达发挥重要作用（陈晓月等，2008b）。

为了克隆产嘌呤核苷的枯草芽胞杆菌 prsA 基因，用 PCR 扩增的方法，从产肌苷的枯草芽胞杆菌 JSIM-1019 中克隆出一个长 1kb 的 DNA 片段，经功能检测，证明正向插入片段与大肠杆菌的磷酸核糖焦磷酸营养缺陷特性（PREP$^-$）能够营养互补。含有该重组质粒的 PRPP 缺陷大肠杆菌 JSIM-DH-27 在基本培养基上能够生长（杜郭君等，2005）。为了确定枯草芽胞杆菌菌株 224（BS224）的溶血基因或引起溶血的主效基因，以菌株 BS224 基因组 DNA 为模板，用 PCR 方法分别扩增 yplQ 基因上游约 1.0kb 和

yplQ 基因下游 0.5kb 两段 DNA 序列，并以携带新霉素抗性基因的重组质粒 pMD18-T-neo 为骨架，构建基于 *yplQ* 基因位点的基因阻断质粒 pMD18-T-neo-yplQ，线性化后电转化至枯草芽胞杆菌菌株 224，通过新霉素抗性平板得到 36 个 neo^r 抗性转化子，基因组 PCR 鉴定和核苷酸测序证明，确定 yplQ18 为 *yplQ* 基因缺失菌株，将其接种到 5% 的绵羊血琼脂平板上进行溶血性检测，仍能引起溶血。结果表明，单独敲除枯草芽胞杆菌 224 染色体上 *yplQ* 基因对菌株的溶血性无影响或影响不大（喻江等，2010）。

为了验证 *dhbC* 基因的功能，以质粒 pEGFP-N1 为模板，通过 PCR 扩增获得新霉素抗性基因（neo^r）DNA 片段，构建重组质粒 pMD18-neo，电击转化法将 pMD18-neo 导入枯草芽胞杆菌 CAS15 感受态细胞中，使 neo^r 基因片段与 *dhbC* 基因片段发生置换，获得 *dhbC* 基因缺失突变株。再通过电击转化将 *dhbC* 基因全长编码序列导入 *dhbC* 基因缺失突变株 CAS15 dhbC-del，获得 *dhbC* 基因回复株 CAS15dhbC-com。经沙门氏菌显色琼脂平板（CAS）平板法检测表明，CAS15 dhbC-del 不能产生橘黄色晕圈，而 CAS15 dhbC-com 产生与 CAS 一致的橘黄色晕圈，证明了 *dhbC* 基因与嗜铁素的合成密切相关（余贤美等，2009）。

为探讨短波紫外线（ultraviolet C，UVC）对枯草芽胞杆菌基因组 DNA 的损伤效应，探讨研究方法和材料对结果的影响，以枯草芽胞杆菌为研究材料，分别对其菌体样品及 DNA 样品进行不同剂量的 UVC 辐照，采用 8h、16h、24h 脉冲场凝胶电泳分离 DNA 片段。结果发现，16h 脉冲场凝胶电泳最能反映 DNA 的双链断裂程度。对 16h 电泳图进行数据分析发现，随 UVC 辐照剂量的增大，DNA 释放百分比递增；菌体样品在辐照剂量 17.8J/cm^2 处其 DNA 双链断裂产额最大，而 DNA 样品的最大双链断裂产额出现在辐照剂量为 72.7J/cm^2 处；另外，同辐照剂量下菌体样品的释放百分比和菌体 DNA 双链断裂产额均高于 DNA 样品。结果表明，UVC 诱导的枯草芽胞杆菌 DNA 双链断裂程度与辐照剂量及辐照样品密切相关（周莉薇等，2009b）。为探明钇铝石榴石晶体（YAG）激光对枯草芽胞杆菌 WB7 诱变作用，采用 YAG 激光（波长 1060nm，功率 7W）照射一株对番茄早疫病菌有拮抗作用的枯草芽胞杆菌 WB7，综合各辐照时间组里菌株致死率和正变率的大小，以及拮抗能力提高程度，分析不同辐照时间对 WB7 生长及诱变的影响效果。采用连续传代培养，测定正变株拮抗能力的遗传稳定性。结果表明，利用 YAG 激光辐照枯草芽胞杆菌对 WB7 有显著的诱变效应，不同辐照时间的诱变率有显著性变化，辐照 1.5min 诱变作用最强，且正变率最大；筛选的最佳突变株 WB7-L1.5′5 高抗番茄早疫病菌，经过 7 代传代试验证明其可稳定遗传。该研究建立了 YAG 激光诱变枯草芽胞杆菌 WB7 的试验体系，对番茄早疫病的生物防治具有广阔的应用前景（张军等，2008）。

为了让一种有抗菌活性的非致病性枯草芽胞杆菌 BS224 表达碱性成纤维细胞生长因子（bFGF），使其同时具有抗菌和促进伤口愈合的作用，用 PCR 方法克隆了一个 α-淀粉酶高产株的 α-淀粉酶基因的启动子和信号肽序列及 3′端序列，合成了 *gnt*（葡萄糖酸盐操纵元）终止子序列作为构建元件，和碱性成纤维细胞因子的 cDNA 序列一起插入质粒 pHV32 组建成整合型载体，该质粒来源于大肠杆菌质粒 pBR322 和枯草芽胞杆菌质粒 pC194。然后通过原生质体转化法转化 BS224，氯霉素抗性筛选得到转化体，用

α-淀粉酶分析实验和 Southern 印迹证明其发生了同源重组，Western 印迹证明碱性成纤维细胞因子有表达（吴丹等，2002）。

为探讨异源基因在枯草芽胞杆菌中表达的可行性，以大肠杆菌和枯草芽胞杆菌的穿梭质粒为基本骨架，在大肠杆菌中完成含有绿色荧光蛋白（GFP）基因的重组表达质粒的构建，通过酶切鉴定筛选阳性克隆，采用电转化的方法，将重组质粒转入枯草芽胞杆菌进行表达，通过检测 GFP 的存在，评价枯草芽胞杆菌对异源基因的表达。结果：重组表达质粒 pGJP-GFP 酶切鉴定结果与预期片段大小相符；绿色荧光蛋白可在枯草芽胞杆菌中表达，且表达蛋白具有较好的生物学活性。利用枯草芽胞杆菌的自身启动子，可以实现外源基因在枯草芽胞杆菌中的表达（陈晓月等，2008）。

为研制高效分泌表达枯草芽胞杆菌 β-甘露聚糖酶的毕赤酵母基因工程菌株，将优化设计的枯草芽胞杆菌 MA139 β-甘露聚糖酶基因用 $EcoR\,I/Xba\,I$ 双酶切，克隆到诱导型表达载体 pPICzoLA 中 α 因子信号肽编码序列的下游，转化大肠杆菌，筛选重组质粒，转化毕赤酵母 X-33 感受态细胞，经吉欧霉素（Zeocin）筛选，获得重组表达菌株 X-33/mann。结果：将重组菌株在 10L 全自动发酵罐中进行高密度发酵培养，甲醇诱导 72h 发酵活力达 2100U/mL。重组甘露聚糖酶的最适催化温度为 40℃，最适催化 pH 为 6.0。枯草芽胞杆菌 β-甘露聚糖酶在毕赤酵母中获得了高效分泌表达，具有开发作为饲料添加剂的潜能（马威等，2010）。

为优化枯草芽胞杆菌 Bx-4 原生质体形成与再生条件，研究了甘氨酸、青霉素、溶菌酶等因素对原生质体形成与再生的影响。结果表明，在最佳形成与再生条件下，原生质体形成率与再生率分别达 77.44% 和 88.03%（肖怀秋等，2008）。以自行分离筛选出的天然枯草芽胞杆菌菌株 C-36 的染色体 DNA 为模板，PCR 扩增得到含有内切葡聚糖酶基因的 DNA 片段，将其克隆到 pMD-18T 载体中，序列分析表明，克隆得到的 DNA 片段全长 1602bp，编码一个含有 499 个氨基酸的多肽。与其他芽胞杆菌内切葡聚糖酶基因序列比对，其核苷酸同源率为 90%~93%，其编码的氨基酸序列的同源性为 90%~98%，已将此基因注册 GenBank（DQ782954）。将含内切葡聚糖酶基因的重组克隆质粒进行亚克隆，用 $Kpn\,I$ 和 $EcoR\,I$ 双酶切后，与相同酶切的表达载体 pET-32a 相连接，并导入大肠杆菌 BL21 中表达。蛋白质电泳实验结果表明在 6.47×10^4 Da 处有表达蛋白带。经测定表达蛋白比酶活力达 99.02U/mL，为出发菌 C-36（63.78U/mL）的 1.55 倍（官兴颖等，2009）。

为运用分子生物学手段获得葡萄糖脱氢酶（glucose dehydrogenase，GDH）基因、并表达该基因，根据枯草芽胞杆菌葡萄糖脱氢酶基因序列设计引物，通过 PCR 获得该基因并与源序列进行比较分析，与表达载体 pET22b 连接后转化至大肠杆菌 JM109（DE3）进行表达，并在全自动生化分析仪上用速率法测定其活性。克隆到的 GDH 编码的氨基酸序列 167 位左右存在突变：EVI（GAAGTGATT）→AA（GCGTTT）；利用酶的初提液测定的葡萄糖脱氢酶活力为 75U/L，比活性为 10U/mg。运用基因工程手段获得了葡萄糖脱氢酶基因，与表达载体连接后的重组体经大肠杆菌初步表达有活力，经诱导有望获得高产量的葡萄糖脱氢酶，从而为临床服务（周丽萍等，2004）。根据 Lampel 报道的葡萄糖脱氢酶基因序列设计合成两条引物，以野生型枯草芽胞杆菌染色体 DNA 为模板，PCR 扩增得到含有葡萄糖脱氢酶基因的大约 780bp 的 DNA 片段，将其克隆到 pUC-T 载体中。序列分析表明，克隆得到的葡萄糖脱氢酶基因含有 783bp，编码 261 个氨基酸的蛋白质。得到的基因序列与文献报道的进行比较，其核苷酸同源率为 75.5%，编码氨基酸序列的同源率为 83.9%（乔建军和杜连祥，2001c）。利用 PCR 技术扩增得到来源于枯草芽胞杆菌的葡萄糖脱氢酶基因片段，并构建重组质粒 pUC-T-GDH，然后将基因片段克隆于大肠杆菌表达载体 pBV220 中，得到表达质粒 pBV-GDH；葡萄糖脱氢酶在含有表达质粒的基因工程菌株中得以诱导表达，聚丙烯酰胺凝胶电泳及薄层扫描结果表明，经诱导表达的葡萄糖脱氢酶约占基因工程菌株总蛋白的 45%；葡萄糖脱氢酶活力测试表明，基因工程菌株无细胞抽提液中葡萄糖脱氢酶的活力为 7.8U/mg，约为对照组的 30 倍。实验结果初步说明，广泛应用于工业化生产的葡萄糖脱氢酶可以在基因工程菌株中得以大量表达并维持较高活力（乔建军等，2004）。

亚克隆的碱性 β-甘露聚糖酶基因（*man*）来源于嗜碱芽胞杆菌 N16-5；构建了大肠杆菌-枯草芽胞杆菌诱导型表达质粒 pDG-*man*，在大肠杆菌 JM109 中获得了活性表达，经 0.5mmol/L 的异丙基-β-D-硫代吡喃半乳糖苷（IPTG）诱导后，可表达 5U/mL 碱性 β-甘露聚糖酶。重组大肠杆菌 DE3-RIL（pDG-*man*）表达 β-甘露聚糖酶水平是 M109（pDG-*man*）的 2 倍。重组枯草芽胞杆菌 WB600（pDG-*man*）可表达 19.2U/mL 的碱性 β-甘露聚糖酶（路志群等，2006）。

为了研究定点突变对枯草芽胞杆菌 B23 所产生的甘露聚糖酶活性及蛋白质结构的影响，深入了解该酶结构与功能间的关系，以便为其分子改造提供理论依据。方法：通过与同源酶蛋白质序列的比较和分析，在同源性较高的色氨酸第 196、第 198 和第 199 位点上，天冬氨酸第 91 位点上和谷氨酸第 191 位点上通过特异性引物引入突变，PCR 扩增获得甘露聚糖酶的突变基因，以枯草芽胞杆菌 WBS00 为表达载体，纯化相应的诱变蛋白，测定其酶活性及荧光光谱变化。结果：4 个色氨酸突变体蛋白 [Man（W196H）、Man（W198H）、Man（W199H）和 Man（W199A）] 核的活性均有所下降，其中 Man（W199H）突变体酶活力几乎丧失，为突变前的 4%。Man（D91N）和 Man（E191Q）的酶活力也分别降至突变前的 10% 和 12%。结论：W199、D91 和 E191 是酶活性的必需基团，对其造成的突变对甘露聚糖酶的结构和活性有显著影响（周海燕和吴永尧，2008）。

为研究来源于苏云金芽胞杆菌的几丁质酶基因 *chiA* 在枯草芽胞杆菌中的表达情况，以苏云金芽胞杆菌染色体 DNA 为模板，PCR 扩增获取几丁质酶基因 *chiA*，将其与枯草芽胞杆菌表达载体 pHSG 连接，构建重组菌，经 IPTG 诱导后，检测培养液中的几丁质酶活性。结果表明，扩增得到几丁质酶基因 *chiA* 大小为 2.5kb；构建的重组菌对底物 [4-MU-(GlcNAc)3] 显示出一定的水解活性，培养液酶活约为 2.8U/mL，而 pHSG 空质粒转化子在同样条件下其培养液没有明显酶活。该重组酶的最适 pH 为 6.5，最适反应温度为 50℃，与苏云金芽胞杆菌自身产生的几丁质酶性质一致。这说明，几丁质酶基因 *chiA* 能在枯草芽胞杆菌中成功表达，表达产物可成功分泌到细胞外（宋光明等，2008）。为研究耐碱性短小芽胞杆菌木聚糖酶在枯草芽胞杆菌中异源表达，从耐碱性木聚糖酶高产菌短小芽胞杆菌 BYG5-20 中克隆得到带有自身启动子的木聚糖

酶基因 $xynA$，将其构建在大肠杆菌-枯草芽胞杆菌穿梭载体 pGJ148 中得到重组质粒 pGJ148-xynA，然后进行诱导表达及培养基的优化。结果显示，重组菌 pGJ148-xynA 发酵上清液中木聚糖酶酶活可达 93.32U/mL，表明耐碱性短小芽胞杆菌木聚糖酶基因 $xynA$ 可以在枯草芽胞杆菌中实现异源表达，这为枯草芽胞杆菌木聚糖酶分泌表达系统的进一步优化奠定了基础（周煌凯等，2010）。

以 $lacZ$ 作为报道基因，对野生菌、肌苷低产菌和肌苷生产菌分别构建了研究型质粒 pYH1206、pYH1618 和 pYH1620，并在大肠杆菌中表达，以研究 pur 操纵子与其阻遏蛋白 PurR 的相互作用对肌苷合成的影响。$lacZ$ 表达 β-半乳糖苷酶相对活性的测定结果和阻遏蛋白 PurR 的序列分析表明，肌苷生产操纵子的启动子部分-272 位点处的突变是肌苷高产的主要原因（陈双喜等，2005）。

为了考查外源超氧化物歧化酶（SOD）对 γ 射线辐照微生物的保护效应，选用不同剂量 γ 射线辐照外源 SOD 处理过的枯草芽胞杆菌营养体，采用平板计数法考查辐照后的细胞存活率，黄嘌呤氧化法检测胞内 SOD 活性，脉冲场凝胶电泳分析 DNA 双链断裂水平的变化。结果表明，不同浓度外源 SOD 均可使 γ 射线辐照后的细胞存活率明显增加；营养体胞内残留 SOD 活性与外源 SOD 浓度及辐照剂量之间的关系没有明显的变化规律；外加 SOD 使细胞 DNA 双链断裂水平（PR）显著下降。并且细胞存活率和 PR 值随外源 SOD 浓度及辐照剂量变化的趋势基本一致。研究结果显示，外源 SOD 在 γ 射线辐照中对枯草芽胞杆菌有保护效应，且 SOD 的保护效应与其浓度呈一定正相关（柳芳等，2009）。

以 PCR 方法扩增 $sacB$ 基因的启动子-信号肽序列（称为 $sacR$），将其与枯草芽胞杆菌碱性蛋白酶的前肽-成熟酶基因连接后克隆入载体 pUBH，构建了含碱性蛋白酶基因的分泌型诱导表达载体 pUBS，将其转化枯草芽胞杆菌 DB403 后，获得基因工程菌 DB403（pUBS）。碱性蛋白酶基因在 $sacR$ 的调控和蔗糖的诱导下实现了表达分泌，获得了具有生物学活性的碱性蛋白酶（朱欣华等，2003）。

以 phyC-PUC18-T 为模板，扩增出枯草芽胞杆菌中性植酸酶 $phyC$ 基因，克隆至 T 载体中，经酶切鉴定及序列测定后重组入谷胱甘肽 S-转移酶融合表达载体 pGEX-4T-1 中，转化大肠杆菌 JM109，重组质粒在宿主 JM109 中有较好的稳定性，在无选择压力条件下传代 45 次基本保持稳定，0.1mmol/L IPTG 诱导后酶活测定的结果表明，表达产物具有生物学活性。SDS-PAGE 结果显示出明显的特异性表达条带，分子质量为 69kDa，30℃诱导 3h 后，表达的蛋白质量占菌体总蛋白质的 47.4%（邹克扣等，2004）。以 β-半乳糖苷酶为报道基因构建原核启动子检测体系。以由质粒 pDL 扩增获得的 $bgaB$ 基因为报道基因，将其克隆到大肠杆菌-枯草芽胞杆菌穿梭载体 pBE2，构建成一个具有启动子活性检测功能的重组质粒 pBEB。将组成型启动子 P43 和诱导型启动子 Pspac 克隆入 pBEB，得到重组表达载体 pBEBP43 和 pBEBPspac，转化至大肠杆菌和枯草芽胞杆菌。2 种不同类型的启动子均能在大肠杆菌 BL21 和枯草芽胞杆菌 1A751 中启动 $bgaB$ 基因的表达，成功构建具有较为广泛适用性的原核启动子检测体系（陈坤等，2008）。

以蛋白酶高产菌株枯草芽胞杆菌 ML 为供体菌，提取其染色体 DNA，经限制性内切酶 BamHⅠ完全酶切后，插入枯草芽胞杆菌载体 PNQ122 的相同酶切位点，连接后转化中性碱性蛋白酶基因双缺陷型菌株枯草芽胞杆菌 DB104。从含有氯霉素的酪蛋白平板上获得了 20 个具有蛋白酶活性的克隆（刘白玲和张义正，1995）。

以短小芽胞杆菌 B15 的总 DNA 为模板，利用 PCR 技术克隆到其细胞壁蛋白质基因串联启动子和信号肽编码序列，测序分析后提交 GenBank，登录号为 AY956423。重新设计引物扩增该片段并在 PCR 产物两侧引入 BamHⅠ和 PstⅠ酶切位点，将 PCR 产物双酶切后克隆至穿梭载体 pP43NMK 的相应位点构建分泌表达载体 pP15MK，插入片段置于该载体中 mpd 基因的上游，并使信号肽编码序列与去除了自身信号肽编码序列的 mpd 基因阅读框恰好融合。将 pP15MK 导入枯草芽胞杆菌构建表达菌株 1A751（pP15MK），在短小芽胞杆菌启动子和信号肽元件的带动下，mpd 基因能够在表达菌株的对数生长期和稳定期持续性高效分泌表达，表达产物结合在细胞膜上；发酵液在 48h 酶活达到最高值 7.79U/mL，是出发菌株邻单胞菌（Plesiomonas sp.）M6 表达量的 8.1 倍（张晓舟等，2006）。用大肠杆菌-枯草芽胞杆菌穿梭载体 pNW33N 和去除了信号肽编码序列的成熟 mpd 基因构建了穿梭启动子探针 pNW33N-mpd。用该探针从质粒 pMPDP3 和 pMPDP29 上克隆来自于枯草芽胞杆菌 ytkA 和 ywoF 基因上游的启动子功能片段，构建了穿梭表达载体 pNYTM 和 pNYWM。将表达载体 pNYTM 和 pNYWM 转入枯草芽胞杆菌 1A751 获得表达菌株 1A751（pNYTM）和 1A751（pNYWM），mpd 基因在 ytkA 和 ywoF 基因的启动子和信号肽的带动下实现了分泌表达且具有天然活性，结果表明 ytkA 基因的启动子强度强于 ywoF 基因的启动子。利用 ytkA 基因的强启动子和 nprB 基因的分泌型信号肽编码序列构建了新的穿梭分泌表达载体 pYNMK，并使 mpd 基因在枯草芽胞杆菌 WB800 中得到了更高水平的分泌表达，表达菌株 WB800（pYNMK）在培养到第 84 小时时甲基对硫磷水解酶酶活达到最高值为 10.40U/mL，是出发菌株邻单胞菌 M6 表达量的 10.8 倍，重组表达产物有 91.4% 分泌在培养基中（张晓舟等，2006b）。

以获得大量胞外青霉素酶为目的，将青霉素酶基因克隆至表达载体 pWB980 中，并转化到双蛋白酶缺陷的枯草芽胞杆菌 DB104。重组菌在 LB 培养基中培养 24h 后，SDS-PAGE 分析发现蛋白质分子质量为 28kDa，酶活力为 339U/mL；通过筛选 7 种不同的发酵培养基发现 4#培养基更利于青霉素酶的表达，最大酶活力为 1580U/mL，较优化前提高了 3.66 倍，并对该重组菌进行了 7L 罐放大实验，结果显示在培养 24h 产酶达到高峰，酶活力为 1255.8U/mL（赵洪坤等，2007）。

以枯草芽胞杆菌 DB104 染色体 DNA 为模板，利用 PCR 技术扩增得到谷氨酰胺转氨酶基因 tg，将其克隆至大肠杆菌质粒 pET-22b（+）中，构建表达载体 pET-tg，并转化大肠杆菌 BL21（DE3）。重组菌经 IPTG（异丙基-β-D-硫代半乳糖苷）诱导，SDS-PAGE 分析，结果表明谷氨酰胺转氨酶得到了表达，表达量占菌体总蛋白的 12%。诱导菌体经裂解后的上清与酪蛋白反应，显示其具有交联蛋白质的活性。经荧光法测定，诱导 5h 的菌体酶活为 1590U/g（DCW，dry cell weight，细胞干重），是出发菌株 30U/g（DCW）的 52 倍（李秀星等，2008）。以枯草芽胞杆菌菌株 168 染色体为模板，PCR 扩增出 P43 启动子，与大肠杆菌-枯草芽胞杆菌穿梭质粒 pUBC19 相连得到表达载体 pUBC-P43，然后将枯草芽胞杆菌脂肪酶基因 *lipA* 克隆到载体 pUBC-P43 启动子下游，得到重组质粒 pUBCPL 并转化枯草芽胞杆菌 TZ10。经中性红油脂平板、酶切和 PCR 方法鉴定得到重组菌 TZ10/pUBCPL。宿主菌 TZ10 是由枯草芽胞杆菌 DB104 染色体缺失了 *lipA* 基因后获得的。重组菌经初步发酵，以橄榄油为底物测定发酵上清液最高脂肪酶活力为 49.1U/L，而相应菌株 DB104 发酵最高酶活力仅为 11.4U/L（杜文新等，2007）。

以受体菌枯草芽胞杆菌的 *guaC* 基因为同源重组的指导序列，构建了整合表达载体 pGT9GH，通过双交叉同源重组的方法将线性化的 pGT9GH 整合到受体菌的染色体上，构建了 *guaC* 基因的缺失突变株枯草芽胞杆菌 GJ07，并在 *guaC* 基因的 5′端和 3′端之间引入了一个拷贝核黄素操纵子，通过 PCR 方法验证了同源重组的正确性，最后测定了同源重组突变后的菌株 GJ07 的核黄素产量。结果表明：同源重组突变后的菌株 GJ07 的核黄素产量明显高于初始菌株 GJ06，发酵 60h 提高了 24.5%（张西锋和李万芬，2011）。

以质粒 pMUTIN-GFP$^+$ 扩增获得的 *gfp*$^+$ 基因为报道基因，将其克隆到大肠杆菌-枯草芽胞杆菌穿梭载体 pBE2，构建成一个具有启动子活性检测功能的重组质粒 pBE2-GFP$^+$。将组成型启动子 P43 和诱导型启动子 Pspac 克隆入 pBE2-GFP$^+$，得到重组表达载体 pBE-GFP-P43 和 pBE-GFP-Pspac，转化至大肠杆菌和枯草芽胞杆菌。荧光显微镜检测 GFP$^+$ 蛋白的表达情况。结果表明，2 种不同类型的启动子均能在大肠杆菌 BL21 和枯草芽胞杆菌 1A751 中启动 *gfp*$^+$ 基因的表达（陈坤等，2008）。

应用 PCR 技术从大肠杆菌 K$_{12}$ Sgal$^-$（ExPASy P23830）中扩增到大小为 1350bp、编码磷脂酰丝氨酸合成酶的 DNA 片段，将其插入枯草芽胞杆菌诱导型表达载体 pBES，获得重组质粒 pBES-pss 后转化枯草芽胞杆菌 DB104。经蔗糖诱导后，该磷脂酰丝氨酸合成酶在枯草芽胞杆菌 DB104（pBES-pss）中获得胞外分泌表达，SDS-PAGE 分析发现蛋白质分子质量约为 52kDa，酶联比色法检测酶活力为 1.50U/mL。该研究提高了磷脂酰丝氨酸合成酶的表达产量，为工业化发酵生产磷脂酰丝氨酸合成酶奠定了良好的基础（张业尼等，2008）。

应用 PCR 技术从嗜热古菌硫磺矿硫化叶菌（*Sulfolobus solfataricus*）中扩增到大小约为 1.9kb 编码嗜热糖化酶的 DNA 片段，并将其插入枯草芽胞杆菌诱导型表达载体 pSBPYF，获得含有该糖化酶基因的重组质粒 pSGAYF，转化枯草芽胞杆菌 DB 1342。经蔗糖诱导后，该糖化酶在枯草芽胞杆菌 DB 1342（pSGAYF）中获得胞外分泌表达，酶活为 3.6U/mL，最适温度为 90℃，最适 pH6.0（李颖等，2006）。用 0.05%~8.00% 的甘露醇、山梨醇和聚乙二醇 6000 等 3 种渗透调节剂可提高转枯草芽胞杆菌纤溶酶（*Bacillus subtilis* fibrinolytic enzyme，BSFE）基因烟草（*Nicotiana tabacum*）根系 BSFE 的分泌表达水平，其水培液 BSFE 活性在 15d 内基本呈抛物线形变化趋势。经 3 种渗透剂处理后转 BSFE 基因烟草水培液的 BSFE 活性峰值明显高于对照，且出现时间比对照相对延迟 1~2d。甘露醇、山梨醇和聚乙二醇 6000 可作为该转基因烟草根系 BSFE 分泌表达的有效化学调节剂（王瑞刚等，2005）。

用鸟枪法构建了枯草芽胞杆菌 HB002 的基因组文库，经平板法筛选得到了 6 株能水解合成底物对-硝基苯-α-D-葡萄糖吡喃糖苷的阳性克隆，经鉴定均含克隆了寡聚-1,6-葡萄糖苷酶基因的重组质粒（命名为 pHBM001～pHBM006）。选择 pHBM003，对其插入片段测序分析，此片段内有一编码 561 个氨基酸的可读框，该蛋白质的计算分子质量为 65.985kDa。菌株 HB002 的寡聚-1,6-葡萄糖苷酶的氨基酸序列与芽胞杆菌属细菌（*Bacillus* sp.）和凝结芽胞杆菌（*Bacillus coagulans*）的寡聚-1,6-葡萄糖苷酶的氨基酸序列一致性分别为 81%、67%，相似性分别为 89%、79%。从 pHBM003 中扩增出寡聚-1,6-葡萄糖苷酶基因，克隆到 pBV220 上，转化大肠杆菌 DH5α，得到 3 个能水解对-硝基苯-α-D-葡萄糖吡喃糖苷的阳性克隆 HBM003-1～HBM003-3，将此 3 个菌株热诱导表达，SDS-PAGE 可检测到特异表达的蛋白质，其中 HBM003-1、HBM003-2 表达的蛋白质约 66kDa，为完整的寡聚-1,6-葡萄糖苷酶，而 HBM003-3 表达的蛋白质偏小；表达的蛋白质均有寡聚-1,6-葡萄糖苷酶活性（蒋思婧和马立新，2002）。根据枯草芽胞杆菌寡聚-1,6-葡萄糖苷酶基因序列设计引物，以 pHBM003 为模板，扩增得到寡聚-1,6-葡萄糖苷酶基因，克隆至巴斯德毕赤酵母（*Pichia pastoris*）表达载体 pHBM905 上，获得重组巴斯德毕赤酵母表达载体 pHBM9053；将此质粒分别转化巴斯德毕赤酵母 GS115、KM71 和 SMD1168 菌株，筛选获得重组毕赤酵母 GS115（pHBM9053）、KM71（pHBM9053）和 SMD1168（pHBM9053）；然后进行摇瓶诱导培养，这 3 株毕赤酵母分别在诱导培养 60h、48h 和 24h 后，酶活力达到最高，对应为 2.233U/mL、0.34U/mL 和 1.235U/mL；GS115（pHBM9053）所产寡聚-1,6-葡萄糖苷酶的最适反应温度为 75℃，最适反应 pH 为 6，在 30～75℃、pH8～9 时较稳定（蒋思婧等，2005）。

在枯草芽胞杆菌菌株 168，以及在其改造菌株枯草芽胞杆菌 168$wprA^-$ 和枯草芽胞杆菌 168/$wprA^-$∷$csaA$ 中表达来自耐盐芽胞杆菌 C-125 的碱性果胶酶和来自巨大芽胞杆菌的青霉素酰化酶。碱性果胶酶在枯草芽胞杆菌中分泌表达时，敲除了 $wprA$ 蛋白酶基因的菌株 168$wprA^-$，相对于其野生型菌株 168 分泌表达的总的酶活力下降了 36%，再次整合 $csaA$ 进 $wprA^-$ 位点后的菌株 168/$wprA^-$∷$csaA$，其表达量又恢复到相当于野生型菌株的表达水平。青霉素酰化酶在菌株 168$wprA^-$ 中的表达与野生型相比没有明显差异；而整合 $csaA$ 分子伴侣进 $wprA$ 位点后的菌株 168/$wprA$∷$csaA$，相对于野生型其总的酶活力高出 66%，说明分子伴侣 csaA 数量的增加可以明显提高酶的表达量，并显示出普遍提高蛋白质总活力的作用，而蛋白酶 $wprA$ 基因的敲除，对某些蛋白质的表达量能够产生明显的影响，在提高表达的稳定性方面表现出普遍的促进作用。该实验表达的青霉素酰化酶酶活力（14.7U/mL）比工业应用中的酶活力（10U/mL）高出了 47%（蒋红亮等，2011）。

质粒 pGB38 是从中国戈壁滩沙土的枯草芽胞杆菌中分离得到的天然质粒。该质粒基因组总长为 5.8kb，相对于细胞染色体的拷贝数是 4 个，最小复制子位于 1.5kb 的 *Hind*Ⅲ DNA 片段，在没有任何选择压力的条件下能够稳定持久地存在于细胞内，显然有着优良的质粒特性。利用质粒 pGB38 的复制子构建了穿梭质粒 pGB20 和 pGB15，重组穿梭质粒的分离稳定性好，可以作为理想的枯草芽胞杆菌的基因工程载体（李宁等，1995）。从环境中筛选到了脂肪酶高产菌株金黄色葡萄球菌 JH，依据 NCBI 上发表的原核微生物脂肪酶基因序列的多序列比对，发现它具有很强的序列保守性。利用 PCR 从金黄色葡萄球菌

JH基因组中扩增得到了脂肪酶基因,利用基因重组技术将其整合到质粒pC194中,并导入到枯草芽胞杆菌中进行表达。应用选择抗药性筛选重组子,利用硫酸铵沉淀法和离子交换层析分离纯化重组脂肪酶,并用SDS-PAGE进行纯度鉴定,确定其分子质量约为32kDa。通过对其酶学特性的研究发现,重组脂肪酶在反应温度为41℃,pH为8.0时具有最大活性,其K_m和V_m各自为0.34mmol/L和308μmol/(mg·min),Ca^{2+}、K^+、Mg^{2+}能激活这种酶的活性,而Fe^{2+}、Cu^{2+}、Co^{2+}抑制它的活性(贾建波等,2008)。

五、枯草芽胞杆菌的检测与灭活

2005版《中华人民共和国药典》记载枯草芽胞杆菌可用于链霉素、卡那霉素、阿米卡星、去甲基万古霉素、头孢噻肟等的生物效价检测,枯草芽胞杆菌需培养7d镜检芽胞85%以上后使用。按药典方法,将枯草芽胞杆菌接种于营养琼脂,35~37℃培养1d、5d、7d后,三组枯草芽胞杆菌镜检含芽胞均在85%以上,所铺含菌平盘抑菌圈均清晰且边缘整齐;三组菌对同一种抗生素的敏感度及标准曲线均无显著性差异($P>0.05$)。因此,建议用培养1d的枯草芽胞杆菌菌悬液作为抗生素浓度检测是可行的(彭勇和陈志茹,2005b)。

采用响应曲面方法中的Box-Behnken模式,对超高压灭活枯草芽胞杆菌进行了试验优化设计,并进行了实验分析验证。试验结果表明:压力、温度、保压时间是超高压灭活枯草芽胞杆菌的显著影响因子,分析表明其显著度顺序为压力>温度>保压时间;在试验条件范围内建立并验证的超高压杀灭枯草芽胞杆菌的回归模型准确有效;优化得出10组杀灭10^6cfu/mL枯草芽胞杆菌工艺参数的取值为压力343.79~475.75MPa,温度27.47~57.44℃,保压时间14.14~19.72min(曾庆梅等,2005)。超高压灭菌技术是一项具有广阔应用前景的食品加工新技术。以食品中常见的大肠杆菌、枯草芽胞杆菌为研究对象,通过实验对影响超高压灭菌效果的处理条件(压力、保压时间、pH等)进行了考察与评价。实验结果表明:压力、保压时间对灭菌效果影响显著,随着压力的增大和时间的增长,细菌的死亡率增大。但当处理压力和保压时间达到一定值后,它对灭菌效果的影响趋于平缓。强的酸性和碱性环境中,即在低pH和高pH时,有利于超高压杀菌;在中性环境中,灭菌效果最差。同时,对超高压处理后大肠杆菌的活性进行了研究,得出大肠杆菌经超高压处理后活性降低(夏远景等,2007)。

采用比色法研究了微热协同超高压处理对枯草芽胞杆菌与嗜热脂肪地芽胞杆菌芽胞的影响。结果表明,微热协同超高压处理芽胞能够显著提高芽胞2,6-吡啶二羧酸(DPA)的泄漏率($P<0.05$)。处理组分别用550MPa、600MPa、50℃、60℃、70℃作用于枯草芽胞杆菌与嗜热脂肪地芽胞杆菌芽胞,破坏芽胞结构,通透性屏障破坏,导致DPA的泄漏。所泄漏的DPA与灭菌对照组(121℃,30min)相比差异不显著($P>0.05$),主要是芽胞质中的DPA。说明微热处理协同超高压杀灭枯草芽胞杆菌与嗜热脂肪地芽胞杆菌芽胞的原因可能是其物理结构的破坏(高踽珑等,2007)。

利用超声波协同热处理对液态奶中的枯草芽胞杆菌进行杀菌实验,并与传统方法进行比较,研究了经不同功率、时间、温度的超声波处理后液态奶的杀菌效果。结果表明:经1400W、180s、60℃条件下杀菌率达97.96%,经1400W、60s、60℃条件下杀菌率达96.77%，对比巴氏杀菌，其菌落数降低了60.24%。与热杀菌相比，超声波杀菌温度低，时间短，效率高（闫坤等，2010）。以枯草芽胞杆菌黑色变种（*Bacillus subtilis* var. *niger*）为材料，探讨了超氧化物歧化酶活性测定的影响因素。选用黄嘌呤氧化酶法测定SOD活性，考察细胞破碎条件、细胞保存形式、保存时间及保存温度对SOD活性测定的影响。结果表明，细胞破碎条件、样品保存形式、保存时间、保存温度都对酶活性有较大影响；相对而言，保存温度和保存时间的影响比较大。SOD活性测定中以酶液形式低温保存，尽快检测活性为宜（严万里等，2011）。为观察一种新型臭氧水空气消毒机的消毒效果，依据消毒技术规范（2002版）中的方法，采用模拟现场试验进行研究。作用15min，大肠杆菌3次试验平均杀灭率为94.90%，枯草芽胞杆菌黑色变种为99.10%，面包酵母菌为99.66%；作用30min 3种菌的杀灭率依次为97.60%、99.84%、99.98%。通过研究，认为这种新型臭氧水空气消毒机对酵母菌、细菌芽胞和肠道菌均具有较强的杀灭作用（于德宪等，2008）。浓度为10～60mg/L单过硫酸氢钾的复合钠盐对不同种类微生物悬液作用5min，对大肠杆菌、金黄色葡萄球菌的杀灭率均为100%，对白色念珠菌的杀灭率大于99.50%，此作用条件下未观察到其对枯草芽胞杆菌黑色变种芽胞的杀灭作用；160mg/L单过硫酸氢钾的复合钠盐作用30min未见对乙肝病毒表面抗原的灭活作用。在一定作用条件下单过硫酸氢钾的复合钠盐对细菌繁殖体有良好的杀灭作用，对真菌也有一定的杀灭作用，但未见其对细菌芽胞及乙肝病毒表面抗原的灭活作用（安洪欣，2010）。

研究了超高压处理对枯草芽胞杆菌AS 1.140超微结构的影响，探讨其营养体及芽胞的灭活机制。在经过500MPa、60℃条件下保温保压20min超高压处理后，采用透射电子显微镜进行观察，比较处理前后超微结构的变化。观察结果表明：超高压处理后，枯草芽胞杆菌的营养体细胞壁皱缩，出现缺口，胞浆泄漏，结构层次感消失，出现大片透电子区；其芽胞外壳被破坏、出现缺口，芽胞内含物结构紊乱、泄漏、出现部分透电子区；甚至内含物质完全泄漏，出现细胞壁或芽胞外壳残留（曾庆梅等，2006）。通过响应面法（response surface methodology，RSM）建立了超高压杀灭番茄汁中枯草芽胞杆菌AS1.1380的二次多项数学模型，验证了模型的有效性。同时利用模型的响应面及其等高线对影响超高压杀菌的关键因子温度、压力和保压时间及其相互作用进行了深入的探讨，优化出杀灭番茄汁中6个数量级枯草芽胞杆菌AS1.1380的工艺参数为：温度33.5℃，压力469.2MPa，时间14.0min（邱伟芬和高璃珑，2007）。利用快中子脉冲堆（chinese fast burst reactor II，CFBR-II）产生的快中子，采用枯草芽胞杆菌黑色变种为材料，考查了中子辐射灭菌效果及剂量、剂量率、辐照温度、照射状态等辐射灭菌影响因素。结果表明，在剂量率为7.4Gy/min时的D_{10}值为384.6Gy，中子剂量与存活芽胞对数满足$y=-0.0026x+10.462$的函数关系；在剂量为800Gy时，剂量率与存活芽胞对数满足$y=7.7414x^{-0.0834}$的函数关系；升高温度有利于中子辐射灭菌；中子辐照不同状态芽胞，其存活率为：菌片＞粉末＞液体（陈晓明等，2007）。采用脉冲场凝胶电泳技术检测并定量分析了CFBR-II快中子脉冲堆产生的快中子在不同剂量和剂量率条件下，对枯草芽胞杆菌黑色变种（ATCC 9372）DNA双链断裂的诱导。通过DNA释放百分比PR值、DNA断裂水平L值、断裂DNA平均分子质量和DNA片段分布等指标的分析，结果表明：在不同的辐射条件下，DNA 片段均明显分布于两个区域，表明枯草芽胞杆菌黑色变种 DNA 分子上可能存在对中子辐射较为敏感的位点；并且随着中子辐射剂量和剂量率的变化，DNA 释放百分比 PR 值、DNA 断裂水平 L 值和各片段区双链断裂的含量也会发生一定规律性的变化（陈晓明等，2007）。

比较了 9 种精油的抑菌活性，并对其在牛奶和圣女果的防腐性进行了初步研究，实验表明：牛至、大蒜、山苍子和桉叶油对金黄色葡萄球菌、枯草芽胞杆菌和大肠杆菌有较强的抑杀作用，大蒜精油对金黄色葡萄球菌和枯草芽胞杆菌的最低抑菌浓度（minium inhibit concentration，MIC）为 0.125%，大蒜和花椒精油还具有很好的防腐作用，可抑制牛奶和圣女果的腐败变质（钱骅等，2010）。研究了 NaCl 对几种常见菌的抑制作用，设计了梯度平板实验和肉汤增值实验。梯度平板实验表明：很低的 NaCl 浓度就能抑制假丝酵母和乳酸杆菌生长；NaCl 溶液浓度大约在 5% 以下对大肠杆菌具有抑制作用；浓度大约为 8.5% 的 NaCl 溶液对金黄色葡萄球菌具有抑制作用；浓度 2% 的 NaCl 溶液对大肠杆菌具有抑制作用；浓度 1.5% 的 NaCl 溶液对乳酸杆菌和假丝酵母具有明显抑制杀灭作用；浓度 7.5% 的 NaCl 溶液对枯草芽胞杆菌具有抑制作用；浓度 10% 的 NaCl 溶液对金黄色葡萄球菌具有抑制作用。实验结果为 NaCl 抑菌作用提供了数据支持，所设计的实验方法为进一步开展 NaCl 杀菌抑菌作用的研究奠定了基础（孙之南等，2007）。

采用国家相应的检测标准，根据番茄酱为酸性罐头食品（pH<4.6）的特点及按照国外厂商提出的要求，分离、鉴定引起番茄酱腐败变质的目标菌。通过对大量不同类型培养基的筛选，对培养出的微生物菌体形态、菌落特征及其生理生化等特性进行鉴定。实验结果表明，平酸菌增菌培养基为枯草芽胞杆菌生长的最适培养基，麦芽浸膏汤培养基为栖稻黄色单胞菌的最适培养基；分离得到的 2 株菌经 VITEK-32 生化鉴定仪鉴定为枯草芽胞杆菌和栖稻黄色单胞菌。该实验为建立对引起番茄酱腐败变质微生物的快速筛选方法打下一定的基础（曾献春等，2008）。从腐败食物中分离筛选到一株可降解牛乳蛋白的菌株，并通过菌落形态观察与测定、生理生化指标测定、核酸特征分析及 16S rRNA 基因序列测定等方面对该菌株进行鉴定，经 Blast 比对构建了该菌株的系统发育树。经上述几方面的鉴定后，判定该菌株为枯草芽胞杆菌（徐速等，2008）。从生产酱油的曲中分离到产纤溶酶的米曲霉 18 株和枯草芽胞杆菌 8 株。枯草芽胞杆菌和米曲霉所产纤溶酶都含有纤溶酶原激活剂，而且对苯甲酰-L-精氨酸乙酯盐酸盐（Benzoyl-L-arginine ethyl ester hydrochloride，BAEE）都有一定的分解作用（高占争和赵允麟，2005）。研究了海带提取物对 4 种微生物：枯草芽胞杆菌、大肠杆菌、黑曲霉、酵母菌的抗菌作用，并对海带提取物的提取条件进行研究。试验结果表明，海带提取物仅对枯草芽胞杆菌具有抗菌作用；较好的提取溶剂为 95% 甲醇。最佳提取条件为：温度为 30℃，时间为 8h，pH7（穆凯峰等，2009）。研究了枯草芽胞杆菌细胞的动力损伤与菌体失活的关系。结果表明：①动力作用导致的细菌亚结构损伤可造成细菌失活；②较低的动力作用即可造成枯草芽胞杆菌细胞的整体破碎和亚结构的致死性损伤；③微孔均质阀对细菌表层结构的破坏形式表现为细胞壁擦伤和细胞膜破裂；④较低强度的动力作用即可造成细菌的破碎和致死性亚结构损伤，但使菌全部破碎则需多次处理和高强度的动力作用，故致死性亚结构损伤的作用机理有待进一步研究；⑤动力作用对细菌细胞内部结构的损伤，有赖

于通过电镜观察细胞超薄切片来进一步研究(丁文波和张绍英,2005)。

研究了牡蛎壳、泥蚶壳、贻贝壳、河蚬壳、花甲壳等 5 种贝壳煅烧物对猪瘦肉和豆腐干的防腐效果,测试了上述 5 种贝壳煅烧物对枯草芽胞杆菌和大肠杆菌的杀菌动力学曲线,以及最低抑菌浓度(MIC)和最低杀菌浓度(MBC)。结果表明,各种贝壳煅烧物都能有效抑制细菌生长,其中牡蛎壳煅烧物的效果最好(段杉等,2007)。

采用喷嘴对·OH 进行载体喷雾定量杀菌实验,研究·OH 的衰减程度及其对大肠杆菌和枯草芽胞杆菌黑色变种的灭活作用;并通过测定不同浓度·OH 对细菌作用后产生的脂质过氧化物量和蛋白质漏出量,研究了·OH 对大肠杆菌和枯草芽胞杆菌黑色变种细胞损伤的情况。结果表明:应用锥形喷嘴(孔径 3.18mm,水压 0.49MPa)和扇形喷嘴(孔径 3.57mm,水压 0.63MPa)喷雾后的雾滴粒径可以有效地降低·OH 衰减,对有害细菌的杀灭率都可达到《消毒技术规范》要求(武建芳等,2010)。超高压是一种有效的灭菌消毒技术。通过鉴别设计(screening design)法对影响超高压杀菌效果的外界因子,如压力、温度、保压时间、升压速度、卸压速度进行了关键因子考察与评价,结果表明:温度、压力、保压时间对灭活枯草芽胞杆菌影响显著,升压速度和卸压速度对灭活枯草芽胞杆菌影响不显著(高瑀珑等,2003)。通过外界因子对超高压杀灭枯草芽胞杆菌效果的影响研究发现:温度、压力、保压时间是灭活枯草芽胞杆菌的显著影响因子。在此基础上,采用响应面法对主要因子压力、温度和保压时间进行了优化,结果表明杀灭 6 个数量级的枯草芽胞杆菌的条件,温度为 31.10~59.03℃,压力为 435.23~562.21MPa,保压时间为 10.11~19.53min,优化出 10 组杀菌工艺参数,并且对工艺参数进行验证(高瑀珑等,2004)。

从定性、定量的角度探讨了甲壳胺纤维和含银甲壳胺纤维对大肠杆菌、金黄色葡萄球菌、枯草芽胞杆菌 3 种常见的、具有代表性的细菌的抑制作用,并把这 2 种纤维和黏胶纤维的抗菌性能作了比较。结果表明,含银甲壳胺纤维比普通的甲壳胺纤维具有更好的抗菌性能(朱长俊和秦益民,2005)。

对经不同极性提取剂处理的柿子提取物进行抑菌活性分析、耐药性实验,并对其有效成分进行了初步鉴定。结果表明,柿子皮、蒂的抑菌活性高于果肉;脂溶性提取物具有良好的抗菌效果,其中正丁醇、乙酸乙酯部位有较好的抗菌效果;柿浆石油醚提液抑制枯草芽胞杆菌表现出了耐药性,但耐药性并不稳定。有效成分鉴定揭示柿子提取物中含有黄酮类、三萜类和可水解单宁(张雅利等,2007)。

对罗红霉素微生物鉴定用的试验菌枯草芽胞杆菌和短小芽胞杆菌,做了可靠性测试,结果表明,2 种试验菌均可作为罗红霉素含量测定的试验菌,尤以用短小芽胞杆菌作鉴定菌结果更为满意(张慧文和钟艺,1996)。分别对食用仙人掌(*Opuntia miloa*)和野生仙人掌(*Opuntia dillenii*)提取物进行了抑菌作用、最低抑菌和杀菌条件的研究。结果表明:野生仙人掌提取物对大肠杆菌和枯草芽胞杆菌有明显的抑制作用,食用仙人掌提取物的抑菌作用效果不明显。野生仙人掌乙醇提取物(odh)最小抑菌质量分数分别为:大肠杆菌 ω(odh)为 2.5%,枯草芽胞杆菌 ω(odh)为 5%。最低杀菌质量分数分别为:大肠杆菌 ω(odh)为 5%,枯草芽胞杆菌 ω(odh)为 10%。此外,正交试验的最佳抑菌条件为:提取物 ω(odh)为 10%,提取剂 φ(乙醇)为 85%,pH

为 4.5（杨洋等，2005）。

为改进吉他霉素片含量测定方法，提高方法的可靠性与可操作性。将试验菌以枯草芽胞杆菌代替藤黄微球菌进行效价测定。结果表明，与原方法比较，抑菌圈边缘清晰，直径大小适中，重现性好，可信限率降低，误差减小。该方法可靠，操作性强，可以替代原方法测定含量（李亚军等，2002）。

建立葡萄糖脱氢酶连续监测法，优化其检测条件。按酶连续监测法测定要求，对克隆的枯草芽胞杆菌葡萄糖脱氢酶表达酶液进行测定，确定反应体系的底物浓度、最适pH、反应温度、延滞时间、测定时间、检测范围等。以葡萄糖和 NAD^+ 为底物时，在反应 pH7.4、温度 37℃、延滞时间 30s、测定时间 60s 等条件下，检测上限可达 10 000U/L。因此连续监测法能用于测定葡萄糖脱氢酶，快速简便，结果可靠（姜旭淦等，2004）。

把一定浓度的菌液在含有不同浓度水杨酸的基础培养基上培养 12h，细菌的生长情况也会不同。当水杨酸的浓度较低时，会促进细菌生长；超过某一定值时，水杨酸对细菌生长的促进作用则会随着水杨酸浓度的增加而降低。实验发现最适合大肠杆菌生长的水杨酸浓度是 1.5mg/L，最适合枯草芽胞杆菌生长的水杨酸浓度是 4.0mg/L。单因素方差分析表明在该实验浓度范围内水杨酸对大肠杆菌和枯草芽胞杆菌生长的影响都是显著的（$P<0.05$）（柴瑞娟等，2007）。采用高静压协同中温的方法，研究了连续式施压（continuous pressurization）和间歇式施压（intermittent pressurization）两种不同方式对枯草芽胞杆菌芽胞的灭活作用。实验设计了分阶段施压方式，即先低压 200MPa/5min，再高压 500MPa/5min，循环 1~3 次。结果表明，同 200~500MPa 连续施压 30min 相比，间歇施压能更有效地杀灭芽胞，并缩短了处理时间。经扫描电镜观察，芽胞外壳出现凹陷（刘洁等，2008）。

采用同步辐射软 X 射线对枯草芽胞杆菌菌株 1831 进行辐照处理，研究了不同剂量下 3.1nm 的软 X 射线对其芽胞的失活和诱变作用。结果表明：同步辐射软 X 射线对枯草芽胞杆菌芽胞的剂量存活曲线表现为典型的"肩型"，对芽胞的失活作用为"单靶多击"方式，失活击中数等于 3。根据脱脂牛奶平板上蛋白酶活力大小的测量统计，以变异系数作为诱变效应指标，软 X 射线对芽胞具有一定的诱变作用（温崇庆等，2004）。

利用钢圈法测定蚯蚓体腔液对大肠杆菌、绿脓杆菌（*Pseudomonas aeruginosa*）和枯草芽胞杆菌的抑制作用，并利用微量平板稀释法测定蚯蚓体腔液对绿脓杆菌的最低抑菌浓度，结果如下：蚯蚓体腔液对枯草芽胞杆菌和大肠杆菌没有抑制作用，对绿脓杆菌有抑制作用，浓度为 0.1g/mL 时对绿脓杆菌的抑菌圈直径为 1.53cm；蚯蚓体腔液对绿脓杆菌的最低抑菌浓度（MIC）为 6.25mg/mL。体腔液用 85% 的硫酸铵沉淀、截留分子质量为 10kDa 和 1kDa 的超滤膜进行超滤，得到分子质量分别为大于 10kDa、1~10kDa、小于 1kDa 的 3 种组分 ECP1、ECP2、ECP3。用钢圈法测定了 ECP1、ECP2、ECP3 对绿脓杆菌的抑制作用，其中 ECP3 的抑菌作用最强，ECP1、ECP2 和 ECP3 的抑菌圈直径分别为 7.68mm、11.44mm 和 16.8mm。ECP3 对绿脓杆菌的最低抑菌浓度为 0.018mg/mL（刘艳琴等，2004）。

使用一套密闭式紫外线消毒装置，生物负荷取 10^3 cfu/mL 和 10^4 cfu/mL 2 个数量级；将水样引入到紫外线消毒装置中，水层厚度和照射功率一定，于不同的照射时间取样培养。试验结果表明，使用紫外线灭活枯草芽胞杆菌，灭活率随着生物负荷的增加而增加（孙兴滨和李国峰，2009）。

采用平皿培养法和滤纸片法，通过比较抑菌圈直径大小，初步筛选出几种能够抑制木霉和枯草芽胞杆菌生长的药剂。结果表明：4%~5%的新洁尔灭（苯扎氯铵）溶液和6%~8%的甲醛溶液对木霉菌及枯草芽胞杆菌有较好的抑制作用；1%的克霉灵（美帕曲星）溶液对木霉菌也有较好的抑制作用（刘起丽等，2004）。

探讨了新洁尔灭对金黄色葡萄球菌、枯草芽胞杆菌、大肠杆菌的抑菌效果。通过实验观察3种细菌的生长情况可知，18h之内，新洁尔灭对金黄色葡萄球菌、枯草芽胞杆菌有抑制效果，36h后，抑制效果明显下降；而对大肠杆菌基本没有效果（雒晓芳等，2009）。

通过改变水体的盐度、温度、pH等环境因子的药物敏感试验，观察环境因子的改变及不同抗生素对枯草芽胞杆菌生长的影响。结果表明，枯草芽胞杆菌的活性受环境因子及抗生素的影响较大，酸性环境、低温及多种常用抗生素对芽胞杆菌有明显的抑制作用，其最适生长环境是：pH7.5~8.5，温度6~30℃，而盐度对枯草芽胞杆菌的生长影响较小（阎斌伦等，2005）。

通过观察微波炉杀灭口腔石膏模型上枯草芽胞杆菌黑色变种的效果，为快速杀灭石膏模型表面的细菌提供依据。方法：试验菌为枯草芽胞杆菌黑色变种（ATCC 9372），石膏模型染菌后放入美的牌家用箱式微波炉，选用不同功率档和不同时间进行试验。结果：在输出功率为120W和输出功率为385W时，作用7min不能全部杀灭石膏模型表面的枯草芽胞杆菌黑色变种；在输出功率为700W时，作用3min和5min也不能完全杀灭枯草芽胞杆菌黑色变种，只有作用达7min方能完全杀灭枯草芽胞杆菌黑色变种。微波能有效杀灭口腔石膏模型上枯草芽胞杆菌黑色变种，但要保证一定的微波功率和作用时间（郭映辉等，2009）。

为观察聚维酮碘杀灭微生物效果，采用定量杀菌试验方法对聚维酮碘消毒剂杀菌效果进行观察。以有效碘含量为300mg/L的聚维酮碘溶液对布片上金黄色葡萄球菌和白色念珠菌作用7min，平均杀灭率可达100.00%；对枯草芽胞杆菌黑色变种作用180min，平均杀灭率均达99.65%以上。模拟现场试验结果证明，以有效碘含量为500mg/L聚维酮碘水溶液擦拭后作用20min，对物体表面自然菌的杀灭率达93.24%以上，说明聚维酮碘消毒液为强而有效的杀菌剂（李磊，2006）。

红霉素A肟（HL）与$MAc_2 \cdot nH_2O$（M=Cu，Zn，Co和Ni）反应，合成了4个新的配合物Mk，其结构和性能经IR、摩尔电导、XRD、DTA-TGA及倒置生物显微镜表征。研究了Mk对大肠杆菌（A）、枯草芽胞杆菌（B）、金黄色葡萄球菌（C）及沙门氏菌（D）的生物活性，并与HL和$M(Ac)_2 \cdot nH_2O$进行了比较，结果表明4个配合物对A~D的抑菌效果均比HL和$M(Ac)_2 \cdot nH_2O$好（王建华和黄倩，2009）。

为观察枯草芽胞杆菌喷雾剂对小鼠皮肤创伤愈合疗效的影响，采用小鼠皮肤创伤为模型，连续给药6d，第9天测定创面的缩小程度，在第15天观察各试验组的愈合率，并用直径12mm的打孔器，取下创面新生皮肤并称重，观察肉芽生长的情况。结果表明，枯草芽胞杆菌喷雾剂高剂量组和磺胺嘧啶银组创面面积显著小于空白对照组（$P<0.05$）；枯草芽胞杆菌喷雾剂的愈合率显著高于空白对照组（$P<0.05$）。枯草芽胞杆菌喷雾剂能够显著缩小创面面积，增加创面肉芽的质量，增加创面的愈合率（吴学海和刘红煜，2005）。

通过测定菌体浓度、抑菌圈直径和2,6-吡啶二羧酸（DPA）含量，研究大蒜汁对枯草芽胞杆菌（BS）的营养体及芽胞生长、发芽的影响，并采用响应面分析法优化确定大蒜汁抑菌适宜处理条件。结果表明：①大蒜汁对BS的最低抑菌浓度（MIC）和最低杀菌浓度（MBC）分别为0.4%和1%；②大蒜汁抑制作用主要是延长了BS的生长延缓期，0.3%的大蒜汁可使BS延缓期增加12h；③大蒜汁对BS的芽胞和DPA形成有明显的抑制作用，但对芽胞的发芽无抑制作用；④加热温度超过35℃、时间大于5h时处理的大蒜汁，对BS的抑制作用明显降低，在pH3～8时大蒜汁都有很好的抑菌活性，但pH>8.5时抑菌活性急剧下降；⑤响应面试验分析法优化确立了大蒜汁对BS抑制的二次回归方程和适宜处理条件，即在pH4.5、温度45℃加热处理5h的大蒜汁抑菌效果最好（张宝善等，2009）。

为建立鸡肌肉组织中盐霉素残留的微生物检测方法，采用枯草芽胞杆菌作为工作菌摸索条件，制备标准曲线，测定最低检测限及回收率。结果表明：在磷酸盐缓冲液中制备5组工作曲线，其变异系数为5.1%，相关系数为0.9923，最低检测限为0.25μg/mL；在肌肉组织中制备5组工作曲线，其变异系数为6.0%，说明本方法重现性较好，相关系数为0.9981，说明本实验有良好的线性关系，最低检测限为0.4μg/g，低于国家标准规定的肌肉组织中盐霉素的最高残留限量0.6μg/g；方法平均回收率为75.9%。研究表明采用枯草芽胞杆菌检测肌肉组织中盐霉素残留，其灵敏度高、可靠、快速、简便、易推广（李娜等，2008）。

为了解无菌物品流通环节污染情况，以采取相应措施确保无菌物品质量，采用棉拭涂抹采样和细菌检验方法进行了调查。结果：医院无菌物品流通环节以兑换容器污染最严重，污染菌数>100cfu/cm^2，检出分数占总数的45%。经消毒后，各流通环节检测全部符合卫生要求，达标率为100%。从采样标本中检出细菌73株，其中金黄色葡萄球菌24株，占32.88%；表皮葡萄球菌13株，枯草芽胞杆菌10株，肺炎克雷伯氏菌6株，铜绿假单胞菌3株。如医院无菌物品流通环节存在污染，会影响无菌物品质量，需要进行消毒处理（曹登秀和赵玛丽，2008）。

为探讨采用培养7d芽胞量达85%以上的枯草芽胞杆菌菌悬液代替培养18～24h的菌悬液作为微生物菌落计数方法验证用菌液的可行性，选取对枯草芽胞杆菌有抑制作用的6种药品，按《中华人民共和国药典》2005年版附录微生物限度检查法的要求，采用2种菌悬液分别进行微生物验证试验，对验证结果进行比较。结果表明，2种菌悬液对同一供试品的验证结果保持一致。采用培养7d的枯草芽胞杆菌菌悬液作为微生物验证用菌液是可行的且更为合理（温玉莹等，2009）。

为研究中草药消毒剂的杀菌效果，选取大黄、艾叶等中草药在实验室制备复方中草药消毒剂，并对其进行定量杀菌试验、临床现场消毒试验等研究。结果表明，以大黄、艾叶等中草药组方的中草药消毒剂对金黄色葡萄球菌作用10min，杀灭率达99.9%，作用 30min，可达 100%；对大肠杆菌作用 10min 以上，杀灭率达 100%；对枯草芽胞杆菌作用 15min 以上杀灭率达 99.9%；表面现场消毒对细菌杀灭率达 99.96%；54℃温箱中放置 14d 后，杀菌效果基本不变；有机物的存在对消毒效果有一定影响。结果提示中草药消毒剂用于养殖场消毒稳定有效，并可进行相关消毒剂的开发（王金和等，2010）。枯草芽胞杆菌等芽胞杆菌属的细菌是食品发酵工业中常见的污染菌。中国根霉菌株 12# 可产生一种对芽胞杆菌属有强烈抗菌作用的抗生物质。利用抗生物质溶液浓度梯度培养法和透射电镜观察法研究了该抗生物质对枯草芽胞杆菌的作用方式。抗生物质溶液浓度梯度培养法的结果表明，当抗生物质的浓度达 9000U/mL 时，枯草芽胞杆菌的延滞期无限变长。透射电镜的观察结果表明该抗生物质主要作用于细胞壁，使细胞内容物溢出。由此可知，该抗生物质对枯草芽胞杆菌的作用方式为溶菌（贾素娟等，2004）。

抗生素是某些微生物在生长代谢过程中产生的次级代谢产物，具有抑制或杀死微生物的能力。根据抑菌带的长短，即可判断氨苄西林对不同细菌的影响及不同浓度氨苄西林对同一种菌的影响，初步判断其抗菌谱。采用滤纸条法测定氨苄西林的抗菌谱，选用的菌种为金黄色葡萄球菌、大肠杆菌、枯草芽胞杆菌。随着氨苄西林浓度的增加，抑菌带的长度逐渐增长，抑菌效果越来越强，但同一浓度的氨苄西林对金黄色葡萄球菌、大肠杆菌、枯草芽胞杆菌的抑制效果差别不是很明显。氨苄西林通过抑制转肽作用使细菌的细胞壁解体而死亡（陈燕飞，2008a）。

研究 19 种氨基酸对大肠杆菌、金黄色葡萄球菌和枯草芽胞杆菌的抑菌作用，用氨基酸饱和液滤纸片分别对上述细菌的每个混菌液培养基平板做定性抑菌实验；将有抑菌作用的不同浓度氨基酸对此 3 种菌的 LB 培养基混菌液做定量抑菌实验。结果表明，半胱氨酸对金黄色葡萄球菌有较强的抑制作用，最佳抑菌时间为 6h，最适抑菌浓度为 0.006 25g/mL，此条件下抑菌率为 92.62%（陈月开等，2001）。

选取大肠杆菌和枯草芽胞杆菌分别代表自来水中易被灭活和不易被灭活的微生物，研究了微波无极紫外线最佳杀菌效果的极限浊度和照射时间。在此条件下，考察了自来水中大肠杆菌和枯草芽胞杆菌杀灭情况，并与普通中压汞灯进行比较。结果表明，最佳照射时间为 210s，微波无极紫外线杀菌率高达 99.92%；为了获得最佳的杀菌效果，原水浊度应小于 8FTU，杀菌的极限浊度为 40FTU；微波无极紫外线在 180s 时，对大肠杆菌的杀菌率达 100%；在 300s 时，对枯草芽胞杆菌的杀菌率达 100%，明显高于普通中压汞灯产生的紫外线杀菌效果（楼朝刚等，2008）。为探讨枯草芽胞杆菌对紫外线的耐受性，以枯草芽胞杆菌耐辐射菌株及其来源菌株枯草芽胞杆菌黑色变种为研究材料，以不同剂量紫外线辐照处理，采用平板计数法比较两种菌株的存活率，通过脉冲场凝胶电泳分析两种菌的 DNA 双链断裂（double strand break，DSB）。研究发现，对数期耐辐射菌株对紫外线的耐受性明显大于原菌株，耐辐射菌株 DSB 水平小于对应的原菌样品。耐辐射菌株对紫外线的耐受性较强，其 DNA 双链断裂程度与辐照剂量及辐照样品密切相关（周莉薇等，2009a）。采用抗生素微生物检定法中标准曲线法测定安普霉素抑制枯草芽胞杆菌 CMCC（B）63501 株的浓度范围与抑菌圈直径大小的关系，结果表明安普霉素浓度为 5~20U/mL，浓度的对数剂量与抑菌圈的直径大小呈较好的直线关系

（$R>0.99$）（梁先明和孙玉梅，1999）。

血压计是临床工作中频繁使用的仪器。为防止交叉感染，血压计的消毒是重要的一环，常用环氧乙烷消毒，但消毒周期较长；用紫外线照射，灭菌效果不理想。利用"森林雨"NY-300S床单位臭氧消毒器消毒，取得良好的消毒效果：对大肠埃希菌、铜绿假单胞菌、金黄色葡萄球菌、白色念珠菌的杀灭率为99.99%，对枯草芽胞杆菌黑色变种芽胞的杀灭率为99.77%（时英和杜丽，2006）。

研究了尼生素（乳链菌肽）协同超高压处理对枯草芽胞杆菌存活率的影响。采用响应曲面方法中的Pentagonal模式，对超高压处理枯草芽胞杆菌进行了实验优化设计，并进行了实验分析。结果如下：①压力、尼生素是超高压灭活枯草芽胞杆菌的显著影响因子；②在实验条件范围内建立的超高压杀灭枯草芽胞杆菌的回归模型有效，并可用于预测实验条件范围内及附近取值的枯草芽胞杆菌超高压杀菌结果；③添加尼生素比增加温度能更有效地协同超高压杀灭枯草芽胞杆菌；④在添加0.05mg/mL的尼生素基础上继续增加尼生素浓度，杀灭枯草芽胞杆菌效果不断提高，但增加速度不明显（曾庆梅等，2008）。

研究了瞬时高压对枯草芽胞杆菌的杀灭效果，以及不同pH和不同食品基质成分（蛋白质、蔗糖）对瞬时高压杀菌效果的影响。结果表明：瞬时高压作用对枯草芽胞杆菌具有一定的杀灭效果，随着处理压力的提高，枯草芽胞杆菌的致死率上升；提高进料温度对其杀灭效果也有所改善，但效果不明显；瞬时高压对枯草芽胞杆菌的致死率随着处理次数的增加而上升，且提高处理次数比提高压力的效果更明显。此外，酸性和碱性条件下较中性条件下更有利于瞬时高压杀菌；蛋白质和糖类对菌体有一定的保护作用，在一定浓度范围内，随着加入物浓度的提高，对菌体保护作用越强（钟业俊等，2006）。应用响应面法建立了食品基质对超高压杀灭枯草芽胞杆菌影响的二次多项数学模型，由该模型系数的显著性检验可知，大豆分离蛋白（$P<0.0001$）、蔗糖（$P<0.0001$）、pH（$P=0.0006$）对超高压灭活枯草芽胞杆菌影响显著，豆油影响不显著（$P=0.8363$）；同时模型的方差分析表明该模型极显著（$P=0.0001$），实验误差小，以此模型作为食品超高压杀灭枯草芽胞杆菌的预测模型，具有很高的拟合优度（高瑀珑等，2004）。

以白葡萄球菌、大肠杆菌和枯草芽胞杆菌为试验菌种，研究了壳聚糖改性后烟用二乙酸纤维丝束纤维的抗菌效果。发现改性纤维抗菌活性随着壳聚糖浓度和脱乙酰度增加而提高；通过扫描电镜观察，发现改性纤维表面菌体被抑制；通过电镜照片分析和红外光谱分析表明壳聚糖和二乙酸纤维表面发生了物理吸附并可能伴有化学交联作用（王进等，2004）。

以玻璃作为枯草芽胞杆菌的载体，研究了二氧化氯浓度、杀菌时间及温度3个因素对枯草芽胞杆菌杀菌效果的影响。结果表明：随着气体二氧化氯浓度的增加和杀菌时间的延长，杀菌效果明显增强，当气体二氧化氯浓度从$0.2mg/m^3$升高到$1.2mg/m^3$时，枯草芽胞杆菌的杀菌量的对数值由2.12 ± 0.20增加到7.02 ± 0.20；当杀菌时间从5min延长到35min时，杀菌量的对数值由3.07 ± 0.20增加到7.08 ± 0.20；杀菌温度对杀菌效果的影响不大（申小静等，2009）。

以枯草芽胞杆菌为实验生物，测定了12种硝基苯化合物对其种群生长抑制的12h

半数生长抑制浓度值（IGC$_{50}$，50% inhibitory growth concentration），应用 LgP、$^1x^v$、I、^1Ka、$\sum\sigma^-$ 和 E_{lumo}（LgP 为辛醇/水分配系数，是疏水性参数；$^1x^v$ 为一阶价分子连接性指数，是表征分子整体性质的参数；I 为指示变量，是反映硝基的数目及位置关系的经验指数；^1Ka 为分子形状指数；取代基常数总和 $\sum\sigma^-$ 是除 NO_2 外苯环上其他取代基 σ^- 值总和，为取代基电子效应参数；E_{lumo} 是最低空分子轨道能，与分子对电子的亲和力成正比，为电子效应参数，其值越负，表明电子进入该轨道后体系能量降低得越多，即该分子接受电子的能力越强）6 种物理化学描述进行定量结构活性相关性（quantitative structure activity relationship，QSAR）分析，建立 QSAR 模式，并且预测了 6 个相似化合物的毒性（徐镜波和景体淞，2002）。

以大肠杆菌和枯草芽胞杆菌为毒性测试生物，测定了硝基化合物对两种细菌种群的半数生长抑制浓度值（EC$_{50}$值），并对其进行定量结构活性相关性（QSAR）研究，分别获得多重线性回归方程，大肠杆菌：$-\lg \text{EC}_{50}=1.575+0.522\lg P+0.332I+0.341\sum\sigma^-$，$n=27$，$r=0.907$，$r^2=0.822$，$s=0.194$，$f=35.4$。枯草芽胞杆菌：$-\lg \text{EC}_{50}=0.744\lg P+0.276I+0.230^1Ka+0.179E_{\text{lumo}}-0.928$，$n=26$，$r=0.964$，$r^2=0.928$，$s=0.113$，$f=68.1$。应用所建的 QSAR 模式，预测结构相似的硝基芳烃化合物的 EC$_{50}$ 值，并探讨了毒性作用机制（景体淞和徐镜波，2004）。

以枯草芽胞杆菌为研究对象，考察了真空后喷涂系统对颗粒间均匀性及颗粒内外均匀性的影响因素。结果表明：真空后喷涂技术可显著提高颗粒饲料内外均匀性并能有效提高芽胞杆菌的活性保存率。就试验系统而言，当在混合时间为 6min、喷嘴流量 1.5L/min、喷涂压力 0.4MPa、真空压力 0.02MPa、真空释放时间 120s 条件下，对枯草芽胞杆菌进行真空后喷涂试验时颗粒内外均匀性达最优（董颖超等，2007）。

用葡萄多糖（polysaccharides of vitis，VLP）对 8 种常见食品微生物进行抑菌实验，结果表明，葡萄多糖对枯草芽胞杆菌、根霉、酿酒酵母菌有显著的抑制作用，最小抑制浓度分别为：枯草芽胞杆菌为 12.5μg/mL，大肠杆菌为 25μg/mL，金黄色葡萄球菌为 50μg/mL，根霉为 25μg/mL，曲霉为 50μg/mL，酿酒酵母菌为 25μg/mL。葡萄多糖抑菌存在最佳 pH，温度越高，抑菌效果越显著。相同时间内，多糖溶液浓度越高，抑菌率越高；同一浓度，作用时间越长，抑菌率越高（王忠民等，2005）。

用微生物法测定莫能菌素并筛选出合适的工作菌，分别选用短小芽胞杆菌和枯草芽胞杆菌作为工作菌摸索条件，制备标准曲线，测定最低检测限。结果表明，采用枯草芽胞杆菌的最低检测限为 1μg/mL，较短小芽胞杆菌的 1.25μg/mL 要低；枯草芽胞杆菌标准曲线的相关系数为 0.9983，较短小芽胞杆菌的 0.994 要高，说明实验有良好的线形关系；5 组工作曲线的变异系数分别为 5.1% 和 1.7%，说明本方法重现性较好。因此，应提倡采用枯草芽胞杆菌来检测莫能菌素（李娜等，2007）。

六、枯草芽胞杆菌的产酶特性

C1-B941 是一株枯草芽胞杆菌的转酮醇酶（transketolase，TKT）变异株，与亲株 C1 相比，其在菌体形态及代谢特性上发生了显著变化，如对戊糖不利用、对葡萄糖等利用变弱、碳源利用存在抑制，表现为芳香氨基酸合成途径缺陷，对数期细胞聚集成链，芽胞形成能力下降，在发酵培养基中可以积累 D-核糖，发酵液具有广泛的用途（米丽娟等，2003）。β-1,3-1,4-葡聚糖酶活性检测结果表明，从辣椒根际筛选的拮抗菌枯草芽胞杆菌 SC2-4-1 能产生 β-1,3-1,4-葡聚糖酶。以菌株 SC2-4-1 的基因组 DNA 为模板，用 PCR 方法克隆了该菌的葡聚糖酶基因 gluB，其可读框为 711bp，编码 237 个氨基酸。Blast 分析表明，该序列与已报道的多粘类芽胞杆菌 ATCC 842 的 β-1,3-1,4-葡聚糖酶基因 gluB 相似性为 85%。所得基因序列的系统发育分析显示，该基因属于 β-1,3-1,4-葡聚糖酶基因。经 DNAMAN 软件比对，所得葡聚糖酶氨基酸序列具有催化裂解 β-1,3-糖苷键和 β-1,4-糖苷键的葡聚糖酶活性位点的作用（朱辉等，2008）。

采用 PCR 法，获得不含有信号肽序列的来源于枯草芽胞杆菌的植酸酶 phyC 基因的非融合和融合表达片段，分别构建带有 T7lac 启动子的大肠杆菌的植酸酶 pET30NFphyC 和 pET30FphyC 表达载体，并转入大肠杆菌 BL21（DE3）。大肠杆菌分别在 30℃ 和 25℃ 经 IPTG 诱导后实现了植酸酶的表达，非融合和融合植酸酶的表达量分别约占菌体总蛋白的 13% 和 15%，分子质量分别为 40.13kDa 和 43.27kDa。表达产物具有植酸酶的生物学活性，非融合植酸酶和融合植酸酶的最适反应温度分别为 50℃ 和 75℃，经 90℃ 处理 10min，残留酶活性分别为 37℃ 时的 31.9% 和 75.7%。分析表明，含 13 个氨基酸残基的融合片段有助于植酸酶的表达和酶热稳定性的提高（吴琦等，2004）。

采用活性聚丙烯酰胺凝胶电泳和均质提取法相结合，从枯草芽胞杆菌固体培养基发酵产物中分离得到了 2 种木聚糖酶；薄层色谱和高压液相色谱分析结果进一步表明它们具有内切木聚糖酶的活力，分别定义为 xyl Ⅰ 和 xyl Ⅱ。2 种酶具有相同的最适反应温度（50℃）和最适 pH（7.0）；另外，还研究了内切木聚糖酶 xyl Ⅱ 对小麦麸皮不溶性膳食纤维的作用；纸色谱分析结果表明，酶解产物中含有阿魏酰低聚糖（袁小平和姚惠源，2005）。利用蛋白质双向电泳对枯草芽胞杆菌自然感受态缺陷突变株 BR151pm 感受态形成期的全细胞蛋白质进行比较分析，发现有 28 个蛋白质斑点出现变化。利用基质辅助激光解吸/电离串联飞行时间质谱对其中 2 个明显缺失的蛋白质斑点进行分析鉴定，确定这 2 个蛋白质分别为直接参与自然感受态形成蛋白和 RecA 蛋白，进一步确证了 BR151pm 为自然感受态缺陷突变株（唐嫚等，2007）。

采用酪蛋白平板和羧甲基纤维素钠（CMC-Na）平板初筛法，分别从北京、大连、日本 3 个产地的纳豆食品中分离筛选到 10 株产蛋白酶菌株（NY-1～NY-10）和 10 株产纤维素酶菌株（NS-1～NS-10）。经酶活力测定 NY-1 为蛋白酶活力最高菌株，NS-1 为纤维素酶活力最高菌株。通过 2 株菌的生长曲线、芽胞形成曲线、产酶动态变化曲线和酶活力传代稳定性试验，得出 NY-1 的最佳种龄为 16h，最佳芽胞收获时间为 28h，芽胞量的对数值为 6.92±0.047、蛋白酶产酶高峰时间为 18h，酶活力为（44.12±1.48）U/mL；NS-1 的最佳种龄为 14h，最佳芽胞收获时间为 28h，芽胞量的对数值为 8.41±0.0060，纤维素酶产酶高峰时间为 40h，酶活力为（60.94±1.22）U/mL，蛋白酶和纤维素酶酶活力在 7 代内保持稳定（奚晓琦等，2011）。采用弱阴离子树脂 DEAE-52 和蓝色琼脂糖凝胶 FF 层析对枯草芽胞杆菌产生的胞外二氢硫辛酰胺脱氢酶的粗酶液进行 2 步纯化，得到电泳纯的二氢硫辛酰胺脱氢酶，纯化倍数为 59.7，收率为46.9%。通过SDS-PAGE法测得其亚基分子质量为71.06kDa，Superdex 75法测得其分子质量为74.25kDa，表明枯草芽胞杆菌WY34产胞外二氢硫辛酰胺脱氢酶为单亚基蛋白质。采用的二氢硫辛酰胺脱氢酶的纯化方法，简便且收率较高（武爱民等，2008）。

采用紫外诱变（波长260nm，功率15W）对一株产α-乙酰乳酸脱羧酶的枯草芽胞杆菌菌株BS059进行诱变处理。结果表明，在紫外辐照时间为50s时，诱变效果较好。从正突变菌株中反复筛选，得到2株产酶量较高的菌株BS059-15和BS059-22，比原出发菌株的酶活分别提高了107.62%和162.25%。经过连续传代试验，证明其遗传性状稳定，为可遗传变异（王洲等，2007）。采用紫外诱变、化学诱变［硫酸二乙酯（DES）诱变］及复合诱变的方法对产纤维素酶枯草芽胞杆菌B6的原生质体进行诱变，选育出10个高纤维酶活突变株。摇瓶发酵试验结果表明，所选突变株酶活都显著高于B6，其中，紫外诱变处理的突变株Z12、化学诱变得到的突变株H1及复合诱变处理的突变株F12的产酶能力相对较强，且产酶能力稳定，酶活值分别为448.3U/mL、450.9U/mL、491.8U/mL，分别为对照的176%、178%、194%。试验结果说明，对枯草芽胞杆菌的原生质进行诱变可以提高菌株产纤维素酶的能力，而原生质体的复合诱变可提高诱变效应（谢凤行等，2010）。

从118份样品中分离到一株产植酸酶的枯草芽胞杆菌菌株WHNB02，其发酵液经乙醇沉淀、硫酸铵分级沉淀及Sephadex G-100柱层析等步骤后分离纯化了该酶，纯化倍数约为31.5倍，回收率为13.0%。该酶为单体酶，SDS-PAGE测得的分子质量约为47.3kDa，以植酸钠为底物的K_m值为0.5mmol/L，酶反应的最适温度为60℃，80℃作用10min酶活保存61%，最适pH为7.0，在pH6.0～10.0时稳定，酶活性及稳定都需要Ca^{2+}存在。EDTA、Mn^{2+}、Ba^{2+}（5mmol/L）对酶活具有很大的抑制作用（胡勇等，2005）。从11份土样中分离出109株具碱性蛋白酶活力菌株。从中筛选出一株枯草芽胞杆菌，菌株109号具高温碱性蛋白酶（thermophilic alkaline protease，TAP）活力，在pH10环境中好氧生长，最适生长温度为37℃左右，TAP活力平均为86.9U/mL。菌株109号经亚硝基胍诱变后，得到一株TAP活力提高至301U/mL的突变株M92，该诱变株再用利福平抗性平皿自然分离得到一株具利福平抗性菌株R01，其TAP活力达350U/mL（李玲和刘祖同，1994）。

从传统小麦粉发酵食品中分离得到一株革兰氏阳性且为兼性需氧的内生芽胞杆菌菌株MN，为枯草芽胞杆菌，该菌能产生胶原蛋白酶，其16S核糖体核酸序列与枯草芽胞杆菌的序列同源性为99%。通过一系列的离子交换层析与分子筛层析，该菌分泌产生的胶原蛋白酶被分离纯化到单一条带，其活性最适反应温度与酸碱度分别为55℃和pH11.0，而且该酶的热稳定性与酸碱度稳定性分别为50℃和pH5.0～11.0（龚福明等，2009）。从江苏省沿海滩涂国家丹顶鹤自然保护区盐碱土样中，分离得到一株果胶酸裂解酶产生菌ZQX8，经形态、生理生化特征和16S rDNA鉴定，初步鉴定为枯草芽胞杆菌；该菌株的最佳培养条件为37℃、pH6.5、0.1～0.25mol/L NaCl，但在pH7～9、0.5～1.0mol/L NaCl浓度下仍然能较好的生长，表现出一定的耐盐性和耐碱性；该菌分泌的胞外果胶酸裂解酶的最佳底物为果胶酸，在培养基中酶活达4U/mL；该果胶酸裂解酶在 40~60℃、pH8~10 的碱性条件下酶活较高，在 600mmol/L NaCl 存在的条件下，也能保持较高的酶活，显示该酶具有一定的耐碱性和耐盐性（赵庆新和韩丰敏，2007）。

在河南商丘盐碱地堆肥土壤样中分离到一株产碱性蛋白酶的嗜热菌株 SR-15，经鉴定为枯草芽胞杆菌。摇瓶发酵研究表明，其适宜培养条件为：玉米粉 40g/L、黄豆粉 40g/L、$MgSO_4 \cdot 7H_2O$ 0.5g/L、NaCl 10g/L、$K_2HPO_4 \cdot 3H_2O$ 1.0g/L，起始 pH10.0，培养温度 45℃，摇瓶转速 190r/min，250mL 三角瓶的装液量 100mL，48h 后发酵液酶活为 1180U/mL（杨冠东等，2008）。

从四川成都及其周边地区的淀粉厂、米厂、面粉厂等样品采集地的土样和污水当中筛选到 16 株酶活较高的野生型 α-淀粉酶生产菌，其中一株编号为 G1 的菌株酶活最高，液体发酵酶活达 20U/mL。该株菌能在高温（50℃）条件下生长良好。菌株（G1）在电子显微镜下观察，有明显芽胞，经生理生化常规鉴定，进一步的 16S rDNA 分子鉴定确定该菌为枯草芽胞杆菌，并对菌株 G1 的产酶条件进行优化（徐颖等，2008）。从土壤中分离到了产中性植酸酶的枯草芽胞杆菌菌株并对所产植酸酶进行了分离纯化，此中性植酸酶的反应最适 pH 为 7.5，最适温度为 55℃，在 37℃ 条件下以植酸钠为底物的 K_m 值为 0.19mmol/L，植酸酶活性依赖 Ca^{2+} 的存在，酶蛋白的分子质量大小约为 45kDa，纯酶蛋白 N 端序列为 Lys-His-Lys-Leu-Ser-Asp-Pro-Tyr-His-Phe-Thr（王亚茹等，2001）。

对产中性蛋白酶的枯草芽胞杆菌菌株 AS1.398 进行离子注入诱变，从正突变率较高的注入剂量 30×10^{14}~50×10^{14} ions/cm^2 内，筛选出一株高产菌株 ZC-7。该菌株在优化了的摇瓶培养基中，培养 42h，产酶可达 16 900U/mL。在 7L 发酵罐上控制 pH6.0~7.0，溶氧 10%~20%，以 32℃—40℃—30℃ 变温发酵 42h，酶活力最高可达 19 680U/mL，为初始菌株的 2.1 倍（赵丛等，2008）。

对从土壤中筛选到的一株枯草芽胞杆菌菌株 XY1905 木聚糖酶的酶学性质进行了初步研究，结果表明：木聚糖酶测定的最佳条件是 pH 为 6，反应时间 10min，反应温度 60℃；热稳定性很强，在 80℃ 条件下保温 1h，剩余酶活 96.44%；对金属离子不敏感（崔月明等，2005）。对从自然界筛选获得的枯草芽胞杆菌菌株 515 进行紫外线、氯化锂、硫酸二乙酯的复合诱变，获得了一株遗传稳定的高产几丁质酶活性菌株。采用正交试验设计对变异菌株的培养基和培养条件进行优化，采用其优化条件，使变异菌株单位发酵液的几丁质酶活性提高到了 1.53U/mL（张敏等，2010）。

对枯草芽胞杆菌菌株 TM903 嘌呤核苷磷酸化酶进行分离纯化及酶学性质研究。经加热、硫酸铵盐析和 Sephadex G-100 凝胶过滤，对菌株 TM903 中的嘌呤核苷磷酸化酶进行分离纯化，并对其酶学性质进行研究。酶的最适反应温度为 65℃，最适反应 pH 为 7.5，在 30~50℃ 时热稳定性较好；K^+ 对该酶有激活作用，而 Na^+、Ca^{2+}、Mg^{2+}、Mn^{2+} 等金属离子对该酶有抑制作用；K_m 值为 2.11mmol/L，V_{max} 值为 0.84mmol/(min·L)（刘淑云等，2008）。

分别采用硫酸铵盐析法、丙酮沉淀法、聚乙二醇沉淀法对枯草芽胞杆菌菌株 K_{3-14} 发酵产生的 β-甘露聚糖酶（β-mannanase）进行提纯。其中硫酸铵盐析法在 60% 饱和度时提纯 9.18 倍，比活力为 16.20U/mg；丙酮沉淀法在用量体积分数 1.0∶1 时提纯 10.43 倍，比活力为 192.31U/mg；聚乙二醇沉淀法在 0.35g/mL 浓度时提纯 14.68 倍，比活力为 270.69U/mg。提纯后的 β-甘露聚糖酶制品经电泳鉴定呈 4 条蛋白带（蒋燕军等，1998）。分析了 β-巯基乙基（β-ME）和二硫苏糖醇（DTT）对枯草芽胞杆菌细胞蛋白质组分的影响。在 LB 培养基中，β-ME 和 DTT 处理能诱导一个 50kDa 蛋白质（P50）的合成。在正常生长条件下 P50 是一个组成性（constitutive）合成的细胞质蛋白质。热激也能诱导 P50，但是芽胞形成（sporulation）不能诱导 P50。在 Schaeffer 芽胞形成培养基中，β-ME 和 DTT 都不能诱导 P50，表明二硫键还原剂诱导 P50 的能力依赖于特定的生理条件。用 V8 蛋白酶有限降解 P50，得到 4 个主要的多肽片段，测定了其中 2 个片段的 N 端氨基酸序列，同源性检索发现 P50 高度同源于蛋白质合成的伸长因子 Tu（王台等，1998）。

根系可分泌表达枯草芽胞杆菌纤溶酶（BSFE）的转基因烟草，在 0h、8h、16h 和 24h 的光照条件下，在 25℃、30℃ 和昼 30℃/夜 25℃、16h/8h 光暗培养条件下，以及通气与不通气的水培处理下，其水培液 BSFE 活性呈抛物线形变化趋势。延长光照时间可加快其根系向水培液中分泌 BSFE，峰值出现提前，但培养后期水培液 BSFE 活性急剧降低。4 个时间处理相比，8h、16h 光照处理能维持该转基因烟草根系 BSFE 分泌的较高水平。建议生产中使用 16h 以上光照培养，适当缩短培养液更新周期，以 8～10d 为宜。昼 30℃/夜 25℃ 培养条件下水培液 BSFE 活性在峰值出现前介于 30℃ 和 25℃ 培养条件之间，而峰值出现后则高于 30℃ 和 25℃ 培养条件，说明温度对器官生长、代谢的影响是造成 3 种温度处理下水培液 BSFE 活性差异的主要原因。通气处理可提高该转基因烟草根系 BSFE 的分泌水平。但在 1～15d 的培养期内，通气处理与不通气处理间不存在显著差异。这说明通气处理对短时间培养并不必要（王瑞刚等，2005）。为克隆枯草芽胞杆菌纤溶酶（BSFE）基因及其前导肽序列，通过农杆菌 EHA105 介导转化，获得转基因烟草植株，其 BSFE 的表达水平为叶片（42.97±28.59）U/g 鲜重、茎（15.14±10.57）U/g 鲜重和根（25.55±14.71）U/g 鲜重。其内源 BSFE 信号肽可在转基因烟草中行使蛋白质转运功能，使 BSFE 具有分泌表达特性（王瑞刚等，2005）。枯草芽胞杆菌纤溶酶（BSFE）是一种碱性丝氨酸蛋白水解酶，具有强烈的纤溶活性，临床上可用于预防和治疗血栓栓塞性疾病，可用于开发新型溶栓药物。采用 PCR 法克隆枯草芽胞杆菌纤溶酶基因及其前导肽序列，通过农杆菌介导转化野生型拟南芥，并利用纤维蛋白平板法检测 BSFE 纤溶活性。通过农杆菌介导转化获得转 BSFE 基因拟南芥，PCR 检测证实 BSFE 基因已在转基因拟南芥基因组内整合，纤溶活性检测进一步证实 BSFE 可在转基因拟南芥体内表达，并可通过组织及根系分泌型表达，建立植物组织及根系分泌表达外源蛋白的系统模型。该研究为进一步阐明外源蛋白分泌表达机理及建立植物根系分泌生物反应器提供依据（王福慧等，2008）。

建立了一种快速、简便分离纯化木聚糖酶的方法。采用活性聚丙烯酰胺凝胶电泳和均质提取法相结合，从枯草芽胞杆菌固态培养基发酵产物中分离得到了 2 种内切木聚糖酶，分别定义为 xylⅠ和 xylⅡ，它们水解桦木木聚糖的主要产物有木二糖、木三糖和聚合度更高的木聚寡糖，没有木糖。SDS-PAGE 显示内切木聚糖酶 xylⅡ为单肽链结构，分子质量为 108.68kDa。内切木聚糖酶 xylⅡ的酶反应最适温度为 50℃，酶反应的最适 pH 为 7.0。Mn^{2+} 对 xylⅡ酶反应具有促进作用，将酶活提高了 2.7 倍，而 Fe^{3+} 对该酶反应起完全抑制作用（袁小平等，2004）。采用活性聚丙烯酰胺凝胶电泳和均质提取法相结合，分离纯化枯草芽胞杆菌固体培养基发酵产物中的木聚糖酶，进一步用薄层色谱和高压液相色谱对木聚糖酶进行鉴定。采用活性聚丙烯酰胺凝胶电泳和均质提取法相结合，从枯草芽胞杆菌固体培养基发酵产物中分离得到了 2 种内切木聚糖酶，酶解桦木木聚糖的主要产物以木二糖和木三糖为主。活性聚丙烯酰胺凝胶电泳和均质提取法相结合是一种新的分离纯化木聚糖酶的简便、有效方法（袁小平和姚惠源，2004）。

为鉴定一株高产甘露聚糖酶菌株，以高产甘露聚糖酶的菌株为对象，采用形态观察、生理生化试验及 16S rDNA 系统发育分析手段对其进行鉴定。该菌株在牛肉膏蛋白培养基上培养 24h 后，菌落表面粗糙，不透明，白色，革兰氏阳性，杆状，能形成芽胞，表明其应归入芽胞杆菌属。对菌株 F1-5 进行生理生化特征鉴定，结果表明，其为枯草芽胞杆菌或蜡状芽胞杆菌。PCR 扩增获取该菌的 16S rDNA 基因，经 Blast 同源序列比对，结果显示，菌株 F1-5 16S rDNA 与枯草芽胞杆菌的 16S rDNA 具有 99％的同源性，表明 F1-5 为枯草芽胞杆菌。该研究为甘露聚糖酶工业化开发应用奠定了基础（张闻等，2009）。

将枯草芽胞杆菌 AS1.398 编码中性蛋白酶的功能区和包含前导区序列（"pro"序列）在内的全长基因克隆到酵母整合型质粒 pPIC9K 中，电转化 His4 缺陷型巴斯德毕赤酵母 SMD1168，通过 MDG418 平板、PCR 方法筛选和鉴定重组子。重组子发酵液经 SDS-PAGE 分析和酶活测定表明，枯草芽胞杆菌 AS1.398 的全长中性蛋白酶基因在毕赤酵母中获得了高效表达，表达产物分泌至培养基中，分子质量约为 43kDa。经甲醇诱导培养后，发酵液中的中性蛋白酶活力达 20 000U/mL（许波等，2005）。

将巨大芽胞杆菌的青霉素酰化酶（PGA）基因整合进枯草芽胞杆菌的基因组，筛选获得可以使 PGA 稳定表达的枯草芽胞杆菌菌株，克服了枯草芽胞杆菌中质粒表达不稳定的缺点。分别构建了含不同 PGA 基因拷贝数的 3 种枯草芽胞杆菌菌株，同时分析了这些菌株中 PGA 表达量的差异。37℃试管培养 36h 菌株 *B. subtilis*/xhoI⁻、aprE⁻、vpr⁻ 的酶活力为 3U/L，菌株 *B. subtilis*/xhoI∷pga 为 6U/L，菌株 *B. subtilis*/xhoI∷pga、aprE∷pga 为 14U/L，菌株 *B. subtilis*/xhoI∷pga、aprE∷pga、vpr∷pga 为 23U/L。结果表明，整合的拷贝数越多，PGA 的表达量越高（石爱琴等，2009）。

经硫酸铵分级沉淀、超滤浓缩、阴离子交换层析和凝胶过滤层析，从枯草芽胞杆菌菌株 BM9602 培养滤液得到了常规凝胶电泳显示为一条带的中性 β-甘露聚糖酶。该酶具有与其他已知同类酶相类似的性质，但用 SDS-PAGE 测得该酶分子质量为 37kDa，用聚丙烯酰胺等电聚焦电泳测得等电点 pI 为 4.9（马建华和崔福绵，1999）。菌株 BM9602 产生的中性内切 β-甘露聚糖酶（ENDO-β-1,4-D-mannan mannanohydrolae, EC, 3.2.1.78）经硫酸铵分级沉淀、DEAE-纤维素（DE22）离子交换柱层析，得到电泳纯的样品，提纯了 45.5 倍，收率为 5.9％。用 SDS-PAGE 测得该酶的分子质量为 35kDa。用 PAGE-IEF 测得其等电点 pI 为 4.5。酶反应的最适 pH 为 5.8，最适温度为

50℃。该酶在 pH6.0～8.0、50℃以下稳定；金属离子 Hg^{2+} 和 Ag^+ 对酶活性强烈抑制。酶对槐豆胶、羟丙基瓜胶、田菁胶和魔芋粉的 K_m 值分别为 3.8mg/mL、14.9mg/mL、11.3mg/mL 和 2.4mg/mL；V_{max} 值分别为 24.5μmol/(min·mg)、86.5μmol/(min·mg)、38.4μmol/(min·mg) 和 19.8μmol/(min·mg)。酶水解甘露聚糖为甘露寡糖（不含单糖）（李文玉等，2000）。

考察分离得到的一株产中性蛋白酶枯草芽胞杆菌 B.SUBT12 最适作用温度、pH 及温度、pH、金属离子和表面活性剂对酶稳定性的影响。结果表明：该酶最适作用温度为 55℃，最适作用 pH 为 7.5，酶在 55℃反应 45min 仍有 50% 的酶活力，热稳定性较好。金属 Ca^{2+} 和表面活性剂 Tween-80 对酶有一定的激活作用，但激活作用不显著（包巨南等，2007）。应用统计学方法优化了枯草芽胞杆菌 CNMC-0014 中性蛋白酶产生的培养基组分。单因素试验研究发现，在测试的 6 种碳源中，以甘油和玉米粉对产酶影响显著，酶活力分别为 (3955.16±2.15) U/mL 和 (3939.15±1.87) U/mL。氮源试验中发现，大豆粉对产酶影响最为显著，酶活力达 (4318.12±5.66) U/mL。通过极差分析与正交分析优化了培养基配比，优化方案为：2% 玉米粉、1% 甘油、3% 玉米粉和 3% 麸皮。方差分析结果发现，甘油和玉米粉对产酶影响显著（$P<0.05$），大豆粉对产酶影响极显著（$P<0.01$），麸皮对产酶影响不显著（$P>0.05$）。同时，还研究了金属离子、溶氧、起始 pH、菌龄及接种量对产酶的影响；结果表明，Ca^{2+}、Na^+、Zn^{2+}、Mn^{2+} 可以在不同程度对产酶有激活作用，特别是 Ca^{2+}，酶活力为 4552.97U/mL，而 Fe^{3+}、Fe^{2+}、K^+、Ag^+ 对产酶有强烈的抑制作用，特别是 Ag^+（酶活力仅为 987.46U/mL），最适摇瓶装量为 50mL/300mL，最佳起始 pH 为 7.5，最佳菌龄与接种量分别为 24h 和 3%（肖怀秋等，2008）。

枯草芽胞杆菌 B135 工程菌能产生抗氧化型碱性蛋白酶，粗酶经硫酸铵分级沉淀、CM-52 层析、Sephadex G-100 层析，得到凝胶电泳均一样品，比活达 1700U/mg，是粗酶比活的 7.69 倍，该酶在 60℃时酶活力最高，最适 pH 为 10.2。在 50℃时，温浴 10min 后，酶活降低到原来的 50%，该酶受 1mol/L H_2O_2 作用 20min，仍保持 96% 的酶活（黄凡和李心治，1996）。枯草芽胞杆菌 FM 208849 是从罗布麻表皮中筛选到的一株高效产果胶酶的菌株，对罗布麻的生物脱胶效果明显。从菌种生长与诱导物 2 个方面对枯草芽胞杆菌 FM 208849 产酶发酵条件进行优化，并对所产果胶酶催化反应条件进行了初步分析。结果表明：最佳产酶培养基为果胶与葡萄糖共 4g/L（质量比为 1:3），牛肉膏 15g/L，NaCl 2g/L；最佳发酵时间为 24h。初步测定果胶酶的最适反应温度为 40℃，最适 pH 为 9.5，其分子质量在 42.2kDa 左右（翟秋梅等，2010）。

枯草芽胞杆菌 SC3-2 是一株高产环糊精葡萄糖基转移酶（CGTase）的菌株，将其发酵液通过 $(NH_4)_2SO_4$ 分级沉淀、DEAE-纤维素（DEAE-cellulose-52）离子交换层析和 Sephadex S-200 凝胶层析进行纯化。经过几步纯化后 CGTase 比活力达 4923U/mg，纯化倍数达 11.37 倍，回收率为 20%。通过对酶性质的测定，结果表明：在 pH6.5、30℃条件下，菌种产酶量最高；在 pH5.5～7.5、40℃以内该酶较为稳定；Mn^{2+} 和 Ca^{2+} 对酶活具有一定的促进作用；EDTA、Na^+、Fe^{3+}、Cr^{3+}、Zn^{2+}、Cu^{2+} 对酶活影响不大；SDS、Ag^+ 和 Hg^+ 使酶几乎失去活性。该研究为环状糊精葡萄糖基转移酶的应用提供了依据（朱德艳，2010）。枯草芽胞杆菌 ZC-7 的发酵液，经离心分离得到粗酶液，再经硫酸铵盐析、中空纤维膜除盐浓缩、DEAE-Sepharose Fast Flow 离子交换层析、Sephadex G-75 柱层析等步骤获得电泳纯的中性蛋白酶。SDS-PAGE 测得其分子质量大约为 42kDa。以酪蛋白为底物时，该酶的 K_m 为 5×10^{-3}，V_{max} 为 $2.5\times10^4 \mu g/min$，酶的最适作用 pH 为 7.0，最适反应温度为 55℃，在 pH6.5～8.0、40℃以下较稳定，对 1mol/L H_2O_2 具有一定的耐受性。EDTA、异丙醇和乙醇对该酶有抑制作用，Ca^{2+}、Mg^{2+} 和 Li^+ 对其具有保护作用（赵丛等，2007）。

枯草芽胞杆菌通过超声破壁、$(NH_4)_2SO_4$ 分段盐析、DEAE-Sepharose FF 离子交换层析、Blue-Sepharose CL-6B 亲和层析、Sephadex C-200 凝胶过滤等纯化步骤，分离出葡萄糖-6-磷酸脱氢酶（G6PD）。经 PAGE 和 SDS-PAGE 检测为单一蛋白质区带，比活 1.7375U/mg，纯化倍数 72.7，收率 13.6%。凝胶过滤法测定表观分子质量 220kDa，SDS-PAGE 测定亚基分子质量为 50.5kDa，可见该酶是由 4 个相同亚基构成的四聚体。测定最适 pH、温度分别为 8.5、37℃，底物葡萄糖-6-磷酸的 K_m 值为 0.177mmol/L。考察了部分金属离子及 EDTA 对该酶活性、紫外、荧光光谱的影响；结果表明，Mg^{2+} 对 G6PD 具有激活作用，Ag^+、Fe^{2+} 起抑制作用，Mn^{2+}、EDTA 对酶活影响不大（莫宏春等，2003）。利用酪蛋白和麸皮培养基从奶牛场土壤中分离出高凝乳活力、低蛋白水解力的细菌，共获得 22 株产凝乳酶细菌，其中菌株 BB.23 产凝乳酶活力高且蛋白水解活力低，经形态观察、生理生化和 16S rRNA 鉴定为枯草芽胞杆菌。该菌株在麸皮培养基发酵 72h 后产凝乳酶活力达 73.80SU/mL（SU，Soxhlet unit，索氏单位），蛋白质水解力为 16.01U/mL（胡永金等，2010）。

利用乙醇分级沉淀（37.5%～60%）、Sephadex G-75 凝胶过滤、Phenyl-sepharose 6FF 疏水色谱 3 步分离使一种枯草芽胞杆菌氨肽酶得到纯化，比活 1.56×10^6 U/mg；SDS-PAGE 鉴定为纯酶，分子质量 82.5kDa，全酶含 2 个亚基；纯酶最适温度 60℃，稳定温度为 20～70℃，最适 pH8.5，稳定 pH 为 8.0～10.0；Zn^{2+}、Ni^{2+} 对酶有较大的抑制作用，Co^{2+} 则对酶活有较强的激活作用；酶活性中心可能结合了 2 个 Zn^{2+}，米氏常数 K_m 为 $1\mu mol/L$，最大反应速度 V_{max} 为 $5000\mu mol/(L\cdot min)$（田亚平和须瑛敏，2006）。

利用重组枯草芽胞杆菌 WB600（pMA5）生产粪产碱杆菌青霉素 G 酰化酶（PGA）。利用含 25g/L 可溶性淀粉的复合培养基进行分批发酵，所得 PGA 活力及总产率分别为 378U/L 及 7.13U/(L·h)。补料分批培养结果表明葡萄糖对 PGA 的生产有抑制作用。淀粉是良好的碳源，但在加热灭菌后因黏度高而不能直接作为补料成分。实际补料采用少量 α-淀粉酶部分水解后的淀粉，可大幅提高其流动性，且不易生成葡萄糖。利用此淀粉发酵培养可使 PGA 产量提高至 546U/L。当发酵液中加入部分水解的淀粉与胰蛋白胨的混合物，且采用 pH 恒定技术时，PGA 活力可达 1960U/L，总产率为 19.6U/(L·h)，是分批发酵总产率的 2 倍以上（胡鹤译，胡又佳校，2006）。

从江苏淮安土壤中分离出一株产耐热纤维素酶的细菌，将其编号为 H3，经菌种鉴定试剂盒初步鉴定为枯草芽胞杆菌。菌株 H3 产生的耐热纤维素酶的最适反应温度为 60℃，最适反应 pH 为 5.5，Cu^{2+}、Mn^{2+} 对酶活性有一定的激活作用，Mg^{2+}、Zn^{2+} 对酶活性有一定的抑制作用。该研究为降低纤维素酶生产成本及推动生物乙醇的发展提供了科学依据（游庆红和尹秀莲，2010）。为筛选高淀粉酶、蛋白酶活力的枯草芽胞杆菌菌株，用于研制高效净水微生态制剂，通过对枯草芽胞杆菌液体发酵所产生的淀粉酶、蛋白酶活力的研究，从来源不同的 10 株枯草芽胞杆菌样品中筛选出 2 株蛋白酶及淀粉酶活力相对较优的菌株 H001、H008，并对这 2 株菌株的形态、菌落形态、生理生化特征进行鉴定。基本确认所筛选到的菌株均归入芽胞杆菌属，可用于制备高效净水微生态制剂（李力等，2008）。

筛选确定了枯草芽胞杆菌 BEM01 产弹性蛋白酶培养基的碳源和氮源分别是葡萄糖和干酪素，吐温-80 能刺激菌株生长和产酶。采用 3 因素 3 水平 $L_9(3^3)$ 正交试验优化了液体培养基葡萄糖、干酪素和吐温-80 的浓度。结果表明，优化后的产酶培养基为：葡萄糖 2%、干酪素 2%、吐温 0.01%、KH_2PO_4 0.2%、$MgSO_4 \cdot 7H_2O$ 0.01%。优化后的发酵条件：发酵液初始 pH 为 7.5，装样 20mL/300mL 三角瓶，按 3% 接种种子液，接种龄 24h，37℃、180r/min 振荡培养 36h，菌株产弹性蛋白酶峰值为 59U/mL，较优化前酶活提高了 31%（吴琦等，2008）。对一株产中性蛋白酶的枯草芽胞杆菌进行了复壮，复壮后比复壮前活力提高了 26%；在液体深层发酵生产上主要对通气量进行了研究，确定最适通气条件为：前 18h 通气量 240L/(min·m^3)，18～24h 通气量 300L/(min·m^3)，发酵液活力可达 9411U/mL；对发酵液进行喷雾干燥，所得酶粉中性蛋白酶活力可达 139 800U/g（李忠玲等，2009）。

通过定向进化的方法，提高了一个源于枯草芽胞杆菌的脂肪酶（BSL2）的活力。经过 2 轮易错 PCR 及高通量筛选，最终获得了比活力为野生出发酶 4.5 倍的突变体 3-1B2；基因比对结果表明，共有 2 个氨基酸发生了突变；对突变酶的酶学性质研究发现，与野生酶相比，它的热稳定性及 pH 稳定性略有增加，最适温度和最适 pH 则无太大的变化；同源模建了 BSL2 与 3-1B2 的结构，并与底物进行分子对接；结果表明，突变体 3-1B2 的结合能比野生型 BSL2 低 1.29kcal/mol，活性中心 Ser77 残基与底物羧基的距离也由 0.319nm 减小为 0.278nm，因而加快了酶反应速度，提高了酶活力（赵博等，2009）。

通过对 2 株产纤溶酶能力较强的细菌菌株进行 16S rRNA 碱基序列测定，并与已发表的 16S rRNA 序列进行对比分析，确定 2 个菌株均为枯草芽胞杆菌。在此基础上，对 2 个菌株液体发酵产纤溶酶的特点进行了对比分析。结果表明，2 个菌株适宜的发酵产酶时间均为 60～108h；在优化的液体发酵条件下，2 个菌株单位发酵液中纤溶酶平均产量可分别达 773.07U/mL（菌株 1）和 962.28U/mL（菌株 2）（周伏忠等，2008）。筛选到一株产纤溶酶较强的枯草芽胞杆菌，通过研究发现，其最适产酶的发酵条件为：葡萄糖 2%，豆渣 6%，pH7.0，温度 37℃，种龄 24h，接种量 10%，发酵第 4 天产酶最高，最大产酶量可达 713.11U/mL（陈志文等，2003）。通过对 3 种枯草芽胞杆菌的比较分析，以其中酶活力最高的一株作为出发菌株，用 15W 紫外灯于 30cm 处照射 120s，获得菌株 UV-12-3，酶活力为 4238.6U/mL。通过正交试验，确定其最适水解条件为：pH6.5，温度 32℃，水解 42h，接种量为 8%；在此条件下水解度可达 46.7%（鞠华伟等，2007）。

通过对影响重组葡萄球菌激酶（r-Sak）工程菌——枯草芽胞杆菌菌株 DB2 表达 r-Sak 的几个主要因素的研究，建立了较为适宜的发酵条件：接种量 4%，初始 pH7.2，在 A_{600nm}＝2.5 时加 20% 蔗糖诱导，诱导后 4~5h 收获，发酵液上清 r-Sak 含量可达 250mg/L 以上，酶活力可达 6500RU/mL 以上（黄义德等，2001）。为获得巨大芽胞杆菌青霉素 G 酰化酶（PGA）的高产菌株和条件，构建了分泌表达 PGA 的基因工程枯草芽胞杆菌菌株，对表达条件进行了优化，以 LB 培养基作为初始培养基，考察了温度、苯乙酸、装液量、碳源对工程菌 PGA 产量的影响；结果发现重组细胞产酶不再需要变温和苯乙酸诱导，充足的通气量和适当浓度的淀粉可使细胞密度及 PGA 表达量大为提高，表达条件优化后，菌体浓度 A_{600nm} 由 3 提高到 20，PGA 的表达量由 3~6U/mL 提高到 35~40U/mL（黄鹤等，2001）。

通过金属离子及表面活性剂的单因素试验及正交试验，对枯草芽胞杆菌菌珠 NX-21 胞外合成 γ-谷氨酰转肽酶的发酵条件进行优化。结果表明，Mn^{2+}、Mo^{6+} 和 Tween-20 的使用可有效促进菌体产酶，其最佳组合配方为：Tween-20 0.15%、$(NH_4)_2MoO_4$ 0.8g/L、$MnSO_4$ 0.05g/L。优化后该菌株产酶酶活达 $3.9×10^3$U/L，较原培养条件提高了 21.6%（孙娜亚等，2007）。

通过筛选食品和土壤等样品中的芽胞杆菌，分离纯化得到 136 株菌株，经过培养和镜检，再筛选到 12 株菌株，比较其产乳酸脱氢酶的活力，其中 BJ07 活力最强，其细胞破碎液的酶比活为 0.26U/mg。经过形态和生理生化鉴定，初步确定菌株 BJ07 为枯草芽胞杆菌（吴新宇和董英，2010）。

为通过实验找出一种从枯草芽胞杆菌提纯超氧化物歧化酶的最佳方法，着重对从枯草芽胞杆菌中提取 SOD 的工艺过程进行了研究，通过对热变性法、等电点法、盐析法等几种方法的实验分析比较，找出一套操作简便、SOD 总收率高的提纯工艺。实验结果表明：硫酸铵分级盐析法是 3 种方法之中提取出酶的活力最高的一种工艺，适用于工业化大规模提取 SOD 酶（张军霞等，2009）。

通过双亲灭活原生质体融合技术对 2 株产 α-乙酰乳酸脱羧酶的枯草芽胞杆菌菌株 3226-5 和 V-20 进行原生质体融合、初步探讨了 2 菌株较适宜的融合条件，对获得的几百株融合子进行酶活比较，从中得到 20 株酶活比双亲高的菌株（周海霞等，2004）。

为获得中性蛋白酶高产菌株，选用低能（30keV）N^+ 离子束以不同剂量注入中性蛋白酶产生菌枯草芽胞杆菌 AS1.398 中，研究其诱变效应，菌株存活率曲线为典型的马鞍形剂量-效应曲线，且在马鞍形区域内具有较高的正突变率。经多次筛选，获得一株稳定高产突变株 ZC-12，突变株产中性蛋白酶活力为初始菌株的 1.84 倍。通过对 PCR 扩增诱变前后 2 菌株编码中性蛋白酶基因的 DNA 序列的测序和比对，在所报道的该酶催化区域内，有 3 个氨基酸位点发生突变，表明 N^+ 离子束注入细胞的辐射诱变方法具有独特的诱变效果，可用于菌种选育（赵丛等，2008）。

为了筛选对淀粉降解效果好的淀粉酶产生菌株，从浙江、山东等地富含淀粉的土壤样品中筛选出一株产淀粉酶活力较强的菌株 BSJD10，结合菌落形态、生理生化指标和 16S rDNA 序列分析，对其种群形态和个体形态进行观察和鉴定，确定 BSJD10 为枯草芽胞杆菌（刘杰雄等，2010）。

为了提高菌株产酶能力，研究了紫外线处理对枯草芽胞杆菌 BF7658 产酸性 α-淀粉酶的影响。结果表明：采用 30W 紫外线照射 90s 获得较好的突变效果；利用变色圈法初筛结合摇瓶发酵复筛，筛选得到一株理想的突变株 UV-12，其酶活为 3418.8U/mL，比出发菌株提高了 59.7%；对 UV-12 进行紫外线二次诱变，酶活提高不显著，表现出一定的"抗性"（游玟娟，2010）。

为通过研究微量元素对乙酰乳酸脱羧酶的影响来提高枯草芽胞杆菌产生的乙酰乳酸脱羧酶的活力，在实验室阶段，考察了多种微量元素对乙酰乳酸脱羧酶发酵酶活力的影响，通过单因子实验确定出微量元素的最佳浓度，并通过正交试验来摸索最佳的组合。验证试验结果表明：4 种微量元素在最佳浓度分别为镁 0.0025g/L、锰 0.00025g/L、钼 0.0025g/L、钡 0.0005g/L 的组合下，可使酶的激活率达 199% 以上（赵春海等，2004）。

为制取适用于纺织用碱性果胶酶，必须得到高酶活的发酵液，通过促进剂的单因素试验及正交试验，对枯草芽胞杆菌 WSH02-02 产生碱性果胶酸裂解酶的摇瓶发酵条件进行了优化。优化后该菌株产酶活比对照提高了 30%，所采用的促进剂优化组合为：Tween-60 3g/L，$CaCO_3$ 7g/L，$MgSO_4 \cdot 7H_2O$ 4g/L（陈坚等，2003）。选育了一株高产环糊精葡萄糖基转移酶（CGTase）的芽胞杆菌 Sx 菌株，经 16S rRNA 测序分析，结合菌体及菌落的形态特征，鉴定该菌株为枯草芽胞杆菌。对其产酶条件与酶学特性进行了研究。结果表明，以 1g/dL 玉米淀粉和 2g/dL 豆粕粉为碳氮源、pH6.5、30℃、60h 的条件下，菌株所产 CGTase 酶活性可达 5596U/mL；该酶在 30～50℃、pH5.5～9.0 条件下保持稳定，在 50℃、180r/min、pH6.5、CGTase 酶活力为 1107U/mL 的条件下对 20mg/mL 甜菊苷转化 48h，甜菊苷溶液中的莱鲍迪苷与甜菊苷的比值（RA/SS）从转化前的 0.45 上升到 0.53（胡静等，2008）。

从牛瘤胃液中筛选出一株性状优良、产蛋白酶和淀粉酶活力较高的菌株，经初步鉴定为枯草芽胞杆菌。结果表明，该菌株产蛋白酶和淀粉酶的最适时间分别在培养的 48h 和 96h，蛋白酶和淀粉酶的最高酶活力分别为 221.57U/mL 和 54.06U/mL，最适温度分别为 40～50℃ 和 20～50℃，最适 pH 分别为 6.0～7.0 和 6.0～8.0（王朋朋等，2009）。

研究了添加表面活性剂 Tween-80 和生物表面活性剂鼠李糖脂对从堆肥中筛选得到的铜绿假单胞菌和枯草芽胞杆菌生产蛋白酶的影响。用固态发酵的方法，考察了添加不同浓度的表面活性剂对这 2 种微生物产蛋白酶能力的影响、2 种微生物产蛋白酶能力的差异及发酵过程中的一些参数（包括菌体数、酶提取液表面张力、pH 和挥发性有机质）。结果表明，Tween-80 对铜绿假单胞菌和枯草芽胞杆菌产蛋白酶有较大促进作用，添加浓度为 0.05% 时，能分别使铜绿假单胞菌和枯草芽胞杆菌产蛋白酶最高酶活提高 65% 和 30%；鼠李糖脂对铜绿假单胞菌产蛋白酶有轻微抑制作用，但能促进枯草芽胞杆菌产蛋白酶，当添加浓度为 0.018% 时，鼠李糖脂能将枯草芽胞杆菌产蛋白酶最高酶活提高 51%。铜绿假单胞菌产蛋白酶能力明显强于枯草芽胞杆菌，前者对照样的蛋白酶产量是后者对照样蛋白酶产量的 6 倍多；在发酵过程中，铜绿假单胞菌酶提取液的表面张力明显低于枯草芽胞杆菌；添加表面活性剂对菌体生长有一定影响，但对 pH 变化影响不大；挥发性有机质变化与微生物酶活呈正相关关系（张志波等，2006）。

依次使用质量体积分数为 0.01%、0.03% 和 0.05% 的秋水仙碱诱变处理枯草芽胞杆菌，结果表明秋水仙碱抑制枯草芽胞杆菌的生长；枯草芽胞杆菌分泌 α-淀粉酶的能力与秋水仙碱的浓度呈正相关（聂光军等，2006）。以 pET22b（＋）为载体、大肠杆菌 BL21（DE3）为宿主菌，对培养基、诱导温度、IPTG 浓度、诱导时体体浓度、诱导时间等参数进行优化，以提高枯草芽胞杆菌 Z-2 重组甘露聚糖酶的产量。结果表明：当采用 TB 培养基、37℃ 条件下 OD_{600nm} 为 0.6～0.7 时加入 IPTG（终浓度 0.01mmol/L），诱导 8h 后发酵液中酶的活力最高。酶性质研究表明，重组甘露聚糖酶与野生菌产生的酶性质相似，当温度为 55～60℃、pH 为 7.5 时活力最高，低于 55℃、pH6.5～7.5 时酶性质稳定，供试的大部分金属离子对酶活力影响较小，只有 DTT 有明显的促进作用（张清霞等，2009）。

以枯草芽胞杆菌 YL-P2、YL-F2 作为出发菌株，分别采用紫外线诱变、硫酸二乙酯诱变，以及紫外线和硫酸二乙酯复合诱变，以脱脂牛奶平板法为初筛方法结合纤维蛋白平板复筛的方法选育出纤溶酶活力高的菌株，获得了高产纤溶酶菌株 UV-8。UV-8 纤溶酶活力达 2314IU/mL，与出发菌株相比，酶活力提高了 2 倍。经多次传代后，菌株 UV-8 的纤溶酶酶活仍能基本保持稳定，表明其具有很好的潜在开发前景（鲁艳莉和宁喜斌，2006a）。以嗜热 β-葡聚糖酶产生菌枯草芽胞杆菌 X-5 为出发菌株，采用紫外线和硫酸二乙酯复合诱变处理技术，选育出一株产嗜热 β-葡聚糖酶性能稳定、活力较高的突变株 AS35。在同等摇瓶发酵条件下，其产酶活力达 15.83U/mL 以上，较原始出发菌株提高了 81.54%。同时，经连续 7 次传代保存，产酶性能未出现较大的变异，表现出良好的遗传稳定性，极有潜力改良为工业化生产菌种（韩晶等，2009）。

以紫色非硫光合细菌、枯草芽胞杆菌为材料，改进了 TTC-脱氢酶活性的测定方法。在该法中样品不需处理，在常温下用三氯甲烷代替丙酮萃取，液-液分层效果好，显色稳定但不褪色。对测定中的诸多影响因素也进行研究，确定了改进后的脱氢酶活性测定的最佳条件（牛志卿等，1994）。用 632.8nm 12mW 的氦氖激光及聚乙二醇（PEG）复合诱导融合枯草芽胞杆菌与黑曲霉原生质体，为了提高枯草芽胞杆菌的糖化酶产酶能力，对两亲本在融合中采用不同的激光照射时间，选育出的融合子与枯草芽胞杆菌亲本相比，糖化酶酶活提高了 2 倍，并通过酯酶同工酶谱分析对融合子进行了鉴定，结果表明：融合子遗传性状与亲本相比发生了显著变化，通过传代培养，融合子具有良好的遗传稳定性（朱振华等，2007）。

用荧光光谱、紫外差示光谱和 CD 谱研究了一些理化因子对枯草芽胞杆菌菌株 86315 α-淀粉酶的构象与活力的影响。实验表明，酸变性和碱变性所引起的酶构象变化是不同的；乙醇不降低 α-淀粉酶活力，但使其构象发生较大变化，α 螺旋度从天然酶的 26.1% 降到 21.8%，其构象变化不引起活性中心的改变；酶在 70℃ 处理 10min 后，由原来紧密构象变为松散构象，α 螺旋度从 26.1% 降到 9.0%，酶活性完全丧失；而在 0.02mol/L $CaCl_2$ 和 0.02mol/L NaCl 的共同存在下，70℃ 处理 10min，酶活性不变，其荧光光谱和 CD 谱接近于天然酶。因此，$CaCl_2$ 和 NaCl 能保护 α-淀粉酶的构象，使之不受热变性（史永昶等，1995）。

运用化学修饰方法对枯草芽孢杆菌 β-甘露聚糖酶活性中心的结构进行了研究。结果表明，除了色氨酸和巯基（Cys）外，羧基（Asp/Glu）和丝氨酸残基也是该酶活性必需氨基酸残基；尽管组氨酸残基对酶活性的维持有重要作用，但不位于酶的活性中心（余红英等，2005）。

采用 CM-阳离子交换层析和凝胶过滤层析分离碱性蛋白酶，得到了碱性蛋白酶的单一组分。对枯草芽孢杆菌碱性蛋白酶用 SDS-聚丙烯酰胺凝胶电泳进行了分析。结果表明：其亚基分子质量约为 28kDa，等电点约为 8.4。并对其生化特性进行研究，结果表明：酶活最适温度为 45℃，最适 pH 为 10.5，0.5mol/L 的 Na^+ 对酶活有较大的促进作用（杜俊岭等，2004）。来自于短小芽孢杆菌（*Bacillus pumilus*）菌株 BA06 的碱性蛋白酶（De-hairallialine protease，DHAP）具有良好的脱毛能力，为了更好地了解 DHAP 的催化特性和进一步改造使之更加符合制革工艺的要求，根据蛋白质同源建模和嗜冷、嗜热酶氨基酸组成的统计分析结果，确定了 13 个氨基酸位点进行定点突变；通过牛奶平板和对粗酶液在不同温度和热稳定性方面的活性进行了分析。结果发现位于 DHAP 空间结构上底物结合"口袋"开口处 α-螺旋上的氨基酸残基（E220、V223 和 K244）严重影响酶的活性；位于底物结合口袋袋底的 3 个保守位点 V256L、V257I 和 V258I 在常温（28℃）条件下保留了较高的活性，同时也影响热稳定性；靠近活性位点 D140 的 V201Y 突变体可能直接通过与 D140 的相互作用，导致活性急剧下降（杨庆军等，2010）。

从嗜碱芽孢杆菌 PB92 中扩增出碱性蛋白酶基因 *Mapr*，*Mapr* 分别插入到大肠杆菌载体 pET-22b（＋）和枯草芽孢杆菌载体 pWB980 中构建成重组分泌型表达载体 pET22b（＋）-Mapr、pWB980-Mapr。碱性蛋白酶基因分别在大肠杆菌宿主 BL21 和枯草芽孢杆菌 DB104 中得到表达。SDS-PAGE 分析，重组蛋白酶的分子质量为 28kDa。在大肠杆菌，所得酶活为 231U/mL，而在枯草芽孢杆菌，其酶活为 1563U/mL，这大概是由于碱性蛋白酶在枯草芽孢杆菌折叠成熟机制与大肠杆菌的不同而造成的（孙同毅等，2007）。

从池底污泥中分离一株产芽孢的杆菌，经菌落形态及主要生理生化特性鉴定为枯草芽孢杆菌。对此菌发酵过程中产酶情况进行研究，结果表明，该菌株能够分泌淀粉酶、蛋白酶、纤维素酶和脂肪酶，具有用于研制微生态制剂的潜力（胡德朋等，2008）。

从公园的花土中分离出一株相对高产碱性果胶酶的菌株 TCCCC 11286，经 16S rDNA 鉴定为枯草芽孢杆菌。在初步的酶学性质研究中表明，它耐高温、耐碱，最适作用温度为 45℃，到 60℃仍有酶活，最适作用 pH 为 8.0。经过培养基的初步优化，菌株 TCCCC 11286 对于富含铵根离子的化学物质和淀粉具有很好的利用能力（牛永梅，2010）。从花生地土壤分离到一株分泌中性蛋白酶的枯草芽孢杆菌，经纯铜蒸汽激光诱变，选育到一株高产菌株 HD401，产酶提高幅度高达 72.7%。诱变过程说明，菌体存活率与正变率、激光波长、芽孢生理状态有一定的相关性。枯草芽孢杆菌 HD401 经多次传代，产酶性状稳定，通过正交试验对培养基进行优化，在 2L 罐中酶活达 8 520U/mL（李永泉和蒋萍萍，1995）。采用正交试验，对枯草芽孢杆菌菌株 HD401 中性蛋白酶深层发酵工艺进行了优化，结果表明：较适宜发酵培养基为玉米粉 5%、豆饼粉 3%、麸皮 4%、Na_2HPO_4 0.4%、KH_2PO_4 0.03%；在发酵中期流加蚕蛹水解液 5%、植酸钙 0.2%、吐温-80 0.1%，对发酵后期有较大的调控作用（李永泉等，1995）。

为从纳豆芽胞杆菌基因组 DNA 中扩增纳豆激酶基因，以实现该基因在酿酒酵母中的表达，通过 PCR 方法扩增纳豆激酶基因，利用 DNA 重组技术构建重组质粒 pYES2-NK，转化酿酒酵母 H158 感受态细胞；经 β-半乳糖诱导表达后，用纤维蛋白平板法检测纤溶酶活性。结果克隆到大小为 1192bp 的纳豆激酶基因，该基因编码 397 个氨基酸；活性检测表明酿酒酵母发酵液的上清液具有纤溶酶活性，说明纳豆激酶基因在重组酿酒酵母中实现了分泌表达（王开敏等，2009）。从土壤中筛选到一株产酸性 α-淀粉酶的野生菌株 N7，此菌株具有较高的产酶活性。通过菌落形态、菌体特征观察和 16S rDNA 序列比对，鉴定该菌株为枯草芽胞杆菌。酶学性质研究表明，该菌株产生的酸性 α-淀粉酶的反应最适温度为 53℃，最适作用 pH 为 4.6，在 pH3.0～10.0 时，具有较好的酸稳定性（秦艳等，2009）。

对枯草芽胞杆菌菌株 B.S.796 所产中温 α-淀粉酶的最适反应温度、热稳定性，最适酶反应 pH 及酶的 pH 稳定性等进行了系统的研究；同时研究了钙离子对酶稳定性的作用。结果表明，菌株 B.S.796 产生的中温 α-淀粉酶的最适作用温度为 65℃；该酶在 60℃ 以下较为稳定，而当温度上升至 70℃ 以上时，残存酶活明显降低；Ca^{2+} 对酶的热稳定有显著促进作用；该酶作用的适宜 pH 范围为 5.0～7.0，最适 pH 为 6.0（邬敏辰，1996）。对枯草芽胞杆菌 P1 所产果胶酯酶的酶学性质进行了研究。结果表明，该酶反应的最适温度为 55℃，热稳定性较强，55℃ 保温 1h 后还有 70% 左右的相对酶活；适宜 pH 为 8.8～10.5，最适 pH 为 9.2；金属离子 Ca^{2+}、Mg^{2+} 对其有较强的激活作用，Na^+ 也有一定的激活作用。K^+ 对其无明显的作用，Hg^{2+}、Ba^{2+}、Zn^{2+}、Fe^{3+}、Cu^{2+}、Al^{3+}、EDTA 等对果胶酯酶有抑制作用（周凡等，2008）。对 2 株产酱香的枯草芽胞杆菌菌株 E20 和 B1⑥分泌的胞外蛋白酶进行了提取和产酱香研究。结果表明，其合适的提取溶液为硫酸铵溶液，当提取浓度为 20%、饱和浓度为 70% 时获得粗酶。Sephadex G-100 层析分别获得 2 个分子质量不同的蛋白质峰，并且都具有酶活性；提取的酶在固体大豆上发酵，均可产酱香（邵元龙等，2005）。

为分离筛选具有较高纤溶活性的产酶菌株，对产酶菌株进行初步鉴定，并进一步对产酶菌株的体外溶栓机制进行初步研究。用生理盐水浸提实验菌固体发酵的大豆制备纤溶酶粗酶，通过纤维蛋白平板法筛选具有较高纤溶活性的产酶菌株，并进一步对菌株的菌落形态、菌体特征和生理生化特征进行鉴定；同时采用加热纤维蛋白平板法对菌株产生的纤溶酶在体外水解纤维蛋白的方式进行研究。结果从采集的多个样品中分离筛选到 2 株具有较高纤溶活性的产酶菌株 C1A-01 和 C1A-03，初步确定这 2 个菌株均属于枯草芽胞杆菌。体外溶栓实验表明，C1A-01 和 C1A-03 是通过直接溶解纤维蛋白的方式发挥溶栓作用，而不是通过激活纤溶酶原间接起作用（隋玉杰等，2009）。

碱性条件下采用商业蛋白酶水解制革厂的铬鞣革屑，随后进行了一些化学的分析并且测定处理铬鞣革屑后得到的胶原水解物的氨基酸组成。胶原水解物可以作为碳和氮的来源生产枯草芽胞杆菌 ATCC 6633 角蛋白酶。在 pH7.0 和 pH10.0，搅拌速率200r/min

时，采用不同浓度的胶原水解物进行培养发酵。角蛋白酶的最佳工艺条件是：含有1%水解物（w/V）在pH7.0条件下发酵36h，以及含有3%水解物（w/V）在pH10.0条件下发酵24h。

朱德艳（2009）介绍了一种从土壤中选育一株产环糊精葡萄糖基转移酶（CGTase）的芽胞杆菌的方法。经筛选，最终找到一株高产CGTase的菌株SC3-2，鉴定该菌株为嗜碱性枯草芽胞杆菌。通过对其产酶条件的探索，结果表明：以玉米淀粉为碳源，以黄豆粉为氮源，在pH为6.5、30℃的条件下培养36h，菌株所产CGTase的酶活力可达5046U/mL。

对重组枯草芽胞杆菌（pBES-*pss*）表达的磷脂酰丝氨酸合成酶进行分离纯化及酶学性质研究。pBES-*pss*发酵后的粗酶液经硫酸铵盐析、中空纤维膜除盐浓缩、聚乙二醇辛基苯甲醚（SP-SepharoseHP）离子交换层析和Sephadex G-75凝胶层析，基本获得电泳纯的重组磷脂酰丝氨酸合成酶，比活力可达13.62U/mg，分子质量约为53kDa。酶学性质研究表明，该酶催化卵磷脂水解反应的最适pH8.0，最适温度为35℃。稳定性研究表明：该酶在pH6.5～9.5和低于45℃条件下稳定。表面活性剂及金属离子对该酶水解活性的影响结果表明，SDS、Tween-20、Tween-80对该酶有抑制作用，Triton X-100对该酶有增强作用；Mg^{2+}、Zn^{2+}、K^+对该酶有抑制作用，Ca^{2+}、Mn^{2+}和EDTA对该酶有增强作用（张业尼等，2009）。

利用微波诱变技术对产α-乙酰乳酸脱羧酶（α-ALDC）的枯草芽胞杆菌菌株W195进行了微波诱变效应的研究。通过对微波辐照不同时间及不同强度的实验，对突变菌株的α-ALDC产量进行比较和分析，得出诱变剂量和诱变效应的关系及诱变的最佳剂量，同时测定所得较高产量突变菌株的遗传稳定性。结果表明，诱变剂量越大，菌体的致死效应越大，而诱变效应是先增大后减小，存在一个最佳值。最佳诱变剂量为微波低强度间歇辐照40s，得到的突变株M3-14产量为0.375，相对出发菌株提高了55%，遗传性状基本稳定（邸胜苗等，2007）。纳豆芽胞杆菌（*Bacillus subtilis* natto）谷氨酸脱氢酶（glutamate dehydrogenase，GDH）是纳豆发酵产氨的关键酶。以纳豆芽胞杆菌基因组DNA为模板，根据枯草芽胞杆菌的GDH编码基因（*RocG*）序列设计引物，进行PCR扩增，再经pMD19-T质粒TA克隆，获得了全长为1275bp、与*RocG*基因同源性为98%的纳豆芽胞杆菌GDH的编码基因。构建原核表达载体pET28a-GDH，转化至大肠杆菌BL21（DE3）进行体外诱导表达。表达的包涵体在超声破菌、变性、纯化和复性后，经SDS-PAGE分析得到了47kDa的特异条带。纳豆芽胞杆菌GDH同时具有NAD^+和$NADP^+$依赖活性，酶活分别为6.7723U/mg蛋白质和9.4205U/mg蛋白质（陈丽丽等，2010）。

用平板水解圈法从土壤中分离产淀粉酶菌株，通过碘比色法测定产淀粉酶分离菌株的酶活，筛选出一株产酶量较高的菌株，鉴定其种类，并对其产酶条件优化及酶学性质进行研究。通过革兰氏染色、生化鉴定和16S rDNA序列比对鉴定该菌的种类；从pH、温度、碳源、氮源等方面进行产酶条件优化。16S rDNA PCR序列分析比对，为枯草芽胞杆菌，因此将分离到的菌株命名为枯草芽胞杆菌Y9。该菌株最佳培养基配方为：淀粉6g，酵母膏13g，氯化钠5g，添加1.0%的吐温于1000mL蒸馏水中。最佳培养条件为：初始 pH 为 7.5，培养温度为 37℃，培养时间 36h。在上述培养基和优化培养条件下菌株发酵液的 α-淀粉酶酶活达 7.1U/mL，约为出发菌种的 5.5 倍。酶学研究显示，α-淀粉酶的最适反应温度为 40~60℃，反应体系 pH 为 6.6，并需添加 0.5% $CaCl_2$（阙祖俊等，2010）。

筛选出 α-淀粉酶高产菌株，对其发酵特性及分类鉴定进行研究，为丰富产淀粉酶菌种资源和进一步挖掘该菌株的应用价值奠定基础。通过初筛、复筛获得高酶活菌株 XW86，利用传统的形态观察、系统生理生化反应并结合 16S rDNA 的序列分析，经 Blast 序列比对构建其系统进化树，确定其分类定位。通过单因素选择实验，以及进一步的正交试验和多因素交互实验，进行产酶条件优化。结果表明，XW86 与已报道的枯草芽胞杆菌（菌株 QD517）亲缘关系最近，二者的 16S rDNA 序列相似性为 99%，生理生化反应谱与 16S rDNA 序列分析一致鉴定为枯草芽胞杆菌。XW86 最适产酶条件为：在 LB 基础培养基中添加 0.75% 吐温、0.5% 淀粉，初始 pH 6.5，35℃ 培养 120h。液体发酵得到的粗酶液酶活可高达 2200U/dL，比优化前提高 2.8 倍。初步鉴定 XW86 为枯草芽胞杆菌，产酶因素的最佳组合对其淀粉酶活性有很大的优化空间。该野生型菌株可为淀粉酶发酵工业新备选菌株的开发应用提供资源，也为进一步克隆获得产淀粉酶基因的研究奠定基础（陈相达等，2011）。

为筛选出一株稳定、高产的产中性蛋白酶菌株，以突变株 UV11（原生质体紫外诱变得到）为出发菌株，在原生质体形成与再生最佳条件下制备原生质体并进行亚硝酸与紫外线复合诱变。结果得到突变株枯草芽胞杆菌 UN19，产酶活力从最初的 378.97U/mL 提高到 3965.84U/mL，说明亚硝酸与紫外线复合诱变原生质体是一种很好的诱变方式（肖怀秋等，2006）。为筛选弹性蛋白酶高产菌株，并通过物理诱变，进一步提高弹性蛋白酶的产量，从土壤中收集样品，经反复初筛、复筛后，选择一株产弹性蛋白酶活性较高且稳定的细菌。通过对菌株的形态、生长特征及生理生化性质的研究，对菌株进行初步鉴定，然后进行紫外线诱变。结果表明，该菌株为枯草芽胞杆菌（B1）。经诱变后得到一株诱变菌株，其 HC 值比原始菌株高 1.33 倍；酶活性达 120U/mL，比原始菌株提高了 1.61 倍。物理诱变可以有效提高弹性蛋白酶的酶活（方尚玲，2006）。

枯草芽胞杆菌菌株 C119 对某些革兰氏阳性菌、革兰氏阴性菌及真菌均有抑制作用。研究发现菌株 C119 所产细菌素在硫酸铵质量分数为 25% 的条件下能较好地分离，对温度和 pH 的稳定性较高，对蛋白酶的抗性较弱，对有机溶剂的稳定性较低（陈雪等，2008）。

为探讨双启动子对基于溶源性噬菌体构建的重组枯草芽胞杆菌中外源蛋白表达的影响，分别将不含或含有本身启动子的 α-淀粉酶基因（来源于解淀粉芽胞杆菌）和青霉素酰化酶基因（来源于巨大芽胞杆菌）克隆到溶源性枯草芽胞杆菌中，得到重组菌枯草芽胞杆菌 AMY1、AMY2、PA1 及 PA2。由于同源重组，所克隆的片段整合到溶源性枯草芽胞杆菌中的噬菌体基因组上，并处于噬菌体强启动子的下游。在重组菌 AMY1 和 PA1 中，在热诱导的情况下外源基因的转录只受到噬菌体启动子的作用，而在重组菌 AMY2 和 PA2 中，在热诱导下外源基因的转录同时受到噬菌体启动子和基因本身所带启动子的作用。双启动子的应用使重组 α-淀粉酶的表达量提高了 133%，使重组青霉素酰化酶的表达量提高了 113%（刘刚等，2006）。

为探讨微生物产弹性蛋白酶的制取方法，将产弹性蛋白酶的枯草芽胞杆菌接种到发酵培养基中，摇床发酵培养后，离心收集发酵液，并经过硫酸铵盐析、DEAE-Sephadex A-25 阴离子交换层析、Sephadex G-75 凝胶过滤层析等步骤纯化弹性蛋白酶。结果表明，经过上述纯化步骤，弹性蛋白酶纯化倍数达 33 倍，回收率达 12%，酶蛋白比活达 528U/mg。此纯化工艺较为理想，获得了较纯的酶蛋白（方尚玲等，2007）。

以保存的枯草芽胞杆菌为出发菌株，利用紫外诱变的方法，以获取可高效发酵生产淀粉酶的突变株。通过筛选及连续传代实验，确定了一株突变性状能稳定遗传的突变株，其淀粉酶产量达 2.264U/mL，比出发菌株提高了 190.63%（马颖辉等，2011）。对枯草芽胞杆菌 JL-7 产淀粉酶的酶学性质进行了分析。该淀粉酶的最适温度为 65℃，最适 pH 为 6.0，在 pH6.0～8.0 时稳定性较好。该淀粉酶的 K_m 和 V_{max} 分别为 0.785mg/mL 和 41.3μmol/(min·mL)。Ca^{2+}、K^+ 对淀粉酶活性具有显著促进作用，Pb^{2+}、Fe^{3+} 和 Cu^{2+} 则会抑制该淀粉酶的活性（闵越双等，2010）。

以产植酸酶枯草芽胞杆菌 A5 复合诱变的再生突变株 Z56 和产纤维素酶枯草芽胞杆菌 B6 复合诱变的再生突变株 X57 为亲本，利用双亲灭活原生质体融合技术进行种内融合，构建可同时产植酸酶、纤维素酶的工程菌。结果从构建的 385 个融合子中筛选到 6 株 2 种酶活性相对较高的工程菌，其中 R4、R5 的纤维素酶产量高于亲本，植酸酶产量也相对较高；粗酶液用 90℃ 处理 10min 后，纤维素酶剩余酶活分别为对照的 62% 和 58%，植酸酶剩余酶活分别为对照的 73% 和 71%（谢凤行等，2010）。以枯草芽胞杆菌中性蛋白酶对鲢鱼肉进行酶解，为制备小分子肽口服液提供可借鉴的工艺条件。先确定枯草芽胞杆菌蛋白酶的最适料液比，然后通过正交试验 L9（3^4）法确定试验的最优化条件组合，即酶解的最适温度、pH、酶用量、时间。结果获得枯草芽胞杆菌中性蛋白酶的最佳水解条件：料液比为 1:3，pH 为 8.0，酶活性为 50 000U/g 时的用量为 0.7%，时间 3h，温度 45℃（曾霖霖和涂宗财，2009）。

以羧甲基纤维素钠（CMC-Na）为唯一碳源，从被微生物蚕食的柠檬叶样品上，筛选得到一株对木质纤维素具有明显降解效果的细菌，通过形态学和分子生物学研究，鉴定其为枯草芽胞杆菌，编号为 L13；并研究了温度和 pH 对该菌株产酶的影响。结果表明，在 pH 为 5.0、50℃ 的最佳产酶条件下，CMCase 酶活最高达 5.21U/mL。该研究结果对扩大纤维素降解微生物的筛选和应用范围具有重要意义（刘洁丽等，2010）。引进一株产纤维素酶的枯草芽胞杆菌，通过超声波细胞破碎的方法，确定该菌所产纤维素酶为胞外酶。采用麸皮为碳源，蛋白胨和硫酸铵为复合氮源，37℃，220r/min 摇瓶发酵 48h，最高酶活达 6.99U/mL（王炜等，2002）。

七、枯草芽胞杆菌用于食品酿造

菌株 HNSS01 是从阳江豆豉中分离得到的一株枯草芽胞杆菌，用其作为发酵菌种，以大豆为原料，结合高盐稀态发酵工艺的某些特点进行酿制酱油的实验研究。结果表明，加入 2 倍体积的水进行发酵得到的头油氨基态氮含量为 0.991g/100mL 的酱油，头油总酸含量为 1.425g/100mL，还原糖含量为 2.283mg/mL，可溶性固形物为 39.394g/100mL，全氮含量为 1.045g/100mL。色泽呈棕黄色，具有酱油的浓郁香气（吕小兰和朱新贵，2009）。

采用单因素及正交试验法对纳豆芽胞杆菌的摇瓶发酵培养基进行了优化，优化后的培养基为蔗糖 15g/L、酵母浸出物 2.5g/L、胰蛋白胨 2.5g/L、氯化钠 5g/L，并通过单因素实验法确定了最佳培养条件为温度 35℃、初始 pH8.0、接种量 3%、装液量 20mL/250mL、发酵时间 14h（刘韶娜等，2008）。采用枯草芽胞杆菌菌株 1389 发酵豆粕，研究其所产的蛋白酶的活力。运用响应面分析法优化影响发酵的主要因素：接种量、初始 pH、发酵培养基浓度，采用多元二次回归方程拟和上述 3 因素与蛋白酶活力间的函数关系，确定了枯草芽胞杆菌发酵豆粕产蛋白酶的最佳发酵条件为：接种量 10.5，起始 pH8.2，豆粕浓度 5.7%，发酵时间 48h。该研究为枯草芽胞杆菌发酵豆粕产大豆肽的研究提供了相应的工艺参数和一定的依据，有利于提高大豆肽的产率（管风波和宋俊梅，2008）。在单因素试验的基础上，以蛋白酶活力为指标，研究枯草芽胞杆菌固态发酵豆粕产蛋白酶的最优条件。采用响应面分析法对培养基中初始 pH、接种量和料水比进行 3 因素 3 水平分析，得出最佳水平为 pH6.6、接种量为 3.8%、料水比为 1:1，在此条件下发酵豆粕中蛋白酶活力可达 648U/g，较发酵前提高了 2.55 倍（卓林霞等，2009）。

为从豆豉中分离具有强纤溶活性的菌株，实现纤溶酶基因在酿酒酵母中的表达，通过纤维蛋白平板法从豆豉中分离具有强纤溶活性的菌株，结合形态特征、生理生化特性和 16S rDNA 序列分析鉴定该菌株；通过 PCR 扩增豆豉纤溶酶基因，构建 pYES2-DFE 重组质粒，转化酿酒酵母 H158 经半乳糖诱导表达后，用纤维蛋白平板法分别检测发酵液上清和菌体破碎上清的纤溶酶活性。鉴定结果表明该菌株为枯草芽胞杆菌；活性检测结果是酿酒酵母发酵液上清具有纤溶酶活性，而菌体破碎上清没有活性，说明豆豉纤溶酶基因在酿酒酵母中实现了分泌表达（王开敏和赵敏，2009）。从豆制品中分离得到 17 株不依赖谷氨酸作为发酵底物的 γ-聚谷氨酸（γ-PGA）生产菌株，分别以铵盐和葡萄糖作为氮源和碳源的培养基进行好氧发酵，并测定发酵液中 PGA 的含量，对其中一株 PGA 高产菌株 PGA-O-7 进行了形态、生理生化和遗传学研究。结果表明 PGA-O-7 为枯草芽胞杆菌；在以葡萄糖为碳源、硫酸铵为氮源的发酵培养基中，30℃振荡培养 3d，PGA 产量可达 2.8mg/mL（施庆珊等，2007）。

从腐烂稻草上分离筛选出一株活性较高的芽胞杆菌菌株 T1，经鉴定为纳豆芽胞杆菌（*Bacillus subtilis* natto），为了更好地开发利用此菌株，对该菌株进行生长必需因子的试验。结果表明，菌株 T1 在合成培养基添加维生素和核酸碱基均不生长，添加不同种类的氨基酸则都能生长，在完全培养基上生长特别好；菌株生长对蛋白胨的需要量有一定的要求，蛋白胨添加量小于 0.1% 的菌体生长缓慢、甚至不生长，在 1%～2% 时，添加量越多，菌体生长越好。在摇瓶发酵培养菌株 T1 时，培养基中以蛋白胨 2%、葡萄糖 2% 比例为最佳（孔利华等，2009）。从固态发酵培养的纳豆中提取纳豆激酶，采用盐析、疏水层析、离子交换层析等方法，对提取液进行纳豆激酶的分离纯化。经 SDS-聚丙烯酰胺凝胶电泳鉴定，活性酶蛋白为单一组分，并测得其分子质量为

30.8kDa。纳豆激酶在 pH5.0～10.0、4～37℃时具有较好的稳定性,其纤溶活性可被 0.1mmol/L 的苯甲基磺酰氟(phenylemethanesulfonyl fluoride)完全抑制。体外溶栓实验表明,纳豆激酶为纤溶酶而不是纤溶酶原激活剂(吕莹等,2004)。

从浓香型曲药中分离得到一株产红色素的菌株。该菌株经初步鉴定为枯草芽胞杆菌,经革兰氏染色为阳性菌,呈短杆状,好氧,能在较广泛的温度和酸度下生长,能分解淀粉和液化明胶(赵东等,2009)。从神仙豆中分离到 2 种芽胞杆菌,对其菌落形态、生化特性等方面进行研究,发现一种为枯草芽胞杆菌,另一种为短芽胞杆菌。工厂化发酵神仙豆的工艺为:黄豆浸泡 3h,煮豆至熟而不烂,冷至室温后接种枯草芽胞杆菌和短芽胞杆菌(4:1),置 37℃培养 96h,用 50℃真空烘干(吴定,2001)。

对 2 株产酱香枯草芽胞杆菌菌株 E20、B1⑥进行质粒提取和消除,得到质粒消除菌 RE20、RB1⑥,通过蛋白质含量、酶活测定等实验研究的结果发现,E20、B1⑥与 RE20、RB1⑥在总蛋白质含量、总蛋白酶活性、总淀粉酶活性及对美拉德模式反应的褐变催化作用上差异均不显著;其胞外蛋白 SDS-PAGE 图谱亦无差异。证明两菌株携带的质粒与酱香风味物质的产生并无直接关系。由此推测,实验菌株酱香风味物质产生的相关基因不在质粒上,而是位于染色体组上(刘晓光和谢和,2007)。

从乌鲁木齐地区啤酒厂、面粉厂、酱醋厂等地采集的酒渣、麸皮和酱渣中筛选淀粉酶产生菌。筛选采用可溶性淀粉培养基和 K-KI 染色,酶活测定采用硝基水杨酸法,菌株鉴定使用法国梅里埃细菌自动鉴定仪。结果得到 9 株酶活较高的淀粉酶产生菌,其中一株编号为 A-1 的菌株酶活最高达 28.17U/mL,生理生化反应鉴定为枯草芽胞杆菌;并对其酶学性质研究表明,该淀粉酶的最适温度为 90℃,最适 pH 为 8.0,最适碳源为玉米粉,最适氮源为黄豆粉(宋素琴等,2010)。从永川豆豉中筛选、鉴定高产蛋白酶菌株,并对菌株的液体培养条件进行了研究。采用酪蛋白平板法,从永川豆豉中初步筛选出 68 株产蛋白酶菌株,通过比较发酵后蛋白酶活力,筛选出一株蛋白酶活达 1468.7U/mL 的高产菌株 A-4。依据菌种形态和其生理生化特征,将其鉴定为枯草芽胞杆菌。研究液体培养条件对菌株生长的影响,确定菌种液体培养的最佳条件为:温度 34℃,pH 为 8,接种量 4%,菌龄 12h(苗兰兰等,2009)。对枯草芽胞杆菌与米曲霉混合发酵制备豆粕饲料的条件进行了研究。结果表明,在发酵 72h 的条件下,枯草芽胞杆菌菌株 1389 与米曲霉 3.042 混合发酵制备豆粕饲料的最佳发酵条件是:接种时间差 6h,发酵温度 30℃,培养基含水量 64%,菌种混合比例为 1:1。在此条件下测得蛋白酶活值为 980U/g 左右,大豆肽转化率在 50%左右(吴宝昌和宋俊梅,2010a)。

对纳豆芽胞杆菌产蛋白酶固态发酵条件进行了研究,为工业生产蛋白酶提供参考。结果表明,通过单因素试验和正交试验确定的纳豆芽胞杆菌产蛋白酶固态发酵最佳条件为:种龄 17h、接种量 5%、培养基初始 pH8.0、含水量 80%,此条件组合的蛋白酶活力达 12 847U/g,显著高于固态发酵条件优化前的蛋白酶活力 7469U/g。纳豆芽胞杆菌固态发酵后宜采用真空干燥,真空度 0.095MPa,干燥温度 50℃,此时蛋白酶活力达 7413U/g(帅明等,2008)。纳豆芽胞杆菌为革兰氏阳性菌,具有鞭毛,可形成芽胞,芽胞中生或亚端生,椭圆形。纳豆芽胞杆菌的生命力和抗氧化性都很强,能耐 100℃的高温,并且能分解蛋白质、碳水化合物、脂肪等大分子物质,使发酵产品中富含氨基酸、有机酸、寡聚糖等易被人体吸收的成分，而且具有多种保健功能。分别从北京、大连和日本3个产地的纳豆食品中分离纯化得到了9个具有纳豆芽胞杆菌典型菌落特征的芽胞杆菌单菌落，与模式菌株纳豆芽胞杆菌 N1 株分别从菌落形态、个体形态和生理生化试验3方面进行对比鉴定，结果表明，其中5株芽胞杆菌为纳豆芽胞杆菌。将这5株纳豆芽胞杆菌分别在酪素平板上划线初选，得到了298株具有蛋白酶活性的菌株，从中筛选出活性最高的5株，编号为：NB、NC、ND、NE和NF，测定各菌株发酵液的纳豆激酶酶活力，结果表明 NB、NC 和 ND 3 株具有较高纳豆激酶活性，酶活力分别为1041.37U/mL、1125.13U/mL 和 1804.64U/mL（奚晓琦等，2009）。

根据纳豆芽胞杆菌水解淀粉的生物学特性，采用稀释平板分离法，从中国传统食品豆豉中筛选出2株纳豆芽胞杆菌优势菌株。通过比较这2个分离菌株与实验室保存的纳豆芽胞杆菌菌株的耐受性，从中选出一株最优益生菌菌株 B2。以活菌数、芽胞数、蛋白酶及α-淀粉酶活力为指标，对益生纳豆芽胞杆菌固态发酵条件进行了初步研究，试验结果表明：玉米粉：麦麸为3∶7，含水量60%，种龄15h，接种量5%，温度37℃，时间5d，发酵效果最好（黄占旺等，2009）。为了优化纳豆芽胞杆菌固态发酵条件，以活菌数和芽胞数为指标，采用微生物发酵技术，研究了种龄、接种量、培养基初始 pH 和含水量对固态发酵的影响，并通过 $L_9(3^4)$ 正交试验确定了纳豆芽胞杆菌固态发酵最佳条件。试验结果表明：接种体积分数7%、种龄17h、培养基初始 pH8.0、培养基初始水分质量分数70%、37℃固态发酵5d效果最好，活菌数和芽胞数分别达 3.4×10^{10} cfu/g 和 1.8×10^9 cfu/g（帅明等，2009a）。纳豆是大豆经纳豆芽胞杆菌发酵制成的一种药食兼用的传统食品。以市售纳豆为原料，利用目标纳豆芽胞杆菌所应具有耐热性、显著的蛋白酶活性等生物学特性，筛选得到一株菌株。根据菌落形态和糖发酵、过氧化氢酶等生理生化试验，初步鉴定其为枯草芽胞杆菌。实验表明，此株菌株具有产γ-聚谷氨酸（γ-PGA）、产纳豆激酶的生理特性，从而证实了该菌株确实为纳豆芽胞杆菌（曾艳华等，2009）。

对啤酒糟资源的更深层开发利用，提高其饲喂效价，是缓解我国蛋白质资源短缺的有效途径之一。通过单因素试验和正交优化试验，确定混菌种发酵啤酒糟生产高蛋白饲料的最佳发酵条件是啤酒糟与豆粕配比为7∶3，接种量为20%，硫酸铵添加量为0.5%，尿素添加量为0.5%，发酵时间为1d。在此条件下，真蛋白达39.13%（王颖和马海乐，2010）。根据纳豆芽胞杆菌水解淀粉的生物学特性，采用稀释平板分离法，从中国传统食品豆豉中筛选出2株纳豆芽胞杆菌优势益生菌株。通过比较这2个分离菌株与实验室保存的纳豆芽胞杆菌菌株的耐受性和抑菌能力，从中选出一株最优菌株 B2（黄占旺等，2007）。为优化纳豆芽胞杆菌固态发酵培养基，采用微生物固态发酵技术，以固态发酵后的活菌数、芽胞数、蛋白酶及α-淀粉酶活力为指标，对纳豆芽胞杆菌固态发酵培养基组成及配比，添加碳源、氮源种类及浓度，培养基的含水量进行优化研究。试验结果表明，在玉米粉与麦麸配比3∶7、葡萄糖2%、硝酸铵0.5%、水60%条件下发酵效果最好（帅明等，2009b）。

为了探索多菌种混合发酵条件，采用固态发酵技术，通过单因素和正交试验，对纳豆芽胞杆菌和啤酒酵母混合发酵的条件进行了优化。结果表明，纳豆芽胞杆菌和啤酒酵母菌接种比例为5:5、接种量10%、发酵温度34℃、发酵5d的效果最好。在此条件下，纳豆芽胞杆菌数为$1.96×10^{10}$cfu/g，啤酒酵母菌数为$1.68×10^9$cfu/g（牛丽亚等，2008）。以麦麸、豆粕、玉米粉为基质，纳豆芽胞杆菌和嗜酸乳杆菌为试验菌株，采用固态发酵的技术，对其发酵过程中的活菌数和营养物质进行分析测定。结果表明：发酵后纳豆芽胞杆菌数为$9.8×10^9$cfu/g，嗜酸乳杆菌数为$7.1×10^9$cfu/g，蛋白酶活力达2240.9U/g，粗蛋白质含量比发酵前提高3%，肽和氨基酸含量均为发酵前的4.5倍和3.4倍（牛丽亚等，2009）。研究表明，纳豆芽胞杆菌是生产微生态制剂的理想菌株；对近年来纳豆芽胞杆菌微生态制剂作用机理及研究现状等进行了阐述，以期为生产提供依据（牛丽亚和黄占旺，2008）。

利用枯草芽胞杆菌、蜡状芽胞杆菌、植物乳酸菌、酪酸梭状芽胞杆菌这4种菌种进行豆粕发酵实验，观测豆粕中胰蛋白酶抑制因子（trypsin inhibitor，TI）、凝集素在发酵前后的变化，筛选出可用于豆粕发酵的优良微生物菌种，并就其发酵条件进行初步的研究。研究结果表明，胰蛋白酶抑制因子和凝集素的去除率为90%，其中以枯草芽胞杆菌为降解胰蛋白酶因子的优势菌，植物乳酸菌为降解凝集素的优势菌，且以9%接种量、料水比1:1、发酵48h为较适宜的初步发酵条件（付弘赟等，2008）。利用枯草芽胞杆菌、蜡状芽胞杆菌、植物乳酸菌、酪酸梭状芽胞杆菌，采用单因素拉丁方试验设计，研究接种量、含水量和发酵时间对豆粕中胰蛋白酶抑制因子、植酸、脂肪氧化酶的影响。结果表明：枯草芽胞杆菌9%接种量、料水比1:1、发酵48h，胰蛋白酶抑制因子及植酸的去除效果最好，去除率分别达60%和69.8%，且脂肪氧化酶被完全灭活（付弘赟等，2009）。

利用纳豆芽胞杆菌将无机硒生物转化为有机硒后，进行富硒纳豆的发酵试验。结果表明：纳豆芽胞杆菌能够进行无机硒的生物转化，其转化无机硒的最大浓度为$1.0×10^{-6}$mol/L。过量的无机硒对纳豆芽胞杆菌具有明显的毒害作用，少量的无机硒可促进纳豆芽胞杆菌的生长。通过正交试验优化出富硒纳豆的最佳发酵条件为1kg大豆中添加$1.0×10^{-6}$mol硒，接种量7%，培养温度42℃，培养时间18h，经检测此条件下发酵的纳豆硒含量为6.58μmol/kg，无机硒的转化率达73.6%（陈蕙芳，2003）。利用纤维蛋白平板法，从我国传统食品豆豉中筛选出一株具有高纤溶活性的纳豆芽胞杆菌菌株NK-1。通过单因素试验和正交试验确定了该菌株液体发酵最佳条件：大豆蛋白胨1.0%，葡萄糖2.0%，培养温度35℃，初始pH为7.0，培养时间72h时，该菌产酶纤溶活力可达1225.5U/mL（田亚红和刘辉，2009）。通过单因素和正交试验，得出用豆渣培养纳豆芽胞杆菌的最佳工艺条件为m（豆渣）:m（麸皮）:V（磷酸盐缓冲液）为5:1:10，添加3%的豆饼粉、15%（V/m）接菌量，培养时间48h，最终含菌量为$1.5×10^{11}$cfu/g（李晓晖等，2007）。通过对纳豆发酵中加入中药苦参、板蓝根、漏芦、红花后纳豆激酶活力的改变进行研究，从而筛选出能够提高纳豆激酶活性的中药，同时也将中药的药性融入其中，以便更好地提高纳豆的医疗、保健功能。采用纤维琼脂糖平板法测定发酵后产物中纳豆激酶的活力大小。苦参、板蓝根可提高纳豆激酶活性，漏芦可降低纳豆激酶活性，红花可抑制枯草芽胞杆菌的生长使之没有活性。发酵纳豆中加入中药后对纳豆激酶的活力有不同程度的影响（焦晓黎和孙艳萍，2008）。

采用乳酸菌、纳豆芽胞杆菌和酿酒酵母对蜂花粉进行单菌、混菌固态发酵。结果表明，花粉发酵最适菌株为纳豆芽胞杆菌与嗜酸乳杆菌，以 1：1 的比例进行混菌发酵；接种方式：先接纳豆芽胞杆菌，发酵 3d 后接嗜酸乳杆菌发酵 5d，接种量为 10%，发酵方式为浅层好氧发酵，花粉最适含水量为 35%~40%，发酵温度为 30℃。发酵后的花粉气味鲜香，口味酸甜，能克服天然蜂花粉口感和风味差的缺陷，是一种兼具花粉与益生菌双重保健作用的新型发酵花粉产品（戚薇等，2004）。

纳豆激酶（nattokinase，NK）是由纳豆菌（*Bacillius subtilis* var. natto）产生的一种具有强烈溶栓功能的蛋白酶，是一种枯草芽胞杆菌蛋白酶（subtilisin）。1987 年日本的须见洋行博士从 200 余种食品中筛选出有很强溶解纤维蛋白作用的纳豆食品，并从中提取纯化出这种酶，由于是从纳豆中获得因此称为纳豆激酶。纳豆是一种日本的传统食品，大豆经过蒸煮后，接上纳豆芽胞杆菌，经发酵后制成的发酵产物（马子川等，2009）。

纳豆激酶具有溶解血栓的作用，它是由纳豆菌发酵大豆产生，纳豆有比较特殊的味道，利用纳豆芽胞杆菌进行奶液发酵，能够获得较高的纳豆激酶活力，而且没有特殊的气味。针对不同发酵时间对利用纳豆菌发酵奶液在色泽、口感、pH、芽胞杆菌数、纳豆激酶酶活力的影响进行测定。结果表明，利用纳豆菌对奶液进行发酵，成熟只需 16h，就能得到较高的纳豆激酶酶活力，并能在 4℃冰箱中保存 5d，酶活的减少率低于 10%（黎婉园等，2011）。纳豆激酶是由纳豆芽胞杆菌经发酵产生的一种丝氨酸蛋白酶，可用于溶栓药物的开发。比较了 2 种测定纳豆激酶活性琼脂糖的方法——纤维蛋白平板法和枯草芽胞杆菌蛋白酶活力测定方法，为快速、准确地标示纳豆激酶的效价提供技术支撑。结果表明，琼脂糖——纤维蛋白平板法优点在于直观且明显，但此法耗时且费钱；枯草芽胞杆菌蛋白酶活力测定法虽需要一系列生化反应，但与琼脂糖——纤维蛋白平板法比较节省时间，是一种快速、准确测定纳豆激酶活性方法（李晶等，2003）。

纳豆芽胞杆菌属于芽胞杆菌属，是枯草芽胞杆菌的一个亚种，1999 年 6 月，被中华人民共和国农业部认证为可直接饲喂动物的饲料级微生物添加剂。纳豆芽胞杆菌是需氧菌中的非致病菌，对动物和环境安全，具有调节动物肠功能的效果，可以提高动物的抗病能力，促进生长（董超等，2007）。纳豆芽胞杆菌能够进行无机硒、锌的生物转化，纳豆芽胞杆菌转化无机硒、锌的最大浓度均为 $1.0×10^{-5}$ mol/L；过量的无机硒、锌对纳豆芽胞杆菌具有明显的毒害作用，少量的无机硒、锌可促进纳豆芽胞杆菌的生长。通过正交试验优化出富硒、锌纳豆的最佳发酵条件为：每 1kg 大豆中添加硒 $1.0×10^{-6}$ mol，锌 $1.0×10^{-6}$ mol，接种量 7%，培养温度 42℃，培养时间 19h。经检测，此条件下发酵的纳豆硒含量为 $6.58\mu mol/kg$，锌含量为 $7.39\mu mol/kg$；无机硒、锌的转化率分别为 65.8% 和 73.9%；每克富硒、锌纳豆的纳豆激酶酶活为 1195.96U（张凯和孙智杰，2007）。试验采用 PB 液体培养基测定纳豆芽胞杆菌生长曲线，确定了最佳接种时间为 14h。对碳源和氮源分别采用单因子试验，对无机盐和培养条件分别采用 $L_9(3^4)$ 正交试验，筛选出最佳液体发酵培养基配方为：葡萄糖 2g/L、豆饼粉 20g/L、氯化锰 0.1g/L、磷酸氢二钾 2g/L、磷酸二氢钾 1g/L、发酵温度 33℃，初始 pH8.0，接种量为 7%，250mL 三角瓶的装量为 40mL（尹淑丽，2007）。通过实验研究了纳豆芽胞杆菌的育种方法，对初始纳豆芽胞杆菌进行了紫外及微波诱变，采用牛奶-琼脂板筛选菌种，得到了菌株QBNW467。研究表明，采用牛奶-琼脂板法筛选诱变后的纳豆芽胞杆菌方法可行，用该法筛选出的菌株QBNW467的固体发酵产酶活性可达2200U/g（桂丽和齐香君，2007）。为研究纳豆芽胞杆菌在对健康和鳗弧菌感染牙鲆肠黏液黏附中的作用，应用5mol/L LiCl提取纳豆芽胞杆菌表面蛋白，利用蛋白质印迹法鉴定在纳豆芽胞杆菌表面蛋白中的分子质量及参与黏附的特异蛋白。对提取的纳豆芽胞杆菌表面蛋白进行SDS-PAGE后，发现仅出现一条明显的主要蛋白质条带，分子质量为29.58kDa。经蛋白质印迹分析，该蛋白质参与了健康和鳗弧菌感染牙鲆肠黏液的黏附过程；纳豆芽胞杆菌全菌蛋白在健康和鳗弧菌感染牙鲆肠黏液中有一个相同的黏附受体，蛋白质分子质量为13.91kDa；健康个体还有一个黏附受体，分子质量是29.86kDa。研究结果表明，纳豆芽胞杆菌的表面蛋白在对牙鲆肠黏液的黏附过程中起着重要作用（黄剑飞等，2008）。

为了给大豆多肽的工业化生产提供理论依据，以紫外线诱变后筛选得到的枯草芽胞杆菌菌株B1-2发酵豆粕生产大豆多肽，通过单因子及正交试验确定最佳发酵条件。结果表明，各因素对枯草芽胞杆菌B1-2发酵豆粕生产大豆多肽的影响依次为：豆粕含量、培养基pH、发酵温度和接种量。以培养24h的枯草芽胞杆菌菌株B1-2为发酵菌种，在初始pH7.5、温度35～40℃、接种量8%条件下发酵64h，豆粕蛋白的水解度可从初始条件的17.80%提高至21.06%，比条件优化前提高了18%。该研究优化了枯草芽胞杆菌发酵豆粕生产大豆多肽的工艺条件（姚小飞等，2010b）。

为给进一步开发利用黑豆纳豆提供一定的理论和依据，以黑豆为原料、以纳豆芽胞杆菌为菌种，对影响黑豆纳豆的发酵工艺如浸泡时间、蒸煮时间、接种量、发酵时间和纳豆产品制作最佳工艺条件等因素进行研究。通过单因素实验、正交试验和产品感官评定，得到的黑豆纳豆发酵的最佳条件为：黑豆浸泡时间为20h，添加NaCl 0.5%，葡萄糖2%，蒸煮时间为35min（121℃），接种量为2.5%，发酵温度为37℃，最佳发酵时间为24h，在4℃条件下后熟24h（杨华松等，2009）。

为开发具有特定生理活性的新型纳豆保健品，对能产生纳豆激酶的菌株进行了分离筛选，得到了具有较高纤溶活性的菌株4株，考虑到发酵后的纳豆感官，最终选择编号为4411、465的菌株作为生产用菌种。根据其形态、生理生化特征及与枯草芽胞杆菌的比较，初步判断这2株菌株为枯草芽胞杆菌（马明等，2006）。从多个枯草样品中分离纯化得到20株芽胞杆菌，并进行鉴定。通过对固体发酵所产生的纤溶酶的研究，发现这20株菌均能不同程度地产生纤溶酶，其中菌株FM-S1、FM-S2、FM-S8、FM-S6、FM-S11产生的纤溶酶活性均高于日本的纳豆杆菌。同时对筛选的菌株的形态和菌落形态、生理生化特性进行鉴定，确认所筛选到的产酶菌株均为枯草芽胞杆菌。另外，对FM-S2作固体发酵确定在熟大豆上枯草芽胞杆菌纤溶酶生物合成的模式为同步合成型（梁思宇等，2001）。

为了提高豆渣的利用价值，采用不同微生物以豆渣为培养基进行发酵，测定发酵豆渣甲醇/水提取物的α-葡萄糖苷酶抑制活性，结果表明：少孢根霉、雅致放射毛霉、枯草芽胞杆菌及纳豆菌发酵的豆渣口感比较细腻，同时枯草芽胞杆菌发酵豆渣具有酱香味，可以作为豆渣发酵良好的初始菌种。提取率均比非发酵豆渣高，枯草芽胞杆菌发酵豆渣水提取率最高，达35.5%。枯草芽胞杆菌发酵豆渣的α-葡萄糖苷酶抑制活性很高，其醇/水提物浓度分别为0.625mg/mL、0.3125mg/mL时抑制率达90%以上。斜率法测得的抑制活性很高，其醇/水提物的斜率值分别为10.2、25.3。将枯草芽胞杆菌发酵的豆渣开发成降血糖食品，可以大大提高豆渣的利用价值，为豆渣的开发利用开辟新途径（朱运平等，2008）。

为筛选生产优质高蛋白饲料的菌种研究提供依据，选择4个菌种，通过平板培养、单菌和混菌发酵试验，对豆粕固态发酵生产优质高蛋白饲料的菌种进行筛选。结果表明：酵母菌和枯草芽胞杆菌混合菌种作用于豆粕可以提高其粗蛋白质含量；枯草芽胞杆菌M5094与热带假丝酵母C3161混菌发酵豆粕效果最好，发酵反应48h后，豆粕的粗蛋白质含量增加了11.50%，增加率为36.43%。因此可以选择酵母菌和枯草芽胞杆菌2种菌作为豆粕固态发酵生产优质高蛋白饲料的复合菌种（王金斌等，2008）。为提高豆豉纤溶酶的药用价值，通过易错PCR方法对来源于枯草芽胞杆菌DC-12的豆豉纤溶酶DFE基因进行突变并构建突变体文库，利用底物H-D-Val-Leu-Lys-pNA对突变体文库进行筛选，通过3轮易错PCR最终获得催化效率提高的突变酶mDFE3；序列分析表明突变酶mDFE3基因发生了6处碱基突变，其中4处突变发生氨基酸取代，2处为同义突变；通过瑞士模型知识库（Swiss-model repository）模拟突变酶mDFE3的结构，显示3个突变氨基酸位于回环结构上，一个位于α螺旋上；酶动力学测定结果表明突变酶mDFE3的K_m值由0.58mmol/L降低至0.45mmol/L，突变酶mDFE3的催化效率（k_{cat}）是野生型的2.57倍（张少平等，2010）。通过抗性平板初筛、液体发酵复筛和改良的检测平板法比较酶活，从多个豆豉样品中筛选出一株产酶能力较高的菌株DC2，经菌落形态、菌体形态及生理生化特性鉴定确认为枯草芽胞杆菌。对DC2进行紫外线、亚硝基胍、γ射线与硫酸二乙酯复合诱变，选育到高产突变株DCFM9，其纤溶酶活410.76U/mL，较出发菌株提高了131.8%，同时该菌株遗传性能稳定（孙月娥和钱和，2005）。

以从牛肉酱中筛选的一株高产纤溶酶的枯草芽胞杆菌为材料，进行发酵产酶。其发酵液经过硫酸铵盐析、Sephadex G-100凝胶过滤、CM Sepharose CL-6B离子交换层析和电泳制备，得到电泳纯的枯草芽胞杆菌纤溶酶；其分子质量为35.8kDa，pI为10.9~11.8，具有直接溶解纤维蛋白和激活纤溶酶原的双重作用；胰蛋白酶对此酶无降解作用，对其纤溶活性无影响；该酶在pH4.0~13.0时稳定，对温度的适应范围较广（刘美艳等，2007）。

以枯草芽胞杆菌、酵母菌混菌和枯草芽胞杆菌、乳酸菌混菌发酵生豆粕，研究表明，酵母菌及乳酸菌对枯草芽胞杆菌降解抗原蛋白的能力均具有较强的抑制作用。以枯草芽胞杆菌好氧发酵作为前发酵，乳酸菌及酵母菌厌氧发酵作为后发酵对生豆粕进行2步发酵，结果表明：前发酵时间对豆粕中抗原蛋白的降解影响最大，后发酵温度其次，前发酵温度影响最小；当前发酵温度为35℃，前发酵时间为48h，后发酵温度42℃，后发酵时间32h，豆粕中2种主要抗原蛋白的残留量仅0.15%（石慧等，2011）。枯草芽胞杆菌DC-12是从豆豉中筛选得到的高产纤溶酶菌株。以黑豆为原料，曲霉前发酵制得豆豉半成品，研究以该半成品为基质的豆豉纤溶酶的固态发酵条件优化。结果表明，枯草芽胞杆菌 DC-12 的最佳固态发酵条件为：豆豉半成品 35g/250mL 三角瓶，葡萄糖 8.0%，初始含水量 1.2mL/g（豆豉半成品），初始 pH7.0，接种量 12%，培养温度 30℃，培养时间 84h，优化条件下的平均产酶量达 1427U/g（豆豉半成品），为未优化前酶活的 3.60 倍（黎金兰等，2008）。

以纳豆芽胞杆菌 S004 为出发菌，经诱变选育后得到菌株 S004-50-01，聚谷氨酸产量由原菌株的 4.25g/L 提高到 10.0g/L，对谷氨酸的利用率由 18.2% 提高到 42.83%。通过正交试验，获得该菌株的优化培养条件为：葡萄糖 40g/L，谷氨酸钠 30g/L，$MgSO_4 \cdot 7H_2O$ 0.5g/L，$FeCl_3$ 0.5g/L，$MnSO_4$ 0.02g/L，$K_2HPO_4 \cdot 3H_2O$ 3.0g/L，经 72h 发酵培养，聚谷氨酸的平均产量为 13.6g/L，谷氨酸的利用率为 45.33%（李楠等，2006）。以产 γ-聚谷氨酸的纳豆芽胞杆菌 S003 为出发菌，经紫外（UV）-硫酸二乙酯（DES）复合诱变，分离筛选得到一株高产稳定突变株 S003-D16，经摇瓶实验验证 γ-聚谷氨酸的含量达 20.58g/L，较出发菌株提高 40.38%。通过正交试验优化的培养基组成为：味精废液 120mL/L、豆粕 50g/L、葡萄糖 30g/L、$FeCl_3$ 0.4g/L、$MgSO_4 \cdot 7H_2O$ 0.6g/L、$MnSO_4$ 0.01g/L、$K_2HPO_4 \cdot 3H_2O$ 0.2g/L，pH7.0；利用优化的培养基在 500mL 三角烧瓶装液量 100mL、37℃、230r/min 条件下培养 72h，发酵液中的 γ-PGA 产量可达 31g/L。纯化后产物经红外光谱鉴定其结果与标准品的图谱基本一致（张妹等，2009）。

以纳豆芽胞杆菌 HL-1 全基因组 DNA 为模板，PCR 分别扩增编码信号肽、前导肽及成熟肽的前纳豆激酶原基因序列（pre-pro-NK），编码前导肽、成熟肽的纳豆激酶原基因序列（pro-NK）和只编码成熟肽的纳豆激酶基因序列（NK），构建了大肠杆菌表达质粒 pET28a-NK 表达前纳豆激酶原基因及大肠杆菌-枯草芽胞杆菌穿梭质粒 pHT315-NK 表达纳豆激酶原基因和纳豆激酶基因，实现了纳豆激酶基因在大肠杆菌及枯草芽胞杆菌中的表达，并进行了活性分析（黄磊等，2007）。在对产纳豆激酶的细菌进行筛选的基础上，通过体外血凝块溶解实验、抗血凝实验和红细胞溶血实验，对不同菌株、不同酶活的纳豆激酶的溶栓、抗凝及溶血效果进行初步研究。研究结果显示：不同菌株纳豆激酶的体外溶栓和抗凝效果有很大差异（周伏忠等，2008）。以纳豆枯草芽胞杆菌为出发菌株，研究了其液体发酵产生纳豆激酶（nattokinase，NK）的培养基组成（碳源、氮源、碳氮比和金属离子组成）和培养条件（温度、初始 pH、发酵时间、接种量和装液量）对产酶量的影响。结果表明，最佳氮源为大豆蛋白胨，浓度为 2.0%；添加无机盐组分为 $MgSO_4 \cdot 7H_2O$ 0.05%、$CaCl_2$ 0.02%、KH_2PO_4 0.4%。优化发酵培养条件如下：种龄为 18h，发酵周期为 72h，温度为 37℃，初始 pH 为 7.2，装液量为 20mL/100mL，接种量为 2.0%。通过优化培养基和发酵条件，NK 酶活性达 2100U/mL（胡伶俐等，2011）。从日本纳豆食品中分离到一株枯草芽胞杆菌纳豆亚种菌株 Bs01-2，根据纳豆芽胞杆菌产纳豆激酶与蛋白酶活性的正相关关系，采用紫外线直接照射涂菌蛋白平板进行诱变育种，成功地筛选到 2 株突变株 MBS04-6 和 MBS04-9，其纤溶活性分别比出发菌株提高了 87% 和 69%，达 4179U/mL 和 3788U/mL。该法筛选菌株的正向突变率达 10%（方祥等，2005）。

以纳豆芽胞杆菌 JSU-15 为供试菌株，麦麸皮为唯一固体发酵基质，运用统计学方法对其产木聚糖酶的条件进行优化。首先用 2^{4-1} 部分因子实验设计对影响木聚糖酶活性的主要变量进行了评价，发现主要影响因子为粒径和发酵时间；然后用最陡爬坡实验设计确定主要变量的最佳水平。结果表明，最佳产酶麦麸皮与水的比例为 1:5.6，接种量为 3mL，发酵时间为 50h。在最佳产酶条件下进行发酵，木聚糖酶活力达 367U/g 麦麸，比未优化前提高了 2.1 倍（刘玲玲和陈钧，2009a）。以纳豆芽胞杆菌 JSU-2 为供试菌株，麦麸皮为唯一固体发酵基质，运用响应面法对其产植酸酶的条件进行优化。首先用 2^{4-1} 部分因子试验设计对影响植酸酶活性的主要变量进行了评价，发现主要影响因子为麸皮与水的比例和培养时间。然后用中心组合试验设计确定主要变量的最佳水平。最佳产酶发酵条件为：粒径为 3mm、麸皮与水的比例为 1:9.6、接种量为 3mL 和培养时间为 25h。在最佳产酶条件下进行发酵，得到的植酸酶活性为 595U/g 麦麸（刘玲玲和陈钧，2009b）。以普通麸皮为原料，选取黑曲霉、纳豆芽胞杆菌、酿酒酵母和粪链球菌进行混菌固态发酵，研究其对麸皮营养价值的提高。结果表明，最适装料量为 1/1；最适料水比为 1.0:0.8；接种比例黑曲霉:纳豆芽胞杆菌:酿酒酵母:粪链球菌为 0.5:2:10:4，在 37℃ 发酵 48h，粗蛋白质含量（绝干）由 16.1% 提高为 20.97%，粗纤维含量由 10.5% 降低为 5.32%，产品有很浓郁的酸香味（杨旭等，2011）。用增加 NaCl 浓度的方法提高发酵液的渗透压，研究了 NaCl 浓度对纳豆芽胞杆菌产 γ-聚谷氨酸的影响。结果表明，当 NaCl 浓度小于 50g/L 时，随发酵液渗透压的提高，纳豆芽胞杆菌单菌体 γ-聚谷氨酸产量有显著提高，所产 γ-聚谷氨酸的分子质量分布加大，但分子结构没有改变（李大力等，2007）。

通过紫外诱变、纤维蛋白原平板初筛、复筛得到了一株高产纳豆激酶的纳豆芽胞杆菌菌株。研究液体发酵该菌株产纳豆激酶的最佳条件，结果表明最佳培养基为营养肉汤，最佳培养时间为 24h，最佳培养温度 30℃。在优化条件下，发酵液酶活达 640U/mL。该菌株的酶活比原始菌株酶活提高了 258%（余功保等，2007）。利用纳豆芽胞杆菌和凝结芽胞杆菌 TQ33 对豆粕进行固态发酵。结果表明：最适发酵工艺为先接纳豆芽胞菌，发酵 12h 后再接凝结芽胞杆菌，接种量为 10%，两菌比例为 1:1，发酵基质中豆粕与麸皮质量比为 7:3，初始含水量为 40%，初始 pH 自然，37℃ 发酵 48h；发酵豆粕饲料的蛋白质水解度为 20.14%，其中大多数肽类的相对分子质量为 620～1242；胰蛋白酶抑制因子（trypsin inhibitor, TI）降解率达 95%，产品中含纳豆芽胞杆菌 1.0×10^9 cfu/g，凝结芽胞杆菌 9.2×10^7 cfu/g，此外，还含有蛋白酶、短肽和乳酸等生物活性物质（戚薇等，2008）。

以玉米芯中分别加入豆粕、花生粕、麸皮和玉米粉为发酵原料，选用酵母菌、乳酸菌、枯草芽胞杆菌、黑曲霉进行单菌和混合菌固态发酵。结果表明，纯玉米芯在自然条件下，好氧发酵有利于提高粗蛋白质的含量，厌氧发酵有利于提高还原糖的含量；玉米芯中加入蛋白质源饲料辅料（花生粕和豆粕）后，酵母菌和乳酸菌混合厌氧发酵有利于提高粗蛋白质的含量，黑曲霉好氧发酵有利于提高还原糖的含量；玉米芯中加入能量饲料辅料（麸皮和玉米粉）后，黑曲霉发酵有利于提高粗蛋白质的含量（封功能，2010）。用人工接种枯草芽胞杆菌菌株 1389 和黑曲霉菌株 AS3.350 在开放状态下制曲，在菌种配比为 2∶1（枯草芽胞杆菌∶黑曲霉）、接种量 8%、温度 30℃ 条件下，制曲时间为 72h（代丽娇等，2007）。

优化了纳豆生产的工艺：纳豆芽胞杆菌种龄为 18h；在大豆浸泡过程中，浸泡时间为 14h，蒸煮时间 45min（121℃）、最佳发酵温度为 37℃；最佳发酵时间为 18h；纳豆生产的促生长因子为玉米浆 3%、NaCl 0.5%、无水葡萄糖 2%；在 4℃ 条件下后熟 24h（齐凤兰等，2004a）。采用 BPY 培养基，在最佳培养条件，即温度为 37℃、初始 pH 为 7.0、溶氧量为 40mL/250mL、230r/min、接种量为 4% 下，测定了纳豆芽胞杆菌菌株 SFU-18 的生长曲线，从而确定了纳豆芽胞杆菌的最佳接种种龄及收获时间。然后，在种子培养液其他成分保持不变的情况下，分别改变氮源、碳源、无机盐、生长因子进行单因素实验（以原种子液为对照），采用 $L_9(3^4)$ 正交表设计实验进行培养基的优化，确定了纳豆芽胞杆菌液体深层发酵的最佳培养基配比为：玉米淀粉 1%、豆粕粉 5%、玉米浆 1.5%、NaCl 0.2%（陈丽花等，2001）。

在实验室条件下，采用不同方式煮制大豆，经接种纳豆芽胞杆菌制成纳豆。比较了在不同发酵时间下（14～22h）纳豆性质的差别，包括 pH、黏度、硬度和氨含量等。结果表明，原料大豆经不同处理后，从最终产品的颜色比较来看，经 121℃ 蒸汽蒸煮处理后发酵的纳豆为暗褐色，100℃ 水煮处理的纳豆为黄色，前者有更多的白色覆盖物。经蒸汽蒸煮的大豆在发酵过程中，其黏度、pH 比水煮的大豆上升得更快，因此可认为高温蒸煮能缩短发酵时间；但同时也产生更多的氨，其硬度比水煮处理的小（童军锋和郑晓冬，2003）。

八、枯草芽胞杆菌用于植物病害的生物防治

枯草芽胞杆菌菌株 B034 分离自水稻叶面，对水稻白叶枯病具有较强的拮抗能力，除去菌体培养液以 70% 饱和度硫酸铵沉淀所得的拮抗粗提液对热稳定，对胰蛋白酶不敏感，对蛋白酶 K、链霉蛋白酶 E 部分敏感，对氯仿部分敏感，其作用的活性 pH 低至 4，高至 12 以上，比较耐碱性，粗提液经 Phenyl-Sepharosecl-4B 柱层析、DEAE-Ssphacel 柱层析和 HPLC 的 Superdex75 HR 10/30 柱层析，得到 2 个拮抗活性峰：P1 和 P2。P2 经 SDS-PAGE 和 PAGE-IEF 电泳显示为单一蛋白质带，分子质量 50.3kDa，等电点 6.25；自动 Edman 降解法从 P2 的 N 端测出残基序列为 Ile-Ser-Asn-Pro-X-Ile-Asp-Val（童有仁等，1999）。

1992～1994 年在田间小区试验比较 2 个拮抗细菌（B-916、P-91）和井冈霉素对水稻纹枯病的防治效果；1994～1995 年在江苏省 3 个基点上进行了 B-916 防治纹枯病的大面积示范试验。结果表明，B-916 发酵液在田间对水稻纹枯病的危害有较强的控制能力，发酵含菌量为 $2.54×10^{11}～2.54×10^{12}$ cfu/mL 时，用量 $3.75L/hm^2$ 的防治效果为 50.0%～81.0%（陈志谊和高太东，1997）。

为建立产品中抗真菌代谢产物生物效价的测定方法、作为产品内部质控辅助指标，从土壤中筛选出的枯草芽胞杆菌菌株 G3，其菌剂中有几丁质酶（chitinase）、伊枯草菌素（iturin）和生物表面活性素（surfactin）3 种抗真菌物质。为建立 G3 菌剂中抗真菌物质综合生物效价的测定方法，用含毒介质纸片孢子法测定 G3 粉剂中抗真菌物质的最

低抑菌浓度（MIC）和有效抑菌中浓度（EC_{50}）。结果表明，G3 制剂用上述方法测得最低抑菌浓度为 $4000\mu g/mL$，样品浓度与叶霉菌菌落直径呈高度负相关，对数浓度与抑菌概率值呈高度正相关；该方法可作为 G3 菌剂生产厂家产品内部质控的辅助测定方法加以应用（顾真荣等，2006）。

25%咪鲜•枯芽（商品名：久安）可湿性粉剂是江苏省农业科学院植物保护研究所研制的一种新型农用抗生素，是由咪鲜胺加枯草芽胞杆菌复配而成。为了证实该药对西瓜枯萎病的防治效果，进行了田间药效试验，以明确其防治西瓜枯萎病的最佳使用剂量，为该产品大面积推广提供依据。结果表明，25%久安对西瓜枯萎病有较好的防效，其中以 1500 倍液和 2000 倍液灌根防效最佳，连续 2 次用药后 14d，发病率分别为 4.7%和 6.4%，病情指数分别为 2.62 和 3.70；防效分别为 86.6%和 81.5%，极显著优于对照农药 75%百菌清 600 倍液的防效；25%久安 2500 倍液灌根处理的防效与对照药剂差异不显著（王丽英等，2009）。

AgraQuest 公司是一个能为农作物提供高效的杀真菌剂和杀虫剂从而提高作物农业产率的供应商。该公司的一种生物杀菌剂 SERE-NADE 产品中存在一种枯草芽胞杆菌菌株 QST713 的活性成分，该活性成分已被列入杀菌剂抗性行为委员会（Fungicide Resistance Action Committee，FRAC）2009 年目录表中。枯草芽胞杆菌菌株 QST713 是第一个被列入 FRAC 目录的微生物化学产品（崔蕊蕊，2009）。

枯草芽胞杆菌菌株 A30 产生的拮抗蛋白质对多种植物病原真菌有较强的拮抗作用，它具有抗酸、抗碱、抗热和抗蛋白酶性质，其分子质量大于 30kDa；20%饱和度的硫酸铵可使拮抗蛋白质基本沉淀，至少有一个拮抗蛋白酶的活性部位存在小于 3kDa 的肽段所构成的结构域中（谌晓曦和陈卫良，1999）。双向电泳分析枯草芽胞杆菌菌株 TL2 对茶轮斑病菌具有拮抗作用的分泌蛋白，结果得到一些差异蛋白点。MALDI-TOF 质谱分析的结果表明：蛋白点 Bs-p4 可能是一种枯草芽胞杆菌肽的前体分子；蛋白点 Bs-p5 可能是一种裂解酶；蛋白点 Bs-p12 可能是一种青霉素结合蛋白；蛋白点 Bs-p13 则可能是一种胞外中性蛋白酶。蛋白点 Bs-p13 可能是抑制茶轮斑病菌的一种主效蛋白，可以通过病菌的代谢物来加强诱导（洪永聪等，2008）。

菌株 N1729 是从棉花根际土壤分离出的拮抗细菌，通过形态、生理生化特征及 16S rDNA 的分子序列同源性分析，鉴定 N1729 是枯草芽胞杆菌。采用平板对峙法测定结果表明该菌对棉花立枯病菌、枯萎病菌和黄萎病菌均具有较强的抑菌作用，其中对立枯病菌的抑菌带最宽，为 18.3mm（3d 后），抑制率为 45.7%。该菌无细胞滤液，对以上 3 种病原菌具有一定的抑菌作用，其中对立枯病菌的抑菌作用最好，抑制率为 33.8%。还利用 N1729 不同稀释浓度无细胞滤液培养棉花无菌胚，发现无细胞滤液对幼苗具有一定的促生作用，稀释 10 倍无细胞滤液的促生作用最大，胚轴长度 20.2mm，较对照增加 23.2%。通过硫酸铵沉淀法提取 N1729 粗提蛋白质，发现该菌粗提蛋白质耐高温、对氯仿不敏感、对胰蛋白酶敏感（陈莉等，2007a）。

菌株 NJ-18 是从油菜田土壤中分离筛选获得的一株具有抗真菌活性的细菌，经形态、生理生化特征及 16S rDNA 序列分析，鉴定 NJ-18 菌株为枯草芽胞杆菌。平板对峙试验表明，NJ-18 发酵液对油菜菌核病菌（*Sclerotinia sclerotiorum*）、水稻纹枯病菌

(*Rhizoctonia solani*)、串珠镰刀菌（*Fusarium moniliforme*）、水稻稻瘟病菌（*Magnaporthe grisea*）、禾谷镰刀菌（*Fusarium graminearum*）、小麦纹枯病菌（*Rhizoctonia cerealis*）、番茄早疫病菌（*Alternaria solani*）、番茄灰霉病菌（*Botrytis cinerea*）、黄瓜枯萎病菌（*Fusarium oxysporum*）等9种植物病原真菌菌丝生长都具有良好的广谱抑菌活性。盆栽植株试验表明，NJ-18发酵液对小麦白粉病具有很好的保护和治疗作用，发酵原液的保护和治疗作用效果分别高达96.1%和88.2%，发酵液稀释200倍后处理，对小麦白粉病的保护和治疗作用效果分别达58.8%和51.4%（章四平等，2009）。菌株YZS-B15（枯草芽胞杆菌）和YZS-Ph02（荧光假单胞菌）对尖孢镰刀菌和茄孢镰刀菌有较强的抑制作用。在室内将2种菌株分别涂布于PDA培养基，组合菌按以下比例涂布（YZS-B15：YZS-Ph02）为1:9、2:8、3:7、4:6、5:5、6:4、7:3、8:2、9:1，分别测定其对镰刀菌的抑制作用。结果表明，组合菌对镰刀菌有较好的抑制作用，并且优于其中任何一种单剂对镰刀菌的抑制作用（毛忠顺等，2005）。

报道了对小麦赤霉病有良好防效的枯草芽胞杆菌菌株B4和B6在麦穗上的定殖和生长的动态，以及它们的主要生物学特性。结果表明，菌株B4和B6能定殖和生长在麦穗上，并维持较高的种群量达十余天；最适于2个菌株生长的条件是YSP培养基、pH7、28℃和充足的氧气。菌株B4和B6的最高生长量分别在培养36h和44h。供试的10种化学农药中有4种对菌株B4和B6生长有抑制作用（余桂容等，2002）。

采用基质栽培方式，研究了枯草芽胞杆菌在盐胁迫下对黄瓜植株生长、生理生化代谢、产量及品质的影响。结果表明，在无盐胁迫栽培时，枯草芽胞杆菌对黄瓜植株的生长具有促进作用；在1g/L NaCl胁迫下，枯草芽胞杆菌同样促进植株的生长，增加了株高与叶面积，提高了植株SOD、POD和CAT保护酶的活性，降低了MDA的含量，产量比未添加枯草芽胞杆菌处理的增产18%，且在一定程度上提高了果实的品质；而在2g/L NaCl胁迫下，枯草芽胞杆菌对黄瓜植株的生长和产量无促进作用。因此，在1g/L NaCl胁迫下，枯草芽胞杆菌可在一定程度上提高黄瓜植株的耐盐性（尹汉文等，2006）。分别研究了枯草芽胞杆菌培养液、过滤液和灭活液对葡萄灰霉病菌（GB）、草莓灰霉病菌（SB）、辣椒灰霉病菌（PB）和番茄灰霉病菌（TB）菌丝生长的抑制作用。结果表明：枯草芽胞杆菌培养液对GB、SB、PB和TB都有很好的抑制作用。在菌液浓度达10^5cfu/mL时，对4种灰霉病菌的抑制率均达100%；当浓度降低为10^4cfu/mL时，抑制率明显降低。而菌液浓度为10^8cfu/mL时的过滤液，对GB、PB和TB的抑制率也均在50%以上。灭活液对灰霉菌的抑制作用明显减弱，菌液浓度为10^8cfu/mL时，对PB、GB、TB和SB的抑制率分别为73.6%、9.5%、50%和25%（陈莉等，2004）。

采用拮抗菌枯草芽胞杆菌BS-331作为生防菌株，观测了单独使用和与纳他霉素结合使用对油桃果实采后绿霉病和软腐病的防治效果。试验采取刺伤接种和直接浸泡2种处理方法，果实处理后储藏于常温（25℃）条件下。直接浸泡油桃果实的试验结果表明，枯草芽胞杆菌BS-331可达到与纳他霉素（200mg/L）相当的防治效果，能显著地抑制油桃果实采后病害的发生；枯草芽胞杆菌BS-331和纳他霉素（20mg/L）结合使用比单独使用效果更好（杨振等，2008）。采用菌丝生长速率法及孢子萌发法，研究枯草芽胞杆菌对百合枯萎病菌的抑杀效应。枯草芽胞杆菌无菌滤液在一定体积分数范围内能有效抑制枯萎病菌菌丝生长,减少孢子萌发,且随着无菌滤液体积分数的增加,孢子萌发抑制率也增大。体积分数为20%的枯草芽胞杆菌无菌滤液,处理后7d抑制率可达78.8%;体积分数为60%时,可完全抑制孢子萌发。盆栽防治试验表明,枯草芽胞杆菌菌液对百合枯萎病的发病抑制率达65.3%。且该菌液对百合的生长有一定的促生功效,说明枯草芽胞杆菌对百合枯萎病有抑菌和防病作用,且抑菌作用随枯草芽胞杆菌菌液体积分数的增加而增强(韩玲等,2010)。

采用盆栽试验方法,研究了微生物菌剂对盐碱土壤微生物、养分、盐分及玉米苗期生长的影响。结果表明,施用微生物菌剂后,盐碱土壤中钾细菌和枯草芽胞杆菌数量、土壤有机质含量及速效N、P、K含量状况均明显高于无添加菌剂对照处理,其中以菌剂施用量为0.4g/kg土的效果最明显。施用微生物菌剂后,土壤pH、含盐量均有不同程度的降低,菌剂施用量0.4g/kg土的处理在前、中期表现出较好的土壤脱盐效果,而菌剂施用量0.8g/kg土的处理在后期脱盐效果较好。添加微生物菌剂促进玉米苗期株高和叶片数增加,有利于玉米地上部分干物质的积累,以菌剂施用量0.4g/kg土的效果最明显。差异显著性检验表明,菌剂处理玉米株高、干物质重与无添加菌剂对照相比差异均达显著水平,但不同菌剂量处理间差异不明显。综合判定菌剂施用量0.4g/kg土对盐碱土理化和生物性状改良效果较好(逄焕成等,2009)。

采用平板对峙培养法、对扣培养法和圆盘滤膜法研究绿色木霉和枯草芽胞杆菌对玉竹锐顶镰孢菌的拮抗作用。结果表明:木霉和枯草芽胞杆菌对锐顶镰孢菌菌丝生长具有一定的抑制作用,木霉的抑制效果较差,枯草芽胞杆菌的抑制效果较好,其中枯草芽胞杆菌菌株Dc10的抑制作用最强,其非挥发性代谢产物对病原菌的抑制率可达100%(杨洪一和周阳阳,2010)。

基于生物-化学协同控制植物病害的原理,构建了一种由枯草芽胞杆菌和烯酰吗啉(dimethomorph,DMM)组成的对辣椒等作物疫病具有较好的防治效果的菌药合剂(DMBS)。按照农药降解研究基本规则,采用绿色荧光蛋白(green fluorescent protein,GFP)标记技术和细菌学研究方法研究了DMBS在去离子水、地下水、自来水、河水和雨水中的降解动态。结果表明,GFP标记可以用于枯草芽胞杆菌在5种水环境中的存活检测。在(25 ± 1)℃条件下,枯草芽胞杆菌菌剂和DMBS中的枯草芽胞杆菌数量主要表现为前12d迅速下降,此后则随时间的延长在一定的范围内呈变动的上升或下降趋势。在(50 ± 1)℃灭菌和不灭菌的条件下,均表现为前12d迅速下降,12d后趋于稳定或缓慢下降。枯草芽胞杆菌在5种水中的降解速度较慢,在(25 ± 1)℃和(50 ± 1)℃条件下存放86d后,其含量均在10^4cfu/mL以上。培养温度和灭菌条件对枯草芽胞杆菌在不同水体中存活动态有一定的影响,菌药合剂中的烯酰吗啉对该菌的存活则没有显著影响(尹敬芳等,2007)。

采用有机溶剂沉淀法、溶媒萃取法和大孔吸附树脂法对枯草芽胞杆菌菌株B36发酵产生的抑菌活性成分进行初步提取。结果表明,有机溶剂沉淀法和溶媒萃取法提取抗菌成分的能力较低,而大孔吸附树脂法提取抗菌成分能力强。因此选择大孔树脂HP20进行吸附,以75%乙醇为洗脱剂进行动态解吸初步提取菌株B36的抗菌成分(王芳等,2009)。测定了枯草芽胞杆菌BS-2菌株对杨树水泡溃疡病菌菌丝生长的影响,发现菌株

BS-2能够抑制病菌菌丝的生长，并导致菌丝形态畸变，表现为菌丝伸长生长受抑制、扭曲、原生质浓缩、局部膨大成球形或椭圆形，以及菌丝断裂和菌丝细胞变成空泡等。BS-2发酵液对病菌菌丝生长也有明显的抑制作用，培养时间越长，其培养液的抑菌作用越强；在不同培养基中获得的发酵液对病菌的抑制效果不同（胥丽娜等，2007）。

测定了枯草芽胞杆菌菌株B-332对稻瘟病菌及其孢子萌发的抑制作用，对其致畸作用进行了观察和测定。结果表明，菌株B-332对稻瘟病菌的抑制作用主要表现在使其芽管及成熟菌丝体的生长点膨大致畸，最后破裂、细胞质溢出、菌丝体崩溃（穆常青等，2006）。测定了离体条件下菌株BS-3对金花梨腐烂菌的拮抗作用。先接种的处理的拮抗作用优于与病原菌同时接种的处理。孢子萌发和菌丝干重试验表明，未经高温灭活的代谢物的抑制作用远高于经高温灭活的BS-3代谢物，抑制效应与代谢物浓度呈正相关，以1/80以上体积浓度较为理想。在此基础上，采用枯草芽胞杆菌代谢物储前处理金花梨能有效抑制灰霉病的发生，以生物制剂浸果结合包膜处理，更为有效（朱天辉等，2000）。从冷冻菌种甘油管中分离到一株生长力极强的污染细菌，该细菌能产生抑制链格孢真菌的活性物质，在研究抑菌活性物质的过程中，对这株细菌进行分类鉴定，通过传统的表型及生理生化方法，将该菌定位到芽胞杆菌属（*Bacillus*），与枯草芽胞杆菌的相似性最大，最终确定这株菌为枯草芽胞杆菌中的一个株型，即枯草芽胞杆菌菌株168。以链格孢属真菌（包括原有的和从空气、小麦病斑分离的）为受试菌，对此株细菌产生抑菌物质的时间进行跟踪，当该菌进入稳定生长期后开始产生抑菌物质，72h时积累达到最大值。对抑菌物质进行过滤、加热、调节pH等多种处理，初步确定抑菌物质的特性为外泌型、脂溶性，可透过0.22μm的微孔滤膜，可耐受100℃5min、80℃10min的高温，微碱性条件不影响其生物活性（王继华等，2006）。

为初步探讨茄子黄萎病生防内生性枯草芽胞杆菌菌株29.12的发酵条件，通过培养条件优化及正交试验得出最佳培养基配方为：玉米粉15g/L、甘薯淀粉5g/L、豆粕粉15g/L、蛋白胨8g/L、$MgSO_4 \cdot 7H_2O$ 0.01%、$K_2HPO_4 \cdot 3H_2O$ 0.05%。最佳培养条件为：起始pH7.5，250mL三角瓶装液量100mL，接种量10%，温度30℃。在此条件下培养菌株29.12 84h，抑菌圈大小为2.12cm，1mL含菌量为1.58×10^9 cfu，芽胞得率为100%（孙义等，2008）。从板栗树体上分离得到枯草芽胞杆菌菌株CN620；室内测定其菌株制剂对小丛壳属（*Glomerella* sp.）、链格孢（*Alternaria alternata*）、粉红聚端孢（*Trichothecium roseum*）、黑盘孢霉（*Pestalotia* sp.）和镰刀菌（*Fusarium* sp.）5种板栗烂果病主要病原的抑制作用均为100%，而菌株CN620 50倍培养液，对上述5种病菌的抑制效果为86.5%～96.6%。其抑菌机理主要是使病菌孢子和菌丝畸变，细胞壁溶解，原生质泄漏。1997年和1998年连续2年2个地点对板栗烂果病进行小区防治试验的防治效果分别为87.7%和87.6%，明显高于化学农药处理的34.4%和31.7%的效果（辛玉成等，2000）。

从采集的香蕉根际土壤中分离、纯化获得细菌菌株74个，采用对峙培养法，获得对香蕉枯萎病菌4号小种具有强抑制作用的菌株S-1，相对抑制率达76%。抑菌谱测定表明，菌株S-1对尖孢镰刀菌古巴专化型1号小种、番茄枯萎病菌、玉米弯孢叶斑病菌、胶孢炭疽病菌、棉花枯萎病菌、棉花黄萎病菌、小麦赤霉病菌、西瓜枯萎病菌等病原菌具有抑制作用。经 Biolog 系统鉴定及 16S rDNA 序列同源性分析，菌株 S-1 为枯草芽胞杆菌。该菌株理想的培养条件为：PYTG 或 PDA 培养基，26～30℃，pH7.0～8.0，振荡培养 40～48h（孙正祥等，2008）。

从菜地土壤中分离获得的拮抗细菌 B-77 经鉴定为枯草芽胞杆菌，用该菌株发酵液浸种能有效地防治由串珠镰刀菌（*Fusarium moniliforme*）引起的水稻恶苗病。在盆栽条件下，B-77 发酵液稀释 10～100 倍的防效达 76.76%～78.53%；在小区试验中，其 10～100 倍稀释液的防效也达 72.56%～76.18%，均与对照药剂 25%先安乳油 4500 倍的防效无显著差异。B-77 对水稻种子发芽及根茎生长无抑制作用（华菊玲等，2004）。

从多年生野生鲁桑的枝条中分离出 190 株内生细菌，并分析其多样性指数（H）、丰度（D）、均匀度（J），发现在不同发育时间的桑树枝条中，内生细菌的种类、数量和多样性指数明显不同，枝条发育时间越长，越不利于内生菌的生长，而一年生枝条最有利于内生细菌的生长。分离得到一株优势内生细菌，编号为 ME0717。经培养性状观察、形态鉴定、染色反应等生化特性测定及 16S rDNA 序列分析，鉴定 ME0717 为枯草芽胞杆菌。ME0717 菌体和发酵液对桑炭疽病菌（*Colletotrichum morifolium*）、桑漆斑病菌（*Myrothecium roridum*）的菌丝生长和孢子萌发均有明显的抑制作用，随着培养时间的延长，菌株的发酵液对 2 种病原菌的菌丝生长和孢子萌发的抑制作用增强（胥丽娜等，2008）。从果树上分离得到 BL03 等 6 个枯草芽胞杆菌菌株。室内测定菌株 BL01、BL03 和 XM16 制剂对链格孢（*Alternaria alternata*）、粉红聚端孢（*Trichothecium roseum*）和镰刀菌属（*Fusarium* sp.）3 种苹果霉心病主要病原的抑制效果均为 100%，其他 3 个菌株制剂也有一定的抑制效果。1997 年和 1998 年连续 2 年对苹果霉心病进行小区防治试验，菌株 BL03 和 XM16 制剂的防治效果良好，北斗和红星品种苹果霉心病的病果率为 3.5%～6.8%，而对照的发病率分别为 43.0%～50.6%；2 年的试验结果基本一致（辛玉成等，1999）。4 种枯草芽胞杆菌发酵液，对草莓白粉病、灰霉病均有一定的防效，枯草芽胞杆菌菌株-spp1 对白粉病防效达 54.6%，菌株 spp3 对草莓灰霉病的防效达 60.7%（胡洪涛等，2002）。

从发酵制品中筛选出 10 株能产生细菌素的芽胞杆菌，经鉴定 C119、1398、N 和 L1 为枯草芽胞杆菌；Y 为地衣芽胞杆菌；D 和 L2 为凝结芽胞杆菌。其中枯草芽胞杆菌 C119 产生的拮抗物质的抑菌活性最好，且抗菌谱广，对细菌、酵母菌、霉菌都有抑制作用。C119 产细菌素的最适条件为：0.5%葡萄糖，1%蛋白胨，0.3%牛肉膏；培养基初始 pH6.5，37℃振荡培养 24h（陈雪等，2008）。从番茄田土壤中分离筛选获得的拮抗细菌 Bs-208 鉴定为枯草芽胞杆菌。采用不同方法测定了菌株 Bs-208 发酵液及分泌物滤液对番茄灰霉病菌、棉花黄萎病菌、棉花枯萎病菌及棉花立枯病菌的抑菌效果。结果表明，该菌株对供试植物病原菌具有很好的抑菌效果，并可在植物叶面定殖，有效排斥和干扰植物病原等杂菌在植物叶面上的定殖，达到抑菌防病效果（冯书亮等，2003）。

从广西大学、中国农业科学院植物保护研究所黄萎病、枯萎病发病较轻的试验棉田根围土中筛选出 5 株拮抗性能较高的细菌，其中一株 S6 经过 16S rDNA 鉴定为枯草芽胞杆菌。经过测定，S6 的最适生长温度为 28℃，最适 pH 为 7，对 NaCl 的耐受达 10%（王娜和许雷，2007）。从棉株中分离筛选到一株对棉花黄萎病菌具有较强拮抗作用的内生细菌BSD-2，通过形态特征、生理生化特性，以及16S rDNA碱基序列测定和同源性分析，鉴定其为枯草芽胞杆菌。平板对峙试验表明，BSD-2对多种植物病原真菌有抑制作用。BSD-2培养液以50%硫酸铵沉淀所得的拮抗物粗提液，具有良好的热稳定性和酸碱稳定性，对胰蛋白酶、蛋白酶K和胃蛋白酶均不敏感，对氯仿敏感，能够有效抑制黄萎病菌孢子萌发（张铎等，2008）。利用拮抗细菌和拮抗真菌防治植物病害是降低土传病害损失最有潜力的措施，已被世人公认。拮抗细菌NCD-2分离自棉花根围，抑菌作用测定证明对16种植物病原真菌有抑制作用，并且对棉花黄萎病具有较高的田间防效，经鉴定为枯草芽胞杆菌。室内测定证明NCD-2是通过分泌一种物质抑制棉花黄萎病病原菌的（李社增等，2004）。

从广西合浦县柑橘叶片表面分离到拮抗细菌菌株Bv10，该拮抗细菌对柑橘溃疡病菌的生长表现出很强的拮抗活性。根据16S rDNA序列同源性比较、形态学特征及生理生化反应，将该菌株鉴定为枯草芽胞杆菌变种。在温室接种测试中，42.9%的柑橘溃疡病斑形成受到菌株Bv10的抑制。菌株Bv10在人工培养基上连续移植8次，对柑橘溃疡病菌生长的抑制力没有显著变化，该菌株表现为对植物病原真菌具有较宽的抑菌谱（谭小艳等，2006）。

从黑松林地土壤中分离得到一株对越橘叶斑病原菌柯氏寻梗柱孢霉（*Cylindrocladium colhounii*）有较强抑制作用的细菌菌株B7。建立了该细菌的生长曲线，采用菌丝生长抑制法，研究了该细菌对柯氏寻梗柱孢霉的拮抗作用，并通过正交试验优化了其发酵条件。结果表明，该菌株在培养了5h后即进入对数生长期；B7细菌的发酵液原液和无菌滤液均能抑制病原菌的生长，其中发酵液原液的10^3稀释液的抑菌效果仍与对照之间存在显著的差异。发酵条件优化试验发现该细菌的无菌滤液最大抑菌率达100%，最佳发酵条件为葡萄糖0.5%，氯化铵0.1%，不加无机盐，pH5.4，温度28℃。结合形态学特征和16S rRNA的序列分析，将该菌株鉴定为枯草芽胞杆菌（范永强等，2008）。

从黄瓜田土壤中分离得到拮抗细菌sh34，根据其形态特征和生理生化特性及其细菌的16S rDNA序列分析，鉴定其为枯草芽胞杆菌。经平皿试验表明，菌株sh34及其无菌滤液对黄瓜蔓枯病菌（*Ascochyta cucumis*）、黄瓜枯萎菌（*Fusarium oxysporum* f. sp. *cucumerinum*）、黄瓜菌核（*Sclerotinia scleotiorum*）、瓜果腐霉菌（*Pythium aphanidermatum*）、立枯丝核菌（*Rhizoctonia solani*）等多种植物病原真菌均有良好稳定的抑制作用，其无菌滤液能使黄瓜枯萎菌菌丝老化，原生质浓缩（董红强等，2007）。

从健康的香蕉组织内分离内生细菌，以香蕉枯萎病菌（*Fusarium oxysporum* f. sp. *cubense*）4号小种为指示菌，通过初筛、复筛，得到一株分离自根的有较好拮抗作用的细菌，编号为BEB4。结合该菌菌落、菌体特征、生理生化指标及16S rDNA序列分析，初步鉴定该内生菌为枯草芽胞杆菌。经检测，该菌株能产生铁载体（潘羡心等，2009）。从健康桑树叶片中分离到一株内生拮抗细菌L144，该菌株对多种植物病原真菌及病原细菌均有较强的抑制作用。通过形态学观察、生理生化指标测定、16S rDNA碱基序列测定和同源性分析，鉴定该菌株为枯草芽胞杆菌，定名为枯草芽胞杆菌菌株L144。该菌株的16S rDNA序列已在GenBank注册，登录号为EU118756。

对菌株部分生物学特性研究表明，其生长的最适 pH 为 6.5，最适生长温度为 33℃，能广泛利用碳源、氮源（路国兵等，2008）。

从江苏省句容市水稻植株叶片表面分离到的一株枯草芽胞杆菌 7Ze3，能够产生表面活性素（surfactin）和伊枯草菌素（iturin A）等抗菌活性物质，表现出较好的平板拮抗效果，同时还具有产生纤维素酶、葡聚糖酶、蛋白酶和嗜铁素的活性，显示其具有较出色的生物防治利用潜力。对其脂肽类抗生素以外的次生代谢产物进行了进一步研究，经多批次（总体积 40L）发酵、乙酸乙酯萃取、浓缩得到约 46g 粗提物，用硅胶吸附柱层析和右旋葡聚糖凝胶柱层析，并结合反相 HPLC，从中分离到 5 种化合物。通过电喷雾质谱（ESI-MS）和质子核磁共振（^{1}H-NMR）分析，鉴定它们均为环二肽类化合物，结构分别为环亮氨酸-脯氨酸、环苯丙氨酸-脯氨酸、环缬氨酸-亮氨酸、环苯丙氨酸-异亮氨酸、环苯丙氨酸-苯丙氨酸（李海峰等，2010）。

从枯草中分离筛选获得的拮抗细菌 GXG-2-2 被鉴定为枯草芽胞杆菌，该菌有很强的分泌胞外蛋白酶的能力。于发酵液中加入 60% 饱和度的 $(NH_4)_2SO_4$ 沉淀所得的蛋白质粗提液对多种植物病原菌有强烈的抑制作用，如稻瘟病菌（*Pyricularia grisea*）、小麦赤霉病菌（*Fusarium graminearum*）、烟草赤星病菌（*Alternaria alternata*）、大白菜软腐病菌（*Erwinia carotovora* subsp. *carotovora*）等（高晓岗等，2007）。为提高枯草芽胞杆菌拮抗性次生代谢产物的产量，通过单因素试验研究了 $CaCl_2$、$FeSO_4$、$MnSO_4$、$MgSO_4 \cdot 7H_2O$、$ZnSO_4$ 等金属无机盐对枯草芽胞杆菌 BS501a 发酵液拮抗效果的影响。结果表明：当分别向基础培养基中添加 0.15%～0.2% $CaCl_2 \cdot 2H_2O$、0.01% $FeSO_4 \cdot 7H_2O$、0.01% $MnSO_4 \cdot H_2O$、0.05% $MgSO_4 \cdot 7H_2O$ 和 0.1% $ZnSO_4 \cdot 7H_2O$ 时，发酵液抗稻瘟病菌活性均有不同程度提高。通过正交试验，确定各种金属无机盐的最佳组合为：0.15% $CaCl_2 \cdot 2H_2O$、0.01% $FeSO_4 \cdot 7H_2O$、0.01% $MnSO_4 \cdot H_2O$、0.05% $MgSO_4 \cdot 7H_2O$ 和 0.15% $ZnSO_4 \cdot 7H_2O$。枯草芽胞杆菌 BS501a 用优化后的合成培养基发酵，发酵上清过滤液抑菌圈直径达 71.4mm。利用枯草芽胞杆菌 BS501a 发酵上清过滤液室内防治稻瘟病，防治效率为 63.86%（李瑞芳等，2010）。

从南京、高邮和仪征 3 地梨园采集土壤、病果、病叶和健叶样品共 60 份，分离筛选到 527 株细菌分离物，从中挑取与枯草芽胞杆菌目标菌落相似的菌株进行平板抑菌试验。结果表明：24 株拮抗细菌对梨轮纹病菌菌丝生长有明显的抑制作用，抑菌带宽在 10mm 以上。选取抑制效果中等和较强的 132 株细菌进行室内梨果的活体生防试验，结果表明：在 24 株平板抑制效果较强的菌株中有 18 株防效在 40% 以上，6 株防效为 20%～40%；108 株抑制效果中等的菌株中有 3 株防效在 40% 以上，100 株防效为 20%～40%，5 株防效在 20% 以下。初步鉴定出室内活体防效在 40% 以上的 21 株细菌为枯草芽胞杆菌（丁芳兵等，2009）。

从苹果树体上分离得到枯草芽胞杆菌拮抗菌株 XM16，室内测定其带菌培养液对链格孢（*Alternaria alternata*）、粉红聚端孢（*Trichothecium roseum*）和镰刀菌（*Fusarium* sp.）3 种苹果霉心主要病原的抑制作用均为 100%，而 XM16 菌株 50 倍的灭菌制剂，对上述 3 种病菌的抑制效果分别为 92.5%、86.5% 和 92.2%。其抑菌机理主要是使病菌孢子和菌丝畸变，细胞壁溶解，原生质泄漏。1997年和1998年连续2年对苹果霉心病进行小区防治试验，北斗和红星品种霉心病的病果率分别为6.8%、6.5%和6.0%、5.4%，而对照的发病率分别为48.0%、45.5%和50.6%、43.0%；XM16制剂处理的防治效果分别为85.8%、85.7%和88.1%、87.4%，明显高于化学药剂处理的21.9%、30.1%和26.9%、80.9%的效果；2年的试验结果基本一致（辛玉成等，2000）。从生防菌枯草芽胞杆菌菌株G3筛选到的抗链霉素自然突变株$G3^{str}$，保持G3原有的抑菌活性，产伊枯草菌素和生物表面活性素，能抑制多种植物病原真菌。在25℃条件下，营养添加剂对$G3^{str}$菌在不灭菌土壤中前5d有一定的增殖作用；10d后$G3^{str}$菌在土壤中主要以芽胞的形态存活；60d后，$G3^{str}$菌在土壤中仍以10^6cfu/g水平存活。$G3^{str}$菌在土壤中增殖时分泌少量的伊枯草菌素，但被快速分解；同时分泌较多的生物表面活性素，营养添加剂的加入明显促进其分泌（程洪斌等，2006）。

从蔬菜大棚土壤中分离获得一株枯草芽胞杆菌B579，该菌作为生防细菌对天津地区黄瓜的立枯病、黄瓜的枯萎病、茄子的根腐病和茄子的猝倒病等土传病害有很好的生物防治效果，田间防效达75%以上，且对农作物有一定的促生作用，是具有应用前景的生防细菌。采用响应面法对影响菌株B579增殖的诸多因素进行选择和设计，以期快速有效地筛选出影响枯草芽胞杆菌B579增殖的关键因素，并对模型进行数学处理，从而确定最优的试验点。通过对该模型方程的求解及其模型验证试验得知，菌株B579增殖培养基各组分的最适浓度分别为酵母膏6.00g/L、可溶性淀粉11.0g/L、葡萄糖6.00g/L、黄豆饼粉13.97g/L、牛肉膏8.89g/L、玉米粉12.57g/L。预测可信度不仅被统计分析所验证，也被实践所证实。枯草芽胞杆菌B579产量较优化前提高了30倍，达1.23×10^{10}cfu/mL（王雪莲等，2009）。

从甜玉米植株中分离获得90株内生细菌菌株，用平板对峙法获得对玉米小斑病菌有较强拮抗作用的菌株A16。抑菌谱测定表明，A16对多种病原真菌均有明显的拮抗作用。A16对甜玉米种子的萌发没有明显的抑制作用，且显示有一定的促生作用。苗期盆栽表明，经A16处理过的甜玉米植株的玉米小斑病的病情指数比对照低46.3%。经形态学观察、生理生化反应及16S rDNA序列同源性分析，鉴定A16为枯草芽胞杆菌。该菌株的最佳培养条件为：LM培养基、28～32℃、pH6.0、振荡培养36h（徐立新等，2010）。从土壤中分离出细菌菌株FW，通过与4种病原真菌的对峙试验测定，可知其具有广谱的生防特性。通过对其形态、生理生化特性及16S rDNA序列等方面的研究，初步鉴定为枯草芽胞杆菌，该菌的无菌发酵液对各病原真菌的抑菌效果都达到了显著水平，对草莓灰霉病菌的防治效果达83.7%；发酵滤液经硫酸铵沉淀、透析后得到抗菌活性物质，可初步确定其为抗菌蛋白（李娜，2009）。

从香港清水湾海域中分离到一株能产生抗酵母样真菌和革兰氏阳性菌抗生素的枯草芽胞杆菌菌株Bs-1。对菌株Bs-1产生抗生素条件的研究表明，Bs-1在多种培养基中生长迅速，但只在PDB（马铃薯葡萄糖液体）中产生抗真菌活性物质；活性物质粗提液具有良好的耐热性和酸碱度，121℃加热15min及在pH2和pH10处理24h仍有相当高的活性；对Bs-1产抗生素的营养条件和影响的理化因子进行了分析；最后用吸附、萃取、离子交换层析和反相高效液相色谱（RP-HPLC）等技术对此菌的抗菌代谢产物进行纯化，结果发现 Bs-1 在 PDB 培养基中发酵时至少产生 3 种亲水性的抗真菌活性化合物，3 者在 C18 反相层析柱上的保留时间差别不大，对 HPLC 纯化后的其中一种化合物结构的初步分析表明，该化合物含有共轭双键但无任何氨基酸残基，与目前已知的枯草芽胞杆菌产生的抗生素都不相同，很可能是一种新的非肽类抗真菌化合物（谢海平等，2003）。

从小麦根际土壤中分离到一株高产蛋白酶并对棉花枯萎病菌（*Fusarium oxysporum* f. sp. *vasinfectum*）具有拮抗作用的枯草芽胞杆菌菌株 T2。采用硫酸铵分级沉淀、DEAE Sepharose Fast Flow、SP Sepharose Fast Flow 离子交换层析、Sephadex G-75 凝胶过滤层析，从 T2 发酵液中分离纯化出一种分子质量约为 29.0kDa 的蛋白酶。该酶作用的最适温度为 65℃，最适 pH 为 8.0，在低于 50℃、pH5.0~7.5 时较稳定。Na^+、K^+、Pb^{2+}、EDTA 对酶有激活作用，Ca^{2+}、Ba^{2+}、Al^{3+}、Zn^{2+}、Mn^{2+}、Hg^{2+}、SDS 对酶有部分抑制作用，MSF 可完全抑制酶活，推测该酶是一种丝氨酸蛋白酶。抗菌活性显示，该酶对棉花枯萎病菌的孢子萌发、菌丝生长有明显抑制作用（邢介帅等，2008a）。从小麦根际土壤中分离到一株对多种植物病原真菌有拮抗作用且产蛋白酶的枯草芽胞杆菌 T2，经紫外线（UV）和硫酸二乙酯（DES）诱变处理，获得具有良好遗传稳定性的蛋白酶正负突变株，与出发菌株相比，培养48h 的正突变株胞外蛋白酶活力提高 108.5%，负突变株蛋白酶活力降低 81.1%，而二者的几丁质酶和 β-1,3-葡聚糖酶活力均无显著变化，正突变株对棉花枯萎病菌的平板拮抗作用增强，其粗酶液可使该菌菌丝变形膨大成珠状、原生质浓缩，萌发的孢子芽管短且畸形膨大；负突变株对该菌的平板拮抗作用显著降低，粗酶液对该菌菌丝和孢子的形态无明显作用，表明提高生防芽胞杆菌胞外蛋白酶的活力可增强其拮抗病原真菌的能力（李然等，2008）。

从小麦根际土壤中分离到一株高产蛋白酶并对多种植物病原真菌具有拮抗作用的生防细菌 T2。通过形态特征、生理生化及 16S rDNA 同源性序列分析，初步鉴定该菌为枯草芽胞杆菌。其发酵液经硫酸铵沉淀后的粗酶液可明显抑制棉花枯萎病菌菌丝生长及孢子萌发，在显微镜下观察到棉花枯萎病菌孢子萌发的芽管短，孢子膨大变形呈泡囊状，菌丝呈串珠状膨大，细胞破裂，细胞质外渗，表明该细菌菌株产生的胞外蛋白酶可能与病菌菌丝生长受抑制密切相关（邢介帅等，2008b）。

菌株 D53、D56 经 PCR 扩增后，测定其 16S rRNA 基因序列，与基因库中基因序列进行同源性比较可知，菌株 D53、D56 与枯草芽胞杆菌的相似性达 99%。结合其形态观察及生理生化实验综合分析，得出 2 株菌为枯草芽胞杆菌，并在 GenBank 中申请登录号分别为 DQ923482 和 DQ923483。对产淀粉酶透明圈的测定结果表明，D53、D56 的产酶能力达 6.5U/mL 和 8.2U/mL（郭凤莲和陈存社，2007）。

从小麦根际土壤中分离得到枯草芽胞杆菌拮抗菌株 B1-41，室内测定其带菌培养液对小麦全蚀病菌（*Gaeumannomyces graminis* var. *tritici*）菌株 9826 和菌株 9812 的抑制效果分别为 70% 和 68%；盆栽试验中，其防治效果为 63% 和 59%，高于化学杀菌剂处理的 55% 和 51% 的效果。试验表明，该菌株可以造成病菌菌丝发生畸变和菌丝细胞壁瓦解（韩艳霞等，2005）。从小麦根际土壤分离得到枯草芽胞杆菌拮抗菌株 B1-41，室内测定其带菌培养液对小麦纹枯病菌抑制效果为 72%；盆栽试验中，其防治效果为

60.3%，高于井冈霉素处理的51%的效果。试验表明，该菌株可以造成病菌菌丝发生畸变和菌丝细胞壁瓦解（王刚等，2006）。

从油菜根际和叶围分离得到320个细菌分离物，在马铃薯葡萄糖琼脂培养基上的拮抗实验中，18个分离细菌表现对油菜菌核病菌不同程度的拮抗作用，其中菌株Y1对油菜菌核病菌菌丝的生长具有明显的抑制作用。对Y1进行油菜离体叶片、温室盆栽和田间小区接种实验，该菌均表现对油菜菌核病明显的防治效果。经过鉴定，菌株Y1为枯草芽胞杆菌（晏立英等，2005）。

对油菜内生枯草芽胞杆菌菌株BY-2的细胞外分泌型抗菌性纯化物进行双缩脲反应、茚三酮反应、高效液相色谱仪（HPLC）分离、质谱分析和异硫氰酸苯酯（PITC）柱前衍生HPLC分析。结果显示：BY-2的胞外分泌型抑菌物质含肽键，具有环状分子结构。在甲醇/水的流动相条件下，1.969min出现一个抑菌成分峰值；在三甲醇流动相条件下，抑菌成分形成了6个峰值。组成分析结果表明：该抑菌物质由分子质量分别为995Da、1009Da、1023Da、1037Da、1051Da和1087Da 6种成分构成，其4种氨基酸比例为：天冬氨酸：谷氨酸：缬氨酸：亮氨酸＝1：1：1：1.5。该抑菌物质可归类为环脂肽类抗生素（cycle lipopeptide）中的枯草菌表面活性素（surfactin），其中的1087Da大分子同系物尚未见报道（江木兰等，2010）。

从玉米植株根际土壤分离出的枯草芽胞杆菌菌株515-126对玉米纹枯病菌有较强的抑制作用。为了解该菌株的具体防治效果，利用该菌株的抗利福平突变菌株，分别测定了其在玉米植株的根际土壤、根表和玉米叶鞘的定殖能力及其对玉米纹枯病的田间防治效果。结果表明，该菌株在根际土壤、根表有很好的定殖力，在叶鞘的定殖力较差，在灭菌土中的定殖力要强于大田里的定殖力；施入该菌株60d后，根际土壤的菌量在大田土中下降92.8%，在灭菌土中上升15%；在45d后，根系的菌量在大田土中下降68.9%，在灭菌土中为初始菌量的4.46倍；在40d后，叶鞘的菌量在大田土中下降达99.95%，在灭菌土壤中下降达99.91%。该菌株在田间对玉米纹枯有一定防治效果，相对防效达49.37%，低于井冈霉素（60.76%）。该研究结果对于提高和稳定该菌的生防效果及制订科学的防治技术有重要意义（邱小燕等，2010）。

从郑州苹果园中分离到枯草芽胞杆菌的一株强拮抗菌株。研究认为该菌株产生的抗菌物质对镰刀菌等12种病原真菌具有抑制作用，抑菌谱广，其抑菌机理主要是溶解细菌壁，造成原生质泄漏，同时也使孢子和菌丝畸形。田间小区试验证明，以B-903培养滤液浸种可有效防治棉炭疽病等棉苗病害，并促进棉苗生长发育；果园喷雾防治苹果轮纹病和叶斑病的效果相当或优于化学药剂（孔建等，1995）。枯草芽胞杆菌B-903菌株是从郑州果园中筛选出的，它代谢产生的抗菌物质对多种植物病原菌具有强抑制作用。通过对其抗菌物质产生条件的研究认为，在NYDA培养液中，培养液初始pH为7时，最有利于抗菌物质的产生；振荡培养112h，培养滤液的抑菌活性可达最大值；不同初始接菌量对抗菌物质的产生时间影响不大；在250mL三角瓶中，随装液量减少，培养液抑菌活性有增大趋势；大米粉和豆饼粉是最适合产生抗菌物质的碳源、氮源；调节培养滤液pH至4为抑菌活性物质最简便的保存方法；振荡培养112h的培养滤液的最低抑菌浓度为稀释2318倍（王文夕等，1994）。培养液的初始pH直接影响B-903菌株的生长繁殖，从而对其抗菌物质的产生和积累产生重要影响。pH 小于 5 时，不利于细菌生产繁殖，滤液中抗菌物质活性弱；pH 在 6~8 时有利于细菌的增殖，抗菌活性也最强。培养过程中供氧条件下菌体繁殖和抑菌活性呈正相关，而培养液初始接菌量高时可缩短抗菌物所出现的时间。基本物质的初步筛选试验证明：大米粉、豆饼粉、麦麸、酵母粉、$CaCO_3$ 及 KH_2PO_4 是发酵中最佳的营养物质，可满足抗菌物质产生对碳、氮和矿物质的营养需求。B-903 的发酵过程可分为 2 个阶段：在 30℃ 条件下，24h 内，细菌数量达最大值，pH 由低向高变化，但此阶段检测不出抗菌物质的活性；第二阶段，培养 41h 后，抗菌物质活性开始显露，至 112h 后达最大值，pH 也逐渐由高变低。在培养过程中，pH 的变化对细菌繁殖和抗菌物质的产生与积累有明显的伴随关系（孔建等，2000a）。枯草芽胞杆菌菌株 B-903 对棉枯萎等多种土传镰刀菌和苹果轮纹病等的抑菌活性。电镜和光学显微镜观察证实，该菌抗菌物质可造成病菌细胞畸形，胞内物质外泄和细胞壁崩溃。通过盆栽和田间试验，证明以 B-903 菌液浸种可显著降低棉炭疽病等棉苗病害和菠菜枯萎病的苗期发病率，防治效果分别为 51.67%~69.44% 和 68.1%~76.2%。果园喷雾可使苹果轮纹病和叶斑病的防效相当于化学药剂处理，以 B-903 菌液 30~60 倍稀释液浸果可使储藏期 15d 和 30d 的烂果率比清水对照降低 50% 以上（孔建等，1999）。

枯草芽胞杆菌菌株 B-903 是由河南省农业科学院植物保护研究所从郑州果园中分离得到，其代谢产生的抗菌物质对多种植物病原真菌具有较强抑制作用。以此菌株为出发菌株，进行亚硝基胍（1-methyl-3-nitro-1-nitroso-guanidine，NTG）和微波诱变处理，确定了二者诱变处理的最佳处理剂量：NTG 最佳处理浓度为 $200\mu g/mL$，微波诱变为 HI 档（850W、脉冲频率 2450MHz）处理 100s，筛选出 13 个高效突变株。经传代实验，2 株高效突变株 N1 和 W2 抑菌圈直径分别稳定在 26mm 和 24mm 以上，比出发菌株提高 21.8% 和 14.8%（王瑞霞等，2005）。在前人研究的基础上，对枯草芽胞杆菌 B-903 进行了摇瓶发酵（200mL/500mL，28℃，126r/min）试验，结果表明：摇瓶发酵种子液菌龄 24h 效果最好，最佳发酵时间为 72h，比原来的种子液菌龄 24h、发酵时间 112h 缩短 40h，节省了能源和时间（王瑞霞等，2005）。

大田试验结果表明，枯草芽胞杆菌、乙蒜素、恶霉灵、克萎星对棉花黄萎病都有一定的防治效果，尤其以活芽胞 10 亿个/g 枯草芽胞杆菌可湿性粉剂防治效果显著。枯草芽胞杆菌叶面喷雾的最佳浓度为 300~600 倍液，防治效果可达 54.35%~57.35%（戴宝生等，2010）。

枯草芽胞杆菌 JA 产生的脂肽类抗生素对植物病原真菌有广谱抗性。将发酵液经过酸沉淀、甲醇抽提及反相高效液相色谱等步骤，分离得到脂肽类抗生素的纯品。经 IC_{50} 实验和抗菌谱测定，考察了脂肽类抗生素对多种植物病原菌的作用，确定了脂肽类抗生素的抗菌谱。深入研究表明，枯草芽胞杆菌 JA 还产生未知成分的挥发性抑菌物质，能够抑制灰霉病菌孢子的萌发和菌丝的生长。脂肽类抗生素和挥发性抑菌物质的协同作用，有助于提高枯草芽胞杆菌的生物防治效果（陈华等，2008）。低能离子诱变筛选获得的枯草芽胞杆菌 JA-206 的发酵粗提液对红色毛癣菌和须毛癣菌有较强的抑菌或杀菌作用，粗提液经高温、蛋白酶处理后仍然有较高的稳定性，将 JA-206 粗提液经多步分离纯化，得到 3 种单一纯化产物抗菌肽 AFP1、AFP2 和 AFP3，其中 AFP1 和 AFP3 对 2 种皮肤癣菌显示出明显的抑菌或杀菌作用（吕树娟等，2007）。

对分离得到的一株对柑橘采后绿霉病、青霉病有良好生防作用的枯草芽胞杆菌（BS-Z）进行了 70L 发酵罐分批发酵实验，在分批发酵实验中，分别采用 Logistic 方程、Luedeking-Piret 方程和 Luedeking-Piret-like 方程，研究了该菌株的菌体生长、抑菌物质形成及底物消耗等特性，得到了描述分批发酵过程的动力学模型和模型参数，模型计算值与实验数据拟合度分别为 0.9934、0.8312、0.9455。模型基本反映了该生防菌株分批发酵过程的动力学特征（詹喜等，2007）。

对分离获得的菌株 FJ-08 进行形态特征的观察、生理生化实验、VITEK 全自动微生物鉴定仪鉴定及 16S rDNA 测序，结果表明该菌为枯草芽胞杆菌；该菌对福建省蘑菇生产中广泛分布的 3 类疣孢霉菌的生长有抑制作用（蔡少芬等，2009）。

对分离于叶片表面能较强抑制番茄灰霉病菌生长的拮抗细菌菌株 B21 进行了鉴定。通过形态特征、生理生化特征观察，利用 PCR 技术对菌株 B21 16S rDNA 序列进行全序列分析，并在 GenBank 中进行 Blast 同源序列检索，再用 DNAStar 软件与芽胞杆菌属的其他种进行同源性分析，结果显示 B21 与已报道的枯草芽胞杆菌 16S rDNA 序列（登录号 AY172513）有 99.93% 的相似性，且两者在系统发育树中处于同一个分支，因此确定 B21 为枯草芽胞杆菌的一个菌株（齐爱勇等，2006）。

对枯草芽胞杆菌菌株 B29 诱导黄瓜根系相关防御反应酶活性的变化趋势进行了研究，结果表明该菌株接种能够诱导黄瓜根系苯丙氨酸解氨酶（phenylalanineammonia-lyase, PAL）、多酚氧化酶（polyphenol oxidase, PPO）和过氧化物酶（peroxidase, POD）活性有不同程度的提高，尤其在挑战接种病原菌后，3 种防御反应酶活性上升的幅度比单独接种要高，说明挑战接种有利于诱导抗性的表达。结合枯草芽胞杆菌菌株 B29 对黄瓜枯萎病的田间防效试验，可以说明诱导抗性是其生防作用机制之一（张先成等，2009）。

对枯草芽胞杆菌 BS-06 产生抗真菌素的条件进行优化，确定最佳发酵条件为：培养时间为 48h，装液量为 50mL，初始 pH 为 8.0，培养基中添加 2% 麦芽糖、0.2% 硝酸钾和 1% 吐温-80。枯草芽胞杆菌 BS-06 产生的抗真菌素具有较广的抗菌谱，对水稻纹枯病菌、稻瘟病菌、节瓜和冬瓜枯萎病菌、苦瓜枯萎病菌均有较好的抗菌效果，有望开发成生物农药来防治农作物病原真菌（崔堂兵等，2007）。对枯草芽胞杆菌胞外蛋白酶的产生条件及其培养液水解鱼蛋白质制备蛋白胨进行了初步研究；结果表明，适宜枯草芽胞杆菌产蛋白酶的培养基初始 pH7.0、培养温度 30℃、250mL 三角瓶中的装液量为 60mL，培养时间为 24h；用枯草芽胞杆菌培养液为蛋白酶源水解蛋白质时，应控制反应体系的温度为 55℃，pH9.0，加入低浓度的 Mg^{2+}、Ca^{2+} 并去除 Cu^{2+}、Fe^{3+}、Pb^{2+} 和 Ag^+，对枯草芽胞杆菌产酶有促进作用。用枯草芽胞杆菌培养液分别水解鳕鱼粉和罗非鱼，蛋白质制备蛋白胨的得率分别为 13.95% 和 14.96%，与目前的工业水平基本相当（卢珍华等，2006）。

对枯草芽胞杆菌进行了磁场诱变，获得了 39 个诱变株，通过与番茄灰霉病菌拮抗作用的研究，获得 3 株高效拮抗菌，即枯草芽胞杆菌 BS0.25-1、BS1.25 和 BS0.10-1

为高效拮抗菌株,其中 BS1.25 对采后番茄灰霉病防治效果较好,20℃ 条件下储藏 5d 后,先接种 BS1.25 的处理防效达 100%,显著好于对照,为较理想的拮抗菌(侯晓丹等,2007)。对枯草芽胞杆菌菌株 B1、B2 在当归、黄芪上的防病促生效果进行了田间试验研究。结果表明,B1、B2 对当归、黄芪根腐病具有较好的防治作用。B1 对当归、黄芪根腐病的防治效果分别为 39.13%、41.48%,B2 为 41.30% 和 48.16%,B2 防治效果与化学农药无显著性差异;同时,B1、B2 对当归、黄芪具有促生增产作用,B1 增产率分别为 7.74%、12.5%;B2 分别为 17.2%、16.1%。且 B1、B2 均可提高当归和黄芪的品质(辛中尧等,2008)。

对苹果霉心病具有优良防治效果的枯草芽胞杆菌菌株 XM16,是从莱阳农学院(现名青岛农业大学)农场苹果树上分离得到的一种拮抗菌株。菌株 XM16 培养液经硫酸铵分级盐析、Sephadex G-100 及 DE32 柱层析后,分离纯化得到一种抗菌蛋白,该抗菌蛋白通过 SDS-PAGE 分析测定的相对分子质量为 60 000,等电点约为 5.5、偏酸性;抗菌蛋白对 100℃ 以上高温稳定。菌株 XM16 抗菌蛋白对 10 种测定的病原真菌均具有良好的抑制作用,表明其抗菌的广谱性。此抗菌蛋白对链格孢(*Alternaria alternata*)等真菌病原的抑菌机理主要表现为:抑制病菌孢子萌发,使孢子发芽异常;使菌丝畸变,细胞壁溶解,原生质泄漏(辛玉成等,1999)。

对生防菌枯草芽胞杆菌菌株 Bs2004 的固体发酵条件和干燥方式进行了研究。结果表明:麸皮、豆粕等比例混合为最佳发酵基质,含水量 65%,水中添加 5% 蔗糖和 5% 酵母粉、pH7.5、32℃ 培养 24h 时,发酵物含菌量最大,达 9.62×10^9 cfu/g。发酵物经 65℃ 真空干燥,活菌数为 9.581×10^9 cfu/g,为最佳干燥方式(黄小琴等,2011)。对水稻稻瘟病菌的拮抗菌 L1 的形态、生理生化特性等进行测定,结果发现其为杆状细胞、革兰氏阳性、菌落不规则有褶皱、好氧生长、菌落颜色较深等,初步鉴定为枯草芽胞杆菌;拮抗菌 L1 培养 5d 的发酵液抑菌活性最高,抑菌率为 74.57%;拮抗菌 L1 中对水稻稻瘟病菌的拮抗活性物质对温度不敏感;拮抗菌 L1 的发酵液用硫酸铵梯度沉淀法提取粗蛋白质,在 50%~60% 硫酸铵饱和度下沉淀的粗蛋白质对水稻稻瘟病菌抑菌效果最好,平均抑菌半径达 0.51cm(李永刚等,2008)。从江苏省扬州、南通、常州和徐州等地水稻根、茎和种子分离获得内生细菌 736 个菌株,其中对稻瘟病菌、稻恶苗病菌、稻纹枯病菌和稻白叶枯病菌拮抗的菌株分别占 20.7%、5.4%、3.1% 和 1.1%,且主要来自根和茎,并有 24 个和 3 个菌株分别对 2 种和 3 种病菌有拮抗活性。对稻瘟病菌和稻恶苗病菌拮抗的内生细菌转管培养 20 代后,多数菌株拮抗活性稳定,对其他 2 种病菌拮抗的菌株转管培养后则拮抗能力大都显著下降或丧失。经形态和生理生化鉴定,高拮抗菌株 G87(对稻瘟病菌、稻恶苗病菌、稻白叶枯病菌拮抗)和 J215(对稻瘟病菌、稻恶苗病菌拮抗)为枯草芽胞杆菌。剪叶接种试验表明,大多数水稻内生细菌不致病,少数(3.4%~4.8%)在人工接种条件下可有致病能力或潜在致病性(朱凤等,2007)。

从稻田土壤、纹枯菌菌核、病斑和水稻植株上共分离获得 1437 个细菌分离物。在离体条件下测定它们对水稻纹枯菌的拮抗能力。其中拮抗能力强的菌株 61 个,占 4.2%;没有拮抗作用的菌株有 486 个,占 33.8%;其余 62% 的菌株是略有拮抗作用。24 个菌株对水稻纹枯病的防治效果的盆栽生物测定表明,其中有 9 个菌株的防效在

60%以上。挑选了6个菌株在田间进一步测试其防效,结果证实了菌株B-916对水稻纹枯病的防治效果最好。1994~1997年连续4年在姜堰、吴江和句容3个基点示范推广使用B-916发酵液防治水稻纹枯病,累计面积为2300hm^{2}以上;大田示范试验结果表明,拮抗菌B-916发酵液能够有效地控制水稻纹枯病的危害,防效为50.0%~81.9%(陈志谊等,2000)。

对香蕉内生枯草芽胞杆菌菌株B215的对峙培养和菌体代谢物的活性测定,结果表明B215对香蕉炭疽病原真菌具有较强的拮抗作用,对峙培养明显抑制靶标菌菌丝向四周均匀扩展,抑菌带宽度0.4cm,菌株滤液的EC_{50}值达4.99%(陈弟等,2008)。采用对峙培养法和孢子悬滴法研究内生枯草芽胞杆菌菌株B215对香蕉弯孢霉叶斑病菌的控制作用,试验结果显示,菌株B215明显抑制香蕉弯孢霉叶斑病菌菌丝向四周均匀扩展,抑菌带宽度0.4cm,菌株滤液的EC_{50}值为5.10%,表明内生枯草芽胞杆菌B215对香蕉弯孢霉叶斑病病原真菌具有很强的拮抗作用;而对菌株B215的抑菌谱测定结果显示,B215有广泛的抑菌谱,可产生广谱抗菌物质,生产中有望利用该菌株研制成生防制剂用于香蕉重要病害的防治(殷晓敏等,2008)。

对芽胞杆菌FB123产枯草菌素发酵条件进行了优化并对菌株进行了16S rRNA分子鉴定。采用不同培养基配方、单因素及正交设计等试验对FB123培养基、发酵条件进行了优化,FB123的枯草菌素产量(透明圈直径:cm)从1.1cm增加到1.67cm;生物量提高了2.5倍。最佳培养基为:葡萄糖0.5%、蛋白胨1.0%、牛肉膏0.5%、酵母膏0.1%,pH7.5。培养条件:培养温度28℃,培养时间32h。进一步克隆测定了该菌16S rRNA基因序列,系统进化树分析表明该菌与枯草芽胞杆菌具有最紧密亲缘关系(施碧红等,2008)。对中药植物茜草(*Rubia cordifolia*)的内生菌进行了分离和抗菌活性筛选,获得一株具有广谱抗菌活性的内生细菌RC4。该细菌对常见的3种人类病原菌和4种植物病原菌具有拮抗作用。传统分类学和基于16S rRNA基因的分子分类学证据表明,该内生细菌为一株枯草芽胞杆菌。枯草芽胞杆菌RC4在综合马铃薯培养基(pH5.0)中于28℃振荡培养60h,产生的代谢物对白色念珠菌的抗菌活性最强。抗菌活性物质在100℃受热20min,活性维持80%以上,且在pH2.0~11.0时稳定。经硅胶柱层析和高效液相色谱分离,得到主要抗菌活性化合物,质谱分析表明其分子质量约为288Da(周涛等,2007)。

多种真菌在致病过程中会分泌草酸,这些草酸产生菌寄主范围广,可以导致上百种植物病害,造成世界范围农作物的严重减产。草酸可以通过氧化与脱羧2种途径降解。克隆了枯草芽胞杆菌的草酸脱羧酶基因*Yvrk*,并构建其植物表达载体,通过农杆菌浸染转化拟南芥,收获种子,用除草剂Basta筛选获得15株转基因植株,对其中的11个株系分别离体接种菌核病菌,24h后量病斑,发现有6株转基因植株的病斑显著小于野生型。PCR验证发现大部分转基因植株确有*Yvrk*的存在,实验结果说明草酸脱羧酶基因确能在一定程度上缓解真菌病害(陈晓婷等,2008)。

番茄内生枯草芽胞杆菌菌株B47对番茄青枯病有较好的防治作用。为对该菌株入侵番茄的途径及其定殖部位进行检测分别用浸种、浸根、淋根、注射、喷雾、针刺伤茎和针刺伤叶等方法将B47的抗链霉素突变菌株从不同部位接种到番茄植株上,一个月后进行接种菌回收,结果发现除喷雾接种法外,用其他方法接种 B47 菌的番茄植株体内都有菌株 B47 存在,说明该菌能通过番茄根、茎、叶的伤口入侵番茄植株。将菌株 B47 接种到番茄苗上,20d 后切取茎段,经固定、脱水、渗透、包埋、聚合等处理后,进行半薄切片,光学显微镜检测,结果表明:B47 菌株入侵番茄植株后主要定殖在维管束的导管中(黎起秦等,2008)。分离得到一株对黄瓜菌核病菌核盘菌(Sclerotinia sclerotiorum)有拮抗作用的枯草芽胞杆菌 G8,其无菌发酵液经硫酸铵沉淀得广谱抗菌粗蛋白质。为明确枯草芽胞杆菌 G8 的理化性质,研究了温度、pH 变化、UV 照射、有机溶剂、蛋白酶和保存时间对抗菌蛋白稳定性的影响。结果表明:此粗蛋白质耐酸,在 pH1~10 时均有抑菌活性,将其 pH 调为 1.0 作用 16h 后保持原有活性的 69.2%;对温度有较高的稳定性,抗菌蛋白经 100℃处理 60min 保持原有活性的 80.8%;对蛋白酶 K 和有机溶剂不敏感;抗菌粗蛋白质抑菌活性持久,在常温下 120d 保持原有活性的 71.54%。初步研究了抗菌粗蛋白质对黄瓜菌核病菌的抑制作用,结果显示,病菌菌丝消融,原生质渗漏,菌丝细胞泡囊化,并抑制病菌菌核萌发(翟茹环等,2007)。

分离了 976 株细菌分离物,发现来自甘蔗根围的一株枯草芽胞杆菌 S9 对立枯丝核菌(Rhizoctonia solani)、终极腐霉(Pythium ultimum)和西瓜枯萎病菌(Fusarium oxysporum f. sp. niveum)在 PDA 平板的对峙培养过程中不形成抑菌圈,但 4d 后可使上述植物病原真菌的菌丝溶解。扫描电镜观察发现菌株 S9 在待测的立枯丝核菌表面形成了溶菌斑。菌株 S9 对立枯丝核菌的作用过程是通过吸附在病原真菌的菌丝上,并随菌丝生长而生长,然后产生溶菌物质消解菌丝体。研究还发现,菌株 S9 对植物病原真菌的拮抗真菌绿色木霉(Trichoderma viride)、鲜红毛壳菌(Chaetomium cupreum)和球毛壳菌(Chaetomium globosum)的生长没有影响。盆栽试验证明了菌株 S9 可有效地控制立枯丝核菌引起的番茄苗期病害。菌株 S9 与其他拮抗真菌混合具有促进防治植物病原真菌引起的植物病害的潜力(林福呈和李德葆,2003)。

观测了枯草芽胞杆菌 BS、GF1 和荧光假单胞菌 LX1、BCA1 4 株生防菌对 7 株来源不同的辣椒疫病病菌的拮抗作用和防治效果。结果表明:BS 对辣椒疫病病菌菌丝的拮抗作用显著高于其他 3 株生防菌,抑制率达 33.2%~59.4%;温室防病试验中,BS 喷雾处理和 BCA1 灌根处理对辣椒疫病具有明显的防治效果,防效分别达 56.83% 和 57.81%。BS 抗菌粗提物对病菌菌丝生长具有明显的抑制作用,抑菌作用与抗菌粗提物稀释倍数呈负相关,稀释 10 倍时抑制率达 100%。BS 抗菌粗提物处理使辣椒疫病病菌菌丝分枝增多,分枝间距明显缩短,分枝顶端原生质消解;同时可以显著抑制辣椒疫病病菌游动孢子的萌发速度和萌发率。对绿色荧光蛋白标记的 BS 菌株(gfp-BS)在辣椒幼苗各部位定殖情况的检测表明,该菌可以通过种子细菌化成功定殖于辣椒植株体内,出苗 60d 后仍能检测到荧光标记的菌落,其定殖量维持在 10^3 cfu/g 以上(尹敬芳等,2007)。

枯草芽胞杆菌广泛存在于自然中,该菌作为植物病害生防细菌之一,具有较强的防病作用。由于该菌能产生耐热的芽胞,既易于生产、剂型加工,又易于存活、定殖与繁殖。批量生产工艺简单,成本也较低,施用方便,储存期长,而且其制剂的稳定性、与化学农药的相容性和在不同植物、不同年份防治效果的一致性方面均优于不产生芽胞的细菌和真菌生防菌株,是一种较理想的生防微生物(王星云等,2007b)。对枯草芽胞杆菌菌剂防治黄瓜枯萎病进行了试验,结果表明,35亿活芽胞/mL枯草芽胞杆菌菌剂对黄瓜枯萎病有较好的防治效果,且增产明显(刘年浪等,2006)。

寄生线虫腐烂茎线虫(*Ditylenchus destructor*)是许多作物和蔬菜的重要病原物。密封皿内测定结果表明,由枯草芽胞杆菌BL02和G8产生的挥发物能够强烈地抑制寄生线虫(24h杀虫活性均达100%)。经挥发物处理后,大部分线虫在1～12h内活动逐渐减弱,24h后完全停止活动。经固相微萃取并经气相色谱-质谱联用技术进一步鉴定,挥发物包括烷烃、醇、酯、酮、酸、胺、肟、酚及杂环类。该研究为微生物活性挥发物的开发和利用提供了有价值的参考并预示了细菌挥发物在未来植物线虫病害生物防治方面的应用潜力(刘玮玮等,2009)。

尖孢镰刀菌香荚兰专化型是香荚兰根腐病的主要病原。用木霉、枯草芽胞杆菌、荧光假单胞菌对尖孢镰刀菌香荚兰专化型进行实验室的拮抗作用测定,并进行了比较。结果表明,木霉对尖孢镰刀菌香荚兰专化型的抑制作用最强,抑制率可达78.57%,枯草芽胞杆菌对尖孢镰刀菌香荚兰专化型的抑制作用较强,抑制率可达78.12%,而荧光假单孢菌Ph002对该菌抑制效果则很弱,最高只有39.13%。总之,3种生防菌的抑制效果是木霉＞枯草芽胞杆菌＞荧光假单孢菌(李霞等,2003)。对马铃薯青枯病菌具有抑菌活性的枯草芽胞杆菌菌株0702、GP7-13制成粉状制剂,用于马铃薯种薯播前处理。湖北恩施田间小区防病增产试验表明,发病地块上菌株GP7-13对马铃薯青枯病的防效达73.9%～89.7%,菌株0702达60.9%～88.2%。2个生防菌剂在北京郊区南口和河北张北县无病地试验,对马铃薯具有促生增产作用,菌株GP7-13可增产马铃薯17.3%～60.3%;菌株0702增产26.9%～61.2%(徐进等,2003)。

将具有广谱拮抗作用的枯草芽胞杆菌H110作为生防菌株,研究了该菌的培养液、滤液、菌悬液及蛋白质粗提液对苹果梨(*Pyrus bretschneideri*)青霉病菌(*P.expansum*)和黑斑病菌(*Alternaria alternate*)的抑制效果。菌株H110的蛋白质粗提液的抑制作用最好,青霉病和黑斑病的发病率分别比对照低92.7%和86.6%,病斑直径也显著小于对照;其次为菌培养液和菌悬液,滤液的抑制效果相对较差,但4种处理均显著好于对照。4种处理对病原菌孢子萌发的抑制效果与室内试验的效果一致。实验结果表明,枯草芽胞杆菌菌株H110通过产生抗菌蛋白和竞争作用抑制病原菌生长(齐东梅等,2005)。

将具有绿色荧光蛋白(GFP)标记和氯霉素抗性的重组质粒pRP22-GFP导入生防菌短短芽胞杆菌菌株ZJY-1和枯草芽胞杆菌菌株ZJY-16中,用这些标记菌株处理黄瓜种子,出苗后通过定期分离计数具有上述表型的转化子,研究了2株生防菌在黄瓜根围的定殖规律。结果表明,在整个生育期2株生防菌株均能在黄瓜根围有效定殖,并在黄瓜盛花期和盛果期出现数量高峰;盆栽试验发现,引入黄瓜根围的2株生防菌有向周边杂草迁移的特性,且在前一季寄主植物死亡后,菌株可在下一季植株根围增殖(张昕等,2005)。

将枯草芽胞杆菌B1、B2发酵液在50～120℃分别热处理2h,B1、B2表面张力分别为28.34～30.12mN/m、28.34～31.53mN/m;pH为2.0～7.0时,B1、B2表面张

力分别为27.07～28.42mN/m、28.98～30.9mN/m；NaCl浓度在2.0×10^4～2.0×10^5mg/L内，B1、B2表面张力分别为27.45～30.88mN/m、29.02～36.97mN/m。表明B1、B2产生的表面活性剂对热、酸性和盐具有较强的耐性。当B1、B2表面活性剂粗制品浓度为0.03g/L、0.04g/L和0.05g/L时，B1对立枯丝核菌抑制率分别为19.29%、28.71%和45.65%，B2分别为20.14%、30.82%、57.18%。说明B1、B2表面活性剂对立枯丝核菌具有较好的抑制作用；B1、B2发酵液经提取纯化所得的表面活性剂粗制品，通过硅胶G薄板层析和红外光谱方法鉴定，初步确定为脂肽类物质（辛中尧等，2005）。研究了枯草芽胞杆菌B1、B2的活菌液、代谢液对"黄河蜜"甜瓜采后黑斑病和粉霉病的抑制效果。在离体条件下，B1、B2活菌液对黑斑病菌的抑制率分别达100%和94%，而对粉霉病菌的抑制率均达100%，B1、B2活菌液均能显著抑制"黄河蜜"甜瓜采后黑斑病和粉霉病的侵染和扩展；B1、B2代谢液显著抑制粉霉病的扩展，但对黑斑病的扩展无抑制效果（赵劼等，2003）。

将枯草芽胞杆菌菌株B-903液体培养72h后，将培养滤液高温灭菌，以不同比例将培养滤液加入镰刀菌孢子悬浮液中，置于扫描电镜和光学显微镜下定时观察。结果表明，在处理12h后，镰刀菌孢子芽管顶端、菌丝末端及菌丝中央的多处细胞均可发生畸形的球状结构，这种畸变结构随处理时间延长而增加，致使菌丝变成捻球状；处理36h后，畸变球形细胞及菌丝纷纷断裂离解，细胞内含物渗出，致使大部分细胞成为空泡；到处理48h后，镜下几乎无完整菌（孔建和河野满，1998）。从茅台酒生产环境中分离纯化得到一株耐高温枯草芽胞杆菌。分别以小麦和高粱作为培养基采用制曲工艺条件进行固态发酵培养，利用气相色谱-质谱联用仪（GC-MS）对其代谢产物进行分析对比。结果表明，该菌利用2种培养基均能代谢生成酱香型白酒中含量较高的4-甲基吡嗪，其中以小麦为培养基所产4-甲基吡嗪含量达1.86mg/kg小麦（王和玉等，2009）。

拮抗菌枯草芽胞杆菌TG-26分泌产生的小肽经2次盐酸沉淀、丙酮分级沉淀和Hi-PORE反相柱2次纯化，分离得到一种新的抗真菌的小肽，编号为LP-1。经基质辅助激光解吸电离飞行时间质谱（MALDI-TOF-MS）鉴定，分子质量为1057.3Da，等电聚焦测得其pI为4.75。LP-1对温度有较高的稳定性，100℃保温30min，仍能保持75%的活性。抑菌谱表明，该抗菌肽对瓜果腐霉、玉蜀黍赤霉病菌、长柄链格孢和番茄枯萎病尖孢镰刀菌座镰孢霉等植物病原真菌有很强的抑制作用。LP-1可造成绿色木霉菌丝生长形态异常：菌丝端部膨大，菌丝扭曲，分支加剧，菌丝内细胞质不均匀、发生凝聚。茚三酮反应及测序结果均证实其为环肽（刘颖等，1999）。

姜莉莉等（2009）介绍了枯草芽胞杆菌在防治植物病害中的作用机制，包括竞争作用、抗生作用、溶菌作用、诱导植物产生抗性及促进植物生长5个方面；枯草芽胞杆菌制剂在国内外的应用情况及在植物病害防治应用中存在的问题、解决措施及发展前景。

枯草芽胞杆菌具有抗胁迫生长和强竞争性等优势，是一种具有应用潜力的农作物病害生防细菌。以来源于油菜根际、具有促生作用的枯草芽胞杆菌Tu-100为材料，研究了其抑制农作物真菌病原菌的作用范围和效果。结果证明：Tu-100对供试的12种真菌均有明显抑制作用。对峙培养试验结果显示：直接用Tu-100的发酵菌液与供试的10种病原真菌形成了明显的抑菌圈，浓缩10倍后对供试的12种真菌均形成直径27～40mm

的抑菌圈。离体叶片上防治菌核病（*Sclerotinia sclerotiorum*）的试验结果显示：Tu-100菌液对油菜、大豆菌核病和玉米小斑病（*Bipolaris maydis*）均有显著防治作用（江木兰等，2009）。

菌株BAB-1是从土壤中分离出的对番茄灰霉病具有较好防治效果的拮抗细菌。通过对该菌株进行形态特征观察、16S rDNA序列分析和API50CHB细菌鉴定试剂盒鉴定，确定菌株BAB-1为枯草芽胞杆菌。采用16种培养基对菌株BAB-1进行了发酵培养，结果表明，3号培养基最适合该菌株菌体生长和抑菌物质的产生。进一步进行了培养条件的优化，发现在培养温度30℃、转速210r/min、初始pH7.24、接种量3%、装样量为70mL/250mL时菌体生产量最高，菌量达1.63×10^9cfu/mL；而在培养温度30℃、转速210r/min、初始pH7.24、接种量2%、装样量为100mL/250mL时最适合抑菌物质的产生，对番茄灰霉病菌的抑菌圈直径达1.81cm（刘宁等，2009）。

枯草芽胞杆菌菌株TL2能产生多种外分泌抗菌蛋白，抑制茶轮斑病菌（*Pestallozzia theae*）的菌丝生长及其分生孢子的形成和萌发。另外，菌株TL2通过改变茶树体内活性氧代谢相关酶系如SOD等的活性，以调节茶树受轮斑病菌侵染后活性氧的代谢平衡，同时诱导茶树产生抗性酶系如PAL和β-1,3-葡聚糖酶，以限制茶树轮斑病菌的扩展（洪永聪等，2006）。菌株TL2接种茶树后，可以从茶树不同组织分离到细菌，其细菌种群数量随着时间逐渐减少，其细菌多样性系数也随着时间有所降低。其菌体主要分布在根部厚壁组织的细胞间隙，茎部厚角组织的细胞间隙、维管束等组织的细胞间隙、叶片的气孔器附近、上下表皮细胞间隙、厚角组织细胞间隙及内皮层组织细胞间隙等（洪永聪等，2006）。DEAE离子交换层析法制备菌株TL2的分泌蛋白，获得蛋白BSPT-P1、蛋白BSPT-P2、蛋白BSPT-P3和蛋白BSPT-P4等4种成分。抗菌活性测定结果显示：蛋白BSPT-P2对茶轮斑病菌菌丝生长有显著的抑制效果，且能明显抑制其分生孢子的萌发，其他3种蛋白对病菌拮抗效果很弱或没有拮抗效果。稳定性测定结果表明：蛋白BSPT-P2对热稳定，耐紫外照射，在pH6.0～9.0时稳定（洪永聪等，2008）。

枯草芽胞杆菌B26是一株对白桦木材蓝变菌有良好拮抗作用的生防菌，具有开发成为微生态制剂的潜力。对枯草芽胞杆菌B26的生物学特性进行了研究，以确定其最适生长温度、pH、光照条件，以及碳源、氮源。结果表明：该菌株生长适宜温度为30～40℃，最适生长温度为35℃；适宜pH为7.0～8.0；自然光照下菌株生长较好；对碳源的利用以半乳糖为最佳，氮源以牛肉膏为最佳（韩丽等，2011）。枯草芽胞杆菌菌株B2是从土壤中选出的，它的代谢产物中的抑菌物质对多种病原菌具有强烈的抑制作用。对其发酵条件的研究表明，其产抑菌物质的最佳发酵培养基为葡萄糖15g、黄豆饼粉30g、蛋白胨2g、NaCl 1g、$(NH_4)_2SO_4$ 5g、$CaCO_3$ 6g、$MgSO_4\cdot7H_2O$ 6g，蒸馏水1000mL，最佳发酵条件为pH7.0，接种量4%，30℃恒温振荡培养箱培养，发酵时间约60h（刘长庆等，2009）。

枯草芽胞杆菌B931是分离自小麦田的植物病害生物防治细菌，对多种作物土传病害都有很好的防治效果，并能促进作物生长。通过转座子Tn917的转座诱变，构建了菌株B931的突变体库。从3000多个突变体中，筛选得到了6个对小麦全蚀病菌抑制能力丧失的突变体（B931-A⁻）和多个产生长素、赤霉素、细胞分裂素能力增加的突变体 B931-I⁺、B931-G⁺、B931-C⁺，以及产这3类激素能力减少的突变体 B931-I⁻、B931-G⁻、B931-C⁻。温室测定这些突变体对小麦全蚀病及棉花立枯病的防治作用，结果表明抗生素的产生是 B931 具有病害防治能力的主要原因。产植物激素能力变化的突变体对苗期小麦和棉花没有促生长作用，但对甘薯苗的生根有显著的促进作用（张霞等，2007）。

枯草芽胞杆菌 B9601-Y2 是一个具有防治植物病害和促进植物生长的专利菌株。采用 $Sau3A$ I 部分酶切的 DNA、黏粒载体 pLARF-5 和 Packagene λDNA 包装系统，构建了该菌株基因组文库。文库总量为 11 000 个克隆，插入片段平均长度为 14.77kb，按 99.99% 的概率计算，文库覆盖了基因组 4.2 次。这为该菌株防治病害和促进植物生长机理研究奠定了物质基础（苏春丽和何月秋，2007）。

枯草芽胞杆菌 B9601-Y2 抑菌蛋白可以使棉花红腐病原菌菌丝畸形，呈念珠状，胞壁穿孔，不规则消解，内含物外泄，失活。B9601-Y2 菌株产抑菌蛋白的最适培养条件为：pH7.0，37℃培养 48h。菌株的马铃薯蔗糖培养液经 $(NH_4)_2SO_4$ 至 80% 饱和度盐析能得到 0.1mg/mL 以上的粗蛋白质，粗蛋白质的产量与培养过程中供氧条件、产菌量呈正相关。粗蛋白质能耐 80℃ 高温和 pH9.0 的碱性，在 4℃ 条件下，抑菌活性 60d 内基本不变（汪澂等，2005）。

枯草芽胞杆菌 BS-06 能够产生抗真菌物质，研究了该菌株所产的抗真菌物质的部分特性，发现产生的抗真菌物质对热稳定性不佳，在酸性条件下容易失活，而在中性偏碱（pH6~10）的条件下抑菌活性较高。此抗真菌物质对乙酸乙酯敏感，对石油醚和正己烷不敏感，不能被石油醚、正己烷抽提到有机相。甲醇、乙醇和丙酮会使抗真菌物质发生变性沉淀（李应琼等，2009）。对菌株 BS-06 产生抑真菌素的条件进行优化，确定最佳发酵条件为：培养时间 48h，初始 pH 为 8.0，装液量为 30mL，培养基中添加 2% 的麦芽糖、0.15% 的硝酸钾、0.15% 的吐温-80。菌株 BS-06 产生的抑真菌素具有较广的抗菌谱，对水稻纹枯病菌、稻瘟病菌、节瓜枯萎病菌、冬瓜枯萎病菌、苦瓜枯萎病菌均有较好的抗菌效果，有望开发成生物农药来防治农作物病原真菌（崔堂兵等，2007）。

枯草芽胞杆菌 BS-98 是一株能强烈抑制苹果轮纹病菌（*Physalospora piricola*）等植物病原真菌的拮抗菌株。菌株 BS-98 培养液经硫酸铵分级盐析、Sephadex G-100 柱层析和 DEAE-纤维素（DE32）柱层析后分离纯化出一种抗菌蛋白，编号为 X98Ⅲ。蛋白质电泳分析结果表明，此蛋白质相对分子质量为 59 000，等电点为 4.5。醋酸纤维膜电泳后经特异染色证明 X98Ⅲ含糖及脂；用 3,5-二硝基水杨酸（DNS）法测其含糖量为 6%。此蛋白质对热稳定，对蛋白酶部分敏感；氨基酸组分分析表明，该蛋白质含 11 种不同氨基酸，尤其富含谷氨酸和半胱氨酸等，而缺少天冬氨酸等。纯化后的 X98Ⅲ对苹果轮纹病菌、芦笋茎枯病菌等有很强的抑制作用；X98Ⅲ的抑菌机理主要是溶解细胞壁，造成菌丝畸形、孢子不发芽或发芽异常（谢栋和胡剑，1998）。

枯草芽胞杆菌 F-1 和 F-2 与尖孢镰刀菌的对峙实验中，F-1 没有抑菌作用，而 F-2 表现出强抑菌效果。为了分析测定 F-2 的抑菌活性物质，对 F-1 和 F-2 胞外代谢物粗提液的高效液相色谱谱图进行比较，发现 F-2 具有 F-1 所没有的特征代谢产物；使用液相色谱-质谱联用（LC-MS）对 F-2 的特征产物进行分析，推测主要产物的相对分子质量为 1477.0、1489.1 和 1505.1；进一步采用 MDLDI-TOF-MS 对 F-2 粗提液进行分析，发现 F-2 产生两组分子质量相差 14Da（CH_2）的同系物，其中一组的相对分子质量依次为 1462.8、1476.8、1490.8、1504.8 和 1518.9，通过质量指纹谱技术鉴定为脂肽抗生素 C_{14-18} 芬枯草菌素 B（Fengycin B），另一组的相对分子质量依次为 1432.8、1446.8、1460.8、1474.8 和 1488.9，与 C_{14-18}（Fengycin A）对应分子分子质量相差 2Da，推测可能是 Fengycin A 的一种异构体，其碳链中具有一个双键，具体性质有待进一步分析（鲁小城等，2007）。

枯草芽胞杆菌菌株 NCD-2 对棉花黄萎病病原菌大丽轮枝菌具有较强的抗生作用。通过对菌株 NCD-2 培养条件的研究，结果表明在 30℃、培养液初始 pH 为 7.0 和培养时间为 2d 条件下，利用 NB 培养基培养该菌株所得培养液抑菌活性优于其他培养基，其培养液经硫酸铵沉淀所得的蛋白质粗提液经 RNA 酶、胰蛋白酶处理后的抑菌活性与对照相比差异显著；蛋白质粗提液经 60℃ 处理后的抑菌活性与对照相比差异不显著，经 80℃、100℃、120℃ 处理后抑菌活性与对照相比差异显著，但经 120℃ 处理 30min 后仍有一部分抑菌活性，研究结果说明该菌株产生的抗菌物质存在性质上的差异（孟立花等，2008）。枯草芽胞杆菌 NCD-2 能有效地防治棉花黄萎病，同时还具有降解蛋黄卵磷脂的能力。将含有 mini-Tn10 转座子的 pHV1249 质粒电击转入菌株 NCD-2 中，51℃ 高温诱导转座子插入突变，构建了菌株 NCD-2 的解磷突变子库，筛选到 3 株丧失解磷能力的突变子。运用染色体步移技术对突变株 M216 中转座子插入位点基因的侧翼序列进行克隆和序列分析，结果表明丧失解磷能力突变株中转座子插入基因与枯草芽胞杆菌菌株 168 中 *PhoR* 基因的相似率达 98%，Southern 杂交验证突变株中转座子为单拷贝插入。将 *PhoR* 基因克隆到 pHY300PLK 质粒上构建重组质粒电击转化 M216 进行功能互补验证，互补菌株部分恢复了解磷能力，表明 NCD-2 菌株中 *PhoR* 基因与其降解卵磷脂能力具有正相关性（李晶等，2009）。

枯草芽胞杆菌 SO113 对水稻白叶枯病菌（*Xanthomonas oryzae* pv. *oryzae*）有强烈的抑菌作用（表现出一透明抑菌圈）。培养液上清中加入 60% 饱和度的硫酸铵沉淀所得的蛋白质粗提液对热稳定，对链霉蛋白酶 E 不敏感，对蛋白酶 K 部分敏感；对中国各稻区白叶枯病菌的 7 种致病型都有强烈的抑杀作用，蛋白质粗提液 100℃ 加热 15min 后脱盐，经 DEAE-Sepharose Fast Flow 柱层析得到 3 个未分开的抗菌活性峰，未吸附部分经 CM-Sepharose Fast Flow 柱层析，得到一个主活性峰。由于菌株 SO113 的分泌蛋白对水稻白叶枯病菌表现出良好的广谱抗性及丰富的抗菌活性峰，因此对其进一步的研究和设法克隆编码抗菌蛋白的基因都具有重要意义（林东等，2001）。

枯草芽胞杆菌 Tpb55 分离自烟草叶围，对烟草赤星病菌具有较强的拮抗能力。除去菌体培养液以 90% 饱和度硫酸铵沉淀所得的拮抗粗提液对热稳定，在 pH 为 5.0～10.0 时较稳定，对木瓜蛋白酶、蛋白酶 K、胃蛋白酶不敏感。粗提液经 DEAE Sepharose Fast Flow 离子交换层析和 Sephadex G-75（1.6cm×80cm）凝胶层析，纯化出一种抗菌蛋白，采用聚丙烯酰胺凝胶电泳对蛋白质分子质量测定，该抑菌蛋白质分子质量约为 47.8kDa，自动 Edman 降解法从 Bst1 N 端测得的氨基酸序列为：Met-Glu-

Ile-Phe-Lys-Tyr-Met-Glu-Thr-Tyr-Asp-Tyr-Glu-Gln-Leu-Val-Phe-Cys-（李佰乐等，2011）。利用三生-NN 烟测定 Tpb55 菌悬液对烟草普通花叶病毒（TMV）钝化、预防和治疗作用，结果表明，Tpb55 菌悬液对 TMV 具有较好的钝化、预防和治疗效果，枯斑抑制率分别为 96.15%、79.72% 和 65.71%。选用易感 TMV 烟草品种 K326 为试验材料，测定 Tpb55 对 TMV 控病作用；结果表明，先接种 Tpb55 菌液再接种 TMV 的烟株，发病程度明显低于接种 TMV 再接种 Tpb55 菌液的烟株；不论在烟株接种 TMV 前或后，用 Tpb55 菌液处理烟株的叶片与只接种病毒烟株相比，叶片内过氧化物酶（POD）、多酚氧化酶（PPO）、苯丙氨酸解氨酶（PAL）活性均显著提高，以接毒前 Tpb55 菌液处理的烟株活性水平最高。从试验结果来看，Tpb55 具较强的抗 TMV 活性，可通过直接接触钝化作用及诱导烟草抗病性来抑制 TMV 侵染（张成省等，2009）。

枯草芽胞杆菌 ZH-8 分离于黄瓜根际，将该菌株发酵后，添加助剂制成液体菌剂。该液体菌剂在温室试验和田间试验中表现出较好的防病效果，对黄瓜霜霉病的防效分别达 75.61% 和 69.12%。该菌剂可以有效抑制黄瓜霜霉病菌孢子囊的萌发，并且能够在黄瓜叶片上形成一层保护膜，阻止病原菌孢子的侵入。同时对其抗利福平标记菌株进行了在黄瓜叶片上定殖的研究，结果表明，该生防菌株在黄瓜叶片上具有较强的定殖能力，定殖时间达 21d（张淑梅等，2004）。

枯草芽胞杆菌具有很强的抗逆能力和抗菌防病作用，能产生 40 多种具有不同结构的抗生素，许多具有优良性状的菌株已成功应用于植物病害的生物防治。采用基因工程技术提高生防枯草芽胞杆菌菌株的拮抗性能、扩大其防治对象，现已成为生物防治研究的热点，并取得了一系列突破性进展。从导入外源拮抗基因、提高抗生素表达量、基因突变重组合成新型抗生素、扩大防治对象等方面，综述了基因工程改良生防枯草芽胞杆菌的研究进展（罗楚平等，2008）。枯草芽胞杆菌菌株 B11 对广泛的植物病原真菌和细菌都具有拮抗作用。以柯斯质粒 pWEB∷TNC 为载体构建了菌株 B11 的基因文库，文库含 9000 个克隆。文库克隆中插入的 DNA 片段平均为 42.1kb；该文库含有菌株 B11 基因组中任一基因的概率为 99.99%。采用平板活性检测法筛选文库，筛选到一个对茄青枯假单胞菌菌株 P13 具有拮抗活性的文库克隆 GXN9527，该克隆的重组质粒 pGXN9527 含有 50kb 的菌株 B11 的 DNA。文库克隆对革兰氏阴性植物病原细菌如水稻黄单胞菌水稻变种也具有拮抗活性，而对革兰氏阳性细菌如地衣芽胞杆菌和植物病原真菌如尖孢镰刀菌西瓜专化型、立枯丝核菌、水稻稻灰梨孢菌则没有拮抗活性。分别含有 pGXN9527 的 18kb、12kb、9kb、8kb BamHⅠ片段的亚克隆对 P13 均没有拮抗活性，说明编码该拮抗物质的生物合成基因很可能成簇存在（吴雪等，2007）。

枯草芽胞杆菌菌株 BAB-1 是一株高效防治番茄灰霉病的生防细菌。通过盐酸沉淀、甲醇萃取的方法，从该菌株的发酵上清液中提取出一种脂肽类化合物。该物质能够显著抑制番茄灰霉菌菌丝生长及分生孢子的萌发，孢子萌发抑制率为 83.02%。抑菌谱试验表明该物质对多种植物病原真菌具有明显抑制作用；该抑菌物质对热稳定，能耐受较广的 pH 范围，对多种蛋白酶不敏感，在几种常用有机溶剂中保持抑菌活性基本不变（钱常娣等，2009）。枯草芽胞杆菌菌株 BAB-1 对番茄灰霉病菌有较强的抑制作用，为了明确其抑菌活性相关成分，通过盐酸沉淀、甲醇抽提法，从该菌株发酵上清液中分离得到了一种脂肽类化合物。经 HPLC 分析纯化后，发现其保留时间与表面活性素标准品基本一致。TLC 层析结果表明该菌株能够产生与表面活性素标准品 Rf 值一致的成分。进一步通过电喷雾质谱分析，得到其 [M+H]$^+$ 值（[M+H]$^+$ 值是电喷雾分析测出的相对分子质量）分别为 m/z 1009.3、1023.4、1037.4 的成分，与已知的表面活性素 3 种同系物的 [M+H]$^+$ 值一致。最后采用 PCR 扩增特异性片段 sfp 的方法证实该菌株有产生表面活性素的同源基因。综合分析表明，枯草芽胞杆菌菌株 BAB-1 能够产生表面活性素，且提纯后的表面活性素具有明显的溶血和排油活性，并通过显微观察确定了其十字晶体状结构（钱常娣等，2011）。

枯草芽胞杆菌抗菌蛋白对很多病菌都有抑制或杀灭作用，对该抗菌蛋白拮抗大肠杆菌的作用进行了研究。结果表明，枯草芽胞杆菌对大肠杆菌的拮抗作用较为明显（范永瑞，2009）。

枯草芽胞杆菌生防菌 B-916 对水稻纹枯病和稻曲病具有良好的防治效果，为拓宽其防治范围，兼治病虫害，采用 B-916 内源芽胞形成期特异表达启动子成功实现了杀虫晶体蛋白基因 $CrylAc$ 在野生型生防菌 B-916 的高效表达，成功构建了兼治水稻病、虫害的工程菌 E-916。经 SDS-PAGE 分析，异源 $CrylAc$ 基因在对数生长后期其表达产物杀虫晶体蛋白占到胞内总蛋白的 28%。杀虫和抑菌试验结果表明构建的工程菌对水稻二化螟具有杀虫活性，且保持了其原有对水稻纹枯病的拮抗性能。构建的工程菌具有良好的分离稳定性，连续培养 25h，稳定性高于 95%；连续培养 50h 稳定性高于 70%；连续稀释培养 50h，质粒丢失频率为每代小于 10^{-3} 个（罗楚平等，2007）。

枯草芽胞杆菌生防菌 Bs-916 是一种在水稻病害防治中发挥作用的生防因子，为进一步提高其拮抗性能，获得生防效果更好的高效菌种，利用不同剂量的 N$^+$ 对 Bs-916 进行离子注入处理，在 1300 个诱变处理的菌株中，经过初筛、复筛和定量筛选，筛选到 11 株拮抗性能比出发菌 Bs-916 提高 10% 以上的菌株，对筛选出的高效突变菌株进行室内抑菌和田间防病测定。结果表明，离子注入生防菌 Bs-916 的最适剂量为 150～250×2.6×10^{13} N$^+$/cm^2；突变菌株的抑菌拮抗带宽提高率比出发菌株 Bs-916 高 4.3%～30.7%；防病效果比 Bs-916 高 3.2%～19.1%（李德全等，2006）。枯草芽胞杆菌 Bs-916 是一种有效防治水稻病害的生防菌，为进一步提高其拮抗性能，获得更好的生防效果，运用离子注入（N$^+$）的方法对 Bs-916 进行诱变，筛选到 4 株拮抗性能比出发菌 Bs-916 提高 15% 以上的菌株。TLC 和 HPLC 定性、定量分析比较结果表明，Bs-916 及其突变体分泌的脂肽类抗生素是表面活性素，突变菌株分泌的表面活性素比出发菌株有不同程度提高。室内抑菌试验结果表明，表面活性素能抑制纹枯病菌菌丝生长，引起原生质泄露。通过检测接种纹枯病菌、拮抗菌 Bs-916 及其突变菌株的水稻植株体内过氧化物酶（POD）、多酚氧化酶（PPO）和超氧化物歧化酶（SOD）酶活性的变化，发现拮抗菌 Bs-916 及其突变菌株分泌活性物质对水稻具有诱导抗性作用；4 个高效突变株比出发菌 Bs-916 对 3 种酶的活性影响加大；同时接种拮抗菌和纹枯病菌比单独接种拮抗菌、纹枯病菌对 3 种酶活性影响大（李德全等，2008）。

枯草芽胞杆菌是植物病害的重要生防细菌，董慧和徐兴（2008）综述了枯草芽胞杆菌的生防机制，主要有竞争作用、拮抗作用、诱导植物抗病性和促进植物生长等，探讨了枯草芽胞杆菌的应用前景及新的研究方向。惠明等（2008）论述了枯草芽胞杆菌的生物学特性、发展概况和在工业、农业、食品、医药卫生、畜牧业和水产养殖及科学研究等领域中的广泛应用。枯草芽胞杆菌为细菌性杀真菌剂，它通过竞争性生长繁殖而占据生存空间的方式来阻止植物病原真菌的生长，能在植物表面迅速形成一层高密保护膜，使植物病原菌得不到生存空间，从而保护了农作物免受病原菌危害。枯草芽胞杆菌可分泌抑菌物质，抑制病菌孢子发芽和菌丝生长，从而达到预防与治疗的效果。为了验证其对稻瘟病防治效果，为生产提供科学依据，2006~2008 年，庆安县植保站对其进行了田间试验示范。结果表明，枯草芽胞杆菌对水稻稻瘟病具有较好的预防和治疗效果，防治效果与 25%使百克防治稻瘟病效果接近，枯草芽胞杆菌防治水稻稻瘟病使用剂量以 5~10g/亩[①]为宜（王辉，2009）。

枯草芽胞杆菌作为一种生防细菌越来越引起人们的关注，张彦杰等（2009）综述了生防枯草芽胞杆菌的生防机制（包括竞争作用、拮抗作用、诱导植物抗性和促进植物生长作用），以及生防枯草芽胞杆菌的应用情况和实际应用中存在的问题及展望。李晶和杨谦（2008）论述了枯草芽胞杆菌在植物病害生物防治中研究与开发应用的概况及其生防机制的研究进展。

枯草芽胞杆菌 B26 发酵液离心过微孔滤膜后，用质量分数为 70%的硫酸铵沉淀、透析后获得仍具有拮抗多隔镰孢霉的无菌粗提物。进一步检测了粗提物对温度、酸碱度、紫外线照射、有机溶剂和蛋白酶处理的稳定性。结果表明，B26 粗提物对高温具有一定的耐受性，经 100℃ 处理后，是常温处理下抑菌直径的 78.2%，但经 121℃ 处理后，B26 粗提物完全失去活性。B26 粗提物具有较宽的 pH 适应范围，在 pH3~10 时都具有抑菌活性，且在 pH 为 7 时的抑菌能力最高。粗提物对紫外线照射有部分敏感性，经距离 40cm、功率 20W 的紫外灯照射 80min 后，抑菌活性是对照的 78.1%。有机溶剂对 B26 抑菌粗提物的活性影响很小，经乙醚、甲醇、氯仿和丙酮处理 30min 后，粗提物抑菌活性分别为对照的 96.4%、85.7%、82.1%、81.5%。B26 抑菌粗提物对蛋白酶具有部分敏感性，蛋白酶 K、胰蛋白酶和胃蛋白酶处理后的拮抗直径分别为 15.2mm、16.2mm、16.3mm，抑制率分别是对照的 76.7%、81.8%和 83.3%（牛伟等，2010）。

来自辣椒体内的枯草芽胞杆菌菌株 BS-2 和 BS-1 对香蕉炭疽菌菌丝生长、分生孢子形成及萌发等有较强的抑制作用，接种病菌 16d 后，2 株菌株对香蕉炭疽病防治效果达 34.0%（BS-1）~90.0%（BS-2），其中 BS-2 的防效比 BS-1 高（何红等，2002）。辣椒内生枯草芽胞杆菌 BS-2 和 BS-1，对胶孢炭疽菌（*Colletotrichum gloeosporiodies*）引起的辣椒苗和果炭疽病有良好的防治效果，菌株培养液对苗炭疽病的防效分别为 81.5%~93.3% 和 66.1%~79.2%；对果炭疽病的防效分别为 80.0%~100% 和 60.0%~100%，喷施菌株培养液后间隔 24h 以上接种病原菌的防病效果比两者同时接种的高（何红等，2003）。以抗利福平为标记，用浸种、涂叶和灌根方法接种，测定菌株在植物体内的定殖。结果表明，来自辣椒体内的菌株 BS-2 和 BS-1 不仅可在辣椒体内

---

① 1 亩=666.7m^2

定殖，也可在番茄、茄子、黄瓜、甜瓜、西瓜、丝瓜、小白菜等植物体内定殖，菌株 BS-2 还可在水稻、小麦及豇豆等植物体内定殖，菌株 BS-2 的内生定殖宿主范围比菌株 BS-1 的广；另外菌株 BS-2 可在辣椒和白菜体内较长期定殖。用常规方法、Biolog 及 16S rRNA 序列比较，2 株菌株鉴定为枯草芽胞杆菌内生亚种（Bacillus subtilis subsp. endophyticus）（何红等，2004）。辣椒体内的枯草芽胞杆菌菌株 BS-2 在白菜体内定殖、促生和防病作用表明：①用抗利福平标记 BS-2^r 菌株浸种、浇灌土壤和涂抹叶片等方法接种，菌株均能进入白菜体内，并可在其全生育期内定殖；②菌液浸种 24h 后播种 20d，其苗的鲜重比清水对照增加了 91.20%～138.04%；③菌株对白菜炭疽病有较好的防治效果，但对不同时间接种病原菌的防治效果有所不同，以叶表面喷雾接种菌液后，立即接种病原菌的防效最好，其第 3 天和第 6 天的防效分别达 95.12% 和 46.71%；而对接种菌液之前已接种病原菌的处理无防病效果；④菌株胞外分泌物对炭疽病菌菌丝生长、分生孢子产生与萌发均有很强的抑制作用。由此可见，来自辣椒体内的枯草芽胞杆菌菌株 BS-2 不仅可在白菜体内定殖传导，而且对白菜有明显的促生作用，同时对炭疽病还有良好的防治作用（何红等，2004）。

利福平抗性和抗病原真菌标记测定结果表明，分离自辣椒的 2 株枯草芽胞杆菌菌株 BS-2 和 BS-1 经浸种、涂抹、浇灌土壤等接种处理均能进入辣椒植株体内。涂抹接种 1～5d 后，接种上部叶中的菌量逐渐上升，浇灌土壤接种，在 1～15d 内植株体内菌量逐渐上升；浸种接种，植株从子叶出现到第 1 片真叶刚展开时，植株茎和叶中的菌量逐渐上升，之后下降，说明 2 株菌株为辣椒的内生定殖细菌，且可在辣椒体内繁殖和传导（蔡学清等，2003）。试验了内生枯草芽胞杆菌菌株 BS-2 对水稻生长的影响及其机理，结果表明：菌株 BS-2 含量为 10^3 cfu/mL 时即可进入水稻体内定殖；该菌的菌体、不同浓度菌液及其外分泌物对水稻苗生长均表现出不同程度的促进作用，如增加植株的鲜重与干重；从其促生机理来看，该菌能提高水稻叶绿素的含量，提高其保护酶活性，并通过提高水稻对外界环境的适应性，提高其抗逆性，促进其生长（蔡学清等，2005）。研究内生枯草芽胞杆菌菌株 BS-2 对荔枝采后果实霜疫病的防治效果，以及其对体内活性氧代谢（SOD、POD、CAT、MDA、超氧阴离子自由基的产生速率）和病程相关蛋白（β-1,3 葡聚糖酶活性、几丁质酶活性）等的影响。结果表明，菌株 BS-2 对荔枝霜疫病具有较好的防治效果，接种处理后 6d，其防治效果为 37.83%；而 POD、PPO 酶活性，以及膜透性、MDA 含量与超氧阴离子自由基的产生速率却比病菌处理的低。当接种后 6d，经内生细菌处理的荔枝果皮的 β-1,3 葡聚糖酶活性、几丁质酶活性和 SOD 酶活性分别比病菌处理的高 70.73%、30.76% 和 297.43%；而 POD、PPO 酶活性和超氧阴离子自由基的产生速率分别比病菌处理的低 15.11%、4.96% 和 28.95%（蔡学清等，2010）。

通过对峙培养、发酵液的抑菌试验，发现枯草芽胞杆菌 BS-2 对好食脉孢菌（Neurospora sitophila）有较强的抑制作用，BS-2 能显著地抑制脉孢菌菌丝生长及其孢子萌发，但对食用菌抑制作用相对较弱。BS-2 主要的抑菌物质可能是其分泌的多种抗菌蛋白，BS-2 的抑菌能力可通过脉孢菌代谢产物的诱导而加强（吴小平等，2009）。内生拮抗细菌株 BS-2 在以黄豆粉为原料的 3 号培养基中生长速度快，发酵滤液对辣椒炭疽病菌的抑制作用强,菌液对辣椒果炭疽病的防效最好。培养基初始pH、培养时间、温度、通气量等对菌株生长及其抗菌物质的分泌有明显影响。以黄豆粉为原料的培养基,初始pH6.7(灭菌后),28℃,培养48h,并尽量增大培养通气量,为菌株的最佳发酵条件(何红等,2004)。菌株BS-2为一株能在多种植物体内定殖、对多种植物炭疽病具有良好防治效果、并对植物生长具有良好促进作用的枯草芽胞杆菌,其BPY培养液经30%~70%硫酸铵盐析、高温(100℃)处理后,以SDS-PAGE、MALDI-TOF检测,该菌株分泌的抗菌蛋白为分子质量≤2884.39Da的多肽;该抗菌多肽对热稳定并抗紫外线照射,对植物炭疽病菌和番茄青枯病菌等多种植物病原真菌和细菌有强烈的抑制作用,并对辣椒果炭疽病具有69.79%(9d后)的防病效果;抑制病菌生长,引起菌丝(或芽管)细胞消融,导致菌丝畸形,以及抑制病菌分生孢子的产生和萌发等可能是该抗菌多肽主要的防病机制(何红等,2003)。

利用低能氮离子对枯草芽胞杆菌进行注入诱变,获得诱变菌株。通过平板初筛,筛选出6株对苹果炭疽病菌有较高抑菌作用的菌株,经苹果果实活体测定从中筛选出对苹果炭疽病有较高拮抗作用的菌株BS80-6和BS100-6。其中BS80-6在室温下的防治效果较好,14d时的防效为33.28%;BS100-6在冷藏下的效果较好,14d时的防效为100%。不同接种方式试验表明,拮抗菌对苹果炭疽病表现出较好的保护作用(刘淑芳等,2007)。利用枯草芽胞杆菌(依天得)在室内对葡萄蔓枯病菌和葡萄灰霉病的病原菌进行了防效测定。结果表明,枯草芽胞杆菌对葡萄蔓枯病菌和葡萄灰霉病的病原菌均有较好的防效,分别为93.37%和93.07%。同时还对枯草芽胞杆菌的抑菌机理进行了初步研究,结果表明该拮抗菌可以溶解致病菌菌丝(卢剑等,2006)。

利用枯草芽胞杆菌Xi-55处理稻曲病菌和水稻种子,测定对稻曲病菌孢子萌发的影响和对稻曲病菌的抑制率、致畸性,以及对水稻的促生性作用。结果表明,Xi-55的发酵液对稻曲病菌平均抑制率为54.64%,对稻曲病菌分生孢子萌发平均抑制率为69.33%,对水稻促生作用不明显(李竞生等,2008)。通过单因素试验和正交试验,对枯草芽胞杆菌Xi-55的液体发酵培养基和工艺条件进行了优化,确定了在500mL锥形瓶中发酵培养基的最佳培养基为:蛋白胨3%,甘油1.0%,$K_2HPO_4 \cdot 3H_2O$ 0.05%,$MgSO_4 \cdot 7H_2O$ 0.15%。最适发酵条件为:时间36~48h,温度28~30℃,初始pH为7,接种量2%,装液量100mL/500mL锥形瓶。20L发酵罐扩大培养的初始pH为7.2,发酵温度28℃±0.5℃,通气量10L/min,搅拌转速180r/min,罐压0.05~0.06MPa,发酵终止在44h前,最佳放罐时间为40~44h,此时发酵液中的细菌含量为5.06×10^{10} cfu/mL。小区试验显示,枯草芽胞杆菌Xi-55发酵液对稻曲病的防治效果为63.22%(彭化贤等,2008)。

利用枯草芽胞杆菌在室内对番茄茎基腐病和葡萄灰霉病进行了防效测定。结果表明,枯草芽胞杆菌对番茄茎基腐病和葡萄灰霉病均有较好的防效,分别为93.37%和93.07%。同时还对枯草芽胞杆菌的抑制机理进行了初步研究,结果表明该拮抗菌可以溶解致病菌菌丝(侯珲和朱建兰,2003)。美国科学家最近在一项研究中发现,当植物受到外部伤害时,能够向根部发出化学信号以寻求帮助,接收到信号的根部会分泌出一种富含碳元素的化学物质苹果酸,以吸引土壤中的枯草芽胞杆菌,在植物根部周围形成一层抗菌保护膜,帮助它们尽快康复。除此以外,还有研究发现,谷类植物在受到一些害虫侵扰时,会散发出一种鸡尾酒般的气味,从而吸引害虫的天敌寄生黄蜂(佚名11,2008)。

平皿测试表明枯草芽胞杆菌菌株 A30 对多种植物病原真菌,如水稻纹枯病菌(*Rhizoctonia solani*)、稻瘟病菌(*Magnaporthe grisea*)等有强烈抑制作用。在小区试验中 A30 菌液对水稻纹枯病也表现出了较好的防治效果。菌株 A30 培养液经硫酸铵沉淀、快速蛋白液相疏水色谱、HPLC 反相色谱后,纯化得到一种拮抗活性物质,编号为 P1。P1 对热稳定,对蛋白酶不敏感;茚三酮反应呈阴性,用酸水解后茚三酮反应和双缩脲反应呈阳性。经 LC-ESI-MS 分析初步判断 P1 的分子质量为 1476.7Da(何青芳等,2002)。

为筛选大丽轮枝菌的拮抗芽胞细菌,并对其进行生理生化鉴定,以棉花黄萎病病原菌大丽轮枝菌(*Verticillium dahlie*)V-190 为测试菌,筛选对其具有拮抗作用的芽胞细菌。从各地的土样中初步分离、筛选到 84 株拮抗细菌菌株,再对其中拮抗能力较好的 18 株进行了复筛,得到抑菌圈达 18.9mm 的强抑菌活性的拮抗细菌菌株 7-30,结合其形态特征和生理生化特征综合考察,初步判断其为枯草芽胞杆菌(雷白时等,2009)。

产几丁质酶枯草芽胞杆菌 G3 菌剂在盆栽试验中对菜豆苗期炭疽病和茄子苗期菌核病有一定的防治作用,其防治效果分别为 35.4% 和 64.1%;对番茄叶霉有良好的防治作用,药后 3d 和 7d 的防效分别为 78.8% 和 89.7%。另外,G3 菌剂对黄瓜和茄子苗期有明显的促生作用(顾真荣等,2002)。产几丁质酶枯草芽胞杆菌菌株 G3 的固体培养物在黄瓜灰霉病菌和番茄叶霉病菌抑菌试验中证实,抑菌活性物质存在于过滤上清液中,它们是从酸沉淀物中提取出的伊枯草菌素、生物表面活性素和存在于盐析粗蛋白质中的几丁质酶。在叶霉孢子萌发试验中,伊枯草菌素微弱地抑制孢子萌发但强烈破坏芽管和新生菌丝;生物表面活性素和几丁质酶则强烈抑制孢子萌发并长久性地抑制芽管伸长。在 PDA 平板上的灰霉菌丝抑菌试验中,伊枯草菌素抑制菌丝生长,引发菌丝顶端膨大,形成泡囊,泡囊破裂后原生质外泄;几丁质酶抑制菌丝生长,引发产生不规则的菌丝团;生物表面活性素在平皿上对菌丝则不显示出抑菌活性(顾真荣等,2004)。产几丁质酶枯草芽胞杆菌 G3 菌剂在土壤中可抑制水稻纹枯病菌菌核形成。菌剂的适宜剂量为 1.15×10^8 cfu/g。温度、土壤含水量和菌剂处理的时间是影响效果的因素。15~30℃培养,G3 菌剂处理的菌核减退率从 35.2% 逐步上升到 77.8%;在 16%~24% 土壤含水量的条件下,菌核减退率从 75.5% 下降到 21.7%。接种病原真菌前施用 G3 菌剂比接种后效果更好。来源于湖南、山西、云南和上海的不同区域土壤对防效没有显著影响。菌剂添加豆粕粉、壳聚糖、葡萄糖和淀粉有不同程度的增效作用,尤其是壳聚糖,增效率达 29.2%(顾真荣等,2005)。生防枯草芽胞杆菌菌株 $G3^{str}$ 与营养添加剂混配使用,在经有机硫土壤熏蒸剂"大扫灭"熏蒸过的土中有一定的增殖,增殖量大于不熏蒸的自然土。同时,在加入菌剂的前 6d,灭菌土中脂肽和伊枯草菌素检测量高于自然土。抑制水稻纹枯病菌菌核形成试验表明,$G3^{str}$ 菌增殖过的灭菌土比不增殖的对照有更强的抑菌作用。盆栽试验结果表明,土壤中添加 $G3^{str}$ 菌显著减轻由腐霉引起的茄子猝倒病，土壤熏蒸加强防病效果（顾真荣等，2006）。

生防细菌菌株 NCD-2 是一株枯草芽胞杆菌，该菌株通过分泌抑菌肽而对棉花黄萎病病原菌和棉花立枯病病原菌起到抑制作用。通过原生质体法与诱导转座方法，建立了携带转座子 Tn917 质粒 pTVl 对枯草芽胞杆菌 NCD-2 野生菌株的转化体系与转座子突变技术，获得 1500 多个转座子插入突变子。通过测定这些突变子对大丽轮枝菌的抑制作用，筛选到 2 个抗生作用丧失的抑菌功能缺失的突变子。室内盆栽试验结果表明，这 2 个抑菌功能缺失突变子对棉花立枯病的防效显著低于野生菌株，说明 NCD-2 野生菌株产生的抑菌肽在该菌株防治棉花立枯病中起到主要作用，进而说明编码该抑菌肽的基因在该菌株防治棉花立枯病中具有重要作用（孙会刚等，2006）。枯草芽胞杆菌菌株 NCD-2 是一株有效防治棉花黄萎病的细菌，它通过产生抑菌物质达到对大丽轮枝菌的抑制作用。以该菌株作为有效成分的微生物农药已通过国家农药登记。通过原生质体转化法将含有转座子 mini-Tn10 的质粒 pHV1249 转入枯草芽胞杆菌 NCD-2 中，获得转化子。对转化子通过高温诱导转座子转座，获得 4000 个菌株 NCD-2 的突变子。对这些突变子进行对大丽轮枝菌的抑菌作用测定，筛选到 2 株抑菌作用增强的突变子和 4 株抑菌作用降低的突变子。采用染色体步移技术对这 6 个突变子中转座子插入位点基因的侧翼序列进行克隆和测序，结合枯草芽胞杆菌菌株 168 的全基因组，转座子插入到一个功能未知的基因内部，此基因与菌株 168 中的 $yvoA$ 基因的同源性为 98%；在抑菌作用降低的 4 个突变子中，转座子插入位点对应于枯草芽胞杆菌菌株 168 中的 $phoP$ 基因内部，插入位点的侧翼序列与枯草芽胞杆菌菌株 168 中的 $phoP$ 基因的同源性达 98%（郭庆港等，2007）。

生防细菌菌株 NCD-2 是自棉花根围土壤分离到的一株细菌菌株，田间小区试验表明：菌株 NCD-2 对棉花黄萎病的防治效果 2 年平均为 85.4%，3 年大区示范防病效果为 51.2%~60.6%，并且该生防细菌对棉花产量和产量构成因子（单铃重、衣分、衣指、籽指等），以及纤维品质（绒长）有所提高和改善。同时，测定了 NCD-2 对主要大田作物的安全性，证明其对小麦、玉米、棉花、马铃薯、黄瓜、茄子和大豆 7 种作物没有致病性，并且对这些作物的出苗、生长和发育没有不良影响。应用 API50 CH 和 AP120 E 细菌鉴定试剂盒，将 NCD-2 鉴定为枯草芽胞杆菌（李社增等，2005）。

生物和化学组分构建的菌药合剂是新农药制剂发展的热点，其中生物活体和化学组分的准确、快速检测方法备受关注。应用绿色荧光蛋白标记和高效液相色谱技术研究了枯草芽胞杆菌-烯酰吗啉菌药合剂在 (54±2)℃ 储存 14d 前后生防菌株和化学组分含量的变化。结果表明：绿色荧光蛋白标记和高效液相色谱技术联用，可以用于该菌药合剂质量检测和热储实验中混剂的储存稳定性监控；菌药合剂在热储实验过程中的组分含量变化在允许变化范围之内（尹敬芳等，2005）。

生物农药受环境影响较大已是学界的共识，这也是生物农药药效不稳定的主要原因。通过研究吡虫啛等 11 种番茄保护地常用农药对枯草芽胞杆菌菌株 B36 可湿性粉剂防治番茄灰霉病效果的影响，结果表明：1.8% 阿维菌素乳油与 B36 可湿性粉剂混用可以明显提高 B36 可湿性粉剂防治番茄灰霉病的药效，其预防效果与治疗效果分别提高 2.59% 与 5.84%。80% 代森锰锌可湿性粉剂与 B36 可湿性粉剂混用降低了 B36 可湿性粉剂防治番茄灰霉病的药效,其预防效果与治疗效果分别降低 1.77% 与 5.28%。其余 9 种农药对枯草芽胞杆菌菌株 B36 可湿性粉剂防治番茄灰霉病存在一定影响,但均不显著(纪明山等,2010)。试验结果表明,戊唑醇(tebuconazole)和枯草芽胞杆菌生防菌株 B-916 协同作用,对抑制蚕豆枯萎病病原菌(*Fusarium* sp.)菌丝生长和防治蚕豆枯萎病均有显著的增效作用。通过 B-916 利福平抗药性标记回收法测定了戊唑醇和 B-916 复配后 B-916 在土壤中的定殖状况,结果表明:戊唑醇对 B-916 在土壤中定殖有促进作用,能减缓 B-916 群体数量大幅度下降,帮助 B-916 发挥生物防治作用,这可能是戊唑醇和枯草芽胞杆菌 B-916 协同作用的增效机理之一(陈志谊等,2002)。

室内测定 28 种化学药剂和枯草芽胞杆菌 B-916 对梨黑斑病菌的毒力,将毒力最强的化学药剂与拮抗细菌枯草芽胞杆菌 B-916 进行复配,探讨复配剂对梨黑斑病的室内毒力效果和田间防治效果。室内测定结果显示:28 种常见化学药剂中嘧霉胺能有效抑制梨黑斑病菌菌丝生长,当嘧霉胺浓度大于或等于 0.10mg/L 时,抑制率为 100.00%;枯草芽胞杆菌 B-916 对梨黑斑病菌菌丝生长具有较强的抑制作用,抑菌圈直径达 55mm;将枯草芽胞杆菌 B-916(2.00×10^8cfu/mL)与嘧霉胺(10 000mg/L)复配,配比为 2:1 时对病菌抑制的增效比达 4.18。该复配剂稀释 20 倍(6.67×10^6cfu/mL B-916+167mg/L 嘧霉胺)对梨黑斑病的田间防治效果为 58.26%,显著优于嘧霉胺(500mg/L)和 B-916(1.00×10^7cfu/mL)单剂(常有宏等,2010)。

试验研究了枯草芽胞杆菌 Nxc6 所产细菌素的理化性质及其抑菌谱,发现枯草芽胞杆菌 Nxc6 所产细菌素在硫酸铵质量分数为 30% 的条件下能得到较好的分离。以革兰氏阳性菌金黄色葡萄球菌和革兰氏阴性菌大肠杆菌为指示菌,采用牛津杯法检测细菌素的抑菌活性。结果表明,该细菌素最适 pH 为 8.0,且有较广的 pH 作用范围和较好的热稳定性,但对蛋白酶的抗性较弱。抑菌谱试验结果表明,该细菌素对多种革兰氏阳性菌和革兰氏阴性菌有抑制作用,并且对部分真菌也有抑制作用(徐海燕等,2010)。

从不同甜瓜果实表面可分离到在 LB 培养基上生长迅速、菌落形态呈明显差异的 4 类革兰氏染色阳性细菌。经过生理生化指标的鉴定、菌株间 16S rDNA 序列、部分特异性基因序列扩增及种间遗传距离分析,将这 4 类芽胞杆菌分别鉴定为解淀粉芽胞杆菌和枯草芽胞杆菌的 3 个形态变种。这些芽胞杆菌经继代培养 20 代后,仍能保持稳定的菌落形态和对灰葡萄孢(*Botrytis cinerea*)、链格孢(*Alternaria alternata*)、尖孢镰刀菌(*Fusarium oxysporum*)、黑曲霉(*Aspergillus niger*)和粉红聚端孢(*Trichothecium roseum*)等 8 种果蔬采后病原真菌显著且广谱的拮抗作用。结果表明,甜瓜果实表面广泛分布着具有拮抗性能的枯草芽胞杆菌和其近缘种解淀粉芽胞杆菌,可通过特定培养条件下(LB 培养基上 37℃培养 48h)单菌落的生长速度和菌落外观形态特征快速分离并鉴别它们的类群,为开发甜瓜果实采后保鲜制剂提供理论依据(王奕文等,2008)。室内测定枯草芽胞杆菌菌株 XM16 制剂对小丛壳属(*Glomerella* sp.)、链格孢、粉红单端孢和黑盘孢霉(*Pestalotia* sp.)、镰刀菌(*Fusarium* sp.)5 种板栗烂果病菌的抑制作用均为 100%,而菌株 XM16 的 50 倍培养液,对上述 5 种病菌的抑制效果分别为 96.3%~99.5%。其抑菌机理主要是使病菌孢子和菌丝畸变,细胞壁溶解,原生质泄漏。1999

年和 2000 年连续 2 年对板栗烂果病进行小区防治试验，防治效果分别为 83.5% 和 85.3%，明显高于多菌灵处理的 36.6% 和 34.0% 的效果（王东昌和郝寿青，2001）。

天赞好是取自台湾土壤的拮抗菌（枯草芽胞杆菌-1336），配制成含 10 亿/g 微生物活体芽胞杆菌的杀菌剂。使用于土壤或作物叶面，经竞争和拮抗作用阻止病原菌侵入作物而达到防止病害发生及促进生长的效果。因无化学成分残留、完全无毒，且没有残留期的限制，所以，适用于绿色食品（胡云生，2008）。通过（NH_4）$_2SO_4$ 分级沉淀、疏水层析、PAGE 切胶电洗脱、阴离子交换层析从小麦内生枯草芽胞杆菌 E1R-j 发酵滤液中分离纯化得到抗菌蛋白 j1。经测定，j1 分子质量为 51.9kDa，等电点为 8.7。j1 不能催化昆布多糖、壳聚糖、羧甲基纤维素的水解；但能催化酪蛋白水解，其相对蛋白酶活性为 384.67U/mL。j1 对蛋白酶 K 不敏感，具有很好的热稳定性（121℃），在 pH5～9 时表现稳定。对供试的 5 种病原真菌（番茄灰霉病菌、小麦赤霉病菌、油菜菌核病菌、苹果轮纹病菌和小麦全蚀病菌），j1 仅对小麦全蚀病菌和苹果轮纹病菌有抑制作用。其中，对小麦全蚀菌的抑制中浓度 IC_{50} 为 0.14μg/mL（黄保全等，2009）。

通过 35 亿活芽胞/mL 枯草芽胞杆菌水剂以浸种、灌根并用的方式防治黄瓜枯萎病，田间试验结果表明：枯草芽胞杆菌水剂 10 倍液、50 倍液、100 倍液对黄瓜枯萎病具有明显的防治效果，同时对黄瓜秧苗正常生长无任何不良影响。此外，枯草芽胞杆菌水剂还对黄瓜植株具有一定的促进生长作用（李晶等，2004）。通过对枯草芽胞杆菌菌株 BSK1 的对峙培养和菌株代谢物对尖孢镰刀菌的抑制作用研究，表明菌株 BSK1 对尖孢镰刀菌具有较强的拮抗作用，对峙培养明显抑制靶标菌丝向四周扩展，抑菌带宽度 0.8cm，菌株浓度 1% 的无菌发酵液对靶标菌的生长抑制率在 60% 以上。菌株 BSK1 对多种植物病原菌也具有明显的抑制作用（孙晓宇等，2010a）。采用酸沉淀的方法从菌株 BSK1 的发酵液中得到抗菌提取物。该物质能溶解于水和多种有机溶剂，紫外扫描在 210nm 处有最大吸收峰，初步分析是一种多肽。稳定性试验结果表明抗菌物质在 pH6～10 较稳定，同时对温度、紫外线耐受力比较好。平板抑菌试验表明抗菌物质抑菌谱广，对供试的 6 种病原菌都有不同程度的抑制作用（孙晓宇等，2010b）。

通过对峙培养，测定出枯草芽胞杆菌 L1 的抑菌谱较宽，特别是对水稻纹枯病菌、大豆菌核病菌、禾谷镰刀菌、辣椒灰霉病菌、玉米小斑病菌抑菌效果明显；枯草芽胞杆菌 L1 不同发酵时间经湿热灭菌处理后，5d 发酵液中抑菌活性物质含量最高，对水稻纹枯病菌菌丝生长抑制率达 83.23%，发酵液随时间延长抑菌效果不再增加；枯草芽胞杆菌 L1 抑菌活性物质对温度不敏感；枯草芽胞杆菌 L1 发酵液用硫酸铵梯度沉淀法提取粗蛋白质在硫酸铵饱和度达 60%～70%（不含 60%）沉淀的活性物质抑菌效果最好，对水稻纹枯病菌平均抑菌半径达 1.15cm；枯草芽胞杆菌 L1 对玉米、大豆、小麦、番茄、菜豆、黄瓜、水稻无致病性，而且还有保鲜和促生作用（李永刚等，2008）。

通过基质栽培方式，研究了枯草芽胞杆菌在盐胁迫条件下对黄瓜根际脱氢酶、多酚氧化酶、过氧化氢酶、过氧化物酶、脲酶和碱性磷酸酶活性的影响。结果表明，在无盐胁迫条件下，枯草芽胞杆菌提高了根际脱氢酶、脲酶和碱性磷酸酶的活性，显著提高了根际多酚氧化酶和过氧化氢酶的活性；即在 2 倍正常浓度营养液浇灌下，枯草芽胞杆菌提高了根际脱氢酶、过氧化物酶活性，显著提高了根际过氧化氢酶、脲酶和碱性磷酸酶的活性；在高浓度盐胁迫，即 4 倍浓度营养液浇灌下，添加枯草芽胞杆菌对根际酶活性的影响与不加菌处理没有显著差异（闫海霞等，2010）。

通过检测生防枯草芽胞杆菌除菌上清液对黄瓜枯萎病菌菌丝生长和分生孢子萌发的抑制作用，初步研究了生防枯草芽胞杆菌菌株 B29 抗菌物质的活性。结果表明，枯草芽胞杆菌菌株 B29 分泌的抗菌物质不仅抑制病原菌的生长，并可抑制尖孢镰刀菌孢子的萌发，使分生孢子萌发畸形。研究确定了该菌株抗菌物质产生的最佳条件：培养温度 30℃，培养基初始 pH7.5，装液量为 250mL 三角瓶装液 75mL，培养时间 120h。经 30%～70%硫酸铵沉淀获得的抗菌粗提物对 60℃处理具有稳定性（活性达 97.8%）；对蛋白酶 K 具有部分耐受性，对胰蛋白酶和胃蛋白酶较敏感（李晶等，2008）。

通过萝卜、白菜的种子萌发试验、幼苗盆栽试验及小区试验，对小麦内生枯草芽胞杆菌菌株 E1R-J 的促生作用进行了研究。结果表明：E1R-J 无菌滤液不同浓度稀释液及菌悬液可促进白菜种子的萌发，使萌芽整齐、萌发率增高。其无菌滤液 10 倍稀释液浇灌处理的盆栽白菜幼苗，株高、鲜质量、干质量分别比清水对照增长 53%、200%和 700%。同时发现，浇灌处理的盆栽萝卜幼苗与清水对照相比，株高、鲜质量、干质量也分别增长 24.4%、215%和 159%。田间小区试验结果也证明内生枯草芽胞杆菌 E1R-J 具有促生作用，但促生效果低于盆栽试验。利用丙酮直接浸提法测定盆栽白菜叶片中的叶绿素含量，发现无菌滤液 10 倍稀释液和菌悬液 10 倍稀释液处理的叶绿素含量增高 2 倍左右（王心选等，2009）。

通过模拟实验研究了微生物农药枯草芽胞杆菌对黑土的呼吸作用和脲酶活性的生态毒理效应。结果表明：枯草芽胞杆菌各质量分数处理均表现为对土壤呼吸作用的刺激效应，并且土壤中枯草芽胞杆菌质量分数越大，对土壤呼吸强度的刺激作用越大，其中最高质量分数（3200mg/kg 干土）处理在第 42 天时达到最大刺激强度，刺激率为 69.1%。与对照相比，除第 1 天外，所有处理（32～3200mg/kg 干土）对土壤脲酶均表现出刺激效应，其中最高质量分数（3200mg/kg 干土）处理在第 28 天脲酶活性上升到最高，刺激率达 101.1%（魏海燕等，2009a）。

通过培养性状观察与分子标记试验，对一株大麦赤霉病菌拮抗细菌 CC41 进行了鉴定，结果表明：CC41 的形态及部分生理生化特征与枯草芽胞杆菌极为相似；两者的 16S rDNA 序列具有 99.2%的同源性；在系统发育树上构成一个分支。由此确定该拮抗细菌为枯草芽胞杆菌的一个菌株（沈卫锋等，2004）。通过试验，观测不同剂量下的芽胞杆菌可湿性粉剂对水稻稻瘟病的防治效果，结果表明：生物药剂克·枯草芽胞杆菌对稻瘟病的防治效果及对产量的影响已经达到化学药剂的防治标准，但对于已发病的治疗效果不是很理想。克·枯草芽胞杆菌在盘锦地区的常用量以 $10g/667m^2$ 较理想（张振和和李桂娟，2008）。

通过室内离体测定和温室植株测定研究了枯草芽胞杆菌 B03 对植物病原真菌的抑制作用。平板对峙培养结果表明，菌株 B03 对供试的 15 种真菌病害的病原菌均具较强的抑菌活性，其发酵滤液对甘蓝枯萎病菌、西瓜枯萎病菌和黄瓜枯萎病菌的菌丝生长都有抑制作用，抑制强度与发酵滤液浓度呈显著正相关。发酵液的施用时期不同对甘蓝枯萎病的温室防效影响显著，以发酵液灌根后 3d 再接种病原菌的效果最好，可明显降低植株发病率和病情指数,防治效果高达 96.25% (赵达等,2007)。利用单因素筛选和均匀设计试验对拮抗性枯草芽胞杆菌 B03 发酵生产活菌体的液体培养基和发酵条件进行了研究,优化出了以经济、易得的玉米粉和豆饼粉为碳源和氮源的最佳摇瓶发酵培养基,其配方为:玉米粉 3.0%,豆饼粉 6.0%,$K_2HPO_4 \cdot 3H_2O$ 0.3%。最佳发酵条件为:种龄 21~24h,接种量 5%,500mL 三角瓶装液量 50mL,初始 pH6.0,发酵温度 35℃,摇床转速 180r/min,发酵周期 60~66h。利用优化后的培养基和发酵条件进行验证试验,获得了 $104.24×10^8$~$105.75×10^8$cfu/mL 的活菌体产量,较原始基础发酵培养基在常规培养条件下的菌体产量提高了 96% 以上 (赵达等,2008)。

枯草芽胞杆菌(Bs)——微生物杀菌剂,能稳定地在土壤和植物表面定殖、产生抗生素、分泌刺激植物生长的激素,并能诱导寄主产生抗病性,是一种理想的微生物杀菌剂,有广阔的应用前景。例如,美国阿拉巴马州用 Bs 处理多种作物种子,平均产量增加 9%,根病明显减轻;日本用 Bs 及其分泌物防治西红柿立枯病获得良好防效;国内北京大学和河南省农业科学院报道 Bs 对小麦赤霉病、西瓜枯萎病、烟草青枯病、棉花枯萎病等多种病害有良好的田间防治效果,并有明显的增产效应 (佚名 12,2006)。

为充分挖掘利用茄子黄萎病生防内生枯草芽胞杆菌菌株 Jaas ed1,对其产生的抑菌物质特性进行了初步研究。结果表明,枯草芽胞杆菌菌株 Jaas ed1 产生的挥发性物质对茄子黄萎病菌菌丝生长具有较强的抑制作用。另外,该菌株还具有产嗜铁素活性。对其抗生素生物合成基因进行 PCR 检测和序列分析,结果显示,枯草芽胞杆菌 Jaas ed1 内可检测到芽胞菌霉素 D 的部分合成基因 *bamD* 和 *bamC*,芽胞菌溶素 bacD (Bacilysin bacD) 的部分合成基因 *bacAB* (引物:BACAB-F1,BACAB-R1),序列与 GenBank 已登录的基因相似性分别高达 98%、98% 和 99% (林多多等,2009)。

为发现新的天然源抗植物病毒活性物质,从枯草芽胞杆菌 W-QX-1 的发酵液中粗提了碱性蛋白酶,并初步测定了其抗烟草花叶病毒活性及其酶学性质。结果表明,W-QX-1 碱性蛋白酶作用最适温度为 50℃;在硼酸-硼砂缓冲液中的作用最适 pH 为 7.8;在 Tris-HCl 缓冲液中的作用最适 pH 为 8.0;在 pH6~10 时,45℃ 以下酶的性质稳定;对干酪素、明胶、牛血清白蛋白和精炼丝素均具有一定的降解能力,其中对干酪素的降解力最强。采用半叶法测定了其抗烟草花叶病毒 TMV 的活性,发现该酶对 TMV 的体外钝化作用明显,在酶液浓度为 50mg/L 时,其钝化效果即可达 53.40%;而该酶对 TMV 的初侵染和体内复制增殖也具有一定的抑制能力。试验结果表明,在 TMV 侵染前 24h 施用浓度为 200mg/L 碱性蛋白酶液抑制其侵染力的效果达 50.35%,而在 TMV 侵染后抑制其复制增殖的作用并不明显。可见,该酶是一种性质稳定的广谱性蛋白水解酶,并具有一定的抗 TMV 活性 (王伟伟等,2008)。

为进一步提高枯草芽胞杆菌生防菌 B-916 的生长速度和拮抗性能,获得生防效果更好的高效菌种,利用不同剂量 N^+ 对生防菌 B-916 进行离子注入处理。结果表明:采用 N^+ 剂量为 $90×2.6×10^{13}$ion/cm^2 诱变生防菌 B-916,其存活率最高;从诱变效果看,离子注入生防菌 B-916 的最适 N^+ 剂量为 $150×2.6×10^{13}$~$250×2.6×10^{13}$ion/cm^2;生防菌 B-916 经离子注入获得的突变菌株再次进行离子注入,其存活率和诱变效果可明显提高。该研究获得了 13 个拮抗能力比生防菌 B-916 提高 10% 以上且遗传性较稳定的突变菌株（陈志谊等，2004）。

为开发防治番茄灰霉病（*Botrytis cinerea*）的生防细菌，进行了枯草芽胞杆菌菌株 BS-208 和 BS-209 对番茄灰霉病的温室和田间防治试验，并测定了 2 株菌株对番茄灰霉病菌的抑制作用。结果表明：菌株 BS-208 分泌物对番茄灰霉病菌菌丝生长的抑制率为 44% 以上；菌株 BS-208 和 BS-209 的发酵液在稀释 10 倍后，对番茄灰霉病菌分生孢子萌发的抑制率可达 90% 以上。经温室盆栽试验测定，以菌株 BS-208 和 BS-209 发酵液与菌体处理后 24h 和 48h 接种病菌，防效均达 75% 以上，好于 0h 接种的防效，但分泌物滤液防治效果较差。2 年的田间试验结果表明，BS-208 和 BS-209 制剂对番茄灰霉病均具有良好的防治效果，其防效随浓度加大而提高，以 800 倍液的防效最好，2 株菌株制剂 800 倍液连续 3 次施药后防效均达 74% 以上，并且菌株 BS-208 的防效略高于菌株 BS-209（杜立新等，2004）。对拮抗枯草芽胞杆菌 BS-208 和 BS-209 在番茄叶面和土壤中的定殖情况进行了研究。结果表明，在温室和田间条件下，菌株 BS-208 的定殖菌量分别为 $5.6 \times 10^8 \sim 11 \times 10^9$ cfu/g 鲜叶和 $0.02 \times 10^8 \sim 15 \times 10^8$ cfu/g 鲜叶，菌株 BS-209 的定殖菌量分别为 $55 \times 10^6 \sim 222 \times 10^6$ cfu/g 鲜叶和 $0.48 \times 10^6 \sim 205 \times 10^6$ cfu/g 鲜叶；扫描电镜观察表明，菌株 BS-208 在番茄叶面分布不均匀，大多定殖于伤口周围、叶面的凹陷处和绒毛的根部；并且都能够在自然土和灭菌土中定殖，自然土中的菌量低于在灭菌土中的菌量（杜立新等，2004）。

为了达到对纹枯病更好的防效，对生防菌 B-916 进行了诱变处理，从中选育出 J71、E73、H74、K33 等 4 种防效较高的突变菌株。同时，植物表面枯草芽胞杆菌活菌定殖的数量，直接影响到防治效果；在纹曲宁中加入表面活性剂可以有效提高这一数量，通过室内筛选试验，筛选出助剂 A、B 2 种（魏宏根等，2005）。

为了揭示从土壤中分离出的拮抗菌——枯草芽胞杆菌 Bs-916 的抑菌作用和抑菌机理，采用管碟法、平板涂抹法及孢子萌发法测定了 Bs-916 及其代谢液对水稻纹枯病菌、蚕豆枯萎病菌等 8 种病原菌的抑菌活性，结果表明其对供试的大多数病原菌均具有较强的抑菌活性。例如，Bs-916 及其代谢液对水稻纹枯病菌的抑制率分别为 95.4% 和 70.7%，对水稻稻曲病菌的抑制率均为 100%。为了探索 Bs-916 胞外物质的种类及特性，分别采用丙酮沉淀、PEG 沉淀、等电点沉淀和超微浓缩等方法从 Bs-916 代谢液中获得了沉淀物或截留物，它们均具有抑菌活性。沉淀物经蛋白酶 K 处理后，活性减弱，说明 Bs-916 胞外抗菌物质具有蛋白质的性质（刘永锋等，2007）。采用 AKTA-epxlore 层析系统，利用 DEAE sepharose fast flow 离子交换层析、Phenyl sepharose 6F.F. 疏水层析和羟基磷石灰石柱层析后，分离纯化获得枯草芽胞杆菌 Bs-916 抗菌蛋白质 Bacisubin。该蛋白质对水稻纹枯病菌（*Rhizotonia solani*）、水稻稻瘟病菌（*Magnaporthe grisea*）、油菜菌核病菌（*Sclerotinia sclerotiorum*）、白菜黑斑病菌（*Alternaria oleracea*）、甘蓝黑斑病菌（*Alternaria brassicae*）、灰霉病菌（*Botrytis cinerea*）、辣椒炭疽病菌（*Colletotrichum capsici*）和水稻恶苗病菌（*Fusarium moniliforme*）均有抑菌活性，尤其对黑斑病菌（*Alternaria* sp.）的病原菌具有较高的毒力。枯草芽胞杆菌 Bs-916 胞外抗菌蛋白质的抑菌机制是造成病原菌菌丝营养吸收困难，致使菌丝顶端膨大，分支增加，胞壁加厚、断裂，从而抑制了病原菌的生长。研究发现抗菌蛋白具有凝集素活性和核糖核酸酶活性，无蛋白酶活性和蛋白酶抑制活性（刘永锋等，2008）。

为了解不同方式接种下枯草芽胞杆菌 TR21 在香蕉体内及根际的定殖情况，采用伤根、灌根和叶腋接种法，研究了 TR21 标记菌株在香蕉体内、根表和根际土壤中的定殖动态。结果表明，采用伤根和灌根法接种，根内最大定殖菌量分别为 4.18×10^3 cfu/g、2.28×10^3 cfu/g；接种后 1d，球茎中菌量分别为 3.33×10^6 cfu/g、6.5×10^2 cfu/g；接种后 15d，根表菌量分别为 6.18×10^3 cfu/g、5.53×10^3 cfu/g，根际土壤中菌量分别为 1.13×10^4 cfu/g、1.04×10^4 cfu/g；2 种接种方法中，标记菌株在香蕉体内及根际的定殖动态总体呈下降趋势。采用叶腋法接种，标记菌株仅能在叶片中定殖，其定殖动态表现为由升到降趋势。因此，3 种方式接种后菌株 TR21 均能够在香蕉体内定殖和传导，且在香蕉根表和根际土壤中有较好的定殖能力（周林等，2010）。

为了进一步明确枯草芽胞杆菌菌株 B-332 对稻瘟病的生防作用，分别对盆栽水稻的防治效果、防治适期、标记菌株在水稻上的定殖作用及田间的防治效果进行了考察。结果表明，在盆栽水稻活体生物测定中，B-332 的芽胞菌体悬浮液及发酵上清液对稻瘟病均表现出较好的防治效果（50%以上），且当菌液与上清液混合后其防治效果有加和作用。该菌株对稻瘟病的防治作用主要体现在预防，其预防叶瘟的效果与接种稻瘟病菌时叶面已定殖的菌株 B-332 的数量有关，接种时水稻叶面上定殖的菌量为 1.25×10^4 cfu/mm^2 时，其防治效果可以达 45%。在人工大量引入的情况下，该菌能够在水稻叶面上有效定殖达 21d 以上，并且在叶面有 10%病斑的情况下，检测到的标记菌株数量会更多。田间试验结果表明，芽胞浓度在 1×10^8 cfu/mL 时，该菌株对水稻穗颈瘟的防治效果达 57.2%，增产率达 9.6%，且浓度在 5×10^8 cfu/mL 时对螃蟹无毒性（穆常青等，2007）。

为了探索 10 亿活芽胞/g 枯草芽胞杆菌可湿性粉剂对棉花黄萎病的田间防效及其对作物的安全性，确定合适的使用方法和施用剂量，为该产品在湖北省棉花产区的推广应用提供依据，于 2008 年在武汉市东西湖农场进行了试验。结果表明，枯草芽胞杆菌拌种处理后棉花黄萎病的病情指数（10.4）显著低于空白对照处理（53.3），说明该药剂拌种处理对棉花黄萎病具有显著的防治效果；与对照药剂乙蒜素相比，病情指数也显著低于对照药剂处理（35.1），说明枯草芽胞杆菌拌种处理对棉花黄萎病的防病效果优于乙蒜素乳油的 500 倍药液喷雾处理；枯草芽胞杆菌拌种处理对棉花黄萎病防治效果为 80.5%（李金文等，2009）。

为了探讨枯草芽胞杆菌与井冈霉素混用对稻曲病和纹枯病的田间防治效果和应用技术，为今后大面积推广应用提供科学依据，在湖北沙洋县曾集镇进行了枯草芽胞杆菌和井冈霉素混用防治纹枯病和稻曲病试验。结果表明，枯草芽胞杆菌和 20%井冈霉素现混现用对纹枯病和稻曲病的防治效果明显高于单用枯草芽胞杆菌、井冈霉素，而且对水稻安全，对天敌无不利影响；建议在推广上采用现混现用，浓度以 1000 亿活芽胞/g 枯草芽胞杆菌可湿性粉剂 10g/667m^2 和 20%井冈霉素可湿性粉剂 30g/667m^2 混用为宜（刘锋羽等，2008）。井冈霉素与 1000 亿活芽胞/g 枯草芽胞杆菌混用，可以有效预防水稻纹枯病和稻曲病，增产显著（岳德军等，2009）。

为了提高大丽轮枝菌拮抗细菌枯草芽胞杆菌菌株 LZ2-70 的芽胞形成率及芽胞数

量,在摇瓶发酵基础上对影响该菌芽胞形成的主要因素进行了考察。通过单因素试验确定了最佳的碳源、氮源和无机盐等,通过正交试验研究了培养基最佳浓度和组合,以及种龄、接种量、培养液初始 pH 和培养时间等发酵条件。摇瓶发酵生产芽胞的最佳条件:5%麦芽糖,2%黄豆饼粉,0.05% KH_2PO_4 和 0.1% $MnSO_4 \cdot H_2O$,培养液初始 pH8.0,种龄 24h,装瓶量 30mL/250mL,接种量 10%,发酵时间 48h,培养温度为 30℃,摇床转速为 200r/min。在此优化条件下,发酵液中 LZ2-70 菌株的芽胞数量达 6.6×10^9 cfu/mL,芽胞形成率为 98.94%(李术娜等,2009)。采用单因素试验及正交试验结合的方法,优化大丽轮枝菌拮抗细菌枯草芽胞杆菌菌株 12-34 产抗菌蛋白的发酵条件。通过单因素试验和正交试验,确定了菌株 12-34 产抗菌蛋白的适宜碳源、氮源和无机离子,优化了培养基的组成;并对菌株 12-34 产抗菌蛋白的发酵时间、装瓶量、接种量、培养基初始 pH、摇床转速和发酵温度进行了优化。菌株 12-34 产抗菌蛋白的最佳培养基组成为:玉米粉 5%,牛肉浸膏 3%,$CaCl_2$ 0.10%,KCl 0.05%;菌株 12-34 产抗菌蛋白的最佳发酵条件为:培养基初始 pH9.0,种子液按 10%接种量接种至 50mL/250mL 三角瓶中,200r/min,37℃培养 48h。优化后表征抑菌蛋白产量的抑菌圈直径增大了 115.5%(李术娜等,2009)。

为提高大丽轮枝菌拮抗细菌枯草芽胞杆菌菌株 8-28 的芽胞形成率及芽胞数量,在摇瓶发酵基础上对影响菌株芽胞形成的主要因素进行研究;通过单因素试验确定最佳碳源麦芽糊精、氮源黄豆饼粉、无机盐 $K_2HPO_4 \cdot 3H_2O$ 和 $MnSO_4 \cdot H_2O$。采用正交试验对发酵培养基进行优化,摇瓶发酵生产芽胞的最佳条件为:麦芽糊精 2.0%,黄豆饼粉 2.0%,$K_2HPO_4 \cdot 3H_2O$ 0.05%和 $MnSO_4 \cdot H_2O$ 0.01%,培养液初始 pH 为 7.0,种龄 18h,装瓶量 50mL/250mL。在此优化条件下,发酵液中 8-28 菌株的芽胞数量达 2.67×10^8 cfu/mL,芽胞形成率达 90%(王树香等,2009)。为明确 7 株拮抗细菌对棉苗立枯丝核菌在生物防治中的应用潜力,通过拮抗菌拌种催芽、温室盆栽测试、小区拌种测定及大田拌种测定其防治棉苗烂根病的防治效果。结果表明,拮抗菌 S37 和 S44 具有较好的促生和防病效果。在小区试验中,S37 和 S44 对棉苗立枯病的防治效果分别为 47.8%和 57%,与化学种衣剂福多甲的效果相当。在新疆生产建设兵团 143 团和 148 团的大田试验中,S37 对棉苗立枯病的防治效果均为 37.5%,也与福多甲的防治效果相当。通过菌落形态特征观察和 16S rDNA 分析,对防病和促生效果最好的 2 株拮抗菌 S37 和 S44 进行了鉴定;结果表明,这 2 株拮抗菌均为枯草芽胞杆菌(罗燕娜等,2010)。

为明确枯草芽胞杆菌生物拌种剂对玉米病虫害的防病和增产效果、为推广应用提供科学依据,将 2 种杀虫剂分别加入枯草芽胞杆菌生物拌种剂中充分摇匀后,按肥种比 1∶50 比例均匀混拌玉米种子,阴干后播种。枯草芽胞杆菌生物拌种剂对玉米根腐病防效达 80.1%~96.7%,对玉米黑穗病的防效达 74.6%~83.3%,对地下害虫防效达 66.7%~77.8%,增产率达 8.7%~15.7%。该生物拌种剂可以大面积示范推广使用(王玉霞等,2009)。为确定测定拮抗细菌枯草芽胞杆菌 A 的抗菌谱及发酵液拮抗能力的方法,采用平板对峙法测定抗菌谱,三明治法、管碟法、滤纸片法和双层打孔法测定发酵液的拮抗能力,用点接拮抗细菌单菌落的平板对峙法测得菌株 A 对玉米小斑病菌等10种病原真菌均有拮抗作用；用双层打孔法测定菌株A发酵液拮抗能力，发现在培养条件为温度32℃，300mL三角瓶培养基装量为30mL，接种量5%，初始pH7.5时发酵液拮抗能力最强。点接拮抗细菌单菌落的平板对峙法适合用来测定菌株A的抗菌谱，双层打孔法适合用来测定菌株A发酵液的拮抗能力（李小俊等，2007）。

为探讨提高枯草芽胞杆菌菌株Bv22对茉莉花白绢病防治效果的方法，在测试菌株Bv22在茉莉花根际定殖能力的基础上，测定该菌株及该菌株与25%戊唑醇可湿性粉剂混配使用对茉莉花白绢病的防治效果。结果表明，菌株Bv22可以在茉莉花根际中定殖，施菌液3d后Bv22菌体数量逐步增加，20d后为最大值，25d后逐步下降，且Bv22定殖根际的数量在各个测定时期均以Bv22菌液与戊唑醇混合施用处理大于单独施用Bv22菌液处理；菌株Bv22与戊唑醇混配使用对茉莉花白绢病的室内和大田防治效果均显著好于两个单剂单独使用时的防效。因此，利用Bv22防治茉莉花白绢病，可以与戊唑醇混配使用，每隔20d施1次，连续施3次，可提高其防治效果（杨义等，2010）。

为提高枯草芽胞杆菌的生防效果，通过离子束诱变筛选出菌株BS80-6。利用生物测定方法研究菌株BS80-6及不同处理方法在不同储藏温度下对采后苹果炭疽病的控制效果和作用机制。结果表明，BS80-6能显著提高对苹果炭疽菌的抑制作用。枯草芽胞杆菌BS80-6对苹果果实炭疽病的防治效果以活菌液效果最好，菌丝生长抑制率为80.14%，孢子萌发抑制率为98.65%，控病效果为60.34%；灭菌液和过滤液对苹果炭疽菌也有一定的抑制效果。储藏温度明显影响BS80-6对苹果炭疽病的防治效果；接种方式对控病效果影响显著，先接拮抗菌再接病菌的防效好于先接病菌再接拮抗菌（檀根甲等，2008）。

为选育对西瓜枯萎病病菌具更强抑制作用的菌株，对从番茄茎内分离获得的内生枯草芽胞杆菌菌株B47进行连续2次紫外线诱变，并对诱变菌株的遗传稳定性和生理生化特性进行测定。筛选获得3株抑菌活性高于菌株B47的诱变菌株F303、F304、F305，经10代传代培养后，3株诱变菌株对西瓜枯萎病病菌的抑菌活性都有所下降，但F305的抑菌活性下降最小，遗传稳定性最好，在同等条件下其抑菌圈直径仍比野生菌株B47大5mm。诱变菌株F305在36h内处于对数生长期，在36~96h内处于稳定期；最适宜生长温度为35℃；在浓度为1%~10%的钠盐中皆能生长，但以浓度为1%时生长最好，该菌株的生理生化反应与野生菌株B47的反应一致。该研究为利用菌株B47进行工厂化生产拮抗性物质产品和探讨防治西瓜枯萎病的新方法奠定了基础（王静等，2008）。

为研究使用生物防治的方法来控制草莓果实采后病害以达到防腐保鲜的目的，以枯草芽胞杆菌B10作为拮抗菌，以新鲜草莓果实为试验材料，测定了不同储藏温度、不同接种时间的B10活菌液、菌悬液、热处理液和过滤液对草莓果实人工接种灰霉病的抑制效果，以及不同浓度菌悬液对果实自然病害的抑制效果。结果表明，B10活菌液、菌悬液对病害的抑制效果较好，热处理液和过滤液次之，但均显著好于对照；在25℃和15℃的不同温度条件下，较高的储藏温度有利于拮抗菌对病原菌的抑制作用；在接种拮抗菌之后8h和16h分别接种病原菌的不同时间下，拮抗菌接种时间早，抑制效果好；B10菌悬液对草莓果实自然病害有抑制作用，且浓度越高该作用越显著（赵妍等，

2007)。

纹曲宁分别与 9 种不同的表面活性剂组合混用，通过测定制剂中的活菌含量和制剂对水稻纹枯病菌的活性，筛选出 5 种不影响枯草芽胞杆菌活性的表面活性剂组合 A、B、C、D 和 E。纹曲宁分别与这 5 种表面活性剂按质量比 100∶3 混配后，降低了药剂稀释液的表面张力，在 1∶500 倍的稀释液中，表面活性剂达到和超过了临界胶束浓度，增加了枯草芽胞杆菌在水稻表面的滞留量。田间试验结果表明，纹曲宁中加入适宜的表面活性剂后，能提高纹曲宁对水稻纹枯病的防治效果（顾中言等，2005）。武汉天惠生物工程有限公司成功研制出了 2 种专供型高效价高含量有机生物农药——1000 亿个/g 枯草芽胞杆菌可湿性粉剂和 16 000U/mg 苏云金芽胞杆菌可湿性粉剂，并获得国内权威认证机构北京中绿华夏有机食品认证中心有机产品认证证书（佚名 13，2010）。

向日葵菌核病又称为白腐病，俗称烂盘病。近几年来，该病在向日葵主产区都有不同程度的发生，病株率为 20%～50%，严重地块高达 80%左右，严重影响向日葵的质量和产量。菌核病菌存在于土壤中，采用药剂处理种子和在花期及时喷药相结合可以防治菌核病。目前，化学农药仍是首选药剂，然而化学药剂的有害性和抗药性问题日益突出。近年来研究表明，枯草芽胞杆菌可以有效防治植物土传真菌病害，为了寻求一种安全有效、绿色环保的生物药剂，试验了枯草芽胞杆菌 ZH-2 防治向日葵菌核病的田间防治试验。结果表明，在成株期各药剂处理对向日葵菌核病均具有一定的防治作用，其中药剂使用方式对病菌的防效有一定影响，用生防菌剂 50 倍液浸种兼 100 倍液喷洒处理效果最好，防效达 72.4%，优于化学农药；用生防菌剂 100 倍液喷洒处理对向日葵菌核病防效与用化学药剂处理相当（张淑梅等，2008）。

从烟草青枯病（菌）流行区的健康烟草植株茎内分离到一株内生枯草芽胞杆菌拮抗菌 B-001，GenBank 登录号为 DQ444283。2003 年在湖南省郴州、2004 年在湖南省宁乡利用该菌株进行田间防治试验，防效分别为 82.5%、65.2%。为了解其防病作用机理，对该拮抗菌产生的拮抗活性肽进行了分离纯化，并研究其部分理化性质。结果：纯化了电泳纯和质谱纯的抗菌肽 H16，其具有耐高温、对蛋白酶稳定的特性，这与以往报道的枯草芽胞杆菌产生的抗菌肽的特性相一致。H16 的纯化证明了枯草芽胞杆菌菌株 B-001 对烟草青枯病的抗病作用是其产生的抗菌肽所致（易有金等，2007a）。

用浸种、浸根、淋根、伤茎、伤叶和喷雾等接种方法测试枯草芽胞杆菌菌株 B-001 入侵烟草植株的途径，发现该菌可通过自然孔口和伤口入侵寄主植物；取接种植株的茎部组织切片在电镜下观察，发现该菌株在烟草的微管束和细胞内定殖。生长特性研究结果表明该菌株最适生长 pH 为 7.5，最适生长温度为 30℃，48～96h 内处于稳定生长期（易有金等，2007）。

研究表明，对抗生素产生耐药性的致病菌日益增加，可能对人类的生命造成威胁。在家禽，常常发生由产气荚膜梭菌过度生长引起的细菌性肠炎。因此，经常给家禽饲喂抗生素。CloStat 含有枯草芽胞杆菌 PB6，分离和选择自可以自然抵抗梭状芽胞杆菌攻击的健康鸡肠道。通过预防性应用，这种益生菌可以降低对家禽肠道健康的攻击。来自欧洲各地的一些现场试验报告和兽医证言表明，CloStat 可以有效维持胃肠道的菌群平衡。一些兽医报告通过在家禽生产中预防性应用，可以提高家禽的健康和降低细菌性肠炎的发病率。2010年6月，欧洲联盟已批准使用枯草芽胞杆菌PB6防治家禽细菌性肠炎（李凯年摘译，2010）。

研究不同环境条件下枯草芽胞杆菌BS-421发酵液对扩展青霉抑制活性的稳定性，初步确定其抑菌活性成分；考察了发酵液对圆弧青霉、皮落青霉、黄柄曲霉、矮棒曲霉、黑曲霉等霉菌和金黄色葡萄球菌、大肠杆菌、沙门氏菌、肠球菌、化脓链球菌、表皮葡萄球菌等食源性病原菌的抑制作用。结果显示：热处理对发酵液的抑菌活性无显著影响；121℃条件下保温30min或pH4～8条件下处理24h后的发酵液仍能保持80%以上的抑菌活性；对紫外线的耐受时间为6h；K^+、Na^+和Mg^{2+}对抑菌活性有一定促进作用，Zn^{2+}和Fe^{2+}对抑菌活性有抑制作用。发酵液中的多糖无抑菌活性，蛋白质或肽类是其主要抑菌成分。BS-421发酵液对11种病原菌有抑制作用，其中对大肠杆菌和扩展青霉的抑菌作用最强（孙卉等，2009）。

研究了解淀粉芽胞杆菌F14和枯草芽胞杆菌Y13、PX发酵液及其去菌液诱导油茶植株对炭疽病（*Colletotrichum gloeosporioides*）的抗性。结果表明，3株拮抗菌及其去菌液诱导处理油茶叶片，都能诱导其产生对炭疽病的系统抗性；以枯草芽胞杆菌Y13及其去菌液的诱导效果最大，分别达70.7%和68.4%。不同浓度拮抗菌诱导效果有显著差异。在一定范围内，诱导效果随菌浓度增加而增强，当菌浓度达10^8cfu/mL时，诱抗效果最大。Y13发酵液处理3d就已产生诱导效果，5d诱导效果最强，可持续20d以上（周国英等，2010）。研究枯草芽胞杆菌A干粉菌剂的制备效果，并将其用于桃果实灰霉病的防治和保鲜，研究其生防效果。鲜桃果实提前刺伤接种干粉菌剂菌悬液，再接种灰霉病菌统计防效；鲜桃果实表面喷洒菌悬液，统计保鲜效果。结果表明，制备的干粉菌剂活芽胞含量高，可较长时间保存；桃果实刺伤接种4d后对桃灰霉病的防效可达90%以上，表面喷洒储藏8d后自然防病效果为55.94%。因此，发酵液适宜制备成干粉菌剂，并可长期保存，应用方便，对桃果实病害的防治有一定的效果（李小俊等，2010）。

从小麦根际土壤分离得到枯草芽胞杆菌拮抗菌株B2，室内测定其带菌培养液对小麦全蚀病菌（*Gaeumannomyces graminis* var. *tritici*）菌株9826和菌株9812的抑制效果分别为61%和56%；盆栽试验中，其防治效果为63%和64%，高于化学杀菌剂处理的56%和54%的效果。实验表明，该菌株可以造成病菌菌丝发生畸变和菌丝细胞壁瓦解（张颖等，2006）。研究了枯草芽胞杆菌B2从种子发酵液到发酵罐的放大培养，通过正交优化试验筛选枯草芽胞杆菌B2发酵的优化组合、种子罐和发酵罐的发酵时间及发酵液的质量检测方法。结果表明：枯草芽胞杆菌B2的最佳发酵组合为接种量10%，pH7.5，通气量1000L/h，转速200r/min；种子罐的发酵时间为20h；发酵罐最适放罐时间为36h，发酵液质量检测以活菌量为主要指标，辅助比浊法检测（荆卓琼等，2010）。

为研究枯草芽胞杆菌EB-28对马铃薯晚疫病菌的抑菌作用及防治效果，制备EB-28发酵液、菌悬液及无菌体培养液；研究EB-28对马铃薯晚疫病菌菌落生长的影响，EB-28无菌体培养液对马铃薯晚疫病菌菌丝生长的影响，EB-28菌悬液及无菌体培养液对马铃薯晚疫病菌游动孢子释放的抑制作用，并通过离体叶片试验和盆栽试验研究菌株

EB-28菌悬液及无菌体培养液对马铃薯晚疫病的防治作用。结果表明，EB-28无菌体培养液对马铃薯晚疫病菌游动孢子释放具有较强的抑制作用，抑制率达91.26%，但对晚疫病菌菌丝生长没有抑制作用。在盆栽试验中，EB-28菌悬液对马铃薯晚疫病的防效达74.22%，显著高于离体叶片试验中的55.68%；其无菌体培养液的防效分别为61.80%、60.54%。研究结果为EB-28在防治马铃薯晚疫病方面的进一步研究与应用提供了科学依据（李双东和曹克强，2009）。

为研究枯草芽胞杆菌SN-02发酵液的抑菌谱及稳定性，以28种植物病原菌为供试菌，杯碟法测定SN-02菌发酵液的抑菌谱；以烟草靶斑病菌为指示菌，杯碟法测定发酵液的热稳定性、酸碱稳定性及传代稳定性。结果表明SN-02菌发酵液对28种供试菌株的抑菌圈直径在20mm以上。将发酵液于120℃处理2.5h，-20℃处理25d抑菌活性没有明显变化；发酵液在pH4～9时抑菌活性无明显变化，在pH1～3和pH10条件下抑菌活性明显下降；连续培养10代，发酵液抑菌活性没有下降。SN-02菌发酵液抑菌谱较广，耐高温和低温，传代稳定性好，但在强酸和强碱条件下稳定性较差（张崇等，2007）。

为明确生防菌株枯草芽胞杆菌SN-02产生的抑菌物质的种类和组成，对其进行分离、纯化及结构测定。发酵滤液经盐酸沉淀、有机溶剂提取、薄层层析显色分析，初步确定该活性物质是一种具有闭合肽键的脂肽类物质。经Pharmadex LH-20精制后得到纯度为95.7%的淡黄色结晶状物质，液质联用检测到活性成分是分子质量为1080Da、1035Da和1021Da的生物表面活性素。紫外吸收光谱表明该物质在210nm处有吸收峰，红外吸收光谱证实该分子的亲水基是一条肽链，疏水基部分是一脂肪酸分子，且为一种环状脂肽类物质。氨基酸分析表明该活性物质由4种氨基酸组成，且4种氨基酸的物质的量比为Glu：Leu：Val：Asp=1：4：1：1（赵秀香等，2008）。

为研究枯草芽胞杆菌菌株BS224抑菌物质的产生及作用机制，分别取发酵后离心所得上清液和菌体破碎液以杯碟法测抑菌活性。结果表明，2500～4000r/min离心所得上清液与菌体破碎液抑菌圈半径有显著差异，这说明枯草芽胞杆菌BS224菌株抑菌物质大多外分泌于发酵液中，以2500～4000r/min离心可获取抑菌物质（周淑敏等，2003）。研究了离子束诱变的枯草芽胞杆菌B-24和丙环唑等对苹果采后炭疽病的防治效果及其几种防御酶活性的影响。结果表明：丙环唑对苹果炭疽病菌丝有明显的抑制效果，抑制浓度EC_{50}为0.067μg/mL。代森锰锌的抑制作用最弱，其EC_{50}为1806.984μg/mL。不同化学药剂和不同浓度的药剂之间，对苹果炭疽病的保护防效有显著差异。丙环唑对苹果炭疽病的防效最好，对寄主酶活的诱导作用也最强，能诱导苹果果实POD和PPO活性显著升高。代森锰锌防效差，POD活性和对照接近。同一药剂，浓度高的防效好，果实中酶活性也高。枯草芽胞杆菌在离体条件下活菌液对苹果炭疽病菌的抑制效果最好，抑制率为100%，表现出明显的拮抗作用。活体试验表明枯草芽胞杆菌能明显减轻苹果果实炭疽病的发生，接种枯草芽胞杆菌能诱导苹果果实POD和PPO活性的升高（檀根甲等，2008）。

研究了不同处理的枯草芽胞杆菌菌株B-912在不同储藏温度下对采后桃（*Prunus persica*）和油桃（*P. persica* var. *nectarine*）褐腐病菌（*Monilinia fructicola*）的防治

效果。结果表明，25℃和15℃储藏温度下油桃的发病率一般高于桃，但在冷藏期间其发病率一般低于桃。10^6cfu/mL 的 B-912 能显著地降低褐腐病的发生，桃和油桃的发病率仅分别为 20% 和 40%；10^8cfu/mL 的 B-912 能完全抑制储藏在 25℃和 3℃条件下油桃和桃褐腐病的发生。单独接 2% $CaCl_2$ 的果实发病率显著低于不加 Ca^{2+} 的果实，但 Ca^{2+} 和 B-912 配合运用时对褐腐病的抑制效果并不明显。B-912 与扑海因的配合使用能显著地抑制褐腐病的发生，其抑病效果好于单独使用 B-912 或扑海因的效果。B-912 的滤液在离体试验时能有效地抑制病菌孢子的萌发，在果实上试验时能有效地抑制桃和油桃褐腐病的发生。由此表明，B-912 的抑菌机理与其产生的抗菌物质有关（范青等，2000）。用从土壤中分离到的枯草芽胞杆菌 B-912 作为生防拮抗菌，主要研究在不同储藏温度下不同接种时间的 B-912 活菌液、热处理液和过滤液对柑橘青霉病和绿霉病的抑制效果。结果表明，B-912 活菌液的抑菌效果最佳，热处理液和过滤液次之，但均显著地好于对照。较高的储藏温度有利于拮抗菌对病菌的抑制作用，活菌液处理的果实在 25℃条件下的发病率及病斑直径均小于 15℃条件下的果实，24h 后接种病菌孢子的果实其发病率及病斑直径一般都高于 48h（范青等，2000）。

研究了枯草芽胞杆菌 Bs-1 抗菌物质产生的特点及培养液的无菌滤液的抗菌谱和理化性质。结果表明 Bs-1 生长快速，在 5h 内产生抗菌物质；该物质能抑制多种分离自养殖大海马（*Odobenus rosmarus*）肠道和海水的弧菌如溶藻弧菌（*Vibrio alginolyticus*）的生长；在一定范围内该物质对热、酸碱、变性剂和蛋白酶均有较好的稳定性。进一步尝试用 Bs-1 的含菌培养液来控制养殖海水中弧菌的数量，结果表明每升海水中加入 4mL 培养液（浓度为 4×10^6cfu/mL）已能达到较好的抑菌效果；改变海水的 pH 和盐度，Bs-1 培养液仍有较理想的抑菌作用。因此，Bs-1 有望开发成良好的益生菌剂（黄汝添等，2006）。对枯草芽胞杆菌菌株 BS-1 进行了抑菌活性测定研究。以苹果炭疽病菌、番茄灰霉病菌、水稻恶苗病菌、小麦赤霉病菌、棉花枯萎病菌、辣椒疫霉病原菌、玉米小斑病菌 7 种植物病原菌为指示菌，采用对峙培养法、杯碟法及菌丝生长速率法测定了枯草芽胞杆菌及其无菌发酵液对 7 种植物病原菌的拮抗活性，结果表明，枯草芽胞杆菌及其发酵液对番茄灰霉病菌生长有较强的抑制作用，对苹果炭疽病菌没有抑制作用（丁婷等，2010）。

研究了枯草芽胞杆菌菌株 Bs55 和 Bs90 分别与苏云金芽胞杆菌菌株 Bt1 和 Bt2 在共培养条件下的菌体生长、抗菌活性物质脂肽类化合物和杀虫活性物质伴胞晶体蛋白的产生状况。结果表明，Bs55 与 Bt 共培养的菌体生长和脂肽类化合物的产生与单独培养的 Bs55 相似，未检测到伴胞晶体蛋白，但有 Bt 特异性蛋白存在；Bs90 与 Bt 共培养的菌体生长和脂肽类化合物的产生与单独培养的 Bs90 有相对较大的差别，检测到伴胞晶体蛋白。说明 Bs 与 Bt 可以共生，组合适当时可以产生各自的生物活性物质（高学文等，2003）。为研究生防菌 BS-315 对苹果斑点落叶病菌（*Alternaria mali*）的抑菌活性、在苹果叶片上的定殖能力及一些化学农药对生防菌的影响，采集松本锦苹果健叶，进行离体叶片试验、定殖试验，并进行不同农药对生防菌的影响试验。结果表明，枯草芽胞杆菌 BS-315 对苹果斑点落叶病菌表现出较强的抑制作用，在叶片上涂抹菌体 1d 后接病原菌，3d 后抑制效果在 90% 以上。BS-315 能够在松本锦苹果叶片中定殖，定殖量在接种 3d 后最大。4 种杀菌剂浓度均为田间使用浓度，其中嘧菌酯和多抗霉素对 BS-315 的生长有一定的促进作用，而多菌灵和丙环唑完全抑制 BS-315 的生长（孙洋等，2010）。

研究了枯草芽胞杆菌 FR4 对草莓病原菌灰葡萄孢霉的抑制效果及储藏品质的影响。在抑菌试验的基础上，分别采用活菌液、离心上清液和过滤液对新鲜草莓进行处理，处理后的草莓置于常温下（20℃±1℃），每隔 24h 观察草莓的腐烂情况，并对草莓品质指标进行检测。结果表明：FR4 活菌液和离心上清液对灰葡萄孢霉的抑制效果较好，过滤液次之，但均显著好于对照；不同处理可明显减少草莓腐烂率，降低失重率，减少还原糖含量和可滴定酸含量的损失，但对维生素 C 含量没有显著影响，且活菌液和离心上清液处理优于过滤液（张丽霞等，2009）。

研究了微生物农药枯草芽胞杆菌对东北黑土中可培养微生物的生态影响。黑土中可培养微生物的动态变化表明：低质量分数枯草芽胞杆菌对细菌总数没有明显影响，较高质量分数枯草芽胞杆菌可促进细菌总数的显著增加，其中质量分数在 3200mg/kg 时，枯草芽胞杆菌对细菌的刺激强度最高，为对照的 11 倍。枯草芽胞杆菌对土壤中的放线菌也有刺激作用，刺激强度最高时，放线菌数量可增至对照的 8.3 倍左右。枯草芽胞杆菌对真菌的敏感性较低，只有质量分数高达 3200mg/kg 时，才对真菌产生明显刺激作用，最高刺激强度为同时期对照的 29 倍（魏海燕等，2009b）。

为研究杨木碱性过氧化氢化学机械浆（alkaline perotide mechanica pulp，APMP）废液培养枯草芽胞杆菌菌株 SY1 的适宜条件和转化液对番茄病原菌的拮抗作用，通过单因素实验对培养条件进行了初步优化，利用平板扩散法测定转化液对番茄病原菌的抑制作用。结果表明，杨木 APMP 废液培养菌株 SY1 较适宜的条件为：pH8.0，装液量 75mL/250mL，接种量 5%，温度 35℃；在此培养条件下菌株 SY1 的活芽胞数达 3.96×10^8 cfu/mL，废液 COD 转化率达 59.52%。同时发酵液对供试的 4 种病原菌均有较强的抑菌作用。该研究为利用杨木 APMP 废液培养枯草芽胞杆菌的工业深层发酵提供了依据（杨文艳等，2008）。以不同稀释倍数的杨木 APMP 废液和转化液（经枯草芽胞杆菌菌株 SY-1 发酵后的废液）分别对白菜种子进行浸种处理，通过种子发芽实验和生长实验，研究原废液和转化液对白菜种子活力、幼苗早期发育、幼苗中叶绿素含量和保护酶活性的影响。结果表明，在适宜的稀释倍数下，原液和转化液可改善白菜种子发芽和幼苗生长；在相同的稀释倍数下，转化液的促进作用要明显优于原液组。综合比较，当转化液稀释 25 倍浓度时，较适合白菜种子的发芽和生长发育（杨文艳等，2009）。

研究一种从番茄叶面分离获得的拮抗菌——枯草芽胞杆菌 QDH-1-1 对苹果采后青霉病的防治效果，通过拮抗菌的不同处理、使用浓度及与钙配合等方法研究了枯草芽胞杆菌对青霉病的抑制作用。结果表明，拮抗菌使用浓度明显地影响苹果中病斑发生和病斑扩展，且使用浓度越大，其抑病效果越好。当拮抗菌的使用浓度达 10^9 cfu/mL 时，可完全抑制接种在苹果上的青霉菌（10^4 cfu/mL）的侵染。用 $10^8 \sim 10^9$ cfu/mL 的拮抗菌与 2% $CaCl_2$ 配合对苹果采后青霉病的抑制效果明显地好于单独使用相同剂量的拮抗菌或 2% $CaCl_2$。拮抗菌的不同处理对病原菌孢子萌发的抑制效果与体内试验结果一致。枯草芽胞杆菌 QDH-1-1 主要通过营养和空间竞争作用抑制病原菌生长（史凤玉等，2007）。枯草芽胞杆菌 QM3 是从青海牦牛粪中分离筛选的一株高效拮抗菌株，尤其对番茄早疫病菌有显著的抑菌效果。为了揭示其抑菌机理，采用杯碟对峙生长和透明圈的方法可知，菌株 QM3 可以产生抗菌物质和胞外水解酶，此外，还有竞争生长空间和营养物质的趋势。经显微直接观察发现，菌株 QM3 发酵液对病原菌丝有明显的抑制生长和致畸作用。利用玻片微室培养法研究了 QM3 发酵液对病原菌孢子和芽管的影响，结果显示其对病原菌孢子的萌发和牙管伸长均有极显著的抑制作用（$P<0.01$）。这一结果揭示了菌株 QM3 是通过多种抗菌机制的协同作用有效抑制番茄早疫病菌的，这为菌株 QM3 进一步的生防应用提供理论依据（李改玲等，2011）。

野生型枯草芽胞杆菌 BS-68 能有效地防治由腐霉（Pythium sp.）和尖孢镰刀菌（Fusarium oxporum）引起的黄瓜立枯病和枯萎病。为了探究该菌株的生防机制，利用该菌株的黄绿荧光蛋白基因和氯霉素抗性基因标记菌株 BS-68A，研究其在黄瓜植株各个部位的定殖能力、种群动态和在根围的分布。方法和结果：用基因标记菌株发酵液分别对黄瓜种子进行浸种和浇穴处理，播种后 30d，该菌能在黄瓜根部和茎基部定殖，不能在茎部和叶部定殖。浸种处理，该菌在茎基部的种群数量为 3.1×10^4 cfu/株，大于根部的种群数量 4.1×10^4 cfu/株；浇穴处理，该菌在茎基部的种群数量 8.0×10^3 cfu/株，低于根部的种群数量 2.5×10^4 cfu/株（张淑梅等，2006）。以一株能在油茶植株体内内生定殖、对油茶炭疽病防病效果好的枯草芽胞杆菌 Y13 为研究对象，研制该生防菌的水剂及可湿性粉剂，并测定其在林间对油茶炭疽病的防治效果。结果表明：水剂存放 6 个月 Y13 存活率达 72.7%；可湿性粉剂通过 6 种载体的货架期比较，筛选得到 4 种良好载体，分别是锯木屑、高岭土、碳酸钙和硅藻土，4 种载体的菌剂存放 6 个月 Y13 存活率为 50% 以上。Y13 菌剂在林间应用，防治油茶炭疽病效果较好，防效达 70% 以上，与对照药剂百菌清的防治效果相当（游嘉等，2010）。

以产植酸酶的广谱拮抗生防枯草芽胞杆菌 T2 为出发菌株，经硫酸二乙酯（DES）诱变，得到遗传特性稳定的一株植酸酶负突变株 M3；采用有效磷限量、含 NaCl 150mmol/L 的植物生长水培液对小麦进行盐胁迫，在植酸存在的条件下，水培液中施加 T2 发酵液或植酸酶均可促进盐胁迫下小麦幼苗的生长，小麦株高、鲜重、叶片叶绿素含量和根系活力均得以增高，而植株丙二醛（MDA）含量降低。失去植酸酶活力的负突变株 M3 发酵液则不具有提高小麦株高鲜重和叶绿素含量的作用，对根系活力的提高和对 MDA 含量的降低程度也均低于 T2 发酵液处理。上述结果表明，生防枯草芽胞杆菌胞外植酸酶在增强小麦耐盐性方面起了重要作用（郭英等，2009）。

以从油菜菌核病菌感染的油菜茎秆上分离得到的广谱性拮抗菌枯草芽胞杆菌为研究对象，克隆了该菌 B-FS01 鞭毛蛋白 fcd 基因片段，其序列长为 952bp（GenBank 登录号为 EF362756）。根据 FCD 序列同源性分析，B-FS01 归入以 DB9011 菌株为代表的亚组，而该亚组菌株普遍具有抗真菌活性。平板抑菌活性试验表明，B-FS01 对小麦赤霉病菌具有较好的拮抗活性，高分辨率质谱分析发现其可能产生一些脂肽类抗菌物质（胡梁斌等，2008）。以黄瓜蔓枯菌（Ascochyta citrullina）为指示菌，采用平板稀释法和对峙法对 48 份土样进行分离筛选得到拮抗细菌 53 株，其中菌株 G8、Sh34 拮抗谱宽，对黄瓜蔓枯菌和菌核抑制效果均超过 76%，且能分泌几丁质酶。温室接种防病试验结果表明，2 株菌株发酵液对黄瓜蔓枯病菌防治效果分别达 62.5% 和 51.0%。根据对 2

株菌株 16S rDNA 序列分析，均被鉴定为枯草芽胞杆菌（董红强等，2008）。

以枯草芽胞杆菌 500 倍液、250 倍液，75%百菌清 500 倍液 250mL 对西瓜进行灌根处理，不使用任何药剂为空白对照的试验结果表明：使用枯草芽胞杆菌的 2 个处理，在施药后 11d、24d、53d 枯萎病发病率都明显低于空白对照，防效好于 75%百菌清 500 倍液处理；西瓜产量高于对照，果实品质未受影响（贾云鹤，2010）。以枯草芽胞杆菌 PY-1 为拮抗菌研究其对柑橘果实采后由指状青霉引起的绿霉病的防治作用。①体外实验：在混有病原菌孢子的 PDA 平板上接种 PY-1 和 PY-1 发酵滤液。②体内实验：对柑橘果实人工接种绿霉病，测定 PY-1 菌悬液、发酵液、无菌发酵液、热处理发酵液对绿霉病，以及对菌斑扩展的抑制作用。结果：①体外实验中 PY-1 及其发酵滤液均表现出对病原菌的抑制作用。②与对照组相比，PY-1 的 4 种处理液均对绿霉病及菌斑的扩展有较好的抑制作用，抑制效果强弱依次是：发酵液、菌悬液、无菌发酵液、热处理发酵液。PY-1 可作为生物拮抗菌直接用于柑橘果实采后绿霉病的生物防治（张静等，2008）。

以枯草芽胞杆菌的生物量、拮抗效应下降为菌种退化的标志，研究了 2 株菌株（BS-3、PRS5）在不同培养基上及继代培养过程中的退化现象，同时探讨了 5 种载体、不同复壮时间对恢复枯草芽胞杆菌生物量及拮抗效应的影响。结果显示：枯草芽胞杆菌在常见的 7 种培养基中以营养贫乏的 PDA、WPA、CMA 最易发生退化，SDAY 较为稳定，在 2 株菌株中，BS-3 退化速度慢于 PRS5；在供试的 5 种复壮载体中，以"灭菌土＋1%蛋白胨＋1%葡萄糖＋0.5%酵母浸膏"为最佳，且 BS-3 的复壮速度（120d）慢于 PRS5（90d）（朱天辉和杨佐忠，2000）。

以枯草芽胞杆菌为试验材料，以魔芋软腐病致病菌胡萝卜软腐欧文氏杆菌属胡萝卜软腐菌亚种（*Erwinia carotovora* var. *carotovora*，软腐菌）和金黄色葡萄球菌（*Staphylococcus aureus*，金葡菌）作指示菌，采用抑菌圈法，利用不同浓度硫酸铵盐析分离抗菌蛋白。结果表明，30%硫酸铵处理盐析的蛋白对软腐菌的抑菌活性最高；抗菌蛋白对软腐菌的抗菌活性在室温至 60℃处理 10min 时无明显影响，70℃处理 10min，其活性仅下降 17.1%；在 pH5.5～10.0 时抗菌蛋白活性无明显变化；经过氯仿处理后抗菌蛋白活性保持最好；胃蛋白酶可降解部分抗菌蛋白（李智洋等，2008）。

以苹果腐烂病菌等 22 种植物病原真菌为供试菌，研究了枯草芽胞杆菌 XM16 无菌滤液的抑菌活性。结果表明，该无菌滤液对供试的植物病原菌具有强烈的抑制作用，抑菌谱非常广。无菌滤液经硫酸铵盐析，然后过 Sephacryl S-100HR 凝胶柱进一步分离纯化，获得 2 种不同组分的具强抑菌作用的抗菌蛋白。SDS-PAGE 显示，2 种蛋白质的分子质量分别为 21kDa 和 30kDa（杨金艳，2009）。

以香蕉冠腐病菌半裸镰刀菌（*Fusariurn semitectum*）菌株 F4 为测试菌株，研究了枯草芽胞杆菌 B68 产生抗菌物质的发酵条件。结果表明：葡萄糖、蛋白胨、酵母膏是发酵培养基中最佳的营养物质，可满足拮抗细菌的营养要求；培养基初始 pH、振荡培养时间、菌龄、温度等对菌株生长及其抗菌物质的分泌有明显的影响；初始 pH7.0、菌龄 3d、28℃振荡培养 48h 为菌株的最佳发酵条件（林运萍等，2006）。以枯草芽胞杆菌 B68 为出发菌株，经过紫外线（UV）、硫酸二乙酯（DES）及紫外线＋硫酸二乙酯复合诱变方法，从大量突变株中进行筛选，最后共获得 8 株优良菌株。其中紫外线诱变获得 3 株，编号为 U-28、U-43 和 U-116，它们对香蕉冠腐病的抑菌效果比原始菌株 B68 提高了 3.55%、4.37% 和 3.64%；硫酸二乙酯诱变也获得 3 株，编号为 D-24、D-26、D-87，抑菌效果比原始菌株 B68 提高了 4.22%、8.48%、3.83%；复合诱变最终获得 2 株突变株，编号为 UD-7、UD-93，抑菌效果比原始菌株 B68 提高了 2.27%、2.86%。经过传代 10 代后发现突变株比原始菌株 B68 更能保持较高的遗传稳定性（林运萍等，2007）。

对不同茶树品种的健叶和病叶上分离的内生细菌进行了筛选和鉴定。结果表明，茶树体内存在大量的内生细菌，各品种间内生细菌的数量为 $2.9 \times 10^6 \sim 39.4 \times 10^6$ cfu/(g·fw)。内生细菌的生物功能测定结果表明，菌株 TL2 的拮抗能力强，先接种菌株 TL2，24h 后再接种茶轮斑病菌的防病效果好；同时菌株 TL2 对氯氰菊酯也表现出较强的降解能力；另外菌株 TL2 能在茶树上内生定殖。经鉴定，菌株 TL2 为枯草芽胞杆菌（洪永聪等，2005）。以一株能在茶树体内内生定殖、对茶叶斑病防病效果好的枯草芽胞杆菌菌株 TL2 为研究对象，优化该菌株的发酵条件和生产工艺，筛选它的适宜助剂，测定它在大田对茶叶斑病的防病效果。结果表明：该菌株产生抗菌蛋白的最佳条件为氮源蛋白胨、培养温度 35℃、碳源蔗糖、培养时间 72h、初始 pH6.6 和 250mL 装液量（50mL）。它的最佳固态发酵工艺为氮源（豆饼粉）、碳源麸皮、含水量 25mL、接种量 4%、培养温度 35℃ 和初始 pH7.0。筛选得到该菌剂的 4 种良好载体，碳酸钙、高岭土、滑石粉和硅藻土等；1 种良好的润湿分散剂，即木质素磺酸钙；2 种优良的紫外保护剂，即腐殖酸和糊精。该菌剂（孢子粉可湿性粉剂）在田间对茶叶斑病有较好的防治效果，防效达 70% 以上，与对照药剂多菌灵的防治效果相当（洪永聪，2009）。

以在油菜根际高效定殖的枯草芽胞杆菌 TU100 为材料，研究其主要抗菌物质的代谢条件。结果表明，其主要拮抗物质属胞外分泌型，释放到培养液中。对油菜菌核病菌（*Sclerotinia sclerotiorum*）具有较高的抑制活性。TU100 在 28～30℃ 生长旺盛，产抗菌物质也较多；培养 48h 数量达最大值；培养 72h 抗菌物质的产生量达高峰。培养液的初始 pH6～8 有利于 TU100 增殖，抗菌物质活性也最强；通气良好的条件下 TU100 菌株生长好、产抗菌物质量多；培养基 C/N 对菌株生长也有重要影响，C/N 为 15 时有利于 TU100 生长及抗菌物质的积累（赵瑞等，2007）。

应用枯草芽胞杆菌菌株 ZH-2 的发酵菌剂，在桦南县进行了生防菌剂防治大豆菌核病的田间防效试验，结果表明生防菌剂 100 倍稀释液浸种和喷洒处理对大豆菌核病的田间防效达 67.9%（张淑梅等，2006）。通过应用枯草芽胞杆菌与使百克在防治水稻稻瘟病、纹枯病的对比试验，结果表明：在水稻叶瘟、穗颈瘟发病初期各喷施一次枯草芽胞杆菌可湿性粉剂，对叶瘟、纹枯病的防治可达 78.1% 和 62.1%，其防效均高于使百克处理，并且安全性好，秋后测量产量显示各项经济性状均有提高，增产幅度可达 10%（郭世立，2008）。

应用芽胞杆菌（*Bacillus* sp.）防治病害是病害生物防治的热点，其中枯草芽胞杆菌因其菌体本身及其产生的抗菌物质在控制病害发生、促进植株生长等方面均有良好的表现，在植物病害生物防治中显示出了广阔的应用前景。从烟草根围土壤中分离到一株对烟草青枯病菌（*Ralstonia solanacearum*）有较强防病效果的拮抗细菌菌株SH7（经鉴定为枯草芽胞杆菌）（王静等，2007a）。枯草芽胞杆菌SH7可抑制烟草青枯病菌的生长，利用硫酸铵沉淀法从发酵液中提取抑菌蛋白，测定其对烟草青枯病菌抑菌活性，从而确定抑菌蛋白产生的最佳培养基和培养条件。结果表明，菌株SH7产生抗菌蛋白的最佳培养基为NA液体培养基，最佳发酵条件为：pH6.0，26℃，装液量100mL，170r/min振荡培养96h。粗抑菌蛋白在pH为9.0和10.0时，其抑菌活性仍保持为86%和88%，对碱稳定；在100℃和121℃处理20min，其抑菌活性仍保持为83.1%和68.0%，具有良好的热稳定性。在温室内，抗菌蛋白粗提液对烟草青枯病可取得70.8%的防效（张秀玉等，2010）。采用硫酸铵分级沉淀、DEAE Sepharose Fast Row离子交换层析、Sephadex G-75凝胶层析及聚丙烯酰胺凝胶电泳，从枯草芽胞杆菌SH7代谢物中分离纯化出一种相对分子质量为33.6kDa的蛋白质，该活性物质具有淀粉酶活力，对烟草青枯病菌具有一定的抑制作用（张秀玉等，2010）。

用对峙培养法从小麦根际中获得8株对小麦全蚀病有拮抗作用的菌株。这几株菌株对西瓜枯萎病、黄瓜枯萎病及棉花枯萎病也均具有拮抗作用。经培养性状、生理生化反应测定认为属于芽胞杆菌（*Bacillus*）；并对其中6株进行了分子鉴定，结果表明其与枯草芽胞杆菌同源性达99%，可以认定是枯草芽胞杆菌（罗兰等，2006）。用枯草芽胞杆菌B68作用于香蕉果实潜伏炭疽菌，测定其抑菌效果和抑菌机制；结果表明，对峙培养7d后在平板上产生明显的抑菌带，其宽度为0.5~1cm，培养10d后仍然保持稳定的抑菌效果；B68无菌滤液对病菌菌丝生长和孢子萌发都具有显著的抑制作用，且浓度越高，抑制能力越强。无菌滤液对病菌菌丝的作用机制表现为对菌丝的消融、菌丝细胞的泡囊化；抑制病菌分生孢子的萌发，使芽管扭曲（谭志琼等，2006）。

用枯草芽胞杆菌菌株AR11处理南方根结线虫（*Meloidogyne incognita*）的2龄幼虫（J2）和卵，以评价生防菌AR11对南方根结线虫的防治效果。结果表明：在处理12h、24h、36h和48h后，5倍稀释菌液（AR11-5）对J2的活性抑制率分别比对照（清水）高55.7%、59.5%、58.0%和47.5%；用10倍稀释菌液（AR11-10）和5倍稀释上清液（S-AR11-5）处理卵8d后，卵孵化率分别比对照高29.1%和29.7%。用不同浓度的AR11菌液进行温室盆钵实验，结果显示：8周后根系上的根结和卵块数明显减少，其中以10倍稀释菌液处理组减少最为明显，分别比对照少68.2%和75.0%；同时番茄的冠重比对照组高25.6%。上述结果表明，菌株AR11对番茄根部根结和卵块的形成有明显的抑制作用，可抑制2龄幼虫的活性，但对雌虫产卵能力没有影响；低浓度的菌悬液和上清液对卵的孵化有促进作用；此外，该菌株还对番茄的生长有促进作用（丁国春等，2005）。

在土壤有益微生物的分离、筛选中获得一株拮抗细菌Bs-03，抑菌谱测定结果表明该菌对供试的多种植物病原真菌具有较强的抑菌活性，表现较为广谱的抑菌活性。通过对菌株的培养性状、形态特征、生理生化特性等试验项目，初步鉴定为枯草芽胞杆菌。采用平板对峙培养法测定菌株Bs-03抑菌活性，结果表明Bs-03对供试的14种植物病原真菌，除花生白绢病菌外，都具有抑菌活性。其中对核桃炭疽病菌、苹果轮纹病菌、黄瓜灰霉病菌、冬枣黑斑病菌效果最好，与其他处理在$P<0.05$水平上具有显著性差

异。该菌具有较好的开发应用前景（刘幸红等，2010）。

用离体和活体方法，测定了枯草芽胞杆菌菌株 K12 发酵液对核盘菌（JY20）的抑菌活性。K12 发酵原液对 JY20 的离体测定活性以 36h 发酵液最强，抑菌圈直径达 21mm；而发酵代谢物活性以 72h 的代谢产物最强，抑菌圈直径达 11mm。用油菜叶片活体测定结果表明，其发酵液和代谢物对核盘菌的侵染有显著防效；与对照相比，原液最大抑菌率达 63.8%，过滤液最大抑菌率达 53.6%。发酵液过滤液在不同温度处理后抑菌活性有差异，但高温高压处理后仍有一定的抑菌活性。综上表明，K12 的生防作用为菌体本身对营养和生境的竞争与次级代谢产物协同作用的结果（杨敬辉等，2006）。从水稻叶片上筛选得一株具有抗真菌活性的生防细菌 K12，经鉴定为枯草芽胞杆菌。从培养时间、温度、pH、碳源和氮源等方面研究枯草芽胞杆菌 K12 摇瓶发酵的最适条件，为进一步进行最佳发酵培养基筛选、种子发酵和扩大生产发酵提供可行的控制参数（杨敬辉等，2006）。

用滤纸片法从酒糟与黄水中初筛得到 150 株抗菌物质产生菌，再用杯碟法复筛得到一株类细菌素产生菌 LL18-4，经鉴定为枯草芽胞杆菌。LL18-4 产类细菌素最适条件为：以 1% 葡萄糖为碳源，2% 牛肉膏为氮源，1% 酒糟浸出液为生长因子，培养基初始 pH6.5，37℃ 静置培养 96h，最适条件下效价为 164U/mL。对该类细菌素生物学特性进行初步研究，该类细菌素对蛋白酶 K 敏感，酸性条件下热稳定性强，中性或碱性条件下不具备热稳定性，抑菌活性 pH 为 5.5～7.5（李凛等，2005）。枯草芽胞杆菌 JA 能够对多种植物病原菌如小麦赤霉病菌、西瓜枯萎病菌、黄瓜黑星病菌、油菜菌核病菌、小麦白粉病菌等有良好的抑制效果，利用离子注入诱变筛选高效植物病原真菌拮抗菌并且对菌株 JA 的发酵特性作了进一步的研究，获得了 2 株高效拮抗菌，其发酵水平的抑菌圈直径从 16.62mm 提高到 21.23mm；经传代实验表明，其遗传性较为稳定（叶枝青等，2001）。

由半裸镰刀菌（*Fusarium semitectum*）引起的香蕉冠腐病是香蕉采后仅次于炭疽病的主要病害，发病严重时果腐率达 18.3%，轴腐率高达 70%～100%。目前，对香蕉采后病害的防治主要是采用化学药剂，但化学杀菌剂容易对病原菌产生抗药性，且对消费者具有潜在的健康危害，所以采用非化学的方法如生物防治控制采后病害是今后香蕉保鲜的重要研究领域，也是人们的迫切要求。枯草芽胞杆菌菌株 B68 是从海南儋州市香蕉园中筛选获得的一株拮抗细菌，无论是菌液处理还是无菌滤液处理，均对香蕉冠腐病有很好的防治效果。为分析拮抗细菌 B68 的作用机制，研究了该菌株拮抗物质粗提液对香蕉冠腐病菌的抑菌作用机制及其稳定性。结果表明，经拮抗细菌 B68 粗提物处理的冠腐病菌菌丝扭曲，菌丝细胞内原生质分布不均匀，发生凝集、顶端和中部膨大，后细胞壁破裂、原生质外溢；经粗提液处理的冠腐病菌孢子不能正常萌发产生芽管，且大多数孢子的萌发被抑制；拮抗物质粗提液中部分物质对高温敏感，部分物质能够耐高温；拮抗物质具有很强的耐酸性，但对碱性敏感；对胰蛋白酶很稳定，对蛋白酶 K 和蛋白酶 E 部分敏感；对紫外线不敏感；对氯仿、乙醇、异丙醇等有机溶剂不敏感（王星云等，2007a）。初步研制枯草芽胞杆菌 B68 的水剂及可湿性粉剂，水剂应用于香蕉防治冠腐病的防效为 68.42%，存放 7 个月 B68 存活率为 92.84%；可湿性粉剂的研制最终确定了锯木屑作为吸附载体，其吸附量为 2.4L/kg，存放 5 个月 B68 存活率为 64.5%（宋卡魏等，2007b）。

油菜菌核病生防菌株菜丰宁 BC2（*Bacillus subtilis*）在肉汤培养基中，最适生长温度为 30℃，pH 在 6.0～8.5 时均能良好地生长。初始接种量对 BC2 生长曲线有显著影响，但对达到最高菌量影响不大。较高温度、接种量及延长培养时间有利于芽胞的产生。通过对 6 种工业发酵培养基配方进行筛选证明，BC2 在以豆粕和麸皮为碳氮源的 IV 号培养基中生长最好。30℃条件下 25L 发酵罐培养最高菌量为 $1.0×10^{10}$ cfu/mL（丁中和王金生，2001）。在草莓叶表、果表分离筛选出 3 株枯草芽胞杆菌 B1、B17 和 B18。3 菌株对灰葡萄孢（*Botrytis cinerea*）孢子萌发的抑制作用达 100%、99% 和 85%，平板对峙抑菌距离达 6.6mm、7.0mm 和 6.7mm。在适宜病原菌生长的 22℃、pH5 条件下，3 株菌株生长良好。在草莓叶片、花和果实上定殖能力为 B1＞B17＞B18，定殖周期 13d（李炳学等，2005）。

在香蕉枯萎病（*Fusarium oxysporum* f. sp. *cubense*，FOC）重病园区，从生长正常的香蕉假茎内分离获得一株细菌，编号为 B215。经对峙培养和孢子萌发抑制测定，B215 对 FOC 和香蕉其他几种主要病原菌的菌丝生长和孢子萌发具有良好抑制效果。对峙培养明显抑制香蕉枯萎病菌菌丝生长，抑菌带宽度 0.5～0.6cm。菌株 B215 培养液滤液使香蕉枯萎病菌孢子和菌丝生长点膨大成球状畸形，原生质外泄，细胞崩溃干瘪，其 EC_{50} 为 4.12%。形态学、生理生化试验显示 B215 为芽胞杆菌；进一步对该菌株进行 16S rDNA 序列测定与分析，表明其与已报道的枯草芽胞杆菌（strain KL-073）具有 100% 的同源性，二者所构建的系统发育树上处于同一个分支。将 B215 鉴定为枯草芽胞杆菌（殷晓敏等，2008）。在室内测定菌株 B215 对香蕉枯萎病菌菌丝生长和孢子萌发都有良好抑制效果的基础上，优化拮抗菌株的最佳培养条件为：在 NA 培养基上，装液量为 50mL/500mL，最适初始 pH 为 7.0～7.5，初始接菌量为 1%，培养温度为 28℃，以便更好地应用于田间试验。以此培养条件为依据，开展拮抗菌株的盆栽小苗试验，选用正交试验 $L_8(2^7)$ 设计，得出菌株 B215 对香蕉枯萎病菌的最佳防效组合为：在小苗定植前，用活菌培养液 750mL/株浸根，可以降低小区香蕉枯萎病发病率。进一步试验验证结果显示：盆栽试验 B215 对 FOC 的防效为 62.95%（殷晓敏等，2010）。

枯草芽胞杆菌菌株 G3 可作为防治番茄叶霉病的生物杀菌剂。为改进该菌的抗真菌活性，用诱变剂吖啶橙诱变得到 20 个突变株，其中 5 个突变株 Ga1、Ga8、Ga12、Ga1 和 Ga19 在肉汤和 PDA 平板上形成黏液状菌落，完全不同于出发菌株。进行 PDA 平板抑菌圈试验，突变株对番茄叶霉菌和黄瓜灰霉菌产生比野生株 G3 更大的透明抑菌圈。其中 Ga1 菌株对番茄叶霉菌和黄瓜灰霉菌的抑菌带宽分别是 G3 的 1.71 倍和 1.69 倍。用番茄叶霉菌为指示菌的生物测定结果表明，突变株固体培养物或摇瓶培养物以最小抑菌浓度（MIC）和有效抑菌中浓度（EC_{50}）表示的抗真菌活性皆高于 G3 菌株。抗真菌活性以 Ga1＞Ga8＞Ga19＞Ga12＞Ga13＞G3 为序。参试菌株培养物的抗真菌活性与菌量（cfu）不相关，而与甲醇抽提代谢物的干重，尤其是伊枯草菌素 A 含量呈一定的正相关。突变株 Ga1 抗真菌活性最强，固体培养物或摇瓶培养物均是 G3 的 3 倍左右。摇瓶培养时，伊枯草菌素 A 动态分泌曲线表明，Ga1 菌株产生比 G3 更多的伊枯草菌素

A。Ga1 菌株增强了合成伊枯草菌素 A 的能力（顾真荣等，2008）。

针对广西境内常见多发的 12 种植物真菌病害，对柑橘、香蕉、甘蔗、辣椒、药用植物等作物根际土壤进行拮抗菌筛选试验。结果从不同作物根际土壤中共分离得到 386 株菌株，其中有拮抗作用的 34 株，平皿拮抗效果较好的 16 株；再经复筛，得到一株对柑橘炭疽菌有较好抑制效果的拮抗菌 Bs55；对峙培养试验表明，菌株 Bs55 对 12 种常见病原真菌具有较强的抗菌活性，抑菌率最高达 87.7%。拮抗菌 Bs55 具有拮抗作用强、能大量繁殖、抑菌谱广等特点，是具有较好利用前景的生物防治材料（汪茜等，2010）。脂肽是一类用途广泛的生物活性物质；研究了早期感受态基因 $comA$ 表达对脂肽合成的影响，并据此构建了脂肽高产基因工程菌株，其产量较原菌株提高了约 20%，达 450mg/L（顾晓波等，2005）。

植物免疫素是潍坊市科利尔农业技术发展中心，以康氏木霉菌、枯草芽胞杆菌发酵后生产的混合衍生物。内含植物基因诱导因子、免疫抗体因子及壳聚糖等多种对植物生长有益的物质。植物吸收后能极大地提高免疫功能。为探讨其在苹果树上的施用效果，2007 年在红富士苹果树上进行了试验，结果表明，红富士苹果施用植物免疫素后，表现为树体营养增加，生长加强，根系发达，产量增加，品质提高，增产、增收效果显著（刘永正和丛桂秀，2008）。

纸层析、凝胶层析显示枯草芽胞杆菌菌株可产生 3 个有效抑菌成分，2 组分为含量较少的大分子物质，另一组分是含量较大的小分子物质，它们对血橙果实 2 种腐烂菌的抑菌作用有差异。链格孢（$Alternaria$ spp.）对 3 组分物质均敏感，青霉（$Penicillium$ spp.）对组分Ⅱ和Ⅲ敏感，表明这种广谱性抗生菌的抗生作用仍具一定的选择性。生物保鲜试验表明：枯草芽胞杆菌生物制剂浓度越高，防腐效果越好，血橙失水率越低；将制剂稀释到 20~100 倍，相对防效将从 15.2% 降至 7.4%，一般以 1~10 倍效果相对较好。枯草芽胞杆菌热处理后，相对防效下降 33.6%，而阿司匹林与生物制剂联合使用可提高防效 28.8%。生物制剂处理时间对血橙防腐作用也有影响，在 8h 内，随着处理时间增长，防效增加，一般以 4~8h 效果最佳。将生物制剂与包膜技术相结合，则进一步提高防效，减少失重率，增加可食性，可与化学保鲜剂 2,4-D、施保克、国光保鲜剂防效相当（朱天辉等，2010）。

九、枯草芽胞杆菌用于生物降解与污染治理

氨氮高是水产养殖中遇到的常见问题，当氨氮≥3mg/L 时，鱼类摄食就会受到严重影响，造成生长不良或停止生长，饲料系数上升。当 pH 高时，还会造成鱼的死亡。在京津唐地区（高氨氮、高 pH）造成鱼种（苗）一入池就死的现象。北京智水生物技术有限公司通过筛选菌种，选育出降氨氮效果较好的枯草芽胞杆菌菌株。经过室内外大量试验，取得了很好的效果（黄云芳，2007）。2007 年 3 月在两座罗氏沼虾越冬保种温棚中进行枯草芽胞杆菌制剂改良池水水质试验，经过对水质指标氨氮和亚硝基氮的跟踪测定，认为枯草芽胞杆菌净化水质效果明显（姜增华和丛宁，2007）。采用均匀设计法设计试验方案，以对氯硝基苯降解率为指标，考察底物浓度、pH、摇床速度和温度对指标的影响程度，用二次多项式逐步回归对实验结果进行处理，寻找最佳试验条件，从

污水的活性污泥中分离得到一株降解对氯硝基苯的高效菌株。经过 16S rDNA 序列分析,该菌株初步鉴定为枯草芽胞杆菌(杨俊通和朱兴杰,2010)。采用纳豆芽胞杆菌强化生物工艺预处理印染废水,结果表明此工艺能有效降低后续工段的污染负荷,对 COD_{Cr} 的平均去除率达 23.8%。该工艺应用于印染废水的预处理是可行的(张丽等,2010)。采用枯草芽胞杆菌制剂,对养殖中后期的罗氏沼虾池塘进行了改善水质的试验。通过测定水体的溶解氧、pH、化学需氧量、氨氮和亚硝酸态氮等水质指标,来评价池塘的水质变化。结果表明:枯草芽胞杆菌制剂对于水体中溶解氧含量和 pH 的影响不明显($P>0.05$),使用枯草芽胞杆菌制剂后,氨氮的最大降解率为 59.61%,亚硝酸态氮的最大降解率为 86.70%,说明它有明显降低水体氨氮和亚硝酸态氮含量的作用($P<0.05$)(杭小英等,2008)。

考察了不同稀释倍数的棉秆制浆废水经枯草芽胞杆菌转化后的转化液(简称转化液)对番茄各个生长阶段的影响。结果表明,稀释倍数适宜的转化液对番茄发芽、幼苗和植株的生长有较好的促进作用,当转化液稀释 15 倍(稀释后体积对稀释前的体积比)时,番茄的发芽率、幼苗鲜重、维生素 C 含量较清水对照组分别提高了 9.7%、29.2%、11.3%,植株株高较清水对照组增高了 10.2cm(杨宗政等,2010)。从含硫土壤中分离筛选出一株专一性脱硫菌 Fds-1,经生理生化指标和 16S rRNA 序列分析鉴定其属于枯草芽胞杆菌。用 Gibb's 试剂显色和气相色谱-质谱联用分析表明,该菌株通过"4S"途径脱除有机硫。实验发现 Fds-1 的最佳脱硫活性在 30℃,在此温度下 72h 内能脱除约 0.5mmol/L 二苯并噻吩(DBT)中的有机硫。菌株 Fds-1 对有机硫化合物的利用情况和柴油脱硫前后烃组分比较都进一步证明该菌株适合于柴油生物脱硫。利用休止细胞对不同组分柴油的脱硫研究表明,脱硫菌株 Fds-1 对精制柴油中的 DBT 类化合物的降解能力强。因此,该菌株对精制低硫柴油的深度脱硫具有应用意义(马挺等,2006)。为了有效脱除石油及其产品中的有机硫,从天津大港油田被原油污染的土壤中驯化、分离出对二苯并噻吩具有一定脱除能力的枯草芽胞杆菌。该菌种可生长的 pH 为 3~11,NaCl 浓度为 27g/L 时可生长;在 30℃、pH 为 7、NaCl 浓度为 10g/L 的条件下,生长状况较好。由油品的循环脱硫实验可知,该脱硫菌种可脱除催化裂化柴油中 71.56% 的硫,原油中 67.22% 的硫,可以直接应用于油品脱硫,有一定的实际应用价值(沈齐英和曾涛,2009)。

从土壤中筛选分离到一株高效絮凝剂产生菌 NX-2,鉴定为枯草芽胞杆菌。在含谷氨酸和葡萄糖的培养基中培养,其发酵产物黏度高,对高岭土、活性炭等固体悬浮颗粒具有显著的絮凝作用,而缺少谷氨酸和额外碳源则不能产生絮凝活性。NX-2 培养并产生絮凝活性的碳源可采用葡萄糖、蔗糖、麦芽糖、甘油、可溶性淀粉和果糖,氮源采用酵母膏、蛋白胨等有机氮源或铵盐等无机氮源。通过核磁共振等手段对分离提纯的样品进行结构表征,鉴定其为 γ-聚谷氨酸(姚俊等,2004)。

从污水处理厂的活性污泥中筛选出一株高效絮凝剂产生菌 TJHJ1,通过生理生化试验、电镜扫描、16S rDNA 相似性分析鉴定其为枯草芽胞杆菌。考察了 pH、Ca^{2+} 投量和发酵菌液量对该产絮菌絮凝效果的影响,并研究了其生长曲线。结果表明,当 pH 为 8.5、1% 的 $CaCl_2$ 加入量为 3.5mL 和菌液加入量为 2mL 时,菌株 TJHJ1 对高岭土悬浊液的絮凝效果最佳,絮凝率达97%;在培养了36h后生物量达到最大值,培养54h后进入内源代谢期(夏四清等,2009)。从油藏中分离出的枯草芽胞杆菌菌株SP4为运动的、产芽胞的革兰氏阳性杆状细胞。该菌株的生长温度范围比较广,最高生长温度为58℃,最佳生长温度为32~48℃;可在7% NaCl溶液中生长,在pH为5.5~8.5时生长良好。菌株SP4能够使多种碳水化合物发酵产酸,进行兼性厌氧生长;能够产生挥发性脂肪酸、有机酸。菌株SP4能够转化和降解不同原油的芳烃、非烃和沥青质组分,以及极性有机硫化合物和有机氮化合物,降低原油的重质馏分含量,改善原油的物理化学性质。将该细菌应用于油田,有利于提高原油采收率(郝瑞霞等,2002)。

从油田地层水中筛选分离得到一株能够产生表面活性剂的细菌,经鉴定为枯草芽胞杆菌。分析了该菌株的生理形态和生长特性,以及该菌株代谢产生的生物表面活性剂的性质。生物表面活性剂经薄层色谱提纯后,再由原位水解显色和红外光谱分析表明,培养后菌株代谢产生的生物表面活性为脂肽。它能使水的表面张力降低到26mN/m,其临界胶束浓度为0.025mg/mL(吕应年等,2005a)。从长期受多环芳烃污染的土壤中分离出一株菲降解菌——菌Ⅱ,经生理生化及16S rDNA分析鉴定,该菌株为枯草芽胞杆菌。在单基质菲、芘反应体系中,该菌株具有较强的降解能力。菌Ⅱ不但可以在高浓度的多环芳烃存在下生长良好而且对高浓度多环芳烃有较高的降解能力。多环芳烃与重金属Cu^{2+}的加入对多环芳烃降解菌有很大的影响。在Cu^{2+}浓度小于15mg/L时,菌Ⅱ能在以多环芳烃为唯一碳源的培养基中生长良好;Cu^{2+}浓度过高将导致菌体死亡(李丽等,2007)。

对从大庆油田分离到的一株枯草芽胞杆菌菌株ZW-3代谢的脂肽生物表面活性剂的理化性质(临界胶囊浓度值,乳化活性,对温度、矿化度的稳定性,降低油水界面张力的能力)进行了测定,同时进行了物理模拟实验。研究结果表明,该脂肽表面活性剂具有优良的乳化和降低油水界面张力的能力,并可以适应油藏中复杂的环境,可提高采收率9.2%,在微生物采油中具有较好的应用前景(王大威等,2008)。

对水产养殖水体及底泥中的芽胞杆菌进行分离,得到一株枯草芽胞杆菌。研究该枯草芽胞杆菌对南美白对虾饲养池水质的净化作用,结果表明,在饲养池中添加枯草芽胞杆菌后,池水的化学需氧量(COD)、亚硝酸盐、H_2S浓度比对照池显著降低,总碱度显著上升,表明枯草芽胞杆菌对净化南美白对虾饲养池水质具有明显的作用(雷爱莹等,2005)。对水产养殖水体及底泥中的芽胞杆菌进行分离,得到一株枯草芽胞杆菌,并研究了该枯草芽胞杆菌对养殖凡纳滨对虾池水质的净化作用。试验池中枯草芽胞杆菌密度为4×10^9cfu/L,间隔7d后再以相同的剂量施放1次,于施放菌液后的第1天、第3天、第5天、第7天、第9天、第11天上午采集水样。试验池中COD、亚硝酸盐、H_2S比对照池显著降低,总碱度显著上升,表明枯草芽胞杆菌对养殖凡纳滨对虾池水质具有明显的净化作用(曾地刚等,2007)。

分别利用光合细菌和枯草芽胞杆菌,以及它们的混合菌对污水进行处理,并通过各个指标比较各种处理对污水的净化修复情况。结果表明,试验组与对照组都能明显净化水质,试验组中,亚硝酸盐氮都有大幅度下降,其中混合菌效果最好,去除率达71.96%;氨氮也有不同程度下降,混合菌效果最好,去除率为86.13%;活性磷酸盐也有下降，其中枯草芽胞杆菌降解效果最好，去除率为 87.08%；化学需氧量（COD）也有不同程度下降，混合菌和枯草芽胞杆菌降解效果最好，去除率为 58.73%；溶解氧有大幅度上升，其中混合菌的溶氧增加率为 87.75%（邹文娟等，2010）。枯草芽胞杆菌菌株 HBs-4 是从油田中分离出来的一株能高效降解有机物萘的菌株。当萘的初始浓度为 100mg 时，该菌株在 pH 为 8.0，温度为 40℃条件下具有较好的降解效果，作用 69h 能降解 50%以上的萘。通过 HBs-4 菌株降解萘的动力学研究，在 Williams 结构模型的基础上建立了 HBs-4 作用萘的 4 组分动力学模型，并用此模型解释菌株 HBs-4 在降解萘的过程中，葡萄糖含量、菌液浓度、pH、氧化-还原电位（Eh）随时间的变化特征（方世纯等，2007）。报道了在实验室条件下利用培养非病原微生物——枯草芽胞杆菌和 15～20cm 土壤以下土壤培养物分别分解骨面软组织和消除骨内脂肪制备散骨标本的方法。结果表明 2 种培养物对脱净骨面软组织及骨内脂肪从而使骨洁白的效果均很好，用时短，骨洁白，省力节能，成本低，方法简便（孙裕光和沙莎，1998）。

枯草芽胞杆菌是一类需氧非致病菌，能快速分解水体中的残饵及粪便等有机物，也可以促进硝酸盐或亚硝酸盐的氧化作用，从而净化水质。硝化细菌能吸收利用水中高浓度的亚硝酸盐，将其转化为硝酸盐等无害物质。将具有较强的亚硝酸盐降解能力的枯草芽胞杆菌和硝化细菌经发酵培养后制备成一种用于降解亚硝酸盐的微生物复合亚硝消。在高邮张轩、三垛的罗氏沼虾养殖池塘及四大家鱼养殖中进行了试验，结果表明，亚硝消中复合微生物能产生多种酶，具有微生物和酶的双重作用，参与养殖水体生态环境修复，可降解养殖水体中的硫化氢、氨氮及亚硝酸盐（陈树勋等，2009）。利用有效微生物枯草芽胞杆菌及光合细菌进行直投处理降解养殖污水的试验研究，结果表明：①有效微生物有良好的絮凝、降解有机物的作用；②采用 2 种有效微生物处理养殖污水具有协同增效作用；③采取有效微生物降解污水工艺具有高效、无二次污染、简便、成本低、操作易行的特点（邢华和潘良坤，2004）。

以盾叶薯蓣淀粉为唯一碳源，探讨不同淀粉浓度对一株污染地分离菌（枯草芽胞杆菌 HY-02）α-淀粉酶活性的影响。32℃恒温摇床发酵实验表明：淀粉浓度在 1.75%时枯草芽胞杆菌 α-淀粉酶活性、细菌数及淀粉消耗量均较 0.5%、1%实验组明显增加；32℃温度下，淀粉浓度与枯草芽胞杆菌 α-淀粉酶活性呈正相关。该结果为选择微生物法解决淀粉导致的水源污染提供了依据（金志雄等，2004a）。

为筛选能高效降解三唑磷的菌株，并研究其降解特性，从三唑磷生产厂的曝气池活性污泥中分离到一株三唑磷降解菌 C-Y106，并根据 C-Y106 的形态、生理生化特征和 16S rRNA 同源性序列分析进行了菌株鉴定，同时研究了不同营养的培养基对 C-Y106 降解三唑磷速率的影响。经鉴定，C-Y106 为枯草芽胞杆菌，能以三唑磷为唯一碳源、唯一氮源、唯一磷源生长，其中以三唑磷为唯一磷源时其降解速率最大，且在 31℃、初始 pH 为 8.0、150r/min 条件下，培养 60h 后，三唑磷降解率为 76.8%。研究结果为三唑磷降解酶的分离纯化提供了理论依据（陈勇辉等，2011）。

通过实验考察了枯草芽胞杆菌吸附电镀废水中镉前后的浮选性能，探索了浮选法实现载镉枯草芽胞杆菌与水相分离的可行性，并采用透射电镜、电动电位测试和红外光谱的方法分析生物吸附浮选机理。结果表明，阳离子型捕收剂十二胺和二正丁胺对枯草芽胞杆菌有较好的浮选效果。在适宜用量及适宜 pH 条件下，菌细胞浮选回收率均达 97% 以上。在电镀废水中，镉质量浓度约为 26mg/L，用二正丁胺浮选载镉枯草芽胞杆菌，吸附和浮选的 pH 均为 8，二正丁胺用量为 4×10^{-4} mol/L 时，菌细胞的回收率为 85.01%，镉的去除率达 76% 以上。菌细胞与镉离子，以及二正丁胺的吸附过程主要与细胞多糖中的羟基、羧基及蛋白质中的氨基有关，吸附过程以化学络合为主，并有静电引力、氢键及范德华力的参与（魏德洲等，2008）。

为筛选高效的有机磷农药乐果的降解菌，采集福建省福农生化有限公司排污口、沟口及草坪土壤样品进行乐果降解菌的分离鉴定。经含乐果的培养基分离培养、脂肪酸鉴定，总共得到 17 个属 23 株细菌；对这些菌通过消解试验进行复筛，得到 4 株对乐果有较好降解能力的菌株：沙门氏菌、阴沟肠杆菌、铜绿假单胞菌和枯草芽胞杆菌。在乐果浓度为 1000mg/L 时，48h 的降解率分别为 27.3%、26.6%、22.9% 和 18.1%。研究结果表明，对乐果有降解作用的菌株存在种类多样性的特点（马丽娜等，2008）。为寻找麻风树制备生物柴油后废弃饼粕合理利用的有效途径，利用枯草芽胞杆菌作为发酵菌株，以提油后的麻风树饼粕作为培养基，采用固态发酵方式进行产蛋白酶试验。结果表明：控制培养基相对湿度为 150%，37℃ 条件下发酵 2d，蛋白酶产量达 3284U/g；向培养基中添加 15% 葡萄糖，则蛋白酶产量为 2108U/g，比对照组提高 3.6 倍；向培养基中添加氮源后，蛋白酶产量反而下降（杜亚菲等，2009）。

以玉米粉为原料，选用枯草芽胞杆菌进行固态发酵，研究适宜的发酵条件及发酵对玉米粉营养成分的影响。试验结果表明，适宜的发酵条件为：发酵时间 72h，接种量 15%，料水比为 1:0.4，硫酸铵添加量为 1.5%。发酵产物中淀粉含量显著下降，降解率达 37.76%（43.87%～70.48%）。淀粉相对分子质量显著下降（由 1.07×10^{6} 到 3.86×10^{5}）。可溶性糖含量提高了 171.9%（11.96%～32.52%），其中还原糖含量提高了 2.1 倍（3.94%～12.22%），糊精含量提高了 3.22 倍（3.77%～15.94%）。枯草芽胞杆菌发酵玉米粉能显著提高可溶性糖的含量，从而改善饲用品质（闫亚婷等，2011）。通过正交试验对枯草芽胞杆菌 Y7 三角瓶固体发酵培养基配方进行了优化，结果以麸皮 80%、稻壳 10%、玉米粉 5%、豆粕 5%、硫酸镁 0.05%、硫酸铵 0.5%，料水比为 1:1.1 的配方活菌数最高，达 460 亿个/g，且应用于固体发酵罐中发酵效果良好（张志焱等，2005）。

为研究固定化枯草芽胞杆菌对养殖水体的净化作用，将从水产养殖水体中分离得到的一株枯草芽胞杆菌，经海藻酸钙包埋固定后加入凡纳滨对虾饲养池中，结果池水的亚硝酸盐、硫化氢浓度比对照池显著降低，总碱度显著上升，表明固定化枯草芽胞杆菌对养殖水质具有明显的净化作用（曾地刚等，2007）。为证实微生物菌对土残农药有较好的降解作用，进行了一系列实验室和大田土壤的农药降解试验。结果表明，水解试验中，EM 菌和枯草芽胞杆菌对辛硫磷、丙溴磷降解比较明显；枯草芽胞杆菌对土壤中受试农药甲基对硫磷具有较强的降解能力（王连祥等，2010）。为给制浆造纸废水的资源化利用提供科学依据，以茄子种子为材料，清水处理为对照，研究不同稀释倍数棉秆制浆废液枯草芽胞杆菌转化液对种子萌发和幼苗生长的影响。结果表明，经稀释 5 倍、10 倍、15 倍、20 倍、25 倍、30 倍的转化液处理后，种子的出苗率分别为 28.5%（CK）、

56.0%、64.7%、52.0%、35.0%、60.0%、40.67%;综合各项指标,稀释10倍的转化液对茄子种子萌发的促进作用最明显;转化液稀释15倍的试验组茄子幼苗鲜重为对照组的3.3倍,株高比对照组增高了一倍,子叶叶绿素含量比对照组提高了16.3%,说明稀释适宜倍数的棉秆制浆废液生物转化液对茄子种子萌发和幼苗生长具有较好的促进作用(邱瑾等,2010)。

选用枯草芽胞杆菌、硝化细菌和光合细菌为试验材料,研究其在单一和复合使用的情况下对鱼塘养殖污水的净化作用。结果表明,3类菌单一使用对养殖污水的COD、总磷和氨氮都有一定的净化效果。3类菌同时使用对COD和总磷的去除效率最高,分别为95.7%和65.8%,单独使用硝化细菌对氨氮的去除效果最好,去除率为43.0%(易弋等,2010)。为研究枯草芽胞杆菌(菌株编号:LB-B3)的培养条件及其在净化对虾养殖池水样方面的效果,分别设置了9个不同的pH梯度(pH2~10)和6个不同接种量梯度(0.3%、0.5%、1%、3%、5%和7%),以吸光值(OD)为生长指标,进行了枯草芽胞杆菌培养条件的优化实验;同时又设置了(0cfu/mL、5.2×10^4cfu/mL、1.04×10^5cfu/mL、1.56×10^5cfu/mL和2.08×10^5cfu/mL)接种待处理水样,测定了96h内化学需氧量、亚硝酸氮、氨态氮和溶氧等4个水质指标的变化情况。结果表明:pH=7.0,接种量为7.0%时,OD值最大;枯草芽胞杆菌能显著净化水质,但使用后会暂时性增加耗氧(汤保贵等,2007)。

以5种模拟的污染水样对枯草芽胞杆菌菌株FY99-01的净水作用进行了研究。结果表明,该菌株能迅速降解有机物,在不同处理条件下水样的COD值都有明显的下降,48h COD的去除率达67%以上,96h厌氧条件下反硝化强度为50.2%,好氧条件下为28.6%,144h总残渣、过滤性残渣的降解率分别为61.3%和24.1%,96h降解硫化物达100%(胡咏梅等,2006)。以稠油为唯一碳源,从被稠油污染过的土壤中筛选到一株高效石油烃降解菌,经生理生化鉴定和16S rDNA鉴定确认其为枯草芽胞杆菌。在摇瓶实验中,该菌最佳降解温度为35~45℃,最佳pH为7.5~8.5,最佳盐质量浓度为8~16g/L;在最佳降解条件下,当油质量浓度为0.1g/L时,稠油降解率达34.3%。利用气相色谱氢火焰离子化检测器(GC-FID)分析得知,该菌主要降解稠油中n-C9~n-C40的烷烃组分;利用气相色谱—质谱(GC-MS)分析得知,该菌对萘及烷基化萘去除彻底,对二苯并噻吩、芴和稠二萘等部分芳烃类化合物有降解作用,在稠油降解对程中菲及菲的衍生物有所增加(王海峰等,2009)。采用牛津杯抑菌圈检测法,探讨了4株芽胞杆菌(K、S、BA、SN)代谢产物对溶藻弧菌的抑制能力;用三角烧瓶稀释法模拟养殖水体,探讨了枯草芽胞杆菌SN对溶藻弧菌的抑制效果。结果显示,K、S、BA没有抑菌活性,SN有明显抑菌活性。在模拟养殖水体中,10^4~10^6cfu/mL的菌株SN溶液对溶藻弧菌有明显的抑制作用,其抑制作用随溶藻弧菌菌量的增大而减弱。进一步尝试用SN培养液来控制鲍养殖池中底栖硅藻上弧菌的数量,结果表明,10^4cfu/mL以上的SN对弧菌有较好的抑制作用(苏浩等,2010)。

对从水产养殖环境中筛选出的菌株MM01进行了鉴定和培养条件优化研究。结果显示:菌株MM01能有效地降低养殖水水体中的氨氮和亚硝酸盐含量,经生理生化实验及16S rDNA测序鉴定其为枯草芽胞杆菌。单因素和正交试验结果显示:枯草芽胞杆菌 MM01 最佳发酵培养基配方为玉米淀粉 18g/L、玉米浆 12g/L、NH_4Cl 6g/L、$MnSO_4 \cdot H_2O$ 0.2g/L、KH_2PO_4 3g/L、$CaCl_2$ 0.2g/L、$MgSO_4 \cdot 7H_2O$ 0.2g/L（唐家毅等，2008）。对水产养殖水体及底泥中的芽胞杆菌进行分离，得到 4 株芽胞杆菌；筛选各项指标较好的 B7，研究其对水质的净化作用。结果表明，添加枯草芽胞杆菌后，池水的氨氮和亚硝酸盐浓度比对照池显著降低，即枯草芽胞杆菌 B7 对水质具有明显的净化作用（陈静等，2008）。

以枯草芽胞杆菌为接种微生物，研究微生物对沉积物和湿地土壤吸附多环芳烃（PAHs）菲、苯并[a]芘过程的影响。结果表明，枯草芽胞杆菌对菲与苯并[a]芘都可进行吸附或生物降解，48h 液相 PAHs 浓度达到平衡时，微生物对菲消除 98%，对苯并[a]芘消除 85%；接种的样品 48h 吸附等温线均呈线形，能较好地符合线性方程。在接种微生物情况下，沉积物与土壤对菲和苯并[a]芘吸附特征均发生较大变化，对菲的吸附量增大约 35 倍，对苯并[a]芘的吸附量却降低了 2/3 左右；未接种微生物的土壤和沉积物对菲解吸率为 20%，接种的样品组为 2.9%，而对苯并[a]芘的解吸结果与菲相反，未接种的对照组为 4%，接种的样品组为 13%。微生物在土壤与沉积物吸附 PAHs 的过程中起主导作用（罗雪梅等，2007）。

针对化学试剂厂和制药厂废水中的硝基苯，经菌源筛选与长期好氧驯化，分离到一株能有效降解硝基苯的枯草芽胞杆菌，系统研究了该菌的生长条件及降解硝基苯的特性，结果表明，该菌适宜的生长条件：pH 为 5.0~8.0，温度为 30~40℃，NH_4Cl 浓度为 100~200mg/L；在降解硝基苯的过程中有苯胺生成，这为含低浓度硝基苯废水的生物处理提供了新的途径，即不需要厌氧工艺而直接用好氧技术就可将废水完全无害化（侯轶等，1999）。

十、枯草芽胞杆菌产生化物质特性

枯草芽胞杆菌 HJ01 不能有效地利用淀粉为碳源生产 D-核糖，地衣芽胞杆菌携带的含 α-淀粉酶基因的质粒 pAmy413C 通过原生质体转化导入菌株 HJ01 中，构建成菌株 HJ01（pAmy413C）。该菌株连续转接培养 98h，质粒 pAmy413C 保持率为 100%；在 LBS 培养基中，菌株 HJ01（pAmy413C）的 α-淀粉酶活性比原菌株 HJ01 高 3~4 倍；发酵液中葡萄糖含量比菌株 HJ01 高 100 倍以上；以淀粉为碳源，菌株 HJ01（pAmy413C）的核糖产量比菌株 HJ01 提高了一倍。这表明，菌株 HJ01（pAmy413C）能够有效地利用淀粉生产核糖（李冬颖等，2001）。为获得 α-乙酰乳酸脱羧酶（α-ALDC）的高产突变株，以产 α-ALDC 的枯草芽胞杆菌 3226-5 为出发菌株进行了诱变处理。经过微波（小火）物理诱变得到 3 株高产正突变株 W181、W184、W195，经过多次传代实验，表明 W181、W195 是稳定的突变株。突变株 W195 的 α-ALDC 相对酶活（OD_{522}）由出发菌株的 0.35 提高到 0.617，提高了 76%，突变株 W181 提高了 66.9%（邱胜苗和阚振荣，2006）。测定 α-乙酰乳酸脱羧酶产生菌 3226-5 的生长曲线，从而根据酶活变化确定出最佳的接种种龄，进一步考察了接种量、温度、pH、通气量、发酵时间等条件对 ALDC 发酵酶活的影响。结果表明，接种量 9%，培养温度 37℃，初始 pH8.5，摇床 260r/min，装液量 9mL，发酵时间 18h 为最佳发酵条件（赵春海和阚振荣，2005）。α-乙酰乳酸脱羧酶在啤酒生产中能加快啤酒成熟，有重要的应用价值。将枯草芽胞杆菌启动子 P43 克隆到质粒 pUC19-ALDC 中的 α-乙酰乳酸脱羧酶基因之前，得到重组质粒 pUC19-P43-ALDC。重组质粒 pUC19-P43-ALDC 与质粒 pMLK83-BN 同源重组，筛选得到枯草芽胞杆菌整合质粒 pMLK83-ALDC。用此整合质粒转化枯草芽胞杆菌 1A751，挑选出新霉素抗性且无淀粉酶活性的重组菌株。此菌株用 LB 培养基在 37℃时，220r/min 摇瓶培养过夜，测得 α-乙酰乳酸脱羧酶活力为 15.6U/mL，说明整合的 α-乙酰乳酸脱羧酶基因能够在重组菌株中稳定传代和表达（廖东庆等，2010）。

采用产物测定法，在特定土壤中分离得到一株能够有效分解动物蹄角蛋白的菌株，该菌株在 30℃条件下培养 3d，对蹄角蛋白的分解率可以达 45.35%。通过形态学观察、生理生化特征及 16S rDNA 序列分析，鉴定该菌为枯草芽胞杆菌（程宇等，2009）。以肌苷产生菌——枯草芽胞杆菌 HSD06 为出发菌株，经不同剂量的 N^+ 离子束注入处理，定向选育磺胺胍抗性提高的突变株。获得磺胺胍突变株的最佳照射剂量为 3×10^{15}ion/cm^2。从 528 个抗性提高的菌落中筛选获得 B11 和 B13 肌苷高产菌株，其摇瓶发酵水平肌苷产量为 14.83g/L 和 14.38g/L，分别比出发菌株提高了 16.3% 和 12.8%（刘国生等，2009）。

γ-聚谷氨酸（γ-PGA）是一种生物可降解的高分子材料，可应用于许多领域，因此受到普遍的重视。报道了用大豆固体发酵生产 γ-PGA 的方法，其中包括：菌种的筛选、发酵和提纯方法，高压液相法测定含量和 SDS-聚丙烯酰胺凝胶电泳鉴定。纳豆芽胞杆菌（*Bacillus subtilis* natto）HW-1 发酵活性为 115g/kg 大豆、γ-PGA 的纯度为 95% 以上，分子质量为 316kDa。另外可在大豆固体发酵生产纳豆激酶的同时生产回收 γ-PGA，既可以降低产品成本，又可以开发应用 γ-PGA（沙长青等，2004）。采用单因素实验和正交试验优化了纳豆芽胞杆菌液体发酵生产 γ-聚谷氨酸的发酵培养基和发酵条件。结果表明，在 25g/L 葡萄糖为碳源、15g/L 蛋白胨为氮源、谷氨酸钠添加量 20g/L 的基础上，纳豆杆菌在 pH 为 7.5、接种量为 2%、摇床转速为 150r/min、装液量为 50mL/250mL 三角瓶的条件下液体发酵 48h，发酵液的 γ-PGA 产量达 11.97g/L。产物水解后，经液相色谱检验，初步确定产物为 γ-聚谷氨酸。利用 SDS-聚丙烯酰胺电泳对发酵产物的分子质量进行了测定，结果表明其并非是单一分子质量的 γ-PGA，而是多种不同分子质量的混合体（刘常金等，2009）。从土壤中筛选分离到一株 γ-聚谷氨酸的生产菌株 yt102，初步鉴定为枯草芽胞杆菌；以此为出发菌株采用紫外线（UV）、亚硝基胍（NTG）进行复合诱变，获得一株 γ-聚谷氨酸高产突变株，突变株连续传代 10 次，发酵性能稳定；通过单因素和正交试验确定培养基的最佳组成，在最优条件下，γ-聚谷氨酸的平均产量可达 28.5g/L（冯志彬等，2010）。

采用单因素试验和正交试验对筛选出的一株纳豆芽胞杆菌的液体发酵培养基和发酵工艺条件进行了优化。确定了最佳的培养基配方为蔗糖 2%，大豆蛋白胨 1%，硫酸铵 0.5%，Na_2HPO_4 0.1%，NaH_2PO_4 0.1%，$CaCl_2$ 0.02%，$MgSO_4 \cdot 7H_2O$ 0.1%；最适发酵条件为发酵温度 37℃，初始 pH7.0，最适接种量 4%，装液量 100mL/500mL 三角瓶，转速 200r/min。进行了 50L 发酵罐放大培养，10h 达到生长高峰期，最适放罐时间为12h左右，此时所获得的菌体数量约为$6.0×10^{10}$cfu/mL（明飞平等，2009）。

采用酸沉淀分离、有机溶剂提取、分级沉淀、脱色吸附及制备薄板的方法，从枯草芽胞杆菌菌株HSO121的培养液中分离得到一种脂肽类化合物。茚三酮试验、红外光谱分析表明该脂肽具有环状结构，电喷雾离子化质谱结果显示，该脂肽是分子质量为1022Da和1036Da的两个同系物，氨基酸分析及串联质谱分析表明，脂肽的肽链结构为Leu-Leu-Asp-Val-Leu-Leu-Glu，说明它是脂肽的结构类似物（吕应年等，2005b）。枯草芽胞杆菌B53产γ-聚谷氨酸（γ-PGA）对高岭土、Ca(OH)$_2$、Mg(OH)$_2$表现出较强的絮凝活性，采用0.6g/L的γ-PGA溶液对高岭土的絮凝活性可达90%以上。K^+、Fe^{2+}、Mg^{2+}及Ca^{2+}具有明显的促絮凝作用，而Al^{3+}、Fe^{3+}起削弱作用。$CaCl_2$浓度超过2g/L及介质溶液维持pH中性都有利于γ-PGA提高絮凝活性（惠明等，2006）。

采用吸附固定化细胞技术发酵生产捷安肽素，首先对7种不同的吸附性固体载体进行筛选，发现木屑作为载体效果最好；然后通过正交优化实验和单因素实验确定载体木屑的最佳条件为：粒度0.5～0.6mm，添加浓度10g/L发酵液。为避免吸附法固定的菌体细胞从载体上脱落，尝试在木屑固定化细胞体系中加入黏稠剂以增强吸附性能，运用单因素实验确定了黏稠剂的种类和浓度，即为15g/L海藻酸钠；最后应用响应面方法优化固定化细胞发酵培养基及培养条件。结果表明：接种量为10%，黄豆粉水解液总氮浓度为1.7g/L发酵液，葡萄糖浓度为33.7g/L发酵液时，捷安肽素的生物效价最大，达7282.08U，比非固定化细胞培养提高了53.9%（付雯等，2009）。醇腈酶（α-hydroxynitrile lyase, HNL）能够催化羰基化合物和氰化氢（HCN）立体选择性的加工形成手性醇腈化合物。以含有木薯醇腈酶基因的重组质粒pET28a-HNL为模板，应用PCR扩增得到*HNL*基因，将其连接到pMD18-T载体中进行测序分析，然后通过*Nde*Ⅰ和*Xba*Ⅰ2个酶切位点将其连接到枯草芽胞杆菌表达载体pMA5Z2中，获得了含有*HNL*基因的重组质粒pMA5Z2-HNL，转化蛋白质三缺陷的枯草芽胞杆菌DB1342。SDS-PAGE显示*HNL*在枯草芽胞杆菌DB1342中获得表达，产物分泌到细胞外，每毫升发酵液中获得了2.108U的醇腈酶（张冬冬等，2009）。枯草芽胞杆菌菌株LL18-4分泌物中的类细菌素通过硫酸铵盐析法粗提后，经过Sephadex G-75、DEAE-Sephadex A 50和Sephacryl S-200HR分步柱层析，SDS-PAGE检测到单一蛋白质条带，分子质量约为60kDa；该类细菌素在酸性条件下及80%饱和度的硫酸铵溶液中具有较高的稳定性，可4℃放置3个月仍保持80%以上活性；对有机溶剂有一定的耐受性；Mg^{2+}能提高其抑菌活性。指数增长前期添加柑橘绿霉病菌（*Penicillium diigitatum*）病原真菌的培养液可以提高该类细菌素的分泌量（孙苗苗等，2009）。

从土壤中筛选到一株热稳定性β-1,3-1,4-葡聚糖产生菌ZJF-1，发酵60h酶活性为64U/mL，经鉴定该菌株为枯草芽胞杆菌。经紫外线和硫酸二乙酯复合诱变，获得的突变株ZJF-1A5，发酵60h酶活性达154.7U/mL，是出发菌株酶活性的2.42倍。对枯草芽胞杆菌ZJF-1A5产酶特性的研究发现：大麦粉、糊精、可溶性淀粉等多糖有利于β-1,3-1,4-葡聚糖酶的产生，葡萄糖、麦芽糖等单糖和双糖不利于菌体生长和产酶。菌株ZJF-1A5 β-1,3-1,4-葡聚糖酶的产生与菌体生长部分相关，在细胞进入对数生长后期至稳定期，酶活性显著增加，且β-葡聚糖酶活性与菌体生物量密切相关；菌株ZJF-1A5 α-淀粉酶的产生也与生长部分相关，细胞进入对数生长期，α-淀粉酶开始大量产生，而中性蛋白酶的产生与菌体生长同步（汤兴俊和何国庆，2002）。

从土壤中筛选分离到产γ-谷氨酰转肽酶的菌株 NX-2，经生理生化特性鉴定为枯草芽胞杆菌。产酶条件研究表明，葡萄糖是最佳的碳源，酵母膏为最佳氮源，当采用 1.5% 酵母膏、1.0% 玉米浆复合氮源时，菌体产γ-谷氨酰转肽酶活力达 3.2U/mL。分析菌株 NX-2 生长和产酶的进程，发现γ-谷氨酰转肽酶的合成与菌体生长是同步的（张新民等，2003）。

从豆制品中分离得到一株γ-聚谷氨酸（γ-PGA）产生菌 BLN-2，通过对 BLN-2 的生理生化和 16S rRNA 系统发育特征进行分析鉴定，明确该菌株为枯草芽胞杆菌。以黄豆为基本培养物，对菌株 BLN-2 的固体发酵条件进行了初步探索；结果表明，葡萄糖、果糖和 $NaNO_3$、KNO_3 分别为菌株 BLN-2 的较适碳源、氮源。正交试验结果表明，当向黄豆中添加的果糖终浓度为 0.5%，葡萄糖、$NaNO_3$ 及 KNO_3 终浓度均为 2.0% 时，γ-PGA 产量最高、为 89.05g/kg，比相同条件下基本对照黄豆培养物的产量（60g/kg）高 48.42%（冯静等，2008）。从土壤中筛选分离到一株高产γ-聚谷氨酸的菌株 PGAN-12，经鉴定为枯草芽胞杆菌，在含谷氨酸钠和葡萄糖的培养基中可生成大量γ-聚谷氨酸，缺少谷氨酸钠和碳源均不能合成γ-聚谷氨酸。PGAN-12 合成γ-聚谷氨酸的合适碳源为葡萄糖，而 TCA 循环中的有机酸包括柠檬酸均不能使 PGAN-12 合成γ-聚谷氨酸；最适氮源是酵母膏。PGAN-12 是谷氨酸依赖型的γ-聚谷氨酸产生菌，在谷氨酸钠浓度为 70g/L 时，γ-聚谷氨酸取得最大产量为 18.32g/L，但在谷氨酸钠浓度为 30g/L 时，获得了最大的表观转化率为 62.1%，此时生成γ-聚谷氨酸为 14.2g/L（桑莉等，2004）。

为提高微生物发酵生产γ-聚谷氨酸（γ-PGA）的产量，采用枯草芽胞杆菌发酵制备γ-聚谷氨酸，并通过单因子试验及正交试验分析，得到枯草芽胞杆菌发酵生产γ-聚谷氨酸的最佳营养条件为：40g/L 葡萄糖、5g/L 酵母膏、30g/L 谷氨酸钠、3g/L NH_4Cl、2g/L $K_2HPO_4 \cdot 3H_2O$、0.25g/L $MgSO_4 \cdot 7H_2O$。最佳培养条件为：接种量 2%，装液量 40mL（250mL 三角瓶），培养温度 37℃，摇床转速 200r/min，pH7.0，发酵时间 48h，此时γ-聚谷氨酸的产量最高，达 20.15g/L。纯化后产物经纸层析及红外光谱检测，初步确定为γ-聚谷氨酸（任尚美等，2008）。从高温处理过的腐乳和豆豉中分离到一系列单菌落，通过不同的培养基初筛、复筛，得到一株高产γ-聚谷氨酸（γ-PGA）的菌株 N6，根据《常见细菌系统鉴定手册》和《伯杰氏鉴定细菌学手册》第九版，对 N6 进行了形态和生理生化特征的分析，以及对产物红外光谱法测定，初步鉴定该菌为枯草芽胞杆菌。该菌发酵合成 PGA 的产率为 18g/L；同时对发酵产物的表征进行了初步分析（马霞等，2007）。以一株枯草芽胞杆菌为出发菌株，采用紫外、亚硝基胍及 ^{60}Coγ 射线对其进行复合诱变，获得一株γ-聚谷氨酸高产突变株，在基础培养基中产量是出发菌株的 3.11 倍，并且突变株经过传代 10 次，发酵能力稳定；通过正交试验对突变株的发酵培养基进行了初步优化，突变株在一组培养基上的γ-聚谷氨酸产量可达 33.81g/L，是优化前的 1.11 倍。该突变株的摇瓶发酵产量较高，值得深入开发研究（邓毛程等，2006）。

从一株枯草芽胞杆菌的培养液中分离得到一种生物表面活性剂，红外光谱、茚三酮显色及质谱分析表明它是一种具有环状结构的脂肽，质谱显示脂肽的脂肪酸部分为β-羟基脂肪酸；氨基酸分析表明肽部分由4个亮氨酸、1个天冬氨酸、1个缬氨酸和1个谷氨酸组成。利用串联飞行时间质谱测定了环脂肽的分子质量及质谱图，根据分子质量的氮规则和质谱碎片产生的简单断裂、双氢转移机制、McLafferty等单氢重排机制，直接确定了未水解的环脂肽中脂肪链的长度及氨基酸连接的顺序，质谱中的峰可以得到合理解释，确定了该环脂肽的环状结构（杨世忠等，2004）。为进一步提高环脂肽的产量，应用单因素试验与正交设计对枯草芽胞杆菌菌株0w-097产环脂肽深层液体发酵培养基组成及发酵条件进行了优化。优化的发酵培养基组成为：玉米粉4.0%、豆粕粉3.0%、$CaCl_2$ 1.2g/L、KH_2PO_4 2.0g/L、Na_2HPO_4 8.0g/L和起始pH为8.5。最佳培养条件：装瓶量为125mL，菌龄为24h，接种量为4%，培养温度为37℃，摇床转速为200r/min。在此优化条件下环脂肽的产量为1.026g/L（肖怀秋等，2009）。

以枯草芽胞杆菌为出发菌株经紫外线诱变处理，采用抗性筛选法，立即在梯度平板上挑取抗药性菌株进行初筛，然后经旋转式摇床300r/min、37℃发酵3d，测定纤溶激酶产酶活力，再复筛，获得一株生产性能比出发菌株显著提高的突变株SS72，纤溶激酶酶活最高达871U/mL（程金权等，2003）。

代谢工程要解决的主要问题就是改变某些途径中的碳架物质流量或改变碳架物质流在不同途径中的流量分布，其目标就是修饰初级代谢，将碳架物质流导入产物的载流途径以获得产物的最大转化率。利用途径分析方法对枯草芽胞杆菌生产鸟苷的途径进行了分析，建立了3种基础模型，鸟苷理论摩尔产率分别是0.625、0.75和0.667，确定了枯草芽胞杆菌生产鸟苷的最佳途径的通量分布（王健等，2004）。基于质量守恒定律和代谢反应中间代谢物的拟稳态假设，定量研究了枯草芽胞杆菌代谢流分布随时间变化的特征。研究结果表明，在鸟苷发酵过程40h左右，存在着从己糖单磷酸途径到酵解途径的代谢流迁移，所迁移的碳源主要生成了氨基酸和有机酸。定量研究的结果，为发酵过程的工艺优化提供了重要依据（黄明志等，2003）。

对枯草芽胞杆菌液体发酵产γ-聚谷氨酸（γ-PGA）条件进行了优化。首先采用单因子实验筛选出最适碳源为玉米糖化液，氮源为蛋白胨和谷氨酸钠，无机盐为KH_2PO_4、$MgCl_2$、$MnCl_2$和NaCl；在此基础上，利用Plackett-Burman设计对影响产量的12个因素进行评价，筛选出具有显著效应的因素蛋白胨、谷氨酸钠和NaCl。用最陡爬坡路径逼近最大产γ-PGA区域后，利用响应面中心组合设计对显著因素进行优化，得出蛋白胨、谷氨酸钠和NaCl的最佳质量分数分别为0.54%、8.13%和0.96%。优化后液体发酵液γ-PGA产量提高到29.00g/L，比初始γ-PGA产量14.10g/L提高了2倍（范洪臣等，2008）。

干酪乳杆菌菌株LCR 719的培养上清液能很好地抑制金黄色葡萄球菌和枯草芽胞杆菌。在10℃条件下储藏时，接入LCR 719的大豆奶酪可使金黄色葡萄球菌的菌数降低至原来的1/100-1/10，使枯草芽胞杆菌的菌数降低至原来的1/10以下。在30℃条件下储藏时，接入LCR 719的大豆奶酪可抑制金黄色葡萄球菌和枯草芽胞杆菌的生长。结果表明，LCR 719能用作大豆奶酪生产的潜在保护性菌种（刘冬梅等，2008）。采用复合菌株进行固态发酵豆粕的研究，通过正交试验及菌种比例搭配试验得到适宜发酵条件：米曲霉与枯草芽胞杆菌组合，接种比为 1∶3（V/V），总接种量 2%，培养温度 40℃，培养时间 60h，游离氨基酸含量平均达 17.911μg/mL。同时，通过对照试验对豆粕发酵前后游离氨基酸含量进行了差异显著性分析；结果表明，发酵样品中游离氨基酸含量平均达 16.634μg/mL，较发酵前的 0.384μg/mL 有显著提高（惠明等，2009）。

角粉水解蛋白是经过高蒸汽压处理牲畜的牲角和蹄子而获得的。它通过天然枯草芽胞杆菌菌株的生物降解，能够产生水溶性多肽的混合物，这里特指为细菌分解角粉蛋白（BDHH）。BDHH 易储存，在 32℃±3℃ 和相对湿度为 40%～80% 条件下也不易腐败。这种材料被成功地应用在改善皮革鞣制过程，从而使废液中铬的排放量从 30%～35% 大大减少到少于 10%，并且减少了铬盐的花费和商业铬鞣过程中的污染负荷。在复鞣过程中，使用 BDHH 作为鞣制皮革的填料能提升表皮坚固度（S. Balaji 等著，唐国庆，2009）。枯草芽胞杆菌菌株 S368 是以鸟苷生产菌株 A066 为出发菌经诱变所得。对该菌株进行培养条件研究的过程中，发现该菌株可以在摇瓶纯培养条件下积累鸟苷，试验结果表明，发酵过程中，腺嘌呤的用量为 0.35mg/mL 时，发酵液中鸟苷积累量最大，培养基中腺嘌呤的用量高于或低于 35mg/mL 均不利于鸟苷产物的积累，培养基中味精、硫酸铵、硫酸镁、磷酸二氢钾及 Mn^{2+} 用量显著影响发酵液中鸟苷积累水平，培养基中生物素、蛋氨酸、精氨酸、组氨酸、氯化钙及 Fe^{2+}、Zn^{2+} 用量与鸟苷积累的相关性不显著（刘咏梅等，2001）。

考察了芳香族氨基酸和维生素对转酮醇酶缺失的枯草芽胞杆菌生长及 D-核糖生产的影响。结果表明：L-酪氨酸、L-色氨酸、L-苯丙氨酸、生物素、烟酸、吡哆醛的添加能改善菌体生长，提高 D-核糖产量，特别是烟酸作用尤其明显。在单因素实验基础上，采用响应面分析方法对培养基中的维生素添加量进行了优化，确定最佳培养基组成。在此优化培养基中 D-核糖质量浓度达（23.4±0.39）g/L，与预测结果一致，是不添加维生素时核糖产量的 2.31 倍，D-核糖对葡萄糖的得率达 0.353mol/mol（吴琳等，2009）。考察了无机氮源 NH_4Cl 和不同有机氮源对重组枯草芽胞杆菌菌株 24/pMX45 核黄素发酵的影响；结果表明，NH_4Cl 作为基础氮源对菌体生长和核黄素合成均有抑制作用；采用不同有机氮源进行核黄素发酵，以酵母粉为氮源时发酵单位最高，而蛋白胨为氮源时核黄素发酵单位最低（李建国等，2003）。

枯草芽胞杆菌菌株 JA 因产生多种脂肽类化合物而具有广阔的开发前景。JA 发酵液经过离心、酸沉淀、甲醇抽提等步骤得到脂肽类化合物的粗提物。将粗提物溶于流动相，采用反相高效液相色谱分离，对收集的洗脱峰组分进行电喷雾质谱（ESI-MS）分析。根据质荷比推断 JA 菌株产生的脂肽类化合物属于 3 个家族，分别为表面活性肽、伊枯草菌素和芬枯草菌素，是枯草芽胞杆菌合成的重要生物表面活性素。对一级质谱中的主成分进行串联质谱分析，进一步确定了 3 种脂肽类化合物的分子结构。实验证明 ESI-MS 是一种鉴定脂肽类化合物及其同系物的可靠方法（陈华等，2008）。枯草芽胞杆菌为革兰氏阳性菌，其基因组结构复杂，能产生多种抗生素，主要包括肽类物质和非肽类物质。肽类物质可分为两类，一类由核糖体途径合成，另一类由非核糖体途径合成；非肽类物质包括聚酮化合物、氨基糖和磷脂。王强等（2010）介绍了已知的枯草芽胞杆菌抗生素的结构和生物合成过程，为枯草芽胞杆菌抗生素的研究提供参考。

枯草芽胞杆菌在葡萄糖丰富的环境中，胞内糖分解代谢物浓度的提高将引起碳分解代谢物阻遏效应（CCR）及糖吸收的抑制，对核黄素等发酵过程产生不利影响。通过缺陷细胞的分解代谢物控制蛋白 A（CcpA）可以解除 CCR 效应，但不能解除糖吸收的抑制；磷酸烯醇式丙酮酸-糖磷酸转移酶系统（PTS）是枯草芽胞杆菌主要的糖吸收方式，HPr 蛋白和双功能的 HPr 激酶/HPr-Ser46-P 磷酸酶（HprK/P）参与 PTS 系统的调控。在葡萄糖丰富的条件下，HprK/P 的激酶活性受 1,6-二磷酸果糖激活，催化 HPr 蛋白 46 位丝氨酸残基磷酸化，形成 HPr-Ser46-P。HPr-Ser46-P 抑制某些碳源透过酶基因的表达；同时 HPr-Ser46-P 难以被酶 I 在 His15 磷酸化，不能在 PTS 系统中发挥转移磷酸基团的作用，使细胞的糖吸收受到抑制。在 CcpA 缺陷的背景下，敲除核黄素生产菌株枯草芽胞杆菌 24A1/pMX45 的 HprK/P 编码基因 $hprK$，构建了 CcpA 和 HprK/P 双缺陷的重组菌枯草芽胞杆菌 ZHc/pMX45。摇瓶发酵显示，菌株 ZHc/pMX45 的核黄素发酵的最适葡萄糖浓度由 24A1/pMX45 的 8% 提高到 10%；核黄素产量达 4.374mg/mL，比 24A1/pMX45 提高了 19.2%。结果表明，CcpA 和 HprK/P 的双缺陷可有效解除高浓度葡萄糖所引起的 CCR 效应和糖吸收抑制，有助于提高细胞对葡萄糖的耐受力，并提高核黄素产量（张帆等，2006）。

枯草芽胞杆菌在酶生产、生物表面活性剂生产、病害生物防治和表达系统都有广泛的应用，这些应用推动了食品工业、饲料工业、农业、石油工业、基因工程、洗涤、皮革和医药等领域的巨大发展（李佳，2009）。利用 6mol/L HCl 沉淀枯草芽胞杆菌菌株 B2 的去细胞培养液，甲醇抽提获得脂肽类抗生素粗提物，过 Sephadex LH-20 层析柱获得粗纯化物，经基质协助激光解吸附离子化-飞行时间质谱（MALDI-TOF-MS）检测表明菌株 B2 仅含有表面活性素一种脂肽类抗生素。利用高效液相色谱的智能系统（HPLC SMART SYSTEM），将粗纯化物过 μPRC C2/C18 层析柱对表面活性素变异体进行分离后获得纯化物。经 MALDI-TOF 源后衰变质谱（MALDI-TOF-PSD-MS）对纯化物的结构分析表明，菌株 B2 的表面活性素变异体由 13、14 和 15 个碳原子的脂肪酸链，以及 L-Glu-L-Leu-D-Leu-L-Val-L-Asp-D-Leu-L-Leu 7 环肽组成（高学文等，2003a）。枯草芽胞杆菌菌株 B2 产生的胞外物质经盐酸沉淀，甲醇抽提获得粗制备物。利用 HPLC 系统将粗制备物过 Xterra RP18 层析柱分离，共获得 120 管收集液。以抑制小麦赤霉病菌分生孢子萌发为指标对各管收集液的抑菌活性进行了测定。通过 LC-MS 分析，结果表明 B2 菌株胞外存在 3 种抑菌物质，即脂肽类抗生素表面活性素、多烯类和一种相对分子质量为 564 的结构未知的新物质（高学文等，2003b）。采用单因子、双因子及正交试验，对枯草芽胞杆菌 B2 的培养液组成（碳源、氮源、酵母膏、pH）及培养条件（装液量与转速）进行了研究，结果表明：以葡萄糖 1%、牛肉胨 0.8%、酵母膏 0.5% 及 pH8 制成的培养液，装液量 100mL/250mL 锥形瓶，转速 140r/min，培养菌株 B2 36h 为最佳培养条件，在此条件下，活菌数可达 $2.97×10^{10}$ cfu/mL，分别是 D 培养液和 NB 培养液的 2.05 倍和 52.36 倍（闫沛迎等，2008）。

利用 MALDI-TOF-MS 技术，鉴定了将 lpa B3 基因转入枯草芽胞杆菌菌株 168 所构建的工程菌 GEB3 产生的脂肽类抗生素种类。结果表明，GEB3 仅产生表面活性素

(surfactin) 一种脂肽类抗生素。经 LC-MS 分析, GEB3 产生由 13、14 和 15 个碳原子的脂肪酸链构成的标准表面活性素变异体 (standard surfactin isoform)。生物活性检测表明, 该工程菌产生的脂肽类抗生素表面活性素具有抑制小麦纹枯病菌和稻瘟病菌菌丝生长的作用 (高学文等, 2003c)。利用 PCR 方法, 从自身不合成 γ-聚谷氨酸 (γ-PGA) 的菌株 168 的基因组 DNA 中扩增出 γ-PGA 合成基因 ywsC、ywtA 和 ywtB, 测序并对该基因编码区进行序列分析, 比对结果表明, 扩增的 ywsC、ywtA 和 ywtB 与文献报道的相似度为 100%。将 3 个基因连接到 pTrcHisA 载体后转化至大肠杆菌 TOP10 宿主菌表达, 结果宿主菌细胞均具备了 γ-PGA 生物合成能力, 产量最高达 0.134g/L (马婕等, 2009)。

利用枯草芽胞杆菌 (SBS) 进行联产血栓溶解酶和 γ-聚谷氨酸研究; 以 SBS 为出发菌株, 进行了液体发酵, 通过正交试验研究了碳源、氮源对血栓溶解酶和 γ-聚谷氨酸联产的影响, 并运用多种检测方法对产物进行了鉴定。在未添加谷氨酸的培养基中合成了 γ-聚谷氨酸, 表明该菌是非谷氨酸依赖型菌。合成血栓溶解酶的合适碳源、氮源分别是可溶性淀粉和大豆蛋白胨, 合成 γ-聚谷氨酸的合适碳源、氮源分别是蔗糖和 NH_4Cl。以蔗糖和大豆蛋白胨、NH_4Cl 分别作为碳源和氮源进行血栓溶解酶和 γ-聚谷氨酸的联产, 在蔗糖 10g/L、大豆蛋白胨 20g/L、NH_4Cl 8g/L 时, 血栓溶解酶酶活为 (265 ± 25)U/mL, γ-聚谷氨酸产量为 (1.183 ± 0.015)g/L, 均接近了单独合成时的水平 (胡淳罡等, 2009)。

利用枯草芽胞杆菌 WY-45 所产甘露聚糖酶水解椰子壳甘露聚糖, 产物以低聚甘露糖为主, 得率为 44%; 所得糖液采用活性炭柱层析, 分离纯化结晶, 得到了 S1~S4 4 种糖晶体, 经鉴定为甘露二糖、甘露三糖、甘露四糖和半乳甘露四糖 (李道义等, 2005)。利用鸟苷生产菌株枯草芽胞杆菌 754[#], 在 50L 发酵罐成功优化的基础上, 分别在 $12m^3$ 的中试规模和 $100m^3$ 的生产规模进行了放大, 产苷分别达 29.4g/L 和 21.4g/L; 进而通过过程缩小 (scale down) 方法, 从代谢流动态变化的角度研究了放大过程中存在的问题, 发现溶解氧 (dissolved oxygen, DO) 是限制过程放大的另一重要因素, 据此将 50L 规模克服代谢流迁移的优化工艺成功放大到生产规模, 使产苷水平进一步提高了 18%, 达 25.2g/L (蔡显鹏等, 2003)。

从腐烂苎麻周围土壤中经过初筛和复筛得到具有脱胶能力的枯草芽胞杆菌菌株 B10。采用 PCR 方法对 B10 的木聚糖酶基因进行克隆, 在木聚糖选择平板上用刚果红染色法筛选出阳性克隆, 对阳性克隆的重组质粒进行鉴定和测序。结果表明, 该木聚糖酶基因全长 642 个碱基, 编码 214 个氨基酸。该基因在大肠杆菌中表达, 过夜培养物中胞外、胞内和胞质间的酶活分布分别为 22.7%、28.2% 和 49.1%; 该木聚糖酶的最适作用 pH 为 6, 最适作用温度为 50℃, 具有较宽的 pH 范围和较好的热稳定性 (黄俊丽等, 2006)。

利用自行筛选获得的一株产 γ-聚谷氨酸 (γ-PGA) 枯草芽胞杆菌菌株 ZJUTZY, 制备了 γ-PGA 样品, 考察了其分子质量分布和对 $Ca(OH)_2$ 的絮凝活性, 结果显示, 该菌所产 γ-PGA 的分子质量为 40~110kDa, 其最佳絮凝条件为: γ-PGA 添加浓度为 0.08g/L, 絮凝体系的 pH 为 6.0, 适宜温度为 40℃。添加 Mg^{2+}、Ca^{2+}、K^+ 能促进其絮凝活性，Fe^{3+}、Co^{2+}、Mn^{2+}则对絮凝活性有抑制作用。菌株 ZJUTZY 产 γ-PGA 的最高絮凝率可达 46.99%（张毅等，2008）。木聚糖酶是主要工业用酶制剂之一，在食品行业应用广泛。将编码枯草芽胞杆菌菌株 B2 木聚糖酶 XYN 的基因克隆到 pPIC9K 载体中，构建了分泌型表达载体 pPIC9K-XYN，载体经线性化后转化巴氏毕赤酵母（*Pichia pastoris*）GS115，G 筛选获得了分泌表达 XYN 的重组毕赤酵母工程菌 GS115/pPIC9K-XYN。初步研究表明：以山毛榉木聚糖为底物时，重组毕赤酵母工程菌摇瓶水平发酵上清液中木聚糖酶酶活可达 1542.6U/mL，重组木聚糖酶最适温度为 50℃，最适 pH 为 6.0，并显示出较好的热稳定性和宽 pH 适应性（韩双艳等，2009）。

水溶性植物多糖具有很好的医疗保健价值。研究表明，葡萄多糖（VLP）对常见有害微生物枯草芽胞杆菌、根霉、大肠杆菌、金黄色葡萄球菌和曲霉菌有抑制作用。研究了槐豆多糖的提取、配位及对部分食品微生物的抑制效果，为固体废弃物槐树种子的利用作了基础研究（卞云霞等，2009）。为探讨以枯草芽胞杆菌 B53 为菌种发酵生产维生素 K 的基本条件，利用枯草芽胞杆菌 B53 发酵生产维生素 K，并探讨发酵培养基组成、发酵时间、接种量等因素对维生素 K 产量的影响。结果表明，枯草芽胞杆菌 B53 在含甘油 50mL/L、大豆粉 100g/L、酵母膏 5g/L、$K_2HPO_4 \cdot 3H_2O$ 3g/L 的液体培养基上发酵 48h 的维生素 K 产量可达 7.01mg/L；在大豆固态培养基上，适宜的接种量为 4%，适宜的发酵时间为 72h，维生素 K 产量达 0.0273mg/g；而在豆粕固态培养基上，适宜的接种量为 3%，适宜的发酵时间为 48h，产量仅达 0.0087mg/g。维生素 K 存在于枯草芽胞杆菌 B53 的发酵液中，枯草芽胞杆菌 B53 是维生素 K 的一种生产菌（惠明等，2009）。

通过单因素试验和响应面综合试验，确定枯草芽胞杆菌菌株 ls-02 发酵生产松仁多肽的最佳发酵条件：接种量 1%，40 目松仁蛋白粉，底物含量 10%，初始 pH6.7，装液量 100mL/500mL 三角瓶；当底物含量为 3.6% 时，所得松仁肽进行初步的分离纯化，经截留分子质量 10kDa 的中空纤维柱超滤，得分子质量 10kDa 左右的超滤液，其回收率为 89.7%。超滤液经 Sephadex G-25 柱分离纯化及相对分子质量分布的测定，共洗脱出 4 个峰，其各级组分的分子质量分别为 5000Da 以上、1819Da、575Da 和 239Da（张智等，2009）。通过对野生型枯草芽胞杆菌菌株 NO122 的诱变筛选，选育出胞苷产生菌株。以野生型枯草芽胞杆菌为出发菌株进行紫外线、硫酸二乙酯诱变，经 3-脱杂氮尿嘧啶、5-氟胞苷结构类似物平板定向筛选产胞苷突变株；研究碳源、氮源、温度、初始 pH 等发酵条件对该突变菌株产胞苷的影响。经诱变传代后得到突变株 TZM1012，该突变株在温度 37℃、初始 pH7.2、摇床转速 220r/min 的条件下，摇瓶发酵 72h，发酵液中的胞苷可达 1.873g/L，并具有较好的遗传稳定性（黄艳辉等，2007）。

通过模式识别方法对肌苷产生菌枯草芽胞杆菌 TX-3 的培养基进行优化得到最优配比，同时对种子生长状况和发酵培养中温度与通风条件进行了研究，最终确定该菌株的最佳培养条件，在最适条件下该菌株肌苷产量可达 18.53g/L（徐咏全等，2003）。通过试管 2 倍稀释法测定了苍术油对大肠杆菌（44102）、金黄色葡萄球菌（26003）、枯草芽胞杆菌（63501）和沙门氏菌的最小抑菌浓度（MIC）。结果表明，苍术油对大肠杆菌、金黄色葡萄球菌和枯草芽胞杆菌的最小抑菌浓度分别为：117.2μg/mL、625μg/mL 和 312.5μg/mL，而对沙门氏菌没有任何抑菌作用。研究证明苍术油对部分细菌具有良好的抑制作用（何元龙等，2007）。采用 K-B 纸片扩散法首次对从草鱼肠道分离出的一株枯草芽胞杆菌进行药物敏感性、最低抑菌浓度（MIC）和最低杀菌浓度（MBC）研究。结果表明：该菌株对磺胺二甲嘧啶和土霉素有较强的耐药性，而对诺氟沙星、头孢哌酮、庆大霉素等其他 12 种药物高度敏感。这可能是由于前 2 种抗菌药物长期使用，已对枯草芽胞杆菌无抑制作用；而后 12 种药物较少在草鱼上使用，故而高度敏感（贺刚等，2008）。从草鱼肠道分离出一株枯草芽胞杆菌，有较强的活性。该菌产生的纤维素酶粗酶液，经盐析、透析，并通过葡聚糖凝胶层析柱 Sephadex G-75 分离纯化，经 SDS-PAGE 后表明第 2 峰已纯化，得到一种分子质量约为 62.43kDa 的纤维素酶。分离纯化后该酶的比活力提高了 2.924 倍，回收率为 6.38%。酶学试验研究表明，该酶的最适反应温度为 55℃，最适 pH 为 7.0；Lineweaver-Burk 法求得动力学参数，K_m 和 V_{max} 分别为 $1.02×10^{-3}$g/mL、$2.727×10^{-2}$mg/(mL·min)（贺刚等，2008）。

微生物合成的 γ-聚谷氨酸（γ-PGA）是一种可生物降解的、水溶性的聚合物，它在食品、化妆品、涂料、土壤保护、医药等领域有很好的应用。利用筛选的枯草芽胞杆菌 NX-2，探讨发酵制备 γ-聚谷氨酸过程的最佳发酵条件，确定了该菌株发酵的最佳培养基为：葡萄糖 3%，蛋白胨 0.8%，K_2HPO_4 2%，$MgSO_4$ 0.025%，谷氨酸钠 3%（王圣磊，2006）。为筛选可应用于发酵食品的快速产酸芽胞杆菌，从 300 株芽胞杆菌中，以加有溴甲酚紫指示剂的培养基，筛选出在 2h 内变色的快速产酸菌株 9 株，将其在 37℃条件下 140r/min 摇床培养 24h，筛选出 pH 低、活菌数高的菌株 L-1。从形态、生理生化反应、全细胞蛋白电泳及 16S rDNA 序列比对方面进行分析，最终确定菌株 L-1 为枯草芽胞杆菌（刘敏等，2008）。为了在枯草芽胞杆菌中整合表达极端耐热木聚糖酶，将嗜热网状球菌（*Dictyoglomus thermophilum*）Rt46B.1 的极端耐热木聚糖酶基因 *xynB* 通过穿梭载体 pDL 整合到枯草芽胞杆菌菌株 168 染色体上，使其实现表达。极端耐热木聚糖基因在枯草芽胞杆菌中成功整合并表达。基因工程菌枯草芽胞杆菌菌株 168-xynB 能外泌表达极端耐热木聚糖酶，且表达水平为 0.7321U/mL，比在大肠杆菌中的高。酶学性质表明，此酶分子质量约为 24kDa，其最适反应温度为 85℃，最适反应 pH 为 6.5，且在弱碱性条件下稳定（张伟等，2010）。

为探索枯草芽胞杆菌黄嘌呤缺陷型突变株 Xn151 的腺苷积累机制，通过测定野生型菌株和突变株的相关酶活力和嘌呤系物质对腺苷积累的影响，判断出哪些酶是腺苷生物合成途径中的关键酶。结果表明，缺失腺嘌呤脱氨酶的黄嘌呤突变株 Xn151 能积累更多的腺苷，在发酵培养基中限量加入嘌呤系物质（鸟苷或腺嘌呤）能促进腺苷的积累，但超过一定的量则对腺苷积累不利。在黄嘌呤缺陷型突变株 Xn151 中限量供应嘌呤系物质（鸟苷或腺嘌呤）能够解除产物的反馈抑制，腺嘌呤脱氨酶的缺失能促进腺苷的积累（施庆珊等，2007）。为提高枯草芽胞杆菌菌株 WSHDZ-01 合成过氧化氢酶的水平，尝试了不同种类氮源的添加。结果表明，硝酸钠（$NaNO_3$）为适宜氮源，虽然生物量仅 1.25g/L，但过氧化氢酶活力最高可达 3200U/mL；在添加 $NaNO_3$ 的基础上，研究了添加其他氮源麦芽汁、酵母膏、玉米浆对提高菌株 WSHDZ-01 生物量的影响，发现适宜浓度的麦芽汁不仅可以提高生物量,并且能够缩短发酵周期;经进一步优化,在3L发酵罐中,菌株WSHDZ-01生物量提高到6g/L,过氧化氢酶活力达11 000U/mL,与优化前相比,发酵周期缩短了近60%,生产强度提高了3倍(邓宇等,2008)。

选育胞苷高产菌株是实现发酵法生产胞苷的前提。分析了枯草芽胞杆菌的嘧啶生物合成途径及其代谢调控机制,提出了胞苷高产菌株的育种思路:采用具有天然的磷酸单酯酶活力很高的野生型枯草芽胞杆菌为出发菌株,选育具有胞苷脱氯酶缺失(CRDAE$^-$)、6-杂氮尿嘧啶(6-AU^r)、5-氟胞苷(5-FC^r)等结构类似物抗性标记及高丝氨酸缺陷(HAD$^-$)遗传标记的突变株(孙占敏,2006)。采用响应面分析的方法对发酵生产胞苷的培养基进行优化,通过二水平正交试验考察葡萄糖、玉米蛋白粉、玉米浆、$K_2HPO_4 \cdot 3H_2O$、尿素、起始pH和发酵温度对发酵生产胞苷的影响,利用极差分析寻找发酵生产胞苷的主要影响因子,利用中心组合设计与响应面分析进一步考察主要影响因子并确定了最佳培养基的组成;结果表明,发酵生产胞苷的主要影响因子分别为$K_2HPO_4 \cdot 3H_2O$、玉米浆和葡萄糖。在优化培养基中,胞苷产量增加2倍,达1.898g/L,试验值与预测值基本相符(黄艳辉等,2007)。为筛选得到胞苷发酵单位较高的菌株,并对发酵过程作初步研究,以胞苷脱氨酶缺失枯草芽胞杆菌DOS7为出发菌株,对其进行紫外诱变、5-氟胞苷(5FCR$^+$)和2-杂氮尿嘧啶抗性(2AU$^+$)抗性筛选。通过紫外诱变和抗性筛选得到突变株DOS7-2-1000-15,抗5-氟胞苷和2-杂氮尿嘧啶的临界浓度分别为800mg/L和1000mg/L。同时检测了抗5-氟胞苷突变株中CTP合成酶的活性,比原始菌株提高了12.4%,突变株DOS7-2-1000-15发酵过程结果为:36℃发酵72h能积累胞苷最高为3.5g/L。筛选得到的突变株DOS7-2-1000-15的遗传稳定性较好,可稳定发酵(盛春雷等,2007)。

为选育高产3-羟基丁酮的枯草芽胞杆菌菌株,采用紫外诱变(15W,25cm),对一株产3-羟基丁酮枯草芽胞杆菌YD-1进行紫外诱变处理,并对菌株的遗传稳定性进行测定。结果筛选获得4株高产菌MB-2、MB-6、MB-10和MB-11,经过20代传代培养后MB-2的遗传稳定性最好,其遗传物质经随机扩增多态性DNA(RAPD)分析,与出发菌株YD-1相比有较大差异。该菌遗传性状稳定,是一株高产3-羟基丁酮的菌株(尹明浩等,2010a)。研究了枯草芽胞杆菌NX-2制备的生物絮凝剂γ-聚谷氨酸(γ-PGA)的絮凝活性。γ-PGA对高岭土、活性炭等悬浮液具有较高的絮凝活性,絮凝活性稳定,热稳定性好,用量高于10mg/L时适用pH范围宽,最适投加浓度为20mg/L,加入Ca^{2+}、Mg^{2+}、Fe^{3+}、Al^{3+}、Fe^{2+}、Na^+等金属离子能不同程度增强γ-PGA的絮凝活性,其中Ca^{2+}助凝效果最高。使用Ca^{2+}作助凝离子可降低γ-PGA用量,但Ca^{2+}浓度过高会明显降低γ-PGA的絮凝活性。还研究了γ-PGA对电镀废水的处理效果,实验证明γ-PGA能有效降低电镀废水中Cr^{3+}、Ni^{2+}等离子的浓度(姚俊和徐虹,2004)。

研究了利用枯草芽胞杆菌进行发酵法生产乳蛋白肽的影响因素,包括碳源、氮源、接种时间、接种量和发酵时间。通过单因子实验和正交试验优化,确定了最佳发酵条件:1.5%的蔗糖,9%的脱脂奶粉(均为质量分数),接种时间为16h,接种量为3%,发酵时间为43h;并且在此发酵条件下,乳蛋白的水解度达35.9%(刘唤明,2009)。研究了以硫酸二乙酯(DES)为诱变剂,诱变生产S-核糖的转酮醇酶缺陷型枯草芽胞杆菌菌株 HG02，考察了不同诱变剂用量对菌体致死率及其生产能力的影响，得出了以 DES 诱变该菌株的致死率曲线及最适的诱变剂用量为 0.8%，诱变时间 15min。该诱变条件下对大量的突变株进行筛选，得到 D-核糖高产菌株 G03，其 D-核糖产量较出发菌株提高 81.69%，达 5.1g/100mL（陈新征等，2005）。

为研究热休克蛋白对增强枯草芽胞杆菌的抗逆性和增加乙醇产量的影响，运用基因工程技术，用大肠杆菌的 Lac 启动子、运动发酵单胞菌丙酮酸脱羧酶基因（pdc）和乙醇脱氢酶基因（$adhB$），构建在枯草芽胞杆菌中表达的 BLAP 操纵子，BLAP 操纵子导入枯草芽胞杆菌可使其发酵糖生产乙醇。然后用超嗜热的激烈热火球古菌（$Pyrococcus\ furiosus$）的小分子热休克蛋白基因（$sHsp$）构建在枯草芽胞杆菌中表达的 BLAPH 操纵子。结果：成功地构建了能表达小分子热休克蛋白、产生乙醇的枯草芽胞杆菌。小分子热休克蛋白的表达，使枯草芽胞杆菌在致死温度下的存活率显著提高，对温度及乙醇的耐受性显著增强，同时枯草芽胞杆菌的乙醇产量显著提高（李伟丽等，2008）。研究由秸秆腐解产生的化感物质：阿魏酸（T-FA）、对羟基苯甲酸（P-HA）和苯甲酸（BA）在不同浓度下对厌氧培养的枯草芽胞杆菌的生长及其反硝化活性的影响。结果表明，3 种浓度的阿魏酸（5.15mmol/L、2.58mmol/L、0.26mmol/L）均表现出对枯草芽胞杆菌的生长有抑制作用。对羟基苯甲酸（0.36mmol/L、3.62mmol/L、7.24mmol/L）对生长影响不明显。8.19mmol/L 和 4.09mmol/L 的苯甲酸有一定的刺激作用、而 0.41mmol/L 的苯甲酸与对照无差别（马瑞霞和冯怡，2000）。

以 γ-聚谷氨酸生产菌 yt102 为供试菌株，研究了碳源对 γ-聚谷氨酸发酵的影响。首先通过摇瓶实验确定发酵的最佳碳源为葡萄糖和柠檬酸，二者按一定的比例混合更有利于聚谷氨酸的产生，进一步利用 10L 发酵罐补料分批发酵确定碳源的最佳用量为 40g/L，继续优化培养条件，确定采用溶氧控制的脉冲补料方式可有效延续 γ-聚谷氨酸的合成。在最优发酵条件下，通过 10L 发酵罐补料分批发酵 50h，γ-聚谷氨酸产量可达 34.5g/L（缪静等，2010）。

以产 D-核糖 40～45g/L 的枯草芽胞杆菌突变株 BFD-100810 为出发菌株，通过紫外线、硫酸二乙酯等方法诱变处理，获得一株核糖高产突变株 BFD-101106。对该突变株的产核糖能力进行了验证，并对发酵条件进行了研究。结果筛选出该突变株的最适发酵培养基配方为（g/L）：葡萄糖 90.0，葡萄糖酸钙 90.0，玉米浆 25.0，硫酸铵 5.0，硫酸锰 0.5，酵母粉 5.0，硫酸镁 0.2，pH7.0～7.2。发酵培养基的装液量为 40mL/500mL 三角瓶，往复式摇床，38℃发酵 72h。在此条件下发酵培养，D-核糖的产量可达 105g/L 左右（张丹等，2007）。以产 D-核糖的枯草芽胞杆菌 BFD-100810 为出发菌株，通过紫外线、硫酸二乙酯诱变处理，获得一株 D-核糖高产突变株 BFD-101106，该菌株能在发酵液原料糖浓度为 180g/L 的培养基上生长良好，产量高达 85g/L，转化率提高到 47%，该菌株较出发菌株表现出在高浓度原料配比中能积累更高产物。将 BFD-101106 菌株连续传代 10 次后，测定其遗传稳定性和产核糖能力，D-核糖产量为 84～89g/L，没有发生显著变化，表明 BFD-101106 是一个稳定的突变株（张丹等，2007）。

以肌苷生产菌枯草芽胞杆菌 TF2 为受体菌，利用质粒 DNA 的原生质体转化法，将携带糖化型 α-淀粉酶基因的重组质粒 pBX96 导入肌苷产生菌 TF2 中，转化频率为

5.7×10^{-6},获得一株能以淀粉为碳源生产肌苷的转化子 TI40 (pBX96),该工程菌株能在以淀粉为碳源的培养基上平均积累肌苷 4.64g/L,经过 92 代,质粒自发丢失率为 0.78%。培养 48h 后,工程菌株的糖化型 α-淀粉酶活力为受体菌的 7.79 倍。并对工程菌株 TI40 (pBX96) 的发酵条件进行初步摸索,结果发现当发酵培养基的淀粉浓度为 8%、药用酵母粉为 1.2%、玉米浆为 1.0%、Mg^{2+} 用量为 0.4% 时产苷最高,达 5.28g/L (陈宁等,1997)。

以枯草芽胞杆菌为出发菌株,经紫外线诱变处理,选育出莽草酸营养缺陷型突变株 BS-9,其发酵产物经物理、化学鉴定为 D-核糖,通过利用碳源、氮源实验,发现该突变株在以葡萄糖为碳源,玉米浆和硫酸铵为氮源的发酵培养基中生长良好,在温度为 36℃、pH 为 6.8,转速为 230r/min 中摇床培养 72h,D-核糖质量浓度可高达 67.6g/L,且葡萄糖基本耗尽 (赵景联,1999)。以紫外线诱变和化学诱变相结合的复合诱变方法,对 D-核糖生产菌株进行诱变。经过对不同诱变次数的诱变菌株进行稳定性实验,得出单一诱变后菌株产量有较大幅度的正突变,但这种突变并不稳定,易回落到初始水平;复合诱变得到的菌株稳定性高于单一诱变得到的菌株。复合诱变后,与出发菌株相比,诱变后菌株的 D-核糖产量提高了 6.2% (刘虎等,2006)。

以枯草芽胞杆菌菌株 D-2 为出发菌株,经紫外诱变,得到一株莽草酸缺陷型突变株 D-202,摇瓶发酵 D-核糖产量可达 52.6g/L。该菌遗传稳定性良好。通过发酵条件的优化,最高产量可达 65g/L。经 2t 发酵罐中试,发酵单位达 50g/L (高淑红和邱蔚然,2000a)。用紫外线照射枯草芽胞杆菌 C1,获得了一个莽草酸营养缺陷型变异株。与亲株相比,该菌株完全丧失了转酮醇酶活性,能够在培养中大量积累 D-核糖。在 30L 的发酵罐上培养 68h,D-核糖的产量为 60.9g/L。发酵液经离子交换树脂纯化后,获得了发酵产物结晶。发酵产物的红外光谱分析与标准样品一致;纸层析显色后呈单一斑点,其 Rf 值与标准样品相同 (谢红和孙文敬,2000)。

以 7L 自控发酵罐进行 D-核糖发酵实验,对 D-核糖发酵过程参数进行优化,发现在对数生长后期接种,溶氧控制为 40% 左右,以葡萄糖酸补料并调节 pH 为 7.2 左右,可使罐的发酵单位由 45g/L 提高到 65g/L 甚至更高 (高淑红和邱蔚然,2000b)。在枯草芽胞杆菌突变株 D-756 发酵生产 D-核糖过程中,采用葡萄糖和葡萄糖酸钙混合发酵,葡萄糖酸作为 pH 调节剂,能促进菌体的生长,显著地提高 D-核糖的产量。经酶活测定,发现流加葡萄糖酸能提高单位发酵液中葡萄糖酸激酶的酶活。在 5L 发酵罐中,利用葡萄糖酸维持发酵 pH 为 7.2,培养 72h 后产核糖 76.8g/L (杨兆娟等,2005)。以枯草芽胞杆菌为出发菌株,经紫外线诱变处理,选育出莽草酸营养缺陷型突变株 BS-09,其发酵产物经物理和化学鉴定为 D-核糖。经碳源和氮源试验发现,该菌株在以葡萄糖或山梨糖为碳源、酵母粉或玉米浆为有机氮源、硫酸铵为无机氮源、碳氮比为 6 的发酵培养基中生长良好 (赵景联和黄建新,2000)。

在亚麻温水沤麻水中分离得到的一株细菌,在实际应用中明显缩短了沤麻时间,提高了出麻率。依据《伯杰氏鉴定细菌学手册》第八版中的分类,经鉴定为枯草芽胞杆菌,在该菌株产生各类酶中,聚半乳糖醛酸裂解酶 (PGL) 的含量最丰富,并在中性及 35℃的条件下显示出最大的酶活性 (郭立姝等,2010)。在研究天然水沤法脱胶的过程中，通过初筛、复筛，从沤麻主生物期的沤麻液中筛选出 2 株菌落周围产生透明圈较大、脱胶酶活较高的菌株 A1 和 B1。通过形态观察，并对其多项生理、生化指标进行了分析研究，初步鉴定为枯草芽胞杆菌。初步加菌脱胶实验表明：枯草芽胞杆菌 A1 产生果胶酶、木聚糖酶，而不产生纤维素酶，脱胶周期为 72h；枯草芽胞杆菌 B1 产生果胶酶、木聚糖酶和纤维素酶，脱胶周期为 50h（黄小龙等，2004）。

以枯草芽胞杆菌菌株 HSD06 为出发菌株发酵制备肌苷，注入不同剂量的 N^+ 离子束选育不能利用阿拉伯糖的突变株。结果表明低剂量和较低的致死率利于正突变株的筛选。当照射剂量为 2×10^{14} ions/cm^2 时，获得肌苷高产菌株 B67，肌苷的摇瓶发酵产量为 15.12g/L，比出发菌株提高了 18.6%（刘国生等，2008）。以枯草芽胞杆菌 JSIM-1019 为出发菌株，经物理、化学诱变剂连续处理，获得一株缺失核苷水解酶活性的突变株 JSIM-B-198。该突变株不能降解肌苷，应用于发酵生产中，肌苷产量显著增加。在 20 000L 发酵罐中，连续 10 罐，平均产肌苷 8.38g/L，对糖转化率为 21.98%，发酵周期 50～60h，该菌株遗传性能稳定，已在工业生产中应用（柏建新和邓崇亮，1997）。

以枯草芽胞杆菌 TM903（Ade^-＋8-AG^r＋MSO^r）为生产菌株，考察了前体物 1,2,4-三唑-3-甲酰胺（TCA）、$MnSO_4$、温度、pH 及培养基装量对发酵法生产利巴韦林的影响，确定了其摇瓶发酵工艺：培养至 24h 时添加 10g/L TCA 及 10mg/L $MnSO_4$，24h 后每 6h 升温 2℃，采用磷酸缓冲液调节 pH，在 500mL 挡板三角瓶中培养基装液量为 25mL。该工艺条件下经 60h 发酵，利巴韦林的摇瓶发酵水平达 5.11g/L（武改红等，2007）。

以每克发酵豆粕中的蛋白酶活力和发酵豆粕的感官为指标，研究了枯草芽胞杆菌固态发酵豆粕的不同发酵条件对发酵豆粕中蛋白酶活力的影响。结果表明在 30℃、发酵 72h、料水比 1∶1（m/V）、pH7.0、接种量 4%（V/m）条件下对豆粕进行枯草芽胞杆菌发酵，发酵豆粕中的蛋白酶活力最高，每克发酵豆粕的蛋白酶活力达 630U（吴晖等，2008）。以筛选得到的一株枯草芽胞杆菌 B-1 为出发菌株，采用紫外诱变技术对出发菌株进行反复诱变，得到一株能够利用玉米原料生产 γ-聚谷氨酸的优良高产菌株 B-115，摇瓶发酵 γ-聚谷氨酸的产量由原菌株的 12.5g/L 提高到 19.5g/L。再以该菌株为研究对象利用响应面法进行碳源、氮源、谷氨酸钠、金属离子等发酵条件的优化实验，经 48h 摇瓶发酵，γ-聚谷氨酸产量达 40.98g/L（梁金钟等，2007）。

以野生型枯草芽胞杆菌 TJ374 为出发菌株，采用硫酸二乙酯（DES）及紫外（UV）诱变处理，筛选具有 2-硫尿嘧啶抗性（2-TU^r）、6-氮尿嘧啶抗性（6-AU^r）及尿苷磷酸化酶缺失（UP^-）标记的菌株，获得一株尿苷产生菌 Tc142，36℃摇瓶发酵 72h 最高可产尿苷 3.34g/L（程远超等，2007）。以野生型枯草芽胞杆菌 TJ374 为出发菌株，根据代控制发酵原理，采用硫酸二乙酯及紫外诱变处理，定向选育出一株尿苷产生菌 Tc142（2-TU^r＋6-AU^r＋UP^-），在培养基未经优化的情况下产尿苷 2.3～2.4g/L。同时，考察了培养基对菌株产苷的影响，在优化的培养基中发酵积累尿苷 3.4g/L，最高可产尿苷 3.6g/L（程远超等，2009）。以一株鸟苷产生菌枯草芽胞杆菌 JSIM-G518 为出发菌株，采用原生质体紫外诱变的方法，选育具有核苷水解酶缺失、磺胺胍、德夸菌素、狭霉素 C 等抗性的突变株，摇瓶的鸟苷产量达 24.0g/L，比出发菌株提高了 30%。

该突变株遗传性状稳定,连续传代10次,仍维持较高的鸟苷产量(盛翠等,2009)。

为选育高产3-羟基丁酮枯草芽胞杆菌,将一株枯草芽胞杆菌YD-1作为出发菌株,通过紫外线、硫酸二乙酯反复诱变处理,选取每一轮发酵3-羟基丁酮产量最高的菌株进入下一轮诱变。结果表明,菌株的复合诱变条件是在照射距离为25cm时,紫外诱变30s后再经10%的硫酸二乙酯诱变处理30min,然后进行有利突变株的筛选,通过初筛、复筛和遗传稳定性试验,获得一株遗传性状稳定的3-羟基丁酮高产菌,其产量高达19.02g/L,比诱变前提高了50.95%。该突变高产菌的其遗传物质经随机扩增多态性DNA(RAPD)分析,与出发菌株YD-1相比有较大差异(尹明浩等,2010b)。

应用Plackett-Burman实验设计对枯草芽胞杆菌菌株fmbR抗菌物质提取的主要影响因子(甲醇、乙醇、丙醇、正丁醇、pH和时间)进行了研究。JMP软件分析结果表明:影响抗菌物质提取的关键因素为乙醇($P<0.0001$)、正丁醇($P<0.0001$)、pH($P=0.0025$)和时间($P=0.0083$)。在实验范围内,乙醇、正丁醇和时间对抗菌物质提取总量有显著正效应,pH与抗菌物质提取总量呈显著负相关。抗菌物质提取总量最高预测值可达21.82mg/100mL,其概率为99.79%(别小妹和陆兆新,2005)。鱼精蛋白是一种多聚阳离子天然肽类,它是一种碱性蛋白质,具有广谱抑菌活性。通过鲤鱼精蛋白对枯草芽胞杆菌生长的影响及对黑曲霉胞内的琥珀酸脱氢酶(SDH)和苹果酸脱氢酶(MDH)活性影响的研究,探讨鲤鱼精蛋白的抑菌机理。试验结果表明:鲤鱼精蛋白对枯草芽胞杆菌具有较强的抑制作用,但对枯草芽胞杆菌细胞壁不产生破坏作用;对黑曲霉胞内的琥珀酸脱氢酶和苹果酸脱氢酶的活性具有明显的抑制作用(杨武英等,2005)。以枯草芽胞杆菌菌株TM903为出发菌株通过正交设计实验研究了葡萄糖、三氮唑甲酰胺(TCA)、$MnSO_4$、KH_2PO_4对TM903发酵生产利巴韦林的影响,初步确定了利巴韦林生产菌TM903的最佳发酵工艺条件。利用优化培养条件配制发酵培养基,进行摇瓶发酵试验,发酵60h产量可达4.21g/L(邢晨光等,2009a)。

与发达国家的相关工作相比较,我国对海洋微生物功能基因资源的利用和开发尚处于初期。因此,在国内开展海洋微生物功能基因的研究和利用,不但在相关领域具有理论意义,同时具有潜在的社会效益和应用价值。大环内酰亚胺(Macrolactins)是一类24员大环内酯类化合物,具有抗菌、抗病毒和抗肿瘤等多种生物学活性。国际同行的研究表明,Macrolactins有18个家族成员(Macrolactin A~R),主要为海洋来源的马杜拉放线菌(*Actinomadura* sp.)和芽胞杆菌(*Bacillus* sp.)(赫荣乔,2008)。在单因素试验的基础上,应用响应面分析法对影响枯草芽胞杆菌微生物发酵法提取玉米黄色素的因素进行分析,确定最佳提取条件,即使用95%的乙醇作溶剂,底物浓度为30%,温度40℃,pH8.00,接种量10%,发酵时间68h(王振宇等,2010)。研究了微生物发酵法制备香蕉抗性淀粉,通过单因素的底物浓度、pH、发酵温度和时间预试验范围,采用均匀设计优化试验,经均匀设计3.0程序(UniformDesign 3.0)进行数据处理与分析,得到高纯度抗性淀粉的最佳组合参数为:芽胞杆菌接种量为体积分数3.69%,最适发酵pH为4.83,发酵温度为36℃,发酵时间为12h,得到的抗性淀粉纯度最高为98.5%(周靖波等,2010)。

在枯草芽胞杆菌HCUL-B115代谢网络和发酵特性研究的基础上,通过添加适量的氨基酸、有机酸和维生素对 γ-聚谷氨酸（γ-PGA）发酵进行合成代谢研究。结果发现，大部分添加物对 γ-聚谷氨酸的积累都有一定的影响，特别是 γ-谷氨酸、γ-苯丙氨酸、γ-精氨酸、γ-天冬氨酸、L-缬氨酸、延胡索酸、草酸、丙二酸、烟酸、维生素 B 和抗坏血酸等添加物对菌株 CUL-B115 合成 γ-聚谷氨酸有明显促进作用，添加后产率比不添加任何物质提高 20% 左右。从代谢层面上分析，这些添加物除了促进菌体自身生长之外，同时防止了菌体对各添加物的过量合成，强化了菌株 HCUL-B115 合成 γ-聚谷氨酸的代谢途径（王宏丽和梁金钟，2010）。

在重组枯草芽胞杆菌 24/pMX45 核黄素发酵中，酵母粉促进核黄素合成，酵母抽提物抑制核黄素合成。分析显示，酵母抽提物的无机离子和游离氨基酸含量均高于酵母粉。在酵母粉基础发酵培养基中，添加各种无机离子和游离氨基酸，使其含量与酵母抽提物相同。摇瓶发酵结果表明，过量的无机离子和谷氨酸对核黄素合成有显著的抑制作用。酵母抽提物含有较高浓度的谷氨酸，是其抑制核黄素合成的主要原因（司马迎春和班睿，2006）。

脂肽是一类具有特殊作用的生物表面活性剂。将血红蛋白基因（vhb）置于 RDR 细菌启动子驱动下的质粒 pSET 中，构建 pSET-RDR-vhb 重组质粒，并通过电击作用转入脂肽代谢菌株——枯草芽胞杆菌 ZW-3 中，转化菌株经酶切和 PCR 电泳检测鉴定，Southern 印迹显示部分转化菌株中外源基因插入基因组 DNA，采用一氧化碳差异色谱法测定了血红蛋白的表达量。实验进一步对转化菌株的生长曲线、总蛋白质量、过氧化氢酶活性、脂肽的产率进行了测定，结果显示，相比于原始菌株，转化菌株数据均有明显提高（王大威等，2007）。以北京、大连和日本 3 个产地的纳豆产品为试验材料，从中筛选可用于畜禽生产的纳豆芽胞杆菌蛋白酶高产菌株。先通过酪蛋白平板初筛得到 9 株芽胞杆菌，再以 N1 型纳豆芽胞杆菌为模式菌株，对初筛得到的菌株进行菌落和菌体形态观察、生理生化鉴定，确定有 5 个菌株为纳豆芽胞杆菌。测定 5 个菌株 48h 发酵液中蛋白酶活性，结果表明：菌株 NB1 为蛋白酶高产菌株，发酵液中蛋白酶活性为 19.41U/mL，产蛋白酶特性在 6 代内可保持稳定（孙妍等，2010）。

十一、枯草芽胞杆菌用于动物益生菌

对在鱼塘饲养的 300 只 1 日龄樱桃谷肉鸭日粮中添加枯草芽胞杆菌进行了研究；试验组每吨颗粒饲料添加枯草芽胞杆菌制剂（200×10^8 cfu/g）100g、300g。结果发现：增重分别较对照组（含黄霉素 5mg/kg）提高了 6.24% 和 6.63%（$P<0.01$）；采食量有增加趋势，但不显著；料肉比改善了 3.87% 和 4.50%（$P<0.05$）（刘小英，2009）。一种以枯草芽胞杆菌及其代谢产物为主要保健成分的新型多功能微生态制剂在南美白对虾育苗上应用的试验。结果表明，在水体中泼洒枯草芽胞杆菌微生态制剂能显著地提高对虾育苗成活率，降低病死率；在 2 次试验中，试验组的平均成活率比对照组提高了 31.05%，差异极显著。试验表明，该枯草芽胞杆菌微生态制剂可显著降低对虾育苗期病死率，显著提高对虾育苗时的成活率（潘康成等，2004）。

"派富-100"是一种微生态饲料添加剂，其主要成分是枯草芽胞杆菌（含量为 100 亿 cfu/g）。试验将"派富-100"按不同的水平添加于中国农大 3 号节粮型矮小蛋鸡饲料中，来评价其对矮小型蛋鸡生产性能和蛋品质的影响，以期找到其最适添加剂量及响应应用效果，为其在节粮型矮小蛋鸡生产上的正确使用提供参考依据。结果表明，在日粮中添加100mg/kg"派富-100"可提高饲料利用效率和产蛋率；能显著提高蛋壳厚度，调整蛋形指数达到蛋品标准，有提高蛋壳强度的趋势（苏青云等，2010）。

2010年1月12日，欧盟食品安全局发布可速必宁作为仔猪饲料添加剂的科学意见。可速必宁是以枯草芽胞杆菌为原料的微生物饲料添加剂，欧盟食品安全局已经对其用作鸡的育肥进行了安全性评估，应欧盟委员会的要求，欧盟食品安全局对可速必宁用作仔猪饲料添加剂的有效性及对饲养动物、食用饲养动物的消费者及环境的安全性发表了意见：在每1kg全饲料添加3×10^8cfu的剂量下，其对仔猪有明显的育肥效果，研究显示该菌株对抗生素敏感且不会产生毒素，认为其具有安全性（佚名16，2010）。合生素是将枯草芽胞杆菌与中草药提取物有机结合的新型微生态制剂，其中中草药提取物不但能促进芽胞杆菌生长，而且能经芽胞杆菌分解，释放出被纤维素和木质素包被的有效成分，这些有效成分能被降解为小分子物质，供动物肠道吸收利用（孙鸣等，2008）。

病害的频繁发生是阻碍我国水产养殖业发展的重要因素之一，传统抗生素的使用不仅造成药物残留危害食品安全，而且大量频繁使用抗生素还会污染水质，最终造成水产养殖业的恶性循环，因此，绿色饲料添加剂的开发就成为当前急需解决的问题。益生菌作为抗生素的替代体，近些年来已得到迅速发展，作为水产饲料添加剂则以能耐高温高压的芽胞杆菌为主。中草药植物多糖作为一种免疫促进和调节剂，具有抗菌、抗病毒、抗寄生虫、抗肿瘤、抗辐射和抗衰老等功用。研究表明，某些多糖具有益生元活性，即不能被消化前段酶消化但可被胃肠道微生物发酵，能选择性地刺激肠道有益菌的生长，提高有益菌活性，防止病原菌滋生，从而提高动物健康水平。合生素是新开发的微生态制剂，由植物多糖和枯草芽胞杆菌配伍组成，不仅能表现益生菌和植物多糖各自的功效，而且还能发挥二者的协同作用（温俊等，2008）。

采用45周龄的伊莎蛋种鸡，探讨枯草芽胞杆菌在蛋种鸡生产中对生产性能的应用效果。试验采用2000只伊莎蛋种鸡，按生产性能情况基本一致的原则，随机分成2组，每组设5个重复，每个重复200只。试验期32d，对照组饲喂基础日粮（不添加任何微生态制剂），试验组饲喂每吨基础日粮添加100g枯草芽胞杆菌制剂（含量为1×10^{10} cfu/g）。结果表明，日粮中添加枯草芽胞杆菌不仅可以提高种鸡的产蛋率、蛋重和种蛋合格率，而且可以改善种蛋的受精率、孵化率和健雏率（刘影等，2010）。应用产酶（蛋白酶、脂肪酶和淀粉酶）能力较强的枯草芽胞杆菌菌株B115制成微生物添加剂，在饲料中添加量为2‰。经35d投喂试验，测定翘嘴红鲌、银鲫、日本沼虾胃肠道消化酶活性、肠道微生物菌群和生长的变化。结果表明，添加枯草芽胞杆菌B115，可显著提高鱼虾肠道消化酶的活性。从银鲫整个肠道的平均值来看，试验组比对照组的蛋白酶、脂肪酶和淀粉酶活性分别提高19.8%、22.7%和11.03%；从翘嘴红鲌整个肠道的平均值来看，试验组比对照组分别提高13.1%、15.8%和13.9%。日本沼虾试验组胃的蛋白酶、脂肪酶和淀粉酶活性分别高于对照组13.69%、10.05%和10.4%，试验组肠的蛋白酶、脂肪酶和淀粉酶活性分别高于对照组8.8%、15.5%和8.43%。微生物添加剂组对鱼虾的生长有促进作用，同时能增加肠道中有益菌群如乳杆菌和双歧杆菌，对气单胞菌、肠杆菌和肠球菌的量基本没有影响(沈锦玉等,2004a)。

采用琼脂扩散法和混菌拮抗培养法,考察枯草芽胞杆菌对畜禽常见致病菌的体外抑制作用,结果表明:枯草芽胞杆菌对大肠杆菌、金黄色葡萄球菌、猪链球菌、肠炎沙门氏菌、奇异变形杆菌、痢疾志贺氏菌的生长均有一定的拮抗作用,对 G^+ 致病菌的拮抗作用优于 G^- 致病菌;比较小白鼠口服枯草芽胞杆菌制剂的效果,其能引起小白鼠肠道菌群变化,大肠杆菌数量降低(朱丽云等,2009)。采用益生菌纳豆芽胞杆菌为试验菌株,在最佳培养基及培养条件下进行液态发酵制取微生态制剂,并对该制剂的生理功能及活性成分进行了分析研究,结果表明:纳豆芽胞杆菌发酵液具有抑制沙门氏菌、大肠杆菌等致病菌的功能;具有抑制肿瘤细胞生长繁殖及抗氧化的功能;具有溶解纤维蛋白型血栓的功能;该发酵液中维生素 B_2 的含量是发酵前的 24 倍,并含有一定量的氨基酸(陈有容等,2003)。研究了大白鼠肠道细菌的分离纯化,SD 大白鼠口服纳豆芽胞杆菌一周后粪便中细菌、厌氧菌群和需氧菌群的变化,以及纳豆芽胞杆菌与肠道细菌在体外的生长竞争表现。结果表明,肠道厌氧菌群中的双歧杆菌、乳酸杆菌、梭菌和拟杆菌数量均有不同程度增多,其中双歧杆菌数的对数值从 8.510 ± 0.449 增加至 9.278 ± 0.244;而肠杆菌、肠球菌等需氧菌群数量明显减少,肠杆菌数的对数值从 8.213 ± 0.426 减少到 7.709 ± 0.372。体外竞争试验表明,纳豆芽胞杆菌能促进肠道厌氧菌群的生长,而抑制需氧菌群的生长。可见,纳豆芽胞杆菌能有效调整大白鼠肠道菌群数量的变化,起到维持肠道微生态平衡的作用(陈兵等,2003)。

为研究纳豆枯草芽胞杆菌对断奶前犊牛生长性能和免疫功能的影响,选用 12 头 (7 ± 1) 日龄中国荷斯坦公犊牛,随机分为 2 个处理,每个处理 6 头牛。将纳豆枯草芽胞杆菌与牛奶混合饲喂给犊牛;犊牛采食量达到体重的 2% 时断奶,断奶时采集犊牛血液样品,测定血清中 IgA、IgE、IgM 及细胞因子含量。结果表明,饲喂纳豆枯草芽胞杆菌提高了犊牛日增重和饲料转化率,使犊牛断奶日龄提前,从而提高了犊牛生长性能。与对照组相比,饲喂纳豆枯草芽胞杆菌对犊牛血清中 IgE、IgA 和 IgM 水平无影响,但可显著提高 IgG 含量。饲喂纳豆枯草芽胞杆菌可显著提高犊牛血清中 γ-干扰素浓度,对白细胞介素-4 含量有提高趋势,而对白细胞介素-6 和白细胞介素-10 无影响。试验表明犊牛饲喂纳豆枯草芽胞杆菌未激发犊牛体内 IgE 介导的过敏反应,却提高了血清中 IgG 和 γ-干扰素水平,说明纳豆枯草芽胞杆菌作为益生菌有益于提高犊牛免疫功能(孙鹏摘译、臧长江校,2011)。

产酶益生素是益生素产品的升级换代产品,主要成分为高酶活特性的枯草芽胞杆菌、乳酸菌、中草药及载体等,活菌总数 $\geqslant 1.0\times 10^8$ cfu/g,可在提高鸡的生产性能的同时解决鸡舍空气环境污染问题(李凤刚等,2006)。产生抗菌物质的枯草芽胞杆菌菌株 B115 能较强地抑制鲫细菌性败血症病原嗜水气单胞菌(BSK-10)及其他水生动物的致病菌,对金黄色葡萄球菌也有抑制作用。测定了不同培养基(NYDA、BPY、LB)、通气量、pH、接种浓度、营养物质及氯化钠对菌株 B115 的生长及抗菌物质产生的影响和抗菌物质的稳定性,结果显示:菌株 B115 培养于 BPY 培养基,抗菌物质抑制 BSK-10 的作用最强;250mL 三角瓶加 80mL 培养液,最适于抗菌物质的产生;0.5%~1%的接种量,抗菌物质产生最佳;培养基初始 pH7 时,抑菌活性最高,抑菌圈直径为

18mm；葡萄糖能诱导抗菌物质的产生，镁离子、氨离子及柠檬酸钠对抗菌物质的产生没有影响，而磷酸钾和氯化钠抑制抗菌物质的产生。抗菌物质对热不稳定，其抗菌活性随着煮沸时间的延长而减弱，高压灭菌后，抗菌活性完全消失；在4℃冰箱放置15d后，活性完全消失；抗菌物质对pH不敏感，但酸性环境能使它沉淀析出（沈锦玉等，2004b）。

从发酵床养殖垫料堆体中分离筛选到一株细菌，再次接种锯末、稻壳与鸭粪的混合物，与空白对照组相比，堆积时间缩短3d，单位发酵垫料对粪污的处理能力增加，垫料在使用28~49d，氨气排放降低30%~50%。经16S rDNA序列比较，该菌为枯草芽胞杆菌（刘涛等，2010）。从健康的大菱鲆肠道内分离细菌，以大菱鲆致病菌——鲨鱼弧菌（Vibrio archariae）和大菱鲆弧菌（Vibrio scophthalmi）为指示菌，根据拮抗作用原则，分离得到一株菌TYTG-1。根据菌株的形态、生理生化特征和16S rDNA序列分析，该菌株被鉴定为枯草芽胞杆菌。从养殖大菱鲆肠道中分离获得枯草芽胞杆菌在国内属首次报道。该菌株在4~42℃均能生长，属广温性。经过28d的投喂添加浓度为10^7cfu/g和10^9cfu/g枯草芽胞杆菌的饲料，大菱鲆生长正常，未产生不良反应。该株枯草芽胞杆菌对引起大菱鲆腹水病和肠炎病的两株致病弧菌具有良好的拮抗作用，其具有较大潜力作为肠道益生菌应用于大菱鲆的养殖（樊瑞锋等，2011）。

低聚木糖是一种新型饲料添加剂，又称为木寡糖，其主要功效成分是木二糖、木三糖、木四糖。产酶益生素是一种新型活菌饲料添加剂，主要活菌是枯草芽胞杆菌。低聚木糖主要作用是特异性地增殖双歧杆菌等有益菌，产酶益生素本身是饲喂给动物的一种活菌制剂。从理论上讲，低聚木糖与产酶益生素二者合用，能够起到协同作用（张茂华等，2006）。

从健康鸡的肠道中分离出来的枯草芽胞杆菌菌株PB6是一种兼性厌氧菌，增殖速度快。该菌株通过分泌细菌素，能有效地杀灭梭菌及弧菌，同时抑制大肠杆菌、沙门氏菌等一些细菌的生长，从而防止肉鸡坏死性肠炎的暴发和提高肉鸡增重，改善肉鸡料重比。在猪的应用上，研究表明，其具有减少猪的肠胀气、提高增重速度和改善母猪便秘等功能（肖建根，2011）。从牛奶场采集的土壤样品中筛选得到一株蛋白酶的高产菌株，经鉴定为枯草芽胞杆菌，其蛋白酶活力可达682.5U/mL。研究表明：酶反应最适温度为55℃，最适pH为8.5（李林珂等，2006）。

从养猪场健康成年猪粪便中分离、筛选出一株芽胞杆菌。经培养特征、形态观察、生理生化试验及16S rDNA序列分析相似度为98.99%，确定该菌株为枯草芽胞杆菌；进行了该枯草芽胞杆菌与肠道细菌在体外的生长竞争实验，结果表明：肠道厌氧菌群中的双歧杆菌、乳酸杆菌和拟杆菌数量均有不同程度增多，而肠杆菌、肠球菌等需氧菌群数量有所减少，证明该菌株能促进肠道厌氧菌群的生长，而抑制需氧菌群的生长。可见，枯草芽胞杆菌能起到维持肠道微生态平衡的作用，是一株比较理想的潜在益生菌（周宏璐等，2010）。动物微生态制剂（又称为益生素）能够在数量或种类上补充肠道内减少或缺乏的正常微生物，调整或维持肠道内微生态平衡，增强机体免疫功能，促进营养物质的消化吸收，从而达到防病治病、提高饲料转化率和畜禽生产性能的目的。此外还可降低畜禽产品中胆固醇的含量，减少养殖环境及粪便中氨气、硫化氢、有机磷等有害物质的含量，明显减少畜牧业生产对环境造成的污染，具有显著的经济和社会效益。而养殖户在使用颗粒料饲喂动物时，微生态制剂必须与饲料混合制粒后才能用于动物的饲喂，在饲料加工过程中，制粒温度可能会影响微生态制剂中活菌的存活率。为了解制粒温度的不同处理时间对活菌的影响情况，通过对枯草芽胞杆菌进行高温处理及对颗粒料（添加了益生素，其活菌数为2亿个/g）进行活菌数的测定，为该株芽胞杆菌能否制粒及养殖户如何选择合适的微生态制剂提供一定的依据。结果表明，枯草芽胞杆菌经过100℃处理15~60min，损失率均比较低，最高（60min）达15.7%，说明该菌能够耐受一定的高温条件；添加了益生素的饲料经过高温制粒后，其中所含的芽胞杆菌的活菌数与制粒前相比，有一定的损失，但损失率很小，说明该益生菌能够适用于制粒（徐海燕等，2005）。

动物微生物制剂是将动物体内的有益细菌通过人工筛选培育，再经过生物工程工厂化生产出来，专门用于动物营养保健的活菌制剂。现在市场上销售的这类产品名目繁多，如EM菌、光合细菌、芽胞杆菌、硝化细菌、乳酸菌、酵母菌等，都属微生物制剂的同类产品。从其内的有益菌种来讲，美国发布了40种安全有效的有益菌种，我国农业部允许使用的有益菌种有干酪乳杆菌、嗜乳酸杆菌、乳链球菌、枯草芽胞杆菌、纳豆芽胞杆菌、啤酒酵母菌、沼泽红假单胞菌等12种（金红春和杨春浩，2009）。

对分离自健康黄鳝肠道118株菌进行点种法病原菌拮抗试验，结合产酶能力分析试验结果，得到了对病原菌拮抗作用显著和产酶能力较强的拟选菌株HY-136。通过对该菌株进行形态观察、常规生理生化鉴定和应用API50CHB鉴定盒鉴定，结果表明该菌与枯草芽胞杆菌属的形态及生理生化特征相似，进一步利用PCR技术对该菌株16S rRNA序列作测定与分析，序列结果在GenBank中进行Blast同源序列检索，并用Mage4.0软件与芽胞杆菌属的其他菌种进行序列分析比对，结果表明其与已报道的枯草芽胞杆菌序列（登录号为EU346662）具有99.8%的同源性，且二者在所构建的系统发育树上处于同一个分支，因此确定菌株HY-136为枯草芽胞杆菌（贺中华等，2009）。

对枯草芽胞杆菌菌株BS-3在体外对6种常见肠道致病菌（肠产毒性大肠杆菌、肠侵袭性大肠杆菌、肠致病性大肠杆菌、鼠伤寒沙门氏菌、福氏志贺氏菌和宋内志贺氏菌）的拮抗作用进行了研究。结果表明，枯草芽胞杆菌菌株BS-3对宋内志贺菌、肠致病性大肠杆菌及肠产毒性大肠杆菌拮抗作用较为明显（陈天游等，2004）。

选用1日龄健康海兰褐公雏鸡360只，随机分为6个试验组，每组设3个重复，每个重复20只。对照组饲喂基础饲粮，其余5个试验组另饲喂含不同浓度的枯草芽胞杆菌B7和甘露低聚糖制剂，观察雏鸡的生产性能、免疫器官指数的变化。结果表明，与对照组相比，饲粮中添加枯草芽胞杆菌B7和甘露低聚糖均能显著提高雏鸡增重（$P<0.05$），降低料重比（$P<0.05$），试验组免疫器官和血清中IgG的含量也显著升高（$P<0.05$）（徐海燕等，2009）。

通过向高鱼粉和低鱼粉饲料中分别添加不同水平的枯草芽胞杆菌菌株B.S.3755制剂（含B.S.3755菌体2.0×10^9cfu/g），以评估其对凡纳滨对虾生长性能和非特异性免疫力的影响，为B.S.3755在凡纳滨对虾饲料中的应用提供科学依据。结果表明：饲料中添加600mg/kg的菌株B.S.3755制剂可提高凡纳滨对虾生长率和非特异性免疫力，降低饲料系数，并可在不影响生长性能和非特异性免疫力的情况下，以植物蛋白替代对虾饲料中3.5%的鱼粉蛋白（张春晓等，2010）。研究了不同浓度的枯草芽胞杆菌对养殖环境水质和凡纳滨对虾幼体抗病力相关酶活性的影响。结果表明，枯草芽胞杆菌能显著（$P<0.05$）降低化学需氧量（COD）和氨氮（NH_3-N）含量，抑制亚硝酸氮（NO_2-N）的产生；当枯草芽胞杆菌投放浓度为$1.25×10^4$ cfu/mL时，水体中COD、NH_3-N和NO_2-N含量均值比对照组分别降低了65.30%、9.70%和88.64%；20d后测定对虾的碱性磷酸酶（AKP）、过氧化物酶（POD）、酚氧化酶（PO）、超氧化物歧化酶（SOD）、抗菌和溶菌活力，各值相对于对照组分别提高了3.67倍、1.64倍、0.45倍、3.06倍、2.57倍和1.14倍；成活率比对照组提高了10%，增重率是对照组的2.44倍。因此，一定浓度的枯草芽胞杆菌能改善凡纳滨对虾幼体的养殖水质进而提高凡纳滨对虾幼体的抗病力（陆家昌等，2010）。

家畜饲料工业中生产的商品酶制剂的微生物源基本相似，但由于所选择的微生物种属、底物及培养条件不同，使酶的种类和所产生的活性有很大的差异。商品酶产品相对来说是经浓缩和纯化的，含有特定的酶，并有一定的活性，通常不含活细胞。反刍动物日粮中的酶产品来自真菌（主要是长柄木霉、黑曲霉和米曲霉）和细菌（主要是枯草芽胞杆菌）（刘芳和潘晓亮，2007）。近年来，由于药物残留和耐药性问题，抗生素日益引起社会的重视，其作为抗病促生长型饲料添加剂将会受到严格限制。在此情况下，既无残留问题也无抗药性问题的微生态制剂有了越来越广阔的前景，特别是随着相关科学试验的进行并取得了一系列的研究成果，微生态制剂的应用价值逐渐被饲料厂家和养殖用户所肯定，其应用也更加广泛（周小辉和李彪，2009）。

就武汉某奶牛场荷斯坦成母牛饲喂台湾产枯草芽胞杆菌产品72h后，鲜牛奶接种乳酸杆菌不能凝聚的现象，进行了原因分析。结果表明，可能是枯草芽胞杆菌及其代谢产物进入瘤胃后干扰了奶牛瘤胃微生物区系，或者某些未知次代谢产物通过血奶屏障进入牛奶，从而影响了乳酸杆菌在牛奶中的增殖速度（刘晓华等，2009）。抗生素作为饲料添加剂，在畜禽防疫方面虽起到积极的作用，但由于科学水平的提高，国外饲料业和饲养业中很多人反对用抗生素作为饲料添加，这是因为抗生素在预防性应用时，其化学残留污染肉、蛋、奶；另外，抗生素会抑制和杀死肠道内的有益菌群，造成肠道正常菌群生态失调，导致疫病的发生，出现二重感染，有害于人畜健康。鉴于此，国内外专家学者对研究开发微生态制剂用于畜禽养殖日趋关注，从而也促进了这一产业的迅猛发展，国内用于制作微生态添加剂的主要是一些芽胞菌类和乳酸菌类，但长期以来生产成本一直居高不下，对企业的发展造成了障碍；为此，进行了枯芽胞杆菌发酵过程的优化试验，以期降低生产成本。结果表明，优化后的培养条件如下。培养基为：淀粉0.3%，蔗糖0.5%，30.8mg/kg的$MnSO_4$ 0.2%，$K_2HPO_4·3H_2O$ 0.3%，KH_2PO_4 0.15%，豆粕3%，pH7.0~7.5；通气起始比为1:0.5，培养温度37℃，搅拌转数200r/min；发酵过程中控制溶氧相对值不低于20，控制pH不低于6.5，保持罐压为0.04~0.06MPa（崔京春等，2004）。

为考察复合微生态制剂对水产养殖水体的净化作用，将复合微生态制剂MCB以不同的投放量加入各实验养殖池塘中，根据各池中溶氧、氨氮、亚硝酸盐、硫化物含量随时间的变化情况与空白对照池比较。结果表明，施放复合微生态制剂的各实验池均比未加复合微生态制剂的对照池溶氧含量明显增加，氨氮、亚硝酸盐、硫化物的含量明显降低；复合微生态制剂 MCB 的投放周期为 10d 左右，最佳投放量为 9mg/L。每 10d 左右，施放 9mg/L 的复合微生态制剂 MCB，可对水产养殖水体起到较好的净化作用（陈秋红等，2004）。

为考察纳豆芽胞杆菌发酵米糠（RBF）提取物的抗衰老作用，选用 50 只健康的昆明小鼠，随机分为 5 组，即正常对照组、衰老模型组、高剂量组、低剂量组和阳性对照组，正常对照组注射生理盐水，其他各组分别注射相同剂量的 D-半乳糖，持续 40d，而高剂量组、低剂量组和阳性对照组，在注射的同时分别灌胃发酵米糠（RBF）、米糠发酵液 5 倍稀释液（RBF5）和维生素 E，测定各组小鼠血清和肝组织中丙二醛（MDA）含量、超氧化物歧化酶（SOD）和谷胱甘肽过氧化物酶（GSH-Px）活性变化。结果表明，3 个灌胃组小鼠的 MDA 含量与模型组相比，均有不同程度减少，而 SOD 和 GSH-Px 的活性均有不同程度增强，并且灌服高剂量和低剂量的 RBF 组小鼠的酶活力恢复至正常水平；这说明 RBF 有很好的抑制脂质过氧化和增强抗氧化酶活性的作用，适用于生产保健食品（祁红兵等，2010a）。

枯草芽胞杆菌菌株 B115 分离自水产养殖池塘，对鱼类细菌性败血症致病菌具有较强的拮抗能力。除去菌体培养液用浓盐酸沉淀，乙醇抽提所得的拮抗物粗提液对热不稳定，4℃保存不能超过两周，-18℃保存不能超过 45d，对胰蛋白酶不敏感，对蛋白酶 K 部分敏感，对氯仿敏感，其作用活性 pH 范围较广，对 pH 不敏感。粗提液经羟甲基纤维素（CM）柱离子交换层析和 P-60 柱层析，得到一个拮抗活性峰 P2。粗提物经丙酮分级沉淀及高压液相色谱分离，得到较纯的抗菌肽（LP），经质谱仪测定分子质量为 803.6Da。1L 发酵的细菌培养液可得到约 1mg LP 纯品（沈锦玉等，2005）。

烂鳃病是日本沼虾（*Macrobrachium nipponnensis*）养殖生产常见的疾病。该病传染性强，病程长，发病率高，死亡率也可高达 70%。嗜水气单胞菌和弧菌等条件致病菌的大量存在是此病诱发的主要原因。枯草芽胞杆菌菌株 ZJU-1 对病原性嗜水气单胞菌有拮抗作用，但对日本沼虾没有致病性，其存在不影响虾的活动、摄食和生长发育，可用于烂鳃病的防治（王玉堂，2009a）。

枯草芽胞杆菌是饲用微生态制剂的常用菌种之一，芽胞杆菌在成熟期以芽胞状态存在，具有天然耐酸和耐胆盐等优点。枯草芽胞杆菌通过定殖到目标动物肠道中，经生物夺氧作用，拮抗致病微生物，并产生多种消化酶及营养物质，产生有益代谢产物，不仅改善原料风味，更重要的是它可调节消化道健康，增强动物体的免疫功能，最终预防疾病的发生，达到促进目标动物生长和提高饲料转化率的作用。枯草芽胞杆菌可促进动物营养的消化吸收、提高饲料转化率、对防病和促进生长起到重要作用，因而越来越多地被研制成饲用微生态制剂（孙笑非，2009）。

进行了 La（Ⅲ）抑菌实验，采用比浊法、平板计数法、滤纸片法对大肠杆菌、金黄色葡萄球菌和枯草芽胞杆菌进行测定，结果表明：所用抑菌物对供试菌均有不同程度的抑制作用，当 La（Ⅲ）的浓度为 $1.0 \times 10^{-6} \sim 1.0 \times 10^{-4}$ mol/L 时抑制作用最明显，且随着 La（Ⅲ）离子浓度增大，抑菌作用趋势增强（吴士筠，2005）。为研究枯草芽胞杆菌对禽舍分离致病菌的抑菌作用，采用常规方法对禽舍中采集的微生物进行分离、培养，并采用生化试验及动物试验等方法鉴定菌种及毒性，同时借助平板抑制试验检测枯草芽胞杆菌分离菌株的抑菌作用。结果表明，该研究分离的枯草芽胞杆菌菌株对致病性大肠杆菌、沙门氏菌、肠球菌属细菌均没有抑制作用，但其对变形菌属细菌、金黄色葡萄球菌表现出不同程度的抑制作用。说明用枯草芽胞杆菌来抑制畜禽舍环境中的一些常见致病菌存在一定的潜力（王城等，2010）。

进行了枯草芽胞杆菌在断奶仔猪阶段的应用试验，结果表明，枯草芽胞杆菌制剂"派富-20"能提高饲料的利用率和转化率，以及猪的消化功能，降低料肉比，增强仔猪的抗病力和免疫力，减轻和防止仔猪腹泻的发生，减少断奶失重，提高仔猪的群体整齐度（张绍君等，2009）。

枯草芽胞杆菌为大多数动物肠道中的过路菌群，被世界各国列为允许在畜禽体内使用的益生素生产菌种。其作为饲料添加剂的作用主要有以下几方面：其一，枯草芽胞杆菌以其芽胞进入动物消化道内虽然不能增殖，但能迅速生长发育并分泌活性很强的胞外酶——蛋白酶、脂肪酶、淀粉酶、果胶酶、纤维素酶、葡聚糖酶，这些活性酶直接作用动物消化道的"酶池"，降解饲料中相应的营养成分，提高饲料中营养成分的消化，从而提高蛋白质和能量的利用率，降低料肉比（王振华和潘康成，2007）。枯草芽胞杆菌是一种好氧的革兰氏阳性菌，是对人畜无毒无害的细菌，在自然界分布广泛，国内外均允许将其用于饲料添加剂。枯草芽胞杆菌在水中增殖后产生的许多胞外酶能把养殖水体和底泥中的淀粉、蛋白质及脂肪等有机质分解，从而达到降低养殖水体富营养化和减少底泥生成的作用。通过枯草芽胞杆菌降解水中富余有机物，降低氨氮浓度，稳定其他各项理化指标，以达到改良水质和维持养殖水体生态平衡的目的。因此，枯草芽胞杆菌已被广泛应用于水产养殖中。为研究枯草芽胞杆菌对水质的净化效果，在前人工作的基础上做了进一步试验，为枯草芽胞杆菌在养殖水质的生态调控应用提供参考。研究结果证实，枯草芽胞杆菌有明显降低水体中的氨氮、亚硝酸盐等的作用，能有效改善水体各项水化学指标，起到改善水质的作用（孙冬岩等，2009）。

利用16S rDNA分析对芽胞杆菌型益生菌Pab02进行系统进化鉴定。首先提取菌株Pab02的基因组DNA，根据不同种属细菌的16S rDNA序列两端的保守性设计通用引物，对菌株Pab02的16S rDNA进行PCR扩增，并对扩增到的目标片段进行测序，将测序结果与NCBI上已知菌种的16S rDNA序列进行Blast对比，初步构建系统进化树进行分析，再结合传统的形态观察及生理生化特性综合鉴定，最终确定为枯草芽胞杆菌（冯兴等，2008）。利用具有卡那霉素抗性和能分泌α-淀粉酶的生物工程菌枯草芽胞杆菌菌株BS964作为微生物饲料添加粉剂，饲喂不同发育时期的鸡，分别测其平均日增质量。根据实验结果，证实枯草芽胞杆菌BS964对鸡的生长有促进作用；还分析了不同时期饲喂菌株BS964对鸡生长的影响，结果表明，对鸡开始饲喂菌株BS964的时间越早，饲喂的次数越多，能越有效地促进鸡的生长（郑永利等，1998）。

利用四联活菌制剂，在室内进行了对养殖池塘水体中氨氮及亚硝酸盐的降解试验。结果表明，光合细菌、纳豆芽胞杆菌、乳酸菌、硝化细菌具有较好的氨氮、亚硝酸盐降解性能，随着添加质量浓度的增加，氨氮、亚硝酸盐的去除率增加；各菌株氨氮降解能力依次为：乳酸菌＞光合细菌＞硝化细菌＞纳豆芽胞杆菌。亚硝酸盐降解能力依次为：硝化细菌＞纳豆芽胞杆菌＞光合细菌＞乳酸菌。四联活菌制剂对养殖水体中氨氮及亚硝酸盐降解试验结果表明，乳酸菌、光合细菌、硝化细菌、纳豆芽胞杆菌的协同作用对氨氮、亚硝酸盐的降解效果更显著、快速。当制剂添加量分别为 $1.5kg/hm^2$、$3.0kg/hm^2$、$4.5kg/hm^2$ 时，5d 氨氮的去除率分别为 52%、80%、74%，亚硝酸盐的去除率接近 100%，结果均显著高于添加同剂量单一菌株时的氨氮、亚硝酸盐的去除率（施大林等，2009）。

纳豆芽胞杆菌是一种可作为绿色饲料添加剂的益生菌。报道了以豆粕为原料，在固体发酵条件下纳豆菌的生长曲线；豆粕的浸水量、浸泡水酸碱度、NaCl 添加量、碳氮源对菌生长的影响；发酵豆粕干燥加工时载体玉米粉的添加量，低温干燥和高温处理对活菌数的影响。结果表明，发酵 16h 时纳豆菌生长达到高峰期；当豆粕中加 pH6.5 的浸泡水使含水量达 60%，添加 NaCl 0.30%、葡萄糖 5%、明胶 5% 时，较为适宜纳豆菌生长。在产品干燥加工中，发酵豆粕与玉米粉的适宜配比为 1∶1，65℃ 条件下加温处理 60min 以内对产品中活菌数影响不显著。75℃ 以上的高温处理，会导致活菌数下降（金燕飞等，2006）。

从 8 株枯草芽胞杆菌中筛选出一株适合于豆粕粉水解的枯草芽胞杆菌菌株；通过正交试验确定最佳水解条件为：豆粕粉 6%，pH6.0，温度 30℃，发酵时间 48h；用某曲霉菌产生的羧肽酶水解枯草芽胞杆菌的发酵液，经氨基酸自动分析仪测定产物中游离氨基酸的含量和种类，初步确定了枯草芽胞杆菌蛋白酶的主要酶切位点（万琦等，2003）。

选择健康、产蛋均匀的 45 周龄尼克珊瑚粉蛋鸡 540 只，随机分为 3 组，每组 6 个重复，每个重复 30 只鸡，其中两个组为试验组，另一组为对照组。采用单因子试验设计，试验组分别在基础日粮中添加 250mg/kg、500mg/kg 的枯草芽胞杆菌制剂，对照组饲喂基础日粮，进行为期 4 周的试验，研究日粮中添加枯草芽胞杆菌制剂对产蛋鸡生产性能、蛋品质及营养物质消化率的影响。结果表明：①在蛋鸡日粮中添加枯草芽胞杆菌制剂具有改善料蛋比、降低死淘率、显著降低鸡蛋破损率（$P<0.05$）、提高个蛋重和蛋壳厚度的趋势；②蛋鸡日粮中添加枯草芽胞杆菌制剂显著提高了日粮粗蛋白质和有机物消化率（$P<0.05$）（李俊波等，2009）。为研究纳豆枯草芽胞杆菌在犊牛瘤胃中可能的作用机理，选取 24 头 7 日龄左右中国荷斯坦奶牛公犊牛，分为试验 1 组、2 组及对照组。试验 1 组、2 组犊牛直接饲喂 N1 型和 Na 型纳豆枯草芽胞杆菌菌液，对照组不饲喂菌液，当各组犊牛开食料采食量达到规定要求时断奶。断奶时每组随机选取 4 头犊牛屠宰，剩余 12 头犊牛继续饲喂，8 周后屠宰。结果表明：①在断奶时及断奶后 8 周，试验 1 组犊牛瘤胃 pH 显著低于对照组和试验 2 组（$P<0.05$）；②断奶时及断奶后 8 周两处理组犊牛瘤胃总挥发性脂肪酸显著低于对照组（$P<0.05$）；断奶早期 3 组犊牛瘤胃食糜中乙酸的摩尔分数差异不显著，而断奶 8 周后试验 1 组犊牛瘤胃中乙酸的摩尔分数较对照组低（$P<0.05$）；与对照组相比，断奶时试验组犊牛瘤胃中丙酸的摩尔百分比显著降低（$P<0.05$），而断奶后 8 周各组间无显著差异；③断奶早期试验 2 组犊牛瘤胃中氨氮浓度显著低于对照组（$P<0.05$），试验 1 组氨氮浓度较对照组略低，但无显著差异；断奶后 8 周两处理组犊牛瘤胃中氨氮浓度显著低于对照组（$P<0.05$）；

④整个试验期对照组犊牛瘤胃中，中性蛋白酶活性显著高于两试验组（$P<0.05$），而外切葡聚糖酶活性显著低于两试验组（$P<0.05$），各组犊牛瘤胃中β-葡萄糖苷酶和内切葡聚糖酶活性无显著差异。试验说明在犊牛生长的不同时期，不同类型纳豆枯草芽胞杆菌的饲喂效果不尽相同；日粮中添加纳豆枯草芽胞杆菌有利于瘤胃的发育，从而促进犊牛生长（张海涛等，2009）。

罗非鱼鱼苗的养殖水体中引入不同浓度的枯草芽胞杆菌，检测水体的水质指标、鱼苗体内与免疫相关酶的酶活力、鱼苗的生长率和成活率。结果表明，至实验结束时（19d后），引入 1.0×10^4 cfu/mL 枯草芽胞杆菌实验组，氨氮和亚硝酸盐氮含量分别为2.72mg/L、0.15mg/L，显著低于对照组（$P<0.05$）；碱性磷酸酶（AKP）活力、抗菌活力分别达 249.9U/g 蛋白质、$0.59\mu g$/mL，显著高于对照组（$P<0.05$）；鱼苗成活率也显著高于对照组（$P<0.05$），比对照组提高了11.0%。结果显示，适合浓度的枯草芽胞杆菌能有效地改善鱼苗养殖水体的水质，提高机体免疫力和成活率（刘慧玲等，2009）。

洛东酵素（为洛东纳豆芽胞杆菌、淀粉酶和蛋白酶系列产品的简称）是微生态制剂中的一种，其产品和相关配套使用技术由日本洛东化成工业株式会社在20世纪60年代研制而成。该技术在日本使用已达30年，推广使用面积占日本养殖总量的60%以上。洛东酵素主要成分是纳豆芽胞杆菌、酵母菌、淀粉酶、蛋白酶，其中纳豆芽胞杆菌和酵母菌在我国农业部1999年公布的可以直接饲喂动物的饲料级微生态添加剂菌种之列，是安全无毒的（佚名17，2010）。

纳豆枯草芽胞杆菌作为犊牛直接饲用微生物对增强犊牛机体免疫和促进胃肠发育有益，然而以豆类物质为发酵底物的微生物制剂不适用于犊牛。采用纳豆枯草芽胞杆菌液体培养方法，对培养条件的氮源、碳源、接菌量、装液量、转速和温度进行正交试验，结果表明，在葡萄糖1%、蔗糖1%、大豆蛋白胨6%、胰蛋白胨4%、接种量2%、装液量5mL/dL、转速180r/min、温度37℃的培养条件下，发酵24h时，660nm吸光度值达1.1475。之后进行不同装液量试验，结果表明1000mL容器装液量为400mL时，菌体细胞数量达到最高（4.6×10^{10}cfu/mL）（邓露芳等，2008）。

纳豆芽胞杆菌是一种可作为绿色饲料添加剂的益生菌，试验通过以豆粕为原料的纳豆，初步探索纳豆芽胞杆菌的发酵培养的最优条件，试验结果表明，培养基条件为葡萄糖2.5%，蔗糖1.5%，$(NH_4)_2SO_4$ 0.02%，NaCl 0.6%时的效果最好（汤倩倩等，2010）。

取1日龄AA肉鸡240只，随机分成4组，分别饲喂添加含0.0%菊糖（对照组）、0.3%菊糖、0.1%枯草芽胞杆菌、0.3%菊糖+0.1%枯草芽胞杆菌的玉米-豆粕型日粮42d。垫料平养，自由采食和饮水。于21日龄、42日龄用平板菌落计数法测定肉鸡盲肠菌群数量和用纳氏试剂法测定排泄物氨气。结果表明：21日龄时，菊糖和枯草芽胞杆菌可降低大肠杆菌和沙门氏菌的数量，以菊糖+枯草芽胞杆菌组影响更为显著，但对总需氧菌和乳酸杆菌数量差异不显著；42日龄时，菊糖和枯草芽胞杆菌对大肠杆菌和沙门氏菌数量降低的作用更加明显，对总需氧菌影响仍然不大，但可增加乳酸杆菌数量，从而调节肉鸡肠道微生态环境；菊糖和枯草芽胞杆菌能有效减少肉鸡排泄物氨气散发量，以菊糖＋枯草芽胞杆菌组作用更为显著，有利于改善肉鸡鸡舍环境（孙瑞锋等，2008）。

溶栓疗法是治疗血栓性疾病安全且有效的手段，从微生物中寻找溶栓药物是一种理想有效的途径。枯草芽胞杆菌菌株 BS-26 发酵液具有很强的体外纤溶活性，利用纤维蛋白平板法检测了菌株 BS-26 发酵液的纤溶酶活性，并利用硫酸铵分级盐析、DEAE-Sepharose Fast Flow 阴离子交换层析和聚丙烯酰胺制备电泳等方法，进行分离纯化。结果表明，该菌株产生的纤溶酶在 50℃以下和 pH5.0～11.0 时具有较好的稳定性，最适作用温度为 42℃，最适 pH 为 9.0，Mg^{2+}、Ca^{2+}对此酶有明显的激活作用，而 Cu^{2+}能完全抑制酶的活性；174.2μg/mL 的苯甲基磺酰氟、1000/mL 的鸡卵类黏蛋白和 1000μg/mL 大豆胰蛋白酶抑制剂能完全抑制酶活性，初步说明此酶属于丝氨酸蛋白酶类；体外溶纤作用表明，该酶溶解纤维蛋白的方式是直接溶解，而不是通过激活纤溶酶原。从该菌株的发酵液中获得了一种纤溶酶组分，比活力达 8750U/mg，回收率为 3.2%，所获得样品纯度相对于发酵液提高了 41 倍，该酶在 SDS-PAGE 中是单肽链蛋白，分子质量为 32kDa。该研究获得了一种纤溶酶的单一组分，为纤溶酶发酵产品的大规模纯化及进一步研制和开发新的溶栓药物提供重要理论依据（牛术敏等，2008）。

选择 16 窝 8 日龄杜长大三元杂交哺乳仔猪，按分娩日期、产仔数相近的原则随机分成 4 组，每组 4 窝；对照组（Ⅰ组）饲喂基础日粮添加 0.01% 金霉素，试验组（Ⅱ、Ⅲ、Ⅳ组）饲喂基础日粮中分别添加 0.01%、0.05% 和 0.10% 的枯草芽胞杆菌，研究枯草芽胞杆菌对仔猪生产性能的影响。结果表明，饲喂枯草芽胞杆菌的试验猪与金霉素对照组相比，仔猪平均日增重明显提高，腹泻发生率得到降低，枯草芽胞杆菌各组均高于金霉素对照组；枯草芽胞杆菌以 0.10% 添加为最好，但各组间均差异不显著（$P>0.05$）。因此，枯草芽胞杆菌对提高仔猪生产性能有良好的效果，枯草芽胞杆菌完全能够替代饲料中的金霉素（黄雪泉，2010）。在断奶仔猪基础日粮中分别添加 0.5‰、1‰、2‰ 枯草芽胞杆菌制剂，观察其对断奶仔猪促生长作用，试验历时 35d。结果表明，添加枯草芽胞杆菌制剂的试验组末期平均净增重、日增重和头均耗料均高于空白对照组，且与添加枯草芽胞杆菌制剂的剂量成正比，但料重比并非成正比关系。综合分析得出：在断奶仔猪日粮中以 1‰ 枯草芽胞杆菌制剂的添加量较佳（朱五文等，2007）。

为探讨微生态制剂用于母猪和仔猪日粮中对仔猪生长性能及健康状况的影响，选取胎次相同、繁殖性能相近、产仔时间相近的母猪 36 头，随机分成两组，每组 18 头母猪，分 3 个重复。其产后的仔猪也按此分组方式。对照组在各阶段均饲喂商业日粮，试验组在对照组基础上添加枯草芽胞杆菌。结果表明，日粮添加枯草芽胞杆菌可以减少哺乳仔猪的腹泻，提高断奶活仔数和断奶体重，减少断奶后的生长抑制，促进断奶仔猪的生长（刘影等，2010）。为研究枯草芽胞杆菌制剂（DBSC）替代抗生素对肉鹅早期的促生长作用，选用 1 日龄杂交商品雏白鹅 96 只，随机分为 4 个处理组，每个处理 4 个重复，分别饲喂基础日粮、黄霉素（5g/t）日粮、DBSC（250g/t）日粮和 DBSC（500g/t）日粮。试验期 28d，每隔 2 周统计其生产性能；在第 26～28 天内，连续 3d 收集排泄物，用以测定日粮干物质和能量的存留率。结果显示，与空白对照相比，日粮中添加 250g/t DBSC 对肉鹅的促生长效果与黄霉素组相当（$P>0.05$）；继续增加 DBSC

的添加量无促生长效果（$P>0.05$）；DBSC 添加效果可能与改善日粮干物质和能量的存留率有关（谭荣炳等，2008）。为研究枯草芽胞杆菌制剂对肉鸡的生长性能和经济效益的影响，选用 90 羽 7 日龄的肉仔鸡，随机分成 3 个处理组，每个处理设 3 个重复，对照空白组饲喂基础日粮，抗生素组饲喂基础日粮加 0.05% 的硫酸新霉素制剂，试验组饲喂基础日粮加 0.1% 的枯草芽胞杆菌制剂，试验期 35d。结果：试验组鸡的平均采食量均略高于两对照组（$P>0.05$）；试验组的饲料转化率较空白对照组提高 3.14%，比抗生素组低 1.59%（$P>0.05$）。经济效益分析：试验组比空白对照组减少净增重耗料成本 0.148 元/kg，相对经济效益提高了 3.48%；比抗生素组减少净增重耗料成本 0.083 元/kg，相对经济效益提高了 1.98%。结果表明在较高的营养水平条件下添加制剂对肉鸡生长具有一定的促进作用，取得较好的饲料转化效率和经济效益（薛冬玲等，2005）。

饲粮经微生物发酵后，能将机体难以消化吸收的粗蛋白质、淀粉中的大分子物质，分解转变成易消化吸收的葡萄糖、氨基酸和维生素等小分子营养物质，而且能大大降解粗纤维，产生大量的生物活性物质，从而提高饲料的消化吸收率和营养价值。利用多种微生物菌种共生配伍发酵的"富畜康"全发酵仔猪饲料，富含枯草芽胞杆菌、植物乳杆菌、干酪乳杆菌、嗜酸乳杆菌、啤酒酵母菌及多种活性代谢产物（多糖、活性酶、有机酸、多肽、植物甾醇、三萜皂苷等），适口性好，而且能提高食欲、增强断奶仔猪抗病能力，日增重提高 9.65%，饲料利用率提高 15.14%，降低饲养成本（曹建国等，2007）。饲用微生物添加剂是一类无毒、无不良反应、无毒性残留的新型饲料添加剂。目前用于制造饲用微生物添加剂的主要菌种按使用微生物种类将其分为以下 2 种：①芽胞杆菌制剂，此类菌属在动物肠道中零星存在，由于其能形成芽胞，故具有耐高温、耐干燥、耐制粒过程、耐消化道环境的优点，目前最常用的有枯草芽胞杆菌和地衣芽胞杆菌；②乳酸菌制剂，此类菌属是动物肠道中的正常微生物，能够分解糖类（邓世权，2006）。

随着抗生素饲料添加剂的广泛使用，人们逐渐开始认识到抗生素添加剂所带来的弊端，并呼吁开发绿色饲料添加剂替代抗生素。对畜禽产品的需求从量到质转变，从吃饱到吃好、吃健康、吃风味的转变。这种消费需求的转变使绿色产品、有机食品有了发展空间。生产绿色产品必然要实现产品有机轮回的转变返回到自然生产状态，这使得抗生素添加剂在饲料中的应用必然受到限制。因此，世界各国对新型绿色饲料添加剂的研究与应用十分重视，在饲料工业竞争中视为提高品质的关键。微生态制剂也称为活菌制剂、益生素，它是可以直接饲喂的有益活体微生物制剂。通过维持肠道内微生态平衡而发挥作用，具有防治疾病、增强机体免疫力、促进生长、增加体重等多种功能，且无污染、无残留、不产生抗药性，可作为抗生素的替代品应用于饲料添加剂中。其中，枯草芽胞杆菌以其抗菌性能好、良好的稳定性及对动物和人具有很好的益生作用，目前受到广大研究者的青睐（高传庆，2010a）。

以从豆豉中分离出来的枯草芽胞杆菌 KMF-6 为出发菌株，对其在液体培养基中的生长和生理特性进行了研究；结果表明，菌株 KMF-6 除具有普通芽胞杆菌抗外界不良环境的能力外，还具有生长速度快、产酶能力高等特点，将该菌粉制剂作为饲料添加剂开发应用,具有良好的市场前景(杜冰等,2008)。随着生物技术的发展,益生素在生活和生产中的作用越来越重要。从应用范围讲,在药品、食品、饲料、饮料、肥料、生物、纺织及环境处理等方面无处不用,而且都具有良好的经济效益。1999年,我国农业部公布了可以直接饲喂动物的12种饲料级微生物添加剂菌种:干酪乳杆菌、植物乳杆菌、嗜酸性乳杆菌、粪链球菌、乳链球菌、枯草芽胞杆菌、纳豆芽胞杆菌、乳酸片球菌、啤酒酵母、产朊假丝酵母、沼泽红假单胞菌、曲霉。目前,国内外市场上的益生素主要以芽胞杆菌、乳酸菌及酵母菌为主。生产上益生素的使用形式有2种:一种为单一菌属组成的单一型制剂;另一种为多种不同菌属组成的复合菌制剂(张秀文等,2007)。

在益生素的研制过程中分离到一枯草芽胞杆菌N菌株,并对其发酵代谢产物进行了测定,为揭示芽胞杆菌促进生长、提高饲料转化率的机理提供了理论依据。枯草芽胞杆菌N菌株在其生长繁殖过程中能够产生淀粉酶、蛋白酶和少量脂肪酶、纤维素酶、植酸酶等酶类;能够产生乙酸、丙酸和丁酸等挥发性脂肪酸,这些物质能够降低动物肠道pH,可有效抑制有害菌的生长,为乳酸菌的生长创造了酸性条件。枯草芽胞杆菌N菌株在其生长繁殖过程中能够自身合成维生素C、维生素B_1、维生素B_2、维生素B_6,为动物提供营养物质,从而促进动物生长和提高其生产性能(徐海燕等,2006)。

为改良丁鱥饲料成分,研究了从丁鱥肠道中分离的枯草芽胞杆菌蛋白酶的生理生化性质。方法及结果:枯草芽胞杆菌经发酵培养,破碎细胞,通过45%~85%饱和度的硫酸铵沉淀分离得到了一种碱性蛋白酶,SDS-聚丙烯酰胺凝胶电泳显示该蛋白酶分子质量为59kDa,最适温度为40℃,温度的稳定性为50℃以下,最适pH为9.8。低浓度的EDTA对该酶无明显抑制作用;Ca^{2+}完全抑制该酶的活性,Pb^{2+}对酶活力有一定抑制作用。新分离出的这种蛋白酶有助于进一步开发含有添加蛋白酶制剂的鱼饲料(熊晖等,2009)。

采用杯碟法、对峙培养法和平板对扣法分别检测了枯草芽胞杆菌菌株CCTCC M207209的活菌菌碟、无菌体发酵液、多糖提取液、蛋白质粗提液及其挥发性气体产物对金黄色葡萄球菌、肠球菌、化脓链球菌、大肠杆菌、沙门氏菌等食源性病原菌的抑制作用。结果表明,菌株CCTCC M207209的活菌菌碟和发酵液对所有参试病原菌均有显著抑制作用;蛋白质粗提液对除化脓链球菌以外的所有病原菌有显著抑制作用;挥发性气体产物对所有病原菌均无抑制作用;所有抑菌活性物质对金黄色葡萄球菌的抑制作用最强,初步确定其为蛋白质类物质(孙卉和师俊玲,2009)。

为探讨枯草芽胞杆菌菌株fmbJ株产生的脂肽抗鸡柔嫩艾美耳球虫的效果,并对其溶血活性进行测定,选取7日龄雏鸡75只随机分为5组,分别为感染不用药组、抗球虫药(氨丙啉)饮水组、灌胃脂肽组、肌肉注射脂肽组及不感染不用药组。除不感染不用药组外各组均人工感染1×10^5个孢子化卵囊。于感染后第7天收集粪便,第9天剖杀观察各组抗球虫效果。脂肽的溶血活性利用比色法测定。结果表明,感染不用药组、抗球虫药饮水组、灌胃和肌肉注射脂肽组对柔嫩艾美耳球虫的抗球虫指数(ACI)分别为18.71、185.45、161.40和109.83。溶血活性测定表明,其溶血程度随着脂肽浓度的增加而升高。口服枯草芽胞杆菌菌株fmbJ产生的脂肽具有中效抗柔嫩艾美耳球虫效果,但低于已知的抗球虫药氨丙啉,并且多次口服给药效果要高于一次肌肉注射给药。

溶血实验表明其具有溶血活性（黄现青等，2006）。枯草芽胞杆菌菌株 fmbR 能够产生抗菌物质，对革兰氏阳性菌和革兰氏阴性菌具有显著的抑菌效果。研究了该抗菌物质对温度、pH 和 3 种蛋白酶（胰蛋白酶、胰凝乳蛋白酶、胃蛋白酶）的稳定性，研究结果表明：抗菌物质在 pH7.0，20～120℃时，抑菌活性不发生变化；此外在室温，pH 为 2.0～12.0 时抗菌物质保持稳定，抑菌活性不受影响；结果还表明：抗菌物质对胃蛋白酶的作用表现出很高的稳定性，而胰蛋白酶和胰凝乳蛋白酶能够在一定条件下将抗菌物质降解（别小妹等，2006）。

挑选品种、胎次、体重、产奶量、泌乳期等生理状况基本相似的荷斯坦花奶牛 24 头，随机分为 4 组，A 组为对照组。4 个组在饲料配方、饲养管理、环境条件均一致的状况下，试验组（B、C、D 组）在基础日粮的水平上添加不同剂量的枯草芽胞杆菌微生态制剂，分别统计不同时期各组的产奶量和奶成分。结果表明：不同活菌数的枯草芽胞杆菌对奶牛产奶量和奶成分有不同程度的影响，3 个试验组试验后比试验前产奶量有不同程度的增加，B、C、D 组产奶量分别增加 3.07%、23.30%、19.80%。试验后试验组比同期对照组产奶量增加，C 组、D 组差异极显著（$P<0.01$）。不同活菌数的枯草芽胞杆菌对牛乳成分也有不同程度的影响，脂肪在试验后比试验前下降，其中 B 组下降的百分点最小（1.79%），但 D 组增加 0.87%，试验期间试验组比同期对照组脂肪增加，D 组差异显著（$P<0.05$）；蛋白质在试验后比试验前增加，其中 B 组增长百分点最大（3.09%），C 组增长的百分点最小（0.7%），试验期试验组比同期对照组蛋白质降低，C 组差异显著（$P<0.05$）；非脂固形物在整个试验阶段试验组与同期对照组相比无显著差异，并且在试验后比试验前略有增长，其中试验组 B 增长的百分点最大。说明不同剂量枯草芽胞杆菌对奶牛的产奶量和奶成分有不同程度的影响（王振华等，2006）。

通过动物试验来考察纳豆芽胞杆菌发酵米糠的提取物（RBF）对小鼠肠道正常菌群生长的影响。结果表明：灌胃 RBF 能够显著促进以乳酸杆菌、双歧杆菌等厌氧菌为优势菌群的小鼠肠道正常菌群的生长，抑制肠杆菌、肠球菌等好氧菌的增殖，作用效果与微生态制剂双歧三联活菌相当。在纳豆芽胞杆菌的米糠发酵物中，纳豆芽胞杆菌及其米糠发酵成分均对小鼠肠道的正常菌群具有调节作用，两者复合能发挥更强的功能（祁红兵等，2010）。

通过人工瘤胃持续发酵体系，研究添加不同浓度纳豆芽胞杆菌对瘤胃微生物发酵的影响。试验设 3 个处理组，即空白对照组（CK），添加人工瘤胃发酵罐容积 1% 的纳豆芽胞杆菌处理 1 组（TR1）和添加人工瘤胃发酵罐容积 5% 的纳豆芽胞杆菌处理 2 组（TR2）。试验结果表明，添加纳豆芽胞杆菌处理组有提高瘤胃 pH 的趋势，但差异不显著（$P>0.05$）。TR2 组 NH_3-N 浓度始终高于对照组（CK）（$P<0.05$），但 TR1 与 CK 比较没有显著差异（$P>0.05$）。试验中 TR1 和 TR2 组微生物蛋白（MCP）值均显著低于 CK 组（$P<0.05$）。与 CK 组相比较，添加纳豆芽胞杆菌处理组挥发性脂肪酸（VFA）各指标均有不同程度的提高，其中 TR2 组乙酸、丙酸、丁酸和挥发性脂肪酸总量分别提高 6.52%、1.96%、11.02% 和 5.77%（$P<0.05$），乙酸：丙酸比例显著上升（$P<0.05$）；但在 TR1 和 TR2 组之间，TR2 组除了丁酸含量显著高于 TR1 组

（$P<0.05$）外，其余指标差异均不显著。研究结果表明，纳豆芽胞杆菌对瘤胃氮的转化利用有一定负面影响，但提高了瘤胃碳水化合物的消化代谢（邓露芳等，2008）。

微生态制剂都含有枯草芽胞杆菌、沼泽假红单胞菌、硝化菌、反硝化菌、酵母菌等菌中一种以上的菌种。水产专用鱼肥是固体型复合水产专用鱼肥，可用于一切水产养殖，能促进有益藻类的生长，抑制低价值藻类生长（高光明，2006）。

为了解微生态制剂枯草芽胞杆菌对生长猪的影响，在湖南永州某猪场进行了微生态制剂饲养仔猪的试验。结果表明，试验组（饲料中添加有微生态制剂）较对照组采食量提高 2.17%；实验组猪日增重比对照组高 17.80%，差异极显著（$P<0.01$）；实验组猪的料重比与对照组低 3.36%，差异显著（$P<0.05$）（唐伟，2011）。为从饲料应用学的角度对纳豆芽胞杆菌的各项特性进行测试，并总结出一套可行的试验方法和结果判断标准，通过对纳豆芽胞杆菌的形态和生化培养性质观察，不同温度、酸度、胆盐、人工胃液处理对纳豆芽胞杆菌存活率的影响，常用药物添加剂、微量元素对纳豆芽胞杆菌生长的影响，以及纳豆芽胞杆菌对几种致病菌和抗营养因子的影响进行了研究。结果表明，纳豆芽胞杆菌对高温、酸性、胆盐和人工胃液有一定的耐受能力，对大肠杆菌和金黄色葡萄球菌都有较强的抑制作用，并能分解饲料中抗营养因子如半纤维素、植酸盐和果胶。结果提示，纳豆芽胞杆菌是优良的饲用微生物添加剂（董尚智等，2009）。

为净化渔业养殖水质，研究了从水产养殖水体及底泥中分离的枯草芽胞杆菌的水质净化作用。结果表明，枯草芽胞杆菌可迅速有效地降低水体中的硝酸盐、亚硝酸盐含量，4d 去除率均达 99% 以上；可有效降低水体的 pH；对水体中溶氧和硫化物含量的影响较小。枯草芽胞杆菌能够在一定程度上改善养殖水体的水质状况，对模拟养殖水体的水质具有一定的净化作用（张峰峰等，2009）。为考察饲料中添加枯草芽胞杆菌、复合芽胞杆菌、加酶益生素Ⅰ3种微生态制剂对鲤鱼生产性能的影响，选择 180 尾初始体质量［平均体质量（43.67 ± 0.55）g］相近的健康鲤鱼，随机分为 4 个处理组，每个处理 3 个重复，共 12 个重复，每个重复饲养 15 尾鲤鱼，分别饲喂：A（对照组）、B（添加枯草芽胞杆菌 1000mg/kg）、C（添加复合芽胞杆菌 2500mg/kg）、D（添加加酶益生素 1100mg/kg）4 种不同饲料，试验期 45d。试验结果表明：①饲料中添加微生态制剂有提高鲤鱼的生产性能的趋势，但与其他各组间差异不显著（$P>0.05$），其中以添加枯草芽胞杆菌的效果最好；②饲料中添加不同微生态制剂对鲤鱼躯体肥满度、成活率的影响差异不显著（$P>0.05$）；③不同微生态制剂对鲤鱼的体蛋白含量、体脂肪含量和水分含量影响不显著（$P>0.05$），但加酶益生素Ⅰ可显著提高鱼体灰分含量（$P<0.05$）（罗辉等，2010）。

为了解规模化生物床养殖场垫料中主要有益微生物枯草芽胞杆菌及重金属残留安全性问题的影响，测定使用了 18 个月和使用了 24 个月后的养猪垫料中主要微生物枯草芽胞杆菌、微量元素含量及重金属残留等，并对其垫料进行了有机肥品质评价。结果表明：生物床养猪垫料中含有丰富的铁、锰、镁、锌等微量元素，结合全国有机肥料品质要素分级标准，综合评定生物床养猪垫料符合二级有机肥的标准，生物床养猪垫料安全达标（黄静等，2011）。

为了评价在制粒条件（0.1MPa，65℃）下筛选出的耐制粒枯草芽胞杆菌对 AA 肉仔鸡生产性能、血液生化指标和粪便大肠杆菌的影响，将自制枯草芽胞杆菌粉剂按 3g/kg 添加量与 1～21 日龄肉仔鸡无抗生素日粮混合制成试验颗粒料。选用 1 日龄健康 AA 肉仔鸡混雏 96 只，随机分为 2 组，结果表明：枯草芽胞杆菌组与对照组相比，1 周龄平均采食量极显著降低（$P<0.01$）；3 周龄肉仔鸡饲料转化率显著提高（$P<0.05$）；血糖、三酰甘油、总胆固醇、总蛋白、白蛋白、球蛋白、谷草转氨酶和白蛋白/球蛋白与对照组相比差异均不显著（$P>0.05$）。试验表明，枯草芽胞杆菌对提高雏鸡的生产性能、降低肠道大肠杆菌具有一定作用，对所测血清生化指标无影响（郝生宏等，2010）。

为了探索复合益生菌剂的稳定性，分别考察了温度、pH 和消化酶对纳豆芽胞杆菌和啤酒酵母混合固态发酵产物的影响，以及其在储藏过程中的稳定性。结果表明，该发酵产物能耐酸碱、胃蛋白酶和胰蛋白酶，能保证足够数量的活菌在肠道定殖并发挥作用。该发酵产物经 50℃ 真空干燥后存活率较高；在 −18℃ 冷藏具有较好的稳定性（牛丽亚等，2009）。为研究益生菌双菌混合发酵过程中营养物质的变化，以麦麸、豆粕、玉米粉为基质，纳豆芽胞杆菌和啤酒酵母为试验菌株，采用固态发酵的技术，对其发酵过程中的活菌数和营养物质进行分析测定。结果表明：发酵后纳豆芽胞杆菌数为 1.74×10^{10} cfu/g，啤酒酵母数为 1.76×10^{9} cfu/g，蛋白酶活力达 3361.3U/g，α-淀粉酶活力达 200U/g，粗蛋白质含量比发酵前增加了 2.6%，肽和氨基酸含量均为发酵前的 2 倍（牛丽亚等，2008）。以麦麸为主要原料，采用固态发酵技术，以纳豆芽胞杆菌和嗜酸乳杆菌为发酵菌种，以活菌数为指标，通过单因素和 $L_9(3^4)$ 正交试验确定了双菌混合发酵的最佳条件。结果表明：先接入纳豆芽胞杆菌，发酵 3d 后接入嗜酸乳杆菌再共同培养 3d，培养基初始含水量 80%，pH 为 7.0，纳豆芽胞杆菌和嗜酸乳杆菌接种比例为 4:6，接种量 10%，发酵温度 37℃ 的发酵效果最好。在此条件下发酵后，纳豆芽胞杆菌数为 9.8×10^{9} cfu/g，嗜酸乳杆菌数为 7.1×10^{9} cfu/g（牛丽亚等，2009）。

为了探索复合益生菌剂多菌种混合发酵条件，以活菌数为指标，采用固态发酵技术，研究了接种比例、接种量、培养基初始 pH、含水量、发酵温度和时间对固态发酵的影响，并通过 $L_9(3^4)$ 正交试验确定了纳豆芽胞杆菌和啤酒酵母混合固态发酵最佳条件。结果表明：培养基初始含水 20%、pH6.5、纳豆芽胞杆菌和啤酒酵母接种比例为 1:1、接种体积分数 10%、发酵温度 34℃、发酵 5d 的效果最好。在此条件下发酵后，纳豆芽胞杆菌数为 1.96×10^{10} cfu/g，啤酒酵母数为 1.68×10^{9} cfu/g（牛丽亚等，2009）。为了研究枯草芽胞杆菌在商品肉鸭规模化养殖中的应用效果，促进绿色微生态制剂的推广应用，在商品养殖的实际条件下，在 3 个养殖区域，各选择养殖规模、管理条件基本一致的樱桃谷肉鸭养殖场各 4 家（共 12 家）参加试验，每个养殖区分别安排 2 个对照组和 2 个试验组（每组对应一个养殖场），其中对照组饲喂基础日粮，而试验组在每吨基础日粮中添加 300～500g 枯草芽胞杆菌。试验结果表明，饲料中添加枯草芽胞杆菌，可降低肉鸭养殖的料肉比 0.06～0.07，降低每只肉鸭药费成本 0.08～0.30 元，同时芽胞杆菌显示出提高肉鸭生长速度、降低耗料及提高成活率的作用（宋峻峰等，2009）。

为评价纳豆芽胞杆菌对瘤胃液体外发酵的影响，采用瘤胃液体外发酵产气法，以不添加纳豆芽胞杆菌为对照，动态观测基础日粮中纳豆芽胞杆菌添加量分别为 $1.5×10^8$/g（处理Ⅰ）和 $7.5×10^8$/g（处理Ⅱ）对瘤胃液体外发酵产气量、pH、NH_3-N 质量浓度和各挥发性脂肪酸浓度的影响。与对照相比，处理Ⅱ产气量提高了 11.89%（$P<0.05$），瘤胃 pH 显著降低（$P<0.05$），NH_3-N 质量浓度提高了 16.07%（$P<0.05$），乙酸、丙酸和总挥发性脂肪酸浓度分别提高了 10.43%、50.35%和 20.70%（$P<0.05$）；处理Ⅰ除丙酸浓度显著高于对照（$P<0.05$）外，其他各指标均与对照无明显差异（$P>0.05$）。纳豆芽胞杆菌培养物在基础日粮中的添加量为 $7.5×10^8$/g 时，能促进瘤胃液对饲料底物的降解代谢（邓露芳等，2008）。

为探讨枯草芽胞杆菌活菌制剂对创伤皮肤愈合的影响，以大鼠后背全层皮肤切除创伤愈合过程为模型，局部外用枯草芽胞杆菌活菌制剂并设对照，制作病理组织切片，测定创面羟脯氨酸含量变化，同时测量创面愈合面积，记录愈合时间。结果：应用枯草芽胞杆菌活菌制剂可促进成纤维细胞增生，提高胶原含量，创面愈合时间较对照组明显缩短。枯草芽胞杆菌活菌制剂具有促进创伤皮肤愈合的作用（李晓云等，2002）。

在实验室制剂工艺稳定和检验合格的基础上，在枯草芽胞杆菌活菌制剂使用剂量选定的基础上，为进一步验证该活菌制剂具有预防和治疗效果，在山西省农业科学院畜牧研究所分别进行了 3 批枯草芽胞杆菌活菌制剂对腹泻生产奶牛和犊牛治疗效果，以及羔羊腹泻的治疗和预防试验。结果表明，枯草芽胞杆菌活菌制剂具有治疗和预防羔羊细菌性肠道疾病的作用，试验观察期间未发现药物不良反应（梁晋琼等，2007）。将枯草芽胞杆菌基因组 DNA 按 $5\mu g/kg$、$20\mu g/kg$ 和 $80\mu g/kg$ 剂量体腔注射中华绒螯蟹（Eriocheir sinensis）（约 0.1mL/只），设注射等体积 TE 缓冲液为对照组，分别在第 1 天、第 3 天、第 5 天、第 7 天采样，测定该细菌 DNA 对中华绒螯蟹的免疫刺激作用。结果显示：注射上述 3 种剂量的枯草芽胞杆菌基因组 DNA 均能不同程度地提高中华绒螯蟹的血细胞总数（THC）、血细胞呼吸暴发活性和血清酚氧化酶（PO）、血清酸性磷酸酶（ACP）活性，试验组蟹的上述免疫指标的活性显著高于对照组（$P<0.05$），并以 $20\mu g/kg$ 体重剂量的刺激效果最好；但试验剂量的细菌 DNA 对血清碱性磷酸酶（ALP）活性无显著影响（$P>0.05$）（张红英等，2010）。

为探讨水体中施用枯草芽胞杆菌对斑点叉尾鮰生长及养殖水体的水质指标的影响，试验共设 5 个处理，分别对应水体中含 $0 cfu/m^3$、$10^8 cfu/m^3$、$10^9 cfu/m^3$、$10^{10} cfu/m^3$、$10^{11} cfu/m^3$ 5 种不同浓度枯草芽胞杆菌的试验组，测定水体 pH、溶氧量、氨氮和亚硝酸盐氮含量及斑点叉尾鮰生长指标。试验结果表明，枯草芽胞杆菌能显著提高斑点叉尾鮰增重率及特定生长率（$P<0.05$）；试验组 pH 下降的幅度较对照组小，试验Ⅳ组 pH 为 7.01~7.39，溶氧为 7.39~8.22mg/L；试验组 NO_2^--N 和 NH_4^+-N 形态的氮含量低于对照组。结果说明，水体中施用枯草芽胞杆菌能促进鱼生长，维持水体 pH 及溶氧量，抑制氨氮和亚硝酸盐氮的产生，有效地改善养殖水体的水质状况，且施用量为 10^{10}~$10^{11} cfu/m^3$ 时效果较好（仇明等，2010）。探讨枯草芽胞杆菌对均重（10.48±0.21）g 斑点叉尾鮰鱼种生产性能、形体指标和肌肉组成成分的影响。对照组饲喂基础日粮，试验组在基础日粮中分别添加 100mg/kg、300mg/kg、500mg/kg 和 700mg/kg 枯草芽胞杆菌，饲喂 50d。结果表明，试验组蛋白质效率比对照组分别提高了 13.83%、

23.90%、35.21%、27.33%；末体重比对照组分别增重了4.23%、8.54%、10.55%、9.18%；试验组饵料系数显著低于对照组，其中Ⅳ组饵料系数最低，比对照组下降26.02%。随着枯草芽胞杆菌添加量的提高，肠体比和肝体比都出现先增加后降低的趋势，Ⅲ组增加的幅度最大，比对照组分别提高了15.06%和50.4%，达到了显著性差异；所有试验组的肥满度都低于对照组，但差异不显著。Ⅲ、Ⅳ和Ⅴ组鱼肌肉中粗蛋白质与对照组相比显著提高，分别提高了6.62%、11.00%和10.36%。试验条件下斑点叉尾鮰鱼种饲料中枯草芽胞杆菌最适添加量为499～503mg/kg（仇明等，2010）。试验探讨枯草芽胞杆菌对斑点叉尾鮰鱼种［均重（10.48±0.21）g］生长性能、消化酶活力的影响。对照组饲喂基础日粮，试验组在基础日粮中分别添加100mg/kg、300mg/kg、500mg/kg和700mg/kg枯草芽胞杆菌，饲喂50d；试验结果表明，与对照组相比，试验组蛋白质效率比提高了14.42%～35.58%；末体重增加了4.23%～10.55%；增重率显著提高了24.69%～46.29%（$P<0.05$）。试验Ⅲ组的斑点叉尾鮰鱼种肠道中的蛋白酶活力比对照组提高了65.39%，试验Ⅳ组中的胃、胰脏中蛋白酶活力比对照组分别提高了37.51%、177.68%，差异显著（$P<0.05$）。肠道中淀粉酶活力呈先提高后略有下降，再显著增加（$P<0.05$）的变化趋势，胰脏中淀粉酶活力略有下降后呈显著性增加（$P<0.05$）。肠道中脂肪酶活力呈先提高后降低的变化趋势；试验Ⅳ组胃、胰脏脂肪酶活力分别比对照组显著性增加了43.33%、48.47%（$P<0.05$）。这说明饲料中添加枯草芽胞杆菌能提高斑点叉尾鮰鱼种消化酶活力，促进生长（仇明等，2010）。

为提高枯草芽胞杆菌产生淀粉酶能力，从养虾池、混养池及污染河流的底质活性污泥中分离到12株枯草芽胞杆菌，通过淀粉降解试验筛选到产酶能力较高的菌株H4和H5，菌株淀粉酶活性分别为38.66U/mL、37.10U/mL。以筛选到H4和H5为原始菌株，采用紫外诱变的方法对H4和H5进行连续诱变筛选产淀粉酶高的突变株。结果发现，第一次诱变后突变株的酶活分别为原始菌株的107%和111%；经过第二次诱变后，H4的突变株H4Ⅱa、H5的突变株H5Ⅱa和H5Ⅱb的产酶能力有很大程度的提高，分别为原始菌株的147%、136%和135%，酶活达56.95U/mL、50.47U/mL和50.02U/mL，说明紫外连续诱变有利于突变株产酶能力的提高（谢凤行等，2009）。

为研究N1型纳豆芽胞杆菌对泌乳期奶牛生产性能及乳品质的影响，选用泌乳期、胎次、产奶量、体重相近的荷斯坦奶牛36头，采用完全随机区组设计，分成3个处理组，分别是试验1组添加N1型纳豆芽胞杆菌固体制剂30g，试验2组添加N1型纳豆芽胞杆菌固体制剂60g，对照组不添加；试验期为60d，预试期10d，分别在试验期的0d、30d、60d采集奶样，每周测定一次产奶量。结果表明，日粮中添加N1型纳豆芽胞杆菌能够提高产奶量、提高乳脂校正乳产量（$P<0.05$）；提高乳脂含量、乳蛋白含量、干物质含量，提高乳脂产量、乳蛋白产量（$P<0.05$）、干物质产量（$P<0.05$），对乳糖含量没有影响；牛奶中体细胞数有降低趋势（栾广春等，2009）。

为研究不同来源的益生素对仔猪分泌型免疫球蛋白A（SIgA）和主要肠道菌群的影响，选取初生仔猪72头，分别饲喂猪源约氏乳酸杆菌JJB3和枯草芽胞杆菌JS01，检测粪样SIgA和主要肠道菌群。结果表明：采用双抗夹心酶联免疫吸附测定（enzyme linked immunosorbent assay，ELISA）方法检测粪样SIgA，不同处理组仔猪的SIgA

水平没有显著差异，随日龄增加而降低，但是，益生素可以延缓仔猪断奶前抗体水平下降的速度，约氏乳酸杆菌的效果优于枯草芽胞杆菌。35 日龄时，对照组大肠杆菌数量显著高于约氏乳酸杆菌组（$P<0.05$）；在 7 日龄、14 日龄和 29 日龄时，试验组梭菌的数量显著高于对照组（$P<0.05$）；在 7 日龄和 21 日龄时，约氏乳酸杆菌处理组消化球菌显著高于对照组（$P<0.05$）；约氏乳酸杆菌组的肠球菌数量只是在 29 日龄显著高于对照组（$P<0.05$）；试验组乳酸杆菌的数量只是在 7 日龄显著高于对照组（$P<0.05$）；双歧杆菌在不同处理组之间都没有显著差异。添加这 2 种益生素均可以显著提高仔猪日增重和降低腹泻指数（$P<0.05$）。该试验结果说明这 2 种益生素虽然对初生仔猪肠道 SIgA 没有显著影响，但是能增加肠道厌氧菌的数量，并有效控制仔猪腹泻和提高仔猪日增重（倪学勤等，2008）。

为研究枯草芽胞杆菌对罗斯 308 肉鸡抗氧化能力和免疫性能的影响，选用 1 日龄罗斯 308 肉鸡 216 羽，随机分为 2 组，每组设 3 个重复，对照组饲喂基础日粮，处理组在基础日粮中添加枯草芽胞杆菌 10^5 cfu/g；饲养试验期为 42d。结果表明：与对照组相比，处理组肉鸡日增重 2.20%（$P<0.05$），血清与肝的总抗氧化能力（$P<0.05$），以及谷胱甘肽过氧化物酶活性（$P<0.01$）显著增加；血清中丙二醛（MDA）、NO 及肝中 MDA 水平（$P<0.05$）显著降低。此外，日粮中添加枯草芽胞杆菌显著提高了肉鸡胸腺指数、法氏囊指数和血清中 IgG 水平（$P<0.05$），而对脾脏指数及血清中溶菌酶、白介素-2、肿瘤坏死因子-α 等指标无显著影响（$P>0.05$）。结果提示，日粮中添加适量枯草芽胞杆菌可通过提高肉鸡的抗氧化与免疫功能而改善其生长性能（余东游等，2010）。为探明枯草芽胞杆菌 BHI344 菌株对水产养殖动物病害的生物防治功能，采用枯草芽胞杆菌与病原菌共同培养的方法，就枯草芽胞杆菌对 3 种水产动物病原菌（嗜水气单胞菌、温和气单胞菌、豚鼠气单胞菌）的体外拮抗作用进行了研究。结果表明：菌株 BHI344 对 3 种水产动物病原菌都存在明显的拮抗作用，并随着枯草芽胞杆菌初始接种浓度的升高及培养时间的增长，拮抗作用越明显（罗璋等，2010）。

中国批准用于饲料添加剂的是 19 种益生菌，但实际生产中使用的主要有乳酸杆菌、粪链球菌、芽胞杆菌和酵母菌。乳酸杆菌、粪链球菌和酵母菌饲用微生物在使用过程中耐热、耐碱等抗逆性差，储藏时间短，其在饲料加工过程中，经高温高压制成颗粒后几乎全部失活，而且在进入动物肠道过程中，损失也很大。而芽胞杆菌产品以内生的芽胞形式存在，是一种健壮而处于休眠状态的活细胞，能耐受高温高压及酸碱，抗性强，储藏时间长，它无论在颗粒还是在粉料中，都比较稳定，也能顺利进入动物肠道成活并大量增殖，成为微生物饲料添加剂中使用最为广泛的益生菌种（肖凤平，2010）。

在牙鲆的基础饲料（粗蛋白 48.50%，粗脂肪 9.1%）中分别添加 0、0.1% 和 0.2% 的枯草芽胞杆菌制剂（含菌体 1.0×10^9 cfu/g），以研究枯草芽胞杆菌对牙鲆生长性能的影响。结果表明，饲料中添加不同梯度的枯草芽胞杆菌与对照组相比，枯草芽胞杆菌能起到显著提高牙鲆肠道消化酶活力、降低饲料系数和提高蛋白质消化率的效果，但各处理间差异不显著（温俊和孙鸣，2008）。继抗生素时代后，微生态制剂作为可替代抗生素的一种绿色饲料添加剂引起人们广泛的重视。其中，枯草芽胞杆菌以其抗菌性能好、良好的稳定性及对水产动物的益生作用受到广大研究者的青睐（温俊，2008a）。

德国科学家发现了一种抗生素，它可以抑制多种具有抗药性的细菌的繁殖；这种被命名为 MMA 的抗生素，是由德国生物工程研究中心的研究人员在对新微生物变异进行研究时发现的。这种抗生素由一种枯草芽胞杆菌的菌株产生（佚名 18，2006）。

为研究纳豆枯草芽胞杆菌对犊牛断奶早期和断奶后 8 周消化道生长发育的影响，选取 24 头 7 日龄中国荷斯坦奶牛公犊，随机分为 3 个处理，每个处理 8 头犊牛，试验 1 组、2 组犊牛分别饲喂 Na 型和 N1 型纳豆枯草芽胞杆菌菌液，对照组不饲喂菌液。饲喂的牛奶中添加纳豆枯草芽胞杆菌菌液，断奶时各组随机选取 4 头犊牛屠宰，余下 4 头犊牛继续饲养，8 周后屠宰，称胴体重。结果表明，试验 1 组犊牛断奶早期瘤网胃质量明显高于对照组（$P<0.05$）；试验 2 组犊牛断奶早期及断奶后 8 周瘤胃 pH 显著低于对照组（$P<0.05$），且与对照组相比，断奶早期皱胃 pH 显著下降（$P<0.05$）；试验 1 组犊牛断奶早期及断奶后 8 周十二指肠长度较对照组相比明显缩短；断奶后 8 周两处理组犊牛回肠长度显著小于对照组（$P<0.05$）；此外，饲喂纳豆枯草芽胞杆菌还可显著降低犊牛十二指肠和空肠前段食糜的 pH（$P<0.05$）。试验结果表明，饲喂纳豆枯草芽胞杆菌有利于营养物质消化，促进犊牛生长（张海涛等，2010）。为研究纳豆枯草芽胞杆菌对断奶前犊牛生长状况、生产性能、断奶日龄等指标的影响，选取 14 头 7 日龄中国荷斯坦奶牛公犊，随机分为 2 个处理组，每组 7 头犊牛。向所饲喂的牛奶中添加纳豆枯草芽胞杆菌菌液，连续饲喂直到开食料采食量达到规定要求时断奶。结果表明：断奶前犊牛日增重较对照组提高 26.5%（$P<0.01$）；开食料的日采食量下降 11.9%；与对照组（57d）相比，饲喂纳豆枯草芽胞杆菌处理组（49.7d）显著提前了犊牛的断奶日龄（张海涛等，2011）。

为研究纳豆芽胞杆菌对断奶后犊牛生产性能、料重比、胴体率等指标的影响，选取 12 头 60 日龄左右中国荷斯坦奶牛公犊牛，采用完全区组设计，按体重差异随机分为对照组、试验 1 组和试验 2 组。试验中直接给犊牛饲喂纳豆芽胞杆菌菌液，至其开食料采食量达到规定要求时断奶，之后再饲喂 7 周屠宰，称胴体重。结果表明：①断奶后，试验 1 组犊牛日增重较对照组提高了 16.2%（$P=0.09$），试验 2 组提高了 22.1%（$P=0.02$）；②与对照组相比较，试验 1 组和试验 2 组犊牛日采食量分别提高了 6.1%（$P>0.05$）和 5.6%（$P>0.05$）；③试验 1 组、试验 2 料重比也有降低的趋势，但与对照组差异不显著（$P>0.05$）；④试验 1 组、试验 2 组胴体率较对照组有显著提高（$P=0.01$）（张海涛等，2008）。

为研究纳豆芽胞杆菌对泌乳期奶牛生产性能、牛奶品质与机体免疫的影响，选用泌乳期、胎次、产奶量、体重相似的荷斯坦奶牛 36 头，采用完全随机分组原则分成 3 组，每组 12 头。试验期为 60d，预饲期 10d，分别在试验期的 0d、30d、60d 采集奶样，每周测定一次产奶量。试验结果表明，添加芽胞杆菌能显著提高产奶量（$P<0.05$），改善乳脂率，提高乳蛋白率（$P<0.05$），增加牛奶中干物质含量和降低牛奶中体细胞数（栾广春等，2008）。纳豆芽胞杆菌由于具有芽胞保护，可以抵抗外界不良环境和酶降解，但是关于抗生素和化学药物对其影响的研究较少。通过检测纳豆芽胞杆菌对饲料中常用的一些化学药物和抗生素的敏感性，确定了纳豆芽胞杆菌在使用中需要注意的禁忌与配伍，同时对纳豆芽胞杆菌的耐药性进行了检测。结果表明，纳豆芽胞杆菌对酒石酸

泰乐菌素、青霉素钾、阿莫西林非常敏感，在饲料中添加了乙酰甲喹、盐霉素、杆菌肽锌、莫能霉素、大蒜素、硫酸黏杆菌素时尽量不要与纳豆芽胞杆菌制剂配伍使用（董超等，2008）。采用豆芽汁为培养基，按10%的接种量，在30℃、120r/min的培养条件下，纳豆芽胞杆菌培养8h后便进入对数生长期，14h达到生长顶峰，按一定的剂量每日投饵饲喂的方式摄入纳豆芽胞杆菌及其发酵产物，可促进受试鱼类血液氯化硝基四氮唑兰（NBT）阳性细胞数量和血清溶菌酶活力显著上升（$P<0.05$）。所不同的是培养时间短的纳豆芽胞杆菌培养液的作用效果要差一些。试验结果表明：纳豆芽胞杆菌及其发酵产物可明显提高鱼类的非特异性免疫功能（周国勤等，2006）。

在断奶仔犬日粮中添加1‰和2‰纳豆芽胞杆菌，探索其对仔犬日增重和肠道菌群数量的影响。结果表明：与对照组相比，1‰纳豆芽胞杆菌组的仔犬日增重（ADG）提高了7.51%，差异不显著（$P>0.05$）；2‰纳豆芽胞杆菌组的日增重提高了27.48%，差异极显著（$P<0.01$）。添加1‰和2‰纳豆芽胞杆菌后，两个处理组粪便的大肠杆菌数量均比饲喂前极显著降低（$P<0.01$），而对照组的大肠杆菌浓度却比饲喂前升高13.86%，差异极显著（$P<0.01$）。添加1‰和2‰纳豆芽胞杆菌处理组粪便的乳酸杆菌数量比饲喂前增加了8.9%（$P<0.05$）和18.95%（$P<0.01$），对照组粪便的乳酸杆菌数量比饲喂前增加3.27%，差异极显著（$P<0.01$）。这表明在断奶仔犬日粮中添加1‰和2‰纳豆芽胞杆菌，能够促进仔犬生长，调节肠道菌群（吴德华等，2009）。

为研究日粮中添加枯草芽胞杆菌制剂对如皋黄鸡生长性能与屠宰性能的影响，选取8日龄公母混合的如皋黄鸡肉用商品鸡雏鸡160羽，随机分成对照组和试验组，每组80羽。对照组喂给基础日粮，试验组在基础日粮中添加0.05%枯草芽胞杆菌制剂。结果显示：与对照组相比，试验组日增重在第4周、第5周、第6周分别提高了32.4%、22.7%和32.8%（$P<0.01$）；试验组料肉比在第4、第5、第6、第7周分别降低了25.7%、23.7%、21.5%和31.7%；试验组半净膛率和腿肌率有显著性差异（$P<0.05$），比对照组分别提高了3.00%和8.09%，其余测定指标差异均不显著（$P>0.05$）。这表明日粮中添加0.05%枯草芽胞杆菌制剂，能提高如皋黄鸡的生长性能和屠宰性能（陆俊贤等，2011）。

为研制益生菌复合制剂，分离、筛选纳豆芽胞杆菌xw1、乳酸菌xw2、酵母菌xw3，并进行动物灌胃试验与肠道菌群检测试验。结果表明，通过饲喂益生菌复合制剂，小鼠肠道厌氧菌菌群有不同程度地增多，且一些致病肠杆菌受到抑制。综合分析，得到一个益生菌复合制剂的适宜配方（10^8cfu/mL）：纳豆芽胞杆菌xw1：乳酸菌xw2：酵母菌xw3为2:1:1。益生菌复合制剂有促进动物生长，维持肠道微生态平衡的功效（王敏等，2011）。益生菌克服了非营养性添加剂特别是抗生素带来的负面效应，它是无污染、无残留、抗疾病、促进动物生长的天然添加剂，在饲料工业中得到了广泛的应用。以豆豉为原料，分离鉴定出了KT-1、KT-4、KT-9和KT-14 4株纳豆芽胞杆菌菌株，同时依据菌株在使用过程中应具备的几个基本条件，从4种菌株中筛选出了对温度、pH、抗生素有较强耐受性，对病原菌有强抑制能力和对有益菌有良好共生能力，同时又具有较好产蛋白酶、淀粉酶和纤维素酶能力的优良益生菌纳豆芽胞杆菌菌株KT-9（杨晓斌等，2003）。

益生芽胞杆菌是指那些对动植物不但无害，反而有利于增进健康生长的芽胞杆菌。目前用于畜禽养殖的芽胞杆菌菌剂和种类主要有蜡状芽胞杆菌、枯草芽胞杆菌、纳豆芽胞杆菌、凝结芽胞杆菌、环状芽胞杆菌、巨大芽胞杆菌、坚强芽胞杆菌、短小芽胞杆菌、东洋芽胞杆菌等（何若天，2011）。

将发芽（芽长1~200mm）的薏苡（*Coix lacryma-jobi*）用微生物[如乳酸菌、纳豆芽胞杆菌（*Bacillus natto*）、丝状真菌和（或）放线菌属]进行发酵，得到富含多酚化合物的发酵物。它对紫外光吸收有抑制作用，能清除1,1-二苯基-2-三硝基苯肼（DPPH）自由基和活性氧，且有抗诱变活性，抑制酪氨酸酶的活性，抑制黑色素产生，对胶原酶、弹性蛋白酶、透明质酸酶的活性及对组胺释放和前列腺素E2的产生均有抑制作用，因而提高了对皮肤的增白作用（王林摘，2008）。生物发酵舍零排放养猪技术是由日本洛东化成株式会社1977年研制开发，其主要原理为采用有益微生物菌种（纳豆芽胞杆菌、酵母菌、淀粉酶和蛋白酶等），按一定比例掺拌木屑、谷壳、米糠、农作物秸秆、猪粪并调整水分发酵，使微生物菌群繁殖，以此作为猪舍垫料。同时，通过有益微生物菌种与饲料充分搅拌，喂养生猪，达到除臭、提高饲料消化利用率和预防生猪发病等作用（刘健等，2010）。

为了制备直投式纳豆菌发酵剂，采用稀释平板分离法，从日本纳豆中筛选出4株纳豆芽胞杆菌优势菌株。通过比较这4个分离菌株与实验室保存的纳豆芽胞杆菌菌株的耐受性和产酶能力，优选出一株作为制备直投式纳豆发酵剂的菌种（翁其敏等，2010）。通过采用连续传代的纳豆芽胞杆菌种子液接种豆粕进行固体发酵，测定发酵产物中的细菌总数及活菌数，发现种子液传代次数对纳豆芽胞杆菌固体发酵的产量有很大的影响，同时菌种在多次连续传代后，会产生菌种退化现象。试验研究表明，Na和N1型纳豆芽胞杆菌菌株自斜面培养基接种后进行4次传代，是比较合适的（陈强等，2008）。

为了确定两种猪肠道益生菌的固体发酵效果，以及复合微生态制剂在不同保存条件下的活菌数变化，对猪肠道益生菌干酪乳杆菌、罗伊氏乳酸杆菌进行固体发酵，测定其活菌数，然后按照一定比例将两种益生菌与液体发酵的纳豆芽胞杆菌冻干菌粉混合制成复合微生态制剂；测定该制剂在4℃和室温保存状态下14d内及半年内益生菌活菌数量的变化。结果表明，保存14d内的微生态制剂，室温条件下活菌数先增加后逐渐减少，而4℃保存的制剂活菌数缓慢减少。室温保存状态下的微生态制剂活菌数半年内迅速减少，4℃保存的微生态制剂益生菌死亡的速度比室温保存的略微缓慢，但差异不显著（$P>0.05$）。半年后对4℃和室温保存状态下保存的益生菌活菌数计数结果分别为1.3×10^9cfu/g、1.5×10^9cfu/g，微生态制剂活菌数仍能超过3×10^8cfu/g，可以继续使用。研究表明复合微生态制剂中的乳酸菌在4℃和室温条件下均能保存活性半年以上（张军等，2011）。

仔猪日粮中添加纳豆芽胞杆菌进行连续饲喂，研究不同添加水平对仔猪日增重、料重比等的影响。结果表明，前期试验组仔猪日增重分别较对照组提高12.31%（$P<0.05$）和12.51%（$P<0.05$），料重比下降8.56%（$P<0.05$）和6.31%（$P<0.05$）；后期试验组仔猪日增重比对照组分别提高11.36%（$P<0.01$）和9.14%（$P<0.01$），料重比下降8.70%（$P<0.01$）和5.93%（$P<0.01$），尤以低剂量添加组效果较好

(陈兵等，2003)。

为验证禽用枯草芽胞杆菌对白羽肉鸡生产性能的影响，选用1200羽1日龄科宝白羽肉鸡，随机分成3组，每组4个重复，每重复100只羽鸡。3个处理组分别为，1个对照组（基础日粮）；2个试验组分别为饮水添加0.5kg/t或1kg/t的禽用枯草芽胞杆菌，试验期6周。结果表明：综合各项指标，添加0.5kg/t的禽用枯草芽胞杆菌效果最佳，具有较高的推广价值（戴晋军等，2009）。

选取144头18日龄断奶，体重5.6kg的杜大长三元杂仔猪，按体重和性别分成6个处理，每组3个重复，每重复8头仔猪，研究纳豆菌（Natto）和甘露寡糖（MOS）对早期断奶仔猪肠道pH、微生物区系和小肠黏膜形态的影响。结果为：①Natto、MOS均有降低仔猪肠道pH的趋势（$P>0.05$），Natto与MOS联用时显著降低仔猪空肠、回肠、盲肠和结肠内容物的pH（$P<0.05$）；②Natto提高了仔猪结肠内容物中乳酸杆菌和双歧杆菌数量（$P<0.05$），提高结肠黏膜中乳酸杆菌数量（$P<0.05$），MOS提高了仔猪结肠内容物和黏膜中乳酸杆菌数量（$P<0.05$），2g/kg的MOS组使结肠内容物和黏膜中大肠杆菌数下降（$P<0.05$）。Natto与MOS联用时内容物中大肠杆菌数量下降（$P<0.05$），乳酸杆菌数量显著高于金霉素组（$P<0.05$）；黏膜中乳酸杆菌数量上升，大肠杆菌数下降，与空白组、金霉素组有显著差异（$P<0.05$）；③Natto及联用组都显著提高了小肠肠黏膜的绒毛高度（$P<0.05$），但处理组间隐窝深度没有显著差异（$P>0.05$），Natto组、1g/kg的MOS组及联用组的绒毛高度与隐窝深度比值显著上升（$P<0.05$）。试验说明，纳豆菌和甘露寡糖通过调节肠道内容物及黏膜中微生物区系，降低肠道pH，以维持仔猪肠黏膜正常的形态结构（黄俊文等，2005）。

选取576只1日龄AA肉仔公鸡，随机分为12组，每组6个重复。以玉米-豆粕型日粮为基础日粮，添加不同水平的大豆寡糖（0、0.1%和0.3%）和纳豆芽胞杆菌（0、0.1%、0.3%和0.5%），研究大豆寡糖和纳豆芽胞杆菌组合对肉仔公鸡生产性能和十二指肠消化酶的影响，试验期为42d。结果表明：大豆寡糖能提高AA肉仔公鸡日增重（$P>0.05$），极显著降低料肉比（$P<0.01$），提高十二指肠淀粉酶活性（$P<0.05$）、胰蛋白酶活性（$P>0.05$）；纳豆芽胞杆菌能极显著提高AA肉仔公鸡日增重（$P<0.01$），降低料肉比（$P<0.01$），极显著提高十二指肠淀粉酶、胰蛋白酶活性（$P<0.01$）；大豆寡糖与纳豆芽胞杆菌组合在生产性能和十二指肠淀粉酶、胰蛋白酶活性上表现出互作效应，0.1%大豆寡糖、0.3%纳豆芽胞杆菌组合提高日增重，降低料肉比效率最好；0.3%大豆寡糖、0.5%纳豆芽胞杆菌组合提高肉仔公鸡十二指肠淀粉酶、胰蛋白酶活性效果最好（熊峰等，2008）。

选取生理状况基本相似的黑白花奶牛24头，对照组A，试验组B、C、D，分别在基础日粮的水平上添加不同剂量的枯草芽胞杆菌微生态制剂，分别统计不同时期各组的产奶量和奶成分。结果表明，试验组B、C、D产奶量分别增加3.07%、23.30%和19.80%，C组、D组与对照组差异极显著（$P<0.01$）；蛋白质在试验后比试验前增加，其中D组增长3.09%，C组增长0.7%（王振华等，2005）。选用7~15日龄三元杂交瘦肉型腹泻仔猪共计160头进行试验，评价枯草芽胞杆菌替代抗生素的治疗效果。

试验设对照组和试验组，在相同饲养管理条件下，对照组猪只灌服抗生素，试验组猪只灌服枯草芽胞杆菌。试验进行 5~7d 后对枯草芽胞杆菌和抗生素治疗效果作比较。结果显示，枯草芽胞杆菌能替代抗生素治疗仔猪腹泻，而且能避免药物对猪实质器官的损害，不影响猪的生产性能（俞宁和申一淋，2009）。

选用 192 尾初始体重 34.50g 左右的健康奥尼罗非鱼，在基础饲料中分别添加相同剂量（活菌含量为 3.0×10^{11} cfu/kg 饲料）的汉逊德巴利酵母、枯草芽胞杆菌和凝结芽胞杆菌。研究其对奥尼罗非鱼生长和营养物质表观消化率的影响，试验期为 56d。结果表明：枯草芽胞杆菌和凝结芽胞杆菌，可使奥尼罗非鱼的增重率分别提高 12.27% 和 8.56%（$P<0.05$），饵料系数分别降低 10.92% 和 8.18%（$P<0.05$）；饲料干物质表观消化率分别提高 10.54% 和 10.07%（$P<0.05$），蛋白质表观消化率分别提高 4.18% 和 3.63%（$P<0.05$）；汉逊德巴利酵母对生长性能和饲料表观消化率无影响。结果显示，饲料中添加剂量为 3.0×10^{11} cfu/kg 饲料的枯草芽胞杆菌和凝结芽胞杆菌能显著促进奥尼罗非鱼的生长和其对饲料营养物质的利用（许国焕等，2008）。

选用 360 只 1 日龄 AA 肉公鸡，随机分成 5 个处理组，每个处理设 6 个重复，每个重复 12 只鸡。试验饲粮分别为：基础饲粮（对照组），基础饲粮＋0.3%果寡糖，基础饲粮＋0.1%枯草芽胞杆菌，基础饲粮＋0.3%果寡糖＋0.1%枯草芽胞杆菌，基础饲粮＋150mg/kg 金霉素（有效成分为 15%）。结果表明：果寡糖和枯草芽胞杆菌选择性地增加肉鸡盲肠中的乳酸杆菌等有益菌群的数量，减少大肠杆菌和沙门氏菌等有害菌的数量，二者的复合添加可以更好地调节肉鸡肠道微生态环境；与对照组相比，肉鸡饲粮中果寡糖的添加使发酵粪中 NH_3 和 H_2S 的散发量分别降低 38.38%（$P<0.05$）和 24.35%（$P<0.05$）；果寡糖＋枯草芽胞杆菌的添加使发酵粪中 NH_3 和 H_2S 的散发量分别降低 62.14%（$P<0.05$）和 28.49%（$P<0.05$），枯草芽胞杆菌或金霉素的添加对发酵粪中 NH_3 和 H_2S 的散发量均无显著影响（$P>0.05$）；果寡糖、枯草芽胞杆菌和果寡糖＋枯草芽胞杆菌的添加，使肉鸡对粗灰分的利用率分别提高了 18.94%（$P<0.05$）、17.36%（$P<0.05$）和 23.66%（$P<0.05$），钙的利用率分别提高了 20.78%（$P<0.05$）、14.63%（$P<0.05$）和 21.31%（$P<0.05$），磷的利用率分别提高了 6.60%（$P>0.05$）、12.32%（$P<0.05$）和 14.67%（$P<0.05$），但不影响粗蛋白质利用率（$P>0.05$）（王晓霞等，2006）。

选用初始质量为 (10.29 ± 0.70)g 的中华鳖稚鳖 30 只，随机分成 5 组，在基础饲料中添加枯草芽胞杆菌和低聚木糖分别为：对照组（0，0）、Ⅰ组（1g/kg，100g/kg）、Ⅱ组（1g/kg，200g/kg）、Ⅲ组（2g/kg，100g/kg）和Ⅳ组（2g/kg，200g/kg）。每组 2 个重复，每个重复 3 只，投喂 30d。结果显示，各试验组的质量增加率和特定生长率均高于对照组，饲料系数均低于对照组，其中Ⅱ组的质量增加率和特定生长率最高，饲料系数最低；各试验组肠道消化酶活性均高于对照组，其中Ⅱ组蛋白酶和淀粉酶活性最高，显著高于对照组（$P<0.05$）；各试验组血清谷草转氨酶、谷丙转氨酶和胆固醇含量均低于对照组，Ⅱ组和Ⅲ组的胆固醇含量显著低于对照组（$P<0.05$）。各试验组总蛋白、白蛋白和球蛋白含量低于对照组；除饲料Ⅳ组外，其余试验组血清葡萄糖浓度均高于对照组。各试验组的三酰甘油含量均高于对照组，其中饲料Ⅰ组、Ⅱ组和Ⅳ组显著

高于对照组（$P<0.05$）。枯草芽胞杆菌在中华鳖稚鳖饲料中推荐添加量为 1g/kg，低聚木糖为 200mg/kg（周环和管越强，2010）。

选用健康 1 日龄黄羽雏鹑 80 只，随机分成 4 组，每组设 2 个重复，每个重复 10 只。1 组为对照组，饲喂基础日粮，2、3、4 组为试验组，在基础日粮中分别添加 0.05%、0.1%、0.2%的枯草芽胞杆菌制剂。结果表明：各处理组与对照组相比胰腺鲜重都有减小趋势，且 0.1%组胰腺鲜重与对照组的相比差异显著（$P<0.05$）；0.05%组脾干重与对照组的相比差异显著（$P<0.05$）；0.1%组和 0.2%组胰腺干重与对照组的相比显著降低（$P<0.05$）；芽胞杆菌对空肠、回肠及十二指肠未见明显影响（$P>0.05$）（张爱武等，2010）。选择 1 日龄 AA 肉仔鸡 120 只，随机分为 3 组，A 组为对照组，B、C 组分别在日粮中添加 0.2%和 0.4%的枯草芽胞杆菌粉剂，4 周龄时每组随机抽取 8 只鸡，心脏采血，测定血清总蛋白、总胆固醇含量和碱性磷酸酶、丙氨酸氨基转移酶活性，并测定平均日增质量。结果表明，B 组内仔鸡的血清总蛋白、总胆固醇含量和碱性磷酸酶、丙氨酸氨基转移酶活性，以及平均日增质量均显著高于对照组（$P<0.05$）。因此，0.2%的枯草芽胞杆菌添加剂量较好（滑静等，2003）。研究了 2 种不同枯草芽胞杆菌对 660 只艾维茵肉仔鸡的生产性能和对仔鸡肠道微生物菌群的影响，试验将仔鸡随机分为 4 组：不饲喂药物添加剂的对照组，添加乳酸-粪链球菌的正对照组及添加不同枯草芽胞杆菌的两个试验组Ⅰ、Ⅱ。结果表明，添加枯草芽胞杆菌可使 3 周龄仔鸡体重略高于对照组，但差异不显著。添加枯草芽胞杆菌 A16 的试验组Ⅱ的饲料转化效率比对照组显著提高（$P<0.05$）；试验组Ⅰ与对照组相比，可显著地增加肠道中有益菌（乳酸杆菌）的数量（$P<0.05$），减少有害菌（沙门氏菌）的数量（$P<0.01$），但对大肠杆菌数量的影响不显著（闫凤兰和卢峥，1996）。

在无抗生素的产蛋鸡饲料中分别添加一种乳酸菌素和一种枯草芽胞杆菌 4 周后，和对照组相比，海兰褐壳蛋鸡试验组产蛋率分别提高了 3.32%和 3.36%，料蛋比分别降低了 3.2%和 9.6%，不合格蛋率分别减少 0.23%和 0.17%，单枚蛋均重增加 1.16g（许泽华等，2007）。

研究报道了纳豆芽胞杆菌对 AA 鸡生长性能和十二指肠消化酶的影响。结果表明，纳豆芽胞杆菌剂能提高 AA 鸡生长性能，当添加量为 200mg/kg 时，平均日增重（ADG）和平均日采食量（ADFI）达到最大，分别比对照提高 2.47g 和 5.11g。纳豆芽胞杆菌剂能提高十二指肠消化酶（总蛋白酶、淀粉酶、脂肪酶）的活力 52.2%～89.2%。纳豆芽胞杆菌剂添加量对存活率影响不大，最佳添加量为 200mg/kg（陈兵等，2003）。为研究纳豆芽胞杆菌菌株 SH 和 B1 配伍发酵产物中性蛋白酶的性质，通过 Folin-酚法测定中性蛋白酶的最适作用温度、最适作用 pH、pH 稳定性、热稳定性和金属离子、表面活性剂、抑制剂、模拟胃肠道环境对酶活力的影响，绘制相对酶活力变化图。结果表明：该酶的最适作用温度为 70℃，最适作用 pH 为 11.0，其次是 pH 为 7.0，40℃时热稳定性较好，在 pH6～7 时比较稳定，属中性蛋白酶。金属离子、抑制剂和模拟胃环境对酶有抑制作用，而 10g/L Tween-80 和模拟肠道环境对酶有激活作用（孙晓鸣等，2010）。

为研究高产酶活枯草芽胞杆菌对奶牛产奶量及奶成分的影响，挑选出品种、胎次、体重、产奶量、泌乳期等生理状况基本相似的黑白花奶牛 24 头，在饲料配方、饲养管理、环境条件均一致的状况下，试验组在基础日粮的水平上添加不同剂量的高产酶活枯草芽胞杆菌微生态制剂，对照组正常饲养，分别统计、分析不同时期各组的产奶量和奶成分。结果表明，试验组和对照组泌乳量都有不同幅度地提高，但与对照组相比，试验 C 组提高了 26.34%、试验 D 组提高了 20.53%。随着试验期的增加，各组泌乳量之间表现出差异显著性，在试验 3 期，试验 C 组与对照组差异极显著（$P<0.01$），并且试验 B 组差异显著（$P<0.05$）；试验 4 期，试验 C 组仍与对照组差异极显著（$P<0.01$），且试验 C 组与试验 B 组差异也极显著（$P<0.01$）。随着各组泌乳量增加的数量不同，乳脂肪和乳蛋白含量表现出不同的变化。对照组乳脂肪下降 3.16%，乳蛋白增加 1.41%；试验 C 组乳脂肪下降 3.21%，与对照组处于同一水平；而试验 D 组乳脂肪提高 0.68%，乳蛋白提高 2.04%，增加的百分比高于对照组。高产酶活枯草芽胞杆菌制剂可提高泌乳牛的产奶量，并且不同的添加剂量对泌乳量的提高数量不同。在提高泌乳量的同时，减少乳脂率降低的百分点，提高乳蛋白的含量（王振华，2008）。

研究了可速必宁对肉鸡生产性能和经济效益的影响。通过大量的理论论证和大量实验证明了可速必宁在提高肉鸡的生产性能、促进饲料转化率、增加经济效益方面的巨大作用（李祥玉和曾敏，2009）。研究了枯草芽胞杆菌对草鱼生长性能的影响，试验组饲喂添加 1000mg/kg、1500mg/kg、2000mg/kg、2500mg/kg 枯草芽胞杆菌的试验饲料，经过 70d 的池塘网箱养殖试验，结果表明：与基础饲料对照组相比，添加枯草芽胞杆菌能够提高草鱼的特定生长率，降低饵料系数，其中 2000mg/kg 组与对照组相比差异显著。除 2500mg/kg 组外，其余试验组蛋白质沉积率均高于对照组，脂肪沉积率均显著高于对照组，尤以 2000mg/kg 组蛋白质、脂肪沉积率最高（邱燕等，2010）。为了研究枯草芽胞杆菌对草鱼生长性能的影响，选取初均重（69.51±6.29）g 的草鱼 240 尾，随机分为 5 组，每组 3 个重复，每个重复 16 尾鱼，分别饲喂基础饲料添加 0、1000mg/kg、1500mg/kg、2000mg/kg 和 2500mg/kg 枯草芽胞杆菌的试验饲料，经过 70d 的池塘网箱养殖试验，结果显示：①添加枯草芽胞杆菌能够提高草鱼的特定生长率（SGR），降低饲料系数（FCR），其中 2000mg/kg 组与对照组差异显著（$P<0.05$）；②各试验组肠道皱襞高度均高于对照组，其中 1500mg/kg 和 2500mg/kg 组显著高于对照组（$P<0.05$）；肠道微绒毛高度基本高于对照组，其中 1000mg/kg 和 2500mg/kg 显著高于对照组（$P<0.05$），微绒毛宽度均显著高于对照组（$P<0.05$），微绒毛密度均高于对照组（$P>0.05$）。以上结果表明：枯草芽胞杆菌能够通过改善草鱼肠道黏膜形态，促进草鱼对饲料的吸收利用，从而促进草鱼生长（邱燕等，2010）。

研究了纳米 ZnO 对大肠杆菌和枯草芽胞杆菌的抑菌作用。实验结果表明，在有光照的情况下，纳米 ZnO 有明显的抑菌作用。当纳米 ZnO 质量分数在 0.5% 时，对白色枯草芽胞杆菌的生长抑制率达 88.2%；当纳米 ZnO 含量在 3% 时，对大肠杆菌的生长抑制率达 96.9%（宋志慧等，2004）。以大肠杆菌为病源指示菌，从养猪场健康成年猪粪便中分离、筛选出 8 株对其有抑菌活性的芽胞杆菌。经培养特征、形态观察、生理生化试验及 16S rDNA 序列分析，通过对照《常见细菌鉴定手册》确定菌株 L-7 为枯草芽胞杆菌，16S rDNA 序列相似度为 99.58%，是一株比较理想的潜在益生菌（李刚等，

2010)。

研究了熊猫源枯草芽胞杆菌菌株 DXM-01 对肉鸡生长性能和经济效益的影响。选用 90 羽 7 日龄的肉仔鸡随机分成 3 个处理组，每个处理设 3 个重复。对照组饲喂基础日粮，抗生素组饲喂基础日粮加 0.05% 的硫酸新霉素制剂，试验组饲喂基础日粮加 0.1% 制剂；试验期 35d。结果表明，试验组肉鸡的末期平均体重、净增重和日增重均高于空白对照组，差异显著（$P<0.05$），但均比抗生素组低，差异不显著（$P>0.05$）。试验组鸡的平均采食量均略高于两对照组（$P>0.05$）。试验组的饲料转化率较空白对照组提高 3.14%，比抗生素组低 1.59%（$P>0.05$）。通过经济效益分析，试验组比空白对照组减少净增重耗料成本 0.148 元/kg，相对经济效益提高 3.48%；比抗生素组减少净增重耗料成本 0.083 元/kg，相对经济效益提高 1.98%。试验组肉鸡胴体品质的各项指标与两对照组相比，除了腿肌率有显著性的差异外（$P<0.05$），其余各项指标均无明显差异（$P>0.05$）。试验组肉鸡肌肉氨基酸总量、必需氨基酸和鲜味氨基酸含量均高于两对照组。表明在较高的营养水平条件下添加本制剂对肉鸡生长具有一定的促进作用，能取得较好的饲料转化效率和经济效益，可以在整个肉鸡饲养期间替代抗生素添加剂；同时表明本菌株对肉鸡胴体和鸡肉品质不但没有不良的影响，而且可增加鸡肉氨基酸总量、必需氨基酸和鲜味氨基酸的含量（高传庆，2010b）。

以凡纳滨对虾幼虾［对虾初始平均体重为 (2.03±0.01)g］为研究对象，探讨饲料中添加枯草芽胞杆菌（CGMCC No.3755，简称 B.S.3755）对其生长性能和非特异性免疫力的影响。向基础饲料中分别添加 0、600mg/kg 和 1200mg/kg 的 B.S.3755，另外，以植物蛋白替代基础饲料中 3.5% 鱼粉蛋白配制低鱼粉饲料，并向低鱼粉饲料中分别添加 600mg/kg 和 1200mg/kg 的 B.S.3755，共配制成 5 种等氮、等能的饲料，投喂期为 8 周。实验结果表明：各实验组对虾成活率在 90% 以上，且差异不显著（$P>0.05$）；添加 B.S.3755 的高鱼粉饲料组，对虾的增重率显著高于基础饲料组，饲料系数显著低于基础饲料组（$P<0.05$），其中 600mg/kg B.S.3755 添加组的凡纳滨对虾增重率最高，饲料系数最低。凡纳滨对虾的增重率和饲料系数在添加 600mg/kg 和 1200mg/kg B.S.3755 的低鱼粉饲料组与基础饲料组之间没有显著差异（$P>0.05$）。饲料中添加 B.S.3755 可显著提高凡纳滨对虾血清酸性磷酸酶（ACP）和酚氧化物酶（PO）活力（$P<0.05$），而对凡纳滨对虾血清超氧化物歧化酶（SOD）和过氧化物酶（POD）活力没有显著影响（$P>0.05$）。以上结果表明，饲料中添加 600mg/kg B.S.3755 可提高凡纳滨对虾生长率和非特异性免疫力，降低饲料系数，并可在不影响生长性能和非特异性免疫力的情况下，以植物蛋白替代对虾饲料中 3.5% 的鱼粉蛋白（王玲等，2011）。

以枯草芽胞杆菌为研究对象，考察了真空后喷涂系统对颗粒间均匀性及颗粒内外均匀性的影响因素。研究结果表明：真空后喷涂技术可显著提高颗粒饲料内外均匀性并能有效提高芽胞杆菌的活性保存率。就试验系统而言，当混合时间 6min、喷嘴流量 1.5L/min、喷涂压力 0.4MPa 时，颗粒间均匀性达最优；在颗粒直径 2mm、真空压力 0.02MPa、真空释放时间 120s 条件下，对枯草芽胞杆菌进行真空后喷涂试验时颗粒内外均匀性达最优（董颖超等，2008）。

以平板计数法，研究了不同浓度枯草芽胞杆菌对泥蚶（Tegillarca granosa）及养殖底泥中细菌总数和弧菌总数的影响。试验分为 1×10^5 cfu/L、5×10^6 cfu/L 和 10×10^6 cfu/L 3 个浓度试验组和对照组，共进行 28 天，在第 0 天、第 7 天、第 14 天、第 21 天和第 28 天时采底泥和泥蚶，采用平板计数法检测细菌总数和弧菌总数。结果显示，在投施枯草芽胞杆菌后 7d 内，养殖底泥和泥蚶体内细菌总数均呈明显上升趋势（$P<0.05$），7~28d 内缓慢下降，但差异不显著（$P>0.05$）；投施枯草芽胞杆菌后，各试验组底泥和泥蚶体内弧菌总数显著低于对照组（$P<0.05$），5×10^6 cfu/L 和 10×10^6 cfu/L 试验组弧菌总数显著低于 1×10^6 cfu/L 试验组（$P<0.05$）。结果表明枯草芽胞杆菌具有抑制弧菌增殖的作用，可应用于泥蚶池塘养殖（闫茂仓等，2009）。

用复合益生菌制剂试验了对断奶仔猪生产性能的影响；试验用复合益生菌制剂由湖南省微生物研究所研制，含活菌数$\geqslant1.63\times10^9$ cfu/g。复合益生菌制剂 1 号主要成分为枯草芽胞杆菌、蜡状芽胞杆菌和酵母菌等；复合益生菌制剂 2 号主要成分为纳豆芽胞杆菌、蜡状芽胞杆菌和酵母菌等。结果表明，多菌复用，可达到促进仔猪生长、提高饲料报酬的作用（周映华等，2007）。

将沼泽红假单胞菌和枯草芽胞杆菌量的配比优化成复合有益菌，并将该复合有益菌应用于泥鳅养殖池塘。结果表明，当沼泽红假单胞菌（3×10^9 cfu/mL）和枯草芽胞杆菌（3×10^8 cfu/mL）配比为 4∶1 时，对水质的改善效果最好；在池塘应用试验中，当该复合菌液用量为 0.5mL/m³ 时，能够增加养殖池塘的溶氧值、降低 COD_{Mn}、总氮和总磷，试验池塘与对照池塘相比，泥鳅体重增长量提高很多，因此，有益菌之间的协同作用，能够更好地改善养殖生态环境，促进泥鳅的生长（王妹等，2010）。

益生素又称为促生素、微生态调节剂，其种类很多，包括蜡状芽胞杆菌、枯草芽胞杆菌、粪链球菌、双歧杆菌、乳酸杆菌和乳酸链球菌等（王秀和孟勇，2011）。在国外，直接饲用微生物已逐步应用于畜牧生产上，在理论及应用方面进行了深入细致的研究，取得了丰硕的成果。除美、日外，德、法、英、荷兰、丹麦、西班牙等国家的猪、肉用牛、鸡、兔的饲料，以及犊牛代用乳等也已普遍使用益生素。例如，日本的益生素产品使用的菌种就有：枯草芽胞杆菌、凝结芽胞杆菌、Toyoi 菌、酪酸菌、乳酸杆菌、乳酸球菌（佚名 19，2005）。水产专用益生素是针对水产动物的生理特点与养殖问题，将从其养殖环境中分离出来的以枯草芽胞杆菌、酵母菌、乳酸菌为主体的多种有益菌种，应用液体发酵、冷冻干燥、喷雾干燥等先进的工艺制备，并经有机组合复配而成的高科技生物制品（刘红莲等，2006）。

在基础饲料中分别添加 0（对照）、1g/kg、5g/kg 的枯草芽胞杆菌海藻酸钠微胶囊冻干粉（活菌含量为 2.2×10^{11} cfu/g），制成颗粒饲料后投喂中华绒螯蟹 7d，然后将两个试验组改投喂对照组饲料。在停喂试验组饲料后第 0 周、第 1 周、第 2 周、第 3 周，分别测定中华绒螯蟹血细胞呼吸暴发活性、血清酚氧化酶（PO）、溶菌酶（LSZ）和酸性磷酸酶（ACP）活性，并在停喂试验组饲料后第 2 周，以 1.2×10^7 cfu/kg 体重的剂量，体腔注射致病性嗜水气单胞菌菌株 CL99920，记录接种 10d 后中华绒螯蟹的累计死亡率。结果显示：在停喂试验组饲料后 0 周，5g/kg 组的血细胞呼吸暴发活性显著高于对照组和 1g/kg 组（$P<0.05$）；在多数采样时间点，5g/kg 组的

血清 PO 和 LSZ 活性显著高于对照组（$P<0.05$）；在一些采样时间点，1g/kg 组的血清 PO 和 LSZ 活性也显著高于对照组（$P<0.05$）；两个试验组的血清 ACP 活性与对照组无显著差异（$P>0.05$）；试验组蟹对嗜水气单胞菌的抵抗力明显增强。研究表明，喂饲 5g/kg 饲料剂量的枯草芽胞杆菌微胶囊制剂可增强中华绒螯蟹的免疫力和抗病力（陈文典等，2009）。

在饲料中分别添加 0、1×10^9cfu/kg、3×10^9cfu/kg 和 5×10^9cfu/kg 枯草芽胞杆菌，测定投喂相应饲料后第 1 天、第 4 天、第 7 天、第 14 天、第 21 天、第 28 天，以及停止投喂枯草芽胞杆菌后的第 7 天、第 14 天克氏原螯虾（*Procambarus clarkii*）的血淋巴吞噬活性、血清溶菌活力、抗菌活力及酚氧化酶活力。结果显示：实验组（含枯草芽胞杆菌的饲料组）的吞噬活性于投喂枯草芽胞杆菌后第 7 天开始显著高于对照组（$P<0.05$）；实验组的溶菌活力、抗菌活力明显高于对照组（$P<0.05$），并在停药后仍维持较高水平（$P<0.05$）；此外，酚氧化酶活力也有所增加。研究表明，枯草芽胞杆菌对克氏原螯虾的免疫功能有促进作用（谢佳磊等，2007）。

研究了枯草芽胞杆菌菌株 C912、C912-1、C912-2、C915 制剂（分别对应试验 A、B、C、D 组，对照组不添加菌株制剂）对奶牛生产性能和乳脂脂肪酸成分的影响。结果显示，与对照组相比，试验组 A 和 B 日产奶量呈增加趋势，乳脂产量、乳脂率显著增加（$P<0.05$）；除 B 组牛乳中体细胞数显著增加外，各试验组乳蛋白、乳糖、非脂固形物等指标无显著变化。脂肪酸的组成比例与对照组相比无显著差异（$P>0.05$）。但在 A 和 B 组中，对长链及中短链脂肪酸的合成均可起促进作用（李杰梅等，2008）。

在幼犬日粮中添加 0.2‰低聚木糖和 2‰纳豆芽胞杆菌，研究其对幼犬血液生化指标和抗氧化能力的影响。结果表明，与对照组相比，添加低聚木糖组总蛋白含量有一定的升高，添加纳豆芽胞杆菌组总蛋白含量降低了 6.03%（$P>0.05$）；球蛋白含量分别提高了 42.63% 和 7.90%（$P<0.01$）；血液尿素氮含量分别降低了 11.95% 和 9.51%（$P<0.01$）；添加低聚木糖组和添加纳豆芽胞杆菌组的丙二醛（MDA）分别降低了 18.91%（$P<0.01$）和 18.19%（$P<0.05$）。超氧化物歧化酶（SOD）分别提高了 23.36% 和 16.50%（$P>0.05$），谷胱甘肽过氧化物酶（GSH-Px）分别增加了 18.97%（$P<0.01$）和 15.49%（$P<0.05$）。这说明幼犬日粮中添加一定量的低聚木糖和纳豆芽胞杆菌，能够提高幼犬机体免疫力和抗氧化能力（杜莉等，2009）。

在夏季干式养殖模式下，通过中草药及微生态饲料添加剂的应用，研究其对肉猪生长和排放等生态学方面的影响。结果表明，通过天然中草药及微生态饲料添加剂的应用，既不大幅增加饲料成本，又能获取相当的增重结果与饲料报酬。在达到增重相差不显著的同时，可提高营养物质的可消化率，明显减少排泄物中氨态氮等有害物质向环境的排放，达到降低对环境污染的目的（王勇等，2007）。在夏季干式养殖模式下，通过应用天然中草药及微生态饲料添加剂，研究其对肉猪生长、抗病能力和猪肉品质等生理学方面的变化。结果表明，在保证不发病的同时，可在一定程度上达到减少药物和饲料添加剂的不合理使用，提高肉猪的抗病能力和猪肉食用品质，提高干式养殖模式的饲养效果（欧阳峰等，2007）。

在养殖水体中加入特定的芽胞杆菌及酵母菌，能使其定殖于养殖水体，生长繁殖后测定各项水质指标，证明其能迅速而有效地降低水中亚硝酸盐的含量，并对水中溶氧的影响较小，能够有效地改善养殖水体的水质状况（刘颖等，2004）。试验了饲料加工过程的高温，饲料中添加的各种抗生素等药物及胃肠道中酸度等因素对饲用合生素中芽胞杆菌活菌的影响，结果表明，枯草芽胞杆菌对环境的耐受力较强，经饲料制粒过程而基本不降低其效率，可耐受动物胃肠各段pH；与抗生素同时使用时，通过定殖到目标动物肠道中，经过生物夺氧作用，可拮抗致病微生物，调节动物消化道健康，增强动物体的免疫功能，达到促进目标动物生长和提高饲料转化率的目的；对促进动物营养的消化吸收、提高动物的饲料转化率、防病和促进动物的生长起重要作用（孙笑非和温俊，2009）。

针对枯草芽胞杆菌敞开式麸皮固态发酵饲用益生菌的生产过程，通过进行环境卫生对活菌数的影响分析，对传统工艺的跟踪，发现发酵工艺参数对枯草芽胞杆菌敞开式麸皮固态发酵饲用益生菌的生产影响很大，通过科学的调整和控制工艺，提高活菌数，使饲用益生菌能够普及生产（吴丽云，2006）。

采用重复序列聚合酶链反应（ERIC-PCR）和聚合酶链反应和变性梯度凝胶电泳相结合（PCR-DGGE）方法研究肉鸡喂服枯草芽胞杆菌后肠道菌群的多样性。选用15羽28日龄肉鸡，按2mL/kg体重喂服枯草芽胞杆菌悬液（10^9cfu/mL），每天2次，连续3d，34日龄时，利用ERIC-PCR和PCR-DGGE方法分析肠道菌群的多样性，并对DGGE条带进行回收、测序。结果表明，2种方法检测结果相似，2组之间肠道总菌群相似性为53.2%；电泳指纹图谱和统计条带数量分析，PCR-DGGE明显优于ERIC-PCR；回收条带以乳杆菌属细菌为主。结果提示，34日龄肉鸡肠道菌群具有一定的稳定性，以乳杆菌为主要菌群，饲喂芽胞杆菌后能提高肉鸡肠道菌群的丰度和种群密度；PCR-DGGE检测方法明显优于ERIC-PCR（潘康成等，2010）。

十二、枯草芽胞杆菌用于吸附重金属

采用枯草芽胞杆菌活菌体、石英砂和由二者组成的复合吸附剂对废水中的Cu^{2+}、Zn^{2+}和Cd^{2+}离子分别进行了吸附动力学测试，并采用以Ritchie速率方程为基础的3种吸附动力学方程对吸附动力学数据进行校验；吸附动力学数据均能基本吻合单层吸附模型、改进双层吸附模型和Ritchie双层吸附模型，其中后两者与实验数据吻合更好；双层吸附模型能更好地描述活菌体对3种重金属离子的吸附过程；对3种吸附剂吸附3种重金属离子的动力学过程进行了比较，结果显示复合吸附剂与活菌体吸附剂对3种离子的吸附过程一致，都是快速过程（刘丽艳等，2005）。

从吸附动力学过程着手分析了生物体对重金属离子吸附过程的等温吸附平衡，在一系列简化条件基础上，建立了用于描述这一过程的等温吸附平衡模型。当$n=1$时，该模型与经典等温吸附平衡模型Langmuir方程具有一致的表达形式。采用最小二乘法求得理论模型中的参数值，针对含Cu^{2+}、Zn^{2+}和Cd^{2+}3种重金属离子的废水，将枯草芽胞杆菌活菌体作为吸附剂，进行等温吸附平衡实验，将已知参数的理论模型与实验数据曲线进行比较。理论曲线能够很好地吻合实验数据曲线的走向趋势，证明了该模型的合理性及可用性（刘丽艳等，2007）。

为探索枯草芽胞杆菌产絮凝剂吸附 Cr^{6+} 的效果，研究了葡萄糖、谷氨酸浓缩液、KH_2PO_4、pH 和温度对枯草芽胞杆菌产絮凝剂的影响；利用红外光谱分析絮凝剂的组成，同时研究了利用固定法吸附 Cr(Ⅵ)的效果。结果通过正交试验，确定了优化培养条件为葡萄糖添加量 20g/L、谷氨酸浓缩液 30mL/L、KH_2PO_4 2.0g/L、pH7、温度 32℃。红外光谱分析结果显示，絮凝剂主要由 γ-聚谷氨酸和多糖组成。固定后的絮凝剂最大 Cr(Ⅵ)吸附容量为 4.2mg/g，最佳 Cr(Ⅵ)吸附 pH 为 4（万俊杰等，2010）。

为研究重金属胁迫培养对 2 种细菌生长曲线的影响，以大肠杆菌和枯草芽胞杆菌 2 种典型细菌为试验材料，采用传统培养方法，选择 5 种重金属离子 Cu^{2+}、Hg^{2+}、Pb^{2+}、Cd^{2+}、Cr^{6+} 在不同浓度下对其进行胁迫培养，通过测定 2 种细菌的生长曲线，研究外源性重金属对 2 种细菌生长的影响。结果表明，Hg^{2+}、Cd^{2+} 毒性较强，2 种细菌的增殖在高浓度时受到抑制，G^+ 比 G^- 更为敏感；当重金属浓度>50mg/L 后，5 种重金属对 2 种细菌的毒性顺序为 $Hg^{2+}>Cd^{2+}>Cu^{2+}>Cr^{6+}\approx Pb^{2+}$。该研究结果为进一步研究重金属对环境及生态系统的影响奠定基础（李淑英等，2011）。

第十九节　蜡状芽胞杆菌

一、蜡状芽胞杆菌的生物学特性

Bc58 是一株野生蜡状芽胞杆菌（*Bacillus cereus*）菌株，经 L-酪氨酸诱导后可产生红棕色色素。通过红外光谱及各种化学测定证明该色素与 Sigma 公司标准黑色素（melanin）的性质相似。生物测定结果显示添加 Bc58 黑色素的 Bt 制剂经紫外照射 5h 后的半致死浓度（LC_{50}）为 16.1μg/mL，与未经紫外照射的 Bt 制剂的 LC_{50} 为 15.2μg/mL 基本相同，而比未添加黑色素的 Bt 制剂经紫外照射后的杀虫毒力高出近一倍。经 SDS-PAGE 检测表明该黑色素可保护苏云金芽胞杆菌晶体蛋白在紫外线下基本不降解，表明 Bc58 黑色素是一种优良的紫外保护剂（张建萍等，2006）。

菌株 CZⅣ-1068 是从舟山长峙岛潮间带海泥中分离到的一株细菌，最适生长的 NaCl 浓度为 1%~3.5%，经琼脂扩散法抗菌模型筛选表明对大肠杆菌、副溶血性弧菌、枯草芽胞杆菌、金黄色葡萄球菌、藤黄微球菌和白假丝酵母有拮抗作用。利用形态学观察、生理生化反应对菌株进行了初步研究，并利用 PCR 的方法扩增了菌株 CZⅣ-1068 的 16S rDNA，然后进行核苷酸序列测定分析。结果表明，CZⅣ-1068 与芽胞杆菌菌株（*Bacillus* sp.）82344（AF 227848）相似性高达 100%，初步确定为蜡状芽胞杆菌的一种（王健鑫等，2008）。

从广西金芽、四川阿西所属的 3 个金矿区采集了土壤样品 55 份，采用选择性培养基从 10^{-2} 稀释度的平皿中分离到阳性菌 739 株，从中挑取 11 株，其分出率为 1.5%；对分离株进行了光镜和电镜形态学观察，发现其大小为 (1~1.4)μm×(2.5~3.5)μm，芽胞椭圆形、中生，没有胞囊和伴胞晶体；对 11 株分离株的生理生化特性进行了测定，结果表明，除 C17 分离株 V-P 反应阴性有待进一步分析外，其余 10 株与蜡状芽胞杆菌（*B. cereus*）模式菌株 AS1.126 完全相同，因此，可认定为芽胞杆菌属蜡状芽胞杆菌（*Bacillus cereus*）（汤显春等，1999）。

从湖北省洪湖、仙桃等地采集的活性污泥和土壤中分离得到 32 株好氧反硝化细菌，对其进行反硝化能力测定，其中 3 株菌的反硝化能力较强，能以 $NaNO_3$ 为唯一氮源生长，分别编号为 HS-N25、HS-MP12 和 HS-MP13；这 3 株菌可以分别在 18h、15h 和 12h 内将特定培养基 SC 中起始浓度为 10mmol/L 的 NO_3^- 完全降解。通过菌株形态观察、生理生化及 16S rDNA 分子鉴定，菌株 HS-N25、HS-MP12 及 HS-MP13 与蜡状芽胞杆菌亲缘关系最为接近，同源性达 99%，初步鉴定这 3 株菌为蜡状芽胞杆菌（杨希等，2008）。

从西宁市某饲料厂随机采集饲料样品 70 份，进行蜡状芽胞杆菌的常规分离培养与鉴定。共检出阳性菌株 31 株，检出率 44.29%（31/70），31 株分离株的生化试验结果与蜡状芽胞杆菌完全一致，且 31 株分离株都具有营养要求低、生长速度快的特点（张红见等，2009）。

蜡状芽胞杆菌 ATCC 10987 对于细菌比较基因组学的研究有重要意义，但其染色体中基因的数目被 RefSeq 数据库注释为 5603 个，这个注释是有疑问的。采用 Zcurve 和 Glimmer 程序联合打分的方法来识别其蛋白质编码基因，为保证预测结果的可靠性，对联合判别附加预测的基因使用了 Blast 方法进行数据库同源性搜索。结果，蜡状芽胞杆菌 ATCC 10987 基因组中的蛋白质编码基因的数目被重新确定为 5180 个，这个数目明显低于原始注释的数目，并且一些指标表明新的注释更为可信，这些相对正确的基因集合为该细菌亲缘物种的深入研究提供了基础（林岩，2007）。

探讨苏云金芽胞杆菌（Bt）与蜡状芽胞杆菌（Bc）的亲缘关系，为 Bt 鉴定、安全性评价及降低其致病风险等提供科学依据。方法：采用肠杆菌基因间重复一致序列-PCR（ERIC-PCR）技术，对 6 株苏云金芽胞杆菌、3 株蜡状芽胞杆菌及对照菌株的基因组 DNA 进行扩增，对其指纹图谱进行分析；回收并克隆重复性好的苏云金芽胞杆菌基因组 DNA 扩增片段，以其为探针，分别与供试菌株基因组 DNA 进行杂交。结果：与蜡状芽胞杆菌相比，苏云金芽胞杆菌菌株间基因组 DNA 指纹图谱较一致；所有供试苏云金芽胞杆菌菌株均扩增产生一条 250bp 左右的片段；苏云金芽胞杆菌与蜡状芽胞杆菌均可扩增产生 600bp 左右的共有 DNA 片段。此外，以苏云金芽胞杆菌 500bp 片段为探针与苏云金芽胞杆菌基因组 DNA 杂交有很好的特异性。肠杆菌基因间重复一致序列-PCR 指纹图谱可以正确反映苏云金芽胞杆菌与蜡状芽胞杆菌亲缘关系，500bp 片段可以作为苏云金芽胞杆菌鉴定探针（宋树森等，2007）。

土壤中蜡状芽胞杆菌芽胞数目是寻找隐伏金矿床的一种较理想的探矿法。利用此法对我国 2 个金矿床区的土壤样品进行了该菌的分离鉴定。从 55 份样品中分离到阳性菌 739 株，从 739 株中挑取 11 株进行了生理生长特性鉴定，结果证明，该分离株均为典型的蜡状芽胞杆菌。分析矿区每克土壤中蜡状芽胞杆菌数量最高可达 19 000 个，与背景矿区比较要高达几百倍至几千倍。同时对 55 份土壤也进行了金含量的分析，结果发现，该芽胞异常与金异常有一空间上的分离。依据这些研究，认为蜡状芽胞杆菌芽胞数是指示金矿床区金含量多少的一项重要指标（汤显春等，1999）。

用 SDS-PAGE 方法对 5 株从我国金矿床区采集到的典型的蜡状芽胞杆菌菌株 C_6、C_{14}、B_2、JY-I-T_1、JY-X-T_9 的胞壁蛋白与模式菌株 AS1.126 的胞壁蛋白共同进行比较分析，计算出了各蛋白电泳带的近似分子质量，又以它们的迁移距离为标准同苏云金芽胞杆菌的孢壁蛋白相比较，得到聚类分析树状图谱，表明具有聚金作用的蜡状芽胞杆菌在分类学上具有相似性，而与具有杀虫作用的 Bt 菌株在分类学上相差较远（牛桂兰等，2002）。自新疆、宁夏、陕西采集了 45 份盐碱地区土壤，分离筛选到菌株碱 8，经初步鉴定为蜡状芽胞杆菌。该菌在 pH9 以上的培养基上生长，产酶；于 37℃、pH10、种龄 14h、接种量 1%、发酵 48h 的条件下，酶活稳定，酶活力达 1089U/mL（程丽娟等，1997）。

二、蜡状芽胞杆菌的发酵技术

研究了蜡状芽胞杆菌 Ym2102 与苏云金芽胞杆菌 DL5789 的混合发酵。结果发现混合发酵液 3000 倍液对甜菜夜蛾的致死率为 94.2%，摇瓶发酵最终菌数为 2.8×10^9 cfu/mL，pH 变化趋缓（祁红兵等，2004）。

从土壤中分离到一株具有支链氨基酸转氨酶活性，且亮氨酸转氨酶活性较高的菌株 WJ44，通过观察形态特征、生理生化实验，以及 16S rRNA 序列的比对和系统发育分析，鉴定其为蜡状芽胞杆菌。经过对产酶条件的优化，确定最佳摇瓶产酶条件为：葡萄糖 20g/L，蛋白胨 15g/L，牛肉膏 5g/L，玉米浆 15g/L，KH_2PO_4 3g/L，$MgSO_4 \cdot 7H_2O$ 0.5g/L；初始 pH7.0，培养温度 37℃，装液量 20mL/250mL 三角瓶，摇床转速 200r/min。菌株 WJ44 在最佳产酶条件下培养 10h 其亮氨酸转氨酶酶活即可达 45.787U/mL，菌体干重达 8.643g/L，转氨酶酶活和菌体干重分别比优化前提高了 54% 与 10%，是一株产酶和生长性能较佳的菌株（王晶等，2008）。对蜡状芽胞杆菌 DLSL-2 深层液体发酵的主要影响因子温度、转速、初始 pH 等进行了单因素实验探讨，确定了最佳培养条件：温度为 30℃、转速为 250r/min、初始 pH 为 7.0。并用均匀设计法对其发酵培养基进行了优化，优化验证实验结果为 7.1×10^9 cfu/mL，明显高于原发酵培养基结果 3.2×10^9 cfu/mL（李野等，2005）。

蜡状芽胞杆菌能在偏酸性（pH6.5），温度为 30～40℃的环境中生长；Ca^{2+} 及司班 20 对其蛋白酶的合成有促进作用。从单菌株连续发酵、单菌株多次培养发酵、多菌株混合发酵及诱变菌株对 Hb 降解进行分析测定。结果表明：蜡状芽胞杆菌单菌株连续发酵到第 3 天，Hb 降解速率最快，其变化率为 42.60%；经多次培养可提高该菌株对 Hb 降解能力；多菌株混合发酵比单菌株发酵产蛋白酶活力强，Hb 降解率高；随诱变代数的增加，所获得的诱变菌株降解 Hb 能力不断增强（张滨和马美湖，2005a）。通过单因子试验探讨蜡状芽胞杆菌的摇瓶发酵条件（初始 pH、培养温度、转速和接种量等）对生长量的影响，确定最佳培养条件为初始 pH7.2、培养温度 25℃、转速 250r/min、接种量 7%。通过单因素和正交试验确定蜡状芽胞杆菌发酵培养基的最佳配比为 (w/V) 可溶性淀粉 3.0%、豆饼粉 2.0%、K_2HPO_4 0.3%、$MgSO_4 \cdot 7H_2O$ 0.02% 和 $CaCl_2$ 0.01%。筛选出的优化培养基活菌数为 36.5×10^8 cfu/mL（周映华等，2007）。

通过分析维生素 C 二步发酵过程中活菌数、产酸量、pH、糖酸转化活力等，研究了蜡状芽胞杆菌（俗称大菌）对氧化葡萄糖酸杆菌（俗称小菌）生长和产酸的影响，结果表明，在大菌存在的情况下，小菌的活菌数约为单菌培养条件下的 5 倍，产酸量为单菌培养条件下的2~3倍，糖酸转化活力为单菌培养条件下的2~3倍，提示在混合菌发酵条件下大菌仅仅是通过刺激小菌的生长而促进小菌产酸，用小菌休止细胞进行的糖酸转化实验结果也表明，无论在大菌的发酵上清液还是破碎的菌体，都未发现对小菌产酸产生直接影响（焦迎晖等，2002）。蜡状芽胞杆菌发酵培养常存在着发酵周期长、芽胞形成率低、成本高等问题，因此对发酵培养基进行了优化试验，以提高生产产量，降低生产成本。结果表明，适合该菌株发酵的培养基配比为：葡萄糖1.5%、豆粕3%、淀粉0.1%、30.8mg/L的硫酸锰溶液0.1%、磷酸氢二钾0.3%、磷酸二氢钾0.15%、硫酸镁0.05%、酵母膏0.02%、氯化铁0.01%、碳酸钙0.01%（崔京春，2004）。

研究接种量、温度、初始pH和培养时间对蜡状芽胞杆菌发酵鸡蛋清工艺条件的影响，并研究产物的相关性质。采用单因素试验和正交试验对发酵条件进行优化，并测定产物的自由基清除能力和抗菌活性。在蜡状芽胞杆菌接种量5.0%、温度30℃、pH6.5、培养时间48h的条件下，鸡蛋清水解率最高，达23.1%。该条件下水解产物的自由基清除力最高，达50.7%，对大肠杆菌和金黄色葡萄球菌有抑菌效果，抑菌圈直径大小分别为1.8cm和1.6cm。蜡状芽胞杆菌对鸡蛋清的水解能力较强，产物的抑菌能力和自由基清除能力也较强（刘国庆等，2009）。用蜡状芽胞杆菌β-淀粉酶代替20%、30%和40%的大麦芽，即将酿制啤酒的原料与辅助料比由传统工艺的7：3改为5：5、4：6和3：7。3种不同比例原料、辅助料制成麦芽汁，发酵制得啤酒，与对照酒相比，均无异味，采用5：5和4：6工艺试产啤酒均获成功，用此新工艺比传统工艺节省工业用粮，降低了生产成本（徐桃献等，1994）。

三、蜡状芽胞杆菌作为人类病原的研究

蜡状芽胞杆菌是常见的食品污染菌，在工业化社会中正成为日益重要的食物病原菌。它能产生一种呕吐毒素和多种肠毒素，主要引发呕吐和腹泻型食物中毒。与蜡状芽胞杆菌同属的苏云金芽胞杆菌也能产生类似的肠毒素，近来发现它可能与食品中毒有关。我国应当加强对蜡状芽胞杆菌的监测和研究（周帼萍和袁志明，2007）。2003年7月3日深圳市某公司食堂发生一起因进食不洁中餐、晚餐引起20人食物中毒事故。经流行病学调查，结合临床症状及实验室检验，证实为一起蜡状芽胞杆菌中毒（于芳，2004）。2006年10月15日上午，忻州市某学校发生一起食物中毒事件。接到报告，市疾病控制中心和市卫生监督所派有关人员赶赴现场。根据流行病学调查情况，采集了多份样品进行相关病原菌检测，以查明中毒原因。结果表明，这次食物中毒是一起由蜡状芽胞杆菌污染剩食大米饭并大量繁殖产生毒素造成的食物中毒事件（李宝亮和栗新，2008）。2003年9月3日十堰市茅箭区某中学学生食堂发生一起进食剩米饭引起食物中毒事故。经流行病学调查，结合临床症状及实验室检验，证实为一起蜡状芽胞杆菌中毒（赵国兵，2004）。2005年10月8日中午，天津市蓟县某中学7名同学在操场玩篮球后，就近在学校内的小卖部食用炒米饭，饭后9h均出现腹痛、腹泻、恶心、呕吐等症状，其中2人症状较重，入院治疗，经抗生素治疗2d后痊愈出院（焦雅娟和李长龙，2007）。

2004年7月15日上午,青岛市黄岛区卫生局卫生监督所接到区第一中学卫生室报告,在该校第2食堂进餐的15名学生出现恶心、呕吐、头晕、腹泻、腹痛、发热。根据流行病学调查、实验室检验,结合临床表现,证实是一起蜡状芽胞杆菌引起的食物中毒(李金星等,2006)。2005年8月21日荣成市某养殖场发生一起食物中毒,经流行病学调查、临床表现及实验室检查结果,证实是一起由蜡状芽胞杆菌引起的食物中毒(张华丽等,2007)。2006~2008年采集从临床各标本中分离的35株蜡状芽胞杆菌,其中血液标本8株,胸腹水标本一株,腹泻粪便或呕吐物12株,伤口拭子3株,眼拭子9株,痰标本2株。每株蜡状芽胞杆菌均来自临床不同患者的标本,对同一患者多种标本来源不重复统计(张爱莲,2009)。

四、蜡状芽胞杆菌用于生物肥料

从土壤中分离的菌株Bc12-14是一株对Bt具有明显增效作用的蜡状芽胞杆菌。对菌株Bc12-14发酵上清液进行的增效性测定结果表明,该菌株对部分Bt菌株具有明显的增效作用。菌株Bc12-14上清液对Bt HD-1-580菌株增效,可提高82%;而Bc12-14+Bt 94001组合,与Bt 94001纯培养相比,发酵效价和晶体蛋白含量分别为5000U/μL、5.4mg/mL,提高18%和22%(陈在佴等,2003)。

红壤对磷有强大吸附固定力,磷肥易被土壤中活性铁、铝固定而使有效态磷转化为各种形态的非有效磷,从而大大降低磷肥的利用率。解磷菌能使土壤中难溶性或不溶性的磷转化为易于被植物吸收利用的磷。通过对江西鹰潭红壤分离筛选并经过紫外诱变获得一株性状稳定的高效解磷细菌Y8。经鉴定,菌株Y8为蜡状芽胞杆菌。通过与生产中应用的徐州华龙高效复合菌肥厂的解磷细菌X3相比,菌株Y8降解有机磷、溶解$Ca_3(PO_4)_2$的能力均比较高,分别为155.3mg/L和240.1mg/L。研究各种理化因子对菌株Y8解磷能力的影响,确定了菌株Y8的最佳培养条件为葡萄糖20g/L,$NH_4(SO_4)_2$ 1.5g/L,pH7.0,温度为35℃,在该条件下菌株Y8溶解$Ca_3(PO_4)_2$的量为295.6mg/L。在江西鹰潭红壤稻田的施用试验表明,将菌株Y8制成微生物菌剂施用于水稻田可起到减施化肥的作用(戴沈艳等,2010)。

以蜡状芽胞杆菌和胶冻样芽胞杆菌为菌种制作的菌肥,可以提高土壤的供肥能力,N_2O可提高97.2%,K_2O增加83.9%;使蔬菜次生根数增加10%~51%,增长可至30.9%,根系活力可增加17.2%;菌肥还可促进植物的营养,可使作物叶片的营养元素P、K、Ca、Mg的含量均有增加;还可增加叶片中叶绿素含量达53%,光合作用的叶面积系数增加26.8%;菌肥还可降低呼吸强度10%~23%;菌肥中细菌代谢时可生成多种生长激素和细胞分裂激素,如6-苄氨基嘌呤、吲哚乙酸、赤霉素等,通过这几方面的综合作用,使作物的生长加速、消耗降低,最终使作物获得增产(谢达平等,2002)。

五、蜡状芽胞杆菌的基因研究

利用重复序列PCR(ERIC-PCR)技术对苏云金芽胞杆菌(Bt)、蜡状芽胞杆菌(Bc)和对照菌基因组DNA进行扩增,回收、标记Bt PCR扩增片段,分别与各菌株的基因组 DNA 进行斑点杂交和 Southern 杂交，筛选 Bt 标志序列。结果显示：Bt 各菌株均可扩增得到 250bp 的特异片段；Bt 和 Bc 均可得到 600bp 的共有扩增片段；以筛选得到的 569bp 片段为探针，可特异性地与 Bt 基因组 DNA 杂交；ERIC-PCR 技术可以在 DNA 指纹图谱水平区分鉴别 Bt 与 Bc 菌，正确反映出两者的亲缘关系。结果表明 ERIC-PCR 技术在 Bt 的检测及在 Bt 与 Bc 的鉴定中具有较强的实用性（李强等，2007）。

设计一对可扩增 $aiiA$ 基因完整的可读框的简并引物对 aiiA1 和 aiiA2，通过 PCR 技术对 3 株蜡状芽胞杆菌的 $aiiA$ 基因进行检测。结果表明，它们均含有 $aiiA$ 基因；利用 pMD18-T 克隆载体直接从 GP7 菌株的 PCR 产物中克隆了 $aiiA$ 基因，测序结果表明，该基因（GenBank 登录号：AY943831）由 753 个碱基组成，编码含有 250 个氨基酸残基的蛋白质，该蛋白质推测的分子质量为 25.5kDa，等电点约 4.235；核苷酸序列的 Blast 分析结果表明，与之同源性较高的基因均为 Bc 组 $aiiA$ 基因（87%～99%）。在氨基酸序列多重比较的基础上，应用 PHYLIP 软件构建了 AiiA 蛋白的系统发育树。此外，利用原核融合表达载体 pMXB10 初步研究了 AiiA、几丁质结合蛋白（CBD）及 Intein 融合蛋白诱导表达的情况（黄天培等，2006）。利用 pMD18-T 克隆载体从蜡状芽胞杆菌菌株 T-HW3 中克隆了酰基高丝氨酸内酯酶基因（AHL-lactonase，$aiiA$）。测序结果表明，该基因（GenBank 登录号为 DQ000643）由 753 个碱基组成，编码含有 250 个氨基酸残基的蛋白质。该蛋白质的推测的分子质量为 28kDa，等电点为 4.235 左右。核苷酸序列的 Blast 分析结果表明，与之同源性较高的基因均为蜡状芽胞杆菌组 $aiiA$ 基因（86%～99%）（黄天培等，2007）。

六、蜡状芽胞杆菌的检测与灭活

茶叶中的咖啡因和多酚类物质对大肠杆菌、伤寒和副伤寒菌、肺炎菌、流行性霍乱和痢疾病原菌都有一定的抑制作用，随着人们对茶叶成分保健功能认识的深入，茶叶的生产和消费逐年增长。苦荆茶是湖北的特产茶之一，具有独特的保健作用与药用功能，但一直未受到大众的接受。以苦荆茶、绿茶、乌龙茶 3 种茶叶的水浸液对两种肠道病原菌——大肠杆菌和蜡状芽胞杆菌的抑菌效力和最小抑菌浓度进行测定，旨在提供苦荆茶的保健和开发依据。结果表明，苦荆茶、绿茶、乌龙茶 3 种茶叶的浸提物对 2 种肠道病原菌大肠杆菌和蜡状芽胞杆菌都具有明显的抑制作用，而对供试的霉菌无抑制作用；就供试的 2 种菌株来看，3 种茶叶浸提物对革兰氏阴性菌的抑制作用显著强于对革兰氏阳性菌的抑制作用（朱世明等，2009）。

从白腐乳中分离到一株杆菌 LX，经生理生化和 16S rDNA 分子生物技术鉴定，该菌株被鉴定为蜡状芽胞杆菌。采用 BCET-RPLA 试剂盒对菌株培养液进行了肠毒素检测，结果表明厌氧培养时产肠毒素检测为阴性，而好氧培养时菌株产肠毒素检测为弱阳性。研究表明在白腐乳的生产与保藏中，应注意蜡状芽胞杆菌的存在及其对食用安全性的影响（杨佐毅等，2008）。

使用蜡状芽胞杆菌细胞为模板，为生物约束成形加工制备了磁性单体，对化学镀液、镀层磁性、菌体磁场行为等进行了研究。结果表明镍硼、镍磷、钴镍磷及钴磷化学镀层磁性依次增强，对蜡状芽胞杆菌沉积钴镍磷镀层实现了菌体磁性金属化，镀层具有亚铁磁性，为晶态及非晶态混合结构。在金属化工艺过程中，采用机械搅拌并加分散剂的方法解决了菌体聚集导致的菌体间镀层差别及粘连问题，用磁场操作液体中的分散金属化菌体，实现了单菌体间的平行排列，并可随磁场改变方向（黎向锋等，2003）。

以肉制品中常见的蜡状芽胞杆菌为研究对象，采用中心组合设计方法考察温度（88~96℃）、pH（5.1~6.3）、氯化钠浓度（1.5%~3.5%，w/V）和初始菌数（10^4~10^7 cfu/mL）的交互作用对蜡状芽胞杆菌消长规律的影响。不同环境因子作用下菌株 D 值的响应面分析结果显示，响应面回归方程中无失拟因素存在，预测值与实测值达到较好的拟合（$R^2=0.9644$）。不同环境因子作用下蜡状芽胞杆菌消长规律的方差分析显示，环境因子的交互作用有极显著影响，其中温度和 pH 的影响达到极显著水平（$P<0.01$），初始菌数的影响达到显著水平（$P<0.05$），氯化钠浓度的影响不显著（$P>0.05$）（迟原龙等，2008）。

以银杏外种皮为原料，研究了吸附树脂分离纯化银杏酚酸的方法和银杏酚酸的抗菌活性，并对其结构进行了鉴定。结果表明：非极性树脂 D4020 和弱极性树脂 AB-8 对银杏酚酸具有较好的吸附能力，银杏酚酸粗提液经2种树脂吸附、不同浓度乙醇梯度洗脱后，产物纯度可达90%，得率为0.91%，利用树脂精制银杏酚酸成本低、效率高，是一种有效的分离方法；通过液相色谱-二极管阵列-串联质谱（LC-DAD-MS）分析表明，银杏酚酸由5种异构体（C13：0、C15：1、C17：2、C15：0、C17：1）组成，其中C15：1含量最高，其次是C17：1；银杏酚酸主要抑制革兰氏阳性菌，对蜡状芽胞杆菌、枯草芽胞杆菌和金黄色葡萄球菌有很好的抑制作用，而对大肠杆菌等革兰氏阴性菌无抑制作用，酚酸的烷基侧链在抑菌中起了重要作用（倪学文和吴谋成，2004）。

检验炭疽沉淀素血清特异性的两株类炭疽菌 C41-1 和 C41-3，经培养特性和生化特性的鉴定与蜡状芽胞杆菌基本一致。这两个菌株应归为蜡状芽胞杆菌（关乎时，1996）。

为研究生物防腐剂壳聚糖、ε-聚赖氨酸、乳酸链球菌素（Nisin）能否代替化学性食品防腐剂，通过敏感性测定、杀菌动力学测定、正交优化实验，应用效果试验研究了其对指示菌蜡状芽胞杆菌的抑制效果。结果表明，壳聚糖、乳酸链球菌素、ε-聚赖氨酸的最小抑菌浓度分别为10mg/mL、2.5mg/mL、0.039mg/mL。当壳聚糖、nisin、ε-聚赖氨酸的浓度分别为5mg/mL、0.02mg/mL、0.01mg/mL 时对蜡状芽胞杆菌的抑制作用最好，在这一最佳组合条件下对蜡状芽胞杆菌杀菌率达83.85%（黄现青等，2009）。

以李斯特氏菌和蜡状芽胞杆菌为材料，研究了2种乳链菌肽天然变异体 nisinA 和 nisinZ 的抑菌活性。结果表明，nisinA 和 nisinZ 对被试的2株李斯特氏菌及蜡状芽胞杆菌 1.189 具有相同的抑菌效果。而对另一株蜡状芽胞杆菌 1.350，nisinZ 比 nisinA 显示较强的抑菌活性。不同的培养基对这2种乳链菌肽天然变异体的抑菌活性具有不同的影响（陈秀珠等，2001）。

七、蜡状芽胞杆菌的产酶特性

APS 是一种由新近分离的蜡状芽胞杆菌菌株 S1 分泌产生的新型抗真菌环状多肽。研究了不同的离子对菌株 S1 发酵生产 APS 的影响，结果表明，阳离子如 K^+、Na^+、

Al^{3+} 对 S1 发酵生产 APS 有促进作用,而 Ca^{2+}、Fe^{2+}、Mg^{2+} 表现出抑制作用,阴离子中 $H_2PO_4^-$、HPO_4^{2-} 对 APS 的产生具有较强的抑制作用,其他阴离子表现出中性作用。在 S1 发酵的过程,加入浓度为 0.2%~0.8% Tween-20 和 10~100U/mL 的青霉素 G 能够增加 APS 的效价(刘建国等,2001)。

采用 SDS-NaClO 细胞破壁预处理和氯仿抽提法对聚羟基烷酸(PHA)进行提取,考察了蜡状芽胞杆菌以丁酸、戊酸、辛酸、癸酸、花生油作为辅助碳源时生成 PHA 的情况。结果表明,以癸酸为辅助碳源时,提取出的 PHA 量最大,其提取率最高可达 51.2%;采用红外检测法和气相色谱法对 PHA 样品进行鉴定分析,结果表明,其中均含有聚羟基丁酸(吕早生等,2008)。蚕丝精练过程中利用微生物脱胶具有作用温和、成本低、环境污染小的优点。采用脱胶细菌蜡状芽胞杆菌 D7 对蚕丝进行微生物精练,研究了脱胶发酵温度、发酵液初始 pH、菌种液接入量、菌液发酵摇床转速、脱胶发酵时间等因素对残胶率和蛋白酶活力的影响,得出利用蜡状芽胞杆菌 D7 对蚕丝精练的最佳工艺条件为:脱胶发酵温度 37℃,发酵液初始 pH7.0,菌种液接入量 5%,菌液发酵摇床转速 150r/min,脱胶发酵时间 3d。在此工艺条件下用 D7 菌液精练后的蚕丝纤维表面丝胶更少且分布更均匀,纤维断裂强度、断裂伸长率和屈服强力都优于化学精炼法处理的蚕丝(单世宝等,2009)。

从多年被废弃畜禽血液浸染的土壤中,分离筛选出 16 株菌株。根据在酪蛋白/明胶平板上蛋白质水解圈比值大小初步确定 8 株菌株为被选菌株;并分别在 Hb 发酵培养液中发酵 72h,测定蛋白酶活力、游离氨基酸含量、可溶性蛋白质含量、Hb 降解率,最终确定一株菌株(编号为 Lact5.Ⅱ)为最佳菌株;经过菌落形态观察初步确定为细菌,进一步测定生理、生化反应指标,鉴定该菌株为蜡状芽胞杆菌(张滨和马美湖,2006a)。从某柠檬酸厂分离到一株耐酸性 α-淀粉酶的生产菌株 YC,经 16S rDNA 法鉴定为蜡状芽胞杆菌。通过紫外诱变及紫外-硫酸二乙酯(DES)复合诱变,选育到一株产酶稳定的正向突变株 YC-UV9-D13,连续传种 10 代后测定其酶活仍达 250.77U/mL,比野生菌株提高了 4.9 倍,为工业化推广奠定了良好的基础(刘永乐等,2009)。

采用化学动力学方法测定了蜡状芽胞杆菌 SOD 稳定性,结果表明,蜡状芽胞杆菌 SOD 的 $t_{0.9}$ 为 55.97min,$t_{1/2}$ 为 369.40min,该酶显示出具有良好的稳定性,提示可作为一种 SOD 药用酶的重要资源,具有潜在的重要药用价值(夏立秋等,1996)。

蜡状芽胞杆菌经培养后,离心收集菌体,将菌体破碎、离心,经 $(NH_4)_2SO_4$ 分级沉淀,Sephadex G-75 凝胶过滤和 DEAE-52 柱层析所获得的超氧化物歧化酶进行了 SDS-PAGE 分析,结果显示为一条带,亚基分子质量为 17 783Da,表明制备得到了电泳纯品。将该样品经氰化钾、过氧化氢、氯仿-乙醇抑制实验和特征吸收光谱分析,鉴定出此酶为含铁超氧化物歧化酶,比活为 1753.8U(苏宁等,1998)。对从蜡状芽胞杆菌发酵菌体中纯化的含铁超氧化物歧化酶进行了理化性质研究,测定结果表明:在 27℃,pH6.8,光照强度为 4000lx 条件下,光照 20min 为酶活性测定的最佳条件,经 SDS-聚丙烯酰胺凝胶电泳分析得其亚基分子质量为 17 783Da。等聚焦电泳表明:含铁超氧化物歧化酶的等电点(pI)为 6.5 左右;经 DNS 法分析 N 端氨基酸为谷氨酸(Glu),其氨基酸的组成中酸性氨基酸的含量大于碱性氨基酸的含量(苏宁和衣文平,

1999)。

从土壤中筛选出一株淀粉酶分泌能力较强的菌株,通过形态学观察、生理生化试验、16S rDNA测序分析等方法对该菌株进行了鉴定,并对其分泌的淀粉酶的酶学性质进行了研究。经鉴定该菌株为蜡状芽胞杆菌;酶学性质研究表明,该酶的最适温度为40℃,最适pH为5.0~6.0,在40℃保温20min,酶活力下降70%左右。Ca^{2+}对酶的活性和热稳定性没有激活作用。非变性蛋白电泳和淀粉酶活性染色结果显示,该菌只产生一种淀粉酶。通过高效液相色谱分析,该酶对可溶性淀粉的主要水解产物为糊精、寡聚糖和少量葡萄糖,表明该酶为α-淀粉酶(刘洋等,2010)。

从盐腌皮上分离、筛选得到一株蜡状芽胞杆菌(SZ-4),该菌株经发酵后得到的粗酶液可在12h内、无硫化物的条件下,将猪皮、牛皮、羊皮等完全脱毛。对该菌株发酵所产脱毛蛋白酶的酶性质进行研究,结果表明:脱毛蛋白酶的分子质量约40kDa,最适作用温度为60℃,最适作用pH为10.0,在40℃以上时热稳定性较差,K^+、NH_4^+、Mg^{2+}、Zn^{2+}和Ca^{2+}对脱毛蛋白酶有不同程度的激活作用,其中NH_4^+、Mg^{2+}、Zn^{2+}在一定浓度内具有明显的激活作用,Cu^{2+}和Ba^{2+}对脱毛蛋白酶有抑制作用,Na^+在不同浓度范围对脱毛蛋白酶有不同的作用(杨姗和周荣清,2010a)。

从中国冰川1号样品分离获得一株产适冷蛋白酶耐冷菌株SYP-A2-3,鉴定为蜡状芽胞杆菌。该菌生长温度为0~38℃,最适生长温度25℃,而最适产酶温度为15℃。所产蛋白酶为中性金属蛋白酶,最适催化温度为42℃,低温催化活力较高,适宜作用pH为7.0~8.5,SDS-PAGE测定的分子质量为34.2kDa。SYP-A2-3产酶条件的研究结果显示酪蛋白是较好的氮源,葡萄糖、淀粉是较好的碳源,产酶最佳pH为6.5~7.0,在优化的条件下,15℃摇瓶产酶达3800U/mL,5L发酵罐通气培养产酶达4800U/mL(史劲松等,2005)。

对蜡状芽胞杆菌菌株Bc-05的发酵上清液经硫酸铵分级沉淀、DEAE Sepharose Fast Flow阴离子交换层析所获得的纤溶酶进行性质研究。结果表明:经纤维蛋白平板法检测该酶有直接水解纤维蛋白和激活纤溶酶原的双重作用,最适作用温度37℃,最适pH为8.0,在pH为8.0条件下25℃和37℃放置24h酶活力仍保持77.52%和78.96%,该酶体外对兔血凝块有明显的溶解作用;Ca^{2+}、Mn^{2+}离子对该酶具有激活作用,而Cu^{2+}、Fe^{3+}完全抑制其纤溶活性,苯甲基磺酰氟(PMSF)、乙二胺四乙酸(EDTA)和二硫苏糖醇(DTT)对该酶有抑制作用,说明活性中心含有二硫键、金属离子和丝氨酸;测其N端10个氨基酸序列为NH_2-Val-Thr-Pro-Thr-Asn-Ala-Val-Asn-Thr-Gly,与其他生物来源的纤溶酶相比较没有同源性(袁洪水等,2008)。

对蜡状芽胞杆菌ZJB-07112酰胺酶进行了分离纯化和酶学特性的研究,旨在为研究不同微生物中酰胺酶的合成调控机理提供基础,并为利用生物转化生产丙烯酸提供理论指导。结果表明,从筛选到的一株具有酰胺酶活性的ZJB-07112出发,通过离子交换色谱、疏水作用色谱等步骤,得到了电泳纯的酰胺酶,纯化倍数为33.3倍,酶回收率为21.8%。SDS-PAGE测得其相对分子质量为$60.6×10^3$。研究了该酶的部分酶学特性,结果表明其最适反应pH为7.5,最适反应温度为35℃。当环境温度低于35℃时,该酶表现出较高的稳定性。在体系中加入EDTA后,该酶的活性无变化,表明该酶不属于金属酶。Hg、Ag 和尿素对该酶活性会产生明显的抑制作用，而同样是重金属离子的 Cu^{2+} 只对该酶活性有轻微的抑制作用（张俊伟等，2008）。

拮抗菌菌株 041381 在淀粉液体培养基中产生的蛋白质经硫酸铵分级盐析、DEAE-Sephadex A-25 柱层析、Sephadex G-50 柱层析后，分离纯化得到的抗菌蛋白在电泳中显现出一条带，初步确定其分子质量为 2.5kDa；所得活性物质对黑曲霉、米曲霉、稻瘟霉、弯孢霉等丝状真菌不具有抗性；对细胞 B16、HeLa、Smmc-721、K-562 的毒性检测显示，不具有细胞毒性（张鹏等，2006）。

通过菌株分离、筛选与鉴定试验，筛选并鉴定出了一株脱毛蛋白酶生产菌株，编号为 SZ-4。经初筛得到 11 株脱毛蛋白酶生产菌株，经复筛得到菌株 SZ-4。扫描电子显微镜（SEM）观察结果表明，蜡状芽胞杆菌菌株 1.230 与待鉴定菌株的细胞形态非常相似。菌株 SZ-4 的菌体细胞革兰氏染色呈阳性；荚膜染色呈阴性；芽胞呈椭圆形，中生或次端生。生理试验结果表明，葡萄糖、L-鼠李糖、肌醇、甘露醇及蔗糖均可用作菌株 SZ-4 的碳源；以葡萄糖为碳源时，菌株的生长状况最佳。该菌株是一株嗜盐菌；DNA 序列分析表明，蜡状芽胞杆菌和苏云金芽胞杆菌同处于一个最小的分支，与已知菌株 CCM 2010 的遗传距离最近，同源性达 99.8%。确定该菌株为蜡状芽胞杆菌。该试验从盐腌原料皮中分离得到一株脱毛蛋白酶生产菌株 SZ-4（杨姗和周荣清，2010b）。

通过单因素试验和正交试验，以蜡状芽胞杆菌深圳菌株 754-1 产磷脂酶 C（PLC）在卵黄平板上形成的乳白色晕圈的直径大小作为考察指标，对影响 754-1 产 PLC 的各因素进行了初步研究。结果表明，754-1 产 PLC 的最佳培养条件为：蛋白胨 1.0%、牛肉膏 0.3%、酵母膏 0.2%、NaCl 0.5%、Zn^{2+} 0.1mmol/L、卵黄 5.0%，接种量 0.5%，发酵温度 32℃，培养时间 12h（高林等，2007）。

通过优化蜡状芽胞杆菌菌株 SWWL6 产耐有机溶剂脂肪酶营养条件，产酶量有较大提高。方法与结果：通过单因素实验确定了产酶的最佳碳源、复合氮源及无机盐分别为可溶性淀粉、酵母膏＋NH_4NO_3、$MgSO_4 \cdot 7H_2O$＋NaCl。部分因子实验结果表明初始培养基中酵母膏、NH_4NO_3 的质量浓度对产酶的影响显著。通过最陡爬坡实验逼近最大响应区域，以中心组合设计和响应面分析法确定了最优培养基。优化的培养基为酵母膏 0.64%、NH_4NO_3 0.384%、可溶性淀粉 1%、$MgSO_4 \cdot 7H_2O$ 0.1%、NaCl 0.25%、甲苯 20%。优化后脂肪酶相对酶活为 348.44%，比优化前提高了 3.48 倍（李俊等，2010）。

研究了溶菌酶浓度、酶解温度及时间、制备液的 pH、渗透压稳定剂对蜡状芽胞杆菌菌株 TO-8-24-2 原生质体的形成与再生的影响。菌株 TO-8-24-2 原生质体形成和再生的最佳条件是以蔗糖-顺丁烯二酸-$MgCl_2$（SMM）、pH7.0 作酶解缓冲液，溶菌酶浓度为 0.15mg/mL，在 37℃条件下，酶解 45min，原生质体形成率为 91.7%，再生率为 13.6%（涂永勤和肖崇刚，2004）。

研究了在发酵液中添加絮凝剂对发酵液进行预处理，对蜡状芽胞杆菌产生青霉素酶的影响与青霉素酶的酶学特性。实验结果表明，发酵液膜处理的难易程度与芽胞释放程度成正相关，在发酵液中添加 0.02g/mL 自制絮凝剂进行预处理，过滤效率提高 10 倍，而酶活损失仅 5%；酶学特性研究结果表明，该酶最佳反应温度 55℃时，酶的最适反应

pH7.0，金属离子锌、锰、镁对酶有激活作用，其浓度为 0.25mol/L；酶热稳定性研究结果表明，在 75℃ 条件下保温 30min 时，酶活损失 85%。该酶在过量青霉素底物下，酶促反应为零级反应（冯文亮等，2007）。对蜡状芽胞杆菌产青霉素酶的分离纯化工艺进行了研究。粗酶液通过多孔玻璃过滤器收集、硫酸铵分级盐析、超滤除盐浓缩后得到纯化的青霉素酶液。在酶溶液中添加 5% NaCl 或 5% 甘油，保存过程中的稳定性得到明显提高，在 60d 后相对酶活依然保持在 92% 以上（林毅等，2009）。

以蜡状芽胞杆菌 SW06 为出发菌株，通过紫外诱变筛选得到突变株 Bz-3，其产脂肪酶的活力较 SW06 提高 2.49 倍。再对 Bz-3 进行亚硝酸钠诱变，得到突变株 BF-3，产脂肪酶活力较 SW06 提高 4.11 倍。将 BF-3 传到第 5 代，其产酶较稳定（吕熹等，2010）。采用阴离子交换层析和凝胶层析对"中国冰川 1 号"耐冷菌 SYP-A2-3 所产的蛋白酶进行分离纯化，并进行酶学性质研究。与中温酶相比，该蛋白酶具有较高的低温催化活性，其最适催化温度为 42℃，适宜 pH 为 7.0～8.5，SDS-PAGE 测定的相对分子质量（M_r）为 $34.2×10^3$；金属离子 Mn^{2+}、Ca^{2+} 对该酶有激活作用，Cu^{2+}、Hg^{2+}、Pb^{2+}、Co^{2+}、EDTA 强烈抑制，不受 PMSF 抑制。该蛋白酶具有低温酶典型的热水稳定性，0℃ 条件下半衰期 24h，但 Ca^{2+} 和一些低分子醇类物质能提高其稳定性；动力学数据分析表明，该蛋白酶在低温条件下对底物亲和能力高，在较宽温度范围内（25～45℃）均保持着较高的催化效能（史劲松等，2006）。

对蜡状芽胞杆菌菌株 CMCC（B）63301 产青霉素酶的分离纯化工艺及酶学性质进行了研究。粗酶液通过硫酸铵分级盐析、超滤除盐浓缩、Sephadex G-75 凝胶层析纯化后得到的青霉素酶液的比活力为 $68.2×10^6$ U/mg，纯化倍数为 11.32，酶活回收率为 35.04%。经 SDS-PAGE 检测为单一区带。该酶作用的最适温度为 37℃，最适作用 pH 为 6.5～7.0，在 0～20℃ 条件下存放比较稳定。酶液中添加 5% NaCl 或 5% 甘油可提高酶的保存稳定性（戚薇等，2007）。

八、蜡状芽胞杆菌用于植物病害的生物防治

采用质粒 pCM20 进行青枯病生防菌蜡状芽胞杆菌 ANTI-8098A 的电击转化，对电击转化条件的优化结果表明，当电击条件为 2.5kV、200Ω、25μF 时，转化的最佳条件为质粒 DNA 含量 118ng，感受态细胞浓度为 $1.14×10^8$ cfu/mL。转化子 ANTI-8098A：pCM20 在无红霉素选择压力的 LB 培养基转接 16 次后，绿色荧光的表达仍为 100%。对其生长曲线的测定结果表明，青枯病生防菌 ANTI-8098A 的生长速度和 ANTI-8098A：pCM20 基本一致。不同培养温度和培养转速对 ANTI-8098A：pCM20 生长的影响较大，当培养温度为 35℃ 时，ANTI-8098A：pCM20 的含量为 $60.0×10^8$ cfu/mL；当培养转速为 250r/min 时，ANTI-8098A：pCM20 的含菌量为 $50.33×10^8$ cfu/mL。青枯病生防菌 ANTI8098A：pCM20 和 ANTI8098A 对不同作物分离的青枯雷尔氏菌具有明显的抑制作用，抑菌效果无显著差异（车建美等，2010）。

从东祁连山高寒草地采集优势牧草紫花针茅并分离其内生细菌，以辣椒立枯丝核病菌、油菜菌核病菌、番茄早疫病菌、番茄灰霉病菌、玉米大斑病菌、小麦离蠕孢、甜瓜枯萎病菌和玉米小斑病菌 8 种植物病原真菌为指示菌，筛选拮抗菌，用阿须贝无氮培养

基和 PKO 培养基筛选固氮菌和溶磷菌，采用传统生理生化测定法和 16S rDNA 基因序列同源性分析对筛选出的内生细菌进行鉴定。结果从紫花针茅分离到 6 株内生细菌，其中，菌株 ZH4 和 ZH6 对辣椒立枯丝核病菌生长有抑制作用，平板对峙时的抑菌带宽分别为 5mm 和 4mm；没有分离到固氮菌和溶磷菌。ZH4 和 ZH6 菌体均为杆状，革兰氏阳性，产芽胞，16S rDNA 序列在 GenBank 中登录号分别为 EU236750 和 EU236752，结合生理生化特征及 16S rDNA 基因序列同源性分析，鉴定 ZH4 和 ZH6 均为蜡状芽胞杆菌（李振东等，2011）。从泰山土壤中分离获得一株对多种植物病原真菌具有拮抗作用的细菌，经过形态观察、生理生化特征分析及 16S rDNA 碱基序列测定和同源性分析，鉴定该菌株为蜡状芽胞杆菌，该菌株的 16S rDNA 序列已在 GenBank 中注册，登录号为 AY756511（薛东红等，2006）。

对蜡状芽胞杆菌菌株 S1 发酵产新型抗真菌多肽 APS 的发酵培养基组成（碳源、氮源）和工艺条件（发酵温度、初始 pH、通气方式和通气量）进行了摸索，通过单因素实验和正交优化实验，确定了 S1 发酵培养基的组成：麸皮 5%，玉米粉 5%，尿素 0.2% 或 NH_4NO_3 1.5%，酵母浸膏 1.5%，葡萄糖 6%，NaCl 0.1%；最适发酵培养温度为 28℃；最适发酵培养初始 pH 为 7.4 或 6.8。在优化条件下，效价最高为 8～10mg/mL，S1 生长的最适温度和初始 pH 为 30℃ 和 7.0，通气对 S1 发酵具有显著的影响（刘建国等，2001）。蜡状芽胞杆菌菌株 S-1 具有强烈的广谱抗真菌活性。陈祥贵等（2002）报道了该菌株产生的抗菌物质的分离纯化方法。该菌株的发酵液经酸化沉淀、有机溶剂萃取、Sephades G100 和 DEAE52 纤维素层析等步骤后，所得样品经硅胶薄层层析显色为单点，表明抗菌物质得到纯化。

介绍应用 3 种昆虫病原微生物防治黄脊竹蝗跳蝻（*Nymphae* of *Ceracris kiangsu*）的试验。结果表明，黄脊竹蝗白僵菌（*Beauveria bassians* from *Ceracris kiangsu*）、蝗虫微孢子虫（*Nosema locustae*）和蜡状芽胞杆菌（*Bacills cereus*）对黄脊竹蝗（*Ceracris kiangsu*）1～2 龄跳蝻都有一定的致病作用，可以作为综合防治的辅助措施（陈瑞屏等，2002）。蜡状芽胞杆菌是一种杀虫效率高、杀虫速度快的杀蝗微生物，用 $4.4×10^6$ 芽胞/mL 和 $4.4×10^7$ 芽胞/mL 接种棉蝗大龄跳蝻及成虫，棉蝗的死亡率分别达 82.6% 和 80.8%。毒力测定结果 LC_{50} 为 $2.7×10^8$ 芽胞/mL。经林间大面积试验，杀虫效果达 77.9%（陈瑞屏和刘清浪，1995）。杀螟杆菌，即蜡状芽胞杆菌，为细菌杀虫剂。杀螟杆菌属蜡状芽胞杆菌群的细菌，是从我国感病稻螟虫尸体内分离得到，经人工发酵生产制成。制剂为白色或灰黄色粉状物，有鱼腥味，对高温有较强的耐受性。杀螟杆菌对鳞翅目害虫有很强的毒杀能力，但毒杀速度较慢，如对稻苞虫和菜青虫等，施药 24h 后才开始大量死亡（梁俊金，2008）。

经 8 年系统试验研究从 330 个细菌菌株中筛选出一株防病促生枯萎病拮抗菌"BC98-I"，经鉴定属蜡状芽胞杆菌。该菌对黄瓜枯萎病、西瓜枯萎病、青椒枯萎病和番茄枯萎病 4 种土传病害均有显著防治效果，其平皿孢子萌发抑制率分别为 79.2%、75.1%、72.3% 和 95.7%，且该菌对多种蔬菜有促生和促进种子发芽功效（马利平等，2005）。试验研究结果表明，蜡状芽胞杆菌"BC98-I"发酵液与抑菌粗提物对黄瓜枯萎病菌具有良好抑制作用，可降低孢子萌发率，使菌丝生长形态异常，且抑菌特性稳定，对外界环境有很强的适应力和耐受性（高芬等，2006）。

枯萎菌拮抗蜡状芽胞杆菌 BC98-I 分泌产生的抗真菌物质经粗提、Sephadex G-100 和 DEAE 52 柱层析分离纯化后，得到了抗菌馏分 P1D4。该馏分达到了电泳纯，SDS-PAGE 检测其分子质量约为 3.5kDa，等电点为 4.65。又经 MALDI-TOF 质谱检测，该馏分为精确分子质量小于或等于 1531.71Da 的多肽。氨基酸组成分析结果表明：馏分 P1D4 由 Asp、Glu、Ser 等 12 种氨基酸组成，富含酸性和极性氨基酸。结合以往研究结果，目标产物热稳定性好，对胰蛋白酶和蛋白酶 K 有良好耐受性，初步认为属低分子质量的环状多肽（高芬等，2007）。

蜡状芽胞杆菌菌株 BC98-I 分离自沤肥浸渍液中，对黄瓜枯萎病等多种蔬菜土传病害有较强烈的拮抗能力，其无细胞发酵液经 55％硫酸铵盐析后得到的 20mg/mL 拮抗蛋白粗提液在平皿上对黄瓜枯萎菌的抑菌圈直径达 19.3mm；该拮抗蛋白经 100℃ 处理 30min 后仍能保持 97.7％ 的抑菌活性；作用活性 pH 范围宽，在 pH1.0～11.0 的条件下均有活性；对胰蛋白酶、蛋白酶 K 稳定；对氯仿不敏感；对紫外线部分敏感。菌株 BC98-I 拮抗蛋白粗提物对黄瓜枯萎菌孢子萌发和菌丝生长有强烈的抑制作用，主要表现为孢子萌发产生的芽管较对照短，芽管膨大形成大泡囊；菌丝扭曲，形成不规则泡囊，原生质浓缩；细胞壁溶解，内含物外泄（郝变青等，2004）。

据《农药电子手册》，目前登记用于稻曲病防治的药剂中，单剂有络氨铜、琥珀胶肥酸铜、松脂酸铜等铜制剂，三苯基乙酸锡等锡制剂，己唑醇、三唑醇等唑类杀菌剂；复配剂有井冈霉素与蜡状芽胞杆菌（10％井·蜡芽悬浮剂）、三唑酮（15.5％井·酮可湿性粉剂）（水清，2006）。富春江 37％井冈·蜡芽菌可湿性粉剂是由浙江省桐庐汇丰生物化工有限公司、中国生物农药之父沈寅初经过多年的试验，结合了井冈霉素的防治效果和蜡状芽胞杆菌杀菌、调节作物生长的作用，再加以乙酸二乙氨基乙醇酯的抑菌促进作物生长为助剂，开创了杀菌并能促进作物生长从而保护作物免受病毒感染的杀菌剂新概念（佚名 21，2010）。类产碱假单胞菌 P751 和蜡状芽胞杆菌菌株 BC752 是从林木叶部分离的 2 种杆状细菌，对 5 种病菌孢子有消解作用，对病菌孢子萌发和菌丝体生长有抑制作用，经田间试验，对泡桐、马尾松育苗和飞播造林，以及水稻、玉米、西瓜等，能促进植株生长，增加作物产量，降低病害发生。经过两菌的代谢产物的提取和测定，能产生吲哚乙酸、赤霉素、几丁质分解酶、卵磷脂酶 C，以及微量肽和含氮杂环类抑菌物质，经安全性测定，对人畜安全（胡炳福和黄勤钦，1996）。

青枯雷尔氏菌从其致病性上可分为能使植株发病的强致病力菌株和不能使植株发病的弱致病力菌株。利用蜡状芽胞杆菌与致病性稳定的青枯雷尔氏菌强致病力菌株进行共培养，处理后的青枯雷尔氏菌在 TTC 平板上表现为弱毒株的菌落特征，出现了致弱现象；经过 16S rDNA 基因序列测定，证明了用蜡状芽胞杆菌处理前后的菌株为青枯雷尔氏菌，并非是其他的污染菌株，通过回接番茄盆栽苗发现致弱前的青枯雷尔氏菌能有效引起番茄发生青枯病，而致弱后的菌株丧失致病力，不能引起番茄发病（李柏青等，2007）。

水稻纹枯病是水稻的主要病害之一，湖北省沙洋县每年都有较大面积的发生，局部地方发生较为严重,极大地制约了水稻产量的提高,对粮食生产安全也构成了一定威胁。因此,搞好水稻纹枯病防治,意义十分重大。为了筛选出防效好、增产作用明显、经济安全的防治水稻纹枯病的农药品种,为大面积推广应用提供科学依据,特进行试验。结果表明,井冈·蜡芽菌(井冈霉素 A 2.5%、蜡状芽胞杆菌 10%)对水稻纹枯病的防效十分显著,且增产效果明显,宜于在水稻上进行推广应用(夏烈忠等,2009)。

通过对一株既能促进苹果幼苗生长、又能减轻苹果叶果病害的蜡状芽胞杆菌菌株 BO17(经鉴定为 *Bacillus cercus*)的代谢液中生理活性物质的测定,表明该菌株能分泌吲哚乙酸、赤霉素、脱落酸、细胞分裂素等生长激素;BO17 能产生维生素 B_1、维生素 B_2、维生素 C 等;能产生与植物抗逆性直接相关的 SOD 酶;能消耗 16 种氨基酸,7 种矿质元素,营养需求比较广泛(张庆等,1998)。通过筛选获得对小麦纹枯病有明显防治效果的蜡状芽胞杆菌菌株 B946。采用链霉素和利福平抗性标记菌株 B946,用平板菌落计数法检测其在小麦根、茎基部、叶内的定殖情况。结果表明:叶部接种 B946,该菌能在接种叶内定殖,并能向茎基部、其他叶和根内转移;用 B946 菌悬液浸种处理,该菌能向茎基部和叶内转移;在一定范围内,菌悬液浓度 10^8 cfu/mL 以上,浸种时间 3h 以上,栽培温度 25℃,有利于 B946 在小麦体内的定殖转移(刘忠梅等,2005)。

为贯彻落实"绿色植保"理念,研究生物农药对水稻纹枯病的防治效果,开展了 10%井·蜡芽菌悬浮剂防治水稻纹枯病试验。结果表明,10%井·蜡芽菌悬浮剂(150mL/667m^2)破口前 7d 施药,防治水稻纹枯病效果优于 30%苯醚甲环唑·丙环唑乳油(15mL/667m^2)和 10%井·蜡芽菌悬浮剂(150mL/667m^2)(罗文辉等,2009)。

用诱集分离法,从玉米苗根系分离的 86 个芽胞杆菌菌株中,筛选出一个对玉米苗有较好促生作用,并兼有一定控制玉米纹枯病作用的菌株 M28,用 M28 菌悬液(5×10^8 cfu/mL)处理种子后,能显著提高玉米苗的过氧化氢酶活性、叶绿素含量和根系的吸收能力,株高、茎围、叶片数、地上部干重、叶鲜重、叶干重和叶面积分别增加 2.82%、3.73%、3.31%、7.78%、6.73%、8.33%、7.53%和 8.19%。在 WA 平板上,M28 可抑制玉米纹枯病菌菌核的萌发,当 M28 的菌量为 4×10^6 cfu/mL、6.7×10^6 cfu/mL、1.7×10^7 cfu/mL、2.7×10^7 cfu/mL、4.7×10^7 cfu/mL 时,病菌菌核萌发菌丝指数分别比对照降低 23.35%、42.52%、69.95%、82.04%及 86.83%。盆栽玉米苗人工接种病菌和 M28,控病效果为 27%;M28 生长的最低温度为 15~18℃,最高温度为 46~49℃,在 26~42℃条件下生长良好,以 38℃为最适,致死温度为 100℃、30min(湿热);生长发育的 pH 为 5.8~12.9,在 pH6.4~10.0 时生长良好,以 pH7.5 最适(朱红惠和颜思齐,1999)。

在室外条件下进行了蜡状芽胞杆菌菌株 TS-02 防治草莓白粉病的药效试验,并在室内条件下探讨了其防病机理。结果表明:蜡状芽胞杆菌 TS-02 可以防治草莓白粉病,活菌数大于 3×10^7 cfu/mL 可达到理想的效果。抑制作用是活菌和菌分泌的抑菌物质共同作用的结果,其中活菌的作用更强;蜡状芽胞杆菌可抑制白粉病菌的定殖,从而达到防治草莓白粉病的效果(陈冲等,2007)。

九、蜡状芽胞杆菌用于污染治理

采用富集驯化培养和紫外分光光度计定量的方法，从农药生产企业的废水处理系统中分离筛选出一株能够降解甲基对硫磷和毒死蜱的蜡状芽胞杆菌 HY-1，并系统研究了影响其降解甲基对硫磷和毒死蜱的主要因素。研究表明，菌株 HY-1 能够利用甲基对硫磷和毒死蜱为唯一磷源降解农药。HY-1 降解甲基对硫磷的适宜条件为：培养温度 30～35℃，pH 为 6～8，甲基对硫磷初始浓度为 10～50mg/L，接种量 20%［体积比，菌体密度：稀释到菌悬母液（$OD_{600}=3.0$）的 0.8～1 倍］，添加葡萄糖不能促进菌株对甲基对硫磷的降解。HY-1 降解毒死蜱的适宜条件为：葡萄糖浓度 6g/L，培养温度 30～35℃，pH 为 7.0，毒死蜱初始浓度 80～200mg/L，接种量 20%［体积比，菌体密度：稀释到菌悬母液（$OD_{600}=3.0$）的 0.8～1 倍］。结果表明，菌株 HY-1 降解甲基对硫磷和毒死蜱的适宜条件相类似，只是降解所需的最适葡萄糖浓度和底物浓度不同（段海明等，2010）。

从不同来源的样品中分离出一株吸附 Cr（Ⅵ）较强的菌株 X07，经鉴定为蜡状芽胞杆菌。通过吸附实验探讨了 X07 死菌体对 Cr（Ⅵ）的吸附特性，结果表明，X07 死菌体吸附 Cr（Ⅵ）的最适 pH 为 6.0；其吸附 Cr（Ⅵ）是一个快速、非温度依赖过程，吸附 50min 达到饱和，在最初的 5min 内，吸附量达到最大吸附量的 76.8%；菌体浓度的增加有利于对 Cr（Ⅵ）的吸附；其吸附等温线符合 Langmuir 和 Freundlich 吸附模型，在试验的条件下，对 Cr（Ⅵ）的饱和吸附容量为 146.9mg/g 干菌体（胡勇等，2005）。

对 3 株溶藻细菌 L7、L8 和 L18 溶解水华鱼腥藻（*Anabaena flos-aquae* FACHB-245）的溶藻方式、溶藻活性代谢产物的溶藻特性进行了研究。3 株菌都为间接溶藻，产生具有热稳定性的、对水华鱼腥藻有较强溶藻效果的活性代谢产物。L8 的溶藻效果与藻液中投加溶藻活性代谢产物的浓度呈正相关。处于衰减期的 L8，其溶藻活性代谢产物的溶藻效果好于对数生长期和稳定期。在不同 pH 条件下进行溶藻实验，当 pH 为 8.5 ± 0.1 时，L7 溶藻活性代谢产物的去除率达 85.78%；当 pH 为 10 ± 0.2 时，L8 和 L18 溶藻活性代谢产物的去除率分别达 92.84% 和 78.72%；由 7×10^8 cfu/mL 的 L8 菌液获得的无菌滤液，当投加量 <30% 时，对水华鱼腥藻的生长具有促进作用（马超等，2008）。

生物活动对矿石的风化、淋滤和沉积都有很大的影响，蜡状芽胞杆菌聚金作用主要与蜡状芽胞杆菌细胞壁的化学成分和结构功能有关。原因是其细胞壁有一层很厚的网状的肽聚糖、多糖、核酸和蛋白质结构，并且在细胞壁表面存在的磷壁酸质和糖醛酸磷壁酸质连接到网状的肽聚糖上，磷壁酸质的磷酸二酯和糖醛酸磷壁酸质的羧基使细胞壁带负电荷，具有离子交换的性质，能与溶液中正电荷的金属离子进行交换反应，这些过程是蜡状芽胞杆菌细胞壁聚集金的主要作用机制（汤显春等，2001）。

从北京市远郊东三岔地区废弃的铅锌尾矿中筛选到一株强抗镉的细菌，通过细菌形态学观察、扫描电镜、X 射线衍射能谱分析、甲基乙酰甲醇试验与酪氨酸水解试验等特征生理生化试验、菌株 G+C mol% 值，以及 16S rDNA 扩增与序列测定，鉴定此菌株为蜡状芽胞杆菌。该分离菌株可以在镉浓度为 1000mg/L 的固体培养基平板上生长，表明菌株具有强抗镉的能力；进一步分析了菌株在添加 Cd^{2+} 与未添加 Cd^{2+} 的液体培养基中的生长曲线，并通过质粒消除试验证明该菌株的抗镉性质与抗性质粒的存在有关（呼庆等，2007）。

从成都某污水处理厂活性污泥中分离、筛选了 2 株絮凝剂产生菌，初步鉴定为蜡状芽胞杆菌和膜璞毕赤酵母（*Pichia membranifaciens*）。利用制酒废水替代成本较高的传统培养基对这 2 株菌的混合菌（HXJ-1）的最佳产絮条件和絮凝剂的最佳絮凝条件进行了研究，得出 HXJ-1 的最佳产絮条件：废水 COD 为 12 000mg/L，C/N 值为 20∶1，相对接种量为 10%（体积分数，菌体浓度为 1×10^8 cfu/L），初始 pH 为 3.6（制酒废水自然 pH），摇床转速为 120r/min，培养温度为 30℃。在此条件下，发酵 24h 所产生的絮凝剂（XJBF-1）对高岭土悬浊液的絮凝率平均为 89.50%。以浓度为 1g/L 的高岭土悬浊液（93mL）为试验对象，得出 XJBF-1 的最佳絮凝条件，即絮凝体系的 pH 为 7；絮凝剂用量为 2mL，以 1% 的 $CaCl_2$ 为助凝剂，其投量为 5mL（张帆等，2008）。对蜡状芽胞杆菌、膜璞毕赤酵母及其 2 株菌的混合菌（HXJ-1）利用制酒废水产生微生物絮凝剂进行了研究。结果表明，HXJ-1 与单菌株相比表现出明显的优势：其一，可以直接利用酸性制酒废水产生微生物絮凝剂，不必调节 pH；其二，产絮周期大大缩短，由单菌株的 48h 缩短至 24h；另外，能利用的制酒废水浓度高、外加氮源少。HXJ-1 利用制酒废水产生微生物絮凝剂既降低了絮凝剂的生产成本，同时又降低了制酒废水中有机物浓度，达到了以废治废。HXJ-1 的最佳絮凝剂产生条件为：废水 COD 浓度为 12 000mg/L，C/N 比为 20∶1，相对接种量 10%（V/V，菌体浓度：10^8 cfu/L），初始 pH3.6（制酒废水自然 pH），摇床转速为 120r/min（张帆等，2008）。

从海南某农药厂地土壤中分离到一株能很好降解毒死蜱的菌株 WJl-063，经形态特征、生理生化鉴定及 16S rDNA 序列分析，将该菌株初步鉴定为蜡状芽胞杆菌。降解酶降解性能研究表明，该菌株能以毒死蜱作为唯一碳源生长，并且对毒死蜱起主要降解作用的是胞内酶，其传代降解代谢活性稳定。以牛血清白蛋白为标准蛋白，测得粗提酶中可溶性蛋白含量为 0.044mg/mL；在 pH5.0~8.0 时，酶活力表现稳定，通过双曲线法认为该酶降解毒死蜱的最适 pH 为 8.0；毒死蜱降解酶热稳定性差，最适温度为 25℃；该酶与毒死蜱底物结合力强，对毒死蜱具有较好的降解效果，米氏常数 K_m 为 201.92nmol/L，最大降解速率为 399.36nmol/(mg·min)（王利等，2009）。

从湖北仙桃农药厂附近长期受农药污染的土壤中分离出一株甲基对硫磷降解菌 HS-MP12，该菌能利用甲基对硫磷（MP）和对硝基苯酚（PNP）作为唯一的碳源、氮源生长。在 24h 内，HS-MP12 对起始质量浓度为 500mg/L 和 200mg/L 的 MP 降解率分别为 86.8% 和 95.7%，对起始质量浓度为 200mg/L 的 PNP 的降解率为 92.3%，测定条件为：pH6，温度 30℃。经过形态观察、生理生化鉴定、16S rDNA 序列测定和同源性分析，初步鉴定菌株 HS-MP12 为蜡状芽胞杆菌。实验结果表明，HS-MP12 在降解 MP 时，没有代谢中间产物对硝基苯酚的积累，推测可能存在不同的降解途径（高强等，2007）。

对我国广西某地尚未开采的黄金矿床中风化程度不同的黄金矿石进行微生物分离，

结果分离出 6 株霉菌和 6 株细菌,未发现酵母菌、放线菌和专性厌氧菌。3 种风化程度不同的矿石中均分布有蜡状芽胞杆菌和氧化亚铁硫杆菌(任涛和丁子微,1998)。

从某钢铁厂处理废水的活性污泥中驯化分离一株能高效降解苯酚的细菌(Jp-A);通过形态观察、生理生化实验和 16S rRNA 序列分析,初步鉴定 Jp-A 为蜡状芽胞杆菌。在实验条件下,该菌在 16h、24h 和 32h 内能将浓度分别为 5mmol/L、10mmol/L 和 15mmol/L 苯酚完全降解,而 30mmol/L 的苯酚完全抑制该菌的生长;该菌也能以甲苯、氯酚类和硝基酚类等芳香烃类物质作为唯一碳源和能源生长。双加氧酶检测表明,其通过间位途径开环裂解苯酚,该途径的关键酶邻苯二酚 2,3-双加氧酶主要定位在细胞膜上,为诱导酶,补加葡萄糖能抑制该酶的产生(李淑彬等,2006)。从沈阳张士灌区镉污染土壤中筛选出一株对镉吸附性强的耐镉细菌 SY,经形态学观察、生理生化测定和 16S rDNA 序列分析,确定 SY 为蜡状芽胞杆菌。在 Cd^{2+} 初始浓度为 20mg/L 条件下,通过改变培养温度、培养时间、pH、渗透压(NaCl 的含量)等条件研究细菌 SY 吸附镉的最优生长条件。结果表明,最优条件为:培养温度 40℃,培养时间 27h,pH7,NaCl 含量 0.5%(李辉等,2010)。

从重金属镉污染土壤中筛选到一株对镉具有较强抗性和富集能力的细菌 RC。经形态学观察、生理生化鉴定及 16S rDNA 序列分析,菌株 RC 为蜡状芽胞杆菌。在不同镉浓度液体培养条件下研究了菌体的生长曲线,并探讨了菌株 RC 对 Zn、Cu 的抗性,结果显示 RC 对不同重金属的抗性机制存在一定的差异。利用扫描电镜、透射电镜观察了镉在菌株 RC 胞内外的沉积作用及分布情况,结果表明,在镉浓度为 150mg/L 时菌体细胞壁及其内部可见大量的高电子密度颗粒,同时在菌体表面也有沉淀物附着。因此,胞内外沉积作用可能是该菌对高浓度镉的抗性和富集作用的重要途径。通过红外光谱探讨了菌株 RC 积累镉前后细胞壁表面化学基团的变化情况,结果发现 RC 的细胞壁上参与积累作用的化学官能团主要有—OH、—NH、—CO 和—CO—NH—等(刘红娟等,2009)。

对蜡状芽胞杆菌在重金属生物吸附条件下细胞的界面形态及其变化情况进行了原子力显微镜成像观察与表征。结果表明,在严格实验对照条件下未加入 Pb(II)的空白菌体细胞呈杆状,单个细胞长约 3.3μm,横截面分析结果为宽 1.9μm 左右,高为 0.3~0.4μm,细胞壁表面比较光滑,细胞之间以竹节结构首尾相连排列成长杆状;吸附 Pb(II)后细胞的体积则发生膨胀,单个细胞长约 3.9μm,横截面分析结果为宽 3.1μm 左右,高约为 1.15μm,细胞壁表面变得比较粗糙,细胞之间较容易发生黏结,与对照空白菌体相比,细胞之间呈长杆状的竹节结构排列变得很少。采用截面分析曲线中形貌特征的高宽比(R)对细菌细胞在云母基底表面的横向铺展变形作用进行了定量表征(吸附铅离子后 R 值由 0.165 变为 0.416),同时探讨了细胞在基底表面的横向铺展变形作用可能与细胞表面电荷影响细胞在基底表面的黏附性能密切相关,并受溶液 pH、离子强度,以及金属离子的暴露与吸附等外界因素影响而发生改变(葛小鹏等,2004)。

发现一株对银离子有强吸附能力的蜡状芽胞杆菌 HQ-1,研究了其对银离子的吸附特性及吸附机理。结果表明,菌体对银的吸附量可达 91.75mg/g,吸附过程符合拟二阶(Pseudo-second Order)吸附动力学模型,相关系数高达 0.9999;吸附热力学很好地符合 Freundlich 吸附等温模型，相关系数为 0.99。考察菌体浓度和温度对吸附的影响发现，菌体浓度增加有利于对银离子的吸附，温度对吸附影响较小。傅氏转换红外线光谱分析仪（FTIR）、扫描电镜（SEM）及能量色散 X 射线谱仪（EDAX）实验结果表明吸附存在 2 种吸附机理，一为菌体表面一些含氮氧的基团对 Ag^+ 的络合作用；二为菌体分泌的胞外多糖等物质对 Ag^+ 的微沉淀成晶作用（曾景海等，2008）。

蜡状芽胞杆菌菌株 TR2 的胞外粗酶液对氯氰菊酯无降解活性，而其胞内粗酶液对氯氰菊酯的降解效能高。胞内粗酶液对氯氰菊酯、氟氯氰菊酯和甲氰菊酯的降解效能较高，而对有机磷农药如乐果、敌敌畏、甲胺磷和毒死蜱等降解效能低。胞内粗酶液对氯氰菊酯反应适宜的 pH 为 5.5～9.0，最适 pH 为 8.0；粗酶液在 pH6.0～9.0 时较稳定，在 pH7.5 最稳定，而在 pH4.0～5.0 和 pH10.0 易于变性失活；粗酶液对氯氰菊酯反应适宜的温度为 30～45℃，最适温度为 35℃；粗酶液在 40℃以下稳定性好，高于 50℃则易于变性失活；粗酶液的米氏常数（K_m）为 692.39nmol/mL，最大反应速率（V_{max}）为 89.29nmol/min（洪永聪等，2007）。

室内盆栽试验结果显示，在具有降解氯氰菊酯作用的菌株 SW9、SM1、SM12 和 TR2 中，对氯氰菊酯降解效能最强的是菌株 TR2，其最优化降解条件为：喷药后 1d 喷药，处理时间 10d，喷菌量为 5mL/株（菌液浓度为 10^8 cfu/mL）及喷药量为 1mg/kg。茶园小区试验结果表明，TR2 对氯氰菊酯的降解率达 83.4%，能将氯氰菊酯残留量控制在 0.15mg/kg 以下（洪永聪等，2007）。分离到一株能在茶树体内内生定殖并对氯氰菊酯降解效能高的菌株 TR2，经鉴定为蜡状芽胞杆菌。菌株 TR2 对氯氰菊酯降解作用的最优化条件为培养基 NA，底物浓度 25mg/L，培养温度 36℃，pH7.8，装液量 25mL/250mL 和培养时间 96h。3-苯甲基苯甲醛是菌株 TR2 降解氯氰菊酯的主要中间代谢产物。另外，菌株 TR2 对其他拟除虫菊酯类农药如联苯菊酯和甲氰菊酯的降解效能高，而对有机磷农药如乐果、敌敌畏、甲胺磷和毒死蜱等也有一定的降解力（辛伟等，2006）。

利用 BTB 平板培养基及硝化-反硝化性能测定，从驯化成熟的序批式活性污泥法（SBR）反应器中筛选出 3 株异养硝化-好氧反硝化菌，其中菌株 WYLW1-6 的硝化-反硝化性能尤为突出，经 16S rDNA 基因序列分析和 Biolog 测定，该菌株为蜡状芽胞杆菌。在摇瓶培养时，对该菌株设计 L_4（2^3）的正交试验，结果发现，菌株 WYLW1-6 投加到水中后启动迅速，且生长适应性强，优选条件下，其氨氮最大去除率可达 95.21%；用发酵罐对其扩大培养测定 N_2O 逸出量，表明该菌脱氮效果良好，NH_4^+-N 去除率达 97.19%，TN 去除率为 96.63%，N_2O 逸出量为 1.8492mg，其中 N_2O-N 量为 1.1768mg，N_2O-N 量占水中脱除 TN 量的 0.598%。菌株 WYLW1-6 能够独立完成生物脱氮的全过程，高效脱氮的同时 N_2O 逸出量低。该菌可用于构建一个低 N_2O 逸出的高效脱氮菌系，从而实现 N_2O 生物控逸（尹明锐等，2010）。

利用制酒废水替代成本较高的传统培养基进行细菌型絮凝剂产生菌的培养，并对 5 株絮凝剂产生菌的培养条件进行了考察。结果表明：无机氮源可以作为细菌生长和絮凝剂合成的外加氮源，促进细菌的生长和絮凝剂的合成，5 株细菌都在 C/N 为 15:1～25:1 时有较好的絮凝活性且分别出现在发酵时间为 32h 和 40h。菌株 X15 的最佳合成条件为：尿素为氮源，培养基初始 pH8.0，碳氮比 15∶1，废水 COD 浓度为 9000mg/L。X15 经菌株形态特征、分子生物学特征初步鉴定为蜡状芽胞杆菌（张帆等，2010）。实验分离获得一株能够利用醌化合物使磺酸化偶氮染料脱色的菌株 JL，通过形态特征、16S rDNA 与 16S~23S 区间序列分析表明，该菌株为蜡状芽胞杆菌。菌株 JL 使酸性大红 3R 脱色的最佳条件为葡萄糖浓度 1g/L，pH 为 5~7，温度 30℃，接种量 0.25g/L。蒽醌-2-磺酸（AQS）、蒽醌-2,6-二磺酸（AQDS）和 2-羟基-1,4-萘醌（lawsone）均能显著提高酸性大红 3R 的脱色速率，其中 AQS 的促进作用最为明显。研究发现，0.1mmol/L AQS 能够使菌株 JL 对 2.0mmol/L 酸性大红 3R 保持较高的脱色速率，而且能使多种偶氮染料脱色，表现出较好的底物广谱性。利用高效液相色谱-质谱鉴定了 AQS 介导的酸性大红 3R 脱色产物，表明酸性大红 3R 的偶氮键发生断裂，AQS 在这一过程中仅起到电子传递的作用（焦玲等，2009）。

蜡状芽胞杆菌菌株 RC 可以在镉浓度为 200mg/L 的固体培养基平板上生长良好，表明菌株具有强抗镉的能力。该菌株在液体培养基中 Cd^{2+}、Cr^{3+}、Pb^{2+} 浓度均为 75mg/L 和 Mn^{2+} 浓度为 100mg/L 培养时，菌株生长正常。在重金属 Cr^{3+}、Pb^{2+}、Mn^{2+} 存在时，采用红外光谱与原子吸收分析菌株 RC 对 Cd^{2+} 的积累，结果表明，培养基中其他重金属离子的加入，会影响菌株对 Cd^{2+} 的积累率；当 Cr^{3+} 存在时，Cr^{3+} 可以增加细胞壁上有效官能团活性，明显提高菌株 RC 菌体对 Cd^{2+} 的积累率，而其他重金属组合对 Cd^{2+} 吸附积累能力影响不大；菌株 RC 细胞壁上活性基团—OH、—NH—、—COOH、—PO_4—M—O（O—M—O）活跃参与 Cr^{3+}、Pb^{2+}、Mn^{2+} 和 Cd^{2+} 多种重金属离子的络合作用。通过高温和十二烷基硫酸钠处理菌株进行质粒消除试验，未发现该菌株的抗镉性质与抗性质粒存在相关性（刘红娟等，2010）。

通过吸附实验和微量滴定法探讨了 Pb^{2+} 与蜡状芽胞杆菌的吸附特性，结果表明，该菌体对 Pb^{2+} 的吸附量随着 pH 升高而升高，最适 pH 为 6；菌体浓度的增加有利于对 Pb^{2+} 的吸附；整个吸附过程符合 Langmuir 吸附模型，在试验的条件下，对 Pb^{2+} 的饱和吸附容量为 36.7mg/g 干菌体。通过电位滴定实验，使用实时格氏图确定了滴定体系中的等当点（V_e），并估算了表面活性位的总浓度（H_s）（潘建华和刘瑞霞，2004）。

针对电子废弃物引起的重金属及多溴联苯醚（PBDE）复合污染问题，采用气相色谱-质谱联用（GC-MS）、电感耦合等离子发射光谱（LCP）、紫外扫描、红外光谱等分析方法，研究了蜡状芽胞杆菌（菌株 XPB、XPC）复合菌对十溴联苯醚（BDE209）的好氧脱溴降解性能及低浓度重金属对其降解特性的影响。结果表明，复合菌对 BDE209 有良好的脱溴性能，能将其降解为酚类有机物，反应 1d 时其最高脱溴量可达 1.18mg/L，脱溴率至少为 14.16%；低浓度重金属的存在虽减缓 BDE209 的降解速率，但依然能保持良好的降解效果，脱溴率仍至少达 13.92%。复合菌降解 BDE209 和吸附重金属的过程主要与羟基、酰胺基团和 C—H 键有关。在单一降解 BDE209 过程中，复合菌大量释放 K^+ 和 Na^+，最高释放量分别为 148.867μmol/g 和 225.835μmol/g。复合菌在降解 BDE209 并吸附重金属的过程中，也存在 K^+ 和 Na^+ 的大量释放现象，且释放量高于单一的降解过程，最高释放量分别为 156.482μmol/g 和 261.217μmol/g。菌体降解 BDE209 的同时，对 Pb^{2+}、Zn^{2+}、Cu^{2+} 的吸附率最高值分别为 89.47%、72.22%、

39.83%（王婷等，2008）。

针对重金属及多溴联苯醚（PBDE）复合污染问题，以蜡状芽胞杆菌复合菌为吸附材料，研究了十溴联苯醚（BDE209）对蜡状芽胞杆菌复合菌吸附及释放金属离子的影响。结果表明，蜡状芽胞杆菌复合菌对低浓度的 Pb（Ⅱ）（0.712mg/L）、Zn（Ⅱ）（4.844mg/L）具有快速、高效、稳定的吸附能力，最高吸附率分别达 98.31% 和 97.83%；对低浓度的 Zn（Ⅱ）（1.915mg/L）也能起到一定的去除作用，吸附率最高可达 59.90%。复合菌吸附重金属离子的同时，释放了其他金属离子：Ca（Ⅱ）、K（Ⅰ）、Na（Ⅰ），且释放总量大于吸附总量。不同浓度的 BDE209 对复合菌吸附重金属产生不同的影响，1mg/L 的 BDE209 基本表现为促进复合菌对重金属的吸附；而 10mg/L 的 BDE209 在 0～4h 时促进复合菌对 Pb（Ⅱ）、Zn（Ⅱ）的吸附，在反应 4h 后明显抑制吸附作用，而对 Cu（Ⅱ）则始终表现为促进作用。BDE209 对金属离子释放的影响主要体现在反应的初始阶段（0～4h），表现为高浓度的 BDE209 减缓 K（Ⅰ）、Na（Ⅰ）的释放（王婷等，2007）。

十、蜡状芽胞杆菌用于动物益生菌

从牛奶中分离到一株蜡状芽胞杆菌 CO4-1，经生长特性培养、生化试验、灌服动物试验，证明该菌株具有营养要求低、生长速度快、合成蛋白质能力强、耐高温、耐酸碱等特点，菌体及其产物对动物无任何不良反应，对肠道病原菌具有一定的抑制作用（何月英等，2005a）。对影响蜡状芽胞杆菌 LW9809 的芽胞生成条件进行了研究，确定了影响芽胞生成的主要因素。对其代谢产物进行了分析测定，为合理应用微生态制剂提供了理论依据。结果表明，培养基中的碳源是芽胞生成的重要因素；此外，培养基中的溶氧量也是芽胞生成的一个重要因素（陈顺等，2004）。

益生菌具有促进动物生长，提高机体免疫能力等生理功能，常用作微生态饲料添加剂。菌株 SFU-9 是一株蜡状芽胞杆菌，该菌株在不利环境下能够以芽胞形式存在，具有耐高温、耐酸碱和耐挤压等优点，较乳酸菌、酵母菌等益生菌更能保持活菌状态，适合饲料加工业的需要。以菌株 SFU-9 进行实验，研究发酵温度、接种量、培养基初始 pH、溶解氧等因素对菌株生长的影响，确定出最佳培养条件为：培养基初始 pH 为 6.0～6.5，接种量 5%（相对摇瓶装液量），培养温度 30～32℃，装液量 28～33mL/250mL。发酵液中的活菌数可达 10^{11} cfu/mL。在此基础上，采用单因子和正交试验相结合的方法，确定出最佳发酵培养基组成为：玉米淀粉 2.0%、啤酒酵母 1.5%、NaH_2PO_4 0.2%、Na_2HPO_4 0.2%、玉米浆 2.0%。以最佳培养基配方给菌体提供营养，在最佳培养条件下培养，可以使发酵液中的活菌数高达 10^{12} cfu/mL（黄丽彬等，2001）。

应用从植物微生物区系中分离筛选出的无毒蜡状芽胞杆菌 FS 株，通过发酵制成悬浮剂，用于治疗断奶仔猪应激性腹泻，取得显著疗效，治愈率达 96.08%，明显优于诺氟沙星（80.36%）（曹国文，2001）。应用农作物益生菌蜡状芽胞杆菌 FS 株悬浮剂治疗仔猪黄痢 140 例，治疗白痢 134 例，有效率分别为 94.29%、94.02%，明显优于常规抗菌剂复方庆大霉素和呋喃唑酮。试验证明，该制剂无毒，疗效显著，且使用方便，值得推广（曹国文和李建明，1997）。

第二十节　莫哈韦芽胞杆菌

一、莫哈韦芽胞杆菌的分离

从全国各地棉田采集土样，筛选对棉花黄萎病致病菌大丽轮枝菌（*Verticillium dahliae*）具有拮抗作用的芽胞杆菌菌株。通过初筛得到具有拮抗作用的菌株 68 株，复筛选出一株拮抗活性较高的菌株 7-47（李佳等，2009）。

二、莫哈韦芽胞杆菌的鉴定

通过生理生化试验、形态特征的观察及 16S rDNA 的序列分析对其进行了鉴定，认为菌株 7-47 属于莫哈韦芽胞杆菌（*Bacillus mojavensis*）（李佳等，2009）。

第二十一节　凝结芽胞杆菌

一、动物病原凝结芽胞杆菌的研究

通过流行病学调查、毒物检测及微生物学检验等方法，对山东省引进的波尔山羊猝死病发病原因进行了系统的研究分析。结果证明，本病是由凝结芽胞杆菌（*Bacillus coagulans*）和肺炎克雷伯氏杆菌（*Klebsiella pneumoniae*）协同感染所致，并通过研制成的二联灭活菌苗，有效地控制了波尔山羊猝死病的发生（朱瑞良等，2003）。应用 5%来苏儿、2%甲醛、2% NaOH、5%碘酊和二氯氰异氰脲酸钠（100μg/mL）对导致牛、羊猝死症的凝结芽胞杆菌和克雷伯氏菌肺炎亚种 2 株病原性细菌进行了消毒效果试验，结果发现，上述几种消毒剂对 2 种细菌均具有很强的杀灭力（朱瑞良等，2002）。采用流行病学调查、毒物检测及微生物学检验等方法，对山东省牛"猝死病"发病原因进行了系统研究。结果证明，本病是由凝结芽胞杆菌和克雷伯氏杆菌肺炎亚种协同感染所致，并通过研制成的二联灭活菌苗，有效地控制了牛"猝死病"的发生（朱瑞良等，2002）。

二、凝结芽胞杆菌的发酵技术

进行了功能性食品添加剂的主体凝结芽胞杆菌 TQ33 的耐热、耐酸和耐高渗透压实验，TQ33 菌体及其代谢产物的毒理学特性及作为功能性添加剂而进行小范围人群饮用实验效果方面的研究。实验结果表明 TQ33 菌除具有普通乳酸菌共同的种种有益特性外，在抗干燥、抗高温、抗酸度方面优于普通乳酸菌，因此可在肠道内大量定殖。毒理学实验表明，该菌体及其代谢产物均属无毒物质，从小范围人群饮用试验看出，该菌对胃肠道具有明显的调理功能，可以制成食品或饲料添加剂，该菌粉为生物保健品及功能性食品添加剂的研制开发提供了新的品种、新的途径（赵虎山等，1997）。利用中空纤维超滤装置进行 TQ33 高密度培养，确定了采用过滤法进行高密度培养的工艺流程和参数。在对数后期,当乳酸质量浓度达 15g/L 时,开始过滤培养。过滤培养阶段持续 6h,培养过程中平均过滤速率和培养基的流入速率为 1L/h,平均稀释率为 0.4/h。对通过试验所确定的工艺进行高密度培养,最终菌体和芽胞浓度分别达 $1.6×10^{10}$ cfu/mL 和 $1.2×10^{10}$ cfu/mL,是分批培养的 21 倍和 37 倍(戚薇等,2003)。

比较了喷雾干燥法和真空冷冻干燥法所制备高浓度菌粉中菌体的存活率,确定了喷雾干燥法是制备 TQ33 菌粉的适用方法。以麦芽糊精(DE<15)或玉米蛋白为填充剂,添加量 20%,制得菌粉的活菌量在 $1.0×10^{11}$ cfu/g 以上。菌粉经 100℃湿热处理 60min 或经 100℃干热处理 100min,活菌数下降近 2 个数量级;在 pH1~3 的人工胃液中保存 2h,活菌数变化很小。以加速实验法研究了该菌制得口服液和胶囊剂的稳定性,预测口服液的有效期在 1 年以上,胶囊剂的有效期在 2 年以上(戚薇等,2003)。

对一株具有疗效作用的同型乳酸发酵菌——凝结芽胞杆菌 TQ33 的产芽胞培养基进行了研究。该菌株在普通液体培养基中通常不形成芽胞,而在所设计的一种含 Mn^{2+}(50mg/L)的液体培养基中,可产生 $7.5×10^7$ cfu/mL 以上的芽胞(活菌数计),占总菌数的 52%~58%(王进华等,1996)。提高凝结芽胞杆菌芽胞形成率及芽胞数量,为凝结芽胞杆菌芽胞制剂的产业化生产提供理论依据。在摇瓶、15L 自动发酵罐中考察了碳源、氮源、无机盐、微量元素 Mn^{2+}、pH、温度、接种量、溶氧水平对凝结芽胞杆菌液体培养形成芽胞的影响。芽胞形成的最适培养基组成为:麸皮 20g/L,酵母膏 5g/L,豆粕粉 10g/L,NaCl 5g/L,$K_2HPO_4·3H_2O$ 3g/L,$MnSO_4·H_2O$ 0.3g/L。最适培养条件为:初始 pH7.0,接种后最适起始芽胞浓度为 10^6 cfu/mL,培养温度为 40℃,180r/min 摇瓶培养,250mL 三角瓶中最适装液体积为 15mL。在 15L 自动发酵罐中扩大培养,控制溶氧在 30%以上,培养 20h,芽胞数量可达 $5.8×10^9$ cfu/mL,芽胞率达 96.7%。试验获得的最佳培养条件可进一步应用于生产(陈秋红等,2009)。

通过比较凝结芽胞杆菌 TQ33 和肠道微生物或其他芽胞杆菌对盐、抗生素、高温培养及可发酵性糖浓度的适应能力和生长特性,最终确立了分离鉴别 TQ33 的方法,即利用改进后的 BCP 培养基,在 50℃条件下培养 48~72h,计数黄色菌落,并借助革兰氏染色和形态观察鉴别菌株 TQ33。同时试验还发现,小鼠服用 TQ33 制剂后,可以刺激肠道中其他乳酸菌的生长(路福平等,1998)。凝结芽胞杆菌 TQ33 在乳酸发酵过程中能产生抑菌物质,这种抑菌物质的产生与培养基的组成有密切关系;通过对该抑菌物的分离和提取,以及其理化性质和抑菌谱的测定,发现这种抑菌物质对酸、热和蛋白酶稳定,对碱敏感,能抑制常见的肠道病原菌(路福平等,1997)。

采用单因素及正交试验法对凝结芽胞杆菌的摇瓶发酵培养基进行了优化,优化后的培养基为:葡萄糖 15g/L,酵母浸出物+胰蛋白胨+氯化铵的复合氮源(2:2:1)5g/L,氯化钙 5g/L。并通过单因素试验法确定了最佳培养条件:温度 40℃,初始 pH 为 6.0,接种量 3%,装液量 20mL/250mL,发酵时间 14h(秦艳等,2008)。

对低 pH 和高胆盐耐受性能优良的凝结芽胞杆菌 AHU1366 的发酵培养基和培养条件进行研究,考察碳源、氮源、种龄、接种量、装液量和发酵时间的影响,并通过添加 $MnSO_4$ 和木屑来优化菌株产芽胞的能力。优化后的培养基为麸皮 4%,豆粕粉 1.5%,NaCl 0.5%,$K_2HPO_4·3H_2O$ 4%和 $MnSO_4$ 30.8mg/L;pH 为 7.2~7.4,250mL 三角瓶中装液体积为15mL,接种量4%,37℃,180r/min,摇瓶培养56h,生物量OD_{600}达19.68,芽胞形成率为80%（葛风清等,2007）。

对分离出的一株凝结芽胞杆菌生产糖脂的摇瓶发酵工艺进行了优化和10L罐发酵实验,得出适宜发酵条件为:培养基由6%豆油、3.5g/L $NaNO_3$、0.75g/L酵母膏及一定量的无机盐组成,发酵温度30℃,初始pH8.5,搅拌转数150～240r/min,发酵周期96h,糖脂产量达7.073g/L（郑喜群等,2001）。对经N^+注入筛选到的L-乳酸高产菌株凝结芽胞杆菌RS12-6的发酵条件进行了初步研究,主要研究了通气量、温度及pH等培养条件对菌体生长及产酸的影响;结果:确定了凝结芽胞杆菌RS12-6的发酵条件为250mL三角瓶装液40mL,在55℃、100r/min振荡培养12h后转入静置发酵;并综合各因素确定最优碳氮源配比为15%的玉米粉糖化液、1%酵母膏、1%棉籽蛋白（周剑和虞龙,2005）。

对经不断复合诱变筛选到的D-乳酸高产菌株JD-076D的发酵条件进行了初步研究。主要研究了通气量、温度及pH等培养条件对菌体生长及产酸的影响;确定了凝结芽胞杆菌RS12-6的发酵条件为:250mL三角瓶装液40mL,在50℃、100r/min振荡培养12h后转入静置发酵;并综合各因素确定最优碳氮源配比为15%的玉米粉糖化液、1%酵母膏、1%棉籽蛋白（于培星,2010a）。以凝结芽胞杆菌JD-063D为出发菌株,采用紫外线、硫酸二乙酯、钴60γ射线辐照、微波进行复合诱变,得到正突变菌株,进行发酵检测和遗传稳定性试验,最终筛选出一株JD-76D,该菌株产酸由出发菌株的61g/L提高到145g/L,D-乳酸纯度由原菌株的97.5%增加到98.7%以上（于培星,2010b）。

对筛选的一株产L-乳酸的菌株进行了菌种鉴定,根据16S rDNA序列测定结果,结合其形态特征及生理生化性质,确定该菌株为凝结芽胞杆菌。进一步对其营养条件进行了研究,初步确定玉米糖化液为最适碳源,采用1g/dL酵母粉与1g/dL棉籽蛋白的混合氮源,L-乳酸产量不仅有所提高且成本大大降低,金属离子Mn^{2+}、Fe^{2+}、Mg^{2+}都可在一定程度上提高L-乳酸的产量（高江婧等,2010）。

通过单因素及正交试验对凝结芽胞杆菌菌株T50的产芽胞条件进行了优化,最终确定了摇瓶最佳培养条件:培养基组成（质量分数）为蛋白胨2%,葡萄糖0.2%,酵母浸粉0.3%,麸皮5%;培养基初始pH7.0,接种量2%,培养时间3d。最终使芽胞形成率达94.3%（路程等,2009）。通过培养基组成正交试验及培养条件单因素试验,对一株凝结芽胞杆菌的产芽胞条件进行了优化,优化后的培养基组成（质量分数）为酵母粉3g/L,蛋白胨5g/L,牛肉膏2g/L,$MnSO_4$ 0.005g/L,NaCl 2g/L,$K_2HPO_4 \cdot 3H_2O$ 0.3g/L,$MgSO_4 \cdot 7H_2O$ 0.02g/L。最优的培养条件为温度40℃,初始pH为7.0,转速210r/min,装液量为250mL的三角瓶装30mL,接种量为6%（V/V）,发酵时间为48h。最终的芽胞数为9.1×10^8 cfu/mL（杨立华等,2010）。

针对工业生产的需要,采用正交试验设计,研究筛选了饲料添加剂用凝结芽胞杆菌的发酵培养基。优化后的培养基配方为玉米粉15g/L,豆粕粉10g/L,$(NH_4)_2SO_4$ 6g/L,玉米浆6g/L,$MgSO_4 \cdot 7H_2O$ 1g/L,$K_2HPO_4 \cdot 3H_2O$ 2g/L,$MnSO_4$ 0.05g/L。在pH7.0～7.2和40℃条件下,培养24h活菌数量达7.5×10^8 cfu/mL,36h活菌数量达9.3×10^9 cfu/mL（崔东良等,2007）。

三、凝结芽胞杆菌用于生物肥料

从风化的钾长石矿物表面分离筛选到一株高效分解硅酸盐矿物的细菌菌株 Q14，通过菌株的生理生化特征并结合菌株 16S rDNA 序列分析，菌株 Q14 被鉴定为凝结芽胞杆菌。对菌株 Q14 分解硅酸盐矿物（钾长石和黑云母）的效应及其机制、生物学特性等进行了研究。结果表明，菌株 Q14 能高效分解钾长石和黑云母，28℃振荡培养 4d，接活菌处理的溶液中有效硅含量比接死菌对照处理增加了 114%～210%。在液体培养中，菌株 Q14 能够在含钾长石和黑云母的低钾培养基中良好生长和代谢，钾长石和黑云母的溶解可能与菌株产生的有机酸有关，在黑云母的溶解中葡萄糖酸可能起了重要作用，而在钾长石的溶解中，葡萄糖酸和乙酸可能起了重要作用。菌株 Q14 对酸碱有一定的耐受性，对高浓度盐和温度有一定的抗性（仇刚等，2009）。

四、凝结芽胞杆菌的检测与灭活

对接种凝结芽胞杆菌低盐腌渍雪里蕻腌菜成品及其在腌渍过程中的一些风味、卫生及感官指标进行了检测分析，并与其对照组和传统方法高盐腌渍组样品进行了分析比较，结果表明，接种盐腌渍雪里蕻腌菜卤汁中的氨基酸态氮和游离氨基酸明显高于其他样品组；其腌渍过程中所形成的亚硝酸盐含量最低，亚硝峰形成早、峰值低，接种腌渍成品质构与其他对照样品无明显差别，卤汁中的有机醇类分析结果表明，接种低盐腌渍成品中乙醇、丙醇和 2,3-丁二醇的含量较其对照组高，但与传统方法高盐组差别不大，其成品卤汁中未检出乙偶姻，而双乙酰含量为检测样品中最低，感官检验分析表明，接种低盐腌渍成品质量最好，并与其他样品有显著差别，研究结果为雪里蕻接种低盐化腌渍的工业化生产提供了理论依据（赵大云和丁霄霖，2001）。

研究了超高静压协同中温对凝结芽胞杆菌芽胞在磷酸缓冲液和牛奶（经超高温灭菌）中灭活的动力学规律，并对超高静压的升压过程及相应的灭活效果进行了研究。结果表明，升压过程对凝结芽胞杆菌芽胞灭活的影响不能忽略，且随压力增加这种效果越强，最高使其下降 1.77 个数量级；线性模型不适合模拟这些存活曲线，而 Log-logistic 模型能更好地模拟这些存活曲线，其次是 Weibull 模型（王标诗等，2008）。以磷酸缓冲液（pH=6.7）及经过凝结芽胞杆菌（$B.\ coagulans$，BC）和嗜热脂肪芽胞杆菌（BS）人工污染的牛奶、鸡腿菇、卤牛肉为对象，分别测定压热处理后的细菌菌落总数。结果显示：在磷酸缓冲液中 BC 在初温为 50℃时（保压 5min）发芽率为 2.05 个数量级，BS 在初温为 60℃时发芽率为 2.13 个数量级；温度 0℃时（保压时间 10min）BC 的发芽率增加了 1.4 个数量级，BS 增加了近 2 个数量级；而压力增加 100MPa 时 BC 发芽率增加了 0.6 个数量级，BS 为 0.27 个数量级，表明初温较低的情况下较易引起芽胞发芽，在一定的压力和温度范围内温度变化 30℃较压力变化 100MPa 对芽胞的发芽率影响明显，随着施压条件的加强（包括初温的增加、目标压力的增加），压力诱导芽胞发芽的程度也相对减小。3 种食品介质中呈现出与磷酸缓冲液中相似的结果。这表明在 4 种酸性介质中一定的温度范围内热仍旧是促使芽胞发芽的重要因素（武玉艳等，2010）。

初步探讨了传压介质（癸二酸二辛酯）的压致升温对凝结芽胞杆菌芽胞的失活和损伤的影响。在 500MPa、20min 的条件下，初温为 80℃时，磷酸缓冲液中的凝结芽胞杆菌芽胞的失活率最大达到 4.37 个数量级，损伤率最大为 99.998%；牛奶中失活率最大为 4.22 个数量级，损伤率最大为 99.990%。此外在试验条件下，由压致升温导致的芽胞失活率的增加均在 30% 以上。因此传压介质的压致升温效应十分显著，若结合适当的压力、温度和保压时间使该效应得到合理的利用是非常有意义的（黄娟等，2008）。

五、凝结芽胞杆菌的产酶特性

从西藏当雄温泉附近的土壤中，分离到一株能在 55℃生长并分泌高温 α-淀粉酶的菌株，经初步鉴定为凝结芽胞杆菌，编号为 LS-1。该菌株用紫外线和亚硝基胍诱变，在 55℃摇瓶培养条件下，筛选到一个发酵液酶活达 100U/mL 的突变株，较出发菌株的酶活提高了约 25 倍，发酵液经 90℃处理 60min，酶活性保持在 90% 以上（卢涛等，2002）。

随着人们对环境的日益关注，制浆造纸工业漂白废水的排放也受到了更加严格的限制。因此，降低纸浆漂白对环境的影响就显得尤为重要。使用生物制剂（如半纤维素酶）是降低耗氯量的方法之一，Viikari 等早在 1986 年就首次验证了这个观点。研究了由凝结芽胞杆菌产生的木聚糖酶在全无氯漂白（TCF）的情况下应用于 3 种非木材浆（麦草、稻草和黄麻浆）的效果。结果表明，凝结芽胞杆菌产生的木聚糖酶能显著提高麦草浆、稻草浆和黄麻浆的白度（麦草浆和稻草浆应在较高 pH 条件下），而黄麻浆，在 pH 为 7.0 时的白度增值最大（为 4% ISO），此时的纸浆白度增值明显高于 pH 为 8.5 的纸浆白度增值。虽然原酶在 pH 为 7.0 时效果最好，但对于稻草浆而言，pH 为 8.5 时白度增值最大为 5.1% ISO。对于稻草浆和黄麻浆，白度甚至在酶处理后（漂白前）就能得到显著提高；而麦草浆的白度只有漂白后才有提高（张岔编译，2006）。

六、凝结芽胞杆菌用于医药研究

为观察爽舒宝（凝结芽胞杆菌 TBC169 片）治疗小儿便秘的临床疗效，将 121 例便秘的小儿随机分为观察 1 组 42 例、观察 2 组 39 例和对照组 40 例，3 组均进行调节饮食和调节排便习惯等基础综合治疗 4 周，观察 1 组给予爽舒宝 4 周，观察 2 组给予爽舒宝 2 周，2~3 片/次，3 次/d，加水 2~5mL 溶解后口服。于用药后 2 周、4 周观察记录排便间隔时间、大便性状和排便恐惧心理等改善情况，于 8 周时随访观察便秘复发情况，然后统计分析 3 组的显效率和总有效率。结果：观察 1 组、观察 2 组的显效率和总有效率显著高于或极显著高于对照组，组间差异有统计学意义（$P<0.01$ 或 $P<0.05$）；观察 1 组的显效率和总有效率高于观察 2 组，组间差异有统计学意义（$P<0.05$）；未发现不良反应。在基础综合治疗的同时应用爽舒宝治疗小儿功能性便秘疗效显著（张小燕等，2008）。

为考察凝结芽胞杆菌对正常及免疫低下小鼠的免疫功能、粪便胺值和肠道氨值的影响，以左旋咪唑作为阳性对照药，采用碳粒廓清法、免疫器官指数和血清溶血素测定法，分别考察药物对正常小鼠及糖皮质激素诱导的免疫低下小鼠非特异性免疫功能、特异性体液免疫功能的影响。同时，观测药物对小鼠盲肠内容物氨值和粪便中胺值的影响。结果表明，凝结芽胞杆菌对正常小鼠碳粒廓清指数和脏器指数没有明显的影响，左旋咪唑则能显著提高小鼠血碳廓清指数和吞噬指数，而对脏器指数没有明显影响（刘洋等，2005）。为探讨凝结芽胞杆菌 TBC169 片预防抗生素相关性腹泻的效果，将 225 例需要长时间使用广谱抗生素的患者随机分成 3 组：观察组，预防性使用凝结芽胞杆菌 TBC169 片组；对照组 1，预防性使用金双歧片组；对照组 2，不预防性使用益生菌制剂组；观察 3 组发生抗生素相关性腹泻情况。结果显示，BC169 片组发生 5 例，预防性使用金双歧片组发生 8 例，不预防性用药组发生 17 例，两组使用益生菌制剂的腹泻发生率均比不预防用药组明显减少，差异有显著意义（$P<0.05$）；预防性使用凝结芽胞杆菌 TBC169 片组效果略好于预防性使用金双歧片组，但无统计学差异（$P>0.05$）。试验结果表明，预防性使用凝结芽胞杆菌 TBC169 片可以减少抗生素相关性腹泻的发生，且效果略好于金双歧片（施海滨和李华萍，2009）。

研究采用改良 MRS 培养基，从土壤中分离一株能抑制常见病原菌的产酸芽胞杆菌。该菌株对大肠杆菌（*Escherichia coli* O139、*Escherichia coli* K88、*Escherichia coli* K99）、伤寒沙门氏菌 [*Salmonella typhimurium* O4H（iSTO4Hi）]、金黄色葡萄球菌（*Staphylococcus aureus*）等均有较强的抑制作用，经生理生化试验和 16S rDNA 序列分析鉴定为凝结芽胞杆菌。该菌株模拟胃液处理 30min 后存活率为 91%，耐胆盐浓度达 3.0%，小鼠急性毒性试验结论为无毒无害物质。研究结果表明，该菌株可以顺利通过胃酸进入小肠后开始作用，改善肠道微生态环境，具有作为微生态制剂菌株的应用潜力（戴青等，2008）。

一种生物新药爽舒宝（口服凝结芽胞杆菌活菌片剂）日前在青岛东海药业有限公司正式投产，从而打破了世界上日本在该领域一家独占的局面，结束了中国没有此类药物的历史（佚名23，2005）。利用益生菌调节微生态平衡、研究开发微生态制剂在世界范围内日益受到重视。微生态新药在肠道疾病的预防和治疗方面备受关注，我国在这方面的研究工作也逐步增多。酪酸梭状芽胞杆菌防治结肠癌和凝结芽胞杆菌在治疗肠道疾病方面的作用尤其引人注意（李雄彪等，2007）。

七、凝结芽胞杆菌用于动物益生菌

从对虾池塘筛选得到一株高效的好氧反硝化细菌，编号为 YX-6。对该菌生长及反硝化性能间的关系进行研究；同时研究了不同温度、pH、盐度及碳源对该菌生长及反硝化性能的影响。结果表明，该菌反硝化作用主要发生在对数生长期，可将亚硝酸盐氮由 10mg/L 降至 0；该菌最适生长及反硝化温度为 30℃；pH 为 7～9 时最适于该菌生长及反硝化性能的发挥。该菌最适盐度为 0～15；丁二酸钠、乙酸钠为该菌生长及反硝化的最适碳源。通过对菌株 YX-6 生理生化及 16S rRNA 分子鉴定，初步鉴定为凝结芽胞杆菌。对该菌株亚硝酸还原酶基因进行序列分析，结果表明，该菌含有亚硝酸还原酶 *nirS* 基因（安健等，2010）。

养猪生产中减少抗生素生长促进剂使用量或取消某些抗生素的使用，会使猪的生产性能受到严重影响，寻找抗生素替代物非常重要。研究表明，生长肥育猪饲料中添加凝结芽胞杆菌制剂可显著提高猪的平均日增重，降低饲料成本，饲养效果与抗菌药利菌净没有显著差异（李国建，2004）。医学界发现，凝结芽胞杆菌的另一新用途是代替抗生素作为"动物生长促进剂"用作饲料添加剂（张海军整理，2009）。

以高产南美白对虾池塘中分离的芽胞杆菌为研究对象，通过筛选和形态学、理化特性及核酸特征测定，鉴定为凝结芽胞杆菌（*Bacillus coagulans* ZJ0519），并对其生长特性进行了初步研究。结果表明，菌株 ZJ0519 生长最适温度为 30~45℃，最适初始 pH 为 6.0~7.0，并具有广盐性，在盐度 0~30 的培养基中都可以生长。此外，菌株 ZJ0519 发酵液代谢产物有机酸组分分析显示，主要为乳酸和乙酸，其中乳酸产量可达 (7.65 ± 0.14) g/L。研究结果为凝结芽胞杆菌作为益生菌在水产养殖池塘微生态调节中的应用奠定了基础（王彦波，2009）。

以罗非鱼为试验动物，研究不同浓度的益生菌凝结芽胞杆菌对其生长性能和肌肉营养成分的影响。试验分为 4 组，添加益生菌浓度分别为 0（对照组）、1.0×10^6 cfu/g（试验组-1）、5.0×10^6 cfu/g（试验组-2）和 1.0×10^7 cfu/g（试验组-3），每个处理 3 个重复。结果显示，与对照组和试验组-1 比较，试验组-2 和试验组-3 显著（$P<0.05$）提高了罗非鱼的末重、日增重，以及肌肉中钙、磷的含量，但是，试验组-2 和试验组-3 之间差异不显著。与对照组和试验组-1 比较，试验组-2 同样显著降低了（$P<0.05$）罗非鱼肌肉中粗脂肪的含量，但是与试验组-3 比较没有显著差异。此外，益生菌凝结芽胞杆菌对罗非鱼成活率，以及肌肉中粗蛋白质、粗灰分和水分含量没有显著影响。研究表明，饵料中添加一定浓度的益生菌凝结芽胞杆菌，通过与动物肠道等的互作，可以显著改善罗非鱼的生长性能和肌肉中粗脂肪、钙、磷的含量（王彦波，2010）。

在基础饲料中分别添加不同剂量的凝结芽胞杆菌（Ⅰ为 1.0×10^{11} cfu/kg 饲料，Ⅱ为 3.0×10^{11} cfu/kg 饲料，Ⅲ为 6.0×10^{11} cfu/kg 饲料），室外水族箱中饲养奥尼罗非鱼（*Oreochromis niloticus* × *O. aureus*）（34.50 ± 0.25 g），用基础饲料投喂作为对照，每饲料组设 3 个重复，每水族箱随机放养 16 尾鱼，投喂率为 3%。采用静水饲养以避免各箱之间水的交换。56d 后测定鱼体的生长和消化酶活性。结果显示：不同添加量的凝结芽胞杆菌均能显著提高奥尼罗非鱼胃、肝胰和肠道蛋白酶活性（$P<0.05$），但酶的活性随添加量的提高呈下降趋势。凝结芽胞杆菌的添加对胃、肝胰和肠道淀粉酶及脂肪酶活性没有显著影响（$P>0.05$）。Ⅰ组和Ⅱ组的干物质表观消化率、蛋白质消化率、相对增重率、饵料系数和蛋白质效率均显著高于对照组（$P<0.05$），而Ⅲ组和对照组之间差异不显著（$P>0.05$）。结果提示，饲料中添加 1.0×10^{11} cfu/kg 饲料的凝结芽胞杆菌就能显著促进奥尼罗非鱼的生长和饲料营养物质的利用，满足最佳生长（付天玺等，2008）。

第二十二节　球形芽胞杆菌

一、球形芽胞杆菌的生物学特性

从云南、贵州、四川和陕西 4 省的土壤中分离到大量苏云金芽胞杆菌和球形芽胞杆菌菌株。血清型分析表明，苏云金芽胞杆菌分离株分属于 23 个血清型中的 13 个血清型，另有近20%的自凝型菌株及部分与所有模式菌抗血清无反应的菌株。对这2种昆虫病原细菌的生态分布规律进行了分析。研究了全部苏云金芽胞杆菌分离株对鳞翅目、鞘翅目及双翅目的6种昆虫的毒力特性、伴胞晶体与芽胞的形态，以及晶体蛋白质成分的影响。观察和测定了球形芽胞杆菌分离株的形态和毒力，并分析了部分菌株的晶体蛋白质成分。得到22株高效苏云金芽胞杆菌和2株高效球形芽胞杆菌。证明苏云金芽胞杆菌是典型的土壤微生物类群，我国西南地区土壤中的苏云金芽胞杆菌资源十分丰富（李荣森和戴顺英，1990）。

为了扩大芽胞杆菌属的受体系统范围，对球形芽胞杆菌进行了质粒消除，并用含有溶葡球菌酶基因的质粒pE194COP6-1转化，结果表明，该酶基因在球形芽胞杆菌中获得了稳定、高效表达（张培德和苑小林，1995）。研究了球形芽胞杆菌（以下称为B.S）和苏云金杆菌以色列亚种血清型14（以下称为H14）两菌种协同发酵工艺，利用B.S和H14的混合生长相容性，制成一种新的灭蚊蚴剂，使它具有H14杀虫谱广、毒效发挥快和毒效高的优点，同时也具有B.S残效长的优点；而且也克服了H14无持效和B.S杀虫谱窄、毒效发挥慢的局限性（管玉霞等，1995）。

在我国海南省共采集158个各种类型的泥土样品，采用选择性培养基（PBMYS）进行样品分离，并结合形态学观察、血清学鉴定和生物测定，获得对致倦库蚊幼虫有毒性的球形芽胞杆菌73株，有毒株的分离率占样品总数的34.2%。血清学试验表明，新分离菌株有71株为H5A5B型，2株属在我国首次分离出H6型菌株。许多球形芽胞杆菌菌株对致倦库蚊幼虫具有很强的毒杀作用。其中228-2和117-1菌株的丙酮粉剂效价分别为2721 IU/mg、2331 IU/mg，高于相同条件下制备的参考菌株2362丙酮粉剂的效价（2218 IU/mg）（袁志明等，1997）。

二、球形芽胞杆菌的发酵技术

报道了不同培养温度和液体培养基的起始pH对球形芽胞杆菌菌株C3-41的生长和毒力的影响结果。在20~40℃条件下分别进行摇瓶发酵实验时，以35℃条件下培养的发酵液菌数最高，杀蚊毒力最强，其生长周期最短；当将液体培养基pH分别调至5、6、7、8、9、10在30℃以220r/min进行摇瓶发酵时，证明在pH7条件下培养的发酵液毒力最强（蔡全信和刘娥英，1995）。

球形芽胞杆菌C3-41杀蚊蚴实验制剂对3~4龄致倦库蚊和大龄按蚊幼虫有较强的毒性，其48h的LC_{50}值分别为0.007 95mg/L和0.985 00mg/L。蚊幼虫死亡后，球形芽胞杆菌芽胞能在死蚊幼体内正常萌发、繁殖和发育，并产生有杀蚊活性的芽胞和晶体混合物（袁志明等，1999）。报道了球形芽胞杆菌C3-41现场杀灭蚊幼虫的效果观察，实验表明，球形芽胞杆菌C3-41对米塞按蚊及刺挠伊蚊具有一定的杀灭效果，但不及其他的报道效果好，原因可能是使用剂量偏低及不同蚊种对球形芽胞杆菌C3-41的敏感性不同，另外，未观察到球形芽胞杆菌C3-41对其他生物的影响（张建江，2002）。

采用摇瓶发酵试验探讨了以淀粉废水为原料制备微生物灭蚊剂的可行性。结果表明，无需任何预处理工序，淀粉废水可作为微生物灭蚊菌株［菌株Bti187（苏云金芽胞杆菌以色列亚种）和菌株Bs2362（球形芽胞杆菌）］的优良发酵培养基。菌株Bti187和

Bs2362 能在以淀粉废水（含固率 2.5%）为唯一原料的培养基中正常生长发育，并且产胞产毒。Bti187 和 Bs2362 在淀粉废水发酵 42h，活菌数分别可达 7.5×10^8 cfu/mL、4.5×10^8 cfu/mL；抗热性芽胞数分别可达 5.1×10^8 cfu/mL、2.7×10^8 cfu/mL，均显著高于常规 LB 培养基。与 LB 培养基相比，淀粉废水培养基有利于提高芽胞产率、缩短发酵周期。毒力测定表明，淀粉废水培养 42h 的 Bti 发酵液对淡色库蚊和白纹伊蚊的 LC_{50} 分别为 $0.78\mu g/mL$、$0.87\mu g/mL$，淀粉废水培养 42h 的 Bs 发酵液对淡色库蚊和白纹伊蚊的 LC_{50} 分别为 $0.70\mu g/mL$、$16.06\mu g/mL$，淀粉废水明显有利于菌株 Bti187 和 Bs2362 的产毒。该研究不仅为淀粉废水提供了高附加值的处置新途径，而且可显著降低生物灭蚊剂的生产成本，具有广阔的应用前景（雷发懋等，2008）。

观察了球形芽胞杆菌菌株 Ts-1 在清水和污水中细菌和芽胞数量消长动态和残效。在水体中，细菌和芽胞均以指数函数衰减。污水对菌株 Ts-1 生长存活无害，但对致倦库蚊幼虫残效期较清水中为短。水体中死亡虫体对保持球形芽胞杆菌的残效有重要作用（顾卫东和陆宝麟，1989）。

球形芽胞杆菌菌株 LP1-G 在 MBS 培养基上能正常生长、发育，产生位于芽胞外膜外的伴胞晶体。其产生的 41.9kDa 和 51.2kDa 二元毒素蛋白质合成于芽胞形成期，另一分子质量约为 49kDa 蛋白和二元毒素同期合成，并随着芽胞的释放而被降解。生物测定结果表明该菌株在营养体生长阶段对致倦库蚊幼虫无毒，孢子囊初期毒力较高，并在整个芽胞形成期都维持较高的毒力水平。其全发酵液对敏感和抗性库蚊幼虫都具有中等的毒杀作用，对 3~4 龄幼虫 48h 的 LC_{50} 值分别为 0.113mg/mL 和 0.137mg/mL。该菌株对敏感和抗性致倦库蚊幼虫的毒杀作用可能同其产生 49kDa 蛋白质相关（袁志明等，2000）。以花生饼粕作为球形芽胞杆菌的培养材料进行研究。结果表明：球形芽胞杆菌在花生饼粕培养基上产毒能力明显高于其他培养基 2~5 倍，球形芽胞杆菌发酵的最适花生饼浸液浓度为 7%，最适温度为 28~30℃，pH7~9，严格控制培养条件，花生饼粕会成为球形芽胞杆菌发酵理想的培养材料（管玉霞等，1994）。

以活菌数、芽胞数和毒效为参数，通过摇瓶发酵试验探讨了以污泥为原料制备微生物灭蚊剂的可行性。结果表明，在含固率适宜的条件下，污泥是微生物灭蚊菌株苏云金芽胞杆菌以色列亚种 187（简称 Bti187）和球形芽胞杆菌 2362（简称 Bs2362）的优良产胞产毒培养基。Bti187 和 Bs2362 在污泥中发酵 42h，活菌数分别可达 3.7×10^8 cfu/mL、3.6×10^8 cfu/mL；抗热性芽胞数分别可达 2.6×10^8 cfu/mL、3.5×10^8 cfu/mL，均显著高于常规 LB 培养基。毒力测定表明，在污泥中发酵 42h 后，Bti187 发酵液对淡色库蚊和白纹伊蚊的 LC_{50} 分别为 $1.05\mu g/mL$、$0.93\mu g/mL$，Bs2362 发酵液对淡色库蚊和白纹伊蚊的 LC_{50} 分别为 $0.69\mu g/mL$ 和 $103.4\mu g/mL$。与常规 LB 培养基相比，杀蚊幼虫毒效显著提高。采用污泥发酵制备微生物灭蚊剂可降低生产成本，且发酵性能优良，为污泥资源化开辟了新途径（罗刚等，2008）。

三、球形芽胞杆菌用于生物肥料

从东祁连山高寒草地采集优势植物珠芽蓼（*Polygonum viviparum*）并对其内生固氮细菌进行分离、筛选和鉴定。结果表明：从珠芽蓼内分离到 14 株内生细菌，其中

Z22、Z24、Z25、Z27、Z28、Z211、Z214 共 7 株内生细菌具有固氮能力，对菌株 Z22 的固氮基因（nifH）进行了 PCR 扩增、测序和系统发育分析，并在 GenBank 中登录（登录号为 EU693342）；Z22 菌体球形，革兰氏阳性，产芽胞，结合生理生化特征、16S rDNA 基因序列测定和同源性分析，鉴定其为球形芽胞杆菌；该菌株的 16S rDNA 序列，在 GenBank 中登录（登录号为 EU236749）。首次获得了球形芽胞杆菌编码铁蛋白的 nifH 基因序列（李振东等，2009）。

球形芽胞杆菌菌株 BS7 与巨大芽胞杆菌菌株 BM101 混合培养时具有固氮增效作用。稀释 400 倍的巨大芽胞杆菌的无菌上清液与球形芽胞杆菌共培养，同样能增强后者的固氮活性。菌株 BS7（PAB576）在纯培养时的 NifA 表达活性为 6849.5U，与巨大芽胞杆菌上清培养液进行混合培养时的表达活性为 7500.4U。上述结果表明：某些微量非碳源的活性分泌物和某些固氮调节基因可能在固氮增效作用中起重要作用。在与水稻联合培养条件下，混合接种球形芽胞杆菌与巨大芽胞杆菌可以提高固氮菌在水稻根表的定殖能力（龙苏等，2000）。

四、球形芽胞杆菌的基因研究

根据球形芽胞杆菌菌株 2362 二元毒素基因核苷酸序列合成的一组寡聚核苷酸为引物，通过 PCR 扩增出 1.1kb 的 DNA 片段作为探针检测了菌株 C3-41、IAB881、IAB872、BS-197 和 LP1-G 中二元毒素基因。Southern 杂交表明菌株 C3-41、IAB881、IAB872 和 BS-197 中 3.5kb HindⅢ 及 LP1-G 中 4.7kb HindⅢ 的酶切片段分别带有与探针有高度同源性的二元毒素基因。SDS-PAGE 和 Western 印迹表明所有菌株都能产生 41.9kDa 和 51.4kDa 的毒素蛋白。C3-41、IAB881、BS-197 和 2362 的全发酵液和碱抽提液对敏感尖音库蚊（Culex pipiens subsp. pipiens）幼虫毒性高，但对抗性幼虫几乎无毒；LP1-G 对敏感和抗性蚊幼虫具有相同的中度毒杀作用；IAB872 对敏感幼虫毒性高，对抗性幼虫的毒力同 LP1-G 相似。这 2 株菌对抗性蚊幼虫的毒性可能是由 Mtx 毒素蛋白所导致的（袁志明等，1998）。

从中国科学院武汉病毒研究所获悉：我国第一个杀蚊微生物基因组——球形芽胞杆菌菌株 C3-41 全基因组已经测序完成。通过序列的比较分析，表明该细菌与一种海洋芽胞杆菌具有亲缘关系，其不能利用糖类物质的主要原因是缺乏糖转运系统和糖代谢的关键酶（佚名 24，2008）。球形芽胞杆菌是专一感染各类蚊幼虫的天然病原菌，菌株 C3-41 是中国科学院筛选出来的优良杀蚊细菌，由其开发的我国首个注册微生物杀蚊剂已经连续应用了 20 年，该基因组测序的完成将进一步推动生物防治灭蚊的研究（佚名 25，2008）。

将来源于球形芽胞杆菌菌株 SSⅡ-1 的 mtx1 毒素基因克隆至穿梭载体 pBU4 上，得到与 mtx1 插入方向相反的重组质粒 pMT9 和 pMT4。含有 pMT9 和 pMT4 的大肠杆菌转化子能表达产生 Mtx1 毒素，发酵液对敏感和抗性致倦库蚊幼虫具有中度毒杀作用；含有 pMT9 和 pMT4 的苏云金芽胞杆菌转化子 B-pMT9 和 B-pMT4 在营养体生长阶段对敏感蚊蚴和抗性幼虫也具有毒性，毒力与野生型 SSII-1 相当，而不同转化子在芽胞形成期的毒力因插入的 mtx1 基因转录方向的不同而表现出差异，其中 B-pMT4 对目标蚊蚴毒力极低（$LC_{50} > 100mg/mL$），而 B-pMT9 对蚊幼虫具有毒性（$LC_{50} = 2.49mg/mL$）（张蓓华等，2003）。将球形芽胞杆菌两毒蛋白基因分别克隆并分别在大肠杆菌及鱼腥藻中表达，经对淡色库蚊幼虫毒性测试结果表明：只表达一种毒蛋白基因的大肠杆菌或鱼腥藻对蚊幼虫无毒效，而将分别表达这两处基因的大肠杆菌或鱼腥藻等浓度混合使用时表现出高的杀蚊活性，从而证明球形芽胞杆菌两毒蛋白基因具有明显的协同作用，其杀蚊性与同细胞表达两种毒蛋白基因的大肠杆菌或鱼腥藻相比，结果相似，无明显差异（刘湘萍等，1997）。

将转入球形芽胞杆菌毒蛋白基因的表达质粒的工程藻——热带鱼腥藻（Anabaena subtropica）（pDC26）大量培养后，应用于山东省平阴县进行现场观察；结果表明，工程藻在 9.41×10^5 个细胞/mL 浓度以上时，48h 可杀死 99%~100% 蚊幼虫；在 9.13×10^4 个细胞/mL 浓度时，4d 可杀死 99% 以上的蚊幼虫，连续观察 2 个多月，工程藻仍有明显杀蚊效果，实验组最多 14 条/勺幼虫，而对照组为 210 条/勺左右（阎歌等，1996）。通过电转化方法将含球形芽胞杆菌二元毒素基因的重组质粒 pCW2 转化野生型苏云金芽胞杆菌以色列亚种获得一株含二元毒素基因的重组菌株 B+CW-1。重组菌株能表达二元毒素，以及 δ-内毒素和 CyTA 毒素，并形成 2 类位于芽胞胞外膜外的伴胞晶体（袁志明等，1999）。为了提高球形芽胞杆菌对中华按蚊的毒效，采用聚合酶链反应（PCR）技术成功扩增了球形芽胞杆菌中有毒效作用的基因片段，通过 T4 DNA 聚合酶的修饰，使基因片段得以成功克隆，借助光微生物素核酸标记探针，原位杂交筛选出基因阳性克隆。实验中 T4 DNA 聚合酶的修饰是 PCR 产物克隆成功的关键（刘相萍等，1999）。

五、球形芽胞杆菌的检测与灭活

制备球形芽胞杆菌菌体蛋白作为免疫抗原，免疫家兔制备抗血清，建立了一种测定重组溶葡萄球菌酶中残余宿主菌菌体蛋白含量的双抗体夹心酶联免疫吸附测定法（enzyme-linked immunosorbent assay，ELISA）。结果表明，建立的双抗体夹心 ELISA 法快速、简便、灵敏，检测范围宽，能检测出制品中的微量菌体蛋白；对 3 批重组溶葡萄球菌酶原液的检测合格，制品中残余宿主菌蛋白含量小于万分之二。此方法可以用于重组溶葡萄球菌酶中残余宿主菌菌体蛋白含量的测定（莫云杰等，2006）。

六、球形芽胞杆菌产酶特性

通过硫酸二乙酯（DES）诱变得到了 3 株球形芽胞杆菌无芽胞突变株 G_5、C_4、L_5，经显微观察、超微结构分析、生物测定、蛋白质 SDS-PAGE 分析及质粒检测，观察到突变株 C_4、L_5 芽胞的形成被阻碍于芽胞形成的第 II 期，突变株 G_5 被阻碍于芽胞形成的第 III 期，其细胞中已有晶体形成，它对致倦库蚊幼虫的毒力明显高于仅有二元毒素蛋白合成、而无毒素晶体形成的突变株 C_4 和 L_5。突变株 L_5 消除了质粒，仍有二元毒素蛋白合成。Southern 杂交分析表明含二元毒素基因部分 DNA 片段的探针仅与菌株 C3-41、Bs10 的染色体具有同源性，因此证明供试菌株的二元毒素基因定位于染色体上（刘云和张用梅，1999）。

采用常规的生物测定方法确定了纯化的球形芽胞杆菌的缺失信号肽的 97kDa 营养期杀蚊毒素（mosquitocidal toxin 1, Mtx1）蛋白和苏云金芽胞杆菌 27.3kDa 的 Cyt1Aa 晶体蛋白对致倦库蚊（Culex quinquefasciatus）幼虫的杀虫活性。结果表明 Mtx1 和 Cyt1Aa 不同比例的混合物对致倦库蚊的毒力比单独毒素蛋白高，经统计分析表明两毒素蛋白对目标蚊幼虫具有明显的协同作用。在 LC_{98} 处理浓度下，Mtx1 和 Cyt1Aa 按 3∶1 混合的混合物 LT_{50} 值比单独 Mtx1 的提前了 6.36h，表明 Cyt1Aa 和 Mtx1 对致倦库蚊具有协同毒杀作用，提高对目标蚊虫的毒力，缩短半致死时间。该结果为深入研究 Mtx1 和 Cyt1Aa 的杀蚊作用方式奠定了基础，同时为其在蚊虫防治中的应用提供了新的思路和方法（杨艳坤等，2007）。

球形芽胞杆菌菌株 LP1-G 能产生对害虫有毒杀作用的毒蛋白。采用该菌种防治酒曲害虫大谷盗，结果表明，在 30℃，湿度 73%～75%条件下，球形芽胞杆菌的有效杀虫剂量为 4mL/100g，可使大谷盗的校正死亡率达 91.4%，且杀虫后大曲的糖化力、发酵力、微生物的数量变化极小（李新社等，2008）。球形芽胞杆菌菌株 Ts-1 对蚊虫幼虫有高效杀灭能力，其有毒成分为一种蛋白质。纯芽胞-晶体复合物经超声波处理后，以 0.05mol/L 的 NaOH 抽提毒素，经 Sephadex G-200 葡聚糖凝胶柱层析纯化，用 SDS-PAGE 检验柱层析得到的杀虫活性部分，菌株 Ts-1 的芽胞-晶体复合物中主要为 42kDa 和 43kDa 的 2 种蛋白质。经聚丙烯酰胺凝胶制备电泳分离纯化，生物活性测定表明这 2 种蛋白质都有杀蚊毒效，经 DEAE 纤维素柱层析进一步纯化，获得了分子质量为 42kDa 的毒蛋白（于自然等，1990）。

用亚硝基胍对球形芽胞杆菌进行化学诱变，筛选到利福平和链霉素 2 个标记菌株；抗药浓度均达 100U/mL。其抗药性状能够获得较好地遗传。用含溶葡萄球菌酶基因的质粒 DNA 对菌株 Rifr 进行原生质体转化，酶基因在该抗药菌株中获得了高效表达（张培德和周华，1998）。

七、球形芽胞杆菌用于生物防治

报道了球形芽胞杆菌菌株 2362 与苏云金芽胞杆菌以色列亚种混用杀灭蚊幼虫的效果。混用克服了 2362 对伊蚊效果差及 BTi 有显著增效作用，表明两菌混用在实验室与现场的灭蚊蚴效果均优于单菌应用（管玉霞等，1994）。报道了球形芽胞杆菌菌株 C3-41 的晶体和芽胞的分离方法，即采用 100μg/mL 的溶菌酶处理培养物和 44%复方泛影葡胺离心，可使芽胞含量比例由 55%～75%提高到 90%～96%，但用优选的 6 号固体培养基培养时，芽胞纯度可达 98%以上。采用 50mmol/L 二硫苏糖醇（DTT）处理芽胞，在-30℃和室温条件下冻融及 42%复方泛影葡胺离心程序离心，离心管上清液中可获得高纯度的被分离的晶体（周志宏和刘娥英，1995）。

球形芽胞杆菌 C3-41 对致倦库蚊幼虫 LC_{50} 为 0.011 37mg/L，回归方程 $y=4.4925+0.4806x$，$1×10^{-6}$mol/L 浓度对蚊幼虫杀灭特效为 8d，3mg/L 浓度持续效果达 18d 以上，对蚊卵、蛹无杀灭作用（沈孟庄和陈蔚恩，1997）。研究了球形芽胞杆菌菌株 C3-41 对致倦库蚊幼虫的毒力及其后致死作用。生物测定表明，该菌株对目标蚊幼虫具有很高的毒力，其丙酮粉剂对 3～4 龄幼虫 48h 的半致死浓度（LC_{50}）为（6.92±0.22）μg/L。

用不同亚致死浓度处理 2~3 龄致倦库蚊幼虫，存活幼虫在后期发育中存在明显的延续死亡和损伤现象，经 LC_{30}、LC_{50}、LC_{70}、LC_{90} 和 LC_{98} 剂量的 C3-41 粉剂处理的致倦库蚊羽化前的总死亡率分别为 84%、91%、95%、97% 和 100%，同时存活的幼虫、蛹和成蚊的发育和行为也受到一定的影响。这种后致死作用随处理浓度的升高而增强，可能同球形芽胞杆菌毒素蛋白对处理期间蚊幼虫肠上皮细胞造成的损伤相关（裴国凤等，2001）。

1993 年 6~10 月，在武汉市水果湖地区应用球形芽胞杆菌 C3-41 地方制剂进行了大规模防治致倦库蚊的现场研究。用 $3mg/m^2$ 乳剂处理大面积孳生地（大于 $2m^2$）、每 10d 一次，包括水塘、水沟、水槽等；用 $8g/m^2$ 的块剂处理小型容器和积水坑，一月一次。结果表明，幼虫密度下降了 70%~100%，并能成功地控制成蚊季节性高峰（袁方玉等，1994a）。研究了球形芽胞杆菌 C3-41 超氧化物歧化酶（SOD）的产生条件和剖分特性。当菌株 C3-41 处于胞子囊中期时为产 SOD 酶高峰期，在 30℃ 条件下的平板培养物及培养基起始 pH 为中性（pH7.0）时产生的 SOD 酶比活最高，经硫酸铵分级沉淀、DEAE-32 离子交换层析和 Sephadex G-100 凝胶过滤提纯了 SOD 酶，此酶属 Mn-SOD，在 25~35℃ 和 pH5~9 时较稳定，但在 55℃ 条件下 10min 完全失活（郑滔等，1998）。球形芽胞杆菌对蚊虫有较高的毒杀效果。经实验室试验结果表明，球形芽胞杆菌（BS）粉剂对淡色库蚊幼虫的半数致死浓度为 0.0012mg/L，以浓度 10% 喂养家蝇幼虫对其化蛹抑制率为 38%，羽化抑制率为 56%（王滨等，1998）。

球形芽胞杆菌菌株 C3-41 对致倦库蚊（*Culex quinquefasciatus*）幼虫有很高毒效，对 2 龄和 3~4 龄幼虫的半致死剂量（LD_{50}）分别为 63.1 芽胞/蚊幼虫和 89.7 芽胞/蚊幼虫。处理浓度越高，取食时间越长，蚊幼虫取食到的杀蚊活性物质量越多，死亡率越高。当蚊幼虫取食亚致死剂量杀蚊活性物质后，球形芽胞杆菌在感染的活幼虫体内不增殖；但当蚊幼虫取食致死剂量杀蚊活性物质后，蚊幼虫死亡，球形芽胞杆菌在死蚊幼虫体内增殖明显，6d 内芽胞从感染初期的 1.86×10^2/蚊幼虫增加到 1.59×10^6/蚊幼虫。芽胞在死蚊幼虫体内能正常萌发、生长、产胞和形成毒素。增殖的芽胞同样对致倦库蚊幼虫有较高毒力（袁志明和张用梅，1994）。报道了球形芽胞杆菌 C3-41 对嗜人按蚊和东乡伊蚊的毒性，实验室生物测定结果表明，C3-41 液剂对嗜人按蚊 IV 龄幼虫处理后 24h 和 48h 的 LC_{50} 分别为 2.40mg/L 和 1.78mg/L，对东乡伊蚊的 LC_{50} 分别为 5.35mg/L 和 3.14mg/L，持效为 1~2 周，C3-41 粉剂对嗜人按蚊和东乡伊蚊处理后 24h 的 LC_{50} 分别为 3.33mg/L 和 4.44mg/L，处理后 48h 的 LC_{50} 分别为 1.36mg/L 和 1.44mg/L（罗幸福和刘娥英，1996）。球形芽胞杆菌 C3-41 是我国分离的一株对蚊幼虫有毒杀作用的高毒力菌株，对库蚊、按蚊幼虫的毒性高于菌株 2362，Southern 杂交证明 C3-41 总 DNA 中 3.5kb *Hind* III 片段上带有 41.9kDa 和 51.4kDa 二元毒素基因（袁志明等，1999）。

对球形芽胞杆菌菌株 Bs-1012 的产毒部位进行了研究。结果表明：菌株 Bs-1012 的伴胞晶体和芽胞对蚊幼虫具有较高的毒力。营养体对蚊幼虫也有毒力，毒力强度低于芽胞和伴胞晶体。发现营养体在裂殖生长过程中能够产生并分泌到胞外的外毒素，这对于大规模生产时选用合适的剂型具有理论指导意义（毛海兵和唐梓进，1993）。

球形芽胞杆菌和苏云金芽胞杆菌是目前研究较为深入的杀蚊微生物。球形芽胞杆菌产生二元毒素，苏云金芽胞杆菌产生 Cry 和 Cyt 两类杀蚊毒素。新菌株和新毒素的分离，以及毒素之间的相互作用的研究，有助于生物防治危害严重的蚊虫（周海霞等，2005）。

球形芽胞杆菌是一种能产生对害虫具有专一杀虫活性蛋白的细菌，试验采用该菌种防治酒曲害虫黑菌虫。结果表明，球形芽胞杆菌液体制剂 0.008mL/g，在 30℃ 条件下 24d 黑菌虫校正死亡率达 100%，对大曲质量的影响较小（李新社等，2008）。球形芽胞杆菌 BS-10 应用于无水生植物覆盖污水塘、沟的灭蚊蚴有效率可达 95% 左右，而对有水生植物覆盖污水塘、沟灭蚊蚴效果则明显降低，其有效率仅为 80% 左右，经统计学处理，两者有显著差异（$P<0.01$）（戴志东等，1994）。

水蚤对球形芽胞杆菌（Bacillus sphaericus，B.S）灭蚊蚴效果影响的试验结果证明，在蚊虫孳生地中，与蚊蚴共存的水蚤是影响 B.S 灭蚊效果的极为重要的生态限制因子，它可使 B.S 对蚊蚴的杀灭率下降 30%～50%，使 B.S 持效明显缩短或消失。细菌学观察证实，水蚤对 B.S 具有快速清除的作用，B.S 暴露于水蚤的生境中，于 12h B.S 菌数下降 86%。这一生态限制因子给 B.S 的杀虫效果带来严重影响，是 B.S 应用中亟待解决的问题（陈世夫等，1993）。

测定 BTH-14 和 BS-10 对蚊蚴的毒力，为使用生物杀虫剂灭蚊提供科学依据。采用液浸法，用苏云金芽胞杆菌（BTH-14）和球形芽胞杆菌（BS-10）混合液按不同浓度对不同龄期、不同种蚊蚴进行敏感性测定。结果：蚊蚴龄期越小，对生物制剂越敏感，凶小库蚊和淡色库蚊的相对敏感性大体一致；相同浓度的生物制剂对龄期较小的幼虫有较强的杀灭率（徐勇和赵桂荣，2006）。

为防治农作物害虫，化学杀虫剂的使用越来越广泛。随着化学杀虫剂的使用所导致的害虫抗药性、环境污染和生态平衡被破坏等问题的出现，迫切需要其他更为安全和有效的害虫综合防治方法，因此，生物防治已成为病虫害防治的重要手段。球形芽胞杆菌具有杀虫活性，能产生毒杀蚊虫幼虫的毒素蛋白，已在世界范围内成功应用于疾病媒介——蚊虫的生物防治中。对从病死柞蚕中分离到的一株菌株，进行 16S rDNA 序列分析和生化鉴定，以确定该菌株的类型；用家蚕感染试验进一步明确该菌株对鳞翅目类其他昆虫的感染作用。结果表明，将从病死柞蚕中分离出来的一株球形芽胞杆菌，添加到人工饲料中喂养家蚕，7d 内家蚕全部死亡；说明该菌株对家蚕具有一定的毒害作用，推测其对鳞翅目类害虫也具有一定的防治作用（秦凤等，2010）。

淡色库蚊是长春市优势蚊种，密度较高，在蚊虫活动的高峰季节，人房内以淡色库蚊为主。近年来，不少城市反映淡色库蚊对常用杀虫剂敌敌畏、氯氰菊酯、溴氰菊酯等已出现不同程度的抗药性，为了解长春市淡色库蚊对杀虫剂的敏感性，于 2004 年 8～9 月进行了淡色库蚊幼虫对敌百虫（美曲磷酯）、球形芽胞杆菌 C3-41 敏感性的试验。结果表明，敌百虫对淡色库蚊的 LC_{50} 为 0.086 66mg/m³，抗性品系/敏感品系（R/S）为 1.10；球形芽胞杆菌 C3-41 对淡色库蚊的 LC_{50} 为 0.067 51mg/m³，R/S 为 1.04。它们的 R/S 值均小于 2，由此可以看出在 2 个试验点附近的一定区域内，淡色库蚊幼虫对敌百虫及球形芽胞杆菌 C3-41 这 2 种药物是敏感的，原因是当时长春市未大量使用这 2 种杀虫剂进行杀灭蚊虫（梅淑娟和张莹，2005）。

细菌类杀虫剂是国内研究开发较早的生产量最大、应用最广的微生物杀虫剂。目前，研究应用的品种有苏云金芽胞杆菌、青虫菌、日本金龟子芽胞杆菌和球形芽胞杆菌；其中苏云金芽胞杆菌是最具有代表性的品种（佚名26，2005）。

研究发现球形芽胞杆菌菌株 Bs-8093 的发酵上清液对青枯雷尔氏菌强致病力菌株有抑制作用，不同配方发酵上清液对青枯雷尔氏菌强致病力菌株 F.1.2-010618-07V 的校正抑制率不同，最高达82.94%，最低44.93%。采用正交试验对球形芽胞杆菌菌株 Bs-8093 发酵培养基进行筛选，结果表明：棉籽粉、牛肉浸膏和初始 pH 对菌株 Bs-8093 活菌数及其发酵上清液对青枯雷尔氏菌的校正抑制率都有显著影响。试验获得的最佳摇瓶配方为：棉籽粉5.0%、牛肉浸膏0.3%（质量分数），初始 pH7.4（周先治等，2006）。

八、球形芽胞杆菌用于污染治理

从某焦化厂排水沟采集到污泥，通过以苯酚为唯一碳源的培养基逐步驯化，筛选出苯酚高效降解菌株。利用形态观察、生理生化检测、16S rDNA 序列分析进行初步鉴定，结果筛选获得一株高效降解苯酚的球形芽胞杆菌 HNND-3，HNND-3 能够以苯酚为唯一碳源，耐酚能力高达2200mg/L，在30℃和pH7.0条件下，42h 内能将800mg/L的苯酚彻底降解（王太平，2011）。

为筛选能高效降解苯酚的微生物，并进行初步鉴定，从某焦化厂排水沟采集污泥，通过逐步驯化筛选苯酚降解菌株；利用形态观察、生理生化检测、16S rDNA 序列分析进行初步鉴定。筛选获得一株苯酚降解菌 JDM-2-1，该菌能够以苯酚为唯一碳源，耐酚能力高达2200mg/L，42h 内能将800mg/L的苯酚彻底降解；初步鉴定其为球形芽胞杆菌。（王永义等，2007）。

九、球形芽胞杆菌的制剂研究

根据蚊虫的生活习性和球形芽胞杆菌 BS-10 灭蚊特点，以玉米棒芯颗粒为载体、以球形芽胞杆菌 BS-10 为杀虫活性物质，加工制成生物灭蚊漂浮颗粒剂新剂型，经试验与示范应用，该颗粒剂具有高效作用，毒力效价达106.5U/mg，每平方米水面使用颗粒剂2g，对蚊幼虫（孑孓）杀灭效果达95%以上；持效期药后12d，灭蚊效果达96.8%；性质稳定，室内常温储存一年，药效无变化；生产工艺简单，药剂使用方便，与环境相容性好（苏建坤等，2009）。

湖北省寄生虫病防治研究所研制的 BTi 和 BS-C3-41 漂浮颗粒剂对中华按蚊和致乏库蚊幼虫的效果进行了试验，结果显示 BTi 漂浮颗粒剂对稻田中的中华按蚊有较好的毒杀效果。剂量为 $0.45g/m^2$ 时，24h 中华按蚊幼虫密度下降率为86.6%～100%，持效达14～15d；BS-C3-41 漂浮颗粒剂剂量为 $0.45～0.54g/m^2$，48h 致乏库蚊幼虫密度下降率为90.4%～97.4%，持效达13～15d（明桂珍和袁方玉，1998）。应用化学方法制取 B.S 浓缩乳剂，可在发酵液发酵终止后直接在发酵罐内将发酵液浓缩4～5倍，并一次制成浓缩乳剂。细菌生物活性损失在1%以下，是替代物理浓缩法的理想方法（李德臣和任培桃，1993）。

第二十三节 嗜碱芽胞杆菌

一、嗜碱芽胞杆菌的生物学特性

采用紫外线（UV）、硫酸二乙酯（DES）和UV+DES复合诱变，对一株产环糊精葡萄糖基转移酶的嗜碱芽胞杆菌（*Bacillus alcalophillus*）菌株IS进行诱变育种，获得了产酶能力是出发菌株2.96倍且产酶性能稳定的高产菌株MS-UD2，并利用单因素分析和正交试验获得突变株的最佳产酶培养基组成为：玉米粉2.0%、玉米浆6.0%、$K_2HPO_4 \cdot 3H_2O$ 0.15%、$MgSO_4 \cdot 7H_2O$ 0.02%；在温度28℃、pH10.0、接种量8%、250mL三角瓶装液量为50mL的发酵条件下，180r/min二级摇瓶振荡培养36h产酶活力达5741.6U/mL。5L发酵罐36h产环糊精葡萄糖基转移酶活力为5920.0U/mL（郭利伟等，2008）。

从近百份土样、水样中，筛选出一株产碱性淀粉酶的嗜碱芽胞杆菌BC-A36，在碱性培养基上生长良好，最适生长pH为9.5～11.0。起始pH10.0～11.0，34℃摇瓶发酵36h酶活力达418U/mL。酶的作用温度为20～45℃时，最适作用pH为10.0左右（刘建军和姜鲁燕，1996）。

大多数枯草芽胞杆菌载体在表达外源基因时会出现分离或结构不稳定，而将基因整合至染色体上的基因整合方法，得到人们的普遍关注。通过构建一套整合载体，将嗜碱芽胞杆菌菌株N-227 β-环糊精葡萄糖基转移酶（β-CGTase）基因随机整合至枯草芽胞杆菌1A289的染色体上，从表达氯霉素抗性及β-CGTase阳性株中选得菌株Bs2，其氯霉素抗性为5γ/mL，β-CGTase酶活为266U/mL。后又经多次整合及更高浓度氯霉素抗性的选择，获得一株菌株Bs16-7-7，在无选择压力下，表现出极为稳定的遗传表型，氯霉素抗性为125γ/mL，β-CGTase酶活达1300U/mL以上（唐上华等，1995）。

从我国内蒙古地区天然碱湖样品中分离的200余株嗜碱细菌中筛选到一株产生碱性纤维素酶的菌株N6-27，初步鉴定为嗜碱芽胞杆菌。该菌株产酶的最适碳源为羧甲基纤维素钠（CMC），氮源为复合蛋白胨，Na_2CO_3浓度为0.2%，酶反应的最适温度和pH分别为55℃和8.5，在50℃条件以下及pH6.0～11.0时稳定，主要作用底物为CMC，对滤纸、纤维素粉和结晶纤维素几乎不作用（田新玉和王欣，1997）。应用氮离子注入对嗜碱芽胞杆菌进行诱变育种，获得了产生β-环糊精葡萄糖基转移酶是出发菌株2倍以上的高产菌株，酶活力可达6000U/mL以上。应用正交试验法筛选出的最优发酵条件为：玉米粉2%，玉米浆5%，pH9，温度28℃（王雁萍等，2003）。

有充分的证据支持线粒体和叶绿体起源的内共生假说，即紫色细菌、α-类群的成员是线粒体的祖先，而蓝细菌的成员是叶绿体的祖先。这一证据来自分子伴侣60蛋白为基础的系统发育学分析，并且与16S rRNA序列为基础的分析结果是完全一致的，这一结果还说明，嗜碱芽胞杆菌C-125菌株在系统发育地位上更接近枯草芽胞杆菌（徐毅和周培瑾，1996）。

二、嗜碱芽胞杆菌的发酵技术

采用水解圈法筛选到一株产碱性木聚糖酶的嗜碱芽胞杆菌 NT-16，该菌株产酶的最佳碳源和氮源分别是木糖和胰蛋白胨，其优化的产酶条件为：半纤维素 2%，胰蛋白胨 1%，Tween-80 0.1%，$K_2HPO_4 \cdot 3H_2O$ 0.1%，$MgSO_4 \cdot 7H_2O$ 0.02%；pH10.0，200r/m，72h，37℃；该菌株产生的木聚糖酶的最适 pH 为 9.0（税欣和郑连爽，2007）。

对一株嗜碱芽胞杆菌产环糊精葡萄糖基转移酶的发酵条件进行了研究。利用单因素试验和正交试验获得该菌株产环糊精葡萄糖基转移酶的最佳条件为：接种量 3%，培养温度 30℃，pH10.5；发酵培养基的组成为玉米粉 2%、酵母膏 1.5%、玉米浆 5%，250mL 三角瓶装液量为 30mL，270r/min 振荡培养 3d。10L 罐发酵时酶活可达 5820U/mL（曹新志和金征宇，2005）。

一株产环糊精葡萄糖基转移酶的嗜碱芽胞杆菌发酵后离心得到的粗酶液经硫酸铵沉淀、DEAD-Cellulose 50 离子交换层析、Sepharose CL-6B 凝胶层析得到电泳纯的酶，用 SDS-PAGE 测定酶的分子质量为 69kDa。以马铃薯淀粉为底物时的 K_m 为 1.24mg/mL 和 V_{max} 为 114.9μg/min，酶反应的最适温度为 60℃，最适 pH 为 5.0，在 pH6.0～10.0 时基本稳定，在 70℃ 以下基本保持稳定。Ag^+、Cu^{2+}、Mg^{2+}、Al^{3+}、Co^{2+}、Zn^{2+}、Fe^{2+} 对酶活有明显的抑制作用，Sn^{2+}、Mn^{2+} 对酶活力有一定的抑制作用，其他金属离子对酶活力没有影响（曹新志和金征宇，2004a）。

根据核苷酸序列分析结果设计引物，通过 PCR 的方法，在嗜碱芽胞杆菌 NTT334 的总 DNA 和 p1350 中分别扩增到预计大小的片段，证明 p1350 中的外源 DNA 片段来自于嗜碱芽胞杆菌 NTT33。同时也获得了含有 pelA 完整 ORF 的 DNA 片段，经计算，该基因表达的成熟蛋白质的相对分子质量为 34.76×10^3，构建表达载体 pBV220-pel，在大肠杆菌 DH5α 中进行表达，SDS-PAGE 检测发现，表达的蛋白质相对分子质量约为 3.5×10^4，与预测的相符，初步研究其酶学性质发现，该酶在 pH9.0～10.0、45℃ 的条件下有较高的活性，而且必须 Ca^{2+} 参与反应（翟超和曹军卫，2001a）。

三、嗜碱芽胞杆菌的基因研究

将大肠杆菌 HB101 嗜碱转化子中质粒 pGCA 所携带的嗜碱基因亚克隆至双元载体 pBI121 质粒中，构建了植物表达载体 pLGC 重组质粒。用其转化大肠杆菌 HB101 获得了能在碱性和卡那霉素抗性平板上生长的转化子，再通过三亲交配法将亚克隆质粒 pLGC 转化进农杆菌 LBA4404，又获得能在碱性平板和卡那霉素及利福平双抗平板上生长的转化子，Southern 杂交结果表明 HB101 转化子亚克隆质粒 pLGC 是由来自于嗜碱芽胞杆菌 NTT36 染色体 DNA 和双元载体 pBI121 组成，且农杆菌 LBA4404 转化子含有来自大肠杆菌亚克隆转化子的 pLGC 质粒（刘同明和曹军卫，1999）。

利用热不对称交错 PCR（TAIL-PCR）方法从嗜碱芽胞杆菌 PB92 基因组中扩增出碱性蛋白酶基因上游启动子活性片段，测序分析后登录 GenBank（EU130686）。此序列具有多个启动子特征区域，且在 −538～370bp 和 −275～−128bp 2 个区域存在反向读码框。对启动子片段进行功能缺失的分析结果表明，TSS 上游 105bp 片段具有明显启动子活性，但以长为 414～619bp 时活性更为显著。此外，对 PB92 碱性蛋白酶的信号肽分析结果表明，此信号肽具有典型分泌型（Sec-type）信号肽结构。将 PB92 碱性蛋白酶基因启动子和信号肽序列克隆载入 pBE2，构建成表达载体 pBEAC，并以其为载体实现了植物甜蛋白 *monellin* 基因在枯草芽胞杆菌 1A751 中的高效表达（陈坤等，2008）。

一种来源于嗜碱芽胞杆菌 N16-5 的新型耐热的碱性 β-甘露聚糖酶在毕赤酵母 GS115 中成功表达。联合使用诱导型启动子（AOX1）和组成型启动子（GAP）促进该酶的表达。摇瓶培养参数分析发现培养基 pH 对酶产量的影响显著，在 pH7.0 时该酶的表达量是 pH6.0 时的 6.7 倍（龚桂花译，胡又佳校，2008）。以 pBluescriptKs (M13-) 质粒作为载体构建嗜碱芽胞杆菌 NTT33 的基因组文库，在 YC 平板上筛选到一株含果胶裂解酶（pectate lyase，pel）基因的大肠杆菌阳性克隆子。酶切后，电泳鉴定，插入的外源片段约 6.5kb，通过引物步行法测定了含有该基因的 3kb 左右外源 DNA 片段的核苷酸序列，经 PCgene 软件分析发现第 150～1160bp 编码一个由 337 个氨基酸组成的蛋白质分子，根据果胶裂解酶的等电点分类方法推断，其为 PelA，将其与 GenBank 中现有的基因编码的氨基酸序列进行同源比较，发现它与芽胞杆菌菌株 KsmSM-P15 的 PelE 和伊拉克固氮螺菌（*Azospirillum irakense*）的 PelA 的同源性分别为 38% 和 32%，这 3 种酶与其他果胶裂解酶的基因同源性很低，所以推测它们很可能属于一个新的果胶裂解酶家族（翟超和曹军卫，2001b）。

优化了嗜碱芽胞杆菌 TCCC 11263 的电转化条件，电转化条件包括细胞生长状态、电击场强、电击缓冲液组成、质粒 DNA 浓度。建立了一种适用于菌株 TCCC 11263 的电转化体系。结果为：菌株 TCCC 11263 培养至 OD_{600} 为 1.0 时，电转化效率最高，DNA 的转化子数达 $0.14×10^3$ 个转化子/μg DNA；用含 0.5mol/L 山梨醇、0.5mol/L 甘露醇、10% 甘油的电击缓冲液洗涤细胞，在场强 21kV/cm、电阻 200Ω、电容 25μF 的电击条件下，加入 0.71μg 质粒 DNA，电转化效率达 $1.5×10^3$ 个转化子/μg DNA（成堃等，2010）。

四、嗜碱芽胞杆菌产酶特性

嗜碱芽胞杆菌菌株 NTT33 产生的碱性 β-甘露聚糖酶经纯化后，在 PAGE 电泳上呈现一条蛋白质带，分子质量为 38 900Da，等电点为 3.0～4.0，酶反应最适 pH 为 9.0～10.0，最适作用温度为 80℃，稳定 pH 为 6.0～9.0，稳定温度为 60℃ 以下，金属离子 Cu^{2+}、Mg^{2+}、Al^{3+}、Co^{2+} 对该酶有一定的激活作用，而 Ag^+、Hg^{2+}、Mn^{2+} 对该酶有明显抑制作用，经薄层层析鉴定，该酶水解槐豆胶后产生葡萄糖、甘露糖及低聚糖（杨清香和曹军卫，1998a）。研究了嗜碱芽胞杆菌 NTT33 β-甘露聚糖酶的产生条件和酶学性质。结果表明，其产酶的最佳碳源为 1% 槐豆角，最佳氮源为 1% 蛋白胨＋0.2% 酵母膏；发酵培养 36h 产酶量最高（达 61.3U/mL）。甘油、葡萄糖、甘露醇等对产酶有强的阻遏作用；经分离纯化后测得纯酶的分子质量为 38.9kDa，等电点 pI 为 3.0，酶反应最适 pH 为 9.0～10.0，最适温度为 80℃，稳定 pH 为 6.0～9.0，稳定温度为 60℃ 以下；金属离子中 Cu^{2+}、Ba^{2+}、Mg^{2+}、Al^{3+}、Co^{2+} 对该酶有一定的激活作用，而 Ag^+、Hg^{2+}、Mn^{2+} 对该酶有明显抑制作用（杨清香等，1999）。

不同蛋白质修饰剂对环糊精葡萄糖基转移酶进行修饰。在一定条件下，分别用丁二酮（DIC）、苯甲酰磺酰氟（PMSF）、二硫苏糖醇（DTT）和氯氨-T（Ch-T）等不同蛋白质修饰剂对环糊精葡萄糖基转移酶进行修饰处理后，酶活不受影响，说明精氨酸残基、羟基、二硫键和蛋氨酸残基与酶的活力无关。用焦碳酸二乙酯（DEPC）、N-溴代琥珀酰亚胺（NBS）和碳化二亚胺（EDC）修饰后，酶活力大幅度下降，说明组氨酸、色氨酸和羧基氨基酸为酶活力所必需（曹新志和金征宇，2004b）。采用嗜碱芽胞杆菌菌株 NT-9 产生的木聚糖酶对苇浆进行生物漂白预处理，并分析了酶处理苇浆的理化性能。结果表明，在酶剂量 5~25U/g 样品、50℃、pH8.6 条件下处理 120min，苇浆失重率随酶剂量的增加而上升，苇浆的白度也有一定提高。X-衍射分析显示，酶处理苇浆纤维的相对结晶度降低了 2.43%，扫描电镜也证实酶处理苇浆纤维表面形状发生了一些明显的变化（韩晓芳和郑连爽，2004）。

碱性纤维素酶是重要的洗涤剂添加剂，不仅可以去除衣物上的污渍，还可以软化衣物和增加衣物的鲜艳度。嗜碱芽胞杆菌是生产碱性纤维素酶的主要菌种。概述了其编码的碱性纤维素酶的性质，编码酶的基因，基因的克隆、表达，以及作为洗涤剂添加剂的去污机理，指出了今后的研究方向（郭成栓等，2007b）。

从天津塘沽盐碱土壤中分离一株产碱性蛋白酶的嗜碱芽胞杆菌菌株 HAP，并对其进行了表型分类和 16S rDNA 序列分析。结果表明，HAP 是一株革兰氏阳性芽胞杆菌，菌体大小 $(0.7\sim 0.9)\mu m\times(2\sim 3)\mu m$，该菌可利用木糖、葡萄糖、阿拉伯糖、甘露醇，进行发酵型糖代谢产酸；可以水解酪素、淀粉，但不能水解酪氨酸；能够利用柠檬酸盐；其酶活力为 $1.22\times 10^4 U/mL$。结合系统发育学分析将 HAP 鉴定为嗜碱芽胞杆菌（孙同毅等，2008）。从西藏天然碱湖中筛选到一株产碱性弹性蛋白酶（alkaline elastase）菌株，其最适生长 pH 为 10.0，经鉴定为芽胞杆菌，编号 XE22-4-1。该菌产酶最适碳源为 2%葡萄糖，氮源为 0.25%酵母粉，豆饼粉对发酵产酶有促进作用。2L 发酵罐实验表明，溶解氧是影响该菌株产酶的重要因素。通过提高通气量和改变搅拌速度，该菌株可在发酵 48h 内达到产酶高峰，酶活力最高达 266U/mL（肖昌松等，2001）。2008 年 7 月，应用嗜碱芽胞杆菌脱胶技术的年产 5000t 苎麻生物脱胶精干麻项目通过了由中国纺织工业协会组织的专家鉴定。该项目由江西恩达家纺有限公司和武汉大学共同承担（佚名 28，2008）。

利用透明圈法筛选到一株产木聚糖酶的嗜碱芽胞杆菌 NT-9，该菌株产木聚糖酶为组成型，正交设计实验结果表明，合适的产酶条件为：木糖 15.0g/L，硫酸铵 2.5g/L，Tween-80 2.0g/L，$K_2HPO_4 \cdot 3H_2O$ 1.0g/L，$MgSO_4 \cdot 7H_2O$ 0.2g/L；pH10.0，温度 37℃，转速 200r/min，振荡培养 72h，其木聚糖酶活力可达 6.36U/mL（韩晓芳等，2002）。

通过对嗜碱芽胞杆菌菌株 HAP26 复合诱变（NTG+N^+注入），选育出一株碱性蛋白酶活力达 $3.5\times 10^7 U/L$ 的菌株 HAP3-26-2。该酶生物合成类型为半藕联合成型。碱性蛋白酶最适温度为 40℃，在 pH7~11 时，酶活力比较稳定（孙同毅等，2007）。

以酚酞作指示剂，在琼脂固态培养基上，根据酚酞变为无色所形成变色圈大小筛选环糊精葡萄糖基转移酶高产突变株是一种平板快速筛选方法。嗜碱芽胞杆菌菌株1177经紫外线和γ射线诱变处理后，经该法筛选得到突变株7-12，该菌株产环糊精葡萄糖基转移酶达5600U/mL，较出发菌株提高183%；经传代试验表明，突变株7-12产酶基本稳定（曹新志和金征宇，2003）。从西藏班格盐碱湖附近采集泥沙样品，经多次分离筛选，获得产α-淀粉酶（α-amylase）的高活力菌株BG-CSN，经初步鉴定为嗜碱性芽胞杆菌。该菌株能在pH10.0、15.0%浓度NaCl的环境下生长；在以淀粉为诱导物的情况下，其诱导产生的α-淀粉酶分子质量为87kDa，在碱性条件下有着良好的稳定性和催化活性，特别对于较高浓度的金属离子和表面活性剂，如SDS都有着很好的稳定抗性。其催化反应温度适中，在35℃以下的室温条件下保存较为稳定；但在40℃以上时，酶的热稳定性急剧下降，明显较一般α-淀粉酶差（吴襟等，2005）。

五、嗜碱芽胞杆菌用于污染治理

用秸秆作为载体固定嗜碱芽胞杆菌（SG）降解原油，其原油去除率为73.88%，高于单纯投加菌液或者菌液与秸秆的混合物的原油去除率。秸秆的最佳投加量（干重）为25.0g/L，最佳固定化时间为30h。用预处理过的秸秆固定SG，降低了固定化SG的原油去除率。在固定化培养基中添加无机盐离子，促进了固定化SG对原油的降解。不同初始pH的原油培养基在固定化SG降解原油的过程中逐渐呈中性或偏碱性。固定化SG在pH6.0~10.0时对原油均有不错的降黏能力（邵娟等，2006）。

第二十四节　热坚芽胞杆菌

一、热坚芽胞杆菌的分离

在中国大陆科学钻探工程科钻一井的3911.28m处利用厌氧培养基分离到一株细菌CCSDFL3900（王远亮等，2005）。

二、热坚芽胞杆菌的鉴定

菌株CCSDFL3900的最适生长温度为65℃，兼性厌氧，革兰氏染色为阴性，端生芽胞，不运动，电镜观察无鞭毛。利用细菌16S rDNA通用引物对其16S rRNA进行PCR扩增，16S rRNA序列及其进化树分析结果显示，该菌为芽胞杆菌或地杆菌。生化试验检测显示，该菌株能够利用多种糖类发酵产酸，最终鉴定为热坚芽胞杆菌（*Bacillus caldotenax*）（王远亮等，2005）。

第二十五节　苏云金芽胞杆菌

一、苏云金芽胞杆菌的生物学特性

Bt C005是我国自行分离的对多种害虫具有毒杀作用的苏云金芽胞杆菌。经限制性片段长度多态性聚合酶链反应系统鉴定，它含有 $cry1Ab$ 基因。Southern 印迹结果显示：Pst I 酶切 Bt C005 质粒所得的 8.5kb 长的 DNA 片段为 $cry1Ab$ 基因的阳性杂交带。以 pUCP19 为载体，克隆了该片段并证明其含有 $cry1Ab$ 基因，对其进行亚克隆和测序，结果表明该基因编码区为 3468bp，其编码的蛋白质含 1155 个氨基酸，分子质量为 130.6kDa，等电点（pI）为 4.845。该基因已在 GenBank 基因库中注册，登录号为 AF254640，并被国际 Bt 杀虫晶体蛋白基因命名委员会正式命名为 $cry1Ab13$。将 $cry1Ab13$ 基因在 Bt 无晶体突变株 cryB$^-$ 中表达，蛋白质电泳结果表明在 130kDa 处有表达带，并证明 CryAb 对小菜蛾有较高的杀虫活性（檀建新等，2002）。

比较了黏虫和家蚕对苏云金芽胞杆菌库斯塔克亚种菌株 HD-1 的伴胞晶体在幼虫中肠液中的体外活化过程，SDS-PAGE 结果表明，伴胞晶体或溶解的 130kDa 原毒素在黏虫中肠液中被消化降解后形成的毒性肽的浓度比家蚕低，原因是 130kDa 原毒素在黏虫中肠液中发生了过度降解。蛋白酶活性检测结果表明，黏虫中肠液中含有较高的蛋白酶活性（邵宗泽和喻子牛，1999）。

采集中国大陆 31 个省（市、区）昆虫孳生地粉尘、土壤等样品 1080 份，在其中的 406 份中分离到苏云金芽胞杆菌 965 株。镜检可观察到大菱形、小菱形、方形、长方形、圆形、椭圆形、镶嵌形和不规则形等 8 种主要形态的伴胞晶体；采用 cry I、cry II、cry III、cry IV 和 cry V 基因的通用引物对 221 株 Bt 分离株进行的 PCR 检测结果表明：各类基因的含量依次为 cry I＞cry II＞cry V＞cry III 基因，分别占被检菌株的 75.6%、67.9%、58.4% 和 14.5%，没有检测到 cry IV 基因，共得到 10 种基因组合类型。对其中含有 cry I 基因的菌株分别以 $cryIAc$、$cryIC$ 和 $cryIE$ 基因的特异性引物进行 PCR 检测，得到 20 株同时含有 $cryIAc$、$crtIC$、cry II 和 cry V 优良基因组合的 Bt 分离株，其中菌株 Bt-15A3 对棉铃虫、甜菜夜蛾及小菜蛾均表现出高毒力，具有生产开发潜力（王津红等，2001）。

采集四川温江昆虫孳生地的土壤样本 94 份，利用乙酸钠-抗生素法分离、筛选，共获得苏云金芽胞杆菌 9 株。镜检可观察到大菱形、小菱形、方形、圆形等 4 种主要形态的伴胞晶体；采用 cry I、cry II、cry III、cry V 基因的通用引物对 9 株 Bt 分离菌进行的 PCR 检测结果表明：9 株菌全部含 cry I 和 cry III 基因，而且各菌株均包含 2~3 个基因型。利用这些菌株对菜青虫进行了室内和室外生物毒力测定，达到了较好的杀虫效果（李凤梅等，2003）。采集四川雅安市周公山土壤样品 320 份，利用乙酸钠-抗生素筛选法分离出苏云金芽胞杆菌 132 株。通过光学显微镜镜检发现，这些菌株均呈典型的苏云金芽胞杆菌形态，其伴胞晶体主要形态有长菱形、短菱形、方形、球形、不定形等。根据 GenBank 中公布的 cry 基因序列，设计了 14 对杀虫 cry 基因的通用引物，对这 132 株分离菌进行的 PCR-RFLP 分析鉴定表明：在 86 株菌中分布有除 cry18、cry27/29、cry34/35 外的 11 种 cry 基因型，其中以 cry1 型最多，其次为 cry2 型。另 46 株菌未检测出 cry 基因。对这 132 株苏云金芽胞杆菌进行 SDS-PAGE 蛋白质分析，发现杀鳞翅目、鞘翅目和双翅目约 130kDa、80kDa、65kDa、75kDa 的蛋白质带最丰富（李云艳等，2009）。

采用 HCl 将蛋白质彻底水解的方法对苏云金芽胞杆菌 HD-1 伴胞晶体的水解规律

和酸水解条件下芳香族氨基酸的被破坏程度进行了研究,不经衍生 HPLC 法直接测定水解样中酪氨酸的含量。得出酸水解的最佳时间为 24h,水解剂的用量为 1.0mL HCl/mg伴胞晶体,水解最佳温度为 110℃。该研究为 Bt 制剂毒力效价的测定奠定了基础(曲冬梅等,2005)。

采用不同照射时间的紫外线(UV)对一株野生型 Bt 菌株及 3 株 Bt 菌株 Bt001、Bt200、Bt087 进行照射处理后再置于双碟上培养 16h,结果表明,Bt 野生菌株在 UV 处理 3min 后已基本全部失活,而 Bt001、Bt200、Bt087 在 UV 处理 8min 后仍有活性。从 UV 处理时间的长短及平板上出现菌落数的多少得知,Bt001、Bt200、Bt087 对 UV 的抗性都比野生 Bt 菌株强得多,但并不相等。其中,Bt200 相对弱些,UV 处理 9min 后已无菌落;Bt087 最弱,UV 处理 8min 后已无菌落;而菌株 Bt001 对 UV 的抗性最强,UV 处理 13min 后仍有菌落出现。这说明不同的 Bt 菌株,其遗传背景是不同的。另外,Bt001 经紫外线照射 2min,培养 16h 后发现有 9 个菌落发生明显的变异,菌落呈棕黄色,菌落明显比原始菌落小。涂片,油镜下观察其菌体要比原始菌体小,此为明显发生突变的菌株(王卫国等,2002)。将新鲜的大蒜去皮、无菌捣碎、加水、过滤等获得大蒜水提取物。采用贴片法测量抑菌圈的差异程度,比较不同浓度的大蒜水提物对苏云金芽胞杆菌 4 个亚种的抑菌作用。结果表明,不同浓度的大蒜水提取物所产生的抑菌圈大小不同。大蒜水提取物对苏云金芽胞杆菌有一定的抑制作用,并且随着大蒜水提物浓度的增大,抑菌作用增强(翟兴礼,2009b)。以苏云金芽胞杆菌 2 个亚种为材料,用 4 种抗菌药物进行了敏感性试验。药物的浓度梯度为 5.00mg/mL、3.50mg/mL、2.00mg/mL、0.05mg/mL,将 4 种浓度药物分别涂布于接种了苏云金芽胞杆菌的培养皿上,在 34℃的条件下培养 24h。试验结果表明,4 种抗菌药物对菌株 1.959 的抑菌率为 76%~97%;对菌株 1.897 的抑菌率为 61%~89%。试验证明苏云金芽胞杆菌不同亚种之间对药物的敏感性是不同的(翟兴礼和陈庆华,2009)。

采用毒力生物测定的方法,测定了 600 株从我国各地土壤和死虫等样品中分离的苏云金芽胞杆菌对东亚飞蝗的毒力,这些菌株几乎分布于已知的 70 个 H 血清型。在 600 株苏云金芽胞杆菌中,有 560 株(占 93.3%)对东亚飞蝗无毒(死亡率小于 20%),只有 3 株(占 0.5%)对东亚飞蝗有较高毒性(死亡率大于 70%);同时对筛选出的特异性菌株的杀虫活性进行了进一步研究(宋玲莉等,2005)。

采用砂土管和滤纸片 2 种保藏方法,对分属 31 个亚种的 61 株有代表性的苏云金芽胞杆菌经过 1~23 年保存后的菌体存活情况、形态特征及对林业主要害虫舞毒蛾幼虫的杀虫活性进行了试验,并对苏云金芽胞杆菌 5 个亚种的模式菌株和保存不同年限后的 11 项生理生化特性及酯酶型进行了测定。结果表明,采用砂土管和滤纸片 2 种方法,对苏云金芽胞杆菌进行 1~23 年保存,不仅能正常存活,而且其形态特征无明显变异,说明上述 2 种方法是可靠的,简便易行的。61 株苏云金芽胞杆菌对舞毒蛾幼虫的室内生物测定表明,大部分菌种仍具有较强的杀虫活性。经过不同年限保存的苏云金芽胞杆菌 5 个亚种的 11 项生理生化特性和酯酶型具有相对稳定性(戴莲韵,1996)。

采用温度筛选从云南省刁苓山土壤中分离得到一株伴胞晶体为长菱形的苏云金芽胞杆菌 BSH-1。利用 PCR-RFLP 鉴定体系和 SDS-PAGE 对菌株所含 *cry* 基因类型和晶体蛋白的构成进行鉴定、分析，结果表明：菌株 BSH-1 具有的 cry 基因组合为：cry1Aa、cry1Ac、cry1Db、cry2Ab、cry1Ia，表达的晶体蛋白有 130kDa、70kDa 和 56kDa 3 种，该蛋白对甜菜夜蛾具有较高杀虫活性，LC_{50} 为 1.43ng/mg。该菌株的基因组合类型对构建杀虫基因工程菌具有重要参考价值（苏旭东等，2007）。

采用液体双相分层法和等电点沉淀法提取苏云金芽胞杆菌伴胞晶体蛋白，原子力显微镜观测，发现液体双相分层提取的晶体蛋白具有完整典型的晶体结构；等电点法提取的得率高，不能检测到完整的晶体结构。聚丙烯酰胺凝胶电泳分析，等电点法提取的蛋白质含量是液体双相法提取的蛋白质含量的 1~2 倍。2 种方法提取的晶体蛋白对初孵棉铃虫幼虫生物测定均表现杀虫生物活性，经统计分析，液体双相法提取的蛋白质生测毒力比等电点法的高 1.5~3 倍（罗朝辉等，2007）。

营养期杀虫蛋白（Vip）是由苏云金芽胞杆菌在营养生长对数中期至稳定期期间分泌产生的一类新型杀虫蛋白。Vip 根据蛋白质序列同源性主要分为 3 类：Vip1、Vip2 和 Vip3，以 Vip3 的研究最为深入，Vip3 对鳞翅目害虫具有很高的杀虫活性。就 Vip3 的类型和杀虫活性、作用机理、基因的定位和分离、基因植物等方面详细介绍 Vip3 近 10 年来的研究进展（陆澄滢，2010）。

从 406 株苏云金芽胞杆菌中，以甜菜夜蛾为供试昆虫，采用生物测定的方法，筛选出一株对甜菜夜蛾高效的菌株 WY-190，确定其发酵原液 LC_{50} 为 $0.25\mu L/mL$。对 WY-190 的形态特征、生理生化特性和伴胞晶体蛋白进行了观察和研究。研究结果表明，WY-190 为 H3a3b 血清型库斯塔克亚种；具有几丁质酶活性，伴胞晶体主要为大小不一的菱形、小正方形、椭圆形，并具镶嵌结构；SDS-PAGE 图谱表明主要由 135kDa 和 65kDa 2 种蛋白质成分组成，在菌株生长形态、发酵培养特征，生理生化特性方面与生产菌株 HD-1 的差别不大，共主要差异表现在对甜菜夜蛾的敏感性和杀虫毒力的差别上（牛桂兰等，2002）。从 40 个样品中分离到 112 株芽胞杆菌，其中有 2 株为 Bt，占 1.8%；这 2 个 Bt 菌株分别分离自从城市污水和啤酒厂生物处理系统，编号为 BRC-WLY1 和 BRC-WLY2。采用 cry1~cry11、cyt、vip3A、aiiA 和 inhA 引物对 BRC-WLY1 和 BRC-WLY2 进行 PCR 扩增，发现 2 株 Bt 含有 cry1（cry1Ag、cry1Ba、cry1Gb、cry1La）、cry2Ac、vip3A、aiiA 杀虫基因，其中 BRC-WLY1 还含有 inhA 基因（吴丽云等，2010）。

从广西大王岭和大明山 2 个自然保护区共采集到土样 264 份，共分离出 597 株芽胞杆菌，通过光学和电子显微镜检观察，16 株分离株观察到伴胞晶体蛋白，初步确定为苏云金芽胞杆菌（简称 Bt），出菌率为 6.06%。在 16 株 Bt 分离株中，有 4 株在芽胞形成过程中能产菱形晶体蛋白，其余 12 株能产圆形和其他形状的晶体蛋白。利用 PCR-RFLP 方法和 SDS-PAGE 方法对 16 株 Bt 分离菌进行了蛋白质和基因型的鉴定，结果表明，16 株分离株中有 4 株含 cry1Ac 基因，表达约 130kDa 的晶体蛋白，其中含有 cry30 基因和 cry40 基因的菌株分别为 1 株和 3 株，表达大约 75kDa 的晶体蛋白；另外 8 株 Bt 菌株表达蛋白大小不一，其基因型尚不能确定，有待进一步分析。生物测定表明，产菱形晶体含有 cry1Ac 基因的 4 株 Bt 分离株对鳞翅目小菜夜蛾幼虫有很强的毒杀活性，而其他分离株对小菜夜蛾没有毒杀活性（谢柳等，2009）。

从韩国不同地区采集的 620 个土壤样品中分离出 67 株苏云金芽胞杆菌，分属于 10 种不同的血清型，毒力测定结果表明，在 67 株分离株中，35.82% 的菌株对鳞翅目昆虫具有生物活性，22.39% 的菌株对双翅目昆虫有毒，32.84% 的菌株对鳞翅目和双翅目昆虫都具有杀虫活性，8.95% 的菌株为没有杀虫活性的无毒菌株，其中对鳞翅目昆虫有毒的菌株产生典型双金字塔形伴胞晶体，对双翅目昆虫有毒的菌株和无毒菌株都产生球形伴胞晶体（李建洪和姜锡权，2000）。从河南各大烟厂采集烟叶 258 份，采用乙酸钠分离法分离到 19 株含伴胞晶体、类似苏云金芽胞杆菌的菌株。通过对烟草甲的生物测定，分离出一株对烟草甲高毒力的菌株，编号为 Bt117。经形态特征、生理生化特性、16S rDNA 鉴定，确定该菌为苏云金芽胞杆菌（崔莹莹等，2009）。利用乙酸盐对苏云金芽胞杆菌芽胞萌发的选择性抑制特性，采用选择性培养基从土壤中分离苏云金芽胞杆菌，对分离菌株的个体形态、生理生化特点进行了分类研究，确定该菌株即为苏云金芽胞杆菌，采用改进的培养基培养伴胞晶体，证明该培养基可在 48h 内产生大量的伴胞晶体（何献君等，2002）。

从来自三亚地区的 102 份土壤样品中筛选苏云金芽胞杆菌，并进行生物活性测定。采用温度筛选法进行苏云金芽胞杆菌的分离，采用形态观察、生物活性分析手段对菌株进行研究。经过筛选获得 21 株菌株，分离频率为 20.6%，镜检可观察到球形、菱形、方形、不规则形等主要形态的伴胞晶体。室内生物活性测定结果表明：菌株 J24-1 对小菜蛾具有高感染力。分离到的菌株产生的伴胞晶体形态各异，体现了三亚地区 Bt 资源的多样性；出土率较高说明三亚地区可能蕴含着大量未知的 Bt 资源（任红等，2009）。从连云港地区的土壤中分离得到一株苏云金芽胞杆菌菌株 GGD-4，对此菌株的个体形态、生理生化特点进行了研究，并通过 PCR-RFLP 鉴定体系分析了此菌株中 cry 基因类型，为进一步利用该菌株奠定了基础（刘旭光等，2005a）。

从廊坊市生产力促进中心获悉，由南开大学开发的新型高效广谱菌株在国内经过 2 年的推广应用表明，使用该产品可使用药成本降低 20%～30%，防治成本最高可降低 50%。据介绍，该菌种具有自主知识产权，是含有多种高效杀虫蛋白基因优势组合的野生菌株，为国内外尚未开发的苏云金芽胞杆菌科默尔亚种（佚名 30，2007）。

从人工感染捻转血矛线虫山羊的直肠内取出粪便，在 25℃温箱中培养 7d，用贝尔曼法分离出第三期幼虫，将它们加入含苏云金芽胞杆菌以色列亚种伴胞晶体毒素的培养液中，置 25℃条件下培养。当伴胞晶体蛋白含量为 400g/mL 时，幼虫的死亡率 24h 后为 94.7%，48h 后为 97.3%。毒素对幼虫作用 24h 与 48h，其毒力无显著差异（$P>0.05$），并且作用 24h 与 48h，其 LD_{50} 值伴胞晶体蛋白含量分别为 84.05μg/mL 和 58.64μg/mL。由于伴胞晶体蛋白对人畜无毒，可将苏云金芽胞杆菌的伴胞晶体作为防治某些动物寄生虫的杀虫剂（姚宝安等，1995）。

从四川温江地区采集土壤，采用乙酸钠-抗生素分离法分离到一株苏云金芽胞杆菌，经形态、生理生化测定，该菌为苏云金芽胞杆菌莫里逊亚种（*B. thuringiensis* subsp. *morrisoni*）。生物测定结果表明，该菌对菜青虫表现出较高的毒力，在饲喂浸含伴胞晶体的叶片 72h 后校正死亡率达 96.3%。根据 GenBank 中的序列设计 cry 基因型鉴定引物，对此菌种进行 cry 基因型检测，结果表明，该菌含有对鳞翅目高毒力的

$cry1Ac$、$cry1Ab$ 和 $cry1C$ 基因，还含有对植物寄生线虫高毒力的 $cry5$ 基因（谭芙蓉等，2006）。

从土壤样品中分离出 57 株疑似苏云金芽胞杆菌的菌株，采用地高辛标记 $CryIAb$ 基因 $5'$ 端的 726bp $EcoRI$ 片段为探针，进行菌株质粒 DNA 斑点杂交，筛选出 25 株阳性菌株。其生理生化特征与《伯杰氏鉴定细菌学手册》第八版的描述相符，确认为苏云金芽胞杆菌菌株（李达娜和钱龙，2002）。从土壤中筛选到一株可以利用胞内精氨酸酶生产鸟氨酸的菌株 XT-025，通过形态特征、生理生化特性及 16S rRNA 基因序列分析，初步鉴定为苏云金芽胞杆菌，这是首次发现该种微生物可用以生产鸟氨酸。通过对其培养条件和转化条件的优化，确定了最佳的培养时间为 24h，最合适的转化液成分为 0.3mol/L 的碳酸盐缓冲液，$V(Na_2CO_3):V(NaHCO_3)$ 为 8:2。同时发现 Mn^{2+} 对精氨酸酶有很强的激活作用，在添加适量 Mn^{2+} 的条件下，鸟氨酸的产量能够达 50g/L，精氨酸摩尔转化率达 100%，而 Sn^{4+} 和 Cu^{2+} 会使酶完全失活（张鹏等，2009）。

从我国 3 种典型植被覆盖的 6 个地区的土壤样品分离得到了 348 株苏云金芽胞杆菌菌株，采用杀虫活性测定方法从中获得了 32 株对小地老虎具有高毒力的菌株。利用 PCR-RFLP 鉴定体系和 SDS-PAGE 蛋白质分析法，研究了这 32 株苏云金芽胞杆菌的杀虫晶体蛋白基因类型和晶体蛋白表达情况，对小菜蛾、二化螟、棉铃虫的杀虫活性测定也证明了苏云金芽胞杆菌 cry 基因类型、表达蛋白及杀虫活性间的相关性。结果表明，这 32 株苏云金芽胞杆菌中大部分菌株的伴胞晶体含有分子质量在 130~150kDa 的蛋白质，部分菌株含有分子质量在 60kDa 左右的蛋白质；这些菌株都含有 $cry1$、$cry2$、$cry8$、$cry9$ 四类基因，在第 3 级分类级别上共有 9 种基因型（束长龙等，2007）。

从我国 8 个森林立地带（寒温带、中温带、暖温带、北亚热带、中亚热带、南亚热带、高原亚热带、热带）所属的 13 个自然保护区，采集了 0~5cm 土层林下土壤样品 384 个，测定了土壤 pH、水分和养分，从中分离、观察芽胞杆菌菌落 1873 个，分离出苏云金芽胞杆菌 79 株，并对其所属亚种进行了初步鉴定，其平均出土率和分离率分别为 14.32% 和 4.21%。研究了芽胞杆菌和苏云金芽胞杆菌在森林土壤中生态分布的规律及苏云金芽胞杆菌对 6 种昆虫的室内毒力测定，从中筛选出不少的高效菌株，为研究苏云金芽胞杆菌在我国森林生态系统中资源的保护、开发和利用，具有重要意义（戴莲韵等，1994a）。

从新疆不同生态区自然死亡的 980 头棉铃虫上分离到 360 株细菌和 12 株病毒，经鉴定，其中气杆菌 344 株，球胞芽胞杆菌 8 株，黏质赛氏杆菌 6 株，苏云金芽胞杆菌 2 株，HaNPV 病毒 12 株，依次占分离物的 92.5%、2.2%、1.6%、0.5% 和 3.2%。从中选出 19 株细菌、一株 HaNPV 进行生物测定，结果在供试菌株中以 35 号和 360 号菌株，以及 HaNPV 毒力最强，其感染棉铃虫后的死亡率分别为 80.0%、70.0%、70.0%，对其进行不同浓度的试验，经回归分析，2 株苏云金芽胞杆菌 35 号、360 号和一株 HaNPV 对棉铃虫 3 龄幼虫的毒力与浓度有高度相关性（$R>0.900$）（史应武等，2003）。

对从德国禁止施用 Bt 杀虫剂地区的土壤中分离的 18 个 Bt 菌株，以斜纹夜蛾幼虫为靶子昆虫进行筛选，结果表明，其中 6 个菌株对斜纹夜蛾有高毒性，当晶体蛋白浓度

为 $4.5\sim5.0\mu g/mL$ 时,48h 的校正死亡率高达 $85\%\sim90\%$,LD_{50} 为 $28.2\sim137.2\mu g$ 晶体蛋白。对这 6 菌株的生化特性、鞭毛血清型及质粒 DNA 的琼脂电泳图谱进行了研究。结果显示,这 6 个菌株中,S_{10-1}、S_{12-2} 和 S_{18-4} 同属于 Kur 生化亚种,而 S_{21-1}、S_{20-1}、S_{11-11} 则分别属 Kyu、Ten 和 Thu 亚种;有 4 个菌株的鞭毛血清型为 H3ab 型,2 个为 H5ab 型;这 6 个菌株均含有大小分别为 120MDa、110MDa、52MDa、44MDa、29MDa、9.4MDa 和 5.0MDa 的质粒,表明 Bt 菌株中含有相当丰富的质粒 DNA,且不同菌株所含的质粒 DNA 分子质量及数目基本相同(蒋冬花等,1997a)。对从德国土壤中分离的 8 株苏云金芽胞杆菌进行毒力测定和晶体蛋白特性的研究。生物测定结果表明,8 株 Bt 中除 S21-1、S21-13 对甜菜夜蛾无毒性外,对夜蛾科的 4 种供试昆虫均有很高的毒效,48h 校正死亡率高达 $80\%\sim100\%$;扫描电镜观察和 SDS-PAGE 晶体蛋白电泳结果可知,S11-6 和 S21-13 2 个菌株只有一种菱形晶体和一条相应的 135kDa 主带,其余 6 个菌株均有菱形和方形 2 种晶体,以及两条相应的 135kDa 和 65kDa 主带(蒋冬花等,1997b)。

对从海南岛尖峰岭热带雨林自然保护区的土壤样品中分离出的 Bt 菌株 S1478-1 进行了特性鉴定,表明 S1478-1 分离株菌落形态和生长特征与 Bt 参照菌株 HD73 极其相似。16S rDNA 序列分析表明,S1478-1 分离株与苏云金芽胞杆菌(Bacillus thuringiensis)、蜡状芽胞杆菌(Bacillus cereus)和炭疽芽胞杆菌(Bacillus anthracis)的 16S rDNA 序列相似性达 99%。分离株能产菱形伴胞晶体,SDS-PAGE 分析表明,菌株在生长后期,形成芽胞的同时分泌 130kDa 大小的晶体蛋白。生物测定表明 S1478-1 分离株对小菜蛾具有很高的毒杀活性,LC_{50} 值高达 $5.159\times10^8 cfu/mL$。初步显示 S1478-1 分离株可作为防治鳞翅目害虫的生物农药菌株。利用 PCR-RFLP 方法鉴定 S1478-1 分离株含有 cry1Ac 同源基因,以 PCR 黏端克隆方法扩增全长基因,序列测定表明该基因 ORF 为 3537bp,编码 1178 个氨基酸,推定的编码蛋白质分子质量为 133.3kDa,与其他 cry1Ac 基因序列最高达 99% 同源,因此,该基因可作为杀虫工程菌及培育转基因抗虫作物的候选基因(张文飞等,2009)。

对地处我国西北干旱地区新疆、甘肃、宁夏 3 省(区)内的 11 个自然保护区——哈纳斯、小叶白蜡、天山云杉、野核桃、塔里木、东大山、六盘山、崆洞山、兴隆山、莲花山等自然保护区采集的 260 个森林土壤样品,进行了生态因子调查:分析了土壤 pH、含水量、水解 N、有效 P、速效 K、全 N、有机质;研究了芽胞杆菌、苏云金芽胞杆菌数量和种类生态分布。共分离苏云金芽胞杆菌 42 株,其出土率和分离率分别为 11.53% 和 2.18%(王学聘和戴莲韵,1999)。

对海南岛热带雨林自然保护区进行了土壤样品的采集、芽胞杆菌的分离收集和 Bt 菌株的鉴定。从尖峰岭热带雨林区、五指山热带雨林区、吊罗山热带雨林区、霸王岭热带雨林区总共采集了土壤样品 1882 份,采用乙酸钠培养基结合高温方法分离出芽胞杆菌 3924 份,鉴定出 Bt 分离株 158 份,Bt 菌株的分离率和出菌率分别为 4.03% 和 8.40%。结果分析表明,海南岛热带雨林区芽胞杆菌及 Bt 菌株分布对环境和生态表现出一定的规律性,一般海拔 $900\sim1400m$ 的 Bt 菌株含量高、植被覆盖率高、土壤腐殖质含量高的热带沟谷雨林带 Bt 菌株含量最高。显微观察发现,获得的 Bt 菌株其伴胞晶体有菱形、球形、方形、椭球形、不定形等多种形状。利用 SDS-PAGE 方法对获得的 Bt 分离株伴胞晶体进行分析，发现伴胞晶体的分子质量为 20～150kDa。进一步利用 PCR-RFLP 技术对 Bt 分离株进行了 cry 基因型的分析，初步发现这些 Bt 菌株含有 cry1、cry3、cry4、cry6、cry30、cry40 等基因型。还利用鳞翅目昆虫小菜蛾和鞘翅目昆虫椰心叶甲进行部分 Bt 分离株的生物测定，初步结果显示鉴定出的 Bt 分离株具有不同的抗虫靶标，对同一靶标昆虫也表现出不同的杀虫活性。整体而言，研究结果显示出海南岛热带雨林自然保护区因其独特的热带地理生境、自然的生物演化系统，使得热带雨林区蕴藏的 Bt 菌株资源多样化，值得期待挖掘出一些新的菌株和新的基因资源（张文飞等，2009）。

对来自武夷山自然保护区非耕作区的 200 个土壤样品进行了苏云金芽胞杆菌的分离，获得 12 株菌株，分离频率为 6.0%。室内感染力测定结果表明菌株 WB9 对小菜蛾具有高感染力、对甜菜夜蛾具有较高的感染力，生理生化指标测定结果显示 WB9 与库斯塔克亚种 8010 的反应表现型相同，仅在个别反应上有强弱差异，由此推测 WB9 可能属于库斯塔克亚种。此外，通过正交试验设计和室内摇瓶培养，获得了优化的 WB9 工业培养基组合，即 30.0g/L 玉米淀粉、20.0g/L 黄豆饼粉、15.0g/L 玉米粉、10.0g/L 酵母粉、2.0g/L 蛋白胨、15.0g/L 玉米浆、5.0g/L $CaCO_3$、0.3g/L $MgSO_4 \cdot 7H_2O$、1.0g/L KH_2PO_4 和 0.02g/L $ZnSO_4 \cdot 7H_2O$（黄勤清等，2006）。

对农业上研究最多、用量最大的 2 类微生物杀虫剂苏云金芽胞杆菌（Bt）和昆虫杆状病毒（baculovirus）进行了综述，分别论述了它们的杀虫优势、杀虫的分子机理、目前的研究状况，并对它们的基因工程技术改良路线及在农业上的应用，提出了一些建议（王洪斌，2005）。简要地综述了苏云金芽胞杆菌、植物凝集素（lectin），蛋白酶抑制剂（proteinase inhibitor，PI）、胆固醇氧化酶（choA）等几种常见抗虫基因的结构及作用机理（令利军等，2004）。

对武夷山的 5 份土壤样本进行苏云金芽胞杆菌菌株的分离，获得 2 株 Bt 菌株，编号分别为 QQ3 和 QQ17。生物测定结果表明，QQ17 对白纹伊蚊有很高的杀虫活性，校正死亡率达 95.6%，超过模式菌株 BtH-14；SDS-PAGE 结果显示，菌株 QQ17 含多种杀蚊蛋白。因此该菌株将会是一个很好的生物杀蚊制剂候选菌株（张灵玲等，2008）。

芽胞的萌发是芽胞杆菌从芽胞成长为营养体的第一步。在芽胞杆菌属中，有些菌株对人畜具有致病性。研究芽胞萌发过程对解析其致病性和生理功能至关重要。优化了苏云金芽胞杆菌芽胞的萌发条件，确定芽胞萌发的适宜条件为：缓冲液为 NaH_2PO_4（10mmol/L）与 NaCl（100mmol/L）的混合物，pH 为 7.2，萌发温度为 37℃，萌发剂为肌苷或 L-丙氨酸（1mmol/L）与其他单一氨基酸（100mmol/L，除酪氨酸和色氨酸为 1mmol/L）组成的混合物；利用该萌发条件，检测了苏云金芽胞杆菌菌株 HD-73 及其无晶体突变株 HD-73⁻ 在利用不同氨基酸途径中的芽胞萌发率差异，发现缺失质粒 pHT73 的无晶体突变株 HD-73⁻ 在肌苷与天冬氨酸和肌苷与谷氨酸为营养萌发剂的条件下，萌发率明显高于菌株 HD-73，说明在质粒 pHT73 上可能存在对这 2 种途径起负调控作用的相关基因（吴艳艳等，2007）。

发掘对鞘翅目害虫具有活性的苏云金芽胞杆菌菌株和杀虫蛋白基因在生物防治中日

益受到人们的重视。利用杀鞘翅目 Bt 基因通用引物进行 PCR 检测与生物测定相结合的方法,从山东省各地土壤中分离的 66 株 Bt 中筛选获得了 2 株对鞘翅目昆虫具有杀虫活性的菌株 B-DLL 和 B-JJX,并采用 SDS-PAGE 和 PCR-RFLP 方法对其杀虫晶体蛋白和杀虫基因类型进行了鉴定。结果表明,菌株 B-DLL 和 B-JJX 对华北大黑鳃金龟 1 龄幼虫 14d 的校正死亡率分别为 86.7%和 60.0%,对暗黑鳃金龟 1 龄幼虫 14d 的校正死亡率分别为 83.3%和 76.7%,对柳蓝叶甲 3 龄幼虫 5d 的校正死亡率分别为 33.3%和 46.7%。菌株 B-DLL 的伴胞晶体呈圆形,菌株 B-JJX 的晶体为近方形,2 株 Bt 的伴胞晶体主要为 130kDa 的蛋白质,2 株 Bt 均含有新的 $cry8$ 类基因,而不含 $cry1$、$cry2$、$cry3$、$cry4/10$ 和 $cry7$ 等基因(初立良等,2010)。

根据烟草的类型和起源,干烟叶的微生物含量为 $10^3 \sim 10^7$ cfu/g。烟叶上发现 3 种微生物:细菌、酵母和真菌。Philipmorris 欧洲室的工作表明,将收获后的烟叶进行热处理和干燥,几乎只能选出有抗性的形成芽胞的杆菌属革兰氏阳性菌。干烟叶上的优势种是短小芽胞杆菌、枯草芽胞杆菌、巨大芽胞杆菌和地衣芽胞杆菌。其他杆菌,如短杆菌、环状芽胞杆菌、多粘类芽胞杆菌、强固芽胞杆菌、凝固芽胞杆菌和苏云金芽胞杆菌,也能以较低的频率检测到。这种细菌种群绝大多数是由休眠胞子组成的。非病原性附生细菌的利用,表明有机会在寄主植物叶片上目标性地使用生物杀真菌剂和生物杀虫剂。苏云金芽胞杆菌是一种在产胞期产生杀虫结晶蛋白(ICP)的细菌,用于防治植食性害虫。尽管苏云金芽胞杆菌主要是存在于土壤中,但近来已从各种叶表面上分离出这种细菌的不同菌株,表明可以认为该菌是许多植物叶面微生物的一部分。已从复烤烟叶上分离出大量对鞘翅目窃蠹科的烟草甲(*Lasioderma serricorne*)这种分布最广和危害最大的仓储烟草害虫的幼虫有杀虫活力的苏云金芽胞杆菌(郑宪滨,2000)。

黑龙江凉水自然保护区是我国现有保存下来的较大片原始红松林基地之一,总面积 6394hm^2,森林覆盖率 95%以上。从小兴安岭凉水自然保护区采集土样 782 份,采用乙酸钠培养基结合高温方法筛选土壤中的芽胞杆菌,通过光学显微镜观察、鉴定产生伴胞晶体的苏云金芽胞杆菌(Bt)。总计分离得到芽胞杆菌和苏云金芽胞杆菌分别为 1735 株和 33 株,Bt 菌株的分离率和出菌率分别为 1.90%和 4.22%。利用 SDS-PAGE 和 PCR-RFLP 方法对筛选获得的 Bt 离株进行了杀虫晶体蛋白和基因型分析,结果表明 14 株产菱形伴胞的 Bt 菌株,SDS-PAGE 分析显示芽胞后期产生分子质量大小 130kDa 蛋白质带,PCR-RFLP 分析初步鉴定为 $cry1Ac$ 基因,其他产圆形或其他不定形晶体蛋白的 Bt 分离菌中,芽胞后期主要蛋白质大小为 20~150kDa,PCR-RFLP 方法鉴定结合 PCR 片段测序分析这些菌株含有新型 $cry4$、$cry39$ 和 $cry40$ 基因等。该研究是"中国 Bt 资源收集与利用"项目组成部分之一,凉水自然保护区苏云金芽胞杆菌的收集与鉴定是要对整个东北地区资源分布和多样性作一个初步评估;实验结果表明东北森林地区具有丰富多样的 Bt 菌株和杀虫基因资源(张文飞等,2009)。

化学杀虫剂的长期使用给生态环境造成了严重破坏,也使害虫种群的抗药性日益提高,生物杀虫剂以其"绿色环保"的特点引起人们的广泛关注。其中,苏云金芽胞杆菌制剂是目前世界上产量最大、应用最广的生物杀虫剂。它对鳞翅目、双翅目、鞘翅目、螨类等许多有害昆虫有毒杀作用,而对人类、动物和农作物无害。长期以来,人们一直致力于苏云金芽胞杆菌发酵过程的研究，以期获得高毒效的生物杀虫剂产品。对苏云金芽胞杆菌发酵生产的各种影响因素进行了综合分析，将影响因素分为培养条件和培养基组分2类，得出最佳培养条件为温度（30±1）℃，pH7.0±0.1，搅拌速度400~600r/min，通气量1：（0.6~1.2）（发酵培养基体积与每分钟通入空气的体积之比），接种时间为对数期初；最佳培养基配比为碳氮比为10：1，无机盐含量：KH_2PO_4 或 $K_2HPO_4 \cdot 3H_2O$ 为0.075%~0.2%；$MgSO_4 \cdot 7H_2O$ 为0.075%~0.3%；$CaCO_3$ 为0.075%~0.15%；$MnSO_4 \cdot H_2O$、$FeSO_4 \cdot 7H_2O$ 各为0.002%。对当前研究与工业化生产中的各种发酵工艺进行了评述，总结了现有发酵工艺的优缺点。在现有研究基础上，降低培养基原料成本、改进发酵工艺和采用基因学手段构建高效工程菌株将成为未来研究热点（常明等，2010）。

具有解钾活性的硅酸盐细菌——胶冻样芽胞杆菌W9-12与具有杀虫活性的苏云金芽胞杆菌BT179208原生质体进行了融合。W9-12原生质体形成率为99.7%，再生率为24.9%，BT179208的原生质体形成率为99.9%，再生率为35%。以聚乙二醇（PEG）为助融剂进行原生质体融合，得到56个融合子，融合率为5.92×10^{-6}。融合子在双抗选择培养基上连续传代10次，得到12个稳定的融合子。生物测定表明，融合子既具有一定的杀虫活性，又具有一定的解钾活性（唐宝英和朱晓慧，1998）。

利用已克隆的5种Bt Cry 基因 *Cry2Ab*4、*Cry1Ia*8、*Cry1Ie*1、*Cry1Ca*7、*Cry1Cb*2和一种野生菌株HD-73（*Cry1Ac*）表达的6种Bt Cry杀虫晶体蛋白，对棉铃虫进行生物活性分析，并将Cry1Ac杀虫晶体蛋白分别与其他5种Cry蛋白按1：1的比例组合，对棉铃虫进行生物活性测定。结果表明，单独使用Cry1Ac时对棉铃虫活性最高，LC_{50} 为3.16μg/mL，其次为Cry2Ab4。Cry1Ac与Cry2Ab4组合对棉铃虫也有较高的活性，LC_{50} 为48.70μg/mL，该组合对棉铃虫的共毒系数为1.21，有相加作用。Cry1Ac与这5种蛋白的组合对棉铃虫都有较高的毒力（韩岚岚等，2008）。鞘糖脂（glycosphingolipid，GSL）是一类以神经酰胺为母体，由神经酰胺的1-位羟基被糖基化而成的糖苷化合物，参与细胞膜脂筏的构成，影响脂筏结构致密，保证细胞膜结构的稳定性和强度，同时GSL还参与细胞膜上信号转导，启动信号传递。GSL作为苏云金芽胞杆菌杀虫晶体蛋白受体之一，影响靶标生物对Bt毒素的敏感性。GSL首先通过特异糖基结构被Bt毒素识别，然后引导毒素插入靶标生物细胞膜，导致靶标生物中肠穿孔，最终死亡。介绍了GSL的分类及其在生物体内的分布与功能、GSL结构的分析方法、GSL与Bt毒素的关系及参与GSL合成的相关糖基转移酶等相关研究进展（李拓等，2010）。

杀虫晶体蛋白是苏云金芽胞杆菌主要杀虫成分，进一步提高杀虫晶体蛋白的表达量是构建苏云金芽杆菌高效工程菌的主要途径（邵宗泽和喻子牛，2000）。定点突变作为研究蛋白质结构与功能的重要手段之一，可以改变毒蛋白的特性，产生的突变蛋白比未突变的蛋白毒力更高，杀虫谱更广，为细菌杀虫剂和转基因植物的开发提供充足的后备资源。苏云金芽胞杆菌杀虫晶体蛋白的毒性片段包含3个不同的结构域。通过对毒性片段编码基因的定点诱变和体外重组，已经对结构域的功能有了较清晰的认识。一般认为结构域Ⅰ参与孔道的形成，结构域Ⅱ决定毒素与受体的特异性结合，结合域Ⅲ主要调节毒素的活性（孙运军等，2002）。

苏云金芽胞杆菌野生菌株 15A3 经鉴定属血清 H-21 型科默尔亚种。用 PCR 及 RFLP 方法对其 cry1 类基因分析证明其含有 cry1Aa、cry1Ac、cry1Ca、cry1D、cry1I 及 cry2 6 种 cry 基因，其 cry1A 基因 N 端 1.45kb 片段与已发表的序列有差异。表达晶体蛋白的分子质量分别为 130kDa、79kDa、70kDa、65kDa、51kDa 和 45kDa。对家蝇致畸实验证明其不含 β-外毒素。发酵液对棉铃虫、甜菜夜蛾、小菜蛾及美国白蛾均具较高的毒力。证明野生的苏云金芽胞杆菌资源中也有具国外工程菌所特有的高效杀虫晶体蛋白基因组合的优良菌株（陈月华等，2002）。

生物农药因其不良反应小，对环境兼容性好而日益成为全球农药发展的一种趋势和方向。1992 年"世界环境和发展大会"的第 21 条决议提出"到 2000 年要在全球范围内控制化学农药的销售和使用，生物农药的产量达 60%"。90 年代以来，全世界化学农药的销售量下降，代之而起的是生物农药中的微生物农药。在微生物杀虫剂中，以苏云金芽胞杆菌（简称 Bt）制剂为代表。它是以伴胞晶体为主要成分的 Bt 制剂，具有高效、低毒、杀虫谱专一等优点，是目前世界上应用最广泛、商业开发最成功的生物农药，取得了显著的经济效益、社会效益和生态效益。在微生物杀菌剂中，井冈霉素是成功的代表。能够用于制备微生物杀菌剂的微生物类群，主要是放线菌，如链霉菌，近几年也有芽胞杆菌的报道。我国已有对黄瓜霜霉病具有较好防效的芽胞杆菌菌株和可防治多种水稻病害的芽胞杆菌的分泌物。和 Bt 能产生伴胞晶体相似，近来有文献报道，许多芽胞杆菌可以产生脂肽，并且这些肽还可作为每种芽胞杆菌的生化特征。目前，芽胞杆菌的脂肽在生物医学、农业中已有应用（杨润亚和吴文君，2001）。

石蜡油法保藏苏云金芽胞杆菌，一般可以保藏 1~5 年，保藏研究发现石蜡油法保存 13 年的苏云金芽胞杆菌经复壮后菌株仍存活，且营养特征、生理特征正常（张翠霞和张庆华，2004）。

苏云金芽胞杆菌（Bt）是世界上适用范围最广、杀虫效果最理想的生物农药。但是 Bt 存在着发酵效率低、杀虫谱窄、毒力效价低的问题，严重制约着其发展推广。为了提高 Bt 菌种的毒力效价，增强其杀虫活性，采用紫外照射及硫酸二乙酯（DES）、亚硝酸钠 2 种化学试剂对菌株 Bt HD-1 进行诱变育种，得到各诱变优化条件，结果表明，在最佳诱变条件下伴胞晶体含量都有了明显的增加，其中紫外照射条件最为明显，通过优化试验，筛选到一株伴胞晶体含量 OD 值增加 34.2% 的菌株，得到产伴胞晶体能力明显提高的菌株（李成等，2009）。

苏云金芽胞杆菌（Bt）制剂是目前国内外产量最大、应用范围最广的微生物杀虫剂。Bt 杀虫作用的主要机制是在其生长过程中产生不同类型的杀虫晶体蛋白（ICP）。自 1981 年 Schnepf 分离了第一个 cry 基因以来，迄今全世界从 Bt 中发现并正式命名的 ICP 基因已有 42 大类，总数超过 250 种。在国家 863 计划的支持下，近年我国 Bt 分子生物学的研究发展迅速（佚名 31，2005）。Bt 是作为生物农药使用最广泛的微生物菌株，也是最为成功地将其杀虫晶体蛋白基因应用于植物转基因的微生物。在基因组进化、新基因发现、基因表达调控等方面一直是科学家研究的热点，并取得了相当多的成果（谭寿湖等，2009）。

苏云金芽胞杆菌产生的毒素可以用来控制害虫或者飞蛾，已经应用到很多转基因作物中。2009年1月在BMC Biology期刊上发表了一篇论文，研究人员发现，Bt毒素对那些易感染的鳞翅类昆虫的效果大小，决定于肠道中的一些"友好"的细菌，如果缺少这些细菌，在某些种类中，Bt毒素将没有活性（佚名32，2009）。

苏云金芽胞杆菌菌株HBF-1的芽胞对初孵棉铃虫幼虫无明显杀伤作用，但可以直接影响其正常的生长发育，使幼虫前期体重增加；而后期发育迟缓，历期延长，成虫产卵量明显减少。通过光学显微镜观察发现，用含有HBF-1芽胞的饲料饲喂棉铃虫幼虫，幼虫中肠肠壁细胞遭到破坏；随着虫龄的增大，微绒毛逐渐脱落，有的部位细胞壁破裂。酶活的测定结果表明：初孵棉铃虫幼虫取食含有HBF-1芽胞（100μg/g）的饲料后，幼虫体内的乙酰胆碱酯酶、羧酸酯酶和谷胱甘肽-S-转移酶的活性发生了变化（焦蕊等，2007）。

苏云金芽胞杆菌菌株WY-197是从400多株野生型Bt菌中筛选分离的一株对甜菜夜蛾和棉铃虫都具有高效杀虫活性的菌株。初步比较了菌株WY-197和HD-1的形态特征、生理生化特性和伴胞晶体蛋白，结果表明，WY-197为H_{3A3b3C}血清型（subsp. *kurstaki*）；伴胞晶体形态主要为大小不一的菱形、小正方形。SDS-PAGE图谱表明主要由123kDa和59kDa两种蛋白质成分组成，在菌株生长形态、发酵培养特征、生理生化特性方面与生产菌株HD-1差别不大。采用生物测定的方法，进一步鉴定比较它们对甜菜夜蛾初孵、2龄、3龄幼虫和棉铃虫的毒效差异。结果表明，Bt菌株WY-197发酵液对甜菜夜蛾初孵、2龄、3龄幼虫的LC_{50}分别为0.31μL/mL、0.61μL/mL、257μL/mL，其中对甜菜夜蛾初孵幼虫的毒效是对照菌HD-1发酵液的7倍，表明Bt菌株WY-197对甜菜夜蛾3龄以下幼虫具有高毒力。对棉铃虫的毒力效价为3000U/μL，略低于HD-1菌株（牛桂兰等，2005）。

各种苏云金芽胞杆菌在杀虫毒力和杀虫谱上有很大差异。研究表明，这种特异性的杀虫毒力与存在于苏云金芽胞杆菌内的转座因子有密切关系，不同类型的转座因子其转座方式各异，总体来说可分为3类，即同源重组、转座重组和特异位点重组。这种转座过程的发生往往伴随着苏云金芽胞杆菌杀虫晶体蛋白的变异，这在基因工程菌的构建和杀虫多样性的研究上有着重要意义（程萍等，1999）。

苏云金芽胞杆菌是目前世界上研究最多、产量最大、应用最广的生物杀虫剂，它具有专一性强、对人畜无害、防治效果好及生物降解无残毒等优点。曲冬梅等（2004）综合叙述了苏云金芽胞杆菌的毒力检测方法，包括生物测定法、HPLC法、免疫分析法、质谱法和电泳法，其中生物测定法是国际标准方法，已被普遍采用；HPLC法、免疫分析法、质谱法和电泳法是检测伴胞晶体或外毒素的含量，属于间接毒力测试方法。苏云金芽胞杆菌是目前研究最深入、应用最广泛的杀虫微生物，广泛分布于世界各地。从热带雨林到北极冻土带，从昆虫尸体、野生动物、动物粪便、储藏物或尘埃、植物表面、鲜水到土壤中都有Bt存在。以植物叶片作为Bt菌株分离资源的相关研究相对较少，而非维管束植物中分离Bt菌株的报道更是屈指可数。从植物中分离Bt不但能丰富Bt的生态学意义，还能极大地丰富Bt的菌种资源。就植物上分离微生物、维管植物分离Bt的研究进展及非维管植物分离Bt的研究前景进行简单介绍（林群新等，2008）。

苏云金芽胞杆菌是目前研究最为深入、应用范围最广的杀虫微生物，它主要靠芽胞形成期产生的杀虫晶体蛋白作用于昆虫中肠，导致昆虫死亡。已发现和鉴定了许多具有不同杀虫活性的苏云金芽胞杆菌。基于氨基酸序列和杀虫特异性建立了Cry蛋白的分类表，并且不断被完善。随后PCR技术以其快捷、灵敏、准确等特点被用于Bt菌株的基因鉴定。人们发现Bt在营养期分泌的一类新型杀虫毒蛋白即营养期杀虫蛋白（Vip3A），它是从对数生长中期开始分泌直至稳定前期达到最高峰。Vip3A与已知的Cry晶体蛋白没有同源性，它们的杀虫活性和作用机理也不相同，因此必须设计新的特异性引物而不能利用已知的 *Cry* 类基因的引物来鉴定 *vip*3A。采用PCR初步检测、菌株培养液上清蛋白的SDS-PAGE分析及菌株培养上清液对敏感昆虫的毒力测定来准确鉴定Bt中的 *vip*3A 基因，从而建立了一种新的快速检测和初步鉴定苏云金芽胞杆菌 *vip*3A 基因的方法（李江等，2005a）。

苏云金芽胞杆菌是世界上应用最为广泛的微生物杀虫剂，但其发酵成本较高。吴丽云和关雄（2008）综述了固态、液态发酵原料的研究进展，分析了污水、污泥等作为原料发酵生产Bt杀虫剂的可能性和应用前景。

苏云金芽胞杆菌是研究较深入、使用较广泛的杀虫细菌，野外使用易受阳光中紫外线的影响而失活。黑色素具有很强的抗辐射作用。将构建的含有嗜麦芽假单胞菌 *mel* 基因的质粒pWSY通过原生质体转化导入苏云金芽胞杆菌体内，使后者获得了稳定产生黑色素的能力，并在转化子细胞内检测到与供体菌相同的质粒。SDS-PAGE显示该转化子体内额外表达了一个分子质量约为18kDa的蛋白质，该蛋白质很可能就是转化子表达的酪氨酸酶。经测定，转化子抗辐射作用明显增强，有效杀虫时间显著延长（蔡信之等，2004）。

苏云金芽胞杆菌是一种在芽胞形成的同时能形成杀虫晶体蛋白的细菌。自石渡从家蚕中分离出第一株Bt以后，人们发现它广泛存在于土壤、昆虫、储藏物、仓库尘埃、植被等昆虫接触物上，并从中分离出大量菌株。张灵玲等（2007）就Bt资源收集的研究情况进行阐述。邵宗泽和喻子牛（2001a）综述了苏云金芽胞杆菌杀虫晶体蛋白在分子水平上作用机制的研究进展。杀虫晶体蛋白酶活化后形成的毒性肽一般由3个结构域组成。在杀虫过程中，毒性肽首先通过结构域Ⅱ或结构域Ⅲ的特殊部位与昆虫中肠上皮细胞膜上的受体蛋白发生专一性结合。这一结合开始是可逆的，随后发生紧密的不可逆结合，继而诱发毒性肽分子发生空间构象变化，便得结构域Ⅰ中的某些α-螺旋从α-螺旋束中弹出并插入细胞膜，并通过寡聚合作用造成膜穿孔，导致细胞渗透平衡破坏、中肠破裂、昆虫死亡。苏云金芽胞杆菌在有帮助蛋白存在的情况下杀虫晶体蛋白获得了超量表达。通过透射电镜观察了Cry1Ac超量表达工程菌伴胞晶体的形态发生及不同芽胞发育时期的晶体形态变化。结果表明，该工程菌的伴胞晶体在细胞不对称分裂的隔膜形成前就已出现，而且晶体发生的部位与芽胞无关。但晶体在形成初期往往靠近母细胞膜。观察结果还表明，大量表达的晶体蛋白不能马上参与到晶体合成，晶体形成的最佳时期是芽胞皮层形成期。母细胞大量液泡的产生与消失可能与晶体形成有关。此外，在超量表达工程菌中，Cry1Ac蛋白能在一个细胞内形成多个伴胞晶体，这在天然菌株中是罕见的（邵宗泽等，2002）。

苏云金芽胞杆菌猝倒亚种（Bacillus thuringiensis subsp. sotto）对鳞翅目幼虫有高毒力。根据 cry1A 类基因序列设计特异引物，应用 PCR 技术从该菌株中扩增得到一大小约为 3.6kb 的 DNA 片段。将获得的片段克隆至 pGEM7zf 中并转化大肠杆菌 DH5α。在 ABI PRISM377 自动测序仪上对其 5'端及 3'端进行部分测定，结果表明其核苷酸序列与 cry1A 基因高度同源（钟万芳等，2004）。炭疽芽胞杆菌按 Bergey 分类属于杆菌科需氧芽胞杆菌属（Cohn 1872）群Ⅰ中菌体在 0.9μm 以上的一簇。其中包括炭疽芽胞杆菌、蜡状芽胞杆菌、蕈状芽胞杆菌、假真菌样芽胞杆菌、苏云金芽胞杆菌和韦施泰凡芽胞杆菌。Helgason 认为炭疽芽胞杆菌是在 1 万～2 万年从蜡状芽胞杆菌和苏云金芽胞杆菌菌种进化而来，并偶然获得 2 个质粒的菌种（田国忠等，2005）。

田间药效试验结果表明，特杀螟（55%杀单·苏可湿性粉剂）80g/667m² 对稻纵卷叶螟防治效果较好，为 74.5%～89.5%，持效期 3～5d，防效显著高于 18%杀虫双水剂 300mL/667m² 的 65.2%～69.8%（韩新才等，2003）。苏云金芽胞杆菌制剂是一种主要的生物杀虫剂，从培育高效菌株、增加昆虫对 Bt 的摄入量、化学杀虫剂促进 Bt 的杀虫作用、植物次生物质的增效作用、Bt 与其杀虫微生物及其代谢产物的协同作用、简单化合物提高 Bt 的毒力及保护 Bt 免受紫外线的损伤等方面提高 Bt 制剂的杀虫活性进行了论述（邱思鑫等，2004）。殷向东等（2004）分析、探讨了甜菜夜蛾和棉铃虫对苏云金芽胞杆菌（Bt）的敏感性及 Bt 对它们的直接作用、预处理作用和"Bt 制剂＋化学农药"联合作用等情况下的特异性反应。

调查湖北神农架原始森林苏云金芽胞杆菌（简称 Bt）天然资源，以期发现新的 Bt 亚种或毒力特异性菌株。Bt 的分离采用热处理筛选法，高毒力菌株的筛选采用常规生物测定程序；Bt 亚种鉴定采用血清学反应和常规生理生化反应方法。结果：从神农架原始森林 160 份不同生态类型的土壤样品，共分离出 Bt 18 株，从中筛选出 8 株高毒力菌株，较国内对棉铃幼虫高毒力生产菌株 HD-1 而言，菌株 A_3、B_4、C_5、C_6、D_2 和 E_6 对夜蛾科 3 种害虫（棉铃幼虫、斜纹夜蛾、甜菜夜蛾）均具有相对较高的毒力，其中 A_3、B_4 对棉铃幼虫具显著高毒力水平，毒力指数分别为 2.98 和 4.26，C_5 和 C_6 对斜纹夜蛾和甜菜夜蛾有较高毒力，菌株 F_3 和 F_8 对致倦库蚊较国内生产高毒株 HD-567 有相对较高的毒力水平，毒力指数分别为 13.7 和 16.4，经生理生化反应和血清学反应鉴定，A_3 为 H_{3abc} 型，F_3 和 F_8 属 H_{14} 型，A_3、B_4、C_5、C_6、D_2、E_6 属 H_7 型。神农架原始森林高毒力 Bt 菌株分离，进一步丰富了我国 Bt 的天然资源，具有较高的科学研究价值和广阔的应用开发前景（张令要等，2001）。

通过杀虫活性测定，获得一株对菜青虫、小菜蛾、二化螟等多种鳞翅目害虫均有较高杀虫活性的高效苏云金芽胞杆菌（Bt）菌株，编号为 X-2；同时根据 Cry1 类蛋白 N 端部分氨基酸序列设计了一对简并引物，以苏云金芽胞杆菌菌株 X-2 质粒 DNA 为模板，应用 PCR 扩增技术得到一大小为 3468bp 的 DNA 片段（Cry1Ab X-2）；该基因编码 1155 个氨基酸，相对分子质量为 130 780，等电点 pI＝5.06。序列比较表明该基因与 Cry1Ab 类基因高度同源（达 95%以上），该基因已在 GenBank 中登录，登录号为 AY847289（钟万芳等，2005）。通过生物测定，从山东省不同地区分离和实验室保存的 122 株苏云金芽胞杆菌（简称 Bt）中筛选到 16 株对美国白蛾（Hyphantria cunea）

具有高毒力的菌株，用 SDS-PAGE 和 PCR-RFLP 方法对 16 株 Bt 的杀虫蛋白和杀虫基因类型进行鉴定。结果表明，有 11 株 Bt 菌株中同时含有 130kDa 和 60kDa 或 70kDa 的蛋白质，一株同时含有 130kDa 和 140kDa 的蛋白质，3 株只含有 130kDa 的蛋白质，一株含有 30kDa 的蛋白质；有 14 株 Bt 同时含有 cry1 和 cry2 类杀虫蛋白基因，其中 4 株还包括 cry9 类基因，2 株 Bt 中没有鉴定到已知基因类型，可能含有新的杀虫基因。16 株 Bt 菌株均不含 cry3、cry4、cry8 和 cry10 类基因（于涛等，2009）。

为了发掘新的 Bt 资源，从河北省不同果园中（板栗、葡萄、枣、梨）采集土样 71 份，利用乙酸钠-抗生素筛选法从中筛选出 41 株 Bt 菌株。采用通用引物进行 PCR 扩增鉴定基因型，结果表明，从这些菌株中发现 6 种不同的基因型 cry1、cry7、cry8、cry19、cry26-28、cry32，还有 2 个菌株未鉴定出基因，大多数 Bt 菌株主要蛋白质条带分子质量约为 130kDa。生物活性测定结果表明，菌株 XPZ-6、XPZ-8、XPZ-9、XPZ-39、XPZ-42 对小菜蛾、棉铃虫、玉米螟和美国白蛾具有高活性，其中菌株 XPZ-39 的杀虫活性最高，对 4 种鳞翅目害虫的杀虫活性均达 97% 以上。尽管菌株 XPZ-28 和 XPZ-46 的 cry 基因型未被确定，但是 2 个菌株分别对柳蓝叶甲和蓼蓝齿胫叶甲有一定的杀虫活性（雷会霄等，2010）。

为了发掘新的菌资源，从 3 种不同土壤类型的样品中分离得到了 285 株苏云金芽胞杆菌菌株。采用杀虫活性测定方法从中获得了 13 株对铜绿丽金龟幼虫具有高毒力的菌株。利用 PCR-RFLP 鉴定体系和 SDS-PAGE 蛋白质分析法，研究了这 13 株苏云金芽胞杆菌的杀虫晶体蛋白基因类型和晶体蛋白表达情况。结果显示，有 12 株均含有编码毒杀铜绿丽金龟幼虫毒素蛋白的 cry8Ca 基因，而 FTL53 没有鉴定到已有的基因类型。这 13 株菌的伴胞晶体都含有分子质量为 130kDa 的蛋白质。该研究为不断发现新型的、具有高毒力的 cry 毒素基因奠定了基础（胡晓婷等，2008）。

为了明确苏云金芽胞杆菌在河北省不同生态区的分布特点和 cry 基因的多样性，从河北省不同生态地区（阜平天生桥、涞源白石山、安新白洋淀、保定郊区大田和安国中草药田）采集土样 806 份，采用温度-抗生素法分离获得 Bt 菌株 46 株，利用 PCR-RFLP 技术对 46 株 Bt 进行了基因型研究，结果表明从这些菌株中发现 7 种不同的基因型 cry1、cry2、cry3、cry4、cry8、cry30 和 cry32，11 株未鉴定出基因型；通过 SDS-PAGE 分析发现这些菌株主要表达 130～150kDa、70～80kDa、60kDa 和 30kDa 蛋白质。实验结果说明了苏云金芽胞杆菌在河北省不同生态区均有分布，并且其 cry 基因类型是复杂多样的（谢月霞等，2008）。

为了寻求新的苏云金芽胞杆菌（Bt）菌株，对福建省福州市动物园和三明市动物园 41 种动物（其中哺乳动物 33 种、禽类 8 种）粪便中 Bt 进行调查。从 50 个粪便样品中共分离到 253 株芽胞杆菌，其中有 15 株含有晶体蛋白，确定为 Bt，Bt 分离率为 30%。在所分离的粪便样品中，采自草食动物粪便的 Bt 分离率最高，达 35.5%；其次是杂食动物粪便的 Bt 分离率为 25%，肉食性动物粪便的 Bt 分离率最低，仅 18.2%。结果表明：植物源日粮动物粪便中的 Bt 含量较高（吴昌标等，2008）。为探讨苏云金芽胞杆菌（Bt）杀虫晶体蛋白与昆虫细胞的相互作用，以 Bt Cry1Ac 毒素和对该毒素敏感的粉纹夜蛾（*Trichoplusia ni*）离体细胞 BTI-TN-5B1-4 为材料，研究了一些化学物质对

Cry1Ac 毒素与昆虫离体细胞相互作用的影响。结果表明：N-糖基化抑制剂衣霉素、蛋白质合成抑制剂放线菌酮、胞吞作用抑制剂莫能菌素和胰蛋白酶预处理，都能不同程度地提高 BTI-TN-5B1-4 细胞对 Cry1Ac 毒素的敏感性，其中胰蛋白酶预处理的作用最明显；而 N-乙酰半乳糖胺不能抑制 Cry1Ac 毒素对这种离体细胞的毒力（刘凯于等，2005）。

选用荧光假单胞菌偏爱密码子，设计长 90bp 左右的寡核苷酸引物，采用连续延伸 PCR 方法，合成了全长 1.8kb 的苏云金芽胞杆菌 $cryIA$ (c) Bt 基因。合成基因消除了潜在的 poly (A) 加尾序列、mRNA 不稳定序列及发夹结构。和 Perlak 发表的序列相比，合成的 $cryIA$ (c) Bt 基因改动了 614 个核苷酸，G+C 的含量从 37.2% 上升到 64%。将合成基因由 tac 启动子调控，构建成 Bt 表达载体 pYPBts。转化大肠杆菌后，在菌体内大量合成 66kDa 大小的蛋白质分子，其含量占菌体总蛋白质的 30%。生物测定结果表明，表达的蛋白质对菜青虫 3 龄幼虫有很高的杀灭活性，LD_{50} 为 $0.024\mu g/cm^2$（彭日荷等，2001）。选择河北省植被覆盖率高、生态系统典型且较完整的地区——白石山、雾灵山、满城灵山、清西陵、白洋淀、龙潭湖、顺平桃林采集土壤样品 261 份，分离出 Bt 菌株 24 株，其中雾灵山地区 Bt 出土率最高（17.8%）。分离的菌株产生的伴胞晶体形态各异，有长菱形、短菱形、球形、无定形，充分体现了河北省 Bt 资源的多样性（苏旭东等，2007）。

苏云金芽胞杆菌经紫外线诱变后，通过镜检斜面培养、摇瓶培养伴胞晶体形态两步初筛，再经过摇瓶发酵复筛，提高了正突变的被选中概率，提高了菌种选育的效率（刘正光等，2006）。

寻求高抗紫外线的 Bt 菌株，采用不同照射时间的紫外线（UV）对一株野生型 Bt 菌株及 3 株 Bt 菌株 Bt001、Bt200、Bt087 进行照射处理后再置于 32℃ 培养箱中培养 16h。Bt 野生菌株在 UV 处理 3min 后已基本全部失活，而 Bt001、Bt200、Bt087 在 UV 处理 8min 后仍有活性。菌株 Bt001、Bt200、Bt087 对 UV 的抗性均强于野生 Bt 菌株，其中，Bt200 相对弱些，UV 处理 9min 后已无菌落；Bt087 最弱，UV 处理 8min 后已无菌落；而菌株 Bt001 对 UV 的抗性最强，UV 处理 13min 后仍有菌落出现，说明不同的 Bt 菌株，其遗传背景是不同的；另外，Bt001 经 UV 照射 9min 培养 16h 后发现有 9 个菌落发生明显的变异，菌落呈棕黄色，菌落明显比原始菌落小；油镜下观察涂片，其菌体要比原始菌体小，说明 Bt001 为明显发生突变的菌株（许会才，2008）。

研究了不同浓度的谷氨酸对苏云金芽胞杆菌形态、菌体学、浓度，以及芽胞和伴胞晶体的影响；结果表明，一定浓度的谷氨酸有利于菌体的生长并能够提高菌体的增殖速度，对芽胞和伴胞晶体的形态没有明显的影响，但对芽胞的裂解有明显的抑制作用（郭尽力等，2001）。研究了不同温度预处理对苏云金芽胞杆菌芽胞萌发的影响。结果表明：菌株 HD-1、HB-2 的芽胞悬液经 65～85℃ 活化处理 15min，芽胞的萌发率在 95% 以上，100℃ 活化处理 15min，萌发率则低于 20%；芽胞悬液在 30～60℃ 内处理不同时间，结果以活化处理 30min 萌发率最高，而在 70～80℃ 条件下，活化处理 15min，萌发率最高；芽胞悬液经高温→低温和低温→高温交替处理，萌发率变化较大（陈国华等，2004）。

研究苏云金芽胞杆菌伴胞晶体的形成及降解，为其生物学特性的系统研究和活性成分分析提供理论基础。将 Bt 菌株 HD-1 在牛肉膏蛋白胨固体培养基上 30℃条件下培养 24h，制成菌悬液后用日本电子 JEM100-CX-Ⅱ透射电子显微镜观察伴胞晶体的形成。采用 5 种溶解方法降解 Bt 菌株 HD-1 和 LSZ9408 伴胞晶体后，进行 SDS-PAGE。此研究的电镜观察表明 Bt 菌株 HD-1 在分裂过程中形成芽胞和晶体，晶体为大菱形。Bt 菌株 LSZ9408 晶体含有 130kDa 和 65kDa 的毒蛋白，HD-1 晶体含有 130kDa、65kDa 和 25kDa 的毒蛋白。菌株 LSZ9408 和 HD-1 伴胞晶体都包含 CryⅠ和 CryⅡ蛋白质毒素（朱育菁等，2007）。

已经证实苏云金芽胞杆菌（Bt）伴胞晶体结合 20kb DNA，但其序列特异性及作用有待进一步研究阐明。研究了选择性溶解 Bt 菌株 4.0718 Cry1 类原毒素所形成的菱形伴胞晶体，从中抽提出与其结合的 20kb DNA。经 NdeⅠ酶切消化后亚克隆构建文库，通过 PCR-RFLP 及测序筛选出含 $cry1Ac$ 基因的转化子。然后设计引物 PCR 扩增出 $cry1Ac$ 基因的 ORF 并与 pET30a 连接，转化大肠杆菌 BL21（DE3），高效表达了 141kDa 蛋白质。表达蛋白占总蛋白量的 50% 以上，且 90% 以上以包涵体形式存在。利用穿梭载体 pHT304 构建表达质粒 pHTX42，电转化 Bt 无晶体突变株 XBU001，获得重组菌株 HTX42，经 SDS-PAGE 分析，$cry1Ac$ 基因得到强表达，蛋白质定量分析显示目的蛋白质量占总蛋白质量的 79.28%，且其在细胞中累积达细胞干重的 64.13%，比文献报道的 25% 左右高了一倍以上。原子力显微术（atomic force microscopy，AFM）检测显示，基因在大肠杆菌中表达的包涵体呈不规则形状且较小，而在无晶体突变株中表达的晶体呈典型菱形晶体，大小约为 $1.2\mu m \times 2.0\mu m$。生物测定结果显示，包涵体与晶体对小菜蛾（$Plutella\ xylostella$）幼虫均有高效杀虫活性。该研究为构建高效杀虫工程菌及进一步阐明 Bt 伴胞晶体中 20kb DNA 分子的来源、结构和功能奠定了重要的基础（胡宏源等，2004）。

以常规棉品种"石远 321"和抗虫棉品种"SGK321"与"99B"为材料，通过考马斯亮蓝和酶联免疫吸附测定（ELISA）方法分析了伤流中可溶性蛋白和 Bt（苏云金芽胞杆菌）毒蛋白含量。结果发现，转基因抗虫棉伤流中可溶性蛋白含量显著高于常规棉，并在抗虫棉伤流中检测到了 Bt 毒蛋白，而常规棉伤流中没有 Bt 毒蛋白的存在。通过嫁接实验研究发现，将常规棉嫁接到转 Bt 基因抗虫棉砧木上，叶片中也有 Bt 毒蛋白的积累。这些结果说明，Bt 毒蛋白可以通过木质部伤流液向地上部运输，并在叶片中积累，Bt 毒蛋白由根系向地上部的运输对棉花的抗虫性是有益的（芮玉奎等，2005）。

以苏云金芽胞杆菌库斯塔克亚种、猝倒亚种及以色列亚种为材料，介绍了低拷贝大型质粒 DNA 的小量提取方法，该法采用 PEG 6000 进行质粒纯化，省略了苯酚和氯仿抽提过程，实验证明，该法结果稳定，提取的质粒 DNA 产量和质量均符合大多数分子生物学实验的要求（钟万芳等，2003）。应用拉曼镊子研究了来自同一亚种的 2 个苏云金芽胞杆菌菌株的单个伴胞晶体蛋白的拉曼光谱。一束 30mW、785nm 的近红外激光导入倒置显微镜，形成光镊，俘获水溶液中的单个伴胞晶体蛋白，同时收集被俘伴胞晶体蛋白的拉曼信号。结果表明，单个晶体的拉曼光谱反映了晶体蛋白的分子结构和蛋白质组成，得到的拉曼光谱信号更清晰、更灵敏。平均光谱和主成分分析均显示，同一亚种的菌株 H7、D4 的晶体蛋白的拉曼光谱比较接近。但在同一菌株内有 2 类不同的伴胞晶体存在，得到了群体分析方法难以得到的信息。该方法不需要复杂的纯化伴胞晶体过程，直接俘获单个伴胞晶体并收集其拉曼光谱，既可以得到群体伴胞晶体的信息，也可以得到群体内每个晶体蛋白之间的信息（王桂文等，2007）。

用 SDS-PAGE 分析和生物测定等方法研究了紫外线对苏云金芽胞杆菌（简称 Bt）伴胞晶体的损伤及腐殖酸对 Bt 伴胞晶体的保护作用。结果表明，紫外线对 Bt 伴胞晶体有明显的损伤，伴胞晶体紫外线辐射 3h 后溶解性能及生物活性基本丧失。腐殖酸对紫外线有较强的吸收作用，能有效地减轻紫外线对 Bt 伴胞晶体的损伤（王文军等，2001）。用培养 24h 的苏云金芽胞杆菌，经稀释处理、显微计数，然后将定量的菌液涂布于平板上，用紫外线对 4 个 Bt 亚种（Bt-1.897、Bt-1.903、Bt-1.905、Bt-1.959）进行不同照射时间处理后，再在平板上培养 24h，结果表明：Bt-1.897 在紫外线处理 15min 仍然还有活性，Bt-1.903 在紫外线处理 12min 基本上全部失活，Bt-1.905 和 Bt-1.959 这 2 个菌株在紫外线处理 12min 时还有活性，但在处理 15min 后全部失活。说明不同种的苏云金芽胞杆菌对紫外线的抗性有一定差异。经紫外线处理后 Bt-1.897、Bt-1.903、Bt-1.905、Bt-1.959 各自有部分菌落发生明显的变异，菌落大小明显小于原始菌落，并且发生变异的菌落呈现出新的颜色，经涂片后在油镜下观察发现，其菌体要比原始菌体小，为明显的变异菌株（翟兴礼，2009a）。

用 SDS-PAGE 分析和生物测定方法研究了过氧化氢和羟自由基对苏云金芽胞杆菌伴胞晶体的损伤作用。结果表明，这 2 种活性氧对伴胞晶体均有一定程度的损伤作用，这种损伤作用与活性氧的浓度呈正相关，而且·OH 对伴胞晶体的损伤作用明显强于 H_2O_2（王文军和钱传范，1999）。用电镜、电泳、生物鉴定等方法，研究了干燥温度对苏云金芽胞杆菌库斯塔克变种 HD-1 的伴胞晶体的结构及杀虫活性的影响。结果表明，0℃ 冷冻干燥的效果最好，对伴胞晶体的电泳图谱、形态、结构及杀虫活性无影响；75℃ 以下干燥对伴胞晶体的形态和结构略有影响，但对电泳图谱和杀虫活性尚无影响，生产上可以采用。但在 75℃ 条件下超过 5h 的长时间干燥，对晶体蛋白的空间结构和杀虫活性也有影响，因此，要适当控制干燥时间。80℃ 以上的高温干燥对晶体蛋白的空间结构、一级结构及杀虫活性均有破坏作用（崔云龙和邵宗泽，1994）。

用棉铃虫和黏虫制备不同组织匀浆液，分别进行了蛋白质含量和氨肽酶 N 活性测定、不同组织样品与毒蛋白点杂交测试、中肠可溶性蛋白与 Bt 毒蛋白的 Western 印迹试验。结果表明：棉铃虫和黏虫肠部组织酶活性都非常高，并且肠部组织样品和 Bt 毒蛋白都有点杂交结合；但只有棉铃虫中肠刷状缘膜小泡（brush border membrane vesicles，BBMV）和 Bt 毒蛋白有 Western 印迹，而黏虫中肠 BBMV 和 Bt 毒蛋白没有 Western 印迹（宋萍等，2003）。在 1999 年之前的几年中，已经鉴定并克隆出一些新的苏云金芽胞杆菌杀虫晶体蛋白基因和其他类型的微生物杀虫蛋白基因。其中来自嗜虫沙雷氏菌、双酶梭状芽胞杆菌、球形芽胞杆菌、嗜线虫致病杆菌、发光杆菌和金龟子绿僵菌的新型杀虫蛋白基因在抗虫遗传工程中具有良好的应用前景（潘映红和张杰，1999）。

用紫外线（UV）对苏云金芽胞杆菌 Bt-8010 及 Bt-7216 进行不同照射时间处理，然后再置于平板上培养 24h，结果表明，苏云金芽胞杆菌 Bt-7216 在 UV 处理 11min 后全部失活，而 Bt-8010 在 UV 处理 13min 仍有活性。从 UV 处理时间的长短及平板上出现菌落的多少得知，苏云金芽胞杆菌 Bt-8010 对 UV 的抗性比 Bt-7216 对 UV 的抗性强。苏云金芽胞杆菌 Bt-8010 经紫外线照射 13min，培养 24h 后发现有 2 个菌落发生明显的变异，Bt-7216 有一个菌落发生明显的变异；菌落比原始菌落小，涂片后油镜观察，其菌体要比原始菌体小，为明显的变异菌株（翟兴礼，2005）。

运用生物信息学软件对苏云金芽胞杆菌毒素 Cry1Aa、Cry2Aa、Cry3Aa 和 Cry4Aa 的基本参数、一级结构、二级结构、三级结构、跨膜区和表面电势进行了预测比较。它们在一级结构上有较大差异，但二级结构和跨膜区相似，三级结构中各毒素的结构域Ⅰ之间基本相似，结构域Ⅱ之间差异较大，其中 Cry2Aa 为差异最大成员。4 种毒素的表面电势分布不同，毒素之间的结构相似性和差异性与其作用机理和杀虫特异性有关（赵新民等，2008）。

运用生物信息学软件对苏云金芽胞杆菌毒素 Cry4Aa 和 Cry4Ba 的基本参数、一级结构、二级结构、三级结构和跨膜区进行了预测比较。它们在一级结构上有较大差异，但二级结构和跨膜区相似，三级结构中各毒素的结构域Ⅱ、Ⅲ之间基本相似，结构域Ⅰ之间差异较大。Cry4 蛋白之间的结构相似性和差异性与其作用机理和杀虫特异性有关。该结果为分析杀蚊蛋白作用的分子机制、定点突变及研究高效的 Bt 生物杀虫剂有效控制蚊虫提供参考（吕媛等，2009）。

在辽宁省 13 个县市采集的土样中，有 10 个县市 338 份土样分离到 85 株苏云金芽胞杆菌，检出率 25.1%，以东北部检出率最高，中部辽河平原次之，南部沿海地区几乎未分离到，表明辽宁省苏云金芽胞杆菌资源丰富。在不同植被类型中，大田作物覆盖的土壤中苏云金芽胞杆菌检出率较高，林木次之，花卉最少。室内生物测定结果表明，各地菌株毒力分布呈西高东低的趋势，土壤和人为因素对苏云金芽胞杆菌的杀虫活性有极其重要的影响（曲慧东等，2005）。

在青海草地病原微生物的调查中，从草原毛虫罹病死亡的虫体上分离到虫生真菌、苏云金芽胞杆菌、核型多角体病毒。回接试验表明，所分离的病原微生物对草原毛虫有一定感染致病能力（刁治民，1996）。

专利《一种复合生物肥的生产方法及其产品》涉及一种复合生物肥的生产方法及其产品，该方法是将苏云金芽胞杆菌、多粘类芽胞杆菌、硅酸盐细菌、圆褐固氮菌经培养制成菌液；将工农业废物灭菌得到吸附载体；将所述的菌液喷洒到吸附载体上，再加入大量营养元素肥料、中量与微量营养元素肥料，经充分混合得到所述的复合生物肥料。该肥料每克含有 0.12 亿～0.9 亿个菌。该复合生物肥料可显著地提高产量，缓解被化肥板结的土壤，改善农产品品质，可提高抗病虫害的能力（佚名 33，2006）。一种以细菌-苏云金芽胞杆菌为基础的新生物杀虫剂已开始在巴西推广使用，其主要目标是防控各种作物上的鳞翅目害虫。该产品由巴西 IPM 公司 Bthek 生物技术公司（巴西利亚）及巴西农业研究公司的分机构——生物技术和遗传资源部共同研发。介绍该生物杀虫剂 Ponto.Final 主要防治大豆、园林和玉米上的多种害虫（佚名 34，2009）。

杀虫晶体蛋白（ICP）是 Bt 制剂的主要杀虫活性成分，分子质量为 27～150kDa，各种 ICP（Cry3A 除外）是在细胞生长的稳定期开始合成并逐渐包装形成，伴胞晶体的量可达到整个细胞干重的 20%～30%。长期以来，人们总是将 Bt 作为一类能合成杀虫晶体蛋白的微生物进行研究和利用。现已知的杀虫晶体蛋白包含 2 个蛋白家族——Cry 蛋白和 Cyt 蛋白。截至 2004 年，有 180 多种由 Bt 不同亚种、菌属合成的杀虫晶体蛋白（饶丽娟等，2005）。

选择野生型苏云金芽胞杆菌菌株 WY-197 为出发菌株，用全长 PCR 方法从此菌株中克隆了 2.3kb 大小的 *vip3A* 基因，DNA 序列比较发现所克隆的基因 *vip3A-197* 与已知的营养期杀虫蛋白基因存在很高的同源性。将基因 *vip3A-197* 亚克隆至原核表达载体 pET33b 构建了原核表达质粒 pEVip，转化子经 IPTG 诱导后可表达 88kDa 大小的蛋白质；该蛋白质对甜菜夜蛾（*Spodoptera exigua*）、棉铃虫（*Helicoverpa armigera*）的初孵幼虫进行生物测定，结果表明，营养期杀虫蛋白 vip3A-197 对夜蛾科害虫具有一定的杀虫活性（李江等，2005b）。

具有杀虫活性的苏云金芽胞杆菌 Bt-3701 与具有解磷活性的巨大芽胞杆菌 Bm-107 原生质体进行了融合。Bt-3701 原生质体形成率为 99.4%，再生率为 21.4%；Bm-107 原生质体形成率为 97.5%，再生率为 23.5%；以 PEG 为助融剂进行原生质体融合，得到 22 个融合子，融合率达 0.603%。融合子在双抗培养基（DR-CNB）上连续传代 12 次，得到 4 个稳定的融合子，生物测定表明，融合子既具有一定的杀虫活性又具有一定的解磷活性（穆国俊和黄冠辉，1995）。

二、苏云金芽胞杆菌的发酵技术

采用了 2 种液体培养基、2 种培养条件对 3 种苏云金芽胞杆菌进行培养。镜检观察当 90% 以上的芽胞脱落时处理菌体，经碱液裂解后比较等电点沉淀和高速离心方法提取 Bt 蛋白的收率和纯度。实验得出，3 种菌体在 1/2 NB 培养基、28℃、200r/min 培养 3d，蛋白质产量均较高，其中 HD-1 型菌株高达 107.48mg/L。高速离心得到的蛋白质收率低于等电点沉淀法，但其纯度较高，满足作为抗原的条件，为 ELISA 检测转基因食品中 Bt 蛋白奠定了基础（郭芝英和王硕，2005）。

采用苏云金芽胞杆菌防治大曲害虫，结果表明：在 30℃ 条件下，苏云金芽胞杆菌液体制剂达 0.004mL/g 的剂量，可使大谷盗蠹的校正死亡率达 91.8%，且杀虫后大曲的糖化力、发酵力、微生物的数量变化极小（李新社等，2008）。采用响应面分析方法对产耐高温蛋白酶的苏云金芽胞杆菌 FZ62 发酵培养基进行优化。首先进行发酵培养基碳源、氮源及初始 pH 的单因素筛选，优化结果表明最适氮源为酵母粉，碳源是葡萄糖，初始 pH6～8。在此基础上经响应面法优化，发酵培养基最佳组合为：酵母粉 2.04%，葡萄糖为 0.10%，初始 pH7.07。经以上优化后发酵水平比初始设计提高了 3.22 倍（周虓等，2007）。

采用阳离子交换树脂进行了回收 Bt 发酵废弃上清液中增效物质的初步研究，确定了最适的离子交换树脂。其最适回收条件为 pH5，流速 1.5 倍 V/h，废弃上清液中增效物质的回收效率可达 83%。回收的浓缩上清液与去上清菌浆比例为 16:1 时对棉铃虫毒杀作用最强，表现出最好的增效作用（沈锡辉等，2004）。采用液体培养和固体培养 2 种不同的方法培养苏云金芽胞杆菌，并比较了高速离心法、透析法及等电点沉淀法

3种纯化方式对伴胞晶体的纯化效果。镜检观察结果表明，固体培养更有利于菌体产生伴胞晶体。利用棉铃虫进行的生物测定结果表明，透析法纯化所得伴胞晶体生物效价较高，达150 000U/mg。扫描电镜观察结果显示，透析法纯化所得伴胞晶体纯度较高且形态完整（王子佳等，2009）。

采用以啤酒糟为主要原料进行压力脉动固态发酵苏云金芽胞杆菌的方法，研究了不同压力脉动及培养条件对生物农药毒力效价的影响。结果表明：压力脉动条件为低压0.05mPa维持10min，高压0.2mPa维持30min；最佳发酵条件为原料含水量58%，pH8.5，温度28℃；生物农药的毒力效价可达7300U/mg（陶玉贵等，2003）。采用正交试验法，对苏云金芽胞杆菌固态发酵培养基进行优化，将发酵产品干燥粉碎后制成菌悬液，通过测量其吸光度来确定不同农副产品培养基成分对苏云金芽胞杆菌发酵的影响。结果表明，不同培养基成分配比对发酵效果影响差别很大，确定最佳培养基组分为：麦麸63.9%、豆饼6.0%、玉米粉8.0%、酵母粉1.6%、米糠8.0%、KH_2PO_4 0.5%、$FeSO_4$ 0.3%、$(NH_4)_2SO_4$ 1.1%和$MgSO_4 \cdot 7H_2O$ 0.6%（孙翠霞等，2006）。

采用正交试验方法，进行摇瓶发酵培养基筛选试验来优化苏云金芽胞杆菌发酵培养基，通过测量发酵液吸光度值来确定不同农副产品培养基成分对苏云金芽胞杆菌发酵的影响，从而使培养基优化过程简单易行。结果表明，不同培养基成分配比对发酵效果影响差别很大，试验所得的最佳培养基组合为：玉米粉2.0%、豆饼粉3.5%、鱼粉2.0%、花生饼粉2.0%、淀粉1.0%、$K_2HPO_4 \cdot 3H_2O$ 0.3%、$CaCO_3$ 0.3%（高鹤永等，2004）。采用正交试验对Bt菌株WB7发酵培养基进行筛选，结果表明，不同原料对发酵液菌数影响相差较大，其中酵母粉和鱼粉影响最大，试验获得的最佳摇瓶发酵配方为：玉米粉4%、黄豆饼粉1%、酵母粉2%、鱼粉2.5%和蛋白胨0.1%（质量分数）（李今煜等，2003）。采用最小二乘法对苏云金芽胞杆菌发酵实验测试数据进行回归分析，得到了还原糖含量、pH及溶氧值随时间的变化规律，并对其进行误差分析，为苏云金芽胞杆菌发酵实验过程的参数设计和控制提供了可靠的理论依据（窦霁虹等，2002）。

从土壤中分离的苏云金芽胞杆菌LX-7高毒力菌株，利用单因子筛选和正交试验，得到其最佳培养基配方为：玉米淀粉30g/L、氮源A 30g/L、氮源D 15g/L、氮源E 15g/L，并对其发酵工艺和后处理工艺进行了优化，40 000L发酵罐发酵制得原粉效价达到80 000IU/mg以上，晶体蛋白含量达13.2%（廖先清等，2009）。对3株能在味精废水中生长的苏云金芽胞杆菌菌株T.4、G.1、S-2.5进行了废水茄子瓶培养基培养，应用液体双相法分离晶体，通过SDS-PAGE确定了它们的分子质量分别为120kDa、104kDa、67～68kDa、43～45kDa，选取菌株G.1经分离后的晶体通过DEAE-纤维素离子交换层析和Sephadex G-100凝胶排阻层析分离到2个峰，分子质量分别为120kDa、68kDa，致死中浓度LC_{50}分别为0.609mg/mL、>25mg/mL（张松鹏等，2002）。

对高浓度味精废水主要成分进行了测定和在自来水添加不同浓度的无机盐模拟味精废水，并与高浓度味精废水培养苏云金芽胞杆菌进行对比实验，确定了味精废水中影响苏云金芽胞杆菌生长的主要因素是废水中存在高浓度的氨氮和硫酸根，其中氨氮的影响大于硫酸根。在此结论基础上,研究了味精废水预处理材料、温度、时间等对苏云金芽胞杆菌培养的影响,并最终测定了最佳预处理工艺条件:氧化钙添加量 3.5%～4.0%、处理温度 90～100℃、处理时间 20～30min(杨建州和张松鹏,2002a)。

提出了利用味精废水培养苏云金芽胞杆菌进而生产 Bt 生物农药的新的味精废水处理方法。对苏云金芽胞杆菌在味精废水中培养的培养基优化和深层培养条件及深层培养过程各参数的变化规律等进行了较为系统的研究,提出了进行工业化试验的培养工艺,即优化后的培养基配方为:在味精废水中添加玉米浆 10～12mL/L、$CaCO_3$ 2g/L、淀粉 20～25g/L、$K_2HPO_4 \cdot 3H_2O$ 0.3g/L、葡萄糖 5～12g/L;最佳工艺条件为:通风比为 1:1.1,搅拌转速为 400r/min,温度为 32～34℃(郑舒文等,2001)。

对利用玉米发酵乙醇废液培养苏云金芽胞杆菌(Bt 07)的条件进行了正交试验,结果表明:培养该菌的最佳培养条件为 pH7.0、料水比为 1:4 的乙醇发酵废液、接种量为 5%(体积百分比)、摇瓶转速为 100r/min;在所选最佳条件和 30℃ 培养 60h 培养液中含活菌数和伴胞晶体相对百分率分别为 6.2×10^8 cfu/mL 和 97.6%,经用水将其稀释作毒力试验,稀释 40 倍菌液喷洒桑叶喂蚕 3d 后杀虫率可达 75%～80%(兰钊等,2009)。对苏云金芽胞杆菌 FS140 蛋白酶分批发酵的代谢特性进行了研究。首先描述了 FS140 分批发酵过程中细胞生长、产物积累、糖消耗的变化规律,基于 Logistic 方程和 Luedeking-Piret 方程,建立了苏云金芽胞杆菌蛋白酶发酵过程细胞生长、产物合成及基质消耗随时间变化的数学模型。动力学模型计算值结果与实验值拟合良好,较好地反映了苏云金芽胞杆菌分批发酵过程的动力学特征(郑毅等,2008)。

对苏云金芽胞杆菌的培养基配方进行室内摇瓶优化筛选,首先用摇瓶培养筛选到 II 号培养基,在此配方的基础上,将培养基组分划分为氮源、碳源及无机盐三因素,采用三因素二水平正交旋转组合设计的方法进行培养基优化组合研究,建立其芽胞产量依氮源、碳源、无机盐的响应面方程。借助此方程获得响应最佳点即培养基各组分的最佳配比。实验结果表明,该方法是苏云金芽胞杆菌培养基优化中十分简便、实用、快速的途径。此外,对其间歇发酵过程也进行了初步考察(关雄等,1998)。对苏云金芽胞杆菌发酵上清液进行了工艺条件优化研究,通过试验确定其适宜发酵工艺条件如下:溶解氧大于 3%;培养温度:1～20h 为 30℃,20h 以后为 33℃;补糖量为 2%;发酵周期 29h。在此条件下进行发酵可使发酵液生物效价达 5200U/μL 的水平,制得干粉生物效价达 120 000U/μL,晶体含量达 12%(廖湘萍等,2007)。

对苏云金芽胞杆菌液体发酵法的培养基进行优化,确定其适宜的配方为 4% 葡萄糖、4% 蛋白胨、2.5% 酵母水溶性浸出物、0.5% 无机盐混合。在此条件下,经过 32h 发酵后,还原糖 0.49%,生物效价 4234.00IU/μL,晶体含量 0.55%,菌体湿重 18.72%(廖湘萍等,2007)。

建立了苏云金芽胞杆菌 BMB005 的代谢动力学模型,成功地模拟了该菌株的生长、葡萄糖、聚-β-羟丁酸(PHB)、吡啶二羧酸(DPA)和毒蛋白(ICP)变化过程,得到了菌体最大比生长速率、菌体对葡萄糖的得率系数、PHB 对葡萄糖的得率系数、DPA 和晶体蛋白的最大比生成速率,以及 DPA 和晶体蛋白得率系数等一系列重要动力学参数,为优化苏云金芽胞杆菌 BMB005 的发酵过程提供了基础(邵志会等,2005)。将苏云金芽胞杆菌（简称 Bt）8010 在 LB 液体培养基 30℃、230r/min 条件下振荡培养，通过生长曲线测定（OD_{600}）和显微镜观察，分别在 8h、30h、39h、42h 和 46h 取样得到营养生长期、胞子囊期和裂解期样品来提取总 RNA。通过对试剂提取方法的改进，找到一种方法可以很有效地提取 Bt3 个不同分化发育时期（营养生长期、胞子囊期和裂解期）的总 RNA。提取的总 RNA 质量很好，可以进行 cDNA 合成、RT-PCR 和转录组学研究等下游实验（李今煜等，2008）。

超滤法和沉淀法可以实现苏云金芽胞杆菌发酵液的浓缩。喷雾干燥法、碱溶-超滤法、膜过滤技术可以回收发酵液杀虫活性成分（周学永等，2006）。苏云金芽胞杆菌（简称 Bt）杀虫剂是目前应用最为广泛的微生物农药，约占整个生物农药的 90%，而生物农药在整个农药产业中所占的比例还相当小，还有很大的发展潜力。由于 Bt 制剂杀虫谱窄，同时某些害虫对 Bt 制剂已产生抗性，很多问题需要解决，亟待深入开发，近年来各国都加大了研究力度（范晓春，2010）。

利用 BIOSTAT-CL 15L 全自动发酵罐和 2.0t 不锈钢发酵罐，对苏云金芽胞杆菌不同菌株（GC-91、MP342、HD-1）发酵上清液中增效物质的生成进行了研究，发现增效物质于对数生长期前期开始产生并积累，至对数生长期末期达到高峰，并保持稳定；不同菌株的发酵上清液中增效物质生成量不同，GC-91 最强（增效倍数 $f=6.0$），MP342 次之（$f=3.7$），HD-1 最弱（$f=1.5$）；菌株 GC-91 上清液中增效物质生成曲线与晶体含量、效价代谢曲线相似，说明三者之间有显著的正相关。溶氧对 GC-91 上清液增效物质生成有明显影响，供氧充足，增效物质合成量较高（$f=6$），供氧不足合成量较低（$f=4$）（陈振民等，2004）。

利用搅拌转速为 180r/min 的 5L 发酵罐，研究了一株驯化后的苏云金芽胞杆菌在味精废水中发酵生产生物农药的适宜工艺条件，并对发酵过程中的各个指标进行了检测。在 1.2m^3 规模的发酵罐中发酵菌数可达 68.7×10^8 cfu/mL，毒力效价与标准品相当（杨建州和张松鹏，2002b）。为利用味精废水生产苏云金芽胞杆菌生物农药，首先将废水作为筛选培养基，对 18 株苏云金芽胞杆菌进行初筛和复筛后，确定菌株 WB5 为适合该废水生长的菌株；然后在此基础上，通过正交试验，确定了添加到废水中的营养物组分：玉米淀粉 3%，蛋白胨 1%，豆粕 3%。发酵条件优化结果表明：培养基初始 pH 为 8.0，发酵温度 30℃，200r/min 摇床培养 50h（周晓兰等，2009）。

利用可编程控制器（programmable logic controller，PLC）精确地控制阀门和蠕动泵的开闭时间、蠕动泵控制中和液的流量来实现发酵过程中的 pH 的流加自控。供试菌苏云金芽胞杆菌发酵过程中发酵液的 pH 得到了较好的控制（姜凤武和严俊，2006）。利用正交试验方法，在摇瓶中对 Bt 菌株 HB-3 进行最佳发酵培养基配方的筛选，采用国产 15L 全自动智能发酵仪对该菌株的发酵条件进行优选。结果表明，在培养基各组分中，酵母粉对产胞数影响最大，得到的最佳培养基组合为玉米淀粉 4.0%、黄豆饼粉 2.0%、酵母粉 2.0%、鱼粉 2.0%、蛋白质 5%。最佳发酵条件为：起始 pH7.4，接种量 7%，培养温度 32℃（徐宜宏等，2006）。

利用自制箱式固态发酵设备，以价格低廉的麸皮等农业下脚料为主要培养基，对 Bt HD-1 菌种公斤级固态发酵扩大条件进行了优化研究。确定最佳发酵条件为：在种龄

8h时接种，含水量为55%，pH=7.5，箱体内培养基厚度控制在4cm，接种量为15%，发酵时间为45h。在此条件下，单次发酵量0.25kg，毒力效价稳定在13 000U/mg以上。实现了Bt生物农药公斤级固态发酵的生产，为Bt生物农药的固态发酵大规模工业化生产奠定了基础（李成等，2009）。

苏云金芽胞杆菌［Bt(HD-1)］发酵中培养基的配方影响发酵水平，还决定发酵产物杀虫毒力的效果。在基础参数试验基础上，采用均匀设计法对Bt发酵中培养基组分、杀虫晶体蛋白纯化条件进行优化，并直接采用发酵中伴胞晶体量作为最终评价指标。结果表明：Bt培养基成分对发酵的主要影响因素依次为$MgSO_4 \cdot 7H_2O$、蛋白胨、可溶性淀粉，最佳用量分别为1.3g/L、2.6g/L、4.5g/L。晶体蛋白双液相纯化的主要影响因素依次为：$K_2HPO_4 \cdot 3H_2O$ / KH_2PO_4质量比、PEG浓度、沉淀量、离心速度，最佳条件分别为3∶1、110g/L、1g、1440r/min，其中离心速度若选500r/min，可能对晶体纯度提高更有利，但低速对回收率有负影响（王善利等，2006）。苏云金芽胞杆菌经紫外线（UV）、亚硝基胍（NTG）及两者的复合诱变，获得一株高效伴生菌株UN-366。在pH6.5～6.8的发酵培养基中与氧化葡萄糖酸杆菌混合发酵，UN-366的平均糖酸转化率提高了6.32%，古龙酸的质量浓度达83.7g/L，经连续5代转接发酵实验，性状稳定（郭礼强等，2006）。

苏云金芽胞杆菌菌株94001最佳发酵工艺条件是通气量1∶0.5～1.2vvm/(V·min)，培养温度34℃，搅拌速度250r/min。经$40m^3$发酵罐发酵试验，平均发酵效价为6484U/μL，平均晶体蛋白含量为0.61%（陈在佴和吴继星，2006）。

苏云金芽胞杆菌是一种革兰氏阳性细菌，它能产生对害虫专一性的杀虫晶体蛋白，具有对人类健康和环境安全的优点。酒曲害虫是危害大曲的一类害虫的总称。研究结果表明：在非日照条件下，苏云金芽胞杆菌和有机磷类化学药剂以Bt杀虫剂/无菌水为5mL/10mL+磷化铝0.0007g混合，在37℃条件下能杀死酒曲的主要害虫，降低虫害损失，保护环境，具有重大的经济意义（李新社等，2006）。在建立的4.7L环隙气升式内环流反应器中研究了Bt菌的深层发酵特性，通过对生长曲线、溶氧（DO）曲线、pH曲线、总糖曲线和氨基氮曲线的分析发现，在整个发酵过程中碳源和氮源的供给是充足的，但溶氧供应不足，这是Bt发酵的限制性因素。还考察了同一亚种不同菌株及不同亚种对该系统的适应性，并与机械搅拌罐发酵进行了对比。实验表明，环隙气升式内环流反应器体系优于机械搅拌罐，适合Bt菌发酵（孙君和黄岳元，2000）。

通过对苏云金芽胞杆菌连续6罐的车间发酵试验，对试验菌种、配方及工艺作了多方面调查，并对发酵过程中pH变化、温度变化、生长曲线及同步性作了较详尽的探讨。试验结果表明，筛选的Bt菌株150，用Ⅵ号生产配方能够取得毒力2000U/μL以上的发酵水平（但汉斌和魏雪生，1996）。通过对苏云金芽胞杆菌生长曲线的研究，将处于不同生长阶段的菌体分别作为菌种，进行发酵实验，对610nm和278nm波长处的吸光度变化曲线、溶氧变化曲线和pH变化曲线进行比较，得出了菌种最佳的活化时间为8h，把处于对数生长期的菌体作为种子，与未活化的菌种发酵相比，可以使发酵周期由32h缩短为28h（杨开杰，2010）。

通过分离培养基和分离方法的筛选，得到了从叶面分离Bt的有效方法。用此法从

25种植物叶面分离出54株Bt，利用茶尺蠖、茶小绿叶蝉和茶橙瘿螨作为靶标昆虫，筛选对茶树主要害虫有毒力的菌株，得到了对鳞翅目有效的菌株10株，对同翅目有效的菌株4株，但所有测试菌株均对茶橙瘿螨无效（张灵玲等，2005）。通过向培养基中添加稀土离子的方法，观察其对苏云金芽胞杆菌的生长及Bt蛋白质产量的影响，以期达到增加产量、降低生产成本的目的。结果表明：稀土离子对苏云金芽胞杆菌生长有一定的促进作用，对Bt蛋白质有显著增产效果。Sm^{3+}、La^{3+}、Y^{3+}等3种稀土离子对Bt蛋白质湿重的增产效果分别达17.8%、43.8%、47.5%（杨德俊等，2008）。

通过以棉铃虫4龄幼虫为供试昆虫的生物测定，对从新疆生产建设兵团145团棉田自然死亡棉铃虫体内分离筛选到的一株高效苏云金芽胞杆菌菌株35，进行了发酵工艺的初步研究。对Bt菌株35进行了摇瓶发酵和小试发酵，利用2L全自动发酵罐优化了发酵培养基和操作条件。优选培养基的组分为：棉籽饼3.25%、玉米粉1.4%、麸皮1.2%、KH_2PO_4 0.11%、$FeSO_4$ 0.0049%，该培养基与对照培养基相比，发酵液含菌数高达$40.8×10^8$ cfu/mL，比对照培养基提高了63.7%，发酵液毒力高达66.1%，比对照培养基提高了81.5%。利用$CaCO_3$调节pH，可使活菌数提高37%，发酵周期缩短9h；28℃发酵活菌数比30℃增加12.1%，发酵时间延长3h，最适发酵产胞温度为30℃；以芽胞接种，其发酵时间比营养体接种延长3h，最优接种方式为营养体接种；溶氧对发酵有较大的影响，当发酵全程采用1∶0.8vvm的通气量时，最终发酵菌数为$38.1×10^8$ cfu/mL；当发酵前期、中期、后期的溶氧分别为1∶1.0vvm、1∶1.4vvm及1∶1.2vvm时，活菌数可达$72.5×10^8$ cfu/mL，发酵水平提高约一倍。对Bt发酵液进行生物测定，发酵原液（Bt离心沉淀物+上清液）的LC_{50}比去掉上清液的沉淀物提高了37.1%，说明上清液能提高发酵液的毒力（史应武等，2008）。以对棉铃虫高毒力的苏云金芽胞杆菌菌株35作为研究菌株，采用正交试验法及生物测定验证法，对该菌株发酵培养基进行了优化实验。获得了优化培养基（棉籽饼3.25g/dL、玉米粉1.4g/dL、麸皮1.2g/dL、KH_2PO_4 0.11g/dL、$FeSO_4$ 0.0049g/dL）。该培养基与对照培养基相比，发酵液含菌数高达$40.8×10^8$ cfu/mL，比对照培养基提高了63.7%；发酵液毒力高达66.1%，比对照培养基提高了81.5%（史应武等，2007a）。

为获取苏云金芽胞杆菌培养基的最优配方，即玉米淀粉、黄豆饼粉、酵母粉、蛋白胨和鱼粉等的最佳配比，运用二次正交回归旋转组合设计安排试验，基于试验数据、背景知识和遗传算法的原理，进一步设计了搜索Bt培养基最优配方的算法，通过该算法搜索出该菌发酵培养基配方的最优解区间。验证性的试验结果和分析表明，基于该遗传算法的Bt培养基配方优化的方法是有效且优于传统配方优化方法的（刘雄恩等，2008）。为减少农药对环境的破坏，生物农药以其无毒、不污染环境等"绿色"的优点逐渐为人类所接受。苏云金芽胞杆菌（简称Bt）是目前产销量最大的生物农药，但其传统生产方式逐渐暴露出弊端；通过发酵工艺、发酵设备、补料方式的改进及培养基的优化可提高其发酵水平（高鹤永等，2005）。

选用苏云金芽胞杆菌与氧化葡萄糖酸杆菌组成一新组合菌系，其摇瓶发酵转化率较原菌系提高4.83%，且具有耐受高浓度（10%）山梨糖的特性。在$4m^3$发酵罐中，连续4批发酵平均转化率较对照菌系提高8.16%，周期缩短23.7%。新菌组合系的发酵转化率与玉米浆浓度呈正相关性，尿素浓度 $x_2=1.45g/100mL$ 时，转化率达最大（李义等，2002）。

研究了杀虫蛋白的碱溶性质，建立了一种从 Bt 固体发酵产物中提取杀虫蛋白的方法。在碱浓度为 0.4mol/L、温度为 25℃、浸润时间为 90min、固液比为 1：4（体积比）的条件下，获得了效价高达 22 819U/mg 的环保型杀虫剂。该方法提取效率高、生产成本低，具有很好的应用前景（王子佳等，2009）。研究了苏云金芽胞杆菌菌株 LSZ9408 的发酵特性，24h 菌体浓度达最大，28～40h 菌体浓度稳定，40h 后菌体浓度下降，发酵液 pH 先降后升，最高 pH 达 7.8，20h 达到碳氮源利用高峰，28h 后氮含量回升，糖含量基本不变（周先治等，2004）。

以城市污水处理厂的污泥为原料，探索了微生物转化污泥制备苏云金芽胞杆菌生物杀虫剂的可行性，并与常规培养基的发酵进程进行了对比。主要考察了苏云金芽胞杆菌的代谢特征、菌体形态与杀虫晶体蛋白产量。研究表明：无需任何预处理工序，污泥所含营养成分即可基本满足苏云金芽胞杆菌生长需求，且增殖较快，24h 即可达活菌数与活芽胞数的最大值：9.48×10^8 cfu/mL 和 8.51×10^8 cfu/mL，比常规培养基提前 12h，数量分别提高 17% 和 21%；36h 扫描电镜（SEM）表征显示，污泥中晶体与芽胞大部分游离，且晶体较大，呈规则的菱形，而常规培养基中苏云金芽胞杆菌的代谢进程相对滞后，且晶体较小；至发酵终点污泥中杀虫晶体蛋白含量为 2.80mg/mL，也略高于常规培养基，采用污泥发酵制备苏云金芽胞杆菌生物杀虫剂大大降低了生产成本，且发酵性能优良，为污泥处置开辟了崭新途径（常明等，2006）。利用 30L 全自动搅拌式发酵罐研究了驯化后的苏云金芽胞杆菌 Bt 菌株在只添加少量营养物质的味精厂高浓度有机废水中的发酵特性并进行了生物毒性测定。结果表明该技术在有效处理味精废水的同时大量发酵生产经济效益和社会效益均良好的无公害生物农药，具有较高的工业应用价值（杨建州等，2000）。

以葡萄糖和甘油作碳源进行苏云金芽胞杆菌液体发酵，其发酵效果明显优于原实验室优化培养基，680nm 处的吸光度增加了 5～6 倍，得到的高浓度培养基成分为：胰蛋白胨 5.0g/L、酵母膏 5.0g/L、葡萄糖（或甘油）20g/L、KH_2PO_4 0.3g/L、Na_2HPO_4 1.1g/L、$MgSO_4\cdot7H_2O$ 1.0g/L、$FeCl_3\cdot6H_2O$ 0.02g/L、$CaCl_2$ 0.02g/L、EDTA 0.2g/L，微液 1mL/L，pH7.2。用葡萄糖作碳源进行 8L 发酵罐小试，发酵过程中菌体生长正常，工业发酵采用此培养基可以大大降低发酵成本（孙翠霞等，2006）。以烟草废料烟梗为原料，采用正交组合设计方法，对苏云金芽胞杆菌菌株 HD-1 的液态发酵培养基配方和发酵适宜条件进行摇瓶优化筛选。结果表明，烟梗液态发酵培养基的最佳组合为：烟梗液态基础培养基添加 1.5% 的蛋白胨、0.4% 的酵母膏、0.5% 的葡萄糖、0.1% 的磷酸二氢钠。发酵适宜条件为：接种量为 1%，pH7，温度 30℃，摇床转速 180r/min。烟梗发酵生产苏云金芽胞杆菌杀虫剂的方法是可行的，为烟草废料的循环利用开辟了新途径（李超等，2011）。

以羊毛粉为唯一碳氮源，对苏云金芽胞杆菌菌株 NJY1 的液体发酵产角蛋白降解酶的工艺条件进行了优化，确定最佳发酵培养基为：羊毛粉 15.0g/L，$MgSO_4\cdot7H_2O$ 0.3g/L，NaCl 0.3g/L，$CaCl_2$ 0.02g/L，$K_2HPO_4\cdot3H_2O$ 0.72g/L，KH_2PO_4 0.36g/L。

最佳发酵条件：初始pH7.5~8.0，接种量2.0%，菌龄12h，发酵温度37℃。测定表明，优化后的培养条件下发酵36h，角蛋白酶活力达到最高，为88.77U/mL，比未优化前酶活力增加247.91%（聂康康等，2010）。以玉米淀粉生产过程中的浸泡液作为原料培养基，在5L发酵罐中培养苏云金芽胞杆菌生物杀虫剂，并以常规黄豆粉培养基为对照，考察了苏云金芽胞杆菌在玉米浸泡液中的生长代谢状况（包括菌体形态、菌数增长与芽胞形成）及48h发酵液的生物毒效。研究表明，无需添加其他成分及前处理，玉米浸泡液所含营养成分即可满足苏云金芽胞杆菌生长需求，其培养的总活菌数及芽胞数在27h可达最大值1.51×10^9cfu/mL和1.41×10^9cfu/mL，分别比常规培养基高出59%和85%，芽胞形成与晶体释放提前9~12h；36h扫描电镜（SEM）观察表明，发酵36h浸泡液中大部分芽胞囊已经自溶，游离出卵圆形晶体，而此时常规培养基正处于芽胞形成后期，只有极少数的游离晶体与芽胞；48h发酵终点的生物毒效结果显示，以浸泡液为培养基的苏云金芽胞杆菌发酵液毒效（891.51 IU/μL）比常规培养基高89%。该试验为浸泡液的再利用提供了一条崭新的途径，同时降低了杀虫剂的生产成本（卢娜等，2007a）。

以玉米淀粉生产过程中的浸泡液为培养基，摇瓶发酵培养苏云金芽胞杆菌生物杀虫剂，通过一系列单因子试验，考察了不同培养条件（种子液的种龄、接种量、浸泡液的含固率、初始pH、摇床转速、发酵温度及发酵时间）对苏云金芽胞杆菌在玉米浸泡液中的生长（菌数增长与芽胞形成）及发酵液的生物毒效的影响，在最佳摇瓶培养条件（种子液种龄10h，接种量2%，浸泡液含固量3%，初始pH7.0~7.5，摇床转速200r/min，发酵温度30℃）下发酵48h，活菌数和活芽胞数分别可达7.9×10^8cfu/mL和5.5×10^8cfu/mL，毒力效价为698.0 IU/μL。该试验可为生物农药的工业化生产提供实用参数（卢娜等，2007b）。

应用粗糙集理论，针对苏云金芽胞杆菌培养基配方数据的特性，提出了基于粗糙集的Bt培养基配方优化算法，并运用于相应的Bt数据挖掘系统中（翁宜慧等，2004）。应用快速有效的数学统计方法对苏云金芽胞杆菌FS140耐温蛋白酶的发酵条件进行优化。首先采用二水平Plackett-Burman设计对影响产酶的8因素进行筛选，获得培养基成分中3个重要影响的因子：黄豆饼粉、酵母粉、葡萄糖。再利用响应面分析法对这3个因素进行3水平的优化，获得它们的最佳组合：黄豆饼粉1.8%、酵母粉0.36%、葡萄糖0.14%；优化后产酶水平达837.71U/mL，与响应面数学模型的预测值只有1.34%的误差。同时进行了发酵温度、初始pH、摇瓶装量与接种量等发酵条件的优化，FS140最终发酵产酶水平达918.91U/mL（郑毅等，2007）。

应用膜过滤技术对苏云金芽胞杆菌KN-11增效物质回收工艺进行了改进，发现纳滤膜（200D）能完全截留KN-11增效物质，通过3种膜过滤（0.1μm微滤膜、10 000D超滤膜和200D纳滤膜）的总回收率达85.5%；与常规回收比较，膜过滤回收工艺能显著提高浓缩液和浓缩粉的增效物质含量（分别为99.35U/mL，457.70U/g），同时除去了大部分的糖、氮等可溶性杂质，使浓缩液和浓缩粉保持了较好的理化性状。所配制的Bt高含量悬乳剂的效价为15 645~19 465IU/μL，含固量较低且流动性较好，Bt高含量原粉效价可达100 646IU/mg（陈振民等，2005）。在生物农药生产过程中，粉碎能耗占据了生产成本的10%以上。采用纤维素酶对苏云金芽胞杆菌固体发酵的培养基进行前处理，得到一种易粉碎的培养基，用该培养基发酵所得产品的后处理能耗明显降低，且和原培养基发酵产品的效价相当，证明纤维素酶的加入没有影响菌种的生长（李智元和弓爱君，2010）。

在苏云金芽胞杆菌常用培养基的基础上，设计了3种改进苏云金芽胞杆菌产生伴胞晶体的培养基，从中筛选出一种比1/2 LB、G-T培养基培养周期短的ZM培养基。同时，改进了晶体蛋白的提纯方法——碱裂解法。改进后的方法与不连续蔗糖密度梯度离心法相比，简便易行，提取量大，在BT的生化和生物活性研究上具有一定参考价值（左雅慧和丁之铨，1999）。

在同等条件下，采用同一培养基的固态和液态2种环境，对苏云金芽胞杆菌中国标准品（Bt CS3ab-1991）的发酵质量进行了比较研究。结果表明：固态发酵培养的Bt芽胞平均长度0.028mm，液态发酵平均为0.017mm，含菌量在28h分别为0.88×10^{10} cfu/L和0.54×10^{10} cfu/L。在发酵过程中，菌体浓度在生长曲线上表现为固态发酵高于液态，缩短发酵时间2h，且接种量对固态发酵的影响也较小。而在虫害研究方面，取食含固态药液菜叶的小菜蛾羽化率较液体降低10%，死亡率差异显著（夏丽娟等，2009）。

在温度（30±0.5）℃、转速180r/min的条件下，用Bt发酵培养液对菌株Bt33进行振荡培养，考察不同接种量和培养时间对芽胞含量的影响。结果表明，将芽胞含量为2.5×10^9 cfu/mL的母液按1%～15%（V/V）的比例接种后培养33～50h，9%和12%接种量处理能产生8.5×10^9 cfu/mL以上的芽胞浓度。通过拟合逻辑斯谛生长模型，发现该菌在上述液培条件下的最大孢子含量为2.03×10^{10} cfu/mL（高家合等，2003）。在直径100mm，体系4.7L的环隙气升式内环流反应器内，考察了不同通气量及培养基含固量对苏云金芽胞杆菌（简称Bt）HD-1发酵水平的影响。实验表明，在该反应器中，Bt-HD-1发酵的最佳通气量为1.75L/min，最佳培养基含固量为3.5%。此外，通过研究通气量和培养基含固量对终止溶解氧（DO）及终止pH的影响发现，在环隙气升式内环流反应器中，Bt-HD-1发酵的正常指标为，终止pH＞7.0，终止DO＞60%（申烨华等，2001）。

三、苏云金芽胞杆菌的蛋白质特性研究

苏云金芽胞杆菌 *aiiA* 基因所编码的AiiA蛋白是一种内酯酶，可以降解N-乙酰高丝氨酸内酯（N-acyl-homoserine lactones，AHL），从而减弱致病菌产生的危害。克隆了6株不同来源的苏云金芽胞杆菌 *aiiA* 基因，并对来自于苔藓（LLB15）和土壤（LLS9）的Bt *aiiA* 基因进行了生物信息学分析。结果表明，AiiA-B15相对分子质量为27.97×10^3，等电点为4.59；AiiA-S9相对分子质量为28.14×10^3，等电点为4.32，两者都是亲水性蛋白。AiiA蛋白具有很高的保守性，AiiA-B15和AiiA-S9同源性为90%。进化树结果表明，AiiA-B15与苏云金芽胞杆菌九洲亚种（Bacillus *thuringiensis* subsp. *kyushuensis*）进化距离最近，AiiA-S9与蜡状芽胞杆菌进化距离最近。将*aiiA*-B15基因克隆到pGEx-4T-3表达载体中，构建重组质粒pGEXaiiA-B15，IPTG诱导后可大

量表达融合蛋白。对表达的条件进行优化，结果表明，0.6mmol/L IPTG，30℃条件下诱导 3h 为最佳诱导条件；致病性检测表明，该融合蛋白对胡萝卜欧文氏软腐病菌具有较强的抗病作用（杨梅等，2007）。以苏云金芽胞杆菌菌株 4.0718 伴胞晶体 65kDa 原毒素为材料，比较了几种染色-脱色方法对电洗脱回收蛋白质的影响。蛋白质纯化的步骤包括 SDS-PAGE 分离、采用自制蛋白质回收装置电洗脱回收杀虫晶体蛋白及抗胰蛋白酶核心多肽、超滤法脱盐、冷丙酮沉淀法除去考马斯亮蓝及 SDS。经 SDS-PAGE 检测，呈现出均一的蛋白质带，回收蛋白质达到了电泳纯。以双向凝胶电泳（two-dimensional electrophoresis，2-DE）技术分析了苏云金芽胞杆菌库斯塔克亚种 HD-1 和菌株 4.0718 伴胞晶体内的蛋白质组分。结果表明，两者相互匹配的蛋白质点有 54 个，菌株 HD-1 的 130kDa 亚基有 2 个点，其等电点为 5.25～5.75，65kDa 亚基在等电点 3.4～8.3 时具有广泛的分布，130kDa 与 65kDa 之间的亚基的等电点集中于 3.5～4.2，65kDa 以下亚基的等电点集中于 3.5～6.2；菌株 4.0718 的 130kDa 亚基仅有一个点，65kDa 亚基的蛋白质点比菌株 HD-1 更多，130kDa 与 65kDa 之间的亚基、65kDa 以下的亚基蛋白质点均比菌株 HD-1 多且等电点分布范围更广（丁学知等，2005）。

通过采用乙酸钠-抗生素筛选法从 6 个不同生境中筛选得到了苏云金芽胞杆菌菌株 W14、ZY1、3346、TMQ2、B31 和 P91，镜检可观察到其伴胞晶体呈小菱形和不规则形状。SDS-PAGE 分析结果表明 6 个菌株表达的晶体蛋白分子质量为 130kDa，对其杀虫晶体蛋白的测定，结果发现这些菌株晶体蛋白含量均不高，仅为 0.20%～0.29%，而 B31 则无晶体含量。同时对这 6 个 Bt 菌株进行了生物测定，发现所有菌株对棉铃虫杀虫活性均较低。由此可见，特殊生境获得的 Bt 菌株与常规菌株晶体含量不同，且晶体含量过低是其杀虫活性不高的根本原因（潘晓鸿等，2009）。

四、苏云金芽胞杆菌的基因研究

1994～1995 年采用棉铃虫初孵幼虫鉴定 R1、R2、R3 代转 Bt 基因棉花 2000 多株次，筛选出 R1 代抗虫达 80% 以上的单株 11 个，占参测株系 6.21%；R2 代 15 个，占参测株系 13.89%；R3 代 375 株，占参测株系 71.29%；12 份材料进入复鉴，8 份材料在罩笼接虫中，百株活虫数及被害蕾铃率平均比对照分别减少 88%～100% 及 90%～100%。叶、蕾饲喂棉铃虫 3 龄幼虫，毒性效果均在 80% 以上，3 龄棉铃虫幼虫取食抗虫棉后，取食量、排泄量及体长和体重增长率比对照减少 50%～107%，第 4 天出现死虫，且对红铃虫也有较强的抗性，可以作为抗棉铃虫品系利用（束春娥和黄骏麒，1997）。

2009 年 11 月 27 日，中华人民共和国农业部批准了两种转苏云金芽胞杆菌（Bt）融合型杀虫蛋白 Cry1Ac/Cry1Ab 基因的抗虫水稻——"华恢 1 号"和"Bt 汕优 63"的安全证书。而早在 2005 年就有报道称，我国就有转 Bt 基因水稻种子的销售与种植，并在我国原料生产的亨氏婴儿米粉中检测出了 Bt 基因的成分（王月丹，2010）。

B-Hm-16 是从患病昆虫体内分离的一株苏云金芽胞杆菌，对小菜蛾、甜菜夜蛾、棉铃虫、黏虫和甘蓝夜蛾等多种害虫均具有较高活性；主要形成钝菱形晶体，杀虫蛋白晶体主要由 130kDa 的蛋白质组成；酯酶型与模式菌株蜡螟亚种（Bt subsp. *galleriae*）

和库斯塔克亚种（Bt subsp. *kurstaki*）一致，为 galleriae 型；10 项生理生化反应结果同模式菌株鲇泽（B. t. subsp. *aizawai*）亚种一致；经 PCR-RFLP 鉴定该菌株含有 *cry*1Ab 和 *cry*9Ea 基因，不含有 *cry*2、*cry*3、*cry*4、*cry*5、*cry*8 和 *cry*11 等基因（李长友等，2007）。用随机扩增多态性 DNA（randon amplified polymorphic DNA，RAPD）RAPD-PCR 扩增到 61 个标准株、生产用菌株及 24 个蜡状芽胞杆菌参比菌株的全 DNA 的指纹图，通过计算多态性扩增片段的大小，利用 NTSYS 软件进行聚类分析，蜡状芽胞杆菌菌株并未形成独立于苏云金芽胞杆菌的聚群，这是此近缘种 DNA 分子水平高度同源的新证据，61 个苏云金芽胞杆菌的聚类结果表明，其 DNA 指纹图与 H-血清型有一定相关性，与引物 0955-03 相比，引物 0940-12 对苏云金芽胞杆菌不同亚种及蜡状芽胞杆菌菌株具有更高的鉴别价值，大多数特异株 DNA 全指纹图有菌株特异性，证实 RAPD-PCR 技术是苏云金芽胞杆菌及蜡状芽胞杆菌种下分类和鉴定的简便快速有效的方法（刘春勇等，1999）。

Bt 25 是中国自行分离的对小菜蛾（*Plutella xylotella*）具有高毒力的苏云金芽胞杆菌，经 PCR-RFLP 鉴定含有 *cry*1Aa 基因。以全长基因 PCR 产物的黏端定向克隆的方法，设计一对特异引物，以 Bt 25 质粒 DNA 为模板扩增 *cry*1Aa 全长基因。序列测定结果表明，该基因编码区为 3552bp，编码 1183 个氨基酸，分子质量为 133.7kDa，pI 为 4.755。该基因序列已在 GenBank 注册，登录号为 AY197341，并获得正式命名 *cry*1Aa14。在氨基酸序列 918～1180 位，和已知的 11 种 *cry*1Aa 存在 22～23 个氨基酸的差异（其中 1094～1097 位的 4 个氨基酸无对应序列），而这段区域和 Cry1Ab 氨基酸序列的对应区域无差异。*cry*1Aa14 全长基因插入 Bt 表达载体，获得了重组表达质粒 pBYB1，转化 Bt 无晶体突变株 HD73cry$^-$，经过抗性筛选、DNA 酶切分析和 PCR 检测，证实转化成功。SDS-PAGE 分析表明，该基因在上述受体中能正常表达 133kDa 蛋白质。杀虫生物测定结果表明，*cry*1Aa14 表达产物对小菜蛾幼虫具有显著的毒杀作用，与 *cry*1Aa12 进行比较，毒力无明显差异。这种单基因菌株的发现及其基因的获得，为害虫抗性研究和高效工程菌的构建提供了重要实验材料（任莹博等，2004）。

Bt-*E. coli* 穿梭载体 pHT315 去除 Bt 复制区，构成了一个具有红霉素和氨苄抗性，同时具有多克隆位点的只能在 *E. coli* 中复制的载体，命名为 pHT315-1。利用 pHT315-1，通过部分酶切建库的方法，从近 10 000 个重组子中得到一个 Bt 复制区。序列测定结果表明，该复制区为 5273bp，已在 GenBank 注册，登录号为 AY278324。GenBank 核酸序列 Blast 表明，该复制区部分序列与 Bt 菌株 HD263 的复制区 ori43 编码复制蛋白的序列同源性为 98%。30℃连续培养 72h，复制区质粒在 Bt 无晶体突变株 HD73cry$^-$ 中稳定性达 98% 以上，30h 生长曲线也表明，该复制区质粒对受体菌株无明显不良影响（任莹博等，2004）。

Bt 菌株 Ly30 是我国自行分离的对多种害虫具有高毒力的苏云金芽胞杆菌，经酶切扩增产物多态性序列（cleaved amplified polymorphic sequence，CAPS）系统鉴定，它含有 *cry*1Aa 基因。以全长基因 PCR 产物的黏端定向克隆的方法，设计一对特异引物，分别引入 *Nco* I 和 *Bam* H I/*Nco* I 酶切位点。以 Ly30 质粒 DNA 为模板扩增 *cry*1Aa 全长基因，与表达载体 pKK233-2 相应酶切产物连接，转化大肠杆菌，获得含有

*cry*1Aa 基因重组质粒 pKKLy1Aa。完成了该基因的亚克隆和序列测定，结果表明，该基因的编码区为 3531bp，编码蛋白质分子质量为 133.2kDa，含 1176 个氨基酸，等电点 pI=4.99。该基因序列已在 GenBank 中登记注册，登录号为 AF384211，并被国际 Bt 杀虫晶体蛋白基因命名委员会正式命名为 *cry*1Aa12。对重组菌 KKLy1Aa 进行诱导表达研究。在 0.6mmol/L IPTG、37℃、8h 培养条件下，该基因获得高效表达，SDS-PAGE 检测到明显的 133.2kDa 蛋白质带。室内生物测定结果表明，Cry1Aa 蛋白对不同的小菜蛾品系均有较高的杀虫活性，其 LC_{50} 值分别为 0.203μg/mL 和 0.554μg/mL（姚江等，2003）。

Bt 菌株 Ly30 是中国自行分离的对多种害虫具有高毒力的苏云金芽胞杆菌，经 CAPS 系统鉴定，它含有 *cry*1Ac 基因。以全长基因 PCR 产物的黏端定向克隆的方法，设计一对特异引物，分别引入 *Sal* I 和 *Bam* H I 酶切位点。以 Ly30 质粒 DNA 为模板扩增 *cry*1Ac 全长基因，与表达载体 pET-21b 相应的酶切产物连接，转化大肠杆菌，获得含有 *cry*1Ac 基因的重组质粒 pEKLy1Ac。该基因的亚克隆和序列测定结果表明，其编码区为 3534bp。编码蛋白质分子质量为 133.5kDa，含 1177 个氨基酸，等电点为 4.8，与 CrylAc3 同源性最高，存在 4 个氨基酸的差异，与 Cry1Ac10 之间则有 6 个氨基酸不同。该基因序列已在 GenBank 中登记注册为 AF482767，并被国际 Bt 杀虫晶体蛋白基因命名委员会正式命名为 *cry*1Ac14。该基因经诱导获得高效表达，SDS-PAGE 检测到明显的 133.5kDa 蛋白质带。室内生物测定结果表明，诱导表达的 Cry1Ac 蛋白对棉铃虫、甜菜夜蛾等鳞翅目害虫幼虫均有较高的杀虫活性，其 LC_{50} 值分别为 19.236μg/g 饲料和 3276μg/g 饲料（姚江等，2003）。

Cry1Ac 编码的杀虫晶体蛋白是苏云金芽胞杆菌（Bt）产生的多种杀虫晶体蛋白中对鳞翅目昆虫有很高毒性的蛋白。第一个 Cry1Ac 杀虫晶体蛋白最早在库斯塔克亚种 HD73 中以伴胞晶体形式分离获得，其编码区为 3534bp，编码蛋白质分子质量为 133kDa，含 1178 个氨基酸，等电点为 4.84。自此以来，Cry1Ac 杀虫晶体蛋白结构、功能及应用研究一直是 Bt 杀虫晶体蛋白研究的重要方向。介绍了苏云金芽胞杆菌中应用最广泛的 Cry1Ac 杀虫晶体蛋白家族的结构、功能及其基因分类，并进一步就基于苏云金芽胞杆菌 Cry1Ac 杀虫晶体蛋白的基因工程研究进行分析，提出了持续利用 Bt Cry1Ac 杀虫晶体蛋白的一些见解（刘卓明等，2009）。

PCR 扩增编码 SZZ 短肽与植物过敏素（harpin）融合蛋白的 1.5kb 基因片段，克隆到苏云金芽胞杆菌表达载体 pHZB1 上，并置于晶体蛋白 *cry*1 类基因的启动子下游，从而构建表达质粒 pHSZH。将表达载体 pHSZH 电击转化晶体缺陷型的 BG-CDB 菌株，获得工程菌 Bt-pHSZH。SDS-PAGE 蛋白质分析和生物测定结果显示，培养 48h 的 Bt-pHSZH 明显表达 SZZ-harpin 融合蛋白，表达产物具有诱导烟草过敏反应和系统性获得抗性的功能（余榕捷等，2003）。

Vip3A 蛋白是苏云金芽胞杆菌（Bt）在营养期分泌的一类新型杀虫蛋白。用 PCR 方法从 114 个 Bt 菌株和 41 个 Bt 模式菌株中筛选到 39 株即约 25% 的菌株含有 *vip*3A 基因。利用所制备的 Vip3A 蛋白的多克隆抗体对以上含有 *vip*3A 基因的 Bt 菌株进行 Western 印迹分析，发现多数 PCR 反应为阳性的菌株，都产生 89kDa 大小的蛋白质，其中 4 株没有 Vip3A 蛋白的表达。从以上菌株中挑选 2 个对夜蛾科害虫具有较高和较低毒力的菌株，即 S101 和 611，并分别进行 *vip3A* 基因的克隆和测序，再与 GenBank 上所登录的其他 6 个全长 *vip3A* 基因和 2 个已报道的但未登录 GenBank 的 *vip3A* 基因进行核苷酸和氨基酸序列比较，结果表明，*vip3A* 是一个极其保守的基因。将以上所克隆的 2 个 Bt *vip3A* 基因即 *vip3A*-S101 和 *vip3A*-611 分别插入表达载体 pQE30 构建了表达质粒 pOTP-S101 和 pOTP-611，转化到大肠杆菌 M15，经 1mmol/L IPTG 诱导后均表达 89kDa 大小的 Vip3A 蛋白。蛋白质可溶性试验表明，Vip3A-S101 和 Vip3A-611 分别有 48% 和 35% 的蛋白质是可溶的。将 Vip3A-S101 和 Vip3A-611 蛋白和已报道的 Vip3A-S184 蛋白对初孵斜纹夜蛾（*Spodoptera litura*）幼虫进行生物测定，结果表明，3 个 Vip3A 蛋白对斜纹夜蛾幼虫毒力没有显著性差异，这说明 Vip3A 个别氨基酸的变化对蛋白质的杀虫活性没有影响（陈建武等，2003）。

采用 PCR 方法对引自美国俄亥俄州立大学芽胞杆菌遗传保存中心（Bacillus Genetic Stocli Center，BGSC）的 45 个苏云金芽胞杆菌（Bt）进行了 *hblA*、*bceT* 及 *entS* 3 种蜡状芽胞杆菌（Bc）肠毒素基因的检测。结果表明，*hblA*、*bceT* 及 *entS* 的检出率分别为 60%、66.7% 和 44.7%。这 45 个菌株涉及 44 个 Bt 亚种，说明 Bc 肠毒素的基因在 Bt 中是普遍存在的，Bt 的安全性问题仍需继续关注（黄必旺等，2005）。

采用中国林业科学研究院林业研究所生物技术室开发的核酸序列分析软件 tRNA SYSTEM 分析了 4000 个杨树形成层基因氨基酸的三联体遗传密码，得出了一套适合于在杨树形成层高效表达的密码子，并通过该密码子，对从苏云金芽胞杆菌菌株 Bt.886 中克隆的、具有抗天牛作用的 *cryⅢA* 基因进行了改造。在两端加上合适的酶切位点后，人工合成了最长为 90bp 的小片段，再延伸及用 T4 连接酶拼接成全长为 1812bp 的基因。利用两端设计的酶切位点，将全长基因克隆到克隆载体 PUC119 上，为苏云金芽胞杆菌进一步用于在杨树形成层特异表达的研究打下了基础（陈军等，2003）。

成功地构建以水稻体内定殖的优势细菌——巨大芽胞杆菌为载体菌的工程杀虫内生细菌，这一内生工程杀虫细菌的建成是以水稻内生细菌的动态研究、定殖研究及重组 DNA 和细菌转化方法研究背景为基础，利用杀虫毒性强、表达苏云金芽胞杆菌 δ-内毒素较高的重组质粒为供体，通过改进的 PEG 原生质体转化法及新型高新电脉冲穿孔转化法完成（刘云霞和张青文，1997）。

根据蜡状芽胞杆菌（Bc）肠毒素基因序列，设计特异 PCR 引物，对 16 个苏云金芽胞杆菌（Bt）菌株进行检测。结果显示，15 个菌株含有肠毒素基因片段。克隆了 Bt 8010 肠毒素 *entS* 基因的编码框（ORF）序列，将该序列测序，用在线的 Blast 软件与 DNASIS 软件进行同源性分析。结果表明，该基因与已知的 Bc 和炭疽芽胞杆菌（*Bacillus anthracis*）肠毒素基因有很高的同源性，但该基因有 12 个核苷酸缺失，不能表达完整多肽（黄必旺等，2005）。

从对鳞翅目昆虫有强毒性的苏云金芽胞杆菌菌株 *Kurstaki* HD-1-02 中克隆到一个 3.5kb 的杀虫晶体蛋白基因 *CryI*-02。全序列分析表明，该基因由 3531bp 的核苷酸组成，可编码 1176 个氨基酸组成的蛋白质，根据同源性比较，该基因被确定为 *Cry1Aa* 基因。它与国外报道的 Bt *Cry1Aa* 基因具有相似的限制性内切酶图谱、核苷酸和氨基酸序列（侯丙凯和党本元，2000）。

为从高毒力 Bt 菌株中克隆 cry2Ac10 基因，并研究其表达和杀虫活性，以 Bt 菌株 QCL-1 质粒为模板，利用 cry2 特异性引物 FY2A5 和 FY2A3 进行 PCR 扩增，将片段克隆到表达载体 pET-21b（+），构建 T7 启动子控制的大肠杆菌重组表达质粒 pET21b-cry2Ac。经 IPTG 诱导后，SDS-PAGE 检测基因表达情况，然后对表达产物进行生物活性测定。从菌株 QCL-1 中克隆出基因，该基因的编码框由 1872 个碱基组成，编码的蛋白质由 623 个氨基酸组成，与已报道的 Cry2Ac 氨基酸同源性为 97.4%～99.7%。该基因（GenBank 登录号为 EF405952）已被国际 Bt 基因命名委员会正式命名为 cry2Ac10。该基因在大肠杆菌 BL21（DE3）中能够正常表达 70kDa 的蛋白质，表达产物对棉铃虫、黏虫和粉纹夜蛾幼虫具有高毒力，同时对甜菜夜蛾幼虫生长有抑制作用，其中对棉铃虫和黏虫初孵幼虫的 LC_{50} 分别为 30.0μg/g 和 16.7μg/g（白雪峰等，2007）。

从苏云金芽胞杆菌 HD-73 中提取 Bt Cry1Ac 蛋白，电镜观察 Bt Cry1Ac 蛋白为标准的菱形。用 SP2/0-Ag14 骨髓瘤细胞与经该 Bt Cry1Ac 蛋白免疫的 BALB/c 小鼠的脾细胞融合，经 3 次克隆化，筛出 2 株稳定分泌 Bt Cry1Ac 单克隆的杂交瘤细胞株 1C3、2F3。2 株细胞均具有抗 Bt Cry1Ac 特异性，与 Bt Cry1Ab 和 Bt Cry2A 无明显的交叉反应，经亚型鉴定均为 IgG1，腹水滴度均为 1：1 024 000（乔艳红等，2005）。

从苏云金芽胞杆菌 T04A001 中提取基因组 DNA，通过 PCR 的方法克隆了几丁质酶基因 chiAC（GenBank 登录号为 EF427670）。置换 chiAC 基因的启动子为 T7 启动子时，chiAC 基因能在 IPTG 诱导下在大肠杆菌中大量表达，并产生大小约 70kDa 的表达产物（蔡亚君等，2011）。

从我国 20 个省市采集 176 份土壤中分离出苏云金芽胞杆菌 53 株，以 cry1、cry2、cry3、cry4、cry-n、cry7、cry8、cry11、cry13 和 cyt 的引物进行 PCR 分析。结果表明：4 株含有 cry4，12 株含有 cry7，4 株含有 cry8，4 株含有 cry1，2 株同时含有 cry1 和 cry2，27 株无 PCR 产物、未检测到其他基因型。经电镜扫描伴胞晶体形态多种多样，主要有菱形、球形、方形、多边形和不规则形（罗兰等，2005）。对 7 株苏云金芽胞杆菌菌株进行了 cry1 基因检测、晶体形态观察、晶体蛋白 SDS-PAGE 及杀虫活性检测。结果表明，综合菌株的 PCR 结果、晶体形态和晶体蛋白图谱结果可以预测其杀虫特性。根据菌株预测的杀虫特性进行有目的的生物测定，可以快速、准确地筛选到对特异害虫具高毒力的菌株（蔡峻等，2003）。

对高活性 Bt 野生株进行了 cry 基因检测，Southern 杂交证明 cry1AC 和 cry1C 位于质粒上。利用接合转移和电穿孔转移等方法对这些菌株进行了遗传改良研究。结果表明：高效野生株 7404、HD-1-X 和 9510 不易获得并表达外源 cry 基因，而高效野生株 Bti.t-1897 的电转化频率较高，并获得以 Bti.t-1897 为受体，对甜菜夜蛾、棉铃虫、黏虫和淡色库蚊均有毒力，具有 cry1AC、cry1C、cry1V 及 cyt 多价基因的广谱工程菌株（刘春勇和董飚，1999）。对苏云金芽胞杆菌菌株 C002 cry2AB 基因阳性克隆 PHT315-2Ab 进行亚克隆和序列测定，在 GenBank 注册后经国际 Bt 杀虫蛋白基因委员会正式命名为 cry2Ab3。序列分析表明该基因含有芽胞杆菌特异的核糖体结合位点

(ribosome-binding site，RBS）序列，但没有功能性启动子，为沉默基因。根据大肠杆菌 T7 表达载体 pET-21b 克隆位点和 cry2Ab3 可读框架（ORF）两端序列，设计合成一对特异引物 L2ab5 和 L2ab3，高保真 PCR 扩增获得 cry2Ab3 完整 ORF，经酶切、连接构建了重组表达质粒 pFT-2Ab3。表达质粒导入大肠杆菌 BL21（DE3），经异丙基硫代-β-D 半乳糖苷诱导后，SDS-PAGE 证实了 cry2Ab3 的表达。生物测定显示诱导培养物对棉铃虫初孵幼虫和小菜蛾 2 龄幼虫具有杀虫活性，能明显抑制二化螟 2 龄幼虫生长，但对甜菜夜蛾和玉米螟没有明显活性。进一步提取 Cry2Ab3 蛋白，生物测定结果表明其对棉铃虫 LC_{50} 为 32.55μg/g（陈中义等，2002）。

分别采用携带 cry1A 上游区，突变或缺失上游区的重组穿梭载体 pHT/pSGMU-P，电转化到苏云金芽胞杆菌不同菌株中，并经含不同初始碳源的 Gtris 培养基培养，检测 BtI-lacZ 融合基因的表达。结果表明，各种转化子的 β-半乳糖苷酶活性随着培养基中初始碳源的不同而异，在以丙酮酸钠为初始碳源的培养基中，BtI-lacZ 的表达量最高，以葡萄糖为初始碳源的次之，在琥珀酸钠中最低，说明 cry 基因的表达与初始碳源的种类和细胞的代谢有关（程萍等，2001）。分别克隆了叶片、苔藓和土壤中分离的苏云金芽胞杆菌的 aiiA 基因，并对其编码的蛋白 AiiA-P28、AiiA-B19 和 AiiA-S2 进行了理化特征分析、进化树分析和空间结构的研究。结果表明，AiiA-P28、AiiA-B19 和 AiiA-S2 分子质量均为 25.5kDa；等电点分别为 4.77、4.77、4.93；三者均为亲水性蛋白，具有很高的同源性。进化树分析结果表明叶片中分离的 AiiA-P28 与苔藓中分离的 AiiA-B19 进化距离较近，而土壤中分离的 AiiA-S2 与它们的进化距离较远。三维结构分析表明，AiiA 蛋白具有典型的 αβ/βα 折叠的空间结构（杨梅等，2007）。

分析了苏云金芽胞杆菌（Bt）cry1 和 cry1I 基因的保守区，在 cry1 类基因的下游和 cry1I 基因的上游设计了一对通用引物，用于检测 cry1I 与 cry1 类基因的连锁现象。从鉴定的 142 株 Bt 分离株中，PCR 扩增发现 71 株出现约 1.4kb 的阳性带，说明这一现象广泛存在于 Bt 菌株中。在此基础上用 pGEM-T Easy 载体克隆了菌株 Bt07 和 J8 中的连锁序列，序列分析表明，Bt07 中是 cry1I 基因与 cry1Db 基因连锁，间隔区为 504bp；J8 中是 cry1Ia 基因与 cry1Ac 基因连锁，间隔区为 506bp。进一步比较间隔区序列，同源性达 93.7%，同时含有多个原核生物终止序列，且未发现启动子序列，揭示了这 2 个菌株中 cry1I 基因沉默的成因（宋福平等，2002）。

分析苏云金芽胞杆菌的 cry2A 型芽胞期启动子对晶体蛋白 Cry11Aa 的协调作用和分子伴侣 ORF1～ORF2 对 Cry11Aa 表达的促进功能。3 个包括 cry11Aa 编码区的重组质粒 pHcy1、pHcy2 和 pHcy4 被构建并电击转化到苏云金芽胞杆菌晶体缺陷株 4Q7 中，其中 pHcy1 质粒携带 cry11Aa 基因自身启动子和分子伴侣 p19 基因，pHcy2 携带 cry2A 型芽胞期启动子和分子伴侣 orf1～orf2 基因，pHcy4 质粒在 pHcy1 的上游插入了 cry2A 型芽胞期启动子和分子伴侣 orf1～orf2 基因。SDS-PAGE 分析了 Cry11Aa 蛋白在各重组苏云金芽胞杆菌菌株中的表达情况，并通过生物测定确定了其对蚊虫的生物活性。SDS-PAGE 结果表明，Cry11Aa 蛋白在 4Q7（pHcy1）和 4Q7（pHcy4）均获得了表达，在 4Q7（pHcy2）中未检测到 Cry11Aa 蛋白，推测晶体蛋白 Cry11A 不能利用 cry2A 型启动子进行表达调控；Cry11Aa 蛋白在等体积 4Q7（pHcy4）培养液中的表达量是 4Q7（pHcy1）菌株的 1.25 倍，暗示着分子伴侣 ORF1～ORF2 在某种程度上能提高 Cry11Aa 的蛋白质表达量。4Q7（pHcy1）和 4Q7（pHcy4）形成的 Cry11Aa 蛋白晶体的形状和大小相似，两者对致倦库蚊的生物活性没有明显差异，LC_{50} 分别为 59.33ng/mL 和 66.21ng/mL。推测晶体蛋白 Cry11A 能否成功表达与其使用启动子的类型和两者的协调配合有关。分子伴侣 ORF1～ORF2 虽然在某种程度上能提高 Cry11Aa 的蛋白质表达量，但对提高 Cry11Aa 蛋白的杀蚊毒力没有显著性帮助（师永霞等，2008）。

根据 Bcl4579 丙酮酸脱氢酶基因序列设计引物，从苏云金芽胞杆菌菌株 BMB171 总 DNA 中扩增得到相应的丙酮酸脱氢酶基因 DNA 片段。将 DNA 片段装载到大肠杆菌构建 pET-E1 表达系统，再通过优化重组菌的表达条件获得有生物活性的丙酮酸脱氢酶。结果表明，pET-E1 表达系统构建获得成功；优化的表达条件如下：培养基为 TB+M9（体积比 1∶1）、起始菌体密度 OD_{600} 为 4～5.5、诱导剂 IPTG 浓度为 0.04mmol/L（杨迪等，2009）。

根据 GenBank 中 *cry1A* 类基因序列设计一对特异性引物，以苏云金芽胞杆菌猝倒亚种质粒 DNA 为模板，应用 PCR 扩增技术得到一大小约为 3.6kb 的 DNA 片段（*cry1Aa*13）。通过引物步行法测定该片段长 3598bp，其中可读框（ORF）长 3540bp，编码 1180 个氨基酸，分子质量为 133.49kDa，等电点 pI=5.0。序列比较表明该基因与 *Cry1Aa* 类基因高度同源（达 95% 以上），该基因已在 GenBank 中登录，登录号为 AF510713，并被 Bt δ-内毒素基因国际命名委员会正式命名为 *cry1Aa*13（钟万芳等，2004）。根据 GenBank 中 *cry2Ad* 基因序列设计一对特异性引物，以苏云金芽胞杆菌新菌株 S249 质粒 DNA 为模板，应用 PCR 扩增技术得到了一条大小约为 2.0kb 的 DNA 片段（*cry2Ad*2）。通过引物步行法测定该片段长 1919bp，其中可读框（ORF）长 1902bp，编码 633 个氨基酸；经 DNASTAR 软件分析，预测其蛋白质分子质量为 64.36kDa，等电点 pI 为 8.26。序列比较结果表明，该基因与 *cry2Ad* 类基因高度同源（同源性达 99%）。该基因已在 GenBank 中登录，登录号为 DQ219823，并被 Bt δ-内毒素基因国际命名委员会正式命名为 *cry2Ad*2（冯纪年等，2006）。

根据已知序列设计一对 PCR 引物（ORF-5S、ORF-3N），可从 *cry2Aa* 和 *cry2Ac* 操纵子中扩增出包含串联分子伴侣基因 *p19～p29* 的 DNA 片段，预期大小分别为 1.6kb 和 2.0kb。对 150 株苏云金芽胞杆菌菌株进行 PCR 检测，从 26 株中获得了大小为 1.6kb 的扩增片段，但未获得 2.0kb 的片段。这表明 *cry2Aa* 型操纵子 *p19～p29* 基因存在较广泛，而 *cry2Ac* 型较罕见。将来自菌株 Y2 的 1.6kb 片段回收，通过一系列亚克隆，最终构建成一个含有 *p19～p29* 串联基因的 Bt 表达载体，为进一步研究 *p19～p29* 串联基因的功能奠定了基础（余健秀等，2002）。根据苏云金芽胞杆菌（Bt）*cry2*、*cry3* 和 *cry4/cry10* 型基因的保守区分别设计了 3 对通用引物 S5un2/S3un2、S5un3/S3un3 和 S5un4/S3un4。PCR 扩增分别产生约 1.2kb、1.4kb 和 1.5kb 的产物，然后分别用 HindⅠ/MspⅠ、BglⅡ/PstⅠ和 BstEⅡ/DraⅠ酶切，并经 RFLP 分析鉴定 Bt 菌株的 *cry* 基因型。利用该方法对含已知 *cry2*、*cry3* 和 *cry4/cry10* 型基因的 Bt 菌株和遗传工程菌进行基因分析，得到的结果与预测的 RFLP 相符，证明该方法可行。在此基础上对 14 株 Bt 分离株的基因型进行了鉴定，其中有 9 株分离株含 $cry2$ 型基因，仅菌株 Bt22 含 $cry3$ 型基因；所有被测菌株均不含 $cry4/cry10$ 型基因（宋福平和谢天健，1998）。

为鉴定我国自行分离的苏云金芽胞杆菌菌株中 $vip3A$ 基因的分布和基因型，从其中对鳞翅目幼虫表现高毒力的 Bt 菌株中克隆 $vip3Aa$ 基因，利用 PCR-RFLP 方法确定 $vip3A$ 基因的分布和鉴定基因型，利用 PCR 方法克隆 $vip3A$ 全长基因。结果从 171 株野生型 Bt 菌株中共鉴定出 63 株含有 $vip3A$ 基因，均与 $vip3Aa1$ 类基因相似。从菌株 TF9 和 Bt16 中克隆得到 2 个 $vip3Aa$ 基因，分别构建了携带 $vip3Aa$ 基因的表达载体 p30vip-26 和 p30vip-27，SDS-PAGE 和 Western 印迹分析表明，IPTG 诱导后均可表达 88kDa 左右的 Vip3A 蛋白，蛋白质可溶性分析表明约 10% 可溶。这 2 种基因序列已被国际 Bt 基因命名委员会分别正式命名为 $vip3Aa26$ 和 $vip3Aa27$。生物测定结果显示，Vip3Aa27 蛋白对粉纹夜蛾（Trichoplusia ni）、甜菜夜蛾（Spodoptera exigua）和棉铃虫（Helicoverpa armigera）3 种重要鳞翅目害虫初孵幼虫的毒力较高，LC_{50} 值分别为 0.125μg/mL、0.238μg/mL 和 9.238μg/mL；而 Vip3Aa26 蛋白仅对粉纹夜蛾有活性，LC_{50} 值为 4.423μg/mL；表明 Vip3A 蛋白个别氨基酸的变化对其杀虫活性影响很大（申建茹等，2009）。

将来自苏云金芽胞杆菌库斯塔克亚种（Bt subsp. kurstaki）的杀虫基因 $cry1Ac$ 通过综合质粒载体 pEG601，整合到松树共生细菌蜡状芽胞杆菌（Bc752）的染色体上，得到的工程菌对马尾松毛虫幼虫有明显的杀虫活性。此综合质粒含有能在营养期表达 Bt $cry1Ac$ 基因的强启动子、$cry1Ac$ 杀虫基因、四环素抗性标记基因 tet^r、8.0kb 的 Eco R I -Nco I B. cereus（0147）染色体片段。将综合质粒通过电击导入 Bc752 中，综合质粒与 Bc752 染色体发生同源重组，将 Bt $cry1Ac$ 基因整合到 Bc752 的染色体上。通过对转化子的 DNA 酶切分析、PCR 扩增、SDS-PAGE 检测、Western 印迹、电镜观察、毒力测定，结果表明 Bt $cry1Ac$ 基因已经整合到松树共生细菌 Bc752 的染色体上，并可高效表达（赵同海等，2005）。

将全长 3.5kb 的 Bt 基因 3′端缺失，得到长为 2.1kb、1.8kb 的基因。分别将这 3 个长度（1.8kb、2.1kb、3.5kb）的基因置于水稻叶绿体 $psbA$ 基因的启动子和终止子调控之下，并与选择标记基因 $aadA$（编码氨基糖苷-3′-腺苷酸转移酶，具奇霉素抗性）表达盒相连；以烟草叶绿体基因 trnH-PSBA-TRNK 为同源片段，构建成叶绿体转化载体 pBT3、pBT8 和 pBT22。用基因枪把 Bt 基因导入烟草叶绿体中，以壮观霉素筛选，获得转化再生植株。经 Southern、Western 检测分析证明 Bt 基因已整合进入烟草叶绿体基因组中并得到表达，且子代呈现壮观霉素抗性，即外源基因得到稳定的遗传。利用转基因植株叶片对棉铃虫进行杀虫实验，有些转化植株表现出较强的抗虫性。总体来说转 Bt 全长基因的烟草植株，其抗虫效果最好，其余 2 种差异不大（张中林和范国昌，2000）。

将苏云金芽胞杆菌 $cry1A\alpha$ 的 C 端编码区截短，获得编码 N 端 609 个氨基酸约 1.8kb 的核心毒素基因，将其构建到植物表达载体转化烟草，研究直接表达的活性 ICP 核心毒素被昆虫取食后的杀虫效果。T1 代种子发芽的抗生素抗性分离和 PCR 检测证实

$cry1A\alpha$ 核心毒素基因整合到了烟草基因组，Western 杂交检测表明转化烟草能够正常表达大小为 75.6kDa 的核心毒素蛋白。生物测定结果表明，转化烟草对初孵棉铃虫平均有高于 60% 的致死率，对初孵甜菜夜蛾平均达 70% 的致死率，最高致死率均可达 90% 以上，并对昆虫的生长发育有明显的抑制作用（韩蓓等，2005）。

将苏云金芽胞杆菌伴胞晶体蛋白的基因通过甘氨酸接头（Gly4Ser)$_3$ 与一种人工合成的抗菌肽（antimicrobial peptide，AMP）基因相融合，编码一种新的杀虫、并具有抗菌的蛋白质。把融合基因（NAMP-Bt）连接到原核表达载体 pET-28a 和植物表达载体 pBI-121 上，经过限制性酶切分析和 PCR 鉴定，结果表明含有融合基因的原核和真核重组表达质粒均已构建成功，并将该融合基因转入烟草，已获得抗性小植株（张楠等，2007）。将苏云金芽胞杆菌伴胞晶体蛋白的基因与反枝苋菜凝集素（amaranthus retroflexus agglutinin，ARA）基因构建成双价基因的表达载体，编码一种既能抗鳞翅目害虫，又能抗同翅目蚜虫的杀虫蛋白。把双价基因（Bt-BA）连接到原核表达载体 pET28a 和植物表达载体 pBI121 上，经过限制性酶切分析和 PCR 鉴定，结果表明，含有双价基因的原核和真核重组表达质粒均已构建成功（郑巨云等，2008）。

将携带基因 $cry3A$ 的质粒通过电脉冲法转入苏云金芽胞杆菌野生菌株 YBT-803-1 后，对该菌的生长产生了一定的影响。结果表明，转入 $cry3A$ 基因后，转化子 BMBY-003 的生长速度与出发菌株 YBT-803-1 相比虽无明显变化，但产生杀虫晶体蛋白的时间较出发菌株延迟 6~8h，且最适温度提高为 33℃，而对葡萄糖等 14 种碳源和谷氨酸等 12 种氮源的利用能力与出发菌株无明显差异（乐超银等，2001）。

就自行分离的、对鳞翅目夜蛾科害虫具有高毒力的 Bt 菌株 B-Pr-88 的生物学特性进行了系统研究。B-Pr-88 可形成菱形、球形和不规则形等多种形态的晶体，主要由 130kDa 和 60kDa 两种蛋白质组成；酯酶型与模式菌株蜡螟亚种和库斯塔克亚种一致，同为 galleriae 型；10 项生理生化反应结果表明 B-Pr-88 与模式菌株蜡螟亚种反应一致；B-Pr-88 菌株至少含有 3 种大小不同的质粒，经 PCR-RFLP 鉴定该菌株至少包括 $cry2Ab$、$cry9Ba$ 和多种 $cry1$（包括 $cry1Cb$、$cry1Db$、$cry1Fb$ 和 $cry1Gb$）等 6 种不同的杀虫晶体蛋白基因（李长友等，2004）。

克隆苏云金芽胞杆菌以色列亚种的杀蚊毒素蛋白基因 $cry11Aa$，并使其在酵母双杂交系统受体菌（Saccharomyces cerevisiae）L40 中获得表达。方法：应用聚合酶链反应扩增获得 $cry11Aa$ 基因，构建表达载体 pHybLex/Zeo-cry11Aa，转化到酵母菌 L40。结果：用 Cry11Aa 抗体和 LexA 抗体进行的 Western 印迹免疫杂交表明 $cry11Aa$ 基因在酵母菌 L40 中成功表达，生成了 Cry11 Aa-LexA 融合蛋白。结论：成功地克隆、表达了 $cry11Aa$ 基因，为进一步利用酵母双杂交系统寻找与毒素蛋白 Cry11Aa 特异性结合的蚊蚴中肠受体蛋白，揭示苏云金芽胞杆菌毒杀蚊虫的分子生物学机制奠定了基础（孙建光等，2006）。

酪氨酸酶基因编码的酪氨酸酶是生物体合成黑色素的关键酶。采用比较酪氨酸酶的同源保守结构域氨基酸序列的方法设计引物，从苏云金芽胞杆菌 4D11 中通过 PCR 扩增得到了包含酪氨酸酶基因的 DNA 片段。将该片段亚克隆到载体 pGEM-7zf 上并转入大肠杆菌 DH5a，所得到的转化子在添加了 L-酪氨酸的 LB 培养基中能合成可溶性的黑色素。测定该菌株黑色素的产量和在紫外线照射后的菌体活力,结果表明该基因产生的黑色素能在一定程度上保护菌体免受紫外辐射(何伟等,2004)。利用 PCR-RFLP 技术对 Bt 菌株 WB9 的 $cry1$ 基因型进行分析,结果表明该菌株含有 $cry1Ag$、$cry1Ab$、$cry1Cb$、$cry1Fa$ 和 $cry1Ga$ 5 种 $cry1$ 基因型,且 $cry1Ab$ 的酶切产物不同于正常的 $cry1Ab$。采用特异引物对 G1/G2 扩增,也证明 WB9 含有 $cry1Ab$ 基因,在此基础上,再利用引物对 G1/K3un2 进行扩增,其产物经回收纯化后用 $EcoRⅠ/XbaⅠ$ 双酶切分析,结果也表明 WB9 所含的 $cry1Ab$ 与众不同,无大片段出现且有一条 400~500bp 的特异片段(黄志鹏和关雄,2001)。

利用 PCR-RFLP 鉴定体系和 SDS-PAGE 表达蛋白的分析方法,分析了来自我国不同森林立地带(寒温带、中温带、暖温带、北亚热带、中亚热带、南亚热带、高原亚热带、热带)自然保护区森林土壤中分离的 72 株苏云金芽胞杆菌的 $cry1$、$cry2$、$cry3$、$cry4$、$cry5$、$cry8$、$cry9$、$cry10$、$cry11$、$cry1I$ 杀虫晶体蛋白基因类型,表达蛋白和杀虫活性的生物测定。研究表明:同时含有 $cry1$、$cry2$、$cry1I$ 3 类基因有 21 株菌,6 株菌含有 $cry1$、$cry2$ 类基因,4 株菌含有 $cry1$ 和 $cry1I$ 基因,只含有 $cry1$ 基因的 1 株,$cry2$ 基因的 4 株,36 株菌不含所鉴定的 10 类基因。同时证明:绝大多数含有 $cry1$ 基因的菌株表达了 130kDa 蛋白质,含有 $cry2$ 基因的菌株表达了 60kDa 的蛋白质。对不同农林害虫棉铃虫、杨扇舟蛾、舞毒蛾、马尾松毛虫、黄粉甲、榆兰叶甲、落叶松叶蜂等幼虫的杀虫活性进行了生物测定。进一步证明了苏云金芽胞杆菌 cry 基因、表达蛋白及杀虫活性三者的相关性,为生产和科研提供了生物治虫、抗虫育种的苏云金芽胞杆菌 cry 基因资源(张永安等,2003)。

利用 PCR-RFLP 鉴定体系和 SDS-PAGE 蛋白质分析方法,分析了从我国千山地区不同森林地带土壤中分离的 10 株 Bt 菌的 32 类杀虫晶体蛋白基因类型和表达蛋白。研究表明,电镜照片显示晶体形状较为多样,有长菱形、菱形、方形、球形。同时含有 $cry1$、$cry7$、$cry16$ 类基因的有 1 株菌,同时含有 $cry1$、$cry2$ 类基因的有 1 株菌,含有 $cry30$ 类基因的有 1 株菌,含有 $cry1$ 基因的有 3 株菌,4 株菌不含所鉴定的 32 类基因。同时也发现,绝大多数含有 $cry1$ 基因的菌株表达了 118kDa 蛋白质,含有 $cry2$ 基因的菌株表达了 55kDa 的蛋白质,含有 $cry30$ 基因的菌株表达了 27kDa 的蛋白质(李先军等,2009)。

利用 PCR 方法,从毛白杨($Populus\ tomentosa$)叶绿体基因组中克隆了 1.7kb 和 1.6kb 的相邻 DNA 片段,对其进行序列分析表明,扩增片段分别具有 1766 个和 1601 个核苷酸,前者包括 3′ $rps12$、$rps7$ 基因的编码区及其边界序列,后者包含 $ndhB$ 基因的第一外显子和内含子。还构建了杨树这 2 个片段的限制酶切图谱,并以这 2 个相邻基因和苏云金芽胞杆菌杀虫蛋白(Bt)基因,以及其原核表达框插入其间,构建了杨树叶绿体定点转化载体 pPZG 和 pPZB。这 2 个特异性载体将定位整合到杨树叶绿体基因组中反向重复区的 $rps7$ 和 $ndhB$ 基因的间隔区,并高效表达 GFP 和 Bt 基因(周奕华等,2001)。利用电脉冲将 $cry1C$ 基因转化苏云金芽胞杆菌野生菌株 YBT1535,筛选得到 3 个转化子。质粒电泳、PCR 扩增及 Southern 杂交结果均证明,基因 $cry1C$ 已转入菌株 YBT1535。生物测定结果表明,3 个转化子对甜菜夜蛾的毒力比出发菌 YBT1535 均有显著的提高，转化子 YBT1535-1 和 YBT1535-3 对小菜蛾和棉铃虫的生物活性与出发菌 YBT1535 相近，而转化子 YBT1535-2 有一定幅度的提高（鲁松清等，2000a）。利用设计的杀线虫基因 $cry6A$ 的检测引物对保存的 874 株苏云金芽胞杆菌进行了 PCR 筛选，其中仅有 4 株含有 $cry6A$ 基因。克隆了苏云金芽胞杆菌 96860-8 的 $cry6A$ 基因，并在大肠杆菌 JM103 中表达，通过对秀丽线虫的生物测定，证实了 Cry6A 对线虫的毒性作用。氨基酸序列分析发现 Cry6A 具有一些独特的结构（贾永强等，2008）。

利用稀释平板培养法从连云港地区的土壤中分离了一株苏云金芽胞杆菌新菌株 GGD-4，通过 PCR-RFLP 鉴定体系和 SDS-PAGE 方法分析了此菌株中 cry 基因类型和表达蛋白。结果表明：该菌株中含有 $cry1Aa$ 基因型，同时表达 130~140kDa 的蛋白质；但 Eco R Ⅰ 和 Pst Ⅰ 酶切结果不同于正常的 $cry1Aa$ 基因，实验中利用生物信息学方法设计的 $cry1Aa$ 基因特异引物对扩增后也证明含有 $cry1Aa$ 基因。室内生物测定结果显示，该菌株对重要的农业害虫甜菜夜蛾、菜青虫等均有较高的杀虫毒力（刘旭光等，2005b）。利用已克隆的 3 种 Bt cry 基因 $cry1Ca$、$cry1Ia$、$cry2Ab$ 和 1 种野生菌株 HD-73 的 $cry1Ac$ 基因表达的 4 种 Bt Cry 杀虫晶体蛋白，对小菜蛾进行生物活性分析，并将 Cry1Ac 杀虫晶体蛋白分别与其他 3 种蛋白按 1∶1 的比例组合，对小菜蛾进行生物活性测定。结果表明：单独使用 Cry1Ac 的活性最高，LC_{50} 为 2.39μg/mL，Cry1A 与 Cry2Ab 混合对小菜蛾具有较高的毒力，LC_{50} 为 48.91μg/mL，高于其他组合（韩岚岚等，2008）。

利用重叠 PCR 的方法，通过 2 次 PCR 扩增，分别获得 $cry2A10$ 操纵元的 orf1、orf1+orf2 与 $cry2Ab5$ 基因的融合片段。融合片段经 Bam H Ⅰ 和 Eco R Ⅰ 双酶切与 pHT315 连接，分别构建了基因融合片段的原核表达载体 pFU (orf1+2Ab) 和 pFU (orf1+orf2+2Ab)，电转化 Bt 无晶体突变株 4Q7 后，扫描电镜下可观察到典型的方形晶体，通过 SDS-PAGE 可检测到 60kDa 大小的蛋白质表达带。结果表明，$cry2Ab5$ 可在 $cry2a10$ 的启动子帮助下有效转录和表达，并在 orf2 产物帮助下形成蛋白质晶体（姚江等，2004）。使用 Bt Cry 毒素防治农业害虫是作物生产上的一个革命性的进步，受体与 Bt 杀虫蛋白结合能力的改变可能是昆虫对 Bt 产生抗性的主要原因。氨肽酶 N (aminopeptidase N，APN) 是一类存在于昆虫中肠内的 Bt 毒素受体蛋白，通过讨论 APN 与 Bt 毒素的结合作用，综述了 APN 基因变异与鳞翅目昆虫 Bt 抗性相关的分子机理，并介绍了 (Bt) Cry 毒素与 APN 相关的作用方式新模型（苗素丽等，2008）。虫害是影响棉花高产稳产的重要因素之一，防治棉花虫害最有效的措施是种植抗虫棉花新品种。美国利用生物技术将苏云金芽胞杆菌杀虫基因导入棉花获得转基因抗虫棉植株，因其抗虫性能够稳定遗传，进而培育出转基因抗虫棉花新品种，使美国成为第一个拥有转基因抗虫棉的国家。我国谢道昕、郭三堆等将 Bt 和 Bt+CpTI（豇豆胰蛋白酶抑制剂）杀虫基因导入棉花并成功应用于棉花育种，陆续培育出一批国产转基因抗虫棉新品种，使我国成为第二个自主成功研制转基因抗虫棉的国家，我国抗虫育种研究已处于国际领先水平（佚名 35，2006）。

苏云金芽胞杆菌（Bt）毒素蛋白由 3 个不连续的结构域（domain）组成，其中结构域 Ⅰ 为膜跨越区，与膜孔道形成有关，结构域 Ⅱ、Ⅲ 与受体结合有关。利用基因重组技术将对鳞翅目昆虫具专一活性的毒素蛋白 Cry1Aa 与专一性有关的结构域编码区和对鞘翅目昆虫具专一活性的毒素蛋白 Cry3A 编码基因融合，构建成融合表达载体，为进一步构建 Bt 工程菌和 Bt 转基因植物奠定基础（袁美妗等，2002）。苏云金芽胞杆菌（Bt）中的分子伴侣 p19 蛋白能否提高杀虫晶体蛋白（insecticidal crystal protein，ICP）的表达量及促进晶体形成，尚不确定。根据已知序列，设计了一对引物（p19-5N、p19-3N），利用这对引物从苏云金芽胞杆菌以色列亚种（*Bacillus thuringiensis* subsp. *israelensis*）HD-567 中扩增出一个 1.0kb 的 DNA 片段。序列测定及分析结果表明，这个 DNA 片段包含 *cry*11Aa 操纵子启动子序列、全长 *p19* 基因及其偶联的下游基因 *cry*11Aa 的 ATG 起始密码子。将这个片段克隆到 Bt-大肠杆菌穿梭载体 pHT3101 上，构建成一个含有 *p19* 基因的 Bt 表达载体 pHP19。其特点是在 *p19* 基因下游的 ATG 处顺序插入了 5 个限制性酶切位点 NdeⅠ、SacⅠ、KpnⅠ、SacⅠ和 EcoRⅠ，为进一步研究 *p19* 基因的功能奠定了基础（曾少灵等，2002）。

苏云金芽胞杆菌的 *morriosoni* 亚种 YM-03（8A8B）是对鞘翅目幼虫有高毒力的菌株。经 PCR 产物分析它含有 *cry*3A 基因，产生 62kDa 的毒素蛋白。经质粒图谱分析，该菌株含有 3 个质粒，其大小分别为 83Mu、72Mu、9Mu，以 *cry*3A 基因的 PCR 产物片段为模板标记探针与 YM-03 总 DNA 杂交，结果显示该菌的 δ-内毒素基因定位于染色体上，有望构建出稳定遗传的广谱工程菌（赵蔚等，2000）。苏云金芽胞杆菌的绝大多数杀虫晶体蛋白（insecticidal crystal protein，ICP）基因是在芽胞形成期（sporulation phase）表达的，而只有少数基因如 *cry*3Aa 是在营养期表达的。根据已知的 *cry*3Aa 基因启动子序列设计了一对引物（Ep-5s 和 Ep-3n），利用这对引物从 Bt 拟步虫甲亚种（Bt subsp. *tenebrions*）中扩增出一个与预期大小（1.1kb）一致的 DNA 片段。序列测定及分析结果表明，这个 DNA 片段含 cry3Aa 启动子全序列，包括上游 AT 富含区、2 个启动子区、2 个 SD 序列及 2 组反向重复序列。经过一系列的克隆之后将这个片段克隆到穿梭载体 pHT3101 上，最后构建成一个 Bt 的营养期表达载体 pHPT（佘健秀等，2001）。

苏云金芽胞杆菌工程菌株 TnX 对蚊幼虫具有高毒力，但红霉素抗性基因的存在限制了其商品化。根据转座子 Tn917 载体的基因序列，利用重叠延伸 PCR 法克隆同源重组序列到 pRN5101 上得到 pRN15，根据 pBU4 载体上的四环素抗性基因序列，对 pRN15 进行改造，使其失去红霉素抗性，获得四环素抗性，载体命名为 pRNT15。重组载体四环素抗性的获得，使之扩大了使用范围，也为工程菌株染色体中红霉素抗性基因的敲除奠定了基础（贾艳华等，2008）。苏云金芽胞杆菌杀虫晶体蛋白 Cry1Ca7 对重要的农业害虫甜菜夜蛾具有较高毒力。目的：研究是通过定点突变的方法获得毒力发生改变的毒蛋白，为下一步研究工作提供有价值的实验材料。方法：利用重叠引物 PCR 技术对 Cry1Ca7 的基因进行定点突变，获得了 10 种突变基因，通过生物活性测定的方法确定了各突变基因表达产物对甜菜夜蛾的杀虫活性。结果：活性降低的突变毒蛋白有 G138S、T221D、T221R、N251S、439GGT440、N306R、W376F、R522E 和 R570G，其中，位于结构域Ⅱ内的突变的活性依次是 439GGT440＜N306R＜W376F；位于结构域Ⅲ内的突变 R522E＜R570G，二者的活性较 Cry1Ca7 也有明显降低；只有位于结构域Ⅰ中的R148G，产生了活性提高的突变毒蛋白，其毒性较Cry1Ca7提高了6倍，而同样位于结构域Ⅰ内的突变T221D＜T221R＜G138S＜N251S，尤其是T221D活性完全丧失。研究结果表明，在结构域Ⅰ中的突变更容易产生活性提高的突变蛋白，而结构域Ⅱ和Ⅲ较难获得毒力提高的突变蛋白。该项研究所获得的这些活性发生不同变化的蛋白质为揭示Cry蛋白的杀虫机理提供了基础材料，而活性提高的诱变基因及其表达产物将可作为新的杀虫资源，用于抗虫遗传工程菌和转基因植物的构建（任羽等，2008）。

通过IPTG诱导含有pGEXaiiA-B15质粒的工程菌使其大量表达AiiA融合蛋白，由于所表达的融合蛋白多为不可溶的包涵体，经分离、变性溶解，再经过一个合适的复性过程才能实现变性蛋白的正确折叠，得到具有生物活性的蛋白质。通过含N-十二烷基肌氨酸钠的缓冲液A溶液及尿素等变性剂使包涵体溶解，磷酸盐缓冲液透析复性。SDS-PAGE表明包涵体已由不可溶转化成可溶的蛋白；抑菌试验证明复性后的AiiA蛋白对胡萝卜欧文氏软腐病菌引起的马铃薯软腐病有较明显的抑制作用（杨梅等，2008）。

通过PCR方法筛选160株苏云金芽胞杆菌，其中94株含有 *zmaR* 基因。测定了含 *zmaR* 基因的菌株培养物上清液对草生欧文氏杆菌（*Erwinia herbicola*）的抑菌活性，结果表明有67株菌有抑菌活性，其中21株抑菌活性较高。经鉴定，抑菌活性较高的菌株G03含有 *cry1Ac*、*cry1Aa*、*cry1Ca* 和 *cry2Ab* 等高毒力杀虫基因，并从G03中克隆了 *zmaR* 全长基因，完成了序列测定。该基因编码区为1125bp，由核苷酸序列推导的氨基酸残基组成为375个，分子质量为43.5kDa，等电点pI为4.945。通过载体pET-21b将 *zmaR* 基因导入大肠杆菌BL21，可正常表达43.5kDa蛋白质，并使宿主菌产生对双效菌素A（zwittermicin A）的抗性（邵铁梅等，2005）。通过PCR扩增法，以 *cry1Ie1* 全长基因为模板，分别得到不同末端缺失的基因片段，转化大肠杆菌BL21(DE3)中诱导表达，得到6种末端缺失蛋白。对小菜蛾生物测定结果表明，缺失蛋白IE659、IE656分别缺失了C端60个和63个氨基酸残基，对小菜蛾的杀虫活性与Cry1Ie1全长蛋白相当；IE648、E045分别缺失了C端71个氨基酸残基和N端缺失44个、C端缺失63个氨基酸残基，对小菜蛾的活性提高了50%；IE633、IE105分别缺失了C端86个氨基酸残基和N端缺失104个、C端63个氨基酸残基，丧失了对小菜蛾的活性。试验明确Cry1Ie1蛋白的最小活性区N端在45～104氨基酸位点，C端在633～648氨基酸位点（吴玉娥等，2003）。

通过对GenBank中 *cry1* 类基因序列的保守区进行分析，设计一对针对其保守区的引物Y5-1（AGGACCAGGATTTACAGGAGG）和Y3-1（GCTGTGACACGAAGGATATAGCCAC），对苏云金芽胞杆菌（Bt）菌株S184质粒DNA进行扩增，得到一大小为1.5kb的DNA片段，序列分析显示该片段与 *cry1* 类基因高度同源。以此片段为探针，对S184质粒DNA酶切片段进行Southern杂交，在 *Sal*Ⅰ、*Sac*Ⅰ、*Sal*Ⅰ+*Sac*Ⅰ限制性酶切片段5kb处均只有唯一的阳性信号。将 *Sac*Ⅰ 5kb片段克隆至pBluescriptM13⁻上得到重组质粒pB1Ab，然后进行亚克隆及部分序列测定，结果表明所克隆的片段含有 *cry1Ab* 亚类基因（李建华等，1999）。通过合成特异性的寡核苷酸，利用定点突变和PCR扩增技术，在苏云金芽胞杆菌Cry218杀虫晶体蛋白基因的编码区上游－144bp和下游242bp处分别引入 *Bam*HⅠ和 *Hind*Ⅲ位点，以利于该基因克隆到其他表达载体中，当修饰后的 $cry2$18 基因克隆到表达载体和穿梭载体后，均能表达出对小菜蛾有毒的 130kDa 蛋白质（孙明和喻子牛，1996）。

通过花粉管通道法将苏云金芽胞杆菌毒蛋白基因转进了小麦品种'京花 5 号'与'86Al'。利用点杂交、Southern 杂交和 PCR 等技术鉴定了转化植株的当代和子代，证实了 BT 毒蛋白基因的导入与对小麦染色体的整合。利用对腺嘌呤（A）与胞嘧啶（C）甲基化敏感与否的限制性内切酶组酶切和 PCR 扩增，对转化子代中的 Bt 基因片段甲基化形式进行了研究。结果表明，整合在小麦基因组中的 Bt 基因的 A 和 C 的甲基化形式发生了变化（郭亮和文玉香，1997）。通过设计蛋白酶基因引物，对苏云金芽胞杆菌库斯塔克亚种菌株 8010 蛋白酶基因进行克隆，获得了 6 个蛋白酶基因片段，即中性蛋白酶 A、色氨酸合成酶 β 链、色氨酸合成酶 α 链、碱性蛋白酶 A、磷酸化水解酶和糖原磷酸化酶基因，以及一个未知功能的 DNA 片段（可能是编码蜡状芽胞杆菌组特有蛋白质的基因）（黄天培等，2008）。

为克隆苏云金芽胞杆菌 Q-12 的 $cry1Ac$28 基因并在原核载体中表达，应用 PCR-RFLP 法鉴定出 Bt Q-12 中含有 $cry1Ac$ 基因，根据已知的 $cry1Ac$ 全长基因序列设计特异引物，以 Bt Q-12 基因组 DNA 为模板扩增 $cry1Ac$ 全长基因，与大肠杆菌表达载体 pEB 相连接获得含有 $cry1Ac$ 全长基因的重组质粒 pEB-cry1Ac，经过序列分析表明，该基因编码区为 3537bp，编码 1178 个氨基酸，分子质量为 121.3kDa，pI 为 4.885，为弱酸性蛋白质，亮氨酸（Leu）、丝氨酸（Ser）、谷氨酸（Glu）3 种氨基酸含量最高，分别为 8.06%、7.80%、7.72%，该基因在大肠杆菌 BL21（DE3）菌株能够正常表达 121.3kDa 蛋白质。该基因核苷酸序列已在 GenBank 中登录，登录号为 FJ610439，并由 Bt δ-内毒素基因国际命名委员会正式命名为 $cry1Ac$28，这为进一步研究 $cry1Ac$28 蛋白质功能和活性打下了良好的基础（曲步云等，2010）。

为了分析苏云金芽胞杆菌 $cry1Ac$15 基因序列，以全长基因 PCR 产物的黏端定向克隆的方法，设计一对特异引物，分别引入 Sal I 和 Bam H I 酶切位点。以 Ly30 质粒 DNA 为模板扩增 $cry1Ac$ 全长基因，与表达载体 pUCM-T 相应的酶切产物连接，转化大肠杆菌，获得含有 $cry1Ac$ 基因的重组质粒 pUCLy1Ac。$cry1Ac$ 基因编码区为 3564bp，编码蛋白质分子质量为 134kDa，含 1184 个氨基酸，与 $cry1Ac$3 同源性最高，该基因经诱导获得高效表达，SDS-PAGE 检测到明显的 134kDa 蛋白质带。诱导表达的 $cry1Ac$ 蛋白对棉铃虫、甜菜夜蛾等鳞翅目害虫幼虫均有较高的杀虫活性（许褆森，2008a）。

为了研究 $vip3A$ 基因在转基因抗虫植物中的应用，利用 PCR 技术克隆了苏云金芽胞杆菌的 $vip3A$ 基因和烟草的 EF1α 启动子，以 pBI121 质粒为基本载体，构建了分别由组成型 CaMV35S 启动子和花特异表达的 EF1α 启动子驱动 $vip3A$ 基因的植物表达载体 pBIVip3A 和 pBIEFVip3A，并通过农杆菌介导的方法对烟草进行了遗传转化。经 PCR 检测，外源基因已整合到烟草基因组中（马作江等，2008）。

新疆维吾尔自治区选育的转基因抗虫棉花新品种'国抗 62'（2000-2）通过国家棉花品种审定委员会审定。这标志着新疆在利用转基因技术方面取得重大进展。该品种是在国家和自治区"十五"科技攻关计划"高产优质抗病虫棉花新品种选育"项目及 863

计划"转基因棉花品种选育"项目支持下,由新疆农业科学院经济作物研究所陆地棉育种课题组选育成功的。课题组利用中国农业科学院生物技术中心构建的苏云金芽胞杆菌(Bt)抗虫基因,以自育高产优质抗病棉花新品系为受体,通过花粉管通道转导 Bt 基因,经多年加代性状聚合、选择、鉴定、基因安全评价研究选育而成。该品种的突出特点是品质优、多抗性,可有效抑制枯萎病、黄萎病、棉铃虫对棉花的危害,显著提高新疆棉花品质。经鉴定,抗枯萎病、黄萎病、棉铃虫分别达到高抗病、抗病、高抗虫的水平。该品种还具有光合速率高、根系发达、铃大、早熟、肥水利用率高等特点,产量也比目前普遍种植的'中棉 35'增长 7.8%(佚名 36,2006)。

芽胞萌发的营养诱导剂通过与特异的萌发受体结合激活下游的萌发过程,从而使芽胞经过一系列的遗传变化及生化反应恢复营养生长。从苏云金芽胞杆菌中克隆到一个与枯草芽胞杆菌 gerA 操纵子和蜡状芽胞杆菌 gerR 操纵子同源的 gerA 操纵子。苏云金芽胞杆菌 gerA 操纵子含有 3 个开放可读框:*gerAA*、*gerAC* 和 *gerAB*,该操纵子在产胞起始 3h 后开始转录。gerA 的破坏阻断了 L-丙氨酸诱导的芽胞萌发并且延迟了肌苷诱导的萌发。在 L-丙氨酸诱导芽胞萌发的过程中 D-环丝氨酸能够提高芽胞的萌发率(梁量等,2008)。

研究了构建稳定表达外源基因、无抗性标记基因的苏云金芽胞杆菌(Bt)工程菌的方法。在构建 Bt 工程菌时,高拷贝外源质粒的转入导致 Bt 芽胞数量减少,芽胞形成期延滞,影响 Bt 菌株的杀虫活力。而且,外源质粒在 Bt 中的稳定性较差,外源基因容易丢失。将基因整合入染色体是一种构建遗传性状稳定、杀虫活力高的 Bt 工程菌的有效方法。采用 PCR 技术,分两段扩增定位于 Bt 无晶体突变株 XBU001 染色体上的 trigger factor 基因片段从而作为同源臂,克隆入温度敏感型载体 pKSV7,构建了定点整合载体 pKTF12,并利用 pKTF12 质粒将 *cry1Ac* 基因定点整合入 XBU001 染色体上。利用载体 pKTFl2 将 cRY1Ac 定点插入 trigger factor 位点,对宿主菌 XBU001 的正常生长没有影响。重组菌株 KCTF12 中的 *cry1Ac* 基因能够稳定遗传、表达并形成菱形晶体。与携带高拷贝外源质粒的 Bt 菌株 HTX42 相比较,KCTF12 具有芽胞数量增多、芽胞形成期提前的优势。定点整合法是一种构建稳定表达外源基因、无抗性标记基因 Bt 工程菌的有效方法(刘萍等,2008)。

研究和利用不同苏云金芽胞杆菌杀虫蛋白之间的增效作用是构建高效遗传工程杀虫剂,预防和延缓害虫抗性的重要途径。Bt Cry1Ab、Cry1Ac 和 Cry2Aa 蛋白对重要的鳞翅目农业害虫具有高毒力,质粒 pHT-BSK 含有能在大肠杆菌-枯草芽胞杆菌有效表达的生物安全性标记基因卡那霉素抗性基因。将含 Bt *cry1A*、*cry1Ac* 和 *cry2Aa* 全长基因的 *Bam*HⅠ/*Pst*Ⅰ、*Bam*HⅠ/*Xho*Ⅰ 和 *Sma*Ⅰ(*Bam*HⅠ) *Hind*Ⅲ DNA 片段与 pHT-BSK 相应酶切产物连接,获得了单价 *cry*/*km*^{r} 组合的重组质粒 pBlue-1Ab-*km*^{r}、pBlue-1Ab 和 pHT-2Aa;*cry1Ab*、*cry1Ac* DNA 片段与 pHT-2Aa 相应酶切产物相连接获得了 Bt 双价基因/*km*^{r} 组合重组质粒 pBlue-cry1Ab-*km*^{r}-2Aa 和 pBlue-cry1Ac-*km*^{r}-2Aa,重组质粒中所有 *cry* 基因与 *km*^{r} 均形成特异的 *Bam*HⅠ片段。限制性酶切电泳分析和特异 PCR 扩增证实了重组质粒的准确连接。含有重组质粒的大肠杆菌显示了对小菜蛾(*Plutella xylostella*)和玉米螟(*Ostrinia furnacalis*)的杀虫活性,对小菜蛾双价基因毒力高于单价基因，但对玉米螟它们之间没有明显差异。该研究为进一步阐明Bt cry2Aa 与 cry1Ab 和 cry1Ac 之间在不同微生物细胞中的共表达及其表达产物之间的相互作用和构建双价基因杀虫工程菌株创造了条件（陈中义等，2002）。

研究了几种 Bt cry 基因于大肠杆菌中的表达产物在 pH10.0 的 50mmol/L 碳酸钠和 20mmol/L 乙醇胺溶解液中的溶解性，发现同样的 Cry 蛋白在碳酸钠中的溶解度大于乙醇胺。通过胰蛋白酶消化，明确 Cry1Ca7、Cry1Ia8 酶解产物为 38kDa 多肽；Cry1Ie1、Cry1Cb2、Cry2Ab4 酶解产物为 41kDa 多肽；Cry1Ac 酶解产物为 60kDa 多肽。采用快速液相蛋白层析（FPLC）方法对 6 种原毒素及其酶解后得到的毒素多肽进行了分离纯化，比较了原毒素和毒素的杀虫活性的差异。其结果表明，Cry1Ac 的原毒素和毒素对棉铃虫初孵幼虫的校正死亡率均为 100%，Cry2Ab4 的原毒素的毒力高于其酶解毒素（张杰等，2002）。研究了苏云金芽胞杆菌无质粒突变株 BMB171 的转化性能和表达 Cry1AC 和 Cry1CA 基因的性能，用 pHT3101、pBMB3305、pBMB1736、pBMB671、pBTL-1 和 pHV1249 等 6 种外源质粒电转化无质粒突变株 BMB171，其转化频率分别是 BT-4Q7、BT-4D10 和 Bt i. IPS 78.11 等 3 种常用受体菌相应最高转化频率的 1000 倍、6.7 倍、12.5 倍、66.7 倍、3500 倍和 2 倍，其每微克 DNA 的最高转化子数达 10^7。导入 BMB171 的外源质粒的稳定性与其复制子类型和质粒大小有关。无质粒突变株 BMB171 表达 cry1Ac 基因的表达量高于对照受体菌 Bt-4Q7，略低于 Bt-4D10 和 Bti. IPS 78.11，而 BMB171 表达 cry1Ac 基因的表达量高于这 3 种受体菌；对小菜蛾 3 龄幼虫和甜菜夜蛾初孵幼虫的毒力测定结果表明，BMB171 表达 cry1Ac 基因的杀虫毒力高于 Bt-4Q7 和 Bt-4D10，略低于 Bt i. IPS 78.11；而表达 cry1Ca 基因的毒力高于这 3 种受体菌（李林和喻子牛，1999）。

从苏云金芽胞杆菌以色列亚种（*Bacillus thuringiensis* subsp. *israelensis*）中提取基因组 DNA，通过合成一对特异性引物，用降落 PCR（touchdown PCR）的方法扩增几丁质酶 ichi 基因序列（GenBank 登录号：AF526379）。ichi 序列全长为 2570bp，含有一个 2067bp 的可读框（ORF），编码 688 个氨基酸、推测分子质量为 75.79kDa、等电点 pI 为 5.90 的几丁质酶前体。序列和结构比较分析表明：Ichi 氨基酸序列与蜡状芽胞杆菌菌株 28-9 几丁质酶 CW、蜡状芽胞杆菌菌株 CH 几丁质酶 B 及苏云金芽胞杆菌墨西哥亚种几丁质酶的同源性分别为 97.24%、97.18%、97.63%，而与苏云金芽胞杆菌巴基斯坦亚种的同源性只有 63.07%。Ichi 编码区由分泌信号肽（46AA）、催化区（105AA）、黏蛋白Ⅲ型同源区（74AA）及几丁质结合区（40AA）组成（钟万芳等，2003）。

研究了用电脉冲法转化苏云金芽胞杆菌受体菌 BMB171 的优化条件及电转化导入的几类 cry 基因在 BMB171 中的表达效果。结果表明，采用 SG 溶液作电脉冲缓冲液，用 10.0kV/cm 的脉冲场强和一次电脉冲（4.6ms），以及采用对数前期（OD_{650nm} 为 0.2~0.3）收获的受体菌，可以达到最高转化频率，其中用 pHT3101 电转化 BMB171 的最高频率达 8×10^7 转化子/μg DNA。转化频率随质粒 pHT31 浓度的增加，在 54.69pg/mL~3.50μg/mL 内呈线性增加，随后达到饱和。转入的几种外源质粒在 BMB171 中可分别表达其携带的 cry1Ac10、cry1Ab、cry1Ca 和 cry3Aa 基因，产生特征性的杀虫晶体蛋白,并形成典型的伴胞晶体(李林和邵宗泽,2000)。研究野生型苏云金芽胞杆菌 Cry1Aa 和 Cry1C 的毒性变化发现,不同的 pH 不但影响这些蛋白质的毒性,而且影响它们在跨膜过程中形成孔洞的能力。将 Cry1Aa 毒蛋白 α4 螺旋中的 15 个氨基酸突变后与 BBMV 结合,进行光散射分析,与野生型 Cry1Aa 相比较,发现有 3 个突变体几乎完全失去毒性,7 个突变体毒性明显降低,5 个突变体保持野生型毒性,采用计算机模拟方法研究了苏云金芽胞杆菌 Cry1Aa 毒蛋白 α4 螺旋的三维空间结构,通过观察 15 个不同残基定点突变对其功能的影响,解释了突变体毒性变化的原因,说明了参与膜孔洞形成氨基酸残基对 Cry1Aa 昆虫毒杀性的重要作用(苏彦辉等,2002)。

依照蜡状芽胞杆菌 gerM 基因的保守序列设计引物,从苏云金芽胞杆菌中扩增出 640bp 的 DNA 片段。以此为探针,从苏云金芽胞杆菌部分基因组酶切文库中成功地克隆到了一个 4.5kb 的 DNA 片段。序列分析表明,该片段包含一个完整的可读框,其预测的编码产物与枯草芽胞杆菌 GerM 蛋白具有很高的同源性,将该基因命名为 gerM。RT-PCR 分析表明,gerM 基因仅在芽胞形成的过程中表达。通过同源重组的策略构建了 gerM 基因的阻断突变株。研究表明,gerM 基因的破坏影响苏云金芽胞杆菌芽胞萌发的速率和比例(严晓华等,2007)。

已有的研究表明苏云金芽胞杆菌菌株 4.0718 菱形晶体中含有与原毒素紧密结合的 20kb DNA,利用 PCR-RFLP 分析发现在这些 20kb DNA 上含有 cry1Aa、cry1Ac、cry2Aa 和 cry2Ab 基因。利用特异引物从菌株 4.0718 中 20kb DNA 上分别扩增出带有自身调控序列的 cry1Ac 和 cry2Aa 基因,并将其分别电转至 Bt 无晶体菌株 Cry$^-$B 中获得重组菌株 Cry$^-$B(pHC42)和 Cry$^-$B(pHC39)。SDS-PAGE 和透射电镜分析表明这 2 种重组菌株能够分别产生由 130kDa 的 Cry1Ac 原毒素形成的菱形晶体及由 65kDa 的 Cry2Aa 原毒素形成的方形晶体。毒力生物测定的结果显示,这 2 种菌株的表达产物对棉铃虫幼虫具有预期的杀虫效果。重组菌株分别形成的 2 种晶体经不同的缓冲液溶解后能释放出与 20kb DNA 紧密结合的原毒素,同时在 20kb DNA 上均可检测到来源于 Bt 染色体的 spo0A 和 nprA 基因片段(孙运军等,2007)。

以 Sambrook 的碱裂解法为基础,通过控制菌体培养时间,适当调整提取过程中 3 种溶液的比例及作用时间,摸索出一种适合于提取苏云金芽胞杆菌质粒 DNA 的方法。该法与常规碱裂解法相比具有重复性好、质粒 DNA 质量高等优点(伍赠玲等,2004)。以分离的 3 株苏云金芽胞杆菌质粒为模板,通过设计一对特异引物,PCR 扩增得到 3 条全长 3.6kb 的基因序列,其各自都包含一个完整的可读框,编码序列全长分别是 3468bp、3450bp、2697bp(GenBank 登录号分别为 GQ385073、GQ385074、GQ385075);它们与 cry1A 类基因同源性都高达 95% 以上;分别编码 1159 个、1150 个和 902 个氨基酸。并在此基础上采用生物信息学方法对这 3 个基因编码蛋白从氨基酸组成、理化性质、跨膜结构域、疏水性/亲水性、亚细胞定位、跨膜结构域及功能域等方面进行了预测和分析,为转基因抗虫植物和微生物杀虫工程菌的构建提供了基因来源(赵真等,2010)。

以经过改造的含有转座子 Tn5 的自杀质粒 pSUP2021 为载体,通过接合转移将苏云金芽胞杆菌杀虫蛋白基因 CryIA(C)片段插入生防细菌荧光假单胞菌 P303 菌株染色体组。Southern 和 Western 印迹分析分别证实杀虫基因的导入和杀虫蛋白的表达。室内生物测定结果表明新构建的 PT210、PT212 等荧光假单胞菌工程菌菌株不仅保持了野生型自然菌株对小麦全蚀病良好的抑菌活性,而且表现出对小菜蛾和玉米螟显著的毒杀作用,校正死亡率分别达 85.2% 和 96.6% 以上(张杰和彭于发,1995)。以苏云金芽胞杆菌科默尔亚种菌株 15A3 基因组 DNA 为模版,用降落 PCR (touchdown PCR) 方法扩增几丁质酶 ChiA 和 ChiB 的全基因序列 (GenBank 登录号分别为 EF103273 和 DQ512474)。将 PCR 产物连接 pUCm-T 克隆载体,获得重组质粒 pUCm-chiA 和 pUCm-chiB,分别转化大肠杆菌 XL-Blue。克隆的几丁质酶基因可以利用本身的启动子异源表达各自的蛋白质,不需要几丁质作为诱导物。表达的几丁质酶能够分泌到胞外。证明菌株 15A3 可组成型表达 2 种几丁质酶。经核苷酸及氨基酸序列分析证明,$chiA$ 基因全长 1426bp,含有 343bp 的上游非编码区和 1083bp 的 ORF,编码 360 个氨基酸。推测成熟蛋白质分子质量为 36kDa,只有一个几丁质酶催化域。$chiB$ 基因全长 2279bp,含有 248bp 的上游非编码区和 2031bp 的 ORF,编码 676 个氨基酸。推测成熟蛋白质分子质量约为 70.6kDa,具有 3 个功能域。核苷酸序列分析显示 $chiA$ 和 $chiB$ 的启动子所处的位置及转录起始碱基都不相同,—35 区相同,而—10 区有 2 个碱基不同,SD 序列也不完全一致(陈艳玲等,2007)。

以苏云金芽胞杆菌库斯塔克亚种(*Bacillus thuringiensis* subsp. *kurstaki*)基因组 DNA 为模板,利用一对特异性引物通过降落 PCR 方法扩增了长为 2576bp 的几丁质酶 $kchi$ 基因序列(GenBank 登录号:AY189740)。生物信息学分析发现,该序列包含一个完整的可读框,编码 688 个氨基酸,推测是相对分子质量约为 75 820、等电点 pI 为 5.89 的几丁质酶前体。序列和结构比较分析结果表明:Kchi 属于几丁质内切酶。除与 Bt 巴基斯坦亚种几丁质酶同源性较低(相似性为 61.3%)外,与 Bt 其他亚种的同源性都较高($\geqslant$92.0%)(钟万芳等,2008)。

以杂交育种中广泛使用的优良玉米自交系 340、4112 为材料,用带有质粒 pGBIL04 (actin. Bt. 35S. bar) 的根癌农杆菌 LBA 4404 转化其幼胚及其初始愈伤组织,经 PPT 抗性筛选后分化再生植株。PCR 分子检测初步证明 Bt 基因已整合到再生植株基因组中,转化率为 1.68%~4.44%。利用转化受体的抗性筛选频率对转化体系进行了优化,结果表明:比较适宜的感染液浓度为 $OD_{600}=0.5$;预培养有利于幼胚转化,预培养时间以刚刚诱导出新鲜稳定的初始愈伤为宜。适当降低共培养温度到 22℃ 可以提高农杆菌介导的玉米遗传转化的筛选频率和 PCR 阳性率(张艳贞等,2002)。以自行分离的对鳞翅目夜蛾科害虫具有高毒力的 Bt 菌株 B-Pr-88 为材料,用 PCR-RFLP 方法从其质粒 DNA 文库中筛选到含 $cry2A6$ 基因的一个阳性克隆 pZF858,序列测定发现,该片段含有 $cry2Ab$ 全长基因,开放可读框为 1902bp,编码由 633 个氨基酸组成的 70.7kDa 蛋白质,氨基酸同源性与已公布的 $cry2Ab$ 基因同源性均为 99.8%,经 Bt 基因国际命名委员会正式命名为 $cry2Ab4$。根据 $cry2Ab4$ 基因可读框架(ORF)两端序列,设计合成一对特异引物 L2ab5 和 L2ab3,PCR 扩增获得 $cry2Ab4$ 完整 ORF,与大肠杆菌表达载体 pET-21b 连接,构建了重组表达质粒 pET-2Ab4,质粒导入大肠杆菌 BL21 (DE3),IPTG 诱导后,SDS-PAGE 证实该基因表达了 60kDa 的蛋白质;生物测定表明，Cry2Ab4 对棉铃虫和大豆食心虫具有高毒力，同时对小菜蛾和二化螟有一定的杀虫活性；而对亚洲玉米螟和甜菜夜蛾没有杀虫活性（李长友等，2007）。

用地高辛（digoxgen，DIG）标记的 $Cry1Aa$ 基因 $EcoR\text{I}$-F 片段的 RNA 探针，对筛选的鳞翅目高毒力菌株的质粒进行 Southern 分析，将 Cry 基因定位在 39.3MDa 质粒上。该质粒经 $Hind\text{III}$ 酶解，用同样探针进行杂交，呈现 6.5kb 和 7.1kb 两条阳性带，其中 7.1kb 片段的杂交强度明显高于 6.5kb 片段。将 7.1kb 片段与多寄主质粒 pSUP106 连接，转化荧光假单胞菌 Pfx-18，获得克隆子 LZP-1。克隆基因用 PCR 鉴定，显示典型的 $cry1Ab$ 谱带。经 SDS-PAGE 分析，克隆株表达 66kDa 杀虫晶体蛋白和一些小分子多肽。其发酵液稀释 1000 倍对 3 龄小菜蛾幼虫的致死率为 33%（刘子铎等，1998）。

用化学合成法和分子生物学技术合成了 $Cry1A$（C）基因编码杀虫蛋白中决定杀虫活性的第 29～613 个氨基酸部分的 1755bp DNA。合成中改变了多处 AT 富集区和可能引起该基因转录提前终止或引起 mRNA 不稳定的序列。与野生型基因相比，新合成基因的 GC 比例由野生型的 38% 增加到 47%，更接近于植物基因的特点。有 52% 的氨基酸密码子改变为植物偏爱密码子。Western 印迹分析及虫试结果表明合成的 $Cry1A$（C）基因在大肠杆菌中能表达产生一个分子质量约 65kDa、与原前毒素抗血清有特异免疫反应并与野生型杀虫蛋白有同样杀虫活性的蛋白质。构建了合成基因的植物表达载体并通过农杆菌转化了烟草，对所得转基因烟草的初步杀虫结果表明新合成的基因在植物中的表达水平可能高于野生型基因（田颖川等，1995）。

用农杆菌介导法，以茎段（节间）为外植体，将含有苏云金芽胞杆菌（Bt）毒蛋白 $Cry1Ac$ 基因的植物遗传载体导入菊花（切花菊）品种'日本黄'中，得到 126 株抗性植株，PCR 检测及基因组 DNA 的 Southern 杂交分析表明 $Cry1Ac$ 基因已整合到菊花总 DNA 中，共获得 6 株转基因植株。利用棉铃虫进行转基因的盆栽和叶片平皿试验，发现其中 2 株对棉铃虫具有很高抗性，校正死亡率达 90% 以上；1 株对棉铃虫具有高抗性，校正死亡率达 80% 以上；3 株对棉铃虫抗性较明显，校正死亡率 44.7%～60.9%（蒋细旺等，2005）。

用限制酶 $Sph\text{I}$ 和 $EcoR\text{I}$ 消化质粒 pBYTESP101-1 和 pBQX，将 pBQX 上经改造过的苏云金芽胞杆菌杀虫晶体蛋白基因 $CryIB$ 取代 pBYTESP101-1 上的 GUS 基因，得到一个中间克隆 pBIWIQ-1。用限制酶 $Hind$ III 消化质粒 pBIWIQ-1，回收含 $CryIB$ 基因的 5.1kb DNA 片段，插入质粒 pBIN19 的 $Hind$ III 位点，构建成具卡那霉素抗性的植物表达载体 pBIWIQ-5。用三亲结合法将质粒 pBIWIQ-5 转入农杆菌 EHA105，通过农杆菌介导的方法将 $CryIB$ 基因导入小白菜。PCR 扩增、Southern 印迹和 Northern 印迹分析表明：杀虫晶体蛋白基因 $CryIB$ 已整合到小白菜基因组中，并得到表达（秦新民和高成伟，1999）。由于苏云金芽胞杆菌（Bt）的特异杀虫机制和安全使用历史，一般认为它不会对非靶生物产生毒害作用。但是，转 Bt 基因作物不同于 Bt 微生物杀虫剂，而且随着转 Bt 基因作物进入商业化生产和应用范围的不断扩大，有可能出现一些不可预见的负面影响（赵玉艳等，2004）。

运用生物信息学软件和网络数据库资源，采取同源建模的方法以毒素蛋白 Cry8Ea1

为模板预测了苏云金芽胞杆菌毒素Cry7Aal的三级结构并分析了相关的生物学功能。结果表明，Cry7Aal为3个结构域组成的近似球状蛋白质，Cry7Aal在氨基酸序列上与Cry8Eal有40%的同源性，在三维结构上Cry7Aal与Cry8Eal有高度的相似性，它们的结构域Ⅰ几乎完全相同，在结构域Ⅱ之间和结构域Ⅲ之间存在较小差异。Cry7Aal与Cry8Eal的表面电势分布不同。2种毒素具有相似的毒杀机理。模型经Ramachandran图和Verify3D检验具有合理性（赵新民等，2009）。在鉴定苏云金芽胞杆菌菌株Btc001 cry基因型的基础上，构建了菌株Btc001质粒DNA HindⅢ片段的文库，并利用聚合酶链反应-限制性酶切片段多态性（PCR-RFIP）方法筛选出含有cry1C6全长基因的13.5kb大片段，酶切分析得到该片段的物理图谱，BamHⅠ和EcoRⅠ酶切完成了6.5kb含全长基因的亚克隆，并对这条6.5kb片段亚克隆、测序，序列在国际核酸序列数据库（GenBank）登记（AY007686），并由Bt杀虫晶体蛋白基因国际命名委员会命名为cry1Cb2基因。根据序列设计了一对用于扩增全长基因的引物S581CB和S381CB，扩增产物插入表达载体pET-21b中，诱导后在大肠杆菌BL21（DE3）中获得高效表达。表达产物对小菜蛾（Plutella xylostella）表现出较高活性，LC_{50}达7.9μg/mL（宋福平等，2003）。

逐级从42℃到44℃和46℃升温培养，并用0.05% SDS处理苏云金芽胞杆菌YBT-1463，获得了一系列内生质粒被部分或完全消除的无晶体（Cry^-）突变株，对4种Cry^-突变株的转化性能及导入的外源质粒的稳定性进行了研究。用限量培养基和42℃培养筛选到Cry^-突变株后，升温至44℃，从Cry^-突变株得到内生质粒被进一步消除的突变株；然后升温至46℃来培养其中的突变株BMB170，并用0.05%的SDS进行处理，最终筛选到一株无质粒突变株BMB171。用pHT3101、pBMB1736、pBTL-1和pHV1249等4种外源质粒进行的转化及稳定性研究表明，转化频率的大小及导入质粒的稳定性与用作受体菌的Cry^-突变株携有的内生质粒数之间呈现一定的相关性，Cry^-突变株的转化频率显著高于出发菌株，其中BMB171的转化频率最高达10^7转化子/μgDNA，且所导入的外源质粒的稳定性也高于其他Cry^-突变株及出发菌株YBT-1463（李林等，2000）。

李新社（1995）综述了苏云金芽胞杆菌的毒性作用，它的杀虫晶体蛋白基因及基因产物的特性，将杀虫晶体蛋白基因转移到植物上获得抗虫植物及如何防止昆虫对该杀虫剂产生抗性的问题，理想的BT杀虫剂应有良好的防腐剂以抑制自身和其他微生物的活动，有紫外线防护剂保护其田间药效，有表面活性剂使其能在作物表面附着、展开，有诱食剂促进昆虫食欲，有增效剂提高杀虫效率等。

五、苏云金芽胞杆菌其他生理功能检测

研究了苏云金芽胞杆菌对黄河鲤血液免疫应答的影响。将苏云金芽胞杆菌按$1.0×10^{11}$cfu/kg、$3.0×10^{11}$cfu/kg、$5.0×10^{11}$cfu/kg 3个浓度添加在鱼用全价颗粒饲料中，投喂经嗜水气单胞菌疫苗免疫组（A0~A3）和未免疫组（B0~B3）黄河鲤。分别于0d、15d、30d、40d时检测各组黄河鲤白细胞吞噬活性、血清溶菌酶活性及血清凝集抗体效价，并进行攻毒试验。结果表明：添加苏云金芽胞杆菌可使黄河鲤血液中白细胞吞

噬活性和血清溶菌酶活性显著提高，添加组与对照组差异显著（$P<0.05$），添加浓度越高，血液白细胞活性和溶菌酶活性越强。免疫组与未免疫组白细胞吞噬活性差异不显著（$P>0.05$），而溶菌酶活性差异显著（$P<0.05$）。在停止投喂后 10d，白细胞活性、血清溶菌酶活性逐渐下降，但差异不显著（$P>0.05$）。添加苏云金芽胞杆菌还可提高黄河鲤的凝集抗体效价及攻毒后的存活率。其中，当菌株添加浓度为 $5.0×10^{11}$ cfu/kg 时，受免疫的黄河鲤免疫保护率最高，即投喂苏云金芽胞杆菌对黄河鲤血液免疫应答有明显促进作用（殷海成和赵红月，2009a）。

为研究苏云金芽胞杆菌菌株 Bt9875 晶体蛋白对人急性髓细胞性白血病细胞 HL-60 的影响，采用四唑盐（MTT）比色、荧光显微观察、DNA 凝胶电泳、流式细胞术等方法来检测不同浓度的 Bt9875 晶体蛋白处理后 HL-60 细胞的凋亡特征。结果表明，Bt9875 晶体蛋白对 HL-60 细胞的生长具有明显的抑制作用，且随着蛋白质浓度的增加，对 HL-60 细胞生长抑制越明显，而对正常人外周血单个核细胞（PBMC）无作用；荧光显微镜下观察发现经该蛋白质作用后 HL-60 细胞核的形态呈现凋亡特征；流式细胞术分析表明，HL-60 细胞经 100μg/mL 晶体蛋白作用后，凋亡率达 52%；琼脂糖凝胶电泳显示细胞 DNA 呈梯状降解。试验结果初步证明了 Bt9875 晶体蛋白在体外能够明显抑制 HL-60 细胞的增长，并诱导其凋亡，这为苏云金芽胞杆菌晶体蛋白的应用开创了新的思路（竺利红等，2008）。

用 HPLC 检测了苏云金素在鱼塘水和清水中的衰减速率。清水中该物质的半衰期长达 433h；在鱼塘水中苏云金素的衰减呈双指数消除模型，开始消除半衰期为 2.43～10.68h，终末消除半衰期为 128.57～142.01h（林开春和操继跃，1995）。

用分光光度计法，在室内测定了螟黄赤眼蜂的携菌量，并在水稻田间调查了其对二化螟的防治效果。结果表明，螟黄赤眼蜂单蜂载苏云金芽胞杆菌量为 10^7～10^8 个芽胞。载菌蜂比非载菌蜂对二化螟田间防治效果提高 13.32%（陈日曌等，2007）。用苏云金芽胞杆菌菌株 HD-1、7216 和 CT-43 晶体蛋白的碱溶和胰蛋白酶酶解产物作抗原，制备相应的抗血清。用环状沉淀反应、双相单扩散反应和火箭免疫电泳等技术测定了苏云金芽胞杆菌几个菌株和制剂的晶体蛋白的含量。用环状沉淀反应测定晶体蛋白的最低含量为 0.22μg/mL，火箭免疫电泳为 15μg/mL，双相单扩散反应为 62μg/mL。生物测定的结果与几种血清学方法测定的结果有一定的相关性，菌株 HD-1、7216 和 CT-43 的伴胞晶体经碱溶和胰蛋白酶处理后对小菜蛾幼虫的 LC_{50} 值分别为 0.148μg/mL、0.247μg/mL 和 0.097μg/mL；经碱溶而未经胰蛋白酶处理的晶体蛋白对小菜蛾幼虫的 LC_{50} 值分别为 1.867μg/mL、3.147μg/mL 和 1.022μg/mL。2 种处理方法对晶体蛋白毒力影响很大。环状沉淀反应测定苏云金芽胞杆菌晶体蛋白含量最敏度，比火箭免疫电泳高，操作简便而快速；双相单扩散法灵敏度与火箭免疫电泳接近，但操作更简便（戴经元等，1996）。

植物提取物对苏云金芽胞杆菌（Bt）的杀虫活性有不同程度的影响。试验结果表明，处理 48h 后，花椒（*Zanthoxylum bungeanum*）、假连翘（*Duranta repens*）、南洋楹（*Albizia falcataria*）、羊蹄甲（*Bauhinia variegata*）、番石榴（*Psidium guajava*）、荷花玉兰（*Magnolia grandiflora*）的乙醇提取物对 Bt 的杀虫活性有显著增效作用；小蜡（*Ligustrum sinense*）、胜红蓟（*Ageratum conyzoides*）、一品红

(*Euphorbia pulcherrima*)、烟草（*Nicotiana tabacum*）、南洋杉（*Araucaria cunninghamii*）、繁缕（*Stellaria media*）、光叶子花（*Bougainvillea glabra*）、小飞蓬（*Conyza canadensi*）、地肤（*Kochia scoparia*）的乙醇提取物对 Bt 杀虫活性有显著拮抗作用；其他植物提取物则没有显著影响（魏辉等，2003）。自 2002 年 10 月起，从西安及其周边地区乳牛中随机抽取 48 头共 184 个乳室，进行了乳牛隐性乳腺炎的调查及病原菌分离鉴定。共分离出 3 株革兰氏阳性芽胞杆菌，初步鉴定为苏云金芽胞杆菌。该菌的培养特性及形态与蜡状芽胞杆菌极为相似；小白鼠腹腔注射可致其死亡，证明该菌所产毒素毒力较强（王赟等，2004）。

用改进的酶碱综合法检测了苏云金芽胞杆菌 4 个亚种 11 个野生菌株的内生质粒，获得良好的制备结果和重现性，对野生菌株 YBT-1463 及其无质粒突变株 BMB171 的形态和生理生化特性的比较研究结果表明，YBT-1463 的内生质粒携带杀虫晶体蛋白基因，但不携带抗生素的抗性基因，且与该菌株对 19 种 C 源和 12 种 N 源的利用无关（李林等，2001）。

将对鞘翅目昆虫有特异毒性的苏云金芽胞杆菌 *Cry*3A 基因电转化到只对鳞翅目昆虫有毒性的苏云金芽胞杆菌野生型菌株 YBT803-1 中，获得转化子 BMBY-001。SDS-PAGE 分析及镜检结果表明，*Cry*3A 基因可在该菌株中高效表达，但出发菌株中原有的 *Cry*1AB、*Cry*1AC 及 *Cry*2 的表达受到不同程度的影响。生物测定结果显示，转化子 BMBY-001 对柳蓝叶甲（鞘翅目）具有较高毒力，LC_{50} 为 $0.413\mu L/mL$（浸叶法），对小菜蛾（鳞翅目）的毒力比野生受体菌 YBT803-1 有所降低，LC_{50} 值为 $3.319\mu L/mL$（乐超银等，2000）。

六、昆虫对苏云金芽胞杆菌抗性的研究

2003～2006 年，在美国密西西比河州和阿肯色州的大片田地里发现了抗苏云金芽胞杆菌的棉铃虫。这是首例发现的对 Bt 作物具有抗性的昆虫。所谓 Bt 作物就是能产生 Bt 毒素杀死某些有害昆虫的作物，这些 Bt 毒素在自然界中由苏云金芽胞杆菌产生，因此缩写为 Bt（佚名 37，2008）。美国种植的玉米约有 63% 是 Bt 转基因玉米，这种玉米自 1996 年开始引入美国，它可以表达来自苏云金芽胞杆菌的蛋白质，这种蛋白质能杀灭多种害虫。明尼苏达大学教授威廉·哈奇森等分析了 Bt 转基因玉米对欧洲玉米螟的影响，该玉米螟是一种 1917 年意外传入美国中西部的毁灭性害虫（佚名 38，2010）。

昆虫中肠液的酸碱度和蛋白酶是影响伴胞晶体溶解与原毒素活化的两大因素。中肠液的酸碱度不仅影响到伴胞晶体的溶解速度，还影响到各种蛋白酶的活性表现；而蛋白酶直接参与了原毒素的活化，其组成与活性影响着原毒素的活化速度和杀虫专一性。因中肠液蛋白水解能力过高而导致原毒素的过度降解是某些昆虫对苏云金芽胞杆菌低度敏感的主要原因，而中肠液对原毒素活化能力的降低与昆虫抗性的形成有关。此外，中肠液的沉淀作用及其他生理生化特性也影响着原毒素毒力的正常发挥（邵宗泽和喻子牛，2002）。

类钙黏蛋白（cadhefin-like protein）位于昆虫中肠刷状缘膜囊泡（brush border membrane vesicle，BBMV）上，是苏云金芽胞杆菌产生的杀虫晶体蛋白（Bt Cry 蛋

白)的主要受体之一。它能够与 Bt Cry 蛋白结合,引起细胞膜的渗透性发生改变,促进 Bt Cry 蛋白对敏感昆虫的毒杀作用。类钙黏蛋白基因的突变还能导致敏感昆虫对 Bt Cry 蛋白产生抗性。因此,研究昆虫类钙黏蛋白与 Bt Cry 蛋白之间的相互作用,将有助于揭示 Bt Cry 蛋白杀虫作用机理。对昆虫类钙黏蛋白种类、结构特征、在昆虫体内的分布及其与 Bt Cry 蛋白之间的相互作用等方面的研究现状进行详细论述(韩岚岚等,2009)。

苏云金芽胞杆菌(简称 Bt)能产生具有强烈杀虫作用的晶体蛋白(insecticidal crystal protein,ICP),对鳞翅目、鞘翅目、双翅目、膜翅目、同翅目等节肢动物,以及动植物线虫、蜱螨等都具有特异性的毒杀活性,而对非目标生物安全。通过现代生物技术和基因工程的方法对苏云金芽胞杆菌进行改造,扩大其杀虫谱,提高杀虫毒力,使多种因素和成分发挥作用,害虫不易产生抗药性,避免了化学农药所带来的环境污染和抗性问题(赵露,2010)。

为了从离体细胞水平探讨昆虫对苏云金芽胞杆菌杀虫晶体蛋白的部分抗性机制,采用活化的 Cry1AC 毒素对粉纹夜蛾 BTI-TN-581-4 细胞连续筛选 86 代,获得了高水平抗性细胞,研究了其某些特性。它对 Cry1C 产生了低水平的交互抗性,对低渗溶液的耐受性显著增强,双向电泳图谱表明抗性细胞膜蛋白组分发生了明显的变化。膜蛋白组分的变化可能导致了筛选细胞的耐低渗透压和抗 Cry1C(刘凯于等,2004)。

在大肠杆菌中表达得到具有显著生物活性的含粉纹夜蛾颗粒体病毒增效蛋白 C 端 818 个氨基酸的融合蛋白 P96。以毒饲料法研究 P96 对苏云金芽胞杆菌和氯氰菊酯杀棉铃虫敏感、抗性品系的增效作用。结果表明:P96 对 Bt 杀棉铃虫敏感、低抗、中抗品系的增效比分别为 3.34、4.72 和 9.82;对氯氰菊酯杀棉铃虫敏感、低抗、中抗品系的增效比分别为 2.53、3.38 和 6.24。随棉铃虫抗性升高,P96 的增效作用越明显。单对汰选是快速选育棉铃虫抗 Bt 品系的有效方法(袁哲明等,2006)。苏云金芽胞杆菌在害虫防治中发挥着重要作用。现已表明,有近 20 种昆虫可对 Bt 生物制剂产生抗性,转 Bt 基因作物的释放更加剧了害虫的抗性进化。开展害虫的抗性研究,加强对 Bt 基因的保护,对持续利用 Bt 生物制剂和转 Bt 基因作物具有非常重要的意义(汪伦记和纠敏,2005)。

七、苏云金芽胞杆菌相关酶学研究

从 80 株 Bt 菌株中筛选出 2 株几丁质酶活性高的菌株 QB51 和 HD7,并通过比色法测定了 2 株菌株分别在不同 pH 条件下的酶产量,发现 2 株菌株均在 pH 为 7.0 时产酶量最大,分别为 355U/mL 和 314U/mL,无论是在酸性还是碱性诱导条件下酶产量均明显降低。以甜菜夜蛾初孵幼虫为对象的生物测定表明,两菌株的诱导培养液均对 Bt 菌株 DL5789 有明显的增效活性,增效效果分别为 2.35 倍和 1.52 倍。SDS-PAGE 和 Western 印迹分析表明,这 2 株 Bt 菌株所产生的几丁质酶分子质量均为 61kDa(祁红兵等,2003a)。

根据已知 $vip3A$ 基因序列设计一对特异性引物 VIP3/VIP5,对 218 株 Bt 菌株进行 PCR 鉴定,有 51 株含有 $vip3A$ 类基因,其中 12 株为不同亚种的模式菌株,有 4 株模式菌株不含有该基因。从 Bt C9 菌株中分离克隆了 vip-C9 基因，并插入表达载体 pET-21b，转化大肠杆菌 BL21，诱导表达出分子质量 88.6kDa 的可溶性蛋白，表达产物对甜菜夜蛾和棉铃虫具有较高的杀虫活性，LC_{50} 分别为 0.42ng/mg 和 25.95ng/mg，对小菜蛾活性较低。构建了缺失蛋白 Vip-C9-N（N 端去除 39 个氨基酸组成的信号肽序列），杀虫活性测定结果表明其对甜菜夜蛾的活性显著降低，说明 N 端 39 个氨基酸对甜菜夜蛾的活性是必需的（刘荣梅等，2004）。

几丁质酶（EC3.2.1.14）是细菌、病毒、真菌等微生物，高等植物和昆虫体内普遍合成的一种具有生物催化活性的水解酶类。它能特异地催化水解几丁质的 β-1,4-糖苷键生成 N-乙酰-D-氨基葡萄糖（N-acetyl-D-glucosamine，NAG）。几丁质酶因为具有水解几丁质破坏围食膜的作用而被作为防治真菌病害和害虫的潜在靶标。几丁质酶能增强苏云金芽胞杆菌（Bt）的杀虫效果，有利于克服或延缓昆虫对 Bt 的抗性。应用细粉几丁质诱导培养出批量的 Bt，从菌液中分离提取 Bt 几丁质酶，研究不同浓度金属离子对其酶活力的影响。结果表明，正一价金属离子对 Bt 几丁质酶没有影响；Mg^{2+}、Zn^{2+} 和 Co^{2+} 对 Bt 几丁质酶有激活作用，而 Ca^{2+}、Fe^{3+} 对此酶有一定的抑制作用；Cd^{2+} 和 Mn^{2+} 对 Bt 几丁质酶有不同程度的抑制作用，Pb^{2+} 和 Hg^{2+} 对此酶具有很强的抑制能力（黄小红等，2005）。

利用 HPLC 法测定二硫苏糖醇（DTT）对苏云金芽胞杆菌伴胞晶体降解的影响。结果表明，放置时间对 DTT 溶液的变化影响显著，随着 DTT 放置时间的延长，2 个峰的保留时间都随之延长。利用不同浓度的 DTT 降解伴胞晶体时，其检测结果都出现保留时间小于 15.00min 的 4 个主峰，与 DTT 单独添加在 Na_2CO_3-HCl 缓冲液 1h 后检测的保留时间大于 25.00min 的 2 个峰明显不同，也比伴胞晶体单独添加到 Na_2CO_3-HCl 缓冲液 1h 后检测的结果多了 1 个新峰，并且峰高显著增加，这表明 DTT 对晶体起到降解作用。峰 1 和峰 4 的保留时间与 Na_2CO_3-HCl 缓冲液所测到的色谱特征峰相近，峰 2 和峰 3 为 Na_2CO_3-HCl 缓冲液不具有的。在用不同浓度的 DTT 在 37℃条件下降解 Bt 伴胞晶体 1h 后，立即用 HPLC 进行检测的结果表明峰 2 高于峰 3，峰 2 的高度与 DTT 的浓度呈正相关；放置 24h 后所有处理中峰 2 的高度都下降，峰 3 的高度都高于峰 2，峰 2（y_1）和峰 3（y_2）的峰高都与 DTT 的浓度（x）成指数增长，$y_1=19.133e^{0.0148x}$（$R^2=0.9708$）和 $y_2=29.062e^{0.0168x}$（$R^2=0.9589$）；上述结论表明在 DTT 的作用下，伴胞晶体不断地被降解，使得峰 3 不断增高，DTT 的消耗，使得峰 2 下降；随着 DTT 浓度的增大，峰 2 和峰 3 的高度都呈现指数增长；在伴胞晶进行定性分析时，峰 2 高度增大 114.59%，而峰 3 仅增加 55.56%（可能是 DTT 继续降解的结果），而峰 1 和峰 4 无显著变化。可以推断峰 2 是 DTT，峰 3 是伴胞晶体降解物——原毒素的特征峰（朱育菁等，2004）。

利用高效克隆 PCR 产物的专用载体 pMD18-T，直接从苏云金芽胞杆菌 WB9 的 PCR 产物中克隆了 $cry1Ab17$ 新基因。测序结果表明，该基因（GenBank 登录号为 AY646166）由 3471 个碱基组成，其编码的蛋白质含有 1156 个氨基酸残基，其中亲水性氨基酸占 30.8%、疏水性氨基酸占 45.2%，酸性氨基酸占 12.9%、碱性氨基酸占 11.1%。氨基酸序列的同源性分析结果表明，Cry1Ab17 蛋白与已报道的 Cry1Ab 蛋白同源性为 95.4%~99.7%，该蛋白的 4 个氨基酸残基——Pro170、Gly449、Gly796 和 Gly863 与其他已报道 Cry1Ab 蛋白相应位置的氨基酸残基均不同。在核苷酸序列和氨基酸序列多重比较的基础上，应用 PAUP4.0 构建了 Cry1A 蛋白家族的系统发育树。SignaIP 分析结果显示，Cry1Ab17 蛋白中不含信号肽序列。此外，对 Cry1Ab17 蛋白的二级结构和 3 个结构域也进行了预测和分析（黄志鹏等，2006）。

利用几丁质平板法和几丁质酶基因特异引物 PCR 2 种方法，对保藏的 995 株苏云金芽胞杆菌的几丁质酶及其基因进行了检测。结果显示所有被检测的菌株都可以在以几丁质为唯一碳源的平板上生长，其中 93.0% 的菌株 PCR 检测阳性，54.1% 的菌株可产生明显的水解圈。证明苏云金芽胞杆菌中几丁质酶普遍存在。通过研究发现 Bt 几丁质酶活力高低与其血清型及杀虫晶体蛋白基因的类型无相关性。同时对 286 个菌株进行了抑小麦赤霉病菌实验，筛选出 19 株抑真菌效果较好的苏云金芽胞杆菌（卢焦等，2007）。杀虫晶体蛋白是苏云金芽胞杆菌所产生的主要杀虫成分，在其超量表达与晶体形成过程中有时需要辅助蛋白的参与。在这些辅助蛋白中有的能够防止正在翻译过程中的杀虫晶体蛋白被菌体内的蛋白酶降解，起着分子伴侣的作用；有的在晶体形成过程中起着脚手架的作用，邵宗泽和喻子牛（2001b）对辅助蛋白 P20、P19，以及 ORF1、ORF2 等在杀虫晶体蛋白表达及晶体形成过程中的作用作了综述。

苏云金芽胞杆菌（Bt）是目前应用最多的生物杀虫剂。它能够产生多种杀虫因子，其中最主要是杀虫晶体蛋白（insecticidal crystal protein，ICP）和营养期杀虫蛋白（vegetative insecticidal protein，VIP）。VIP 在 Bt 营养期生长阶段开始分泌，它们不形成蛋白晶体，和 ICP 在进化上没有同源性。VIP 的杀虫活性很高，达到了纳克级水平，为一类新型杀虫蛋白，被认为是第二代生物杀虫剂。VIP 根据蛋白质序列同源性主要分为 3 类：VIP1、VIP2 和 VIP3。VIP1 和 VIP2 共同构成二元毒素对鞘翅目萤叶甲科昆虫具有特异性毒杀作用，VIP3 对鳞翅目害虫具有很高的杀虫活性。由于 VIP 对一些可能对 ICP 产生抗性的害虫具有高效的毒杀作用，而且害虫对 ICP 和 VIP 产生交互抗性的概率也很小，因此转 VIP 植物研究受到了科学家的青睐，并已有不少成功的报道和专利。至 2007 年年底，已经构建了转基因水稻、转基因玉米、转基因棉花等多种转基因作物（刘辰等，2008）。

通过对 Cry1Ba3 蛋白序列的分析，以及与已知 Cry 蛋白比较，设计了 6 对特异性引物，通过 PCR 扩增获得 6 种不同长度的 Cry1Ba3 基因片段。将这些基因片段克隆到 pET-21b 载体上，导入大肠杆菌 BL21 中进行诱导表达，最终得到 6 种不同长度的 Cry1Ba3 蛋白质片段。采用浸叶法检测这些蛋白质片段对小菜蛾的杀虫活性，结果表明含有 1~685 位和含有第 22~655 位氨基酸的蛋白质片段对小菜蛾的毒性，与全长 Cry1Ba3 蛋白相比，没有改变；含有第 54~655 位氨基酸的蛋白质片段对小菜蛾的毒力明显降低；而含有第 22~627 位和含有第 85~655 位氨基酸的蛋白质片段完全丧失了对小菜蛾的活性。上述结果表明 Cry1Ba3 蛋白对小菜蛾的活性区在第 22~655 位氨基酸（王广君等，2005）。

研究发现某些非杀虫的苏云金芽胞杆菌（Bt）株系的伴胞蛋白对体外培养的人癌细胞（MOLT-4，HeLa）具有毒杀能力。这类蛋白不属于已知的任何一种 Cry/Cyt 蛋白，其抗癌活性需经蛋白酶水解活化，所导致的细胞病变有明显的核凝聚和细胞肿胀过程。这个发现可能导致 Bt 在医疗上的新应用。李今煜等（2002）综述了国外在这方面研究的进展以期对国内的 Bt 研究提供新的思路。以苏云金芽胞杆菌

（Bt）的发酵液为材料，经硫酸铵分级分离、DEAE-32 离子交换柱层析分离，获得部分纯化的 Bt 几丁质酶（EC3.2.1.14）制剂。研究了几种有机溶剂对 Bt 几丁质酶的影响，结果表明，甲醇、甘油、甲醛和戊二醛对几丁质酶有抑制作用；乙醇、丙醇、乙二醇和二甲亚砜在低浓度时对酶有激活作用，随着浓度的升高表现出抑制作用；二氧六环的浓度低于 5% 时，对酶的影响不明显，而高于 5% 时，对酶则有激活作用；丙酮对酶有激活作用（黄小红等，2005）。

以煮沸冻融法制备 PCR 扩增模板，利用苏云金芽胞杆菌几丁质酶基因特异引物进行 15 个 Bt 血清变种的扩增分析，获得 9 个几丁质酶全长基因扩增产物。经克隆和序列测定，从 Bt 杀虫血清变种 HD109（serovar. *entomocidus* HD109）、加拿大血清变种 HD224（Bt serovar. *canadensis* HD224）、海尔斯血清变种 HD16（Bt serovar. *alesti* HD16）和 Bt serovar. *toumanoffi* HD201 等 4 个菌株中分离了几丁质酶新基因（林毅和关雄，2004）。对筛选的苏云金芽胞杆菌 QB-51 的产酶条件研究表明：在 pH7.0 的基本培养基中添加 2.0% 的细粉几丁质、1.0% 的蛋白胨，在 220r/min 30℃ 条件下培养 72h，几丁质酶的产量最高（祁红兵等，2003b）。

营养期杀虫蛋白（VIP）是由苏云金芽胞杆菌在营养生长指数中期至稳定期期间分泌产生的一类新型杀虫因子，分为 VIP1、VIP2 和 VIP3 3 种，以 VIP3 的研究最为深入。VIP3A 对鳞翅目害虫具广谱杀虫活性，可作用于敏感昆虫中肠上皮细胞刷状缘膜囊导致离子通道的形成，杀虫活性达纳克级水平。利用 Bt ICP 不同启动子与 *vip*3 基因重组可提高 VIP3 蛋白的表达量和稳定性。转 *vip*3 基因植物也已有构建成功的报道。从 VIP3 的类型和杀虫活性、作用机理、*vip*3 基因的定位和分离、*vip*3 基因重组和转 *vip*3 基因植物等方面详细介绍了 VIP3 近 10 年来的研究进展（韩丽珍等，2009）。

八、苏云金芽胞杆菌防治线虫、寄生虫

新秀丽小杆线虫（*Caenorhabditis elegance*）是一种模式生物，能够在室内培养。研究采用大肠杆菌饲养，获得大量虫源，通过观察该线虫对不同 Bt 菌株产生毒力反应的情况，筛选含有毒力的 Bt 菌株。经筛选获得 6 个菌株的伴胞晶体与新秀丽小杆线虫进行毒性比较，野生菌株 Bt-010 杀虫快速而持久，毒力强，作用时间为 36h 左右，测得其理想的 LC_{50} 为 0.498μg/mL。初步纯化其毒性蛋白，发现其主要作用成分是 25～35kDa 的蛋白质。DNA 梯状图谱检测发现，在这个毒性蛋白的作用下线虫 DNA 同作用前没有区别，证明这个毒性蛋白不像化学农药能对线虫的 DNA 造成损伤（余洁等，2007）。14 株苏云金芽胞杆菌经培养提取伴胞晶体蛋白并测定其蛋白质含量。感染性蛔虫卵经胃感染小鼠，3d 后宰杀并从小鼠肝脏内分离蛔虫第 3 期幼虫（L3）。设置空白对照，将不同剂量的 Bt 伴胞晶体蛋白与 L3 置于培养孔在 37℃ 的二氧化碳培养箱中（含 5% CO_2）培养，间隔 12h 检查幼虫活性，计算死亡率、校正死亡率及半数致死量。LD_{50} 随着作用时间的延长而逐渐减小。14 株细菌伴胞晶体蛋白对 L3 的毒力差异很大。

菌株 017 对 L3 的杀虫作用快速而持久、毒力最强，其 LD_{50} 是所有 14 个菌株中最小的，作用 12h、24h 和 36h 时分别为 1.1357g/L、0.2322g/L 和 0.1532g/L（邓干臻等，2004）。

苏云金芽胞杆菌能在菌体内形成具有芽胞性质的伴胞晶体，晶体对动植物寄生线虫和原生动物具有特异的杀虫活性，而对人畜无毒，不污染环境。利用苏云金芽胞杆菌伴胞晶体制剂来防治蠕虫病是一个全新的领域，如果这种制剂能治疗蠕虫病，必将推动蠕虫净化的进程（刘哲和刘毅，2007）。

将不同菌株、不同浓度的苏云金芽胞杆菌伴胞晶体蛋白作用于钉螺体内的日本血吸虫幼虫阶段，经 24h 和 48h 后，通过显微镜观察，结果发现 4 种苏云金芽胞杆菌伴胞晶体蛋白均对钉螺体内血吸虫幼虫有毒杀作用，其中 Bt-02 的毒杀作用最强（熊波等，2003）。

从烟草中分离出一株对根结线虫和胞囊线虫有较高生物活性的内生细菌菌株 YC-10。将该细菌发酵滤液原液，以及 5 倍、10 倍、20 倍和 40 倍稀释液处理南方根结线虫，96h 后线虫死亡率均达 100%，处理大豆胞囊线虫 96h，致死率大于 90%，在植物线虫生物防治上显示出巨大的应用前景。通过形态特点、理化特征及 16S rDNA 序列同源性分析将菌株 YC-10 鉴定为苏云金芽胞杆菌。对发酵液活性成分理化性质研究表明，活性成分对热稳定，高温、蛋白酶 K 处理不影响其杀虫活性，而酸性条件下杀线虫活性比碱性中更强。该结果为后续杀线虫活性成分的分离及杀线虫机理研究奠定基础（成飞雪等，2011）。

九、苏云金芽胞杆菌防治鳞翅目害虫

利用敏感寄主小菜蛾进行苏云金芽胞杆菌 LSZ9408 的虫体复壮。试验结果表明，通过小菜蛾虫体培养 1 次和 2 次后，LSZ9408 的产晶率由 0 分别提高至 25.8% 和 39.4%，对小菜蛾 72h 的毒力由 42.7% 分别提高至 83.4% 和 100.0%；经过发酵培养基的筛选，培养 2 代产晶率又可提高至 49.7%；经 70L 发酵罐发酵 48h 时，活芽胞数可达 $54×10^8$ cfu/mL（朱育菁等，2005）。

在室内选用 Cry1Ac 对小菜蛾 3 龄幼虫进行抗性选育，获得相对抗性为 356 倍的抗性种群 DBM1Ac-R 品系。应用实时定量基因扩增荧光检测（real time quantitative PCR，real-time qPCR）技术检测敏感小菜蛾 DBM1Ac-S 和抗性小菜蛾 DBM1Ac-R 品系鞘糖脂（glycosphingolipid，GSL）合成酶基因 bre-3 和 bre-5 mRNA 在 2 龄、3 龄、4 龄和老熟幼虫、蛹及 4 龄中肠的表达情况。结果显示：bre-3 和 bre-5 在两个品系的 5 个时期和 4 龄中肠均有表达，其中 DBM1Ac-S 品系的 bre-3 mRNA 在 3 龄、4 龄和老熟幼虫的相对表达量显著高于 DBM1Ac-R 品系（$P<0.05$），分别为 DBM1Ac-R 品系的 2.36 倍、5.54 倍和 2.68 倍；DBM1Ac-S 品系的 bre-5 mRNA 在 2 龄至蛹期的相对表达量分别为 DBM1Ac-R 品系的 1.19 倍、3.13 倍、1.78 倍、1.75 倍和 1.65 倍，其中由 3 龄到蛹期差异显著（$P<0.05$）。DBM1Ac-R 品系 3 龄至老熟幼虫的 bre-3 和 bre-5 mRNA 相对表达量降低可能与小菜蛾长期的 Cry1Ac 汰选有一定的关系。比较同一种群、同一龄期（包括 4 龄中肠）的 bre-3 和 bre-5 mRNA 相对表达量差异时，发现 bre-5 相

对表达量均高于 bre-3。研究结果为苏云金芽胞杆菌杀虫晶体蛋白受体之一 GSL 的进一步研究提供了一定的基础（李拓等，2011）。

应用时间-剂量-死亡率模型就苏云金芽胞杆菌菌株 YJ-2000 对 6 种鳞翅目昆虫的杀虫活性作了初步评价。该菌株对家蚕基本无毒性，而对蔬菜害虫小菜蛾、菜粉蝶、水稻害虫三化螟、二化螟、桑树害虫桑螟幼虫均有不同程度的毒性，其中对小菜蛾和菜粉蝶的毒性最强，幼虫死亡率可高达 100%。该菌株是对家蚕安全而对其他鳞翅目害虫具杀虫活性的特异性菌株，有望用于养蚕地区桑园及其邻近作物的鳞翅目害虫防治（蒋彩英等，2003）。苏云金芽胞杆菌菌株 YJ-2000 对多种鳞翅目害虫具明显杀虫活性而对家蚕蚁蚕表现低毒性。以对家蚕蚁蚕表现高毒性的苏云金芽胞杆菌菌株 CRY1Ab 和 YJ1-999 为对照，研究了苏云金芽胞杆菌菌株 YJ-2000 对家蚕的生物学安全性。菌株 YJ-2000 除导致 1 龄幼虫历期延长 11.1%、取食量减少 0~60.0% 及体重降低 52.3%~62.5% 外，对 2 龄及其以后各龄幼虫的存活率、发育历期、取食量、眠蚕体重、化蛹率、蛹期、全茧量、蛹重、茧层量、羽化率和产卵量等均无显著影响。相比之下，菌株 CRY1Ab 和 YJ-1999 则不同，高浓度会导致全部蚁蚕死亡，呈现高急性毒性；低浓度虽不能使幼虫全部死亡，但对幸存幼虫的取食、生长发育、结茧和产卵等大多呈现明显的不良影响。综合分析认为：菌株 YJ-2000 对家蚕不仅低毒，而且对其生长发育、结茧和生殖力等均无明显的不良影响（蒋彩英等，2004）。

从呼和浩特市大窑林场自然死亡的落叶松毛虫（Dendrolimus superans）幼虫体分离苏云金芽胞杆菌菌株 Bt-S04，通过形态观察和生理生化反应并与菌株 Bt-k01 进行对照，菌株 Bt-S04 的精氨酸酶、尿酶和水杨苷反应均为阴性，菌膜反应和蔗糖发酵反应均为阳性，与苏云金芽胞杆菌松毛虫变种有差异。室内采用针叶给毒法，测定了 Bt-S04 和 Bt-k01 菌株对落叶松毛虫 2 龄幼虫的毒力，其致死中浓度 LC_{50} 分别为 5.493×10^6 （$1.349 \times 10^6 \sim 1.698 \times 10^7$）cfu/mL 和 7.227×10^5 （$3.111 \times 10^5 \sim 1.399 \times 10^6$）cfu/mL，Bt-k01 对落叶松毛虫 2 龄幼虫的毒力是 Bt-S04 的 7.6 倍，致死中时间是其 1/5。经紫外线照射 2h 后，Bt-k01 和 Bt-S04 活菌率分别是 5.4% 和 8.2%，微胶囊化后菌液成活率分别是 72% 和 76.3%，表明微胶囊剂的抗紫外线能力增强了（双龙等，2010）。

防治松毛虫灾害是玉林市森防工作的重要任务。试验证明，苏云金芽胞杆菌可湿性粉剂适合于玉林市在干燥高温或低温的条件下对松毛虫的防治，效果很好（丘润清，2007）。应用苏云金芽胞杆菌防治小菜蛾的田间药效试验结果表明：苏云金芽胞杆菌 500 倍对小菜蛾具有良好防效，施药后 3d 的防效达 73.6%，药后 5d 的防效达 85.5%（李一平和杨玉环，2004）。

Bt 菌株 C002 对水稻二化螟、甜菜夜蛾具有高毒力，PCR-RFLP 鉴定含有 $cry1Aa$、$cry2Ab$、$cry1Ca$ 和未知杀虫蛋白基因 $cryX$ 等，其中 $cry1Ca$ 位于染色体 DNA 6~9kb 的 EcoRⅠ片段。染色体和质粒 DNA 分别经 EcoRⅠ完全酶切和 Sau3AⅠ部分酶切，电泳回收 6~9kb 片段。$E. coli$-Bt 穿梭载体 pHT315 分别与 DNA 连接，转化大肠杆菌感受态细胞后获得了相应的 DNA 文库，约 50 个转化子合为一个转化子池，采用 PCR-RFLP 方法快速检测，分别从约 2000 个质粒 DNA 文库转化子和 400 个染色体文库转化

子中筛选获得了 $cry1Aa$、$cry2Ab$、$cry1Ca$ 和未知基因 $cryX$ 的阳性克隆，相应命名为 pHT-1Aa、pHT-1Ca、pHT-2Ab 和 pHT-X。限制性酶切分析表明，含有 $cry1Aa$、$cry1Ca$ 和 $cry2Ab$ 基因的克隆片段均含有相应基因的保守物理图谱。进一步将这些质粒分别导入 Bt 无晶体突变株 CryB$^-$，SDS-PAGE 分析表明，只有 $cry1Ca$ 表达了约 118kDa 杀虫晶体蛋白。初步杀虫生物测定结果显示，Cry1Ca 对甜菜夜蛾具有高毒力，7d 校正死亡率为 100%（陈中义等，2003）。

甜菜夜蛾的室内人工饲养及不同感染因素对生物测定结果的影响研究表明，用人工半合成饲料在室内可以大量饲养甜菜夜蛾，其生长发育历期、化蛹率、羽化率、雌雄性比和产卵均表现正常。感染时间、幼虫日龄和感染温度对生物测定结果有一定影响，随着感染时间（3d、5d、7d）的延长，生物测定中致死中浓度 LC_{50} 显著降低，测定结果的重复性增强；而随着感染幼虫日龄（1d、2d、3d）的升高，LC_{50} 有显著升高，且测定结果的重复性降低，依次为 32.1μg/mL、64.9μg/mL、171.1μg/mL；随着感染温度（22℃、25℃、28℃）的升高，LC_{50} 有较显著降低；饲料的存放时间（1～8d）对生物测定的结果只有轻微影响（曾晓慧等，1998）。

用对鳞翅目夜蛾科幼虫有很强毒杀作用的苏云金芽胞杆菌土壤分离株 S11-11 为 δ-内毒素基因的供体菌，以穿梭质粒 pHT3101 为载体，用 Pst I 和 Eco R I 分别对供体和载体 DNA 作双酶切，并将酶切片段用 T4 DNA 连接酶连接，用电击法将重组 DNA 转入苏云金芽胞杆菌无晶体突变株 BTK.BE20 中，经 SDS-PAGE 及扫描电镜观察证明，δ-内毒素基因在 BTK.BE20 中得到表达，并具有较高的表达量。生物测定表明，重组株对夜蛾科幼虫具有较高的毒性。此外，对质粒提取的方法也进行了讨论（蒋冬花等，1998）。选用苏云金芽胞杆菌土壤分离株 S18-4 为供体菌，以 pHT3101 穿梭质粒为载体，载体和供体 DNA 用 Pst I 酶切后进行连接，用电击法将重组质粒转入苏云金芽胞杆菌无晶体突变株 BTK·BE20 中。经 SDS-PAGE 及扫描电镜观察，证明 δ-内毒素基因得到了表达，并具有很高的表达量。生物测定结果显示，重组株对夜蛾科幼虫具有比野生株 S18-4 更强的杀虫毒性（蒋冬花等，1999）。

采用 PCR 方法扩增出苜蓿银纹夜蛾（*Autographa californica*）核型多角体病毒（AcMNPV）几丁质酶基因（*chiA*）编码区 1.6kb 全长片段，并将该片段分别克隆至原核表达载体 pET30a 和杆状病毒 BactoBac 表达系统转移载体 pFastBac 中，分别在大肠杆菌（*E. coli*）BL21（DE3）和草地贪夜蛾（*Spodoptera frugiperda*）细胞系 Sf-9 中进行了表达。SDS-PAGE 分析表明，在大肠杆菌和昆虫细胞中均有效表达了 60kDa 的蛋白质。将表达产物饲喂 5 龄棉铃虫幼虫后取其围食膜，扫描电镜结果显示，围食膜结构遭到破坏形成大量孔洞。生物测定结果表明，以上 2 种表达产物对苏云金芽胞杆菌（Bt）和核型多角体病毒（NPV）均具有增效作用。以 AcMNPV ChiA 在大肠杆菌和细胞系 Sf-9 中的表达产物分别与 Bt Cry2Ac 蛋白混合饲喂棉铃虫初孵幼虫，增效率分别为 33.4% 和 54.5%，其 LT_{50} 较对照处理分别缩短了 17.8h 和 20.6h；当 AcMNPV ChiA 在大肠杆菌和细胞系 Sf-9 中的表达产物分别与甘蓝夜蛾（*Mamestra brassica*）核型多角体病毒（MbNPV）混合处理棉铃虫初孵幼虫时，其 LT_{50} 与对照比较分别缩短了 16.6h 和 22.4h（刘文霞等，2008）。

从自然死亡的玉米螟幼虫体内分离获得一株对玉米螟高毒的苏云金芽胞杆菌，编号为 HB-3。该菌株产生菱形和方形两种晶体蛋白，纯化晶体及胞晶混合物的毒力测定结果表明，该菌株对玉米螟具有较高毒力，LC_{50} 分别为 $5.82\mu g/mL$ 和 $5.94\mu g/mL$，对尖音库蚊也有一定毒力，LC_{50} 分别为 $16.59\mu g/mL$ 和 $17.50\mu g/mL$。生理生化特性研究结果表明，HB-3 与已知的蜡螟亚种（subsp. *galleriae*）基本一致，血清型为 H_{5ab}。晶体蛋白的 SDS-PAGE 分析表明，菌株 HB-3 晶体蛋白至少由分子质量为 133kDa、65kDa、45kDa 和 23kDa 的 4 种多肽组成（徐宜宏等，2006）。

通过生物测定得到了对多种重要农林害虫高活性的苏云金芽胞杆菌菌株 Bt CYZ-4，对其基因型鉴定表明，该菌株基因型较丰富。该菌株对黏虫（*Mythimna separata*）初孵幼虫 48h LC_{50} 为 $6.6\times10^6/mL$（芽胞密度）；对美国白蛾（*Hyphantria cunea*）、甜菜夜蛾（*Spodoptera exigua*）和棉铃虫（*Hyphantria armigera*）初孵幼虫 72h LC_{50} 分别为 $2.9\times10^6 cfu/mL$、$2.25\times10^5 cfu/mL$ 和 $4.7\times10^6 cfu/mL$；对林业害虫杨扇舟蛾（*Clostera anachoreta*）2 龄幼虫 72h LC_{50} 为 $1.7\times10^6 cfu/mL$，同时该菌株对卫生害虫淡色库蚊（*Culex pipienspaliens*）也表现出较好的活性，24h LC_{50} 为 $2.01\times10^5 cfu/mL$。利用 *cry*1、*cry*2、*cry*3、*cry*7、*cry*8、*cry*9 和 *vip*3A 基因引物对该菌株进行基因型鉴定，并对其扩增片段进行限制性酶切分析，结果表明，该菌株含有 *cry*1Ac、*cry*1Ab、*cry*2Ab 和 *vip*3A 基因，不存在 *cry*3、*cry*7、*cry*8、*cry*9 基因，其他基因型仍有待鉴定。SDS-PAGE 分析表明，晶体蛋白质的分子质量主要为 118kDa、64kDa、52kDa、26kDa，营养期为 96.8kDa。该菌株是一株具有应用潜力的 Bt 野生株（赵焕丽等，2009）。

从土壤、棉花根际和棉铃虫肠道内分离、筛选出细菌 8 株，初步鉴定为芽胞杆菌属、假单胞杆菌属和肠杆菌属，对水稻白叶枯病、棉铃疫霉、棉花黄萎病原菌进行抑菌试验，拮抗细菌以菌悬液和细胞菌体分别与 Bt 制剂混配感染饲料，以 2 龄棉铃虫生物测定的结果表明，培养液无杀虫效果，拮抗细胞发酵液、菌体对 Bt 制剂杀虫效果有不同的影响，拮抗细菌中 5 株芽胞杆菌对 Bt 制剂有较好的增效作用，其杀虫效果均达 75% 以上，防效接近 HD-73 无晶体突变株（刘云霞和张刚应，1999）。从土壤中分离出几株广谱杀鳞翅目昆虫的苏云金芽胞杆菌，其中杀虫效果最好的一株 C-33 血清型为 H_5，产生近方形和菱形的伴胞晶体，含有 *cry*1Aa、*cry*1Ab、*cry*1Ac、*cry*1C 基因，产生 144kDa 和 77kDa 的晶体蛋白质。毒力生物测定证明 C-33 对棉铃虫及甜菜夜蛾有高毒力。对该天然广谱 Bt 菌株 C-33 进行了摇瓶发酵和小试发酵试验，结果表明其发酵性能良好。通过 2L 全自动罐发酵试验，优化了发酵培养基和发酵条件，发酵效价达 $3400\sim3700U/\mu L$（棉铃虫）（蔡亚君等，2003）。

对从浙江省土壤中分离并经初筛的 2 个苏云金芽胞杆菌菌株进行了生物测定、晶体特性及生化特征的研究。生物测定结果表明，2 个 Bt 菌株对棉铃虫具有很高的毒效，48h 的校正死亡率高达 96%～98%，LD_{50}（半致死剂量）为 $6.0\sim7.0\mu g$ 晶体蛋白。扫描电镜观察表明，2 个菌均有菱形和方形 2 种伴胞晶体。SDS-PAGE 图谱显示它们均有 135kDa 和 65kDa 2 条主带。生化测定结果推断菌株 9508 和 9511 分别属于 Kur 和 Thu 生化亚种（蒋冬花，1997）。对提取苏云金芽胞杆菌 Cry1Ac 原毒素与活化毒素的制备方法进行了改进，经牛胰蛋白酶作用后用等电点沉淀法和纯化法获得毒素。对样品进行SDS-PAGE 分析，并测定其对棉铃虫初孵幼虫的毒力。结果表明制备的 CrylAc 原毒素和毒素降解较少，杀虫活性高（余杰等，2008）。

为研究苏云金芽胞杆菌菌株 LY30 对棉铃虫的毒性作用，初步比较 LY30 和 HD-1 菌株的形态特征、生理生化特性，并采用生物测定的方法，比较它们对棉铃虫初孵、2 龄、3 龄幼虫的毒效差异。结果表明，LY30 属于 H_{3a3b3c} 血清型、库斯塔克（kurstaki）亚种，主要由 135kDa、65kDa 2 种蛋白质成分组成，在菌株生长形态、发酵培养特征、生理生化特性方面与生产菌株 HD-1 差别不大。菌株 LY30 发酵液对棉铃虫初孵、2 龄、3 龄幼虫的 LC_{50} 分别为 0.32μL/mL、0.62μL/mL、2.58μL/mL。菌株 LY30 对棉铃虫 3 龄以下的幼虫具有高毒力（许褆森，2008b）。美国白蛾是一种重要的检疫害虫，为进行有效的控制，筛选出了一株对其具有高毒力的苏云金芽胞杆菌。菌株 HYW-8 是从黑龙江伊春市土壤中通过抗生素筛选法分离到的一株形成小菱形晶体的苏云金芽胞杆菌，利用 PCR-RFLP 对其基因型进行鉴定，并采用浸液法对美国白蛾进行生物活性测定。结果发现，菌株 HYW-8 含有 cry1Ab、cry1E 基因和一种未知 cry2 基因。生物测定结果表明，其对美国白蛾具有很高的杀虫毒力，LC_{50} 为 7.4×10^5 个芽胞/mL，低于模式菌株 HD-1。因此，HYW-8 对防治美国白蛾具有较强的应用潜力（董明等，2010）。

为获得对美国白蛾高毒力苏云金芽胞杆菌菌株，以 43 株 Bt 自然分离株为材料，经初步筛选和 LC_{50} 测定得到了对美国白蛾幼虫具有高毒力的菌株 Bt S-19，在此基础上对该菌株的生物学特性进行了初步研究。结果表明，野生株间对美国白蛾活性差异明显，LC_{50} 测定结果经 DPS 软件分析，菌株 Bt S-19 活性最好，处理 72h 后对初孵幼虫 LC_{50} 值为 1.8×10^5 晶体/mL，浓度对数回归方程为 $Y = 1.0829 + 0.7444X$，相关系数为 0.9888，明显好于模式菌株 HD-1；对 2 龄、3 龄、4 龄和 5 龄幼虫 72h 的 LC_{50} 值分别为 2.3×10^5 晶体/mL、8.1×10^5 晶体/mL、1.3×10^6 晶体/mL 和 3.1×10^6 晶体/mL。光学显微镜下观察发现该菌株晶体为小菱形，生长对数期为 2~5h。推断该菌株是一株对美国白蛾有应用潜力的 Bt 野生株（赵焕丽等，2009）。

用 Bt-15A3 水悬剂及可湿性粉剂在天津进行了 2 地 4 次防治绿化林带美国白蛾的小区试验，结果表明，Bt-15A3 水悬剂防治 2~3 龄、4~5 龄及 5~6 龄幼虫，200 倍液的药后 3d 校正防效值分别达 100%、98.00% 和 31.97%，Bt-15A3 可湿性粉剂防治中低龄幼虫，最佳防效出现在药后 5d，以后校正防效值均超过 82%，试验分析建议早治并在中高龄幼虫的防治中加大用药剂量（陈颖等，2003）。

茶尺蠖是闽东茶区的重要害虫。为控制该虫危害，主要采用化学防治，长期大量不合理使用剧毒高残留化学农药，天敌数量下降，致使该虫经常再猖獗和暴发危害。高效氯氟氰菊酯是一种新型菊酯类化学农药，目前有关其防治茶尺蠖的研究报道甚少；Bt 是生物制剂，对鳞翅目害虫有特效，但苏云金芽胞杆菌不同亚种甚至同一亚种不同菌株的毒效存在明显差异；苦参总碱是植物性农药，目前有关其防治茶尺蠖的研究报道也少见。为明确高效氯氟氰菊酯乳油、苦参总碱和高效 Bt 防治茶尺蠖的应用前景，为科学使用提供依据，进行了药效试验。试验结果表明，2.5% 高效氯氟氰菊酯乳油对茶尺蠖 3~4 龄幼虫有很高的毒力，其 9000 倍液防治后 3d 效果即可达 100%；2.5% 苦参总碱对茶尺蠖幼虫的毒力较好，其2500倍液与80%敌敌畏乳油1500倍液效果相当，为了保证防治效果，建议茶园使用浓度以2.5%苦参总碱1500~2000倍为宜；高效Bt防治茶尺蠖幼虫的速效性（触杀毒力）较差，但有良好的持效性，其400倍液防治后14d，防治效果达99.05%，在保证喷药质量的基础上，其800倍液即可满足防治需要（曾明森等，2005）。

茶树喷施生物药肥后，质量和产量均明显提高，鲜叶亩产增幅为6.76%~26.90%，酚氨比明显降低，水浸出物、水溶性糖及维生素C均有所增加。同时，生物药肥对茶毛虫、茶尺蠖和茶蚕等茶树主要鳞翅目害虫的防治效果可达90%以上，对天敌安全（张灵玲等，2004）。采用Bt Cry1Ac活性毒素对粉纹夜蛾BTI-Tn-5B1细胞进行56代筛选后获得了抗性比为1280倍的抗性细胞。ELISA检测表明抗性细胞总蛋白和膜蛋白结合的Cry1Ac数量都少于敏感细胞。配体结合Western杂交实验显示：抗性细胞和敏感细胞的膜蛋白与总蛋白都有5条电泳迁移率相同的毒素结合多肽带，其分子质量分别为207kDa、158.5kDa、118.8kDa、72kDa、38.5kDa；抗性细胞的118.8kDa和72kDa的阳性带比敏感细胞的略弱，这可能与抗性的形成相关（刘凯于等，2003）。采用半人工饲料混药法，观察了苏云金芽胞杆菌对初期储粮害虫印度谷螟（*Plodia interpunctella*）幼虫生长发育的影响。结果表明：苏云金芽胞杆菌对印度谷螟幼虫的毒杀作用并不明显，当苏云金芽胞杆菌剂量≤20 000IU/g时，处理7d后对印度谷螟幼虫的毒杀率与对照没有显著差异；当苏云金芽胞杆菌剂量≥2500IU/g时，其对印度谷螟的化蛹和羽化均表现出明显的抑制作用（黄衍章等，2010）。

利用生物杀虫剂苏云金芽胞杆菌防治大曲害虫，具有高效性、安全性、经济性、科学性等优点。研究结果表明：在30℃条件下，苏云金芽胞杆菌液体制剂达0.10mL/g的剂量时，可使黑菌虫的校正死亡率达100%，且杀虫后大曲的糖化力、发酵力、微生物的数量变化极小（曾建德等，2008）。利用苏云金芽胞杆菌与球孢白僵菌混配杀灭酒曲害虫黑菌虫。研究结果表明：在温度40℃、相对湿度73%~75%条件下，苏云金芽胞杆菌杀虫剂与球孢白僵菌杀虫剂以5∶4混配时能有效杀死酒曲害虫黑菌虫，杀虫至第15天可以使黑菌虫的校正死亡率达93.33%（李新社等，2009）。

十、苏云金芽胞杆菌防治鞘翅目害虫

利用苏云金芽胞杆菌与白僵菌混配杀灭酒曲害虫大谷盗。研究结果表明：在温度30℃、相对湿度为60%~69%条件下，苏云金芽胞杆菌与白僵菌液体制剂按1∶1比例混配后，使用量为4.5mL时，在杀虫第24天可使大谷盗的死亡率达96.0%，校正死亡率达94.7%。与试验前相比，酒曲的糖化力、液化力、发酵力分别下降了19.4%、19.8%、7.4%；而空白对照组则明显下降，分别下降37.5%、45.2%、29.7%（李新社等，2008）。利用苏云金芽胞杆菌与平沙绿僵菌混配杀灭酒曲害虫大谷盗。研究结果表明，在温度30℃、相对湿度为73%~75%的条件下，苏云金芽胞杆菌与平沙绿僵菌液体制剂按1∶1比例混配后，使用量为5mL时，在杀虫第20天时可使大谷盗的死亡率与校正死亡率达100%。与试验前相比，酒曲的液化力、糖化力和发酵力分别下降了15.2%、2.0%和1.2%；酒曲中细菌数、霉菌数及酵母菌数分别下降了5.3%、0.3%

和 1.6%（李新社等，2008）。

苏云金芽胞杆菌能产生对害虫有毒杀作用的晶体蛋白。土耳其扁谷盗是危害大曲的主要酒曲害虫。研究结果表明，苏云金芽胞杆菌干粉制剂和磷化铝以 1.0mg/L：0.006mg/L、液体制剂以 0.5mL/L：0.004mg/L 混合，在 30℃条件下能杀死土耳其扁谷盗。该法具有降低虫害损失、保护环境的优点（李新社和陆步诗，2006）。为研究苏云金芽胞杆菌（Bt）防治储烟害虫的可行性，从全国 7 个主要卷烟厂的不同储烟仓库中采集到不同类型的样品 521 份，采用乙酸钠抑制选择法从其中的 225 份样品中分离获得 Bt 952 株，其分布率为 100%，检出率为 43.19%，用其中 600 株的发酵液对 2~3 龄烟草甲幼虫进行了初步毒力测定。结果表明，有 18 株分离株对烟草甲幼虫具有较高的生物活性，药后 9d 烟草甲幼虫的校正死亡率均达 73%以上（齐绪峰等，2006）。

cry8Ca2 基因是自行分离克隆的一种苏云金芽胞杆菌杀虫晶体蛋白基因，其表达 130kDa 蛋白质对铜绿异丽金龟（Anomala corpulenta）和黄褐异丽金龟（Anomala exoleta）幼虫具有较高的活性。对 Cry8Ca2 蛋白原毒素及胰凝乳蛋白酶消化片段的纯化条件及活性进行研究，最适的消化条件为质量比 1：20，37℃，消化 1h。通过阴离子交换层析得到纯的活性毒素蛋白。用原毒素与纯化的毒素对铜绿丽金龟幼虫进行生测，Cry8Ca2 原毒素蛋白的 LC_{50} 为 $0.47\mu g/g$ 土，纯化的毒素的 LC_{50} 为 $0.08\mu g/g$ 土，毒素的杀虫活性可以达到原毒素的 6 倍（吴洪福等，2007）。

采用 Bt 预处理和 Bt 与化学杀虫剂混用的方法，研究了感染 Bt 的铜绿异丽金龟幼虫对辛硫磷、毒死蜱的敏感性变化及幼虫体内相关酶活性的变化。结果表明，随着 Bt 预处理时间和感染剂量的增加，铜绿异丽金龟幼虫对化学杀虫剂敏感性显著增强，$20\mu g/g$ 的 Bt 预处理 3d 和 5d 后，对辛硫磷和毒死蜱的敏感性分别提高 1.96 倍、3.28 倍和 6.71 倍、16.14 倍；$80\mu g/g$ 预处理对辛硫磷和毒死蜱的敏感性分别提高了 10.22 倍、27.10 倍和 13.03 倍、51.33 倍。Bt 与化学杀虫剂混用后，该幼虫对两种化学杀虫剂的敏感性也有大幅度提高，Bt 分别以 1：50 和 1：200 与杀虫剂混用时，铜绿异丽金龟幼虫对辛硫磷和毒死蜱敏感性分别提高 6.06 倍、4.00 倍和 16.05 倍、12.78 倍。经 Bt 预处理后，金龟子幼虫体内的乙酰胆碱酯酶的比活力与对照相比略有降低，谷胱甘肽-S-转移酶和羧酸酯酶的比活力均有不同程度的升高（宋健等，2006）。

研究了丽金龟科（Rutelidae）铜绿丽金龟和黄褐丽金龟幼虫感染苏云金芽胞杆菌菌株 HBF-1 后的病症，并采用组织切片的方法研究了感染菌株 HBF-1 后中肠的组织病理变化。结果表明：丽金龟科幼虫感染菌株 HBF-1 后，初期幼虫无明显感病症状，随着感染时间的延长，逐渐出现反应迟钝、麻痹、丧失条件反射能力等症状，最终虫体变黑、伸直或是收缩，直至死亡，时间稍长便会呈腐稠状。在相差显微镜下观察中肠组织切片发现，感染 3d 时，肠壁细胞出现变形及空洞；7d 时，细胞破坏更加严重，甚至无法辨认细胞形状；10d 时，肠壁细胞开始脱离底膜；新鲜死虫，肠壁细胞连同细胞内含物全部脱离，仅留底膜（宋健等，2008）。

研究了苏云金芽胞杆菌菌株 HBF-1 对 10 日龄铜绿丽金龟和黄褐丽金龟幼虫存活率、拒食率、抑制生长及取食选择性的影响。结果表明，随着感染剂量的增大和感染时间的延长，2 种金龟子幼虫的存活率均下降，对铜绿丽金龟幼虫的拒食作用和生长抑制作用增强，使该幼虫对饲料的选择性增强。感染 7d 时，对黄褐丽金龟幼虫的 LC_{50} 值为 64.16μg/g，14d 时下降到 13.98μg/g，对铜绿丽金龟幼虫的 LC_{50} 值则由 79.69μg/g 下降到 19.14μg/g。当菌剂浓度为 10μg/g、感染 7d 时，菌株 HBF-1 对铜绿丽金龟幼虫的拒食率和生长抑制率分别为 4.74% 和 9.84%，14d 时分别为 30.75% 和 73.87%；当菌剂浓度达 160μg/g、感染 7d 时，对铜绿丽金龟幼虫的拒食率和生长抑制率分别为 39.01% 和 83.61%，14d 时分别为 86.10% 和 97.75%。可见高浓度菌剂对铜绿丽金龟幼虫有一定的拒食作用（宋健等，2006）。从中国土壤中分离出 2 株杀鞘翅目昆虫的苏云金芽胞杆菌菌株 YM-03 及 SHQ11-10。YM-03 的血清型为 H_{8A8B}，SHQ11-10 的 H 血清型未知。2 菌株皆产近菱形的薄扁伴胞晶体，分别含 68~70kDa 和 65kDa 的晶体蛋白质。毒力生物测定证明对柳蓝叶甲及马铃薯甲虫有高毒效，发酵性能良好。YM-03 粉剂田间防治马铃薯甲虫有高效。稀释 400 倍喷雾，防治效果达 94.6%（高梅影和傅建红，1999）。

为研究开发苏云金芽胞杆菌杀螨剂提供借鉴，使用菌株 Bt R05 对朱砂叶螨进行致病性研究，确定其杀螨活性后，制备了 Bt R05 悬浮剂，并使用该悬浮剂对朱砂叶螨的幼螨、若螨和成螨进行了室内毒力测定。结果表明，稀释 500 倍以下的浓度对朱砂叶螨的毒杀效果较好，在药后 96h 幼螨的校正死亡率均达 80% 以上，若螨的校正死亡率均达 75% 以上，成螨的校正死亡率均达 60% 以上，表明 Bt R05 悬浮剂对朱砂叶螨的幼螨、若螨和成螨均具有毒杀作用。Bt R05 悬浮剂与对照药剂金维达相比，悬浮剂稀释 300 倍以上对幼螨和若螨的毒杀作用在药后 96h 差异显著，说明 Bt R05 悬浮剂的持效性高于对照药剂。苏云金芽胞杆菌 Bt R05 悬浮剂对朱砂叶螨的幼螨、若螨和成螨均具有毒杀作用，并且其持效性明显高于对照药剂金维达（王贻莲等，2009）。以 Bt R05 为原始菌株，通过紫外诱变，获得一株对朱砂叶螨成螨有较高毒力的突变株 63 号。63 号菌株的生长速度快，繁殖力强，LB 摇瓶培养 48 h 后显微计数为 4.88×10^9 cfu/mL。63 号发酵液的杀螨活性是原始菌株的 1.33 倍；通过斜面传代培养，该菌株能稳定遗传 10 代（赵晓燕等，2009）。

在人工饲养条件下，研究了蝗虫种群的消长规律与环境因子的关系。结果表明，蝗虫每雌可产卵 3~10 块，每块达 55.0 粒，孵化率为 76.32%，蝗蝻雌雄比为（1.5~2:1）。建立了以蝗虫为试虫，苏云金芽胞杆菌的毒力生物测定模式。选择的最佳生物测定条件与蝗蝻的最适生长条件一致，温度（30±1）℃，湿度 65%~75%，500~600lx 光照 14~15h。同时分析了蝗虫的饲料选择及各种环境因子对生物测定结果的影响（彭可凡等，2003）。测定了苏云金芽胞杆菌菌株 Ba9808 的杀虫谱及其对蔬菜上重要害虫酸浆瓢虫各发育阶段的生物活性。结果表明，菌株 Ba9808 对叶甲科、瓢虫科害虫的幼虫有很好的毒杀作用，致死率为 100%；对酸浆瓢虫高龄幼虫和成虫的致死率分别为 55.0% 和 26.7%，但存活虫食欲受到明显抑制，同时也影响酸浆瓢虫 4 龄虫的化蛹率及雌虫的产卵量，但对卵的孵化率没有明显抑制作用（竺莉红等，2002）。测定了苏云金芽胞杆菌 Ba9808 对小猿叶虫和酸浆瓢虫的室内和田间药效。结果表明，Ba9808 对 2 种害虫的实验室药效均为 100%，田间药效为 70% 左右（竺利红等，2004）。

十一、苏云金芽胞杆菌防治双翅目害虫

从武夷山自然保护区白玉兰叶片上分离获得一株苏云金芽胞杆菌菌株 LLP29，内含 $cyt1Aa6$ 杀蚊基因。纯化的 Cyt1Aa6 毒素蛋白对白纹伊蚊幼虫和 C6/36 细胞都有高效活性。为更好地利用该菌株对白纹伊蚊进行生物防治，以白纹伊蚊敏感品系及 C6/36 细胞为研究对象初步研究了其作用机理。免疫荧光染色和免疫组织化学实验结果表明：Cyt1Aa6 毒素蛋白主要结合于 C6/36 细胞膜和白纹伊蚊幼虫中肠上（张灵玲等，2007）。

为观察 1986～1995 年在湖北沙市应用苏云金芽胞杆菌以色列变种地方株控制蚊虫的效果，按世界卫生组织（World Health Organization，WHO）推荐的方法，在实验室进行生物测定，以确定 Bt-187 乳剂使用浓度，然后进行了现场灭蚊效果观察。结果表明，使用效价为 380～460U、剂量为 1～2mL/m^2 的 Bt-187 乳剂能有效控制蚊蚴和成蚊密度，成蚊平均相对叮咬密度比处理前下降 89.4%，并降低了蚊虫的季节性高峰。该生物制剂对按蚊、库蚊、伊蚊幼虫的毒杀效果颇佳，蚊蚴尚无产生抗性的迹象（袁方玉和夏世国，1997）。

为探索对深圳水源红虫污染进行微生物防治的可行性，用苏云金芽胞杆菌以色列亚种（*Bacillus thuringiensis* subsp. *israelensis*，Bti）对花翅摇蚊（*Chironomus kiiensis tokunaga*）的作用特性进行研究。生物测定表明，Bti IPS82 和 187 对花翅摇蚊 3 龄幼虫的 LC_{50}（24h）分别为 24.2mg/L 和 32.6mg/L。对模式菌株 IPS82 进行的发酵研究表明，发酵过程中的菌体密度、芽胞形成和溶解氧变化、对花翅摇蚊的毒力之间具有密切联系。在 IPS82 发酵液应用的环境因素中，日光照的影响最大，可使其毒力半衰期从 21d 缩短至 10d；当在 25～30℃ 内变化时，Bti 使蚊幼虫的致死率都保持在 50% 左右。当环境温度为 35℃ 时，Bti 使蚊幼虫的致死率再提高 16%；环境 pH 偏离 7～11 时，IPS82 的毒力从 66.7% 下降至 40% 左右，环境 pH 为 3 时其毒力下降至 16%；在一定的幼虫密度（低于 30 条/100mL）范围内 IPS82 发酵液的毒力稳定，20 条/100mL 时毒力呈下降趋势。研究结果表明：在一定条件下，Bti 对花翅摇蚊防治具有良好的应用潜力（雷萍等，2004）。

蚊虫吸血骚扰人畜、传播疾病，多年来采用化学合成杀虫剂对其控制、杀灭取得了较好效果，但也诱导了蚊虫抗性的产生，并造成了环境问题。因此研制和使用生物杀蚊剂受到广泛关注。孙建光和高俊莲（2006）综述了我国蚊媒病的发生情况、蚊虫的化学防治与抗性机制，以及生物农药防治蚊虫的国内外研究进展。自从发现苏云金芽胞杆菌（Bt）具有杀蚊活性以来，已发现多种 Bt 亚种或血清型对蚊虫具有杀虫活性，同时也发现了一些新的杀蚊晶体蛋白。在对杀蚊晶体蛋白的分子结构进行研究的基础上，对其作用机理有了一定的了解。近年来利用 DNA 重组技术显著提高杀蚊晶体蛋白的合成和将不同菌种的杀蚊晶体蛋白进行联合表达，为有效控制蚊虫危害展示广阔前景（赵新民等，2007c）。

十二、苏云金芽胞杆菌的种下分化研究

PCR 扩增了苏云金芽胞杆菌 9 个亚种的 16～23S rRNA 基因转录间隔（ITS）片段，它们的长度均为 144 个碱基；序列同源性分析结果指出这 9 个亚种及其他亚种的 ITS 序列高度相似，说明 16～23S rRNA 基因的 ITS 序列不适于苏云金芽胞杆菌亚种的分型（辛玉华和东秀珠，2000）。

从中国土壤中分离的大量苏云金芽胞杆菌菌株中鉴定出 H_{42}、H_{43}、H_{56}、H_{60} 及 H_{62} 等 5 种新 H 血清型，并进行了形态、培养特征、生化反应、晶体蛋白质成分及毒力特性等项检测鉴定，鉴定了 5 个苏云金芽胞杆菌亚种：苏云金芽胞杆菌景洪亚种 [*Bacillus thuringiensis* subsp. *jinghongiensis* (H_{42})]，苏云金芽胞杆菌贵阳亚种 [*Bacillus thuringiensis* subsp. *guiyangiensis* (H_{43})]，苏云金芽胞杆菌荣森亚种 [*Bacillus thuringiensis* subsp. *rongsem* (H_{56})]，苏云金芽胞杆菌平罗亚种 [*Bacillus thuringiensis* subsp. *pingluoensis* (H_{60})]，苏云金芽胞杆菌肇东亚种 [*Bacillus thuringiensis* subsp. *zhaodongensis* (H_{62})]。毒力生物测定证明 5 个亚种的代表菌株对棉铃虫、小菜蛾、柳蓝叶甲幼虫均无毒力。H_{42}、H_{43}、H_{56}、H_{60} 对埃及伊蚊、斑须按蚊及尖音库蚊也均无毒；H_{62} 对埃及伊蚊无毒，但对尖音库蚊与斑须按蚊有低毒（李荣森和高梅影，1999）。

对从东北地区土壤中分离出的 4 株编号分别为 HB-4、HB-11、HB-37 和 HB-69 的苏云金芽胞杆菌菌株进行了形态特征、发酵特性、生化反应、鞭毛血清型鉴定及毒力测定的研究。结果表明，4 株菌株的血清型分别为 H_{3abc}、H_{14}、H_{5ab} 和 H_{3abc}，4 株菌株对小菜蛾均有较高毒力，HB-37 对玉米螟有较高毒力，HB4 对玉米螟有低毒，HB-11 对尖音库蚊有低毒（徐宜宏等，2006）。设计的一对引物，对苏云金芽胞杆菌科默尔亚种（*Bacillus thuringiensis* subsp. *colmeri*）菌株 15A3 中的 *cry*1C 基因进行 PCR 扩增，得到包括结构基因、调节基因在内的全长为 4.0kb 的 PCR 产物。经 2 步克隆，将此基因连接至穿梭表达载体 pHT315 上，得到重组质粒 pHT-1C。通过电转化将其导入一株对作物具有增产、优质和抗逆功能的增产菌蜡状芽胞杆菌菌株 9509，SDS-PAGE 检测到一条 60kDa 左右的蛋白带，镜检观察到菱形晶体，生物测定结果表明，*cry*1C 基因的导入使菌株 Bc9509 获得了对甜菜夜蛾的杀虫活性（陈月华等，2004）。用 ^{32}P 分别标记 308bp *cry*1A 上游和 650bp *cry*1C 上游片段，并将标记后的 DNA 与不同苏云金芽胞杆菌菌株的细胞粗蛋白质进行凝胶阻滞反应。结果表明，*cry*1A 和 *cry*1C 上游均能被苏云金芽胞杆菌库斯塔克亚种（*Bacillus thuringinensis* subsp. *kurstaki*）的细胞粗蛋白质特异性结合，而同一 *cry*1 基因上游序列可被不同多肽特异或非特异性竞争结合，不同的 *cry*1 基因上游序列也能同时被一种蛋白质结合。说明苏云金芽胞杆菌某些特异细胞蛋白参与了 *cry*1 基因上游序列的转录调控作用，而不同的调节因子可能会竞争同一结合位点。库斯塔克亚种和鲇泽亚种（*Bacillus thuringinensis* subsp. *aizawai*）所含特异细胞蛋白在种类和作用上都有差异（程萍等，2004）。

十三、苏云金芽胞杆菌的制剂研究

测定了包括无机盐、有机物等在内的 19 种化合物，在添加浓度为 0.1%、0.2%、

0.5%和0.8%的剂量下对HBF-1晶体粉剂的增效作用。采用浸饲料饲喂法进行试验，初筛结果表明：无机类$MgSO_4 \cdot 7H_2O$（0.5%、0.8%）、$CaCl_2$（0.5%、0.8%）、$MgCl_2$（0.5%、0.8%）等3种物质有显著的增效作用；有机类柠檬酸（0.2%、0.5%、0.8%）对菌株HBF-1有明显增效作用（宋健等，2008）。测试了3种荧光增白剂Tinopal LPW、VBL和JD-3对苏云金芽胞杆菌杀虫剂杀棉铃虫初孵幼虫毒力的影响，并检测了荧光增白剂VBL作为佐剂在Bt受紫外线照射的光保护功效。结果表明，这3种二苯乙烯类光增白剂以10g/kg与Bt复配后的LC_{50}值与不加荧光增白剂的Bt的LC_{50}值相比，其增效比值分别为：1.23、1.49和2.00。说明这3种荧光增白剂对Bt杀铃虫的活性有不同程度的增效作用。而且复混剂（10g/kg荧光增白剂VBL+Bt）在紫外线处理8h后，其杀虫活性仍保持70%以上，说明荧光增白剂VBL是一种好的Bt光保护剂，能提高Bt抗紫外线的能力（徐莉等，2001）。采用分离、接种、复壮等方法筛选的Bt菌种02-85对茶尺蠖的毒力较生产菌种Yz-2毒力提高了2倍；利用生物因子PuGV可以显著增强该菌株毒力，共毒系数达141（徐健等，2004）。

英国Blackwell期刊网2007年6月消息，美国加州大学的研究人员发现，含苏云金芽胞杆菌（BT）$Cry6A$基因的转基因番茄植株对根结线虫具有更强的抵抗力。这是Bt Cry蛋白质首次被证实可以使植株对内部寄生线虫具有抵抗力，并被认为具有控制转基因植株内植物寄生线虫的潜力（佚名39，2007）。探讨了超氧化物歧化酶（SOD）等自由基清除剂对苏云金芽胞杆菌紫外辐射的影响。结果表明，SOD、绞股蓝皂苷等自由基清除剂能够明显地提高紫外辐射损伤细胞的存活率，并且SOD的保护作用表现为防护与恢复2种不同的作用。又通过细胞电泳与琼脂糖凝胶电泳发现紫外辐射后其细胞膜及DNA均受到了明显的预防；SOD对细胞膜损伤有一定的恢复作用，而对DNA不表现恢复效应。由此认为：紫外线对细胞膜及DNA均有损伤，SOD恢复作用的主要部位在细胞膜而不是DNA分子，为进一步确定SOD的作用及利用自由基清除剂制备高效的Bt农药提供了理论基础（黎媛等，2003）。

通过对10多种农药中常用助剂的筛选，研制了一种高浓度的Bt超低容量喷雾水悬浮剂（Bt-ULV制剂）。配方优化试验表明，在Bt发酵浓缩液中加入1%润湿剂X，15%的悬浮剂ZY，在0.05%的浓度下对石蜡表面仍有较好的润湿性，有效成分悬浮率为90.8%，黏度为7.1mPa·s，挥发率为1.16%。激光粒度分析和电镜照片表明，该制剂的粒子平均直径为8.46μm，低于Bt-80水悬浮剂的平均粒径，粒径分布较窄，适合进行超低容量喷雾（赵彦兵等，2004）。选取常用的农用助剂，通过正交试验对苏云金芽胞杆菌17 600U/mg浓悬浮剂配方进行了研制。结果表明，240g 80 000U/mg苏云金芽胞杆菌原粉，4g苯甲酸钠，40g木质素磺酸钙，10g硅酸镁铝，加水定容至1000mL，搅拌均匀，调节pH至4.5，用砂磨机研磨1h，得到的产品悬浮率为90%，流动性、分散性均较好，生物效价为20 365U/mg，(54±1)℃的恒温箱中热储2周后生物效价为15 624U/mg，生物效价分解率为23%（廖先清等，2010）。

研究Bt晶体蛋白肠溶性微囊的制备方法，为进一步研究它对防止紫外线损伤晶体蛋白及促进晶体蛋白在害虫中肠快速释放等方面的作用奠定基础。用复相乳液法制备肠溶性微囊，并应用L_{16}（4^5）正交试验设计研究相关因子对微胶囊包封率的影响。结表明，采用复相乳液法可以制备 Bt 晶体蛋白的肠溶性微囊。5 个因子对包封率有显著影响，影响大小依次为乳化转速＞羟丙甲纤维素邻苯二甲酸酯（HPMCP）浓度（壁材）＞Bt 晶体蛋白含量（芯材）＞蓖麻油含量（助剂）＞甲基纤维素浓度（亲水胶体）。以 500mL 分散系为条件，筛选出的肠溶性微胶囊较佳工艺为：8.6mg/mL Bt 晶体蛋白溶液 1mL，20mg/mL HPMCP 溶液 50mL 及蓖麻油 2mL，三者混合并在匀化器转速 6000r/min 条件下乳化，然后分散于 2.1% 或 3.3% 甲基纤维素钠溶液中成囊（阮传清等，2008）。研究开发的 Bt 杀虫剂可用于防治对棉花及其他农作物（蔬菜、烟草）、林木、果树和城市园林植物的危害严重且十分难治的害虫（鳞翅棉铃虫、小菜蛾、甜菜夜蛾、斜纹夜蛾、菜青虫、马尾松毛虫和鞘翅马铃薯甲虫、猿叶虫、柳蓝叶甲等），应用范围十分广泛。国际上 Bt 杀虫剂已有十几个品种，其商品化生产主要集中在美国、法国、比利时等国家；我国的市场需求量也非常大（高梅影，2005）。

研究了 20 种化学物质对苏云金芽胞杆菌的毒力影响，分析了由乳化剂、湿润剂、防腐剂配制的几种不同农药助剂组合与该菌芽胞晶体混合物在不同期的毒力变化及芽胞存活率。从供试的助剂组合中获得了一种最佳组合，其各项指标均优于中华人民共和国农业标准中所规定的各项要求（彭可凡和林开春，2000）。

以微型弹道火箭筒为发射器，将细菌（Bt）杀虫剂装入弹头，然后发射到指定的空间，瞬间爆破，安全防火，并定向、定点地抛撒到防治目标上，以达到防治害虫的目的。从抛撒前后对 Bt 的活芽胞进行测试，其结果表明前后芽胞存活率未见变化；对火箭抛撒前后 Bt 菌粉生物活性的研究证明，细菌（Bt）杀虫剂采用火箭抛撒剂型是可行的。实验证明经改良后的 Bt 菌粉用火箭抛撒，对其生物活性不但不产生不良影响，而且还具有保护和提高作用的效果（李玉萍等，2001）。

十四、苏云金芽胞杆菌噬菌体的研究

借用电子显微镜，对分离得到的 8 株苏云金芽胞杆菌噬菌体进行了形态学研究。发现这 8 株噬菌体的形态初步可分为 5 类，它们是"椭头长尾"，"20 面体头长尾"、"绣球状头长尾"、"椭头短尾"和"20 面体头长尾"型，其中"绣球状头"型形态是不多见的一类结构，而"椭头短尾"型中尾部的穗状形态尚未见有报道（杨水云等，1999）。为研究苏云金芽胞杆菌的溶源性及其噬菌体的生物学特性，从生产菌株 MZI 中分离了 2 株溶源性噬菌体。MZI 经诱导后分别产生直径约为 3mm 和 1mm 的噬菌斑，分离获得属于长尾噬菌体科的噬菌体 MZTP01 和 MZTP02 两株，分别对 6 株和 7 株不同亚种的 Bt 菌株具有侵染力；免疫血清与相应噬菌体的中和反应 K 值分别为 45 和 326，且两者无相关抗原性。MZTP01 抵抗酸、碱、紫外线和热的能力比 MZTP02 强，但抵抗有机溶剂的程度比 MZTP02 弱。MZTP01 的潜伏期为 80min，裂解量为 55；MZTP02 的潜伏期为 40min，裂解量为 175。核酸结构分析均表明为线性 dsDNA 分子。两基因组 DNA 的凝胶电泳表明分子质量均为 9.4～23kb，并被 $Hind$ Ⅲ 酶切分别产生 8 条和 9 条清晰条带。该菌株被证明为二元溶源菌，可能是造成生产损失的主要原因（廖威等，2007）。

苏云金芽胞杆菌（Bt）作为不污染环境而又高效的生物杀虫剂已广泛地应用。可是，在83%的Bt菌株中都能分离到相应的溶源性噬菌体，在发酵生产中由其引起的发酵倒罐率轻者为15%～30%，重者达50%～80%，甚至会导致工业的破产，因此溶源性噬菌体已成为发酵工业的一大危害。采用溶源性噬菌体的指示菌、直接电镜观察法和噬菌体DNA等综合进行检测，证明了该菌株为溶源菌。该研究既能为生产上防治溶源性噬菌体提供理论依据，又能为后续阶段研究其溶源性暴发规律及其分子生物学准备了生物实验材料（廖威等，2006）。溶源性噬菌体的随机暴发是微生物杀虫剂苏云金芽胞杆菌（Bt）发酵生产的首要危害。目的：通过研究Bt生产菌株溶源性噬菌体的遗传背景，以便从分子水平上控制其在生产中的随机暴发。方法：通过对广东梅州某公司的生产菌株MZ1采用丝裂霉素C（mitomycin C）进行诱导，提取噬菌体颗粒MZTP01的基因组DNA，克隆和表达该噬菌体的 pep 基因，并进行了功能分析。结果：诱导获得的溶源性噬菌体MZTP01斑点清晰，直径约1mm，成斑时间12h；从噬菌体基因组DNA双酶切（HindⅢ/EcoRⅠ）片段中回收长度为2362bp的D片段（GenBank登录号：AY639599），又从D片段中克隆了长度为1101bp、编码367个氨基酸、分子质量为47kDa的 pep 基因，表达载体M15（pQE30pep）在大肠杆菌中表达获得了47kDa的清晰表达带，在1h时开始产生蛋白质并有逐步上升的趋势；Western印迹也在47kDa处得到一条清晰的条带；可溶性分析表明PEP蛋白在重组菌株中是以不可溶的包涵体形式存在的，该蛋白质的产生明显地抑制了宿主的生长速度；噬菌体PEP氨基酸序列之间的同源性比较表明，噬菌体MZTP01 PEP蛋白与来自大肠杆菌K12噬菌体的PEP蛋白的同源性程度最大。获得了一种新的噬菌体MZTP01，并报道了该噬菌体D片段的核苷酸序列及 Pep 基因的功能，试验证明PEP表达蛋白能够水解酪蛋白，其活力相当于0.3mg/mL的胰蛋白酶（廖威等，2008）。根据原噬菌体的可诱导性，将苏云金芽胞杆菌（Bt）培养液用丝裂霉素C（MMC）诱导，诱导液经高速离心除菌和SDS-EDTA染料混合液（2.5×）处理后，琼脂糖凝胶电泳检测有无DNA带，以确定菌株的溶源性。实验证明，该DNA为溶源菌诱导出的噬菌体DNA，而非溶源菌以同样方法不能获得DNA。用此方法，可作为鉴定Bt溶源性菌株的一个手段，有助于Bt工业发酵中噬菌体污染的预防（罗权平等，2005）。

测定了pH对苏云金芽胞杆菌杀虫变种（*Bacillus thuringiensis* var. *entomocidus*）温和噬菌体TP3存活与吸附效率的影响作用。结果表明：在不同pH的介质中，TP3存活的能力相差很大；酸性介质及高碱性介质对TP3都有不同程度的瞬间灭活作用；TP3存活的最适pH为7.7，且适宜其存活的pH范围很窄；pH不同，TP3吸附到苏云金芽胞杆菌表面上的效率也不同，在pH≥9的范围内，pH升高，吸附效率降低（杨水云等，1998）。

第二十六节 纺锤形芽胞杆菌

一、纺锤形芽胞杆菌的分离和培养

对分离筛选得到的产河豚毒素（tetrodotoxin，TTX）的纺锤形芽胞杆菌（*Bacillus fusiforms*）菌株N141，在10L发酵罐中进行发酵产TTX的试验。

纺锤形芽胞杆菌发酵产物经提取和精制后,用高效薄层色谱、小鼠生物试验,以及河豚毒素单抗 ELISA 检测试剂盒,检测出发酵液中含有 TTX。研究了菌体生长、pH、溶氧及产物 TTX 的变化规律。结果表明 TTX 是在菌体生长进入稳定期后才产生的,说明 TTX 是微生物产生的次级代谢产物。10L 罐发酵产 TTX 的工艺技术,在 500L 发酵罐进行了验证,重现性良好。这为微生物源河豚毒素的发酵中试提供了科学依据(邓燚杰等,2008)。

二、纺锤形芽胞杆菌降解废水

针对含有油墨的废水,筛选到一株微生物菌种,经鉴定为纺锤形芽胞杆菌。分别用海藻酸钙、聚乙烯醇(PVA)和多孔陶瓷作为载体固定化纺锤形芽胞杆菌,比较其在处理油墨废水时微观形态的变化情况,通过扫描电子显微镜(SEM)对固定化纺锤形芽胞杆菌的微观形态进行观察,发现海藻酸钙在处理含油墨废水时容易溶解,用 PVA 作为载体时,由于细胞被包埋在 PVA 内部,和底物接触时扩散阻力较大,因而废水中 COD 的去除效率较低;而用多孔陶瓷固定化细胞,不仅简便易行,固定牢固,而且对废水 COD 的去除效果也较好(张永明等,2003)。

从处理石油废水的曝气池污泥中筛选、分离到一株能有效降解萘的菌株,经鉴定为纺锤形芽胞杆菌(BFN),研究了其对水中萘的降解特性。结果表明:在温度为 30℃、自然 pH(6.68~6.76)、接种量为 0.2%、$(NH_4)_2SO_4$ 浓度为 0.15g/L 的最适降解条件下,菌株 BFN 对萘(初始浓度为 50mg/L)的降解率在 96h 内达 99.8%;菌株 BFN 还具有较好的耐盐度,对高浓度的萘也有较好的耐受性。菌株 BFN 对萘的降解过程符合一级反应动力学。通过检测不同底物水样的吸光度、pH 和底物浓度的变化,发现 BFN 还能降解苯甲酸、水杨酸、邻苯二甲酸、甲苯、苯酚及 1-萘酚(林晨等,2010)。

三、纺锤形芽胞杆菌转化南瓜六碳糖产生戊糖

为了有效利用南瓜中的六碳糖,将其转化为低能量的戊糖,以菌株转化葡萄糖产生戊糖的量为指标,从 1635 株芽胞杆菌中筛选出了优良菌株 J503。在菌株 J503 转化葡萄糖的产物中,戊糖、糖醇含量分别达 0.30mg/mL 和 1.99mg/mL,其中戊糖醇 0.39mg/mL,葡萄糖转化率为 12.90%。将 J503 接在南瓜粉培养基上 37℃发酵 8h 后,戊糖含量升高了 15%,而葡萄糖含量降低了 25.4%。经表型测定、生理生化检测及 16S rRNA 基因序列测定初步鉴定 J503 为纺锤形芽胞杆菌(李全宏等,2011)。

四、纺锤形芽胞杆菌异丁香酚产生香草醛

以底物异丁香酚为唯一碳源从土壤中筛选获得了一株能高效转化异丁香酚生成香草醛的芽胞杆菌。根据生理生化特性及 16S rRNA 序列分析鉴定其为纺锤形芽胞杆菌,初步试验表明该菌能转化 2%异丁香酚生成 4.20g/L 香草醛(赵丽青等,2006)。从土壤中筛选获得一株能耐受高浓度异丁香酚并高效转化生成香草醛的纺锤形芽胞杆菌菌株 CGMCC 1347,研究了微生物细胞在异丁香酚-水两相体系中转化异丁香酚制备香草醛的过程。在异丁香酚体积分数 60%、初始 pH4.0、温度 37℃、转速 180r/min 的条件

下,转化72h,湿细胞质量浓度达60g/L时,香草醛质量浓度高达46.10g/L(赵丽青等,2007)。

第二十七节 炭疽芽胞杆菌

一、炭疽芽胞杆菌的生物学特性

为研究并分析我国炭疽芽胞杆菌(Ba)中插入序列IS605的分布,探讨以插入序列IS605检出Ba和对其进行分型的可能性,按照已发表的炭疽芽胞杆菌Ames Ancestor亚种(*Bacillus anthracis* str. 'Ames Ancestor')全基因序列全部7个位置的IS605设计引物,对90株Ba进行PCR扩增、琼脂糖凝胶电泳分析,得到了相应的分布,最终通过测序确定差异的性质。结果表明,此次研究中90株Ba的IS605完全一致,但对5、6、7这3个位置与Ba近缘的细菌比较发现仅Ba出现阳性扩增结果。IS605在Ba稳定存在,研究范围内所有菌株仅5、6、7这3个位置均有插入,因此这3个位置可以作为Ba与其他芽胞杆菌识别的特征;IS605定位不适合作为Ba的分型指标(刘志强等,2007)。

为研究炭疽芽胞适配子结构与长度变化对其与芽胞之间亲和力的影响,人工合成f77-1适配子序列,并构建其7条突变体序列,将这些寡核苷酸序列分别与炭疽芽胞结合,利用3,3′,5,5′-四甲基联苯胺(3,3′,5,5′-Tetr-amethylbenzi-dine,TMB)显色系统判断读取吸光度A值,确定各序列与芽胞间亲和力大小;同时通过核酸序列分析软件包模拟各序列的二级结构,推断适配子的结构与亲和力之间的关系。适配子f77-1与突变体中的f77-3与芽胞亲和力较好,约是突变体中f77-4亲和力的11倍,二级结构显示:f77-1、f77-3都具有茎环或发卡结构,且3′端都有连续3个G。适配子5′端的茎环结构和发卡结构是这些寡核苷酸序列与芽胞结合的结构基础,3′端的连续3个G可能对提高亲和力起着重要的作用(甄蓓等,2002)。

中国人民解放军第三〇二医院杂病科副主任医师姜天俊指出:四川省阿坝藏族羌族自治州、甘孜藏族自治州、凉山彝族自治州均为炭疽流行区,特别是震中所在地阿坝州为近年来炭疽病例报告较多的地区。2008年1~4月全国报告53例,该州报告15例,为报告发病最多的地区。地震波及的甘肃、青海、云南等地均有炭疽流行。炭疽芽胞杆菌可形成芽胞,在土壤中长期存在(佚名40,2008)。

二、炭疽芽胞杆菌的基因分析

构建炭疽芽胞杆菌A16R株eag基因缺失突变株,为研究eag基因的功能奠定基础。方法:以我国人用炭疽杆菌活疫苗A16R株中eag基因为缺失基因,根据炭疽芽胞杆菌Ames株基因组序列,利用软件设计了扩增上下游同源臂及抗性基因的引物,构建了重组质粒,在该重组质粒感受态细胞中,利用同源重组原理筛选到炭疽杆菌A16R株eag基因缺失突变株。在分子水平及蛋白质组学方面对基因缺失突变株进行验证。结果:成功构建了重组质粒,经同源重组后获得eag基因缺失突变株。PCR鉴定表明基因已经丢失;SDS-PAGE表明野生株与突变株在93kDa处有差异蛋白质条带,经质谱鉴定分析该条带为基因所表达的 EA1 蛋白；双向电泳结果显示突变株与野生株比较明显缺失 3 个蛋白质点，经质谱分析后确定这 3 个点都是 EA1 蛋白。结论：成功获得炭疽芽胞杆菌 A16R 株 *eag* 基因缺失突变株，为深入研究 *eag* 基因的功能奠定了基础，同时也为炭疽芽胞杆菌重要基因功能的研究建立了一个良好的技术平台（高美琴等，2009）。

为原核表达重组炭疽芽胞杆菌 EA1 蛋白，用 PCR 方法从炭疽芽胞杆菌 A16R 疫苗株染色体中扩增编码 EA1 蛋白的 *eag* 基因序列，经过纯化、酶切后克隆到含有 GST 标签的原核表达载体 pGEX-6P-2 中，构建重组载体 pGEX-EA1；将空载体（作为对照）、重组载体转化大肠杆菌 BL21（DE3）菌株获得表达工程菌株，对其表达和纯化条件进行优化；利用 Western 印迹检测融合蛋白的表达。构建了 EA1 蛋白的融合表达载体，并在大肠杆菌中获得高效表达；经谷胱甘肽琼脂糖凝胶 4B（glutathione sepharose 4B）纯化获得了 EA1 蛋白；Western 印迹表明，此蛋白可与 GST 标签抗体反应。在原核表达系统中表达并纯化得到 EA1 融合蛋白，为进一步对其进行功能研究奠定了基础（高美琴等，2009）。为构建炭疽芽胞杆菌 FtsE 蛋白酵母双杂交载体，以寻找与之有相互作用的蛋白质，通过 PCR 从炭疽芽胞杆菌中扩增得到 FtsE 蛋白的基因，将其片段克隆到穿梭质粒 pGBKT7 载体中，测序验证正确后转化酵母 AH109 株表达 FtsE 蛋白。结果与重组载体构建正确，转化酵母细胞后表达成功，为筛选与之有相互作用的蛋白质奠定了基础（李强等，2007）。

三、炭疽芽胞杆菌的快速检测

为发展一种快速、敏感、特异的检测炭疽芽胞杆菌的方法，应用基于 TaqMan 荧光探针的实时（real time）PCR 技术，针对致病炭疽毒株的 2 个质粒 pX01、pX02 上的 *pagA*、*cap* 基因和染色体上的 *ropB* 基因设计引物，以及探针定性、定量检测炭疽芽胞杆菌。构造并应用上述探针的外标对照及 *pagA* 的内标对照，采用多重荧光定量 PCR 技术建立荧光定量方法并发现假阴性；采用 ImG 抗污染和 ROX 矫正背景噪声，提高检验能力；用该方法检测炭疽芽胞杆菌疫苗株感染的动物脾脏标本，盲法评价该方法在实际工作的应用。结论：该方法能特异、灵敏、高效地检测炭疽芽胞杆菌。该方法的推广和应用对有效防范炭疽生物恐怖袭击、提高突发事件应对能力、快速诊断具有重要意义（李伟等，2005）。为建立一种快速、准确、特异定量检测炭疽杆菌的方法，根据复合探针荧光定量分析原理，以炭疽杆菌染色体 *rpoB* 基因为靶序列，设计合成引物和探针，对炭疽杆菌进行实时定量聚合酶链反应（PCR）检测，并探讨荧光探针与淬灭探针用量及比例、镁离子浓度、淬灭探针长度对定量结果的影响。结果表明，本法最适条件：荧光探针浓度 300mmol/L、荧光探针与淬灭探针的比例为 1/2，镁离子浓度为 3mmol/L，淬灭探针长 15 个核苷酸，该法检测炭疽杆菌的灵敏度达 10^3 拷贝，能特异区分炭疽杆菌与其他蜡状杆菌。复合探针荧光定量 PCR 技术能够快速准确、特异、敏感地对炭疽杆菌进行定量分析，可为临床诊断提供帮助（陈苏红等，2003）。

2007 年 8 月在辽宁省北部某市 JG 镇 2 名村民在屠宰病死牛后怀疑感染了炭疽，采集了相应的样品分离炭疽芽胞杆菌。对采集的一块牛肉及土壤标本分离培养炭疽芽胞杆菌，以生化试验、炭疽血清凝集试验、PCR 试验鉴定。从牛肉中分离出一株炭疽芽胞杆菌，经鉴定该分离菌株为炭疽芽胞杆菌。使用了 3 对引物包括 2 对质粒 PX01 和 PX02 上的基因片段及菌体基因进行 PCR 实验。经 PCR 试验证实在 923bp、1242bp、618bp 出现特征条带，为有毒性菌株（张眉眉等，2008）。

为建立荧光量子点标记-免疫分析技术联用检测炭疽芽胞杆菌的方法，通过抗原抗体反应，结合生物素与亲和素间的特异性相互作用，将量子点（quantum dots，QDS）特异性标记在炭疽芽胞杆菌上，并利用荧光显微镜和荧光分光光度计进行了验证。采用实验室自制的便携式荧光检测系统对标记 QDS 的炭疽芽胞杆菌样品进行定量检测。结果表明，在炭疽芽胞杆菌浓度为 $10^2 \sim 10^6$ cfu/mL 时，相对荧光强度与炭疽芽胞杆菌浓度呈良好的线性关系，相关系数 $R=0.9554$，检测相对标准偏差为 2.2%。通过与同菌属其他杆菌对比，证明本方法特异性良好。与传统方法相比，本方法操作简单，检测时间短（1h），且能实现定量检测，在公共安全等方面有广泛的应用前景（刘晓红等，2011）。将天刃牌消毒液（pH 为 6.5 和 7.5）按照不同的稀释度稀释后与炭疽芽胞杆菌、金色葡萄球菌、鼠伤寒沙门氏菌、大肠杆菌分别作用不同时间，进行抑菌、杀菌效果的检测。结果表明，2 种 pH 消毒剂在不同稀释倍数下对 4 种细菌均有一定的抑制和杀灭作用（王晓兰等，2005）。

为快速简便地检测炭疽芽胞杆菌，将炭疽芽胞杆菌培养物经反复冻融、SDS、蛋白酶 K 和煮沸处理后，作为 PCR 模板，根据炭疽芽胞杆菌质粒 pX01 中水肿因子（edema factor，EF）基因设计 2 对引物，采用巢式 PCR（nested PCR）扩增基因，结果从炭疽芽胞杆菌模板中成功扩增出 1247bp 的特异片段，而未在炭疽芽胞杆菌无毒株、蜡状芽胞杆菌和枯草芽胞杆菌模板中扩增出相应条带；第一次扩增能检出的最低细菌量是 10^3 个拷贝；经再次巢式 PCR，扩增出 208bp 的特异片段，最低检出的细菌数为 10 个拷贝，敏感性提高了 100 倍。试验结果表明巢式 PCR 是一种快速、特异、敏感地检测炭疽芽胞杆菌的方法（俞慕华等，2002）。炭疽病（anthrax）一直是分布较广、发病率较高的烈性传染病。病原菌的分离和鉴定是诊断炭疽病的关键手段。用特异噬菌体进行炭疽杆菌的鉴别具有快速、准确、简便等优点（王秉翔等，1992）。

炭疽芽胞杆菌的感染，无论是自然感染，还是作为生物恐怖和生物战的手段，快速检验和鉴定疽芽胞杆菌是最为关键的，只有正确识别生物战剂的种类，才能为正确实施防治措施指明方向。讨论了炭疽芽胞杆菌的检验鉴定技术，包括常规的分析培养、免疫学技术、核酸分析技术、生物传感器、基因芯片技术的应用和新诊断分子，如肽核酸与适配子的应用（杨瑞馥等，2002）。建立防污染 PCR-微孔板杂交-酶联显色（EIA）检测技术，并用于炭疽芽胞杆菌芽胞的检测。根据炭疽芽胞杆菌毒力相关基因设计引物，筛选合适引物，建立用 UDG 酶（uracil-DNA glycocasylase，尿嘧啶-DNA 糖基化酶）防污染的 PCR 扩增-微孔板杂交与酶联显色检测炭疽芽胞杆菌的方法，并探讨试剂的室温稳定系统，将建立的方法用于模拟污染炭疽芽胞土壤样品的检测。结果表明，根据炭疽芽胞杆菌荚膜和水肿因子基因设计的引物，可以同时检测 2 个毒力相关质粒的存在，用 0.1U 的 UDG 可以防止 10^{10} 产物的污染，微孔板杂交-酶联显色检测比单纯 PCR-电泳敏感 10 倍。加入稳定剂的 PCR-微孔板杂交-EIA 体系可以耐受 7d 的 37℃破坏试验。

将该体系用于污染土壤的检测,可以检测出 0.25g 土壤中 10^3 个炭疽芽胞的存在。所研制的防污染 PCR-微孔板杂交-EIA 试剂克服了目前 PCR 试剂运输不便、产物污染所致假阳性和判定结果欠客观等缺点(杨瑞馥等,2002)。

为建立上转磷光免疫层析技术快速定量检测炭疽芽胞,利用上转磷光检测技术和免疫层析技术(双抗体夹心法),建立检测炭疽芽胞的快速检测方法,对该方法的特异性、敏感性进行评价,在面粉、淀粉等材料中掺入炭疽芽胞模拟"白色粉末",评价该法检测炭疽芽胞生物恐怖和环境样品的可行性,拟合检测曲线进行定量研究。结果:该法可在 30min 内完成定性检测,多种芽胞杆菌及其他病原菌评价显示该法特异性良好,检测灵敏性为 10^4 个芽胞,模拟"白色粉末"的样品检测敏感性也相同,盲法考核,该法定性、定量结果较好。建立的检测炭疽芽胞杆菌的上转磷光免疫层析方法,能快速、特异、灵敏地检测炭疽芽胞,适用于现场快速检测(李伟等,2006)。

为快速检测炭疽芽胞杆菌,采用质粒提取及 PCR 扩增方法,结果用 2 对引物扩增,阳性样本可分别扩增出两条 877bp 和 1089bp 左右的条带,阴性样本未扩增出。所采用的方法可快速检测出环境中的炭疽芽胞杆菌,并可对其致病性进行评价(魏建春等,2002)。

为利用 Light Cycler 建立一种简便、特异的实时荧光定量 PCR 检测方法,用于炭疽芽胞杆菌的快速检测,采用 SYBR Green I 随机掺入法,利用实时荧光定量 PCR 反应体系,根据炭疽芽胞杆菌荚膜和水肿因子设计引物,同时检测 2 个毒力相关质粒的存在,检测其灵敏度和特异性,并以盲测试验进行验证;在此基础上鉴定 14 株炭疽芽胞杆菌,并测试该法检测土壤模拟污染标本的灵敏度,实验中设置内对照以排除假阴性结果的存在。结果表明,炭疽芽胞杆菌基因组 DNA 的检测灵敏度可达每反应体系 0.53pg,2 个克隆株提取质粒的检测限分别为每反应体系 12 拷贝、140 拷贝;检测 14 株炭疽芽胞杆菌及 29 株非炭疽芽胞杆菌的 PCR 扩增结果表明,炭疽芽胞杆菌 DNA 均出现特异的扩增结果,29 株对照菌的 DNA 均为阴性;土壤模拟污染标本检测灵敏度可达每反应体系 36 个芽胞;20 次重复实验结果表明其平均值与标准差为 14.602 ± 0.640。该方法检测炭疽芽胞杆菌具有简便、快捷、灵敏度高和特异性好的特点,为临床诊断、环境监测、卫生防疫等方面,快速检出炭疽芽胞杆菌提供了有利的手段(张玲等,2005)。

为用荧光定量 PCR 方法检测土壤、动物脏器和血液中炭疽芽胞杆菌,评价并优选目标核酸纯化方法,采用 TaqMan 荧光定量 PCR 技术,以炭疽芽胞杆菌 pagA、rpoB2 引物探针和相应外标、内标为手段,比较 4 种从土壤中检测炭疽菌和 3 种从感染脏器及血液中检测炭疽菌的方法,探讨环境和组织样品中抑制因素对荧光定量 PCR 检测的影响,优选并确定纯化检验手段。结果表明,应用 NaI 裂解玻璃粉浆(glassmilk)纯化炭疽菌核酸并用荧光定量 PCR 检验,检出底限为 2.5 万拷贝/g 土壤(pagA),从血液样本的检出限为 1000 拷贝/mL。荧光定量 PCR 技术和 NaI 裂解 glassmilk 纯化制备模板的联合应用可灵敏、特异地从土壤、血液中检测炭疽芽胞杆菌(李伟等,2006)。

研究发现,合成法制备的芳基-烷基二硫化物混合物可以有效控制金黄色葡萄球菌和炭疽芽胞杆菌生长,其中某些化合物显示出很强的体外活性。对 12 个不同的芳基取代物进行测试,发现硝基苯基衍生物的抗菌活性最强。这可能是因为芳基硫基团作为亲核攻击二硫键的离去基团发生了电子激活;而在其他硫上的小分子烷基部分也是活性必不可少的基团,因该类衍生物对不同细菌的活性在一定程度上依赖于该烷基性质(李文赟译,2009)。

为重新评估炭疽芽胞杆菌传统鉴定指征对确定具有致病能力的炭疽芽胞杆菌的意义,采用常规的细菌学方法和 PCR 扩增毒力基因检测,并根据是否具有毒力基因,比较传统鉴别指征的表现差异。结果表明,菌落形态、溶血与动力阴性,是与毒力基因存在相关的最重要特征。在判断炭疽芽胞杆菌对人与环境的危害时,首先应确定是否存在致病性决定基因,在无条件进行这种检测时,数种传统的鉴别方法具有一定的参考价值(海荣等,2002)。

四、炭疽芽胞杆菌的免疫特性

对疑似炭疽感染病牛牛肉标本和牛血污染土壤标本进行了病原菌分离,经菌落形态和菌体形态观察、血清学实验和生化鉴定,证明分离到的细菌为炭疽芽胞杆菌。为进一步了解其特性,分别用保护性抗原、水肿因子和荚膜基因特异性引物对 2 株菌进行 PCR 扩增。结果显示,这 2 株菌有两个毒力相关质粒 pX01 和 pX02,为有毒株。序列测定表明,这 2 株菌基因间同源性达 99%,与 GenBank 中炭疽芽胞杆菌 A2012 株、AmesAncestor 株和 A16R 疫苗株同源性达 99%(王争强等,2006)。

扩增了炭疽芽胞杆菌保护性抗原(protective antigen,PA)基因,构建了原核表达质粒 pET-28a-PA,并对其进行了诱导表达,对表达产物免疫原性和免疫保护效果进行了研究。结果表明,PA 基因的长度约为 2205bp,PA 蛋白的分子质量为 76kDa;重组 PA(rPA)蛋白具有良好的免疫原性,初免后 10d 即可检测到特异性抗体,第 3 次免疫后抗体水平明显提高,可达 1:12 800;rPA 蛋白刺激小鼠产生的特异性抗体亚型以 IgG1 为主;rPA 蛋白在体外对小鼠脾细胞有促进生长和增殖作用。rPA 免疫组小鼠脾中 CD 干细胞显著增加,免疫应答趋向 Th2 型反应,说明 rPA 介导的免疫反应以体液免疫为主。rPA 具有一定的免疫保护作用,保护率达 50%(谢应国等,2006)。

为构建携带炭疽芽胞杆菌保护性抗原(PA)的 2 种穿梭载体与上游强启动子,将解淀粉芽胞杆菌的 α-淀粉酶启动子克隆到载体 pblueseript-sk(+)上,构建载体 pBLKSP;以 A16R 疫苗株(Tox$^+$,Cap$^-$,弱毒株)DNA 为模板,设计合成内外侧引物,巢式 PCR 扩增获得保护性抗原的全基因,先克隆到载体 pBLKSP,再将其和质粒 PUB110 重组构建成 2 种穿梭载体。结果:酶切鉴定显示所切下的片段大小均与预计相符。测序结果与文献报道序列及预计一致。该研究成功构建了带有强启动子的 2 种穿梭载体,为在无毒炭疽疫苗株中的高效表达和炭疽芽胞杆菌的分子疫苗研究奠定了基础(刘蓉娜等,2006)。

为了对炭疽芽胞杆菌疫苗株 A.16R 芽胞的适配子进行亲和性分析,体外构建了 78 个碱基的随机 DNA 库,以炭疽芽胞杆菌疫苗株 A.16R 芽胞为靶标,用 SELEX 技术进行了 15 轮的筛选,将筛选到的适配子库进行克隆、测序,用 Macaw2.05 和 DNAsis v2.5 软件对每一适配子的保守序列和二级结构进行分析,并用生物素-链霉亲和素-辣根酶系统检测，根据 OD 值的高低判定亲和力的大小，对每一适配子进行亲和力测定。结果表明，适配子的亲和力高低不一，OD 值最高为 1.2，最低为 0.25，二级结构分析结果显示，茎环和茎等二级结构是适配子与芽胞结合的基础；其一级结构提示有 AGGGG、CCCCG、GGCTT、ACACT 等保守序列，上述分类与 OD 值的高低分布基本吻合（甄蓓等，2001）。

五、炭疽芽胞杆菌的侵染特性

炭疽病是由炭疽芽胞杆菌的芽胞通过皮肤、胃肠道及肺部侵入人体而造成的，芽胞在体内被巨噬细胞吞噬后萌发并繁殖，带有荚膜的炭疽芽胞杆菌进入血液并释放 3 种外毒素，外毒素侵入宿主细胞造成患者代谢紊乱而休克致死，根据国外有关炭疽病的最新报道，对炭疽芽胞杆菌的微生物学及炭疽病的发病机理进行了综述（宋晓燕和张利平，2002）。炭疽是由炭疽芽胞杆菌引起的人与食草动物（主要为牲畜）共患的传染病。炭疽芽胞抵抗力强，在自然状态下，可造成环境广泛而持久的污染，由此引发的人、畜疫情连绵不断（孙广玖等，2007）。

炭疽是由炭疽芽胞杆菌引起的人畜共患急性传染病。草食家畜是主要易感动物，人对炭疽中等易感。在正常情况下人类炭疽多由屠宰病畜，接触污染皮、毛、骨粉、尘土和误食病畜肉引起，是典型畜源性传染病。根据感染途径，人炭疽临床分为 3 型，其中吸入性炭疽（肺炭疽）易误诊，病死率高达 50%～100%（庄汉澜和董梅，2006）。炭疽临床上呈现高热、黏膜发绀和天然孔出血，间或于体表出现局灶性炎性肿胀（炭疽痈）等。剖检所见：以脾脏显著肿大、皮下和浆膜下结缔组织出血性胶样浸润、血液凝固不良为特征（马艳梅，2007）。

2008 年青海省牧区发生 2 起牧民宰杀病死牛引起的疑似炭疽疫情，采集样品进行炭疽杆菌分离鉴定。方法：以生化、噬菌体裂解、青霉素敏感等实验对采集的患者标本、动物标本、环境标本的纯培养菌株进行鉴定。结果：2 起疫情均从动物标本中检出炭疽芽胞杆菌。疫情中炭疽杆菌的检出率同实验室检测技术、送检标本的质量和及时性有密切关系（马韶辉等，2010）。全球大约有 82 个国家发现过动物炭疽病，据估计，近几年全球每年有 1 万例动物炭疽，9000 人感染发病。近几年，在辽宁省的个别地区也零星发生过动物炭疽疫情，并且也有人感染发病的情况（顾贵波等，2009）。

炭疽是由炭疽芽胞杆菌引起的一种人畜共患病，主要发生在牛及其他食草哺乳动物中，患者通过接触被感染的动物和存在于空气、土壤中的炭疽杆菌芽胞发病，一般不形成人与人的直接传播。炭疽芽胞杆菌是一种革兰氏染色阳性、无动力、能形成芽胞的需氧或兼性厌氧杆菌，在营养培养基上不形成荚膜，培养基加入 5% 的血清或 0.7% 的碳酸氢盐，或在 5%～10% 的 CO_2 环境下培养可形成荚膜。炭疽杆菌种间高度同源，遗传差异很小，序列同源性达 99%（李伟和俞东征，2004）。

炭疽芽胞杆菌是 1877 年由著名的微生物学家柯赫（Robert Koch）发现并经人类证实的第一个细菌病原菌；它属于蜡状芽胞杆菌菌群，此菌群主要包括炭疽芽胞杆菌、蜡状芽胞杆菌、蕈状芽胞杆菌、假蕈状芽胞杆菌、苏云金芽胞杆菌和韦施泰凡芽胞杆菌 6 个对人类活动有影响的菌种。炭疽芽胞杆菌革兰氏染色阳性，菌体两端平切，无鞭毛，需氧或兼性厌氧；在有氧条件下可形成位于菌体中心的椭圆形芽胞；该菌营养要求不等，易于大量培养。炭疽芽胞杆菌是引起人畜共患急性传染病的病原体，它对青霉素、四环素、红霉素、环丙沙星等多种抗生素敏感（刘志强等，2006）。2001年美国"9·11事件"后，发生了许多炭疽恐怖事件，引起美国民众的极大恐慌，也使世界各国政府和研究人员认识到了炭疽杆菌检验、预防、治疗研究的重要性。这种细菌目前在临床检验室很少见到（丁玉仙，2010）。

第二十八节 弯曲芽胞杆菌

一、弯曲芽胞杆菌的分离与鉴定

从中成药（金锁丸）中分离获得一种耐辐射的细菌。经过形态观察、生理生化特征分析、16S rDNA碱基序列测定和同源性分析，鉴定该菌株为弯曲芽胞杆菌（*Bacillus flexus*），该菌株的16S rDNA序列已在GenBank中注册，登录号为AB021185.1。特性为菌落白色，不透明，边缘较规则，表面光滑，耐受 $8\mu g/mL$ Hg（邓钢桥等，2007）。

从嗜碱微生物的应用出发，探索有工业应用前景的嗜碱菌。通过细胞形态和习性、生理生化实验、核酸水平（16S rDNA，G+C mol%含量）及细胞壁脂肪酸组分含量分析对新分离到的3株细菌进行鉴定，并对其所产碱性淀粉酶和碱性果胶酶酶学性质进行分析。生理生化实验结果表明，菌株XJU-3和XJU-4革兰氏染色阳性、具芽胞、降解淀粉、接触氧化酶等特性均与弯曲芽胞杆菌相似，差别存在于尿素水解，木糖、乳糖的利用和pH耐受性这3方面。16S rDNA序列分析表明，2个菌株与弯曲芽胞杆菌的16S rDNA序列均具有99%的相似性。由此，初步推测2个分离菌为弯曲芽胞杆菌。菌株XJU-3和XJU-4的G+C mol%含量分别是39.13%和38.35%，与16S rDNA序列比对最近源种弯曲芽胞杆菌的G+C mol%含量一致。脂肪酸含量分析表明XJU-3和XJU-4与弯曲芽胞杆菌种内的菌株差异较大。这也许是由于该菌株长期对特殊环境的适应，已处于稳定状态（赵建，2008）。

从青岛近海海泥中分离了57株细菌，通过毒性实验，得到了一株对浒苔具有较强毒性的细菌EP23。对该菌株进行了菌落、菌体形态学观察、生理生化特征分析及16S rDNA序列分析，鉴定该菌为弯曲芽胞杆菌。该菌培养液高速离心的上清液对浒苔具有较强毒性，表明弯曲芽胞杆菌EP23对浒苔的毒性是通过分泌胞外物质的间接方式进行的（汪靖超和辛宜轩，2011）。

采用玻璃粉吸附法提取重金属污染土壤的泛基因组，利用细菌16S rDNA保守区段B2/B3为引物，经PCR扩增获得包含V8和V9两个高变区的大小为1050bp的产物，将回收纯化的PCR产物与克隆载体pMD18-T连接，转化大肠杆菌DH5a感受态细胞，经抗生素抗性和蓝白斑筛选，并提取质粒作酶切分析，随机挑取3个阳性克隆菌进行序列测定，结果表明3个序列所代表的均是芽胞杆菌属（*Bacillus*）细菌，而且均是与弯曲芽胞杆菌亲缘关系非常接近的细菌（林毅等，2008）。从西双版纳植物样品爵床（*Rostellularia procumbens*）中分离到2株具有较强抗癌活性的内生细菌YIM 56077和YIM 56081。通过对其进行表型特征、生长及生理生化特性、细胞化学组分及系统进化分析,发现这2株菌与弯曲芽胞杆菌 IFO15715T 的亲缘关系最近,但它们在生长、生理生化等特征上表现明显差异,是芽胞杆菌属的2个具有开发潜力的菌株(李洁等,2007)。

二、弯曲芽胞杆菌产碱性淀粉酶特性

从新疆石河子市一处碱性工业污水中(pH11.0)分离、鉴定高产碱性淀粉酶菌株,并对其所产酶酶学特性进行研究。方法:在碱性淀粉酶分离培养基上对所分离菌株进行筛选,分离到一株高产碱性淀粉酶菌株,并将其编号 XJU-3,应用生理生化试验、脂肪酸含量、16S rDNA 序列及 G+C mol%含量等方法对菌株进行鉴定,同时对 XJU-3 所产碱性淀粉酶的生物学特性进行研究。结果:XJU-3 可在 pH4.0~12.5 的 LB 培养基上生长,最适生长温度 37℃。16S rDNA 序列构建的系统进化树表明 XJU-3 与弯曲芽胞杆菌类聚在一起,且序列同源性为 99%。该菌产生的淀粉酶最适 pH10.0,最适温度 40℃,且在 pH9.0~13.0 内有较高活性和稳定性。Co^{2+} 和 Mg^{2+} 能明显提高酶的活性。结论:XJU-3 被鉴定为弯曲芽胞杆菌,由于 XJU-3 与弯曲芽胞杆菌 DSM 1320T 在尿素水解和优势脂肪酸含量上有差异,且具有宽范围 pH 耐受性,因此 XJU-3 被认为是弯曲芽胞杆菌的一个菌株。XJU-3 所产的碱性淀粉酶酶学特性良好,具有极大的工业应用潜力(赵建等,2008)。

三、弯曲芽胞杆菌降解污染特性

发明专利《一种新的弯曲芽胞杆菌 LF-3 及其应用》,公开了一种新的弯曲芽胞杆菌 LF-3,于 2006 年 11 月 19 日保藏于中国典型培养物保藏中心,其保藏号分别为 CCTCC M206128;该弯曲芽胞杆菌 LF-3 能有效地降解植物毒素,特别是从冰川棘豆地上部分提取、分离出来的生物碱 2,2,6,6-四甲基哌啶酮(简称 TMPD)的毒性,对彻底解决冰川棘豆的毒害,为草原毒草的生物学控制和草原生态学研究起到积极作用(王建华等,2007)。

氮元素是水产养殖水体中较常见的一种限制初级生产力的营养元素,对水产养殖影响巨大。养殖水体中积累的氨氮和亚硝态氮对水产养殖生物可造成巨大危害,其影响不容忽视。围绕水产养殖废水生物脱氮这一主题,对异养硝化微生物的分离及其脱氮性能、亚硝酸还原酶基因的克隆及其工程菌构建等多个方面展开了研究,结果分述如下。①异养硝化菌的分离及其氨氮去除能力的测定:从杭州四堡污水处理厂活性污泥中筛选得到3株异养硝化菌株;菌株 ZY-1、ZY-2、ZY-3 分别鉴定为弯曲芽胞杆菌、蜡状芽胞杆菌及铜绿假单胞菌(*Pseudomonas aeruginosa*);3 株异养硝化菌对氨氮和总氮都有较好的去除能力,且在去除过程中只有少量氧化氮积累,具有进一步研究利用的价值。②3 株异养硝化菌的脱氮特性研究:菌株 ZY-1、ZY-2 和 ZY-3 在好氧条件下对亚硝态氮具有非常好的去除效率,48h 内基本能将 65mg/L 的亚硝态氮完全去除,对总氮的去除率也分别达 84.83%、83.42%和 92.22%(赵诣,2010)。

从大连保税库区稠油污染土壤中分离出一株稠油降解菌 DL1-G,经形态观察、生化鉴定、16S rRNA 序列及系统发育分析,鉴定该菌株为弯曲芽胞杆菌。菌株 DL1-G 在第

9天对稠油的降解率为39.89%，饱和烃和芳香烃的总含量降低了68.30%；GC-MS分析显示，饱和烃中$nC11\sim nC38$、$nC6\sim nC30$-烷基环己烷及姥鲛烷（27.179min）、植烷（30.657min）降解完全，未检出，C14~C16二环倍半萜烷及8α（H）-补身烷、8β（H）-补身烷、8β（H）-升补身烷降解率达99%以上，13β（H），14α（H）-C19~C29三环萜烷共降解了36.32%，11种甾烷类化合物共降解了12.04%；芳烃中萘系物、菲系物、芴系物、二苯并噻吩系物、联苯系物、甲基芘系物等都有不同程度降解，其中萘系物、芴系物、二苯并噻吩系物的降解率均达90%以上；菌株DL1-G对多环芳烃（PAH）中的蒽、菲、芴、芘、萘的降解率分别达98.55%、97.16%、82.98%、64.85%、63.61%，表明该菌株在稠油污染治理方面具有良好的应用潜力（任妍君等，2012）。

第二十九节　蕈状芽胞杆菌

一、蕈状芽胞杆菌产磷脂酶C菌株的筛选

在研究高产磷脂酶C（phospholipase C，PLC）菌株筛选及其抗血小板功能的基础上，对筛选的4株高产PLC的菌株754-1、779、970和1107进行了鉴定和分类。通过形态特征、培养特征、生理生化特征、16S rRNA序列测定及其同源性分析，证实菌株754-1与蜡状芽胞杆菌基本一致，因此将菌株754-1分类为蜡状芽胞杆菌，命名为蜡状芽胞杆菌深圳株754-1（Bacillus cereus shenzhen strain 754-1）。而779、970和1107 3株菌与蕈状芽胞杆菌（Bacillus mycoides）基本一致，因而将这3株菌分类为蕈状芽胞杆菌，分别为蕈状芽胞杆菌深圳株779（Bacillus mycoides shenzhen strain 779）、蕈状芽胞杆菌深圳株970（Bacillus mycoides shenzhen strain 970）和蕈状芽胞杆菌深圳株1107（Bacillus mycoides shenzhen strain 1107）。这将为进一步利用这些菌株及其PLC打下坚实的基础（王常高等，2004）。

二、蕈状芽胞杆菌及其代谢产物增强小鼠免疫功能活性成分的分离与鉴定

细菌代谢产物的研究与应用是微生物生物工程的重要组成部分，微生物及其代谢产物在促进畜体生长和增强机体免疫力的研究上也日益受到重视。以蕈状芽胞杆菌及其代谢产物为研究对象，对代谢产物分离的各组物质进行小鼠腹腔注射，通过测定血红蛋白值、红细胞数、超氧化物歧化酶（SOD）活性、血清凝集抗体效价、离体白细胞吞噬活性和吞噬细胞杀菌活性，研究了它们对小鼠免疫功能的影响，以期追踪得到增强小鼠免疫功能的活性成分，并对其进行物质结构鉴定，为其作为免疫增强剂的研究提供依据。通过对蕈状芽胞杆菌及其代谢产物的逐步追踪，取得了以下结果。①蕈状芽胞杆菌活性部位的追踪。以蕈状芽胞杆菌细胞底物、上清液和混合发酵液为研究对象，试验发现上清液在增强小鼠免疫功能效果上最为突出。在血红蛋白值和红细胞数的测定中，上清液组的最大值为14.20g/100mL和9.29×10^6cell/mL，SOD活性对照组最大值为68.22U/mL，而上清液组最大值可达98.56U/mL，其血清凝集抗体效价最高达1：256，在白细胞吞噬活性和吞噬细胞杀菌活性中，上清液组最高指数分别为0.252和

0.563。整体看来，各试验组较对照组均有显著（$P<0.05$）或极显著（$P<0.01$）差异，而综合效果上以上清液组更为理想。②蕈状芽胞杆菌上清液物质的分离和活性成分追踪。采用大孔吸附树脂和硅胶柱层析分别得到A～F等6个流分，分别进行小鼠腹腔注射，通过上述免疫指标的检测，得到B流分组的活性最强。B流分组的血红蛋白值和红细胞数最大值分别为12.82g/100mL和11.16×10^6 cell/mL，其最高抗体效价可达1∶256，SOD活性最高可达106.53U/mL，而其吞噬活性和杀菌活性最大值分别为0.235和0.510。③B流分的活性追踪分离、BJ活性测定和结构鉴定。在硅胶柱层析和TLC基础上，试验得到B1～B6、BJ等7个成分，在小鼠免疫功能的检测中，以B3和BJ效果最为突出。B3组和BJ组的血红蛋白值和红细胞数最大值分别为13.02g/100mL、11.03×10^6 cell/mL和13.29g/100mL、11.36×10^6 cell/mL，而SOD活性B3组最高可达103.40U/mL，BJ组则为112.03U/mL；B3组和BJ组抗体效价最高均达到1∶256，B3组吞噬活性和杀菌活性最高值分别为0.379和0.506，而BJ组最高值为0.346和0.433。对得到的BJ单体物质通过理化性质和紫外光谱、红外光谱、质谱、核磁共振谱、元素分析等波谱学手段进行结构鉴定，其为环（脯-甘）二肽（付维法，2007）。

三、蕈状芽胞杆菌代谢产物活性成分对小鼠免疫功能的影响

细菌代谢产物的研究与应用是微生物工程的一个重要组成部分，微生物及其代谢产物作为饲料添加剂或免疫增强剂的研究是近年来的研究热点，是国家重点发展和支持的绿色饲料添加剂之一。蕈状芽胞杆菌又称为蜡状芽胞杆菌蕈状变种，为芽胞杆菌属（Bacillus）蜡状芽胞杆菌亚种。国内外仅有分类方面的研究报道，在前期研究的基础上发现，蕈状芽胞杆菌及其代谢产物对鲫（Carassius auratus）、小鼠具有增强免疫功能的效果。在此基础上选择蕈状芽胞杆菌代谢产物作为研究对象，以蕈状芽胞杆菌代谢产物的4种提取物给小鼠腹腔注射，通过测定血红蛋白值、红细胞数、超氧化物歧化酶（SOD）活性、血清凝集抗体效价、离体白细胞吞噬活性和吞噬细胞杀菌活性，研究了不同提取物对小鼠免疫功能的影响。结果显示，注射提取物后，各组小鼠的免疫功能均有不同程度增强，乙酸乙酯提取物组、三氯甲烷提取物组、石油醚提取物组的白细胞吞噬活性，吞噬细胞杀菌活性，血清凝集抗体效价，SOD活性与对照组差异极显著（$P<0.01$），剩余液组的吞噬活性和杀菌活性与对照组差异显著（$P<0.05$），其他指标与对照组差异不显著；石油醚提取物组的血红蛋白值（13.52g/100mL）和红细胞数（11.35×10^6/mL）最高。各项指标的峰值均出现在第7～21天（王高学等，2006）。

对蕈状芽胞杆菌代谢产物中增强小鼠免疫力的物质进行分离、鉴定和免疫增强作用测定。在生物活性追踪的指导下，通过大孔吸附树脂吸附、硅胶柱分离和葡聚糖凝胶柱纯化，对蕈状芽胞杆菌代谢产物中增强小鼠免疫力的活性成分进行了分离，得到了具有较强免疫增强作用的化合物（标记为M），并对化合物M进行了波谱测定，确定化合物M为环（脯氨酸-甘氨酸）二肽（$C_7H_{10}O_2N_2$）。以生理盐水为对照，通过腹腔注射，对小鼠进行了SOD活性、白细胞吞噬活性、白细胞杀菌活性3个指标测定。结果显示，在第14天时，SOD活性和白细胞吞噬活性达到了最高值，且同对照组相比有显著提高；在第21天时，白细胞杀菌活性达到了最高值，且同对照组相比有显著提高。以上

结果表明，蕈状芽胞杆菌代谢产物中的环（脯氨酸-甘氨酸）二肽能够显著增强小鼠免疫力（王高学等，2009）。

四、鳖致病性蕈状芽胞杆菌的分离鉴定

中华鳖（*Trionyx sinensis*）是爬行纲（Reptilia）龟鳖目（Testudinata）鳖科（Trionychidae）鳖属（*Trionyx*）的一个种，是水产养殖中的一种名特优品种。目前，随着养鳖规模的扩大和集约化程度的提高，整个养殖环境日益恶化，特别是某些病原体大量孳生，打破原本脆弱的养殖生态系统。加上养殖品种的种质退化及频繁的种苗流通等因素导致鳖病时有发生，且新病、疑难病不断出现，给养鳖生产带来巨大的损失。国内对中华鳖疾病病原的研究报道较多，在细菌性病原方面，种类繁多，常见的有嗜水气单胞菌（*Aeromonas hydrophila*）、温和气单胞菌（*Aeromonas sobria*）、豚鼠气单胞菌（*Aeromonas caviae*）、迟钝爱德华氏菌（*Edwardsiella tarda*）、脑膜炎败血性黄杆菌（*Flavobacterium meningosepticum*）、枯草芽胞杆菌（*Bacillus subtilis*）等十几种，但未见蕈状芽胞杆菌（*Bacillus mycoides*）致病性的报道。从福建漳州某养殖场患"眼球溃疡"病的中华鳖眼玻璃体、心血分离到菌株B1014，经人工感染确定其为致病菌。采用形态特征观察、细菌生化鉴定、16S rDNA序列分析首次证实该致病菌株B1014是蕈状芽胞杆菌（陈强等，2011）。

第三十节　解淀粉芽胞杆菌

一、解淀粉芽胞杆菌的生物学特性

从渤海湾海水样品中分离筛选出一株絮凝活性最高达83.6%的细菌菌株dhs-28，经16S rDNA与Biolog鉴定，确定为解淀粉芽胞杆菌（*Bacillus amyloliquefaciens*）。超声破碎试验证实其絮凝活性仅存在于发酵上清液中。该菌株在LB液体培养基中，37℃，180r/min，发酵72h，絮凝活性最高。经硫酸铵沉淀后用3kDa透析袋脱盐，获得该菌株絮凝活性产物。以絮凝活性产物为研究对象，发现其絮凝活性易受酸碱性影响，只在pH为6~11时稳定；但在广范围温度（0~100℃）内保持稳定。糖类、蛋白质、脂类与核酸定性反应初步鉴定其絮凝活性产物主要为蛋白质，同时还含有少量糖类。紫外扫描揭示其成分较复杂（郝建安等，2011）。

从浙江省东海土壤中筛选到一株具有抑制白色念珠菌ATCC 64548生长活性的解淀粉芽胞杆菌菌株091，发现其能产生一种相对分子质量为410的大环内酯类抗真菌物质。在250mL摇瓶中进行了抗生素发酵的单因素优化实验，得到优化的发酵条件为：28℃，pH 6.5，摇床转速200r/min，接种量（体积分数）8%，装液量40mL，发酵时间36h。优化后发酵液抗真菌效价比初始培养条件下提高了2.49倍，达7026.79U/mL。进一步采用Logistic、Luedeking-Piret和Lu-edeking-Piret-like方程建立了抗生素产生的动力学模型，并根据5L发酵罐中的实验数据拟合得到了模型参数。结果表明，该数学模型能反映解淀粉芽胞杆菌091的细胞生长、底物消耗和抗生素合成的动力学机制，可为该抗真菌抗生素的中试生产提供理论指导（贺娟等，2010）。

通过对一株淀粉芽胞杆菌进行紫外和^{60}Co逐级诱变，使该菌株产β-葡聚糖酶的酶活从80U/mL提高到105U/mL；对突变株进行多次单菌落分离及传代，对其传代稳定性的研究表明，该菌株产酶性能稳定；在5L发酵罐中突变株的产酶水平比摇瓶要高，可达120U/mL，产酶周期比摇瓶缩短了15h（林小杰等，2005）。

银杏内生细菌XZNUM 033对杨树变色真菌——可可球二孢菌具有很强的抑制活性，通过对该菌株培养液一些理化性质的测定，结果表明：培养液在pH为7.0时，其抗可可球二孢菌活性最强，培养液对温度、光照、紫外线都具有较好的稳定性。根据银杏内生细菌XZNUM033的菌落、菌体形态、革兰氏染色、芽胞染色、生理生化特性以及16S rRNA基因序列分析，初步把银杏内生细菌XZNUM 033鉴定定为解淀粉芽胞杆菌（*B. amyloliquefaciens*）（李长根等，2010）。

二、解淀粉芽胞杆菌的发酵技术

采用正交试验方法，进行了解淀粉芽胞杆菌发酵产β-葡聚糖酶培养基的优化。结果表明，采用玉米粉30g/L、大麦粉40g/L、豆饼粉30g/L、$Na_2HPO_4·12H_2O$ 6g/L、$(NH_4)_2SO_4$ 4g/L、$CaCl_2$ 8g/L、$MgSO_4·7H_2O$ 1g/L组成的培养基发酵，β-葡聚糖酶活力达128.55U/mL；在β-葡聚糖酶溶液中添加大分子亲水型多糖黄原胶、动物蛋白明胶、甘油、氯化钠可明显提高β-葡聚糖酶的热稳定性。将添加甘油120g/L、黄原胶5g/L复合稳定剂的葡聚糖酶溶液60℃处理2h，酶液的残余酶活比未经处理的酶活提高了55.3%（郝秋娟等，2006）。

采用正交试验设计方案，对解淀粉芽胞杆菌菌株YN-1的发酵条件进行了优化。研究了发酵温度、摇床转速和培养时间对发酵液抑菌效果的影响，同时研究了其对脂态类抗生素含量的影响。结果表明，对发酵液抑菌效果和脂肽类抗生素含量2种指标的优化培养条件均为：温度25℃、转速140r/min、培养时间60h（刘新涛等，2009）。以解淀粉芽胞杆菌菌株YN-1为研究对象，利用PCR方法从基因组DNA中扩增出编码抑菌蛋白TasA的基因全长DNA，并构建pGEX-4T2/TasA原核表达载体，获得TasA-GST融合表达的抑菌蛋白。测序结果表明，解淀粉芽胞杆菌YN-1TasA基因核苷酸序列全长为786bp（GenBank登录号：EU131674），编码261个氨基酸残基；同源性分析表明，它与解淀粉芽胞杆菌FZB42（YP_001421886）序列的同源性最高，达98%，预测蛋白分子质量为31kDa。SDS-PAGE分析表明，TasA基因能在大肠杆菌BL21中表达，Western印迹分析pGEX-4T2/TasA原核表达载体，检测到约57kDa的TasA-GST融合外源蛋白，与预测的融合蛋白分子质量大小相符。表达产物细胞裂解液上清经Ni柱层析，表明浓度为500mmol/L咪唑洗脱缓冲液时获得较高浓度和纯度的纯化蛋白。进一步的抑菌活性分析表明，表达产物在黄瓜灰霉病病原菌检测平板上显示出较好的抑菌活性。该研究结果将为今后深入研究TasA抑菌蛋白基因以及抗病转基因工程提供了参考（杨丽荣等，2010）。

对解淀粉芽胞杆菌菌株ES-2抗菌脂肽深层液体发酵培养基及其主要影响因子进行了筛选。首先采用单因子实验，确定了Landy培养基为起始培养基，然后采用Plackett-Burman设计法，对影响抗菌肽发酵的显著因素进行筛选。结果表明，在所选取的 12 个相关因素中，对抗菌肽的产量具有显著影响的因子是 KCl、$FeSO_4$、温度（孙力军等，2008）。

解淀粉芽胞杆菌菌株 DC-4 是从豆豉中筛选得到，产生的豆豉溶栓酶具有较好的体外溶栓效果。利用单因素实验和正交分析获得该菌株产生豆豉溶栓酶的最佳发酵条件为：接种量为 7%，发酵培养基组分为纤维蛋白 2.0%，蛋白胨 0.5%，糊精 2.0%，酵母膏 0.15%，$K_2HPO_4 \cdot 3H_2O$ 0.4%，NaH_2PO_4 0.04%，$CaCO_3$ 0.3%，pH 7.0；培养温度为 32℃，250mL 三角瓶装液为 50mL；210r/min 振荡培养 72h。在此条件下发酵，其发酵上清液纤溶活性可达到 820U/mL（彭勇和张义正，2002a）。

为给解淀粉芽胞杆菌的应用提供科学依据，从最佳碳源、氮源、初始 pH、发酵时间、发酵温度、接菌量和装液量的确定出发，针对解淀粉芽胞杆菌 SAB-1 进行发酵培养基的设计及发酵条件的优化。从 8 种不同的碳源和氮源中确定了长效碳源水溶性淀粉、转速 180r/min、发酵时间 26h、初始 pH 6.0、接菌量 1%、装液量 50mL/250mL，该条件下发酵后菌体产量为 46.0×10^9/mL。该解淀粉芽胞杆菌在设计发酵条件下基本达到了工业规模化生产的要求（车晓曦等，2010）。为寻求解淀粉芽胞杆菌较高发酵产量的发酵条件，采用响应曲面试验方法，研究了发酵温度、时间和初始 pH 3 个因素对解淀粉芽胞杆菌发酵产量的影响。结果表明：发酵时间 23～26h、温度 29～31℃、初始为 pH 6.5 时，该株解淀粉芽胞杆菌的发酵菌体产量达 3.0×10^9 cfu/mL。采用该试验方法提高了该菌株的发酵产量，同时适合工业上大规模生产（车晓曦等，2010）。

为进一步提高解淀粉芽胞杆菌菌株 BS5582 产 β-葡聚糖酶的水平，采用了分阶段控温工艺，在 5L 发酵罐中，装料系数 0.6、接种量 6.67%、种龄 18h、通气量 1.0L/(L·min)、搅拌转速 500r/min、起始发酵温度 36℃，培养 27h（稳定期）后，降温至 32℃继续发酵至终了，β-葡聚糖酶酶活在 51.75h 达到 182.52U/mL，比恒温发酵提高 28%（郝秋娟等，2007）。为进一步提高解淀粉芽胞杆菌菌株 BS5582 产蛋白酶的水平，对发酵工艺进行优化，采用了分阶段控温工艺，发现在 5L 发酵罐中，装料系数 0.6、接种量 6.67%、种龄 18h、通气量 1.0L/(L·min)、搅拌转速 500r/min、起始发酵温度 35℃，发酵 27h（稳定期）后降温至 32℃继续发酵至终了，蛋白酶酶活在 47.75h 达到 9838U/mL，比恒温发酵提高了 101.6%（郝秋娟等，2008）。

为提高解淀粉芽胞杆菌发酵产脂肽类抗菌物质的产量，采用 Plackett-Burman 设计对影响解淀粉芽胞杆菌菌株 ES-2-4 产脂肽类抗菌物质产量的 13 个因子进行筛选，在筛选结果的基础上，再运用 Uniform Design（均匀设计）对关键因子的最佳水平范围进行研究，通过回归方程求解得到最高产量时各关键因子的最优组合。结果表明，影响抗菌物质产量的关键因子为葡萄糖、L-谷氨酸钠、转速和温度；获得最佳产量时关键因子的最优组合为：葡萄糖 42g/L，L-谷氨酸钠 14g/L，温度 27℃，转速 200r/min。在此条件下，产量从优化前的 4.84g/L 提高到了 6.76g/L，增长了 39.7%（方传记等，2008）。

用响应面法对解淀粉芽胞杆菌发酵生产褐藻胶裂解酶的培养条件进行了优化。用单因素实验逼近各因素的最大响应区域，利用 Plackett-Burman 试验设计筛选出影响酶活的 3 个主要因素，即装液量、pH 和蛋白胨浓度。并在此基础上利用 Box-Behnken 试验设计及响应面方法进行回归分析。通过求解回归方程得到优化发酵条件：当装液量 65.28 mL、pH 7.35 和蛋白胨浓度 0.44% 时，液体发酵液中褐藻胶裂解酶酶活达到理论最大值 6.48U/mL。经 3 批培养验证，预测值与验证试验平均值接近（刘玉佩等，2010）。采用单因素试验和正交试验对具有广谱拮抗作用的内生解淀粉芽胞杆菌菌株 TB2 的摇瓶发酵培养基和发酵条件进行优化。结果表明，最佳培养基组分为：玉米淀粉 1.0%、豆粉 1.0%、$(NH_4)_2SO_4$ 0.5%、$MgSO_4 \cdot 7H_2O$ 0.1%、$FeSO_4 \cdot 7H_2O$ 0.03%、$K_2HPO_4 \cdot 3H_2O$ 0.02%、KH_2PO_4 0.01%；培养条件为：初始 pH 为 7.5，温度 35℃，接种量 3%，装液量 50mL/250mL 三角瓶，摇床转速 200r/min，发酵周期 22～26h。在优化条件下发酵活菌数达 8.52×10^{10} cfu/mL（郭龙涛等，2010）。

三、解淀粉芽胞杆菌的基因克隆

采用 PCR 法从解淀粉芽胞杆菌菌株 BA11 中克隆到一个中性植酸酶 *phyc* 基因，将该基因克隆到毕赤酵母表达载体 pPIC9K 上并电转化至宿主细胞 GS115 后进行诱导表达。SDS-PAGE 试验表明，该重组中性植酸酶在毕赤酵母宿主细胞中实现了高效分泌性表达。植酸酶活性测定结果显示阳性克隆子在诱导 72h 酶活性达到最高值，活性为 2 330U/L（张建云等，2010）。

从解淀粉芽胞杆菌菌株 CICIM B2125 中克隆了 *Bam*HⅠ甲基转移酶基因（*bamHIM*），并在大肠杆菌 JM109 中得到了成功表达。该基因含有 1271bp 的可读框（ORF），编码 423 个氨基酸，成熟蛋白分子质量为 49kDa。该基因在自身启动子引导下，表达了具有活性的 BamHI 甲基转移酶（M.*Bam*HⅠ）。该酶可以将 *Bam*HⅠ位点的碱基甲基化。氨基酸序列分析表明该酶存在有 NADB_Rossmann 结构域（刘洋等，2009）。

利用 PCR 方法从解淀粉芽胞杆菌菌株 DC-4 总 DNA 中扩增出豆豉溶栓酶（DFE）成熟肽编码区片段，测序结果表明：DFE 成熟肽编码区长 825bp，编码 275 个基酸残基，相对分子质量为 27.7×10^3，推导的 N'端氨基酸序列与豆豉溶栓酶 N'端氨基酸测序结果完全一致，说明克隆到的基因确实是豆豉溶栓酶基因。同源性分析表明，DFE 成熟肽编码区的核苷酸和氨基酸序列与日本纳豆激酶的同源性分别为 80.0% 和 86.5%，这提示豆豉溶栓酶可能是一种新型的溶栓酶。将表达质粒 pET-Nde 转化大肠杆菌 BL21 (DE3) 中，TPTG 可诱导表达大量的 DFE 融合蛋白，占菌体可溶性蛋白的 40%，主要以包涵体的形式存在（彭勇和张义正，2002b）。

为利用人工 Mu 转座技术研究解淀粉芽胞杆菌的功能基因，使用加入 0.5% 甘氨酸的 M9-YE 培养基，细菌生长到 OD_{600nm} 值为 0.5 时制备感受态细胞，加入 Mu 转座复合物（含 42ng Mu DNA），以 1.8kV 电压电击获得转化子，对转化子进行功能突变表型筛选、基因克隆、DNA 序列分析，以确定插入突变的功能基因。结果获得最佳电转化效率 1.9×10^3 cfu/μg DNA，同时获得 2 个芽胞杆菌抑真菌作用的调节基因 *rpmGA* 和 *yxlC*。试验结果表明，人工 Mu 转座技术是研究芽胞杆菌功能基因的快速有效的好方法（郝建安等，2006）。

探讨了双启动子对基于溶源性噬菌体构建的重组枯草芽胞杆菌（*B.subtilis*）中外

源蛋白表达的影响。分别将不含或含有本身启动子的 α-淀粉酶基因（来源于解淀粉芽胞杆菌）和青霉素酰化酶基因［来源于巨大芽胞杆菌（Bacillus megaterium）］克隆到溶源性枯草芽胞杆菌中，得到重组菌枯草芽胞杆菌菌株 AMY1、AMY2、PA1 及 PA2。由于同源重组，所克隆的片段整合到溶源性枯草芽胞杆菌中的噬菌体基因组上，并处于噬菌体强启动子的下游。在重组菌 AMY1 和 PA1 中，在热诱导的情况下外源基因的转录只受到噬菌体启动子的作用，而在重组菌 AMY2 和 PA2 中，在热诱导下外源基因的转录同时受到噬菌体启动子和基因本身所带启动子的作用。双启动子的应用使重组 α 淀粉酶的表达量提高了 133%，使重组青霉素酰化酶的表达量提高了 113%（刘刚等，2006）。

通过重叠延伸法将枯草芽胞杆菌的启动子 PSJ2 与绿色荧光蛋白基因（gfp）的 ORF 连接起来，构建绿色荧光蛋白表达盒，再通过 Rco Ⅰ 和 Pxt Ⅰ 双酶切将表达盒连接到 pUS186 载体上，转化解淀粉芽胞杆菌菌株 TB2，得到可发出绿色荧光工程菌，工程菌对黄瓜枯萎病菌的拮抗作用与野生菌株相当（邱思鑫，2008）。

以内生解淀粉芽胞杆菌菌株 TB2 基因组为模板，克隆了该菌的 β-1,4-内切葡聚糖酶基因的 ORF；测序结果表明该 ORF 全长 1500bp，编码 499 个氨基酸，分子质量为 50.1kDa，等电点为 7.83；Blast 同源性分析结果表明，该序列与 GenBank 登录的 1 株枯草芽胞杆菌（Bacillus subtilis M28332）纤维素酶核苷酸序列的同源性最高（98%），其氨基酸同源性也达 98%。用 BamHⅠ 和 XhoⅠ 双酶切片段和表达载体 pET-29a（+）相连接后，构建重组表达载体 pET-glu，并导入大肠杆菌菌株 BL21 中表达。SDS-PAGE 结果显示在 53.7kDa 左右有融合蛋白带；酶学特性研究表明，该酶的最适反应温度为 50℃，最适反应 pH 为 6.4，为中性纤维素酶。该实验结果为进一步研究内生解淀粉芽胞杆菌 TB2 纤维素酶的功能和应用打下了基础（范晓静等，2008）。

四、解淀粉芽胞杆菌的检测与灭活

解淀粉芽胞杆菌为革兰氏阳性芽胞杆菌，可污染医院 75% 乙醇消毒液、潮湿损害的房屋、食品，造成新生儿、婴幼儿等免疫力低下的特殊人群感染和房屋污染健康综合征。黄虎翔和张万明（2010）从细菌对环境、食品的污染、院内感染三个方面来阐述其流行状况，从细胞毒素对哺乳动物细胞的毒性来描述其毒理作用，从国外同类菌属的疾病动物模型来进一步探讨其致病性，以期引起临床上的重视。

为观察从医院用 75% 乙醇消毒剂中检出的解淀粉芽胞杆菌对正常小鼠的致炎作用，将该株解淀粉芽胞杆菌分别经呼吸道、消化道及伤口途径感染正常昆明种小鼠，观察感染小鼠的一般情况，定期进行血液白细胞计数和细菌学检查，并进行内脏组织的细菌学和组织病理学检查。结果表明，解淀粉芽胞杆菌感染可引起白细胞数量增多，细菌学检查在感染早期为阳性，组织学检查可见轻度炎症反应，呼吸道试验组小鼠生长速度落后于对照组。该株解淀粉芽胞杆菌对感染小鼠具有一定的致炎作用，并减缓小鼠生长速度（涂献玉等，2008）。

为了解临床使用的乙醇消毒液污染解淀粉芽胞杆菌的情况，采用细菌检验方法进行了培养观察。结果表明，在临床使用的含体积分数 75% 乙醇消毒液中培养出同一种细菌，细菌总数＞800cfu/mL；经鉴定为解淀粉芽胞杆菌；该细菌耐煮沸5min，在95％乙醇中生长良好，对含有效氯1000mg/L的84消毒液和臭氧等消毒剂不敏感；经常规紫外线照射30min和压力蒸汽灭菌处理对该细菌有较好的杀灭作用（张万明等，2006）。

在医院感染监测中发现75％乙醇消毒液被解淀粉芽胞杆菌污染；检测与分析解淀粉芽胞杆菌的生物学特性，为防止临床常用75％乙醇消毒剂的污染及医院感染而提供消毒灭菌方法与实验依据。按照《消毒技术规范》标准进行细菌总数检测；用VITEK-32型全自动细菌鉴定仪检测细菌；常规方法检测该细菌对理化因素的抵抗力；K-B法进行药物敏感性试验。结果追踪到医院制剂室75％乙醇消毒剂中培养出同一种细菌，细菌总数＞800cfu/mL，鉴定为解淀粉芽胞杆菌。该细菌耐煮沸5min，在95％乙醇中生长良好，对1:50的84消毒液和臭氧等均不敏感；而紫外线照射30min、250mg/L健之素作用5min及高压灭菌等对其有较好的杀灭作用；对常用的13种抗生素敏感，7种抗生素耐药。试验结果表明，75％乙醇消毒液容易受到解淀粉芽胞杆菌的污染，配制时应对容器及空气环境进行严格的消毒灭菌，杀灭细菌芽胞应选用适宜的消毒灭菌方法（王岚等，2006）。

五、解淀粉芽胞杆菌产酶特性

采用国内α-淀粉酶生产常用菌株解淀粉芽胞杆菌BF7658的变异菌种，直接以麸皮为原料固态发酵法生产α-淀粉酶，得到较适宜的条件为：培养基初始含水量（质量分数）为60％，起始pH自然，液体接种量为5mL/kg，37～39℃培养48～60h，三角瓶培养产酶水平可达1248U/g，浅盘培养平均产酶可达1754U/g，固态发酵生产细菌α-淀粉酶产酶水平为液体深层发酵法的4～5倍，并且成本低廉，具有较好的经济和环境效益（吴大治和张礼星，2000）。

从新疆高海拔地区采集土样中定向筛选得到一株低温淀粉酶产生菌株LA77，初步鉴定为解淀粉芽胞杆菌。摇瓶发酵实验表明，该菌株最适产酶温度为35℃，最佳产酶pH为6.0，生长高峰出现在第30h，产酶高峰出现在38h，低温淀粉酶的活力达到34.5U/mL，温度超过40℃时此酶极易失活。该菌株生长周期短，产生的淀粉酶在温度高于40℃极易失活，在化工和食品等行业有良好的应用前景（王晓红等，2007）。

对固定化α-淀粉酶进行了初步的研究，固定化酶是采用海藻酸钙凝胶球来包埋一定纯度的解淀粉芽胞杆菌α-淀粉酶，并且把固定化酶的特点和性质同游离酶进行了比较。同游离酶相比，固定化酶明显提高了酶的耐热性和贮藏稳定性，游离酶的最适作用温度为60℃，而固定化酶最适温度为70℃（谷军等，1995）。

分离出一株能利用魔芋飞粉和魔芋精粉生产β-甘露聚糖酶的解淀粉芽胞杆菌菌株R10，该菌株摇瓶最适发酵条件为：魔芋飞粉1％（m/m），魔芋精粉2％（m/m），160r/min，37℃培养10h。实验结果表明β-甘露聚糖酶的最适作用温度为60℃，最适作用pH为6.0。魔芋葡甘露聚糖经酶降解后为一系列低聚糖（熊邰和干信，2005）。以魔芋飞粉和魔芋精粉为基本发酵原料，研究利用解淀粉芽胞杆菌菌株R10发酵产生β-甘露聚糖酶的发酵条件；结果得出最佳的摇瓶发酵条件：魔芋精粉3.0％（m/m），魔芋飞粉 1.0% (m/m)，NaCl 1.0% (m/m)，$(NH_4)_2SO_4$ 0.3% (m/m)，$K_2HPO_4 \cdot 3H_2O$ 0.6% (m/m)，pH 7.5，接种量 10% (V/V)。15L 全自动发酵罐的发酵实验确定了利用菌株 R10 产生 β-甘露聚糖酶的发酵罐生产的生长规律（熊郁等和干信，2004）。

利用纤维蛋白平板筛选、纤溶活性测定、SDS-PAGE 分析和体外溶栓实验等相结合的方法，成功地从豆豉中筛选到一株纤溶活性高达 520U/mL 和具有良好体外溶栓效果的细菌菌株（编号为 DC-4），经鉴定为解淀粉芽胞杆菌。SDS-PAGE 和纤维蛋白自显影表明该酶的分子量为 28kDa，其最适反应温度和 pH 分别为 42℃ 和 8.0，在 pH6～10 较稳定。苯甲基磺酰氟（PMSF）和盐酸苯甲醚能抑制纤溶活性，而乙二胺四乙酸（EDTA）和乙二醇-双-C2-氨基乙醚四乙酸（EGTA）不能抑制，表明该酶是一种丝氨酸蛋白酶。它溶解纤维蛋白的方式是直接溶解纤维蛋白，而不激活纤溶酶原，并且不水解血细胞（彭勇和张义正，2002c）。

工业生产 α-淀粉酶的主要菌种是解淀粉芽胞杆菌，该菌在培养条件下不但产生 α-淀粉酶，同时也产生一定比例的蛋白酶。研究了不同来源的蛋白酶对解淀粉芽胞杆菌菌株 BF7658 和 86315 α-淀粉酶活性的影响。结果表明中性蛋白酶对两种 α-淀粉酶活性无显著影响，而 2709 碱性蛋白酶能使 α-淀粉酶活性丧失 60% 以上（史永昶等，1995b）。

通过固体平板法从含油脂土样中筛选出一株产碱性脂肪酶活力较高的菌株，鉴定为解淀粉芽胞杆菌。该菌最佳产酶条件为：1%淀粉为碳源，2%黄豆粉和2%玉米粉为氮源，培养基起始 pH7.0，30℃培养72h。对发酵液性质进行初步研究发现，此酶最适反应温度为 37℃，最佳反应 pH 为 8.5。0.01mmol/L Ca^{2+} 和 K^+ 对酶有激活作用，而 Cu^{2+} 和 Fe^{3+} 则对该酶有抑制作用（牛冬云和张义正，2003）。

六、解淀粉芽胞杆菌用于植物病害的生物防治

采用促进植物生长的解淀粉芽胞杆菌菌株 B9601-Y2 拌、浸玉米种子和浇灌土壤后均能显著提高玉米生长速度和生物量。$3\times10\sim3\times10^5$ cfu/mL 浓度菌液浸泡玉米种子 1h，播种后 5d 苗高比对照（清水）提高 119.88%～168.85%；浸种 2h，3×10^4 cfu/mL 和 3×10^5 cfu/mL 处理则有抑制作用。采用 1.6×10^8 cfu/mL、6.2×10^7 cfu/mL、3.9×10^7 cfu/mL 菌液浇灌土壤，播种后 7d 苗重比对照增加 20.75%、27.36% 和 33.96%。以 $3.9\times10^7\sim1.6\times10^8$ cfu/mL 浓度菌液拌种处理，15d 苗龄的植株重量比对照增加 4.03%～29.35%，在收获期株高增加 6.00%～16.29%，产量增加 5.76%～11.81%。高浓度处理促生长效果不如中浓度处理（刘拴成等，2010）。

采用生物测定法，初步研究了解淀粉芽胞杆菌 SYX-1 和白地霉 SYX-2 对黄瓜枯萎病病原菌尖孢镰刀菌的拮抗作用。结果表明：两种生防菌在菌悬液浓度为 $10^6\sim10^7$ cfu/mL 时黄瓜种子胚根的伸长拮抗率分别为 71.3% 和 81.2%，而混合菌株菌悬液的胚根伸长拮抗率高达 85.3%；盆栽试验表明，菌株 SYX-1 和 SYX-2 菌悬液对黄瓜枯萎病的防效分别为 43.3% 和 46.4%，其混合菌株菌悬液的防效达 52.8%，两种生防菌对植株生长均有明显的促进作用（孙燕霞等，2010）。

产芽胞细菌 HMB-1005 对棉花黄萎病病原菌大丽轮枝菌（*Verticillium dahliae*）有强烈拮抗作用。盆栽试验显示：HMB-1005 对棉花黄萎病有较好的防效。通过对菌落

菌体形态观察、生理生化试验和 16S rDNA 序列分析，以及对菌株 HMB-1005 分类地位进行鉴定，结果表明：菌株 HMB-1005 的菌落菌体形态及 19 项生理生化特征与解淀粉芽胞杆菌完全相符，16S rDNA 序列同源相似度为 99.28%，因此，可将菌株 HMB-1005 鉴定为解淀粉芽胞杆菌（王世英等，2009）。

从堆肥中分离到一株对植物病原菌尖孢镰刀菌具有强烈抗菌活性并具有较广抗菌谱的细菌菌株 Q-12。通过形态观察、生理生化实验、16S rDNA 同源性序列分析以及部分特异性基因序列分析，鉴定该菌为解淀粉芽胞杆菌。该菌的最适培养基组成为：葡萄糖 5g/L、NH_4Cl 1g/L、牛肉膏 0.8g/L、$MgCl_2$ 5g/L，最适培养温度为 33℃，最适培养 pH 为 6.0，最适培养时间为 40h（权春善等，2006）。

从土样中筛选对棉花黄萎病致病菌大丽轮枝菌具有拮抗作用的芽胞杆菌菌株，初筛得到具有拮抗作用的菌株 68 株，复筛选出一株拮抗活性较高的菌株 DS45-2，通过形态特征观察、生理生化试验及 16S rDNA 序列分析对此菌株进行鉴定，初步鉴定此菌株为解淀粉芽胞杆菌，其与相应模式菌株 NBRC15535 的 16S rDNA 序列相似度达 99.50%（陈妍等，2010）。

从烟田土壤中分离得到解淀粉芽胞杆菌菌株 Ba33。5 叶期三生 NN 烟 (*Nicotiana tabacum* var. *samsun* NN) 喷施 Ba33 发酵液 3 次后再接种 TMV（烟草花叶病毒），与喷清水对照相比，能显著降低枯斑数量，枯斑抑制率为 67.8%。于 4～6 叶期普通烟草 (*Nicotiana tobacum*) NC89 烟苗接种 TMV 前后分别用 Ba33 发酵液、NB 培养基或清水连续灌根 3 次，观察到 Ba33 发酵液灌根处理的烟苗鲜重、最大叶长和叶宽均高于清水对照处理，叶色浓绿，长势良好；接种 TMV10d 后进行实时荧光定量 PCR 检测，Ba33 发酵液灌根处理的植株新叶中 RNA 含量低于清水对照和 NB 培养基灌根处理。认为 Ba33 具有拮抗 TMV、促进烟草生长的作用，是具有潜在应用价值的生防菌株（申莉莉等，2010）。

从烟田土样中分离到一株对 TMV 有拮抗作用的细菌 By33，通过形态观察、生理生化试验及 16S rDNA 同源性序列分析，鉴定该菌为解淀粉芽胞杆菌。通过测定 By33 代谢产物对 TMV 的抑制作用发现，其代谢物质对温度敏感，80℃处理 30min，丧失大部分活性；遇酸沉淀，碱性条件下稳定，对蛋白酶不敏感（申莉莉等，2009）。

分离自繁茂膜海绵 (*Hymeniacidon perleue*) 的细菌 B25W 经 16S rRNA 序列分析，鉴定为解淀粉芽胞杆菌。该解淀粉芽胞杆菌产生的生物活性物质对植物和人类的致病真菌葡萄孢菌 (*Botrytis fuckeliana*)、镰刀菌 (*F. solani*)、紫青霉 (*Penicillum purpurogenum*)、稻瘟霉 (*Piricularia oryzae*)、白念珠菌 (*Candida albicans*) 有很好的拮抗作用，是一种对热和酸稳定的水溶性物质（马成新等，2004）。

分离自马尾松的细菌 JK-JS3 是对松材线虫 (*Bursaphelenchus xylophilus*) 具有较高杀线活性的拮抗细菌，为了解该菌株对松树体内其他植物线虫的杀线活性并验证经形态学和 Biolog 方法得到的菌株鉴定结果，测定了该细菌培养滤液对大核滑刃线虫 (*Aphelenchoides macronucleatus*) 等 7 种松树体内植物线虫的杀线活性，并对该菌株的 16S rRNA 基因进行了扩增测序和比对分析。结果表明，该菌株培养液原滤液对测试线虫 24h 的杀线率均达到了 100%，说明该细菌的杀线谱较广，但培养滤液的不同倍数稀释液对不同种线虫的杀线活性有显著差异，10倍稀释液对霍夫曼尼伞滑刃线虫（*B.hofmanni*）的杀线活性最高，杀死率为96.9%；其次是对李氏长尾线虫（*Seinura lii*），杀死率为73.7%；再次是对松材线虫和拟松材线虫（*B.mucronatus*），杀死率分别为48.7%和39.0%。而对大核滑刃线虫、吴氏长尾线虫（*S.wuae*）和外滑刃科线虫（*Ektaphelenchidae* sp.）的杀死率较低，分别为1.5%、1.5%和0；该菌株的16S rRNA基因序列BLAST比对结果表明，该菌株与解淀粉芽胞杆菌菌株FZB42最为接近，相似性为99.86%，处于系统发育树的同一分支；进一步验证了其形态学和Biolog细菌鉴定仪的鉴定结果，确定该菌株的分类地位为解淀粉芽胞杆菌（朱丽梅等，2009）。

解淀粉芽胞杆菌菌株JK-JS3分离自马尾松林，对松材线虫（*B.xylophilus*）具有较高的杀线活性。为进一步开发和应用该菌株，以松材线虫为测试靶标，对菌株JK-JS3分泌杀线活性物质的适宜培养基和培养条件进行了研究。结果表明：不同碳源组分的培养基对菌株JK-JS3分泌杀线活性物质无显著影响，而不同氮源对其有显著影响，其中以氮源为5g/L牛肉膏和6g/L蛋白胨组成的培养基所获培养滤液的杀线活性最高，为实验室条件下菌株分泌杀线活性物质的最适培养基；菌株JK-JS3的最佳培养条件为初始pH=7、培养温度为37℃和无光照振荡培养；该菌株分泌杀线活性物质较理想的培养时间为10d（朱丽梅等，2010）。

检测了从不同土壤中分离的17株芽胞杆菌对油菜核盘菌的抑制效果，发现4株菌株具有不同程度的抑制菌丝生长的能力，其中地衣芽胞杆菌菌株AJH-1和解淀粉芽胞杆菌菌株CH-2的抑菌效果最好。菌株CH-2不仅能抑制菌丝的生长，而且能抑制菌核的形成；菌株CH-2培养液经硫酸铵沉淀后具有抑制核盘菌生长的效果，且稀释10倍后仍具有抗菌活性；初步认为菌株CH-2的抑菌活性可能是抗菌蛋白或多肽的作用（陈士云等，2005）。

将棉花黄萎病抗菌肽A2的N端15个氨基酸序列在NCBI进行同源序列比较，根据同源蛋白的DNA序列设计引物，以解淀粉芽胞杆菌菌株RS-25基因组为模板，应用PCR扩增出一条约300bp的DNA片段。序列分析表明，DNA片段长354bp，编码117个氨基酸，将该基因编号为25a2。构建表达载体pET-28a-25a2，转化大肠杆菌（*E.coli*）BL21，37℃培养，应用终浓度为1 mmol/L的IPTG诱导，表达产物经SDS-PAGE分析，得到分子质量约15kDa表达蛋白条带，与理论蛋白分子质量相符（张冬冬等，2009）。

菌株BI2是从青贮玉米秸秆饲料中分离得到的一株革兰氏阳性芽胞杆菌，经16S rDNA序列分析，发现该菌株与解淀粉芽胞杆菌（NC_009725）的相似性达到99.6%；进一步结合Biolog及生理生化分析，将该菌株鉴定为解淀粉芽胞杆菌。以番茄叶霉病菌、黄瓜枯萎病菌等12种植物病原菌及部分霉菌、酵母、食品乳酸菌和人类致病细菌为指示菌进行抑菌实验，结果表明：BI2主要抑制丝状真菌，而对细菌无拮抗作用；菌株BI2生长36h的上清液能明显抑制黄曲霉孢子萌发及其菌丝生长，抑制率分别达到67.4%和74.8%；而且该上清液经120℃高温处理20min后对黄曲霉的抑制效果基本没有影响（王德培等，2010）。

利用内生解淀粉芽胞杆菌菌株TB2的活性物质喷施辣椒果0h、24h、48h、72h后接种辣椒疫霉病菌进行防治辣椒疫病试验,结果表明,菌株 TB2 的活性物质对辣椒果疫病的发生有一定控制作用,活性物质处理间隔 24h 后再接种病菌,其防病效果得到显著提高。生化机制研究表明,TB2 的活性物质处理可使辣椒果的可溶性蛋白含量、丙二醛(MDA)含量、超氧阴离子自由基(O_2^-)产生速率及过氧化物酶(POD)、超氧化物歧化酶(SOD)活性发生显著变化。病菌处理的辣椒果,可溶性蛋白含量、MDA 含量和 POD、SOD、过氧化氢酶(CAT)、苯丙氨酸解氨酶(PAL)活性均会显著升高,且其最大值高于活性物质处理果的相应最大值。活性物质和病菌共同处理的辣椒果,POD 和 PAL 的活性可上升到高于病菌单独处理的峰值,但 MDA 含量和 O_2^- 产生速率,以及 SOD 和 CAT 活性均较低,与对照的接近;TB2 的活性物质诱导辣椒果抗疫病与 POD、PAL 等酶的活性相关(邱思鑫等,2010)。

通过对拮抗辣椒疫霉(*Phytophthora capsici*)红树内生细菌的筛选研究发现,来自红海榄(*Rhizophora stylosa*)叶片的内生细菌菌株 RS261 对辣椒疫霉等多种植物病原菌具有较强的抑制作用,同时通过抗利福平 RS261 突变菌株回接再分离证明,菌株 RS261 可通过叶部和根系侵入,具有沿维管束进行转运的能力。经常规和 16S rDNA 序列分析,将菌株 RS261 鉴定为解淀粉芽胞杆菌。为进一步证实其防治辣椒疫病的能力,系统地研究了菌株 RS261 对辣椒果和幼苗疫病的防治效果,同时测定了菌株 RS261 与辣椒互作过程中主要防御性酶的活性变化。结果表明,用 RS261 菌株培养液浸种、灌根对辣椒苗疫病和用 RS261 喷雾对辣椒果疫霉均有较好的防治效果,其中以接种菌株后间隔 24~48h 再接种辣椒疫霉处理的效果较好(柳凤等,2009)。

为了鉴定解淀粉芽胞杆菌菌株 YN-1 发酵液中抑制植物病原真菌物质的主要种类及其相对含量,根据已知的脂肽抗生素合成相关基因序列设计了 4 对特异引物对菌株 YN-1 进行了检测,对 PCR 产物克隆、测序,然后采用酸沉淀法从菌株发酵液制备出抑菌物质粗提液,平板拮抗试验确定其抑菌活性,最后对活性粗提物进行 HPLC-ESI-MS 和 MALDI-TOF-MS 分析。3 对引物的扩增产物经克隆、测序和 BLAST 分析,表明菌株 YN-1 基因组中含有 *sfp*、*fenB*、*ituA* 或 *bamA* 基因。菌株 YN-1 发酵液的粗提物对棉花枯萎病菌具有抑菌活性,质谱分析发现活性粗提物中含有 C14-Iturin(伊枯草菌素)A、C15-Iturin A、C16-Iturin A、C14-Fengycin(丰原素)A、C15-Fengycin A、C16-Fengycin A、C17-Fengycin A、C16-Fengycin B 和 C17-Fengycin B 9 种脂肽抗生素,其中 C16-Iturin A、C14-Fengycin A、C16-Fengycin A、C17-Fengycin A 和 C17-Fengycin B 5 种脂肽抗生素为活性粗提物中的主要成分。该研究结果为利用菌株 YN-1 开发成微生物杀菌剂奠定了基础(邓建良等,2010)。

在粮库仓储玉米中分离到一株强烈拮抗储粮真菌的细菌菌株 ASAG1,初步研究表明该菌株对储粮中的主要产毒真菌如黄曲霉菌、赭曲霉菌、三线镰刀菌等都具有强烈的拮抗作用。利用生理、生化等常规技术并结合 16S rDNA 分子鉴定方法,最终确定该菌株为一株解淀粉芽胞杆菌。进一步确定了菌株 ASAG1 的摇瓶发酵最适培养基、发酵条件,并对发酵液中活性抑菌物质的性质进行了初步研究和纯化。该研究的开展为进一步明确活性抑菌组分提供了借鉴,同时也为利用生物技术防控粮食中的产毒真菌提供了一个新思路(代岩石等,2010)。

植物真菌病害给农业生产带来了巨大损失,因此对生物农药的开发迫在眉睫。从堆肥中分离得到一株解淀粉芽胞杆菌,它具有强烈的抗真菌活性。其发酵液经硫酸胺沉淀得到粗提液,粗提液经 Hiprep26/10 脱盐、HiLoad26/10 Q Sepharose 和 HPLC 多步柱层析,分离纯化得到一种抗真菌活性物质。ESI-MS 质谱法测得其分子质量为 1498Da。经活性检测发现,该纯物质对尖孢镰刀菌、草莓蛇病菌等植物病原真菌具有很强的抑制作用,对毛霉、黑曲霉等食品腐败菌也有抑制作用。经过显微镜观测,该物质可造成草莓蛇病菌菌丝生长异常,表现在菌丝弯曲、顶端膨大、分生孢子数量减少(王英国等,2007)。

七、解淀粉芽胞杆菌用于污染治理

从餐馆隔油池废水中筛选分离得到一株能高效降解油脂的芽胞杆菌 DK-1,经 16S rDNA 同源性序列分析,鉴定为解淀粉芽胞杆菌;进一步考察了菌株的生物量、油脂去除率、COD_{Cr} 去除率及乳化活性等性能。结果表明,菌体的乳化指数为 65%,在初始油脂质量浓度为 5g/L,COD_{Cr} 为 55 000mg/L 左右的模拟高含油有机废水中,该菌株能生长并快速降解油脂,在 48h 内油脂去除率为 97.3%,COD_{Cr} 的去除率为 91.9%(刘婕和杨博,2010)。

用解淀粉芽胞杆菌作为试验菌种,对除草剂丁草胺(N-丁氧甲基氯-2'-氯-2',6'-二乙基乙酰替苯胺)在水介质中的微生物降解进行了研究。筛选了解淀粉芽胞杆菌降解丁草胺的最佳试验条件,研究了不同初始 pH 和添加外源腐殖酸对丁草胺微生物降解的影响,用高效液相色谱法(HPLC)分析测定了反应前后腐殖酸的变化情况。结果表明:解淀粉芽胞杆菌对丁草胺具有明显的降解效果,丁草胺初始质量浓度越高,其降解速率和降解效率也越高;碱性条件下丁草胺的降解率明显比酸性条件下高;腐殖酸的加入不仅能吸附丁草胺还能促进细菌对丁草胺的微生物降解,并能影响丁草胺的微生物降解产物(谭文捷等,2005)。

八、解淀粉芽胞杆菌产生化物质特性

菌株 GR001 通过形态观察、生理生化实验、16S rDNA 同源性序列分析及部分特异性基因序列分析鉴定为解淀粉芽胞杆菌。以 GR001 为出发菌,通过化学诱变选育出一株遗传标记为腺嘌呤营养缺陷、6-巯基嘌呤抗性以及蛋氨酸亚砜抗性($Ade^-+MSO^r+6-MP^r$)的突变株 GR600。以 GR600 为受体菌,采用原生质体转化法获得转化子 GR607($Ade^-+MSO^r+6-MP^r+km^r$),鸟苷产量高达 20.82g/L(吴飞等,2010)。

从高温处理过的豆瓣酱等样品中分离获得一株细菌菌株 L536,其产物经纸层析分析及氨基酸组成分析鉴定,确定是聚谷氨酸。菌株 L536 通过形态特征、生理生化特征及 16S rRNA 基因序列分析,初步鉴定为解淀粉芽胞杆菌。该菌株在 37℃,180r/min 振荡培养 48h,产 γ-PGA 可达 15g/L(邵丽等,2008)。

从广州地区土壤中分离得到一株产抗真菌物质的菌株 HN06。经检测其对黑曲霉(*Aspergillus niger*)、稻瘟病菌(*Magnaporthe oryzae*)、水稻纹枯病菌(*Rhizoctonia solani*)和苦瓜枯萎病菌均有良好的抑制作用。经生理生化实验及 16S rDNA 同源性序列分析,鉴定该菌株为解淀粉芽胞杆菌。对该菌株产生的抗真菌物质的部分性质进行了研究,结果表明,其产生的抗真菌活性物质在 pH5~10 的范围内都有活性,在 pH7~8 的范围内活性最高,在温度 40℃以下有较好的抗菌活性(陈成等,2011)。

从土壤中分离到的解淀粉芽胞杆菌菌株 Q-12 在生长过程中产生的抗菌活性物质,能够强烈抑制镰刀菌、曲霉、青霉、毛霉等能引起食品腐败的真菌。受到抑制的真菌菌丝生长速度明显变慢,并且菌丝的形态发生变化。菌株 Q-12 的发酵液经过 $(NH_4)_2SO_4$ 沉淀得到的粗提产物对热稳定,121℃高压灭菌 15min 仍能保持很高的活性;易溶于水及极性有机溶剂,经非极性有机溶剂萃取后,保留在水相的活性物质活性变化不大,在较宽的 pH 范围内都具有很高的抗菌活性,并且对蛋白酶 K、胃蛋白酶、木瓜蛋白酶不敏感(王军华等,2006)。

从解淀粉芽胞杆菌菌株 Q-12 的发酵培养获得具有活性的抗菌物质,对其发酵液中抗菌物质的提取采用截留分子质量为 70 000 的双酚 A 型聚砜中空纤维膜超滤。结果表明在室温、膜两侧压差 0.02~0.03MPa、料液体积流量为 16L/h 时超滤,抗菌活性物质均截留在浓缩液中;超滤浓缩的体积比为 4.6%~5.6%。清洗后的膜通量可恢复至 94%以上(刘俏等,2006)。

芽胞杆菌属以多产抗生素闻名。通过筛选几十株不同来源的芽胞杆菌,获得一株具有强抑真菌活性的芽胞杆菌。经过 16S rDNA 检测与 Biolog 分析,确定此株菌为解淀粉芽胞杆菌。对该菌株的摇瓶发酵条件进行了优化,经过对发酵上清液硫酸铵盐析、透析、真空冷冻干燥获得粗提蛋白。并对粗提蛋白的热稳定性、pH 稳定性、抗蛋白酶水解能力、离子稳定性以及抑真菌谱进行了研究,最后使用扫描电镜对抑真菌机制进行了探索(郝建安等,2008)。

九、解淀粉芽胞杆菌用于动物益生菌

解淀粉芽胞杆菌菌株 BN-9 是一株能够抑制犊牛腹泻病原菌大肠杆菌($E.coli$)的益生菌。为提高该菌株的芽胞生成率,对其产芽胞条件进行了优化。采用单因素试验方法,选择益生菌菌株 BN-9 的适宜碳源、氮源、无机盐;采用正交设计,结合 SPSS 软件进行分析,优化出菌株 BN-9 的最适宜的发酵培养基组成和发酵产芽胞条件。结果表明,菌株 BN-9 的芽胞生成率最高时,其相应的培养基组成及发酵条件如下:蔗糖为 0.25%、黄豆粕粉为 1.5%、$MgCl_2$ 为 0.01%、$MnSO_4$ 为 0.01%、种龄 12h、接种量 4%,装瓶量 100mL/250mL,培养基初始 pH 8.0,摇床转速 200r/min,37℃发酵培养 48h。通过研究,确定了菌株 BN-9 芽胞生成率最高时的培养基组成和发酵条件;优化后,菌株 BN-9 的芽胞生成率提高到 93.83%,相应的细菌数为 2.28×10^8 cfu/mL(范会兰等,2009)。

第六章 地芽胞杆菌属

第一节 地芽胞杆菌属的特征和分化

一、地芽胞杆菌属的特征

地芽胞杆菌属（*Geobacillus*）是国际上 2001 年命名的一类细菌。由于其具有嗜热、兼性厌氧、降解烃和产生表面活性剂的特性，在微生物采油、环境治理等领域中有潜在应用价值；同时，这类细菌可能具有特殊的功能基因和特种酶，对构建工程菌也具有重要的研究价值。地芽胞杆菌属模式种嗜热脂肪地芽胞杆菌（*Geobacillus stearothermophilus*，2001 年之前名称为嗜热脂肪芽胞杆菌 *Bacillus stearothermophilus*）的主要特征为 G^+、细胞杆状，椭圆形或圆柱形芽胞，胞囊不膨大或稍膨大；靠周生鞭毛运动；化能有机营养；生长温度 37～75℃，最佳温度是 55～65℃；pH 为 6.0～8.5，最佳 pH6.2～7.5。最显著的鉴别特征是能在 65℃生长，对叠氮化合物敏感，不耐酸。葡萄糖培养基中，在无氧的情况下，pH 低至 5.3～4.8，多数菌株能活跃生长，其他菌株则不能厌氧生长。厌氧发酵的产物主要是 L-乳酸加少量甲酸、乙酸和乙醇，其比例为 2∶1∶1。能利用麦芽糖和碳氢化合物作为能源。主要脂肪酸类型 iso-C15∶0、iso-C16∶0、iso-C17∶0，含量超过 60%。DNA 碱基组成 G+C mol% 为 48.2～58。

二、地芽胞杆菌属的分化

2001 年，Nazina 等从不同地区的高温油田中分离出 5 个菌株：UT、X、34T、K、Sam，根据其表型特征应属于传统分类的芽胞杆菌属（*Bacillus*）。根据表型（形态、生理、生化）特征将这 5 株菌分为两组：UT、X 和 34T、K、Sam。分离菌的主要脂肪酸是 iso-C15∶0、iso-C16∶0、iso-C17∶0，三者占总脂肪酸量的 61.7%～86.8%，含很少量的 anteiso-C15∶0 和 anteiso-C17∶0，但 anteiso-C17∶0 的含量可以区分 5 株分离菌。菌株 34T、K、Sam 的 anteiso-C17∶0 量比菌株 UT、X 的少，据此将 5 株菌分为 2 组，与形态划分结果一致。菌株 34T、K、Sam 的 16S rDNA 的序列相同，菌株 UT 与 X 序列的相似度达 99.4%。16S rDNA 序列系统发育分析表明分离菌株与芽胞杆菌属第 5 组（*Bacillus* group5）的细菌嗜热芽胞杆菌（*Bacillus thermoleovorans*）、好热芽胞杆菌（*Bacillus kaustophilus*）、热小链芽胞杆菌（*Bacillus thermocatenulatus*）、嗜热嗜脂肪芽胞杆菌（*Bacillus stearothermophilus*）、热脱氮芽胞杆菌（*Bacillus thermodenitrificans*）、热解芽胞杆菌（*Bacillus caldolyticus*）、热黏芽胞杆菌（*Bacillus caldotenax*）、热敏芽胞杆菌（*Bacillus caldovelox*）形成紧密的系统发育群，其序列相似性为 97.3%～99.5%。5 株分离菌和 *Bacillus* group5 的菌与芽胞杆菌属其他嗜热菌的 16S rDNA 的序列相似性是 80.3%～94.7%，与嗜热属解硫胺素芽胞杆菌属（*Aneurinibacillus*）、短芽胞杆菌属（*Brevibacillus*）、脂环酸芽胞杆菌属（*Alicyclobacillus*）、

热芽孢杆菌属（Thermobacillus）、硫化芽孢杆菌属（Sulfobacillus）的相似性为 81.4%～91.3%。这些表明分离菌和芽孢杆菌属 rRNA 种群第 5 组（Bacillus rRNA group5）的菌不属于上述属，应归于一个新属。芽孢杆菌属具有的巨大差异使其重新归类为 7 种系统发生群作为新的细菌菌属。它们分别是脂肪酸芽孢杆菌属（Alicyclobacillus）、类芽孢杆菌属（Paenibacillus）、短芽孢杆菌属（Brevibacillus）、解硫氨素芽孢杆菌属（Aneurinibacillus）、枝芽孢杆菌属（Virgibacillus）、中度嗜盐芽孢杆菌属（Salibacillus）和纤细芽孢杆菌属（Gracilibacillus）。2001 年，将芽孢杆菌属 rRNA 种群第 5 组的嗜热菌从芽孢杆菌属中分离出来。DNA-DNA 同源性分析 UT 与 X 的同源性是 80%，34T、K、Sam 的是 91%～96%，而两组间的同源性很低（32%～49%）。分离菌和 Bacillus rRNA group5 种的同源性为 31%～51%，应为同一属的不同种。根据以上表型特征、16S rDNA 序列分析、DNA-DNA 同源性所述，34T、K、Sam 为一新种，UT、X 为另一新种，这两种新种应属于同一新属——地芽孢杆菌属（Geobacillus）（周卫民等，2005）。

第二节 热葡糖苷酶地芽孢杆菌

一、热葡糖苷酶地芽孢杆菌的嗜热特性

从东太平洋热液区 E53 站位的深海沉积物样品中分离出一株能在 65℃生长的嗜热菌（DYth03）。该菌的 16S rDNA 序列与地芽孢杆菌属（Geobacillus）内各种之间的同源性为 98%以上。克隆得到 DYth03 的 DNA 聚合酶基因（DYth-pol），序列分析表明该基因全长为 2631bp，G+C 含量为 55.5%，推测其编码 876 个氨基酸，与 Bst DNApoⅡ的同源性最高（达 98%）。将该聚合酶基因克隆到 pTTQ-h 表达载体上，并在大肠杆菌 DH1 中进行表达，对纯化到的表达产物进行酶活性测定，结果表明该酶具有聚合酶活性和 5′→3′外切酶活性（罗淑娅等，2011）。

二、热葡糖苷酶地芽孢杆菌产纤维素酶特性

从温泉热源地区采集的大量泥土和水样中，筛选出一株在 60℃生长的纤维素酶产生菌 SH2。结合菌株的生理生化特性分析与 Biolog 微生物自动鉴定仪的鉴定结果，将其鉴定为热葡糖苷酶地芽孢杆菌（Geobacillus thermoglucosidasius）；菌株 SH2 兼性好氧，在 45～60℃能较好地生长。对菌体生长与产酶培养条件优化表明：初始 pH 为 5.5，碳源、氮源分别为蔗糖和玉米浆时有利于产酶，经 48h 发酵后纤维素酶酶活达 0.36U/mL。纤维素酶反应条件研究表明，该纤维素酶的最适 pH 为 6.0，在 pH4.0～10.0 时具有较强的耐受性；在 45～65℃时酶活差异仅在 5%之内，显示了很好的温度耐受性（罗颖等，2007）。

三、热葡糖苷酶地芽孢杆菌的发酵特性

利用热葡糖苷酶地芽孢杆菌 TL-4 厌氧发酵生产 L-乳酸，为降低 L-乳酸生产成本，以农产品及副产物为主要原料，通过单因子试验确定 TL-4 产 L-乳酸的碳源及氮源，并运用正交试验对摇瓶发酵不同氮源的组合进行了研究，确定了发酵培养基中影响产酸的

主要因子及配比。优化的发酵培养基为葡萄糖 160g/L、小肽发酵液 10g/L、玉米浆 5g/L，摇瓶发酵 L-乳酸产量可达 152.5g/L（高年发等，2008）。

四、热葡糖苷酶地芽胞杆菌苯酚降解特性

从油田地层水中分离到一株嗜热并高效降解苯酚的菌株 BF80，其最适生长和降解苯酚的温度为 60~65℃。利用 API50CHB/E 系统和 16S rDNA 序列分析对菌株 BF80 进行了分类鉴定，该菌株的形态和生理生化特性与热葡糖苷酶地芽胞杆菌基本相同，其 16S rDNA 序列与热葡糖苷酶地芽胞杆菌 BGSCW95A1（＝ATCC 43742）的相似性为 99.22%。在接种量为 1% 的条件下，该菌在 20h 内能完全降解 3mmol/L 的苯酚；在 pH5.5~9.0 时能保持对苯酚良好的降解能力，并在 12mmol/L 苯酚的无机盐培养基中也能生长（唐赟等，2006）。

第三节 高温木质素降解地芽胞杆菌

一、高温木质素降解地芽胞杆菌产木质素过氧化物酶特性

从张家界、白云山采集到的朽木及落叶中，经分离、纯化后，获得了一株高温木质素降解菌菌株 J16，初步鉴定为高温木质素降解地芽胞杆菌（*Geobacillus caldoxylosilyticus* J16）；此菌嗜热，耐高温，只降解木质素且不降解纤维素，对造纸业和可再生能源产业具有重要意义。通过对木质素中 2 种酶，即木质素过氧化物酶、锰过氧化物酶活性的研究，确定了木质素过氧化物酶的最适温度为 65℃，最适 pH 为 4，在 55~70℃ 时酶活力较其他温度高且较稳定；锰过氧化物酶最适温度为 60℃，最适 pH 为 3，在温度为 55~65℃ 时，活力较其他温度高。发酵了黄豆秆、玉米秆、芝麻秆、油菜秆、锯末、小麦秆这 6 种农业废弃物，通过发酵前后的比较，说明菌株 J16 对木质素降解的最大减少量为 7.5%。上述数据显示此菌可以应用于废弃秸秆的处理和造纸厂污水的处理，对环保有重要意义（晋果果等，2011）。

二、高温木质素降解地芽胞杆菌嗜热特性

嗜热微生物主要分布于一些天然或人为的热环境中，如自然形成的活火山附近，热泉和生物自热类的堆肥等，人为环境中的热水管道和燃煤废渣等。由于嗜热微生物在环境保护、生物冶金及油气资源开发利用等方面的巨大应用潜力而得到广泛的研究。近几年，人们在冷环境中发现了嗜热菌的存在证据，在这之前，微生物曾多次被发现存在于那些并不利于它们新陈代谢的环境中。嗜热菌的最低生长温度一般都高于 25℃，而在温度高达 250℃ 的火山口仍有细菌被分离出来。Hube 等在北极地区的海底恒冷的海洋沉积物中存在大量嗜热菌，他们发现，在当地的低温条件下发现的嗜热菌并不显示明显的代谢活性，但通过高温复苏后嗜热菌能够迅速矿化有机质，并且这些冷环境中的嗜热菌对油气资源的勘探具有一定的指示作用。Rah-man 等在北爱尔兰冷环境的土壤中也发现了嗜热菌，其中包括嗜热地芽胞杆菌、热解木糖地芽胞杆菌等嗜热菌。在漠河盆地科学钻探井 MK-1 地下 110m 冷环境样品中发现大量嗜热微生物存在的证据，针对这些

冷环境中的嗜热菌进行了克隆文库分析和分离培养,分别用细菌和古生菌16S rDNA引物PCR扩增。结果表明:未发现古菌16S rDNA存在,而嗜热细菌与栖热菌属(*Thermus*)、地芽胞杆菌属(*Geobacillus*)和厌氧芽胞杆菌属(*Anoxybacillus*)有较近的亲缘关系。通过分离培养分离出3种地芽胞杆菌属的细菌,其相似度均为100%。嗜热微生物多存在于地下温暖、有机质丰富的生态系统中,了解它们的来源、分布机制及其多样性对于能源和资源的寻找在一定程度上具有指示意义(李建华等,2012)。

第四节 高温烷烃地芽胞杆菌

一、高温烷烃地芽胞杆菌的分离与鉴定

从西藏搭格架铯硅华矿床区热泉中分离培养高温菌T4-1,并进行了革兰氏染色、显微镜观察、室内温度实验、16S rRNA基因分析等。结果表明,T4-1为杆状菌,革兰氏染色阳性,其生长温度为45~80℃,最适生长温度70℃。16S rRNA基因分析结果表明,该菌株属于地芽胞杆菌属,在系统发育树上,菌株T4-1与高温烷烃地芽胞杆菌(*Geobacillus thermoleovorans*)非常近。本研究为进一步开展西藏高温微生物资源及微生物参与成矿作用的研究提供了范例(孔凡晶等,2007)。

微生物是地球上最大的生物资源宝库,嗜热微生物和嗜酸微生物作为其中的重要组成部分,由于生长环境的极端特殊性,它们具有独特的酶系统和防御机制来适应这种对大多数生物难以生存的环境。它们的细胞和酶蛋白独特的性质和与之相适应的分子结构,使之成为人们开发利用的重要生物资源,从中分离和提取的新颖工业酶和其他生物活性物质在基因工程、蛋白质工程、发酵工程及矿产资源的开发利用上均有很大的应用价值。厦门温泉是近海温泉,具有与内陆温泉和深海热液口不同的特点。从厦门地区近海温泉采集得到样品,共培养分离到308株嗜热菌和20株嗜酸热细菌。由于传统上微生物主要依靠培养和生化等表型特征进行分类鉴定,较为繁琐。为了从大量的菌株中筛选出不同的菌株,有效地简化筛选过程,采用细菌全蛋白SDS-PAGE比较分析与16S rRNA基因序列比对分析相结合的方法,将分离到的嗜热菌鉴定为海洋红嗜热盐菌(*Rhodothermus marinus*)、嗜热栖热菌(*Thermus thermophilus*)、水管致黑栖热菌(*Thermus scotoductus*)、嗜热脂肪地芽胞杆菌(*Geobacillus stearothermophilus*)、高温烷烃地芽胞杆菌(*Geobacillus thermoleovorans*)、假产碱假单胞菌(*Pseudomonas pseudoalcaligenes*)和不可培养的γ-变形菌(uncultured gamma proteobacterium)等7种嗜热菌株,将嗜酸热细菌鉴定为酸土环脂芽胞杆菌(*Alicyclobacillus acidoterrestris*)、嗜酸硫化杆菌(*Sulfobacillus acidophilus*)和热氧化硫化杆菌(*Sulfobacillus thermosulfidooxidans*)。3株嗜酸热细菌均是从中洲温泉分离得到,中洲温泉除了具有富含硫、磷等矿物质的咸水外,还有Fe^{2+}及其他无机元素、金属离子等,酸土环脂芽胞杆菌的分离很可能与该位点的受污染情况相关。进而得出厦门地区近海温泉样品中的微生物生长类群信息,并发现了某些可能的新菌群,有助于了解该地区近海温泉特有环境下的可培养的微生物群落类型,为了解厦门地区的生态环境和开发新的生物资源提供依据(杨波,2007)。

二、高温烷烃地芽胞杆菌产生物乳化剂特性

由高温烷烃地芽胞杆菌（*Geobacillus thermoleovorans* str5366T）以正十六烷为碳源的 55℃培养的发酵液中分离获得了一种生物乳化剂，经鉴定为糖-肽-脂复合物。该乳化剂中糖、肽、脂的含量分别为 29.4%、15.8%和 35.8%。利用肽水解结合氨基酸分析、糖醇乙酰化结合 GC-MS、脂肪酸甲脂化结合 GC-MS 等技术手段鉴定乳化剂中糖主要为 D-甘露糖；主要氨基酸为谷氨酸、天冬氨酸、丙氨酸；构成脂的主要脂肪酸为棕榈酸、十八烯酸和硬脂酸。该菌及其代谢产生的乳化剂乳化性能良好，具有高温条件下应用的潜力（薛峰和刘瑾，2009）。

第五节 嗜热脂肪地芽胞杆菌

一、嗜热脂肪地芽胞杆菌的生物学特性

从云南西双版纳分离的耐热菌株中筛选到菌号为 HY-69 的菌株，经鉴定为嗜热脂肪地芽胞杆菌（*Geobacillus stearothermophilus*），该菌产中性蛋白酶。对该菌株的产酶条件进行了研究，结果表明，该菌株酶的产量和耐热性均优于其他菌株。发酵液经超滤浓缩、硫酸铵沉淀后以亲和层析纯化；粗酶分别以 Cbz-L-phe-T-sep harose 4B 和 Cbz-D-phe-T-sepharose 4B 纯化，并对两种材料的纯化效果进行了比较，得到了 PAGE 和 SDS-PAGE 均一的酶（金城等，1994）。

光合细菌能迅速降低水中化学需氧量（COD）、氨氮和硫化氢的含量，增加溶氧量，已较广泛应用于净化污水和水产养殖等领域。选育耐高温的光合细菌对其粉状制剂的研制及实践应用具有重要意义。在选育有嗜热脂肪地芽胞杆菌和耐盐光合细菌基础上，以 2 种菌为亲本菌株，采用原生质体融合技术选育耐高温光合细菌，探讨了嗜热脂肪地芽胞杆菌和耐盐光合细菌原生质体制备与再生的条件；结果表明，荚膜红假单胞菌和嗜热脂肪地芽胞杆菌通过细胞破壁制备原生质体，其细胞破壁率都很高（均达 98%以上），但 2 种菌破壁的优化条件存在差异。从 2 种菌原生质体的再生实验结果来看，虽然 2 种菌均有很高的破壁率，但原生质体再生率均较低；破壁率与再生率的最佳温度分别是 2 种菌的最佳生长温度；而溶菌酶量并不是越多越好，这是由于溶菌酶对细胞具有毒害作用，用量过大将导致细胞的再生率低，如果用量太少又可能达不到最佳的破壁效果（陈婕等，2007）。

研究了平板培养基的位置、培养温度、培养湿度、培养基类型、培养时间对运动性较强的嗜热脂肪地芽胞杆菌菌株 WF146 平板分离的影响。结果表明，控制好上述因素，菌株 WF146 在平板上培养可较易形成单菌落（刘军和陈向东，1998）。研究了表面活性剂对嗜热脂肪地芽胞杆菌（*Geobacillus stearothermophilus*）WF146 产胞外高温蛋白酶的影响。结果表明，表面活性剂 Tween-80 在 0.05%~0.1%（体积比）浓度时对 WF146 产酶有一定的促进作用。在培养基中添加 0.1% Tween-80 可使发酵液酶活提高 12.7%，Tween-20 和 Triton X-100 则抑制嗜热脂肪地芽胞杆菌 WF146 产酶。另外，Triton X-100 抑制嗜热脂肪地芽胞杆菌 WF146 生长，而 Tween-80 和 Tween-20 不抑制其生长（刘军等，2004）。

为研究嗜热脂肪地芽胞杆菌CHB1的生长特性与培养条件,以菌体生长量为主要评价指标,利用单因子试验与正交试验相结合的方法对影响CHB1生长的主要因素进行分析。结果表明,CHB1最低和最高生长温度分别为45℃和74℃,最佳培养温度为60℃;最低和最高起始生长pH分别为6.5和9.0,最适起始pH为8.0;菌体生长到达对数期的时间为15~18h;接种量2%,装液量40mL,转速为180r/min。CHB1为高温菌,生长pH范围偏碱性,条件优化后总菌体浓度可达$1.1×10^9$cfu/mL(任香芸等,2007a)。为筛选并优化嗜热脂肪地芽胞杆菌CHB1液体发酵培养基,通过Plackett-Burman试验和响应面分析方法,确定培养基的主要影响因素和最佳浓度。利用SAS软件进行分析,确定对响应值影响最大的3个因素为豆粕、酵母粉、$K_2HPO_4 \cdot 3H_2O$。结果得出:最佳培养基组成为酵母粉0.51%,豆粕浓度为0.425%、$K_2HPO_4 \cdot 3H_2O$浓度为0.994%。根据模型预测得到的理论最大菌数为$2.94×10^8$cfu/mL。在初始条件下实验,菌数为$2.40×10^8$cfu/mL,在优化的最佳培养基条件下,实际的菌数为$3.06×10^8$cfu/mL。菌数比优化前提高了27.3%。试验值与预测值的误差为4.08%。实验值与模型预测值拟合良好(李活孙等,2009)。

二、嗜热脂肪地芽胞杆菌的发酵技术

采用卡拉胶包埋嗜热脂肪地芽胞杆菌,制成块状固定化细胞,对固定化细胞包埋方法及其用于生产1,6-二磷酸果糖(FDP)的工艺条件进行探索,在固定化细胞包埋前、包埋后及用于生产FDP 10批次后采用活化培养工艺,均可提高固定化细胞生产FDP的能力,转化培养液中的FDP产量达40~65mg/mL,固定化细胞用于生产FDP的批次可达20次左右(胡立勇等,2002)。

对6种高盐酱菜坯进行微生物分离培养,分离3株G^-杆菌、6株G^+芽胞杆菌和1株酵母菌,根据芽胞杆菌的生理生化试验结果,初步鉴定其分别为坚强芽胞杆菌、嗜热脂肪地芽胞杆菌和巨大芽胞杆菌(王敏等,2003)。利用海藻酸钙、明胶和壳聚糖为固定化载体包埋嗜热脂肪地芽胞杆菌细胞合成低聚半乳糖(GOS)。通过比较3种方法的酶活力回收、最适反应条件、GOS的得率和载体机械强度,选择明胶作为固定化细胞的载体。反应体系的温度、pH、乳糖浓度、乳糖的转化率和载体的传质阻力对GOS合成有明显影响。STR反应器中水解60%乳糖,GOS最大得率为31.2%,经过96h(8批反应),产物得率为原来的88%。在空速0.09/h条件下,利用填充床反应器连续水解乳糖,GOS得率和反应器生产能力分别为每升每小时31.5%和17.4%,连续反应140h,GOS得率下降20%。产物经过活性炭柱层析分离纯化,通过[13]C-NMR(核磁共振谱)鉴定四糖的化学结构为β-D-Gal-(1-D)-D-Gal-(1D-)-D-BG-(1D-)-D-Glu(陈少欣等,2001)。

为研究嗜热脂肪地芽胞杆菌CHB1产酶特性,以蛋白酶活力为主要指标,考察温度、pH、接种量、装量等条件对CHB1产蛋白酶的影响。结果表明,CHB1适宜的产蛋白酶条件为:装液量40mL/250mL锥形瓶,pH8.0,接种量5%,温度58℃,转速180r/min,时间36~44h;Tween-80对CHB1产蛋白酶具有抑制作用。优化后蛋白酶产量有较大提高,最高酶活达48U/mL,是所报道多数嗜热细菌产蛋白酶量的2~12

倍。CHB1 蛋白酶特性的研究及产蛋白酶量的提高，有利于揭示 CHB1 在堆肥化中的作用机理，提高堆肥效果（林新坚等，2008）。

以菌体生长量和 pH 作为培养基优化的指标，对嗜热脂肪地芽胞杆菌 CHB1 发酵培养基成分进行了筛选与优化。结果表明，不同碳氮源对发酵液菌数影响相差较大，最佳培养基配比为：牛肉膏、大豆蛋白胨、NaCl、$K_2HPO_4 \cdot 3H_2O$ 和 KH_2PO_4。最佳摇瓶发酵配方为：牛肉膏 0.5%、大豆蛋白胨 0.9%、NaCl 0.2%，$K_2HPO_4 \cdot 3H_2O$：KH_2PO_4 为 0.1%：0.075%，该培养基中培养 CHB1 比在发酵基础培养基中培养菌量提高 10 倍以上（任香芸等，2007）。以菌量为指标，以麸皮、豆粕为基本发酵原料，通过单因素试验与正交试验，对嗜热脂肪地芽胞杆菌 CHB1 固体发酵培养基与培养条件进行优化。结果表明，CHB1 最佳固体发酵工艺为：250mL 三角瓶中装麸皮 11.3g，豆粕 3.7g，pH8.0 磷酸缓冲液润湿混匀，含水量 50%，接种量 15%（V/m），55℃，培养 24h，菌量达 8.12×10^8 cfu/g，比优化前提高 8 倍以上。通过对 CHB1 固体发酵工艺的优化，可实现 CHB1 高密度培养，降低 CHB1 生产成本，提高其在堆肥化中的作用效果（陈济琛等，2008）。

三、嗜热脂肪地芽胞杆菌用于生物肥料

从堆肥和污泥中分离到一批抗药性高温细菌，经电泳检查，发现 6 株高温细菌细胞中有质粒存在。其中，在嗜热脂肪地芽胞杆菌菌株 T653 的细胞 DNA 提取液电泳图谱上，有 3 条非染色体 DNA 条带，用电镜直接观察，证明它们是菌株 T653 细胞中的 3 个质粒。测得两个较小质粒的分子质量分别为 3.6×10^5 Da 和 4.5×10^7 Da。此外，还研究了菌株 T653 的温度生长条件与其细胞中质粒的关系（刘小明和何笑松，1989）。

四、嗜热脂肪地芽胞杆菌的基因研究

β-半乳糖苷酶常用于牛奶中乳糖的水解。来源于嗜热脂肪地芽胞杆菌（*Geobacillus stearothermophilus*）的高温 β-半乳糖苷酶基因经克隆后转入大肠杆菌 T7 表达系统得到成功表达，在 SOB 培养基上分别以 IPTG 和乳糖为诱导剂，对重组菌的诱导时机、诱导浓度和诱导长度进行研究，β-半乳糖苷酶比酶活分别达 11.5U/mg 和 7.7U/mg，比酶源菌分别提高 90 倍和 60 倍（陈卫等，2002a）。来源于嗜热脂肪地芽胞杆菌的 β-半乳糖苷酶基因 *bgaB* 经克隆、测序后，转入大肠杆菌高效表达载体 pET-20（b）中，重组菌在 IPTG 诱导下，表达出的重组蛋白比酶活量为 6.66U/mg，比出发菌株高 50 倍（陈卫等，2002b）。来源于嗜热脂肪地芽胞杆菌的耐热 β-半乳糖苷酶基因 *bgaB* 被克隆到大肠杆菌-枯草芽胞杆菌穿梭质粒 pMA5 中，然后将外源基因及其表达调控序列亚克隆到枯草芽胞杆菌整合载体 pSAS144 中，转化枯草芽胞杆菌受体菌 BD170，在 5μg/mL 的氯霉素抗性平板上筛选抗性转化子，经摇瓶发酵后，得到耐热乳糖酶的比酶活为 0.32U/mg，是出发菌株比酶活的 2 倍（张灏等，2003）。用 PCR 的方法从嗜热脂肪地芽胞杆菌菌株 ATCC 8005 染色体 DNA 中扩增到耐热 β-半乳糖苷酶基因 *bgaB*，装载到大肠-枯草穿梭质粒 pZZ01 中，并将其转化到枯草芽胞杆菌宿主 WB600 中进行表达。在 1% 的淀粉培养基上摇瓶培养，36h 时酶活达 24U/mL，和大肠杆菌 pET 系统相当。同

时产酶出现了 2 个增长时期，第 1 阶段在对数生长期，第 2 阶段在静止期，这和重叠启动子 P43 的性质是相吻合的（傅晓燕等，2004）。将来源于嗜热脂肪地芽胞杆菌的启动子连同 β-半乳糖苷酶 bgaB 基因经 PCR 扩增后，连接在 T 载体上，再取代枯草芽胞杆菌载体 pZ01-bgaB 的启动子，将其在枯草芽胞杆菌宿主 WB600 中表达。经摇瓶发酵 20h，得到乳糖酶活力 6.37U/mL，比活力 3.814U/mg，SDS-PAGE 显示有明显重组蛋白质条带，证明了嗜热脂肪地芽胞杆菌来源的启动子在枯草芽胞杆菌中是完全适用的（傅晓燕等，2005）。

将嗜热脂肪地芽胞杆菌的氨基酰化酶基因 amaA 克隆到大肠杆菌中进行表达，同时利用渗透交联法固定化大肠杆菌细胞，并对固定化细胞氨基酰化酶进行了温度和 pH 等理化性质的初步探讨。结果显示 amaA 基因在大肠杆菌中获得了高效表达，酶活性达 1043U/g 湿菌体。最佳固定化条件为 3% 卡拉胶，30% 细胞。当以 1.25% 多乙烯多胺渗透交联固定化细胞 10min 和 0.1% 戊二醛硬化处理 20min，酶学性质研究表明，酶反应的最适温度为 65℃，最适 pH 为 7.0。细胞固定化后仍保留有 83% 活性，pH 稳定范围更广，热稳定性更高，55℃酶活性不损失，4℃保存 23d 仍保留有固定化时 73.6% 的酶活性，连续 10 批次转化酶活性仅损失约 20%，预示该固定化大肠杆菌具有良好的操作和保存稳定性（苏志鹏和张培德，2008）。

利用 PCR 技术得到嗜热脂肪地芽胞杆菌过氧化氢酶基因 perA，将该基因与表达载体 pKK223-3 连接构建重组质粒 pK-perA，转化大肠杆菌过氧化氢酶 HPⅠ和 HPⅡ双缺突变株 UM2，得到重组大肠杆菌 UM2-1，酶活测定结果表明，表达产物具有正常的生物学活性。SDS-PAGE 结果显示出明显的特异性表达条带，分子质量为 86kDa，与嗜热脂肪地芽胞杆菌所产酶相同。实验表明，重组质粒在宿主 UM2 中有较好的稳定性，在无选择压力条件下传代 60 次基本保持稳定，传代 100 次重组质粒保留 80% 以上。摇瓶实验确定重组菌的最佳表达条件为：IPTG 浓度为 0.75mmol/L，诱导时间 3h，培养基起始 pH 为 6.5，诱导温度 35℃。在优化条件下，重组菌产生的过氧化氢酶占菌体总蛋白的 8%，酶活力可达 35U/mL，是原始菌体嗜热脂肪地芽胞杆菌 IAM11001 的 11.7 倍（王凡强等，2002）。

以 pPL703 的衍生质粒 pPGV5 为载体，从嗜热脂肪地芽胞杆菌 CU21 总 DNA 的 saw3A 酶切产物中得到一个 0.54kb 的启动子片段，它能促进载体上的无启动子的 cat86 基因在嗜热脂肪地芽胞杆菌及枯草芽胞杆菌中表达。这一片段以正向、反向插入 pPGV5 载体，都能使重组质粒转化 CU21 原生质体的效率提高 $10^3 \sim 10^4$ 倍。Southern 杂交实验表明，这一启动子片段与 Imanaka 等报道的来自 CU21 中的隐蔽性质粒 pSS02 的能提高转化效率的 1.6kb EcoR I 片段是同源的。利用所得到的 0.54kb saw3A 片段构建了新的启动子克隆载体 pFDC4 和表达型载体 pFDC11，二者都能以很高的效率转化 CU21 原生质体（何笑松等，1990）。

用化学诱变剂 N-甲基-N 化学硝基-N-亚硝基胍进行随机诱变，获得了穿梭启动子探测质粒 pPGV5 的温度抗性突变型 pPGV5（tr65），序列分析发现质粒上卡那霉素核苷转移酶基因 kan 的 +238 位碱基发生了 G 碱基的单点突变。以来自嗜热脂肪地芽胞杆菌菌株 FDTP-3 的耐热邻苯二酚-2,3 双加氧酶基因 pheB 作为报道基因，构建了转录融合质粒 pGGVPB452，用高压电穿孔法将其转化入嗜热脂肪地芽胞杆菌，通过报道蛋白活性的分析，证明了嗜热脂肪地芽胞杆菌菌株 T521 的 6-磷酸葡萄糖异构酶同工酶基因 *pgiB* 上游含启动子样序列的 425bp 片段在嗜热脂肪地芽胞杆菌中不具有启动子功能（陈兰明等，2002）。

五、嗜热脂肪地芽胞杆菌的检测与灭活

采用嗜热脂肪地芽胞杆菌试管法对牛乳中 6 种最为常见的 β-内酰胺类抗生素残留进行检测，指出嗜热脂肪地芽胞杆菌试管法为半定量检测法，对牛乳中 β-内酰胺类抗生素残留具有较好的灵敏性。牛乳中青霉素 G、氨苄西林、羟氨苄西林的检测限为 6μg/kg，头孢氨苄的检测限为 150μg/kg，苯唑西林的检测限为 15μg/kg、头孢匹林的检测限为 30μg/kg。在检测时间、操作难易程度上较 BSDA 法（*Bacillus stearothermophilis* tablet Disc Assay，嗜热脂肪地芽胞杆菌圆盘检验法）具有一定的优越性，可应用于牛乳中 β-内酰胺类抗生素残留的检测（王伟军等，2008）。

基于嗜热脂肪地芽胞杆菌繁殖分解乳糖产酸，将其应用于原料乳的抗生素残留检测。以嗜热脂肪地芽胞杆菌为指示菌株，通过改变指示剂组成、添加增效剂乳糖酶及对分析条件进行筛选，得到适宜的检测条件参数。具体条件参数为：菌液活菌数 5×10^6cfu/mL，菌液添加量 0.1mL，30g/L 的乳糖酶溶液 0.1mL，混合指示剂 0.1mL，乳样 0.1mL，发酵温度 64℃，检测时间 2.5h。与国家标准法（TTC 法）相比较，所研究的方法对 5 种抗生素的检出限更低，结果更易于肉眼判断（赵新淮和潘琳琳，2009）。

为建立动物源性食品中 β-内酰胺类药物残留检测的微生物抑制方法，对敏感菌嗜热脂肪地芽胞杆菌 ATCC 10149 选择性和特异性、样品提取方法、平板制备条件、方法检出限等技术参数进行研究；对肉、鱼、虾和牛乳等动物源性食品作添加试验进行方法验证。室内验证结果的重复性标准差为 3.094%～11.14%，再现性标准差为 3.141%～13.30%；室间验证结果无显著性差异。建立的方法可用于动物源性食品中苄西林、氨苄西林、羟氨苄西林、邻氯西林、双氯西林、苯唑西林和头孢噻呋 7 种 β-内酰胺类药物残留检测，且能满足各国限量要求（吴谦等，2009）。

研究了不同作用压力和处理次数下瞬时高压（IHP）对嗜热芽胞杆菌的杀灭效果，以及食品基质对 IHP 杀菌的影响。结果表明：①瞬时高压作用对嗜热芽胞杆菌具有较好的杀灭效果，随着处理压力的提高，嗜热芽胞杆菌的致死率上升；提高进料温度，嗜热芽胞杆菌的致死率略有升高。进料温度为 10℃、25℃、40℃条件下分别处理一次时，随着处理压力从 80MPa 上升到 120MPa，对嗜热芽胞杆菌的致死率分别从 54.13%、53.81%、54.39% 上升到 74.12%、74.52%、74.96%。②瞬时高压对嗜热芽胞杆菌的致死率随着处理次数的增加而上升，且增加处理次数比提高作用压力的效果要好得多；室温（25℃）下，采用在 100MPa、110MPa、120MPa 条件下分别对样品处理 3 次，100MPa 条件下处理 3 次的致死率分别为 67.6%、74.13%、77.95%，110MPa 条件下分别为 71.34%、76.89%、80.74%，120MPa 条件下分别为 74.52%、79.58%、82.08%。③食品基质对瞬时高压下的菌体有保护作用，在 1.5g/100g、3g/100g、4.5g/100g、6g/100g，进料温度为 25℃，工作压力分别为 100MPa、110MPa、120MPa

进行瞬时高压处理。结果100MPa条件下对菌体的致死率从67.60%下降到65.73%，110MPa条件下从71.34%下降到69.12%，120MPa条件下从74.52%下降到72.36%（刘成梅等，2006）。

以磷酸缓冲液及经过人工接种的牛乳、鸡腿菇和卤牛肉为对象，考察超高压协同热处理对嗜热脂肪地芽胞杆菌灭活的影响，测定处理前后的细菌菌落总数。结果表明，嗜热脂肪地芽胞杆菌的失活率依次为：牛乳＞磷酸缓冲液＞鸡腿菇＞卤牛肉。处理组500MPa/60℃、500MPa/90℃、600MPa/80℃，5min，牛乳中失活率（-2.18%、-2.82%、-3.32%）高于磷酸缓冲液中的失活率（-1.62%、-2.78%、-2.98%）；卤牛肉中的失活率低于鸡腿菇中的失活率。说明在热协同超高压杀灭嗜热脂肪地芽胞杆菌过程中，牛乳中存在利于诱导芽胞发芽的物质，使芽胞失去原有的对热的抵抗力，而在鸡腿菇和卤牛肉中失活率较牛乳低是由于其水分活度较低，卤牛肉中的失活率低于鸡腿菇中的失活率是由于NaCl对芽胞有保护作用，增加了其对压力的耐受性（武玉艳等，2009）。

以抑菌法为基本原理，用嗜热脂肪地芽胞杆菌作为供试菌，在培养基中加入指示剂，根据嗜热脂肪地芽胞杆菌在牛乳中生长产酸使指示剂变色现象，确定牛乳中的青霉素G残留量。结果表明，该研究全部检测过程可在4h内完成，试管扩散法检测青霉素G的检测限是4μg/kg。与美国分析化学家协会（AOAC）规定的标准方法、国家标准法（TTC法）相比较，该方法操作简单、灵敏度高、成本低、结果易判断且稳定（吴瑕和张兰威，2005）。应用包埋的嗜热脂肪地芽胞杆菌芽胞检测牛奶中的抗生素残留，对包埋中的营养物质、指示剂添加量及包埋等条件进行了研究。结果表明，此方法对青霉素的检测极限值为0.003U/mL，对阿莫西林抗生素检测极限值为4μg/kg，其灵敏性优于TTC法（杨起恒和李红，2008）。

六、嗜热脂肪地芽胞杆菌产酶特性

β-半乳糖苷酶俗称乳糖酶，因能水解β-1,4半乳糖苷键而具有重要的工业途径，如在乳品生产中，利用乳糖酶水解牛奶中乳糖以生产低乳糖牛奶，可以有效解决乳糖不耐症的问题。目前商品化的乳糖酶来自酵母菌，它是一种常温水解酶，热稳定性较差，而来自于嗜热脂肪地芽胞杆菌的乳糖酶热稳定性较高，前人研究表明它的最适作用温度55℃，70℃处理30min酶活保留80%。但是像工业化生产这种高温乳糖酶，面临2个难题，一是酶活太低，所以考虑用基因工程的方法构建重组菌株，以提高酶活；二是嗜热脂肪地芽胞杆菌最适生长温度55℃，培养比较困难，所以把乳糖酶的基因克隆在常温菌中，以降低培养难度。用PCR的方法从嗜热脂肪地芽胞杆菌染色体DNA中扩增耐热β-半乳糖苷酶基因bgaB，装载到大肠-枯草穿梭质粒pZZ01中，并将其转移到枯草芽胞杆菌宿主WB中进行表达。在1%的淀粉培养基上摇瓶培养，36h时酶活达24U/mL，和大肠杆菌pET系统相当。同时产酶出现了2个增长时期，第1阶段在对数生长期，第2阶段在静止期，这和重叠启动子P43的性质是相吻合的（傅晓燕，2004）。

编码嗜热脂肪地芽胞杆菌β-半乳糖苷酶基因的重组枯草芽胞杆菌（*Bacillus subtilis*）WB600/pMA5-bgαB，经5L发酵罐发酵收集菌体，超声波破壁，冷冻离心后再经过热处理和盐析纯化，比活力达80.3U/mg蛋白质，回收率73.6%，纯化倍数

12.4倍。β-半乳糖苷酶在细胞内及破壁后都具有较好的稳定性,60℃热处理对酶构象的影响不大(杨静等,2004)。

从淀粉厂的酸性土壤中筛选得到一株生产酸性α-淀粉酶的野生菌YX-1。此菌株具有较高的产酶能力,初步鉴定为嗜热脂肪地芽胞杆菌(*Geobacillus stearothermophilus*)。菌株YX-1能够生产2种α-淀粉酶,在其发酵过程中具有2个产酶高峰,提取两个产酶期的粗酶EⅠ和EⅡ,经特性分析发现2种酶的最适pH分别为4.5和5.0,最适温度均为60℃(张丽苹和徐岩,2002)。

从淀粉厂附近的酸性土壤、酒醅、醋渣等样品中筛选到了7株产酸性葡聚糖水解酶的微生物菌株,通过复筛发现醋渣来源的菌株B-1-1产生的酸性葡聚糖水解酶活性较强。初步鉴定B-1-1为嗜热脂肪地芽胞杆菌;对该菌株的产酶条件及酶学特性进行了研究,结果为:在优化后的培养基上,37℃,220r/min摇床培养48h,产酶pH=5.0,温度为70℃时B-1-1产酶活性最高,可达185.3U/mL(钟桂芳等,2010)。嗜热脂肪地芽胞杆菌菌株HY-69的耐热中性蛋白酶经纯化后,研究了纯酶的性质。结果表明,该酶分子质量为24kDa,由6个单体构成一个六聚体。酶的等电点为9.15,最适作用pH为7.5,最适作用温度为85℃;该酶具有很好的耐热性,90℃时酶活半寿期为22min,80℃保温3h,酶活仍保持63%;酶的pH稳定性也很好。该酶是金属蛋白酶,活性中心含锌离子,酶的热稳定性依赖于钙离子(金城等,1994)。

对从高温堆肥中分离得到的一株产胞外耐高温纤维素酶的细菌进行了生理生化鉴定,结果显示其为嗜热脂肪地芽胞杆菌。对其所产纤维素酶进行了分离纯化,该酶反应的最适温度约为66℃,最适pH为7.0,至少有8个亚基(贺芸,2006)。对嗜热脂肪地芽胞杆菌菌株WF146的产蛋白酶的条件进行了研究,在58℃条件下,菌株WF146在pH为7.5的FD培养基中振荡发酵培养48h后,发酵液中高温蛋白酶产量可达600U/mL以上。对该酶性质的研究表明,酶分子质量为34kDa,最适作用pH为8.0,最适作用温度为80℃,具有良好的pH稳定性及热稳定性。Ca^{2+}对该酶的稳定性具有重要影响,苯甲基磺酰氟(PMSF)、二异丙基氟磷酸(DFP)及碘乙酸(IAA)能强烈抑制酶活力,而二硫苏糖醇(DTT)对该蛋白酶活力无影响(唐兵等,2000)。

研究了嗜热脂肪地芽胞杆菌菌株WF146高温蛋白酶对毛发角蛋白的水解作用。结果表明,在体积分数为2%的巯基乙醇存在的条件下,菌株WF-146高温蛋白酶对毛发角蛋白有明显的水解作用。对酶解液氨基酸分析表明,酶解液中含有对照液中没有的游离蛋氨酸和亮氨酸,且游离氨基酸总量是对照样品的2.4倍,达158mg/L。此外,酶解液中含有大量的肽(刘军等,2004b)。

来自嗜热脂肪地芽胞杆菌的木聚糖内切酶XT6在工业上有着重要的应用,已经成功应用于工业规模的生产试验。在合成XT6基因全序列的同时对其密码子进行了优化,且构建重组质粒在大肠杆菌中高表达。通过优化表达条件,功能正常的XT6基因在大肠杆菌中成功过量表达,蛋白质表达量占细胞中总蛋白质的65%;重组表达的木聚糖内切酶XT6特性和天然酶相似,以桦木木聚糖为底物测定细胞提取物中木聚糖酶活性,最大活性高达3030U/mL(张志刚等,2009)。

利用硫酸铵分级沉淀、离子交换层析(DEAE-22)、Sephadex G-75凝胶过滤从嗜热脂肪地芽胞杆菌胞内提纯得到β-半乳糖苷酶。研究表明，该酶最适表观反应温度和最适pH分别为60℃和6.4。在50℃该酶具有良好的热稳定性，碱金属和碱土金属对酶有激活作用，重金属Zn^{2+}、Fe^{3+}、Cu^{2+}抑制酶的活力，巯基保护剂能明显增强酶的活力，而巯基结合试剂强烈抑制酶的活性。该酶对β-D糖苷键具有高度专一性，戊糖苷键相连的配基对酶活力也有很大影响，在55℃，酶作用于底物邻硝基苯β-D-吡喃半乳糖苷（ONPG）和乳糖的米氏常数K_m分别为2.63mmol/L和4.92mmol/L，最大反应速度分别为1.93×10^{-5} mmol/(min·mg蛋白质)和6.54×10^{-5} mmol/(min·mg蛋白质)。乳糖的水解产物葡萄糖抑制酶活力，其抑制常数为2.47mmol/L，但半乳糖没有这种效应。另外，该酶具有转半乳糖苷的活力，在水解乳糖过程中，生成包括三糖、四糖的半乳糖低聚糖（魏东芝等，2001）。

嗜热脂肪地芽胞杆菌在木糖或木聚糖诱导下产生木糖异构酶。从破碎细胞中分离到该酶，经硫酸铵沉淀、热处理及Sephadex G-200柱层析等步骤获得纯化了19倍的酶制备物。该酶反应的最适pH为7.5，在pH6.2~8.0时稳定，最适反应温度为80℃，低于此温度时酶有很好的稳定性。该酶对底物木糖的K_m值为6.67mmol/L，Mg^{2+}、Co^{2+}和Mn^{2+}对该酶有激活作用，而Zn^{2+}、Cu^{2+}和Fe^{2+}对酶有抑制作用。酶制备物转化木糖为木酮糖产率为18%（周世宁和李甘霖，1998）。

土耳其研究人员将嗜热脂肪地芽胞杆菌α-淀粉酶基因单独或与透明颤菌血红蛋白基因一起克隆到pUC8载体中，并转移到大肠杆菌菌株中形成可以产α-淀粉酶的菌株。用LB肉汤培养并将培养物加入饮水中饲喂肉鸡。饲喂添加大肠杆菌培养物的肉鸡的采食量、日增重、饲料转化率都比对照显著提高。此外，还可以显著提高干物质和有机物的表观消化率，显著增加肠绒毛和隐窝的长度，显著提高血清和肠道内容物的淀粉酶活性。研究结果表明，产α-淀粉酶的活大肠杆菌培养物可以起到抗生素生长促进剂的作用，在替代抗生素作为肉鸡生长促进剂方面具有很大的潜力（李凯年摘译，2006）。

第七章 喜盐芽胞杆菌属

第一节 喜盐芽胞杆菌属的特性和分化

一、喜盐芽胞杆菌属的特性

喜盐芽胞杆菌属（*Halobacillus*）。细菌的细胞呈杆状或球状倒卵圆形，胞内产芽胞，以周生鞭毛运动，革兰氏阳性。芽胞可耐受75℃10min以上。细胞壁含鸟氨酸-D-天冬氨酸型的肽聚糖。中等嗜盐，严格好氧，为化能异养菌。接触酶和氧化酶皆阳性。具DNase和蛋白酶（明胶液化）活性，而无脲酶、卵磷脂酶、苯丙氨酸脱氨酶和精氨酸双水解酶活性。不能将硝酸盐还原为亚硝酸盐。V-P反应阴性，不能水解七叶灵、Tween-80和酪氨酸。产橙色非水溶性色素。DNA的G+Cmol%为40%～43%（T_m值法）。模式种：嗜盐喜盐芽胞杆菌（*Halobacillus halophilus*）（Spring et al.，1996）。

二、喜盐芽胞杆菌属的分化

Spring等（1996）从美国犹他州（Utah）大盐湖的高盐沉淀物中分离出菌株SL-4^{T}和SL-5^{T}2株菌，这2个菌株表型特征很相似，均为G$^+$、产芽胞、通过鞭毛运动，中度喜盐。菌株细胞壁的肽聚糖类型为Om-D-Asp型，与嗜盐芽胞杆菌（*Bacillus haloplzilus*）的内消旋二氨基庚二酸（*meso*-DAP）类型肽聚糖不同，与嗜盐芽胞八叠球菌（*Sporosarcina halophila*，现名为*Halobacillus halophilus*，即嗜盐喜盐芽胞杆菌）的肽聚糖类型相同；但这2株菌与嗜盐芽胞八叠球菌的DNA-DNA杂交相似性很低。不能从16S rRNA序列相似性方面来区分这2株菌；菌株SL-4T与嗜盐芽胞八叠球菌的16S rRNA序列相似性达97.9%，但与脲芽胞八叠球菌（*Sporosarcina ureae*）的相似性仅为91.0%。在芽胞杆菌属（*Bacillus*）中，只有rRNA种群第1组的泛酸芽胞杆菌（*Bacillus pantothenticus*，现名为*Virgibacillus pantothenticus*、即泛酸枝芽胞杆菌）与SL-4^{T}的16S rRNA序列相似性最接近，但也仅为94.5%。脲芽胞八叠球菌的肽聚糖类型为Lys-Gly-D-Glu，不喜盐，与这2株菌的特性不相符。综上所述，建立一新属——喜盐芽胞杆菌属（*Halobacillus*）。模式种嗜盐芽胞八叠球菌的主要特征为G$^+$，专性需氧，呈杆状，产生芽胞，借助鞭毛运动，化能异养，中性嗜盐，阳性反应有接触酶、氧化酶反应，阴性反应有硝酸盐还原、V-P反应，DNA的G+C mol%为40%～43%。

第二节 达坂喜盐芽胞杆菌

一、达坂喜盐芽胞杆菌的生物学特性

达坂喜盐芽胞杆菌（*Halobacillus dabanensis*）菌株D-8^{T}是一株产生芽胞的革兰

氏阳性中度嗜盐菌，能够耐受25% NaCl。以其总DNA的 Sau3AⅠ 部分酶切片段为供体、pUC18为载体，构建了该菌株的基因文库，共获得约9000个重组质粒。通过菌落原位杂交、菌落PCR检测及DNA序列测定，从该文库中筛选到含有完整的甘氨酸甜菜碱次级转运系统基因的重组质粒，将此基因命名为 betH 基因。序列分析发现，betH 基因的大小为1515bp，编码由505个氨基酸组成的Beth蛋白质，分子质量为56.1kDa。经蛋白质疏水性分析，推测为含有12个跨膜区的跨膜蛋白，与伊平屋桥大洋芽胞杆菌（Oceanobacillus iheyensis）甘氨酸甜菜碱转运蛋白、枯草芽胞杆菌（Bacillus subtilis）OpuD、楚氏喜盐芽胞杆菌（Halobacillus trueperi）BetH、单核细胞增生李斯特氏菌（Listeria monocytogenes）BetL、嗜盐海球菌（Marinococcus halophilus）BetM和耐盐芽胞杆菌（Bacillus halodurans）甘氨酸甜菜碱转运蛋白的氨基酸同源性分别为64%、51%、49%、48%、43%和44%（卢伟东等，2005）。

二、达坂喜盐芽胞杆菌产热激蛋白特性

为了解革兰氏阳性中度嗜盐菌适应低渗冲击的机制，采用双向凝胶电泳技术，研究达坂喜盐芽胞杆菌 D-8^T 在低渗冲击下的差异蛋白质表达谱。利用 Imagemaster 2D Platinum 软件分析到大约650个蛋白质点，大多数蛋白质分子质量分布为17.5~66kDa，等电点为4.0~5.9，偏酸性。在20%盐浓度中生长的菌株D-8受到0%盐浓度的低渗冲击5min及50min后34个蛋白质点的表达发生改变，包括20个表达上调的点和14个表达下调的点。用基质辅助激光解吸电离飞行时间质谱 MALDI-TOF/MS 及 MASCOT 软件鉴定了4个与低渗胁迫有关的蛋白质，分别为热激蛋白 DanK、柱状决定蛋白、青霉素结合蛋白和5-莽草酸烯醇式丙酮酸-3-磷酸合成酶。其中，热激蛋白适应低渗胁迫时表达上调为首次报道（冯德芹等，2006）。

由南京紫光精细化工厂污水中筛得一株耐苯微生物，且能大量分泌蛋白酶，经菌种鉴定，确认其为达坂喜盐芽胞杆菌。该菌所产生的蛋白酶对脱脂奶粉蛋白质有较强的水解能力，产生的菌落透明圈与菌落直径比（R）为2:3，该菌能耐受苯、甲苯等多种有机溶剂。该菌所产蛋白酶粗酶的最适反应温度为20℃，最适pH10.0，亚铁离子能有效提高其活性，且对含有50%（V/V）的苯、甲苯等多种有机溶剂具有良好的耐受性，可望将该酶应用于有机溶剂介质酶催化反应的生产工艺中（欧阳华勇等，2009）。由南京紫光精细化工厂污水中筛得一株耐有机溶剂蛋白酶生产菌，经菌种鉴定，确认其为喜盐芽胞杆菌。对其进行了蛋白酶生产条件优化的研究，结果表明，该菌的最适产酶条件为：蛋白胨为最佳有机氮源，甘油为最佳有机碳源，硫酸铵为最佳无机氮源，氨基酸对蛋白酶的分泌有抑制作用，$FeCl_2$ 为最佳无机盐，最优pH=8.0，最优发酵温度37℃，最优发酵产酶时间72h，最佳摇床转速180r/min，在最优发酵条件下所产粗酶为3424个酶活单位（李冰峰，2011）。

三、达坂喜盐芽胞杆菌的基因工程改造

用LB培养基培养转化重组嗜碱耐盐芽胞杆菌（XJU-1）乙醛脱氢酶（ALDH）基因的工程菌BL21（DE3），提取粗酶液，然后利用SDS-PAGE考察重组ALDH的表达

量和分子质量，测定其活性，并对表达产物的最适 pH、最适温度、金属离子的影响和 K_m 值进行研究。结果表明，工程菌 BL21（DE3）表达的 ALDH 量明显高于对照菌，亚基分子质量约为 56kDa；乙醛脱氢酶活性比对照菌增加了 24 倍；最适反应温度为 20~40℃，最适 pH 为 9.0~9.5，K^+ 和 Na^+ 对酶有激活作用，而 Mn^{2+}、Mg^{2+} 对酶有抑制作用；K_m 值为 1.73mmol/L。说明重组嗜碱耐盐芽胞杆菌（XJU-1）乙醛脱氢酶 aldA 基因在工程菌 BL21（DE3）中能够高效表达（赵绪光等，2010）。

达坂喜盐芽胞杆菌 D-8^T 分离自我国新疆地区达坂盐湖，为革兰氏阳性中度嗜盐菌。根据革兰氏阳性菌四氢嘧啶合成基因 ectABC 的氨基酸的保守序列，设计了 AP1 和 BP2，以及 BP1 和 BP2 两对简并引物，以菌株 D-8^T 基因组 DNA 为模板进行 PCR 扩增后，经过序列测定和 Blast 比较，获得了 ectABC 基因的部分 DNA 片段。然后将经过地高辛标记试剂盒标记的 ectA-ectB 探针，与菌株 D-8^T 基因组 DNA 进行 Southern 杂交。经过两次反向 PCR，获得了 11.2kb DNA 片段。对该序列进行 ORF 编码框分析，结果表明存在 7 个方向不一致的 ORF 编码框，依次为 orf1、orf2、ectA、ectB、ectC、orf3 和 orf4。被预测的氨基酸数目分别是 398、300、184、428、129、163 和 361 个氨基酸，其对应的蛋白质分子质量依次为 43 508Da、33 956Da、20 921Da、46 969Da、14 956Da、18 369Da 和 42 186Da。分析表明启动子可能的-10 区和-35 区与大肠杆菌的 σ^{70} 因子依赖的启动区有很大的相似性，而控制全细胞抗性压力的 σ^B 因子在菌株 D-8^{T}ectABC 基因上游的启动区中却没有被发现（赵百锁，2005）。

大多数耐盐菌可以利用胆碱作为底物，通过生物合成途径合成甘氨酸甜菜碱，为高渗环境下菌株的生长提供渗透保护作用。通过耐盐性试验和核磁共振检测，发现革兰氏阳性中度嗜盐菌达坂喜盐芽胞杆菌 D-8^T 在添加胆碱的基本培养基 M63 中生长，能够积累甘氨酸甜菜碱而提高耐盐性（谷志静和董志扬，2011）。

第三节 盐渍喜盐芽胞杆菌

一、盐渍喜盐芽胞杆菌从红海滩泥中分离与鉴定

从盘锦红海滩泥样中分离中度嗜盐菌，对其进行鉴定及特性研究。用 CZ 培养基分离纯化，通过形态学、生理生化实验、16S rDNA 序列比对分析进行鉴定，吸光光度法测定生长特性。结果分离得到一株中度嗜盐菌 CNY0802，该菌革兰氏阳性反应，菌体呈杆状，宽度 0.7~0.9μm，长度 2~3μm，产芽胞，接触酶、酯酶、明胶液化和硝酸盐还原反应阳性，氧化酶、淀粉酶、MR 和 VP 反应均为阴性。生长的盐度为 0.5%~25%（NaCl，w/V），最适盐度 5%；温度为 10~45℃，最适温度 30℃；pH 为 4.0~12.0，最适 pH8.0~10.0；不同的阴、阳离子对 CNY0802 生长影响显著。经 16S rDNA 序列比对及系统发育树分析，与盐渍喜盐芽胞杆菌亲缘关系最近。该菌的分离鉴定对我国辽宁沿海地区极端环境微生物资源的开发研究有一定意义（王宇等，2010a）。

二、盐渍喜盐芽胞杆菌从腌制食品中分离与鉴定

从腌制咸鱼中筛选出一株中度嗜盐菌 CNY0820，该菌革兰氏阳性反应，呈杆状，

宽度 0.6~1μm，长度 1.5~2.9μm，产芽胞，分泌淀粉酶、过氧化氢酶、酯酶、明胶水解反应阳性，氧化酶、硝酸盐还原、MR 和 VP 反应均为阴性。生长盐度为 0%~25%（NaCl，w/V），最适盐度 0.5%；温度为 20~45℃，最适温度 40℃；pH 为 4.0~12.0，最适 pH 为 8.0。经 16S rDNA 序列比对及系统发育树分析，该菌属于喜盐芽胞杆菌属，但又与进化距离最近的楚氏盐芽胞杆菌（*Halobacillus trueperi*）存在一定差异。该菌的研究对腌制食品中嗜盐菌分类及防止嗜盐菌污染有一定意义（王宇等，2010b）。

三、盐渍喜盐芽胞杆菌从柴达木盆地中分离与鉴定

柴达木盆地是中国最大的新生代内陆盆地，在其漫长的历史进化过程中保存了迄今为止最为完整的第四纪时期的地质沉积记录。系统地研究了其第四纪沉积地层中沉积物的地质化学特征及其内在细菌群落的分布规律，并着重对沉积地层中的中度嗜盐细菌类群进行了研究，具体取得的成果如下：

(1) 采用地质化学分析方法，对垂直深度 3.2~1006m 的第四纪沉积地层中沉积物样品的理化性质进行了分析，阐明了沉积物的地质化学特征。结果表明，地下沉积物具有相对高的含水量（15.23%，w/w），然而总氮（<0.047%，w/w）及总有机质（<1.38%，w/w）含量都非常低，离子组成以 Na^+（6.7~271g/kg）、Cl^-（11.7~445g/kg）和 SO_4^{2-}（0.4~20g/kg）为主，同时含有少量的 Ca^{2+}（0.2~7.9g/kg）、Mg^{2+}（0.3~3.6g/kg）、K^+（0.04~1.04g/kg）、CO_3^{2-}（0.11~0.73mg/kg）和 HCO_3^-（1.53~3.88mg/kg）。单离子成分和总盐度含量（73.3% 和 2.2%，w/w）随着地层深度的增加而明显下降，统计学数据分析显示这种下降的趋势与增加的地层深度之间具有明显的相关性（$P<0.05$）。

(2) 将有关地下微生物生态学的研究拓展到古老的第四纪沉积地层中。应用分子生态学手段，对处于不同地层深度的沉积物中细菌群落的组成情况进行了研究，阐明了其在地层中的整体分布情况。系统进化分析表明主导的细菌群落是 β-变形菌纲（β-Proteobacteria）、γ-变形菌纲、放线杆菌纲及厚壁菌门类群，其中与中度嗜盐细菌类群紧密相关的克隆序列被大量发现在 DGGE 分析及 16S rRNA 基因克隆文库中，表明嗜盐微生物类群应该广泛分布在地下的沉积物中。

(3) 应用微生物纯培养技术，大量具有高培养度、寡营养耐受性的中度嗜盐细菌从地下的沉积物中被纯培养，系统进化分析表明这些嗜盐细菌类群主要为 γ-变形菌纲、放线杆菌纲及低 G+C 革兰氏阳性细菌类群，并且具有明显的海洋性环境的起源特征。这些类群主要分布在盐水球菌属（*Salinicoccus*）、海杆状菌属（*Marinobacter*）、盐单胞菌属（*Halomonas*）、海源菌属（*Idiomarina*）、芽胞杆菌属（*Bacillus*）、喜盐芽胞杆菌属（*Halobacillus*）、盐乳杆菌属（*Halolactibacillus*）、枝芽胞杆菌属（*Virgibacillus*）及短杆菌属（*Brevibacterium*）内，生理特性的研究表明这些菌株具有广泛的盐碱耐受性及较强的异养能力。

(4) 在对菌株进行生理及系统进化分析的过程中，发现在所分离到的中度嗜盐细菌类群中存在与海杆状菌属、盐单胞菌属、盐乳杆菌属及枝芽胞杆菌属内典型菌株具有较近亲缘关系的 4 个新的细菌类群。应用多项分类学手段，对新类群菌株的表型和遗传型

进行了研究，阐明了其准确的系统进化分类地位。这些新类群分别是盐渍链喜盐芽胞杆菌（*Streptohalobacillus salinus* gen. nov, sp. nov）（模式菌株：DSM 22440^T = CGMCC 1.7733^T）、地下枝芽胞杆菌（*Virgibacillus subterraneus* sp. nov）（模式菌株：DSM 22441^T=CGMCC 1.7734^T）、产硫化物盐单胞菌（*Halomonas sulfidifaciens* sp. nov）（模式菌株：DSM 22483^T = CGMCC 1.8471^T）、三湖海杆状菌（*Marinobacter sanhunesis* sp. nov）（模式菌株：DSM 22450^T = CGMCC 1.8465^T）、解淀粉海杆状菌（*Marinobacter amylolytica* sp. nov）（模式菌株：DSM 22447^T = CGMCC 1.8467^T）和脱氮海杆状菌（*Marinobacter denitrificans* sp. nov）（模式菌株：DSM 22482^T=CGMCC 1.8463^T）。这些新嗜盐菌株的发现，进一步丰富了嗜盐微生物类群的规模，拓展了人们对相关嗜盐菌家族特性的进一步认识，并为其进一步的应用提供了重要数据参考。

（5）来源于嗜盐微生物的水解酶在工业上有着重要的应用价值，这些极端嗜盐酶主要表现为具有在外界高盐条件下的强抗性、耐有机溶剂类物质，并且还具有耐高碱及高温等特性。对所分离中度嗜盐细菌所产生的胞外蛋白酶、淀粉酶、普鲁蓝酶、脂肪酶、核酸酶、磷脂酸酶、β-半乳糖苷酶、明胶酶、果胶酶及纤维素酶活性进行了筛选，共筛选到了蛋白酶产生菌 94 株、淀粉酶产生菌 86 株、普鲁蓝酶产生菌 72 株、脂肪酶产生菌 177 株、核酸酶产生菌 234 株、磷脂酸酶产生菌 324 株、β-半乳糖苷酶产生菌 42 株及明胶酶产生菌 176 株。这些产嗜盐酶的菌株将为进一步的工业生物技术应用提供十分重要的极端嗜盐微生物资源（王晓伟，2010）。

第四节　楚氏喜盐芽胞杆菌

一、楚氏喜盐芽胞杆菌生物学特性

研究了楚氏喜盐芽胞杆菌（*H. trueperi*）SL39 在 NaCl 的诱导下，体内合成渗透压补偿溶质 Ectoine（1,4,5,6-四氢-2-甲基-4-嘧啶羧酸），并优化 Ectoine 合成的诱导条件。采用高效液相色谱检测 Ectoine 合成量，结果表明，耐盐菌楚氏喜盐芽胞杆菌 SL39 合成 Ectoine 的最适诱导条件为 30℃，初始 pH7.0，NaCl 浓度 2.0mol/L，诱导 48h，合成量高达 304.8mg/L，胞外释放量为 90.11%（赵轶男等，2006）。

二、楚氏喜盐芽胞杆菌产甘氨酸甜菜碱特性

楚氏喜盐芽胞杆菌分离自美国盐湖，能够在含 0.5%～25% NaCl（w/V）盐浓度条件下生长，其最适生长盐浓度为 5%～10%。^{13}C-NMR（核磁共振）检测到在含 10% NaCl（w/V）的 SWYE 培养基上生长的楚氏喜盐芽胞杆菌细胞内积累高浓度的甘氨酸甜菜碱。根据革兰氏阳性菌甘氨酸甜菜碱转运蛋白氨基酸的保守序列设计一对简并引物，经 PCR 获得大小约 1kb 的核苷酸片段。将扩增片段用地高辛标记成探针，与用不同限制性内切酶完全酶切的楚氏喜盐芽胞杆菌总 DNA 片段进行 Southern 杂交，结果显示在 *Eco*RⅠ酶切片段的 5.1kb 处有阳性信号。通过反向 PCR 扩增获得 *beth* 基因片段的侧翼序列。通过 Blast 比较，证实获得 *beth* 基因的全部编码序列。BetH 属于 BCCT

家族。将包括整个 *betH* 基因的 ORF 框及可能的启动子核苷酸序列在内的 2.6kb 的片段克隆到 pUC18 载体上，转入到大肠杆菌甘氨酸甜菜碱缺失株 MKH13 中，使该菌株能够在含甘氨酸甜菜碱的高盐 M9 培养基上生长，而对照实验不能生长。使用 ^{13}C-NMR 技术，检测到在大肠杆菌（pUH25）中有甘氨酸甜菜碱的积累（卢伟东，2004）。

三、楚氏喜盐芽胞杆菌抗肿瘤活性评价

为从盐场中分离鉴定中度嗜盐细菌并对其潜在的抗菌和抗肿瘤活性进行评价，从山东威海的鹿道口盐场分离嗜盐细菌，对菌株 whb45 进行形态学和生理生化特性研究，测定其 16S rRNA 序列并通过同源性比对进行系统发育分析，采用抗菌和细胞毒模型进行活性筛选。试验结果表明，菌株 whb45 为中度嗜盐细菌，whb45 与楚氏喜盐芽胞杆菌在形态和生理生化特征方面最接近，16S rRNA 序列相似性为 99%。whb45 的粗提物对多种细菌、真菌和肿瘤细胞的生长都具有较强的抑制作用，可以作为发现生物活性物质的潜在的新来源（陈雷等，2010）。

四、楚氏喜盐芽胞杆菌耐盐克隆与应用

主要针对慢生根瘤菌普遍存在耐盐性差的特点，以及这些资源难以在我国大面积应用的现状，选择与两种主要豆科植物——花生和大豆共生结瘤良好的花生根瘤菌 [*Bradyrhizobium* sp.（*Arachis*）2764] 和大豆慢生根瘤菌（*Bradyrhizobium japonicum* USDA110）为材料，运用基因工程的手段，将与生物耐盐相关的两个基因 *betH*（初步确定编码甘氨酸甜菜碱转运蛋白）及 *betAB*（编码甘氨酸甜菜碱合成蛋白）分别导入根瘤菌，构建耐盐的根瘤菌工程菌株，并进行耐盐基因表达及生理特性的相关测定分析。主要结果摘要如下。

（1）将编码甘氨酸甜菜碱转运蛋白的基因 *betH* 导入根瘤菌，获得工程菌 354 株，其中以质粒形式存在的工程菌 4 株，基因插入到基因组上的工程菌 350 株。经耐盐性筛选，有 2 株工程菌（2764/pSZ1.5、110/pSZ1.5）的耐盐性由 80mmol/L 提高到 120mmol/L，较出发菌株提高 50%。

（2）将编码甘氨酸甜菜碱合成蛋白的基因 *betAB* 导入根瘤菌，构建以质粒形式存在的工程菌 2 株，经耐盐性筛选，有一株工程菌（2764/*betAB*）的耐盐性由 80mmol/L 提高到 120mmol/L，较出发菌株提高 50%。

（3）对转入上述 2 个与耐盐相关基因表达的研究结果表明，工程菌楚氏喜盐芽胞杆菌 2764/betAB 耐盐性的提高与甜菜碱的含量呈正相关，其甜菜碱含量是出发菌株的 3.2 倍；而工程菌 2764/pSZ1.5、110/pSZ1.5 的甜菜碱含量较出发菌株却未见明显变化。进一步测定工程菌 2764/pSZ1.5、110/pSZ1.5 细胞内游离氨基酸含量，发现其中 5 种氨基酸含量有明显变化，推测它们与根瘤菌的耐盐性相关。

（4）对耐盐工程菌进行了生长速度（代时）、耐旱性、稳定性和结瘤能力等生理特性方面的测定，结果表明：①工程菌与出发菌株的代时相差 1~2h，导入 *betH* 和 *betAB* 基因可延缓菌的生长繁殖速度，但变化不明显；②工程菌的耐旱性都略低于或与出发菌株的耐旱性相当，暗示导入基因与耐旱性不直接相关；③整合到基因组上的外源

基因可稳定存在，2764/pSZ1.5、110/pSZ1.5 基因插入到基因组上，在无选择压力下，连续转接 5 次后基因仍稳定存在，而 2764/betAB 的稳定性较差，在无选择压力下，重组质粒很容易丢失；④蛭石结瘤实验表明，3 株耐盐的根瘤菌工程菌株中 2764/pSZ1.5、2764/betAB 能够正常结瘤，且对植株的生长有明显促进作用，尤其是工程菌 2764/pSZ1.5。工程菌 2764/pSZ1.5、2764/betAB 在加入 100mmol/L NaCl 的情况下仍能够结瘤，虽然结瘤量明显减少，但出发菌株在此情况下完全不结瘤。工程菌 110/pSZ1.5 在正常盐浓度及加盐的情况下，3 次重复都没有结瘤，且对植株生长产生抑制作用。综合以上实验结果，3 株耐盐的根瘤菌工程菌株应用前景是：110/pSZ1.5 对植株的结瘤固氮性能及生长状况产生抑制作用，不可以应用；2764/betAB 对植株的结瘤固氮性能及生长状况没有影响，但稳定性差，也达不到应用的要求；只有 2764/pSZ1.5 不仅对植株的结瘤固氮性能没有影响，且对植株的生长有明显促进作用，尤其在高渗环境中能够结瘤，并提高植株的生物量，可以进行工程菌的小面积示范，并进一步开展其耐盐机理研究，该研究为提高固氮性能优良的根瘤菌的耐盐特性提供了一条可行的途径（唐颖，2006）。

五、楚氏喜盐芽胞杆菌的生态多样性

以四川自贡大公古盐井盐卤为研究对象，分离获得 112 株中度嗜盐菌。经形态特征、生理生化特征和 16S rRNA 同源序列分析表明：112 个菌株分属于细菌域的游动球菌属（*Planococcus*）、盐单胞菌属（*Halomonas*）、喜盐芽胞杆菌属（*Halobacillus*）、大洋芽胞杆菌属（*Oceanobacillus*）和枝芽胞杆菌属（*Virgibacillus*），与莱比托游动球菌（*Planococcus rifitiensis*）和樊氏盐单胞菌（*Halomonas venusta*）、楚氏喜盐芽胞杆菌（*Halomonas trueperi*）、苋科喜盐芽胞杆菌（*Halomonas blutaparonensis*）、图画枝芽胞杆菌（*Virgibocillus picturae*）在 16S rRNA 基因水平分别有 100% 和 99% 的高相似性。但菌株 QW06、QW12、QW15 和 QW18 分别与深层大洋芽胞杆菌（*Oceanbacillus profundus*）、楚氏喜盐芽胞杆菌和苋科喜盐芽胞杆菌在菌落形态、革兰氏染色、产酸、明胶水解和淀粉水解等表型特征上有明显的差异。同时，16～23S rRNA ISR-PCR 基因指纹图谱也表明菌株 QW06、QW12、QW15 和 QW18 不同于参考菌株深层大洋芽胞杆菌（*O. profundus*）KCCM 42318 和楚氏喜盐芽胞杆菌 DSM 1040T、苋科喜盐芽胞杆菌 ATCC BAA 1217T，说明菌株 QW06、QW12、QW15 和 QW18 分类地位有待进一步确定。实验结果不仅揭示了大公古盐井中可培养的中度嗜盐菌的多样性和系统发育关系，而且也表明了 16S rRNA 高度相似菌的 16～23S rRNA 基因间隔区（intergenic spacer region，ISR）在进化的过程中发生了某些突变（冯玮等，2008）。

第八章 短芽胞杆菌属

第一节 短芽胞杆菌属的特性与分类

一、短芽胞杆菌属的特性

根据表型特征、化学特性、16S rRNA 序列、系统发育分析建立短芽胞杆菌属（Brevibacillus）。模式种短短芽胞杆菌（Brevibacillus brevis）的主要特征除了具属的特征外，硝酸盐还原、氨利用、接触酶、水解酪素、明胶、DNA、Tween-60 反应皆为阳性，3% NaCl 或 0.001%溶菌酶中不生长，有 S-层蛋白。G+C mol%为 51.3%～53.3%。

二、短芽胞杆菌属的分类

短芽胞杆菌属是从芽胞杆菌属中划分出来的。短芽胞杆菌属内成员的 16S rRNA 序列的相似性超过 93.2%，16S rRNA 序列由引物 BREV174F 与 1377R 通过 PCR 扩增得到。短芽胞杆菌与其他芽胞杆菌的相似性低于 91.3%。16S rRNA 基因序列可将短芽胞杆菌与芽胞杆菌属、芽胞乳杆菌属、类芽胞杆菌属、兼性芽胞杆菌属、脂环酸芽胞杆菌属很明显的区分开。

第二节 短短芽胞杆菌

一、短短芽胞杆菌的生物学特性

采用生理生化、16S rDNA 等方法鉴定菌株 FM4B 并对该菌株抑菌物质粗提液的性质进行了初步研究。生理生化实验显示，菌株 FM4B 为短短芽胞杆菌，16S rDNA 基因的测定与分析表明，FM4B 与短短芽胞杆菌的同源性达 99.5%，故推定 FM4B 为短短芽胞杆菌。实验表明抑菌物质粗提物对多种细菌、真菌有抑制作用，并且耐高温（90℃）、耐酸碱（pH2～11），对蛋白酶 K、胰蛋白酶、胃蛋白酶不敏感（胡雪芹等，2011）。

从泰山土壤中分离获得一株对多种动物病原细菌具有强烈拮抗作用的细菌——短短芽胞杆菌 XDH。采用摇瓶培养法对发酵培养基配方进行了研究。通过单因素试验和均匀设计试验确定了菌株 XDH 发酵培养基最佳组成为：葡萄糖 1.5%、黄豆饼粉 3.0%、蛋白胨 0.2%、NaCl 0.1%、$(NH_4)_2SO_4$ 0.5%、$CaCO_3$ 0.6%、$MgSO_4 \cdot 7H_2O$ 0.6%。发酵液效价达 1456.8μg/mL，比基础培养基效价提高近 10 倍（陈凯等，2006）。

从新疆高寒冻土、冷冻乳制品及生乳中分离到 101 株耐冷菌，利用低温 β-半乳糖苷酶筛选模型，获得一株低温酶高产菌株 L2004，根据其形态特征、生理生化特性，鉴定为短短芽胞杆菌。在以乳糖为主要碳源的发酵培养基中，L2004 菌最适生长温度和最适产酶温度分别为 20℃、15℃。该低温酶的最适 pH 为 6.5，最适作用温度为 33℃，0℃ 相对酶活为总酶活的 25%，在 0~20℃时，具有较好的稳定性。不同金属离子对 β-半乳糖苷酶活性的影响为：$Mn^{2+}>Mg^{2+}>K^+>Na^+>Ca^{2+}>Fe^{2+}>Hg^{2+}>Cu^{2+}>Zn^{2+}$。$Mn^{2+}$、$Mg^{2+}$增强酶活，而 Hg^{2+}、Cu^{2+}、Zn^{2+}抑制酶活。该酶 K_m 值为 5.29mmol/L，具低温酶特性（史应武等，2007b）。

利用冷冻干燥方法，阐明了冷冻干燥保护剂和再水化剂对生防短短芽胞杆菌 TW 的存活率和储藏稳定性的影响。研究结果表明，使菌株 TW 冷冻干燥后存活率最大（达 80%）的保护剂是二糖类物质。当以 1%海藻糖作冷冻干燥保护剂时，使菌株 TW 复苏率最高（>80%）的再水化剂是 0.05mol/L 磷酸缓冲液和 1%蛋白胨；当以 1%蔗糖作保护剂时，使菌株 TW 复苏率最高（>80%）的再水化剂是磷酸缓冲液（0.05mol/L）、蛋白胨（10%、5%、1%）、蔗糖（5%、1%）和脱脂奶粉（5%、10%）。储藏试验结果表明，当添加 1%蔗糖作为保护剂的冷冻干燥菌粉，分别在起伏常温（6~33℃）和恒定低温（4℃）下储藏 18 个月后，用 0.05mol/L 磷酸缓冲液作为再水化剂，菌株 TW 存活率分别可达 70%和 90%以上。该方法通过改进后可应用于工业化生产（杨敬辉等，2008）。

二、短短芽胞杆菌的发酵技术

从神仙豆中分离到 2 种芽胞杆菌，对其菌落形态、生化特性等方面进行研究，发现一种为枯草芽胞杆菌，另一种为短短芽胞杆菌。神仙豆，工厂化发酵工艺为：黄豆浸泡 3h，煮豆至熟而不烂，冷至室温后接种枯草芽胞杆菌和短短芽胞杆菌（4:1），置 37℃ 培养 96h，用 50℃真空烘干（吴定，2001）。

三、短短芽胞杆菌的基因克隆

根据已发表的环状芽胞杆菌和枯草芽胞杆菌木聚糖酶基因序列设计引物，首次扩增出短短芽胞杆菌中的 β-1,4-内切木聚糖酶（以下简称木聚糖酶，E.C.3.2.1.8）基因片段。序列分析表明，该基因与已登录的木聚糖酶基因 AF490979.1 和 AF490980.1 分别有 97%和 96%的同源性，与其他芽胞杆菌属的同源性也较高。将此基因片段插入表达载体 pET-30a（+）构建重组质粒，转化大肠杆菌 BL21（DE3）。重组基因工程菌破碎后进行 SDS-PAGE 检测，结果表明，异丙基-β-D-硫代吡喃半乳糖苷（IPTG）诱导后，木聚糖酶基因在大肠杆菌的胞内获得高效表达，且酶活力最高可达 26.14U/mL。重组木聚糖酶最适温度为 50℃，最适 pH 为 9.0（胡春霞等，2009）。

具有高蛋白分泌能力的短短芽胞杆菌分泌到胞外的蛋白质主要是细胞壁蛋白，通过 PCR 从 5 株筛得的具有高蛋白分泌能力且没有胞外蛋白酶活性的短短芽胞杆菌中分离出细胞壁蛋白基因多启动子和信号肽编码序列，对其分析发现与具有高蛋白分泌能力的短短芽胞杆菌 47 和 HPD31 的相应序列高度同源，可能受同样的机理调控（彭清忠等，2002a）。应用 PCR 技术从枯草芽胞杆菌菌株 168 中分离出 α-淀粉酶基因，将其引入分泌表达载体 pBKE50 后，用 Tris-PEG 法转入短短芽胞杆菌菌株 50 中，发现 α-淀粉酶以活性形式被分泌表达。酶活分析表明 α-淀粉酶活性约为出发菌枯草芽胞杆菌菌株 168

的 1.7 倍（彭清忠等，2002b）。采用 Tris-PEG 法、电击转化法和 TSS 方法对 5 株野生短短芽胞杆菌进行了转化，其中，Tris-PEG 法转化短短芽胞杆菌菌株 50 和菌株 735、电击转化短短芽胞杆菌菌株 50 均取得成功，转化率为 10^2 个转化子/μg DNA（彭清忠等，2004）。应用 PCR 技术从具有分泌蛋白能力强且没有胞外蛋白酶活性的短短芽胞杆菌（*Bacillus brevis*）菌株 50 中分离出细胞壁蛋白基因的多启动子和信号肽编码序列，利用它与质粒 pUB110 和 pKF3 一起构建成穿梭分泌表达载体 pBKE50，将 α-淀粉酶基因引入该载体转化短小芽胞杆菌 50 后，发现 α-淀粉酶可以活性形式分泌表达。为了筛选短小芽胞杆菌强启动子元件，应用 PCR 技术从枯草芽胞杆菌 168 中分离出 α-淀粉酶基因，用其作为报道基因与质粒 pUB110 和 pKF3 一起构建了启动子筛选载体 pKB/A。将短小芽胞杆菌细胞壁蛋白基因启动子引入该载体构建成重组质粒 pKB/PA，电穿孔法转化短小芽胞杆菌 50 后发现 α-淀粉酶以活性形式分泌表达，结果表明短小芽胞杆菌启动子筛选载体构建成功（彭清忠等，2010）。

利用已构建的含有短短芽胞杆菌和产气肠杆菌（*Enterobacter aerogenes*）α-乙酰乳酸脱羧酶（α-acetlactate decarboxylase，α-ALDC）基因的工程菌株，并使它们分别在大肠杆菌中高效表达，获得重组 α-ALDC。用 2L 体积的麦芽汁进行啤酒生产试验，添加 2 种重组 α-ALDC 后，使啤酒中的双乙酰含量快速下降到或始终保持在 0.1mg/L 以下。证明得到的重组 α-ALDC 能有效地降低啤酒中双乙酰的含量（尹东和李彦舫，1999）。

为了提高甘露聚糖酶 Man23 的表达量，降低它的体外降解程度，将其基因连接到质粒 pHY-p43 上，由强启动子 p43 启动基因 *man23* 的表达，将构建的重组质粒 pHY-p43-man23 转化至短短芽胞杆菌中，经转化的短短芽胞杆菌发酵后的上清液中酶活高达 22 480U/mL，较出发菌株枯草芽胞杆菌（*Bacillus subtilis*）B23 所产生的甘露聚糖酶活力提高了 26.7%。短短芽胞杆菌体系的表达产物经 SDS-PAGE 检测，其图谱比出发菌株表达产物的更为明晰，蛋白质带更宽，带色更深，说明酶的产量得到了大幅提高，表达产物得到了明显纯化。试验表明以 p43 为启动子，短短芽胞杆菌为表达质粒的宿主菌，不仅保证了基因产物的分泌和正确折叠，而且实现了基因的高表达和产物的高活力（周海燕等，2008）。

用 PCR 方法扩增短短芽胞杆菌 α-乙酰乳酸脱羧酶基因，引入原核表达载体 pBV220 中，得到重组质粒 pALD1。pPALD1 的 *ALDC* 基因在大肠杆菌中高效表达，每毫升发酵液产酶 80 单位以上，比原始菌株提高 200 余倍。SDS-PAGE 分析表明，大肠杆菌 DH5α（pALDI）表达的 ALDC 占细胞总蛋白质量的 40% 以上。研究了重组质粒稳定性，大肠杆菌 DH5α（pALDI）和 HB101（pALDI）分别在无选择压力下 30℃连续培养 50 代以上，41℃诱导不同时间，DH5α（pALD1）在热诱导 5h 后，未发现质粒不稳定性；HB101（pALD1）在热诱导 3h 后，质粒基本稳定，但热诱导 5h 后，丢失质粒的细胞约占 70%（陈炜等，1997）。

四、短短芽胞杆菌的检测技术

为对《硫乙醇酸盐流体培养基灵敏度检查（草案）》的准确性、可操作性和可重复性进行验证,将质控菌乙型溶血性链球菌、生胞子梭状芽胞杆菌(简称生孢梭菌)、短短芽胞杆菌接种于适宜的培养基培养,取新鲜培养物用0.9%无菌氯化钠制成浊度稍高于标准比浊管的均匀菌液,然后分别用0.9%无菌氯化钠溶液进行系列稀释至10~100cfu/mL,作为工作菌液。取上述工作菌液分别接种于3管(1mL/管)硫乙醇酸盐流体培养基中,置35℃培养72h(短短芽胞杆菌培养5d)。同时将上述工作菌液进行平皿培养基培养计数;将乙型溶血性链球菌和短短芽胞杆菌采用涂抹法分别接种于血琼脂培养基和营养琼脂培养基,置有氧条件35℃培养24h,生孢梭菌采用浇注法接种于生孢梭菌计数培养基,置厌氧条件35℃培养18~20h,用未接种的培养基作为空白对照。当上述3种质控菌工作菌液的平皿计数为10~100cfu/mL时,其接种的3管硫乙醇酸盐流体培养基均呈现生长状态。因此《硫乙醇酸盐流体培养基灵敏度检查(草案)》准确性、可操作性和重复性良好,易于推广和实施,可以提出作为对《中华人民共和国药典》(2005年版)中硫乙醇酸盐流体培养基灵敏度检查的修订草案(高尚先等,2005)。

研究《中国生物制品规程》(2000年版;简称《规程》)中需氧菌和厌氧菌无菌试验培养基灵敏度试验法及真菌无菌试验培养基灵敏度试验法的准确性。按照《规程》中需氧菌和厌氧菌无菌试验培养基灵敏度试验法及真菌无菌试验培养基灵敏度试验法,同时采用平皿[乙型溶血性链球菌采用血琼脂平皿,短芽胞杆菌采用营养琼脂平皿,生胞子梭状芽胞杆菌(简称生孢梭菌)采用硫乙醇酸盐软固体琼脂平皿(厌氧培养),白色念珠菌采用真菌培养基琼脂平皿]计数法,在相同稀释度及培养温度条件下平行进行1mL菌液的菌落形成单位(colony forming units,CFU)计数。将菌液稀释至与标准比浊管相同的浓度,然后作10倍系列稀释。将稀释度为$10^{-8} \sim 10^{-6}$的短短芽胞杆菌、$10^{-8} \sim 10^{-6}$的生孢梭菌,$10^{-9} \sim 10^{-7}$的乙型溶血性链球菌菌液各1mL,分别接种到9mL硫乙醇酸盐培养基中;将稀释度为$10^{-7} \sim 10^{-5}$的白色念珠菌菌液1mL,接种到9mL真菌培养基。每个稀释度至少接种3管,用未接种培养基作对照。将接种短短芽胞杆菌的培养基,置35℃培养5d;接种生孢梭菌或乙型溶血性链球菌的培养基,置35℃培养3d;接种白色念珠菌的培养基,置25℃培养5d;同时重复3次试验,记录结果。用每个菌种,按照需氧菌和厌氧菌无菌试验培养基灵敏度试验法及真菌无菌试验培养基灵敏度试验法重复进行3次灵敏度试验。结果:按照《规程》中需氧菌和厌氧菌无菌试验培养基灵敏度试验法及真菌无菌试验培养基灵敏度试验法,同一种培养基,用同一质控菌种重复3次灵敏度试验,结果往往不同,尤其是用乙型溶血性链球菌进行质控时,更为明显。平皿CFU计数与比浊菌数常有显著差异。《规程》中需氧菌和厌氧菌无菌试验培养基灵敏度试验法及真菌无菌试验培养基灵敏度试验法准确性欠佳(高尚先等,2004)。

五、短短芽胞杆菌产酶特性

短短芽胞杆菌分泌的胞外几丁质酶经过硫酸铵盐析、苯基琼脂糖疏水相互作用层析和DEAE阴离子交换层析后被提纯。和其他来源的几丁质酶相比,该纯酶的独特之处在于它是一个由2个完全相同的亚基以疏水相互作用聚合而成的二聚体,常温下经过巯基乙醇处理后,该酶在10% SDS-聚丙烯酰胺凝胶电泳显示的分子质量为85kDa。沸水处理 3min 或用 5℃的 8mol/L 尿素溶液处理 10min 后,该酶在 10% SDS-聚丙烯酰胺凝胶电泳显示的分子质量为 48kDa。该酶的亚基解聚后,活性丧失。该酶的等电点为 5.5,水解几丁质的最适 pH 为 8.0,最适温度为 60℃。该酶的酸碱稳定 pH 为 6.0~10.0,Ag^+ 和巯基乙醇能抑制酶活性。该纯酶的 N 端 10 个氨基酸残基依次是 AVSNSKIIGY,表明该酶是一个尚未发现的新几丁质酶。该纯酶水解几丁质的特征研究表明该酶属一种内切几丁质酶,不具备外切几丁质酶的活力。和其他几丁质酶相比,该酶具有高度的热稳定性和蛋白水解酶抗性,因此,可用于生物控制领域(李盛等,2002)。

短短芽胞杆菌具有分泌蛋白能力强和胞外蛋白酶活性低的特性,是分泌表达外源蛋白较理想的宿主。为获得分泌表达系统较理想的宿主菌,建立了短短芽胞杆菌高效筛选模型,从 800 余株细菌中筛选得到 8 株具有高蛋白分泌能力且没有胞外蛋白酶活性的候选菌。经多相分类学初步鉴定其中 5 株为短短芽胞杆菌(彭清忠等,2002)。

六、短短芽胞杆菌用于植物病害的生物防治

从福建省永泰、福清、闽侯等 6 个县(市)采集西瓜、番茄和豇豆等作物的根际土壤,用平板稀释法,分离到芽胞杆菌 58 株。采用目标病原菌多重菌株平行测定法,测定这 58 个菌株对 6 株枯萎病尖孢镰刀菌的抑制作用,筛选得到拮抗菌株 3 株,其中菌株 JK-2(短短芽胞杆菌)的抑菌效果特别显著。对菌株 JK-2 的抑菌谱调查结果表明,该菌株对大丽轮枝菌(*Verticillium dahliae*)、黑白轮枝菌(*Verticillium alboatrum*)、真菌轮枝霉(*Verticillium fungicola*)、胶孢刺盘孢(*Colletotrichum gloeosporioides*)、桃褐腐丛梗孢(*Monilia laxa*)和青枯雷尔氏菌(*Ravstonia solanacearum*)都具有较强的抑制作用。菌株 JK-2 产生的抗菌物质对热的稳定性较强,对蛋白酶 K 不敏感;盆栽及田间小区试验结果表明,菌株 JK-2 对西瓜枯萎病的防效分别可达 83.60% 和 78.96%(葛慈斌等,2009)。研究温度、光照、紫外辐射、蛋白酶 K、pH 对生防菌短短芽胞杆菌菌株 JK-2 胞外物质抗香蕉枯萎病菌稳定性的影响,为香蕉枯萎病生防菌剂的研制提供理论依据。在 30℃、170r/min 的条件下,恒温振荡培养 36h 采样制备生防菌菌株 JK-2 胞外物质,以香蕉枯萎病菌为指示菌,对胞外物质的抑菌特性进行研究。结果表明,该胞外物质具有一定的热稳定性,60~80℃温育 1h 保持 88.5% 以上活性,在 100℃放置 1h 后无抑菌活性;在酸性 pH3.0~5.0 和碱性 pH9.0~11.0 条件下,抑菌活性保持在 77.2% 以上,对光照、蛋白酶 K、紫外照射均不敏感,其抑菌作用的最适温度为 30℃,最适 pH 为 7.0(黄素芳等,2010)。研究菌株 JK-2 产生的抑菌物质特性,对其抑菌物质粗提液的稳定性进行测定,同时对其活性成分进行初步分离。稳定性试验结果表明菌株 JK-2 产生的抑菌物质粗提物对蛋白酶不敏感,耐强酸、强碱,紫外线和反复冻融对其活性均无显著影响。从菌株 JK-2 发酵液中初步分离出分子质量约为 4.1kDa 的活性肽和具有抑制枯萎病菌活性的胞外多糖(郝晓娟等,2007a)。短短芽胞杆菌菌株 JK-2 对多种植物病原真菌和病原细菌具有明显的抑制作用。以菌株 JK-2 发酵液对番茄枯萎病菌的抑制作用为活性指标,对其培养基成分和培养条件进行了优化。由正交试验和单因素试验得出的最佳培养基配方为淀粉 1.0%、牛肉浸膏 0.5%、蛋白胨 0.3%、蔗糖 1.0%、酵母 5% 和 $CaCl_2$ 0.5%,初始 pH7.0。在 30℃、170r/min 振荡培

养条件下，最佳发酵时间为48h，装液量100mL/瓶，接种量1%（郝晓娟等，2009）。

从云南昆明滇池一水生植物中分离得到一株内生细菌MHQ1，该菌对杨桃炭疽病菌（*Colletotrichum gloeosporioides*）、香石竹疫霉（*Phytophthora nicotianae*）和腐皮镰刀菌（*Fusarium solani*）等多种植物病原真菌有着较强的拮抗作用。通过形态观察和生理生化实验，将该菌株鉴定为短短芽胞杆菌。用水和甲醇对抑菌活性物质进行提取和抑菌活性对比实验，结果表明，甲醇粗提液的抑菌活性明显强于水粗提液的抑菌活性。进一步用石油醚、乙酸乙酯和正丁醇对甲醇粗提物进行分级萃取和抑菌实验，结果发现，抑菌活性物质主要存在于正丁醇相（邱孙全等，2009）。

将具有绿色荧光蛋白（green fluorescent protein，GFP）标记和氯霉素抗性的重组质粒pRP22-GFP导入生防菌短短芽胞杆菌ZJY-1和短短芽胞杆菌ZJY-116中，用这些标记菌株处理黄瓜种子，出苗后通过定期分离计数具有上述表型的转化子，研究了2株生防菌在黄瓜根围的定殖规律。结果表明，在整个生育期2株生防菌株均能在黄瓜根围有效定殖，并在黄瓜盛花期和盛果期出现数量高峰。盆栽试验发现，引入黄瓜根围的2株生防菌有向周边杂草迁移的特性，且在前一季寄主植物死亡后，菌株可在下一季植株根围增殖（张昕等，2005）。

研究了分离自棉花根际土壤的短短芽胞杆菌菌株A57对棉花立枯病菌、枯萎病菌和黄萎病菌的拮抗作用，在PDA平板上对峙培养，平均抑制率分别是33.5%、39.5%、29.5%。通过显微镜观察，发现拮抗细菌的主要拮抗机理是通过产生拮抗物质造成病原真菌菌丝体断裂、扭曲、畸形，抑制分生孢子的萌发、造成孢子畸形。以枯萎病菌为指示菌，研究了该菌株表现最佳拮抗活性时的菌液发酵条件，结果表明，菌株A57适宜培养基为LB培养基、pH8、好气条件下抑菌活性最好。用硫酸铵沉淀法提取菌株A57的粗提蛋白质，对供试的病原菌仍具有较高的拮抗活性，70%浓度时其拮抗活性最大，菌株A57粗提蛋白质对枯萎病原菌的最大抑制率为23.7%，同时该菌经硫酸铵沉淀后获得的粗提蛋白质的上清液对病原指示菌仍具有一定的拮抗活性，说明菌株A57起拮抗作用的不仅有大分子蛋白质类物质还有小分子拮抗物质（陈莉等，2007b）。

在烟草青枯病区采取健康烟草植株，从其茎秆内分离到2株对烟草青枯雷尔氏菌（*Ralstonia solanacarum*）有强拮抗作用的内生菌株009和011。经形态观察、生理生化鉴定及16S rDNA序列比对结果表明，菌株009和011均归属为短短芽胞杆菌，菌株009、011与短短芽胞杆菌（AY591911）相似性分别为99.5%和99.0%，GenBank登录号分别为DQ444284、DQ444285。生长特性研究结果表明，它们的最适生长pH分别为6.5、7.5，最适生长温度分别为25℃、30℃。温室内用淋根法分别先接种菌株009和011，后接种病原菌，其防效分别为87.25%和52.30%。用009和011菌液分别和烟草青枯病菌的混合液淋根，其防效明显低于前者。田间小区试验结果表明，菌株011的防效明显高于菌株009和农用链霉素（易有金等，2007）。

七、短短芽胞杆菌用于污染治理

从重庆城南污水处理厂活性污泥中筛选得到一株具有较高絮凝活性的菌株RL-2；根据其个体形态特征、菌落特征及生理生化实验，初步鉴定为短短芽胞杆菌。发酵液絮凝活性分布测定表明：絮凝剂是在菌的对数生长期分泌到胞外的生物高分子物质；初步确定为胞外酸性多糖，多糖的基本结构单元可能包含葡萄糖、半乳糖醛酸和苷露糖等单糖；该胞外多糖絮凝剂可用乙醇和氯化十六烷基吡啶铵沉淀得以部分纯化，能溶于酸、碱溶液中但不溶于有机溶剂中，其相对分子质量大约为 286 000；与无机及有机高分子絮凝剂对高岭土悬液的絮凝活性相比，性能优，用量少（罗平等，2005）。对菌株 RL-2 絮凝高岭土悬浊液的影响因素研究结果表明：$CaCl_2$ 是微生物絮凝剂 RL-2 的良好助凝剂，当 Ca^{2+} 存在时，絮凝剂的投加量为 5~20mL/L，pH 为 3~9，该微生物絮凝剂可有效絮凝高岭土悬浊液，其絮凝率高达 98.4%；同时，菌株 RL-2 对多种固体悬浊液有明显的净化效果（罗平等，2006）。

通过实验研究了微生物菌种对大庆原油的生物降解规律，结果表明：蜡状芽胞杆菌（*Bacillus cereus*）菌株 HP 和短短芽胞杆菌（*Brevibacillus brevis*）菌株 HT 只对原油中高碳链的饱和烷烃具有生物降解作用；蜡状芽胞杆菌 HP 降解偶数高碳链饱和烷烃的能力强于降解奇数高碳链饱和烷烃；短短芽胞杆菌对偶数和奇数高碳链饱和烷烃具有较强的降解能力；HP 和 HT 对原油芳烃中菲系列发生生物降解作用，引起原油的甲基菲指数（MPI）和二甲基菲指数（DPI）提高，说明菲系列中化学性质较为活跃的组分易被实验菌种降解（伍晓林等，2004）。针对大庆外围朝阳沟油田储集层和油水特性，筛选出短短芽胞杆菌和蜡状芽胞杆菌作为采油菌种。实验结果表明，实验菌株作用原油烃时只降解高碳链（C20 以上）饱和烷烃，降解途径以氧化降解为主，代谢产物以饱和烷基酸为主，没有低碳饱和烷烃的生成。实验菌种性能评价结果表明：微生物作用后界面张力下降 50% 左右，产生多种有机酸；微生物可选择性降解原油中某些中-高碳数烷烃，使原油中的长链烷烃含量相对减少，短链烃含量相对增加，原油黏度下降 40% 左右，含蜡量、含胶量下降，流变性得到改善。物理模拟驱油实验表明微生物提高采收率幅度可达 6.7%。应用短短芽胞杆菌和蜡状芽胞杆菌等菌种在大庆朝阳沟特低渗透油田开展的微生物单井吞吐试验和微生物驱油矿场试验取得了理想效果（郭万奎等，2007）。

研究了短短芽胞杆菌和蜡状芽胞杆菌 2 株微生物采油菌作用于石油烃的机理，原油经 2 株菌种作用以后，高碳链饱和烃的相对含量降低，低碳链饱和烃的相对含量则相应增加，$\sum nC_{21}^-/\sum nC_{22}^+$ 值由原来的 1.35 分别升高到 1.73 和 1.87；Pr/nC_{27} 与 Ph/nC_{28} 值分别增加 19.0%、179% 和 9.5%、23.1%，而 Pr/nC_{17} 与 Ph/nC_{18} 值在微生物作用前后几乎没有变化。表明短短芽胞杆菌和蜡状芽胞杆菌作用原油烃时只降解高碳链饱和烷烃，同时无低碳饱和烷烃的生成。微生物作用前后原油中非烃的红外光谱分析也同样表明，有一定量的羧酸生成。采用气相色谱质谱方法，对油样提取物中微生物产生的酸、醇、酮等物质进行了分析研究，2 株菌产酸以饱和烷基酸为主，尤其以直链饱和烷基酸居多，同时也生成一定量的环烷、烯基酸和少量的芳基酸。可以推断，短短芽胞杆菌和蜡状芽胞杆菌对大庆原油的降解以氧化降解为主要途径，存在一种非常规的次末端氧化，同时兼有末端氧化和双末端氧化，生成单脂肪酸、羟基脂肪酸和二羧酸（黄学等，2006）。

由编号为 RL-2 的短短芽胞杆菌产生的生物高分子，经研究发现是一种对高岭土悬液有较高絮凝活性的阴离子型絮凝剂。对絮凝剂的热处理及酶处理表明，其活性成分为多糖；经茚三酮试验、Molish 反应、薄层色谱及红外光谱分析表明，该絮凝剂为一种阴离子型多糖絮凝剂；电位测定及絮凝剂与高岭土颗粒之间结合键的检测表明，絮凝剂与高岭土颗粒间的结合力为氢键，絮凝过程基于"桥联"机理；絮凝剂和高岭土在絮凝剂的活性部位——多糖中的羟基或羧基以氢键相结合，经架桥作用絮凝沉淀（罗平等，2007）。

八、短短芽胞杆菌用于动物益生菌

将益生素"绿禽康"（益生菌短短芽胞杆菌 YSJ-0401 活菌含量为 1×10^9 cfu/g）以不同浓度加入饲料，当饲料中益生菌 YSJ-0401 的含菌量为 $10^2\sim10^6$ cfu/g 时，饲养 12 周后"绿禽康"处理组肉鸡平均体重分别为 863～933g，较对照比增 61～131g，比增率为 7.50%～16.25%；肉鸡肉料比分别为 0.50～0.57，较对照比增 0.02～0.09，比增率为 4.17%～18.75%；肉鸡死亡率为 3.03%～12.12%，低于对照组 18.18%，"绿禽康"对病鸡的防治效果分别为 33.33%～83.33%。其中，添加 1%（即饲料中益生菌的活菌含量为 1×10^6 cfu/g）"绿禽康"对增重、提高肉料比和防病的效果最佳。试验初步表明：益生素"绿禽康"可增强肉鸡的抗病能力，提高肉鸡体重和肉料比；益生素"绿禽康"在肉鸡日粮中适宜添加量为 1%（黄素芳等，2009）。

第三节　侧胞短芽胞杆菌

一、侧胞短芽胞杆菌的生物学特性

为了明确生防菌株 BL-21 的分类地位和发酵液中的有效成分，对其进行了鉴定，并对其发酵液的抑菌谱和稳定性进行了测定。结果表明，该菌株为侧胞短芽胞杆菌（*Brevibacillus laterosporus*）；其发酵液对供试的 12 种植物病原真菌均有抗菌活性；发酵液中的抗菌活性物质对热和蛋白酶敏感，100℃10min、37℃120min 酶活性丧失；从菌株 BL-21 的发酵液中分离得到 4 种抗菌物质，均具有抗革兰氏阳性菌的活性，其中 A 组分和 B 组分还对植物病原真菌有抑制作用（杜春梅等，2007）。

采用正交试验和气质联机方法，研究了侧胞短芽胞杆菌菌株 BL-21 降解水胺硫磷的条件和途径。结果表明：最佳碳氮源为蔗糖 1.5%，NH_4HCO_3 0.06%；最适降解温度、pH 和摇床转速分别为 30℃、pH7 和 200r/min。250mL 三角瓶培养基装量 30mL、接种量 10%、添加 10～20μL 的 TritonX-100 有利于水胺硫磷降解。气质联机对水胺硫磷降解产物的分析表明，菌株 BL-21 降解水胺硫磷产生 O,O'-二甲氧基硫代磷酰胺酯和水杨酸异丙酯等中间产物，O,O'-二甲氧基硫代磷酰胺酯可进一步分解成无机磷、硫化物、氨气等产物；水杨酸异丙酯降解为水杨酰胺、水杨酸及其他有机酸，进一步降解为二氧化碳和水，毒性显著降低（杜春梅等，2008）。

二、侧胞短芽胞杆菌的发酵技术

将人工神经网络和正交试验相结合，提出了一种新的数据处理和分析方法，利用神经网络特有的自学能力，通过仿真、评估和优化，获得了侧胞短芽胞杆菌的发酵培养基配方，即侧胞短芽胞杆菌的最佳发酵培养基为蔗糖 1.5g/100g、酵母膏 0.4g/100g、蛋白胨 0.6g/100g、$MgSO_4 \cdot 7H_2O$ 0.075g/100g、KH_2PO_4 0.25g/100g、$MnSO_4$ 0.010g/100g、$CaCO_3$ 0.8g/100g（高梦祥和夏帆，2010）。

三、侧胞短芽胞杆菌用于生物肥料

侧胞短芽胞杆菌是应用于微生物肥料的一种重要功能菌，采用正交试验筛选了侧胞短芽胞杆菌的发酵培养基配方，并探讨了发酵工艺条件。结果表明，侧胞短芽胞杆菌的摇瓶发酵最佳培养基为蔗糖 3.0%、酵母膏 0.8%、蛋白胨 1.2%、$MgSO_4 \cdot 7H_2O$ 0.075%、KH_2PO_4 0.25%、$MnSO_4$ 0.010%、$CaCO_3$ 0.8% 最佳；培养条件为温度 32.5℃、转速 200r/min、接种量 2%以上、pH 为 7.6，发酵液中的所得菌浓度可达 9×10^8 cfu/mL（夏帆，2007）。

菌株 BL-11、BL-12、BL-21、BL-22 是自行分离得到的 4 株具有解磷能力的细菌，经鉴定为侧胞短芽胞杆菌。以 $Ca_3(PO_4)_2$ 为唯一磷源，接种 4 株菌，在 30℃、180r/min 条件下培养 4d 后，以钼蓝比色法测上清液中的水溶性磷含量，菌株 BL-11、BL-12 的解磷能力分别为 10.91% 和 7.34%，高于菌株 BL-21、BL-22（宫占元等，2005）。菌株 BL-11、BL-12、BL-21、BL-22 是自行分离得到的 4 株具有解磷能力的细菌，经鉴定为侧胞短芽胞杆菌。分别以氧化乐果和水胺硫磷为唯一磷源，接种 4 株菌，在 30℃、180r/min 条件培养 4d 后，以钼蓝比色法测上清液中的水溶性磷含量。在以水胺硫磷为唯一磷源的培养液中，菌株 BL-21、BL-22 的解磷能力显著好于菌株 BL-11、BL-12，解磷效率分别为 58.98% 和 75.50%；在以氧化乐果为唯一磷源的培养液中，菌株 BL-21、BL-22 的解磷效率分别为 32.66% 和 29.10%，均高于菌株 BL-11、BL-12（宫占元等，2006）。

四、侧胞短芽胞杆菌的基因转导

提取了侧胞短芽胞杆菌 X10 的基因组 DNA，以绿色荧光蛋白（green fluorescent protein，gfp）基因为报道基因，以启动子探针 pUC19-GFP 为载体，通过鸟枪法在大肠杆菌 DH5α 中构建了 X10 的启动子文库，通过筛选获得了 14 个阳性克隆，编号为 P1~P14。测定了阳性克隆子的荧光强度，结果表明 P6 中 *gfp* 基因的启动子活性最强，它的荧光强度达 355.67，而 P14 中 *gfp* 基因的启动子活性最弱，它的荧光强度只有 211.67。对 P6 克隆中的重组质粒的插入片段进行了测序和序列分析（李伟杰等，2009）。

五、侧胞短芽胞杆菌产酶特性

利用平板分离法，从土壤中分离出一株能产几丁质酶的细菌，经初步鉴定为短芽胞杆菌属（*Brevibacillus*）。研究了菌种在不同温度、pH、氮源、碳源下的产酶情况并进行了产酶条件优化。结果表明，此细菌的最适产酶条件是：30℃、pH7.0、蛋白胨 10g/L、细粉几丁质 10g/L。优化条件下的几丁质酶活力达 1.25U/mL（邓红梅等，

2010)。

试验测定了侧胞短芽胞杆菌在不同时间分泌溶菌酶的变化规律，以及不同温度和pH预处理对溶菌酶活性的影响。结果表明，侧胞短芽胞杆菌在培养12h时产溶菌酶量最大，溶菌酶活力最高时的温度为33℃，最适pH为5.0（左瑞雨等，2008）。

六、侧胞短芽胞杆菌用于植物病害的生物防治

侧胞短芽胞杆菌菌株2-Q-9分泌的抑菌物质能强烈抑制青枯病菌的3个生理小种的正常生长。为了进一步在生产上利用该抑菌物质，就该抑菌物质的性质进行了初步研究。结果表明，该抑菌物质经高温处理后性质稳定；在碱性条件下比酸性条件下稳定；对胰蛋白酶和蛋白酶K不敏感，对胃蛋白酶部分敏感；该抑菌物质可能为蛋白质或多肽类物质（黎定军等，2007）。采用75%乙醇沉淀、阴离子交换色谱层析和阳离子交换色谱层析等方法，分离并纯化侧胞短芽胞杆菌菌株2-Q-9外泌抗菌肽BL2Q9。结果表明，BL2Q9的相对分子质量为7800，等电点为10.2。Edman降解测序发现其N端封闭，串联质谱测序结果表明其与细菌第Ⅳ类鞭毛合成蛋白pilQ的前体蛋白及转录抑制子CodY蛋白的部分序列相似，但与已知抗菌肽的序列相似性较低（陈武等，2011）。

侧胞短芽胞杆菌菌株YMF3.00003对尖孢镰刀菌和立枯丝核菌的菌丝生长具有很强的抑制作用，其发酵液和纯酶液对这2种菌的抑制率分别为64.7%、50.3%和98.2%、83.4%。该抑菌物质为一种胞外蛋白酶，通过SDS-PAGE确定，其分子质量约为30kDa；酶活性最高的条件为pH10，温度为50℃，缓冲液为10mmol/L $CaCl_2$（张楹，2006）。

从烟草根际土壤中分离到对烟草黑胫病菌及其他植物病原菌具有抑制作用的菌株B8，平板对峙培养抑菌带内菌丝畸形，原生质凝集或外渗。其发酵原液和发酵液的无菌滤液均能抑制烟草黑胫病菌和蜡状芽胞杆菌；离体叶片接种法测定其发酵液对烟草黑胫病的防效，结果表明预防作用达100%，室内盆栽试验表明菌株B8发酵液对烟草黑胫病的预防作用可达78.1%，优于治疗作用。该菌菌体呈杆状，芽胞侧生、椭圆形，经形态学、生理生化性状和16S rDNA序列测定，将其鉴定为侧胞短芽胞杆菌（赵秀香等，2007）。

对番茄青枯病拮抗菌X10进行了形态学特征、生理生化特征测定，结果表明它与侧胞短芽胞杆菌种的特征一致。测定了菌株的16S rDNA序列并根据其构建了系统发育树，在系统发育树中，X10与侧胞短芽胞杆菌形成一个类群，序列同源性为99%。因此将X10鉴定为侧胞短芽胞杆菌。制备了菌株X10的固体菌剂，在山东肥城科技示范园的蔬菜大棚里进行了小区试验，对田间应用效果进行了测定。结果表明，固体菌剂的两种接种量对番茄青枯病的防治效果分别达58.42%和68.68%，同时还能够促进番茄植株生长和增加产量（李伟杰和姜瑞波，2007）。

七、侧胞短芽胞杆菌用于污染治理

从土壤中分离到一株能有效降解毒死蜱的细菌DSP，该分离株鉴定为侧胞短芽胞杆菌。在纯培养条件下测定了分离株DSP对毒死蜱的降解性能。在接种量为菌浓度

$OD_{415}=0.2$、pH7.0、25℃条件下，测得 1mg/L、10mg/L 毒死蜱的降解符合一级动力学特征，其降解半衰期分别为 1.48d、5.00d；100mg/L 毒死蜱对 DSP 菌有明显的抑制作用；分离株 DSP 在不同 pH 及温度条件下对毒死蜱的降解作用为 pH7.0＞pH5.0＞pH9.0，35℃＞25℃＞15℃。该菌株含有一个 20kb 左右的质粒，通过吖啶橙与升温法对质粒消除实验证实，随着质粒的丢失，菌株利用毒死蜱的能力也丧失，用热击法和 $CaCl_2$ 法将菌株质粒转入大肠杆菌菌株 M109 和质粒消除处理的 DSP 菌中，随着质粒的获得，这些转化子获得了降解毒死蜱的能力。研究结果表明，侧胞短芽胞杆菌 DSP 降解毒死蜱的功能和质粒有关（王晓等，2006）。

八、侧胞短芽胞杆菌产生化物质特性

采用超滤、DEAE-Sephadex A25 和 CM-Sepharose FF 离子交换层析及 HPLC 反相层析等步骤得到了海洋侧胞短芽胞杆菌 Lh-1 的抗菌活性物质 R-1。HPLC 纯化出的抗菌物质经质谱测定其分子质量为 1608.023Da，BIO.RAD 等电聚焦测得其 pI 为 8.55，氨基酸分析表明该物质由 Leu、Tyr、Val、Ile、Lys、Gly、Met、Ser、Ala 9 种氨基酸组成。该抗菌物质具有极强的耐热、耐酸碱特性，在 pH11.0～12.0 条件下，121℃处理 1h，其活力保持在 75% 以上。经 3 种蛋白酶（碱性蛋白酶、胰酶、胃蛋白酶）处理后，活性保持在 80% 以上；茚三酮反应阳性。推测 R-1 可能是低分子质量的脂肽。抑菌试验表明对食品腐败菌、致病性革兰氏阴性菌和阳性菌，以及少数真菌均有抑菌活性（任召珍等，2007）。

为开发新型天然抗菌物质，采用硫酸铵盐析、DEAE-cellulose 52 离子交换层析、Sephacryl S-100 分子筛层析等步骤对侧胞短芽胞杆菌 S62-9 产的抗菌物质进行分离纯化，并对其部分特性进行研究。结果表明：该抗菌物质对热和 pH 稳定性高，且抑菌谱广，可抑制多种革兰氏阳性菌、革兰氏阴性菌和真菌，显示出该抗菌物质具有良好的应用前景（杨倩等，2010）。

为了研究海洋侧胞短芽胞杆菌 Lh-1 菌株产生的新型抗菌药物 R-1 对新城疫病毒的抗病毒活性及抗病毒作用机理，通过抗菌药物 R-1 对病毒的直接作用试验、调节细胞免疫功能试验和鸡胚中抑制新城疫病毒增殖释放试验，对该物质的抗病毒活性、感染动力学、毒性和可能的抗病毒机理进行了研究。结果表明：R-1 的浓度分别为 100mg/mL 和 50mg/mL 时，体外与新城疫病毒作用 3h 杀灭率可分别达 94.51% 和 92.93%；使用 R-1 免疫鸡胚细胞后，对注入的新城疫病毒的作用有不同程度的抑制效果，最低发病率可达 13.34%；在新城疫病毒侵入鸡胚细胞 1h 后注入 100mg/mL R-1，病毒的杀灭率可达 89.13%，并抑制了病毒在细胞内的增殖（郑媛等，2009）。

第四节 土壤短芽胞杆菌

一、土壤短芽胞杆菌的生物学特性

从青海花土沟油田分离出 2 株高效原油降解混合菌 bios2-1、bios2-2，经细菌的生理生化和 16S rDNA 基因序列鉴定，发现 bios2-1 与土壤短芽胞杆菌（*Brevibacillus agri*) 的相似性为 99%，bios2-2 与短芽胞杆菌属中的利氏短芽胞杆菌（*Brevibacillus levickii*）的相似性为 95%，认为是短芽胞杆菌属中的一个新种。当以花土沟原油为唯一碳源时，培养 7d 后，混合菌对原油的降解率可达 70% 左右。气相色谱和原油族组分分析表明，混合菌作用后，原油的轻质组分含量明显增加，重质组分含量明显降低，同时原油的黏度也降低了 30.26%，凝固点降低了 7.5℃（李兴丽等，2008）。为从新疆克拉玛依油田油污土壤中筛选具有降解能力的菌株，为构建本源石油降解微生物菌群提供技术支持和菌种储备，通过以石油烃为唯一碳源的选择培养基的分离培养，获得能够利用石油烃为碳源的菌株，并通过 16S rDNA 序列测定方法对菌株进行鉴定。结果分离得到 18 株能以石油作为唯一碳源和能源的石油降解菌株，通过序列分析，初步鉴定为假单胞菌（*Pseudomonas* sp.）、动性球菌（*Planococcus* sp.）、节杆菌（*Arthrobacter* sp.）、嗜冷杆菌（*Psychrobacter* sp.）、短芽胞杆菌（*Brevibacillus* sp.）等 5 类。在不同土壤中分离出的降解菌株不同，含油量较高的土壤中种类较多。结论：新疆克拉玛依油田油污土壤中的石油降解菌株以假单胞菌属为主，而且随着污染严重程度的不同降解菌株的种类也不同（孙玉萍等，2011）。

二、土壤短芽胞杆菌产生物表面活性剂特性

采用多次富集培养、血平板筛选方法，从新疆克拉玛依油田油水样中分离得到产生物表面活性剂菌株 L1。该菌株与已培养的土壤短芽胞杆菌的 16S rDNA 序列同源性达 99%；其代谢产物具有降低表面张力的作用，可以将发酵液表面张力从最初的 69.56mN/m 降到 29.36mN/m；菌株代谢产物经薄层层析分析初步鉴定为脂肽类生物表面活性剂，红外光谱定性该生物表面活性剂属于环脂肽类表面活性剂（罗剑波等，2010）。

三、土壤短芽胞杆菌用于生物肥料

从小麦根、茎、叶分离出 21 株溶磷微生物，筛选出溶磷能力最强的菌株 JG-22，经形态特征、生理生化分析及 16S rDNA 序列分析，确定其为土壤短芽胞杆菌（*Brevibacillus agri*）。研究表明，JG-22 对 $Ca_3(PO_4)_2$ 溶解能力最强；pH 对菌株 JG-22 溶磷效果影响最明显，在 34~36℃ 和弱碱性环境下，溶磷效果较好；培养 72h 后增加培养时间对有效磷的增量影响不大；$Ca_3(PO_4)_2$ 含量在 5g/L 以上时加大其含量对有效磷的增量几乎无影响（蒋国彪等，2012）。

第九章 硫化芽胞杆菌属

第一节 硫化芽胞杆菌属的特性与分化

一、硫化芽胞杆菌属的特性

该属的基本特性是细胞杆状,G^+,嗜酸,兼性自养,芽胞圆形或椭圆、端生或亚末端生,利用硫、亚铁盐、其他硫化物等。

二、硫化芽胞杆菌属的分化

尽管脂环酸芽胞杆菌属(Alicyclobacillus)的菌株细胞壁染色为 G^+,能在酸性条件下生长,但硫化芽胞杆菌属细菌是异养菌非自养菌,以此为依据另建硫化芽胞杆菌属(Sulfobacillus)。

第二节 嗜酸硫化芽胞杆菌

一、嗜酸硫化芽胞杆菌的生物学特性

从太平洋热液区样品中分离纯化到一株中等嗜热嗜酸菌,编号为 TPY。对该菌株的形态、生理生化特征、16S rDNA 序列,以及亚铁和单质硫氧化活性进行了研究。结果表明,菌株 TPY 为短杆状,革兰氏阳性菌,大小为$(0.3\sim0.5)\mu m \times (1\sim3)\mu m$;最适生长温度为 50℃,最适生长 pH 为 1.8;该菌既能利用亚铁盐、单质硫自养生长,也能利用酵母粉、葡萄糖、蛋白胨和甘油等有机物异养生长;菌株 TPY 与嗜酸硫化芽胞杆菌(Sulfobacillus acidophilus)(AB089842)的 16S rDNA 序列高度相似,其同源性为 99%。这些结果表明,TPY 菌是一株来自深海的嗜酸硫化芽胞杆菌。该菌的成功分离将有助于对太平洋热液区微生物种群结构的全面了解;同时,TPY 菌对亚铁和单质硫的良好氧化能力显示出其在生物浸矿中的应用潜力(漆辉洲等,2009)。

专利《一种来自西太平洋热液区菌 Sulfobacillus acidophilus》提供了一种从西太平洋热液区获取的细菌,细菌名称为嗜酸硫化芽胞杆菌(Sulfobacillus acidophilus),其主要表型特征:革兰氏阳性,杆状,能够自养、异养、混合营养型,耐高温(最高能够耐受到 70℃),嗜酸,高活动性,具有浸矿能力。与亚铁氧化酸硫杆状菌(Acidithiobacillus ferrooxidans)相比长处是耐受的温度更高。与铁氧化钩端螺菌(Leptospirillus ferrooxidans)相比长处是耐受温度高,能够进行异养和自养两种营养型生长,同时能够利用硫为能量来源,能够利用硫化矿物浸矿(陈新华和陈红,2008)。

二、嗜酸硫化芽胞杆菌黄铜浸矿体系

为了优化浸出工艺,研究浸矿体系中主要微生物种群的结构和动态变化,在槽式搅拌反应器中于45℃用中度嗜热混合菌[喜温酸硫杆状菌(Acidithiobacillus caldus),嗜铁钩端螺旋菌(Leptospirillum ferriphilum)、嗜酸硫化芽胞杆菌(Sulfobacillus acidophilus),热氧化硫化芽胞杆菌(Sulfobacillus thermosulfidooxidans)等]浸出黄铜矿精矿,考察浸出液的pH、电极电位E_h及金属离子浓度并应用PCR-RFLP(限制性酶切片段长度多态性)方法研究细菌群落变化,浸出时间为30d。研究结果表明:Cu的浸出率为26.2%,反应器内菌种多样性不丰富,只有At.caldus和L.ferriphilum 2种;群落动态变化明显,在浸出开始阶段At.caldus是优势种群,其丰度为96%,随着浸出的进行,L.ferriphilum逐渐增多,在浸出后期代替At.caldus成为优势种群,其丰度为69%(周洪波等,2010)。

三、嗜酸硫化芽胞杆菌硫化物的利用

嗜酸的亚铁氧化硫杆状菌(Acidithiobacillus ferrooxidans,简称A.f)是一种能够以亚铁、单质硫及硫化物作为能量来源的化能自养菌,不产芽胞,是生物湿法冶金中的主要浸矿菌种之一。而嗜酸硫化芽胞杆菌(Sulfobacillus acidophilus,简称S.a)为中等嗜热菌,能够进行以亚铁、单质硫及硫化物作为能量来源的化能自养生长,同时还能利用酵母提取物等异养生长,是一种混合营养型菌。嗜酸硫化芽胞杆菌虽然研究不如前者多,但是因为其对环境的适应性更好,对温度的耐受性更高,营养代谢类型更多,使得其在生物冶金方面将起到更大作用,更有实用价值。为了更好地了解这两种菌的生理生态特征、浸矿机理、环境适应性机理,筛选浸矿活性更高的菌株,采用9K培养基从4个不同来源样品中分离到了4株A.f菌(分别编号为A.f.1,A.f.2,A.f.3,A.f.c)。这4株菌通过其表型特征及16S rDNA鉴定为嗜酸的亚铁氧化硫杆状菌。它们都能够利用亚铁、单质硫和黄铁矿作为能量来源,但是各株菌的最适pH、最适温度、对外加离子的耐受性不同(陈红和陈新华,2007)。

四、嗜酸硫化芽胞杆菌的氧化能力

氧化铁是土壤中最为丰富的金属氧化物,在土壤形成过程及土壤氧化还原反应中起着十分重要的作用。土壤淹水后,一些厌氧微生物可利用Fe^{3+}作为电子受体,氧化有机物和氢气,使Fe^{3+}还原为Fe^{2+}。这种异化Fe^{3+}还原是水稻土和厌氧沉积物中氧化铁还原的主要途径。Lovley报道,能够还原Fe^{3+}的微生物广泛分布在细菌域中的8个门下、13个纲、22个目中,并认为土杆菌科的成员是厌氧条件下Fe^{3+}及有机污染物降解的主要微生物类群。与铁还原不同,在Fe^{2+}氧化过程中化学氧化和微生物氧化均具有重要地位。稻田落干后,氧气可迅速导致Fe^{2+}氧化,是Fe^{2+}氧化的主要方式。铁的微生物氧化在好氧和厌氧条件下均可发生。在好氧条件下,氧化Fe^{2+}的微生物包括亚铁氧化酸硫杆状菌(Thiobacillus ferrooxidans),嗜酸硫化芽胞杆菌(Sulfobacillus acidophilus),锈色嘉利翁氏菌(Gallionella ferruginea)及赭色纤毛菌(Leptothrix ochracea)等。在厌氧条件下,有两种由不同的微生物引起的 Fe^{2+} 氧化为 Fe^{3+} 的过程。第一类是铁氧化细菌，利用 Fe^{2+} 为能量满足生长的需要，以硝酸盐作为电子受体进行自养生长；第二类是一些自养的光合细菌，它在光合过程中利用 Fe^{2+} 作为电子供体（孙丽蓉等，2008）。

第三节 耐温氧化硫化芽胞杆菌

一、耐温氧化硫化芽胞杆菌黄铁矿氧化特性

采用黄铁矿、黄铜矿、硫酸亚铁和硫粉混合物作为主要能源物质在50℃条件下分别培养中度嗜热细菌混合物，研究其细菌多样性；提取细菌基因组总DNA，采用PCR结合限制性酶切片段多态性分析（restriction fragment length polymorphism，RFLP）方法进行细菌16S rRNA基因的系统发育分析，比较不同能源条件下富集培养的混合细菌群落构成的差异。从3个培养物中共获得阳性克隆303个并进行RFLP分析，对29种不同酶切谱型的克隆插入序列进行测定和系统发育分析，大部分序列与已报道的浸矿微生物16S rRNA序列相似性较高（89.1%～99.7%），归为硫化芽胞杆菌属的耐温氧化硫化芽胞杆菌（*Sulfobacillus thermotolerans*）和热氧化硫化芽胞杆菌（*Sulfobacillus thermosulfidooxidans*）、酸硫杆状菌属的喜温酸硫杆状菌（*Acidithiobacillus caldus*）、钩端螺旋菌属的嗜铁钩端螺旋菌（*Leptospirillum ferriphilum*），以及不可培养的森林土壤细菌（uncultured forest soil bacterium）、不可培养的变形菌（uncultured proteobacterium）。其中喜温酸硫杆状菌、耐温氧化硫化芽胞杆菌、嗜铁钩端螺旋菌3种细菌为3类能源物质培养物中的优势细菌类群。嗜铁钩端螺旋菌在黄铁矿培养体系（53.8%）与硫酸亚铁和硫粉为能源的培养体系中（45.9%）丰度最高；在以黄铜矿为能源物质的培养体系中，耐温氧化硫化芽胞杆菌的比例大幅上升（70.1%）（刘飞飞等，2007）。

二、耐温氧化硫化芽胞杆菌金矿氧化特性

随着人类对矿石资源的开采利用，金矿资源日益枯竭，易处理矿石不断减少，难处理金矿成为了研究和开发的重点。贵州泥堡金精矿含金16.78g/t、砷1.47%、硫35.85%、碳质2.42%，金粒度极小（多数小于2μm），且硫、砷难以分离，为典型的难处理金矿石。针对贵州泥堡金矿的特点，选育高效浸矿菌种，开展金精矿生物预氧化-氰化浸出试验研究，并采用构建16S rRNA克隆文库和荧光定量PCR技术相结合的方法对浸出体系微生物群落进行分析。用采自泥堡金矿NB、紫金山铜矿ZJ、白山镍钴铜矿BS、墨江镍钴矿MJ、德兴铜矿DX 5个矿山的浸矿菌对金精矿进行氧化预处理，发现NB菌效果最显著，选择NB菌群作为出发菌，经过连续转接、逐级驯化后，用于生物预氧化试验。该菌群显微镜下检测为杆状、球状及螺旋菌组成的混合菌，在45℃、10%的接种量，以及以金精矿和0.1g/L酵母提取物作为能源物质的条件下生长最好。经过不断的转接驯化，获得一个高效浸矿菌群，硫、砷氧化能力得到大幅提高，与出发菌群相比，驯化菌群硫氧化平均速率提高15.30倍，砷氧化平均速率提高3.12倍，金浸出率提高了7.63倍。驯化菌群用于金精矿生物预氧化-氰化浸出试验，在45℃，10%

矿浆浓度及 10% 接种量条件下对金精矿预氧化处理 15d,金精矿砷氧化率达 68.03%,硫氧化率达 49.21%,预氧化渣氰化浸出,金浸出率达 77.91%。而约 22% 的金仍残留在浸渣中,经物相检测查定,原因是极微细的金被脉石包裹、黄铁矿氧化不完全及"炭劫金"作用。金精矿经氧化处理生成的渣相物质主要为三氧化二铁、黄钾铁矾及砷酸铁,而金精矿中的有机碳含量下降 27.88%,无机碳含量下降 70.59%,说明 NB 菌种对碳质有一定的降解作用。通过构建 16S rRNA 基因克隆文库查明驯化菌群微生物组成:主要存在的细菌为硫化芽胞杆菌属细菌(*Sulfobacillus* sp.)、耐温氧化硫化芽胞杆菌(*Sulfobacillus thermotolerans*)、嗜铁钩端螺菌(*Leptospirillum ferriphilum*),主要古菌为嗜酸亚铁原体(*Ferroplasma acidiphilum*)。通过已设计的、针对酸硫杆状菌(*Acidithiobacillus* sp.)、钩端螺菌(*Leptospirillum* sp.)、硫化芽胞杆菌(*Sulfobacillus* sp.)、亚铁原体(*Ferroplasma* sp.)、普通芽胞杆菌与古菌(UniVersal: Bacteria and Archaea)的 5 种特异性引物,对样品 DNA 进行扩增;荧光定量实时监测结果显示只有 3 种引物成功扩增,分别为钩端螺菌、硫化芽胞杆菌、亚铁原体(*Ferroplasma* sp.),3 种菌属所占比例分别为 0.0049%、1.64%、98.37%。驯化菌群的多样性明显低于出发菌群,并且 NB 菌群不同于其他生物预氧化工艺所用的菌群。NB 菌群中占绝对优势的为嗜酸亚铁原体,在预氧化过程中起主要作用,嗜铁钩端螺菌(*Leptospirillum ferriphilum*)可能为菌群中氧化砷的菌种,硫化芽胞杆菌、耐温氧化硫化芽胞杆菌(*Sulfobacillus thermotolerans*)为该菌群中硫氧化菌,并且与嗜酸亚铁原菌都能以有机碳源作为能源生长,可能对金精矿中的碳质有一定的降解能力。NB 菌群和其他生物预氧化菌群相比,生长温度范围更宽广,耐酸能力和抗逆性更强,特别适合含砷碳质难处理金矿的氧化预处理(尚鹤,2012)。

三、耐温氧化硫化芽胞杆菌铜矿氧化特性

从中国的多个铜矿取样,在 45℃ 条件下富集获得了一种高效的中等嗜热浸矿富集物,探讨了该富集物在柱式反应器中浸出低品位黄铜矿的 pH 变化及其与 Cu^{2+} 浸出的关系,并采用限制性片段长度多态性(restriction fragment length polymorphism,RFLP)技术分析了微生物的群落结构和种群动态变化规律。结果表明在整个浸出过程中 pH 变化较为明显,且一直在 1.8 以上,60d 内回收了 13.6% 的铜。RFLP 结果表明:在初期,嗜铁钩端螺旋菌在浸出前期占有很高比例(81%),随后逐渐降低,至后期只有 13%,而耐温氧化硫化芽胞杆菌和喜温酸硫状杆菌(*Acidithiobacillus caldus*)的比例逐渐升高,在中期分别达 32% 和 23%;至末期,耐温氧化硫化杆菌达 79%,成为优势种群。该研究加深了对中等嗜热微生物浸矿特性的了解,也为中等嗜热菌处理低品位黄铜矿的工业应用提供了可供借鉴的数据(王玉光等,2011)。

生物冶金技术由于成本低、无污染、操作简单而日益受到人们的重视,尤其适用于我国矿产资源品位低、成分复杂的现实情况。中等嗜热菌在矿物浸出的应用中,由于减少了工业反应器的冷却设备,提供了更多的优越性,具有极大的应用前景。尽管中等嗜热菌浸出铜硫化矿在工业应用上取得了一定的进展,但其微生物学机理研究还不够深入,铜的浸出效率还有待提高。从中国的多个铜矿区筛选出能高效浸出黄铜矿的中等嗜

热富集物和纯菌，分析富集物的群落组成，考察该富集物在浸矿反应器中浸出黄铜矿的浸矿参数变化，研究反应器中微生物的群落结构和种群动态规律。通过人为构建浸矿微生物群落，考察构建群落的浸矿性能和微生物群落的变化。研究工作加深了对中等嗜热微生物浸矿特性的了解，为处理不同特性矿物的菌种群落的构建提供了依据，并为中等嗜热菌处理黄铜矿的工业应用提供了可供借鉴的数据。具体研究内容及研究结果概括如下。

(1) 中等嗜热富集物的筛选及其群落解析：①在中高温酸性条件下，以黄铁矿、黄铜矿、硫酸亚铁和硫粉混合物为主要能源物质的培养体系在稳定浸出时期，耐温氧化硫化芽胞杆菌、喜温酸硫杆状菌和嗜铁钩端螺旋菌3种细菌均占有较高丰度。②不同能源对浸矿微生物的群落组成有显著影响。以黄铁矿为主要能源物质的培养体系中嗜铁钩端螺旋菌所占比例最高，在以硫酸亚铁和硫粉混合物为能源的培养体系中，嗜铁钩端螺旋菌所占比例均在50%左右；前一种培养体系中耐温氧化硫化芽胞杆菌和喜温酸硫杆状菌比例接近1∶1，后一种培养体系中耐温氧化硫化芽胞杆菌和喜温酸硫杆状菌的比例接近4∶1。黄铜矿中等高温浸出体系中古菌群落中绝大多数为亚铁原菌属古菌。

(2) 中等嗜热纯菌的分离及其鉴定：①从江西德兴铜矿废弃的酸性矿坑水中分离到一株中等嗜热嗜酸铁氧化菌菌株 ZW-1，为革兰氏阳性菌，长杆状，两端钝圆，菌体大小（0.8~1.5）$\mu m \times 0.4 \mu m$，最适生长温度为48℃，最适生长 pH 为1.9。可利用亚铁、单质硫自养生长和酵母粉、蛋白胨异养生长，不能利用葡萄糖。以16S rRNA 序列的同源性为基础构建的系统发育树分析表明菌株 ZW-1 与嗜酸硫化芽胞杆菌处于同一进化分支上，相似性达99.0%以上。该菌对 Fe^{2+} 具有较高的氧化能力，最高达0.295g/（L·h），且能耐受较高浓度的 Fe^{3+} 和 Cu^{2+}，分别为25g/L 和35g/L。采用 ZW-1 菌单独浸出黄铜矿（12g/L 矿浆浓度），20d 后铜的浸出率为46.4%。②从中国的4个典型的酸性环境中分离到的6株中等嗜热的硫氧化菌具有相似的形态及生理生化特性，最适生长温度为45~50℃，最适生长 pH 为2.5~3.5。可以利用元素硫、硫代硫酸钠和连四硫酸钾为能源进行自养生长，添加少量葡萄糖可以刺激它们的生长。系统发育分析的结果表明6株细菌与 GenBank 上登录的喜温酸硫杆状菌菌株的同源性非常高，均在99%以上，可初步鉴定为酸硫杆状菌属。

(3) 中等嗜热富集物浸出黄铜矿的研究：①从中国多个黄铜矿酸性矿坑水富集到的中等嗜热浸矿微生物具有较强的黄铜矿浸出能力。经驯化，混合菌耐受矿浆浓度从10g/L 提高到50g/L。在浸矿液中加入0.4g/L 的酵母粉，转速为180r/min 的条件下，中等嗜热混合驯化菌可浸出黄铜矿精矿中74%的铜。通过反应器搅拌浸出实验，该混合菌浸出黄铜矿的效果有了进一步提升。50g/L 的矿浆浓度下，搅拌浸出20d 后，铜的浸出率为81%。在小规模柱浸反应器中，该中等嗜热浸矿富集微生物对于低品位黄铜矿具有一定的浸出能力，60d 的浸出时间黄铜矿浸出率为40.8%。②在60d 柱浸的前、中、后3个阶段中，存在相类似的细菌种群类型，主要包括：嗜铁钩端螺旋菌、耐温氧化硫化芽胞杆菌及喜温酸硫杆状菌。在反应器运行初期（20d），嗜铁钩端螺旋菌在黄铜矿浸出体系中占有很高丰度（81%），随着浸矿的进行，嗜铁钩端螺旋菌丰度逐渐降低，在浸矿60d时，嗜铁钩端螺旋菌所占比例降低到13%；前期耐温氧化硫化芽胞杆菌的丰度为16%，浸矿末期（60d），耐温氧化硫化芽胞杆菌在总的微生物群落中所占比例显著上升，达79%。

(4) 人工构建中等嗜热微生物群落浸出黄铜矿的研究：①通过将分离纯化的中等嗜热菌混合可以构建浸矿能力强的微生物群落。中等嗜热混合菌喜温酸硫杆状菌菌株S2、嗜铁钩端螺旋菌菌株YSK、嗜热亚铁原菌（*Ferroplasma thermophilum*）菌株L1和硫化芽胞杆菌属菌株ZW-1的组合对含有大量碱性脉石、难处理的黄铜矿具有较好浸出效果。②当浸矿体系中同时含有自养（喜温酸硫杆状菌菌株S2和嗜铁钩端螺旋菌菌株YSK）和兼性营养（嗜热亚铁原菌菌株L1和硫化芽胞杆菌属菌株ZW-1）微生物时，它们之间表现出协同作用。生物冶金环境中微生物之间的协同作用包括铁、硫的转化，有机物的消除等，对黄铜矿的溶解起着重要作用。这为构建高效浸矿微生物菌群或者调控浸矿过程微生物的种群动态提供了重要依据。为了提高生物浸矿效率，降低提取成本，发展和推广中等高温生物浸出工艺，应该从菌种选育、群落特征与浸矿效率关系、浸矿体系与过程优化控制及浸矿添加剂等方面开展广泛深入研究（邹长斌，2010）。

第四节 热氧化硫化芽胞杆菌

一、热氧化硫化芽胞杆菌的生物学特性

在测定热氧化硫化芽胞杆菌（*Sulfobacillus thermosulfidooxidans*）生长曲线的基础上，以Fe^{2+}的氧化表征细菌的生长规律，考察了初始pH、接种量、初始Fe^{2+}浓度对细菌生长及亚铁氧化的影响。实验结果表明，在混合营养条件下，初始pH1.6、接种量10%、初始Fe^{2+}浓度50~100mmol/L适宜细菌的生长及亚铁的氧化（邓敬石和阮仁满，2002）。

二、热氧化硫化芽胞杆菌对锌硫化矿浸出能力比较

微生物浸矿是多种微生物共同作用的复杂生化过程。大部分浸矿微生物是化能自养型，生长速度慢，浸矿效率低。如何提高它们对金属离子的浸出效率是工业应用的难题。目前，普遍的方法是从浸矿混合微生物中分离纯培养，对其诱变处理。但在工业生产中常常应用混合微生物，其中很大一部分的微生物得不到纯培养，因此单一菌种诱变方法来选育浸矿微生物有明显的局限性。采用几种理化诱变剂及其组合，对从江西、云南、广东和台湾等不同地点采集的浸矿混合微生物进行单一或复合诱变，以获得生长快和浸矿效率高的混合培养物。同时，对诱变后的混合微生物进行了菌株分离与纯化、16S rDNA鉴定和微生物群落的生态分析。结果如下：通过混合微生物诱变和多次浸黄铜矿精矿实验，筛选得到了浸出Cu^{2+}能力较强的混合微生物A、B、C、D和E。①在加入矿浆浓度为1%黄铜矿精矿的9K培养基中培养40d，混合微生物A、B、C、D和E浸出的Cu^{2+}浓度比对照分别增加61.40%、125.57%、1.45%、58.98%和149.98%，浸出率分别提高17.56%、35.90%、0.41%、16.87%和42.88%。说明混合培养物诱变可提高微生物浸黄铜矿精矿的活性。②在加入矿浆浓度为10%黄铜矿精

矿的 9K 培养基中培养 40d，混合微生物 A、B、C、D 和 E 浸出的 Cu^{2+} 浓度比对照分别增加 49.46%、71.68%、22.82%、44.85% 和 97.57%，浸出率分别提高 3.65%、5.29%、1.69%、3.31% 和 7.20%。说明混合培养物诱变可提高微生物浸黄铜矿精矿的活性。③在加入矿浆浓度为 20% 的黄铜矿精矿培养基中培养 40d，在 9K 和 leathen 培养基中，混合微生物 E 浸出 Cu^{2+} 浓度比对照分别增加 87.22% 和 79.24%，浸出率分别提高 3.60% 和 3.59%，表明混合微生物 E 的浸矿性能稳定。④Cu^{2+} 耐受实验表明，混合微生物 E 耐受 Cu^{2+} 能力明显提高，提示其具有工业应用的潜力。⑤混合微生物 A、B、C、D 和 E 在 9K 培养基上生长到稳定期，它们的生长速度比未诱变的混合微生物快 1~2d。混合微生物在含黄铜矿精矿的培养基中保存比在不加矿的培养基中保存，其生长到稳定期时间快 1~2d，表明加入选择性压力可以保持浸矿微生物的生长活性。从不同地点采集的微生物，经过黄铜矿和闪锌矿的长期驯化后，通过混合微生物的复合诱变，得到浸出闪锌矿精矿能力强的混合微生物 B、D 和 E。①在加入矿浆浓度为 1% 闪锌矿精矿的 9K 培养基中培养 40d，混合微生物 A、B、C、D 和 E 浸出的 Zn^{2+} 浓度比对照分别增加 8.06%、85.97%、-2.39%、77.61% 和 117.01%；浸出率分别提高 1.54%、16.43%、-0.46%、14.83% 和 22.37%。②在加入矿浆浓度为 10% 闪锌矿精矿的 9K 培养基中培养 40d，混合微生物 B、D 和 E 浸出 Zn^{2+} 浓度比对照分别增加 49.14%、44.86% 和 54.77%；浸出率分别提高 2.27%、2.07% 和 2.53%。③在加入矿浆浓度为 20% 闪锌矿精矿的 9K 培养基中培养 40d，混合微生物 B、D 和 E 在 9K 培养基中培养，Zn^{2+} 浸出率分别提高 2.10%、1.59% 和 2.24%；在 leathen 培养基中，Zn^{2+} 浸出率分别提高 2.03%、1.89% 和 2.56%。④混合微生物 B 适合在矿浆浓度 4%~16% 条件下生长，混合微生物 E 适合在 4%~32% 矿浆浓度下生长，说明混合微生物 B、E 耐受高矿浆浓度，有良好的工业应用前景。比较了诱变前后 4 个不同样品中微生物群落的多样性。结果表明，4 个样品中微生物群落结构可以分为嗜铁钩端螺旋菌组、嗜酸氧化亚铁硫杆菌组、嗜酸氧化硫硫杆菌和喜温硫杆菌三大组。尽管随着培养条件的改变，样品中微生物的群落结构存在一定的变化，但在本实验条件下，微生物浸出体系中最主要的优势菌种仍然是嗜酸氧化亚铁硫杆菌和嗜酸氧化硫硫杆菌。诱变处理使混合微生物中的嗜酸氧化硫硫杆菌（2$^#$菌株）由原来的次要菌株变成主要菌株，在含黄铜矿和闪锌矿培养基中分别占微生物总数的 69% 和 57%，可能在微生物浸矿中起主要作用。诱变前混合微生物中嗜酸氧化亚铁硫杆菌（1$^#$菌株）生长量最少，诱变处理显著提高了它在微生物群落中的数量。在含黄铜矿精矿和闪锌矿精矿培养基中培养时，它分别占微生物总数的 20% 和 29%，可能在微生物浸矿中起重要作用。在混合微生物样品中，进行微生物单菌株分离实验：①分离出一株最适生长温度 40℃、最适生长起始 pH 为 1.5 的螺旋菌，16S rDNA 序列分析表明，该菌为嗜铁钩端螺旋菌。②分离出一株最适生长温度 45℃、最适生长起始 pH 为 1.8 的杆菌，16S rDNA 序列分析表明，该菌为喜温酸硫状杆菌。③分离出一株最适生长温度 53℃、最适生长起始 pH 为 2.0 的杆菌，16S rDNA 序列分析表明，该菌为热氧化硫化芽胞杆菌。④分离出 K1 和 K2 菌株，经初步鉴定分别为嗜酸氧化亚铁硫杆菌和嗜酸氧化硫硫杆菌（康健，2007）。

三、热氧化硫化芽胞杆菌在铜矿浸出过程微生物群落的演替规律

黄铜矿的微生物浸出一直是生物冶金领域的难题。采用中度嗜热混合菌于 45℃ 条件下浸出浮选黄铜矿精矿，考察浸出过程中浸出液中 Cu^{2+} 浓度变化；采用限制性酶切片段多态性分析（RFLP）方法对不同种类浸矿菌进行 16S rDNA 序列分析，对比研究不同浸出时间内浸出液中微生物群落的演替规律。试验所用浸矿菌分别为：喜温酸硫杆状菌、嗜铁钩端螺旋菌、热氧化硫化芽胞杆菌。浸矿菌经过一系列生长条件优化实验后，得出最佳培养条件：生长温度为 45℃、pH 为 1.5，添加 0.6g/L 的蛋白胨。经过 7d 的摇瓶培养，最高菌浓度达 8.0×10^8 个/mL。在使用搅拌反应器扩大培养中，微生物仅用 5d 即达到最高菌浓度，为 1.0×10^9 个/mL。经过数代不同浓度梯度的黄铜矿矿浆的驯化后，中度嗜热浸矿菌在 100g/L 的黄铜矿矿浆中生长良好，30d 内铜的浸出率为 80%。相对于未经驯化的中度嗜热菌（100g/L 矿浆浓度下，浸出率仅为 30%），驯化后的浸矿菌在最高菌浓度和铜的浸出率方面均有较大提高。通过两组平行实验的验证，表明在搅拌反应器中中度嗜热菌搅拌浸出黄铜矿精矿的最适搅拌速度为 350r/min，最适充气强度为 500mL/min。在最适浸出条件下，使用驯化后的中度嗜热菌搅拌浸出黄铜矿精矿，经过 30d 搅拌浸出后，浸出液中铜离子浓度达 17.36g/L，铜的浸出率为 85.6%。使用 RFLP 技术对不同种类浸矿菌进行 16S rDNA 序列分析，对比研究不同浸出时间内浸出液中微生物群落的演替规律。经研究发现在 3 个样品中，浸出液中 3 种菌（喜温酸硫杆状菌、嗜铁钩端螺旋菌、热氧化硫化芽胞杆菌）均同时存在，在第 7 天的样品中，喜温酸硫杆状菌所占比例最高，达 73.8%；在第 17 天时，热氧化硫化芽胞杆菌所占比例上升为 52.4%，成为优势菌种；在第 27 天时，热氧化硫化芽胞杆菌所占比例上升到 66.7%。喜温酸硫杆状菌所占比例降到 23.8%，嗜铁钩端螺旋菌的比例为 9.5%，所占比例依然最低（庄田，2012）。

四、热氧化硫化芽胞杆菌对低品位铀矿生物浸出能力

铀作为核燃料的一种能源，随着核工业的日益发展，高品位铀矿逐步耗竭，造成了低品位矿/尾矿的大量累积。生物冶金技术由于经济、环保等优势适合处理这些低品位矿/尾矿，但生物浸铀技术在工业应用过程中仍面临着工艺因素的合理调控与菌种的耐受性等难题，因此，探讨如何合理调控生物氧化浸铀工艺与优化微生物群落结构很有意义，以及从功能基因组学角度研究浸矿微生物的耐氟机理对高耐氟菌种的合理选育和驯化具有很强的理论指导作用。针对以上难题开展了低品位铀矿微生物浸出过程中的多因素影响规律及浸矿菌种耐氟机理两方面的研究。一方面，针对生物浸铀工艺调控的合理性，探讨了低品位铀矿生物浸出体系中的多种工艺因素对铀浸出效率的影响规律，并且分析了浸出过程中的微生物群落结构；另一方面，针对浸矿菌种对氟的耐受性问题，从功能基因组学角度研究了单一菌与混合菌的耐氟机理。具体研究内容与结果主要包括以下 6 个方面。①探讨了低品位铀矿生物柱浸过程的工艺因素影响规律：低品位铀矿微生物柱浸研究表明，常温微生物富集培养物对低品位铀矿展现出了良好的浸矿性能，97d 柱浸过程中（包括 33d 酸预浸和 64d 微生物浸出）铀的浸出率达 96.8%。其中微生物

作用阶段铀的浸出率有 74.5%，约占总浸出量的 3/4，而耗酸量不到总量的 3/8。分析表明，可以通过适当控制溶浸液中的微生物群落结构，以及铁和其他离子的含量，来间接调节氧化还原电位，从而促进铀的快速浸出。并且，采用相关性分析软件 Canoco for Windows（version4.5）对工艺因素与铀浸出效率的相关性（CCA）进行分析；结果表明，浸出初期（1～27d），铀的浸出速率处于延缓阶段，pH、喷淋强度及耗酸量对铀浸出效率起到了主导作用；浸出中期（39～87d），铀的浸出速率处于较为快速的阶段，Eh、Fe^{3+}/Fe^{2+} 及液固比是对铀浸出效率的关键因素；在浸出后期（88～97d），铀的浸出速率已经非常缓慢，受液固比的影响比较大。②研究了低品位铀矿生物柱浸过程中微生物群落演替规律：运用分子生物学技术（ARDRA）检测了低品位铀矿柱浸体系中游离微生物（溶浸液与浸出液）及吸附微生物（矿物表面）的群落结构。微生物群落分析结果表明，嗜酸氧化亚铁硫杆菌和嗜铁钩端螺旋菌一直都是铀矿浸出体系中的主要群落，不论在溶液中还是矿物表面；而且吸附在矿物表面的微生物多样性比游离在溶液中的微生物更丰富；溶浸液和浸出液中的优势种群是嗜酸氧化亚铁硫杆菌，而吸附在矿物表面的优势种群是嗜铁钩端螺旋菌。③对比研究了 5 种典型浸矿微生物的耐氟性状：通过比较 5 株浸矿微生物（嗜酸氧化亚铁硫杆菌菌株 ATCC23270、嗜铁钩端螺旋菌菌株 YSK、热氧化硫化芽胞杆菌菌株 ST、硫氧化酸硫杆状菌菌株 A01、喜温酸硫杆状菌菌株 S1）在不同浓度氟胁迫下的生长状态与铁硫氧化活性，结果表明，嗜酸氧化亚铁硫杆菌的氟耐受性是最高的，其次是硫氧化酸硫杆状菌，再次是嗜铁钩端螺旋菌与喜温酸硫杆状菌，最差的是热氧化硫化芽胞杆菌，并表明，中度嗜热浸矿菌比常温浸矿菌更容易被氟离子所抑制。④应用全基因组芯片研究了嗜酸氧化亚铁硫杆菌在氟胁迫下的基因调控机理：通过全基因组芯片对嗜酸氧化亚铁硫杆菌在 4.8mmol/L 氟胁迫下的基因表达谱研究，结果显示，在氟胁迫的 240min 内，嗜酸氧化亚铁硫杆菌菌株 ATCC 23270 总共有 1354 个基因受到氟胁迫后发生了差异表达（均以 2 倍变化为临界值，t 检验，$P=0.05$），约占全基因组芯片所检测基因总数（3217）的 42.09%。分析表明，与氟胁迫密切相关的基因信息主要涉及细胞膜、能量代谢、转运与结合蛋白、DNA 代谢、细胞处理、蛋白质的合成与转运、生物因子的合成等多个方面功能的代谢途径，这些基因信息为芯片快速筛选高耐氟菌株提供了重要的依据。通过生物信息学相关分析，初步阐述了嗜酸氧化亚铁硫杆菌在氟胁迫下的基因调控机理：首先，嗜酸氧化亚铁硫杆菌在应对氟胁迫时，通过调节细胞膜上胞壁质、肽聚糖、多聚糖和脂蛋白的组成，以及非饱和脂肪酸的比例乃至结构或构象，来维持细胞膜的渗透平衡与流动性等生物活性；而且高效表达解毒系统的相关抗性蛋白、离子运输通道蛋白及转运调节子等，同时关闭某些离子通道进而转向对氟耐受性更有利的途径；其次，还能通过加强磷代谢合成磷脂分子来维持细胞膜的完整性和流动性。另外，在短期氟胁迫下，通过加强中间碳代谢来为细菌抵抗不良环境提供能量。最后，细胞能够通过加强氮磷代谢相关途径来减少或修复氟胁迫对蛋白质、核酸造成的损伤。有意思的是，氟胁迫虽然抑制了嗜酸氧化亚铁硫杆菌的生长繁殖，却能提高单个细胞的铁氧化速率。⑤研究了 5 种浸矿微生物共培养体系的耐氟特性及其在氟胁迫下的种群动态：通过分析 5 种浸矿细菌的共培养体系在不同浓度的氟胁迫下的生长状态和铁硫氧化活性，表明氟胁迫在一定程度上抑制了该共培养体系的生长繁殖，对于高浓度的氟胁迫共培养体系保持较为平稳的生长延滞状态；单就铁氧化活性来说，共培养体系不如单一的铁氧化细菌；就硫氧化活性来说，单一的硫氧化细菌在氟胁迫时硫氧化活性基本消失，而共培养体系硫氧化活性的保持能力得到了明显的增强。通过实时（real time）PCR 技术进行种群动态分析，结果表明，嗜铁钩端螺旋菌菌株 YSK 和喜温酸硫杆状菌菌株 S1 为该共培养体系的优势种群；而嗜酸氧化亚铁硫杆菌菌株 ATCC 23270、热氧化硫化芽胞杆菌菌株 ST、硫氧化酸硫杆状菌菌株 A01 为劣势种群。共培养体系中受氟胁迫影响最大的是菌株 ST；其次是菌株 S1、菌株 A01、菌株 ATCC 23270；而菌株 YSK 在氟胁迫下保持非常稳定的生长。⑥应用功能基因芯片研究了浸矿微生物共培养体系在氟胁迫下的基因调控机制：通过功能基因芯片（FGA-Ⅱ）对该共培养体系在 4.8mmol/L 氟胁迫下的基因表达谱研究，探明了该共培养体系中与氟胁迫相关的基因主要涉及硫代谢、细胞膜、电子传递、解毒、碳固定、氮代谢等多个方面功能的代谢途径，而且各个途径在短时间（60min）氟胁迫倾向于高效表达，而长时间（120min）氟胁迫各个途径更倾向于低效表达。芯片图谱分析表明，氟胁迫下共培养体系中起主导调节作用的是其中的优势种群，但是劣势种群在氟胁迫时在很大程度上辅助了优势种群的生长及其氧化活性的保持（李乾，2012）。

五、热氧化硫化芽胞杆菌在黄铁矿表面的吸附规律

黄铁矿是世界上分布最广的硫化矿，它能够提供铁和硫两种元素，在金属硫化矿生物浸出的过程中具有重要的作用。主要以 3 种中等嗜热浸矿细菌喜温酸硫杆状菌、嗜铁钩端螺菌和热氧化硫化芽胞杆菌为研究对象，考察了不同温度和 pH 条件下，中等嗜热浸矿细菌和黄铁矿之间的吸附情况，并研究了细菌和黄铁矿作用前后细菌和黄铁矿表面性质的变化。通过吸附研究表明，在不同的温度（40℃和 45℃）和 pH（1.6、2.0 和 2.5）条件下，热氧化硫化芽胞杆菌、喜温酸硫杆状菌、嗜铁钩端螺菌和混合菌（热氧化硫化芽胞杆菌：喜温酸硫杆状菌：嗜铁钩端螺菌＝1:1:1）在黄铁矿表面的吸附率不同。嗜铁钩端螺菌在 40℃和 pH2.0 的条件下，在黄铁矿表面具有最大的吸附率，达 89.47%；混合菌和喜温酸硫杆状菌在温度为 40℃和 pH1.6 的条件下，在黄铁矿表面的吸附率最高，分别达 75.54% 和 83.33%。通过测定细菌的接触角和 zeta 电位表明，黄铁矿培养的细菌比亚铁或硫粉培养的细菌的接触角和等电点大，促使细菌表面疏水性强和细菌表面的一些官能基团的改变，促进了细菌在黄铁矿表面的吸附，但是在固体基质（黄铁矿）中生长的细菌表面性质的改变都具有相似的规律。利用扫描电镜（SEM），X 射线能谱分析（EDAX）和 X 射线光电子能谱分析（XPS）技术，观察黄铁矿和细菌作用前后的黄铁矿表面的变化。研究表明有菌体系中的溶液 pH 的下降趋势和氧化还原电位的升高趋势比无菌体系下的明显；由 SEM、EDAX 和 XPS 分析结果可知，大量的细菌吸附在黄铁矿的表面，使黄铁矿表面被严重腐蚀而变得凹凸不平。黄铁矿氧化的电化学行为研究发现，在无菌和有菌体系中，黄铁矿电极首先在 0V（vs. SCE）附近被氧化产生了元素硫，使电极表面发生钝化；随着阳极扫描电位的升高，极化电流迅速的增大，S 被氧化为 SO_4^{2-}，钝化膜溶解；同时 pH 的降低，加快了黄铁矿表面的腐蚀。添加细菌后，黄铁矿表面的腐蚀电位升高，腐蚀电流增大，表明细菌的加入促进黄铁矿表面腐蚀反应的发生，提高了腐蚀速率（王利沙，2011）。

六、热氧化硫化芽胞杆菌在生物浸矿反应器中氧化还原酶研究

以生物浸矿反应器中反应液为样品,分离得到 6 株极端嗜酸菌,并对它们进行形态特征、生理生化、以及遗传学特征的初步鉴定和分析,将这 6 株菌分别命名为:喜温酸硫杆状菌菌株 SM-1、硫氧化酸硫杆状菌菌株 SM-2、亚铁氧化酸硫杆状菌 LJ-1、嗜铁钩端螺菌菌株 LJ-2、热氧化硫化芽胞杆菌菌株 LJ-3、嗜酸菌属菌株 Teng-A。对这 6 株菌进行了元素硫、铁离子、硫化矿石(黄铁矿、黄铜矿、硫精矿、金精矿)代谢的测定,结果表明,喜温酸硫杆状菌 SM-1、硫氧化酸硫杆状菌 SM-2、亚铁氧化酸硫杆状菌 LJ-1 可以代谢元素硫(SM-1 为 0.012mol/d、SM-2 为 0.01mol/d、LJ-1 未测定),但是不能代谢黄铁矿、黄铜矿;亚铁氧化酸硫杆状菌 LJ-1、嗜铁钩端螺菌 LJ-2、热氧化硫化芽胞杆菌 LJ-3 可以代谢二价铁离子 [LJ-1 为 37.2mg/(L·h);LJ-2 为 36.7mg/(L·h)],菌株 LJ-1 可以氧化金精矿、硫精矿、黄铜矿、黄铁矿,菌株 LJ-2 对金精矿、硫精矿、黄铜矿进行氧化,但是对黄铁矿不能进行氧化;嗜酸菌属 Teng-A 在厌氧条件下可以将三价铁离子还原为二价铁离子,但是不能利用二价铁离子和元素硫,可以利用糖醇等有机质生长。不同菌种的混合培养研究表明,菌株混合作用时的氧化效率高于单独作用时的氧化效率,显示了混合培养在硫化矿生物沥滤方面的优势;菌株 LJ-1 和 LJ-2 与菌株 Teng-A 的混合培养表明,菌株 Teng-A 可以还原培养液中的三价铁离子或沉淀,减少矿石表面沉淀的附着,同时产生的二价铁离子又可以为铁氧化细菌的生长提供能源。硫氧化还原酶(SOR)是一类可以将元素硫进行自身歧化反应,生成硫化氢和亚硫酸的酶类,在高温嗜酸硫氧化细菌中广泛存在。美国能源局对嗜酸古菌——喜酸亚铁原体(*Ferroplasma acidarmanus*)进行了全基因组的测定,对其分析结果表明,其有一个与 SOR 相似性很高的片段,由于其在生物浸矿反应器中广泛存在,推测其可能具有 SOR 功能,因此,应用 pBV220 和 pET-28(a)为载体,在大肠杆菌中对其进行体外表达和定点突变,分析蛋白质活性,结果表明,未进行终止密码突变的片段几乎无活性,而进行定点突变后的片段具有很明显的 SOR 活性(刘艳阳,2006)。

七、热氧化硫化芽胞杆菌的分离与鉴定

从云南腾冲酸性热泉富集物中分离到一株适度嗜热喜酸菌 YN22。该菌革兰氏染色阳性,呈直杆状或微弯,长 1.6~2.8μm,直径 0.4~0.7μm。该菌能在 25~60℃ 条件下生长,最适生长温度为 53℃;生长 pH 为 1.0~5.0,最适 pH 为 1.5;化能自养型,0.025%(w/V)的酵母提取物对其生长有明显的促进作用,在酵母提取物存在的情况下能快速氧化 Fe^{2+},但对 S^0 和还原型硫化物的氧化能力较低。16S rDNA 系统发育分析表明,该菌与热氧化硫化芽胞杆菌的 16S rDNA 序列相似性达 99%。YN22 基因组 DNA 的 G+Cmol% 为 47.3%,与嗜热硫氧化硫化杆菌模式菌株 VKMB-1269 非常接近,后者基因组 DNA 的 G+Cmol% 为 47.5%。基于形态特征、生理生化特性、系统发育学和 G+C 含量的分析结果,YN22 应归于硫化芽胞杆菌属(*Sulfobacillus*),为嗜热硫氧化硫化芽胞杆菌(热氧化硫化芽胞杆菌,*Sulfobacillus thermosulfidooxidans*)的一株菌株。这是国内首次分离,并经多种方法鉴定、确认的嗜热硫氧化硫化杆菌,从而为我国浸矿微生物的基础和

应用研究提供了最典型的适度嗜热菌种（丁建南等，2007）。

八、热氧化硫化芽胞杆菌适应与活化元素硫的分子机制研究

在生物浸出过程中，金属硫化矿在三价铁离子和质子作用下分解，可能产生元素硫累积，进而在金属硫化矿表面形成疏水元素硫层，阻碍金属离子的进一步浸出。浸矿环境中的嗜酸硫氧化细菌能有效消解和利用硫化矿分解过程中的元素硫，同时不断补充在浸出过程中消耗的质子。这表明硫生物氧化在生物浸出中扮演着十分重要的角色，研究和了解这种角色的作用机制、实现途径及其影响因素是十分必要的；另外，有关硫生物氧化的分子机制一直是硫生物氧化系统中的关键问题，至今未得到清晰的阐明。为更进一步拓展对硫生物氧化过程的了解，研究了嗜酸氧化亚铁硫杆菌（Acidithiobacillus ferrooxidans）适应与活化元素硫的分子机制。研究工作主要包括以下 3 个方面。①嗜酸氧化亚铁硫杆菌硫氧化的环境适应性：通过研究几种常见阴离子（氯离子、硝酸根离子、硫酸根离子和磷酸根离子等）对嗜酸氧化亚铁硫杆菌生长和硫氧化活性的影响，揭示环境中阴离子对嗜酸氧化亚铁硫杆菌生长和硫氧化活性影响的一般性规律。结果表明：一般情况下随着环境中阴离子浓度升高，表现出延缓或抑制细菌生长。但磷酸根离子对细菌的生长和硫氧化活性的抑制在浓度相当高的情况下才表现出来，100mmol/L 的磷酸根离子甚至对细菌的生长和硫氧化活性具有促进作用。在正常环境下细菌体内参与细胞生理生化反应的蛋白质表达数量相对较多；在高浓度 PO_4^{3-} 胁迫下细菌表达蛋白的总数量相对减少，但同时表达一些特异性蛋白来调整和适应无机阴离子的胁迫效应。通过比较研究嗜酸氧化亚铁硫杆菌在元素硫和硫代硫酸盐中细胞形态和生长特性、元素硫在嗜酸氧化亚铁硫杆菌作用前后表面性质变化、细菌自身细胞表面化学性质的变化及嗜酸氧化亚铁硫杆菌对元素硫的吸附行为等，了解嗜酸氧化亚铁硫杆菌在元素硫和硫代硫酸盐基质中的细菌细胞适应性。结果表明：细菌能够优先利用可溶性能源基质硫代硫酸盐，生长在硫代硫酸盐中的细菌呈细长形态且细胞浓度较高，细胞亲水性较强；而生长在元素硫中的细菌呈短而粗的形态。细胞表面分泌大量附属物或蛋白质，使元素硫表面的疏水性质改变为亲水性，便于细菌对元素硫的吸附，或者使细菌随机胶结和堆集在硫粒上，这种吸附与解吸附呈一种动态变化过程；同时，硫粒表面因细菌的作用而形成腐蚀小坑。②硫基质中嗜酸氧化亚铁硫杆菌胞外蛋白质组的初步研究：研究嗜酸氧化亚铁硫杆菌特化细胞空间（胞外、细胞周质）蛋白质组学，更易于发现在特定功能区域内行驶特定功能的蛋白质。建立了选择性分离和双向电泳展示嗜酸氧化亚铁硫杆菌特化细胞空间蛋白质的方法体系，明确了具体实验参数。研究在亚铁和元素硫基质中的嗜酸氧化亚铁硫杆菌胞外蛋白质表达差异，鉴定和分析在元素硫基质中嗜酸氧化亚铁硫杆菌胞外高表达蛋白质。通过对在元素硫基质中嗜酸氧化亚铁硫杆菌胞外高表达蛋白质的鉴定和分析，发现除少数蛋白质（或多肽）有预测功能外，大部分都为未知功能的蛋白质（或多肽）。鉴定的已有功能预测的蛋白质（或多肽）包括：接合转移的蛋白质（AFE_1391：conjugal transfer protein）、吸附相关的菌毛蛋白（AFE_2621：pilin, putative）、脂蛋白（AFE_1847：lipoprotein, putative；AFE_0982：vacJ lipoprotein）、多聚糖脱乙酰酶家族蛋白（AFE_0927：polysaccharide deacetylase family protein）和

丝氨酸/苏氨酸磷酸水解酶家族蛋白（AFE_1932：Ser/Thr phosphoric acid hydrolase family protein）。生物信息学分析还发现有6个功能未知的胞外蛋白质序列中含有较高丰度的半胱氨酸残基，有4个多肽序列中含有CXXC功能模体。由此推测，在元素硫中嗜酸氧化亚铁硫杆菌表达相对较高的胞外蛋白质（或多肽），推测它们的功能与元素硫的吸附和活化相关。据此提出多巯基胞外蛋白质在元素硫吸附活化过程中可能的作用方式，但其具体功能还需要深入而细致的验证和分析。③分析与鉴定硫活化/氧化相关蛋白质和基因的特征：还原性谷胱甘肽在硫活化与氧化过程中发挥重要作用，通过对维持嗜酸氧化亚铁硫杆菌细胞体内的还原性谷胱甘肽水平的谷胱甘肽还原酶（glutathionereductase，GR）基因进行克隆与原核表达，以及对表达产物进行酶学性质的研究，发现该独特的GR不仅能以NADPH为电子供体，也能以NADH作为电子供体将氧化型谷胱甘肽（GSSG）转变为还原型谷胱甘肽（GSH）；序列比对发现该酶NADPH结合模体中的一个保守精氨酸残基位点被天冬酰胺残基所取代。巯基蛋白参与细胞周质空间还原性硫化合物的氧化，二硫键形成蛋白对维持周质空间高水平游离巯基的存在、修复和维持二硫键的正确连接起着十分重要的作用。通过对嗜酸氧化亚铁硫杆菌中二硫键形成蛋白基因 $dsbG$ 进行克隆与原核表达，以及对表达产物的酶学性质的研究，发现表达产物有二硫键异构酶活性；点突变结果表明其催化模体CXXC中的C119和C122位点是二硫键异构酶活性所需的关键氨基酸残基。结合已有的研究结果和嗜酸氧化亚铁硫杆菌全基因组基因信息，利用RT-PCR方法从转录水平上分别对嗜酸氧化亚铁硫杆菌ATCC 23270基因组中可能编码硫酸盐-硫代硫酸盐结合蛋白基因 sbp、膜结合硫代硫酸盐-辅酶Q氧化还原酶基因 $doxDA$ 及类硫氰酸酶基因 $p21$ 等可读框所在的基因座之间的联系进行了鉴定和分析，结果表明它们分别为预测的 $doxDA$-1操纵子和 $doxDA$-2操纵子。在此基础上，利用生物信息学的方法对 $doxDA$ 操纵子的可能启动子序列也进行了预测和分析（张成桂，2008）。

九、热氧化硫化芽胞杆菌用于污泥洁净化的微生物淋滤技术

利用微生物方法去除污泥中重金属（生物淋滤法）具有成本低、去除效率高、脱毒后污泥脱水性能好等优点，近年来在国际上备受关注，生物淋滤法采用的主要细菌为氧化亚铁硫杆菌（*Thiobacillus ferrooxidans*）和氧化硫硫杆菌（*Thiobacillus thiooxidans*），在其作用下，污泥中以难溶性金属硫化物被氧化成金属硫酸盐而溶出，通过固液分离即可达到去除重金属的目的，污泥的生物淋滤效果受温度、O_2 和 CO_2 浓度、起始pH、污泥种类与浓度、底物种类与浓度、抑制因子、Fe^{3+} 浓度等的影响，周顺桂等（2002）较为详细地介绍了生物淋滤法的作用机理及高效去除污泥中重金属的操作程序，并对其在环境污染治理方面的应用前景进行分析。

第十章 类芽胞杆菌属

第一节 类芽胞杆菌属的特性和分化

一、类芽胞杆菌属的特性

类芽胞杆菌属（*Paenibacillus*），细胞呈杆状，革兰氏染色阳性、阴性或可变，以周生鞭毛运动。在膨大胞囊内有椭圆形芽胞，在营养琼脂上不产生可溶性色素。兼性厌氧或严格好氧。除了幼虫类芽胞杆菌的两个亚种，几乎所有种的接触酶为阳性，氧化酶反应可变，V-P反应（乙酰甲基甲醇产生）可变，V-P液的pH为4～6，不产硫化氢。有的种产生吲哚。硝酸盐还原到亚硝酸盐可变，酪朊、淀粉和尿素的水解都可变，酪氨酸分解也可变。pH5.6和50℃的生长也可变，最适pH为7，最适的温度为28～30℃。马阔里类芽胞杆菌（*Paenibacillus macquariensis*）最适生长温度为20～23℃。10% NaCl可抑制生长。有的种在含0.001%溶菌酶中不能生长。模式种：多粘类芽胞杆菌（*Paenibacillus polymyxa*）（Ash et al.，1993）。

二、类芽胞杆菌属的分化

类芽胞杆菌属是从芽胞杆菌属（*Bacillus*）中划分出来的。16S rRNA基因序列检测明确将Bacillus rRNA group3区别于其他形成芽胞的杆菌，基于表型特征和系统发育分析结果，将group3建立一个新的属，即类芽胞杆菌属。模式种多粘类芽胞杆菌的主要特征：兼性厌氧或专性需氧，细胞杆状，芽胞椭圆形，胞囊膨大，借助鞭毛运动。在营养琼脂中无色素产生。最适温度28～30℃，最适生长pH7.0，10% NaCl抑制生长。接触酶反应阳性，不产生H_2S。主要脂肪酸是anteiso-C15：0。DNA碱基组成G+C mol%是45%～54%，16S rRNA基因片段可由引物PAEN515F和1377R进行PCR扩增得到。

第二节 多粘类芽胞杆菌

一、多粘类芽胞杆菌的生物学特性

从中药植物——百部的组织中分离到一株高产胞外多糖的植物内生菌菌株EJS-3，该菌株在产糖培养基中可以得到23.6g/L的胞外多糖，转化率为47.2%（g EPS/g蔗糖）。通过16S rRNA基因序列分析对该菌株进行了鉴定。通过PCR扩增，得到1450bp的16S rRNA序列。PCR产物序列通过Blast软件在NCBI网站中进行同源性比较，通过Bioedit 7.0和Tree.drawing软件绘制系统发育树。结果显示，菌株EJS-3的16S rRNA序列和数据库中的多粘类芽胞杆菌菌株KCTC1663的序列同源性为99.31%。在细菌系统发育分类学上，菌株 EJS-3 归为多粘类芽胞杆菌（孙力军等，2006）。

对从毛竹根际分离到的菌号为 GW1、GW-5、GW-10、GW-16 的 4 株菌进行鉴定和固氮特性研究，从其菌体形态及生理化特性确定为多粘类芽胞杆菌。它们固氮的最适温度，GW-1 为 30～35℃，GW-5、GW-16 为 30℃，GW-10 为 35℃；最适固氮 pH，GW-1、GW-10 为 7.5 左右，GW-5 为 7.0 左右，GW-16 为 6.0～7.5。4 株菌都可利用多种碳源固氮，但以葡萄糖、蔗糖、苹果酸 3 种碳源混合时固氮活性最大。4 株菌的最高固氮能力，GW-1、GW-5 培养 96h 时分别为 156.90nmol C_2H_4/(h·瓶)、89.37nmol C_2H_4/(h·瓶)，GW-10、GW-6 培养 72h 时分别为 56.63nmol C_2H_4/(h·瓶)、83.64nmol C_2H_4/(h·瓶)（顾小平和吴晓丽，1998）。对自环境中分离的生有鞭毛的细菌进行了形态学观察、生理生化测定及系统发育分析，结果表明该菌为类芽胞杆菌属，与已知种——灿烂类芽胞杆菌的各项性状极为相似，最终将此菌鉴定为灿烂类芽胞杆菌。研究中还发现该菌可作为良好的鞭毛染色的示范菌，可替代微生物学实验教学中经常使用的普通变形杆菌（*Proteus vulgaris*）用于鞭毛染色和细菌的运动性观察（刘忠霞和陈文峰，2007）。

多粘类芽胞杆菌对人或动植物没有致病性，某些菌株可产生如抗生素、拮抗蛋白、植物激素、酶、絮凝剂等多种生物活性物质。这些活性物质在植物病害防治，以及人和动物疾病治疗方面具有诱人的应用前景。对近年来多粘类芽胞杆菌及其产生的生物活性物质的研究进展进行了综述（杨少波和刘训理，2008）。类芽胞杆菌是芽胞杆菌中比较具应用潜力的菌种之一。近年来，国内外对于类芽胞杆菌各方面应用的研究日益增多。对类芽胞杆菌在植物病害防治、环境污染防治两方面的应用进行了综述（鲁红学和周燚，2008）。

二、多粘类芽胞杆菌的发酵技术

采用正交试验方法，对多粘类芽胞杆菌的发酵培养基进行优化，通过统计学分析，确定发酵培养基，并利用 30L 发酵罐进行实验，测定发酵过程中相关参数，确定生长代谢曲线。结果表明，发酵效价由优化前的 $8.6×10^4$ U/mL 提高到 $12.9×10^4$ U/mL，提高近 1.5 倍（凤权等，2007）。

对产 β-1,3-葡聚糖酶小麦内生多粘类芽胞杆菌菌株 hu-4 的产酶工艺进行了研究，通过正交试验建立和优化了菌株 hu-4 的发酵产酶培养基，确立了最佳发酵工艺。结果表明，以蛋白胨 1.8%、酵母膏 0.6%、玉米浆 1.2%、酵母葡聚糖 0.5%、矿质元素混合溶液 0.5% 为其最佳发酵培养基构成，pH7.0；在温度 32℃、转速 200r/min、接种量 2% 的工艺条件下发酵周期为 36～38h，产酶效果较好（刘安邦等，2008）。

根据多粘菌素 E 生物合成途径进行高产菌株的推理选育。以多粘类芽胞杆菌（*Paneibacillus polymyxa*）C105x 为出发菌株，采用紫外线诱变处理，并结合 2,4-二氨基丁酸（L-DAB）和 2-脱氧-D-葡萄糖（2-DOG）的抗性筛选，选育得到较佳正突变株 CL7-49。该菌株具有多粘菌素 E 发酵效价高、遗传稳定性好等特性。将该突变株应用于 $50m^3$ 发酵罐的生产验证，发酵效价较对照菌株 C105x 提高了 48%（陈万河等，2008）。

通过单次单因子试验和正交试验,对菌株 Cp-S316 抗真菌活性物质的发酵培养基进行了优化,获得适合菌株生长和抗真菌活性物质产生的最佳培养基配方为:土豆 100g、乳糖 40g、蛋白胨 15g、硝酸钠 0.5g、硫酸镁 2g、水 1L。经摇瓶发酵试验,发酵液效价比基础培养基配方提高了 325.24%。菌株 Cp-S316 产生的抗真菌活性物质粗提物对烟草赤星病菌菌丝具有强烈的抑制作用,采用抑制菌丝生长速率法测定了其对烟草赤星病菌的抑制中浓度为 $EC_{50}=0.248mg/mL$;显微镜下观察发现,活性物质能够引起菌丝原生质凝集(王智文等,2007)。多粘类芽胞杆菌菌株 Cp-S316 对动植物真菌、细菌病原物具有广谱抗性,为研究抗真菌活性物质的化学结构、理化性质并探讨其工业化生产的可行性,研究了大孔吸附树脂对多粘类芽胞杆菌菌株 Cp-S316 产生的抗真菌活性物质的吸附、解吸性能,筛选出其最佳解吸剂,并测定了抗真菌活性物质的部分性质。结果表明,大孔吸附树脂 X-5 对抗真菌活性物质的吸附及解吸性能最好,其饱和吸附量为 $5.36\times10^4\mu g/g$,其最佳解吸剂为 0.01mol 的 HCl-70%乙醇,以解吸剂:树脂=2:1 ($V:m$) 进行静态解吸,解吸率达 93.28%。该活性物质对热、紫外线稳定,对胰蛋白酶、蛋白酶 K 有一定的耐受性,对氯仿部分敏感,对酸稳定,对碱敏感。抗真菌活性物质提取方便,理化性质稳定,显示了一定的应用和开发前景(王智文等,2007)。

以木聚糖为唯一碳源,从富含半纤维素的土壤中分离纯化出 115 株产木聚糖酶的菌株,以 DNS 法从中筛选出一株木聚糖酶酶活最高的细菌,经 16S rDNA 鉴定其为类芽胞杆菌。经单因素试验和正交设计试验,得出该菌株的最佳产酶培养基为:玉米芯木聚糖 30.0g/L、胰蛋白胨 6.0g/L、$K_2HPO_4 \cdot 3H_2O$ 5.0g/L、吐温-80 3.0g/L。用此配方对菌株进行摇瓶培养,最佳培养条件为:初始 pH 为 7.0、温度 32℃、摇床转数 220r/min,在此条件下培养 96h,发酵液中木聚糖酶活力达 194.67U/mL,是未经优化的基础产酶培养条件产酶能力的 1.58 倍(包怡红等,2008)。

从富含半纤维素的土壤中分离、纯化木聚糖酶的高产细菌,并对其酶学性质进行研究。采用平板法及 DNS 法分离筛选菌株,利用 16S rDNA 鉴定菌种;研究不同 pH、温度、金属离子等因素对木聚糖酶酶学性质的影响。最终筛选出一株木聚糖酶高产细菌,经鉴定其为类芽胞杆菌。对其酶学性质的研究表明其最适温度 50℃,最适 pH5.0;在 pH4.0~10.0、温度 20~50℃时有较好的稳定性,其野生型菌株的木聚糖酶活力可达 122.77U(包怡红和李雪龙,2008)。

以羧甲基纤维素钠水溶液(CMC)为液相,空气为气相,研究了不同桨型组合、体系黏度、气量、桨间距、气体分布器等对搅拌过程中氧传递的影响。结果表明:在 CMC 体系中,下层用径向流的涡轮斜叶桨、上层用轴向流的翼型桨有利于氧传递。当单位体积功率 $P/V \geqslant 1.5kW/m^3$ 时,涡轮斜叶翼型组合桨(SRT-HI)比传统的双层透平组合桨(RT-RT)的传质系数提高约 10%,且高径比越大,SRT-HI 优势越明显。进一步用 CFX11.0 进行模拟,得到了不同桨型组合下气液两相的速率、气体和氧传质系数的分布等。并在 50L 发酵罐中分别采用 SRT-HI 与 RT-RT 研究了搅拌对多粘类芽胞杆菌 HY96-2 发酵溶氧影响的热模实验,结果表明,在 $P/V=1.6kW/m^3$ 条件下采用 SRT-HI 发酵过程中,体系的溶氧情况明显好于采用 RT-RT 时的溶氧情况(吴高杰等,2009)。

三、多粘类芽胞杆菌用于生物肥料

微生物可通过直接和间接作用方式影响硅酸盐矿物的溶解。在细菌生长的不同阶段，这两种方式的贡献有所差异。利用微孔滤膜进行了一系列实验，研究了多粘类芽胞杆菌对微纹长石溶解的影响。结果表明，在细菌生长的0～96h内，细菌及代谢产物能通过直接和间接作用共同促进微纹长石的溶解，但微纹长石中各元素的溶出在方式上有一定的差别，K和Si的溶出主要受间接作用的影响，而Al的溶出主要受直接作用的影响。在稳定期和衰亡期，细菌及代谢物均对K、Al、Si 3种元素的溶出起较强的促进作用。在长石溶解的过程中，细菌的生长消耗、细菌表面络合作用、代谢物络合作用等均是影响离子浓度变化的重要因素，3种作用的协同效应，使得实验溶液中离子浓度随细菌生长表现出不规则变化的特点（周跃飞等，2007）。使用透析的方法，设计实验探讨了多粘类芽胞杆菌的黏附对玄武岩中矿物溶解的影响，同时通过改变实验温度，探讨了岩石的微生物溶解与温度的关系。10d的实验结果表明，在30℃条件下，多粘类芽胞杆菌及其代谢产物对玄武岩的溶解有显著促进作用，加速了橄榄石中Mg、Fe、Mn的溶出及辉石和长石中Ca、Al的溶出，而在5℃条件下，这种促进作用不明显。细菌及其代谢物的黏附能加速Mg、Fe、Mn的溶出，抑制Ca的溶出，这种不同的影响与两组元素的溶出机制不同、且黏附对各溶出机制的影响也不同；Al的溶出受黏附作用的影响较小。在低温条件下，黏附作用对玄武岩中各元素的溶出基本无影响（周跃飞等，2009）。

用乙炔还原法，研究了从作物根际分离的51株多粘类芽胞杆菌的固氮作用，结果表明，28株在有氧条件下培养能合成固氮酶并固氮，其中菌株HW-1固氮酶活性达78.3×10^{-6} mol/h，该菌株固氮活性在对数生长后期最高，最适固氮培养条件是35℃和pH8.0，该菌株在有5%氧气的条件下培养时，固氮活性最高，在初始培养和乙炔还原体系中分别注入50%氧气仍能检测到乙炔还原活性。培养基中NH_4^+阻遏该菌株固氮酶合成，但对已合成的固氮酶活性无影响（张高峡和卢振祖，1998a）。

四、多粘类芽胞杆菌的基因转导

从多粘类芽胞杆菌菌株1.794中克隆得到β-葡萄糖苷酶基因$bglA$，将其构建在大肠杆菌表达载体pET28a(+)上，转化大肠杆菌BL21，获得重组工程菌BL1979。重组表达的β-葡萄糖苷酶的酶活力达24.7U/mL，经镍柱纯化后的β-葡萄糖苷酶最适温度为37℃，最适pH为7.0，该酶经纯化后纯度可达92.7%。用非变性梯度聚丙烯凝胶电泳发现该酶具有多种寡聚体形式，经荧光底物活性染色表明这些寡聚体均具有β-葡萄糖苷酶活性（赵云等，2004）。

从鲜牛奶中分离到一株产β-半乳糖苷酶的细菌，经16S rDNA序列比对鉴定为类芽胞杆菌（$Paenibacillus$ sp.）K1。提取该菌株的染色体DNA，以pUC18（lac$^-$）为载体，构建其DNA文库；在含有X-gal的LB平板上筛选该文库，得到6个蓝色菌落；对阳性克隆中插入的DNA片段序列测定，鉴定出一个编码全长为2028bp并携带有组成型启动子的β-半乳糖苷酶基因。将该基因导入大肠杆菌B121（DE3）中，实现了β-半乳糖苷酶高效表达，其酶活为25.06U/mL，高于原始菌株的4.55U/mL，并进一步用亲和层析将该酶进行了纯化（陆文伟等，2008）。

五、多粘类芽胞杆菌产酶特性

β-1,4-木聚糖酶和 β-1,3-1,4-葡聚糖酶活性检测结果表明,多粘类芽胞杆菌菌株 SC2 能同时产生 β-1,4-木聚糖酶和 β-1,3-1,4-葡聚糖酶。以菌株 SC2 的基因组 DNA 为模板,通过 TAIL-PCR 方法克隆到 4807bp 的 DNA 片段。DNAMAN 软件分析,该 DNA 片段包含 2 个可读框(ORF),ORF1 长度为 1908bp,编码含 635 个氨基酸、分子质量为 67.8kDa 的蛋白质;ORF2 长度为 714bp,编码含 237 个氨基酸、分子质量为 26.8kDa 的蛋白质。Blast 分析结果表明,ORF1 与已报道的多粘类芽胞杆菌菌株 ATCC 842 的 $xynD$ 基因相似性为 94%,ORF2 与多粘类芽胞杆菌菌株 Y110 的 $gluB$ 基因相似性为 99%。基因序列的系统发育分析进一步说明,ORF1 和 ORF2 分别为 β-1,4-木聚糖酶基因 $xynD$ 和 β-1,3-1,4-葡聚糖酶基因 $gluB$(朱辉等,2008)。

采用离心、层析和电泳等方法研究了多粘类芽胞杆菌菌株 T1163 在红麻干皮、鲜皮和鲜茎 3 种材料和振荡、静置 2 种发酵体系中分泌的脱胶酶种类,结果表明:红麻专用脱胶菌株 T1163 在脱胶过程中至少产生 9 种脱胶酶(和亚基),其中分子质量分别为 70 800Da、61 600Da、60 000Da、51 200Da、43 000Da、41 700Da 和 33 500Da 的 7 种酶在 2 种体系中共同存在,分子质量分别为 56 300Da 和 28 800Da 的 2 种酶分别只存在于振荡、静置体系。不同酶在脱胶过程中产生的时间、速度和数量随红麻材料和发酵方式的不同存在不同程度的差别(杨礼富等,2001)。

类芽胞杆菌菌株 A11 能产生一种胞内环糊精酶(CDase),已在含 β-环糊精(β-CD)和酚酞的选择平板上以活性检测证实其存在。将 CDase 纯化 22 倍,回收率为 28%。此酶是单一多肽,分子质量为 80 000Da,在 pH7.0 和 40℃时有最高活性。等电点为 5.4,N 端序列为 MFLEAVYHRPRKNWS。通过 CDase 对不同底物的相对水解活性的比较,发现其对 β-CD 具有高度特异性,而对相应的线形物——麦芽七糖的活性只有 40%。CDase 可识别 α-1,4-葡萄糖单元,其水解依赖于寡糖大小(龚家玮译,胡又佳校,2005a)。

为研究一株多粘类芽胞杆菌所产菊粉酶的粗酶学性质,以菊芋菊粉为底物发酵培养了该多粘类芽胞杆菌,利用超声波法破碎细胞,得到该菌的菊粉酶粗提液,并对菊粉酶的粗酶学性质进行了研究。结果表明,该多粘类芽胞杆菌最佳产酶时间约在摇瓶发酵培养 40h 时,所产的胞内菊粉酶的菊粉酶活力与蔗糖酶活力比(I/s)为 0.2187,小于 10,表现为外切酶活性。该酶反应的最适温度和最适 pH 分别为 45℃和 5.0,在此条件下菊粉酶酶活力最高,可达 102.81U/L。该多粘类芽胞杆菌所产菊粉酶为外切酶,该酶的粗酶学性质研究为进一步深入系统地研究菊粉酶的酶学性质奠定了基础(李秋杰等,2010)。

六、多粘类芽胞杆菌用于植物病害的生物防治

BRF-1 和 BRF-2 是从大豆根际土壤中筛选得到的 2 株革兰氏阳性生防细菌,平板对峙培养表明它们对 7 种植物病原真菌具有拮抗作用。BRF-1 芽胞球形、中生,无鞭毛;而 BRF-2 芽胞球形、端生,周生鞭毛。部分生物学特征研究表明,2 株菌株之间存在较大的差异。采用 Biolog 微生物自动鉴定仪鉴定和 16S rDNA 基因序列分析表明,

菌株 BRF-1 和 BRF-2 分别与多粘类芽胞杆菌和枯草芽胞杆菌亲缘关系最近，故把菌株 BRF-1 和 BRF-2 分别定为多粘类芽胞杆菌和枯草芽胞杆菌（王光华等，2007）。通过硫酸铵分级沉淀、Sephadex G-50 柱层析并采用抑菌活性和 SDS-PAGE 跟踪检测，从多粘类芽胞杆菌菌株 BRF-1 代谢产物中分离纯化到一种对大豆立枯丝核菌具有拮抗活性的抗菌蛋白，分子质量约 35.4kDa（陈雪丽等，2007）。采用室内培养方法，对生防细菌多粘类芽胞杆菌菌株 BRF-1 和枯草芽胞杆菌菌株 BRF-2 不同稀释倍数的代谢产物抑制黄瓜尖孢镰刀菌、番茄枯萎病菌分生孢子萌发和菌丝生长的试验结果表明，当 2 株菌株代谢产物稀释 5 倍时，对分生孢子萌发的抑制率达 80% 以上；2 株菌株代谢产物在稀释 2 倍和 5 倍时，对 2 种病原真菌菌丝生长的抑制率为 40%～80%，与对照差异极显著（$P<0.01$）。盆栽试验表明，菌株 BRF-1 和 BRF-2 生防细菌菌悬液及其无菌代谢物对黄瓜和番茄枯萎病不仅具有较好的防治效果，而且具有明显的促进生长作用（陈雪丽等，2008）。

G-14 是从新疆昌吉及吐鲁番甜瓜根际土壤中筛选得到的一株革兰氏阴性生防菌，管碟法测定结果表明，它对 3 种甜瓜细菌性病原菌具有明显拮抗作用。根据形态观察、培养性状并结合微生物自动鉴定仪及对 G-14 的 16S rRNA 基因序列比对，对该菌株进行了鉴定。结果表明：拮抗菌 G-14 为多粘类芽胞杆菌，在第 4 小时进入对数生长期，最适生长温度为 25～28℃，最适 pH6～7，为兼性厌氧菌（王杏芹等，2008）。

LM-3 是一株来自土壤的广谱拮抗细菌，经革兰氏染色、形态特征、培养特征和生理生化特征等分析，菌株 LM-3 被鉴定为多粘类芽胞杆菌。采用盐析法提取获得了该菌株的抗菌粗蛋白质，抑菌活性测定表明抗菌蛋白对辣椒炭疽病菌等多种植物病原真菌有强烈的抑制作用。抗菌蛋白对链霉蛋白酶 E 和胰蛋白酶不敏感，对蛋白酶 K 部分敏感；高温（120℃）处理 20min 后仍保留 84.71% 的活性；酸碱处理发现抗菌蛋白在 pH8.5 时最为稳定，而在 pH2.5 时 80℃ 处理 1h 完全失活；25W 紫外灯（2400lx）照射 8h 对其活性没有影响。发酵上清液经硫酸铵盐析、高温（100℃）处理和 SDS-PAGE 分析，该抗菌蛋白的分子质量为 6～14.2kDa（宋永燕等，2006）。测定了菌株 LM-3 产生的抗菌蛋白对稻瘟病菌和稻纹枯病菌的平板抑制作用；研究了菌悬液浸种、浸芽和浇苗 3 种处理条件下对水稻的生长促进作用和对超氧化物歧化酶、过氧化氢酶和过氧化物酶 3 种保护酶的诱导表达作用。结果表明：抗菌蛋白对稻瘟病菌和稻纹枯病菌的抑菌带分别为 11.0mm 和 7.0mm；以 2×10^6 cfu/mL 的细胞浓度浇灌幼苗对水稻的生长促进作用最好，苗高等各项生理指标与对照及其他处理相比均达到显著水平；对 3 种保护酶均有良好的诱导表达作用（宋永燕等，2006）。

采用类芽胞杆菌属菌株 TX-4 发酵提取液的不同浓度处理南方根结线虫 2 龄幼虫（J2）和卵。结果表明，菌株 TX-4 发酵液的不同浓度提取液对线虫卵有显著的抑制作用，对 J2 幼虫有显著的致死作用。线虫卵的抑制率和 J2 幼虫的致死率，随着浸渍时间的加长和提取液浓度的升高而加大。用高浓度（10 倍稀释液）提取液浸泡根结线虫卵 2d，对卵的孵化抑制率达 70.4%。应用不同浓度的菌株 TX-4 发酵提取液或菌株 TX-4 细胞悬浮液防治接种 J2（1000 头/盆）的盆栽试验表明，两种处理均显著（$P<0.01$）减少番茄根瘤指数和线虫种群数量（杨敬辉等，2010）。类芽胞杆菌 Cp-S316 对家蚕真

菌、细菌病原物具有广谱抗性。为研究抗菌物质的化学结构、理化性质，并探讨其工业化生产的可行性，研究了不同树脂对抗细菌活性物质的吸附性能，对吸附性能优良的树脂进行了解吸性能的比较，并对解吸剂进行了筛选。X-5 树脂对活性物质具有较好的吸附性能，当树脂与发酵液混合后的质量浓度为 0.03g/mL 时，振荡吸附 4h，其吸附率为 90%；以 0.02mol/L HCl-75% 丙酮为最佳解吸剂，层析柱柱长 12cm，直径 1.5cm，流速 3.9mL/(cm^2·min) 动态解吸，其总解吸率为 92%，其中浓度较高部分（树脂与解吸液混合后的质量浓度为 0.67g/mL）的解吸率为 90%（刘训理等，2007）。

从菜心植株内分离到一株具有生防活性的细菌 CX-PA，通过对其形态特征和生理生化特性测定，16S rDNA 部分序列同源性分析，鉴定为多粘类芽胞杆菌。采用浸种、喷雾接种处理，CX-PA 可进入小白菜、大白菜和菜心体内定殖。经培养基平板对峙测定，CX-PA 对菜心炭疽病菌等 7 种病原菌有较强的拮抗作用。盆栽防治试验表明，CX-PA 对菜心炭疽病和霜霉病的防治效果分别为 70.8% 和 64.8%（李静等，2007）。

从发生青枯病的土壤中分离得到 4 株对植物青枯病病原菌青枯雷尔氏菌具有较强拮抗活性的菌株，其中菌株 HY96-2 的拮抗活性最强。该菌对其他 5 种危害严重的植物病原真菌均具有很强的拮抗作用。通过对菌株 HY96-2 的形态、生理生化特征、16S rDNA 序列等进行分析，鉴定该菌株为多粘类芽胞杆菌。在此基础上，通过盐析等方法得到菌株 HY96-2 产生的对青枯病病原菌具有拮抗活性的粗提物，检测了温度和 pH 对粗提物活性的影响。当温度高于 40℃、pH 低于 4.3 或高于 8.2 时，活性很弱；蛋白酶 K 作用容易失活；超滤结果表明，该粗提物可能是分子质量低于 5kDa 的混合物（魏鸿刚等，2007）。

从黑龙江省牡丹江地区东京城林业局苗圃土壤中分离获得一株对苗木立枯病病原真菌具有拮抗作用的细菌，经形态观察、生理生化特征分析、16S rDNA 碱基序列测定和同源性分析，鉴定该菌株为多粘类芽胞杆菌。该菌株的 16S rDNA 序列已在 GenBank 中注册，登录号为 EU286527（宋小双等，2008）。

从棉花叶组织中分离得到类芽胞杆菌菌株 LC105 对棉花黄萎病病原菌大丽轮枝菌具有明显的拮抗作用。该菌株发酵液分别用过滤、高压灭菌及有机溶剂处理，初步证明对大丽轮枝菌产生拮抗作用的物质为蛋白质。菌株 LC105 发酵液经硫酸铵沉淀、DEAE-Sephadex A-50 离子交换层析及 Sephacryl S-100 凝胶层析分离纯化，得到了分子质量为 27kDa 的抗菌蛋白（周艳芬等，2007）。

从泰山土壤中分离获得一株细菌 4'531。对其进行了形态特征观察、生理生化特征测定及 16S rDNA 序列分析，并构建了包括其在内的 10 株相关种属菌株的系统发育树，最后研究了其对烟赤星病菌（*Alternaria alternate*）、黄瓜枯萎病菌（*Fusarium oxysporum*）、棉立枯病菌（*Rhizoctonia solani*）3 种植物病原真菌的拮抗作用。结果表明菌株 4'531 为类芽胞杆菌属（*Paenibacillus*），与其亲缘关系较近的菌株多粘类芽胞杆菌（*Paenibacillus polymyxa*）（AJ320493）的同源性达 98%；结合形态和生理生化特征，鉴定该菌株为多粘类芽胞杆菌。该菌株的 16S rDNA 序列已在 GenBank 中注册，登录号为 DQ279739；菌株 4'531 对 3 种供试植物病原真菌均有明显的拮抗作用（何亮等，2007）。

从西藏佩古错湖湖边的土壤中分离到一株对青稞散黑穗病菌具有较强抑制作用的细

菌，经鉴定为多粘类芽胞杆菌，编号为 LN-176。该菌株对多种植物病原真菌、部分革兰氏阳性细菌及革兰氏阴性细菌有较好的拮抗作用。以 10% 的接种量将该菌接种到初始 pH7.0 的发酵培养基中，28℃旋转培养，发酵液在 84h 时抗菌活性达到最高，且具有较好的热稳定性和 pH 稳定性，对蛋白酶 K 有一定的耐受性。菌株 LN-176 的发酵液分别在 260nm 和 280nm 条件下进行吸光度测定，结果表明发酵液中蛋白质含量明显升高；发酵液经硫酸铵盐析后，取上清液和沉淀物分别进行抗菌试验，发现沉淀物对青稞散黑穗病菌有拮抗活性而上清液无活性（赖翼等，2005）。

从新鲜韭菜的根中分离到一株对多种蔬菜病原真菌有抑制作用的优势内生细菌 W7，对其拮抗机制的初步研究结果表明，胞外代谢物对病原真菌无抑制作用，而菌体经超声波破碎及有机溶剂沉淀得到的多糖粗提液可明显抑制病原菌菌丝生长。该菌还能以 100mg/L 高效氯氰菊酯为唯一碳源生长，7d 的降解率为 51.3%，表明该菌是一株兼具农药降解特性的生防内生细菌。通过对其形态特征、生理生化及 16S rDNA 同源性序列分析，初步鉴定该菌为类芽胞杆菌（*Paenibacillus* sp.）（任明和赵蕾，2010）。

从油菜茎秆内油菜菌核病菌（*Sclerotinia sclerotiorum*）菌核上分离得到拮抗菌 P-FS08，根据其形态特征、生理生化特性及该细菌的 16S rDNA 部分序列的进化树分析，鉴定其为多粘类芽胞杆菌。经平皿测试表明，多粘类芽胞杆菌菌株 P-FS08 及其无菌滤液对烟草赤星病菌（*Alternaria alteraata*）、小麦赤霉病菌（*Fusarium graminearum*）等多种植物病原真菌均有抑制作用。菌株 P-FS08 培养液通过 70% 硫酸铵沉淀得到具有拮抗活性的蛋白质粗提液，其具有良好的热稳定性；对蛋白酶 K 和胃蛋白酶均不敏感；能够使小麦赤霉病菌菌丝断裂，原生质浓缩（石志琦等，2005）。

对棉花黄萎病生防内生细菌 Jaascd（原名 73a）进行了菌种鉴定和田间应用方式的改进。抑菌谱测定结果表明，该菌株对 12 种病原真菌均有较强的抑制作用。通过形态观察、生理生化鉴定、Biolog 鉴定及 16S rDNA 序列比对，证明该菌株为多粘类芽胞杆菌。菌株 Jaascd 的 16S rDNA 序列与多粘类芽胞杆菌（AM062684）的相似性为 99.7%，GenBank 登录号为 AY942618。田间大区示范试验结果表明，用菌株 Jaascd 的发酵液在棉苗移栽前喷施棉苗和移栽时灌根 2 种方式处理，都能有效防治棉花黄萎病和提高棉花产量，但移栽前喷施棉苗操作更加简便易行（林玲等，2010）。

对新筛选的灰葡萄孢生防细菌即地衣芽胞杆菌（*Bacillus licheniformis*）菌株 W10 和多粘类芽胞杆菌菌株 W3、Y2-11-1 的营养要求及发酵培养基配方进行了研究。结果表明：3 株拮抗细菌的最佳发酵配方如下：菌株 W10 为 1% 麦芽糖、4% 黄豆饼粉、0.2% $NaNO_3$、0.02% $K_2HPO_4 \cdot 3H_2O$ 和 0.05% 酵母膏，菌株 W3 为 2% 蔗糖、4% 黄豆饼粉和 0.4% 酵母膏，菌株 Y2-11-1 为 1% 麦芽糖、2% 黄豆饼粉、0.2% $NaNO_3$、0.02% $K_2HPO_4 \cdot 3H_2O$ 及 0.2% 酵母膏（童蕴慧等，2002）。

多粘类芽胞杆菌菌株 JW-725 对柑橘青霉具有很强的拮抗作用。通过 5 因素 4 水平的正交试验结果表明：应用 LB 培养基培养，初始 pH9.0，温度 30℃，通气量 100mL，接种量为 10%，140r/min 振荡培养 72h 时的发酵液具有最佳抗菌活性。该菌胞外抗菌物质可用乙酸乙酯单一溶剂提取（赵德立等，2006）。

多粘类芽胞杆菌是一种具有防病和促生作用的生防菌，在植物病害防治方面具有很大的应用潜力。赵爽等（2008）对多粘类芽胞杆菌所产生的抗菌物质及其对病害生防机制的研究进展进行了综述，并对多粘类芽胞杆菌在农业中的应用前景进行了展望。

经分离、筛选获得一株高效分泌抗菌物质的菌株 CP7，从该菌株中提取的抗菌产物，对大肠杆菌标准株、金黄色葡萄球菌标准株、苏云金芽胞杆菌等细菌，瓜类炭疽病菌、水稻纹枯病菌等真菌有较好的抑菌作用。用 16S rDNA 序列分析法进行分子生物学的分类，该菌株 16S rDNA 序列与类芽胞杆菌属的 34 个细菌的同源性为 96%～99%，与多粘类芽胞杆菌的同源性为 99%。用传统细菌学的方法对菌株 CP7 进行鉴定，其形态特征、生理生化特性与多粘类芽胞杆菌的特征特性相一致。表明菌株 CP7 为多粘类芽胞杆菌（陈海英等，2007）。

菌株 JK-3 是从西瓜根际筛选得到的一种革兰氏阳性菌，大小为 $(3.0～4.2)\mu m \times (0.7～1.0)\mu m$，菌落呈淡黄色、圆形、隆起、无褶皱、边缘整齐。扫描电镜观察表明，该菌周生鞭毛，卵圆形芽胞，胞囊膨大。培养 4d 后菌落表面有较多黏性物质生成。通过 16S rDNA 测序、常规生理生化方法及 Biolog 微生物自动鉴定系统的碳源测定等 3 种方法鉴定出该根际细菌为多粘类芽胞杆菌。平板对峙培养和孢子萌发试验表明，该菌株对多种植物病原真菌具有良好的拮抗作用并能产生抗生物质（陈文俊等，2011）。

生姜种植是柳州市的一大支柱产业，种植面积现每年逾 $3000hm^2$。姜瘟病发病率一般占总面积的 5%～10%，发病田产量损失率一般达 20%～30%，重者高达 50%～60%，甚至绝收。生姜产区因姜瘟病的发生需每 5～8 年更换一次地点，不利于产业持续稳定发展。采用常规农药防治效果不明显，加之柳州的气候特点——生姜生长盛期也即姜瘟病缓慢发展期，常常阴雨连绵，使得化学农药药效减弱或无法使用，致使病害得不到有效控制。因此寻找有效而不受天气影响的新型生物农药是很必要的。2004～2006 年进行了姜瘟病防治研究，总结出一套综合防治技术，并对几种药剂防治姜瘟病的效果进行比较试验，筛选出生物农药康地蕾得（0.1 亿 cfu/g 多粘类芽胞杆菌细粒剂，上海泽元海洋生物技术有限公司产品，登记号：LS20040563），其对姜瘟病防效达 74.4%，药效持久，施药后 21d 防效仍保持在 72.8%，配合使用综合防治技术，可使姜瘟病发病率控制在 5% 以下，病情指数 2 以下，表现出很好的防治效果（罗泽科等，2006）。

室内测定了拮抗菌株 HY96-2 对番茄青枯病病原菌 Nb-1 的毒力。平板培养法和双层培养基法结果表明，菌株 HY96-2 对 Nb-1 具有较好的拮抗作用，其抑制率分别为 20.1% 和 24.7%。通过温室盆栽，确定了菌株 HY96-2 发酵液及其制成的生防制剂 KDLD 对番茄青枯病的最佳防治方法为浸根法。番茄苗浸 1×10^5 cfu/mL 的 HY96-2 发酵液 0.5h，栽入灭菌土后浇入 HY96-2 发酵液 100mL，处理后 30d 防效仍高达 69.7%。温室防治试验结果表明，采用浸根法 HY96-2 发酵液施用后 21d 对番茄青枯病防效可达 77.8%。生防制剂 KDLD 稀释 100 倍施用后 20d 防效可达 81.5%。大田防治试验结果表明，生防制剂 KDLD 稀释 100 倍后使用，在番茄整个生育期对番茄青枯病都具有很好的防效，在收获末期的防效仍可达 81.8%（徐玲等，2006）。从多粘类芽胞杆菌菌株 HY96-2 的发酵液中分离得到了 12 个化合物，其结构通过波谱分析分别鉴定为苯甲酸（1）、对羟基苯甲酸（2）、对羟基苯丙酸（3）、2-苯基乳酸（4）、3-苯基乳酸（5）、琥珀酸（6）、棕榈酸甲酯（7）、大豆甙元（8）、环（甘氨酸-L-丙氨酸）二肽（9）、吲哚-3-乙酸（10）和2R，3R-丁二醇（12），其中化合物1～9均为首次从该菌中分离得到，化合物1、2、5和6对青枯雷尔氏菌的最小抑菌浓度（MIC）分别为1mg/mL、3mg/mL、2mg/mL和3mg/mL（龚春燕等，2009）。考察了芽胞、储存温度、含水率、光照和pH对多粘类芽胞杆菌菌株HY96-2制剂稳定性的影响。结果表明，与非芽胞制剂相比，芽胞制剂在−20～37℃储存时活菌存活率较高；含水率为5%左右的芽胞制剂的储存稳定性较好；当含水率低于5%时，菌株HY96-2芽胞制剂在−20℃储存30d、20℃和54℃储存14d过程中，活菌存活率均在85%以上；光照2d后制剂中活菌的存活率仅为32.0%；pH为5.5～8时，HY96-2芽胞制剂中活菌能够正常地生长，并具有较高的活菌量。实际使用HY96-2芽胞制剂时，应选择阴天或傍晚，避开光照强烈的时间，并且施药土壤的pH宜为5.5～8（李蜀等，2007）。

为了提高大丽轮枝菌拮抗细菌多粘类芽胞杆菌菌株7-4的发酵产抗菌蛋白量，采用单因素法对菌株7-4发酵培养基所需的碳源、氮源、无机盐进行了筛选，并采用正交试验与单因素试验对菌株7-4的发酵培养基组成及培养条件进行了优化，最终确定最适发酵培养基及培养条件为：葡萄糖5.0%，大豆蛋白胨5.0%，$MnSO_4$ 0.02%，$MgSO_4 \cdot 7H_2O$ 0.10%，培养基初始pH7.5，种龄10～12h，30℃摇床培养48h，经过优化抑菌圈直径增加了50.4%（雷白时等，2009）。

为明确生防细菌BMP-11对黄瓜猝倒病的控制作用及其分类地位，采用平板对峙法结合显微观察确定其对致病菌瓜果腐霉的抑制活性，进行BMP-11发酵液对黄瓜猝倒病的防病促生试验，并采用形态及培养特征观察、生理生化测定结合16S rDNA序列分析对其进行鉴定。结果表明，BMP-11对瓜果腐霉病菌具有较强的抑制活性，并可使菌丝体细胞壁裂解，原生质聚集、外溢，进而抑制卵孢子形成；发酵液土壤处理对种子发芽率无显著影响，并可提高黄瓜出苗率，促进黄瓜植株生长；盆栽防病试验结果显示，BMP-11对由瓜果腐霉病菌引起的黄瓜猝倒病的防治效果为62.2%，与对照药剂霜霉威无显著差异。根据16S rDNA序列分析的系统发育树，BMP-11与多粘类芽胞杆菌GBR-1基因序列的同源性最高，结合形态及培养特征观察和生理生化鉴定结果，初步确定该菌株为多粘类芽胞杆菌（潘金菊等，2008）。

研究了康地蕾得有效成分多粘类芽胞杆菌在黄瓜叶面和土壤中的定殖情况及其对土壤微生物的影响。结果表明：在田间条件下，多粘类芽胞杆菌在黄瓜叶片上的定殖菌量为$0.9 \times 10^6 \sim 2.3 \times 10^6$ cfu/g鲜叶，在土壤中的定殖菌量为$0.8 \times 10^7 \sim 1.6 \times 10^7$ cfu/g土；施用该药剂30d后，仅使土壤中细菌数有明显增加，对真菌、放线菌无明显影响（赵新海等，2009）。

以清水、乳化剂和溶剂的病情指数加权均数为参比，以来源于多粘类芽胞杆菌菌株LM-3的极端嗜热多肽APPLM3为主效成分配得的5种微生物源生防乳剂对水稻稻瘟病进行了室内和田间防效试验。结果表明，母液对稻瘟病菌产生足够强的拮抗作用，拮抗活性较稳定；5种乳剂的防效都优于LM-3拮抗液直接喷雾，其中AB_4处理的防效最佳，达80.73%，其拮抗成分、吐温-80、乳化剂OP、溶剂的质量比为50∶6.5∶1.75∶41.75（周华强等，2007）。

用加热法从多粘类芽胞杆菌菌株LM-3的发酵液中纯化得到2个极端嗜热多肽。平板拮抗实验表明，5μL 纯化多肽对稻瘟病菌（*Magnaporthe grisea*）抑菌率达 89.6%。SDS-PAGE 显示纯化多肽分子质量为 6000～7000Da。多肽复性后，其中之一对稻瘟病菌表现出强的拮抗活性，命名为拮抗稻瘟病菌的极端耐热多肽 ETPMG（extreme thermophilic polypeptide against *M. grisea*）；另一个则无此活性，命名为来源于 LM-3 的极端耐热多肽 ETPL3（extreme thermophilic polypeptide from LM-3）。ETPMG 经氨基酸测序，获得了其 N 端 5 个氨基酸序列（H_2N-ANDPR）。以 ETPMG 为主效成分配得 5 种微生物源生防乳剂，对水稻苗瘟进行田间防效试验。试验结果表明，这 5 种乳剂的防效都优于 LM-3 拮抗液直接喷雾，其中处理 AB_4 的防效最佳，达 80.73%，其拮抗成分、吐温-80、乳化剂 OP、溶剂的质量比为 50∶6.5∶1.75∶41.75（周华强等，2007）。

以植物内生多粘类芽胞杆菌作为生防菌种，研究该菌对油桃青霉病的抑制效果。研究了对油桃表面不同消毒方法（乙醇消毒、紫外线消毒、无菌水消毒）的效果，以及生防液和其不同处理液（生防菌液、无菌液、热处理液、离心上清液）对油桃采后青霉病的抑制效果。结果表明：乙醇对油桃表面的消毒效果最好，紫外线消毒次之，无菌水较差；生防菌液的抑制效果最好，无菌液和离心上清液次之，热处理液有很微弱的抑制效果（吴士云等，2007）。

应用益菌类芽胞杆菌制剂防止柑橘异常落花落果，获得了明显效果，该类制剂具有增强柑橘树势、促进新梢叶片转绿、增加座果和产量、改善果实外观及内在品质等作用；增强树势、促进新梢叶片转色及增加座果和产量与赤霉素相仿；但在提高果实品质上更胜赤霉素一筹。由于芽胞杆菌来源、柑橘品种等不同，其效果也有差异（陈道茂等，1993）。

用改良的琼脂孔扩散实验进行生物活性跟踪，分离纯化了多粘类芽胞杆菌菌株 BS04 的拮抗成分，将纯化样品溶解在水中，测定其对青枯雷尔氏菌的拮抗作用，结果显示 BS04 拮抗成分能耐受广泛的 pH，并且热稳定性好，活性不受蛋白酶 K 和胰蛋白酶影响，这些说明细菌 BS04 具有作为生物防治制剂的潜能。同时，拮抗成分的薄层层析、红外光谱及质谱结果暗示此活性成分可能为 4 个分子质量相近的肽类物质（谢晶等，2004）。

专利《防治水稻纹枯病的多粘类芽胞杆菌与井冈霉素组合物》公开了一种防治水稻纹枯病的多粘类芽胞杆菌与井冈霉素组合物，其特征在于由多粘类芽胞杆菌与井冈霉素混合而成的农药组合物，其质量配方为：多粘类芽胞杆菌∶井冈霉素＝1∶（0.01～100）；其剂型可以加工成水剂、粉剂或悬浮剂。由于这两种生物农药的作用机理不尽相同，该发明通过按一定比例混合配制的方式取长补短，用于防治水稻纹枯病（周子燕等，2010）。

七、多粘类芽胞杆菌产生化物质特性

从采自江西南昌郊区土壤的生防菌株多粘类芽胞杆菌菌株 HY96-2 代谢产物中分离得到 8 个化合物，其结构分别鉴定为尿嘧啶（Ⅰ）、胸腺嘧啶（Ⅱ）、金雀异黄素（Ⅲ）、5,4′-二羟基-7-甲氧基黄酮（Ⅳ）、2,4-二叔丁基苯酚（Ⅴ）、对羟基苯甲醛（Ⅵ）、棕榈酸（Ⅶ）、内消旋-2,3-丁二醇（Ⅷ）。化合物的结构通过 IR、NMR、MS 等波谱数据分析确定,其中化合物Ⅰ~Ⅶ均为首次从该菌中分离得到(张道敬等,2008)。

对一株从土壤中筛选的产絮凝剂微生物 GA1 进行了研究。该菌株经形态学特征、生理生化反应及 16S rDNA 序列(GenBank 序列登录号为 DQ166375)相似性分析鉴定为多粘类芽胞杆菌;对其进行了产絮凝剂培养条件和培养工艺的研究。结果表明:GA1 产絮凝剂的最佳培养基成分为蔗糖 40.0g/L、酵母浸膏 4.0g/L、$K_2HPO_4 \cdot 3H_2O$ 5.0g/L、KH_2PO_4 2.0g/L、NaCl 0.1g/L、$MgSO_4 \cdot 7H_2O$ 0.2g/L。研究了该菌株产絮凝剂的最佳培养条件,包括培养基的初始 pH、培养温度、摇床速度和接种量;同时针对其产絮凝剂和菌体生长的关系,首次将分段培养工艺应用于 GA1 产絮凝剂中,即在培养的初期 24h 内采用菌体生长最佳培养条件,在培养后期采用菌体产絮凝剂的最佳培养条件。结果表明,采用分段培养的工艺,既可保证 GA1 絮凝剂的产量,又能缩短培养周期(杨朝晖等,2006)。

通过 DEAE-Sephadex A-50 离子交换层析和 Sephacryl S-200 分子筛层析并采用抑菌活性和 SDS-PAGE 跟踪检测,从多粘类芽胞杆菌菌株 WY110 中分离纯化到一种对稻瘟病菌具有拮抗活性的抗菌蛋白 P2(分子质量约 26kDa)。平板抑菌试验表明,在 PDA 培养基上 1.5μg 纯化的 P2 蛋白即可有效地抑制稻瘟病菌菌丝生长,并对所测试的稻瘟病菌不同菌株均表现出抑菌活性。对 P2 蛋白的 N 端测序结果表明,N 端 24 个氨基酸序列为 H_2N-Ala-Asn-Val-Phe-Trp-Glu-Pro-Leu-Ser-Tyr-Tyr-Asn-Pro-Ser-Thr-Trp-Gln-Lys-Ala-Asp-Gly-Tyr-Ser-Asn-。以此为靶序列在网上用 BlastP 程序对蛋白质序列数据库进行了类似性检索,发现其与来源于芽胞杆菌的 β-1,3-1,4-葡聚糖酶前体具有很高的同源性。进一步用此酶的特异底物地衣多糖进行了定性检测,验证了 P2 蛋白具有 β-1,3-1,4-葡聚糖酶的活性。在此基础上,根据 P2 蛋白 N 端氨基酸序列及此酶 C 端保守性序列设计合成了两端引物,以 WY110 基因组 DNA 为模板,通过 PCR 高保真扩增获得了 P2 蛋白编码基因的全序列,并克隆到 pMD18-T 载体上。核苷酸序列分析表明,其 5′端 72 个核苷酸序列与蛋白质 N 端已知的 24 个氨基酸序列完全吻合,序列全长为 636bp(GenBank 登录号:AF284449),编码 212 个氨基酸;与已报道的一例来源于多粘类芽胞杆菌的 β-1,3-1,4-葡聚糖酶基因(*gluB*)相比,核苷酸和氨基酸序列同源性分别为 84% 和 88.7%。P2 蛋白编码基因的克隆为水稻抗病基因工程提供了具有潜在应用价值的新的目的基因(姚乌兰等,2004)。

应用动力学方程考察了初始底物浓度对絮凝剂产生菌 GA1 的生长及絮凝剂产率的影响。结果表明,GA1 对碳源、氮源的最大特征生长速率分别为 0.099/h、0.095/h,半饱和常数分别为 1.503、0.315,说明 GA1 对氮源比碳源更具亲和性;当碳源或氮源为单一限制性底物,其碳源和氮源浓度分别为 1~48g/L 与 0.1~4.0g/L 时,GA1 特征生长速率和最大生长量随底物浓度增加而增大,蔗糖浓度为 40g/L 时,絮凝剂的产率达 0.306g/g 蔗糖,理论上 GA1 的最大细胞对蔗糖得率($Y^* \times x/s$)为 0.381g/(g·h),菌体生长维持系数(m)为 0.311g/(g·h),说明絮凝剂产生菌 GA1 具备工业化生产的潜力(周长胜等,2008)。

八、多粘类芽胞杆菌用于动物益生菌

为了探讨多粘类芽胞杆菌的抗逆性与益生特性,通过 5 个试验评定多粘类芽胞杆菌的抗热、抗酸、耐胆盐、抑菌性能和黏附性。85℃水浴对多粘类芽胞杆菌分别处理 2.5min、5.0min、7.5min 模拟制粒条件；利用 pH 分别为 2、3、4 的人工胃液模拟胃液环境；0.3%胆盐模拟肠液环境；抑菌试验测定多粘类芽胞杆菌发酵液对大肠杆菌、金黄色葡萄球菌的抑制能力；以蛋鸡肠道上皮细胞为模型测定多粘类芽胞杆菌的黏附能力。结果表明：多粘类芽胞杆菌高温处理 7.5min 活菌数较对照组减少 1.17% ($P>0.05$)。在耐酸性试验中，pH3 的试验组较对照组活菌数降低 0.37% ($P>0.05$)。耐胆盐试验中，试验组活菌数较对照组降低了 0.74% ($P>0.05$) 多粘类芽胞杆菌发酵液对大肠杆菌、金黄色葡萄球菌的抑菌环直径分别为 0mm、17.46mm。黏附性试验结果显示，在每 100 个蛋鸡肠道黏膜上皮细胞上可以黏附 30 个多粘类芽胞杆菌。因此，制粒温度、人工胃液、人工肠液不影响多粘类芽胞杆菌活菌数；多粘类芽胞杆菌对金黄色葡萄球菌有显著的抑制能力，基本不能在蛋鸡消化道内定殖（李福彬等，2010）。

九、多粘类芽胞杆菌吸附重金属

细菌表面往往存在多种化学基团，能够通过吸附作用影响环境流体中金属元素的活动性，从而与表生条件下的元素富集、矿物成核结晶等地球化学过程密不可分。为了深入认识细菌吸附作用的地球化学意义和环境效应，揭示细菌吸附金属离子的热力学行为，选择了多粘类芽胞杆菌为研究细菌，系统开展了滴定实验和 Cu^{2+} 吸附实验。通过连续酸滴定方法分析了细菌表面的化学特征，发现多粘类芽胞杆菌在 pH 为 $6.50\sim7.54$ 时，表面带负电荷，表现出质子吸附行为；设计开展了 Cu^{2+} 吸附实验，发现溶液的 pH 对 Cu^{2+} 吸附有一定影响，可能存在 Cu^{2+} 与细菌表面质子的交换作用；根据 Cu^{2+} 吸附等温线拟合计算，发现吸附等温线符合 Langmuir 和 Freundlich 吸附模型，根据 Langmuir 模型计算得到每个细胞的 Cu^{2+} 饱和吸附量高达 1.69×10^{-7}mg（丁雨等，2007）。

第三节 强壮类芽胞杆菌

一、强壮类芽胞杆菌降解微囊藻毒特性

对一株具有强降解微囊藻毒素 MC-LR 能力的细菌 S3 进行了分子鉴定，测得该菌 16S rDNA 为 1396bp，GenBank 序列登录号为 DQ836314；序列比对结果显示，该菌与强壮类芽胞杆菌（*Paenibacillus validus*）的相似性达 98%。微囊藻毒素降解实验结果表明，该菌能在以微囊藻毒素为唯一碳源、氮源的培养基中生长，微囊藻毒素在 72h 内减少 78.3%；菌株 S3 的最适生长温度是 30℃，最适生长 pH 为 7.0（刘海燕等，2007）。

二、强壮类芽胞杆菌对海草促生效果

专利《强壮类芽胞杆菌 G25-1-2 及其应用》公开一种强壮类芽胞杆菌 G25-1-2 及其应用，该菌已于 2009 年 6 月 4 号保藏于武汉大学中国典型培养物保藏中心（简称为 CCTCC），保藏编号为 CCTCC No：M209122，该菌株是从海草生态系统中分离筛选得到的具有高效固氮活性的纯菌株。用该强壮类芽胞杆菌 G25-1-2 处理海草，其植株高度、茎粗平均值、胡萝卜素含量、类胡萝卜素含量及可溶性糖含量均高于试验对照组，

表明该菌对海草具有较好的促生效果。该强壮类芽胞杆菌 G25-1-2 可用于海草的保育和整个海草生态系统的恢复,以及对珊瑚礁-海草床复合生态系统的氮素的循环和较高生产力水平的维持都有较好的促进作用(董俊德等,2010)。

第四节 埃吉类芽胞杆菌

一、埃吉类芽胞杆菌的生物学特性

从天目山自然保护区土壤中分离到一株对革兰氏阳性菌、革兰氏阴性菌及真菌都有抗性的产抗菌株 B69。经形态学观察、生理生化鉴定及 16S rDNA 序列分析,将其鉴定为埃吉类芽胞杆菌(*Paenibacillus elgii*)。采用 MCI GEL CHP20P 柱及高效液相色谱法(HPLC)等方法,从发酵液中分离到 2 种抗菌物质,命名为 Pelgipeptin A 和 Pelgipeptin B,ESI-MS 结果表明它们的分子质量分别为 1072Da 和 1100Da。结合 ESI-CID-MS 和氨基酸分析,确定 Pelgipeptin A 的可能一级结构为 L-Dab-D-Val-L-Leu/Ile-L-Ser-Y1-L-Dab-L-Val-L-Dab-D-Phe-L-Leu/Ile,Pelgipeptin B 的为 L-Dab-D-Val-L-Leu/Ile-L-Ser-Y2-L-Dab-L-Leu/Ile-L-Dab-D-Phe-L-Leu/Ile,其中 Y 的结构为脂肪酸链。与结构中含有非蛋白源氨基酸 Dab 的已知抗生素进行比较,发现 Pelgipeptins 和多肽菌素家族成员的结构极其相似,可确定它们属于这个家族。Pelgipeptin B 和 Permetin A 的分子质量相同,结构也极其相似,可能为同一种物质。而 Pelgipeptin A 和任何一种抗生素的化学结构都不完全相同,可确定为一种新的抗生素(沈小波,2011)。

二、埃吉类芽胞杆菌的发酵技术

埃吉类芽胞杆菌菌株 F53 经 5 种单一固体基质、组合固体基质及正交试验的发酵,分析各发酵处理含有的芽胞量和抑制黄萎病原孢子萌发的效果。结果初筛出最佳固体发酵基质配方为麸皮:豆粕:玉米粉比为 2:1:1;发酵温度、料水比、pH、接种量等对菌株产芽胞及其抗菌物质的分泌有明显影响;在固体发酵条件下,芽胞的产生数量与抑菌物质的积累呈正比;温度为 35℃,料水比为 1:1.4,pH 为 7.0,接种量为 10% 是菌株最佳发酵条件(温小娟等,2007)。为了提高菌株 F53 抗真菌产物活性和确定其活性产物的基本性质,研究了不同来源的蛋白胨对菌株 F53 抑菌活性的影响,确定了胰蛋白胨为最优的发酵基质。通过不同培养温度和变温处理,明确了菌株 F53 在 37℃ 培养 24h 转入 28℃ 培养 24h,发酵产物活性最高。理化性质测定表明,F53 抗真菌物质稳定性强,初步认为 F53 产抗真菌物质的主要活性成分为肽类物质(崔晓灿等,2009)。

三、埃吉类芽胞杆菌产酶特性

从云南大马尖山土壤中筛选到一株热稳定性能好的纤维素酶高产细菌菌株 D-9,并对其发酵条件进行研究,该菌株发酵 72h 在 pH6.0、温度 70℃ 条件下发酵液酶活为 24.23U/mL,酶学特性非常适合于纺织行业。通过分子生物学及其生理生化鉴定,该菌株为埃吉类芽胞杆菌。此外,分别对该菌发酵培养基的初始 pH、碳源、氮源、装液量、接种量及产酶进程进行了分析(高润池等,2009)。

四、埃吉类芽胞杆菌用于植物病害的生物防治

埃吉类芽胞杆菌菌株 F53 是从茄子植株根际土壤筛选出的对黄萎病原菌（Verticillium dahliae）抑菌效果明显的菌株。为了研制可用于田间施用的 F53 菌剂，对该菌株进行了固体发酵条件优化试验，探究了不同固体制剂剂量对蔬菜种子发芽的安全性试验、盆栽促生、防病试验及在植物根系的定殖能力。由于该菌株还能产生大量的胞外多糖，具有一定的絮凝作用，因此，对其多糖成分和絮凝活性也进行了初步研究。在固体制剂配方和发酵条件优化试验中，经 5 种单一固体基质、组合固体基质及正交试验的发酵，分析了各发酵基质含有的芽胞量和抑制黄萎病菌孢子萌发的效果，初筛出最佳固体发酵基质配方为麸皮、豆粕、玉米粉，它们比例为 2∶1∶1。同时研究了发酵温度、料水比、pH、接种量等对菌株产芽胞及其抗菌物质的影响。结果表明，在固体发酵条件下芽胞的产生数量与抑菌物质的积累呈正比。以温度为 35℃、料水比为 1∶1.4、pH 为 7.0、接种量为 10% 时为菌株最佳发酵条件。在固体制剂对蔬菜种子发芽的安全性试验中，探讨了固体制剂剂量对番茄、黄瓜、茄子、油菜 4 种蔬菜种子出芽率的影响。结果表明，F53 对不同蔬菜种子发芽的安全性范围有差别。当菌剂含量为 10% 时，除了黄瓜种子萌发与对照不显著外，其余 3 种蔬菜种子萌发均受到抑制，达极显著水平。只有菌剂含量在 1% 时对 4 种蔬菜种子均表现为安全。对茄子和油菜苗期的生长盆栽试验结果表明，当 F53 固体菌剂剂量为 2%～5% 时，对茄子和油菜苗期生长表现为抑制，而且随着剂量的增加抑制效果越明显。当菌剂含量为 1% 时抑制作用解除，而且从茎长、根长和株重 3 种生物量与对照相比，茄子茎长增加 31.14%，根长增加 11.94%，鲜重增加 30.36%；油菜茎长增加 10.91%，根长增加 3.26%，株重增加 21.55%。菌株 F53 的液体制剂和固体制剂对茄子黄萎病防治效果比较，得出固体制剂的防治效果要优于液体制剂。10% 的液体制剂相对防效仅为 56.04%，而 2% 的固体制剂相对防效可达 78.01%。在定殖试验中，拮抗菌 F53 在 3.51×10^8 cfu/g 的接种浓度下，定殖时间可达 40d，表明这种拮抗菌在土壤中的定殖能力强。接种茄子黄萎病菌对 F53 的定殖有较大影响，特别是接种黄萎病菌 3d 后接种 F53 及同时接种黄萎病菌和 F53 的情况下，F53 的定殖能力下降，提示 F53 对病害的预防效果更优。此外，埃吉类芽胞杆菌 F53 能产生大量的胞外多糖，对高岭土的絮凝活性可达 72.3%，因而 F53 还是一株具有较高絮凝活性的菌株。对胞外多糖进行了提取和纯化，通过颜色反应、薄层层析及红外光谱分析等实验，结果表明 F53 胞外多糖的基本结构单元中主要为葡萄糖（温小娟，2007）。

专利《一株埃吉类芽胞杆菌菌株及其应用》公开了来源于农作物栽培田中的一株埃吉类芽胞杆菌（Paenibacillus elgii），其代号为 FQ35。该菌株在 2010 年 10 月 20 日保藏在中国微生物菌种保藏管理中心，保藏形式为专利程序的生物保藏，保藏编号为 CGMCC No.4231。该菌株的发酵物中能产生抑制植物土传病原真菌、促进植物生长和吸水保水的物质。由该菌株生产的抑菌抗旱有机肥具有预防植物害病、减少植物根系水分流失、增强土壤团粒结构、改良土壤、促进植物生长的作用，该抑菌抗旱有机肥适用于干旱区和旱季栽培的各种农作物和经济作物（应高，2010）。

第五节 幼虫类芽胞杆菌

一、幼虫类芽胞杆菌的病原学特性

黄文诚（2001）综述了美洲幼虫腐臭病（American foulbrood，AFB）的病原、流行病学、病理学、诊断技术及防治方法的研究进展。美洲幼虫腐臭病是目前危害蜜蜂幼虫生长的主要细菌病，不合理地使用抗生素防治该病是导致蜂产品抗生素残留的重要因素。戎映君等（2006）介绍了美洲幼虫腐臭病的病原幼虫类芽胞杆菌幼虫亚种（*Paenibacillus larvae* subspecies *larvae*）和流行病学特征，并就目前检测美洲幼虫腐臭病病原和防治该病的研究进展做了综述。

二、幼虫类芽胞杆菌的防治技术

美洲幼虫腐臭病是危害西洋蜂（*Apis mellifera*）的一种重要细菌性病害，病原为可形成芽胞的幼虫类芽胞杆菌（*Paenibacillus larvae*）。为评估中国台湾利用羟四环素防治AFB的可行性，收集2006年与2008年中国台湾本土产蜂蜜（599件）与泰国进口蜜（30件）共629件样品。从中取得263件本土病原分离株与11件泰国分离株。然后利用含5μg纸盘扩散法来测定病原分离株对羟四环素的敏感性，结果显示2006年与2008年中国台湾本土分离株的抑菌圈分别为(43.0 ± 6.2)mm及(40.2 ± 8.4)mm（mean ± s.d.，$n=208$、55），泰国分离株为(43.3 ± 5.2)mm（$n=11$），模式菌（ATCC 9545）则为(58.4 ± 1.6)mm（$n=10$），显示本土与泰国分离株皆已出现抗药性。将低感受性病原芽胞作为接种源来进行田间试验，以测试羟四环素对具耐药性的台湾本土分离株的防治药效与残留检测。在药效评估方面，选取8群健壮西洋蜂的1日龄幼虫接种本土具耐药性的幼虫类芽胞杆菌芽胞，并于试验期间给予一次含有羟四环素50mg与125mg 2种剂量的糖水，结果显示两种处理皆能有效抑制AFB的发生。在药剂残留量方面，所有蜂群均于施药后第10日、第20日及第30日分别摇除储蜜，并检测蜂蜜中羟四环素的残留量。结果显示，试验蜂群必须经过2次以上摇除储蜜，才能有效地将羟四环素残留量降低至25mg/kg以下（郑浩均，2009）。美洲幼虫病是危害蜜蜂最严重的细菌性疾病，病原为幼虫类芽胞杆菌，其分布遍及世界各主要养蜂地区。广泛收集2005年与2006年中国台湾各地养蜂场生产的蜂蜜与泰国进口蜂蜜样品共838件，其中208件样品（24.8%）被检出含美洲幼虫病原孢子，这些被检出的病原被建立为219株幼虫类芽胞杆菌分离株，并以纸盘扩散法测试对羟四环素的感受性，结果显示中国台湾蜂蜜分离株的抑菌圈为(43.0 ± 6.2)mm（mean±s.d.，$n=208$），泰国蜂蜜分离株则为(43.3 ± 5.2)mm（$n=11$），两者抑菌圈均显著小于（$P<0.05$）模式品系（ATCC 9545）（陈裕文等，2008）。

三、幼虫类芽胞杆菌的检测

美洲幼虫病是西洋蜂最严重的细菌性病害，病原为幼虫类芽胞杆菌。蜂群感病初期不易察觉病征，因此检测病原孢子在疾病防治上极为重要。收集来自中国台湾各地的蜂蜜及泰国进口蜂蜜，透过平板培养法（plate counting method）检测蜂蜜中美洲幼虫病的病原孢子，并计算其菌落形成单位（colony forming unit，CFU）。根据研究结果显示，2005年，中国台湾蜂蜜样本的孢子检出率显著高于泰国进口蜜（18.8% vs. 9.8%，$P<0.05$），而该年中国台湾蜂蜜的分类样本中，蜂场采收蜜检出率21.1%为最高；2006年中国台湾蜂蜜样本的孢子检出率也显著高于泰国进口蜜（34.8% vs. 20.0%，$P<0.05$），且该年中国台湾蜂蜜的分类样本中，蜂场采收蜜检出率也为最高（44.2%），表示近年来美洲幼虫病仍普遍发生于中国台湾蜂群。此外，为鉴定平板培养法检测的准确性，并将检测技术运用在不同蜂产品，以常见的分子检测技术——PCR，并设计一对巢式（nest）PCR引物，用以检测蜂产品中是否含有病原孢子；结果显示，将孢子分别加入成蜂、蜂蜜、蜂王乳及蜂花粉中，均可以巢式PCR检出病原孢子DNA片段，经过计算得知，3种蜂产品最低的检出浓度皆为5cfu/g，而在第一次PCR中的DNA模板数量为0.125cfu，即可经巢式PCR测得。然而，将分子检测应用于0及1~10 cfu/15g的田间蜂蜜样本（$n=20$）时，检出率为80%（$n=15$），显示即使蜂蜜中仅含少量孢子也可成功检出孢子；此外，应用分子检测于田间蜂花粉样本（$n=36$）时，检出率则为97%（$n=35$），显示也可成功检出蜂花粉中的病原孢子。最后，应用分子检测技术于田间蜂群的监控上，根据检测结果显示，蜂王乳最适合作为蜂群感染美洲幼虫病的初步指标，蜂蜜次之。因此，本研究证实分子检测技术可充分应用于各种蜂产品中，并建立了一套完整的标准检测流程，如能落实美洲幼虫病原孢子监测制度，并结合蜂群管理的模式，即可有效预警并防治美洲幼虫病的发生，以避免使用抗生素可能造成的残留问题（黄淳维，2008）。

第六节 软化类芽胞杆菌

一、软化类芽胞杆菌产碱性纤维素酶特性

用紫外线、硫酸二乙酯（DES）、He-Ne激光诱变和UV+DES复合诱变，对一株产碱性纤维素酶的软化类芽胞杆菌（*Paenibacillus macerans*）菌种IS-B进行诱变育种，获得产酶能力是出发菌株5倍且产酶性能稳定的高产菌株IS-B4。采用单因素分析和正交试验对其发酵培养基进行优化，优化后培养基配方：蔗糖2%，酵母膏2%，NaCl 0.5%，KH_2PO_4 0.1%。在温度36℃，pH9.0，接种量5%，250mL三角瓶装液量为60mL的发酵条件下，酶活力可达56.0U/mL（肖黎明等，2008）。用甘氨酸和青霉素对软化类芽胞杆菌菌体进行酶解的预处理。处理后菌在溶菌酶浓度为5mg/mL，作用温度42℃，作用时间2h条件下，原生质体形成率为90%~99%，再生率达50%~70%（冯瑞山和陈建华，1996）。

二、软化类芽胞杆菌产抗氧化物质特性

软化类芽胞杆菌菌株TKU021筛选自台湾北部土壤，能发酵乌贼软骨生产抗氧化物质。以乌贼软骨作为唯一碳/氮源，调整添加浓度（0.5%~2%），于37℃培养0~6d，测定其发酵上清液的DPPH自由基清除率，发现以乌贼软骨浓度2%，培养5d的

发酵液具有最佳的清除率。以此浓度为基准,进行了不同 pH 的发酵上清液的 DPPH 自由基清除率测定。也对其抗氧化物质进行热稳定性及酸碱耐受性的实验,发现其抗氧化物质有很好的热稳定性及酸碱耐受性。此外也对菌株 TKU021 的发酵上清液进行还原力及总酚含量测试,同时也和芽胞杆菌菌株 TKU004 进行抗氧化力比较的实验(李永鹏,2010)。

三、软化类芽胞杆菌产环糊精葡萄糖基转移酶特性

对 α-环糊精葡萄糖基转移酶(α-CGTase)突变体 Y89D 制备 α-环糊精的影响因素进行初步研究。其因素包括淀粉种类(马铃薯淀粉、玉米淀粉、木薯淀粉、可溶性淀粉)、加酶量、反应时间、pH、有机溶剂(乙醇、异丙醇、正丁醇、正癸醇)和温度。结果表明:选用 5g/100mL 马铃薯淀粉、pH5.0、温度 30℃、加酶量控制在每克淀粉 5U 左右,反应体系中加入体积分数 5% 的正癸醇,反应 6h 后,淀粉总转化率可达 70%,其中 α-环糊精在产物中质量分数约为 85%,转化产物中含有少量 β-环糊精(15%),而极少生成 γ-环糊精。因此,α-CGTase 突变体 Y89D 在制备 α-环糊精工艺中具有很好的工业化应用前景(王宁等,2011)。

通过 PCR 扩增软化类芽胞杆菌 α-环糊精葡萄糖基转移酶基因,将基因片段克隆到大肠杆菌-枯草杆菌穿梭载体 pGJ103 中,转化枯草芽胞杆菌 WB600 得到基因工程菌进行外源表达。在 1.5% 的麦芽糖初始发酵培养基上摇瓶培养,48h 后重组枯草芽胞杆菌产酶活性为 6.1U/mL。通过单因素分析和响应面分析对重组枯草杆菌产 CGT 酶摇瓶发酵条件进行优化。分析得到培养基关键组分麦芽糖、玉米淀粉和酵母粉三者最佳浓度分别为:15.5g/L、13g/L 和 20g/L。在此条件下,摇瓶培养 36h 后 α-CGT 酶活性为 17.6U/mL,5L 罐分批发酵 30h 后酶活达 20U/mL(水解活性为 1.4×10^4 IU/mL)(张佳瑜等,2010)。

为实现来源于软化类芽胞杆菌菌株 JFB05-01 的 α-环糊精葡萄糖基转移酶(α-CGT 酶)的高效胞外表达,以含分泌型信号肽 OmpA 的大肠杆菌 BL21(DE3)[pET-20b(+)/α-cgt]为研究对象,比较了其在不同诱导条件下复合与合成培养基中生长产酶的规律。结果表明在添加甘氨酸的条件下采用合成培养基,以 0.8g/(L·h)的乳糖进行流加诱导所得到的胞外酶活和生产强度最高。在该条件下发酵 30h 后胞外 α-CGT 酶的环化活性达 113.0U/mL(水解活性为 79 100.0IU/mL),是复合培养基胞外产酶的 2.3 倍,完全满足工业化生产的需求(程婧等,2010)。

将来源于软化类芽胞杆菌的 α-环糊精葡萄糖基转移酶基因插入含 pelB 信号肽的质粒 pET-20b(+)中,构建了表达载体 pET-20b(+)/cgt,并将其转化入表达宿主大肠杆菌 BL21(DE3)。对重组菌大肠杆菌 BL21/pET-cgt 进行摇瓶发酵条件的优化,确定了其胞外表达 α-CGT 酶的最适条件:葡萄糖 8g/L,乳糖 0.5g/L,蛋白胨 12g/L,酵母膏 24g/L,$K_2HPO_4·3H_2O$ 72mmol/L,KH_2PO_4 17mmol/L,$CaCl_2$ 2.5mmol/L;初始 pH 为 7.0,诱导温度为 25℃。在该条件下培养 90h 后最终 α-CGT 的胞外比活达 22.1U/mL,与来源菌软化类芽胞杆菌所产天然酶比活相比提高了 42 倍,实现了 α-CGT 酶的高效生产。将基因工程菌在上述条件下于 3L 发酵罐中发酵,90h 后胞外酶

比活达 22.6U/mL，证实了工业化放大的可能性（成成等，2009）。

环糊精葡萄糖基转移酶（CGT 酶，EC2.4.1.19）是一种能够通过分子内转糖基化反应转化淀粉及相关基质合成环糊精的胞外酶。随着环糊精在食品、医药、化妆品、农业等领域的应用越来越广，CGT 酶已经成为当今研究的热点。为了克服天然菌株的低 CGT 酶生产能力，cgt 基因在大肠杆菌中过量表达被认为是最有效途径之一；然而，以前的报道表明，CGT 酶通常在大肠杆菌中形成不溶性包涵体或积累于周质空间，限制了其工业应用。因此，实现重组 CGT 酶的胞外生产是迫切需要的；另外，用 CGT 酶生产环糊精最不利的条件之一是产物特异性差，所有已知的野生 CGT 酶生产的均是 α-环糊精、β-环糊精和 γ-环糊精的混合物，不利于下游操作。将来源于软化类芽胞杆菌 JFB05-01 的 α-CGT 酶基因表达于大肠杆菌中，并通过采用一些培养策略，实现了重组酶的胞外过量生产，同时对该酶的产物特异性进行了一定的分析与改善。主要研究结果如下：①将来源于菌株 JFB05-01 的 α-CGT 酶基因分别插入质粒 pET-20b（+）和 pET-22b（+）的 pelB 信号肽序列下游，构建了表达载体 pET-20b（+）/cgt 和 pET-22b（+）/cgt，并将它们转化宿主大肠杆菌 BL21（DE3）。对大肠杆菌 BL21（DE3）[pET-20b（+）/cgt] 进行摇瓶发酵，确定其胞外生产重组 α-CGT 酶的较优条件为：发酵培养基为 TB 培养基，诱导剂异丙基-β-D-硫代半乳糖苷（IPTG）浓度为 0.01mmol/L，诱导温度为 25℃。在该条件下诱导 90h 后，培养基中酶活达 22.5U/mL，与较优发酵条件下天然菌株 JFB05-01 所产的胞外酶活相比，提高了大约 42 倍。大肠杆菌 BL21（DE3）[pET-22b（+）/cgt] 需要更高的 IPTG 浓度（0.2mmol/L）进行诱导，且诱导 90h 后的胞外酶活仅为 17.5U/mL，因此，大肠杆菌 BL21（DE3）[pET-20b（+）/cgt] 更适于胞外生产重组 α-CGT 酶。这是国内外首次报道 α-CGT 酶在大肠杆菌中的胞外生产。②当诱导温度恒定时，25℃最适合重组 α-CGT 酶的胞外生产，然而，诱导的前 50h 重组酶主要积累于周质空间，而只有少量释放到培养基中。较高的诱导温度抑制了重组酶的胞外分泌，可能原因是具有信号肽的前体蛋白合成速率太快，导致它们在细胞内膜内侧聚集而形成大量包涵体，并堵塞了内膜转运通道。在较低温度下诱导一段时间后升高温度有利于重组 α-CGT 酶的胞外生产，尤其是在 25℃条件下诱导 32h 后，将温度升高到 30℃导致胞外酶活明显增加，诱导 90h 后的酶活达 32.5U/mL，相比于恒定在 25℃的情况提高了 45%。③甘氨酸的添加促进了重组 α-CGT 酶的胞外分泌并能明显缩短发酵时间，特别是甘氨酸浓度为 150mmol/L 时，诱导 40h 后的胞外酶活达 23.5U/mL，相比于对照在相同诱导时间的酶活提高了 10 倍，而且，诱导 36h 后的重组酶生产强度最大，达 0.60U/(mL·h)，相比于对照诱导 80h 后的最大生产强度提高了 1.5 倍，其潜在机理是甘氨酸导致大肠杆菌细胞膜透性的明显增加。然而，甘氨酸对大肠杆菌细胞的生长有明显的负面影响，这限制了重组酶生产强度的进一步提高。Ca^{2+} 能补偿甘氨酸对细胞生长的抑制作用，主要体现在单位体积中的细胞数和活细胞数明显增加、细胞自溶明显减少及细胞形态修复。当在 TB 培养基中同时添加 150mmol/L 甘氨酸和 20mmol/L Ca^{2+}，诱导 40h 后的胞外酶活达 35.5U/mL，诱导 36h 后的最大生产强度达 0.90U/(mL·h)，相比于只添加甘氨酸的情况均提高了 50%。④重组 α-CGT 酶在 C 端连有 6×His-tag，因此能用镍柱进行一步亲和层析，但该方法纯化酶的回收率很低;重组和天然 α-CGT 酶能通过阴离子交换和疏水色谱两步纯化,纯化酶的回收率较高。α-CGT 酶在溶液中是单聚体;重组α-CGT酶环化反应的最适温度为45℃,在40℃、45℃和50℃条件下的半衰期分别为 8h、1.25h 和 0.5h,而天然酶有稍高的最适温度(50℃)和热稳定性($t_{1/2,50℃}$=0.8h);重组和天然酶环化反应的最适 pH 均为 5.5,且分别在 pH6~9.5 和 pH6~10 时相对稳定;α-CGT 酶的环化活力不依赖于金属辅因子,Hg^{2+}、Ni^{2+}、Fe^{2+}和Co^{2+}对环化活力有抑制作用,而一些二价金属离子能激活环化活力,特别是Ca^{2+}、Ba^{2+}和Zn^{2+}。在酶转化的起始阶段,α-CGT 酶生产 α-环糊精作为主要产物,随着反应时间的延长,β-环糊精的比例明显增加,最终 β-环糊精为主要产物;相比于天然酶,重组酶有更高的 α-环糊精特异性。α-CGT 酶环化反应的动力学性质适合用 Hill 方程进行描述,Hill 常数高于 1 暗示酶单聚体的底物结合有正协同作用。⑤亚位点-3 处的 Asp372 和 Tyr89 的突变能改变软化类芽胞杆菌 CGT 酶的环化活力和环糊精产物比例,说明这两个残基对环糊精产物特异性具有重要作用,也进一步证实亚位点-3 对 CGT 酶产物特异性来讲是关键位点。Asp372 突变成赖氨酸和 Tyr89 突变成精氨酸显著提高了软化类芽胞杆菌 CGT 酶的 α-环糊精特异性,单突变体 D372K 和 Y89R 在产物特异性上的改变能累加于双突变 D372K/Y89R;相比于野生 CGT 酶,双突变体 D372K/Y89R 的 α-环糊精产量提高了 50%,而 β-环糊精产量下降了 43%。具有更高 α-环糊精特异性的突变体比野生酶更适合于 α-环糊精的工业化生产。⑥氨基酸残基 47 是定位于亚位点-3 附近的主要残基之一,不同类型的 CGT 酶之间残基 47 的氨基酸种类明显不同,暗示残基 47 的种类可能与 CGT 酶的产物特异性有关。Lys47 的突变能改变软化类芽胞杆菌 CGT 酶的环化活力并影响环糊精的生产,说明这个残基对环化反应和环糊精产物特异性具有重要作用。Lys47 的所有突变降低了软化类芽胞杆菌 CGT 酶的 α-环化活力,暗示 Lys47 对 α-环化反应非常重要,但这些突变能显著增加 CGT 酶的 β-环化活力,尤其是 Lys47 突变成苏氨酸、丝氨酸或亮氨酸,这 3 个单突变转化软化类芽胞杆菌 CGT 酶从 α-型到 β/α-型,作为结果,所有突变体具有更高的 β-环糊精特异性,它们比野生酶更适合于 β-环糊精的工业化生产(李兆丰,2009)。

环糊精葡萄糖基转移酶,简称 CGT 酶,它能够通过转葡糖苷作用催化低聚糖生成偶合糖,通过糖基化反应对甜菊苷进行改变甜菊苷甜味特性,还可以通过环化反应利用淀粉催化得到环糊精,由于上述物质独有的特性和特有的用途,它们在食品等领域的应用逐渐推广。前期工作中已对来源于软化类芽胞杆菌菌株 JFB05-01 的 α-CGT 酶在大肠杆菌中的表达进行了广泛的研究。从食品安全生产为出发点,尝试从巴斯德毕赤酵母(Pichia pastoris)和枯草芽胞杆菌(Bacillus subtilis)这两种工业上广泛使用的宿主菌入手,研究软化类芽胞杆菌 α-CGT 酶在重组毕赤酵母和枯草杆菌中的表达,并通过一系列发酵条件优化,旨在不断提高重组酶的表达量。主要研究结果如下。①将来源于软化类芽胞杆菌的 α-CGT 酶基因插入毕赤酵母表达载体 pPIC9K 的信号肽下游,构建了重组质粒 pPCGT,将其转化毕赤酵母 YM71,获得了产 α-CGT 酶的基因工程菌毕赤酵母 KM71/pPCGT,但是经摇瓶培养 96h 后,胞外酶活仅 0.2U/mL,SDS-PAGE 未检测到目的蛋白条带。从密码子偏爱性和糖基化角度对 CGT 酶在毕赤酵母中表达量低的原因进行了深入的分析，发现毕赤酵母极低频率使用的密码子在 cgt 基因中所占比例为 8%，同时该酶中存在 9 个潜在的糖基化位点，密码子不偏爱及潜在的糖基化可能会影响 CGT 酶在毕赤酵母中的表达。②将 α-CGT 酶基因插入枯草芽胞杆菌组成型载体 pMA5 的信号肽下游，构建重组质粒 pMCGT，转化枯草芽胞杆菌菌株 WB600 进行表达，摇瓶培养 36h 后重组菌株 WB600/pMCGT 胞外酶活力为 1.9U/mL，而阴性对照 WB600/pMA5 检测不到酶活，且 SDS-PAGE 表明细胞内没有包涵体。对重组菌株进行初步摇瓶优化，确定较优条件为：初始培养基为 TB，温度 37℃，初始 pH 为 7，最佳接种量 4%，在该条件下，胞外酶活达 4.3U/mL。③将 α-CGT 酶基因连接枯草芽胞杆菌诱导型载体 pGJ103 后转化菌株 WB600，获得了胞外分泌表达软化类芽胞杆菌 α-CGT 酶的重组菌株 WB600/pGCGT 菌株，在 1% 的麦芽糖初始发酵培养基上摇瓶培养，48h 后重组枯草芽胞杆菌产酶活性为 5.1U/mL。与重组枯草芽胞杆菌菌株 WB600/pMCGT 相比，胞外酶活较高，并且目的蛋白也都分泌到了胞外。考察了该诱导型菌株的种子生长情况，对数生长期为 4~12h，8h 为最佳菌龄，另外考察了菌株稳定性，传代 5 代后质粒保持率在 92% 以上。④对重组 WB600/pGCGT 菌株进行了摇瓶条件优化。通过单因素实验优化得到诱导剂麦芽糖的最佳浓度为 15g/L，最适碳源、氮源分别为玉米淀粉和酵母粉，采用 Box-Behnken 实验设计和响应面方法考察了三者配比的最佳浓度，最终确定了发酵培养基组分为麦芽糖 15.5g/L，玉米淀粉 13g/L，酵母粉 20g/L，蛋白胨 4g/L，硝酸钠 2g/L，$K_2HPO_4 \cdot 3H_2O$ 12.4g/L，KH_2PO_4 2.3 g/L。在此优化条件下，摇瓶 α-CGT 酶的酶活为 17.6U/mL。⑤对重组枯草芽胞杆菌/pGCGT 在 5L 罐中的发酵工艺进行初步研究。通过分批发酵实验确定细胞生长和 α-CGT 酶合成所需溶氧为 20%。在分批发酵的基础上，初步尝试了分批补加蔗糖对重组枯草芽胞杆菌产 α-CGT 酶的影响，补加 25g/L 蔗糖，诱导培养 35h 后菌体干重最大达 15.5g/L，最终 α-CGT 酶产量为 30U/mL（张佳瑜，2010）。

四、软化类芽胞杆菌产生物表面活性剂特性

筛选自淡水红树林的生物界面活性剂生产菌 TKU029，经由 16S rDNA 序列比对及 API 试验鉴定为软化类芽胞杆菌。软化类芽胞杆菌菌株 TKU029 生产生物界面活性剂的较适培养条件为：将含有 2% 乌贼软骨粉、0.1% $K_2HPO_4 \cdot 3H_2O$ 及 0.05% $MgSO_4 \cdot 7H_2O$ 的 100mL 液态培养基（pH7.21）充填于 250mL 的锥形瓶，经灭菌 20min 后进行接菌，并于 30℃ 摇瓶（150r/min）培养 3d。发酵所得离心上清液，经过沉淀、甲醇萃取等步骤，进行生物界面活性剂的纯化，其产量为 1.76g/L。菌株 TKU029 所生产生物界面活性剂能将水的表面张力从 72mN/m 降至 36.34mN/m，其乳化活性为 52%~56% 且具热稳定性。TKU029 生物界面活性剂的 pH 稳定性为 4~10、盐度稳定性为 1%~5%。微生物抑制测试显示，TKU029 生物界面活性剂对烟曲霉（*Aspergillus fumigatus*）、尖孢镰刀菌（*Fusarium oxysporum*）、大肠杆菌（*Escherichia coli*）、枯草芽胞杆菌（*Bacillus subtilis*）TKU007、金黄色葡萄球菌（*Staphylococcus aureus*）和绿脓杆菌（*Pseudomonas aeruginosa*）K187 皆有抑制效果，且可应用于草莓的保存（吴佳真，2011）。

第十一章 枝芽胞杆菌属

第一节 枝芽胞杆菌属的特征与分类

一、枝芽胞杆菌属的特征

枝芽胞杆菌属（*Virgibacillus*）的特征是：革兰氏阳性，菌体杆状，通常以单个、成对、短链状或长链状的形式存在，大小为（0.3～0.7）$\mu m \times$（2～6）μm；通过膨大的胞囊产生芽胞，芽胞为椭圆至椭球形；菌落小，圆形，微凸起，略透明或不透明；V-P反应阴性，不产生吲哚，大部分种类不能利用柠檬酸盐，能够或者不能将硝酸盐还原成亚硝酸盐，一般不产生尿酶和硫化氢，能水解明胶、秦皮甲素和酪蛋白，生长的盐度范围是4%～10% NaCl、温度范围为5～50℃，最适生长温度为28～37℃；能够利用D-棉子糖和D-蜜二糖作为唯一碳源生长，但不能利用D-阿拉伯糖、D-果糖和D-木糖；主要脂肪酸为anteiso-$C_{15:0}$，主要的极性脂为甘油二磷脂和甘油磷脂酰；主要的甲基萘醌为MK-7，同时还有少量或微量的MK-6和MK-8；在该属的已测定过的种类中，菌体细胞壁含有meso-二氨基庚酸型的肽聚糖（Heyrman et al., 2003）。

二、枝芽胞杆菌属的分类

对泛酸芽胞杆菌属、22种芽胞杆菌属rRNA种群第1组和第2组的菌株及解硫胺素芽胞杆菌属、短芽胞杆菌属、类芽胞杆菌属进行扩增核糖体DNA限制性分析（ARDRA）的结果显示：泛酸芽胞杆菌代表了一个与其他种明显区别的系统发育群，足以确立属的地位。该研究的ARDRA聚类分析结果与模式菌株16S rRNA序列分析构建的系统发育树一致。全细胞蛋白SDS-PAGE图谱数值分析显示喜盐芽胞杆菌与泛酸芽胞杆菌有完全不同的蛋白酶谱，FAME数据数值分析、API及其他表型特征与ARDRA结果一致。综合以上信息，另建新属枝芽胞杆菌属。枝芽胞杆菌属模式种泛酸枝芽胞杆菌（*Virgibacillus pantothenticus*）的主要特征除了属的特征外，还有以下特征：产生H_2S，柠檬酸盐利用反应阳性，硝酸盐还原反应阴性，精氨酸水解反应阴性。

第二节 泛酸枝芽胞杆菌

一、泛酸枝芽胞杆菌的生物学特性

利用自主分离的芽胞杆菌菌株TS01和15种芽胞杆菌［地衣芽胞杆菌（*Bacillus licheniformis*）、枯草芽胞杆菌（*Bacillus subtilis*）、短小芽胞杆菌（*Bacillus pumilus*）、巨大芽胞杆菌（*Bacillus megaterium*）、凝结芽胞杆菌（*Bacillus coagu-*

lans)、蜡状芽胞杆菌（Bacillus cereus）、迟缓芽胞杆菌（Bacillus lentus）、苏云金芽胞杆菌（Bacillus thuringiensis）、嗜热脂肪芽胞杆菌（Bacillus thermoaerophilus）、解淀粉芽胞杆菌（Bacillus amyloliquefaciens）、环状芽胞杆菌（Bacillus circulans）、球形芽胞杆菌（Bacillus sphaericus）、侧胞短芽胞杆菌（Brevibacillus laterosporus）、多粘类芽胞杆菌（Paenibacillus polymyxa）和泛酸枝芽胞杆菌（Virgibacillus pantothenticus）]模式菌种进行扩增核糖体DNA限制性分析（ARDRA）。采用16S rDNA通用引物16S-27和16S-1525进行PCR扩增，16S rDNA扩增片段经6种限制性酶（AluⅠ、TaqⅠ、MseⅠ、BstUⅠ、HhaⅠ和Tsp509Ⅰ）酶切电泳，获得了TS01菌株的特征性ARDRA指纹图谱。ARDRA图谱通过GelcomparⅡ软件进行聚类分析（UPGMA），结果表明，菌株TS01和地衣芽胞杆菌处于同一分支，亲缘关系最近。ARDRA分析鉴定结果与前期菌株TS01形态、生化鉴定和16S rDNA序列分析结果一致，TS01是一株地衣芽胞杆菌菌株，从而证明ARDRA技术在菌种水平上对芽胞杆菌TS01进行鉴别具有可靠性（王程亮等，2009）。

二、泛酸枝芽胞杆菌用于植物病害的生物防治

从番茄种植地中分离获得一株对烟草黑胫病菌等多种植物病原菌和金黄色葡萄球菌有明显抑制作用的菌株ZJUT-K15，测定发现该菌株的发酵液及其无菌滤液对烟草黑胫病菌菌丝的延伸具有良好而持续的抑制作用，稀释100倍后其抑制率分别为92.29%和69.79%；24h内可抑制烟草黑胫病菌孢子的萌发，48h后抑制效果有所下降。通过形态特征观察、生理生化特征测定及16S rDNA序列分析，初步鉴定为枝芽胞杆菌属泛酸枝芽胞杆菌（Virgibacillus pantothenticus），16S rDNA序列提交GenBank，序列号为EU639686（汪琨等，2009）。

第三节 独岛枝芽胞杆菌

一、独岛枝芽胞杆菌产抗菌物质特性

人们已经对陆地微生物活性次级代谢产物进行了广泛的研究，而对海洋微生物相关方面的研究还比较欠缺。相对于陆地微生物，海洋微生物生活在非常特殊的环境中，其代谢产物的多样性和代谢途径的独特性决定了海洋微生物次级代谢产物具有新颖的结构和特异的生物活性。从海洋微生物中筛选具有抗植物病原菌作用的菌株，并对其中一株深海的独岛枝芽胞杆菌进行抗菌化合物分离鉴定研究工作。以水稻黄单胞菌等为指示菌，采用平板对峙法对411株海洋细菌进行了抗菌筛选，初筛获得具有抗菌活性的海洋菌株81株，复筛获得具有稳定抗菌活性的菌株7株；最后通过测定抗菌谱，得到一株抗菌谱特异并且稳定拮抗水稻黄单胞菌的深海的独岛枝芽胞杆菌A493。A493产抗菌活性物质可以耐受100℃的高温，在pH4~10和紫外照射环境中活性稳定，可以通过3kDa的超滤管，并且对蛋白酶不敏感。该物质具有很强的极性，只能溶解在水和甲醇中。酸沉淀和硫酸铵沉淀实验结果排除了活性物质是脂

肽类物质的可能性。通过离子交换色谱法提取，再经两次薄层层析硅胶板回收分离，得到了精制样品。经过 LC-MS 分析，初步判断活性物质分子质量为 317Da；经 Doskochilova 溶剂系统纸层析验证，该物质与链霉素的纸层析图谱极为相近；其紫外吸收为末端吸收，茚三酮显色法显示黄色。一般氨基糖苷类物质分子质量是大于 400Da 的，结合该物质抗菌谱的特异性和产生菌分离环境的特殊性，表明该活性物质极有可能是一种新型的氨基糖苷类抗生素，初步编号为 ZH-11。对 A493 产活性物质 ZH-11 发酵条件进行了初步优化，使其单位体积发酵液抑菌效果提高 18%。活性物质 ZH-11 相对效价测定的实验表明，A493 发酵无菌上清液对水稻黄单胞菌的抑菌效果相当于 15.6μg/mL 的标准链霉素。对水稻白叶枯病害的温室实验表明，经过 A493 无菌上清液处理，水稻生长 20d 后对水稻白叶枯病害防治效果达 66.7%，且对水稻的正常生长无不良影响（张少博，2011）。

以一株抗菌谱较窄并且稳定拮抗水稻黄单胞菌的深海独岛枝芽胞杆菌 A493 为研究对象，研究了其产活性物质特性及发酵条件的优化。A493 产抗菌活性物质可以耐受 100℃的高温，在 pH4～10 和紫外照射环境中活性稳定，可以通过 3kDa 的超滤管，对蛋白酶不敏感，只能溶解于水和甲醇。酸沉淀和硫酸铵沉淀实验结果排除了活性物质是脂肽类物质的可能性，初步研究显示该活性物质可能是极性较强的水溶性活性小分子新化合物。确定 A493 最佳发酵条件为：接种菌龄 12h、接种量 1%、发酵时间 48h、发酵温度 28℃、培养转速 180r/min、250mL 锥形瓶中的装液量为 70mL。优化后，其单位体积发酵液抑菌效果提高了 18.7%，活性物质对水稻黄单胞菌的抑菌效价相当于 15.6μg/mL 的标准链霉素（陈莉等，2012）。

植物病害一直是世界农业发展的主要危害之一，每年因植物病害而引起的农业损失非常严重。当前，在化学农药滥用、耐药性严重的情况下，寻找新型的无公害、易降解的生物农药，符合可持续发展农业的需求。研究者们希望从海洋微生物中开发出可抗植物病原菌的生物活性物质，用以减少或者替代化学农药的使用。深海独岛枝芽胞杆菌菌株 A493 产生的抗菌物质对水稻白叶枯病原菌——黄单胞菌有显著抑制效果；在对菌株 A493 产活性物质 ZH11 的分离纯化技术的基础上，对分离纯化方法进行探索、并对其特性比较分析和抗菌机制进行了初步研究。先前的纯化 ZH11 的技术路线为：甲醇处理发酵液得粗提物、采用 Cellulose CM-52 和 DEAE-52 两种离子交换填料分离、两步 TLC 分离。由于该技术路线总体纯化效率不高，故对其纯化方法进行了探索。活性炭处理活性物质粗提液，无纯化效果，故不予添加此方法；引入了强阳离子 SP Sepharose F.F. 柱色谱对粗提物进行高通量处理，大大加快了整体纯化进程。由于 ZH11 相对分子质量小，引入分离范围小于 700Da 的 Sephadex G-10 凝胶色谱，除去了大量的比 ZH11 分子质量更小的部分杂质。CM-52 柱色谱，整个洗脱过程从原先 11h 缩短为 4h，大大提高纯化效率且能除去大量有色杂质，此方法予以保留。DEAE-52 柱色谱的整个洗脱时间缩短为原先的 2/5，且 TLC 检测纯化效果好，故此方法保留；TLC 分离，由于氯仿/甲醇/浓氨水溶剂系统增加了活性物质回收难度，故舍弃第一步 TLC 方法，保留第二步 TLC 且样品被很好地分离为 8 个组分，其中除了 ZH11 外，还分离出一个活性组分。将活性物质与 3 种已知的氨基糖苷类抗生素特性进行了比较。研究发现，在对几种常见菌株抗性和 TLC 薄层显色方面,两者之间的差异较大。在对活性物质分离纯化基础上,用纯化后样品对水稻黄单胞菌进行了抗菌机理的初步研究,HPLC 测定其对 GlmU 酶的抑制率约为 17.3%,表明 A493 产活性物质对 GlmU 酶有一定作用(陈莉,2012)。

二、独岛枝芽胞杆菌作为深海重金属抗性菌的分离鉴定

海洋微生物种类包括几乎所有的微生物类型,这些微生物因生存在海洋高盐、高压、低温、低营养和无光照等这种极端环境条件下而具有特殊的生理性状和遗传背景,具有许多特殊功能,如耐盐性、耐低温、耐高温、耐高压和高渗透性、固氮、硝酸还原、抗重金属等,现在对深海重金属抗性细菌的筛选研究多集中在热液口,而对其他深海环境中的重金属抗性微生物研究较少。从太平洋深海多金属结核区进行了重金属抗性菌筛选和分离鉴定,并对其重金属的抗性机制或解毒机制开展了初步的研究。通过两次不同浓度的镉(Ⅱ)、汞(Ⅱ)、铅(Ⅱ)、锰(Ⅱ)、钴(Ⅱ)、Cr(Ⅵ)、镍(Ⅱ)、铜(Ⅱ) 8 种重金属富集,从东、西太平洋和南海底泥中共分离得到 280 株细菌,分别属于 16 属 33 种,16S rDNA 测序显示,细菌分别为短小芽胞杆菌(*Bacillus pumilus*)、蜡状芽胞杆菌(*Bacillus cereus*)、坚强芽胞杆菌(*Bacillus firmus*)、巨大芽胞杆菌(*Bacillus megaterium*)、蕈状芽胞杆菌(*Bacillus mycroides*)、莫海威芽胞杆菌(*Bacillus mojavensis*)、食物芽胞杆菌(*Bacillus cibi*)、球形芽胞杆菌(*Bacillus sphaericus*)、梭状芽胞杆菌(*Bacillus fusiformis*)、花津滩芽胞杆菌(*Bacillus hwajinpoensis*)、越南芽胞杆菌(*Bacillus vietnamensis*)、斋戒小陌生菌(*Advenella incenata*)、柴油食烷菌(*Alcanivorax dieselolei*)、粪产碱菌(*Alcaligenes faecalis*)、氧化节杆菌(*Arthrobacter oxidans*)、副凝胶短状杆菌(*Brachybacterium paraconglomeratum*)、金黄短杆菌(*Brevibacterium aureum*)、血液短杆菌(*Brevibacterium sanguinis*)、耐碱柠檬球菌(*Citricoccus alkalitolerans*)、金橙黄微小杆菌(*Exiguobacterium aurantiacum*)、南方盐单胞菌(*Halomonas meridiana*)、美丽盐单胞菌(*Halomonas venusta*)、沼泽考克氏菌(*Kocuria palustris*)、玫瑰色考克氏菌(*Kocuria erythromyxa*)、氧化微杆菌(*Microbacterium oxydans*)、食石油微杆菌(*Microbacterium oleivorans*)、马氏副球菌(*Paracoccus marcusii*)、近海游动球菌(*Planococcus maritirnus*)、腐生葡萄球菌(*Staphylococcus saprophyticus*)、表皮葡萄球菌(*Staphylococcus epidermidis*)、深海独岛枝芽胞杆菌(*Virgibacillus dokdonensis*)、图画枝芽胞杆菌(*Virgibacillus pictruae*)。分别归为放线菌纲(Actinobacteria)、厚壁菌门(Firmicutes)、α-、β-、γ-变形菌纲(α-、β-、γ-Proteobacteria)类群,其中有几株细菌是首次发现存在于深海并具有重金属抗性的,如东太平洋样品分离得到的 *Advenella incenata* 菌株 Cr12 及南海样品分离得到的 *Brevibacterium sanguinis* 菌株 NCD-5。分离得到芽胞杆菌 12 种 231 株,芽胞杆菌为出现频率最高的菌,占总菌数的 82.5%,在各个站点,以及在含 Pb(Ⅱ)、Cr(Ⅵ)、Co(Ⅱ)、Cu(Ⅱ)、Ni(Ⅱ)的选择性培养基中均能够分离得到,说明芽胞杆菌是深海重金属抗性菌中不可忽视的一大类群。抗性研究结果表明,腐生葡萄球菌(*Staphylococcus saprophyticus*)菌株 Pb26 对重金属锰(Ⅱ)有较高的抗性,最小抑制浓度为 30mmol/L,

而且具有较高的去除率，在含10mmol/L Mn^{2+} 的高盐 LB 中，28℃，200r/min 培养过夜后能够去除培养基中90%的 Mn^{2+}（田美娟，2006）。

第四节　死海枝芽胞杆菌

一、死海枝芽胞杆菌的生物学特性

死海枝芽胞杆菌（*Virgibacillus marismortui*），菌落大且厚实，呈淡黄色，不透明，边缘圆整，表面光滑、平坦、不隆起；菌体形态为杆状，大小为（0.5～0.7）μm×（2.0～3.6）μm，革兰氏染色阳性，周生鞭毛，产中生芽胞，在15～50℃时均能生长，最适生长温度为37℃；可以在含有5%～25%的 NaCl 的 LB 液体培养基中正常生长、最适合的 NaCl 浓度为10%；在 pH6.0～9.0时均能生长，最适生长 pH 为7.5；氧化葡萄糖产酸，氧化酶试验阳性、接触酶试验阳性、硝酸盐还原阴性，VP 试验阴性、吲哚试验阴性，淀粉水解阳性，产 H_2S；能较好地利用葡萄糖、果糖、乳糖、甘油、蔗糖和淀粉等各种碳源，但不能利用四氢嘧啶作为碳源（Arahal et al., 1999；2000；Heyrman et al., 2003）。

二、死海枝芽胞杆菌的分离与鉴定

从草地土壤中分离到一株中度嗜盐菌 I15，经过 16S rDNA（GenBank 登录号为 DQ010162）序列分析、形态学和生理生化特征分析，该菌株初步鉴定为死海枝芽胞杆菌。I15 能在0%～25% NaCl 的培养基中生长，最适生长 NaCl 浓度为10%，最适生长温度为30℃，最适 pH 为7.5～8.0。在高盐条件下，I15 细胞内主要的相容性溶质为四氢嘧啶，在15% NaCl 培养基中其含量达1.608mmol/(g·cdw)，占到相容性溶质物质的量的89.6%。渗透冲击试验表明 I15 细胞内四氢嘧啶在低渗冲击时能够快速分泌到细胞外，在高渗冲击时能够较快地重新合成（何健等，2005）。

第五节　盐脱氮枝芽胞杆菌

一、盐脱氮枝芽胞杆菌的生物学特性

盐脱氮枝芽胞杆菌（*Virgibacillus halodenitrificans*），革兰氏阳性，短杆状，产芽胞，能运动，好氧，化能异养；在2216e 培养基上菌落呈淡黄色，不透明，菌落直径2～3mm，表面光滑湿润，边缘规则，隆起，扁平。在 NaCl 浓度为2%～23%时都可以生长，最适 NaCl 浓度为3%～7%；生长的温度为10～45℃，最适生长温度为35～40℃；生长的 pH 为5.8～9.6，最适 pH 为7.4～7.5（Yoon et al., 2004）。

二、蟛子虾酱中盐脱氮枝芽胞杆菌的分离与鉴定

从蟛子虾酱中分离纯化鉴定了一株中度嗜盐菌 MKY20，对其进行了形态学和生理

生化特性研究；通过测定其 16S rDNA 序列并通过系统发育分析对该菌株进行了分子水平的鉴定。试验结果表明，嗜盐菌株 MKY20 为革兰氏阳性菌，菌体可以产芽胞，呈杆状，菌体大小为 $(0.6\sim0.8\mu m)\times(2.0\sim4.0\mu m)$；生理生化特性研究表明菌株 MKY20 最适盐度为 3%，最适生长温度为 28~34℃，最适 pH 为 7.0；系统发育分析将该菌初步鉴定为枝芽胞杆菌属中的盐脱氮枝芽胞杆菌。该研究将为进一步研究虾酱中的嗜盐菌的菌落结构提供参考，为防止嗜盐菌污染食品提供帮助（孙业盈等，2009）。

参 考 文 献

阿不都克里木·热依木，迪力夏提·托呼提库. 2008. 新疆沙漠放线菌 XSS040811 菌株抗生素合成条件. 干旱区研究, 25 (1)：114-117.

阿不都拉·阿巴斯, 田旭平, 侯秀云, 孙华, 王丽. 2005. 四种药用植物抑菌作用初探. 食品科学, 26 (12)：111-114.

阿地力·沙塔尔, 张永安, 王玉珠. 2005. 低温条件下苏云金芽胞杆菌增效剂的研究. 林业科学研究, 18 (1)：70-73.

艾根伟, 潘丽娜. 2006. 951 株铜绿假单胞菌耐药特征分析. 临床医学, 26 (3)：79.

安洪欣. 2010. 单过硫酸氢钾的复合钠盐的杀菌消毒效果的应用研究. 科技创新导报, 13：4-5.

安健, 宋增福, 杨先乐, 胡鲲, 路怀灯, 佘林荣. 2010. 好氧反硝化细菌 YX-6 特性及鉴定分析. 中国水产科学, 17 (3)：561-569.

安健, 宋增福, 杨先乐, 黄志华, 张小能. 2010. 好氧反硝化芽胞杆菌筛选及其反硝化特性. 环境科学研究, 1：100-105.

安静, 刘虎生, 单良, 高丹, 陈杰. 2004. 一起由蜡样芽胞杆菌污染造成食物中毒的调查. 沈阳医学, 24 (3)：127-128.

安静, 刘虎生, 单良, 高丹, 陈杰. 2006. 一起由蜡样芽胞杆菌污染造成的食物中毒. 现代预防医学, 33 (3)：406.

安秀才, 张洪文. 2003. 西瓜"阴皮病"的防治. 黑龙江农业, 4：37.

安秀林, 李庆忠, 张忠智. 2005. 产生生物表面活性剂菌株Ⅰ降解原油的研究. 河北北方学院学报（自然科学版）, 21 (1)：20-23.

安岩, 史伶洁. 2006. 一起食物中毒的分析. 中国校医, 20 (1)：69.

安弋, 刘新育, 芦鹏, 刘亮伟, 陈红歌. 2010. 1 株酸性 α-淀粉酶产生菌的鉴定及发酵条件优化. 安徽农业科学, 38 (4)：1709-1711.

敖康, 涂晓嵘, 涂璇, 张晓阳, 涂国全. 2010. 红谷霉素的抗细菌活性和毒力测定. 中国农学通报, 26 (2)：55-59.

巴毛. 2004. 藏药"五鹏丸"治牛炭疽病. 青海畜牧业, 3：45.

白丹, 常迺滔, 李大海, 刘继霞, 尤雪颜. 2008. 灵芝多糖抑菌活性初探. 华北农学报, 23 (B06)：282-285.

白虹, 刘德富. 1994. 克东腐乳的微生物学研究. 北京联合大学学报, 8 (1)：19-23.

白莉莉. 2007. 特异性感染手术的护理配合. 中华现代临床护理学杂志, 2 (2)：185-186.

白文元. 2005. 重视抗生素相关性腹泻的预防和治疗. 中华消化杂志, 25 (8)：449-450.

白晓平. 2004. 一组优势菌对焦化废水中吲哚、吡啶的降解条件的实验研究. 微生物学杂志, 24 (3)：36-39, 58.

白雪, 林晨, 李药兰, 岑颖洲, 沈伟. 2008. 水杨梅和水团花提取物体外抑菌活性的实验研究. 中草药, 39 (10)：1532-1535.

白雪峰, 李长友, 程林友, 郑桂玲, 周洪旭, 李国眕. 2007. Bt 菌株 QCL-1 中 cry2Ac10 基因的克隆、表达和活性研究. 生物技术, 17 (4)：10-13.

白艳红, 赵电波, 杨公明, 吴小强. 2008. 蛋清溶菌酶对枯草芽胞杆菌芽胞萌发的影响. 食品工业科技,

11：213-216.

白志辉，张保国，李祖明，张洪勋. 2005. 一株嗜碱细菌及其固态发酵生产碱性果胶酶. 科技开发动态，7：47.

白子金，吴琼，顾影. 2009. "金倍素"增强畜禽免疫力的作用. 养殖技术顾问，9：160.

柏建玲，莫树平，郑婉玲，贺鹰挎. 2003. 地衣芽胞杆菌与其他微生物产酶能力的比较. 饲料研究，7：4-6.

柏建新，邓崇亮. 1997. 肌苷产生菌缺失核苷水解酶活性突变株选育及其发酵生产试验. 工业微生物，27 (3)：11-15.

包东升. 2010. 小儿咳喘颗粒微生物限度检查方法的验证. 海峡药学，22 (8)：94-95.

包东武. 2004. 从土壤中分离产气荚膜杆菌用于实验教学. 卫生职业教育，22 (8)：93.

包东武，王挺. 2002. 从土壤中分离破伤风芽胞杆菌用于实验教学. 卫生职业教育，20 (7)：78.

包红朵，王冉，朱琳娜，王恬. 2009. 拭子法筛选抗菌药物敏感菌种和最适培养基. 江苏农业学报，25 (3)：673-679.

包巨南，肖怀秋，兰立新. 2007. 枯草芽胞杆菌 B. SUBT12 酶学性质研究. 广西轻工业，23 (3)：46-47, 49.

包木太，柳泽岳，王海峰，郭省学. 2009. 高效烃类降解菌在稠油污水生化处理中的应用. 环境科学与技术，32 (8)：20-23.

包木太，骆克峻，耿雪丽，王海峰. 2008. 聚丙烯酰胺降解菌的筛选及降解性能评价. 西安石油大学学报（自然科学版），23 (2)：71-74.

包怡红，李雪龙. 2008. 木聚糖酶产生菌——类芽胞杆菌的筛选及其酶学性质研究. 中国食品学报，8 (2)：36-41.

包怡红，刘伟丰，董志扬. 2008. 耐碱性木聚糖酶在短小芽胞杆菌中高效分泌表达的研究. 中国食品学报，8 (5)：37-43.

包怡红，李雪龙，杨传平. 2008. 类芽胞杆菌木聚糖产生菌株的筛选及其产酶条件优化. 东北林业大学学报，36 (9)：70-73.

包怡红，刘伟丰，毛爱军，董志扬. 2005. 耐碱性木聚糖酶高产菌株的筛选、产酶条件优化及其在麦草浆生物漂白中的应用. 农业生物技术学报，13 (2)：235-240.

鲍方名，龚蕾，邵蔚蓝. 2007. 巨大芽胞杆菌分子伴侣 GroES 和 GroEL 新基因的克隆及同源性分析. 中国生物化学与分子生物学报，23 (12)：996-999.

鲍丽霞，马庭芳，李枝林. 2008. 两种药物联合治疗肠易激综合征疗效观察. 基层医学论坛，12 (35)：1103-1104.

鲍志军. 2003. 一起急性食物中毒病原菌的检验及分析. 中国卫生检验杂志，13 (6)：778.

暴增海，马桂珍，吴少杰，夏振强. 2009. 海洋放线菌 BM-2 菌株的抗菌特性. 农药，48 (9)：640-643.

贝丽霞，白宝璋. 1997. Bt 毒蛋白基因及其在水稻上的应用. 农业与技术，5：11-13.

贝绍国，刘玉升，崔俊霞. 2005. 日本龟蜡蚧肠道细菌分离及鉴定研究. 山东农业大学学报（自然科学版），36 (2)：209-212.

贝为成，何启盖，方六荣，肖少波，刘丽娜，洪文洲，刘正飞，陈焕. 2004. 猪传染性胸膜肺炎放线杆菌毒素 apx Ⅱ 基因无药物抗性标记突变株 HBC^-/GFP^+ 的构建及其生物学特性研究. 生物工程学报，20 (5)：719-724.

贲岳，陈忠林，徐贞贞，齐飞，叶苗苗，沈吉敏. 2008. 低温生活污水处理系统中耐冷菌的筛选及动力学研究. 环境科学，29 (11)：3189-3193.

毕晋明，王永军. 2006. 动物肠道益生菌的生理功能及其在动物生产中的应用. 饲料广角，11：40-42.

边藏丽, 边丽梅. 2002. 乙醇对常见病原菌最低杀菌浓度的试验研究. 中华临床医药杂志 (北京), 3 (6): 41-42.

边藏丽, 张万明, 涂献玉, 艾彪, 王华国. 2006. 医院使用的75%乙醇污染调查分析. 长江大学学报 (医学卷), 3 (2): 260, 266.

边藏丽, 郑健. 2000. 高渗透压培养基对细菌L型的诱导研究. 中国民政医学杂志, 12 (2): 77-79.

边强, 王广君, 张泽华, 张杰, 李洪, 覃伟权. 2009. 苏云金芽胞杆菌与绿僵菌对椰心叶甲的协同控制作用. 植物保护, 35 (3): 130-132.

卞昌华, 许兴友, 姚成, 尹德帅. 2010. 有机多胺Co (II) 配合物的合成、晶体结构及抑菌性能. 应用化学, 27 (3): 295-299.

卞昌华, 尹德帅, 许兴友, 范莹莹. 2009. 新型有机多胺Zn (II) 配合物的合成、晶体结构及抑菌性能研究. 化工矿物与加工, 38 (2): 25-28.

卞小莹, 吴文君, 王群利, 方丽萍. 2008. 秦岭链霉菌的原生质体再生与诱变育种. 微生物学通报, 35 (6): 929-933.

卞玉霞. 2010. 腹部坏死性筋膜炎并发气性坏疽1例患者的护理. 基层医学论坛, 14 (30): 954-955.

卞云霞, 付蕊, 刘英超. 2009. 槐豆多糖及其配合物的抑菌性研究. 大连民族学院学报, 11 (5): 480.

别小琳, 刘华. 2000. 司帕沙星滴眼液中微生物的限度检查. 华西药学杂志, 15 (6): 464-465.

别小琳, 王灿. 2010. 复方樟脑乳膏微生物限度检查方法的建立. 四川生理科学杂志, 32 (3): 106-108.

别小妹, 陆兆新. 2005. 影响枯草芽胞杆菌fmbR菌株抗菌物质提取的主要因子. 南京农业大学学报, 28 (4): 126-129.

别小妹, 吕凤霞, 陆兆新, 王冬立. 2006. 枯草芽胞杆菌fmbR抗菌物质稳定性研究. 食品科学, 27 (6): 104-108.

薄海波, 陈立仁. 2004. 固相萃取法提取、高效液相色谱-紫外检测法同时测定蜂王浆中土霉素、四环素、金霉素残留. 中国卫生检验杂志, 14 (6): 699-700.

卜庆婧. 2008. VIDAS实现致病菌的全自动检测——访生物梅里埃公司行业科学事务总监Stan Bailey. 食品安全导刊, 6: 45.

卜秋红, 李平, 王秀兰, 苏华. 2004. 一起蜡样芽胞杆菌食物中毒的实验室检测. 河南预防医学杂志, 15 (1): 46-47.

卜生高, 王劲争. 2009. 喉咽清口服液微生物限度检查方法的验证. 中国药事, 12: 1210-1212.

卜祥斌, 陈洁, 刘红艳, 罗有文, 周岩民. 2006. 沸石粉、寡糖及益生素在黄鸡饲料中的应用效果研究. 家畜生态学报, 27 (1): 37-40.

布热比亚·艾山, 阿依努尔·阿不都热合曼. 2011. 新疆块根芍药 (*Paeonia anomala*) 内生细菌XJU-PA-1的鉴定及特性分析. 生物技术, 21 (1): 51-54.

步卫东, 潘裕华, 刘彦. 2010. 鸽小肠黏膜乳酸菌的分离及鉴定方法研究. 中国家禽, 4: 30-33.

蔡爱华, 何成新, 曾健智, 张后瑞. 2004. 用于生产低聚木糖的木聚糖酶菌株筛选. 广西科学, 11 (4): 339-342.

蔡成岗, 郑晓冬. 2009a. 以羽毛为底物发酵产角蛋白酶培养基的优化. 科技通报, 25 (4): 451-455.

蔡成岗, 郑晓冬. 2009b. 以羽毛、人发为枯草芽胞杆菌KD-N2液体发酵碳、氮源生产角蛋白酶模型的建立. 农业生物技术学报, 17 (2): 328-333.

蔡丛菊, 牛丹丹, 张梁, 丁重阳, 王正祥, 石贵阳. 2008. 高温α-淀粉酶清洁生产工艺的初步研究. 酿酒科技, 8: 25-27.

蔡丹丹, 田秀平, 韩晓日, 卢显芝. 2009. 养殖池塘底泥脲酶活性与水体NH_4^+-N关系的研究. 沈阳农业大学学报, 40 (3): 301-304.

蔡福营, 樊云, 张光亚, 林毅, 陈国. 2009. 杀虫晶体蛋白对小菜蛾杀虫活性的识别预测. 华侨大学学报（自然科学版）, 30 (1): 53-55.

蔡广成, 李静. 2011. 10%井冈霉素·蜡质芽胞杆菌悬浮剂防治水稻稻曲病药效试验. 安徽农学通报, 17 (5): 101-102.

蔡恒, 陈忠军, 李金霞, 路福平, 杜连祥. 2005. α-淀粉酶的耐酸性改造及在枯草芽胞杆菌中的分泌表达. 食品与发酵工业, 31 (10): 33-36.

蔡恒, 陈忠军, 路福平, 杜连祥. 2004. 地衣芽胞杆菌耐高温 α-淀粉酶基因在大肠杆菌中的克隆及表达. 食品与发酵工业, 30 (12): 15-18.

蔡恒, 陈忠军, 万红贵, 王涛, 杜连祥. 2008. 地衣芽胞杆菌 α-淀粉酶信号肽的序列分析及其在大肠杆菌中的分泌特性. 华北农学报, 23 (2): 106-109.

蔡红. 2008. 麦迪霉素效价测定方法的改进. 西北药学杂志, 23 (2): 72-73.

蔡鸿杰, 李卫春, 侯世洁, 刘丽丽, 郑津辉. 2006. 植酸酶分泌菌株的筛选研究. 天津师范大学学报（自然科学版）, 26 (2): 19-22.

蔡华静, 熊智强, 涂国全. 2005. 链霉菌 702 生物活性物质抑菌的致死浓度和致死时间的测定. 江西农业大学学报, 27 (2): 274-278.

蔡健. 1991. 正交试验法研究嗜热脂肪芽胞杆菌所致青豆罐头的酸败. 广州食品工业科技, 4: 18-19, 22.

蔡健. 1992. 嗜热脂肪芽胞杆菌致午餐肉罐头败坏的研究. 陕西粮油科技, 17 (4): 15-17.

蔡健. 1996. 青豆罐头杀菌条件的研究. 陕西粮油科技, 21 (4): 24-26.

蔡健, 华景清, 徐良. 2005. 午餐肉罐头酸败原因分析. 食品与发酵工业, 31 (6): 62-63.

蔡金冠. 1997. 蜡样芽胞杆菌污染母乳化奶粉引起中毒的检验报告. 苏州医学杂志, 20 (4): 27-28.

蔡金华, 刘雅妮, 顾欣. 2004. 链霉素在牛奶中残留的微生物学检测方法. 中国兽药杂志, 38 (11): 7-9.

蔡敬民, 许民生. 1996. 芽胞杆菌木聚糖酶的发酵条件研究. 工业微生物, 26 (2): 17-20.

蔡靖, 郑平, 胡宝兰, Qaisar M. 2007. 脱氮除硫菌株的分离鉴定和功能确认. 微生物学报, 47 (6): 1027-1031.

蔡峻, 王飞, 任改新. 2003. 快速筛选苏云金杆菌高毒力菌株的有效方法. 中国生物防治, 19 (4): 185-188.

蔡磊, 李文鹏, 吴颖运, 张克勤. 2001. 胶胨样芽胞杆菌对小麦苗期生长的促进作用. 云南农业科技, 1: 18-19.

蔡林, 崔洪志. 1999. 苏云菌芽胞杆菌毒蛋白基因导入甘蓝获得抗虫转基因植株. 中国蔬菜, 4: 31-32.

蔡玲斐, 徐迎. 2005. 番石榴叶提取物对常见细菌的体外抗菌作用. 医药导报, 24 (12): 1095-1097.

蔡敏. 2008. 动物炭疽病的诊断与防治. 畜牧与饲料科学, 5: 49-50.

蔡敏娴, 陈志奎, 林礼务, 薛恩生. 2010. 载多烯紫杉醇聚乳酸-羟基乙酸微球的制备、表征及其药物稳定性. 中国组织工程研究与临床康复, 14 (21): 3856-3860.

蔡其华, 张广. 2006. 四川省甘孜州 2 起 E 型肉毒中毒调查. 预防医学情报杂志, 22 (3): 345-346.

蔡启良, 刘子铎, 孙明, 魏芳, 喻子牛. 2002. 苏云金芽胞杆菌营养期杀虫蛋白基因的克隆及表达分析. 生物工程学报, 18 (5): 579-582.

蔡启良, 刘子铎, 喻子牛. 2003. 苏云金芽胞杆菌生物活性成分研究进展. 应用与环境生物学报, 9 (2): 207-212.

蔡全信, 刘娥英. 1995. 温度和 pH 对 B. s. C3-41 菌株生长和毒力的影响. 微生物学杂志, 15 (2): 22-24.

蔡全信, 郑滔. 1998. 三种杀虫菌超氧化物歧化酶电泳图型和同源性. 微生物学通报, 25 (5): 249-252.

蔡少芬,温志强,张婷,温建荣,谢宝贵.2009.对一种可以抑制疣孢霉生长的细菌的鉴定.食用菌学报,16(1):92-94.
蔡廷贵,方横波,王玉,邓位喜,卢昱.2008.液体饲料发酵剂——绿安酵素对断奶仔猪生长性能的影响.养猪,4:16.
蔡显鹏,储炬,庄英萍,张嗣良.2002.芽胞杆菌生产嘌呤核苷研究进展.中国生物工程杂志,22(5):9-14.
蔡显鹏,陈双喜,储炬,庄英萍,张嗣良,刘咏梅,王仲石.2003.应用规模缩小方法的鸟苷发酵过程放大.微生物学通报,30(2):61-64.
蔡晓布,冯固,钱成,盖京苹.2007.丛枝菌根真菌对西藏高原草地植物和土壤环境的影响.土壤学报,44(1):63-72.
蔡信之,周秋华,刘忠权.2004.mel基因在苏云金芽胞杆菌中的转移和表达.微生物学通报,31(2):72-75.
蔡幸生,郑德昌,陈声琼,陈尤佳,王涛,郑德昌,邢佩辉.2001.小儿迁延性和慢性腹泻病病原体及抗生素敏感性变迁10年研究.中国综合临床,17(8):634-635.
蔡学清,何红,胡方平.2003.双抗标记法测定枯草芽胞杆菌BS-2和BS-1在辣椒体内的定殖动态.福建农林大学学报(自然科学版),32(1):41-45.
蔡学清,胡方平,陈炜,林娜,林玉.2010.内生枯草芽胞杆菌BS-2防治荔枝霜疫病及其生化机理.热带作物学报,31(2):241-247.
蔡学清,林彩萍,何红,胡方平.2005.内生枯草芽胞杆菌BS-2对水稻苗生长的效应.福建农林大学学报(自然科学版),34(2):189-194.
蔡学清,林娜,陈炜,胡方平.2008.荔枝霜疫霉的生防菌株与化学制剂的筛选.福建农林大学学报(自然科学版),37(5):463-468.
蔡学清,鄢凤娇,林玉,胡方平.2009.西瓜细菌性果斑病拮抗内生细菌的分离和筛选.福建农林大学学报(自然科学版),38(5):465-470.
蔡亚君,彭可凡,戴顺英,高梅影.2003.1株广谱苏云金芽胞杆菌及其发酵条件的研究.华中农业大学学报,22(5):462-465.
蔡亚君,袁志明,胡晓敏,蔡全信.2011.苏云金芽胞杆菌几丁质酶基因的克隆及诱导表达.湖北农业科学,50(3):599-602.
蔡亚萍,苏建强,谢忠,郑天凌.2008.南海海域几丁质降解菌的筛选及其特性研究.厦门大学学报(自然科学版),47(A02):259-263.
蔡一鸣,罗险峰,杨莉,罗险峰,李密.2002.反刍家畜饲用微生物添加剂的研究与应用.畜牧与兽医,34(1):5-7.
蔡勇,阿依木古丽.2007.碱性纤维素酶高产菌株 *Bacillus* sp.CY1-3的诱变选育.西北民族大学学报(自然科学版),28(2):13-16,37.
蔡正军,但飞君,陈国华,李海龙.2008.红毛七的体外抑菌试验.安徽农业科学,36(35):15541-15543.
蔡志峰,席雁,刘兰英.2002.蜡样芽胞杆菌制剂治疗小儿腹泻.医学文选,21(1):72-73.
蔡志强,杨广花,李尔炀,赵希乐.2008.二噁烷降解菌D4的分离、鉴定与降解特性.中国环境科学,28(1):49-52.
操继跃,肖金华.1999.华威I号消毒剂对鱼的急性毒性和杀菌试验.湖北农业科学,38(2):46-48.
曹春田,臧学斌,刘新峰,赵丙坤.2005.转基因抗虫棉安全性初步调查.江西棉花,27(5):33-34.
曹春霞,钟连胜,杨天武,周荣华.2004.因地制宜使用Bt杀虫剂.湖北植保,3:40-41.

曹登秀, 赵玛丽. 2008. 医院无菌物品兑换过程的环节质量控制. 中国消毒学杂志, 25 (4): 436-437.

曹凤明, 沈德龙, 李俊, 关大伟. 2008. 应用多重 PCR 鉴定微生物肥料常用芽胞杆菌. 微生物学报, 48 (5): 651-656.

曹国文. 2001. 蜡质芽胞杆菌悬浮剂治疗断奶仔猪应激性腹泻的试验. 畜禽业, 6: 35.

曹国文, 戴荣国, 徐登峰, 曾代勤, 周淑兰, 郑华. 2006. 蛋鸡用复合微生物饲料蒸加剂的研究. 饲料工业, 27 (16): 4-7.

曹国文, 戴荣国, 周淑兰, 付利芝, 陈春林, 徐登峰. 2006. 1 株益生菌对 32 种抗菌药物的敏感性试验. 饲料工业, 27 (10): 48-50.

曹国文, 姜永康, 陈春林, 周淑兰, 付利芝, 翟少钦, 戴荣国. 2002. 蜡样芽胞杆菌 FS 株在动物体内部分生物效应的研究. 饲料广角, (21): 35-37.

曹国文, 姜永康, 陈春林, 周淑兰, 付利芝, 翟少钦, 戴荣国. 2003. 植物源蜡样芽胞杆菌在动物体内的生物效应. 中国兽医科技, 33 (2): 43-46.

曹国文, 李建明. 1997. 蜡质芽胞杆菌悬浮剂治疗仔猪下痢的试验. 中国兽医科技, 27 (11): 38-39.

曹建国, 瞿文学, 徐建雄, 李其林. 2007. "富畜康" 全发酵仔猪日粮的饲喂效果 (初报). 上海畜牧兽医通讯, 2: 36-37.

曹建全, 刘建波, 薛德峰. 2010. 芝麻香型白酒细菌曲研制. 酿酒, 6: 35-38.

曹剑波, 秦利鸿. 2008. 枯草芽胞杆菌的透射电镜观察. 现代农业科学, 2: 34-35.

曹敬华, 方尚玲, 陈茂彬, 张明春. 2010. 嗜热芽胞杆菌对美拉德反应的作用初探. 酿酒, 6: 55-58.

曹军卫, 孙卫华. 1996. 产碱性聚半乳糖醛酸酶嗜碱细菌抗利福平高产菌株的选育. 武汉大学学报 (自然科学版), 42 (6): 753-758.

曹君, 高智谋, 潘月敏, 李静, 纪文飞, 李秀丽. 2005. 枯草芽胞杆菌 BS 菌株和哈茨木霉 TH-1 菌株对棉花枯黄萎病菌的拮抗作用. 植物病理学报, 35 (6): 170-172.

曹俊琴. 2004. 益生素在畜禽养殖业的应用. 河北畜牧兽医, 20 (8): 47-48.

曹力, 王鲜平, 梁慧. 2004. 两种方法检测空调机消毒效果比较. 中华医院感染学杂志, 14 (11): 1251.

曹立强, 李丹丹, 邓红, 韩瑞, 田子卿. 2010. 文冠果油中植物甾醇的提取及其抑菌特性研究. 天然产物研究与开发, 22: 334-338.

曹龙奎, 吴泽柱, 盛艳. 2009. 枯草芽胞杆菌生长培养基的优化. 中国食品学报, 9 (6): 104-109.

曹清玉, 曲志才, 万由衷, 叶鸣明, 沈大棱, 谈家桢. 2001. 短小芽胞杆菌启动子活性片段的克隆、表达及序列特征分析. 科学通报, 46 (2): 141-145.

曹琼. 2004. 苏云金杆菌杀虫增效作用研究进展. 武汉科技学院学报, 17 (2): 44-48.

曹荣峰, 王继芳, 丛霞, 田文儒. 2008. 小尾寒羊产后子宫内细菌类型和数量的研究. 中国草食动物, 28 (2): 22-24.

曹婷婷, 周金燕, 钟娟, 谭悠久. 2008. 捷安肽素对采后柑桔青绿霉菌的抑制效果及作用机理. 应用与环境生物学报, 14 (2): 192-197.

曹希亮, 倪学勤, 曾东, 周小秋. 2007. 微生态制剂培养技术——正交法研究光合细菌的混合培养. 饲料工业, 28 (4): 31-33.

曹喜涛, 常志州, 黄红英, 沈中元. 2006. 1 株高温异养硝化细菌的分离鉴定和特性研究. 安徽农业科学, 34 (19): 4833-4834.

曹向荣, 龚力力, 杨漪, 艾碧君, 孙勇. 2005. 超声乳化白内障吸除术后眼内炎的临床分析. 中华眼科杂志, 41 (6): 519-522.

曹小红, 陈一, 张燕, 高嘉, 陈锦英. 2003. 家蝇蛹凝集素的纯化及其免疫调节和抑菌作用. 中华微生物学和免疫学杂志, 23 (10): 805-808.

曹小红,高嘉.2002.酱油酿造中由污染的芽胞杆菌产生的抗酵母生长物质.食品与发酵工业,28(2):54-57.

曹晓敏,林跃鑫,江胜滔.2009.芽胞杆菌作为微生物饲料添加剂的研究和应用.养殖技术顾问,4:146-147.

曹新志,金征宇.2003.环糊精糖基转移酶高产菌株的快速筛选.中国粮油学报,18(6):53-55.

曹新志,金征宇.2004a.环糊精糖基转移酶的分离纯化及性质.食品科学,25(4):43-46.

曹新志,金征宇.2004b.环糊精糖基转移酶(CGTase)的化学修饰.食品科学,25(12):64-68.

曹新志,金征宇.2005.嗜碱芽胞杆菌产环糊精葡萄糖基转移酶发酵条件的优化.食品科学,26(2):122-126.

曹新志,李慎新.2006.响应曲面法优化嗜碱芽胞杆菌产环糊精葡萄糖基转移酶的发酵条件.四川食品与发酵,42(5):37-41.

曹亚彬,奚新伟,吴皓琼,郭立妹,牛彦波,殷博.2011.亚麻脱胶菌HW201的培养条件优化.中国麻业科学,33(1):4-7,15.

曹艳菊,张豫生,许连壮,米晓森.2007.微生态制剂对抗生素相关性腹泻预防作用的研究.中华医院感染学杂志,17(1):17-19.

曹燕鲁,吴琼,刘矫.2004.巨大芽胞杆菌B1301分泌物的抑菌作用及其特性的研究.山东轻工业学院学报,18(2):51-55.

曹要玲,白晓婷,刘辉,李旺,杨明明,龚月生.2006.1株产碱性木聚糖酶的芽胞杆菌的分离鉴定及其相关研究.畜牧与兽医,38(9):11-14.

曹宜,刘波,朱育菁,葛慈斌.2003.青枯病生防菌ANTI-8098A菌株生物学特性的研究.福建农业学报,18(4):239-242.

曹煜成,李卓佳,冯娟,杨莺莺,陈永青.2007.地衣芽胞杆菌De株之胞外产物对凡纳滨对虾淀粉酶活性影响的体外研究.台湾海峡,26(4):536-542.

曹煜成,李卓佳,冯娟.2007.芽胞杆菌胞外产物对凡纳滨对虾蛋白酶活性影响的体外试验.大连水产学院学报,22(5):372-376.

曹煜成,李卓佳,林黑着,杨莺莺,文国樑,邹国龋.2008.地衣芽胞杆菌De株在优质草鱼养殖中的应用研究.南方水产,4(3):15-19.

曹煜成,李卓佳,林小涛,杨莺莺.2010.地衣芽胞杆菌De株对凡纳滨对虾粪便的降解效果.热带海洋学报,29(4):125-131.

曹煜成,李卓佳,吴灶和,冯娟.2006.地衣芽胞杆菌胞外蛋白酶的纯化及特性分析.水生生物学报,30(3):262-268.

曹煜成,李卓佳,杨莺莺,文国樑,黄洪辉.2010.地衣芽胞杆菌De株对黄鳍鲷生长及其养殖池塘主要环境因子的影响.南方水产,6(3):1-6.

曹运东(译),霍永康(校).2005.缓病芽胞杆菌——一种有潜力成为的对桑树颈腐病(整齐小菌核)进行生物防治的药剂.广东蚕业,39(2):15.

曹泽虹.2008.纳豆激酶的研究进展.中国食品添加剂,4:79-81,72.

曹正明.2008.苏云金芽胞杆菌与现代生物农药.现代农业科技,20:140,142.

柴萍萍,韦赟,江正强,李里特,日下部功.2005.芽胞杆菌WY45产β-甘露聚糖酶发酵条件的优化.中国农业大学学报,10(3):77-80.

柴瑞娟,王玉良,刘珊珊.2007.水杨酸对两种细菌生长的影响.中国林副特产,4:29-30.

柴同杰,马瑞华,常维山,张绍学.2001.产气荚膜梭状芽胞杆菌病的流行与致病机制.中国预防兽医学报,23(1):70-72.

柴鑫莉,周盈,林拥军,周燚,阮丽.2007.苏云金芽胞杆菌抗软腐病 *aiiA* 基因转花魔芋研究.分子植物育种,5(5):613-618.

柴芸(编译),刘明亮(编译),郭慧元(审校).2007.新氟喹诺酮类抗菌药 ABT-492.国外医药:抗生素分册,28(5):199-201,209.

常峰,梁波,朱何东,胡承,蒋宏,王忠彦.2005.布氏乳杆菌 CF10 所产类细菌素 Lactobacillin FC-10 的初步研究.酿酒科技,6:36-39.

常峰,易奎星,刘小兰,陈红英,陈远钊,胡承.2006.类细菌素高产菌 CF10 的筛选诱变及发酵条件的研究.食品科学,27(1):143-147.

常景玲,张志宏,刘学良.2006.D-核糖生产菌的原生质体诱变及其发酵培养.生物技术通讯,17(2):195-197.

常明,孙启宏,周顺桂,倪晋仁.2010.苏云金芽胞杆菌生物杀虫剂发酵生产的影响因素及其工艺选择.生态环境学报,19(6):1471-1477.

常明,周顺桂,卢娜,倪晋仁.2006.微生物转化污泥制备苏云金杆菌生物杀虫剂.环境科学,27(7):1450-1454.

常明,周顺桂,卢娜,倪晋仁.2007.污泥-废糖蜜联合发酵培养 Bt 生物杀虫剂.北京大学学报(自然科学版),43(6):759-763.

常维山,牛钟相,朱瑞良,唐珂心,张绍学,徐海花,柴家前.1996.兔肠道正常微生物群的研究.中国微生态学杂志,8(3):14-16.

常维山,张春阳,牛钟相,朱立贤,谢幼梅.2003.产蛋白酶枯草芽胞杆菌益生菌种的筛选与应用.中国畜牧杂志,39(3):10-11.

常亚飞,陈守文,喻子牛.2006.苏云金素发酵培养基的优化设计.中国生物防治,22(3):190-194.

常艳,姜洁,陈晓琳,张明.2008.凝结芽胞杆菌 G1 及其抑菌物质的研究.中国微生态学杂志,20(5):431-432,436.

常英,张冬艳,胡建华,张通.2009.ErCl3 作用下枯草杆菌所产 α-淀粉酶的温度、pH 性质.兰州理工大学学报,35(6):76-78.

常永义.2004.改良 B5 培养基中加抗菌素对受芽胞杆菌污染葡萄试管苗的影响.农业工程学报,20(z1):90-93.

常有宏,刘邮洲,王宏,刘永锋,陈志谊.2010.嘧霉胺与枯草芽胞杆菌 B-916 协同防治梨黑斑病.江苏农业学报,26(6):1227-1232.

常玉广,马放,郭静波,任南琪.2007.絮凝基因的克隆及其絮凝机理分析.环境科学,28(12):2849-2855.

常玉广,马放,郭静波,张金凤.2007.絮凝基因的克隆及其絮凝形态表征.高等学校化学学报,28(9):1685-1689.

常玉广,马放,施雪华,郭静波.2007.原子力显微镜观测絮凝剂与高岭土悬浮液的微观吸附形貌.中国造纸学报,22(4):71-75.

常玉广,夏四清,马放,王学江.2009.絮凝微生物 F2 的絮凝表型分析.同济大学学报(自然科学版),37(6):801-804.

晁宜林,张茂华,拉华.2007.2001~2005 年度青海省家畜炭疽流行概况分析.山东畜牧兽医,4:46-47.

车建美,付萍,刘波,郑雪芳,林抗美.2010.保鲜功能微生物 FJAT-0809-GLX 对龙眼保鲜特性的研究.热带作物学报,31(9):1632-1640.

车建美,刘波,张彦,蓝江林.2010.青枯病生防菌蜡状芽胞杆菌(ANTI-8098A)的绿色荧光蛋白基因

（gfp）转导及其生物学特性的变化. 农业生物技术学报, 18 (2): 337-345.

车建美, 郑雪芳, 刘波, 苏明星, 朱育菁. 2011. 短短芽胞杆菌 FJAT-0809-GLX 菌剂的制备及其对枇杷保鲜效果的研究. 保鲜与加工, 11 (5): 6-9.

车晓曦, 李校堃. 2010. 解淀粉芽胞杆菌 (Bacillus amyloliquefaciens) 的研究进展. 北京农业: 下旬刊, 1: 7-10.

车晓曦, 李社增, 李校堃. 2010. 1 株解淀粉芽胞杆菌发酵培养基的设计及发酵条件的优化. 安徽农业科学, 38 (18): 9402-9405, 9437.

车晓曦, 李校堃, 李社增. 2010. 利用响应曲面确定解淀粉芽胞杆菌高发酵产量的区间. 贵州农业科学, 38 (5): 110-112, 115.

陈宝如, 詹儒林, 何红, 柳凤. 2010. 红树内生细菌 AiL3 菌株鉴定及其胞外抗菌活性物质特性. 农业生物技术学报, 18 (4): 801-806.

陈保汉, 张君, 余荷秀, 胡庆利. 2007. 医药中间体茄尼醇的体外抗菌活性研究. 齐鲁药事, 26 (9): 558-559.

陈斌, 潘翠萍, 张喜峰, 王春林. 2004. 蜡样芽胞杆菌食品中污染情况调查. 现代医药卫生, 20 (13): 1308.

陈兵, 何世山, 朱凤香, 刘金松, 韩佩娥. 2003. 纳豆芽胞杆菌剂对 AA 鸡生产性能和十二指肠消化酶的影响. 浙江农业学报, 15 (5): 289-292.

陈兵, 林开江. 1994. 一株芽胞杆菌产生的碱性纤维素酶的研究. 浙江农业学报, 6 (1): 37-40.

陈兵, 缪志伟, 朱凤香, 韩佩娥. 2003. 仔猪日粮中添加纳豆芽胞杆菌的效果试验. 浙江畜牧兽医, 28 (4): 5-6.

陈兵, 朱凤香, 陈巧云, 韩佩娥, 盛清. 2003. 纳豆芽胞杆菌分离纯化及对大白鼠肠道微生态系统的影响. 浙江农业学报, 15 (4): 223-227.

陈炳辉, 刘琥琥, 毋福海, 徐文烈. 2005. 广东连县红土型金矿中的微生物及对重金属元素的浸出作用. 中山大学学报 (自然科学版), 44 (1): 103-106.

陈炳辉, 刘琥琥, 毋福海. 2001. 花岗岩风化壳中的微生物及其对稀土元素的浸出作用. 地质论评, 47 (1): 88-94.

陈波, 贺新生, 张玲. 2002. 折多山纳豆生产菌株的分离与筛选. 食品与发酵工业, 28 (5): 24-26.

陈波, 张玲, 贺新生. 2002. 一株可作浓味纳豆生产株菌的枯草芽胞杆菌的分离. 食品科技, 3: 13-14.

陈昌福, 孟长明. 2004. 在水产养殖中使用微生物活菌制剂应注意的几个问题. 渔业致富指南, 23: 60-61.

陈超平, 贾盘兴. 1992. 芽胞杆菌蛋白酶的基因调控. 微生物学通报, 19 (2): 102-105.

陈超然, 陈萱, 陈昌福. 2004. 在水产养殖中使用微生物活菌制剂应注意的问题. 养殖与饲料, 7: 27.

陈朝银, Pato C A. 1997. 热带高蛋白发酵食品中蛋白酶高产菌株的分离. 云南工业大学学报, 13 (2): 51-57.

陈朝银, 黄云祥. 1998. 畜血及蔗糖废蜜作微生物蛋白酶发酵培养基的试验研究. 中国畜产与食品, 5 (3): 102-104.

陈朝银. 1997. 泰国发酵食品 Tuanua 中蛋白酶菌株的分离及初步鉴定. 食品与发酵工业, 23 (3): 11-16.

陈成, 崔堂兵, 于平儒. 2011. 一株抗真菌的解淀粉芽胞杆菌的鉴定及其抗菌性研究. 现代食品科技, 27 (1): 36-39.

陈成. 2010. 克鲁维酵母发酵乳清蛋白水解液生产乳清营养酒的研究. 酿酒, 37 (2): 53-55.

陈冲, 佟建明, 张潞生, 高微微. 2008. 芽胞杆菌 TS02 特异 RAPD 标记的 SCAR 标记转化和验证. 微生物学通报, 35 (4): 639-642.

陈冲, 王程亮, 张潞生. 2007. 蜡状芽胞杆菌 TS02 防治草莓白粉病研究. 安徽农业科学, 35 (11): 3298, 3300.

陈楚流, 陈健芳, 郑锡元, 郑洁莲. 2006. 伪膜性肠炎 31 例临床分析. 基层医学论坛 (B版), 10 (6): 574-575.

陈春岚, 冯家勋. 2009. 木聚糖降解细菌的鉴定及其木聚糖酶的特性. 安徽农业科学, 37 (13): 5857-5860, 5891.

陈春岚, 卢丽玲, 冯家勋. 2009. 木聚糖酶基因 $umxyn10B$ 的克隆与表达研究. 江西农业大学学报, 31 (4): 711-716.

陈春岚, 庞浩, 唐纪良, 冯家勋. 2008. 结晶纤维素降解细菌的筛选、分离与鉴定. 广西农业生物科学, 27 (4): 360-364.

陈春田, 马菲, 李东力. 2006. 炭疽的流行病学及预防控制措施. 沈阳部队医药, 19 (1): 66-67, 72.

陈道茂, 童英富, 应芝秀, 王万友, 缪菊燕. 1993. 益菌类芽胞杆菌制剂对柑桔生物学效应研究. 江西柑桔科技, 3: 14-17.

陈弟, 殷晓敏, 张荣意. 2008. 内生枯草芽胞杆菌 B215 对香蕉炭疽菌抑制作用初探. 广西热带农业, 1: 1-2.

陈冬梅, 郭淑云, 吴晨, 马丽慧. 2003. 一起由蜡样芽胞杆菌引起的食物中毒调查分析. 中国公共卫生管理, 19 (2): 173.

陈芳, 杨代勤, 苏应兵, 阮国良. 2008. 芽胞杆菌对黄鳝养殖水体水质的影响. 养殖与饲料, 6: 83-85.

陈凤芹, 张伟力, 骆先虎. 2006. 2 株益生菌对皖南黄鸡生产性能影响的研究. 动物医学进展, 27 (9): 84-88.

陈凤芹, 张伟力, 骆先虎. 2007. 益生素对皖南黄鸡肉质性能影响的研究. 中国畜禽种业, 3 (3): 33-36.

陈凤阳, 李少雄, 刘晓军. 2010. 一起蜡样芽胞杆菌引起的食物中毒调查. 江西医药, 45 (9): 934-935.

陈芙蓉, 谢更新, 郁红艳, 彭丹. 2008. 基于木质素生物降解的堆肥化接种剂开发. 生态与农村环境学报, 24 (2): 84-87.

陈岗, 潘康成, 袁朝富, 沈洁. 2008. 芽胞杆菌 PAS38 和 β-甘露聚糖对家兔小肠 5-HT 的影响研究. 中国牧业通讯, 22: 11-13.

陈功亭, 姚志和, 刘向明, 郭世强, 陈涛, 徐梅君. 2003. 经骶管阻滞硬膜囊前间隙注射胶原酶治疗腰椎间盘突出症. 中国骨伤, 11: 685-686.

陈桂荣, 杨新风. 2007. 一起由蜡样芽胞杆菌污染引起食物中毒的分析. 中国临床医药研究杂志, 6: 37.

陈桂银. 2007. 益生菌在兔营养中的应用 (中). 中国养兔, 3: 31-34.

陈国华, 冯书亮, 曹伟平, 王容燕. 2004. 温度预处理对苏云金杆菌芽胞萌发的影响. 中国生物防治, 20 (2): 127-130.

陈国民, 肖静, 李友国, 周俊初. 2008. 从植物根际分离的 8 株细菌的促生作用与初步鉴定. 湖北农业科学, 47 (1): 39-41.

陈国英, 袁方玉, 黄光全, 张吉斌, 徐博钊. 2006. 灭蚊幼芽胞杆菌剂型的研究与应用. 中国媒介生物学及控制杂志, 17 (1): 41-43.

陈国营, 陈丽园, 刘伟, 詹凯, 唐焰. 2011. 发酵菜粕对蛋鸡粪便和饲料微生物菌群数量及蛋品质的影响. 家畜生态学报, 32 (1): 36-41.

陈国泽 (译), 胡又佳 (校). 2006. 通过亲和色谱从地衣芽胞杆菌中分离 α-淀粉酶. 中国医药工业杂志, 37 (3): 149.

陈国章, 谢超. 2010. 带鱼下脚料水解鳌合物制备及其生物特性研究. 浙江海洋学院学报 (自然科学版),29(1):49-54.

陈海华,黄雪峰,唐欢,王瑞君,魏泓. 2006. 地衣芽胞杆菌对肠道致病菌的体内拮抗作用研究. 西南国防医药,16(2):127-129.

陈海进,黄广贤. 2007. 幼鸡溃疡性肠炎的诊治. 畜牧与饲料科学,28(2):78-79.

陈海荣,刘前刚,高书锋,魏小武,程安,黄军. 2010. 原生质体融合构建水稻病害生防多功能工程菌株. 湖南农业科学,1:13-15.

陈海英,廖富蘋,林健荣,宋家清,李文楚,钟杨生. 2007. CP7菌株的抗菌活性及菌种鉴定. 中国生物防治,23(S1):16-21.

陈号,陆雯,虞婷,朱丽云. 2010. 淀粉酶高产菌株的诱变选育. 农业科学研究,31(1):26-28.

陈浩. 2005. 复合防腐剂对袋装萝卜干防腐效果的比较研究. 食品科技,5:77-80.

陈和周. 2005. 两起蜡样芽胞杆菌引起食物中毒的调查. 安徽预防医学杂志,11(2):119.

陈红,陈新华. 2007. 4株不同来源的嗜酸氧化亚铁硫杆菌某些生理特征的比较研究. 台湾海峡,4:52-568.

陈红歌,顾溯海,任随周,马向东. 2004. 地衣芽胞杆菌WB-11菌株耐高温α-淀粉酶的酶学特性. 南京农业大学学报,27(1):63-66.

陈红惠,彭光华. 2011. 雪莲果叶酚酸提取物抑菌活性研究. 食品研究与开发,32(1):1-4.

陈红漫,马晶,訾晓男,阚国仕. 2008. 耐碱Mn-SOD基因克隆与真核表达载体的构建. 江苏农业科学,36(3):80-83.

陈红漫,赵璐. 2009. 芽胞杆菌β-葡萄糖苷酶的分离纯化及特性研究. 河北农业大学学报,32(3):39-42,49.

陈宏,方东升,陈秉良. 2001. 聚-β-羟基丁酸产生菌NS-82#的研究. 微生物学通报,28(4):27-31.

陈宏军,杨晓志,刘丹. 2008. 微生物发酵法生产大豆肽工艺条件的研究. 饲料研究,4:21-23,29.

陈宏军. 2008. 饲用大豆肽生产菌株的初步筛选及发酵条件研究. 兽药与饲料添加剂,13(1):6-8.

陈宏军. 2010. 蛋白酶高产菌株的紫外诱变选育. 安徽农业科学,38(3):1110-1111,1130.

陈宏伟,刘维德. 1990a. 球形芽胞杆菌在蚊幼虫体内繁殖及与残效关系的研究. 中国媒介生物学及控制杂志,1(1):18-21.

陈宏伟,刘维德. 1990b. 水环境中球形芽胞杆菌再生可能性的研究. 中国公共卫生学报,9(4):237-238,248.

陈虹,金国虔,李萍,叶波平. 2008. 红树植物秋茄根提取物的体外抑菌与抗肿瘤活性. 中国海洋药物,27(5):15-17.

陈华,王丽,袁成凌,郑之明,余增亮. 2008. 高效液相色谱-电喷雾质谱法分离和鉴别枯草芽胞杆菌产生的脂肽类化合物. 色谱,26(3):343-347.

陈华,郑之明,余增亮. 2008. 枯草芽胞杆菌JA脂肽类及挥发性物质抑菌效应的研究. 微生物学通报,35(1):1-4.

陈华保,杨春平,吴文君. 2005. 放线菌IPS-54代谢产物的农用活性. 农药,44(5):231-233.

陈华保,张敏,杨春平,吴文君. 2007. A2C菌株杀菌活性研究及菌株初步鉴定. 江苏农业科学,35(2):72-74,157.

陈华友,齐向辉,孙小力,乌慧玲. 2009. 枯草杆菌重组水蛭素(HV3)的发酵工艺研究. 安徽农业科学,37(33):16246-16249.

陈焕永,张新. 2010. 炭疽的早期识别及处理. 医学与哲学:临床决策论坛版,9:15-18.

陈晖,韩辉,徐冠珠. 2002. 聚丙烯腈纤维固定化青霉素酰化酶合成头孢氨苄的研究. 微生物学报,42(1):76-80.

陈惠, 胥兵, 廖俊华, 官兴颖, 吴琦. 2008. 内切葡聚糖酶基因在巨大芽胞杆菌中的表达及其酶学性质研究. 遗传, 30 (5): 649-654.

陈惠芳, 尚玉磊, 王琦, 王慧敏, 梅汝鸿. 2004. 蜡样杆菌 (Bacillus cereus) M22 Mn-SOD cDNA 片段的克隆. 微生物学杂志, 24 (3): 8-11.

陈慧斌, 沈心钿. 2000. 1 起蜡样芽胞杆菌引起快餐店食物中毒的分析. 职业与健康, 16 (3): 27-28.

陈蕙芳. 2003. 改善酒精代谢和防治肝病的植物. 国外药讯, 3: 37.

陈蕙芳. 2007. 用海巴戟和槲皮素治疗念珠菌病. 国外医药: 植物药分册, 22 (3): 130.

陈积民, 于海军, 徐和甜. 2001. 酶性清创在促进烧伤创面愈合中的应用. 中国组织工程研究与临床康复, 14: 89.

陈济琛, 任香芸, 蔡海松, 林新坚. 2008. 嗜热脂肪地芽胞杆菌 CHB1 固体发酵工艺. 农业环境科学学报, 27 (6): 2478-2483.

陈继超, 黎金兰, 郭勇. 2009. 两步固态发酵对发酵大豆功能成分的影响研究. 中国酿造, 11: 36-38.

陈家祥, 王全溪, 蔡晓华, 王长康. 2010. 地衣芽胞杆菌对鸡呼吸系统黏膜免疫的影响. 福建农林大学学报 (自然科学版), 39 (5): 507-512.

陈家祥, 张仁义, 王全溪, 傅智财, 郑巧霞, 王长康. 2010. 地衣芽胞杆菌对肉鸡生长性能、抗氧化指标和血液生化指标的影响. 动物营养学报, 22 (4): 1019-1023.

陈家祥, 张仁义, 王全溪, 杨贤芳妹, 王长康. 2010. 地衣芽胞杆菌对麻羽肉鸡肠道组织结构及盲肠微生物区系的影响. 动物营养学报, 22 (3): 757-761.

陈嘉川, 曲音波, 杨桂花, 姜英辉. 2006. 芽胞杆菌 A-30 碱性木聚糖酶用于麦草浆酶法改性的研究. 中国造纸学报, 21 (1): 25-28.

陈坚, 董云舟, 赵政, 堵国成. 2003. 促进剂对发酵生产碱性果胶酸裂解酶的影响. 无锡轻工大学学报, 22 (5): 95-97, 101.

陈建帮, 弓爱君, 李红梅, 邱丽娜. 2009. 生物农药固态发酵综述. 天津农业科学, 15 (6): 51-54.

陈建武, 唐丽霞, 宋少云, 袁美妗, 庞义. 2003. 苏云金芽胞杆菌 $vip3A$ 基因的检测及保守性分析. 生物工程学报, 19 (5): 538-544.

陈健, 范亚平, 刘洋, 马辉, 贾淑华. 2005. 一起误认为食物中毒的 CO 中毒事件分析. 安徽预防医学杂志, (6): 12-13.

陈杰, 黄春年, 姜润深, 黄媛媛, 李学德. 2010. 竹加工废弃物提取物体外抑菌效果的比较. 安徽农业科学, 38 (30): 16956-16957.

陈婕, 邱宏端, 林娟, 谢航, 赵杰. 2007. 光合细菌与嗜热脂肪芽胞杆菌原生质体制备的条件研究. 福州大学学报 (自然科学版), 35 (2): 318-320.

陈金荣, 金秋颖. 1994. 诱变耐金霉素、土霉素蜡样芽胞杆菌菌株的实验研究. 福建畜牧兽医, 16 (3): 4-5.

陈锦英, 李江华, 戚薇, 王春霞, 王志瑞, 董洁, 李晓霞, 唐运平. 2005. 降解橡胶工业有机废水高效优势菌的筛选研究. 环境与健康杂志, 22 (1): 28-30, F003.

陈京元, 徐红梅, 蔡三山, 霍宪起. 2006. 松苗猝倒病不同病原物的致病性差异及其生防细菌的筛选. 东北林业大学学报, 34 (2): 5-7.

陈静, 潘健存, 李华, 李兴芳, 王士. 2006. 芽胞杆菌和乳杆菌的生物学特性研究. 黑龙江畜牧兽医, 10: 77-78.

陈静, 徐海燕, 谷巍. 2008. 枯草芽胞杆菌 B7 的分离和净化水质的初步研究. 河北渔业, 11: 10-11, 29.

陈静, 赵丰丽, 周巧劲. 2010. 柿叶挥发油抑菌活性的研究. 襄樊学院学报, 31 (11): 34-36.

陈静, 朱明, 潘建梅, 阎斌伦. 2008. 一株芽胞杆菌对河蟹蚤状一期幼体益生作用的初步研究. 淮海工学院学报, 17 (4): 65-68.

陈静鸿, 向晶晶, 丁成翔, 张斌, 葛绍荣. 2007. 山葵黑根病拮抗菌的筛选和应用. 四川大学学报（自然科学版）, 44 (3): 687-691.

陈军, 杜孟芳, 尹新明, 王学聘, 卢孟柱. 2004. 抗光肩星天牛苏云金芽胞杆菌 Bt886 菌株的分离及对毒蛋白编码基因的初步鉴定. 林业科学, 40 (5): 138-142.

陈军, 刘友全, 卢孟柱. 2003. 抗天牛基因 $cryⅢA$ 的改造及人工合成. 中南林学院学报, 23 (4): 39-41.

陈君华, 王飞, 程年寿, 丁志杰. 2009. 铜原位改性 HMS 材料的表征及抗菌性能. 无机材料学报, 24 (4): 695-701.

陈君华, 王飞, 丁志杰, 陈忠平. 2009. 银改性六方介孔硅的合成及其抗菌性能研究. 南京林业大学学报（自然科学版）, 33 (2): 107-112.

陈凯, 李纪顺, 杨合同, 张新建, 魏艳丽, 黄玉杰. 2010. 巨大芽胞杆菌 P1 的解磷效果与发酵条件研究. 中国土壤与肥料, 4: 73-76.

陈凯, 王智文, 刘训理, 孙海新, 薛东红, 吴凡. 2006. 圆孢芽胞杆菌 A95 的分离与鉴定. 蚕业科学, 32 (2): 211-214.

陈凯, 薛东红, 夏尚远, 何亮, 王智. 2006. 短短芽胞杆菌（*Brevibacillus brevis*）XDH 菌株发酵培养基配方的研究. 山东农业大学学报（自然科学版）, 37 (2): 190-195, 200.

陈坤, 黎明, 成堃, 杜连祥, 张同存, 路福平. 2008. 嗜碱芽胞杆菌 PB92 碱性蛋白酶基因启动子的克隆及应用. 遗传, 30 (11): 1513-1520.

陈坤, 黎明, 樊欣迎, 路福平. 2008. 以 β-半乳糖苷酶为报告基因的原核启动子检测体系构建. 生物技术, 18 (1): 13-16.

陈坤, 黎明, 高伟, 路福平. 2008. 以绿色荧光蛋白为报告基因的原核启动子检测体系构建. 生物技术通报, 24 (2): 184-187.

陈兰, 张小平, Lindstrom K. 2008. 药用植物内生芽胞杆菌的多样性和系统发育研究. 微生物学报, 48 (4): 432-438.

陈兰明, 钱吉, 盛祖嘉, 毛裕明. 2002. 嗜热脂肪芽胞杆菌 $pgiB$ 基因上游 452bp 序列的功能分析. 微生物学报, 42 (2): 175-180.

陈兰明, 盛祖嘉. 2000. 嗜热脂肪芽胞杆菌质粒 DNA 的高压电穿孔转化研究. 微生物学通报, 27 (2): 85-89.

陈兰珍, 李建英, 许美竹. 2009. 免洗消毒液对 ICU 医护人员手上携带细菌的消除作用. 中国实用医药, 4 (9): 235-236.

陈雷, 王光玉, 卜同, 张允斌, 刘明, 张均, 林秀坤. 2010. 一株中度嗜盐细菌 whb45 的鉴定及其抗菌与抗肿瘤活性筛选. 微生物学通报, 37 (1): 85-90.

陈蕾, 申丽, 陈官营, 常维山. 2003. 枯草芽胞杆菌的培养. 山东畜牧兽医, 6: 47-48.

陈莉. 2012. 深海枝芽胞杆菌 A493 活性物质 ZH11 纯化方法研究. 武汉: 华中农业大学博士研究生学位论文: 1-2.

陈莉, 段永照, 刘歆, 缪卫国, 努尔孜亚, 刘海洋. 2010. 生防细菌 A57 的鉴定及拮抗蛋白理化性质的研究. 新疆农业大学学报, 33 (6): 475-478.

陈莉, 黄茹, 张冰. 2009. 枯草芽胞杆菌 A178 拮抗活性最佳的液体发酵条件研究. 新疆农业科技, 2: 55.

陈莉, 米娜瓦尔, 公勤, 缪卫国, 努尔孜亚, 刘海洋. 2009. 生防细菌 A178 的分子鉴定及抑菌机理的研究. 中国农学通报, 25 (22): 241-244.

陈莉, 缪卫国, 刘海洋, 努尔孜亚. 2007a. 枯草芽胞杆菌 N1729 对棉花主要病原菌的抑菌作用及其蛋白特性的初步研究. 新疆农业科学, 44 (6): 796-799, F0003.

陈莉, 缪卫国, 刘海洋, 努尔孜亚. 2007b. 短短芽胞杆菌 A57 菌株对棉花主要病原真菌的拮抗作用及其最佳液体发酵条件. 中国生物防治, 23 (S1): 22-27.

陈莉, 缪卫国, 刘海洋, 努尔孜亚. 2008. 短短芽胞杆菌 A57 对棉花主要病原真菌的拮抗机理. 西北农业学报, 17 (4): 149-155.

陈莉, 檀根甲, 丁克坚. 2004. 枯草芽胞杆菌对几种灰霉病菌的抑制效果研究. 菌物研究, 2 (4): 44-47.

陈力 (综述), 李银平 (审校), 黎檀实. 2006. 高压氧治疗多器官功能障碍综合征的研究进展. 中国危重病急救医学, 18 (3): 190-192.

陈力力. 1995. 嗜热梭状芽胞杆菌转化纤维素生成酒精过程中酵母汁和 VB12 的作用. 天津微生物, 3: 31-33.

陈立奇, 李红梅, 段丽琼. 2001. 球型芽胞杆菌 2362 和苏云金杆菌 H-14 灭蚊实验. 农药科学与管理, B07: 11-13.

陈丽, 张林维, 陈静. 2006. 褐藻酸钠的提取及抑菌性研究. 淮海工学院学报, 15 (2): 56-58.

陈丽花, 陈有容, 齐凤兰, 李柏林. 2001. 纳豆芽胞杆菌 SFU-18 液体深层发酵培养基的优化. 上海水产大学学报, 10 (4): 323-327.

陈丽花, 陈有容, 齐凤兰. 2001. 功能性食品——纳豆的研制. 上海水产大学学报, 10 (2): 187-189.

陈丽丽, 潘玉兰, 张建华. 2010. 纳豆芽胞杆菌谷氨酸脱氢酶基因的克隆、表达及酶活性测定. 上海交通大学学报 (农业科学版), 1: 10-14.

陈丽梅, 殷飞, 李昆志, 魏云林, 林连兵. 2008. 耐受甲醛并能利用甲醇细菌的分离及其基因组文库的构建. 安徽农业科学, 36 (3): 978-981, 1009.

陈丽艳, 白凤珍, 陈立军. 2005. 芽胞杆菌对肉仔鸡蛋白质代谢的影响. 内蒙古民族大学学报 (自然科学版), 20 (1): 86-88.

陈丽艳, 施晓光, 付玉杰, 候春莲, 王微, 刘君星. 2006. 甘草根茎乙醇提取物抗菌活性研究. 植物研究, 26 (2): 229-232.

陈丽艳, 翟丽娟, 刘锴, 王学理, 谭景军. 2003. 益生素添加剂对肉仔鸡饲喂效果的研究. 内蒙古民族大学学报 (自然科学版), 18 (4): 312-315.

陈丽燕, 钟晓敏, 李理. 2009. 乳酸对蜡样芽胞杆菌的抑制研究. 现代食品科技, 25 (7): 756-759, 854.

陈丽珍, 林毅, 张杰. 2009. 苏云金芽胞杆菌杀虫蛋白增效物质与增效机理. 植物保护, 35 (1): 8-12.

陈利平, 韩亚伟, 毛多斌, 唐磊君. 2009. 枯草芽胞杆菌果糖基转移酶基因的克隆及其序列分析. 河南农业大学学报, 43 (4): 432-436.

陈亮. 2009. 铁渗透反应格栅下游水化学环境变化对微生物群落分布的影响. 科教文汇, 9: 287-288.

陈燎原. 2006. 气性坏疽患者 1 例的心理分析与护理. 中华医护杂志, 3 (1): 95.

陈林凤, 范咏梅, 郝敬喆, 杨翠萍. 2009. 三种生防细菌对新疆灰霉病菌 (*Botrytis cinerea*) 的拮抗作用. 新疆农业科学, 46 (6): 1252-1257.

陈琳. 2004. 一起食物中毒的调查分析. 中国自然医学杂志, 6 (1): 12.

陈龙然, 袁康培, 冯明光, 王雅芬. 2005. 一株产环糊精葡萄糖基转移酶的地衣芽胞杆菌的选育、产酶条件及酶学特性. 微生物学报, 45 (1): 97-101.

陈路劼, 刘斌, 林白雪, 何柳, 张宁, 吴祖建, 谢联辉. 2010. 降解纤维素嗜热菌的分离及纤维素酶性质分析. 福建农林大学学报 (自然科学版), 39 (1): 67-72.

陈璐, 苏明星, 刘波, 黄素芳, 葛慈斌, 朱育菁. 2009. 动物饲用益生菌 LPF-2 对大肠杆菌抑制作用的培养条件优化. 中国农学通报, 25 (16): 13-16.

陈曼,李赤,邱逸斯,王建余,于莉.2008.富贵竹黑腐病拮抗菌H5的抑菌机制及相关特性研究.微生物学通报,35(4):529-532.

陈敏,康晓慧.2006.芽胞杆菌Drt-11防治水稻纹枯病研究.西南农业学报,19(1):53-57.

陈敏,许丽君,吴斌娟,陈金丹.2008.黄瓜青枯病内生拮抗菌株HE-1的初步鉴定及培养优化条件.科技通报,24(4):489-493.

陈明智,赵永才.2006.甘肃省玛曲县一起肺炭疽疫情控制的反思.卫生职业教育,24(18):122-123.

陈乃东,周守标,罗琦,胡金蓉,柳后起.2007.不同提取剂对春花胡枝子黄酮含量及抑菌活性影响的研究.中国卫生检验杂志,17(2):193-196.

陈乃用.1991.枯草芽胞杆菌天冬氨酸激酶.微生物学通报,18(4):228-233.

陈乃用.1993.枯草芽胞杆菌中质粒的稳定性问题.微生物学通报,20(4):226-232.

陈念,高向阳,林壁润.2005.万隆霉素抑制细菌的作用机理初探.西北农林科技大学学报(自然科学版),33(B08):143-147.

陈宁,王艳萍,张克旭.1997.利用淀粉直接发酵生产肌苷菌株的构建.微生物学报,37(3):184-189.

陈朋,韩跃武,胡先望.2007.α-葡萄糖苷酶菌株的选育及发酵条件的研究.工业微生物,37(6):49-52.

陈平良.2002.一起蜡样芽胞杆菌食物中毒的调查.浙江预防医学,14(1):46.

陈萍,林红乐.1997.从丙种球蛋白中检出嗜热脂肪芽胞杆菌变异株.实用预防医学,4(2):87.

陈普成,肖军涛.2007.一起蜡样芽胞杆菌引起食物中毒的调查.公共卫生与预防医学,18(6):64.

陈琪,范云六.1991.苏云金芽胞杆菌 kurstaki HD-1变种δ内毒素基因在大肠杆菌中表达.科学通报,36(13):1014-1017.

陈启和,何国庆,邬应龙.2003.弹性蛋白酶产生菌的筛选及其发酵条件的初步研究.浙江大学学报(农业与生命科学版),29(1):59-64.

陈启和,何国庆.2001.纳豆激酶的研究进展.食品与发酵工业,27(12):55-58.

陈启和,何国庆.2002.产弹性蛋白酶EL314CF10菌株种子培养基优化的研究初报.食品与发酵工业,28(10):13-17.

陈启民,耿运琪.1989.短小芽胞杆菌作为芽胞杆菌属基因工程受体菌的研究.遗传学报,16(3):206-212.

陈强,王加启,邓露芳,姜艳美.2008.2种子液传代次数对纳豆芽胞杆菌固体发酵的影响.中国奶牛,3:10-12.

陈强,杨金先,愈伏松,宋铁英.2011.鳖致病性覃状芽胞杆菌的分离鉴定.福建畜牧兽医,33(5):4-7.

陈巧玲.2000.一起蜡样芽胞杆菌引起食物中毒的调查.现代中西医结合杂志,9(5):F003.

陈勤,张祥美.2005.压力蒸汽灭菌失败的原因及对策.中国医药卫生,6(6):57-58.

陈青,韩双艳,郑穗平,刘志成,林影,胡健.2008.剑麻生物制浆脱胶菌株的筛选与鉴定及初步应用.农业工程学报,24(6):277-281.

陈青.2010.枯草芽胞杆菌B2中果胶酶和木聚糖酶的酶学性质研究.现代食品科技,26(5):466-469.

陈秋红,施大林,吕惠敏,匡群.2004.复合微生态制剂对水产养殖水体净化作用的研究.生物技术,14(4):63-64.

陈秋红,孙梅,匡群,施大林,刘淮.2009.培养条件对凝结芽胞杆菌芽胞形成的影响.生物技术,19(1):77-81.

陈日曌,郑洪兵,石钟锋,黄莺,范丽丽,马景勇.2007.载菌赤眼蜂携菌量及其对二化螟防治效果的研究.吉林农业科学,32(6):39-40.

陈蓉明, 林跃鑫. 2000. 枯草芽胞杆菌 ATCC2233 产生表面活性素的研究. 福建轻纺, 12: 1-4.
陈瑞屏, 刘清浪, 黄焕华. 2002. 三种昆虫病原微生物防治黄脊竹蝗试验. 昆虫天敌, 24 (3): 123-127.
陈瑞屏, 刘清浪. 1995. 应用蜡状芽胞杆菌防治棉蝗的初步研究. 广东林业科技, 11 (3): 50-52.
陈少欣, 钱莉莉, 史炳照. 2007. 重组芽胞杆菌脂肪酶拆分制备 (R) 氟比洛芬. 中国医药工业杂志, 38 (3): 181-184.
陈少欣, 魏东芝, 胡振华. 2001. 固定化嗜热脂肪芽胞杆菌合成低聚半乳糖. 微生物学报, 41 (3): 357-362.
陈圣丰, 林钦, 周永灿, 欧阳吉隆. 2010. 高蛋白酶活性的地衣芽胞杆菌热带菌种的筛选与鉴定. 热带生物学报, 1 (3): 210-214.
陈士成, 曲音波, 刘相梅. 2000. 短小芽胞杆菌 A-30 耐碱性木聚糖酶的纯化及性质研究. 中国生物化学与分子生物学报, 16 (5): 698-701.
陈士成, 曲音波, 高培基. 2000. 芽胞杆菌 A-30 产碱性 β-1, 4-聚糖酶固体发酵研究. 微生物学通报, 27 (3): 188-191.
陈士成, 曲音波, 姜英辉. 2000. 芽胞杆菌 A-30 碱性 β-1, 4-聚糖酶发酵条件的优化. 工业微生物, 30 (3): 16-19.
陈士成, 曲音波, 张岩, 高培基. 2000. 产耐碱性 β-1, 4 聚糖酶芽胞杆菌 A-30 液体发酵研究. 生物工程学报, 16 (4): 485-489.
陈士成, 曲音波, 张岩, 张颖, 高培基. 2000. 产中性纤维素酶芽胞杆菌 Y106 产酶条件优化. 应用与环境生物学报, 6 (5): 457-461.
陈士云, 杨宝玉, 高梅影, 戴顺英. 2005. 一株抑制油菜核盘菌菌核形成的解淀粉芽胞杆菌. 应用与环境生物学报, 11 (3): 373-376.
陈世彪. 2007. 几种消毒剂杀菌性能的比较试验. 青海大学学报 (自然科学版), 25 (6): 63-65.
陈世夫, 李德臣. 1993. 水蚤对球形芽胞杆菌灭蚊幼效果的影响. 中国寄生虫病防治杂志, 6 (4): 282-285.
陈世夫, 刘秦山. 1991. 5 株球形芽胞杆菌发酵条件及培养基优化比较研究. 中国公共卫生学报, 10 (1): 35-37.
陈世夫, 王明华. 1990. 球形芽胞杆菌对淡色库蚊幼虫的慢性毒理作用的探讨. 中国寄生虫病防治杂志, 3 (3): 227-229.
陈世平. 2009.《龙眼微生物保鲜技术的研究与应用》通过评审. 中国果业信息, 26 (10): 39-40.
陈世琼, 曹宝森, 蔡雪凤, 刘晓莉, 刘凯, 李树蠹. 2011. 脂环酸芽胞杆菌的培养基筛选及优化. 中国酿造, 2: 153-155.
陈世琼, 陈文峰, 胡小松, 赵广华. 2006. 16S rDNA PCR-RFLP 法快速鉴定分离自浓缩苹果汁生产线的脂环酸芽胞杆菌. 中国食品学报, 6 (2): 99-102.
陈世琼, 胡小松, 石维妮, 董建成, 王健. 2004. 浓缩苹果汁生产过程中脂环酸芽胞杆菌的分离及初步鉴定. 微生物学报, 44 (6): 816-819.
陈世荣, 王秋实. 2006. 硫酸奈替米星血药浓度的测定. 黑龙江医药, 19 (5): 404-405.
陈舒, 宋伟民 (指导专家). 2007. 家用空调污染解决方案. 自我保健, 7: 24-25.
陈舒, 许钟, 郭全友, 杨宪时. 2009. 软烤扇贝加工过程的细菌学研究. 海洋渔业, 31 (2): 199-206.
陈树勋, 周国良, 尹安伟. 2009. 微生物制剂对水体中亚硝酸盐降解的研究. 科学养鱼, 2: 42.
陈双喜, 姚泉洪, 储炬, 庄英萍, 张嗣良. 2005. pur 操纵子的启动子部分点突变对肌苷合成的影响. 中国医药工业杂志, 36 (8): 464-467.
陈双喜, 周潜, 郭元昕, 储炬, 庄英萍, 张嗣良. 2006. 枯草芽胞杆菌肌苷发酵过程参数相关分析. 华东理工大学学报（自然科学版），32（1）：28-32.
陈顺，徐国华，张翠霞，刘晓辉，方新. 2004. 蜡状芽胞杆菌 LW9809 芽胞生成条件及发酵代谢产物研究. 微生物学杂志，24（3）：60-61.
陈思宁，邱宏端，谢航. 2009. 环境因子对3种微生态制剂净化总氨氮、亚硝酸盐氮作用的影响. 大连水产学院学报，24（4）：375-378.
陈松，丁立孝，张莉，王天龙，朱英莲. 2008. 发酵苹果渣生产蛋白饲料的混合菌种的筛选. 食品与发酵工业，34（2）：94-96.
陈苏红，张敏丽，牟航，管伟，王升启. 2003. 一种快速定量检测炭疽杆菌方法的建立. 中华检验医学杂志，26（2）：98-100.
陈素文，陈利雄，吴进锋. 2005. 光合细菌和复合微生物制剂在西施舌幼虫培育的应用. 南方水产，1（2）：26-30.
陈涛，董文明，李晓静，武秋立，陈泂，赵学明. 2007. 核黄素基因工程菌的构建及其发酵的初步研究. 高校化学工程学报，21（2）：356-360.
陈涛，王靖宇，班睿，赵学明. 2004. 枯草芽胞杆菌感受态研究新进展. 生命的化学，24（2）：130-134.
陈涛序，荣凤仙，马传成. 2006. 一起蜡样芽胞杆菌引起的食物中毒调查. 中国城乡企业卫生，4：75.
陈天游，董思国，田万红，袁佩娜，曾明. 2004. 枯草芽胞杆菌活菌体外拮抗6种肠道致病菌的研究. 微生物学杂志，24（5）：74-76.
陈天游，董思国，袁佩娜，曾明. 2005. 1 株枯草芽胞杆菌体外拮抗6种肠道致病菌的研究. 中国微生态学杂志，17（1）：10-12.
陈廷伟. 2002. 胶质芽胞杆菌分类名称及特性研究（综述）. 土壤肥料，4：5-10.
陈廷伟. 2005. 解磷巨大芽胞杆菌分类名称、形态特征及解磷性能述评. 土壤肥料，1：7-9，38.
陈万河，王普，蒋红军，宋友礼. 2008. 多粘菌素 E 高产菌株的推理选育. 农药，47（9）：641-643.
陈薇，贺月林，曾艳，孙翔宇，缪东. 2010. 中药制剂对发酵床霉菌及致病菌的防控研究. 湖南农业科学，10：119-121.
陈维香. 2000. 一起蜡样芽胞杆菌食物中毒调查报告. 湖北预防医学杂志，11（5）：21.
陈维香，李淼，刘玉丰. 2001. 一起蜡样芽胞杆菌引起的学生食物中毒. 中国学校卫生，22（2）：171.
陈卫，陈海琴，田丰伟，赵建新. 2007. 耐热 β-半乳糖苷酶重组菌 WB600/pMA5-bgaB 发酵条件的研究. 食品与发酵工业，33（9）：1-5.
陈卫，张灏，葛佳佳，丁霄霖. 2002a. β-半乳糖苷酶重组大肠杆菌诱导表达条件的研究. 乳业科学与技术，3：1-4.
陈卫，张灏，葛佳佳，丁霄霖. 2002b. 高温乳糖酶基因在大肠杆菌中的高效表达. 生物技术，12（5）：8-11.
陈伟，杨迎伍，邓伟，李正国. 2008. 3 种致病菌多重 PCR 检测体系的建立及应用. 食品与发酵工业，34（9）：132-136.
陈伟钊，刘森林，邢苗. 2007. 耐热碱性纤维素酶分离纯化及酶学特性研究. 深圳大学学报（理工版），24（2）：212-216.
陈玮，龚文琪，袁昊. 2007. 掺铁纳米 TiO_2 的制备及其光催化抗菌性能的研究. 上海第二工业大学学报，24（1）：10-17.
陈炜，官菲. 1998. 坚强芽胞杆菌 β-淀粉酶基因的核苷酸序列分析. 微生物学报，38（2）：142-145.
陈炜，何秉旺，张建华，陈乃用. 1997. 坚强芽胞杆菌三个淀粉酶基因的克隆和表达. 微生物学通报，24（4）：199-202.
陈炜，何秉旺，张建华，周健，陈乃用. 1997. 短芽胞杆菌 α-乙酰乳酸脱羧酶基因在大肠杆菌中的克隆和表达. 微生物学报, 37 (4): 270-275.

陈文典, 李义, 郝向举, 刘永贵, 张红英. 2009. 枯草芽胞杆菌微胶囊制剂对中华绒螯蟹免疫机能及抗病力的影响. 中国饲料, 5: 33-36.

陈文军, 靳桂明, 刘幼英, 葛娅, 许桦林. 2001. 神经内科患者难辨梭菌感染的报告. 华南国防医学杂志, 1: 13-15.

陈文俊, 曾蓉, 陆金萍, 宋荣浩. 2011. 西瓜根际细菌JK-3的鉴定及其拮抗性的初步研究. 上海农业学报, 27 (1): 68-72.

陈文颖, 赵敏, 魏德强. 2008. PGA基因在酿酒酵母中的表达研究. 中国生物工程杂志, 28 (11): 32-35.

陈武, 彭曙光, 周清明, 黎定军. 2011. 侧孢芽胞杆菌2-Q-9菌株外泌抗菌肽的纯化与鉴定. 湖南农业大学学报 (自然科学版), 37 (1): 26-30.

陈锡雄. 2004. 薤白抑菌作用的初步研究. 杭州师范学院学报 (自然科学版), 3 (4): 337-340.

陈锡雄, 叶祖云, 丁建发. 2005. 尖叶提灯藓抑菌作用的初步研究. 宁德师专学报 (自然科学版), 17 (4): 353-355.

陈先云, 陈蜀岚, 刘华. 2009. 地震伤员开放性伤口感染相关因素及目标监测. 四川医学, 30 (5): 737-739.

陈相达, 戴慧慧, 刘燕, 李圆圆, 翁丛丛, 茹波, 曾爱兵. 2011. 一株高产淀粉酶枯草芽胞杆菌的筛选、鉴定及产酶条件的优化. 温州医学院学报, 41 (1): 40-43, 47.

陈祥付, 程小虎. 1999. B95-7p菌株的鉴定. 安徽农业科学, 27 (4): 386-387.

陈祥贵, 裴炎, 彭红卫. 2002. 蜡状芽胞杆菌S-1菌株抗真菌物质的分离纯化. 四川工业学院学报, 21 (2): 60-62.

陈祥仁, 朱斌琳, 张春乐, 陈清西, 王勤. 2008. 3,4-二羟基氰苯对蘑菇酪氨酸酶的抑酶和抑菌作用. 厦门大学学报 (自然科学版), 47 (5): 714-717.

陈湘, 龚开锦. 2001. 一起蜡样芽胞杆菌污染鲜牛乳所致食物中毒的调查. 广东卫生防疫, 27 (3): 82-83.

陈向东, 沈萍. 2000. 枯草芽胞杆菌在琼脂平板上进行的自然遗传转化. 微生物学报, 40 (1): 95-99.

陈小静, 冯定胜, 赵明, 张小洁, 王一丁. 2005. 四种华重楼内生细菌的初步研究. 四川大学学报 (自然科学版), 42 (4): 827-830.

陈小燕, 廖小燕, 肖锦晖, 王小斯, 张震文. 2005. 一起由蜡样芽胞杆菌引起的食物中毒的调查. 中国热带医学, 5 (1): 162, 164.

陈晓春. 2006. 产乳酸芽胞杆菌分离以及生物学特性研究. 中国牧业通讯, 3: 67-68.

陈晓琳, 唐欣昀, 周隆义. 2005. 枯草杆菌SOD高产菌株的诱变选育及产酶条件研究. 激光生物学报, 14 (3): 173-176.

陈晓明, 谭碧生, 张建国, 郑春. 2007. 快中子辐照对枯草芽胞杆菌的灭菌效果研究. 辐射研究与辐射工艺学报, 25 (3): 166-170.

陈晓明, 谭碧生, 郑春, 张建国. 2007. 快中子辐照对枯草芽胞杆菌DNA损伤研究. 高能物理与核物理, 31 (10): 972-977.

陈晓明, 魏宝丽, 张建国. 2008. 短小芽胞杆菌E601传代和中子辐照后的菌落形态变化. 核农学报, 22 (3): 291-295.

陈晓明, 张良, 张建国, 周莉薇. 2008. 枯草芽胞杆菌淀粉酶高产菌株的辐射诱变研究. 辐射研究与辐射工艺学报, 26 (3): 177-182.

陈晓婷, 陈芳芳, 郑麟, 林志伟. 2008. 枯草芽胞杆菌草酸脱羧酶转化拟南芥研究初报. 中国农学通报,

24 (2): 53-58.

陈晓旸, 杨翔华, 王洪媛. 2004. 微生物絮凝剂菌株的筛选和絮凝活性影响因素的考察. 水处理技术, 30 (3): 144-146.

陈晓月, 金宁一, 邹伟, 海洋. 2008a. 枯草芽胞杆菌启动子序列在大肠杆菌中的克隆及序列分析. 沈阳农业大学学报, 39 (3): 371-373.

陈晓月, 金宁一, 邹伟, 海洋. 2008b. β-半乳糖苷酶在枯草芽胞杆菌中的分泌表达. 中国生物工程杂志, 28 (5): 111-115.

陈晓月, 金宁一, 海洋, 邹伟. 2008. 绿色荧光蛋白基因在枯草芽胞杆菌中的表达. 中国生物制品学杂志, 21 (2): 115-118.

陈孝煊, 吴志新, 操玉涛, 刘小玲. 2002. 口灌复方磺胺甲基异恶唑对中华鳖消化道菌群的影响. 淡水渔业, 32 (5): 41-43.

陈新华, 陈红. 2008. 一种来自西太平洋热液区菌 Sulfobacillus acidophilus. 中华人民共和国, CN200610135418.9.

陈新征, 吴兆亮, 赵静波, 胡滨. 2005. 化学诱变法选育 D-核糖高产菌株工艺研究. 微生物学杂志, 25 (2): 107-109.

陈雄, 袁金凤, 王志, 王永泽. 2009. 响应面法优化地衣芽胞杆菌 A2 发酵培养基. 中国饲料, 7: 17-20.

陈雄明, 方玲. 2000. 一起小学生食物中毒的调查. 上海预防医学, 12 (4): 181-182.

陈秀丽, 张德平, 冷军. 2007. 一起蜡样芽胞杆菌引起食物中毒调查分析. 公共卫生与预防医学, 18 (5): 69.

陈秀恋, 刘建忠. 2002. 一起由螃蟹引起的蜡样芽胞杆菌性食物中毒. 现代预防医学, 29 (6): 836.

陈秀珠, 张玉华, 还连栋. 2001. 2 种乳链菌肽天然变异体抑菌活性的研究. 食品与发酵工业, 27 (7): 1-3.

陈旭. 2007. 临床微生物学和抗生素应用进展. 中华损伤与修复杂志 (电子版), 2 (5): 311-312.

陈旭东, 马秋刚, 计成, 李敏俊. 2003. 芽胞杆菌制剂对仔猪生产性能的影响. 中国饲料, 16: 12-13.

陈旭东, 马秋刚, 计成, 潘清煜, 王长章. 2003. 芽胞杆菌和果寡糖制剂对断奶仔猪肠道菌群的影响. 中国饲料, 18: 11-13.

陈旭东, 马秋刚, 计成, 胥传来. 2004. 芽胞杆菌和果寡糖在仔猪营养中的应用. 中国饲料, 3: 24-26.

陈旭东, 马秋刚, 胥传来, 计成. 2004. 芽胞杆菌和果寡糖在仔猪营养中的应用. 农产品市场周刊, 2: 36-39.

陈旭东, 胥传来, 马秋刚, 计成. 2005. 金霉素、果寡糖和芽胞杆菌对断奶仔猪生产性能和血清学指标的影响. 中国畜牧杂志, 41 (6): 25-27.

陈旭升, 李树, 张超, 张建华, 毛忠贵. 2008. 微生物合成 ε-聚赖氨酸的结构鉴定及其抑菌活性的研究. 食品与发酵工业, 34 (9): 54-57.

陈学年, 郭玉娟. 2010. 芽胞杆菌在南美白对虾高密度养殖中的应用. 肇庆学院学报, 31 (2): 56-60.

陈雪, 侯红漫, 陈莉, 刘洋. 2008. 产细菌素芽胞杆菌的筛选及发酵条件的研究. 中国酿造, 5: 26-30.

陈雪, 侯红漫, 刘洋. 2008. 芽胞杆菌产细菌素的分离及性质研究. 河南工业大学学报 (自然科学版), 29 (1): 52-55.

陈雪娇, 金丹凤, 丁海涛, 赵宇华. 2010. 十溴二苯醚降解菌的分离鉴定及其降解特性的初步研究. 浙江大学学报 (农业与生命科学版), 36 (5): 521-527.

陈雪丽, 郝再彬, 王光华, 金剑, 刘居东. 2007. 多粘类芽胞杆菌 BRF-1 抗菌蛋白的分离纯化. 中国生物防治, 23 (2): 156-159.

陈雪丽, 王光华, 金剑, 吕宝林. 2008. 多粘类芽胞杆菌 BRF-1 和枯草芽胞杆菌 BRF-2 对黄瓜和番茄枯萎病的防治效果. 中国生态农业学报, 16 (2): 446-450.

陈雪丽, 王光华, 金剑, 王玉峰. 2008. 两株芽胞杆菌对黄瓜和番茄根际土壤微生物群落结构影响. 生态学杂志, 27 (11): 1895-1900.

陈雪英, 毛巧云, 张传玲, 陈新民. 2005. 胶原酶治疗腰椎间盘突出症的手术配合. 海峡药学, 17 (4): 128-129.

陈雪中, 张国香, 严曙光, 张宝明. 2009. 微生物制剂的利用. 农家致富, 4: 41.

陈亚娜, 王鸿雁. 1994. 一起由蜡样芽胞杆菌引起食物中毒. 中国卫生检验杂志, 4 (4): 252.

陈亚钦. 2006. 内窥镜治疗全脑室炎 2 例. 中华现代医学与临床, 5 (7): 106.

陈延君, 王红旗, 王然, 云影. 2007. 鼠李糖脂对微生物降解正十六烷以及细胞表面性质的影响. 环境科学, 28 (9): 2117-2122.

陈延君, 王红旗, 熊樱. 2007. 正十六烷微生物降解酶的定域和酶促降解性. 环境科学研究, 20 (6): 120-125.

陈妍, 李红亚, 李术娜, 王全, 王伟, 王树香, 朱宝. 2010. 棉花黄萎病拮抗菌株 DS45-2 的分离鉴定. 河南农业科学, 39 (1): 68-72.

陈艳, 刘秀梅. 2008. 食源性致病菌定量风险评估的实例. 中国食品卫生杂志, 20 (4): 336-340.

陈艳, 孙建义, 赵学新, 付石军, 翁晓燕. 2005. *Bacillus amyloliquefaciens* 中性植酸酶基因的原核表达及蛋白纯化和性质. 食品与生物技术学报, 24 (2): 60-64, 72.

陈艳玲, 卢伟, 陈月华, 肖亮, 蔡峻, 韩苗苗. 2007. 苏云金芽胞杆菌 *chiA*、*chiB* 全基因的克隆、表达及其序列分析. 微生物学报, 47 (5): 843-848.

陈燕, 周孙全, 郑奇士, 周义军, 王艳, 谭佑铭. 2010. 常温纤维素降解菌的分离与鉴定. 上海交通大学学报: 医学版, 30 (8): 1018-1020, F0003.

陈燕飞. 2008a. 氨苄西林对细菌生长抑制作用的测定. 中国农学通报, 24 (4): 126-129.

陈燕飞. 2008b. 几种中草药对细菌生长抑制作用的测定. 中国农学通报, 24 (3): 102-105.

陈阳, 王文琴. 2005. 人破伤风免疫球蛋白在开放性创伤中的临床应用. 贵州医药, 29 (10): 914-915.

陈阳, 朱天辉, 朴春根, 汪来发. 2008. 解磷芽胞杆菌的筛选及其解磷能力的测定. 贵州林业科技, 36 (2): 17-24.

陈杨栋, 陈婷, 李力炯, 曹张军. 2010. 苎麻微生物脱胶菌株筛选及脱胶效果评价. 纺织学报, 31 (5): 69-73.

陈瑶, 刘成国, 罗扬, 王冬冬. 2010. 亚硝酸盐在腊肉加工中的作斥及其替代物的研究进展. 肉类研究, 5: 32-36.

陈晔, 陈跃, 张文光. 2008. 枯草芽胞杆菌 (*Bacillus subtilis* ZY-1) 溶栓酶的分离纯化及其酶学性质. 福建医科大学学报, 42 (2): 143-146.

陈一平, 龙健儿. 1998. β-甘露聚糖酶产生菌的筛选和发酵条件的初步研究. 天然产物研究与开发, 10 (3): 24-28.

陈一平, 龙健儿. 2000. 芽胞杆菌 M50 产生 β-甘露聚糖酶的条件研究. 微生物学报, 40 (1): 62-68.

陈怡平, 崔瑛, 曹军骥. 2008. 西安市秋季空气微生物群落结构和生态分布. 环境与健康杂志, 25 (10): 885-887.

陈宜鸿. 2005. 氟喹诺酮、大环内酯类、β-内酰胺类等对炭疽菌的体外抗生素后效应. 中华医院感染学杂志, 15 (2): 191-192.

陈谊, 孙宝盛, 孙井梅, 黄宇. 2009. 投菌法处理微污染河水的试验研究. 水处理技术, 35 (2): 35-38.

陈茵茵. 1989. 环状芽胞杆菌的肽谷氨酰胺酶对大豆肽和大豆蛋白的脱酰胺作用. 广州食品工业科技, 2: 47-49.

陈迎, 林健荣, 廖富蘋, 陈海英, 钟杨生, 李文楚. 2009. CP7 菌株抗菌蛋白粗提物对家蚕黑胸败血菌的抑杀作用. 蚕业科学, 35 (1): 90-98.

陈营, 桂远明, 陈晓刚. 2001. 几种离子和有机化合物对枯草芽胞杆菌蛋白酶活力的影响. 大连水产学院学报, 16 (2): 125-129.

陈营, 桂远明, 胡光源. 2001. 几种离子及有机物对蜡样芽胞杆菌蛋白酶活力的影响. 中国微生态学杂志, 13 (3): 146-148.

陈营, 王福强, 李绪全. 2004. 三株芽胞杆菌生长与蛋白酶活性的研究. 淡水渔业, 34 (3): 19-21.

陈颖, 但汉斌, 魏雪生, 赵淑艳. 2003. Bt-15A3 防治美国白蛾的试验. 天津农学院学报, 10 (1): 24-26.

陈颖, 林尾妹. 1995. 苏云金芽胞杆菌 8010 粉剂对流干燥的研究. 福建农业大学学报, 24 (3): 348-352.

陈永兵, 吴若萍, 兰海姑. 2005. 芽胞杆菌可湿性粉剂防治番茄青枯病田间药效研究. 上海农业科技, 3: 97.

陈永昌, 薛兵. 2002. 一起由蜡样芽胞杆菌引起食物中毒的调查. 现代预防医学, 29 (5): 677.

陈永明, 张益书. 2008. 洛东生物发酵床零排放养猪技术概述. 猪业科学, 9: 42-44.

陈勇辉, 付桂明, 万茵, 韩蓓. 2011. 三唑磷降解菌 C-Y106 的分离鉴定及其降解特性研究. 安徽农业科学, 39 (1): 194-197.

陈有容, 齐凤兰, 陈丽花. 2003. 纳豆芽胞杆菌发酵液生理功能及活性成分. 食品工业 (上海), 24 (4): 42-44.

陈宇春, 柯伟. 1996. 松油清洁剂及消毒剂的杀菌试验研究. 中国林副特产, 1: 6-7.

陈玉荣, 朱宝玉. 1994. 一起由蜡样芽胞杆菌引起的食物中毒报告. 河南预防医学杂志, 5 (1): 37-38.

陈玉贞, 陈敏, 林艺, 杨非, 张一明. 2001. 一株蜡样芽胞杆菌的鉴定及鉴别诊断. 山东食品科技, 3 (4): 18.

陈玉珠. 2010. 羊梭菌性疾病的防治措施. 畜牧兽医科技信息, 8: 53.

陈育如, 刘友芬, 郭月霞, 骆跃军. 2008. 秸秆降解微生物在不同培养基中的产植酸酶特性. 江苏农业科学, 36 (2): 210-212.

陈裕文, 郑浩均, 黄淳维. 2008. 台湾地区蜂蜜中美洲幼虫病原孢子的检测. 台湾昆虫, 28 (2): 133-143.

陈煜, 唐焕林, 孟薇薇, 邵自强, 王文俊, 谭惠民. 2009. 新型两性聚电解质型壳聚糖衍生物 CMCTS-g-GDDA 的制备及性能初探. 高校化学工程学报, 23 (5): 906-910.

陈园生, 李红. 2004. 泰泽病原体研究现状. 中国比较医学杂志, 14 (1): 45-49.

陈月华, 关海山, 曾林, 任改新. 1999. 中国 Bt ken-Ag cry1Ac 杀虫毒素基因核心片段的克隆及核苷酸序列测定. 南开大学学报 (自然科学版), 32 (1): 19-22.

陈月华, 何屹. 1992. 球形芽胞杆菌 TS-1 发酵条件的研究. 微生物学通报, 19 (5): 261-264.

陈月华, 李红秀, 王津红, 蔡峻, 任改新. 2004. B. t. cry 1C 全长基因的克隆及其在增产菌中的表达. 微生物学通报, 31 (1): 65-68.

陈月华, 任改新, 吴卫辉, 王津红, 刘春勇. 2002. 苏云金芽胞杆菌科默尔亚种 15A3 株的 cry 基因分析及杀虫特性. 微生物学报, 42 (2): 169-174.

陈月开. 2004. 半胱氨酸的抑菌作用与类 SOD 活力. 山西大学学报 (自然科学版), 27 (1): 65-67.

陈月开, 徐军, 曲运波, 席国萍, 张敏. 2001. 氨基酸的抑菌作用研究. 中国生化药物杂志, 22 (1): 29-30.

陈悦, 林海江, 袁东, 王刚毅, 沈健. 2004. 上海市部分空调系统微生物污染状况的初步调查. 环境与职业医学, 21 (3): 214-217.

陈云鹏, 沈大棱. 2005. MuA 转座酶介导的短小芽胞杆菌启动子 F1 随机插入突变的研究. 上海交通大学学报 (农业科学版), 23 (4): 371-373, 382.

陈在佴, 吴继星. 2006. 苏云金芽胞杆菌 "94001" 菌株发酵工艺的优化. 湖北农业科学, 45 (3): 325-326.

陈在佴, 吴继星, 张志刚. 2003. 蜡质芽胞杆菌 12-14 菌株对苏云金杆菌增效作用的研究. 湖北农业科学, 42 (4): 49-51.

陈在佴, 吴继星, 张志刚. 2004. 对甜菜夜蛾高毒苏云金芽胞杆菌菌株 CZE99985 的研究. 微生物学杂志, 24 (5): 31-33, 43.

陈曾三. 1998. 生物素的高效率制造法. 杭州食品科技, 4: 10-22.

陈昭斌, 张朝武. 1998. 使用中消毒剂污染菌的分离与鉴定. 现代预防医学, 25 (1): 4-6.

陈振民, 李青, 刘华梅, 谢天键, 曹军卫. 2004. 苏云金芽胞杆菌发酵上清中增效物质生成的相关研究. 微生物学通报, 31 (1): 22-25.

陈振民, 李青, 刘华梅, 谢天键, 曹军卫. 2005. 苏云金芽胞杆菌增效物质回收工艺的改进. 微生物学通报, 32 (1): 94-98.

陈振明, 何进坚, 何红, 张兴锋, 宋文东. 2006. 红树林内生细菌的分离及拮抗菌筛选. 微生物学通报, 33 (3): 18-23.

陈芝兰, 何建清, 彭岳林, 蔡晓布, 张涪平. 2005. 不同施肥处理对西藏山南地区麦田土壤微生物变化的影响. 土壤肥料, 2: 35-37, 41.

陈志礼, 刘世日, 唐建红. 1998. 一起蜡样芽胞杆菌食物中毒调查报告. 广东卫生防疫, 24 (2): 67-68.

陈志青, 谢小华. 2005. 一起蜡样芽胞杆菌食物中毒情况分析. 职业与健康, 21 (4): 549-550.

陈志伟, 姜成英, 刘双江. 2004. 云南和广东部分热泉 *Alicyclobacillus* 分布及系统发育. 微生物学通报, 31 (3): 50-54.

陈志文, 徐尔尼, 肖美燕. 2002. 枯草芽胞杆菌产纤溶酶发酵条件的研究. 山西食品工业, 4: 33-35.

陈志文, 徐尔尼, 肖美燕. 2003. 产纤溶酶枯草芽胞杆菌发酵条件的研究. 食品工业科技, 24 (5): 23-24, 26.

陈志谊, 高太东. 1997. 枯草芽胞杆菌 B-916 防治水稻纹枯病的田间试验. 中国生物防治, 13 (2): 75-78.

陈志谊, 李德全, 刘永锋, 刘邮洲. 2004. 离子注入选育枯草芽胞杆菌生防菌 B-916 高效菌种. 江苏农业学报, 20 (4): 240-243.

陈志谊, 任海英, 刘永锋, 许志刚. 2002. 戊唑醇和枯草芽胞杆菌协同作用防治蚕豆枯萎病及增效机理初探. 农药学学报, 4 (4): 40-44.

陈志谊, 许志刚. 1999. 芽胞杆菌 (*Bacillus* spp.) 拮抗基因的分子标记. 农业生物技术学报, 7 (3): 281-286.

陈志谊, 许志刚, 高泰东, 倪寿坤, 严大富, 陆凡, 刘永锋. 2000. 水稻纹枯病拮抗细菌的评价与利用. 中国水稻科学, 14 (2): 98-102.

陈智勇, 郭艺苹. 2010. 口服地衣芽胞杆菌胶囊治疗新生儿高胆红素血症 57 例疗效评价. 福建医药杂志, 32 (1): 134-135.

陈中东, 贾云. 1993. 利用两种抗生细菌防治红松落针病试验初报. 辽宁林业科技, 1: 34-37, 52.

陈中孚, 孔慧敏, 王玲华. 1989. 脂肪嗜热芽胞杆菌 (*Bacillus stearothermophilus*) 产生的限制性内切酶 *Bst*FⅠ、*Bst*SⅠ的分离鉴定. 复旦学报 (自然科学版), 28 (4): 361-366.

陈中孚, 潘星时. 1991. 24 种脂肪嗜热芽胞杆菌限制性内切酶的分离鉴定. 复旦学报 (自然科学版),

30 (4): 393-397.

陈中义,李长友,刘加宝,张杰,黄大昉. 2002. 苏云金芽胞杆菌沉默基因 *cry2Ab3* 在大肠杆菌中表达及杀虫活性研究. 微生物学报, 42 (5): 561-566.

陈中义,李丽华,张杰,管宇,吴限,韩岚岚,黄大昉. 2002. 双价苏云金芽胞杆菌 *cry* 基因载体构建及其在大肠杆菌中表达杀虫活性. 农业生物技术学报, 10 (3): 272-277.

陈中义,吴限,张杰,宋福平,管宇. 2003. PCR-RFLP 筛选 DNA 文库克隆 Bt *cry* 基因的研究. 中国农业科学, 36 (4): 398-402.

陈中义,张杰,曹景萍,丁之铨,黄大昉,陈志谊. 1999. 杀虫防病基因工程枯草芽胞杆菌的构建. 生物工程学报, 15 (2): 215-220.

陈中义,张杰,黄大昉. 2003. 植物病害生防芽胞杆菌抗菌机制与遗传改良研究. 植物病理学报, 33 (2): 97-103.

陈朱蕾,熊尚凌,江娟,陈守河. 2004. 腐熟粪便复合菌肥试验研究. 华中科技大学学报（城市科学版）, 21 (1): 37-39.

陈子聪,蔡海松,林戎斌,韩闽毅. 2001. 固氮芽胞杆菌 N117 的筛选及应用效果初报. 福建农业学报, 16 (3): 42-44.

陈宗淦,朱江. 1996. 26 例蜡样芽胞杆菌败血症临床分析. 中国微生态学杂志, 8 (4): 61.

谌容,王秋岩,杨兵,魏东芝,谢恬. 2010. 温泉环境宏基因组文库中醛脱氢酶基因的克隆及分析. 杭州师范大学学报（自然科学版）, 9 (5): 379-384.

谌书,连宾,刘丛强. 2008. 一株胶质芽胞杆菌对磷矿石风化作用的实验研究. 矿物学报, 28 (1): 77-83.

谌晓曦,陈卫良. 1999. 抗水稻纹枯病菌拮抗蛋白质的理化性质研究. 浙江大学学报（农业与生命科学版）, 25 (5): 491-494.

成成,李兆丰,李彬,刘花,陈坚,吴敬. 2009. 利用重组大肠杆菌生产 α-环糊精葡萄糖基转移酶. 生物加工过程, 7 (3): 56-63.

成飞雪,张德咏,刘勇,王忠勇. 2011. 生防细菌 YC-10 的杀线虫活性及其鉴定. 植物病理学报, 41 (2): 203-209.

成汉文,宦双燕,吴海龙,沈国励,俞汝勤. 2009. 表面增强拉曼散射用于芽胞杆菌生物标志物的灵敏检测. 分析化学, 37 (A01): 240.

成剑峰. 2007. 食醋中膜状物的分离鉴定与其防治措施初探. 中国酿造, 1: 42-44.

成堃,路福平,黎明,梁歌梅. 2010. 嗜碱芽胞杆菌电转化方法的优化. 中国酿造, 3: 99-101.

成堃,路福平,李玉,王盛楠,王建玲. 2009. 产碱性蛋白酶菌株的筛选、分子鉴定及其酶学性质的初步研究. 中国酿造, 2: 33-36.

成亮,钱春香,王瑞兴,王剑云. 2007. 碳酸岩矿化菌诱导碳酸钙晶体形成机理研究. 化学学报, 65 (19): 2133-2138.

程爱丽,唐文华. 1996. 枯草芽胞杆菌 B-908 几丁质酶基因的转及表达. 植物病理学报, 26 (3): 204.

程安春,何明清. 1994. SA38 蜡样芽胞杆菌在体外对几种致病菌的生物拮抗试验. 中国兽医杂志, 20 (2): 12-13.

程宝生. 2006. 乳酸在养殖业上的应用. 养殖技术顾问, 4: 19.

程超,李伟,王鹃. 2007. 空心莲子草不同提取物的抑菌作用研究. 湖北民族学院学报（自然科学版）, 25 (4): 458-460, 470.

程海鹰,孙珊珊,梁建春,汪娟娟. 2008. 油藏微生物群落结构的分子分析. 化学与生物工程, 25 (9): 39-43.

程洪斌,陈伟,顾真荣,陈红漫. 2006. 营养添加剂对枯草芽胞杆菌 G3^{su} 在土壤中繁殖及其抑菌物质分泌能力的影响. 中国生物防治, 22 (2): 142-145.

程洪斌,刘晓桥,陈红漫. 2006. 枯草芽胞杆菌防治植物真菌病害研究进展. 上海农业学报, 22 (1): 109-112.

程金权,潘红梅,冯文帅,王拥军. 2003. 抗性筛选纤溶激酶菌株. 四川食品与发酵, 39 (2): 42-45.

程婧,吴丹,陈晟,吴敬,陈坚. 2010. 复合与合成培养基对大肠杆菌胞外生产 α-环糊精葡萄糖基转移酶的影响. 中国生物工程杂志, 30 (9): 36-42.

程垦华,胡兰英. 2004. 一起蜡样芽胞杆菌食物中毒的调查分析. 中国自然医学杂志, 6 (3): 154-155.

程立庆,柴雅明,张林,黄国荣,饶中林,熊鸿燕. 2009. 4种细菌芽胞中 α/β-SASP 分子结构对比分析. 微生物学杂志, 29 (6): 10-15.

程丽娟,来航线,霍克光. 1997. 嗜碱菌碱性蛋白酶菌株的筛选. 土壤, 29 (6): 304-306.

程琳琳,王芳,金莉莉,王秋雨. 2009. 环保微生物菌剂常用5种芽胞杆菌的PCR鉴定. 微生物学杂志, 29 (4): 36-40.

程萍,Aronson A I,喻子牛. 1999. 苏云金芽胞杆菌 cry1A 基因启动子上激区不同位点突变对 BtI-laZ 融合基因表达调控的影响. 农业生物技术学报, 7 (4): 358-362.

程萍,Aronson A I,喻子牛. 2000. 苏云金芽胞杆菌 cry1A 启动子上游区缺失体的研究. 生物技术, 10 (4): 3-9.

程萍,Aronson A I,喻子牛. 2001. 初始碳源对苏云金芽胞杆菌 cry-lacZ 融合基因表达的影响. 微生物学杂志, 21 (1): 7-9, 12.

程萍,Aronson A I,喻子牛. 2004. 苏云金芽胞杆菌的特异性结合蛋白研究. 微生物学杂志, 24 (1): 14-18.

程萍,王清锋,喻子牛. 1999. 苏云金芽胞杆菌转座因子的转座机理及其与杀虫晶体蛋白基因的关系. 生命科学, 11 (1): 35-37.

程萍,王清锋. 1997. 苏云金芽胞杆菌转座因子的类群和结构. 生命科学, 9 (3): 123-128.

程萍,王清锋. 1999. 苏云金芽胞杆菌杀虫晶体蛋白基因的启动子及其转录调控. 微生物学通报, 26 (2): 130-134.

程萍,郑燕玲,黎永坚,陈远凤. 2008. 石斛兰镰刀菌叶斑病的生物防治研究. 中国农学通报, 24 (9): 357-361.

程显好,冯志彬,屈慧鸽,缪静,李国宁. 2009. 短小芽胞杆菌固态发酵生产木聚糖酶的培养条件优化. 中国酿造, 5: 99-102.

程小冬,李梅香,杜璋璋. 2003. 超声波作用时间对地衣芽胞杆菌存活率的影响. 济宁医学院学报, 26 (1): 40-41.

程宇,任大明,石丽娜. 2009. 动物蹄角蛋白分解菌的筛选与鉴定. 现代畜牧兽医, 4: 60-62.

程远超,刘康乐,黄艳辉,徐庆阳,陈宁. 2009. 尿苷菌种选育及发酵条件优化. 发酵科技通讯, 38 (4): 11-15.

程远超,刘康乐,徐庆阳. 2007. 尿苷产生菌的选育. 现代食品科技, 1: 20-22.

程珍,李冠,齐丽杰. 2005. 麻叶荨麻籽抑菌成分和抑菌特性的研究. 生物技术, 15 (5): 30-32.

程志平. 2007. 福邦枯草芽胞杆菌在商品肉鸭养殖中的应用效果. 饲料与畜牧:新饲料, 10: 23-24.

池汝安,肖春桥,高洪,吴元欣,李世荣,王存文. 2005. 几种微生物溶解磷矿粉的动态研究. 化工矿物与加工, 34 (7): 4-6, 11.

迟东升(综述),阮新民(综述),陈可冀(审). 2007. 新型溶栓剂——纳豆激酶. 心血管病学进展, 28 (4): 545-550.

迟原龙,姚开,贾冬英,龙文玲,刘婷婷.2008.环境因子的交互作用对蜡状芽胞杆菌消长规律的影响.四川大学学报(工程科学版),40(2):61-65.

初立良,郑桂玲,周洪旭,李长友,李国勋.2010.两株杀鞘翅目害虫Bt菌株的生物活性及杀虫蛋白基因鉴定.华北农学报,25(3):235-238.

储长流,郑皆德.2006.苎麻酶脱胶用菌株的筛选及性能.纺织学报,27(3):27-29.

储晨亮,孙爱娟.2011.芽胞杆菌制剂对蛋鸡生产性能的影响.饲料广角,1:28-29.

储从家,孔繁林,吴惠玲,高晓玲.2005.从血液中检出多黏类芽胞杆菌1例.中华医院感染学杂志,15(5):562.

楚敏,杨红梅,王芸,娄恺.2008.热纤维素梭菌内切葡聚糖苷酶基因在枯草芽胞杆菌的表达.新疆农业科学,45(2):333-336.

楚渠,彭云武.2004.益生菌菌种特性及主要作用.陕西农业科学,50(1):65-66.

褚春泉,陆凤娟,孙立新,宋学宏.2010.复合芽胞杆菌对青虾生产性能及养殖水质的影响试验.科学养鱼,4:25-26.

褚西宁,卫军.1991.一株产乳酸的芽胞杆菌的分离及产物鉴定.微生物学通报,18(3):132-135.

褚小菊,冯力更,张筠,肖霄.2006.巴氏牛奶中蜡样芽胞杆菌的风险评估.中国乳品工业,34(6):23-26.

褚小菊.2011.米饭中蜡样芽胞杆菌引起食物中毒的风险分析.粮食与饲料工业,3:12-15.

褚忠志,于新,毕阳,杨林华.2008.产碱性蛋白酶菌株ZK202的鉴定及其诱变.安徽农业科学,36(14):5717-5719.

褚忠志,于新.2008.短小芽胞杆菌碱性蛋白酶的提纯与性质研究.甘肃农业大学学报,43(6):166-169,173.

褚忠志,于新,毕阳.2008.产碱性蛋白酶菌株Zkud202-4发酵条件的研究.仲恺农业技术学院学报,21(1):14-18,37.

丛爱林,高群,周森,付磊.2001.蜡样芽胞杆菌污染引起食物中毒调查.职业与健康,17(4):32-33.

丛建民.2007.香辛料在草莓保鲜中的应用研究.食品科学,28(12):503-506.

丛建民,郝成欣.2007.香辛料提取物保鲜草莓研究.食品与机械,23(3):106-108.

崔北米,潘巧娜,张陪陪,赵亮,韦革宏.2008.大蒜内生细菌的分离及拮抗菌筛选与鉴定.西北植物学报,28(11):2343-2348.

崔波,金征宇.2005.普鲁蓝酶逆向合成麦芽糖基β-环状糊精.食品科学,26(12):128-131.

崔波,金征宇.2007.麦芽糖基(α-1-6)β-环糊精的酶法合成和结构鉴定.高等学校化学学报,28(2):283-285.

崔东波,郑彦杰,王运吉,张苓花.2004.蚯蚓抗菌肽的分离.大连轻工业学院学报,23(4):265-269.

崔东良,佟建明,王云山,张利平.2007.凝结芽胞杆菌工业化发酵培养基初步研究.食品与发酵工业,33(12):73-75.

崔恩博,周跃进,何江英,陈素明,王欢,鲍春梅.2010.革兰阳性菌感染腹膜炎的临床分析.中国医学检验杂志,11(3):136-137.

崔福绵,韩文珍.1996.巨大芽胞杆菌BP931胞外青霉素G酰化酶的产生条件.微生物学报,36(3):193-198.

崔福绵,石家骥.1998.酶法合成头孢环己二烯.微生物学报,38(4):300-303.

崔福绵,石家骥.1999.枯草芽胞杆菌中性β-甘露聚糖酶的产生及性质.微生物学报,39(1):60-63.

崔福绵,朱丽钊.1996.固定化巨大芽胞杆菌青霉素G酰化酶促合成头孢氨苄的研究.微生物学报,36(2):151-154.

崔怀起,魏一英.2005.一起蜡样芽胞杆菌引起食物中毒的调查报告.实用医技杂志,12(09A):2453.
崔佳,黄译影,尉研,王立洪,杨涛,龙章富.2009.山葵墨入病拮抗菌的筛选鉴定及发酵条件的优化.四川大学学报(自然科学版),3:819-823.
崔建升,陈婧,王芳,王晓辉,魏复.2009.微生物传感器测定河豚毒素研究.海洋环境科学,28(6):726-728.
崔杰,李滨胜,杨谦,程大友.2008.甜菜(Beta vulearis L.)叶绿体转化体系建立及抗虫和抗除草剂植株的获得.生物化学与生物物理进展,35(12):1437-1443.
崔洁(编译),凌沛学(审校).2006.多剂量包装无防腐剂滴眼液的微生物污染.食品与药品,8(07A):52-53.
崔晋龙,范黎,丁翠,王玉君.2007.栽培黄芩高活性内生真菌菌株的筛选与鉴定.西北植物学报,27(7):1384-1388.
崔晋龙,刘磊,王玉君,丁翠,姜鹏,范黎.2008.发酵条件对内生真菌SBO23抑菌活性的影响.首都师范大学学报(自然科学版),29(4):42-45,58.
崔京春,吴俊罡,范圣第,刘吉华.2004.蜡样芽胞杆菌发酵培养基的优化.中国畜牧兽医,31(8):27-28.
崔京春,吴俊罡,刘吉华,王梅雪.2004.枯草芽胞杆菌发酵过程的优化.饲料工业,25(7):52-55.
崔京春,吴俊罡,阎英凯,刘吉华.2004.地衣芽胞杆菌发酵过程的优化.饲料博览,7:34-36.
崔明,崔庆莲,刘峰.2002.败血症从湿温论治两则.中国中医急症,11(5):415-416.
崔萍,张楠,张莎莎,国辉,吴金.2010.几株家蚕蛹油降解细菌的分离鉴定及降解能力测定.蚕业科学,36(1):102-108.
崔庆禄,冬青.1991.利用短小芽胞杆菌的抑菌性鉴别非常见宿主检出的布氏菌.中国地方病防治杂志,6(5):282-283.
崔群.2005.思连康治疗病毒性肠炎76例临床观察.中华现代儿科学杂志,2(12):1116.
崔汝强,姬广海,张世珖.2004.冰核活性细菌拮抗菌株的筛选.云南农业大学学报,19(5):528-531.
崔蕊蕊.2009.生物杀菌剂Serenade载入2009年FRAC名单.今日农药,10:43.
崔蕊蕊.2010.拜耳计划在美国首次推出生物杀线虫剂产品.山东农药信息,3:51.
崔堂兵,韩双艳,舒薇,郭勇.2008.豆豉纤溶酶液体发酵生产条件的研究.郑州轻工业学院学报(自然科学版),23(1):24-27.
崔堂兵,刘煜平,郭勇,刘治猛.2007.枯草芽胞杆菌培养生产农用抗真菌素初步研究.广东农业科学,34(1):51-54.
崔堂兵,刘煜平,舒薇,郭勇.2007.枯草芽胞杆菌BS-06液体发酵生产农用抑真菌素的初步研究.江西农业学报,19(10):78-80,91.
崔晓灿,闫淑珍,陈双林.2009.类芽胞杆菌F53抗真菌物质的诱导培养和性质研究.江苏农业科学,37(3):112-115.
崔琰,陈红漫,尚宏丽,孟鑫,王晓丹.2006.中性纤维素酶产生菌的筛选及其培养基的优化和酶学性质研究.浙江农业科学,2:214-217.
崔莹莹,席宇,杨艳坤,郭灵燕,李秦,朱大恒.2009.一株对烟草甲高毒力的苏云金芽胞杆菌的分离与鉴定.化学与生物工程,26(5):42-45.
崔月明,樊妙姬,栾桂龙,凌云,韦莉莉,蒋艳明.2005.枯草芽胞杆菌XY1905木聚糖酶酶学性质的初步研究.饲料工业,26(6):21-23.
崔月明,樊妙姬,韦莉莉,栾桂龙.2008.木聚糖酶产生菌XY1432液体发酵的响应面法优化.化工技术与开发,37(11):13-16.

崔云，卢红梅，张义明，刘佳. 2010. 食醋中微生物的分离与鉴定. 贵州工业职业技术学院学报，5（1）：5-7.

崔云龙，邵宗泽. 1994. 干燥温度对苏云金芽胞杆菌伴孢晶体的结构及杀虫活性的影响. 微生物学通报，21（5）：264-267.

崔云龙，万阜昌，李长龄，吴恩融. 2006. 凝结芽胞杆菌（TBC169）片治疗便秘的实验研究和临床疗效. 中国微生态学杂志，18（4）：264-265，269.

崔云龙，闫述翠，万阜昌. 2005. 凝结芽胞杆菌 TBC 169 株对肠道致病菌的抑菌作用. 中国微生态学杂志，17（5）：333-334，338.

崔云龙，衣海青. 1995. 短小芽胞杆菌 D82 对小麦根腐病原菌拮抗的研究. 中国生物防治，11（3）：114-118.

崔志文，黄琴，黄怡，吴红照，文静，李卫芬. 2011. 枯草芽胞杆菌对 Caco-2 细胞抗氧化功能的影响研究. 动物营养学报，23（2）：293-298.

崔中利，李顺鹏，何健. 2001. 甲基一六〇五降解菌 J5 的分离及其降解性状研究. 农村生态环境，17（3）：21-25.

大宅辰夫，潘丹燕（译），田雨晨（校）. 2008. 坏死性肠炎的预防对策. 国外畜牧学：猪与禽，28（1）：15-17.

代丽娇，宋俊梅，曲静然. 2007. 豆豉多菌种制曲工艺的研究. 食品科技，32（6）：54-56.

代敏，郭文宇，王雄清，彭成，陈希文，杨丽红，杨蕾. 2008. 明胶/纳米 SiO_2 复合膜的体外抑菌试验. 微生物学通报，35（10）：1532-1537.

代敏，彭成，万峰，陈丹丹. 2011. 5 味收涩药对奶牛乳腺炎病原菌体外抗菌活性的比较. 中国乳品工业，39（2）：41-44.

代群威，董发勤，李国武，朱桂平. 2004. 铜型有源抗菌剂的扩大试验及其抗菌效果的应用研究. 材料科学与工程学报，22（5）：738-741.

代润华. 2003. 60 例蜡样芽胞杆菌食物中毒诊治体会. 中国医学研究与临床，1（1）：73.

代淑娟，王玉娟，魏德洲，高淑玲. 2010. 枯草芽胞杆菌对电镀废水中镉的吸附. 有色金属，62（3）：156-159.

代淑娟，周东琴，魏德洲，刘文刚. 2007. 胶质芽胞杆菌对水中 Pb^{2+} 生物吸附-浮选性能研究. 金属矿山，5：70-74.

代淑艳，王殿钧，解华，宋伟平，贾滨，姜远航，张洪超. 2005. 硫乙醇酸盐培养基中的刃天青的作用分析. 中国生物制品学杂志，18（5）：426-428.

代心平，谌乐刚. 2008. 清开灵滴丸微生物限度检查的方法学验证. 海南医学，19（12）：87-88.

代岩石，吴子丹，伍松陵，王松雪. 2010. 一株拮抗储粮真菌的细菌菌株鉴定和初步研究. 中国粮油学报，25（10）：88-94.

代义，吕淑霞，林英，黄益，马丽. 2008. 高产木聚糖酶菌株筛选、鉴定及产酶条件的研究. 生物技术，18（2）：70-73.

戴宝生，吕锐玲，李蔚. 2010. 4 种药剂防治棉花黄萎病研究. 中国棉花，8：15-16.

戴承铺，黄湘云. 1990. 球形芽胞杆菌 BS-10 菌株的生物学特性其杀灭蚊幼效果. 中国公共卫生学报，9（2）：69-72.

戴德慧，胡伟莲，李巍. 2011. 培养条件对嗜热芽胞杆菌 HU1 合成几丁质降解酶及脱乙酰基酶的影响. 安徽农业科学，39（5）：2543-2545，2547.

戴富明，周世明. 1994. 4 个细菌菌株对小麦赤霉病的防治效果. 上海农业学报，10（4）：59-63.

戴国俊，段忠进，谢恺舟，刘大林. 2007. 不同剂量地衣芽胞杆菌对断奶仔猪腹泻的影响. 上海畜牧兽医通讯, 3: 40-41.

戴晋军, 罗毅, 周小辉. 2009. 禽用枯草芽胞杆菌对白羽肉鸡生长性能的影响. 饲料研究, 8: 30-32.

戴经元, 王波. 1994. 从土壤中分离的 410 株苏云金芽胞杆菌的鉴定. 华中农业大学学报, 13 (2): 144-152.

戴经元, 轩海连, 孙明, 喻凌, 喻子牛. 1996. 用血清学方法测定苏云金芽胞杆菌晶体蛋白含量. 中国生物防治, 12 (4): 178-181.

戴莲韵. 1996. 苏云金芽胞杆菌菌种保藏. 林业科学, 32 (6): 516-521.

戴莲韵, 王学聘, 杨光滢, 张万儒. 1993. 我国四个自然保护区森林土壤中苏云金芽胞杆菌的分布. 林业科学研究, 6 (6): 621-626.

戴莲韵, 王学聘, 杨光滢, 张万儒. 1994a. 我国森林土壤中苏云金芽胞杆菌生态分布的研究. 微生物学报, 34 (6): 449-456.

戴莲韵, 王学聘, 杨光滢, 张万儒. 1994b. 中国八个自然保护区森林土壤中苏云金芽胞杆菌的分布. 林业科学, 30 (2): 117-123.

戴玲, 王晓永. 1999. 用提取甘露聚糖后的废啤酒酵母残渣生产 α-淀粉酶的研究. 安徽大学学报 (自然科学版), 23 (2): 94-98.

戴其虹, 于居河. 2000. 丰收菌在水稻上的应用效果. 现代化农业, 10: 21.

戴青, 赵述森, 谢树贵, 梁运祥. 2008. 一株凝结芽胞杆菌的分离筛选及生物学特性研究. 饲料工业, 29 (12): 36-38.

戴沈艳, 贺云举, 申卫收, 钟文辉. 2010. 一株高效解磷细菌的紫外诱变选育及其在红壤稻田施用效果. 生态环境学报, 19 (7): 1646-1652.

戴树桂, 温妥江. 1999. 偶氮染料脱色优势菌的特性及基因定位初步研究. 南开大学学报 (自然科学版), 32 (1): 113-118.

戴晓燕, 关桂兰. 1999. 两株对辣椒疫霉菌有拮抗作用的拮抗菌分泌蛋白的研究. 中国生物防治, 15 (2): 81-84.

戴欣, 王保军, 黄燕, 张平, 刘双江. 2005. 普通和稀释培养基研究太湖沉积物可培养细菌的多样性. 微生物学报, 45 (2): 161-165.

戴志东, 袁生安, 吴鹤临. 1994. 球形芽胞杆菌 BS-10 于水生植物覆盖污水塘、沟灭蚊蚴效果比较. 医学动物防制, 10 (2): 120-121.

但汉斌, 魏雪生. 1996. 苏云金芽胞杆菌的发酵生物学研究初报. 天津农业科学, 2 (1): 28-31.

邓必阳, 陈震华. 1994. 地衣芽胞杆菌中 Ca^{2+} 离子含量的测定. 广西化工, 23 (2): 33-35.

邓兵兵, 熊凌霜. 2000. 外源蛋白在芽胞杆菌中分泌表达的研究进展. 生物工程进展, 20 (5): 62-66.

邓干臻, 姚宝安, 冯汉莉, 袁林茂, 周艳琴, 李继州, 郭玉红, 喻子牛. 2004. 14 株苏云金芽胞杆菌伴胞晶体蛋白对猪蛔虫第 3 期幼虫的毒性比较. 中国兽医学报, 24 (4): 338-340.

邓钢桥, 邹朝晖, 赵军旗, 李文革, 王芊, 彭玲, 罗志平. 2007. 中药中耐辐射微生物的分离与鉴定. 激光生物学报, 16 (2): 226-229.

邓红梅, 毕方铖, 叶炬斌, 叶炼佳. 2010. 几丁质酶高产菌的筛选及其产酶条件的优化研究. 化学与生物工程, 27 (5): 62-65.

邓怀云. 1995. 蜡样芽胞杆菌食物中毒死亡 1 例. 法医学杂志, 11 (3): 137.

邓建良, 刘红彦, 刘玉霞, 刘新涛, 倪云霞, 高素霞, 李国庆. 2010. 解淀粉类芽胞杆菌 YN-1 抑制植物病原真菌活性物质鉴定. 植物病理学报, 40 (2): 202-209.

邓建良, 刘红彦, 王鹏涛, 李国庆. 2010. 生防芽胞杆菌脂肽抗生素研究进展. 植物保护, 36 (3): 20-25.

邓敬石,阮仁满. 2002. 影响 Sulfobacillus thermosulfidooxidans 生长及亚铁氧化的因素研究. 矿产综合利用,3:38-41.

邓菊云. 2008. 芽胞杆菌微生物制剂对黄羽肉鸡生长及养分利用的影响. 湖南畜牧兽医,1:8-10.

邓坤,冀志霞,陈守文. 2009. 溶氧对地衣芽胞杆菌 DW2 合成杆菌肽的影响. 中国抗生素杂志,11:664-668.

邓露芳,王加启,卜登攀,周凌云,魏宏阳. 2007. 纳豆芽胞杆菌作为益生菌饲用的研究现状. 中国畜牧兽医,34(10):5-8.

邓露芳,王加启,姜艳美,卜登攀,魏宏阳,周凌云,王金枝. 2008. 产气法评价纳豆芽胞杆菌对瘤胃液体外发酵的影响. 西北农林科技大学学报(自然科学版),36(9):33-39.

邓露芳,王加启,姜艳美,刘亮,卜登攀,周凌云. 2008. 纳豆芽胞杆菌对瘤胃微生物发酵的影响. 畜牧兽医学报,39(8):1062-1068.

邓毛程,宋炜,张远平. 2006. γ-聚谷氨酸高产菌株的选育和发酵培养基的初步优化. 四川理工学院学报(自然科学版),19(3):47-51.

邓美英. 2010. 炎热季节注重调水护水. 科学养鱼,9:82.

邓世权. 2006. 饲用微生物添加剂的使用效果. 养殖技术顾问,7:22.

邓淑,束长龙,林毅,宋福平,张杰. 2009. 新型 cry7Ab 基因的鉴定、克隆、表达与杀虫活性. 农业生物技术学报,17(5):908-913.

邓顺娇. 2006. 手术器械不同清洗方法效果比较. 医学信息(西安上半月),19(9):1670-1672.

邓卫东,张文斌,莫玉芳. 2010. 广东土牛膝合剂体外抗菌活性的研究. 今日药学,20(7):16-17,20.

邓小晨,胡永松,王忠彦,何惠,汪红. 1991. 种间原生质体融合构建耐热性 α-淀粉酶高产菌株的研究. 四川大学学报(自然科学版),28(4):526-531.

邓小丽,安海英,张海宏,李广宁,徐慧. 2009. 磷霉素产生菌的定向诱变育种. 生物技术,19(4):26-28.

邓晓,李勤奋,侯宪文,李光义. 2010. 乐果降解菌 LGX1 的筛选及其降解特性研究. 生态环境学报,19(5):1034-1039.

邓欣,刘红艳,谭济才,陈辉玲,孙少华. 2006. 有机茶园土壤微生物区系年度变化规律研究. 中国农学通报,22(5):389-392.

邓业成,骆海玉,张明,覃旭,韦登会,玉艳珍,李丽芬. 2010. 银杏外种皮酚酸类物质的抑菌活性. 河南农业科学,39(2):64-66.

邓业成,玉艳珍,王萌萌,张明,骆海玉,覃旭,李丽芬. 2010. 石菖蒲提取物及其初步分离物的抑菌活性研究. 安徽农业科学,38(15):7836-7838,7875.

邓燚杰,范延辉,薛德林,刘丽,胡江春,王书锦. 2008. 梭形芽胞杆菌(Bacillus fusiforms)N141 发酵产河豚毒素的研究. 天然产物研究与开发,20:74-78.

邓宇,华兆哲,赵志军,姚丹丹,堵国成,陈坚. 2008. 氮源对枯草芽胞杆菌 WSHDZ-01 合成过氧化氢酶的影响. 应用与环境生物学报,14(4):544-547.

邓媛,汪大敏,杨国武,李皎,姚树萍. 2008. 日本纳豆中 β-葡萄糖苷酶高产菌的筛选及产酶条件研究. 中国食品添加剂,6:99-105.

邓媛,吴建明. 2009. 微生态制剂预防抗生素相关性腹泻的临床研究. 医学临床研究,26(10):1804-1805,1808.

邓岳松. 2004. 复合微生物制剂对养鳖池水质的影响. 内陆水产,29(4):43-44.

邓志爱,李孝权,刘衡川,张健,李钏华,莫自耀. 2005. 肠炎沙门菌食源性疾病的调查研究. 现代预防医学,32(7):751-753.

邓祖军, 曹理想, 周世宁. 2010. 红树林内生真菌的分离及代谢产物生物活性的初步研究. 中山大学学报（自然科学版）, 49（2）: 100-104.

邸胜苗, 昌艳萍, 阚振荣, 张晓鑫, 张德友, 袁思光. 2007. 微波对α-ALDC产生菌W195的诱变效应探讨. 食品工业科技, 28（6）: 82-84.

邸胜苗, 阚振荣. 2006. α-乙酰乳酸脱羧酶产生菌的微波诱变. 生物技术, 16（4）: 23-25.

刁有祥, 贾世玉. 1999. 鹑梭状芽胞杆菌外毒素的分离与特性研究. 中国预防兽医学报, 21（4）: 253-255.

刁有祥, 李久芹. 2000. 鹑梭状芽胞杆菌的分离鉴定. 中国预防兽医学报, 22（4）: 244-245.

刁有祥, 牛钟相. 1999. 鸡溃疡性肠炎灭活苗的制备与应用研究. 中国预防兽医学报, 21（1）: 22-23.

刁有祥, 牛钟相. 2000. 鸡溃疡性肠炎的研究——鹑梭状芽胞杆菌的分离与鉴定. 山东农业大学学报（自然科学版）, 31（1）: 32-34.

刁治民. 1996. 草原毛虫病原微生物的初步研究. 草业科学, 13（1）: 38-40.

丁长才, 苏志坚, 王艳萍, 周权男, 李校堃. 2006. 一种抗菌肽和aFGF融合蛋白的构建和表达. 中国生物工程杂志, 26（1）: 27-32.

丁长河, 戚光册, 张建华, 陈复生, 李里特. 2007. 传统起子（酵头）的微生物分析及其对馒头品质的影响. 食品科学, 28（4）: 69-74.

丁翠珍, 裘季燕, 刘伟成, 吴云锋, 赵达. 2008. 枯草芽胞杆菌B02产生拮抗物质培养基及发酵条件优化. 中国生物防治, 24（2）: 159-163.

丁存宝, 刘海燕, 贾长虹, 张俊杰. 2009. 海洋微生物几丁质酶分离纯化及其抗真菌活性. 微生物学杂志, 29（4）: 67-70.

丁存宝, 刘海燕, 李明, 贾长虹, 张秀军. 2009. 短芽胞杆菌属菌株几丁质酶分离纯化及其抗真菌活性的初步测定. 中国抗生素杂志, 34（4）: S7.

丁德武, 黄海生, 吴璞, 王汝传. 2010. Petri网在代谢网络模块化分析中的应用. 计算机工程与应用, 46（33）: 218-220, 224.

丁德武, 刘丽, 陈守文, 须文波. 2008. 苏云金芽胞杆菌代谢网络的重构与结构分析. 华中农业大学学报, 27（5）: 606-610.

丁芳兵, 陈志谊, 刘邮洲, 罗楚平, 刘永锋, 聂亚锋. 2009. 筛选和利用枯草芽胞杆菌防治梨轮纹病. 江苏农业学报, 25（5）: 1002-1006.

丁国春, 付鹏, 李红梅, 郭坚华. 2005. 枯草芽胞杆菌AR11菌株对南方根结线虫的生物防治. 南京农业大学学报, 28（2）: 46-49.

丁海涛, 李顺鹏, 沈标, 崔中利. 2003. 拟除虫菊酯类农药残留降解菌的筛选及其生理特性研究. 土壤学报, 40（1）: 123-129.

丁建男, 于一尊, 何环, 尹华群, 张成桂, 邱冠周. 2007. 嗜热硫氧化硫化杆菌一新菌株的分离与鉴定. 湖南师范大学学报（自然科学版）, 30（4）: 104-109.

丁莉, 陈莹洁. 2000. 肠复康片活菌数检验方法的改进. 江苏药学与临床研究, 8（3）: 65.

丁丽, 章世元, 周维仁, 宦海琳, 闫俊书, 徐小明, 顾金. 2010. 微生态制剂对异育银鲫生长性能及免疫机能的影响. 安徽农业科学, 38（11）: 5689-5691, 5779.

丁丽, 周维仁, 章世元, 宦海琳, 闫俊书, 徐小明, 顾金. 2010. 复合微生态制剂对异育银鲫生长及表观消化率的影响. 江苏农业科学, 38（2）: 248-250.

丁士文, 张永芬, 杨润蕾. 2007. 日光灯光响应混晶纳米TiO_2乳液的制备及抗菌性能. 应用化学, 24（12）: 1401-1404.

丁淑贤. 2008. 浅谈微生态制剂在儿科中的应用. 数理医药学杂志, 21（3）: 362-363.

丁天然（摘译），周晓明（审校）.2010.澳大利亚维多利亚州发现难辨梭状芽胞杆菌.世界感染杂志，10（3）：150.

丁婷.2010.枯草芽胞杆菌BS-1菌株抑菌活性研究.安徽农学通报，16（24）：37，40.

丁文波，张绍英.2005.微生物结构的动力损伤及其导致的菌体失活.食品科学，26（2）：38-42.

丁贤，李卓佳，陈永青，林黑着，杨莺莺，杨铿.2004.芽胞杆菌对凡纳滨对虾生长和消化酶活性的影响.中国水产科学，11（6）：580-584.

丁小明，龚宇君，乔淼.2004.靖江市市售灭菌乳检测报告.江苏预防医学，15（3）：71-72.

丁学霞.2010.甘肃省临夏县2005年～2009年炭疽疫情流行病学分析.吉林医学，31（9）：1223.

丁学知，陈德.1996.嗜热脂肪芽胞杆菌抗氧化酶相关性研究.常德高等专科学校学报，8（1）：4-7.

丁学知，高必达.2003.高产超氧化物歧化酶芽胞杆菌C328菌株产酶培养基的研究.湖南师范大学自然科学学报，26（4）：65-69.

丁学知，罗朝晖，夏立秋，高必达，孙运军，付祖姣，刘飞，胡胜标，莫湘涛，张友明.2007.苏云金芽胞杆菌 cry1Ac 与烟草几丁质酶 tchiB 双价基因克隆表达及其杀虫增效作用研究.微生物学报，47（6）：1002-1008.

丁学知，夏立秋.1999.嗜热脂肪芽胞杆菌抗氧化酶相关的研究.湖南师范大学自然科学学报，22（4）：73-77.

丁学知，夏立秋，高必达.2004.高产超氧化物歧化酶菌株发酵条件的研究.工业微生物，34（2）：19-22.

丁学知，邹先琼，孙运军，付祖姣，高必达，夏立秋.2005.苏云金芽胞杆菌4.0718菌株晶体毒素性质的研究.农业生物技术学报，13（3）：365-371.

丁延芹，王建平，刘元，陈三凤，王幼珊，邢礼军.2004.几株固氮芽胞杆菌的分离与鉴定.农业生物技术学报，12（6）：690-697.

丁莹，王若菌，王劲峰.2008.日本金龟子芽胞杆菌生长和孢子生成阶段的特性研究.农药，2：105-108.

丁永良，沈怡萱.2001.水族馆与养鱼工厂的高效净水微生物及其净水机理.现代渔业信息，16（3）：3-6.

丁永敏，刘健.2007.九神曲对肉鸡胴体和肌肉品质的影响.家禽科学，4：9-11.

丁雨，陆现彩，周跃飞，陆建军，王汝成.2007.多粘类芽胞杆菌（Paenibacillus polymyxa）吸附 Cu^{2+} 的实验研究.高校地质学报，13（4）：675-681.

丁玉仙.2010.炭疽芽胞杆菌的研究进展.吉林医学，31（8）：1086-1087.

丁钰力，王学江，贺莹，李建华，尹大强.2010.基于枯草芽胞杆菌微生物传感器的毒性分析.中国环境科学，30（3）：405-409.

丁悦，陈红漫.2010.中性β-葡萄糖苷酶基因表达载体的构建.辽宁农业科学，3：50-53.

丁之铨，张杰，陈中义，黄大昉，李季伦.2001.杀虫遗传工程荧光假单胞菌IPP202部分生物学特性.微生物学报，41（1）：3-8.

丁之铨，张杰，宋福平，黄大昉，李季伦.2000.双价杀虫蛋白基因在荧光假单胞菌中的表达及增效.微生物学报，40（6）：573-578.

丁志，胡兵.1998.作物增产菌生产方法.适用技术市场，12：14-15.

丁志刚，郭亮，蒋建军，袁莉莉.2010.地衣芽胞杆菌对小麦秸秆和稻草品质的影响.扬州大学学报（农业与生命科学版），2：82-86.

丁志勇，许崇任.1999.土壤微生物PCR及分子杂交检测.微生物学报，39（4）：381-384.

丁中，王金生.2001.微生物农药菜丰宁BC2发酵条件的研究.江苏农药，2：16-18.

董冰，钟长银.2000.地乳生态合剂对仔猪黄、白痢的治疗试验.河南畜牧兽医，10：8.

董昌鑫, 蒋宝贵. 2005. 解磷细菌PD01的分离与分子标记. 湖北农业科学, 44 (1): 62-63.
董超, 尹淑丽, 张根伟, 程辉彩, 史延茂, 李汉池. 2007. 纳豆芽胞杆菌在貉饲养中的应用试验. 黑龙江畜牧兽医, 10: 54-55.
董超, 张丽萍, 尹淑丽, 程辉彩, 张根伟, 刘丽云. 2008. 纳豆芽胞杆菌对饲料中常用药物的敏感性和抗药性研究. 黑龙江畜牧兽医, 11: 45-46.
董晨, 曹娟, 张迹, 沈标. 2008. 耐高温α-淀粉酶基因在枯草芽胞杆菌中的高效表达. 应用与环境生物学报, 14 (4): 534-538.
董纯明, 阮丽芳, 孙明, 喻子牛. 2007. 苏云金芽胞杆菌苏云金素缺失突变株的筛选及特性研究. 应用与环境生物学报, 13 (4): 526-529.
董红强, 刘峰, 慕卫, 朱天生. 2008. 黄瓜蔓枯病拮抗细菌的分离与筛选. 西北农业学报, 17 (6): 205-209.
董红强, 慕卫, 刘峰, 潘金菊, 翟茹环. 2007. 细菌Sh34的鉴定及其对几种植物病原真菌的拮抗作用测定. 农药, 46 (11): 779-780.
董慧, 徐兴. 2008. 枯草芽胞杆菌的生防作用机制. 农家之友, 8: 29-31.
董瑾, 马汇泉, 刘婧, 孟兆禄. 2008. 利用转座子Tn917构建蜡样芽胞杆菌抑菌活性丧失突变株. 江苏农业学报, 24 (3): 366-369.
董俊德, 凌娟, 张燕英, 李丽璇, 王友绍, 张偲. 2010. 强壮类芽胞杆菌G25-1-2及其应用: 中国, 200910192615: 8.
董磊, 李姜维, 杨彩云, 田蕴, 林光辉, 郑天凌. 2010. 红树林土壤中脂肪酶产生菌的筛选及酶学性质. 厦门大学学报 (自然科学版), 49 (4): 570-573.
董梅, 王曦林. 1997. 一起蜡样芽胞杆菌引起的食物中毒. 安徽预防医学杂志, 3 (4): 62-63.
董明, 杜立新, 王容燕, 王金耀, 曹伟平, 宋健, 冯书亮. 2010. 一株对美国白蛾高毒力苏云金芽胞杆菌的杀虫基因鉴定. 中国农学通报, 26 (3): 242-244.
董沛晶. 2006. 微生态制剂在儿科领域的应用. 儿科药学杂志, 12 (2): 59-61, I0001.
董平, 董捷, 仇志强. 2007. 无公害蜂产品生产技术措施与质量标准 (二). 蜜蜂杂志, 27 (4): 29-31.
董任彭, 金红燕. 2004. 微生态制剂治疗对虾幼体疾病二例. 科学养鱼, 6: 50.
董锐, 安宏, 遇晓杰, 谢平会, 郑晓华, 闫军. 2009. BacT/ALERT全自动微生物检测系统在UHT牛奶无菌快速检测中的应用. 中国初级卫生保健, 23 (12): 66.
董瑞科. 2001. 一起蜡样芽胞杆菌食物中毒的调查报告. 中国公共卫生管理, 17 (3): 252.
董尚智, 陈远凤, 黄燕华, 冯定远. 2009. 纳豆芽胞杆菌的饲料学特性研究. 动物营养学报, 3: 371-378.
董尚智, 王国霞, 陈远凤, 程萍. 2009. 饲用地衣芽胞杆菌的生物学特性研究. 饲料研究, 7: 14-18.
董双品. 2010. 一起蜡样芽胞杆菌污染水源引起豆制品变质的调查分析. 医学信息: 下旬刊, 23 (10): 323-324.
董晓明, 王晓飞. 1998. 环状芽胞杆菌中具有强启动活性DNA片段的结构与功能分析. 四川大学学报 (自然科学版), 35 (5): 776-780.
董晓毅, 王梁华, 孙铭娟, 宗英, 焦豫良, 焦炳华. 2008. 产Macrolactins的海洋细菌X-2中Ⅰ型PKS基因簇的筛选鉴定与功能分析. 微生物学通报, 35 (9): 1367-1372.
董绪燕, 胡小加, 江木兰, 郭璐璐, 魏芳, 沈明珍, 陈洪, 罗凡, 刘笔锋, 胡磊. 2008. 采用枯草芽胞杆菌发酵菜籽饼粕生产溶栓酶条件的优化. 中国油料作物学报, 30 (2): 239-241.
董妍玲, 唐瑞, 潘学武. 2010. 一株产D-海因酶菌株的鉴定及离子束诱变选育. 氨基酸和生物资源, 32 (2): 1-5, 10.
董彦莉, 赵超, 黄军, 马学会, 冯志华, 谷子林. 2009. 蜡样芽胞杆菌制剂在断奶幼兔生产上的应用效果试验. 黑龙江畜牧兽医, 3: 47-48.

董艳红, 张鞍灵, 马慧妮, 李晓明, 高锦明. 2007. 褐多孔菌发酵代谢物的抑菌活性初步研究. 西北林学院学报, 22 (2): 105-108.

董颖超, 秦玉昌, 李俊, 李军国. 2007. 颗粒饲料中真空后喷涂添加芽胞杆菌的试验研究. 粮食与饲料工业, 12: 23-24.

董颖超, 秦玉昌, 李俊, 李军国. 2008. 真空后喷涂技术在颗粒饲料中添加微生态制剂的应用. 中国饲料, 4: 37-38, 41.

董永鸿. 2011. 高寒牧区牲畜炭疽流行病学调查与防控. 中国草食动物, 31 (1): 53-54.

董永军, 王丽荣, 贾贝贝, 王建国. 2003. 中草药消毒剂百泉一号的杀菌效果观察. 中国兽医科技, 33 (11): 52-54.

董玉梅, 靳桂明, 张瞿璐, 吴凌. 2003. 病房空气微生物监测分析. 中华医院感染学杂志, 13 (12): 1134-1135.

董玉梅, 周新, 靳桂明, 周凤玲. 2010. 四川汶川地震中转送创伤患者感染特点及病原菌分析. 现代检验医学杂志, 4: 147-148.

董原, 王世发, 刘卓, 沙伟. 2010. 4 种叶状地衣粗提液对 3 种细菌的抑菌活性研究. 安徽农业科学, 38 (10): 5080-5081.

董云舟, 堵国成, 陈坚. 2005. 芽胞杆菌发酵产碱性果胶酶温度控制策略. 应用与环境生物学报, 11 (3): 359-362.

都广全, 都芳涛, 宋新军, 都芳鹏. 2007. 急诊外伤救治中抗生素应用探讨. 中国急救医学, 27 (9): 860-861.

豆孝伟, 陈桂光, 张云开, 梁智群. 2007. 豆豉溶栓酶产生菌株的诱变育种. 现代食品科技, 23 (3): 33-35, 38.

窦霁虹, 李博海, 孙君. 2002. 苏云金芽胞杆菌发酵实验参数的分析. 生物数学学报, 17 (4): 471-475.

窦黎明, 韩岚岚, 张杰, 何康来. 2007. 苏云金芽胞杆菌 cry1Ia 基因的克隆、表达与活性研究. 农业生物技术学报, 15 (6): 1053-1057.

窦敏娜, 呼庆, 齐鸿雁, 谢响明, 庄国强, 杨敏. 2007. 重金属抗性菌 HQ-1 生物吸附镉与银的比较研究. 微生物学通报, 34 (6): 1097-1103.

窦瑞木. 2009. 透骨草内生菌对番茄灰霉病菌的抑制作用研究. 中国农学通报, 25 (24): 369-373.

窦瑞木, 曹克强, 胡同乐. 2008. 透骨草内生细菌生理生化特性及抑菌效果研究. 河南农业科学, 37 (5): 79-81.

窦瑞木, 雷清泉, 曹克强. 2010. 中药白鲜皮内生细菌 TS-5 生化特性及对番茄灰霉病菌的抑制作用. 中国农学通报, 26 (13): 324-327.

窦勇, 胡佩红. 2009. 褐藻胶寡糖制备及抑菌活性研究. 广东农业科学, 36 (12): 161-163, 179.

杜冰, 杨公明, 刘长海, 张延涛, 张忠武. 2008. 枯草芽胞杆菌的生理和培养特性研究. 广东饲料, 4: 26-27.

杜冰冰, 郝帅, 李运敏, 岳丽丽, 矫庆华. 2006. 高温 α-淀粉酶基因突变体在大肠杆菌、毕赤酵母中的表达. 微生物学报, 46 (5): 827-830.

杜彩华, 郑维发, 赵艳霞, 魏江春, 储成才. 2007. 短小芽胞杆菌对盐藻 SZ-05 的生物量和 β-胡萝卜素产量的影响. 植物研究, 27 (4): 469-472, 477.

杜春梅, 金术超, 范晶, 杨慧. 2008. 侧孢芽胞杆菌降解水胺硫磷的条件及途径. 北方园艺, 11: 170-173.

杜春梅, 金术超, 平文祥, 王葳. 2005. 几株侧孢芽胞杆菌解磷能力的研究. 生物技术, 15 (3): 64-67.

杜春梅, 金术超, 王葳, 平文祥, 杨慧. 2007. 无机磷分解菌 BL-11 的鉴定及其解磷能力研究. 微生物学通报, 34 (2): 283-286.

杜春梅, 王葳, 葛菁萍, 平文祥, 安文静. 2007. 生防菌株 BL-21 的鉴定及其活性产物. 植物保护学报, 34 (4): 359-363.

杜存臣, 颜惠庚, 林慧珠. 2009. 高压脉冲电场对黑莓汁杀菌效果的研究. 食品与机械, 2: 34-37.

杜芳, 张涛, 胡建红, 邢亚玲. 2007. 芽胞杆菌、乳酸菌复合菌制剂对奶牛泌乳性能和乳汁中体细胞的影响研究. 中国牛业科学, 33 (5): 17-20.

杜芳. 2007. 芽胞杆菌、乳酸菌对抗生素的敏感性试验研究. 陕西农业科学, 53 (5): 52-53.

杜凤刚. 2004. 红曲在液态深层发酵酿醋中的应用. 中国酿造, 3: 25-26.

杜刚, 王京伟. 2007. 共固定化微生物对养殖水体脱氮的研究. 山西大学学报 (自然科学版), 30 (4): 550-553.

杜海燕, 李基棕, 周碧君, 王开功, 杨颖, 殷俊磊, 文明. 2009. 链球菌通用 PCR 检测方法的建立及应用. 贵州农业科学, 37 (12): 152-154.

杜寒春, 莫建光, 卢安根, 徐慧. 2010. 电阻抗法检测低酸性罐头食品商业无菌的方法研究. 广西科学院学报, 26 (3): 329-332.

杜红燕, 朱琳, 张清敏, 李燕. 2008. 十溴联苯醚对底栖生物和土壤微生物的毒理效应探讨. 农业环境科学学报, 27 (2): 502-507.

杜娟, 李松梅, 刘建华, 于美. 2010. A3 钢在芽胞杆菌作用下的腐蚀行为. 物理化学学报, 26 (6): 1527-1534.

杜俊岭, 崔妍, 韩继刚, 赵刚勇, 顾雅君, 朱宝成. 2004. 脱毛碱性蛋白酶的纯化及其生化特性研究. 河北农业大学学报, 27 (3): 36-40.

杜莉, 李群, 吴德华, 徐汉坤, 贺星. 2009. 低聚木糖和纳豆芽胞杆菌对幼犬血液指标的影响. 湖北农业科学, 48 (2): 413-415.

杜立新, 冯书亮, 曹克强, 王容燕, 冉红凡. 2004. 枯草芽胞杆菌 BS-208 和 BS-209 菌株在番茄叶面及土壤中定殖能力的研究. 河北农业大学学报, 27 (6): 78-82.

杜立新, 冯书亮, 曹克强, 王容燕, 王金耀, 曹伟平, 林开春, 张用梅. 2004. 枯草芽胞杆菌 BS-208 和 BS-209 菌株防治番茄灰霉病研究. 农药学学报, 6 (3): 37-42.

杜丽平, 肖冬光, 祁业明. 2008. 水溶性酵母葡聚糖抑菌活性研究. 酿酒科技, 6: 28-30.

杜平华, 朱世真. 2003. 一敷灵创伤愈合海绵体外抗菌活性的研究. 中华临床医药杂志 (北京), 4 (11): 118.

杜秋丽. 2004. 高附加值的新型果品 SOD 苹果. 北京农业, 11: 25-26.

杜淑涛, 李术娜, 朱宝成. 2010. 白菜黑斑病拮抗细菌 Bacillus velezensis DL-59 的筛选鉴定及田间防效实验. 河北农业大学学报, 33 (6): 51-56.

杜文新, 张萌, 班睿. 2007. 枯草芽胞杆菌脂肪酶表达质粒的构建及其表达. 化学与生物工程, 24 (8): 52-55.

杜喜玲, 李振超. 2011. 山葵精油抑菌作用的研究. 食品研究与开发, 32 (1): 35-37.

杜晓, 李宁, 周茹娟, 王孝仕. 2005. 植物中分离的儿茶素类及其聚合物的抑菌作用. 四川农业大学学报, 23 (3): 374-378.

杜宣, 周国勤, 茆健强. 2006. 3 种微生态制剂的氨基酸组成及对鲤鱼消化酶活性的影响. 云南农业大学学报, 21 (3): 351-354, 359.

杜亚菲, 吴远根, 吴洁, 满敬杰, 郭云兰, 邱树毅. 2009. 枯草芽胞杆菌固态发酵麻疯树废弃饼粕产蛋白酶初步研究. 贵州农业科学, 37 (11): 83-85.

杜怡青，丁海涛，赵宇华. 2011. 芽胞杆菌葡萄糖脱氢酶结构与功能研究进展. 科技通报，27（1）：50-56.

杜银忠. 2006. 几种消毒剂杀菌特性的比较试验. 中国畜牧兽医，33（1）：55-57.

杜勇，刘华阁，盛红，王学佩，赵海. 2007. 微生物饲料添加剂应用研究（五）：新型微生态活菌制剂在蛋种鸡饲料中的饲喂效果. 饲料与畜牧：新饲料，2：55.

杜珍辉. 2005. 地衣芽胞杆菌10182对猪粪液的无害化处理与利用的初步研究. 渝西学院学报（自然科学版），4（2）：50-53.

杜志兵，丁延芹，姚良同，朱彭玲，于素芳，杜秉海. 2008. 枯草芽胞杆菌MH25 Iturin A操纵子的克隆与分析. 生物技术通报，24（3）：128-131.

杜志兵，杜秉海，姚良同，黄伟红，丁延芹. 2008. 两株棉花立枯病拮抗菌MH1和MH25的筛选与鉴定. 微生物学通报，35（2）：204-208.

段春燕，龚月生，范鑫，杨明明，张云雁，周煌凯. 2011. 枯草芽胞杆菌信号肽筛选载体的构建及木聚糖酶基因的表达. 西北农业学报，20（1）：8-13.

段海明，王开运，王冕，姜莉莉，乔康，任学祥. 2010. 蜡状芽胞杆菌HY-1降解甲基对硫磷和毒死蜱的影响因素研究. 农业环境科学学报，29（3）：437-443.

段红英，王沁恩，丁程光，曹志玲. 2007. 一起蜡样芽胞杆菌食物中毒的调查分析. 长治医学院学报，21（4）：257-258.

段红英，张若斌. 2002. 一起蜡样芽胞杆菌食物中毒调查. 中国卫生监督杂志，9（3）：149-150.

段红英，张若斌. 2003. 一起蜡样芽胞杆菌食物中毒分析. 长治医学院学报，17（3）：173-174.

段江莲，徐建国. 2007. 桑椹红色素抑菌作用的研究. 食品科学，28（10）：87-89.

段金旗，马丽琼. 2007. 双歧杆菌在肠道微生态平衡中的作用. 人民军医，50（9）：565-566.

段蕾，高润池，许波，孟艳芬，黄遵锡. 2008. β-甘露聚糖酶产生菌的分离鉴定及酶学特性研究. 安徽农业科学，36（24）：10311-10314，10323.

段丽娟，李丽莹，师清芝，陈静. 2001. 微生态制剂的临床应用. 辽宁药物与临床，4（4）：186-187.

段杉，陈海梅，林秋峰，王爱青，杨丽静，林土丹. 2007. 贝壳煅烧物的防腐作用研究. 中国食品添加剂，6：74-78.

段盛文，刘正初，郭刚，冯湘沅，郑科，成莉凤. 2009. 草本纤维提取用菌株的PCR-16S rDNA及ITS-RFLP分析. 湖北农业科学，48（9）：2052-2054，2098.

段绪果，沈微，李艳丽，饶志明，唐雪明，方慧英. 2006. 耐热过氧化氢酶基因工程菌的构建及其发酵条件. 食品与生物技术学报，25（2）：74-78.

段学军，闵航. 2005. 稻田土壤细菌对重金属镉的氧化应激反应研究. 安全与环境学报，5（2）：50-53.

段玉玺，于海峰，陈立杰，王胜君. 2008. 防治大豆胞囊线虫芽胞杆菌初步筛选. 大豆科学，27（5）：811-813，818.

段争，苏永臣，袁雅冬，马俊义. 2006. 肉毒杆菌中毒4例临床分析. 临床荟萃，21（18）：F0002.

段志芳，梁盛年. 2007. 溪黄草及其发酵物中黄酮对自由基的清除作用. 华西药学杂志，22（1）：17-18.

顿宝庆，吴薇，王旭静，曲小爽，李桂英，林敏，路明，张保明. 2008. 一株高纤维素酶活力纤维素分解菌的分离与鉴定. 中国农业科技导报，10（1）：113-117.

樊安利，李晓明，高锦明，王娟，马慧尼. 2006. 乙酰穿心莲内酯的制备及其抑菌活性和化感作用比较研究. 西北植物学报，26（9）：1905-1910.

樊海平，曾占壮，林煜，钟全福，余培建，翁祖桐. 2005. 养殖的日本鳗鲡肠道中细菌的数量和组成. 台湾海峡，24（4）：515-519.

樊海平，曾占壮，林煜，钟全福，余培建，翁祖桐. 2006. 养殖欧洲鳗鲡肠道菌群组成的研究. 浙江农业学报，18（3）：176-178.
樊娟，张丽萌，王玉娇，秦倩. 2010. 发酵香肠中亚硝酸盐替代品研究综述. 安徽农学通报，16（3）：177-179.
樊莉莉，颜莉，赵吉寿. 2010. Schiff 碱类化合物的合成与生物活性研究. 云南民族大学学报（自然科学版），19（4）：294-297.
樊平，王世仙. 2009. 10 种常见野菜的抗菌初步筛选研究. 安徽农业科学，37（24）：11349-11350，11375.
樊萍，钱平，何锦风，陈芳，胡小松. 2007. 面包中耐辐射菌种的鉴定及其敏感性研究. 中国农业科技导报，9（3）：86-92.
樊瑞锋，王印庚，梁友，高淳仁，张正，李彬，翟介明，曲江波. 2011. 一株广温性大菱鲆肠道益生菌的筛选与鉴定. 渔业科学进展，32（1）：40-46.
樊竹青，张灼. 2006. 滇池上层底泥中的异养菌. 思茅师范高等专科学校学报，22（3）：1-3.
范春艳，宋金祥，薛素琴，张久荣. 2005. 羊快疫的发生与诊治. 河北畜牧兽医，21（3）：38-39.
范广忠，张春雷，孟良. 2004. 蜡样芽胞杆菌引起小儿脐炎 1 例. 中华医院感染学杂志，14（5）：498.
范红. 2009. 克林霉素的不良反应. 基层医学论坛，20：638-639.
范洪臣，李艳华，梁金钟，王立群. 2008. 响应面法优化枯草芽胞杆菌产 γ-PGA 的条件. 生物加工过程，6（3）：17-23.
范会兰，姜军坡，王世英，张德全，朱宝成，宗浩. 2009. 抗犊牛腹泻益生菌株 BN-9 产芽胞条件的优化. 湖北农业科学，48（2）：405-409.
范家佑，郁建平，罗莉斯，赵致. 2010. 马尾松针叶提取物的抑菌活性研究. 山地农业生物学报，29（3）：279-282.
范俊娟. 2009a. 3 株蜡样芽胞杆菌产酶特性的检测. 畜牧与兽医，9：73-75.
范俊娟. 2009b. 猪源芽胞杆菌的分离及其生物学特性的检测. 黑龙江畜牧兽医，9：93-94.
范丽克. 2005. 一起由蜡样芽胞杆菌引起的食物中毒报告. 中华医学与健康，2（5）：95.
范丽霞，郑继平. 2010. 稀有放线菌的分离及抗菌筛选. 海南师范大学学报（自然科学版），23（2）：185-187.
范丽珠. 2008. 单克隆抗体合剂治疗腹泻疗效显著. 国外药讯，12：27.
范丽珠. 2009. Optimer 有力的 III 期试验资料. 国外药讯，1：22.
范利霞，郝永清，张萍慧，白龙. 2010. 反刍动物复合微生态制剂的研制. 畜牧与饲料科学，1：23-25.
范良乐，贾贤凤. 2002. 一起蜡样芽胞杆菌引起食物中毒的调查报告. 安徽预防医学杂志，8（6）：368-369.
范青，田世平，李永兴，汪沂，徐勇，李久蒂. 2000. 枯草芽胞杆菌（*Bacillus subtilis*）B-912 对采后柑桔果实青、绿霉病的抑制效果. 植物病理学报，30（4）：343-348.
范青，田世平，李永兴，徐勇，汪沂. 2000. 枯草芽胞杆菌（B-912）对桃和油桃褐腐病的抑制效果. Acta Botanica Sinica（植物学报：英文版），42（11）：1137-1143.
范瑞梅，张保国，张洪勋，范家恒，王谦，白志辉. 2007. 克劳氏芽胞杆菌（*Bacillus clausii* S-4）吸附 Zn^{2+} 的研究. 环境工程学报，1（8）：44-47.
范润珍，林树群，宋文东. 2010. 红树秋茄色素抗菌活性研究. 安徽农业科学，38（11）：5638-5639.
范晓春. 2010. 苏云金芽胞杆菌发展新态势及其推广普及. 福建农业，7：23.
范晓丹，郭勇，刘柳. 2007. 产纤溶酶菌种的鉴定及纤溶酶的分离纯化. 华南理工大学学报（自然科学版），35（4）：91-94.
范晓静，邱恩鑫，胡方平. 2008. 内生解淀粉芽胞杆菌 TB2 内切 β-1,4-葡聚糖酶基因的克隆和原核表达分析. 热带作物学报, 29 (4): 443-449.

范晓静, 邱思鑫, 吴小平, 洪永聪, 蔡学清, 胡方平. 2007. 绿色荧光蛋白基因标记内生枯草芽胞杆菌. 应用与环境生物学报, 13 (4): 530-534.

范新春, 宋玉芝. 2005. 气性坏疽 3 例护理体会. 山东医药, 45 (27): 88-89.

范延辉, 胡江春, 马成新, 薛德林, 刘丽, 李延茂, 王书锦, 张荣庆. 2005. 渤海红鳍东方豚体内产毒细菌的微生态分布及 B3B 菌株的生物学特性. 应用生态学报, 16 (10): 1952-1955.

范延辉, 王君, 郭洪燕, 丛文娟. 2009. 根际微生物 BZ-1 的分离及其抗菌促生特性. 北方园艺, 10: 127-128.

范延辉, 王君. 2009. 海洋细菌 BZ-1 的鉴定及抗菌特性研究. 安徽农业科学, 37 (17): 7858-7859.

范瑛阁, 曹远银, 王兰. 2007. 白粉病潜在生防细菌 C27、pE4 的种类鉴定及生长条件研究. 河南农业科学, 36 (1): 57-59.

范永强, 栾雨时, 冯璐. 2008. 越橘叶斑病原菌的拮抗菌筛选及其发酵条件优化. 果树学报, 25 (3): 426-430.

范永瑞. 2009. 枯草芽胞杆菌抑菌作用的实验研究. 企业导报, 1: 128-129.

范玉贞, 孙焕顷. 2010. 衡水湖水体中细菌时空分布的调查. 衡水学院学报, 12 (4): 37-39.

范远景, 庞伟, 史鸿云, 冯铨祥, 余丽明, 刘盛扬, 陈嘉可. 2009. 枯草芽胞杆菌发酵猪血蛋白肽工艺初步研究. 安徽农业科学, 37 (15): 7184-7186.

范云六, 陈骐. 1989. 杀虫芽胞杆菌的分子育种. 微生物学研究与应用, 1: 26-28.

范震洪, 葛亚彬. 2008. 蜂胶软胶囊微生物限度检查方法的建立. 解放军药学学报, 24 (6): 537-539.

范震洪. 2007. 阿奇霉素缓释口服干混悬剂微生物限度检测. 沈阳药科大学学报, 24 (6): 348-351.

范震洪. 2009. 红霉素片微生物限度检查方法的建立. 解放军药学学报, 2: 177-179.

方驰华. 2000. 胆囊结石患者胆汁、黏膜和结石需氧菌和厌氧菌脱氧核糖核酸研究. 世界华人消化杂志, 8 (1): 66-68.

方传记, 陆兆新, 孙力军, 别小妹, 吕凤霞, 黄现青. 2008. 淀粉液化芽胞杆菌抗菌脂肽发酵培养基及发酵条件的优化. 中国农业科学, 41 (2): 533-539.

方敦煌, 李天飞, 沐应祥, 周黎, 杨硕媛, 陆庆华. 2003. 拮抗细菌 GP13 防治烟草黑胫病的田间应用. 云南农业大学学报, 18 (1): 48-51.

方敦煌, 吴祖建, 邓云龙, 邓建华, 林奇英. 2006. 烟草赤星病拮抗菌株 B75 产生抗菌物质的条件. 中国生物防治, 22 (3): 244-247.

方海红, 黄红英, 张林普, 夏颖, 罗震平. 2001. 一株地衣芽胞杆菌碱性蛋白酶的研究 II. 微生物学通报, 28 (6): 52-53.

方海田, 谢希贤, 徐庆阳, 陈宁. 2010. 微生物发酵法生产胞嘧啶核苷的研究进展. 发酵科技通讯, 3: 48-51.

方菁, 徐博钊. 1990. 球形芽胞杆菌漂浮颗粒剂毒杀蚊幼效能评价. 中国媒介生物学及控制杂志, 1 (5): 268-271.

方菁, 袁方玉. 1994. 球形芽胞杆菌缓释块剂对蚊幼的毒效试验. 实用寄生虫病杂志, 2 (2): 7-9.

方乐, 葛向阳, 汤江武, 姚晓红, 吴逸飞, 孙宏. 2011. 菌酶协同处理豆粕制备饲用小肽的研究. 中国饲料, 5: 17-20, 27.

方丽萍, 孙丽娟. 2009. 气性坏疽患者的临床护理. 中国实用医药, 4 (7): 215-216.

方梅, 鞠长燕, 徐亚军, 王波, 刘衡川. 2006. 戊二醛熏蒸柜消毒灭菌效果与影响因素的实验研究. 中华医院感染学杂志, 16 (1): 56-58.

方平. 1996. 巨细菌病. 中国家禽, 12: 30.

方青流，宋汉明，潘宜. 2000. 假膜性肠炎 3 例. 罕少疾病杂志，7（4）：19-20.
方尚玲，胡家俊，朱楠. 2007. 微生物产弹性蛋白酶制取方法的探讨. 食品与药品，9（11A）：40-42.
方尚玲，吉园. 2007. 弹性蛋白酶产生菌的分离鉴定和发酵条件研究. 食品科学，28（11）：306-309.
方尚玲，李世杰，张宁宁. 2006. 物理诱变法选育高产弹性蛋白酶的枯草芽胞杆菌. 食品与药品，8（10A）：44-49.
方尚玲，刘源才，张庆华，林英，陈道玉，李世杰. 2007. 细菌产 β-葡萄糖苷酶发酵优化. 化学与生物工程，24（9）：54-58.
方世纯，郝瑞霞，鲁志强. 2007. 枯草芽胞杆菌（*Bacillus subtilis*）降解萘的动力学研究. 高校地质学报，13（4）：682-687.
方亭亭，邓桂芳，刘华中，周毅峰. 2010. 一株磷矿粉分解细菌的筛选与鉴定. 湖北民族学院学报（自然科学版），28（1）：30-32.
方祥，陈栋，李晶晶，赵超艺，李斌. 2008. 普洱茶不同贮藏时期微生物种群的鉴定. 现代食品科技，24（2）：105-108，160.
方祥，周换彩，王忠霞，孙丽娜，李彬. 2005. 纳豆菌分离、鉴定及纳豆激酶高产菌株的正向选育. 食品与发酵工业，31（12）：26-29.
方新，王志学，冯健. 2005. BA-生物种衣剂在番茄上的应用效果. 山东农业科学，37（1）：55-56.
方新，王志学，冯键，朱万琴，梁春. 2004. BA-生物种衣剂对小麦应用效果的初步研究. 微生物学杂志，24（2）：60-61.
方扬，张小平，陈露遥，黄怀琼. 2008. 天府花生内生细菌种群多样性研究. 西南农业学报，21（2）：353-358.
方治国，欧阳志云，胡利锋，王效科，林学强. 2005a. 北京市夏季空气微生物群落结构和生态分布. 生态学报，25（1）：83-88.
方治国，欧阳志云，胡利锋，王效科，林学强. 2005b. 室外空气细菌群落特征研究进展. 应用与环境生物学报，11（1）：123-128.
方治国，欧阳志云，胡利锋，王效科，苗鸿. 2004. 城市生态系统空气微生物群落研究进展. 生态学报，24（2）：315-322.
方治国，欧阳志云，赵景柱，王效科，郑华. 2006. 北京城市空气细菌群落结构与动态变化特征. 微生物学报，46（4）：618-623.
房斌，蒋林时. 2011. 异辛烷降解菌的筛选及其降解条件的研究. 化学与生物工程，28（2）：68-70.
房亮，周晶. 2005. 蜡样芽胞杆菌中毒的检验诊断及预防. 中国预防医学杂志，6（2）：162-163.
房苗苗，张秀霞，王欣，赵朝成. 2007. 石油污染土壤中喹啉降解菌 Q5 的筛选及其喹啉降解性能. 石油学报（石油加工），23（5）：111-116.
房同梅. 2008. 1 例车祸致多处挫裂伤并发气性坏疽护理. 中国护理杂志，6（4）：98.
房文红. 2004. 一起由蜡样芽胞杆菌引起食物中毒的调查报告. 社区医学杂志，2（2）：43-44.
房志仲，李璐，杨金荣，严海鸿. 2005. 凝结芽胞杆菌对免疫功能影响的实验研究. 中国微生态学杂志，17（4）：263-265.
房志仲，李璐. 2000. 凝结芽胞牙菌对大鼠降血脂作用的实验研究. 中国微生态学杂志，12（5）：289-290.
房志仲，杨金荣，李璐，朱学慧，严海泓. 2001. 凝结芽胞杆菌对大鼠降糖作用的实验研究. 中国微生态学杂志，13（5）：257-259.
费笛波，冯观泉，李孝辉，钱玉英. 2002. β-葡聚糖酶高产菌株 BS9418F 的选育及其发酵条件的研究. 微生物学杂志，22（1）：29-31.

费尚芬,张萍萍,李宝库,张晓妍. 2006. 产纤溶酶菌株的发酵条件优化. 河北大学学报(自然科学版),26(3):289-295.
费志勇,张军. 1998. 难辨梭菌感染与药物治疗. 临床荟萃,13(3):136-137.
丰贵鹏,杨丽云. 2009. 地衣芽胞杆菌发酵培养基的优化. 安徽农业科学,37(15):6862-6864.
封纯芳,吴高兵,曹莎,刘子铎,洪玉枝. 2009. 炭疽芽胞杆菌致死因子突变株 K518E 和 L519C 的筛选及活性分析. 生物化学与生物物理进展,36(10):1306-1312.
封功能,王爱民,刘汉文,许伟,夏咸林. 2010. 玉米芯发酵饲料的初步研究. 湖北农业科学,49(2):319-322.
封功能. 2010. 玉米芯可发酵利用作饲料. 农家顾问,5:28.
封倩,李翠枝,郭军. 2009. 抗生素残留检测指示菌的初步筛选. 畜牧与饲料科学,3:40-42.
封晔,来航线,薛泉宏. 2007. 两株芽胞杆菌的鉴定. 西北农业学报,16(3):227-231.
冯波,周建华,郭亨孝,刘应高,肖育贵. 2009. 一株蜀柏毒蛾无芽胞杆菌病原的鉴定与毒力研究. 林业科学,45(11):104-108.
冯呈瑞,陈琼. 2005. 检验检疫中针对可疑炭疽污染的消毒处理措施实践. 口岸卫生控制,10(2):22-24.
冯德芹,解利石,李小红,杨苏声. 2006. 达坂喜盐芽胞杆菌 D-8^T 在低渗冲击下的双向凝胶电泳分析. 微生物学报,46(5):740-744.
冯二梅,宿红艳,王磊. 2010. 烟台海域中度嗜盐菌分离、鉴定和系统进化研究. 海洋通报,29(1):52-58.
冯汉利,姚宝安,周艳琴,赵俊龙,孙明,喻子牛. 2007a. 苏云金芽胞杆菌伴胞晶体毒素对小鼠体内猪蛔虫三期幼虫的作用及其免疫组织化学定位. 中国兽医学报,2:192-194,199.
冯汉利,姚宝安,周艳琴,赵俊龙,孙明,喻子牛. 2007b. 苏云金芽胞杆菌伴胞晶体蛋白对猪体内蛔虫的作用及其血液生理生化指标的分析. 中国兽医学报,27(4):523-526.
冯宏,张志红,韦翔华,郭彦彪. 2009. 水土流失对赤红壤微生物主要生理功能类群的影响. 亚热带水土保持,21(4):24-27.
冯纪年,李陇梅,张兴. 2006. 苏云金芽胞杆菌新菌株 S249 *cry2Ad2* 的克隆及特征分析. 西北农林科技大学学报(自然科学版),34(5):93-96.
冯晋阳,王胜. 2006. 优良菌对原油降解性能的试验研究. 兰州石化职业技术学院学报,6(2):1-3.
冯晋阳. 2007. 优良菌对原油降解性能的试验研究. 工业安全与环保,33(10):24-26.
冯静,施庆珊,疏秀林,林小平,欧阳友生,陈仪本. 2008. 聚谷氨酸产生菌 BLN-2 的分离鉴定及固体发酵条件初探. 微生物学通报,35(9):1353-1358.
冯静,施庆珊,疏秀林,欧阳友生,陈仪本. 2007. 透明颤菌血红蛋白研究进展及其在芽胞杆菌属中的应用. 化学与生物工程,24(11):5-8.
冯俊荣,陈营,李秉钧. 2008. 微生态制剂对牙鲆幼鱼脂肪酶的影响. 水产科学,27(2):64-66.
冯蕾,古丽努尔,杨新平. 2005. 含 XJT-9503 高温中性蛋白酶基因 Gp1 重组菌 B-pGp1 表达条件的研究. 皮革科学与工程,15(5):27-30,35.
冯蕾,杨新平,陈竞,秦新政,代学成. 2005. 几株采油微生物生理生化特性研究、菌种鉴定及初步评价. 油田化学,22(4):370-374.
冯蕾,杨新平,古丽努尔,陈竞. 2005. XJT-9503 高温中性蛋白酶基因 Gp1 的克隆、表达及序列分析. 皮革科学与工程,15(4):26-30.
冯黎莎,陈放,白洁. 2006. 金荞麦的抑菌活性研究. 武汉植物学研究,24(3):240-244.
冯启元,杨性愉. 1990. Ar$^+$ 激光对枯草芽胞杆菌作用的频率依赖性. 中国激光,17(9):575-576.

冯清平,薛林贵. 1995. *Bacillus licheniformis* 原生质体形成及再生最佳条件的研究. 甘肃科学学报, 7 (4): 47-49.

冯清平,薛林贵. 1996. 复合诱变原生质选育耐热碱性蛋白酶高产菌. 微生物学报, 36 (6): 453-459.

冯清平,薛林贵. 1997. 地衣芽胞杆菌原生质体最佳形成和再生条件的研究. 微生物学报, 37 (1): 72-75.

冯瑞良,袁华. 1997. 元极堂内三元场效应研究. 人天科学研究, 6 (1): 18-21.

冯瑞山,陈建华. 1996. 软化芽胞杆菌原生质体的形成和再生研究. 中国药科大学学报, 27 (10): 621-623.

冯胜,秦伯强,高光. 2008. 太湖磷转化细菌与水体磷形态关系. 湖泊科学, 20 (4): 428-436.

冯书亮,曹伟平,陈中义,张杰,王容燕,王金耀. 2003. 转 Bt 基因荧光假单胞菌工程菌在河北省的环境释放及跟踪监测. 华北农学报, 18 (F09): 116-120.

冯书亮,王容燕,曹伟平,王金耀,杜立新. 2005. 苏云金杆菌与其他芽胞杆菌在土壤中消长动态的关系. 农业环境科学学报, 24 (5): 877-880.

冯书亮,王容燕,曹伟平,王金耀,范秀华. 2003. 苏云金芽胞杆菌研究进展. 河北农业科学, 7 (4): 40-43.

冯书亮,王容燕,林开春,张用梅,杜立新,范秀华,曹伟平. 2003. 拮抗细菌 Bs-208 菌株鉴定及对几种植物病原菌的抑菌测定. 中国生物防治, 19 (4): 171-174.

冯树,张舟. 2000. 混合培养中巨大芽胞杆菌对氧化葡萄糖酸杆菌的作用. 应用生态学报, 11 (1): 119-122.

冯树,朱可丽. 1998. 维生素 C 二步发酵中巨大芽胞杆菌对氧化葡萄糖酸杆菌生长和产酸的影响. 微生物学杂志, 18 (1): 6-9.

冯斯敏,云金蕊. 2000. 蜡状芽胞杆菌引起草鱼大批死亡的报告. 中国水产, 8: 39-40.

冯玮,向文良,郭建华,宋鹏,张驰,杨志荣. 2008. 四川大公古盐井中可培养中度嗜盐菌的初步分析. 微生物学通报, 35 (11): 1691-1697.

冯文亮,王丽丽,仪宏,赵紫华,马蕙. 2007. 青霉素酶发酵液的预处理和酶学特性. 生物加工过程, 5 (3): 48-51.

冯锡昌,胡松学,林月明. 2007. 复合微生物制剂预防水产养殖病害的应用试验. 科学养鱼, 6: 55.

冯晓玲,易传勋,辛时林. 2005. 烧伤并发需氧芽胞杆菌菌血症二例. 中华烧伤杂志, 21 (1): 75-76.

冯晓昇,黄建新,乔海明. 2008. 十红滩铀矿床中微生物种类多样性及生态分布规律的研究. 矿物学报, 28 (3): 276-284.

冯新忠,王咏星,范镇明,苏俊,苟萍. 2008. 额尔齐斯河野生丁鱥肠道产蛋白酶菌株的初步鉴定及产酶条件的研究. 食品工业科技, 4: 104-106.

冯兴,潘康成,张顺泉. 2008. 一株益生芽胞杆菌 PabO2 的 16S rDNA 测序鉴定. 中国饲料, 17: 4-7.

冯兴,王建军,胥世洪,唐平东,郭玉良,舒晓娟. 2011. 饲用芽胞杆菌制剂在动物消化道中的作用机理. 四川畜牧兽医, 38 (2): 32-34.

冯秀斌,庞民好,刘颖超,孔俊英. 2007. 土壤中降解涕灭威菌株的分离鉴定及降解特性. 农药学学报, 9 (4): 383-389.

冯秀荣. 2002. 一起由蜡样芽胞杆菌引起的食物中毒调查. 职业与健康, 18 (12): 46.

冯学珍,郑媛,王跃军,孙谧. 2009. 紫外诱变原生质体选育溶菌酶高产菌株的研究. 渔业科学进展, 30 (4): 90-95.

冯学芝,刘承华,孙浩. 2005. 整肠生与中药配合治疗奶牛慢性前胃弛缓. 中兽医学杂志, 1: 17-19.

冯雪,吴志新,祝东梅,王艳,庞素风,于艳梅,梅小华,陈孝煊. 2008. 草鱼和银鲫肠道产消化酶细菌的研究. 淡水渔业, 38 (3): 51-57.

冯亚强, 薛恒平. 1995. 芽胞杆菌微生态制剂的应用进展. 中国饲料, 10: 8-10.

冯亚强, 赵志伟, 黄柏锋. 2005. 芽胞杆菌培养物对兔嗜中性粒细胞吞噬能力的影响. 河南畜牧兽医, 26 (10): 7.

冯亚强, 赵志伟. 2005. 两株芽胞杆菌对动物巨噬细胞吞噬能力的影响. 河南畜牧兽医, 26 (9): 7.

冯艳杰, 杨淑梅. 2007. 整肠生治疗小儿腹泻的临床观察. 中国当代医学, 6 (2): 70.

冯耀宇, 杨文博. 1998. 短小芽胞杆菌碱性蛋白酶的性质. 天津大学学报, 31 (2): 229-233.

冯莹颖, 张晓莉, 罗勤, 周青春. 2008. Sigma B 因子活性的调节及其在几种革兰氏阳性食源性致病菌中的作用. 微生物学报, 48 (6): 839-843.

冯增强. 2008. 一起蜡样芽胞杆菌污染引起食物中毒调查. 中国公共卫生, 24 (9): 1115.

冯珍鸽, 蔡慧农, 王力, 杨秋明. 2010. 含钒多金属氧酸盐的抑菌活性. 应用化学, 27 (8): 990-992.

冯珍鸽, 陈丙年, 王力. 2010. 番石榴叶提取物的鉴定及其抑菌活性. 食品研究与开发, 31 (3): 35-39.

冯志彬, 程仕伟, 缪静, 张玉香, 王芹芹, 杨在东. 2010. γ-聚谷氨酸生产菌的选育及培养条件研究. 生物加工过程, 1: 40-44.

冯志华, 孙启玲, 米坤, 罗强, 魏琪. 2004. 中药红花与产纤溶酶菌株相互影响的研究. 四川大学学报 (自然科学版), 41 (2): 395-398.

凤权, 汤斌, 陈中碧. 2007. 多粘类芽胞杆菌 (P. polymyxa) 发酵培养基优化及发酵特性研究. 食品与发酵工业, 33 (7): 46-48.

俸波, 王蔚. 1999. 常用抗菌药对地衣芽胞杆菌的作用. 右江民族医学院学报, 21 (5): 789-790.

符立龙. 2007. 湛江市 2004—2006 年细菌性食物中毒流行病学分析. 海峡预防医学杂志, 13 (3): 41-42.

符瑞华. 1999. 由蜡样芽胞杆菌引起的食物中毒调查分析. 职业与健康, 15 (6): 22-23.

付岗, 黄思良, 史国英, 胡春锦. 2010. 香蕉叶斑病的药剂防治研究. 植物保护, 36 (1): 143-147.

付海超, 赵文英, 钟惠民, 洪葵. 2008. 海绵来源放线菌 sh6004 发酵产物中的活性生物碱. 中国海洋药物, 27 (4): 14-20.

付弘赟, 李吕木, 蔡海莹, 张邦辉. 2008. 菌种和发酵条件对豆粕中胰蛋白酶抑制因子、凝集素的影响. 安徽农学通报, 14 (13): 31-32.

付弘赟, 李吕木, 蔡海莹, 张邦辉. 2009. 菌种和发酵条件对发酵豆粕中抗营养因子的影响. 畜牧与兽医, 6: 32-35.

付宏慧. 2009. 对乙酰氨基酚片微生物限度检查法方法的验证. 黑龙江科技信息, 14: 166.

付厚泉, 钱建华, 马雪芹. 2001. 一起蜡样芽胞杆菌引起的食物中毒调查. 预防医学文献信息, 7 (4): 423.

付建福 (译). 2008. 葡萄糖酸对断奶仔猪生产性能、肠道微生物区系和肠黏膜形态. 饲料广角, 15: 27-31.

付利芝. 2007. 微生态制剂对雏鸡体内消化酶活性与免疫功能的影响. 中国畜牧杂志, 43 (11): 22-23.

付庆灵, 向爱华, 胡红青, 黄巧云. 2008. 乙酸盐对几种地带性土壤吸附 Bt 毒素的影响. 土壤学报, 45 (6): 1208-1211.

付润华, 齐桂年. 2008. 四川康砖茶的微生物研究. 江苏农业科学, 36 (5): 231-234.

付石军, 孙建义, 高慧, 陈艳. 2005. 中性植酸酶及其基因工程研究. 黑龙江畜牧兽医, 1: 46-47.

付石军, 孙建义. 2005. 中性植酸酶在水产中的应用. 中国饲料, 2: 25-27.

付天玺, 魏开建, 许国焕. 2007. 芽胞杆菌在水产养殖中的研究和应用概况. 水利渔业, 27 (3): 102-104.

付天玺,许国焕,吴月嫦,龚全.2008.凝结芽胞杆菌对奥尼罗非鱼消化酶活性、消化率及生长性能的影响.淡水渔业,38(4):30-35.

付维法.2007.蕈状芽胞杆菌及其代谢产物增强小鼠免疫功能活性成分的分离与鉴定.杨凌:西北农林科技大学硕士研究生学位论文:4-5.

付伟金,莫曾南(审校者).2006.A型肉毒杆菌毒素治疗膀胱过度活动症研究进展.临床泌尿外科杂志,21(3):234-237.

付雯,张晓勇,周金燕,钟娟,谭红.2009.固定化枯草芽胞杆菌发酵生产捷安肽素.应用与环境生物学报,15(2):230-234.

付小猛,赵述淼,梁运祥,葛向阳.2010.一株饲用枯草芽胞杆菌CCAM080032固态发酵工艺的研究.饲料工业,31(22):43-46.

付晓红,杨迎伍,邓伟,李正国.2008.腌制萝卜腐败微生物的分离及其特性研究.食品工业科技,8:132-134,137.

付学琴,龙中儿,魏赛金,黄文新.2007.硅酸盐细菌的诱变选育.江西科学,25(3):284-287.

付业勤,蔡吉苗,刘先宝,黄贵修.2007.香蕉内生细菌分离、活性评价及数量分布.热带作物学报,28(4):78-83.

付业勤,张科立,潘羡心,蔡吉苗,高宏华,黄贵修.2009.内生拮抗细菌BEB2的分子鉴定及其对香蕉枯萎病菌的抑制作用.热带作物学报,30(1):80-85.

付英娟,张建新.2007.蜂胶提取物的抑菌效果研究.食品研究与开发,28(5):3-5.

付永胜,魏剑斌,李湘梅.2005.活性红PBL.脱色菌的筛选及其特性.西南交通大学学报,40(4):561-564.

付玉芹,李敏,岳晓婧,崔银秋,周慧.2006.枯草芽胞杆菌的ade基因在大肠杆菌中的MBP融合表达及活性鉴定.吉林大学学报(理学版),44(2):299-302.

付祖姣,孙运军,夏立秋,丁学知,胡胜标,李文萍,张友明.2008.苏云金芽胞杆菌4.0718菌株中杀虫晶体蛋白基因的定位及鉴定.微生物学报,48(9):1250-1255.

付祖姣,王立和,侯雁平,陈宇,莫湘涛,夏立秋.2008.苏云金芽胞杆菌Bt0601发酵条件的优化研究.激光生物学报,17(6):819-823.

傅爱玲,李希华.2002.蜡样芽胞杆菌致咽部感染实验研究.实用医技杂志,9(1):21-22.

傅德明.2001.药物诱发的感染及其对策.白云医药,2:15.

傅冬和,余智勇,黄建安,罗珍.2011.不同年份茯砖茶水提取物的抑菌效果研究.中国茶叶,1:10-12.

傅海燕,王建设.2008.气性坏疽.中国循证儿科杂志,3(B06):83-85.

傅海燕,曾光明,黄国和,袁兴中,钟华,孟佑婷.2004.发酵培养法筛选堆肥中产表面活性物质的菌种.环境科学与技术,27(6):68-70.

傅建波,纪祥东,刘永博.2007."微生态制剂"发酵啤酒糟生产饲料的实验.啤酒科技,5:44.

傅金衡,魏华,孙红斌,许杨,章仕兴,袁勇芳.2001.一种新型复合微生态制剂的研制.中国乳品工业,29(1):16-19.

傅俊范,史会岩,周如军,严雪瑞,石建华.2010.人参锈腐病生防细菌的分离筛选与鉴定.吉林农业大学学报,32(2):136-139,144.

傅霖,辛明秀.2008.温室效应是全球性的环境灾害,是否会诱发"多米诺牌"效应——关注病原微生物与动物养殖动向——我国畜牧业管理.中国动物保健,1:74-75,77.

傅容辉,张晓霞,梁运祥.2007.生物保鲜乳酸菌的筛选及抑菌物质性质的初步研究.食品与发酵工业,33(11):72-74.

傅胜才.2006.负离子高效碘溶液的消毒效果试验.湖南畜牧兽医,1:5-8.

傅松哲,宋奔奔,刘鹰,刘志培.2009.弧菌拮抗菌的筛选及其对凡纳滨对虾的抑菌防病作用.中国环境科学,29(8):867-872.

傅伟,阮晖,刘婧,王金玲,陈启和,何国庆.2008.羽毛的生物降解及其酶学性质的研究.科技通报,24(3):320-324.

傅晓燕,陈卫,夏雨,张灏.2005.带自身启动子的6gαB基因在枯草芽胞杆菌中的表达.食品与生物技术学报,24(3):44-47,51.

傅晓燕,陈卫,张灏.2004.耐热β-半乳糖苷酶基因在枯草芽胞杆菌中的克隆和表达.中国酿造,8:16-18.

傅晓燕.2004.耐热β-半乳糖苷酶基因在枯草芽胞杆菌中的克隆和表达.食品信息与技术,11:19.

傅筱冲,廖延雄.1998.土法造纸木素降解之探索:Ⅲ.嫩毛竹自然发酵过程中的细菌分离鉴定与嫩竹软化菌的筛选.江西科学,16(1):12-20.

傅筱冲,廖延雄.1999.苎麻天然浸渍液中主要细菌的鉴定.江西科学,17(1):18-22.

傅燕芳,张正洁.1999.短小芽胞杆菌作试验菌测定四环素类抗生素效价.西北药学杂志,14(3):111-112.

傅永红,李红玉,张春江,员田.2007.藏药十八味诃子利尿丸抗菌性研究.时珍国医国药,18(2):406-408.

富丽静,王雷,宋文华.2002.复合微生物在高密度主养鲫池塘中的应用.水产科学,21(1):23-25.

嘎日迪.2008.思连康治疗婴幼儿腹泻32例疗效观察.中华临床医学研究杂志,14(1):80.

盖东滨,张敬波.2000.需氧芽胞杆菌引起软包装火腿变质的试验分析.职业与健康,16(9):34-35.

盖立学,陆原鹏,郭盟华,金锐.2010.微生物降解烷烃中间产物分离鉴定及代谢途径.大庆石油地质与开发,29(5):140-142.

盖立学,王艳玲,柏璐璐,窦绪谋.2011.微生物采油技术在大庆油田低渗透油藏的应用.大庆石油地质与开发,30(2):145-149.

盖丽娜,来莹,李术娜,王世英,王增利,张德全,朱宝成.2009.兔源抗动物腹泻益生菌Tu-1的分离、鉴定及耐受性研究.中国农学通报,23:1-6.

甘华田.1994.难辨梭状芽胞杆菌性结肠炎.国外医学(消化系疾病分册),14(4):214-215.

甘露,孔秀珍.1999.一起蜡样芽胞杆菌引起食物中毒实验调查报告.肇庆医药,2:63-64.

高波,刘卫,张举成,王栋.2010.竹红菌素光敏反应抑菌效果研究.安徽农业科学,38(15):7839-7840.

高传庆,潘康成,张钧利.2010.国外饲用芽胞杆菌的研究和应用.北方牧业,18:11.

高传庆.2010a.饲用枯草芽胞杆菌的研究及应用.山东畜牧兽医,10:82-83,87.

高传庆.2010b.熊猫源枯草芽胞杆菌DXM-01对肉鸡生长性能和肌肉品质的影响研究.饲料广角,18:21-24.

高方述,彭松.2009.微生物群在水产养殖中的应用.环境科技,22(A02):76-79.

高芬,郝变青,马利平,乔雄梧.2003.防治蔬菜枯萎病的芽胞杆菌对植物体内酶活性的影响.中国生态农业学报,11(1):38-40.

高芬,马利平,乔雄梧,郝变青.2004.芽胞杆菌BC98-Ⅰ抗真菌物质的初步分离及特性.植物保护学报,31(4):365-370.

高芬,马利平,乔雄梧,郝变青.2006.蜡质芽胞杆菌BC98-Ⅰ发酵液与抑菌粗提物对黄瓜枯萎病菌的抑菌特性研究.中国生态农业学报,14(1):189-192.

高芬,马利平,乔雄梧,郝变青.2007.枯萎菌拮抗芽胞杆菌BC98-I抗菌多肽的纯化.植物病理学报,37(4):403-409.

高凤菊, 陈惠, 吴琦, 梁如玉, 韩学. 2006. 产纤维素酶芽胞杆菌 C-36 的分离筛选及其鉴定. 四川农业大学学报, 24 (2): 175-177, 213.

高光明, 胡玉娴. 2009. 产品介绍. 渔业致富指南, 15: 74.

高光明. 2006. 微生态制剂与水产专用鱼肥在水产中的应用. 渔业致富指南, 6: 55.

高国赋, 魏宝阳, 黄颖. 2009. 农用抗生素生产菌株的筛选. 湖南农业科学, 7: 5-7, 10.

高海英, 王占武, 李洪涛, 张翠绵. 2008. 养殖水体耐盐高效降亚硝酸盐氮和氨氮芽胞杆菌的筛选与鉴定. 河北农业科学, 12 (11): 59-61.

高海英, 王占武, 张翠绵, 李洪涛. 2009. 环境因子对净水芽胞杆菌生长及降解氮素活力的影响. 中国生态农业学报, 17 (4): 834-836.

高海有, 邓超颖, 周小慧. 2010. 笋用竹正常植株和病害植株根际微生物的分析. 中南林业科技大学学报 (自然科学版), 30 (9): 181-186.

高荷蕊, 杨克检, 王颖玲, 苏君, 伊璇, 赵伟, 孙卫. 2008. 北京市石景山区奥运相关餐饮业食源性致病菌监测. 首都公共卫生, 2 (6): 251-255.

高鹤永, 弓爱君, 邱丽娜, 曲冬梅. 2005. 苏云金芽胞杆菌工业发酵水平进展. 发酵科技通讯, 34 (2): 20-23.

高鹤永, 弓爱君, 曲冬梅, 邱丽娜. 2004. 正交设计法优化 Bt 发酵培养基. 现代农药, 3 (5): 11-12, 39.

高宏. 2010. 头孢赛肟钠与罗红霉素合用的抗菌作用. 中国社区医师: 医学专业, 14: 23-24.

高加旺, 谢水波, 唐振平, 刘迎久. 2010. 奇球菌 $pprI$ 基因增强枯草芽胞杆菌细胞抗性的研究. 南华大学学报 (自然科学版), 24 (1): 78-82.

高家合, 李天飞, 王革, 李梅云, 廖文程, 刘勇, 李松, 王颖琦. 2003. 初始接种量对 Bt33 菌株孢子含量的影响. 生物技术, 13 (2): 33-34.

高家合, 宋春满, 李梅云, 王革, 廖文程, 张有平, 朱恩稳. 2004. 云南烟叶中苏云金杆菌的分布及杀虫特性. 生物技术, 14 (2): 44-45.

高家合. 2005. 我国复烤烟叶苏云金杆菌的分离及杀虫特性测定. 中国烟草科学, 26 (1): 34-38.

高健, 铁翠娟, 王忠彦, 何秀萍, 胡永松, 张博润. 1998. 枯草芽胞杆菌 α-乙酰乳酸脱羧酶基因的克隆及表达. 微生物学通报, 25 (6): 336-339.

高江婧, 严群, 阮文权. 2010. 一株产 L-乳酸菌株的筛选、鉴定及营养条件的初步研究. 食品与生物技术学报, 29 (3): 453-457.

高劲谋, 史若飞, 赵兴吉, 温海燕, 马渝, 都定元. 2010. 后方医院救治 61 例地震伤员分析. 创伤外科杂志, 12 (4): 344-346.

高景枝, 郑向梅, 王滨. 2008. 一起由蜡样芽胞杆菌引起食物中毒调查分析. 中国公共卫生管理, 24 (4): 387-388.

高踊珑, 鞠兴荣, 吴定. 2007. 微热协同超高压处理杀灭芽胞杆菌芽胞效果的研究. 食品科学, 28 (3): 59-63.

高莉, 斯拉甫·艾白, 韩阳花. 2007. 小茴香挥发油化学成分及抑菌作用的研究. 中国民族医药杂志, 13 (12): 67-68.

高莉, 王丽, 韩阳花, 孙华, 帕提古丽·马合木提. 2004. 小茴香的抑菌作用. 新疆大学学报 (自然科学版), 21 (z1): 23-25.

高莉, 王艳梅, 帕提古丽·马合木提. 2008. 核桃分心木粗提物抑菌活性的研究. 食品科学, 29 (11): 69-71.

高亮, 丁春明, 王炳华, 史卓强, 郝红伟, 王建光, 李军. 2011. 生物有机肥在盐碱地上的应用效果及其对玉米的影响. 山西农业科学, 39 (1): 47-50.

高林, 陈涛, 高智谋. 2007. 蜡状芽胞杆菌深圳菌株754-1产磷脂酶C培养条件的优化研究. 安徽农业大学学报, 34 (4): 501-504.

高梅影, 傅建红. 1999. 杀鞘翅目苏云金芽胞杆菌新菌株及其杀虫剂的研究. 微生物学报, 39 (6): 515-520.

高梅影. 2005. 技术开发与转让: 高效生物农药苏云金芽胞杆菌 (Bt). 科技开发动态, 3: 20-21.

高美琴, 刘先凯, 冯尔玲, 唐恒明, 朱力, 陈福生, 王恒梁. 2009. 炭疽芽胞杆菌 A16R 株 eag 基因缺失突变株构建. 微生物学报, 49 (1): 23-31.

高美琴, 刘先凯, 冯尔玲, 朱力, 陈福生, 王恒梁. 2009. 炭疽芽胞杆菌 EA1 蛋白的融合表达和纯化. 生物技术通讯, 20 (5): 647-650.

高梦祥, 夏帆. 2010. 基于人工神经网络的侧孢芽胞杆菌培养基的优化研究. 长江大学学报 (自然科学版): 农学卷, 7 (1): 71-73.

高年发, 孙晓雯, 许俊艳, 刘冰. 2008. 细菌 L-乳酸发酵培养基的优化. 中国酿造, 4: 30-32.

高鹏, 陈浩, 黎娅, 杨志荣, 孙群. 2008. 辐照降解后壳聚糖的抑菌作用研究. 西南大学学报 (自然科学版), 30 (5): 100-105.

高强, 邓灵福, 郑永良, 熊丽, 罗勤. 2007. 甲基对硫磷降解菌的分离鉴定及降解特性研究. 安全与环境学报, 7 (3): 22-25.

高强, 郝建华, 王跃军, 于建生. 2008. 海洋芽胞杆菌酯酶 BSE-1 的催化动力学和热失活动力学研究. 分子催化, 22 (4): 351-355.

高强, 王跃军, 于建生, 孙谧, 郑鸿. 2009. 海洋芽胞杆菌碱性酯酶 BSE-1 的纯化与性质研究. 高技术通讯, 19 (12): 1316-1320.

高瑞艳. 2006. 抗生素相关性腹泻的诊断与治疗进展. 中国临床医药研究杂志, 2: 36-37.

高润池, 王晓燕, 孟艳芬, 许波, 唐湘华, 杨云娟, 黄遵锡. 2009. 耐高温中性纤维素酶高产菌的筛选及发酵条件研究. 食品工业科技, 30 (8): 165-169.

高尚先, 孙彬裕, 康国华, 刘艳, 曲守方. 2005. 对《硫乙醇酸盐流体培养基灵敏度检查 (草案)》的验证试验. 药物分析杂志, 25 (7): 849-851.

高尚先, 孙彬裕, 康国华, 曲守方, 李守悌. 2004. 对无菌试验培养基灵敏度试验法准确性的初步研究. 药物分析杂志, 24 (1): 52-58.

高尚先, 孙彬裕, 康国华, 曲守方. 2005. 生孢梭菌 CFU 计数培养基的研制. 药物分析杂志, 25 (1): 11-13.

高淑红, 陈长华, 莫绯, 江元翔, 张嗣良. 2007. 氨基酸对芽胞杆菌 ATCC21616 产腺苷的影响. 华东理工大学学报 (自然科学版), 33 (3): 336-339.

高淑红, 毛利斯, 陈长华, 张嗣良. 2008. 表面活性剂对 *Bacillus* sp. ATCC 21616 合成腺苷的影响. 工业微生物, 38 (2): 42-46.

高淑红, 邱蔚然. 2000a. D-核糖产生菌的选育及发酵. 华东理工大学学报 (自然科学版), 26 (1): 37-40.

高淑红, 邱蔚然. 2000b. D-核糖发酵过程参数的研究与控制. 工业微生物, 30 (4): 19-22.

高淑红, 全敏, 胡慧莉, 陈长华, 张嗣良. 2007. 芽胞杆菌腺苷磷酸化酶在大肠杆菌中的表达及酶学特性. 中国医药工业杂志, 38 (9): 629-632.

高树斌. 2001. 一起蜡样芽胞杆菌引起食物中毒的报告. 适宜诊疗技术, 19 (2): 47.

高爽, 马荣山, 任静, 刘乃侨, 宋立峰. 2006. 己酸菌发酵液在浓香型大曲酒生产中的应用. 酿酒, 33 (3): 34-36.

高伟, 田黎, 张久明, 周俊英. 2010. 海洋芽胞杆菌 B-9987 菌株对番茄灰霉病和早疫病的作用机制初探.

植物保护, 36 (1): 55-59.

高雯, 朱春宝. 2004. 一种筛选和分离枯草芽胞杆菌杆状突变株的方法. 中国医药工业杂志, 35 (8): 489.

高晓岗, 安德荣, 全鑫, 马晓东. 2007. 颉颃细菌 GXG-2-2 的菌株鉴定及其对植物病原菌的颉颃作用. 西北农业学报, 16 (6): 195-198.

高欣, 盖力强, 李美英, 郭雪旭, 安瑞永. 2009. 芽胞杆菌对西伯利亚鲟幼鱼摄食生长和消化率的影响. 河北师范大学学报（自然科学版）, 33 (3): 377-382.

高兴喜, 杨谦. 2005. PEG-$CaCl_2$ 介导苏云金杆菌 $QyIA$ (b) 基因转化哈茨木霉. 哈尔滨工业大学学报, 37 (10): 1333-1336.

高秀芝, 王小芬, 李献梅, 王慧. 2008. 传统发酵豆酱发酵过程中养分动态及细菌多样性. 微生物学通报, 35 (5): 748-753.

高学文, 齐放军, 姚仕义, 王金生. 2003. 枯草芽胞杆菌和苏云金芽胞杆菌的共培养及其对生物活性物质产生的影响. 南京农业大学学报, 26 (3): 32-35.

高学文, 姚仕义, Pham H, Vater J, 王金生. 2003a. 枯草芽胞杆菌 B2 菌株产生的表面活性素变异体的纯化和鉴定. 微生物学报, 43 (5): 647-652.

高学文, 姚仕义, Pham H, Vater J, 王金生. 2003b. 枯草芽胞杆菌 B2 菌株产生的抑菌活性物质分析. 中国生物防治, 19 (4): 175-179.

高学文, 姚仕义, Pham H, Vater J, 王金生. 2003c. 基因工程菌枯草芽胞杆菌 GEB3 产生的脂肽类抗生素及其生物活性研究. 中国农业科学, 36 (12): 1496-1501.

高仰山. 2006. 绷紧防食物中毒的弦. 中国保健营养, 8: 1.

高颖, 褚维伟, 张霞, 席锋, 陈丽. 2011. 猪粪除臭微生物筛选及其生长曲线测定. 山地农业生物学报, 30 (1): 47-51.

高瑀珑, 王允祥, 江汉湖. 2004. 食品基质对超高压杀灭枯草芽胞杆菌影响的研究. 食品科学, 25 (6): 43-49.

高瑀珑, 王允祥, 武宁, 江汉湖. 2004. 响应面法优化超高压杀灭食品中枯草芽胞杆菌工艺. 食品科学, 25 (3): 101-106.

高瑀珑, 武宁, 江汉湖. 2003. 外界因子对超高压杀灭枯草芽胞杆菌效果的影响. 食品科学, 24 (8): 44-46.

高元, 王璐璐, 王红艳. 2008. 沙门氏菌的特性及预防. 品牌与标准化, 22: 29.

高元, 肖和宇, 刘悦. 2002. 一起蜡样芽胞杆菌引起食物中毒的调查报告. 职业与健康, 18 (8): 59-60.

高云, 梁尚栋, 穆松牛, 张玉珍, 许宝华, 刘征宇. 2004. 调节肠道菌群动物模型和预防肠道菌群失调动物模型探讨. 江西医学院学报, 44 (5): 15-17.

高云, 梁尚栋, 穆松牛, 张玉珍, 许宝华, 刘征宇. 2005. 调节肠道菌群和预防肠道菌群失调动物模型探讨. 中国比较医学杂志, 15 (3): 164-166.

高云瀚, 王灿, 吴强. 2008. 11 例地震伤的救治. 创伤外科杂志, 10 (5): 409.

高云航, 张喜宏, 刘佳丽, 战利. 2011. 鹅肠道纤维素分解菌的分离鉴定及其产酶条件的优化. 动物营养学报, 23 (3): 466-472.

高增贵, 陈捷, 冯晶, 庄敬华, 刘军. 2005. 玉米纹枯病拮抗内生细菌的筛选. 植物保护学报, 32 (4): 357-361.

高增贵, 陈捷, 刘限, 薛春生. 2006. 玉米品种遗传多态性与根系内生细菌种群的相互关系. 生态学报, 26 (6): 1920-1925.

高增贵, 庄敬华, 陈捷, 刘限, 刘军. 2005. 应用免疫胶体金银染色技术定位玉米内生细菌. 植物病理学报,35 (3): 262-266.

高占争,赵允麟. 2005. 酱油曲中产纤溶酶微生物的分离筛选和初步鉴定. 江西食品工业,3: 17-18.

高占争,赵允麟. 2006. 酱油曲中产纤溶酶微生物的分离筛选和初步鉴定. 食品与药品,8 (01A): 61-63.

高兆建,唐仕荣,孙会刚,侯进慧. 2010. 短小芽胞杆菌 XZG33 耐高温酸性 β-甘露聚糖酶酶学性质研究. 安徽农业科学,38 (18): 9396-9399.

高正琴,贺争鸣,张强,岳秉飞,邢进,石继春,冯育芳,王珊珊,叶强. 2009. 中国灰仓鼠气管和回盲部细菌分离鉴定及药敏试验. 实验动物与比较医学,29 (2): 93-99.

高正琴,邢进,王春玲,贺争鸣,邢瑞昌. 2004. 实验大鼠泰泽菌检测方法的比较研究. 中国实验动物学报,12 (3): 142-146.

高正琴,张强,贺争鸣,岳秉飞,叶强. 2010. 中国小型猪细菌分离鉴定及药敏试验. 中国人兽共患病学报,26 (1): 46-52.

高志胜,孙瑞兴. 1999. 一起因蜡样芽胞杆菌污染水源引起的中毒. 江苏预防医学,10 (3): 35-36.

格鹏飞,机枫. 1997. 一起农村蜡样芽胞杆菌引起食物中毒的调查. 甘肃科技,13 (6): 28.

格依达洛莫. 2003. 1 起由蜡样芽胞杆菌引起食物中毒分析. 职业卫生与病伤,18 (3): 244.

葛春辉,徐万里,邵华伟,张云舒. 2009. 一株产纤维素酶细菌的筛选、鉴定及其纤维素酶的部分特性. 生物技术,19 (1): 36-40.

葛慈斌,刘波,蓝江林,黄素芳,朱育菁. 2009. 生防菌 JK-2 对尖孢镰刀菌抑制特性的研究. 福建农业学报,24 (1): 29-34.

葛萃萃,钟青萍. 2006. 抗志贺氏菌 IgY 的提纯及建立间接 ELISA 检测志贺氏菌. 中国食品学报,6 (1): 11-14.

葛风. 2005. 整肠生的合理应用. 食品与药品,7 (12B): 26.

葛风清,孙玲玲,曹钰. 2007. 益生凝结芽胞杆菌 AHU1366 的液体深层发酵培养. 饲料研究,7: 63-66.

葛红莲,赵红六,郭坚华. 2004. 辣椒青枯病拮抗细菌的筛选及其鉴定. 周口师范学院学报,21 (2): 71-75.

葛慧华,林锦霞,张光亚. 2010. 应用响应面法优化木聚糖酶的双水相萃取条件. 食品研究与开发,31 (12): 93-96.

葛菁萍,平文祥,高原,凌宏志,宋刚. 2008. 一株果胶酶产生菌 HDYM-02 的分离鉴定及系统发育分析. 微生物学杂志,28 (6): 44-47.

葛利明,李忠义. 2008. 产蛋鸡溃疡性肠炎的诊治. 畜牧兽医科技信息,8: 125.

葛曼丽,虞秀珍,邱秀宝. 1992. 嗜碱性芽胞杆菌碱性蛋白酶的研究: Ⅲ. 产品的急性毒性与微核试验. 微生物学通报,19 (6): 334-335.

葛美丽,齐树亭,岳攀峰,葛美娜. 2009. 河口水体中的菌群分析及其脱氮能力的研究. 河北渔业,2: 1-4,25.

葛小鹏,潘建华,刘瑞霞,汤鸿霄. 2004. 重金属生物吸附研究中蜡状芽胞杆菌菌体微观形貌的原子力显微镜观察与表征. 环境科学学报,24 (5): 753-760.

葛亚彬,范震洪. 2008. 维生素 C 软胶囊微生物限量检查方法的建立. 中国卫生检验杂志,18 (12): 2597-2599.

葛永红,毕阳. 2008. 苯丙噻重氮结合枯草芽胞杆菌 B1 处理对甜瓜采后主要病害的抑制效果. 食品科学,29 (6): 428-432.

葛玉洋,谭炳海,曹荣峰. 2010. 添加益生素对 AA 肉鸡生产性能影响的试验. 上海畜牧兽医通讯,1: 57.

葛忠源, 程安春, 汪铭书, 杨晓燕, 齐雪峰, 黄永常. 2007. 16S rDNA 实时荧光定量 PCR 方法的建立及应用. 中国兽医学报, 27 (5): 674-678.

耿杰, 赵银玲. 2006. 酶态富对奶牛产奶量及隐性乳房炎防治效果. 北方牧业: 奶牛, 2: 21-22.

耿敬章, 仇农学. 2006. 欧姆加热对苹果汁中酸土脂环芽胞杆菌的杀灭作用. 浙江林学院学报, 23 (2): 145-148.

耿彦生, 李涛. 1999. 短小芽胞杆菌 E601 抗电离辐射性的研究. 中华流行病学杂志, 20 (6): 334-337.

耿彦生, 南培宏. 2000. 短小芽胞杆菌抗辐射力影响因素的研究. 预防医学文献信息, 6 (1): 20, 56.

耿彦生. 1997. 短小芽胞杆菌 E601 对电子线抗性的研究. 中国公共卫生, 13 (4): 235.

耿远琪, 蒋如璋, 罗振革. 1990. 转座子 Tn917 在枯草芽胞杆菌 BF7658 中的遗传转座和插入诱变. 南开大学学报 (自然科学版), 23 (3): 95-99.

耿运琪, 蒋如璋. 1990. 外源质粒在枯草芽胞杆菌 BF7658 中的稳定性及其基因表达. 遗传学报, 17 (5): 398-404.

耿运琪, 蒋如璋. 1992a. 解淀粉芽胞杆菌 BF7658 中性蛋白酶的生理作用. 工业微生物, 22 (5): 6-9.

耿运琪, 蒋如璋. 1992b. 转座子 Tn917 在短小芽胞杆菌中的转座作用. 微生物学报, 32 (4): 305-307.

工亚玲, 孙静, 唐棠. 2008. 手术室气性坏疽手术的感染控制与管理. 中国医药指南: 学术版, 6 (10): 101-102.

弓飞龙, 李燮阳. 2008. 枯草芽胞杆菌在水产饲料中的应用试验. 科学养鱼, 4: 67-68.

弓飞龙, 李艳玲, 胡迎新. 2008. 水产饲料中添加芽胞杆菌制剂的养殖试验. 河南水产, 2: 35-36.

弓加文, 陈封政, 李书华. 2007. 桫椤叶和茎干抑菌活性初探. 安徽农业科学, 35 (33): 10566, 10568.

宫长荣, 程龙, 宋朝鹏, 王松峰. 2010. 烤烟烘烤过程中微生物的动态变化. 中国烟草科学, 31 (1): 44-46, 52.

宫春波, 杨伟, 刘永红, 于翠芳. 2005. 鲜姜汁抑菌效果的测定. 中国调味品, 9: 50-52.

宫春波, 杨伟, 刘永红, 于翠芳. 2005. 鲜姜汁抑菌效果及其在鲜肉保鲜中的研究. 肉类工业, 4: 29-31.

宫芳, 郑国萍. 2007. 家兔常用促生长添加剂. 养殖技术顾问, 11: 93.

宫慧芝, 陆春伟, 李冰, 姜泓, 高双, 张新玉, 孙贵. 2008. 常见非致病菌对无机砷抵抗作用. 中国公共卫生, 24 (2): 210-211.

宫鹏飞, 许建和. 2002. Efficient production of enantiopure (S) ——glycidy phenyl ether by an epoxide hydrolase from *Bacillus*. 催化学报, 23 (4): 290-300.

宫清松. 2003. 微生物制剂在水产养殖中应用浅析. 中国水产, 6: 83-84.

宫宇飞, 乔红萍, 魏国荣, 高小宁, 黄丽丽, 康振桑. 2008. 1R-J 发酵条件的优化. 西北农业学报, 17 (1): 61-64.

宫占元, 王艳杰, 李永鹏, 郑殿峰. 2005. 侧孢芽胞杆菌降解无机磷能力的研究. 黑龙江八一农垦大学学报, 17 (5): 14-17.

宫占元, 王艳杰, 李永鹏, 郑殿峰. 2006. 侧孢芽胞杆菌降解有机磷能力的研究. 黑龙江八一农垦大学学报, 18 (1): 12-14.

宫正, 颜世发, 兴虹, 曹文伟. 2004. 产细菌素米氏链球菌 S3 的筛选及其细菌素生物学特征研究. 本溪冶金高等专科学校学报, 6 (3): 8-10.

龚春燕, 张道敬, 魏鸿刚, 李淑兰. 2009. 多粘类芽胞杆菌 HY96-2 发酵液化学成分研究. 天然产物研究与开发, 21 (3): 379-381, 387.

龚福明, 柳陈坚, 李海燕, 张忠华. 2009. 枯草芽胞杆菌 MN 菌株由来胶原蛋白酶的纯化与生化性质. 上海交通大学学报 (农业科学版), 28 (6): 572-577.

龚桂花 (译), 胡又佳 (校). 2008. 来源于嗜碱芽胞杆菌的新型耐热的碱性 β-甘露聚糖酶在毕赤酵母中的诱导、持续表达及重组酶的鉴定等. 中国医药工业杂志, 39 (9): 646.

龚国淑, 唐志燕, 杨成伟, 张世熔. 2009. 成都郊区土壤芽胞杆菌的生防潜力. 四川农业大学学报, 27 (3): 333-337.

龚汉雨, 程国军. 2009. 一株抗铬芽胞杆菌的分离鉴定及 16S rDNA 序列分析. 湖北农业科学, 48 (6): 1293-1295.

龚家玮 (译), 胡又佳 (校). 2005a. B36-05 类芽胞杆菌 A11 环糊精酶的纯化和表征. 中国医药工业杂志, 36 (2): 83-83.

龚家玮 (译), 胡又佳 (校). 2005b. B36-13 利用细胞壁蛋白 Pir4 作为融合伴侣在酿酒酵母中表达芽胞杆菌 BP-7 的木聚糖酶. 中国医药工业杂志, 36 (4): 252.

龚家玮, 朱春宝. 2004. 通过定向进化显著提高了葡萄糖脱氢酶的稳定性. 中国医药工业杂志, 35 (5): 295.

龚家玮. 2002. 通过德彼利氏乳芽胞杆菌 NCIMB8130 从甜菜糖浆中生产乳酸的工艺优化. 中国医药工业杂志, 33 (12): 589.

龚明福, 林世利, 马玉红, 李超, 郑贺云. 2009. 拮抗棉花枯萎病菌的苦豆子内生细菌资源. 新疆农业科学, 46 (3): 531-535.

龚明福, 林世利, 张前峰, 杨丽, 马玉红, 陈骏刚. 2007. 拮抗棉花枯、黄萎病菌的甘草内生细菌初步研究. 塔里木大学学报, 19 (2): 49-52.

龚明福, 马玉红, 李超, 郑贺云, 韦革宏. 2009. 苦豆子根瘤内生细菌分离及表型多样性分析. 西北植物学报, 29 (2): 408-411.

龚仁, 宋鹏, 陈五岭. 2008. 餐厨垃圾发酵生产生物活性蛋白饲料的工艺研究. 饲料工业, 29 (24): 39-42.

龚霄, 陈盼. 2008. 革兰氏阳性食源性致病菌. 肉类研究, 5: 53-60.

龚晓艳, 冯胜彦. 1998. 高温锻炼定向选育病毒唑高产菌的研究. 氨基酸和生物资源, 20 (2): 11-13.

龚怀兴, 杨怀文, 杨秀芬, 刘峥, 袁京京. 2007. 嗜线虫致病杆菌北京变种的型变进程及抗生素相关性质的研究. 河北农业科学, 11 (2): 32-35.

龚勇, 曹军卫. 1998. 耐碱细菌 NTT36 耐碱基因的克隆及表达产物的分析. 武汉大学学报 (自然科学版), 44 (6): 777-780.

巩洁, 陈亮, 陈立, 韩文霞, 陈五岭. 2010. 紫外线、He-Ne 激光对葡萄白腐病菌拮抗菌 PT2 的复合诱变效应. 植物保护, 36 (5): 105-109.

巩庆亮, 王振勇, 柴同杰, 侯志高, 贾玉东, 王允田, 马健. 2008. 奶牛瘤胃需氧及兼性厌氧菌的 PCR-16S rDNA 鉴定及日粮的影响. 畜牧兽医学报, 39 (10): 1367-1372.

巩校东, 张东东, 栾忠奇. 2010. 棉花黄萎病抗菌肽 25a2 的生物信息学分析. 安徽农业科学, 38 (18): 9591-9592, 9611.

苟金霞, 杨茜. 2008. 纳豆激酶高产菌株的筛选及纳豆激酶的初步分离研究. 食品研究与开发, 29 (3): 17-20.

苟伟民, 文英华. 2005. 一起由蜡样芽胞杆菌引起的食物中毒报告. 中国医学理论与实践, 15 (6): 965.

辜旭辉, 彭旭, 齐俊生, 付学池, 王琦, 梅汝鸿. 2005. 蜡样芽胞杆菌 A47 鞭毛蛋白基因的克隆及其定殖相关性初探. 植物病理学报, 35 (S1): 208.

辜运富, 张云飞, 张小平. 2008a. 一株抗玉米纹枯病内生细菌的分离鉴定及其抗病促生作用. 微生物学通报, 35 (8): 1240-1245.

辜运富, 张云飞, 张小平. 2008b. 玉米苗期内生细菌的种群初探及有益内生细菌的筛选. 微生物学通报, 35 (7): 1028-1033.

古丽萍,张福琴,盛杰,罗玫. 2004. 庆大霉素与阿奇霉素联用方式的实验考察. 中国医院药学杂志, 24 (5): 265-266.

古丽斯玛依·艾拜都拉,苏力坦·阿巴白克力. 2005. 3 种天山蕨类植物体外抑菌活性研究. 地方病通报, 20 (3): 4-6.

古万华,刘怀志, 2000. 关于蜡样芽胞杆菌食物中毒的报告. 预防医学情报杂志, 16 (2): 176-177.

谷春涛,彭爱铭,萨仁娜,佟建明. 2003a. 地衣芽胞杆菌 TS-01 发酵培养基的优化. 饲料工业, 24 (8): 19-20.

谷春涛,彭爱铭,萨仁娜,佟建明. 2003b. 地衣芽胞杆菌 TS-01 液体培养的研究. 饲料广角, 7: 20-22.

谷春涛,萨仁娜,佟建明. 2004. 地衣芽胞杆菌 TS-01 固态发酵培养基的优化. 微生物学通报, 31 (4): 53-56.

谷军,杨晨敏. 1995. 固定化解淀粉芽胞杆菌 a-淀粉酶的研究. 生物技术, 5 (5): 30-32.

谷瑞华,白淑文,刘玲. 2008. 双歧杆菌、肠球菌、乳杆菌和芽胞杆菌四联活菌肠溶胶囊治疗慢性腹泻的疗效研究. 中华现代内科学杂志, 5 (2): 112-114.

谷小燕,何红燕,廖建鄂,陈嘉莉. 2010. 塑料方盒微波灭菌后替代无菌盘的实验研究. 护理学杂志: 综合版, 3: 1-2.

谷序文,龚珞军,刘全礼,曹芬. 2010a. 芽胞杆菌应用实例总结. 渔业致富指南, 18: 60.

谷序文,龚珞军,刘全礼,曹芬. 2010b. 芽胞杆菌在水产养殖中的应用. 渔业致富指南, 17: 62-63.

谷志静,董志扬. 2011. 喜盐芽胞杆菌甘氨酸甜菜碱合成基因的克隆与功能分析. 2010 年中国科学院微生物研究所博士后学术年会暨第二届博谊论坛论文摘要集: 77-80.

顾爱星,李贤超,王登元,白龙英. 2007. 转基因苏云金杆菌在环境中的残留和扩散测定. 新疆农业大学学报, 30 (2): 60-63.

顾斌,马海乐,刘斌. 2011. 菜籽粕混菌固态发酵制备多肽饲料的研究. 中国粮油学报, 26 (1): 83-87.

顾昌玲. 2008. 假蕈状芽胞杆菌 B-60 菌株纤溶酶的分离纯化与性质分析. 保定: 河北大学硕士研究生学位论文: 1.

顾贵波,齐景文,王继萍. 2009. 动物炭疽病的研究进展. 现代畜牧兽医, 4: 63-65.

顾金,章世元,周维仁,闫俊书. 2010. 复合微生态制剂对青脚麻鸡生长性能及部分血液生化指标的影响. 中国家禽, 32 (5): 34-36.

顾金保 (综述),彭鸿娟 (审校),陈晓光 (审校). 2005. 医学昆虫微生物杀虫剂的研究进展. 中国寄生虫病防治杂志, 18 (6): 468-470.

顾柳俊,黄勇,蒋俊,毕凤兰. 2008. 20% 纹真清 SC 防治水稻纹枯病试验小结. 农业装备技术, 34 (3): 15.

顾沛雯. 2010. 苦豆子 (*Sophora alopecuroides*) 内生頡頏细菌的筛选及鉴定. 农业科学研究, 31 (1): 1-3, 22.

顾卫东,陆宝麟. 1989. 球形芽胞杆菌 (Ts-1) 在水体中消长动态以及对蚊幼虫的残效. 生物防治通报, 5 (1): 1-5.

顾祥云. 2000. 嗜热脂肪芽胞杆菌试管法检测肉食品中抗生素残留量的初步研究. 职业与健康, 16 (3): 29.

顾小平,吴晓丽. 1998a. 毛竹根际分离的地衣芽胞杆菌固氮特性研究. 竹子研究汇刊, 17 (4): 59-63.

顾小平,吴晓丽. 1998b. 毛竹根际分离的多粘类芽胞杆菌 (*P. polymyxa*) 固氮特性的研究. 林业科学研究, 11 (4): 377-381.

顾晓波,王昌禄,路福平,杜连祥,赵学明. 2001. 金属离子对枯草芽胞杆菌转酮酶缺失突变株合成 D-核糖的影响. 氨基酸和生物资源, 23 (1): 9-12.

顾晓波,王昌禄,路福平,杜连祥. 2001. D-核糖生产菌株——转酮酶缺失突变株芽胞形成特性的研究. 天津师范大学学报(自然科学版),21(1):54-57.

顾晓波,郑宗明,俞海清,黄英,梁凤来,刘如林. 2005. Bacillus subtilis MO-L010中ComA蛋白对脂肽合成的影响及高产工程菌株的构建. 南开大学学报(自然科学版),38(2):70-73.

顾欣,蔡金华,刘雅妮,金凌艳. 2008. 饲料中恩拉霉素的微生物学含量测定方法研究. 中国兽药杂志, 42(9):17-21.

顾燕飞,顾振芳,支月娥,邱震曦. 2005. 拮抗微生物对茄根腐病菌的抑制作用. 上海交通大学学报(农业科学版),23(2):181-183,191.

顾宇飞,周子元. 2000. 温度、碳、氮、磷对一株芽胞杆菌生长的影响. 应用与环境生物学报,6(1):86-89.

顾真荣,陈伟,程洪斌,马承铸,龚新进,沈丽娟. 2008. 吖啶橙诱变提高枯草芽胞杆菌G3抗真菌活性. 植物病理学报,38(2):185-191.

顾真荣,程洪斌,马承铸,魏春妹. 2006. 枯草芽胞杆菌G3^{str}菌株在有机硫熏蒸土壤中的繁殖及其对病原真菌的抑制作用. 中国生物防治,22(3):202-206.

顾真荣,程洪斌,魏春妹,马承铸. 2006. 枯草芽胞杆菌G3抗真菌物质最低抑菌浓度和有效抑菌中浓度测定方法. 植物病理学报,36(3):279-280.

顾真荣,马承铸,韩长安. 2001a. 产几丁质酶芽胞杆菌的筛选鉴定和酶活力测定. 上海农业学报, 17(3):92-96.

顾真荣,马承铸,韩长安. 2001b. 产几丁质酶芽胞杆菌对病原真菌的抑菌作用. 上海农业学报,17(4):88-92.

顾真荣,马承铸,韩长安. 2002. 枯草芽胞杆菌G3防治植病盆栽试验. 上海农业学报,18(1):77-80.

顾真荣,马承铸,徐华. 2003. 枯草芽胞杆菌G3菌剂防治番茄叶霉病田间试验. 中国生物防治, 19(4):206-207.

顾真荣,魏春妹,马承铸. 2005. 枯草芽胞杆菌G3菌株抑制立枯丝核菌菌核形成的影响因子分析. 中国生物防治,21(1):33-36.

顾真荣,吴畏,高新华,马承铸. 2004. 枯草芽胞杆菌G3菌株的抗菌物质及其特性. 植物病理学报, 34(2):166-172.

顾中言,唐为爱,陈志谊,许小龙,刘永峰,刘邮洲. 2005. 表面活性剂对生物农药纹曲宁抑菌活性和防病效果的影响. 江苏农业学报,21(3):162-166.

关孚时,蒋玉文. 1996. 两株类炭疽菌株的鉴定. 中国兽药杂志,30(4):20-21.

关靓,赵敏. 2009. 氯嘧磺隆高效降解菌的分离、鉴定及其降解特性. 东北林业大学学报,37(6):77-79.

关舒元,朱超,王保莉,曲东,王伟民,丽蓉. 2008. 铁还原菌株P4的碳源利用特征及其系统发育学分析. 西北农林科技大学学报(自然科学版),36(3):117-123.

关夏玉,张永嵘,黄天培,关雄. 2010. 苏云金芽胞杆菌cry1Ib2基因的克隆与生物信息学分析. 热带作物学报,31(8):1266-1271.

关小红,张成省,孔凡玉,王静,张秀玉,张奎用,刘卫华. 2009. 烟草赤星病拮抗细菌Tpb55摇瓶发酵条件的筛选. 中国烟草科学,30(1):54-57.

关晓辉. 1998. 高磷贫碳酸锰矿石微生物脱磷初探. 东北大学学报(自然科学版),19(3):324-326.

关晓辉,戚长谋. 1998. 高磷贫碳酸锰矿石中微生物脱磷的可行性. 中国锰业,16(1):26-28.

关晓辉,魏德洲. 1998. 两种芽胞杆菌脱磷行为的比较. 长春科技大学学报,28(1):96-99.

关晓辉,郑少奎,魏德洲,张维庆. 1999. 微生物脱除锰矿石中磷的机理研究. 东北电力学院学报,

19(1): 1-5.

关雄, 陈锦权. 1998. 苏云金芽胞杆菌培养基优化及间歇发酵. 生物工程学报, 14 (1): 75-80.

关雄, 黄志鹏. 1995. 苏云金芽胞杆菌 ICP 基因工程菌的研究进展. 福建农业大学学报, 24 (2): 167-173.

关雄, 黄志鹏. 1996. 苏云金芽胞杆菌 cryI 基因探针的制备及质粒基因定位. 福建农业大学学报, 25 (3): 329-333.

关雄, 黄志鹏. 1997. 在大肠杆菌 TG1 中克隆和表达苏云金芽胞杆菌 cryI 基因. 农业生物技术学报, 5 (2): 173-177.

关雄, 吴燕榕, 李金煜, 沙莉. 2001. 苏云金芽胞杆菌的生物活性物质及其蛋白基因. 福建农业大学学报, 30 (3): 293-296.

关则冠. 2004. 蜡样芽胞杆菌引起食物中毒的调查. 中国饮食卫生与健康, 2 (5): 40-41.

关志炜, 李志香, 孙洪涛. 2009. 盐酸羟胺和紫外线复合诱变选育纳豆激酶高产菌株. 食品与发酵工业, 6: 71-74.

关志炜, 孙洪涛. 2009. 响应面法优化纳豆激酶液体发酵条件的研究. 山东教育学院学报, 24 (3): 65-69.

官家发, 陈晓林. 1993. 芽胞杆菌 E2 菌株纤维素酶性质的研究. 微生物学报, 33 (6): 434-438.

官家发, 江明. 1995. 耐热芽胞杆菌 E2 菌株纤维素酶基因克隆的研究. 遗传学报, 22 (4): 322-328.

官家发, 李建黔. 1992. 芽胞杆菌 E2 菌株纤维素酶形成条件的研究. 微生物学报, 32 (6): 412-417.

官兴颖, 吴振芳, 吴琦, 胥兵, 陈惠. 2009. 枯草芽胞杆菌 C-36 内切葡聚糖酶基因的克隆及其在大肠杆菌中融合表达. 生物加工过程, 7 (3): 68-72.

官雪芳, 刘波, 林斌, 林抗美, 马丽娜. 2009. 农药厂不同生境中甲胺磷降解细菌的分离、筛选与鉴定. 福建农业学报, 24 (1): 40-45.

管凤波, 宋俊梅. 2008. 枯草芽胞杆菌发酵豆粕产蛋白酶活性的研究. 饲料工业, 29 (14): 28-30.

管珺, 胡永红, 杨文革, 倪珏萍, 马海军. 2007. 蜡样芽胞杆菌防治植物病虫害的研究进展. 现代农药, 6 (4): 7-10.

管珺, 杨文革, 王瑞荣, 胡永红, 沈飞. 2010. 蜡样芽胞杆菌 CMCC63305 的促生、抑菌及杀虫作用研究. 安徽农业科学, 38 (1): 228-230.

管立军, 程永强, 李里特. 2008. 豆腐保质期研究进展. 食品工业科技, 11: 269-272.

管迎梅, 陈兆文, 范海明, 张琴, 周钧. 2010. 银改性聚丙烯腈纤维的抗菌性能研究. 舰船科学技术, 12: 91-94.

管玉霞, 陈世夫, 李德臣, 武秀兰, 赖世宏. 1994. 花生饼粕做为球形芽胞杆菌培养材料的研究. 医学动物防制, 10 (2): 80-82.

管玉霞, 陈世夫, 李德臣, 武秀兰, 赖世宏, 陈英杰. 1994. 球形芽胞杆菌与苏云金杆菌以色列亚种混用杀灭蚊幼虫的实验室与现场观察. 医学动物防制, 10 (1): 1-4.

管玉霞, 李德臣, 赖世宏, 武秀兰, 陈世夫. 1995. 细菌灭蚊幼剂的双菌协同发酵工艺路线的研究. 医学动物防制, 11 (4): 352-354.

管越强, 周环, 张磊, 张耀红. 2010. 枯草芽胞杆菌对中华鳖生长性能、消化酶活性和血液生化指标的影响. 动物营养学报, 22 (1): 235-240.

龟井俊郎, 王安山. 1996. 生乳中芽胞杆菌属芽胞的分布. 中国乳品工业, 24 (5): 36-37.

桂丽, 齐香君. 2007. 纳豆芽胞杆菌的诱变育种研究. 陕西科技大学学报(自然科学版), 25 (2): 91-93.

郭艾英, 王硕. 2005. 苏云金芽胞杆菌晶体蛋白的制备方法. 食品与发酵工业, 31 (8): 8-10.

郭爱莲. 1996. 一株产果胶酶菌株 Xg-01 的鉴定. 陕西师范大学学报（自然科学版），24（2）：69-71.
郭爱莲，阮翔. 1997. 产纤维素酶细菌××-01 的研究. 西北林学院学报，12（2）：46-51.
郭爱莲，王少辉. 1997. 产果胶酶芽胞杆菌 Xg-01 的分离，筛选及发酵条件的研究. 西北大学学报（自然科学版），27（1）：53-56.
郭爱玲，方呈祥. 1999. 芽胞杆菌全细胞热裂解气相色谱聚类分析. 分析测试学报，18（6）：30-33.
郭爱玲，方呈祥，邝玉斌，陶天申，岳莹玉，张珞珍. 2002. 芽胞杆菌模式菌株细胞极性脂组分的分析. 分析科学学报，18（2）：127-129.
郭爱萍. 2002. 普乐拜尔治疗小儿腹泻 26 例疗效观察. 山东医药，35：1.
郭宝同. 2004. 小儿伪膜性肠炎 58 例临床分析. 蛇志，16（4）：35-36.
郭兵兵，何凤友，牟桂芝，王毓仁. 2004. 生物填料塔工艺净化恶臭废气的研究. 石油炼制与化工，35（10）：45-50.
郭彩娥，李卫红，熊南燕，王雪玲. 2009. 双黄连注射液和头孢曲松钠联用抗菌效果的研究. 现代中西医结合杂志，18（10）：1103-1104.
郭朝晖，何晓英，欧阳晓玫. 2010. 活络洗剂微生物限度检查方法的建立. 甘肃中医学院学报，27（3）：73-74.
郭成栓，崔堂兵，郭勇. 2007a. 一株碱性纤维素酶高产菌株的分离、鉴定、系统发育分析及酶学性质的研究. 化学与生物工程，24（10）：32-34，48.
郭成栓，崔堂兵，郭勇. 2007b. 嗜碱芽胞杆菌产碱性纤维素酶研究概况. 氨基酸和生物资源，29（1）：35-38.
郭成栓，崔堂兵，郭勇. 2008. β-1,4-葡聚糖内切酶基因的克隆及表达. 华南理工大学学报（自然科学版），36（12）：112-115，145.
郭成栓，欧阳蒲月，崔堂兵，郭勇. 2010. 短小芽胞杆菌 β-1,4-葡聚糖内切酶基因的克隆及在大肠杆菌中的分泌表达. 化学与生物工程，27（12）：53-55，68.
郭成栓，欧阳蒲月，崔堂兵，郭勇. 2011. 一株碱性纤维素酶产生菌的分离、鉴定及酶谱分析. 生物技术，21（1）：57-59.
郭成栓，欧阳蒲月，谢和. 2010. 枯草芽胞杆菌 E20 发酵产生挥发性风味成分的 GC/MS 分析. 中国酿造，9：153-155.
郭承亮，胡振飞，刘晓艳，余子全，阮丽芳，孙明. 2008. 苏云金芽胞杆菌产苏云金素菌株 CT-43 及其缺失突变株的差异蛋白. 微生物学报，48（7）：970-974.
郭德军，李岩松，王欣，柳增善. 2010. 巨大芽胞杆菌表达系统的特点及其研究进展. 生物技术，20（6）：92-95.
郭德军，孙晶东，肖念平. 2005. 纳豆加工工艺的研究. 黑龙江八一农垦大学学报，17（5）：65-68.
郭丰莉，张义芝，刘赫臣，王亚君. 1993. 细菌辐射杀伤的 D10 值测定及牛黄解毒粉的辐射灭菌效果观察. 辐射研究与辐射工艺学报，11（4）：248-249.
郭凤丽，杨伟. 2007. 环状芽胞杆菌致乳腺脓肿 1 例. 中华医院感染学杂志，17（7）：830.
郭凤莲，陈存社. 2007. 产淀粉酶枯草芽胞杆菌的 16S rRNA 测序鉴定. 中国酿造，8：26-28.
郭刚，马琪奇，李炫，曾会才，刘正初. 2010. 蜡状芽胞杆菌群三大类全基因组序列的同源性分析. 基因组学与应用生物学，29（5）：994-998.
郭光才，张小兵. 2006. 一学校两食堂同时发生食物中毒事件的调查. 中国食品卫生杂志，18（4）：340.
郭国军，覃映雪，陈强，邹文政，鄢庆枇. 2008. 大黄鱼病原副溶血弧菌拮抗菌的筛选. 海洋学报，30（1）：127-134.
郭海萍，林媛，莫秀英，林灿光，林淑芳. 2006. 家蝇免疫血淋巴的抑菌作用及其免疫活性的研究. 热带医学杂志，6（4）：385-387.

郭红珍，马立芝. 2007. 生熟大蒜抑菌作用的研究. 江苏农业科学，35（4）：211-213.

郭红珍，姚越红，王秋芬. 2007. 大蒜抑菌作用的研究. 安徽农业科学，35（2）：414-415.

郭宏文，江洁，邹东恢，江成英. 2007. 酸性异淀粉酶产生菌的筛选及鉴定. 中国酿造，7：15-18.

郭洪新，贾朋辉，何伯峰，谷巍. 2009. 噬菌蛭弧菌BLb-2的耐盐性及对几种水产致病菌裂解率的研究. 中国饲料添加剂，10：17-19.

郭洪新，贾朋辉，王兴华，李光. 2010. 3株噬菌蛭弧菌裂解特性及在水体中的应用研究. 水产科学，29（1）：11-14.

郭华，廖兴华，周建平，罗海波. 2004. 臭豆腐菌种分离鉴定与酿造工艺研究. 食品科学，25（4）：109-115.

郭华，徐忠建. 2006. 调合消毒法对藻酸盐印模材消毒效果的研究. 口腔医学研究，22（2）：169-171.

郭会婧，蒋继志，李向彬，李红. 2008. 致病疫霉拮抗菌筛选及复合发酵液的抑菌作用研究. 河北农业大学学报，31（4）：87-90.

郭吉，浦跃朴，尹立红，范凯红，梁戈玉，吕锡武，李先宁. 2006. 环境医学——太湖溶藻细菌的分离及评价. 中国学术期刊文摘，12（17）：234.

郭吉，浦跃朴，尹立红，范凯红，梁戈玉，吕锡武，李先宁. 2006. 太湖溶藻细菌的分离及评价. 东南大学学报（自然科学版），36（2）：293-297.

郭建博，周集体，王栋，田存萍，王平，李晓霞. 2007. 降解偶氮染料耐盐菌GTY的分离鉴定及特性研究. 环境科学学报，27（2）：201-205.

郭江秀，曲焕庭. 2009. 捷安肽素抗真菌实验与机理浅述. 黑龙江科技信息，34：201，293.

郭婕，崔桂友. 2009. 加拿大一枝黄花甲醇提取物抑菌活性研究. 湖北农业科学，48（9）：2154-2157.

郭金玲，李炜，郑秋红，刘海奎，王国强，尹清强. 2007. 微生物菌群之间配比协调关系的研究. 河南农业科学，36（9）：106-109.

郭金鹏，刘晓昌，仝赞华，郭荣君，潘洪玉. 2010. 芽胞杆菌HSY-8-1对植物病原真菌的抑制及其抑菌产物特性. 吉林农业大学学报，32（1）：29-33，50.

郭尽力，任万衷，林剑，徐世艾. 2001. 谷氨酸对苏云金杆菌的芽胞和伴胞晶体的影响. 微生物学杂志，21（1）：55-56.

郭敬斌，马成新，胡江春，刘党生. 2005. 海绵细菌B25W最佳产抗培养基及发酵条件的研究. 微生物学杂志，25（2）：23-26.

郭静，熊焰，李华. 2008. 养殖水体中水质净化菌的筛选和鉴定. 水利渔业，28（4）：105-106.

郭礼强，郭立格，卢育新，张利平. 2006. Vc二步发酵伴生菌苏云金芽胞杆菌的选育. 河北大学学报（自然科学版），26（1）：108-111.

郭立格，张利平，吕志堂，杨润蕾. 2004. 2-酮基-L-古龙酸高产菌株的选育. 河北省科学院学报，21（1）：52-55.

郭立梅. 2009. 临床使用中氧气湿化液近4年细菌检测报告. 青海医药杂志，39（3）：54-55.

郭立姝，曹亚彬，吴皓琼，牛彦波，殷博. 2010. 亚麻脱胶菌株的鉴定及酶学特性. 中国麻业科学，32（4）：213-216.

郭丽，王巧珍，朱林. 2006. 辣椒碱抗病原菌活性及其在番茄酱防腐中的应用. 合肥工业大学学报（自然科学版），29（1）：117-121.

郭利伟，王卫卫，陈兴都，李端. 2008. β-环糊精葡萄糖基转移酶高产菌株MS-UD2的选育及产酶条件的研究. 食品科学，29（12）：439-443.

郭亮，文玉香. 1997. 苏云金芽胞杆菌毒蛋白基因在小麦基因组中的甲基化修饰. 遗传学报，24（3）：

255-262.

郭亮, 刑晓旭, 郑明学, 古少鹏. 2009. 重铬酸钾溶液对细菌活性的影响. 山东畜牧兽医, 30 (3): 4-7.

郭龙涛, 邱思鑫, 蔡学清, 胡方平. 2010. 内生解淀粉芽胞杆菌 TB2 液体发酵条件的研究. 热带作物学报, 31 (2): 259-264.

郭龙宗, 张培兴, 祝永华, 邱洪凯, 曲立新, 崔治中. 2006. 奶牛场隐性乳房炎病原学研究. 山东畜牧兽医, 1: 3-5.

郭明勋, 孙文萍. 2004. 明胶的微生物降解. 明胶科学与技术, 24 (4): 184-185, 191.

郭鹏飞, 靳艳, 张海涛, 虞星炬, 张卫. 2006. 共培养海绵微生物诱导抗菌活性物质的研究. 微生物学通报, 33 (1): 33-37.

郭顾然, 吴兆亮, 张朝正, 王海鸥. 2003. D-核糖发酵液活性炭吸附脱色工艺和表征. 化学工程, 31 (6): 38-42.

郭青云, 郭道义, 李永东, 曾丹, 范小林. 2009. 几种杀螺细菌的筛选与功效研究. 生物学杂志, 26 (2): 31-34.

郭庆港, 李社增, 鹿秀云, 马平. 2007. 生防细菌 NCD-2 中抑菌功能相关基因的定位及克隆. 华北农学报, 22 (6): 190-194.

郭全友, 许钟, 王哲恩, 杨宪时. 2007. 即食淡腌草鱼制品品质特征和细菌菌群组成研究. 食品科学, 28 (12): 475-479.

郭荣君, 李世东, 李国强, 刘书义, 李长松, Ohtsu Y. 2007. 芽胞杆菌 JPC-2 的营养竞争测定及其对小麦根部病害的防治效果. 植物保护, 33 (5): 107-111.

郭荣君, 李世东, 张晶, 张旋, 穆光. 2010. 基于营养竞争原理的大豆根腐病生防芽胞杆菌的筛选及其特性研究. 植物病理学报, 40 (3): 307-314.

郭荣君, 刘杏忠, 杨怀文, 仝赞华. 2003. 芽胞杆菌 BH1 防治大豆根腐病的效果及机制. 中国生物防治, 19 (4): 180-184.

郭荣君, 王步云, 李世东. 2005. 营养对生防菌株 BH1 芽胞产量的影响研究. 植物病理学报, 35 (3): 283-285.

郭三堆, 崔洪志. 2000. 中国抗虫棉 GFM Cry1A 杀虫基因的合成及表达载体构建. 中国农业科技导报, 2 (2): 21-26.

郭三堆. 1995. 植物 Bt 抗虫基因工程研究进展. 中国农业科学, 28 (5): 8-13.

郭世立. 2008. 枯草芽胞杆菌防治稻瘟病、纹枯病药效试验总结. 北方水稻, 38 (6): 71-72.

郭松林, 关瑞章, 柳佩娟. 2007. 双重 PCR 法快速检测欧鳗鲡嗜水气单胞菌. 集美大学学报(自然科学版), 12 (4): 294-300.

郭万奎, 侯兆伟, 石梅, 伍晓林. 2007. 短短芽胞杆菌和蜡状芽胞杆菌采油机理及其在大庆特低渗透油藏的应用. 石油勘探与开发, 34 (1): 73-78.

郭望模, 段彬伍, 朱智伟, 王建方. 2007. 复合微生物菌肥在稻田生产系统"春玉米-晚稻"中的肥效试验研究. 中国稻米, 5: 65-67.

郭薇媛, 陈会, 牟凤云, 陈晶, 黄英荣, 杨玉杰. 1996. 浸麻芽胞杆菌败血症 1 例报告. 哈尔滨医科大学学报, 30 (2): 16.

郭伟, 王密, 刘冰, 王昕陟. 2010. 芽胞杆菌制剂对肉鸡生产性能的影响. 现代畜牧兽医, 1: 59-60.

郭伟鹏, 张菊梅, 邓梅清, 黄汝添, 吴清平. 2008. 桶装饮用水生产中微生物污染菌株的分离鉴定及消毒试验. 中国卫生检验杂志, 18 (12): 2605-2607, 2680.

郭文婷, 李健, 王群, 刘淇. 2006. 微生态制剂对牙鲆非特异性免疫因子影响的研究. 海洋科学进展, 24 (1): 51-58.

郭逍宇, 董志, 宫辉力. 2006. 再生水灌溉对草坪土壤微生物群落的影响. 中国环境科学, 26 (4): 482-485.

郭潇, 雷晓凌, 陈庆, 刘颖. 2010. 湖光岩水体与泥层中真菌的分离鉴定及抗菌活性研究. 现代食品科技, 26 (2): 145-148.

郭潇, 雷晓凌. 2009. 湖光岩水域细菌的纤维素降解活性及抑菌活性的研究. 现代食品科技, 25 (10): 1166-1169.

郭小华, 陆文清, 邓萍, 黄德仕. 2006. 益生枯草芽胞杆菌 MA139 增殖培养基的优化. 中国农业大学学报, 11 (3): 41-46.

郭小华, 赵志丹. 2010. 饲用益生芽胞杆菌的应用及其作用机理的研究进展. 中国畜牧兽医, 37 (2): 27-31.

郭晓军, 李潞滨, 李术娜, 王倩, 李佳, 朱宝成. 2008. 毛竹枯梢病拮抗细菌巨大芽胞杆菌 6-59 菌株的产芽胞条件优化. 植物保护学报, 35 (5): 443-447.

郭晓军, 袁洪水, 刘慧娟, 张冬冬, 朱宝成. 2011. 假蕈状芽胞杆菌纤溶酶基因的克隆与表达. 中国医药工业杂志, 42 (1): 14-16, 65.

郭晓芸, 龙江, 张亮, 张倩. 2009. 贵州荔波传统酸肉微生物菌群与营养品质评价. 中国酿造, 7: 69-72.

郭兴华, 贾士芳. 1990. 以温和噬菌体 ρ11 为载体克隆 α-淀粉酯基因. 微生物学报, 30 (4): 273-277.

郭兴华, 贾士芳. 1993. 枯草芽胞杆菌分子克隆体系受体的改造. 微生物学通报, 20 (3): 149-152.

郭秀君, 郑平. 1994. 蜡质芽胞杆菌芽胞的形成及与 PHB 的关系. 山东大学学报 (自然科学版), 29 (1): 101-108.

郭秀艳, 包丽华, 张国盛, 王林和. 2009. 臭柏枝叶精油的体外抑菌活性. 安徽农业科学, 37 (4): 1607-1610.

郭旭辉, 于乐琴. 2010. 几株微生物产絮凝活性比较及培养条件优化. 安徽农业科学, 1: 13-15.

郭妍妍, 李术娜, 赵曼辰, 王云山. 2010. 产乳酸芽胞杆菌 RS-1 菌株的分离及鉴定. 河北农业大学学报, 33 (6): 68-73.

郭养浩, Günther H, Simon H. 1997. 耐热醋酸棱状芽胞杆菌中具有高的二硫键还原活性组分的提取和特性研究. 生物化学杂志, 13 (5): 592-597.

郭英, 刘栋, 赵蕾. 2009. 生防枯草芽胞杆菌胞外植酸酶对小麦耐盐性的影响. 应用与环境生物学报, 15 (1): 39-43.

郭映辉, 李贵霞, 刘学聪. 2009. 微波杀灭口腔石膏模型上枯草芽胞杆菌的效果观察. 河北医药, 31 (22): 3075-3076.

郭元昕, 郝玉有, 庄英萍, 储炬. 2007. 金属离子对枯草芽胞杆菌合成肌苷的影响. 食品与发酵工业, 33 (12): 9-12.

郭云霞, 郝庆红, 朱宝成. 2010. 羊源芽胞益生菌的筛选与 Y5-39 菌株的鉴定及其耐受性试验. 华北农学报, 25 (5): 206-210.

郭照辉, 尹红梅, 吴迎奔, 李秋云. 2009. 高效畜禽废水降解菌的选育及菌群的构建. 环境科学与技术, 32 (11): 72-74, 80.

郭振楚, 韩亮, 胡博, 曹赐生. 2004. 一种新的保护的 2-脱氧-2-氨基葡二糖合成. 有机化学, 24 (8): 946-949.

郭振坤, 赫启昌, 奈娟, 张晓冰, 黄开良, 陈冬梅, 宁殿峰. 2005. 一起涉及 2 种细菌的食物中毒调查报告. 中国卫生检验杂志, 15 (4): 490, 503.

郭志华, 孔文涛, 孔健. 2009. 产 β-半乳糖苷酶芽胞杆菌的筛选及产酶条件的优化. 安徽农业科学, 37 (10): 4404-4408.

郭志英,薛泉宏,张晓鹿,杨斌,许英俊,周永强.2008.生防菌苗床接种对辣椒根域微生态及产量的影响.西北农林科技大学学报（自然科学版）,36(4):159-165,170.

国春艳,杨婵,刁其玉.2008.纳豆芽胞杆菌在畜牧业中的应用效果及其机理探讨.饲料与畜牧：新饲料,4:55-56.

国果,吴建伟,付萍,覃容贵,张勇,宋智魁.2007.家蝇幼虫分泌物抗菌肽的分离及其部分特性.中国寄生虫学与寄生虫病杂志,25(2):87-92.

哈斯木·吾斯曼,朱继跃,王毅.2001.蜡样芽胞杆菌引起食物中毒192例调查分析.职业与健康,17(7):40-41.

海荣,魏建春,蔡虹,张建华,俞东征.2002.炭疽芽胞杆菌传统鉴定指征与毒力基因关系的评价.中华流行病学杂志,23(2):131-133,T002.

海洋,赵玉军,陈晓月,邹伟,张立鹏,金苗苗.2008.鸡肠道芽胞杆菌的分离鉴定及产蛋白菌株的筛选试验.浙江畜牧兽医,33(6):5-6.

韩北忠,吴戈,翟永玲.2001.大豆发酵食品——腐乳中芽胞杆菌的分离与鉴定.中国农业大学学报,6(4):103-107.

韩蓓,蔡亚君,胡晓敏,袁志明.2008.球形芽胞杆菌C3-41磷酸果糖激酶的克隆、表达及基本生物活性.微生物学报,48(5):602-607.

韩蓓,袁志明,陈士云.2005.苏云金芽胞杆菌$cry1A\alpha$核心毒素基因转化烟草及其杀虫活性.高技术通讯,15(9):62-66.

韩春然.2007.大葱提取物对微生物抑制作用的研究.食品研究与开发,28(6):65-67.

韩殿丽.2007.蜡样芽胞杆菌制剂治疗小儿轮状病毒性肠炎57例临床分析.社区医学杂志,5(10X):56-57.

韩冬梅,班慧芳,余子全,喻子牛,孙明.2008.新型抑菌蛋白APn5抑制胡萝卜软腐欧文氏菌.微生物学报,48(9):1192-1197.

韩寒冰,李松佳,沈伟煌,彭翠苹,吴小梅.2010.生物柴油脂肪酶产生菌的筛选及培养条件研究.茂名学院学报,20(1):12-14.

韩寒冰,刘杰凤.2009.机油降解菌的分离及其降解特性研究.安徽农业科学,37(21):9883-9884,9911.

韩寒冰.2009.原油降解菌的筛选及其降解性能研究.茂名学院学报,19(1):21-23.

韩辉,徐冠珠.1998.聚丙烯腈纤维固定化青霉素酰化酶性质的研究.微生物学报,38(3):204-207.

韩辉,徐冠珠.2001.颗粒状固定化青霉素酰化酶的研究.微生物学报,41(2):204-208.

韩建春,邢明伟.2011.枯草芽胞杆菌产弹性蛋白酶对肉嫩化的工艺研究.食品工业科技,2:166-168,263.

韩健,刘朝辉,齐崴,何志敏.2007.β-甘露聚糖酶发酵液絮凝条件的统计学筛选与响应面优化.生物加工过程,5(2):29-35.

韩江涛,杨春平,韩小美,刘国强.2008.冬青卫矛内生真菌代谢产物农用杀菌活性筛选.西北农业学报,17(5):98-102.

韩洁,谢和,田维毅.2008a.枯草杆菌胞外多糖的发酵和提取优化.安徽农业科学,36(18):7516-7517,7520.

韩洁,谢和,田维毅.2008b.枯草芽胞杆菌B1⑥菌株胞外多糖的提纯和初步分析.广西农业科学,39(3):328-330.

韩洁,谢和,赵杰宏.2007.枯草芽胞杆菌胞外多糖的快速测定与发酵条件优化.食品科技,32(6):210-213.

韩金玲,孙立乾.2007.一起由蜡样芽胞杆菌所致的食物中毒报告.中国临床医药研究杂志,10:59.
韩晶,李宝坤,贺家亮,韩淑青,李开雄.2009.高产嗜热β-葡聚糖酶菌种的诱变选育研究.酿酒科技,8:47-51.
韩晶,李宝坤,李开雄,贺家亮.2010.耐热β-葡聚糖酶产生菌AS35产酶条件的研究.中国食品添加剂,2:166-170.
韩晶,李宝坤,李开雄.2008.嗜热β-葡聚糖酶产生菌的筛选及其培养基优化研究.中国酿造,11:33-36.
韩克光.2004.产蛋鸡溃疡性肠炎的诊治.当代畜禽养殖业,11:7-8.
韩克光.2005.如何诊治产蛋鸡溃疡性肠炎.当代畜禽养殖业,3:23-24.
韩岚岚,戴长春,宋福平,张杰,赵奎军.2008.几种苏云金芽胞杆菌杀虫晶体蛋白对黑龙江省主要蔬菜害虫小菜蛾活性分析.北方园艺,8:198-200.
韩岚岚,宋福平,张杰,赵奎军.2008.苏云金芽胞杆菌杀虫晶体蛋白对棉铃虫活性分析.东北农业大学学报,39(8):21-24.
韩岚岚,赵奎军,张杰.2009.昆虫类钙粘蛋白与Bt Cry1A蛋白之间的相互作用.昆虫知识,2:203-209.
韩磊,纪树兰,任海燕,张国俊.2007.用于青霉素废水处理的高效菌株的分离及特性研究.环境工程学报,1(7):51-54.
韩丽,常建民,王雨,孙薇.2011.白桦木材蓝变生防枯草芽胞杆菌B26的生物学特性.东北林业大学学报,39(3):123-124.
韩丽珍,刘辰,谢柳,李有志.2009.苏云金芽胞杆菌营养期杀虫蛋白VIP3研究进展.基因组学与应用生物学,28(4):779-785.
韩丽珍,王茜,谢柳,张文飞.2009.来自海南等地的17个Bt分离株质粒多样性分析.基因组学与应用生物学,28(3):486-492.
韩玲,程智慧,孙金利,郝丽霞.2010.枯草芽胞杆菌对百合枯萎病的防治效果.西北农业学报,10:133-136,151.
韩梅,李春龙,韩晓日,钮旭光.2009.大豆根瘤菌和胶质芽胞杆菌混合培养研究.沈阳农业大学学报,40(2):188-192.
韩梅,温志丹,肖亦农,钮旭光.2009.解磷细菌的筛选及对植物病原真菌的拮抗作用.沈阳农业大学学报,40(5):594-597.
韩苗苗,肖亮,蔡峻,谢池楚,陈月华.2008.一株抑真菌、对甜菜夜蛾高效的苏云金芽胞杆菌菌株.微生物学通报,35(11):1750-1754.
韩明,喻子牛.1995.苏云金芽胞杆菌cryⅡ基因的克隆和表达.生物工程学报,11(2):167-172.
韩明子,方顺今,郎守民,宋英今.2007.鸡传染性鼻炎的病原学研究.吉林畜牧兽医,28(12):20-21.
韩铭海,许月,陈露.2008.产脲酶细菌的固定化及转化条件研究.安徽农业科学,36(33):14375-14377.
韩萍萍,朱虎,魏东芝,沈亚领.2008.石油降解菌的筛选、鉴定及降解石油的初步研究.化学与生物工程,25(9):34-38,54.
韩全州,刘颖,陈丽娟.2009.复合生物反应器污水除臭技术研究.新乡学院学报(自然科学版),26(2):69-71.
韩善桥,虞积耀,姜涛,王大鹏,王强.2008.九龙江细菌分布情况调查分析.中国卫生检验杂志,18(5):899-900.
韩绍印,李永宽,席宇,杨艳坤,宋淑红,朱大恒.2007.尼古丁降解菌的分离筛选及初步鉴定.河南农业科学,36 (9):48-51.
韩绍印,席宇,翁海波,朱大恒,高建民,杨德梁.2007.一株高环境适应性纤维素降解菌的筛选及鉴定.河南农业科学,36 (12):51-54.
韩士群,范成新,严少华.2006.固定化微生物对养殖水体浮游生物的影响及生物除氮研究.应用与环境生物学报,12 (2):251-254.
韩世功,张雪芹,常跃,栾兴民.2009.产酶益生素对奶牛的应用实验报告.广东奶业,4:12,23.
韩淑琴,杨洋,黄涛,聂静然,史德.2007.仙人掌提取物的抑菌机理.食品科技,32 (3):130-134.
韩双艳,林小琼,张溪,林影.2009.枯草芽胞杆菌 B2（*Bacillus subtiIis* B2）木聚糖酶在毕赤酵母中的表达.现代食品科技,8:872-876.
韩烁,夏冬亮,李潞滨,韩继刚.2010.毛竹根部解磷细菌的筛选及多样性研究.河北农业大学学报,33 (2):26-31.
韩涛,崔哲,李宝库,路新利.2009.发酵液中纤溶酶盐析法分离纯化的研究.科技信息,4:63-64.
韩涛,姚磊,李丽萍,王晓东.2005.桑叶提取物抑菌作用的研究.生物学杂志,22 (6):21-24.
韩伟,徐春厚,夏兰,邓兴福.2010.产乳酸芽胞杆菌对断奶仔猪生产及生化指标的影响.饲料研究,5:51-53.
韩文阁.2008.格尔木地区绵羊细菌性血红蛋白尿病的调查与防制.中国畜牧兽医,35 (7):108-109.
韩文菊,卢小玲,许强芝,刘小宇,焦炳华.2008.海洋芽胞杆菌次生代谢产物的分离、鉴定及生物学活性的初步研究.第二军医大学学报,29 (10):1234-1238.
韩文军,李馥珍,戴竹静.1996.1例重症破伤风的整体护理.解放军护理杂志,13 (2):43-45.
韩香,顾军.2000.中国苏芸金芽胞杆菌肯尼亚亚种 Ag 株发酵工艺条件研究.武警医学,11 (3):131-134.
韩晓芳,郑连爽.2002.产木聚糖酶嗜碱细菌的筛选及产酶条件研究.环境污染治理技术与设备,3 (11):25-27.
韩晓芳,郑连爽.2004.嗜碱芽胞杆菌木聚糖酶在苇浆漂白中的应用初探.农业环境科学学报,23 (6):1144-1146.
韩晓静,张猛,谢树莲.2010.轮藻功能性香皂的驱蚊抑菌作用研究.山西大学学报（自然科学版）,33 (4):601-604.
韩新才,胡长富,伍桂珍,邓锡灶.2003.特杀螟防治稻纵卷叶螟田间药效试验.农药,42 (12):28-29.
韩绪军,张立波,冯悦,唐颖蕾,魏大巧,彭金辉,夏雪山.2010.载 ZnO/活性碳复合材料抗菌性能及安全性研究.生物技术通报,26 (1):200-204.
韩学易,陈惠,吴琦,梁如玉,高凤.2006.产纤维素酶枯草芽胞杆菌 C-36 的产酶条件研究.四川农业大学学报,24 (2):178-181.
韩学易,陈惠,胥兵,赖欣.2008.产角蛋白酶芽胞杆菌的分离筛选与鉴定.农技服务,4:121-122.
韩学易,陈惠,胥兵,阮景军.2008.纤维素酶基因工程菌 pHBM-End 培养条件的研究.中国饲料,18:14-17.
韩学易,龚旭梅,陈惠.2010.饲用木聚糖酶菌株的筛选及鉴定.中国饲料,21:22-24.
韩雪,张兰威,付春梅.2007.紫外光度法间接测定脱脂乳中的芽胞数量.分析化学,35 (11):1665-1668.
韩雪,张兰威.2007.芽胞杆菌的检测方法.食品科学,28 (1):347-350.
韩延平,杨瑞馥.2001.需氧芽胞杆菌分类学研究进展.微生物学免疫学进展,29 (4):73-78.
韩艳霞,陈太政,侯彦喜,王刚.2007.小麦全蚀病拮抗微生物的分离及其拮抗性能研究.河南农业科学,36 (8):60-63.

韩艳霞, 胡斌杰, 王宫南. 2008. 蜡样芽胞杆菌JK14对小麦全蚀病的防治及其抑病机理. 安徽农业科学, 36 (18): 7674-7675, 7766.

韩艳霞, 胡斌杰, 王宫南. 2008. 蜡样芽胞杆菌JK14对小麦全蚀病的防治及其抑病机理. 农业科学与技术: 英文版, 9 (1): 70-74.

韩艳霞, 王刚, 王俊芳, 程希. 2005. 枯草芽胞杆菌B1-41对小麦全蚀病及其病原的防治和抑制作用. 开封大学学报, 19 (1): 83-84.

韩永霞, 殷文政, 张军. 2006. 理化因素对蜡样芽胞杆菌生长的影响. 乳业科学与技术, 28 (2): 70-72.

韩勇军, 白刚, 王美秀. 2005. 益生素的免疫增强作用. 畜牧与饲料科学, 26 (6): 5-6.

韩玉竹, 陈秀蓉, 王国荣, 杨成德. 2007. 东祁连山高寒草地土壤微生物分布特征初探. 草业科学, 24 (4): 14-18.

韩玉竹, 赵建军, 苏展, 黄勇, 胡陈明, 陈秀蓉. 2009. 象草根际土壤微生物生理群数量特征研究. 安徽农业科学, 37 (15): 7110-7112.

韩悦, 周宝森, 孙立华, 石有昌. 2004. 疫区土壤中炭疽芽胞杆菌的分离鉴定及毒力测定. 中国公共卫生, 20 (6): 740.

韩振林, 朱传合, 赵明明, 赵玉金, 路福平, 戚薇. 2006. 铜绿假单胞菌脂肪酶基因在枯草芽胞杆菌中的克隆与表达. 食品与发酵工业, 32 (1): 11-14.

韩智国, 刘静, 来岗位. 2009. 猪破伤风病的诊疗体会. 陕西农业科学, 55 (5): 234.

韩宗玺, 廖文艳, 王瑞琴, 邵昱昊, 马得莹. 2009. 重组鸡β-防御素6基因的表达和生物学特性的研究. 中国预防兽医学报, 31 (6): 476-480.

杭薇, 刘小军. 1997. 地衣芽胞杆菌在食品中的分布及引起食品变质的实验研究. 中国卫生检验杂志, 7 (6): 353-354.

杭小英, 叶雪平, 施伟达, 张宇飞, 罗毅志, 沈振伟, 周冬仁. 2008. 枯草芽胞杆菌制剂对罗氏沼虾养殖池塘水质的影响. 浙江海洋学院学报 (自然科学版), 27 (2): 197-200.

郝变青, 马利平, 乔雄梧, 高芬. 2004. 芽胞杆菌BC98-Ⅰ拮抗蛋白性质及其对黄瓜枯萎病菌的抑菌作用. 石河子大学学报 (自然科学版), z1: 91-94.

郝变青, 马利平, 乔雄梧, 高芬. 2005. 拮抗细菌株BC98-I对青椒枯萎病菌的抑制作用. 农药学学报, 7 (1): 35-39.

郝变青, 马利平, 乔雄梧. 2009. 广谱拮抗菌B96-Ⅱ的分子鉴定及GFP标记. 华北农学报, 24 (5): 188-191.

郝桂玉, 黄民生, 徐亚同. 2004. SBR中芽胞杆菌脱氮作用的研究. 环境科学与技术, 27 (5): 78-79, 84.

郝桂玉, 徐亚同, 黄民生, 刘海洪. 2004. 芽胞杆菌脱氮作用的研究. 环境科学与技术, 27 (1): 20-21, 37.

郝华昆, 韩俊华, 李为民, 牛天贵. 2007. 棉花黄、枯萎病拮抗菌株B110的鉴定及其抑菌作用方式. 植物保护, 33 (2): 77-80.

郝建安, 曹志辉, 徐海津, 白艳玲. 2006. 利用人工Mu转座技术研究解淀粉芽胞杆菌的功能基因. 生物技术通讯, 17 (3): 311-313.

郝建安, 曹志辉, 赵凤梅, 高卫华, 徐海津, 白艳玲, 张秀明, 乔明强. 2008. 解淀粉芽胞杆菌NK10.BAhjaWT抑真菌作用的研究. 微生物学通报, 35 (6): 903-908.

郝建安, 杨波, 张秀芝, 王静, 张雨山. 2011. 解淀粉芽胞杆菌dhs-28的筛选分离及絮凝活性. 化学工业与工程, 28 (1): 7-12.

郝景雯, 贾士儒, 张刚. 2010. 长裙竹荪乙醇提取物与水提取物抑菌作用研究. 食品研究与开发,

31 (10): 8-10.

郝林华, 孙丕喜, 姜振波, 陈靠山. 2006. 枯草芽胞杆菌（*Bacillus subtilis*）液体发酵条件. 上海交通大学学报（农业科学版）, 24 (4): 380-385.

郝鲁江, 包振民, 于同立. 2006. 偶氮染料脱色优势细菌的初步研究. 北京工商大学学报（自然科学版）, 24 (1): 10-14.

郝秋娟, 陈颖, 李永仙, 李崎. 2007. 温度对淀粉液化芽胞杆菌5582产β-葡聚糖酶的影响. 中国酿造, 3: 11-15.

郝秋娟, 李树立. 2010. 混菌发酵产饲用复合酶的研究. 河北化工, 9: 37-39.

郝秋娟, 李树立, 陈颖, 李崎. 2008. 温度对淀粉液化芽胞杆菌5582产蛋白酶的影响. 中国酿造, 6: 37-39.

郝秋娟, 李永仙, 李崎. 2006. 淀粉液化芽胞杆菌产β-葡聚糖酶培养基优化以及酶稳定剂的研究. 中国酿造, 4: 18-22.

郝秋娟, 李永仙, 李崎, 顾国贤. 2006. 淀粉液化芽胞杆菌5582产β-葡聚糖酶的发酵条件和酶学性质研究. 食品工业科技, 27 (8): 149-153.

郝瑞霞, 鲁安怀, 王关玉. 2002. 枯草芽胞杆菌对原油作用的初探. 石油学报（石油加工）, 18 (5): 14-20.

郝瑞霞, 鲁安怀. 2007. Conversion and degradation of crude oil by *Bacillus* SP3. 中国地球化学学报: 英文版, 26 (2): 201-206.

郝生宏, 董晓芳, 佟建明, 杨荣芳. 2009. 不同饲料制粒条件和保存时间对益生菌活力的影响. 中国畜牧杂志, 45 (1): 51-53.

郝生宏, 董晓芳, 佟建明, 张琪. 2010. 耐制粒枯草芽胞杆菌对肉仔鸡生产性能、血清生化指标及粪便大肠杆菌的影响. 中国畜牧杂志, 46 (19): 54-56.

郝生宏, 谷春涛, 萨仁娜, 佟建明. 2004. 高温处理对三种益生菌的影响. 饲料工业, 25 (6): 27-28.

郝生宏, 佟建明, 萨仁娜, 贺永明, 冯焱. 2005. 微量元素对3种益生菌固体发酵的影响. 中国畜牧杂志, 41 (2): 49-50.

郝生宏, 佟建明, 萨仁娜, 杨荣. 2008. 四株耐制粒益生菌对0～3周龄肉仔鸡死亡率、腹泻率及盲肠菌群的影响. 中国饲料, 3: 30-32.

郝生宏, 佟建明, 杨荣芳, 萨仁娜. 2008. 地衣芽胞杆菌对0～3周龄肉仔鸡的影响. 西北农林科技大学学报（自然科学版）, 36 (8): 20-24, 30.

郝生华, 邢东升, 罗涛. 2003. 气性坏疽尸检1例. 中国法医学杂志, 18 (2): 98, 100.

郝淑贤, 黄卉, 刘欣, 陈永泉. 2004. 生物自显影技术在荸荠英抑菌成分分离中的应用. 食品与发酵工业, 30 (5): 88-91.

郝淑贤, 刘欣, 黄卉, 陈永泉, 石红. 2006. 荸荠英提取物抑菌特性初探. 华南农业大学学报, 27 (3): 115-117.

郝向举, 李义, 孙汉, 张红英, 王玥. 2009. 蟹源益生芽胞杆菌的筛选. 中国饲料, 22: 11-14.

郝向举, 李义, 王文娟, 郭明凯, 孙汉, 王玥. 2010. 蟹源地衣芽胞杆菌培养条件的优化. 中国饲料, 15: 28-31.

郝向举, 李义. 2011. 蟹源地衣芽胞杆菌ESB3对中华绒螯蟹生长及部分免疫指标的影响研究. 饲料工业, 32 (2): 23-27.

郝晓娟, 刘波, 葛慈斌, 周先治. 2009. 短短芽胞杆菌JK-2菌株抑菌活性物质产生条件的优化. 河北农业科学, 13 (6): 46-49.

郝晓娟, 刘波, 谢关林, 葛慈斌. 2007a. 短短芽胞杆菌JK-2菌株抑菌物质特性的研究. 浙江大学学报

(农业与生命科学版), 33 (5): 484-489.
郝晓娟, 刘波, 谢关林, 葛慈斌. 2007b. 短短芽胞杆菌 JK-2 菌株对番茄枯萎病的抑菌作用及其小区防效. 中国生物防治, 23 (3): 233-236.
郝新城, 田兴梅, 马富贵. 2004. 一起蜡样芽胞杆菌引发的食物中毒分析. 宁夏医学杂志, 26 (4): 253.
郝延玉, 李士成. 1996. B.S 和 B.t.H14 混合发酵液在不同水质中的灭蚊效果. 医学动物防制, 12 (4): 39-40.
郝永任, 楚杰, 张大伟, 宿英德. 2007. 不同地衣芽胞杆菌对美国短毛黑貂肠道宿主性的鉴定. 中国饲料添加剂, 10: 20-21.
郝志明, 石红, 周婉君. 2009. 次氯酸钠消毒剂在水产加工厂中的应用研究. 现代食品科技, 25 (3): 255, 286-288.
何晨, 金钊, 冯志华, 白家峰, 田天. 2005. 芽胞杆菌发酵炮制中药红花增强溶血栓药效研究. 中国中药杂志, 30 (5): 340-343.
何春兰, 林红英, 张继东. 2008. 溪黄草类植物提取物对鸡常见致病菌的抑菌效果. 养禽与禽病防治, 7: 4-7.
何春茂, 常东亮, 张杰. 2008. 生物催化不对称还原法制备 (R)-和 (S)-2-羟基-4-苯基丁酸乙酯. 精细化工, 25 (7): 720-723.
何道容, 王庭霞. 2007. 一起蜡样芽胞杆菌污染盒饭引起食物中毒的调查. 职业与健康, 23 (8): 613-614.
何芳青, 陈琳, 姚慧鹏, 郭爱芹, 相兴伟, 吴小锋. 2010. 家蚕类免疫球蛋白 (hemolin) 基因的克隆及表达特征和抗菌活性研究. 蚕业科学, 36 (1): 40-45.
何福恒, 章锦秋. 1993. 多效菌及其制剂的主要特性观测. 浙江农业学报, 5 (2): 89-93.
何国庆, 张秀艳, 陈启和, 阮辉, 汤兴俊. 2006. 枯草芽胞杆菌 ZJF-1AS β-葡聚糖酶基因的克隆、序列分析和表达. 农业生物技术学报, 14 (1): 147-148.
何红, 蔡学清, 陈玉森, 沈兆昌, 关雄, 胡方平. 2002. 辣椒内生枯草芽胞杆菌 BS-2 和 BS-1 防治香蕉炭疽病. 福建农林大学学报 (自然科学版), 31 (4): 442-444.
何红, 蔡学清, 关雄, 胡方平. 2003. 辣椒内生枯草芽胞杆菌 (*Bacillus subtilis*) BS-2 和 BS-1 防治辣椒炭疽病研究. 植物病理学报, 33 (2): 170-173.
何红, 蔡学清, 关雄, 胡方平, 谢联辉. 2003. 内生菌 BS-2 菌株的抗菌蛋白及其防病作用. 植物病理学报, 33 (4): 373-378.
何红, 蔡学清, 洪永聪, 兰成忠, 关雄, 胡方平. 2004. 内生菌 BS-2 对蔬菜立枯病的抑制效果. 福建农林大学学报 (自然科学版), 33 (1): 17-20.
何红, 蔡学清, 兰成忠, 关雄, 胡方平. 2004. 辣椒内生菌 BS-2 在白菜体内的定殖、促生和防炭疽病作用. 植物保护学报, 31 (4): 347-352.
何红, 邱思鑫, 蔡学清, 关雄, 胡方平. 2004. 辣椒内生细菌 BS-1 和 BS-2 在植物体内的定殖及鉴定. 微生物学报, 44 (1): 13-18.
何红, 沈兆昌, 邱思鑫, 蔡学清, 关雄, 胡方平. 2004. 内生拮抗枯草芽胞杆菌 BS-2 菌株的发酵条件. 中国生物防治, 20 (1): 38-41.
何红艳, 钱平, 卢蓉蓉, 余坚勇, 陈卫, 赵建新, 田丰伟, 戚伟民, 陈潇. 2009. 超高压低酸性罐头中腐败菌的致死特性. 食品与发酵工业, 35 (6): 18-22.
何华, 刘玉升, 吕飞, 张建巍, 李斐斐. 2007. 窗胸萤肠道细菌分离及鉴定研究. 华东昆虫学报, 16 (3): 172-176.
何继富. 2001. 羔羊痢疾的防治. 农村实用技术, 2: 48-51.

何继富. 2004. 微生态制剂类饲料添加剂的应用. 农村实用技术, 6: 34-35.

何佳, 赵启美, 陈钧. 2008. 利用二维生物自显影技术快速检测追踪金钱松内生真菌抗细菌活性成分. 食品科学, 29 (2): 252-256.

何剑琴 (综述), 李俊达 (审校). 2008. 伪膜性肠炎. 医学综述, 14 (12): 1831-1832.

何健, 汪婷, 孙纪全, 顾立锋, 李顺鹏. 2005. 以四氢嘧啶为主要相容性溶质的中度嗜盐菌I15的分离和特性研究. 微生物学报, 45 (6): 900-904.

何鉴尧, 潘伟斌, 林敏. 2008. 溶藻细菌对富营养化水体藻类群落结构的影响. 环境污染与防治, 30 (11): 70-74.

何隽菁, 王菊芳. 2009. 嗜酸乳杆菌生长状况及抑菌特性的研究. 科技创新导报, 14: 8, 11.

何君, 端青, 黄策. 2003. 抗炭疽芽胞杆菌菌体抗原单克隆抗体的制备及其鉴定. 军事医学科学院院刊, 27 (5): 397-398.

何力, 郝勃, 谢从新, 罗晓松, 张征. 2009. 草鱼肠道纤维素酶产生菌主要种类的分离与鉴定. 应用与环境生物学报, 15 (3): 414-418.

何丽杰. 2009. 双歧因子对双歧杆菌的促生长作用. 中国医学检验杂志, 5: 313-315.

何连芳, 孙玉梅, 刘茵, 曹方. 2005. 亚麻微生物脱胶优势菌的选育及其应用. 工业微生物, 35 (4): 25-28, 32.

何亮, 宋新华, 王智文, 吴凡, 刘训理. 2007. 1株植物病原真菌拮抗细菌的鉴定. 西北农林科技大学学报 (自然科学版), 35 (2): 120-124.

何亮, 熊礼宽, 曾忠铭. 2007. 乳杆菌的分类与分子鉴定方法研究进展. 中国微生态学杂志, 19 (3): 312-313, 316.

何琳燕, 殷永娴, 黄为一. 2003. 一株硅酸盐细菌的鉴定及其系统发育学分析. 微生物学报, 43 (2): 162-168.

何灵秀, 蔡先东. 2005. 薄荷脑、氮酮对NMT霜剂透皮扩散作用的研究. 广东药学, 15 (3): 74-75.

何敏, 汪开毓, 张宇, 孙挺. 2008. 复合微生物制剂对重口裂腹鱼生长、消化酶活性、肠道菌群及水质指标的影响. 动物营养学报, 20 (5): 534-539.

何敏, 杨文敏, 农清清, 林红, 李秀桂. 2003. 新型核酸染料SYBR-Green在检测基因扩增产物中的应用. 广西医科大学学报, 20 (1): 7-9.

何敏, 易雨凤. 2008. 12例新生儿破伤风的护理体会. 中国现代临床医学, 7 (5): 87-88.

何青芳, 陈卫良, 马志超. 2002. 枯草芽胞杆菌A30菌株产生的拮抗肽的分离纯化与理化性质研究. 中国水稻科学, 16 (4): 361-365.

何榕. 2005. 非淋菌性尿道炎的追踪观察. 现代临床医学, 31 (4): 250-251.

何若天. 2010. 益生芽胞杆菌在防治植物真菌性病害中的应用. 科学种养, 12: 51-52.

何若天. 2011. 益生芽胞杆菌在畜禽养殖中的应用效果和使用方法. 科学种养, 2: 4-5.

何四清. 2008. 土壤和动物毛皮中炭疽芽胞杆菌检测. 预防医学情报杂志, 24 (9): 732-733.

何特, 李妮, 黄小菲, 杨志荣, 张杰. 2009. 青藏高原高寒湿地产纤维素酶菌株的分离、鉴定和产酶的初步研究. 中国农业科技导报, 4: 112-117.

何伟, 阮丽芳, 孙明, 李茜茜, 喻子牛. 2004. 苏云金芽胞杆菌酪氨酸酶基因的克隆表达及应用初探. 微生物学报, 44 (6): 824-826.

何伟, 张同武, 林毅. 2009. 苏云金芽胞杆菌Ⅳ型抗癌晶体蛋白的分子模建. 生物信息学, 7 (4): 320-322, 325.

何献君, 宗浩, 郑鸽, 杨小蓉, 陈颉. 2002. 一株苏云金芽胞杆菌 (*Bacillus thuringiensis*) 的分离与鉴定. 四川师范大学学报 (自然科学版), 25 (3): 301-303.

何相臣,姜涛,安宪全.2007.微生态制剂对狐生产性能的影响.特种经济动植物,10(4):2-3.

何小丹,李霜,孙蓓蓓,何冰芳.2009.地衣芽胞杆菌YP1A耐有机溶剂蛋白酶基因的克隆与功能表达.生物加工过程,7(6):67-73.

何小丽,张群,朱义,王斌,崔心红.2010.大莲湖池杉林湿地土壤可培养细菌的分离与鉴定.微生物学杂志,30(2):18-23.

何笑松,沈仁权,盛祖嘉.1990.嗜热脂肪芽胞杆菌CU21中有关质粒pFDX163的整合和游离状态的一种新的相转变现象.遗传学报,17(3):216-225.

何笑松,沈仁权,盛祖嘉.1990.嗜热脂肪芽胞杆菌启动子克隆载体pFDC4和表达型载体pFDC11的构建.遗传学报,17(4):313-320.

何笑松,沈仁权.1990.$xyLE$基因在嗜热脂肪芽胞杆菌中的表达.遗传学报,17(1):46-52.

何新,何翠香,徐登霆,陈连喜,陈新浩,吴涛.2010.一株高温解烃菌的筛选及性能评价.西安石油大学学报(自然科学版),25(6):73-75.

何义,刘宗英.2001.蜡样芽胞杆菌致面部感染一例.实用医技杂志,8(8):574.

何英.2007.地衣芽胞杆菌胶囊联合制霉菌素治疗儿童真菌性肠炎疗效观察.中国药房,18(11):852-853.

何颖,赵红宇,冷丽萍.1993.蜡样芽胞杆菌在各类食品中分布情况的调查报告.肉品卫生,2:8-10.

何永梅,李力.2009.增产菌在蔬菜生产上的应用.农家参谋,8:12.

何余堂,潘孝明,王兵兵.2010.玉米花丝多糖的分离与抑菌研究.食品研究与开发,31(4):119-122.

何元龙,逯月,付剑.2007.苍术油对四种细菌最小抑菌浓度的研究.家禽科学,11:37-38.

何月英,宁玲忠,曾德年,胡仕凤,晏美清.2005.饲料微生物添加剂的研究.湖南畜牧兽医,3:3-5.

何月英,曾德年,胡仕凤,宁玲忠,晏美清.2005.蜡状芽胞杆菌的分离培养与鉴定.中国饲料,15:15-16,19.

何玥,曾斤日,许业栋,丁华,陈伟.2007.消毒剂中污染菌对消毒剂抗性及耐药性研究.中国卫生检验杂志,17(12):2261-2263.

何泽,李桂英,安太成,曾祥英.2007.生物滴滤塔中两种优势菌种对高浓度甲苯废气净化对比实验.环境工程,25(2):39-42.

何召明,张义正,王海燕.2009.短小芽胞杆菌碱性蛋白酶基因在枯草芽胞杆菌WB600中的表达.四川大学学报(自然科学版),46(4):1141-1146.

何知庆,毛裕民,盛祖嘉,沈仁权.1995.嗜热脂肪芽胞杆菌FDTP-3编码邻苯二酚2,3-双加氧酶基因的核苷酸全序列分析.生物化学杂志,11(1):114-116.

和致中,彭谦.1989.云南温泉高温菌的研究:Ⅶ腾冲酸性高温温泉中的极端嗜热性芽胞杆菌.微生物学报,29(3):161-165.

荷苏琴,李玉奇.1994.豌豆根病生防芽胞杆菌的分离和筛选初报,生物防治通报,10(3):141.

贺长顺,张恒业,卢光敬.2002.蜡样芽胞杆菌活菌制剂对雏鸡白痢的防治效果.郑州牧业工程高等专科学校学报,22(2):81-82.

贺春玲,嵇保中,刘曙雯.2009.长木蜂蜂粮粗提液抑菌活性的研究.南京林业大学学报(自然科学版),33(2):17-21.

贺刚,何力,谢从新,郝勃.2008.草鱼肠道一菌株产纤维素酶的分离纯化及性质研究.水生态学杂志,1(6):107-110.

贺刚,何力,谢从新,王朝元,高宝峰.2008.草鱼肠道枯草芽胞杆菌的耐药性分析.现代农业科技,22:219-220,222.

贺海林,黄治平.2005.024注射吸毒者中的破伤风.国外医学:社会医学分册,22(2):95-95.

贺娟, 陈正杰, 吴恩国, 刘文辉, 张书衍, 孟强, 吴绵斌. 2010. 新型抗真菌抗生素发酵工艺及动力学研究. 化学工程, 38 (10): 181-184.

贺芸. 2006. 产胞外耐高温纤维素酶细菌的获得和酶的纯化及性质研究. 常州工学院学报, 19 (1): 13-17.

贺中华, 陈昌福, 高宇, 孟小亮, 田甜. 2009. 黄鳝肠道益生菌 HY-136 的鉴定与系统发育分析. 华中农业大学学报, 28 (6): 715-718.

赫爱平, 张亚杰, 郎非, 刘漫江. 2008. 加替沙星眼用凝胶中微生物检查法的建立. 华西药学杂志, 23 (6): 701-703.

赫荣乔. 2008. 从海洋细菌 X-2 中筛选 I 型 PKS 基因簇. 微生物学通报, 35 (9): 1510.

洪程基. 2006. 蜡样芽胞杆菌检验及方法探讨. 中国卫生检验杂志, 16 (4): 484-485.

洪明章, 孙智杰. 2010. 纳豆激酶液体发酵条件的优化. 农产品加工. 学刊, 7: 54-57.

洪鹏翔, 邱思鑫, 陈航, 赵秀丹. 2007. 4 种茄科作物内生细菌的分离及拮抗菌的筛选. 福建农林大学学报 (自然科学版), 36 (4): 347-351.

洪庆华, 石璐, 孙井梅, 秦璐璐, 卢楠. 2010. 革兰氏染色三步法应用试验探讨. 实验室研究与探索, 11: 15-17.

洪学. 2010. EM 菌发酵秸秆饲料的方法和效果. 草业与畜牧, 5: 48-49.

洪扬, 雷虹. 1994. 地衣芽胞杆菌 2709 碱性蛋白酶基因的克隆、序列测定及其表达. 生物工程学报, 10 (3): 271-276.

洪奕娜, 张国海, 庄惠如. 2011. 藻菌混合固定化胶球在海水贝类育苗中的应用初探. 安徽农学通报, 17 (5): 44-46.

洪永聪, 范晓静, 来玉宾, 胡方平. 2006. 枯草芽胞菌株 TL2 在茶树体内的内生定殖. 茶叶科学, 26 (4): 270-274.

洪永聪, 胡春光, 辛伟, 黄天培, 胡方平. 2008. 双向电泳分析枯草芽胞菌株 TL2 的抗菌蛋白. 青岛农业大学学报 (自然科学版), 25 (1): 1-5.

洪永聪, 来玉宾, 叶雯娜, 林培贤, 胡方平. 2006. 枯草芽胞菌株 TL2 对茶轮斑病的防病机制. 茶叶科学, 26 (4): 259-264.

洪永聪, 辛伟, 崔德杰, 胡方平. 2007a. 蜡状芽胞杆菌菌株 TR2 的氯氰菊酯降解酶特性. 青岛农业大学学报 (自然科学版), 24 (3): 185-188, 192.

洪永聪, 辛伟, 崔德杰, 胡方平. 2007b. 蜡状芽胞杆菌菌株 TR2 对氯氰菊酯降解作用的小区试验. 青岛农业大学学报 (自然科学版), 24 (4): 291-293.

洪永聪, 辛伟, 来玉宾, 翁昕, 胡方平. 2005. 茶树内生防病和农药降解菌的分离. 茶叶科学, 25 (3): 183-188.

洪永聪, 辛伟, 李树文, 胡方平. 2008. 枯草芽胞菌株 TL2 抗菌蛋白的纯化及其稳定性测定. 青岛农业大学学报 (自然科学版), 25 (2): 91-94.

洪永聪. 2009. 生防菌株 TL2 的菌剂研制及大田防病试验. 中国农学通报, 17: 181-185.

洪玉枝, 刘子铎. 1995. 苏云金芽胞杆菌 Cry I 基因 RNA 探针载体的构建. 华中农业大学学报, 14 (1): 7-11.

侯丙凯, 陈正华. 2001. 苏云金芽胞杆菌杀虫蛋白基因克隆及油菜叶绿体遗传转化研究. 遗传, 23 (1): 39-40.

侯丙凯, 党本元, 章银梅, 陈正华. 2000. 苏云金芽胞杆菌 $cry1Aa10$ 杀虫晶体蛋白基因的克隆, 序列分析以及在大肠杆菌中的表达. 农业生物技术学报, 8 (3): 289-293.

侯珲, 朱建兰. 2003. 枯草芽胞杆菌对番茄茎基腐病菌和葡萄灰霉病菌的抑制作用研究. 甘肃农业大学学报, 38 (1): 51-56.
侯继权, 郭宇军, 徐志莹. 2010. 气性坏疽护理体会. 中国中医药现代远程教育, 20: 140.
侯继权, 郭宇军, 徐志莹. 2011. 中西医结合治疗气性坏疽 26 例. 中国中医急症, 20 (1): 90.
侯娟, 李辉, 罗开军. 2008. 昆虫对苏云金芽胞杆菌杀虫晶体蛋白的交叉抗性. 中国病原生物学杂志, 3 (2): 153-155, 141.
侯磊, 单安山. 2010. 芽胞杆菌对仔猪肠道菌群的影响. 饲料研究, 3: 16-18.
侯亮亮, 吴小芹, 盛江梅. 2011. 4 株菌根辅助细菌对苗木猝倒病菌的抑制作用. 南京林业大学学报（自然科学版）, 35 (1): 43-46.
侯敏, 周刚, 章金凤, 盛惟. 2010. 蒙药火绒草提取物体外抑菌试验的研究. 中国民族医药杂志, 16 (11): 55-56.
侯宁, 李大鹏, 杨基先, 马放, 王金娜. 2010. 高效破乳菌的培养条件优化及破乳效能研究. 中国环境科学, 30 (3): 357-361.
侯宁, 马放, 李大鹏, 徐旸, 李旭. 2009. 高效破乳菌的破乳效能及活性成分. 石油学报（石油加工）, 3: 435-441.
侯宁, 杨基先, 马放, 李大鹏. 2009. Properties study and phylogenetic analysis of a bacterial strain with high de-emulsification efficiency. 哈尔滨工业大学学报: 英文版, 16 (3): 350-354.
侯如燕, 宛晓春, 吴慧平. 2006. 油茶总皂甙抑菌活性的初步研究. 食品科学, 27 (1): 51-54.
侯树宇, 张清敏, 多森, 王兰, 钟欢, 任富海. 2004. 微生态复合菌制剂在对虾养殖中的应用研究. 农业环境科学学报, 23 (5): 904-907.
侯树宇, 张清敏, 多森, 余海晨, 孙红文. 2005. 白腐真菌和细菌对芘的协同生物降解研究. 农业环境科学学报, 24 (2): 318-321.
侯树宇, 张清敏, 余海晨, 多森, 白晔, 张杨, 孙红文. 2006. 多环芳烃芘高效降解菌的筛选及其降解性能的研究. 南开大学学报（自然科学版）, 39 (2): 71-74.
侯文杰, 侯红萍. 2010. 产纤维素酶细菌的微波诱变及产酶条件的研究. 酿酒科技, 2: 17-19.
侯晓丹, 檀根甲, 刘淑芳, 李娜. 2007. 枯草芽胞杆菌磁场诱变株对采后番茄灰霉病的控制效果研究. 激光生物学报, 16 (5): 576-582.
侯轶, 任源, 韦朝海. 1999. 硝基苯好氧降解菌筛选及其降解特性. 环境科学研究, 12 (6): 25-27, 35.
侯颖, 孙军德, 徐建强, 徐超蕾. 2005. 养殖水体中高效氨氮降解菌的分离与鉴定. 水产科学, 24 (10): 22-24.
侯颖, 孙军德, 徐建强, 徐超蕾. 2006. 巨大芽胞杆菌对养殖水体氨氮降解特性研究. 沈阳农业大学学报, 37 (4): 607-610.
侯颖, 孙军德. 2004. 微生态制剂在水产养殖中的作用. 微生物学杂志, 24 (4): 49-52.
侯颖, 徐建强, 秦翠丽, 张敏, 马丽萍. 2005. 洛阳市空气微生物污染初步调查. 环境监测管理与技术, 17 (5): 17-20.
侯幼军, 陈晓雨. 2005. 2-酮基-L-古龙酸的高效液相色谱分析. 生物技术, 15 (5): 79-80.
侯雨丰, 赵志清, 阎纯锴, 张继卫. 2004. 石家庄市茧蠊侵害状况调查. 中国媒介生物学及控制杂志, 15 (4): 269-270.
侯雨文, 韩春艳. 2007. 蜡样芽胞杆菌对大肠杆菌的体外抑制研究. 中国畜禽种业, 3 (3): 51-52.
侯振平, 张平, 张军, 李铁军, 黄瑞林, 印遇龙, 陈立祥, 高碧. 2008. 半乳甘露寡糖对断奶仔猪肠道微生物多样性的影响. 中国科学院研究生院学报, 25 (3): 413-418.
呼庆, 齐鸿雁, 窦敏娜, 张洪勋. 2007. 强抗镉蜡状芽胞杆菌的分离鉴定及其抗性机理. 环境科学, 28 (2): 427-430.

胡必强,蔡蕴琦. 2007. 南农大研制出"低毒"农药. 农化市场十日讯, 11: 24.
胡彪,刘刚,张忠,张洪涛,陈国福. 2005. "牛四防"疫苗在奶牛群消化道疾病中的防治作用. 中国乳业, 10: 37-38.
胡炳福,黄勤钦. 1996. 细菌 P751 和 BC752 菌株的应用与研究. 贵州林业科技, 24 (2): 12-21.
胡泊,吴胜,杨柳,郑国钧,孙万儒. 2007. 嗜冷枯草芽胞杆菌低温脂肪酶纯化与酶学性质研究. 微生物学通报, 34 (3): 524-527.
胡长庆,赵京扬,杨季芳,熊尚凌,陈忠法,郝勃. 2008. 芽胞杆菌对鸡生长性能和盲肠细菌群落的影响. 中国畜牧兽医, 35 (10): 32-34.
胡长庆,赵京扬,杨季芳,熊尚凌,陈忠法,郝勃. 2008. 益生芽胞杆菌对热应激鸡盲肠菌群变化的影响. 中国家禽, 30 (10): 25-27.
胡承,彭勇,王忠彦,王峰,云彩虹. 1999. 地衣芽胞杆菌碱性蛋白酶的研究: I. 碱性蛋白酶高产菌的筛选及产酶条件初探. 工业微生物, 29 (4): 27-30.
胡春萍. 1996. 兔泰泽氏病暴发流行报告. 中国养兔杂志, 4: 13-14.
胡春霞,陆平,李卫芬,许梓荣. 2009. 短芽胞杆菌耐碱性木聚糖酶(xylB)的分子生物学研究. 食品与生物技术学报, 28 (1): 86-90.
胡淳罡,刘常金,郑焕兰,周平. 2009. 枯草杆菌 SBS 液体发酵联产血栓溶解酶和 γ-聚谷氨酸. 微生物学报, 49 (1): 49-55.
胡淳罡,刘常金,周平,肖丽梅. 2008. 枯草杆菌溶栓酶的液体发酵工艺和分离纯化研究. 中国酿造, 10: 32-35.
胡德朋,唐家毅,曹昱,王永华,杨博. 2008. 枯草芽胞杆菌的分离鉴定及酶系分布的研究. 水产科学, 27 (2): 86-88.
胡定汉,龚德祥,罗文辉,严全胜,刘昌敏,郭瑞光. 2009. 10%井冈霉素·蜡质芽胞杆菌防治稻曲病试验. 湖北植保, 3: 46-47.
胡桂林,王德良,张雪峰,段开红. 2007. 用 Biolog 微生物自动分析系统鉴定大曲中地衣芽胞杆菌的研究. 酿酒, 34 (6): 32-33.
胡桂萍,尤民生,刘波,朱育菁,郑雪芳,林营志. 2010. 水稻茎部内生细菌及根际细菌与水稻品种特性的相关性. 热带作物学报, 31 (6): 1026-1030.
胡海红,石爱琴,胡艳华,李敏,丁明,赵辅昆. 2010. 枯草芽胞杆菌整合载体的构建及基因组的改造. 浙江理工大学学报, 27 (1): 134-139.
胡海文,杨海清,王朋,刘素花,赵晓燕,刘正坪. 2009. 桃褐腐病菌拮抗细菌的分离筛选与鉴定. 中国农学通报, 25 (12): 195-200.
胡鹤(译),胡又佳(校). 2006. 以部分水解的淀粉发酵重组枯草芽孢杆菌 WB600 (pMA5) 生产羧产碱杆菌青霉素 G 酰化酶. 中国医药工业杂志, 37 (9): 616.
胡浩斌,王鑫,刘建新,曹宏,简毓. 2006. 东紫苏根中抑菌活性成分的研究. 四川大学学报(自然科学版), 43 (4): 913-917.
胡宏源,夏立秋,史红娟,孙运军,高必达,丁学知. 2004. 苏云金芽胞杆菌伴孢晶体 20kb DNA 中 cry1Ac 基因的克隆、高效表达和生物活性研究. 生物工程学报, 20 (5): 656-661.
胡洪涛,王开梅,李芒,周荣华. 2002. 几种枯草芽胞杆菌发酵液防治草莓病害的药效试验. 湖北农业科学, 2: 52.
胡桦,陈强,李登煜,吴思思,谢卓霖,贺积强,周俊初. 2007. 紫色土硅酸盐细菌的遗传多样性研究. 土壤学报, 44 (2): 379-383.
胡桦,陈强,李登煜,周俊初. 2008. 38 株紫色土硅酸盐细菌的遗传多样性和分类地位. 武汉大学学报

(理学版), 54 (2): 239-243.

胡慧莉, 高淑红, 陈长华. 2008. 重组大肠杆菌表达的枯草芽胞杆菌腺苷磷酸化酶的应用研究. 化学与生物工程, 25 (4): 64-67.

胡吉友, 刘惠虹, 丁培林, 严从友, 陈玲, 王文华. 2007. 一起蜡样芽胞杆菌引起食物中毒的调查. 现代保健: 医学创新研究, 4 (23): 172.

胡建华. 2006. 伪膜性肠炎 20 例临床分析. 实用医技杂志, 13 (9): 1563-1564.

胡介卿, 赵和璋. 1995. 角蛋白分解菌的分离选育、角蛋白酶提取及其应用的研究. 江西农业大学学报, 17 (3): 340-344.

胡静, 陈育如, 魏霞, 刘友芬. 2008. 高产环糊精葡萄糖基转移酶的枯草芽胞杆菌选育、产酶与酶学特性. 食品与生物技术学报, 27 (4): 97-102.

胡静荣. 2010. 降解亚硝酸盐菌种的诱变·纯化及培养基筛选研究. 安徽农业科学, 38 (31): 17 741-17 743.

胡菊香, 吴生桂, 邹清, 陈金生, 胡小健, 胡传林. 2003. 生物水净化剂对养殖池塘水质的调控作用初探. 水利渔业, 23 (6): 40-41.

胡立勇, 谢奕森, 连颖开. 2002. 固定化嗜热脂肪芽胞杆菌生产 1,6-二磷酸果糖的研究. 中国医药工业杂志, 33 (1): 12-14.

胡立勇, 周玉珍, 吴建敏, 钟昱文. 2001. 嗜热脂肪芽胞杆菌生产 1,6-二磷酸果糖的研究. 中国医药工业杂志, 32 (8): 347-348, 372.

胡丽. 2010. 老年患者抗生素相关性肠炎 112 例对照治疗的临床研究. 当代医学, 16 (34): 7-8.

胡梁斌, 杨静东, 章挺, 杨志敏, 程凤科, 石志琦. 2008. 枯草芽胞杆菌 B-FS01 鞭毛蛋白 FCD 基因克隆与拮抗活性. 扬州大学学报 (农业与生命科学版), 29 (3): 84-87.

胡伶俐, 李军, 张云峰, 杨文治. 2011. 纳豆激酶液体发酵条件的优化. 化学与生物工程, 28 (1): 42-45, 88.

胡末一, 李东成. 1994. 芽胞杆菌微生物饲料添加剂对猪的试验研究. 四川农业科技, 4: 30-32.

胡朋, 申琳, 范蓓, 于萌萌, 生吉萍. 2008. 番茄灰霉病拮抗细菌 Bacillus-1 的筛选和鉴定. 食品科学, 29 (6): 276-279.

胡谦. 1998. 肉毒杆菌二元毒素和细胞外酶. 生命科学, 10 (4): 185-187, 205.

胡青攀, 华确, 马福明, 切中叶海, 吴梅秀. 2007. 浅谈牛羊炭疽的防治方法. 青海畜牧兽医杂志, 37 (6): 52.

胡青平, 徐建国. 2005. 耐高温蛋白酶菌株的筛选. 生物技术, 15 (5): 20-21.

胡庆松, 刘青梅, 杨性民, 郁志芳, 袁勇军. 2009. 年糕腐败菌的鉴定和菌系分析. 食品与生物技术学报, 28 (4): 564-568.

胡庆轩, 车凤翔. 1999. P3 级微生物安全实验室防气溶胶扩散性能的检测. 卫生研究, 28 (3): 177-178.

胡容平, 邓香洁, 龚国淑, 唐志燕, 张世熔. 2008. 成都市郊区土壤芽胞杆菌的解磷、解钾潜力. 四川农业大学学报, 26 (2): 167-169.

胡容平, 龚国淑, 张洪, 张世熔, 卢代华, 刘旭, 叶慧丽. 2010. 四川甘孜州折多山与雀儿山地区土壤细菌的研究. 西南农业学报, 23 (5): 1565-1570.

胡蓉, 马永平, 徐进平, 孟小林. 2002. AcNPV·Bt·En 复配剂对甜菜夜蛾幼虫的毒力测定. 中国生物防治, 18 (1): 47-48, F003.

胡汝晓, 李珊, 谭周进, 赵武能, 谢丙炎, 谢达平, 肖冰梅, 伍参荣. 2008. 鱼腥草内生微生物的分布特征初探. 生物技术通报, 24 (2): 155-157.

胡尚勤, 刘天贵. 2000. 地衣芽胞杆菌营养要求的研究. 河北省科学院学报, 17 (4): 224-227.

胡尚勤, 王汉臣, 刘天贵. 2008. 高产杆菌肽菌株的筛选及培养条件研究. 河南师范大学学报（自然科学版），36 (1): 118-121.

胡尚勤. 1997. 整肠生菌纯培养物的环境动力学研究. 生物数学学报, 12 (4): 350-356.

胡尚勤. 1998. 生物素对地衣芽胞杆菌生长和乳酸形成的影响. 生物工程学报, 14 (1): 116-117.

胡尚勤, 张远琼. 1998. 微生态系统中地衣芽胞杆菌消长的研究. 应用生态学报, 9 (6): 617-620.

胡仕凤, 何月英, 曾德年, 宁玲忠, 戴荣四. 2006. 4 株益生菌对抗菌药物的耐受性试验. 兽药与饲料添加剂, 11 (3): 4-6.

胡双龙. 2007. 生物学防治仔猪大肠杆菌病. 畜牧兽医科技信息, 12: 85-86.

胡爽, 王炜, 詹发强, 杨红兰, 山其木格. 2008. 一株产纤维素酶细菌的筛选鉴定. 生物技术, 18 (5): 36-38.

胡爽, 詹发强, 包慧芳, 王炜. 2009. 饲用地衣芽胞杆菌 TS-Ⅱ菌株发酵培养基及发酵条件优化. 新疆农业科学, 46 (6): 1245-1251.

胡未一, 江林, 刘云高, 杨明高, 胡小平, 胡建中, 周志元. 1994. 芽胞杆菌微生物饲料添加剂对鲤鱼的增重试验. 四川畜牧兽医, 2: 17-18.

胡文革, 赵建朋, 康壮丽, 郝凤霞. 2007. 新疆艾比湖中度嗜盐菌 A6 的 16S rDNA 分析. 石河子大学学报（自然科学版），25 (5): 565-570.

胡文婷, 张英霞, 满初日嘎, 张凯, 黄鑫, 陈敏洁. 2010. 黑眶蟾蜍皮肤抗菌肽的制备及其性质. 生物加工过程, 8 (5): 21-24.

胡小加, 江木兰, 刘胜毅, 余常兵, 张银波, 廖星. 2009. 枯草芽胞杆菌在油菜根茎叶的定殖动态和生防作用研究. 中国油料作物学报, 31 (1): 61-64.

胡小加, 江木兰, 张银波. 2004. 巨大芽胞杆菌在油菜根部定殖和促生作用的研究. 土壤学报, 41 (6): 945-948.

胡小加, 江木兰, 张银波. 2007. 硫代葡萄糖甙和类黄酮对枯草芽胞杆菌在油菜根部定殖的影响. 土壤学报, 44 (4): 764-767.

胡小加, 江木兰. 2003. 巨大芽胞杆菌 (A6) 在红黄壤中对油菜的促生作用. 中国油料作物学报, 25 (4): 105-106.

胡小加, 余常兵, 李银水, 廖星, 张春雷, 吴细卯. 2009. 生物肥料对油菜的促生及菌核病防治的研究. 中国油料作物学报, 31 (4): 540-543.

胡晓娟, 李卓佳, 曹煜成, 杨莺莺, 袁翠霖, 罗亮, 杨宇峰. 2010. 强降雨对粤西凡纳滨对虾养殖池塘微生物群落的影响. 中国水产科学, 17 (5): 987-995.

胡晓璐, 沈新迁, 傅科鹤, 顾振芳, 陈云鹏. 2011. 短小芽胞杆菌（*Bacillus pumilus*）DX01 转座突变株的构建及转化体系的优化. 上海交通大学学报（农业科学版），29 (1): 68-74.

胡晓敏, 蔡亚君, 周帼萍, 袁志明. 2007. 蜡状芽胞杆菌群菌株中部分病原相关因子的检测. 微生物学报, 47 (3): 392-395.

胡晓婷, 宋福平, 冯书亮, 杜立新, 宋健. 2007. Bt 分子生物学研究进展. 华北农学报, 22 (B10): 6-9.

胡晓婷, 宋健, 王容燕, 杜立新, 曹伟平, 王金耀, 冯书亮. 2008. 对铜绿丽金龟幼虫有活性的苏云金芽胞杆菌菌株的分离及鉴定. 华北农学报, 23 (6): 81-83.

胡筱敏, 邓述波, 牛力东, 罗茜. 2001. 一株芽胞杆菌所产絮凝剂的研究. 环境科学研究, 14 (1): 36-40.

胡星, 裘祖楠, 任忠鸣, 曹铁华, 庄艳. 2006. 强磁场影响下菌株 B1 对染料的脱色作用. 环境科学学报, 26 (6): 919-923.

胡秀芳,方琼楼,余婕.2010.利用微生物絮凝剂处理养殖废水的方法及所得的复合肥料.中国,CN 101475249.

胡秀芳,高园园,方琼楼,吴金光,陈集双.2008.离子束注入技术选育胶质芽胞杆菌KNP414的解磷突变菌株.核农学报,22(4):420-425.

胡秀芳,应飞祥,陈集双.2007.胶质芽胞杆菌突变株021120的培养条件及发酵工艺优化.中国生物工程杂志,27(9):58-62.

胡学智.1993a.芽胞杆菌的酶(上).工业微生物,23(4):25-33,40.

胡学智.1993b.芽胞杆菌的酶(下).工业微生物,23(5):34-37.

胡学智,凌晨.1991.高温α-淀粉酶生产菌种选育的研究.微生物学报,31(4):267-273.

胡雪萍,王萍.2007.芽胞杆菌抗菌作用研究.江西农业大学学报,29(6):890-893.

胡雪芹,芮广虎,周雪梅,张洪斌.2011.生防菌FM4B的鉴定及抗菌物质的性质研究.上海交通大学学报(农业科学版),29(1):75-80.

胡艳芬,江文斌,蒋琳琳,陈新凯,程天印.2010.高百里香酚和香芹酚体外抑菌作用的研究.畜牧兽医科技信息,10:107.

胡艳华,李敏,石爱琴,胡海红,丁明,赵辅昆.2009.胞外脂肪酶在枯草芽胞杆菌中的表达及其性质.浙江理工大学学报,26(5):757-763.

胡艳君,罗公平.1991.从苏联进口蜂蜜中检出美洲蜂幼腐臭病幼虫芽胞杆菌.动物检疫,2:19-20.

胡杨,周海燕,董蕾,吴永尧.2007.甘露聚糖酶基因 $Man23$ 在芽胞杆菌WB600中的表达.湖南农业大学学报(自然科学版),33(5):539-541.

胡野,罗海波.1989.苏云金芽胞杆菌毒素研究进展.动物毒物学,4(1):9-12.

胡贻椿,岳田利,袁亚宏,崔璐.2007.浓缩苹果汁车间空气中嗜酸耐热菌的分离鉴定研究.农产品加工.学刊,3:11-13,21.

胡贻椿,岳田利,袁亚宏,高振鹏.2007.浓缩苹果汁生产环境中嗜酸耐热菌的分离与初步鉴定.西北农林科技大学学报(自然科学版),35(5):184-188.

胡贻椿,岳田利,袁亚宏,高振鹏.2008.果汁中脂环酸芽胞杆菌(*Alicyclobacillus* spp.)的危害及其控制.食品科学,29(1):364-368.

胡益民,许秀丽,薛爱玲.2007.伪膜性肠炎16例的内镜与临床特征.实用医学杂志,23(15):2390-2391.

胡毅,谭北平,麦康森,艾庆辉,郑石轩,程开敏.2008.饲料中益生菌对凡纳滨对虾生长、肠道菌群及部分免疫指标的影响.中国水产科学,15(2):244-251.

胡毅恒,何华锋,黄光荣,蒋家新.2009.嗜热芽胞杆菌产耐热蛋白酶稳定性的研究.中国计量学院学报,20(2):149-153.

胡银川,李明元,林国秀,徐坤,邱一雯.2010.苹果渣发酵生产蛋白饲料的混合菌配比研究.西华大学学报(自然科学版),29(4):110-112.

胡永红,王琛柱.2007.钙黏蛋白片段可使Bt毒素增效.昆虫知识,44(6):784.

胡永金,石振兴,朱仁俊,甘伯中.2010.一株产凝乳酶细菌的分离与鉴定.中国酿造,5:81-84.

胡咏梅,葛向阳,梁运祥.2006.枯草芽胞杆菌FY99-01菌株的净水作用.华中农业大学学报,25(4):404-407.

胡勇,全学军,谭怀琴,赵由才.2005.细菌X07吸附Cr(Ⅵ)的研究.环境保护科学,31(5):9-12.

胡勇,王红宁,吴琦,邹立扣,于新芬,赵海霞.2005.枯草芽胞杆菌WHNB02植酸酶的酶学性质研究.微生物学杂志,25(4):16-20.

胡玉山,江丽芳,洪帮兴,方丹云,郭辉玉.2004.运用UP-PCR技术进行食源性感染常见致病菌

Hsp60 基因的扩增与酶切鉴定. 实用预防医学, 11 (5): 863-864.

胡元森, 潘涛, 李翠香. 2010. 酸性 α-淀粉酶的分离纯化与酶学性质研究. 生物技术通报, 26 (3): 199-202.

胡云建, 胡继红, 陶凤蓉, 张秀珍. 2004. 难辨梭状芽胞杆菌检测与临床应用. 中华检验医学杂志, 27 (3): 167-169.

胡云建. 2007. 厌氧菌的种类有哪些? 中华检验医学杂志, 30 (1): 60.

胡云生. 2008. 生物杀菌剂——天赞好. 农业知识: 致富与农资, 9: 53.

胡志航, 徐士博, 祝飞, 徐铭, 吴石金. 2011. 二氯甲烷高效降解菌株的诱变选育. 浙江工业大学学报, 39 (1): 7-12.

胡志明, 谢广发, 吴春, 曹钰, 陆健. 2009. 黄酒大罐发酵醪液中原核微生物的初步研究. 酿酒科技, 8: 58-61.

户元, 张翀, 邢新会. 2004. *Clostridium paraputrificum* M-21 发酵制氢培养条件研究. 生物加工过程, 2 (2): 41-45.

扈庆华, 石晓路, 庚蕾, 庄志雄, 刘小立, 王冰, 邱亚群. 2003. 蜡样芽胞杆菌 DNA 分子分型研究. 中华微生物学和免疫学杂志, 23 (11): 840-843.

花蕾, 张文清, 赵显峰. 2007. 桑叶水提浸膏的抑菌作用研究. 上海生物医学工程, 28 (1): 16-18.

华菊玲, 李湘民, 罗任华. 2004. 拮抗细菌 B-77 的种类鉴定及对水稻恶苗病的防治效果. 江西农业学报, 16 (3): 62-64.

华卫东, 黄孙平, 蔡兆伟, 刘小峰. 2008. 复合胃肠道调节剂对断奶仔猪生产性能和消化酶活性的影响. 浙江农业学报, 20 (4): 240-244.

华小西 (选文), 付春华 (译), 付玉信 (校). 2005. 文摘部分. 磷酸盐工业, 3: 52-56.

华雪铭, 周洪琪, 邱小琮, 刘小刚, 曹丹, 张登沥. 2001. 饲料中添加芽胞杆菌和硒酵母对异育银鲫的生长及抗病力的影响. 水产学报, 25 (5): 448-453.

华雪铭, 周洪琪. 2008. 芽胞杆菌对彭泽鲫饲料蛋白质利用的影响. 饲料研究, 1: 57-58.

滑静, 郭玉琴, 孙英健. 2003. 肉仔鸡日粮中添加枯草芽胞杆菌对平均日增质量和血液生化指标的影响. 黑龙江畜牧兽医, 2: 14-15.

怀丽华, 陈宁. 2005. 嘧啶核苷高产菌的代谢控制育种策略. 食品与发酵工业, 31 (10): 107-110.

还庶. 2010. 蛋鸡溃疡性肠炎的诊断和防治. 中兽医学杂志, 6: 33-34.

宦海琳, 韩岚, 李建宏, 翁永萍. 2006. 五株微囊藻毒素降解菌的分离与鉴定. 湖泊科学, 18 (2): 184-188.

黄爱霞, 邹晓庭, 乔欣君. 2006. 和美酵素在畜禽生产上的应用及其作用机理的研究. 饲料工业, 27 (14): 8-10.

黄保全, 黄丽丽, 康振生, 乔红萍. 2009. 小麦内生枯草芽胞杆菌 E1R-j 胞外抗菌蛋白的分离纯化和性质. 西北农业学报, 18 (6): 285-290.

黄必旺, 蔡文旋, 黄志鹏, 关雄. 2009. 苏云金芽胞杆菌肠毒素基因 *entFM* 的定位与序列分析. 中国农学通报, 25 (19): 213-218.

黄必旺, 关春鸿, 邱思鑫, 关雄. 2005. 3 种肠毒素基因在苏云金芽胞杆菌中的分布. 福建农林大学学报 (自然科学版), 34 (3): 339-343.

黄必旺, 黄志鹏, 关雄. 2008. 苏云金芽胞杆菌肠毒素的研究进展. 中国农学通报, 24 (3): 292-295.

黄必旺, 李龙生, 关雄. 2005. 苏云金芽胞杆菌肠毒素基因克隆与序列分析. 福建农林大学学报 (自然科学版), 34 (1): 70-73.

黄沧海, 陈东晓, 谯仕彦. 2004. 普百克对断奶仔猪生长性能和腹泻的效果. 中国畜牧兽医, 31 (9):

3-5.
黄昌华,郭崇明. 1996. B-HCH 菌株发酵滤液对植物病原真菌的作用. 中国生物防治, 12(3): 107-109.
黄昌华,李建洪. 1993. 芽胞杆菌 HCH 菌株发酵液对小麦赤霉病防治的研究. 华中农业大学学报, 12(6): 566-569.
黄昌华,夏文胜. 1996. B-HCH 菌株的培养及代谢物的初步研究. 中国生物防治, 12(1): 11-14.
黄春敏,沈微,王正祥. 2010. 高温 α-淀粉酶高表达的研究. 微生物学杂志, 30(5): 36-40.
黄纯建,米运宏. 2008. 耐高温微生物 β-淀粉酶的制备及其酶学性质的研究. 中国医药生物技术, 3(5): 361-365.
黄淳维. 2008. 蜂产品中美洲幼虫病原孢子检测技术的建立与应用. 台湾宜兰: 宜兰大学硕士研究生学位论文: 1.
黄大昉. 2003. 生防微生物生物技术研究与发展. 植物保护, 29(5): 3-4.
黄丹,方春玉,储玉龙,尚志超,杨伟. 2010. 一株酯化酶细菌的分离、鉴定及代谢产物特征. 四川理工学院学报(自然科学版), 23(3): 321-323, 327.
黄丹,刘达玉. 2007. 紫苏提取物抑菌特性研究. 食品工业, 28(3): 11-13.
黄德蕙,林新勤,秦石英,鲁翠芳. 2004. 应用免疫荧光法检测炭疽荚膜抗体的探讨. 中国人兽共患病杂志, 20(11): F002.
黄顿. 2008. 特异性感染手术的控制与管理. 护士进修杂志, 23(16): 1460-1461.
黄多娣,李宏真. 2008. 从痰液中分离出蜡样芽胞杆菌. 检验医学与临床, 5(4): 238.
黄凡,李心治,张宇,汤懋兹,章银梅. 1996. 抗氧化型枯草杆菌碱性蛋白酶高产工程菌的构建: I. 抗氧化型碱性蛋白的提纯及其主要性质研究. 工业微生物, 26(3): 10-14.
黄光荣,戴德慧,活泼,王龙军,蒋家新. 2007. 嗜热芽胞杆菌高温蛋白酶 HS08 活性中心研究. 食品工业科技, 28(1): 204-205, 209.
黄光荣,活泼,戴德慧,蒋家新. 2007. 反胶团萃取嗜热芽胞杆菌 HS08 发酵液中胞外蛋白酶研究. 中国计量学院学报, 18(2): 95-98.
黄光荣,应铁进,戴德慧,活泼,蒋家新. 2007. 嗜热芽胞杆菌蛋白酶 HS08 的分离纯化研究. 食品科学, 28(4): 179-182.
黄国勇,吴振强. 2006. 枯草芽胞杆菌产木聚糖酶发酵条件的研究. 河南工业大学学报(自然科学版), 27(1): 32-35.
黄海婵,裘娟萍. 2005. 枯草芽胞杆菌防治植物病害的研究进展. 浙江农业科学, 3: 213-215, 219.
黄鹤,杨晟,李仁宝,黄晓冬,袁中一. 2001. 重组青霉素 G 酰化酶在枯草芽胞杆菌中的表达条件优化. 中国生物化学与分子生物学报, 17(2): 173-177.
黄红英,方海红,刘爱民,夏颖,吕正兵,张林普. 2001. 一株地衣芽胞杆菌碱性蛋白酶的研究 I. 微生物学通报, 28(5): 20-24.
黄虎翔(综述),王辉(综述),张万明(审校). 2010. 解淀粉芽胞杆菌对婴幼儿潜在致病性的研究. 临床儿科杂志, 2: 190-192.
黄虎翔(综述),张万明(审校). 2010. 解淀粉芽胞杆菌的流行状况及毒素作用. 国际检验医学杂志, 3: 243-244, 247.
黄辉鹏. 1998. 一起蜡样芽胞杆菌引起食物中毒的调查. 现代预防医学, 25(4): 499.
黄辉萍,许能锋,林立旺,陈菁. 2008. 复方邻苯二甲醛杀枯草芽胞杆菌黑色变种芽胞效果及机制研究. 中华医院感染学杂志, 18(9): 1284-1287.
黄惠莉,蔡阿娜,陈培钦. 2007. 枯草芽胞杆菌甲壳素脱乙酰酶的酶学性质. 氨基酸和生物资源,

29(3): 30-32, 46.

黄惠莉, 叶存印, 姚云艳. 2004. 枯草芽胞杆菌甲壳素脱乙酰酶的筛选及酶学性质. 微生物学通报, 31(5): 33-37.

黄惠兴, 王平原, 李桂霞. 2005. 一起由两种致病菌引起食物中毒的实验室分析. 中国卫生检验杂志, 15(12): 1508-1509.

黄继翔, 惠明, 齐东梅, 牛天贵. 2006. 新型数值分类软件 X-Cluster 的开发及应用. 微生物学通报, 33(1): 118-121.

黄坚. 2008. 蜜蜂欧洲幼虫腐臭病防治技术. 科学种养, 11: 48.

黄建朝. 2010. 复方谷氨酰胺肠溶胶囊治疗腹泻型 IBS 临床比较. 中国现代医生, 27: 35, 39.

黄建华, 周发林, 马之明, 江世贵. 2007. 微生物制剂对斑节对虾亲虾池异养细菌的影响. 生态学杂志, 26(6): 826-830.

黄建挺. 2009. 蜡样芽胞杆菌片与思密达联合治疗腹泻病疗效观察. 医学信息: 下旬刊, 12: 58.

黄建新, 马艳玲, 惠友权, 白亚军, 孙狄. 2001. He-Ne 激光对产 ALDC 地衣芽胞杆菌的诱变效应. 光子学报, 30(6): 680-683.

黄建新, 周欣. 2000. α-乙酰乳酸脱羧酶产生菌的筛选. 西北大学学报(自然科学版), 30(5): 408-410.

黄建中, 张明洞. 2008. 枯草芽胞杆菌发酵螺旋藻的溶血作用研究. 天然产物研究与开发, 20(B05): 128-130.

黄剑飞, 李健, 刘淇, 王群. 2008. 纳豆芽胞杆菌对健康和鳗弧菌感染牙鲆肠黏液黏附的研究. 安徽农业科学, 36(7): 2779-2781.

黄剑飞, 李健, 刘淇, 王群. 2008. 一株芽胞杆菌的分离、鉴定及其抗菌效果研究. 安徽农业科学, 36(6): 2321-2322, 2326.

黄洁蓉. 2004. 气性坏疽 1 例患者的临床护理. 中华医学研究杂志, 4(8): 752-753.

黄捷, 杨国新, 金东伟, 余辉, 李夸良, 程元荣. 2010. 巨大芽胞杆菌生物转化西罗莫司. 中国抗生素杂志, 10: 751-754, 778.

黄金玲, 刘志明, 陆秀红, 刘纪霜, 秦碧霞, 乔丽娅. 2010. 根际细菌 9 个菌株对南方根结线虫的盆栽防效. 华中农业大学学报, 29(6): 700-703.

黄进刚, 徐晓军. 2008. 炭纤维复合生物滤池处理混合恶臭气体的研究. 武汉理工大学学报, 30(10): 64-67, 84.

黄兢, 杨朝晖, 孙佩石, 曾光明, 周长胜, 阮敏. 2008. 微生物絮凝剂与聚合氯化铝复配的响应面优化. 中国环境科学, 28(11): 1014-1019.

黄静, 康建平, 苏波, 岳晓敏, 陈蓉, 周泽林, 谢文渊. 2011. 生物床养猪垫料用作有机肥的安全性研究. 食品与发酵科技, 47(1): 39-41.

黄静文, 段焰青, 者为, 王明峰, 张克勤, 杨金奎. 2010. 短小芽胞杆菌改善烟叶品质的研究. 烟草科技, 8: 61-64.

黄娟, 李汴生, 王标诗, 阮征, 李琳. 2008. 高静压协同热处理的升压过程对两种细菌芽胞的作用. 食品科学, 29(6): 90-95.

黄娟, 王标诗, 李汴生, 李琳. 2008. 压致升温对凝结芽胞杆菌芽胞的影响. 食品与发酵工业, 34(6): 49-53.

黄俊丽, 李常军, 王贵学. 2006. 枯草芽胞杆菌 B10 木聚糖酶基因的分子生物学. 重庆大学学报(自然科学版), 29(6): 94-97, 101.

黄俊丽, 王贵学. 2005. 脱胶关键酶基因的克隆及其在黑曲霉中的整合表达. 微生物学通报, 32(3): 62-67.

黄俊文, 林映才, 冯定远, 郑春田, 丁发源. 2005. 纳豆菌、甘露寡糖对仔猪肠道 pH、微生物区系及肠黏膜形态的影响. 畜牧兽医学报, 36 (10): 1021-1027.

黄俊文, 林映才, 冯定远, 郑春田, 丁发源, 余德谦. 2005. 益生菌、甘露寡糖对早期断奶仔猪生长、免疫和抗氧化机能的影响. 动物营养学报, 17 (4): 16-20.

黄磊, 谢玉娟, 李申, 李丹, 梁凤来, 刘如林. 2007. 纳豆激酶基因的克隆及其在大肠杆菌和枯草芽胞杆菌中的表达. 食品科学, 28 (5): 199-202.

黄礼平, 唐少令. 2006. 蜡样芽胞杆菌致 8 人食物中毒调查. 应用预防医学, 12 (S1): 41-42.

黄丽彬, 陈有容, 齐凤兰, 李柏林. 2001. 益生菌 SFU-9 发酵工艺的确定. 上海水产大学学报, 10 (3): 234-238.

黄丽静, 运珞珈, 王琳, 张小荷, 罗启芳. 2005. 城市公园湖水体中异养菌与主要污染物的相关性研究. 卫生研究, 34 (1): 52-54.

黄丽霞, 黄丽华, 张慧, 黄承初, 黄勤. 2008. 泻痢止方 I 汤剂对痢疾杆菌及常见肠致病菌抗菌效应体外实验研究. 中外健康文摘: 临床医师, 5 (9): 14-15.

黄玲, 万俊杰. 2010. 枯草芽胞杆菌 AS1-296 产絮凝剂条件的优化. 广东化工, 37 (5): 120-122.

黄路枝, 胡兆农, 郭正彦, 吴文君. 2007. 土壤稀有放线菌的选择性分离及其抗菌活性研究. 农药学学报, 9 (1): 59-65.

黄鹭强, 刘峰, 谢必峰, 欧琳, 陈荣. 2007. 紫外线复合 Nd:YAG 激光对 Bacillus sp. 产脂肪酶的诱变. 福建教育学院学报, 7: 126-128.

黄鹭强, 谢必峰, 黄建忠, 吴松刚. 2010. 芽胞杆菌 WF63 脂肪酶分离纯化及酶学性质. 云南民族大学学报 (自然科学版), 19 (4): 290-293.

黄美兰, 许惠琴, 王宇华, 刘成鼎, 朱亮. 2008. 千金妇炎舒的抗菌实验研究. 中国实用医药, 3 (28): 127-129.

黄妙琴, 郭峰, 柯才焕. 2010. 近岸海洋细菌的群体感应与生物膜形成关系. 厦门大学学报 (自然科学版), 49 (6): 863-870.

黄明勇, 杨剑芳, 路福平, 王怀锋. 2007. 海湾泥、碱渣和粉煤灰作为园林种植基质的微生物学特性研究. 农业环境科学学报, 26 (3): 1159-1163.

黄明勇, 杨剑芳, 王怀锋, 张小平. 2007. 天津滨海盐碱土地区城市绿地土壤微生物特性研究. 土壤通报, 38 (6): 1131-1135.

黄明志, 蔡显鹏, 陈双喜, 储炬, 庄英萍, 张嗣良. 2003. 鸟苷发酵过程的定量和优化: 抑制 NH_4^+ 离子积累提高了苷产量 70%. 生物工程学报, 19 (2): 200-205.

黄宁. 2004. 马尾口岸进口饲料用鱼粉病原菌的调查. 福建畜牧兽医, 26 (6): 3-5.

黄茜, 黄凤洪, 钮琰星, 周浩宇. 2011. 固态发酵菜籽粕脱除硫甙的工艺研究. 中国油脂, 36 (1): 34-37.

黄琴, 李卫芬. 2007. 食品级载体选择标记的研究进展. 食品与发酵工业, 33 (7): 112-118.

黄勤妮, 刘佳, 宋秀珍, 杨秀山. 2002. 大肠杆菌和枯草芽胞杆菌的原生质体融合. 首都师范大学学报 (自然科学版), 23 (1): 55-59, 90.

黄勤清, 黄志鹏, 关春鸿, 黄必旺. 2006. 苏云金芽胞杆菌 WB9 菌株的分离、生化特性及培养基优化. 福建农林大学学报 (自然科学版), 35 (4): 346-351.

黄庆, 潘皎, 彭勇, 李昕, 张义正. 2004. 短小芽胞杆菌 (Bacillus pumilus) 脱毛蛋白酶基因的克隆与序列分析. 高技术通讯, 14 (2): 31-35.

黄汝添, 谢海平, 陆勇军, 吕军仪, 吴金英. 2006. 枯草芽胞杆菌 Bs-1 拮抗溶藻弧菌的特性. 热带海洋学报, 25 (4): 51-55.

黄绍宁，沈华山. 1999. 应用地衣芽胞杆菌和木霉防治基质栽培黄瓜苗期猝倒病. 中国生物防治, 15 (1): 45.

黄世旺，卢亦愚，徐丹戈，方叶珍，徐昌平，包芳珍，高海明. 2006. TaqMan 荧光定量 PCR 技术快速检测霍乱弧菌方法的建立. 中国卫生检验杂志, 16 (8): 923-924, 984.

黄式玲，黄爱玲. 1996. 一起蜡样芽胞杆菌引起的食物中毒. 广西预防医学, 2 (5): 320.

黄素芳，苏明星，史怀，刘波. 2009. 益生素"绿禽康"对肉鸡生产性能的影响及防病效果. 中国农学通报, 25 (8): 16-18.

黄素芳，肖荣凤，杨述省，朱育菁，刘波. 2010. 短短芽胞杆菌 JK-2 (Brevibacillus brevis) 胞外物质抗香蕉枯萎病菌的稳定性. 中国农学通报, 26 (18): 284-288.

黄天培，陈文，潘洁茹，黄志鹏，关雄. 2008. 苏云金芽胞杆菌 cry2Ac4 基因在大肠杆菌中的表达. 中国农学通报, 24 (9): 367-370.

黄天培，刘晶晶，关雄，张杰. 2006. 苏云金芽胞杆菌转座因子研究进展. 生物技术通报, 22 (1): 1-4.

黄天培，潘洁茹，黄张敏，陈志，庄浩瀚，李今煜，关雄. 2008. 苏云金芽胞杆菌 WB9 菌株 cry2Ac4 基因的克隆及表达. 农业生物技术学报, 16 (2): 341-345.

黄天培，潘洁茹，李今煜，洪永聪，黄志鹏. 2008. 苏云金芽胞杆菌 8010 蛋白酶基因保守区克隆及序列分析. 福建农林大学学报（自然科学版）, 37 (1): 73-76.

黄天培，潘洁茹，姚帆，黄张敏. 2007. 蜡质芽胞杆菌酰基高丝氨酸内酯酶基因的克隆及序列分析. 武夷科学, 23 (1): 29-34.

黄天培，潘洁茹，姚帆，黄张敏. 2008. 苏云金芽胞杆菌酰基高丝氨酸内酯酶基因的克隆及分析. 福建农林大学学报（自然科学版）, 37 (4): 374-378.

黄天培，杨梅，姚帆，黄张敏，俞晓敏，黄志鹏，黄必旺. 2006. 蜡质芽胞杆菌 aiiA 基因的克隆及融合表达. 福建农林大学学报（自然科学版）, 35 (3): 292-297.

黄天培，姚帆，潘洁茹，邱思鑫，杨梅，黄必旺，黄志鹏. 2007. 枯草芽胞杆菌新抗病基因 aiiA 的克隆. 福建农林大学学报（自然科学版）, 36 (3): 269-273.

黄卫民，肖履中. 2000. 需氧芽胞杆菌 DX31 株预防仔猪黄痢的效果. 中国兽医科技, 30 (2): 33-34.

黄文，蒋志敏. 2010. 生物表面活性剂产生菌的生长动力学研究及营养优化. 安徽农业科学, 38 (8): 4402-4404.

黄文诚. 2001. 美洲幼虫腐臭病（连载一）. 蜜蜂杂志, 6: 18-20.

黄文诚. 2004. 美腐病的早期诊断. 蜜蜂杂志, 6: 19-20.

黄文繁，戴传文，严燊. 2005. 一起饮用水污染引起急性胃肠炎暴发的调查分析. 华南预防医学, 31 (1): 49-50.

黄文进，薄洪峰，黄亚东. 2008. 益生中草药饲料添加剂饲喂肉鸡试验. 畜牧兽医杂志, 27 (1): 84-85, 87.

黄曦，黄荣韶，赖钧灼，许兰兰，黎永青，黎贞崇，黄庶识. 2010. 拉曼光谱测定单个细菌芽胞吡啶二羧酸浓度及机理研究. 光谱学与光谱分析, 30 (8): 2151-2156.

黄曦，许兰兰，黄荣韶，黄庶识. 2010. 枯草芽胞杆菌在抑制植物病原菌中的研究进展. 生物技术通报, 26 (1): 24-29.

黄现青，别小妹，陆兆新，吕凤霞，杨淑晶. 2006. 抗微生物脂肽体外抗 PRV 和 PPV 的研究. 中国病毒学, 21 (5): 426-429.

黄现青，别小妹，吕凤霞，陆兆新，杨淑晶，袁勇军. 2008. 枯草芽胞杆菌 fmbJ 产脂肽抑制点青霉效果及其桃防腐试验. 农业工程学报, 24 (1): 263-267.

黄现青，陆兆新，别小妹，吕凤霞，杨淑晶. 2006. 枯草芽胞杆菌 fmbJ 株产生的脂肽抗球虫作用研究.

中国病原生物学杂志, 1 (4): 269-272.

黄现青, 陆兆新, 崔保安, 别小妹, 吕凤霞. 2006. 枯草芽胞杆菌 fmbJ 产生的新型抗微生物物质体外抗 NDV 和 IBDV 的活性分析. 生物工程学报, 22 (2): 328-333.

黄现青, 史苗苗, 高晓平, 赵改名, 李苗云, 柳艳霞, 张秋会, 孙灵霞. 2009. 3 个生物防腐剂抑制蜡样芽胞杆菌的效果研究. 浙江农业科学, 3: 535-537.

黄香华, 蒋立文, 易灿. 2009. 臭豆腐菌种鉴定、发酵及气味成分分析. 农产品加工, 4: 76-78, 80.

黄祥茂. 1997. 浅谈医院内感染与合理使用抗生素. 苏州医学杂志, 20 (4): F003, 28.

黄小红, 陈清西, 王君, 沙莉, 黄志鹏, 关雄. 2004. 苏云金芽胞杆菌 (*Bacillus thuringiensis*) 几丁质酶的分离纯化及酶学性质. 应用与环境生物学报, 10 (6): 771-773.

黄小红, 陈清西, 王君, 沙莉, 黄志鹏, 关雄. 2005. 有机溶剂对苏云金芽胞杆菌 (*Bacillus thuringiensis*) 几丁质酶的影响. 应用与环境生物学报, 11 (1): 71-73.

黄小红, 许雷, 陈清西, 王君, 沙莉, 关雄. 2005. 金属离子对苏云金芽胞杆菌几丁质酶活力的影响. 农业生物技术学报, 13 (2): 264-265.

黄小龙, 孙焕良, 谢达平, 孟桂元. 2004. 南方亚麻微生物脱胶技术及其理论研究 IV. 酶法脱胶菌种的分离与鉴定. 湖南农业大学学报 (自然科学版), 30 (1): 14-16.

黄小龙, 孙焕良, 谢达平, 项伟, 李建军. 2004. 亚麻微生物脱胶菌种的筛选与鉴定. 生物学杂志, 21 (1): 20-22.

黄小龙, 孙焕良, 谢达平, 赵丹, 孟桂元, 粟敏, 吴锋. 2004. 南方亚麻微生物脱胶技术及其理论研究 V. 环状芽胞杆菌 A6 的产酶条件. 湖南农业大学学报 (自然科学版), 30 (3): 227-228.

黄小琴, 刘勇, 周西全. 2011. 枯草芽胞杆菌 Bs2004 固体发酵与干燥工艺研究. 现代农业科技, 1: 186-187, 190.

黄晓东. 2004. 苏云金芽胞杆菌及其在作物害虫防治上的应用. 现代化农业, 11: 1-3.

黄晓冬, 刘剑秋. 2004. 赤楠叶精油的化学成分及其抗菌活性. 热带亚热带植物学报, 12 (3): 233-236.

黄晓冬. 2005a. 赤楠不同极性提取物体外抗菌活性比较研究. 武汉植物学研究, 23 (4): 355-357.

黄晓冬. 2005b. 赤楠种子醇提液抑菌活性及其总黄酮含量测定. 泉州师范学院学报, 23 (4): 105-109.

黄晓冬. 2007. 赤楠叶醇提物抗菌活性及成分总黄酮的研究. 泉州师范学院学报, 25 (4): 98-102.

黄晓晖, 谭剑斌, 陈思东. 2001. 中药桂枝提取物杀灭微生物效果研究. 广东药学院学报, 17 (4): 300-301.

黄晓蓉, 于兢, 郑晶, 杨方, 汤敏英. 2004. 牛奶中 β-内酰胺类抗生素残留的快速检测方法. 中国乳品工业, 32 (2): 44-47.

黄晓蓉, 郑晶, 李寿崧, 林杰, 陈彬, 汤敏英. 2004. 用微生物方法同时筛检水产品中的多种抗生素残留. 检验检疫科学, 14 (6): 26-29.

黄晓蓉, 郑晶, 吴谦, 陈彬, 汤敏英. 2007. 食品中多种抗生素残留的微生物筛检方法研究. 食品科学, 28 (8): 418-421.

黄兴奇, 宋大新. 1992. 枯草芽胞杆菌 β-1, 3-1, 4-葡聚糖酶基因 (*bglS*) 在酵母中的克隆与表达. 微生物学报, 32 (3): 176-181.

黄学, 伍晓林, 侯兆伟. 2006. 短短芽胞杆菌和蜡状芽胞杆菌降解原油烃机制研究. 石油学报, 27 (5): 92-95.

黄雪泉. 2010. 添加枯草芽胞杆菌制剂对仔猪生产性能的影响. 中国畜牧兽医, 37 (7): 212-214.

黄训端, 潘见, 余晓峰, 王武, 王海翔, 孔小卫. 2006. 草莓中蜡样芽胞杆菌的 VITEK 快速检测. 微生物学杂志, 26 (4): 99-102.

黄衍章, 李世广, 王转红. 2010. 苏云金芽胞杆菌对印度谷螟幼虫生长发育的影响. 华中农业大学学报,

29 (2): 148-151.

黄琰, 罗学刚, 杜菲. 2009. 微生物诱导方解石沉积加固的影响因素. 西南科技大学学报, 24 (3): 87-93.

黄琰, 罗学刚, 何晶, 杜菲. 2009. 微生物在石英砂中诱导方解石沉积的实验研究. 西南科技大学学报, 24 (2): 65-69.

黄艳红, 张颖. 1998. 巨大芽胞杆菌的青霉素酰化酶基因在大肠杆菌中的克隆和表达. 生物化学与生物物理学报, 30 (2): 107-113.

黄艳辉, 丰贵鹏, 杨晓娟. 2007. 胞苷发酵培养基的优化研究. 河南农业大学学报, 41 (6): 651-654.

黄艳辉, 魏志强, 徐庆阳, 陈宁. 2007. 枯草芽胞杆菌产胞苷的初步研究. 生物技术通讯, 18 (2): 255-257.

黄艳琴, 李志勇, 蒋群, 乔雨, 李堃宝. 2005. 细薄星芒海绵中活性菌筛选及混合菌协同效应. 微生物学通报, 32 (4): 5-10.

黄燕, 向文良. 2005. 纳豆激酶液体发酵条件研究. 中国酿造, 8: 14-16.

黄洋, 陶天申. 1996. 神农架林区和自然保护区芽胞杆菌资源的调查. 生物学杂志, 13 (6): 16-18.

黄瑶, 杨耿周, 张雅娟, 何秋韵, 林巧玲, 易润华. 2009. 拮抗香蕉枯萎病菌海洋细菌的筛选和鉴定. 广东海洋大学学报, 29 (6): 72-77.

黄怡, 聂玉强. 2009. 难辨梭状芽胞杆菌相关性腹泻与抗生素相关性腹泻的临床流行病学比较. 广东医学院学报, 27 (4): 373-375.

黄义德, 潘艳红, 赵蓉, 朱苏闽. 2001. 重组葡激酶 (r-Sak) 工程菌发酵工艺的研究. 福建师范大学学报 (自然科学版), 17 (3): 88-91.

黄毅, 胡春祥, 刘雪峰, 吴菲, 赵燕. 2010. 应用微生物群落分子指纹图谱指导筛选一株杨树灰斑病生防菌. 内蒙古大学学报 (自然科学版), 41 (3): 318-322.

黄英, 马挺, 顾晓波, 俞海青, 梁凤来, 刘如林. 2006. 脂肽类生物表面活性剂对细菌表面亲疏水性和黏附性的影响. 南开大学学报 (自然科学版), 39 (5): 74-78.

黄瑛, 蔡勇, 杨江科, 闫云君. 2008. 基于易错PCR技术的短小芽胞杆菌 YZ02 脂肪酶基因 BpL 的定向进化. 生物工程学报, 24 (3): 445-451.

黄宇, 孙宝盛, 孙井梅, 张海丰, 齐庚申. 2007a. 枯草芽胞杆菌发酵条件的研究. 河南科学, 25 (1): 70-72.

黄宇, 孙宝盛, 孙井梅, 张海丰, 齐庚申. 2007b. 响应曲面法在枯草芽胞杆菌优化培养中的应用. 安徽农业科学, 35 (3): 634-635, 646.

黄玉杰, 杨合同, 丁爱云, 李纪顺, 周红姿, 王萍, Ryder M. 2004. 巨大芽胞杆菌内切葡聚糖酶编码基因的克隆及序列分析. 中国生物防治, 20 (4): 256-259.

黄粤东, 吴艳凤. 2010. 几种化学消毒剂抑杀微生物能力比较. 今日药学, 20 (12): 33-35.

黄云芳. 2007. 枯草芽胞杆菌在池塘水中降氨氮效果试验. 科学养鱼, 11: 84.

黄运红, 李长生, 龙中儿. 2003. 蜂房芽胞杆菌木聚糖酶的活性. 江西师范大学学报 (自然科学版), 27 (4): 313-315.

黄运红, 龙中儿, 李素珍, 裴丽丽, 王水兴, 于敏. 2002. 木聚糖酶高产微生物的筛选和鉴定. 江西师范大学学报 (自然科学版), 26 (3): 245-248.

黄运霞, 黄荣瑞. 1992. 坚强芽胞杆菌对黄条跳甲的毒效初步试验. 生物防治通报, 8 (4): 182.

黄占华, 方桂珍, 张斌. 2007. 羧甲基落叶松单宁的合成及抑菌性能研究. 林产化学与工业, 27 (3): 27-32.

黄占旺, 帅明, 牛丽亚. 2007. 纳豆芽胞杆菌益生菌株 B2 的筛选与鉴定. 江西农业大学学报, 29 (6):

1006-1011.

黄占旺, 帅明, 牛丽亚. 2009. 纳豆芽胞杆菌的筛选与固态发酵研究. 中国粮油学报, 24 (1): 35-39.

黄昭华, 孙晓盈, 高申, 谢风. 2010. 单增李斯特菌检测方法研究进展. 中国实验诊断学, 14 (11): 1869-1871.

黄正才. 1996. 梭状芽胞杆菌所致猪的恶性水肿. 中国兽医科技, 26 (10): 32.

黄正才. 1997. 梭状芽胞杆菌所致猪的恶性水肿病例. 中国兽医杂志, 23 (3): 30-31.

黄志鹏, 陈锦权. 1996. 新型高效价苏云金芽胞杆菌制剂的研制. 福建农业大学学报, 25 (4): 450-454.

黄志鹏, 关春鸿, 黄必旺, 邱君志, 关雄. 2006. 苏云金芽胞杆菌新基因 $cry1$ AB17 的克隆和生物信息学. 应用与环境生物学报, 12 (1): 64-67.

黄志鹏, 关雄. 2001. 苏云金杆菌新菌株 WB9 $cry1$ 基因型的 PCR-RFLP 分析. 福建农业大学学报, 30 (3): 304-308.

黄志鹏, 关雄. 2003. 苏云金芽胞杆菌菌株 WB9 编码活性因子的基因分析. 应用与环境生物学报, 9 (4): 377-381.

黄忠梅, 黄玲. 2007. 番茄酱中厌氧菌/兼性厌氧菌的鉴定结果分析. 新疆农业科学, 44 (5): 654-657.

惠筠, 冯建新, 张西瑞, 张剑波, 张辉鹏, 夏杰, 张玲宏. 2004. 应用微生物净水剂进行池塘健康养殖试验. 河南水产, 2: 30-31.

惠明, 窦丽娜, 田青, 侯银臣. 2008. 枯草芽胞杆菌的应用研究进展. 安徽农业科学, 36 (27): 11623-11624, 11627.

惠明, 马晓娜, 贾洁, 牛天贵. 2005. 一株产聚谷氨酸芽胞杆菌的分离与鉴定. 中国农业大学学报, 10 (1): 6-9, 63.

惠明, 孟可, 田青, 侯银臣. 2009. 复合菌株固态发酵豆粕的研究. 河南工业大学学报 (自然科学版), 30 (4): 61-64.

惠明, 田青. 2007. *Bacillus subtilis* B53 合成聚谷氨酸的分批发酵过程分析. 河南工业大学学报 (自然科学版), 28 (1): 13-16.

惠明, 田青, 邓凤妮. 2009. 利用枯草芽胞杆菌 B53 发酵法生产维生素 K. 安徽农业科学, 37 (8): 3450-3452.

惠明, 田青, 马晓娜, 牛天贵. 2006. 枯草芽胞杆菌 B53 产聚 γ-谷氨酸的絮凝特性. 生物技术, 16 (4): 68-70.

惠明, 王慧, 田青, 侯银臣. 2007. 一株脱硅胶质芽胞杆菌的分离与初步鉴定. 河南科技学院学报, 35 (3): 15-18.

惠秀娟, 朱晓东. 1993. 解淀粉芽胞杆菌 α-淀粉酶基因的分子克隆及其在大肠杆菌中表达的初步研究. 辽宁大学学报 (自然科学版), 20 (2): 69-73.

惠友权, 黄建新, 孔锁贤. 2001. 离子注入选育 α-乙酰乳酸脱羧酶菌株. 西北大学学报 (自然科学版), 31 (3): 251-254.

活泼, 茆军, 石玉瑚. 2003a. 耐热芽胞杆菌 XJT9503 高温中性蛋白酶的中试发酵工艺. 无锡轻工大学学报, 22 (3): 89-92.

活泼, 茆军, 石玉瑚. 2003b. 耐热芽胞杆菌高温中性蛋白酶制备工艺研究. 生物技术, 13 (4): 26-27.

活泼. 2003. 高温中性蛋白酶及其产生菌的初步研究. 工业微生物, 33 (2): 30-34.

活泼, 潘惠霞. 1996. 嗜热芽胞杆菌 XJT9503 高温中性蛋白酶的研究. 生物技术, 6 (3): 24-27.

活泼, 潘惠霞. 1997. 嗜热芽胞杆菌 XJT-9503 高温中性蛋白酶的研究. 生物技术, 7 (3): 18-21.

霍健聪, 邓尚贵, 谢超. 2009. 多肽亚铁螯合物制备及抑菌活性研究. 食品与机械, 25 (1): 86-89.

霍军, 程会昌, 宋予震. 2004. 抗生素与芽胞杆菌制剂对猪生产性能影响的比较研究. 现代畜牧兽医,

11：19-20.

霍妍明, 谷子林, 王志恒. 2007. 益生素在现代畜牧业中的应用. 今日畜牧兽医, 10：61-63.

霍颖异, 许学伟, 王春生, 杨俊毅, 吴敏. 2008. 浙江苍南近海沉积物细菌物种多样性. 生态学报, 28 (10)：5166-5172.

姬志勤, 魏少鹏, 杨春平, 吴文君. 2008. 秦岭链霉菌发酵液中二丙酮胺的分离及抑菌活性初步研究. 西北农林科技大学学报（自然科学版）, 36 (2)：148-152.

纪存朋, 孙谧, 于建生, 郑媛. 2010. 海洋侧孢短芽胞杆菌 S-12-86 溶菌酶的分离纯化与冻干技术研究. 渔业科学进展, 31 (1)：104-109.

纪莉莲, 张强华. 2004. 菊花脑茎叶抗病原菌活性及其有效成分研究. 食品科学, 25 (9)：74-77.

纪明山, 王建坤, 王芳, 祁之秋, 王国君. 2010. 吡虫啉等 11 种农药对枯草芽胞杆菌 B36 菌株可湿性粉剂防治番茄灰霉病效果的影响. 中国农学通报, 26 (11)：295-297.

纪明山, 王建坤, 王芳, 祁之秋. 2011. 温湿度对枯草芽胞杆菌 K36 菌株可湿性粉剂防治番茄灰霉病效果的影响. 植物保护, 37 (1)：147-149.

纪明山, 王英姿, 程根武, 李博强, 张国辉, 李艳丽, 回文广. 2002. 西瓜枯萎病拮抗菌株筛选及田间防效试验. 中国生物防治, 18 (2)：71-74.

纪荣平, 李先宁, 吕锡武, 朱光灿, 浦跃朴, 张立将, 赵传鹏. 2005. 人工介质富集微生物对藻类和藻毒素降解试验研究. 东南大学学报（自然科学版）, 35 (3)：442-445.

纪兆林, 凌笋, 张清霞, 徐敬友, 陈夕军, 童蕴慧. 2008. 地衣芽胞杆菌对苹果轮纹病菌和炭疽病菌的抑制及其对贮藏期苹果轮纹病的防治作用. 果树学报, 25 (2)：209-214.

纪兆林, 唐丽娟, 张清霞, 徐敬友, 陈夕军, 童蕴慧. 2007. 地衣芽胞杆菌 W10 抗菌蛋白的分离纯化及其理化性质研究. 植物病理学报, 37 (3)：260-264.

季辉. 2005. 一例梭菌性肠炎病猪的诊治. 新农业, 8：37-38.

季勤, 张云峰, 罗玉明, 徐春, 黄翠. 2010. 高盐胁迫渗透对 SBD2 重组蛋白在大肠杆菌中可溶性表达的影响. 南京师大学报（自然科学版）, 33 (3)：70-75.

季相武, 刘希凤, 刘建民, 李玉环. 2004. 几种不同的微生态制剂对蛋鸡产蛋后期生产性能的影响. 山东畜牧兽医, 6：12.

冀朵朵, 张国亮, 金苏, 王德纯. 2009. 开菲尔奶抑制肠道致病菌、降胆固醇及调节免疫功能研究. 中国乳品工业, 8：4-8.

冀晓娜, 郝君莲, 杜志军, 孟永红. 2007. 营养期杀虫蛋白 VIPs 研究进展. 生命科学仪器, 5 (11)：3-5.

冀玉良, 韦革宏. 2010. 商洛多花胡枝子根瘤菌 16S rDNA-RFLP 分析及系统发育研究. 西北植物学报, 30 (5)：925-932.

荚荣, 王靖. 1998. 不同浓度营养物质对细菌菌落分形生长的影响. 安徽大学学报（自然科学版）, 22 (1)：101-104.

贾彩凤, 陈玮, 常忠义, 陈玉梅, 高红亮, 毛玉昌. 2005. 新型生物防腐剂 Microgard™ 抑菌研究. 食品科技, 2：58-60.

贾彩云, 刘红玉, 曾光明, 张林达, 武金装. 2008. 汽油降解菌的分离鉴定及其降解特性. 环境科学研究, 21 (3)：146-150.

贾德军, 张美英. 2007. 思连康西咪替丁联用治疗婴幼儿轮状病毒肠炎 126 例. 中国煤炭工业医学杂志, 10 (2)：174-175.

贾桂云, 邹润英, 郭飞燕. 2010. 竹叶提取物抑菌效果研究. 海南师范大学学报（自然科学版）, 23 (4)：420-422.

贾海民, 鹿秀云, 陈丹, 李术臣. 2011. 麻山药根腐病发生规律及其防治技术. 北方园艺, 1：159-160.

贾建波，李相前，胡敏. 2008. 脂肪酶基因在枯草芽胞杆菌中的表达及表达产物性质的研究. 中国生物工程杂志，28（1）：25-29.

贾建波. 2006. 合生素微囊的应用与贮存研究. 食品工业科技，27（1）：91-94.

贾晋松，黄晓军，刘代红，许兰平. 2008. 异基因造血干细胞移植过程中患者艰难梭菌感染与肠道微生态失调关系的临床研究. 中国实验血液学杂志，16（1）：135-139.

贾力敏，蒋兆英. 1999. 蜡样芽胞杆菌溶血性肠毒素的提取及生物学活性分析. 中国人兽共患病杂志，15（5）：43-45.

贾力敏，蒋兆英. 2000. 蜡样芽胞杆菌溶血性肠毒素的提取及诊断方法的建立. 中华微生物学和免疫学杂志，20（2）：179.

贾宁. 2009. 消防部队处置炭疽芽胞杆菌袭击事件技术方案探讨. 武警学院学报，4：20-22.

贾庆良，汪新丽，梅浙川，吴国辉. 2004. 三峡库区炭疽墓群的卫生清理及评价方法研究. 中国公共卫生，20（10）：1159-1160.

贾秋红. 2006. 259例伪膜性肠炎临床分析. 蛇志，18（3）：227.

贾士芳，许怡. 1995. 空间条件对芽胞杆菌的超氧化物歧化酶物和其他性质的影响. 航天医学与医学工程，8（1）：12-14.

贾士儒，董惠钧，姜俊云，刘伟成. 2004. ε-聚赖氨酸高产菌株的选育. 食品与发酵工业，30（11）：14-17.

贾士儒，赵树欣. 1991a. 碱性蛋白酶产生菌的筛选. 微生物学研究与应用，2：1-4.

贾士儒，赵树欣. 1991b. 碱性蛋白酶产生菌嗜碱性芽胞杆菌的筛选. 食品与发酵工业，17（5）：17，28-31.

贾士儒，赵树欣. 1993. 碱性淀粉酶产生菌的筛选（Ⅰ）. 天津微生物，4：13，14-17.

贾士儒，赵树欣. 1994. 耐碱性芽胞杆菌碱性淀粉酶研究Ⅰ——菌种的分离与筛选. 天津轻工业学院学报，9（2）：1-6.

贾士儒，赵树欣. 1995a. 耐碱性芽胞杆菌碱性淀粉酶的研究：Ⅱ. 菌株的诱变与产酶条件. 工业微生物，25（1）：13-16.

贾士儒，赵树欣. 1995b. 耐碱性芽胞杆菌碱性淀粉酶的研究. 食品与发酵工业，21（3）：21-25.

贾世玉，刁有祥. 1999. 鸡溃疡性肠炎的病原学诊断. 中国兽医学报，19（1）：33-34.

贾世玉，连京华. 1999. Dot-ELISA方法检测鸡肠梭菌抗毒素的研究. 山东农业科学，31（1）：41-43.

贾素娟，路福平，杜连祥，许文思. 2004. 中国根霉12#产生的抗生物质对枯草芽胞杆菌的作用方式. 中国抗生素杂志，29（8）：452-453，i001.

贾涛，许建和，杨晟. 2008. 巨大芽胞杆菌环氧水解酶的固定化及其催化性能. 催化学报，29（1）：47-51.

贾文祥，杨宏伟. 1995. 川藏温泉嗜热菌的筛选与鉴定. 华西医科大学学报，26（3）：319-321.

贾喜涵，潘宝海，敖长金，宋青龙. 2008. 固体发酵棉籽蛋白对仔猪生产性能的影响. 饲料工业，29（16）：49-51.

贾晓娟，郭丽芸，刘毅，焦庆才. 2005. 苯丙氨酸脱氨酶发酵工艺及其酶学性质研究. 精细化工，22（11）：827-830.

贾晓娟，郭丽芸，刘毅，焦庆才. 2006. 巨大芽胞杆菌酶法转化制备D-苯丙氨酸. 化学世界，47（5）：281-284，289.

贾杏林，齐长明. 2010. 应用多重药敏试验筛选奶牛子宫内膜炎治疗药物. 湖南畜牧兽医，5：22-23.

贾艳华，孙钒，庞义. 2008. 获得四环素抗性的温敏同源重组载体质粒pRNT15的构建. 中山大学学报（自然科学版），47（5）：81-85.

贾艳菊,张光一,陈颖.2010.利用微生态制剂提高水产品质量安全.科学养鱼,2:47.

贾燕,江栋,周伟坚,邓志毅,刘永.2009.高效脱硫脱氨氮菌株的分离、鉴定及特性研究.中国给水排水,23:114-116.

贾燕,尹华,彭辉,叶锦韶,秦华明.2007.石油降解菌株的筛选、初步鉴定及其特性.暨南大学学报(自然科学与医学版),28(3):296-301.

贾永强,刘学钊,陈月华,严冰,蔡峻.2008.杀线虫基因 $cry6A$ 的克隆、表达及序列分析.南开大学学报(自然科学版),41(2):19-23.

贾玉萍,万仁忠,宁召峰,梁成彪.2004a.奶牛乳房炎的病原菌分离鉴定与药敏试验.畜牧与兽医,36(10):2-4.

贾玉萍,万仁忠,宁召峰,梁成彪.2004b.奶牛乳房炎的病原菌分离鉴定与药物敏感性试验.中国畜牧兽医,31(10):46-48.

贾云鹤.2010.枯草芽胞杆菌对大棚栽培西瓜枯萎病的防治效果.中国瓜菜,23(4):30-31.

贾振岭.2008.兔泰泽氏病的防治措施.农村百事通,19:50.

简志银,黎云,夏林,王黔生,蔡发国.2010.高效循环发酵床式生态养猪的应用研究.贵州畜牧兽医,5:5-6.

简志银,夏林,黎云,蔡发国,何卫宏.2010.高效循环发酵床生态养猪应用前景.饲料研究,12:4-6.

蹇华丽,梁世中,宋光均.2007.红法夫酵母与环状芽胞杆菌混合培养破壁提取虾青素的研究.食品与发酵工业,33(7):6-9.

蹇华丽,朱明军,吴振强,梁世中.2004.环状芽胞杆菌A1.383产酵母胞壁溶解酶发酵条件的研究.食品与发酵工业,30(10):21-25,31.

蹇华丽,朱明军,吴振强,梁世中.2006.环状芽胞杆菌胞壁溶解酶用于红发夫酵母虾青素提取的研究.高校化学工程学报,20(1):147-151.

江春玉,盛下放,夏娟娟.2005.重金属铜抗性菌株的筛选及其生物学特性的研究.生态学杂志,24(1):6-8,96.

江海波,马雯,许雪亮,刘双珍,夏晓波.2004.蜡样芽胞杆菌致化脓性眼内炎1例.国际眼科杂志,4(4):786-786.

江洁芳.2011.花椒中抑菌活性成分提取工艺的研究.中国调味品,36(3):30-32.

江澜,单振秀,王敏斌.2009.抗Cr(Ⅵ)细菌的分离筛选及其生物学特征的初步研究.矿业安全与环保,36(6):20-22.

江丽华,王梅,张文君,林海涛,郑福丽.2010.固氮、解磷、解钾混合菌株协同固定化技术.中国农学通报,26(12):18-21.

江敏,胡小军.2007.动物肠道益生菌地衣芽胞杆菌的筛选及培养基的优化.中国食品添加剂,3:57-60.

江敏,梁金钟.2006.益生菌腊样芽胞杆菌的筛选及培养基的优化.中国奶牛,(2):12-14.

江敏,梁金钟.2007.动物肠道益生菌地衣芽胞杆菌的筛选及培养基的优化.乳业科学与技术,29(5):247-249.

江木兰,王国平,胡小加,张银波.2010.油菜内生菌BY-2的脂肽类抑菌物质的分子结构鉴定.中国油料作物学报,32(2):279-284.

江木兰,赵瑞,胡小加,万霞,张银波.2009.油菜根圈枯草芽胞杆菌Tu-100抗真菌范围和防治作用.中国油料作物学报,3:355-358.

江木兰,赵瑞,胡小加,张银波.2007.油菜内生生防菌BY-2在油菜体内的定殖与对油菜菌核病的防治作用.植物病理学报,37(2):192-196.

江萍, 谭爱娟. 1997. 蜡状芽胞杆菌中超氧化物歧化酶的提取. 贵州农学院学报, 16 (3): 48-50.
江萍, 王忠. 1997. 两种微生态调节剂对网箱鲤鱼生产效果的影响. 中国微生态学杂志, 9 (3): 26-28.
江琴琴, 陈小龙. 2010. 一株产抗灰霉病菌株的发酵优化研究. 安徽农业科学, 38 (16): 8327-8329.
江琴琴, 周俞超, 陈小龙, 沈寅初. 2010. 产抗灰霉病菌物质的微生物筛选和鉴定. 农药, 49 (4): 257-259.
江少仁. 2010. 伪膜性肠炎 49 例临床分析. 实用临床医学 (江西), 11 (3): 23-24.
江生. 2005. 116 例蜡样芽胞杆菌食物中毒的临床分析. 当代医药卫生, 2 (8): 53.
江胜滔, 曹晓敏, 卢龙娣. 2009. 益生芽胞杆菌的筛选与鉴定. 安徽农业科学, 37 (33): 16711-16714.
江腾, 邹婷云, 束必烈, 敬科举, 凌雪萍, 卢英华. 2011. 流加培养重组大肠杆菌表达核糖核酸酶 Ba. 厦门大学学报 (自然科学版), 50 (1): 88-92.
江文正, 柳增善. 1993. 蜡样芽胞杆菌肠毒素及其中毒机理的研究进展. 肉品卫生, 3: 21-24.
江晓, 曾理, 陈晓蔚, 王炜. 2003. 一起由金黄色葡萄球菌和蜡样芽胞杆菌混合感染引起的食物中毒. 职业与健康, 19 (8): 66-67.
江行娟, 崔玉良. 1991. 嗜热脂肪芽胞杆菌 313-1 启动基因在枯草杆菌中的克隆和表达. 复旦学报 (自然科学版), 30 (2): 194-200.
江学斌, 陈颖恒, 冯燕平, 雷德柱. 2010. 蜡样芽胞杆菌的破碎条件及对 SOD 活性的影响. 广东化工, 37 (5): 78-79, 122.
江学斌, 雷德柱, 冯燕平. 2010. 超高压循环冷却破碎蜡样芽胞杆菌释放 SOD 的研究. 广东化工, 37 (4): 272-273.
江英, 邓辉, 杨艳彬, 余娜. 2005. 南瓜抑菌作用的研究. 食品科技, 10: 37-39.
江元翔, 高淑红, 陈长华. 2005. 响应面设计法优化腺苷发酵培养基. 华东理工大学学报 (自然科学版), 31 (3): 309-313.
江云飞, 凌宏志, 蔡柏岩, 平文祥. 2008. 大麻沤麻液中细菌的分离和鉴定. 中国麻业科学, 30 (5): 279-286.
姜春燕. 2009. 难辨梭状芽胞杆菌相关性腹泻的认识进展. 世界华人消化杂志, 26: 2709-2713.
姜凤武, 严俊. 2006. 基于 PLC 的发酵过程中 pH 的流加自控. 自动化技术与应用, 25 (7): 60-62, 76.
姜海明, 杨腾腾, 冯磊, 张小葵. 2010. 芽胞杆菌与光合细菌对乌鳢养殖水的净化作用研究. 湖北农业科学, 49 (6): 1428-1430.
姜海荣, 倪永清, 宋丽军, 尹琳琳, 江英, 陈计峦. 2010. 新鲜哈密瓜汁中可培养细菌的分离鉴定及系统发育分析. 食品与生物技术学报, 29 (3): 426-431.
姜海荣, 尹琳琳, 宋丽军, 于小燕, 陈计峦. 2010. 新鲜哈密瓜汁中芽胞杆菌的分离鉴定及超高压对其致死效应研究. 石河子大学学报 (自然科学版), 28 (1): 91-95.
姜健, 范圣第, 杨宝灵, 邰阳, 元起. 2005. 海洋动植物共附生微生物的分离和抗菌活性研究. 微生物学通报, 32 (2): 65-68.
姜健, 杨宝灵, 元起, 张乐, 刘松梅. 2005. 海洋共附生微生物的分离和抗菌活性鉴定. 中国海洋药物, 24 (3): 39-42.
姜军坡, 范会兰, 王伟, 雷白石, 张冬冬, 王世英, 朱宝成. 2009. 牛源肠道益生菌芽胞杆菌 BN-9 菌株的分离鉴定. 湖北农业科学, 48 (1): 142-146.
姜军坡, 范会兰, 张冬冬, 雷白石. 2009. 牛源肠道益生菌的筛选与 3 株芽胞杆菌益生菌株的鉴定. 安徽农业科学, 37 (4): 1471-1474, 1570.
姜莉莉, 陈彦闯, 辛明秀. 2009. 枯草芽胞杆菌在防治植物病害上的应用及研究进展. 安徽农学通报, 15 (7): 37-39, 110.

姜明,曲艳娇,刘月,李雪,韩晓云.2009.低温生物膜中耐冷菌的分离与鉴定.安徽农业科学,37(35):17318-17319,17352.

姜明.2010.圆褐固氮菌、巨大芽胞杆菌复合菌肥的制作及应用效果.安徽农业科学,38(28):15705-15706.

姜明姣,肖克宇,田业强.2007.芽胞杆菌植酸酶及其在水产养殖中的应用.畜牧与饲料科学,28(2):44-48.

姜旭淦,周丽萍,徐顺高,宋超,邹昕.2004.葡萄糖脱氢酶连续监测法的研究.江苏大学学报:医学版,416:536-538.

姜英辉,曲音波.1999.碱性β-聚糖酶产生菌选育及产酶条件优化.应用与环境生物学报,5(4):404-410.

姜涌明,史永昶.1992.枯草芽胞杆菌86315 α-淀粉酶的研究.江苏农学院学报,13(2):47-56.

姜增华,丛宁.2007.枯草芽胞杆菌在罗氏沼虾越冬保种池中的应用.水产养殖,28(6):26-27.

蒋宝芳,葛爱丹,裘泽娥,黄晓珍.2005.全脂奶粉可改变生孢梭菌孢子的耐热性.中国现代应用药学,z3:855-856.

蒋宝贵,赵斌.2005.解磷解钾自生固氮菌的分离筛选及鉴定.华中农业大学学报,24(1):43-48.

蒋彩英,姚洪渭,叶恭银,胡萃.2004.苏云金芽胞杆菌YJ-2000菌株对家蚕主要生物学特性影响的研究.蚕业科学,30(2):171-175.

蒋彩英,叶恭银,姚洪渭,胡萃.2003.苏云金芽胞杆菌YJ-2000菌株对家蚕安全性和杀虫活性的评价.蚕业科学,29(2):167-172.

蒋辰,李红梅,弓爱君,邱丽娜.2008.苏云金芽胞杆菌伴孢晶体纯化方法研究.化学与生物工程,25(6):10-12,20.

蒋翠萍.2005.一起蜡样芽胞杆菌食物中毒的调查报告.华南预防医学,31(2):52.

蒋代华,黄巧云,蔡鹏,荣兴民.2007.粘粒矿物对细菌吸附的测定方法.土壤学报,44(4):656-662.

蒋冬花,邓日强,庞义,余健秀,龙繁新.1998.苏云金芽胞杆菌新分离株S(11-11)δ-内毒素基因在Bt k.BE(20)中的克隆和表达.海南大学学报(自然科学版),16(4):330-334.

蒋冬花,邓日强,庞义,余健秀,龙繁新.1999.苏云金芽胞杆菌新分离株S_{18-4} δ-内毒素基因在Btk·BE_{20}中的克隆和表达.南京农业大学学报,22(1):33-37.

蒋冬花,邓日强,庞义,龙繁新.1997a.对斜纹夜蛾高毒力的Bt新分离株及其特性的研究.微生物学通报,24(5):262-265.

蒋冬花,邓日强,庞义,龙繁新.1997b.对夜蛾科幼虫高毒力的苏云金芽胞杆菌菌株及其晶体蛋白特性.中国生物防治,13(2):82-85.

蒋冬花.1997.对棉铃虫高效的2个Bt新菌株及其特性的研究.浙江师大学报(自然科学版),20(4):73-76.

蒋官澄,包木太,马先平,纪朝凤.2009.细菌对注聚驱采油污水中部分水解聚丙烯酰胺降解作用研究.钻采工艺,32(4):83-86,97.

蒋光吉,徐云,傅红春,刘黎,张兴.2008.蜡样芽胞杆菌治疗对肝硬化患者肠道菌群的影响及其意义研究.西南国防医药,18(2):180-181.

蒋国彪,马沁沁,方志轩,雍彬,刘欣林,王一丁.2012.一株高效溶磷小麦内生菌的筛选与鉴定.四川师范大学学报(自然科学版),35(1):122-126.

蒋海青,林海,侯炎昌.2006.一起蜡样芽胞杆菌污染学生奶引起食物中毒的调查.现代预防医学,33(9):1580-1581.

蒋红亮,张虹,赵辅昆,丁明.2011.分子伴侣CsaA过表达及wprA蛋白酶的缺失对枯草芽胞杆菌分泌表达外源蛋白的影响. 浙江理工大学学报, 28 (2): 260-266.
蒋红卫. 2005. 商丘城市生活垃圾发酵处理效果观察. 河南预防医学杂志, 16 (5): 269-270.
蒋宏伟, 张耀相, 李高华. 2006. 几种耐热耐酸芽胞杆菌在浓缩苹果汁中的比较试验. 陕西农业科学, 52 (2): 46-47.
蒋建华, 周祚盛. 2004. 慢性骨髓炎患者脓性分泌物中检出蜡样芽胞杆菌. 国外医学: 临床生物化学与检验学分册, 25 (4): 382-382.
蒋建明. 2009. 一起蜡样芽胞杆菌污染饮水引起食物中毒调查. 浙江预防医学, 21 (2): 38-39.
蒋俊, 李秀艳, 赵雅萍. 2010. 2株分别降解壬基酚和双酚A细菌的分离、鉴定和降解特性. 环境科学研究, 23 (9): 1196-1203.
蒋克海, 钱丹华. 2009. 消炎利胆颗粒微生物限度方法学验证. 安徽医药, 13 (12): 1489-1491.
蒋奎英, 徐敏. 2004. 一起由蜡样芽胞杆菌引起的食物中毒的调查. 职业与健康, 20 (5): 58.
蒋连芬, 王海霞. 2009. 鹌鹑溃疡性肠炎的诊治. 养殖技术顾问, 10: 66-67.
蒋玲艳, 王林果, 宾蓉礼, 郑华忠, 黄露璐, 吴弦华. 2008. 沙田柚柚皮提取物的抗菌性能研究. 安徽农业科学, 36 (22): 9354-9355, 9357.
蒋玲艳, 王林果, 欧熳熳. 2008. 茶油抑菌效果的研究. 安徽农业科学, 36 (14): 5913-5914.
蒋敏丽, 孟佩佩, 高鹏, 胡立勇. 2010. γ-谷氨酰转肽酶酶学性质的研究. 广东药学院学报, 26 (5): 529-532.
蒋萍, 叶建仁. 2008. 马尾松叶面拮抗细菌NA的分子鉴定. 新疆农业大学学报, 31 (3): 39-42.
蒋启荣. 2004. 肺炎克雷伯菌和腊样芽胞杆菌引起的耕牛猝死症病例. 广东畜牧兽医科技, 29 (3): 26-27.
蒋如璋, 樊庭玉. 1990. 短小芽胞杆菌缺陷噬菌体. 微生物学报, 30 (5): 365-368.
蒋如璋, 李志新. 1991. 短小芽胞杆菌噬菌体的分离及特性. 微生物学报, 31 (3): 176-182.
蒋若天, 卢涛, 宋航, 张楠, 陈松. 2006. 一株α-高温淀粉酶的地衣芽胞杆菌产酶培养基的优化. 现代食品科技, 22 (4): 52-53, 56.
蒋若天, 宋航, 陈松, 蒲宗耀, 刘成. 2007. 一株产α-高温淀粉酶的地衣芽胞杆菌的分离和筛选. 工业微生物, 37 (3): 37-41.
蒋盛岩, 赵良忠, 陈立德, 段林东, 王放银. 2007. 树头发提取物抑菌作用研究. 食品科学, 28 (7): 66-68.
蒋思婧, 马立新. 2002. 枯草芽胞杆菌寡聚-1, 6-葡萄糖苷酶基因的克隆及其在大肠杆菌中的表达. 微生物学报, 42 (2): 145-152.
蒋思婧, 张维林, 马立新. 2005. 枯草芽胞杆菌寡聚-1, 6-葡萄糖苷酶基因在毕赤酵母中的表达研究. 湖北大学学报 (自然科学版), 27 (3): 272-274, 279.
蒋庭玉, 杨亚, 孟祥贤, 孟凡君, 崔红, 张雪君. 2010. 拐芹当归提取物抗菌活性的研究. 时珍国医国药, 21 (8): 1878-1879.
蒋文烈, 梁文勇. 1992. 芽胞杆菌菌剂对水稻纹枯病菌的影响 (简报). 浙江农业科学, 2: 87-87.
蒋细旺, 包满珠. 2003. 菊花转抗虫基因植株的PCR快速鉴定. 湖北农业科学, 42 (2): 72-74.
蒋细旺, 包满珠, 吴家和, 张献龙. 2005. 农杆菌介导Cry1Ac基因转化菊花. 园艺学报, 32 (1): 65-69.
蒋旭梅, 李贵霞, 刘学聪. 2008. 微波对口腔科石膏模型消毒效果的实验研究. 现代口腔医学杂志, 22 (4): 410-412.
蒋学兵, 马骢, 陆晓白, 王珍光, 李艳君, 古东东. 2004. 6种常用消毒方法对室内空气消毒效果的比较. 中华医院感染学杂志, 14 (11): 1258-1259.
蒋燕军, 程立忠, 丁骅孙. 1998. 枯草芽胞杆菌β-甘露聚糖酶的三种纯化方法研究. 云南大学学报 (自然科学版), 20 (3): 200-202.

蒋燕燕, 陈文, 黄艳群, 张金生, 陈小鹏, 苗霆, 李文静. 2011. 利多菌对犊牛生长性能及血清理化指标的影响. 江苏农业科学, 39 (1): 244-245.

蒋咏梅, 章文贤, 施巧琴. 2001. 豆乳凝固醇产生菌 UV-10 发酵条件及其酶学性质的研究. 微生物学通报, 28 (4): 16-19.

蒋咏梅, 章文贤. 2000. 豆凝乳酶产生菌的筛选诱变育种. 福建师范大学学报 (自然科学版), 16 (1): 89-93.

蒋昱, 张朝晖, 周晓云. 2010. 乳链菌肽研究进展. 科技通报, 26 (3): 358-361.

蒋跃明. 1993. 枯草芽胞杆菌防治柑桔青绿霉病初报. 亚热带植物通讯, 22 (2): 34-36.

蒋云升, 董杰. 1999. 醉制食品卫生评价及醉蟹宝杀菌效果的实验观察. 中国烹饪研究, 16 (3): 1-5.

蒋云升, 董杰. 2009. 醉制食品的卫生研究. 中国调味品, 2: 103-105, 111.

蒋云升, 汪志君, 潘明, 薛党辰, 席军, 丁勇. 2008. 如皋火腿复合发酵剂的构建. 食品与发酵工业, 34 (4): 171-174.

蒋志强, 徐刘平, 郭坚华. 2006. 嗜几丁质类芽胞杆菌菌株 CH11 几丁质酶特性研究. 江苏农业科学, 36 (1): 47-49.

蒋专, 杨慧芬, 邱并生, 汪兵, 杨建. 2006. 硫磺矿硫化叶菌耐酸 α-淀粉酶基区的克隆及其在枯草芽胞杆菌中的表达. 中国科技信息, 6: 317-318.

焦惠, 戴梅, 李岩, 李敏, 刘润进. 2010. PGPR 接种时期和 AM 真菌对番茄根结线虫病的影响. 青岛农业大学学报 (自然科学版), 27 (3): 177-181.

焦玲, 吕红, 周集体, 崔德涛, 王竞. 2009. 醌介导染料脱色菌株的分离鉴定及特性. 中国环境科学, 29 (2): 191-195.

焦念新, 王志英, 温矩胜, 谢淑萍. 2009. 散尾葵提取物成分分析及其抑菌作用. 中国农学通报, 25 (24): 374-377.

焦蕊, 冯书亮, 董建臻, 王容燕. 2007. 苏云金芽胞杆菌 HBF-1 芽胞对棉铃虫幼虫生长发育及酶活的影响. 中国生物防治, 23 (1): 28-32.

焦文沁, 王霞, 齐俊生, 付学池, 王琦, 梅汝鸿. 2005. 小麦有益内生蜡样芽胞杆菌增效因子的筛选及增效机制研究. 植物病理学报, 35 (6) (ZK): 207.

焦晓黎, 孙艳萍. 2008. 发酵纳豆中加入中药后对纳豆激酶活力的影响. 中国医药导报, 5 (9): 36-37.

焦雅娟, 李长龙. 2007. 一起由蜡样芽胞杆菌引起食物中毒的调查. 职业与健康, 23 (6): 453.

焦迎春, 余梅, 唐达. 2010. 青海湖 M1 菌发酵液体外抗菌活性及稳定性的初步研究. 生物学杂志, 27 (3): 37-39.

焦迎晖, 张惟材, 谢莉, 袁红杰, 陈梦霞. 2002. 维生素 C 发酵中伴生菌对氧化葡糖杆菌的影响. 微生物学通报, 29 (5): 35-38.

焦豫良, 张兴群, 李振男, 李智涛. 2005. 6 种食品致病菌的多重 PCR 检测. 临床检验杂志, 23 (4): 256-258.

金柏年, 刘红霞. 2010. 三科微生物复合菌剂. 新农业, 4: 44.

金彬明, 刘佳明. 2006. 海水养殖区甲胺磷降解菌的分离筛选及降解特性的研究. 中国微生态学杂志, 18 (6): 436-437, 440.

金彬明, 刘佳明. 2007. 海洋微生物有机磷降解酶的纯化与性质研究. 中国微生态学杂志, 19 (1): 37-39.

金彩, 王亚宾. 1994. 一起因食用"鲜奶豆腐"引起的蜡样芽胞杆菌食物中毒. 中国农村医学, 22 (9): 20-21.

金城, 杨寿钧, 刘宏迪, 张树政. 1994. 耐热中性蛋白酶产生条件及酶的亲和层析纯化. 微生物学报, 34 (4): 285-292.

金城, 杨寿钧, 张树政. 1994. 嗜热脂肪芽胞杆菌 HY-69 耐热中性蛋白酶的性质研究. 生物化学与生物物理学报, 26 (4): 357-363.

金翀, 顾国贤, 陆健. 1999. 培养基及培养条件对普鲁兰酶的影响. 无锡轻工大学学报, 18 (2): 33-38.

金德明, 潘静. 1993. 两种杆菌原生质体形成和再生的研究. 上海科技大学学报, 16 (1): 49-54.

金红春, 杨春浩. 2009. 浅谈微生物制剂在水产养殖业上的应用. 渔业致富指南, 21: 60-62.

金家志, 邵凤君. 1996. 沼液中芽胞杆菌对雏鸡生长的促进作用. 农业环境与发展, 13 (4): 13-14.

金嘉琳, 翁心华. 2008. 地震中的传染病——气性坏疽. 微生物与感染, 3 (3): 157-159.

金建云, 李芳, 林开春. 2006. 高效油脂降解菌的筛选及其降解影响因素的初步研究. 华中农业大学学报, 25 (4): 400-403.

金杰, 郝燕, 何建勇. 2006. BP 神经网络在抗生素效价测定中的应用. 哈尔滨工程大学学报, 27 (B07): 567-569.

金晶, 姚俊, 徐虹, 许琳. 2007. 枯草杆菌 NX-2 聚谷氨酸解聚酶的克隆表达及其降解性质研究. 中国生物工程杂志, 27 (5): 34-38.

金钧然, 沈瑞祥. 1989. 杨树林土壤微生物及优势菌对小穴壳菌抑制作用的研究. 北京林业大学学报, 11 (3): 79-84.

金玲, 巴峰. 1995. 小麦体内有害芽胞杆菌研究初报. 植物病理学报, 25 (2): 106.

金露迎, 金仁琴, 王桂萍. 2007. 成人破伤风治疗护理 5 例. 齐齐哈尔医学院学报, 28 (2): 218-219.

金敏, 王忠彦, 胡承, 袁铸, 胡永松. 2000. 产胶原酶地衣芽胞杆菌菌种的分离、筛选及发酵条件研究. 四川大学学报 (自然科学版), 37 (5): 764-767.

金明飞, 朱欣华, 金丽, 卞慧芳, 吴自荣. 2005. 利用 $degQ$ 基因提高枯草芽胞杆菌纤溶酶表达. 微生物学通报, 32 (2): 69-72.

金荣德, 范作伟, 高星爱, 张爱平. 2011. 高效溶磷微生物菌株的筛选、鉴定及其对磷素效率的影响. 吉林农业科学, 36 (1): 13-16.

金山. 1990. 蜡样芽胞杆菌对鸡下痢的治疗效果. 上海畜牧兽医通讯, 6: 17-18.

金世芳, 王海玲. 1997. 芽胞杆菌碱性蛋白酶工业废水对河流的污染与防治. 浙江农业大学学报, 23 (1): 41-45.

金薇仙, 王权. 1993. 种蛋白痢杆菌带菌情况调查. 云南畜牧兽医, 3: 13-14.

金鑫, 冉雪琴, 王嘉福. 2010. 农田土壤中毒死蜱降解菌的分离与鉴定. 贵州农业科学, 38 (4): 103-106, 109.

金鑫, 苏敬良. 2005. 人兽共患病的现状与防制 (十一) ——炭疽. 动物保健, 9: 14, 18.

金燕飞, 沈立荣, 冯凤琴, 吴海洪. 2006. 饲用纳豆芽胞杆菌固体发酵和干燥工艺研究. 中国粮油学报, 21 (5): 120-123, 138.

金燕仙, 钟爱国, 戴国梁, 潘富友, 葛昌华, 杨健梗. 2010. 晶体结构、电子光谱、抑菌活性及其量化计算. 无机化学学报, 26 (4): 657-662.

金盈, 吴友吉, 陶锋, 杜宇. 2010. 纳米硫化汞/偕胺肟复合纤维的制备与表征. 化学世界, 51 (3): 152-155.

金映虹, 刘静, 刘莉, 邓飞, 陶剑, 宋存江. 2008. 利用 $Bacillus\ licheniformis$ NK-03 合成聚谷氨酸及其合成酶基因 $pgsBCA$ 的克隆. 南开大学学报 (自然科学版), 41 (3): 57-63.

金有智, 郭淑元. 2008. 昆虫对转 Bt 基因作物的抗性及对策. 生命的化学, 28 (3): 358-361.

金月波. 2010. 草地早熟禾褐斑病拮抗细菌的筛选及鉴定. 广东农业科学, 37 (6): 122-125.

金则新,李钧敏. 2006. 珍稀濒危植物七子花提取物的抑菌活性. 浙江林学院学报, 23 (3): 306-310.

金志雄,毛达勇,张珍,王金勇. 2006. 产 α-淀粉酶菌株液体培养条件的探讨. 环境科学与技术, 29 (2): 32-33.

金志雄,吴文琴,张珍,王金勇. 2004. 一株产 α-淀粉酶的枯草芽胞杆菌分解淀粉的能力. 环境与健康杂志, 21 (5): 327-328, 338.

金志雄,吴文琴,张珍. 2004a. 盾叶薯蓣淀粉对枯草芽胞杆菌 α-淀粉酶活性的影响. 微生物学杂志, 24 (4): 23-24, 45.

金志雄,吴文琴,张珍. 2004b. 一株枯草芽胞杆菌分解淀粉能力的研究. 中国微生态学杂志, 16 (3): 142-143.

金志雄,杨宏伟,王淑兰,王金勇. 2004. 降解盾叶薯蓣废弃物——淀粉的初步研究. 郧阳医学院学报, 23 (2): 92-93.

金志雄,吴新刚,王娅. 2003. 三种细菌分解淀粉能力的比较. 郧阳医学院学报, 22 (3): 182-183.

晋果果,翁海波,李萍萍,孙武举,覃勉. 2011. 高温木质素降解菌 *Geobacillus caldoxylosilyticus* J16 的筛选及其产酶发酵性质研究. 中国农学通报, 27 (8): 334-339.

晋利,刘兆普,赵耕毛,汪辉,陈雷. 2010. 一株溶藻细菌对铜绿微囊藻生长的影响及其鉴定. 中国环境科学, 30 (2): 222-227.

晋利,汪辉,赵耕毛,陈雷,刘兆普. 2010. 菌株 J1 对铜绿微囊藻光合作用的影响及其溶藻活性成分的研究. 环境科学研究, 23 (6): 685-689.

靳爱清. 2001. 一起蜡样芽胞杆菌引起食物中毒的调查. 解放军预防医学杂志, 19 (3): 223.

靳鸿蔚,刘桂兰,王耿,方柏山. 2008. 一株胶原酶产生菌的筛选及系统发育分析. 华侨大学学报 (自然科学版), 29 (3): 387-390.

靳晓黎,吴华昌,邓静. 2010. A2 菌产蛋白水解酶的分离纯化. 中国酿造, 12: 130-132.

荆卓琼,李美丽,陈秀蓉,杨成德,薛莉. 2010. 枯草芽胞杆菌 B_2 发酵工艺及其质量检测方法研究. 甘肃农业大学学报, 45 (2): 121-126, 142.

景体淞,徐镜波. 2004. 硝基苯对 *Escherichia coli* 和 *Bacillus subtilis* 生长抑制的构效分析. 吉林大学学报 (理学版), 42 (1): 130-134.

景新 (摘). 2008. Xiaflex 积极的Ⅲ期试验结果. 国外药讯, 8: 34-35.

敬素寒,贾新文,李果,刘怀志,李晓莉. 2000. 一起蜡样芽胞杆菌引起食物中毒的调查报告. 现代预防医学, 27 (3): 314.

鞠华伟,江连洲,王秋京,邹阳. 2007. 高产碱性蛋白酶枯草芽胞杆菌菌株选育及其水解条件的研究. 食品工业科技, 28 (8): 109-112.

鞠守勇,纪芳,朱自敏,喻子牛,孙明. 2007. 苏云金芽胞杆菌幕虫亚种晶胞粘连现象与晶体蛋白基因 *cry26Aα* 所在质粒有关. 微生物学报, 47 (1): 88-91.

鞠兴荣,何荣,袁建,王立峰,顾建洪. 2008. 固态发酵生产菜籽肽菌种的筛选. 食品科学, 29 (12): 494-497.

鞠兴荣,金晶,王立峰,何荣,袁建. 2011. 液态发酵法制备菜籽 ACE 抑制肽发酵条件优化. 中国粮油学报, 26 (1): 96-101.

巨天珍,索安宁,田玉军,冯克宽. 2003. 兰州市空气微生物分析. 工业安全与环保, 29 (3): 17-19.

句立言,杨立秋,王世平,高霞. 2008. 大肠菌群检测技术研究进展. 中国初级卫生保健, 22 (5): 55-56.

俱西驰,武成斌. 2004. A 型肉毒中毒 1 例报告. 中国神经精神疾病杂志, 30 (3): 181.

瞿建宏,刘韶斌. 2002. 水体中芽胞杆菌和微囊藻的生长及其资源竞争. 湛江海洋大学学报, 22 (3):

13-18.

阚国仕, 谢建飞, 陈红漫. 2009. 一株高产 Mn-SOD 菌发酵条件的优化. 中国酿造, 4: 118-120.

阚振荣, 吴建巍. 1997. ALDC 产生菌 BD-5 菌株的发酵条件初探. 河北大学学报 (自然科学版), 17 (2): 63-66.

阚振荣, 张元亮. 1997. α-乙酰乳酸脱羧酶产生菌的分离与筛选. 河北大学学报 (自然科学版), 17 (1): 47-50.

康白, 何明清. 1992. 蜡样芽胞杆菌对羔羊, 仔猪和鸡腹泻控制的流行病学分析. 中国微生态学杂志, 4 (4): 40-48.

康国平. 2007. 克蚕菌胶囊的特点及使用方法. 广西蚕业, 44 (B01): 15.

康宏, 于冲, 李盛贤, 贾树彪, 吴桐, 谷鸿喜. 2006. 从大庆原油样品中分离和初步筛选菌株. 生物技术, 16 (3): 74-76.

康健. 2007. 诱变前后混合微生物对铜、锌硫化矿浸出能力比较及其纯种分离研究. 长沙: 中南大学博士研究生学位论文.

康沛萍, 陈峥宏. 1999. 常规培养基培养物中细菌 L 型的检测. 贵阳医学院学报, 24 (1): 32-35.

康素芬, 周巍. 2009. FTA 滤膜用于 PCR 检测豆制品中蜡样芽胞杆菌的研究. 保定学院学报, 22 (4): 56-60.

康旭, 李冬生, 邓川, 袁江兰. 2010. 金银花提取液抑菌活性的研究. 安徽农业科学, 38 (27): 14935-14936.

康艳红, 赵军, 杨伟超, 张海宏. 2008. Vc 二步发酵新组合菌系 B15-14 的筛选及其条件优化. 微生物学杂志, 28 (4): 35-38.

柯涛, 王庆林, 惠丰立, 熊兰, 马向东, 马立新. 2008. 短小芽胞杆菌热稳定环糊精葡萄糖基转移酶粗酶酶学特性研究. 中国粮油学报, 23 (4): 120-124.

柯为. 2005. 降解强致癌性有机污染物的微生物. 微生物学通报, 32 (3): 112.

柯为. 2007. 梭状芽胞杆菌用于医疗. 微生物学通报, 34 (6): 1149.

孔凡晶, 王海雷, 郑绵平, 郑小娟. 2007. 西藏搭格架艳硅华区热泉高温菌株的分离及特征研究. 地质学报, 81 (12): 1750-1753.

孔凡利, 林文雄, 严小龙, 廖红. 2005. 转枯草芽胞杆菌植酸酶基因烟草对不同介质中植酸磷的吸收利用. 应用生态学报, 16 (12): 2389-2393.

孔建, 河野满. 1998. 枯草芽胞杆菌抗菌物质对镰刀菌抑制机理的镜下研究. 植物病理学报, 28 (4): 337-340.

孔建, 王文夕, 赵白鸽, 申效诚. 1999. 枯草芽胞杆菌 B-903 菌株的研究 Ⅰ. 对植物病原菌的抑制作用和防治试验. 中国生物防治, 15 (4): 157-161.

孔建, 王文夕, 赵白鸽, 申效诚. 2000. 枯草芽胞杆菌 B-903 菌株的研究 Ⅲ. 影响抗菌物质产生和积累的主要因素. 中国生物防治, 16 (2): 65-68.

孔建, 赵白鸽, 王文夕, 王同贵. 1995. 枯草芽胞杆菌 B-903 菌株抗菌物质对植物病原真菌的抑制作用. 植物病理学报, 25 (1): 69-72.

孔建, 赵白鸽. 1992. 枯草芽胞杆菌 B-903 菌株抗真菌作用研究初报. 生物防治通报, 8 (2): 91-92.

孔军. 2003. 一起食物中毒的诊断. 职业卫生与应急救援, 21 (4): 171.

孔利华, 刘惠知, 黄建军, 缪东. 2009. 纳豆芽胞杆菌 T1 生长必需因子的研究. 安徽农学通报, 15 (10): 39-41.

孔青, 刘奇正, 于方塘, 王秀丹, 单世华. 2010. 1 株海洋芽胞杆菌抑制黄曲霉生长和毒素合成的研究. 浙江大学学报 (农业与生命科学版), 36 (4): 387-392.

孔庆军,任雪艳,陆江红,景华,王莹,葛彬.2008.新疆棉花芽胞杆菌的筛选及纯化.安徽农业科学,36(35):15470-15471,15496.
孔庆军,王莹,葛彬.2009.棉花内生菌筛选纯化及抑菌效果研究.安徽农学通报,15(17):79-81.
孔舒,刘刚,刘森林,邢苗.2005.ATCC碱性纤维素酶产生菌产酶特性的重新确定.深圳大学学报(理工版),22(3):253-257.
孔显良,江洪涛.1993.地衣芽胞杆菌胞外耐高温α-淀粉酶的研究.微生物学报,33(4):274-279.
孔祥云,杨修军,刘桂华,杨红,黄鑫,庞俊哲.2008.保健食品中炭疽芽胞杆菌检验方法的建立.中国卫生工程学,7(3):186,188.
口如琴,褚西宁.1994.胞外青霉素酰化酶的纯化及部分理化性质.生物化学杂志,10(6):697-701.
口如琴,褚西宁.1995.巨大芽胞杆菌产青霉素酰化酶发酵条件的研究.山西大学学报(自然科学版),18(4):432-435.
口如琴,袁静明.1995.Co(Ⅱ)对青霉素酰化酶的激活作用.山西大学学报(自然科学版),18(1):48-51.
匡逢春,郑重谊,谭周进,谢达平.2008.影响枯草芽胞杆菌和荧光假单胞菌原生质体再生的因素.生物技术通讯,19(5):704-707.
匡继才,郑庆维,蒋照彩,刘富平.2009.牛气肿疽病的诊治.云南畜牧兽医,3:16.
匡群,孙梅,施大林.2005.酪酸梭状芽胞杆菌培养条件的研究.饲料工业,26(10):36-39.
邝婉湄,邓彩间,林乔禹,张臻颖,张奕钊,吴雪辉.2010.红花油茶籽油的抑菌和抗氧化作用研究.中国油脂9:25-28.
邝玉斌,方呈祥.2000.芽胞杆菌模式菌株细胞脂肪酸组分的气相色谱分析.分析科学学报,16(4):270-273.
邝哲师,陈家义,徐志宏,潘木水,陈薇.2007.发酵菠萝渣养分瘤胃降解率的研究.中国饲料,5:28-29,32.
邝哲师,田兴山,张玲华,周风珍,陈薇.2005.芽胞杆菌制剂对断奶仔猪体内消化酶活性的影响.中国畜牧兽医,32(6):17-18.
邝哲师,张玲华,田兴山,周风珍,陈薇.2005.绿色荧光蛋白标记的芽胞杆菌在幼龄畜禽体内的动态分布.华南师范大学学报(自然科学版),2:23-26.
拉华,晁宜林,石全有,韩文祥,李生福.2005.一起炭疽疫情的处理.青海畜牧兽医杂志,35(4):44.
来航线,盛敏,刘强.2004.两株蜡样芽胞杆菌的鉴定及液体培养基筛选.西北农业学报,13(1):33-36.
来航线,杨保伟,邱学礼,薛泉宏.2004.9株芽胞杆菌的初步分离鉴定与拮抗性试验.西北农林科技大学学报(自然科学版),32(7):93-96.
来燕学.2006.松树枯萎病枝条内的寄生虫和微生物群落.南京农业大学学报,29(1):49-53.
赖滨霞.2010.粘杆菌素高产菌株的选育.福建畜牧兽医,32(6):19-21.
赖崇德,涂晓嵘,倪国荣,张智平.2007.弗氏链霉菌变种S-221所产生物活性物质抑菌活性的初步研究.江西农业学报,19(9):102-104.
赖高淮.2007.缅怀周老.中国酒,6:36.
赖国旗,张德纯.1997.健康动物肠道正常菌群的分离与鉴定.中国微生态学杂志,9(2):23-25.
赖洁玲,方金韩.2010.田基黄提取物抑菌作用的研究.玉林师范学院学报,31(2):58-61.
赖欣,陈惠.2008.短小芽胞杆菌B-15产酶条件的优化及酶学性质的研究.中国饲料,15:39-43.
赖娅娜,雷宝良,李志东,钟娟,周金燕,杨杰,谭红.2004.抗真菌多肽捷安肽素发酵中试研究.天然产物研究与开发,16(5):448-450.

赖娅娜, 谭红. 2004. 抗真菌多肽捷安肽素发酵条件的研究. 应用与环境生物学报, 10 (2): 231-235.
赖翼, 刘成君, 李晖, 陈金瑞. 2005. 青稞散黑穗病拮抗菌 LN-176 的分离鉴定、发酵条件及发酵产物的研究. 植物保护, 31 (3): 31-34.
赖云松, 王亚, 涂巨民. 2008. ICP 蛋白和 VIP 蛋白杀虫机理和毒性专一性的分子基础. 华中农业大学学报, 27 (5): 680-690.
兰和魁, 符薇, 陈丽珊, 李秀云, 王霞, 严奇, 任大明. 2005. 变形梯度胶电泳分析喂养方式对早产新生儿肠道菌群的影响. 中国微生态学杂志, 17 (1): 5-7.
兰纪康, 赵永刚. 1990. 一株强毒炭疽芽胞杆菌的鉴定. 预防医学情报杂志, 6 (4): 230-231.
兰时乐, 陈海荣, 肖宏英, 刘小玲, 江来辉. 2004. 稻曲病菌拮抗菌的筛选及拮抗活性测定. 植物保护, 30 (2): 69-72.
兰钊, 宋玉凤, 韩宇, 马光庭. 2009. 玉米发酵酒精废液培养苏云金芽胞杆菌的研究. 上海化工, 3: 11-14.
蓝江林, 朱育菁, 苏明星, 葛慈斌, 刘芸, 刘波. 2008. 水葫芦内生细菌的分离与鉴定. 农业环境科学学报, 27 (6): 2423-2429.
郎序菲, 邱丽娜, 马雪, 弓爱君, 王小宁. 2009. 浸矿微生物的研究进展. 金属世界, C00: 88-91.
郎亚军, 隋海澜, 于育玲, 张苓花. 2005. 纳豆枯草杆菌的分离鉴定及发酵条件优化. 大连轻工业学院学报, 24 (1): 12-14.
劳静华, 陈良珠, 许泽芳. 2004. 石蜡油高压蒸汽灭菌效果探讨. 现代护理, 10 (7): 644.
雷爱莹, 彭敏, 曾地刚, 李咏梅. 2005. 枯草芽胞杆菌的分离和净化水质的研究. 广西农业科学, 36 (3): 248-250.
雷白时, 姜军坡, 王伟, 张冬冬, 王全, 朱宝成. 2009. 棉花黄萎病拮抗细菌 7-30 菌株的筛选与鉴定. 安徽农业科学, 37 (2): 672-674.
雷白时, 张冬冬, 王全, 姜军坡, 王伟, 朱宝成. 2009. 大丽轮枝菌拮抗细菌多粘类芽胞杆菌 (P. polyrnyxa) 7-4 菌株发酵产抗菌蛋白条件的优化. 河北农业大学学报, 32 (4): 60-65.
雷发懋, 卢娜, 王跃强, 周顺桂. 2008. 微生物转化淀粉废水制备生物灭蚊剂. 生态环境, 17 (3): 931-935.
雷国明. 2000. 我国细菌生物农药的研究和应用. 植物医生, 13 (5): 9.
雷国明. 2002. 生物农药的龙头老大——苏芸金芽胞杆菌百年之路. 植物医生, 15 (2): 2-4.
雷虹, 洪扬. 1993. 地衣芽胞杆菌 2709 碱性蛋白酶编码序列的 PCR 扩增、克隆及序列测定. 生物化学杂志, 9 (4): 441-447.
雷会霄, 宋萍, 张毅功, 南宫自艳. 2010. 河北省果园苏云金芽胞杆菌菌株的分离鉴定. 华北农学报, 25 (4): 201-205.
雷晶, 马建华, 吴红霞. 2006. 肉毒中毒 75 例临床分析. 新疆医学, 36 (2): 52-53.
雷丽萍, 夏振远, 王玥, 魏海雷, 刘杏忠. 2007. 尼古丁降解菌株 L1 的分离与降解特性. 农业生物技术学报, 15 (4): 721-722.
雷丽萍. 2007. 烟草内生芽胞杆菌降低烟叶亚硝胺类物质含量的研究. 西南农业学报, 20 (3): 515-520.
雷萍, 张金松, 周令, 潘晶, 赵文明. 2004. 苏云金芽胞杆菌以色列亚种对花翅摇蚊作用特性研究. 微生物学通报, 31 (1): 17-21.
雷琦, 庄东红, 吴奕瑞. 2006. 番石榴叶中总黄酮最佳提取条件的探讨及其抑菌作用的研究. 天然产物研究与开发, 18 (B06): 107-111.
雷晓燕. 2009. 普洱茶中主要微生物的研究. 沈阳化工学院学报, 23 (2): 134-137, 146.
黎春辉, 陈铁桥, 肖兵南. 2008. 鸡芽胞杆菌的分离、鉴定及体外抑菌研究. 饲料与畜牧: 新饲料, 10:

49-50.

黎定军, 陈武, 罗宽. 2007. 侧孢芽胞杆菌 2-Q-9 外泌抑菌物质性质. 湖南农业大学学报（自然科学版）, 33 (4): 471-474.

黎昊雁, 章国祥. 2009. 十二种食源性致病菌可见光基因芯片检测方法的建立. 检验检疫科学, 3: 17-21.

黎继烈, 张慧, 王卫, 李忠海. 2008. 金橘黄酮抑菌作用研究. 食品与机械, 5: 38-41.

黎金兰, 冯一森, 曹峻松, 郭勇. 2008. 两步固态发酵生产豆豉纤溶酶的研究. 现代食品科技, 24 (12): 1304-1307.

黎孔琼. 2010. 破伤风抗毒素皮试假阳性结果的预防和护理对策. 实用医技杂志, 1: 92-93.

黎明, 黄剑屏, 黄薇, 黄葵. 2008. 某国产婴幼儿配方奶粉中检出阪崎肠杆菌. 预防医学情报杂志, 24 (11): 921-922.

黎起秦, 陈永宁. 2000. 西瓜枯萎病生防细菌的筛选. 广西农业生物科学, 19 (2): 81-84.

黎起秦, 林纬, 陈永宁, 彭好文, 蒙姣荣, 韦绍兴. 2000. 芽胞杆菌对水稻纹枯病的防治效果. 中国生物防治, 16 (4): 160-162.

黎起秦, 卢继英, 林纬, 陈永宁, 卢亭君, 谢义灵, 韦文亮. 2004. 辣椒内生菌拮抗细菌的筛选. 广西农业生物科学, 23 (4): 304-306.

黎起秦, 罗宽, 林纬, 彭好文, 罗雪. 2003. 番茄青枯病内生拮抗细菌的筛选. 植物病理学报, 33 (4): 364-367.

黎起秦, 叶云峰, 王涛, 林纬, 罗宽. 2008. 内生枯草芽胞杆菌 B47 菌株入侵番茄的途径及其定殖部位. 中国生物防治, 24 (2): 133-137.

黎婉园, 陈中, 夏枫耿, 林伟锋. 2011. 利用纳豆菌种发酵奶液的研究. 中国食品添加剂, 1: 82-85.

黎向锋, 李雅芹, 蔡军, 张德远. 2003. 微生物细胞磁性金属化研究. 科学通报, 48 (2): 145-148.

黎小苑. 2008. 甘草酸微生物限度检查方法的验证. 今日药学, 18 (1): 57-60.

黎媛, 陆路, 方呈祥. 2003. SOD 对紫外辐射受损的苏云金芽胞杆菌作用的研究. 河南农业科学, 32 (2): 20-23.

礼彤, 阎韵, 翟增伟, 范立敏, 周丽莉. 2010. 冬凌草超临界二氧化碳萃取物体外抑菌作用研究. 时珍国医国药, 21 (6): 1344-1345.

李爱民, 丛丽娜, 侯英敏. 2011. 海参肠道菌 HS-A38 的鉴定. 大连工业大学学报, 30 (1): 10-12.

李安安, 李勇智, 祝贵兵, 彭永臻. 2009. 活性污泥体系中聚糖菌的富集与鉴定. 环境工程学报, 3 (5): 927-931.

李安明, 廖银章. 1990. 一株厌氧中温芽胞纤维素分解细菌的分离和鉴定. 太阳能学报, 11 (3): 324-329.

李安娜, 金莹, 逯鹏, 郑园园, 陈若. 2008. 抗烟草赤星病芽胞杆菌 B102 菌株的筛选及抑菌作用. 烟草科技, 2: 57-60, 64.

李佰乐, 王海滨, 孔凡玉, 张成省. 2011. 枯草芽胞杆菌 Tpb55 抗菌蛋白纯化特性分析. 中国烟草科学, 32 (1): 43-46.

李柏青, 朱育菁, 张赛群, 周涵韬. 2007. 蜡状芽胞杆菌对番茄青枯雷尔氏菌致病性的影响. 厦门大学学报（自然科学版）, 46 (4): 574-577.

李宝库, 马垧玻, 路新利, 崔哲. 2009. 纤溶菌固态发酵条件及溶栓作用的研究. 酿酒科技, 7: 27-29.

李宝亮, 栗新. 2008. 一起蜡样芽胞杆菌引起食物中毒的实验室分析. 山西医药杂志: 上半月, 37 (5): 437-438.

李宝明, 孙军德, 王辉, 任蜀豫. 2007. 阿特拉津降解细菌的筛选和鉴定. 土壤通报, 38 (3): 619-621.

李宝庆, 鹿秀云, 郭庆港, 李社增, 马平. 2010. 克百威降解菌 CYW-44 的分离及其酶促降解研究. 农业环境科学学报, 29 (B03): 196-200.

李彪, 熊焰. 2008. 猪粪中除臭微生物的筛选和鉴定. 家畜生态学报, 29 (1): 74-76.

李斌, 刘正初, 王溪森, 石岩. 2009. β-甘露聚糖酶基因高效表达体系的构建. 湖北农业科学, 48 (8): 1807-1810.

李斌, 齐娜. 2000. 一起蜡样芽胞杆菌所致食物中毒. 西藏医药杂志, 21 (1): 46.

李冰 (编译). 2006. 艰难梭菌性疾病与应用广谱抗菌素氟喹诺酮类药物未见相关性. 传染病网络动态, 12: 4.

李冰, 郭祀远, 李琳, 黎锡流. 2004. DM423 摇瓶培养过程生物量的 BP 神经网络软测量. 华南理工大学学报 (自然科学版), 32 (12): 11-15.

李冰, 李建民, 徐俊杰, 刘树玲, 张羽, 付玲, 陈薇. 2007. 抗炭疽保护性抗原单克隆抗体可变区基因的克隆及序列分析. 生物技术通讯, 18 (2): 179-182.

李冰, 李琳, 郭祀远, 陈玲, 黎锡流. 2004. 蜡样芽胞杆菌 DM423 分批培养过程中生物量的人工神经网络软测量. 郑州工程学院学报, 25 (4): 39-43.

李冰峰. 2011. 蛋白酶生产菌的产酶条件研究. 化学工业与工程技术, 32 (1): 15-20.

李兵, 林炜铁. 2009. 1 株好氧反硝化芽胞杆菌的脱氮特性研究. 水生态学杂志, 2 (3): 48-52.

李炳学, 张宁, 杜国栋, 张立军. 2005. 以综合能力为标准筛选草莓灰霉病生防细菌. 微生物学杂志, 25 (4): 73-76.

李勃, 王弋博, 张双强, 李三相, 张海林. 2004. 异淀粉酶性质研究. 西北民族大学学报 (自然科学版), 25 (1): 32-34.

李博, 籍保平. 2006. 葡萄糖酸内酯豆腐生产过程中微生物的变化及豆腐中主要腐败菌的鉴定. 食品科学, 27 (5): 77-82.

李博, 赵敏, 彭元举. 2009. 高效微生物絮凝剂产生菌 BJ-Ⅰ的筛选鉴定及絮凝特性研究. 佳木斯大学学报 (自然科学版), 27 (2): 301-305.

李昌春, 周子燕, 石立, 胡本进, 刘守荣, 裴吉兵. 2007. 克纹灵防治水稻纹枯病和稻曲病试验初报. 安徽农学通报, 13 (21): 88-89.

李昌灵, 沈延. 2009. 刺天茄提取物的抑菌作用研究. 安徽农业科学, 37 (2): 652-653, 667.

李长福, 郑著家, 梁桃, 朱桂玲. 2008. 四联活菌肠溶胶囊治疗慢性腹泻的疗效研究. 中国药房, 19 (26): 2046-2048.

李长根, 曹成亮, 秦盛, 缪倩, 孙勇, 蒋继宏. 2010. 银杏内生细菌 XZNUM 033 的鉴定及其抗杨树变色真菌活性物质的理化性质. 林业科学研究, 23 (5): 708-712.

李长友, 李国勋, 张杰, 宋福平, 黄大昉. 2007. 苏云金芽胞杆菌菌株 B-Hm-16 的生物学特性及 cry 基因型鉴定. 青岛农业大学学报 (自然科学版), 24 (1): 1-4.

李长友, 袁强, 张永安, 戴莲韵, 黄大昉. 2002. 我国不同森林立地带 Bt 分离株杀虫晶体蛋白及基因分析. 林业科学, 38 (3): 102-105.

李长友, 张杰, 宋福平, 韩岚岚. 2007. 苏云金芽胞杆菌 B-Pr-88 菌株中 cry2Ab4 基因的表达和杀虫活性研究. 生物工程学报, 23 (4): 634-638.

李长友, 张杰, 宋福平, 李国勋, 黄大昉. 2004. 苏云金芽胞杆菌菌株 B-Pr-88 的生物学特性. 植物保护学报, 31 (1): 21-25.

李超, 杜雷, 席宇, 郭灵燕, 朱大恒. 2011. 烟梗废料液态发酵生产苏云金芽胞杆菌的适宜条件筛选. 烟草科技, 3: 69-71, 76.

李超, 穆琳, 王建, 雷振河, 陈晶. 2009. 汾型大曲的理化指标和微生物指标分析. 中国酿造, 1:

140-142.

李超, 孙冬岩. 2009. 枯草芽胞杆菌发酵培养基的优化. 饲料研究, 10: 55-56.

李超敏, 石晓, 窦会娟, 赵永敢. 2008. 一株蛋白酶产生菌的分离鉴定. 食品工程, 3: 48-50.

李超敏, 王加宁, 邱维忠, 迟建国. 2007. 高效降解石油细菌的分离鉴定及降解能力的研究. 生物技术, 17 (4): 80-82.

李朝霞, 王爱民, 李小敏. 2007. 中性植酸酶高产菌株的筛选及产酶条件研究. 微生物学通报, 34 (4): 633-637.

李朝霞, 张丽萍, 田力, 牛雅丽. 2005. 一起食用疑似炭疽病牛肉的中毒的调查. 疾病控制杂志, 9 (2): 191.

李成, 弓爱君, 邱丽娜, 苑海涛. 2009. 箱式固态发酵生产 Bt 生物农药的研究. 化学与生物工程, 26 (4): 43-45.

李成, 李红梅, 弓爱君, 邱丽娜, 蒋辰. 2009. 苏云金芽胞杆菌诱变育种的初步研究. 中国农学通报, 2: 206-209.

李成翠, 李术娜, 朱宝成. 2010. 高活性木质素降解菌株 T-8 的分离、筛选与鉴定. 河北农业大学学报, 33 (6): 57-62.

李成梅, 吴海燕, 张珍华, 赵楠, 曾兆国. 2009. 微生物检定法测定莫能菌素的含量. 饲料工业, 30 (14): 55-57.

李诚, 石磊. 2009. ε-聚赖氨酸抑菌性能研究. 食品与发酵工业, 35 (2): 39-43.

李崇. 1997. 改进肌苷发酵条件的研究. 中国医药工业杂志, 28 (7): 291-293.

李春华, 廖贵芹, 张桂敏, 马立新. 2005. β-1, 4-内切葡聚糖酶基因的克隆及其在大肠杆菌中的表达. 湖北大学学报 (自然科学版), 27 (3): 275-279.

李春华. 1999. 一株产耐热碱性脂肪酶芽胞杆菌的筛选及其所产酶性质的研究. 湖北大学学报 (自然科学版), 21 (3): 294-296.

李春梅, 钟晓祝, 杨金城. 2006. 邻苯二甲醛消毒剂灭菌效果的实验研究. 中华医院感染学杂志, 16 (7): 772-773, 724.

李春荣, 王文科, 曹玉清, 王丽娟. 2007. 石油污染物的微生物降解. 地球科学与环境学报, 29 (2): 214-216.

李翠香, 胡元森, 潘涛, 刘娜, 宋威. 2009. 一株耐酸性 α-淀粉酶产生菌的分离鉴定及发酵条件研究. 河南工业大学学报 (自然科学版), 30 (2): 51-54, 88.

李达娜, 钱龙. 2002. 苏云金芽胞杆菌的分离及快速鉴定. 贵州农业科学, 30 (4): 34-35.

李大峰, 贾冬英, 陈潇, 姚开. 2010. 柚皮果胶水解物的抗菌活性研究. 氨基酸和生物资源, 32 (2): 63-65.

李大力, 詹长娟, 郏丽, 柯前进. 2007. 盐浓度对纳豆芽胞杆菌发酵产 γ-聚谷氨酸影响的研究. 化学与生物工程, 24 (2): 50-51, 72.

李丹, 任爱民, 王红. 2010. 抗生素相关性肠炎治疗与预防的研究进展. 药物不良反应杂志, 4: 262-268.

李道义, 江正强, 韦赟, 李里特, 日下部功. 2005. 低聚甘露糖的酶法制备、分离与结晶. 食品科学, 26 (zl): 58-60.

李德臣, 任培桃. 1993. 化学法制取 B. S 发酵液浓缩乳剂研究. 医学动物防制, 9 (4): 201-204.

李德全, 陈志谊, 刘永锋, 刘邮洲. 2006. 生防菌 Bs-916 离子注入突变高效菌株筛选及抑菌防病效果. 植物保护学报, 33 (2): 141-145.

李德全, 陈志谊, 聂亚锋. 2008. 生防菌 Bs-916 及高效突变菌株抗菌物质及其对水稻抗性诱导作用的研究. 植物病理学报, 38 (2): 192-198.

李德舜,颜涛,宗雪梅,苏静,王佳慧,刘自镕. 2006. 芽胞杆菌(Bacillus sp. No, 16A)苎麻脱胶研究. 山东大学学报(理学版), 41 (5): 151-154, 165.

李德新,齐巧丽,安信伯,李贺年. 2008. 药剂处理种栽及生物防治白术根腐病研究. 安徽农业科学, 36 (15): 6372-6373.

李玓嫙,王惠吉,谭漫红,邵颖. 2010. 益生菌制剂预防老年患者抗生素相关性腹泻. 胃肠病学, 15 (3): 154-156.

李东,徐智敏,孟金凤,佟书娟,过伟峰. 2011. 皂荚中天然防腐成分的防腐作用研究. 南京中医药大学学报, 27 (1): 89-91.

李东平,龙建友,胡兆农,吴文君. 2005. 放线菌 LDP-18 发酵液杀菌活性研究. 西北农业学报, 14 (1): 102-105.

李东升,张力平,蒲俊文. 2006. 降解黑荆树栲胶抑菌性能的研究. 生物质化学工程, 40 (4): 11-14.

李东旭,李军,邓振山. 2008. 薄荷中内生真菌的筛选和初步研究. 安徽农业科学, 36 (23): 10011-10012, 10073.

李冬梅,于佳. 2010. 饲用芽胞杆菌的作用机理与影响因素. 畜牧与饲料科学, 8: 9-11.

李冬梅. 2008. 利用微生物本身的 PHAs 解聚酶生产羟基丁酸单体. 广州化学, 33 (1): 39-43.

李冬青,谭明雄,林娜. 2010. 配位聚合物 [Zn (absa; pcih)] (CH_3OH) 的生物活性研究. 玉林师范学院学报, 31 (5): 56-60.

李冬颖,刘坤,马明,乔建军,耿运琪,杜连祥,陈启民. 2001. α-淀粉酶基金在 D-核糖生产菌中的表达. 南开大学学报(自然科学), 34 (1): 1-4.

李侗曾(编译). 2007. 艰难梭状芽胞杆菌无症状携带者可能会导致感染暴发. 传染病网络动态, 12: 1.

李侗曾(译). 2008. 治疗难辨梭状芽胞杆菌的新策略. 传染病网络动态, 1: 2-3.

李栋芸. 2009. 阿昔莫司胶囊微生物限度检查方法的探讨. 知识经济, 6: 116, 126.

李端,周立刚,姜微波,吴建勇,曹晓冬,唐静. 2005. 皂荚提取物对植物病原菌的抑制作用. 植物病理学报, 35 (S1): 86-90.

李芳,黄慧婷. 1997. 苏云金芽胞杆菌菌株 94 的培养基优化及对 4 种鳞翅目幼虫的毒力. 福建农业大学学报, 26 (1): 73-76.

李峰,郭瑞雪,张林普. 2005. 芽胞杆菌属一新种的鉴定. 淮北煤炭师范学院学报(自然科学版), 26 (2): 44-47.

李峰,郭瑞雪. 1999. 耐盐耐碱芽胞杆菌质粒的分离和电镜观察. 淮北煤炭师范学院学报(自然科学版), 20 (3): 60-62.

李凤春,何昭阳. 2007. 黄牛泌乳系统正常菌群的检测. 中国微生态学杂志, 19 (6): 521-523.

李凤刚,邬立刚,岳增华. 2006. 产酶益生素对肉鸡增重及鸡舍环境的影响. 黑龙江畜牧兽医, 8: 43-44.

李凤兰,李智呈. 2009. 需氧芽胞杆菌对大肠杆菌的体外抑菌试验. 上海畜牧兽医通讯, 1: 43.

李凤梅,李平,闫敏,郑爱萍,孙惠青. 2003. 苏云金芽胞杆菌的筛选和初步鉴定. 生物技术, 13 (6): 34-36.

李芙,张晋,过琴媛,张月兰,张颖. 2008. 疫苗生产中消毒剂消毒效果的验证. 中国生物制品学杂志, 21 (12): 1124-1125, 1134.

李福彬,陈宝江,梁陈冲,许晴,于会民,刘耀强. 2010. 地衣芽胞杆菌对蛋鸡生产性能、蛋品质及血清相关指标的影响. 中国饲料, 13: 5-8.

李福彬,陈宝江,于会民,景翠,梁陈冲. 2010. 多粘类芽胞杆菌(P. polyrnyxa)抗逆性与益生性的体外评价. 河北农业大学学报, 33 (3): 78-82.

李福俊,张敏,苗晓微.2008.中药与芽胞杆菌合生元替代抗生素对肉鸡生长性能的影响.安徽农业科学,36(5):1868-1870.

李福荣,袁德峥,宋淑红.2009.信阳传统发酵腊肉细菌的分离纯化及鉴定.信阳师范学院学报(自然科学版),22(4):590-592,610.

李改玲,韩丽丽,周瑞,李王心,胡青平.2011.枯草芽胞杆菌QM3对番茄早疫病菌的拮抗机制初探.陕西农业科学,57(1):3-5.

李刚,孙俊良,葛晓虹,梁新红.2010.碳源对枯草芽胞杆菌产α-淀粉酶的影响.食品与机械,5:13-14,18.

李刚,王世英,郭晓军,张德全,朱宝成.2010.一株猪源芽胞杆菌益生菌的筛选与鉴定.湖北农业科学,49(3):574-576.

李庚花,杨民和,蒋军喜,罗友强.2005.茄科植物内生细菌的分离及拮抗菌的筛选.江西植保,28(1):10-11.

李广贺,张旭,卢晓霞.2002.土壤残油生物降解性与微生物活性.地球科学:中国地质大学学报,27(2):181-185.

李广阔,田伏洲,粟永萍,李旭.2004.继发性胰腺感染对重症胰腺炎患者预后的影响.中国危重病急救医学,16(1):2-5.

李广武,杨朝晖.1995.产碱性蛋白酶地衣芽胞杆菌N16抗噬菌体菌株筛选及噬菌体PG3特性的研究.武汉大学学报(自然科学版),41(6):757-763.

李广运,李明乙.2005.乳酸菌素酸化粉饲喂仔猪试验.养殖技术顾问,11:17.

李桂伶.2009.芽胞杆菌所产β-甘露聚糖酶性质研究.饲料广角,1:28-30.

李桂霞,马汇泉,刘婧,董瑾.2007.番茄灰霉病高效拮抗菌株的鉴定及通过导入β-1,3-葡聚糖酶基因提高其生防效果.中国生物工程杂志,27(4):44-49.

李桂霞,马汇泉,刘婧,董瑾.2007.番茄灰霉病高效拮抗菌株鉴定及抗菌活性研究.山东农业科学,39(2):69-72.

李国才,张忠泽.1997.添加剂在2-酮基-L-古龙酸发酵中的应用.微生物学杂志,17(3):10-12.

李国红,沈月毛,王启方,张克勤.2005.发酵三七中的皂苷成分研究.中草药,36(4):499-500.

李国红,张克勤,沈月毛.2006.枯草芽胞杆菌对50种中药的发酵及抗菌活性检测.中药材,29(2):154-157.

李国建.2004.凝结芽胞杆菌替代抗生素对猪生产性能的影响.河南农业科学,33(10):72-74.

李国婧,姜树原,吴自荣,王水平.2005.转枯草芽胞杆菌纤溶酶基因对烟草氧自由基和保护酶系统的影响.中国农学通报,21(2):34-37.

李国婧,王金祥,王瑞刚,吴自荣.2006.转枯草芽胞杆菌纤溶酶基因对烟草激素代谢的影响.中国农学通报,22(3):76-79.

李国媛,李俊,姜昕,李力,沈德龙.2007.应用16S rDNA克隆文库法分析有机物料腐熟菌剂细菌组成.微生物学通报,34(5):939-942.

李国治,李明丽,王米,任文辉.2004.雏鸡饮服鸡源芽胞杆菌对其生长性能的影响.山东家禽,4:14-15.

李海兵,宋晓玲,李赟,韦嵩.2008.水产动物益生菌研究进展.动物医学进展,29(5):94-99.

李海峰,叶永浩,郭坚华.2010.枯草芽胞杆菌7Ze3环二肽的分离与鉴定.江苏农业科学,38(2):107-109.

李海礁,杨丽华,梁运祥,段开红.2011.一株耐低温细菌的净水研究及鉴定.湖北农业科学,50(1):62-65.

李海鹏,赵春贵,陈涛.2006.枯草芽胞杆菌 TY7210 菌株的 ERIC-PCR 快速鉴别.山西大学学报(自然科学版),29(1):89-92.

李海涛,王洪成,刘志洋.2004.Bt 杀虫晶体蛋白的研究概述.黑龙江农业科学,5:37-39.

李汉霞,张晓辉,付雪林,张余洋.2010.双 Bt 基因提高青花菜对菜粉蝶和小菜蛾抗性.农业生物技术学报,18(4):654-662.

李恒鑫,李爽,刘辉,杨明明.2007.顺反子序列 $bioI$-$orf2$-$orf3$ 在枯草芽胞杆菌染色体中的整合.江苏农业科学,35(5):261-263.

李红,瞿明仁,刘伟.2006.益生菌有益于仔犬的生长.中国工作犬业,2:20-21.

李红梅,李琳,侯立琪,陈佳.2008.地衣芽胞杆菌碱性蛋白酶酶解改性玉米蛋白的研究.粮食与饲料工业,3:21-23.

李红梅,梅乐和,Urlacher V.2006.定向进化细胞色素 P450BM-3 的研究.生物加工过程,4(1):27-29,34.

李红梅,于永征.2010.Cronkhite-Canada 综合征 1 例.胃肠病学,15(10):639-640.

李红艳,李绪谦,赵玉红,孙大志.2007.张士灌区地下水中菲污染物生物降解菌的筛选及降解特性的模拟研究.水文地质工程地质,34(6):104-108.

李红英,马玉英.1999.蜡样芽胞杆菌性肠炎 10 例.人民军医,42(6):353.

李宏,刘成君,王兰.2005.高温碱性蛋白酶菌株的选育及酶性质研究.食品与发酵工业,31(4):29-32.

李洪军,贺稚非,夏杨毅,周仁惠,张敏,徐宝成.2007.低温肉制品加工中芽胞杆菌动态变化与有效控制研究.西南大学学报(自然科学版),29(1):103-110.

李洪山,李慈厚,李红阳.2008.灭黑一号防治水稻后期主要病害的药效研究.安徽农业科学,36(10):4173-4174.

李鸿雁,杜连祥.2004.D-核糖生产菌性能的研究.天津商学院学报,24(6):7-9,46.

李鸿雁,王昌禄.1999.D-核糖生产菌的选育.氨基酸和生物资源,21(1):10-12.

李厚成,刘玉,傅传明,饶忠明.2006.高压氧综合治疗右手挤压伤一例.中华航海医学与高气压医学杂志,13(3):158.

李华,陈万仁.2001.胶质芽胞杆菌及其突变株生理特性的初步研究.土壤肥料,2:28-33.

李华,陈万仁,王光龙.2003.新型胶冻样芽胞杆菌及其突变株的诱变选育.土壤,35(1):73-75.

李华,冯凤琴,沈立荣,朱玉姚,李铎.2010.豆豉优势细菌株的酶活、抑菌作用和初步鉴定.中国酿造,12:24-27.

李华,姜泊.2009.脓性大便如何用药.家庭医药,6:34.

李华,李铎,沈立荣,壮晓健,冯凤琴.2009.细菌型豆豉纯种发酵工艺优化.中国粮油学报,24(2):50-54.

李华荣,肖建国.1993.蜡质芽胞杆菌 R2 防治水稻纹枯病研究.植物病理学报,23(2):101-105.

李焕友,甄辑铭,田萍,曾俊伟,黄苑登,林昭华,何叶如,叶文标,李志强,张伯均.2001.微生态制剂在断奶仔猪饲料中应用效果研究.饲料工业,22(3):10-12.

李辉,徐新阳.2008.人工湿地中氨化细菌去除有机氮的效果.水处理信息报导,6:50.

李辉,张国芳,石璐,巩常军.2010.耐镉蜡状芽胞杆菌 SY 的筛选鉴定及其培养条件优化.湖北农业科学,49(6):1353-1355.

李卉,罗毅,喻子牛,孙明.2008.苏云金芽胞杆菌类 ABC transporter 基因 zwa-FEG 能提高双效菌素的抗性.农业生物技术学报,16(6):1006-1011.

李会玲,杨春平,武金占,邵彦坡,姬志勤.2007.冬青卫矛内生真菌 2QR1 菌株代谢产物的杀菌活性.

西北农林科技大学学报（自然科学版），35（6）：135-140.

李惠娥，姜华，由亚宁，王小亮. 2009. 不同规格硝酸咪康唑阴道软胶囊的微生物限度检查方法验证及比较. 西北药学杂志，24（6）：474-476.

李惠娥，裴小龙，宋愿智，杜蕾，车爱玲. 2006. 14种中成药微生物限度检查方法验证结果及分析. 中成药，28（10）：1538-1540.

李惠娥，姚华，裴小龙，杜蕾. 2006. 维生素C注射液无菌检查方法的研究. 西北药学杂志，21（4）：168-169.

李惠娥，由亚宁，衷红梅，崔玉锦. 2007. 复方头孢克洛颗粒微生物限度检查方法的探讨. 药物分析杂志，27（7）：1086-1088.

李惠卿，李佩琴，朱红军，林瑄，蔡志雄. 2007. 病案灭菌和防止危害接触者的探讨与研究. 中国病案，8（4）：5-7.

李慧，白红彤，王晓，姜闯道，张金政，石雷. 2011. 椒样薄荷、薄荷和苏格兰留兰香精油与抗生素的协同抑菌功能. 植物学报，46（1）：37-43.

李慧，陈冠雄，张颖，徐慧，金寰. 2007. 高效石油烃降解菌的分离鉴定及降解特性. 哈尔滨工业大学学报，39（10）：1664-1669.

李活孙，陈济琛，邱宏端，林新坚. 2009. 应用响应面法优化嗜热脂肪土芽胞杆菌培养基. 生物技术，19（6）：66-69.

李基棕，高颖，杜海燕，王开功. 2010. 规模化养猪场环境细菌的调查与分析. 中国畜牧兽医，37（8）：199-203.

李跻，郭旭宏. 2010. 有益微生物复合活菌在微贮饲料中的应用制作技术. 牧草与饲料，4（4）：57-58.

李纪顺，陈凯，扈进冬，王召娜，杨合同. 2009. 芽胞杆菌SH6-1的分离鉴定及其生物活性测定. 河南农业科学，38（10）：97-102.

李继堂. 2011. ST有益菌制剂发酵饲料饲喂育肥猪实验报告. 中国畜牧兽医文摘，27（1）：32-33.

李继扬，陆金根，曹永清，邱明丰. 2008. 复黄片微生物限度检查法的建立. 复旦学报（医学版），35（6）：922-924，934.

李佳. 2009. 枯草杆菌特征和应用现状. 肉类研究，11：18-21.

李佳，李术娜，郭晓军，朱莹，朱宝成. 2009. 一株大丽轮枝菌拮抗细菌7-47菌株的分离与鉴定. 棉花学报，21（2）：156-158.

李佳，王世英，姜军坡，张德全，朱宝成. 2010. 猪源肠道益生菌Z-16菌株的分离及耐受性研究. 江苏农业科学，38（3）：266-268.

李家明. 1995. TH-AADY在浓香型曲酒生产中的应用. 酿酒科技，5：59-61.

李建芬，陈红梅. 2006. 5,7-二羟基黄烷酮的合成及其抑菌活性. 农药，45（11）：733-734，736.

李建国，班睿，司马迎春，赵学明. 2003. 氮源对重组枯草芽胞杆菌24/pMX45核黄素发酵的影响. 河北大学学报（自然科学版），23（2）：180-183，187.

李建洪，邓望喜. 2000. 小菜蛾对苏云金芽胞杆菌抗性研究进展. 湖北植保，2：11-12.

李建洪，姜锡权. 2000. 韩国土壤中苏云金芽胞杆菌菌株的分离和鉴定. 湖南农业大学学报，26（4）：293-295.

李建洪，万秋英，王沫，姜锡权，喻子牛. 2000. 苏云金芽胞杆菌新菌株的研究. 湖南农业大学学报（自然科学版），26（5）：363-365.

李建洪，伍建宏. 1998. 小菜蛾对苏云金芽胞杆菌的抗药性研究. 华中农业大学学报，17（3）：214-217.

李建洪，喻子牛. 1997. 治理昆虫对转苏云金芽胞杆菌杀虫蛋白基因植物的抗性. 湖北植保，6：21-22.

李建华，黄建军. 2000. 一起蜡样芽胞杆菌引起的食物中毒. 解放军预防医学杂志，18（5）：377.

李建华,齐桂年,田鸿,陈盛相.2008.茶树根内生细菌的分离及其茶多酚耐受性的初步研究.茶叶通讯,35(1):14-16.

李建华,余健秀.1999.苏云金芽胞杆菌新菌株S184 cry1Ab基因的克隆.农业生物技术学报,7(4):353-357.

李建华,张亚丽,吕杰,杨红兵.2012.漠河盆地科学钻探井MK-1地下冷环境中嗜热微生物的多样性分析.冰川冻土,34(3):726-731.

李建慧,马会勤,陈尚武.2008.葡萄多酚抑菌效果的研究.中国食品学报,8(2):100-107.

李建科,戎江瑞,冯祥.2007.连续两起蜡样芽胞杆菌食物中毒调查引起的思考.中国预防医学杂志,8(3):232-233.

李江,林学政,沈继红,王能飞,李光友.2009.南极放线菌NJ-F2萃取物的抗菌活性初步研究.海洋科学进展,27(4):483-488.

李江,闫建平,蔡全信,袁志明.2005a.苏云金芽胞杆菌 $vip3A$ 基因的检测.华中农业大学学报,24(2):181-184.

李江,闫建平,蔡全信,袁志明.2005b.苏云金芽胞杆菌营养期杀虫蛋白基因的克隆、表达及杀虫活性分析.华中师范大学学报(自然科学版),39(2):241-244.

李江,张伟国.1997.镧、铈、氟离子对胶原酶分解牙骨质胶原作用的影响.上海口腔医学,6(1):23-25.

李姣娟,黄克瀛,卢丽俐,龚建良.1997.不同提取工艺对川桂叶挥发油抑菌活性的影响.中国调味品,12:40-44.

李皎,杨国武,谢薇梅,徐颐玲,汪大敏.2002.γ-环状糊精生产用菌的筛选及初步鉴定.西北大学学报(自然科学版),32(2):214-216.

李杰梅,刘朝亮,黄恒新,罗永发.2008.枯草芽胞杆菌对奶牛生产及乳脂脂肪酸组成的影响.中国乳品工业,36(12):38-40.

李洁,陈华红,赵国振,熊智.2007.两株具有抗癌活性内生细菌的分离及分类.微生物学杂志,27(1):1-4.

李今煜,陈聪,关雄.2003.苏云金芽胞杆菌发酵培养基的筛选.福建农林大学学报(自然科学版),32(4):490-492.

李今煜,陈小旋,关雄.2002.苏云金芽胞杆菌抗癌的研究进展.农业生物技术学报,10(3):301-304.

李今煜,黄天培,潘洁茹,洪永聪.2008.苏云金芽胞杆菌不同分化发育时期总RNA的有效分离.中国农学通报,24(2):348-352.

李金婷,路福平,李玉,王建玲.2010.高效降解羽毛角蛋白菌株的筛选与鉴定.天津科技大学学报,25(6):14-17,29.

李金文,周晶,陈华.2009.10亿活芽胞/g枯草芽胞杆菌防治棉花黄萎病药效试验.湖北植保,2:25-26.

李金霞,蔡恒,路福平,杜连祥.2004.地衣芽胞杆菌耐高温α-淀粉酶基因在大肠杆菌中的克隆、表达及其产物的分泌.食品与发酵工业,30(3):70-73.

李金贤.2007.生物电池.中学生数理化(初中版)(中考版),12:41.

李金星,吕峰,王立杰.2006.1起腊样芽孢杆菌引起的食物中毒.预防医学论坛,12(3):360.

李京晶,籍保平,李博,周峰,赵磊.2006.十味中草药提取液的体外抗菌活性研究.食品科学,27(4):147-150.

李京晶,籍保平,周峰,李博.2006.丁香和肉桂挥发油的提取、主要成分测定及其抗菌活性研究.食品科学,27(8):64-68.

李晶,郭庆港,李社增,马平.2009.PhoR/PhoP双因子调控系统在枯草芽胞杆菌NCD-2菌株解磷能力中的功能分析.中国农业科技导报,1：55-61.

李晶,孙宇峰,张淑梅,王玉霞.2004.枯草芽胞杆菌水剂防治黄瓜枯萎病田间防效研究.生物技术,14(5)：77-78.

李晶,王玉霞,王佳龙,张淑梅,赵晓宇.2003.纳豆激酶活性测定方法的比较.黑龙江医药,16(6)：507-509.

李晶,杨谦,赵丽华,王玉霞.2008.生防枯草芽胞杆菌B29菌株抗菌物质的初步研究.中国生物工程杂志,28(2)：59-65.

李晶,杨谦.2008.生防枯草芽胞杆菌的研究进展.安徽农业科学,36(1)：106-111,132.

李景辉,裴阿慧.2011.蛇足石杉内生真菌的分离鉴定及其抑菌活性.科技信息,6：123-124.

李竞生,张敏,彭化贤,代海霞.2008.枯草芽胞杆菌Xi-55对稻曲病菌的拮抗活性测定.中国农学通报,24(7)：375-377.

李静,陈维信,刘爱媛,冯淑杰,肖晶.2007.菜心内生细菌CX-PA的鉴定及生防作用.中国生物防治,23(4)：362-367.

李静,马媛.2011.鱼腥草乙醇浸提液对体外细菌抑制的对比研究.江苏农业科学,39(1)：373-374.

李静,吴卫东.2008.大蒜、生姜水浸液对体外细菌抑制的对比研究.中国调味品,12：27-29,39.

李静,赵洪,马媛.2010.山鸡椒酒精浸提液对体外细菌的抑制对比研究.广东农业科学,37(3)：196-198.

李静红,黄翔鹄,李色东.2010.波吉卵囊藻对弧菌生长的影响.广东海洋大学学报,30(3)：33-38.

李镜,刘红玉,曾光明,武金装,刘伟,张琳达.2009.堆肥中生物表面活性剂产生菌的筛选及培养条件优化.安徽农业科学,37(17)：7884-7886,7888.

李菊东,龙良云.1996.蜡样芽胞杆菌食物中毒35例报告.宜春医药,27：31-32.

李菊艳.2004.一例破伤风患者的护理.中国护理杂志,1(9)：596-597.

李隽,蒋如璋.1999.巨大芽胞杆菌α-淀粉酶基因核苷酸序列分析.生物工程学报,15(1)：68-74.

李军,廖彪,秦宝福.2008.风信子内生菌代谢产物的活性检测.安徽农学通报,14(21)：54-55.

李军,彭永臻,杨秀山,王宝贞,杨海燕.2004.序批式生物膜法反硝化除磷特性及其机理.中国环境科学,24(2)：219-223.

李军,王宝贞,聂梅生.2004.序批式生物膜法的脱氮特性研究.中国给水排水,20(6)：1-4.

李军红,姜绍通,操丽丽,石婷,高媛.2008.磷脂酶产生菌株的筛选及其性质研究.食品科学,29(11)：418-421.

李军红,田胜尼,魏兆军,吕夏雨.2007.加拿大一枝黄花的抑菌性研究.安徽农业科学,35(34)：10975-10976.

李军生,黄慧,阎柳娟.2007.不同溶剂组成对一点红提取物抗菌性能的影响.食品科学,28(7)：194-197.

李钧,仪淑敏,李远钊,娄喜山.2007.高温杀菌产品蜡样芽胞杆菌的污染现状与控制措施.中国食物与营养,8：25-27.

李钧敏,金则新,陈彤,顾奇萍.2006.红藤饮片提取物抑菌活性与次生代谢产物含量的相关性.浙江大学学报(医学版),35(3)：273-280.

李钧敏,金则新.2006.大血藤叶片提取物抑菌活性与次生代谢产物含量的通径分析.中国药学杂志,41(1)：13-18.

李俊,王刚,吕熹,王海娟,陈光.2010.响应面法优化耐有机溶剂脂肪酶营养条件.生物技术,20(4)：66-69.

李俊, 张丽梅. 2010. 6种中成药微生物限度检查方法验证. 医药导报, 29 (9): 1222-1223.
李俊波, 成廷水, 吕武兴, 彭鹏. 2009. 枯草芽胞杆菌制剂对蛋鸡生产性能、蛋品质和养分消化率的影响. 中国家禽, 31 (4): 15-17.
李凯年 (摘译). 2006. 添加产α-淀粉酶大肠杆菌可提高肉鸡性能. 世界农业, 8: 61.
李凯年 (摘译). 2010. 用枯草芽胞杆菌 PB6 防制家禽细菌性肠炎. 中国动物保健, 8: 80.
李克伟, 李新霞. 1991. 球形芽胞杆菌 C3-41 乳剂杀灭淡色库蚊幼虫试验观察. 中国媒介生物学及控制杂志, 2 (4): 232-233.
李克柱. 2006. 天然食品防腐剂乳酸链球菌素 (Nisin) 在肉类食品中的应用. 中国食品添加剂, C00: 267-271.
李坤, 王双玉, 陈红漫. 2007. 海藻糖合酶产生菌筛选、鉴定及目的基因克隆. 生物技术, 17 (2): 10-13.
李来生, 杨汉荣, 罗丽萍, 周礼胜. 2007. 二烯丙基三硫化物键合硅胶的制备、表征及抗菌作用. 应用化学, 24 (7): 782-785.
李兰晓, 王海鹰, 杨涛, 杨光滢, 王志刚. 2005. 土壤微生物菌肥在盐碱地造林中的作用. 西北林学院学报, 20 (4): 60-63.
李磊. 2006. 聚维酮碘杀灭微生物效果的试验观察. 沈阳医学院学报, 8 (2): 150-151.
李莉, 王豪杰. 2000. 芽胞杆菌微碱性高温蛋白酶的研究: 酶性质的研究. 北京日化, 1: 20-23.
李莉, 余天栋, 王德韬, 马中良. 2010. 木质素降解菌 shu-0801 降解玉米废弃物的研究. 生物技术, 20 (2): 80-82.
李里特, 武龙, 辰巳英三. 2005. 电生功能水用于提高鲜切马铃薯产品品质的试验研究. 食品科学, 26 (5): 139-143.
李力, 刘冬梅, 罗淑萍, 吴晖, 余以. 2008. 高淀粉酶蛋白酶活力枯草芽胞杆菌菌株的筛选及鉴定. 渔业现代化, 35 (2): 15-18.
李立恒, 兰时乐, 曹杏芝, 谢达平. 2005. 环状芽胞杆菌果胶酶及木聚糖酶活性测定条件优化. 湖南农业大学学报 (自然科学版), 31 (3): 304-306.
李立恒, 谢达平, 兰时乐. 2007. 环状芽胞杆菌 A6 产生的果胶酶和木聚糖酶分离纯化及酶学性质. 湖南农业大学学报 (自然科学版), 33 (6): 667-671.
李立山, 曹中刚. 2006. 银黑狐肉毒梭菌毒素中毒诊断报告. 黑龙江畜牧兽医, 8: 87-88.
李丽, 敖长金, 祝发明, 王珍, 明耀华, 谯仕彦. 2010. 抗菌肽 Abaecin 的表达及生物活性的研究. 中国畜牧杂志, 46 (5): 55-59.
李丽, 谯仕彦, 祝发明, 敖长金. 2009. 蜜蜂抗菌肽 Abaecin 在枯草杆菌中的分泌表达. 畜牧兽医学报, 40 (11): 1681-1685.
李丽, 钟鸣, 周启星, 李坤, 杨铮. 2007. 枯草芽胞杆菌对多环芳烃的降解能力研究. 河南农业科学, 36 (4): 62-64, 71.
李丽红, 郭宏, 马秋刚, 胡新旭, 陈旭东. 2005. 芽胞杆菌复合微生态制剂对蛋鸡生产性能的影响. 中国畜牧杂志, 41 (9): 48-49.
李联泰, 安贤惠, 王静, 吴学丹. 2007. 黄鳝溶血毒素性质的初步研究. 淡水渔业, 37 (4): 12-17.
李联泰, 安贤惠. 2007. 草鱼体表嗜水气单胞菌拮抗细菌 S190 的分离鉴定及生物学特性研究. 水产科学, 26 (12): 659-664.
李林, 邵宗泽. 2000. 电脉冲法转化苏云金芽胞杆菌 BMB171 的研究. 微生物学通报, 27 (5): 331-334.
李林, 王征. 2000. 消除内生质粒对苏云金芽胞杆菌 YBT-1463 特性的影响. 微生物学通报, 27 (1): 25-28.

李林,杨超.2000.苏云金芽胞杆菌无晶体突变株的逐级升温筛选及其转化性能.微生物学报,40(1):85-90.

李林,王征,喻子牛.2001.苏云金芽胞杆菌质粒的检测及功能的初步研究.应用生态学报,12(6):879-882.

李林,喻子牛.1999.苏云金芽胞杆菌无质粒突变株 BMB171 的转化和表达性能.应用与环境生物学报,5(4):395-399.

李林,喻子牛.2000.不同理化处理对苏云金芽胞杆菌质粒稳定性的影响.华中农业大学学报,19(1):29-32.

李林珂,高玉千,崔锦,马向东.2006.一株蛋白酶产生菌的筛选及酶学性质研究.河南农业科学,35(3):50-52.

李琳,张清敏,杨建华.2006.微生物絮凝处理红薯淀粉废水的研究.环境科学与技术,29(7):75-76.

李凛,常峰,阳小成.2006.菌素产生菌 LC47 的选育及其代谢产物的初步研究.中国酿造,9:33-37.

李凛,罗俊成,胡欣洁,王忠彦,胡承.2005.类细菌素产生菌的筛选及发酵条件的研究.酿酒科技,4:34-37.

李玲,陈常秀.2009.菌对鸡肉品质的影响及机理研究.黑龙江畜牧兽医,11:43-44.

李玲,刘祖同.1994.碱性蛋白酶(TAP)菌株的分离及筛选(I).清华大学学报(自然科学版),34(3):83-87.

李玲.2005.生治疗慢性肠炎 50 例.中国社区医师:医学专业,7(10):25.

李凌凌,吕早生,沈慧莉,张博,张敏.2007.产聚羟基烷酸的菌株分离及初步鉴定.武汉科技大学学报(自然科学版),30(5):502-505.

李龙梅,邸娜,王瑞刚,吴自荣.2006.转枯草芽胞杆菌纤溶酶(Bacillus subtilis fibrinolytic enzyme, BSFE)基因对烟草生长发育的影响.内蒙古农业大学学报(自然科学版),27(1):111-114,126.

李潞滨,李术娜,李佳,曾来涛,胡陶,朱宝成.2009.毛竹枯梢病拮抗细菌分离鉴定及其拮抗物质.林业科学,45(7):63-69.

李潞滨,刘敏,杨淑贞,刘亮,缪崑,杨凯,韩继刚.2008.毛竹根际可培养微生物种群多样性分析.微生物学报,48(6):772-779.

李潞滨,庄彩云,李术娜,李佳,郭晓军,朱宝成.2008.兰花炭疽病拮抗细菌 8-59 菌株的分离与鉴定.河北农业大学学报,31(3):64-68.

李洛娜,钮玉龙,李捷,梁彦娟,张乐.2009.BOD 微生物传感检测仪中高效微生物膜的研究.环境工程学报,3(3):437-441.

李梅,刁治民,赵子倩.2001.青贮玉米促生菌的鉴定及生物学特性的研究.青海畜牧兽医杂志,31(1):3-5.

李美琨,倪文玲.2002.从食物中毒标本中分离出蜡样芽胞杆菌.中华检验医学杂志,25(6):369.

李梦红,吕淑红.2006.秸秆生物饲草饲喂奶牛的试验.北方牧业:奶牛,5:10,25.

李妙铃,刘义平.2007.益微对马铃薯产量及抗病性的影响.上海农业科技,3:71-93.

李敏,李东光,王美菡,郭健.2007.食物中呕吐毒素 Cereulide 特性及检测研究进展.中国公共卫生,23(9):1116-1117.

李敏俊,李桂军.2004.芽胞杆菌对断奶仔猪生长表现的影响.养猪,6:18.

李明,双宝,李海涛,王晴,高继国.2009.枯草芽胞杆菌的研究与应用.东北农业大学学报,40(9):111-114.

李明,杨庆余,王春华.2005.益生菌素添加剂应尽快用于畜牧业生产.畜牧兽医科技信息,12:75-76.

李明艳,吴洪文,韦秋萍.2010.抗乳腺小叶增生合剂微生物限度检查方法验证.抗感染药学,7(2):

103-105.

李娜,戴美学. 2010. 草莓内生细菌的分离及草莓灰霉病菌拮抗菌的筛选鉴定. 植物保护, 36 (4): 70-74.

李娜,祁克宗,朱良强. 2007. 莫能菌素微生物检测法的比较研究. 上海畜牧兽医通讯, 2: 31-33.

李娜,孙洁,祁克宗,陈曦,朱良强. 2008. 鸡肌肉组织中盐霉素残留的微生物法检测研究. 饲料工业, 3: 45-48.

李娜. 2009a. 广谱生防细菌 FW 的鉴定及其抑菌机制的研究. 现代农业科技, 24: 163-164.

李娜. 2009b. 拮抗草莓灰霉病菌的内生细菌 SL2 的分离及鉴定. 现代农业科技, 21: 296.

李楠,黄登禹,李飞,林旭辉,张坤. 2006. γ-聚谷氨酸产生菌 S004-50-01 的筛选和优化培养. 食品与发酵工业, 32 (6): 1-4.

李能章,彭远义. 2004. 一株芦荟抗菌内生细菌的分离鉴定及生物学性质研究. 生物技术通讯, 15 (2): 141-145.

李宁,蔡莉,陈永福. 1995. 枯草芽胞杆菌质粒 pGB38 复制子的分离及其稳定性研究. 自然科学进展: 国家重点实验室通讯, 5 (5): 627-632.

李宁,牛丹丹,陈献忠,石贵阳,王正祥. 2009. 地衣芽胞杆菌 dif 序列的功能鉴定. 微生物学杂志, 29 (4): 11-15.

李宁,曾代龙,戴亚,李东亮,汪长国,雷金山,寇明钰,吴艳. 2009. 雪茄烟叶叶面可培养微生物分离鉴定. 安徽农业科学, 37 (25): 11857-11858.

李朋波,曹美莲,杨六六,刘惠民. 2010. 转 $vip3$ 基因作物研究进展. 山西农业科学, 38 (11): 81-84.

李鹏,陈秀蓉,李振东,赵聪,张日俭. 2009. 乳白香青分泌吲哚乙酸内生细菌的 16S rDNA 鉴定. 草原与草坪, 2: 6-9, 13.

李鹏,陈秀蓉,李振东,赵聪,张日俭,徐长林. 2009. 珠芽蓼溶磷内生细菌 Z14 的鉴定. 甘肃农业大学学报, 44 (6): 85-87, 136.

李鹏,高鹏,王健鑫. 2010. 一株有抑菌活性海洋放线菌的筛选及鉴定. 生物技术, 20 (5): 50-53.

李鹏,王健鑫,裴娟萍. 2009. 舟山沿海有抗菌活性菌株的筛选及鉴定. 海洋湖沼通报, 2: 119-123.

李萍,谭芸,龚枕,王智. 2009. 夹竹桃叶提取液的抑菌作用研究. 湖南农业科学, 11: 94-95.

李乾. 2010. 低品位铀矿生物浸出及浸矿菌种耐氟机理研究. 长沙: 中南大学博士研究生学位论文: 1.

李茜,张懿瑾,华汝泉,胡晓玲,刘文斌. 2007. 23 种中草药及复方对鲫肠道 3 种细菌的体外抑菌试验. 淡水渔业, 37 (4): 7-11.

李强,金莉莉,王芳,宋树森,王秋. 2007. ERIC-PCR 鉴别苏云金芽胞杆菌与蜡状芽胞杆菌的研究. 微生物学通报, 34 (6): 1184-1187.

李强,刘先凯,张浩,冯尔玲,叶棋浓,王恒樑. 2007. 炭疽芽胞杆菌 FtsE 蛋白酵母双杂交载体的构建与表达. 生物技术通讯, 18 (3): 392-394.

李巧. 2005. 10% 氯化钾溶液防腐剂的筛选. 医药导报, 24 (3): 223-224.

李青,刘华梅,丁咏梅,陈振民. 2009. 几株具有杀虫特异性的苏云金芽胞杆菌菌株的生物活性及杀虫蛋白基因型的鉴定. 现代农业科学, 4: 9-11, 18.

李青彬,褚松茂,徐伏,王香. 2007. 芽胞杆菌生物吸附处理含铜废水研究. 环境科学与技术, 30 (5): 89-91.

李青彬,韩永军,刘雪平,马威,郝成君. 2007. 土壤分离菌株去除水溶液中铅离子研究. 环境工程学报, 1 (3): 70-74.

李清心,康从宝,林建强,王浩,张长铠. 2002. 芽胞杆菌发酵条件的优化及其在室内条件下提高原油采收率的初步研究. 工业微生物, 32 (4): 28-31.

李清心,康从宝,林建强,王浩,张长铠. 2004. 芽胞杆菌 L-32 发酵条件优化及提高原油采收率实验研究. 石油大学学报(自然科学版), 28 (3): 52-55.

李清心,康从宝,王浩,张长铠. 2003. 利用石油微生物处理石油污水的初步实验. 工业水处理, 23 (12): 13-16.

李秋晖. 2010. 一例蛋鸡感染产气芽胞杆菌的诊治. 养殖技术顾问, 10: 146.

李秋杰,高健,马新光,王惠,邵荣,云志. 2010. 1 株多粘类芽胞杆菌产菊粉酶粗酶学性质的研究. 安徽农业科学, 38 (8): 3877-3879.

李权辉,蔡小慧. 2005. 内镜手术器械的清洗灭菌方法与监测. 国际医药卫生导报, 17: 213-214.

李全宏,武改兰,李娟. 2011. 芽胞杆菌转化南瓜六碳糖产生戊糖的研究. 青岛农业大学学报(自然科学版), 28 (4): 300-304.

李群良,张欣英,姚评佳,魏远安. 2010. 巨大芽胞杆菌 *Bacillus megaterium* NCIB 8508 蔗糖磷酸化酶的分离鉴定. 化学与生物工程, 27 (12): 61-64.

李然,孙小丁,张苓花. 2004. 解磷微生物的分离筛选及其解磷能力. 大连轻工业学院学报, 23 (2): 85-87.

李然,邢介帅,韩立英,竺晓平,赵蕾. 2008. 枯草芽胞杆菌胞外蛋白酶突变株的筛选及其拮抗作用. 应用与环境生物学报, 14 (2): 231-234.

李荣森,戴顺英. 1990. 我国部分地区土壤中的苏芸金芽胞杆菌和球形芽胞杆菌. 微生物学报, 30 (5): 380-388.

李荣森,高梅影. 1999. 土壤来源的五个苏云金芽胞杆菌新亚种的鉴定. 微生物学报, 39 (2): 154-159.

李蕤,程海燕,张洁,吴克,潘仁瑞. 2002. 产碱性木聚糖酶芽胞杆菌 HSI 的筛选及发酵条件研究. 工业微生物, 32 (2): 30-33.

李瑞芳,徐怡,田泱源,张长付. 2010. 金属离子对枯草芽胞杆菌 $BS501_a$ 发酵液防治稻瘟病菌效果的影响. 河南工业大学学报(自然科学版), 31 (1): 80-83.

李瑞芳,徐怡,薛雯雯,张志杰. 2007. 枯草杆菌 B_s501 抗稻瘟病菌条件优化. 安徽农业科学, 35 (33): 10682-10684,10687.

李瑞芳,徐怡,赵玉峰,薛雯雯,张志杰. 2008. 枯草芽胞杆菌不同生长时期抗稻瘟病菌活性研究. 河南农业科学, 37 (9): 76-78.

李瑞芳,张添元,罗进贤. 2006. 双功能枯草杆菌诱导型高效表达分泌载体的构建与鉴定. 微生物学报, 46 (5): 714-719.

李瑞芳,赵玉峰,魏建,薛雯雯,刘冰. 2010. 具有稻瘟病菌拮抗活性的枯草芽胞杆菌的分离与鉴定. 河南农业科学, 39 (3): 63-66.

李瑞芳,赵玉峰,薛雯雯,田泱源,张长付. 2011. 一株芽胞杆菌 16S rRNA 的基因序列测定和系统进化分析. 广东农业科学, 38 (3): 121-122, 125.

李瑞欣,张西正,庞佶,郭勇,王新. 2007. 聚四氟乙烯复合膜材料的透湿性和生物防护性能研究. 中国个体防护装备, 5: 9-11.

李赛男. 2007. 昆虫中肠 Bt 毒素受体氨肽酶 N 的研究进展. 安徽农业科学, 35 (9): 2523-2525.

李森. 2003. Vical 年底试验炭疽疫苗. 国外药讯, 6: 33.

李善仁,林新坚,蔡海松,胡开辉. 2009. 混菌发酵豆粕制备大豆肽的研究. 中国粮油学报, 24 (12): 52-56.

李社增,鹿秀云,马平,高胜国,刘杏忠,刘干. 2005. 防治棉花黄萎病的生防细菌 NCD-2 的田间效果评价及其鉴定. 植物病理学报, 35 (5): 451-455.

李社增,鹿秀云,马平,刘杏忠,Huang H C. 2004. 棉花黄萎病生防细菌 NCD-2 抑菌物质提取初步研究. 棉花学报, 16 (1): 62-63.

李盛, 顾真荣, 赵志安, 李明, 白晨, 黄伟达. 2002. 短芽胞杆菌 (*Bacillus brevis* No. G1) 几丁质酶的提纯和分离鉴定. 生物化学与生物物理学报, 34 (6): 690-696.

李盛贤, 康宏, 迟双会, 贾树彪. 2007. N52 等三株采油细菌的分离鉴定. 生物技术, 17 (6): 21-25.

李盛贤, 康宏, 迟双会, 贾树彪. 2008. 三次采油菌种 982 和 L-510 的单井吞吐试验. 油田化学, 2: 181-185.

李士虎, 阎斌伦, 王笃彩, 徐加涛. 2009. 微生物制剂对河蟹育苗水质控制作用的研究. 水生态学杂志, 2 (3): 22-26.

李书华, 陈封政, 李仲芳, 王雄清. 2008. 鹅掌楸树皮提取物的抑菌作用. 江苏农业科学, 36 (3): 114-115.

李淑彬, 陈振军, 丘李莉, 伍娟, 赖展鹏. 2006. 蜡状芽胞杆菌菌株 Jp-A 的分离鉴定及其降解苯酚特性. 应用生态学报, 17 (5): 920-924.

李淑英, 苏亚丽, 周元清, 史云东, 别金蓉. 2011. 重金属胁迫培养对 2 种细菌生长曲线的影响. 安徽农业科学, 39 (1): 443-446.

李蜀, 李元广, 魏鸿刚, 王伟, 沈国. 2007. 多粘类芽胞杆菌 HY96-2 制剂中活菌的稳定性研究. 农药, 46 (11): 737-739.

李术娜, 杜红方, 袁洪水, 张元亮. 2006. 棉花黄萎病拮抗细菌 LC-04 菌株的抗菌蛋白产生条件研究. 棉花学报, 18 (4): 233-237.

李术娜, 姜军坡, 朱莹, 李佳, 李红亚, 王树香, 朱宝成. 2009. 大丽轮枝菌拮抗细菌枯草芽胞杆菌 12-34 菌株发酵产抗菌蛋白的条件优化. 植物保护, 35 (3): 51-56.

李术娜, 王树香, 王占利, 李红亚. 2009. 大丽轮枝菌拮抗细菌 *B. subtilis* LZ2-70 产芽胞条件优化. 棉花学报, 21 (4): 307-312.

李树鹏, 郝艳霜, 陈福星, 张庆茹. 2007. 黄芪多糖和 2 株益生菌体外抑菌作用研究. 河南农业科学, 36 (4): 86-88.

李双东, 曹克强. 2009. 枯草芽胞杆菌 EB-28 对马铃薯晚疫病菌的抑菌作用及防病效果. 安徽农业科学, 37 (24): 11376-11378.

李霜, 唐啸宇, 潘瑶, 何冰芳. 2008. 烷烃溶剂对耐有机溶剂极端微生物地衣芽胞杆菌 YP1 产胞外蛋白酶的影响. 微生物学通报, 35 (3): 368-371.

李爽, 李恒鑫, 刘辉, 袁新宇, 杨明明, 龚月生. 2007. 谷氨酰 t-RNA 还原酶基因 (*hemA*) 的高效表达. 中国生物工程杂志, 27 (6): 82-86.

李爽, 张兰英, 赵喆, 马会强, 宗芳, 马莉. 2007. 高效降解 PCBs 的优势菌种选育研究. 水资源保护, 23 (5): 47-49, 54.

李顺, 王庆容. 2009. 乌江网箱养殖丁鱥细菌的分离与分子鉴定. 西南师范大学学报 (自然科学版), 34 (5): 147-152.

李烁寒, 李卓佳, 杨莺莺, 曹煜成. 2009. 秋冬季凡纳滨对虾养殖池塘细菌的数量动态. 暨南大学学报 (自然科学与医学版), 30 (3): 343-348.

李思明, 周定刚, 欧阳玲花, 温安祥. 2008. 鳄龟血液抗菌肽生物活性研究. 经济动物学报, 12 (1): 34-37.

李太武, 王仁波. 2000. 虾夷马粪海胆黑嘴病的初步研究. 海洋科学, 24 (3): 41-43.

李天东, 罗英, 李俊刚. 2008. 芦荟等 7 种常见药食两用中药对蜡状芽胞杆菌杀伤能力的研究. 安徽农业科学, 36 (35): 15514-15515.

李铁, 刘昭军, 刘丽艳, 张莉莉, 成瑜, 马启慧. 2008. 一种野生大豆根际土壤细菌的分离及其防治大豆病害的研究. 大豆科学, 27 (6): 1007-1009, 1014.

李拓, 王沫, 王少丽, 吴青君, 徐宝云, 张友军. 2010. 苏云金芽胞杆菌毒素受体鞘糖脂的研究进展. 农药学学报, 12 (1): 13-21.

李拓, 张友军, 王少丽, 吴青君. 2011. Cry1Ac 敏感和抗性小菜蛾 bre-3 和 bre-5 基因 mRNA 的表达差异研究. 农药学学报, 13 (1): 13-20.

李薇, 廖坤宏, 林圣, 曹源浩. 2007. 红火蚁生物防治与资源利用初探. 石家庄学院学报, 9 (6): 63-66.

李维根, 陈静, 李梁, 张兴国. 2007. 几种杀菌剂防治草莓白粉病田间药效试验. 辽宁农业科学, 4: 45-46.

李维国, 马放, 魏利, 李丽萍, 苏俊峰. 2009. Alkalibacillus halophuus subsp, hitensis subsp, nov.: a new subspecies of moderately halophilic bacterium isolated from a chemical plant in China. 哈尔滨工业大学学报: 英文版, 3: 297-302.

李卫芬, 陆平, 周绪霞. 2004. 多粘类芽胞杆菌 (P. polyrnyxa) β-葡聚糖酶特性及其基因克隆. 浙江大学学报 (农业与生命科学版), 30 (3): 331-335.

李卫芬, 孙建义, 肖竞, 吕文平. 2004. β-1, 3-1, 4-葡聚糖酶酶源菌株筛选、鉴定及酶基因克隆和序列分析. 中国食品学报, 4 (4): 17-21.

李卫芬, 孙建义, 许梓荣, 吕文平. 2004. 浸麻芽胞杆菌 (Bacillus macerans) β-1, 3-1, 4-葡聚糖酶特性及其基因克隆. 中国兽医学报, 24 (4): 411-413.

李卫芬, 许梓荣, 吕文平, 孙建义. 2004. 芽胞杆菌 SP A3 β-葡聚糖酶基因在大肠杆菌中的表达. 上海交通大学学报 (农业科学版), 22 (3): 277-280.

李卫芬, 姚江涛, 胡春霞, 许梓荣. 2005. 浸麻芽胞杆菌 β-葡聚糖酶基因在大肠杆菌中的表达. 浙江大学学报 (农业与生命科学版), 31 (5): 628-632.

李伟, 封丹, 陆占国. 2008a. 黑龙江产芫荽籽精油成分及其抗菌活性. 中国调味品, 1: 42-45.

李伟, 封丹, 陆占国. 2008b. 孜然精油成分及其抗菌作用. 食品科技, 33 (5): 182-186.

李伟, 胡江春, 王书锦. 2008. 海洋细菌 3512A 对黄瓜枯萎病的防治及促进植株生长的效应. 沈阳农业大学学报, 39 (2): 182-185.

李伟, 刘涛, 陆占国. 2009. 马铃薯茎叶精油成分和抗菌性研究. 安徽农业科学, 37 (25): 11860-11861, 11891.

李伟, 王静, 胡孔新, 姚李四, 陈维. 2004. 应用胶体金免疫层析技术建立炭疽杆菌芽胞的快速检测方法. 中国国境卫生检疫杂志, 27 (6): 329-331.

李伟, 俞东征, 海荣, 马凤琴, 张建华. 2006. 应用荧光 PCR 检测土壤、脏器中的炭疽芽胞杆菌. 中国人兽共患病学报, 22 (3): 221-224.

李伟, 俞东征, 海荣, 魏建春, 马凤琴. 2005. 应用 TaqMan 荧光 PCR 定性定量检测炭疽芽胞杆菌. 中国人兽共患病杂志, 21 (4): 312-316.

李伟, 俞东征. 2004. 炭疽芽胞杆菌重要生物活性基因及其调控. 中华流行病学杂志, 25 (5): 445-448.

李伟, 周蕾, 王静, 胡孔新, 王津. 2006. 应用上转磷光免疫层析技术快速定量检测炭疽芽胞. 中华微生物学和免疫学杂志, 26 (8): 761-764.

李伟. 2009. 麦冬果实皂苷的提取工艺及功能特性研究. 中国酿造, 2: 47-49.

李伟华 (编译). 2007. 质子泵抑制剂不会增加梭状芽胞杆菌感染的风险. 传染病网络动态, 1: 4.

李伟杰, 姜瑞波, 陈敏. 2009. 侧孢短芽胞杆菌 X10 启动子活性片段的克隆和序列分析. 生物技术通报, 25 (11): 79-82.

李伟杰, 姜瑞波. 2007. 番茄青枯病拮抗菌 X10 的鉴定和田间应用. 中国土壤与肥料, 5: 60-63.

李伟丽, 秦琦, 李良, 罗敏, 汪浩勇. 2008. 热休克蛋白对枯草芽胞杆菌抗逆性和乙醇产量的影响. 安徽农业科学, 36 (21): 8963-8965.

李伟丽, 秦琦. 2008. 地衣芽胞杆菌 sipS 基因的强启动子的克隆与鉴定. 湖北工业大学学报, 23 (4): 75-77.

李蔚, 刘如林, 刘春林, 梁凤来, 刁虎欣. 2004. 一种脂肽类生物表面活性剂的产生及特性研究. 日用化学工业, 34 (6): 350-352, 380.

李文革, 郑重谊, 谭周进, 谢达平. 2008. 白菜病害生防原生质体融合菌株的筛选. 世界科技研究与发展, 30 (1): 66-68.

李文桂, 陈雅棠. 2004. 细菌重组减毒鼠伤寒沙门氏菌疫苗研究进展. 动物医学进展, 25 (2): 49-53.

李文京, 李英才. 1997. 牛羊猪"猝死症"防治技术研究: 病原诊断. 中国兽医科技, 27 (5): 13-15.

李文军, 郑素慧, 毛培宏, 金湘. 2008. 新疆甘草内生细菌的分离及其系统发育分析. 新疆农业科学, 45 (6): 1057-1059.

李文丽 (综述), 刘文恩 (审校). 2010. 艰难梭菌相关性腹泻诊疗进展. 国际检验医学杂志, 31 (10): 1119-1121.

李文鹏, 蔡磊, 毕廷菊. 2001. 胶冻样芽胞杆菌 (Bacillus mucilaginosus) 的分离、筛选及其发酵培养基研究. 土壤通报, 32 (2): 70-72.

李文鹏, 廖昌珑, 刘士清, 王佳, 周建国. 2004. 耐碱芽胞杆菌 YNUCCTCRQ1 木聚糖酶及其产生菌的系统发育分析. 林产化学与工业, 24 (4): 41-44.

李文鹏, 刘士清, 廖昌珑. 2005. 胶冻样芽胞杆菌 (Bacillus mucilaginosus YNUCC0001) 絮凝剂生产、絮凝特性及其系统发育学分析. 土壤通报, 36 (4): 583-587.

李文鹏, 吴颖运, 张克勤. 2003a. 胶冻样芽胞杆菌 (Bacillus mucilaginosus) 对烟草灰霉病菌 (Botrytis cinerea) 的抑制作用. 土壤通报, 34 (5): 452-454.

李文鹏, 吴颖运, 张克勤. 2003b. 一种简便的胶冻样芽胞杆菌 (Bacillus mucilaginosus) 定向驯育及保藏方法. 土壤通报, 34 (6): 602-604.

李文清, 罗进贤. 1994. 芽胞杆菌研究有重要意义. 国际学术动态, 1: 19-20.

李文茹, 谢小保, 施庆珊, 欧阳友生, 陈仪本. 2009. 酱油中微生物及防腐体系的效能研究. 中国调味品, 9: 43-46.

李文玉, 董志扬. 2000. 枯草芽胞杆菌中性内切 β-甘露聚糖酶的纯化及性质. 微生物学报, 40 (4): 420-424.

李文赘 (译). 2009. MRSA 和炭疽芽胞杆菌的生长抑制剂——非对称芳基-烷基二硫化物. 国外医药: 抗生素分册, 3: 144.

李雯, 袁洪水, 朱宝成. 2010. 地衣芽胞杆菌 1w-72 合成纤溶酶的摇瓶发酵工艺优化. 中国医药工业杂志, 41 (2): 95-97.

李西汉, 陈莉. 2006. 动物性粗蛋白饲料中几种有益菌的分离鉴定. 上海畜牧兽医通讯, 5: 34-35.

李西睦, 丁风玲, 于子风. 2002. 双八面体蒙脱石联合酪酸梭状芽胞杆菌治疗新生儿腹泻. 医药导报, 21 (11): 711-712.

李希红, 陈荣, 纪付江. 2009. 剑叶金鸡菊挥发油的抗菌活性研究. 安徽农业科学, 37 (23): 10996, 10998.

李侠, 徐华, 詹玲, 陈琦, 焦力群. 2001. 蜡样芽胞杆菌活菌制剂与蒙脱石联合治疗小儿病毒性腹泻. 中国新药与临床杂志, 20 (5): 396-398.

李侠, 郑法新, 程璐. 2007. 6 种海洋微藻提取物抑菌活性研究. 德州学院学报, 23 (6): 61-64.

李霞, 王云月, 朱有勇, 姬广海, 杨静. 2003. 香荚兰根腐病主要病原的生防因子作用比较. 热带农业科技, 26 (2): 1-3, 14.

李霞. 2008. 土壤添加剂防治烟草青枯病研究. 西南农业学报, 21 (2): 364-367.

李先军, 高继国, 齐东来, 李一丹, 康立功, 李海蹦. 2009. 野生菌杀虫晶体蛋白及基因型分析. 东北农业大学学报, 40 (9): 57-61.

李先宁, 纪荣平, 蒋彬, 吕锡武, 浦跃朴, 尹立红. 2007. 组合介质的微生物富集效果及其去除太湖水源水中微囊藻毒素的研究. 环境科学学报, 27 (1): 28-34.

李贤, 姚泉洪, 彭日荷, 熊爱生, 薛永, 金晓芬. 2008. Bt 转基因抗虫甘蓝的研制. 上海农业学报, 24 (3): 16-20.

李贤柏. 1997. 朗酒高温大曲产酱香细菌的研究. 重庆师范学院学报 (自然科学版), 14 (4): 20-23.

李贤良, 杨宪时. 2009. 杀菌条件对高水分烤虾二次杀菌效果的影响. 食品与机械, 6: 141-144.

李献梅, 王小芬, 杨洪岩, 高秀芝, 崔宗均. 2008. 促旋酶 (gyrase) B 亚单位基因 $gyrB$ 在鉴别细菌近缘种中的应用. 微生物学报, 48 (5): 701-706.

李祥勇, 陈向东, 汪辉, 蔡启娟. 2008. 一株嗜碱菌的鉴定及其胞外多糖活性研究. 药物生物技术, 15 (5): 370-374.

李祥玉, 曾敏. 2009. 可速必宁在肉鸡上的应用. 中国饲料添加剂, 4: 30-33.

李小芳, 冯小强, 伏国庆, 杨声, 王廷璞, 苏中兴. 2011. 对氯苯氧乙酰改性壳聚糖的制备、抑菌及机理研究. 食品工业科技, 2: 133-135.

李小辉, 夏立秋, 袁灿, 丁学知, 尹佳. 2008. 苏云金杆菌 4.0718 菌株 $InhA$ 的鉴定和不同生长时期的表达分析. 湖南师范大学自然科学学报, 31 (2): 115-119.

李小会, 何斌, 李雪影, 王玲, 史玉峰, 王睿勇. 2009. 地衣芽胞杆菌 1411-1 羽毛角蛋白固体发酵工艺的优化及角蛋白酶的初步研究. 江苏农业科学, 37 (6): 334-336.

李小俊, 陈颖, 贾宇, 王立安. 2009. 生防菌菌株 A 的摇瓶培养条件及发酵工艺. 安徽农业科学, 37 (4): 1614-1617.

李小俊, 成丽霞, 吴彦彬, 边艳青. 2007. 拮抗菌抗菌谱及发酵液拮抗能力测定的新方法. 生物技术, 17 (1): 55-58.

李小俊, 韩小艳, 边艳青. 2010. 枯草芽胞杆菌 A 干粉菌剂的制备及其对桃果实病害的防治. 河北北方学院学报 (自然科学版), 26 (4): 30-34.

李小彦. 2007. 苛求芽胞杆菌尿酸酶的研究新进展及临床应用前景. 重庆医科大学学报, 32 (z1): 81-82, 85.

李晓东, 王海波, 张爱国. 2008. 应用微生态制剂绿健对狐增重及肠道疾病防治效果的试验. 畜牧兽医科技信息, 11: 88.

李晓华, 黄月艳, 蒙以良. 2002. 蜡样芽胞杆菌败血症 1 例报告. 右江民族医学院学报, 24 (1): 142-142.

李晓华, 刘梅芳, 龙慈凡. 2007. 中成药中短小芽胞杆菌对 γ 射线敏感性研究. 中南民族大学学报 (自然科学版), 26 (2): 36-38.

李晓华, 叶丽秀, 林若泰, 陈玉霞. 2004. 中成药小活络丸中三种微生物对 γ 射线的敏感性. 湖北农业科学, 43 (6): 81-83.

李晓华, 叶丽秀. 2000. 中成药松刚益肝丹中三种微生物对 γ 射线敏感性研究. 湖北农业科学, 39 (1): 41-42.

李晓晖, 沈涛, 潘俊杰. 2007. 豆渣固态发酵生产纳豆芽胞杆菌的研究. 饲料工业, 28 (2): 40-41.

李晓晖. 2002. 微生态饲料添加剂研究进展. 饲料博览, 3: 40-41.

李晓卉, 马利青, 王戈平, 陆艳, 蔡其刚. 2010. 磷细菌的分离培养与筛选. 青海畜牧兽医杂志, 40 (5): 7-8.

李晓卉. 2008. 绵羊肠道益生菌株的筛选试验. 青海畜牧兽医杂志, 38 (2): 19-20.
李晓静, 张豪, 付学奇, 李彦英, 陈璟, 李玉玲, 方宏清, 陈惠鹏. 2005. 炭疽杆菌噬菌体裂解酶基因在大肠杆菌中的表达及鉴定. 生物工程学报, 21 (2): 216-219.
李晓静. 2010. 枯草芽胞杆菌中的 σ 因子. 安徽农学通报, 16 (20): 49, 52.
李晓军, 赵旭, 常思静, 景春娥. 2010. 一株聚 β-羟基丁酸 (PHB) 产生菌的分离纯化及鉴定. 中兽医医药杂志, 5: 40-43.
李晓雁, 黄海东, 卢显芝, 杨红澎. 2009. 活性污泥中 PHA 合成优势菌的筛选及产物结构分析. 环境科学与技术, 32 (9): 124-128.
李晓燕. 2008. 利用微生物固定化技术进行养殖水体脱氮的研究. 山西大学学报 (自然科学版), 31 (2): 262-264.
李晓云, 牟阳, 王淑清. 2002. 枯草芽胞杆菌活菌制剂促进创伤皮肤愈合的实验研究. 黑龙江医药, 15 (5): 369-370.
李孝辉, 叶琪明, 李艳丽. 2008. 不同培养温度对嗜酸乳杆菌 BL-Al 生物学特性的影响. 饲料工业, 29 (20): 38-40.
李昕, 王建. 2004. 一起蜡样芽胞杆菌引起的食物中毒. 中国公共卫生, 20 (9): 1129.
李新社. 1995. 苏云金芽胞杆菌杀虫剂的研究进展. 邵阳高专学报, 8 (2): 156-157, 169.
李新社, 陆步诗. 2006. 苏云金杆菌杀虫剂对土耳其扁谷盗毒杀效果的研究. 酿酒科技, 8: 35-36, 40.
李新社, 陆步诗, 何红梅, 刘បい香. 2009. Bt 和球孢白僵菌混配对酒曲害虫黑菌虫的毒杀效果研究. 邵阳学院学报 (自然科学版), 6 (2): 35-38.
李新社, 陆步诗, 廖翔. 2008. 苏云金芽胞杆菌和平沙绿僵菌混配对酒曲害虫大谷盗的毒杀效果研究. 酿酒科技, 12: 20-22, 26.
李新社, 陆步诗, 潘雄兵. 2006. 苏云金杆菌与化学药剂对酒曲害虫的毒杀效果. 农药, 45 (5): 344-346.
李新社, 陆步诗, 王海超, 任光云, 李小芳. 2008. 球形芽胞杆菌对酒曲害虫大谷盗的毒杀效果研究. 酿酒科技, 2: 34-35, 39.
李新社, 陆步诗, 周鑫, 李小芳. 2008. 苏云金芽胞杆菌和白僵菌混配对酒曲害虫大谷盗的毒杀效果研究. 酿酒, 35 (6): 59-61.
李新社, 曾建德, 陆步诗, 丁凯, 李小芳. 2008. 苏云金芽胞杆菌对大曲害虫大谷盗的毒杀效果研究. 中国酿造, 8: 47-49.
李新社, 曾建德, 陆步诗, 肖劲军. 2008. 球形芽胞杆菌对酒曲害虫黑菌虫的毒杀效果. 农药, 47 (3): 217-218.
李新雯, 李伟. 2008. 头孢赛肟钠与罗红霉素合用的抗菌作用. 中国实用神经疾病杂志, 11 (6): 97-98.
李兴丽, 佘跃惠, 张忠智. 2008. 两株高效原油降解混合菌的性能分析. 中国石油大学学报 (自然科学版), 32 (2): 132-134.
李兴丽, 佘跃惠, 张忠智, 郑焙文. 2006. 青海花土沟油田产生物表面活性剂本源菌的实验研究. 化学与生物工程, 23 (2): 31-33, 41.
李星, 张汀, 杨文香, 董立, 刘大群. 2003. 芽胞杆菌对黄瓜霜霉病的防治效果研究. 植物保护, 29 (4): 25-27.
李雄彪, 马庆英, 崔云龙. 2006a. 酪酸梭状芽胞杆菌研究进展. 中国微生态学杂志, 18 (4): 331-335.
李雄彪, 马庆英, 崔云龙. 2006b. 凝结芽胞杆菌抗菌作用机制. 中国微生态学杂志, 18 (1): 78-79.
李雄彪, 马庆英, 崔云龙. 2007. 益生菌在肠道黏膜损伤修复中的作用. 中华消化杂志, 27 (5): 359-360.

李秀,李芹,毕瑜林,张扬,黄正洋,陈阳. 2011. 日粮中添加微生态制剂对苏禽黄鸡生长性能和屠宰性能的影响. 广东饲料, 3: 16-19.

李秀娟,沈君子,刘宁,杨柳. 2008. 降血脂益生菌对高脂血症小鼠血清 TC 和 TG 的影响. 合肥工业大学学报(自然科学版), 31 (12): 2041-2043.

李秀凉,雷虹,孟博,平文祥,周东坡. 2006. 肽类抑菌物质效价的测定. 食品科技, 31 (3): 113-115.

李秀凉,周东坡. 2008. 枯草芽胞杆菌 HD132 产生的 α-淀粉酶性质的初步研究. 中国调味品, 10: 45-47, 55.

李秀星,戚薇,王建玲. 2008. 枯草芽胞杆菌谷氨酰胺转胺酶基因的克隆及在大肠杆菌中的表达. 食品研究与开发, 29 (6): 53-57.

李秀云,兰和魁,王霞,符薇,严奇. 2004. 变性梯度胶电泳分析不同喂养方式对早产新生儿肠道菌群的影响. 中国现代医学杂志, 14 (7): 57-61.

李学恭,雷晓凌. 2009. 海洋短小芽胞杆菌 ZH1-6 菌株的鉴定及生物学特性. 广东海洋大学学报, 29 (3): 81-85.

李学坚,邓家刚,覃振林,廖冬燕,陆晓妮. 2008. 芒果苷小檗碱组合物对大鼠实验性子宫炎症的影响. 时珍国医国药, 19 (12): 3008-3009.

李学坚,邓家刚,覃振林,廖冬燕,陆晓妮. 2010. 芒果苷、小檗碱组合物抑菌、抗炎、镇痛作用的研究. 中国中医药科技, 1: 36-37.

李学军. 1996. 地球微生物学在墨西哥矿藏勘查中的应用. 国外铀金地质, 13 (2): 178-185.

李学文. 1995. 用多粘类芽胞杆菌 (P. polyrnyxa) 接种小干松苗木造林 1 年后对生长的影响. 国外林业, 4: 11-14.

李雪梅,徐若飞,杨黎华,杨金奎. 2008. 利用香荚兰内生菌制备天然香料及其在卷烟中的应用. 烟草科技, 3: 31-34, 62.

李雪雁,李照会,许维岸. 2003. 苏云金芽胞杆菌 cry 基因研究进展. 昆虫知识, 40 (1): 9-13.

李雪玉. 2005. 一起由金黄色葡萄球菌和蜡样芽胞杆菌引起的食物中毒. 中国卫生检验杂志, 15 (6): 760-761.

李雅楠,孟昆,杨培龙,王亚茹,姚斌,柏映国,罗会颖. 2007. 芽胞杆菌 β-甘露聚糖酶基因部分序列的克隆及相似性分析. 微生物学通报, 34 (1): 43-47.

李亚军,王颖,周德兰,李辉军. 2002. 吉他霉素片微生物效价测定方法的改进. 中国医院药学杂志, 22 (4): 222.

李亚玲,赵玉洁,谢凤行,周可,张峰峰. 2009. 枯草芽胞杆菌 H4 培养条件的优化. 天津农业科学, 15 (4): 20-23.

李艳丽,许少春,许尧兴. 2007. 碱性纤维素酶发酵工艺的初步研究. 浙江农业学报, 19 (3): 202-205.

李艳玲. 1998. 一例暴发型伪膜性肠炎的护理. 现代消化病及内镜杂志, 3 (4): 75-106.

李艳梅,李小六,陈超,王桂兰,武江英. 2005. 植物外植体内生菌的分离与鉴定. 唐山师范学院学报, 27 (5): 37-39, 43.

李雁群,黎桦,陈超君,覃锋,王爱. 2010. 石韦醇提物抑菌活性的初步研究. 时珍国医国药, 21 (1): 142-143.

李燕,牟伯中. 2005. 枯草芽胞杆菌的扩散系数. 油田化学, 22 (1): 89-92.

李阳阳,张坤生,任云霞,王然. 2005. 应用化学发光法研究大豆分离蛋白水解物的抗氧化活性. 食品科学, 26 (9): 149-152.

李杨,李登煜,黄明勇,陈强,张小. 2006. 从盐碱土中分离的几株硅酸盐细菌的生物学特性初步研究. 土壤通报, 37 (1): 206-208.

李杨霞, 张心齐, 林盈盈, 王勇, 吴敏. 2008. 我国中部地区热泉嗜热菌的分离及其产酶研究. 浙江大学学报(理学版), 35 (2): 204-209.

李耀荣, 肖丽英. 2005. 几种防腐剂对常用内服液体制剂防腐效果的研究. 邯郸医学高等专科学校学报, 18 (5): 411-412.

李耀中, 吴拥军, 李达娜, 詹寿年. 2010. 豆豉芽胞杆菌原生质体形成及再生条件的初步研究. 贵州农业科学, 38 (5): 85-87, 92.

李野, 张小平, 张克强, 孙文君, 李军幸. 2005. 蜡质芽胞杆菌 DLSL-2 发酵条件探讨及培养基优化. 微生物学通报, 32 (2): 45-49.

李一平, 杨玉环. 2004. 苏云金芽胞杆菌防治小菜蛾的田间试验. 现代农药, 3 (6): 26-27.

李义, 周彬, 刘耀平, 冯树, 陈宏权, 陈瑛, 耿莉. 2002. VC 二步发酵新组合菌系的研究. 微生物学杂志, 22 (2): 26-27, 32.

李艺明, 杨世忠, 牟伯中. 2009. 一种甲酯化 n-C16-地衣素的分离及结构鉴定. 化学通报, 72 (11): 1008-1012.

李轶平, 戴贤君. 2010. 纳豆芽胞杆菌的分离鉴定和抑菌评价. 中国科技博览, 33: 76.

李应琼, 崔堂兵, 许喜林, 陈成. 2009. 枯草芽胞杆菌 BS-06 抗真菌物质的特性研究. 现代食品科技, 25 (4): 382-384.

李英涛. 2002. 生物活菌素应用于褶皱臂尾轮虫规模化培养的初探. 水产科技情报, 29 (1): 16-19.

李莹. 2010. 用黑豆发酵制作调味酱. 农产品加工, 7: 28-29.

李颖, 宋存义, 邱并生, 汪兵, 杨建. 2006. 耐热糖化酶基因的克隆及其在枯草杆菌中的表达. 微生物学通报, 33 (5): 45-49.

李影, 段锐. 2004. 一种新型活菌制剂保存方法. 吉林畜牧兽医, 12: 54.

李影林, 王艾琳, 王丽霞, 宋文纲, 张晶波, 焦德勇, 杨东辉, 李坚, 顾世海, 朱建强, 胡文友, 李尊严. 1996. 关于松源食品工业公司制药厂发酵车间巨大芽胞杆菌数异常减少原因的研究报告. 吉林医学院学报, 16 (1): 1-3.

李永飞, 彭昌亚, 许敏燕, 童国民, 毛忠贵. 2004. 尼泊金复合酯在食醋中的应用. 中国调味品, 10: 20-22.

李永峰, 任南琪, 胡立杰. 2005. 高浓度有机废水发酵法制取氢气技术. 现代化工, 25 (3): 10-13, 15.

李永刚, 郝中娜, 杨明秀, 李铮, 赵雪莹. 2008. 寒地水稻病害生防菌株 L1 的鉴定及抑菌机理研究. 东北农业大学学报, 39 (7): 9-12.

李永刚, 宋兴舜, 马凤鸣, 文景芝. 2008. 水稻稻瘟病拮抗菌 L1 鉴定及抑菌特性的初步研究. 微生物学通报, 35 (6): 898-902.

李永刚, 宋兴舜, 赵雪莹, 马凤鸣. 2008. 生防枯草芽胞杆菌 L1 特性的初步研究. 植物保护, 34 (1): 57-61.

李永鹏. 2010. *Paenibacillus macerans* TKU021 发酵几丁质物质所阐述抗氧化物的特性研究. 台湾淡水: 淡江大学硕士研究生学位论文: 1.

李永泉, 蒋萍萍. 1995. 中性蛋白酶 B. S. HD401 生产菌激光选育. 食品与发酵工业, 21 (5): 46-48, 72.

李永泉, 朱志成, 李向晟, 姚恕, 郑连英. 1995. 中性蛋白酶发酵工艺优化研究. 微生物学通报, 22 (3): 150-154.

李勇, 李仁波. 2008. 一起由蜡样芽胞杆菌引起食物中毒的调查报告. 当代医学, 14 (23): 177.

李勇, 苏世彦, 高明侠. 2000. 金属离子抗菌效果试验研究. 中国畜产与食品, 7 (4): 156-158.

李勇, 袁家欣, 尹德福. 2010. 德国牧羊犬魏氏梭菌病诊断及防制. 畜牧兽医科技信息, 8: 117.

李有贵,郑秀贤,王占全. 1994. 一起蜡样芽胞杆菌引起的食物中毒调查. 青海医药杂志, 2: 56.
李有业. 2005. 用臭氧治疗牛恶性水肿的新方法. 当代畜牧, 7: 18.
李佑红,吴衍庸. 1989. 地衣芽胞杆菌 JS-5 α-淀粉酶的研究. 微生物学报, 29 (4): 314-316.
李瑜,王琦,陈五岭. 2008. 牛粪堆肥高效降解菌的筛选及复合微生物菌剂的制备. 安徽农业科学, 36 (35): 15653-15655.
李宇,古小婷,付鸣佳. 2009. 火棘果实浸提液的抑菌活性研究. 安徽农业科学, 37 (6): 2559-2560.
李玉,路福平,王稳航,杜连祥. 2006. 重组枯草芽胞杆菌的构建及对甾体的 $C_{1,2}$ 位脱氢. 现代生物医学进展, 6 (9): 15-17, 23.
李玉冰,陈深,肖海峻,李志莲,田锦. 2007a. 乳酸杆菌和芽胞杆菌对产蛋鸡生产性能影响的研究. 牧草与饲料, 1 (1): 46-47.
李玉冰,陈深,肖海峻,李志莲,田锦. 2007b. 乳酸杆菌和芽胞杆菌对育成鸡生产性能的影响. 内蒙古农业科技, 1: 61-62.
李玉峰,张笑宇,胡俊,姜晓环. 2009. 地衣芽胞杆菌代谢物对马铃薯晚疫病菌的抑制作用. 内蒙古农业大学学报(自然科学版), 1: 10-13.
李玉萍,赵路,徐兆明,徐震,杨良炎. 2001. 细菌(Bt)杀虫剂火箭抛撒剂型生物活性的研究. 苏州大学学报(自然科学版), 17 (2): 95-97.
李玉萍,赵路. 1996. 苏云金芽胞杆菌不同亚种菌株制剂毒力效价的研究. 微生物学报, 36 (2): 138-143.
李玉珍. 2005. 从一起学校细菌性食物中毒的调查处理看突发性公共卫生事件处理机制形成的必要性. 淮海医药, 23 (3): 250.
李元,刘伯英. 1992. 环状芽胞杆菌 α-羟基-γ-氨丁酰胺化酶基因的克隆和表达. 遗传学报, 19 (6): 534-540.
李远烈,林业就. 1999. 蜡样芽胞杆菌引起爆发性食物中毒的报告. 医学文选, 18 (2): 249-250.
李月玲,牵线明. 2008. 血透制水系统的消毒处理及其监控. 中国消毒学杂志, 25 (5): 543-544.
李悦,侯滨滨,静宝元. 2010. 葡萄柚精油抑菌活性的研究. 食品研究与开发, 31 (11): 237-240.
李悦明,韩建友,徐建春,张书利. 2010. 利用芽胞杆菌发酵生产褐藻胶裂解酶的研究. 中国酿造, 4: 79-81.
李云晖,刘冉,浦跃朴,于光,尹立. 2008. 组合介质中太湖土著溶藻菌的优势度分析. 环境与职业医学, 25 (3): 232-235.
李云祥,杨庆川,乐建君,柏璐璐. 2010. 微生物清防蜡菌性能评价及现场应用. 精细石油化工进展, 3: 6-10.
李云艳,谭芙蓉,郑爱萍,朱军,李平. 2009. 雅安周公山土壤苏云金芽胞杆菌菌株资源的筛选和初步鉴定. 四川农业大学学报, 27 (1): 51-54.
李云雁,宋光森. 2004. 板栗壳提取物抑菌作用研究. 林产化学与工业, 24 (4): 61-64.
李芸芳,田学军,杨光忠,陈玉. 2008. 金刚纂化学成分研究. 华中师范大学学报(自然科学版), 42 (3): 396-399.
李占强,胡江春,潘华奇,王书锦. 2009. 产纤溶酶海洋微生物 B5815 菌株的筛选及鉴定. 微生物学杂志, 29 (6): 41-44.
李兆丰. 2009. 软化类芽胞杆菌 α-环糊精葡萄糖基转移酶在大肠杆菌中的表达及其产物特异性分析. 无锡:江南大学博士研究生学位论文.
李兆申,徐晓蓉. 2007. 益生菌在功能性肠病中的应用. 中国医师进修杂志:内科版, 30 (5): 6-7.
李振. 2008. 一起由蜡样芽胞杆菌食物中毒的调查分析. 中国社区医师:医学专业, 10 (20): 203.

李振东, 陈秀蓉, 李鹏, 满百膺, 王辰月, 邹雨坤. 2009. 珠芽蓼内生固氮菌鉴定及其固氮基因分析. 草地学报, 17 (5): 552-557.

李振东, 陈秀蓉, 李鹏, 满百膺. 2010. 珠芽蓼内生菌 Z5 产 IAA 和抑菌能力测定及其鉴定. 草业学报, 19 (2): 61-68.

李振东, 陈秀蓉, 李鹏. 2011. 紫花针茅内生细菌的分离与鉴定. 草原与草坪, 31 (1): 8-12.

李正, 李健, 刘淇, 王群. 2008. 黏红酵母对牙鲆肠黏液黏附及肠道定植规律的研究. 安徽农业科学, 36 (17): 7271-7272, 7433.

李正跃, 张青文. 2005. 球孢白僵菌对马铃薯块茎蛾的毒力及其与常用农药的生物相容性测定. 植物保护, 31 (3): 57-61.

李志刚, 赵国芬, 朗建华, 郑婷. 2010. 感病油松针叶中细菌的分离与鉴定. 内蒙古农业大学学报（自然科学版）, 3: 173-176.

李志明, 郭洁, 崔希勇, 何国亮. 2008. 黄豆酱类食品的微生物状况分析. 中国调味品, 12: 75-76, 87.

李志强, 张莉, 张颖, 王刚. 2009. 绿豆立枯病根际生防细菌的筛选. 河南大学学报（自然科学版）, 39 (1): 68-71.

李志勇, 黄艳琴, 何丽明, 花卉, 胡叶, 蒋群, 郑学松. 2006. 一株细薄星芒海绵细菌的抗菌活性与分类学研究. 生物技术通报, 22 (2): 93-96.

李志勇, 秦恩昊, 何丽明, 黄艳琴. 2006. 海绵共附生微生物基因多态性的 RAPD-PCR 分析. 海洋科学, 30 (7): 15-20.

李智洋, 郑兰娟, 李亚男. 2008. 枯草芽胞杆菌抗菌蛋白的性质及对魔芋软腐病菌的抑制作用. 湖北农业科学, 47 (1): 55-57.

李智元, 弓爱君. 2010. 酶化苏云金芽胞杆菌固态发酵培养基研究. 西藏大学学报, 25 (6): 108-110.

李忠慧, 闫日馨, 昂正杰. 2005. 利福霉素 S-Na 盐生物效价的测定. 辽宁医药, 20 (4): 22-23.

李忠玲, 张强, 马齐, 岳淑宁, 张红. 2009. 产蛋白酶枯草芽胞杆菌的复壮及生产初步研究. 中国酿造, 4: 102-103.

李忠铭, 周大军. 2006. 固载二氧化氯的杀菌特性及其应用研究. 应用化工, 35 (7): 520-522, 525.

李宙, 周军. 2005. 一起由蜡样芽胞杆菌引起的食物中毒. 职业与健康, 21 (11): 1746-1747.

李卓佳. 2008. 对虾养殖技术问答. 海洋与渔业, 3: 33-34.

李卓佳, 曹煜成, 陈永青, 江世贵. 2006. 地衣芽胞杆菌 De 株的胞外产物对凡纳滨对虾脂肪酶活性影响的体外实验. 高技术通讯, 16 (2): 191-195.

李卓佳, 陈永青, 杨莺莺, 杨铿, 文国梁, 曹煜成. 2008. 对虾养殖水环境无公害高效调控系列技术（下）. 海洋与渔业, 5: 27-28.

李卓佳, 郭志勋, 冯娟, 张汉华, 杨莺莺. 2006. 应用芽胞杆菌调控虾池微生态的初步研究. 海洋科学, 30 (11): 28-31.

李卓佳, 郭志勋, 张汉华, 杨小立. 2003. 斑节对虾养殖池塘藻—菌关系初探. 中国水产科学, 10 (3): 262-264.

李卓佳, 李烁寒, 杨莺莺, 文国樑. 2010. 凡纳滨对虾高位池养殖水体细菌变动及其与理化因子的关系. 南方水产, 6 (4): 6-12.

李卓佳, 林亮, 杨莺莺, 林小涛. 2005. 芽胞杆菌制剂对凡纳滨对虾 Litopenaeus vannamei 肠道微生物群落的影响. 南方水产, 1 (3): 54-59.

李卓佳, 林亮, 杨莺莺, 林小涛. 2007. 芽胞杆菌制剂对虾池环境微生物群落的影响. 农业环境科学学报, 26 (3): 1183-1189.

李卓佳, 罗勇胜, 文国樑. 2007. 细基江蓠繁枝变种与益生菌净化养殖废水的研究. 热带海洋学报,

26 (3): 72-75.

李卓佳, 罗勇胜, 文国樑. 2008. 细基江蓠繁枝变种（*Gracilarla tenuistipitata* var. *liui*）与有益菌协同净化养殖废水趋势研究. 海洋环境科学, 27 (4): 327-330.

李卓佳, 王少沛, 曹煜成, 陈素文. 2009. 地衣芽胞杆菌与3种微藻生长的相互影响. 农业环境科学学报, 28 (4): 839-844.

李卓佳, 杨莺莺, 陈康德, 陈永青, 丁贤, 杨铿. 2003. 几株有益芽胞杆菌对温度、制粒工艺及pH的耐受性. 湛江海洋大学学报, 23 (6): 16-20.

李卓佳, 袁丰华, 林黑着, 陆鑫. 2011. 地衣芽胞杆菌对尖吻鲈生长和消化酶活性的影响. 台湾海峡, 30 (1): 43-48.

李卓佳, 张汉华, 郭志勋, 贾晓平. 2005. 虾池浮游微藻的种类组成、数量和多样性变动. 湛江海洋大学学报, 25 (3): 29-34.

李卓佳, 张庆. 1998. 有益微生物改善养殖生态研究 I. 复合微生物分解有机底泥及对鱼类的促生长效应. 湛江海洋大学学报, 18 (1): 5-8.

李卓佳, 周海平, 杨莺莺, 洪敏娜. 2008. 乳酸杆菌（*Lactobacillus* spp.）LH对水产养殖污染物的降解研究. 农业环境科学学报, 27 (1): 342-349.

李自刚, 刘永录, 边传周, 赵跃进. 2008. 奶牛场环境污染微生物控制剂研究. 河南科技学院学报, 36 (1): 62-65, 103.

李自刚, 彭爱娟, 屈凌波. 2009. 微生物修复菌剂对复垦金尾矿土壤微生物群落的影响. 湖南农业科学, 5: 46-49.

李宗军. 2006. 不同碳源对传统酸肉中微生物菌群和生物胺的影响. 食品工业科技, 27 (5): 78-81, 84.

李祖明, 白志辉, 张洪勋, 李鸿玉. 2008. 碱性果胶酶诱导植物抗病的研究. 中国植保导刊, 28 (9): 5-8.

李祖明, 范海延, 白志辉, 李鸿玉. 2008. 碱性果胶酶诱导黄瓜抗病机理的初步研究. 植物保护, 34 (5): 52-57.

李祖明, 李鸿玉, 白志辉, 蒋慧杰. 2008. 高产碱性果胶酶吉氏芽胞杆菌的诱变育种与固态培养条件优化. 食品科技, 33 (9): 5-9.

李祖明, 李鸿玉, 何立千, 白志辉. 2008. 高产碱性果胶酶菌株的育种及其发酵条件的研究. 工业微生物, 38 (3): 27-32.

李祖明, 李鸿玉, 荣瑞芬, 白志辉. 2008. 碱性蛋白酶生产菌的育种及其液态发酵条件的研究. 食品研究与开发, 29 (5): 19-23.

李祖明, 李鸿玉, 荣瑞芬, 莫昕, 叶磊, 李京霞, 李丽云, 厉重先. 2008. 高产碱性蛋白酶菌株的选育及其固态发酵条件的优化. 食品科技, 33 (4): 5-8.

励梅芬, 裘迪红, 倪健波, 周宏斌. 2007. 出口软包装罐头笋片糊状变质原因分析及控制方法的研究. 食品科技, 32 (12): 62-67.

栗建林, 王宗惠, 赵素娟, 张鹏, 李煜, 刘一娜. 2003. 微生物肥料致病性的检测. 卫生毒理学杂志, 17 (4): 260.

连宾. 1995. 嗜热芽胞杆菌在高温大曲发酵中的作用. 酿酒科技, 5: 15-16.

连宾. 1998. 硅酸盐细菌GY92对伊利石的释钾作用. 矿物学报, 18 (2): 234-238.

连宾. 2000. 硅酸盐细菌在工农业生产中的应用及其作用机理. 贵州科学, 18 (1): 43-53.

连宾, 任铁. 1993. 茅台酒曲嗜热细菌的研究. 贵州科学, 11 (1): 75-81.

连宾, Smith D, 傅平秋. 2000. 硅酸盐细菌在工农业生产中的应用及其作用机理. 贵州科学, 18 (2): 43-53.

连常平. 2005. 芽胞杆菌的生产方法及该菌在水产养殖中的应用. 水产科技情报, 32 (3): 114-117.
连玲丽, 谢荔岩, 林奇英, 谢联辉. 2008. 芽胞杆菌三种抗菌素基因的杂交检测. 激光生物学报, 17 (1): 81-85.
连玲丽, 谢荔岩, 吴祖建, 谢联辉. 2011. 枯草芽胞杆菌 SB1 的抑菌活性及其对番茄青枯病的防治作用. 植物病理学报, 41 (2): 219-224.
连玲丽, 谢荔岩, 许曼琳, 林奇英. 2007. 芽胞杆菌对青枯病菌-根结线虫复合侵染病害的生物防治. 浙江大学学报: 农业与生命科学版, 33 (2): 190-196.
连玲丽, 谢荔岩, 郑璐平, 林奇英. 2009. 短小芽胞杆菌 EN16 诱导番茄对细菌性青枯病的抗性. 福建农林大学学报 (自然科学版), 38 (5): 460-464.
连英姿, 张敬党, 安静, 付希坤, 刘虎生, 高丹, 刘亚书. 2005. 一起由蜡样芽胞杆菌引起食物中毒的病原学调查. 中国卫生检验杂志, 15 (6): 766.
梁冰, 吴力克. 1995. 地衣芽胞杆菌 (CMCC63519) 及代谢产物对部分细菌的抑菌作用. 中国微生态学杂志, 7 (3): 62-63.
梁晨, 李宝笃, 路炳声, 王旭. 2007. 保护地蔬菜枯萎病生防菌的筛选. 青岛农业大学学报 (自然科学版), 24 (4): 271-273.
梁峰, 刘秀花. 2000. 复性速率液相分子杂交法测定芽胞杆菌 DNA 杂交度. 商丘师专学报, 16 (2): 97-99.
梁峰. 2000. 复性速率液相分子杂交法测定枯草芽胞杆菌与短小芽胞杆菌 DNA 杂交度. 洛阳医专学报, 18 (4): 283-285.
梁桂森, 罗兰, 刘诚诚, 牛新威, 鲁世伟, 袁忠林. 2008. 枯草芽胞杆菌 B44 菌株培养与发酵的优化条件研究. 现代农业科技, 5: 77-78.
梁果义, 伍宁丰, 张伟, 杨娇艳, 姚斌, 范云六. 2006. 来源于芽胞杆菌 (Bacillus circulans) 的乳糖酶在毕赤酵母中的高效表达. 高技术通讯, 16 (1): 55-60.
梁候明, 曹小红, 王春玲, 王冬洁, 赵春艳. 2006. 诱导的家蝇幼虫分泌物抑菌活性的研究. 中国食品学报, 6 (3): 55-58.
梁惠宁, 龙兮, 施向东, 苏萍. 2008. 一起外运快餐引起爆发性食物中毒的调查报告. 热带医学杂志, 8 (11): 1174-1175, 1189.
梁惠仪, 郭勇. 2007a. 纤溶酶产生菌原生质体形成与再生条件的探索. 现代食品科技, 23 (5): 23-25.
梁惠仪, 郭勇. 2007b. 全基因组重排育种技术提高豆豉纤溶酶菌产酶量. 中国生物工程杂志, 27 (10): 39-43.
梁建根, 竺利红, 吴吉安, 桑金隆, 姚杭丽. 2007. 芽胞杆菌对辣椒枯萎病的防治及其鉴定. 植物保护学报, 34 (5): 529-533.
梁健, 王万水, 倪唯唯. 2009. 一起蜡样芽胞杆菌引起的食物中毒的检测报告. 齐齐哈尔医学院学报, 30 (1): 64.
梁金钟, 李艳华, 范洪臣. 2007. 玉米原料高产 γ-聚谷氨酸优良菌株的选育及发酵条件优化. 中国生物工程杂志, 27 (12): 46-51.
梁锦锋, 于红卫, 叶国平, 姜培坤. 2007. 有机磷化物对磷细菌生长和解磷的影响. 江西农业学报, 19 (8): 89-90, 93.
梁锦林, 杨恒宁. 2005. 一起因蜡样芽胞杆菌污染米饭引起的食物中毒. 江苏预防医学, 16 (1): 32-33.
梁晋琼, 柴桂珍, 石晋虎. 2007. 枯草芽胞杆菌活菌制剂对牛羊细菌性腹泻预防和治疗效果的研究. 中国畜牧兽医, 34 (8): 98-100.
梁静娟, 庞宗文, 王松柏, 詹萍. 2008. 红树林海洋细菌 PLM4 抑制肿瘤细胞生长活性多糖的纯化及结构分析. 热带海洋学报, 27 (1): 52-56.

梁静娟, 王睦. 1995. 嗜热脂肪芽胞杆菌质粒的研究. 广西大学学报 (自然科学版), 20 (2): 125-129.

梁俊芳, 靳烨. 2007. 不同温度对生鲜乳中芽胞杆菌生长特性的影响. 中国乳业, 5: 60-61.

梁俊芳, 靳烨. 2008a. 鲜乳中芽胞杆菌生长曲线的分析研究. 中国奶牛, 5: 52-54.

梁俊芳, 靳烨. 2008b. 原奶中芽胞杆菌生长曲线的分析研究. 中国乳业, 5: 56-57.

梁俊金. 2008. 巧用杀螟杆菌防治小菜蛾. 农药市场信息, 23: 33.

梁骏. 2000. 一起福氏 2a 志贺氏菌合并蜡样芽胞杆菌食物中毒爆发的调查. 中国食品卫生杂志, 12 (2): 49-51.

梁莉, 何宁平, 陈峙, 张明. 2005. 内镜诊断伪膜性肠炎 12 例临床分析. 医学临床研究, 22 (5): 690-691.

梁亮, 盖玉玲, 胡坤, 刘钢. 2008. 苏云金芽胞杆菌 gerA 操纵子在芽胞萌发中的作用. 微生物学报, 48 (3): 281-286.

梁宁, 蒋继志. 2008. 马铃薯早疫病菌拮抗微生物的初步研究. 安徽农业科学, 36 (25): 10967-10968.

梁宁生, 李艳, 杨帆, 陆益, 蒙子卿. 2004. 重组人血小板型磷脂酶 A2 杀菌作用的研究. 中华医院感染学杂志, 14 (10): 1081-1083.

梁启美, 齐东梅, 贾洁, 惠明, 牛天贵. 2005. 棉花黄、枯萎病拮抗菌的筛选及抗菌蛋白 B110-a 的初步测定. 植物保护, 31 (5): 25-28.

梁生康, 王修林, 汪卫东, 李希明. 2004. 高效石油降解菌的筛选及其在油田废水深度处理中的应用. 化工环保, 24 (1): 41-46.

梁盛年, 段志芳, 王志娟, 方旺标. 2007. 香蕉皮中有机酸的提取及抑菌作用研究. 食品工业科技, 28 (8): 73-76.

梁思宇, 陆兆新, 邹晓葵, 张晓东. 2001. 高溶纤酶活性枯草芽胞杆菌的分离筛选与鉴定. 微生物学通报, 28 (5): 25-28.

梁天文, 谭敏谊, 黄小荣, 梁昌盛, 胡黎平. 2011. 参茯白术木糖汤对小鼠肠道菌群功能影响的研究. 中国中医药咨讯, 3 (5): 17-18, 26.

梁先明, 孙玉梅. 1999. 安普霉素抑菌浓度线性范围的探讨. 中国兽药杂志, 33 (4): 33-34.

梁晓华, 梁晓东, 穆琼堂, 徐成东. 2010. 云南省 4 种蕨类植物提取液的抑菌活性. 基因组学与应用生物学, 29 (4): 711-716.

梁晓华, 梁晓东, 徐成东, 范树国. 2010. 紫茎泽兰提取液的抑菌活性研究. 甘肃农业大学学报, 45 (4): 116-118.

梁晓华, 杨莺莺, 李卓佳, 陈永青, 洪敏娜, 杨铿. 2008. 芽胞杆菌 K1 降解亚硝酸盐的特性研究. 海洋环境科学, 27 (3): 228-230, 235.

梁艳娉, 巫织娥, 林婷, 周小香. 2010. 重症患者难辨梭状芽胞杆菌相关性肠炎的护理. 中国中医药咨讯, 12: 12-13.

梁英梅, 张立秋, 王跃超, 史晶晶. 2010. 垃圾填埋场空气微生物污染及评价. 生态环境学报, 19 (5): 1073-1077.

梁鹰, 王红戟. 2008. 阪崎肠杆菌研究进展. 中国微生态学杂志, 20 (4): 418-420.

梁拥军, 苏建通, 孙向军, 刘金兰. 2009. 2 株芽胞杆菌对 4 种抗生素的耐药性研究. 水产科学, 28 (5): 259-262.

廖晨阳, 吕炜锋, 姚文兵. 2008. 石斛内生菌的筛选和培养优化. 中国新药杂志, 17 (9): 753-756, 763.

廖春丽, 张红波, 王莲哲. 2009. 枯草芽胞杆菌 wlcl 芽胞生成条件优化及净水作用研究. 安徽农业科学, 37 (6): 2402-2403, 2421.

廖东庆,陈发忠,岳田芳,张云光,黄日波,李晓明.2010.α-乙酰乳酸脱羧酶基因在枯草芽胞杆菌中的整合型表达.基因组学与应用生物学,29(5):843-848.

廖芳,杨振德,黄庆华,许汉林,高清华.2005.肠安胶囊体内抗菌作用的实验研究.中国医院药学杂志,25(4):329-331.

廖福荣.1997.芽胞杆菌产生的胞外 GL-7-ACA 酰化酶.国外医药:抗生素分册,18(5):345-346.

廖贵芹,汪娜,马立新.2007.β-1,4-内切葡聚糖酶基因在毕赤酵母中的表达研究.湖北大学学报(自然科学版),29(2):186-188.

廖奇志,郁丽娟,刘淑伟,刘若屏.2007.蜡样芽胞杆菌所致外伤性眼内炎分析.眼外伤职业眼病杂志,29(11):869-870.

廖庆祥.2003.一起蜡样芽胞杆菌和变形杆菌引发的食物中毒分析.华南预防医学,29(2):51.

廖松涛.2000.医院空气细菌污染调查分析.铁道劳动安全卫生与环保,27(3):183-184.

廖穗祥,夏虹.2007.L4-L5 坚固芽胞杆菌感染1例报道.中国脊柱脊髓杂志,17(3):238-239,I0002.

廖威,陈维春,贾艳华,庞义.2008.苏云金芽胞杆菌生产菌株溶原性噬菌体 *pep* 基因的克隆、表达及功能分析.微生物学报,48(4):459-465.

廖威,宋少云,陈维春,薛清华.2006.鉴别苏云金芽胞杆菌生产菌株 MZ1 的溶原性噬菌体.农业生物技术学报,14(1):149-150.

廖威,孙钒,宋少云,石微,庞义.2007.苏云金芽胞杆菌两株溶原性噬菌体的生物学特性.微生物学报,47(1):92-97.

廖文艳,马得莹,韩宗玺,刘胜旺.2008.重组鸡 β-防御素 10 蛋白的原核表达及其抗菌活性的测定.中国预防兽医学报,30(10):765-769,789.

廖文艳,马得莹,王瑞琴,韩宗玺.2009.鸭 β-防御素 10 基因的克隆、遗传进化分析及其生物学特性的初步研究.畜牧兽医学报,9:1320-1326.

廖先清,刘芳,周荣华,万中义.2010.17600IU/mg 苏云金芽胞杆菌浓悬浮剂的研制.湖北农业科学,49(12):3048-3051.

廖先清,万中义,刘芳,周荣华,杨自文.2009.高含量原粉生产菌株苏云金芽胞杆菌 LX-7 的研究.湖北农业科学,48(12):3044-3045,3049.

廖湘萍,付三乔,易华蓉,杨翠珍.2007.苏云金杆菌液态发酵培养基的优化.湖北农业科学,46(4):571-572.

廖湘萍,易华蓉,杨翠珍.2007.苏云金芽胞杆菌液体发酵的研究.酿酒,34(3):53-55.

廖小红,汪苹,刁惠芳,李永智,项慕飞.2009.蜡状芽胞杆菌 WXZ-8 的异养硝化/好氧反硝化性能研究.环境污染与防治,31(7):17-20,24.

廖信美.2002.从腹泻患者大便中检出1株蜡样芽胞杆菌.预防医学情报杂志,18(6):555-556.

廖延雄,傅筱冲.1998a.微生物与嫩竹土法造纸.江西科学,16(3):175-179.

廖延雄,傅筱冲.1998b.芽胞杆菌属(*Bacillus*)二分检索表.江西科学,16(2):118-125.

廖延雄,傅筱冲,蔡汶林,吴小琴,任婷娘.2000.一株硅酸盐细菌的表型特征.江西科学,18(3):149-153.

廖咏梅,张桂英,黄定安,覃蔓萍,姚普远.2004.甘蔗黑穗病菌拮抗细菌的筛选及鉴定.广西农业生物科学,23(3):197-201.

廖元平.2003.一起蜡样芽胞杆菌污染食物引起食物中毒的调查分析.实用预防医学,10(2):225.

林标声,张婷婷,沈绍新.2009.蒜、姜、辣椒乙醇提取物抑菌活性的研究.龙岩学院学报,27(5):85-88.

林斌,邓立.1993.地衣芽胞杆菌 2709 碱性蛋白酶的分离纯化与性质鉴定.生物化学与生物物理学报,

25 (3): 287-292.
林晨, 甘莉, 陈祖亮. 2010. 纺锤芽胞杆菌降解水中萘的特性研究. 中国给水排水, 3: 76-79.
林承仪, 徐学清. 1994. 地衣芽胞杆菌防治仔猪白痢. 上海饲料, 2 (4): 13.
林东, 徐庆, 刘忆舟, 魏军明, 瞿礼佳, 顾红雅, 陈章良. 2001. 枯草芽胞杆菌 SO113 分泌蛋白的抑菌作用及抗菌蛋白的分离纯化. 农业生物技术学报, 9 (1): 77-80.
林东年, 叶宁, 周志锋. 2006. 芽胞杆菌对罗非鱼土池水质和浮游生物的影响. 茂名学院学报, 16 (4): 18-21, 26.
林多多, 居正英, 王明江, 张昕. 2009. 茄子黄萎病生防内生细菌 Jaas ed 1 产生的抑菌物质特性初步分析. 江苏农业科学, 37 (6): 153-156.
林芬, 谢和, 姚玉萍, 张仁正. 2010. 高产纤溶酶菌株的筛选及鉴定. 贵州农业科学, 38 (6): 101-103.
林风, 连云阳, 程元荣, Smirnowa T A, Minenkova I B, Azizbekyan R R. 1996. 苏云金芽胞杆菌达姆斯塔特亚种新菌株 Btd61 的鉴定及其晶体蛋白基因型的初步分析. 福建农业大学学报, 25 (2): 177-181.
林凤敏, 姬文秀, 李虎林. 2011. 烟草根际与非根际细菌的系统发育多样性研究. 湖北农业科学, 50 (5): 1058-1062.
林凤敏, 姬文秀, 尹祯焓, 李虎林. 2010. 长白山天池水可培养细菌的 16S rRNA 鉴定. 延边大学农学学报, 32 (2): 77-81.
林福呈, 李德葆. 2003. 枯草芽胞杆菌 (*Bacillus subtilis*) S9 对植物病原真菌的溶菌作用. 植物病理学报, 33 (2): 174-177.
林黑着, 李卓佳, 郭志勋, 冯娟, 文国樑, 丁贤. 2008. 益生菌对凡纳滨对虾生长和全虾营养组成的影响. 南方水产, 4 (6): 95-100.
林华, 徐桂芳, 朱义杰. 2008. 蜡样芽胞杆菌食物中毒 49 例分析. 长江大学学报: 医学卷, 5 (2): 91-92.
林剑, 郑舒文, 郭尽力, 鞠宝, 金海珠. 2002. 溶氧等参数对耐高温 α-淀粉酶发酵的影响. 食品科学, 23 (3): 54-57.
林杰. 2004. 香菇烂筒子原因分析及防治方法 (二). 福建农业, 5: 18-19.
林杰, 沈微, 饶志明, 方慧英, 诸葛健. 2008. 苏云金芽胞杆菌普鲁兰酶编码基因 *amyX* 的鉴定与重组酶性质研究. 安徽农业科学, 36 (17): 7155-7156, 7161.
林杰勋. 2005. 红霉素的临床应用进展. 安徽医药, 9 (3): 224-225.
林捷, 吴锦铸. 1999. 柚皮提取物的抑菌作用研究. 华南农业大学学报, 20 (3): 59-62.
林锦霞, 张燎原, 张光亚, 方柏山. 2007. 计算机模拟短小芽胞杆菌木聚糖酶与底物木聚糖的对接. 生物工程学报, 23 (4): 715-718.
林进妹, 潘裕添, 黄家福. 2008. 糙皮侧耳菌丝与子实体壳聚糖的提取与理化特征的比较. 漳州师范学院学报 (自然科学版), 21 (4): 94-98.
林开春, 操继跃. 1995. 苏云金素在水中和植株上的衰减与残留. 中国生物防治, 11 (3): 97-100.
林开建, 郑庆键. 2007. 溶解氧浓度对多粘菌素发酵影响的研究. 化学工程与装备, 1: 47-49.
林坤, 王睿, 雷鸣. 2007. 糟粑生产过程中的微生物类群及其污染控制. 四川食品与发酵, 43 (1): 11-14.
林丽英, 陈浩桉, 赖珊, 罗珊. 2006. 大黄蟅虫丸微生物限度检查法的建立. 中药新药与临床药理, 17 (4): 281-283.
林丽英, 湛文青, 饶春意. 2006. 野牡丹止痢片微生物限度检查法的建立. 中药材, 29 (3): 299-302.
林亮, 李卓佳, 郭志勋, 杨莺莺, 林小涛, 贾晓平. 2005. 施用芽胞杆菌对虾池底泥细菌群落的影响. 生态学杂志,24 (1):26-29.

林琳,江斌,吴胜会,张世忠. 2009. 一例兔泰泽氏病的诊治报告. 福建畜牧兽医,31 (6):67.

林琳,王棣. 2007. 肉毒神经毒素序列变异的研究进展. 微生物学免疫学进展,35 (3):87-90.

林玲,戴媛静,肖来龙,陈曦,王小. 2004. 耗氧微生物的种类对光化学 BOD 传感膜性能影响的研究. 海洋技术,23 (4):53-57.

林玲,金中时,马长文,孙飞,王凤. 2010. 棉花黄萎病生防内生细菌 Jaascd 的鉴定及田间防效. 江苏农业学报,26 (1):65-69.

林明霞. 2006. 1 例破伤风感染截肢术的护理. 中华现代护理杂志,20:1906-1907.

林鹏,张瑜斌,邓爱英,庄铁诚. 2005. 九龙江口红树林土壤微生物的类群及抗菌活性. 海洋学报,27 (3):133-141.

林启美,饶正华,孙焱鑫,姚军,刑礼军. 2002. 硅酸盐细菌的筛选及其对番茄营养的影响. 中国农业科学,35 (1):59-62.

林群新,张群林,张灵玲,洪金田. 2008. 从植物中分离苏云金芽胞杆菌的研究. 中国农学通报,24 (7):356-360.

林同,王志英,刘宽余,景天忠,张传溪. 2006. 向小黑杨转化蜘蛛杀虫毒素基因. 昆虫学报,49 (4):593-598.

林伟国. 2008. 微生物在对虾养殖中的科学应用. 水产科技,35 (4):30-32.

林霞,尹秀,倪兆斌,潘建昕,沈忠华,史陈萍. 2007. 嘉兴市大气微生物监测结果分析. 浙江预防医学,19 (12):11-12.

林霞,尹秀,王丽欣,徐水凌. 2003. 嘉兴市城区空气微生物污染状况调查. 浙江预防医学,15 (5):6-7.

林祥田. 2005. 2 起学生食物中毒事件的分析. 中国校医,19 (1):11.

林小杰,李崎,顾国贤. 2005. 产 β-葡聚糖酶淀粉液化芽胞杆菌的选育. 食品与生物技术学报,24 (3):57-60,65.

林小伟,何志刚. 1994. 不同芽胞杆菌类微生物添加剂饲喂哺乳仔猪效果试验. 四川畜牧兽医,4:27-28.

林小炜,吴安娜. 1994. 从进口奶粉检出蜡样芽胞杆菌的报告. 中国国境卫生检疫杂志,17 (E02):101-102.

林晓燕,刘义蚰,孙明,高振霆. 2001. 苏云金芽胞杆菌含不同质粒和不同基因工程菌的生长代谢热动力学变化. 化学学报,59 (5):769-773.

林新坚,任香芸,陈济琛,蔡海松. 2008. 嗜热脂肪土芽胞杆菌 CHB1 产蛋白酶特性. 生物技术,18 (4):29-31.

林修光,贾臻. 2001. 一起由蜡样芽胞杆菌引起食物中毒调查报告. 第三军医大学学报,23 (A07):49,51.

林修光,寇运同,贾俊涛,赵丕华. 2004. 进口废旧物品中病原微生物污染状况调查分析. 中国热带医学,4 (5):821-822.

林岩. 2007. 蜡状芽胞杆菌 ATCC10987 基因组蛋白质编码基因的重新注释与分析. 天津理工大学学报,23 (4):10-14.

林燕文. 2011. 白花地胆草对常见细菌抑制作用的研究. 湖北农业科学,50 (5):955-957.

林燕文,童义平. 2009. 马缨丹抑菌试验研究. 生物技术,19 (6):83-85.

林一曼,王冰,石晓路. 2006. 深圳市部分酒店的空调系统微生物污染情况监测. 中国热带医学,6 (2):363-364.

林毅,陈凤义,刘琳,刘俊果. 2008. 蜡状芽胞杆菌产青霉素酶的研究进展. 河北工业科技, 25 (2): 125-128.

林毅,方光伟,蔡丽希,彭锟. 2005. 耐受重金属微生物资源的筛选与分子鉴定. 泉州师范学院学报, 23 (2): 73-76.

林毅,关雄. 2004. 苏云金杆菌几丁质酶新基因的筛选和全长基因的扩增. 生物技术, 14 (3): 1-2.

林毅,洪雪梅,蔡丽希,方光伟,彭锟. 2005. 重金属污染土壤中泛基因组的提取及其细菌种类的免培养法分析. 漳州师范学院学报(自然科学版), 18 (1): 56-59.

林毅,洪雪梅,关雄. 2004. 利用生物信息学手段获得两个对硫磷水解酶. 江西农业大学学报, 26 (1): 6-9.

林毅,黄志鹏. 2000. 苏云金芽胞杆菌ICP基因PCR鉴定的策略与进展. 农业生物技术学报, 8 (1): 56-58.

林毅,王子微,倪胜. 2009. 青霉素酶分离纯化工艺的研究. 河北化工, 32 (6): 28-29.

林煜. 2007. 来自鳗鲡的二株益生菌适宜培养基的研究. 淡水渔业, 37 (4): 18-23.

林运萍,谭志琼,张荣意. 2006. 香蕉冠腐病拮抗细菌B68的发酵条件. 热带作物学报, 27 (2): 81-85.

林运萍,谭志琼,张荣意. 2007. 香蕉冠腐病拮抗细菌B68的诱变选育. 广西农业科学, 38 (1): 45-48.

林中叶,谢友坪,敬科举,凌雪萍. 2008. Barnase在大肠杆菌中的分泌表达和诱导条件优化. 生命科学研究, 12 (3): 242-246.

林种玉,傅锦坤,吴剑鸣,刘月英,程琥. 2001. 贵金属离子非酶法生物还原机理初探. 物理化学学报, 17 (5): 477-480.

林种玉,吴剑鸣,傅博强,薛茹,周剑章,郑泉兴,刘月英,傅锦坤. 2004. 巨大芽胞杆菌D01吸附金(Au^{3+})的谱学表征. 化学学报, 62 (18): 1829-1834.

林种玉,周朝晖,吴剑鸣,程琥,刘碧兰,倪子绵,周剑章,傅锦坤. 2002. 地衣芽胞杆菌R08吸附和还原钯(Pd^{2+})的研究. 科学通报, 47 (5): 357-360.

林种玉,周朝晖,吴剑鸣,薛茹,程琥,王琪,刘月英,傅锦坤. 2003. Pt^{4+}生物吸附作用的谱学表征. 厦门大学学报(自然科学版), 42 (5): 612-616.

铃木,赵庆明. 1999. 梭状芽胞杆菌属引起的禽类疾病——肉毒症. 山东家禽, 5: 34-35.

凌娟,董俊德,张燕英,杨志浩,王友绍. 2010. 一株红树林根际固氮菌的分离、鉴定以及固氮活性测定. 热带海洋学报, 29 (5): 149-153.

凌琪. 2009. 空气微生物学研究现状与展望. 安徽建筑工业学院学报(自然科学版), 17 (1): 75-79.

凌琪,王晏平. 2008. 黄山风景区夏季空气微生物分布特征初步研究. 微生物学通报, 35 (9): 1379-1384.

凌琪,汤利华,陶勇,王莉,丁媛媛. 2007. 苯酚降解细菌的分离与选育研究. 中国给水排水, 23 (11): 78-82.

凌琪,王晏平,陶勇,王莉,舒莹. 2007. 合肥市2004-2006年空气细菌污染状况调查. 中国公共卫生管理, 23 (1): 67-69.

凌琪,王晏平,王莉,舒莹,张虎. 2007. 合肥城区空气微生物分布特征初步研究. 环境与健康杂志, 24 (1): 40-42.

凌庆枝,袁怀波,赵帅,魏兆军,江力,姜绍通. 2006. 家蝇幼虫培养及其抗菌肽的初步研究. 食品科学, 27 (11): 112-115.

凌云,林静,徐亚同. 2009. 景观人工湿地微生物群落结构的季节变化. 城市环境与城市生态, 22 (4): 8-10.

凌云,王辉,魏华,李薇. 2010. 南美白对虾养殖系统内细菌群落结构的研究. 贵州农业科学, 38 (9):

142-144.

凌云, 肖智杰, 连宾. 2007. 胶质芽胞杆菌荚膜染色方法的比较与改进. 南京师大学报（自然科学版）, 30 (4): 84-88.

凌泽春, 杨红玲, 孙云章, 叶继丹. 2009. 斜带石斑鱼幼鱼消化道与养殖水体中可培养菌群的研究. 大连水产学院学报, 24 (6): 497-503.

令利军, 万平, 张正英. 2004. 几种常见植物抗虫基因作用机理研究进展. 生物技术通报, 20 (1): 27-30.

刘爱华, 梁运祥. 2007. 产纤维素酶细菌的筛选及在菜粕蛋白改性上的应用. 湖北农业科学, 46 (5): 824-827.

刘爱英, 邹晓, 胡海燕, 罗力, 张晓. 2008. 烟草甲致病真菌的初步筛选. 中国生物防治, 24 (2): 186-188.

刘安邦, 王刚, 陈国参, 周伏忠. 2008. 小麦内生多黏类芽胞杆菌 hu-4 产 β-1, 3-葡聚糖酶发酵工艺研究. 河南科学, 26 (9): 1050.

刘安军, 王玥玮, 朱振元, 王妍, 陈影. 2010. 核桃仁种皮多糖的提取及抑菌作用的研究. 现代食品科技, 26 (4): 362-365, 369.

刘白玲, 何先祺. 1992. 枯草芽胞杆菌 AS1.398 基因文库的建立. 四川大学学报（工程科学版）, 2 (3): 1-8.

刘白玲, 张义正. 1995. 枯草芽胞杆菌 *B. subtilis* ML 中性蛋白酶基因的克隆及鉴定. 四川大学学报（工程科学版）, 5 (2): 1-8.

刘宝红, 邓家祺. 1996. 尿酸微生物传感器的研制及其动力学研究. 高等学校化学学报, 17 (5): 702-706.

刘宝军, 徐亮, 胥丽娜, 董仲国, 刘振宇. 2008. 枯草芽胞杆菌 BSPE2501 对草坪炭疽病菌的抑制作用. 中国草地学报, 30 (2): 79-84.

刘宝莲, 李香果. 2005. 一起由两种病原菌所致食物中毒的实验室分析. 中国卫生检验杂志, 15 (6): 752, 761.

刘葆林. 2000. 微生物法和高效液相色谱法测定注射用阿奇霉素含量的比较. 安徽医科大学学报, 35 (5): 387-388.

刘北域, 官孝群. 1999. 纳豆激酶原的基因克隆及在大肠杆菌中的表达. 上海医科大学学报, 26 (6): 401-404.

刘北域, 宋后燕. 1998. 纳豆激酶的研究进展. 药物生物技术, 5 (4): 248-251.

刘碧源, 李邦良, 杨赟, 邓仲良, 高仕瑛. 2005. 甲壳低聚糖碘液对微生物杀灭效果的观察. 美国中华临床医学杂志, 7 (3): 198-199.

刘飚, 孙英, 魏壮, 张巨, 尹维田. 2004. 断肢再植术后并发气性坏疽三例. 中华显微外科杂志, 27 (1): 42.

刘彬, 王静云, 包永明, 张帆, 安利佳. 2009. 化学修饰法表征 *Bacillus smithii* T7 产耐热菊粉酶催化活性中心的必需氨基酸残基. 催化学报, 30 (7): 673-678.

刘冰花, 周红, 张定玲. 2007. 苏云金芽胞杆菌的研究进展. 成都大学学报（自然科学版）, 26 (1): 9-13.

刘秉钺, 何连芳, 何洁. 2006. 光叶楮白皮生物法制浆. 纸和造纸, 25 (B06): 52-54.

刘波. 2006. 芽胞杆菌文献研究. 广州: 广东旅游出版社.

刘波. 2009. 富硒纳豆芽胞杆菌的选育试验. 北方园艺, 1: 215-216.

刘波. 2011. 微生物脂肪酸生态学. 北京: 中国农业科学出版社.

刘波,林营志,朱育菁,葛慈斌,曹宜. 2004. 生防菌对青枯雷尔氏菌的致弱特性. 农业生物技术学报, 12 (3): 322-329.

刘波,刘文斌,王恬. 2004. 芽胞杆菌在水产养殖中的应用. 中国饲料, 21: 22-24.

刘波,刘文斌,王恬. 2005. 地衣芽胞杆菌对异育银鲫消化机能和生长的影响. 南京农业大学学报, 28 (4): 80-84.

刘波,郑雪芳,林营志,蓝江林,林营志,林斌,叶耀辉. 2008. 零排放猪场基质垫层微生物群落脂肪酸生物标记多样性分析. 生态学报, 28 (12): 5488-5498.

刘波,朱昌雄. 2009. 微生物发酵床零污染养猪技术的研究与应用. 北京: 中国农业科学技术出版社.

刘波,朱育菁. Sengonca C. 2005. 生物农药 BtA 形成的 HPLC 分析. 中国农业科学, 38 (11): 2246-2253.

刘波微,彭化贤,陈素清,刘海艳. 2005. 芽胞杆菌抑制多种经济作物病原真菌及稳定性研究. 云南农业大学学报, 20 (1): 16-19, 30.

刘岑,徐志南,石峰,岑沛霖. 2006. 味精粗料作为聚谷氨酸合成前体的培养条件优化. 食品与发酵工业, 32 (5): 9-13.

刘长庆,张磊,张冬梅,李杰,王德科,孔涛. 2009. 生防枯草芽胞杆菌发酵条件的优化. 山东农业科学, 41 (9): 48-50.

刘长云,李玉祥,李冬阳. 1995. 肌苷产生菌 LL-111 突变株的选育及发酵罐小试研究. 药物生物技术, 2 (1): 33-36.

刘常金,郑焕兰,姜川,杨婷,赵珍. 2009. 纳豆芽胞杆菌液体发酵生产 γ-聚谷氨酸. 现代食品科技, 8: 935-939.

刘超. 2010. 纳豆芽胞杆菌培养条件研究. 吉林农业科技学院学报, 2: 15-16, 50.

刘朝辉,陈云,齐崴,王康,何志. 2008. 中性 β-甘露聚糖酶分批发酵动力学研究. 化学工程, 36 (10): 66-70.

刘朝辉,齐崴,何志敏. 2007. 地衣芽胞杆菌发酵生产 β-甘露聚糖酶的代谢通量分析. 过程工程学报, 7 (6): 1163-1168.

刘朝阳. 2009. 微生态饲料添加剂与水产动物健康养殖的关系初探. 中国饲料添加剂, 6: 43-46.

刘朝阳,陈吉祥,孙晓庆. 2006. 有益微生物及其在大菱鲆养殖中的应用初探. 水产科技情报, 33 (2): 64-65, 70.

刘朝阳,孙晓庆. 2006. 使用有益菌应做到"四要". 渔业致富指南, 16: 26-27.

刘朝阳,孙晓庆. 2010. 养殖塞内加尔鳎幼苗疾病病源调查及分析. 科学养鱼, 4: 49-50.

刘辰,谢柳,张文飞. 2008. 新型 Bt 杀虫蛋白: VIP 杀虫的机理与植物转基因应用. 分子植物育种, 6 (6): 1031-1037.

刘陈立,邵宗泽. 2005. 海洋石油降解微生物的分离鉴定. 海洋学报, 27 (4): 114-120.

刘晨娟,蔡皓,李庆,喻子牛. 2010. 桑粒肩天牛肠道木质纤维素分解细菌的分离和鉴定. 化学与生物工程, 27 (7): 66-68, 91.

刘成君,李梨,刘刚毅,张义正. 2001. 一株产脱毛蛋白酶菌株 (*Bacillus* sp. HX-318) 的产酶发酵条件与特性研究. 四川大学学报 (自然科学版), 38 (1): 100-105.

刘成梅,钟业俊,刘伟,阮榕生. 2006. 瞬时高压对嗜热脂肪芽胞杆菌的杀灭效果. 食品科学, 27 (9): 55-58.

刘成炎. 2010. 微生态制剂在儿科中的应用探讨. 数理医药学杂志, 23 (6): 732-733.

刘春林,徐红云,李红,袁文丽,刘海. 2010. 蜡样芽胞杆菌致急性眼内炎 1 例. 中国实用医药, 6: 154.

刘春萍,朱冬冬,李桂华,孔令艳,董琳琳. 2008. 邻苯二甲醛双缩氨基硫脲 Schiff 碱及其银配合物的合成与表征. 广州化工, 1: 39-41, 50.

刘春勇, 董飚. 1999. 苏云金芽胞杆菌高效菌株 cry 基因分析及多价基因组合的研究. 南开大学学报（自然科学版）, 32 (3): 163-168.

刘春勇, 张文成, 任改新. 1999. 苏芸金芽胞杆菌与蜡状芽胞杆菌基因组 DNA 同源性及多态性的研究. 南开大学学报（自然科学版）, 32 (2): 98-102, 120.

刘大伟, 王正祥. 2008. PspA 外源表达对枯草芽胞杆菌 168 蛋白质分泌的影响. 天然产物研究与开发, 20 (5): 855-858.

刘道洪, 桂林峰. 2004. 抗虫棉虫害的综合治理对策. 安徽农业, 6: 21-22.

刘典同, 王丰好, 许树军, 何宇乾. 2009. 益生菌在畜禽生产中的应用. 山东畜牧兽医, 30 (6): 14.

刘东来, 蔡锦刚, 姚天羽, 王艳平, 孔庆阳, 冯雁. 2008. 长白山温泉无氧芽胞杆菌的分离鉴定. 微生物学报, 48 (10): 1285-1289.

刘冬梅, 吴晖, 李理, 梁世中. 2008. *Lactobacillus caseirhamnosus* 的抑菌作用及最佳抑菌作用发酵条件优化. 食品科学, 29 (6): 237-242.

刘冬梅, 吴晖, 李理, 许喜林. 2008. 干酪乳杆菌抑制大豆奶酪中的金黄色葡萄球菌和枯草芽胞杆菌. 食品与生物技术学报, 27 (3): 73-78.

刘多涛, 杨谦, 王艳君, 张向东. 2010. 耐酒精半纤维素降解菌的筛选、鉴定及产酶分析. 太阳能学报, 31 (1): 107-112.

刘娥英, 周志宏. 1995. 球形芽胞杆菌 C3-41 菌株杀蚊毒蛋白的生物合成. 中国媒介生物学及控制杂志, 6 (5): 337-339.

刘恩权, 王咏梅. 2000. 地衣芽胞杆菌（整肠生）颗粒与胶囊治疗感染性腹泻和细菌性痢疾临床对比观察. 沈阳医学院学报, 2 (3): 159-161, 166.

刘芳. 2008. 治稻瘟病有了生防活菌剂. 农药市场信息, 17: 33-34.

刘芳, 梁运祥. 2005. 绿色荧光蛋白基因对枯草芽胞杆菌的标记. 湖南农业大学学报（自然科学版）, 31 (5): 543-545.

刘芳, 潘晓亮. 2007. 用外源纤维素酶提高反刍动物对饲料的利用. 饲料研究, 1: 49-51.

刘飞, 李小龙, 赵强忠, 赵谋明. 2007. 投加微生物制剂对对虾养殖池总氨氮与亚硝酸氮的影响. 淡水渔业, 37 (6): 41-44.

刘飞, 夏立秋, 丁学知, 易勇, 莫湘涛, 魏薇. 2008. 营养因子对苏云金芽胞杆菌 4.0718 产杀虫蛋白 Cry1 和 Cry2 的影响. 微生物学通报, 35 (8): 1230-1234.

刘飞, 张凤琴, 赵强忠, 赵谋明. 2007. 添加枯草芽胞杆菌和营养物净化养殖污水的研究. 农业环境科学学报, 26 (4): 1282-1286.

刘飞飞, 周洪波, 符波, 邱冠周. 2007. 不同能源条件下中度嗜热嗜酸细菌多样性分析. 微生物学报, 47 (3): 381-386.

刘峰, 刘波, 谢丽华, 温小娟. 2005. 黄霉素产生菌 BBG1213 的微生物学特性及黄霉素生物敏感性试验. 福建师范大学学报（自然科学版）, 21 (4): 84-88, 120.

刘锋羽, 王涛, 曾龙, 黄平, 丁寒卉. 2008. 枯草芽胞杆菌与井冈霉素混用防治稻曲病和纹枯病试验. 湖北植保, 6: 27-28.

刘富平, 朱天辉. 2008. 复合拮抗菌对马尾松幼苗猝倒病的生物控制. 海南大学学报（自然科学版）, 26 (2): 149-152.

刘刚. 2004. 益生菌在畜牧生产中的开发与应用. 饲料世界, 11: 22, 65.

刘刚. 2005. 防治蔬菜细菌性病害药剂. 农业知识: 瓜果菜, 12: 38.

刘刚. 2007. 新型生物菌肥——土壤磷活化剂. 农村百事通, 4: 36.

刘刚. 2009. 湖南师大"苏云金芽胞杆菌杀虫伴胞晶体蛋白质组学研究"取得重要成果. 农药市场信息, 12: 33.

刘刚, 邢苗, 余少文. 2005. 耐高温α-淀粉酶在溶源性枯草杆菌表达系统中的高效表达. 应用与环境生物学报, 11 (3): 368-372.

刘刚, 余少文, 孔舒, 邢苗. 2005. 碱性纤维素酶及其应用的研究进展. 生物加工过程, 3 (2): 9-14.

刘刚, 张燕, 邢苗. 2006. 双启动子对重组溶源性枯草杆菌中外源蛋白表达的增强作用. 生物工程学报, 22 (2): 191-197.

刘高强, 章春莲, 彭广生. 2008. 赤芝菌体中三萜抑菌作用研究. 时珍国医国药, 19 (11): 2578-2579.

刘供华. 2005. 复合生物饲料添加剂研发成功. 精细与专用化学品, 13 (10): 36-37.

刘光烨, 林洋. 2003. 胶冻状芽胞杆菌拮抗菌株活性物质形成条件及其性质初步研究. 微生物学通报, 30 (1): 22-26.

刘光烨, 林洋, 黄昭贤. 2001. 硅酸盐细菌解钾兼拮抗活性菌株的筛选. 应用与环境生物学报, 7 (1): 66-68.

刘桂君, 刘红霞, 胡建华, 郝文君, 闻泽喜, 李兰英. 2009. 地衣芽胞杆菌在牛栏山二锅头基酒生产中的应用. 酿酒科技, 8: 83-84, 87.

刘桂君, 朱婷婷, 刘红霞, 闻泽喜. 2010. 清香大曲及酒醅中地衣芽胞杆菌的分离鉴定. 酿酒科技, 1: 31-35, 38.

刘桂兰, 高芳. 2006. 微生态制剂在儿科应用中的不合理现象及干预对策. 基层医学论坛: B版, 10 (11): 1049-1050.

刘国红, 林营志, 林乃铨, 刘波. 2011. 芽胞杆菌分类研究进展. 福建农业学报, 26 (5): 911-917.

刘国红, 刘波, 林乃铨, 林营志. 2008. 芽胞杆菌的系统进化及其属分类学特征. 福建农业学报, 23 (4): 436-449.

刘国华, 王明波. 1989. 球形芽胞杆菌BS-10芽胞杀蚊幼虫毒素蛋白的提取和纯化. 科学通报, 34 (1): 61-64.

刘国庆, 张黎利, 钱晓勇, 宗凯, 李豪杰. 2009. 蜡状芽胞杆菌发酵鸡蛋清条件优化及产物分析. 安徽农业科学, 37 (23): 10854-10856.

刘国庆, 宗凯, 张黎利, 金宇燕, 潘炜铃, 杨晓娇. 2009. 微生物发酵蒲公英粗提物对绿原酸含量的影响. 农产品加工: 创新版, 12: 38-41.

刘国荣, 畅晓渊, 吴寒宇, 林枫翔. 2009. 屎肠球菌M-2产细菌素的纯化与特性分析. 农业生物技术学报, 17 (5): 925-930.

刘国生, 侯瑛, 吴飞燕, 赵婷, 王秀. 2009. 离子注入诱变选育肌苷高产菌株. 辐射研究与辐射工艺学报, 27 (4): 224-228.

刘国生, 吴飞燕, 赵婷, 王秀强, 李宗义. 2009. 离子束诱变筛选SG^r和ara^-双突变肌苷高产菌. 中国医药工业杂志, 40 (5): 338-340.

刘国生, 赵婷, 王秀强, 李宗义. 2008. N^+注入诱变筛选阿拉伯糖利用缺陷型肌苷高产菌株. 中国医药工业杂志, 39 (7): 504-506.

刘国仕, 侯广田, 黄锡霞, 於建国. 2008. 添加四种益生素对羔羊生长性能的影响. 新疆农业科学, 45 (5): 899-903.

刘果, 叶茂, 彭婷. 2010. 骨筋膜室综合征切开减压术后并发破伤风患者的护理. 中国医药指南, 8 (20): 327-328.

刘海春, 朱朝华, 白明才. 1994. 一起蜡样芽胞杆菌食物中毒的调查. 沈阳部队医药, 7 (1): 61-62.

刘海防. 2011. 獭兔泰泽氏病的鉴别诊治. 兽医导刊, 2: 65.

刘海军,乐超银,邵伟,王健,李金.2009.一株高产蛋白酶芽胞杆菌的鉴定.中国酿造,9:18-20.
刘海燕,宦海琳,汪育文,李建宏.2007.微囊藻毒素降解菌S3的分子鉴定及其降解毒素的研究.环境科学学报,27(7):1145-1150.
刘海燕,李明,丁存宝,贾长虹,张俊杰.2009.海洋石油降解菌株选育及组合降解优化.安徽农业科学,37(15):6892-6893,6961.
刘海燕,张利平,石楠,张秀敏.2008.抗重金属铜细菌的分离鉴定和吸附性能研究.河北农业大学学报,31(3):56-59.
刘昊飞,陈霞,赵贵兴,李丹,刘丽.2010.豆粕生物肽的生产工艺研究.大豆科学,29(1):101-104,108.
刘浩.1997.中西医结合治疗小儿急性细菌性食物中毒42例.新中医,29(6):38.
刘弘,徐志成.1998.人工污染枯草芽胞杆菌的糟制熟食辐照保鲜效果研究.中国公共卫生,14(11):665-667.
刘红(译).2010.一种新型支链淀粉酶的纯化和鉴定.中国医药工业杂志,41(2):90.
刘红柏,张颖,杨雨辉,卢彤岩,叶继丹.2004.5种中草药作为饲料添加剂对鲤肠内细菌及生长的影响.大连水产学院学报,19(1):16-20.
刘红娟,党志,张慧,易筱筠,刘丛强.2010.蜡状芽胞杆菌抗重金属性能及对镉的累积.农业环境科学学报,29(1):25-29.
刘红娟,张慧,党志,易筱筠,杨琛.2009.一株耐镉细菌的分离及其富集Cd的机理.环境工程学报,3(2):367-371.
刘红莲,揭念宽,鹿勇,张雪芹.2006.益生素在水产中的应用.科学养鱼,6:57.
刘红岩,杨世杰,侯元,赵荧,冯启,梁安杰.1997.地衣芽胞杆菌A.4041耐高温α-淀粉酶色氨酸残基和巯基的化学修饰.吉林大学自然科学学报,1:99-101.
刘红艳,张亚莲,邓欣,彭细桥,常硕其,傅海平.2007.不同栽培方式有机茶园土壤微生物群落组成、活性及脲酶活性比较.福建茶叶,4:17-18.
刘洪贵,武瑞.2009.免疫层析法快速检测金黄色葡萄球菌的研究.中国预防兽医学报,31(4):283-287.
刘厚丽,矫秀,姜茹.2010.蜡样芽胞杆菌致感染性眼内炎一例报告.医学检验与临床,2:112.
刘虎,胡滨,吴兆亮.2006.复合诱变法选育D-核糖生产菌株.天津化工,20(3):4-6.
刘华亮,陈守文,孙明,喻子牛.2005a.苏云金芽胞杆菌微滤浓缩液表观黏度模型.农业工程学报,21(2):25-29.
刘华亮,陈守文,孙明,喻子牛.2005b.苏云金芽胞杆菌微滤浓缩液的流变特性.华中农业大学学报,24(3):261-264.
刘华梅,陈振民,李青,谢翔.2010.高含量芽胞杆菌益生菌的制造技术.饲料工业,31(14):32-33.
刘唤明,黄志诚.2008a.枯草芽胞杆菌固态发酵工艺研究.渔业现代化,35(6):48-50.
刘唤明,黄志诚.2008b.固态发酵法生产大豆肽的工艺研究.饲料研究,12:1-2.
刘唤明,薛晓宁.2010.加酶提高发酵豆粕蛋白质水解度的研究.安徽农业科学,10:5141-5142,5231.
刘唤明.2009.发酵法生产乳蛋白肽的研究.中国乳品工业,4:16-17,35.
刘焕利,潘小玫.1995.产抗菌蛋白芽胞杆菌的筛选及抗菌蛋白性质.中国生物防治,11(4):160-164.
刘辉,魏祥法,井庆川,刘雪兰,刘瑞亭,石天虹.2007.一株枯草芽胞杆菌发酵培养基的优化.山东农业科学,39(1):100-101.
刘会清,张爱香,马海莲,李世东.2011.生防菌剂与生物有机肥复配对黄瓜抗病促生效果的研究.北方园艺,5:1-4.

刘会香,周翠,金静,胡凌志,曹帮.2010.一株拮抗细菌的鉴定及其抗菌特性.林业科学,46(9):110-114.

刘惠知,孔利华,周映华,黄建军.2009.益生菌枯草芽胞杆菌发酵培养基及条件的优化.饲料研究,7:32-34.

刘慧慧,薛超波.2008.滩涂贝类养殖环境的细菌分布.生态学报,28(1):436-444.

刘慧娟,郭晓军,郭妍妍,朱宝成.2011.假蕈状芽胞杆菌34kDa纤溶酶成熟肽基因的原核表达、纯化及活性分析.华北农学报,26(2):143-146.

刘慧娟,华兆哲,堵国成,刘立.2007.芽胞杆菌发酵生产碱性果胶酶的温度控制策略.过程工程学报,7(4):786-789.

刘慧玲,黄翔鹄,李长玲,李瑞伟.2009.不同浓度的枯草芽胞杆菌对罗非鱼鱼苗的养殖水体水质及其抗病力的影响.水产养殖,10:5-9.

刘慧玲,杨世平,黄翔鹄,李活,田志群.2009.高效降解有机物和促藻生长菌株的分离和筛选.台湾海峡,28(3):349-354.

刘吉华,郭海龙,吴俊罡,张秉胜,秦贵江.2003.枯草芽胞杆菌发酵培养基的优化.饲料研究,12:28-30.

刘吉山,朱瑞良.1999.梅花鹿"猝死症病原诊断及药敏试验".畜禽业,8:53-54.

刘济宁,刘贤进,余向阳,彭正强.2005.Cry1Ac基因载体构建及其在枯草芽胞杆菌中的杀虫活性表达.昆虫学报,48(3):342-346.

刘佳,谢秀丽,牛天贵.2007.一株抑耐甲氧西林金黄色葡萄球菌(MRSA)芽胞杆菌的筛选与鉴定.中国农业大学学报,12(6):20-23.

刘家发,朱建如.2005.食品中亚硝基化合物的污染及治理对策.公共卫生与预防医学,16(2):32-34.

刘家阔,顾为,聂爱华.2011.抗炭疽毒素的小分子药物研究进展.军事医学,35(1):67-72.

刘建国,丛威,裴炎,欧阳藩.2001.离子及表面活性剂对蜡状芽胞杆菌S1发酵的影响.工业微生物,31(2):17-19.

刘建军,姜鲁燕.1996.碱性淀粉酶的研究.山东食品发酵,1:2-6.

刘建龙,刘建军,杨连生.2005碱性淀粉酶菌株的紫外线和He-Ne激光复合诱变及其产酶条件的研究.激光杂志,26(3):83-84.

刘建龙,刘建军,杨连生.2006.碱性淀粉酶菌株的紫外线和He-Ne激光复合诱变的研究.中国激光,33(1):138-142.

刘建萍,由宝昌,张晓晖,王国辉,于岩,王宁,张雨辰.2010.大叶胡颓子根的化学成分预试及抗菌作用研究.江苏农业科学,38(3):353-355.

刘建涛,苏志坚,王方海,李广宏.2006.斜纹夜蛾抗菌物质的诱导及其理化特性.中国生物防治,22(3):211-215.

刘建涛,赵利,苏伟,刘海琴.2008.卵黄非磷肽分子组成及其抑菌活性的研究.河南工业大学学报(自然科学版),29(5):58-62.

刘建伟,马文林.2010.猪舍微生物气溶胶污染特性研究.安徽农业科学,38(28):15665-15667,15676.

刘剑.2006.高活性多维酶系列:天拓狐貂三宝.兽药市场指南,10:15.

刘剑青,章根平,袁进平.2008.8种药剂防治稻瘟病田间药效试验.现代农业科技,22:100-101.

刘健,李俊,姜昕,徐玲玫,樊蕙,葛诚.2001.巨大芽胞杆菌luxAB标记菌株的根际定殖研究.微生物学通报,28(6):1-4.

刘健,王卫平,周斌,张雍,朱凤香.2010.浙江省畜禽养殖生物发酵床技术应用现状的调查分析.浙江畜牧兽医，1：16-18.

刘健楠，汪苹，尹明锐，王磊. 2010a. 高效异养硝化-好氧反硝化菌株的分离鉴定与脱氮性能. 北京工商大学学报（自然科学版），28（2）：18-23，29.

刘健楠，汪苹，尹明锐，王磊. 2010b. 味精废水处理系统中高效细菌的分离鉴定及其脱氮性能. 环境科学研究，23（3）：355-360.

刘杰，房春红，李琬，矫洪涛，喻江，李景鹏. 2007. 同源重组法构建枯草芽胞杆菌 224 $yugS$ 基因缺失突变株. 生物技术通报，23（4）：148-151.

刘杰，周伟，刘红燕，王北宁. 2001. 高压氧舱治疗期间的医院感染分析. 中华医院感染学杂志，11（3）：204-205.

刘杰凤，韩寒冰，张进凤，罗添喜，詹加钦. 2009. 茄类内生菌的分离及拮抗细菌的筛选. 安徽农业科学，37（3）：1160-1162.

刘杰麟，谷俊莹. 1997. 粉被虫草抑制细菌和真菌作用的初步研究. 贵阳医学院学报，22（4）：344-346.

刘杰麟，周迎春. 2001. 戴氏虫草抗紫外线及对巨噬细胞吞噬功能影响. 天然产物研究与开发，13（3）：20-22.

刘杰雄，陈号，陆雯，朱丽云. 2010. 淀粉酶高产菌株的筛选及其酶活的测定. 食品工程，1：45-47.

刘洁，胡红青，李慧姝，付庆灵，黄丽. 2010. Bt 蛋白在不同矿物上的吸附动力学及其影响因素研究. 土壤学报，47（4）：786-789.

刘洁，林影，吴晓英，郑穗平. 2008. 高静压对枯草杆菌芽胞灭活作用的研究. 工业微生物，38（4）：35-39.

刘洁丽，王靖，李明. 2010. 一株纤维素降解细菌的筛选、鉴定及特性研究. 化学与生物工程，27（4）：54-56.

刘婕，杨博. 2010. 一株高效油脂降解菌的分离鉴定及其性能研究. 中国油脂，1：41-44.

刘金华，史为民. 1999. 鱼粉中蜡状芽胞杆菌的分离鉴定及其致病性研究. 中国预防兽医学报，21（4）：248-249.

刘京国，赵晓萌，杨爱珍，于同. 2010. 棉铃虫氨肽酶 N 基因片段克隆、表达和内源蛋白检测. 北京农学院学报，25（1）：20-22，26.

刘晶，潘伟斌，秦玉洁，丘焱伦，黄海伟. 2007. 两株溶藻细菌的分离鉴定及其溶藻特性. 环境科学与技术，30（2）：17-19，22.

刘晶晶，李海燕. 2010. 茶多酚防腐作用初探. 常熟理工学院学报，24（8）：52-54.

刘晶晶，束长龙，张杰，宋福平. 2008. 苏云金芽胞杆菌内生质粒提取方法的改进. 生物技术通报，24（6）：120-123.

刘晶晶，袁耀宗. 2010. 难辨梭状芽胞杆菌与炎症性肠病. 国际消化病杂志，30（1）：11-13.

刘晶晶，张杰，黄大昉. 2008. 苏云金芽胞杆菌重组工程菌研究进展. 生物产业技术，2：48-53.

刘晶莹，王祝敏，史济月. 2008. 纳米氧化锌的液相法制备及应用性比较. 化学试剂，30（11）：816-818.

刘婧，马汇泉，董瑾，杨晓. 2008. 蜡样芽胞杆菌 B-02 菌株培养基及培养条件的优化. 山东农业科学，40（7）：54-57.

刘婧，马汇泉，刘东武，董瑾，杨晓. 2008. *Bacillus cereus* B-02 对 *Botrytis cinerea* 拮抗机理的研究. 菌物学报，27（6）：930-939.

刘静，程显好，刘伟，冯志彬，徐崧. 2011. 固态发酵生产多聚谷氨酸培养条件的优化. 食品与药品，13（3）：85-89.

刘静，金映虹，杨超，张斌，郑承纲，宋存江. 2007. 利用 ^{60}Co γ-射线制备微生物聚谷氨酸类吸水剂及其吸水性能研究. 离子交换与吸附，23（2）：129-136.

刘静，金映虹，张斌，杨超，曾猛，郑承刚，宋存江. 2005. 聚谷氨酸的微生物法制备及其水凝胶应用简介. 食品与发酵工业，31（8）：45-47.

刘静，王君，白新宇，马挺，梁凤来. 2008. 一株高温产粘菌株的筛选及其产胞外聚合物分析. 微生物学报，48（2）：152-156.

刘静，王君，张宏伟，马挺，李国强. 2008. 油藏调剖菌 TP-1 的培养条件及岩芯模拟驱油研究. 微生物学通报，35（4）：491-495.

刘娟，马晓梅，王关林. 2009. 污水处理芽胞杆菌的抗盐诱变育种技术研究. 辽宁师范大学学报（自然科学版），1：106-109.

刘军，陈向东，戴玄，唐兵，彭珍荣. 2004a. 表面活性剂对嗜热脂肪芽胞杆菌产高温蛋白酶的影响. 微生物学杂志，24（6）：58-59，61.

刘军，陈向东，戴玄，唐兵，彭珍荣. 2004b. 嗜热脂肪芽胞杆菌高温蛋白酶分解毛发角蛋白的研究. 氨基酸和生物资源，26（3）：52-54.

刘军，陈向东. 1998. 分离嗜热脂肪芽胞杆菌单个菌落的方法. 微生物学通报，25（5）：302-303.

刘军锋，丁泽，欧阳艳，王芳，邓利. 2011. 苦豆子生物碱抗菌活性的测定. 北京化工大学学报（自然科学版），38（2）：84-88.

刘军义. 2002. 出口琼胶细菌超标的原因及控制技术研究. 检验检疫科学，12（1）：8-10.

刘俊红，刘顺谊，殷志敏. 2006. 乳糖诱导大肠杆菌中重组谷氨酰胺合成酶的表达. 南京师大学报（自然科学版），29（3）：66-70.

刘俊梅，孙宝忠，贾英民. 2008. 国内外蛋及蛋制品微生物标准限量比较. 中国家禽，30（9）：60-61.

刘俊强，包木太，王海峰，郭省. 2007. 高温烃降解菌在含油污水生化处理中的应用. 西南石油大学学报，29（4）：110-113.

刘凯，陆宏达. 2007. 中华绒螯蟹血细胞体外吞噬能力的研究. 南方水产，3（6）：47-51.

刘凯于，蒋才富，洪华珠，彭建新，余泽华. 2003. 粉纹夜蛾细胞中 Bt CrylAc 选择抗性的研究及离体品系与毒素结合的比较. 昆虫知识，40（3）：247-250.

刘凯于，蒋才富，洪华珠，彭建新，余泽华. 2004. Bt CrylAc 抗性粉纹夜蛾离体细胞与敏感细胞 mRNA 的差异显示. 中国生物工程杂志，24（2）：55-60.

刘凯于，阎江洪，康薇，郑进，洪华珠. 2005. 一些化学物质对苏云金芽胞杆菌 Cry1Ac 毒素与昆虫离体细胞相互作用的影响. 昆虫知识，42（5）：540-543.

刘凯于，杨红，蒋才富，彭建新，洪华珠. 2004. 抗苏云金杆菌毒素 Cry1Ac 粉纹夜蛾细胞系的特性研究. 实验生物学报，37（3）：205-211.

刘凯于，郑进，彭蓉，洪华珠. 2004. 苏云金芽胞杆菌 Cry1A 毒素抗性相关受体类钙粘蛋白的研究进展. 中国生物防治，20（3）：145-149.

刘康乐，谢希贤，刘淑云. 2008. 尿苷产生菌枯草芽胞杆菌 Tcl42 分批发酵动力学研究. 现代食品科技，24（6）：532-534，508.

刘奎，章佩珍. 1989. 巨大芽胞杆菌原生质的产生和紫外线诱变. 现代应用药学，6（5）：5-7.

刘克鑫，刘晓风，廖银章，张海涛，袁月祥. 2009. 一种用于处理有机固体废物的复合菌剂及其制备方法. 中国，CN100487104 C

刘腊芹，华兆哲，王重辉，陈坚. 2005. 二溴海因/二氧化硅复合粒子的制备及其杀菌性能评价. 食品与生物技术学报，24（5）：55-59，63.

刘来亭，田鹏飞，杜灵广，张勇. 2009. 酪酸菌对肉鸡生产性能和死淘率及小肠形态结构的影响. 河南农业科学，38（7）：130-131，134.

刘来停，蔡风英，周薇. 2001. 微量元素对饲料中益生素活性的影响. 粮食与饲料工业，4：23-24.

刘磊, 刘影, 成廷水, 宋志刚, 张礼. 2010. 不同菌株芽胞杆菌对肉鸡生产性能的影响. 饲料工业, 31 (12): 49-51.

刘莉, 林晓红, 谭伊莉, 何秀湘. 2008. 医院护士站电脑键盘、鼠标细菌污染情况调查分析及对策. 现代临床护理, 7 (2): 12-14.

刘莉, 王中康, 俞和韦, 陈仕江, 阎光凡, 夏玉先, 殷幼平. 2008. 贡嘎蝠蛾幼虫肠道细菌多样性分析. 微生物学报, 48 (5): 616-622.

刘黎黎, 王吉耀. 2010. 艰难梭菌相关性腹泻的治疗进展. 中国临床医学, 17 (1): 66-68.

刘丽, 胡江春, 王书锦. 2004. 繁茂膜海绵中两株放线菌的生物学特性及其鉴定. 氨基酸和生物资源, 26 (1): 1-4.

刘丽丽, 杨文博, 刘忠. 2004. 细菌耐热植酸酶基因的克隆及表达. 微生物学通报, 31 (4): 57-60.

刘丽平, 张彤晴, 唐晟凯. 2010. 孔雀石绿降解菌对池塘水体微生物菌群的影响. 江苏农业科学, 38 (3): 404-406.

刘丽艳, 李鑫钢, 孙津生. 2007. 电场强化复合吸附塔处理重金属Cd^{2+}离子的研究. 环境化学, 26 (2): 168-170.

刘丽艳, 孙津生, 李鑫钢. 2005. 复合吸附剂吸附废水中的重金属离子的动力学研究. 化工机械, 32 (5): 267-270.

刘丽艳, 孙津生, 李鑫钢. 2007. B. subtilis 吸附Cu^{2+}、Zn^{2+}和Cd^{2+}的等温吸附平衡性能研究. 上海环境科学, 26 (3): 93-96.

刘利萍, 李益民, 杨玲. 2008. 乳酸司帕沙星脂质体的制备及其体外角膜渗透性和抗菌性. 中国医学科学院学报, 30 (5): 589-594.

刘俐. 1998. 一起腊样芽胞杆菌致食物中毒报告. 安徽预防医学杂志, 4 (4): 384.

刘连成, 沈标, 陆健, 梅琴, 徐莲. 2008. 地衣芽胞杆菌碱性果胶酶基因 PelA 的克隆与原核表达. 工业微生物, 38 (1): 24-29.

刘林阁, 甄荣. 1998. 进口俄罗斯奶粉蜡样芽胞杆菌的检验. 黑龙江畜牧兽医, 1: 20-21.

刘琳琳, 陆秀君, 靳爱荣, 郝会海. 2008. 苏云金杆菌营养期杀虫蛋白 Vip3A-151 对2种林业害虫活性的研究. 东北林业大学学报, 36 (10): 41-42.

刘灵芝, 常雁红, 罗炜, 熊莲. 2010. 产耐热过氧化氢酶菌株的筛选和培养. 科学技术与工程, 4: 868-873.

刘玲, 张飙. 2005. 一起蜡样芽胞杆菌食物中毒. 预防医学情报杂志, 21 (4): 485-486.

刘玲玲, 陈钧. 2009a. 统计学方法优化麦麸发酵产木聚糖酶条件的研究. 中国粮油学报, 24 (5): 107-109.

刘玲玲, 陈钧. 2009b. 响应面法优化麦麸发酵产植酸酶条件的研究. 中国粮油学报, 24 (10): 112-115.

刘梅, 郭素霞, 胡思顺, 肖运才. 2007. 利用S-层蛋白CTC在苏云金芽胞杆菌细胞表面展示鸡毒霉形体粘附素蛋白. 应用与环境生物学报, 13 (6): 853-858.

刘梅, 胡思顺, 孙焕, 毕丁仁. 2007. 苏云金芽胞杆菌无晶体突变株对小鼠和雏鸡的安全性. 安全与环境学报, 7 (5): 12-15.

刘梅, 李淑云, 赵昌明, 孙明, 毕丁仁, 胡思顺. 2007. 利用苏云金芽胞杆菌细胞表面展示系统表达禽流感病毒 NP 蛋白. 微生物学报, 47 (3): 486-491.

刘梅, 卢林静, 黄军艳, 张书环. 2007. H5N1亚型禽流感病毒血凝素 HA1 蛋白在苏云金芽胞杆菌细胞表面的展示及其对小鼠的免疫原性. 农业生物技术学报, 15 (3): 371-377.

刘梅, 孙明. 1998. 苏云金芽胞杆菌防治鞘翅目害虫的研究进展. 中国生物防治, 14 (1): 38-42.

刘美艳, 张健, 孙楠, 杨玉梅, 袁静. 2007. 枯草芽胞杆菌纤溶酶的纯化及性质研究. 食品与发酵工业,

33 (7): 42-45.

刘淼. 2000. 蜡样芽胞杆菌致一起食物中毒. 安徽预防医学杂志, 6 (3): 228.

刘敏, 黄继翔, 张丽香, 牛天贵. 2008. 芽胞杆菌和嗜热链球菌相互作用机理的研究. 乳业科学与技术, 1: 1-4.

刘敏, 张丽香, 牛天贵. 2008. 产酸芽胞杆菌的筛选及鉴定. 山西农业大学学报 (自然科学版), 28 (1): 26-29.

刘敏胜, 韩冰, 邢新会. 2007. 荧光蛋白在枯草芽胞杆菌中的表达. 清华大学学报 (自然科学版), 47 (6): 874-877.

刘敏胜, 邢新会. 2006. 专性嗜碱芽胞杆菌 *Bacillus pseudofirmus* 的基因导入方法. 化工学报, 57 (4): 922-926.

刘名根, 闵振彪. 2009. 一起蜡样芽胞杆菌食物中毒的调查分析. 宜春学院学报, 31 (2): 84, 93.

刘明, 倪辉, 蔡慧农, 吴永沛. 2007. 大豆抗氧化活性肽发酵菌种的筛选. 食品科学, 28 (11): 327-330.

刘明, 束长龙, 高继国, 张杰. 2010. 蛋白质工程在苏云金芽胞杆菌 Cry 毒素改良中的应用. 中国农业科技导报, 4: 24-28.

刘明秋, 戴经元. 2000. 苏云金芽胞杆菌油剂增效因子的筛选. 华中农业大学学报, 19 (2): 134-137.

刘明胜, 胡昆, 陈红漫, 阚国仕. 2005. Mn-SOD 的纯化方法研究. 化学与生物工程, 22 (11): 33-35.

刘铭, 张敏, 尹福强. 2007. 姜瘟病拮抗细菌的筛选与鉴定. 现代农业科技, 20: 72, 74.

刘楠, 王少丽, 宋福平, 束长龙. 2010. Cry1Ba3、Cry1Ia8 蛋白对 Cry1Ac 抗性小菜蛾的杀虫活性研究. 植物保护, 36 (2): 66-70.

刘年浪, 焦图强, 张剑. 2006. 枯草芽胞杆菌菌剂在黄瓜枯萎病防治上的应用初报. 湖南农业科学, 3: 81-83.

刘宁, 郭庆港, 安海, 李社增, 鹿秀云, 马平, 董金皋. 2009. 番茄灰霉病生防细菌 BAB-1 的鉴定及发酵条件的优化. 中国农业科技导报, 2: 56-62.

刘培漫, 李忠. 1995. D-葡萄糖缩氨基硫脲络合物的抗菌作用. 中国消毒学杂志, 12 (4): 237-238.

刘鹏, 白毓谦. 2000. 一株产木聚糖酶的芽胞杆菌的分类鉴定. 山东食品发酵, 2: 40-42.

刘鹏, 戴翚, 马仕洪, 杨美琴, 胡昌勤. 2009. 大环内酯类抗生素口服制剂微生物限度检查方法的建立. 中国抗生素杂志, 34 (6): 352-354, 358.

刘鹏, 马仕洪, 戴翚, 特玉香, 胡昌勤. 2007. 加替沙星微生物限度检查方法的建立. 药物分析杂志, 27 (6): 881-884.

刘鹏威, 郭彤, 魏华. 2009. 纳米载铜蒙脱石体外对三种水产病原菌及两种肠道有益菌杀菌作用. 上海海洋大学学报, 18 (5): 520-526.

刘萍, 刘慧平, 韩巨才, 邢鲲. 2007. 油菜内生细菌 yc8 发酵产物特性初探. 江西农业大学学报, 29 (2): 301-304.

刘萍, 沈继龙. 2010. VIDAS 检测大肠埃希菌 O157 假阳性菌的初筛及确证结果分析. 临床输血与检验, 2 (2): 110-112.

刘萍, 夏俊松, 葛向阳. 2010. 降解豆粕抗营养因子菌株的筛选、鉴定及其在工业上的应用. 饲料工业, 31 (11): 26-29.

刘萍, 夏立秋, 胡胜标, 严礼, 丁学知, 张友明, 喻子牛. 2008. 外源基因在苏云金杆菌染色体上的定点整合及表达. 微生物学报, 48 (5): 661-666.

刘其友, 宗明月, 张云波, 宋超群, 赵东风. 2010. 一株絮凝剂高效产生菌的筛选及对炼油废水絮凝特性的研究. 环境污染与防治, 9: 25-28, 36.

刘起丽, 张建新, 李端. 2004. 几种药剂对木霉和枯草芽胞杆菌的抑制作用. 河南农业科学, 33 (1):

29-30.

刘迁,李俊波,罗辉,张琼,钟广贤. 2010. 芽胞杆菌微生态制剂对鲫生长性能的影响. 科学养鱼, 9: 66-67.

刘俏,权春善,范圣第. 2006. 超滤解淀粉芽胞杆菌发酵液提取抗菌物质的研究. 食品科技, 31 (7): 70-72.

刘勤俭,戴润华. 1997. 65例蜡样芽胞杆菌食物中毒的临床分析. 广东医学, 18 (1): 67-68.

刘卿,梁运祥,葛向阳. 2009. 蜡样芽胞杆菌DNF409中硝酸盐还原酶基因敲除的研究. 华中农业大学学报, 28 (1): 43-47.

刘清源,赵献军. 2002. 两株益生菌对16种抗菌药敏感性测定. 动物医学进展, 23 (4): 73-74.

刘渠,谢劲心,白松涛,林斯星,刘衡川,张朝武,张勇. 2004. 消毒剂在使用过程中污染菌的质粒图谱研究. 现代预防医学, 31 (1): 53-54.

刘渠,谢劲心,骆云德,刘衡川,殷强仲,张朝武,林斯星,谢显清,陈应坚,甘莉萍. 2002. 消毒剂在使用过程中污染菌的调查分析. 现代预防医学, 29 (1): 75-76.

刘让,陈少平,张鲁安,苏贵成,李岩. 2010. 生态养猪发酵益生菌的分离鉴定及体外抑菌试验研究. 国外畜牧学: 猪与禽, 2: 62-64.

刘荣梅,张杰,高继国,宋福平. 2004. 苏云金芽胞杆菌营养期杀虫蛋白基因$vip3A$的研究. 高技术通讯, 14 (9): 39-42.

刘蓉娜,黄汉菊,徐静华. 2006. 芽胞杆菌外毒素保护性抗原与上游强启动子穿梭载体的构建. 中国热带医学, 6 (9): 1546-1548.

刘如龙,付鸣佳. 2008. 茶花与红花檵木花中黄酮类物质抑菌作用研究. 安徽农业科学, 36 (20): 8647-8648.

刘汝,闫建平,袁志明. 2005. 苏云金芽胞杆菌$cry1$基因的PCR-RFLP鉴定分析. 华中师范大学学报(自然科学版), 39 (1): 88-92.

刘锐,莫倩美. 2011. 不同溶剂提取的薄荷浸提物的抑菌效果研究. 安徽农业科学, 39 (6): 3291-3293, 3297.

刘锐,张敏. 2010. 辣椒乙醇提取液的抑菌活性研究. 安徽农业科学, 38 (6): 3135-3136, 3153.

刘瑞杰,陈婷,曹军卫. 2005. 渗透压调节基因$proBA$的融合表达对大肠杆菌耐高渗胁迫能力的影响. 微生物学报, 45 (1): 23-26.

刘润身,孙军德,王艳. 2005. 乳品污水蛋白降解细菌及其产酶条件的筛选. 沈阳农业大学学报, 36 (2): 171-174.

刘润叶. 2010. 食用菌菌渣生产水体缓释肥的发酵技术研究. 河北农业科学, 14 (7): 42-44.

刘尚军,李霞,邓玲. 2010. 姜精油的提取及应用. 农业工程技术: 农产品加工业, 11: 41-43.

刘韶娜,秦艳,余东游,姜礼辉. 2008. 纳豆芽胞杆菌发酵条件的优化. 食品科技, 33 (10): 10-13.

刘韶娜,余东游,李卫芬. 2008. 一株高效亚硝酸盐转化菌的分离鉴定及特性研究. 饲料研究, 7: 62-66.

刘绍英. 2008. 静海县沿庄镇一起食物中毒的调查. 中国城乡企业卫生, 2: 11-12.

刘石泉,单世平,夏立秋. 2008. 苏云金芽胞杆菌高效价杀虫剂的研究进展. 微生物学通报, 35 (7): 1091-1095.

刘士清,董家灿. 1993. 枯草芽胞杆菌(*Bacillus subtilis*) As1.938菌株的噬菌体研究. 微生物学研究与应用, 4: 1-4.

刘士清,张无敌. 1998. 提高发酵液浓度生产中性蛋白酶研究. 云南大学学报(自然科学版), 20 (2): 112-115.

刘世贵,伍铁桥.1993.一株A型肉毒梭状芽胞杆菌的分离与鉴定.微生物学报,33(4):280-284.
刘世旺,徐艳霞.2007.虎耳草乙醇提取物抑菌作用的研究.资源开发与市场,23(6):481-482,489.
刘世旺,徐艳霞.刘洪斌.2007.罗田铁菱角乙醇提取物抑菌作用的研究.安徽农业科学,35(33):10733,10755.
刘世旺,游必纲,徐艳霞.2004.菝葜乙醇提取物的抑菌作用.资源开发与市场,20(5):328-329.
刘寿春,周康,钟赛意,李平兰,马长伟,彭朝辉.2008.淡水养殖罗非鱼中病原菌和腐败菌的分离与鉴定初探.食品科学,29(5):327-331.
刘姝,陆颖健,陆兆新,吕凤霞,别小妹,房耀维,丁重阳.2007.海洋链霉菌GB-2发酵产物的抗细菌活性及性质研究.生物工程学报,23(6):1077-1081.
刘姝,陆兆新,吕凤霞,别小妹,房耀维,丁重阳.2007.一株海洋放线菌的分类鉴定及抗菌活性研究.南京农业大学学报,30(4):124-129.
刘淑芳,檀根甲,李娜,侯晓丹,李增智.2007.苹果采后炭疽病高效拮抗菌的筛选与应用.安徽农业大学学报,34(1):111-116.
刘淑娟,陈秀蓉,杨成德,薛莉.2007.生防芽胞杆菌与扑海因混配对番茄早疫病菌的抑制作用.甘肃农业大学学报,42(1):49-53.
刘淑娟,陈秀蓉,袁宏波,郭春秀.2008a.芽胞杆菌(*Bacillus* spp.)与甲基硫菌灵混配对茄腐镰孢菌(*Fusarium solani*)的抑制作用.植物保护,34(5):149-152.
刘淑娟,陈秀蓉,袁宏波,郭春秀.2008b.孜然根腐病田间药效试验.现代农药,7(1):39-43.
刘淑英,孟军,汪勇沛,巫从工.2009.动物微生态制剂菌种的毒性试验.上海畜牧兽医通讯,2:2-3.
刘淑云,赵希景,谢希贤,徐庆阳,陈宁.2008.枯草芽胞杆菌TM903嘌呤核苷磷酸化酶的纯化及酶学性质研究.生物技术通讯,19(3):391-393.
刘拴成,杨进成,马丽华,张翠英,何月秋,普莉华.2010.解淀粉芽胞杆菌B9601-Y2提高玉米生长和产量的效应.玉米科学,6:78-82,85.
刘顺谊,殷志敏.2007.重组枯草芽胞杆菌谷氨酰胺合成酶蛋白在改良M9培养基中的诱导表达.南京师大学报(自然科学版),30(4):74-79.
刘思纯.2007.急性出血坏死性肠炎的诊断和治疗.新医学,38(5):328-329.
刘思坤,王君.2000.梭状芽胞杆菌性肌坏死早期诊断体会(附14例报告).滨州医学院学报,23(3):224.
刘素媛,张秋文,刘立春.2004.蜡样芽胞杆菌引起眼外伤者化脓性眼内炎的检验分析.华北煤炭医学院学报,6(4):483.
刘唐美.2006.园养反刍动物梭状芽细胞杆菌病的危害及防治.科技情报开发与经济,16(13):294-295.
刘天贵,胡尚勤.1998.不同基质对地衣芽胞杆菌生长曲线的影响.重庆师范学院学报(自然科学版),15(4):21-23.
刘天贵,胡尚勤.2000.不同抑制剂对地衣芽胞杆菌生长影响的研究.微生物学通报,27(5):349-352.
刘天荣,刘丽珍,翟涛.2005.鹌鹑溃疡性肠炎的诊治.山东畜牧兽医,2:41.
刘廷辉,郭巍,申建茹.2009.苏云金芽胞杆菌GS8菌株的生物学特性及其*cry*基因型鉴定.农药学学报,11(1):92-97.
刘婷婷,张明春,曾驰,缪礼鸿,向苇.2010.白云边酒大曲及小麦原料中主要微生物的分析.中国酿造,11:32-35.
刘同军,李田,董永胜,张云瑞.2007.大蒜功效成分蒜氨酸的提取与生理活性研究.生物技术,17(2):59-61.

刘同明, 曹军卫, 王玲燕, 刘阳, 俞雁寻. 1999. 嗜碱细菌 NTT36 嗜碱基因的亚克隆及其在大肠杆菌和农杆菌中的表达. 氨基酸和生物资源, 21 (2): 37-40.

刘万慧. 2007. 一起蜡样芽胞杆菌引起的学生食物中毒. 中国现代药物应用, 10: 74.

刘微, 朱小平, 高书国, 常连生, 侯东军. 2004. 解磷微生物浸种对大豆生长发育及其根瘤形成的影响研究. 中国生态农业学报, 12 (3): 153-155.

刘巍, 范树田. 1996. 地衣芽胞杆菌 H-1 的鉴定及其产木聚糖酶性质的研究. 工业微生物, 26 (4): 11-15.

刘巍, 杨智锋, 姜姗姗, 张晓彬, 辛智科. 2007. 北败酱乙醇提取物消肿排脓作用研究. 陕西中医, 28 (1): 111-112.

刘卫今, 葛婷, 刘胜贵, 刘学端. 2010. 羊耳菊黄酮类化合物的提取与抑菌作用. 湖北农业科学, 49 (2): 426-429.

刘伟丰, 毛爱军, 祝令香, 乔宇, 于巍, 董志扬. 2004. 短小芽胞杆菌 β-1,4-木聚糖酶基因在大肠杆菌中的高效表达. 农业生物技术学报, 12 (4): 455-459.

刘伟萍. 2005. 胶原酶溶盘术治疗腰椎间盘突出症的护理. 华夏医学, 18 (5): 781-782.

刘玮玮, 季静, 王超, 慕卫, 刘峰. 2009. 枯草芽胞杆菌挥发物的杀线虫活性评价及成分鉴定. 植物病理学报, 3: 304-309.

刘文. 2005. 国内外益生素现状简介. 北方牧业, 5: 23.

刘文斌, 尹君, 方星星, 王恬. 2007. 3 种益生素配伍对异育银鲫 (*Carassius auratus gibelio*) 生长、消化及肠道菌群组成的影响. 海洋与湖沼, 38 (1): 29-35.

刘文海, 邓先余, 向言词, 邱山红. 2009. 一株甲胺磷高效降解菌——巨大芽胞杆菌 (*Bacillus megaterium*) 的分离及其分子鉴定. 海洋与湖沼, 2: 170-175.

刘文杰, 周培根. 2005. 多棘海盘车皂甙抗菌活性研究. 天然产物研究与开发, 17 (3): 283-286.

刘文进, 陈创夫, 滕文军, 吴洁, 任雪艳. 2005. 新疆垦区奶牛乳房炎致病菌的调查. 家畜生态学报, 26 (4): 91-95.

刘文群, 徐尔尼, 李曼, 郑辉. 2005. 蚯蚓抗菌物质的诱导. 南昌大学学报 (理科版), 29 (3): 290-291.

刘文霞, 郑桂玲, 梁革梅, 李长友. 2008. AcMNPV *chiA* 基因表达产物对棉铃虫围食膜的破坏及对 Bt 和 NPV 的增效作用. 农业生物技术学报, 16 (6): 1042-1047.

刘稳结, 王际辉, 叶淑红, 张婷, 陈富远. 2010. 高蛋白豆粕饲料发酵条件研究. 中国酿造, 2: 127-130.

刘五星, 徐旭士, 杨启银, 陈育如, 虞光华. 2002. 胶质芽胞杆菌发酵条件研究. 南昌大学学报 (理科版), 26 (3): 299-302.

刘五星, 徐旭士, 杨启银, 吴向华. 2004. 胶质芽胞杆菌对土壤矿物的分解作用及机理研究. 土壤, 36 (5): 547-550.

刘五星, 杨启银, 徐旭士, 陈育如, 虞光华. 2003. 一株胶质芽胞杆菌的解钾能力. 南京师范大学学报 (自然科学版), 26 (2): 118-120.

刘曦, 路福平, 黎明, 肖静, 孙静. 2008. 碱性果胶酶高产菌株产酶条件的优化. 生物技术, 18 (6): 71-74.

刘霞, 金巧, 胡丹, 乐萍. 2008. 小单孢菌 227 所产生物活性物质的抑菌特性研究. 安徽农业科学, 36 (31): 13498-13499.

刘霞, 王学凡, 王俊梅, 李振起, 王立军. 2010. 地衣芽胞杆菌对肉鸡免疫及血液生化指标的影响试验. 兽药市场指南, 9: 59-61.

刘相梅, 祁蒙, 吴志红, 林建强, 曲音波. 2001. 短小芽胞杆菌 A-30 耐碱性木聚糖酶基因的分子生物学研究. 应用与环境生物学报, 7 (1): 61-65.

刘相萍,闫歌,徐旭东,孔任秋.1999.用基因融合技术进行杀蚊幼毒蛋白基因的研究:Ⅰ.球形芽胞杆菌毒素蛋白基因 42 的克隆.中国寄生虫病防治杂志,12 (1):56-58.

刘香菊,臧怀霞.2009.基层医院护理人员手微生物监测和分析.中国社区医师:医学专业,2:118.

刘祥运,施文采.1990.蜡状芽胞杆菌制剂(促菌生)大罐深层培养的研究.中国微生态学杂志,2 (1):64-67.

刘湘萍,孔任秋,徐旭东,闫歌.1997.球形芽胞杆菌两毒蛋白基因的分别克隆及杀蚊幼活性的协同作用.寄生虫与医学昆虫学报,4 (1):17-22.

刘向宇,郭华,罗林.2010.一株碱性蛋白酶产生菌的分离与应用.现代食品科技,26 (12):1326-1329.

刘小丹,杨培龙,刘永超,许修宏.2009.一种来源于 *Paenibacillus* sp. A1 的中性 β-甘露聚糖酶基因克隆及其酶学性质研究.中国农业科技导报,5:60-65.

刘小刚,周洪琪,华雪铭,邱小琮,曹丹,张登沥.2002.微生态制剂对异育银鲫消化酶活性的影响.水产学报,26 (5):448-452.

刘小剑.2005.一起蜡样芽胞杆菌食物中毒的调查报告.中国热带医学,5 (9):1971,1969.

刘小琳,刘文君,金丽燕,顾军农.2008a.北京市给水管网管壁微生物膜群落.清华大学学报(自然科学版),48 (9):1458-1461.

刘小琳,刘文君,金丽燕,顾军农.2008b.北京市模拟给水管网管壁微生物膜群落分析.环境科学,29 (5):1170-1174.

刘小明,何笑松.1989.嗜热脂肪芽胞杆菌质粒的分离.生物化学杂志,5 (1):56-60.

刘小英.2009.枯草芽胞杆菌制剂在南方鱼塘饲养肉鸭中的应用研究.饲料广角,1:36-37,48.

刘小宇,许强芝,杨好,艾峰,焦炳华.2007.菌株 F12-11-1-2 的 16S rDNA 序列分析及其生理生化性质研究.微生物学通报,34 (1):36-38.

刘晓光,谢和.2007.产酱香枯草芽胞杆菌质粒与酱香产生关系的探讨.中国酿造,6:21-24.

刘晓红,罗金平,田青,刘春秀.2011.荧光量子点免疫标记法检测炭疽芽胞杆菌.分析化学,39 (2):163-167.

刘晓华,王肆玖,程蕾,夏瑜,杜小.2009.一起饲喂枯草芽胞杆菌产品引起鲜奶不能发酵的原因分析.中国奶牛,12:43-45.

刘晓莉,侯少杰.2009.土豆皮抑菌活性的研究.西昌学院学报(自然科学版),23 (4):35-37.

刘晓莉.2008.黄瓜皮抑菌活性的研究.科教探索,8:8-9.

刘晓琳,陈乐超,余新京,彭治,陈丽萍.2008.地衣芽胞杆菌对断奶仔猪生产性能的影响.广东饲料,1:27-28.

刘晓玲,朱铮.2007.白花油的微生物限度检查方法验证研究.海峡药学,19 (10):74-75.

刘晓妹,陈秀蓉,蒲金基.2003.两株芽胞杆菌无菌液抗菌谱及稳定性测定.中国生物防治,19 (3):141-143.

刘晓妹,陈秀蓉,蒲金基.2004.芽胞杆菌 B1、B2 对豌豆尖镰孢菌抗菌机理的研究.微生物学通报,31 (3):1-5.

刘晓鸥,乔长晟,李睿颖,陈笑,朱健辉.2010.枯草芽胞杆菌 TKPG011 聚谷氨酸发酵培养基的优化.现代食品科技,26 (3):253-255.

刘晓清,郑长青.2000.地芽胞杆菌颗粒剂治疗急性腹泻的随机对照研究.中国新药杂志,9 (10):700-702.

刘晓秋,李维维,李晓丹,夏焕章.2006.拳参提取物及单体化合物的体外抑菌活性初步研究.中药材,29 (1):51-53.

刘欣.破伤风的综合治疗.2006.中华实用中西医杂志,19 (9):1036.

刘新涛, 刘玉霞, 邓建良, 倪云霞. 2009. 解淀粉芽胞杆菌 YN-1 发酵条件的优化. 河南农业科学, 38 (10): 102-104.

刘新育, 张品品, 李林珂, 赵玉萍, 马向东. 2007. 枯草芽胞杆菌碱性蛋白酶基因的克隆和表达. 生物技术, 17 (2): 13-16.

刘兴荣, 刘培漫, 李明霞, 杨甫传, 张梅. 1995. Co (Ⅱ)、Ni (Ⅱ)、Cu (Ⅱ) 和 Zn (Ⅱ) 的 5-硝基水杨醛缩甘氨酸 Schiff 碱配合物的合成及表征. 山东医科大学学报, 33 (3): 257-259.

刘兴旺, 赵洪坤, 杜连祥, 路福平, 邱强. 2007. 利用 SAS 软件优化丙酮丁醇梭状芽胞杆菌产丁醇的发酵条件. 食品与发酵工业, 33 (11): 44-47.

刘幸红, 王清海, 牛赡光, 张淑静. 2010. 拮抗细菌 Bs-03 菌株鉴定及抑菌活性测定. 山东林业科技, 40 (4): 35-37.

刘雄恩, 陈聪, 骆兰, 李潇, 关雄. 2008. 基于遗传算法的苏云金芽胞杆菌培养基配方优化. 应用与环境生物学报, 14 (5): 705-709.

刘秀峰, 刘红. 2008. 福州市 1999~2006 年细菌性食物中毒情况分析. 中国卫生检验杂志, 18 (2): 327-328.

刘秀花, 梁峰, 刘茵, 翟兴礼. 2006. 河南省土壤中芽胞杆菌属资源调查. 河南农业科学, 35 (8): 67-71.

刘秀花, 刘茵, 梁峰. 2006. 一株产脂肪酶芽胞杆菌的发酵条件及酶学特性. 湖北农业科学, 45 (4): 509-511.

刘秀花. 2005. 芽胞杆菌的应用研究及进展. 商丘师范学院学报, 21 (5): 135-137.

刘秀花. 2007. 枯草芽胞杆菌基因组知识的生物学意义及对生物工程学的影响. 商丘师范学院学报, 23 (9): 99-103, 114.

刘秀华, 李捍东, 王刚, 张波, 李霁. 2009. 嗜盐菌降解三聚氯氰废水特性. 环境科学研究, 5: 526-530.

刘秀清, 王晓威, 任元明. 2005. 一起蜡样芽胞杆菌食物中毒的调查报告. 医学动物防制, 21 (2): 112-113.

刘旭光, 张广杰, 郑霞, 朱正勇. 2005a. Bt 新菌株 GGD-4 的特性研究与杀虫晶体蛋白基因鉴定. 淮海工学院学报, 14 (3): 57-60.

刘旭光, 张广杰, 郑霞, 朱正勇. 2005b. 苏云金芽胞杆菌新菌株 GGD-4 杀虫晶体蛋白基因分析. 中国农学通报, 21 (10): 60-62.

刘学剑. 2005. 饲用芽胞杆菌的研究和应用. 广东饲料, 14 (2): 30-32.

刘学平. 1997. 油菜增产菌应用效果研究. 安徽农业大学学报, 24 (3): 234-236.

刘学堂, 宋小轩. 1994. 几种生物制剂拌种防治棉花病害效果试验. 生物防治通报, 10 (4): 184.

刘雪兰, 余为一, 李槿年. 2006. 中华绒螯蟹血清凝集素的生物学特性. 中国水产科学, 13 (3): 365-370.

刘训才, 赵威. 1997. TH-AADY 在五醍浆大曲酒中的综合应用. 酿酒科技, 2: 52-54.

刘训理, 孙长坡, 马迎飞, 王超, 刘开启. 2004. 一株家蚕病原物拮抗细菌的分离与鉴定. 蚕业科学, 30 (3): 273-276.

刘训理, 王智文, 孙海新, 陈凯, 薛东红, 刘开启. 2006. 圆孢芽胞杆菌 A95 抗菌蛋白的分离纯化及性质研究. 蚕业科学, 32 (3): 357-361.

刘训理, 薛东红, 王智文, 吴凡, 何亮, 刘开启. 2007. 用树脂法分离提取类芽胞杆菌 (*Paenibacillus*) Cp-S316 抗细菌活性物质. 蚕业科学, 33 (1): 155-159.

刘雅琴, 陈海魁, 孔令全. 2010. α-淀粉酶产生菌的分离筛选与诱变选育. 畜牧与饲料科学, 31 (9): 1-3.

刘亚光, 闫春秀, 赵滨. 2007. 降解除草剂异噁草酮细菌的分离、鉴定及生长特性. 中国油料作物学报, 29 (3): 328-332.

刘延刚, 韩寿军, 张明红, 韦洪伟. 2009. 生物杀菌剂纹曲宁对水稻主要病害的田间防效. 山东农业科学, 41 (2): 90-91.

刘延贺, 苑会珍. 1998. 不同营养及铜水平条件下芽胞杆菌微生物添加剂对猪免疫性能的影响. 饲料工业, 19 (10): 28-29.

刘延贺, 马淑玲. 1997. 芽胞杆菌微生物制剂对生长猪肠道菌群及淀粉酶活性的影响. 郑州牧专学报, 17 (1): 4-8.

刘延吉, 王靖, 田晓艳, 栾美英, 李冠男, 王坤. 2009. 耐盐菌株的筛选及其促生作用研究. 沈阳农业大学学报, 40 (3): 360-362.

刘妍. 2009. 植物也会呼救. 少年发明与创造: 中学版, 1: 26.

刘彦, 张义正. 1997. 耐盐脱毛蛋白酶产生菌的研究: Ⅰ. 耐盐脱毛蛋白酶产生菌的筛选. 四川大学学报 (工程科学版), 7 (3): 1-4.

刘艳, 黄晓航, 何培青, 彭亚. 2009. 印度洋深海热液区可培养细菌的分子鉴定与系统发育分析. 海洋科学进展, 27 (2): 193-200.

刘艳, 薛正莲, 胡刘秀, 何淑芳. 2009. 激光复合诱变选育叶酸高产菌. 激光生物学报, 18 (1): 79-82.

刘艳辉, 周欣, 张鹏, 徐瑞芬. 2005. 可见光下纳米 TiO_2 粉末对芽胞抗菌作用的研究. 化工新型材料, 33 (6): 74-75, 56.

刘艳梅, 胡星琪. 2008. 微生物絮凝剂有效细菌的筛选. 化工时刊, 22 (7): 12-14.

刘艳琴, 王东辉, 孙振钧. 2004. 蚯蚓体腔液及粗组分体外抗菌特性. 家畜生态, 25 (4): 51-54.

刘艳阳. 2006. 生物浸矿反应器中微生物群体及硫氧化还原酶的研究. 北京: 中国科学院微生物研究所硕士研究生学位论文: 1.

刘燕, 秦玉昌. 2005. 枯草芽胞杆菌芽胞中的芽胞衣. 生命的化学, 25 (2): 108-110.

刘燕, 秦玉昌, 潘宝海. 2005a. 枯草芽胞杆菌 (Bacillus subtilis) 在芽胞形成过程中的几个关键事件. 生命科学, 17 (4): 360-363.

刘燕, 秦玉昌, 潘宝海. 2005b. 芽胞形成中的 sigma 因子. 生命科学, 17 (4): 355-359.

刘阳, 范云六. 1990. 我国高效杀蚊球形芽胞杆菌 BS10 的 43kd 毒素蛋白基因的定位. 中国科学: B辑, 7: 720-725.

刘杨, 张海予, 韩涛. 2010. 扩展青霉拮抗菌的筛选鉴定及其发酵液的抑菌效果. 中国农学通报, 26 (5): 8-13.

刘杨, 赵学明, 马红武. 2007. 枯草芽胞杆菌转录调控网络的连接结构及分解. 生物加工过程, 5 (3): 58-63.

刘洋, 陈爱萍, 朱小顺, 鲁水龙, 刘玉东, 王龙, 刘莉. 2010. 一株蜡状芽胞杆菌 α-淀粉酶产生菌株的分离鉴定及酶学性质研究. 中国酿造, 8: 68-71.

刘洋, 彭珊瑛, 万阜昌, 王文杰. 2005. 凝结芽胞杆菌对小鼠免疫功能和粪便胺值及肠道氨值影响的研究. 中国药理通讯, 22 (3): 47.

刘洋, 沈微, 石贵阳, 王正祥. 2009. 解淀粉芽胞杆菌 BamHI 甲基转移酶基因克隆、功能鉴定与序列分析. 生物技术通报, 25 (11): 65-68.

刘要, 阮丽芳, 刘晓艳, 曹诗云, 孙明. 2010. 提高苏云金素合成纯度的发酵工艺的优化. 农业生物技术学报, 18 (2): 406-412.

刘晔, 刘庆军. 2004. 一株产生物表面活性剂菌株的筛选. 生物技术, 14 (3): 34-35.

刘一尘, 倪学勤, 王淑芳, 何明清. 2003a. 益生芽胞杆菌 B. licheniformis 29 质粒 pBL29 抗性基因的筛选. 河南科技大学学报（农学版），23（1）：36-39.

刘一尘，倪学勤，王淑芳，何明清. 2003b. 益生芽胞杆菌 B. licheniformis 29 质粒 pBL29 性质的研究. 河南科技大学学报（农学版），23（2）：52-57.

刘一尘，张春杰，程相朝，李银聚，吴庭才. 2009. 鸡源地衣芽胞杆菌耐药性基因的定位. 中国家禽，31（13）：13-15，19.

刘伊强，王雅平. 1994. 芽胞杆菌原生质体的形成，再生及种间融合的研究. 微生物学报，34（1）：76-80.

刘益宏，黄健瑞，陈昭莹. 2007. *Bacillus cereus* Induces Systemic Resistance Against Botrytis elliptica in Lily. 中国农学通报，23（10）：368-370.

刘英学，赵芳君. 2006. 微波对医院用纸张类物品的消毒效果. 职业与健康，22（6）：422-423.

刘莹，孙荣丹，杨翔华，佟明友，王丽. 2006. 地衣芽胞杆菌 LNPU-1 发酵条件研究及培养基优化. 食品科技，31（8）：28-31.

刘莹，孙荣丹，杨翔华，王丽，冉华松. 2006. 5 株芽胞杆菌的分离鉴定、拮抗性试验与抑菌效价测定. 中国农学通报，22（5）：32-34.

刘莹，杨翔华，佟明友，王丽，冉华松. 2006. 拮抗菌株的筛选及其发酵滤液抑菌活性考察. 微生物学杂志，26（3）：77-80.

刘莹，杨翔华，王丽，冉华松. 2006. 拮抗菌株 LNPCT-1 生长条件的考察. 食品科技，31（7）：55-58.

刘莹，杨翔华，张全，王丽，冉华松. 2006. 拮抗菌株的筛选及其发酵滤液的抑菌活性. 西北农业学报，15（5）：202-205.

刘莹，张晶，佟明友，王丽，冉华松. 2007. 变形链球菌抑制菌的筛选及其发酵滤液抑菌活性考察. 实用口腔医学杂志，23（1）：95-98.

刘颖. 2002. 一株脱酚菌的分离鉴定及培养条件的研究. 嘉兴学院学报，14（3）：37-38.

刘颖，丁桂珍，胡传红，缪礼，潘志祥. 2004. 枯草芽胞杆菌对养殖水体水质影响研究. 淡水渔业，34（5）：12-14.

刘颖，潘俊福，谢为天，徐春厚. 2010. 乳酸芽胞杆菌 SC 复合诱变与选育. 中国酿造，1：58-61.

刘颖，徐庆，陈章良. 1999. 抗真菌肽 LP-1 的分离纯化及特性分析. 微生物学报，39（5）：441-447.

刘影，田国民，张峥，李继光. 2010. 枯草芽胞杆菌对蛋种鸡生产性能的影响. 饲料工业，31（16）：33-34.

刘影，王春林，成廷水，李继光. 2010. 母猪和仔猪日粮中添加枯草芽胞杆菌对仔猪生产性能的影响. 饲料工业，31（18）：29-30.

刘永锋，陈志谊，周明国，张杰，宋福平，刘邮洲，罗楚平. 2007. 枯草芽胞杆菌 Bs-916 的抑菌活性及其抑菌物质初探. 农药学学报，9（1）：92-95.

刘永锋，高渊，黄建华，陈云，陆凡，陈志谊. 2002. 拮抗细菌 B-916 及其分泌物对几种植物病原菌的毒力分析. 中国生物防治，18（1）：45-46.

刘永锋，张杰，陈志谊，周明国，宋福平，刘邮洲，聂亚锋，罗楚平. 2008. 枯草芽胞杆菌 Bs-916 胞外抗菌蛋白质的生物功能分析. 江苏农业学报，24（3）：269-273.

刘永乐，刘泽军，俞健. 2009. 一株耐酸性 α-淀粉酶高产芽胞杆菌的选育和鉴定. 中国食品学报，9（6）：55-59.

刘永林，杨有武，李芳芳，尼玛才让. 2009. 绵羊注射四联灭活菌苗后发生死亡的情况调查. 草业与畜牧，1：58-58.

刘永庆，郭继英. 2004. 成年 SPF 鸡胃肠道中芽胞杆菌的分离与部分生物学特性鉴定. 中国生物制品学杂志，17（2）：93-96.

刘永生，冯家勋，段承杰，莫新春. 2003. 能降解天然纤维素的地衣芽胞杆菌 GXNl51 的分离鉴定及其一个纤维素酶基因（cel5A）的克隆和测序分析. 广西农业生物科学，22（2）：132-138.

刘永生，张杰，马庆生. 2003. 地衣芽胞杆菌 α-淀粉酶基因的克隆与表达. 沈阳农业大学学报，34（4）：284-287.

刘永正，丛桂秀. 2008. 植物免疫素在红富士苹果上的应用试验. 烟台果树，3：24-25.

刘咏梅，王焕章，雷剑芬. 2001. 一株可积累鸟苷菌株的纯培养条件研究. 氨基酸和生物资源，23（3）：24-27，31.

刘勇，李辉，李金霞，程池. 2010. 特异 PCR 方法对枯草芽胞杆菌群的鉴定区分. 饲料工业，31（4）：52-54.

刘勇，毛爱军，李辉，程池. 2009. 枯草芽胞杆菌群 β-甘露聚糖酶基因克隆及同源性分析. 基因组学与应用生物学，28（5）：845-850.

刘勇，张恩平，龚月生. 2004. 蜡样芽胞杆菌分泌超氧化物歧化酶特性的研究. 饲料工业，25（4）：46-48.

刘勇. 2006. 微生态制剂及其在仔猪生产中的应用. 养殖与饲料. 饲料世界，1：7-9.

刘邮洲，陈志谊，傅锡敏，吴萍，罗楚平，龚艳，刘永峰，聂亚峰. 2008. 喷雾压力、药液流量和工作风速对生防微生物在不同作物上定殖的影响. 江苏农业学报，24（5）：640-644.

刘邮洲，陈志谊，刘永锋，李德全. 2005. 拮抗细菌 B-916 对水稻病原菌的抑制效果及其定殖动态研究. 江苏农业科学，33（6）：48-49，72.

刘宇，朱战波，赵星成，袭莹，王洪. 2008. 健康仔猪肠道乳杆菌黑龙江地方株的鉴定与种属分析. 中国微生态学杂志，20（3）：210-212.

刘玉佩，汪立平，赵勇，石荣莲. 2010. 解淀粉芽胞杆菌产褐藻胶裂解酶的发酵条件优化. 湖南农业科学，3：17-20，23.

刘玉庆，李晔，车程川，张玉忠，高培基，颜世敢. 2003. 大肠杆菌对中草药敏感性试验及其方法研究. 中兽医医药杂志，22（1）：3-5.

刘玉升，陈艳霞，吕飞，何华. 2006. 斑衣蜡蝉成虫肠道细菌的鉴定研究. 山东农业大学学报（自然科学版），37（4）：495-498.

刘玉升，李明立，刘俊展，郑继法. 2007. 东亚飞蝗肠道细菌的研究. 中国微生态学杂志，19（1）：34-36，39.

刘艳秋，王青秋. 2000. 不同时间培养短小芽胞杆菌测定硫庆大霉素效价的研究. 山东医药工业，19（6）：1.

刘裕文. 2007. 动物微生态制剂使用技术要点. 四川畜牧兽医，34（8）：38.

刘月廉，何红，袁红旭，傅德卿. 2006. 好食脉孢霉拮抗细菌的分离与鉴定. 中国农学通报，22（6）：292-296.

刘月廉，吕庆芳，潘颂民，袁红旭. 2006. 桉树林分枯落物分解微生物的种类和数量. 南京林业大学学报（自然科学版），30（1）：75-78.

刘月英，傅锦坤. 1999. 微生物学报，39（3）：260-263.

刘月英，傅锦坤. 2000. 巨大芽胞杆菌 D01 吸附金（Au^{3+}）的研究. 微生物学报，40（4）：425-429.

刘月英，李仁忠，薛茹，张秀丽，傅锦坤. 2002. 固定化地衣芽胞杆菌 R08 吸附 Pd^{2+} 的研究. 微生物学报，42（6）：700-705.

刘跃生，顾金奎，苏依逸，叶敏，蓝建红. 2004. 慢性猪丹毒的诊断. 畜牧与兽医，36（5）：24-25.

刘云，张用梅. 1999. 球形芽胞杆菌二元毒素基因的定位有无芽胞突变株的生物学特性. 微生物学报，39（5）：426-429.

刘云国, 马涛, 张薇, 吴际友, 程政. 2004. 植物挥发性物质的抑菌作用. 吉首大学学报(自然科学版), 25 (2): 39-42, 47.

刘云霞, 张刚应. 1999. 拮抗细菌对 Bt 制剂杀虫效果的影响. 中国生物防治, 15 (2): 70-72.

刘云霞, 张青文. 1996. 电镜免疫胶体金定位水稻内生细菌的研究. 农业生物技术学报, 4 (4): 354-358.

刘云霞, 张青文. 1997. Bt 杀虫基因向水稻内生细菌的转化研究. 农业生物技术学报, 5 (2): 188-193.

刘云霞, 张青文. 1999. 水稻体内细菌的动态研究. 应用生态学报, 10 (6): 735-738.

刘战民, 陆兆新, 吕凤霞, 别小妹, 赵海珍. 2005. 枯草芽胞杆菌产原果胶酶发酵条件研究. 食品科学, 26 (10): 130-134.

刘哲, 刘毅. 2007. 苏云金芽胞杆菌防治蠕虫的研究进展. 中国兽医寄生虫病, 15 (6): 46-49.

刘真, 邵宗泽. 2007. 南海深海沉积物烷烃降解菌的富集分离与多样性初步分析. 微生物学报, 47 (5): 869-873.

刘振熙, 陈然. 2004. 侵袭型大肠杆菌 O28ac:H⁻ 引起食物中毒的病原学鉴定分析. 湖北预防医学杂志, 15 (3): 55-56.

刘正光, 梁景乐, 李恒俊. 2006. 苏云金芽孢杆菌生产菌种快速高效选育. 莱阳农学院学报, 23 (1): 17-18, 22.

刘正坪, 李荣禧. 1991. 一株芽胞杆菌的室内抑菌效果. 内蒙古农牧学院学报, 12 (2): 45-47.

刘志国, 梁敦素. 1993. 生物样品中金霉素含量的测定方法: 蜡样芽胞杆菌管碟法. 武汉粮食工业学院学报, 2: 57-61.

刘志培, 杨彦希. 1998. 一株利用苯胺的细菌的分离筛选. 微生物学通报, 25 (4): 221-223, 217.

刘志强, 海荣, 俞东征, 张恩民. 2007. 炭疽芽胞杆菌 IS605 插入位点在细菌检测与基因分型中的应用研究. 中华微生物学和免疫学杂志, 27 (11): 993-996.

刘志强, 海荣, 俞东征. 2006. 炭疽芽胞杆菌中插入序列研究进展. 地方病通报, 21 (1): 92-94.

刘志伟, 张晨. 2005a. 益生素——乳酸芽胞杆菌应用稳定性研究. 畜禽业, 3: 32-33.

刘志伟, 张晨. 2005b. 益生素生产菌——产乳酸芽胞杆菌 JY-LZ 培养条件的优化. 嘉应学院学报, 23 (3): 39-42.

刘志新, 林振, 韦海潮, 曹品, 廖国柱, 谭向红. 2007. 抗生素相关性肠炎防治措施的临床研究. 中国热带医学, 7 (6): 949-950.

刘智峰, 曾光明, 钟华, 傅海燕. 2010. Production and characterization of biosurfactant from *Bacillus subtilis* CCTCC AB93108. 中南大学学报: 英文版, 17 (3): 516-521.

刘中信, 陈守文, 何进, 喻子牛. 2007. Zwittermicin A 的分离纯化及其稳定性的初步研究. 微生物学通报, 34 (2): 212-215.

刘忠梅, 王霞, 赵金焕, 王琦, 梅汝. 2005. 有益内生细菌 B946 在小麦体内的定殖规律. 中国生物防治, 21 (2): 113-116.

刘忠霞, 陈文峰. 2007. 微生物学实验教学用鞭毛染色的良好菌种——灿烂类芽胞杆菌的鉴定. 生物学通报, 42 (6): 48-50, F0003.

刘柱, 华颖, 江波, 沐万孟. 2008a. 芽胞杆菌 *Bacillus* sp. nov. SK006 产纤溶酶发酵条件的研究. 食品科技, 33 (10): 1-5.

刘柱, 华颖, 江波, 沐万孟. 2008b. 一种新型纤溶酶 SPFE-Ⅲ 的分离纯化和纤溶机理研究. 现代食品科技, 24 (8): 751-755.

刘柱, 华颖, 江波, 沐万孟. 2008c. 一株纤维蛋白溶解酶产生菌的鉴定及其产酶条件初步研究. 微生物学通报, 35 (9): 1420-1425.

刘祝祥,贺建武,彭德娇,向芬,石进校.2011.腊梅叶挥发性成分及其抑菌活性研究.湖南农业科学,1:75-77.

刘卓明,谢柳,叶大维.2009.苏云金芽胞杆菌Cry1Ac杀虫晶体蛋白及其分子设计.基因组学与应用生物学,28(2):356-364.

刘灼均,胡义文.1993.小麦丰收菌(Bacillus sp. W2-6)对小麦生长前期的生理效应研究.西南农业大学学报,15(6):503-505.

刘子铎,Mana R.1999.苏云金芽胞杆菌以色列亚种20kDa蛋白质对CytA蛋白溶细胞作用的影响.遗传学报,26(1):81-86.

刘子铎,洪玉枝.1993.苏云金芽胞杆菌YBT-803菌株cryI基因的克隆和表达.农业生物技术学报,1(1):43-49.

刘子铎,孙明,喻子牛,Zaritsky A.1997.苏云金芽胞杆菌以色列亚种P19 cytA和20kD蛋白基质基因的相互作用.农业生物技术学报,5(3):292-296.

刘子铎,汤江武,喻凌,孙明,喻子牛.1998.苏云金芽胞杆菌cry1基因在荧光假单胞菌Pfx-18中的表达特性.微生物学报,38(1):1-5.

刘子铎,喻子牛.2000.苏云金芽胞杆菌及其杀虫晶体蛋白作用机制的研究进展.昆虫学报,43(2):207-213.

刘紫鹃,刘志培,杨惠芳.2001.一株产微生物絮凝剂菌株的分离鉴定及特性.微生物学通报,28(1):5-8.

刘自镕,冯瑞良,刘玉珠.1996.三元场对芽胞杆菌产果胶酶活性的影响.人天科学研究,5(4):21-23.

刘自镕,冯瑞良.2000.芽胞杆菌(Bacillus sp. No.74)大麻脱胶酶系的研究.微生物学杂志,20(2):5-6,10.

刘自镕,王侠.1999.大麻酶法脱胶研究.纺织学报,20(5):286-288.

刘尊玉,杨建平,张淑滨.2002.一起由蜡样芽胞杆菌引起的食物中毒.实用预防医学,9(6):705.

柳芳,陈晓明,李晓燕,朱捷,郑春.2009.SOD对γ射线辐照枯草芽胞杆菌的保护效应研究.核技术,10:774-778.

柳凤,欧雄常,何红,胡汉桥,张小媛.2009.红树内生细菌RS261菌株防治辣椒疫病的初步研究.植物病理学报,39(3):333-336.

柳辉,杨江科,闫云君.2007.产α-淀粉酶菌株的分离、鉴定及酶学性质研究.生物技术,17(2):34-37.

柳杰,张晖,郭晓娜,苗欣.2011.液态发酵制备花生抗氧化肽的优化研究.中国油脂,36(2):25-30.

柳瑞芳,李亚杰,蔡文哲.2005.一起蜡样芽胞杆菌引起食物中毒的报告.中国公共卫生管理,21(1):67-68.

柳玉,郭顺堂.2007.微生物在大豆籽粒中的分布及其对豆制品加工的影响.大豆科学,26(4):578-582.

柳智豪.2005.一起蜡样芽胞杆菌引起食物中毒的调查.右江民族医学院学报,27(5):651-652.

龙登华,肖夫.2005.镇远县青溪镇河东小学学生食物中毒调查报告.中华现代医学与临床,3(1):135-136.

龙建友,陈永亨,吴文君.2008.秦岭链霉菌发酵产物的抗菌活性.农药,47(11):842-844.

龙建友,唐世荣,朱剑飞,吴文君.2007.金属元素对No.24菌株生长及发酵产物活性的影响.生物技术,17(5):77-79.

龙江松,肖定福.2005.益生素及其在仔猪饲养中的应用.畜牧与饲料科学,26(1):17-19.

龙苏,李法峰,陈明,林敏.2000.固氮球形芽胞杆菌与巨大芽胞杆菌的混合增效作用.核农学报,

14（6）：337-341.

龙燕, 吴襻, 刘毅, 张树政. 2008. 芽胞杆菌 WS-3L 淀粉酶的纯化和特性的研究. 微生物学通报, 35（1）：50-53.

龙友华, 夏锦书. 2010. 猕猴桃溃疡病防治药剂室内筛选及田间药效试验. 贵州农业科学, 38（10）：84-86.

龙正海, 纪其雄, 周惠燕. 2006. 羊肚菌多糖体外抗菌活性研究. 时珍国医国药, 17（6）：902-903.

隆泉, 赵革建, 郑保忠, 周应揆. 2007. 新型纳米无机抗菌剂 TiO_2 和 ZnO 的广谱抗菌性研究. 云南大学学报（自然科学版）, 29（2）：173-176.

楼朝刚, 夏东升, 赵帆, 吕继良, 曾庆福. 2008. 微波无极紫外光对自来水中微生物的灭活作用. 环境工程, 26（3）：10-12.

楼丽琴, 钱小平. 2008. 一起炒粉丝引起食物中毒调查. 浙江预防医学, 20（7）：36.

卢丹, 刘金平, 李平亚, 赵文杰, 王放. 2009. 添髓健骨散微生物限度检查方法的建立. 特产研究, 31（1）：40-42.

卢海啸, 陈永红. 2008. 红花羊蹄甲抑菌活性的研究. 玉林师范学院学报, 29（3）：87-90.

卢海啸, 廖莉莉. 2007. 一点红提取物抑菌活性研究. 玉林师范学院学报, 28（5）：77-79, 86.

卢汉兴, 马武. 1993. 自胀包饮料中检出浸麻芽胞杆菌及其初步研究. 广西医学, 15（2）：152-153.

卢洪栋, 彭爱娟, 徐志旭. 2009. 复合菌固态发酵高蛋白饲料添加剂条件的优化. 郑州牧业工程高等专科学校学报, 29（2）：3-6.

卢建聪, 卢鹤新, 张鉴存, 谢信南. 2006. 一起蜡样芽胞杆菌引起食物中毒的调查. 海峡预防医学杂志, 12（2）：7.

卢剑, 饶锐, 刘模发. 2006. 微生物以菌克菌在葡萄上的应用. 湖北植保, 3：30-31.

卢焦, 赵秋敏, 陈艳玲, 韩苗苗, 蔡峻, 陈月华. 2007. 几丁质酶在苏云金芽胞杆菌中的分布及抑小麦赤霉菌菌株的筛选. 南开大学学报（自然科学版）, 40（3）：97-101.

卢金珍, 许宁, 熊汉国. 2010. 高效解磷突变株的选育. 湖北农业科学, 49（2）：327-329.

卢兰兰, 李根保, 沈银武, 胡明明. 2009. 溶藻细菌 DC-L5 的分离、鉴定及其溶藻特性. 水生生物学报, 5：860-865.

卢兰兰, 李根保, 沈银武, 刘永定. 2009. 溶藻细菌 DC-L14 的分离、鉴定与溶藻特性. 应用与环境生物学报, 15（1）：106-109.

卢兰秀, 张振娟. 2003. 氟尿嘧啶引起肠炎的分析与护理. 齐齐哈尔医学院学报, 24（7）：809-810.

卢玲妃, 陈建国, 郑连英. 2008. 酶法制备壳低聚糖对细菌的抑制作用. 食品与生物技术学报, 27（2）：88-91.

卢罗生. 2008. 肝硬化患者院内感染危险因素分析. 国际医药卫生导报, 14（11）：33-35.

卢美贞, 崔海瑞, 姚艳玲, 忻雅. 2005. 影响苏云金芽胞杆菌基因在转基因植物中表达的因素. 细胞生物学杂志, 27（5）：509-513.

卢娜, 周顺桂, 常明, 倪晋仁. 2007a. 利用玉米浸泡液制备苏云金杆菌生物杀虫剂. 环境科学学报, 27（12）：1978-1983.

卢娜, 周顺桂, 常明, 倪晋仁. 2007b. 玉米浸泡液制备苏云金杆菌生物杀虫剂的影响因素研究. 环境工程学报, 1（9）：126-130.

卢青虎, 其布热, 王红霞, 任秀奇, 陈福才. 2005. 高氧化电位水杀灭细菌芽胞的效果观察. 医疗设备信息, 20（1）：44-45.

卢胜明. 2002. 益生芽胞菌制剂对鸡免疫促进作用的研究. 四川畜牧兽医, 29（2）：25-27.

卢涛, 舒丹, 张杰, 陈金瑞, 李晖, 刘成君. 2002. 高温 α-淀粉酶产生菌株的选育. 四川大学学报（自然科学版), 39 (6): 1131-1133.

卢维维, 洪玉枝, 刘子铎. 2007. 草甘膦 N-乙酰转移酶反应动力学研究. 华中农业大学学报, 26 (6): 805-808.

卢伟, 蔡峻, 陈月华. 2007. 苏云金芽胞杆菌几丁质酶的研究进展. 微生物学通报, 34 (1): 143-147.

卢伟东. 2004. 革兰氏阳性中度嗜盐菌甘氨酸甜菜碱转运蛋白基因的克隆. 北京: 中国农业大学博士研究生学位论文: 1-2.

卢伟东, 赵百锁, 冯德芹, 王磊, 杨苏声. 2005. 喜盐芽胞杆菌 D8 基因文库的构建及甘氨酸甜菜碱转运蛋白 $betH$ 基因的筛选. 微生物学报, 45 (3): 451-454.

卢文静 (摘译), 赵国胜 (校). 2006. 浓缩血小板细菌学筛查的临床意义. 国际输血及血液学杂志, 29 (2): 162.

卢显芝, 李文波, 郝建朝, 田秀平. 2009. 模拟池塘底泥无机磷形态与上覆水体可溶性活性磷含量的关系及其控制. 农业环境科学学报, 28 (5): 993-998.

卢显芝, 田秀平, 郝建朝, 姜瑜, 王芳. 2008. 解磷芽胞杆菌及其对养殖池塘水体磷组分的转化研究. 黑龙江八一农垦大学学报, 20 (6): 19-22.

卢显芝, 许厚博, 卫威, 郝建朝, 田秀平. 2008. 富营养化池塘细菌及其解磷特性的初步研究. 天津农学院学报, 15 (3): 4-6.

卢耀俊, 周世水, 朱明军. 2007. 一株水产用益生枯草芽胞杆菌液体发酵初步研究. 内陆水产, 32 (12): 30-32.

卢珍华, 倪辉, 蔡慧农. 2006. 枯草芽胞杆菌培养液水解鱼蛋白质制备蛋白胨的初步研究. 集美大学学报 (自然科学版), 11 (1): 34-38.

卢志军, 刘琛, 刘西莉. 2005. 枯草芽胞杆菌 HL29 与根瘤菌 XJ83097 原生质体融合以及融合子特性的初步研究. 植物病理学报, 35 (6): 108-110.

卢志军, 云晓敏, 刘西莉. 2005. 生防菌株 HL29 的鉴定及其抑菌活性研究. 植物病理学报, 35 (6): 79-85.

卢中华, 徐斌范. 1994. "增重灵"活菌制剂的研制与应用. 河南农业科学, 23 (7): 37-39.

芦云, 罗明. 2004. 哈密瓜内生细菌的分离及拮抗菌的筛选. 石河子大学学报 (自然科学版), z1: 104-109.

鲁红学, 周燚. 2008. 类芽胞杆菌在植物病害防治和环境治理中的应用研究进展. 安徽农业科学, 36 (30): 13244-13247.

鲁俊, 肖超渤. 2007. 聚二甲基二烯丙基氯化铵的合成、表征及抗菌性能. 武汉大学学报 (理学版), 53 (4): 397-400.

鲁丽, 刘莉, 许臣, 李绍民, 俞加林. 2003. 枯草芽胞杆菌喷雾剂防治小鼠创伤创面金黄色葡萄球菌感染的实验研究. 中国微生态学杂志, 15 (1): 17-18.

鲁丽, 俞加林, 范玉明, 李波. 2003. 枯草芽胞杆菌喷雾剂对家兔皮肤创伤愈合的影响. 中国微生态学杂志, 15 (2): 89.

鲁松清, 刘子铎, 喻子牛. 2000a. 苏云金芽胞杆菌菌株 YBT1535 转 $cry1C$ 基因菌的构建. 生物工程学报, 16 (5): 587-590.

鲁松清, 刘子铎, 喻子牛. 2000b. 苏云金芽胞杆菌菌株 YBT833 含不同杀虫蛋白基因转化子的特性. 遗传学报, 27 (9): 839-844.

鲁松清, 孙明. 1998. 苏云金芽胞杆菌杀虫晶体蛋白基因的分类. 生物工程进展, 18 (5): 57-62.

鲁松清, 喻子牛. 1995. 苏云金芽胞杆菌 CT-43 的芽胞萌发及芽胞和伴胞晶体的形成. 华中农业大学学报, 14 (1): 64-68, T003.

鲁松清, 乐超银, 刘子铎, 喻子牛. 2002. 转化 cry1C 基因对苏云金芽胞杆菌杀虫活性的影响. 微生物学通报, 29 (3): 17-20.

鲁小城, 赵宇华, 方萍. 2007. 枯草芽胞杆菌 F-2 抗植物病原真菌活性物质的研究. 浙江大学学报 (农业与生命科学版), 33 (1): 34-39.

鲁艳, 刘东华, 刘波. 2004. 计算机鼠标细菌检测及消毒效果评价. 现代预防医学, 31 (4): 635, 640.

鲁艳莉, 宁喜斌. 2006a. 高产溶纤酶菌株的选育. 食品与发酵工业, 32 (2): 25-27.

鲁艳莉, 宁喜斌. 2006b. 微生物产物溶解纤维蛋白活性测定方法的比较. 食品科技, 31 (5): 106-107.

陆波. 2001. 一起食物中毒的实验诊断. 中国卫生检验杂志, 11 (2): 204.

陆长婴, 陆致平. 2005. 25% 久安可湿性粉剂防治西瓜枯萎病的效果. 江苏农业科学, 33 (2): 68.

陆澄滢. 2010. 苏云金芽胞杆菌新型营养期杀虫蛋白 Vip3 研究进展. 中小企业管理与科技, 28: 312.

陆春礼, 潘懿. 2006. 一起鸡梭状芽胞杆菌和球虫混合感染的诊治. 广西畜牧兽医, 22 (4): 176-177.

陆得潭, 刘冰. 1993. 地衣芽胞杆菌碱性蛋白酶发酵液生化预处理的研究. 中国生化药物杂志, 3: 7-11.

陆风. 2009. 紫苏和鸭跖草抗菌活性的研究. 中国民族民间医药杂志, 18 (17): 22-24.

陆宏达, 刘凯. 2006. 中华绒螯蟹血淋巴抗菌活性的初步研究. 海洋渔业, 28 (4): 285-291.

陆宏达, 刘凯. 2008. 中华绒螯蟹对体内细菌的清除作用. 中国水产科学, 15 (1): 113-121.

陆鸿飞, 韩光范, 陆明. 2008. 嘌呤 6 位含氟基团取代衍生物的合成. 有机化学, 28 (8): 1462-1466.

陆鸿飞, 陆明. 2009. 6-取代胺基嘌呤衍生物的制备及抗菌活性研究. 中国医药工业杂志, 40 (12): 896-898.

陆家昌, 李活, 黄翔鹄. 2010. 枯草芽胞杆菌对水质及凡纳滨对虾幼体免疫指标影响的研究. 南方水产, 6 (1): 19-24.

陆建荣, 汪惠群, 吴江春, 王荣妹, 钱小平, 黎燕. 2006. 富阳市农村食源性中毒调查及其预防对策. 中国卫生检验杂志, 16 (8): 982-984.

陆江柏, 许延伟, 李刚. 2003. 肠道手术后合并梭状芽胞杆菌性肌坏死四例. 局解手术学杂志, 12 (2): 162-163.

陆婕, 汪俊汉, 钟雅, 赵燕英, 陈正. 2006. 弱酸性家蝇蛆抗菌肽 MD7095 的分离纯化及性质研究. 微生物学报, 46 (3): 406-411.

陆娟娟, 李太元, 张扬, 肖克宇, 夏中生. 2010. 生孢噬纤维菌、酵母菌、枯草芽孢杆菌混合发酵稻草特性的研究. 饲料广角, 4: 47-49.

陆俊贤, 龚建森, 倪同艳, 吕晓娟. 2011. 枯草芽胞杆菌制剂对如皋黄鸡生长性能与屠宰性能的影响. 江苏农业科学, 39 (1): 238-239.

陆淼泉. 1989. 索氏梭状芽胞杆菌外毒素的研究进展. 国外医学: 微生物学分册, 12 (2): 67-70.

陆琪, 陈钧, 周海云. 2007. 纳豆中异黄酮组成含量变化研究. 食品科技, 32 (9): 66-68.

陆胜民, 袁晓阳, 杨颖, 夏其乐. 2009. 人工发酵生产臭冬瓜的工艺. 浙江农业学报, 21 (2): 101-105.

陆文婷. 2005. 地衣芽胞杆菌活菌制剂 (整肠生) 治疗肠道菌群失调 56 例报告. 中国微生态学杂志, 17 (6): 465-465.

陆文伟, 孔文涛, 孙芝兰, 孔健, 季明杰. 2008. Paenibacillus sp. K1 β-半乳糖苷酶基因的克隆及在大肠杆菌中的表达. 山东大学学报 (理学版), 43 (7): 69-73.

陆文香, 张孙璧. 1997. 从空气环境中检出一株环状芽胞杆菌. 临床检验信息导报, 4 (1): 32.

陆秀君, 郝会海, 宋萍, 杜克久, 李国勋. 2007. 苏云金芽胞杆菌营养期杀虫蛋白 vip3A-LS1 基因的克隆与表达. 农业生物技术学报, 15 (5): 872-876.

陆燕, 易瑞灶, 陈伟珠. 2010. 堀越氏芽胞杆菌 S184 产河豚毒素的发酵条件优化. 食品与生物技术学报, 29 (2): 307-311.

陆燕君,赵西珍.1993.短小芽胞杆菌 A3 菌株对泡桐腐烂病菌的拮抗作用.生物防治通报,9(4):170-172.

陆颖健,董昕,刘姝,别小妹.2008.海洋链霉菌 GB-2 抗细菌物质的溶解性质和分离纯化.食品科学,29(7):306-310.

陆云华,张新.2007.豆豉纤溶酶基因的克隆及其在大肠杆菌中的表达.安徽农业科学,35(23):7104,7107.

陆占国,郭红转,封丹.2007.香菜茎叶精油的提取及其成分解析.中国调味品,2:42-46.

陆兆新,张充,吕凤霞,刁含文,别小妹,王昱沣,赵海珍.2012.一株产芽胞漆酶的死谷芽胞杆菌及其应用.中国,201210204548.

陆震宇,叶红萍,胡立军.2005.一起食物中毒的蜡样芽胞杆菌和金黄色葡萄球菌检测.浙江预防医学,17(6):80.

陆志科,黎深,谭军.2009.飞扬草提取物的抗菌性能研究.西北林学院学报,24(5):110-113.

陆志科,谢碧霞,李安平.2005.麻竹竹叶提取液的抗菌性能.中南林学院学报,25(1):56-59.

鹿秀云,李社增,高胜国,马平.2005.5 种化学杀菌剂对枯草芽胞杆菌 NCD-2 菌体及芽胞的影响.植物病理学报,35(6):173-175.

鹿秀云,李社增,马平,高胜国.2005.棉花黄萎病生防细菌 NCD-2 抑菌物质提取研究.山东科学,18(3):22-25.

逯晋忠,李菁菁,张献芳,祁高富.2010.苏云金芽胞杆菌对云斑天牛杀虫活性的体外检测.华中农业大学学报,29(6):681-686.

路程,周长海,于红梅,刘婷,乌日.2009.凝结芽胞杆菌 T50 产芽胞条件优化的研究.中国酿造,7:93-95.

路福平,戚薇,陈莹,王昌禄,杜连祥.1998.凝结芽胞杆菌 TQ33 检测方法的建立.中国乳品工业,26(3):24-26.

路福平,戚薇,王进华,陈莹,杜连祥.1997.凝结芽胞杆菌 TQ33 所产抗菌物质及特性.中国乳品工业,25(4):15-17,24.

路国兵,冀宪领,张瑶,牟志美,王更先,窦学娥,查传勇.2007.桑树内生细菌的分离及生防益菌的筛选.蚕业科学,33(3):350-354.

路国兵,李季生,牟志美,冀宪领.2008.一株桑树内生拮抗细菌的分离鉴定及生物学特性研究.蚕业科学,34(1):11-17.

路新利,郭会灿,李宝库.2005.VC 二步发酵产酸菌氧化葡萄糖酸杆菌的选育.生物技术,15(4):23-25.

路新利,马珦玻,赵士豪,郭会灿.2005.L-山梨糖流加发酵高效生产 2-酮基-L-古龙酸.生物技术,15(2):59-61.

路振香,路颖,商常发,李贺俠,张宁.2006.壳聚糖对 5 种细菌体外的抑制试验.动物医学进展,27(3):62-64.

路志群,马延和,王正祥.2006.碱性 β-甘露聚糖酶基因异源表达的研究.微生物学杂志,26(3):9-11.

吕爱军,尹建美,胡秀彩,张鹏,胡斌.2004.红茶菌形态及菌液抑菌作用的研究.徐州师范大学学报(自然科学版),22(1):73-75.

吕兵,张国农.2004.分离自传统腊肠中的乳酸菌的特性研究.食品与发酵工业,30(8):64-67.

吕道俊,何明清.1999.益生地衣芽胞杆菌天门冬氨酸激酶Ⅱ基因的 PCR 扩增及序列分析.四川农业大学学报,17(4):411-417.

吕德国,于翠,杜国栋,秦嗣军,李芳东,刘国成.2008.樱桃属(Cerasus)植物根围微生物多样性.生态学报, 28 (8): 3882-3890.

吕德国, 于翠, 秦嗣军, 刘国成, 杜国栋. 2008. 本溪山樱根部解磷细菌的定殖规律及其对植株生长发育的影响. 中国农业科学, 41 (2): 508-515.

吕东元, 周玉成, 张晶晶, 李志强, 刘翔, 刘刚, 赵俊, 吴虹丽, 马林. 2009. 大叶桉不同溶剂提取物的抑菌活性研究. 中国民族民间医药杂志, 18 (16): 1-2.

吕刚. 2008. 红霉素临床新用. 中国社区医师, 24 (10): 19.

吕和平, 闵勇, 杨东明, 郑应华, 李旭, 武铁. 2007. 炭疽芽胞杆菌 (Bacillus anthracis) 检测质粒的构建及其应用. 微生物学杂志, 27 (3): 38-41.

吕慧怡, 赵蕊, 章辉, 邓卅. 2008. 对破伤风治疗的药学服务. 中国药学杂志, 43 (23): 1837-1838.

吕建平, 徐秀丽, 付孟莉. 2010. 酪酸梭菌的药理作用及临床应用. 临床合理用药杂志, 3 (20): 159-160.

吕杰, 金湘, 马媛, 毛培宏, 虞龙. 2010. 氮离子诱变筛选内切葡聚糖酶高产菌株及其基因突变研究. 生物技术, 20 (4): 6-9.

吕静琳, 黄爱玲, 郑蓉, 李殿殿, 吕暾. 2009. 一株产纤维素酶细菌的筛选、鉴定及产酶条件优化. 生物技术, 19 (6): 26-29.

吕军仪, 李秉记. 2007. 有益微生物在大海马健康养殖中的应用研究. 海洋与渔业, 12: 9-12.

吕乐, 张怀, 胡继业, 魏巍, 闫海. 2010. 微生物学设计性实验教学探讨. 实验室研究与探索, 12: 99-102.

吕利群, 刘丽玲, 刘浩, 王浩, 李家. 2010. 一株芽胞杆菌用作水霉病防治的研究. 渔业现代化, 4: 31-34.

吕美云, 张新, 陆云华. 2008. 豆豉纤溶酶基因的克隆及其在毕赤酵母中的表达. 安徽农业科学, 36 (6): 2270-2271.

吕敏娜, 李克敏, 覃宗华, 刘祖宏. 2009. 鹅源栗褐芽胞杆菌的分离和鉴定. 中国预防兽医学报, 31 (12): 933-935.

吕明生, 王淑军, 刘姝, 别小妹. 2007. 一株海洋耐冷菌的分类鉴定及其生长特性和抗菌活性研究. 淮海工学院学报, 16 (4): 46-49.

吕琦, 赵凤, 毕宇涵, 张光辉, 周艳. 2008. 原料乳中多种致病菌的快速过滤富集及多重 PCR 检测. 食品与发酵工业, 34 (12): 155-159.

吕群燕, 王书锦. 1994. 2-酮基-L-古龙酸高产融合子 15 的形态学及生理生化特征的研究. 微生物学杂志, 14 (1): 1-5.

吕荣. 2003. 蜡样芽胞杆菌食物中毒研究近况. 中国乡村医药, 10 (10): 51.

吕润梅. 2005. 一起学生集体食物中毒的调查分析. 内蒙古医学杂志, 37 (5): 465-466.

吕飒音, 胡磊. 2004. 凝结芽胞杆菌产碱性脂肪酶的条件研究. 安徽大学学报 (自然科学版), 28 (1): 69-72.

吕世明, 陈杖榴, 陈建新, 邱电. 2008. 丁香酚体外抑菌作用研究. 食品科学, 29 (9): 122-124.

吕淑霞, 冯树, 张忠泽, 刘阳, 谢占武, 安海英. 2001. Vc 二步发酵中伴生菌的作用机制. 微生物学通报, 28 (5): 10-13.

吕淑霞, 周丽娜, 冯树, 张忠泽, 吕义奎, 安海英, 曹桂环. 2001. 巨大芽胞杆菌在维生素 C 二步发酵中的作用. 微生物学杂志, 21 (3): 3-4, 8.

吕树娟, 方海红, 刘静, 王明丽. 2007. 枯草芽胞杆菌 JA-206 对皮肤癣菌抑制作用的研究. 激光生物学报, 16 (5): 639.

吕颂雅, 刘子铎. 1999. 苏云金芽胞杆菌杀蚊基团在鱼腥藻中克隆和表达的初步研究. 水生生物学报,

23 (2): 174-178.

吕文平, 许梓荣, 杜文理, 李卫芬, 孙建义. 2004. 地衣芽胞杆菌 β-1, 3-1, 4 葡聚糖酶基因的克隆和表达. 农业生物技术学报, 12 (4): 446-449.

吕文平, 许梓荣, 李卫芬, 孙建义, 韩晋辉. 2005. 淀粉液化芽胞杆菌 β-1, 3-1, 4 葡聚糖酶基因的克隆和表达. 中国兽医学报, 25 (3): 263-265.

吕文平, 许梓荣, 孙建义, 李卫芬, 杜文理. 2004. 短小芽胞杆菌 β-1, 3-1, 4-葡聚糖酶基因克隆、表达及其酶特性研究. 浙江大学学报 (农业与生命科学版), 30 (6): 679-683.

吕熹, 王刚, 李俊, 王海娟, 陈光. 2010. 紫外、亚硝酸钠诱变筛选高产耐有机溶剂脂肪酶菌株. 吉林农业大学学报, 32 (4): 394-397.

吕向阳, 蒋如璋. 1991. 巨大芽胞杆菌淀粉酶基因的克隆及其在枯草杆菌中的表达. 遗传学报, 18 (2): 185-192.

吕小兰, 朱新贵. 2009. HNSS01 的分离鉴定以及用于酱油酿造的初步研究. 中国酿造, 5: 62-64.

吕晓楠, 吴兆亮, 赵艳丽, 殷昊. 2009a. Nisin 与山楂提取物复配的抑菌性能研究. 安徽农业科学, 15: 6839-6840.

吕晓楠, 吴兆亮, 赵艳丽, 殷昊. 2009b. Nisin 与天然植物提取物复配的抑菌性能研究. 食品研究与开发, 11: 171-173.

吕欣, 高宇, 张晓娟, 董明盛, 陈晓. 2006. 抗真菌乳酸菌的筛选及菌种鉴定. 中国农学通报, 22 (3): 98-101.

吕新建, 张瑾. 2010. 关于羔羊痢疾的诊断与防制. 草食家畜, 2: 80-82.

吕学斌, 孙亚凯, 张毅民. 2007. 几株高效溶磷菌株对不同磷源溶磷活力的比较. 农业工程学报, 23 (5): 195-197.

吕雪娜, 邱夷平. 2006. 常压等离子体处理后超高模量聚乙烯的老化. 纺织科技进展, 3: 42-44.

吕应年, 杨世忠, 牟伯中. 2005a. 一种脂肽类生物表面活性剂产生菌的筛选. 微生物学杂志, 25 (2): 4-8.

吕应年, 杨世忠, 牟伯中. 2005b. 脂肽的分离纯化与结构研究. 微生物学通报, 32 (1): 67-73.

吕莹, 张露, 冯雷, 李虹, 郭家荣. 2004. 纳豆激酶的纯化及性质研究. 食品与发酵工业, 30 (3): 122-124.

吕媛, 夏立秋, 张允雷, 沈琳, 丁学知, 赵新民, 李文萍. 2009. 杀蚊苏云金芽胞杆菌 Cry4Aa 和 Cry4Ba 晶体蛋白结构的计算机对比分析. 湖南师范大学自然科学学报, 32 (2): 81-84.

吕早生, 张敏, 李凌凌, 李征. 2008. 蜡状芽胞杆菌产聚羟基烷酸的提取与鉴定. 化学与生物工程, 25 (8): 52-54, 66.

吕正兵, 张方, 夏颖, 阚显照, 朱国萍. 2002. 一种适合芽胞杆菌质粒 DNA 提取的改良碱裂解法. 安徽师范大学学报 (自然科学版), 25 (1): 54-55.

栾广春, 王加启, 卜登攀, 刘仕军. 2008. 纳豆芽胞杆菌对泌乳期奶牛产奶量、牛奶品质的影响. 东北农业大学学报, 39 (9): 58-61.

栾广春, 王加启, 卜登攀, 周振峰. 2009. N1 型纳豆芽胞杆菌对泌乳期奶牛产奶量及乳品质的影响. 中国畜牧兽医, 36 (10): 12-15.

栾向东, 王静, 杨晓丽. 2004. 难辨梭状芽胞杆菌性肠炎 28 例临床分析. 泰山医学院学报, 25 (4): 295-296.

罗斌. 2002. 从发热患儿骨髓中分离出腊样芽胞杆菌 1 例. 右江民族医学院学报, 24 (1): 19.

罗步贤, 曹霞. 1991. 解淀粉芽胞杆菌启动基因的克隆及其对地衣杆菌 α-淀粉酶基因的调控. 生物化学杂志, 7 (2): 171-176.

罗朝辉,夏立秋,丁学知,王海龙,曾智.2007.苏云金芽胞杆菌伴胞晶体蛋白提取方法比较研究.湖南师范大学自然科学学报,30(3):94-98.

罗楚平,陈志谊,刘永锋,刘邮洲,聂亚锋.2007.杀虫晶体蛋白基因 $CrylAc$ 在生防菌 B-916 中的表达.江苏农业学报,23(4):306-311.

罗楚平,陈志谊,刘永锋,刘邮洲.2008.利用基因工程改良枯草芽胞杆菌.江苏农业学报,24(2):204-209.

罗楚平,陈志谊,刘永锋,张杰.2009.转座子诱变生防枯草芽胞杆菌 B-916 及抗真菌活性相关基因的克隆.农业生物技术学报,17(4):728-734.

罗刚,周顺桂,王少林,倪晋仁.2008.利用污泥制备微生物灭蚊剂的研究.应用基础与工程科学学报,16(4):465-471.

罗公平,胡艳君.1992.蜜蜂美洲幼虫腐臭病幼虫芽胞杆菌回归感染试验.中国兽医科技,22(9):24-25.

罗桂花,刁冶民.1994.促生菌在青贮玉米上定殖规律的研究.青海师范大学学报(自然科学版),10(1):37-41.

罗辉,李俊波,刘立鹤,钟广贤,卢义,张琼.2010.3种微生态制剂对鲤鱼生产性能和体成分的影响.水产科学,29(6):360-362.

罗建成,臧晋,李勇,陈俊.2007.利用多菌体混合发酵转化玉米秸秆的研究.微生物学杂志,27(6):107-110.

罗建平,方英,胡卓,刘玉兰,钟燕.2009.株洲市细菌性食物中毒实验室检测结果分析.中华中西医学杂志,7(7):29-30.

罗建平,方英,杨林飞,王群英.2005.细菌性食物中毒72株病原菌检测结果分析.中华中西医学杂志,3(1):15-17.

罗剑波,吴卫霞,张凡,佘跃惠.2010.一株产脂肽类生物表面活性剂菌株的分离及代谢产物分析.化学与生物工程,27(2):46-49.

罗江卫,王雁萍,李培睿,李宗伟.2008.弹性蛋白酶产生菌发酵条件的研究.工业微生物,38(1):37-40.

罗进贤.1996.芽胞杆菌(遗传学及生物工程)会议概述.国际学术动态,3:58-59.

罗进贤.1998.芽胞杆菌的研究动向.国际学术动态,3:69,73.

罗进贤,王凌.1997.短小芽胞杆菌 $degQ$ 基因的克隆与鉴定.生物化学杂志,13(2):125-129.

罗晶.2008.蔷薇红景天总黄酮的提取及分析.安徽农业科学,36(35):15546-15547.

罗俊成,胡佳,马莉,张宿义,张文.2007.酒醅中芽胞杆菌属细菌的16S rDNA全序列系统学分析.酿酒科技,2:17-19.

罗兰,谢丙炎,袁忠林,杨之为.2005.我国土壤中苏云金芽胞杆菌的分离与基因型的鉴定.应用与环境生物学报,11(6):756-759.

罗兰,袁忠林,陈茎.2006.小麦全蚀病菌拮抗细菌的筛选及鉴定.莱阳农学院学报,23(3):205-207.

罗兰,袁忠林,孟昭礼,江崇焕,彭正云.2009.崂山茶树病害种类调查与生防菌的筛选研究.现代农业科技,3:112-113.

罗明,韩剑,蒋平安,武红旗.2009.新疆罗布泊地区可培养嗜盐细菌多样性.生物多样性,17(3):288-295.

罗明,卢云,陈金焕,姜云琴,张祥.2007.哈密瓜内生细菌菌群密度及分布动态.干旱区研究,24(1):28-33.

罗明,芦云,张祥林.2004.棉花内生细菌的分离及生防益菌的筛选.新疆农业科学,41(5):277-282.

罗明姬, 曹劲松, 彭志英. 2005. 不同来源免疫球蛋白 G 的体外抑菌效果. 食品科学, 26 (3): 39-42.

罗鹏, 胡超群, 谢珍玉, 张吕平, 任春华, 许尤厚. 2006. 凡纳滨对虾咸淡水养殖系统内细菌群落组成的 PCR-DGGE 分析. 热带海洋学报, 25 (2): 49-53.

罗平, 罗固源, 蔡江伟. 2004. 短芽胞杆菌属絮凝剂发酵条件及絮凝效果研究. 工业用水与废水, 35 (6): 80-82.

罗平, 罗固源, 左赵宏. 2006. 短芽胞杆菌 RL-2 的絮凝性能研究. 工业用水与废水, 37 (4): 61-63.

罗平, 罗固源, 左赵宏. 2007. 短芽胞杆菌 RL-2 絮凝机理研究. 环境工程学报, 1 (6): 39-42.

罗平, 邹小兵, 罗固源. 2005. 胞外多糖生物絮凝剂 RL-2 的性能研究. 水处理技术, 31 (6): 20-23.

罗萍, 区建发, 杨炜钊, 方祥. 2011. 香蕉炭疽菌拮抗生防菌株的筛选及鉴定. 现代食品科技, 27 (3): 275-278.

罗强, 孙启玲, 张兴宇, 岑谷荣, 汪红. 2003. β-甘露聚糖酶菌株的复合诱变选育及发酵条件的优化. 四川大学学报 (自然科学版), 40 (1): 131-134.

罗权平, 刘国生, 赵儒铭, 沈萍. 2005. 用凝胶电泳方法鉴定苏云金芽胞杆菌溶源性菌株. 微生物学通报, 32 (4): 129-133.

罗瑞山, 吴惠玲. 2002. 对蚝油中白点的探讨. 中国调味品, 7: 26-27.

罗士数, 张海德, 刘小玲, 朱莉. 2010. 槟榔中槟榔碱体外抑菌活性的研究. 农产品加工: 创新版, 9: 47-50.

罗淑娅, 李侃, 徐丽美. 2011. 地芽胞杆菌属 DYth03 DNA 聚合酶基因的克隆、表达及性质分析. 台湾海峡, 30 (1): 17-20.

罗水忠, 潘利华, 何建军, 操丽丽, 姜绍通. 2006. 柑橘籽中柠檬苦素的提取与抑菌性研究. 农产品加工. 学刊, 10: 105-107.

罗水忠, 潘利华, 姜绍通. 2008. 柑橘类果汁中柠檬苦素的含量及其性质研究. 食品研究与开发, 29 (12): 4-7.

罗文, 杨立华, 沈文英, 潘伟槐, 陈瑛. 2008. 有效微生物对水产养殖水体的净化作用. 绍兴文理学院学报, 28 (9): 34-37, 42.

罗文华, 郭勇, 韩双艳. 2007. 枯草杆菌纤溶酶基因的克隆及表达. 华南理工大学学报 (自然科学版), 35 (11): 115-119.

罗文辉, 严全胜, 张亚平, 陈绪祥. 2009. 10%井·蜡芽菌悬浮剂防治水稻纹枯病试验初报. 中国稻米, 4: 67-68.

罗先群, 王新广, 钱文斌, 杨东升. 2008. 海南沿海二种海藻抗细菌生物活性物质的提取及抑菌活性的研究. 中国食品添加剂, 5: 111-118.

罗小华, 肖明徽, 胡德广, 周定坤. 2006. 生物农药——康地蕾得防治青枯病初报. 江西植保, 29 (1): 38-40.

罗小燕, 张玉银, 钟小丽. 2010. 一例重症破伤风患者的护理体会. 中国疗养医学, 1: 23-24.

罗晓松, 侯化鹏, 尚书, 汪登强. 2009. 鱼源嗜水气单胞菌外膜蛋白基因 ompTS 在枯草芽胞杆菌中的表达及检测. 农业生物技术学报, 4: 554-560.

罗幸福, 刘娥英. 1996. 球形芽胞杆菌 C3-41 对嗜人按蚊和东乡伊蚊幼虫的毒性测定. 中国媒介生物学及控制杂志, 7 (1): 6-8.

罗秀针, 施碧红, 郑虹, 吴伟斌, 施巧琴. 2008. 枯草芽胞杆菌 FB123 细菌素的理化性质及抑菌谱的研究. 微生物学杂志, 28 (1): 64-67.

罗雪梅, 何孟常, 刘昌明. 2007. 微生物对土壤与沉积物吸附多环芳烃的影响. 环境科学, 28 (2): 261-266.

罗燕娜, 杜娟, 李俊华, 徐齐君, 赵思峰. 2010. 棉苗立枯病拮抗菌的筛选及鉴定. 石河子大学学报（自然科学版）, 28 (5): 555-560.

罗毅, 戴晋军. 2009a. 芽胞杆菌的作用机理及其在蛋鸡生产中的应用. 中国牧业通讯, 5: 27-28.

罗毅, 戴晋军. 2009b. 芽胞杆菌的作用原理及在蛋鸡中的应用. 饲料研究, 4: 37-38.

罗颖, 欧阳嘉, 许婧, 何冰芳. 2007. 耐热纤维素酶产生菌的筛选、鉴定及产酶条件优化. 食品与生物技术学报, 26 (1): 84-89.

罗映辉, 周爱东, 文质, 陈利玉, 余俊龙, 舒明星. 2002. 中草药 924 抗菌效果的实验研究. 实用预防医学, 9 (4): 327-328.

罗勇胜, 张道波, 李卓佳. 2006. 有益菌与大型藻类净化集约化养殖废水的展望. 海洋湖沼通报, 2: 111-116.

罗远婵, 田黎, 韩菲菲, 李元广. 2008. 海洋细菌 B-9987 的鉴定及其对植物病原菌的抑菌试验. 农药, 47 (9): 691-693.

罗泽科, 杨桂芬, 覃程辉, 欧木生. 2006. 康地蕾得防治姜瘟病效果好. 中国蔬菜, 8: 51.

罗璋, 陈昌福, 白晓慧, 夏露. 2007. 枯草芽胞杆菌 BHI344 培养条件的优化. 中国饲料, 10: 41-43.

罗璋, 贾文平, 白晓慧, 李建超, 杨华. 2010. 枯草芽胞杆菌对三种水产动物病原菌体外拮抗作用的研究. 中国饲料, 14: 18-19.

罗志军. 2000. Bt 毒蛋白基因工程研究进展. 重庆师专学报, 19 (2): 89-91.

骆稽西, 曲淑敏. 1998. 地衣芽胞杆菌 BL20386 株（整肠生）LD_{50} 测定. 中国微生态学杂志, 10 (6): 357-358.

骆兰, 方昉, 林晶, 关春宇, 张灵玲. 2005. 叶面分离苏云金芽胞杆菌的研究进展. 华东昆虫学报, 14 (4): 348-352.

骆荣江, 田玲, 龙崇德, 田臻, 邵应. 2010. 玻璃体手术治疗眼内炎的预后因素分析. 中国临床实用医学, 7: 57-59.

骆艺文, 郝志凯, 王印庚, 曲江波. 2009. 一株引起刺参"腐皮综合征"的蜡样芽胞杆菌. 水产科技情报, 36 (2): 60-63.

骆苑蓉, 胡忠, 郑天凌, 黄栩. 2005. 红树林沉积物中的微生物对苯并 [a] 芘的降解研究. 厦门大学学报（自然科学版）, 44 (B06): 75-79.

雒晓芳, 董开忠, 王冬梅, 陈丽华. 2009. 新洁尔灭对三种细菌的抑菌效果研究. 西北民族大学学报（自然科学版）, 30 (1): 64-66.

马波, 安冬. 2008. 关于生态制剂的研制分析. 中小企业管理与科技, 11: 211.

马长利, 姚玉涛, 蔡群英, 张志新, 边瑞岩. 2005. 致黑脱硫肠状菌生物学特性的实验研究. 中国卫生检验杂志, 15 (5): 579-580.

马超, 潘伟斌, 林敏, 刘晶. 2008. 3 株溶藻细菌溶藻特性的初步研究. 环境科学与技术, 31 (10): 47-51.

马超, 夏成文. 2008. 膨化血粉微生物学品质安全特征研究. 安徽农业科学, 36 (24): 10476-10479.

马成新, 李枫, 胡江春, 薛德林, 刘丽, 王书锦. 2004. 海绵细菌 B25W 的鉴定及其活性物质的初步研究. 中国抗生素杂志, 29 (10): 626-628.

马春全, 邱青波. 2000. 微生态制剂——MXY892 菌粉的研制. 黑龙江八一农垦大学学报, 12 (2): 76-79.

马德良, 蔡芷荷, 吴清平. 2010. 活性乳酸菌饮料污染菌总数检测方法. 中国乳品工业, 4: 54-56, 59.

马镝, 赵秀香, 吴元华, 张晓雯. 2007. 土壤中产壳聚糖酶菌株的筛选、鉴定及抑菌活性研究. 沈阳农业大学学报, 38 (6): 811-815.

马凡茹,陈秀蓉,杨成德,叶震,徐长林.2009.高寒草地5种土壤优势细菌的16S rDNA鉴定及其对不同物质利用初探.甘肃农业大学学报,44(6):117-122.

马国芳,王江,张崇邦.2008.蛋白酶分泌菌对重金属胁迫的反应.微生物学通报,35(6):882-887.

马海丹,周文明,吴绍东.2007.拮抗放线菌M18的分离鉴定及杀菌活性研究.西北农业学报,16(5):291-294.

马海乐,高梦祥.2004.介质特性参数对脉冲磁场杀菌效果的影响.食品科学,25(8):42-46.

马宏宇,李菁菁,祁高富,喻子牛,赵秀云.2010.蛋白酶产生菌的化学诱变及酶学性质.华中农业大学学报,29(6):737-740.

马洪茹,金怀良.2000.如何正确使用生物农药——Bt.河南农业,8:17.

马怀良,许修宏.2009.接种菌剂对鸡粪堆肥的影响.中国土壤与肥料,5:61-63.

马慧,车鑫.2010.峨眉千里光化学成分及生物活性的研究.中南药学,8(8):571-574.

马建华,崔福绵.1999.枯草芽胞杆菌中性β-甘露聚糖酶的纯化及性质研究.中国生物化学与分子生物学报,15(1):78-82.

马婕,王丹,李强,邢建民.2009.基因工程大肠杆菌合成γ-聚谷氨酸.过程工程学报,9(4):791-795.

马金兰,孙海.2009.芽胞杆菌制剂在畜禽饲料中的应用.宁夏农林科技,6:112-113.

马菊红,张景辉,郝尊敏,倪丰安,卢旭升.2011.一起农村自办酒席引发的食物中毒事件调查分析.中国初级卫生保健,25(2):76-77.

马君兰,束长龙,刘东明,张杰.2011.大肠杆菌中利用苏云金芽胞杆菌强启动子p1Ac指导Cry1Ac蛋白表达的特性分析.生物技术通报,27(2):80-84.

马俊孝,孔健,季明杰.2008.利用PCR-DGGE技术分析微生态制剂在传代过程中的菌群变化.山东大学学报(理学版),43(7):56-60.

马骏双,姚婷婷,石贵阳,王正祥.2006.嗜热芽胞杆菌2004产β-甘露聚糖酶产酶条件优化和酶学性质.食品与生物技术学报,25(3):25-28,32.

马凯,刘光全,程池.2007.地衣芽胞杆菌16S rRNA基因的TD-PCR扩增及系统发育分析.微生物学通报,34(4):709-711.

马坤绵,范国雄.1991.小鼠泰泽氏病病例.中国兽医杂志,17(10):11-12.

马兰,陈效杰,姚文秋,苗兴芬,孙雪,刘玉芬.2007.黑龙江省东部地区大豆胞囊线虫防治技术研究.大豆科学,26(2):218-222.

马雷,文峰,武改红.2006.基于DPS数据处理的鸟苷分批发酵动力学模型.天津科技大学学报,21(2):65-68.

马磊,王德汉,谢锡龙,李亮,王梦.2009.餐厨垃圾的高温厌氧消化处理研究.环境工程学报,3(8):1509-1512.

马莉,崔建升,王晓辉,刘俊稚,张洁.2004.地衣芽胞杆菌海水生化需氧量传感器研究.河北科技大学学报,25(4):83-85.

马力.2007.豆豉纤溶酶的研究进展.粮食加工,32(5):83-86.

马力.2011.乳制品中大肠菌群的检测.品牌与标准化,4:37.

马丽辉,陈卫民.2004.啤酒中大肠菌群检测法的探讨.酿酒科技,4:89-90.

马丽娜,官雪芳,朱育菁,林抗美.2008.乐果降解菌的分离、筛选和鉴定.中国农学通报,24(7):441-444.

马丽珍,孙卫青,戴瑞彤.2004.低温杀菌后的五香羊肉在贮存过程中的微生物变化.中国农业科学,37(12):1995-1999.

马利平,郝变青,秦曙,乔雄梧.2008.芽胞杆菌B96-II对芦笋茎枯病的防治及机制研究.华北农学报,

23（2）：180-184.

马利平,郝变青,秦曙,乔雄梧. 2009. 芦笋茎枯病的生物防治及机理研究. 中国生态农业学报, 17（6）：1229-1233.

马利平,乔雄梧,高芬,郝变青. 2005. 防病促生枯萎病拮抗菌"98-I"对4种枯萎病防治效果研究. 中国生态农业学报, 13（1）：91-94.

马俪珍,杨华,阎旭,南庆贤. 2007. 盐水火腿加工中影响亚硝基化合物生成因素的研究. 食品科学, 28（1）：82-85.

马俪珍,张建荣,任小青,曲志飞. 2009. 鲶鱼骨蛋白酶解产物抗菌性的酶解工艺优化. 大连水产学院学报, 24（4）：354-358.

马麦生,谭明,赵乃昕,蔡妙英,丁春明. 2002. 酵素菌中芽胞杆菌的分离鉴定. 潍坊医学院学报, 24（2）：86-87.

马明,杜金华,王囡,高洁,商曰玲. 2007. 一株产纳豆激酶菌株的分离筛选及鉴定. 食品与发酵工业, 33（5）：37-41.

马明,杜金华,于玲,王囡. 2006. 高纳豆激酶酶活枯草芽胞杆菌的筛选及菌种鉴定. 中国食物与营养, 8：29-32.

马明,杜金华. 2006. 枯草芽胞杆菌酶在工业生产中的应用. 山东科学, 19（3）：35-38.

马明,郑宏. 1992. 短小芽胞杆菌289（pBX96）α-淀粉酶的性质. 微生物学报, 32（6）：400-404.

马明硕,王世强. 2010. 大蒜在模拟加工及人体环境条件下杀菌作用研究. 中国调味品, 1：46-49.

马琼. 2008. 魔芋软腐病拮抗菌BJ-1的鉴定. 安徽农业科学, 36（5）：1936, 1943.

马如龙,杨红玲,孙云章,叶继丹. 2010. 2株鱼源芽胞杆菌的生物学特性研究. 水产科学, 29（9）：505-509.

马瑞霞,冯怡,李萱. 2000. 化感物质对枯草芽胞杆菌（*Bacillus subtilis*）在厌氧条件下和生长及反硝化作用的影响. 生态学报, 20（3）：452-457.

马韶辉,汪春翔,葛华. 2010. 两起炭疽突发疫情中炭疽芽胞杆菌的分离鉴定. 中国人兽共患病学报, 26（7）：703, 706.

马树宏. 2008. 地衣芽胞杆菌胶囊加硝苯吡啶治疗肠易激综合征52例临床观察. 中国现代药物应用, 2（4）：46-47.

马爽,李文建,王菊芳,董喜存. 2010. 生防菌BJ1离子辐照突变高效菌株筛选及对黄瓜枯萎病的生防效果. 原子能科学技术, 44（3）：376-380.

马爽,李文建,王菊芳,陆栋. 2009. 离子辐照对生防菌BJ1的诱变研究及菌种鉴定. 辐射研究与辐射工艺学报, 27（2）：125-128.

马挺,佟明友,张全,梁凤来,刘如林. 2006. 脱硫菌Fds-1的分离鉴定及其对柴油脱硫特性的研究. 微生物学报, 46（1）：104-110.

马同锁. 2005. 几种益生菌复合制剂在鲤鱼养殖中的应用研究. 河北渔业, 4：14-16.

马威,沈志娜,陈轶群,李志民,曹云鹤. 2010. 枯草芽胞杆菌β-甘露聚糖酶在毕赤酵母中的分泌表达. 生物技术通讯, 21（2）：171-174.

马文成,韩洪军. 2008. 混合耐冷菌群的优化筛选及应用研究. 环境工程学报, 2（7）：891-895.

马文戈,李建军,喻昌盛. 2004. 奶牛微生物培养物BLS的研究. 中国草食动物, 24（5）：6-7.

马文强,冯杰,刘欣. 2008. 微生物发酵豆粕营养特性研究. 中国粮油学报, 23（1）：121-124.

马西艺,任守让. 2004. 饲用微生态制剂的研究Ⅳ. 动物饲养效果. 吉林农业科学, 29（5）：43-48.

马霞,赵紫华,张华,王瑞明,关凤梅,陆大年. 2007. 高产γ-PGA菌株的分离筛选与菌种初步鉴定. 工业微生物, 37（2）：36-40.

马霞, 张华, 赵紫华, 王瑞明, 关凤梅, 陆大年. 2007. γ-聚谷氨酸的微生物发酵法生产及其表征初步分析. 食品研究与开发, 28 (5): 18-20.

马向东, 康海霞. 2000. 枯草芽胞杆菌 α-淀粉酶基因的克隆及表达. 河南农业大学学报, 34 (3): 223-226.

马晓冬, 马文丽, 孙朝晖, 吕梁, 郑文岭. 2004. 制备炭疽芽胞杆菌检测基因芯片的初步研究. 微生物学报, 44 (3): 299-303.

马晓冬, 马文丽, 肖维威, 张宝, 郑文岭. 2004. 炭疽芽胞杆菌基因芯片探针文库的构建. 生命科学研究, 8 (2): 169-173.

马晓冬, 马文丽, 郑文岭. 2003. 炭疽芽胞杆菌及炭疽疾病概述. 微生物学免疫学进展, 31 (3): 51-55.

马晓军, 张晓君, 杨玲, 冯清平. 2001. 支链淀粉酶产生菌的筛选及发酵条件的研究. 兰州大学学报 (自然科学版), 37 (6): 80-85.

马晓娜, 惠明, 牛天贵. 2005. 一株产絮凝剂芽胞杆菌的分离及成分分析. 微生物学通报, 32 (1): 26-31.

马新颐. 2003. 食物中毒的十大罪魁. 中国检验检疫, 6: 60.

马鑫, 郭宏, 张宝国, 王晓, 罗跃青, 刘宇景. 2011. 地衣芽胞杆菌作为饲料添加剂的研究进展. 中国饲料添加剂, 2: 10-13.

马鑫, 赵仲麟, 李亮, 陈明, 林敏. 2009. 芽胞杆菌 β-甘露聚糖酶基因的克隆及表达. 生物技术通报, 25 (2): 77-81.

马兴铭, 雒艳萍, 麻宝成, 杨汝栋. 2003. 4-羟基-3-羧基苯甲醛水杨酰腙及其配合物抑菌活性初步研究. 兰州医学院学报, 29 (3): 3-4, 12.

马兴铭, 雒艳萍, 麻宝成, 杨汝栋. 2004. 2-羧甲氧基苯甲醛苯甲酰腙及其配合物抑菌活性的构效关系. 中国临床药理学与治疗学, 9 (2): 201-203.

马秀敏, 周晓英, 张立, 王亚男, 丁剑冰, 田树革. 2004. 天山堇菜提取物的体外抗菌实验. 时珍国医国药, 15 (8): 470-471.

马秀清, 隋广起. 1991. 地衣芽胞杆菌栓剂治疗阴道炎50例观察. 中华妇产科杂志, 26 (3): 174-174.

马雪, 邱丽娜, 弓爱君, 郎序菲, 王兆龙. 2009. Bt生物农药研究进展. 山东农业科学, 41 (10): 65-69.

马延和, 田新玉. 1991. 碱性 β-甘露聚糖酶的产生条件及一般特性. 微生物学报, 31 (6): 443-448.

马延和, 周培瑾. 1992. 碱性 β-甘露聚糖酶发酵工艺的研究. 微生物学通报, 19 (1): 13-17.

马艳玲, 范文成, 王彩红. 2009. 参松养心胶囊微生物限度检查方法验证. 临床合理用药杂志, 2 (23): 64-65.

马艳梅. 2007. 牛炭疽病的诊断及防治. 农村实用科技信息, 8: 27-28.

马燕, 黄春萍, 黄敏. 2004. 用亮氨酸抗性法选育L-甲硫氨酸高产突变株. 四川师范大学学报 (自然科学版), 27 (3): 303-306.

马燕, 黄敏, 黄春萍. 2004. L-甲硫氨酸高产菌株的紫外线诱变育种. 四川大学学报 (自然科学版), 41 (4): 861-864.

马英, 关瑞章, 郭松林, 邓德波, 张俊荣. 2010. 鳗鲡病原菌16S rRNA基因序列测定及系统进化分析. 华中农业大学学报, 29 (6): 758-763.

马滢 (编译). 2010. 壳聚糖涂布纸: Nisin (乳酸链球菌肽) 及不同酸对抗菌性的影响. 天津造纸, 32 (1): 31-36.

马颖辉, 曹龙奎, 李玉秋, 高岩, 王景会. 2011. 枯草芽胞杆菌淀粉酶高产菌株的紫外诱变研究. 农产食品科技, 5 (1): 23-26.

马永强, 那治国, 张娜, 张浩, 石彦国. 2008. 地衣芽胞杆菌2709高去酰胺活性碱性蛋白酶发酵条件及酶学性质的研究. 食品工业科技, 10: 81-85.

马瑜, 李勃, 田稼, 孙超. 2010. 苹果采后病害拮抗菌的筛选及鉴定. 保鲜与加工, 2: 39-43.

马玉敏, 乔绪英, 刘晖, 杨启菁. 2008. 高压氧治疗气性坏疽患者的观察与护理. 护士进修杂志, 23 (14): 1307-1308.

马玉翔, 范玉华, 矫强, 赵淑英, 林璜. 2004. 几种新型 Schiff 碱及其稀土配合物抑菌活性的研究. 稀土, 25 (4): 29-31.

马玉翔, 赵淑英, 王梦媛, 姜润田. 2004. 苦楝的提取及其抑菌活性研究. 山东科学, 17 (1): 32-35.

马振伟. 2005. 生物农药知多少. 河南农业, 7: 32.

马子川, 张英锋, 范林. 2009. 溶栓新药——纳豆激酶. 化学世界, 50 (2): 126-128.

马作江, 邓伟, 杨迎伍, 李正国. 2008. $Vip3A$ 基因植物表达载体的构建及其对烟草的遗传转化. 生物技术通报, 24 (5): 108-111.

玛尔江·木坎. 2010. 牛奶中青霉素类抗生素残留的微生物检测方法的探讨. 草食家畜, 2: 56-57.

满丽莉, 张丽萍. 2007. 纳豆激酶高产菌株的筛选鉴定及特性研究. 农产品加工. 学刊, 5: 4-7, 10.

毛海兵, 纪兔. 1992. 球形芽胞杆菌产毒条件的研究. 南京师大学报 (自然科学版), 15 (1): 61-64.

毛海兵, 唐梓进. 1993. 球形芽胞杆菌 BS-1012 产毒部位的研究. 南京师大学报 (自然科学版), 16 (2): 72-76.

毛宁, 陈必链. 1994. He-Ne 激光对地衣芽胞杆菌的诱变效应. 福建师范大学学报 (自然科学版), 10 (1): 89-94.

毛胜凤, 张立钦, 张健, 林海萍, 马良进, 徐清信. 2008. 马尾松叶提取物的抗菌活性. 浙江林学院学报, 25 (3): 359-362.

毛小芳, 胡锋, 陈小云, 李辉信. 2007. 不同土壤水分条件下华美新小杆线虫对枯草芽胞杆菌数量、活性及土壤氮素矿化的影响. 应用生态学报, 18 (2): 405-410.

毛耀南, 钱南萍. 2007. 微生物法测定硫酸阿米卡星血药浓度. 现代医药卫生, 23 (7): 1051-1052.

毛忠顺, 马青云, 黄琼, 王云月, 朱有勇. 2005. 细菌分离物不同比例混合对镰刀菌的拮抗作用. 云南农业大学学报, 20 (1): 20-22.

茆军, 王玮, 张志东, 谢玉清, 罗淑萍. 2008. 高温中性蛋白酶基因的克隆、表达及验证研究. 新疆农业科学, 45 (5): 956-959.

茆振川, 唐文华, 王汝贤, 张力群. 2004. 苏云金杆菌 B24-14 及其 β-外毒素对植物寄生线虫的作用. 中国农业大学学报, 9 (6): 34-37.

梅红. 2009. 抗生素相关性腹泻. 中国临床医生, 11: 28-29.

梅青辉. 2005. 獭兔的常见病. 农家参谋, 4: 28.

梅清. 2004. 三种獭兔常见病. 农家顾问, 10: 47-48.

梅清. 2007. 獭兔三种常见病的防治. 农村科学实验, 3: 33.

梅淑娟, 张莹. 2005. 长春市淡色库蚊对 2 种杀虫剂敏感性调查. 中华卫生杀虫药械, 11 (6): 397-398.

门奎练. 2010. 微生态制剂在养猪业中的应用及研究. 山东畜牧兽医, 5: 74-76.

蒙显英, 黎起秦, 冯家勋, 叶云峰, 段承杰. 2004. 芽胞杆菌产生的抗菌物质的研究进展. 中国植保导刊, 24 (12): 13-15.

孟凡庆, 刘东, 陈晓东. 2009. 假膜性肠炎的症状与治疗. 医学信息: 上旬刊, 22 (8): 1614-1615.

孟凡涛, 陶琳, 吴思方, 赵学文. 2006. 豆豉纤溶酶生产工艺研究. 中国医药工业杂志, 37 (8): 525-527.

孟浩浩, 李婷, 顾雯雯, 顾远, 袁金牛, 周红霞. 2011. 牛乳超高温灭菌前后芽胞杆菌分离鉴定. 乳业科学与技术, 34 (1): 9-11, 24.

孟会生, 刘卫星, 洪坚平. 2006. 纤维素分解菌群的筛选组建与羧甲基纤维素酶活初探. 山西农业大学学报 (自然科学版), 26 (1): 27-28, 31.

孟军, 黄丽红, 刘淑英, 付鑫. 2006. 动物微生态制剂猪肠源芽胞杆菌的分离与鉴定. 农业科学研究, 27 (3): 40-43.

孟克毕力格, 李少英, 王锂韫, 乌云达来, 李少刚. 1999. 发酵乳中微生物的消长规律的分析. 中国畜产与食品, 6 (6): 253-254.

孟莉, 宋勤. 2008. 丹参益心片微生物限度检查法方法学验证试验研究. 中医药导报, 14 (10): 66-68.

孟立花, 李社增, 郭庆港, 马平. 2008. 枯草芽胞杆菌 NCD-2 菌株抗菌蛋白初步分析. 华北农学报, 23 (1): 189-193.

孟利梅. 2005. 产蛋鸡溃疡性肠炎的诊治. 畜禽业, 4: 28-29.

孟良玉, 兰桃芳, 王伟伟. 2010. 蜂胶提取液对鸡蛋保鲜的效果. 湖北农业科学, 49 (2): 421-423.

孟灵, 王应芳, 李恕君. 2007. 骨髓及血液中检出蜡样芽胞杆菌 1 例. 检验医学与临床, 4 (5): 435-436.

孟楣, 魏良兵, 吴溪, 李翙, 周勇高. 2009. 鹅掌风醋浸剂微生物限度检查方法的研究. 中医药导报, 15 (8): 69-70.

孟明利, 常伟强. 2008. 产气荚膜梭菌引起进行性肌坏死 1 例. 医药论坛杂志, 29 (16): 101.

孟庆恒, 徐咏晶, 李国伟, 张丽琳, 孙建华. 2007. 抗生素对松材线虫携带菌的制菌效应研究. 天津师范大学学报 (自然科学版), 27 (3): 26-29.

孟庆丽, 黄杰, 于卫建, 叶萍, 席惠. 2008. 16S rRNA 通用引物在血小板制品细菌污染检测中的应用. 中国输血杂志, 21 (5): 349-351.

孟庆鹏, 李志勇, 缪晓玲. 2007. 可培养海绵共附生微生物的 PKS 基因筛选. 微生物学通报, 34 (3): 464-467.

孟庆云, 马立夫, 刘玉芳. 2005. 一起 B 型肉毒梭状芽胞杆菌毒素食物中毒调查报告与回顾. 中国预防医学杂志, 6 (4): 391-392.

孟睿, 何连生, 席北斗, 胡翔, 栗越妍. 2009a. 利用菌-藻体系净化水产养殖废水. 环境科学研究, 5: 511-515.

孟睿, 何连生, 席北斗, 胡翔, 栗越妍. 2009b. 芽胞杆菌与硝化细菌净化水产养殖废水的试验研究. 环境科学与技术, 32 (11): 28-31.

孟思妤, 孟长明, 陈昌福. 2009. 微生态制剂的概念及其在水产养殖业中的应用 (上). 渔业致富指南, 15: 68-69.

孟小亮, 陈昌福, 高宇, 贺中华, 田甜, 刘振兴. 2010. 1 株黄颡鱼肠道益生菌的筛选与鉴定. 华中农业大学学报, 29 (2): 208-212.

孟晓静, 苏明权. 1997. 采用 PCR 技术快速检测肠毒性产气荚膜梭状芽胞杆菌. 第四军医大学学报, 18 (1): 91-92.

孟鑫, 阚国仕, 刘剑利, 王晓丹, 陈红漫. 2007. 一株耐碱 Mn-SOD 高产细菌的分离、基因克隆及序列分析. 中国生物工程杂志, 27 (5): 101-106.

孟兆禄, 马汇泉, 董瑾, 谭亚男. 2009. 转座子 Tn917 插入位点侧翼序列的扩增. 生物学杂志, 26 (6): 30-33.

弥春霞, 陈欢, 任玉兰, 祝捷. 2010. 鸡树条荚蒾果实提取物抑菌作用研究. 安徽农业科学, 38 (22): 11767-11768, 11782.

米坤, 冯志华, 张兴宇, 高婷, 孙启. 2004. 芽胞杆菌纤溶酶稳定性的研究. 四川大学学报 (自然科学版), 41 (4): 852-855.

米丽娟, 孙文敬, 谢红, 赵峰梅, 杨庆文. 2003. 枯草芽胞杆菌转酮醇酶变异株 C1-B941 菌种特性的初步研究. 食品科学, 24 (9): 44-48.
米琴, 张玉琴, 陈义光, 鲍敏, 陈志. 2005. 青海盐环境下革兰氏阳性中度嗜盐细菌的分离及其生物学特性. 陕西师范大学学报 (自然科学版), 33 (3): 86-90.
米文秀, 谢冰, 徐亚同. 2008. PCR-SSCP 技术用于脱臭微生物群落结构的研究. 环境科学, 29 (7): 1992-1997.
米友能, 孟维君, 郭光才, 何树杰, 张文刚. 2004. 1 起蜡样芽胞杆菌引起学生食物中毒的调查报告. 职业卫生与病伤, 19 (4): 316.
苗丰, 房淑华, 苗智峰. 2008. 伪膜性肠炎的临床研究. 国际消化病杂志, 28 (1): 85-86.
苗兰兰, 曹龙奎, 吴泽柱. 2009. 永川豆豉中高产蛋白酶菌株的筛选鉴定及液体培养条件的研究. 农产品加工. 学刊, 5: 66-69, 90.
苗丽霞, 曹军卫. 2002. 枯草芽胞杆菌抗脯氨酸结构类似物突变株的筛选及突变株 $proBA$ 基因的克隆和序列分析. 遗传学报, 29 (12): 1111-1117.
苗素丽, 张少平, 程红梅. 2008. 氨肽酶 N (APN) 与鳞翅目昆虫对 Bt 抗性的关系. 中国农业科技导报, 10 (S1): 12-17.
苗晓微, 张敏, 王茂田, 李振杰. 2006. 合生素制剂对肉鸡生长性能和血液指标的影响. 饲料工业, 27 (16): 7-10.
苗则彦, 赵奎华, 刘长远, 梁春浩. 2009a. 黄瓜内生生防菌 B504 在黄瓜体内的定殖. 农药, 7: 535-537.
苗则彦, 赵奎华, 刘长远, 梁春浩. 2009b. 内生细菌 B504 的鉴定及对黄瓜枯萎病的生防作用. 植物保护, 35 (6): 73-77.
苗则彦, 赵奎华, 刘长远, 梁春浩. 2010. 黄瓜内生枯草芽胞杆菌 B504 发酵配方优化研究. 北方园艺, 4: 157-160.
闵乃化, 张克芬. 2004. 丰灵防治大白菜软腐病的试验与应用. 蔬菜, 10: 34-35.
闵伟红, 刘艳, 沈淑杰, 任惠杰, 张锦玉. 2007. 普鲁兰酶产生菌的筛选及诱变技术研究. 吉林农业大学学报, 29 (3): 343-346.
闵向红, 闵向波, 王伟. 2008. 芽胞杆菌在不同发酵底料下产酶规律的研究. 黑龙江畜牧兽医, 4: 59.
闵越双, 刘明启, 郑双杰, 葛虹. 2010. 枯草芽胞杆菌淀粉酶酶学性质的研究. 中国科技纵横, 23: 195.
闵钟熳, 牛天贵, 岳喜庆. 2007a. 耐胃肠道环境芽胞杆菌菌株的筛选. 食品工业科技, 28 (5): 113-115.
闵钟熳, 牛天贵, 岳喜庆. 2007b. 芽胞杆菌益生菌株的筛选. 沈阳农业大学学报, 38 (2): 190-193.
明飞平, 赵培静, 廖春芳, 梁淑娃, 夏枫耿. 2009. 纳豆芽胞杆菌液体发酵条件的优化研究. 现代食品科技, 6: 625-628.
明桂珍, 袁方玉. 1998. 苏云金杆菌和球形芽胞杆菌 (3-4) 灭蚊幼漂浮颗粒剂的效果观察. 湖北预防医学杂志, 9 (1): 31-32.
明惠青, 李莉. 2006. 甲胺磷降解菌的筛选及降解特性研究. 微生物学杂志, 26 (2): 60-62.
明晶. 2006. 芽胞杆菌在改良水体环境中的作用. 科学养鱼, 4: 76.
明晶. 2007. 乳酸芽胞杆菌在水产养殖中的用途. 科学养鱼, 10: 76.
明平. 2007. 水质净化剂在鱼病防治中的作用. 科学养鱼, 2: 59.
缪静, 杨在东, 冯志彬, 张玉香, 程显好. 2010. 碳源对 γ-聚谷氨酸发酵的影响. 中国酿造, 3: 70-72.
缪礼鸿, 韩忠进. 2007. 利用黄姜废渣制备微生物有机肥的研究. 武汉工业学院学报, 26 (1): 1-3, 10.
缪礼鸿, 黄爱荣, 周俊初. 2008. 3 株生防芽胞杆菌的筛选及对棉花枯萎病的防治研究. 武汉工业学院学报, 27 (1): 1-4.
缪仕伟, 孙智杰. 2008. 纳豆激酶的研究进展. 生物学通报, 43 (7): 5-8.
缪志军, 王向荣, 张旭, 蒋桂韬, 楚立雄. 2010. 益生芽胞杆菌制剂饲喂产蛋鸡效果试验. 湖南畜牧兽医, 3: 24-25.

莫绯, 毛利斯, 高淑红, 陈长华. 2007. H_2O_2 对枯草芽胞杆菌生长代谢以及腺苷发酵的影响. 中国医药工业杂志, 38 (6): 416-419.

莫宏春, 刘克武, 孟延发, 江琰, 秦岭, 宋贤丽. 2003. 枯草芽胞杆菌 6-磷酸葡萄糖脱氢酶的纯化及性质. 化学研究与应用, 15 (3): 348-350.

莫金观, 邓金花, 黄静. 2008. 不同消毒剂对蜡样芽胞杆菌的杀灭效果比较. 中国消毒学杂志, 25 (6): 672-673.

莫静燕, 陈献忠, 王正祥. 2009. 地衣芽胞杆菌原生质体的制备、再生及转化研究. 生物技术, 19 (5): 75-77.

莫开菊, 秦恩华, 王俊亮. 2008. 杨梅叶提取物抑菌作用研究. 湖北民族学院学报(自然科学版), 26 (3): 269-272.

莫美华, 谢秀菊. 2000. 利用食品厂的废料发酵生产饲用微生物添加剂. 中国微生态学杂志, 12 (5): 255-257.

莫小丹, 王勇军, 王琦, 梅汝鸿. 2008. 蜡样芽胞杆菌 905 铜锌超氧化物歧化酶基因的克隆及原核表达. 农业生物技术学报, 16 (3): 521-525.

莫云杰, 陆敏, 许黎明, 张继恩, 黄青山. 2006. 重组溶葡萄球菌酶中宿主菌残余蛋白含量的测定. 药物生物技术, 13 (3): 197-201.

牟光庆, 李慧, 李霞, 霍贵成. 2009. 二次回归正交旋转设计优化混菌型豆豉制曲工艺的研究. 中国食品学报, 9 (6): 90-95.

牟洪生, 劳惠燕, 齐振雄, 李续娥. 2010. 微生态制剂 A 对罗非鱼生长及消化酶活性的影响. 华南师范大学学报(自然科学版), 2: 112-115.

牟琳, 王红宁, 邹立扣. 2008. 巨大芽胞杆菌表达外源蛋白的特点及其研究进展. 中国生物工程杂志, 28 (4): 93-97.

牟新涛, 李永, 李强军, 郭民伟, 朴春根. 2010. 三峡库区云阳县三种类型马尾松林微生物区系及优势种群分析 Ⅰ. 林地土壤细菌、芽胞杆菌和真菌. 林业科学研究, 23 (4): 560-566.

牟新涛, 李永, 李强军, 郭民伟, 朴春根. 2010. 三峡库区云阳县三种类型马尾松林微生物区系及优势种群分析 Ⅱ. 林地空气、叶面和树皮表面. 林业科学研究, 23 (5): 762-769.

母锐敏, 樊正球, 王祥荣. 2007. 焦炭固定溶藻细菌 T5 的溶藻效果初探. 复旦学报(自然科学版), 46 (3): 308-311, 317.

慕娟, 问清江, 党永, 吴小杰, 李叶昕. 2010. 碱性木聚糖酶产酶菌株——芽胞杆菌 M-26 的选育. 微生物学杂志, 30 (5): 63-67.

穆常青, 刘雪, 陆庆光, 蒋细良. 2007. 枯草芽胞杆菌 B-332 菌株对稻瘟病的防治效果及定殖作用. 植物保护学报, 34 (2): 123-128.

穆常青, 潘玮, 陆庆光, 蒋细良. 2006. 枯草芽胞杆菌对稻瘟病的防治效果评价及机制初探. 中国生物防治, 22 (2): 158-160.

穆国俊, 黄冠辉. 1995. 苏云金芽胞杆菌 Bt-3701 与巨大芽胞杆菌 Bm-107 种间原生质融合. 微生物学报, 35 (5): 322-326.

穆国俊, 王艳芳. 1993. 巨大芽胞杆菌原生质体形成与再生的研究. 微生物学研究与应用, 4: 8-10.

穆军, 韦华生, 焦炳华, 周荣丽, 杨丹. 2006. 一株抗菌海洋硫酸盐还原菌的筛选和鉴定. 大连铁道学院学报, 27 (3): 89-92.

穆凯峰, 吴永沛, 杨芳, 杨秋明. 2009. 海带抗菌活性的研究. 水产科学, 11: 659-662.

那淑敏, 贾盘兴. 1990. 两株枯草芽胞杆菌的噬菌体. 微生物学报, 30 (2): 117-121.

那淑敏, 贾盘兴. 1990. 一些芽胞杆菌噬菌体的形态和结构. 微生物学报, 30 (3): 210-215.
那治国, 马永强, 张浩, 张毅方, 林杨. 2009. 紫外诱变高去酰胺活性碱性蛋白酶生产菌的研究. 食品与发酵科技, 45 (1): 30-34.
乃用. 2002a. 高产维生素 K2 的枯草 (纳豆) 芽胞杆菌. 工业微生物, 32 (1): 57.
乃用. 2002b. 坚强芽胞杆菌生物絮凝剂的分离和特性. 工业微生物, 32 (4): 60.
乃用. 2002c. 热反硝化芽胞杆菌的耐热内-1, 5-α-L-阿拉伯糖酶. 工业微生物, 32 (3): 62-63.
乃用. 2002d. 芽胞杆菌的原果胶酶. 工业微生物, 32 (3): 63.
乃用. 2003. 短小芽胞杆菌耐热 α-阿拉伯呋喃糖苷酶. 工业微生物, 33 (4): 51.
乃用. 2004a. 聚 (谷氨酸) 的分批发酵生产. 工业微生物, 34 (3): 55.
乃用. 2004b. 枯草芽胞杆菌生物表面活性剂的发酵生产. 工业微生物, 34 (3): 54.
乃用. 2004c. 芽胞杆菌 217C-11 中一种从蔗糖产生菊粉的新型酶. 工业微生物, 34 (3): 56.
南农. 2005. 芽胞杆菌在水产养殖中的作用机理. 现代渔业信息, 20 (1): 33.
南志敏, 宁静. 2008. 血培养蜡样芽胞杆菌 1 例. 国际检验医学杂志, 29 (12): 1150.
能平源, 边藏丽. 2000. 食醋对 15 种病原菌最低抑菌浓度测定. 武汉科技大学学报 (自然科学版), 23 (3): 318-319.
倪长春. 2005. 新微生物杀菌剂——枯草芽胞杆菌新菌株的特性和使用方法. 世界农药, 27 (2): 47-49.
倪丽娜. 2004. 一株高产黑色素细菌的分离及鉴定. 微生物学通报, 31 (1): 55-59.
倪唯唯, 张晶, 金颖. 2007. 一起由蜡样芽胞杆菌引起的食物中毒. 齐齐哈尔医学院学报, 28 (12): 1486-1487.
倪学勤, 曹希亮, 曾东, 周小秋. 2008. 猪源约氏乳酸杆菌 JJB3 和枯草芽胞杆菌 JS01 对仔猪肠道分泌型免疫球蛋白 A 和菌群的影响. 动物营养学报, 20 (3): 275-280.
倪学勤, 何明清, 蔡宝祥. 2001. 有益芽胞杆菌受体菌研究. 中国微生态学杂志, 13 (2): 129-132.
倪学文, 吴谋成. 2004. 银杏酚酸的分离鉴定及其抗菌活性研究. 食品科学, 25 (9): 59-63.
拟南芥. 2010. 微生物杀虫剂——Bt 蛋白的故事. 百科知识, 8: 25-27.
聂光军, 薛正莲, 岳文瑾, 肖必青, 陈军. 2006. 不同浓度的秋水仙碱对枯草杆菌产 α-淀粉酶的影响. 安徽工程科技学院学报 (自然科学版), 21 (3): 15-17.
聂光军, 岳文瑾, 薛正莲, 林星星, 陆晓兰. 2008. 枯草芽胞杆菌产 β-甘露聚糖酶的发酵条件优化分析. 安徽工程科技学院学报 (自然科学版), 23 (1): 1-6.
聂康康, 姚大伟, 马琳, 王政, 杨德吉. 2010. 苏云金芽胞杆菌 NJY1 发酵羊毛粉产角蛋白酶条件的初步研究. 江苏农业科学, 38 (3): 261-263.
聂康康, 姚大伟, 郭俊清, 王政, 杨德吉. 2010. 一株高效羽毛降解菌株的分离与鉴定. 氨基酸和生物资源, 32 (1): 18-20.
聂淼, 孙培军, 綦淑杰. 2010. 酪酸菌联合万古霉素治疗抗生素相关性肠炎效果观察. 山东医药, 50 (49): 15.
聂青和. 2003. 感染性腹泻新病原体研究动态. 临床内科杂志, 20 (11): 567-570.
聂庆霁, 史玉峰, 王玲, 何斌, 李雪影, 王睿勇. 2010. 地衣芽胞杆菌 nju-1411-1 降解羽毛角蛋白过程中含硫化合物的变化. 江苏农业科学, 38 (4): 258-261.
聂智毅, 黄俊生. 2005. 苏云金芽胞杆菌杀虫晶体蛋白基因工程研究进展. 华南热带农业大学学报, 11 (2): 35-40.
宁华, 张荣先, 陈浩, 杨志荣, 孙群. 2008. 滇池中芽胞杆菌的 ARDRA 分类及溶藻特性. 湖泊科学, 20 (5): 675-680.
牛丹丹, 石贵阳, 王正祥. 2009. 分泌高效蛋白的地衣芽胞杆菌及其工业应用. 生物技术通报, 25 (6):

45-50.

牛丹丹,徐敏,马骏双,王正祥.2006.地衣芽胞杆菌α-淀粉酶基因的克隆和及其启动子功能鉴定.微生物学报,46(4):576-580.

牛冬云,张义正.2003.碱性脂肪酶产生菌的筛选及产酶条件的优化.食品与发酵工业,29(5):28-31.

牛桂兰,汤显春,刘进学,闫建平.2002.金矿床区蜡状芽胞杆菌孢壁蛋白SDS-PAGE图谱及聚类分析.微生物学杂志,22(2):24-25.

牛桂兰,闫建平,郑大胜,袁志明.2002.高毒效杀甜菜夜蛾苏云金芽胞杆菌WY-190.中国生物防治,18(4):166-170.

牛桂兰,闫建平,郑大胜,袁志明.2005.抗夜蛾科苏云金芽胞杆菌WY-197菌株的生物学特性研究.微生物学杂志,25(1):25-28.

牛红榜,刘万学,万方浩,刘波.2007.紫茎泽兰根际土壤中优势细菌的筛选鉴定及拮抗性能评价.应用生态学报,18(12):2795-2800.

牛会兰.2005.韩国发现有潜力的禽流感治疗药.国外药讯,7:29.

牛晋阳,祝明,王守伟.2007.肉类加工废水生物处理微生物菌种的分离筛选.肉类工业,6:24-25.

牛究萍,邵莉,张华.2009.肠内营养在伪膜性肠炎中的作用.老年医学与保健,15(2):123-124.

牛立新,靳磊,张延龙,郭秋菊,李红卷.2008.三种百合鳞茎提取物的抑菌作用.广西植物,28(6):842-846.

牛丽亚,黄占旺,蒋丽君,肖招燕.2009.以麦麸为原料固态发酵开发多菌种微生态制剂的研究.粮食与饲料工业,1:24-26.

牛丽亚,黄占旺,帅明,李佩佩.2009.固态发酵生产复合纳豆芽胞杆菌制剂.食品与生物技术学报,28(2):267-271.

牛丽亚,黄占旺,帅明,罗小昌.2008.纳豆芽胞杆菌和啤酒酵母混合固态发酵条件的研究.中国酿造,9:21-23.

牛丽亚,黄占旺,帅明.2008.双菌混合发酵过程中营养物质变化的研究.中国饲料,15:21-23.

牛丽亚,黄占旺,肖招燕.2009.双菌混合发酵产物稳定性的研究.中国饲料,5:14-16.

牛丽亚,黄占旺,赵鹏.2009.纳豆芽胞杆菌和嗜酸乳杆菌混合发酵过程中营养物质变化的研究.粮食与饲料工业,4:36-37,44.

牛丽亚,黄占旺.2008.纳豆芽胞杆菌微生态制剂的研究进展.饲料博览:技术版,6:24-26.

牛宁昌,张妍,张建丽.2007.湘江江岸土样中放线菌分离菌株抗菌活性研究.生命科学仪器,5(5):36-38.

牛世全.1999.焦化废水处理中活性污泥的基础研究.甘肃科学学报,11(1):55-58.

牛术敏,郭晓军,李术娜,袁洪水.2008.枯草芽胞杆菌BS-26菌株纤溶酶的性质分析及活性组分的分离纯化.微生物学报,48(10):1387-1392.

牛术敏,李术娜,郭晓军,袁洪水.2008.一株产纤溶酶菌株BS-26的分离和鉴定.中国生化药物杂志,29(3):164-167.

牛天贵,吕莹,蔡同一,郭三堆,张锐.2001a.降解胆固醇的芽胞杆菌T12-1的培养条件研究.中国农业大学学报,6(1):79-83.

牛天贵,吕莹,蔡同一,郭三堆,张锐.2001b.降解食品中胆固醇的芽胞杆菌T12-1的筛选与应用研究.中国农业大学学报,6(1):74-78.

牛伟,耿海峰,牛宇,张丽珍,樊晶.2010.枯草芽胞杆菌B26抑菌活性成分稳定性研究.农产品加工:创新版,10:44-47,54.

牛永梅.2010.芽胞杆菌碱性蛋白酶的沉淀分离特性和酶学性质研究.新课程:教研版,4:181-182.

牛永梅. 2010. 一株高产碱性果胶酶菌株的分离、产酶条件的优化和酶液的初步分离提纯. 新课程：教研版, 5: 261-265.

牛宇峰, 田相利, 杜宗军, 董双林. 2009. 投饵与不投饵池塘刺参肠道异养菌区系比较. 安徽农业科学, 37 (27): 13113-13117.

牛志卿, 刘建荣, 吴国庆. 1994. TTC-脱氢酶活性测定法的改进. 微生物学通报, 21 (1): 59-61.

牛钟相, 徐淑玉. 1996. 由克雷伯氏菌肺炎亚种及凝结芽胞杆菌混合感染引起山羊猝死症. 山东畜牧兽医, 4: 34-35.

钮隽. 2005. 浅析如何应对羽绒卫生指标新变化. 黑龙江畜牧兽医, 3: 70.

钮因健, 邱冠周, 周吉奎, 覃文庆. 2004. 硅酸盐细菌的选育及铝土矿细菌脱硅效果. 中国有色金属学报, 14 (2): 280-285.

农倩, 黎起秦, 袁高庆, 林纬, 黄永禄. 2010. 内生细菌 B196 菌株与井冈霉素混配对水稻纹枯病的防治作用. 安徽农业科学, 38 (18): 9557-9558, 9674.

欧昆鹏, 谢和. 2008. 不同发酵条件对枯草芽胞杆菌产多糖的影响. 贵州大学学报（自然科学版）, 25 (3): 322-327, F0003.

欧平, 梁静娟, 庞宗文, 覃丽苏. 2010. 大豆蛋白酶产生菌的诱变选育及酶学性质研究. 食品研究与开发, 31 (1): 147-150.

欧平, 梁静娟, 庞宗文. 2011. 一株产大豆蛋白酶的芽胞杆菌发酵条件的优化. 食品研究与开发, 32 (2): 133-139.

欧少瑛. 2004. 腹腔镜手术器械灭菌的方法和监测. 中华医院感染学杂志, 14 (2): 181-182.

欧阳峰, 王勇, 谭铁兵, 谭永权, 林永灿. 2007. 使用天然添加剂提高猪肉品质的研究. 饲料研究, 7: 1-2, 5.

欧阳华勇, 李冰峰, 权静, 夏凡, 沈建华, 张光东. 2009. 耐有机溶剂蛋白酶生产菌的筛选. 安徽农业科学, 37 (28): 13606-13609.

欧阳建新, 施周, 崔凯龙, 钟华. 2011. 微生物复合菌剂对污泥好氧堆肥过程的影响. 中国环境科学, 31 (2): 253-258.

欧阳结明, 王玉群. 2009. "精博神液"使用实例. 科学养鱼, 2: 79.

欧阳文竹, 熊兴泉, 郭振楚. 2004. 壳聚糖季铵盐晶体的制备及其抑菌、柔软剂性能. 湘潭师范学院学报（自然科学版）, 26 (4): 25-27.

欧阳玉祝, 唐赛燕, 秦海琼, 唐红玉. 2009. 海金沙提取物体外抑菌性能研究. 中国野生植物资源, 28 (3): 41-44.

帕孜来提·拜合提, 阿不都拉·阿巴斯. 2004. 红景天抑菌作用初探. 新疆大学学报（自然科学版）, z1: 134-136.

帕孜来提·拜合提, 文雪梅, 阿不都拉·阿巴斯. 2006. 新疆红景天总黄酮及多糖的分离提取及抑菌活性初探. 食品科学, 27 (7): 114-118.

潘宝海, 张建东, 谯仕彦. 2007. 芽胞杆菌对畜禽生产性能的影响. 饲料研究, 1: 55-57.

潘沧桑, 林竞. 1993. 在我国发现的根结线虫病原菌及其用作生物防治的探讨. 微生物学报, 33 (4): 313-316.

潘沧桑, 林竞. 1996. 穿刺芽胞杆菌在吊灯花根结线虫中大面积自然感染及链枝菌记述. 厦门大学学报（自然科学版）, 35 (5): 801-805.

潘沧桑, 林竞. 1997. 穿刺芽胞杆菌菌剂研制及其对根结线虫的防治. 微生物学报, 37 (6): 480-482.

潘沧桑, 林竞. 1998. 穿刺芽胞杆菌防治根治线虫的盆栽试验. 厦门大学学报（自然科学版）, 37 (5): 747-753.

潘凤光,柳增善,刘海学,刘斌. 2005. 地衣芽胞杆菌耐高温 α-淀粉酶基因工程菌的研究进展. 内蒙古民族大学学报(自然科学版), 20 (2): 160-163.

潘凤光,任洪林,刘海学,柳增善. 2004. 地衣芽胞杆菌 α-耐高温淀粉酶基因的克隆及原核表达. 内蒙古民族大学学报(自然科学版), 19 (1): 46-49.

潘凤光,宋德群,任洪林,艾永兴. 2004. 地衣芽胞杆菌 α-耐高温淀粉酶基因的克隆及在大肠杆菌中的表达. 沈阳农业大学学报, 35 (1): 42-44.

潘国家. 2009. 益生菌发酵花生壳粉添加喂猪生长效果研究. 现代农业科技, 21: 265.

潘惠霞,程争鸣,张元明,牟书勇. 2004. 一株嗜热芽胞杆菌产生的耐热蛋白酶的研究. 干旱区研究, 21 (2): 175-178.

潘惠霞,张元明,程争鸣,牟书勇,齐晓玲. 2005. 古尔班通古特沙漠生物结皮中一株嗜热细菌的特性. 干旱区研究, 22 (2): 211-213.

潘建华,刘瑞霞. 2004. 蜡状芽胞杆菌 Bacillus cereus 吸附铅的研究. 环境科学, 25 (2): 166-169.

潘建兰,刘慧萍. 2009. 开放性骨折后并发气性坏疽 8 例护理体会. 贵州医药, 33 (1): 93-94.

潘洁茹,关怡,郑能雄,黄天培. 2010. 含铀土壤中苏云金芽胞杆菌的分离与鉴定. 莆田学院学报, 17 (2): 27-30.

潘金菊,慕卫,翟茹环,刘峰. 2007. 山东省保护地土壤黄瓜菌核病拮抗细菌的分离与鉴定. 农业环境科学学报, 26 (5): 1749-1753.

潘金菊,于婷,尚玉珂,慕卫,刘峰. 2008. 生防菌 BMP-11 对瓜果腐霉病菌的抑制活性及其鉴定. 植物保护学报, 35 (4): 311-316.

潘康成,陈正礼,崔恒敏,冯兴,盛琴,赵爽. 2010. 利用 ERIC-PCR 和 PCR-DGGE 技术分析喂服枯草芽胞杆菌肉鸡肠道菌群的多样性. 动物营养学报, 20 (4): 985-991.

潘康成,陈正礼,崔恒敏,袁朝富,陈刚. 2009. 蜡样芽胞杆菌 PAS38 和甘露聚糖制剂对家兔小肠 SS 及 5-HT 免疫阳性细胞的影响. 浙江大学学报: 农业与生命科学版, 35 (5): 578-584.

潘康成,冯轼. 2008. 微生态制剂在绿色养殖中的作用. 中国家禽, 30 (14): 39-41.

潘康成,冯轼,崔恒敏,陈刚,陈正. 2009. 微生态制剂对幼兔生长及 HPA 轴 5-HT 能细胞的影响. 动物营养学报, 19 (6): 945-952.

潘康成,冯兴,崔恒敏,张亚兰. 2009. 利用 16S rDNA 序列对两种芽胞杆菌的鉴定. 中国兽医科学, 39 (6): 550-554.

潘康成,高传庆,张钧利,范可珏. 2010. 三株益生芽胞杆菌的 16S rDNA 测序鉴定. 饲料工业, 31 (8): 24-27.

潘康成,何明清. 1997. 地衣芽胞杆菌对家兔细胞免疫功能的影响. 四川农业大学学报, 15 (3): 368-371.

潘康成,何晴清. 1998. 地衣芽胞杆菌对家兔体液免疫功能的影响研究. 中国微生态学杂志, 10 (4): 204-206.

潘康成,杨金龙,王振华,张钧利. 2004. 枯草芽胞杆菌制剂在南美白对虾育苗上的应用. 饲料研究, 12: 33-34.

潘康成,王振华,张钧利,杨金龙. 2004. 枯草芽胞杆菌制剂对肉鸡生长性能的影响研究. 饲料广角, 21: 33-35.

潘康成,徐静. 1997. 有益芽胞杆菌对 4 株病原细菌的体外拮抗试验. 中国兽医杂志, 23 (11): 13-14.

潘雷,莫介化,黄永强,李木旺,陈东明. 2004. 酶解蛋白粉替代部分白鱼粉对池养鳗鱼生长的影响. 科学养鱼, 9: 58-59.

潘丽晶,张妙彬,梁擎中,范干群,程萍. 2009. 苏云金芽胞杆菌 aiiA 基因载体构建及石斛兰转化. 中山大学学报（自然科学版），48（1）：67-71.
潘丽娜，亓雪晨，齐俊生，付学池，王琦，梅汝鸿. 2005. At7 基因在植物内生芽胞杆菌 A47 中的表达及生物学功能测定. 植物病理学报，35（6）：211.
潘利华，罗建平. 2008. 豆粕中大豆异黄酮的超临界萃取工艺及性质研究. 食品科学，29（9）：288-290.
潘利华，罗水忠，罗建平. 2007. 电脑生物清洁剂消毒性能观察. 中国消毒学杂志，24（5）：445-447.
潘明，徐轶婷，许艳丽，于海光，袁城金. 2010. 灵芝发酵液多糖抑菌作用研究. 中国酿造，2：56-58.
潘木水，周凤珍，张玲华，邝哲师，黄小光. 2005. 复合微生物制剂对肉仔鸡小肠内容物酶活性的影响. 广东农业科学，32（5）：62-63.
潘强，白旭东. 2009. 罗红霉素缓释颗粒微生物限度检验方法的探讨. 中国药事，8：804-806.
潘淑媛. 2002. 阿维拉霉素对肉鸡盲肠产气梭状芽胞杆菌的数量及生长性能的作用. 饲料研究，6：27-28.
潘素君，李向荣，谭周进，刘仲华. 2009. 茶多酚的抑菌作用研究. 湖南农业科学，11：96-97，100.
潘卫东，刘向辉，戈峰. 2004. 赤子爱胜蚯蚓体液中几种抗菌成分的比较研究. 中国生化药物杂志，25（4）：199-202.
潘羡心，刘先宝，时涛，林春花，蔡吉苗，黄贵修. 2010. 16S rDNA 序列分析法对香蕉根部内生细菌种群多样性初析. 热带作物学报，31（5）：772-776.
潘羡心，彭建华，刘先宝，蔡吉苗，黄贵修. 2009. 一株产铁载体香蕉拮抗内生细菌的分离及鉴定. 热带农业工程，33（4）：4-8.
潘小红. 2008. 无公害高产鱼塘水质管理技术要点. 渔业致富指南，9：32.
潘晓鸿，王飞鹏，姚荣英，吴小凤. 2009. 不同生境 Bt 分离株晶体含量与靶标昆虫生物活性关系分析. 中国农学通报，25（11）：156-160.
潘晓艺，沈锦玉，余旭平，朱军莉. 2007. 水产养殖中枯草芽胞杆菌的分子鉴定. 水生生物学报，31（1）：139-141.
潘星时，葛力. 1991. 脂肪嗜热芽胞杆菌产生的一种新的Ⅱ型限制性内切酶 $BsaO\mathrm{I}$. 科学通报，36（5）：399-400.
潘学芳，罗雁非，周天. 2005. 3,5-二硝基水杨酸降解菌的分离鉴定及生长条件初探. 长春师范学院学报（自然科学版），24（3）：97-99.
潘学峰. 2006. 多效调控基因 $degU32$（Hy），$degQa$ 和 $degR$ 对枯草芽胞杆菌 Ki-2-132 生长和蛋白酶发酵的影响. 遗传学报，33（4）：373-380.
潘学峰，章银梅，汤懋竑. 1997. 利用枯草芽胞杆菌株间原生质体融合进行差异表型遗传重组分析的研究. 应用与环境生物学报，3（1）：63-66.
潘亚均，胡治稳. 2007. 应用枯草芽胞杆菌制剂调节南美白对虾养殖池的水质. 中国水产，3：97-98.
潘延云，张贺迎，周艳芬，武金霞，王延旭，吴宝东. 2002. 原生质体融合构建高产碱性蛋白酶工程菌. 应用与环境生物学报，8（4）：422-426.
潘延云，张贺迎. 1993. 地衣芽胞杆菌 2709 原生质体的制备与再生. 微生物学研究与应用，3：1-3.
潘延云，周艳芬，张贺迎，吴宝东. 2003. 高产碱性蛋白酶工程菌的构建及鉴定. 哈尔滨师范大学自然科学学报，19（4）：97-100.
潘映红，张杰. 1999. 几种微生物杀虫蛋白基因研究进展. 生物技术通报，15（2）：1-4.
潘永荣，张俊峰，蒋运友. 2010. 微生态制剂在养猪生产中的应用. 现代畜牧兽医，8：34-35.
潘有祥. 2005. 害虫对苏云金杆菌的抗性研究进展. 华东昆虫学报，14（4）：353-357.
盘宝进，罗兆飞，韦梅良，汪文龙. 2009. 沙门菌和志贺菌二重 PCR 检测方法的建立及应用. 动物医学进展，30（5）：19-23.

盘宝进,韦梅良.2005.食用香料添加剂-桂粉中蜡样芽胞杆菌的分离与鉴定.中国食品添加剂,3: 108-110.

庞倩婵,纪凯华,王燕森,马挺.2011.响应面法优化 Paenibacillus sp. JX426 产黄原胶降解酶发酵培养基.中国酿造,2:33-37.

庞天,梁子洪,王伦旺.2008. PGPR 复混肥料对旱地甘蔗的施用效应.广西农业科学,39(4): 504-506.

庞晓俊.2000.球形芽胞杆菌杀灭蚊幼的影响因素.上海预防医学,12(11):533-534.

庞在九,叶书荣.2001.一起蜡样芽胞杆菌致食物中毒的调查.安徽预防医学杂志,7(3):176.

庞振卿,李建波.1994.球形芽胞杆菌防治淡色库蚊幼虫效果评价.医学动物防制,10(4):247-248.

庞宗文,梁静娟,丁绍敏,刘学军.2006.苎麻微生物脱胶技术工艺的研究.广西纺织科技,35(1): 2-4.

逢焕成,李玉义,严慧峻,梁业森.2009.微生物菌剂对盐碱土理化和生物性状影响的研究.农业环境科学学报,28(5):951-955.

裴国凤,袁志明,蔡垒信,张用梅,庞义.2001.球形芽胞杆菌对致倦库蚊的后致死作用.昆虫学报,44 (4):433-438.

裴海燕,胡文容,曲音波,母锐敏.2005.一株溶藻细菌的分离鉴定及其溶藻特性.环境科学学报,25 (6):796-802.

裴家伟,王敏,吴风亮,张柏林.2007.羊肉微生物相调查及山梨酸钾的防腐作用.肉类研究,8:30-34.

裴鹏祖,胡宝庆,谢彦海,文春根.2011.中华圆田螺血细胞的分类和吞噬活性.南昌大学学报(理科版),35(1):83-89,94.

裴炎,彭红卫.1999.抗真菌多肽 APS-1 的分离纯化与特性.微生物学报,39(4):344-349.

彭爱铭,谷春涛,佟建明,萨仁娜.2004.不同培养条件对两株芽胞杆菌酶系的影响研究.饲料工业, 25(3):45-46.

彭爱铭,佟建明,崔建云,谷春涛.2004.地衣芽胞杆菌 TS-01 胞外多糖功能的研究.食品科学,z1: 158-162.

彭昌文.2002. Bt 研究概况及进展.曲阜师范大学学报(自然科学版).28(3):86-88.

彭超,吴刚.2003.3 株溶藻细菌的分离鉴定及其溶藻效应.环境科学研究,16(1):37-40,56.

彭东海,陈守文,阮丽芳,李林,喻子牛,孙明.2006.苏云金芽胞杆菌基因工程菌 BMB696B 对实验动物的安全性评估.安全与环境学报,6(6):87-91.

彭光华.2009.三种大蒜有机硫化物抑菌性能的比较.西藏科技,4:10-12.

彭广茜.1999.枯草芽胞杆菌生防菌株 Bp 产生抗菌物质的条件.贵州农业科学,27(1):6-9.

彭好文,黎起秦,段承杰,蒙显英.2004.拮抗细菌 B11 的鉴定及其分泌的拮抗蛋白抗菌谱.中国生物防治,20(1):74-76.

彭好文,黎起秦,蒙姣荣,唐照磊,林纬.2003.芽胞杆菌 B11 拮抗蛋白性质及其对西瓜枯萎病菌的作用机理.植物保护,29(5):22-25.

彭华,王加启,卜登攀.2010.2008—2009 年反刍动物营养研究进展 Ⅱ.外源添加剂对瘤胃发酵的调控.中国畜牧兽医,37(2):15-21.

彭化贤,席亚东,刘波微,朱建义.2008.枯草芽胞杆菌 Xi-55 液体发酵条件的优化及防治稻曲病试验.西南农业学报,21(5):1298-1302.

彭惠,高毅,肖亚中.2008.一株高乙醇耐受的嗜热细菌 Anoxybacillus sp. WP06 的性质研究.生物工程学报,24(6):1117-1120.

彭可凡.1999.苏云金芽胞杆菌制剂的防治应用技术.农业科技通讯,9:30.

彭可凡. 2000. 苏云金芽胞杆菌杀虫剂的剂型加工研究进展. 微生物学杂志, 20 (1): 35-37.
彭可凡, 高梅影, 戴顺英, 安学芳, 朱幼玲, 蔡亚君. 2003. 苏云金芽胞杆菌抗蝗虫生物测定模式建立. 中国生物防治, 19 (4): 189-192.
彭可凡, 林开春. 2000. 农药助剂对苏云金杆菌毒力的影响及新液剂研制. 微生物学通报, 27 (4): 242-245.
彭立强, 谢云, 任涛涛, 陈五岭. 2010. 猪饲料添加剂复合菌种的筛选和特性研究. 饲料工业, 31 (20): 37-41.
彭亮, 肖仔君. 2009. 西藏雪莲中酵母菌的分离鉴定及抑菌活性的研究. 现代食品科技, 6: 608-609, 649.
彭玲, 熊何, 孟小林. 2008. 诱变处理增强地衣芽胞杆菌 01101107 抑菌性的研究. 化学与生物工程, 25 (8): 55-57.
彭鹏, 蒋维平, 李善茂, 陈传治, 刘国宏. 2011. 硫脲与碘化钆配合物的合成、表征及抗菌活性研究. 应用化工, 40 (1): 100-103.
彭其安, 谭远友, 李亚芳, 吴思方. 2008. D-核糖发酵培养基优化实验研究. 化学与生物工程, 25 (2): 35-37.
彭琦, 朱莉, 宋福平, 张杰, 高继. 2008. 苏云金芽胞杆菌 HD-73 菌株 $sigL$ 基因突变体的特性分析. 微生物学报, 48 (9): 1147-1153.
彭谦, 和致中. 1992. 临沧地区温泉中的嗜热性芽胞杆菌及其特征. 水生生物学报, 16 (3): 260-266.
彭清忠, 陈军, 陈玲, 彭清静. 2010. 短短小芽胞杆菌启动子筛选载体的构建. 生命科学研究, 14 (2): 117-121.
彭清忠, 彭清静, 张惟材, 朱厚础. 2004. 短芽胞杆菌的转化方法. 吉首大学学报 (自然科学版), 25 (4): 35-38.
彭清忠, 张惟材, 朱厚础. 2002a. 短芽胞杆菌细胞壁蛋白基因多启动子和信号肽编码序列的分离. 生物技术通讯, 13 (1): 23-25.
彭清忠, 张惟材, 朱厚础. 2002b. α-淀粉酶在短短芽胞杆菌中的分泌表达. 生物技术通讯, 13 (3): 167-169.
彭清忠, 张惟材, 朱厚础. 2002c. 短短小芽胞杆菌—大肠杆菌穿梭分泌表达载体的构建. 生物工程学报, 18 (4): 438-441.
彭清忠, 朱厚础, 张惟材. 2002. 具有分泌蛋白能力的短芽胞杆菌的筛选及鉴定. 微生物学报, 42 (6): 693-699.
彭日荷, 熊爱生, 李贤, 范惠琴, 黄晓敏, 姚泉洪. 2001. 苏云金芽胞杆菌 $cryIA$ (c) Bt 基因的合成及其在大肠杆菌中稳定表达. 生物化学与生物物理学报, 33 (2): 219-224.
彭书敏, 朱立本. 1997. 胃肠手术后并发腹壁坏死性软组织感染的治疗体会. 局解手术学杂志, 6 (3): 14-15.
彭树锋, 王云新, 叶富良, 张海发. 2007. 微生物饲料添加剂应用研究 (七) ——几种有益微生物在斜带石斑鱼健康养殖中的应用. 饲料与畜牧: 新饲料, 4: 53-54.
彭文君 (译). 2009. 关于泰乐菌素. 中国蜂业, 3: 53-54.
彭细桥, 刘红艳, 罗宽, 邓正平. 2007. 烟草内生青枯病拮抗细菌的筛选和初步鉴定. 中国烟草科学, 28 (2): 38-40.
彭霞. 2010. 枯草芽胞杆菌在养猪生产上的应用. 广东饲料, 2: 26-27.
彭旭, 王勇军, 王爽, 付学池, 王琦, 梅汝鸿. 2007. 蜡样芽胞杆菌 M22 Fe-SOD 基因克隆及其分析. 植物病理学报, 37 (5): 479-486.

彭艳, 吴松青, 黄张敏, 关雄. 2008. 苏云金芽胞杆菌 *cry1Ea* 基因的克隆及生物信息学分析. 中国农学通报, 24 (9): 362-366.

彭益强, 范恩明, 方柏山. 2007. 一株产 NAD^+ 依赖型甘油脱氢酶嗜热杆菌的筛选. 漳州师范学院学报 (自然科学版), 20 (4): 88-92.

彭益强, 朱丽萍, 刘雯, 方柏山. 2007. 可溶性低聚壳聚糖的制备与抗菌性能研究. 食品科学, 28 (2): 98-101.

彭勇, 陈志茹. 2005a. 枯草芽胞杆菌培养一日法检测抗生素浓度的实验性研究. 燕山大学学报, 29 (5): 468-470.

彭勇, 陈志茹. 2005b. 培养 1 日的枯草芽胞杆菌菌悬液用于抗生素的浓度检测. 中国抗生素杂志, 30 (7): 398.

彭勇, 王忠彦. 2000. 地衣芽胞杆菌碱性蛋白酶的研究——Ⅱ碱性蛋白酶的提纯和性质研究. 工业微生物, 30 (4): 37-40.

彭勇, 张义正. 2002a. 解淀粉芽胞杆菌 (*Bacillus amyloliquefaciens*) DC-4 产豆豉溶栓酶发酵条件的优化. 食品与发酵工业, 28 (4): 19-23.

彭勇, 张义正. 2002b. 解淀粉芽胞杆菌 DC-4 豆豉溶栓酶成熟肽编码序列的克隆及表达. 应用与环境生物学报, 8 (3): 285-289.

彭勇, 张义正. 2002c. 豆豉溶栓酶产生菌的筛选及其酶学性质的初步研究. 高技术通讯, 12 (2): 30-34.

彭玉芬, 胡丽娜, 傅林锋, 王秉翔. 1999. 嗜热脂肪芽胞杆菌压力蒸气灭菌生物指示剂研制. 生物制品年刊, 1: 41-42.

彭元丽, 邹坤, 陈国华, 何晓雯, 周媛. 2009. 乌桕根皮乙酸乙酯部位抑菌活性研究. 安徽农业科学, 37 (31): 15231-15232.

彭志清. 1992. 城市医院的梭状芽胞杆菌败血症. 医学信息 (云南), 8: 28-29.

平芮巾, 孙谧, 刘均忠, 王跃军. 2008. 响应面法优化海洋细菌 MP-2 酯酶发酵条件. 应用与环境生物学报, 14 (4): 548-552.

平芮巾, 孙谧, 刘均忠, 王跃军. 2009. 产海洋细菌 MP-2 酯酶菌株的鉴定及酯酶理化性质的研究. 渔业科学进展, 30 (2): 83-88.

平文祥, 王淑琴. 1996. 西瓜水浸病及其病原体的研究. 生物技术. 6 (2): 14-17.

平文祥, 赵丹, 宋刚, 葛菁萍, 凌宏志. 2010. 果胶酶产生菌 HDYM-02 发酵条件的研究. 大庆师范学院学报, 30 (3): 115-118.

蒲小聪, 林金辉. 2009. 纳米 TiO_2 复合抗菌材料的制备及其性能研究. 化工新型材料, 4: 98-100.

蒲宗耀, 陈松, 卢涛, 赵健, 宋绍玲. 2006a. 耐碱耐温淀粉酶性能及退浆工艺试验研究. 纺织科技进展, 1: 24-26.

蒲宗耀, 陈松, 卢涛, 赵健, 宋绍玲. 2006b. 耐碱耐温淀粉酶性能及退浆工艺试验研究 (续). 纺织科技进展, 2: 22-25.

戚薇, 陈莹, 王建玲, 房志仲. 2003. 高浓度凝结芽胞杆菌粉剂的研制及特性研究. 天津轻工业学院学报, 18 (2): 1-5.

戚薇, 何玉慧, 李安东, 王海宽. 2010. 酪酸梭状芽胞杆菌发酵培养基的优化. 天津科技大学学报, 25 (2): 18-21.

戚薇, 刘馨磊, 王建玲, 陈莹, 路福平, 杜连祥. 2003. 中空纤维膜过滤法高密度培养凝结芽胞杆菌 TQ33. 食品与发酵工业, 29 (4): 15-18.

戚薇, 乔琳, 杜连祥. 2004. 蜂花粉的固态发酵工艺. 食品与发酵工业, 30 (12): 55-59.

戚薇,唐翔宇,王建玲,杜连祥.2008.益生菌发酵豆粕制备生物活性饲料的研究.饲料工业,29(5):15-19.

戚薇,王晓媛,王建玲,杜连祥.2007.青霉素酶分离纯化及酶学性质研究.中国抗生素杂志,32(8):466-469.

戚薇,王海燕,王建玲,杜连祥.2007.氮离子注入选育耐酸性α-淀粉酶产生菌诱变效应的研究.天津科技大学学报,22(3):6-8,18.

戚伟,赵树欣,李艳敏,杨薇.2007.混菌发酵生产富肽蛋白饲料工艺条件的研究.饲料工业,28(17):6-9.

漆辉洲,陈红,敖敬群,周洪波,陈新华.2009.一株深海中等嗜热嗜酸菌的分离及鉴定.海洋学报,31(2):152-158.

亓德富,张永国,谭瀛,赵春泰.2007.微生态制剂对狐生产性能的影响.养殖技术顾问.6:86.

齐爱勇,魏东盛,刘大群,张汀.2006.番茄灰霉病菌拮抗细菌B21的鉴定.中国农学通报,22(9):360-363.

齐殿军.1998.新洁尔灭消毒液中检出蜡样芽胞杆菌的报告.吉林医学信息.15(11):43.

齐东来,李一丹,高继国.2005.苏云金杆菌溶细胞毒素及相关基因研究进展.东北农业大学学报,36(1):104-108.

齐东梅,惠明,梁启美,牛天贵.2005.枯草芽胞杆菌H110对苹果梨采后青霉病和黑斑病的抑制效果.应用与环境生物学报,11(2):171-174.

齐东梅,梁启美,惠明,牛天贵.2005.棉花枯萎、黄萎病拮抗芽胞杆菌的抗菌蛋白特性.微生物学通报,32(4):42-46.

齐飞飞,夏觅真,唐欣昀,甘旭华,常慧萍,祝凌云,曹媛媛.2008.$luxAB$基因标记的K2116L菌株在棉花根际中的定殖.生态学杂志,27(2):192-196.

齐凤兰,奚锐华,陈有容.2004a.纳豆生产工艺的优化.食品工业,25(3):50-52.

齐凤兰,奚锐华,陈有容.2004b.纳豆中营养与活性成分的分析研究.中国食物与营养,2:33-35.

齐桂凤.1996.一次由蜡样芽胞杆菌引起的列车食物中毒.肉品卫生,7:15-17.

齐涵,王淑芬,任秋生,明月,牟玉清,张美东.1998.枯草芽胞杆菌BS224菌活菌制剂(白天鹅气雾剂)治疗烧伤创面的环境细菌学监测.中国微生态学杂志,10(3):174-176.

齐莉莉,王进波.2008.姜黄提取物的抗氧化及抗菌活性研究.中国调味品,2:72-73,83.

齐茂强,姜兴涛,刘刚,陈锦河.2010.利用地衣芽胞杆菌发酵生产3-羟基-2-丁酮初步研究.食品与生物技术学报,29(1):155-160.

齐素红,董梅,孙建霞.2009.一例前臂双骨折气性坏疽行截肢术患儿的护理.天津护理,17(2):96-97.

齐欣,魏雪生,陈颖,张峻,陈晓云.2007a.益生菌对彭泽鲫生长性能及水体环境的影响.中国饲料,17:27-29.

齐欣,魏雪生,陈颖,张峻,陈晓云.2007b.益生菌在彭泽鲫养殖中的应用研究.饲料广角,15:40-41.

齐新,刘晶,万洁茹,贺平,宋士伟.2010.提高复合微生物菌剂污水净化效果的试验研究.中国医学检验杂志,11(2):59-60.

齐新荣,王茹欣,李瑞芬,冯小宁,陈星.2009.1例老年术后并发伪膜性肠炎患者的护理体会.医学研究与教育,26(2):68,70.

齐秀华,翟亚杰.2010.防止沙门氏菌污染饲料的几项措施.养殖技术顾问,3:59.

齐绪峰,宋纪真,Je Y H,Jin B R,李建洪.2006.苏云金芽胞杆菌防治烟草害虫研究进展.烟草科技,4:58-61.

齐绪峰,宋纪真,谢剑平,Je Y H,Jin B R,李建洪. 2006. 贮烟仓库中苏云金芽胞杆菌对烟草甲的杀灭活性. 烟草科技,5:57-59.

齐勇,黄玉杰,李茹美,谢晨,丁爱. 2008. 巨大芽胞杆菌 *Bacillus megaterium* 1301 的转座诱变. 山东农业大学学报(自然科学版),39 (3):407-412.

齐哲,张伟,刘卫华,亢春雨,张先舟,陈珊珊,魏昭,张亚爽. 2009. FTA 滤膜与环介导等温扩增技术结合快速检测消毒乳中的蜡样芽胞杆菌. 中国食品学报,9 (3):156-161.

祁红兵,陈钧,何佳,徐骅,熊郁. 2007. 纳豆芽胞杆菌发酵米糠提取物的保健功能研究. 营养学报,29 (6):578-581,586.

祁红兵,陈钧,何佳,徐骅,熊郁. 2008a. 纳豆芽胞杆菌发酵麸皮的抗氧化功能研究. 中国粮油学报,23 (1):32-35.

祁红兵,陈钧,何佳,徐骅,熊郁. 2008b. 纳豆芽胞杆菌发酵米糠上清液的抗氧化功能研究. 食品科学,29 (3):293-297.

祁红兵,陈钧,熊郁云,徐骅. 2007. 纳豆芽胞杆菌发酵麸皮的抗氧化发酵条件研究. 食品科技,32 (10):52-56.

祁红兵,陈玉栋,陈钧. 2010a. 纳豆芽胞杆菌发酵米糠提取物的抗衰老作用研究. 安徽农业科学,38 (9):4788-4789.

祁红兵,陈玉栋,陈钧. 2010b. 纳豆菌的米糠发酵物对小鼠肠道菌群的调节. 中国粮油学报,25 (4):61-64.

祁红兵,刘铭,李红敬. 2003a. 产几丁质酶苏云金芽胞杆菌的筛选及其对甜菜夜蛾高毒菌株的增效活性. 江苏农业科学,31 (6):61-63.

祁红兵,刘铭,李红敬. 2003b. 苏云金杆菌菌株产几丁质酶的合成条件研究. 信阳师范学院学报(自然科学版),16 (1):42-44.

祁红兵,刘铭,李红敬. 2004. 防治甜菜夜蛾的双菌株混合发酵研究. 信阳师范学院学报(自然科学版),17 (2):191-193.

祁红兵,宋莉,陈钧. 2009. 纳豆芽胞杆菌发酵米糠中植酸降解的测定. 安徽农业科学,37 (31):15112-15114.

钱伯章. 科技信息. 2007. 精细化工原料及中间体,5:53-55.

钱常娣,李宝庆,郭庆港,鹿秀云. 2011. 枯草芽胞杆菌菌株 BAB-1 表面活性素的分离纯化及性质分析. 植物病理学报,41 (2):196-202.

钱常娣,李宝庆,赵添,郭庆港. 2009. 枯草芽胞杆菌 BAB-1 脂肽类化合物的分离及稳定性分析. 中国农业科技导报,11 (6):69-74.

钱骅,赵伯涛,夏劲,黄晓德. 2010. 九种精油的抗菌活性及其防腐特性研究. 中国调味品,4:69-72.

钱家鸣. IBD 与肠道菌群密切相关. 2008. 医学研究杂志,37 (9):3-4.

钱昆,周涛. 2008. 低温熏煮香肠中腐败菌的分离及鉴定. 食品工业科技,4:124-126,130.

钱丽丽,刘江丽,李扬,张园园,裴世春. 2008. 西兰花中硫代葡萄糖苷的提取及抑菌试验初报, 中国农学通报,24 (2):335-338.

钱思敏,李凤梅. 1994. 电离辐射灭菌生物指示剂对辐射耐受力的测定. 中国消毒学杂志,11 (1):29-31.

乔国华,单安山. 2006. 直接饲喂微生物培养物对奶牛瘤胃发酵产甲烷及生产性能的影响. 中国畜牧兽医,33 (5):11-14.

乔国华,单安山. 2007. 益生素对奶牛生产性能及瘤胃发酵影响的研究. 中国奶牛,3:10-14.

乔红,姚伦广,德格晶,齐义鹏,周文科,王志民. 2004. 携带苏云金芽胞杆菌 *cry1Ac*10 基因重组杆状病毒的构建及其杀虫活性. 中国病毒学, 19 (1): 43-48.
乔建军, 杜连祥. 2001a. 芽胞缺失对 D-核糖产量的影响. 天津轻工业学院学报, 4: 17-19.
乔建军, 杜连祥. 2001b. 发酵法生产 D-核糖的代谢控制育种. 发酵科技通讯, 30 (3): 7-10, 15.
乔建军, 杜连祥. 2001c. 枯草芽胞杆菌葡萄糖脱氢酶基因的克隆及其序列分析. 工业微生物, 31 (3): 23-24, 28.
乔建军, 杜连祥. 2001d. 几种添加物对 D-核糖产量的影响. 生物技术, 11 (3): 23-26.
乔建军, 路福平, 陈启明, 杜连祥. 2004. 枯草芽胞杆菌葡萄糖脱氢酶基因的克隆及在大肠杆菌中的高效表达. 南开大学学报（自然科学版）, 37 (2): 13-17.
乔建军, 王昌禄, 杜连祥. 2001. 玉米浆对转酮酶缺陷型短小芽胞杆菌菌株成链的影响. 氨基酸和生物资源, 23 (2): 22-24.
乔莉, 周玉枝, 陈欢, 姚遥, 徐剑锟, 裴月湖. 2008. 海洋细菌 Bacillus sp. 次生代谢产物的研究. 中国药物化学杂志, 18 (3): 219-221.
乔鲁芹, 曲良建, 杨忠岐, 张永安. 2009. 不同药剂对美国白蛾重要天敌——白蛾周氏啮小蜂的影响. 林业科学研究, 22 (4): 559-562.
乔明强, 蒋如璋. 1989. 芽胞杆菌基因工程新载体的构建. 遗传学报, 16 (5): 389-398.
乔平利. 2009. 高浓度 L-乳酸发酵菌种的选育与工艺优化. 河北化工, 32 (10): 44-45.
乔艳红, 张维, 林敏, 张杰, 潘家荣. 2005. 分泌抗 Bt Cry1Ac 蛋白单克隆抗体杂交瘤细胞株的建立. 高技术通讯, 15 (2): 91-93.
乔宇, 陈小兵, 丁宏标, 岳明. 2006. 甘露聚糖酶基因在毕赤酵母中的表达及酶学性质研究. 中国生物工程杂志, 26 (7): 52-56.
乔占涛, 张淼, 乔磊. 2007. 手术后伪膜性肠炎. 中华临床新医学, 7 (4): 343-344.
乔支红, 程永强, 鲁战会, 管立军, 李里特. 2008. 乳酸对三种食源性致病菌的抑菌及杀菌作用. 食品科技, 33 (10): 187-191.
桥本宗明. 2006. 利用癌组织中的低氧环境开发具有针对性的治疗法. 生物技术产业, 4: 77-78.
谯天敏, 朱天辉, 李芳莲. 2006a. 坚强芽胞杆菌的筛选及抗菌活性. 中南林学院学报, 26 (2): 112-114.
谯天敏, 朱天辉, 李芳莲. 2006b. 绿粘帚霉与坚强芽胞杆菌对松赤枯病的协同生物控制. 林业科技, 31 (1): 28-31.
秦宝福, 徐虹, 刘建党, 颜霞, 吴文. 2006. 风信子中抗青霉素内生菌的分离、筛选和活性检测. 西北植物学报, 26 (7): 1449-1453.
秦博, 段玉玺, 陈长法, 陈立杰. 2008. 危险性线虫生防细菌的筛选鉴定和防效试验. 植物检疫, 22 (2): 83-86.
秦春圃. 2005a. 菊花转抗虫基因植株的 PCR 快速鉴定. 生物技术通报, 21 (4): 53.
秦春圃. 2005b. 用 PCR 法快速鉴定菊花转抗虫基因的植株. 生物技术通报, 21 (3): 58.
秦凤, 章进军, 王林玲, 彭正松. 2010. 病死柞蚕中分离的一株球形芽胞杆菌. 江苏农业学报, 26 (1): 214-216.
秦国宏, 熊小超, 张菊花, 邢建. 2008. 枯草芽胞杆菌联产纳豆激酶和 γ-聚谷氨酸. 过程工程学报, 8 (1): 120-124.
秦泓, 符丽媛, 陶平. 2006. 面粉及面制品中的芽胞杆菌. 面粉通讯, 1: 38-39.
秦慧民, 朱思明, 于淑娟. 2006. 橙皮苷及铜配合物的抑菌抗氧化活性研究. 食品科技, 31 (6): 81-83.
秦建春, 李晓明, 张鞍灵, 董艳红, 高锦明. 2006. 蛹虫草发酵液抗菌活性初步研究. 西北植物学报, 26 (2): 402-406.
秦景新, 黄运坤, 蒋琦莲, 周磊. 2005. 一起以蜡样芽胞杆菌为主合并副溶血性弧菌污染的食物中毒调查报告. 中国医学文摘: 内科学, 26 (4): 519-520.
秦景新, 黎明强, 周磊, 唐雪梅. 2005. 一起蜡样芽胞杆菌食物中毒调查报告. 现代预防医学, 32 (3): 278.
秦礼康, 曾海英, 丁霄霖. 2006a. 陈窖豆豉粑传统工艺剖析及优势菌群鉴定. 食品科学, 27 (6): 118-123.
秦礼康, 曾海英, 丁霄霖. 2006b. 陈窖豆豉粑益酵菌株筛选. 食品科学, 27 (11): 77-81.
秦利鸿, 曹剑波. 2008. 微生物样品在扫描电镜观察中的特殊制备方法. 湖北植保, 1: 35.
秦庆学, 徐保红. 1995. 从臀部脓疱中分离出短芽胞杆菌. 中国人兽共患病杂志, 11 (5): 27-61.
秦蓉, 李秀艳, 李华芝, 韩波波, 黄民生. 2008. 一株高效高温菌的筛选初步鉴定和性质研究. 华东师范大学学报 (自然科学版), 6: 82-87, 102.
秦湘红, 张群芳. 2003. 魔芋粉酶解产物与低聚果糖对双歧杆菌的促生长作用比较研究. 中国微生态学杂志, 15 (5): 261, 263.
秦向春, 陈繁忠, 叶恒朋, 盛彦清. 2006. 超高浓度抗生素废水预处理试验. 环境工程, 24 (2): 20-22.
秦小萍, 林壁润, 王振中. 2007. 灰色变异链霉菌 2507 抑菌活性成分的研究. 天然产物研究与开发, 19 (6): 998-1000.
秦小萍, 林壁润, 王振中. 2008. 灰色变异链霉菌抗菌肽的分离及鉴定. 农药, 47 (11): 805-806, 809.
秦晓蓉, 张铭金, 高绪娜, 林义. 2009. 槲皮素抗菌活性的研究. 化学与生物工程, 26 (4): 55-57, 78.
秦新民, 高成伟. 1999. 小白菜苏云金芽胞杆菌 CryIB 基因的遗传转化. 广西师范大学学报 (自然科学版), 17 (3): 77-82.
秦艳, 李卫芬, 黄琴. 2007. 枯草芽胞杆菌发酵条件的优化. 饲料研究. 12: 70-74.
秦艳, 李卫芬, 雷剑, 余东游. 2008. 凝结芽胞杆菌发酵条件的优化. 浙江农业学报, 20 (6): 471-474.
秦艳, 李卫芬, 余东游. 2008. 蜡样芽胞杆菌发酵条件的优化. 饲料工业, 29 (2): 34-37.
秦艳, 王青艳, 陆雁, 杨建, 黄日波. 2009. 酸性 α-淀粉酶生产菌株的筛选及酶学性质研究. 酿酒科技, 12: 17-19, 22.
秦艳梅, 陈文杰, 赵丛波. 2009. 解磷细菌在糙皮侧耳栽培上的应用试验. 食用菌, 31 (2): 27.
秦燕, 宁正祥. 2002. 环状芽胞杆菌 β-半乳糖苷酶水解乳糖和 ONPG 的底物特异性. 华南理工大学学报 (自然科学版), 30 (1): 58-62.
秦益民, 蔡丽玲, 朱长俊. 2011. 海藻酸锌纤维的抗菌性能. 纺织学报, 32 (2): 18-20.
秦玉昌, 潘宝海, 于荣, 张建东, 谯仕彦. 2004. 芽胞杆菌对畜禽生产性能的影响. 中国饲料, 16: 8-10.
秦玉花, 倪学勤, 黄秀深, 陈继兰. 2008. 2 株芽胞杆菌饲喂小鼠的安全性研究. 安徽农业科学, 36 (24): 10472, 10494.
秦振平, 李巍, 纪树兰, 刘志培, 张宁, 韩磊. 2008. 处理避孕药废水优势菌的分离鉴定及强化作用. 北京工业大学学报, 34 (5): 528-533.
轻专. 2004. 脱毛蛋白酶的制作方法和使用方法. 北京皮革: 中, 7: 73.
丘润清. 2007. 苏云金芽胞杆菌防治松毛虫药效探讨. 科技资讯, 34: 77-78.
丘展锋, 黄国玉. 2010. 替硝唑注射液无菌检查法验证. 中国现代药物应用, 15: 151-152.
邱春波, 张丽萍. 2006. L-乳酸高产菌株选育的研究. 农产品加工. 学刊, 7: 27-30.
邱道寿, 喻子牛. 2004. 棉铃虫对苏云金芽胞杆菌室内抗性初报. 广东农业科学, 31 (B12): 62-64, 71.
邱国英, 周尚汉. 1991. 一起因食用馊米饭引起的蜡样芽胞杆菌食物中毒. 人民军医, 6: 13-14.
邱瑾, 庞金钊, 刘忠, 杨宗政. 2010. 棉杆制浆废液生物转化液对茄子种子萌发和幼苗生长的影响. 安徽农业科学, 38 (6): 2858-2860.
邱凯锋, 朱军. 2009. 止痒搽剂微生物限度检查方法的验证. 中国现代医生, 23: 56-57, 152.

邱美珍,杜丽飞,周望平,黎春辉.2010.仔猪芽胞杆菌与中草药联合应用的研究.饲料博览,5:5-7.
邱敏霞,刘诗.2008.难辨梭状芽胞杆菌相关性腹泻研究进展.胃肠病学,13(5):309-311.
邱清华,姬广海,魏兰芳,刘娜,张世光.2002.马铃薯青枯病拮抗菌株的筛选.云南农业大学学报,17(3):228-231.
邱珊莲,崔中利,王英,王兴祥 李顺鹏.2005.甲基对硫磷降解菌DLLBR在青菜及根际土壤中的定殖研究.土壤,37(1):100-104.
邱思鑫.2008.绿色荧光蛋白基因转化内生解淀粉芽胞杆菌的研究.武夷科学,24(1):1-6.
邱思鑫,范晓静,胡方平,关雄.2010.内生解淀粉芽胞杆菌β-1,3-1,4-葡聚糖酶基因(*bglS*)的克隆与表达及酶学特性分析.农业生物技术学报,18(6):1173-1181.
邱思鑫,何红,阮宏椿,关雄,胡方平.2004.具有抑菌促生作用的植物内生细菌的筛选.应用与环境生物学报,10(5):655-659.
邱思鑫,何红,阮宏椿,关雄,胡方平.2004.内生芽胞杆菌TB2防治辣椒疫病效果及其机理初探.植物病理学报,34(2):173-179.
邱思鑫,阮宏春,宋美仙,胡方平.2010.内生解淀粉芽胞杆菌TB2菌株活性物质诱导辣椒果抗疫病的生化机理.热带作物学报,31(10):1813-1820.
邱思鑫,温庆放,李大忠.2004.提高苏云金芽胞杆菌制剂杀虫效果的策略.武夷科学,1:55-61.
邱思鑫,温庆放.2009.10种蔬菜内生细菌的分离筛选.武夷科学,1:69-75.
邱孙全,杨红,赵春安,李海燕.2009.一株内生短短芽胞杆菌的鉴定及其抗菌活性研究.天然产物研究与开发,21(B05):30-33.
邱旺,张东杰.2010.枯草芽胞杆菌*apr*基因表达载体的构建.黑龙江八一农垦大学学报,22(2):85-87,91.
邱伟芬,高璃珑.2007.超高压番茄汁杀菌条件的优化研究.食品科学,28(2):59-63.
邱小燕,张敏,胡晓,汤智鹏,万津瑜.2010.枯草芽胞杆菌的定殖能力及对玉米纹枯病的防治效果.四川农业大学学报,28(4):492-496.
邱鑫,肖汉乾,向天勇,杨三东,吴永尧.2005a.菜籽饼粕粗蛋白降解菌的筛选、初步鉴定与发酵条件摸索.氨基酸和生物资源,27(1):1-5.
邱鑫,肖汉乾,向天勇,杨三东,吴永尧.2005b.菜籽饼粕粗蛋白降解菌的筛选、初步鉴定与发酵条件摸索.中国生物工程杂志,25(B04):303-307.
邱鑫,肖汉乾,周海燕,程天德,吴永尧.2005.利用多菌种混合发酵降解饼粕中粗蛋白的实验研究.天然产物研究与开发,17(B06):72-75,64.
邱秀宝,戴宏.1990.嗜碱性短小芽胞杆菌碱性蛋白酶的研究:Ⅲ.酶的性质及应用.微生物学报,30(6):445-449.
邱秀宝,高东.1994.短小芽胞杆菌碱性蛋白酶BP的纯化和性质.微生物学报,34(4):293-300.
邱秀宝,袁影.1990.嗜碱性芽胞杆菌碱性蛋白酶的研究:Ⅱ.诱变株选育及产酶条件.微生物学报,30(2):129-133.
邱亚群,林一曼,张倩,朱高云,黄新风.2005.深圳市2001～2004年细菌性食物中毒病原菌分析.中国热带医学,5(3):569-570.
邱炎,王艳春,展德文,陶好霞.2009.炭疽菌保护性抗原受体结合区的表达及其多克隆抗体的制备.生物技术通报,25(8):94-98,108.
邱艳梅,张意,安虹.2008.地震伤并发气性坏疽患者2例手术过程中感染控制的做法.解放军护理杂志,25(16):9.
邱燕,蔡春芳,代小芳,叶元土,尹晓静,张俊,谭芳芳.2010.枯草芽胞杆菌对草鱼生长性能与肠道黏膜形态的影响. 中国饲料, 19: 34-36.

邱燕, 叶元土, 蔡春芳, 代小芳, 尹晓静, 张俊, 谭芳芳. 2010. 枯草芽胞杆菌对草鱼生长性能的影响. 粮食与饲料工业, 10: 47-49.

邱跃华, 陈海莲. 2001. 蜡样芽胞杆菌致食物中毒报告. 江西医学检验, 19 (1): 63.

邱宗文, 李蒙, 蒲晓允. 2010. 地震伤员创口病原菌感染特点及耐药性分析. 国际检验医学杂志, 31 (4): 369-370.

仇刚, 何琳燕, 陈亮, 赵飞, 黄智, 盛下放. 2009. 一株分解硅酸盐矿物芽胞杆菌的筛选及其生物学特性研究. 土壤, 4: 676-679.

仇丽, 凌爱珍, 祝井爱. 2001. 枯草芽胞杆菌制剂改良中华绒螯蟹人工育苗水质的试验. 中国水产, 4: 82.

仇丽. 2002. 枯草芽胞杆菌在养殖中的应用. 渔业现代化, 4: 26.

仇明, 封功能, 齐志涛, 许伟, 杨文. 2010. 枯草芽胞杆菌对斑点叉尾鮰生长性能及消化酶活力的影响. 饲料工业, 31 (20): 15-18.

仇明, 齐志涛, 王爱民, 张启焕, 董学兴, 封功能, 杨文平, 许伟. 2010. 枯草芽胞杆菌对斑点叉尾鮰生长及养殖水体水质的影响. 饲料工业, 31 (24): 29-32.

仇明, 王爱民, 封功能, 齐志涛, 吕林兰, 杨文平. 2010. 枯草芽胞杆菌对斑点叉尾鮰生长性能及肌肉营养成分影响. 粮食与饲料工业, 7: 46-49.

裘静霞, 陈永泓, 吕昌武. 2004. 一起由蜡样芽胞杆菌引起的暴发性食物中毒的检验报告. 疾病监测, 19 (1): 15-16.

裘晓华, 张玫. 1994. 不同检定菌对乙酰螺旋霉素量-效关系的影响. 现代应用药学, 11 (4): 41-42.

区伟佳, 王荣, 李华兴, 陈愉敏. 2010. 高浓度大豆生防芽胞杆菌粉剂喷雾干燥微胶囊化工艺研究. 大豆科技, 3: 3-6.

曲滨, 邵铁滨, 杨心波, 李宜妹. 2003. 梭状芽胞杆菌胶原酶治疗深Ⅱ度烧伤的临床观察. 黑龙江医学, 27 (8): 590.

曲步云, 李海涛, 李明, 高继国. 2010. 苏云金芽胞杆菌 $cry1Ac28$ 基因的克隆及原核表达. 东北农业大学学报, 41 (10): 61-67.

曲冬梅, 弓爱君, 高鹤永, 邱丽娜. 2004. 苏云金芽胞杆菌毒力检测方法综述. 生物技术通讯, 15 (6): 639-641.

曲冬梅, 弓爱君, 王丽华, 高鹤永. 2005. 苏云金芽胞杆菌 HD-1 伴胞晶体水解规律的研究. 生物技术, 15 (1): 20-22.

曲华玲, 何艳, 赵泉, 程东升. 2009. 二丹合剂微生物限度检查的方法学验证. 中国药业, 18 (12): 44-45.

曲慧东, 孙明, 谷祖敏, 喻子牛, 纪明山. 2005. 辽宁土壤中苏云金芽胞杆菌分布调查. 植物保护, 31 (3): 71-74.

曲凯, 田平芳, 谭天伟. 2008. 兽疫链球菌磷脂酰甘油磷酸合成酶基因的分离. 北京化工大学学报 (自然科学版), 35 (5): 78-81.

曲小爽, 顿宝庆, 郭明鸣, 宋立立. 2009. 一株嗜热纤维素分解菌的分离及其酶学性质的初探. 中国农业科技导报, 11 (1): 124-128.

曲晓华, 辛玉峰, 张克英. 2010. 不同方法提取银杏叶活性物质抑菌效果的比较研究. 山东农业科学, 42 (4): 62-64.

曲忠诚, 孙冬梅, 迟莉. 2009. 解钾微生物 K3 与 K4 的分离及特性研究. 黑龙江农业科学, 5: 17-20.

屈军梅, 黄庭汝, 屈孝初, 李文平. 2007. 家蝇抗菌肽的分离纯化及生物学活性. 中国兽医学报,

27（3）：387-390.

屈艳芬，叶锦韶，尹华. 2005. 生物过滤法处理城市污水处理厂臭气. 生态科学，24（1）：18-20.

屈艳芬，叶锦韶，尹华. 2007. 城市污水厂恶臭的生物过滤处理系统设计和运行. 中国给水排水，23（4）：35-38.

屈野，徐俊杰（综述），陈薇（审校）. 2007. 炭疽毒素受体及其与炭疽毒素的相互作用研究进展. 中国人兽共患病学报，23（8）：825-828.

屈野，杨文博，冯耀宇，王越. 2000. 地衣芽胞杆菌产β-甘露聚糖酶摇瓶发酵条件的研究. 武警医学院学报，9（2）：80-81, 86.

渠敬峰，朱小甫，高睿，樊松涛，吴旭锦，吴施祺. 2007. 益生菌在畜牧业上的应用研究进展. 饲料研究，1：34-35.

权春善，王军华，徐洪涛，范圣第. 2006. 一株抗真菌解淀粉芽胞杆菌的分离鉴定及其发酵条件的初步研究. 微生物学报，46（1）：7-12.

全敏，高淑红，陈长华. 2007. 枯草芽胞杆菌 ATCC21216 腺苷磷酸化酶基因的克隆及其在大肠杆菌中的表达. 华东理工大学学报（自然科学版），33（1）：33-36.

全鑫，安德荣，孙德茂，马晓东，陈丽. 2007. 土壤颉颃芽胞杆菌 B-Q2-7 的分离筛选及其抑菌作用研究. 西北农业学报，16（3）：252-256.

全鑫，薛保国，杨丽荣，孙虎，闫海霞. 2010. 生防菌株 YB-81 的鉴定及其对番茄灰霉病的防效. 植物保护，36（5）：57-60.

全艳玲. 2002. 地衣芽胞杆菌对有害微生物的拮抗作用. 食品科学，23（8）：67-69.

阙祖俊，刘赵玲，李文婷，毛芝娟. 2010. 一株α-淀粉酶生产菌的分离鉴定及其产酶条件优化. 浙江万里学院学报，23（5）：83-89.

冉雪松，王振华，潘康成. 2007. 丁酸梭状芽胞杆菌的研究进展. 安徽农学通报，13（4）：37-39.

冉岩，王志锐，宋立学，陈锦英，李江华. 2005. 高效优势菌处理橡胶工业有机废水实验条件的研究. 天津医科大学学报，11（1）：15-18.

饶本强，李福荣，张海宾. 2005. 乳香对几种病原微生物抗性作用的初步研究. 信阳师范学院学报（自然科学版），18（1）：54-56.

饶丽娟，安铁洙，张利莉. 2005. 苏云金芽胞杆菌在动物医学领域中的研究进展. 黑龙江畜牧兽医，8：82-83.

饶小莉，沈德龙，李俊，姜昕，李力，张敏，冯瑞华. 2007. 甘草内生细菌的分离及拮抗菌株鉴定. 微生物学通报，34（4）：700-704.

饶小平，宋湛谦，高宏. 2007. 含氟脱氢枞胺 Schiff 碱的合成及抑菌活性. 林产化学与工业，27（2）：97-99.

任昶，张义正. 1995. 环状芽胞杆菌（*Bacillus circulans*）基因表达效率调节 DNA 片段的研究. 四川大学学报（自然科学版），32（6）：732-737.

任改新，樊廷玉. 1992. 球形芽胞杆菌的毒性及其芽胞与伴胞晶体的亚显微结构. 南开大学学报（自然科学版），25（2）：7-11.

任广明，曲娟娟. 2010. 铅抗性细菌的分离及吸附性能研究. 东北农业大学学报，40（2）：55-60.

任红，孔祥义，安可皫，陈泰教，肖春雷，许彦，李劲松. 2009. 三亚地区苏云金芽胞杆菌的筛选与生物活性测定. 安徽农业科学，37（28）：13660-13661.

任华丽，姜卫兵，段曙光. 2008. 一起蜡样芽胞杆菌和变形杆菌引起食物中毒的报告. 职业与健康，24（18）：1906-1907.

任嘉红，苗艳，刘瑞祥. 2007. 长治地区槐尺蛾的生活习性调查及其药剂防治试验. 西部林业科学，

36 (1): 84-86.

任建国, 王俊丽. 2010. 芒果炭疽病拮抗菌 J-15 的鉴定及其生物学特性研究. 广东农业科学, 37 (7): 101-104.

任杰, 吕淑霞. 2010. 1 株生防细菌的筛选、鉴定及其抑菌特性的初步研究. 微生物学杂志, 30 (2): 33-37.

任俊琦, 贺稚非, 赵季, 卢彩霞, 刁雪洋. 2009. 乳品中芽胞杆菌. 肉类研究, 7: 70-73.

任莉颖, 刘康, 李宏婧. 2005. 发酵炮制对红花抗氧化活性的影响. 中华临床医学杂志, 6 (8): 47-48.

任立明, 陈永福. 1994. 用随机整合法在芽胞杆菌中表达高温 α-淀粉酶基因. 农业生物技术学报, 2 (1): 50-56.

任立明, 冯继东, 陈永福. 1995. 枯草芽胞杆菌 amy-3 基因突变是 sacQ 基因失活造成的证据. 北京农业大学学报, 21 (3): 231-235.

任立明, 林东. 1999. 芽胞杆菌 α-淀粉酶基因的克隆和测序. 农业生物技术学报, 7 (1): 57-61.

任立勇, 陈如意, 陈桃珍. 2001. 一起蜡样芽胞杆菌引起食物中毒的检测报告. 湖北预防医学杂志, 12 (2): 50.

任丽萍. 2008. 子宫肌瘤术后并发伪膜性肠炎一例护理. 包头医学, 32 (4): 238-239.

任龙, 杨宁, 陈福生, 陈涛. 2007. 蜡样芽胞杆菌深圳株 754-1 PLC 基因的克隆及表达. 武汉工业学院学报, 26 (2): 19-21, 35.

任麦青. 2007. 思连康治疗婴幼儿迁延性腹泻的临床观察. 医药论坛杂志, 28 (8): 85, 87.

任明, 赵蕾. 2010. 一株韭菜内生高效氯氰菊酯降解生防细菌的分离与鉴定. 西北农业学报, 19 (3): 57-61.

任鹏飞, 彭其安, 杨天勇, 徐灿. 2008. D-核糖发酵条件研究. 生物技术, 18 (5): 75-77.

任榕娜. 1999. 婴儿猝死综合征病因学新发现. 国外医学: 妇幼保健分册, 10 (1): 23-24.

任尚美, 马霞, 王海波, 赵林. 2008. γ-聚谷氨酸的发酵条件优化及其初步表征分析. 中国酿造, 10: 43-46.

任尚美, 王晓丽, 马霞, 赵林, 刘霞. 2008. 枯草芽胞杆菌发酵生产 γ-聚谷氨酸的动力学研究. 中国酿造, 11: 59-62.

任士伟, 邢小霞, 董向丽. 2011. 生防芽胞杆菌的分离筛选与初步鉴定. 现代农药, 10 (1): 44-47.

任守让, 马西艺. 2004. 饲用复合微生态制剂的研究Ⅲ. 微生态制剂的试生产. 吉林农业科学, 29 (1): 44-46.

任守让, 王瑞霞. 1998. 饲用复合微生态制剂的研究. 吉林农业科学, 23 (1): 78-80.

任随周, 郭俊, 曾国驱, 岑英华. 2005. 处理印染废水的厌氧折流板反应器中的微生物种群组成及分布规律. 生态学报, 25 (9): 2297-2303.

任涛, 丁子微. 1998. 风化程度不同的黄金矿石中微生物的调查. 微生物学通报, 25 (4): 218-220.

任香芸, 蔡海松, 林新坚, 邱宏端. 2007. 嗜热脂肪土芽胞杆菌 CHB1 发酵培养基的优化. 福建农业学报, 22 (1): 54-57.

任香芸, 陈济琛, 蔡海松, 林新坚. 2007a. 嗜热脂肪土芽胞杆菌 CHB1 生长特性与培养条件研究. 生物技术, 17 (2): 65-68.

任香芸, 陈济琛, 蔡海松, 林新坚. 2007b. 一株耐高温细菌 CHB1 的分离和产酶特性研究. 微生物学杂志, 27 (1): 18-21.

任小娟. 1998. 肉毒中毒患者的护理体会. 河北中西医结合杂志, 7 (10): 1657.

任雅清, 唐书泽, 吴希阳, 毕水莲. 2008a. 光动力对细菌的杀伤作用研究. 中国调味品, 6: 37-40.

任雅清, 唐书泽, 吴希阳, 毕水莲. 2008b. 血卟啉甲醚对蜡样芽胞杆菌和大肠杆菌的光动力杀伤作用. 食品研究与开发, 29 (7): 140-144.
任妍君, 陈梅梅, 岳勇. 2012. 高效稠油降解菌 DL1-G 的筛选及降解特性. 中国环境科学, 32 (6): 1080-1086.
任义广, 曲志勇, 王家春, 王海涛, 曹鹏. 2010. 液相色谱-质谱/质谱快速测定饲料中杆菌肽方法的研究. 广东饲料, 10: 28-30.
任莹博, 宋福平, 陈中义, 李国勋. 2004. 苏云金芽胞杆菌 *cry1Aa*14 基因的分离、克隆及其表达. 农业生物技术学报, 12 (2): 188-191.
任莹博, 张杰, 宋福平, 李国勋, 王勤英, 黄大昉. 2004. 苏云金芽胞杆菌质粒复制区的分离克隆. 河北农业大学学报, 27 (1): 73-76.
任羽, 刘华梅, 宋福平, 张杰, 黄大昉. 2008. 苏云金芽胞杆菌 Cry1Ca7 蛋白定点突变对甜菜夜蛾杀虫活性的影响. 微生物学报, 48 (6): 733-738.
任羽, 张杰. 2006. 苏云金芽胞杆菌杀虫晶体蛋白定点突变与新型生物农药的研发. 中国农业科技导报, 8 (4): 14-18.
任召珍, 郑媛, 孙谧, 刘均忠, 王跃. 2007. 海洋侧孢短芽胞杆菌 Lh-1 抗菌活性物质的分离及特性研究. 微生物学报, 47 (6): 997-1001.
任争光, 张志勇, 李丹, 陈冉, 魏艳敏. 2007. 芽胞杆菌 BJ-6 产抗菌物质发酵条件初探. 中国农学通报, 23 (5): 321-325.
任志华, 夏庆武. 2004. 建筑工地食堂食物中毒的调查. 中国饮食卫生与健康, 2 (5): 39.
戎映君, 陈盛禄, 陈集双, 苏松坤. 2006. 蜜蜂 (*Apjs mellifera*) 美洲幼虫腐臭病研究进展. 中国蜂业, 57 (8): 11-13.
荣光华, 夏懿, 朱诗应, 童一民, 戚中田. 2006. 炭疽芽胞杆菌染色体特异序列的筛选及实时定量检测. 微生物学报, 46 (6): 900-905.
荣丽, 李贤伟, 朱天辉, 张健, 袁渭. 2009. 光皮桦细根与扁穗牛鞭草草根分解的土壤微生物数量及优势类群. 草业学报, 18 (4): 117-124.
荣一兵, 周世力. 2001. 苏云金芽胞杆菌杀虫晶体蛋白基因的结构. 武汉教育学院学报, 20 (6): 66-70.
茹芸. 2009. 开水烫碗其实并不能消毒. 工友, 8: 56.
阮传清, 刘波, Sengonca C, 朱育菁. 2001. 分子筛在苏云金芽胞杆菌发酵液浓缩中的应用研究. 武夷科学, 1: 30-34.
阮传清, 刘芸, 张明政, 朱琳珊, 刘波. 2008. Bt 杀虫晶体蛋白——肠溶性微囊制备方法的初步研究. 中国农学通报, 24 (11): 374-378.
阮传清, 朱育菁, 林抗美, 刘波. 2004. 福建小菜蛾对多位点生物杀虫毒素 BtA 的敏感性测定. 武夷科学, 1: 36-40.
阮丽芳, 王玉洁, 沈萍. 2003. 产黑色素 *B. thuringiensis* 重组菌株的构建及其培养条件的优化. 武汉大学学报 (理学版), 49 (2): 257-260.
阮敏, 杨朝晖, 曾光明, 熊丽娟, 陶然, 王荣娟, 刘有胜. 2007. 多粘类芽胞杆菌 GA1 所产絮凝剂的絮凝性能研究及机理探讨. 环境科学, 28 (10): 2336-2341.
阮晓红, 朱会英, 曹洪涛, 邹小宁. 2002. 医院病区使用中央空调前、后空气微生物调查. 中华医院感染学杂志, 12 (10): 769, 784.
阮征, 陈柏暖. 1997. 嗜热脂肪芽胞杆菌对超高压的耐性初探. 广州食品工业科技, 13 (1): 9-11, 23.
阮周波, 王忆丽, 何未男, 郑江燕, 张霞, 陈琼, 胡松英, 张应烙. 2011. 纤维素酶产生菌的筛选、鉴定和产酶条件优化. 湖北农业科学, 50 (5): 915-920.
芮玉奎, 朱本忠, 罗云波. 2005. 转 Bt 基因抗虫棉 (Gossyposium) 伤流中 Bt 毒蛋白的运输. 植物学通报, 22 (3): 320-324.

芮玉奎. 2005. Bt 棉与常规棉根际土壤 Bt 毒蛋白和植物激素变化动态. 生物技术通讯, 16 (5): 515-517.

闰小利. 2003. 蜡样芽胞杆菌食物中毒调查报告. 山西医药杂志, 32 (4): 344.

萨础拉, 刘志刚, 巴根那, 霍万学. 2008. 蒙药妇康凝胶剂体外抑菌的实验研究. 内蒙古民族大学学报 (自然科学版), 23 (1): 84-86.

萨仁娜, 张琪, 谷春涛, 佟建明. 2006a. TS-01 芽胞杆菌对低 pH 耐受性研究. 饲料研究, 6: 31-32.

萨仁娜, 张琪, 谷春涛, 佟建明. 2006b. 芽胞杆菌对鸡大肠杆菌体外颉颃作用的研究. 饲料研究, 5: 1-3.

桑莉, 徐虹, 李晖, 张鲁嘉, 姜岷. 2004. γ-聚谷氨酸产生菌的筛选及发酵条件. 过程工程学报, 4 (5): 462-466.

沙长青, 李伟群, 赵晓宇, 王佳龙, 陈静宇, 杨志兴. 2004. 纳豆芽胞杆菌 (Bacillus subtilis natto) 固体发酵生产 γ-PGA. 中国生物工程杂志, 24 (10): 70-73.

沙长青, 杨志兴, 赵长山. 2004. 纳豆芽胞杆菌发酵生产维生素 K2 的生物合成途径及其基因调控. 生物技术, 14 (5): 55-57.

山其木格, 包慧芳, 王炜, 杨红兰. 2008. 地衣芽胞杆菌 WS-6 β-葡聚糖酶基因的克隆及表达. 生物技术通报, 24 (6): 135-138.

山其木格, 王炜, 杨红兰, 胡爽. 2008. 地衣芽胞杆菌 β-1,3-1,4 葡聚糖酶基因的克隆及序列分析. 新疆农业科学, 45 (3): 467-469.

单达聪, 王四新, 季海峰, 刘辉. 2010. 固态发酵工艺对豆粕蛋白质降解度影响的研究. 饲料工业, 31 (21): 20-22.

单世宝, 杨雪霞, 曹张军, 劳继红, 李东梅, 朱泉. 2009. 蚕丝腐化液中脱胶菌的筛选及鉴定. 生物技术, 19 (2): 49-51.

单世宝, 杨雪霞, 曹张军, 朱泉, 李东梅. 2009. 蚕丝脱胶细菌的筛选鉴定及应用. 纺织科技进展, 1: 54-56.

单世宝, 杨雪霞, 朱泉. 2009. 采用蜡样芽胞杆菌 D7 对蚕丝进行精练的工艺优化. 蚕业科学, 35 (2): 431-435.

尚鹤. 2012. 含砷碳质难处理金矿生物预氧化菌种的驯化选育及群落分析. 北京: 北京有色金属研究总院硕士研究生学位论文: 1.

尚宏丽, 陈红漫. 2007. 一株海藻糖合成酶产生菌的筛选及初步鉴定. 食品科学, 28 (1): 212-215.

尚玉磊, 陈惠芳, 王黎明, 王勇军. 2004. 植物内生蜡样芽胞杆菌 M22 Mn-SOD 基因的克隆及在大肠杆菌中表达. 植物病理学报, 34 (6): 487-494.

邵碧英, 陈文炳. 2005. 玉米及其制品中转基因成分的单-PCR 及多重 PCR 检测. 食品科学, 26 (9): 380-384.

邵芬娟, 曹志勇, 张直峰, 薛玲, 闫桂琴. 2009. 翅果油树叶片中生物碱抑菌活性研究. 植物保护, 35 (1): 126-128.

邵剑挺. 2007. 新疆动物疫病防治讲座 (八). 农村科技, 8: 85.

邵敬伟, 刘长江, 迟乃玉, 郭洪波. 2002. 1,3-丙二醇发酵条件的正交设计试验. 襄樊学院学报, 23 (5): 45-49.

邵娟, 尹华, 彭辉, 叶锦韶, 秦华明, 张娜. 2006. 秸秆固定化石油降解菌降解原油的初步研究. 环境污染与防治, 28 (8): 565-568.

邵丽, 刘建军, 赵祥颖, 李静. 2008. 产聚 γ-谷氨酸菌株的筛选及鉴定. 食品与发酵工业, 34 (6):

81-84.

邵圣文, 王春生, 沈敏雄, 蒋培余. 2004. 太湖水中降解苯酚细菌的分布与降解能力研究. 能源环境保护, 18 (3): 21-23.

邵铁梅, 宋福平, 李卓夫, 张杰. 2005. 产 Zwittermicin A 的苏云金芽胞杆菌菌株的筛选及抗性基因 zmaR 的克隆与表达. 中国农业科学, 38 (9): 1811-1816.

邵伟, 罗少华, 唐明. 2009. 微生物絮凝剂产生菌的筛选及在豆制品废水中的应用. 中国酿造, 8: 129-131.

邵玉琴, 赵吉, 朱艳华, 云菲. 2007. 科尔沁不同类型沙地土壤微生物类群的研究. 内蒙古大学学报 (自然科学版), 38 (6): 678-682.

邵元龙, 谢和. 2005. 两株枯草芽胞杆菌蛋白酶的提取及产酱香研究. 郑州轻工业学院学报 (自然科学版), 20 (3): 51-53.

邵志会, 陈守文, 徐建, 喻子牛. 2005. 苏云金芽胞杆菌 BMB005 的代谢动力学. 工业微生物, 35 (1): 1-5.

邵宗泽, 郭延奎, 喻子牛. 2002. 苏云金芽胞杆菌工程菌伴胞晶体的形态发生. 微生物学报, 42 (5): 555-560, T002.

邵宗泽, 刘子铎, 喻子牛. 2000. 苏云金芽胞杆菌杀虫晶体蛋白的结构与功能研究进展. 生物化学与生物物理进展, 27 (5): 476-480.

邵宗泽, 喻子牛. 1999. 粘虫幼虫对苏云金芽胞杆菌伴胞晶体低度敏感的机理探讨. 中国生物防治, 15 (2): 66-69.

邵宗泽, 喻子牛. 2000. 苏云金芽胞杆菌杀虫晶体蛋白超量表达的机制. 生命科学, 12 (4): 173-176.

邵宗泽, 喻子牛. 2001a. 苏云金芽胞杆菌杀虫晶体蛋白作用的分子机制研究进展. 生物工程进展, 21 (6): 38-42.

邵宗泽, 喻子牛. 2001b. 苏云金芽胞杆菌辅助蛋白的研究进展. 微生物学通报, 28 (1): 77-81.

邵宗泽, 喻子牛. 2002. 昆虫中肠液性质对苏云金芽胞杆菌伴胞晶体毒力的影响. 昆虫学报, 45 (3): 384-390.

佘晨兴, 王生平, 霍佳生. 2007. 染料脱色菌 XB-7 的分离、筛选及其特性. 福建轻纺, 5: 1-4.

余建明, 张保龙, 何晓兰, 陈志一. 2005. 草地早熟禾农杆菌介导法基因转化条件. 草地学报, 13 (1): 39-42, 70.

余兮. 2009. 1 例地震所致气性坏疽患者的护理体会. 现代临床护理, 8 (1): 69-70.

佘子超, 胡星. 2009. 用傅里叶变换红外光谱技术研究超强静磁场作用对细菌的影响. 红外, 30 (6): 44-48.

申端玉, 魏少鹏, 姬志勤, 吴文君. 2008. 放线菌 A19 菌株次生代谢产物的初步研究. 西北农林科技大学学报 (自然科学版), 36 (1): 173-178.

申建茹, 郭巍. 2008. 苏云金芽胞杆菌营养期杀虫蛋白 Vips 研究进展. 植物保护, 34 (5): 1-5.

申建茹, 侯名语, 郭巍. 2009. 苏云金芽胞杆菌 vip3A 基因的鉴定、克隆及活性分析. 微生物学报, 1: 110-116.

申进文, 庄庆利, 何培新, 楼海军. 2009. 栾川一羊肚菌发生地生态环境调查与分析. 食用菌, 31 (2): 15-16, 18.

申莉莉, 王凤龙, 钱玉梅, 杨金广. 2009. 一株烟草花叶病毒生防细菌的鉴定及代谢物活性研究. 中国烟草科学, 30 (6): 65-68.

申莉莉, 王凤龙, 钱玉梅, 杨金广. 2010. 解淀粉芽胞杆菌 Ba33 对烟草的促生及抗 TMV 作用. 吉林农业大学学报, 32 (4): 383-386.

申小静,胡双启,晋日亚. 2009. 气体二氧化氯对枯草芽胞杆菌的杀菌效果研究. 安全与环境工程, 16 (5): 45-47.

申晓慧,姜成. 2009. 水杨酸对食品中常见污染细菌的抑制作用研究. 中国农学通报, 25 (9): 55-57.

申艳敏,刘海霞,周大军,李冬光. 2006. 固载二氧化氯食品杀菌消毒剂的杀菌效果研究. 河南工业大学学报(自然科学版), 27 (4): 55-57.

申烨华,孙君,周茂林,徐强,李宝璋. 2001. 苏云金芽胞杆菌 HD-1 发酵工艺研究. 西北大学学报(自然科学版), 31 (5): 396-398.

沈爱军,苏萍,黄健,王孔前. 2007. 一起蜡样芽胞杆菌食物中毒的调查. 应用预防医学, 13 (3): 138.

沈爱喜,陈柳萌,胡中娥,钟国祥. 2010. 固态发酵生产功能大豆肽蛋白饲料优势菌的筛选. 江西饲料, 4: 11-13.

沈斌,林海,李耀华. 2004. 颅脑术后并发抗生素相关性腹泻 37 例诊治体会. 中国药物与临床, 4 (12): 931-933.

沈国华,华颖,刘大群,江波. 2010. 纤溶酶 SPFE-II 的纤溶机制和酶反应动力学研究. 中国食品学报, 10 (1): 48-54.

沈桦,童朝阳,刘冰,穆唏慧,郝兰群,张靖,张金. 2008. 苏云金芽胞杆菌适配子的筛选与结构分析. 防化研究, 1: 17-20, 30.

沈会芳,刘叔文,林壁润. 2009. 链霉菌 2504 的研究初报. 广东农业科学, 36 (9): 12-15.

沈慧,吴奶珠,周先礼,李伟,任国萍. 2009. 山东产野花椒挥发油抑菌活性的研究. 陕西农业科学, 55 (5): 62-64, 87.

沈佳佳,张晓军,汪圣华,周晓云. 2006. 微生物发酵法产环氧化物水解酶的研究. 浙江工业大学学报, 34 (2): 131-136.

沈锦玉,沈智华,尹文林,曹铮,叶雪平,潘晓艺. 2004a. 饲喂枯草芽胞杆菌对银鲫等水生动物肠道菌群及消化酶活性的影响. 水产学报, 28 (B12): 146-150.

沈锦玉,沈智华,尹文林,曹铮,叶雪平,潘晓艺. 2004b. 影响枯草芽胞杆菌 B115 抗菌物质产生的条件. 水产学报, 28 (B12): 141-145.

沈锦玉,尹文林,曹铮,潘晓艺,吴颖蕾. 2005. 枯草芽胞杆菌 B115 抗菌蛋白的分离纯化及部分性质. 水生生物学报, 29 (6): 689-693.

沈娟,别小妹,陆兆新,吕凤霞,朱筱玉. 2006. N^+ 注入诱变芽胞杆菌选育高产抗菌物质菌株. 核农学报, 20 (4): 296-298, 330.

沈克光. 2006. 植物源益生菌肥水新产品——"海富禾性素"的肥水功能. 科学养鱼, 5: 78.

沈克光. 2007. 植物源益生菌肥水新产品——"海富利生素"的肥水功能. 海洋与渔业, 12: 34.

沈孟庄,陈蔚恩. 1997. 球形芽胞杆菌 C3-41 乳剂杀灭致倦库蚊幼虫效果观察. 医学动物防制, 13 (2): 6-7.

沈南南,李纯厚,贾晓平,李卓佳. 2007. 3 种微生物制剂调控工厂化对虾养殖水质的研究. 南方水产, 3 (3): 20-25.

沈南南,李纯厚,贾晓平,李卓佳. 2008. 小球藻与芽胞杆菌对对虾养殖水质调控作用的研究. 海洋水产研究, 29 (2): 48-52.

沈齐英,曾涛. 2009. 脱硫枯草芽胞杆菌的筛选. 北京石油化工学院学报, 17 (2): 1-4.

沈齐英,赵锁奇,丁媛. 2007. 生物脱硫催化剂的筛选. 石油与天然气化工, 36 (3): 213-217.

沈齐英,赵锁奇. 2007. 跨界融合选育生物脱硫催化剂. 石油炼制与化工, 38 (6): 26-29.

沈庆,孙文风. 1994. β-甘露聚糖酶高产菌株的选育及发酵条件的研究. 天津微生物, 4: 7-10.

沈庆,孙文风. 1995. 地衣芽胞杆菌 β-甘露聚糖酶的纯化及其性质的研究. 天津微生物, 1: 8-13, 48.

沈秋生. 2004. 难辨梭状芽胞杆菌致伪膜性肠炎的诊治现状. 抗感染药学, 3: 101-102.
沈圣, 余娟, 滕毅, 丁晓贝, 郑萍, 裴晓方. 2006. TaqMan™实时荧光PCR快速检测蜡样芽胞杆菌的初步研究. 中国卫生检验杂志, 16 (12): 1434-1436.
沈世平, 范洪军. 1989. 蜡状芽胞杆菌对常用消毒剂的抵抗力. 消毒与灭菌, 6 (1): 42.
沈世平, 刘学玲. 1997. 六种食品中蜡状芽胞杆菌污染状况及实验研究. 中国卫生检验杂志, 7 (1): 26-29.
沈天翔, 余茂效. 1991. 枯草芽胞杆菌噬菌体载体的构建. 微生物学报, 31 (5): 376-383.
沈卫锋, 牛宝龙, 翁宏飚, 何丽华, 孟智启. 2005. 枯草芽胞杆菌作为外源基因表达系统的研究进展. 浙江农业学报, 17 (4): 234-238.
沈卫锋, 牛宝龙, 翁宏飚, 刘岩, 何丽华, 孟智启. 2009. 绿色荧光蛋白基因标记枯草芽胞杆菌研究. 浙江农业学报, 21 (3): 202-206.
沈卫锋, 张炳欣, 沈立荣. 2004. 大麦赤霉病菌拮抗细菌CC41的鉴定. 浙江农业学报, 16 (2): 84-87.
沈文英, 李卫芬, 雷凯, 吴兵兵. 2009. 黄颡鱼抗菌肽 Hepcidin 基因的克隆和表达分析. 农业生物技术学报, 17 (6): 972-978.
沈文英, 余东游, 李卫芬, 罗文. 2009. 地衣芽胞杆菌对三角帆蚌消化酶活性、免疫指标和抗氧化指标的影响. 动物营养学报, 21 (1): 95-100.
沈锡辉, 王开梅, 张志刚, 陈偁, 镇达. 2004. 用离子交换吸附法回收Bt发酵液上清中的增效物质. 中国生物防治, 20 (1): 34-37.
沈小波. 2011. 类芽孢杆菌B69抗生素的分离纯化、结构鉴定和生物学活性研究. 杭州: 浙江大学硕士研究生学位论文: 1.
沈幸, 黄蕙连, 卢桂颜. 2005. 浅谈破伤风抗毒素试验液配制的体会. 中华临床医学研究杂志, 11 (22): 3271-3272.
沈雪亮, 夏黎明. 2002. 芽胞杆菌产纤维素酶的研究. 林产化学与工业, 22 (3): 54-58.
沈益妹. 2002. 一起蜡样芽胞杆菌污染盒饭引起食物中毒的调查. 预防医学文献信息, 8 (2): 216-217.
沈颖, 李志勇, 蒋群, 黄艳琴, 何丽明. 2005. 贪婪倔海绵中抗菌活性细菌的筛选及初步鉴定. 微生物学通报, 32 (4): 15-19.
沈玉洁, 张明春, 向苇, 方尚玲, 陈茂彬. 2010. 高产酸性蛋白酶菌株的筛选及发酵条件研究. 食品与发酵科技, 46 (6): 32-35.
沈智华, 沈锦玉, 尹文林, 潘晓艺, 吴颖蕾. 2005. 枯草芽胞杆菌B115优化培养及其对气单胞菌的抗菌效果的研究. 微生物学通报, 32 (4): 79-84.
生庆海, 张爱霞, 刘晓东, 李志钧. 2005. 牛乳中微生物酶的分离及危害研究. 中国乳品工业, 33 (3): 22-24.
盛春雷, 丁庆豹, 丁翠敏, 欧伶, 邱蔚然. 2007. 胞苷生产菌的选育. 生物技术, 17 (5): 57-59.
盛翠, 张一平, 陆茂林. 2009. 原生质体紫外诱变选育鸟苷高产菌株. 食品与生物技术学报, 28 (2): 279-283.
盛维立, 汪道发, 方遒, 秦阿敏. 2008. 51起食源性疾病的病原谱分析. 安徽预防医学杂志, 14 (1): 18-19, 22.
盛维立, 汪道发, 秦阿敏. 2005. 铜陵市33起食源性疾病微生物学检验结果的分析. 疾病监测, 20 (4): 187-188.
盛下放, 白玉, 夏娟娟, 江春玉. 2003. 镉抗性菌株的筛选及对番茄吸收镉的影响. 中国环境科学, 23 (5): 467-469.
盛下放, 何琳燕, 陈珏. 2003. 土壤芽胞杆菌NBT菌株理化诱变筛选及其对作物生长的影响. 中国农业科学，36 (4)：415-419.
盛小禹，李育阳. 1991. 地衣芽胞杆菌温和噬菌体的具有启动子功能片段的克隆. 生物工程学报，7 (1)：11-17.
师敏. 2005. 乳链菌肽（NISIN）在蘑菇罐头中的应用. 上海轻工业，2：62-65.
师永霞，吕雷，徐炜，袁美妗，庞义. 2006. 苏云金芽胞杆菌 $vip2A$ (c) 基因在昆虫细胞中的表达. 农业生物技术学报，14 (3)：401-405，i0002.
师永霞，曾少灵，袁美妗，孙钒. 2008. 苏云金芽胞杆菌的cry2A芽胞期启动子和分子伴侣ORF1-ORF2对Cry11Aa蛋白表达的影响. 微生物学报，48 (5)：672-676.
施安辉. 2009. 益生菌制剂的主要类群、作用机理及应用. 山东食品发酵，3：9-13.
施安辉，王春荣. 1996. 浓香型酒大曲中细菌的分布及主要产酸细菌的鉴定. 山东食品发酵，4：20-23.
施安辉，卞建平，韩璠修，冠冰，施亚林，刘军. 2010. 高效水质净化剂菌种的选育、制剂研制及应用. 中国酿造，2：54-56.
施安辉，贾朋辉，郭洪新，程秀芳. 2006. 高效水质净化剂菌种的选育、制剂研制及应用. 山东食品发酵，1：3-5.
施碧红，罗秀针，郑虹，施巧琴. 2008. 枯草菌素产生菌芽胞杆菌FB123的发酵条件优化及其16S rRNA序列分析. 工业微生物，38 (4)：14-18.
施大林，何义进，孙梅，潘良坤. 2009. 四联活菌制剂对养殖水体中氨氮及亚硝酸盐的降解. 水产科学，28 (11)：663-666.
施大林，孙梅，潘良坤，刘淮. 2009. 地衣芽胞杆菌培养条件的研究. 微生物学杂志，29 (5)：89-94.
施海滨，李华萍. 2009. 凝结芽胞杆菌TBC169片预防抗生素相关性腹泻效果观察. 中国医学创新，6 (22)：86-87.
施曼玲，马莉菁，沈建伟. 2002. 纳豆芽胞杆菌对大白鼠肠道菌群的影响. 科技通报，18 (5)：398-401.
施庆珊. 2004. 发酵法生产均聚氨基酸研究进展. 发酵科技通讯，33 (4)：6-9.
施庆珊，李诚斌，王春华，欧阳友生，陈仪本. 2007. 一株不需谷氨酸的产聚γ-谷氨酸菌株的筛选与鉴定. 微生物学通报，34 (2)：307-311.
施庆珊，林小平，许虹，邱玉棠，欧阳友生，陈仪本. 2007. 腺苷产生菌Xn151的产物积累机制. 中国生化药物杂志，28 (4)：230-233.
施晓东，常学秀，彭丽，王焕校，刘开全，刘春芳. 2005. 微生物对蘘草和白茅积累土壤重金属的影响. 曲靖师范学院学报，24 (3)：4-7.
石爱琴，胡海红，胡艳华，李敏，丁明，赵辅昆. 2009. 青霉素酰化酶（PGA）在枯草芽胞杆菌基因组上的整合表达. 浙江理工大学学报，26 (5)：776-781.
石春芝，陶天申. 2000a. 高效液相色谱法测芽胞杆菌的DNA G+Cmol%. 生物技术，10 (5)：41-43.
石春芝，陶天申. 2000b. 芽胞杆菌的DNA碱基组分析. 河南农业大学学报，34 (4)：315-317.
石春芝，陶天申. 2002. 蜡状芽胞杆菌的裂解气相色谱分析初探. 应用与环境生物学报，8 (3)：317-318.
石笛，杨础华，张竞立，黄琼，黄魁英. 2009. 一株耐热纤维素酶菌株的筛选及酶学性质的研究. 广西轻工业，25 (4)：14-15.
石飞虹，周友超，郭翠，张灿. 2009. 工业生产中耐高温α-淀粉酶发酵培养基的优化研究. 食品与机械，5：54-56.
石海岗. 2004. 一起蜡样芽胞杆菌引起57例食物中毒的报告. 疾病监测，19 (1)：16.
石和荣，林敏，马江耀，杜君裕，蔡秩强. 2010. 益生菌的应用对鳗鲡池塘水质变化的影响. 水产养殖，9：26-29.

石怀兴, 尚玉珂, 季静, 慕卫, 刘峰. 2009. 培养条件对枯草芽胞杆菌 G8 抗菌蛋白含量的影响及蛋白液对黄瓜菌核病的生防效果. 农药学学报, 11 (2): 244-249.

石慧, 罗璇, 刘艳, 梁运祥. 2011. 两步发酵法降解大豆抗原蛋白的研究. 饲料工业, 32 (3): 22-25.

石慧, 姚小飞, 艾黎, 张俊红. 2008. 拮抗 *Bacillus subtilis* 的筛选及发酵条件对拮抗能力的影响. 微生物学杂志, 28 (6): 61-65.

石皎, 任大明, 李秀娜, 王丹梅. 2008. 水稻稻瘟病拮抗细菌的筛选与鉴定. 沈阳农业大学学报, 39 (4): 489-491.

石金舟, 陈丽园, 张明. 2006. 植物乳杆菌 R260 产细菌素发酵条件的研究. 中国微生态学杂志, 18 (5): 341-342.

石磊. 2000. 镧 (Ⅲ) 对工程菌产嗜热脂肪芽胞杆菌蛋白酶活力的影响. 中南民族学院学报 (自然科学版), 19 (2): 81-83.

石明伟, 窦亚平. 2007. 羊梭菌性疾病的治疗. 畜牧兽医科技信息, 9: 41.

石星群, 殷培杰, 何随成, 孙军德. 2006. 鸡粪高温蛋白分解菌的鉴定及发酵条件研究. 土壤通报, 37 (1): 134-136.

石英, 周育森, 郭彦, 肖文君, 于虹, 吴昊, 陈月, Gupta P. 2007. 应用梭状芽胞杆菌口服疫苗载体表达 HIV p24 蛋白的研究. 科学技术与工程, 7 (17): 4265-4270, 4276.

石禹, 徐凤花, 马晓彤, 阮志勇, 姜瑞波, 张晓霞. 2009. 几株硅酸盐细菌的系统发育分析. 中国土壤与肥料, 1: 69-73.

石月萍. 1998. 蜡样芽胞杆菌引起胃肠道外感染的探讨. 河北医学, 4 (11): 102-103.

石志琦, 胡梁斌, 于淑池, 徐朗莱, 范永坚. 2005. 细菌 P-FS08 的鉴定及其对几种植物病原真菌的拮抗作用. 南京农业大学学报, 28 (3): 48-52.

时涛, 彭建华, 刘先宝, 戴英葵, 黄贵修. 2011. 橡胶树内生细菌多样性初探及拮抗菌株的筛选. 中国森林病虫, 30 (2): 5-9.

时彦胜, 叶祥林. 1997. YSM-2 型动物饮水净化器的研制. 中国实验动物学杂志, 7 (4): 220-223.

时英, 杜丽. 2006. 血压计简易消毒法. 护理研究: 中旬版, 20 (4): 963.

时玉, 伊艳杰, 吴兴泉, 张长付. 2010. 拮抗细菌 RB10 的鉴定及发酵条件优化. 河南工业大学学报 (自然科学版), 31 (4): 64-67.

史冬燕. 2009a. 菏泽地区 2 种菊科植物的抑菌作用研究. 安徽农业科学, 37 (17): 7986-7987.

史冬燕. 2009b. 泥糊菜提取液抑菌作用研究. 安徽农业科学, 37 (3): 1138, 1146.

史冬云, 谭向新. 2006. 由蜡样芽胞杆菌引起一起食物中毒的实验报告. 中国临床医药研究杂志, 4: 103-104.

史凤玉, 朱英波, 吉志新, 宋士清. 2007. 枯草芽胞杆菌 QDH-1-1 对采后苹果青霉病的抑制效果. 中国食品学报, 7 (4): 80-84.

史怀平, 杨增岐, 操胜. 2008. 健康朱鹮消化道正常菌群的分离与鉴定. 西北农林科技大学学报 (自然科学版), 36 (3): 69-74.

史济筠, 周正军, 张泉生, 韦建强, 何孔旺, 王继春, 吕立新. 2001. 梅花鹿分支梭状芽胞杆菌病的诊治. 动物科学与动物医学, 18 (4): 46-47.

史济平, 徐志芳. 1990. 蛋白酶产生菌枯草芽胞杆菌 AS1.398 的诱变. 工业微生物, 20 (1): 11-14, 19.

史杰, 黄占旺, 帅明. 2007. 豆豉中抗真菌性芽胞杆菌的筛选及抑菌能力测定. 江西食品工业, 2: 31-33.

史劲松, 吴奇凡, 许正宏, 陶文沂. 2005. 中国冰川 1 号产适冷蛋白酶耐冷菌的分离鉴定及产酶条件. 微生物学报, 45 (2): 258-263.

史劲松,许正宏,吴奇凡,陶文沂.2006.冰川环境耐冷菌的冷适蛋白酶分离纯化及酶学性质.应用与环境生物学报,12(1):72-75.

史文玉,路福平,李涛,田琳,李斌,杜连祥.2007.离子交换法解除丁酸梭状芽胞杆菌发酵液中丁酸抑制的研究.食品与发酵工业,33(6):13-15.

史晓梅,邢焕贵.2002.冷饮食品条件致病菌污染情况分析.中国卫生工程学,2:121.

史彦伟,李小明,杨麒,曾光明,张少强,赵维纳.2008.S-TE污泥溶解过程中主要固形物质的变化及动力学分析.环境科学学报,28(2):319-325.

史应武,娄恺,常玮,欧提库尔.2007b.产低温β-半乳糖苷酶菌株的筛选及其酶学性质研究.食品科学,28(11):350-353.

史应武,赵思峰,李国英,王钦英.2003.新疆棉铃虫病原微生物分离及其高效杀虫微生物的筛选.石河子大学学报,7(2):115-117.

史应武,赵思峰,李国英.2007a.新疆苏云金杆菌35高效菌株液体深层发酵培养基的筛选.食品与生物技术学报,26(1):106-110.

史应武,赵思峰,李国英.2008.新疆苏云金杆菌35高效菌株小试生产发酵影响因子的研究.西北农业学报,17(1):53-57.

史永昶,姜涌明,樊飚,路广强.1995a.一些理化因子对α-淀粉酶构象与活力的影响.生物化学杂志,11(2):205-209.

史永昶,姜涌明,樊飚,路广强.1995b.蛋白酶对解淀粉芽胞杆菌α-淀粉酶活力的影响.微生物学通报,22(1):22-24.

史玉英,沈其荣.1996.纤维素分解菌群的分离和筛选.南京农业大学学报,19(3):59-62.

史跃杰,杨玉林,王海颖.2008.使用Real-Time PCR粪便中检测艰难梭状芽胞杆菌.中国卫生检验杂志,18(4):653-654.

史赟,韩巨才,刘慧平,邢鲲.2007.影响油菜内生细菌yc8菌株活性的环境因子研究.江苏农业科学,35(5):79-81.

舒丹,李宏,严建华,陈金瑞,李晖.2004.高温芽胞杆菌碱性蛋白酶发酵条件及酶性质研究.四川大学学报(自然科学版),41(4):856-860.

舒福昌,佘跃惠,周玲革,张凡,刘宏菊,王家卓,李向前,张宏翼.2007.聚丙烯酰胺降解菌的分离和鉴定.油气田环境保护,17(2):1-3.

舒国伟,陈合,吕嘉枥,王旭.2006.超声波在食品灭菌中的研究进展.中国调味品,11:11-16,33.

舒敏,车宇光.2008.地衣芽胞杆菌对肝硬化亚临床肝性脑病患者的影响.中华全科医学,6(11):1119-1120.

舒勤,夏黎明.2004.碱性纤维素酶发酵条件的研究.林产化学与工业,24(3):57-60.

舒薇,刘振,段更利,王文风.2005.微生物法测定威替米星原料药和注射液的效价.中国新药与临床杂志,24(6):471-473.

疏秀林,施庆珊,冯静,欧阳友生,陈仪本.2007.γ-聚谷氨酸发酵培养基的Plackett-Burman法优化.生物技术通报,23(4):173-177.

束长龙,谷少华,窦黎明,陆琼,张杰,张永军,赵虎基,宋福平.2007.对小地老虎具有杀虫毒力的苏云金芽胞杆菌菌株的分离及鉴定.植物保护,33(5):41-44.

束春娥,黄骏麒.1997.转基因抗虫棉的抗性鉴定.江苏农业学报,13(1):22-26.

帅明,黄占旺,牛丽亚.2008.纳豆芽胞杆菌产蛋白酶固态发酵条件研究.饲料工业,29(8):18-20.

帅明,黄占旺,牛丽亚.2009a.纳豆芽胞杆菌的固态发酵条件.食品与生物技术学报,28(1):122-126.

帅明,黄占旺,牛丽亚.2009b.纳豆芽胞杆菌固态发酵培养基的优化.中国食品学报,9(1):143-147.

双龙, 段立清, 宋钢, 特木钦, 赵胜. 2010. 苏云金杆菌及其微胶囊剂对落叶松毛虫的毒力及抗紫外线能力. 中国森林病虫, 29 (5): 11-14.

水清. 2006. 防治稻曲病适用药. 农药市场信息, 18: 35.

水清. 2007. 治稻瘟病有了生防活菌剂. 农药市场信息, 24: 33.

税欣, 郑连爽. 2007. 产碱性木聚糖酶细菌的筛选及产酶条件的优化. 环境科学与技术, 30 (3): 29-31.

司斌. 2003. 一起蜡样芽胞杆菌引起食物中毒调查报告. 河北医学, 9 (12): 1152, F003.

司鲁俊, 郭庆元, 王晓鸣. 2011. 浙江东阳玉米细菌性叶斑病病原菌的分离与鉴定. 玉米科学, 19 (1): 125-127, 131.

司马迎春, 班睿. 2006. 过量无机盐及谷氨酸抑制重组菌核黄素发酵. 微生物学通报, 33 (2): 86-89.

司美茹, 赵云峰. 2008. 几丁质酶产生菌的筛选及其发酵液对病原真菌的拮抗作用. 现代农业科学, 15 (10): 30-32.

司雪青. 2009. 坏疽性乳房炎. 当代畜禽养殖业, 6: 36.

司钊, 薛皎亮, 谢映平, 樊金华, 李永福. 2008. 油松毛虫幼虫抗菌物质及其抗菌活性研究. 环境昆虫学报, 30 (4): 318-324.

司志国. 2006. 一起学校蜡样芽胞杆菌食物中毒的调查. 中国学校卫生, 27 (4): 331.

宋奔奔, 傅松哲, 刘志培, 石芳永. 2009. 水体中添加两种菌剂对凡纳滨对虾存活、生长及消化酶活力的影响. 海洋科学, 33 (4): 1-5.

宋春旭, 赵昌明, 喻子牛, 孙明. 2008. Zwittermicin A 合成基因簇中腺苷酰化功能域的预测、表达与活性验证. 微生物学报, 48 (9): 1260-1265.

宋聪, 李正国, 边万平. 2007. 果实采后病害拮抗菌的筛选及鉴定. 西南师范大学学报 (自然科学版), 32 (2): 76-81.

宋聪, 宋水山, 关军锋. 2011. 梨采后黑斑病拮抗菌 J18 的鉴定及防治效果的初步研究. 现代食品科技, 27 (1): 6-10, 25.

宋德荣, 周礼扬, 马慧琴, 刘章忠. 2008. 一起新引进山羊发生羊快疫的诊治报告. 中国畜禽种业, 4 (3): 63-64.

宋发军, 吴士筠, 梁建军. 2004. 巴东冬凌草的抗菌活性研究. 中南民族大学学报 (自然科学版), 23 (4): 9-11.

宋凡, 曹国文, 戴荣国, 陈春林, 周淑兰, 徐登峰. 2006. 复合微生态添加剂对断奶仔猪生产性能与血液生理生化指标的影响. 饲料工业, 27 (8): 36-38.

宋福华, 李继华, 罗荆荣, 唐金炳. 2007. 1985—2005 年曲靖市食物中毒资料分析. 预防医学论坛, 13 (3): 255-257.

宋福平, 谢天健. 1998. 苏云金芽胞杆菌 cry 基因 PCR-RFLP 鉴定体系的建立. 中国农业科学, 31 (3): 13-18.

宋福平, 张杰, 顾爱星, 陈中义, 姚江, 李国勋, 黄大昉. 2002. 苏云金芽胞杆菌 $cry1I$ 基因沉默的研究. 自然科学进展, 12 (9): 934-938.

宋福平, 张杰, 韩岚岚, 高继国. 2003. 对鳞翅目害虫有活性的 $cry1C$ 基因的克隆和表达. 植物保护学报, 30 (2): 161-165.

宋光明, 沈微, 孙金凤, 饶志明, 方慧英, 诸葛健. 2008. 苏云金芽胞杆菌几丁质酶基因 $chiA$ 在枯草芽胞杆菌中的分泌表达. 安徽农业科学, 36 (26): 11242-11244, 11247.

宋贵生, 张虎生, 赵立平. 2001. $Escherichia\ coli$ dam-dcm-菌株的研究进展. 山西大学学报 (自然科学版), 24 (2): 185-188.

宋桂经, 王冬. 1995. 芽胞杆菌 074 碱性纤维素酶的研究: Ⅰ. 菌种的分离、筛选及发酵条件. 微生物学报，35 (1)：38-44.
宋辉，班睿. 2007. ribR 基因在产核黄素枯草芽胞杆菌中的组成型表达. 南开大学学报（自然科学版），40 (6)：71-76.
宋健，冯书亮，王容燕，王金耀，曹伟平，杜立新. 2008. 对苏云金芽胞杆菌 HBF-1 菌株增效剂的初步筛选. 华北农学报，23 (B06)：268-273.
宋健，王金耀，王容燕，冯书亮，曹伟平，杜立新，张海剑，张杰，宋福平. 2006. 苏云金芽胞杆菌 HBF-1 菌株对铜绿丽金龟和黄褐丽金龟幼虫生长发育及取食的影响. 农药学学报，8 (2)：134-138.
宋健，王容燕，杜立新，曹伟平，张海剑，王金耀，冯书亮，张杰，宋福平. 2008. 铜绿丽金龟和黄褐丽金龟幼虫感染 Bt HBF-1 菌株后的病症及中肠组织病理变化. 昆虫学报，51 (10)：1083-1088.
宋健，王容燕，张海剑，冯书亮. 2006. 感染 Bt 的铜绿丽金龟幼虫对化学杀虫剂的敏感性变化及相关酶活性测定. 中国生物防治，22 (2)：128-132.
宋洁，曹军卫. 1998. 非嗜碱突变株的筛选. 湖北医科大学学报，19 (2)：106-108.
宋金柱，杨谦，赵敏. 2005. 苏云金芽胞杆菌杀虫晶体蛋白基因的研究进展. 东北林业大学学报，33 (1)：66-67.
宋峻峰，李彪，王绍辉. 2009. 枯草芽胞杆菌在肉鸭养殖中的应用效果. 饲料研究，5：29-30，33.
宋峻峰，李彪，王绍辉. 2010. 福邦枯草芽胞杆菌在商品肉鸭养殖中的应用. 中国牧业通讯，9：34-35.
宋卡魏，王星云，张荣意. 2007a. 培养条件对枯草芽胞杆菌 B68 芽胞产量的影响. 中国生物防治，23 (3)：255-259.
宋卡魏，王星云，张荣意. 2007b. 枯草芽胞杆菌 B68 菌剂的初步研制. 广西热带农业，4：41-43.
宋理平，冒树泉，王爱英，陈晓，李伟. 2008. 芽胞杆菌对宝石鲈生长和肠道菌群的影响. 饲料工业，29 (8)：23-24.
宋玲莉，高梅影，戴顺英，彭可凡. 2005. 苏云金芽胞杆菌抗东亚飞蝗（Locusta migratoria manilensis）的活性. 应用与环境生物学报，11 (5)：592-594.
宋茂勇，林建强，魏玉华，李强. 2004. 芽胞杆菌 S-1 提高石油采收率研究. 山东大学学报（理学版），39 (1)：117-120.
宋敏，林祥明，刘丽军. 2010. Cry 基因家族的专利分布研究. 生物技术通报，26 (1)：1-8.
宋楠，吴培星，张继瑜，徐玲，孙茜. 2011. 马属抗菌肽 hepcidin 在酵母系统中的表达与鉴定. 甘肃农业大学学报，46 (1)：5-9，13.
宋萍，郭丽伟，苏俊平，王勤英，王晖. 2010. 含 cry7 类基因的苏云金芽胞杆菌菌株的分析. 华北农学报，25 (4)：40-43.
宋萍，潘映红，李国勋，王勤英，吴文君，黄大昉. 2003. 棉铃虫和粘虫不同组织的氨肽酶活性及与 Bt 毒蛋白结合特性研究. 河北农业大学学报，26 (2)：46-50.
宋萍，王勤英，吴会贤，陆秀君，王永. 2008. 苏云金芽胞杆菌 WZ-9 菌株对马铃薯瓢虫的毒力及其杀虫基因的研究. 农业生物技术学报，16 (3)：515-520.
宋倩倩，徐伟. 2009. 一例肉牛猝死病的诊断与防制. 养殖技术顾问，8：99.
宋青，程夷. 1994. 气相色谱法测定梭菌酸性代谢产物. 微生物学免疫学进展，22 (1)：40-45.
宋庆丰，祖伯皑，于同泉，尚巧霞，赵晓燕，刘素花，魏艳敏. 2009. 芽胞杆菌 BJ-6 抗血清制备及其 ELISA 检测条件初探. 中国农学通报，25 (2)：202-205.
宋绍富，张忠智，俞理，罗一菁，雷光伦. 2004. 原生质体融合技术构建高效驱油细胞工程菌的研究. 油田化学，21 (2)：187-190.
宋树森，金莉莉，王芳，李强，孟凡. 2007. 苏云金芽胞杆菌与蜡状芽胞杆菌亲缘关系研究. 中国公共卫生，23 (3)：321-323.

宋水山, 马宏, 贾振华, 高振贤, 王艳敏, 吴志国. 2005. 芽胞杆菌酰基高丝氨酸内酯酶基因的克隆及表达. 生物技术, 15 (1): 7-10.

宋素琴, 茆军, 顾美英, 张志东, 石玉瑚. 2010. 一株碱性高温 α-淀粉酶产生菌的分离鉴定及其酶学性质初步研究. 新疆农业科学, 47 (9): 1803-1807.

宋素琴, 欧提库尔·玛合木提, 房世杰, 顾美英. 2008. 新疆胀果甘草内生细菌枯草芽胞杆菌产甘草酸类代谢产物的初步研究. 微生物学通报, 35 (9): 1439-1442.

宋素琴, 欧提库尔·玛合木提, 张志东, 唐琦勇. 2007. 新疆胀果甘草内生菌的分离和鉴定. 微生物学通报, 34 (5): 867-870.

宋卫锋, 邓琪. 2012. 一株苯胺黑药降解菌的分离鉴定及其降解特性. 中国矿业大学学报, 41 (6): 1018-1023.

宋希文, 肖彦羚, 周治, 姚忠, 徐虹, 韦萍. 2011. Ca^{2+} 对枯草芽胞杆菌 γ-谷氨酰转肽酶活性和热稳定性的影响. 高校化学工程学报, 25 (1): 85-90.

宋小双, 邓勋, 马晓乾, 周琦. 2008. 针叶苗木立枯病拮抗细菌 SB-SF5 的分离与鉴定. 林业科技, 33 (2): 30-33.

宋晓荷. 2008. 象山县细菌性食物中毒流行特征及实验室检测结果分析. 中国卫生检验杂志, 18 (12): 2704-2706.

宋晓燕, 张利平. 2002. 炭疽病: 微生物学的一个老问题带来了新烦恼. 微生物学通报, 29 (4): 105-108.

宋秀丽, 谭友军, 贺秋萍. 2008. 蜡样芽胞杆菌引起眼部感染 1 例分析. 中国误诊学杂志, 8 (16): 3996-3997.

宋秀梅, 韩宏岩, 许维岸. 2010. 外源微生物诱导中华绒螯蟹血清中一氧化氮合酶活性研究. 安徽农业科学, 38 (15): 8247-8248.

宋学章, 李春岭, 李文敏, 王继芬. 2010. 菌藻系统处理养虾海水效果研究. 中国水产, 6: 49-52.

宋雪华. 2010. 活菌制剂对鸡舍环境影响试验. 中国畜禽种业, 4: 118-122.

宋亚军, 杨瑞馥, 郭兆彪, 彭清忠, 张敏丽, 周方. 2001. 若干需氧芽胞杆菌芽胞脂肪酸成分分析. 微生物学通报, 28 (1): 23-28.

宋亚军. 1999. 需氧芽胞杆菌芽胞核心组分的研究现状. 国外医学: 微生物学分册, 22 (1): 31-33, 37.

宋艳画, 胡文举, 罗彪, 黄秀君. 2009. 一株芽胞杆菌的分离鉴定及相关特性的初步研究. 畜牧与饲料科学, 5: 3-4.

宋永亭. 2010. 嗜热解烃基因工程菌 SL-21 的构建. 油气地质与采收率, 1: 80-82.

宋永燕, 李平, 李妹晋, 郑爱萍. 2006. 生防细菌 LM-3 对水稻的促生性和诱导抗性研究. 西南农业学报, 19 (3): 438-441.

宋永燕, 李平, 郑爱萍, 李妹晋. 2006. 生防细菌 LM-3 的鉴定及其抗菌蛋白的研究. 四川大学学报 (自然科学版), 43 (5): 1110-1115.

宋宇. 2007. 委陵菜提取液的抑菌作用. 安徽农业科学, 35 (8): 2207, 2256.

宋玉栋, 胡洪营, 李鑫. 2007. 嗜热溶胞土芽胞杆菌 (*Geobacillus* sp.) SY-9 的基本特性. 中国环境科学, 27 (4): 456-460.

宋玉栋, 胡洪营, 席劲瑛. 2007. 嗜热溶胞菌 SY-14 的基本特性研究. 环境科学, 28 (9): 2106-2111.

宋增福, 吴天星, 宋会仪. 2007. 丁酸梭菌 C2 菌株对鱼类肠道致病菌体外抑制作用研究. 水利渔业, 27 (3): 100-101, 115.

宋增福, 肖敏, 吴静雯, 邱军强. 2009. 1 株林蛙烂嘴病病原菌的分离鉴定及防治药物筛选. 安徽农业科学, 37 (34): 16884-16885, 16889.

宋战昀，冯新，刘金华，赵柏林，石建平，王振国. 2009. 蜜蜂白垩病 PCR 快速检测方法的建立及初步应用. 蜜蜂杂志，10：8-11.

宋战昀，王振国，冯新，刘金华，赵柏林，石建平. 2010. 蜜蜂球囊菌荧光 PCR 快速检测方法的建立及应用. 动物医学进展，31 (12)：49-53.

宋志慧，商勇，张学萍. 2004. 纳米 ZnO 对细菌的抑制作用. 青岛科技大学学报（自然科学版），25 (3)：232-234.

苏阿德，谢关林，李斌，Coosemans. 2004. 芽胞杆菌在促进番茄生长和控制青枯病上的比较优势（英文）. 浙江大学学报（农业与生命科学版），30 (6)：603-610.

苏保松. 2003. 难辨梭状芽胞杆菌性肠炎 6 例临床分析. 四川省卫生管理干部学院学报，22 (4)：310.

苏斌，王美秀. 1991. 淡色库蚊的抗药性研究：Ⅰ. 淡色库蚊幼虫对球形芽孢杆菌的抗性选育. 中国媒介生物学及控制杂志，2 (6)：356-359.

苏斌. 1992. 淡色库蚊的抗药性研究：Ⅱ. 球形芽胞杆菌对淡色库蚊子 1 代的影响. 中国媒介生物学及控制杂志，3 (2)：70-75.

苏波，康建平，黄静，姚莉，方瑞. 2010. 16S rDNA 序列分析鉴定一株芽胞杆菌. 食品与发酵科技，46 (5)：1-3.

苏春丽，何月秋. 2007. 枯草芽胞杆菌 B9601-Y2 基因组文库的构建. 云南农业大学学报，22 (6)：799-801，807.

苏丹，李培军，王鑫，许华夏. 2007. 3 株细菌对土壤中芘和苯并芘的降解及其动力学. 环境科学，28 (4)：913-917.

苏芙蓉，关怡，柳婧，许卿，关雄. 2010. 牛奶中苏云金芽胞杆菌的分离与鉴定. 莆田学院学报，17 (2)：31-34.

苏浩，刘明泰，鲍相渤，张艳，王志. 2010. 芽胞杆菌对弧菌的抑制作用及其应用. 水产科学，29 (7)：412-415.

苏鸿雁. 2008. 兔魏氏梭菌性下痢的诊治. 中国养兔，4：11-12.

苏华瑜，刘洁. 2005. 湛江市 2000～2003 年 22 起细菌性食物中毒分析. 华南预防医学，31 (2)：67-68，70.

苏辉煌，黄昌炳. 1995. DM423d 菌株固体发酵. 化工冶金，16 (2)：170-172.

苏建坤，朱锦磊，白和盛，蔡扬生. 2009. 灭蚊幼球形芽胞杆菌漂浮颗粒剂研制与应用. 农药学学报，11 (3)：395-398.

苏建亚，余杰，韦宏伟，刘叙杆，畅虹，李香香. 2009. 棉铃虫和甜菜夜蛾中肠丝氨酸蛋白酶活性测定以及活化、降解 CryIAc 毒素分析. 昆虫知识，2：260-266.

苏静，邓培生，谢希贤，陈宁. 2010. 基于 cdd 基因敲除和嘧啶操纵子转移的胞苷产生菌的研究. 天津科技大学学报，25 (5)：1-5.

苏静，黄静，谢希贤，徐庆阳，陈宁. 2010. 枯草芽胞杆菌 cdd 基因敲除及对胞苷发酵的影响. 生物技术通讯，21 (1)：39-42.

苏静，李德舜，颜涛，王佳慧. 2007. 芽胞杆菌苎麻脱胶酶-甘露聚糖酶的纯化及酶学性质. 微生物学杂志，27 (5)：34-38.

苏俊峰，马放，侯宁，王晨，王弘宇，常玉广. 2006. 应用于固定化生物技术的高效脱酚菌的分离和鉴定. 沈阳建筑大学学报（自然科学版），22 (2)：307-310.

苏奎，龚敏，邓世明，周静. 2010. 胆木叶和茎挥发性成分对比分析及其抗 MRS 活性的研究. 时珍国医国药，21 (2)：299-301.

苏奎，龚敏，周静，邓世明. 2009. 胆木叶抗 MRS 活性研究. 安徽农业科学，37 (25)：12014-12016.

苏罗毅,飞旭云,王若南,李文鹏.2010.烤烟烟叶浸出物对微生物生长的影响.昆明学院学报,32(3):35-37.

苏罗毅,贾爱军,王若南,李文鹏.2010.卷烟烟气浸出物对微生物生长的影响.昆明学院学报,32(6):40-42.

苏宁,王桂峰,徐维敏,衣文平,王琦,梅汝鸿.1998.蜡质芽胞杆菌超氧化物歧化酶(SOD)的纯化研究.农业生物技术学报,6(3):235-238.

苏宁,衣文平.1999.蜡质芽胞杆菌超氧化物歧化酶的理化性质研究.中国微生态学杂志,11(1):7-9.

苏青云,刘丹,刘影,张博,闫于明.2010.微生态制剂在矮小型蛋鸡中的应用效果研究.饲料工业,31(16):31-32.

苏香萍,龚大春,张亚雄,龚美珍.2009.金银花二氧化碳超临界萃取物的体外抑菌作用研究.时珍国医国药,20(4):832-834.

苏晓飞,胡雪芹,张洪斌.2009.西瓜枯萎病土壤拮抗菌的初步筛选.安徽农业科学,37(1):224-226.

苏秀容,黄守坚.1990.庆大霉素血浓度微生物测定法的改进.中山医科大学学报,11(4):71-73.

苏旭东,马雯,马晓燕,王雪静,李英军,檀建新.2007.一株苏云金芽胞杆菌的分离与杀虫基因的鉴定.华北农学报,22(4):184-188.

苏旭东,檀建新,张伟,林扬.2006.苏云金芽胞杆菌的分离与鉴定.安徽农业科学,34(19):4835-4836,4839.

苏旭东,张杰,檀建新,宋福平.2006.苏云金芽胞杆菌及其δ-内毒素基因的分类与鉴定.植物保护,32(2):15-19.

苏旭东,张伟,袁耀武,李英军,马雯,檀建新.2007.河北省部分地区苏云金芽胞杆菌菌株多样性的研究.安徽农业科学,35(18):5540-5541.

苏彦辉,曲红,罗静初,朱玉贤,Vachon V,Laprade R,张杰.2002.苏云金芽胞杆菌Cry1Aa蛋白α4螺旋形成跨膜离子通道的昆虫毒性试验与模型预测.中国科学:C辑,32(2):146-152,T001.

苏燕,胡琼.2008.痰液中分离出1株蕈状芽胞杆菌.临床检验杂志,26(5):395.

苏印泉,朱红薇,马希汉,马养民.2005.杜仲内生真菌的抑菌活性筛选.西北植物学报,25(6):1153-1157.

苏志坚,庞义,李广宏,张敏静.2010.麦麸饲料中细菌对家蝇幼虫生长发育的影响.环境昆虫学报,32(1):25-35.

苏志鹏,张培德.2008.嗜热脂肪芽胞杆菌氨基酰化酶在大肠杆菌中的克隆、表达及细胞固定化研究.工业微生物,38(5):27-33.

宿广峰,王桂亭,吴冰.2007.马钱子及黄连混合提取物抑菌作用的实验研究.中医外治杂志,16(1):7-8.

宿秀艳.2004.臭氧对微生物杀菌作用的初步研究.微生物学杂志,24(2):54-56.

隋文志,丁丽俐.1995.枯草芽胞杆菌HB-48防病增产效果研究.现代化农业,3:4-5.

隋玉杰,黄颖,曹岩,郑永晨.2009.纤溶酶产生菌的分离筛选与鉴定.中国实验诊断学,13(8):1060-1063.

孙柏欣,刘长远,陈彦,赵华,赵彤华,李柏宏.2008.基因表达系统研究进展.现代农业科技,2:205-207,209.

孙彬裕,康国华,曲守方,刘艳,高尚先.2005.对生孢梭菌CFU计数培养基的验证试验.药物分析杂志,25(8):972-974.

孙伯英,董艳丽.2005.速灭安加热57℃灭菌吸唾器、扩大针的临床应用研究.中华医院感染学杂志,15(5):539-541.

孙长坡, 宋福平, 张杰, 黄大昉. 2007. 苏云金芽胞杆菌 G03 spoIVF 操纵子敲除对芽胞和晶体形成的影响. 微生物学报, 47 (4): 583-587.

孙常灿, 何晓丽, 杨容, 蒋晶, 陈章宝. 2007. 大豆胰蛋白酶抑制剂微生物发酵灭活研究. 畜禽业, 6: 4-6.

孙超, 金城. 1999. 嗜热脂肪芽胞杆菌 HY-69 耐热金属蛋白酶基因表达产物的纯化及性质研究. 生物工程学报, 15 (1): 17-22.

孙成行, 牟光庆, 孙园. 2007. 豆豉混合菌种制曲工艺的研究. 中国调味品, 3: 43-46.

孙春花. 2008. 高温复合酶菌株 B. subtilis Ⅰ 15 分离及产酶研究. 河南畜牧兽医: 综合版, 29 (6): 8-10.

孙春艳, 张春瑛, 沈佳特, 程樱. 2007. 注射用头孢菌素无菌检查的方法学验证. 医药导报, 26 (9): 1089-1091.

孙翠平, 柴同杰, 张红双, 姚美玲, 李晓霞, 段会勇. 2008. 特定有益菌对奶牛粪便中温厌氧消化体系稳定性和指示菌存活的影响. 27 (3): 1183-1189.

孙翠霞, 弓爱君, 闫海, 姚伟芳, 宋晓春. 2006. 苏云金芽胞杆菌高浓度液体发酵培养基的优化研究. 化学与生物工程, 23 (9): 38-39.

孙翠霞, 弓爱君, 姚伟芳, 邱丽娜, 曹艳秋. 2006. 苏云金芽胞杆菌固态发酵培养基的优化. 化学与生物工程, 23 (8): 34-36.

孙丹凤, 杨翔华, 朴玉华. 2008. 土壤拮抗放线菌的筛选及 YYHS-2 菌株的分类. 辽宁石油化工大学学报, 28 (3): 1-3.

孙道华, 李清彪, 林永生, 凌雪萍. 2006. 生物还原法制备负载型钯催化剂. 石油化工, 35 (5): 434-437.

孙德四, 万谦, 赵薪萍, 张强. 2008. 胶质芽胞杆菌 JXF 菌株代谢产物与脱硅作用研究. 矿冶工程, 28 (3): 52-56.

孙德四, 万谦, 赵薪萍. 2008. 硅酸盐细菌 JXF 菌株浸矿脱硅条件研究. 矿业研究与开发, 3: 34-37.

孙德四, 张强. 2005. 硅酸盐细菌生长及对硅酸盐矿物中硅铝的浸溶. 金属矿山, 9: 38-40, 58.

孙德四, 张强. 2006. 硅酸盐细菌的选育及其脱硅效果研究. 西安科技大学学报, 26 (2): 235-239.

孙德四, 赵薪萍, 张强. 2007. 胶质芽胞杆菌 JXF 释硅特性研究. 有色金属: 选矿部分, 6: 28-32, 20.

孙冬梅, 张树权, 迟丽, 王昱婷. 2008. 两株不同解磷微生物的分离及其特性. 中国农学通报, 24 (3): 239-242.

孙冬雪, 胡江春. 2005. 宁康霉素产生菌海洋地衣芽胞杆菌 BAC-9912 的诱变育种. 氨基酸和生物资源, 27 (4): 19-22.

孙冬岩, 孙鸣, 潘宝海. 2009. 枯草芽胞杆菌对水质净化作用的研究. 饲料研究, 3: 58-59.

孙钒, 刘娥英. 1997. 球形芽胞杆菌 C3-41 菌株胞外蛋白酶特性. 微生物学报, 37 (5): 397-400.

孙钒, 袁志明, 李田勇, 蔡全信, 张用梅. 2001. cry4Aa、cry4Ba 和 cry11Aa 基因在苏云金杆菌无晶体型菌株中的表达. 微生物学通报, 28 (5): 61-64.

孙枫, 高才昌. 1991. 球形芽胞杆菌的质粒转化. 南开大学学报 (自然科学版), 24 (2): 78-83.

孙福来, 王文凤, 张金光, 陈滨波, 宋元瑞. 2002. 硅酸盐菌剂在小麦上的应用效果. 土壤肥料, 3: 31-32.

孙光忠, 彭超美. 2008. 微生物杀菌剂及其混配剂防治水稻纹枯病的田间药效试验. 农药科学与管理, 29 (11): 33-34, 52.

孙广玖, 张眉眉, 姚文清, 王英军. 2007. 辽宁省炭疽疫源性调查和流行趋势分析. 中国人兽共患病学报, 23 (4): 416.

孙贵朋, 张雪娇, 王妍, 王玳, 谢静莉. 2010. 臭豆腐卤液中细菌多样性研究. 现代食品科技, 26 (10): 1087-1091.

孙国英, 姜仁芹, 邹爱卿. 2005. 一起蜡样芽胞杆菌引起的食物中毒. 中华医学与健康, 2 (3): 82.

孙海燕, 曾锦专, 温金妹. 2005. "米邦塔"仙人掌提取物对细菌性皮肤致病菌抑制作用的研究. 时珍国医国药, 16 (8): 750-751.

孙虎山, 冯静仪. 1992. 溶组织梭状芽胞杆菌胶原酶制备的研究. 山东师范大学学报 (自然科学版), 7 (3): 75-80.

孙华, 段玉玺, 陈立杰, 王媛媛. 2009. 大豆根际促生菌 Sneb207 对不同种类线虫毒性的研究. 大豆科学, 28 (4): 683-686.

孙华, 段玉玺, 焦石, 陈立杰, 王媛媛. 2009. 抗大豆胞囊线虫的根际促生菌的筛选及其鉴定. 大豆科学, 28 (3): 507-510.

孙卉, 师俊玲, 杨保伟. 2009. 枯草芽胞杆菌 BS-421 发酵液对扩展青霉的抑菌特性. 西北农业学报, 18 (5): 98-104.

孙卉, 师俊玲. 2009. 枯草芽胞杆菌 CCTCC M207209 对食源性病原菌的抑制作用. 中国酿造, 6: 35-37.

孙会刚, 蒋继志, 李社增, 鹿秀云. 2006. 生防细菌 NCD-2 突变体构建及抑菌功能基因的防病作用. 棉花学报, 18 (3): 131-134.

孙佳, 王学英, 臧楠, 石成林, 李群, 陈丹. 2008. 牛蒡子提取物体外抑菌作用的研究. 河南农业科学, 37 (6): 74-77.

孙佳佳, 王红英, 钱斯日古楞, 常凯. 2010. 产胶原蛋白酶枯草芽胞杆菌的筛选. 大连工业大学学报, 29 (4): 248-250.

孙佳杰, 尹建道, 解玉红, 杨永利. 2010. 天津滨海盐碱土壤微生物生态特性研究. 南京林业大学学报 (自然科学版), 34 (3): 57-61.

孙建波, 王宇光, 赵平娟, 孙海彦, 彭明. 2010. 拮抗菌 XB16 在香蕉体内的定殖及对抗病相关酶活性的影响. 热带作物学报, 31 (2): 212-216.

孙建光, 高俊莲, Mario S. 2006. 苏云金芽胞杆菌杀蚊蛋白基因 $cry11Aa$ 的克隆与表达. 中国媒介生物学及控制杂志, 17 (4): 282-285.

孙建光, 高俊莲. 2006. 我国蚊媒病发生近况及生物农药防治蚊虫国内外研究进展. 中国媒介生物学及控制杂志, 17 (5): 426-428.

孙建义, 许梓荣. 1999. 芽胞杆菌的分离, 鉴定及应用研究. 浙江农业学报, 11 (1): 47-50.

孙健, 贺银凤, 田建军. 2003. 酸马奶酒中有机酸的抑菌作用. 内蒙古农业大学学报 (自然科学版), 24 (1): 94-97.

孙健, 周毅频, 陶家权, 袁中一, 许国旺. 2008. 巨大芽胞杆菌青霉素 G 酰化酶在新型环氧载体 ZH-HA 上的固定化. 工业微生物, 38 (1): 1-5.

孙健. 2008. 2003~2007 年细菌性食物中毒病原菌检测结果分析. 现代预防医学, 35 (19): 3702-3703.

孙金凤, 吴薇, 潘翔. 2008. 产壳聚糖酶菌株的分离筛选及其诱变育种. 工业微生物, 38 (2): 56-59.

孙锦荣, 孙慧丽. 2001. 幼儿园早餐引起食物中毒的调查分析. 实用新医学, 3 (6): 561.

孙敬, 詹文圆, 陆瑞琪. 2008. 肉制品中亚硝胺的形成机理及其影响因素分析. 肉类研究, 1: 18-23.

孙静, 陈建华. 2007. 枯草芽胞杆菌形成芽胞时母细胞中基因表达的调控. 生物技术, 17 (3): 79-83.

孙静, 路福平, 刘逸寒, 刘曦. 2009. 枯草芽胞杆菌工程菌产中温 α-淀粉酶发酵条件优化. 中国酿造, 5: 65-68.

孙军, 胡丽娟, 张光祥, 黄敏. 2001. 一株嗜酸枯草芽胞杆菌 (*Bacilus subtilis*) 的分离鉴定. 四川师范大学学报（自然科学版），24（1）：72-74.

孙军德，陈南. 2010. 秸秆纤维素降解细菌的筛选及其产酶条件的研究. 沈阳农业大学学报，41（2）：210-213.

孙君，黄岳元. 2000. 苏云金杆菌在环隙气升式内环流反应器中深层发酵特性研究. 化学工程，28（5）：29-31，49.

孙奎，苏印泉. 2010. 无花果内生真菌的抑菌活性筛选. 安徽农业科学，38（23）：12455-12456，12459.

孙磊，赵立平. 2003. 芽胞杆菌型益生菌 YK-1R 的分子分类及系统发育地位的研究. 中国微生态学杂志，15（1）：7-9.

孙蕾，王太明，鲍晓明，王开芳，曲永赟，徐有强，陈欣，曲胜杰，杜华兵，孙道英. 2010. 冬枣浆胞病病原微生物的分离与鉴定. 山东林业科技，40（5）：13-19.

孙力军，李令勇，高房昌. 2003. 耐氧短双歧杆菌的分离驯化及其应用特性的研究. 中国微生态学杂志，15（5）：251-252，255.

孙力军，陆兆新，别小妹，孙德坤. 2006. 1 株抗菌植物内生菌 EJH-2 菌株的分离和鉴定. 中国微生态学杂志，18（1）：23-26.

孙力军，陆兆新，刘俊，吕凤霞. 2006. 一株产胞外多糖植物内生菌 EJS-3 菌株的分离和鉴定. 食品科学，27（7）：65-68.

孙力军，陆兆新，孙德坤. 2008. *Bacillus amyloliquefaciens* ES-2 液体发酵抗菌脂肽培养基及其主要影响因子筛选. 食品工业科技，5：60-63.

孙立波，张兰英，任何军. 2007. 一株絮凝剂产生菌的分离鉴定及其絮凝活性研究. 中国给水排水，23（9）：103-105.

孙丽蓉，曲东，卫亚红. 2008. 光照对水稻土中氧化铁还原的影响. 土壤学报，45（4）：628-634.

孙良武，巴峰. 1994. 电脉冲穿孔法将苏云金杆菌 δ-内毒素基因导入野生型芽胞杆菌. 生物工程学报，10（1）：1-6.

孙良武，巴峰. 1996. 苏云金芽胞杆菌 δ-内毒素基因穿梭质粒的构建. 微生物学报，36（1）：69-72.

孙林，李吕木，张邦辉，许平辉，付弘赟，徐同宝. 2008. 多菌种固态发酵去除菜籽粕中的植酸. 中国油脂，33（8）：60-63.

孙林，李吕木，张邦辉，许平辉，付弘赟，徐同宝. 2009. 多菌种固态发酵菜籽粕的研究. 中国粮油学报，24（1）：85-89.

孙露，章秋虎. 2010. 南美白对虾池塘应用侧芽胞杆菌调节水质试验. 科学养鱼，9：46-47.

孙梅，匡群，施大林，刘淮，胡凌红. 2006. 培养条件对纳豆芽胞杆菌芽胞形成的影响. 饲料工业，27（8）：19-24.

孙苗苗，赵昆，武志芳，唐德芳，胡承. 2009. 枯草芽胞杆菌 LL18-4 产类细菌素的分离纯化及特性研究. 四川大学学报（自然科学版），46（6）：1862-1866.

孙明，刘子铎. 2000. 苏云金芽胞杆菌 YBT-1520 杀虫晶体蛋白基因的属性. 微生物学报，40（4）：365-371.

孙明，魏芳. 2000. 苏云金芽胞杆菌质粒 pBMB2062 的克隆及遗传稳定载体的构建. 遗传学报，27（10）：932-938.

孙明，吴岚，刘子铎，李阜棣，喻子牛，Dean D H. 1996. 苏云金芽胞杆菌杀虫晶体蛋白基因 *cry*218 的克隆和表达. 农业生物技术学报，4（3）：293-298.

孙明，吴岚，刘子铎，喻子牛. 2000. 利用苏云金芽胞杆菌非芽胞特异性的启动子表达 *cry*1Ac10 和 *cry*1C 基因. 农业生物技术学报，8（3）：229-232.

孙明，喻子牛. 1996. 苏云金芽胞杆菌 *cry*218 基因改造. 中国生物防治，12（3）：127-129.

孙明, 朱超颖. 2000. 苏云金芽胞杆菌转座子整合载体的构建. 农业生物技术学报, 8 (4): 321-325.
孙明, 朱晨光, 喻子牛. 2001. 类似S-层蛋白的苏云金芽胞杆菌伴胞晶体蛋白基因的克隆. 微生物学报, 41 (2): 141-147.
孙鸣, 潘宝海, 孙冬岩, 温俊. 2009. 合生素对断奶仔猪血清生化指标的影响. 饲料研究, 7: 63-64.
孙鸣, 潘宝海, 孙冬岩. 2009. 益生芽胞杆菌与益生协同剂在体外相互关系研究. 饲料研究, 1: 70-71.
孙鸣, 孙冬岩, 潘宝海, 温俊. 2008. 合生素对肉鸡肠道菌群数量的影响. 饲料研究, 6: 62-63.
孙娜亚, 姜岷, 荀志金. 2007. 促进剂对 Bacillus subtilis NX-21 合成 γ-谷氨酰转肽酶的影响. 氨基酸和生物资源, 29 (3): 22-25.
孙乃霞. 2011. 治伤消瘀丸微生物限度检查方法的验证. 光明中医, 26 (2): 226-228.
孙鹏 (摘译), 臧长江 (校). 2011. 纳豆枯草芽胞杆菌对断奶前犊牛生长性能和免疫功能的影响. 中国畜牧兽医, 38 (1): 243.
孙启利, 陈夕军, 童蕴慧, 纪兆林, 李海东, 徐敬樱. 2007. 抗菌蛋白对油菜菌核病菌的抑制作用及防病效果. 扬州大学学报 (农业与生命科学版), 28 (3): 82-86.
孙谦. 2010. 黄嘌呤缺陷型枯草杆菌的选育. 曲靖师范学院学报, 6: 44-47.
孙庆祥, 罗才安. 1991. 黄麻和红麻微生物脱胶研究. 中国麻作, 1: 42-46.
孙然, 皮国华, 赵卫红, 王资生. 2008. 芽胞杆菌和光合细菌对异育银鲫鱼种消化酶的影响. 北京水产, 3: 35-37, 41.
孙荣同, 高海娥, 肖辉川, 李降龙. 2000. 浸麻芽胞杆菌引起新生儿败血病1例. 临床检验杂志, 3: 22.
孙瑞峰, 陈沈. 2000. 高效微生态饲料添加剂作用及在动物饲养过程中的应用. 中国微生态学杂志, 12 (5): 265, 267.
孙瑞锋, 步长英, 李同树. 2008. 菊糖和枯草芽胞杆菌对肉鸡肠道菌群数量及排泄物氨气散发量的影响. 华北农学报, 23 (B06): 252-256.
孙森, 宋俊梅, 曲静然. 2008. 豆豉后发酵过程中微生物菌相的变化. 中国食品添加剂, 2: 139-143.
孙慎侠, 付昌斌, 伦永洪, 苗迎秋. 2003. 芽胞杆菌菌株产几丁质酶发酵条件的研究. 中国微生态学杂志, 15 (3): 144, 146.
孙士营, 张岫英, 刘梦阳. 2002. 手术室蜡样芽胞杆菌污染. 中华医院感染学杂志, 12 (9): 701.
孙淑荣, 吴海燕, 刘春光, 范作伟. 2004. PGPR 复合制剂对玉米增产效果的研究. 吉林农业科学, 29 (5): 22-28.
孙素琴, 马新华. 2004. 1例气性坏疽病人行高压氧治疗的消毒隔离. 南方护理学报, 11 (6): F003.
孙同毅, 陈坤, 郝继兴, 路福平, 杜连祥. 2007. 嗜碱性芽胞杆菌 PB92 碱性蛋白酶分别在大肠杆菌和枯草芽胞杆菌中表达. 生物技术通报, 23 (5): 120-123, 127.
孙同毅, 邵建新, 高媛媛, 陈丽梅. 2009. 碱性蛋白酶 PB92 在枯草芽胞杆菌中高效转化方法的建立及其分泌表达. 江苏农业学报, 25 (3): 534-537.
孙同毅, 邵伟光, 高志芹, 林维平. 2008. 一株产碱性蛋白酶的嗜碱芽胞杆菌的分离和鉴定. 现代生物医学进展, 8 (7): 1256-1258.
孙同毅, 殷向彬, 李玉, 路福平, 杜连祥. 2007. 高产碱性蛋白酶菌株 HAP26 选育. 氨基酸和生物资源, 29 (2): 20-22, 29.
孙桐, 李忠. 1996a. 国外对芽胞杆菌属芽胞长久存活机制的研究进展. 微生物学免疫学进展, 24 (2): 78-80.
孙桐, 李忠. 1996b. 芽胞杆菌属芽胞长久存活机制的研究进展. 国外医学: 微生物学分册, 19 (3): 26-28.
孙伟, 董丁贵. 2004. 颅脑外伤昏迷病人并发抗生素相关性腹泻的临床研究. 临床神经外科杂志, 1:

33-34.

孙文,许丽.2010.复合微生物菌剂处理玉米秸秆应用效果的研究.饲料博览,7:1-4.

孙文敬,付春生.1999.枯草芽胞杆菌 C1-B941 的 D-核糖发酵中间试验.工业微生物,29(4):5-8.

孙文俊,刘文君,胡田甜,李张卿.2008.紫外线消毒系统中强度分布的理论计算与生物验证对比.环境科学学报,28(3):563-567.

孙先锋,孙鹏,周飞.2007.猪粪堆肥发酵菌种的分离筛选及特性研究.环境工程学报,1(4):131-134.

孙先锋,钟海风,谢式云,邹奎.2006.高效堆肥菌种的筛选及在城市污泥堆肥上的应用.环境污染治理技术与设备,7(2):108-111.

孙先录.2004.1起蜡样芽胞杆菌食物中毒的调查.预防医学文献信息,10(1):F002,15.

孙向武,曹晓丹,戴青华.2010.1,4-二氯苯降解菌的疏水性及其降解特性研究.环境科学与技术,33(1):58-61.

孙晓鸣,宋德平,王萍.2009.不同菌株配伍摇瓶发酵蛋白酶的初探.江西农业大学学报,31(3):537-540.

孙晓鸣,王萍,陈静.2010.纳豆芽胞杆菌配伍发酵产中性蛋白酶的性质研究.江西农业大学学报,32(1):163-168.

孙晓鸣,王萍,黄云飞.2009.几株芽胞杆菌产消化酶分析.江西畜牧兽医杂志,2:13-15.

孙晓棠,龙良鲲,崔汝强,姚青,朱红惠.2010.利用 PCR-DGGE 技术快速检测鉴定饲用微生物.华南农业大学学报,31(4):72-75.

孙晓宇,沈卫荣,韩丽萍,路鹏鹏,门欣.2010a.枯草芽胞杆菌 BSK1 对尖孢镰刀菌(*Fusarium oxysporum*)拮抗作用的研究.陕西农业科学,56(3):15-17.

孙晓宇,沈卫荣,韩丽萍,路鹏鹏,门欣.2010b.枯草芽胞杆菌 BSK1 抗菌物质的初步研究.陕西农业科学,56(6):80-82.

孙笑非.2009.促使芽胞杆菌大量生成芽胞的方法.饲料研究,6:62-63.

孙笑非,李超.2010.细菌菌落总数检测常见误差原因分析.饲料研究,6:72-73.

孙笑非,孙鸣.2009.一株枯草芽胞杆菌发酵培养基的优化.饲料研究,2:68-69.

孙笑非,温俊.2009.枯草芽胞杆菌对温度、pH 及抗生素耐受性的研究.饲料研究,8:66-67.

孙兴滨,李国峰.2009.生物负荷对紫外线灭活枯草芽胞杆菌的影响.黑龙江科技信息,11:20.

孙秀玲.2009.88例成人破伤风的临床护理.护理实践与研究,6(16):66-67.

孙秀萍,祁振海.1995.对青霉素酰化酶发酵生产影响因素的考察.生物技术,5(3):25-28.

孙雪娟.2007.溶血隐秘杆菌引起的扁桃腺炎误诊白喉1例分析.中国误诊学杂志,7(5):1040.

孙雪文,周金燕,钟娟,邓洪渊.2007.ZK-I 菌发酵液中抗真菌活性化合物的纯化与部分特性研究.微生物学通报,34(1):88-91.

孙迅,任昶.1995.环状芽胞杆菌基因启动子的分离与鉴定.四川大学学报(自然科学版),32(2):207-212.

孙迅,王宜磊.1997.木聚糖酶高产菌株 *Bacillus pumilus* H-101 的筛选及产酶条件的研究.微生物学杂志,17(2):17-22.

孙妍,王加启,奚晓琦,卜登攀,彭华,魏宏阳,周凌云.2009.纳豆芽胞杆菌在反刍动物生产中的应用.中国畜牧兽医,7:21-25.

孙妍,王加启,奚晓琦,卜登攀,魏宏阳,周凌云.2010.高产蛋白酶纳豆芽胞杆菌的分离筛选与鉴定.沈阳农业大学学报,41(2):175-180.

孙彦.2008.淡水养殖水体水质污染及微生态制剂应用现状.河南农业,14:56-57.

孙燕萍.2006.从罐头食品中检出1株嗜温性兼性厌氧芽胞杆菌的实验报告.职业与健康,22(23):

2075-2076.

孙燕霞, 张瑞清, 刘保友, 袁堂玉, 刘万好. 2010. 白地霉和解淀粉芽胞杆菌对黄瓜枯萎病的防治效果. 山东农业科学, 42 (12): 55-57.

孙洋, 王春玲, 曹小红. 2008. 家蝇蛹中多酚氧化酶的分离纯化及抑菌活性的研究. 天津科技大学学报, 23 (3): 13-15.

孙洋, 王树桐, 胡同乐, 任红敏, 曹克强. 2010. 生防菌 BS-315 对苹果斑点落叶病菌的防治作用. 安徽农业科学, 38 (18): 9587-9588, 9737.

孙业盈, 单长明, 武玉永. 2011. 蜢子虾酱中度嗜盐菌的分离、鉴定及特性研究. 中国酿造, 11: 94-97.

孙义, 居正英, 林玲, 杨启银, 周益军. 2008. 茄子黄萎病生防内生细菌 29-12 发酵条件的初步研究. 江苏农业学报, 24 (4): 425-430.

孙艺萍, 魏巍, 赵敏. 2009. 石油烃类污染土壤的微生物修复技术. 东北林业大学学报, 37 (10): 63-65, 84.

孙勇, 段洪武, 邓林, 胡承, 王忠彦. 2005. 糖胺聚糖类物质产生菌的筛选及其鉴定. 四川大学学报 (自然科学版), 42 (3): 580-583.

孙雨, 张垒, 范育松, 卜仕金. 2009. 鹌鹑溃疡性肠炎综合诊断与防控的研究探讨. 上海畜牧兽医通讯, 5: 103-103.

孙玉萍, 王红英, 刘素辉, 倪萍, 马海梅. 2011. 新疆油污土壤中石油烃降解菌筛选及鉴定. 中国公共卫生, 3: 1340-1342.

孙寓姣, 郝旭光, 王红旗. 2010. 不同温度下石油污染土壤中石油降解菌群的实验研究. 石油学报: 石油加工, 1: 87-92.

孙裕光, 沙莎. 1998. 微生物方法制备散骨标本的实验研究: Ⅰ. 枯草芽胞杆菌与土壤培养物分解骨质内外软组织的效果比较. 西南民族学院学报 (自然科学版), 24 (1): 64-66.

孙元友, 李颖, 薛俊华. 2009. 铜绿丽金龟的生活习性及其防治技术. 吉林林业科技, 38 (5): 54-55.

孙园, 牟光庆. 2007. 豆豉纤溶酶产生菌的筛选及鉴定. 食品研究与开发, 28 (1): 36-39.

孙月娥, 钱和. 2005. 豆豉纤溶酶生产菌的诱变育种. 河南工业大学学报 (自然科学版), 26 (5): 31-34, 39.

孙云章, 凌泽春, 杨红玲, 叶继丹. 2010. 斜带石斑鱼稚鱼和早期幼鱼消化道可培养菌群研究. 华南农业大学学报, 31 (3): 65-70.

孙运军, 夏立秋, 莫湘涛, 丁学知. 2003. 苏云金芽胞杆菌杀虫晶体蛋白与 DNA 分子的相互作用. 微生物学报, 43 (1): 127-131.

孙运军, 袁志明, 夏立秋, 魏薇. 2007. 苏云金芽胞杆菌伴孢晶体中 20kb DNAs 上染色体基因的鉴定. 湖南师范大学自然科学学报, 30 (4): 114-118.

孙运军, 邹先琼, 夏立秋. 2002. 苏云金芽胞杆菌杀虫晶体蛋白毒性片段的结构域在毒杀昆虫中的作用. 生物工程进展, 22 (2): 35-39.

孙占敏, 张克旭, 陈宁. 2006. 胞苷产生菌的选育. 现代食品科技, 22 (3): 284-285.

孙昭, 马骁骏, 黄静, 刘雯, 吴自荣. 2010. γ-聚谷氨酸阻垢性能的研究. 华东师范大学学报 (自然科学版), 5: 134-141, 148.

孙振科. 2004. 一起由蜡样芽胞杆菌引起的食物中毒. 现代医药卫生, 20 (20): 2201.

孙振涛, 刘建军, 赵祥颖, 杜金华. 2007. 一株产木聚糖酶菌株的分离、鉴定及其酶学特性研究. 生物技术, 17 (4): 74-77.

孙臻, 黄祖光. 2008. 消瘰丸的微生物限度检查及控制菌检查方法学验证研究. 中国热带医学, 8 (8): 1457, 1467.

孙正祥,纪春艳,李云锋,王振中. 2008. 香蕉枯萎病拮抗细菌的分离筛选与鉴定. 中国生物防治, 24 (2): 143-147.

孙之南,王娟,鲁梅芳,包菁,宁卓,伍倩. 2007. 氯化钠对几种常见菌的抑制作用. 盐业与化工, 36 (1): 12-15.

索晨,梅乐和,黄俊,盛清. 2007. $^{60}Co\gamma$ 射线诱变选育聚谷氨酸高产菌株及培养基初步优化. 高校化学工程学报, 21 (5): 820-825.

索少斌,张占义,于彦. 2002. 一起蜡样芽胞杆菌食物中毒调查. 中国学校卫生, 23 (1): 76-77.

索相敏,陆秀君,董建臻,李静,宋萍,赵瑞君,付利燕. 2007. 中华真地鳖抗菌物质的抑菌活性测定. 中国生物防治, 23 (1): 64-67.

索雅丽,李术娜,李红亚,王全,王树香,朱宝成. 2010. 番茄灰霉病菌颉颃菌株的筛选及功能基因的分析. 中国植保导刊, 8: 7-10.

台夕市,杜连彩,赵增兵. 2011. 苯磺酰苯丙氨酸、邻菲咯啉 Mg (Ⅱ) 配合物的合成、晶体结构及抗菌活性 (英文). 无机化学学报, 27 (3): 575-579.

谈海亮,金安江. 2009. "转基因抗虫水稻品种培育"在华中农大启动. 北京农业: 实用技术, 5: 53.

谈家金,冯志新. 2004. 松材线虫与其伴生细菌在寄主内的种群动态. 林业科学, 40 (6): 110-114.

谈家金,向红琼,冯志新. 2008. 松材线虫伴生细菌的分离鉴定及其致病性. 林业科技开发, 22 (2): 23-26.

覃映雪,王晓林,鄢庆枇,王赟,叶冬凤. 2007. 青石斑鱼肠道菌群研究. 海洋水产研究, 28 (5): 18-23.

覃茁,陈琳,陈宝英,闫春燕. 2003. 一起蜡样芽胞杆菌污染学生营养午餐造成食物中毒的调查. 中国食品卫生杂志, 15 (2): 140-142.

覃宗华,蔡建平,叶秀华,王佩瑶,陈闻,王星,谢明权. 2005. 纳豆芽胞杆菌 16S rRNA 基因的克隆及其系统进化分析. 中国微生态学杂志, 17 (5): 324-326.

谭芙蓉,王利刚,王金斌,蒋玲曦,唐雪明. 2010. 苏云金芽胞杆菌及其杀虫晶体蛋白基因资源的研究进展. 上海农业学报, 26 (4): 135-139.

谭芙蓉,郑爱萍,周华强,郑秀丽. 2006. 一株对鳞翅目高毒力的苏云金芽胞杆菌亚种的分离与鉴定. 四川农业大学学报, 24 (2): 152-155.

谭芙蓉,朱军,李云艳,郑爱萍. 2008. 苏云金芽胞杆菌 Rpp39 杀虫晶体蛋白基因的鉴定及 $cry2Aa12$ 基因的克隆表达. 微生物学报, 48 (5): 684-689.

谭贵娥,何池全,陆晓怡. 2008. 外源微生物强化蓖麻对铅的吸收与积累研究. 农业环境科学学报, 27 (1): 82-85.

谭敬军. 2001. 竹荪抑菌特性研究. 食品科学, 22 (9): 73-75.

谭玲,车宁,孙春华. 2007. 新型糖肽类抗生素奥利万星. 中国新药杂志, 16 (14): 1141.

谭倪,陶李明,邵长伦,佘志刚,林永成. 2008. 海洋真菌 Fusarium sp. #ZZF51 的次级代谢产物二 (5-丁基-2-吡啶甲酸-N1, O2) 合铜 (Ⅱ) 的抑菌抗癌活性研究. 南华大学学报 (自然科学版), 3: 1-4, 20.

谭荣炳,师昆景,吴灵英. 2008. 枯草芽胞杆菌制剂对肉鹅早期生长和养分存留的影响. 饲料工业, 29 (8): 9-11.

谭珊娜,孙明,喻子牛. 2005. 产生伴胞晶体的芽胞杆菌 CTC 菌株的 16S-23S rRNA 间隔区分析. 华中农业大学学报, 24 (2): 169-175.

谭寿湖,张文飞,叶大维. 2009. 苏云金芽胞杆菌基因组研究概况. 基因组学与应用生物学, 28 (1): 202-208.

谭文捷,李发生,杜晓明,谷庆宝. 2005. 解淀粉芽胞杆菌对水中丁草胺的降解及影响. 环境科学研究, 18 (3): 71-74.

谭雯文,周延华,梁海秋,杨辉,周河治. 2006. 产中性蛋白酶菌株发酵条件的研究. 现代食品科技, 22 (4): 39-42.

谭小艳,黄思良,晏卫红,任建国. 2006. 柑橘溃疡病菌的拮抗细菌 Bv10 的研究. 广西农业生物科学, 25 (3): 229-234.

谭亚军,雷殿良,张庶民. 2004. 破伤风毒素 C 片段的基因克隆、表达、纯化及免疫原性分析. 中华微生物学和免疫学杂志, 24 (3): 222-225.

谭志,鲍楠,赖翼,张和民,李德生. 2004. 野外放归大熊猫和圈养大熊猫肠道正常菌群的研究. 四川大学学报 (自然科学版), 41 (6): 1276-1279.

谭志琼,淦国英,张荣意. 2006. 枯草芽胞杆菌 B68 对香蕉果实潜伏炭疽菌的抑制作用. 广西热带农业, 5: 1-4.

谭周进,肖克宇. 2001a. 芽胞杆菌 B13 抑真菌作用研究. 中国饲料, 23: 25-26.

谭周进,肖克宇. 2001b. 芽胞杆菌 B13 抑真菌作用的研究. 畜禽业, 10: 20.

谭周进,周清明,肖启明,王跃强. 2005. 芽胞杆菌 B13 功能的初步研究. 微生物学通报, 32 (5): 103-106.

檀根甲,李增智,刘淑芳,王钢,黄有凯. 2008. 枯草芽胞杆菌 BS80-6 对苹果采后炭疽病的控病效果及作用机制. 植物保护学报, 35 (3): 227-232.

檀根甲,李增智,薛莲,李丽. 2008. 枯草芽胞杆菌和丙环唑对采后苹果炭疽病的防治效果. 激光生物学报, 17 (2): 245-250.

檀建新,陈忠义,张杰,黄大昉. 2001. 产几丁质酶菌的分离鉴定及其抑菌作用的初步研究. 植物保护, 27 (2): 1-3.

檀建新,王开梅,宋福平,陈中义,王开梅,黄大昉. 2002. 苏云金芽胞杆菌 $cry1Ab13$ 基因的克隆及表达研究. 微生物学报, 42 (1): 40-44.

汤保贵,徐中文,张金燕,唐志坚. 2007. 枯草芽胞杆菌的培养条件及对水质的净化作用. 淡水渔业, 37 (3): 45-48.

汤恩婉,叶惠玲. 2005. 一起蜡样芽胞杆菌食物中毒调查. 浙江预防医学, 17 (2): 42.

汤海妹,曾凡亚. 1999. $Bacillus$ sp. BT-7 木聚糖酶基因的克隆与鉴定. 应用与环境生物学报, 5 (1): 60-63.

汤建才,顾敏舟,黄敏. 2006. L-甲硫氨酸产生菌 M0658 原生质体形成及其再生条件的研究. 四川师范大学学报 (自然科学版), 29 (5): 609-612.

汤俊一,王景芳,杜护华,李景荣. 2010. 獭兔 A 型魏氏梭菌病的诊断与防治. 中国畜禽种业, 5: 95.

汤克明,王强,范雪荣,王平,吴敬. 2009. 芽胞杆菌产碱性果胶酶的棉散纤维精练. 印染, 35 (9): 14-16.

汤慕瑾,谭乐,余健秀,袁美妗,庞义. 2003. 苏云金芽胞杆菌杀虫晶体蛋白基因 $cry1Ab16$ 的克隆及表达. 微生物学报, 43 (4): 417-423.

汤倩倩,张智,于秀玲,宋静. 2010. 纳豆芽胞杆菌饲料添加剂的发酵培养研究. 饲料博览, 4: 21-24.

汤水平,张青燕,谢伟岸,任国谱. 2007. 盐渍薤头发酵过程中乳酸菌的分离及特性研究. 中国酿造, 8: 61-64.

汤显春. 2004. 黄金矿藏勘探的微生物检测方法. 黄金科学技术, 12 (2): 21.

汤显春,陈绳亮,罗勤,熊克娟,谢树成,周修高. 1999. 广西四川金矿床区土壤样品中蜡状芽胞杆菌的分离和鉴定. 华中师范大学学报 (自然科学版), 33 (2): 271-277.

汤显春,陈绳亮,周修高,王红梅.1999.金矿床区蜡质芽胞杆菌孢子数与金矿化关系.微生物学杂志,19(4):17-21.

汤显春,牛桂兰,谢树成,王红梅.2001.生物矿化——蜡状芽胞杆菌聚金作用的研究.微生物学杂志,21(1):31-32.

汤显春,夏克祥,刘海舟,牛桂兰.2003.曾侯乙墓穴木椁微生物的分离与鉴定.微生物学杂志,23(6):7-10.

汤显春,谢树成.2001.蜡状芽胞杆菌与金矿化的协同演化作用机制.微生物学杂志,21(2):39-40.

汤兴俊,何国庆.2002.热稳定性β-葡聚糖酶菌种选育及产酶特性.农业生物技术学报,10(4):385-389.

汤杨.2008.痛风舒片微生物限度检查方法有效性验证试验研究.贵州师范大学学报(自然科学版),26(2):109-112.

唐宝英,朱晓慧,刘佳.2001.耐酸耐热普鲁兰酶菌株的筛选及发酵条件的研究.微生物学通报,28(1):39-43.

唐宝英,朱晓慧.1998.硅酸盐细菌和苏云金芽胞杆菌原生质体融合.生物技术,8(5):19-21,31.

唐兵,彭珍荣.2000.嗜热脂肪芽胞杆菌高温蛋白酶的产生条件及酶学性质.微生物学报,40(2):188-192.

唐凤英.2008.小檗碱和制霉素治疗抗生素相关性腹泻的疗效观察.中国医药导报,5(27):48.

唐光斌,向远,李锐.2007.蜡样芽胞杆菌1型引起的食物中毒分析.中国热带医学,7(5):850.

唐国庆(译).2009.枯草芽胞杆菌对角粉的微生物降解以及在皮革加工中的应用:一个一举两得的方法.北京皮革(下),8:14-107.

唐浩国,单方方,魏晓霞,李叶,刘严,向进乐,徐宝成.2009.牡丹叶总黄酮抑菌活性研究.时珍国医国药,20(6):1355-1357.

唐恒明,刘先凯,高美琴,冯尔玲.2009.炭疽芽胞杆菌假想S-层蛋白SLP缺失突变体的构建.生物技术通讯,20(2):161-165.

唐婳,刘国生,谢志雄,沈萍.2007.Bacillus subtilis自然感受态缺陷株蛋白质表达谱的初步分析.微生物学通报,34(1):85-87.

唐欢,但国蓉,魏泓.2006.医用微生态制剂分离菌株对白假丝酵母菌芽管形成的抑制作用.世界华人消化杂志,14(22):2237-2240.

唐家毅,刘婕,于铁妹,杨博,王永.2008.一株水产芽胞杆菌的鉴定及其培养基优化的研究.淡水渔业,38(6):26-30.

唐建中,戴求仲,周旺平.2009a.两种益生芽胞杆菌体外抑菌活性及其耐药性研究.兽药与饲料添加剂,14(5):8-10.

唐建中,戴求仲,周旺平.2009b.高温处理及试验制粒对两种有益芽胞杆菌的影响.饲料博览,4:25-27.

唐金山,高昊,戴毅,洪葵,姚新生.2008.环脂肽类成分研究进展.药学学报,43(9):873-883.

唐金山,高昊,洪葵,姜苗苗,周光.2008.红树林细菌Bacillus sp.次生代谢产物研究.中国药物化学杂志,18(3):206-209.

唐静,谈满良,赵江林,汪冶,周立.2008.多孔板-MTT比色法测定植物抗菌成分对细菌的抑制活性.天然产物研究与开发,20(6):949-952.

唐娟,张毅,李雷雷,林开春.2008.地衣芽胞杆菌应用研究进展.湖北农业科学,47(3):351-354.

唐珂心,牛钟相.2000.蜡样芽胞杆菌生长特性的研究.山东畜牧兽医,1:6-7.

唐立萍,葛青玮.1999.厌氧菌864株的分离鉴定.上海医学检验杂志,14(2):99-101.

唐丽江, 王振华, 王迪. 2009a. 产淀粉酶芽胞杆菌高产菌株的筛选. 饲料博览, 4: 23-25.
唐丽江, 王振华, 王迪. 2009b. 高产淀粉酶芽胞杆菌菌株的筛选. 安徽农业科学, 37 (12): 5362-5363, 5371.
唐凌云, 王世梅, 周立祥. 2008. 利用废弃毛发生产生物农药苏云金杆菌的研究. 农业环境科学学报, 27 (3): 1248-1253.
唐上华, 冯喆, 黄蕊新. 1990. 嗜碱性芽胞杆菌 N-227 β-环状糊精葡基转移酶基因的克隆及其在大肠杆菌中的表达. 工业微生物, 20 (1): 1-5, 10.
唐上华, 王磊, 周新宇, 林钰, 李象洪, 赵迎, 雷肇祖, 任大明. 1995. 嗜碱性芽胞杆菌 N-227 环状糊精葡基转移酶基因在枯草杆菌中的整合表达. 工业微生物, 25 (1): 1-4.
唐圣华, 万秀清, 郭兆奎, 颜培强. 2008. 烟草赤星病拮抗生防菌 BS06-1 的筛选. 安徽农业科学, 36 (35): 15564-15565, 15595.
唐泰山. 2004. 一起蜡样芽胞杆菌引起的食物中毒分析. 实用预防医学, 11 (6): 1270.
唐天勇, 唐毅, 徐丽娟. 2007. 龙潭水库库底卫生清理报告. 中华现代医学与临床, 6 (3): 98-99.
唐伟. 2011. 微生态制剂枯草芽胞杆菌对生长猪生长性能的影响. 中国猪业, 5 (2): 36-37.
唐雪明, 邵蔚蓝, 沈微, 王正祥, 方惠英, 诸葛健. 2001. *Bacillus licheniformis* 6816 碱性蛋白酶基因在 *E. coli* 中的克隆和表达. 生物技术, 11 (4): 3-6.
唐雪明, 邵蔚蓝, 沈微, 王正祥, 方惠英, 诸葛健. 2002. 地衣芽胞杆菌 2709 和 6816 碱性蛋白酶基因在大肠杆菌中的克隆、表达及序列分析. 应用与环境生物学报, 8 (2): 209-214.
唐雪明, 邵蔚蓝, 王正祥, 方惠英, 诸葛健. 2002a. 地衣芽胞杆菌感受态细胞的形成及高效电转化. 生物技术, 12 (4): 13-15.
唐雪明, 邵蔚蓝, 王正祥, 方惠英, 诸葛健. 2002b. 地衣芽胞杆菌感受态细胞的诱导形成及其高效电转化方法. 无锡轻工大学学报, 21 (5): 460-463.
唐燕发, 许建和, 武慧渊, 叶勤, Schulze B. 2001. 高对映选择性环氧化物水解酶产生菌的筛选及特性研究. 微生物学通报, 28 (5): 14-17.
唐燕发, 许建和, 叶勤, Schulze B. 2001. Enantioselective hydrolysis of phenyl glycidyl ether catalyzed by newly isolated *Bacillus megaterium*. 催化学报, 22 (1): 1-2.
唐颖. 2006. 根瘤菌耐盐工程菌株的构建及其生理特性研究. 北京: 中国农业科学院硕士研究生学位论文: 1.
唐玉明, 姚万春, 任道群, 卓毓. 2007. 酱香型白酒窖内发酵过程中糟醅的微生物分析. 酿酒科技, 12: 50-53.
唐裕芳, 张妙玲, 陶能国, 刘华兵. 2008. 苍术挥发油的提取及其抑菌活性研究. 西北植物学报, 28 (3): 588-594.
唐裕芳, 张妙玲, 张有毫, 廖红光, 欧阳俊翔, 曾志丁, 冯淑环, 李红梅. 2008. 公丁香挥发油化学组成及抑菌活性研究. 湘潭大学自然科学学报, 30 (4): 101-105.
唐远勤. 2008. 地衣芽胞杆菌胶囊治疗婴幼儿腹泻 30 例. 中国现代医生, 46 (26): 150-151.
唐赟, 刘沐之, 梁凤来, 冯露, 刘如林. 2006. 一株嗜热菌的分离鉴定及其苯酚降解特性. 微生物学通报, 33 (5): 39-44.
唐云志, 王平, 许亮, 纪发明, 王秀. 2009. 电气石复合材料合成及在养殖水处理中的应用. 江西有色金属, 23 (4): 44-47.
唐振柱, 陈兴乐, 黄林, 黄兆勇, 方志峰, 扬娟, 李秀桂. 2005. 2000 年~2003 年广西细菌性食物中毒流行病学分析. 中国食品卫生杂志, 17 (3): 224-227.
唐振柱, 陈兴乐, 黄林, 黄兆勇, 方志峰, 扬娟. 2004. 50 起家庭细菌性食物中毒流行病学调查分析. 广西预防医学, 10 (4): 197-199.

唐志燕, 龚国淑, 刘萍, 邵宝林, 张世熔. 2005. 成都市郊区土壤芽胞杆菌的初步研究. 西南农业大学学报, 27 (2): 188-192.

唐忠有. 2008. 应用乳酸菌素与抗生素类药物预防畜禽肠道细菌性疾病的分析. 现代畜牧兽医, 3: 45.

陶晨, 杨小生, 戎聚全, 陈明, 邓先扩, 陈金秀. 2006. 乌蔹挥发油成分分析及其抗菌活性. 云南大学学报 (自然科学版), 28 (3): 245-246, 250.

陶翠兰, 黎敏, 罗南辉. 2001. 兔产气荚膜芽胞杆菌病. 四川动物, 20 (2): 98-99.

陶光灿, 王素英, 王玉平, 路宝庆. 2003. 芽胞杆菌属 (Bacillus sp.) 10 株细菌混合制剂对 4 种作物出苗及苗期生长的影响. 应用与环境生物学报, 9 (6): 598-602.

陶晶, 李晖, 李春. 2010. 芽胞杆菌组合 BCL-8 对番茄的促生防病效果及其促生机制初探. 植物保护, 36 (1): 87-91.

陶晶, 赵思峰, 吴艳, 李春, 李晖. 2006. 芽胞杆菌 SL-23 和 SL-44 对加工番茄防病促生效果的研究. 新疆农业科学, 43 (5): 362-365.

陶树兴. 2006. 复混肥料中化肥含量对 3 种肥料微生物存活率的影响. 浙江林学院学报, 23 (5): 507-511.

陶树兴, 房薇. 2006. 8 种肥料微生物对化肥和农药的敏感性. 浙江林学院学报, 23 (1): 80-84.

陶树兴, 徐姗娜, 徐珊, 王婷婷, 苏蕊, 丛寅. 2010. 枯草芽胞杆菌 SNUB16 的抗真菌作用研究. 植物保护, 36 (5): 70-75.

陶涛, 陆志宇. 1989. 嗜碱芽胞杆菌 42-14 噬菌体的分离及其部分特性. 武汉大学学报 (自然科学版), 3: 100-104.

陶涛, 陆志宇. 1991. 嗜碱芽胞杆菌 42-14 噬菌体的分离及其特性. 微生物学报, 31 (4): 318-320.

陶涛, 叶明, 刘冬, 杨柳. 2011. 无机解磷细菌的筛选、鉴定及其溶磷能力研究. 合肥工业大学学报 (自然科学版), 34 (2): 304-308.

陶庭先, 辛后群, 张宇东, 陈培根, 王二兰, 吴之传. 2008. 纳米铜/聚丙烯腈纤维抗菌性能、力学性能研究. 功能材料, 39 (1): 148-150.

陶文琴, 雷晓燕, 麦旭峰, 黄丽宜, 缪绅裕. 2009. 4 种中药贯众原植物提取物的体外抗菌活性研究. 武汉植物学研究, 4: 412-416.

陶惜丹, 陈春达. 2010. 一起蜡样芽胞杆菌引起食物中毒调查. 浙江预防医学, 22 (5): 44, 47.

陶艳华, 姚大伟, 王政, 郭士兵, 李臻兴, 杨德吉. 2009. 血红蛋白降解菌的分离筛选与鉴定. 食品与生物技术学报, 28 (6): 854-857.

陶玉贵, 汤斌, 黄伟, 徐先炉. 2003. 环境条件对压力脉动发酵生产苏云金芽胞杆菌的影响. 华中农业大学学报, 22 (5): 466-468.

陶志阳, 刘芡, 刘庆. 2008. 一起蜡样芽胞杆菌污染米粉引起食物中毒的调查. 公共卫生与预防医学, 19 (5): 47-47.

特玉香, 古丽巴哈尔托乎提, 杨洪淼. 2008. 保健食品微生物限度检查的方法学验证. 药物分析杂志, 28 (2): 270-274.

腾晓旭, 崔秀兰. 2006. 铽三元配合物的表征及生物活性研究. 稀土, 27 (5): 73-75.

滕绍师, 段建国. 2001. 奶粉中蜡样芽胞杆菌污染的检测. 山东食品科技, 3 (9): 23.

滕英娟, 迟瑞宾. 2008. 浅谈家兔泰泽氏病的诊治. 养殖技术顾问, 7: 138-139.

田长城, 许晖, 曹柯柯, 戴嘉. 2008. 黑曲霉和芽胞杆菌混合纤维素酶液的活性研究. 中国饲料, 9: 26-28.

田春华, 冀志霞, 吴广涛, 陈守文. 2009. 苏云金芽胞杆菌聚 γ-谷氨酸-明胶微胶囊剂制备及其抗逆性.

应用与环境生物学报, 15 (3): 367-370.

田德才, 王柏青. 1996. 应用禽痢宁防治鸡腹泻病效果观察. 中国畜禽传染病, 1: 41-43.

田东, 袁其朋, 孙新晓, 申晓林. 2010. 响应面法优化多粘菌素 B 的发酵条件. 中国农学通报, 26 (15): 53-57.

田刚, 王焰玲. 2002. 环状芽胞杆菌 C-2 几丁酶基因在荧光假单胞菌中的表达. 西南民族学院学报 (自然科学版), 28 (1): 55-60.

田国忠, 海荣, 俞东征, 魏建春, 马凤琴, 蔡虹, 张建华, 郑玉红, 付秀萍, 张志凯, 张恩民, 徐冬蕾. 2006. 利用串联重复序列研究炭疽芽胞杆菌的基因分型. 中华流行病学杂志, 27 (8): 712-715.

田国忠, 俞东征, 海荣, 魏建春, 马凤琴, 蔡虹, 张建华, 郑玉红, 付秀萍, 张志凯, 张恩民, 徐冬蕾. 2006. 炭疽芽胞杆菌基因组中串联重复序列拷贝数的分析. 中华微生物学和免疫学杂志, 26 (9): 786-789.

田国忠, 俞东征, 海荣. 2005. 炭疽芽胞杆菌基因分型的研究进展. 中国媒介生物学及控制杂志, 16 (3): 235-238.

田红, 邹晗. 2006. 肉毒杆菌中毒 21 例临床分析. 中华临床医学研究杂志, 12 (16): 2228-2229.

田宏先, 王瑞霞, 李荫蕃, 孙福在. 2005. 马铃薯环腐病菌内生拮抗细菌的分离、筛选及鉴定. 农业生物技术学报, 13 (2): 241-246.

田洪明, 舒逸平. 1996. 擦手毛巾染菌量与潜在医源性感染分析. 中华医院感染学杂志, 6 (3): 162-163.

田焕均. 2008. 上门清洗饮水机, 给别人健康, 给自己财富! 商界. 城乡致富, 10: 69.

田莉瑛, 钟金梅, 张雪梅, 何欢, 习彦花, 张宏丽. 2009. 标准型纳米 TiO_2 (P-25) 光催化杀菌性能. 河北师范大学学报 (自然科学版), 33 (4): 525-530.

田黎, 李光友. 2001. 海洋生境芽胞杆菌 (*Bacillus* spp.) 的培养条件及产生的胞外抗菌蛋白. 海洋学报, 23 (4): 87-92.

田凌, 林毅. 2010. 具有抗癌活性的伴孢晶体蛋白研究进展. 现代农业科技, 9: 27-28, 30.

田柳, 任桂芳, 李永, 郭民伟, 朴春. 2010. 北京市杨树人工林微生物区系分析. 林业科学, 46 (3): 80-88.

田绿波, 左浩江, 陈肖潇, 周倩, 樊学军, 吴志云, 裴晓方. 2008. 实时荧光 PCR 检测蜡样芽胞杆菌重组质粒标准的构建. 中国国境卫生检疫杂志, 31 (4): 281-284.

田美娟. 2011. 深海重金属抗性菌的分离、鉴定以及菌株 *Brevibacterium sanguinis* NCD-5 铬 (Ⅵ) 还原机制的初探. 厦门: 厦门大学硕士研究生学位论文.

田美娟, 邵宗泽. 2006. 深海抗锰细菌的分离鉴定. 厦门大学学报 (自然科学版), 45 (B05): 272-276.

田蔚, 赵友娟, 高兴莲, 王寿勇, 陈翠萍. 2006. 胸腹部手术患者不同皮肤消毒方法效果比较. 中国消毒学杂志, 23 (5): 458.

田维涛, 赵德军, 胡昭宇, 张碧霞, 曹雁. 2009. 导管相关性枯草芽胞杆菌菌血症 1 例. 西南国防医药, 19 (11): F0003.

田小群. 1990. 嗜碱性芽胞杆菌 (*Bacillus* sp.) NT-39 及其所产碱性淀粉酶的初步研究. 武汉大学学报 (自然科学版), 2: 105-111.

田小卫, 张波, 许玉龙. 2010. 蓟县山区土壤拮抗放线菌的分离及其抗菌活性筛选. 安徽农业科学, 38 (4): 2029-2031.

田晓艳, 刘延吉, 祝怀宇, 朱显静. 2010. 沙棘多糖 HRP Ⅰa 生物活性初探. 食品与生物技术学报, 29 (2): 294-297.

田新玉, 王欣. 1997. 碱性纤维素酶的产生条件和一般性质. 微生物学通报, 24 (4): 195-198.

田新玉, 王欣. 1998. 嗜碱芽包杆菌 N6-27 碱性纤维素酶的纯化及性质. 微生物学报, 38 (4): 310-312.
田新玉, 徐毅. 1993. 嗜碱芽胞杆菌 N16-5 β-甘露聚糖酶的纯化与性质. 微生物学报, 33 (2): 115-121.
田秀平, 卢显芝, 郝建朝. 2010. 不同处理方法对养殖池塘上覆水体可溶性氮含量的影响. 农业环境科学学报, 29 (B03): 180-183.
田秀媛, 孙智杰. 2006. 产纳豆激酶枯草芽胞杆菌种子液培养条件的优化. 微生物学杂志, 26 (1): 54-56.
田雪虹, 吴军营, 刘进怀. 2005. 纸片法生物检定在替考拉宁菌种筛选中的应用. 河北化工, 28 (4): 53, 75.
田雪亮, 单长卷. 2006. 黄瓜种子及幼苗内生细菌分离鉴定. 安徽农业科学, 34 (8): 1574-1575.
田亚红, 刘辉. 2009. 豆豉中纳豆芽胞杆菌的筛选及其发酵工艺的研究. 中国酿造, 4: 45-48.
田亚红, 王丽丽, 仪宏, 赵紫华, 王昂. 2005. 几种芽胞杆菌对温度、氨水和乙醇耐受性的研究. 化学与生物工程, 22 (7): 38-39.
田亚平, 全文海. 1998. 嗜碱性芽胞杆菌碱性纤维素酶酶系的研究. 食品与发酵工业, 24 (3): 1-12.
田亚平, 须瑛敏. 2006. 一种枯草芽胞杆菌氨肽酶的纯化及酶学性质. 食品与发酵工业, 32 (3): 7-10.
田艳慧, 童朝阳, 刘冰, 穆晞惠, 郝兰群. 2006. 压电基因传感器检测芽胞杆菌靶序列研究. 传感器与微系统, 25 (5): 34-36.
田颖川, 陈倩, 李太元, 莽克强, 李文谷. 1995. 人工合成苏云金芽胞杆菌杀虫蛋白基因 $cryI A$ (c) 在大肠杆菌中的表达. 农业生物技术学报, 3 (2): 45-52.
田兆嵩. 2001. 输血病例讨论. 中国输血杂志, 14 (S1): 5-7.
田贞华, 惠丰立, 柯涛, 阚云超. 2007. 家蚕肠道细菌种群结构分析. 蚕业科学, 33 (4): 592-595.
田治国, 王飞, 刘洋, 张知博, 王挺, 许珊珊. 2009. 西北地区常见的 6 种植物挥发性物质抑菌效果研究. 西北林学院学报, 24 (6): 124-128.
田智刚, 李红芳, 梁生康, 李俊峰. 2011. 一株菲降解细菌的分离、鉴定及其降解特性研究. 青岛科技大学学报 (自然科学版), 1: 38-41.
仝立卿. 2008. 硝呋太尔片微生物限度检查方法的探讨. 药学与临床研究, 16 (1): 66-68.
仝玉平, 贾桂华, 夏晖, 袁天仪, 贾永强. 2005. 一起皮肤型炭疽疫情的调查报告. 中国卫生检验杂志, 15 (7): 872, 890.
佟承刚, 韦强. 1992. 家兔螺旋形梭状芽胞杆菌性腹泻的病原鉴定. 上海畜牧兽医通讯, 4: 5.
佟世德, 栾占岭, 蒋忠军. 2004. 一种条件性人兽共患病原-艰难梭状芽胞杆菌. 广东畜牧兽医科技, 29 (2): 19-21.
佟小雪, 牛丹丹, 陈献忠, 石贵阳, 王正祥. 2009. 地衣芽胞杆菌高温 α-淀粉酶异源表达研究. 生物技术, 19 (5): 11-13.
佟忠山, 于原龙, 杜英. 2002. 蜡样芽胞杆菌引起腹腔内感染 1 例报告. 中国检验医学与临床, 3 (2): 53.
童军锋, 郑晓冬. 2003. 不同蒸煮方式和发酵时间下纳豆的性质比较. 食品工业科技, 24 (2): 36-38.
童望宇, 张克旭. 1989. 嗜热脂肪芽胞杆菌与北京棒状杆菌细胞融合初探. 微生物学通报, 16 (3): 141-145.
童有仁, 马志超. 1999. 枯草芽胞杆菌 B034 拮抗蛋白的分离纯化及特性分析. 微生物学报, 39 (4): 339-343.
童蕴慧, 郭桂萍, 徐敬友, 纪兆林. 2004a. 拮抗细菌对番茄植株抗灰霉病的诱导. 中国生物防治, 20 (3): 187-189.
童蕴慧, 郭桂萍, 徐敬友, 纪兆林. 2004b. 拮抗细菌诱导番茄植株抗灰霉病机理研究. 植物病理学报,

34（6）：507-511.

童蕴慧，纪兆林，徐敬友，陈夕军，卢国新. 2002. 灰葡萄孢拮抗细菌的种类鉴定及生长条件研究. 扬州大学学报（农业与生命科学版），23（2）：67-70.

童蕴慧，纪兆林，徐敬友，陈夕军. 2002. 灰葡萄孢拮抗细菌营养与发酵配方的研究. 扬州大学学报（农业与生命科学版），23（4）：79-83.

童蕴慧，徐敬友，陈夕军，纪兆林，郁伟. 2001. 番茄灰霉病菌拮抗菌的筛选和应用. 江苏农业研究，22（4）：25-28.

涂朝勇. 1999. 膈下游离气体的非消化道穿孔2例报告. 华北煤炭医学院学报，1（5）：446.

涂献玉，张万明，袁岳沙，边藏丽，王文英，杜亚明，张燕祥，黄虎翔，张斌，艾彪. 2008. 解淀粉芽胞杆菌对正常小鼠致炎作用的观察. 长江大学学报（自然科学版），5（4）：3-5.

涂永勤，肖崇刚. 2004. 蜡质芽胞杆菌原生质体形成与再生条件研究. 重庆中草药研究，1：18-20.

涂永勤，肖崇刚. 2007. 蜡质芽胞杆菌（Bacillus cereus）原生质体形成与再生条件研究. 重庆中草药研究，1：44.

屠洁，刘冠卉，程曦. 2008. 壳聚糖的抑菌效果研究及其与苯甲酯钠的比较. 食品工业科技，5：83-85.

屠庆，韩丽君. 2010. 1例伪膜性肠炎患者的护理体会. 临床护理杂志，1：31-32.

宛立，王吉桥，高峰，杨士勇，王年斌. 2006. 南美白对虾肠道细菌菌群分析. 水产科学，25（1）：13-15.

宛立，王吉桥，杨世勇，王年斌. 2006. 健康养殖南美白对虾肠道细菌的抗菌活性. 水产科学，25（2）：62-64.

万阜昌，崔云龙，闫述翠. 2005. 凝结芽胞杆菌活菌片对实验性腹泻小鼠的治疗作用. 中国微生态学杂志，17（6）：415-416，418.

万阜昌，崔云龙，闫述翠. 2007. 凝结芽胞杆菌活菌TBC169株对右旋葡聚糖硫酸钠引发大鼠溃疡性结肠炎的治疗作用. 世界华人消化杂志，15（16）：1850-1854.

万菌，何丽萍，刘良忠，李丁宁，刘培勇. 2011. 草鱼内脏水解蛋白功能性质及对微生物的培养效果研究. 武汉工业学院学报，30（1）：9-14.

万红贵，单咸旸，袁建锋，蒋导航，蔡恒. 2010. 产胞外多糖芽胞杆菌的发酵动力学研究. 中国酿造，6：97-100.

万红贵，袁建锋，单咸旸，朱明新，宗素艳，石楠. 2009. 芽胞杆菌胞外多糖的结构初步分析. 食品与发酵工业，35（1）：35-38.

万佳蓉，马美湖，周传云. 2007. 多菌种混合发酵猪血的研究. 食品与机械，23（1）：50-53.

万佳蓉，马美湖，周传云，聂明. 2007. 蜡样芽胞杆菌的二阶导数红外光谱研究. 光谱学与光谱分析，27（5）：904-906.

万俊杰，邓毛程，梁耀开. 2010. 谷氨酸废水培养枯草芽胞杆菌产絮凝剂及固定化吸附Cr（Ⅵ）研究. 安徽农业科学，38（17）：9144-9145，9207.

万俊杰，邓毛程. 2010a. γ-聚谷氨酸絮凝剂培养条件及处理啤酒废水研究. 环境科学与技术，33（4）：157-159.

万俊杰，邓毛程. 2010b. 枯草芽胞杆菌产γ-聚谷氨酸絮凝剂条件及含铬废水处理研究. 环境保护科学，36（3）：35-37，80.

万琦，陆兆新，高宏. 2003. 脱苦大豆多肽产生菌的筛选及其水解条件的优化. 食品科学，24（2）：29-32.

万琦，陆兆新，吕凤霞，高宏. 2003. 枯草芽胞杆菌生产大豆多肽溶液的加工功能特性研究. 食品科学，24（11）：99-102.

万瑞玲,张泰.2006.A型肉毒毒素治疗儿童痉挛型脑瘫的临床应用.中华中西医学杂志,4(12):18.
万遂如.2007.猪场的药物保健措施.农村养殖技术,12S:32-33.
万遂如.2009.哺乳仔猪这样用药预防疾病.北方牧业,9:27.
万遂如.2010.猪的保健方案4例.农村养殖技术,1:30.
万文倩,杨文革,胡永红.2010.微生物检测法测定安来霉素发酵液生物效价.饲料研究,3:41-43.
万夕和,彭友岐,朱建一,张美如,陆勤勤,许璞.2004.江苏沿海河蟹育苗水体中细菌种群数量变化.江苏农业科学,32(3):63-65,86.
万芝凤,张芸,宋艳霞.2004.青霉素皮试临床应用简述.中国医学杂志,2(8):503-504.
汪宝军,卢微波,胡庭杰.2009.蜡样芽胞杆菌致左下肢皮肤软组织大面积坏死1例报告.新医学,40(7):479-480.
汪澈,何月秋,张永庆.2005.枯草芽胞杆菌B9601-Y2抑菌蛋白活性及产生条件的研究.植物病理学报,35(1):30-36.
汪琛玮,王文龙,杨建华,牛淑敏.2007.家庭小型紫外消毒仪在消毒中的应用.实验室科学,3:145-146.
汪川,许欣,余倩,刘衡川,裴晓方,林怡伶.2004.超声波与戊二醛的协同杀菌及其在临床消毒中的应用探索.卫生研究,33(1):42-44,48.
汪多仁.2005.水溶性环状淀粉的开发与应用.淀粉与淀粉糖,3:50-52,54.
汪江波,许芳,张婧芳.2008.纳豆激酶原基因在毕赤酵母中的分泌表达.中国酿造,10:40-42.
汪金,王兆文.2000.系统性红斑狼疮伴发蜡样芽胞杆菌肺炎1例报道.罕少疾病杂志,7(3):41.
汪开毓,黄锦炉,黄艺丹,耿毅.2009.斑点叉尾鮰柱形病的诊断与防治.科学养鱼,8:51-54.
汪琨,崔志峰,裘娟萍,朱廷恒,金晓鲁.2009.烟草黑胫病菌拮抗菌的筛选及鉴定.浙江工业大学学报,37(5):525-529.
汪立平,张庆华,赵勇,陈有容,齐凤兰,张闻.2007.变质豆浆中腐败微生物的分离与初步鉴定.微生物学通报,34(4):621-624.
汪丽芬,姜俊芳,叶宏伟,陶新.2010.蜡样芽胞杆菌对断奶犊牛生长及肠道菌群的影响.中国草食动物,5:16-19.
汪琳,杨秋明,郝剑冬,宋振荣,马英.2009.九孔鲍鲍苗脱板期养殖环境细菌分离及分子鉴定.台湾海峡,28(2):210-216.
汪玲玲,龚伟伦,刘霭莎.2010.苜蓿内生菌中高效AHL降解菌的筛选和鉴定.华南农业大学学报,31(2):68-71.
汪伦记,纠敏.2005.害虫对苏云金芽胞杆菌的抗性及其延缓措施.安徽农业科学,33(8):1378-1379.
汪萍波.2010.双歧杆菌四联活菌片治疗结肠易激综合征临床观察.河北医药,32(11):1439-1440.
汪茜,胡春锦,黄思良,柯仿钢.2010.真菌害拮抗菌的筛选及其对多种植物病原真菌的拮抗活性测定.广西农业科学,41(7):675-678.
汪仁莉,张珠明,何生虎.2009.牛心朴子体外抑菌作用的研究.安徽农业科学,37(31):15233-15235.
汪世华,张晓鹏,陈明,张成,刁苗,白明凤,蔡奎山.2008.有机溶剂和变性剂对枯草芽胞杆菌溶栓酶活性的影响.应用与环境生物学报,14(6):825-829.
汪仕奎,胡继红,侯明,龚成,申子.2006.炭疽芽胞杆菌特异性基因序列双重TaqMan聚合酶链反应快速检测体系的建立.中华检验医学杂志,29(9):820-823.
汪艳洁,邹联沛,占金美.2008.光合细菌和有机解磷菌对伊乐藻生长的影响.科技创新导报,28:7-8.
汪渊,任传利,王雪,张素梅,储兵,卜丽佳,谢斌.2004.重组蛋白在原核细胞中的表达.安徽医科大学学报,39(5):407-409.

汪正兵，宋慧婷，马立新.2003.短小芽胞杆菌木聚糖酶基因在毕赤酵母中的分泌表达及酶学性质研究.生物工程学报，19（1）：50-55.

汪治云.2002.乳酸链球菌和 BF 芽胞杆菌对抗菌素的反应.重庆教育学院学报，15（3）：56-61.

王柏琴，杨洁彬.1995.红曲色素，乳酸链球菌素，山梨酸钾对肉毒梭状芽胞杆菌的抑制研究.食品与发酵工业，21（6）：28-32.

王保民，何钟佩，田晓莉.2000.苏云金芽胞杆菌杀虫晶体蛋白 CryIA 单克隆抗体的制备及在转 Bt 基因棉毒蛋白检测上的应用.棉花学报，12（1）：34-39.

王保强，丁兰，达文燕，李巧峡，刘国安，马晓花.2010.蓝萼香茶菜叶与茎乙醇提取物的抑菌活性研究.安徽农业科学，38（31）：17526-17528.

王蓓，王蕾，孙健.2009.婴幼儿奶粉中阪崎肠杆菌的研究进展.中国奶牛，5：45-47.

王标诗，李汴生，黄娟，曾庆孝，阮征，朱志伟，李琳.2008.超高静压协同中温对凝结芽胞杆菌芽胞灭活动力学规律的研究.微生物学通报，35（4）：633-638.

王斌.2000.苯丙酮尿症（RKU）细菌抑制法测定影响因素的研究.医学研究通讯，29（10）：38-40.

王斌斌，廖章辉，何木荣，温黎俊.2010.微生态制剂在猪生产中的应用研究.今日畜牧兽医，9：1-3.

王滨，宋整风，张应阔.1998.球形芽胞杆菌 BS 对蚊蝇幼虫的药效观察.医学动物防制，14（1）：15-16.

王滨，郑向梅，高景枝.2007.一起建筑工地食堂食物中毒的实验室检测结果分析.公共卫生与预防医学，18（6）：79-80.

王秉钧，林晓凯，黄淑贤，张守尧.2010.3 种中药制剂微生物限度检查法的验证.今日药学，20（5）：32-34.

王秉录.2003.2 例炭疽芽胞杆菌感染的实验室诊断.地方病通报，18（3）：81，83.

王秉翔，张守让.1992.炭疽芽胞杆菌噬菌体 AP631 的生物学特性检测.病毒学报，8（2）：193-194.

王昌斌，张全成，王小新.2005.疑似鸡溃疡性肠炎的诊治.四川畜牧兽医，32（1）：49.

王昌禄，于志萍，顾晓波.2004.氮源及 C/N 比对 D-核糖发酵的影响.食品与发酵工业，30（2）：53-56.

王常高，高林，宋冬林，陈明错.2004.四株高产磷脂酶 C 新菌株的鉴定和分类.天然产物研究与开发，16（3）：189-193.

王琛柱.2006.信息与动态.昆虫知识，43（4）：583-584.

王晨，马放，山丹，苏俊峰，杨基先.2008.用于煤气废水深度处理的脱酚菌的特性.江苏大学学报（自然科学版），29（3）：255-259.

王成涛，籍保平，曹雁平，孙宝国.2009.豆豉纤溶酶 Subtilisin FS33 的提取纯化与鉴定.中国酿造，2：29-33.

王成涛，籍保平，张丽萍.2004.纳豆激酶高活性菌株的筛选及其发酵条件的优化.食品科学，25（4）：71-74.

王城，赵杰，李旋亮，尹荣焕.2010.枯草芽胞杆菌对禽舍分离致病菌的抑菌作用研究.中国农学通报，26（3）：23-26.

王程亮，佟建明，张潞生，高微微.2009.芽胞杆菌 TS01 的扩增核糖体 DNA 限制性分析（ARDRA）评估和遗传分析.农业生物技术学报，17（6）：1108-1113.

王程亮，张潞生，高微微，张文，戚元勇，杨庆军.2008.芽胞杆菌 TS-01 对苹果斑点落叶病菌的拮抗作用及防病效果.植物保护学报，35（2）：183-184.

王传梅，郑磊，袁登峰，张春雷.2004.以蜡样芽胞杆菌引起的小儿脐炎 1 例.医学理论与实践，17（4）：380.

王春. 2003. 蜡样芽胞杆菌引起呼吸道感染1例. 中华医院感染学杂志, 13 (1): 70.

王春华, 蒋红. 2009. 发酵秸秆粉取代部分精料饲喂育肥猪的应用试验. 饲料工业, 30 (16): 27-28.

王春华, 谢小保, 邱晓颖, 曾海燕. 2009. 日化产品霉腐微生物的研究. 中国卫生检验杂志, 19 (1): 36-38.

王春华, 谢小保, 曾海燕, 欧阳友生, 郑芷青, 陈仪本. 2007. 东莞市空气微生物污染状况研究. 中国卫生检验杂志, 17 (10): 1770-1772.

王春华, 谢小保, 曾海燕, 欧阳友生. 2008. 深圳市空气微生物污染状况监测分析. 微生物学杂志, 28 (4): 93-97.

王春铭, 雷恒毅, 王国惠, 陈桂珠. 2007. 城市污泥模拟堆肥过程中高温菌群的筛选、鉴定及降解效果. 环境科学学报, 27 (6): 979-986.

王春铭, 雷恒毅, 王国惠, 陈桂珠. 2007. 高温α-淀粉酶菌的产酶条件、酶性质与环境应用研究. 环境科学学报, 27 (4): 600-607.

王春生, 杨修军. 2000. 长春地区食品污染蜡样芽胞杆菌监测报告. 中国公共卫生, 2000, 16 (1): 55.

王翠蓉. 2008. 胆清胶囊微生物限度检查方法及验证. 中国药业, 17 (8): 39-40.

王翠蓉, 丁艳霞. 2010. 对速效止泻胶囊微生物限度检查方法的探讨. 时珍国医国药, 21 (6): 1533-1534.

王大明. 2006. 蜂蜜中检出蜡样芽胞杆菌的报告. 职业与健康, 22 (8): 592-593.

王大威, 胡鸢雷, 刘永建, 林忠平. 2007. 透明颤菌血红蛋白基因在提高枯草芽胞杆菌产脂肽功能中的研究. 生物技术通报, 23 (5): 116-119, 127.

王大威, 刘永建, 林忠平, 杨振宇. 2008. 一株产生脂肽的枯草芽胞杆菌的分离鉴定及脂肽对原油的作用. 微生物学报, 48 (3): 304-311.

王大威, 刘永建, 杨振宇, 郝春雷. 2008. 脂肽生物表面活性剂在微生物采油中的应用. 石油学报, 29 (1): 111-115.

王丹敏, 宋桂经. 1995a. 产碱性纤维素酶菌株的选育和酶合成基本特性. 微生物学研究与应用, 1: 12-16.

王丹敏, 宋桂经. 1995b. 从万古霉素抗性突变体中筛选碱性纤维素酶高产菌株. 生物学杂志, 16 (4): 15-16.

王丹敏, 宋桂经. 1996. 芽胞杆菌C14碱性纤维素酶性质的研究. 天津微生物, 1: 12-16.

王丹敏, 宋桂经. 1998. 碳源对芽胞杆菌碱性纤维素酶合成的影响. 河北大学学报 (自然科学版), 18 (3): 263-266.

王德超, 闫奕, 李会敏. 2006. 酷似脑干梗死的破伤风2例. 临床荟萃, 21 (20): 1463.

王德培, 房健慧, 孟慧, 刘瑛. 2010. 芽胞杆菌B11的鉴定及其抑菌性研究. 中国抗生素杂志, 35 (3): 181-184.

王德培, 孟慧, 管叙龙, 罗学刚. 2010. 解淀粉芽胞杆菌BI_2的鉴定及其对黄曲霉的抑制作用. 天津科技大学学报, 25 (6): 5-9.

王定清, 刘素球, 谭萍. 2007. 砂袋细菌污染监测及医院感染的预防. 护理研究: 中旬版, 21 (2): 404.

王东, 李开雄. 2006. 无硝血红蛋白发色剂的研究进展. 肉类工业, 9: 34-35.

王东昌, 辛玉成, 郝寿青, 马起林, 高艳萍. 2001. 板栗烂果病的生物防治研究. 中国果树, 2001 (3): 10-12.

王冬, 宋桂经. 1994. 芽胞杆菌O74碱性纤维素酶的纯化和性质研究. 生物化学与生物物理进展, 21 (3): 237-241.

王多春, 汪敏, 李燕萍, 董辉, 刘中. 2005. 霍乱弧菌噬菌体VP2基因组序列的测定与分析. 病毒学报,

21 (1): 60-64.

王发合, 杨辉, 朱萍, 梁海秋, 周河治. 2007. 胆固醇氧化酶高产菌类芽胞杆菌的诱变选育. 现代食品科技, 23 (3): 7-10.

王法云, 竹磊, 田春华, 朱海华. 2010. 一株产异甘露聚糖酶菌株发酵条件的优化. 安徽农业科学, 33: 18661-18663.

王凡强, 王正祥, 邵蔚蓝, 刘吉泉, 徐成勇, 诸葛健. 2002. 嗜热脂肪芽胞杆菌过氧化氢酶基因 $perA$ 在大肠杆菌中的高效表达. 应用与环境生物学报, 8 (2): 219-222.

王芳, 何永栋, 高立原, 张蓉. 2008. 地衣芽胞杆菌制剂在不同土壤条件下对土壤微生物群落的影响. 西北农业学报, 17 (6): 175-178.

王芳, 纪明山, 谷祖敏, 张杨, 王建坤. 2009. 枯草芽胞杆菌 B36 抑菌活性成分的初步提取. 湖北农业科学, 48 (4): 874-876.

王芳, 宋瑛琳, 田明. 2009. 革兰氏染色结果的影响因素及原因分析. 实验室科学, 1: 104-106.

王飞, 贺蓓. 2006. 难辨梭状芽胞杆菌相关性腹泻暴发流行的调查. 中华医学杂志, 86 (6): 432.

王斐, 李俊霞, 张丽香, 梁志宏, 王晓, 牛天贵. 2008. 产黑色素菌株发酵条件的研究. 食品科技, 33 (5): 19-22.

王芬. 2007. 中医治疗伪膜性肠炎的研究进展. 广西中医药, 30 (5): 4-6.

王丰, 莫饶. 2009. 海南野生兰内生细菌调查与初步分析. 安徽农业科学, 37 (16): 7330-7331, 7340.

王峰, 李建科, 郭玉蓉, 刘海霞. 2008. 苹果浓缩汁中嗜酸耐热菌的分离与鉴定. 微生物学通报, 35 (11): 1755-1759.

王凤兰, 王晓东. 2007. 喜热噬油芽胞杆菌代谢产生表面活性剂的研究. 微生物学杂志, 27 (5): 23-28.

王福传, Jos J. 2000. "去腐生肌膏"治疗牛厌氧菌病的疗效观察. 兽药与饲料添加剂, 2: 8-9.

王福慧, 郭荣启, 伊莉佳, 郭琳, 聂利珍, 王瑞刚. 2008. 枯草芽胞杆菌纤溶酶植物根系分泌表达生物反应器模型的建立. 安徽农业科学, 36 (13): 5302-5304.

王福强, 李坤, 邵占涛, 陈营, 呙于明. 2008. 产蛋白酶益生菌 Y2-2 和 Y1-13 对牙鲆幼鱼生长促进作用的研究. 海洋科学, 29 (1): 29-33.

王刚. 2002. 酪酸梭状芽胞杆菌培养条件的研究. 饲料研究, 5: 8-12.

王刚, 李志强. 2005. 小麦内生细菌的分离及其对小麦纹枯菌的拮抗作用. 微生物学通报, 32 (2): 20-24.

王刚, 沈永红, 王俊芳, 程希. 2005. 蜡样芽胞杆菌 B3-7 菌株对小麦全蚀病菌的抑制作用. 河南大学学报 (自然科学版), 35 (1): 62-64.

王刚, 于成德, 张彭湃, 张宁花. 2005. 柴油降解细菌的分离及其降解能力初探. 微生物学杂志, 25 (2): 51-53.

王刚, 张莉, 刘凤英, 王淼. 2009. 对西瓜幼苗具有促生作用根际细菌的筛选. 河南农业科学, 38 (2): 90-93.

王刚, 张彭湃, 陈红卫, 王美南. 2006. 枯草芽胞杆菌 B1-41 对小麦纹枯病菌的抑制作用. 微生物学杂志, 26 (4): 20-22.

王刚石. 1999. 难辨梭状芽胞杆菌的分子生物学研究及其临床应用. 国外医学: 流行病学. 传染病学分册, 26 (6): 267-270.

王高学, 白冰. 2006. 9 种细菌成分及其代谢产物对鲫鱼免疫功能的影响. 西北农林科技大学学报 (自然科学版), 34 (2): 39-44.

王高学, 崔婧, 付维法, 白冰, 袁明. 2007. 4 株细菌代谢产物增强鲫鱼免疫功能有效活性部位的研究. 淡水渔业, 37 (1): 3-8, 33.

王高学,付维法,崔婧,袁明,姚璐. 2006. 覃状芽孢杆菌代谢产物活性成分对小鼠免疫功能的影响. 中国兽医科学, 36 (12): 983-987.

王高学,高鸿涛,付维法,崔婧,袁明. 2009. 覃状芽孢杆菌代谢产物增强小鼠免疫力活性物质的分离、鉴定. 微生物学通报, 36 (6): 858-864.

王革生,段红英,贺宾,易翠薇,易亮. 2007. 湖南省2004～2006年度突发中毒事件调查分析. 实用预防医学, 14 (6): 1807-1809.

王根春,李主一. 1999. 西藏高原不同类型土壤中细菌调查. 解放军预防医学杂志, 17 (3): 195-197.

王耿,方柏山,张婷婷,靳鸿蔚,刘桂兰. 2009. 一株碱性脱毛蛋白酶产生菌的筛选及系统发育分析. 华侨大学学报(自然科学版), 30 (3): 297-301.

王关林,蒋丹,方宏筠. 2004. 天南星的抑菌作用及其机理研究. 畜牧兽医学报, 35 (3): 280-285.

王关林,李铁松,方宏筠,胡鸢雷,赵恢武,林忠平. 2004. 番茄转果聚糖合酶基因获得抗寒植株. 中国农业科学, 37 (8): 1193-1197.

王关林,易庆,方宏筠. 2003. 人 egf 基因在突变枯草芽胞杆菌 WYBS2001 中的转化、分泌表达及其产物功能研究. 遗传学报, 30 (2): 97-102.

王光华,金剑,徐美娜,陈雪丽,刘晓冰. 2007. 生防细菌 BRF-1 和 BRF-2 鉴定及生物学特征. 中国生物防治, 23 (1): 49-54.

王光华,周克琴,张秋英,王建国. 2003. 拮抗细菌 BRF-1 对几种植物病原真菌的抗生效果. 中国生物防治, 19 (2): 73-77.

王光利,杨星勇,李名扬,裴炎. 2003. 芽胞杆菌纤溶酶的纯化及其生物活性研究. 西南农业大学学报, 23 (1): 66-69.

王广君,张杰,孙东辉,宋福平,黄大昉. 2008. 苏云金芽胞杆菌杀虫晶体蛋白 Cry1Ba 结构域Ⅱ中 Loops 结构与功能关系研究. 生物工程学报, 24 (9): 1631-1636.

王广君,张杰,吴隽,宋福平,黄大昉. 2005. 苏云金芽胞杆菌杀虫晶体蛋白 Cry1Ba3 活性区的研究. 中国农业科学, 38 (8): 1585-1590.

王桂芬,蒋如璋. 1989. 枯草芽胞杆菌 BF76582 α-淀粉酶的性质. 微生物学报, 29 (2): 124-128.

王桂杰,韩洪莉. 2009. 使用 ECLIPSE50 试剂盒检测牛奶中抗生素残留. 黑龙江畜牧兽医, 8: 71.

王桂萍,朱陶,王宜磊,张子宇,李财新,杨宏宇. 2007. 优化的细菌鞭毛染色技术. 微生物学杂志, 27 (4): 94-96.

王桂田,范新国. 2004. 生物发酵饲料的配制及喂猪的方法. 农技服务, 5: 39.

王桂亭,宋艳艳,王志波,韩文霞. 2006. 大蒜液体外抑菌作用的实验研究. 预防医学论坛, 12 (2): 131-133.

王桂亭,王皞,宋艳艳,贾存显,王志玉. 2005. 无花果叶提取物抑菌作用的实验研究. 中国消毒学杂志, 22 (4): 374-376.

王桂文,姚辉璐,彭立新,何碧娟. 2007. 拉曼镊子分析单个苏云金芽胞杆菌伴孢晶体蛋白. 分析化学, 35 (9): 1351-1354.

王国彬. 2006. 一起蜡样芽胞杆菌引起的食物中毒分析. 职业与健康, 22 (6): 429.

王国春,卢继华,杨雯惠,潘国利. 2010. 羊梭菌类疫病的防制. 农村养殖技术, 21: 29-30.

王国卿,田文儒,叶兴华. 2001. 产后正常奶牛子宫内细菌的研究. 黑龙江畜牧兽医, 3: 3-5.

王国全,绳金房,张恩户,席志芳. 2009. 基于微生物检定法的黄连、黄连上清丸质量标准的研究. 现代中医药, 5: 82-84.

王国荣,陈秀蓉,韩玉竹,杨成德,徐长林. 2006. 东祁连山高寒灌丛土壤微生物的分布特征. 草原与草坪, 3: 27-30, 34.

王海东, 刘韫滔, 林伯坤, 宋小慧. 2009. 汕头海域几丁质酶产生菌的筛选及其几丁质酶编码基因研究. 应用与环境生物学报, 15 (4): 511-514.

王海丰, 张义正. 2002. 地衣芽胞杆菌 HX-12-5 的鉴定及中性蛋白酶性质的研究. 四川大学学报 (自然科学版), 39 (5): 948-951.

王海峰, 包木太, 韩红, 李希明, 王江涛, 李阳. 2009. 一株枯草芽胞杆菌分离鉴定及其降解稠油特性. 深圳大学学报: 理工版, 26 (3): 221-227.

王海学, 马统勋. 1999. 依替米星与哌拉西林合用兔体药动学研究. 中国临床药理学与治疗学, 4 (2): 175.

王海学, 马统勋. 2000. 硫酸依替米星与哌拉西林合用兔体药代动力学研究. 中国抗生素杂志, 25 (B05): 56-58.

王海学, 马统勋. 2001. 依替米星与哌拉西林合用在健康人体的药动学. 中国医院药学杂志, 21 (8): 465-468.

王海学, 张莉蓉, 马小超, 马统勋. 2002. 哌拉西林对健康男性志愿者依替米星药动学的影响. 中国药理学报: 英文版, 23 (4): 376-380.

王海学, 张莉蓉. 1998. 依替米星兔体肌内注射药代动力学. 河南医科大学学报, 33 (3): 109-111.

王海燕, 李珉, 韩林仡, 李华鹏, 张义正. 2002. 利用增强子样 DNA 片段提高几丁酶基因的表达. 四川大学学报 (自然科学版), 39 (2): 352-355.

王海燕, 张仕华, 赵谋明, 李同泉. 2008. 烟草绿原酸分离纯化及其抑菌性研究. 现代食品科技, 24 (3): 213, 233-236.

王海珍, 王加启, 黄庆生. 2005. 乳酶菌类微生物制剂的作用机理及其应用. 养殖与饲料, 3: 9-11.

王和, 陈峥宏. 1996a. 细菌 L 型的厌氧诱导和培养. 中国微生态学杂志, 8 (3): 41-43.

王和, 陈峥宏. 1996b. 细菌在不同渗透压培养基上的青霉素敏感性. 微生物学通报, 23 (3): 161-164.

王和, 唐七义. 1993. 非高渗培养蜡样芽胞杆菌 L 型研究. 贵阳医学院学报, 18 (2): 112-115, T001.

王和玉, 杨帆, 姚翠屏, 林琳, 王莉, 吕云怀, 李克. 2009. 枯草芽胞杆菌利用不同基质所产代谢物的分析对比. 酿酒科技, 12: 93-95.

王红, 李群, 陈燕梅, 张正东, 范正轩, 何晓冬. 2007. 2005~2007 年自贡市食品中单核细胞增生李斯特菌污染状况的调查. 中国卫生检验杂志, 17 (12): 2363-2364.

王红峰. 2000. 一起蜡样芽胞杆菌引起的食物中毒. 广西预防医学, 6 (4): 251.

王红革, 罗进贤. 1997. 地衣芽胞杆菌 α-淀粉酶基因在枯草芽胞杆菌中的诱导表达. 微生物学报, 37 (2): 101-106.

王红戟, 陈娅. 2007. 豆浆引起学生食物中毒的实验室分析. 现代预防医学, 34 (18): 3505-3506.

王红妹, 肖敏, 李正义, 李玉梅. 2006. 转糖基 β-半乳糖苷酶产生菌筛选和鉴定及酶催化生成低聚半乳糖. 山东大学学报: 理学版, 41 (1): 133-139.

王红宁, 何明清. 1994. 鲤肠道正常菌群的研究. 水生生物学报, 18 (4): 354-359.

王红宁, 吴琦, 赵海霞, 陈惠. 2005. 芽胞杆菌植酸酶基因在毕赤酵母中的分泌表达. 浙江大学学报 (农业与生命科学版), 31 (5): 621-627.

王宏丽, 梁金钟. 2010. 添加物对枯草芽胞杆菌 γ-聚谷氨酸合成代谢的影响. 生物加工过程, 1: 45-49.

王虹, 王鹏. 2009. 铁、铈共掺杂纳米 TiO_2 溶胶的制备及抗菌性能. 无机化学学报, 25 (11): 1928-1934.

王洪斌. 2005. 基因工程微生物农药的应用前景. 生物技术世界, (08M): 33-35.

王洪斌, 李素芝, 何代平, 胡美玲. 2003. 高原某医院治疗台和床头柜表面细菌学调查. 解放军预防医学杂志, 21 (5): 351-352.

王洪斌,王雪莎,何代平,黄云红. 2001. 高原地区医院感染 456 例临床分析. 中华医院感染学杂志, 11 (6): 427-428.

王华,王京伟,杜刚. 2010. 养殖水体中微生物全程自养脱氮初步研究. 水产科学, 29 (5): 295-298.

王华敦,王艳萍,金文藻. 1989. 对梭状芽胞厌氧菌有作用的新抗生素 T0007A 的研究: 1. T0007 菌株的分类鉴定和发酵及抗菌活性. 中国抗生素杂志, 14 (1): 8-12.

王怀欣,袁洋. 2007. 生物缓释复混肥料的生产技术. 磷肥与复肥, 22 (5): 52-54, 57.

王欢,汪苹,刘晶晶. 2008. 好氧反硝化菌的异养硝化性能研究. 环境科学与技术, 31 (11): 45-47, 119.

王焕,郭晓军,张伟,朱宝成. 2008. 1 株鸡肠源益生芽胞杆菌的分离·鉴定及其耐受特性研究. 安徽农业科学, 36 (33): 14426-14430.

王辉. 2009. 枯草芽胞杆菌防治稻瘟病药效试验. 中国农村小康科技, 2: 69, 72.

王惠敏,孙纪玉. 2006. 36 例破伤风护理体会. 中华中西医学杂志, 4 (1): 81.

王慧萍,杨启银,闫淑珍,张辉. 2005. 一株抗茄子黄萎病芽胞杆菌发酵条件的初步研究. 南京师大学报 (自然科学版), 28 (2): 83-87.

王继芬,宋学章. 2007. 微生态制剂、中药在南美白对虾育苗中的应用. 科学养鱼, 11: 11.

王继凤,李芙燕,陈耀星,王子旭. 2008. 丁酸钠对肉鸡小肠黏膜免疫相关细胞的影响. 动物营养学报, 20 (4): 469-474.

王继华,李晶,杨茹冰,李舒宁,张万明,赵阳国. 2006. 一株拮抗链格孢 (*Alternaria* spp.) 抗生素产生菌研究. 哈尔滨工业大学学报, 38 (9): 1594-1596, 1604.

王继雯,谢宝恩,甄静,刘莹莹,李冠杰. 2011. 一株无机磷细菌的分离、鉴定及其溶磷能力分析. 河南科学, 29 (3): 293-296.

王继雯,甄静,谢宝恩,刘莹莹,李冠杰. 2011. 有机磷降解菌的分离筛选及初步鉴定. 河南科学, 29 (1): 31-34.

王见宾,朱晓燕,张毅. 2004. 牙源性梭状芽胞杆菌肌坏死 1 例报告. 中国中医急症, 13 (4): 256-257.

王建,葛宝丰,刘兴炎,陈克明. 2008. 猪肢体软组织爆炸伤创面感染细菌谱及药敏分析. 解放军预防医学杂志, 26 (2): 118-119.

王建彬,芦新兰,卢丽,张会萍. 2009. EM 生态技术对育肥猪生产增效减污的研究. 猪业科学, 26 (10): 62-64.

王建红. 2002. 蜡样芽胞杆菌引起败血症 2 例. 滨州医学院学报, 25 (2): 122.

王建华,黄倩. 2009. 红霉素 A 肟与过渡金属配合物的合成、表征及其抑菌活性. 合成化学, 17 (6): 656-659, 669.

王建华,李勤凡,王岚峰,耿果霞. 2007. 专利名称: 一种新的弯曲芽胞杆菌 LF-3 及其应用. 中国: 专利号: CN200710017250.6.

王建玲,赵丛,杜连祥. 2009. 枯草芽胞杆菌突变株 ZC-7 中性蛋白酶催化区域氨基酸突变导致其活力提高. 生物技术通讯, 20 (4): 526-529.

王建设,柏映国,尹俊,姚斌. 2010. 脂环酸芽胞杆菌 *Alicyclobacillus* sp. A15 木聚糖酶基因 $xynA15$ 的克隆表达及性质研究. 中国农业科技导报, 6: 114-119.

王荐东,任新元,汤永秋. 2005. 诊治破伤风患者 3 例经验教训. 中华现代临床医学杂志, 3 (15): 1592-1593.

王健,任改新. 1990. 球形芽胞杆菌 TS-1 灭蚊毒蛋白的酶联免疫吸附测定. 微生物学报, 30 (5): 369-374.

王健,孙玉梅,王培忠,曹方. 2011. 生物表面活性剂产生菌的筛选及特性研究. 大连工业大学学报,

30（1）：34-38.

王健，周昌平，张蓓，张克旭. 2004. 鸟苷产生菌的代谢途径分析. 生物加工过程，2（2）：74-78.

王健华. 2007a. 枯草芽胞杆菌 DPG-01 发酵条件的优化. 安徽农业科学，35（26）：8081-8082，8086.

王健华. 2007b. 枯草芽胞杆菌 DPG-01 液体深层通风发酵的研究. 饲料工业，28（12）：42-44.

王健华，朱宝成. 2005. 高活力碱性蛋白酶菌种的选育. 河北省科学院学报，22（2）：58-61.

王健鑫，刘雪珠，李鹏，陈小龙. 2008. 潮间带菌株 CZⅣ-1068 的鉴定及抑菌活性研究. 浙江海洋学院学报（自然科学版），27（4）：401-405，414.

王玠，王正祥. 2007. 地衣芽胞杆菌 DSM13 分泌蛋白信号肽分析. 天然产物研究与开发，19（3）：383-389.

王金斌，马海乐，段玉清，李文. 2008. 豆粕固态发酵生产优质高蛋白饲料的菌种筛选试验. 安徽农业科学，36（19）：8112-8114.

王金斌，马海乐，段玉清，李文. 2009. 混菌固态发酵豆粕生产优质高蛋白饲料研究. 中国粮油学报，24（2）：120-124.

王金果，莫云，张玳华，张日俊. 2007. 产乳酸凝结芽胞杆菌 N001 的抗逆性研究. 中国微生态学杂志，19（6）：489-491.

王金和，边传周，金登宇，陈益. 2007. 中草药消毒剂杀菌效果的研究. 中国畜牧兽医，11：227-230.

王金华，熊智，王芬，王秀娟，林文达，张惠文，李旭. 2010. 云秃蝗肠道产纤维素酶菌株的筛选. 湖北农业科学，49（4）：874-878.

王金华，曾海英，秦礼康，周碧君. 2007. 乌洋芋色素抑菌活性与清除 DPPH 能力研究. 食品科学，28（9）：107-111.

王津红，吴卫辉，陈月华，任改新. 2001. 中国苏云金芽胞杆菌的分布与 cry 基因的多样性. 微生物学通报，28（3）：50-55.

王进，华兆哲，陈坚. 2004. 壳聚糖/烟用二乙酸纤维的抗菌性能研究. 化工进展，23（4）：402-406.

王进华，戚薇，陈莹，杜连祥. 1996. 凝结芽胞杆菌芽胞形成液体培养基的研究. 天津微生物，4：24-30.

王进华，戚薇，陈莹，杜连祥. 2003. 凝结芽胞杆菌芽胞形成液体培养基的研究. 杭州食品科技，4：5-10.

王进军，连宾，陈骏. 2003. 黄土中 3 株优势细菌的鉴定以及持水效果的初步研究. 农业环境科学学报，26（4）：1575-1578.

王劲松，陈志峰，马志刚，庞晖，袁玲，郭奇苑，孙文，许丽. 2009. 益生菌制剂对仔鹅生长性能、血清免疫球蛋白及免疫器官指数的影响. 东北农业大学学报，40（11）：81-85.

王晶，李江华，房峻，陆健，堵国成，陈坚. 2008. 转氨酶产生菌的筛选鉴定及其摇瓶发酵条件的优化. 微生物学通报，35（9）：1341-1347.

王景会，姜媛媛，王曙文，王铁东. 2008. 纳豆酱发酵工艺研究. 中国酿造，4：86-87.

王景周. 2010. 新型生物菌肥——神采. 农业知识：致富与农资，2：60.

王婧，谢玥，苏文涛，钱俊伟，皮宁宁，苏东海，高平. 2010. 紫茎泽兰提取物抑制食源性致病菌的研究. 四川大学学报（自然科学版），46（1）：233-237.

王靖宇，陈涛，班睿，陈洵，赵学明. 2004. 蜡样芽胞杆菌 ATCC14579 核黄素操纵子的克隆及在枯草芽胞杆菌中的表达. 生物加工过程，2（2）：68-73.

王静，常平，孔凡玉，赵廷昌，张成省，尹东升. 2010. 拮抗细菌 AR03 在烟草根部及根际土壤中的定殖与鉴定. 中国烟草科学，31（3）：45-48，53.

王静，冯文亮，王丽丽，仪宏. 2009. 一株芽胞杆菌在维生素 C 二步发酵中对小菌的促进作用. 生物加工过程,7 (1):24-28.

王静,胡孔新,李伟,陈维娜,姚李四,侯友松,周蕾,闫中强,杨瑞馥. 2006. 2种免疫层析技术用于4种传染病及其病原体检测的研究. 中国国境卫生检疫杂志,29 (B08):27-34.

王静,孔凡玉,秦西云,张成省,张秀玉. 2010. 短小芽胞杆菌AR03对烟草黑胫病菌的拮抗活性及其田间防效. 中国烟草学报,16 (5):78-81.

王静,赵廷昌,孔凡玉,何月秋. 2007a. 枯草芽胞杆菌SH7抑菌物质及其特性. 植物保护学报,34 (4):443-444.

王静,赵廷昌,孔凡玉,何月秋. 2007b. 拮抗细菌对烟草青枯病的温室防病及促生效果. 植物保护,33 (5):103-106.

王静,朱建华,林纬,黄永禄,袁高庆,黎起秦. 2008. 枯草芽胞杆菌B47高产拮抗物质菌株的紫外诱变选育. 安徽农业科学,36 (33):14642-14644.

王娟,戴习林,宋增福,潘迎捷,张庆华. 2010. 一株氨化细菌的分离、鉴定及氨氮降解能力的初步分析. 水生生物学报,34 (6):1198-1201.

王娟,王铬,常敏,何仁发,张庆华. 2011. 红海榄内生真菌AGR12及其抑菌活性代谢产物. 中国抗生素杂志,36 (2):102-106,128.

王军. 2008a. 奶牛产后急性败血症的治疗. 兽医导刊,9:55.

王军. 2008b. 子宫内膜炎不孕症奶牛子宫内细菌的分离. 浙江农业科学,1:200-203.

王军,莫美华. 2008. 红汁乳菇子实体抗菌活性研究. 食品科技,33 (9):91-94.

王军,吴伟明. 2008. 盐酸美沙酮口服溶液微生物限度检查的方法学验证研究. 海峡药学,23 (1):50-52.

王军,曹梅艳,姜才,韩苏廷,张铁锋. 2008. 内蒙古局部地区奶牛不孕症的调查及子宫内膜炎性不孕症奶牛子宫内细菌分离鉴定. 中国奶牛,10:43-46.

王军,陈爱香,辛玉成. 2011. 枯草芽胞杆菌XL12发酵液蛋白对冬枣黑斑病病原的抑制效果. 贵州农业科学,39 (2):114-116.

王军华,权春善,徐洪涛,范圣第. 2006. 解淀粉芽胞杆菌Q-12抗真菌特性的研究. 食品与发酵工业,32 (6):47-50.

王君,马挺,李蔚,刘静,梁凤来,刘如林. 2008. 一株高温解烃产黏菌的特性及其调剖驱油效果. 化工学报,59 (3):694-700.

王君,马挺,刘静,刘清坤,赵玲侠,梁凤来,刘如林. 2008. 利用PCR-DGGE技术指导高温油藏中功能微生物的分离. 环境科学,29 (2):462-468.

王君,张宝善,高发标. 2008. 响应面法优化大蒜汁处理条件对枯草芽胞杆菌的抑制作用. 食品工业科技,6:111-113,116.

王君虹,陈新峰,周利亘. 2008. 枯草芽胞杆菌B1发酵猪骨制备多肽的条件优化. 浙江农业科学,4:486-488.

王俊,田亚平. 2009. 枯草芽胞杆菌Zj016脱苦氨肽酶的发酵控制策略. 生物技术,19 (2):84-88.

王俊芳,王淼,郭妍伟,王刚. 2011. 芝麻内生细菌G10菌株对芝麻立枯病的生防作用. 北方园艺,1:166-168.

王俊峰,陈红漫,尚宏丽,阚国仕. 2011. 耐高温海藻糖合酶产生菌鉴定及生长特性研究. 生物技术,17 (2):44-47.

王俊钢,李开雄. 2010. 不同提取条件对丁香提取物抑菌效果的影响. 农产品加工,4:68-70,72.

王俊英,关东明,钞亚鹏,张蔚. 2008. 环糊精葡糖基转移酶的酶学性质及转化特性. 生物技术,18 (2):26-29.

参 考 文 献

王俊英, 扈芝香. 1993. BF7658 α-淀粉酶稳定性的研究. 微生物学通报, 20 (5): 273-277.

王俊英, 孔显良. 1994. 用原生质体融合技术提高 α-淀粉酶稳定性. 微生物学报, 34 (3): 231-235.

王开功, 周碧君, 王琛, 方英, 李海. 2004. 魏氏梭菌 α-毒素基因探针的制备及应用. 畜牧兽医学报, 35 (2): 198-201.

王开敏, 赵敏. 2004. 产纤溶酶菌株的分离和鉴定及纤溶酶基因在酿酒酵母中的表达. 中国食品学报, 9 (2): 23-28.

王开敏, 赵敏, 王福新. 2009. 纳豆激酶基因在酿酒酵母中的表达. 中国食品学报, 9 (4): 51-56.

王康, 徐英黔, 张杨, 苏红. 2009. 芝麻饼粕中活性物质对食品腐败菌的抑菌研究. 食品研究与开发, 30 (4): 19-21.

王兰芳, 马西艺, 荣强. 2005. 禽坏死性肠炎的发生及其影响因素. 饲料研究, 3: 41-43.

王兰珍, 陈延熙. 1991. 影响作物产量的芽胞杆菌的鉴定及基本生物学特性的研究. 植物病理学报, 21 (1): 15-19.

王岚, 张万明, 边藏丽, 涂献玉. 1991. 酒精消毒液污染解淀粉芽胞杆菌的临床生物学调查. 长江大学学报: 医学卷, 3 (2): 261-263.

王磊, 冯二梅, 宿红艳. 1991. 烟台海域一株中度嗜盐芽胞杆菌 YTM-5 的鉴定及其耐盐机制研究. 新乡学院学报 (自然科学版), 27 (3): 50-55.

王磊, 谷子林, 刘亚娟, 翟文栋, 孙国强. 2007. 蜡样芽胞杆菌制剂对弗朗德幼兔生产性能、肠道菌群及部分血液生化指标的影响. 黑龙江畜牧兽医, 10: 98-99.

王磊, 邱芳萍, 王志兵, 解耸林, 田文莹. 2009. 粪鬼伞菌丝体提取液的抗菌活性. 食品与生物技术学报, 28 (2): 272-275.

王蕾, 聂麦茜, 苏君梅, 王志盈, 吴蔓莉, 杨学福. 2007. PAHs 代谢物对 PAHs 生物降解的影响作用. 西安建筑科技大学学报 (自然科学版), 42 (1): 77-82.

王莉, 郭素霞, 黄军艳, 喻子牛, 孙明. 2008. 苏云金芽胞杆菌大质粒 pBMB165 的克隆与分析. 微生物学报, 1: 15-20.

王莉, 孙明, 喻子牛. 2003. 利用 S-层蛋白在苏云金芽胞杆菌细胞表面展示多聚组氨酸肽 (简报). 实验生物学报, 36 (6): 476-481.

王黎明, 尚玉磊, 王勇军, 王琦, 梅汝鸿. 2005. 蜡样芽胞杆菌 M22 锰超氧化物歧化酶基因在毕赤酵母中的表达. 农业生物技术学报, 13 (3): 360-364.

王李宝, 万夕和, 徐献明, 丁楠, 陈颉, 吴兴兵. 2006. 四株异养硝化细菌的鉴定及硝化能力的初步研究. 水产养殖, 27 (2): 7-10.

王立, 刘利檬, 张思雅. 2010. 土壤中苏云金芽胞杆菌的分离纯化与初步鉴定. 养殖技术顾问, 7: 119-120.

王立宽, 郭冬青, 李军, 海静雅, 孟凡君. 2010. 荔枝草挥发油的化学成分分析及抑菌活性研究. 安徽农业科学, 37 (27): 13094-13096.

王立群, 彭科峰, 张传富, 吴永英, 顾文杰, 曹立群. 2007. 鸡粪好氧堆肥中温期效应细菌及放线菌的筛选及属别鉴定. 东北农业大学学报, 2007, 38 (6): 775-779.

王立群, 孙文, 章广德, 曹立群, 顾文杰, 肖维伟, 喻其林. 1998. 典型抗生素废水净化菌株的分离筛选及其效果研究. 中国农业大学学报, 13 (4): 97-101.

王立群, 肖维伟, 曹立群, 喻其林, 孙文, 顾文杰. 2008. 好氧反硝化细菌的筛选及其在鸡粪发酵氮素转化中的作用. 农业环境科学学报, 27 (6): 2494-2498.

王立群, 徐仲. 1998. Guthrie 法诊断苯丙酮尿症最适条件的研究: Ⅰ 检验用培养基的选择及拮抗剂浓度的确定. 东北农业大学学报, 29 (3): 279-283.

王丽,韩建荣,赵景龙,王佳丽,李凯.1998.汾酒曲醅中产高温蛋白酶芽胞杆菌的分离.中国酿造,1:67-69.

王丽,王志龙,包达,齐瀚实.2006.非水相青霉素酰化酶催化反应研究进展.中国抗生素杂志,31(9):518-524.

王丽芳,满达虎.2009.2株地衣芽胞杆菌抗逆性及益生性的研究.饲料研究,4:18-21.

王丽娟.2007.益生芽胞杆菌及其在养殖业中的应用.农产品加工,12:60-61.

王丽娟,张广民,孙文志.2006.芽胞杆菌在大肠杆菌应激下对肉仔鸡免疫和抗氧化功能的影响.黑龙江畜牧兽医,8:44-46.

王丽丽,高忠涛,杜冰,郑来久.2006.基于响应面法优化生物酶洗毛工艺.毛纺科技,7:9-14.

王丽萍,彭德奎,陈守文,喻子牛,孙明.2007.枯草芽胞杆菌重组木聚糖酶基因高效表达系统的构建.农业生物技术学报,15(1):133-137.

王丽荣,陈嘉琳,刘小嘉.2005.由蜡样芽胞杆菌引起四户人食物中毒的调查.广东医学院学报,23(5):628.

王丽荣,王国兰,张寒,余立.2007.微生物法测定阿奇霉素干混悬剂含量的方法学考察.首都医药,14(01X):47-48.

王丽英,曹春田,魏献斗,汪长峰,冶晓瑞,田玉华.2009.5%久安可湿性粉剂防治西瓜枯萎病田间试验.河南农业,3:15.

王丽珍.2004.由蜡样芽胞杆菌引起食物中毒的调查报告.中国饮食卫生与健康,2(6):43.

王丽珍,肖崇刚.2008.重庆烟草主要病害土壤拮抗细菌的筛选.烟草科技,4:60-64.

王利,余贤美,贺春萍,郑服丛.2009.毒死蜱降解细菌WJ1-063的鉴定及酶促降解特性.热带作物学报,30(3):357-361.

王利国,王琦,齐俊生,付学池,梅汝鸿.2007.几种芽胞杆菌溶血素BL基因及其溶血素的检测.微生物学杂志,27(3):21-23.

王利国,王琦,王勇军,梅汝鸿.2008.蜡样芽胞杆菌B905 hblA基因的初步分析.微生物学杂志,28(2):6-10.

王利敏,陈林海,王雁萍,张国只.2006.弹性蛋白酶产生菌的诱变选育及其发酵条件初步研究.河南农业科学,35(6):42-46.

王利沙.2012.中等嗜热浸矿细菌在黄铁矿表面的吸附规律.长沙:中南大学硕士研究生学位论文.

王俐,张红星,朱鹤岩.2007.益生菌和丝兰提取物降低猪舍有害气体浓度的效果试验.饲料工业,28(23):29-31.

王连祥,闫燊,袁方曜,杨萍,张维.2010.不同微生物菌剂降解土残农药的研究.山东农业科学,4:75-78.

王林(摘).2008.用作化妆品、食品和药品的薏苡发酵制品.国外医药:植物药分册,23(5):238.

王林果,蒋玲艳,钟佳鸿,欧熳熳.2010.两种茶油的抑菌性能研究.玉林师范学院学报,31(2):51-65.

王琳,李季,张鹏岩.2009.巨大芽胞杆菌对富营养化景观水体的净化效果.生态环境学报,18(1):75-78.

王霖,王文杰,刘洋,彭珊瑛,张弗.2008.凝结芽胞杆菌TBC-169菌株治疗抗原诱导大鼠结肠炎的实验研究.胃肠病学,13(6):349-353.

王玲,陈亚华,Mahillon J,喻子牛.2001.蜡状芽胞杆菌转录激活子PlcR调控多基因的表达.微生物学报,41(3):304-309.

王玲,焦士蓉,雷梦林,唐远谋,唐鹏程,谌晓洪.2010.石榴皮多酚的提取及抑菌作用.安徽农业科学,

38(17):8995-8997.

王玲,张春晓,孙鸣,温俊.2011.饲料中添加枯草芽胞杆菌(CGMCC No.3755)对凡纳滨对虾生长性能和非特异性免疫力的影响.饲料工业,32(4):47-52.

王玲玲,鲁燕汶,盛存波,安德荣.2006.烟草野火病土壤颉颃细菌的筛选和鉴定.西北农业学报,15(3):79-82.

王茂田,盛红,赵海洪,黄英亭.2004.不同添加水平的华雨肽菌对海兰褐蛋鸡生产性能的影响.畜禽业,10:14-15.

王茂田,赵海洪,黄英亭.2007.微生物饲料添加剂应用研究(九)——微生物活菌制剂对海兰褐蛋鸡生产性能的影响.饲料与畜牧:新饲料,6:54.

王梅,刘兆辉,江丽华,张文君,林海涛,郑福丽.2009.巨大芽胞杆菌固定化包埋材料的初步研究.江西农业学报,21(12):57-58,63.

王梅,刘兆辉,江丽华,张文君,郑福利,林海涛.2007.β-甘露聚糖酶产生菌的筛选及其粗酶性质的研究.江苏农业科学,35(6):315-318.

王美玲,曹远银,李会娜.2007.小麦白粉病拮抗细菌PE4培养条件的初步研究.江苏农业科学,35(2):67-68.

王美琴,陈俊美,薛丽,贺运春.2008.番茄内生拮抗细菌的分离鉴定及培养条件研究.中国生态农业学报,16(2):441-445.

王美琴,贺运春,刘慧平,薛丽,路涛.2010.内生环状芽胞杆菌Jcxy8对番茄灰霉病的防病机制研究.中国生态农业学报,18(1):98-101.

王美琴,刘慧平,韩巨才,路涛.2010.番茄内生细菌种群动态分析及拮抗菌株的筛选.中国农学通报,26(9):277-282.

王美琴,田永强,薛丽,贺运春.2009.内生拮抗细菌菌株Thyy1和Jcxy8的鉴定.山西农业大学学报(自然科学版),29(2):146-149.

王妹,陈有光,段登选,周阳,陈金萍.2010.复合有益菌配比优化及池塘应用效果的研究.湖北农业科学,49(4):936-939.

王妹,陈有光,段平,段登选,陈秀.2008.枯草芽胞杆菌培养基配方优化的研究.渔业现代化,35(6):44-47.

王梦鹤,刘伟民.1991.肌苷产生菌 B. subtilis H841在2升罐中的发酵.生物技术,1(4):22-24.

王梦亮,王京伟,苏小睿.2007.脱氮微生物对养殖水体有机氮去除作用的研究.水处理技术,33(6):45-48,52.

王闽霞,林川,蔡平钟,张志雄,向跃武.2007.一株芽胞杆菌的鉴定和紫外线诱变研究.安徽农学通报,13(13):41-42,60.

王闽霞,徐应文,蔡平钟,向跃武,任光俊.2007.稻瘟病拮抗菌株的分离、筛选及鉴定.微生物学通报,34(3):414-416.

王敏.2011.家禽溃疡性肠炎的诊断及防制.养殖技术顾问,3:158.

王敏,檀建新,路玲,田益玲,李淑.2006.非发酵豆制品主要腐败菌的分离鉴定.中国酿造,6:68-70.

王敏,魏文玲,刘济明.2011.益生菌复合制剂的研制.安徽农业科学,39(6):3638-3640,3643.

王敏,张耀相,肖翔.2003.高盐酱腌菜坯致腐微生物的分离鉴定.中国调味品,5:19-20,26.

王敏玲,杨玉娟,何少璋,林敏,陈文捷,郑小玲.2009.空调对医院检验科空气细菌的影响.广州医药,40(2):57-60.

王慕华,孙文敬,赵峰梅,杨庆文,郭金权,杨林.2007.紫外诱变耐糖选育D-核糖高产菌株.微生物学杂志,27(1):95-98.

王纳贤,郭晓军,李术娜,李春辉.2009.产芽胞木质素降解菌株 N13 的分离与鉴定.畜牧与饲料科学,9:7-10.

王娜,许雷.2007.棉花黄萎病、枯萎病拮抗细菌的筛选及其生长特性的研究.植物保护,33(6):39-43.

王娜娜,秦宝福,刘建党,史鹏,常佳丽.2009.香附子内生菌的分离鉴定及活性检测.中国农学通报,8:46-49.

王楠,马荣山.2007.耐高温 α-淀粉酶的研究进展.中兽医医药杂志,26(3):68-69.

王宁,杨革,车程川,刘艳.2010.NaCl、Mn(Ⅱ)、L-谷氨酰胺和 α-酮戊二酸对地衣芽胞杆菌 WBL-3 合成新型土壤修复材料 γ-PGA 的影响.氨基酸和生物资源,32(3):26-30,34.

王攀,杨自文,胡洪涛,王开梅,张凤.2007.作物根际拮抗菌的筛选及其活性的研究.湖北农业科学,46(2):236-238.

王朋朋,常娟,王平,左瑞雨,尹清强.2009 蛋白酶和淀粉酶产生菌的筛选及酶学性质分析研究.中国畜牧杂志,21:48-51.

王平,李阜棣.1994.小麦内根圈中几类微生物体数量比较的研究.华中农业大学学报,13(4):318-324.

王平宇,张树华.2001.硅酸盐细菌的分离及生理生化特性的鉴定.南昌航空工业学院学报,15(2):78-82.

王平诸,高存臣.1995.芽胞杆菌冷冻真空干燥法和砂管法保藏过程中存活率的变化.工业微生物,25(3):29-33.

王萍,杜连祥,路福平,朱健辉.2006.溶栓纳豆芽胞杆菌的筛选鉴定及产纳豆激酶条件的研究.食品与发酵工业,32(2):74-77.

王萍,肖更生,张友胜,吴继军.2010.五花茶植物饮料微波灭菌技术研究.现代食品科技,26(3):260-263,266.

王琦.2006."畜禽康"微生物饲料添加剂.农业知识:科学养殖,4:19.

王启军,陈守文,喻子牛.2007.一种改进的分离纯化枯草芽胞杆菌产脂肽抗生素的方法.孝感学院学报,27(6):15-17.

王启军,陈守文,喻子牛.2008.枯草芽胞杆菌 B6-1 产拮抗物质性质的研究.孝感学院学报,28(3):82-84.

王启荣.2007.破伤风 37 例临床治疗体会.现代中西医结合杂志,16(19):2704-2705.

王倩,李术娜,朱宝成,李潞滨,庄彩云,彭镇华.2008.兰花炭疽病拮抗细菌 *Bacillus megaterium* 1-12 菌株的产芽胞条件优化.河北大学学报(自然科学版),28(5):522-528.

王强,彭开松,严兵,屠利民,涂健,祁克宗.2010.枯草芽胞杆菌源抗生素研究进展.动物医学进展,31(9):97-101.

王巧能,杨润枝.2007.一起蜡样芽胞杆菌引起食物中毒检验分析报告.中国卫生检验杂志,17(5):954.

王琴,陈柏暖.1999.热处理协同高静压对芽胞耐压性的影响.无锡轻工大学学报,18(1):35-38.

王清,朱萱萱,张赤兵,倪文彭,吴旭同.2008.金银花提取物抗菌作用的实验研究.中国医药导刊,10(9):1428-1430.

王清锋,喻子牛.1998a.食物颗粒和非食物颗粒对苏云金杆菌以色列亚种生物活性的影响.华中农业大学学报,17(6):552-554.

王清锋,喻子牛.1998b.苏云金芽胞杆菌杀虫晶体蛋白基因 *cry1E* 的改造.华中农业大学学报,17(5):465-468.

王清海,牛赡光,刘幸红,刘玉升.2010.拮抗菌 Bf-02 菌株鉴定及对几种植物病原真菌抑制活性测定.山东农业大学学报(自然科学版),41(4):513-516.

王庆银,姚庆强.2010.丹参提取液体外抑菌活性研究.食品与药品,12(5):184-187.

王全,李术娜,李红亚,雷白时,陈妍,张立静,朱宝成.2009.产芽胞纤维素降解细菌 XN-13 菌株筛选及酶活力测定.中国农学通报,25(11):180-185.

王全,王占利,李术娜,李红亚,朱宝成.2009.大丽轮枝菌拮抗细菌的分离筛选及 Bv1-9 菌株鉴定.湖北农业科学,48(5):1146-1149.

王群虎.2007.浅谈微生态制剂.中学生物教学,1:36-37.

王仁丽,廖敏夫,孔繁东,方婷,邹积岩.2007.间歇式 HPEF 的高压脉冲电源及其杀菌实验.高电压技术,33(2):82-85.

王蓉蓉,汤林华.2005.球形芽胞杆菌在媒介蚊虫防制中作用的研究进展.国外医学:寄生虫病分册,32(2):76-79.

王汝泮,杨大巍,赵晓飞,张雯.2008.γ-聚谷氨酸的合成工艺与应用.精细与专用化学品,16(15):21-22.

王蕊,聂麦茜,吴蔓莉,王蕾.2007.浓度及中间转化产物对蒽、菲生物降解特征的影响研究.山西能源与节能,1:25-26,28.

王锐刚,张传义,张雁秋.2007.微生物修复氯丁唑污染土壤的研究.农业环境科学学报,26(5):1667-1671.

王锐萍,陈玉翠.2001.海口东湖降解磷细菌研究初报.海南师范学院学报,14(1):84-88.

王锐萍,邢雪忠,李干容.2006.高效嗜热聚磷菌的构建.生物技术,16(4):16-18.

王锐萍,周婉,李晓玲.2006.产纤维素酶细菌的选育.中国酿造,5:27-29.

王瑞刚,王彦,曹前进,吴自荣,王水平.2005d.表面活性剂对转枯草芽胞杆菌纤溶酶基因烟草根系 BSFE 分泌表达的调节.中国农学通报,21(2):17-23.

王瑞刚,徐萍,李高,张子义,王彦.2005.枯草芽胞杆菌纤溶酶基因在转基因烟草组织中的分泌表达.西北植物学报,25(7):1383-1388.

王瑞刚,张守栋,侯英,吴自荣,王水平.2004.转枯草芽胞杆菌纤溶酶(Bacillus subtilis fibrinolytic enzyme,BSFE)基因烟草营养器官显微结构特征.内蒙古农业大学学报(自然科学版),25(4):9-13.

王瑞刚,张艳春,张子义,吴自荣.2005.3 种渗透剂对转基因烟草根系枯草芽胞杆菌纤溶酶(BSFE)分泌的调节.植物资源与环境学报,14(2):1-5.

王瑞刚,张子义,刘国军,吴自荣.2005.生长因子对枯草芽胞杆菌纤溶酶在转基因烟草根系中分泌表达的调节.西北植物学报,25(4):707-713.

王瑞菊,赵奎华,刘长远,苗则彦.2005.甜瓜枯萎病土壤拮抗菌的初步筛选.沈阳农业大学学报,36(2):164-166.

王瑞君,魏银萍.2005.水质微生态制剂的种类和应用.重庆科技学院学报(自然科学版),7(3):71-73,85.

王瑞霞,贺运春,赵廷昌,田宏先.2010.马铃薯环腐病生防菌株 P1 的鉴定、防病效果及促生作用研究.植物病理学报,40(1):66-73.

王瑞霞,刘红彦,刘玉霞,王泽云.2005.枯草芽胞杆菌 B-903 菌株的诱变选育.微生物学通报,32(5):10-13.

王瑞霞,张兆红,刘玉霞,刘红彦.2005.枯草芽胞杆菌 B-903 最佳发酵时间研究.河南农业科学,34(3):46-48.

王瑞旋, 冯娟. 2008. 军曹鱼肠道细菌及其产酶能力的研究. 海洋环境科学, 27 (4): 309-312.

王瑞旋, 王江勇, 徐力文, 杨鸿志. 2008. 军曹鱼肠道及水体异养菌和弧菌的周年变化. 中国水产科学, 15 (6): 1008-1015.

王睿 (编译). 2008. 利用胶原水解物制备枯草芽胞杆菌 ATCC6633 角蛋白酶的研究. 北京皮革 (中), 4: 12-104.

王善利, 马景芝, 袁勤生. 2006. Bt 培养基配比及伴孢晶体纯化条件的优化. 华东理工大学学报 (自然科学版), 32 (3): 285-289.

王圣磊. 2006. 产生聚 γ-谷氨酸发酵的条件分析. 齐鲁药事, 25 (7): 438-440.

王士长, 零汉益, 徐菊芬, 张梅芳, 黄东业, 黄月玲. 1998. 益生素对哺乳仔猪生长发育的影响. 黑龙江畜牧兽医, 12: 14-15.

王士长, 零汉益, 廖益平, 徐菊芬, 张梅芳. 1998. 芽胞杆菌类益生素对仔鸡生长发育的影响. 中国家禽, 20 (12): 19.

王士长, 徐菊芬, 张梅芳. 1999. 益生素生产菌的生物学特性研究. 广西科学院学报, 15 (1): 11-14.

王世平, 陈非. 1989. 从败血症病人血中检出环状芽胞杆菌及短小芽胞杆菌. 中华流行病学杂志, 10 (3): 137, 184.

王世平, 句立言, 高霞, 聂秀敏. 2009. 大肠菌群快速检测试剂盒的研制及应用. 中国初级卫生保健, 23 (2): 57-59.

王世平, 张崇华, 聂秀敏, 李新华. 2008. 2 种方法检测食品中大肠菌群效果比较. 中国初级卫生保健, 22 (5): 58-59.

王世荣, 陆峰, 张树华. 2005. 常见 4 种微生态制剂菌种产淀粉酶的比较. 中国微生态学杂志, 17 (5): 332.

王世荣, 徐龙, 张树华, 杨震国. 2005. 常见几种芽胞杆菌产淀粉酶的比较. 饲料博览, 2: 32-33.

王世英, 杜红方, 李术娜, 张元亮. 2009. 棉花黄萎病内生拮抗细菌的分离及 LC-04 菌株的鉴定. 湖北农业科学, 48 (2): 332-335.

王世英, 姜军坡, 李术娜, 朱宝成. 2010. 大丽轮枝菌致萎毒力指示菌的筛选及拮抗作用初探. 棉花学报, 22 (6): 586-590.

王世英, 李佳, 王增利, 李术娜, 姜军坡, 朱宝成. 2009. 猪源抗腹泻芽胞益生菌的分离与 Z-27 菌株的鉴定. 湖北农业科学, 48 (5): 1200-1204.

王世英, 王占利, 李术娜, 姜军坡. 2009. 大丽轮枝菌拮抗细菌 HMB-1005 菌株的鉴定. 河南农业科学, 38 (5): 79-83.

王仕香, 王永艳, 冉崇会. 2006. 一起蜡样芽胞杆菌食物中毒的检验报告. 中华医学研究杂志, 6 (7): 830-831.

王书胜, 王伟, 唐波, 王兰敬. 2004. 一起因食用被粘化变形杆菌和蜡样芽胞杆菌同时污染烧鸡引起的食物中毒. 职业与健康, 20 (11): 66-67.

王淑梅, 周思德, 吕谦. 2008. 羔羊腹泻的综合治疗措施. 河南畜牧兽医: 综合版, 29 (5): 28-29.

王淑霞. 2009. 人工菌群处理造纸废水. 中华纸业, 20: 116.

王淑霞. 2010. 1 例下肢骨折致气性坏疽伴休克病人的护理. 全科护理, 8 (16): 1501-1502.

王树庆, 陈宁. 1999. D-核糖产生菌株的育发和发酵条件的研究. 发酵科技通讯, 28 (1): 1-2.

王树香, 王伟, 李术娜, 李全, 李红亚, 朱宝成. 2009. 大丽轮枝菌拮抗细菌枯草芽胞杆菌 8-28 菌株产芽胞条件优化. 湖北农业科学, 48 (6): 1386-1388.

王帅, 高圣风, 高学文, 王娜, 王光强. 2007. 枯草芽胞杆菌脂肽类抗生素发酵和提取条件. 中国生物防治, 23 (4): 342-347.

参 考 文 献

王爽,常立艳,王琦,梅汝鸿. 2007. 纳米二氧化钛对植物有益蜡样芽胞杆菌存活能力的影响. 微生物学杂志, 27 (5): 102-105.

王爽, 和翀翼, 刘文, 郭世宁, 武瑞. 2007. 中西药物对奶牛子宫内膜炎主要病原菌体外抑菌试验的研究. 中兽医学杂志, 6: 3-6.

王爽, 和翀翼, 刘文, 王雪, 张鹏宇. 2008. 黑龙江地区奶牛子宫内膜炎病原菌的分离鉴定与药物敏感性试验. 中国兽药杂志, 42 (5): 33-35.

王爽, 齐俊生, 付学池, 王琦, 梅汝鸿. 2005. 蜡样芽胞杆菌 M22 超氧化物歧化酶（SOD）基因在毕赤酵母中的表达及其发酵条件优化. 植物病理学报, 35 (S1): 210.

王爽, 于洪春, 刘兴龙. 2010. 苏云金芽胞杆菌-菌株 20 增效物质的筛选. 黑龙江农业科学, 2: 9-10.

王水明, 李超美, 邓娟仙, 刘学辉, 李建, 徐大师, 柯家法, 王成龙. 2002. 进出境皮毛加工工艺中 pH 和温度对杀灭病原微生物的影响. 畜牧与兽医, 34 (2): 22-24.

王思新, 王晓燕. 2000. 浓缩苹果汁加工中耐热菌的分析与控制. 食品科学, 21 (9): 54-56.

王素芳, 陆唯哲, 吴融融, 朱颖. 2010. 产碱性磷酸酶菌株的筛选及鉴定. 中国酿造, 12: 126-129.

王绥标. 2006. 水质改良剂"富藻"在对虾养殖过程中的应用. 科学养鱼, 3: 82-83.

王台, Kadokura H, Yada K, Yamasaki M. 1998. 枯草芽胞杆菌中一个受二硫键还原剂诱导并与伸长因子 Tu 同源的蛋白质. 微生物学报, 38 (1): 6-12.

王太平. 2011. 苯酚降解菌的筛选与鉴定. 河南科技学院学报, 39 (1): 43-46, 55.

王涛. 2009. 一株芽胞杆菌的鉴定及遗传稳定性的研究. 饲料博览, 6: 28-29.

王涛, 王和. 2005. 细胞壁缺陷枯草芽胞杆菌 DPA 合成代谢的研究. 贵州医药, 29 (6): 491-493.

王涛, 王和. 2008a. DPA 对细胞壁缺陷枯草芽胞杆菌耐热性影响的研究. 贵州医药, 32 (1): 8-10.

王涛, 王和. 2008b. 细胞壁缺陷枯草杆菌酸溶性小分子芽胞蛋白及芽胞形成. 贵阳医学院学报, 33 (2): 144-147.

王涛, 张献强, 林纬, 黎起秦. 2008. 罗汉果根腐病的室内药剂防治试验. 广西植保, 21 (4): 1-4.

王陶, 王振中. 2010. 3 种杀菌剂对小白菜内生细菌多样性的影响. 广东农业科学, 37 (11): 153-159.

王腾飞, 王瑞明. 2009. 10-HDA 抗菌实验的初步研究. 山东轻工业学院学报, 23 (3): 17-18, 24.

王天龙, 李永, 王曦苗, 郭民伟. 2010. 巨大芽胞杆菌在 3 种固沙植物根部的定殖. 中国农学通报, 26 (21): 90-93.

王天龙, 朱天辉, 朴春根, 汪来发. 2007. 鄂尔多斯固定、半固定沙丘固沙植物根际微生物区系研究. 四川农业大学学报, 25 (3): 300-305.

王天云, 陈振风, 王福源. 2001. 一种促使乳酸芽胞杆菌大量生成芽胞的方法. 工业微生物, 31 (3): 13-18.

王天云, 王福源, 陈振风. 2003. 培养基成分对乳酸芽胞杆菌 Bacillus sp. WTFY 生长及芽胞形成的影响. 新乡医学院学报, 20 (2): 77-79.

王铁锚. 2010. 一起由蜡样芽胞杆菌污染大米饭引起的集体食物中毒. 中国保健, 8: 136-137.

王廷兆. 2003. 谨防药物性结膜炎. 开卷有益: 求医问药, 10: 30.

王婷, 尹华, 彭辉, 叶锦韶, 何宝燕. 2007. 十溴联苯醚（BDE209）对蜡状芽胞杆菌吸附/释放金属离子的影响. 生态毒理学报, 2 (3): 339-345.

王婷, 尹华, 彭辉, 叶锦韶, 何宝燕. 2008. 低浓度重金属对蜡状芽胞杆菌复合菌降解 BDE209 性能的影响. 环境科学, 29 (7): 1967-1972.

王微, 吴楠, 付玉杰, 祖元刚. 2007. 薄荷精油抗菌活性研究. 植物研究, 27 (5): 626-629.

王薇, 蔡祖聪, 钟文辉, 王国祥. 2007. 好氧反硝化菌的研究进展. 应用生态学报, 18 (11): 2618-2625.

王为先, 张沁. 1993. 芽胞杆菌 β-淀粉酶基因在大肠杆菌中的克隆与表达. 遗传学报, 20 (4): 374-380.

王卫国,张粟. 2010. 饲用酶制剂、益生菌的热稳定性与真空喷涂技术进展. 粮食与饲料工业,6: 52-55.

王卫国,赵永亮,葛中巧,包东武,杨增茹. 2002. 几株 Bt 菌株对紫外线的抗性探讨. 南阳师范学院学报,1 (6): 67-69.

王伟,董树林. 1994. 培养基质控用菌株 (7316) 的鉴定. 中国生物制品学杂志,7 (3): 116-117.

王伟,李佳,刘金淑,朱宝成. 2009. 硅酸盐细菌菌株的分离及其解钾解硅活性初探. 安徽农业科学,37 (17): 7889-7891.

王伟,曾光明,钟华,傅海燕. 2006. 腐殖质对堆肥中高效降解菌的吸附与传输影响. 中国环境科学,26 (5): 528-531.

王伟军,李延华,张兰威,马微. 2008. 嗜热脂肪芽胞杆菌试管法检测牛乳中 β-内酰胺类抗生素残留. 中国酿造,10: 82-84.

王伟民,夏士林. 1993. 连续处理法选育地衣芽胞杆菌碱性蛋白酶菌株. 工业微生物,23 (5): 1-4.

王伟伟,郭志波,安德荣,慕小倩. 2008. 枯草芽胞杆菌 W-QX-1 碱性蛋白酶的性质及其抗烟草花叶病毒活性初步研究. 西北农业学报,17 (6): 187-192.

王伟霞,李福后,李信书. 2007. 大弹涂鱼肠道细菌学分析. 安徽农业科学,35 (12): 3545,3549.

王玮,张伟,王志方,谢玉清,崔春生,王博. 2004. 三种提取 XJT-9503 菌染色体方法的比较. 新疆农业科学,41 (F08): 14-15.

王玮,张志东,茆军,王涛,谢玉清. 2009. 高温中性蛋白酶基因的克隆及毕赤酵母表达研究. 新疆农业科学,46 (3): 635-638.

王炜,付建红,崔卫东,徐斌. 2002. 一株产纤维素酶细菌液体发酵条件的初步研究. 新疆农业科学,39 (1): 20-22.

王文风,梅英杰,徐玲,王腾飞,王瑞明. 2007. 10-HDA 抗菌实验的初步研究. 食品研究与开发,28 (10): 36-38.

王文杰,刘洋,彭珊瑛,万阜昌,崔云龙,李雄彪. 2006. 凝结芽胞杆菌对小鼠免疫功能和粪便胺含量及肠道中氨含量的影响. 中国微生态学杂志,18 (1): 6-8.

王文军,钱传范,申继忠,程雪梅. 2001. 紫外线的 Bt 伴胞晶体的损伤和腐植酸的保护作用. 植物保护学报,28 (1): 49-54.

王文军,钱传范. 1999. 活性氧对苏云金芽胞杆菌伴胞晶体的损伤作用. 微生物学报,39 (5): 469-474.

王文兰. 2006. 一起腊样芽胞杆菌引起食物中毒事件的调查. 华南预防医学,32 (5): 5,10.

王文青. 2005. 海藻肥绿孢宝和生态肥宝在蔬菜上的应用初报. 现代农业科技,5: 36.

王文夕,孔建,赵白鸽,程红梅,申效诚,张桂芬. 1994. 枯草芽胞杆菌 B-903 抗菌物质产生条件及部分特性的研究. 华北农学报,9 (2): 98-103.

王希春,钱和. 2007. 豆豉干提物功能特性的研究. 江苏调味副食品,3: 27-31,38.

王宪青,刘妍妍,王秋月. 2008. 万寿菊提取物的抑菌作用研究. 农产品加工. 学刊,10: 8-10,13.

王宪青,岳茹冰,王秋月. 2011. 万寿菊花中 α-三连噻吩的提取及抑菌作用研究. 现代食品科技,27 (3): 299-302.

王详,姚宝安. 1999. 苏云金芽胞杆菌伴胞晶体蛋白对捻转血矛线虫第四期幼虫的毒杀作用. 中国兽医科技,29 (6): 32-33.

王相晶,王晓舟,张继,朱兆香. 2011. 土壤多重抗生素抗性放线菌的筛选及其发酵产物的初步研究. 东北农业大学学报,42 (2): 84-91.

王祥,姚宝安. 1996. 苏云金芽胞杆菌的伴胞晶体毒素对捻转血矛线虫第 2 期幼虫的毒力. 华中农业大学学报,15 (4): 359-361.

王向阳,管佳. 2008. 天然防腐剂对萝卜干腐败微生物的控制研究. 中国调味品, 11: 34-37.

王向阳,姜丽佳. 2009. 真空包装腌萝卜干中腐败微生物的抑制研究. 中国调味品, 34 (7): 68-72.

王向阳,施青红. 2006. 胖袋腌萝卜干中致病微生物鉴定及防腐研究. 中国食品学报, 6 (2): 103-108.

王向阳,周蓉,刘绘景. 2008. 真空包装腌制萝卜干中致病菌的抑制. 中国调味品, 9: 56-60.

王小娥,朱瑞良,杨春晓,崔金生. 2009. 2种益生菌菌体 OMP 对新城疫病毒免疫增强作用. 中国兽医学报, 29 (3): 266-271.

王小海,刘晚秋,方晓峰,颜霞. 2009. 猪苓发酵液抑菌活性物质的性质研究. 微生物学杂志, 29 (4): 71-74.

王小娟,李美菊,陈向东,谢志雄,沈萍. 2007. 不同培养时期的大肠杆菌和枯草芽胞杆菌间发生的跨属自然遗传转化. 微生物学报, 47 (6): 963-967.

王小力,张亚丽. 2010. γ-谷氨酰基转肽酶产生菌发酵培养基的优化及酶促反应研究. 农产品加工, 6: 77-80.

王小卫. 2008. 复方银耳鱼肝油微生物限度检查方法研究. 中国热带医学, 8 (10): 1848-1849.

王小英,杜予民,孙润仓,刘传富. 2009. 壳聚糖季铵盐/有机累托石纳米复合材料的抗菌性能研究. 无机材料学报, 24 (6): 1236-1242.

王晓,楚小强,虞云龙,方华,陈洁,宋凤鸣. 2006. 毒死蜱降解菌株 *Bacillus latersprorus* DSP 的降解特性及其功能定位. 土壤学报, 43 (4): 648-654.

王晓红,茆军,博力,顾美英,王伟. 2007. 低温淀粉酶产生菌的筛选及酶学性质研究. 农产品加工. 学刊, 1: 7-9.

王晓华. 1994. 鸡白痢杆菌病的临床新变化及诊治. 石河子科技, 4: 59-60.

王晓兰,屈勇刚,张再清,王静梅,吕庭德,剡根强. 2005. 天刃牌消毒液对 4 种细菌的抑菌和杀菌效果. 安徽农业科学, 33 (8): 1463, 1479.

王晓玲. 2006. 思连康四联活菌片治疗慢性顽固性腹泻 22 例体会. 中国社区医师: 医学专业, 8 (9): 25.

王晓玲,江芸. 2008. 灵芝菌丝体乙酸乙酯提取物的体外抑菌作用. 食品工业科技, 10: 104-106.

王晓玲,刘高强,周国英. 2008. 紫芝发酵菌体中三萜类化合物的抑菌活性研究. 时珍国医国药, 19 (11): 2636-2637.

王晓玲,刘昭廷. 2008. 灵芝菌丝体中灵芝酸的体外抑菌作用. 食品科技, 33 (10): 184-186.

王晓梅,李大平,彭世群,何晓红,田崇民. 2009. 一株芽胞杆菌及其破乳特性研究. 环境科学与技术, 32 (3): 22-26.

王晓敏,高家让. 1996. GA-50 医用器械消毒液对口腔门诊常用器械的消毒效果观察. 华西口腔医学杂志, 14 (4): 290-292.

王晓平,段丽菊,陈晓白,李丽梅. 1996. 五指毛桃水提液体外抗菌作用的实验研究. 时珍国医国药, 21 (7): 1692-1693.

王晓琴,曹礼,朱艳萍. 2009. 肉苁蓉多糖提取工艺及抑菌作用研究. 安徽农业科学, 37 (32): 15 855-15 856, 15 878.

王晓伟. 2010. 柴达木盆地第四纪沉积地层内中度嗜盐细菌的多样性. 北京: 中国科学院研究生院博士研究生学位论文: 1-2.

王晓霞,易中华,计成,马秋刚. 2006. 果寡糖和枯草芽胞杆菌对肉鸡肠道菌群数量、发酵粪中氨气和硫化氢散发量及营养素利用率的影响. 畜牧兽医学报, 37 (4): 337-341.

王晓霞,郑晨娜,王飞飞,方柏山. 2007. 共表达木聚糖酶和木糖还原酶生产木糖醇的研究. 食品与发酵工业, 33 (4): 26-29.

王晓艳, 张显达. 2001. 蜡样芽胞杆菌致肠炎. 黑龙江医药科学, 24 (5): 109.

王晓玉, 刘飞, 颜震, 张莉, 朱希强, 郭学平, 凌沛学. 2012. 浸麻芽胞杆菌环糊精葡萄糖基转移酶的克隆与表达. 中国生化药物杂志, 33 (1): 46-48.

王心礼. 2001. 问: 加工后肉制品在保存中出现胀袋现象应如何解决? 食品工业科技, 4: 24.

王心选, 高小宁, 郑刚, 魏国荣, 康振生, 黄丽丽. 2009. 内生枯草芽胞杆菌 E1R-J 对萝卜、白菜促生作用. 西北农业学报, 18 (6): 231-236.

王新, 李培军, 宋守志, Verkho V A. 2006. 固定化微生物对土壤中多环芳烃的降解. 东北大学学报 (自然科学版), 27 (10): 1154-1156.

王新磊, 闫巧娟, 江正强, 徐忠义. 2010. 地衣芽胞杆菌发酵淀粉产乳酸条件的优化. 中国酿造, 7: 23-27.

王新元. 2009. 蜡样芽胞杆菌中毒的泛化趋势与防范理念的强化. 延安大学学报: 医学科学版, 7 (2): 17, 19.

王兴仿, 王玉群. 2009. "精博活菌王"使用实例. 科学养鱼, 5: 79.

王兴民, 孟筱琦. 1997. A 型肉毒神经毒素基因的 PCR 检测及 A 型肉毒梭菌的鉴定. 中华微生物学和免疫学杂志, 17 (3): 176-181.

王兴民, 孟筱琦. 1998. 聚合酶链式反应快速检测 E 型肉毒神经毒素基因. 中华微生物学和免疫学杂志, 18 (3): 176-180.

王兴民, 孟筱琦. 1999. 多重聚合酶链式反应检测 C、D 型肉毒神经毒素基因. 中国人兽共患病杂志, 15 (1): 14-16.

王星, 覃宗华, 李国清, 余劲术. 2007. 纳豆芽胞杆菌 KX 株纳豆激酶基因的克隆及序列分析. 广东农业科学, 34 (8): 74-76.

王星, 覃宗华, 谢明权, 李国清, 杨冬辉, 余劲术. 2007. 纳豆芽胞杆菌对黄羽肉鸡生产性能和免疫功能的影响. 中国家禽, 22: 20-23.

王星云, 宋卡魏, 张荣意. 2007a. 枯草芽胞杆菌 B68 拮抗物质对香蕉冠腐病菌的抑菌作用及其稳定性测定. 中国生物防治, 23 (4): 391-393.

王星云, 宋卡魏, 张荣意. 2007b. 枯草芽胞杆菌菌剂的开发应用. 广西热带农业, 2: 32-35.

王杏芹, 史应武, 刘文玉, 娄恺. 2008. 甜瓜角斑病拮抗菌的鉴定及生长条件研究. 西北农业学报, 17 (2): 304-308.

王雄清, 代敏, 郭文宇, 陈希文. 2009. 戊二醛-明胶-纳米 SiO_2 复合膜的抑菌试验研究. 江苏农业科学, 37 (1): 218-220.

王秀, 孟勇. 2011. 正确认识和使用益生素. 农村养殖技术, 2: 47.

王秀青, 苏春霞, 周斌, 曹瑞兵, 陈溥言. 2007. 杂合抗菌肽 CecA-Mag 的人工合成及其在 *Pichia pastoris* 中的分泌表达. 微生物学报, 47 (1): 75-78.

王旭辉, 丁亚欣, 谈俊. 2010. 生物菌肥促生机制研究. 现代农业科技, 4: 308-309.

王旭梅, 盛楠, 王红旗. 2010. 铅抗性细菌的筛选及其对铅活化的研究. 东北农业大学学报, 41 (6): 64-67.

王学东, 呙于明, 姚娟, 谭斌, 何宏. 2008. 芽胞杆菌在仔猪日粮中的应用效果初探. 中国畜牧杂志, 44 (21): 46-48.

王学聘, 戴莲韵. 1996. 用马尾松毛虫幼虫测定苏云金芽胞杆菌制剂毒力效价. 林业科技通讯, 8: 29-30.

王学聘, 戴莲韵. 1999. 我国西北干旱地区森林土壤中苏云金芽胞杆菌生态分布. 林业科学研究, 12 (5): 467-473.

王雪, 袁晓凡, 赵兵, 王晓东, 王玉春. 1999. 胶质芽胞杆菌培养条件及发酵工艺的研究进展. 过程工程学报, 10 (2): 409-416.

王雪, 袁晓凡, 赵兵, 王玉春. 2010. 胶质芽胞杆菌 PM13 菌株培养基的优化. 过程工程学报, 10 (3): 582-587.

王雪莲, 王敏, 骆健美, 杨秀荣. 2009. 枯草芽胞杆菌生防菌 B579 最佳培养基响应面法优化. 江苏农业学报, 25 (1): 212-215.

王雪梅, 胡江春, 王书锦. 2009. 深海芽胞杆菌 B1394 的鉴定及其产蛋白酶酶学性质. 吉林农业大学学报, 31 (2): 143-147.

王雅宾, 王湘涛, 伍云. 2005. 一起蜡样芽胞杆菌食物中毒报告. 中国当代医学, 4 (23): 52.

王雅平, 刘伊强. 1992. 枯草芽胞杆菌 A014 菌株防治小麦赤霉病的初步研究. 生物防治通报, 8 (2): 54-57.

王亚南, 彭志英, 刘双江. 2004. 养殖场底泥中芽胞杆菌属细菌的生态学研究. 湛江海洋大学学报, 24 (4): 23-27.

王亚南, 王保军, 戴欣, 焦念志, 彭志英, 刘双江. 2004a. 海水养殖场沉积物中硝酸盐还原菌种群分析. 微生物学通报, 31 (6): 73-76.

王亚南, 王保军, 戴欣, 焦念志, 彭志英, 刘双江. 2004b. 近海养虾场底泥中产芽胞细菌的生态特征. 应用与环境生物学报, 10 (4): 484-488.

王亚南, 王保军, 戴欣, 焦念志, 彭志英, 刘双江. 2004c. 海水养殖场底泥中转化硫和磷化合物的微生物及其多样性. 环境科学, 26 (2): 157-162.

王娅, 王春兰, 陈绪云, 王淑兰. 2008. 家用微波炉用于培养基灭菌的探讨. 中国民康医学, 20 (7): 693, 696.

王妍, 孙雅量. 2006. 环境镉离子生物检测工程菌株的构建及应用. 中国公共卫生, 22 (7): 833-834.

王岩, 沈锡权, 吴祖芳, 张锐. 2010. 脂肪酸 Bacillus pumilus 羟基化调控基因 fadD-like 的克隆与序列分析. 中国粮油学报, 25 (2): 66-70.

王岩, 沈锡权, 吴祖芳. 2009. 短小芽胞杆菌肉碱转运系统 opuC 基因的克隆与序列分析. 生物技术通报, 25 (11): 69-74.

王彦波, 查龙应, 许梓荣. 2006. 微生态制剂改善对虾养殖池塘底质的效果. 应用生态学报, 17 (9): 1765-1767.

王彦波, 许梓荣, 邓岳松. 2004. 微生态制剂在水产养殖中的作用机理研究. 中国饲料, 12: 31-32.

王彦波, 许梓荣. 2006. 蒙脱石载菌的条件优化及其影响因素. 农业生物技术学报, 16 (1): 158-162.

王彦波, 周绪霞, 许梓荣. 2004. 微生态制剂养鱼对水质影响的研究. 饲料研究, 4: 6-8.

王彦波. 2009. 池塘芽胞杆菌的筛选、鉴定和生长特性研究. 水生态学杂志, 2 (1): 91-94.

王彦波. 2010. 益生菌 B. coagulans 对罗非鱼生长性能和肌肉营养成分的影响研究. 饲料工业, 31 (A01): 74-77.

王艳, 刘玉平. 2007. 配合物 Nd $(C_9H_8NO_3)_3$ (C_5H_5N) · $4H_2O$ 的合成、失水动力学及抑菌活性研究. 湖北民族学院学报 (自然科学版), 25 (4): 434-437.

王艳, 聂光华, 但悠梦, 胡卫兵. 2010. 稀土钕-苯甲酰甘氨酸二元、三元配合物的合成、表征及抗菌活性研究. 西南师范大学学报 (自然科学版), 35 (3): 61-66.

王艳, 聂光华, 但悠梦. 2008. Nd $(HOC_6H_4COO)_4$ $(C_3H_4N_2)_2$ · $4H_2O$ 三元配合物的合成、表征、热分解动力学及抑菌活性研究. 湖北民族学院学报 (自然科学版), 26 (4): 452-455.

王艳春, 姜娜, 展德文, 邱炎, 袁盛凌, 陶好霞, 王令春, 张兆山, 刘春杰. 2009. Cre-LoxP 系统在炭疽芽胞杆菌基因敲除中的应用及 eag 基因的敲除. 生物化学与生物物理进展, 36 (7): 934-940.

王艳萍,陈莹.1996.一株同型乳酸发酵芽胞杆菌的分离和鉴定.天津轻工业学院学报,1:1-5.
王艳萍,张克旭,陈宁,刘淑云,李干.1998.枯草芽胞杆菌 TF2 磺胺胍抗性基因的克隆和表达.南开大学学报(自然科学版),31(4):35-39.
王雁萍,王付转,李宗伟,吴健,陈林海,秦广雍.2003.β-环糊精葡萄糖基转移酶高产菌株 02-5-71 的选育及发酵条件研究.郑州工程学院学报,24(3):71-73.
王焰玲,王海燕,秦敏,张义正.1998.环状芽胞杆菌几丁质酶基因序列分析、表达和生物活性测定.微生物学报,42(5):616-619.
王焰玲,郑洪武,刘旭玲,张义正.1998.环状芽胞杆菌 C-2 几丁酶基因在大肠杆菌中的表达.生物化学与生物物理学报,30(4):352-356.
王燕,程联社.2003.云南西双版纳香荚兰种植园土壤微生物类群初探.杨凌职业技术学院学报,4(4):8-10.
王燕,高玉芳,李娟.2004.临床科室计算机键盘鼠标细菌污染检测分析.护理学杂志:综合版,19(13):5-6.
王燕,李璟,李俊峰,李辉,汪娟.2010.一株高温产表面活性剂菌的筛选及性能评价.西安石油大学学报(自然科学版),25(4):54-57.
王燕,王开梅,杨自文.2007.地衣芽胞杆菌 1801 的分离鉴定及其活性研究.湖北农业科学,46(3):393-395.
王燕,赵蔚明.2004.利用厌氧菌突破肿瘤放化疗抵抗的研究进展.国外医学:肿瘤学分册,31(11):835-838.
王瑶,邓毛程.2007.利用甘蔗糖蜜和高浓度谷氨酸废液培养枯草芽胞杆菌的研究.甘蔗糖业,3:45-49.
王业民.2009.20 例上呼吸道病原菌的分离鉴定及药敏试验检测.亚太传统医药,5(10):58-59.
王一鸣,熊毅敏,郑国荣,许桦林.2003.伪膜性肠炎的内镜与临床特征研究.中国内镜杂志,9(5):89-90.
王贻莲,赵晓燕,魏艳丽,张广志.2009.BtR05 对朱砂叶螨的致病性及其制剂的毒力测定.安徽农业科学,37(35):17540-17542.
王弋博,李博,李三相,张海林,金文晶.2003.异淀粉酶产生菌的分离纯化及生长特性.青海师范大学学报(自然科学版),1:82-85.
王弋博,刘向阳,李三相,李勃,张海林.2003.用紫外诱变及紫外+硫酸二乙酯复合诱变方法选育高产异淀粉酶菌株.青海大学学报(自然科学版),21(4):7-10.
王奕文,胡文兵,许玲.2008.甜瓜果实表面生防芽胞杆菌的类群与鉴别.植物病理学报,38(3):317-324.
王益民,唐文华.1998.几丁质酶基因和 β-1,3-葡聚糖酶基因的克隆及双价基因在枯草芽胞杆菌 B-908 中的表达.植物病理学报,28(3):288.
王逸群,郑金贵,陈文列,钟秀容.2005.水稻内生固氮细菌的分离及鹑鸡肠球菌在水稻根中的分布.热带亚热带植物学报,13(4):296-302.
王逸群,钟秀容.2008.水稻内生固氮细菌的生化特性及其对烟草和玉米的侵染.云南植物研究,30(2):211-220.
王毅,刘云国,习兴梅,陈芙蓉.2008.枯草芽胞杆菌降解木质纤维素能力及产酶研究.微生物学杂志,28(4):1-6.
王懿,王振维.2004.茶树油抗菌活性的实验研究.医药导报,23(6):363-365.
王茵榆,王媛,张红发,任大明.2007.来源嗜碱性芽胞杆菌 N-227β-环糊精葡基转移酶基因分析及在大肠杆菌中的诱导表达. 工业微生物, 37 (3): 1-4.

王银珍, 姚评佳, 魏远安. 2009. 6-O-(10)-十一碳烯酸葡萄糖酯的抑菌活性. 生物加工过程, 7 (6): 59-62.

王英国, 王军华, 权春善, 范圣第. 2007. 解淀粉芽胞杆菌抗菌活性物质的分离纯化及抑菌活性研究. 中国生物工程杂志, 27 (12): 41-45.

王莹, 魏天恩, 杨薇. 2009. 海洋小单孢菌 FIM03-345 产生的活性成分的初步研究. 海峡药学, 21 (11): 214-216.

王莹, 吴根福. 2007. 东海海洋有抗菌活性细菌的筛选及系统发育分析. 农机化研究, 5: 34-38.

王颖, 马海乐. 2010. 混菌固态发酵啤酒糟生产蛋白饲料的研究. 饲料工业, 31 (17): 26-28.

王颖. 2009a. 生物表面活性剂在大庆油田的应用研究. 精细石油化工进展, 10 (3): 28-31.

王颖. 2009b. 生物技术与化学驱结合提高石油采收率研究. 生物技术, 19 (3): 80-84.

王永, 赵新, 兰青阔, 朱珠, 程奕. 2009. 4 种食源性致病菌的 PCR-SSCP 检测技术研究. 天津农业科学, 15 (1): 13-15.

王永成. 2010. 康力素健——饲料添加剂的新丁. 新农业, 12: 29.

王永杰, 李顺鹏. 1999a. 有机磷农药广谱活性降解菌的分离及其生理特性研究. 南京农业大学学报, 22 (2): 42-45.

王永杰, 李顺鹏. 1999b. 有机磷农药降解菌的紫外诱变育种. 应用与环境生物学报, 5 (6): 635-637.

王永军. 2005. 一起绵羊快疫病的诊治. 青海畜牧兽医杂志, 35 (1): 12.

王永权, 董燕声. 2004. 对虾养殖水体亚硝酸盐产生的原因及降解方法. 中国水产, 11: 83.

王永义, 彭清忠, 彭清静, 陈义光, 何倩, 杨冬梅. 2007. 一株苯酚降解菌的分离与鉴定. 生物技术通讯, 18 (6): 952-954.

王勇, 欧阳峰, 林永灿, 谭铁兵, 谭永权. 2007. 使用天然添加剂干式养殖营养转化效果的研究. 中国动物保健, 4: 73-75.

王有才, 王剑. 2004. 1 起蜡样芽胞杆菌食物中毒的调查报告. 社区医学杂志, 2 (5): 56.

王宇, 迟乃玉, 孙子羽, 李兵, 张庆芳. 2010a. 一株中度嗜盐菌的分离鉴定及特性研究. 生物技术, 20 (4): 39-43.

王宇, 迟乃玉, 孙子羽, 李兵, 张庆芳. 2010b. 腌制咸鱼中嗜盐菌分离鉴定及特性研究. 中国酿造, 3: 26-29.

王宇, 李维, 苟帮超, 万洁, 周国燕. 2004. α-乙酰乳酸的合成及 α-乙酰乳酸脱羧酶产生菌的筛选与鉴定. 四川师范大学学报（自然科学版）, 27 (5): 538-540.

王宇, 赵述淼, 胡咏梅, 梁运祥. 2009. 几种微生物及其组合在猪粪堆肥发酵中的作用. 湖北农业科学, 48 (1): 81-84.

王玉光, 赵伟, 苏丽君, 刘飞飞, 邹长斌, 周洪波. 2011. 柱式反应器处理黄铜矿过程中等嗜热微生物群落变化. 微生物学通报, 38 (3): 310-316.

王玉华, 赫荣帆, 康国平, 刘挺. 2010. 盐酸沙拉沙星胶囊对家蚕细菌性败血病的防治研究. 蚕业科学, 36 (6): 977-983.

王玉华, 刘挺, 黄可威. 2008. 亚迪丰对家蚕细菌性败血病的防治效果. 安徽农业科学, 36 (30): 13237-13238, 13241.

王玉荣. 2007. 新生儿破伤风护理体会. 中华临床医学研究杂志, 13 (23): 3395-3396.

王玉堂. 2009a. 芽胞杆菌及其在水产养殖业的利用（三）. 中国水产, 9: 59-62.

王玉堂. 2009b. 芽胞杆菌及在水产养殖业的利用. 中国水产, 7: 53.

王玉堂. 2009c. 芽胞杆菌及其在水产养殖业的利用（二）. 中国水产, 8: 48-52.

王玉霞,李晶,张淑梅,王佳龙,赵晓宇,赵晓祥.2004.芽胞杆菌对黄瓜根腐病的防治效果.生物技术,14(3):57-57.

王玉霞,张淑梅,赵晓宇,李晶,张先成,孟利强.2009.大豆内生细菌的筛选和鉴定.大豆科技,4:50-51.

王玉霞,张先成,赵晓宇,李晶,张淑梅,孟利强.2009.枯草芽胞杆菌生物拌种剂对玉米病害的田间防效研究.生物技术,19(5):81-82.

王育波.2010.细菌性食物中毒的卫生检测报告.中国保健,3:185-186.

王育水,和清霖,刘永英,赵云坡.2007.四种微生物产L-天冬酰胺酶及其发酵条件初探.湖北农业科学,46(4):632-634.

王元火,姚斌,袁铁铮,操时数,张伟,王亚茹,范云六.2003.环状芽胞杆菌乳糖酶基因在大肠杆菌中的表达及酶学性质分析.农业生物技术学报,11(1):83-88.

王元清,严建业,喻林华,陈晓莉.2010.玉米须提取物抑菌活性及耐热耐压稳定性研究.江苏农业科学,38(4):308-309.

王源,丛延广.1998.细菌胞外糖染色显微镜检测技术.中华医学检验杂志,21(4):197-198,I001.

王远红,曹文平.2009.陶瓷生物膜工艺处理城市污水中COD和氨氮.水处理技术,35(7):67-69.

王远亮,李光玉,东秀珠,董海良.2005.中国大陆科学钻探(CCSD)微生物研究——地下3900米一株细菌的分离与鉴定.岩石学报,21(2):540-544.

王媛媛,段玉玺,陈立杰.2007.根瘤内生细菌对大豆胞囊线虫及根腐病菌的影响.大豆科学,2:213-217.

王媛媛(综述),肖冰(审校),姜泊(审校).2008.强效抑酸治疗与艰难梭状芽胞杆菌性腹泻.现代消化及介入诊疗,13(1):62-65.

王月丹.2010.转Bt基因大米对人类健康可能存在安全隐患.科学对社会的影响,2:53-57.

王月梅,赵迎路.2002.芽胞杆菌对汾酒风味的影响.酿酒科技,5:31-32.

王岳峰,余延春,杨国军,魏柏桂.2004.大叶桉黄酮类化合物的分析及抑菌活性的研究.中医药学刊,22(11):2135,2143.

王岳五,江波.1991.球形芽胞杆菌TS-1原生质体电诱导质粒转化研究.微生物学报,31(2):94-99.

王跃强,谭周进,周清明,肖启明.2006.白菜内生细菌的分布规律初探.世界科技研究与发展,28(1):59-61.

王越新,王桂香,张巍.2008.光合细菌和芽胞杆菌在南美白对虾养殖中的应用技术.黑龙江水产,2:22-23.

王赟,靳亚平,利光辉,陈秀荔.2004.隐性乳腺炎乳牛乳样中苏云金芽胞杆菌的分离与鉴定.中国兽医科技,34(9):78-79.

王占赫,刘志炎,郭玉琴,周双海.2006.不同消毒液杀菌效果对比试验报告.养猪大视野,1:17-19.

王占武,李晓芝,刘彦利,田洪涛.2003.枯草芽胞杆菌B501在草莓根际的定殖及其动态变化.植物病理学报,33(2):188-189.

王昭晶.2007.麦冬提取物的抗氧化活性和抑菌作用研究.食品与发酵工业,33(9):57-60.

王哲恩,郭全友,许钟,杨宪时.2008.即食醉鱼制品贮藏特性和细菌类型的变化.安徽农业科学,36(15):6513-6515.

王哲恩,许钟,郭全友,杨宪时.2007.软包装即食醉鱼制品细菌学品质安全分析.海洋渔业,29(4):349-354.

王振国,刘和平,刘金华,蔡阳,肖成蕊,罗雁菲,徐宝梁.2006.应用PCR方法检测蜡样芽胞杆菌的研究.吉林农业大学学报,28(6):671-673.

王振国, 刘金华, 肖成蕊, 蔡阳, 罗雁菲, 刘和平. 2005. 利用 PCR 技术检测致病性蜡样芽胞杆菌的研究. 生物技术, 15 (5): 45-47.

王振国, 刘金华, 徐宝梁, 赵贵明. 2006. 应用实时荧光 PCR 检测致病性蜡样芽胞杆菌. 生物技术通讯, 17 (1): 40-42.

王振华. 2008. 高产酶活枯草芽胞杆菌制剂在奶牛生产上的应用研究. 安徽农业科学, 36 (27): 11771-11773, 11776.

王振华, 潘康成. 2007. 不同浓度中药对枯草芽胞杆菌体外生长的影响. 中国兽医杂志, 43 (10): 44-45.

王振华, 潘康成. 2008. 产纤维素酶芽胞杆菌的选育研究. 饲料博览: 技术版, 2: 45-48.

王振华, 潘康成, 张均利. 2005. 枯草芽胞杆菌制剂在奶牛生产上的应用研究. 饲料广角, 19: 31-32.

王振华, 潘康成, 张均利, 杨金龙. 2006. 枯草芽胞杆菌制剂对奶牛产奶量及奶成分的影响. 饲料博览, 3: 35-37.

王振军, 刘玉霞, 刘新涛, 倪云霞. 2006. 用 16S rDNA 序列分析方法鉴定 4 个拮抗细菌. 河南农业科学, 35 (5): 59-61.

王振宇. 2006, 广谱抗虫 Herculex RW 玉米拟在美国上市, 新农药, 10 (1): 40.

王振宇, 张智, 王婷婷. 2010. 微生物发酵法提取玉米黄色素的研究. 中国调味品, 11: 95-98.

王振跃, 汪敏, 高书锋, 张猛, 袁虹霞, 李洪连. 2008. 温室黄瓜叶部微生物区系. 生态学杂志, 27 (3): 425-428.

王祯祥, 韩文珍. 1992. 胞外青霉素酰化酶产生菌的选育. 微生物学报, 32 (2): 99-104.

王争强, 何君, 苏裕心, 朱虹, 端青. 2006. 突发疫情中炭疽芽胞杆菌的分离及鉴定. 微生物学报, 46 (3): 460-462.

王正君, 张金辉, 潘康成. 2007. 山姜对益生芽胞杆菌体外抑菌活性试验研究. 畜禽业, 5: 10-11.

王正良, 余跃惠, 张凡, 舒福昌, 周玲革, 李向前, 张忠智. 2007. 大港高温油田产生物表活剂菌分子生物学分类试验研究. 石油天然气学报, 29 (1): 126-128.

王正祥, 马骏双, 牛丹丹, 石贵阳. 2007. 地衣芽胞杆菌 β-甘露聚糖酶的基因克隆和鉴定. 应用与环境生物学报, 13 (2): 253-256.

王政, 郭士兵, 姚大伟, 陶艳华, 杨德吉. 2009. 高效降解角蛋白菌株的分离筛选与鉴定. 中国农学通报, 18: 22-24.

王之俊, 周林娟, 李珂, 吴丹. 2005. 一起幼儿园食堂混合性食物中毒的调查. 中国学校卫生, 26 (10): 864-865.

王志, 薛运波. 2005. 试论蜂场生态与蜜蜂病敌害发生的关系. 中国养蜂, 56 (3): 23.

王志娜, 林均符. 1997. 一起食用桑蚕蛹引起蜡样芽胞杆菌食物中毒的实验报告. 山东预防医学, 17 (4): 216-217.

王智文, 刘训理. 2006. 芽胞杆菌非核糖体肽的研究进展. 蚕业科学, 32 (3): 392-398.

王智文, 刘训理, 何亮, 夏尚远, 崔萍, 吴凡. 2007. Cp-S316 菌株发酵培养基的优化及其对烟草赤星病菌的抑制作用. 农业环境科学学报, 26 (2): 723-728.

王智文, 袁士涛, 何亮, 夏尚远, 吴凡, 杨少波, 刘训理. 2007. 多粘类芽胞杆菌 Cp-S316 抗真菌活性物质的提取及其部分性质研究. 农业环境科学学报, 26 (4): 1464-1468.

王中华, 李太武, 苏秀榕, 秦松, 李晔. 2011. 原油微生物群落构成多样性及降解菌 DYL-1 降解原油的研究. 生物技术通报, 2: 163-168.

王中康, 何伟, 彭国雄, 夏玉先, 李强, 殷幼平. 2008. 特异性杀虫基因 Bt *cry*3A 在桑粒肩天牛幼虫两种肠道常驻内生菌中的转化和表达. 微生物学报, 48 (9): 1168-1174.

王中磊,甄天民.1994.低浓度球形芽胞杆菌对淡色库蚊的慢性毒效观察.中国寄生虫病防治杂志,7(4):314.

王忠海,金玉梅,孙玉敏,庞国祥.2003.正常人202例眼部带菌情况观察.眼科新进展,23(5):351-352.

王忠淼,郑锋.2000.一起蜡样芽胞杆菌污染所致食物中毒的调查报告.九江医学,15(4):243.

王忠民,王跃进,周鹏.2005.葡萄多糖抑菌特性的研究.食品与发酵工业,31(1):77-79.

王忠堂,姚咏明,盛志勇.2003.核黄素对双歧杆菌和蜡样芽胞杆菌增殖的影响.中国药理学通报,19(3):329-332.

王忠堂,姚咏明,肖光夏,盛志勇.2004.益生菌与核黄素联用对烫伤大鼠肠道屏障的保护作用.中华烧伤杂志,20(4):202-205.

王忠彦,黄英.1997.一株耐高温SOD产生菌的筛选及酶学特性.微生物学报,37(4):307-311.

王仲兵.2007.微生物制剂对幼兔腹泻治疗的研究.中国预防兽医学报,29(6):475-479.

王洲,薛正莲,杨超英.2007.枯草芽胞杆菌产α-ALDC发酵条件的优化.中国酿造,6:36-38.

王洲,杨超英,薛正莲.2007.紫外辐照对产α-ALDC枯草芽胞杆菌的诱变效应.中国农学通报,23(4):95-97.

王子佳,李红梅,弓爱君,李圆原.2009.苏云金芽胞杆菌伴孢晶体的制备.化学与生物工程,26(9):56-58.

王子佳,王小宁,李红梅,弓爱君.2009.碱溶法从Bt固体发酵产物中提取杀虫蛋白.化学与生物工程,26(2):22-24.

韦北阳.1989.杀蚊球形芽胞杆菌BS10的质粒限制图谱.生物工程学报,5(1):46-50.

韦兰新,韦新兴,郭小夏.2004.对"学习细菌培养的基本技术"实验的改进.生物学通报,39(7):30.

韦明,任恬.2006.一起使用工业硝酸钾加工食品的案例分析.职业与健康,22(23):2084-2085.

韦宁,迟晓文,李建新,陈兴乐.2006.桂林市1981—2005年食物中毒特点与对策研究.公共卫生与预防医学,17(4):30-33.

韦英亮,刘志平,马建强,崔建国.2010.茉莉花渣黄酮抑菌活性研究.化工技术与开发,4:8-9,14.

韦媛媛,陈晓伟,周吴萍,廖兰.2010.板蓝根提取物对林可霉素体外抑菌作用的影响.安徽农业科学,38(6):2927-2928.

韦赟,江正强,李里特,柴萍萍,日下部功.2006.枯草芽胞杆菌产β-甘露聚糖酶固体发酵条件的优化.微生物学通报,33(1):84-89.

为民.2009.微生物芽胞杆菌菌株对龙眼保鲜获得成功.农产品加工,9:29.

卫浩文.2002.复合型枯草芽胞杆菌生物净水剂在刀额新对虾养殖中的应用.中国水产,4:88.

卫浩文.2003.刀额新对虾高产高效饲养经验——虾农访谈录.水产科技情报,30(3):138-139.

卫文强,吴润,刘磊.2009.四味中草药体外抗菌作用研究.安徽农业科学,37(6):2530-2531.

位增辉,罗丽,王远路,崔瑛,王美.2007.辣椒内生细菌的分离与拮抗菌株的筛选.青岛农业大学学报(自然科学版),24(3):182-184.

魏宝东,车芙蓉,马岩松.2004.芽胞杆菌(*Bacillus*)发酵滤液对灰霉葡萄孢菌的作用.辽宁农业科学,3:5-7.

魏宝东,车芙蓉,马岩松.2005.B-CHD发酵滤液对尖椒贮藏效果研究.食品科学,26(5):241-244.

魏宝东,李晓明,车芙蓉,马岩松.2005.B-CHD发酵滤液对辣椒的贮藏效果.中国蔬菜,3:16-18.

魏宝阳,黄红英,李顺祥,饶力群.2008.黄花蒿内生真菌的抑菌活性筛选.湖南农业科学,4:100-101,103.

魏琛, 姚晓园, 盛贵尚. 2010. 高原地区耐冷菌的分离鉴定. 贵州大学学报 (自然科学版), 27 (4): 134-138.

魏春付, 王淑霞. 2008. 土霉素发酵工艺对压送氨水的空气进行过滤的实践应用. 内蒙古石油化工, 1: 31.

魏德洲, 代淑娟, 王玉娟, 周东琴. 2008. 枯草芽胞杆菌吸附电镀废水中镉前后的浮选性能研究. 安全与环境学报, 8 (4): 27-31.

魏东盛, 陈云芳, 刘大群. 2002. 芽胞杆菌 B21 菌株及其发酵液对番茄灰霉菌 C31 的影响. 河北农业大学学报, 25 (4): 73-76, 79.

魏东芝, 陈少欣, 王筱兰, 袁勤生, 俞俊棠. 2001. 嗜热脂肪芽胞杆菌 β-半乳糖苷酶的性质. 微生物学通报, 28 (1): 18-22.

魏芳, 孙明, 喻子牛. 2002. 苏云金芽胞杆菌拟步行甲亚种质粒复制子 oriI65 的克隆. 微生物学报, 42 (1): 45-49.

魏光河, 李莉, 韩开菊, 张成聪, 刘忠元. 2007. 乳酸杆菌及芽胞杆菌对 32 种抗菌药物的敏感性研究. 四川畜牧兽医, 34 (12): 22-24.

魏海燕, 蔡磊明, 赵玉艳, 谭头云. 2009a. 枯草芽胞杆菌对土壤呼吸作用和脲酶活性的影响. 农药, 48 (4): 255-257.

魏海燕, 蔡磊明, 赵玉艳, 谭头云. 2009b. 枯草芽胞杆菌对黑土中可培养微生物的生态效应. 农药, 48 (2): 111-113.

魏红, 刘素花, 宋庆丰, 包放, 尚巧霞, 刘正坪, 魏艳敏. 2009. 解淀粉芽胞杆菌产抗菌物质发酵工艺研究. 中国农学通报, 25 (11): 151-155.

魏红波, 曹军卫, 陈明清, 刘瑞杰. 2006. 枯草芽胞杆菌 *proA* 基因突变对提高大肠杆菌转化子渗透压耐受能力的影响. 武汉大学学报 (理学版), 52 (2): 207-212.

魏宏根, 丁冶军, 黄付根, 葛玉林. 2005. 纹曲宁防治水稻纹枯病试验研究. 现代农业科技, 11: 38.

魏洪贵, 刘思寨. 2000. 蜡样芽胞杆菌引起食物中毒的调查分析. 预防医学情报杂志, 16 (3): 258-259.

魏鸿刚, 邓嘉璐, 李元广, 王伟, 张道敬, 沈国敏. 2007. 青枯病生防菌的筛选、鉴定及其活性物质特性. 中国生物防治, 23 (3): 237-242.

魏鸿刚, 李淑兰. 2008. 防治作物青枯病和枯萎病的微生物农药——0.1 亿 cfu/g 多粘类芽胞杆菌细粒剂. 世界农药, 30 (1): 51-52.

魏辉, 王前梁, 侯有明, 尤民生. 2003. 植物提取物对苏云金芽胞杆菌杀虫活性的影响. 农药学学报, 5 (4): 75-79.

魏建春, 海荣, 张志凯, 张志凯, 俞东征. 2002. PCR 方法快速检测炭疽芽胞杆菌. 中国媒介生物学及控制杂志, 13 (2): 105-106.

魏建春, 张恩民, 马凤琴, 蔡虹, 俞东征, 张建中. 2007. 应用 rLF 检测人群血清抗炭疽抗体水平的初步评价. 中国人兽共患病学报, 23 (11): 1107-1110.

魏建春, 张恩民, 马凤琴, 张建中. 2006. 中国炭疽芽胞杆菌致死因子基因中单核苷酸多态性位点分析. 中华流行病学杂志, 27 (7): 604-606.

魏建春, 张建中, 张恩民, 马凤琴, 张建华. 2007. 等位基因特异性 PCR 方法检测炭疽芽胞杆菌致死因子基因点突变的评价. 中国媒介生物学及控制杂志, 18 (5): 394-397.

魏建功, 蔡纱英. 1990. 蜡状芽胞杆菌对骆驼致病性的研究. 中国兽医杂志, 16 (4): 10-12.

魏建功, 蔡妙英, 陈怀涛. 1996. 地衣芽胞杆菌对鸡致病性的研究. 中国兽医杂志, 22 (6): 3-5.

魏建力, 王梅岩. 1991. 雏鸡蜡状芽胞杆菌中毒的诊断. 中国家禽, 1: 44.

魏静, 谢建平. 2005. 微生物来源的纤溶活性酶研究进展. 天然产物研究与开发, 17 (B06): 113-

116,125.

魏娟,孙长坡,宋福平,张杰. 2008. 苏云金芽胞杆菌 HD-73 菌株 sigE 基因敲除突变株的构建与特点. 微生物学通报,35 (10): 1581-1586.

魏旻,聂麦茜,吴蔓莉,王蕾. 2010. 金属离子对蒽、菲、芘生物降解过程的影响. 环保科技,16 (4): 1-7.

魏淑燕,弓俊芷. 2004. 短小芽胞杆菌用于罗红霉素含量测定的结果. 实用医药杂志,21 (5): 449.

魏松红,纪明山,李艳丽,王颖,刘志恒. 2007. 番茄叶霉病菌拮抗菌的筛选及其发酵条件. 中国生物防治,23 (1): 60-63.

魏天恩,王绍钊. 1997. 福提霉素的生物检定. 漳州师院学报,11 (4): 99-101.

魏甜甜,叶甜甜,程国军,李友国. 2008. 1 株抗铜细菌的分离、鉴定及其还原特性的研究. 华中农业大学学报,27 (3): 387-390.

魏玮,庄禧懿,陈向东. 2008. 西红花酸胶囊微生物限度检查方法学验证研究. 药学进展,32 (1): 37-40.

魏希颖,何悦,蒋立锋,岳奇锋. 2006. 泡桐花体外抑菌作用及黄酮含量的测定. 天然产物研究与开发,18 (3): 401-404.

魏小芳,张忠智,郭绍辉,苏幼明,罗一菁. 2007. 代谢表面活性剂菌处理含油污泥的研究. 环境污染与防治,29 (1): 53-56.

魏晓金,李静,何绪文. 2009. 微生物絮凝剂的絮凝条件及焦化废水净化研究. 中国工程科学,11 (2): 88-91.

魏旭兰,熊青. 2010. 舒阴液洗剂微生物限度检查方法学验证. 中国医药指南,2: 40-42.

魏学军,杨文香,刘大群,张汀. 2005. 蔬菜根结线虫生防菌的筛选. 河北农业大学学报,28 (5): 67-70,74.

魏雪生,陈颖,牛静怡. 2006. 天津地区土壤中苏云金芽胞杆菌调查. 天津农学院学报,13 (3): 30-32.

魏亚娟,田亚平,须瑛敏. 2008. 枯草芽胞杆菌脱苦氨肽酶在水解大豆分离蛋白中的应用研究. 食品工业科技,4: 149-151.

魏艳丽,周红姿,扈进冬,陈凯,黄玉杰,杨合同. 2009. 巨大芽胞杆菌 AP25 内切葡聚糖酶基因的克隆及序列测定. 山东科学,22 (5): 22-26.

魏云林. 1994. 磁场对地衣芽胞杆菌的影响. 云南大学学报(自然科学版),16 (3): 285-289.

魏志强,徐庆阳,刘淑云. 2008. 枯草芽胞杆菌生产胞苷的途径分析. 现代食品科技,24 (6): 544-547.

魏志文,赵艳霞,张梅梅,郑维发. 2010. 1 株纤维素分解菌的初步鉴定及酶活检测. 江苏农业科学,38 (1): 329-331.

魏智. 2007. 抗生素相关性腹泻的致病药物临床表现及防治. 中国医药指南,09S: 35-36.

温彩霞,许建华,黄秀旺,林溪. 2002. 抗鸡白痢益生菌株的筛选. 中国微生态学杂志,14 (6): 340,342.

温彩霞,许建华,黄秀旺,林溪. 2003. 复合型菌剂对鸡白痢菌的抑制作用及其各菌在鸡体内定居情况. 中国微生态学杂志,15 (1): 28-30.

温彩霞,许建华,黄秀旺,林溪. 2006. 复合型菌剂对雏鸡体内溶血素的影响. 中国微生态学杂志,18 (1): 45.

温崇庆,何红,薛明,刘慧玲,周世宁. 2006. 坚强芽胞杆菌对凡纳滨对虾幼体变态的影响. 热带海洋学报,25 (2): 54-58.

温崇庆,赖心田,何红,薛明,周世宁. 2007. 两株对虾育苗用益生芽胞杆菌的筛选和鉴定. 水生生物学报,31 (4): 453-459.

温崇庆, 唐欣昀, 蒋诗平, 徐至展. 2004. 同步辐射软 X 射线对枯草杆菌的诱变效应. 激光生物学报, 13 (1): 30-33.

温崇庆, 薛明, 何红, 刘慧玲, 周世宁. 2007. 蜡样芽胞杆菌对凡纳滨对虾幼体变态的影响. 水产科学, 26 (8): 440-444.

温崇庆, 薛明, 张良军, 李兴, 吴勇. 2011. 水产养殖用芽胞杆菌制剂的检测. 广东海洋大学学报, 31 (1): 39-44.

温丹, 张德民, 初航. 2009. 网箱养殖海区底泥产芽胞细菌多样性. 海洋与湖沼, 5: 615-621.

温海燕, 秦晓冰, 温建新, 单虎, 牛晋国, 聂玉霞. 2008. 枯草芽胞杆菌 $pgsA$ 基因的克隆及序列分析. 动物医学进展, 29 (4): 38-41.

温洪宇, 廖银章. 2004. 二株细菌处理石油废水的比较研究. 淮北煤炭师范学院学报 (自然科学版), 25 (4): 58-61.

温惠云, 齐智涛, 薛伟明, 薛美辰, 孙维娜, 沈艳佐. 2009. Fe_3O_4/海藻酸盐微胶囊固定化细胞生长特性. 食品与发酵工业, 35 (4): 51-55.

温建新. 2008. 蜡样芽胞杆菌研究特性和安全性的研究——加速启动对动物有益的菌群. 中国动物保健, 4: 51-55.

温建新, 刘强, 朱霞, 单虎. 2009. 不同品牌酸奶活性乳酸菌的检测. 山东畜牧兽医, 30 (5): 5-7.

温建新, 施碧红, 吴伟斌, 施巧琴, 吴松刚. 2008. 脂肪酶产生菌 Bacillus subtilis FS321 的分离鉴定及其产酶条件的初步优化. 食品与发酵工业, 34 (2): 37-41.

温俊. 2008a. 枯草芽胞杆菌在水产动物中的应用. 饲料研究, 2: 61-62.

温俊. 2008b. 合生素对罗非鱼非特异性免疫力的影响. 饲料研究, 8: 69-70.

温俊, 孙鸣. 2008. 枯草芽胞杆菌制剂对牙鲆生长性能的影响. 饲料研究, 3: 59-61.

温俊, 孙鸣, 孙冬岩. 2008. 合生素对南美白对虾肠道菌群和免疫机能的影响. 饲料研究, 10: 53-55.

温群文, 陈辉, 黄锐敏, 俞慕华. 2007. 深圳市南山区细菌性食物中毒病原菌检测结果分析. 职业与健康, 23 (20): 1821-1823.

温小娟. 2007. 类芽胞杆菌 F53 生防活性和絮凝活性研究. 长沙: 湖南师范大学硕士研究生学位论文: 1.

温小娟, 闫淑珍, 刘维红, 沈萍, 汪勇. 2007. 拮抗性类芽胞杆菌 F53 菌株的固体发酵条件研究. 安徽农业科学, 35 (2): 461-463.

温漾非. 2008. 1 起蜡样芽胞杆菌引起的食物中毒调查. 预防医学论坛, 14 (4): 368-369.

温玉莹, 李汶, 陈之敏. 2009. 微生物验证试验中枯草芽胞杆菌菌悬液制备的探讨. 今日药学, 19 (5): 69-70.

温占波, 赵建军, 王洁, 毕建军, 鹿建春, 李劲松. 2008a. 生物安全柜的使用选择和生物防护性能检测及评价. 医疗卫生装备, 29 (4): 14-16, 24.

温占波, 赵建军, 王洁, 毕建军, 鹿建春, 李劲松. 2008b. 生物安全柜更换过滤器后防护性能的评价. 解放军预防医学杂志, 26 (5): 335-337.

文才艺, 王凯旋, 尹志刚. 2010. 樟树内生细菌 EBS05 发酵条件的研究. 微生物学杂志, 30 (4): 52-57.

文芳. 2009. 氟哌噻吨美利曲辛联合地衣芽胞杆菌治疗溃疡性结肠炎的临床观察. 齐齐哈尔医学院学报, 30 (24): 3057-3058.

文国樑, 曹煜成, 李卓佳, 李色东. 2006. 芽胞杆菌合生素在对虾集约化养殖中的应用. 海洋水产研究, 27 (1): 54-58.

文国樑, 李卓佳, 陈永青, 杨莺莺, 杨铿. 2006. 有益微生物在高密度养虾的应用研究. 水产科技, 2: 20-21.

文国樑,于明超,李卓佳,林黑着.2009.饲料中添加芽胞杆菌和中草药制剂对凡纳滨对虾免疫功能的影响.上海海洋大学学报,18(2):181-186.

文海燕,王静,刘衡川,杨宇,胡孔.2009.五种生物恐怖细菌基因悬浮芯片多重检测方法的建立.四川大学学报(医学版),40(2):325-329.

文金丽,缪礼鸿,王璐,谢福莉,李友国,姚斌.2007.棉浆黑液生物处理系统中嗜碱细菌的多样性.武汉大学学报(理学版),53(4):491-496.

文礼章,谭周进,沈佐锐.2002.几种民间药用虫茶浸提液对微生物的影响研究.微生物学通报,29(6):38-42.

文良娟,张元春,李英军,毛慧君.2009.苦瓜提取物的抑菌活性研究.食品工业,4:33-35.

文智,刘健.1999.一起变形杆菌和蜡样芽胞杆菌混合食物中毒的调查分析.中国公共卫生,15(8):699.

问清江,吴小杰,李叶昕,慕娟,党永.2010.耐碱性木聚糖酶产酶菌株的选育.生物技术,20(1):33-36.

翁丽丽,王淑敏,朱娜,宋启印.2010.大口静灰球体外抑菌实验研究.时珍国医国药,21(11):2828-2829.

翁其敏,黄占旺,孔灵荣.2010.直投式纳豆发酵剂生产菌株的定向筛选.中国酿造,7:64-68.

翁庆北,赵维娜,万晴姣,代学琴.2005.茅台酒曲中产淀粉酶细菌分离及性质.贵州师范大学学报(自然科学版),23(2):20-22,28.

翁宜慧,张旭玲,陈聪,林文浩,关雄.2004.基于粗糙集的苏云金芽胞杆菌培养基配方优化算法.计算机工程,30(19):115-116.

邬长斌.2010.中等嗜热菌浸出黄铜矿的研究.长沙:中南大学博士研究生学位论文:1-2.

邬敏辰.1996.中温α-淀粉酶性质的研究.天津微生物,1:25-29.

邬若楠,唐发清,谢建萍,骆子义.1990.艰难梭状芽胞杆菌毒素B测定在抗生素应用者中的调查.湖南医科大学学报,15(1):68-71.

巫小琴,徐强,李燚,陶诗,黎勇.2009.纤维素酶产生菌的分离及其酶活力测定.安徽农业科学,37(35):17323-17325,17357.

巫益鸣,阮丽芳,彭东海,刘国强,孙明.2010.苏云金芽胞杆菌菌株YBT-1518的插入突变体库的构建及芽胞萌发突变株的筛选.华中农业大学学报,29(5):577-581.

吴宝昌,宋俊梅.2010a.枯草芽饱杆菌与米曲霉混合发酵制备豆粕饲料的研究.山东轻工业学院学报,24(2):12-15.

吴宝昌,宋俊梅.2010b.枯草芽胞杆菌与黑曲霉混合发酵制备豆粕饲料.山东轻工业学院学报,24(1):54-57.

吴宝东,杨秀琴.1992.地衣芽胞杆菌C1213碱性蛋白酶基因在枯草芽胞杆菌中的克隆及表达.遗传,14(3):14-16.

吴斌,何冰芳,孙志浩,欧阳平凯.2004.丁酸梭杆菌发酵甘油制备1,3—丙二醇的研究.工业微生物,34(1):21-25.

吴斌,李文,林文辉,高慧媛,吴立.2005.麻叶千里光抗菌化学成分的研究(III).天然产物研究与开发,17(4):440-443.

吴斌,林文辉,高慧媛,吴立军,金哲史.2005.麻叶千里光抗菌化学成分的研究(II).中草药,36(10):1447-1450.

吴斌,王刚,张春枝,金凤燮.2001.影响嗜酸耐热杆菌芽胞形成率的因素及不同防腐剂的抑菌效果.大连轻工业学院学报,20(4):260-263.

吴斌，吴立军，张磊，金哲史. 2004. 麻叶千里光抗菌化学成分的研究（Ⅰ）. 沈阳药科大学学报，21（5）：341-345.

吴昌标. 2010. 源自动物粪便苏云金芽胞杆菌的 cry 基因型鉴定. 福建农林大学学报（自然科学版），39（1）：53-57.

吴昌标，邱津津，关雄. 2008. 苏云金芽胞杆菌及其在动物疾病防治上的应用. 中国农学通报，24（7）：17-21.

吴昌标，吴莉莉，郑文金，关怡. 2008. 动物园动物粪便中苏云金芽胞杆菌调查. 经济动物学报，12（4）：241-244，248.

吴昌斌，曹亚彬，吴皓琼，牛艳波. 2010. 枯草芽胞杆菌 HW201 的亚麻沤麻中试研究. 中国麻业科学，32（6）：327-330.

吴昌明，徐莲芝. 1992. 难辨梭状芽胞杆菌结肠炎. 实用医学杂志，8（6）：23.

吴朝霞，陈光启，王媛. 2009. 胡桃醌对几种常见食品腐败微生物的抑制作用. 中国酿造，8：76-78.

吴承龙. 1995. 枯草芽胞杆菌原生质体转化的初步研究. 贵阳医学院学报，20（3）：196-198.

吴翠萍，林清强，陈密玉，吴国欣，林文群. 2006. 宁德产小鱼仙草挥发油化学成分及抑菌作用的研究. 福建师范大学学报（自然科学版），22（1）：101-106.

吴翠萍，吴国欣，陈密玉，林燕妮，黄鹭强. 2006. 石荠苎精油的 GC-MS 分析及其抑菌活性的研究. 植物资源与环境学报，15（3）：26-30.

吴大治，张礼星. 2000. 固态发酵生产细菌 α-淀粉酶. 无锡轻工大学学报，19（1）：54-57.

吴丹，陈健初，叶兴乾，蒋高强. 2009. 榨菜腐败微生物的分离、鉴定及生物学特性研究. 浙江大学学报（农业与生命科学版），35（2）：135-140.

吴丹，王艳飞，谷庆阳，吴祖泽. 2002. 碱性成纤维细胞因子在枯草芽胞杆菌 BS224 中的表达. 生物技术通讯，13（6）：439-442.

吴德华，杜莉，徐汉坤，贺星亮，李群. 2009. 纳豆芽胞杆菌对仔犬日增重和肠道菌群的影响. 家畜生态学报，30（3）：64-67.

吴定. 2001. 神仙豆发酵菌分离及发酵条件研究. 中国酿造，2：17-18.

吴方元，董彩虹. 1998. 苏云金芽胞杆菌对淀粉塑料膜降解的促进作用. 华中农业大学学报，17（6）：584-588.

吴访其，潘佳林. 2004. 无机和有机纳米抗菌材料的抗菌活性测定. 纳米科技，4：45-47.

吴飞，史建明，谢希贤，陈宁. 2010. 鸟苷产生菌解淀粉芽胞杆菌的选育. 天津科技大学学报，25（2）：1-4.

吴凤光，王豹祥，汪健，张朝辉，席淑雅，邱立友. 2010. 抗生菌肥对植烟土壤和烤烟生产的影响. 土壤，42（1）：53-58.

吴凤云. 2006. 一起由混合细菌污染引起食物中毒的微生物学鉴定. 中华医学与健康，3（1）：43.

吴福星，朱美艳，李郑林，贺延新. 2007. 川芎行气洗剂微生物限度检查方法学验证. 西北药学杂志，22（3）：131-132.

吴高杰，陈剑佩，黄建科，魏鸿刚. 2009. 搅拌对多黏类芽胞杆菌发酵氧传递过程的影响及 CFD 模拟. 华东理工大学学报（自然科学版），35（3）：339-345.

吴国江，王占利，李术娜，王全，李红亚，朱宝成. 2009. 大丽轮枝菌拮抗细菌 8-52 菌株的筛选与鉴定. 河北农业大学学报，32（4）：66-70.

吴海清，陈庆森，庞广昌，胡志和，郑超. 2009. 我国东北部分地区原料奶中蜡样芽胞杆菌污染情况调查. 西北农业学报，18（3）：289-295.

吴海清，陈庆森，庞广昌，胡志和. 2008. 津晋豫鲁部分地区原料奶中微生物污染情况调查. 食品科学，

29（5）：373-377.

吴海清，陈庆森，庞广昌，胡志和. 2009. 我国部分地区原料奶中蜡样芽胞杆菌污染情况调查. 中国乳品工业，9：22-26.

吴海文，黄玲，傅力. 2006. 番茄酱中好氧细菌分离方法的研究. 新疆农业科学，43（1）：63-68.

吴寒冰. 2007. 蜡样芽胞杆菌感染致颈部坏死性淋巴结炎1例. 新医学，38（1）：66.

吴皓琼，曹亚彬，郭立妹，牛彦波，殷博. 2010. 枯草芽胞杆菌HW201的亚麻生物脱胶条件优化. 中国麻业科学，32（5）：265-269，287.

吴恒义. 2008. 地震伤中2种不容忽视的特殊感染. 创伤外科杂志，10（5）：F0003.

吴洪福，郭淑元，李海涛，高继国. 2009. 苏云金芽胞杆菌杀虫晶体蛋白结构和功能研究进展. 东北农业大学学报，40（2）：118-122.

吴洪福，张彦彩，郭淑元，张杰. 2007. 苏云金芽胞杆菌Cry8Ca2蛋白的纯化与活性的研究. 植物保护，33（4）：29-32.

吴洪军，冯磊，么宏伟，谢晨阳，赵凤臣. 2009. 乳酸链球菌素、榆耳发酵混合液对多粘类芽胞杆菌（P. polyrnyxa）抑菌作用的研究. 中国林副特产，5：10-11.

吴怀光，刘欣，孙明，喻子牛. 2004. 利用S-层蛋白在细胞表面展示α-淀粉酶和金属硫蛋白. 微生物学报，44（5）：658-662，i002.

吴怀光，叶伟星，喻子牛，孙明. 2007. 在苏云金芽胞杆菌中高效和稳定表达AiiA蛋白. 中国农业科学，40（10）：2221-2226.

吴焕利，冯贵颖，赵淑艳，张雪峰. 2007. 微生物絮凝剂的制备及其絮凝活性. 环境污染与防治，29（11）：858-861.

吴晖，卓林霞，解检清，刘冬梅. 2008. 发酵条件对枯草芽胞杆菌发酵豆粕中的蛋白酶活力的影响. 现代食品科技，24（10）：973-976.

吴辉，钱国坻，华兆哲，阎贺静. 2008. 新型碱性果胶酶用于棉针织物精练的工艺优化. 纺织学报，29（5）：59-63.

吴会贤，宋萍，王勤英，苏旭东. 2007. 苏云金芽胞杆菌CY1菌株的cry基因分析. 华北农学报，22（4）：180-183.

吴惠仙，冯明光. 2008. 生防菌株Bs01培养物在水产养殖中的应用. 水利渔业，28（2）：16-18，32.

吴慧清，吴清平，石立三，张菊梅. 2007. 壳聚糖复合生物防腐剂的抑菌效果研究. 食品科学，28（10）：112-117.

吴继星. 1994. 五株新的高毒杀蚊球孢杆菌. 微生物学杂志，14（1）：62-65.

吴继星，陈在佴，张志刚. 2004. 对甜菜夜蛾高毒苏云金芽胞杆菌菌株的选育. 微生物学通报，31（3）：25-29.

吴佳真. 2011. *Paneibacillus macerans* TKU029生产生物界面活性剂之条件与特性分析. 台湾新北市：淡水大学硕士研究生学位论文：1.

吴建章，郁建平，仇佩虹，张杰. 2006. 迷迭香水溶性物质及抗菌活性研究. 天然产物研究与开发，18（B06）：9-11.

吴建忠. 2007. 乳酸芽胞杆菌制剂对断奶仔猪生产性能的影响. 韶关学院学报，28（9）：98-99.

吴建忠，杜冰. 2007a. 乳酸芽胞杆菌制剂对仔猪黄白痢的预防. 安徽农业科学，35（13）：3948-3869.

吴建忠，杜冰. 2007b. 替代抗生素养猪模式研究. 安徽农业科学，35（14）：4201-4202.

吴建忠，杜冰，冯定远. 2007a. 乳酸芽胞杆菌制剂对AA肉鸡生产性能的影响. 饲料工业，28（12）：35-36.

吴建忠，杜冰，冯定远. 2007b. 乳酸芽胞杆菌制剂对黄羽肉鸡生产性能和免疫器官发育的影响. 养禽与禽病防治, 10: 8-10.

吴建忠, 刘清神, 冯定远. 2008. 乳酸芽胞杆菌制剂对齐卡肉兔的促生长作用研究. 饲料工业, 29 (15): 48-49.

吴江, 吴梧桐, 黄为一, 樊庆生. 1995. 通过原生质体融合选育直接利用淀粉的肌苷产生菌. 药物生物技术, 2 (2): 7-10.

吴江, 徐虹. 1995. 枯草芽胞杆菌突变株 CW-06 产生 β-葡聚糖酶的纯化及其性质的初步研究. 中国医药工业杂志, 1995, 26 (1): 3-4.

吴金树, 曹长生. 1990. 一起可疑蜡样芽胞杆菌食物中毒的调查报告. 人民军医, 7: 14-15.

吴襟, 彭平, 沈文, 马延和, 张树. 2005. 嗜碱性芽胞杆菌碱性 α-淀粉酶的纯化和性质. 中国生物化学与分子生物学报, 21 (6): 852-856.

吴襟, 张树政. 2008. 巨大芽胞杆菌 β-淀粉酶基因的克隆、表达和酶学性质分析. 生物工程学报, 24 (10): 1740-1746.

吴菁, 刘秀敏, 张维, 陈明, 林敏. 2008. 枯草芽胞杆菌 sacB 基因的功能验证及应用. 核农学报, 22 (5): 590-594.

吴俊. 2002. 泰能与菌必治治疗新生儿败血症的对照研究. 广州医药, 33 (1): 43-45.

吴岚, 孙明, 朱晨光, 张蕾, 喻子牛. 2002. 含质粒复制起始区 ori44 的苏云金芽胞杆菌解离载体的构建. 生物工程学报, 18 (3): 335-338.

吴岚, 孙明. 2000. 利用苏云金芽胞杆菌转座子 Tn4430 构建含 cry1Ac10 基因的解离载体. 微生物学报, 40 (3): 264-269.

吴力克, 梁冰. 1995. 地衣芽胞杆菌对实验性家兔阴道炎金葡菌的消除作用. 中国微生态学杂志, 7 (4): 60-61.

吴立业, 江龙法. 1992. 枯草芽胞杆菌 W-1 α-淀粉酶的热稳定性研究. 中国酿造, 5: 13-15.

吴丽萍, 郑辉, 薛喜文, 高丹丹, 曹郁生. 2008. 广昌白莲微生物发酵产物多肽的抗氧化活性研究. 食品科学, 29 (9): 365-369.

吴丽艳, 段继强, 范志祥, 杜威, 梁雪妮, 刘飞虎. 2007. 亚麻脱胶菌的分离、筛选和鉴定. 云南大学学报 (自然科学版), 29 (4): 419-423.

吴丽云. 2005. 固态发酵生产芽胞杆菌活菌计数方法的改进. 饲料研究, 11: 57-60.

吴丽云. 2006. 枯草芽胞杆菌发酵生产饲用益生菌工艺探讨. 福建轻纺, 4: 1-6.

吴丽云, 关雄. 2008. Bt 发酵生产新型原料的应用进展. 中国农业科技导报, 10 (6): 29-34.

吴丽云, 何金清, 周勇, 陈国荣. 2010. 污水、污泥中苏云金杆菌的分离及其基因型鉴定. 福建农林大学学报 (自然科学版), 39 (1): 19-24.

吴琳, 李志敏, 叶勤. 2009. 基本培养基中芳香族氨基酸和维生素对 D-核糖生产的影响. 华东理工大学学报 (自然科学版), 35 (5): 707-712.

吴凌慧, 廖益飞, 张小如, 杨明正, 彭建锟, 李莉. 2009. 血液透析患者深静脉长期留置合并导管感染分析. 现代实用医学, 21 (8): 842-843.

吴凌伟, 王水兴, 严有明. 2003. 利用甘蔗渣固态发酵生产木聚糖酶. 食品与发酵工业, 29 (8): 100-102.

吴龙英. 2000. 产酱香芽胞杆菌在豆豉发酵上的应用. 山地农业生物学报, 19 (3): 237-238.

吴民熙, 王静雅, 詹逸舒, 刘仁萍, 曾炽, 颜焱娜. 2010. 不同菌种对 3 种油脂下脚料降解情况的初步研究. 湖南农业科学, 4: 107-109.

吴敏峰, 耿秀蓉, 祝小, 潘康成. 2006. 产纤维素酶芽胞杆菌的分离鉴定. 饲料工业, 27 (20): 21-24.

吴敏娜, 张惠文, 李新宇, 张彦. 2008. 乙草胺胁迫对土壤真菌拮抗功能和假单胞菌以及芽胞杆菌群落结构的影响. 农业环境科学学报, 27 (3): 926-931.

吴明, 邱晓力, 蒋科毅. 2008. 一种复合菌剂的培养保存与土壤接种试验. 林业科学研究, 21 (1): 110-113.

吴楠. 2010. Parasporin-2 基因的诱变. 今日科苑, 4: 27, 29.

吴楠, 王微, 夏莹莹, 祖元刚. 2008. 红松针叶乙醇提取物与水提物的抗菌活性研究. 食品科学, 29 (11): 80-83.

吴楠, 祖元刚, 王微. 2008. 大蒜精油抗菌活性研究. 食品科学, 29 (3): 103-105.

吴培, 刘扬, 周小秋, 冯琳. 2009. 芽胞杆菌对水生动物抗病力影响的研究进展. 中国饲料, 16: 26-29.

吴培诚, 龚水明, 杜林. 2010. 生物絮凝剂产生菌的筛选鉴定及其絮凝活性. 仲恺农业工程学院学报, 23 (2): 25-28.

吴平芳, 石晓路, 扈庆华, 王冰, 贺连华, 刘涛, 陈妙玲. 2006. 深圳市细菌性食物中毒病原菌的调查与预防. 职业与健康, 22 (19): 1563-1564.

吴奇志, 韦东芳, 张蔚, 王一泓, 斯国静. 2004. 一起金黄色葡萄球菌伴蜡样芽胞杆菌食物中毒的实验诊断. 浙江预防医学, 16 (4): 39, 41.

吴琦, 李军, 李陈, 陈惠, 刘书亮. 2007. 一株产胶原蛋白酶短小芽胞杆菌的分离与鉴定. 中国皮革, 36 (17): 16-19.

吴琦, 刘世贵, 王红宁. 2003. 芽胞杆菌植酸酶研究进展. 中国饲料, 12: 11-14.

吴琦, 刘书亮, 张娟. 2008. 产弹性蛋白酶枯草芽胞杆菌发酵条件研究. 食品与发酵工业, 34 (11): 91-94.

吴琦, 王红宁, 胡勇, 邹立扣. 2004. Bacillus subtilis WHNB02 植酸酶 phyC 基因的克隆及序列分析. 生物技术, 14 (3): 2-4.

吴琦, 王红宁, 刘世贵. 2005. 芽胞杆菌植酸酶分子生物学研究进展. 中国生物工程杂志, 25 (B04): 180-185.

吴琦, 王红宁, 邹立扣, 赵海霞, 刘世贵. 2004a. 芽胞杆菌植酸酶基因在毕赤酵母中的胞内表达. 吉首大学学报 (自然科学版), 25 (1): 36-41.

吴琦, 王红宁, 邹立扣, 赵海霞, 刘世贵. 2004b. 枯草芽胞杆菌植酸酶基因在大肠杆菌中的表达及其对酶热稳定性的影响. 高技术通讯, 14 (5): 23-27.

吴谦, 郑晶, 黄晓蓉, 陈彬, 林杰. 2009. 动物源性食品中 β-内酰胺类药物残留检测微生物抑制法的建立. 福建畜牧兽医, 31 (2): 19-22.

吴茜, 沈雪亮, 汪钊. 2008. 碱性果胶酶菌种选育及在纺织前处理中的应用研究. 印染助剂, 25 (2): 25-27.

吴清平, 姚汝华. 1999. 表面活性素的发酵生产及应用. 微生物学通报, 26 (1): 74-76.

吴群, 徐虹, 许琳. 2006. Bacillus subtilis NX-2 合成 γ-聚谷氨酸的立体构型调控机理. 过程工程学报, 6 (3): 458-461.

吴瑞华, 李国勋, 王容燕, 王金耀. 2007. 苏云金杆菌 HBF-1 菌株在土壤中毒蛋白含量的 ELISA 检测. 中国生物防治, 23 (3): 263-268.

吴瑞琪. 2008. 一起蜡样芽胞杆菌污染饮水机引起的中毒事件分析. 中国学校卫生, 29 (6): 564.

吴瑞英, 黄宝明, 梁均和. 2007a. PCR 方法检测单核细胞增多性李斯特菌的实验研究. 中国热带医学, 7 (4): 513-514.

吴瑞英, 黄宝明, 梁均和. 2007b. 单增李斯特菌选择性增菌培养分离的初步探讨. 中国卫生检验杂志, 17 (5): 854-855.

吴生桂, 胡菊香, 邹清, 陈金生, 谭锦华, 胡小健, 胡传林, 苏业瑜, 奚健, 李厚生, 李捷. 2003. 生物水净化剂（WATER CLARIFIERA）对养殖池塘水质及生物的影响. 广西水产科技, 1: 32-39.

吴晟旻, 范伟平. 2005. *B. licheniformis* NG521-1 发酵培养基优化的研究. 南京工业大学学报（自然科学版）, 27 (2): 25-29.

吴士筠. 2005. La (Ⅲ) 的抑菌作用研究. 中南民族大学学报（自然科学版）, 24 (3): 23-26.

吴士云, 孙力军, 周声, 陈守江. 2007. 植物内生多粘类芽胞菌对油桃采后青霉病抑制效果的研究. 食品科学, 28 (11): 579-583.

吴水菊. 2006. 病历夹细菌检测及消毒. 临床护理杂志, 5 (1): 53-54.

吴水清, 姚汝华. 1993. 梭状芽胞杆菌 L-Ⅱ 对有机酸和醇类代谢的研究. 华南理工大学学报（自然科学版）, 21 (4): 88-94.

吴朔, 田继东. 2005. 近二十年小儿霉菌性肠炎治疗研究概况. 甘肃科技, 21 (6): 154-155, 158.

吴思方, 向梅, 陶琳, 孟凡涛. 2004. 豆豉纤溶酶产生菌发酵条件研究. 中国医药工业杂志, 35 (6): 332-335.

吴思方, 向梅, 王伟平, 杨荆树. 2004. 豆豉纤溶酶产生菌的筛选及菌种鉴定. 湖北工学院学报, 19 (6): 4-6.

吴铁峰, 洪天权. 2005. 地衣芽胞杆菌对腹泻患儿胃肠激素的影响. 中国基层医药, 12 (8): 1115.

吴铁林, 白日彭. 1990. 地衣芽胞杆菌 20386 株特性及其生态制剂的研究. 中国微生态学杂志, 2 (2): 1-12.

吴铁林, 张剑君. 1989. 应用地衣芽胞杆菌调治肠道菌群失调的研究. 解放军医学杂志, 14 (3): 199-201.

吴威, 郑经成, 闫广谋, 王思洮, 盛相鹏, 胡丹, 张阳阳, 韩文瑜. 2010. 蜡样芽胞杆菌 ATCC14579 毒力基因 *plcR* 缺失株的构建及其一般特性. 基因组学与应用生物学, 29 (4): 658-664.

吴伟, 陈家长, 胡庚东, 孟顺龙. 2008. 利用人工基质构建固定化微生物膜对池塘养殖水体的原位修复. 农业环境科学学报, 27 (4): 1501-1507.

吴伟, 瞿建宏, 胡庚东, 陈家长. 2008. 巨大芽胞杆菌对池塘微碱性水体中磷的形态和含量的影响. 农业环境科学学报, 27 (4): 1508-1513.

吴伟, 余晓丽, 黎小正, 李咏梅, 瞿建宏. 2003. 芽胞杆菌与假单胞菌的疏水性及其应用. 中国环境科学, 23 (2): 152-156.

吴伟, 周国勤, 杜宣. 2005. 复合微生态制剂对池塘水体氮循环细菌动态变化的影响. 农业环境科学学报, 24 (4): 790-794.

吴梧桐, 阿吉多雷, 姚文兵. 1997. 耐热碱性蛋白酶的纯化及其主要性质研究. 药物生物技术, 4 (3): 133-137.

吴希阳, Healevy K, Lawlo C. 2007. 芽胞杆菌益生菌在水产业的应用. 渔业现代化, 34 (4): 40-43.

吴瑕, 张兰威. 2005. 试管扩散法检测牛乳中青霉素 G 残留量. 食品与发酵工业, 31 (7): 110-113.

吴献花, 孙珮石, 雷艳梅, 仲一卉. 2008. 生物滴滤塔净化低浓度苯乙烯废气的研究. 环境科学与技术, 31 (4): 5-9, 32.

吴献花, 孙珮石, 邵丹, 雷艳梅, 章新, 王林. 2006. 生物滴滤塔处理苯乙烯气流的工效和生物膜微群落的分析. 环境污染与防治, 28 (4): 241-244.

吴向华, 刘五星. 2006. 胶冻样芽胞杆菌培养条件及发酵工艺的优化. 江苏农业科学, 34 (4): 155-158.

吴小平, 彭建升, 谢宝贵, 柯斌榕, 胡方平. 2009. 食用菌污染菌脉孢菌的生物防治. 中国食用菌, 28 (2): 51-53, 62.

吴小琴. 1997. 硅酸盐细菌的应用概况. 江西科学, 15 (1): 60-66.

吴小月. 2010. 两株厌氧细菌的多相分类研究. 杭州: 浙江大学硕士研究生学位论文: 1.

吴晓燕, 郭丽芸, 戚晓红. 2008. 苯丙氨酸脱氨酶产生菌的筛选、鉴定及酶学性质研究. 昆明医学院学报, 29 (6): 61-65.

吴孝横, 路勇. 2009. 利用实时荧光 PCR 方法检测转 Bt 基因大米. 现代食品科技, 25 (2): 211-216, 220.

吴新宇, 董英. 2010. 乳酸脱氢酶高产菌株的分离筛选与初步鉴定. 食品与机械, 1: 35-37, 80.

吴信法. 1991. 难辨梭状芽胞杆菌的分离与鉴定. 肉品卫生, 9: 16-20.

吴信法. 1995. 介绍几种有用的新培养基. 肉品卫生, 3: F003-F004.

吴秀红, 张新中, 周永灿, 谢珍玉. 2007. 关于芽胞杆菌（*Bacillus*）应用概述. 现代渔业信息, 22 (7): 16-18.

吴学超, 曹新江, 冀志霞, 陈守文. 2008. 聚 γ-谷氨酸高产菌的选育与培养基优化. 微生物学通报, 35 (10): 1527-1531.

吴学海, 刘红煜. 2005. 枯草芽胞杆菌喷雾剂对小鼠皮肤创伤愈合的影响. 黑龙江医药, 18 (3): 200-201.

吴学玲, 朱若林, 丁建男, 江雪梅, 魏娇娇, 李云, 马婷婷, 邱冠周. 2008. 嗜酸热异养菌 TC-2 的分离鉴定及其对微生物浸矿的影响. 中国有色金属学报, 18 (12): 2259-2264.

吴雪, 段承杰, 黎起秦, 蒙显英. 2007. 枯草芽胞杆菌 B11 基因文库的构建及与拮抗物质的生物合成相关基因的克隆. 广西农业生物科学, 26 (1): 8-13.

吴雪辉, 张远志, 秦慧慧, 成莲. 2006. 板栗壳天然色素的抑菌和清除自由基作用研究. 食品科技, 31 (6): 133-136.

吴雅儿. 2003. 因喂服染有蜡样芽胞杆菌奶粉引起婴儿腹泻 1 例. 海峡预防医学杂志, 9 (5): 4.

吴雅儿. 2004. 一起蜡样芽胞杆菌引起的食物中毒分析. 现代预防医学, 31 (1): 120.

吴雅儿. 2007. 蜡样芽胞杆菌所致食物中毒病原学诊断的实验研究. 中国卫生检验杂志, 17 (3): 472-473.

吴衍庸. 2005. 泸酒老窖资源对泸型酒发展的影响——纪念泸州大曲荣获巴拿马金奖 90 周年. 酿酒科技, 10: 110-112.

吴衍庸. 2006. 白酒工业微生物资源的发掘与应用. 酿酒科技, 11: 111-112, 115.

吴艳, 陶晶, 赵思峰, 闫豫君, 李晖. 2008. 芽胞杆菌组合 CL-8 发酵条件优化及其防病效能研究. 农业工程学报, 24 (7): 204-208.

吴艳, 闫豫君, 赵思峰, 陶晶, 周志贤, 李晖, 李春. 2007. 组合芽胞杆菌抑菌物质特性及其抑菌效果研究. 西北农业学报, 16 (5): 266-270.

吴艳艳 (译). 2009. 替米考星对美幼病的防治效果. 中国蜂业, 6: 52.

吴艳艳, 孙长坡, 高继国, 张杰. 2007. 苏云金芽胞杆菌 HD-73 菌株芽胞萌发条件的优化及质粒 pHT73 对芽胞萌发的影响. 中国农业科技导报, 9 (3): 98-103.

吴艳艳, 周婷, 王强, 代平礼, 刘锋. 2008. 苏云金芽胞杆菌及其在蜂病防治中的应用. 中国蜂业, 59 (5): 7-8.

吴燕榕, 关雄. 2002. 苏云金芽胞杆菌新型杀虫蛋白 *vip*3A 基因的鉴定. 农业生物技术学报, 10 (4): 411-412.

吴影, 古绍彬, 张永杰. 2007. 辣椒中辣椒碱抑菌作用的研究. 安徽农业科学, 35 (29): 9130-9131.

吴永平, 周景文, 陈守文, 喻子牛. 2007. 枯草芽胞杆菌 ME714 产聚-γ-谷氨酸固态发酵培养基的优化. 应用与环境生物学报, 13 (5): 713-716.

吴玉娥, 张杰, 曹景萍, 高继国, 黄大昉, 宋福平. 2003. 苏云金芽胞杆菌 Cry1Ie1 蛋白末端缺失的研究. 植物保护, 29 (5): 15-19.

吴玉芬, 肖静蓉, 胡雪梅, 杨梅. 2011. PICC 穿刺后更换敷贴的时间研究. 护理实践与研究, 8 (2): 111-112.

吴玉荷, 杨小华, 蒋灵芝. 2007. 微甘菊水提物的抑菌试验研究. 中国野生植物资源, 26 (1): 51-54.

吴玉柱, 季延平, 刘愚, 王海明, 赵海军, 牛迎福. 2004. 6 种生防真菌、细菌防治牡丹根腐病的研究. 山东林业科技, 6: 39-40.

吴煜秋, 张荣平, 邹澄. 2008. 南、北板蓝根的药学基础研究 (摘要). 昆明医学院学报, 29 (1): 168-168.

吴远征, 扈进冬, 李红梅, 李纪顺, 黄玉杰, 杨合同. 2009. 地衣芽胞杆菌 A13 重组表达黑曲霉植酸酶 $phyA$ 基因的研究. 山东科学, 22 (6): 26-29, 60.

吴跃辉, 刘元隆, 邓安民, 吴建辉. 2004. 离子交换法合成非晶态铝硅酸盐抗菌材料研究. 硅酸盐学报, 32 (5): 564-569.

吴赟生, 张森泉, 张荣, 李平东. 2008. 菠菜内生细菌 SEB 的鉴定及拮抗作用. 安徽农业科学, 36 (20): 8681-8682, 8698.

吴云, 马国华. 1992. 短芽胞杆菌 J74 降解萘和靛蓝形成的研究. 环境科学学报, 12 (2): 249-253.

吴泽柱, 曹龙奎. 2008. 水解玉米蛋白粉菌种的筛选研究. 粮油加工, 11: 92-96.

吴振芳, 陈惠, 曾民, 吴琦. 2009. 内切葡聚糖酶基因在毕赤酵母中高效表达研究. 农业生物技术学报, 17 (3): 529-535.

吴之传, 陶庭先, 叶生荣, 舒怡, 汪学骞. 2004. 键合型纳米银-腈纶纤维的制备及其抗菌性质. 功能材料, 35 (3): 371-372.

吴之传, 张宇东, 陈培根, 周凯, 陶庭先. 2008. PVA-Fe (Ⅲ)、Zn (Ⅱ)、Cd (Ⅱ)、Hg (Ⅱ) 配合物的合成、表征及抗菌性能. 应用化学, 25 (6): 669-672.

吴智艳, 马立芝, 徐海波. 2007. 几种常见细菌受磁场作用后的生理生化反应. 安徽农学通报, 13 (18): 28-29.

吴周和, 刘建成, 吴小刚, 吴传茂. 2004. 藿香中天然防腐剂的提取方法及其抑菌作用研究. 中国调味品, 8: 18-20, 39.

吴周和, 吴小刚, 吴传茂. 2004. 花椒中天然防腐剂的提取及其抑菌作用. 食品工业, 25 (5): 18-19, 24.

吴宗彬. 2007. 重感灵片微生物限度检查及控制菌检查方法验证. 河北医学, 13 (7): 831-834.

吴宗军. 2006. 一起腊样芽孢杆菌引起的食物中毒. 职业与健康, 22 (11): 834-835.

吴作军, 李宝珍, 袁红莉. 2007. $Bacillus$ sp. W112 产生表面活性剂条件优化及其特性. 过程工程学报, 7 (6): 1175-1180.

吴作为, 吴颖运, 李欣, 晏晶, 张克. 2004. 胶质芽胞杆菌 ($Bacillus$ $mucilaginosus$) D4B1 菌株生理特性研究. 土壤肥料, 2: 40-43.

伍国顺, 蒋才有. 2008. 蜡样芽胞杆菌治疗溃疡性结肠炎. 中外健康文摘: 临床医师, 5 (8): 153.

伍金娥, 常超, 王玉莲, 赵春保, 袁宗辉. 2008. 检测猪可食性组织中金霉素残留的 FAST 法与 HPLC 法的比较研究. 黑龙江畜牧兽医, 6: 60-61.

伍金娥, 宋士波, 王玉莲, 范盛先, 常超, 袁宗辉. 2007. 猪尿液中抗菌药物快速筛选拭子法的建立. 中国兽医学报, 2: 214-217.

伍宁丰, 范云六. 1991. 含苏云金芽胞杆菌杀虫蛋白基因的杨树工程植株的建立. 科学通报, 36 (9): 705-708.

伍晓林, 侯兆伟, 陈坚, 伦世伦. 2004. 微生物菌种对大庆原油的降解作用. 大庆石油学院学报, 28 (6): 14-16.

伍晓林, 侯兆伟, 陈坚, 伦世伦. 2005a. 以石油烃为唯一碳源微生物采油现场试验研究. 哈尔滨工业大学学报, 37 (10): 1379-1383.

伍晓林, 侯兆伟, 陈坚, 伦世伦. 2005b. 产酸微生物作用大庆原油改善化学驱效果研究. 哈尔滨工业大学学报, 37 (9): 1244-1248.

伍欣, 张晓昱, 武龙. 2005. 产碱性蛋白酶嗜碱芽胞杆菌的筛选及其研究. 微生物学杂志, 25 (2): 40-44.

伍赠玲, 黄天培, 邱君志, 李训波, 关雄. 2004. 一种改良的苏云金芽胞杆菌质粒 DNA 提取方法. 福建农林大学学报 (自然科学版), 33 (2): 200-201.

伍赠玲, 邱君志, 张新艳, 李训波, 关雄. 2004. 苏云金芽胞杆菌杀虫蛋白基因定位研究进展. 福建农林大学学报 (自然科学版), 33 (1): 75-79.

武爱民, 江正强, 韦赟, 苏春元. 2008. 枯草芽胞杆菌胞外二氢硫辛酰胺脱氢酶的纯化. 中国农业大学学报, 13 (1): 16-19.

武波, 蒋承建, 陈以涛, 唐纪良. 2001. 一株产耐高温碱性蛋白酶菌株的筛选. 食品与发酵工业, 27 (6): 16-20.

武峰. 2004. 青贮饲料添加甲酸好. 北方牧业, 20: 20.

武凤霞, 范丙全, 刘建玲. 2007. 木糖氧化无色杆菌反硝化亚种细菌的分离鉴定及其菲降解特性研究. 植物营养与肥料学报, 13 (4): 725-729.

武改红, 刘辉, 周昌平, 肖磊, 刘淑云, 陈宁, 张克. 2004. 鸟苷发酵条件的优化研究. 生物学杂志, 21 (5): 31-33.

武改红, 赵希景, 徐庆阳, 厉市生. 2007. 微生物发酵法生产利巴韦林的初步研究. 中国医药工业杂志, 38 (10): 701-704.

武改红, 赵希景, 徐庆阳, 刘淑云, 陈宁. 2007. 枯草芽胞杆菌发酵生产利巴韦林的变温控制策略研究. 食品与发酵工业, 33 (12): 17-19.

武改红, 周昌平, 王健, 刘辉, 陈宁. 2004. 鸟苷生产菌的诱变育种及摇瓶发酵条件优化. 天津科技大学学报, 19 (4): 15-17.

武怀书, 许辉, 高国珍, 姚新伟. 2009. 烧伤患者携带菌感染的监测. 华北煤炭医学院学报, 11 (3): 335-336.

武建芳, 张芝涛, 蔡丽娇. 2010. 强电离放电·OH 致死有害细菌的实验. 河北大学学报 (自然科学版), 30 (5): 551-555, 559.

武建国. 2002. 脑膜炎奈瑟菌 W135 菌群和炭疽芽胞杆菌. 临床检验杂志, 20 (5): 312-313.

武金宝, 李咏梅, 贺俊花. 2009. 黛力新联合思连康治疗中学生腹泻型肠易激综合征的临床研究. 内蒙古医学杂志, 41 (12): 1460-1462.

武金霞, 李继胜, 张贺迎. 2009. 广东酱油成曲中细菌的分离、纯化和鉴定. 中国酿造, 12: 17-19.

武金占, 陈华保, 李会玲, 杨春平. 2007. 内生真菌 2K3 代谢产物抗菌活性研究. 西北农业学报, 16 (5): 262-265, 270.

武思齐, 谢和. 2009. 产酱香芽胞杆菌几种发酵产物的测定. 安徽农业科学, 37 (10): 4363-4364.

武小霞, 李静, 王志坤, 刘珊珊, 李海燕, 武天龙, 李文滨. 2010. $cry1Ia1$ 基因转化大豆及抗虫性的初步评价. 上海交通大学学报 (农业科学版), 28 (5): 413-419.

武英 (译). 2010. 海洋软体动物中具抗菌活性、溶血性及表面活性细菌的分离、系统进化分析及筛选. 国外医药: 抗生素分册, 1: 48.

武玉艳, 李汴生, 黄娟. 2010. 热协同超高压处理对不同介质中芽胞发芽的影响. 食品研究与开发, 31 (1): 138-142.

武玉艳,李汴生,阮征,黄娟. 2009. 热协同超高压对不同介质中嗜热脂肪芽胞杆菌芽胞的灭活作用. 食品与发酵工业, 35 (4): 5-9.

武忠伟,王运兵,赵现方,窦艳萍. 2008. 冬虫夏草和蛹虫草发酵液抗菌活性研究. 微生物学杂志, 28 (4): 47-50.

奚灏锶,夏雨,杜冰,张延涛,张忠. 2009. 乳酸芽胞杆菌芽胞形成培养条件优化研究. 广东饲料, 7: 24-26.

奚锐华,齐凤兰,陈有容. 2004. 纳豆生产工艺的优化. 食品工业科技, 25 (3): 78-80.

奚晓琦,王加启,卜登攀,孙妍. 2009. 纳豆芽胞杆菌的分离鉴定及纳豆激酶高产菌株的筛选. 东北农业大学学报, 40 (11): 69-75.

奚晓琦,王加启,卜登攀,孙妍. 2011. 产蛋白酶和纤维素酶纳豆芽胞杆菌 (*B. subtilis* Natto) 的筛选及其生物特性研究. 中国畜牧兽医, 38 (1): 33-38.

奚新伟,王佳龙,赵晓宇. 2004. 纳豆激酶基因工程研究进展. 生物技术, 14 (3): 69-70.

席金兰. 1993. 一起蜡样芽胞杆菌食物中毒调查. 中国校医, 7 (1): 84-85.

席先梅,刘正坪. 2006. 促进小麦生长的根围细菌的筛选及初步鉴定. 北京农学院学报, 21 (2): 47-50.

席云静. 2011. 地衣芽胞杆菌碱性蛋白酶分离纯化研究. 科技创新导报, 4: 15.

夏彬彬,仲崇斌,魏德州,程静,王秀兵. 2008. 胶质芽胞杆菌对 Zn^{2+}、Cd^{2+} 的生物吸附. 生物技术, 18 (3): 80-84.

夏帆. 2007. 侧胞芽胞杆菌发酵工艺的研究. 中国土壤与肥料, 2: 68-70.

夏枫耿,李姣清,明飞平,张玲华. 2009. 一株异养硝化细菌——芽胞杆菌的分离及 16S rDNA 分析. 环境科学与技术, 32 (B12): 21-25.

夏海锋,饶志明,廖作宏,徐美娟. 2009. 一株高效转化 Phytosterol 为雄甾烯酮菌株的筛选与鉴定. 微生物学杂志, 29 (1): 7-11.

夏剑辉. 2003. 蜂房芽胞杆菌利用蔗渣发酵产木聚糖酶的研究. 精细与专用化学品, 11 (10): 35.

夏剑辉,龙中儿,黄运红,李素珍,王水兴,于敏. 2003. 蜂房芽胞杆菌利用蔗渣发酵产木聚糖酶的研究. 江西师范大学学报 (自然科学版), 27 (1): 80-84.

夏杰,方芳,赵会娜,张玥,曾超珍. 2009. 鹅掌楸内生菌分离纯化及其抗菌活性初步研究. 现代农业科学, 6: 10-11.

夏静鸿,刘双,李红. 2010. 难辨梭状芽胞杆菌相关性腹泻及其防治. 药物不良反应杂志, 3: 183-187.

夏克栋. 1989. 蜡样芽胞杆菌肠毒素的研究动态. 微生物学通报, 16 (1): 35-36, 40.

夏莉莉,赵晓祥,卢嘉. 2011. 复合微生物絮凝剂产生菌 XL1 的优化条件. 环境科学导刊, 30 (1): 10-14.

夏立秋,孙运军,莫湘涛,邹先琼. 2002. 苏云金芽胞杆菌杀虫晶体蛋白毒性片段的结构域在毒杀昆虫中的作用. 生物工程进展, 22 (1): 73-76, 43.

夏立秋,丁学知,周国庆,王文龙. 1996. 蜡质芽胞杆菌超氧化物歧化酶稳定性研究. 常德高等专科学校学报, 8 (1): 8-10.

夏丽娟,汪红,李正辉,周芳芳,赵晓清,葛绍荣. 2009. 苏云金芽胞杆菌在固态和液态基质中的生长差别研究. 四川大学学报 (自然科学版), 46 (5): 1483-1487.

夏烈忠,杨运清,刘宜平,刘锋羽. 2009. 12.5%井冈霉素·蜡质芽胞杆菌防治水稻纹枯病的试验. 湖北植保, 3: 45.

夏觅真,马忠友,齐飞飞,常慧萍. 2008. 棉花根际亲和性高效促生细菌的分离筛选. 微生物学通报, 35 (11): 1738-1743.

夏明凯,关永东,邓永坚,张小勇. 2007. 细菌性食物中毒诊疗中有关问题的探讨. 现代预防医学, 34

(11): 2179-2180.

夏年平. 2009. 一起由蜡样芽胞杆菌引起的食物中毒的调查报告. 中国当代医药, 16 (10): 123.

夏四清, 丁西明, 常玉广, 宁雪. 2009. 枯草芽胞杆菌产高效微生物絮凝剂的研究. 中国给水排水, 25 (1): 14-17.

夏松养, 谢超, 霍建聪, 邓尚贵. 2008. 鱼蛋白酶水解物的钙螯合修饰及其功能活性. 水产学报, 32 (3): 471-477.

夏天, 杨学昌, 周远翔, 柯锐, 赵大庆, 李明贤, 李汝南. 2004. 纳米二氧化钛等离子体放电催化杀菌的试验研究. 电工电能新技术, 23 (2): 77-80.

夏远景, 李志义, 薄纯智, 陈淑花, 刘学武. 2007. 超高压灭菌效果实验研究. 现代食品科技, 23 (2): 20-22.

鲜海军. 2002. 以聚丙烯腈纤维为载体制备工业用固定化PGA的基本条件. 中国抗生素杂志, 27 (10): 582-586.

鲜海军, 王祯祥. 2001. 以聚丙烯腈纤维为载体制备固定化青霉素G酰化酶的研究. 微生物学报, 41 (4): 475-480.

鲜乔, 蒋家新, 张拥军, 李轶萍, 安晓欢. 2009. 高活性几丁质酶产生菌的筛选及鉴定. 中国计量学院学报, 20 (3): 274-277, 282.

鲜莹, 谢从新, 何绪刚, 杨慧君, 胡雄, 陈柏湘. 2010. 产胞外蛋白酶菌株的筛选及环境因素对其产酶活性的影响. 淡水渔业, 40 (2): 53-56.

冼琼珍, 马春全, 梁丽敏, 廖洁韵. 2006. 猪源益生菌的分离筛选及部分生物学特性研究. 动物医学进展, 27 (2): 86-89.

冼琼珍, 马春全, 徐礼杰. 2007. 猪源益生芽胞杆菌抑制大肠杆菌的研究. 畜牧与兽医, 39 (1): 38-39.

向东, 范兵, 李红缨. 2006. 薄膜过滤法检查蜂胶牙泰喷雾剂中微生物的限度. 华西药学杂志, 21 (3): 299-300.

向东, 张赟华, 钱文璟. 2007. 益心舒微丸微生物限度检查法及有效性验证试验研究. 药物分析杂志, 27 (5): 730-732.

向多云, 周平. 2007. 澧县獭兔养殖技术（连载五）常见兔病的防治（上）. 湖南农业, 11: 17.

向红, 吕锡武, 尹立红, 朱光灿. 2010. 净水工艺中的微生物群落结构与优势菌. 东南大学学报（自然科学版）, 40 (3): 630-635.

向辉. 2003. 攻击人群的人兽共患病战剂. 畜牧兽医科技信息, 3: 59.

向建国, 黄兴国, 何福林, 李治章. 2008. 施用微生物制剂对育蚌水体微生物区系的影响. 微生物学杂志, 28 (6): 79-83.

向克兰, 王青丽, 彭翠香, 吕晓玲, 范萍. 2009. 重型破伤风病人医院感染相关因素分析及对策. 护理研究: 下旬版, 11: 3052-3053.

向梅, 吴思方, 王伟平, 杨荆树. 2005. 豆豉纤溶酶产生菌的筛选及菌种鉴定. 微生物学杂志, 25 (1): 21-24.

向秋玲. 2010. 铁苋菜不同溶剂提取物抑菌作用的研究. 江苏农业科学, 38 (4): 360-362.

向时云, 景渝蓉. 2002. 一起蜡样芽胞杆菌食物中毒的调查报告. 现代预防医学, 29 (3): 300.

向正华, 张轶群, 罗玉田, 陈娟, 王树坤. 2005. 一起由蜡样芽胞杆菌引起的食物中毒调查分析. 职业与健康, 21 (5): 702-703.

项慧, 林丽萍, 宋惠菲. 2004. 一起由蜡样芽胞杆菌和金黄色葡萄球菌引起食物中毒的调查报告. 海峡预防医学杂志, 10 (5): 39.

萧力争, 银霞, 刘素纯, 郭维. 2008. 二氢杨梅素抗菌活性研究. 食品科技, 33 (4): 140-143.

小文. 2006. 国际权威取消味精量限制确定味精含氨基酸. 食品科技, 31 (12): 176.

晓钟. 1997. 用cryⅢA的孢子形成非依赖性表达系统和位点特异的重组载体构建苏云金芽胞杆菌新的重组杀虫菌株. 生物技术通报, 13 (2): 53.

晓钟. 1997. 有效富集和分离苏云金芽胞杆菌的技术. 生物技术通报, 13 (2): 53.

肖爱萍, 游春平, 张年如, 曹明星. 2003. 稻瘟病生防菌有效作用成分的分析. 江西科学, 21 (2): 106-109.

肖昌松, 吕健, 田新玉, 李向前, 周培瑾. 2001. 嗜碱芽胞杆菌XE22-4-1碱性弹性蛋白酶发酵条件的研究. 微生物学报, 41 (5): 611-616.

肖长清, 朱世明, 陈姗姗. 2010. 泡菜抑菌性的初步研究. 湖北第二师范学院学报, 27 (8): 34-36.

肖春玲, 贺晖, 廖信军, 邹小明, 李晓红. 2008. 井冈山植物根际土壤微生物的初步研究. 安徽农业科学, 36 (8): 3296-3297, 3303.

肖春玲, 徐常新. 2007. 氯酚类化合物高效降解菌的筛选. 江苏农业科学, 35 (1): 229-231.

肖春玲, 曾建忠, 邹小明. 2007. 2, 4-二氯酚高效降解菌的筛选及其降解性能研究. 河南农业科学, 36 (3): 56-59.

肖春桥, 高洪, 张娴, 池汝安, 吴元欣, 李世荣, 潘志权, 王存文, 喻发全. 2004. 两株芽胞杆菌对磷矿粉中磷的浸出能力研究. 武汉化工学院学报, 26 (4): 1-4.

肖定福, 胡雄贵, 罗彬, 张彬. 2008. 地衣芽胞杆菌对仔猪生产性能和猪舍氨浓度的影响. 家畜生态学报, 29 (5): 74-77.

肖邡明, 张义正. 1996. 环状芽胞杆菌 (*Bacillus circulans*) 的转化和中性蛋白酶基因的表达. 四川大学学报 (自然科学版), 33 (1): 106-109.

肖凤平. 2010. 枯草芽胞杆菌在生猪养殖中的应用. 今日畜牧兽医, 3: 24.

肖国华, 高晓田, 赵振良, 张立坤. 2011. 白洋淀网箱养殖环境微生物原位修复技术研究. 河北渔业, 2: 4-12, 30.

肖华志, 吕洪波, 贾恺, 李丽, 李琳. 2007. 超高压处理对芥菜制品与生鲜猪肉杀菌效果的研究. 食品与机械, 23 (1): 36-38, 80.

肖怀秋, 兰立新, 李玉珍. 2006. 亚硝酸与紫外线复合诱变原生质体选育产酶菌株. 生物技术, 16 (5): 40-41.

肖怀秋, 李玉珍, 兰立新, 林亲录. 2008. 枯草芽胞杆菌Bx-4原生质体形成与再生条件优化. 中国酿造, 9: 30-32.

肖怀秋, 李玉珍, 兰立新, 罗跃中. 2008. 脂肽类生物表面活性剂生产菌株的筛选及鉴定. 江苏调味副食品, 25 (5): 25-27, 39.

肖怀秋, 李玉珍, 兰立新. 2008. 枯草芽胞杆菌 *B. subtilis* CNMC-0014 深层摇瓶发酵生产中性蛋白酶——培养基组分及培养条件对酶生物合成的影响. 食品科学, 29 (5): 259-264.

肖怀秋, 李玉珍, 兰立新. 2009. 环脂肽生产菌株 *Bacillus subtilis* Ow-097 生物合成条件优化研究. 江苏调味副食品, 3: 11-15, 21.

肖怀秋, 林亲录, 李玉珍, 赵谋明. 2004. 产中性蛋白酶菌株B4发酵条件的研究. 食品与机械, 5: 23-25, 28.

肖怀秋, 林亲录, 李玉珍, 赵谋明. 2005. 中性蛋白酶芽胞杆菌BX-4产酶条件及部分酶学性质. 食品与生物技术学报, 24 (4): 42-46, 56.

肖建根. 2011. PB6活性菌株对畜禽肠道健康状况的影响. 中国畜牧杂志, 47 (2): 70-72.

肖晶晶, 朱昌雄, 郭萍, 田云龙, 黄亚丽, 于江. 2009. 氮循环菌群的构建鉴定及其脱氮性能研究. 农业环境科学学报, 28 (12): 2680-2687.

肖静,路福平,王建玲,张朝正.2009.芽胞杆菌碱性蛋白酶的沉淀分离特性和酶学性质研究.中国酿造,9:21-23.

肖筠,黄世群,丁佶,石万成.2008.微生物杀虫剂——苏云金杆菌(Bt).四川农业科技,4:44-45.

肖黎明,王卫卫,郭燕.2008.1株产碱性纤维素酶软化芽胞杆菌IS-B4的选育及产酶条件的研究.食品与发酵工业,34(5):59-62.

肖丽英,黄焯坡.2001.常用内服液体制剂的防腐实验.中国医院药学杂志,21(7):439-440.

肖履中,李文正.1996.大型鸡场带鸡消毒剂筛选和消毒效果评价.中国兽医科技,26(11):8-10.

肖履中,赵青.2004.PCR检测炭疽杆菌的研究.中国动物检疫,21(10):25-27.

肖娜,赖普辉,田光辉,甄珍,刘存芳.2009.丹皮酚缩乙醇胺及其2,4-二硝基苯腙的抑菌性研究.安徽农业科学,37(6):2337-2338.

肖全英,柯茂琴,张新.2011.头孢呋辛酯颗粒微生物限度检查法的建立.中国中医药咨讯,3(6):348-349.

肖仁良,李苏龙.1995.黑龙江省奶粉中蜡样芽胞杆菌的污染情况调查.现代商检科技,5(5):15-18.

肖士民,张震,柯敏静,胡纪华,郑忠,章莉娟.1998.干湿循环法制备抗菌性5A沸石.华南理工大学学报(自然科学版),26(1):30-35.

肖世玖,陈雁南,孙亚楠,王恬,刘文斌,周岩民.2010.合生素对团头鲂生产性能、肠道菌群及肠道形态的影响.中国粮油学报,25(5):73-76,80.

肖淑芹,薛春生,周雪,曹远银.2007.抗辣椒疫病枯草芽胞杆菌BS18液体发酵条件的研究.北方园艺,12:216-219.

肖维伟,曹立群,喻其林,孙文,顾文杰,王立群.2008.鸡粪好氧发酵中异养亚硝化细菌的筛选及转化能力.中国农业大学学报,13(3):85-89.

肖伟,余丽萍,张卫.2005.阿维菌素在水库中的微生物降解.江西农业大学学报,27(4):501-504.

肖相政,刘可星,廖宗文.2009a.短小芽胞杆菌BX-4抗生素标记及定殖效果研究.农业环境科学学报,28(6):1172-1176.

肖相政,刘可星,廖宗文.2009b.生物有机肥对番茄青枯病的防效研究及机理初探.农业环境科学学报,28(11):2368-2373.

肖湘政,张志红,秦艳梅.2006.胶质芽胞杆菌HM8841紫外线诱变育种研究.微生物学杂志,26(1):36-39.

肖新生,林倩英.2010.枇杷叶提取物抑菌作用研究.现代食品科技,1:59-62.

肖彦羚,周治,姚忠,宋希文,余维娜,刘步云,徐虹,韦萍.2010.WRK对枯草芽胞杆菌NX-2产出的γ-谷氨酰转肽酶的不可逆抑制动力学.高校化学工程学报,24(1):87-92.

肖征,陈湘.1991.反向间接血凝法检测难辨梭菌B毒素.军医进修学院学报,12(2):149-151.

肖仔君,杨汝德,黄国清.2009.西藏雪莲中乳酸菌的分离鉴定及抑菌活性的研究.现代食品科技,25(3):249-251.

校逸,胡潇涵,陈建帮,弓爱君.2009.Bt生物农药固态发酵研究进展.金属世界,C00:99-102.

谢宝恩,王继雯,甄静,慕琦.2010.新型复合生物肥料的研制与应用.河南科学,28(12):1557-1560.

谢冰,米文秀,梁少博,何国富,徐亚同.2008.石化废水臭气的生物滤池处理.武汉大学学报(理学版),54(2):249-254.

谢达平,彭道林,黄祖民,刘丽萍.2002.微生物菌肥的作用机理研究.常德师范学院学报(自然科学版),14(1):48-50,67.

谢丹平,尹华,彭辉,叶锦韶,张娜.2004.混合菌对石油的降解.应用与环境生物学报,10(2):210-214.

谢道昕, 倪万潮. 1991. 苏云金芽胞杆菌 (*Bacillus thuringiensis*) 杀虫晶体. 中国科学: B辑, 4: 367-373.

谢栋, 胡剑. 1998. 枯草芽胞杆菌抗菌蛋白X98Ⅲ的纯化与性质. 微生物学报, 38 (1): 13-19.

谢凤行, 张峰峰, 周可, 赵玉洁, 刘韵娅. 2010. 原生质体诱变选育高纤维素酶活性枯草芽胞杆菌的研究. 华北农学报, 25 (5): 211-214.

谢凤行, 张峰峰, 周可, 赵玉洁. 2010. 利用原生质体融合技术构建植酸酶、纤维素酶枯草芽胞杆菌工程菌的研究. 天津农业科学, 16 (5): 21-24, 37.

谢凤行, 赵玉洁, 周可, 张峰峰, 李亚玲. 2009. 产胞外淀粉酶枯草芽胞杆菌的分离筛选及其紫外诱变育种. 华北农学报, 24 (3): 78-82.

谢光辉, 苏宝林. 1998. 长江流域水稻根际芽胞杆菌属固氮菌株的分离与鉴定. 微生物学报, 38 (6): 480-483.

谢海平, 黄晖, 黄登峰, 汪丽, 陆勇. 2003. 海洋枯草芽胞杆菌Bs-1产生多种抗真菌活性物质. 中山大学学报 (自然科学版), 42 (3): 122-123.

谢航, 邱宏端, 李中伟, 林娟, 陈朝洋. 2007. 多菌种微生物混合培养的条件及生长关系研究. 福州大学学报 (自然科学版), 35 (2): 302-307.

谢航, 邱宏端, 王秀彬, 陈冬花. 2008. 地衣芽胞杆菌降解水产养殖中残余饵料的特性研究. 福建水产, 3: 31-35.

谢和, 徐际升. 1993. 两株高活性环状糊精葡萄糖基转移酶产生菌. 贵州农学院学报, 12 (2): 85-89.

谢红, 孙文敬. 1993. D-核糖发酵的研究. 食品与发酵工业, 26 (2): 7-10.

谢佳磊, 肖丹, 殷蝶, 吴志新, 陈孝煊. 2007. 枯草芽胞杆菌对克氏原螯虾免疫机能的影响. 淡水渔业, 37 (6): 24-27.

谢健将. 1990. 衣芽胞杆菌TCRDC-B13高温碱性α-淀粉酶. 四川制糖发酵, 17 (1): 57-63.

谢洁, 夏天, 林立鹏, 左伟东, 周泽. 2009. 一株桑树内生拮抗菌的分离鉴定. 蚕业科学, 35 (1): 121-125.

谢晶, 葛绍荣, 陶勇, 高平, 刘昆. 2004. 多粘类芽胞杆菌BS04拮抗成分分离纯化及其特性. 化学研究与应用, 16 (6): 775-777.

谢乐生, 杨瑞金, 朱振乐. 2007. 熟制对虾虾仁超高压杀菌主要参数探讨. 水产学报, 31 (4): 525-531.

谢利军. 2007. 一起多病原菌混合感染引起腹泻的报告分析. 国际检验医学杂志, 29 (3): 273-274.

谢琳, 黄燕, 彭锋, 聂君华. 2009. 一起蜡样芽胞杆菌引起食物中毒的调查. 宜春学院学报, 31 (4): 66, 76.

谢柳, 张文飞, 全嘉新, 刘卓明. 2009. 广西大王岭和大明山自然保护区苏云金芽胞杆菌收集与鉴定. 基因组学与应用生物学, 28 (1): 62-68.

谢明杰, 陆敏, 邹翠霞, 刘长江, 卢明春, 金凤燮. 2004. 大豆异黄酮的抑菌作用. 大豆科学, 23 (2): 101-105.

谢勤美, 虞精明. 2006. 桐庐县1996～2005年细菌性食物中毒病原菌分布特征. 中国卫生检验杂志, 16 (10): 1241-1242.

谢青, 董迎松, 易薇, 杨广笑. 2009. 一株苯胺降解菌的分离及其苯胺降解特性的研究. 生物技术, 19 (1): 55-58.

谢琼. 2004. 一起由蜡样芽胞杆菌引起的食物中毒分析. 现代医药卫生, 20 (14): 1435.

谢群英, 房文红, 乔振国, 胡琳琳. 2007. 蛭弧菌海水菌株Bdh5221裂解特性及生长影响因子研究. 海洋渔业, 29 (2): 97-102.

谢淑娥, 谭新. 2009. 芽胞杆菌的作用机理及其在饲料中的应用研究进展. 湖南饲料, 5: 36-38.

谢树成，汤显春，殷鸿福，王红梅，周修高. 1997. 一种潜在的微生物找矿法——蜡样芽胞杆菌指示金矿化的试验研究. 地球科学（中国地质大学学报），22（4）：383-386.

谢涛. 2007. 厌氧菌感染与防治. 现代医药卫生，23（8）：1188.

谢文斐. 2007. 新型生物农药芽胞杆菌 AR156 问世. 农药市场信息，8：29.

谢文明. 2008. 地氯雷他定片的微生物限度检查方法学验证. 海峡药学，20（10）：78-81.

谢玺文，张翠霞，陈丽媛，冯华. 2001. 饲用微生物的应用及研究现状. 微生物学杂志，21（1）：47-49, 53.

谢显华，李国基. 2010. ERIC-PCR 在腐乳品质检测中的应用. 食品研究与开发，31（3）：135-138.

谢小保，欧阳友生，陈仪本，陈娇娣. 2005. 化妆品微生物污染状况研究. 中国卫生检验杂志，15（9）：1105, 1129.

谢新东，陈济琛. 1996. 一株芽胞杆菌产生脲酶条件及脲酶提取研究. 微生物学通报，23（2）：81-84.

谢雪芳. 2010. 微生态兽药保健制剂使用常识. 农家顾问，11：44-45.

谢懿，李瑜珍，何绪屏. 2008. 医务人员手菌状况调查与对策. 热带医学杂志，8（7）：730-732.

谢银堂，马学良，杨翔华. 2010. 地衣芽胞杆菌 XY-2 的筛选及其培养基的优化. 辽宁石油化工大学学报，30（1）：8-10, 14.

谢应国，吴秀芳，武素琴，王希良. 2006. 炭疽芽胞杆菌 PA 蛋白的表达及免疫保护效果研究. 西北农林科技大学学报（自然科学版），34（6）：46-51.

谢颖，蔡晓宁. 2002. 脐带分泌物和血液同时检出蜡样芽胞杆菌 1 例报告. 医学理论与实践，15（1）：13.

谢永芳，梁亦龙，王会会，张珂，常志超，李雪梅. 2009. 大蒜内生菌抑菌蛋白提取研究. 江苏农业科学，37（1）：122-123.

谢永芳，梁亦龙，杨仙，王乐，赵凤，张珂，王会会. 2009. 生姜内生菌抗菌蛋白提取及性质. 食品研究与开发，9：43-45.

谢月霞，杜立新，李瑞军，王容燕. 2008. 河北省不同生态区的苏云金芽胞杆菌 cry 基因多样性研究. 中国农学通报，24（12）：407-409.

谢志雄，陈向东. 1999. 细菌感受态细胞摄取和分泌 DNA 的相关性研究. 遗传，21（1）：23-25.

谢主兰，梁丽简，黄和. 2010. 软包装即食海蜇丝的品质特征和细菌学安全分析. 现代食品科技，26（12）：1391-1394, 1402.

解春，王宇倩. 1997. 青霉素 V 对牙周及根尖周感染的疗效观察. 上海生物医学工程，18（4）：34-35.

解翠珠，赵军. 2008. 注射用葡萄糖依诺沙星无菌检查方法的验证. 中国药业，17（12）：40-41.

解刚强. 2009. 破伤风 42 例治疗体会. 陕西医学杂志，4：507-508.

解菁，宋纪文. 2003. 蜡样芽胞杆菌食物中毒分析. 实用医技杂志，10（12）：1492.

辛丰，蒋如璋. 1992. 芽胞杆菌分泌型表达载体的构建. 生物工程学报，8（1）：40-47.

辛嘉英，李树本. 2000. 反应器操作方式对酶动力学拆分立体选择性的影响. 化学反应工程与工艺，16（2）：116-121.

辛嘉英，李树本. 2000. 脂肪酶产生菌的筛选及不对称水解合成 S-（+）-萘普生. 工业微生物，30（3）：31-35.

辛娜，刁其玉，张乃锋. 2010. 芽胞杆菌在动物营养与饲料中的应用. 中国饲料，14：26-29.

辛伟，洪永聪，胡美玲，胡方平. 2006. 氯氰菊酯降解菌的筛选及其特性研究. 莱阳农学院学报，23（2）：88-92.

辛玉成. 2000. 枯草芽胞杆 BL03 对苹果霉心菌和棉苗病害田间防治效果. 中国生物防治，16（1）：47.

辛玉成，祝庆岱，郝寿青，徐丹华，衣先家. 2000. 枯草芽胞杆菌 CN620 菌株制剂对板栗烂果病的防治及病原的抑制作用初报. 莱阳农学院学报, 17 (4): 247-249.

辛玉成, 秦淑莲, 金静, 张迎春, 徐坤. 1999. 苹果霉心病生防菌株抗菌蛋白的提纯与部分初报. 莱阳农学院学报, 16 (1): 35-38.

辛玉成, 秦淑莲, 李宝笃, 尹士采, 丁锡花, 雷彩霞. 2000. 枯草芽胞杆菌 XM16 菌株制剂对苹果霉心病的防治及病原的抑制作用. 植物病理学报, 30 (1): 66-70.

辛玉成, 秦淑莲, 刘希光, 李彩霞, 孙竹生, 王元庆. 1999. 几种拮抗菌株对苹果霉心病菌抑制作用的研究. 中国果树, 3: 14-15.

辛玉华, 东秀珠. 2000. ITS 序列同源性在苏云金芽胞杆菌分型中的应用研究. 微生物学通报, 27 (3): 178-181.

辛中尧, 陈秀蓉, 杨成德, 薛莉. 2005. 枯草芽胞杆菌 B1、B2 发酵液生物表面活性剂初探. 甘肃农业大学学报, 40 (4): 501-506.

辛中尧, 徐红霞, 陈秀蓉. 2008. 枯草芽胞杆菌 (*Bacillus subtilis*) B1、B2 菌株对当归、黄芪的防病促进生长效果. 植物保护, 34 (6): 142-144.

信欣, 王焰新, 叶芝祥, 羊依金. 2009. 一株耐盐废水降解菌株的分离与特性. 环境科学与技术, 32 (5): 17-20.

邢晨光, 王光路, 宋翔, 陈宁. 2009. 利巴韦林 (病毒唑) 发酵培养基的正交优化. 发酵科技通讯, 38 (1): 13-15.

邢晨光, 吴飞, 王光路, 谢希贤, 徐庆阳, 陈宁. 2009. 合成利巴韦林的关键酶嘌呤核苷磷酸化酶的原核表达及活性分析. 生物技术通讯, 20 (4): 530-533.

邢晨光, 赵希景, 谢希贤, 陈宁. 2009. 甜菜碱对枯草芽胞杆菌合成利巴韦林的影响. 天津科技大学学报, 24 (4): 14-17.

邢华. 2004. "益水宝 (高效芽胞杆菌)" 改良虾池养殖环境. 中国水产, 10: 83-84.

邢华, 潘良坤. 2004. 有效微生物直投法处理养殖污水的研究. 中国水产, 12: 82-83.

邢建强. 2007. 难辨梭状芽胞杆菌性肠炎 56 例诊治分析. 山东医药, 47 (35): 93-94.

邢介帅, 李然, 赵蕾, 梁元存, 竺晓. 2008a. 生防芽胞杆菌 T2 胞外蛋白酶的纯化及其抗真菌作用. 植物病理学报, 38 (4): 377-381.

邢介帅, 李然, 赵蕾, 梁元存, 竺晓. 2008b. 产蛋白酶生防细菌的筛选及其对病原真菌的拮抗作用. 西北农业学报, 17 (1): 106-109.

邢鲲, 韩巨才, 刘慧平, 郭振宇. 2007. 油菜内生细菌 yc8 促生作用及其机理研究. 华北农学报, 22 (5): 180-183.

邢鲲, 韩巨才, 乔建, 张丽. 2010. 油菜内生细菌 yc8 诱导植物抗病性机理研究. 山西农业科学, 38 (10): 37-40.

邢维玲, 周希贵, 王贺祥, 肖希龙, 宋渊, 章红. 2002. 多粘菌素 E 高产菌株的选育. 中国抗生素杂志, 27 (6): 326-327, 353.

邢禕博, 王全, 李术娜, 李朝玉, 李红亚, 雷白时. 2010. 白菜黑斑病拮抗细菌 8-59 的筛选及鉴定. 安徽农业科学, 38 (16): 8495-8497, 8562.

熊波, 付财, 姚宝安. 2003. 苏云金芽胞杆菌晶体蛋白对钉螺体内日本血吸虫幼虫的作用. 湖北畜牧兽医, 3: 41-43.

熊德鑫, 祝小枫. 1997. 几种革兰氏阳性菌质粒的分析. 中国微生态学杂志, 9 (6): 5-7.

熊峰, 王晓霞, 余雄. 2007. 芽胞杆菌作为微生物饲料添加剂的生理功能研究进展. 北京农学院学报, 22 (1): 76-80.

熊峰, 王晓霞, 余雄. 2008. 大豆寡糖和纳豆芽胞杆菌在肉鸡日粮中的应用. 北京农学院学报, 23 (1):

45-49.

熊国如,张翠英,刘庆丰,李顺德.2009.枯草芽胞杆菌 XF-1 粗蛋白抑菌活性初步研究.植物保护,35(4):92-95.

熊国如,赵更峰,范成明,何月秋.2009.生防菌株 XF-1 的鉴定和抑菌谱的测定.云南农业大学学报(自然科学版),24(2):190-194.

熊汉国,吴方元.2000.光-生物双降解 PS 发泡餐盒.环境污染与防治,22(2):9-11.

熊郃,干信.2000.β-甘露聚糖酶产生菌 R_{10} 的产酶特性研究.工业微生物,35(2):29-33.

熊郃,干信.2004.β-甘露聚糖酶产生菌 R_{10} 发酵条件研究.湖北工学院学报,19(1):17-19,32.

熊欢,魏雪团,冀志霞,孙明,陈守文.2008.透明颤菌血红蛋白在产聚 γ-谷氨酸地衣芽胞杆菌 WX-02 中的表达.微生物学通报,35(11):1703-1707.

熊晖,展锐,苟萍,冯新忠.2009.丁鱥肠道中枯草芽胞杆菌蛋白酶的生理生化性质的研究.生物技术,19(4):34-36.

熊丽娟,杨朝晖,曾光明,阮敏,陶然,周长胜.2007.培养基中磷酸盐在 GA1 所产絮凝剂絮凝中的作用研究.环境科学学报,27(7):1157-1162.

熊俐,李再新,王莉,徐宴军,曹新志.2009.复方三七丸微生物限度检查法的建立.安徽农业科学,37(9):3874-3876.

熊南燕,曹明耀,王雪玲,姜彩娥.2007.鱼腥草对氨苄青霉素和乳糖酸红霉素抗菌作用的影响.时珍国医国药,18(6):1303-1304.

熊南燕,王雪玲,曹明耀,王奇志.2007.鱼腥草注射液对硫酸庆大霉素兔体内抗菌作用的影响.现代中西医结合杂志,16(24):3471,3473.

熊鹏钧,文建军.2004.嗜热菌 Thermus sp. YBJ-1 的分离和淀粉酶基因的克隆.生物工程学报,20(3):434-436.

熊平源,边藏丽,张万明,李侃.2008.乙醇消毒液污染调查及其杀菌效果观察.中国消毒学杂志,25(4):435-436.

熊沈学,刘文斌,詹玉春,方星星,郭文汉.2007.低聚木糖与芽胞杆菌配伍对异育银鲫生产性能的影响.饲料研究,7:61-62.

熊世勤,彭谦.1998.耐热纤维素酶产生菌及产酶条件.云南大学学报(自然科学版),20(2):91-94,96.

熊伟,梁运祥,戴经元,李学雄.2003.枯草芽胞杆菌对斑节对虾饲养池水净化作用的初步研究.华中农业大学学报,22(3):247-250.

熊翔,余有贵,王文达,刘安然.2010.曲坯含水量对机压包包曲品质的动态影响.中国酿造,6:141-143.

熊小超,李望良,李信,邢建民.2005.专一性脱硫菌脱硫活性比较与基因保守性研究.微生物学报,45(5):733-737.

熊晓辉,梁剑光,熊强.2004.纳豆激酶液体发酵条件的优化.食品与发酵工业,30(1):62-66.

熊亚平,但飞君,陈国华,朱虎,汪鋆植.2007.紫金砂体外抗菌活性的研究.时珍国医国药,18(11):2740-2741.

熊焰,刘力源,罗睿,朱欢.2010.1 株亚硝酸盐降解菌的筛选、鉴定、降解条件及效果.中国水产科学,17(6):1264-1271.

熊智强,张嗣良,涂国全.2007.红谷霉素对细菌抑制效果研究.中国生物工程杂志,27(1):106-109.

熊子书.2005.中国三大香型白酒的研究(二)——酱香·茅台篇.酿酒科技,4:25-30.

修永庆,于湘汝,卞绪美,张国华.2005.1 例食物中毒调查处理的分析与思考.中国现代实用医学杂志，4（5）：89-90.

须瑛敏. 2007. 氨肽酶脱苦效果的研究. 食品与药品，9（11A）：36-39.

胥秉武. 1996. 麸曲中的杂菌及防治. 酿酒科技，2：19.

胥丽娜，徐亮，李磊，邹玉峰，赵春青，张卫光，刘振宇. 2007. 枯草芽胞杆菌对杨树水泡溃疡病菌菌丝生长的抑制作用. 菌物研究，5（3）：165-168.

胥丽娜，徐亮，刘宝军，许玉娟，赵春青，刘振宇. 2008. 野生型桑树内生细菌的多样性分析及ME0717菌株的抑菌活性测定. 蚕业科学，34（2）：327-331.

胥清富，储文兵. 1999. 复合活菌剂对肉用仔鸡生产性能，消化和盲肠菌群的影响. 中国畜牧杂志，35（5）：12-13，51.

徐爱秋，王梦芝，郝青，王洪荣，张艳云，曹恒春. 2008. 芽胞杆菌制剂和黑曲霉培养物对鸡日粮中Fe、Mn、Cu、Zn表观利用率的影响. 饲料工业，29（2）：8-10.

徐长安，罗秀针，张怡评，陆燕，易瑞灶. 2009. 一株海洋芽胞杆菌B09的筛选及其发酵条件优化研究. 海洋通报，28（5）：74-78.

徐长伦，王振兰. 1994. 甜菜增产菌P10菌株的鉴定. 微生物学通报，21（6）：348-349.

徐春，高陪，沈竞，苏建，杨琼木，孙启玲. 2008. 增强红花黄色素A抗血栓作用的生物转化机理研究. 时珍国医国药，19（4）：790-792.

徐春厚，潘俊福，相菲，韩伟，谢为天. 2010. 3株乳酸芽胞杆菌的筛选、初步鉴定及应用试验. 华南农业大学学报，31（2）：117-120.

徐春厚，相菲，谢为天. 2010. 益生素YS对三黄鸡生长性能和免疫功能的影响. 中国农学通报，26（9）：8-12.

徐春军，郁丽娟，王淑彦. 2003. 眼球穿孔伤蜡样芽胞杆菌致化脓性眼内炎报告. 眼外伤职业眼病杂志，25（1）：70.

徐尔尼，许杨，刘文群，陈志文. 2001. 快速检测大肠菌群数的研究. 南昌大学学报（理科版），25（4）：339-343.

徐方芹. 2006. 兴化市2005年灭菌乳检测结果分析. 临床和实验医学杂志，5（11）：F0003.

徐枫. 2003. 含乳饮料中检出蜡样芽胞杆菌的报告. 锦州医学院学报，24（3）：63.

徐光龙，张元柱，王菊华. 2007. 复合微生态制剂的研制与应用. 水利渔业，27（5）：67，71.

徐国良，潘令嘉，孙勇，张秀荣. 1999. 肠粘膜细菌培养诊断抗生素相关性腹泻的价值. 现代消化及介入诊疗，4（1）：37-38.

徐海荣，赵才二，刘军民，高宇. 2011. 地衣芽胞杆菌胶囊合肠胃康胶囊治疗急性腹泻80例临床观察. 医学信息：中旬刊，24（3）：1194.

徐海燕，曹斌，张志焱，吕明霞. 2006. 芽胞杆菌发酵代谢产物的研究. 饲料广角，9：22-23.

徐海燕，吕明霞，曹斌. 2005. 高温条件下不同处理时间对活菌的影响. 饲料博览，6：28-29.

徐海燕，张志焱，曹银生，李美丽，谷巍. 2010. 枯草芽胞杆菌所产细菌素的理化性质及抑菌谱的研究. 饲料博览，4：29-32.

徐海燕，张志焱，郭洪新，陈静，谷巍，曹斌，蒋东连. 2009. 枯草芽胞杆菌B7与甘露低聚糖制剂对雏鸡生产的影响. 饲料博览，4：1-4.

徐虹，万秀兰. 1996. 地衣芽胞杆菌胶囊治疗抗生素相关性腹泻31例. 人民军医，6：43.

徐洪利，胡江春，汪思龙，刘丽. 2008. 杉木连栽根际土壤致害 *Fusarium oxysporum* 拮抗菌的筛选. 吉林农业大学学报，30（3）：259-262.

徐洪利，胡江春，王书锦. 2007. 拮抗杉木致害菌 *Fusarium oxysporum* 海洋细菌3728的生物学特征及其鉴定. 沈阳农业大学学报，38（4）：527-530.

徐华成, 徐晓军, 余光辉. 2006. 复合生物滤池处理 NH_3 和 H_2S 混合恶臭气体的实验研究. 环境科学研究, 19 (5): 132-135.
徐晖, 魏培莲. 2008. 枯草芽胞杆菌微生态制剂的研制. 氨基酸和生物资源, 30 (2): 56-58, 62.
徐嘉莉. 2010. 某院新生儿血培养结果分析. 重庆医学, 39 (21): 2965-2967.
徐建国, 付晓丽. 2000. 从一例多细菌协同性坏疽的标本中分离到罕见芽胞杆菌. 中华微生物学和免疫学杂志, 20 (3): 185-188.
徐建林, 陈彦长. 1992. 抗药性突变肌苷高产菌的选育. 微生物学通报, 19 (6): 331-334.
徐建亚, 葛峰, 程罗根, 夏卫军. 2005. 童炎康颗粒体外抑菌作用的研究. 南京师大学报 (自然科学版), 28 (3): 79-82.
徐健, 刘琴, 殷向东, 朱锦磊, 祁健航, 王艳. 2004. 病原细菌在传媒蚊虫防治中的应用研究进展. 江苏农业科学, 32 (6): 168-171.
徐健, 肖强, 殷向东, 唐美君, 刘琴. 2004. 茶尺蠖高毒力 Bt 菌株 02-85 的筛选. 江苏农业科学, 32 (2): 37-38.
徐金瑞, 郭志成, 罗燕琴, 刘思超, 刘燕娴. 2010. 番石榴叶对食品中几种常见细菌的抑菌作用. 食品研究与开发, 31 (3): 173-175.
徐瑾, 王丹萍. 2001. 一起蜡样芽胞杆菌食物中毒的调查报告. 现代医药卫生, 17 (8): 648-649.
徐进, 何礼远, 冯洁, 滕建勋, 孟兆. 2003. 生防细菌对马铃薯青枯病的防病增产作用研究. 植物保护, 29 (5): 40-42.
徐进, 何礼远, 冯洁, 滕建勋, 王成. 2004. 0702 和 GP7-13 对植物细菌性青枯病的防治和增产作用. 中国生物防治, 20 (2): 138-140.
徐晶, 韩建春. 2008. 弹性蛋白酶高产菌株摇瓶发酵条件优化及弹性蛋白酶性质的初步研究. 食品工业科技, (6): 142-144.
徐静, 张晓君, 秦蕾, 范朋, 阎斌伦. 2010. 海洋蛭弧菌 LBd02-1 的分离及其生物学特性的研究. 水产科学, 29 (10): 587-590.
徐镜波, 景体松. 2002. 硝基苯化合物对枯草芽胞杆菌的毒性及构效分析. 环境科学研究, 15 (5): 6-9.
徐军, 周丽萍. 2007. 葡萄糖脱氢酶基因的重组和表达研究. 检验医学与临床, 4 (2): 81-82.
徐君飞, 刘正初, 张居作, 戴良英, 陈汉忠, 段盛文, 冯湘沅, 郑科, 成莉凤, 郑霞. 2009. 木聚糖酶高产菌株 BE-91 发酵工艺的优化. 华北农学报, 24 (B12): 247-251.
徐莉, 李家伦, 刘东. 2005. 一起由蜡样芽胞杆菌引起的食物中毒调查报告. 右江民族医学院学报, 27 (5): 682.
徐莉, 杨红, 彭建新, 洪华珠. 2001. 荧光增白剂对苏云金芽胞杆菌毒力的增效作用及其紫外防护功效. 中国生物防治, 17 (2): 63-66.
徐莉, 杨江科, 刘云, 闫云君. 2009. 基于核糖体基因序列快速鉴定产脂肪酶微生物. 生物技术通报, 25 (8): 144-150.
徐立新, 董章勇, 纪春艳, 李云锋, 王振中. 2010. 玉米内生拮抗细菌枯草芽胞杆菌 A16 对小斑病菌拮抗作用的研究. 广东农业科学, 37 (9): 20-22, 26.
徐立新, 徐开成, 王春梅. 2007. 产酸菌的分离纯化. 钢铁研究学报, 3: 35-36.
徐丽芷. 1993. 蜡样芽胞杆菌食物中毒. 中国学校卫生, 14 (6): 344.
徐莲, 张丽萍, 刘怡辰, 吴莹, 刘连. 2009. 功夫菊酯降解菌 GF-3 的筛选鉴定及其降解特性研究. 农业环境科学学报, 28 (7): 1545-1551.
徐玲, 王伟, 魏鸿刚, 沈国敏, 李元广. 2006. 多粘类芽胞杆菌 HY96-2 对番茄青枯病的防治作用. 中国生物防治, 22 (3): 216-220.

徐妙芳,王晓明,周滢,胡秀芳,陈集双. 2009. 2种硅酸盐细菌对PEG模拟水分胁迫下高羊茅种子萌发的影响. 草业与畜牧, 8: 7-10.

徐敏,马骏双,王正祥. 2004. 高渗透压对细菌电转化率的影响. 无锡轻工大学学报: 食品与生物技术, 23 (4): 98-100.

徐明旭,高国富,杨寿运,孙捷,张崇星,徐春花. 2008. 白星花金龟 (Protaetia brevitarsis) 幼虫抗菌物质的分离纯化. 生命科学研究, 12 (1): 53-56.

徐鹏飞,张兴,刘敏,王坤,袁珍虎. 2011. 豆粕固态限定发酵和强化发酵的研究. 中国饲料, 2: 31-35.

徐澎,侯红漫,张卫. 2006. 海绵中生物表面活性剂生产菌的筛选及菌种鉴定. 大连轻工业学院学报, 25 (3): 157-160.

徐倩,葛向阳. 2009. 外加酶提高发酵豆粕蛋白质水解度的研究. 饲料工业, 30 (6): 25-29.

徐胜,张金泽,薛毅. 2006. 无菌包装系统使用过氧化氢杀菌的安全性评估. 饮料工业, 9 (7): 7-10.

徐胜平,宋素芳,邱功合. 2007. 一起食用变质米粉引起食物中毒的调查. 公共卫生与预防医学, 18 (5): 58.

徐书显,张风云. 1998. 蕈状芽胞杆菌的特性及在辐射防护中的应用. 中国微生态学杂志, 10 (3): 155-156, 163.

徐淑华,蒋继志,姚克文,郝志敏. 2005. 两株拮抗细菌对草莓根腐病菌的抑制作用. 河北农业大学学报, 28 (3): 81-83, 97.

徐顺利,刘海音,宁朔臻. 2007. 枯草杆菌在淀粉液态培养基中生产α-淀粉酶的研究. 四川食品与发酵, 43 (6): 24-26.

徐速,梁金钟. 2004. 益康纳豆的研制. 大豆通报, 3: 18-20.

徐速,刘晓辉,张列兵,徐香玲. 2008. 降解乳蛋白菌株的分离筛选与鉴定. 中国乳品工业, 36 (4): 17-20.

徐桃献,何秉旺,朱峰,王宏,张树政,杨家兴,郑仰民,李岩. 1994. 微生物β-淀粉酶代替部分大麦芽生产啤酒新工艺. 微生物学通报, 21 (6): 336-339.

徐同宝,李吕木,甄长丰,孙林,付弘赟,张晓. 2008. 不同微生物对猪粪堆肥过程及其养分状况的影响. 农业工程学报, 24 (11): 217-221.

徐威,苏昕. 1997. 碱性蛋白酶产生菌的筛选及发酵条件考查. 生物技术, 7 (3): 22-24.

徐威,余仲平. 1997. 胞外青霉素酰化酶产生菌的筛选及产酶条件. 沈阳药科大学学报, 14 (4): 269-272.

徐维烈,蔡增山. 2007. 酵素菌技术起源与步入水产业养鱼技术二十问 (上). 渔业致富指南, 10: 61-62.

徐卫华,刘云国,曾光明,周鸣,樊霆,王欣,夏文. 2009. Speciation of chromium in soil inoculated with Cr (VI) -reducing strain, Bacillus sp. XW-4. 中南大学学报: 英文版, 16 (2): 253-257.

徐伟,范志诚,马思慧. 2010. 柱层析分离红曲色素及其组分的抑菌性对比. 酿酒, 6: 49-52.

徐伟,石海英,徐晓艳,李秀娟. 2009. 生地黄色素的抑菌活性研究. 安徽农业科学, 37 (34): 16 820-16 821, 16 828.

徐文涛,翟梅枝,王伟,高智辉,李晓明. 2008. 核桃内生菌研究Ⅱ核桃内生菌G8发酵产物的抑菌活性研究. 西北农业学报, 17 (1): 82-87.

徐娴,谢承佳,何冰芳. 2007. 枯草芽胞杆菌葡萄糖脱氢酶基因的克隆及高效表达. 食品与生物技术学报, 26 (5): 75-78.

徐显玉,李兵飞. 2005. 小剂量红霉素在小婴儿功能性呕吐的应用. 江西医药, 40 (B12): 734.

徐祥彬,赖童飞,景云飞,徐勇. 2009. 山西壶瓶枣缩果病病原菌分离和鉴定. 植物病理学报, 39 (3):

225-230.

徐晓红, 孙玉梅, 曹芳, 刘鹏飞. 2010. 采油菌株的分离及其特性研究. 大连工业大学学报, 29 (3): 168-170.

徐晓军, 余光辉, 贾佳. 2006. 固定化优势菌种处理 NH_3 和 H_2S 恶臭气体. 化工环保, 26 (1): 9-12.

徐晓俊. 2009. 抗生素相关性腹泻的治疗与预防. 医学与哲学: 临床决策论坛版, 30 (3): 48-49.

徐旭东, 孔任秋. 1992. 球形芽胞杆菌 2362 株杀蚊幼虫蛋白基因的克隆. 中国寄生虫病防治杂志, 5 (4): 275-277.

徐旭东, 孔任秋. 1993. 基因工程杀蚊幼蓝藻的研究. 中国媒介生物学及控制杂志, 4 (4): 244-247.

徐雪莲, 代鹏. 2007. 2 株抗枯萎病尖镰孢菌内生细菌菌株的分离及鉴定. 果树学报, 24 (4): 483-486.

徐雅梅, 呼天明, 张存莉, 吴洪新. 2006. 菊苣根提取物的抑菌活性研究. 西北植物学报, 26 (3): 615-619.

徐艳, 王琦, 梅汝鸿. 2008. 蜡样芽胞杆菌 M22 Mn-SOD 基因的分子改造及在毕赤酵母中的表达. 农业生物技术学报, 16 (5): 881-885.

徐艳, 王绍义. 2006. 银杏叶提取物抑菌作用的研究. 食品研究与开发, 27 (10): 64-66.

徐艳萍, 王树英, 李华钟, 陈坚. 2004. 聚 γ-谷氨酸高产突变株的选育及摇瓶发酵条件. 无锡轻工大学学报: 食品与生物技术, 23 (5): 6-10.

徐燕. 2007a. 鱼腥草中天然防腐剂的提取方法及其抑菌作用. 湖北工业大学学报, 22 (2): 75-77, 81.

徐燕. 2007b. 鱼腥草中天然防腐剂的提取方法及其抑菌作用研究. 中国食品添加剂, 3: 97-101.

徐燕, 黄敬华. 2007. 迷迭香中天然防腐剂的提取方法及其抑菌作用研究. 氨基酸和生物资源, 29 (2): 1-4.

徐燕, 刘德清. 2007. 胡椒中天然防腐剂的提取方法及其抑菌作用研究. 中国调味品, 7: 57-60.

徐旸, 马放, 代阳, 李旭. 2010. O/W 型乳化液破乳菌发酵条件优化及破乳研究. 哈尔滨商业大学学报 (自然科学版), 26 (1): 22-25.

徐宜宏, 纪明山, 于敬沂. 2006. 高毒力 Bt 菌株 HB-3 发酵条件研究. 江苏农业科学, 34 (2): 57-59.

徐宜宏, 纪明山, 杨春喜, 张弘, 于敬沂. 2006. 东北地区高毒力苏云金芽胞杆菌 HB-3 菌株生物学特性研究. 植物保护, 32 (3): 43-46.

徐宜宏, 纪明山, 于敬沂, 张弘, 李胜敏. 2006. 东北地区土壤中 4 株 Bt 菌株的研究. 河南农业科学, 35 (1): 54-56.

徐意. 2008. 关于微生物对养殖水体脱氮的研究. 工会博览: 理论研究, 10: 61.

徐毅, 周培瑾. 1996. 分子伴娘 60 类群的系统发育学分析. 微生物学报, 36 (4): 241-249.

徐莹, 何国庆, 陈启和, 李景军. 2004. 缓冲体系对产弹性蛋白酶芽胞杆菌 EL31410 发酵的影响. 农业生物技术学报, 12 (6): 709-713.

徐颖, 刘琦, 王乐, 张书, 朱俊, 曾竞, 曹毅, 乔代蓉. 2008. 一株耐高温 α-淀粉酶生产菌的分离鉴定及其产酶条件优化. 四川大学学报 (自然科学版), 45 (4): 991-996.

徐咏全, 张蓓, 刘淑云, 陈宁, 张克旭. 2003. 采用模式识别法优化肌苷发酵条件. 天津轻工业学院学报, 18 (3): 5-9.

徐勇, 赵桂荣. 2006. 苏云金杆菌 (BTH-14) 和球形芽胞杆菌 (BS-10) 混合液对营口市区库蚊蚊幼的毒力测定. 现代预防医学, 33 (3): 382, 385.

徐正元, 王功成. 2007. 马来酸曲美布汀联合地衣芽胞杆菌治疗腹泻型肠易激综合征疗效分析. 中华现代内科学杂志, 4 (9): 827-828.

徐志伟. 1996. 苛求芽胞杆菌尿囊酸酰胺水解酶性质的研究. 微生物学通报, 23 (4): 202-205.

徐志鑫, 马树波, 唐雅清, 隋吉林, 刘重程. 2007. 一起私立学校内由蜡样芽胞杆菌引起食物中毒的调查与启示. 中国卫生检验杂志, 17 (1): 148.

许斌, 付裕, 张革辉. 2003. 一起食物中毒死亡报告分析. 实用预防医学, 10 (5): 779.

许冰. 2010. 一株芽胞杆菌胞外多糖的抗氧化性研究. 中国酿造, 8: 75-77.

许波, 黄遵锡, 陈金全, 杨云娟, 刘海燕. 2005. 枯草芽胞杆菌 AS1.398 中性蛋白酶基因的克隆及其在毕赤酵母中的高效表达. 云南师范大学学报 (自然科学版), 25 (3): 51-56.

许德富. 2005. 泸州老窖酿造之独特优势. 酿酒科技, 5: 114-117.

许芳, 冯建成, 李洁, 石衍君, 阎达中, 杨艳燕. 2004. 纳豆激酶基因在大肠杆菌中活性表达的比较研究. 微生物学杂志, 24 (2): 10-13.

许芳, 冯建成, 李洁, 石衍君, 杨艳燕. 2004. 重组纳豆激酶的分离纯化及酶学性质的初步研究. 湖北大学学报 (自然科学版), 26 (1): 57-60.

许凤玲, 林强, 张树芳, 侯保荣. 2008. 苯并异噻唑啉酮衍生物的合成及其抑菌性能. 海洋科学, 32 (5): 62-66.

许钢, 张虹. 2000. 竹叶提取物抑菌效果探讨. 山西食品工业, 3: 21-23.

许国焕, 吴月嫦, 付天玺, 张丽, 江永明, 龚全. 2008. 微生物制剂对奥尼罗非鱼生长及饲料表观消化率的影响. 中国饲料, 21: 26-28.

许会才, 王卫国, 赵永亮. 2008. 几株 Bt 菌株对紫外线的抗性研究. 安徽农业科学, 36 (8): 3086-3087.

许会会, 雷连成, 谢芳, 杜涛峰, 韩文瑜. 2010. 沙门氏菌 PCR 检测方法的建立. 中国畜牧兽医, 4: 94-97.

许甲平, 许发芝, 李吕木, 詹凯, 吴启有, 张志德, 梁张毅, 董妨, 张邦辉. 2010. 固态发酵菜籽粕替代日粮中豆粕饲喂肉鸭对生长性能和肠道微生物的影响. 中国饲料, 14: 14-17.

许金光, 陈丽. 2008. 产豆豉纤溶酶高产菌株的筛选及诱变育种. 中国酿造, 5: 64-66.

许金光, 刘长江, 王薇. 2008. 豆豉纤溶酶产生菌的筛选及诱变. 食品科技, 33 (5): 8-10.

许可, 毛裕民. 1997. 嗜热脂肪芽胞杆菌中转座因子 IS5376 的转座行为研究. 遗传学报, 24 (2): 178-182.

许丽娟, 谭之磊, 刘刚, 孟龙, 张金红. 2008. NK13 中 (S)-酮基布洛芬拆分用酯酶基因的克隆及表达. 中国生物工程杂志, 28 (2): 32-36.

许曼琳, 段永平, 吴祖建, 谢荔岩. 2009. 芽胞杆菌两菌株对香蕉炭疽病菌的抑制作用及其机制. 云南农业大学学报 (自然科学版), 24 (4): 522-527.

许明火. 1999. 梭状芽胞杆菌胶原酶的临床应用. 国外医学: 创伤与外科基本问题分册, 20 (1): 29-31.

许齐放, 陈廷伟. 1998. 八株芽胞杆菌菌株的分类及固氮活性的测定. 微生物学通报, 25 (5): 253-258.

许齐放, 陈廷伟. 1999. 二株固氮芽胞杆菌的固氮特性研究. 微生物学通报, 26 (1): 7-10.

许树林, 沈秀丽. 1996. 蜡样芽胞杆菌在环颈雉肠道内定植的研究. 林业科技, 21 (5): 30-32.

许同桃, 高健, 许兴友, 王大奇. 2008. 二 (2-羟基-4-甲氧基苯乙酮) 镍 (Ⅱ) 配合物的合成、结构与抗微生物活性研究. 无机化学学报, 24 (10): 1582-1587.

许同桃, 张亚琼, 王苗. 2008. 香草醛缩 2, 4-二硝基苯腙的合成和抑菌性研究. 化工时刊, 22 (3): 44-46.

许为民, 刘玉芳. 1996. 一起食用乳猪拼盘引起蜡样芽胞杆菌中毒报告. 广东卫生防疫, 22 (2): 71-72.

许伟, 郭海滨, 邵荣, 余晓红, 马磊. 2010. 芦苇叶总黄酮抑菌及抗氧化性能研究. 安徽农业科学, 38 (29): 16158-16161.

许伟, 王翠苹, 张志远, 刘海滨, 孙红文. 2011. 均匀电场下两株多环芳烃降解菌在土壤中的迁移及电动注入. 农业环境科学学报, 30 (1): 60-64.

许小平, 李忠琴, 欧敏锐, 周训胜. 2004. 竹沥组分分析及抑菌作用. 无锡轻工大学学报: 食品与生物技术, 23 (1): 36-39, 44.

许小蓉. 2008. 1例重症小儿破伤风的护理体会. 护理实践与研究, 5 (2): 86-87.

许修宏, 马怀良. 2010. 接种菌剂对鸡粪堆肥腐殖酸的影响. 中国土壤与肥料, 1: 54-56.

许彦娟, 张利平. 2008. 反硝化聚磷菌的分离筛选及鉴定. 河北农业大学学报, 31 (3): 60-63.

许尤峰, 王信浩. 1993. 嗜热脂肪芽胞杆菌 α-淀粉酶基因的结构分析以及高产研究. 工业微生物, 23 (2): 1-7.

许泽华, 樊哲炎, 姚德标, 于吉英. 2007. 乳酸菌素和枯草芽胞杆菌应用于蛋鸡饲养的试验研究. 饲料与畜牧: 新饲料, 9: 32-33.

许增德. 2011. 含油污泥微生物破乳脱油研究. 科技致富向导, 5: 313-314.

许章程. 2006. 益生菌在水产育苗中的应用研究. 台湾海峡, 25 (2): 279-284.

许正宏, 陶文沂. 2005. Bacillus pumilus WL-11 木聚糖酶 A 的纯化、鉴定及其底物降解方式. 生物工程学报, 21 (3): 407-413.

许正林, 王贵元. 2010. 天峻县藏羊快疫类病流行情况调查及防治. 青海畜牧兽医杂志, 2: 56.

许褆森. 2008a. 苏云金芽胞杆菌 cry1Ac15 基因的克隆及原核表达. 安徽农业科学, 36 (14): 5788-5789.

许褆森. 2008b. 苏云金芽胞杆菌 LY30 菌株对棉铃虫毒性的研究. 安徽农业科学, 36 (13): 5505-5506.

许中枢, 张用梅. 1993. 球形芽胞杆菌 C3-41 菌株感染致倦库蚊幼虫的组织病理学研究. 昆虫学报, 36 (1): 34-38.

宣灵, 何永美, 湛方栋, 张丽梅, 祖艳群, 李元. 2009. 紫外辐射对灯盏花附生、内生细菌数量的影响及机理. 生态环境学报, 18 (6): 2211-2215.

薛超波, 王国良, 金珊, 陆彤霞. 2005. 滩涂贝类养殖环境中细菌生态分布的初步研究. 中国卫生检验杂志, 15 (10): 1191-1193.

薛超波, 王国良, 金珊, 陆彤霞. 2007. 海洋滩涂沉积物环境中几类主要细菌的动态分布. 中国微生态学杂志, 19 (5): 426-428.

薛超波, 王建跃, 王世意, 石亚素, 王光宇, 何伟贤. 2005. 大黄鱼养殖网箱内外细菌的数量分布及区系组成. 中国微生态学杂志, 17 (5): 336-338.

薛德林, 胡江春, 马成新. 2005. 多功能微生物有机肥料的生产方法. 科技开发动态, 5: 49.

薛德林, 王伟, 胡江春, 马成新, 刘军, 萧宏亮, 王书锦. 2004. 海洋细菌 9912 生物制剂的发酵制备工艺及其应用效果. 饲料工业, 25 (1): 32-34.

薛德林, 魏建平, 胡江春, 高宏丽. 2003. 海洋细菌 9912 生物制剂在蛋鸡饲养中的应用效果. 饲料博览, 12: 31-32.

薛东红, 刘训理, 陈凯, 吴凡, 王智. 2006. 一株植物病原真菌拮抗细菌的分离与鉴定. 山东农业大学学报 (自然科学版), 37 (1): 1-5.

薛冬琳, 殷若新, 庄俊峰. 2004. 饲用芽胞杆菌在当前畜牧业中的应用. 山东家禽, 12: 34-36.

薛冬玲, 潘康成, 张钧利, 杨金龙. 2005. 枯草芽胞杆菌制剂对肉鸡生长性能的影响研究. 家禽科学, 3: 11-13.

薛峰, 刘瑾. 2009. 喜热噬油芽胞杆菌产生的生物乳化剂的组成与性质. 微生物学杂志, 29 (1): 50-54.

薛恒平, 王水玉. 1989. 用不同类型的菌剂防治肉用仔鸡疾病和提高增重试验. 中国微生态学杂志, 1 (2): 84-86.

薛恒平, 吴国俊. 1994. 用复合菌剂作为添加剂饲养仔猪研究. 畜牧兽医学报, 25 (3): 193-200.

薛健, 臧学丽, 陈光, 王刚, 高俊鹏. 2005. 纳豆激酶液体发酵条件的优化. 吉林农业大学学报, 27 (5): 569-573.

薛晶, 常艳, 邹文博, 李萍, 胡昌勤. 2010. 注射用替考拉宁的组分分析. 中国抗生素杂志, 35 (11): 848-851, 872.

薛林贵, 冯清平. 1997. 紫外诱变原生质体选育碱性蛋白酶高产菌株的研究: Ⅲ. 诱变株的选育. 兰州大学学报（自然科学版）, 33 (2): 72-78.

薛林贵, 赵旭, 常思静, 张红, 武振. 2010. 80MeV/uC-12 离子诱变选育 PHB 高产菌株. 核技术, 33 (4): 284-288.

薛林贵, 赵旭, 景春娥, 常思静. 2010. 尼罗蓝在筛选 PHB 高产菌株中的应用研究. 生物技术通报, 26 (3): 181-184.

薛明, 何虹. 1997. 爱得福消毒剂杀菌效果及影响因素试验. 中兽医医药杂志, 2: 11-14.

薛明华. 2009. 地衣芽胞杆菌胶囊治疗母乳性黄疸效果观察. 中国乡村医药, 16 (6): 33.

薛平, 李淑萍. 2005. 一起蜡样芽胞杆菌污染食物引起食物中毒的调查分析. 实用预防医学, 12 (1): 148.

薛屏, 卢冠忠, 郭杨龙, 王筠松. 2004. 含环氧基亲水性固定化青霉素酰化酶共聚载体的合成与性能研究. 高等学校化学学报, 25 (2): 361-365.

薛茹, 林种玉, 郑建红, 王琪, 颜长明, 陈翠雪, 叶青, 傅锦坤. 2006. Ag^+ 生物吸附的谱学研究. 高等学校化学学报, 27 (3): 553-555.

薛胜平, 杜连祥, 路福平. 2008a. 三种益生菌混合培养及共生机理研究. 工业微生物, 38 (2): 28-32.

薛胜平, 杜连祥, 路福平. 2008b. 五种益生菌在纤维固定化连续培养系统的共存定殖. 微生物学通报, 35 (1): 63-66.

薛胜平, 杜连祥, 路福平. 2008c. 二级连续系统混合培养益生菌及纤维益生菌片的研制. 食品科学, 29 (5): 265-268.

薛卫巍, 翟秋梅, 薛永常, 郑来久. 2009. 罗布麻微生物脱胶工艺优化. 纺织学报, 30 (4): 80-84.

薛新. 2006. 大蒜及其制品抑制致病菌生长繁殖的实验研究. 实用预防医学, 13 (4): 1034-1035.

薛秀园, 张慧雯, 倪国荣, 武琳, 涂国全. 2007. 红谷霉素对细菌芽胞的抑制机制. 江西农业大学学报, 29 (5): 830-832.

薛永萍, 汤璐. 2007. 芽胞杆菌溶解黄铁矿和磷矿浸出磷研究. 中南论坛: 综合版, 2 (4): 120-122.

薛宇峰, 吴金玲, 丁悦. 2010. 中性纤维素酶 β-葡萄糖苷酶基因的克隆表达及酶活测定. 数字技术与应用, 5: 173-174.

薛智勇, 潜祖琪. 1991. 芽胞杆菌菌剂在水稻高产上的应用效果. 浙江农业科学, 4: 185-188.

薛智勇, 吴献昌. 1993. 芽胞杆菌接种剂对马铃薯的增产效果. 马铃薯杂志, 7 (2): 107-110.

薛智勇, 张蚕生. 1991. 芽胞杆菌菌剂在油菜上的应用效果研究. 中国油料, 4: 55-58.

薛智勇, 朱荣华. 1992. 榨菜施用芽胞杆菌菌剂的效果. 上海蔬菜, 4: 38-39.

雅平, 刘伊强. 1993. 枯草芽胞杆菌 TG26 防病增产效应的研究. 生物防治通报, 9 (2): 63-68.

闫斌伦, 朱明, 孙文祥, 李旭光, 张冬胜. 2004. 微生物制剂在水产养殖中的应用. 中国水产, 6: 81-82.

闫凤兰, 卢峥. 1996. 肉仔鸡饲喂枯草芽胞杆菌效果的研究. 动物营养学报, 8 (4): 34-38.

闫国宏, 傅力, 古丽娜孜. 2007. 疑似胀袋番茄酱中几种微生物的检测研究. 食品科技, 32 (12): 187-189.

闫国宏, 傅力, 肖春芳, 崔宾. 2008. 新疆番茄酱中枯草芽胞杆菌耐热性的研究. 食品研究与开发, 29 (11): 88-90.

闫海霞, 郭世荣, 刘伟. 2010. 枯草芽胞杆菌对盐胁迫条件下黄瓜根际酶活性的影响. 华北农学报, 25 (4): 209-212.

闫金萍, 吴连春, 李秀凤. 2007. 核桃属特定部位提取物体外抑菌作用研究. 食品研究与开发, 28 (7):

41-43.

闫坤,吕加平,刘鹭,胡鲜宝,谢跃杰,孙洁,张书文. 2010. 超声波对液态奶中枯草芽胞杆菌的杀菌作用. 中国乳品工业, 2: 4-6.

闫茂仓,林志华,刘连生,马爱敏. 2009. 枯草芽胞杆菌对泥蚶及养殖底泥中细菌总数和弧菌总数的影响. 海洋科学, 33 (10): 36-39.

闫明奎,潘爱珍,王超萍,司振军. 2010. 不同金属离子和表面活性剂对转糖基 β-半乳糖苷酶活性的影响. 中国酿造, 8: 100-104.

闫沛迎,陈秀蓉,薛莉,杨成德. 2008. 枯草芽胞杆菌 B2 种子液发酵条件的研究. 甘肃农业大学学报, 43 (2): 110-113.

闫生远,古海山,杨流线,董保林. 2010. 羊快疫病的诊断与防治. 中国畜禽种业, 12: 112.

闫新华,阎喜军. 1999. TM 制剂治疗狐的细菌性腹泻研究. 特产研究, 2: 17-18.

闫亚婷,周安国,王之盛. 2011. 枯草芽胞杆菌固态发酵玉米粉的研究. 中国粮油学报, 26 (1): 52-55.

闫艳茹. 2008. 银杏外种皮系统溶剂提取物抑菌活性的研究. 农产品加工. 学刊, 2: 41-44.

严芳,黄丹,刘达玉,段献银. 2010. 紫苏水提取物抑菌作用的研究. 中国食品添加剂, 2: 148-151.

严建民,冯敏,朱佳廷,杨萍,林家彬,唐玉新,王德宁. 2009. 核桃粉辐照杀菌剂量. 江苏农业学报, 25 (6): 1360-1364.

严瑾,陈德局,陈守文,喻子牛. 2010. 胞内聚-β-羟基丁酸酯对苏云金芽胞杆菌营养细胞耐受性的影响. 长江大学学报:农学卷, 7 (2): 58-62.

严清平,袁善奎,朱春雨,姜辉. 2009. 井冈霉素对 3 种生防芽胞杆菌的生长抑制活性. 农药科学与管理, 30 (5): 39-41, 44.

严世荣,朱明磊. 1998. 丙酮在细菌 ArgRS 纯化过程中的作用. 郧阳医学院学报, 17 (2): 80-81.

严天鹏,苏春福. 2005. 水产常用有益活菌特性. 福建农业, 3: 30.

严万里,陈晓明,郭丽燕,柳芳. 2011. 超氧化物歧化酶活性测定的影响因素研究. 生物学通报, 46 (3): 50-53.

严晓华,刘钢,谭华荣. 2007. 苏云金芽胞杆菌芽胞萌发相关基因 *gerM* 的克隆及功能研究. 微生物学报, 47 (1): 17-21.

严忠诚,阎新华. 1993. 梅花仔鹿感染腊状芽胞杆菌的报告. 特产研究, 1: 44, 52.

阎斌伦,王笃彩,李士虎,徐家涛. 2005. 枯草芽胞杆菌的活性与环境因子的相关性研究. 淡水渔业, 35 (1): 13-15.

阎斌伦,王兴强,李士虎,王笃彩. 2005. 微生物制剂在中华绒螯蟹工厂化育苗水质调控中的应用. 中国农学通报, 21 (3): 329-332.

阎春兰,李超吉. 2010. 腐烂柑橘中两株细菌的分离与鉴定. 湖北农业科学, 49 (4): 879-881.

阎歌,刘相萍,张晓静,江洪涛,甄天民,王怀位,孔任秋,徐旭东. 1996. 基因工程灭蚊幼蓝藻的现场初步观察. 中国媒介生物学及控制杂志, 7 (2): 85-88.

阎浩林,苏昕. 1996. 高活力碱性淀粉酶菌种的选育及培养条件研究. 微生物学杂志, 16 (4): 23-26.

阎浩林,张惠莉. 1996. 碱性淀粉酶产生菌的筛选和产酶条件的研究. 微生物学杂志, 16 (1): 26-30.

阎小雪,李国英,乔贵宾. 2004. 新疆棉花苗期病害拮抗细菌的筛选和应用. 新疆农业科学, 41 (5): 288-292.

阎新华,宋心杰. 1999. 蜡样芽胞杆菌 BC983 的鉴定及生态效应的研究. 中国预防兽医学报, 21 (3): 169-170.

阎新华,严忠诚. 1992. 鹿源蜡状芽胞杆菌的鉴定及药敏谱测定. 中国兽医科技, 22 (7): 20-21.

阎新华,严忠诚. 1993. 梅花鹿蜡状芽胞杆菌的分离鉴定. 中国兽医杂志, 19 (6): 10-11.

颜邦斌. 2001. 畜舍常用消毒药的特点与选用. 农村百事通, 7: 34-35.
颜栋林, 李萍, 兰茜. 2010. 复生康胶囊微生物限度检查法方法验证. 长春中医药大学学报, 26 (1): 131-132.
颜莉, 赵吉寿. 2010. 含硫 Schiff 碱的合成及其抑菌活性. 合成化学, 18 (1): 86-89.
颜念龙, 邱思鑫, 何红, 关雄, 胡方平. 2004. 原生质体融合构建防病、杀虫和内生多功能工程菌. 农业生物技术学报, 12 (6): 704-708.
颜其贵, 王新, 郭万柱, 袁孟伟, 宋振辉, 殷华平, 李璟, 曹洪志, 陈斌. 2007. 三株芽胞杆菌对沙门氏杆菌的体外拮抗作用研究. 中国预防兽医学报, 29 (1): 71-74.
颜涛, 苏静, 李德舜. 2006. 芽胞杆菌 (Bacillus subtilis No. 16A) 苎麻脱胶聚半乳糖醛酸裂解酶的纯化及酶学性质. 山东大学学报 (理学版), 41 (5): 161-165.
颜彦, 王康俊, 王好. 2007. 半夏止咳糖浆微生物限度检查方法的研究. 中国热带医学, 7 (2): 259, 263.
晏立英, 周乐聪, 谈宇俊, 单志慧. 2005. 油菜菌核病拮抗细菌的筛选和高效菌株的鉴定. 中国油料作物学报, 27 (2): 55-57, 61.
燕红, 杨谦. 2006. 两株芽胞杆菌产纤维素酶的诱导机理研究. 林产化学与工业, 26 (3): 77-80.
燕红, 杨谦. 2007. 地衣芽胞杆菌对麦麸降解作用的研究. 林产化学与工业, 27 (4): 97-102.
燕红, 杨谦. 2008. 蜡样芽胞杆菌对稻草的降解作用. 哈尔滨工业大学学报, 40 (8): 1242-1246.
燕红, 杨谦, 潘忠诚. 2007. 一株地衣芽胞杆菌对稻草降解作用的研究. 浙江大学学报 (农业与生命科学版), 33 (4): 360-366.
燕红, 杨谦, 王希国. 2006. 两株芽胞杆菌产纤维素酶的研究. 林产化学与工业, 26 (2): 83-86.
燕红, 杨谦, 王希国. 2007. 一株产纤维素酶细菌 X10-1-2 的鉴定. 工业微生物, 37 (3): 42-43.
燕清丽, 周斌, 孟晓娜, 李振秀, 陈芳, 高剑峰. 2008. 脂肪酶产生菌的筛选及鉴定研究. 生物技术通报, 24 (6): 170-174.
燕淑海, 肖美华. 2010. 地衣芽胞杆菌制剂对蛋鸡产蛋率的影响. 潍坊教育学院学报, 23 (1): 74-75.
羊宋贞, 姚青, 孙晓棠, 朱红惠. 2007. 一株番茄青枯菌拮抗菌的鉴定及抗病效果初探. 微生物学通报, 34 (5): 859-862.
阳建辉, 谢拥军, 万南安, 谭溪清. 2007. 微生物制剂对生长肥育猪营养物质消化率的影响. 湖南畜牧兽医, 3: 18-19.
阳建辉. 2006. 微生物制剂在猪场使用效果分析. 湖南农业科学, 3: 126-128.
杨爱静. 2006. 浅淡微生态制剂及其在水产养殖中的应用. 科学养鱼, 2: 18-19.
杨安树, 李欣, 陈红兵, 刘志勇. 2007. 牛乳中乳铁蛋白的纯化和抗菌活性研究. 食品工业科技, 28 (4): 70-73.
杨保伟, 来航线, 盛敏. 2004. 3 株蜡样芽胞杆菌生理特性及 SOD 发酵条件的研究. 西北农林科技大学学报 (自然科学版), 32 (3): 101-103.
杨蓓芬, 崔敏燕. 2009. 绵毛鹿茸草的次生代谢产物含量与抑菌活性分析. 浙江中医药大学学报, 33 (2): 265-267.
杨波. 2007. 厦门地区近海温泉嗜热菌的分离、鉴定以及四株来源不同嗜酸氧化亚铁硫杆菌的比较研究. 厦门: 国家海洋局第三海洋研究所硕士研究生学位论文: 1.
杨波, 陈新华. 2007. 厦门地区近海温泉嗜热菌的分离、鉴定. 台湾海峡, 26 (1): 61-70.
杨彩艳, 宋俊梅. 2009. 液态发酵大豆肽分子量分布与酶分布关系研究. 粮食与油脂, 10: 19-22.
杨朝晖, 刘有胜, 曾光明, 肖勇, 杨恋. 2007. 厨余垃圾高温堆肥中嗜热细菌种群结构分析. 中国环境科学, 27 (6): 733-737.

杨朝晖, 陶然, 曾光明, 肖勇, 邓恩建. 2006. 多粘类芽胞杆菌 GA1 产絮凝剂的培养基和分段培养工艺. 环境科学, 27 (7): 1444-1449.

杨春华. 1998. 不同细菌制剂对核桃苗促生效果的试验. 贵州林业科技, 26 (1): 29-31.

杨春晖, 王海燕. 2007. 短小芽胞杆菌碱性蛋白酶基因启动子的克隆、鉴定及其应用. 遗传, 29 (7): 874-880.

杨翠英. 2008. 2000—2008 年苏州市吴中区细菌性食物中毒事件分析. 职业与健康, 24 (21): 2290-2291.

杨翠云, 李敦海, 刘永定. 2008. 微囊藻毒素对典型微生物生长及生理生化特性的影响. 水生生物学报, 32 (6): 818-823.

杨代永, 范光先, 汪地强, 吕云怀. 2007. 高温大曲中的微生物研究. 酿酒科技, 5: 37-38, 41.

杨丹, 穆军, 李岩, 张翼, 董学伟. 2008. 一株种内拮抗的海洋枯草芽胞杆菌的分离与鉴定. 生物技术, 18 (4): 40-43.

杨德俊, 冯纪南, 李旭, 邓斌, 卞杰松. 2008. 稀土离子对苏云金芽胞杆菌生长及 Bt 蛋白产量的影响. 现代农业科技, 13: 133, 136.

杨德智, 聂凤环, 马静洁. 2009. 纳豆激酶对动物体内血栓的溶解作用. 延边大学医学学报, 32 (4): 237-238.

杨迪, 李艳, 张喜红, 袁均林, 贺红武. 2009. 重组苏云金芽胞杆菌丙酮酸脱氢酶克隆及表达条件的优化. 化学与生物工程, 26 (4): 39-42.

杨东升, 李会萍, 谢晓红, 罗先群. 2009. 海南桉叶提取物熊果醇和桉叶油的抑菌特性研究. 化学与生物工程, 26 (12): 60-62.

杨冬华, 王立生. 2007. 微生态制剂的临床应用及开发近况. 中国医师进修杂志: 内科版, 30 (5): 8-10, 16.

杨冬梅, 毕阳, 李轩, 李梅, 葛永红. 2004. 芽胞杆菌 B1 对"银帝"甜瓜主要采后病害的抑制. 甘肃农业大学学报, 39 (1): 18-21.

杨帆. 2010. 消癌平片微生物限度检查方法验证研究. 首都医药, 24: 42-43.

杨帆, 王和玉, 姚翠屏, 林琳, 王莉, 吕云怀, 季克. 2010. 不同工艺条件下枯草芽胞杆菌代谢产物分析对比. 酿酒科技, 1: 104-106.

杨费莉, 谢燕, 彭昕, 倪耀宗. 2007. 清热败毒合剂微生物限度检查方法的验证. 药学与临床研究, 15 (4): 294-296.

杨富亿, 李秀军, 王志春, 赵春生. 2003. 吉林省西部苏打盐碱地养鱼稻田微生物研究. 吉林农业大学学报, 25 (6): 606-610.

杨富亿, 李秀军, 王志春, 赵春生. 2004. 苏打盐碱地养鱼稻田水体微生物区系研究. 农村生态环境, 20 (2): 21-23, 45.

杨革, 陈坚, 曲音波, 伦世仪. 2001a. 聚 γ-谷氨酸生产菌地衣芽胞杆菌的 He-Ne 激光辐射效应. 激光生物学, 10 (4): 255-260.

杨革, 陈坚, 曲音波, 伦世仪. 2001b. 金属离子对地衣芽胞杆菌合成多聚 γ-谷氨酸的影响. 生物工程学报, 17 (6): 706-709.

杨革, 陈坚, 曲音波, 伦世仪. 2002a. 细菌聚 γ-谷氨酸溶液流变性能的研究. 高分子学报, 3: 345-348.

杨革, 陈坚, 曲音波, 伦世仪. 2002b. 碳源和 Mn^{2+} 对地衣芽胞杆菌 *Bacillus licheniformis* WBL-3 生产聚 γ-谷氨酸的影响. 化工学报, 53 (3): 317-320.

杨革, 刘艳, 李桂芝. 2008. 地衣芽胞杆菌 γ-谷氨酰转移酶的分离和纯化. 应用与环境生物学报, 14 (3): 432-435.

杨革, 王宁, 张超. 2010. 全细胞催化合成医用纺织新材料聚 γ-谷氨酸. 过程工程学报, 10 (4): 777-780.

杨耿, 阮红, 罗晶. 2008. 絮凝剂产生菌的筛选及其絮凝活性的测定. 浙江大学学报 (理学版), 35 (2): 210-214.

杨冠东, 杜少平, 杨础华, 黄琼. 2008. 产碱性蛋白酶的嗜热菌株筛选及发酵条件研究. 食品与发酵工业, 34 (10): 70-73.

杨光, 马香华, 潘杰, 赵红. 2003. 地衣芽胞杆菌活菌制剂与氟哌酸联合治疗急性腹泻. 中国基层医药, 10 (1): 53.

杨光平 (编译). 2006. 滥用抗生素感染致命肠道细菌. 家庭医学: 上半月, 9: 29.

杨光裕, 杨平. 1995. 细菌 L 型败血症 324 例临床分析. 中国微生态学杂志, 7 (4): 61-64.

杨光元, 龙金. 2010. 肛瘘并发破伤风 1 例的报告. 医学信息: 下旬刊, 23 (12): 138-139.

杨光忠, 李芸芳, 喻昕, 梅之南. 2007. 臭灵丹萜类和黄酮化合物. 药学学报, 42 (5): 511-515.

杨贵军, 吴涛, 雍惠莉, 岳思君, 范玉婷. 2008. 沟眶象成虫肠道好氧及兼性厌氧菌群的研究. 宁夏大学学报 (自然科学版), 29 (2): 166-168, 179.

杨桂有, 刘爱国, 程榆茗. 2010. 猪血 IgG 体外抑菌性能研究. 中国饲料添加剂, 5: 24-26.

杨海峰, 葛竹兴. 2007. 硫酸黏杆菌素研究概况. 饲料工业, 28 (2): 58-59.

杨汉博, 潘康成. 2003. 不同剂量益生芽胞杆菌对肉鸡免疫功能的影响. 兽药与饲料添加剂, 8 (4): 8-10.

杨汉博, 周安国. 2002. 饲用芽胞杆菌研究进展. 饲料博览, 10: 7-10.

杨好, 许强芝, 艾峰, 刘小宇, 施晓琼, 焦炳华. 2007. 一株具有抗稻瘟霉活性的海洋细菌 32-11-2-2 的筛选和分离鉴定. 第二军医大学学报, 28 (7): 718-721.

杨合同, 陈凯, 李纪顺, 郭勇, 徐砚珂. 2003. 重组巨大芽胞杆菌在小麦根际的定殖及其对植物真菌病害的防治效果. 山东科学, 16 (3): 12-17.

杨合同, 郭庆文. 1995. 小麦根际拮抗性产芽胞细菌的鉴定. 山东科学, 8 (1): 50-52, 55.

杨合同, 黄玉杰, 徐砚珂, 唐文华. 2008. 电脉冲穿孔法将几丁质酶基因导入巨大芽胞杆菌. 微生物学杂志, 28 (6): 1-4.

杨合同, 唐文华, 迟建国, 徐砚珂, 王加宁. 2002. 植病生防菌株 B1301 的种类鉴定及其对生姜青枯病的作用机理和防治效果. 中国生物防治, 18 (1): 21-24.

杨红利, 罗春梅, 石泽刚, 王建容, 骆书兰. 2009. 地震掩埋 179h 致气性坏疽截肢术患者一例的护理. 解放军护理杂志, 26 (5): 72, 78.

杨虹, 杭晓敏, 李道棠. 2002. 垃圾填埋场中降解纤维素细菌的 16S rDNA 分析. 上海交通大学学报, 36 (10): 1500-1502, 1515.

杨洪江, 卢彦珍, 张朝正. 2009. 一株氯苯降解菌的分离鉴定. 天津科技大学学报, 24 (5): 6-9.

杨洪一, 周阳阳. 2010. 绿色木霉和枯草芽胞杆菌对玉竹锐顶镰孢菌的拮抗作用研究. 黑龙江农业科学, 12: 57-59.

杨华第, 沈微, 王正祥. 2007. 普鲁兰酶产生菌的分离与鉴定. 食品研究与开发, 28 (9): 4-7.

杨华松, 张晓冬, 阮梅杰, 胡永金. 2009. 黑豆纳豆发酵工艺的研究. 江苏调味副食品, 5: 19-22.

杨华松, 张晓冬, 阮梅杰, 胡永金. 2010. 黑豆纳豆发酵工艺的研究. 中国调味品, 4: 85-88.

杨怀文, 宪代. 2008. 植物疫苗有前景. 农药市场信息, 10: 32.

杨怀志. 2010. 四联活菌治疗小儿急性腹泻的疗效分析. 临床和实验医学杂志, 9 (16): 1258-1259.

杨慧, 王振华, 潘康成, 祝小, 吴敏峰. 2007. 芽胞杆菌产淀粉酶活性的研究. 现代农业科技, 2: 90, 93.

杨积朋, 薛国庆. 2001. 一起蜡样芽胞杆菌引起食物中毒. 安徽预防医学杂志, 7 (5): 383-384.

杨家轩,雷国元,范唯,丁翠萍.2009.焦化废水高效脱色菌株的选育与脱色条件研究.工业用水与废水,40(6):35-39.

杨建明,肖瑞芬,周艳.2003.微生物灭钉螺研究现状.湖北大学学报(自然科学版),25(4):337-341.

杨建平,刘尊玉,张淑滨,郑历.2003.市售袋装瓜子卫生状况调查.现代预防医学,30(3):377.

杨建州,吴芳良,温官,张洪勋.2000.味精废水发酵培养苏云金芽胞杆菌的研究.环境污染治理技术与设备,1(6):35-40.

杨建州,张松鹏.2002a.味精废水培养苏云金芽胞杆菌中的预处理研究.环境污染治理技术与设备,3(8):18-21.

杨建州,张松鹏.2002b.利用味精废水发酵生产苏云金芽胞杆菌的发酵条件研究.食品与发酵工业,28(4):28-32.

杨剑芳,黄明勇,李杨,管莹,李登.2010.盐碱土硅酸盐细菌多样性初步研究.中国农学通报,26(20):193-199.

杨剑平.2003.从血液中检出一株蜡样芽胞杆菌的报道.中国厂矿医学,16(4):338.

杨健国,潘富友,李钧敏.2006.2'-(1-萘亚甲基)-2-羟基苯甲酰腙的合成、晶体结构及抑菌活性.化学研究与应用,18(1):89-92.

杨娇艳,张勇,王红梅,宋冬林.2006.金矿化指示菌的分子生物学鉴定.地球科学:中国地质大学学报,31(3):355-360.

杨金奎,段焰青,陈春梅,李庆华.2008.醇化烟叶表面可培养微生物的鉴定和系统发育分析.烟草科技,11:51-55.

杨金龙,潘康成,赵小林.2005.高产碱性蛋白酶地衣芽胞杆菌的研究进展.河南农业科学,34(1):59-61.

杨金美,肖炜,吴立生,董学畅,文孟良.2006.几种4-α-呋喃甲酰PMP希夫碱的合成与抑菌活性研究.云南化工,33(3):21-24.

杨金水,许良华,佘跃惠,李兴利.2007.菲降解菌的分离鉴定及其降解性研究.海洋科学,31(12):24-27.

杨金艳.2009.枯草芽胞杆菌XM16分泌蛋白的抑菌作用及抗菌蛋白的分离纯化.河南农业科学,38(12):78-81.

杨锦莲.2008.思密达冲剂与思连康片联合治疗婴儿腹泻60例疗效观察.山西医药杂志:下半月,37(3):242-243.

杨劲松,韩伟,白红玲.2009.美洲幼虫腐臭病病原的检测与鉴定.中国蜂业,5:20-21.

杨景云,罗海波.1991.艰难梭状芽胞杆菌毒素A的研究进展.佳木斯医学院学报,14(3):210-214.

杨敬辉,陈宏州,朱桂梅,潘以楼.2008.冷冻干燥保护剂和再水化剂对短短小芽胞杆菌TW的存活率与贮藏稳定性的影响.江苏农业科学,36(5):87-90.

杨敬辉,陈宏州,朱桂梅,吴琴燕,潘以楼.2010.类芽胞杆菌TX-4菌株对根结线虫的生防活性.江西农业学报,22(2):81-83.

杨敬辉,孙庭东,朱桂梅,潘以楼,束兆林,集沐祥.2006.枯草芽胞杆菌K12摇瓶发酵条件的确定和抗菌谱测定.上海农业科技,1:27-28.

杨敬辉,朱桂梅,潘以楼.2006.枯草芽胞杆菌K12发酵液对核盘菌的抑菌活性.江苏农业科学,34(1):54-56.

杨静,陈卫,傅晓燕,张灏.2004.耐热重组β-半乳糖苷酶的制备及酶稳定性研究.工业微生物,34(1):35-38.

杨静,范运梁,崔春晓,李娜,戴美学.2009.一株联苯降解菌的筛选及其降解条件研究.微生物学杂志, 29 (3): 37-41.
杨莒, 王玉莲. 2010. 温棚蔬菜巧用 Bt 杀虫剂. 北京农业: 实用技术, 10: 17.
杨军, 谭丽蓉. 2011. 一起蜡样芽胞杆菌食物中毒的调查报告. 职业卫生与病伤, 26 (1): 51-52.
杨军, 朱琨, 黄涛. 2006. 土壤中酚的微生物降解试验研究. 土壤通报, 37 (1): 130-133.
杨俊豪, 胡学智. 1990. 地衣芽胞杆菌 A. 4041 耐高温 α-淀粉酶的研究. 微生物学通报, 17 (5): 286-289.
杨俊通, 朱兴杰. 2010. 对氯硝基苯高效降解菌株的筛选. 科园月刊, 3: 54-56.
杨开杰. 2008. 生物农药苏云金芽胞杆菌的优化培养研究. 科技创新导报, 10: 248-249.
杨开杰. 2010. Bt 的活化时间对发酵周期的影响. 河北科技大学学报, 31 (6): 534-537.
杨肯牧. 2010. 枯草芽胞杆菌制剂用途广. 湖南农业, 1: 23.
杨乐, 鲁建江, 王开勇, 庞玮, 李春. 2009. 石油降解菌的筛选及其产表面活性剂的研究. 石河子大学学报 (自然科学版), 27 (2): 221-225.
杨礼富, 刘正初, 彭源德, 冯湘沅, 杨喜爱. 2001. 多粘芽胞杆菌 T1163 在红麻发酵过程中分泌脱胶酶种类的初步研究. 中国麻作, 23 (1): 13-18.
杨立华, 赵述淼, 冷一非, 梁运祥. 2010. 一株凝结芽胞杆菌产芽胞条件的研究. 中国酿造, 5: 96-98.
杨立山. 2000. 肉毒中毒 10 例临床分析. 宁夏医学院学报, 22 (3): 198-199.
杨立涛. 2006. 谈谈美洲幼虫病的防治. 中国蜂业, 57 (6): 20.
杨立云. 2010. SOD 苹果诞生的奥秘——SOD 苹果生产的技术要点. 中国林业, 13: 46.
杨丽君, 韩志英, 赵静, 黄凤. 2007. 1 例高原破伤风疑似病例鼻饲失败的原因分析及护理对策. 西藏科技, 5: 42-43.
杨丽丽, 潘伟斌, 李燕. 2010. 一株溶藻细菌溶藻活性物质的成分及溶藻机制. 环境科学与技术, 33 (3): 72-75, 83.
杨丽宁, 赵士豪, 刘冲. 2008. 间歇流加 L-山梨糖发酵生产 2-酮基-L-古龙酸研究. 河北化工, 31 (6): 33-35.
杨丽荣, 王正军, 薛保国, 刘红彦, 马建岗, 郑亚平. 2010. 解淀粉芽胞杆菌 YN-1 抑菌蛋白 *TasA* 基因的克隆及原核表达. 基因组学与应用生物学, 29 (5): 823-828.
杨丽英, 马国顺. 2009. 均匀设计在微生物发酵条件优化试验中的应用. 太原师范学院学报 (自然科学版), 8 (3): 23-25.
杨丽珠, 马明. 1993. 携有巨大芽胞杆菌淀粉酶基因的两种质粒在枯草杆菌中产酶性质的比较. 生物化学杂志, 9 (2): 141-145.
杨柳, 魏兆军, 朱武军, 叶明. 2008. 产纤维素酶菌株的分离、鉴定及其酶学性质研究. 微生物学杂志, 28 (4): 65-69.
杨柳, 张克旭, 刘淑云, 陈宁. 2001. 枯草芽胞杆菌 D-核糖摇瓶发酵条件的研究. 天津轻工业学院学报, 16 (1): 11-13.
杨露青, 薛金花, 何爱桃, 周艺, 李程, 袁国保. 2003. 溶菌酶抑菌作用检测方法研究. 美国中华临床医学杂志, 5 (3): 213-214.
杨貌良. 2008. 广效性植物肥料——植物因而肥. 农业知识: 致富与农资, 9: 50-51.
杨梅, 郭丽清, 关夏玉, 张峰, 林彬辉, 陈新华, 黄志鹏. 2008. AiiA 融合蛋白包涵体变性和复性的研究. 福建师范大学学报 (自然科学版), 24 (4): 76-79.
杨梅, 林彬辉, 关夏玉, 郭丽清. 2007. 苏云金芽胞杆菌 *aiiA* 基因的克隆与结构分析. 福建师范大学学报 (自然科学版), 23 (5): 85-90.
杨梅, 姚帆, 黄勤清, 黄天培, 周志宏, 关夏玉, 黄志鹏, 关雄. 2007. 不同来源的苏云金芽胞杆菌 *aiiA*

基因表达及其抗病性分析. 应用与环境生物学报, 13 (3): 373-381.

杨梅, 张峰, 苏新华. 2009. 苏云金芽胞杆菌 LLB19 发酵培养基的优化. 福建师范大学学报 (自然科学版), 25 (2): 75-81.

杨梅, 张锋, 林彬辉, 苏新华, 郭丽清, 黄志鹏, 关雄. 2008. AiiA 蛋白的可溶性表达及其抗菌活性研究. 分子细胞生物学报, 41 (6): 465-472.

杨苗, 程安春, 汪铭书, 仲崇岳. 2007. 基于鸭疫里默氏杆菌 16SrRNA PCR 检测方法的建立和应用. 四川农业大学学报, 25 (3): 343-347.

杨明凡, 张锋, 唐湛伟, 苗舜尧. 2007. 微生态活菌制剂对雏鸡生长抗病作用的研究. 中国畜牧兽医, 34 (10): 146.

杨品红, 张倩, 李梦军, 王晓艳, 谢春华. 2005. 有益复合菌对育珠池水环境和珍珠生长的影响研究. 淡水渔业, z1: 73-75.

杨起恒, 李红. 2008. 嗜热脂肪芽胞杆菌检测牛奶中抗生素残留的研究. 中国乳品工业, 36 (3): 51-53.

杨倩, 于宏伟, 郭润芳, 贾英民. 2010. 侧孢短芽胞杆菌 S62-9 产抗菌物质的分离纯化及部分特性的研究. 河北农业大学学报, 33 (2): 74-78.

杨清香. 曹军卫. 1998a. 嗜碱细菌 NTT33 碱性 β-甘露聚糖酶的纯化与性质研究. 武汉大学学报 (自然科学版), 44 (6): 761-764.

杨清香, 曹军卫. 1998b. 高渗环境对枯草芽胞杆菌和粘质沙雷氏菌胞内自由氨基酸库含量和组成的影响. 武汉大学学报 (自然科学版), 44 (2): 241-244.

杨清香, 曹军卫. 1998c. 嗜碱芽胞杆菌 NTT33 产碱性 β-甘露聚糖酶发酵条件的研究高产菌株选育. 氨基酸和生物资源, 20 (4): 14-18.

杨清香, 李学梅, 李用芳. 1999. 嗜碱芽胞杆菌 NTT33 β-甘露聚糖酶的特性研究. 河南师范大学学报 (自然科学版), 27 (3): 70-74.

杨清香, 李用芳, 李学梅, 刘国生, 秦燕. 1999. 外界高渗环境对枯草芽胞杆菌胞内自由脯氨酸含量的影响. 氨基酸和生物资源, 21 (3): 9-11, 29.

杨清香, 张晶, 朱孔方, 俞宁. 2010. 小麦根际优势菌对畜禽用抗生素的敏感性研究. 环境科学与技术, 33 (2): 85-89.

杨庆军, 张小伟, 冯红, 张义正. 2010. 脱毛碱性蛋白酶定点突变的初步分析. 四川大学学报 (自然科学版), 47 (4): 936-940.

杨秋枚, 马莺, 何胜华, 李海梅, 孔保华. 2006. 自然发酵黄豆酱的微生物安全性的分析. 中国酿造, 8: 67-69.

杨锐, 方文雅, 单媛媛, 陈海敏. 2008. 条斑紫菜外生细菌的遗传多样性. 海洋学报, 30 (4): 161-168.

杨瑞馥. 2002. 炭疽芽胞恐怖及其相关问题. 军事医学科学院院刊, 26 (1): 1-4.

杨瑞馥, 韩延平, 宋亚军, 杜宗敏, 翟俊辉, 甄蓓. 2002. 炭疽芽胞杆菌检测鉴定技术研究进展. 微生物学免疫学进展, 30 (2): 53-56.

杨瑞馥, 王津, 郭兆彪, 宋亚军, 张敏丽, 杜宗敏, 翟俊辉. 2002. 炭疽芽胞杆菌防污染 PCR-微孔板杂交-EIA 检测技术的研究. 军事医学科学院院刊, 26 (1): 5-8.

杨闰英, 胡志浩. 1998. 苏云金芽胞杆菌 δ-内毒素 cryIA (c) 基因在大肠杆菌和变铅青链霉菌中表达. 生物工程学报, 14 (2): 119-124.

杨润亚, 吴文君. 2001. 库斯塔克素 (Kurstakins) ——一类自 Bt 中分离出的具杀菌活性的新型脂肽. 世界农药, 23 (4): 37-38.

杨森艳, 姚雷. 2005. 柠檬草精油抗菌性研究. 上海交通大学学报 (农业科学版), 23 (4): 374-376, 382.

杨姗, 周荣清. 2010a. 1 株蜡状芽胞杆菌产脱毛蛋白酶的酶性质研究. 贵州农业科学, 38 (9): 96-98.

杨姗, 周荣清. 2010b. 1 株脱毛蛋白酶生产菌株的选育和鉴定. 安徽农业科学, 38 (23): 12781-12784.

杨少波, 刘训理. 2008. 多粘类芽胞杆菌及其产生的生物活性物质研究进展. 微生物学通报, 35 (10): 1621-1625.

杨燊, 邓尚贵, 秦小明. 2008. 低值鱼蛋白多肽-钙螯合物的制备和抗氧化、抗菌活性研究. 食品科学, 29 (1): 202-206.

杨升, 李立, 付权, 王行国. 2010. β-甘露聚糖酶产生菌的鉴定及其粗酶性质的研究. 湖北大学学报 (自然科学版), 32 (2): 214-216.

杨胜远, 陈桂光, 肖功年, 梁智群. 2004a. 芒果主要病原菌拮抗微生物的分离筛选. 植物保护, 30 (3): 55-58.

杨胜远, 陈桂光, 肖功年, 梁智群. 2004b. 芽胞杆菌 *Bacillus* sp. X-98-2 对芒果保鲜作用. 食品科学, 25 (3): 180-183.

杨胜远, 陆兆新, 孙力军, 别小妹. 2007. 产谷氨酸脱羧酶金银花内生菌的鉴定及其转化特性研究. 食品科学, 28 (2): 196-202.

杨胜远, 陆兆新, 孙力军, 吕凤霞. 2007. 爬山虎内生菌的鉴定及其谷氨酸脱羧酶酶学特性. 南京农业大学学报, 30 (2): 122-127.

杨胜远, 韦锦, 李云. 2010. 两株植物内生巨大芽胞杆菌的生物学特性比较. 生物技术通报, 26 (3): 185-190.

杨晟, 袁中一. 1999. 巨大芽胞杆菌青霉素 G 酰化酶基因在枯草杆菌中的高表达. 生物化学与生物物理学报, 31 (5): 601-603.

杨世忠, 牟伯中, 吕应年, 陈涛. 2004. 环脂肽氨基酸顺序的质谱测定. 化学学报, 62 (21): 2200-2204.

杨仕美, 张翼霄, 高光军, 郭利果. 2009. 不同碳源富集的石油烃降解菌群结构的分析. 海洋科学, 33 (8): 87-92.

杨守明, 张浦龄, 贺天笙, 唐伟平. 2000. 细菌杀蚊制剂杀灭蚊幼虫的实验研究. 医学动物防制, 16 (2): 57-60.

杨姝倩, 李素玉, 李法云, 谯兴国. 2006. 沈抚污灌区结冻土壤中微生物群落及石油烃优势降解菌的筛选. 气象与环境学报, 22 (3): 54-56.

杨水兵, 梁瑞红, 刘成梅, 刘伟. 2008. 保鲜剂 OAA-7 与 Nisin 对常见革兰氏阳性菌抑制效果对比. 江西食品工业, 1: 28-30.

杨水英, 李振轮. 2007. 产组成型几丁质酶菌株的筛选及产酶条件优化. 西南大学学报 (自然科学版), 29 (4): 159-163.

杨水英, 李振轮, 青玲, 江艳冰. 2007. 产几丁质酶烟草内生细菌的筛选及产酶条件研究. 西北农业学报, 16 (4): 223-227.

杨水云, 易全成, 赵文明. 1999. 苏云金芽胞杆菌噬菌体在电镜下的形态学研究. 西安交通大学学报, 33 (2): 67-70.

杨水云, 易全成, 赵文明. 1998. 酸碱度对温和噬菌体存活与吸附效率的影响. 西北大学学报 (自然科学版), 28 (4): 358-361.

杨涛. 2010. 酵素菌生物有机鱼肥养鱼新技术. 渔业致富指南, 18: 61-62.

杨天学, 唐忠涛, 席北斗, 魏自民. 2009. 耐高温解无机磷菌的筛选及初步鉴定. 农业环境科学学报, 28 (2): 393-397.

杨威, 李子楠, 赵宇, 王雪. 2007. 左侧胫腓骨骨折合并气性坏疽患者的术后护理. 中国实用护理杂志: 下旬版, 23 (1): 24-25.

杨卫东，费学谦，王敬文. 2006. 不同溶剂对竹叶提取物抑菌作用的影响. 食品工业科技, 27 (1)：77-79.

杨文博，冯耀宇. 1994a. 利用淀粉产生碱性蛋白酶工程菌的构建. 微生物学通报, 21 (5)：273-278.

杨文博，冯耀宇. 1994b. 产碱性蛋白酶短小芽胞杆菌转化子高酶活力菌株的选育. 天津微生物, 4：1-6.

杨文博，冯耀宇. 1994c. 短小芽胞杆菌产碱性蛋白酶高酶活力菌株的诱变筛选. 天津微生物, 3：1-4.

杨文博，沈庆. 1995. 产 β-甘露聚糖酶地衣芽胞杆菌的分离筛选及发酵条件. 微生物学通报, 22 (3)：154-157.

杨文博，佟树敏. 1995. 地衣芽胞杆菌 β-甘露聚糖酶的纯化及酶学性质. 微生物学通报, 22 (6)：338-342.

杨文艳，庞金钊，杨宗政，刘欣，于鹏，宋健. 2008. 杨木 APMP 废液的生物转化及应用. 安徽农业科学, 36 (29)：12986-12988.

杨文艳，庞金钊，杨宗政，刘欣. 2009. 杨木 APMP 废液及转化液对白菜种子萌发和幼苗生长的影响. 中国造纸, 28 (2)：40-43.

杨文英，冠秀珍. 1992. 无纺布在灭菌中耐辐射性的研究. 中国消毒学杂志, 9 (1)：26-29.

杨文友，周成军. 1997. 屠猪抗菌性物质残留检测方法应用研究. 肉品卫生, 3：5-12.

杨武英，上官新晨，蒋艳，吴少福，沈勇根，郭诚志. 2005. 鲤鱼鱼精蛋白抑菌机理探点. 江西农业大学学报, 27 (4)：508-512.

杨希，刘德立，邓灵福，朱德锐. 2008. 蜡状芽胞杆菌好氧反硝化特性研究. 环境科学研究, 21 (3)：155-159.

杨先芹，孙丹，杨文博，白钢. 2002. 地衣芽胞杆菌 NK-27 菌株 β-甘露糖苷酶的产酶条件及粗酶性质. 南开大学学报（自然科学版）, 35 (2)：117-120.

杨显志，张玲琪，王磊，邵华，周成，宣群，郭仕平. 2002. 红掌组培苗污染微生物的分离鉴定和防治. 西南农业学报, 15 (3)：119-121.

杨小蓉，宗浩，郑鸽，孙胜. 2001. 一株降解氧乐果的高效菌的分离和鉴定. 四川师范大学学报（自然科学版）, 24 (4)：392-394.

杨晓斌，谢拥葵，韦燕鹏，曾祥燕. 2003. 益生菌纳豆芽胞杆菌的筛选. 广州食品工业科技, 19 (B11)：9-13.

杨晓玲，郭金耀. 2008. 女贞果实色素抑菌活性的研究. 食品研究与开发, 29 (6)：187-190.

杨晓强，姜泊，孙勇，王继德. 2002. 艰难梭菌毒素基因 3′末端重复区域基因片段的 PCR 克隆. 第一军医大学学报, 22 (9)：791-793.

杨晓宇，冯铸，温焕斌，刘温喜，陈锦屏. 2007. 莎能奶山羊初乳干粉的抑菌作用. 西北农林科技大学学报（自然科学版）, 35 (3)：200-202, 208.

杨欣，梁爱华，吴家和. 2010. 抗虫转基因马铃薯研究进展. 生物学杂志, 27 (3)：66-68.

杨新超，刘建军，赵祥颖. 2005. D-核糖的性质、生产及应用. 中山大学学报（自然科学版）, 44 (B06)：197-202.

杨新建，段素云，田锦，肖海俊，祝国辉. 2010. 产 β-甘露聚糖酶环状芽胞杆菌发酵条件研究. 饲料广角, 18：28-30.

杨新建，徐福洲，王金洛，周宏专. 2006. 环状芽胞杆菌产 β-甘露聚糖酶的产酶条件及粗酶性质研究. 华北农学报, 21 (3)：108-111.

杨新建，周宏专，徐福州，王金洛. 2007. 环状芽胞杆菌 WXY-100 发酵产物对肉鸡体重均匀度的影响. 饲料广角, 18：42-43.

杨馨. 2002. 微生态制剂的临床应用. 儿科药学, 8 (1)：12-13.

杨性愉, 冯启元. 1989. He-Ne 激光对枯草芽胞杆菌的作用. 激光杂志, 10 (4): 172-174.

杨秀芳, 伍发云, 马养民, 傅建熙. 2010. 鸵鸟油抗菌活性的实验研究. 陕西科技大学学报 (自然科学版), 28 (2): 82-84.

杨秀娟, 何玉仙, 陈福如, 阮宏椿. 2007. 抗香蕉枯萎病菌拮抗菌的鉴定及其定殖. 中国生物防治, 23 (1): 73-77.

杨秀荣, 刘水芳, 孙淑琴, 刘亦学, 张学文, 张惟. 2008. 生防细菌 B579 的分离筛选及鉴定. 山东农业科学, 40 (3): 91-94.

杨旭, 薛永亮, 李浪. 2011. 微生物混合发酵提高麸皮营养价值的研究. 中国酿造, 3: 113-115.

杨学昌, 柯锐, 夏天, 周远翔, 赵大庆, 李明贤, 李汝南. 2004. 纳米 TiO_2 等离子体放电催化空气净化技术的研究. 高压电器, 40 (1): 3-4, 8.

杨学芬, 杨瑞斌, 齐振雄. 2003. 微生态制剂在水质调控中的应用. 水利渔业, 23 (3): 40-42.

杨学宏, 夏红智, 张青. 2004. 高原地区高压氧治疗气性坏疽 1 例. 重庆医学, 33 (3): 323.

杨雪莲, 李凤梅, 刘婉婷, 李刚. 2008. 高效石油降解菌的筛选及其降解特性. 农业环境科学学报, 27 (1): 230-233.

杨亚君, 刘顺, 武丽芬, 庞民好, 陶晡, 张金林. 2007. 可降解水体中烟嘧磺隆微生物的分离与筛选. 农药学学报, 9 (3): 275-279.

杨严俊, 张亚辉, 周培江. 2003. 几种免疫活性蛋白抑菌活性的测定. 食品工业科技, 24 (7): 24-25.

杨艳, 刘萍, 马鹏飞, 孙君社. 2007. 巨大芽胞杆菌 MPF-906 对养鱼水质净化的初步研究. 水产养殖, 28 (3): 6-8.

杨艳红, 郑一敏, 胥秀英, 傅善权. 2009. 重庆低海拔虫草发酵条件及其发酵液抑菌活性研究. 天然产物研究与开发, 21 (2): 324-328.

杨艳华, 牛丹丹, 石贵阳, 王正祥. 2009. 过量表达 DegQ 有利于地衣芽胞杆菌表达高温 α-淀粉酶. 微生物学杂志, 29 (2): 21-24.

杨艳坤, 蔡全信, 蔡亚君, 闫建平. 2007. 球形芽胞杆菌 Mtx1 蛋白和苏云金杆菌 Cyt1Aa 晶体蛋白的协同作用. 微生物学报, 47 (3): 456-460.

杨艳燕, 李洁, 石衍君, 袁琳, 许芳. 2004. 来源于豆豉的纳豆激酶基因在大肠杆菌中活性表达研究. 中国生化药物杂志, 25 (5): 284-287.

杨洋, 刘翀, 覃记杰, 韦小英, 李红. 2005. 仙人掌提取物的抑菌作用. 精细化工, 22 (4): 269-271, 276.

杨烨, 王旻, 张婷婷, 蔡寅, 毕然, 罗晨. 2008. 海滨土壤芽胞杆菌的初步鉴定及其次级代谢产物的性质. 中国药科大学学报, 39 (4): 368-372.

杨烨建, 张劲丰, 蔡惠兴, 黄慧萍, 陆锦波. 2005. 肠道菌群失调原因菌的构成及耐药性分析. 实用预防医学, 12 (1): 47-49.

杨义, 黄永禄, 张献强, 黎起秦, 甘启范, 罗一东, 林纬. 2010. 芽胞杆菌 Bv22 菌株对茉莉花白绢病的防治效果试验. 广西农业科学, 41 (6): 554-557.

杨益琴, 李艳苹, 王石发, 谷文. 2009. 新型手性 N-烷基-3-蒎胺类化合物的合成及其抑菌活性的研究. 有机化学, 29 (7): 1082-1091.

杨莺莺, 李卓佳, 林亮, 郭志勋. 2006. 人工饲料饲养的对虾肠道菌群和水体细菌区系的研究. 热带海洋学报, 25 (3): 53-56.

杨瑛, 陈昌海. 1997. 一种 A 型魏氏梭状芽胞杆菌氢氧化铝灭活疫苗及其控制猪"猝死症"的效果. 中国兽药杂志, 31 (1): 9-11.

杨永林, 李小明, 郭亮, 贾斌, 曾光明, 唐清畅, 汤迎. 2009. 接种嗜热菌对剩余污泥的溶解效果研究.

中国给水排水, 25 (17): 5-9.

杨永林, 李小明, 郭亮, 贾斌. 2011. S-TE 剩余污泥溶解过程中 VSS 的变化研究. 四川环境, 30 (1): 6-10.

杨玉芬, 孟洪莉, 张力. 2010. 发酵温度和水分对菜籽粕发酵品质的影响. 中国农学通报, 26 (8): 52-55.

杨玉娟, 王敏玲, 郑小玲, 周芸, 何少璋. 2010. 空调环境下医院病房空气细菌数量及分布的研究. 国际检验医学杂志, 8: 857-858.

杨郁, 金志华, 李宁慧, 金飞玲, 黄翔和. 2009. 甲醛降解细菌的分离鉴定和降解效果测定. 环境工程学报, 3 (8): 1529-1531.

杨毓环, 陈伟伟, 洪锦春, 张巧姬. 2007. 从鸭羽为原料的水洗羽毛制品中分离到产气荚膜梭菌. 中国卫生检验杂志, 17 (2): 353-354.

杨鸢劼, 陈辉. 2005. 微生物制剂在暗纹东方鲀养殖中的应用. 水利渔业, 25 (4): 82-85.

杨远帆, 倪辉. 2001. 蜂胶对鸡蛋保鲜作用的研究. 食品科学, 22 (5): 68-70.

杨远荣, 熊贻该. 1996. 激光杀菌的实验与临床研究. 实用医药杂志 (武汉), 9 (4): 23-24.

杨远征, 齐义鹏. 1996. 全长 δ-内毒素 *cryIA* (c) 基因在三种原核细胞中的表达. 微生物学报, 36 (3): 173-180.

杨云禄, 郭秀阳. 2010. 思连康治疗秋季腹泻 60 例. 中国实用医药, 14: 135-136.

杨云裳, 张应鹏, 马兴铭, 李春雷, 苏策, 师彦平. 2006. 藏药短穗兔耳草有效部位的抑菌活性研究. 时珍国医国药, 17 (10): 1884-1885.

杨允聪, 张用梅. 1992. B. s. C3-41 菌株杀蚊毒素的提取纯化及某些特性的研究. 中国媒介生物学及控制杂志, 3 (1): 1-6.

杨泽宏, 杨星勇, 罗克明, 董玉梅. 2006. 小皱蟾抗菌物质的诱导及抗菌肽 AMP-2 的分离纯化和特性. 应用与环境生物学报, 12 (2): 210-214.

杨增岐, 李勋荣. 1998. 健康鸡嗉囊和盲肠内容物正常菌群的分离与鉴定. 畜牧兽医学报, 29 (1): 45-53.

杨占元, 达能太, 汪治同, 高志华. 2003. 羊肝片吸虫诱发传染性坏死性肝炎的诊治. 浙江畜牧兽医, 28 (4): 35.

杨昭徐. 2006. PPI 引起艰难梭状芽胞杆菌性腹泻的危险因素. 中国医院用药评价与分析, 6 (3): 147-150.

杨兆娟, 徐京宁, 丁庆豹, 欧伶, 邱蔚然. 2005. D-核糖发酵过程中的 pH 控制及对产 D-核糖关键酶的影响. 华东理工大学学报 (自然科学版), 31 (6): 739-742.

杨振, 郭红莲, 张晓波, 肖建忠, 刘晓媛. 2008. 枯草芽胞杆菌 BS-331 防治油桃采后病害的研究. 中国果树, 6: 35-38.

杨振宇, 杜智敏. 2006. 了哥王水煎液的抑菌作用研究. 哈尔滨医科大学学报, 40 (5): 362-364.

杨正. 青霉素酰化酶的分离纯化和固定化研究新进展. 安徽化工, 2010, 36 (3): 7-10.

杨正强, 张耀兮, 陈小静, 赵明, 王一丁. 2006. 华重楼内生菌 SS02 的分离与抗菌活性的初步研究. 微生物学通报, 33 (2): 54-57.

杨志波, 张绍升. 2010a. 蜜蜂肠道细菌菌群结构及其季节性变动. 中国蜂业, 61 (5): 11-14.

杨志波, 张绍升. 2010b. 越夏期蜜蜂肠道细菌种类鉴定. 福建农林大学学报 (自然科学版), 39 (4): 398-402.

杨志荣, 伍铁桥. 1997. 理化因素对 As-3 毒素活性的影响研究. 四川大学学报 (自然科学版), 34 (1): 92-95.

杨中侠, 吴青君, 王少丽, 文礼章. 2009. 利用RNAi技术沉默小菜蛾类钙粘蛋白基因. 昆虫学报, 52 (8): 832-837.

杨仲丽, 方柏山, 余劲聪, 王庆花, 李梓君. 2010. 辅酶依赖型和不依赖型甘油脱水酶的比较. 华侨大学学报 (自然科学版), 31 (5): 542-547.

杨转琴, 李宗伟, 丁晓兵, 秦广雍. 2009. 餐饮废水蛋白降解菌株的分离及筛选. 中国酿造, 7: 41-43.

杨卓, 李术娜, 李博文, 朱宝成, 袁洪水, 郭艳杰. 2009. 接种微生物对土壤中Cd、Pb、Zn生物有效性的影响. 土壤学报, 46 (4): 670-675.

杨宗政, 刘忠, 邱瑾, 庞金钊. 2010. 生物转化的棉秆制浆废水对番茄生长的影响. 中国造纸, 29 (6): 46-49.

杨祖钦, 刘春梅, 林振浪. 2009. 新生儿化脓性脑膜炎的临床诊治体会. 浙江实用医学, 2: 140, 149.

杨佐毅, 李理, 刘冬梅. 2008. 白腐乳中蜡状芽胞杆菌的分离与鉴定. 中国酿造, 9: 39-41, 47.

杨佐忠, 叶建仁. 2006. 枯草芽胞杆菌PRS5菌剂控制水果贮藏期病害的研究. 南京林业大学学报 (自然科学版), 30 (1): 89-92.

杨佐忠. 1992. 枯草芽胞杆菌PRS5抗生作用的初步研究. 西南林学院学报, 12 (2): 167-173.

姚宝安, 孙明. 2000. 苏云金芽胞杆菌晶体蛋白对羊捻转血矛线虫成虫的作用. 中国兽医学报, 20 (1): 42-44.

姚宝安, 赵俊龙. 1997. 苏云金芽胞杆菌晶体毒素对体外培养的日本血吸虫童虫的作用. 中国兽医学报, 17 (3): 268-270.

姚宝安, 王乾兰, 赵俊龙, 马丽华, 孙明, 喻子牛. 1995. 苏云金芽胞杆菌毒素对羊捻转血矛线虫第三期幼虫毒力研究. 畜牧兽医学报, 26 (4): 358-361.

姚宝安, 钟勤, 王乾兰, 赵俊龙, 马丽华, 喻子牛. 1995. 对捻转血矛线虫幼虫有杀灭作用的苏云金芽胞杆菌的筛选. 华中农业大学学报, 14 (2): 177-179.

姚斌, 沈晓兰, 杨倩华, 徐炳祥. 2005. 取代吡啶氨基甲酸炔丙酯类化合物的合成和防霉抗菌活性研究. 第二军医大学学报, 26 (5): 558-560.

姚斌, 孙文胜, 金永生, 徐炳祥. 2005. 双取代吡啶及碘代氨基甲酸炔丙酯类的合成和防霉抗菌活性. 第二军医大学学报, 26 (2): 186-188.

姚翠萍, 王和玉, 杨帆, 林琳, 王莉. 2010. 枯草芽胞杆菌液态培养条件优化及其代谢产物分析. 酿酒科技, 8: 43-45.

姚东伟, 李明. 2010. 矮牵牛种子丸粒化包衣研究初报. 上海农业学报, 26 (3): 52-55.

姚海勇, 华兆哲, 堵国成, 陈坚. 2008. 枯草芽胞杆菌 (*Bacillus subtilis*) 过氧化氢酶的分离纯化及性质. 应用与环境生物学报, 14 (6): 820-824.

姚洪文, 刘树中, 张素辉. 2009. 水流破碎机破碎VC废菌体制成纳米生物颗粒与应用的研究. 中国酿造, 3: 100-104.

姚华, 李秋菲, 李惠娥, 赵薇娅. 2009. 伊曲康唑注射液无菌检查方法研究. 中国药业, 18 (3): 20-21.

姚建华, 乐建君, 迟双会, 张继元. 2006. 芽胞杆菌L-510生物降解原油的特性及现场应用. 精细石油化工进展, 7 (8): 5-8, 11.

姚建杰, 王玉群. 2009a. EM益菌素——肥水快速、效果好、肥水时间长. 科学养鱼, 11: 79.

姚建杰, 王玉群. 2009b. 精博活化菌——除臭、净水, 降氨氮、亚硝酸盐的新一代复合微生物制剂. 科学养鱼, 12: 79.

姚江, 张杰, 陈中义, 李长友, 黄大昉. 2004. 苏云金芽胞杆菌 *cry2Aa* 操纵元蛋白对杀虫蛋白晶体形成作用的研究. 微生物学报, 44 (1): 115-118.

姚江, 张杰, 陈中义, 宋福平, 李长友, 胡玉琴, 黄大昉. 2003. 对鳞翅目害虫高毒力的Bt *cry1Aa* 基因的分离克隆及表达.昆虫学报,46(2):150-155.

姚江,张杰,宋福平,李长友,刘旭光,黄大昉.2003.苏云金芽胞杆菌Ly30株 $cry1Ac$ 基因的克隆及表达.农业生物技术学报,11(5):516-519.

姚江.2002.苏云金芽胞杆菌及其在害虫防治上的应用(综述).连云港师范高等专科学校学报,1:36-41.

姚京辉,陈云,姚海春.2009.蜂蜜抗菌作用机理研究.蜜蜂杂志,11:41-42.

姚俊,姜岷,桑莉,徐虹.2004.微生物絮凝剂产生菌NX-2的筛选和合成条件的研究.食品与发酵工业,30(4):6-11.

姚俊,徐虹.2004.生物絮凝剂γ-聚谷氨酸絮凝性能研究.生物加工过程,2(1):35-39.

姚丽瑾,王琦,付学池,梅汝鸿.2008.小麦纹枯病生防芽胞杆菌的筛选及鉴定.中国生物防治,24(1):53-57.

姚璐晔,堵国成,华兆哲,陈坚.2007.一株聚乙烯醇降解酶产生菌的产酶条件优化.化工进展,26(4):567-571.

姚露燕,张水华,曹昱,王永华.2008.金属离子浓度对枯草芽胞杆菌芽胞率的影响.现代食品科技,24(8):770-772.

姚敏杰,连宾.2009.微生物絮凝剂对高浓度重金属离子废水絮凝作用研究.环境科学与技术,32(11):1-4.

姚明英,黄志琨.1998.国产替硝唑注射液防治厌氧菌感染40例.武汉职工医学院学报,26(2):17-18.

姚田玲,冯燕.2005.一起食物中毒案件的调查分析.职业与健康,21(7):1026-1027.

姚惟琦,陈茂彬,镇达,郭艺山.2010.浓香型白酒酒醅中乳酸菌分离及其对模拟固态发酵的影响.酿酒,3:37-41.

姚伟芳,弓爱君,宋晓春,原永波,邱丽娜.2006.Bt固态发酵条件的研究进展.现代农药,5(3):4-6.

姚文琴,刘晓焱.2008.两种改良芽胞染色法染色效果观察.检验医学与临床,5(7):428-429.

姚文生,张广川,郑细海.2003.感染反刍动物的几种常见梭状芽胞杆菌.中国兽药杂志,37(10):40-43,29.

姚乌兰,王云山,韩继刚,李潞滨.2004.水稻生防菌株多粘类芽胞杆菌WY110抗菌蛋白的纯化及其基因克隆.遗传学报,31(9):878-884.

姚小飞,叶璐,赵世敏.2010a.枯草芽胞杆菌选育及发酵大豆粕工艺条件研究.粮食与油脂,6:23-26.

姚小飞,叶璐,赵世敏.2010b.枯草芽胞杆菌的选育及其发酵豆粕的工艺条件研究.安徽农业科学,38(16):8476-8478,8490.

姚小玲.2002.一起苦味牛乳的原因分析.中国卫生检验杂志,12(5):620-621.

姚晓惠,刘秀花,梁峰.2002.土壤中磷细菌的筛选和鉴定.河南农业科学,31(7):28-31.

姚晓玲,宋卫江,吴思方.2007.豆豉溶栓酶液态发酵工艺研究.中国酿造,4:38-42.

姚晓玲,曾莹,宋卫江.2007.L-组氨酸产生菌的诱变选育.中国酿造,7:18-20,31.

姚旭丽,李钧敏,付俊,王强,李建辉.2008.山胡椒叶片次生代谢产物抑菌活性大小分析.福建林业科技,35(3):174-176,180.

姚亦群,陈钦元,汪素萍,周忆萍,刘国旌,施怡洁,邰岚.1991.眼内注射头孢拉定与地塞米松治疗蜡样芽胞杆菌性全眼球炎实验观察.眼科研究,9(3):163-166.

姚震声,陈中义,陈志谊,郑小波.2003.绿色荧光蛋白基因标记野生型生防枯草芽胞杆菌的研究.生物工程学报,19(5):551-555,T002.

姚忠,孙蓓蓓,李霜,何冰芳.2008.高强度耐有机溶剂蛋白酶的纯化及性质.过程工程学报,8(6):

1195-1199.

叶宝英,曾惠芳,秦彦珉,林爱红,张然,林一曼. 2006. 深圳市集中式空调通风系统病原污染调查. 中国热带医学,6(9):1692,1675.

叶兵. 2004. 用BacT/ALERT塑料培养瓶检测去白细胞的全血富血小板血浆(PRP)的血小板. 国外医学:输血及血液学分册,27(6):568.

叶芬霞,朱瑞芬,叶央芳. 2008. 复合微生物吸附除臭剂的制备及其除臭应用. 农业工程学报,24(8):254-257.

叶红萍. 2008. 从雅士利婴儿配方奶粉中检出蜡样芽胞杆菌. 海峡预防医学杂志,14(1):4.

叶红萍,吴爱贞. 2005. 一起副溶血性弧菌伴蜡样芽胞杆菌引起食物中毒的检测. 中国卫生检验杂志,15(9):1124.

叶鸿剑,王鑫,周银贞. 2006. 乳中芽胞杆菌对乳制品的危害及其检测方法的研究. 科技资讯,17:150.

叶华智,余桂容,严吉明,张敏. 2003. 小麦赤霉病的生物防治研究Ⅲ. 拮抗芽胞杆菌B4、B6菌株的防病机制. 四川农业大学学报,21(1):18-22.

叶惠萍. 2009. 1例刀砍伤致三肢体严重气性坏疽患者的护理. 河南外科学杂志,6:131-132.

叶姜瑜,丁维,何强,孙兴福. 2011. TISTD反应器中的菌群结构及生态变化. 土木建筑与环境工程,33(1):147-152.

叶婧,刘雪,张丽,于江,朱昌雄. 2009. 蔗渣发酵菌剂培养基的筛选及发酵条件的优化. 生物技术通报,25(11):168-173.

叶磊,何立千,高天洲,李丽云. 2004. 壳聚糖的抑菌作用及其稳定性研究. 北京联合大学学报(自然科学版),18(1):79-82.

叶蔺霜. 2008. 浅析硝酸盐在我国传统腌腊肉制品中的影响. 农产品加工,8:57-60.

叶明,刘宁,沈君子,陈爱中. 2008. 降解甘油三酯益生菌选育及其发酵条件优化. 食品科学,29(10):369-371.

叶明,叶崇军,胡士明,刘惠东,贾光蕾,王凤美. 2009. 纤维素酶益生菌的选育及产酶条件. 合肥工业大学学报(自然科学版),32(11):1730-1734.

叶明强,邝哲师,赵祥杰,廖森泰. 2010. 混合发酵蚕蛹复合蛋白饲料的初步研究. 中国饲料,18:10-12,23.

叶明强,李树宏,邝哲师,杨金波. 2008. 高产多肽发酵豆粕的制备工艺研究. 现代农业科技,24:235-237.

叶明强,王红梅,邝哲师,赵祥杰. 2009. 固体发酵棉籽粕菌种组合的筛选. 中国饲料,15:8-10,14.

叶萍. 1994. 难辨梭状芽胞杆菌性结肠炎和腹泻. 国外医学:消化系疾病分册,14(3):145-147.

叶群. 2003. 绍兴市一起学生中餐食物中毒的调查分析. 中国农村卫生事业管理,23(12):57-58.

叶盛权,沈少飞,吴晖,郭祀远. 2010. 水体有机生态调节剂的应用研究. 现代食品科技,26(5):473-475.

叶永青,李新,谭卫东,王泉河. 2002. 一起蜡样芽胞杆菌食物中毒调查分析. 中国预防医学杂志,3(3):235.

叶云峰,黎起秦,何洪鸿,罗宽,林纬. 2005. 芽胞杆菌B47菌株对番茄青枯病的防治作用. 广西植保,18(3):1-4.

叶枝青,姚建铭,余增亮. 2001. 离子注入选育高效植物病原真菌拮抗菌JA. 激光生物学,10(4):293-297.

叶舟,林文雄,陈伟,俞新妥. 2005. 杉木心材精油抑菌活性及其化学成分研究. 应用生态学报,16(12):2394-2398.

衣杰, 李晓红, 刘晓红, 孙书伟. 2004. 利用芽胞杆菌防治甜瓜霜霉病试验研究. 河南农业科学, 33 (2): 44-46.

仪淑敏, 李远钊, 张培正, 梁浩, 朱英莲. 2007. 蜡样芽胞杆菌在营养肉汤和维也纳香肠中的生长模型及控制. 食品工业科技, 28 (9): 72-75.

仪淑敏, 李远钊, 张培正, 卢晓凤. 2007. 蜡样芽胞杆菌在营养肉汤和维也纳香肠中的预测模型及其在生产中的应用. 现代食品科技, 23 (6): 11-14.

仪淑敏, 李远钊, 张培正, 王嵬, 梁琼. 2007. 食品中蜡样芽胞杆菌的预测模型及风险评估. 食品科技, 32 (7): 25-29.

仪淑敏, 张培正, 李远钊, 励建荣. 2009. 蜡样芽胞杆菌在营养肉汤中的生长模型. 食品研究与开发, 9: 69-72.

佚名 1. 2007. 美国开发出全新果蔬汁细菌检测技术. 饮料工业, 10 (6): 9.

佚名 3. 2010. AgraQuest 公司杀菌剂 Ballad Plus 被批准用于大豆. 山东农药信息, 6: 42.

佚名 4. 2008. 美国拟免除微生物农药——坚强芽胞杆菌 1-1582 残留限量. 农化新世纪, 7: 42.

佚名 5. 2009. 多用微生物肥料能防旱. 农家致富顾问, 5: 48.

佚名 6. 2006. 科技前沿——江苏省研制成功"水稻癌症"克星. 江苏农村经济, 8: 7.

佚名 7. 2010. 细菌极端环境受迫生存机制. 生命世界, 1: 5.

佚名 8. 2007. 无机纳米粒子复合塑料的抗菌特性研究进展. 中国粉体工业, 2: 43.

佚名 9. 2010. 利用微生物絮凝剂处理养殖废水的方法及所得的复合肥料. 工业水处理, 6: 83.

佚名 10. 2007. 我国生物农药技术又有新突破. 专家工作通讯, 4: 44.

佚名 11. 2008. 植物的求救信号. 生命世界, 11: 6.

佚名 13. 2010. 武汉天惠生物工程有限公司两种高效价高含量有机农药研制成功. 农化市场十日讯, 34: 26.

佚名 14. 2006. 生物杀菌剂——纹曲宁. 农化市场十日讯, 18: 22.

佚名 15. 2005. 新农药介绍. 农药科学与管理, 26 (7): 45-46.

佚名 16. 2010. 欧盟发布可速必宁作为饲料添加剂的意见. 粮食与饲料工业, 2: 56.

佚名 17. 2010. 洛东酵素 NK600. 农业知识: 科学养殖, 6: 18.

佚名 18. 2006. 德国科学家发现一种新抗生素. 食品科学, 27 (5): 198.

佚名 19. 2005. 益生素国内外应用技术. 河北畜牧兽医, 21 (9): 37.

佚名 20. 2005. 绿源素. 中国牧业通讯, 21: 63.

佚名 21. 2010. 富春江 37% 井冈·蜡芽菌可湿性粉剂. 湖北植保, 3: 74.

佚名 22. 2006. 纹曲必净. 农家致富, 16: 29.

佚名 23. 2005. 生物新药"爽舒宝"在青岛投产. 制药原料及中间体信息, 10: 37.

佚名 24. 2008. 我国第一个杀蚊微生物全基因组测序完成. 农化新世纪, 5: 13.

佚名 25. 2008. 我国完成首个杀蚊微生物全基因组测序. 生命科学, 20 (3): 457.

佚名 26. 2005. 细菌杀虫剂话你知. 广东农村实用技术, 11: 29.

佚名 29. 2006. 全国生物农药产业高峰论坛在福建武夷山举行. 农化市场十日讯, 16: 10.

佚名 30. 2007. 新型高效广谱菌株安全环保经济. 农化市场十日讯, 34: 24.

佚名 31. 2005. 苏云金芽胞杆菌基因工程及应用. 农化新世纪, 1: 25.

佚名 32. 2009. 杀昆虫的毒素如果没有"友好"细菌的协助将不能发挥效果. 基因组学与应用生物学, 28 (2): 320.

佚名 33. 2006. 一种复合生物肥料的生产方法及其产品. 化工进展, 25 (4): 423.

佚名 34. 2009. 一种新的生物杀虫剂. 山东农药信息, 1: 49.

佚名 35. 2006. 不同抗虫遗传背景对棉花经济性状的影响. 作物育种信息, 7: 5.

佚名 36. 2006. 新疆第一个转基因抗虫棉新品种选育成功. 种子世界, 10: 52.

佚名 37. 2008. 美国发现首例抗 Bt 棉的害虫. 昆虫知识, 45 (2): 173.

佚名 38. 2010. 美国发现一种转基因玉米抗病虫能力惠及普通玉米. 种业导刊, 11: 39.

佚名 39. 2007. 含 CRY6A 的转基因番茄对根结线虫有抵抗力. 食品科学, 28 (8): 595.

佚名 40. 2008. 灾区谨防人畜共患病疫情. 畜禽业, 6: 5.

佚名 41. 2010. 新数据显示 Valortim 抗体增强人类 T 细胞对炭疽芽胞杆菌的免疫反应. 国外药讯, 3: 27-28.

佚名 42. 2005. 防治植物青枯病和枯萎病的新型 高效微生物农药——康地蕾得. 植物医生, 18 (6): 46.

佚名 45. 2005. "百花山"净水宝与水产养殖. 中国农业信息, 6: 44-45.

佚名 46. 2007. "天辰渔肥"为什么能调节水质? 渔业致富指南, 11: 60.

佚名 47. 2004. 12000IU/μL B. t. 超低容量喷雾水悬浮剂的研制. 山东农药信息, 5: 21-22.

佚名 48. 2009. 2009 年公开的农药专利集锦 (一). 今日农药, 3: 43-44.

佚名 49. 2009. *C. difficile* 梭菌在腹泻和非腹泻仔猪中的流行性研究. 今日养猪业, 4: 48-49.

佚名 50. 2006. HIV 感染人群具有较高的细菌性腹泻发生率. 传染病网络动态, 2: 12.

佚名 51. 2009. Optimer 公司加快 Fidaxomicin 的欧洲申请. 国外药讯, 3: 26-27.

佚名 52. 2006. Q93 微生物学. 中国生物学文摘, 20 (9): 76-83.

佚名 53. 2008. Screening of mutation high-efficiency biocontrol bacterium BJ1 by ion beam irradiation and effect of controlling *Fusarium oxysporum* cucunerinum disease. 中国原子能科学研究院年报: 英文版, 1: 81-82.

佚名 54. 2009. SPADA 批准炭疽芽胞杆菌 HHA 的方法性能要求. 上海标准化, 6: 44.

佚名 55. 2006. 安全警告: Boca 医用产品公司召回胰岛素注射器. 中华医学信息导报, 21 (12): 3.

佚名 56. 2006. 拌料型赐美健. 农业知识: 科学养殖, 1: 16.

佚名 57. 2003. 保健食品. 中外食品加工技术, 12: 58-60.

佚名 58. 2008. 保水利生素. 江苏农村经济: 品牌农资, 11: 59.

佚名 59. 2007. 表达 β-1, 3-1, 4-葡聚糖酶的基因工程酵母菌株. 饲料与畜牧: 新饲料, 9: 53.

佚名 60. 2008. 病毒性腹泻的辅助治疗. 畜禽业: 南方养猪, 1: 13.

佚名 61. 2011. 产磷脂酶 C 芽胞杆菌 Z-13 产酶条件优化. 中国科技信息, 4: 13.

佚名 62. 2007. 成果推介. 粮食科技与经济, 32 (1): 53-54.

佚名 63. 2008. 池底清. 江苏农村经济: 品牌农资, 11: 59.

佚名 64. 2006. 答读者问. 科学养鱼, 4: 73.

佚名 65. 2009. 淡水养殖微生态制剂关键技术研究获重大突破. 科技致富向导, 10: 33.

佚名 66. 2006. 德国科学家发现可抑多种细菌繁殖的新抗生素. 中国保健营养, 6: 11.

佚名 67. 2003. 地衣芽胞杆菌角蛋白酶在巴斯德毕赤酵母中表达. 工业微生物, 33 (1): 53-54.

佚名 68. 2010. 第四代头孢菌素: 惠可宁. 科技致富向导, 9: 22.

佚名 69. 2005. 调整日粮蛋白可减少坏死性肠炎的危害. 河南畜牧兽医, 26 (3): 52.

佚名 70. 2005. 断乳仔猪饲粮添加洋葱效果试验. 养猪, 3: 6.

佚名 71. 2004. 多黏类芽胞杆菌. 农药科学与管理, 25 (10): 45.

佚名 72. 2009. 多维首创废液生产生物农药技术. 石油化工应用, 28 (4): 104.

佚名 73. 2010. 多种芽胞杆菌在鲷科鱼类苗种培育中的应用. 渔业现代化, 4: 72.

佚名 74. 2003. 俄开发出制取高纯度果糖新工艺. 中外食品加工技术, 8: 15.

佚名 75. 2002. 俄制成高纯度果糖. 中外科技信息, 11: 66.
佚名 76. 2008. 飞机超低容量喷洒 Bt 油悬浮剂防治春尺蠖试验. 农村科技, 11: 25.
佚名 77. 2006. 粪便培养诊断婴儿肠道病毒感染需改进. 河南医学研究, 15 (4): 378.
佚名 78. 2005. 弗氏链霉菌丝氨酸蛋白酶基因的克隆及表达. 生物工程学报, 21 (5): 782-788.
佚名 79. 2002. 高纯度果糖生产新工艺问世. 化工科技市场, 25 (11): 41.
佚名 80. 2007. 高密度添添乐. 中国饲料添加剂, 12: 47.
佚名 81. 2007. 高效保水微生物肥料的研制及应用研究. 化工科技市场, 30 (10): 59.
佚名 82. 2004. 高效微生物饲料添加剂及其应用技术研究. 农业科技通讯, 5: 44.
佚名 83. 2004. 关于微生物的使用问答 (上). 科学养鱼, 26 (4): 73.
佚名 84. 2004. 国家标准审查批准发布通报目录. 世界标准信息, 10: 87-88.
佚名 85. 2007. 国家基本药物用药指导 (五) 大环内酯类药物. 中国实用乡村医生杂志, 14 (5): 48-51.
佚名 86. 2004. 国内外化工简讯——珠海"生物杀虫"项目填补国内空白. 河南化工, 1: 49.
佚名 87. 2009. 何谓 SOD 苹果. 烟台果树, 4: 54.
佚名 88. 1996. 坏死性结肠炎 (附 33 例治疗报告). 大肠肛门病外科杂志, 2 (3): 4-6.
佚名 89. 2009. 环境工程学. 中国学术期刊文摘, 2: 253-256.
佚名 90. 2008. 环境生物学和生态学. 中国生物学文摘, 22 (9): 36-48.
佚名 91. 2003. 环状芽胞杆菌中形成麦芽寡糖的淀粉酶. 工业微生物, 33 (1): 54.
佚名 92. 2009. 换羽期母鸡盲肠内聚物的细菌多样性. 中国家禽, 8: 69.
佚名 93. 2005. 鸡喂辣椒粉抗菌又防病. 粮食与饲料工业, 6: 48.
佚名 94. 2007. 基础科学. 中国科技信息, 14: 284-288.
佚名 95. 2005. 几种施肥养殖模式及方法介绍 (四). 渔业致富指南, 16: 60.
佚名 96. 2009. 几株芽胞杆菌发酵代谢产物的研究. 科学养鱼, 6: 84.
佚名 97. 2008. 技术转让与需求. 化工科技市场, 31 (6): 59-61.
佚名 98. 2006. 艰难梭状芽胞杆菌感染现已成为严重的社区获得性感染. 英国医学杂志: 中文版 (BMJ), 9 (2): 91.
佚名 99. 2004. 简明信息. 农家顾问, 11: 24.
佚名 100. 2010. 秸峰宝多功能生物活性饲料 省钱真简单 效果更明显. 农民致富之友, 4: 38-39.
佚名 101. 2006. 秸秆饲料发酵剂. 中国牧业通讯, 7: 79.
佚名 102. 2003. 具有广谱杀虫活性的苏云金芽胞杆菌菌株. 科技开发动态, 3: 36.
佚名 103. 2007. 开水烫碗能消毒吗. 人生与伴侣: 新养生, 12: 11.
佚名 104. 2008. 勘误. 中华男科学杂志, 14 (3): 250.
佚名 105. 2007. 抗根结线虫病新型生物农药问世. 农化新世纪, 6: 17.
佚名 106. 2004. 科技动态. 中国家禽, 26 (5): 46-47.
佚名 107. 2006. 科技前沿. 农家致富, 16: 17.
佚名 108. 2004. 壳聚糖酶生产菌及低聚壳聚糖的生产方法. 化工科技市场, 27 (6): 69.
佚名 109. 2006. 可治愈医源性腹泻的新型抗生素. 经济导报: 医药技术, 1: 46-47, 49.
佚名 110. 2002. 枯草芽胞杆菌 168 产生的一种新磷脂类抗生素 bacilysocin. 国外医药: 抗生素分册, 23 (4): 190.
佚名 111. 2007. 昆虫学. 中国学术期刊文摘, 13 (21): 4-5.
佚名 112. 2003. 蜡状芽胞杆菌. 科技开发动态, 2: 48.
佚名 113. 2004. 雷莫拉宁用于梭状芽胞杆菌引起的腹泻获美国 FDA 快速审批. 世界临床药物, 25 (4): 193.

佚名 114. 2003. 两种新型胞外胆固醇氧化酶. 工业微生物, 33 (3): 57.

佚名 115. 2003. 绿茶生物保鲜. 河南农业, 2: 7.

佚名 116. 2011. 绿色生态有机肥的制作. 乡村科技, 1: 24.

佚名 117. 2005. 美国《Emerging Infectious Diseases》2004 年第 11、12 期有关人兽共患病论文摘译. 中国人兽共患病杂志, 21 (1): F002-F003.

佚名 118. 2007. 美国拟免除微生物农药——坚强芽胞杆菌 1-1582 残留限量. 农化新世纪, 7: 42.

佚名 119. 2009. 美用新技术完成炭疽基因组测序. 生物技术世界, 2: 36.

佚名 120. 2007. 哪些药剂杀菌力最强？多少浓度较为合适？发酵科技通讯, 36 (3): 35.

佚名 121. 2009. 纳豆二代——康奇纳豆胶囊. 长寿, 2: 70.

佚名 122. 2010. 南京宁粮生物肥料有限公司. 江苏农村经济: 品牌农资, 3: 60.

佚名 123. 2007. 南京农业大学等研制出新型抗根结线虫病农药. 中国高校科技与产业化, 4: 6.

佚名 124. 1998. 难辨梭状芽胞杆菌相关性腹泻及结肠炎的诊治指导. 世界医学杂志, 2 (6): 43-51.

佚名 125. 2009. 宁夏首创羊绒炭疽杆菌快速检验法. 毛纺科技, 11: 20.

佚名 126. 2009. 农业部第 1231 号公告: 批准丁酸梭菌和地衣芽胞杆菌为新饲料添加剂. 中国动物保健, 8: 112.

佚名 127. 2009. 农业部公布的 2003 年至今保护期内的新饲料和新饲料添加剂品种目录. 北方牧业, 8: 8.

佚名 128. 2007. 农业技术. 中国科技信息, 6: 16-24.

佚名 129. 2009. 农作物重大病害多功能广谱生防菌剂研究和创制. 中国农业科技导报, 1: 61.

佚名 130. 2008. 欧盟食品安全局公布家畜饲料微生物风险评估报告. 中国饲料添加剂, 10: 58.

佚名 131. 2010. 欧盟通报中国产豆腐乳. 中国检验检疫, 5: 57.

佚名 132. 2010. 培植氧源: "溶氧是核心". 渔业致富指南, 9: 60-61.

佚名 133. 2009. 破伤风梭状芽胞杆菌的寄生部位在哪里？——2009 年高考浙江理综卷第 2 题的探讨. 中学生物教学, 8: 60.

佚名 134. 2004. 其他疫情. 畜牧兽医科技信息, 7: 64.

佚名 135. 2008. 气性坏疽. 国际医药卫生导报, 14 (11): 32.

佚名 136. 2007. 浅谈枯草芽胞杆菌在水产养殖上的应用. 渔业致富指南, 2: 62.

佚名 137. 2010. 强效参安康. 科技致富向导, 7: 20.

佚名 138. 2001. 青贮饲料常用添加剂. 技术与市场, 3: 29.

佚名 139. 2003. 球形芽胞杆菌 C3-41 杀蚊幼制剂. 科技开发动态, 8: 30-31.

佚名 140. 2007. 全面认识家禽腐败皮炎. 中国家禽, 29 (9): 57.

佚名 141. 2010. 让细菌带动齿轮. 少先队员: 知识路, 6: 16-17.

佚名 142. 2004. 热门实用专利技术. 科技开发动态, 2: 33-48.

佚名 143. 2005. 杀寄生虫的苏云金芽胞杆菌菌株 YBT-1532 及其杀虫晶体蛋白. 中国高校科技与产业化, 9: 77.

佚名 144. 2003. 杀甜菜夜蛾的苏云金芽胞杆菌菌株. 科技开发动态, 3: 36.

佚名 145. 2003. 杀夜蛾科害虫的苏云金芽胞杆菌菌株. 科技开发动态, 3: 35.

佚名 146. 2010. 施用菌肥可抑制土传病害. 北方园艺, 2: 168.

佚名 147. 2006. 食物中毒可导致关节炎. 女性大世界, 10: 97.

佚名 148. 2007. 首届芽胞杆菌青年工作者学术研讨会召开. 医学研究杂志, 36 (3): 70.

佚名 149. 2009. 首届中国植物保护学会科学技术奖获奖成果介绍 农作物重要病害新型生物农药应用基础研究（二等奖）. 植物保护, 35 (1): 154.

佚名 150. 2007. 水产饲料微生物添加剂在水产养殖中的应用（下）. 科学养鱼，3：84.
佚名 151. 2008. 水产微生态制剂遇销售危机. 农村养殖技术，22：31.
佚名 152. 2005. 说说炭疽病菌. 科技展望：幻想大王，06S：26.
佚名 153. 2009. 饲料添加东洋芽胞杆菌可减少肠炎沙门菌的侵袭. 中国家禽，31（9）：69.
佚名 154. 2008. 饲用微生物添加剂的研究开发现状与展望（下）. 科学养鱼，2：84.
佚名 155. 2003. 炭疽毒素可灭癌. 大科技. 科学之谜，4：31.
佚名 156. 2004. 特殊病菌袭击加拿大. 传染病网络动态，7：3.
佚名 157. 2010. 完美组合多功能生物活性复合预混料. 农民致富之友，5：38-39.
佚名 158. 2008. 微生态制剂在水产养殖中的应用（二）——"海洋红". 渔业致富指南，10：72-73.
佚名 159. 2006. 纹霉清. 农家致富，7：29.
佚名 160. 2008. 问：常温防腐保鲜是什么概念？食品工业科技，7：30.
佚名 161. 2008. 我国科学家完成国内首个灭蚊微生物全基因组测序. 生物学教学，11：70.
佚名 162. 2010. 西伯利亚发现新细菌或使人类寿命延长至140岁. 科技与生活，13：I0004.
佚名 163. 2009. 西南大学蚕学与系统生物学研究所在《PLoS ONE》发表最新论文. 蚕学通讯，4：43.
佚名 164. 2006. 细菌素影响弯曲杆菌的定植. 中国家禽，28（21）：64.
佚名 165. 2006. 细菌性皮肤病. 中国医学文摘：皮肤科学，23（6）：346.
佚名 166. 2006. 夏季水产养殖知识问答. 科学养鱼，7：73.
佚名 167. 2010. 消除规模猪场玉米赤霉烯酮污染. 北方牧业，10：16.
佚名 168. 2009. 小生物也有大智慧. 党政干部文摘，8：43.
佚名 169. 2010. 新疆研发出检测番茄酱中主要微生物新方法. 新疆农垦科技，1：90.
佚名 170. 2006. 新疆转基因抗虫棉新品种选育成功. 新疆农垦科技，5：62.
佚名 171. 2010. 新微生物饲料药物添加剂——丁酸梭菌. 福建农业，1：37.
佚名 172. 2007. 新型抗"根结线虫病"生物农药问世. 农化市场十日讯，14：26.
佚名 173. 2007. 新型抗根结线虫病的生物农药问世. 广东农村实用技术，4：23.
佚名 174. 2007. 新型抗根结线虫病生物农药问世. 新农业，10：32.
佚名 175. 2010. 新型生物农药"克纹灵"获专利. 福建农业，9：31.
佚名 176. 2009. 新型微生物菌肥——天赞好. 科技致富向导，12：19.
佚名 177. 2010. 新型微生物饲料添加剂——地衣芽胞杆菌. 福建农业，4：37.
佚名 178. 2010. 新一代生态菌肥 益生元微生物菌肥. 农业知识：致富与农资，3：46.
佚名 179. 2007. 新沂生物农药芽胞杆菌AR156制剂项目启动. 农化市场十日讯，12：18.
佚名 180. 2009. 芽胞杆菌在水产养殖中的作用机制. 科学养鱼，7：84.
佚名 181. 2009. 亚硝酸还原酶的定向生产及其降解肉制品中亚硝酸盐残留量技术. 中国农业科技导报，3：87.
佚名 182. 2009. 一种生物农药微胶囊新剂型问世. 中国石油和化工，1：64.
佚名 183. 2005. 一种生物破乳剂的制备方法及其应用. 科技开发动态，12：39.
佚名 184. 2007. 一种新的侵袭性大肠埃希杆菌与克罗恩病相关. 基础医学与临床，27（10）：1117.
佚名 185. 2006. 一株能够有效解酒的芽胞杆菌的分离筛选与初步鉴定. 食品研究与开发，27（7）：77-79.
佚名 186. 2008. 益康纳豆的研制. 技术与市场，2：21.
佚名 187. 2008. 益生菌/益生元. 中国消费者，5：50.
佚名 188. 2005. 益生素现状简介. 河北畜牧兽医，21（9）：37.
佚名 189. 2010. 益肽安多效益生菌实用说明. 农民致富之友，4：40-41.

佚名 190. 2010. 益肽安多效益生菌在种植养殖上的应用. 农民致富之友, 6: F0002.

佚名 191. 2004. 用鸡粪制生态有机肥. 农民致富之友, 11: 19.

佚名 192. 2008. 用于抗生素相关腹泻的药物——Tolevamer. 药学进展, 32 (4): 185-186.

佚名 193. 2009. 有效灭活禽肉产品中的荚膜芽胞杆菌. 中国家禽, 31 (6): 59.

佚名 194. 2004. 圆孢芽胞杆菌 N75 的 6-α-葡糖基转移酶和 3-α-异麦芽糖基转移酶. 工业微生物, 34 (2): 46.

佚名 195. 2009. 张素芳: 治疗鱼病四部曲. 内陆水产, 2: 46-47.

佚名 196. 2005. 直投式优质酸奶发酵剂. 科技开发动态, 8: 55.

佚名 197. 2008. 植物疫苗有前景. 植物医生, 21 (3): 28.

佚名 198. 2006. 植物增长素. 农业新技术, 3: 26.

佚名 199. 2005. 治理电镀废水的复合功能菌及其培养和使用方法. 表面工程资讯, 5 (5): 12.

佚名 200. 2010. 智荟生物科技股份有限公司. 饲料工业, 31 (20): 44.

佚名 201. 2010. 中华人民共和国农业部公告第 1231 号 (批准丁酸梭菌和地衣芽胞杆菌为新饲料添加剂). 中国饲料添加剂, 4: 44.

佚名 202. 2008. 中科院专家完成我国首个灭蚊微生物全基因组测序. 大众科技, 5: 2.

佚名 203. 2005. 主要大环内酯类药物的合理应用. 农业新技术: 今日养猪业, 1: 53.

佚名 204. 2009. 转基因抗虫水稻品种培育在华中农大启动. 农家致富顾问, 4: 26.

佚名 205. 2008. 微生态制剂在水产养殖中的应用 (一) ——"八佳益". 渔业致富指南, 9: 71-72.

佚名 206. 2005. 植物内生蜡样芽胞杆菌 M22 Mn-SOD 基因的克隆及在大肠杆菌中表达. 作物育种信息, 4: 9.

佚名 207. 2006. 微生物农药研究现状及应用前景. 农化市场十日讯, 18: 11-13.

易发平, 王林玲, 周成, 陈家莲, 张健飞, 周泽扬. 2001. 蚕肠道好氧微生物菌群的研究. 西南农业大学学报, 23 (2): 117-119.

易力, 汪洋, 范春永, 元振杰. 2008. 健康成年鸽肠道正常菌群的研究. 养禽与禽病防治, 5: 38-39.

易龙, 马冠华, 杨水英, 肖崇刚. 2007. 拮抗菌 Ata28 对烟草赤星病菌的抑制及种类鉴定. 西南大学学报 (自然科学版), 29 (3): 100-103.

易龙, 田艳, 吴显佳, 肖崇刚. 2008. 枯草芽胞杆菌 Ata28 生防菌株诱变改良及其控病影响. 西南大学学报 (自然科学版), 30 (1): 51-57.

易龙, 严占勇, 肖崇刚. 2007. 烟草赤星病拮抗细菌 Ata28 菌株的控病及促生效应. 烟草科技, 12: 60-62.

易善军, 陈少瑜, 程在全, 孙一丁, 王寅冰, 陈芳, 吴涛. 2008. 抗虫基因 $CryIA$ (b) 植物表达载体的构建. 西部林业科学, 37 (2): 86-90.

易霞, 孙磊, 刘霞, 陶海红, 木合塔. 2007. 中国新分离碱性耐热芽胞杆菌的木聚糖酶产酶特征. 生物技术, 17 (5): 31-35.

易艳梅, 黄为一. 2008. 产多糖溶磷细菌对难溶性 Ca-P 的活化特性. 南京农业大学学报, 31 (2): 49-54.

易艳梅, 黄为一. 2010. 不同生态区土壤溶磷微生物的分布特征及影响因子. 生态与农村环境学报, 26 (5): 448-453.

易弋, 黎娅, 容元平, 李凯. 2010. 利用微生物净化鱼塘养殖污水的研究. 湖北农业科学, 49 (10): 2509-2511.

易弋, 容元平, 程谦伟, 黎娅, 黄飞. 2011. 养殖水体氨氮降解菌的分离和初步鉴定. 贵州农业科学, 39 (2): 154-157.

易有金,刘如石,孙吉康,张健,罗宽. 2007. 内生枯草芽胞杆菌 B-001 菌株抗菌肽纯化与性质. 植物病理学报, 37 (5): 556-560.

易有金,刘如石,尹华群,罗宽,刘二明,刘学端. 2007. 烟草青枯病拮抗内生细菌的分离、鉴定及其田间防效. 应用生态学报, 18 (3): 554-558.

易有金,罗坤,柏连阳,刘二明,罗宽. 2007. 烟草内生细菌 B-001 菌株 5L 发酵罐最佳发酵条件. 湖南农业大学学报(自然科学版), 33 (6): 747-750.

易有金,罗坤,罗宽,刘二明. 2007. 内生枯草芽胞杆菌 B-001 菌株内生定殖研究及生物学特性. 核农学报, 21 (4): 349-352.

易有金,肖浪涛,王若仲,柏连阳. 2007. 内生枯草芽胞杆菌 B-001 对烟草幼苗的促生作用及其生长动态. 植物保护学报, 34 (6): 619-623.

易有金,尹华群,罗宽,刘学端,刘二明. 2007. 烟草内生短短芽胞杆菌的分离鉴定及对烟草青枯病的防效. 植物病理学报, 37 (3): 301-306.

易中华,马秋刚,张建云,王晓霞. 2008. 果寡糖和芽胞杆菌对肉仔鸡肠黏膜形态结构的影响. 广东饲料, 6: 29-30.

易中华,王晓霞,计成,马秋刚. 2006. 果寡糖和芽胞杆菌对肉仔鸡肠组织形态的影响. 饲料与养殖, 5: 8-9.

殷桂珠. 1995. 一起蜡样芽胞杆菌引起食物中毒的调查报告. 安徽预防医学杂志, 1 (1): 80.

殷海成,赵红月. 2008. 苏云金芽胞杆菌对黄河鲤鱼血液免疫效果的研究. 饲料广角, 22: 33-36.

殷海成,赵红月. 2009a. 苏云金芽胞杆菌对黄河鲤血液免疫效果研究. 水产科学, 11: 648-652.

殷海成,赵红月. 2009b. 饲料中添加 Bt 对受免黄河鲤白细胞吞噬活性及血清溶菌酶的影响. 信阳师范学院学报(自然科学版), 22 (4): 534-536.

殷海成. 2009. 苏云金芽胞杆菌对黄河鲤白细胞吞噬和溶菌酶活性的影响. 河南农业科学, 38 (4): 115-117, 122.

殷建华,代富英,李晋川. 2010. 1 株粘细菌 CMC0606 的分离纯化及其抗菌活性研究. 安徽农业科学, 38 (9): 4445-4446, 4449.

殷全喜,张秀红,杜欣,沈晓华,陈斌,赵睿. 2006. 一起蜡样芽胞杆菌引起的食物中毒的调查报告. 中国预防医学杂志, 7 (2): 115-117.

殷帅文,何旭梅,郎锋祥. 2007. 刺松藻抑菌活性成分初步研究. 井冈山学院学报: 综合版, 28 (08M): 45-46.

殷婷,李峰,程素琴. 2006. 梭状芽胞杆菌性肌坏死 1 例. 中华当代医学: 护理版, 4 (1): 75-76.

殷向东,徐健,刘琴,朱锦磊. 2004. 甜菜夜蛾和棉铃虫对 Bt 的特异性反应. 江苏农业科学, 34 (1): 55-57.

殷小基. 2003. 不同方法保存生物菌片对灭菌监测的影响. 中国感染控制杂志, 2 (1): 46-47.

殷晓敏,陈弟,吴红萍,余贤美,郑服丛. 2008. 香蕉内在拮抗细菌研究 I——菌株 B215 的分离及分子鉴定. 热带作物学报, 29 (5): 636-640.

殷晓敏,陈弟,郑服丛. 2008. 内生枯草芽胞杆菌 B215 对香蕉弯孢霉叶斑病抑制作用初探. 广东农业科学, 35 (2): 61-63.

殷晓敏,郑服丛,贺春萍,马蔚红. 2010. 枯草芽胞杆菌 B215 生物学特性及对香蕉枯萎病的生防效果评价. 热带作物学报, 31 (8): 1416-1419.

殷晓云,崔希超. 1996. 一起粘化变形杆菌和蜡样芽胞杆菌同时污染引起的食物中毒. 山东预防医学, 16 (2): 78-79.

尹春荣,孙萍,肖菊丽. 2009. 陈香露白露片微生物限度检查方法验证研究. 儿科药学杂志, 15 (2):

47-49.

尹德帅,许兴友,陈智栋,卞昌华.2009.新型Co(Ⅱ)配合物的合成,结构和抑菌性能研究.人工晶体学报,38(4):1037-1041,1045.

尹东,曾庆华,卢大宁,栾恒淳,黄百渠,李彦舫.1999.二种重组α-乙酰乳酸脱羧酶在啤酒生产中降低双乙酰的作用.微生物学通报,26(6):405-408.

尹汉文,郭世荣,刘伟,陈海丽.2006.枯草芽胞杆菌对黄瓜耐盐性的影响.南京农业大学学报,29(3):18-22.

尹红梅,张国民,郭照辉,谭周进.2010.生态养猪发酵床菌种产蛋白酶特性的研究.湖南农业科学,2:116-118.

尹焕才,薛小平,谢玉为,唐蕊华,苏婧,宋凯.2008.静态强磁场对枯草芽胞杆菌的影响研究.现代生物医学进展,8(3):471-474.

尹焕才,薛小平,杨慧,唐蕊华.2009.动态磁场下微生物的生物学效应研究.生命科学研究,13(4):320-326.

尹慧君,宋俊梅.2010.微生物发酵对豆粕中抗营养因子的影响.粮食与饲料工业,12:56-58.

尹敬芳,刘西莉,李健强,刘鹏飞.2005.荧光蛋白标记/高效液相色谱分析枯草芽胞杆菌-烯酰吗啉菌药合剂.分析化学,33(9):1227-1230.

尹敬芳,张文华,李健强,李永红.2007.辣椒疫病生防菌的筛选及其抑菌机制初探.植物病理学报,37(1):88-94.

尹敬芳,周向阳,李健强,李永红.2007.绿色荧光蛋白标记检测枯草芽胞杆菌在水体中的存活动态.分析化学,35(10):1405-1409.

尹军团,洪玉枝,郑烈生,刘子铎.2007.球形芽胞杆菌S-腺苷甲硫氨酸合成酶基因的克隆和表达.农业生物技术学报,15(2):333-336.

尹君,刘文斌.2005.植物蛋白及其酶解物对鱼类肠道微生物生长的影响.淡水渔业,35(2):25-27.

尹明浩,徐慧,程殿林,王勇.2010a.紫外诱变选育高产3-羟基丁酮枯草芽胞杆菌.中国酿造,4:76-79.

尹明浩,徐慧,程殿林,王勇.2010b.复合诱变选育高产3-羟基丁酮枯草芽胞杆菌.青岛大学学报(工程技术版),25(3):89-94.

尹明锐,汪苹,刘健楠,王磊,李奥博.2010.具有N_2O控逸能力的异养硝化-好氧反硝化菌株的筛选鉴定.环境科学研究,23(4):515-520.

尹宁.2008.思连康预防小儿肺炎继发腹泻的临床观察.实用预防医学,15(3):801-802.

尹淑丽.2007.纳豆芽胞杆菌的液体发酵条件研究.中国饲料,11:21-23,26.

尹象胜,李永仙.1994.啤酒酿造用复合酶的研制.无锡轻工业学院学报,13(4):300-309.

尹秀波.2005.益微制剂.农业知识:瓜果菜,1:28.

尹艳娥,胡中华,沈新强.2008.生物活性炭纤维对氨氮、亚硝酸盐氮的去除及其优势降解菌的鉴定.环境科学研究,21(6):197-200.

尹玉芬,胡梁斌,周威,杨静东,周益军,石志琦.2010.微囊藻毒素降解菌EMB分离鉴定及其降解特性.江苏农业学报,26(3):631-636.

应高.2010.专利名称:一株类芽胞杆菌菌株及其应用.中国:专利号:CN201010579186.2.

应明,班睿.2006.枯草芽胞杆菌ccpA基因敲除及对其核黄素产量的影响.微生物学报,46(1):23-27.

应琪,李太武,苏秀榕,李晔,周君,崔静,王中华,李松伟.2011.环介导恒温扩增法快速检测短小芽胞杆菌.生物技术通报,27(2):179-183.

应群贞,吕军,颜也夫,陈明彤,陈锦华,倪晨峰. 2005. 宋内氏痢疾杆菌致学生集体食物中毒 77 例临床分析. 浙江临床医学, 7 (1): 35.

尤明强,王秉翔. 2004a. 炭疽致死毒素中和试验检验标准. 生物制品快讯, 8: 15-16.

尤明强,王秉翔. 2004b. 重组炭疽苗家兔保护的血清学相关性. 生物制品快讯, 8: 15.

尤新. 2004. 细菌内切木聚糖酶工业化试制成功. 食品信息与技术, 12: 61.

由亚宁,姜华,李惠娥. 2010. 两种不同规格心宁片微生物限度检查方法的验证. 中国药业, 19 (17): 29-30.

由亚宁,彭霞. 2010. 两种规格奥硝唑胶囊微生物限度检查方法探讨. 中国药业, 19 (15): 31-32.

由亚宁,任安民,裴为芝. 2007. 药品微生物验证枯草芽胞杆菌实验菌液制备方法的探讨. 西北药学杂志, 22 (6): 345.

游春平,裘盛财. 2003. 拮抗细菌对 6 种植病原菌的抑菌作用. 仲恺农业技术学院学报, 16 (1): 28-31.

游春平,肖爱萍,刘开启,彭日聪. 2008. 生防菌诱导水稻抗病性相关酶活性的变化. 仲恺农业技术学院学报, 21 (2): 6-8, 35.

游红,镇达,陈大松,黄祯创,廖水姣. 2007. 微生物农药剂型与微囊剂技术. 湖北植保, 1: 27-30.

游红,镇达,徐家文,黄志城,廖水姣. 2008. 苏云金芽胞杆菌微胶囊剂的制备及其抗紫外线降解活性研究. 湖北农业科学, 47 (11): 1288-1291.

游红,周兴苗,徐家文,李义涛,廖水姣. 2009. 抗紫外线降解苏云金芽胞杆菌微胶囊剂的制备工艺. 华中农业大学学报, 28 (3): 281-285.

游嘉,周国英,刘君昂,李河. 2010. 油茶内生拮抗细菌 Y13 菌剂研制. 中南林业科技大学学报(自然科学版), 30 (4): 131-134.

游玫娟. 2010. 紫外线诱变选育酸性 α-淀粉酶高产菌株. 安徽农学通报, 16 (11): 70-71.

游庆红,尹秀莲. 2010. 产耐热纤维素酶菌株的筛选及其酶学性质研究. 安徽农业科学, 38 (7): 3331-3332.

游伟平,曹小明. 2010. 万应茶微生物限度检查法方法验证. 海峡药学, 22 (9): 65-66.

游银伟,王梅,江丽华,岳寿松,刘兆辉. 2009. 高效解磷菌 Bacillus subtilis P-1 的 N 离子束诱变育种. 西南农业学报, 22 (4): 1020-1022.

游银伟,王梅,岳寿松,江丽华,刘兆辉. 2010. 钾细菌 Bacillus mucilaginosus K-1 的 N 离子束诱变育种. 西南农业学报, 23 (4): 1383-1385.

游银伟,尤升波,岳寿松. 2007. 产角蛋白酶芽胞杆菌 YYW-1 的鉴定及产酶性质分析. 农业生物技术学报, 15 (3): 543-544.

游志勇,汤熙翔,肖湘. 2007. 高压技术在深海沉积物兼性嗜压菌的筛选和鉴定中的应用. 台湾海峡, 26 (4): 555-561.

于爱茸,李尤,俞吉安. 2005. 一株耐氧反硝化细菌的筛选及脱氮特性研究. 微生物学杂志, 25 (3): 77-81.

于长青,赵学明,姚琨,张日俊. 2005. 高产蛋白酶芽胞杆菌的选育及其在大豆活性肽制备中的应用. 中国农业大学学报, 10 (1): 34-37.

于翠,吕德国,秦嗣军,杜国栋. 2007a. 本溪山樱根际微生物区系. 应用生态学报, 18 (10): 2277-2281.

于翠,吕德国,秦嗣军,杜国栋. 2007b. 大青叶樱桃根际微生物种群结构及其变化动态. 果树学报, 24 (3): 298-302.

于翠,吕德国,秦嗣军,韩光明,王波. 2006. 大青叶根际与非根际解磷细菌分布特征研究初报. 中国农学通报, 22 (3): 237-240.

于德宪,曹仲文,高璐璐,陈清. 2008. 臭氧水空气消毒机消毒效果的模拟现场试验. 现代预防医学, 35 (11): 2101-2102, 2105.

于芳. 2004. 一起蜡样芽胞杆菌引起集体食物中毒的调查分析. 实用预防医学, 11 (1): 173.

于宏伟,栗志丹,郝珊珊,贾英民. 2006. 蛋白酶产生菌的筛选及酶学性质研究. 农产品加工. 学刊, 10: 67-70, 73.

于兰,秦新民,黄德青. 2007. 农杆菌介导的 BT 基因导入甘蔗的研究. 广西农学报, 22 (6): 1-4, 67.

于丽. 2003. 肉毒中毒 28 例临床分析. 武警医学, 14 (12): 734-735.

于凌琪,王书梅,井良义,孙美玲,苏旭. 2004. 水中还原亚硫酸盐厌氧芽胞菌的检测. 环境与健康杂志, 21 (4): 249-250.

于璐璐. 2008. 贪婪倔海绵共附生芽胞杆菌 C89 活性物质的研究. 上海:上海交通大学硕士研究生毕业论文.

于明超,李卓佳,林黑着,杨莺莺. 2010. 饲料中添加芽胞杆菌和中草药制剂对凡纳滨对虾生长及肠道菌群的影响. 热带海洋学报, 29 (4): 132-137.

于明超,李卓佳,文国樑. 2007. 芽胞杆菌在水产养殖应用中的研究进展. 广东农业科学, 34 (11): 78-81.

于培星. 2010a. 高产 D-乳酸凝结芽胞杆菌发酵工艺条件的确立. 中国食品添加剂, 2: 97-101.

于培星. 2010b. 高产 D-乳酸生产菌株的选育. 食品与生物技术学报, 29 (5): 796-800.

于平,陈益润. 2011. 响应面法优化芽胞杆菌发酵生产植酸酶. 中国粮油学报, 26 (3): 86-90.

于萍,王加启,刘开朗,卜登攀,李旦,赵圣国,邓露芳. 2010. 饲喂纳豆枯草芽胞杆菌对荷斯坦犊牛瘤胃细菌区系的影响. 农业生物技术学报, 18 (1): 108-113.

于蘋蘋,艾山江·阿不都拉,赵国玉. 2008. 水浮莲中一株西瓜枯萎病拮抗菌的分离、筛选及鉴定. 微生物学通报, 35 (8): 1235-1239.

于青琳. 1994. 芽胞杆菌尿酸酶的制备及鉴定. 临床检验杂志, 12 (3): 125-126.

于荣,李海妮,邢俊生. 2009. 诺氟沙星软膏微生物限度检查方法的建立和验证. 中国药物与临床, 9: 831-833.

于淑池,张利平,王立安. 2004. 拮抗细菌作为生物防治手段研究进展. 河北农业科学, 8 (1): 62-65.

于淑池. 2007. 植物真菌病害生防芽胞杆菌的研究进展. 通化师范学院学报, 28 (8): 52-54.

于素红 (译),高俊 (校). 2007. 日粮中不同的蛋氨酸来源对肉仔鸡肠道微生物菌群的影响. 饲料与畜牧:新饲料, 11: 51.

于涛,郑桂玲,矫省本,李国勋,李长友. 2009. 对美国白蛾高毒 Bt 的筛选和杀虫蛋白基因鉴定. 中国森林病虫, 28 (2): 1-3, 45.

于婷,潘金菊,车亚莉,慕卫,刘峰. 2009. BSH-4 菌株对黄瓜菌核病的防治作用及其鉴定. 植物病理学报, 39 (4): 425-430.

于同立. 浅谈细菌生物肥料. 2004. 山东轻工业学院学报, 18 (2): 35-40, 72.

于微,高学军,骆超超,王青竹,卢志勇,乔彬. 2010. 产蛋氨酸益生菌的筛选和鉴定. 东北农业大学学报, 41 (6): 122-126.

于晓丹,马霞,王可,陈君娜. 2010. 利用响应面法优化 γ-聚谷氨酸发酵培养基. 中国酿造, 11: 132-135.

于秀芳,李淑芝. 1995. 芽胞杆菌代谢过程中孢外酶的活性测定. 山东师范大学学报 (自然科学版), 10 (2): 165-167, 172.

于秀莲,刘心,万中义,杨自文,何建勇. 2007. 苏云金杆菌发酵上清液中生物活性物质的研究. 微生物学杂志, 27 (3): 69-72.

于雅琼,陈红艳,李平兰,周伟. 2007. 不同生境中芽胞杆菌的分离鉴定及药敏性检测. 食品科学, 28 (7): 324-330.

于洋,李敬双,刘彦. 2006. 阿奇霉素对奶牛急性乳腺炎的疗效试验. 黑龙江畜牧兽医, 12: 78-79.

于蘋蘋,阿依努尔·阿不都热合曼,古力山·买买提,董志芳. 2008. 一株玉米小斑病拮抗菌的分离、筛选及鉴定. 生物技术, 18 (3): 40-42.

于志萍,王昌禄,顾晓波,杨志岩. 2004. 发酵过程中溶氧浓度对 D-核糖发酵的影响. 微生物学通报, 31 (3): 21-25.

于自然,尚克进,马明,王健,牛瑞芳,任改新. 1990. 球形芽胞杆菌 Ts-1 毒蛋白的分离纯化. 微生物学报, 30 (4): 254-258.

余冰,傅娅梅,叶楠,陈代文. 2009. 固态发酵对复合蛋白质饲料营养价值改善效果的研究. 动物营养学报, 21 (4): 546-553.

余传萍,王彬. 2005. 由蜡样芽胞杆菌引起的食物中毒分析. 中华现代临床医学杂志, 3 (11): 1121-1122.

余东游,毛翔飞,秦艳,李卫芬. 2010. 枯草芽胞杆菌对肉鸡生长性能及其抗氧化和免疫功能的影响. 中国畜牧杂志, 3: 22-25.

余芳,胡云,彭常安,胡秋辉. 2004. 芦荟汁的抑菌作用. 食品科学, 25 (10): 77-80.

余凤云,冯浩,许芳,闫达中. 2011. 具有溶栓活性的重组乳酸乳球菌的构建. 中国酿造, 1: 100-103.

余功保,郭爱玲,秦巧玲,吕均,王震. 2007. 一株高产纳豆激酶菌株的筛选及其发酵条件的优化. 食品科学, 28 (4): 227-231.

余光辉,徐晓军,何品晶. 2007. 复合生物滤池处理 H_2S 和 NH_3 的研究: 生物相机理分析. 环境科学研究, 20 (2): 63-66.

余桂容,叶华智,张敏,秦芸. 2002. 小麦赤霉病的生物防治研究 II. 拮抗芽胞杆菌在麦穗上的消长动态及生物学特性. 四川农业大学学报, 20 (4): 324-327.

余桂容,张敏,叶华智. 1998. 小麦赤霉病的生物防治研究: I. 拮抗芽胞杆菌的分离、筛选、鉴定和防病效果. 四川农业大学学报, 16 (3): 314-318.

余海晨,张清敏,侯树宇,张杨,白晔. 2004. 高效除臭菌的筛选及其降解特性研究. 农业环境科学学报, 23 (2): 300-303.

余海忠,孙永林,廖雪义,王海燕. 2010. 鄂西北产香樟籽乙醇提取物成分及其抑菌活性研究. 西南农业学报, 23 (4): 1094-1098.

余红英,孙远明,王炜军,杨跃生. 2003. 枯草芽胞杆菌 SA-22 β-甘露聚糖酶的纯化及其特性. 生物工程学报, 19 (3): 327-331.

余红英,王炜军,孙远明,杨幼慧. 2005. 枯草芽胞杆菌 β-甘露聚糖酶活性中心氨基酸的化学修饰. 工业微生物, 35 (1): 21-23.

余红英,杨幼慧,杨跃生,吴序栎,雷红涛,杨金易. 2002. 枯草芽胞杆菌 β-甘露聚糖酶补料发酵及其特性研究. 微生物学通报, 29 (5): 25-29.

余健秀,李建华. 2000. 芽胞杆菌原生质体融合技术. 生物技术, 10 (3): 45-47.

余健秀,曾少灵,谢瑞瑜,蒙国基,庞义. 2002. 苏云金芽胞杆菌分子伴侣串联基因 p19-p29 的克隆和表达载体的构建. 微生物学报, 42 (5): 567-572.

余杰,韦宏伟,李香香,畅红,苏建亚. 2008. 苏云金芽胞杆菌 CrylAc 原毒素、毒素制备及其对棉铃虫的毒力测定. 江苏农业科学, 36 (5): 85-87.

余洁,林锦庄,黄勤清,谢宇飞,林宏立,黄志鹏. 2007. 苏云金芽胞杆菌对新秀丽小杆线虫的作用. 农业生物技术学报, 15 (2): 306-311.

余金勇, 胡炳福. 1997. 两种细菌对鸟鼠驱避剂主要成份的拮抗作用. 贵州林业科技, 25 (1): 50-53.

余金勇, 吴跃开, 普照. 2002. 白蚁肠细菌 B99 菌株降解纤维素的初步研究. 贵州林业科技, 30 (4): 16-19.

余荔华, 刘进元, 赵南明. 1999. 克氏固氮菌与枯草芽胞杆菌的原生质体电融合. 清华大学学报（自然科学版）, 39 (6): 46-48.

余林娟, 杨宗韬, 王业勤. 2004. 固定化芽胞杆菌对鱼虾池亚硝酸盐的控制. 渔业现代化, 2: 9-11.

余萍. 2006. 提高畜禽微生态制剂产品质量的措施. 贵州畜牧兽医, 30 (1): 19-20.

余萍, 郑怡, 刘艳如. 2004. 扇叶铁线蕨凝集素的糖蛋白特性. 热带亚热带植物学报, 12 (1): 57-62.

余榕捷, 洪岸, 庞义, 余健秀, 董春. 2003. SZZ-Harpin 融合蛋白在苏云金芽胞杆菌中的表达及活性测定. 微生物学通报, 30 (2): 11-15.

余诗庆, 王宇建. 2005. 一种耐高温 α-淀粉酶高产菌株的选育方法. 淮阴工学院学报, 14 (5): 51-54.

余贤美, 林超, 杨芩, 李锐. 2009. 同源重组法构建枯草芽胞杆菌 dhbC 基因缺失突变株和回复株. 热带作物学报, 30 (10): 1517-1521.

余晓兰, 刘刚, 张鹏, 张晓燕, 徐瑞. 2005. 纳米二氧化钛喷液在空气净化过程中的抗菌抗病毒作用. 解放军医学杂志, 30 (7): 632-633.

余新天, 谢小琴. 2004. 一起蜡样芽胞杆菌引起的食物中毒调查报告. 中国现代临床医学, 3 (11): 100-101.

余杨. 2007. 环状芽胞杆菌引起严重化脓性感染 1 例. 实用医技杂志, 14 (26): 3694-3695.

余元善, 张友胜, 肖更生, 陈卫东. 2008. 广式凉果成品中的微生物种群调查. 广东农业科学, 35 (2): 68-70.

余云彦, 刘彦隆, 徐龙, 李校堃. 2008. 从野芷湖中分离与筛选低温净水芽胞杆菌. 温州医学院学报, 38 (2): 172-173.

余志强, 杨明明, 杨朝霞, 林峰, 张西锋, 张炜炜. 2004. 同源重组法构建枯草杆菌 spoOA 基因缺失突变株. 武汉大学学报（理学版）, 50 (2): 229-233.

余中华, 赵超, 贾德峰, 方佳. 2008. 仙人掌不同提取物的抑菌效果. 热带作物学报, 29 (2): 237-242.

余子全, 白培胜, 郭素霞, 喻子牛, 孙明. 2007. 苏云金芽胞杆菌杀线虫伴胞晶体蛋白基因 cry6Aa 的克隆与表达. 微生物学报, 47 (5): 865-868.

余子全, 刘斌, 邹雪, 喻子牛, 孙明. 2008. 苏云金芽胞杆菌晶体蛋白对北方根结线虫生物测定方法的建立和杀虫效果评价. 植物病理学报, 38 (2): 219-224.

余子全, 王乾兰, 刘斌, 邹雪, 喻子牛, 孙明. 2007. 苏云金芽胞杆菌伴胞晶体蛋白对植物寄生线虫生物测定方法的建立和高毒力菌株的筛选. 农业生物技术学报, 15 (5): 867-871.

余子全, 周懿, 孙明, 喻子牛. 2004. 苏云金芽胞杆菌防治植物寄生线虫的研究进展. 植物保护学报, 31 (4): 418-424.

於葆贞, 张蓓蕾. 1991. 胶原酶研究和应用概况. 中国医药工业杂志, 22 (9): 424-427.

於叶兵, 江世贵, 林黑着, 黄建华, 温为庚, 周发林. 2007. 芽胞杆菌对斑节对虾饲料表观消化率的影响. 中国水产科学, 14 (6): 919-925.

俞彩娥, 童鹤泉. 2000a. 蜡样芽胞杆菌污染水源引起中毒暴发的调查及实验研究. 实用预防医学, 7 (4): 294-295.

俞彩娥, 童鹤泉. 2000b. 一起蜡样芽胞杆菌污染水源引起介水传播疾病暴发的调查及实验研究. 中国卫生检验杂志, 10 (2): 240-242.

俞东征. 2001. 揭开炭疽病菌的神秘面纱. 科学之友, 11: 38-39.

俞加林, 邹积宏, 鲁丽, 刘莉. 2001. 枯草芽胞杆菌活菌制剂促进烧伤创面愈合的实验研究. 中国微生态学杂志，13（1）：51-53.

俞慕华，段永翔，黄锐敏，温群文，陈辉，陈昭斌. 2002. 巢式PCR快速检测炭疽芽胞杆菌. 现代预防医学，29（6）：772-773，778.

俞宁，丁伯文，申一淋. 2009. 蛭弧菌、乳酸菌、蜡样芽胞杆菌（TWYB1）应用于保育猪试验研究. 中兽医医药杂志，28（6）：40-42.

俞宁，申一淋. 2009. 枯草芽胞杆菌替代抗生素治疗仔猪腹泻试验. 西昌学院学报（自然科学版），23（4）：22-24.

俞宁，孙小玲，申一淋，宋禾. 2010a. 不同剂量蜡样芽胞杆菌（TWYB$_1$）对樱桃谷肉鸭饲养效果试验. 中国草食动物，30（1）：78-80.

俞宁，孙小玲，申一淋，宋禾. 2010b. 不同剂量蜡样芽胞杆菌对肉鸭的试验. 饲料研究，1：34-36.

俞萍. 2005. 新生儿破伤风护理体会. 中华中西医学杂志，3（1）：59-60.

俞勇. 2006. 认识细菌（上）. 科学（中文版），7：60-63.

虞龙，孙杨，谢飞，刘洋，安肖. 2007. 两种气体离子源氮离子注入细菌的诱变效应比较. 辐射研究与辐射工艺学报，25（5）：261-265.

虞耀君，肖国光，钟婵鹃. 2010. 硅酸盐土壤矿物晶体结构对硅酸盐细菌释硅效果的影响. 安徽农业科学，38（6）：3028-3030.

喻国辉，程萍，王燕鹏，陈远凤，陈燕红，黎永坚. 2010. 一株香蕉枯萎病生防芽胞杆菌的鉴定、生物学特性和抗菌谱研究. 中国农学通报，26（12）：216-220.

喻华英，贾桂珍，付丽. 2006. 阿拉尔片区部分豆制品卫生学评价. 塔里木大学学报，18（4）：51-53，56.

喻华英，张苗，陈伟，郭亚莉. 2009. 阿拉尔地区某奶牛场隐性乳房炎的病原菌分离鉴定. 新疆农业科学，46（4）：849-855.

喻江，范国权，李璐，王旭达，李琬. 2010. 枯草芽胞杆菌224YPlQ基因敲除及其对溶血性的影响. 东北农业大学学报，41（7）：74-78.

喻晓，冯其林，李瑶，项昌金，江丁酉. 2002. URM-菌肥有效性试验研究. 环境卫生工程，10（3）：106-109.

喻勇新，刘源，孙晓红，潘迎捷，赵勇. 2010. 基于电子鼻区分三种致病菌的研究. 传感技术学报，23（1）：10-13.

喻子牛，蔡启良，刘子铎，孙明. 2003. 苏云金芽胞杆菌营养期杀虫蛋白Vip与Cry蛋白的协同作用. 微生物学通报，30（5）：43-48.

喻子牛. 1995. 苏云金芽胞杆菌研究和开发的最新动向. 中国生物防治，11（2）：96，F003.

喻子牛，孙明. 1996. 苏云金芽胞杆菌的分类及生物活性蛋白基因. 中国生物防治，12（2）：85-89.

员田，李红玉，张春江，傅永红. 2007. 二十五昧鬼臼丸体外的抑菌作用. 华西药学杂志，22（2）：140-142.

袁爱琳，耿昊，孙戒，魏晋，徐树峰，郑春玲. 2010. 一氯均三嗪-β-环糊精包合茶多酚爽棉织物的抗菌整理. 印染助剂，27（11）：14-16.

袁爱民. 2001. 一起蜡样芽胞杆菌引起食物中毒的调查. 预防医学文献信息，7（6）：615，700.

袁灿，夏立秋，丁学知，田野，尹佳. 2009. 喂食Cry1Ac毒素对棉铃虫中肠类胰蛋白酶的影响. 湖南师范大学自然科学学报，32（2）：93-97.

袁超，崔乐芳，王瑞明. 2011. 地衣芽胞杆菌在麸曲中产中性蛋白酶发酵工艺条件的研究. 酿酒科技，3：40-42.

袁橙，赵彦华，邵靓，林华，任建鸾. 2008. 奶牛乳汁中细菌的分离鉴定与药物敏感性试验. 畜牧与兽医, 40 (8): 71-73.

袁翠霞, 罗阿东, 徐景峨, 唐源, 李建华, 文明, 李永明, 周碧君. 2007. 猪萎缩性鼻炎支气管败血波氏杆菌PCR检测方法的建立. 中国预防兽医学报, 29 (11): 896-899.

袁翠霞, 袁翠连, 罗阿东, 徐景峨. 2008. 支气管败血波氏杆菌的鉴定及药敏试验. 动物医学进展, 29 (5): 10-13.

袁冬明, 李钦白, 朱微微, 郁世芳. 1991. 球形芽胞杆菌C3-41杀灭中华按蚊、三带喙库蚊实验研究. 中国媒介生物学及控制杂志, 2 (6): 401-403.

袁方玉, 夏世国. 1997. 沙市城区连续10年应用微生物制剂控制蚊虫的效果评价. 中国媒介生物学及控制杂志, 8 (6): 424-427.

袁方玉, 张吉斌, 方青, 徐博钊. 1994c. 球形芽胞杆菌C3-41块剂和颗粒剂防制城市致乏库蚊幼虫效果评价. 中国媒介生物学及控制杂志, 5 (2): 89-92.

袁方玉, 张吉斌, 徐博钊, 方青. 1994a. 球形芽胞杆菌C3-41地方制剂大面积防制城市致倦库蚊的现场效果评价. 中国寄生虫病防治杂志, 7 (2): 123-127.

袁方玉, 张吉斌, 徐博钊, 方青. 1994b. 球形芽胞杆菌C3-41地方株制剂控制城市致乏库蚊的现场效果评价. 中国媒介生物学及控制杂志, 5 (5): 324-327.

袁芳, 闫力军. 2000. 医用一次性输液器钴^{60}灭菌的研究. 激光生物学报, 9 (1): 61-64.

袁飞, 彭宇, 张春兰, 沈其荣. 2004. 有机物料减轻设施连作黄瓜苗期病害的微生物效应. 应用生态学报, 15 (5): 867-870.

袁丰华, 林黑着, 李卓佳, 陆鑫, 杨其彬. 2009. 地衣芽胞杆菌对尖吻鲈血液生理生化指标的影响. 南方水产, 5 (2): 45-50.

袁贵英, 石明生, 姬长新, 耿凤琳. 2007. 河南臭豆豉发酵微生物的分离鉴定. 江苏调味副食品, 2: 28-30, 36.

袁合. 2009. 利用鸡粪制绿色生态有机肥. 科技致富向导, 4: 19.

袁红, 倪有娣, 缪利英, 蔡铃斐. 2002. 介绍一种细菌芽胞微波染色法. 杭州医学高等专科学校学报, 23 (5): 236.

袁洪水, 杜红方, 李佳, 张爱莲, 张元亮, 朱宝成. 2008. 大丽轮枝菌拮抗细菌的分离与抗菌物质鉴定. 棉花学报, 20 (6): 442-446.

袁洪水, 马平, 李术娜, 胡明, 朱宝. 2007. 棉花黄萎病拮抗细菌的筛选与抗菌物分析. 棉花学报, 19 (6): 436-439.

袁洪水, 张爱莲, 辛欣, 郭晓军, 胖铁良, 朱宝成. 2008. 蜡状芽胞杆菌Bc-05菌株纤溶酶的酶学性质. 河北大学学报 (自然科学版), 28 (3): 305-311.

袁洪水, 张红丽, 辛欣, 朱宝成. 2010. *Bacillus subtilis* Z-3菌株纤溶酶的分离纯化研究. 河北农业大学学报, 33 (6): 63-67, 78.

袁鸿慈, 袁还东. 2008. 银屑病细菌病因诊断和临床治验初探. 中国现代医生, 46 (29): 58-60, 76.

袁华军, 梁善荣, 梁业. 2008. 开放性骨折并发梭状芽胞杆菌肌坏死和蜂窝织炎的治疗. 中华现代外科学杂志, 5 (7): 510-511.

袁辉洲, 李素清. 2008. 微生物絮凝剂产生菌的筛选与生理生化鉴定. 深圳职业技术学院学报, 7 (4): 32-35.

袁建, 何荣, 鞠兴荣, 顾建洪, 颜慧. 2008. 固态发酵生产菜籽肽培养基条件优化. 食品科学, 29 (8): 448-452.

袁建梅, 展惠英, 蒋煜峰, 达文燕. 2004. 两株芽胞杆菌对玉门油田原油的降解作用. 西北师范大学学报 (自然科学版), 40 (4): 55-57, 60.

袁杰利,朴永哲.1998.三种益生菌对种鸡肠内环境及生产性能的影响.中国微生态学杂志,10(2):124-126.

袁杰利,赵恕,苏显英,韩国柱.2006.地衣芽胞杆菌对实验性家兔阴道炎影响的研究.中国微生态学杂志,18(3):170-173.

袁金凤,陈雄,王永泽,王志.2008.鸡源益生芽胞杆菌的筛选.微生物学杂志,28(6):75-78.

袁锦平.2005.整肠生治疗慢性顽固性腹泻38例.现代医药卫生,21(2):195.

袁科平,邹世平,李谷,何力.2011.一株水产地衣芽胞杆菌的鉴定及培养基优化.福建农林大学学报(自然科学版),40(1):69-73.

袁林娜,宋勤.2007.微生物限度检查法中低速离心法回收细菌、真菌试验方法的研究.药物分析杂志,27(10):1620-1622.

袁林娜.2007a.布洛伪麻胶囊微生物限度检查方法验证试验研究.中国现代应用药学,24(3):229-231.

袁林娜.2007b.苗药肤痔清软膏微生物限度检查方法验证试验研究.中国民族民间医药杂志,3:171-173.

袁琳,刘红海,王吟,李晓翔 杨艳燕.2006.纳豆激酶基因导入番茄的研究.湖北大学学报(自然科学版),28(2):181-182,186.

袁美妗,邓日强,胡晓晖,龙紫新,李镇,余健秀,庞义,王殉章.2002.苏云金芽胞杆菌Cry1Aa和Cry3A结构域编码区的融合.农业生物技术学报,10(3):287-290.

袁美妗,汤慕瑾,师永霞,王莉 庞义.2007.苏云金芽胞杆菌$cyt1Aa$基因在拟步甲亚种菌株中的表达及重组菌株杀虫活性研究.中山大学学报(自然科学版),46(1):71-74.

袁明雪,黄象男,翁海波,席宇.2008.耐酸耐热α-淀粉酶高产菌株选育的初步研究.生物技术,18(2):20-23.

袁仕豪,陈秀春,陈宇,易建华.2007.降解烟碱的YC-68菌株16 S rDNA序列分析及鉴定.激光生物学报,16(3):322-326.

袁婷,钟学稳.2009.常见中草药的体外抑菌试验.畜牧兽医科技信息,9:23-25.

袁小平,王静,姚惠源.2004.枯草芽胞杆菌内切木聚糖酶的纯化与性质研究.食品与发酵工业,30(8):55-59.

袁小平,王静,姚惠源.2005.小麦麸皮阿魏酰低聚糖对红细胞氧化性溶血抑制作用的研究.中国粮油学报,20(1):13-16.

袁小平,姚惠源.2004.枯草芽胞杆菌内切木聚糖酶的分离纯化与鉴定.生物技术,14(5):54-55.

袁小平,姚惠源.2005.*Bacillus subtilis*木聚糖酶的纯化及其对小麦麸皮的作用.无锡轻工大学学报:食品与生物技术,24(1):19-23.

袁晓阳,陆胜民,郁志芳.2009.自然发酵腌制冬瓜主要发酵菌种及风味物质鉴定.中国食品学报,9(1):219-225.

袁洋,王怀欣.2008.生物包膜缓释BB肥料的生产工艺概述.化肥工业,35(4):9-10,15.

袁茵,鲁欣.2006.具细菌群感应抑制活性海洋细菌的筛选鉴定.生物技术,16(4):30-33.

袁永明,周帼萍,刘海舟,胡晓敏.2008.苏云金杆菌毒性质粒在蜡状芽胞杆菌群间的水平转移.微生物学杂志,28(2):1-5.

袁哲明,陈浩涛,梁晨彩.2006.重组增效蛋白对Bt和氯氰菊酯防治棉铃虫的增效作用.中国生物防治,22(3):194-197.

袁志辉,蓝希钳,杨廷,肖杰,周泽.2006.家蚕肠道细菌群体调查与分析.微生物学报,46(2):285-291.

袁志明，LeRoux C N，Pasteur N，Charles J F，Frutos R. 1998. 几株球形芽胞杆菌二元毒素基因的检测及对敏感和抗性尖音库蚊的毒性. 昆虫学报，41（4）：337-342.

袁志明，Nielsen L C，Pasteur N，Delecluse A，Charles J F，Frutos R. 1999. 球形芽胞杆菌 C3-41 二元毒素基因在苏云金芽胞杆菌以色列亚种中的克隆和表达. 微生物学报，39（1）：29-35.

袁志明，蔡全信，Andrup L，Eilenberg J，庞义. 2001. 苏云金芽胞杆菌肠毒素基因的 PCR 检测. 微生物学报，41（2）：148-154.

袁志明，蔡全信，张用梅，裴国风. 2000. 球形芽胞杆菌 LP1-G 的发酵特性及杀蚊活性. 微生物学通报，27（3）：170-173.

袁志明，陈宗胜，刘娥英，蔡全信，张用梅. 1997. 我国海南省杀蚊球形芽胞杆菌的分离和分布. 微生物学通报，24（4）：203-205.

袁志明，陈宗胜，刘娥英，张用梅，蔡全信. 1995. 一种球形芽胞杆菌的选择性培养基. 微生物学通报，22（2）：92-94.

袁志明，刘娥英，蔡全信，张用梅，陈宗胜. 1994. pH 值和贮藏温度对球形芽胞杆菌杀蚊活性和芽胞活性的影响. 生物防治通报，10（2）：95-96，F003.

袁志明，刘娥英，蔡全信，张用梅. 1998. 球形芽胞杆菌 C3-41 和 2362 菌株的发酵特性和毒力比较. 中国生物防治，14（2）：82-84.

袁志明，刘娥英，张用梅，蔡昌建，陈宗胜. 1992. 球形芽胞杆菌（*Bacillus sphaericus*）对抗生素的抗性. 微生物学通报，19（5）：257-261.

袁志明，张用梅. 1994. 球形芽胞杆菌 C3-41 对致倦库蚊的毒效及在蚊体内的再循环. 昆虫学报，37（4）：404-410.

袁志明，张用梅. 1999. 球形芽胞杆菌杀蚊毒素蛋白及其遗传操作研究进展. 昆虫学报，42（2）：212-224.

袁志明，张用梅，Nielsen L C，Sylviane H. 1999. 含二元毒素基因的苏云金杆菌重组子晶体蛋白分析及其对蚊幼虫的毒性. 微生物学杂志，19（1）：1-5.

袁志明，张用梅，陈宗胜，蔡全信，刘娥英. 1999. 球形芽胞杆菌在死蚊幼体内的再循环及对持效期的影响. 中国生物防治，15（1）：23-26.

袁铸，王忠彦，胡承，胡永松. 2003. 地衣芽胞杆菌 JF-UN122 碱性蛋白酶的分离纯化与性质. 工业微生物，33（3）：25-29.

袁铸，王忠彦，胡承，金敏，胡永松. 2001. 地衣芽胞杆菌 JF-20 菌原生质体的形成及其再生的最佳条件. 四川大学学报（自然科学版），38（5）：723-727.

原积友，罗创国，张建峰. 2009. 自然养猪法技术育肥猪舍建设. 畜牧兽医杂志，28（3）：112-113.

原灵，谢一俊，陈亮，董新平，林心. 2004. 从 1 例阴道炎患者阴道分泌物中检出蜡样芽胞杆菌. 海峡预防医学杂志，10（4）：9.

原玲芳，高健，程绍杰，尹壮壮，曹琳琳. 2010. 小蓬草花挥发油化学成分及抑菌作用研究. 江苏农业科学，38（4）：295-296.

苑琳，戚薇，路福平，杜连祥. 2004. 嗜碱性芽胞杆菌产高碱碱性蛋白酶发酵培养基及发酵条件的研究. 食品与发酵工业，30（6）：32-35.

苑勇业，初本杰. 1998. 康洁灵对餐茶具、物体表面、垃圾及压舱水消毒实验研究. 中国国境卫生检疫杂志，21（2）：108-109.

苑勇业，孙文. 2000. 康洁灵的消毒实验：茶餐具·物体表面·垃圾·压舱水. 中国国境卫生检疫杂志，23（3）：157-158.

乐超银，邵伟，刘海军，段宗宝. 2008. 一株地衣芽胞杆菌的分离及在大豆肽发酵中的应用. 中国酿造，

12:41-44.

乐超银,邵伟,徐世谨,喻子牛.2001.转化 cry3A 基因对苏云金芽胞杆菌 YBT-803-1 生长特性的影响.微生物学杂志,21(2):6-7,25.

乐超银,孙明,陈守文,喻子牛.2003.利用整合载体构建苏云金芽胞杆菌杀虫工程菌.遗传学报,30(8):737-742.

乐超银,喻子牛.2001.整合质粒对苏云金芽胞杆菌转化的研究.华中农业大学学报,20(4):363-364.

乐建君,于盛鸿,崔长海,张宝忠.2004.低渗透油田微生物采油现场试验研究.精细石油化工进展,5(2):13-15,18.

乐建君,于盛鸿,张宝忠,孙立岩.2004.微生物单井处理技术在徐家围子低渗透油田的应用.油气地质与采收率,11(2):56-58.

乐志培,朱孔生.1993.地衣芽胞杆菌(B. licheniformis)四株噬菌体结构蛋白性质的比较.微生物学研究与应用,3:3-5.

岳斌,王宝维,张名爱,荆丽珍,张倩.2008.鹅源草酸青霉溶磷效果及对鹅磷代谢的影响.青岛农业大学学报(自然科学版),25(1):34-37.

岳德军,陈新,赵之矿.2009.浅谈枯草芽胞杆菌与井冈霉素混用防治水稻纹枯病和稻曲病.安徽农学通报,15(4):84,129.

岳寿松,尤升波,游银伟,王翠萍.2011.温度和碳源对分解羽毛的枯草芽胞杆菌 YYW-1 生长特性的影响.山东农业科学,2:61-64.

岳淑宁,张红艳,张强,王丽娥,李忠玲,马齐.2008.一株饲用益生蜡样芽胞杆菌的液体发酵研究.安徽农业科学,36(34):14898-14899.

岳田利,胡贻椿,袁亚宏,高振鹏.2008.脂环酸芽胞杆菌(Alicyclobacillus)分离鉴定研究进展.食品科学,29(2):487-492.

岳同卿,郎志宏,王延锋,张杰.2010.转 Bt cry1Ah 基因抗虫玉米的获得及其遗传稳定性分析.农业生物技术学报,18(4):638-644.

岳元媛,张文学,刘霞,胡承,张宿.2007.浓香型白酒窖泥中兼性厌氧细菌的分离鉴定.微生物学通报,34(2):251-255.

臧丽丽.2010.伪膜性肠炎的临床表现及内镜特征.中国中医药咨讯,14:60.

臧路平.2009.产纤维素酶海洋菌株的分离及培养条件研究.现代食品科技,10:1170-1173.

臧淑艳,李培军,杨艳杰,张凤春.2007.Tween80 作用下苯并(a)芘的微生物降解研究.辽宁工程技术大学学报(自然科学版),26(3):467-469.

曾驰,张明春,刘婷婷,缪礼鸿,熊小毛,向苇.2010.兼香型白云边酒高温堆积过程主要细菌的分子鉴定.中国酿造,4:39-41.

曾慈庭,刘俏春.1991.食品中蜡样芽胞杆菌污染情况调查.湖南预防医学杂志,3(3):52-53.

曾地刚,雷爱莹,马宁.2007.固定化枯草芽胞杆菌净化养殖水体试验.广西农业科学,38(6):685-687.

曾地刚,雷爱莹,彭敏,李咏梅.2007.枯草芽胞杆菌的分离及其净化水质的研究.水利渔业,27(6):55-56.

曾东,陈代文.1995.芽胞菌类微生物饲料添加剂"8701"饲喂生长肥育猪的效果研究.四川农业大学学报,13(3):332-336.

曾东,王益平,倪学勤,汪开毓.2009.鲤益生菌筛选及部分菌株对鲤前肠黏液的体外黏附作用.中国水产科学,16(3):427-433.

曾涵,赵淑贤,李亚薇.2010.N-异丙基丙烯酰胺与 N-烯丙基-1-苯甲酰基-3-苯基-4,5-2H-4-甲酰胺基吡唑共聚物对N80钢片的化学和细菌腐蚀的抑制作用. 应用化学, 27 (4): 478-483.
曾涵, 赵淑贤, 王永疆, 张雷. 2010. 3, 4-二羟基噻吩交联壳聚糖的合成及其对白桃的抑菌保鲜性能. 应用化学, 27 (11): 1265-1271.
曾慧, 喻子牛, 孙明. 2007. 酰基高丝氨酸内酯酶在蜡状芽胞杆菌中可增强双效菌素抗软腐病. 农业生物技术学报, 15 (2): 327-332.
曾建德, 李新社, 陆步诗, 黄娟. 2008. 苏云金芽胞杆菌对酒曲害虫黑菌虫的毒杀效果研究. 酿酒, 35 (3): 32-33.
曾景海, 齐鸿雁, 杨建州, 呼庆, 张洪勋, 庄国强. 2008. 重金属抗性菌 Bacillus cereus HQ-1 对银离子的生物吸附-微沉淀成晶作用. 环境科学, 29 (1): 225-230.
曾林, 任改新. 1998. 苏芸金芽胞杆菌杀虫晶体蛋白 cry 基因研究的现状. 微生物学通报, 25 (1): 49-51.
曾林陵, 俞振祥. 2005. 双效微生物灭蚊幼制剂的灭蚊效果现场观察. 华南预防医学, 31 (3): 80.
曾霖霖, 涂宗财. 2009. 利用淡水鱼制备小分子肽口服液的酶解工艺研究. 食品与发酵科技, 45 (4): 36-38, 48.
曾名勇, 林洪, 刘树清, 王群峰, 染明, 黄海. 2002. 海洋生物保鲜剂 OP-Ca 抗菌特性的研究. 中国海洋药物, 21 (4): 27-31.
曾明森, 王庆森, 吴光远. 2005. 高效氯氟氰菊酯、苦参总碱和高效 Bt 防治茶尺蠖田间药效试验结果. 茶叶科学技术, 2: 13-14.
曾青兰. 2008. 纤维素降解细菌的分离鉴定和筛选方法的研究. 安徽农业科学, 36 (24): 10309-10310.
曾庆梅, 潘见, 谢慧明, 杨毅, 徐慧. 2005. 超高压灭活枯草芽胞杆菌 (AS1.140) 的参数优化. 农业工程学报, 21 (4): 158-162.
曾庆梅, 谢慧明, 潘见, 杨毅, 徐慧. 2006. 超高压处理对枯草芽胞杆菌超微结构的影响. 高压物理学报, 20 (1): 83-87.
曾庆梅, 杨毅, 赵阳楠, 殷允旭. 2008. 尼生素协同超高压处理对枯草芽胞杆菌存活率的影响. 食品科学, 29 (10): 290-294.
曾庆武, 梁运祥, 葛向阳. 2008. 反硝化细菌的分离筛选及其反硝化特性的初步研究. 华中农业大学学报, 27 (5): 616-620.
曾庆孝, 阮征. 1998. 高静压与其它因子对嗜热脂肪芽胞杆菌的作用. 华南理工大学学报 (自然科学版), 26 (11): 62-67.
曾如意, 杨民和. 2009. 茶树叶部内生真菌相互关系及抗菌活性初步研究. 江西植保, 32 (1): 19-24.
曾少灵, 余建秀, 谢瑞瑜, 蒙国基, 谭乐, 庞义. 2002. 苏云金芽胞杆菌分子伴侣基因 p19 的克隆和含有该基因的 Bacillus thuringiensis 表达载体的构建. 农业生物技术学报, 10 (2): 184-188.
曾盛全. 2010. 压醅池老化窖泥复活措施探讨. 酿酒科技, 9: 46-47.
曾献春, 黄玲, 李文娟. 2008. 建立快速分离鉴定新疆番茄酱腐败菌的方法. 中国酿造, 11: 82-84, 92.
曾献春, 庄伟伟. 2009. 骆驼酸乳中乳酸菌的抑菌实验研究. 中国酿造, 4: 84-86.
曾湘, 张晓波, 时圣民, 盖英宝. 2010. 一株来源于深海热液区嗜热细菌的分离及鉴定. 厦门大学学报 (自然科学版), 49 (5): 726-730.
曾向军, 苏德忠, 罗小芳, 张继晖. 2004. 一起由蜡样芽胞杆菌引起的食物中毒调查分析. 现代医药卫生, 20 (13): 1309.
曾晓慧, 胡萃. 1999. 苏云金芽胞杆菌在防治夜蛾科害虫中的应用. 昆虫天敌, 21 (1): 38-42.
曾晓慧, 张宏宇, 喻子牛, 胡萃. 1998. 苏云金芽胞杆菌对甜菜夜蛾幼虫毒力的生物测定方法. 中国生物防治, 14 (4): 172-175.

曾晓希,刘学端,汤建新,周洪波.2008.一株絮凝剂产生菌的16S rRNA鉴定和絮凝性能研究.生命科学仪器,6(9):30-32.

曾晓希,周洪波,刘飞飞,邱冠周,胡岳华.2006.一株胶质芽胞杆菌的筛选和鉴定.湖南农业大学学报(自然科学版),32(3):269-272.

曾雪珍.2002.从同份标本中分离出两株不同细菌结果分析.江西医学检验,20(3):186.

曾艳华,温文达,张杰良,张宁.2009.纳豆芽胞杆菌的筛选与鉴定.现代食品科技,6:681-683.

曾艳文,陈玉红,刘雪莲.2009.一起急性食物中毒实验室检测分析.安徽预防医学杂志,15(5):390.

曾益良,王同顺,康乐,任连奎,王同顺.2002.阿维菌素、伊维菌素和芽胞杆菌对美洲斑潜蝇的防治效果.昆虫知识,39(6):450-452.

曾永辉,陈喜涵,苗丽霞,曹军卫.2005.枯草芽胞杆菌突变株 proBA 基因植物表达载体的构建及转基因拟南芥的耐盐性能初探.安徽农业大学学报,32(3):316-322.

曾占壮.2010.2株益生菌在鳗鲡消化道内的定植与演替.福建农业学报,25(1):23-26.

扎西措.2010.默勒镇羊快疫类病流行情况的调查.畜牧兽医科技信息,8:67.

扎西桑平.2004.一起羊快疫的诊治.青海畜牧兽医杂志,34(6):46.

翟超,曹军卫.2001a.碱性果胶裂解酶基因 pelA 在 E. coli 中的表达和酶学性质研究.武汉大学学报(理学版),47(4):477-480.

翟超,曹军卫.2001b.碱性果胶裂解酶基因的克隆及核苷酸序列分析.武汉大学学报(自然科学版),47(2):195-199.

翟继鹏,张金枝.2010.枯草芽胞杆菌在养殖业中的应用研究进展.浙江畜牧兽医,35(3):7-9.

翟金盛,苏全胜,史兆荣.2005.谷维素联合维生素 B6 治疗老年患者抗生素相关性腹泻12例.实用医学杂志,21(21):2363.

翟梅枝,高智辉,徐文涛,王伟,李晓明.2008.核桃内生真菌 G8 菌株的分离鉴定及抑菌活性.中南林业科技大学学报(自然科学版),28(4):92-97.

翟梅枝,刘枫,黄湘海,高智辉,李晓明.2009.黑核桃内生真菌 HJ1 发酵产物的抑菌活性研究.西北农业学报,3:268-272.

翟梅枝,王磊,何文君,郭景丽.2009.核桃青皮乙醇提取物抑菌活性研究.西北植物学报,29(12):2542-2547.

翟秋梅,薛卫巍,薛永常,郑来久.2010.枯草芽胞杆菌 FM208849 产果胶酶发酵条件的优化.大连工业大学学报,29(2):93-97.

翟茹环,尚玉珂,刘峰,张修国,慕卫.2007.枯草芽胞杆菌 G8 抗菌蛋白的理化性质和抑菌作用.植物保护学报,34(6):592-596.

翟少华.2005.肠生态制剂诱导 H22 细胞凋亡的实验研究.徐州医学院学报,25(4):292-294.

翟新验,何利峰,王冬,尹良宏,孙冬云,贾琨,胡建武,卢胜明.2008.传染性支气管炎病毒血凝抗原的制备.实验动物科学,25(4):58-60.

翟兴礼,陈庆华.2009.苏云金芽胞杆菌两个亚种对几种常见抗菌药物的敏感性试验.江苏农业科学,37(1):120-121.

翟兴礼,王启明,王立娟.2006.苦楝果实提取物对几种芽胞杆菌的抑菌活性.安徽农业科学,34(9):1908-1909.

翟兴礼.2005.Bt-8010和Bt-7216对紫外线的抗性研究.河南农业科学,34(9):53-54.

翟兴礼.2009a.紫外线对4个 Bt 亚种活性的影响.河南农业科学,38(7):82-84.

翟兴礼.2009b.大蒜水提物对苏云金芽胞杆菌的抑制作用.长江蔬菜,6:70-72.

翟兴礼.2009c.苏云金芽胞杆菌四个亚种对温度和 pH 值的耐受性.商丘师范学院学报,25(6):

103-105.

翟娅, 周运书. 2000. 一起蜡样芽胞杆菌致家庭食物中毒的调查. 现代预防医学, 27 (2): 248.

翟元娜, 张杰, 高继国. 2009. 苏云金芽胞杆菌营养期杀虫蛋白 Vip3A 研究进展. 东北农业大学学报, 40 (8): 123-127.

詹发强, 包慧芳, 王炜, 崔卫东. 2009. 地衣芽胞杆菌 ws-6 产纤维素酶条件优化. 生物技术, 19 (5): 59-61.

詹喜, 姜峰, 殷赞, 陈荣乐, 郑晓冬. 2007. 生防菌枯草芽胞杆菌 BS-Z 的分批发酵动力学初探. 食品科学, 28 (5): 223-227.

詹旭, 吕锡武. 2007. 生物强化技术改善太湖梅梁湾水源地水质的研究. 中国环境科学, 27 (6): 801-805.

詹亚力, 戚琳琳, 王琴, 罗一菁, 闫光绪, 郭绍辉. 2009. 微生物燃料电池中的微生物分析. 高校化学工程学报, 23 (3): 445-449.

展德文, 刘向昕, 陶好霞, 王令春, 张兆山. 2005. 炭疽芽胞杆菌保护性抗原在大肠杆菌中的表达及纯化. 生物技术通讯, 16 (5): 503-504.

展德文, 王芃, 王令春, 张兆山. 2005. 炭疽芽胞杆菌疫苗研究进展. 微生物学报, 45 (1): 149-152.

展向阳, 赵刚. 2000. 一起蜡样芽胞杆菌引起的集体食物中毒调查报告. 河南职工医学院学报, 12 (1): 60.

张艾青, 刘书亮, 敖灵. 2007. 产广谱细菌素乳酸菌的筛选和鉴定. 微生物学通报, 34 (4): 753-756.

张艾青, 刘书亮, 詹莉, 敖灵. 2007. 产广谱细菌素乳酸菌的筛选. 中国酿造, 2: 45-48.

张爱莲. 2009. 临床标本蜡样芽胞杆菌的分离及耐药性分析. 中国社区医师: 医学专业, 19: 150.

张爱莲, 袁洪水, 李术娜, 周志军. 2008. 产纤溶酶菌株 S-05 的液体发酵条件优化. 河北农业大学学报, 31 (2): 65-69.

张爱玲, 赵生智, 贺树平. 2010. 几种动物传染病的卫生防控措施. 养殖技术顾问, 7: 86-87.

张爱民. 2008. 大蒜及其制品影响致病菌活性的研究. 中国调味品, 7: 38-39.

张爱民, 章淑艳, 张双凤. 2006. 具有杀虫效果的生物肥料的研制. 河北大学学报 (自然科学版), 26 (4): 415-419.

张爱萍, 穆青辉. 2009. 一起蜡样芽胞杆菌引起食物中毒的实验室分析. 中国医学检验杂志, 6: 376.

张爱武, 董斌, 左璐雅, 薛军. 2010. 不同水平枯草芽胞杆菌对鹌鹑内脏器官及小肠发育的影响. 经济动物学报, 14 (2): 98-101.

张爱霞, 生庆海, 魏鹏. 2006. 苦味 UHT 乳原因分析. 中国乳品工业, 34 (9): 37-39.

张百刚, 高华, 钟旭美. 2008. 生物抑菌素 Nisin 抑菌试验. 广东农业科学, 35 (9): 128-130.

张百刚, 高华. 2008. Nisin 抑菌作用的研究. 中国乳品工业, 36 (10): 26-28.

张柏莉, 任改新. 1993. 球形芽胞杆菌 Ts-1 品系的形态发生和灭蚊毒蛋白形成的研究. 微生物学报, 33 (3): 210-213.

张宝俊, 刘海涛, 张家榕, 韩巨才. 2010. 梨树内生拮抗细菌的筛选及发酵条件的研究. 山西农业大学学报 (自然科学版), 30 (1): 14-18.

张宝让, 王转花, 庞小燕, 魏华. 2005. 健康人肠道中溶血菌的调查与分子鉴定. 中国微生态学杂志, 17 (6): 422-424.

张宝善, 王君, 陈锦屏, 郭敏, 王春红. 2009. 大蒜汁对枯草芽胞杆菌抑制作用的研究. 西北植物学报, 29 (6): 1269-1275.

张宝莹, 王成球. 1996. 棉铃虫大田生物防治试验初报. 天津农业科学, 2 (1): 21-23.

张保国, 白志辉, 李祖明, 张国政. 2005. 克劳氏芽胞杆菌 S-4 菌株固态发酵产碱性果胶酶. 食品与发酵工业, 31 (3): 8-11.

张保全, 朱年华. 2006. 芽孢杆菌在畜牧业中的研究进展. 中国牧业通讯, 19: 60-61.

张保全, 朱年华. 2007. 芽孢杆菌在畜牧业中应用的研究进展. 江西畜牧兽医杂志, 1: 2-3.

张保松. 2010. 蜡样芽胞杆菌性眼内炎临床治疗分析. 临床眼科杂志, 18 (3): 246-247.

张蓓, 马雷, 武改红, 张克旭, 陈宁. 2004. 鸟苷生产菌的选育及其发酵条件优化. 食品与发酵工业, 30 (7): 48-51.

张蓓, 王健, 陈宁, 张克旭, 浅井博. 2005. 枯草芽胞杆菌生产鸟苷的途径分析. 南开大学学报 (自然科学版), 38 (1): 6-11.

张蓓, 张克旭, 陈宁, 徐咏全. 2003. 肌苷产生菌枯草芽胞杆菌分批发酵的代谢流分析. 南开大学学报 (自然科学版), 36 (3): 116-122.

张蓓华, 刘海洲, 刘铭, 闫建平, 袁志明. 2003. 球形芽胞杆菌 Mtx1 杀蚊毒素在苏云金芽胞杆菌以色列亚种中的表达. 微生物学通报, 30 (1): 49-52.

张宾红, 王晓曦, 温朗聪, 董永军, 赵汝鸣. 2003. 复合生物添加剂对童子鸡饲养效果观察. 中国微生态学杂志, 15 (3): 148-149.

张彬, 林炜, 尚卓, 蒋丹丹, 牛天贵. 2007. 芽孢杆菌 B50 产高活性木聚糖酶的发酵条件研究. 食品科技, 32 (12): 39-43.

张滨, 马美湖, 万佳蓉. 2008. 短小芽胞杆菌 (Bacillus pumilus) 基因鉴定及畜血 Hb 降解技术. 食品与生物技术学报, 27 (3): 68-72.

张滨, 马美湖. 2005a. 蜡状芽胞杆菌 (B. cereus) 对血红蛋白 (Hb) 降解特性研究. 肉品卫生, 7: 18-22, 31.

张滨, 马美湖. 2005b. 猪血发酵饲料加工工艺研究. 粮食与饲料工业, 10: 28-31.

张滨, 马美湖. 2006a. 家畜血红蛋白降解菌分离筛选与鉴定. 中南林学院学报, 26 (1): 22-26.

张滨, 马美湖. 2006b. 猪血红蛋白降解菌株分离筛选与微生物特性. 微生物学杂志, 26 (1): 1-5.

张冰, 秦秀慧, 李军, 杨建民, 王传武, 赵德明. 2002. 戊二醛和季铵盐复合消毒剂对鸡常见病原微生物杀灭效果的研究. 中国实验动物学杂志, 12 (2): 95-98.

张炳火, 张玉琴, 李汉全, 杨兆勇. 2007. 链霉菌 JXJ-402 产生的抗生素 JXJ-402-1 的研究. 中国抗生素杂志, 32 (5): 280-281, 299.

张彩, 杨文博. 1996. 地衣芽胞杆菌 β-甘露聚糖酶发酵液的絮凝试验. 食品科学, 17 (12): 32-37.

张彩云, 李忠建, 曾光, 孙舒明, 胡磊朋. 2006. 酶解蛋白质饲料工艺参数的研究. 兽药与饲料添加剂, 11 (2): 1-2.

张彩云, 刘来亭, 杜灵广, 李忠建. 2009. 酪酸芽胞杆菌对断奶仔猪生产性能和血清生化指标的影响. 中国畜牧杂志, 13: 43-45.

张常印, 盛正太. 1994. 从香肠、尤鱼干中检出致病性的小肠结肠炎耶新氏菌和芽胞杆菌. 动植物检疫, 1: 23-24.

张超峰. 2009. 酸美酵素在改善小中猪生长性能和免疫调节上的应用. 养猪, 3: 8.

张超峰, 沈建军. 2010. 酵素在改善小中猪生产性能和免疫调节上的应用. 中国兽医杂志, 3: 37-39.

张超杰. 2003. 商丘市 2000-2002 年新生儿破伤风流行病学分析. 医药论坛杂志, 24 (16): 49.

张朝柱, 何明霞, 敖建萍. 2010. 伪膜性肠炎的早期诊断及治疗. 临床军医杂志, 38 (1): 144-145.

张成桂. 2008. 氧化亚铁硫杆菌适应与活化元素硫的分子机制研究. 长沙: 中南大学博士研究生学位论文: 1-2.

张成省, 孔凡玉, 关小红, 王静, 李多川. 2008. 烟草叶围细菌 Tpb55 菌株的鉴定及其抑菌活性. 中国生物防治, 24 (1): 63-68.

张成省, 孔凡玉, 刘朝科, 王秀芳. 2009. 枯草芽胞杆菌 Tpb55 抗烟草普通花叶病毒（TMV）活性研究. 中国烟草学报, 15（4）：48-51.

张成翔, 张坊. 2008. 三效热原灭活剂杀菌效果与腐蚀性的试验观察. 中华医院感染学杂志, 18（9）：1288-1289.

张承胤, 邢彦峰, 代丽, 甄文超. 2009. 适应玉米秸秆还田的小麦根病拮抗细菌的筛选. 中国农学通报, 25（3）：206-209.

张崇, 赵秀香, 宋影, 高芬, 魏颖颖, 吴元华. 2007. 枯草芽胞杆菌 SN-02 发酵液的抑菌谱及稳定性研究. 生物技术, 17（4）：71-73.

张春江, 罗欣, 王海燕. 2004. 低温熏煮香肠的菌相分析及腐败菌的分离. 肉类工业, 4：25-28.

张春兰. 2010. 超分子 8-羟基喹啉/3,5-二硝基水杨酸的合成、晶体结构及抑菌活性. 潍坊学院学报, 10（2）：88-90.

张春林. 2008. 一起学生食用蛋白肉引起蜡样芽胞杆菌食物中毒的调查报告. 中国卫生法制, 16（2）：24, 30.

张春岭, 郭爱玲. 2007. 纳豆中 γ-PGA 的分离纯化和鉴定. 农产品加工. 学刊, 10：78-80, 83.

张春晓, 王玲, 孙鸣, 温俊. 2010. 枯草芽胞杆菌对凡纳滨对虾生长和免疫的影响. 饲料研究, 12：55-58.

张春燕, 蔡静平, 潘峰. 2007. 低水分辣椒粉带菌状况及控制技术的研究. 食品科学, 28（1）：131-134.

张春杨, 崔艳梅. 2007. 萘降解菌 NAP2-2 的 16S rRNA 基因克隆和系统发育分析. 安徽农业科学, 35（30）：9472-9473, 9533.

张琮, 张文波. 2001. 一起由蜡样芽胞杆菌引起 19 名船员腹泻的调查报告. 口岸卫生控制, 6（5）：44.

张翠梅. 1998. 促菌生治疗 38 例腹泻病临床观察. 同煤科技, 3：34-35.

张翠萍, 江月萍, 赵清喜, 梁永信. 1999. 老年病人难辨梭状芽胞杆菌性结肠炎的诊治. 青岛医学院学报, 35（2）：105-107.

张翠霞, 张庆华. 2004. 石蜡油保藏苏云金芽胞杆菌 13 年的活性检验. 微生物学杂志, 24（2）：57.

张翠竹, 张心平, 梁凤来, 贾莹, 刘如林. 2000. 一株地衣芽胞杆菌产生的生物表面活性剂. 南开大学学报（自然科学版）, 33（4）：41-45, 52.

张存莉, 朱玮, 李小明, 苏宝锋, 阎小英. 2006. 黑刺菝葜根中甾体皂苷抗菌活性成分研究. 林业科学, 42（9）：69-73.

张大伟, 郝永任, 楚杰, 宿英德. 2004. 益生菌地衣芽胞制剂的作用机理及应用研究. 山东饲料, 10：27-28.

张丹, 段茂华, 孙军德. 2007. 耐高糖、高渗透压 D-核糖高产菌株的选育及其发酵培养. 氨基酸和生物资源, 29（1）：30-34.

张丹, 刘海燕. 2008. 甲磺酸罗哌卡因注射液无菌检查方法验证的探讨. 中国医院药学杂志, 28（1）：42-44.

张丹, 孙军德, 赵春燕, 于艳敏. 2007. D-核糖耐高糖高产菌株的选育研究初报. 沈阳农业大学学报, 38（3）：431-433.

张道敬, 龚春燕, 魏鸿刚, 李淑兰. 2008. 多粘类芽胞杆菌 HY96-2 的化学成分. 华东理工大学学报（自然科学版）, 34（1）：71-73.

张德玉, 狄冽. 1993. 嗜热脂肪芽胞杆菌 α-淀粉酶基因的亚克隆和表达. 江苏农业学报, 9（1）：55-56.

张东花, 高睿. 2006. 气性坏疽病人的临床观察及护理. 护理研究：下旬版, 20（4）：1078.

张东花, 杨亚丽, 樊桂玲. 2004. 气性坏疽 14 例临床观察及护理. 医学研究荟萃, 17（1）：40-42.

张东杰, 马中苏. 2010. 枯草芽胞杆菌 *apr* 基因的克隆和表达. 东北农业大学学报, 41（5）：77-81.

张东升,曹文伟,毛连菊,朱莹. 2007. 利用鱼粉生产中的废水培养苏云金芽胞杆菌的可行性研究. 大连水产学院学报, 22 (6): 442-445.

张冬冬,郭晓军,刘慧娟,雷白时. 2009. 木薯醇腈酶在枯草芽胞杆菌中的表达及活性检测. 河北农业大学学报, 32 (3): 59-62, 66.

张冬冬,王世英,郭晓军,姜军坡,刘慧娟,朱宝成. 2009. 一个棉花黄萎病抗菌肽基因 25a2 的克隆与表达. 棉花学报, 21 (5): 346-350.

张董燕,季海峰,赵国先,王雅民. 2007. 鸡源益生菌菌种的分离及属种的鉴定. 饲料研究, 2: 75-77.

张栋海,蔡志平,彭延,魏俊梅,侯金星. 2010. 枯草芽胞杆菌粉剂对棉花黄萎病防效初探. 中国棉花, 9: 14-15.

张铎,谢莉,张蕾,张丽萍,赵宝华. 2008. 棉花黄萎病拮抗内生菌的筛选鉴定及抗菌物质研究. 河北师范大学学报 (自然科学版), 32 (5): 673-678.

张帆,蒋文举,王向东,王伊娜. 2008. 混合菌利用制酒废水产生微生物絮凝剂的研究. 中国给水排水, 24 (11): 93-96, 100.

张帆,蒋文举,王向东,王依娜,张望,陈娇. 2008. 不同种类微生物利用制酒废水产生微生物絮凝剂及其性能比较. 四川大学学报 (工程科学版), 40 (5): 58-62.

张帆,罗玉敏,祝东梅. 2008. 科洋生物肥在精养池中的应用效果 (下). 科学养鱼, 9: 81.

张帆,宋辉,班睿. 2006. $hprK$ 基因敲除及对其枯草芽胞杆菌核黄素发酵的影响. 生物工程学报, 22 (4): 534-538.

张帆,王向东,蒋文举,王伊娜. 2010. 制酒废水培养絮凝剂产生菌 X15 的培养条件优化及菌种鉴定. 科技创新导报, 36: 2-3.

张帆,张瑾,张锐,黄雯,郑李彬,刘伟,胡铁锋. 2010. 土壤芽胞杆菌的筛选与抑菌能力研究. 江苏农业科学, 38 (4): 345-348.

张丰德,高才昌. 1990. 球形芽胞杆菌 Ts-1 质粒 PNT-1 功能的研究. 南开大学学报 (自然科学版), 23 (1): 64-68.

张风豪,王海燕,何明雄,李羚锐,杨春晖,葛建,张义正. 2007. 利用血红蛋白基因提高短小芽胞杆菌在低氧条件下的碱性蛋白酶产量. 高技术通讯, 17 (7): 755-760.

张风雷,廖庆祥,李秀珍. 2008. 一起建筑工地工人食物中毒的流行病学调查分析. 现代预防医学, 35 (1): 59-60.

张峰峰,谢凤行,赵玉洁,周可,李亚玲. 2009. 枯草芽胞杆菌水质净化作用的研究. 华北农学报, 24 (4): 218-221.

张凤凯,张枫. 1999. 蜡样芽胞杆菌 CMCC (B) 63301 产生青霉素酶的特性及其应用的研究. 药物分析杂志, 19 (3): 158-161.

张凤莲,张建华,张萍. 2002. 微生态疗法"促菌生"治疗婴幼儿秋季腹泻的临床研究. 中国微生态学杂志, 14 (4): 229.

张芙华,陈晟,张东旭,华兆哲. 2008. pH 两阶段控制策略发酵生产重组角质酶. 中国生物工程杂志, 28 (5): 59-64.

张芙华,华兆哲,陈坚,吴敬. 2009. 温度两阶段控制策略发酵生产重组角质酶. 应用与环境生物学报, 15 (5): 730-733.

张富,潘康成,卢胜明. 2005. 益生芽胞杆菌对雏鸡红细胞免疫及免疫器官的影响. 中国兽医杂志, 41 (12): 9-10.

张高峡,卢振祖. 1998a. 从作物根际分离的多粘类芽胞杆菌 (P. polyrnyxa) 固氮作用的研究. 武汉大学学报 (自然科学版), 44 (6): 745-748.

张高峡, 卢振祖. 1998b. 作物根际联合固氮芽胞杆菌的分离鉴定及生态分布. 氨基酸和生物资源, 20 (1): 12-15.
张根伟. 2005. 枯草芽胞杆菌 BS-6 液体发酵条件的研究. 河北省科学院学报, 22 (1): 54-57.
张广民, 孙文志. 2002. 益生芽胞杆菌及其在养殖生产中的应用. 黑龙江畜牧兽医, 10: 20-21.
张广志, 杨合同, 李纪顺, 扈进冬. 2009. 多功能芽胞杆菌的分离、筛选及活性测定. 江苏农业科学, 37 (1): 298-300.
张广志, 张新建, 扈进冬, 王贻莲. 2009. 有机磷农药降解菌的筛选及降解能力测定. 河南农业科学, 38 (3): 63-65.
张广志, 周红姿, 杨合同, 赵晓燕. 2008. 盐碱土壤中耐盐细菌的分离与鉴定. 山东农业科学, 40 (9): 49-50, 54.
张桂宝. 2005. 盛夏时节尽量不吃剩饭菜. 农村实用技术, 8: 44.
张桂英, 廖咏梅, 张君成. 2004. 甘蔗黑穗病菌拮抗性芽胞杆菌的抗菌作用与伊枯草菌素 A 的产生有关. 广西科学, 11 (3): 269-272.
张桂枝, 肖曙光, 靳双星. 2007. 环糊精包合物在药物制剂中的应用. 郑州牧业工程高等专科学校学报, 27 (2): 29-30, 46.
张国成. 2008. 破伤风的诊断和治疗. 中国循证儿科杂志, 3 (B06): 82-83.
张国富, 姚远. 2001. 蜡样芽胞杆菌引起角膜炎结膜炎的诊断与分析. 实用医技杂志, 8 (4): 252.
张国强, 师俊玲, 杨自文. 2008. 1 株乳酸菌所产类细菌素 Lactobacillin SD-22 的初步研究. 食品与发酵工业, 34 (5): 51-54.
张国庆, 董晓芳, 佟建明, 王志红, 张琪. 2010. 一株益生芽胞杆菌的分离与鉴定. 安徽农业科学, 38 (13): 7095-7097.
张国庆, 董晓芳, 佟建明, 王志红. 2010. 一株产淀粉酶、蛋白酶益生芽胞杆菌的分离与鉴定. 中国饲料, 18: 13-15.
张国荣, 袁满春. 2007. 血液脑脊液中检出蜡样芽胞杆菌. 中国微生态学杂志, 19 (6): 574.
张国漪, 丁传雨, 任丽轩, 沈其荣, 冉炜. 2012. 菌根真菌和死谷芽胞杆菌生物有机肥对连作棉花黄萎病的协同抑制. 南京农业大学学报, 35 (6): 64-78.
张海军 (整理). 2009. 凝结芽胞杆菌牛饲料添加剂. 北方牧业, 8: 7-8.
张海敏. 2009. 简析伪膜性肠炎的内镜诊断. 医药与保健: 下旬版, 7: 52-53.
张海涛, 王加启, 卜登攀, 栾绍宇. 2008. 日粮中添加纳豆芽胞杆菌对断奶后犊牛生长性能的影响. 动物营养学报, 20 (2): 158-162.
张海涛, 王加启, 卜登攀, 栾绍宇, 邓露芳, 周凌云, 周振峰, 魏宏阳. 2011. 日粮中添加纳豆枯草芽孢杆菌对断奶前犊牛生长性能的影响. 中国畜牧杂志, 47 (3): 67-70.
张海涛, 王加启, 卜登攀, 栾绍宇, 邓露芳, 周凌云, 周振峰, 魏宏阳, 孙鹏. 2010. 日粮中添加纳豆枯草芽孢杆菌对犊牛消化道发育的影响. 中国畜牧兽医, 37 (1): 5-9.
张海涛, 王加启, 卜登攀, 栾绍宇, 王蕾, 周荣, 邓露芳, 周凌云, 魏宏阳. 2009. 纳豆枯草芽胞杆菌对犊牛断奶前后瘤胃发酵和酶活的影响. 中国畜牧兽医, 36 (12): 5-11.
张汉华, 李卓佳, 郭志勋, 贾晓平. 2005. 有益微生物对海水养虾池浮游生物生态特征的影响研究. 南方水产, 1 (2): 7-14.
张瀚爽, 段传慧, 高光军, 程海鹰. 2006. 一株提高原油采收率嗜热菌株的性能评价. 石油钻采工艺, 28 (2): 46-48, 51.
张浩, 张帅, 张娜, 马永强. 2010. 地衣芽胞杆菌 2709 蛋白酶分离纯化与性质. 现代食品科技, 26 (2): 129-132, 148.

张灏, 夏雨, 傅晓燕, 陈卫, 丁霄霖. 2003. 耐热 β-半乳糖苷酶基因 $bgaB$ 在枯草芽胞杆菌中的整合表达. 无锡轻工大学学报: 食品与生物技术, 22 (6): 1-4, 14.

张贺迎, 潘延云. 1993. 利用细胞培养板进行青霉素酰化酶生产菌的育种筛选. 微生物学研究与应用, 3: 26-28.

张红斌, 吴根. 1995. 苏云金杆菌中试规模发酵的工艺控制初探. 河北省科学院学报, 12 (2): 43-47.

张红见, 韩志辉, 董启伟. 2009. 饲料中蜡状芽胞杆菌的分离与鉴定. 青海大学学报(自然科学版), 27 (4): 69-70, 88.

张红见, 赵静, 张虎. 2010. 短小芽胞杆菌 (Bacillus pumilus UN-31-C-42) 对青海藏系羊蹄脱毛效果研究. 食品研究与开发, 31 (8): 167-169.

张红英, 李义, 郭明凯, 郝向举, 孙汉, 王玥. 2010. 枯草芽胞杆菌基因组 DNA 对中华绒螯蟹非特异性免疫因子的影响. 淡水渔业, 40 (1): 45-49.

张红英, 杨霞, 金钺, 方丽云, 赵旭. 2007. 鸡肠源芽胞杆菌的分离、鉴定和抗菌活性. 中国微生态学杂志, 19 (6): 504-506.

张宏伟. 2002. 一起蜡样芽胞杆菌食物中毒调查报告. 安徽预防医学杂志, 8 (6): 364.

张宏武, 王璐, 许赣荣, Blanc P J. 2008. 混合培养微生物利用甘油补料发酵生产乙醇研究. 应用与环境生物学报, 14 (5): 678-683.

张宏宇, 邓望喜. 1995. 苏云金芽胞杆菌防治仓贮害虫. 中国生物防治, 11 (4): 178-182.

张宏宇, 邓望喜. 2000. 苏云金芽胞杆菌的遗传多样性: II. 杀虫晶体蛋白及其基因型. 遗传, 22 (2): 125-128.

张宏宇, 李中奎, 喻子牛. 1997. 转苏云金芽胞杆菌杀虫晶体蛋白基因抗虫植物的研究进展与商品化. 生物技术通报, 13 (3): 13-15.

张宏宇, 喻子牛. 1997. 影响苏云金芽胞杆菌制剂防虫效果的因素. 植物保护, 23 (4): 41-44.

张宏宇, 曾晓慧. 1999. 苏云金芽胞杆菌的遗传多样性: I. 遗传标记及其应用. 遗传, 21 (6): 59-62.

张虹, 蒋红亮, 赵辅昆, 丁明. 2011. 高表达 PGA 的枯草芽胞杆菌蛋白质组学研究. 浙江理工大学学报, 28 (1): 116-121.

张洪波, 葛利江, 杨宏军, 杨少华. 2009. 单味中药多糖对奶牛子宫内膜炎病原菌体外抑菌作用. 西南农业学报, 22 (3): 798-801.

张洪涛, 徐田枚, 艾山江·阿布都拉, 吾甫尔·米吉提. 2007. 新疆有毒燉麻内生菌的分离及 AP-PCR 与 ERIC-PCR 分析. 中国微生态学杂志, 19 (3): 265-267.

张洪涛, 于频频, 艾山江·阿布都拉, 徐田枚, 吾甫尔·米吉提. 2007. 棉花黄萎病高效拮抗菌 XJUL-6 的筛选鉴定及其特性研究. 微生物学报, 47 (6): 1084-1087.

张洪涛, 赵国玉, 于频频, 吾甫尔·米吉提 艾山江·阿布都拉. 2007. 西瓜枯萎病高效拮抗菌 XJUL-12 的筛选与鉴定. 生物技术, 17 (4): 77-80.

张华, 曹海军, 蔡松良, 葛超荣. 2007. 蜡样芽胞杆菌感染与精液参数的相关性. 中华男科学杂志, 13 (1): 74-75.

张华金, 杜学志. 1998. 微生态制剂的临床应用. 山东医药工业, 17 (1): 18-19.

张华丽, 孙静, 龙霞, 梁艳, 隋凌云. 2007. 1 起由蜡样芽孢杆菌引起的食物中毒. 预防医学论坛, 13 (9): 853.

张华勇, 李振高. 2001. 土壤芽胞杆菌及其资源的持续利用. 土壤, 33 (2): 92-97.

张华勇, 李振高, 王俊华, 潘映华. 2003. 红壤生态系统下芽胞杆菌的物种多样性. 土壤, 35 (1): 45-47.

张欢, 王凤寰, 田平芳, 谭天伟, 李文进. 2010. 少根根霉脂肪酶基因在枯草芽胞杆菌中的诱导表达. 生物技术通报, 26 (1): 123-127.

张辉, 胡筱敏, 李培军, Verkho Zina V A. 2007. 柴油降解菌的筛选及其降解特性. 东北大学学报(自然科学版), 28 (10): 1493-1496.

张辉, 李培军. 2008. 固定化芽胞杆菌对地表水中油的降解. 水处理信息报导, 5: 53.

张辉, 李培军, 胡筱敏, 王新, Verkhozina V A. 2007. 固定化芽孢杆菌修复油污染地表水的研究. 中国给水排水, 23 (7): 28-31.

张辉, 李培军, 苏丹, Verkhozina V A. 2008. 固定化芽胞杆菌对地表水中油的降解. 环境化学, 27 (1): 53-56.

张辉, 李培军, 王桂燕, Verkhozina V A. 2008. 固定化混合菌修复油污染地表水的研究. 环境工程学报, 2 (12): 1613-1617.

张辉, 刘维红, 杨启银, 戴传超. 2006. 几种微生物在牛粪堆肥中的试验研究. 江苏农业科学, 34 (1): 108-112, 113.

张卉, 袁其朋. 2007. Hepcidin 的基因克隆及其在毕赤酵母中的分泌表达. 生物工程学报, 23 (3): 381-385.

张会图, Meng K, Wang Y R, Luo H Y, Yuan T Z, Yang P L, Bai Y G, Yao B, Fan Y L. 2007. Modification of the rib operon derived from *Bacillus subtilis* and its expression in Escherichia coli. 高技术通讯: 英文版, 13 (1): 85-90.

张会图, 姚斌, 范云六. 2004. 核黄素基因工程研究进展. 中国生物工程杂志, 24 (12): 32-38.

张惠殊, 李清心, 康从宝, 窦春梅, 林建强, 王浩. 2002. 芽孢杆菌 DY-32 对原油的降粘作用. 生物技术, 12 (4): 29-31.

张慧, 林海萍, 盛恩浩, 厉亮, 胡树恒, 毛胜凤. 2010. 箬竹提取物抑菌活性研究. 浙江林业科技, 30 (3): 38-41.

张慧, 杨兴明, 冉炜, 徐阳春, 沈其荣. 2008. 土传棉花黄萎病拮抗菌的筛选及其生物效应. 土壤学报, 45 (6): 1095-1101.

张慧华, 张晶华, 赵海霞, 赵桂艳, 张文涛. 2001. 一起由蜡样芽胞杆菌引起的食物中毒调查. 白求恩医科大学学报, 27 (6): 645.

张慧文, 钟艺. 1996. 罗红霉素微生物测定检定菌的选择. 广东药学院学报, 12 (3): 172-174.

张慧香. 2008. 一起由金黄色葡萄球菌和蜡样芽胞杆菌引起的食物中毒. 中华临床医学研究杂志, 14 (1): 119-120.

张吉斌, 袁方玉. 1995. 球形芽胞杆菌发泡块剂灭致乏库蚊幼虫的效果. 中国媒介生物学及控制杂志, 6 (5): 340-343.

张吉鸥, 李龙瑞. 2010. 功能大豆寡肽蛋白饲料的研制及其固态发酵工艺参数的优化研究. 中国奶牛, 10: 8-14.

张继红, 陶能国, 李俊丽, 刘友秀. 2010. 辣椒素的提取及抑菌活性研究. 广西植物, 30 (1): 137-140.

张继红, 王琛柱. 1998. 苏云金芽胞杆菌 δ-内毒素的杀虫机理及其增效途径. 昆虫学报, 41 (3): 323-332.

张继文, 杨春平, 姬志勤, 魏少鹏. 2009. 苦皮藤内生真菌 Hd3 菌株抑菌活性成分分离及结构鉴定. 农药学学报, 11 (2): 225-229.

张继云. 2010. 微生物杀虫剂——"Bt 蛋白". 中学生物学, 6: 6, 53.

张佳瑜. 2010. 芽胞杆菌 α-环糊精葡萄糖基转移酶在毕节酵母和枯草杆菌中的表达. 无锡: 江南大学博士研究生学位论文.

张家铭, 穆楠, 睢玉祥, 孙晓春, 闫桂琴. 2010. 翅果油树总生物碱的抑菌作用. 安徽农业科学, 38

(17): 8992-8994, 9004.

张家学, 陈守文, 孙明, 喻子牛. 2005. 苏云金芽胞杆菌不同发酵阶段的补糖发酵. 无锡轻工大学学报: 食品与生物技术, 24 (1): 11-14.

张俭, 邓津菊. 1995. 烧伤创面感染细菌1116株分析. 中华整形烧伤外科杂志, 11 (1): 49-52.

张建, 张振华, 黄星, 李荣, 李顺鹏. 2009. 功夫菊酯降解菌GF-1的分离鉴定及其降解特性研究. 土壤, 3: 454-458.

张建江, 张桂林, 马德新. 2002. 生物杀虫剂杀灭幼虫效果的现场观察. 医学动物防制, 18 (6): 286-287.

张建宁. 2009. 耐热α-淀粉酶产生菌枯草芽胞杆菌抗噬菌体的选育. 安徽农业科学, 37 (12): 5372-5374.

张建萍, 蔡峻, 邓音乐, 陈月华, 任改新. 2006. 野生Bc菌株产黑色素的研究. 微生物学通报, 33 (1): 42-45.

张建新, 刘起丽, 刘国生. 2008. 啤酒废水的单株降解与菌株鉴定研究. 西北农业学报, 17 (5): 287-289.

张建友, 吴晓琴, 张英. 2011. 竹茹提取物成分分析及功能初探. 食品工业科技, 2: 151-153, 273.

张建云, 崔树军, 谷立坤, 武秀琴. 2010. 解淀粉芽胞杆菌中性植酸酶基因的克隆及其在毕赤酵母中的表达. 河南科技大学学报 (自然科学版), 31 (2): 69-72.

张建云, 谷立坤, 崔树军, 武秀琴. 2010. 解淀粉芽胞杆菌中性植酸酶基因的克隆及其在毕赤酵母中的表达. 中国酿造, 5: 116-119.

张剑鸣, 贾燕, 江栋, 周伟坚, 邓志毅, 刘永. 2009. 一株高效脱硫脱氨氮菌的分离、鉴定及系统发育分析. 环境工程学报, 3 (5): 881-885.

张健. 2005. α-乙酰乳酸脱羧酶粗酶的提取优化研究. 发酵科技通讯, 34 (3): 12-15.

张健东, 刘树业. 2005. 金属β-内酰胺酶的研究进展. 医学综述, 11 (5): 415-417.

张鉴平. 2007. 食品中蜡样芽胞杆菌的控制方法. 中国酿造, 2: 59-60.

张江, 马立新. 2004. 地衣芽胞杆菌植酸酶基因的克隆及其在大肠杆菌中的表达. 湖北大学学报 (自然科学版), 26 (4): 337-340.

张杰, 刘永生, 马庆生. 2004. 地衣芽胞杆菌GXN151的纤维素酶基因 cel9A 的序列分析及 cel48A 的定位. 沈阳农业大学学报, 35 (3): 235-239.

张杰, 彭于发. 1995. 用接合转移方法构建杀虫防病荧光假单胞菌. 农业生物技术学报, 3 (2): 75-81.

张杰, 王跃军, 刘均忠, 郑媛, 王伟. 2010. 抗菌性海藻酸钠涂膜在罗非鱼片保鲜中的应用. 渔业科学进展, 31 (2): 102-108.

张杰, 尹鸿翔, 赵建, 李达旭, 牟景瑞, 杨志荣. 2004. 几丁质酶表达载体的构建及在类产碱假单胞菌中的表达研究. 四川大学学报 (自然科学版), 41 (2): 426-430.

张杰, 赵硅军, 韩岚岚, 宋福平, 李长友, 黄大昉. 2002. 苏云金芽胞杆菌 cry 基因在大肠杆菌中表达产物和生物活性. 植物保护, 28 (5): 5-9.

张洁, 蔡敬民. 1997. 芽孢杆菌木聚糖酶测定条件研究. 微生物学杂志, 17 (2): 33-34, 40.

张洁, 于颖, 徐桂花. 2010. 肉质品中亚硝酸盐的检测方法及替代物研究. 农业科学研究, 31 (2): 68-72.

张金辉, 潘康成, 袁朝富, 王艳明. 2007. 饲料添加山姜和蜡样芽胞杆菌对小鼠肠道菌群的影响. 广东饲料, 16 (3): 27-28.

张金兰, 鲁绯, 张伟伟, 汪建明, 高丽华, 张颖. 2010. 腐乳中蜡样芽胞杆菌污染情况的调查分析. 中国酿造, 10: 15-18.

张金龙,王建银.2009.非特兔加对断奶仔猪生长性能和抗体水平的影响.今日畜牧兽医,3:21,23.
张锦芳,籍小涛,杜连祥.2001.D-葡萄糖脱氢酶活力测定方法的研究——短小芽胞杆菌在D-核糖生产中的应用.天津轻工业学院学报,16(3):37-40.
张锦华,倪学勤,何后军,潘康成.2005.不同益生素对鲤鱼肠道蛋白酶、淀粉酶活力的影响.江西农业大学学报,27(4):513-516.
张锦亮,杜珍辉,黄雪峰,魏泓,陈海华,袁静,方立超,战余铭.2006.芽孢杆菌FJ-01-R的分离鉴定及固体发酵条件的探讨.中国饲料,13:16-18.
张锦涛.2010.注射用替硝唑与辅酶Q10注射液存在配伍禁忌.当代护士:学术版,10:58.
张谨华,杜惠丽,牛常青,杨艳君.2009.四种中药煎剂对鱼塘大肠杆菌等微生物的体外抑制作用研究.山西职工医学院学报,19(1):48-50.
张劲松,李博,陈家宽,周铜水.2006.加拿大一枝黄花挥发油成分及其抗菌活性.复旦学报(自然科学版),45(3):412-416.
张经访,李晓亮.1989.昆明地区五类食品中蜡样芽胞杆菌的生物学、血清学及其药物抗性的调查.昆明医学院学报,10(3):44-48.
张景廉,周德安.1990.一种利用微生物找金、铀矿的方法.国外铀金地质,1:7-10.
张景亮,江连洲,韩翠萍,王鹏.2010.豆酱生产中HACCP体系的应用效果评价.大豆科技,1:25-29.
张静,龚萌,袁宇,杨浩,陆燕蓉,程惊秋.2008.枯草芽胞杆菌PY-1对柑橘采后病害的生物防治.现代预防医学,35(5):858-859,865.
张静涛,束长龙,宋福平,刘楠.2009.苏云金芽胞杆菌$cry2Ad$基因的克隆及其表达产物的活性分析.生物技术通报,25(10):146-150,155.
张娟.1994.新生儿NEC隐抗原显露和凝集反应的筛查.国外医学:儿科学分册,21(1):37-39.
张娟,刘书亮,吴琦,詹莉.2007.产蛋性蛋白酶芽胞杆菌的筛选与鉴定.四川农业大学学报,25(3):253-256,261.
张军,陈立,胡青平,陈五岭.2008.YAG激光对番茄早疫病菌拮抗菌WB7的诱变效应.安徽农业科学,36(36):16028-16030.
张军,刘宇,朱战波,杨焕民.2011.猪用复合微生态制剂制备及保存期内活菌数研究.黑龙江八一农垦大学学报,23(1):63-65,87.
张军霞,仲平,李兰.2009.从枯草芽胞杆菌中提纯SOD的几种方法比较.生命科学仪器,8:29-32.
张俊,范伟平,方苹,李霜.2002.应用原生质体融合方法对FeO硫杆菌改良.南京工业大学学报(自然科学版),24(4):48-52.
张俊伟,郑裕国,沈寅初.2008.蜡状芽胞杆菌ZJB-07112酰胺酶的分离纯化及其酶学性质.化工学报,59(3):624-629.
张峻,何志敏,胡鲲,冯耀宇,张志钢.2001.地衣芽胞杆菌β-甘露聚糖酶的制备.食品与发酵工业,27(2):5-7.
张凯,孙育杰.2007.富硒、锌纳豆芽胞杆菌的选育.生命科学仪器,5(8):19-22.
张楷正.2010.立枯丝核菌拮抗菌的分离鉴定及其生理特性研究.北方园艺,21:39-41.
张侃吉,穆罕默得·哈夫兹.2002.家禽新近发生和重新出现的一些细菌性感染及其对养禽业的影响.当代畜禽养殖业,6:3-6.
张柯,宁德刚,徐卫东.2006.枯草芽胞杆菌芽胞表面展示重组抗原疫苗研究进展.微生物学通报,33(5):134-137.
张柯,张浩玉,姚强.2009.用同源重组法将Δ5 Des整合在集胞藻6803中的表达.安徽农业科学,37(7):2891-2893,2949.

张克强,陈秀为.1998.生物接触氧化法处理印染废水工艺细菌分析.农业环境保护,17(5):222-224.
张克强,李野,李军幸.2006.芽孢杆菌菌剂在水产养殖中的应用初探.海洋科学,30(9):88-91.
张坤宁,张波杰.2009.浅谈罗氏沼虾养殖水质调节.水产科技,3:14-15.
张兰芳,李忠伟.1991.巨大芽胞杆菌青霉素G酰化酶基因的克隆和表达.生物工程学报,7(1):47-53.
张兰威,刘会.1994.受芽胞杆菌污染的乳酸菌冻干发酵剂分纯方法.食品与机械,6:19-21.
张磊,张宇清.1998.化学指示卡监测高压蒸气灭菌的效能分析.中华医院感染学杂志,8(2):101.
张蕾,崔建国,王洪魁.2005.杨树Bt抗虫基因工程研究进展.中国森林病虫,24(3):19-22.
张蕾,黎继烈,蒋丽娟.2010.响应面法优化芽胞杆菌产脂肪酶发酵条件.中南林业科技大学学报(自然科学版),30(9):126-131.
张蕾,石新丽,李敏,张根伟,张丽.2010.短小芽胞杆菌TY079产抗菌物质的发酵培养基研究.河北省科学院学报,27(2):47-50.
张莉平.2010.微生态酶制剂对鸡舍空气净化的研究.中国畜牧兽医,7:227-229.
张黎黎,王红枫,王刚,马军,李元浩.2011.中西医结合治疗奶牛坏疽性乳房炎.吉林畜牧兽医,32(2):37.
张礼星.1996.耐高温α-淀粉酶的研究概况.江苏食品与发酵,3:29-31.
张丽,郭俊旺,赖经妹,张斐然,姚颖.2010.纳豆芽胞杆菌强化预处理印染废水.广东化工,37(4):134,163.
张丽,刘世彪,彭小列,郭爱环.2010.马比木提取物抑菌作用的初步探讨.湖南农业科学,4:94-96.
张丽,刘玉升,刘大伟,何华,吕飞.2006.黑粉虫与黄粉虫幼虫肠道细菌的比较.华东昆虫学报,15(1):17-21.
张丽,彭小列,张建锋,刘世彪.2010.杏鲍菇多糖的提取及其抑菌作用.贵州农业科学,38(9):90-92.
张丽杰,赵天涛,全学军,张云茹.2009.柑橘皮渣抑菌成分提取工艺研究.食品研究与开发,30(2):68-71.
张丽娟,张春乐,宋康康,陈清西.2006.3-羟基苯甲酸对酪氨酸酶的抑制作用和抑菌作用.厦门大学学报(自然科学版),45(5):705-708.
张丽丽,梁革梅,曹广春,高希武.2010.增强Bt Cry毒素杀虫作用的重要途径:增效因子的利用及晶体蛋白的遗传改良.环境昆虫学报,32(4):525-531.
张丽琳,杨畔,孟庆恒,孙建华.2009.虫源性细菌纤维素酶发酵条件的均匀优化研究.中国酿造,2:23-26.
张丽梅,李俊,邢建华.2009.抗生丸微生物限度检查法的验证.医药导报,28(6):792-793.
张丽苹,徐岩.2002.酸性α-淀粉酶生产菌株的选育的初步研究.工业微生物,32(4):11-14.
张丽萍,黄亚丽,程辉彩,张根伟,董超,陈瑞勤.2007.土壤微生物制剂防治草莓连作病害的研究.土壤,39(4):604-607.
张丽萍,黄亚丽,程辉彩,张根伟,董超,田连生.2006.复合生物制剂防治西瓜连作病害的研究.中国土壤与肥料,5:59-61.
张丽萍,张根伟,黄亚丽,程辉彩,董超,田连生.2006.复合生物制剂防治苹果轮纹病.农药,45(3):201-203.
张丽青,吴海龙,姜红霞,张庆乐.2007.纤维素降解细菌的筛选及其产酶条件优化.环境科学与管理,32(10):110-113,117.
张丽霞,黄开红,周剑忠,李莹,王英,单成俊.2009.枯草芽胞杆菌FR4对采后草莓的保鲜效果.江西农业学报, 21 (9): 124-127.

张丽霞, 李荣禧, 齐俊生, 王琦, 梅汝鸿. 2005. 枯草芽胞杆菌发酵培养基的优化. 植物病理学报, 35 (S1): 209.

张丽香, 刘强, 孙忠伟, 王斐, 刘海. 2010. 一株产黑色素芽胞杆菌的分离与鉴定. 华南农业大学学报, 31 (2): 63-67.

张丽珍, 马利平, 乔雄梧, 郝变青. 2006. 一株多菌灵降解菌 NY97-1 的分子鉴定及 GFP 标记. 应用与环境生物学报, 12 (4): 555-558.

张丽珍, 乔雄梧, 马利平, 秦曙. 2006. 多菌灵降解菌 NY97-1 的鉴定及降解条件. 环境科学学报, 26 (9): 1440-1444.

张利军, 陈静. 2010. 微生态制剂的开发与展望. 科学养鱼, 9: 78.

张利军, 熊鸿燕, 张耀, 马非, 李莉, 李亚斐. 2005. 类炭疽芽胞杆菌裂性噬菌体的筛选及其杀菌效应的初步观察. 中国消毒学杂志, 22 (1): 5-9.

张利军, 熊鸿燕, 张耀, 马非, 李莉. 2005. 营养启动剂诱导类炭疽芽胞发芽的研究. 中华流行病学杂志, 26 (3): 207-210.

张利莉, Aronson A I, 喻子牛. 2002a. 碳源对苏云金芽胞杆菌融合基因 $cry1D$-$lacZ$ 表达的影响. 遗传, 24 (3): 301-304.

张利莉, Aronson A I, 喻子牛. 2002b. 苏云金芽胞杆菌鲇泽亚种 HD-133 $cry1D$ 和 $cry1Ab$ mRNA 含量及稳定性研究. 微生物学报, 42 (3): 335-340.

张利莉, 喻子牛. 2003. Sigma 因子和启动子上游区在苏云金芽胞杆菌杀虫晶体蛋白基因表达调控中的作用. 中国生物工程杂志, 23 (3): 50-54.

张连波, 黄海霞. 2006. 一起由蜡样芽胞杆菌引起的食物中毒. 哈尔滨医药, 26 (6): 39.

张良, 张宿义, 许德富, 李宗珍, 刘光烨. 2009. 泸州老窖古酿酒作坊内外环境空气细菌的分析与鉴定. 酿酒科技, 11: 49-52.

张琳琳, 王琦, 李荣禧, 王勇军. 2008. 两株蜡样芽胞杆菌 α-淀粉酶差异性分析及基因的克隆和表达. 农业生物技术学报, 16 (4): 676-680.

张灵玲, 关怡, 黄勤清, 关雄. 2008. 武夷山土壤中分离的 Bt 杀蚊新菌株. 寄生虫与医学昆虫学报, 15 (2): 82-85.

张灵玲, 关怡, 张易, 季君淘, 关雄. 2007. 苏云金芽胞杆菌杀蚊新菌株 LLP29 对白纹伊蚊作用机理的研究. 寄生虫与医学昆虫学报, 14 (1): 16-19, F0003.

张灵玲, 林晶, 骆兰, 方昉, 黄天培. 2005. 页面分离 Bt 及对茶树主要害虫高毒力菌株的筛选. 茶叶科学, 25 (1): 56-60.

张灵玲, 姚凤銮, 黄志鹏, 吴光远. 2004. TA-BR 生物药肥的研制及在茶叶生产中的应用. 茶叶科学, 24 (3): 219-225.

张灵玲, 张永嵘, 汤宝珍, 张群林. 2007. 苏云金芽胞杆菌资源的收集与鉴定. 武夷科学, 23 (1): 196-201.

张灵启, 李卫芬, 余东游. 2008. 芽孢杆菌制剂对断奶仔猪生长和免疫性能的影响. 黑龙江畜牧兽医, 3: 37-38.

张玲, 向红远. 2004. 一起由蜡样芽胞杆菌引起的食物中毒. 江苏预防医学, 15 (1): 38-39.

张玲, 翟俊辉, 周冬生, 郭兆彪, 王津, 杨瑞馥. 2005. 荧光定量 PCR 快速检测炭疽芽胞杆菌的实验研究. 中国人兽共患病杂志, 21 (11): 976-980.

张令要, 袁平, 张用梅, 刘娥英, 岳木生. 2001. 神农架原始森林高毒力苏云金芽胞杆菌菌株分离鉴定研究. 中国媒介生物学及控制杂志, 12 (4): 271-274.

张鲁斌,常金梅,詹儒林.2010.芒果炭疽病拮抗菌的筛选及防治效果研究.热带农业科学,30(5):12-14.

张路路,刘畅,任梦然,梁雪,贺进田.2011.几种基因工程宿主菌异丁醇耐受能力的比较.河北师范大学学报(自然科学版),35(1):86-89.

张茂华,孔云松,朱汉静.2006.低聚木糖与产酶益生素合用对生长猪生长性能的影响.养殖技术顾问,3:23.

张眉眉,姚文清,田疆,于伟,毛玲玲,孙柏红,秦彩明,孙英伟,陈丹,王英军,李鑫.2008.一起突发炭疽疫情中炭疽芽胞杆菌的分离及鉴定.中国卫生检验杂志,18(5):905-906.

张梅,康晓慧,马林.2011.五种药用植物提取液抑菌作用研究.湖北农业科学,50(4):728-730.

张敏.2009.保妇康栓微生物限度检查法的验证.海南医学院学报,15(1):22-24.

张敏,胡晓,万津瑜,雷欣雨,赵丹萍.2010.高产几丁质酶的枯草芽胞杆菌诱变育种及发酵条件研究.中国农学通报,26(11):279-283.

张敏,苗晓微.2009.中药合生素替代金霉素对肉鸡体内重金属含量的影响.黑龙江畜牧兽医,1:55-56.

张敏,苗晓微,段渴慧,聂磊.2007.中药与乳酸杆菌、芽胞杆菌合生素替代金霉素对肉鸡营养物质代谢的影响.黑龙江畜牧兽医,5:84-86.

张敏,苗晓微,李福俊,廖世国.2007.益生素对肉鸡肠道菌群及免疫器官指数的影响.粮食与饲料工业,11:35-36,43.

张敏,沈德龙,饶小莉,曹凤明,姜昕,李俊.2008.甘草内生细菌多样性研究.微生物学通报,35(4):524-528.

张敏,汤志良,舒凯,陈华保,袁杭,胡晓,赵丹萍.2010.姜瘟病菌生防芽胞杆菌蛋白的分离及其生物活性.四川农业大学学报,28(2):196-199.

张敏,汤志良,舒凯,赵丹萍,胡晓.2010.抗姜瘟病菌芽胞杆菌的诱变改良.浙江大学学报(农业与生命科学版),36(2):153-158.

张敏,赵丛,杜连祥,路福平,蔡兴旺.2007.中性蛋白酶基因诱导型表达分泌载体的构建.中国生物工程杂志,27(3):105-109.

张敏,赵丛,路福平,蔡兴旺,杜连祥.2008.N^+注入中性蛋白酶高产菌株诱变选育的研究.浙江大学学报(农业与生命科学版),34(3):245-248.

张敏,赵丛,路福平,殷向斌,杜连祥.2007.产中性蛋白酶菌株发酵条件的研究.食品研究与开发,28(12):44-48.

张敏,赵丛,路福平,赵洪坤,杜连祥.2007.中性蛋白酶基因在大肠杆菌中诱导表达条件的研究.食品与发酵工业,33(10):31-34.

张明,卢俊瑞,辛春伟,刘芳,周昌朋,鲍秀荣,陈丽然.2009.5-溴-2-羟基苯甲酰基取代芳醛腙的合成、表征及抑菌活性.应用化学,26(12):1386-1390.

张明臣,张洪涛,梁宝龙.2008."牛四防"疫苗在奶牛群消化道病中的防治作用.黑龙江畜牧兽医,8:80.

张明春,曹敬华,向苇,沈玉洁,张晶,万朕,方尚玲,陈茂彬.2010.白云边酿酒大曲微生物分析研究.酿酒科技,2:65-67.

张明发,沈雅琴.2009.甘草抗菌和抗原虫药理研究进展.临床药物治疗杂志,7(2):49-53.

张明露,马挺,李国强,汪卫东,李希明,梁凤来,蔡宝立,刘如林.2008.一株耐热石油烃降解菌的细胞疏水性及乳化、润湿作用研究.微生物学通报,35(9):1348-1352.

张明焱,沈微,饶志明,方慧英,诸葛斌,诸葛健.2009.地衣芽胞杆菌普鲁兰酶编码基因的鉴定.生物学杂志, 26 (2): 8-10.

张缪伟, 吴建中, 邵燕, 吴国强. 2001. 一起因食用蜜饯引起的呕吐型蜡样芽胞杆菌食物中毒. 中国卫生检验杂志, 11 (1): 110.

张楠, 陈波水, 杨致邦, 余瑛, 黄伟. 2010. 苯酚降解菌的分离、鉴定及降解特性. 后勤工程学院学报, 26 (1): 22-26, 37.

张楠, 陈正华, 刘桂珍, 陈凌娜, 曲延英. 2007. 抗虫杀菌融合基因表达载体的构建及微束激光转化植物研究. 激光生物学报, 16 (2): 200-207.

张楠, 于莹莹. 2010. 污水中拮抗性光合细菌的分离与纯化. 商品与质量: 理论研究, 4: 97.

张培德, 夏晴, 陈石根. 1996. 一种适合于溶葡球菌酶发酵生产和分离纯化的半合成培养基的建立. 复旦学报 (自然科学版), 35 (2): 157-162.

张培德, 苑小林. 1995. 外源基因在球形芽胞杆菌中的转化. 复旦学报 (自然科学版), 34 (4): 417-422.

张培德, 周华. 1998. 球形芽胞杆菌的抗药标记及外源 DNA 的转化与表达. 微生物学报, 38 (3): 181-185.

张盆 (编译). 2006. 凝结芽胞杆菌产生的木聚糖酶作为预漂剂在非木材制浆中的应用. 国际造纸, 25 (3): 35-38.

张鹏, 洪葵, 庄令, 林海鹏. 2006. 抗真菌活性物质的分离纯化及生物活性研究. 福建热作科技, 31 (1): 5-7.

张鹏, 徐焘, 张骁, 陈畅. 2009. 酶法生产鸟氨酸菌株的筛选与培养. 北京化工大学学报 (自然科学版), 36 (6): 86-90.

张平远 (编译). 2008. 用水产下脚料生产食品天然防霉剂. 水产科技情报, 35 (4): 202.

张其标, 杨远帆, 倪辉. 2009. 蜂王浆抗革兰氏阳性菌的特性研究. 中国蜂业, 60 (10): 9-11.

张奇, 孙丹, 杨文博, 刘茜, 白芳. 2009a. 芽胞杆菌 L4 菌株角蛋白酶的酶学性质研究. 农业环境科学学报, 28 (10): 2189-2193.

张奇, 孙丹, 杨文博, 刘茜, 白芳. 2009b. 芽胞杆菌 L4 所产角蛋白酶的纯化工艺、理化性质及其应用研究. 离子交换与吸附, 25 (5): 448-455.

张倩勉, 莫美华. 2008. 巨大口蘑挥发油化学成分及抑菌作用的研究. 现代食品科技, 24 (12): 1232-1235.

张强, 黄丹, 王川. 2008. 耐高温 α-淀粉酶产生菌的选育研究. 中国酿造, 4: 21-23, 41.

张强, 刘成君, 蒋芳, 李晖, 陈金瑞. 2005. 耐高温 α-淀粉酶产生菌的分离鉴定及发酵条件与酶性质研究. 食品与发酵工业, 31 (2): 34-37.

张青. 2005. 微生物检查中的 MPN 法和 CFU 法. 食品与药品, 7 (04A): 70.

张青山, 马淼, 吴永安, 刘光付, 周帼萍. 2010. 云南澜沧江中温大曲中微生物初步分析. 中国酿造, 3: 84-86.

张清霞, 黄姗姗, 童蕴慧, 徐敬友. 2009. 枯草芽胞杆菌 Z-2 重组甘露聚糖酶分泌条件优化及酶学性质的研究. 扬州大学学报 (农业与生命科学版), 30 (2): 76-80.

张清霞, 周洪友, 唐文华. 2006. 芽胞杆菌 N-6 的鉴定及其产 β-甘露聚糖酶最适条件的研究. 中国农业大学学报, 11 (3): 36-40.

张庆, 冷怀琼, 朱继熹. 1997. 苹果叶面附生微生物区系及其有益菌的研究: Ⅲ. 蜡芽 B017 防病及促生的实验. 云南农业大学学报, 12 (4): 269-275.

张庆, 冷怀琼, 朱继熹. 1998. 苹果叶面附生微生物区系及其有益菌的研究: Ⅳ 蜡质芽胞杆菌 B017 代谢液中的生理活性物质. 西南农业学报, 12 (1): 96-99.

张庆,李卓佳.1999.复合微生物对养殖水体生态因子的影响.上海水产大学学报,8(1):43-47.

张庆,曾霞,周如金,梁创荣,余育玲,杜佩锋.2010.新型食品防腐剂富马酸海藻糖甲酯的抗菌特性研究.食品研究与开发,31(5):15-19.

张庆,朱继熹,冷怀琼.1997.苹果叶表附生微生物区系及其有益菌的研究:Ⅱ.有益芽胞杆菌的筛选、初步鉴定和电镜观察.云南农业大学学报,12(3):147-152.

张庆宁,胡明,朱荣生,任相全,武英,王怀忠,刘玉庆,王述柏.2009.生态养猪模式中发酵床优势细菌的微生物学性质及其应用研究.山东农业科学,41(4):99-105.

张秋明,李树锋,何捷.2010.环境改良剂对黄沙鳖成鳖生产性能的影响试验.现代农业科技,12:282-283.

张群林,林群新,吴小凤,余洁.2009.源于地衣的苏云金芽胞杆菌分离及PCR-RFLP分析.福建师范大学学报(自然科学版),25(4):84-89.

张日俊.2010.新的地平线——动物微生态科学与技术.饲料工业,31(12):44.

张荣胜,刘永锋,刘邮洲,罗楚平.2009.枯草芽胞杆菌离子突变菌株H-74脂肽类抗菌物质对水稻抗性诱导作用枯草芽胞杆菌离子突变菌株H-74脂肽类抗菌物.西南农业学报,22(5):1322-1325.

张蕊,李术娜,李朝玉,王全,李红亚,朱宝成.2010.黄瓜灰霉病产芽胞拮抗细菌的分离筛选与L-72菌株的鉴定.华北农学报,25(4):191-195.

张瑞坤,卞岑云.1994.关于提高"氯霉素注射液"微生物检定法中抑菌圈边缘清晰度的探讨.中国兽药杂志,28(2):30-32.

张瑞玲,李鑫钢,黄国强.2009.固体微生物菌剂现场修复油田污染土壤的应用研究初探.上海环境科学,28(3):97-100.

张润杰,欧阳革成.2005.植物内生菌 *Bacillus* spp.与松材线虫病的关系研究.中山大学学报(自然科学版),44(2):82-85.

张少博.2011.抗水稻黄单胞菌深海独岛枝芽胞杆菌A493及其活性物质研究.武汉:华中农业大学硕士研究生毕业论文:1.

张少平,崔堂兵,陈亮,郭勇.2010.豆豉纤溶酶的定向进化.华南理工大学学报(自然科学版),38(9):138-141,146.

张绍君,王守君,单艳君,朱永信,施岩,丛玉平.2009.枯草芽胞杆菌在断奶仔猪阶段应用的试验效果观察.养殖技术顾问,6:143.

张绍松,陈永青.1995.枯草芽胞杆菌 *bgIS* 基因在酵母染色体上整合.生物工程学报,11(3):266-271.

张胜军,骆稽酉.2000.九九禽畜宝防治雏鸡鸡白痢效果观察.中国微生态学杂志,12(5):276.

张胜燕,钟莲.2006.微生物饲料添加剂在养猪业的应用.四川畜牧兽医,33(2):38.

张世根,宋杰,李敏,宋艳雨,姜冶,高彩红.2010.肥料增效剂γ-聚谷氨酸的生产与应用.农产品加工(学刊),8:60-61,65.

张守栋,孙向欣.2004.一起食物中毒调查回顾性分析.中国饮食卫生与健康,2(3):57-58.

张书杰.2007.用发酵秸秆粉代替部分精料饲喂育服猪的初步探索.黑龙江畜牧兽医,12:42-43.

张书利,管斌,邱向锋,董书阁,熊三玉.2006.褐藻胶裂解酶产生菌的筛选、鉴定及其产酶条件研究.现代食品科技,22(3):24-27.

张姝,李楠,黄登禹,王雷,宋振玉.2009.γ-聚谷氨酸高产菌株 *Bacillus natto* S003-D16的选育和优化.中国酿造,1:70-73.

张淑梅,姜天瑞,王玉霞,赵晓宇.2008.枯草芽胞杆菌防治向日葵菌核病效果初报.现代化农业,11:1-2.

张淑梅, 沙长青, 王玉霞, 李晶, 王佳龙, 赵晓宇, 李景鹏. 2004. 枯草芽胞杆菌 ZH-8 对黄瓜霜霉病防治效果的研究. 生物技术, 14 (4): 56-57.

张淑梅, 沙长青, 王玉霞, 李晶, 赵晓宇, 张先成. 2008. 大豆内生细菌的分离及根腐病拮抗菌的筛选鉴定. 微生物学通报, 35 (10): 1593-1599.

张淑梅, 王玉霞, 李晶, 赵晓宇, 张先成. 2006. 基因标记枯草芽胞杆菌 BS-68A 在黄瓜上定殖. 生物技术, 16 (4): 73-74.

张淑梅, 王玉霞, 王佳龙, 李晶. 2006. 枯草芽胞杆菌防治大豆菌核病效果初报. 大豆通报, 1: 18-19.

张淑梅, 王玉霞, 赵晓宇, 张先成, 孟利强, 李晶. 2009. 生物拌种剂防治大豆根腐病效果和机制. 大豆科学, 28 (5): 863-868, 874.

张淑萍, 姜瑞蕊. 2007. 一起蜡样芽胞杆菌食物中毒调查. 中外健康文摘: 医药月刊, 4 (3): 153-154.

张淑霞, 杨增岐, 赵余放, 卢曾军, 李佩伦. 1998. 四种"爱丽丝"牌消毒剂对五种细菌的杀菌效果比较. 动物医学进展, 19 (3): 36-42.

张淑珍. 2010. 梅花鹿 C 型魏氏梭菌病的诊疗和体会. 中国畜禽种业, 1: 83-84.

张舒, 喻大昭, 陈其志, 王锡锋, 彭于发, 吕亮, 杨小林. 2005. 转 $Xa21$ 基因水稻的根际细菌群落研究. 植物病理学报, 35 (S1): 200-203.

张双凤, 张爱民, 赵钢勇, 张克宏. 2009. 棉花黄枯萎病拮抗菌株的筛选及抗菌蛋白的分离纯化研究. 华北农学报, 24 (B12): 229-232.

张双寿, 苏培忠, 俞明光. 2004. 马铃薯应用益微增产效果试验. 江西农业科技, 4: 9-10.

张爽. 2002. 痰液中检出蜡样芽胞杆菌 1 例. 临床检验杂志, 20 (2): 89.

张爽. 2010. 育成鸡球虫病并发坏死性肠炎的诊治实例. 新农业, 3: 41.

张松波. 2007. 纳豆是什么? 食品与健康, 8: 41.

张松乐, 陈梅玲. 1997. 舟山某码头近地面大气微生物污染初步调查. 中国微生态学杂志, 9 (3): 29-30.

张松鹏, 杨建州, 张洪勋. 2002. 经高浓度味精废水驯化的 B.t 菌株伴胞晶体特性及其活性成分研究. 生物技术通报, 18 (2): 38-41.

张涛, 魏少鹏, 姬志勤. 2008. 放线菌 A19 菌株抑菌活性成分的研究. 西北农业学报, 17 (5): 103-106, 120.

张天民. 2008. 克林霉素磷酸酯治疗感染性疾病疗效观察. 中国保健, 16 (12): 477.

张天瑞, 刘淑云, 徐庆阳. 2007. 复合诱变定向选育腺苷生产菌. 现代食品科技, 23 (3): 17-19, 26.

张天尊, 刘世君. 1989. 致黑梭状芽胞杆菌所致低酸罐头硫化腐败研究. 食品与发酵工业, 15 (1): 52-54.

张添元, 罗进贤, 李文清. 1993. 分泌载体 pPSA18 的构建及地衣杆菌淀粉酶在枯草杆菌中的表达和分泌. 中山大学学报 (自然科学版), 32 (2): 49-54.

张婷, 曲凌云, 祝茜. 2008. 一株海洋细菌 HZBN43 的鉴定. 安徽农业科学, 36 (33): 14380-14381.

张万明, 边藏丽, 涂献玉, 王岚. 2006. 乙醇消毒液污染解淀粉芽胞杆菌的检测报告. 中国消毒学杂志, 23 (6): 579-580.

张万祥, 高爱平, 周金友, 杨宏亮. 2007. 含油脂废水中一株栗褐芽胞杆菌的筛选和鉴定. 中国微生态学杂志, 19 (5): 424-425.

张薇 (编译). 2006. 难治性梭状芽胞杆菌可使低危人群发生严重腹泻. 传染病网络动态, 2: 2-3.

张薇, 魏海雷, 高洪文, 黄国和. 2008. 中度嗜盐菌四氢嘧啶合成基因的克隆与功能分析. 生物工程学报, 24 (3): 395-400.

张巍 (综述), 窦科峰 (审校). 2007. 肝移植术后腹泻的病因及治疗. 中华肝胆外科杂志, 13 (2):

136-138.

张维东. 2009. 一起剥死牛皮引起皮肤炭疽的调查报告. 中国民族民间医药杂志, 18 (14): 106.

张维国, 周宇光. 1996. 脑膜炎奈瑟菌与地衣芽胞杆菌L型混合感染一例. 中华医学检验杂志, 19 (5): 314-315.

张维军, 马广强, 林树乾, 栾婧婧. 2006. 健康奶牛产道内正常菌群的研究. 家畜生态学报, 27 (4): 94-97.

张维亚, 张瑞. 2009. 克林霉素毒副作用与艰难梭状芽胞杆菌的关系. 中国实用医药, 4 (30): 131-132.

张卫兵, 宋曦, 贺晓玲, 甘伯中. 2011. *Bacillus licheniformis* 产凝乳酶培养基的优化. 中国酿造, 2: 70-73.

张伟, 何正波, 邓新平, 殷幼平. 2004. 桑粒肩天牛幼虫肠道菌群的种类及分布. 西南农业大学学报, 26 (2): 169-172.

张伟, 李冠, 娄恺. 2010. 极端耐热木聚糖酶基因在枯草芽胞杆菌中的整合表达. 生物技术, 20 (1): 15-18.

张伟伟, 鲁绯, 张金兰, 汪建明, 高丽华. 2010. 食品中蜡样芽胞杆菌的研究进展. 中国酿造, 5: 1-4.

张文成, 陈月华, 任改新. 2004. 我国粮食粉尘中苏芸金芽胞杆菌的分离及H血清型鉴定. 武警医学院学报, 13 (5): 351-353.

张文成, 董小青, 马一兵. 2004. 苏芸金芽胞杆菌在生态环境中的分布及其作用研究进展. 武警医学院学报, 13 (5): 409-411.

张文成, 任改新. 1998. 苏芸金芽胞杆菌的肠毒素及其编码基因的研究. 中华微生物学和免疫学杂志, 18 (6): 428-433.

张文成, 任改新. 1999. 苏芸金芽胞杆菌与蜡状芽胞杆菌. 微生物学通报, 26 (4): 293-296.

张文飞, 全嘉新, 谢柳, 王茜. 2009. 海南岛热带雨林区芽胞杆菌收集及Bt菌鉴定. 基因组学与应用生物学, 28 (2): 265-274.

张文飞, 谢柳, 赵立仕, 方宣钧, 柳参奎. 2009. 黑龙江凉水自然保护区苏云金芽胞杆菌的收集与鉴定. 基因组学与应用生物学, 28 (4): 685-690.

张文飞, 姚淑霞, 谢柳, 杨明坤. 2009. 苏云金芽胞杆菌S1478-1分离株的特性鉴定及 *cry1Ac* 同源基因克隆. 基因组学与应用生物学, 28 (3): 471-476.

张文伟, 冯胜彦. 1999. 生长温度对核苷磷酸化酶的影响. 氨基酸和生物资源, 21 (1): 27-29.

张文鑫, 龚伟. 1997. 四种活菌剂对仔猪黄痢病原菌的体外抑菌试验. 云南农业大学学报, 12 (2): 133-136.

张闻, 汪立平, 汪之和. 2009. 甘露聚糖酶产生菌F1-5的鉴定. 安徽农业科学, 37 (4): 1469-1470, 1478.

张武. 2010. 黑龙江省北部地区土著咪唑乙烟酸降解细菌的分离与鉴定. 黑龙江农业科学, 4: 65-67.

张西锋, 李万芬, 袁新宇, 张炜炜. 2007. 枯草芽胞杆菌生物素操纵元的初步改造. 西北农林科技大学学报 (自然科学版), 35 (7): 169-174.

张西锋, 李万芬. 2011. 枯草芽胞杆菌GMP还原酶基因 (*guaC*) 突变株的构建. 安徽农业科学, 39 (5): 2556-2558.

张西锋, 张炜炜, 杨明明, 樊俊华. 2006. 生物素生物合成的研究. 生物技术, 16 (4): 82-84.

张西雷, 付道领, 孔祥磊, 栾婧婧. 2006. 芽胞杆菌微生态制剂作用机制及应用. 动物保健, 9: 39-40.

张希涛, 康丽华, 马海宾, 江业根. 2007. 具有溶磷能力的相思根瘤菌16S rDNA序列分析. 安徽农业科学, 35 (24): 7427-7429.

张熹, 祖国仁, 孙浩, 孔繁东. 2011. 芽胞杆菌B-09产胞外多糖培养基优化及多糖黏度性质. 中国酿造,

1: 74-77.

张霞, 胡玉琴, 贾振华, 张杰, 马宏, 宋水山. 2006. 含苏云金芽胞杆菌 *aiiA* 基因的重组荧光假单胞菌的构建及对软腐病的抗病活性. 华北农学报, 21 (4): 13-16.

张霞, 林建强, 田丽. 2006. 新型溶血栓药——纳豆激酶. 食品与药品, 8 (10A): 5-7.

张霞, 唐文华, 张力群. 2007. 枯草芽胞杆菌 B931 防治植物病害和促进植物生长的作用. 作物学报, 33 (2): 236-241.

张霞, 武志芳, 张胜潮, 胡承, 张文. 2010. 贵州浓香型白酒窖池可培养细菌系统发育分析. 酿酒科技, 12: 23-27.

张霞, 张杰, 彭于发, 陈中义, 李国. 2004. 重组荧光假单胞菌 BioP8 在环境中消长动态与安全性评价. 安全与环境学报, 4 (6): 7-10.

张先成, 张云湖, 赵晓宇, 李晶. 2009. 枯草芽胞杆菌 B29 菌株对黄瓜植株的诱导抗性. 武夷科学, 1: 24-29.

张贤群 (译), 覃矜 (校). 2006. 利用饲料添加剂控制肉鸡坏死性肠炎的最新研究结果. 国外畜牧学: 猪与禽, 5: 49-50.

张显华. 2008. 关注鱼粉中的隐形"雷区"——动物源性饲料鱼粉的卫生安全和饲粮使用. 中国动物保健, 4: 62-65.

张献强, 黎起秦, 甘启范, 罗一东. 2010. 防治茉莉白绢病的药剂筛选研究. 安徽农业科学, 38 (10): 5152-5154, 5228.

张祥胜. 2008. 钼锑抗比色法测定磷细菌发酵液中有效磷含量测定值的影响因素分析. 安徽农业科学, 36 (12): 4822-4823.

张祥胜, 向廷生, 林建强. 2009. 产表活石油微生物菌株的鉴定与离子束诱变改良. 化学工程师, 23 (10): 4-8.

张翔 (编译). 2006. 健康及年轻个体中发现难辨梭状芽胞杆菌相关性疾病. 传染病网络动态, 2: 2.

张霄, 纪炜, 王耘, 温爽. 2010. 间接 ELISA 法检测苏云金芽胞杆菌 (Bt) Cry1Ab 毒蛋白抗体方法的建立. 江苏农业学报, 26 (4): 894-896.

张小红, 崔英德. 2006. 可生物降解海藻酸钠高吸水性树脂的性能与结构. 高分子材料科学与工程, 22 (4): 91-94.

张小华, 陆长德. 1997. 嗜热脂肪芽胞杆菌 DNA 解链蛋白 BstH2 的纯化及性质研究. 生物化学与生物物理学报, 29 (4): 356-362.

张小华, 祁国荣. 1996. 嗜热脂肪芽胞杆菌 DNA 解链蛋白 1 的纯化及性质. 生物化学与生物物理学报, 28 (6): 640-646.

张小丽, 毛健, 王彬, 侯廷红, 杨玲, 涂铭旌. 2004. 稀土铈/纳米 TiO_2 复合抗菌剂的研究. 功能材料, z1: 2509-2510.

张小玲, 梁运祥. 2006. 一株反硝化细菌的筛选及其反硝化特性的研究. 淡水渔业, 36 (5): 28-32.

张小玲, 张卫东, 张玲, 李清丽, 郭国军, 华开, 张霞. 2008. 好氧反硝化菌的选育及其初步应用. 微生物学通报, 35 (10): 1556-1561.

张小青, 曹军卫, 翟超, 陈建军. 2002. 枯草芽胞杆菌渗透压调节基因 *proB* 的克隆和表达. 微生物学报, 42 (2): 163-168.

张小润, 刘全英. 2004. 加替沙星治疗 36 例下呼吸道感染的临床观察. 贵州医药, 28 (10): 897-898.

张小艳, 刘玉焕. 2010. 抗 MRSA 菌株 B2 的鉴定和活性检测研究. 氨基酸和生物资源, 32 (2): 59-62.

张小燕, 陈宏君, 周波. 2008. 凝结芽胞杆菌 TBC169 片在治疗小儿便秘中的作用. 中国妇幼保健, 23 (15): 2184-2185.

张晓波, 赵艳, 樊俊华. 2010. 山西地区褐土胶质芽胞杆菌研究特性研究. 草原与草坪, 30 (4): 89-92, 96.

张晓君, 姚檀栋, 马晓军, 王宁练. 2001. 马兰冰川: 一支深冰芯中微生物特征的分析. 中国科学: D辑, 31 (B12): 295-299.

张晓玲. 2004. 正常人群百日咳抗体水平监测分析. 山西医药杂志, 33 (8): 672-673.

张晓梅, 朱映岚. 1999. 饲喂不同类型微生态制剂对雏鸡消化酶活性的影响. 饲料研究, 7: 4-6.

张晓宁. 2008. 对"蜡样芽胞杆菌感染与精液参数的相关性"一文的商榷. 中华男科学杂志, 14 (3): 250.

张晓舟, 徐剑宏, 李顺鹏. 2005. 植病生防芽胞杆菌的分离筛选与初步鉴定. 土壤, 37 (1): 85-88.

张晓舟, 闫新, 崔中利, 李顺鹏. 2006a. 利用短短小芽胞杆菌启动子和信号肽编码序列构建穿梭分泌表达载体. 微生物学报, 46 (4): 526-530.

张晓舟, 闫新, 崔中利, 李顺鹏. 2006b. 利用枯草芽胞杆菌 *ytkA* 和 *ywoF* 基因启动子与信号肽重组分泌表达 *mpd* 基因. 生物工程学报, 22 (2): 249-256.

张孝庆, 韦有江, 张孝斌. 2006. 微生态制剂饲喂生长肥育猪试验. 养猪, 3: 4.

张孝庆, 韦有江, 张孝斌, 樊翠萍. 2006. 微生态制剂饲养生长肥育猪试验. 畜牧与兽医, 38 (8): 7.

张笑宇, 胡俊, 李玉峰, 席先梅, 姜晓环. 2009. 地衣芽胞杆菌对马铃薯晚疫病菌的抑制作用. 华北农学报, 24 (2): 210-213.

张心平, 张善稿. 1993. 环状糊精葡萄糖基转移酶产生菌的初步鉴定及其产酶条件. 南开大学学报 (自然科学版), 26 (2): 63-68.

张心齐, 薛燕芬, 赵爱民, 堵国成. 2005. 嗜碱芽胞杆菌 *Bacillus* sp. F26 过氧化氢酶的分离纯化及性质研究. 生物工程学报, 21 (1): 71-77.

张昕, 张炳欣, 喻景权, 张震, 沈卫. 2005. 生防菌 ZJY-1 及 ZJY-116 的 GFP 标记及其在黄瓜根围的生态适应性. 应用生态学报, 16 (11): 2144-2148.

张昕. 2010. 枯草芽胞杆菌诱变株发酵羽毛工艺条件的研究. 中国饲料, 3: 26-29, 32.

张欣, 范仲学, 郭笃发, 王丽香. 2011. 3 种微生物制剂对轻度镉污染土壤中菠菜生长的影响. 天津农业科学, 17 (1): 81-83, 87.

张新建, 黄玉杰, 杨合同, 任艳. 2007. 通过导入几丁质酶基因提高巨大芽胞杆菌的生防效果. 云南植物研究, 29 (6): 666-670.

张新军, 范丽卿, 岳海梅, 任毅华. 2010. 几丁质酶产生菌发酵条件初步研究. 中国农学通报, 26 (24): 42-46.

张新军, 王玉珍. 2010. 苦豆子拮抗性内生细菌的筛选及初步鉴定. 农业科技通讯, 6: 69-72.

张新妹, 胡昌勤, 王淑兰. 2003. 欧洲药典附录 2.6.13 非无菌产品的微生物限度检查之二 (对特定微生物的检查). 中国药品标准, 4 (6): 60-62.

张新民, 张鲁嘉, 荀志金, 徐虹, 姜岷. 2003. γ-谷氨酰转肽酶产生菌的筛选和培养条件的研究. 生物加工过程, 1 (2): 39-42.

张新明. 2009. 微生态制剂使用六要点. 科学养鱼, 11: 45.

张兴锋 (编译). 2009. 新颖抗真菌的硝吡咯菌素氧化物. 世界农药, 5: 28-30.

张兴梅, 王士强, 赵海红, 洪音, 何淑平. 2009. 不同生物菌剂对大豆根系抗性物质的影响. 中国土壤与肥料, 5: 64-68.

张行燕, 蒋兴祥. 1997. 一起由沙门氏菌、蜡样芽胞杆菌引起食物中毒调查报告. 浙江预防医学, 9 (4): 24-25.

张雄, 蔡丽华, 黄丽芬, 朱静静. 2010. 糠醛双 Schiff 碱及其铜配合物的合成与抗菌活性研究. 化学与生物工程, 27 (4): 51-53, 60.

张秀文, 齐遵利, 刘艳琴. 2007. 芽胞杆菌的作用机理及其在断奶仔猪日粮中的应用研究. 饲料工业, 28 (20): 47-49.

张秀文, 齐遵利, 任晓慧, 张艳英. 2008. 延胡索酸和芽胞杆菌对断奶仔猪生产性能及免疫机能的影响. 饲料工业, 29 (2): 12-14.

张秀霞, 单宝来, 张剑杰, 吴伟林, 赵朝成. 2009. 降解菌 HJ-1 降解石油动力学. 中国石油大学学报 (自然科学版), 33 (5): 140-143.

张秀霞, 秦丽姣, 吴伟林, 赵朝成. 2010. 固定化原油降解菌的制备及其性能研究. 环境工程学报, 4 (3): 659-664.

张秀艳, 阮晖, 傅明亮, 何国庆, 李青青. 2007. 枯草芽胞杆菌 ZJF-1A5 的 β-葡聚糖酶热稳定性改造及酶学性质分析. 农业生物技术学报, 15 (3): 508-513.

张秀玉, 孔凡玉, 王静, 张成省, 李佰乐. 2010. 枯草芽胞杆菌 SH7 抑菌蛋白的分离纯化及对烟草青枯病菌的抑制作用. 中国烟草科学, 31 (1): 13-15.

张秀玉, 孔凡玉, 王静, 张成省. 2010. 枯草芽胞杆菌 SH7 抑菌蛋白产生的最佳发酵条件及温室防效. 中国烟草科学, 31 (2): 45-48.

张旭, 陈武, 杨玉婷, 黎定军. 2009. 青枯菌拮抗菌 2-Q-9 的分子鉴定及抑菌相关基因的克隆. 湖南农业大学学报 (自然科学版), 35 (3): 233-236.

张旭, 马妮, 郑洪. 2009. 环境中军团菌快速检测方法的研究进展. 中国卫生检验杂志, 19 (1): 240-241.

张旭, 周旺平, 胡艳, 蒋桂韬, 王向荣, 李昊帮, 戴求仲. 2010. 芽胞杆菌制剂对蛋鸡生产性能和蛋品质的影响. 家畜生态学报, 31 (6): 34-38, 56.

张学君, 刘焕利, 潘小枚, 彭广茜, 王金生. 1995. 小麦纹枯病生防菌株 B3 产生抗菌物质条件的研究. 南京农业大学学报, 18 (1): 26-30.

张学君, 王振荣, 韩云章, 朱桂宁, 缪卫国, 王金生, 张寄伯, 周国义, 杨秋萍, 金中时, 施志平. 1994. 5 株芽胞杆菌对棉花病害的防治效果及其对棉苗生长的影响. 棉花学报, 6 (1): 61-64.

张学君, 赵军, 王金生. 1994. 枯草芽胞杆菌 B3 菌株对小麦根系和茎基部的定殖作用研究. 生物防治通报, 10 (4): 171-174.

张学莉, 干安建. 2005. 谷参肠胺治疗腹泻型肠道易激综合征的临床观察. 中国肛肠病杂志, 25 (7): 19-20.

张学勤. 2006. 辉瑞可肥素 110 与鸡坏死性肠炎的防治技术. 饲料广角, 18: 47-50.

张学松, 徐水, 谢洁, 左伟东, 侯春春, 李圣春. 2009. 一株蚕丝脱胶酶产生菌的筛选鉴定及产酶条件优化试验. 蚕业科学, 35 (4): 815-821.

张学忠, 王军华, 王秀清, 谢宇庭. 2003. 一例猪恶性水肿病的诊断及治疗. 养殖技术顾问, 8: 31.

张雪梅, 田莉瑛, 杨楠, 赵宝华. 2009. 铽-α-萘甲酸-邻菲啰啉三元配合物的抗菌效果. 河北师范大学学报 (自然科学版), 33 (3): 374-376.

张雅利, 梅建生, 岳杰. 2007. 柿提取物对枯草芽胞杆菌的抑制作用. 食品工业科技, 28 (2): 133-136.

张亚, 廖晓兰, 曾晓楠, 黄璜, 高文. 2010. 鸭粪中 1 株水稻纹枯病菌拮抗细菌的鉴定. 植物病理学报, 40 (5): 517-521.

张亚莲, 常硕其, 刘红艳, 傅海平, 李健权. 2008. 茶园生物菌肥的营养效应研究. 茶叶科学, 28 (2): 123-128.

张亚雄, 涂璇, 胡滨, 邓义熹, 喻晨. 2010. 蛇抓内生菌的抑菌作用及活性有效成分分析. 时珍国医国药, 21 (10): 2509-2510.

张彦杰,罗俊彩,武燕萍,杨合同. 2009. 生防枯草芽胞杆菌研究进展. 生命科学仪器,4:19-23.
张艳,郑媛,王海英,孙谧. 2010. 不同载体固定化海洋微生物酯酶 ETM-b 的性能比较. 渔业科学进展,31(5):110-116.
张艳丽,高华,于兹东,刘小红. 2008. 纳豆菌的分离及其发酵条件的优化. 化学与生物工程,25(10):68-72.
张艳贞,王罡,魏松红,季静. 2004. 农杆菌介导法获得优良玉米自交系转 Bt 基因植株. 上海交通大学学报(农业科学版),22(1):31-36.
张艳贞,魏松红,胡汉桥,王军军,王罡. 2002. 农杆菌介导的优良玉米自交系遗传转化体系的建立. 沈阳农业大学学报,33(3):195-199.
张燕新,赵印,许敬亮,吴莹,胡冰. 2007. 3 株高温蛋白酶产生菌的分离与鉴定. 应用与环境生物学报,13(4):561-564.
张要存,王春艳,吕铭凡,洪懿. 2002. 乳康生中蜡样芽胞杆菌(DM423)活芽胞半衰期的测定. 中国兽药杂志,36(6):54.
张耀相,李慧敏,刘园园. 2010. 谈几种常用益生菌的功能及机理. 中国动物保健,9:45-46,48.
张业尼,路福平,李玉,王建玲,李静文. 2008. 磷脂酰丝氨酸合成酶基因的克隆及在枯草芽胞杆菌中的表达. 中国生物工程杂志,28(9):56-60.
张业尼,路福平,李玉,王建玲. 2009. 重组磷脂酰丝氨酸合成酶的分离纯化及酶学性质研究. 生物技术通报,25(3):106-110.
张一折,刘国祥,刘永涛,包振霞. 2010. 罗尔斯通氏菌菌株 H16 新毒素蛋白 Reu 对菜青虫中肠组织病理学研究. 江苏农业科学,38(4):108-110.
张义冉,汪恩强,秦建华,高颖,陈振师. 2010. 自制有机碘栓对獭兔子宫内膜炎治疗研究. 中国农学通报,26(8):29-32.
张义冉,汪恩强,秦建华,马玉忠,程晶晶. 2009. 河北省部分奶牛场奶牛子宫内膜炎病原菌分离与鉴定. 畜牧与兽医,5:86-88.
张益娜,翁琴. 2008. 沙棘叶总黄酮的抑菌性研究. 农产品加工·学刊,9:25-27.
张毅,汪新,邱乐泉,朱雪娜,钟卫鸿. 2008. Bacillus subtilis ZJUTZY 产 γ-聚谷氨酸的分子量分布及其絮凝特性研究. 浙江工业大学学报,36(6):647-650.
张毅民,孙亚凯,吕学斌,但汉斌. 2006. 高效溶磷菌株 Bmp5 筛选及活力和培养条件的研究. 华南农业大学学报,27(3):61-65.
张翼,白晨,冉国华,张志元,陈耀辉,吴刚. 2009. 柑橘内生细菌 YS45 的鉴定、抗菌物质分析及其对油菜菌核病的防治作用. 植物病理学报,39(6):638-645.
张翼翾(编译). 2008. 害虫管理中的生物合理性杀虫剂(上). 世界农药,30(6):1-6.
张银亮,陈创夫,乔军,刘贤侠. 2010. 新疆北部地区奶牛子宫内膜炎主要病原菌的分离鉴定及其血细胞成分分析. 中国草食动物,30(4):52-55.
张应玖,朱学军,关键,李吉平,薛雁,郝黎明,赵文斌. 2002. 一种新型淀粉酶的鉴定及其产酶菌株的筛选. 微生物学通报,29(5):38-41.
张应鹏,杨云裳,刘宇,马兴铭. 2009. 藏药川西獐牙菜挥发性化学成分及抑菌活性研究. 时珍国医国药,20(3):595-597.
张英,侯红萍. 2010. 黑曲霉和芽胞杆菌混合菌产纤维素酶的研究. 中国酿造,12:91-94.
张英,张志伟. 2009. 大肠菌群检测中应注意的几个问题探讨. 现代测量与实验室管理,3:35-36.
张英霞,邹瑷徽,满初日嘎,周永灿. 2010. 马氏珠母贝鳃组织抗菌活性的研究. 水产科学,29(8):465-468.

张楹. 2006. 侧孢芽胞杆菌产生的抑真菌蛋白酶. 中国生物防治, 22 (2): 146-149.
张颖, 李明阳. 2008. Cronkhite-Canada 综合征 1 例. 内科理论与实践, 3 (1): 47.
张颖, 王刚, 王云帆, 刘凤英. 2006. 枯草芽胞杆菌 B (2-47) 对小麦全蚀病的防治及其病原的抑制作用. 河南大学学报(自然科学版), 36 (1): 79-81.
张颖, 王仙园, 周娟, 郭彩云, 杨宝. 2010. 沿海地区自然环境中战备消毒包储存时限的实验研究. 护理研究: 上旬版, 24 (2): 296-298.
张颖, 王仙园, 周娟, 李素芝, 万琪. 2009. 高原地区自然环境中战备消毒包储存时限的实验研究. 护理研究: 下旬版, 23 (3): 761-762.
张拥军, 鲜乔. 2009. 芽胞杆菌几丁质酶高酶活菌株的筛选及其酶活测定. 中国食品学报, 9 (3): 135-139.
张永安, 宋福平, 戴莲韵, 张杰, 李长友. 2003. 我国不同森林立地带土壤中苏云金芽胞杆菌 cry 基因资源研究. 林业科学研究, 16 (1): 19-25.
张永吉, 刘文君. 2005. 紫外线对自来水中微生物的灭活作用. 中国给水排水, 21 (9): 1-4.
张永吉, 刘文君, 张琳. 2006. 氯对紫外线灭活枯草芽胞杆菌的协同作用. 环境科学, 27 (2): 329-332.
张永明, 张悦, 施汉昌, 王建龙, 钱易. 2003. 固定化梭形气芽胞杆菌在降解废水时微观形态的观察和比较. 环境科学, 24 (3): 70-73.
张永侠, 郎志宏, 朱莉, 杨丽梅. 2011. 农杆菌介导的 Bt *cry1Ia* 基因转化花椰菜的研究. 中国农业科技导报, 13 (1): 15-19.
张勇, 朱宇旌, 刘勇. 2008. 红三叶寡肽酶解制备工艺研究. 中国饲料, 1: 22-24, 27.
张勇兵. 2007. 凉面中蜡样芽胞杆菌 1 型致食物中毒的实验室诊断. 中华医护杂志, 4 (9): 794-795.
张用梅, 陈宗胜, 蔡昌建, 袁志明, 刘娥英, 李钦白, 蔡贤铮. 1994. 球形芽胞杆菌 C3-41 杀蚊幼制剂对两种按蚊幼虫的毒杀活性. 中国媒介生物学及控制杂志, 5 (3): 168-170.
张尤新, 王桂忱. 1997. 胞外蛋白酶对外源基因表达的影响. 锦州医学院学报, 18 (4): 25-28.
张尤新, 张敬国. 1998. pRIT-5 质粒转化枯草杆菌及地衣芽胞杆菌 NM105 的研究. 锦州医学院学报, 19 (1): 4-6, 11.
张友, 番汝升, 黄勤, 吴维娜. 2006. 进口装载生牛皮集装箱携带医学媒介生物及致病因子的风险评估. 中国国境卫生检疫杂志, 29 (1): 39-40.
张友爱, 董坤. 1996. 一起蜡样芽胞杆菌引起的食物中毒. 安徽预防医学杂志, 2 (4): 99-100.
张宇(摘). 2009. Fidaxomicin 有望成为用于 CDI 的新治疗药. 国外药讯, 1: 21-22.
张禹. 2009. "源首"是否可长期服用. 家庭医药, 9: 34.
张玉辉, 王戌晋, 张仁数, 张小峰, 江翰. 2010. 复合菌在饲料发酵中的初步研究. 饲料博览, 12: 23-26.
张玉洁, 陈克平, 李文辉, 张云. 2006. 竹叶青蛇毒 L-氨基酸氧化酶的纯化、诱导细胞凋亡和抗菌作用. 天然产物研究与开发, 18 (1): 33-37.
张玉勤. 2002. 蚕食肿瘤的治疗方法. 国外医学情报, 23 (10): 19.
张玉霞. 2005. 一起蜡状芽胞杆菌引起的食物中毒调查报告. 医学动物防制, 21 (1): 22-23.
张圆, 孙雪南, 陈邦, 董兆麟. 2003. 利用微生物混合培养技术生产聚羟基烷酸(PHA)研究. 微生物学报, 43 (6): 799-804.
张瑗, 王跃军, 孙谧, 王清印, 刘均忠. 2007. 海洋细菌 S-12-86 的产溶菌酶条件. 中国水产科学, 14 (3): 425-429.
张赟彬, 孙晔, 龚钢明. 2007. 甘薯多酚提取液的抑菌试验研究. 食品与机械, 23 (5): 87-89.
张云, 宁丽军, 谢晓晖, 张妮静. 2010. 芽胞杆菌在沼虾养殖水体中益水作用的研究. 饲料工业, 31

(10): 27-30.

张云波, 刘其友, 贾惠平, 邓朝红. 2007. 降解原油混合微生物菌株的筛选及其性能. 广西大学学报（自然科学版）, 32 (2): 155-158.

张云波, 刘其友, 贾惠平. 2006. 生物表面活性剂产生菌的发酵条件优化及其产物性能研究. 广西大学学报（自然科学版）, 31 (3): 245-250.

张云峰. 2004. 芽胞杆菌嗜热蛋白酶的性质研究. 淮阴师范学院学报（自然科学版）, 3 (3): 250-254.

张云峰. 2006. 嗜热蛋白酶生产菌的筛选. 西南师范大学学报（自然科学版）, 31 (2): 157-161.

张云峰. 2008. 嗜热蛋白酶生产菌 DPE7 的 16S rRNA 基因克隆及系统发育. 安徽农业科学, 36 (22): 9416-9417.

张云峰, 李有志, 莫天砚. 2004. 嗜热蛋白酶生产菌 Bacillus sp. DPE7 的产酶条件研究. 广西大学学报（自然科学版）, 29 (3): 231-235.

张云琴, 高艳. 2009. 蜡样芽胞杆菌感染性眼内炎细菌培养分析. 临床医药实践, 18 (1): 41-42.

张云雁, 杨明明, 周煌凯, 段春燕, 龚月生. 2011. 麦芽糖诱导耐碱性木聚糖酶基因在枯草芽胞杆菌中的表达. 西北农业学报, 20 (1): 14-17, 23.

张在其, 梁仁, 尹芙蓉, 易高. 2002. 蜡样芽胞杆菌污染新鲜牛乳致急性中毒 138 例分析. 浙江临床医学, 4 (2): 130.

张占侠. 2005. 谈禽类的梭菌病. 中国兽医杂志, 41 (5): 53-54.

张振和, 李桂娟. 2008. 克枯草芽胞杆菌可湿性粉剂防治水稻稻瘟病试验总结. 北方水稻, 38 (4): 76-77.

张振武, 裴丽, 张振营. 2002. 一起食物中毒的病原学调查. 河南预防医学杂志, 13 (3): 169, 171.

张正波, 赵旭明. 2003. 一起蜡样芽胞杆菌引起的食物中毒. 预防医学文献信息, 9 (6): 706.

张正君, 邓宝祥, 邓桦. 2009. 纳米 TiO_2 用于织物的抗菌整理. 针织工业, 2: 67-69.

张正兴, 付勇, 杜玉明. 2005. 滤膜法测定水中粪大肠菌群. 实用医药杂志, 22 (8): 733.

张志波, 曾光明, 时进钢, 刘佳, 杨卫春. 2006. Tween-80 和鼠李糖脂对铜绿假单胞菌及枯草芽胞杆菌产蛋白酶的影响. 环境科学学报, 26 (7): 1152-1158.

张志东, 茆军, 孙建, 唐琦勇. 2004. 一株脂肪酶细菌的分离、鉴定研究. 新疆农业科学, 41 (F08): 21-23.

张志东, 谢玉清, 楚敏, 顾美英, 宋素琴, 唐琦勇. 2010. 山药内生菌的分离及菌种鉴定研究. 新疆农业科学, 47 (1): 126-129.

张志刚, 裴小琼, 吴中柳. 2009. 嗜热脂肪土芽胞杆菌木聚糖酶基因的合成及其在大肠杆菌中的表达. 应用与环境生物学报, 15 (2): 271-275.

张志红, 李华兴, 韦翔华, 刘序, 彭桂香. 2008. 生物肥料对香蕉枯萎病及土壤微生物的影响. 生态环境, 17 (6): 2421-2425.

张志宏, 常景玲. 2009. D-核糖发酵条件的优化与中试. 安徽农业科学, 37 (22): 10 398-10 399, 10 440.

张志宏, 李东霄, 常景玲. 2009. 红霉素菌渣生物改性研究. 河南师范大学学报（自然科学版）, 37 (5): 168-170.

张志杰, 聂麦茜, 葛碧洲. 2003. 一株芽胞杆菌对多环芳烃的降解性能. 水处理技术, 29 (5): 276-278.

张志娟. 2007. 1 例开放骨折并发气性坏疽病人的护理体会. 护理实践与研究, 4 (3): 78.

张志武. 2010. 玉米螟绿色防控技术. 天津农林科技, 6: 27-28.

张志新, 马长利, 边瑞岩. 2006. 致芦笋罐头硫化腐败的致黑脱硫肠状菌生化特性研究. 现代预防医学, 33 (7): 1109-1110.

张志焱,徐海燕,杨军方. 2005. 枯草芽胞杆菌固体发酵培养基的优化. 饲料博览, 9: 34-36.

张致一, 陈锦英. 2003. 炭疽芽胞杆菌的感染与生物恐怖. 环境与健康杂志, 20 (5): 318-320.

张智, 黄放, 朱宏亮, 宋静, 汤倩倩. 2009. 枯草芽胞杆菌 ls-45 发酵法制取玉米肽的研究. 中国粮油学报, 24 (12): 36-41.

张智, 朱宏亮, 黄放, 王婷婷. 2009. 微生物发酵法生产松仁多肽的研究. 中国食品学报, 9 (4): 88-95.

张智, 朱宏亮, 钮宏禹, 罗欢华. 2008. 响应面法优化枯草芽胞杆菌产蛋白酶的发酵条件. 食品科学, 29 (12): 400-404.

张智奇, 周音. 1996. 抗虫基因及其在植物上的应用. 吉林农业大学学报, 18 (1): 91-95.

张中林, 范国昌. 2000. 苏云金芽胞杆菌（Bt）晶体毒蛋白基因在烟草叶绿体中的表达. 遗传学报, 27 (3): 270-277.

张中义, 畅晓霞, 王琦. 2009. 大曲酒糖化阶段一株优势细菌分离鉴定. 酿酒, 36 (3): 37-40.

张舟, 冯树, 谢占武, 曹桂环, 张忠泽. 2001. 巨大芽胞杆菌（*Bacillus megaterium*）突变株 Bn、B5 的生物学特性及在 Vc 二步发酵中的伴生作用. 微生物学杂志, 21 (1): 1-3.

张舟, 江晶. 1999. Vc 二步发酵伴生菌巨大芽胞杆菌的选育. 微生物学杂志, 19 (2): 8-10.

张舟, 朱可丽. 1998. Vc 二步发酵中 Na^+、Ca^{2+} 及 pH 对巨大芽胞杆菌生长作用的影响. 微生物学杂志, 18 (3): 24-26.

张竹青, 罗宽, 高必达, 匡传富. 2002. 七株抗青枯病菌生防菌的初步鉴定. 湖南农业大学学报（自然科学版）, 28 (6): 512-513.

张柱超, 王国裕, 薛峰, 张玮玮, 弓爱君. 2009. HPLC 法检测 Bt 生物农药毒力效价研究进展. 金属世界, C00: 107-110.

张自德, 冯燕. 1999. 蜡样芽胞杆菌活菌制剂（源首胶囊）治疗婴幼儿及成人腹泻 60 例临床观察. 中国微生态学杂志, 11 (3): 177.

张自强, 张云开, 陈桂光, 梁智群. 2007. 豆豉纤溶酶高产菌株的筛选研究. 工业微生物, 37 (1): 67-70.

张字东, 陈培根, 吴之传, 辛后群, 王二兰. 2007. 偕胺肟基 Cu（Ⅱ）、Hg（Ⅱ）配合物纤维的抗菌性能研究. 合成纤维, 36 (1): 13-15, 20.

张宗舟, 薛林贵, 陈志梅. 2010. 不同防腐剂复配的抑菌效果研究. 中国酿造, 11: 26-29.

张宗舟, 赵紫平. 2005. DMF 的抑菌谱研究. 中国酿造, 10: 12-14.

章海锋, 阮晖, 刘婧, 傅明亮, 何国庆, 陈启和. 2009. 地衣芽胞杆菌 ZJUEL31410 产胞外弹性蛋白酶的分批发酵研究. 中国食品学报, 9 (1): 130-136.

章海锋, 朱建良, 傅明亮, 陈启和. 2008. 微生物发酵生产纤溶酶研究进展. 粮油加工, 9: 115-118.

章海燕, 王立, 张晖. 2010. 乌饭树树叶不同提取物抑菌作用的初步研究. 粮食与食品工业, 1: 34-37.

章世莹. 2007. 一起蜡样芽胞杆菌引起食物中毒调查. 中国公共卫生, 23 (4): 452.

章四平, 匡静, 王建新, 陈长军, 周明国. 2009. 生防菌株 NJ-18 的鉴定及其对几种植物病原真菌的拮抗作用研究. 中国农学通报, 25 (3): 213-217.

章挺, 胡梁斌, 王飞, 程罗根, 石志琦. 2007. 拮抗菌 B-FS06 的鉴定及其发酵产物对黄曲霉的抑制作用. 中国生物防治, 23 (2): 160-165.

章迎春, 蒋兴祥. 1996. 一起由蜡样芽胞杆菌引起的食物中毒. 食品与健康, 4: 38.

章跃炎. 2003. 一起被蜡样芽胞杆菌污染的由副溶血性弧菌引起的食物中毒. 中国卫生检验杂志, 13 (4): 523.

兆龙. 2008. 新型生物杀菌剂——天赞好. 农药市场信息, 12: 31.

赵白鸽, 孔建. 1993. 枯草芽胞杆菌的抑菌作用及其防治棉苗病害的研究. 植物保护, 19 (3): 17-18.

赵白鸽, 孔建. 1997. 枯草芽胞杆菌 B-903 对苹果轮纹菌的抑菌作用及其对病害的控制效果. 植物病理学报, 27 (3): 213-214.

赵百锁. 2005. 达坂喜盐芽胞杆菌 D-8^T 四氢嘧啶合成基因的克隆、功能表达和谷氨酰胺转运蛋白基因的克隆. 北京: 中国农业大学博士研究生学位论文: 1.

赵贲, 邓志英, 高作禧. 2008. 微生物与生物表活剂复配体系在清防蜡中的应用研究. 钻采工艺, 31 (B08): 94-95, 107.

赵博, 陶进, 马吉胜, 廉虹, 王岩, 常琳, 高仁钧, 曹淑桂. 2009. 定向进化提高枯草芽胞杆菌脂肪酶的活力. 催化学报, 30 (4): 291-296.

赵常智, 李继耀, 安静, 周军, 王冰. 2004. 一起由蜡样芽胞杆菌引起的食物中毒的调查. 沈阳医学, 24 (4): 166-167.

赵超, 董彦莉, 谷子林, 王磊, 孙国强. 2008. 家兔蜡样芽胞杆菌制剂培养方法的研究. 黑龙江畜牧兽医, 4: 74-76.

赵超, 谷子林, 黄军, 董彦莉. 2009. 家兔耐热蜡样芽胞杆菌的分离鉴定和筛选. 黑龙江畜牧兽医, 5: 86-88.

赵晨, 李静, 韩安宁, 马雪云. 2010. 芽胞杆菌制剂对麻鸡生长性能的影响. 饲料博览, 7: 35-36.

赵春海, 阚振荣. 2005. α-乙酰乳酸脱羧酶发酵条件的初步研究. 食品科技, 4: 5-8.

赵春海, 阚振荣, 安卫红, 朱研研. 2005. α-乙酰乳酸脱羧酶产生菌发酵培养基碳源与氮源的优化. 河北大学学报 (自然科学版), 25 (3): 313-317, 322.

赵春海, 阚振荣, 周海霞, 安卫红. 2004. 微量元素对乙酰乳酸脱羧酶发酵酶活力的影响. 生物技术, 14 (5): 76-77.

赵春杰, 侯先志, 吕耀龙, 段艳. 2009. 野生黄芪内生拮抗细菌的研究. 内蒙古农业大学学报 (自然科学版), 30 (4): 159-162.

赵春杰, 李艳梅. 2004. 纳豆激酶研究进展. 内蒙古科技与经济, 21: 44-45.

赵春霞, 刘惠荣, 冯福应, 何一平. 2010. 乌梁素海可培养细菌丰度和多样性分析. 内蒙古农业大学学报 (自然科学版), 31 (2): 193-197.

赵春燕. 2004. 炭疽的免疫应答具有诊断意义. 传染病网络动态, 12: 1.

赵春燕, 王玉凤, 炼润梅, 高瑞娟, 李电东. 2005. 微生物法测定力达霉素的效价. 中国抗生素杂志, 30 (9): 535-537, 548.

赵丛, 殷向斌, 张敏, 杜连祥, 路福平. 2008. N$^+$ 离子注入技术在中性蛋白酶高产菌株选育中的应用. 原子能科学技术, 42 (12): 1130-1134.

赵丛, 张敏, 王建玲, 杜连祥. 2008. N$^+$ 离子注入诱变选育中性蛋白酶高产菌株及发酵条件的研究. 工业微生物, 38 (3): 12-16.

赵丛, 张敏, 王建玲, 杜连祥, 殷向斌. 2007. 枯草芽胞杆菌 ZC-7 中性蛋白酶的分离纯化及酶学性质研究. 中国生物工程杂志, 27 (10): 28-33.

赵达, 傅俊范, 裘季燕, 刘伟成. 2007. 枯草芽胞杆菌在植病生防中的作用机制与应用. 辽宁农业科学, 1: 46-48.

赵达, 刘伟成, 裘季燕, 刘霆, 傅俊范. 2007. 枯草芽胞杆菌 B03 对植物病原真菌的抑制作用. 安徽农业科学, 35 (15): 4554-4555.

赵达, 刘伟成, 裘季燕, 刘霆, 傅俊范. 2008. 枯草芽胞杆菌 B03 液体发酵条件的优化. 华北农学报, 23 (2): 205-209.

赵大鹏, 张伟周, 薛燕芬, 马延和. 2004. 一个产木质素酶的嗜碱细菌新种. 微生物学报, 44 (6): 720-723.

赵大云, 丁霄霖. 2001. 接种 Bacillus coagulans 低盐腌渍雪里蕻腌菜的探讨（Ⅱ）. 中国酿造, 1: 16-20.

赵德炳, 丁雷. 2008. 几种净水剂净化水质效果比较. 现代农业科学, 7: 46-48.

赵德军, 张碧霞, 曹雁, 毛跃, 杨围. 2007. 眼球穿孔伤后蜡样芽胞杆菌化脓性眼内炎1例. 西南军医, 9 (5): 73.

赵德军, 张碧霞. 2007. 蜡样芽胞杆菌及白假丝酵母菌致呼吸道感染1例. 西南军医, 9 (1): 51.

赵德立, 曾林子, 李晖, 陈金瑞, 刘成君. 2006. 多粘类芽胞杆菌（P. polyrnyxa）JW-725抗菌活性物质及其发酵条件的初步研究. 植物保护, 32 (1): 47-50.

赵东, 牛广杰, 彭志云, 杨蓉, 陈亮. 2009. 浓香型大曲中一株产红色素细菌的分离和初步鉴定. 酿酒科技, 11: 53-54, 57.

赵东, 牛广杰, 彭志云, 杨蓉, 陈亮. 2010. 包包曲中5株枯草芽胞杆菌的分离与初步鉴定. 中国酿造, 8: 65-68.

赵东风, 路帅, 赵一峰. 2005. RNB-11菌在生物碳滤塔中脱氮性能的研究. 石油大学学报（自然科学版）, 29 (2): 125-127.

赵芳. 2008. 一株胆固醇氧化酶产生菌株的筛选和鉴定. 食品工程, 2: 55-57.

赵芳, 杨永清, 刘亭君, 周和治. 2010. 产胆固醇氧化酶类芽胞杆菌的复合诱变育种. 中国酿造, 11: 138-140.

赵芳懿, 白艳玲, 张秀明, 高才昌. 2001. pNK289衍生质粒在芽胞杆菌中的分离稳定性. 微生物学通报, 28 (2): 50-55.

赵丰丽, 杨建秀, 梁燕美, 刘艳秋. 2009. 黄皮叶提取物对食品中常见致病菌抑菌作用研究. 食品研究与开发, 30 (2): 122-125.

赵光. 2010a. 菜地青菜斑枯病拮抗细菌ZG-10的筛选及鉴定. 安徽农业科学, 38 (19): 10104-10106.

赵光. 2010b. 促进植物吸收土壤重金属的产酸菌的筛选鉴定及特性研究. 安徽农业科学, 38 (18): 9696-9698.

赵光华, 陈红歌, 董小海, 马红芳. 2010. 微生物抑制法检测饲料中盐霉素含量的研究. 饲料工业, 31 (13): 45-47.

赵光强. 2001. 炭疽杆菌与炭疽病. 潍坊学院学报, 1 (2): 51-52.

赵广英, 黄建锋. 2008. 多频大幅脉冲传感系统监测3种食源性致病菌的生长趋势. 微生物学报, 48 (12): 1616-1622.

赵国兵. 2004. 一起腊样芽胞杆菌引起学生食物中毒的调查分析. 中国农村卫生事业管理, 24 (11): 39.

赵国兵. 2005. 一起腊样芽胞杆菌引起的学生食物中毒. 现代预防医学, 32 (3): 202.

赵国栋, 王立宽, 段静, 毛丹琪, 刘雅, 柳皓, 孟凡. 2010. 商陆不同极性、根和茎提取物的抑菌性能分析. 基因组学与应用生物学, 29 (4): 717-720.

赵国辉, 何颖, 周盛琦, 何颖, 廖文. 2001. 芽胞形成促进培养基的自制与初步应用. 中国公共卫生, 17 (2): 129.

赵国辉, 周盛琦, 戴新羽, 梅伟, 刘德. 2001. 中成药中的芽胞杆菌鉴定. 中国药品标准, 2 (4): 12-14.

赵国纬, 陆彬, 周义彬, 夏海洋. 2009. 地衣芽胞杆菌L3发酵培养基的响应面法优化. 湖北农业科学, 48 (8): 1852-1855.

赵国纬, 唐娟, 夏海洋, 林开春. 2009. 地衣芽胞杆菌L3在玉米和水稻上的应用效果. 湖北农业科学, 48 (5): 1076-1077.

赵国玉, 古力山·买买提, 吾甫尔·米吉提. 2009. 准噶尔乌头中一株农作物致病菌拮抗菌的分离及鉴定. 生物技术, 19 (3): 48-51.

赵海静, 陈晓平. 2009. 鲶鱼部分组织抗菌肽抑菌功效的研究. 现代农业科技, 24: 298-299.

赵海鹏, 谢晶, 严文蓉. 2011,. 南美白对虾冷藏过程中的细菌分离、初步鉴定及菌相分析. 江苏农业学报, 27 (1): 164-168.

赵海霞, 连宾, 谢作晃, 陈烨, 朱立. 2008. 贵州凯里煤矿地区水质分析与微生物处理实验研究. 矿物学报, 28 (1): 71-76.

赵红琼, 黄燕, 陈杖榴, 简子健, 陈建新, 黄嘉驷. 2005. 新疆地区奶牛子宫内膜炎病原菌的分离鉴定及其对抗菌药的敏感性试验. 中兽医医药杂志, 24 (2): 16-19.

赵洪坤, 杜连祥, 李玉, 王晓娟, 路福. 2008. 青霉素酶基因异源表达及该酶分解牛奶中残留青霉素的研究. 微生物学通报, 35 (6): 893-897.

赵洪坤, 刘兴旺, 邱强, 李秀星, 杜连祥. 2007. 青霉素酶基因在枯草芽胞杆菌中的高效表达. 中国生物工程杂志, 27 (12): 31-35.

赵虎山, 陈莹, 王艳萍, 许本发. 1997. 一种新的功能性食品添加剂——TQ33凝结芽胞杆菌粉的研究. 中国食品添加剂, 4: 10-13.

赵焕丽, 陆秀君, 靳爱荣, 李莉, 赵晓颖, 安建会. 2009. 对美国白蛾高毒力苏云金杆菌菌株的筛选. 河北农业大学学报, 32 (2): 89-92.

赵焕丽, 陆秀君, 刘云飞, 张建光. 2009. 1株对多种害虫高活性的苏云金杆菌Bt CYZ-4. 东北林业大学学报, 9: 104-105.

赵晖, 郭爱玲. 1999. 出口猪肉中富拉磷残留量微生物检测方法的研究. 生物学杂志, 16 (2): 18-20.

赵慧萍, 王浩, 孟祥军. 2009. β-环糊精包合技术在药学领域应用的概述. 沈阳医学院学报, 11 (2): 120-122.

赵建. 2008. 两株淀粉酶产生菌的分类鉴定、酶学性质分析及一株果胶酶产生菌的分类鉴定. 乌鲁木齐: 新疆大学硕士研究生学位论文.

赵建, 兰小君, 苏俊. 2008. 一株碱性淀粉酶产生菌 Bacillus flexus XJU-3 的分离鉴定及酶学特性分析. 微生物学报, 48 (6): 750-756.

赵建芬, 韦寿莲, 严子军. 2009. 香兰素的抑菌性及其应用的初步研究. 微生物学杂志, 29 (6): 73-76.

赵建朋, 顾立军, 胡文革, 康壮丽, 郝凤霞. 2008. Bacillus sp. XJ1-05 菌株 GbsA 基因的克隆及其生物信息学分析. 石河子大学学报 (自然科学版), 26 (2): 220-223.

赵建朋, 康壮丽, 郝凤霞, 胡文革. 2008. 中度嗜盐菌 GbsB 基因的克隆、序列分析及生物信息学分析. 石河子大学学报 (自然科学版), 26 (5): 557-561.

赵建新, 田丰伟, 陈卫, 张灏, 汤坚. 2005. Clostridium butyricum Z-10 的生长特性与培养基优化. 无锡轻工大学学报: 食品与生物技术, 24 (1): 74-79.

赵建新, 张灏, 田丰伟. 2002. 丁酸菌的分离、鉴定及筛选. 无锡轻工大学学报, 21 (6): 597-601, 612.

赵健, 高晓丹, 邱荣洲, 翁启勇. 2007. 应用均匀设计优化生防细菌 ZB-6 发酵培养基组分及条件研究. 福建农业学报, 22 (4): 341-345.

赵江林, 徐利剑, 黄永富, 周立刚. 2008. TLC-生物自显影-MTT法检测滇重楼内生真菌中抗菌活性成分. 天然产物研究与开发, 20 (1): 28-32, 51.

赵劼, 毕阳, 葛永红, 曹建康, 杨冬梅, 陈秀蓉. 2003. 枯草芽胞杆菌B1、B2液对"黄河蜜"瓜采后黑斑病和粉霉病的抑制效果. 甘肃农业大学学报, 38 (1): 68-72.

赵景联, 黄建新. 2000. D-核糖高产菌株的选育. 西北大学学报 (自然科学版), 30 (1): 51-54.

赵景联. 1999. 枯草芽胞杆菌突变株 BS-9 发酵 D-核糖条件研究. 西安交通大学学报, 33 (8): 78-81.

赵婧婧, 王爽, 王琦, 梅汝鸿. 2010. 多粘类芽胞杆菌菌株 M-1 启动子片段的克隆及绿色荧光蛋白的表达.农业生物技术学报,18(4):788-792.

赵珺,黄玉珍.2007.枯草芽胞杆菌与酵母培养物对奶牛产奶性能的影响研究.长春大学学报,17(08M):52-56.

赵珺,秦玉侠.2011.酸菜水对蛋鸡生产性能的影响.安徽农业科学,39(2):1028-1029.

赵凯,肖崇刚,孔德英.2006.内生细菌对番茄青枯病的控病作用及其抗菌谱.西南农业大学学报,28(2):314-318.

赵轲,吕淑霞,曹慧颖,林英.2010.复合微生物菌剂发酵在棉籽饼脱毒中的应用.微生物学杂志,30(1):56-60.

赵立.2009.香蕉皮单宁的提取及抑菌活性研究.江苏农业科学,37(6):369-371.

赵丽瑾,史旭东.1998.豆腐花中检出蜡样芽胞杆菌的报告.广东卫生防疫,24(2):91-92.

赵丽明,鲁志弘,路晓萌,杜秉海.2010.脐橙根际拮抗细菌的筛选与初步鉴定.山东农业科学,42(3):64-66,80.

赵丽青,何军邀,孙志浩,郑璞.2007.两相体系中微生物法转化异丁香酚生成香草醛的研究.中国生物学文摘,21(5):15.

赵丽青,朱蕾蕾,孙志浩,郑璞.2006.转化异丁香酚生成香草醛纺锤芽胞杆菌的筛选.微生物学通报,33(1):72-77.

赵连江.2006.一起蜡样芽胞杆菌引起的食物中毒调查分析.中国预防医学杂志,7(6):533.

赵良启,邰晋阳.1998.地衣芽胞杆菌产生碱性蛋白酶的动力学研究.生物工程学报,14(4):395-400.

赵良忠,蒋贤育,段林东,王放银.2005.茵陈蒿水溶性抗菌物质提取工艺和抑菌效果研究.食品工业科技,26(10):100-102.

赵露.2010.蛴螬高毒力苏云金芽胞杆菌研究.现代商贸工业,22(9):353-355.

赵迷森,韩继宏.2003.浅谈枯草芽胞杆菌在水产养殖中的应用.渔业致富指南,17:55-56.

赵敏.2004.气性坏疽的中西医治疗及护理.四川中医,22(9):73-74.

赵敏,潘劲草,于新芬,叶榕,孙培龙,叶青.2006.PCR法快速鉴定啤酒中分离的乳酸杆菌.中国卫生检验杂志,16(5):534-535.

赵明,贺声蓉,陈小静,黄春萍,王一丁.2005.产甾体皂甙华重楼内生菌的筛选与鉴定.微生物学报,45(5):776-779.

赵铭钦,李晓强,王豹祥,邱立友.2008.α-淀粉酶和蛋白酶高产菌株的诱变选育.烟草科技,2008(8):53-57.

赵谋明,刘晓丽,崔春,罗维.2007.超临界CO_2萃取余甘子精油成分及精油抑菌活性.华南理工大学学报(自然科学版),35(12):116-120.

赵宁,吕琦,姚丽燕,霍贵成,姜毓.2009.原料乳中蜡样芽胞杆菌的快速检测.中国乳品工业,9:43-45.

赵宁,辛毅,张翠丽,梅全喜.2008.艾叶提取物对细菌性皮肤致病菌的抑制作用.中药材,31(1):107-110.

赵鹏,刘亚君.2009.真菌转化三七产物抑菌作用的初步研究.云南中医学院学报,32(4):33-36.

赵丕华,黄佳礼,陶英,林修光,王治中,贾俊涛.2005.进口废旧物品中病原微生物污染状况的研究.中国国境卫生检疫杂志,28(B07):51-53.

赵平芝,张玲,朱晓飞,王睿勇.2008.苏北海岸带互花米草盐沼土壤微生物的空间分布.中国农学通报,24(6):255-260.

赵青,肖履中.2004.羊毛皮张和土壤中炭疽杆菌PCR检测方法的建立.中国兽医科技,34(2):7-11.

赵庆新,韩丰敏.2007.产果胶酸裂解酶的耐盐碱性菌株分离及培养条件.南京师大学报(自然科学版),30(4):89-93.

赵瑞,江木兰,胡小加,姚小飞.2007.培养条件对枯草芽胞杆菌TU100生长和产生抗菌物质的影响.中国油料作物学报,29(1):69-73.

赵三辉.1997.一起蜡样芽胞杆菌引起食物中毒调查.广东卫生防疫,23(4):55-56.

赵莎,李红梅,弓爱君,曹艳秋,蒋辰.2009.复配生物农药防治大白菜病虫害田间药效试验.山东农业科学,41(8):86-88.

赵少华.2007.理解并预防动物源食品中抗生素残留的危险(续).中国乳品工业,35(2):57-59.

赵圣国,王加启,刘开朗,李旦.2010.荷斯坦奶牛瘤胃微生物脲酶的分离与鉴定.畜牧兽医学报,41(6):692-696.

赵世光,王陶,余增亮.2007.维生素C二步发酵中离子注入诱变巨大芽胞杆菌的生物学效应.激光生物学报,16(4):455-459.

赵世鸿,夏世平,向丽,曾静.2004.炭疽杆菌芽胞染色法的改进.中国误诊学杂志,4(9):1429-1430.

赵寿经,孙莉丽,钱延春,李东芳.2007.利用蛋白酶发酵液替代SO_2改进玉米淀粉生产浸泡工艺研究.食品与发酵工业,33(10):76-80.

赵述森,韩继宏.2003.浅谈枯草芽胞杆菌在水产养殖上的应用.内陆水产,28(5):42-43.

赵树臣,许微微,侯振中,赵庆来.2008.奶牛梭菌性肌炎的诊疗及防制.中国畜牧兽医,35(10):116-117.

赵树欣,李凤美.2007.酿酒红曲、色素红曲、功能红曲的对比及抑菌性研究.中国食品添加剂,1:96-99.

赵恕,张娅楠,袁杰利.2008.地衣芽胞杆菌对白色念珠菌等的拮抗作用.中国微生态学杂志,20(3):205-206.

赵爽,刘伟成,裘季燕,王敬国,周立刚.2008.多粘类芽胞杆菌抗菌物质和防病机制之研究进展.中国农学通报,24(7):347-350.

赵婷,梁秀芝,刘成君.2005.皮革霉变真菌的分离鉴定及拮抗菌的筛选.中国皮革,34(23):10-13.

赵同海,徐静,徐红梅,张青文,陈京元.2005.松叶面抗虫共生工程菌的构建.林业科学,41(4):118-122.

赵维娜,谢和,秦京,王兴琼,赖平,吴龙英.1992.嗜热芽胞杆菌制曲的美拉德反应与褐变产酱香研究.贵州农学院学报,11(2):83-89.

赵卫红,陈立侨,刘晓利,黄金田.2008.地衣芽胞杆菌和荚膜红假单胞菌对异育银鲫鱼种非特异性免疫机能的影响.上海水产大学学报,17(6):757-760.

赵伟,陈晨,金德才,彭娟花,刘倩,周洪波.2010.产退浆酶优良菌株的选育及酶性质分析.中南大学学报(自然科学版),41(2):400-405.

赵伟.2007.影响家禽微生态制剂应用效果的因素.养殖技术顾问,12:29.

赵蔚,郭俊,李荣森.2000.杀鞘翅目幼虫Bt菌株YM-03的δ-内毒素基因定位.微生物学杂志,20(1):18-19,37.

赵文魁,刘素纯,童建华,田梅.2007.藜蒿浸出汁抑菌作用及饮料工艺的研究.湖南农业科学,3:147-149,152.

赵希彦.2009.芽胞杆菌制剂对肉仔鸡生产性能和免疫力的影响.中国饲料,11:37-39.

赵香汝,李寸欣,郑雪花,徐明举,徐彤,徐占云.2009.张家口地区奶牛临床型乳腺炎病原菌的分离鉴定.中国动物检疫,26(11):49-51.

赵祥杰,邝哲师,叶明强,罗国庆.2008."蛹肽蛋白"饲料发酵过程中优势微生物菌群的动态变化.广东蚕业,42(4):37-39.

赵祥颖, 刘建军, 张家祥, 李丕武. 2005. D-核糖性质、应用及其生产菌种的选育. 食品与药品, 7 (03A): 23-26.

赵晓瑞, 谢琴, 张学礼. 2010. 鸡源芽胞杆菌的分离鉴定及小鼠毒性试验研究. 现代畜牧兽医, 11: 60-62.

赵晓燕, 王贻莲, 魏艳丽, 张广志. 2009. BtR05 的诱变育种及其对朱砂叶螨的毒力测定. 福建农林大学学报 (自然科学版), 38 (5): 471-474.

赵晓宇, 朱本勇, 李晶, 张淑梅, 王佳龙, 王玉霞. 2005. 一株苏云金芽胞杆菌防治菜粉蝶幼虫的研究. 生物技术, 15 (3): 60-62.

赵新, 王永, 兰青阔, 朱珠, 程奕. 2009. 4 种食源性致病菌多重 PCR 检测技术的研究及应用. 天津农业科学, 15 (6): 6-8.

赵新海, 徐国华, 张庆华, 马征远, 王艳华. 2008. 微生态益生菌粉生产技术研究. 饲料与畜牧: 新饲料, 9: 49-51.

赵新海, 钟丽娟, 徐冲, 张庆华. 2008. 康地蕾得对黄瓜枯萎病的室内毒力测定及田间防效试验. 农药, 47 (9): 696-698.

赵新海, 钟丽娟, 张庆华, 徐冲. 2009. 多粘类芽胞杆菌在黄瓜叶面和土壤中定殖能力及其对土壤微生物的影响. 世界农药, 5: 25-27.

赵新淮, 潘琳琳. 2009. 嗜热脂肪芽胞杆菌检测牛乳中抗生素残留的研究. 东北农业大学学报, 40 (11): 108-112.

赵新民, 黄璠, 付祖姣, 王发祥. 2007. 杀线虫苏云金芽胞杆菌研究进展. 农药, 46 (5): 296-299, 304.

赵新民, 聂伟安, 刘石泉. 2009. 苏云金芽胞杆菌毒素 Cry7Aal 三维结构模型. 湖南城市学院学报 (自然科学版), 18 (3): 57-60.

赵新民, 夏立秋, 王发祥, 丁学知. 2007a. 重组杀蚊苏云金芽胞杆菌研究进展. 中国生物防治, 23 (1): 77-82.

赵新民, 夏立秋, 王发祥, 丁学知. 2007b. 昆虫对 Bt 毒素产生抗性的分子机制. 生命的化学, 27 (5): 421-424.

赵新民, 夏立秋, 王发祥, 丁学知. 2007c. 杀蚊苏云金芽胞杆菌及其晶体蛋白研究进展. 昆虫知识, 44 (3): 336-342.

赵新民, 夏立秋, 王发祥, 丁学知. 2008. 苏云金芽胞杆菌毒素 Cry1Aa、Cry2Aa、Cry3Aa 和 Cry4Aa 结构的计算机对比分析. 化学学报, 66 (1): 108-111.

赵秀香, 吴元华. 2007. 枯草芽胞杆菌 SN-02 代谢物的抗病毒活性、表面活性剂特性及其化学成分分析. 农业生物技术学报, 15 (1): 124-128.

赵秀香, 吴元华, 李晔. 2007. 拮抗细菌 B8 对烟草黑胫病菌的抑制作用及其菌株鉴定. 中国生物防治, 23 (1): 54-59.

赵秀香, 陈华民, 吴元华. 2007. 硅酸盐细菌 B925 对烟草黑胫病菌的抑制作用及其 16S rDNA 序列分析. 烟草科技, 3: 56-60.

赵秀香, 赵柏霞, 马镝, 魏颖颖, 吴元华. 2008. 枯草芽胞杆菌 SN-02 抑菌物质的分离、纯化及结构测定. 植物保护学报, 35 (4): 322-326.

赵旭 (摘), 汪复 (校). 2006. 抗葡萄球菌抗生素——夫西地酸的使用不当导致金葡菌耐药. 中国感染与化疗杂志, 6 (5): 345.

赵绪光, 高秀峰, 郑雪妮, 李永生. 2010. 重组嗜碱耐盐芽胞杆菌 (XJU-1) 乙醛脱氢酶 aldA 基因在工程菌 BL21 (DE3) 中的表达和酶学性质研究. 酿酒科技, 7: 21-23.

赵雪, 魏奕文, 展义臻. 2010. 壳聚糖单胍盐酸盐衍生物的合成及其抗菌性能研究. 染整技术, 1:

37-40.

赵雅峰,李春,沈乾炜,武占省. 2010. 产酸克雷伯氏菌 Rs-5 与枯草芽胞杆菌组合 BCL-8 复配对棉花的解盐促生作用. 安徽农业科学, 38 (12): 6103-6105.

赵妍,邵兴锋,屠康,陈继昆. 2007. 枯草芽胞杆菌 (Bacillus subtilis) B10 对采后草莓果实病害的抑制效果. 果树学报, 24 (3): 339-343.

赵妍嫣,姜绍通. 2009. 淀粉接枝丙烯酸高吸水树脂的生物降解性能研究. 合肥工业大学学报 (自然科学版), 32 (6): 841-844.

赵彦兵,董庆华,李青,刘华梅,林卫红,徐冠军. 2004. 12000IU/μl B. t 超低容量喷雾水悬浮剂的研制. 农药, 43 (4): 167-170.

赵彦杰. 2007. 金银花叶提取物的抑菌效果研究. 食品科学, 28 (7): 63-65.

赵艳,洪坚平,张晓波. 2010. 胶质芽胞杆菌遗传多样性 ISSR 分析. 草地学报, 18 (2): 212-218.

赵艳,张晓波,郭伟,洪坚平. 2009. 草地早熟禾根际胶质芽胞杆菌培养条件研究. 草地学报, 17 (6): 822-825.

赵艳,张晓波,郭伟. 2009. 不同土壤胶质芽胞杆菌生理生化特征及其解钾活性. 生态环境学报, 18 (6): 2283-2286.

赵一飞,郑国钧. 2008. 产环氧化物水解酶菌种的筛选及发酵条件优化. 北京化工大学学报 (自然科学版), 35 (6): 75-79.

赵诣. 2010. 三株异养硝化细菌的分离、特征及其对水产养殖废水脱氮作用研究. 杭州: 浙江大学硕士研究生学位论文.

赵轶男,张苓花,张冠群,永田进一,王运吉. 2006. Halobacillus trueperi SL39 Ectoine 诱导生成条件研究. 食品与生物技术学报, 25 (4): 59-62.

赵银娟,魏炜,李荣鹏,袁生,戴亦军,姚江. 2008. 一株海洋来源的高活性 Bt 菌的生物学特性研究. 微生物学杂志, 28 (4): 43-46.

赵英华,赵春红,王萍,赵桂贤,陈翠杰. 2009. 浅谈高压氧治疗气性坏疽的机理. 中外医疗, 28 (28): 176.

赵荧. 1998. 地衣芽胞杆菌 A. 4041 耐高温 α-淀粉酶热稳定性及构象研究. 高等学校化学学报, 19 (6): 921-923.

赵荧,刘红岩. 1997. 地衣芽胞杆菌 A. 4041 耐高温 α-淀粉酶的纯化及性质. 吉林大学自然科学学报, (3): 85-88.

赵荧,刘宝琦,王国彦,董庆初. 1998. 地衣芽胞杆菌高温 α-淀粉酶的组成及光谱学性质. 微生物学通报, 25 (4): 210-212.

赵荧,刘红岩,宫正宇,冯启,阎宝山,马鹤雯,梁安杰. 1997. 地衣芽胞杆菌 A. 4041 耐高温 α-淀粉酶的纯化及性质. 吉林大学自然科学学报, 3: 85-88.

赵颖娟,武改红,陈宁. 2006. 鸟苷补料分批发酵的研究. 生物技术通讯, 17 (1): 52-54.

赵友春,刘自熔. 1992. 芽胞杆菌 (Bacillus sp. No. 5) 聚半乳糖醛酸酶的研究. 山东大学学报 (自然科学版), 27 (4): 474-482.

赵玉巧,刘欣. 2008. 三种天然抑菌物质在面包中的应用研究. 食品工业, 3: 6-8.

赵玉艳,蔡磊明,王捷,宋宏宇,吴宝田. 2004. 转苏云金芽胞杆菌基因作物安全性研究. 卫生毒理学杂志, 18 (1): 57-58.

赵悦,张泽华,王广君. 2008. 东亚飞蝗肠道细菌鉴定及其对金龟子绿僵菌拮抗作用分析. 植物保护, 34 (4): 69-72.

赵赟鑫,刘开辉,邓百万,陈文强. 2010. 2 株中国红豆杉内生细菌代谢产抑菌活性物质的研究. 食品与生物技术学报, 29 (4): 617-623.

赵云, 刘伟丰, 毛爱军, 江宁, 董志扬. 2004. 多粘类芽胞杆菌 (*P. polyrnyxa*) (*Bacillus polymyxa*) β-葡萄糖苷酶基因在大肠杆菌中的表达、纯化及酶学性质分析. 生物工程学报, 20 (5): 741-744.

赵云德, 王贤舜. 1993. 地衣芽胞杆菌 2709 碱性蛋白酶基因的克隆与序列分析. 生物化学与生物物理学报, 25 (6): 577-583.

赵运胜, 卜友泉, 张宏娟, 廖飞. 2006. 苛求芽胞杆菌基因组 DNA 提取方法的比较. 生物技术, 16 (2): 41-42.

赵运胜, 赵利娜, 杨根庆, 陶佳. 2007. 苛求芽胞杆菌胞外尿酸酶的表征及其在血清尿酸测定中的应用. 华中科技大学学报 (医学版), 36 (2): 239-242.

赵直, 吴钢, 王闵霞, 朱旭东. 2010. 苏云金芽胞杆菌杀虫晶体蛋白基因 *cry*1A 的克隆及生物信息学分析. 西南农业学报, 23 (2): 393-398.

赵志浩, 徐银荣, 邱龙. 2004. 胶质芽胞杆菌的发酵工艺研究和田间应用. 湖南农业科学, 5: 34-37.

赵志军, 华兆哲, 刘登如, 堵国成. 2007. 碱性过氧化氢酶高产菌的筛选、鉴定及发酵条件优化. 微生物学通报, 34 (4): 667-671.

赵智. 2010. 微生态制剂 (微生态药肥). 农业知识: 致富与农资, 1: 53.

赵仲明, 胡宝安, 谢立铎. 2005. 破伤风 13 例治疗体会. 中华现代外科学杂志, 2 (18): 1723-1724.

赵子剑, 赫媛媛, 张英. 2007. 七种清热解毒类中药对四种标准菌株的作用. 陕西中医学院学报, 30 (1): 58-60.

赵紫华, 马霞, 刘蕊, 贺达汉. 2007. 高产 γ-聚谷氨酸菌株的选育与鉴定. 中国酿造, 7: 32-34, 41.

赵自力, 李波, 张水平. 2008. 产酶益生蛋白饲料部分替代豆粕饲喂肥育猪效果试验. 养猪, 6: 77.

振雅. 2004. 俄开发制取高纯度果糖新工艺. 食品信息与技术, 12: 9.

甄蓓, 宋亚军, 郭兆彪, 王津, 俞守义, 杨瑞馥. 2002. 炭疽芽胞 DNA 适配子结构与长度对亲和力的影响. 第四军医大学学报, 23 (16): 1467-1470.

甄蓓, 宋亚军, 郭兆彪, 王津, 张敏丽, 俞守义, 杨瑞馥. 2001. SELEX 法筛选炭疽芽胞杆菌适配子的研究. 军事医学科学院院刊, 25 (2): 111-114.

甄蓓, 宋亚军, 王津, 郭兆彪, 张敏丽, 俞守义, 杨瑞馥. 2001. 炭疽芽胞杆菌芽胞适配子的结构与亲和性分析. 解放军医学杂志, 26 (6): 419-422.

甄东晓, 王树英, 严群, 李华钟. 2006. 耐热果胶裂解酶基因 *pel*9A 的克隆和表达. 食品与生物技术学报, 25 (3): 112-115.

甄海欣, 贾彩云. 2009. 两株汽油降解菌的降解能力研究. 广东化工, 36 (8): 53-55, 75.

甄清, 李静, 李勇, 李文君, 李娟. 2006. 锦灯笼宿萼提取物体外抗菌作用研究. 天然产物研究与开发, 18 (2): 273-274.

甄清, 李静, 李勇, 王春勇, 李娟. 2004. 锦灯笼醇提取物体外抗菌作用研究. 中国医药研究, 2 (3): 31-32.

甄天民. 1989. 影响生物性杀虫剂球形芽胞杆菌杀灭蚊幼虫效果的因素. 医学动物防制, 5 (4): 45-50.

郑邦文, 张彩霞, 麦灼华, 张建荣, 陈淑玲. 1996. 一起蜡样芽胞杆菌食物中毒调查报告. 广东卫生防疫, 22 (3): 51-52.

郑斌, 詹希美. 2005. 信号肽序列及其在蛋白质表达中的应用. 生物技术通讯, 16 (3): 296-298.

郑传进, 黄林, 龚明. 2002. 巨大芽胞杆菌解磷能力的研究. 江西农业大学学报, 24 (2): 190-192.

郑春英, 崔宇, 纪鑫, 刘松梅, 卢玢. 2008. 药用植物刺五加内生真菌的分离及其抑菌活性研究. 中国药学杂志, 43 (20): 1541-1544.

郑大贵, 肖竹平, 叶红德. 2007. D-异抗坏血酸苯甲酸酯的合成及其抗氧化和抗菌性能. 化学试剂, 29

(12): 745-746, 760.

郑大胜, Crickmore N, 蔡亚君. 2007. 苏云金杆菌以色列亚种杀蚊蛋白 Cyt1Aa 在离中不粘柄菌中的表达. 微生物学报, 47 (2): 217-220.

郑丹, 王吉腾, 张志勇, 杨凯. 2008. 梨园土壤细菌群落参数及优势细菌的 16S rDNA 分析. 中国农学通报, 24 (6): 379-384.

郑法新, 程璐, 李侠, 刘群. 2009. 云南红豆杉内生放线菌 TAR11 活性代谢产物的初步研究. 生物技术通讯, 20 (4): 538-540.

郑光宇, 赵荣乐. 2001. 炭疽与炭疽杆菌. 生物学通报, 36 (12): 1-3.

郑光宇, 赵荣乐. 2002. 炭疽研究进展. 喀什师范学院学报, 23 (3): 66-70.

郑贵阳, 徐益红. 2004. 新生儿破伤风护理体会. 杭州科技, 4: 55-56.

郑国兴, 张春乐, 黄浩, 张丽娟, 林敏, 陈清西. 2006. 水杨酸的抑酶与抑菌作用. 厦门大学学报（自然科学版）, 45 (B05): 19-22.

郑浩均. 2009. 利用羟四环素防治蜜蜂美洲幼虫病的效果. 台湾宜兰: 台湾宜兰大学硕士研究生学位论文: 1.

郑洪武, 张义正. 1998. 环状芽胞杆菌 C-2 几丁酶基因的克隆. 生物工程学报, 14 (1): 28-32.

郑华军, 鲍晓明, 侯爱华, 杨国梁, 沈煜, 高东. 2002. 地衣芽胞杆菌 α-乙酰乳酸脱羧酶的纯化及酶学性质. 山东大学学报（理学版）, 37 (2): 180-183, 188.

郑怀忠, 陈发河, 李淑燕, 孙君社. 2009. 亚硝酸还原酶高产菌株的筛选及发酵条件优化. 中国农业科技导报, 11 (3): 81-87.

郑金秀, 张甲耀, 赵晴, 赵磊, 傅春堂. 2006. 高效石油降解菌的选育及其降解特性研究. 环境科学与技术, 29 (3): 1-2, 40.

郑巨云, 陈正华, 刘桂珍, 苏秀娟. 2008. 抗虫双价基因表达载体的构建及微束激光转化植物研究. 激光生物学报, 17 (4): 446-454.

郑立, 韩笑天, 陈海敏, 林伟, 严小. 2004. 海洋细菌细胞毒代谢产物的分离及其结构解析. 现代中药研究与实践, 18 (B12): 80-83.

郑立, 林伟, 严小军, 陈海敏. 2004. 海洋细菌抗菌和细胞毒活性的初步研究. 应用生态学报, 15 (9): 1633-1636.

郑启升, 赵吉寿, 王金城, 候俭秋. 2007a. 含硫双 Schiff 碱及其金属配合物的合成、表征与生物活性研究. 化学试剂, 29 (7): 415-417.

郑启升, 赵吉寿, 王金城, 候俭秋. 2007b. 含硫双 Schiff 碱及其金属配合物的合成与生物活性研究. 云南民族大学学报（自然科学版）, 16 (3): 243-246.

郑巧双, 周景文, 陈孚江, 刘杰. 2010. 稀土元素对 2-酮基-L-古龙酸发酵过程的影响. 过程工程学报, 10 (4): 750-755.

郑世仲, 江胜滔, 黄燕翔, 沈嘉彬. 2009. 土壤中有机磷解磷细菌的分离筛选及鉴定. 安徽农学通报, 15 (15): 24-26.

郑舒文, 段辉, 林剑, 徐世艾. 2001. 味精废水综合处理的研究. 微生物学杂志, 21 (3): 31-33.

郑斯平, 陈彬, 关雄, 郑伟文. 2008. 小叶满江红内生细菌多样性的 PCR-DGGE 及电子显微镜分析. 农业生物技术学报, 16 (3): 508-514.

郑滔, 刘娥英. 1998. 球形芽胞杆菌 C3-41 超氧化物岐化酶的特性. 微生物学通报, 25 (6): 322-324.

郑铁曾, 涂提坤. 1993. 提高 C1213 菌碱性蛋白酶活力的研究. 食品与发酵工业, 19 (1): 25-31.

郑卫, 全文海. 1997. 洗涤剂用碱性纤维素酶产生菌的菌种选育. 南京师大学报（自然科学版）, 20 (2): 69-72.

郑文榜. 2010. 一起因蜡样芽胞杆菌污染所致食物中毒的病原学检测. 安徽预防医学杂志, 16 (1): 62.
郑喜群, 刘晓兰, 张鹭, 马微. 2001. 一株凝结芽胞杆菌产生糖脂的工艺研究. 微生物学通报, 28 (4): 12-15.
郑宪滨. 2000. 苏云金芽胞杆菌（Bt）生物技术在仓储烟草害虫防治中的作用. 烟草科技, 11: 30-32.
郑向梅, 张勇, 高景枝. 2005. 蜡样芽胞杆菌引起学生食物中毒的病原学分析. 中国卫生检验杂志, 15 (2): 230.
郑晓丽, 宋振银, 倪学勤. 2008. 产气荚膜梭菌对家禽业的危害及其预防. 中国家禽, 30 (24): 69-71.
郑雪芳, 葛慈斌, 林营志, 刘建, 刘波. 2006. 瓜类作物枯萎病生防菌 BS-2000 和 JK-2 的分子鉴定. 福建农业学报, 21 (2): 154-157.
郑艳军, 隋慧, 郑艳霞. 2005. 炭疽芽胞杆菌疫苗研究进展. 中国兽药杂志, 39 (7): 46-50.
郑艳梅, 李鑫钢, 黄国强. 2007. MTBE 高效降解菌的分离鉴定及降解特性研究. 农业环境科学学报, 26 (6): 2080-2084.
郑要红, 周苏. 2000. 一起蜡样芽胞杆菌食物中毒调查. 广东卫生防疫, 26 (4): 65-66.
郑耀通, 林奇英, 谢联辉. 2004. 污水稳定塘菌-藻生态系统去除与灭活植物病毒 TMV 研究. 环境科学学报, 24 (6): 1128-1134.
郑怡, 江红霞, 林雄平. 2004. 厚网藻脂类化合物的化学分析及抑菌作用. 海洋科学, 28 (10): 42-44.
郑毅, 张志国, 关雄. 2008. 苏云金芽胞杆菌蛋白酶发酵动力学模型的构建. 生物数学学报, 23 (4): 727-734.
郑毅, 周塽, 黄勤清, 关雄. 2007. 产耐温蛋白酶苏云金芽胞杆菌 FS140 液体发酵条件优化. 应用与环境生物学报, 13 (5): 708-712.
郑应福, 阚振荣, 邸胜苗. 2006. α-ALDC 产生菌的抗性标记与融合条件初探. 中国酿造, 2: 16-20.
郑永利, 雷秋波, 徐润林, 林继球. 1998. 枯草芽胞杆菌粉剂作为鸡饲料添加剂的研究. 中山大学学报（自然科学版）, 37 (2): 69-72.
郑玉莲, 许景钢, 李淑芹, 曹知平. 2009. 普施特优势降解细菌的筛选与鉴定. 东北农业大学学报, 40 (6): 40-44.
郑元平, 袁康培, 冯明光. 2004. 啤酒用 β-葡聚糖酶高产菌株的选育及发酵条件优化. 农业生物技术学报, 12 (3): 316-321.
郑媛, 孙谧, 任召珍, 徐彪, 肖西志. 2009. 海洋侧孢短芽胞杆菌 Lh-1 株所产多肽药物 R-1 抗鸡新城疫病毒的研究. 黑龙江畜牧兽医, 6: 8-10.
郑云. 2010. 曲美布汀联合地衣芽胞杆菌治疗腹泻型肠易激综合征 50 例疗效观察. 中国现代药物应用, 4 (18): 128.
郑志成, 周美英. 1995. 蜂房芽胞杆菌 B-91 几丁质酶的合成条件. 厦门大学学报（自然科学版）, 34 (3): 447-451.
郑重谊, 谭周进, 肖克宇, 谢达平. 2007. 不同因素对两株细菌原生质体制备的影响. 生物技术通报, 23 (5): 131-135.
支援, 孟瑾, 郑小平, 韩奕奕, 李敏. 2010. 一种快速检测阪崎肠杆菌的新方法——免疫磁性分离荧光标记. 乳业科学与技术, 33 (5): 231-233, 245.
中华人民共和国质量监督检验检疫总局动植物检疫监管司. 2006. 欧洲蜂幼虫腐臭病. 国家质量监督检验检疫总局动植物检疫监管司网页, 2006-10-29.
钟传青, 黄为一. 2005. 不同种类解磷微生物的溶磷效果及其磷酸酶活性的变化. 土壤学报, 42 (2): 286-294.
钟芳芳, 李芸芳, 陈玉, 杨光忠. 2006. 虎杖中大黄素的分离及抗菌活性的初步研究. 中南民族大学学报

（自然科学版），25（1）：40-42.

钟贵，郑常格，汤历，陆小军，李小明. 2005. 茄科作物青枯病生物防治研究进展. 广东农业科学，32（2）：55-57.

钟桂芳，杨雪鹏，刘玲玲，魏东芝. 2010. 酸性葡聚糖水解酶生产菌株的选育. 郑州轻工业学院学报（自然科学版），25（5）：38-40，64.

钟桂芳，杨雪鹏，时国庆. 2008. 产纤维素酶牛瘤菌的分离及产酶条件研究. 现代食品科技，24（9）：907-910.

钟国华，李亚萍. 2005. 缓解鸡热应激的饲料添加剂. 养殖技术顾问，6：22-23.

钟娟，周金燕，谭红. 2004. 抗真菌多肽——捷安肽素高产菌的选育. 应用与环境生物学报，10（1）：104-107.

钟岚，徐文，王炜，熊伍军，刘雁冰，袁琼英. 2010. 罗马Ⅲ标准诊断的肠易激综合征患者中无致病性难辨梭状芽胞杆菌感染. 胃肠病学，15（3）：160-162.

钟鸣，董章成，郭致富，马慧，陈丽静，张丽. 2008. 双加氧酶α亚基保守序列克隆及探针制备. 微生物学杂志，28（3）：86-89.

钟鸣，周启星，许华夏，吴晓丹，李玉双. 2004. 降解性细菌对菲诱导的蛋白及酶活性应答反应. 应用生态学报，15（5）：871-874.

钟模珍，潘知芳. 2004. 一起蜡样芽胞杆菌污染米饭引起的食物中毒. 现代预防医学，6：919.

钟世彬，周谈宜. 2000. 一菌多用前途广. 世界科学，7：23-24.

钟万芳，蔡平钟，阎文昭，裴炎. 2003. 苏云芽胞杆菌大型质粒DNA的小量提取. 遗传，25（1）：71-72.

钟万芳，蔡平钟，阎文昭，裴炎. 2004. 苏云金杆菌杀虫晶体蛋白基因 $cry1A$ 的克隆及特征分析. 西南农业学报，17（1）：38-40.

钟万芳，方继朝，郭慧芳，王节萍，刘宝生. 2005. 广谱高效Bt菌株的筛选及其杀虫蛋白基因的克隆. 华南农业大学学报，26（4）：40-42.

钟万芳，姜丽华，阎文昭，蔡平钟，张志雄，裴炎. 2003. 苏云金杆菌以色列亚种几丁质酶基因的克隆及序列分析. 遗传学报，30（4）：364-369.

钟万芳，吴洁，蔡平钟，阎文昭. 2004. 苏云金芽胞杆菌猝倒亚种 $cry1Aa13$ 基因的克隆及序列分析. 四川大学学报（自然科学版），41（5）：1050-1053.

钟万芳，阎文昭，蔡平钟，吴淑华. 2008. 苏云金芽胞杆菌 $kurstaki$ 亚种几丁质内切酶基因的生物信息学分析. 江苏农业学报，24（6）：815-819.

钟伟，李大平，何晓红，王晓梅. 2007. 微生物对原油的乳化及促进白腐真菌原油降解研究. 四川大学学报（自然科学版），44（2）：443-446.

钟秀霞，李汴生，李琳，黄敏胜，叶久东. 2006. 压致升温及其对超高压下微生物失活的影响. 食品工业科技，27（6）：179-182，186.

钟雅，付康，陈正望，陆婕. 2007. 一个家蝇抗菌肽的分离纯化. 华中农业大学学报，26（5）：727-729.

钟耀广，林楠，王淑琴，刘长江. 2007. 香菇多糖的抗氧化性能与抑菌作用研究. 食品科学，32（7）：141-144.

钟业俊，刘成梅，刘伟，梁瑞红. 2006. 食品基质成分对瞬时高压杀灭枯草芽胞杆菌效果的影响. 现代食品科技，22（3）：17-20.

钟英强，朱军，郭佳念，颜蓉，李惠. 2007. 马来酸曲美布汀治疗功能性消化不良与腹泻型肠易激综合征重叠的随机对照研究. 中华内科杂志，46（11）：899-902.

钟有光，梁炳健，冼桂江，林宇，盘珍梅. 2010. 1997～2009年梧州市细菌性食物中毒检测分析. 应用预防医学，16（4）：218-220.

参 考 文 献

钟昱文,王冰姝,黄美卿,张里君,柯昌文. 2008. 稳定性过氧乙酸杀菌效果试验观察. 中华医院感染学杂志, 18 (12): 1720-1722.

仲燕,刘军华,张建鹏,冯伟华,焦炳华. 2005. 东海贻贝抗菌肽 Myticin A 基因的克隆表达及其生物学活性. 第二军医大学学报, 26 (1): 65-68.

仲永红,封永建. 2004. 一起由金黄色葡萄球菌和蜡样芽胞杆菌混合感染引起的食物中毒. 医学动物防制, 20 (2): 83-84.

周碧玲. 2004. 金黄色葡萄球菌、蜡样芽胞杆菌共同引起食物中毒的实验室分析. 中国卫生检验杂志, 14 (1): 118.

周彬,李义,刘耀平,张忠泽,朱可莉,廖德明,高永涛. 2002. Vc 二步发酵中的微生物生态调控. 应用生态学报, 13 (11): 1452-1454.

周冰,张惟材. 2004. 枯草芽胞杆菌蛋白质分泌机制研究进展. 生物技术通讯, 15 (3): 281-284.

周波,陈先均. 2006. 复合微生物制剂对水质因子降解效果初探. 水利渔业, 26 (3): 68-69.

周彩华,许钟,郭全友,杨宪时. 2006. 常温贮藏软烤扇贝品质及潜在病原菌分析. 海洋渔业, 28 (3): 222-227.

周彩华,许钟,郭全友,杨宪时. 2007. 软烤扇贝贮藏过程中的品质和细菌相变化. 中国水产科学, 14 (z1): 103-109.

周长胜,杨朝晖,曾光明,黄兢,阮敏. 2008. 絮凝剂产生菌 GA1 的营养优化及发酵动力学. 中国环境科学, 28 (4): 324-328.

周臣飞,彭东海,邱德文,周康,阮丽芳,陈守文,喻子牛,孙明. 2008. 植物激活蛋白 Ap36 在苏云金芽胞杆菌的表达及抗病作用. 农业生物技术学报, 16 (1): 142-147.

周传云,王运亮,扈麟,李宗军. 2008. 蒲公英酸奶的研制及其抑菌效果的研究. 食品与生物技术学报, 27 (3): 13-17.

周春花,黎敏,吴小平,曾志恒. 2008. 军山湖中华绒螯蟹血清凝集素特性分析. 淡水渔业, 38 (5): 7-9.

周春花,黎敏,张华,吴小平. 2009. 三角帆蚌肌肉凝集素及其活性. 南昌大学学报(理科版), 33 (1): 64-67.

周大石,马汐平. 1994. 沈阳市大气微生物区系分布的研究. 环境保护科学, 20 (1): 10-14.

周冬杰,欧阳立明,许建和,周鹏鹏,潘江. 2009. 土壤中腈水解酶产生菌的快速筛选. 华东理工大学学报(自然科学版), 35 (4): 545-548.

周婀,丁胜,王金菊,王艳萍. 2010. 茶叶中污染微生物分析及茶多酚抑菌性研究. 饮料工业, 13 (5): 18-21.

周凡,茆军,石庆华,张志东,姚正. 2008. 枯草芽胞杆菌 P1 果胶酯酶酶学性质研究. 新疆农业大学学报, 31 (4): 54-57.

周芳,牟海津,江晓路. 2007. 芽胞杆菌 M-21 产 β-甘露聚糖酶发酵条件研究. 食品与发酵工业, 33 (2): 10-14.

周峰,籍保平,李博,李京晶,王成涛,赵磊. 2005. 十二种中药挥发油及其滤液体外抗菌活性研究. 食品科学, 26 (3): 50-53.

周伏忠,贾蕴莉,陈国参,陈晓飞. 2008. 产纤溶酶菌株的分子鉴定及其液体产酶特点分析. 河南科学, 26 (5): 549-553.

周伏忠,贾蕴莉,陈国参,刘安邦. 2008. 纳豆激酶体外溶栓效果的初步观察. 食品科技, 33 (6): 249-253.

周钢,余细勇,林曙光. 2002. 排除法 PCR 加变性梯度凝胶电泳鉴别未知基因. 生物技术, 12 (1):

17-20.

周顺桂, 周立祥, 黄焕忠. 2002. 生物淋滤技术在去除污泥中重金属的应用. 生态学报, 22 (1): 125-133.

周国勤, 杜宣, 吴伟. 2006. 纳豆芽胞杆菌对鱼类非特异性免疫功能的影响. 水利渔业, 26 (1): 101-103.

周国庆, 夏立秋. 1999. 芽胞杆菌超氧化物歧化酶的热和 pH 稳定性研究. 常德师范学院学报 (自然科学版), 11 (3): 62-63, 67.

周国英, 陈彧, 刘君昂, 董晓娜, 宋光桃, 苟志辉. 2010. 拮抗细菌诱导油茶植株抗炭疽病研究. 中国森林病虫, 29 (3): 1-3.

周国英, 卢丽俐, 刘君昂, 李河. 2008. 油茶炭疽病拮抗内生细菌的筛选. 湖南农业大学学报 (自然科学版), 34 (6): 698-700.

周帼萍, 胡晓敏, 窦建琳, 袁志明. 2009. 几种蜡样芽胞杆菌群微生物的选择性培养基比较. 武汉工业学院学报, 28 (4): 15-20.

周帼萍, 袁志明. 2007. 蜡状芽胞杆菌 (*Bacillus cereus*) 污染及其对食品安全的影响. 食品科学, 28 (3): 357-361.

周海芳, 李承仁. 1994. 一起由蜡样芽胞杆菌引起的 82 人食物中毒的调查报告. 青海医药杂志, 3: 58.

周海霞, 阚振荣, 张双凤, 孙雪文. 2004. 产 α-ALDC 的枯草芽胞杆菌原生质体融合条件. 河北大学学报 (自然科学版), 24 (3): 288-292.

周海霞, 邢建欣, 周向军. 2005. 球形芽胞杆菌和苏云金芽胞杆菌灭蚊毒素研究进展. 德州学院学报, 21 (6): 35-39.

周海燕, 董蕾, 田梅, 饶力群, 吴永. 2007. 甘露聚糖酶 Man23 的化学修饰及活性必需基团测定. 激光生物学报, 16 (6): 717-721.

周海燕, 饶力群, 吴永尧. 2008. 甘露聚糖酶 *man*23 基因的重组及其在短短芽胞杆菌中的表达. 浙江大学学报 (农业与生命科学版), 34 (4): 389-394.

周海燕, 吴永尧. 2008. 点突变对枯草芽胞杆菌甘露聚糖酶结构和功能的影响. 高等函授学报 (自然科学版), 1: 9-12.

周海燕, 周大寨, 周毅峰, 吴永尧. 2005. 高活性魔芋葡甘聚糖酶产生菌 B23 的鉴定及培养条件优化. 湖北农业科学, 44 (4): 67-70.

周浩宇, 黄凤洪, 钮琰星, 黄茜. 2010. 发酵法与化学法改良油茶籽粕品质效果的比较. 中国油脂, 35 (9): 40-43.

周皓, 赵文良, 周国昌. 2004. 正常人新鲜粪便滤液保留灌肠治疗头孢哌酮致严重肠道菌群失调. 中国康复理论与实践, 10 (7): 438-439.

周和平, 蔡勤. 1998. 乐腹康胶囊的药敏试验. 中国微生态学杂志, 10 (5): 278, 282.

周和平, 彭农. 1999. 乐腹康腊样芽胞杆菌在正常人体肠道定植及作用. 中国微生态学杂志, 11 (2): 94.

周恒刚. 1996. 高温大曲酸性蛋白酶高的原因何在. 酿酒科技, 3: 14-17.

周宏璐, 李玉秋, 李倬琳, 高岩. 2010. 一株枯草芽胞杆菌的分离鉴定及其益生潜质分析. 中国酿造, 12: 137-139.

周洪波, 谢英剑, 张汝兵, 曾伟民, 罗海浪, 王玉光. 2010. 中度嗜热混合菌在搅拌槽中浸出黄铜矿及其菌落动态. 中南大学学报 (自然科学版), 41 (1): 15-20.

周华杰, 左兆云. 2010. 芽胞杆菌在畜禽生产中的应用及研究进展. 中国饲料添加剂, 2: 9-12.

周华强, 谭芙蓉, 周颖, 郑爱萍, 李平. 2007. ETPMG 极端嗜热多肽 N-末端氨基酸测序及其对苗瘟的防效. 分子植物育种, 5 (3): 417-423.

周华强, 谭芙蓉, 周颖, 郑爱萍, 李平. 2007. 多粘类芽胞杆菌极端嗜热多肽的纯化及性质研究. 现代农药, 6 (3): 40-43.

周华强, 谭芙蓉, 周颖, 郑爱萍, 李平. 2007. 极端嗜热多肽的纯化、性质初探及对苗瘟的防效. 西南农业学报, 20 (6): 1211-1216.

周华强, 周颖, 罗飞, 郑爱萍, 李平. 2007. 抗菌多肽APPLM3乳剂的制备及其对稻瘟病的防效. 种子世界, 4: 22-24.

周华强, 周颖, 罗飞, 郑爱萍. 2007. 新型微生物源生防乳剂对稻瘟病的防效. 安徽农业科学, 35 (13): 3893-3894.

周环, 管越强. 2010. 枯草芽胞杆菌与低聚木糖组合对中华鳖生长、消化酶及血液生化指标的影响. 水产科学, 29 (10): 573-577.

周煌凯, 龚月生, 杨明明, 张云雁, 宋秀平. 2010. 耐碱性短小芽胞杆菌木聚糖酶在枯草杆菌中的表达及发酵条件优化. 饲料工业, 31 (14): 25-29.

周辉, 杨萍, 江玉姬, 陈杭春. 2007. 3株拮抗细菌对褐腐霉和青腐霉的抑制作用. 亚热带农业研究, 3 (3): 196-200.

周坚. 2008. 1例眼镜蛇咬伤合并气性坏疽截肢病人的护理. 护理研究: 上旬版, 22 (7): 1776-1777.

周建斌, 魏娟, 叶汉玲, 张齐生. 2008. 硬头黄竹醋液抑菌和杀菌性能的研究. 中国酿造, 7: 9-12.

周剑, 虞龙. 2005. 产L-乳酸凝结芽胞杆菌发酵条件的初步研究. 氨基酸和生物资源, 27 (1): 70-73.

周键, 李春强, 廖文斌, 孙建波, 刘志昕, 彭明. 2008. 几种海洋溶藻菌溶藻效果研究. 海洋技术, 27 (3): 51-55.

周靖波, 黄继红, 杨公明. 2010. 微生物发酵制备香蕉抗性淀粉研究. 农产品加工. 学刊, 10: 42-46.

周玖英. 2006. 蜡样芽胞杆菌引起新生儿败血病1例. 现代保健: 医学创新研究, 2: 59-60.

周军英, 林玉锁. 2000. 巨大芽胞杆菌LY-4对土壤中杀虫单农药的降解. 中国环境科学, 20 (6): 511-514.

周康群, 刘晖, 孙彦富, 邓金川, 周遗品. 2008. 一株源于污泥浓缩池厌氧除磷菌的分离、鉴定及特性研究. 环境科学研究, 21 (4): 38-42.

周康群, 刘晖, 孙彦富, 周遗品, 刘洁萍. 2007. 厌氧条件总磷还原为磷化氢种泥筛选及功能菌株鉴定. 生态环境, 16 (6): 1669-1673.

周可, 谢凤行, 李亚玲, 张峰峰. 2009. 不同微生物菌剂处理对鸡粪堆肥发酵的影响. 天津农业科学, 15 (3): 10-13.

周乐, 盛下放, 张士晋, 刘静. 2005. 一株高效菲降解菌的筛选及降解条件研究. 应用生态学报, 16 (12): 2399-2402.

周莉薇, 陈晓明, 张建国, 柳芳, 张根发. 2009a. 枯草芽胞杆菌耐辐射菌株对紫外线的耐受性及其机理初探. 辐射研究与辐射工艺学报, 27 (3): 182-186.

周莉薇, 陈晓明, 张建国, 柳芳, 张根发. 2009b. UVC诱导的枯草芽胞杆菌DNA双链断裂及影响因素探讨. 辐射研究与辐射工艺学报, 27 (2): 106-110.

周丽华, 陈士超, 邓志瑞, 陈沁, 郑乐平, 刘志学. 2009. 太湖沉积物中的可培养细菌: I. 细菌多样性初步分析. 湖泊科学, 21 (1): 27-35.

周丽娜, 苏昕, 梁莉丽, 钱林艺. 2006. 产碱性纤维素酶嗜碱芽胞杆菌AH-8的研究. 微生物学杂志, 26 (3): 35-39.

周丽娜, 袁波, 苏昕, 霍丽丽, 李发. 2006. 复方大青叶注射液体外抑菌作用及抗内毒素作用的研究. 沈阳药科大学学报, 23 (4): 247-250.

周丽萍,姜旭淦,徐顺高,郑铁生,王卉放. 2005. 重组葡萄糖脱氢酶基因的表达研究. 江苏大学学报(医学版),15(4):291-293.

周丽萍,徐军. 2007. 巨大芽胞杆菌葡萄糖脱氢酶基因的重组和表达研究. 中国现代医学杂志,17(2):172-174.

周丽萍,赵燕,王卉放,丁建霞. 2004. 枯草芽胞杆菌葡萄糖脱氢酶的克隆和表达. 江苏大学学报(医学版),14(1):7-10.

周丽萍,周政,袁中一. 2003. 巨大芽胞杆菌青霉素G酰化酶的定点突变及其动力学性质研究. 工业微生物,33(1):9-13.

周丽兴,万树青,陈泽鹏,卢海博. 2006. 短小芽胞杆菌(Bacillus pumilis)对精喹禾灵的降解特性. 农药,45(9):627-629.

周莲洁,贺转转,古丽斯玛依·艾拜都拉,吴玲玲. 2010. 新疆部分特色林果果壳的抗菌活性研究. 生物技术通讯,21(6):855-856,860.

周林,程萍,沈汉国,陈燕红. 2010. 1株广谱抗真菌芽胞杆菌TR21的鉴定. 热带作物学报,31(4):605-609.

周林,程萍,喻国辉,黎永坚. 2010. 枯草芽胞杆菌TR21在香蕉体内及根际的定殖动态. 中国农学通报,19:392-396.

周林,刘秀廷,贾葵苍. 1999. 苏云金芽胞杆菌伴胞晶体毒素对捻转血矛线虫第3期幼虫杀灭作用的研究. 邯郸农业高等专科学校学报,16(4):10-12.

周林,朱爽,陈木华,吴海珍,韦朝. 2010. 焦化废水中4株苯酚高效降解菌的分离及鉴定. 生物技术,20(2):44-46.

周琳. 2008. 含硫席夫碱及其锰配合物的合成与生物活性. 枣庄学院学报,25(2):52-55.

周孟清,章三梅. 2007. 微波辅助萃取生姜中的有效成分及其抑菌作用研究. 中国饲料添加剂,12:16-19.

周鸣,刘云国,李欣,徐卫华,樊霆,牛一乐. 2006. 地衣芽胞杆菌(Bacillus licheniformis)对Cr^{6+}的吸附动力学研究. 应用与环境生物学报,12(1):84-87.

周萍,胡福良,徐权华. 2006. 蜂胶在不同载体中对枯草芽胞杆菌的抑菌试验. 中国蜂业,57(10):5-7.

周琴,蒋冬花,杨叶,嵇豪. 2010. 合成聚-β-羟基丁酸芽胞杆菌的筛选、鉴定及碳氮源优化. 浙江师范大学学报(自然科学版),33(2):203-209.

周琴,孙明,李林,杨在清,喻子牛. 2005. 苏云金芽胞杆菌标记重组菌株的构建与杀虫基因水平转移. 应用生态学报,16(1):142-146.

周琴,孙明,喻子牛. 2004. 利用绿色荧光蛋白基因gfp研究芽胞杆菌的启动子活性. 微生物学报,44(4):543-546.

周琴,孙明,周俊初,喻子牛. 2003. 绿色荧光蛋白基因gfp在苏云金芽胞杆菌中表达的初步研究. 中国农业科学,36(8):981-984.

周如军,傅俊范,史会岩,严雪瑞,孙嘉曼. 2010. 人参锈腐病拮抗生防菌的筛选与鉴定. 沈阳农业大学学报,41(4):422-426.

周韶,黄华山,杨在宾,杨维仁,肖林. 2011. 低聚木糖对仔猪生产性能和肠道微生物影响的研究. 山东农业大学学报(自然科学版),42(1):84-88.

周少华. 2008. 抗菌长石质瓷. 技术与市场,2:24.

周生亮,陈才法,房兴堂,蒋虹,魏志文. 2007. 5种药用植物内生真菌的分离及其抑菌活性的研究. 徐州师范大学学报(自然科学版),25(4):69-72.

周世宁,冯建勋. 1997. 耐碱芽胞杆菌木聚糖酶的形成条件及特性. 生物技术,7(2):15-18.

参 考 文 献

周世宁,李甘霖.1998.嗜热脂肪芽胞杆菌耐热木糖异构酶的特性.微生物学通报,25(5):271-274.

周守礼.2005.二种紫外线照射剂量的杀菌效果观察.实用医技杂志,12(08B):2316-2317.

周淑兰,曹国文,戴荣国,徐登峰,陈春林,郑华.2006.微生物添加剂饲喂奶牛效果观察.甘肃畜牧兽医,36(4):20-22.

周淑兰,曹国文,戴荣国,徐登峰,陈春林,郑华.2007.混合芽胞杆菌对肉用仔鸡生产性能和盲肠微生物菌群的影响试验.甘肃畜牧兽医,37(6):23-26.

周淑敏,李晓云,鲁丽.2003.枯草芽胞杆菌 BS224 菌株抑菌作用的初步研究.黑龙江医药,16(3):205-206.

周松林,陈双林,谭光宏,王华,黄用豪,陈凡.2010.一株银杏内生真菌菌株的抑菌活性成分研究.天然产物研究与开发,2:193-196.

周涛,肖亚中,李妍妍,洪宇植,王永中.2007.茜草内生菌的分离鉴定及其抗菌活性物质研究.生物学杂志,24(2):9-12.

周廷尧,王旭东,赵赟,陈海旭,陈曦.2008.基于氧猝灭原理的淡水 BOD 微生物传感器.厦门大学学报(自然科学版),47(A02):208-212.

周巍,张伟,袁耀武,李英军,马晓燕.2008.FTA 滤膜用于基因芯片检测肉中常见食源性致病菌的研究.中国食品学报,8(4):113-122.

周围,李友国,程国军,杨凯.2008.1 株抗重金属铬细菌的分离、鉴定及抗性基因型的初步研究.华中农业大学学报,27(2):248-250.

周维广.2006.Aliz-gal 培养基法检测啤酒中的大肠菌群.啤酒科技,4:63-64.

周卫民,杨世忠,Nazina T N,牟伯中.2005.*Geobacillus* 研究进展.微生物学杂志.25(3):46-49.

周文斌,周瑞宇.2003.地衣芽胞杆菌高 α-乙酰乳酸脱羧酶活力菌株的筛选.重庆工商大学学报(自然科学版),20(1):20-22.

周文斌.2002.α-乙酰乳酸脱羧酶高产菌株的选育及产酶条件的研究.食品科学,23(10):57-59.

周文文,敖常伟,牛天贵.2006.中药源芽胞杆菌抗病原真菌菌株的筛选与鉴定.微生物学通报,33(2):90-94.

周文文,牛天贵.2008.蜡样芽胞杆菌 ZH-14 产抗癌蛋白的急性毒性研究.生物学杂志,25(3):24-26,29.

周希贵,戴鹏高,邢维玲,章红.2001.粘杆菌素高产菌株的选育.微生物学通报,28(5):49-51.

周希萌,张桂贤,艾鑫,彭远义.2006.纳米氧化锌晶须 ZnOw 抗菌与抗病毒效果的初步研究.上海畜牧兽医通讯,2:16-17.

周先汉,王亚东,朱稀檩,周坤.2009.豆制品(茶干)中致腐菌的分离鉴定.安徽农业科学,37(12):5379-5380.

周先汉,张安,曾庆梅,程丽梅,宋俊骅,李琪玲.2010.超临界 CO_2 杀灭芽胞工艺条件的优化.安徽农业科学,38(17):9201-9203.

周先利,郑必海,央吉,谭静.2003.高原地区某医院临床科物体表面细菌学调查及应对措施.中华医药学杂志,2(1):93-95.

周先治,刘波,黄素芳,孙新涛.2004.苏云金芽胞杆菌 *Bacillus thuringiensis* LSZ9408 菌株发酵特性的研究.武夷科学,1:51-54.

周先治,张青文,朱育菁,林营志.2006.球形芽胞杆菌 Bs-8093 发酵上清液对青枯雷尔氏菌的抑菌作用.福建农业学报,21(1):21-23.

周向平,肖启明,罗宽,巢进,田慧.2004.烟草黑胫病菌拮抗内生细菌的筛选和鉴定.湖南农业大学学报(自然科学版),30(5):450-452.

周虓,郑毅,叶海梅,石磊. 2007. 响应面分析法优化耐高温蛋白酶发酵培养基. 生物数学学报, 22 (1): 113-118.

周小辉,戴晋军,王绍辉,许新平,胡成武. 2008. 枯草芽胞杆菌制剂作用机理及应用效果浅析. 饲料与畜牧: 新饲料, 5: 61-62.

周小辉,李彪. 2009. 枯草芽胞杆菌的机制及应用研究. 饲料研究, 10: 26-28.

周晓飞. 2007. 南美白对虾病害控制技术. 中国水产, 5: 88-90.

周晓康,李贻华. 2004. 转接方法和青霉素处理对葡萄试管苗芽胞杆菌抑制效应的研究. 落叶果树, 36 (5): 4-6.

周晓兰,郑毅,邓春梅,余敏忠,林建华. 2009. 利用味精废水生产苏云金芽胞杆菌生物农药Ⅱ: 苏云金芽胞杆菌的菌种筛选及发酵优化. 海峡科学, 8: 3-6, 10.

周晓英,马秀敏,田树革,葛亮,王亚男. 2004. 天山堇菜提取物抑菌特性的研究. 中国民族民间医药杂志, 2: 113-115.

周晓云,张西宁. 1994. 地衣芽胞杆菌 A-57 碱性蛋白酶提取新工艺的探讨. 科技通报, 10 (6): 365-368.

周晓洲,钱伟良. 2000. 常见食物中毒及其预防. 解放军健康, 6: 32.

周欣,吕淑霞,代义,林英,马嫡,马峥. 2009. 紫外诱变选育木聚糖酶高产菌株及产酶条件初步研究. 生物技术, 19 (1): 71-74.

周欣. 2010. 杆菌肽产生菌的分离与鉴定. 现代农村科技, 15: 52-53.

周新胜,喻子牛. 1996. 白僵菌产品毒力生物测定及在标准化中的应用. 森林病虫通讯, 2: 1-3.

周绪霞,李卫芬,许梓荣. 2005. 乳链菌肽生物合成及其调控. 中国食品学报, 5 (1): 86-92.

周学永,陈守文,孙宇,梁宝臣. 2006. 由苏云金芽胞杆菌胞晶混合物直接提取原毒素的方法. 农业环境科学学报, 25 (2): 535-536.

周学永,陈守文,吴新世,黄巧云. 2006. 苏云金芽胞杆菌原毒素在蒙脱石上的吸附特性研究. 农业环境科学学报, 25 (4): 992-996.

周学永,董瑞华,杨志生,吴新世. 2006. 离心浓缩对苏云金芽胞杆菌芽胞保留率的影响. 湖北农业科学, 45 (2): 191-193.

周学永,高建保,蔡鹏,黄巧云. 2008. Bt 毒素在三种矿物表面的吸附与解吸. 应用生态学报, 19 (5): 1144-1148.

周学永,高建保,蔡鹏,黄巧云. 2009. Btk 蛋白在红壤胶体上的吸附解吸行为及其对杀虫活性的影响. 土壤学报, 46 (3): 480-487.

周学永,高建保,汪威,喻子牛,单国雁. 2007. 苏云金芽胞杆菌杀虫原粉对铬离子吸附热力学研究. 农业环境科学学报, 26 (4): 1292-1295.

周学永,金红,杨志生,吴新世. 2006. 苏云金芽胞杆菌发酵液后处理工艺研究进展. 化学与生物工程, 23 (1): 4-6.

周学永,杨志生,金红,吴新世. 2006a. 苏云金芽胞杆菌剂型研究进展. 湖北农业科学, 45 (1): 125-128.

周学永,杨志生,金红,吴新世. 2006b. 苏云金芽胞杆菌剂型研究进展. 农药市场信息, 7: 11-13.

周雪莹,李辉,连宾. 2010. 胶质芽胞杆菌胞外多糖在肥料矿物分解转化中的作用. 矿物岩石地球化学通报, 29 (1): 63-66.

周亚奎,陈旭玉,郑服丛. 2008. 香蕉炭疽病生物防治研究进展. 中国农学通报, 24 (4): 328-331.

周彦魁 (编译). 2009. 纸林觅踪之二十五. 天津造纸, 31 (3): 37-44.

周艳芬,杜红方,袁洪水,张元亮. 2007. 棉花黄萎病拮抗蛋白的分离与纯化. 棉花学报, 19 (2):

98-101.

周艳琴, 孙明. 2000. 苏云金芽胞杆菌晶体毒素对体外培养的日本血吸虫成虫的毒力. 华中农业大学学报, 19 (5): 465-467.

周艳琴, 姚宝安, 赵俊龙, 孙明, 喻子牛. 2007. 苏云金芽胞杆菌晶体毒素引发的日本血吸虫超微结构改变. 中国兽医学报, 27 (4): 503-506, 510.

周燕, 成志军, 易有金, 罗宽. 2005. 晒黄烟内生菌株筛选及对青枯病生物防治. 湖南农业大学学报 (自然科学版), 31 (5): 500-501.

周怡, 毛亮, 张婷婷, 程林梅, 牛天. 2009. 大豆内生芽胞杆菌的分离和促生菌株的筛选及鉴定. 大豆科学, 28 (3): 502-506.

周奕华, 张中林, 侯丙凯. 2001. 两段杨树叶绿体 DNA 片段的克隆及叶绿体定点转化载体的构建. 高技术通讯, 11 (9): 6-12.

周毅峰, 唐巧玉, 黄志敏. 2011. 磷矿分解菌 DPB5 液体培养条件研究. 湖北民族学院学报 (自然科学版), 29 (1): 19-22, 31.

周嫄, 孙明, 喻子牛. 2004. 苏云金芽胞杆菌 AiiA 蛋白对魔芋软腐病菌的抗病活性. 武汉大学学报 (理学版), 50 (6): 761-764.

周盈, 陈琳, 柴鑫莉, 喻子牛, 孙明. 2007. 魔芋内生拮抗细菌的分离及其抗菌物质特性研究. 微生物学报, 47 (6): 1076-1079.

周映华, 李秋云, 陈娴, 曾艳, 吴胜莲. 2007. 不同芽胞杆菌生理功能比较. 饲料博览: 技术版, 10: 47-49.

周映华, 李秋云, 吴胜莲, 曾艳, 缪东. 2007. 复合益生菌制剂对断奶仔猪生产性能的影响. 饲料研究, 3: 43-44.

周映华, 李秋云, 曾艳, 吴胜莲, 缪东. 2007. 益生菌蜡状芽胞杆菌发酵条件及培养基的优化. 饲料研究, 10: 56-58.

周映华, 吴胜莲, 贺月林, 缪东. 2010. 饲用枯草芽胞杆菌发酵条件的优化. 湖南农业科学, 49 (6): 21-23.

周永强, 薛泉宏, 杨斌, 张晓鹿, 许英俊, 郭志英, 林超峰. 2008. 生防放线菌对西瓜根域微生态的调整效应. 西北农林科技大学学报 (自然科学版), 36 (4): 143-150.

周宇光. 2007. 中国菌种目录. 北京: 化学工业出版社.

周跃飞, 王汝成, 陆现彩, 陆建军. 2007. 微生物-矿物接触模式影响矿物溶解机制的实验研究——以多粘类芽胞杆菌 (P. polymyxa) 参与下的微纹长石溶解为例. 高校地质学报, 13 (4): 657-661.

周跃飞, 王汝成, 陆现彩. 2008. 玄武岩微生物分解过程中的矿物表面效应. 岩石矿物学杂志, 27 (1): 59-66.

周跃飞, 王汝成, 陆现彩. 2009. 微生物作用下玄武岩的溶解: 粘附作用和温度的影响. 岩石矿物学杂志, 28 (6): 565-574.

周贞兵, 戴腾飞, 王士长, 梁珠民. 2009. 马尾藻多酚的提取·分离提纯及抗菌活性检验. 安徽农业科学, 37 (17): 7809-7811, 7825.

周振峰. 2006. 地衣芽胞杆菌对奶牛泌乳性能的影响. 中国奶牛, 5: 13-14.

周政, 陈美娟, 李家大, 杨晟, 刘曙照, 袁中一. 2002. 巨大芽胞杆菌青霉素 G 酰化酶的噬菌体展示. 中国生物化学与分子生物学报, 18 (3): 332-336.

周志峰, 张进忠, 魏世强, 李承碑. 2006. 1 株芽胞杆菌吸附镉和铜的研究. 西南农业大学学报, 28 (3): 396-401.

周志宏, 刘娥英. 1995. 球形芽胞杆菌 C3-41 菌株的晶体和芽胞的分离. 中国媒介生物学及控制杂志, 6

(4): 241-244.

周志宏, 张用梅. 1993. 球形芽胞杆菌 C3-41 菌株杀蚊毒素的提取及其同源性研究. 微生物学报, 33(5): 354-360.

周志洪, 朱大明, 吴爱冬. 2009. 室内环境中微生物与挥发性有机化合物相关性的初步探讨. 广州环境科学, 24 (2): 16-20.

周志江, 韩烨, 韩雪, 郑峰. 2006. 从酸白菜中分离出一株产细菌素的乳酸片球菌. 食品科学, 27 (4): 89-92.

周子燕, 张莹莹, 李昌春, 立石, 胡本进, 苏卫华. 2010. 防治水稻纹枯病的多粘类芽胞杆菌与井冈霉素组合物. 中华人民共和国, CN 200810019537.

朱冰, 俞冠翘. 2000. 地衣芽胞杆菌谷氨酸脱氢酶基因的克隆和特性. 中国科学: C 辑, 30 (4): 401-411.

朱昌雄, 蒋细良, 姬军红, 孙东园, 田云龙. 2003. 我国生物农药的研究进展及未来发展. 农药快讯, 19: 18-20.

朱长俊, 潘彦平. 2005. 巨大芽胞杆菌 (*Bacillus megaterium*) 解磷机理的研究 (1) ——解磷能力与磷素影响. 嘉兴学院学报, 17 (3): 60-62.

朱长俊, 秦益民. 2005. 甲壳胺纤维和含银甲壳胺纤维的抗菌性能比较. 合成纤维, 34 (3): 15-17, 25.

朱长生, 陈志燕, 周秋白. 2011. 三种微生物制剂对有机物废水中氨氮及亚硝酸盐的影响. 水产养殖, 1: 47-49.

朱晨光, 孙明, 喻子牛. 2002. 苏云金芽胞杆菌 CTC 菌株的 S-层蛋白可以形成伴胞晶体. 微生物学报, 42 (6): 670-674.

朱晨光, 孙明, 喻子牛. 2003. 带 cry3Aa 启动子的 aiiA 基因在苏云金芽胞杆菌中的表达. 生物工程学报, 19 (4): 397-401.

朱大雷, 孙玉梅, 何连芳, 王珊, 尚天东. 2008. 光叶楮韧皮纤维生物制浆菌种的选育. 中国酿造, 2: 23-25.

朱代生. 2004. 伪膜性肠炎 64 例临床分析. 新医学, 35 (5): 295.

朱丹, 牛广财, 孙希云, 孟宪军. 2006. 马齿苋黄酮类物质抑菌作用的研究. 安徽农业科学, 34 (1): 7-8.

朱德铎, 林梅珠, 潘永红, 宋志军, 林大鹏. 2004. 伪膜性肠炎 56 例内镜及临床特点分析. 中华消化内镜杂志, 21 (3): 183-184.

朱德艳. 2009. 一株产环糊精葡萄糖基转移酶的枯草芽胞杆菌的选育及产酶条件的研究. 荆楚理工学院学报, 24 (5): 29-32.

朱德艳. 2010. 一株枯草芽胞杆菌环状糊精葡糖基转移酶的提取、纯化和性质. 西北农业学报, 19 (11): 83-87.

朱恩美. 2007. 例谈课堂典型例题设计. 中学生物教学, 1: 61-63.

朱凤, 陈夕军, 童蕴慧, 纪兆林. 2007. 水稻内生细菌的分离及其拮抗性与潜在致病性测定. 中国生物防治, 23 (1): 68-72.

朱福兴, 王沫, 李建洪. 2004. 降解农药的微生物. 微生物学通报, 31 (5): 120-123.

朱桂梅, 杨敬辉, 潘以楼, 陈宏州. 2007. 短短小芽胞杆菌 TW-2 菌株对水稻穗颈瘟的防治效果. 安徽农业科学, 35 (31): 9822-9823.

朱浩, 蔡永祥, 刘文斌, 边文冀, 李红霞, 蒋广震. 2008. 两种免疫增强剂对黄颡鱼生长、消化及免疫性能的影响. 淡水渔业, 38 (5): 34-38.

朱红惠, 颜思齐. 1999. 玉米根系益菌的研究. 西南农业大学学报, 21 (2): 154-157.

参考文献

朱宏亮,陈德龙,许光勇,姚紫彤,任晓明. 2011. 两株益生菌的部分生物学特性研究. 北京农学院学报, 26 (1): 23-26.

朱辉,丁延芹,田方,姜远茂,杜秉海. 2008. 多粘类芽胞杆菌 SC2 $xynD$ 和 $gluB$ 的克隆及序列分析. 生物技术通报, 4: 171-174, 184.

朱辉,丁延芹,田方,姚良同,杜秉海. 2008. 枯草芽胞杆菌 SC2-4-1 葡聚糖酶基因 $gluB$ 的克隆及序列分析. 生物技术通报, 24 (3): 119-122.

朱辉,姚良同,田方,杜秉海,丁延芹. 2008. 辣椒根腐病拮抗细菌的筛选及其生物学特性研究. 生物技术通报, 24 (1): 156-159.

朱惠琼,汪亚玲,刘才. 2010. 艾滋病并伪膜性肠炎 11 例临床分析. 临床内科杂志, 27 (3): 203.

朱惠珍,唐建民. 1990. 嗜热性平酸芽胞杆菌检验方法的探讨. 食品科学, 11 (12): 48-49.

朱纪南(摘),杨宇峰(校). 2006. 重组霍乱毒素 B 亚单位作为佐剂与 DTP 共同鼻腔免疫能提高白喉和破伤风抗毒素水平. 国际生物制品学杂志, 29 (2): 89-90.

朱剑宏,王忠彦. 2000. 碱性脂肪酶产生菌的诱变及产酶条件的研究. 四川大学学报(自然科学版), 37 (3): 488-490.

朱金林,谭斌,丁文杰,廖凯威,张忠财,张新. 2008. 枯草芽胞杆菌制剂对艾维因肉鸡生长性能的影响. 饲料与畜牧: 新饲料, 4: 57-58.

朱娟,张树生,李岳峰,茆泽圣,冉炜,沈其荣. 2009. 番茄菌根根际土壤产几丁质酶细菌的分离及其几丁质酶活性研究. 南京农业大学学报, 32 (3): 78-82.

朱科,韩玲,杨渝珍. 2003. GFP 为外源报告基因在地衣芽胞杆菌 20386 中表达的研究. 华中科技大学学报(医学版), 32 (5): 478-480.

朱莉,宋福平,张杰,黄大昉. 2007a. 苏云金芽胞杆菌 γ-氨基丁酸代谢途径相关功能基因的克隆、表达及同源性分析. 微生物学通报, 34 (6): 1031-1036.

朱莉,宋福平,张杰,黄大昉. 2007b. 芽胞杆菌 γ-氨基丁酸代谢旁路研究进展. 生物技术通报, 23 (2): 72-75, 86.

朱莉霞,宁喜斌,郭春玉. 2005. 速酿鱼露种曲的研制. 食品科学, 26 (6): 181-185.

朱丽梅,吴小芹,徐旭麟. 2008. 松材线虫拮抗细菌的筛选和鉴定. 南京林业大学学报(自然科学版), 32 (3): 91-94.

朱丽梅,吴小芹,徐旭凌. 2009. 细菌 JK-JS3 对松树线虫的杀线活性及菌种的分子鉴定. 南京林业大学学报(自然科学版), 33 (6): 49-52.

朱丽梅,吴小芹,徐旭凌. 2010. 具杀松材线虫活性的解淀粉芽胞杆菌 JK-JS3 的培养条件. 南京林业大学学报(自然科学版), 34 (5): 55-58.

朱丽萍,雷招宝. 2003. 蜡样芽胞杆菌制剂临床用药调查. 中国微生态学杂志, 15 (6): 369.

朱丽霞,韩苗,郭东起,龚明福,侯旭杰,张利莉. 2010. 新疆慕萨莱思自然发酵过程中细菌初步分离、鉴定及其变化规律研究. 中国酿造, 7: 133-136.

朱丽云,戴贤君,杨君,陈娴. 2009. 高酶活·高抑菌活性芽胞杆菌的分离及筛选. 安徽农业科学, 37 (28): 13504-13506.

朱丽云,戴贤君,张富明,叶璟,郑颖姹. 2009. 枯草芽胞杆菌对畜禽常见致病微生物体外拮抗作用的研究. 中国畜牧杂志, 45 (21): 41-43.

朱玲,林发榕. 1997. MC-ELISA 表面涂抹法定量计数蜡样芽胞杆菌的研究. 中国卫生检验杂志, 7 (1): 3-10.

朱玲,刘晓霞. 1997. 蜡样芽胞杆菌微菌落叶计数公式的建立及其应用. 数理医药学杂志, 10 (2): 159-161.

朱鲁生，林爱军，王军，孙瑞莲，刘爱菊. 2004. 二甲戊乐灵降解细菌 HB-7 的分离及降解特性研究. 环境科学学报，24（2）：360-365.

朱茂山，赵奎华，刘长远，苗则彦. 2003. 枯草芽胞杆菌 B18 菌株对黄瓜枯萎病菌抑菌作用研究. 辽宁农业科学，3：39.

朱梅梦，高山. 2004. 储粮害虫生物防治应用研究进展. 吉林粮食高等专科学校学报，19（1）：7-12.

朱敏，梅玲玲，程苏云. 2007. 改良李斯特菌增菌液的研究. 中国卫生检验杂志，17（2）：293-295.

朱彭玲，陈强，丁延芹，姚良同. 2008. 新疆地区棉花根际拮抗菌的筛选与鉴定. 山东农业科学，40（6）：46-49，52.

朱其太. 2002. 两种新的动源性细菌. 畜牧兽医科技信息，4（3）：61.

朱清旭. 2007. 中水高效复合芽胞杆菌对水质的改良效果（上）. 科学养鱼，12：76.

朱清旭. 2008. 新型水质底质改良剂——解毒护水宝. 科学养鱼，6：79.

朱秋劲，程传波，覃玉泽，骆斌. 2008. 香猪分割副产物浸提液理化特性及固定化发酵研究. 食品科学，29（11）：427-432.

朱瑞良，牛钟相，崔治中，岳新敏，王玉燕. 2003. 波尔山羊"猝死病"病原学研究. 中国兽医学报，23（6）：548-550.

朱瑞良，牛钟相，姜世奎，刘思当，崔言顺，林海. 2002. 山东省牛"猝死病"病原学研究. 中国预防兽医学报，24（3）：209-212.

朱瑞良，牛钟相，叶红丽. 2002. 几种消毒剂对致病性凝结芽胞杆菌和克雷伯氏菌肺炎亚种的消毒效果试验. 中国兽药杂志，36（4）：32，35.

朱圣杰，丁克坚，檀根甲. 2003. 植物细菌性青枯病的生物防治研究进展. 安徽农业科学，31（4）：606，615.

朱士利，王景和. 2010. 鸡源芽胞杆菌与抗生素配伍使用对肠道菌群的影响. 安徽农业科学，38（24）：13115-13116，13137.

朱世明，肖长清，李亚莎. 2009. 苦荆茶、绿茶、乌龙茶抑菌生物活性的对比研究. 现代农村科技，16：45-47.

朱世真，杜平华，陈涛. 2003. 可吸收无菌壳聚糖海绵体外抗菌活性的研究. 中华临床医药杂志（北京），4（11）：117.

朱仕房，杨曜中. 2000. 双水相体系分离苏云金芽胞杆菌伴孢晶体的研究. 世界农药，22（5）：39-42.

朱陶，付灿. 2008. 几种芽胞染色方法的比较与改进. 井冈山学院学报（综合版），29（8）：49-50.

朱天辉，刘富平. 2007. 坚强芽胞杆菌对3种病原真菌的抗生现象. 林业科学，43（2）：120-123.

朱天辉，罗孟军，杨佐忠. 2000. 枯草芽胞杆菌对金花梨果腐病控制的研究. 四川林业科技，21（3）：14-17.

朱天辉，杨佐忠，李姝江，韩珊. 2010. 枯草芽胞杆菌水溶性代谢产物及对血橙防腐保鲜效果. 林业科学，46（1）：68-72.

朱天辉，杨佐忠. 2000. 枯草芽胞杆菌菌种退化及其控制. 西南林学院学报，20（1）：31-35.

朱万孚. 2007. 医学微生物学某些术语的汉译名称之商榷. 中国科技术语，9（1）：36-38.

朱万泽，王金锡，张秀艳，李登煜. 2007. 华西雨屏区不同恢复阶段湿性常绿阔叶林的土壤微生物多样性. 生态学报，27（4）：1386-1396.

朱薇玲，缪礼鸿，刘晓红，张林霞. 2006. 芽胞杆菌 B15 对棉花枯萎病菌的拮抗性能. 武汉工业学院学报，25（3）：8-10.

朱薇玲，缪礼鸿，刘晓红，张燚. 2006a. 棉花枯萎病菌的拮抗细菌筛选. 武汉工业学院学报，25（2）：7-9.

朱薇玲,缪礼鸿,刘晓红,张燚.2006b.芽孢杆菌 B15 及其代谢产物对棉花枯萎病菌的抑菌效果.湖北农业科学,45(5):604-606.

朱卫民.2004.抗生素在感染性腹泻治疗中的应用.传染病信息,17(1):10-13.

朱卫民,吴宁一.1992.枯草芽孢杆菌 α-淀粉酶基在在大肠杆菌中的表达及其产物的分泌.微生物学报,32(4):296-298.

朱文芳,李伟光.2007a.除油好氧降解菌的筛选与除油效果初探.浙江科技学院学报,19(2):121-124.

朱文芳,李伟光.2007b.微生物固定化技术处理含油废水的研究.工业水处理,27(10):44-47.

朱文慧.2009.水产饲料安全与发展(下).科学养鱼,2:84.

朱文森,肖敏.1996a.固态发酵白酒生产中芽孢杆菌属细菌产乳酸特性及降乳研究.食品与发酵工业,22(4):15,38-41.

朱文森,肖敏.1996b.枯草芽孢杆菌 BS12 乳酸脱氢酶的分离纯化与部分性质的研究.生物技术,6(2):23-25.

朱五文,施伟领,陈晓峰.2007.不同剂量枯草芽孢杆菌制剂对断奶仔猪饲养效果试验.畜牧与兽医,39(8):32-33.

朱曦,田慧云.2007.混合发酵去除豆粕中抗营养因子最佳发酵条件的探究.养殖与饲料,1:44-46.

朱显峰,郭红梅,陈春玲,梁剑,李明雪.2011.2-乙酰吡啶缩肼基二硫代甲酸甲酯及其钴离子配合物的合成和抗菌活性.中国医药工业杂志,42(3):165-169.

朱宪.2009.鸡坏死性肠炎的诊治.中国牧业通讯,18:39.

朱小翠,樊明涛.2008.陕西省苹果汁中脂环酸芽孢杆菌的分离与鉴定.西北农林科技大学学报(自然科学版),36(6):189-194,199.

朱小康,杨玉金,钟渝,骆科华.2007.取代苯氧乙酸类化合物的超声合成及抑菌活性研究.西南大学学报(自然科学版),29(1):126-128.

朱小平,刘微,高书国,侯东军,张志云.2004.NaCl 胁迫下施用有益微生物加菌糠对豌豆生长及结瘤的影响.河北科技师范学院学报,18(1):20-22.

朱小平,刘微,高书国.2004.有益微生物组合加菌糠对小白菜生长及土壤养分的影响.河南农业科学,33(6):58-61.

朱晓宏,朱晓慧,魏薇.2010.产多黏菌素 B 突变株的推理育种.中国抗生素杂志,1:13-15,26.

朱晓松,贾林,王蜜蜜,周青雪,程东庆.2010.商陆提取物抑菌活性评价研究.中国现代中药,12(12):33-35,39.

朱欣华,谢芳,黄静,邢自力,吴自荣.2003.枯草杆菌碱性蛋白酶基因诱导表达载体的构建.微生物学通报,30(6):21-25.

朱星华,潘舟,郝国防.2001.在 WTO/TBT 规范下 Bt 技术标准的制订及其对贸易的影响.科技进步与对策,18(12):35-36.

朱行.2002.世界转基因作物发展现状和趋势.饲料博览,3:19-20.

朱杏花,梁金秀,陈健玲,郑翠云,蔡晓云.2004.自含式生物指示剂在干热灭菌效果监测中的研究.中华医院感染学杂志,14(11):1307.

朱萱萱,奚兆庆,张忠华,邱召娟.2006.复方止咳胶囊的体内外抗菌作用研究.中国药业,15(10):8-9.

朱学军,李吉平,孟庆繁,滕利荣,邹啸环,赵文斌,张应玖.2002.高产新型淀粉酶菌株 MS5.1 的选育及最适产酶条件.吉林大学学报(理学版),40(2):196-199.

朱学芝,郑石轩,潘庆军,董爱华.2007.芽孢杆菌对凡纳滨对虾免疫和生化指标的影响.饲料研究,4:

56-59.

朱学芝, 郑石轩, 潘庆军, 陆秉招. 2008. 微生态制剂对凡纳滨对虾生长及水质的影响. 中山大学学报（自然科学版）, 47 (z1): 58-62.

朱亚平, 袁其朋, 张怀. 2006. 重组 hepcidin 的分离纯化及鉴定. 微生物学通报, 33 (4): 129-133.

朱艳彬, 马放, 黄君礼, 刘元浩. 2006. 生物絮凝剂絮凝特性与絮凝条件优化研究. 中国给水排水, 22 (3): 4-8.

朱艳彬, 马放, 李大鹏. 2008. 复合型生物絮凝剂产生菌的发酵性能研究. 中国给水排水, 24 (19): 70-73.

朱艳彬, 马放, 任南琪, 黄君礼, 王爱杰. 2005. 2 株芽胞杆菌利用不同碳源生产絮凝剂的研究. 环境科学, 26 (5): 152-155.

朱勇文, 杨琳. 2011. 益生菌调节猪肠道生理功能的研究进展. 饲料广角, 5: 39-40.

朱玉广, 刘双珍, 康凤英. 2004. 肉毒杆菌毒素 A 在斜视中的应用. 眼科研究, 22 (4): 445-448.

朱育菁, 蓝江林, 阮传清, 刘芸, 刘波. 2007. 苏云金芽胞杆菌伴胞晶体的形成及降解. 中国农学通报, 23 (9): 282-286.

朱育菁, 刘波, Sengonca C. 2004. 利用 HPLC 测定二硫苏糖醇（DTT）对苏云金芽胞杆菌伴胞晶体降解的影响. 武夷科学, 1: 1-7.

朱育菁, 刘波, Sengonca C. 2005. 苏云金芽胞杆菌 LSZ9408 虫体复壮的研究. 昆虫天敌, 27 (2): 63-67.

朱远航. 2004. 重症破伤风病人的护理体会. 哈尔滨医药, 24 (5): 80.

朱云, 曹维政, 鲁安怀, 王清华, 李艳, 张虓雷, 王长秋. 2011. 胶质芽胞杆菌-蒙脱石相互作用实验研究. 岩石矿物学杂志, 30 (1): 121-126.

朱运平, 程永强, 刘海杰, 李里特. 2008. 不同菌种发酵豆渣产 α-葡萄糖苷酶抑制因子的研究. 中国粮油学报, 23 (4): 70-74.

朱哲祥. 2009. 对治疗破伤风病例的粗浅看法. 中外医疗, 28 (14): 81.

朱振华, 胡欣荣, 陈五岭, 陈亮. 2007. He-Ne 激光在异种间原生质体融合中的应用. 光子学报, 36 (1): 144-147.

朱智东, 唐燕发, 许建和, 叶勤, 储炬. 2001. 底物诱导和分批补料对巨大芽胞杆菌环氧化物水解酶生物合成的影响. 华东理工大学学报（自然科学版）, 27 (3): 243-246.

朱智东, 唐燕发, 许建和, 叶勤, 储炬. 2001. 底物诱导和分批补料对巨大芽胞杆菌环氧化物水解酶生物合成的影响. 华东理工大学学报, 27 (3): 243-246.

朱自敏, 宋荣, 余子全, 喻子牛, 孙明. 2008. 苏云金芽胞杆菌杀虫晶体蛋白 Cry7Ba1 溶解性分子改良. 农业生物技术学报, 16 (6): 1001-1005.

朱祚铭, 张秀明, 刘颖, 高才昌. 1996. 地衣芽胞杆菌碱性蛋白酶的热稳定性研究. 南开大学学报（自然科学版）, 29 (2): 105-109.

竺莉红, 李孝辉, 施跃峰, 桑金隆, 吴吉安. 2002. 苏云金芽胞杆菌 Ba9808 对鞘翅目害虫的生物活性. 浙江农业学报, 14 (6): 331-333.

竺利红, 李翀, 吴吉安, 梁建根, 施跃峰. 2008. 苏云金芽胞杆菌 Bt9875 晶体蛋白诱导 HL-60 细胞凋亡. 微生物学报, 48 (5): 690-694.

竺利红, 李孝辉, 吴吉安, 陈巧云, 姚杭丽, 桑金隆, 施跃峰. 2004. 苏云金芽胞杆菌 Ba9808 防治小猿叶虫和酸浆瓢虫试验. 浙江农业科学, 16 (4): 216-217.

竺利红, 施跃峰, 吴吉安, 梁建根. 2010. 苏云金芽胞杆菌 Bt9875 杀虫晶体蛋白可诱导 Caspase 和 Bcl-2 家族参与调控 HL-60 细胞凋亡. 农业生物技术学报, 18 (1): 92-97.

祝发明, 刘辉, 曹要玲, 杨明明. 2006. 枯草芽胞杆菌 $AmyX$ 基因信号肽性能优化研究. 西北农林科技大学学报（自然科学版）, 34 (9): 11-16.

祝红, 祝玲. 2008. 头孢呋辛酯片微生物限度检查方法的建立. 重庆科技学院学报（自然科学版）, 10 (4): 71-73.

祝洪澜. 2005a. 雷莫拉宁治疗梭状芽胞杆菌与万古霉素同样有效. 国外药讯, 1: 24.

祝洪澜. 2005b. 质子泵抑制剂增加梭状芽胞杆菌的感染. 国外药讯, 1: 39.

祝洪珍, 胡钟兰. 1998. 听诊器的微生物监测及消毒方法探讨. 中华医院感染学杂志, 8 (2): 103.

祝凯, 张晓喻, 任智, 冯定胜, 王一丁. 2007. 内芽胞杆菌属细菌（$Paenibacillus\ daejeonensis$）SS02 抗菌蛋白的分离纯化和其性质的研究. 生物工程学报, 23 (4): 681-685.

祝仁发（综述）, 叶长芸（校）. 2007. 单核细胞增生李斯特菌的毒力因子. 中国食品卫生杂志, 19 (2): 158-162.

祝伟, 彭谦, 李勇, 郭春雷, 杨红亚. 2003. 泥土芽胞杆菌 YMTC1049 菌株高温蛋白酶产酶条件的优化. 云南大学学报（自然科学版）, 25 (5): 463-468.

祝小, 耿秀蓉, 潘康成, 吴敏峰. 2007. 枯草芽胞杆菌 Pab02 产纤维素酶活性的研究. 饲料研究, 1: 61-63.

祝云江, 袁淑芹, 郭士玲. 2009. 生态养猪法效果的试验. 养殖技术顾问, 9: 8.

庄百川, 陈海江, 徐晓红, 黄冰, 贾小明. 2009. 一株产碱性磷酸酶细菌的分离、鉴定及其产酶特性研究. 科技通报, 25 (5): 593-598.

庄涵虚, 许向农. 2009. 伪膜性肠炎七例临床分析. 临床内科杂志, 26 (9): 642-643.

庄汉澜, 董梅. 2006. 炭疽免疫预防研究的现状及动向. 传染病信息, 19 (2): 51-52.

庄华玲, 麦海燕, 陶玲, 施文平. 2007. 复方丹参五味子片微生物限度检查方法的验证. 海峡药学, 19 (9): 29-31.

庄建昌, 薛军华, 袁海红, 汤和平. 2010. 猪破伤风的诊治技术与体会. 养殖与饲料, 2: 48-49.

庄名扬. 2003. "浓酱结合型"白酒生产中几个值得注意的问题. 酿酒, 30 (6): 69-70.

庄名扬. 2010. 乙偶姻与美拉德反应. 酿酒, 37 (2): 99-100.

庄名扬, 王仲文. 2003. 酱香型高温大曲中功能菌 B3-1 菌株的分离、选育及其分类学鉴定. 酿酒, 30 (5): 26-27.

庄田. 2012. 含 Pb、Zn、Sn 复杂铜精矿槽浸过程微生物群落演替规律. 长沙: 中南大学硕士研究生学位论文: 1.

庄宗唐, 周艳华. 1996. 鱼炭疽杆菌隐性感染的研究: 病原分离鉴定. 中国兽医科技, 26 (4): 3-4.

卓林霞, 吴晖, 刘冬梅. 2009. 枯草芽胞杆菌发酵豆粕产蛋白酶优化试验研究. 粮食与饲料工业, 2: 32-35.

孜来古丽·米吉提, 马相如, 阿不都外力·阿布. 2009. 塔河天然胡杨林地可培养细菌的生态分布研究. 生物技术, 19 (5): 19-22.

訾楠, 沈微, 石贵阳, 王正祥. 2009. 地衣芽胞杆菌生麦芽糖 α-淀粉酶的基因克隆与鉴定. 应用与环境生物学报, 15 (1): 130-133.

訾鹏（译）. 2005. 美国 FDA 提醒公众注意败血症与药物流产. 中华医学信息导报, 20 (16): 3.

宗丰. 2008. EM 菌液对降低猪舍有害气体含量的实验. 石河子科技, 6: 51-52.

宗凯, 刘国庆, 张黎利, 金宇燕, 潘炜铃, 杨小娇. 2010. 蒲公英发酵及对其粗提物中黄酮类物质含量的影响. 农产品加工: 创新版, 2: 38-41.

邹风梅, 张俭. 1996. 蜡样芽胞杆菌致烧伤创面感染报告. 中华医院感染学杂志, 6 (2): 88.

邹寰, 喻子牛, 孙明. 2008. 蜡状芽胞杆菌群 16S rDNA 分析. 华中农业大学学报, 27 (4): 478-482.

邹克扣,王红宁,吴琦,赵海霞. 2004. 植酸酶 phyC 基因表达载体的构建及其在 E. coli 中的表达. 生物技术, 14 (3): 11-14.

邹强,龙建友,姬志勤,魏少鹏,黄伟平,吴文君. 2007. 苦皮藤内生真菌 As 菌株代谢产物抑菌活性初步研究. 西北农业学报, 16 (2): 220-223.

邹堂斌,胡庭坤. 2008. 复方半枝莲注射液药理作用研究. 贺州学院学报, 24 (3): 133-135.

邹伟,赵玉军,陈晓月,海洋,金苗. 2008. 土壤中芽胞杆菌的分离及初步鉴定. 四川畜牧兽医, 35 (2): 24-25.

邹文娟,许晓慧,王国武,苗厚刚,张柯,郑凤英. 2010. 光合细菌和枯草芽胞杆菌在污水处理中的应用. 广东农业科学, 37 (9): 199-201.

邹文政,张俊杰,鄢庆枇,纪荣兴. 2007. 嗜水气单胞菌感染后牛蛙血清中抗菌物质的初步研究. 水产学报, 31 (1): 62-67.

邹小明,钱俊青,卢时勇. 2005. 竹醋液馏分抑菌性能研究. 林产化学与工业, 25 (3): 33-37.

邹英. 2007. 特异性感染患者的手术护理及处理原则. 地方病通报, 22 (4): 98.

邹准,喻晓,李瑶,冯其林,江丁西,项昌金. 2002. URM-菌肥的土壤有效性和保存期. 氨基酸和生物资源, 24 (2): 22-25.

祖国掌,李槿年,余为一,杨启超. 2004. 河蟹细菌性颤抖病的诊断与治疗. 淡水渔业, 34 (2): 27-30.

祖国掌,李槿年,余为一,杨启超. 2007. 河蟹细菌病病原分离与鉴定. 水产养殖, 28 (2): 1-4.

祖丽皮亚·玉努斯. 2006a. 新疆圆柏枝皮醇提物抗菌活性的测定. 食品科学, 27 (7): 55-58.

祖丽皮亚·玉努斯. 2006b. 新疆圆柏枝条乙醇提取物体外抗菌活性测定. 食品科技, 31 (4): 72-75.

左广胜,徐振同,韩克敏,索李军. 2005. 吸附基质对微生物生存活性试验初报. 腐植酸, 2: 36-40.

左瑞雨,郭金玲,任广志,郑秋红. 2008. 侧孢芽胞杆菌分泌溶菌酶的变化规律及酶学特性分析. 畜牧与兽医, 40 (12): 69-71.

左雅慧,丁之铨. 1999. 苏云金芽胞杆菌培养条件及晶体蛋白提纯方法初探. 植物保护, 25 (4): 32-34.

左勇. 2007. 活菌制剂 XN-2 发酵条件的优化. 黑龙江畜牧兽医, 6: 50-52.

左勇,刘清斌. 2005a. 饲用活菌制剂配伍菌株稳定性研究. 中国饲料, 16: 10-12.

左勇,刘清斌. 2005b. 饲用活菌制剂生长特性的研究. 四川食品与发酵, 41 (3): 37-40.

左勇,潘训海,廖家银. 2009. 芥末有效成分抑菌条件的研究. 食品与发酵科技, 6: 28-30.

Abel K, Deschmertzing H, Peterson J I. 1963. Classification of microorganisms by analysis of chemical composition. I. Feasibility of utilizing gas chromatography. J Bacteriol, 85 (5): 1039-1044.

Albuquerque L, Tiago I, Taborda M, Nobre M F, Veríssimo A, Da Costa M S. 2008. *Bacillus isabeliae* sp. nov., a halophilic bacterium isolated from a sea salt evaporation pond. Int J Syst Evol Microbiol, 58: 226-230.

Arahal D R, Marquez M C, Volcani B E, Schleifer K H, Ventosa A. 1999. *Bacillus marismortui* sp. nov., a new moderately halophilic species from the Dead Sea. Int J Syst Bacteriol, 49: 521-530.

Arahal D R, Marquez M C, Volcani B E, Schleifer K H, Ventosa A. 2000. Reclassification of *Bacillus marismortui* as *Salibacillus marismortui* comb. nov. Int J Syst Evol Microbiol, 50: 1501-1503.

Ash C, Farrow J A E, Wallbanks S, Collins M D. 1991. Phylogenetic heterogeneity of the genus *Bacillus* revealed by comparative analysis of small-subunit-ribosomal RNA sequences. Lett Appl Microbiol, 13: 202-206.

Ash C, Priest F G, Collins M D. 1993. Molecular identification of rRNA group 3 bacilli (Ash, Farrow, Wallbanks and Collins) using a PCR probe test. Antonie van Leeuwenhoek, 64: 253-260.

Cherif A, Ettoumi B, Raddadi N, Daffonchio D, Boudabous A. 2007. Genomic diversity and relationship of *Bacillus thuringiensis* and *Bacillus cereus* by multi-REP-PCR fingerprinting. Can J Microbiol, 53 (3): 343-350.

Cinto R O, Rivas M, Frade A H. 1984. Numerical taxonomy of the genus *Bacillus*. Rev Argent Microbiol, 16 (3): 119-144.

Cohn F. 1872. Untersuchungen über Bacterien. Beitrage zur Biologie der Pflanzen Heft2, 1: 127-224.

Connor N, Sikorski J, Rooney A P, Kopac S, Koeppel A F, Burger A, Cole S G, Perry E B, Krizanc D, Field N C, Slaton M, Cohan F M. 2010. Ecology of speciation in the genus *Bacillus*. Appl Environ Microbiol, 76 (5): 1349-1358.

Coorevits A, Dinsdale A E, Halket G, Lebbe L, De Vos P, Van Landschoot A, Logan N A. 2012. Taxonomic revision of the genus *Geobacillus*: emendation of *Geobacillus*, *G. stearothermophilus*, *G. jurassicus*, *G. toebii*, *G. thermodenitrificans* and *G. thermoglucosidans* (nom. corrig., formerly 'thermoglucosidasius'); transfer of *Bacillus thermantarcticus* to the genus as *G. thermantarcticus*; proposal of *Caldibacillus debilis* gen. nov., comb. nov.; transfer of *G. tepidamans* to *Anoxybacillus* as *A. tepidamans* and proposal of *Anoxybacillus caldiproteolyticus* sp. nov. Int J Syst Evol Microbiol, 62: 1470-1485.

Davaine M C. 1864. Nouvelles reseachers sur la nature de la maladie charbonneuse connue sous le nom de sang de rate. Comptes Rendus de l'Académie des sciences (Paris), 59: 393-396.

Dickinson D N, La Duc M T, Satomi M, Winefordner J D, Powell D H, Venkateswaran K. 2004. MALDI-TOFMS compared with other polyphasic taxonomy approaches for the identification and classification of *Bacillus pumilus* spores. J Microbiol Methods, 58 (1): 1-12.

Euzéby. 2011. LPSN: http://www.bacterio.net.

Flüggec. 1908. Grundriss der Hygiene, Ed. 6. Berlin: Springer.

Gartner A, Blumel M, Wiese J, Imhoff J F. 2011. Isolation and characterisation of bacteria from the Eastern Mediterranean deep sea. Antonie Van Leeuwenhoek, 100 (3): 421-435.

George M G, Julia A B, Timothy G L. 2004. Taxonomic Outline of the Prokaryotes Bergey's Mannual of Systematic Bacteriology, 2nd ed. New York: Springer New York.

Gordon R E, Haynes W C, Pang C H N. 1973. The Genus *Bacillus*. Washington: Agricultural Research Service.

Heyrman J, Logan N A, Busse H J, Balcaen A, Lebbe L, Rodriguez-Diaz M, Swings J, De Vos P. 2003. *Virgibacillus carmonensis* sp. nov., *Virgibacillus necropolis* sp. nov. and *Virgibacillus picturae* sp. nov., three novel species isolated from deteriorated mural paintings, transfer of the species of the genus *Salibacillus* to *Virgibacillus*, as *Virgibacillus marismortui* comb. nov. and *Virgibacillus salexigens* comb. nov., and emended description of the genus *Virgibacillus*. Int J Syst Evol Microbiol, 53: 501-511.

Kim Y H, Kim I S, Moon E Y, Park J S, Kim S J, Lim J H, Park B T, Lee E J. 2011. High abundance and role of antifungal bacteria in compost-treated soils in a wildfire area. Microb Ecol, 62 (3): 725-737.

Koberl M, Muller H, Ramadan E M, Berg G. 2011. Desert farming benefits from microbial potential in arid soils and promotes diversity and plant health. Plos One, 6 (9): e24452.

Korenblum E, Der Weid I, Santos A L, Rosado A S, Sebastian G V, Coutinho C M, Magalhaes F C, Paiva M M, Seldin L. 2005. Production of antimicrobial substances by *Bacillus subtilis* LFE-1, *B. firmus* HO-1 and *B. licheniformis* T6-5 isolated from an oil reservoir in Brazil. J Appl Microbiol,

98 (3): 667-675.

Kömpfer P. 1994. Limits and possibilities of total fatty acid analysis for classification and identification of *Bacillus* species. Syst Appl Microbiol, 17: 86-98.

Lechevalier N A, Solotorovsky M. 1965. Three centuries of microbiology. New York: Mc Graw-Hill Book Co.

Li Y, Wu S, Wang L, Shi F, Wang X. 2010. Differentiation of bacteria using fatty acid profiles from gas chromatography-tandem mass spectrometry. J Sci Food Agric, 90 (8): 1380-1383.

Liu B, Zhu Y J, Sengonca C. 2006. Laboratory studies on the effect of the bioinsecticide GCSC-BtA (*Bacillus thuringiensis*-Abamectin) on mortality and feeding of diamondback moth *Plutella xylostella* L. (Lepidoptera: Plutellidae) larvae on cabbage. J Plant Diseases Protection, 113: 31-36.

Logan N A, Berge O, Bishop A H, Busse H J, De Vos P, Fritze D, Heyndrickx M, Kompfer P, Rabinovitch L, Salkinoja-Salonen M S, Seldin L, Ventosa A. 2009. Proposed minimal standards for describing new taxa of aerobic, endospore-forming bacteria. Int J Syst Evol Microbiol, 59: 2114-2121.

Marquez M C, Carrasco I J, De la Haba R R, Jones B E, Grant W D, Ventosa A. 2011. *Bacillus locisalis* sp. nov., a new haloalkaliphilic species from hypersaline and alkaline lakes of China, Kenya and Tanzania. Syst Appl Microbiol, 34 (6): 424-428.

Marti R, Mieszkin S, Solecki O, Pourcher A M, Hervio-Heath D, Gourmelon M. 2011. Effect of oxygen and temperature on the dynamic of the dominant bacterial populations of pig manure and on the persistence of pig-associated genetic markers, assessed in river water microcosms. J Appl Microbiol, 111 (5): 1159-1175.

Maugeri T L, Gugliandolo C, Caccamo D, Stackebrandt E. 2001. A polyphasic taxonomic study of thermophilic bacilli from shallow, marine vents. Syst Appl Microbiol, 24 (4): 572-587.

Maughan H, Van Der Auwera G. 2011. Bacillus taxonomy in the genomic era finds phenotypes to be essential though often misleading. Infect Genet Evol, 11 (5): 789-797.

Meites E, Taur Y, Marino L, Schaefer M, Eagan J, Jensen B, Williams M, Kamboj M, Srinivasan A. 2010. Investigation of increased rates of isolation of *Bacillus* species. Infect Control Hosp Epidemiol, 31 (12): 1257-1263.

Mnif S, Chamkha M, Labat M, Sayadi S. 2011. Simultaneous hydrocarbon biodegradation and biosurfactant production by oilfield-selected bacteria. J Appl Microbiol, 111 (3): 525-536.

Morsi N M, Atef N M, El-Hendawy H. 2010. Screening for some *Bacillus* spp. inhabiting Egyptian soil for the biosynthesis of biologically active metabolites. J Food, Agriculture & Environment, 8 (2): 1166-1173.

Niimura Y, Koh E, Yanagida F, Suzuki K I, Komagata K, Kozaki M. 1990. *Amphibacillus xylanus* gen. nov., sp. nov., a facultatively anaerobic sporeforming xylan-digesting bacterium which lacks cytochrome, quinone, and catalase. Int J Syst Bacteriol, 40: 297-301.

Palmisano M M, Nakamura L K, Duncan K E, Istock C A, Cohan F M. 2001. *Bacillus sonorensis* sp. nov., a close relative of *Bacillus licheniformis*, isolated from soil in the Sonoran Desert, Arizona. Int J Syst Evol Microbiol, 51: 1671-1679.

Perez-Garcia A, Romero D, De Vicente A. 2011. Plant protection and growth stimulation by microorganisms: biotechnological applications of Bacilli in agriculture. Curr Opin Biotechnol, 22 (2): 187-193.

Pikuta E, Lysenko A, Chuvilskaya N, Mendrock U, Hippe H, Suzina N, Nikitin D, Osipov G, Laurinavichius K. 2000. *Anoxybacillus pushchinensis* gen. nov., sp. nov., a novel anaerobic alkaliphilic, moderately thermophilic bacterium from manure, and description of *Anoxybacillus flavithermus* comb. nov. Int J Syst Evol Microbiol, 50: 2109-2117.

Priest F G, Goodfellow M, Todd C. 1988. A numerical classification of the genus *Bacillus*. J Gen Microbiol, 134 (7): 1847-1882.

Ripamonti B, Agazzi A, Bersani C, De Dea P, Pecorini C, Pirani S, Rebucci R, Savoini G, Stella S, Stenico A, Tirloni E, Domeneghini C. 2011. Screening of species-specific lactic acid bacteria for veal calves multi-strain probiotic adjuncts. Anaerobe, 17 (3): 97-105.

Rooney A P, Price N P J, Ehrhardt C, Swezey J L, Bannan J D. 2009. Phylogeny and molecular taxonomy of the *Bacillus subtilis* species complex and description of *Bacillus subtilis* subsp. inaquosorum subsp. nov. . Int J Syst Evol Microbiol, 59: 2429-2436.

Sanjoy B, Helena K, Mohamed S, Fatimah M D Y. 2010. Enhancement of Penaeus monodon shrimp postlarvae growth and survival without water exchange using marine *Bacillus pumilus* and periphytic microalgae. Fisheries Science, 76 (3): 481-487.

Satomi M, La Duc M T, Venkateswaran K. 2006. *Bacillus safensis* sp. nov., isolated from spacecraft and assembly-facility surfaces. Int J Syst Evol Microbiol, 56: 1735-1740.

Segerman B, De Medici D, Ehling Schulz M, Fach P, Fenicia L, Fricker M, Wielinga P, Van Rotterdam B, Knutsson R. 2011. Bioinformatic tools for using whole genome sequencing as a rapid high resolution diagnostic typing tool when tracing bioterror organisms in the food and feed chain. Int J Food Microbiol, 145 (Suppl 1): 167-176.

Shi R, Yin M, Tang S K, Lee J C, Park D J, Zhang Y J, Kim C J, Li W J. 2011. *Bacillus luteolus* sp. nov., a halotolerant bacterium isolated from a salt field. Int J Syst Evol Microbiol, 61 (6): 1344-1349.

Sikorski J. 2008. Populations under microevolutionary scrutiny: what will we gain? Arch Microbiol, 189 (1): 1-5.

Skerman V B D, Mcgowan V, Sneath P H A. 1980. Approved Lists of Bacterial Names. Int J Syst Bacteriol, 30: 225-420.

Soumare S, Losfeld J, Blondeau R. 1973. Numerical taxonomy in the study of bacterial soil microflora in the north of France. Ann Microbiol (Paris), 124 (1): 81-94.

Spring S, Ludwig W, Marquez M C, Ventosa A, Schleifer K H. 1996. *Halobacillus* gen. nov., with descriptions of *Halobacillus litoralis* sp. nov., and *Halobacillus trueperi* sp. nov., and transfer of *Sporosarcina halophila* to *Halobacillus halophilus* comb. nov. Int J Syst Bacteriol, 46: 492-496.

Stackebrandt E, Goebel B M. 1994. Taxonomic note: a place for DNA-DNA reassociation and 16S rRNA sequence analysis in the present species definition in bacteriology. Int J Syst Bacteriol, 44 (4): 846-849.

Timmery S, Hu X, Mahillon J. 2011. Characterization of Bacilli isolated from the confined environments of the Antarctic Concordia station and the International Space Station. Astrobiology, 11 (4): 323-334.

Tindall B J. 2000. What is the type species of the genus Paenibacillus? Request for an opinion. Int J Syst Evol Microbiol, 50 (2): 939-940.

Topley W W C, Wilson G S. 1929. Principles of bacteriology and immunity Ann Arbor: Williams and Williins.

Tourasse N J, Helgason E, Klevan A, Sylvestre P, Moya M, Haustant M, Okstad O A, Fouet A, Mock M, Kolsto A B. 2011. Extended and global phylogenetic view of the *Bacillus cereus* group population by combination of MLST, AFLP, and MLEE genotyping data. Food Microbiol, 28 (2): 236-244.

Turova T P, Troitskii A V, Ignashev V G, Svetlichkin V V. 1972. Use of DNA-DNA hybridization for identification of bacteria in a mixed culture. Lab Delo, 10 (4): 240-243.

Tyurin S A, Meshkov Y I, Yakovleva I N, Zalunin I A, Noskov K A, Veyko V P, Zhuzhikov D P, Lyutikova L I, Martin P, Oppert B, Debabov V G. 2006. The basic approaches to design of strain producers of preparations for plant protection. II. A strain of the bacterium *Bacillus thuringiensis* sp. *kurstaki* with insecticidal activity against the representatives of the orders Lepidoptera, Coleoptera and Homoptera. Biotekhnologiya, 3: 33-41.

Valverde A, Gonzalez-Tirante M, Medina-Sierra M, Santa-Regina I, Garcia-Sanchez A, Igual J M. 2011. Diversity and community structure of culturable arsenic-resistant bacteria across a soil arsenic gradient at an abandoned tungsten-tin mining area. Chemosphere, 85 (1): 129-134.

Venkateswaran K, Moser D P, Dollhopf M E, Lies D P, Saffarini D A, MacGregor B J, Ringelberg D B, White D C, Nishijima M, Sano H, Burghardt J, Stackebrandt E, Nealson K H. 1999. Polyphasic taxonomy of the genus *Shewanella* and description of *Shewanella oneidensis* sp. nov.. Int J Syst Bacteriol, 49: 705-724.

Wu S, Shen J, Zhou X, Chen J. 2007. A novel enantioselective epoxide hydrolase for (R)-phenyl glycidyl ether to generate (R)-3-phenoxy-1, 2-propanediol. Appl Microbiol Biotechnol, 76 (6): 1281-1287.

Yazdani M, Naderi-Manesh H, Khajeh K, Soudi M R, Asghari S M, Sharifzadeh M. 2009. Isolation and characterization of a novel gamma-radiation-resistant bacterium from hot spring in Iran. J Basic Microbiol, 49 (1): 119-127.

Yonezawa K, Yamada K, Kouno I. 2011. New diketopiperazine derivatives isolated from sea urchin-derived *Bacillus* sp.. Chem Pharm Bull (Tokyo), 59 (1): 106-108.

Yoon J H, Oh T K, Park Y H. 2004. Transfer of *Bacillus halodenitrificans* Deneriaz et al. 1989 to the genus *Virgibacillus* as *Virgibacillus halodenitrificans* comb. nov.. Int J Syst Evol Microbiol, 54: 2163-2167.

Zhai L, Liao T, Xue Y, Ma Y. 2012. *Bacillus daliensis* sp. nov., an alkaliphilic, Gram-positive bacterium isolated from a soda lake in Inner Mongolia, China. Int J Syst Evol Microbiol, 62: 949-953.

Zhekoval B Y, Stanchev V S. 2011. Reaction conditions for maximal cyclodextrin production by cyclodextrin glucanotransferase from *Bacillus megaterium*. Pol J Microbiol, 60 (2): 113-118.

Zhuang L, Zhou S, Wang Y, Liu Z, Xu R. 2011. Cost-effective production of *Bacillus thuringiensis* biopesticides by solid-state fermentation using wastewater sludge: effects of heavy metals. Bioresour Technol, 102 (7): 4820-4826.

索　引

A

埃吉类芽胞杆菌　　498
矮小蛋鸡　　282
艾维茵肉仔鸡　　306
氨苄西林　　85，186，449
氨基酰化酶　　448
暗黑鳃金龟　　359
奥尼罗非鱼　　305

B

巴斯德毕赤酵母　　165，178，193，504
白色念珠菌　　463
白纹伊蚊　　340，358，413
白羽肉鸡　　304
斑须按蚊　　414
半裸镰刀菌　　256，259
半纤维素酶　　60，66，80，336
半致死浓度　　312
伴胞晶体　　352-355，357-359，361，362，366-369，371，372，374，378，379，383，387，395，400，402，404，408
胞囊线虫　　405
北方根结线虫　　127
贝莱斯芽胞杆菌　　139
苯胺黑药　　96
苯丙氨酸解氨酶　　84，85，100，124，226，235，438
苯甲基磺酰氟　　103，135，206，292，320，435，451
毕赤酵母　　83，173，275，349，432
表皮葡萄球菌　　185
丙酮酸脱氢酶　　385
伯杰氏鉴定细菌学手册　　1，136，143，270，279，356
伯杰氏系统细菌学手册　　1，2，4，5，15，18

薄层层析色谱　　135
不对称分裂　　144

C

菜粉蝶　　406
菜青虫　　352，355，364，366，389，416
草地贪夜蛾　　407
草地早熟禾　　111
草莓白粉病　　325
草莓蛇病菌　　439
草生欧文氏杆菌　　391
侧胞短芽胞杆菌　　467-470
茶蚕　　410
茶橙瘿螨　　375
茶尺蠖　　375，409，410，415
茶轮斑病菌　　232
茶毛虫　　410
茶小绿叶蝉　　375
柴达木盆地　　456
产气肠杆菌　　462
产朊假丝酵母　　161，294
产酸克雷伯氏菌　　162
肠溶性微囊　　416
肠易激综合征　　69
常见细菌系统鉴定手册　　136，143，270
超氧化物歧化酶　　77，94，100，142，175，180，197，236，287，288，308，310，319，344，415，427，428，438，490
稠油　　427
楚氏喜盐芽胞杆菌　　454，457，458
串珠镰刀菌　　216，219
醇腈酶　　269
刺挠伊蚊　　339
淬灭探针　　420

D

达坂喜盐芽胞杆菌　　453-455

大豆胞囊线虫　　119，127
大豆根瘤菌　　112
大豆食心虫　　397
大公古盐井　　459
大谷盗　　343，410
大海马　　253
大核滑刃线虫　　436
大丽轮枝菌　　95，234，240，241，247，332，435，464，491，494
大菱鲆　　285
大菱鲆弧菌　　285
大龄按蚊　　339
大鼠海马神经元　　97
代谢产物　　428
淡色库蚊　　340，342，345，383，408
稻瘟病菌　　85，110，134，148，218，221，226，227，233，240，246，247，274，439，490，494-496
地芽胞杆菌属　　441
地衣芽胞杆菌　　35-54，56-59，61-64，66-79，138，293，437，492
丁草胺　　439
东亚飞蝗　　353
豆豉溶栓酶　　431，432
毒死蜱　　327，411，469
独岛枝芽胞杆菌　　507
短波紫外线　　172
短短芽胞杆菌　　56，230，460-467
短小芽胞杆菌　　14，80-92，165，175，176，188，200
短芽胞杆菌属　　460
多酚氧化酶　　84，85，134，226，235，236，243
多位点序列分型　　14
多相分类　　15
多溴联苯醚　　330，331
多粘类芽胞杆菌　　57，70，116，369，485-497

E

二化螟　　356，364，384，397，399，406

二氢硫辛酰胺脱氢酶　　189
二异丙基氟磷酸　　451

F

番茄灰霉病菌　　243，322
番茄茎基腐病　　239
番茄叶霉病菌　　437
番茄早疫病菌　　216，322
凡纳滨对虾　　59，79，93，106，263，265，286，287，308
繁茂膜海绵　　436
反相高效液相色谱　　222，225，272
反硝化细菌　　313，337
泛酸枝芽胞杆菌　　506，507
纺锤形芽胞杆菌　　417，418
肺炎克雷伯氏菌　　92，185
分类系统　　1，2，4，5
分子分类　　14
酚氧化酶　　287
粉红聚端孢　　218，219，242
粉纹夜蛾　　365，383，386，401，410
粪产碱杆菌　　195
粪链球菌　　213
风化作用　　113
蜂房芽胞杆菌　　93，94
氟氯氰菊酯　　329
腐烂茎线虫　　127，230
腐皮镰孢菌　　104
复合微生态制剂　　303
复合益生菌剂　　297

G

甘氨酸甜菜碱　　458
甘蓝夜蛾　　379，407
甘露聚糖酶　　88，156，174，193，199，274，462
杆菌肽　　43，79
杆菌肽锌　　75，302
柑橘溃疡病菌　　220
柑橘绿霉病菌　　269
柑橘青霉　　492

高胆红素血症　76
高温蛋白酶　451
高温木质素降解地芽胞杆菌　443
高温烷烃地芽胞杆菌　444，445
高效液相色谱　45，65，89，90，111，135，
　　158，224，228，233，241，273，320，330，
　　439，457，498
根结线虫　405
谷氨酸脱氢酶　54，202
谷氨酸脱羧酶　122，123
谷氨酰胺转氨酶　176
谷胱甘肽过氧化物酶　77，288，310
固氮作用　488
光合细菌　266，289，445
硅酸盐菌剂　110
硅酸盐细菌　111-113
果实脂环酸芽胞杆菌　27
裹吞作用　144
过氧化氢酶　134，142，243，325，438，490
过氧化物酶　84，85，100，133，134，142，
　　226，235，236，243，287，300，308，438，
　　443，490

H

汉逊德巴利酵母　305
好纪兼性芽胞杆菌　31
好热黄无氧芽胞杆菌　32，33
好食脉孢菌　238
禾谷镰刀菌　216，243
河豚毒素　417
荷斯坦奶牛　299，301
核黄素操纵子　168，177
核桃炭疽病菌　105
核型多角体病毒　407
褐腐病菌　252
褐藻胶裂解酶　431
黑白轮枝菌　464
黑菌虫　410
黑曲霉　58，242，439
红发夫酵母　97，99
红海榄　438

红铃虫　379
厚壁菌门　2-5，15，18
浒苔　425
琥珀酸脱氢酶　281
花翅摇蚊　413
花生白绢病菌　105
华北大黑鳃金龟　359
化学分类　14
化学需氧量　37，131，262-264，266，287，
　　445
桦树木聚糖　88
环糊精葡萄糖基转移酶　65，89，116，194，
　　198，202，347，348，350，351，502-504
环状芽胞杆菌　97，98，100，101，461
黄粉甲　388
黄瓜猝倒病　494
黄瓜霜霉病　235
黄河鲤　398
黄褐异丽金龟　411
黄脊竹蝗　323
黄脊竹蝗白僵菌　323
黄铁矿　474，481，482
黄铜矿　473，474，478，482
黄萎病菌　215
蝗虫微孢子虫　323
磺胺胍　268
灰霉病菌　56，57，101，109，216，219，
　　222，225，226，232，235，240，246，251，
　　253，258
灰葡萄孢　242，254，260
活菌制剂　23，68，85，285，286，293，298

J

基因打靶　49
基因文库　49，51，54，55，81，163，
　　235，454
激烈热火球古菌　278
吉林兼性芽胞杆菌　31
吉氏芽胞杆菌　101
几丁质酶　40，94，95，98，100，115，128，
　　174，191，214，223，238，240，255，354，

383，394，396，401-404，407，463，
464，468
家蚕　406
荚膜红假单胞菌　445
甲基对硫磷　326，327
甲基磺酰氟　63
甲基转移酶　432
甲壳胺纤维　182
甲氰菊酯　329
假蕈状芽胞杆菌　102，103
尖孢镰刀菌　110，230，242，255，436，
439，469，490，505
尖吻鲈　72
尖音库蚊　341，408，414
坚强芽胞杆菌　103-106
间歇式施压　183
兼性芽胞杆菌属　30
简单节杆菌　166
简单重复序列间扩增　110
碱性蛋白酶　35，36，38-41，47，50，51，
55，81，82，90，91，175，190，191，194，
200，245，349，350，435
碱性淀粉酶　106，426
碱性果胶酶　102，134，153，198，200
碱性磷酸酶　77，103，162，243，287，
291，306
碱性纤维素酶　22，82，83，89，106，107，
347，350
碱性脂肪酶　435
姜瘟病　493
胶孢刺盘孢　95，464
胶孢炭疽菌　237
胶冻样芽胞杆菌　107-114，316，360
胶红酵母菌　93
胶原酶　39，123，303
结核分枝杆菌　160
解淀粉芽胞杆菌　42，138，251，429-434，
436，437，439，440
金黄色葡萄球菌　48，68，71，77，79，92，
136，142，178，180-182，184，185，187，
188，242，251，256，271，275，276，284，

288，289，294，296，312，315，318，337，
422，493，497，505，507
金黄芽胞杆菌　115
金属硫化叶菌　29
浸麻芽胞杆菌　115，116
泾阳链霉菌　119
晶体蛋白　357，363，368，370，371，374，
376，379，381-385，387，388，390，391，
395，398-400，403，405，406，408，411，
414，415
井冈霉素　495
菊糖芽胞乳杆菌　30
巨大芽胞杆菌　104，117-131，193，197，
382，433
聚丙烯酰胺凝胶电泳　35，51，63，65，82，
90，118，119，169，171，174，189，192，
193，200，205，234，258，268，294，319，
354，463
聚谷氨酸　44，46，60，62，63，65，66，
136，148，151，156，169，207，212，213，
262，268-271，274，276-278，280，282，
312，439
爵床　425
均匀设计法　160
菌核病菌　215

K

苛求芽胞杆菌　133
柯氏帚梗柱孢霉　220
可可球二孢菌　430
克劳氏芽胞杆菌　134
克氏原螯虾　310
枯斑盘多毛孢　104
枯草芽胞杆菌　43，50，52，61，74，134-
141，143-155，157-164，166-177，179-187，
189-206，208-213，215-217，219-226，228-
241，243-247，249，251-254，256-266，268-
282，284-291，293，294，296，298-300，
302-304，306，308，310-312，393，395，
421，490

L

蜡状芽胞杆菌　　61，140，168，208，303，312-326，328-331，357，380，382，394，395，421，466

兰花炭疽病　　129

酪酸梭状芽胞杆菌　　208

雷帕霉素　　122

类钙黏蛋白　　400

类芽胞杆菌属　　485

离子交换层析　　40，63，179，190，194，195，202，205，211，222，232，234，246，258，288，344，348，371，451，470，491，496

梨黑斑病　　242

李氏长尾线虫　　437

立枯丝核菌　　104，229，231，469

利巴韦林　　73，158，280，281

荔枝霜疫病　　238

痢疾志贺氏菌　　284

连续式施压　　183

链格孢　　219，221，227，242，261

亮氨酸转氨酶　　314

硫化芽胞杆菌属　　472

柳蓝叶甲　　359，400，414，416

绿脓杆菌　　183，505

绿色木霉　　217，229

绿色荧光蛋白　　43，138，164，167，173，217，229，230，241，433，465，468

绿粘帚霉　　105

氯氟氰菊酯　　409

氯氰菊酯　　329，345，401

罗氏沼虾　　264

罗斯308肉鸡　　300

洛东酵素　　291

落叶松毛虫　　406

落叶松叶蜂　　388

M

麻羽肉鸡　　75

马杜拉放线菌属　　135

马铃薯甲虫　　416

马铃薯软腐病　　391

马铃薯晚疫病菌　　58，251

马尾松毛虫　　386，388，416

慢生根瘤菌　　458

毛白杨　　388

毛竹　　486

毛竹枯梢病　　129

美国白蛾　　361，364，408，409

美国短毛黑貂　　74

美洲幼虫　　500，501

蛏子虾酱　　510

米塞按蚊　　339

米氏常数　　40，56，61，126，133，195，327，329，452

棉花黄萎病　　247

棉花立枯病　　165，233

棉花立枯病菌　　215，465

棉铃虫　　356，360-362，365，368，370，375，379，383，384，386，387，389，392-395，397，400-402，407-409，414-416

螟黄赤眼蜂　　399

膜璞毕赤酵母　　327

茉莉花白绢病　　249

莫哈韦芽胞杆菌　　332

母乳性黄疸　　73

木聚糖兼性芽胞杆菌　　30，31

木聚糖酶　　61，80-83，88-90，92-94，97，99，100，107，152，153，165，174，175，189，191-193，213，274-276，280，336，348，350，461，487，489

苜蓿银纹夜蛾　　407

N

纳豆激酶　　137，209，212

纳豆芽胞杆菌　　79，139-141，144，151，201，202，205-207，209，210，212-214，262，268，282，284，288，289，291，294-297，299，301，303，304，306

耐放射奇异球菌　　162

耐温氧化硫化芽胞杆菌　　474，476

耐盐芽胞杆菌　106，107
南方根结线虫　258，490
南方亚麻　97
南美白对虾　131，338
内切葡萄糖苷酶　42
内生芽胞　13
内消旋二氨基庚二酸　31，453
泥蚶　309
拟松材线虫　437
粘红酵母　135
黏虫　379，383，408
捻转血矛线虫　355
酿酒酵母　70，75，121，166，188，201，205，209，213
宁康霉素　42
凝结芽胞杆菌　90，178，213，332-338
努比卤地无氧芽胞杆菌　33

O

欧姆加热　28
欧文氏菌　167

P

泡桐黑腐皮壳菌　85
啤酒酵母菌　208
平沙绿僵菌　410
苹果斑点落叶病菌　253
苹果轮纹病　225
苹果轮纹病菌　233，243
苹果酸脱氢酶　281
葡聚糖内切酶　82，121
葡萄灰霉病　239
葡萄糖苷酶　44，178，210，211，291，488
葡萄糖酸激酶　91，279
葡萄糖脱氢酶　91，122，154，173，174，183
普希金无氧芽胞杆菌　32

Q

奇异变形杆菌　284
奇异球菌　167

茜草　228
强壮类芽胞杆菌　497
羟氨苄西林　449
羟四环素　500
翘嘴红鲌　283
亲和色谱　42
勤奋生金球菌　29
青稞散黑穗病　491
青枯病　84，85，128，228，230，239，245，250，322，324，465，469，491，493
青枯病菌　258
青枯雷尔氏菌　128，324，464，494
青霉素酶　321，322
青霉素酰化酶　125，126，178，193，203，433
球孢白僵菌　410
球毛壳菌　229
球形芽胞杆菌　90，338-346

R

热不对称交错 PCR　82，348
热带假丝酵母　156，211
热带鱼腥藻　342
热激蛋白　454
热坚芽胞杆菌　351
热葡糖苷酶地芽胞杆菌　442，443
热纤维素梭菌　171
热氧化硫化芽胞杆菌　474，477，479，481，482
日本血吸虫　405
日本沼虾　283，288
溶磷微生物　471
溶藻弧菌　253
肉梭菌　30
如皋黄鸡　302
乳牛隐性乳腺炎　400
乳酸脱氢酶　72
软化类芽胞杆菌　501-505

S

三化螟　406

三角帆蚌　77
桑螵　406
桑漆斑病菌　219
桑炭疽病菌　219
扫描电镜　328
杀虫晶体蛋白　360
杀螟杆菌　323
沙福芽胞杆菌　14
沙门氏菌　92
鲨鱼弧菌　285
上转磷光免疫层析　422
少根根霉　169
深海独岛枝芽胞杆菌　508，509
神仙豆　461
生孢噬纤维菌　161
生尘埃芽胞杆菌　34，162
生化需氧量　36
生物传感器　36
生物降解作用　466
生物浸矿　482
生物浸铀　479
生物淋滤法　484
生物冶金　475，479
十溴联苯醚　141
石油降解菌　471
食物中毒　315
食用仙人掌　182
屎肠球菌　105
嗜碱芽胞杆菌　168，174，347-350
嗜热网状球菌　276
嗜热脂肪地芽胞杆菌　36，104，179，441，445-452
嗜热脂肪芽胞杆菌　335
嗜水气单胞菌　79，135，284，288，300，309，310，398，429
嗜酸硫化芽胞杆菌　472，473
嗜酸耐热菌　27，28
嗜酸氧化亚铁硫杆菌　478，480，481，483
嗜酸脂环酸芽胞杆菌　27
嗜盐微生物　457
嗜盐喜盐芽胞杆菌　453

噬菌体　416，417，432
噬菌蛭弧菌　94
数值分类学　14
水胺硫磷　467
水稻　246
水稻白叶枯病　149，214，408
水稻稻瘟病菌　216
水稻恶苗病菌　246，253
水稻干尖线虫　127
水稻黄单胞菌　507，508
水稻纹枯病　228，236
水稻纹枯病菌　215，226，233，240，243，246，439，493
水华鱼腥藻　326
水肿因子　422，423
瞬时高压　187，449
丝氨酸蛋白酶　292
死谷芽胞杆菌　95，96
死海枝芽胞杆菌　510
四联活菌制剂　289，290
松材线虫　436，437
苏云金芽胞杆菌　61，164，174，253，313，315，321，339，342，343，345，351-358，360-364，366-370，372-393，395-400，402-408，411-415，417
酸浆瓢虫　412
酸热脂环酸芽胞杆菌　27
酸土脂环酸芽胞杆菌　27
酸性磷酸酶　77，308
髓细胞性白血病　399
梭菌属　30
羧甲基纤维素　89，121，243
羧甲基纤维素酶　49，54
羧甲基纤维素钠　152，189，204，347，487

T

贪婪倭海绵　96
弹性蛋白酶　41，160，161，196，203，204，303，350
炭疽　424
炭疽芽胞杆菌　357，382，419-424

藤黄微球菌　　87，183，312
甜菜夜蛾　　314，354，357，361，362，364，
　　370，379，383，386-390，392，394，397，
　　401，402，406-408，414，416
铜绿假单胞菌　　169，185，198，265，426
铜绿丽金龟　　365
铜绿异丽金龟　　411
透明颤菌　　82
透明颤菌血红蛋白　　452
透射电镜　　43，66，137，186，264，328，
　　363，395
图画枝芽胞杆菌　　509
土耳其扁谷盗　　411
土壤短芽胞杆菌　　470，471
豚鼠气单胞菌　　429

W

外膜蛋白　　76
外切纤维素酶　　54
弯曲芽胞杆菌　　425，426
万座酸菌　　29
微生态饲料添加剂　　71，282，310，331
微生态制剂　　73，285-288，291，293，296，
　　304，337
微生物采油菌　　466
微生物发酵中药　　154
微生物浸矿　　477
微生物脱胶　　319
微生物脂肪酸生态学　　15
微纹长石　　488
维生素C二步发酵　　118，119，314
尾异育银鲫　　78
温和气单胞菌　　429
乌贼软骨　　501
无氧芽胞杆菌属　　32
吴氏长尾线虫　　437
舞毒蛾　　353，388

X

西洋蜂　　500
喜盐芽胞杆菌属　　453

系统发育　　1，13
系统发育树　　140
系统进化树　　161
细菌免疫学原理　　14
细菌名称确认名录　　1
细菌性败血症　　288
虾夷马粪海胆　　103
仙台脂环酸芽胞杆菌　　29
纤维二糖　　61
鲜红毛壳菌　　229
香草醛　　418
香蕉弯孢霉叶斑病　　228
香石竹疫霉　　465
响应面法　　44，80，148，160，161，180，
　　182，187，213，222，280，370，431
向日葵菌核病　　250
硝化细菌　　45，264，266，286，289
小菜蛾　　352，356，361，364，367，379，
　　380，384，389，391-393，396-400，403，
　　405，406，414，416
小麦白粉病菌　　259
小麦赤霉病　　149，245
小麦赤霉病菌　　243，253，259，403，492
小麦根腐病菌　　105
小麦离蠕孢　　322
小麦全蚀病　　233，396
小麦全蚀病菌　　110，243，251
小麦纹枯病菌　　128，216，274
小猿叶虫　　412
斜纹夜蛾　　356，364，382，416
辛硫磷　　265，411
新城疫病毒　　470
新生儿败血症　　116
新秀丽小杆线虫　　404
信号肽序列　　50-52，145，165，167，169，
　　171，172，175，189，349，402，403，503
秀丽线虫　　389
溴氰菊酯　　345
需钠弧菌　　92，93
絮凝活性　　429，465，466
雪里蕻腌菜　　335

血管紧张素转化酶　157
血红蛋白　86，90，282，427，428
血琼脂平皿　463
蕈状芽胞杆菌　94，427，428

Y

芽胞杆菌文献研究　14
芽胞杆菌属　1，13，34
蚜虫　387
亚铁氧化酸硫杆状菌　135
亚硝酸氮　266
烟草赤星病菌　110，221，492
烟草黑胫病　57，85，469，507
烟草黑胫病菌　110
烟草甲　359，411
烟炭疽病菌　110
盐生杜氏藻　91
盐脱氮枝芽胞杆菌　510，511
盐渍喜盐芽胞杆菌　455
阳离子交换层析　200
杨扇舟蛾　388，408
杨树水泡溃疡病菌　217
氧化葡萄糖酸杆菌　118，125，314
氧化亚铁硫杆菌　328
野生仙人掌　182
叶霉病菌　240
伊拉克固氮螺菌　349
乙醇消毒液污染　433
乙炔还原　488
乙酰乳酸脱羧酶　198
异丙基硫代半乳糖苷　163
异丁香酚　418
益生菌　67，68，70，71，73，74，76，92，101，106，114，207，209，250，253，282-286，289-291，297，300，302，307，309，311，331，337，338，440，467，496
薏苡　303
阴沟肠杆菌　265
阴离子交换层析　88，193，204，243，292，320，322，411，463
银鲫　283

银杏酚酸　318
印度谷螟　410
樱桃谷肉鸭　282
荧光假单胞菌　34，98，216，229，230，366，395-397
营养期杀虫蛋白　354，363，370，403，404
油菜核盘菌　437
油菜菌核病菌　243，246，257，259，322，492
油茶炭疽病　255
幼虫类芽胞杆菌　500
鱼精蛋白　281
榆兰叶甲　388
玉米大斑病菌　322
玉米螟　365，393，396，397，408，414
玉米细菌性叶斑病　128
玉米小斑病　222，232
玉米小斑病菌　105，243，248，253，322
玉蜀黍赤霉病菌　231
玉竹锐顶镰孢菌　217
原生质体　47，48，52，55，68，81，91，122，125，128，135-137，143，166，172，173，190，197，199，203，204，241，267，278，280，321，343，360，363，370，382，439，445，448，501
原子吸收光谱　66，111
圆胞芽胞杆菌　90
圆褐固氮菌　114，120，369
猿叶虫　416

Z

杂交　14
沼泽红假单胞菌　309
真菌轮枝霉　464
榛色青霉　160
整肠生　68，72-74，76
枝芽胞杆菌属　506
脂肪酸鉴定　15
脂环酸芽胞杆菌属　26
致倦库蚊　339-344，385
中度嗜盐菌　459

中国菌种目录　20
中华按蚊　342
中华鳖　429
中华绒螯蟹　78，79，298，309，310
中性蛋白酶　37，40，48，51，56，88，103，163，169，191，193-197，200，203，204，215，270，291，306，392，435，445，451
中性纤维素酶　433
中性植酸酶　67，175，191，432
终极腐霉　229
朱砂叶螨　412
珠芽蓼　340
仔猪黄白痢　72
紫花针茅　322
自溶作用　118
最大似然法　109
最低杀菌浓度　182，185，276
最低抑菌浓度　181-183，185，215，276
最小进化法　109
最小抑菌浓度　317，494

其他

Acidianus manzaensis　29
Acidithiobacillus ferrooxidans　483
Aeromonas hydrophila　135
Alicyclobacillus　26
Alicyclobacillus acidiphilus　27
Alicyclobacillus acidocaldarius　27
Alicyclobacillus acidoterrestris　27
Alicyclobacillus pomorum　27
Alicyclobacillus sendaiensis　29
Alternaria alternata　110，219，221，242
Alternaria mali　253
Alternaria solani　216
Amphibacillus　30
Amphibacillus haojiensis　31
Amphibacillus jilinensis　31
Amphibacillus xylanus　30
Anabaena subtropica　342
Anomala corpulenta　411
Anomala exoleta　411
Anoxybacillus　32
Anoxybacillus flavithermus　32，33
Anoxybacillus pushchinensis　32
Anoxybacillus rupiensis　33
Aphelenchoides macronucleatus　436
Approved List of Bacterial Names　1
Arthrobacter simplex　166
Aspegillus niger　242
Autographa californica　407
Azospirillum irakense　349
Azotobacter chroococcum　120
Bacillus　13，34
Bacillus alcalophillus　168，347
Bacillus alvei　93
Bacillus amyloliquefaciens　42，429
Bacillus anthracis　382，419
Bacillus aureus　115
Bacillus caldotenax　351
Bacillus cereus　61，312
Bacillus circulans　97
Bacillus clausii　134
Bacillus coagulans　90，178，338
Bacillus fastidious　133
Bacillus firmus　103
Bacillus flexus　425
Bacillus fusiforms　417
Bacillus gibsonii　101
Bacillus halodurans　106
Bacillus licheniformis　35，57
Bacillus macerans　115
Bacillus megaterium　104，117
Bacillus mojavensis　332
Bacillus mucilaginosus　107
Bacillus mycoides　94，427
Bacillus pseudomycoides　102
Bacillus pulvifaciens　34
Bacillus pumilus　14，80，200
Bacillus safensis　14
Bacillus sphaericus　90
Bacillus subtilis　43，61，134，139
Bacillus subtilis natto　79，139

索　引

Bacillus thuringiensis　61
Bacillus vallismortis　95
Bacillus velezensis　139
Bdellovibro bacteriovorus　94
Bergey's Manual of Determinative
　Bacteriology　1
Bergey's Manual of Systematic
　Bacteriology　1
biochemical oxygen demand　36
Bipolaris maydis　105，232
Bipolaris sorokiniana　105
Botrytis cinerea　242
Brevibacillus　460
Brevibacillus agri　471
Brevibacillus brevis　460
Brevibacillus laterosporus　467
Bursaphelenchus xylophilus　436
Caenorhabditis elegance　404
Candida tropicalis　156
Candida utilis　161
Ceracris kiangsu　323
Chaetomium cupreum　229
Chaetomium globosum　229
chemical oxygen demand　37
Clostridium　30
Clostridium carnis　30
Clostridium thermocellum　171
Coix lacryma-jobi　303
Colletotrichum gloeosporiodies　95，105，
　110，237
Colletotrichum morifolium　219
Culex quinquefasciatus　343，344
Cylindrocladium colhounii　220
Deinococcus radiodurans　162
Dendrolimus superans　406
Dictyoglomus thermophilum　276
Ditylenchus destructor　230
DNA-DNA 杂交　14，453
Dunaliella salina　91
Enterococcus faecium　105
Eriocheir sinensis　298

Erwinia herbicola　391
Firmicutes　2，3，15
Fusarium graminearum　216
Fusarium moniliforme　110，216，219，246
Fusarium oxysporum　110，242
Fusarium solani　104
Fusariurn semitectum　256
Gaeumannomyces graminis　110
Geobacillus caldoxylosilyticus　443
Geobacillus stearothermophilus　36，104，
　441，445
Geobacillus thermoglucosidasius　442
Geobacillus thermoleovorans　444
Gliocladium virens　105
Gluconobacter oxydans　118
Halobacillus　453
Halobacillus dabanensis　453
Halobacillus halophilus　453
Halobacillus trueperi　454
Helicoverpa armigera　370
Hymeniacidon perleue　436
Hyphantria cunea　364
Kiebsiella oxytoca　162
Klebsiella pneumoniae　92
Lasioderma serricorne　359
Lates calcarifer　72
Litopenaeus vannamei　59
L-谷氨酰胺　62
L-山梨糖脱氢酶　123
Macrobrachium nipponnensis　288
Magnaporthe grisea　85，216，246
Mamestra brassica　407
Meloidogyne incognita　258
Metallosphaera sedula　29
Monilinia fructicola　252
multilocus sequence typing　14
Mycobacterium tuberculosis　160
Myrothecium roridum　219
Neurospora sitophila　238
Nosema locustae　323
Odobenus rosmarus　253

Opuntia dillenii 182	*Spodoptera exigua* 370
Opuntia miloa 182	*Spodoptera frugiperda* 407
Paenibacillus 485	*Spodoptera litura* 382
Paenibacillus elgii 498	*Sporocyto phaga* 161
Paenibacillus larvae 500	*Sporolactobacillus inulinus* 30
Paenibacillus macerans 501	*Sulfobacillus* 472
Paenibacillus polymyxa 57, 116, 485	*Sulfobacillus acidophilus* 472
Paenibacillus validus 497	*Sulfobacillus thermosulfidooxidans* 477
Penicillium avellaneum 160	*Sulfobacillus thermotolerans* 474
Penicillium diigitatum 269	*Sulfolobus metallicus* 29
Pestallozzia theae 232	*Tegillarca granosa* 309
Pestalotia funerea 104	*Thiobacillus ferrooxidans* 135
Phaffia rhodozyma 97	*Trichoderma viride* 229
Physalospora piricola 233	*Trichoplusia ni* 365
Phytophthora nicotianae 110, 465	*Trichothecium roseum* 218, 219, 242
Pichia membranifaciens 327	*Trionyx sinensis* 429
Pichia pastoris 178	*Verticillium alboatrum* 464
Plutella xylostella 367	*Verticillium dahliae* 95
Poa pratensis 111	*Verticillium fungicola* 464
Polygonum viviparum 340	*Vibrio alginolyticus* 253
Populus tomentosa 388	*Vibrio archariae* 285
Principles of Bacteriology and Immunity 14	*Vibrio natriegens* 93
Procambarus clarkii 310	*Vibrio scophthalmi* 285
Pseudomonas aeruginosa 183, 505	*Virgibacillus* 506
Pseudomonas fluorescens 98	*Virgibacillus dokdonensis* 509
Pyrococcus furiosus 278	*Virgibacillus halodenitrificans* 510
Pythium ultimum 229	*Virgibacllus marismortui* 510
Ralstonia solanacearum 128	*Virgibacillus pantothenticus* 506
Rhizoctonia cerealis 216	*Virgibacillus pictruae* 509
Rhizoctonia solani 104, 216, 229, 240	α-乙酰乳酸脱羧酶 24, 52, 61, 64, 157, 170, 190, 197, 202, 267, 268, 462
Rhizophora stylosa 438	β-半乳糖苷酶 49, 124, 171, 175, 384, 447, 448, 450-452, 457, 460, 488
Rhizopus arrhizus 169	
Rhodotorola glutinis 135	β-甘露聚糖酶 49, 50, 53, 62, 65, 66, 138, 139, 146, 151, 154, 156, 159, 163, 173, 174, 191, 200, 349, 434
Rhodotorula mucilaginosa 93	
Rostellularia procumbens 425	
Rubia cordifolia 228	
Saccharomyces cerevisiae 121, 166	β-甘露糖苷酶 66
Sclerotinia sclerotiorum 215	β-葡聚糖 49, 52, 83, 116, 147, 269
Sclerotium rolfsii 105	β-葡聚糖酶 199, 430
SDS-聚丙烯酰胺凝胶电泳 53	γ-谷氨酰转移酶 62
Seinura lii 437	